全国勘察设计注册公用设备工程师给水排水专业考试必备规范精要选编（2022年版）

全国勘察设计注册工程师公用设备专业管理委员会秘书处　组织编写
中国建筑工业出版社　编

中国建筑工业出版社

图书在版编目（CIP）数据

全国勘察设计注册公用设备工程师给水排水专业考试必备规范精要选编：2022年版／全国勘察设计注册工程师公用设备专业管理委员会秘书处组织编写；中国建筑工业出版社编．—北京：中国建筑工业出版社，2022.3

ISBN 978-7-112-27117-7

Ⅰ．①全…　Ⅱ．①全…　②中…　Ⅲ．①给排水系统－资格考试－自学参考资料　Ⅳ．①TU991

中国版本图书馆CIP数据核字（2022）第029671号

为方便考生应试时携带大纲所规定的标准、规范、规程进入考场，全国勘察设计注册工程师公用设备专业管理委员会秘书处组织专家对考试必备的标准、规范、规程中相关条文进行了筛选，编制了本书，作为参加执业资格考试的考生工具书，便于考生解题时查阅。

责任编辑：于　莉
责任校对：姜小莲

全国勘察设计注册公用设备工程师
给水排水专业考试必备规范
精要选编（2022年版）
全国勘察设计注册工程师公用设备专业管理委员会秘书处　组织编写
中国建筑工业出版社　编

*

中国建筑工业出版社出版、发行（北京海淀三里河路9号）
各地新华书店、建筑书店经销
北京红光制版公司制版
北京圣夫亚美印刷有限公司印刷

*

开本：787毫米×1092毫米　1/16　印张：66½　字数：2500千字
2022年3月第一版　　2022年3月第一次印刷
定价：**199.00**元
ISBN 978-7-112-27117-7
（38779）

前　　言

根据人事部、建设部2003年发布《注册公用设备工程师执业资格制度暂行规定》（人发〔2003〕24号）的精神，全国勘察设计注册工程师公用设备专业管理委员会秘书处于2008年对公用设备专业执业资格考试的给水排水专业考试大纲作了调整。根据考试大纲的要求，提出考生应该熟悉和掌握的专业标准、规范、规程，有助于配合考试教材更好地理解和解答各种疑难问题，为处理好实际工程案例提供依据。

为方便考生应试时携带大纲所规定的标准、规范、规程进入考场，全国勘察设计注册工程师公用设备专业管理委员会秘书处组织专家在2019年版的基础上编制了《全国勘察设计注册公用设备工程师给水排水专业考试必备规范精要选编（2022年版）》，作为参加执业资格考试的考生工具书，便于考生解题时查阅。

需要说明的是：1. 由于出版和发行等方面的要求，本书没有收录《人民防空地下室设计规范》GB 50038—2005 和《污水综合排放标准》GB 8978—1996，GB 8978—1996 相关部分由 GB 18456—2005、GB 20426—2006、GB 20425—2006 替代，需考生自行准备上述规范、标准单行本。2. 收录入本书的条文说明是对应于正文章节的内容。条文说明只作为理解正文的参考内容（特别是设计参数），相关参数以正文为准。

按照考试大纲的要求，执业资格考试适用的规范、规程及标准按时间划分原则：考试年度的试题中所采用的规范、规程及标准均以2022年1月1日前实施生效的规范、规程及标准为准。今后，考试适用的规范、规程及标准更新时，考生可按上述要求添补。

本书由全国勘察设计注册工程师公用设备专业管理委员会秘书处组织编写，全书由中国建筑设计研究院有限公司郭汝艳总工程师统稿。全国勘察设计注册工程师公用设备专业管理委员会秘书处孟详恩、毛文中对全书进行了审查。

工程设计和工程建设的各种相关技术业务是注册工程师的执业范围，对各种规范、规程、标准的全面理解和掌握，是注册工程师必须具备的基本条件。本书不仅为考生考试的工具书，还可以作为从事给水排水工程设计、工程建设管理技术人员的参考书。

全国勘察设计注册工程师公用设备专业管理委员会秘书处

2022年1月

目　录

给 水 排 水 工 程

建筑给水排水和消防工程

水 质 标 准

给水排水工程

中华人民共和国国家标准

室外给水设计标准

Standard for design of outdoor water supply engineering

GB 50013—2018

主编部门：中华人民共和国住房和城乡建设部
批准部门：中华人民共和国住房和城乡建设部
施行日期：2 0 1 9 年 8 月 1 日

目　次

1 总　　则

1.0.1　为规范室外给水工程设计，保障工程设计质量，满足水量、水质、水压的要求，做到安全可靠、技术先进、经济合理、管理方便，制定本标准。

1.0.2　本标准适用于新建、扩建和改建的城镇及工业区永久性给水工程设计。

1.0.3　给水工程设计应以批准的城镇总体规划和给水专业规划为主要依据。水源选择、厂站位置、输配水管线路等的确定应符合相关专项规划的要求。

1.0.4　给水工程设计应综合考虑水资源节约、水生态环境保护和水资源的可持续利用，正确处理各种用水的关系，提高用水效率。

1.0.5　给水工程设计应贯彻节约用地和土地资源合理利用的原则。

1.0.6　给水工程设计应按远期规划、近远期结合、以近期为主的原则。近期设计年限宜采用5年～10年，远期设计年限宜采用10年～20年。

1.0.7　给水工程构筑物主体结构和地下输配水干管的结构设计使用年限应符合现行国家标准《城镇给水排水技术规范》GB 50788的有关规定。主要设备、器材和其他管道的设计使用年限宜按材质、产品更新周期和更换的便捷性，经技术经济比较确定。

1.0.8　给水工程设计应在不断总结生产实践经验和科学研究的基础上，积极采用行之有效的新技术、新工艺、新材料和新设备。

1.0.9　在保证供水安全的前提下，给水工程设计应合理降低工程造价及运行成本、减少环境影响和便于运行优化及管理。

1.0.10　给水工程设计除应符合本标准的规定外，尚应符合国家现行有关标准的规定。

2 术　　语

2.0.1　复合井　mixed well

由非完整式大口井和井底以下设置一根至数根管井过滤器所组成的地下水取水构筑物。

2.0.2　反滤层　inverted layer

在大口井或渗渠进水处铺设的粒径沿水流方向由细到粗的级配砂砾层。

2.0.3　前池　suction intank canal

连接进水管渠和吸水池(井)，使进水水流均匀进入吸水池(井)的构筑物。

2.0.4　进水流道　inflow runner

为改善大型水泵吸水条件而设置的连接吸水池与水泵吸入口的水流通道。

2.0.5　生物预处理　biological pre-treatment

主要利用生物作用，去除原水中氨氮、异臭、有机微污染物等的净水过程。

2.0.6　翻板滤池　shutter filter

在滤格一侧进水和另一侧采用翻板阀排水，冲洗时不排水、冲洗停止时以翻板阀排水，可设置单层或多层滤料的气水反冲洗滤池。

2.0.7　翻板阀　flap valve

阀板以长边为转动轴，可在0°～90°范围内翻转形成不同开度的阀门。

2.0.8　铁盐混凝沉淀法除氟　ferrosoferriccoagulation sedimentation for defluorinate

采用在水中投加具有凝聚能力或与氟化物产生沉淀的物质，形成大量脱稳胶体物质或沉淀，氟化物也随之凝聚或沉淀，后续再通过过滤将氟离子从水中除去的过程。

2.0.9　活性氧化铝吸附法除氟　activated aluminum process for defluorinate

采用活性氧化铝滤料吸附、交换氟离子，将氟化物从水中除去的过程。

2.0.10　再生　regeneration

离子交换剂或滤料失效后，用再生剂使其恢复到原形态交换能力的工艺过程。

2.0.11　吸附容量　adsorption capacity

滤料或离子交换剂吸附某种物质或离子的能力。

2.0.12　污染指数　fouling index

综合表示进料中悬浮物和胶体物质的浓度和过滤特性，表征进料对微孔滤膜堵塞程度的指标。

2.0.13　氯消毒　chlorine disinfection

将液氯或次氯酸钠、漂白粉、漂白精投入水中接触完成氧化和消毒的工艺。

2.0.14　紫外线水消毒设备　ultraviolet (UV) reactor

通过紫外灯管照射水体而进行消毒的设备，由紫外灯、石英套管、镇流器、紫外线强度传感器和清洗系统等组成。

2.0.15　管式紫外线消毒设备(管式消毒设备)　closed vessel reactor

紫外灯管布置在闭合式的管路中的紫外线消毒设备。

2.0.16　臭氧氧化　ozonation

利用臭氧在水中的直接氧化和所生成的羟基自由基的氧化能力对水进行净化的方法。

2.0.17　颗粒活性炭吸附池　activated carbon adsorption tank

由单一颗粒活性炭作为吸附填料而兼有生物降解作用的处理构筑物。

2.0.18　炭砂滤池　granular activated carbon-sand filter

在下向流颗粒活性炭吸附池炭层下增设较厚的砂滤层，可同时除浊、除有机物的滤池。

2.0.19　内压力式中空纤维膜　inside-out hollow fiber membrane

在压力驱动下待滤水自膜丝内过滤至膜丝外的中空纤维膜。

2.0.20　外压力式中空纤维膜　outside-in hollow fiber membrane

在压力驱动下待滤水自膜丝外过滤至膜丝内的中空纤维膜。

2.0.21　压力式膜处理工艺　pressurized membrane process

由正压驱动待滤水进入装填中空纤维膜的柱状压力容器进行过滤的膜处理工艺。

2.0.22　浸没式膜处理工艺　submerged membrane process

中空纤维膜置于待滤水水池内并由负压驱动膜产水进行过滤的膜处理工艺。

2.0.23　死端过滤　dead-end filtration

待滤水全部透过膜滤的过滤方式。

2.0.24 错流过滤　cross-flow filtration

待滤水部分透过膜滤、其他仅流经膜表面的过滤方式。

2.0.25 膜完整性检测　integrity test

膜系统污染物去除能力及膜破损程度的定期检测。

2.0.26 膜组　module set

压力式膜处理工艺系统中由膜组件、支架、集水配水管、布气管以及各种阀门构成的可独立运行的过滤单元。

2.0.27 膜池　membrane tank

浸没式膜处理工艺系统中可独立运行的过滤单元。

2.0.28 膜箱　membrane cassette

膜池中带有膜组件、支架、集水管和布气管的基本过滤模块。

2.0.29 压力衰减测试　pressure decay test

基于泡点原理，通过监测膜系统气压衰减速率检测膜系统完整性的方法。

2.0.30 泄漏测试　leak test

基于泡点原理，通过气泡定位膜破损点的方法。

2.0.31 设计通量　normal flux

设计水温和设计流量条件下，系统内所有膜组（膜池）均处于过滤状态时的膜通量。

2.0.32 最大设计通量　maximum flux

设计水温和设计流量条件下，系统内最少数量的膜组（膜池）处于过滤状态时的膜通量。

2.0.33 设计跨膜压差　normal transmembrane pressure

设计水温和设计通量条件下，系统内所有膜组（膜池）均处于过滤状态时的跨膜压差。

2.0.34 最大设计跨膜压差　maximum transmembrane pressure

设计水温和设计通量条件下，系统内最大允许数量的膜组（膜池）处于未过滤状态时的跨膜压差。

2.0.35 化学稳定性　chemical stability

水中发生的各种化学反应对水质与管道的影响程度，包括水对管道的腐蚀、难溶性物质的沉淀析出、管壁腐蚀产物的溶解释放以及水中消毒副产物的生成积累等。

2.0.36 生物稳定性　biostability

出厂水中可生物降解有机物支持异养细菌生长的潜力。

2.0.37 拉森指数　Larson Ratio(LR)

用以相对定量地预测水中氯离子、硫酸根离子对金属管道腐蚀及对管壁腐蚀产物溶解释放倾向性的指数。

2.0.38 调节池　adjusting tank

用以调节进、出水流量的构筑物。

2.0.39 排水池　drain tank

用以接纳和调节滤池反冲洗废水为主的调节池，当反冲洗废水回用时，也称回用水池。

2.0.40 排泥池　sludge discharge tank

用以接纳和调节沉淀池排泥水为主的调节池。

2.0.41 浮动槽排泥池　sludge tank with floating trough

设有浮动槽收集上清液的排泥池。

2.0.42 综合排泥池　combined sludge tank

既接纳和调节沉淀池排泥水，又接纳和调节滤池反冲洗废水的调节池。

2.0.43 原水浊度设计取值　design turbidity value of raw water

用以确定排泥水处理系统设计规模即处理能力的原水浊度取值。

2.0.44 超量泥渣　supernumerary sludge

原水浊度高于设计取值时，其差值所引起的泥渣量（包括药剂所引起的泥渣量）。

2.0.45 干化场　sludge drying bed

通过土壤渗滤或自然蒸发，从泥渣中去除大部分含水量的处置设施。

2.0.46 应急供水　emergency water supply

当城市发生突发性事件，原有给水系统无法满足城市正常用水需求，需要采取适当减量、减压、间歇供水或使用应急水源和备用水源的供水方式。

2.0.47 备用水源　alternate waterresource

为应对极端干旱气候或周期性咸潮、季节性排涝等水源水量或水质问题导致的常用水源可取水量不足或无法取用而建设，能与常用水源互为备用、切换运行的水源，通常以满足规划期城市供水保证率为目标。

2.0.48 应急水源　emergency water resource

为应对突发性水源污染而建设，水源水质基本符合要求，且具备与常用水源快速切换运行能力的水源，通常以最大限度地满足城市居民生存、生活用水为目标。

2.0.49 应急净水　emergency water treatment

在水源水质受到突发污染影响或采用水质相对较差的应急水源时，为实现水质达标所采取的应急净化处理措施。

3 给 水 系 统

3.0.1 给水系统的选择应根据当地地形、水源条件、城镇规划、城乡统筹、供水规模、水质、水压及安全供水等要求，结合原有给水工程设施，从全局出发，通过技术经济比较后综合考虑确定。

3.0.2 地形高差大的城镇给水系统宜采用分压供水。对于远离水厂或局部地形较高的供水区域，可设置加压泵站，采用分区供水。

3.0.3 当用水量较大的工业企业相对集中，且有合适水源可利用时，经技术经济比较可独立设置工业用水给水系统，采用分质供水。

3.0.4 当水源地与供水区域有地形高差可利用时，应对重力输配水与加压输配水系统进行技术经济比较，择优选用。

3.0.5 当给水系统采用区域供水，向范围较广的多个城镇供水时，应对采用原水输送或清水输送以及输水管路的布置和调节水池、增压泵站等的设置，做多方案技术经济比较后确定。

3.0.6 采用多水源供水的给水系统应具有原水或管网水相互调度的能力。

3.0.7 城市给水系统的备用水源或应急水源应符合现行国家标准《城镇给水排水技术规范》GB 50788和《城市给水工程规划规范》GB 50282的有关规定。

3.0.8 城镇给水系统中水量调节构筑物的设置，宜对集中设于净水厂内（清水池）或部分设于配水管网内（高位水池、水池泵站）做多方案技术经济比较后确定。

3.0.9 生活用水的给水系统供水水质必须符合现行国家标准《生活饮用水卫生标准》GB 5749的有关规定，专用的工业用水给水系统水质应根据用户的要求确定。

3.0.10 给水管网水压按直接供水的建筑层数确定时，用户接管处的最小服务水头，一层应为10m，二层应为12m，二层以上每增加一层应增加4m。当二次供水设施较多采用叠压供水模式时，给水管网水压直接供水用户接管处的最小服务水头宜适当增加。

3.0.11 城镇给水系统的扩建或改建工程设计应充分利用原有给水设施。

4 设计水量

4.0.1 设计供水量应由下列各项组成：

1 综合生活用水，包括居民生活用水和公共设施用水；

2 工业企业用水；

3 浇洒市政道路、广场和绿地用水；

4 管网漏损水量；

5 未预见用水；

6 消防用水。

4.0.2 水厂设计规模应按设计年限，规划供水范围内综合生活用水、工业企业用水、浇洒市政道路、广场和绿地用水，管网漏损水量，未预见用水的最高日用水量之和确定。当城市供水部分采用再生水直接供水时，水厂设计规模应扣除这部分再生水水量。

4.0.3 居民生活用水定额和综合生活用水定额应根据当地国民经济和社会发展、水资源充沛程度、用水习惯，在现有用水定额基础上，结合城市总体规划和给水专业规划，本着节约用水的原则，综合分析确定。当缺乏实际用水资料情况下，可参照类似地区确定，或按表4.0.3-1～表4.0.3-4选用。

表4.0.3-1 最高日居民生活用水定额[L/(人·d)]

城市类型	超大城市	特大城市	Ⅰ型大城市	Ⅱ型大城市	中等城市	Ⅰ型小城市	Ⅱ型小城市
一区	180～320	160～300	140～280	130～260	120～240	110～220	100～200
二区	110～190	100～180	90～170	80～160	70～150	60～140	50～130
三区	—	—	—	80～150	70～140	60～130	50～120

表4.0.3-2 平均日居民生活用水定额[L/(人·d)]

城市类型	超大城市	特大城市	Ⅰ型大城市	Ⅱ型大城市	中等城市	Ⅰ型小城市	Ⅱ型小城市
一区	140～280	130～250	120～220	110～200	100～180	90～170	80～160
二区	100～150	90～140	80～130	70～120	60～110	50～100	40～90
三区	—	—	—	70～110	60～100	50～90	40～80

表4.0.3-3 最高日综合生活用水定额[L/(人·d)]

城市类型	超大城市	特大城市	Ⅰ型大城市	Ⅱ型大城市	中等城市	Ⅰ型小城市	Ⅱ型小城市
一区	250～480	240～450	230～420	220～400	200～380	190～350	180～320
二区	200～300	170～280	160～270	150～260	130～240	120～230	110～220
三区	—	—	—	150～250	130～230	120～220	110～210

表4.0.3-4 平均日综合生活用水定额[L/(人·d)]

城市类型	超大城市	特大城市	Ⅰ型大城市	Ⅱ型大城市	中等城市	Ⅰ型小城市	Ⅱ型小城市
一区	210～400	180～360	150～330	140～300	130～280	120～260	110～240
二区	150～230	130～210	110～190	90～170	80～160	70～150	60～140
三区	—	—	—	90～160	80～150	70～140	60～130

注：1 超大城市指城区常住人口1000万及以上的城市，特大城市指城区常住人口500万以上1000万以下的城市，Ⅰ型大城市指城区常住人口300万以上500万以下的城市，Ⅱ型大城市指城区常住人口100万以上300万以下的城市，中等城市指城区常住人口50万以上100万以下的城市，Ⅰ型小城市指城区常住人口20万以上50万以下的城市，Ⅱ型小城市指城区常住人口20万以下的城市。以上包括本数，以下不包括本数。

2 一区包括：湖北、湖南、江西、浙江、福建、广东、广西、海南、上海、江苏、安徽；二区包括：重庆、四川、贵州、云南、黑龙江、吉林、辽宁、北京、天津、河北、山西、河南、山东、宁夏、陕西、内蒙古河套以东和甘肃黄河以东的地区；三区包括：新疆、青海、西藏、内蒙古河套以西和甘肃黄河以西的地区。

3 经济开发区和特区城市，根据用水实际情况，用水定额可酌情增加。

4 当采用海水或污水再生水等作为冲厕用水时，用水定额相应减少。

4.0.4 工业企业生产过程用水量应根据生产工艺要求确定。大工业用水户或经济开发区的生产过程用水量宜单独计算；一般工业企业的用水量可根据国民经济发展规划，结合现有工业企业用水资料分析确定。

4.0.5 消防用水量、水压及延续时间应符合现行国家标准《建筑设计防火规范》GB 50016和《消防给水及消火栓系统技术规范》GB 50974的有关规定。

4.0.6 浇洒市政道路、广场和绿地用水量应根据路面、绿化、气候和土壤等条件确定。浇洒道路和广场用水可根据浇洒面积按2.0L/(m²·d)～3.0L/(m²·d)计算，浇洒绿地用水可根据浇洒面积按1.0L/(m²·d)～3.0L/(m²·d)计算。

4.0.7 城镇配水管网的基本漏损水量宜按综合生活用水、工业企业用水、浇洒市政道路、广场和绿地用水量之和的10%计算，当单位供水量管长值大或供水压力高时，可按现行行业标准《城镇供水管网漏损控制及评定标准》CJJ 92的有关规定适当增加。

4.0.8 未预见水量应根据水量预测时难以预见因素的程度确定，宜采用综合生活用水、工业企业用水、浇洒市政道路、广场和绿地用水、管网漏损水量之和的8%～12%。

4.0.9 城镇供水的时变化系数、日变化系数应根据城镇性质和规模、国民经济和社会发展、供水系统布局，结合现状供水曲线和日用水变化分析确定。当缺乏实际用水资料时，最高日城市综合用水的时变化系数宜采用1.2～1.6，日变化系数宜采用1.1～1.5。当二次供水设施较多采用叠压供水模式时，时变化系数宜取大值。

5 取　　水

5.1 水源选择

5.1.1 水源选择前的水资源勘察和论证应符合现行国家标准《城镇给水排水技术规范》GB 50788的有关规定。

5.1.2 水源的选用应通过技术经济比较后综合确定，并应满足下列条件：

1 位于水体功能区划所规定的取水地段；

2 不易受污染，便于建立水源保护区；

3 选择次序宜先当地水、后过境水，先自然河道、后需调节径流的河道；

4 可取水量充沛可靠；

5 水质符合国家有关现行标准；

6 与农业、水利综合利用；

7 取水、输水、净水设施安全经济和维护方便；

8 具有交通、运输和施工条件。

5.1.3 供水水源采用地下水时，应有与设计阶段相对应的水文地质勘测报告，取水量应符合现行国家标准《城镇给水排水技术规范》GB 50788的有关规定。

5.1.4 供水水源采用地表水时的设计枯水流量年保证率和设计枯水位的保证率应符合现行国家标准《城镇给水排水技术规范》GB 50788的有关规定。

5.1.5 备用水源或应急水源的选择与构建应结合当地水资源状况、常用水源特点以及备用或应急水源的用途，经技术经济比较后确定。

5.2 地下水取水构筑物

Ⅰ 一 般 规 定

5.2.1 地下水取水构筑物的位置应根据水文地质条件综合选择确定，并应满足下列条件：

1 位于水质好、不易受污染且可设立水源保护区的富水地段；

2 尽量靠近主要用水地区城市或居民区的上游地段；

3 施工、运行和维护方便；

4 尽量避开地震区、地质灾害区、矿产采空区和建筑物密集区。

5.2.2 地下水取水构筑物形式的选择应根据水文地质条件，通过技术经济比较确定，并应满足下列条件：

1 管井适用于含水层厚度大于4m，底板埋藏深度大于8m；

2 大口井适用于含水层厚度在5m左右，底板埋藏深度小于15m；

3 渗渠仅适用于含水层厚度小于5m，渠底埋藏深度小于6m；

4 泉室适用于有泉水露头，流量稳定，且覆盖层厚度小于5m；

5 复合井适用于地下水位较高、含水层厚度较大或含水层透水性较差的场合。

5.2.3 地下水取水构筑物的设计应符合下列规定：

1 应有防止地面污水和非取水层水渗入的措施；

2 取水构筑物周围的水源保护区范围内应设置警示标志；

3 过滤器应有良好的进水条件，结构坚固，抗腐蚀性强，不易堵塞；

4 大口井、渗渠和泉室应有通风设施。

Ⅱ 管 井

5.2.4 从补给水源充足、透水性良好，且厚度在40m以上的中、粗砂及砾石含水层中取水。经分段或分层抽水试验并通过技术经济比较，可采用分段取水。

5.2.5 管井结构和过滤器设计应符合现行国家标准《管井技术规范》GB 50296的有关规定。

5.2.6 管井井口应加设套管，并填入优质黏土或水泥浆等不透水材料封闭。封闭厚度应根据当地水文地质条件确定，并应自地面算起向下不小于5m。当井上直接有建筑物时，应自基础底起算。

5.2.7 采用管井取水时应设至少1口备用井，备用井的数量宜按10%～20%的设计水量所需井数确定。

Ⅲ 大 口 井

5.2.8 大口井的深度不宜大于15m。大口井的直径应根据设计水量、抽水设备布置和便于施工等因素确定，但不宜大于10m。

5.2.9 大口井应根据当地水文地质条件，确定采用井底进水、井底井壁同时进水或井壁加辐射管等进水方式。

5.2.10 大口井井底反滤层宜成凹弧形。反滤层可设3层～4层，每层厚度宜为200mm～300mm。与含水层相邻一层的反滤层滤料粒径可按下式计算：

$$d/d_i = 6 \sim 8 \tag{5.2.10}$$

式中：d——反滤层滤料的粒径；

d_i——含水层颗粒的计算粒径；当含水层为细砂或粉砂时，$d_i=d_{40}$；为中砂时，$d_i=d_{30}$；为粗砂时，$d_i=d_{20}$；为砾石或卵石时，$d_i=d_{10}\sim d_{15}$（d_{40}、d_{30}、d_{20}、d_{15}、d_{10}分别为含水层颗粒过筛重量累计百分比为40%、30%、20%、15%、10%时的颗粒粒径）。两相邻反滤层的粒径比宜为2～4。

5.2.11 大口井井壁进水孔的反滤层可分两层填充，滤料粒径的计算应符合本标准第5.2.10条的规定。

5.2.12 无砂混凝土大口井适用于中、粗砂及砾石含水层时，井壁的透水性能、阻砂能力和制作要求等，应通过试验或参照相似条件下的经验确定。

5.2.13 大口井应采取下列防止污染水质的措施：

1 人孔应采用密封的盖板，盖板顶高出地面不得小于0.5m；

2 井口周围应设不透水的散水坡，宽度宜为1.5m；在渗透土壤中散水坡下应填厚度不小于1.5m的黏土层，或采用其他等效的防渗措施。

Ⅳ 渗 渠

5.2.14 渗渠的规模和布置应保证在检修时仍能满足取水要求。

5.2.15 渗渠中管渠的断面尺寸应按下列规定计算确定：

1 水流速度宜为0.5m/s～0.8m/s；

2 充满度宜为0.4～0.8；

3 内径或短边长度不应小于600mm；

4 管底最小坡度不应小于0.2%。

5.2.16 水流通过渗渠孔眼的流速不应大于0.01m/s。

5.2.17 渗渠外侧应做反滤层，层数、厚度和滤料粒径的计算应符合本标准第5.2.10条的规定，但最内层滤料的粒径应略大于进水孔孔径。

5.2.18 集取河道表流渗透水的渗渠阻塞系数应根据进水水质并结合使用年限等因素选用。

5.2.19 位于河床及河漫滩的渗渠，反滤层上部应根据河道冲刷情况设置防护措施。

5.2.20 渗渠的端部、转角和断面变换处应设置检查井。直线部分的检查井间距，应视渗渠的长度和断面尺寸确定，宜采用50m。

5.2.21 检查井宜采用钢筋混凝土结构，宽度宜为1m～2m，井底宜设0.5m～1.0m深的沉沙坑。

5.2.22 地面式检查井应安装封闭式井盖，井顶应高出地面0.5m，并应有防冲设施。

5.2.23 渗渠出水量较大时，集水井宜分成两格，进水管入口处应设闸门。

5.2.24 集水井宜采用钢筋混凝土结构，容积可按不小于渗渠30min出水量计算，并可按最大一台水泵5min抽水量校核。

Ⅴ 复 合 井

5.2.25 复合井底部过滤器直径宜为200mm～300mm。

5.2.26 当含水层较厚时，宜采用非完整过滤器，且过滤器有效长度应比管井稍长，过滤器长度与含水层厚度的比值应小于0.75。

5.2.27 复合井上部大口井部分可按本标准第5.2.8条～第5.2.13条确定，下部管井部分的结构、过滤器的设计应符合现行国家标准《管井技术规范》GB 50296的有关规定。

5.3 地表水取水构筑物

5.3.1 地表水取水构筑物位置的选择应通过技术经济比较综合确定，并应满足下列条件：

1 位于水质较好的地带；

2 靠近主流，有足够的水深，有稳定的河床及边岸，有良好的工程地质条件；

3 尽可能不受泥沙、漂浮物、冰凌、冰絮等影响；

4 不妨碍航运和排洪，并应符合河道、湖泊、水库整治规划的要求；

5 尽量不受河流上的桥梁、码头、丁坝、拦河坝等人工构筑物或天然障碍的影响；

6 靠近主要用水地区；

7 供生活饮用水的地表水取水构筑物的位置，位于城镇和工业企业上游的清洁河段，且大于工程环评报告规定的与上下游排污口的最小距离。

5.3.2 在沿海地区的内河水系取水，应避免咸潮影响。当在咸潮河段取水时，应根据咸潮特点对采用避咸蓄淡水库取水或在咸潮影响范围以外的上游河段取水，经技术经济比较确定，并应符合下列规定：

1 避咸蓄淡水库的有效调节容积，可根据历年咸潮入侵数据的统计分析所得出的原水氯化物平均浓度超过250mg/L时的连续不可取水天数，并应考虑连续不可取水期间必需的原水供应量，计算得出；

2 避咸蓄淡水库可利用现有河道容积蓄淡，也可利用沿河滩地筑堤修库蓄淡等，并应根据当地具体条件确定；

3 可能发生富营养问题的避咸蓄淡水库，应采取增加水库水流动性和控藻、除藻措施。

5.3.3 在含藻的湖泊、水库或河流取水时，取水口位置的选择应符合现行行业标准《含藻水给水处理设计规范》CJJ 32 的有关规定；在高浊度水源取水时，取水口位置的选择及避沙、避凌调蓄水池的设计应符合现行行业标准《高浊度水给水设计规范》CJJ 40 的有关规定。

5.3.4 寒冷地区取水口应设在水内冰较少和不易受冰块撞击的地方，不宜设在流冰容易堆积的浅滩、砂洲和桥孔的上游附近；严寒地区的取水口不应设在陡坡、流急、水深小的河段。

5.3.5 从江河取水的大型取水构筑物，当河道及水文条件复杂，或取水量占河道的最枯流量比例较大时，应采用计算机仿真模拟、水工模型试验或两者相结合的方法，对取水构筑物的设计做环境影响与设施安全可靠性的验证与优化。

5.3.6 取水构筑物的形式应根据取水量和水质要求，结合河床地形及地质、河床冲淤、水深及水位变幅、泥沙及漂浮物、冰情和航运等因素以及施工条件，在保证安全可靠的前提下，通过技术经济比较确定。

5.3.7 江河、湖泊取水构筑物的防洪标准不应低于城市防洪标准。水库取水构筑物的防洪标准应与水库大坝等主要建筑物的防洪标准相同，并应采用设计和校核两级标准。

5.3.8 固定式取水构筑物设计时，应考虑发展的需要与衔接。

5.3.9 取水构筑物应根据水源情况，采取相应保护措施防止下列情况发生：

1 漂浮物、泥沙、冰凌、冰絮和水生物的阻塞；

2 洪水冲刷、淤积、冰盖层挤压和雷击的破坏；

3 冰凌、木筏和船只的撞击；

4 通航河道上水面浮油的进入。

5.3.10 在通航水域中，取水构筑物应根据现行国家标准《内河交通安全标志》GB 13851 的规定并结合航运管理部门的要求设置警示标志。

5.3.11 岸边式取水泵房进口地坪的设计标高应符合下列规定：

1 当泵房在渠道边时，应为设计最高水位加 0.5m；

2 当泵房在江河边时，应为设计最高水位加浪高再加 0.5m，必要时尚应采取防止浪爬高的措施；

3 泵房在湖泊、水库或海边时，应为设计最高水位加浪高再加 0.5m，并应采取防止浪爬高的措施。

5.3.12 位于江河上的取水构筑物最底层进水孔下缘距河床的高度，应根据河流的水文和泥沙特性以及河床稳定程度等因素确定，并应符合下列规定：

1 侧面进水孔不得小于 0.5m；当水深较浅、水质较清、河床稳定、取水量不大时，其高度可减至 0.3m；

2 顶面进水孔不得小于 1.0m；

3 在高浊度江河取水时，应在最底层进水孔以上不同水深处设置多个可交替使用的进水孔。

5.3.13 当湖泊或水库的取水构筑物所处位置水深大于 10m 时，宜采取分层取水方式。

5.3.14 位于湖泊或水库的取水构筑物最底层进水孔下缘距水体底部的高度，应根据水体底部泥沙沉积和变迁情况等因素确定，不宜小于 1.0m；当水深较浅、水质较清，且取水量不大时，可减至 0.5m。

5.3.15 取水构筑物淹没进水孔上缘在设计最低水位下的深度，应根据水域的水文、冰情、气象和漂浮物等因素通过水力计算确定，并应符合下列规定：

1 顶面进水时，不得小于 0.5m；

2 侧面进水时，不得小于 0.3m；

3 湖泊、水库取水或虹吸进水时，不宜小于 1.0m；当水体封冻时，可减至 0.5m；

4 水体封冻情况下，应从冰层下缘起算；

5 湖泊、水库、海边或大江河边的取水构筑物，应考虑风浪的影响。

5.3.16 取水构筑物的取水头部宜分设两个或分成两格。漂浮物多的河道，相邻头部在沿水流方向宜有较大间距。

5.3.17 取水构筑物进水孔应设置格栅，栅条间净距应根据取水量、冰絮和漂浮物等确定。小型取水构筑物宜为 30mm～50mm，大、中型取水构筑物宜为 80mm～120mm。当江河中冰絮或漂浮物较多时，栅条间净距宜取大值。

5.3.18 进水孔的过栅流速，应根据水中漂浮物数量、有无冰絮、取水地点的水流速度、取水量、水环境生态保护要求以及检查和清理格栅的方便等因素确定。计算进水孔的过栅流速时，格栅的阻塞面积应按 25% 确定，并应符合下列规定：

1 岸边式取水构筑物，有冰絮时宜为 0.2m/s～0.6m/s，无冰絮时宜为 0.4m/s～1.0m/s；

2 河床式取水构筑物，有冰絮时宜为 0.1m/s～0.3m/s，无冰絮时宜为 0.2m/s～0.6m/s；

3 邻近鱼类产卵区域时，不应大于 0.1m/s。

5.3.19 当需要清除通过格栅后水中的漂浮物时，在进水间内可设置平板式格网、旋转式格网或自动清污机。平板式格网的阻塞面积应按 50% 确定，通过流速不应大于 0.5m/s；旋转式格网或自动清污机的阻塞面积应按 25% 确定，通过流速不应大于 1.0m/s。

5.3.20 进水自流管或虹吸管的数量及其管径应根据最低水位，通过水力计算确定，其数量不宜少于两条。当一条管道停止工作时，其余管道的通过流量应满足事故用水要求。

5.3.21 进水自流管和虹吸管的设计流速，不宜小于 0.6m/s。必要时，应有清除淤积物的措施。虹吸管宜采用钢管。

5.3.22 取水构筑物进水间平台上应设便于操作的闸阀启闭设备和格网起吊设备。必要时，应设清除泥沙的设施。

5.3.23 当水位变幅大，水位涨落速度小于 2.0m/h，且水流不急、要求施工周期短和建造固定式取水构筑物有困难时，可采用缆车或浮船等活动式取水构筑物。

5.3.24 活动式取水构筑物的个数应根据供水规模、联络管的接头形式及有无安全贮水池等因素，综合考虑确定。

5.3.25 活动式取水构筑物的缆车或浮船应有足够的稳定性和刚度，机组、管道等的布置应考虑缆车或船体的平衡。机组基座的设计应考虑减少机组对缆车或船体的振动，每台机组均宜设在同一基座上。

5.3.26 缆车式和浮船式取水构筑物的设计应符合现行国家标准《泵站设计规范》GB 50265 的有关规定。

5.3.27 山区浅水河流的取水构筑物可采用低坝式（活动坝或固定坝）或底栏栅式。低坝式取水构筑物宜用于推移质不多的山区浅水河流；底栏栅式取水构筑物宜用于大颗粒推移质较多的山区浅水河流。

5.3.28 低坝位置应选择在稳定河段上。坝的设置不应影响原河床的稳定性。取水口宜布置在坝前河床凹岸处。

5.3.29 低坝的坝高应满足取水深度的要求。坝的泄水宽度，应根据河道比降、洪水流量、河床地质以及河道平面形态等因素，综合考虑确定。冲沙闸的位置及过水能力应按将主槽稳定在取水口前，并能冲走淤积泥沙的要求确定。

5.3.30 底栏栅的位置应选择在河床稳定、纵坡大、水流集中和山洪影响较小的河段。

5.3.31 底栏栅式取水构筑物的栏栅宜采用活动分块形式，间隙宽度应根据河流泥沙粒径和数量、廊道排沙能力、取水水质要求等因素确定。栏栅长度应按进水要求确定。底栏栅式取水构筑物应有沉沙、冲沙以及必要的防冰絮堵塞设施。

6 泵 房

6.1 一 般 规 定

6.1.1 泵房应根据规模、功能、位置、机组数量和选型、水力条件、工程场地状况、结构布置、施工技术以及安装与运行维护要求等因素进行整体考虑布置。平面布置上应采用矩形或圆形，高程布置上可采用地面式、半地下式和全地下式。

6.1.2 水泵的选型及台数应满足泵房设计流量、设计扬程的要求，并应根据供水水量和水压变化、运行水位、水质情况、泵型及水泵特性、场地条件、工程投资和运行维护等，综合考虑确定。同一泵房内的泵型宜一致，规格不宜过多，机组供电电压宜一致。

6.1.3 水泵泵型的选择应根据水泵性能、布置条件、安装、维护和工程投资等因素择优确定。

6.1.4 水泵性能的选择应遵循高效、安全和稳定运行的原则。当供水水量和水压变化较大时，经过技术经济比较，可采用大小规格搭配、机组调速、更换叶轮、调节叶片角度等措施。

6.1.5 并联运行水泵的设计扬程宜相近，并联台数应通过各种运行工况下水泵特性的适应性分析确定。

6.1.6 泵房应设置备用水泵1台～2台，且应与所备用的所有工作泵能互为备用。当泵房设有不同规格水泵且规格差异不大时，备用水泵的规格宜与大泵一致；当水泵规格差异较大时，宜分别设置备用水泵。

6.1.7 泵房用电负荷分级应符合下列规定：

1 一、二类城市的主要泵房应采用一级负荷；

2 一、二类城市的非主要泵房及三类城市的配水泵房可采用二级负荷；

3 当不能满足要求时，应设置备用动力设施。

6.1.8 泵房的防洪标准应符合下列规定：

1 位于江河、湖泊、水库的江心式或岸边式取水泵房以及岸上取水泵房的开放式前池和吸水池(井)的防洪标准应符合本标准第5.3.7条的规定；

2 岸上取水泵房其他建筑的防洪标准不应低于城市防洪标准；

3 水厂和输配管道系统中的泵房防洪标准不应低于所处区域的城市防洪标准。

6.1.9 泵房应根据气候和环境条件采取相应的供暖、通风和降噪措施。泵房的供暖和通风设计应按现行国家标准《工业建筑供暖通风与空气调节设计规范》GB 50019和《泵站设计规范》GB 50265的有关规定执行。泵房的噪声控制应符合现行国家标准《声环境质量标准》GB 3096的规定，并应按现行国家标准《工业企业噪声控制设计规范》GB/T 50087的规定设计。

6.1.10 可能产生水锤危害的泵房，设计中应进行事故停泵水锤计算。当事故停泵瞬态特性不符合现行国家标准《泵站设计规范》GB 50265的规定时，应采取防护措施。

6.1.11 泵房前池和吸水池(井)周围应控制和防范可能污染水质的污染源，并应符合本标准第7.6.11条的规定。

6.1.12 泵房的消防设计应符合现行国家标准《建筑设计防火规范》GB 50016及《消防给水及消火栓系统技术规范》GB 50974的有关规定。

6.2 泵房前池、吸水池(井)与水泵吸水条件

6.2.1 泵房前池与吸水池(井)的布置应根据泵房用途、泵型、机组台数、拦污与清污设备、输水水质、启动方式和安装维护要求等因素综合确定。当泵房仅设一个吸水池(井)时，应分格布置。

6.2.2 与取水构筑物合建的取水泵房，进水口应设置拦污格栅，前池或吸水池(井)内应设拦污格网或格栅清污机，并应符合本标准第5.3.18条和第5.3.19条的规定。

6.2.3 前池布置应满足池内水流顺畅、流速均匀和不产生涡流的要求。吸水池(井)布置应使井内流态良好，满足水泵进水要求，且便于维护。

6.2.4 经管(渠)自流进水且采用大型混流泵、轴流泵的原水泵房，前池宜采用正向进水，前池扩散角不应大于40°。侧向进水时，宜设分水导流设施，并宜通过计算机仿真模拟或水工模型进行效果验证。

6.2.5 吸水池(井)的尺寸应满足水泵进水管喇叭口的布置要求。离心泵进水管喇叭口的直径以及离心泵或小口径混流泵、轴流泵进水管喇叭口在吸水池(井)的布置应符合现行国家标准《泵站设计规范》GB 50265的有关规定。

大口径混流泵、轴流泵的布置应满足水泵制造商的规定要求，或经计算机仿真模拟或水工模型验证确定。

6.2.6 吸水池(井)最低运行水位下的容积，应在符合最小尺寸布置要求的前提下，满足共用吸水池(井)的水泵30倍～50倍的设计秒流量要求。

6.2.7 当进水自流管长度大于1000m时，宜根据自流管流速、前池与吸水池(井)面积以及水泵机组的配置情况，验算泵房事故失电或最大水泵机组启停时前池与吸水池(井)雍水或超降状况，并根据验算结果采取应对措施。

6.3 水泵进出水管道

6.3.1 水泵进水管及出水管的设计流速宜符合表6.3.1的规定。

表6.3.1 水泵进水管及出水管设计流速

管径(mm)	进水管流速(m/s)	出水管流速(m/s)
$D<250$	1.0～1.2	1.5～2.0
$250\leqslant D<1000$	1.2～1.6	2.0～2.5
$D\geqslant1000$	1.5～2.0	2.0～3.0

6.3.2 离心泵进水管在平面布置上靠近水泵入口段应顺直，在高程布置上应避免局部隆起。

6.3.3 最高进水液位高于离心泵进水管时，应设置手动检修阀门。

6.3.4 离心泵进水管道应符合下列规定：

1 非自灌充水的每台离心泵应分别设置进水管；

2 自灌充水启动或采用叠压增压方式的离心泵时，可采用合并吸水总管，分段数不应少于2个；

3 吸水总管的设计流速宜采用与其相连的最大水泵吸水管设计流速的50%；

4 每条吸水总管应分别从可独立工作的不同吸水井(池)吸水或与上游管道连接；当一条吸水总管发生事故时，其余吸水总管应能通过设计水量；

5 每条吸水总管及相互间的联络管上应设隔离阀。

6.3.5 离心泵出水管应设置工作阀和检修阀。工作阀门的额定工作压力及操作力矩应满足水泵启停的要求。出水管不应采用无缓闭功能的普通逆止阀。

6.3.6 混流泵、轴流泵出水管道隔离设施的设计应符合下列规定：

1 当采用虹吸出水方式时，虹吸出水管驼峰顶部应设置真空破坏阀；

2 当采用自由跌水出水方式时，可不设隔离设施；

3 当采用压力管道出水、管道很短且就近连接开口水池(井)时，应设置拍门或普通逆止阀；

4 当混流泵的设计扬程较高，且直接与压力输水管道系统连接时，出水管道的阀门设置应符合本标准第6.3.5条的规定。

6.3.7 水泵进、出水管及阀门应安装伸缩节，安装位置应便于水泵、阀门和管路的安装和拆卸，伸缩接头应采用传力式带限位的形式。

6.3.8 水泵进、出水管道上的阀门、伸缩节、三通、弯头、堵板等处应根据受力条件设置支撑设施。

6.3.9 泵房出水管不宜少于2条，每条出水管应能独立工作。

6.3.10 驱动水泵进出水管路阀门的液压或压缩空气系统应满足泵房各种运行工况下阀门启闭的要求。

6.4 起重设备

6.4.1 泵房内的起重设备额定起重量应根据最重吊运部件和吊具的总重量确定，提升高度应从最低起吊部件所处位置的地坪起算。

6.4.2 起重设备吊钩在平面上应覆盖所有拟起吊的部件及整个吊运路径，吊运部件在吊运过程中与周边相邻固定物的水平方向净距不应小于0.4m。

6.4.3 起重机型式宜按下列规定选用：

1 起重量小于0.5t时，宜采用固定吊钩或移动吊架；

2 起重量在0.5t～3t时，宜采用手动或电动起重设备；

3 起重量在3t以上时，宜采用电动起重设备；

4 起吊高度大、吊运距离长或起吊次数多的泵房，宜采用电动起重设备。

6.4.4 电动起重机及其制动器与电气设备的工作制、跨度级差以及轨道阻进器（车挡）的设置应符合现行国家标准《泵站设计规范》GB 50265的有关规定。

6.5 水泵机组布置

6.5.1 水泵机组的布置应满足设备的运行、维护、安装和检修要求。

6.5.2 卧式水泵及小型立式离心泵机组的平面布置应符合下列规定：

1 单排布置时，相邻两个机组及机组至墙壁间的净距：电动机容量不大于55 kW时，不应小于1.0m；电动机容量大于55kW时，不应小于1.2m；当机组进出水管道不在同一平面轴线上时，相邻机组进、出水管道间净距不应小于0.6m；

2 双排布置时，进、出水管道与相邻机组间的净距宜为0.6m～1.2m；

3 当考虑就地检修时，应保证泵轴和电动机转子在检修时能拆卸；

4 地下式泵房或活动式取水泵房以及电动机容量小于20kW时，水泵机组间距可适当减小。

6.5.3 混流泵、轴流泵及大型立式离心泵机组的水平净距不应小于1.5m，并应满足水泵吸水进水流道的布置要求。当水泵电机采用风道抽风降温时，相邻两台电动机风道盖板间的水平净距不应小于1.5m。

6.5.4 靠近泵房设备入口端的机组与墙壁之间的水平距离应满足设备运输、吊装以及楼梯、交通通道布置的要求。

6.5.5 水泵高程布置应符合下列规定：

1 较小汽蚀余量的水泵采用自灌或非自灌充水布置方式应经技术经济比较后确定，气蚀余量大、高原低气压地区或要求起动快的大型水泵，应采用自灌充水布置方式；

2 各种运行工况下水泵的可用气蚀余量应大于必须气蚀余量；

3 湿式安装的潜水泵最低水位应满足电机干运转的要求。

6.6 泵房布置

6.6.1 泵房的主要通道宽度不应小于1.2m。当一侧布置有操作柜时，其净宽不宜小于2.0m。

6.6.2 泵房内的架空管道，不得阻碍通道和跨越电气设备。

6.6.3 泵房地面层的净高，除应考虑通风、采光等条件外，尚应符合下列规定：

1 当采用固定吊钩或移动吊架时，净高不应小于3.0m；

2 吊起设备的底部与其吊运所跨越物体顶部之间的净距不应小于0.5m；

3 桁架式起重机最高点与屋面大梁底部距离不应小于0.3m；

4 地下式泵房，吊运时设备底部与地面层地坪间净距不应小于0.3m；

5 当采用立式水泵时，应满足水泵轴或电动机转子联轴的吊运要求；当叶轮调节机构为机械操作时，尚应满足调节杆吊装的要求；

6 管井泵房的设备吊装可采用屋盖上设吊装孔的方式，净高应满足设备安装和人员巡检的要求。

6.6.4 立式水泵与电机分层布置的泵房除应符合本标准第6.6.1条～第6.6.3条的规定，尚应符合下列规定：

1 水泵层的楼盖上应设吊装孔。吊装孔的位置应在起重机的工作范围之内。吊装孔的尺寸应按吊运的最大部件或设备外形尺寸各边加0.2m的安全距离确定。

2 必要时应设置通向中间轴承的平台和爬梯。

6.6.5 采用非自灌充水启动或抽真空虹吸出水的泵房，应设置真空泵引水装置。真空泵应有备用，真空泵引水装置的能力应符合下列规定：

1 离心泵单泵进水管抽气充水时间不宜大于5min；

2 轴流泵和混流泵抽除进水流道或虹吸出水管道内空气的时间宜为10min ～20min；

3 水泵启闭频繁的泵房，离心泵抽气充水的真空泵引水装置宜采用常吊真空形式。

6.6.6 水泵需预润滑启动或常润滑运行的泵房，应设置水质、水量和水压满足水泵启动或运行要求的润滑水供水系统。水泵常润滑运行时，润滑水供水系统宜采用双母管或多母管分段供水方式。

6.6.7 水泵电机或变频器采用水冷却的泵房，应设置水质、水量、水温和水压满足设备冷却要求的冷却水供水系统。大型重要泵房的冷却水供应系统应采用双母管或多母管分段供水方式，并应为具有冷却、净化、补水功能以及双回路供电模式的闭式循环系统。

6.6.8 当泵房同时需要润滑和冷却水时，经技术经济比较后，可采用一套供水系统，但其水质、水量、水温和水压应同时满足设备润滑和冷却的要求。

6.6.9 泵房内应设排除积水的设施。当积水不能自流排除时，应设集水坑和排水泵，排水泵不得少于2台，并应根据集水坑水位自动启停。

6.6.10 泵房应至少设一个可搬运最大设备的门。

7 输配水

7.1 一般规定

7.1.1 输配水管（渠）线路的选择应通过技术经济比较综合确定，并应满足下列条件：

1 沿现有或规划道路敷设、缩短管线的长度，避开毒害物污染区以及地质断层、滑坡、泥石流等不良地质构造处；

2 减少拆迁、少占良田、少毁植被、保护环境；

3 施工、维护方便，节省造价，运行安全可靠；

4 在规划和建有城市综合管廊的区域，优先将输配水管道纳入管廊。

7.1.2 从水源至净水厂的原水输水管（渠）的设计流量，应按最高日平均时供水量确定，并计入输水管（渠）的漏损水量和净水厂自用水量。从净水厂至管网的清水输水管道的设计流量，应按最高日最高时用水条件下，由净水厂负担的供水量计算确定。

7.1.3 城镇供水的事故水量应为设计水量的70%。原水输水管道应采用2条以上，并应按事故用水量设置连通管。多水源或设置了调蓄设施并能保证事故用水量的条件下，可采用单管输水。

7.1.4 在各种设计工况下运行时，管道不应出现负压。

7.1.5 原水输送宜选用管道或暗渠（隧洞）；当采用明渠输送原水时，应有可靠的防止水质污染和水量流失的安全措施。清水输送应采用有压管道（隧洞）。

7.1.6 原水输水管道系统的输水方式可采用重力式、加压式或两种并用方式，并应通过技术经济比较后选定。

7.1.7 城镇公共供水管网严禁与非生活饮用水管网连接，严禁擅

自与自建供水设施连接。

7.1.8　配水管网宜采用环状布置。当允许间断供水时，可采用枝状布置，但应考虑将来连成环状管网的可能。

7.1.9　规模较大的供水管网系统的布置宜考虑供水分区计量管理的可能。

7.1.10　配水管网应按最高日最高时供水量及设计水压进行水力计算，并应按下列3种设计工况校核：

1　消防时的流量和水压要求；

2　最大转输时的流量和水压要求；

3　最不利管段发生故障时的事故用水量和水压要求。

7.1.11　配水管网应进行优化设计，在保证水质安全和设计水量、水压满足用户要求的条件下，应进行不同方案的技术、经济比选优化。

7.1.12　压力输水管应防止水流速度剧烈变化产生的水锤危害，并应采取有效的水锤防护措施。

7.1.13　负有消防给水任务管道的最小直径和室外消火栓的间距应符合现行国家标准《消防给水及消火栓系统技术规范》GB 50974的有关规定。

7.2　水力计算

7.2.1　管（渠）道总水头损失宜按下式计算：

$$h_z = h_y + h_j \tag{7.2.1}$$

式中：h_z——管（渠）道总水头损失（m）；

h_y——管（渠）道沿程水头损失（m）；

h_j——管（渠）道局部水头损失（m）。

7.2.2　管（渠）道沿程水头损失宜按下列公式计算：

1　塑料管及采用塑料内衬的管道：

$$h_y = \lambda \cdot \frac{l}{d_j} \cdot \frac{v^2}{2g} \tag{7.2.2-1}$$

$$\frac{1}{\sqrt{\lambda}} = -2\lg\left(\frac{\Delta}{3.7d_j} + \frac{2.51}{Re\sqrt{\lambda}}\right) \tag{7.2.2-2}$$

式中：λ——沿程阻力系数；

l——管段长度（m）；

d_j——管道计算内径（m）；

v——过水断面平均流速（m/s）；

g——重力加速度（m/s²）；

Δ——当量粗糙度；

Re——雷诺数。

2　混凝土管（渠）及采用水泥沙浆内衬管道：

$$h_y = \frac{v^2}{C^2R}l \tag{7.2.2-3}$$

$$C = \frac{1}{n}R^y \tag{7.2.2-4}$$

当$0.1 \leqslant R \leqslant 3.0$，$0.011 \leqslant n \leqslant 0.040$时，$y$可按下式计算，管道水力计算时，$y$也可取$\frac{1}{6}$，即$C$按公式$C=\frac{1}{n}R^{1/6}$计算。

$$y = 2.5\sqrt{n} - 0.13 - 0.75\sqrt{R}(\sqrt{n} - 0.1) \tag{7.2.2-5}$$

式中：C——流速系数；

R——水力半径（m）；

n——粗糙系数；

y——指数。

3　输配水管道：

$$h_y = \frac{10.67q^{1.852}}{C_h^{1.852}d_j^{4.87}}l \tag{7.2.2-6}$$

式中：q——设计流量（m³/s）；

C_h——海曾-威廉系数。

Δ（当量粗糙度）、n（粗糙系数）、C_h（海曾-威廉系数）3个摩阻系数，可采用水力物理模型试验检测相关参数值，再进行推算获得；没有试验值时，可根据管道的管材种类，按本标准附录A表A.0.1选用。

7.2.3　管（渠）道局部水头损失宜按下式计算：

$$h_j = \Sigma\zeta\frac{v^2}{2g} \tag{7.2.3}$$

式中：ζ——管（渠）道局部水头阻力系数，可根据水流边界形状、大小、方向的变化等选用。

7.2.4　配水管网水力平差计算宜按本标准式（7.2.2-6）计算。

7.3　长距离输水

7.3.1　管（渠）线线路应在深入进行实地踏勘和线路方案比选优化后确定。

7.3.2　输水系统应在保证水质安全、安全可靠和各种运行工况设计水量、水压均满足用水要求的前提下，进行重力流、加压、调压、调蓄等输水方式的技术、经济比选优化。

7.3.3　经济管径应根据投资、运行成本等采用折算成现值的动态年计算费用方法，计算比选确定。

7.3.4　管道各种设计工况应进行水力计算，确定水力坡降线和工作压力。

7.3.5　输水管道系统中管道阀门的位置，除应满足正常调度、切换、维修和维护保养外，尚应满足管道事故时非事故管道通过设计事故流量的需要。

7.3.6　输水管道系统水锤程度和水锤防护后的控制效果应采用瞬态水力过渡过程计算方法进行分析。采取水锤综合防护设计后的输水管道系统不应出现水柱分离，瞬时最高压力不应大于工作压力的1.3倍～1.5倍。

7.3.7　输水管道系统的水锤防护设计宜综合采用防止负压和减轻升压的措施。

7.3.8　输水管道系统中用于水锤控制的管道空气阀的位置、型式和口径，应根据瞬态水力过渡过程分析计算和本标准第7.5.7条的规定，综合考虑确定。

7.4　管道布置和敷设

7.4.1　输配水管道线路位置的选择应近远期结合，分期建设时预留位置应确保远期实施过程中不影响已建管道的正常运行。

7.4.2　输配水管道走向与布置应与城市现状及规划的地下铁道、地下通道、人防工程等地下隐蔽工程协调和配合。

7.4.3　地下管道的埋设深度，应根据冰冻情况、外部荷载、管材性能、抗浮要求及与其他管道交叉等因素确定。

7.4.4　架空或露天管道应设置空气阀、调节管道伸缩设施、保证管道整体稳定的措施和防止攀爬（包括警示标识）等安全措施，并应根据需要采取防冻保温措施。

7.4.5　城镇给水管道的平面布置和竖向位置，应保证供水安全，并符合现行国家标准《城市工程管线综合规划规范》GB 50289的有关规定，且应符合城市综合管廊规划的要求。

7.4.6　城镇给水管道与建（构）筑物、铁路以及和其他工程管道的水平净距应根据建（构）筑物基础、路面种类、卫生安全、管道埋深、管径、管材、施工方法、管道设计压力、管道附属构筑物的大小等确定，最小水平净距应符合国家现行标准《城市工程管线综合规划规范》GB 50289的有关规定。

7.4.7　给水管道与其他管线交叉时的最小垂直净距，应符合国家现行标准《城市工程管线综合规划规范》GB 50289的有关规定。

7.4.8　给水管道遇到有毒污染区和腐蚀地段时，应符合现行国家标准《城镇给水排水技术规范》GB 50788的有关规定。

7.4.9　给水管道与污水管道或输送有毒液体管道交叉时，给水管道应敷设在上面，且不应有接口重叠；当给水管道敷设在下面时，应采用钢管或钢套管，钢套管伸出交叉管的长度，每端不得小于3m，钢套管的两端应采用防水材料封闭。

7.4.10　给水管道穿越铁路，重要公路和城市重要道路等重要公共设施时，应采取措施保障重要公共设施安全。

7.4.11 管道穿过河道时，可采用管桥或河底穿越等方式，并应符合下列规定：

1 管道采用管桥穿越河道时，管桥高度应符合现行国家标准《内河通航标准》GB 50139 的有关规定，并应按现行国家标准《内河交通安全标志》GB 13851 的规定在河两岸设立标志；

2 穿越河底的给水管道应避开锚地，管内流速应大于不淤流速。管道应有检修和防止冲刷破坏的保护设施。管道的埋设深度应同时满足相应防洪标准（根据管道等级确定）洪水冲刷深度和规划疏浚深度，并应预留不小于 1m 的安全埋深；河道为通航河道时，管道埋深尚应符合现行国家标准《内河通航标准》GB 50139 的有关规定。

7.4.12 管道的地基、基础、垫层、回填土压实度等的要求，应根据管材的性质（刚性管或柔性管），结合管道埋设处的具体地质情况，按现行国家标准《给水排水工程管道结构设计规范》GB 50332 的有关规定确定。

7.4.13 管道功能性试验要求应符合现行国家标准《给水排水管道工程施工及验收规范》GB 50268 的有关规定。

7.4.14 敷设在城市综合管廊中的给水管道应符合现行国家标准《城市综合管廊工程技术规范》GB 50838 的规定，并应符合下列规定：

1 输配水管道在管廊中占用的空间，应便于管道工程的施工和维护管理，与其他管道的距离净距不应小于 0.5m；

2 管廊内管线应进行抗震设计；

3 管廊内金属管道应进行防腐设计；

4 管线引出管廊沟壁处应增加适应不均匀沉降的措施；

5 非整体连接型给水管道的三通、弯头等部位，应与管廊主体设计结合，并应增加保护管道稳定的措施；

6 输配水给水管道宜与热力管道分舱设置。

7.4.15 原有管道设施的改造与更新应对现状情况进行评估，经综合技术经济分析确定。

7.4.16 管网中设置增压泵站或配水池时，应符合下列规定：

1 增压泵站的增压方式应结合市政供水管网压力、实际可利用的供水压力，经综合技术经济分析确定；

2 应采取稳压限流措施，保证上游市政供水管网压力不低于当地供水服务水头；

3 必要时应设置补充消毒措施。

7.5 管渠材料及附属设施

7.5.1 输配水管道材质的选择应根据管径、内压、外部荷载和管道敷设区的地形、地质、管材供应，按运行安全、耐久、减少漏损、施工和维护方便、经济合理以及清水管道防止二次污染的原则，对钢管（SP）、球墨铸铁管（DIP）、预应力钢筒混凝土管（PCCP）、化学建材管等经技术、经济、安全等综合分析确定。

7.5.2 金属管道应考虑防腐措施。金属管道内防腐宜采用水泥砂浆衬里。金属管道外防腐宜采用环氧煤沥青、胶粘带等涂料。

金属管道敷设在腐蚀性土中以及电气化铁路附近或其他有杂散电流存在的地区时，应采取防止发生电化学腐蚀的外加电流阴极保护或牺牲阳极的阴极保护措施。

7.5.3 输配水管道的管材及金属管道内防腐材料和承插管接口处填充料应符合现行国家标准《生活饮用水输配水设备及防护材料的安全性评价标准》GB/T 17219 的有关规定。

7.5.4 非整体连接管道在垂直和水平方向转弯处、分叉处、管道端部堵头处，以及管径截面变化处支墩的设置，应根据管径、转弯角度、管道设计内水压力和接口摩擦力，以及管道埋设处的地基和周围土质的物理力学指标等因素计算确定。

7.5.5 输水管（渠）道的始点、终点、分叉处以及穿越河道、铁路、公路段，应根据工程的具体情况和有关部门的规定设置阀（闸）门。输水管道尚应按事故检修的需要设置阀门。配水管网上两个阀门之间独立管段内消火栓的数量不宜超过 5 个。

7.5.6 需要进行较大的压力和流量调节的输配水管道系统宜设有调压（流）装置。

7.5.7 输水管（渠）道隆起点上应设通气设施，管线竖向布置平缓时，宜间隔 1000m 左右设一处通气设施。配水管道可根据工程需要设置空气阀。

7.5.8 输水管（渠）道、配水管网低洼处、阀门间管段低处、环状管网阀门之间，可根据工程的需要设置泄（排）水阀。枝状管网的末端应设置泄（排）水阀。泄（排）水阀的直径，可根据放空管道中泄（排）水所需要的时间计算确定。

7.5.9 输水管（渠）需要进人检修处，宜在必要的位置设置人孔。

7.5.10 非满流的重力输水管（渠）道，必要时应设置跌水井或控制水位的措施。

7.5.11 消火栓、空气阀和阀门井等设备及设施应有防止水质二次污染的措施，严寒和寒冷地区应采取防冻措施。

7.5.12 管道沿线应设置管道标志，城区外的地下管道应在地面上设置标志桩，城区内管道应在顶部上方 300mm 处设警示带。

7.6 调蓄构筑物

7.6.1 单管（渠）输水系统应设置事故调蓄水池，调蓄容积应根据其他水源补充能力、管道检修或事故抢修时间、输水水质以及水质保持等因素综合考虑确定。调蓄池的个数或分格数不宜小于 2 个，并应能单独工作和分别泄空。

输送原水时，调蓄容积不宜大于 7d 的输水量，并应采取防止富营养、软体动物、甲壳浮游动物滋生堵塞管道和减缓积泥的措施。输送清水时，调蓄容积不应大于 1d 的输水量，并应满足本标准第 7.6.6 条、第 7.6.7 条的规定和设置补充消毒的设施。

7.6.2 兼有水质改善或应急处理功能的原水调蓄构筑物，其容积除应满足调蓄需求外，尚应满足水质改善或应急处理所需的水力停留时间要求。

7.6.3 用于水源地避咸、避沙、避凌的原水调蓄构筑物的设置及容积的确定应符合本标准第 5.3.2 条和第 5.3.3 条的规定。

7.6.4 水厂清水池的有效容积，应根据产水曲线、送水曲线、自用水量及消防储备水量等确定。当管网无调节构筑物时，在缺乏资料情况下，可按水厂最高日设计水量的 10%～20%确定。

7.6.5 当水厂未设置专用消毒接触池时，清水池的有效容积宜增加满足消毒接触所需的容积。游离氯消毒时应按接触时间不小于 30min 的增加容积考虑，氯胺消毒时应按接触时间不小于 120min 的增加容积考虑。

7.6.6 管网供水区域较大，距离净水厂较远，且供水区域有合适的位置和适宜的地形，可考虑在水厂外建高位水池、水塔或调节水池泵站。调节容积应根据用水区域供需情况及消防储备水量等确定。

7.6.7 清水池的个数或分格数不得小于 2 个，并应能单独工作和分别泄空；有特殊措施能保证供水要求时，可修建 1 个。

7.6.8 清水池内壁宜采用防水、防腐蚀措施，防水、防腐材料应符合现行国家标准《生活饮用水输配水设备及防护材料的安全性评价标准》GB/T 17219 的有关规定。

7.6.9 生活饮用水的清水池排空、溢流等管道严禁直接与下水道连通。生活饮用水的清水池四周应排水畅通，严禁污水倒灌和渗漏。

7.6.10 生活饮用水的清水池、调节水池、水塔，应有保证流动，避免死角，防止污染，便于清洗和通气等措施。

7.6.11 调蓄构筑物周围 10m 以内不得有化粪池、污水处理构筑物、渗水井、垃圾堆放场等污染源；周围 2m 以内不得有污水管道和污染物。当达不到上述要求时，应采取防止污染的措施。

7.6.12 水塔应根据防雷要求设置防雷装置。

8 水厂总体设计

8.0.1 水厂厂址的选择应符合城镇总体规划和相关专项规划，通过技术经济比较综合确定，并应满足下列条件：

1 合理布局给水系统；

2 不受洪涝灾害威胁；

3 有较好的排水和污泥处置条件；

4 有良好的工程地质条件；

5 有便于远期发展控制用地的条件；

6 有良好的卫生环境，并便于设立防护地带；

7 少拆迁，不占或少占农田；

8 有方便的交通、运输和供电条件；

9 尽量靠近主要用水区域；

10 有沉沙特殊处理要求的水厂，有条件时设在水源附近。

8.0.2 水厂应按实现终期规划目标的用地需求进行用地规划控制，并应在总体规划布局和分期建设安排的基础上，合理确定近期用地面积。

8.0.3 水厂总体布置应符合下列规定：

1 应结合工程目标和建设条件，在确定的工艺组成和处理构筑物形式的基础上，兼顾水厂附属建筑和设施的实际设置需求；

2 在满足水厂工艺流程顺畅的前提下，平面布置应力求功能分区明确、交通联络便捷和建筑朝向合理；

3 在满足水厂生产构筑物水力高程布置要求的前提下，竖向布置应综合生产排水、土方平衡和建筑景观等因素统筹确定；

4 对已有水厂总体规划的扩建水厂，应在维持总体规划布局基本框架不变的基础上，结合现实需求进行布置；对没有水厂总体规划的改建、扩建水厂，应在满足现实需求的前提下，结合原有设施的合理利用、水厂生产维持和安全运行、水平衡等因素，统筹考虑布置。

8.0.4 水厂生产构筑物的布置应符合下列规定：

1 高程布置应满足水力流程通畅的要求并留有合理的余量，减少无谓的水头和能耗；应结合地质条件并合理利用地形条件，力求土方平衡；

2 在满足各构筑物和管线施工要求以及方便生产管理的前提下，生产构筑物平面上应紧凑布置，且相互之间通行方便，有条件时宜合建；

3 生产构筑物间连接管道的布置，宜流向顺直、避免迂回。构筑物之间宜根据工艺要求设置连通管、超越管；

4 并联运行的净水构筑物间应配水和集水均匀；

5 排泥水处理系统中的水收集构筑物宜设置在排泥水生产构筑物附近，处理构筑物宜集中布置。

8.0.5 水厂附属建筑和设施的设置应根据水厂规模、工艺、监控水平和管理体制，结合当地实际情况确定。

8.0.6 机修间、电修间、仓库等附属生产建筑物应结合生产要求布置，并宜集中布置和适当合建。

8.0.7 生产管理建筑物和生活设施宜集中布置，力求位置和朝向合理，并与生产构筑物保持一定距离。采暖地区锅炉房宜布置在水厂最小频率风向的上风向。

8.0.8 水厂内各种管线应综合安排，避免互相干扰，满足施工要求，有适当的维护条件；管线密集区或有分期建设要求可采用综合管廊，综合管廊的设计可按现行国家标准《城市综合管廊工程技术规范》GB 50838 的规定执行。

8.0.9 水厂的防洪标准不应低于城市防洪标准，并应留有安全裕度。

8.0.10 一、二类城市主要水厂的供电应采用一级负荷。一、二类城市非主要水厂及三类城市的水厂可采用二级负荷。当不能满足时，应设置备用动力设施。

8.0.11 生产构筑物必须设置栏杆、防滑梯、检修爬梯、安全护栏等安全设施。

8.0.12 水厂内可设置滤料、管配件等露天堆放场地。

8.0.13 水厂建筑物造型宜简洁美观，材料选择适当，并应考虑建筑的群体效果及与周围环境的协调。

8.0.14 严寒地区的净水构筑物应建在室内；寒冷地区的净水构筑物是否建在室内或采取加盖措施应根据当地的实际气候条件确定。

8.0.15 水厂生产和附属生产及生活等建筑物的防火设计应符合现行国家标准《建筑设计防火规范》GB 50016 的有关规定。

8.0.16 水厂内应设置通向各构筑物和建筑物的通道，并应符合下列规定：

1 水厂的主要交通车辆道路应环行设置；

2 建设规模Ⅰ类水厂可设双车道，建设规模Ⅱ类和Ⅲ类水厂可设单车道；

3 主要车行道的宽度：单车道应为 3.5m ～4.0m，双车道应为 6m～7m，支道和车间引道不应小于 3m；

4 车行道尽头处和材料装卸处应根据需要设置回车道；

5 车行道转弯半径应为 6m～10m，其中主要物料运输道路转弯半径不应小于 9m；

6 人行道路的宽度应为 1.5m～2.0m；

7 通向构筑物的室外扶梯倾角不宜大于 45°；

8 人行天桥宽度不宜小于 1.2m。

8.0.17 水厂雨水管道应单独设置，水厂雨水管道设计降雨重现期宜选用 2 年～5 年，雨水排除应根据周边城市雨水管道的排水标准确定采用自排或强排水方式。有条件时，雨水宜收集利用。

8.0.18 水厂生产废水与排泥水、脱水污泥、生产与生活污水的处置与排放应符合项目环评报告及其批复的要求。

8.0.19 水厂应设置大门和围墙。围墙高度不宜小于 2.5m。有排泥水处理的水厂，宜设置脱水泥渣专用通道及出入口。

8.0.20 水厂宜设置电视监控系统等安全保护设施，并应符合当地有关部门和水厂管理的要求。

8.0.21 水厂应进行绿化。

9 水 处 理

9.1 一 般 规 定

9.1.1 水处理工艺流程的选用及主要构筑物的组成，应根据原水水质、设计生产能力、处理后水质要求，经过调查研究以及必要的试验验证或参照相似条件下已有水厂的运行经验，结合当地操作管理条件，通过技术经济比较综合研究确定。

9.1.2 生活饮用水处理工艺流程中，必须设置消毒工艺。

9.1.3 水处理构筑物的设计水量，应按最高日供水量加水厂自用水量确定。水厂自用水量应根据原水水质、处理工艺和构筑物类型等因素通过计算确定，自用水率可采用设计规模的 5%～10%。

9.1.4 水处理构筑物的设计参数必要时应按原水水质最不利情况（如沙峰、低温、低浊等）下所需最大供水量进行校核。

9.1.5 水厂设计时，应考虑任一构筑物或设备检修、清洗而停运时仍能满足生产需求。

9.1.6 净水构筑物应根据需要设置排泥管、排空管、溢流管或压力冲洗设施等。

9.1.7 用于生活饮用水处理的氧化剂、混凝剂、助凝剂、消毒剂、稳定剂和清洗剂等化学药剂产品必须符合卫生要求。

9.1.8 当原水的含沙量、浊度、色度、藻类和有机污染物等较高或 pH 值异常，导致水厂运行困难或出水水质下降甚至超标时，可在常规处理前增设预处理。

9.2 预 处 理

Ⅰ 预沉处理

9.2.1 当原水含沙量和浊度较高时，宜采取预沉处理。

9.2.2 预沉方式的选择，应根据原水含沙量及其粒径组成、沙峰持续时间、排泥要求、处理水量和水质要求等因素，结合地形条件采用沉沙、自然沉淀或凝聚沉淀。

9.2.3 预沉处理的设计含沙量应通过对设计典型年沙峰曲线的分析，结合避沙蓄水设施的设置条件，合理选取。

9.2.4 预沉处理工艺、设计参数可按现行行业标准《高浊度水给水设计规范》CJJ 40 的有关规定选取，也可通过试验或参照类似水厂的运行经验确定。

Ⅱ 生物预处理

9.2.5 当原水氨氮含量较高，或同时存在可生物降解有机污染物或藻含量较高时，可采用生物预处理。

9.2.6 生物预处理设施应设置生物接触填料和曝气装置，进水水温宜高于5℃；生物预处理设施前不宜投加除臭氧之外的其他氧化剂；生物预处理设施的设计参数宜通过试验或参照相似条件下的经验确定，当无试验数据或经验可参照时，可按本标准第9.2.9条的规定选取。

9.2.7 生物预处理的工艺形式可采用生物接触氧化池或颗粒填料生物滤池。

9.2.8 生物接触氧化池的设计应符合下列规定：

1 水力停留时间宜为1h～2h，曝气气水比宜为0.8：1～2：1，曝气系统可采用穿孔曝气系统和微孔曝气系统；

2 进出水可采用池底进水、上部出水或一侧进水、另一侧出水等方式，进水配水方式宜采用穿孔花墙，出水方式宜采用堰式；

3 可布置成单段式或多段式，有效水深宜为3m～5m，多段式宜采用分段曝气；

4 填料可采用硬性填料、弹性填料和悬浮填料等；硬性填料宜采用分层布置；弹性填料宜利用池体空间紧凑布置，可采用梅花形布置方式，单层填料高度宜为2m～4m；悬浮填料可按池有效体积的30%～50%投配，并应采取防止填料堆积及流失的措施；

5 应设置冲洗、排泥和放空设施。

9.2.9 颗粒填料生物滤池的设计应符合下列规定：

1 可为下向流或上向流，下向流滤池可参照普通快滤池布置，上向流滤池可参照上向流颗粒活性炭吸附池布置；当采用上向流时，应采取防止进水配水系统堵塞和出水系统填料流失的措施；

2 填料粒径宜为3mm～5mm，填料厚度宜为2.0m～2.5m；空床停留时间宜为15min～45min，曝气的气水比宜为0.5：1～1.5：1；滤层终期过滤水头下向流宜为1.0m～1.5m，上向流宜为0.5m～1.0m；

3 下向流滤池布置方式可参照砂滤池，冲洗方式应采用气水反冲洗，并应依次进行气冲、气水联合冲、水漂洗；气冲强度宜为10L/(m^2·s)～15L/(m^2·s)，气水联合冲时水冲强度宜为4L/(m^2·s)～8L/(m^2·s)，单水冲洗方式时水冲强度宜为12L/(m^2·s)～17L/(m^2·s)；

4 填料宜选用轻质多孔球形陶粒或轻质塑料球形颗粒填料；

5 宜采用穿孔管曝气，穿孔管位于配水配气系统的上部。

Ⅲ 化学预处理

9.2.10 采用氯预氧化处理工艺时，加氯点和加氯量应合理确定，并应减少消毒副产物的产生。

9.2.11 采用臭氧氧化时，应符合本标准第9.10节的有关规定。

9.2.12 采用高锰酸钾预氧化时，应符合下列规定：

1 高锰酸钾宜在水厂取水口加入；当在水处理流程中投加时，先于其他水处理药剂投加的时间不宜少于3min；

2 经过高锰酸钾预氧化的水应通过砂滤池过滤；

3 高锰酸钾预氧化的药剂用量应通过试验确定并应精确控制；

4 用于去除有机微污染物、藻和控制臭味的高锰酸钾投加量可为0.5mg/L～2.5mg/L；

5 高锰酸钾宜采用湿式投加，投加溶液浓度宜为1%～4%；

6 高锰酸钾投加量控制宜采用出水色度或氧化还原电位的检测反馈结合人工观察的方法；

7 高锰酸钾的储存、输送和投加车间应按防爆建筑设计，并应有防尘和集尘设施。

Ⅳ 粉末活性炭吸附预处理

9.2.13 原水在短时间内含较高浓度溶解性有机物、具有异臭异味时，可采用粉末活性炭吸附。采用粉末活性炭吸附应符合下列规定：

1 粉末活性炭投加点宜根据水处理工艺流程综合考虑确定，并宜加于原水中，经过与水充分混合、接触后，再投加混凝剂或氯；

2 粉末活性炭的用量宜根据试验确定，可为5mg/L～30mg/L；

3 湿投的粉末活性炭炭浆浓度可采用5%～10%（按重量计）；

4 粉末活性炭粒径应按现行行业标准《生活饮用水净水厂用煤质活性炭》CJ/T 345 的规定选择或通过选炭试验确定，一般可采用200目；

5 粉末活性炭的储存、输送和投加车间应按防爆建筑设计，并应有防尘和集尘设施。

9.3 混凝剂和助凝剂的投配

9.3.1 混凝剂和助凝剂品种的选择及其用量应根据原水混凝沉淀试验结果或参照相似条件下的水厂运行经验等，经综合比较确定。聚丙烯酰胺加注量应控制出厂水中的聚丙烯酰胺单体含量不超过现行国家标准《生活饮用水卫生标准》GB 5749 规定的限值。

9.3.2 混凝剂和助凝剂的储备量应按当地供应、运输等条件确定，宜按最大投加量的7d～15d计算。

9.3.3 混凝剂和助凝剂的投配应采用溶液投加方式。有条件的水厂应采用液体原料经稀释配置后或直接投加。

9.3.4 混凝剂和助凝剂的原料储存和溶液配置设计应符合下列规定：

1 计算固体混凝剂和助凝剂仓库面积时，其堆放高度可为1.5m～2.0m，有运输设备时堆放高度可适当增加；

2 液体原料混凝剂宜储存在地下储液池中，储液池不应少于2个；

3 混凝剂和助凝剂溶液配置应包括稀释配置投加溶液的溶液池和与投加设备相连的投加池，当混凝剂和助凝剂为固体时应配置溶解池；当设置2个及以上溶液池时，溶液池可兼作投加池，并互为备用和交替使用；

4 混凝剂和助凝剂的溶解和稀释配置应按投加量、混凝剂性质，选用水力、机械或压缩空气等搅拌、稀释方式；

5 混凝剂和助凝剂溶解和稀释配置次数应根据混凝剂投加量和配制条件等因素确定，每日不宜大于3次；

6 混凝剂和助凝剂溶解池不宜少于2个，溶液池和投加池的总数不应少于2个；溶解池宜设在地下，溶液池和投加池宜设在地上；

7 采用聚丙烯酰胺为助凝剂时，聚丙烯酰胺的原料储存和溶液配置应符合现行行业标准《高浊度水给水设计规范》CJJ 40 的有关规定；

8 混凝剂和助凝剂的溶解池、溶液池、投加池和原料储存池应采用耐腐蚀的化学储罐或混凝土池；采用酸、碱为助凝剂时，原料储存和溶液配置应采用耐腐蚀的化学储罐；化学储罐宜设在地上，储罐下方周边应设药剂泄漏的收集槽；

9 采用氯为助凝剂时，应符合本标准第9.9节的有关规定；

10 采用石灰、高锰酸钾、聚丙烯酰胺为助凝剂时，宜采用成套配置与投加设备。

9.3.5 混凝剂和助凝剂投配的溶液浓度可采用5%～20%；固体

原料按固体重量或有效成分计算，液体原料按有效成分计算。酸、碱可采用原液投加。聚丙烯酰胺投配的溶液浓度应符合现行行业标准《高浊度水给水设计规范》CJJ 40的有关规定。

9.3.6 混凝剂和助凝剂的投加应符合下列规定：

1 应采用计量泵加注或流量调节阀加注，且应设置计量设备并采取稳定加注量的措施；

2 加注设备宜按一对一加注配置，且每一种规格的加注设备应至少配置1套备用设备；当1台加注设备同时服务1个以上加注点时，加注点的设计加注量应一致，加注管道宜同程布置，同时服务的加注点不宜超过2个；

3 应采用自动控制投加，有反馈控制要求的加注设备应具备相应的功能；

4 聚丙烯酰胺的加注应符合现行行业标准《高浊度水给水设计规范》CJJ 40的有关规定。

9.3.7 与混凝剂和助凝剂接触的池内壁、设备、管道和地坪，应根据混凝剂或助凝剂性质采取相应的防腐措施。

9.3.8 加药间宜靠近投药点并应尽量设置在通风良好的地段。室内应设置每小时换气8次～12次的机械通风设备，入口处的室外应设置应急水冲淋设施。

9.3.9 药剂仓库及加药间应根据具体情况，设置计量工具和搬运设备。

9.4 混凝、沉淀和澄清

Ⅰ 一般规定

9.4.1 沉淀池或澄清池类型应根据原水水质、设计生产能力、处理后水质要求，并考虑原水水温变化、制水均匀程度以及是否连续运转等因素，结合当地条件通过技术经济比较确定。

9.4.2 沉淀池和澄清池的个数或能够单独排空的分格数不应小于2个。

9.4.3 设计沉淀池和澄清池时，应考虑均匀配水和集水。

9.4.4 沉淀池积泥区和澄清池沉泥浓缩室(斗)的容积，应根据进出水的悬浮物含量、处理水量、加药量、排泥周期和浓度等因素通过计算确定。

9.4.5 沉淀池和澄清池应采用机械化排泥装置。有条件时，可对机械化排泥装置实施自动化控制。

9.4.6 澄清池絮凝区应设取样装置。

9.4.7 沉淀池宜采用穿孔墙配水，穿孔墙孔口流速不宜大于0.1m/s。

9.4.8 沉淀池和澄清池宜采用集水槽集水，集水槽溢流率不宜大于250m^3/(m·d)。

Ⅱ 混 合

9.4.9 混合设备应根据所采用的混凝剂品种，使药剂与水进行恰当的急剧、充分混合。

9.4.10 混合方式的选择应考虑处理水量、水质变化，可采用机械混合或水力混合。

Ⅲ 絮 凝

9.4.11 絮凝池应与沉淀池合建。

9.4.12 絮凝池形式和絮凝时间应根据原水水质情况和相似条件下的运行经验或通过试验确定。

9.4.13 隔板絮凝池宜符合下列规定：

1 絮凝时间宜为20min～30min；

2 絮凝池廊道的流速应由大到小渐变，起端流速宜为0.5m/s～0.6m/s，末端流速宜为0.2m/s～0.3m/s；

3 隔板间净距宜大于0.5m；

4 絮凝池内宜有排泥设施。

9.4.14 机械絮凝池应符合下列规定：

1 絮凝时间宜为15min～20min，低温低浊水处理絮凝时间宜为20min ～30min；

2 池内宜设3级～4级搅拌机；

3 搅拌机的转速应根据桨板边缘处的线速度通过计算确定，线速度宜自第一级的0.5m/s逐渐变小至末级的0.2m/s；

4 池内宜设防止水体短流的设施；

5 絮凝池内应有放空设施。

9.4.15 折板絮凝池应符合下列规定：

1 絮凝时间宜为15min～20min，第一段和第二段絮凝时间宜大于5min；低温低浊水处理絮凝时间宜为20min～30min；

2 絮凝过程中的速度应逐段降低，分段数不宜小于三段，第一段流速宜为0.25m/s～0.35m/s，第二段流速宜为0.15m/s～0.25m/s，第三段流速宜为0.10m/s～0.15m/s；

3 折板夹角宜采用90°～120°；

4 第三段宜采用直板；

5 絮凝池内应有排泥设施。

9.4.16 栅条(网格)絮凝池应符合下列规定：

1 絮凝池宜采用多格竖流式。

2 絮凝时间宜为12min～20min；处理低温低浊水时，絮凝时间可延长至20min～30min；处理高浊水时，絮凝时间可采用10min～15min。

3 絮凝池竖井流速、过栅(过网)和过孔流速应逐段递减，分段数宜分三段，流速宜符合下列规定：

1)竖井平均流速：前段和中段宜为0.14m/s～0.12m/s，末段宜为0.14m/s～0.10m/s；

2)过栅(过网)流速：前段宜为0.30m/s～0.25m/s，中段宜为0.25m/s～0.22m/s，末端不宜安放栅条(网格)；

3)竖井之间孔洞流速：前段宜为0.30m/s～0.20m/s，中段宜为0.20m/s～0.15m/s，末段宜为0.14m/s～0.10m/s；

4)用于处理高浊水时，过网眼流速宜控制在0.6m/s～0.2m/s，并宜自前到末递减。

4 絮凝池宜布置成2组或多组并联形式。

5 絮凝池内应有排泥设施。

Ⅳ 平流沉淀池

9.4.17 平流沉淀池的沉淀时间和水平流速宜通过试验或参照相似条件下的水厂运行经验确定，沉淀时间可为1.5h～3.0h，低温低浊水处理沉淀时间宜为2.5h～3.5h，水平流速可采用10mm/s～25mm/s。

9.4.18 平流沉淀池水流应避免过多转折。

9.4.19 平流沉淀池的有效水深可采用3.0m～3.5m。沉淀池的每格宽度(数值等同于导流墙间距)宜为3m～8m，不应大于15m；长度与宽度之比不应小于4，长度与深度之比不应小于10。

Ⅴ 上向流斜管沉淀池

9.4.20 斜管沉淀池清水区液面负荷宜通过试验或参照相似条件下的水厂确定，可采用5.0m^3/(m^2·h)～9.0m^3/(m^2·h)，低温低浊水处理液面负荷可采用3.6m^3/(m^2·h)～7.2m^3/(m^2·h)。

9.4.21 斜管管径宜为25mm～40mm，斜长宜为1.0m，倾角宜为60°。

9.4.22 斜管沉淀池的清水区保护高度不宜小于1.2m，底部配水区高度不宜小于2.0m。

Ⅵ 侧向流斜板沉淀池

9.4.23 侧向流斜板沉淀池的设计宜符合下列规定：

1 斜板沉淀区的设计颗粒沉降速度、液面负荷宜通过试验或参照相似条件下的水厂运行经验确定，无数据时，设计颗粒沉降速度可采用0.16mm/s～0.30mm/s，清水区液面负荷可采用6.0m^3/(m^2·h)～12.0m^3/(m^2·h)，低温低浊水宜采用下限值；

2 斜板板距宜采用80mm～100mm；

3 斜板倾斜角度宜采用60°；

4 单层斜板板长不宜大于1.0m。

Ⅶ 高速澄清池

9.4.24 高速澄清池的设计应符合下列规定：

1 高速澄清池应同时投加混凝剂和高分子助凝剂。沉淀区宜设置斜管，清水区液面负荷应根据原水水质和出水要求，按类似条件下的运行经验确定，有条件时应试验验证，可采用$12m^3/(m^2 \cdot h)$～$25m^3/(m^2 \cdot h)$；用于高浊度水处理时可采用$7.2m^3/(m^2 \cdot h)$～$15.0m^3/(m^2 \cdot h)$；

2 斜管管径宜为30mm～60mm，斜长宜为0.6m～1.0m，倾角为60°；

3 斜管区上部清水区保护高度不宜小于1.0m，底部配水区高度不宜小于1.5m，污泥浓缩区高度不宜小于2.0m；

4 斜管下部的分离区宜每隔30cm～50cm设取样管；

5 絮凝区提升循环的水量应可调节，宜为设计流量的5倍～10倍；

6 污泥回流量应可调节，宜为高速澄清池设计水量的3%～5%。

Ⅷ 机械搅拌澄清池

9.4.25 机械搅拌澄清池清水区的液面负荷应按相似条件下的运行经验确定，可采用$2.9m^3/(m^2 \cdot h)$～$3.6m^3/(m^2 \cdot h)$。低温低浊时，液面负荷宜采用较低值，且宜加设斜管。

9.4.26 水在机械搅拌澄清池中的总停留时间可采用1.2h～1.5h。

9.4.27 搅拌叶轮提升流量可为进水流量的3倍～5倍，叶轮直径可为第二絮凝室内径的70%～80%，并应设调整叶轮转速和开启度的装置。

9.4.28 机械搅拌澄清池是否设置机械刮泥装置，应根据水池直径、底坡、进水悬浮物含量及其颗粒组成等因素确定。

Ⅸ 脉冲澄清池

9.4.29 脉冲澄清池清水区的液面负荷，应按相似条件下的运行经验确定，可采用$2.5m^3/(m^2 \cdot h)$～$3.2m^3/(m^2 \cdot h)$。

9.4.30 脉冲周期可采用30s～40s，充放时间比应为3∶1～4∶1。

9.4.31 脉冲澄清池的悬浮层高度和清水区高度，可分别采用1.5m和2.0m。

9.4.32 脉冲澄清池应采用穿孔管配水，上设人字形稳流板。

9.4.33 虹吸式脉冲澄清池的配水总管，应设排气装置。

Ⅹ 气 浮 池

9.4.34 气浮池宜用于浑浊度小于100 NTU及含有藻类等密度小的悬浮物质的原水。

9.4.35 接触室的上升流速可采用10mm/s～20mm/s，分离室的向下流速可采用1.5mm/s～2.0mm/s，分离室液面负荷可为$5.4m^3/(m^2 \cdot h)$～$7.2m^3/(m^2 \cdot h)$。

9.4.36 气浮池的单格宽度不宜大于10m；池长不宜大于15m；有效水深可采用2.0m～3.0m。

9.4.37 溶气罐的压力及回流比应根据原水气浮试验情况或参照相似条件下的运行经验确定，溶气压力可采用0.2MPa～0.4MPa；回流比可采用5%～10%。溶气释放器的型号及个数应根据单个释放器在选定压力下的出流量及作用范围确定。

9.4.38 压力溶气罐的总高度可采用3.0m，罐内填料高度宜为1.0m～1.5m，罐的截面水力负荷可采用$100m^3/(m^2 \cdot h)$～$150m^3/(m^2 \cdot h)$。

9.4.39 气浮池宜采用刮渣机排渣。刮渣机的行车速度不宜大于5m/min。

9.4.40 多雨、多风地区的气浮池宜设棚。

9.4.41 气浮池出水宜采用穿孔管集水，穿孔管孔口流速不宜大于0.5m/s。

9.5 过 滤

Ⅰ 一 般 规 定

9.5.1 滤料应具有足够的机械强度和抗蚀性能，可采用石英砂、无烟煤和重质矿石等。

9.5.2 滤池型式应根据设计生产能力、运行管理要求、进出水水质和净水构筑物高程布置等因素，结合厂址地形条件，通过技术经济比较确定。

9.5.3 滤池的分格数应根据滤池形式、生产规模、操作运行和维护检修等条件通过技术经济比较确定。除无阀滤池和虹吸滤池外，不得少于4格。

9.5.4 滤池的单格面积应根据滤池形式、生产规模、操作运行、滤后水收集及冲洗水分配的均匀性，通过技术经济比较确定。

9.5.5 滤料层厚度与有效粒径之比（L/d_{10}值）：细砂及双层滤料过滤应大于1000，粗砂滤料过滤应大于1250。

9.5.6 除滤池构造和运行时无法设置初滤水排放设施的滤池外，滤池宜设有初滤水排放设施。

9.5.7 光照充沛、气温较高的地区，砂滤池宜设棚。

Ⅱ 滤速及滤料组成

9.5.8 滤池应按正常情况下的滤速设计，并应以检修情况下的强制滤速校核。

9.5.9 滤池滤速及滤料组成应根据进水水质、滤后水水质要求、滤池构造等因素，通过试验或参照相似条件下已有滤池的运行经验确定，并宜按表9.5.9采用。

表9.5.9 滤池滤速及滤料组成

滤料种类	滤料组成			正常滤速(m/h)	强制滤速(m/h)
	有效粒径(mm)	均匀系数	厚度(mm)		
单层细砂滤料	石英砂 $d_{10}=0.55$	$K_{80}<2.0$	700	6～9	9～12
双层滤料	无烟煤 $d_{10}=0.85$	$K_{80}<2.0$	300～400	8～12	12～16
	石英砂 $d_{10}=0.55$	$K_{80}<2.0$	400		
均匀级配粗砂滤料	石英砂 $d_{10}=0.9～1.2$	$K_{60}<1.6$	1200～1500	6～10	10～13

注：滤料的相对密度(g/cm^3)为：石英砂2.50～2.70，无烟煤1.40～1.60，实际采购的滤料粒径与设计粒径的允许偏差为±0.05mm。

9.5.10 当滤池采用大阻力配水系统时，其承托层材料、粒径与厚度宜按表9.5.10采用。

表9.5.10 大阻力配水系统承托层材料、粒径与厚度

层次(自上而下)	材料	粒径(mm)	厚度(mm)
1	砾石	2～4	100
2	砾石	4～8	100
3	砾石	8～16	100
4	砾石	16～32	本层顶面应高出配水系统孔眼100

9.5.11 采用滤头配水(气)系统时，承托层可采用粒径2mm～4mm粗砂，厚度不宜小于100mm。

Ⅲ 配水、配气系统

9.5.12 滤池配水、配气系统，应根据滤池形式、冲洗方式、单格面积、配气配水的均匀性等因素考虑选用。当采用单水冲洗时，可选用穿孔管、滤砖、滤头等配水系统；当采用气水冲洗时，可选用长柄滤头、塑料滤砖、穿孔管等配水、配气系统；配水、配气干管(渠)顶应设排气管，排出口应在滤池运行水位以上。

9.5.13 大阻力穿孔管配水系统孔眼总面积与滤池面积之比宜为0.20%～0.28%；中阻力滤砖配水系统孔眼总面积与滤池面积之比宜为0.6%～0.8%；小阻力滤头配水系统缝隙总面积与滤池面积之比宜为1.25%～2.00%。

9.5.14 大阻力配水系统应按冲洗流量，根据下列要求通过计算确定：

1 配水干管(渠)进口处的流速宜为1.0m/s～1.5m/s；

2 配水支管进口处的流速宜为1.5m/s～2.0m/s；

3 配水支管孔眼出口流速宜为5.0m/s～6.0m/s。

9.5.15 长柄滤头配气配水系统应按冲洗气量、水量，根据下列要求通过计算确定：

1 配气干管进口端流速宜为10m/s～20m/s；

2 配水(气)渠配气孔出口流速宜为10m/s左右;

3 配水干管进口端流速宜为1.5m/s左右;

4 配水(气)渠配水孔出口流速宜为1m/s~1.5m/s。

Ⅳ 冲 洗

9.5.16 滤池冲洗方式的选择应根据滤料层组成、配水配气系统形式,通过试验或参照相似条件下已有滤池的经验确定,并宜按表9.5.16采用。

表9.5.16 滤池冲洗方式和程序

滤料组成	冲洗方式、程序
单层细砂级配滤料	(1)水冲 (2)气冲—水冲
单层粗砂均匀级配滤料	气冲—气水同时冲—水冲
双层煤、砂级配滤料	(1)水冲 (2)气冲—水冲

9.5.17 单水冲洗滤池的冲洗强度滤料膨胀率及冲洗时间宜按表9.5.17采用。

表9.5.17 单水冲洗滤池的冲洗强度滤料膨胀率及冲洗时间(水温20℃时)

滤料组成	冲洗强度[$L/(m^2 \cdot s)$]	膨胀率(%)	冲洗时间(min)
单层细砂级配滤料	12~15	45	7~5
双层煤、砂级配滤料	13~16	50	8~6

注:1 当采用表面冲洗设备时,冲洗强度可取低值;
2 应考虑由于全年水温、水质变化因素,有适当调整冲洗强度和历时的可能;
3 选择冲洗强度应考虑所用混凝剂品种的因素;
4 膨胀率数值仅作设计计算用;
5 当增设表面冲洗设备时,表面冲洗设备宜采用$2L/(m^2 \cdot s)$~$3L/(m^2 \cdot s)$(固定式)或$0.50L/(m^2 \cdot s)$~$0.75L/(m^2 \cdot s)$(旋转式),冲洗时间均为4min~6min。

9.5.18 气水冲洗滤池的冲洗强度及冲洗时间宜按表9.5.18采用。

表9.5.18 气水冲洗滤池的冲洗强度及冲洗时间

滤料种类	先气冲洗		气水同时冲洗			后水冲洗		表面扫洗	
	强度[$L/(m^2 \cdot s)$]	时间(min)	气强度[$L/(m^2 \cdot s)$]	水强度[$L/(m^2 \cdot s)$]	时间(min)	强度[$L/(m^2 \cdot s)$]	时间(min)	强度[$L/(m^2 \cdot s)$]	时间(min)
单层细砂级配滤料	15~20	3~1	—	—	—	8~10	7~5	—	—
双层煤、砂级配滤料	15~20	3~1	—	—	—	6.5~10	6~5	—	—
单层粗砂均匀级配滤料	13~17 (13~17)	2~1 (2~1)	13~17 (13~17)	3~4 (1.5~2)	4~3 (5~4)	4~8 (3.5~4.5)	8~5 (8~5)	1.4~2.3	全程

注:1 表中单层粗砂均匀级配滤料中,无括号的数值适用于无表面扫洗的滤池;括号内的数值适用于有表面扫洗的滤池;
2 不适用于翻板滤池。

9.5.19 单水冲洗滤池的冲洗周期,当为单层细砂级配滤料时,宜采用12h~24h;气水冲洗滤池的冲洗周期,当为粗砂均匀级配滤料时,宜采用24h~36h。

Ⅴ 滤池配管(渠)

9.5.20 滤池应设下列管(渠),其管径(断面)宜根据表9.5.20要求通过计算确定。

表9.5.20 各种管(渠)和流速(m/s)

管(渠)名称	流 速
进水	0.8~1.2
出水	1.0~1.5
冲洗水	2.0~2.5
排水	1.0~1.5
初滤水排放	3.0~4.5
输气	10~20

Ⅵ 普通快滤池

9.5.21 单层、双层滤料滤池冲洗前水头损失宜采用2.0m~2.5m。

9.5.22 滤层表面以上的水深宜采用1.5m~2.0m。

9.5.23 单层滤料快滤池宜采用大阻力或中阻力配水系统,双层滤料滤池宜采用中阻力配水系统。

9.5.24 冲洗排水槽的总平面面积不应大于滤池面积的25%,滤料表面到洗砂排水槽底的距离应等于冲洗时滤层的膨胀高度。

9.5.25 滤池冲洗水的供给可采用水泵或高位水箱(塔)。

当采用高位水箱(塔)冲洗时,高位水箱(塔)有效容积应按单格滤池冲洗水量的1.5倍计算,水箱(塔)及出水管路上应设置调节冲洗水量的设施。

当采用水泵冲洗时,宜设1.5倍~2.0倍单格滤池冲洗水量的冲洗水调节池;水泵的能力应按单格滤池冲洗水量设计;水泵的配置应适应冲洗强度变化的需求,并应设置备用机组。

Ⅶ V型滤池

9.5.26 V型滤池冲洗前的水头损失可采用2.0m~2.5m。

9.5.27 滤层表面以上的水深不应小于1.2m。

9.5.28 V型滤池宜采用长柄滤头配气、配水系统。

9.5.29 V型滤池冲洗水的供应应采用水泵,并应设置备用机组;水泵的配置应适应冲洗强度变化的需求。

9.5.30 V型滤池冲洗气源的供应应采用鼓风机,并应设置备用机组。

9.5.31 V型滤池两侧进水槽的槽底配水孔口至中央排水槽边缘的水平距离宜在3.5m以内,不得大于5m。表面扫洗配水孔的纵向轴线应保持水平。

9.5.32 V型进水槽断面应按非均匀流满足配水均匀性要求计算确定,其斜面与池壁的倾斜度宜采用45°~50°。

9.5.33 V型滤池的进水系统应设置进水总渠,每格滤池进水应设可调整堰板高度的进水堰;每格滤池出水应设调节阀并宜设可调整堰板高度的出水堰,滤池的出水系统宜设置出水总渠。

9.5.34 反冲洗空气总管的管底应高于滤池的最高水位。

9.5.35 V型滤池长柄滤头配气配水系统的设计应采取有效措施,控制同格滤池所有滤头滤帽或滤柄顶表面在同一水平高程,其误差允许范围应为±5mm。

9.5.36 V型滤池的冲洗排水槽顶面宜高出滤料层表面500mm。

Ⅷ 虹吸滤池

9.5.37 虹吸滤池的最少分格数,应按滤池在低负荷运行时,仍能满足一格滤池冲洗水量的要求确定。

9.5.38 虹吸滤池冲洗前的水头损失,可采用1.5m。

9.5.39 虹吸滤池冲洗水头应通过计算确定,宜采用1.0m~1.2m,并应有调整冲洗水头的措施。

9.5.40 虹吸进水管和虹吸排水管的断面积宜根据下列流速通过计算确定:

1 进水管:0.6m/s~1.0m/s;

2 排水管:1.4m/s~1.6m/s。

Ⅸ 重力式无阀滤池

9.5.41 无阀滤池的分格数宜采用2格~3格。

9.5.42 每格无阀滤池应设单独的进水系统,进水系统应有防止空气进入滤池的措施。

9.5.43 无阀滤池冲洗前的水头损失可采用1.5m。

9.5.44 过滤室内滤料表面以上的直壁高度应等于冲洗时滤料的最大膨胀高度再加保护高度。

9.5.45 无阀滤池的反冲洗应设有辅助虹吸设施,并应设置调节冲洗强度和强制冲洗的装置。

Ⅹ 翻板滤池

9.5.46 翻板滤池冲洗前的水头损失可采用2.0m~2.5m。

9.5.47 滤层表面以上的水深宜采用1.5m~2.0m。

9.5.48 翻板滤池可采用适合气水联合反冲的专用穿孔管或滤头配水、配气系统；采用专用穿孔管配水、配气时，承托层的顶面应高出横向布水布气管顶部配气孔 50mm 以上，承托层的级配可按本标准表 9.5.10 或通过试验确定；采用滤头配水、配气时，承托层可按本标准第 9.5.11 条确定。

9.5.49 翻板滤池冲洗方式的选择应根据滤料种类及分层组成，通过试验或参照相似条件下已有滤池的经验确定，气冲强度宜为 $15L/(m^2 \cdot s) \sim 17L/(m^2 \cdot s)$，气水同时冲洗下的水冲强度宜为 $2.5L/(m^2 \cdot s) \sim 3L/(m^2 \cdot s)$，单水冲下的水冲强度宜为 $15L/(m^2 \cdot s) \sim 17L/(m^2 \cdot s)$。

9.5.50 翻板滤池冲洗水的供应可采用水泵，也可采用高位水箱。当采用水泵冲洗时，宜设有 1.5 倍～2.0 倍单格滤池冲洗水量的冲洗水调节池；水泵的能力应按单格滤池冲洗水量设计；水泵的配置应适应冲洗强度变化的需求，并应设置备用机组。当采用高位水箱(塔)冲洗时，水箱(塔)有效容积应按单格滤池冲洗水量的 1.5 倍计算，水箱(塔)及出水管路上应设置调节冲洗水量的设施。

9.5.51 翻板滤池冲洗气源的供应应采用鼓风机，并应设置备用机组。

9.5.52 翻板滤池的池宽不宜大于 6m，不应大于 8m；翻板滤池的长度不应大于 15m。

9.5.53 翻板滤池的进水系统应设置进水总渠；每格滤池进水应设可调整堰板高度的进水堰；每格滤池出水应设调节阀并宜设可调整堰板高度的出水堰；滤池的出水系统宜设置出水总渠；翻板滤池的排水系统应设置分阶段开启的翻板阀及排水总渠。

9.5.54 滤层表面以上水临时储存冲洗废水区域高度不应小于 1.5m。

9.5.55 翻板阀底距滤层顶垂直距离不应小于 0.30m。

9.5.56 反冲气空气总管的管底应符合本标准第 9.5.34 条的规定。

9.5.57 采用穿孔管配水、配气系统时，宜采用竖向配水、配气总渠(管)结合横向布水、布气支管的基本构架，横向布水、布气支管应在不同高度分别设置气孔和水孔，气孔和水孔的孔径与数量应确保布水布气均匀。配水、配气系统宜按下列数据通过计算确定：

1 竖向配水管流速：1.5m/s～2.5m/s；

2 竖向配气管流速：15m/s～25m/s；

3 横向布水、布气管水孔流速：1.0m/s～1.5m/s，气孔流速：10m/s～20m/s。

9.5.58 穿孔管配水、配气系统的材料的选用应符合涉水卫生标准的要求，宜采用 PE 管或不低于 S304 材质的不锈钢管。

9.5.59 穿孔管配水、配气系统，横向布水、布气管单根管，水平误差允许范围应为±3mm，同格滤池相互水平误差允许范围应为±10mm；竖向配水管、配气管应保证垂直，下端管口的水平误差允许范围应为±2mm。

9.6 地下水除铁和除锰

Ⅰ 工艺流程选择

9.6.1 生活饮用水的地下水源中铁、锰含量超过生活饮用水卫生标准规定时，或生产用水中铁、锰含量超过工业用水标准时，应进行除铁、除锰处理。

9.6.2 地下水除铁、除锰工艺流程的选择及构筑物的组成应根据原水水质、处理后水质要求、除铁、除锰试验或参照水质相似水厂运行经验，通过技术经济比较确定。

9.6.3 当原水中二价铁小于 5mg/L，二价锰小于 0.5mg/L 时，工艺流程应为：原水→曝气溶氧装置→除铁、除锰滤池→出水。

9.6.4 当原水中二价铁大于 5mg/L，二价锰大于 0.5mg/L 时，可采用本标准第 9.6.3 条中的工艺流程，除铁、除锰滤池滤层应适当加厚，也可采用两级过滤流程。采用一级过滤或是两级过滤，设计时应根据具体情况对工程的经济性和水质风险进行全面评估来决定。两级过滤工艺流程应为：原水→曝气溶氧装置→除铁滤池→除锰滤池→出水。

9.6.5 当含铁锰水中伴生氨氮，且氨氮大于 1mg/L 时，宜采用两级曝气两级过滤工艺：原水→曝气溶氧装置→除铁滤池→曝气溶氧装置→除锰滤池→出水。

Ⅱ 曝气装置

9.6.6 曝气装置应根据原水水质和工艺对溶解氧的需求来选定，可采用跌水、淋水、喷水、射流曝气、压缩空气、板条式曝气塔、接触式曝气塔或叶轮式表面曝气装置。

9.6.7 采用跌水装置时，跌水级数可采用 1 级～3 级，每级跌水高度宜为 0.5m～1.0m，单宽流量宜为 $20m^3/(m \cdot h) \sim 50m^3/(m \cdot h)$。

9.6.8 采用淋水装置(穿孔管或莲蓬头)时，孔眼直径可采用 4mm～8mm，孔眼流速宜为 1.5m/s～2.5m/s，安装高度宜为 1.5m～2.5m。当采用莲蓬头时，每个莲蓬头的服务面积宜为 $1.0m^2 \sim 1.5m^2$。

9.6.9 采用喷水装置时，每 $10m^2$ 集水池面积上宜装设 4 个～6 个向上喷出的喷嘴，喷嘴处的工作水头宜采用 7m。

9.6.10 采用射流曝气装置时，其构造应根据工作水的压力、需气量和出口压力等通过计算确定。工作水可采用全部、部分原水或其他压力水。

9.6.11 采用压缩空气曝气时，每立方米水的需气量(以 L 计)宜为原水二价铁含量(以 mg/L 计)的 2 倍～5 倍。

9.6.12 采用板条式曝气塔时，板条层数可为 4 层～6 层，层间净距宜为 400mm～600mm。

9.6.13 采用接触式曝气塔时，填料层层数可为 1 层～3 层，填料宜采用 30mm～50mm 粒径的焦炭块或矿渣，每层填料厚度宜为 300mm～400mm，层间净距不宜小于 600mm。

9.6.14 淋水装置、喷水装置、板条式曝气塔和接触式曝气塔的淋水密度，可采用 $5m^3/(m^2 \cdot h) \sim 10m^3/(m^2 \cdot h)$。淋水装置接触水池容积，宜按 30min～40min 处理水量计算。接触式曝气塔底部集水池容积，宜按 15min～20min 处理水量计算。

9.6.15 采用叶轮表面曝气装置时，曝气池容积可按 20min～40min 处理水量计算，叶轮直径与池长边或直径之比可为 1∶6～1∶8，叶轮外缘线速度可为 4m/s～6m/s。

9.6.16 当跌水、淋水、喷水、板条式曝气塔、接触式曝气塔或叶轮表面曝气装置设在室内时，应考虑通风设施。

Ⅲ 除铁、除锰滤池

9.6.17 除铁、除锰滤池的滤料可选择天然锰砂、石英砂和无烟煤等。

9.6.18 除铁、除锰滤池滤料的粒径：石英砂宜为 $d_{min}=0.5mm$，$d_{max}=1.2mm$；锰砂宜为 $d_{min}=0.6mm$，$d_{max}=1.2mm \sim 2.0mm$。厚度宜为 800mm～1200mm。滤速宜为 5m/h～7m/h。

9.6.19 除铁、除锰滤池宜采用大阻力配水系统，其承托层可按本标准表 9.5.10 选用。当采用锰砂滤料时，承托层的顶面两层应改为锰矿石。

9.6.20 除铁、除锰滤池的冲洗强度、膨胀率和冲洗时间可按表 9.6.20 采用。

表 9.6.20 除铁、除锰滤池的冲洗强度、膨胀率和冲洗时间

序号	滤料种类	滤料粒径 (mm)	冲洗方式	冲洗强度 $[L/(m^2 \cdot s)]$	膨胀率 (%)	冲洗时间 (min)
1	石英砂	0.5～1.2	水冲洗	10～15	30～40	>7
2	锰砂	0.6～1.2	水冲洗	12～18	30	10～15
3	锰砂	0.6～1.5	水冲洗	15～18	25	10～15
4	锰砂	0.6～2.0	水冲洗	15～18	22	10～15

注：表中所列锰砂滤料冲洗强度为按滤料相对密度(g/cm^3)在 3.4～3.6 之间，且冲洗水温为 8℃时的数据。

9.7 除　　氟

Ⅰ　一 般 规 定

9.7.1　当原水氟化物含量超过现行国家标准《生活饮用水卫生标准》GB 5749 的规定时，应进行除氟。

9.7.2　饮用水除氟可采用混凝沉淀法、活性氧化铝吸附法、反渗透法等。本标准除氟工艺适用于原水含氟量 1mg/L～10mg/L、含盐量小于 10000mg/L、悬浮物小于 5mg/L、水温 5℃～30℃。

9.7.3　除氟过程中产生的废水及泥渣排放应符合国家现行标准的有关规定。

Ⅱ　混凝沉淀法

9.7.4　混凝沉淀法宜用于含氟量小于 4mg/L 的原水，投加的药剂宜选用铝盐。

9.7.5　药剂投加量(以 Al^{3+} 计)应通过试验确定，宜为原水含氟量的 10 倍～15 倍。

9.7.6　工艺流程宜选用：原水—混合—絮凝—沉淀—过滤。

9.7.7　混合、絮凝和过滤的设计参数应符合本标准第 9.3 节～第 9.5 节的规定，投加药剂后水的 pH 值应控制在 6.5～7.5。

9.7.8　沉淀时间应通过试验确定，宜为 4h。

Ⅲ　活性氧化铝吸附法

9.7.9　活性氧化铝的粒径应小于 2.5mm，宜为 0.5mm～1.5mm。

9.7.10　在原水接触滤料之前，宜采用投加硫酸、盐酸、醋酸等酸性溶液或投加二氧化碳气体等调整 pH 值在 6.0～7.0。

9.7.11　吸附滤池的滤速和运行方式应按下列规定采用：

1　当滤池进水 pH 值大于 7.0 时，应采用间断运行方式，滤速宜为 2m/h～3m/h，连续运行时间 4h～6h，间断 4h～6h；

2　当滤池进水 pH 值小于 7.0 时，宜采用连续运行方式，其滤速宜为 6m/h～8m/h。

9.7.12　滤池滤料厚度宜按下列规定选用：

1　当原水含氟量小于 4mg/L 时，滤料厚度宜大于 1.5m；

2　当原水含氟量大于或等于 4mg/L 时，滤料厚度宜大于 1.8m。

9.7.13　滤池滤料再生处理的再生液宜采用氢氧化钠溶液，也可采用硫酸铝溶液。

9.7.14　采用氢氧化钠再生时，再生过程可采用"反冲→再生→二次反冲→中和"四个阶段；采用硫酸铝再生时，可省去中和阶段。

Ⅳ　反 渗 透 法

9.7.15　反渗透装置宜由保安过滤器、高压泵、反渗透膜组件、清洗系统、控制系统等组成。

9.7.16　进入反渗透装置原水的污染指数(FI)应小于 4。若原水不能满足膜组件的进水水质要求时，应采取相应的预处理措施。

9.7.17　反渗透预处理水量可按下式计算：

$$Q = (Q_d + Q_n)a \tag{9.7.17}$$

式中：Q ——预处理水量(m^3/h)；

Q_d——淡水流量(m^3/h)；

Q_n——浓水流量(m^3/h)；

a——预处理设备的自用水系数，可取 1.05～1.10。

9.7.18　反渗透装置设计时，设备之间应留有足够的操作和维修空间，设备不能设置在多尘、高温、震动的地方，装置宜放置室内且避免阳光直射；当环境温度低于 4℃时，应采取防冻措施。

9.8 除　　砷

Ⅰ　一 般 规 定

9.8.1　当生活饮用水的原水中砷含量超过现行国家标准《生活饮用水卫生标准》GB 5749 的规定时，应采取除砷处理。

9.8.2　饮用水除砷方法应根据出水水质要求、处理水量、当地经济条件等，通过技术经济比较后确定。可采用铁盐混凝沉淀法，也可采用离子交换法、吸附法、反渗透或低压反渗透(纳滤)法等。

9.8.3　含砷水处理应先采用氯、臭氧、过氧化氢、高锰酸钾或其他锰化合物将水中的三价砷氧化成五价砷，然后再采用本标准第 9.8.2 条的方法加以去除。

9.8.4　除砷过程中产生的浓水或泥渣等排放应符合国家现行标准的有关规定。

Ⅱ　铁盐混凝沉淀法

9.8.5　铁盐混凝沉淀法除砷宜用于含砷量小于 1mg/L、pH 值 6.5～7.8 的原水。对含有三价砷的原水，应先预氧化后，再处理。

9.8.6　铁盐混凝沉淀法除砷可采用下列工艺流程(图 9.8.6)。

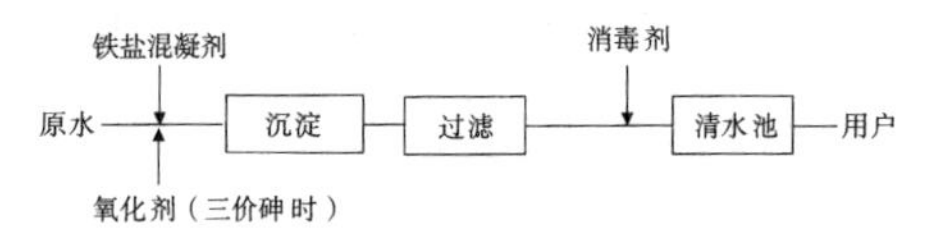

图 9.8.6　铁盐混凝沉淀法除砷工艺流程

9.8.7　投加的药剂宜选用聚合硫酸铁、三氯化铁或硫酸亚铁。药剂投加量宜为 20mg/L～30mg/L，可通过试验确定。

9.8.8　沉淀宜选用机械搅拌澄清池，混合时间宜为 1min，混合搅拌转速宜为 100r/min～400r/min；絮凝区水力停留时间宜为 20min。

9.8.9　过滤可采用多介质过滤器过滤或微滤。选用多介质过滤器过滤时，滤速宜为 4m/h～6m/h，空床接触时间宜为 2min～5min。选用微滤过滤时，微滤膜孔径宜选用 0.2μm。

9.8.10　当地下水砷超标不多、悬浮物浓度较低时，可采用预氧化、铁盐微絮凝直接过滤的工艺。

Ⅲ　离子交换法

9.8.11　离子交换法除砷宜用于含砷量小于 0.5mg/L、pH 值为 6.5～7.5 的原水。对 pH 值不在此范围内的原水，应先调节 pH 值后，再处理。

9.8.12　离子交换法除砷可采用下列工艺流程(图 9.8.12)。

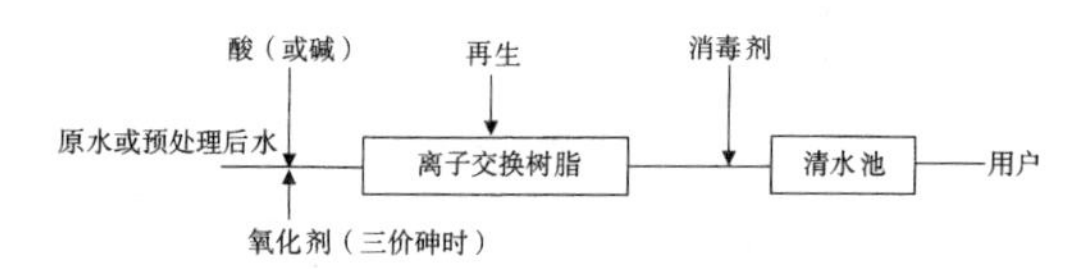

图 9.8.12　离子交换法除砷工艺流程

9.8.13　离子交换树脂宜选用聚苯乙烯阴离子树脂。接触时间宜为 1.5min～3.0min，层高宜为 1m。

9.8.14　离子交换树脂的再生宜采用氯化钠再生法。聚苯乙烯树脂宜采用最低浓度不小于 3%的氯化钠溶液再生。

9.8.15　用氯化钠溶液再生时，用盐量宜为 87kg/(m^3树脂)，树脂再生可使用 10 次。

9.8.16　含砷的废盐溶液可投加三氯化铁除砷，投加量宜为 39kg $FeCl_3$/kg As。

Ⅳ　吸　附　法

9.8.17　吸附法除砷宜用于含砷量小于 0.5mg/L、pH 值为 5.5～6.0 的原水。对 pH 值不在此范围内的原水，应先调节 pH 值后，再处理。

9.8.18　吸附剂宜选用活性氧化铝。再生时可采用氢氧化钠或硫酸铝溶液。

9.8.19　吸附法除砷可采用下列工艺流程(图 9.8.19)。

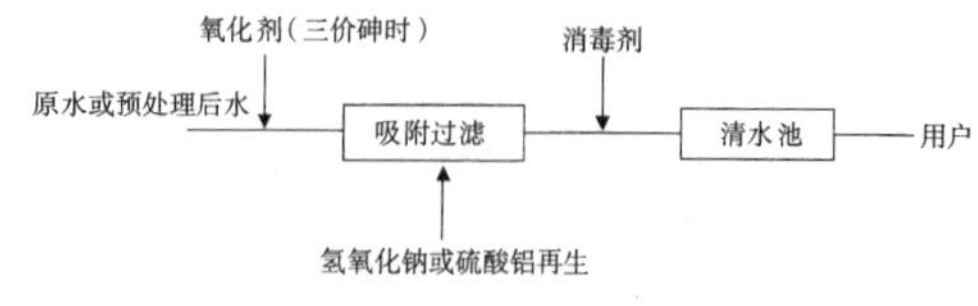

图 9.8.19　吸附法除砷工艺流程

9.8.20 当选用活性氧化铝吸附时，活性氧化铝的粒径应小于2.5mm，宜为0.5mm～1.5mm，层高宜为1.5m，空床流速宜为5m/h～10m/h。

9.8.21 当选用活性氧化铝吸附时，可用1.0mol/L的氢氧化钠溶液再生，所用体积应为4倍床体积；用0.2mol/L的硫酸淋洗，所用体积应为4倍床体积；每次再生会损耗2%的三氧化二铝。

Ⅴ 反渗透或低压反渗透（纳滤）法

9.8.22 反渗透或低压反渗透（纳滤）法除砷工艺宜用于处理砷含量较高的地下水或地表水。可根据不同水质，采用反渗透或低压反渗透（纳滤）。

9.8.23 反渗透或低压反渗透（纳滤）法除砷可采用下列工艺流程（图9.8.23）。

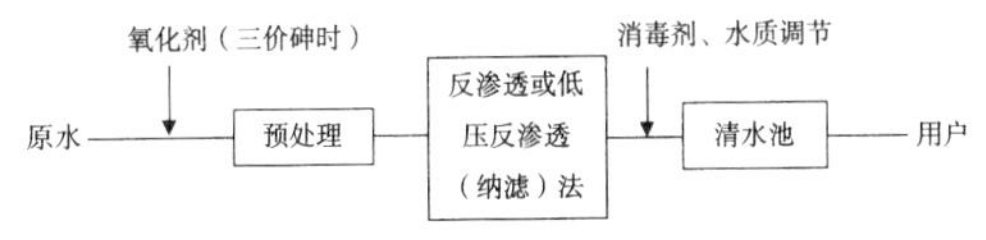

图9.8.23 反渗透或低压反渗透（纳滤）法除砷工艺流程

9.8.24 反渗透或低压反渗透（纳滤）法装置的进水水质要求、技术工艺等宜按本标准第9.7.15条～第9.7.18条执行。

9.9 消 毒

Ⅰ 一 般 规 定

9.9.1 消毒工艺的选择应依据处理水量、原水水质、出水水质、消毒剂来源、消毒剂运输与储存的安全要求、消毒副产物形成的可能、净水处理工艺等，通过技术经济比较确定。消毒工艺可选择化学消毒、物理消毒以及化学与物理组合消毒，并应符合下列规定：

1 常用的化学消毒工艺应包括氯消毒、氯胺消毒、二氧化氯消毒、臭氧消毒等，物理消毒工艺应为紫外线消毒；

2 当使用液氯和液氨在运输和贮存方面受到较多限制时，经技术经济比较和安全评估后，可采用次氯酸钠和硫酸铵；

3 液氯或次氯酸钠供应不便、消毒剂量需求不大的偏远地区小型水厂或集中式供水装置可采用漂白粉、漂白精等稳定型消毒剂，或是采用现场制备二氧化氯、次氯酸钠消毒剂的设备；

4 采用紫外线消毒作为主消毒工艺时，后续应设置化学消毒设施。

9.9.2 消毒工艺位置设置应根据原水水质、工艺流程和消毒方法等，并适当考虑水质的变化确定。采用化学消毒工艺时，消毒剂可在过滤后单点投加，也可在工艺流程中多点投加。采用紫外消毒工艺时，应设在滤后。

9.9.3 化学消毒剂的设计投加量和紫外线设计剂量，宜通过试验并根据相似条件水厂运行经验按最大用量确定，出厂水消毒剂剩余浓度和消毒副产物应符合现行国家标准《生活饮用水卫生标准》GB 5749的有关规定。

9.9.4 采用化学消毒时，消毒剂与水应充分混合接触，接触时间应根据消毒剂种类和消毒目标以满足*CT*值的要求确定；水厂有条件时，宜单独设立消毒接触池。兼用于消毒接触的清水池，内部廊道总长与单宽之比宜大于50。

紫外线消毒应保证充分照射的条件，并选用使用寿命内稳定达到设计剂量的紫外线水消毒设备。

9.9.5 消毒设备应适应水质、水量变化对消毒剂量变化的需要，并能在设计变化范围内精确控制剂量。消毒设备应有备用。

9.9.6 消毒系统中所有与化学物接触的设备与器材均应有良好的密封性和耐腐蚀性，所有可能接触到化学物的建筑结构、构件和墙地面均应做防腐处理。

Ⅱ 液氯消毒、液氯和液氨氯胺消毒

9.9.7 液氯消毒或液氯与液氨的氯胺消毒系统设计应包括液氯（液氨）瓶储存、气化、投加和安全等方面。

9.9.8 当采用液氯与液氨的氯胺消毒时，氯与氨的投加比例应通过试验确定，可采用重量比3∶1～6∶1。

9.9.9 水与氯、氨应充分混合，氯消毒有效接触时间不应小于30min，氯胺消毒有效接触时间不应小于120min。

9.9.10 水厂宜采用全自动真空加氯系统，并应符合下列规定：

1 系统宜包括氯瓶岐管（气相或液相）、工作和待命氯瓶岐管切换装置、蒸发器（必要时）、真空调节器、真空加氯机、氯气输送管道、投加水射器和水射器动力水系统。

2 氯库内在线工作氯瓶和在线待命氯瓶的连接数量均不宜大于4个，岐管切换装置与真空调节器宜设置在氯库内。

3 当加氯量大于40kg/h时，系统中应设置蒸发器或采取其他安全可靠的增加气化量的措施；设置蒸发器时，氯瓶岐管应采用液相岐管，蒸发器与真空调节器应设在专设的蒸发器间内。

4 投加水射器应安装在氯投加点处；加氯机与水射器之间的氯气输送管道长度不宜大于200m；水射器动力水宜经专用泵自厂用水管网或出厂总管上抽取加压供给，供水压力应满足水射器加注的需求，管道布置上应满足不间断供水要求。

5 加氯机宜采用一对一加注的方式配置；当1台加氯机同时服务1个以上加注点时，每个加注点的设计加注量应一致，水射器后的管道宜同程布置，同时服务的加注点不宜超过2个。

6 加氯机及其管道应有备用；当配有不同规格加氯机时，至少应配置1套最大规格的公共备用加氯机。

7 加氯机应能显示瞬间投加量。

9.9.11 采用漂白粉或漂粉精消毒时，应先配制成浓度为1%～2%的澄清溶液，再通过计量泵加注。原料储存、溶液配制及加注系统可按本标准第9.3节的有关规定执行。

9.9.12 水厂宜采用全自动真空加氨系统。除可不设蒸发器外，系统的基本组成、配置与布置要求与全自动真空加氯系统相同。当水射器动力水硬度大于50mg/L时，应采取防止和消除投加口结垢堵塞的措施。

采用直接压力投加氨气时，投加设备的出口压力应小于0.1MPa；当原水硬度大于50mg/L时，应采取消除投加口结垢堵塞的措施。

9.9.13 加氯间和氯库、加氨间和氨库应设置在水厂最小频率风向的上风向，宜与其他建筑的通风口保持一定的距离，并应远离居住区、公共建筑、集会和游乐场所。

9.9.14 所有连接在加氯岐管上的氯瓶均应设置电子秤或磅秤；采用温水加温氯瓶气化时，设计水温应低于40℃；氯瓶、氨瓶与加注设备之间应设置防止水或液氯倒灌的截止阀、逆止阀和压力缓冲罐。

9.9.15 氯库的室内温度应控制在40℃以内。氯（氨）库和加氯（氨）间室内采暖应采用散热器等无明火方式，散热器不应邻近氯（氨）瓶和投加设备布置。

9.9.16 加氯（氨）间、氯（氨）库和氯蒸发器间应采取下列安全措施：

1 氯库不应设置阳光直射氯（氨）瓶的窗户。氯库应设置单独外开的门，不应设置与加氯间和氯蒸发器间相通的门。氯库大门上应设置人行安全门，其安全门应向外开启，并能自行关闭。

2 加氯（氨）间、氯（氨）库和氯蒸发器间必须与其他工作间隔开，并应设置直接通向外部并向外开启的门和固定观察窗。

3 加氯（氨）间、氯（氨）库和氯蒸发器间应设置低、高检测极限的泄漏检测仪和报警设施。

4 氯库、加氯间和氯蒸发器间应设事故漏氯吸收处理装置，处理能力按1h处理1个满瓶漏氯量计，处理后的尾气应符合现行国家标准《大气污染物综合排放标准》GB 16297的有关规定。漏氯吸收装置应设在临近氯库的单独房间内，氯库、加氯间和氯蒸发器间的地面应设置通向事故漏氯吸收处理装置的吸气地沟。

5 氯库应设置专用的空瓶存放区。

6 加氨间和氨库的建筑均应按防爆建筑要求进行设计，房间内的电气设备应采用防爆型设备。

9.9.17 加氯(氨)间、氯(氨)库和氯蒸发器间的通风系统的设置应符合下列规定：

1 加氯(氨)间、氯(氨)库和氯蒸发器间应设每小时换气8次～12次的通风系统；

2 加氯间、氯库和氯蒸发器间的通风系统应设置高位新鲜空气进口和低位室内空气排至室外高处的排放口；

3 加氨间及氨库的通风系统应设置低位进口和高位排出口；

4 氯(氨)库应设根据氯(氨)气泄漏量启闭通风系统或漏氯吸收处理装置的自动切换控制系统。

9.9.18 加氯(氨)间、氯(氨)库和氯蒸发器间外部应设有室内照明和通风设备的室外开关以及防毒护具、抢救设施和抢修工具箱等。

9.9.19 加氯、加氨管道及配件应采用耐腐蚀材料。输送氯和氨的有压部分管道应采用特殊厚壁无缝钢管，加氯(氨)间真空管道及氯(氨)水溶液管道及取样管等应采用塑料等耐腐蚀管材。

9.9.20 氯瓶和氨瓶应分别存放在单独的仓库内，且应与加氯间(或氯蒸发器间)和加氨间毗连。

液氯(氨)瓶库应设置起吊机械设备，起重量应大于满瓶重量的一倍以上。库房的出入口要便于瓶的装卸进出。

液氯(氨)库的储备量应按当地供应、运输等条件确定，城镇水厂可按最大用量的7d～15d计算。

Ⅲ 二氧化氯消毒

9.9.21 二氧化氯应采用化学法现场制备后投加。二氧化氯制备宜采用盐酸还原法和氯气氧化法。

9.9.22 二氧化氯设计投加量的确定应保证出厂水的亚氯酸盐或氯酸盐浓度不超过现行国家标准《生活饮用水卫生标准》GB 5749规定的限值。

9.9.23 二氧化氯消毒系统应采用包括原料调制供应、二氧化氯发生、投加的成套设备，发生设备与投加设备应有备用，并应有相应有效的各种安全设施。二氧化氯消毒系统中的储罐、发生设备和管材均应有良好的密封性和耐腐蚀性。在设置二氧化氯消毒系统设备的建筑内，所有可能与原料或反应生成物接触的建筑构件和墙地面应做防腐处理。

9.9.24 二氧化氯与水应充分混合，消毒接触时间不应少于30min。

9.9.25 制备二氧化氯的原材料氯酸钠、亚氯酸钠和盐酸、氯气等严禁相互接触，必须分别贮存在分类的库房内，贮放槽应设置隔离墙。

9.9.26 二氧化氯发生与投加设备应设在独立的设备间内，并应与原料库房毗邻且设置观察原料库房的固定观察窗。

9.9.27 二氧化氯消毒系统的各原料库房与设备间应符合下列规定：

1 各个房间应相互隔开，室内应互不连通；

2 各个房间均应设置直接通向外部并向外开启的门，外部均应设室内照明和通风设备的室外开关以及放置防毒护具、抢救设施和抢修工具箱等；

3 氯酸钠、亚氯酸钠库房建筑均应按防爆建筑要求进行设计；

4 原料库房与设备间均应有保持良好通风的设备，每小时换气应为8次～12次，室内应备有快速淋浴、洗眼器；氯酸钠、亚氯酸钠库房应有保持良好干燥状态的设备，盐酸库房内应设置酸泄漏的收集槽，氯瓶库房设计应符合本标准第9.9.14条～第9.9.18条的有关规定；

5 二氧化氯发生与投加设备间应配备二氧化氯泄漏的低、高检测极限检测仪和报警设施，并室内应设喷淋装置。

9.9.28 二氧化氯制备的原料库房储存量可按不大于最大用量10d计算。

Ⅳ 次氯酸钠氯消毒、次氯酸钠与硫酸铵氯胺消毒

9.9.29 采用次氯酸钠氯消毒时，经技术经济比较后，可采用商品次氯酸钠溶液或采用次氯酸钠发生器通过电解食用盐现场制取；采用硫酸铵溶液加氨进行氯胺消毒时，宜采用商品硫酸铵溶液，氯和氨的投加比例及消毒接触时间应按本标准第9.9.8条和第9.9.9条执行。

9.9.30 商品次氯酸钠溶液原液浓度约10%(有效氯)时，储存浓度宜按5%(有效氯)考虑，储备量宜按储存浓度和最大用量的7d左右计算。商品硫酸铵溶液可采用7%～8%(有效氨)原液储存和直接投加；当投加量较小时，可进行1∶1～1∶3稀释后储存并投加，储备量可按储存浓度和最大用量的7d～15d计算。

9.9.31 次氯酸钠和硫酸铵溶液的溶液池可兼做投加池，不宜少于2个；次氯酸钠和硫酸铵溶液池均应做防腐处理，有条件时，可按本标准第9.3.4条的规定采用化学储罐作为溶液池。次氯酸钠和硫酸铵溶液可在室内或室外储存，应单独储存；当次氯酸钠和硫酸铵溶液储存在同一建筑内时，应分别设在不同的房间内，且储液池(罐)放空系统不应相通，并应各自接至室外独立的废液处理井；当在室外储存时，两种溶液的储液池不应共用公共池壁，应单独设储液池(罐)且不应相邻布置，放空系统不应相通，并应各自接至独立的废液处理井；气温较高地区宜设置在室内或室外地下。

9.9.32 次氯酸钠、硫酸铵溶液投加系统的设计可按本标准第9.3.6条的第1款～第3款执行。当投加设备处在同一建筑内时，应分别设在不同的房间内，且室内加注管道不应在同一管槽或空间内敷设。

9.9.33 次氯酸钠和硫酸铵溶液的投加间、储存间应设置每小时换气8次～12次的机械通风设备，室内可能与次氯酸钠和硫酸铵溶液接触的建筑构件和墙地面应做防腐处理，在房间出入口附近应至少设置一套快速淋浴、洗眼器。

9.9.34 次氯酸钠发生投加系统的设计应采用包括盐水调配、盐水储存、次氯酸钠发生、投加、储存、风机等的成套设备，并应有相应有效的各种安全设施。

9.9.35 对于大型或重要性较高的水厂，在采用制用次氯酸钠时，原盐溶解和次氯酸钠发生系统宜设置2组以上的，宜有20%～30%的富裕能力。次氯酸钠制成溶液储存容量宜按12h～48h最大用量设置。

9.9.36 次氯酸钠发生系统的原料储备量可按平均投加量的5d～10d计算；贮藏面积计算时，堆放高度可按1.5m～2.0m计；次氯酸钠发生系统的盐水每日配置次数不宜大于2次，并宜采用自动化程度配置较高的装置。

9.9.37 次氯酸钠发生器上部应设密封罩收集电解产生的氢气，罩顶应设专用高位通风管直接伸至户外，且出风管口应远离火种、不受雷击。次氯酸钠发生器所在建筑的屋顶不得有吊顶、梁顶无通气孔的下翻梁。

9.9.38 次氯酸钠发生器及制成液储存设施的所在房间应设置每小时换气8次～12次的高位通风的机械通风设备，在房间出入口附近应至少设置一套快速淋浴、洗眼器。

9.9.39 食用盐储存间内的起重设备、电气设备、门窗等均应采取耐高盐度的防腐措施。

Ⅴ 紫外线消毒

9.9.40 紫外线消毒工艺的采用应根据原水水质特征、水处理工艺特点及出水水质的要求，经技术经济比较后确定。

9.9.41 当紫外线消毒作为主要消毒工艺时，紫外线有效剂量不应小于40mJ/cm^2。

9.9.42 紫外线水消毒设备应采用管式消毒设备。

9.9.43 紫外线消毒工艺应设置于过滤后，且应设置超越系统。

9.9.44 应根据待消毒水的处理规模、用地条件、原水水质特征、进入紫外线水消毒设备的进水水质、经济性、合理性、管理便利性等情况，合理确定紫外灯类型、紫外线水消毒设备的数量和备用

方式。

9.9.45 管式消毒设备的选型应根据适用的流速与消毒效果，结合水头损失综合考虑确定。管式消毒设备本身水头损失宜小于0.5m，管路系统的设计流速宜采用1.2m/s～1.6m/s。

9.9.46 管式消毒设备间的设计应符合下列规定：

1 平面布置可平行布置，也可交错布置，水平间距应满足紫外灯管抽检的要求；

2 高程布置宜避免局部隆起积气；

3 消毒设备前后宜保持一定长度的直管段，前部直管段长度不应小于消毒设备管径的3倍，后部直管段长度宜大于消毒设备管径的3倍；

4 每台消毒设备前后直管段上应设置隔离阀门，前部管段的高点应设置排气阀；

5 每台消毒设备前宜设置流量计；

6 设备间宜设置起重机。

9.9.47 紫外线灯套管的清洗方式应根据水质情况、使用寿命、维护管理等选择化学、机械或两者结合的方式。

9.10 臭氧氧化

Ⅰ 一般规定

9.10.1 臭氧氧化工艺的设置应根据其净水工艺不同的目的确定，并宜符合下列规定：

1 以去除溶解性铁、锰、色度、藻类，改善臭味以及混凝条件，替代前加氯以减少氯消毒副产物为目的的预臭氧，宜设置在混凝沉淀(澄清)之前；

2 以降解大分子有机物、灭活病毒和消毒或为其后续生物氧化处理设施提高溶解氧为目的后臭氧，宜设置在沉淀、澄清后或砂滤池后。

9.10.2 臭氧氧化工艺设施的设计应包括气源装置、臭氧发生装置、臭氧气体输送管道、臭氧接触池，以及臭氧尾气消除装置。

9.10.3 臭氧设计投加量宜根据待处理水的水质状况并结合试验结果确定，也可参照相似水质条件下的经验选用，预臭氧宜为0.5mg/L～1.0mg/L，后臭氧宜为1.0mg/L～2.0mg/L。

当原水溴离子含量较高时，臭氧投加量的确定应考虑防止出厂水溴酸盐超标，必要时，尚应采取阻断溴酸盐生成途径或降低溴酸盐生成量的工艺措施。

9.10.4 臭氧氧化系统中必须设置臭氧尾气消除装置。

9.10.5 所有与臭氧气体或溶解有臭氧的水体接触的材料应耐臭氧腐蚀。

Ⅱ 气源装置

9.10.6 臭氧发生装置的气源品种及气源装置的形式应根据气源成本、臭氧的发生量、场地条件以及臭氧发生的综合单位成本等因素，经技术经济比较后确定。

9.10.7 臭氧发生装置的气源可采用空气或氧气，氧气的气源装置可采用液氧储罐或制氧机。所供气体的露点应低于－60℃，其中的碳氧化合物、颗粒物、氮以及氩等物质的含量不能超过臭氧发生装置的要求。

9.10.8 气源装置的供气量及供气压力应满足臭氧发生装置最大发生量时的要求，且气源装置应邻近臭氧发生装置设置。

9.10.9 供应空气的气源装置中的主要设备应有备用。

9.10.10 液氧储罐供氧装置的液氧储存量应根据场地条件和当地的液氧供应条件综合考虑确定，不宜少于最大日需氧量的3d用量，液氧气化装置宜有备用。

9.10.11 制氧机供氧装置应设有备用液氧储罐，其备用液氧的储存量应满足制氧设备停运维护或故障检修时的氧气供应量，不宜少于2d的用量。

9.10.12 以空气或制氧机为气源的气源装置应设在室内，并应采取隔音降噪措施；以液氧储罐为气源的气源装置宜设置在露天。

除臭氧发生车间外，液氧储罐、制氧站与其他各类建筑的防火距离应符合现行国家标准《氧气站设计规范》GB 50030的有关规定；液氧储罐四周宜设栅栏或围墙，不应设产生可燃物的设施，四周地面和路面应按现行国家标准《氧气站设计规范》GB 50030规定的范围设置非沥青路面层的不燃面层。

采用液氧储罐或制氧机气源装置时，厂区应有满足液氧槽车通行、转弯和回车要求的道路和场地。

Ⅲ 臭氧发生装置

9.10.13 臭氧发生装置应包括臭氧发生器、供电及控制设备、冷却设备以及臭氧和氧气泄漏探测及报警设备。

9.10.14 臭氧发生装置的产量应满足最大臭氧加注量的要求。

9.10.15 采用空气源时，臭氧发生器应采用硬备用配置；采用氧气源时，经技术经济比较后，可选择采用软备用或硬备用配置；采用软备用配置时，臭氧发生器的配置台数不宜少于3台。

9.10.16 臭氧发生器内循环水冷却系统宜包括冷却水泵、热交换器、压力平衡水箱和连接管路。与内循环水冷却系统中热交换器换热的外部冷却水水温不宜高于30℃；外部冷却水源应接自厂自用水管道；当外部冷却水水温不能满足要求时，应采取降温措施。

9.10.17 臭氧发生装置应尽可能设置在离臭氧用量较大的臭氧接触池较近的位置。

9.10.18 臭氧发生装置应设置在室内。室内空间应满足设备安装维护的要求；室内环境温度宜控制在30℃以内，必要时，可设空调设备。

9.10.19 臭氧发生间的设置应符合下列规定：

1 臭氧发生间内应设置每小时换气8次～12次的机械通风设备，通风系统应设置高位新鲜空气进口和低位室内空气排至室外高处的排放口；

2 应设置臭氧泄漏低、高检测极限的检测仪和报警设施；

3 车间入口处的室外应放置防护器具、抢救设施和工具箱，并应设置室内照明和通风设备的室外开关。

Ⅳ 臭氧气体输送管道

9.10.20 输送臭氧气体的管道直径应满足最大输气量的要求，管道设计流速不宜大于15m/s。管材应采用316L不锈钢。

9.10.21 臭氧气体输送管道敷设可采用架空、埋地或管沟。在气候炎热地区，设置在室外的臭氧气体管道宜外包绝热材料。

以氧气为气源发生的臭氧气体输送管道的敷设设计可按现行国家标准《氧气站设计规范》GB 50030中的有关氧气管道的敷设规定执行。

Ⅴ 臭氧接触池

9.10.22 臭氧接触池的个数或能够单独排空的分格数不宜少于2个。

9.10.23 臭氧接触池的接触时间应根据工艺目的和待处理水的水质情况，通过试验或参照相似条件下的运行经验确定。当无试验条件或可参照经验时，可按本标准第9.10.26条、第9.10.27条的规定选取。

9.10.24 臭氧接触池应全密闭。池顶应设置臭氧尾气排放管和自动双向压力平衡阀，池内水面与池内顶宜保持0.5m～0.7m距离，接触池入口和出口处应采取防止接触池顶部空间内臭氧尾气进入上下游构筑物的措施。

9.10.25 臭氧接触池水流应采用竖向流，并应设置竖向导流隔板将接触池分成若干区格。导流隔板间净距不宜小于0.8m，隔板顶部和底部应设置通气孔和流水孔。接触池出水宜采用薄壁堰跌水出流。

9.10.26 预臭氧接触池应符合下列规定：

1 接触时间宜为2min～5min；

2 臭氧气体应通过水射器抽吸后注入设于接触池进水管上的静态混合器，或经设在接触池的射流扩散器直接注入接触池内；

3　抽吸臭氧气体水射器的动力水，可采用沉淀（澄清）后、过滤后或厂用水，不宜采用原水；动力水应设置专用动力水增压泵供水；

4　接触池设计水深宜采用4m～6m；

5　采用射流扩散器投加时，设置扩散器区格的平面形状宜为弧角矩形或圆形，扩散器应设于该反应区格的平面中心；

6　接触池顶部应设尾气收集管；

7　接触池出水端水面处宜设置浮渣排除管。

9.10.27　后臭氧接触池应符合下列规定：

1　接触池宜由二段到三段接触室串联而成，由竖向隔板分开；

2　每段接触室应由布气区格和后续反应区格组成，并应由竖向导流隔板分开；

3　总接触时间应根据工艺目的确定，宜为6min～15min，其中第一段接触室的接触时间宜为2min～3min；

4　臭氧气体应通过设在布气区格底部的微孔曝气盘直接向水中扩散；微孔曝气盘的布置应满足该区格臭氧气体在±25%的变化范围内仍能均匀布气，其中第一段布气区格的布气量宜占总布气量的50%左右；

5　接触池的设计水深宜采用5.5m～6m，布气区格的水深与水平长度之比宜大于4；

6　每段接触室顶部均应设尾气收集管。

9.10.28　臭氧接触池内壁应强化防裂、防渗措施。

Ⅵ　臭氧尾气消除装置

9.10.29　臭氧尾气消除装置应包括尾气输送管、尾气中臭氧浓度监测仪、尾气除湿器、抽气风机、剩余臭氧消除器，以及排放气体臭氧浓度监测仪及报警设备等。

9.10.30　臭氧尾气消除可采用电加热分解消除、催化剂接触分解消除或活性炭吸附分解消除等方式，以氧气为气源的臭氧处理设施中的尾气不应采用活性炭消除方式。

9.10.31　臭氧尾气消除装置的最大设计气量应与臭氧发生装置的最大设计气量一致。抽气风机应可根据臭氧发生装置的实际供气量适时调节抽气量。

9.10.32　臭氧尾气消除装置应有备用。

9.10.33　臭氧尾气消除装置设置应符合下列规定：

1　可设在臭氧接触池池顶，也可另设他处；另设他处时，臭氧尾气抽送管道的最低处应设凝结水排除装置；

2　电加热分解装置应设在室内；催化剂接触或活性炭吸附分解装置可设在室内，也可设置在室外，室外设置时应设防雨篷；

3　室内设尾气消除装置时，室内应有强排风设施，必要时可加设空调设备。

9.11　颗粒活性炭吸附

Ⅰ　一般规定

9.11.1　颗粒活性炭吸附或臭氧-生物活性炭处理工艺可适用于降低水中有机、有毒物质含量或改善色、臭、味等感官指标。

9.11.2　颗粒活性炭吸附池的设计参数应通过试验或参照相似条件下的运行经验确定。

9.11.3　颗粒活性炭吸附或臭氧-生物活性炭处理工艺在水厂工艺流程中的位置，应经过技术经济比较后确定；颗粒活性炭吸附工艺宜设在砂滤之后，臭氧-生物活性炭处理工艺可设在砂滤之后或砂滤之前；当颗粒活性炭吸附或臭氧-生物活性炭处理工艺设在砂滤之后时，其进水浊度宜小于0.5NTU；当臭氧-生物活性炭处理工艺设在砂滤之前，且前置工艺投加聚丙烯酰胺时，应慎重控制投加量；当水厂因用地紧张而难以同时建设砂滤池和炭吸附池，且原水浊度不高和有机污染较轻时，可采用在下向流颗粒活性炭吸附池炭层下增设较厚的砂滤层的方法，形成同时除浊除有机物的炭砂滤池。

9.11.4　颗粒活性炭吸附池的过流方式应根据其在工艺流程中的位置、水头损失和运行经验等因素确定，可采用下向流（降流式）或上向流（升流式）。当颗粒活性炭吸附池设在砂滤之后且其后续无进一步除浊工艺时，应采用下向流；当颗粒活性炭吸附池设在砂滤之前时，宜采用上向流。

9.11.5　颗粒活性炭吸附池分格数及单池面积应根据处理规模和运行管理条件比较确定。分格数不宜少于4个。

9.11.6　颗粒活性炭吸附池的池型应根据处理规模确定。除设计规模较小时可采用压力滤罐外，宜采用单水冲洗的普通快滤池、虹吸滤池或气水联合冲洗的普通快滤池、翻板滤池等形式。

9.11.7　活性炭应采用吸附性能好、机械强度高、化学稳定性高、粒径适宜和再生后性能恢复好的煤质颗粒活性炭。

活性炭粒径及粒度组成应根据颗粒活性炭吸附池的作用、过流方式和位置，按现行行业标准《生活饮用水净水厂用煤质活性炭》CJ/T 345的规定选择或通过选炭试验确定。下向流、砂滤后的可选用ϕ1.5mm、8目×30目、12目×40目或试验确定的规格，上向流的宜选用30目×60目或试验确定的规格。

9.11.8　颗粒活性炭吸附池高程设计时，应根据设计选定的活性炭膨胀度曲线，校核排（出）水槽底和出水堰顶的高程是否满足不同设计水温时，设计水量和冲洗强度下的炭床膨胀高度的要求。

9.11.9　室外设置的颗粒活性炭吸附池面应采取隔离或防护措施，管廊池壁宜设有观察窗；采用臭氧-生物活性炭工艺时，室内设置的炭吸附池池面上部建筑空间应采取防止臭氧泄漏和强化通风措施，上部建筑空间应具备便于观察、技术测定、更换炭需要的高度。

9.11.10　颗粒活性炭吸附池内壁与颗粒活性炭接触部位应强化防裂防渗措施。

9.11.11　颗粒活性炭吸附池装卸炭宜采用水力输送，整池出炭、进炭总时间宜小于24h。水力输炭管内流速应为0.75m/s～1.5m/s，输炭管内炭水体积比宜为1∶4。输炭管的管材应采用不锈钢或硬聚氯乙烯（UPVC）管。输炭管道转弯半径应大于5倍管道直径。

Ⅱ　下向流颗粒活性炭吸附池

9.11.12　处理水与活性炭层的空床接触时间宜采用6min～20min，炭床厚度宜为1.0m～2.5m，空床流速宜为8m/h～20m/h。炭床最终水头损失应根据活性炭粒径、炭层厚度和空床流速确定。

9.11.13　经常性的冲洗周期宜采用3d～6d。

采用单水冲洗时，常温下经常性冲洗强度宜采用11L/(m^2·s)～13L/(m^2·s)，历时宜为8min～12min，膨胀率宜为15%～20%；定期大流量冲洗强度宜采用15L/(m^2·s)～18 L/(m^2·s)，历时宜为8min～12min，膨胀率宜为25%～35%。

采用气水联合冲洗时，应采用先气冲后水冲的模式；气冲强度宜采用15L/(m^2·s)～17L/(m^2·s)，历时宜为3min～5min，常温下水冲洗强度宜采用7L/(m^2·s)～12L/(m^2·s)，历时宜为8min～12min，膨胀率宜为15%～20%。

冲洗水应采用颗粒活性炭吸附池出水或滤池出水，采用滤池出水时，滤池进水不宜投加氯；水冲洗宜采用水泵供水，水泵配置应适应不同水温时冲洗强度调整的需要；气冲洗应采用鼓风机供气。

9.11.14　采用单水冲洗时，宜采用中阻力滤砖配水系统；采用气水联合冲洗时，宜采用适合与气水冲洗的专用穿孔管或小阻力滤头配水配气系统；滤砖配水系统承托层宜采用砾石分层级配，粒径宜为2mm～16mm，厚度不宜小于250mm；专用穿孔管配水配气系统承托层可按本标准表9.5.9采用；滤头配水配气系统承托层可按本标准第9.5.11条执行。

9.11.15　设在滤后的颗粒活性炭吸附池宜设置初滤水排放设施。

9.11.16　炭砂滤池砂滤料的厚度与级配可通过试验确定或参照本标准第9.5节的有关规定，冲洗强度应经过试验确定或参照相似工程经验，并应满足两种滤料冲洗效果良好和冲洗不流失的要求。

Ⅲ 上向流颗粒活性炭吸附池

9.11.17 处理水与活性炭层的空床接触时间宜采用6min～10min，空床流速宜为10m/h～12m/h，炭层厚度宜为1.0m～2.0m。炭层最终水头损失应根据活性炭粒径、炭层厚度和空床流速确定。

9.11.18 最高设计水温时，活性炭层膨胀率应大于25%；最低设计水温低时，正常运行和冲洗时炭层膨胀面应低于出水槽底或出水堰顶。

9.11.19 出水可采用出水槽和出水堰集水，溢流率不宜大于$250m^3/(m \cdot d)$。

9.11.20 经常性的冲洗周期宜采用7d～15d。冲洗可采用先气冲后水冲，冲洗强度应满足不同水温时炭层膨胀度限制要求，冲洗水可采用滤池进水或产水。

9.11.21 配水配气系统宜采用适合于气水冲洗的专用穿孔管或小阻力滤头。专用穿孔管配水配气系统承托层可按本标准表9.5.10采用或通过试验确定，滤头配水配气系统承托层可按本标准第9.5.11条执行。

9.12 中空纤维微滤、超滤膜过滤

Ⅰ 一般规定

9.12.1 中空纤维微滤、超滤膜过滤处理工艺应采用压力式膜处理工艺或浸没式膜处理工艺。膜处理工艺系统应包括过滤、物理清洗、化学清洗、完整性检测及膜清洗废液处置等基本子系统，系统主要设计参数应通过试验或根据相似工程的运行经验确定。

9.12.2 中空纤维膜应选用化学性能好、无毒、耐腐蚀、抗氧化、耐污染、酸碱度适用范围宽的成膜材料，并应符合现行国家标准《生活饮用水输配水设备及防护材料的安全性评价标准》GB/T 17219的有关规定。中空纤维膜的平均孔径不宜大于0.1μm。

9.12.3 膜过滤的正常设计水温与最低设计水温应根据年度水质、水温和供水量的变化特点，经技术经济比较后选定。正常设计水温不宜低于15℃，最低设计水温不宜低于2℃。

9.12.4 在正常设计水温条件下，膜过滤系统的设计产水量应达到工程设计规模；在最低设计水温条件下，膜处理系统的产水量可低于工程设计规模，但应满足实际供水量要求。

9.12.5 膜过滤系统的水回收率不应小于90%。

9.12.6 当膜过滤前处理工艺投加聚丙烯酰胺时，膜进水中聚丙烯酰胺残余量不得超过膜产品的允许值。

9.12.7 过滤系统应由多个膜组或膜池及其进水、出水和排水系统组成，并应符合下列规定：

1 应满足各种设计工况条件下膜系统的通量和跨膜压差不大于最大设计通量和最大跨膜压差；

2 膜组或膜池数量不宜小于4个。

9.12.8 物理清洗系统应包括冲洗水泵、鼓风机（或空压机）、管道与阀门等，并应符合下列规定：

1 气冲洗和水冲洗强度宜按不同产品的建议值并结合水质条件确定；

2 冲洗水泵与鼓风机宜采用变频调速；

3 冲洗水泵与鼓风机（或空压机）应设备用；

4 反向水冲洗应采用膜过滤后水。

9.12.9 化学清洗系统应包括药剂的储存、配制、加热、投加、循环设施及配套的药剂泵、搅拌器和管道与阀门等，并应符合下列规定：

1 化学清洗应包括低浓度化学清洗和高浓度化学清洗；

2 低浓度化学清洗药剂宜采用次氯酸钠、柠檬酸，高浓度化学清洗药剂宜采用次氯酸钠、盐酸、柠檬酸和氢氧化钠等；

3 清洗周期应通过试验或根据相似工程的运行经验确定；

4 加药泵应设备用；

5 化学药剂的储存量不应小于1次化学清洗用药量，次氯酸钠的储存天数不宜大于1周；

6 清洗药剂应满足饮用水涉水产品的卫生要求。

9.12.10 化学药剂间布置应符合下列规定：

1 应单独设置，并宜靠近膜组或膜池；

2 药剂间各类药剂应分开储存、配制和投加；

3 应设防护设备及冲洗与洗眼设施；

4 酸、碱和氧化剂等药剂储罐下部应设泄漏药剂收集槽；

5 应设置通风设备。

9.12.11 膜完整性检测系统应包括空压机、进气管路、压力传感器或带气泡观察窗等，并应符合下列规定：

1 应采用压力衰减测试或与泄漏测试相结合的检测方法；

2 检测最小用气压力应能测出不小于3μm的膜破损，最大用气压力不应导致膜破损；

3 空压机应采用无油螺杆式空压机或带除油装置的空压机。

9.12.12 物理清洗废水应收集于废水池或水厂排泥水系统。

Ⅱ 压力式膜处理工艺

9.12.13 设计通量宜为$30L/(m^2 \cdot h)$～$80L/(m^2 \cdot h)$，最大设计通量不宜大于$100L/(m^2 \cdot h)$；设计跨膜压差宜小于0.10MPa，最大设计跨膜压差不宜大于0.20MPa；物理清洗周期宜大于30min，清洗历时宜为1min～3min。

9.12.14 膜组件可采用内压力式或外压力式中空纤维膜，内压力式中空纤维膜的过滤方式可采用死端过滤或错流过滤，外压力式中空纤维膜应采用死端过滤。

9.12.15 进水系统宜包括吸水井、供水泵、预过滤器、进水母管及阀门等。

9.12.16 供水泵应采用变频调速，供水泵及其变频器的配置应满足任何设计条件下进水流量和系统压力的要求，且应设备用。

9.12.17 吸水井的有效容积不宜小于最大一台供水泵30min的设计水量。

9.12.18 预过滤器应具有自清洗功能，过滤精度宜为100μm～500μm，并应设备用。

9.12.19 出水系统应由出水母管、阀门及出水总堰或其他控制出水压力稳定的设施组成。

9.12.20 排水系统应包括排水支管（渠）和总管（渠），且宜采用重力排水方式。

9.12.21 膜组应设在室内，可单排布置，也可多排布置；各个膜组间应配水均匀；每个膜组连接的膜组件数量不得影响各个膜组件间配水均匀性；相邻膜组件的间距应满足膜组件维护拆装的要求。

9.12.22 膜组设置区域的布置应符合下列规定：

1 应设置至少一个通向室外、可搬运最大尺寸设备的大门；

2 室内高度应满足设备安装、维修和更换的要求；

3 膜组上部可设起吊设备，起吊能力应按最大起吊设备的重量要求配置；

4 未设起吊设备时，每排膜组一侧宜设置适合轻型运输车通向大门的通道；

5 每个膜组周围应设检修通道。

9.12.23 化学清洗系统应设置防止化学药剂进入产水侧的自动安全措施。

Ⅲ 浸没式膜处理工艺

9.12.24 设计通量宜为$20L/(m^2 \cdot h)$～$45L/(m^2 \cdot h)$，最大设计通量不宜大于$60L/(m^2 \cdot h)$；设计跨膜压差宜小于0.03MPa，最大设计跨膜压差不宜大于0.06MPa；物理清洗周期宜大于60min，清洗历时宜为1min～3min；气冲洗强度应按膜池内膜箱或膜组件投影面积计算。

9.12.25　膜组件应采用外压力式中空纤维膜，过滤方式应采用死端过滤。

9.12.26　进水系统应包括进水总渠(管)、每个膜池的进水闸(阀)和堰等。

9.12.27　出水系统应包括每个膜池中连接膜箱或膜组件的集水支管、集水总管、阀门、出水泵和汇集膜池集水总管的出水总渠(管)等。出水方式可采用泵吸出水或虹吸自流出水。

9.12.28　采用泵吸出水时，应符合下列规定：

1　出水泵应有较小的必需汽蚀余量；

2　出水泵应采用变频调速；

3　水泵启动的真空形成与控制装置应设在水泵管路最高点。

9.12.29　采用虹吸自流出水时，应符合下列规定：

1　膜池集水总管上应设调节阀门，宜设水封堰；

2　真空控制装置应设在集水总管最高点。

9.12.30　排水系统应包括每个膜池的排水管和闸(阀)及汇集膜池排水管的排水总渠(管)等。

9.12.31　膜池可采用单排或双排布置，并宜布置在室内；膜池室外布置应加盖或加棚，室内布置时应设置通风设施；每个膜池的产水侧应至少设一处人工取样口；膜池一侧应设置室内管廊，出水总渠(管)、出水泵和真空形成与维持装置应布置在管廊内，冲洗泵及化学清洗加药循环泵宜布置在管廊内。

9.12.32　膜池深度应根据膜箱或膜组件高度及其底部排水区高度、顶部浸没水深、膜池超高确定。膜箱或膜组件底部排水区高度和顶部浸没水深不宜小于300mm，膜池超高不宜小于500mm。

9.12.33　膜池内膜箱或膜组件的数量及布置应满足集水及清洗系统均匀布气、布水的要求。膜箱或膜组件宜紧凑布置，并应有防止进水冲击膜丝的措施。膜池应设有排水管和防止底部积泥的措施，膜池排水总渠(管)应设可排至废水收集池或化学处理池的切换装置。

9.12.34　采用异地高浓度化学清洗方式时，独立化学清洗池不宜少于2个，并宜设置在每排膜池的一端。采用异地高浓度化学清洗方式的化学清洗池内壁和采用就地高浓度化学清洗方式的膜池内壁应做防腐处理，池顶四周应设置围栏和警示标志，并宜设防护设备及冲洗与洗眼设施。

9.12.35　膜池顶部四周应设走道和检修平台。检修平台应满足临时堆放不小于一个膜箱的空间要求，并应设置完整性检测气源接口和冲洗与排水设施。

9.12.36　膜池上部应设置起吊设备，起吊设备的吊装范围应包括膜池、化学清洗池、走道和检修平台。

Ⅳ　废　水　池

9.12.37　收集膜物理清洗废水的废水池可单独设置，并宜靠近膜处理设施。

9.12.38　废水池有效容积不应小于膜处理系统物理清洗时最大一次排水量的1.5倍，且宜分为独立的2格。

9.12.39　废水池出水提升设备应满足后续回用或排放处理设施连续均匀进水的要求，并应设备用。

Ⅴ　化学处理池

9.12.40　化学清洗废水及化学清洗结束后的物理清洗废液应收集于化学处理池。化学处理池应靠近膜处理设施，也可与膜处理设施合并布置。

9.12.41　化学处理池的有效容积不宜小于膜处理系统一次化学清洗最大废液量的2倍，且宜分为独立的2格。

9.12.42　化学处理池应有混合设施，可采用池内搅拌器混合，也可采用泵循环混合；当化学处理池采用水泵排水时，排水泵可兼作循环混合泵，水泵数量不宜小于2台，并应设备用泵。

9.12.43　化学处理池内壁应做防腐处理，池内与清洗废液接触的设备应采用耐腐材料；化学处理池边宜设防护设备及冲洗与洗眼设施。

9.13　水质稳定处理

9.13.1　城镇给水系统的水质稳定处理应包括原水的化学稳定性处理和出厂水的化学稳定性与生物稳定性处理。

9.13.2　原水、出厂水与管网水的化学稳定性中水—碳酸盐钙系统的稳定处理，宜按其水质饱和指数 I_L 和稳定指数 I_R 综合考虑确定：

1　当 $I_L>0.4$ 和 $I_R<6$ 时，酸化处理工艺应通过试验和技术经济比较确定；

2　当 $I_L<-1.0$ 和 $I_R>9$ 时，宜加碱处理；

3　碱剂的品种及用量，应根据试验资料或相似水质条件的水厂运行经验确定；可采用石灰、氢氧化钠或碳酸钠；

4　侵蚀性二氧化碳浓度高于15mg/L时，可采用曝气法去除。

9.13.3　出厂水与管网水的化学稳定性中铁的稳定处理，宜按其水质拉森指数 *LR* 考虑确定。对于内壁裸露的铁制管材，当 *LR* 值较高时，铁腐蚀和管垢铁释放控制处理工艺应通过试验和技术经济比较确定。

9.13.4　出厂水与管网水的生物稳定处理，宜根据出厂水中可同化有机碳(AOC)和余氯综合考虑确定。应根据原水水质条件，选择合适的水处理工艺，使出厂水AOC小于150μg/L，余氯量大于0.3mg/L。

9.13.5　水质稳定处理所使用的药剂含量不得对环境或工业生产造成不良影响。

10　净水厂排泥水处理

10.1　一 般 规 定

10.1.1　水厂排泥水处理对象应包括沉淀池(澄清池)排泥水、气浮池浮渣、滤池反冲洗废水及初滤水、膜过滤物理清洗废水等。

10.1.2　水厂排泥水排入河道、沟渠等天然水体的水质应符合现行国家标准《污水综合排放标准》GB 8978的有关规定。排入城镇排水系统时，应在该排水系统排入流量的承受能力之内。

10.1.3　水厂排泥水处理系统的污泥处理系统设计规模应按设计处理干泥量确定，水力系统设计应按设计处理流量确定。设计处理干泥量应满足多年75%～95%日数的全量完全处理要求。

10.1.4　设计处理干泥量可按下式计算：

$$S_0=(k_1C_0+k_2D)\times k_0Q_0\times10^{-6} \tag{10.1.4}$$

式中：S_0——设计处理干泥量(t/d)；

C_0——原水设计浊度取值(NTU)；

k_1——原水浊度单位NTU与悬浮固体单位mg/L的换算系数，应经过实测确定；

D——药剂投加量(mg/L)，当投加几种药剂时，应分别计算后叠加；

k_2——药剂转化成干泥量的系数，当投加几种药剂时，应分别取不同的转化系数计算后迭加；

Q_0——水厂设计规模(m^3/d)；

k_0——水厂自用水量系数。

10.1.5　原水浊度设计取值应按全量完全处理保证率达到75%～95%，采用数理统计方法确定。当原水浊度系列资料不足时，可按下式计算：

$$C_0 = K_p \overline{C} \qquad (10.1.5)$$

式中：$\overline{C}$——原水多年平均浊度(NTU)；

K_p——取值倍数，可按表10.1.5采用。

表10.1.5 不同保证率的取值倍数

保证率	95%	90%	85%	80%	75%
K_p	4.00	2.77	2.20	1.63	1.39

10.1.6 水厂排泥水处理系统的设计应分别计算分析水量的平衡和干泥量的平衡。

10.1.7 除脱水机分离水外，排泥水处理系统产生的其他分离水，经技术经济比较可回用或部分回用，并应符合下列规定：

1 水质应符合回用要求，且不应影响水厂出水水质；

2 回流水量应均匀；

3 应回流到混合设备前，与原水及药剂充分混合；

4 当分离水水质不符合回用要求时，经技术经济比较，可经处理后回用。

10.1.8 排泥水处理系统应具有一定的安全余量，并应设置应急超越系统和排放口。

10.1.9 排泥水处理各类构筑物的个数或分格数不宜少于2个，应按同时工作设计，并能单独运行，分别泄空。

10.1.10 排泥水处理系统的平面位置宜靠近沉淀池。当水厂有地形高差可利用时，宜尽可能位于净水厂地势较低处。

10.1.11 当净水厂面积受限制而排泥水处理构筑物需在厂外择地建造时，应将排泥池和排水池建在水厂内。

10.1.12 排泥水处理系统回用水中的丙烯酰胺含量应符合现行国家标准《生活饮用水卫生标准》GB 5749的有关规定。

10.2 工艺流程

10.2.1 水厂排泥水处理工艺流程应根据水厂所处环境、自然条件及净水工艺确定，并应由调节、浓缩、平衡、脱水及泥饼处置的工序或其中部分工序组成。

10.2.2 调节、浓缩、平衡、脱水及泥饼处置各工序的工艺选择(包括前处理方式)应根据总体工艺流程及各水厂的具体条件确定。

10.2.3 当沉淀池排泥水平均含固率大于或等于3%时，经调节后可直接进入平衡工序而不设浓缩工序。

10.2.4 当水厂排泥水送往厂外处理时，水厂内应设调节工序，将排泥水匀质、匀量送出。

10.2.5 当水厂排泥水送往厂外处理时，其排泥水输送可设专用管渠或用罐车输送。

10.2.6 当浓缩池上清液回用至净水系统且脱水分离液进入排泥水处理系统进行循环处理时，浓缩和脱水工序使用的各类药剂必须满足涉水卫生要求。

10.2.7 气浮池浮渣宜采取消泡措施后再处理或直接以浓缩脱水一体机处理。

10.3 调节

Ⅰ 一般规定

10.3.1 排泥水处理系统的排水池和排泥池宜分建；当排泥水送往厂外处理，且不考虑废水回用，或排泥水处理系统规模较小时，可合建。

10.3.2 调节池(排水池、排泥池)出流流量应均匀、连续。

10.3.3 当调节池对入流流量进行匀质、匀量时，池内应设匀质防淤设施；当只进行量的调节时，池内应分别设沉泥和上清液取出设施。

10.3.4 调节池位置宜靠近沉淀池和滤池。有条件时，宜采用重力流入调节池的收集方式。

10.3.5 调节池应设置溢流口，并宜设置放空设施。

Ⅱ 排水池

10.3.6 排水池调节容积应在水厂净水和排泥水处理系统设计或生产运行工况的条件下，通过24h为周期的各时段入流和出流的流量平衡分析，考虑一定的安全余量后确定，且不应小于接受的最大一次排水量。

10.3.7 当排水池废水用排水泵排出时，排水泵的设置应符合下列规定：

1 排水泵的流量、扬程应按受纳对象的要求经计算确定；

2 当排水池废水回流至水厂生产系统时，排水泵的流量应连续、均匀，流量、扬程应满足后续净水处理设施的进水流量和压力的要求；

3 应具有超量排水的能力；

4 应设置备用泵。

Ⅲ 排泥池

10.3.8 排泥池调节容积应在水厂净水和排泥水处理系统设计或运行工况的条件下，通过24h为周期的各时段入流和出流的流量平衡分析，考虑一定的安全余量后确定，且不应小于接受的最大一次排泥量。

10.3.9 当排泥池出流不具备重力流条件时，排泥泵设置应符合下列规定：

1 排泥泵的流量、扬程应按受纳对象的要求经计算确定；

2 应具有高浊期超量排泥的能力；

3 应设置备用泵。

Ⅳ 浮动槽排泥池

10.3.10 当调节池采用分建时，排泥池可采用浮动槽排泥池进行调节和初步浓缩。

10.3.11 浮动槽排泥池设计应符合下列规定：

1 池底污泥应连续、均匀排入浓缩池；上清液应由浮动槽连续、均匀收集；

2 池体容积应按满足调节功能和重力浓缩要求中容积大者确定；

3 调节容积应符合本标准第10.3.8条的规定，池面积、有效水深、刮泥设备及构造应按本标准第10.4节有关重力浓缩池的规定执行；

4 浮动槽浮动幅度宜为1.5m；

5 宜设置固定溢流设施。

10.3.12 上清液排放应设置上清液集水井和提升泵。

Ⅴ 综合排泥池

10.3.13 排水池和排泥池合建的综合排泥池调节容积应按本标准第10.3.6条、第10.3.8条计算所得排水池和排泥池调节容积之和确定。

10.3.14 池中应设匀质防淤设施。

10.4 浓缩

10.4.1 排泥水浓缩宜采用重力浓缩，经过技术经济比较后，也可采用离心浓缩或气浮浓缩。

10.4.2 浓缩后污泥的含固率应满足选用脱水机械的进机浓度要求，且不应小于2%。

10.4.3 重力浓缩池宜采用圆形或方形辐流式浓缩池，当占地面积受限制时，通过技术经济比较，可采用斜板(管)浓缩池。

10.4.4 重力浓缩池面积可按固体通量计算，并应按液面负荷校核。

10.4.5 固体通量、液面负荷宜通过沉降浓缩试验，或按相似排泥水浓缩数据确定。当无试验数据和资料时，辐流式浓缩池的固体通量可取0.5kg干固体/($m^2 \cdot h$)～1.0kg干固体/($m^2 \cdot h$)，液面负荷不宜大于1.0m^3/($m^2 \cdot h$)。

10.4.6 辐流式浓缩池设计应符合下列规定：

1 池边水深宜为3.5m～4.5m；

2 宜采用机械排泥，当池子直径或正方形边长较小时，也可采用多斗排泥；

3 刮泥机上宜设置浓缩栅条，外缘线速度不宜大于2m/min；

4 池底坡度宜为8%～10%，超高宜大于0.3m；

5 浓缩泥水排出管管径不应小于150mm。

10.4.7 当重力浓缩池为间歇进水和间歇出泥时，可采用浮动槽收集上清液提高浓缩效果。

10.5 平 衡

10.5.1 脱水工序之前应设置平衡池，平衡池不宜少于2个(格)。

10.5.2 平衡池的容积应在排泥水处理系统设计运行工况的条件下，通过24h为周期的各时段入流和出流的流量平衡分析，考虑一定的超过设计保证率的超量泥量和安全余量后确定。

10.5.3 平衡池宜采用圆形或方形，池内应设置匀质防淤设施。

10.5.4 平衡池的进、出泥管管径不应小于150mm。当无法满足时，应设管道冲洗设施。

10.6 脱 水

Ⅰ 一般规定

10.6.1 污泥脱水宜采用机械脱水，有条件的地方也可采用干化场。

10.6.2 脱水机械的选型应根据浓缩后泥水的性质、最终处置对脱水泥饼的要求，经技术经济比较后选用。可采用板框压滤机、离心脱水机，对于一些易于脱水的泥水，也可采用带式压滤机。

10.6.3 脱水机的产率及对进机含固率的要求宜通过试验或按相同机型、相似排泥水性质的运行经验确定，并应考虑低温对脱水机产率的不利影响。

10.6.4 脱水机的台数应根据所处理的干泥量、脱水机的产率及设定的运行时间确定，但不宜少于2台。

10.6.5 脱水前化学调质时，药剂种类及投加量宜由试验或按相同机型、相似排泥水性质的运行经验确定。

10.6.6 机械脱水间的布置除应考虑脱水机械及附属设备外，尚应考虑泥饼运输设施和通道。

10.6.7 脱水间内泥饼的运输方式及泥饼堆置场的容积应根据所处理的泥量、泥饼出路及运输条件确定，泥饼堆积容积可按3d～7d泥饼量确定。

10.6.8 脱水机间和泥饼堆置间地面应设能完全排除脱水机冲洗和地面清洗时的地面积水的排水系统。排水管应能方便清通管内沉积泥沙。

10.6.9 机械脱水间应考虑通风和噪声消除设施。

10.6.10 脱水机间宜设置分离水回收井，分离水应经调节后均匀排出。

10.6.11 输送浓缩泥水的管道应适当设置管道冲洗注水口和排水口，其弯头宜易于拆卸和更换。

10.6.12 脱水机房应尽可能靠近浓缩池。

Ⅱ 板框压滤机

10.6.13 污泥进入板框压滤机前的含固率不宜小于2%，脱水后的泥饼含固率不应小于30%，固体回收率不应小于95%。

10.6.14 板框压滤机宜配置高压滤布清洗系统。

10.6.15 板框压滤机宜解体后吊装，起重量可按板框压滤机解体后部件的最大重量确定。脱水机不吊装时，宜结合更换滤布需要设置单轨吊车。

10.6.16 滤布的选型宜通过试验确定。

10.6.17 板框压滤机投料泵宜选用容积式泵，宜采用自灌式启动。

Ⅲ 离心脱水机

10.6.18 离心脱水机选型应根据浓缩泥水性状、泥量、运行方式确定，宜选用卧式离心沉降脱水机。

10.6.19 离心脱水机进泥含固率不宜小于3%，脱水后泥饼含固率不应小于20%，固体回收率不应小于90%。

10.6.20 离心脱水机的产率、分离因数与转速、转差率及堰板高度的关系宜通过拟选用机型和拟脱水的排泥水的试验或按相似机型、相近泥水运行数据确定。在缺乏上述试验和数据时，离心机的分离因数不宜小于3000。

10.6.21 离心脱水机房应采取降噪措施，离心脱水机房内外的噪声应符合现行国家标准《工业企业噪声控制设计规范》GB/T 50087的有关规定。

10.6.22 离心脱水机前宜设置污泥切割机，脱水机应设冲洗装置，分离液排出管宜设空气排除装置。

Ⅳ 干化场

10.6.23 污泥干化场面积可按下式计算：

$$A=\frac{S\times T}{G} \tag{10.6.23}$$

式中：A——污泥干化场面积(m^2)；

S——日平均的干泥量(kg干固体/d)；

G——干泥负荷(kg干固体/m^2)；

T——干化周期(d)。

10.6.24 干化场的干化周期、干泥负荷宜根据小型试验或根据泥渣性质、年平均气温、年平均降雨量、年平均蒸发量等因素，参照相似地区经验确定。

10.6.25 干化场的单床面积宜为500m^2～1000m^2，床数不宜少于2个。

10.6.26 进泥口的个数及分布应根据单床面积、布泥均匀性综合确定。

10.6.27 干化场排泥深度宜采用0.5m～0.8m，超高宜为0.3m。

10.6.28 干化场宜设人工排水层，人工排水层下设不透水层。不透水层应坡向排水设施，坡度宜为1%～2%。

10.6.29 干化场应在四周设上清液排出装置。当上清液直接排放时，悬浮物含量应符合现行国家标准《污水综合排放标准》GB 8978的有关规定。

10.7 排泥水回收利用

Ⅰ 一般规定

10.7.1 水厂排泥水中初滤水可直接回用至混合设施前。滤池、炭吸附池反冲洗废水及浓缩池上清液根据排泥水水质，经技术经济比较后可直接回用、弃用或经过处理后回用，并应符合下列规定：

1 不应影响水厂出水水质；

2 当采用直接回用时，应回流到水厂最前端处理设施前；当采用处理后回用时，根据处理后的水质可回流至混凝沉淀(澄清)、滤池、颗粒活性炭吸附池或经消毒后直接进入清水池；

3 回流水量应在时空上均匀分布，不应对净水构筑物产生冲击负荷。最大回流量不宜超过水厂设计流量的5%。

10.7.2 排水池可同时接纳和调节滤池反冲洗废水和初滤水，当滤池反冲洗废水需处理后回用时，应单设排水池接纳和调节反冲洗废水，另设排水池接纳和调节初滤水。

10.7.3 回流管路上应安装流量计。

10.7.4 用于回流的水泵台数不宜少于2台，并应设置备用泵。水泵宜设置调速装置。

Ⅱ 膜处理滤池反冲洗废水

10.7.5 原水有机物和氨氮含量低且藻类较少的滤池反冲洗废水可经膜处理后回用。

10.7.6 膜处理工艺前应采取混凝或混凝沉淀等预处理措施，预处理后的出水浊度指标应通过试验或参照相似工程的运行经验确定。

10.7.7 滤池反冲洗废水在进入膜处理系统前应在排水池设提升水泵。提升水泵的配置除应满足膜处理工艺流程所需的流量和压力外，尚应满足膜处理系统连续均衡进水的要求。

10.7.8 滤池反冲洗废水宜采用浸没式膜处理工艺，膜处理系统的工艺设计参数选择和布置、基本组成与形式应符合本标准第9.12节的有关规定，膜通量宜选用低值。

10.7.9 膜系统出水经消毒后可进入清水池；当水厂净水工艺中有颗粒活性炭吸附或臭氧生物活性炭设施时，膜系统出水宜进入这些设施再处理。

Ⅲ 气浮处理滤池反冲洗废水

10.7.10 当滤池反冲洗废水、浓缩池上清液中有机物、铁、锰及藻类、隐孢子虫、贾第鞭毛虫等有害生物指标较高时，可采用气浮处理后回用。

10.7.11 气浮工艺前应有混凝沉淀预处理措施，沉淀设备可采用同向流斜板、上向流斜管等高效处理设备。

10.7.12 排水池出水可根据地形采用排水泵提升或重力流连续均匀流入气浮工艺系统。

10.7.13 气浮池出水应均匀回流到净水工艺混合设备前，与原水及药剂充分混合。

10.8 泥饼处置和利用

10.8.1 脱水后的泥饼处置可采用地面填埋和有效利用等方式。有条件时，应有效利用。

10.8.2 当采用填埋方式处置时，渗滤液不得对地下水和地表水体造成污染。

10.8.3 当填埋场规划在远期有其他用途时，填埋泥饼的性状不得影响远期规划用途。

10.8.4 有条件时，泥饼可送往城市垃圾卫生填埋场与垃圾混合填埋。采用单独填埋时，泥饼填埋深度宜为3m～4m。

11 应急供水

11.1 一般规定

11.1.1 城镇给水系统应对水源突发污染的应急处置应包括应急水源和应急净水等设施。

11.1.2 应急供水可采用原水调度、清水调度和应急净水的供水模式，也可根据具体条件，采用三者相结合的应急供水模式。

当采用原水调度应急供水时，应急水源应有与常用水源或给水系统快速切换的工程设施。当采用清水调度应急供水时，城镇配水管网系统应有满足应急供水期间的应急水量调入的能力。当采用应急净水应急供水时，给水系统应具有应急净水的相应设施。

11.1.3 水源存在较高突发污染风险、原水输送设施存在外界污染隐患、供水安全性要求高的集中水源工程和重要水厂，应设有应对水源突发污染的应急净化设施。当具备条件时，应充分利用自水源到水厂的管（渠）、调蓄池以及水厂常用净化设施的应急净化能力。

11.1.4 应急供水期间的供水量除应满足城市居民基本生活用水需求，尚应根据城市特性及特点确定其他必要的供水量需求。

11.2 应急水源

11.2.1 应急水源的建设应考虑城市近、远期应急供水需求，为远期城市发展留有余地，并应协调与城市常用供水水源的关系。

11.2.2 应急水源宜本地建设，也可异地应急调水。

11.2.3 应急水源可选用地下水或地表水。可取水量应满足应急供水量的需求。

11.2.4 水源水质不宜低于常用水源水质，或采取应急处理后水厂处理工艺可适应的水质。

11.3 应急净水

11.3.1 应急净水设施应根据水源突发污染和给水系统的特点，经过技术经济比较后，采取充分利用或适度改造现有设施以及新建工程等方法。

11.3.2 应急净水技术根据特征污染物的种类，可按下列条件选用：

1 应对可吸附有机污染物时，可采用粉末活性炭吸附技术；

2 应对金属、非金属污染物时，可采用化学沉淀技术；

3 应对还原性污染物时，可采用化学氧化技术；

4 应对挥发性污染物时，可采用曝气吹脱技术；

5 应对微生物污染时，可采用强化消毒技术；

6 应对藻类爆发引起水质恶化时，可采用综合应急处理技术。

11.3.3 采用粉末活性炭吸附时，应符合下列规定：

1 当取水口距水厂有较长输水管道或渠道时，粉末活性炭的投加设施宜设在取水口处；

2 不具备上述条件时，粉末活性炭的投加点应设置在水厂混凝剂投药点处；

3 粉末活性炭的设计投加量可按20mg/L～40mg/L计，并应留有一定的安全余量。

11.3.4 采用化学沉淀技术时，根据污染物的具体种类，可按下列条件选择：

1 弱碱性化学沉淀法，适用于镉、铅、锌、铜、镍等金属污染物；

2 弱酸性铁盐沉淀法，适用于锑、钼等污染物；

3 硫化物化学沉淀法，适用于镉、汞、铅、锌等污染物；

4 预氧化化学沉淀法，适用于铊、锰、砷等污染物；

5 预还原化学沉淀法，适用于六价铬污染物。

11.3.5 存在氰化物、硫化物等还原性污染物风险的水源，可采用化学氧化技术。氧化剂可采用氯（液氯或次氯酸钠）、高锰酸钾、过氧化氢等。设有臭氧氧化工艺或水厂二氧化氯消毒工艺的水厂也可采用臭氧或二氧化氯作氧化剂。

11.3.6 存在难于吸附或氧化去除的卤代烃类等挥发性污染物等的水源，可采用曝气吹脱技术。曝气吹脱技术可通过在取水口至水厂的取水、输水管（渠道）或调蓄设施设置应急曝气装置实施。曝气装置宜由鼓风机、输气管道和布气装置组成。

11.3.7 存在微生物污染风险的水源，可采用加大消毒剂量和多点消毒（预氯化、过滤前、过滤后、出厂水）的强化消毒技术，但应控制消毒副产物含量。

11.3.8 存在藻类暴发风险的水源，藻类暴发综合应急处理技术根据污染物的具体种类，可按下列条件选择：

1 除藻时，可采用预氧化（高锰酸钾、臭氧、氯、二氧化氯等）、强化混凝、气浮、加强过滤等；

2 除藻毒素时，可采用预氯化、粉末活性炭吸附等；

3 除藻类代谢产物类致嗅物质时，可采用臭氧、粉末活性炭吸附。当水厂有臭氧氧化工艺时，也可采用臭氧预氧化；

4 除藻类腐败致嗅物质时，宜采用预氧化技术；

5 同时存在多种特征污染物的情况，应综合采用上述技术。

11.3.9 水源存在油污染风险的水厂，应在取水口处储备拦阻浮油的围栏、吸油装置，并应在取水口或水厂内设置粉末活性炭投加装置。

11.3.10 水厂应急处置的加药设施宜结合常用加药设施统筹布置，并应符合本标准第9章的有关规定。

11.3.11 设有应急净水设施的水厂，当排泥水处理系统设有回用系统时，回用系统应设置应急排放设施。

12 检测与控制

12.1 一 般 规 定

12.1.1 给水工程检测与控制设计应根据工程规模、工艺流程特点、取水及输配水方式、净水构筑物组成、生产管理运行要求等确定。

12.1.2 自动化仪表及控制系统应保证给水系统安全可靠，提高和保障供水水质，且应便于运行，节约成本，改善劳动条件。

12.1.3 计算机控制管理系统应满足企业生产经营的现代化科学管理要求，宜兼顾现有、新建及规划发展的要求。

12.2 在 线 检 测

12.2.1 水源在线检测设置应符合下列规定：

1 河流型水源应检测 pH 值、浊度、水温、溶解氧、电导率等水质参数。水源易遭受污染时应增加氨氮、耗氧量或其他可实现在线检测的特征污染物等项目。

2 湖库型水源应检测 pH 值、电导率、浑浊度、溶解氧、水温、总磷、总氮等水质参数。水体存在富营养化可能时，应增加叶绿素 a 等项目；水源易遭受污染时，应增加氨氮、耗氧量或其他可实现在线检测的特征污染物等项目。

3 地下水水源应检测 pH 值、电导率、浊度等水质参数，当铁、锰、砷、氟化物、硝酸盐或其他指标存在超标现象时，应增加色度、溶解氧等项目。

4 水源存在咸潮影响风险时，应增加氯化物检测。

5 对规模较大、污染风险较高的水源可增加在线生物毒性检测。

6 水源存在重金属污染的风险时，应对可能出现的重金属进行在线检测。

7 应对水源水位、取水泵站出水流量和压力在线检测。当水泵电动机组功率较大时，应检测轴温、电动机绕组温度、工作电流、电压与功率。

12.2.2 水厂在线检测设置应符合下列规定：

1 应检测进水水压（水位）、流量、浊度、pH 值、水温、电导率、耗氧量、氨氮等。

2 每组沉淀池（澄清池）应检测出水浊度，并可根据需要检测池内泥位。

3 每组滤池应检测出水浊度，并应根据滤池型式及冲洗方式检测水位、水头损失、冲洗流量等相关参数。除铁除锰滤池应检测进水溶解氧、pH 值。

4 臭氧制备车间应检测氧气压力、氧气质量和臭氧发生器产出的臭氧浓度、压力与流量，臭氧接触池应检测尾气臭氧浓度和处理后的尾气臭氧浓度。

5 药剂投加系统检测项目及检测点位置应根据投加药剂性质和控制方式确定。

6 回用水系统应检测水池液位及进水流量。

7 清水池应检测水位。

8 排泥水处理系统的检测装置应根据系统设计及构筑物布置和操作控制的要求设置。

9 中空纤维微滤、超滤膜过滤的在线检测仪表配置应符合下列规定：

1)进水总管（渠）应配置浊度仪、水温仪及可能需要的其他水质仪；

2)出水总管（渠）应配置浊度仪，且宜配置颗粒计数仪；

3)排水总管宜配置流量仪；

4)冲洗用气或用水总管应配置流量仪及压力仪；

5)每个膜组应配置进水流量仪、跨膜压差检测仪、完整性检测压力仪、出水浊度仪、进水压力仪；

6)每个膜池应配置膜池运行水位液位仪、跨膜压差的液位—压力组合检测仪、完整性检测压力仪、出水浊度仪。

10 出水应检测流量、压力、浊度、pH 值、余氯等水质参数。

12.2.3 输水系统在线检测内容应根据输水方式、距离等条件确定，并应符合下列规定：

1 长距离输水时，除应检测输水起端、分流点、末端流量、压力外，尚应增加管线中间段检测点；

2 泵站应检测吸水井水位及水泵进、出水压力和电机工况，并应有检测水泵出水流量的措施；真空启动时应检测真空装置的真空度。

12.2.4 配水管网在线检测的设置应符合下列规定：

1 配水管网在线检测应包括水力和水质状态的检测；

2 水力检测应根据配水管网的运行和管理要求，选择流量、压力和水位的部分或全部进行在线检测；

3 水质检测应满足配水管网在线监测点设置的要求，在线监测点的数量应符合现行行业标准《城镇供水水质在线监测技术标准》CJJ/T 271 的有关规定；检测项目至少应包括余氯、浊度，并可根据需要检测 pH 值、电导率等；

4 配水管网检测应纳入城市供水调度与水质监测系统。

12.2.5 机电设备应检测工作与事故状态下的运行参数。

12.3 控 制

12.3.1 数据采集和监控（SCADA）系统应根据规模、控制和节能要求配置，并应能实现取水、输水、水处理过程及配水的自动化控制和现代化管理。

12.3.2 应有自控系统故障时手动紧急切换装置。应能保证自控系统故障时，在电动情况下工艺设备正常运行。

12.3.3 地下水取水井群及水源地取水泵应根据用水量、出水压力、水质指标控制水泵运行数量。宜采用遥测、遥控系统。应根据当地的各类信号状况、通信距离、带宽要求和运营成本，确定选用移动通信网络或无线电台及光纤通信技术。

12.3.4 净水厂自动控制宜采用可编程序控制器。模拟量及调节控制量较多的大、中型规模水厂可采用集散型微机控制系统。水厂进水，重力流宜根据流量、压力调节阀门开度进行控制；压力流除应调节进水阀门外，也可调节控制上一级泵站水泵运行台数和转速。加药量应根据处理水量、水质与处理后的水质进行控制。对于沉淀池，宜根据原水浊度和温度控制排泥时间。滤池宜根据滤层压差或出水浊度控制反冲洗周期、反冲洗时间和强度。对于臭氧接触池，宜根据出水余臭氧含量控制臭氧投加量。水厂出水，重力流送水时应根据出水流量调节阀门开度控制水量，压力流时应根据出水压力、流量控制送水泵运行台数或调节送水泵转速。

12.3.5 净水厂中空纤维膜微滤或超滤系统应符合下列规定：

1 膜处理系统的监控系统应包括独立的工艺检测与自动控制子系统；

2 膜处理系统的自动控制系统应设有向水厂总体监控系统传送运行参数和接收其操作指令；

3 膜处理系统自动控制系统宜采用可编程控制器（PLC）和集散控制系统（DCS）；

4 膜系统的进水、出水、物理清洗、化学清洗系统应自动控制。配置预过滤器、真空系统时，也应自动控制。

12.3.6 配水管网中二次泵站应根据末端用户或泵站出口管网的压力调节水泵运行台数和转速。

12.4 计算机控制管理系统

12.4.1 计算机控制管理系统应有信息收集、处理、控制、管理及安全保护功能，宜采用信息层、控制层和设备层的三层结构。

12.4.2 计算机控制管理系统设计应符合下列规定：

1 应合理配置监控系统的设备层、控制层、管理层；

2 网络结构及通信速率应根据工程具体情况，经技术经济比较确定；

3 操作系统及开发工具应稳定运行、易于开发、操作界面方便；

4 应根据企业需求及相关基础设施，对企业信息化系统作出功能设计。

12.4.3 厂级中控室应就近设置电源箱，供电电源应为双回路；直流电源设备应安全、可靠。

12.4.4 厂、站控制室的面积应视其使用功能设定，并应考虑今后的发展。

12.5 监控系统

12.5.1 水厂和大型泵站的周界宜设电子围栏和视频监控系统。

12.5.2 水厂和大型泵站的重要出入口通道应设置门禁系统。

12.6 供水信息系统

12.6.1 供水信息系统应满足对整个给水系统的数据实时采集整理、监控整个城市供水、合理和快速调度城市供水以及供水企业管理的要求。

12.6.2 供水信息系统可为城镇信息中心的一个子集，并应与水利、电力、气象、环保、安全、城市建设、规划等管理部门信息互通。

附录A 管道沿程水头损失水力计算参数(n、C_h、Δ)值

A.0.1 管道沿程水头损失水力计算参数值应符合表A.0.1的规定。

表A.0.1 管道沿程水头损失水力计算参数(n、C_h、Δ)值

管道种类		粗糙系数 n	海曾-威廉系数 C_h	当量粗糙度 Δ (mm)
钢管、铸铁管	水泥砂浆内衬	0.011～0.012	120～130	—
	涂料内衬	0.0105～0.0115	130～140	—
	旧钢管、旧铸铁管（未做内衬）	0.014～0.018	90～100	—
混凝土管	预应力混凝土管(PCP)	0.012～0.013	110～130	—
	预应力钢筒混凝土管(PCCP)	0.011～0.0125	120～140	—
矩形混凝土管道	—	0.012～0.014	—	—
塑料管材（聚乙烯管、聚氯乙烯管、玻璃纤维增强树脂夹砂管等），内衬塑料的管道	—	—	140～150	0.010～0.030

中华人民共和国国家标准

室外给水设计标准

GB 50013—2018

条 文 说 明

目　次

1 总　　则

1.0.1 本条阐明了编制本标准的宗旨。为了保障基本质量，故在表述上更强调了规范设计的作用。

1.0.3 给水工程是城镇基础设施的重要组成部分，因此给水工程的设计应以城镇总体规划和给水工程专业规划为主要依据。其中，水源选择、净水厂厂址和泵站站址确定以及输配水管线的走向等更与规划的要求密切相关，因此设计时应根据相关规划要求，结合城市现状加以确定。

1.0.4 强调对水资源的节约和水体保护以及建设节水型城镇的要求，也是贯彻国家提出的“五大发展理念”的需要。设计中应处理好在一种水源有几种不同用途时的相互关系及综合利用，确保水资源的可持续利用。

1.0.5 为了节约使用土地资源，净水厂和泵站等的用地指标应符合现行《城市给水工程项目建设标准》（建标 120－2009）的要求。

1.0.6 对给水工程近、远期设计年限所做的规定。远期规划一般包括国民经济远期规划、城市总体远期规划、城市供水远期规划等。年限的确定应在满足城镇供水需要的前提下，根据建设资金投入的可能做适当调整。

1.0.7 现行国家标准《城镇给水排水技术规范》GB 50788 规定，城镇给水排水设施中主要构筑物的主体结构和地下干管，其结构设计使用年限不应低于 50 年；安全等级不应低于二级。

水厂和泵站中专用设备的合理使用年限由于涉及的设备品种不同，其更新周期也不相同，同时设计中所选用的材质也影响使用年限，故仍只做原则规定。同样，由于非埋地管道维护、修复，甚至更换比埋地管道容易，故对其他管道也未做明确规定。

1.0.8 近十多年来，由国家组织的饮用水安全保障“863”和“水专项”重大课题取得了丰富成果，为鼓励给水工程设计中积极应用这些成果，制定本条规定。

1.0.9 考虑到国家生活饮用水卫生标准已于 2012 年开始全面实施，我国目前的国力较十年前有了巨大增长，饮用安全优质的水又是全民之所盼。因此为保障供水安全和提高水质，必要的投资和成本不可避免，但需要合理控制，不能一味追求节约投资和成本。

1.0.10 明确了给水工程设计时需同时执行国家颁布的有关标准、规范的规定。

3 给 水 系 统

3.0.1 给水系统的确定在给水设计中最具全局意义。系统选择的合理与否将对整个给水工程产生重大影响。一般给水系统可分成统一供水系统、分质供水系统、分压供水系统、分区供水系统以及多种供水系统的组合等。因此在给水系统选择时，应结合当地地形、水源、城镇规划、供水规模及水质要求等条件，从全局考虑，通过多种可行方案的技术经济比较，选择最合理的给水系统。

3.0.2 当城镇地形高差大时，如采用统一供水系统，为满足所有用户用水压力，则需大大提高管网的供水压力，造成极大的不必要的能量损失，并因管道承受高压而给安全运行带来威胁。因此当地形高差大时，宜按地形高低不同，采用分压供水系统，以节省能耗和有利于供水安全。在向远离水厂或局部地形高程较高的区域供水时，采用设置加压泵站的局部分区供水系统将可降低水厂的出厂水压，以达到节能降耗的目的。

3.0.3 在城镇统一供水的情况下，用水量较大的工业企业又相对集中，且有可以利用的合适水源时，在通过技术经济比较后可考虑设置独立的工业用水给水系统，采用低质水供工业用水系统，使水资源得到充分合理的利用。

3.0.4 当水源地高程相对于供水区域较高时，应根据沿程地形状况，对采用重力输水方式和加压输水方式作全面技术经济比较后，加以选定，以便充分利用水源地与供水区域的高程差。在计算加压输水方式的经常运行电费时，应考虑因年内水源水位和需水量变化而使加压流量与扬程的相应改变。

3.0.5 随着供水普及率的提高，城镇化建设的加速，以及受水源条件的限制和发挥集中管理的优势，在一个较广的范围内，统一取用较好的水源，组成一个跨越地域向多个城镇和乡村统一供水的系统（即称之为“区域供水”）已在我国不少地区实施。由于区域供水的范围较为宽广，跨越城镇很多，增加了供水系统的复杂程度，因此在设计区域供水时，应对各种可能的供水方案做出技术经济比较后综合选定。

3.0.6 为确保供水安全，有条件的城市宜采用多水源供水系统，并考虑在事故时能相互调度。

3.0.7 现行国家标准《城镇给水排水技术规范》GB 50788 规定，大中城市应规划建设城市备用水源。

国务院《水污染防治行动计划》（国发〔2015〕17 号）第二十四条规定：单一水源供水的地级及以上城市应于 2020 年底前基本完成备用水源或应急水源建设。

近十年来，由于极端气候条件和突发水污染事件的频现和频发，出现了短期内城镇供水严重不足，甚至断水而影响城市正常运行和引起公众恐慌的公共事件，为及时有效地控制此类事件的影响范围和时效，大中城市的城镇给水系统应建立备用或应急水源及其与城镇给水系统的联通设施。

3.0.8 城镇给水系统的设计，除了对系统总体布局采用统一、分质或分压等供水方式进行分析比较外，水量调节构筑物设置对配水管网的造价和经常运行费用有着决定性的作用，因此还需对水量调节构筑物设置在净水厂内或部分设于配水管网中做多方案的技术经济比较。管网中调节构筑物设置可以采用高位水池或调节水池加增压泵站。设置位置可采用网中设置或对置设置，应根据水量分配和地形条件等分析确定。

3.0.9 本条为强制性条文，必须严格执行。城镇给水中生活饮用水的水质必须符合国家现行生活饮用水卫生标准的要求。由于生活饮用水卫生标准规定的是用户用水点水质要求，因此在确定水厂出水水质目标时，还应考虑水厂至用户用水点水质改变的因素。

3.0.10 给水管网的最小服务水头是指城镇配水管网与居住小区或用户接管点处为满足用水要求所应维持的最小水头，对于城镇给水系统，最小服务水头通常按需要满足直接供水的建筑物层数的要求来确定（不包括设置水箱，利用夜间进水，由水箱供水的层数）。单独的高层建筑或在高地上的个别建筑，其要求的服务水头可设局部加压装置来解决，不宜作为城镇给水系统的控制条件。

3.0.11 在城镇给水系统设计中，应对原有给水设施和构筑物做到充分和合理的利用，尽量发挥原有设施能力，节约工程投资，但应做好新、旧构筑物的合理衔接。

4 设 计 水 量

4.0.2 本条规定了水厂设计规模的计算方法。明确水厂规模是指设计最高日的供水量。

4.0.3 地域的划分参照现行国家标准《建筑气候区划标准》GB 50178 的相应规定。现行国家标准《建筑气候区划标准》GB 50178 主要根据气候条件将全国分为 7 个区。由于用水定额不仅同气候有关，还与经济发达程度、水资源状况、人民生活习惯和住房标准等密切相关，故用水定额分区参照气候分区，将用水定额划分为3个区，并按行政区划做了适当调整。即一区大致相当建筑气候区划标准的Ⅲ、Ⅳ、Ⅴ区，二区大致相当建筑气候区划标准的Ⅰ、Ⅱ区，三区大致相当建筑气候区划标准的Ⅵ、Ⅶ区。

参照现行国家标准《城市居民生活用水量标准》GB/T 50331和《城市给水工程规划规范》GB 50282，将重庆调整到二区。

根据国务院2014年11月印发的《关于调整城市规模划分标准的通知》（国发〔2014〕51号），新的城市规模划分标准以城区常住人口为统计口径，将城市划分为五类七档：城区常住人口50万以下的城市为小城市，其中20万以上50万以下的城市为Ⅰ型小城市，20万以下的城市为Ⅱ型小城市；城区常住人口50万以上100万以下的城市为中等城市；城区常住人口100万以上500万以下的城市为大城市，其中300万以上500万以下的城市为Ⅰ型大城市，100万以上300万以下的城市为Ⅱ型大城市；城区常住人口500万以上1000万以下的城市为特大城市；城区常住人口1000万以上的城市为超大城市（以上包括本数，以下不包括本数）。

生活用水按"居民生活用水"和"综合生活用水"分别制定定额。居民生活用水指城市中居民的饮用、烹调、洗涤、冲厕、洗澡等日常生活用水，综合生活用水包括城市居民日常生活用水和公共设施用水两部分的总水量。公共设施用水包括娱乐场所、宾馆、浴室、商业、学校和机关办公楼等用水，但不包括城市浇洒道路、绿地和广场等市政用水。

根据调查资料，国家级经济开发区和特区的城市生活用水，因暂住及流动人口较多，它们的用水定额较高，一般要高出所在用水分区和同等规模城市用水定额的1倍～2倍，故建议根据该城市的用水实际情况，其用水定额可酌情增加。

由于城市综合用水定额（指水厂总供水除以用水人口，包含综合生活用水、工业用水、市政用水及其他用水的水量）中工业用水是重要组成部分，鉴于各城市的工业结构和规模以及发展水平千差万别，因此本标准中未列入城市综合用水定额。

确定用水量定额依据的统计数据主要有《城市建设统计年鉴》和《城市供水统计年鉴》，其中《城市建设统计年鉴》中包括年供水总量、生活用水量、用水人口、人均日生活用水量以及用水普及率；《城市供水统计年鉴》包括生产总水量、供水总量、售水总量、最高日供水量、用水总人口、人均日综合用水量和人均日生活用水量。对两者的统计数据进行对比分析，发现两者各城市的年总用水量和日均用水量数据基本一致，数据可靠性均较高。但《城市供水统计年鉴》用水量定额还包含最高日用水定额，该指标对于水厂、泵站、管网等的设计都是不可或缺的重要参考数据。另外，多数情况下最高日用水量的实测数据较难收集，在资料缺乏的情况可以通过最高日用水定额预测用水量。《城市建设统计年鉴》中没有对最高日用水量进行统计，按《城市建设统计年鉴》难以确定最高日用水定额。综合考虑，对用水量定额的确定仍沿用原规范的方法，采用《城市供水统计年鉴》数据进行分析。

对《城市供水统计年鉴》（2002年～2014年）中666个城市（各个类别的数量见表1）的历年用水资料进行统计分析（表2～表7）。在此统计结果分析基础之上，与现行国家标准《城市给水工程规划规范》GB 50282和《城市居民生活用水量标准》GB/T 50331的有关规定协调分析后，确定新的用水定额。

表1 统计所用各类城市的数量

城市类型	超大城市	特大城市	Ⅰ型大城市	Ⅱ型大城市	中等城市	Ⅰ型小城市	Ⅱ型小城市
一区	3	3	5	29	44	94	126
二区	2	2	7	22	49	105	141
三区	—	—	—	2	4	10	18

表2 最高日居民生活用水定额统计分析结果[L/(人·d)]

城市类型	超大城市	特大城市	大城市Ⅰ型	大城市Ⅱ型	中等城市	小城市Ⅰ型	小城市Ⅱ型
一区	162～323	174～266	94～198	87～236	98～227	100～214	101～215
二区	111～184	82～116	97～183	69～141	57～131	47～115	45～128
三区	—	—	—	91～159	124～206	85～190	80～190

表3 平均日居民生活用水定额统计分析结果[L/(人·d)]

城市类型	超大城市	特大城市	大城市Ⅰ型	大城市Ⅱ型	中等城市	小城市Ⅰ型	小城市Ⅱ型
一区	140～286	161～230	85～162	75～199	79～182	83～172	81～169
二区	90～143	70～100	83～157	59～115	48～105	40～93	36～100
三区	—	—	—	83～115	77～165	61～146	58～132

表4 最高日综合生活用水定额统计分析结果[L/(人·d)]

城市类型	超大城市	特大城市	大城市Ⅰ型	大城市Ⅱ型	中等城市	小城市Ⅰ型	小城市Ⅱ型
一区	275～502	281～395	165～283	129～343	146～327	136～295	131～292
二区	183～265	122～192	151～269	105～198	89～188	74～170	71～178
三区	—	—	—	135～189	163～366	132～275	135～250

表5 平均日综合生活用水定额统计分析结果[L/(人·d)]

城市类型	超大城市	特大城市	大城市Ⅰ型	大城市Ⅱ型	中等城市	小城市Ⅰ型	小城市Ⅱ型
一区	241～440	259～339	124～237	109～291	120～261	113～238	107～229
二区	148～207	104～160	131～230	90～163	75～151	62～137	55～143
三区	—	—	—	118～156	108～275	92～212	98～173

表6 最高日城市综合用水定额统计分析结果[L/(人·d)]

城市类型	超大城市	特大城市	大城市Ⅰ型	大城市Ⅱ型	中等城市	小城市Ⅰ型	小城市Ⅱ型
一区	478～760	456～641	284～425	323～611	291～592	252～521	234～477
二区	277～403	295～376	268～398	221～388	178～367	143～295	129～317
三区	—	—	—	224～306	292～588	190～630	198～428

表7 平均日城市综合用水定额统计分析结果[L/(人·d)]

城市类型	超大城市	特大城市	大城市Ⅰ型	大城市Ⅱ型	中等城市	小城市Ⅰ型	小城市Ⅱ型
一区	419～661	419～545	224～345	278～520	238～474	207～424	187～380
二区	226～312	251～317	230～343	184～327	146～301	119～243	98～263
三区	—	—	—	195～233	189～445	140～448	149～282

4.0.4 工业企业生产用水由于工业结构和工艺性质不同，差异明显。本条仅对工业企业生产过程用水量确定的方法做了原则规定。

近年来，在一些城市用水量预测中往往出现对工业用水的预测偏高。其主要原因是对于产业结构的调整、产品质量的提高、节水技术的发展以及产品用水单耗的降低估计不足。因此在工业用水量的预测中，应考虑上述因素，结合对现状工业用水量的分析加以确定。

4.0.5 本条为强制性条文，必须严格执行。现行国家标准《建筑设计防火规范》GB 50016和《消防给水及消火栓系统技术规范》GB 50974规定了消防水源、消防用水量、水压及延续时间等消防给水和消火栓方面的要求。水厂、泵站和管网等必须满足消防的需求。

4.0.6 浇洒道路、绿地和广场用水量参照现行国家标准《建筑给水排水设计规范》GB 50015做了相应规定。

4.0.7 随着供水水质的不断提高而带来的制水成本的提高，优质水的无为漏失将造成极大浪费，同时，随着城市地下空间的大规模开发，地下管道的漏损也会对城市地下设施带来安全隐患。为了加强城市供水管网漏损控制，按现行行业标准《城镇供水管网漏损控制及评定标准》CJJ 92 的规定，城镇供水管网基本漏损率分为两级，一级为10%，二级为12%。同时规定了可按居民抄表到户水量、单位供水量管长、年平均出厂压力及最大冻土深度进行修正。国务院《关于印发〈水污染防治行动计划〉的通知》（国发〔2015〕17号）中规定：到2017年，全国公共供水管网漏损率控制在12%以内；到2020年，控制在10%以内。本条参照以上规定做了相应规定。

4.0.8 未预见用水量是指在给水设计中对难以预见的因素（如规划的变化及流动人口用水等）而预留的水量。因此，未预见水量宜按本标准第4.0.1条的第1款～第4款用水量之和的8%～12%考虑。

5 取 水

5.1 水源选择

5.1.1 现行国家标准《城镇给水排水技术规范》GB 50788规定：城镇给水水源的选择应以水资源勘察评价报告为依据，应确保取水量和水质可靠，严禁盲目开发。

据调查，一些项目由于在确定水源前，对选择的水源没有进行详细的调研、勘察和论证，以致造成工程失误，有些工程在建成后发现水源水量不足或与农业用水发生矛盾，不得不另选水源。有的工程采用兴建水库作为水源，而在设计前没有对水库汇水情况进行详细勘察，造成水库蓄水量不足。一些拟以地下水为水源的工程，由于没有进行详细的地下水资源勘察，取得必要水文资料，而盲目兴建地下水取水构筑物，以致取水量不足，甚至完全失败。因此在水源选择前，必须进行水资源的勘察、论证。

5.1.2 全国大部分地表水及地下水都已划定功能区划及水质目标，因而是水源选择的主要依据。具体水源点选择时不仅要符合功能区划要求，而且要考虑到水源保护区的易于建立。

水源水量可靠和水质符合要求是水源选择的重要条件。考虑到水资源的不可替代和充分利用，饮用水、环境用水、中水回用以及各工业企业对用水水质的要求都不相同，近年来有关国家部门对水源水质的要求颁布了相应标准，因此将水源水质的要求明确为符合有关国家现行标准的要求。采用地下水为生活饮用水水源时，水质应符合现行国家标准《地下水质量标准》GB/T 14848的规定；采用地表水为生活饮用水水源时，水质应符合现行国家标准《地表水环境质量标准》GB 3838的规定。选用水源除考虑基建投资外，还应注意经常运行费用的经济。当有几个水源可供选择时，应通过技术经济比较确定。

水是不可替代的资源，随着国民经济的发展，用水量上升很快，不少地区和城市，特别是水资源缺乏的北方干旱地区，生活用水与工业用水、工业与农业用水的矛盾日趋突出，不少城市的地下水已过量开采，造成地面沉降，也有一些地区由于水源的污染，加剧了水资源紧缺的矛盾。由于水资源的缺乏或污染，出现了不少跨区域跨流域的引水、供水工程。因此对水资源的选用要统一规划、合理分配、优水优用、综合利用，科学确定城市供水水源的开发次序，宜先当地水、后过境水或调水，先自然河道、后需调节径流的河道。此外，选择水源时还需考虑施工和运输交通等条件。

5.1.3 现行国家标准《城镇给水排水技术规范》GB 50788规定：当水源为地下水时，取水量必须小于允许开采量。

鉴于国内部分城市和地区盲目建井，长期过量开采地下水，造成区域地下水位下降或管井阻塞事故，甚至引起地面下沉、井群附近建筑物的开裂，因此地下水取水量必须限制在允许的开采量以内。对地下水已经严重超采的城市，严禁新建取用地下水的设施。在确定地下水允许开采量时，应有确切的水文地质资料，并对各种用途的水量进行合理分配，与有关部门协商并取得同意。在设计井群时，可根据具体情况，设立观察孔，以便积累资料，长期观察地下水的动态。

5.1.4 现行国家标准《城镇给水排水技术规范》GB 50788规定：当水源为地表水时，设计枯水流量保证率和设计枯水位保证率不应低于90%。

大中城市的公共供水极为重要，供水一旦不足将成为严重的公共事件，影响社会稳定，故大中城市的地表水水源设计枯水量保证率不宜低于95%。设计枯水位是固定式取水构筑物的取水头部及泵组安装标高的决定因素，设计枯水位保证率宜取不低于90%的较大值。据调查及有关规程、规范的规定（见表8），除个别城市设计枯水位保证率为100%外，其余均在90%～99%范围内。

表8 设计枯水位保证率调查表

序号	有关单位或标准名称	设计枯水位保证率	备　注
1	函调南京、湘潭、合肥、九江、长春各城市水源取水构筑物	90%～100%，大部分城市为95%～97%	合肥董铺、巢湖取水为90%，南京城南、北河口取水为100%
2	《泵站设计规范》GB/T 50265	97%～99%最低日平均水位	河流、湖泊、水库取水时

5.1.5 考虑到备用水源主要是应对极端气候条件或因常用水源相对单一、安全性偏低所引起的取水不足问题，具有影响时间较长的特点，因此备用水源水质标准不应低于常用水源，可取水量应满足备用供水期间的水量需求，并可结合当地地下、地表水源或行政区划外的邻近区域水源条件以及与城市给水系统的联通条件等做综合比较后确定。

应急水源主要是应对水源突发污染或水源设施事故的状况，具有影响时间短的特点。因此在采取应急处理后可满足要求的条件下，应急水源水质标准可适度低于常用水源，可取水量应满足供水期间的水量需求，并可结合当地非常用水源或行政区划外的邻近区域水源条件以及与城市给水系统的联通条件做综合比较后确定。

5.2 地下水取水构筑物

Ⅰ 一般规定

5.2.1 由于地下水水质较好，且取用方便，因此不少城市取用地下水作为水源，尤其宜作为生活饮用水水源。但长期以来，许多地区盲目扩大地下水开采规模，致使地下水水位持续下降，含水层贮水量逐渐枯竭，并引起水质恶化、硬度提高、海水入侵、水量不足、地面沉降，以及取水构筑物阻塞等情况时有发生，部分城市水源位于城市下游，水质受到污染。因此本条规定了选择地下水取水构筑物位置的必要条件，着重做了取水构筑物位置应“不易受污染”、在“城市或居民区的上游”的规定。此外，为了确保水源地运行后不发生安全问题，还要避开对取水构筑物有破坏性的强震区、洪水淹没区、矿产资源采空区和易发生地质灾害（包括滑坡、泥石流和坍陷）及建筑物密集地区。近年来这方面问题较多，同时也为了防止地下水过量开采，影响取水构筑物和水源地的寿命，不引起区域漏斗和地质灾害。因此条文规定了相关内容。

5.2.2 地下水取水构筑物的形式主要有管井、大口井、渗渠、复合井和泉室等。正确选择取水构筑物的形式，对于确保取水量、水质和降低工程造价影响很大。

取水构筑物的形式除与含水层的岩性构造、厚度、埋深及其变化幅度等有关外，还与设备材料供应情况、施工条件和工期等因素有关，故应通过技术经济比较确定。但首先要考虑的是含水层厚度和埋藏条件，为此，本条规定了各种取水构筑物的适用条件。

管井是广泛应用的一种取水方式。由于我国地域广阔，不仅江河地区广泛分布砂、卵石含水层，而且在平原、山地和西部广大地区分布有裂隙、岩溶含水层和深层地下水。管井不但可从埋藏上千米的含水层中取水，也可在埋藏很浅的含水层中取水。例如，吉林新中国糖厂和桦甸热电厂的傍河水源，其含水层厚度仅为3m～4m，埋藏深度也仅为6m～8m，而单井出水量达到100m^3/d左右，类似工程实例很多。故本次对管井适用条件做了修改。将原来的"管井适用于含水层厚度大于5m，其底板埋藏深度大于15m"修改成"管井适用于含水层厚度大于4m，其埋藏深度大于8m"。

工程实践中，因为管井可以采用机械施工，施工进度快、造价低，因而在含水层厚度、渗透性相似条件下大多采用管井，而不采用大口井。但若含水层颗粒较粗又有充足河水补给时，仍可考虑采用大口井。当含水层厚度较小时，因不易设置反滤层，故宜采用井壁进水，但井壁进水常常受堵而降低出水量，当含水层厚度大时，不但可以井底进水，也可以井底、井壁同时进水，是大口井的最好选择方式。

渗渠取水因施工困难，并且出水量易逐年减少，只有在其他取水形式无条件采用时方才采用。因此本条对渗渠取水的含水层厚度、埋深做了相应规定。

复合井是由非完整式大口井和井底以下设置一根至数根管井过滤器所组成的地下水取水构筑物。通常适用于地下水位较高、含水层厚度较大或含水层透水性较差的场合。

由于地下水的过量开采，人工抽降取代了自然排泄，致使泉水流量大幅度减少，甚至干涸废弃。因此本标准对泉室只做了适用条件的规定，而不另列具体条文。

5.2.3 地下水取水构筑物一般建在市区附近、农田中或江河旁，这些地区容易受到城市、农业和河流污染的影响。因此必须防止地面污水不经地层过滤直接流入井中。另外，在多层含水层取水时，有可能出现上层地下水受到地面水的污染或者某层含水层所含有害物质超过允许标准而影响相邻含水层等情况。例如，在黑龙江省某地，有两层含水层，上层水含铁量高达15mg/L～20mg/L，而下层含水层含铁量只有5mg/L～7mg/L，且水量充沛，因此封闭上层含水层，取用下层含水层，取得了经济合理的效果。为合理利用地下水资源，提高供水水质，条文规定了应有防止地面污水和非取水层水渗入的措施。

为保护地下水开采范围内不受污染，规定在取水构筑物的周围应设置水源保护区，在保护区内禁止建设各种对地下水有污染的设施。

过滤器是管井取水的核心部分。根据各地调查资料，由于过滤器的结构不适当，强度不够，耐腐蚀性能差等，使用寿命多数在5年～7年。黑龙江省某市采用钢筋骨架滤水管，因强度不够而压坏；有的城市地下水中含铁，腐蚀严重，管井使用年限只有2年～3年；而在同一个地区，采用混合填砾无缠丝滤水管，管井使用寿命增长。因此按照水文地质条件，正确选用过滤器的材质和形式是管井取水成败的关键。

需进入检修的取水构筑物，都应考虑人身安全和必需的卫生条件。某市曾发生大口井内由火灾引起的人身事故，其他地方也曾发生大口井内使人发生窒息的事故。由于地质条件复杂，地层中微量有害气体长期聚集，如不及时排除，必将造成危害。据此本条规定了大口井、渗渠和泉室应有通气设施。

Ⅱ 管 井

5.2.6 为防止地面污水直接流入管井，各地采用不同的不透水性材料对井口进行封闭。调查表明，最常用的封闭材料有水泥和黏土。封闭深度与管井所在地层的岩性和土质有关，绝大多数在5m以上。

5.2.7 据调查，各地对管井水源备用井的数量意见较多，普遍认为10%备用率的数值偏低，认为井泵检修和事故较频繁，每次检修时间较长，10%的备用率显得不足。因此本条对备用井的数量规定为10%～20%，并提出不少于1口井的规定。

Ⅲ 大 口 井

5.2.8 经调查，近年来由于凿井技术的发展和大口井过深造成施工困难等因素，设计和建造的大口井井深均不大于15m，使用普遍良好。据此规定大口井井深"不宜大于15m"。

根据国内实践经验，大口井直径为5m～8m时，在技术经济方面较为适宜，并能满足施工要求。据此规定了大口井井径不宜大于10m。

5.2.9 据调查，辽宁、山东、黑龙江等地多采用井底进水的非完整井，运转多年，效果良好。铁道部某设计院曾对东北、华北铁路系统的63个大口井进行调查，其中60口为井底进水。

另据调查，一些地区井壁进水的大口井堵塞严重。例如，甘肃某水源的大口井只有井壁进水，投产2年后，80%的进水孔已被堵塞。辽宁某水源的大口井只有井壁进水，也堵塞严重。而同地另一水源的大口井采用井底进水，经多年运转，效果良好。河南某水源的大口井均为井底井壁同时进水的非完整井，井壁进水孔已有70%被堵塞，其余30%进水孔进水也不均匀，水量不大，主要靠井底进水。

上述运行经验表明，有条件时大口井宜采用井底进水。

5.2.10 根据给水工程实践情况，将滤料粒径计算公式定为$d/d_i = 6 \sim 8$。

根据东北、西北等地区使用大口井的经验，井底反滤层一般设3层～4层（大多数为3层），两相邻反滤层滤料粒径比一般为2层～4，每层厚度一般为200mm～300mm，并做成凹弧形。

某市自来水公司起初对井底反滤层未做成凹弧形，平行铺设了2层，第一层粒径为20mm～40mm，厚度为200mm；第二层粒径为50mm～100mm，厚度为300mm，运行后若干井发生翻砂事故。后改为3层滤料组成的凹弧形反滤层，刃脚处厚度为1000mm，井中心处厚度为700mm，运行效果良好。

执行本条时应认真研究当地的水文地质资料，确定井底反滤层的做法。

5.2.11 经调查，大口井井壁进水孔的反滤层多数采用2层，总厚度与井壁厚度相适应。故规定大口井井壁进水孔反滤层可分两层填充。

5.2.12 西北铁道部门采用无砂混凝土井筒以改善井壁进水，取得了一定经验，并在陕西、甘肃等地区使用。运行经验表明，无砂混凝土大口井井筒虽有堵塞，但比钢筋混凝土大口井井壁进水孔的滤水性能好些。西北各地区采用无砂混凝土大口井大多建在中砂、粗砂、砾石、卵石含水层中，尚无修建于粉砂、细砂含水层中的生产实例。

根据调查，近年来无砂混凝土大口井使用较少，因此执行本条时，应认真研究当地水文地质资料，通过技术经济比较确定。

5.2.13 鉴于大口井一般设在覆盖层较薄、透水性能较好的地段，为了防止雨水和地面污水的直接污染，特制定本条。

Ⅳ 渗 渠

5.2.14 经多年运行实践，渗渠取水的使用寿命较短，并且出水量逐年明显减少。其主要原因是由于水文地质条件限制和渗渠位置布置不适当所致。正常运行的渗渠，每隔7年～10年也应进行翻修或扩建，鉴于渗渠翻修或扩建工期长和施工困难，在设计渗渠时，应有足够的备用水量，以备在检修或扩建时确保安全供水。

5.2.15 管渠内水的流速应按不淤流速进行设计，最好控制在0.60m/s～0.8m/s，最低不得小于0.5m/s，否则会产生淤积现象。

由于渗渠担负着集水和输水的作用，原规范规定的渗渠充满度为0.5偏低，必要时充满度可提高到0.8。

管渠内水深应按非满流进行计算，其主要原因在于控制水在地层和反滤层中的流速，延缓渗渠堵塞时间，保证渗渠出水水质，增长渗渠使用寿命。

黑龙江某厂的渗渠管径为600mm，因检查井井盖被冲走，涌进地表水和泥沙，淤塞严重，需进人清理，才能恢复使用。吉林某厂渗渠管径为700mm，由于渠内厌氧菌及藻类作用，影响了水质，也需进人予以清理。根据对东北和西北地区16条渗渠的调查，管径均在600mm以上，最大为1000mm。因此本条制定了"内径或短边长度不应小于600mm"的规定。

在设计渗渠时，应根据水文地质条件考虑清理渗渠的可能性。

5.2.16 渗渠孔眼水流流速与水流在地层和反滤层的流速有直接关系。在设计渗渠时，应严格控制水流在地层和反滤层的流速，这样可以延缓渗渠的堵塞时间，增加渗渠的使用年限。因为渗渠进水断面的孔隙率是固定的，只要控制渗渠的孔眼水流流速，也就控制了水流在地层和反滤层中的流速。经调查，绝大部分运转正常的渗渠孔眼水流流速均远小于0.01m/s。因此本条制定了"渗渠孔眼的流速不应大于0.01m/s"的规定。

5.2.17 反滤层是渗渠取水的重要组成部分。反滤层设计是否合理直接影响渗渠的水质、水量和使用寿命。

据对东北、西北等地区14条渗渠反滤层的调查，其中5条做4层反滤层，9条做3层反滤层。每层反滤层的厚度大多数为200mm～300mm，只有少数厚度为400mm～500mm。

东北某渗渠采用四层反滤层，每层厚度为400mm，总厚度1600mm。同一水源的另一渗渠采用3层反滤层，总厚度为900mm。两者厚度虽差约1倍，而效果却相同。

5.2.18 对于集取河道表流渗透水的渗渠，地表水是经原河沙回填层和人工反滤层垂直渗入渗渠中。河道表流水的悬浮物，大部分截留在原河沙回填层中，细小颗粒通过人工反滤层而进入渗渠，水中悬浮物含量越高，渗渠堵塞越快，因此集取河道表流水的渗渠适用于常年水质较清的河道。为保证渗渠的使用年限，减缓渗渠的淤塞程度，在设计渗渠时，应根据河水水质和渗渠使用年限，选用适当的阻塞系数。

5.2.19 河床及河漫滩的渗渠多布置在河道水流湍急的平直河段，每遇洪水，水流速度急剧增加，有可能冲毁渗渠人工反滤层。例如，吉林某市设在河床及河漫滩的渗渠因设计时未考虑防冲刷措施，洪水期将渗渠人工反滤层冲毁，致使渗渠报废和重新翻修。为使渗渠在洪水期安全工作，需根据所在河道的洪水情况，设置必要的防冲刷措施。

5.2.20 为了渗渠的清砂和检修的需要，渗渠上应设检查井。根据各地经验，检查井间距可采用50m～100m，当管径较小时宜采用低值。

5.2.21 为了便于维护管理，规定检查井的宽度（直径）一般为1m～2m，并设井底沉沙坑。

5.2.22 为防止污染取水水质，规定地面式检查井应安装封闭式井盖，井顶应高出地面0.5m。渗渠的平面布置形式一般有三种情况：平行河流、垂直河流及平行与垂直河流相组合，渗渠的位置应尽量靠近主河道和水位变化较小且有一定冲刷的直岸或凹岸。因此渗渠有被冲刷的危险，故本条规定应有防冲刷的措施。

5.2.23 渗渠出水量较大时，其集水井一般分成两格，接进水管的一格可作沉沙室，另一格为吸水室。进水管入口处设闸门以利于检修。

Ⅴ 复 合 井

5.2.25 复合井的结构应根据具体的水文地质条件确定，增加复合井的过滤器直径，可加大管井部分的出水量，但管井部分的水量增加则对大口井井底进水量的干扰程度也将增加，故为了减少干扰，管井的井径不宜大于300mm。

5.2.26 复合井中管井与大口井在取水的过程中是相互干扰的，在此情况下过滤器下端过滤强度较大，为减少干扰，复合井内管井的过滤器比单独设置管井的过滤器要稍长一些，一般增长20%，同时靠大口井底下5m范围内的过滤器不宜考虑进水。

5.2.27 复合井中大口井的设计与单独设置大口井相同。复合井的施工可以参照大口井进行施工。

其下部管井的设计应符合现行国家标准《管井技术规范》GB 50296的有关规定。复合井的施工可以参照管井进行施工。

5.3 地表水取水构筑物

5.3.1 对于生活饮用水的水源，良好的水质是最重要的条件。在选择取水构筑物位置时，同时应重视和研究取水河段的形态特征，水流特征和河床、岸边的地质状况，如主流是否近岸和稳定，冲淤变化，漂浮物、冰凌等状况及水位和水流变化等，进行全面的分析论证。此外，还需对河道的整治规划和航道运行情况进行详细调查与落实，以保证取水构筑物的安全。对于生活饮用水的水源，良好的水质是最重要的条件。因此在选择取水地点时，必须避开城镇和工业企业的污染地段，到上游清洁河段取水，应距排水口一定的距离，并应满足工程环评报告的要求。

此外，还应注意河流上的人工构筑物或天然障碍物对取水的影响，取水构筑物布置需满足以下要求：

(1)取水构筑物宜设在桥前0.50km～1.00km或桥后1.00km以外的地方。

(2)取水构筑物如与丁坝同岸时，则应设在丁坝上游，与坝前浅滩起点相距一定距离(岸边式取水构筑物不小于150m～200m，河床式取水构筑物可以小些)。取水构筑物也可设在丁坝的对岸，但不宜设在丁坝同一岸侧的下游。

(3)取水构筑物应离开码头一定距离，如必须设在码头附近时，最好伸入江心取水。此外，还应考虑航行安全，与码头的距离应征求航运部门的意见。

(4)拦河坝由于水流流速减缓，泥沙容易淤积，故取水构筑物宜设在其影响范围以外。

5.3.2 沿海地区的内河水系水质，在丰水期由于上游来水量大，原水含盐度较低，但在枯水期上游径流量大减，引起河口外海水倒灌，使内河水含盐度增高，可能超过生活饮用水水质标准。为此，可采用在河道、海湾地带筑库，利用丰水期和低潮位时蓄积淡水，以解决就近取水的问题。

避咸蓄淡水库的容积不仅决定了工程投资，还关系到供水保证率和水库富营养问题。过小了影响供水安全，过大了不仅增加工程投资，而且会引起水库富营养而导致新的水质问题。因此以生活饮用水卫生标准对氯化物的限值为基准进行连续不可取水天数的分析，将使水库容积确定的科学性更高，故做出了规定。

避咸蓄淡水库一般有两种类型：一种是利用现有河道容积蓄水，即在河口或狭窄的海湾入口处设闸筑坝，以隔绝内河径流与海水的联系，蓄积上游来的淡水径流，达到区域内用水量的年度或多年调节。近河口段已经上溯的咸水，由于其比重大于淡水而自然分层处于河道底部，待低潮位时通过坝体底部的泄水闸孔排出。这样一方面上游径流量不断补充淡水，另一方面抓住时机向外排咸。浙江省大塘港水库和香港的船湾淡水湖就是这种形式的实例。另一种是在河道沿岸有条件的滩地上筑堤，围成封闭式水库，当河道中原水含盐度低时，及时将淡水提升入库，蓄积起来，以备枯水期原水含盐度不符合要求时使用。杭州的珊瑚沙水库、上海宝山钢铁厂的宝山湖水库、上海长江引水工程的陈行水库和青草沙水库等，都是采用这种形式取得了良好的经济效益和社会效益。

5.3.3 大部分湖泊、水库或流动性低的河流会出现藻类，藻类爆发时会严重威胁供水安全。现行行业标准《含藻水给水处理设计规范》CJJ 32对含藻水取水口的选择做了详细规定。而在高浊度水源取水时，取水口位置的选择面临避沙问题，且在严寒地区还将面临避凌问题，现行行业标准《高浊度水给水设计规范》CJJ 40对此也做了详细规定。

5.3.4 寒冷地区在选择取水口位置时，必须了解河流的结冰情况和收集冰凌资料，如流冰期河流产生大量的岸底冰和水内冰，经常堵塞取水口，有的河流由于流速较大无法形成冰盖而产生冰穴，而有的河流产生冰坝及冰塞。以上情况均威胁取水口的安全，所以取水口应设在水内冰较少和不受冰块撞击的地点，在易于产生水内冰的急流，冰穴冰洞河段及支流入汇口的下游处均不宜设置取水口。取水口应尽量避免设在流冰易于堆积的浅滩、沙洲和桥孔的上游附近，一般布置在浅滩、沙洲上游150m，桥孔上游500m以外的地方。

严寒地区的取水口不应设在陡坡、流急、水深小的河段。一般要求河流速度不宜过大(2m/s～3m/s)、水深不宜过小(0.5m～0.6m)，否则在这种河段水内冰不能浮起，结不成冰盖，不封冻，河水中大量的冰花呈冰絮状或冰球，威胁取水安全。

5.3.5 通过水工模型试验可达到如下目的：

(1)研究河流在自然情况下或在取水构筑物作用下的水流形态及河床变化；拟建取水构筑物对河道是否会产生影响及采取相应的有效措施。

(2)为保证取水口门前有较好的流速流态，汛期能取到含沙量较少的水，冬季能促使冰水分层，须通过水工模型试验提出河段整治措施。

(3)研究取水口门前泥沙冲淤变化规律，提出减淤措施及取水构筑物形式。

(4)当大型取水构筑物的取水量占河道最枯流量的比例较大时，通过试验，提出取水量与枯水量的合理比例关系。

近年来随着计算机仿真模拟技术的日益先进，在水工模型试验之前先进行仿真模拟将有效提高工作效率，节约工程前期研究工作时间。一定条件下，可直接采用仿真模拟指导设计而省去水工模型试验。

5.3.6 本条是关于取水构筑物形式选择的原则规定。

(1)河道主流近岸，河床稳定且较陡，岸边有足够水深。泥沙、漂浮物、冰凌较严重的河段常采用岸边式取水构筑物，具有管理操作方便，取水安全可靠，对河流水力条件影响小等优点。

(2)主流远离取水河岸，但河床稳定、河岸平坦、岸边水深不能满足取水要求或岸边水质较差时，可采用取水头部伸入河中的河床式取水构筑物，通过自流或虹吸管流至岸边取水泵房或进水井。

(3)中南、西南地区水位变幅大，为了确保枯、洪水期安全取水并取得较好的水质，常采用竖井式泵房；电力工程系统也有采用能避免大量水下工程量的岸边纵向低流槽式取水口。

(4)西北地区常采用斗槽式取水构筑物，以克服泥沙和潜冰对取水的威胁；在高浊度河流中取水，可根据沙峰特点，经技术经济论证采用避沙蓄清水库或采取其他避沙措施。

(5)水利系统在山区浅水河床上采用低坝式或底栏栅式取水构筑物较多。

(6)中南、西南地区采用有能适应水位涨落、基建投资省的活动式取水构筑物。

5.3.7 本条为强制性条文，必须严格执行。现行国家标准《城市防洪工程设计规范》GB/T 50805和《防洪标准》GB 50201都明确规定，堤防工程采用"设计标准"一个级别；但水库大坝和取水构筑物采用设计和校核两级标准。原规范中"其设计洪水重现期不得低于100年"与现行国家标准《泵站设计规范》GB 50265中规定不一致，据了解，有些中小城市(镇)很难达到100年标准，故本次删除了此条内容，设计中设计洪水重现期可按现行国家标准《泵站设计规范》GB 50265和《城市防洪工程设计规范》GB/T 50805执行。

江河取水构筑物的防洪标准不应低于城市的防洪标准的规定，旨在强调取水构筑物在确保城市安全供水的重要性。

5.3.8 根据我国实践经验，考虑到固定式取水构筑物工程量大，水下施工复杂，扩建困难等因素，设计时，一般结合发展需要统一考虑，如有些工程土建按远期设计，设备分期安装。

5.3.9 据调查，漂浮物、泥沙、冰凌、冰絮等是危害取水构筑物安全运行的主要因素，设计必须慎重，并应采取相应措施。

(1)防沙、防漂浮物。

应从取水河段的形态特征和岸形条件及其水流特性，选择好取水构筑物位置，重视人工构筑物和天然障碍物对取水构筑物的影响。很多实例由于取水口的河床不稳定，处于回水区，河道整治时未考虑已建取水口等原因，引起取水口堵塞、淤积，需进行改造，甚至报废。

取水头部的位置及选型不当，也会引起头部堵塞。

大量泥沙及漂浮物从头部进入引水管、进水间，会引起管道和进水间内淤积，给运行造成困难。引水管设计应满足初期不淤流速要求，进水间内要有除草、冲淤、吸沙等措施。

(2)洪水冲刷危及取水构筑物的安全是设计必须重视的问题。

如四川省1981年7月曾发生特大洪水冲毁取水构筑物、冲走取水头、冲断引水管等事故，应予避免。

(3)在海湾、湖泊、水库取水时，要调查水生物生长规律，设计要有防治水生物滋生的措施。

(4)在通航水域上船只漏油时有发生，油一旦进入水厂将很难处理，严重影响出厂水的感官指标，故必须采取措施。对于水源存在油污染风险的水厂，应在取水口处储备拦阻浮油的围栏。

北方寒冷地区河流冬季一般可分为三个阶段：河流冻结期、封冻期和解冻期。河流冻结期，水内冰、冰絮、冰凌会凝固在取水口拦污栅上，从而增加进水口的水头损失，甚至会堵塞取水口，故需考虑防冰措施，如取水口上游设置导凌设施、采用橡木格栅、用蒸汽或电热进水格栅等。河流在封冻期能形成较厚的冰盖层，由于温度的变化，冰盖膨胀所产生的巨大压力使取水构筑物遭到破坏，如某水库取水塔因冰层挤压而产生裂缝。为了预防冰盖的破坏，可采用压缩空气鼓动法、高压水破冰法等措施或在构筑物的结构计算时考虑冰压力的作用。根据有关设计院的经验，斗槽式取水构筑物能减少泥沙及防止冰凌危害，如建于黄河某工程的双向斗槽式取水构筑物，在冬季运行期间，水由斗槽下游闸孔进水，斗槽内约99%面积被封冻，冰厚达40mm～50mm，河水在冰盖下流入泵房进水间，槽内无冰凌现象。

5.3.10 通常在取水口上游1000m和下游100m的范围内应设置明显的标志牌。有航运的河道上还应在取水口上装设信号灯，移动式取水口应加设防护桩及信号灯或其他形式的明显标志，以避免来往船只冲击取水口的事故发生。

5.3.11 泵房建于堤内，由于受河道堤岸的防护，取水泵房不受江河、湖泊高水位的影响，进口地坪高程可不按高水位设计，因此本标准中有关确定泵房地面层高程的几条规定仅适用于修建在堤外的岸边式取水泵房。

泵房进口地坪设计标高在有关规程、规范中均有规定，现对比见表9。

表9 泵房进口地坪设计标高对比表

序号	规程、规范名称	标高		
		泵房在渠道边时	泵房在江河边时	泵房在湖泊、水库或海边时
1	《室外给水设计规范》GB 50013	设计最高水位加0.5m	设计最高水位加浪高再加0.5m，必要时应增设防止浪爬高的措施	设计最高水位加浪高再加0.5m，并应设防止浪爬高的措施
2	《泵站设计规范》GB 50265	—	校核洪水位加浪高加0.5m安全超高	—

注：频率为2%的浪高，可采用重现期为50年的波列累计频率为1%的浪高乘以系数0.6～0.7后得出。

从表9中可以看出，泵房进口地坪设计标高确定原则基本一致，本标准分三种情况更为合理。

5.3.12 江河进水孔下缘离河床的距离取决于河床的淤积程度和

河床质的性质。根据对中南、西南地区60余座固定式泵站取水头部及全国100余个地面水取水构筑物进行的调查，现有江河上取水构筑物进水孔下缘距河床的高度，一般都大于0.5m，而水质清、河床稳定的浅水河床，当取水量较小时，其下缘的高度为0.3m。当进水孔设于取水头部顶面时，由于淤积有造成取水口全部堵死的危险，因此规定了较大的高程差。对于斜板式取水头部，为使从斜板滑下的泥沙能随水冲向下游，确保取水安全，不被泥沙淤积，要加大进水口距河床的高度。

在高浊度江河取水时，为防止底部进水口淤积后无法正常取水，应采用设置多层进水窗口的方式。

5.3.13 湖泊、水库水的水质随季节和水深有较大的变化。夏秋季表层水温高，藻含量很高。湖泊、水库底的水，含氧量不足，Fe^{2+}、Mn^{2+}、硫化氢含量增加。汛期、洪水期或暴雨后，湖泊、水库水的浑浊度常常增高，不同深度的浑浊度也不同。因此采用分层取水时，在不同季节，可从不同水深取得较好水质的原水。

5.3.14 据调查，某些湖泊水深较浅，但水质较清，故湖底泥沙沉积较缓慢，对于小型取水构筑物，取水口下缘距湖底的高度可从一般的1.0m减小至0.5m。

5.3.15 进水口淹没水深不足，会形成漩涡，带进大量空气和漂浮物，使取水量大大减少。根据调查已建取水头部进水孔的淹没水深，一般都在0.45m～3.2m，其中大部分在1.0m以上。为了避免湖泊、水库取水时挟带表层水中大量的藻、浮游生物和漂浮生物免受冰层妨碍取水，同时，为了保证虹吸进水时虹吸不被破坏，规定最小淹没深度不宜小于1.0m，但考虑到河流封冻后，水面不受各种因素的干扰，故条文中规定“当水体封冻时，可减至0.5m”。

水泵直接吸水的吸水喇叭口淹没深度与虹吸进水要求相同。

在确定通航区进水孔的最小淹没深度时，应注意船舶通过时引起波浪的影响以及满足船舶航行的要求。进水头部的顶高，同时应满足航运零水位时，船舶吃水深度以下最小富裕水深的要求，并征得航运部门的同意。

5.3.16 据调查，为取水安全，取水头部常设置2个。有些工程为减少水下工程量，将2个取水头部合成1个，但分成2格。另外，相邻头部之间不宜太近，特别在漂浮物多的河道，因相隔过近，将加剧水流的扰动及相互干扰，如有条件，应在高程上或伸入河床的距离上彼此错开。某工学院为某厂取水头部进行的水工模型试验指出：“一般两根进水管间距宜不小于头部在水流方向最大尺寸的3倍”。由于各地河道水流特性的不同及挟带漂浮物等情况的差异，头部间距应根据具体情况确定。

5.3.17 据调查，栅条净距大都在40mm～100mm，个别最小为20mm(南京城北水厂，1996年建成)，最大为120mm(湘潭一水厂)。据水利系统排灌泵站调查数据，栅距一般在50mm～100mm。

现行国家标准《泵站设计规范》GB 50265—2010对拦污栅栅条净距规定：对于轴流泵，可取$D_0/20$；对于混流泵和离心泵，可取$D_0/30$，D_0为水泵叶轮直径。最小净距不得小于50mm。

根据上述情况，原规范制定的栅条间净距是合理的。

据调查反映，手工清除的岸边格栅，在漂浮物多的季节，因清除不及时，栅前后水位差可达1m～2m，影响正常供水，故应采用机械清除措施，确保供水安全。

5.3.18 过栅流速是确定取水头部外形尺寸的主要设计参数。如流速过大，易带入泥沙、杂草和冰凌；流速过小，会加大头部尺寸，增加造价。因此过栅流速应根据条文规定的诸因素决定。如取水地点的水流速度大，漂浮物少，取水规模大，则过栅流速可取上限，反之，则取下限。

据调查，淹没式取水头部进水孔的过栅流速(无冰絮)多数在0.2m/s～0.6m/s，最小为0.02m/s(九江河东水厂，取水规模只有188m^3/h)，最高为2.0m/s(南京上元门水厂)。东北地区淹没式取水头部的过栅流速多数在0.1m/s～0.3m/s(无冰絮)，对于岸边式取水构筑物，格栅起吊、清渣都很方便，故过栅流速比河床式取水构筑物的规定略高。

考虑到水生态保护的需要，过栅流速过大可能导致鱼卵或鱼苗吸入，参照国际发达国家的经验，对邻近鱼类产卵区域提出了不宜大于0.1m/s的过栅流速要求。

5.3.19 本条是关于格网(栅)形式及过网流速的规定。

(1)关于格网(栅)形式。

根据国内外生产的去除漂浮物的新型设备及供应情况，规定中除平板式格网、旋转式格网外，增加了自动清污机。

据调查，平板式格网因清洗劳动强度大，特别在较深的竖井泵房进水间，起吊清洗难度更大，因此在漂浮物较多的取水工程中采用日趋减少。

板框旋转式滤网在电力系统使用较多，但存在维修工作量大，去除漂浮物效率不高等问题。双面进水转鼓滤网应用于大流量，维修工作少，去除漂浮物效率高，在电力及核电系统的大型取水泵站已有应用。

各种形式的自动清污机除用于污水系统外，也大量应用于给水取水工程中。如成都各水厂都改用了回转式自动清污机，其中设计取水规模为每天180万立方米的六水厂共安装10台。由于清污机的栅条净距可根据用户需要制造，小的可到几个毫米，可以满足去除细小漂浮物的工艺要求。

现行国家标准《泵站设计规范》GB 50265将耙斗(齿)式、抓斗式、回转式等清污机已列入条文中。

(2)关于过网(栅)流速。

根据电力系统经验，旋转滤网标准设计采用过网流速为1.0m/s，自动清污机也都采用1.0m/s过栅流速，考虑平板格网清污困难，原定流速0.5m/s是合理的。

5.3.20 考虑到进水管部分位于水下，易受洪水冲刷及淤积，一旦发生事故，修复困难，时间也长，为确保供水安全，要求进水管设置不宜少于两条，当一条发生事故时，其余进水管仍能继续运行，并满足事故用水量的要求。

5.3.21 进水管的最小设计流速不应小于不淤流速。四川某电厂取水口原设有三条进水管，同时运行时平均流速为0.37m/s，进水管被淤，而当两条进水管工作，管内流速上升至0.55m/s时则运转正常。因此为保证取水安全，应特别注意进水管流速的控制。在确定进水管管径及根数时，需考虑初期取水规模小的因素，采取措施，使管内初期流速满足不淤流速的要求。据调查进水管流速一般都大于0.6m/s，常采用1.0m/s～1.5m/s。

实践证明，在原水浊度大、漂浮物多的河流取水，头部被堵，进水管被淤，时有发生，设计应有防堵、清淤的措施。

根据国内实践，虹吸管管材一般采用钢管，防止漏气，以确保虹吸管的正常运行。

5.3.22 根据国内实践经验，进水间平台上一般设有闸阀的启闭设备、格网的起吊设备、平板格网的清洗设施等。泥沙多的地区还设有冲动泥沙或吸泥装置。

5.3.23 当建造固定式取水构筑物有困难时，可采用活动式取水构筑物。在水流不稳定、河势复杂的河流上取水，修建固定式取水构筑物往往需要进行耗资巨大的河道整治工程，对于中、小型水厂常带来困难，而活动式(特别是浮船)具有适应性强、灵活性大的特点，能适应水流的变化。此外，某些河流由于水深不足，若修建取水口会影响航运或者当修建固定式取水口有大量水下工程量、施工困难、投资较高，而当地又受施工及资金的限制时，可选用缆车或浮船取水。

根据使用经验，活动式取水构筑物存在操作、管理麻烦及供水安全性差等缺点，特别在水流湍急、河水涨落速度大的河流上设置活动式取水构筑物时，尤需慎重。故本条强调了“水位涨落速度小于2.0m/h，且水流不急”的限制条件，并规定“要求施工周期短和建造固定式取水构筑物有困难时，可考虑采用活动式取水构筑物”。

据调查，已建缆车取水规模有达每天 10 余万立方米，水位变幅为 20m～30m 的；已建单船取水能力最大达每天 30 万立方米，水位变幅为 20m～38m，联络管直径最大达 1200mm。目前，浮船多用于湖泊、水库取水，缆车多用于河流取水。由于活动式取水构筑物本身特点，目前设计采用已日趋减少。

5.3.24 运行经验表明，决定活动式取水构筑物个数的因素很多，如供水规模、供水要求、接头形式、有无调节水池、船体是否进坞修理等，但主要取决于供水规模、接头形式及有无安全贮水池。

根据国内使用情况，过去常采用阶梯式活动连接，在洪水期间接头拆换频繁，拆换时迫使取水中断，一般设计成一座取水构筑物再加调节水池。随着活络接头的改进，摇臂式联络管、曲臂式联络管的采用，特别是浮船取水中钢桁架摇臂联络管实践成功，使拆换接头次数大为减少，甚至不需拆换，供水连续性较前有了大的改进，故有的浮船取水工程仅设置一条浮船。由于受到缆车牵引力、接头形式、材料等因素的影响，因此活动式取水构筑物的个数又受到供水规模的限制，本条文仅做原则性规定。设计时，应根据具体情况，在保证供水安全的前提下确定取水构筑物的个数。

5.3.25 当泵车稳定性和刚度不足时，会由于轨道不均匀沉降产生纵向弯曲，而使部分支点悬空，引起车架杆件内力剧变而变形；车架承压竖杆和空间刚度不够而变形；平台梁悬过长，结构又按自由端处理，在动荷载作用下，使泵车平台可能产生共振；机组布置不合理，车体施工质量不好等原因引起振动。因此条文中强调了泵车结构的稳定性和刚度的要求。车架的稳定性和刚度除应通过泵车结构各种受力状态的计算以保证结构不产生共振现象外，还应通过机组、管道等布置及基座设计，采取使机组重心与泵车轴线重合或降低机组、桁架重心等措施，以保持缆车平衡，减小车架振动，增加其稳定性。

为保证浮船取水安全运行，浮船设计应满足有关平衡与稳定性的要求。根据实践经验，首先应通过设备和管道布置来保持浮船平衡并通过计算验证。当浮船设备安装完毕，可根据船只倾斜及吃水情况，采用固定重物舱底压载平衡；浮船在运行中，也可根据具体条件采用移动压载或液压压载平衡。

浮船的稳定性应通过验算确定。在任何情况下，浮船的稳定性衡准系数不应少于 1.0，即在浮船设计时，回复力矩 M_g 与倾覆力矩 M_f 的比值 $K \geqslant 1.0$，以保证在风浪中或起吊联络管时能安全运行。

机组基座设计要减少对船体的振动，对于钢丝网水泥船尤应注意。

5.3.27 山区河流水量丰富，但属浅水河床，水深不够使取水困难。

推移质不多的山区河流常采用低坝取水形式。低坝可分活动坝及固定坝。活动坝除一般的拦河闸外还有橡胶坝、浮体闸、水力自动翻板闸等新型活动坝，洪水来时能自动迅速开启泄洪、排沙，水退时又能迅速关闭蓄水，以满足取水要求。

山溪河道，河床坡度较陡，当水流中带有大量的卵石、砾石及粗沙推移质时，常采用底栏栅取水形式。取水流量最大已达 35m³/s，据统计，使用于灌溉及电力系统已达到 70 余座，其中新疆已建近 50 座。

5.3.28 为确保坝基的安全稳定，低坝应建在河床稳定、地质较好的河段，并通过一些水工设施，使坝下游处的河床保持稳定。

选择低坝位置时，尚应注意河道宽窄要适宜，并在支流入口上游，以免泥沙影响。

取水口设在凹岸可防止泥沙淤积，确保安全取水。寒冷地区修建取水口应选在向阳一侧，以减少冰冻影响。

有些地区山溪河岸不稳定，夏季易发洪水和泥石流，应考虑取水口防冲和尽快恢复的措施。

5.3.29 低坝取水枢纽一般由溢流坝、进水闸、导沙坎、沉沙槽、冲沙闸、导水墙及防洪堤等组成。

溢流坝主要为抬高水位满足取水要求，同时也应满足泄洪要求，因此坝顶应有足够的溢流长度。如其长度受到限制或上游不允许壅水过高时，可采用带有闸门的溢流坝或拦河闸，以增大泄水能力，降低上游壅水位。如成都六水厂每天 180 万 m³ 取水口就采用了拦河闸形式。

进水闸一般位于坝侧，其引水角对含沙量小的河道为 90°。新建灌溉工程一般采用 30°～40°，以减少进沙量。

冲沙闸布置在坝端与进水闸相邻，其作用是满足冲沙及稳定主槽。据统计，运用良好的冲沙闸总宽约为取水工程总宽的 1/10～1/3。

5.3.30 根据新疆的实践经验，底栏栅式取水构筑物宜建在山溪河流出口处或出山口以上的峡谷河段。该处河床稳定，水流集中，纵坡较陡（要求在 1/50～1/20），流速大，推移质颗粒大，含细颗粒较少，有利于引水排沙。曾有初期修建在出口以下冲积扇河段上的底栏栅，由于泥沙淤积被迫上迁至出口处后运行良好的实例。

5.3.31 底栏栅式取水构筑物一般有溢流坝、进水栏栅及引水廊道组成的底栏栅坝、进水闸、由导沙坎和冲沙闸及冲沙廊道组成的泄洪冲沙系统以及沉沙系统等组成。

栅条做成活动分块形式，便于检修和清理，便于更换。为减少卡塞及便于清除，栅条一般做成钢制梯形断面，顺水流方向布置，栅面向下游倾斜，底坡为 0.1～0.2。栅隙根据河道沙砾组成确定，一般为 10mm～15mm。

冲沙闸在汛期用来泄洪排沙，稳定主槽位置，平时关闭壅水。故冲沙闸一般设于河床主流，其闸底应高出河床 0.5m～1.5m，防止闸板被淤。

设置沉沙池可以去除进入廊道的小颗粒推移质，避免集水井淤积，改善水泵运行条件。

6 泵 房

6.1 一 般 规 定

6.1.1 泵房设计在满足泵房规模和功能需求的前提下，泵房整体布置设计应考虑的因素很多，要站在多个角度来综合考虑，以取得各方面均相对合理的整体布置设计。

6.1.2 选用的水泵机组及配置的数量首先应能适应泵房在常年运行中供水水量和水压的变化，其次应综合考虑水质、泵型及水泵特性、场地条件、工程投资和运行维护等条件。如提升含沙量较高的水时，宜选用耐磨水泵或低转速水泵；泵房用地受到限制或较深时宜选用立式泵；方便安装和维护的宜选用卧式泵等。

从方便生产管理和运行维护角度考虑，选用水泵的规格不宜过多，电动机的电压也宜一致。

6.1.3 按水泵相似理论，叶片式水泵可根据其比转数大小分为离心泵、混流泵和轴流泵三种泵型，其能量性能、结构形式、布置方式、价格和安装维护要求各有不同。因此水泵泵型选择时，宜先按其需求的流量和扬程计算水泵比转数，再结合泵房布置条件、工程投资和安装维护的难度等因素综合考虑后确定。

6.1.4 水泵将按其固定不变特性曲线运行，但在水泵特性曲线范围内能确保其高效、安全和稳定运行的范围有限。当外部水量水压需求发生变化时，在无任何干预的情况下，其能量性能将偏离特性曲线的允许运行范围，出现低效、气蚀，甚至机组震动现象。气蚀不仅使水泵效率严重下降，且会对水泵叶轮结构造成损伤，甚至破坏。因此在相同条件下，首先，应考虑选择高效区宽、气蚀余量变化缓的水泵；其次，经过技术经济比较，可采用大小规格搭配、机组调速、更换叶轮、调节叶片角度等干预措施，保障水泵的高效、安全和稳定运行。

6.1.5 选择设计扬程相近的水泵进行并联运行是保障水泵稳定运行的基本条件，而并联水泵的台数的确定，应在泵房各种设计工况条件下，通过水泵并联运行特性曲线（包括已采取了改变水泵特性措施后的特性，如调速等）与输水管道系统水力特性曲线的啮合分析，以及每个水泵特性在并联条件下的适应性分析，综合分析后确定。

6.1.6 备用水泵设置的数量应考虑供水的安全要求、工作水泵的台数以及水泵检修的频率和难易等因素，在提升含沙量较高的水时，应适当增加备用能力。

备用水泵的规格应根据泵房内水泵规格配置的情况确定。由于备用水泵不是固定备用，应与所备用水泵互为备用、交替运行，其既是备用泵又是工作泵。因此为保障所有水泵能高效、安全和稳定运行，提出了本条规定。

6.1.7 本条规定按照《城市给水工程项目建设标准》（建标120—2009）第十五条、第六十三条及条文说明所提出。本条的水厂建设规模类型，参照建设标准《城市给水工程项目建设标准》（建标120—2009）。

6.1.8 本条为强制性条文，必须严格执行。泵房是输配水系统中重要设施，一旦瘫痪，将造成断水。不同用途的泵房防洪设计标准应按其所处位置的防洪要求分别进行设计。

6.1.10 现行国家标准《泵站设计规范》GB 50265对泵房采取防护措施的条件做了规定，即事故停泵瞬态特性不满足该规范规定的特性时，应采取水锤防护措施。

6.1.11 从保障自源头到龙头的水质安全角度考虑，不管是原水泵房还是清水泵房，都应严格控制和防范泵房前池和吸水池（井）周围污染源污染水质。

6.2 泵房前池、吸水池（井）与水泵吸水条件

6.2.1 前池、吸水井分格有利于井内清淤和设备检修。

6.2.2 与取水构筑物合建的取水泵房兼有取水构筑物的功能，其进水口设置拦污格栅应按取水构筑物的有关规定执行。

6.2.3 取水泵房吸水井前通常建有前池，前池内水流顺畅、流速均匀和不产生涡流，一方面可使水流均匀分配到吸水井各水泵的进水道，另一方面可减缓前池的淤积状况。保持吸水井内良好的流态，可有效避免各水泵吸水口的进水道产生各种形式的偏流和夹气涡流，从而保障水泵安全、稳定运行。

6.2.4 由于混流泵、轴流泵的叶轮直接位于吸水井进水通道内，进水通道的作用相当于离心泵的吸水管，因此保持吸水井进水通道良好的流态对大型混流泵、轴流泵的安全稳定运行非常重要，水电工程的特大型混流泵、轴流泵的进水通道的设计甚至要通过水泵装置的水工模型试验才能确定，而保持吸水井良好流态有赖于前池来水的均匀和稳定。

因流速突变，取水泵房自流进水时前池不可避免地会发生不良流态，而自流加侧向进水时，会同时发生流速和流向突变，使前池产生更不良的流态。因此通过采取正向进水、减小前池进水扩散角度和设置分水导流设施，可有效减缓流速变化和避免流向突变，使前池内水流顺畅、流速均匀和不产生涡流，并相对均匀地分配到吸水井，为吸水井保持良好流态创造条件。

6.2.5 现行国家标准《泵站设计规范》GB 50265对离心泵进水管喇叭口的直径以及离心泵或小口径混流泵、轴流泵进水管喇叭口在吸水井（进水池）的布置做了规定，故可按此规范执行。

6.2.6 在满足本标准第6.2.5条规定的最小布置尺寸前提下，参照现行国家标准《泵站设计规范》GB 50265建议值作为设计校核之用。

6.2.7 在浅床水库和湖泊取水时，因泵站设置位置受限或工程布置需要，存在长距离自流进水的布置方式。长距离自流进水时，当泵房事故失电或最大水泵机组启停，因流速突变，自流管中具有一定流速的大体积的水体会产生很大惯性和一定的压降，并在泵房的前池与吸水井（进水池）产生雍水或超降现象，且这种现象的消失时间随着管道长度、流速的增加而延长。

上海青草沙原水工程的首部泵站自流进水管长达14km，设计流速1.8m/s。设计阶段采用计算机模拟雍水和超降状况表明，最高水位运行且泵站全部失电时，前池与吸水井（进水池）雍水超过了池顶防洪标高，为此前池设置溢流设施。工程调试阶段曾真实模拟一半机组失电和最大机组启停时的雍水和超降状况，一半机组失电时，雍水和超降状况的消失长达几小时，结果与计算机模拟非常相似。苏州某太湖长距离（长度1.2km，设计流速1.2m/s，）自流进水泵站曾发生最大机组开启时，吸水井水位超降至水泵停泵保护水位以下而导致其他水泵出现保护停泵现象。

考虑到这种现象的存在，故做本条规定。减轻这种现象和消除这种现象的不利影响，可采取增加前池与吸水井水面面积、设置溢流设施、水泵缓慢变速启停和降低水泵最低设计水位等措施。

6.3 水泵进出水管道

6.3.1 综合技术经济因素和管道阀门流速限制的考虑，规定水泵吸水管及出水管的流速范围。

6.3.2 进水管在平面布置上靠近水泵入口段顺直有利于水泵入流平顺。应避免水泵入口的渐缩管直接连接弯管。

离心泵进水管内真空度达到一定值时，水中溶解气体就会因管道内压力减小而不断逸出，如果进水管道局部隆起，此时就会积气形成气囊，影响过水能力，严重时会破坏真空影响吸水。若有条件，最好做成向水泵上升的坡度（$i=0.005$）。此外，在高程布置上避免局部隆起结气可消除对水泵稳定运行带来的不利影响。

6.3.3 进水管道设隔离阀门主要为了水泵拆卸维修时隔水之用。

6.3.4 非自灌充水离心泵进水管道单独设置是为避免公用吸水管漏气而影响所有水泵的安全运行。自灌充水离心泵公用吸水管应充分考虑相互干扰带来的流量不均和不利流态的影响，根据国际上的一些经验，采用总管流速为分管流速的50%，可较好地改善上述不利影响道。对大型水泵，有条件的宜做计算机流场、流速模拟分析优化。吸水总管的布置和隔离阀门的设置应满足局部设施事故或维修时设备和管道切换之用。

6.3.5 离心泵一般采用关阀启动，关阀启动时的扬程即零流量时的扬程，一般达到设计扬程的1.3倍～1.4倍，所以水泵出口操作阀门的工作压力应按零流量时压力选定。

重要的泵房为了在工作阀门出现故障时仍能截断水流检修，还可单独加设检修阀门。

6.3.6 低扬程大流量的混流泵、轴流泵通常必须开阀启动，出水方式多样，如虹吸出水、自由跌水出水（潜水混流泵、轴流泵）和管道连接开口水池等；中流量低扬程的混流泵则多采用关阀启动。

6.3.7 伸缩接头设置是为了方便阀门装卸。考虑到曾经发生过水泵拆卸时，因采用非传力式带限位伸缩接头，进水管道上关闭的阀门连伸缩接头受水压作用整体拔脱水淹泵房的事故。采用传力式带限位的伸缩接头是为了避免水泵拆卸时泵房被淹的风险。

6.3.10 通常液压驱动系统采用一对一的配置方式，但也有一对多的配置方式，压缩空气驱动则采用一对多的配置方式，因此应对一对多的配置方式的动力配置能力要进行泵房各种运行工况下阀门启闭要求的适应性分析。

6.4 起 重 设 备

6.4.1、6.4.2 规定起重设备提升高度应从最低起吊部件所处位置的地坪起算，是出于保证满足现行国家标准《起重机械安全规程》GB 6067的有关操作安全要求的考虑。满足吊运部件在吊运过程中与周边相邻固定物的水平方向净距不小于0.4m的要求是依据现行国家标准《泵站设计规范》GB 50265有关起重设备布置的要求所定。

关于泵房内起重设备的操作水平，在征求各地意见过程中，一般认为为考虑方便安装、检修和减轻工人劳动强度，泵房内起重设备的操作水平宜适当提高。但也有部分单位认为，泵房内的起重设备仅在检修时用，设置手动起重设备就可满足使用要求。

6.4.4 起重机应根据其利用率决定。一般泵房起重机利用率较低，故起重机的桥架，主起升机构，大、小车运行机构机械部分以及运行机构的电气设备均可选用轻级工作制。主起升机构的电气设备及制动器、副起升机构及电气设备在机组安装检修期间工作强度大，故应选用中级工作制。

6.5 水泵机组布置

6.5.1 机组布置直接影响到泵房的结构尺寸，对安装、检修、运行、维护有很大的影响。

6.5.2 水泵机组布置时，除满足其构造尺寸的需要外，还要考虑满足操作和检修的最小净距。由于在就地拆卸电动机转子时，电动机也需移位，因此规定了考虑就地检修时，应保证泵轴和电动机转子在检修时能拆卸。在机组一侧，设水泵机组宽度加 0.5m 的通道。

设备布置应整齐、美观、紧凑、合理。

考虑到地下式泵房平面尺寸的限制，以及对于小容量电机，水泵机组的间距可适当减小。

6.5.3 影响立式机组段尺寸的主要因素是水泵进水流道尺寸及电动机风道盖板尺寸。在进行泵房布置时，首先要满足上述尺寸的要求。

6.5.4 靠近泵房设备入口端的机组与墙壁之间的距离主要考虑水泵、电动机吊装的要求。有空气冷却器时，还要考虑空气冷却器的吊装，需要布置楼梯时，可以兼顾其需要。

6.5.5 水泵机组高程对泵房的结构深度和土建整体造价影响很大，在相同的进水水位条件下，采用自灌或非自灌充水布置方式是水泵高程布置的决定因素。通常采用自灌充水布置方便生产运行，但泵房深度和建设投资大，采用非自灌充水布置则反之。故应做综合比较确定。此外，还应对各种运行工况下的水泵可用汽蚀余量（依据水泵叶轮基线与最低水位的距离计算所得）能否大于水泵运行时的必须汽蚀余量（随水泵运行流量增大而增大）进行多工况分析核算。

6.6 泵房布置

6.6.2 考虑安全运行的要求，架空管道不得跨越电气设备。为方便操作，架空管道不得妨碍通道交通。

6.6.4 若立式水泵的传动轴过长，轴的底部摆动大，易造成泵轴填料函处大量漏水，且需增加中间轴承及其支架的数量，检修安装也较麻烦。因此应尽量缩短传动轴长度，降低电动机层楼板高程。

6.6.5 离心泵进水和轴流泵、混流泵进水或虹吸出水的真空抽气时间是依据现行国家标准《泵站设计规范》GB 50265 的有关规定提出。建议离心泵抽气充水的真空泵引水装置采用常吊真空形式是便于运行。

6.6.6 对需要预润滑启动或常润滑运行的泵房润滑水供水系统的水质、水量和水压应和布置做了规定。对于常润滑运行的泵房，润滑水供水系统的管路安全布置很重要，其对水泵的保护和使用寿命有较大影响。

6.6.7 对于水泵电机或变频器采用水冷却泵房，冷却水供水系统的管路安全布置非常重要，其作用不亚于水泵电机的供电系统。

6.6.9 为避免发生机组淹没事故，需考虑四种排水情况：正常运行时的机组冷却水、管道阀门等漏水，地下式泵房可能存在的少量地下渗水，检修时放空水泵、管道的剩水，发生裂管等事故时的大量泄水。

7 输 配 水

7.1 一 般 规 定

7.1.1 选择短、直、顺的管线可节省工程投资，并可少占土地、降低能耗。避开毒害物污染区是保证输水水质安全的关键。避开的地质断层、滑坡、泥石流等不良的地质构造区间，对保证输水工程的安全作用重大。沿用现有或规划道路敷设对输水工程的施工，维护和运行管理有力。在规划和建有城市综合管廊的区域，应优先将输配水管道纳入管廊。

7.1.2 输水管（渠）的沿程漏损水量与管材、管径、长度、压力和施工质量等有关。计算原水输水管道的漏损水量时，可根据工程的具体情况，参照有关资料和已建工程的数据确定。

原水输水管（渠）道设计流量包含净水厂自用水量，自用水率一般可取水厂供水量的 5%～10%。

由于水厂的供水量中已包括了管网漏损水量，故向管网输水的清水管道设计水量不再另计管道漏损水量。

多水源供水的城镇，各水厂至管网的清水输水管道的设计水量应按最高日最高时条件下综合考虑配水管网设计水量、各个水源的分配水量、管网调节构筑物的设置情况后确定。

7.1.3 城市供水系统是多水源或者设置了调蓄设施，在建输水工程发生事故时，可满足用水区域事故用水量的条件下，可采用单管输水。在单水源或原有调蓄设施满足不了事故用水量时，设计应采用 2 条以上管道输水，而且在管道之间应设计连通管，以保证用水区域事故用水量，事故用水量为设计用水量的 70%。

城市供水系统形成多水源是城市供水安全的有力保证。采用 2 条以上管道输水时，还应在管道之间保持一定安全距离，防止其中一条管道断管时冲坏另一条管道。如果管道间安全距离不足时，应采取有效的安全措施。

7.1.4 输水管道在各种设计工况下运行时，规定管道系统不应出现负压的目的是为防止外水体可能渗入，造成污染，保证水质的安全。其次可避免管道内形成气团妨碍通水。因此，输水管线高程应位于各种设计工况下运行的水力坡降线以下。

7.1.5 采用明渠输送原水主要存在两方面的问题，一是水质易被污染，二是城镇用水容易发生与工农业争水，导致水量流失。因此本条文中规定原水输送宜选用管道或暗渠（隧洞）；采用明渠输水宜采用专用渠道，如天津“引滦入津”工程。

为保证水质安全，本条文规定清水输送应采用有压管道（隧洞）。若采用有压隧洞，一般应采用双层衬砌结构，内衬层宜用钢或钢筋混凝土结构，钢筋混凝土结构必须保证混凝土密实，伸缩缝处不透水，防止外水渗入。

7.1.6 输水方式的选定一般应经技术经济安全比较后确定。近年来国内有些城市出现“重力流现象”，即重力流水厂随着供水区域的扩大，用不断降低水力坡度方式来适应供水区域的扩大，形成大管径低流速现象，管道的流速经常在低于经济流速的状态下运行，不仅造成管道建设成本的提高，且存在水质安全隐患。

7.1.7 本条为强制性条文，必须严格执行。现行《城市供水条例》中明确规定“禁止擅自将自建设施供水管网与城市公共供水管网系统连接；因特殊情况需要连接的，必须经城市自来水供水企业同意，报城市供水行政主管部门和卫生行政主管部门批准，并在管道连接处采取必要防护措施”。

7.1.8 城镇供水安全性十分重要，一般情况下宜将配水管网布置成环状。考虑到某些中、小城镇等特殊情况，一时不能形成环网，可按枝状管网设计，但是应考虑将来连成环状管网的可能。

7.1.9 分区计量有利于漏损控制，也有益于供水单位的日常运行管理。在规模较大的供水管网系统中，建立分区域计量系统。在管网的适当位置安装流量计，对区域供水量进行综合监测和水量平衡管理，流量监测点应根据管网供水区域内分区计量需要而设置。

7.1.10 为选择安全可靠的配水系统和确定配水管网的管径、水泵扬程及高地水池的标高等，必须进行配水管网的水力平差计算。为确保管网在任何情况下均能满足用水要求，配水管网除按最高日最高时的水量及控制点的设计水压进行计算外，还应按发生消防时的水量和消防水压要求；最不利管段发生故障时的事故用水量和设计水压要求；最大转输时的流量和水压的要求三种情况进行校核；如校核结果不能满足要求，则需要调整某些管段的管径。

7.1.11 管网的优化设计是在保证城市所需水量、水压和水质安全可靠的条件下，选择最经济的供水方案及最优的管径或水头损失。管网是一个很复杂的供水系统，管网的布置、调节水池及加压泵站设置和运行都会影响管网的经济指标。因此要对管网主要干管及控制出厂压力的沿线管道校核其流速的技术经济合理性；对供水距离较长或地形起伏较大的管网进行设置加压泵站的比选；对昼夜用水量变幅较大供水距离较远的管网比较设置调节水池泵站的合理性。

7.1.12 压力管道由于急速的开泵、停泵、开阀、关阀和流量调节等，会造成管内水流速度的急剧变化，从而产生水锤，危及管道安全，因此压力输水管道应进行水锤分析计算，采取措施削减开关泵（阀）产生的水锤；防止在管道隆起处与压力较低的部位水柱拉断，产生的水柱弥合水锤。工艺设计应采取削减水锤的有效措施，使在残余水锤作用下的管道设计压力小于管道试验压力，以保证输水安全。

7.1.13 现行国家标准《消防给水及消火栓系统技术规范》GB 50974 规定了消防水池进水管管径不应小于 *DN*100，市政消火栓的间距不应大于 120m。

7.2 水力计算

7.2.1～7.2.4 输配水管道水力计算包含沿程水头损失和局部水头损失计算，其中沿程水头损失为管道主要的水头损失。

输配水管道水流流态基本处在紊流过渡区和粗糙区，水流阻力与水的黏滞力、水流速度、管壁粗糙度有关，不同管材内壁光滑度差异较大，管道水力计算时一般根据不同品种的管材选择不同的水力计算公式。

塑料管和采用塑料内衬的管道，管内壁较光滑，水流一般处在紊流过渡区，水力计算采用半理论半径验的达西公式（Darcy），即 $h_y=\lambda\cdot\frac{l}{d_j}\cdot\frac{v^2}{2g}$；而其中公式中 λ 采用柯尔勃洛克-怀特（Colebrook-White）紊流过渡区公式，即 $\frac{1}{\sqrt{\lambda}}=-2\lg\left(\frac{\Delta}{3.7d_j}+\frac{2.51}{Re\sqrt{\lambda}}\right)$，其中，$\Delta$ 可采用本标准附录 A 表 A.0.1 中的建议值。

混凝土管及采用水泥砂浆内衬管道，管内壁较粗糙，水流一般处在紊流粗糙区，水力计算宜采用谢才（Chezy）经验公式，即 $h_y=\frac{v^2}{C^2R}l$；其中的 C 可按巴普洛夫斯基公式 $C=\frac{1}{n}R^y$ 计算，$y=2.5\sqrt{n}-0.13-0.75\sqrt{R}(\sqrt{n}-0.1)$；为了方便计算 y 也常采用 $\frac{1}{6}$，这时 $C=\frac{1}{n}R^{\frac{1}{6}}$，这就演变成曼宁公式（Manning）。摩阻系数 n 可按照本标准附录 A 表 A.0.1 中的建议值选用。

输配水管道水力计算也常采用海曾-威廉公式（Hazen-Williams），该公式适用于管壁较光滑，水流处于紊流过渡区的管道。$h_y=\frac{10.67q^{1.852}}{C_h^{\ 1.852}d_j^{\ 4.87}}l$，其中 C_h 可按照本标准附录 A 表 A.0.1 中的建议值选用。

管道局部水头损失计算可根据管道水流的边界条件，按照相关实测的局部水头阻力系数计算，管线水平向和竖向顺直时，局部水头损失一般占沿程水头损失的 5%～10%。

管网水力平差计算宜选用海曾-威廉公式，即 $h_y=\frac{10.67q^{1.852}}{C_h^{\ 1.852}d_j^{\ 4.87}}l$。

7.3 长距离输水

7.3.1 根据本标准第 7.1.1 条的规定，对拟定的管线走向，深入实地调查研究，并进行技术经济比较，选择安全可靠的输水线路是长距离输水管道工程设计的重要组成部分。

7.3.2 长距离输水管道系统的水质安全和在各种设计工况下设计水量、水压都满足用水要求是约束条件，其中运行工况包括输水管道事故状态，届时的安全供水应符合本标准第 7.1.3 条的规定。

选择安全可靠的长距离管道运行系统，一般应在约束条件满足时，进行多方案的技术经济比选优化选定。

7.3.4 输水工程恒定流水力计算是输水管道设计的基础，一般应对各种设计工况进行水力计算，包括重力流含静压状态的工况，首先计算水力坡降线包络线，再结合管道的竖向布置确定管道的运行工作压力，该数值是确定管道系统压力等级的基本因素。

7.3.5 长距离输水管道应考虑定期检修需要，爆管维修的需要和排泥的需要，以及穿越河道、铁路、公路的安全需要设置检修阀门，一般宜隔 5km～10km 设置一处。输水管道系统中管道阀门的设置位置，除应满足正常调度、切换、维修和维护保养需要设置必要的阀门外，还应通过水力计算分析，对最不利管段发生事故停水时，所设阀门的位置对事故管段隔断后其他管段能否满足设计事故流量的有效通过进行校核。

7.3.6 长距离输水管道系统瞬态水力过渡过程分析计算非常重要，它包括管道系统充水起动、加压调流、停泵关阀等由一种水流的稳定状态过渡到另一种稳定状态过程中所发生的一切水锤现象。长输管道系统水力过渡过程分析计算，现一般可采用计算机动态数学模拟程序进行。

长输管道工程中水锤危害极大，是造成管道爆管事故的主要因素，因此长输管道系统应进行水锤综合防护技术设计。水锤防护技术的机理可归纳为控制或减少水流速度的变值；采用水锤波速低的管材；缩短水锤波传播距离，尽快地形成水锤波的反射和干涉；在管道的特征点布置泄流降压设施；采用空气垫降低水锤冲击能量等。

进行水锤防护技术设计后，设有水锤综合防护装置的管道系统不应出现水柱拉断和发生断流弥合水锤。应将负压控制在 2.0m 以内甚至消除，并限制管道系统中瞬时最高压力不应大于工作压力的 1.3 倍～1.5 倍。瞬时最高水锤压力是一项重要参数，是管材、设备等管道系统最高允许运行压力。这些规定与现行国家标准《泵站设计规范》GB 50265 的规定相一致。

7.3.7 水锤防护的技术各有特长，应发挥其各自优势综合采用。通常消除正压水锤（减轻水锤升压）可采用不同的泄压手段，如水泵出口设压力预置泄压阀和缓闭止回阀、管路上设双向稳压塔和管线末端设溢流设施等；消除负压水锤（防止负压）则可在管路上设空气阀、缓冲空气罐、单向稳压塔、双向稳压塔和管线末端设调蓄水池等。而水锤一旦出现，正压和负压水锤会交替发生。因此需采取综合防护措施。

7.3.8 空气阀功能上分低压高速进排气空气阀、有压微量排气空气阀、低压高速吸气不排气的真空破坏阀和复合式空气阀等。管线的高点特别是驼峰点，水柱易出现断裂，应根据水力过渡过程计算选用高速进气微排阀或高速缓冲空气阀。

7.4 管道布置和敷设

7.4.1 当输配水管道分期建设时，管道的布置应近远期结合，预留远期的位置并利于将来远期管道的实施。

7.4.3 地下管道埋设深度一般应为冰冻线以下，若管道浅埋时应进行热力计算。

7.4.4 架空管道上拱敷设时，在顶部设置复合式空气阀进行排气；为防止无关人员攀爬，在上升管道上设置防护设施并做警示说明。

露天铺设的管道，为消除温度变化对管道伸缩的影响而产生的形变，应设置伸缩器等措施，但近年来由于露天管道加设伸缩器后，忽略管道整体稳定，从而造成管道伸缩器处拉脱的事故时有发生，因此，要设置保证管道整体稳定的措施。

7.4.5 给水管道安全性是第一位的。给水管道与建(构)物及其他工程管道要留有一定安全距离。

现行国家标准《城市工程管线综合规划规范》GB 50289 和《城市综合管廊工程技术规范》GB 50838 规定了给水管与其他管线和建(构)筑物之间的水平和垂直的最小净距离。

输水干管供水安全性十分重要，两条及两条以上埋地输水干管敷设时需要根据地质情况，管道性能，工作压力等确定管道的安全距离，防止一条管道断管时对其他管道的冲击，危及安全供水；当安全距离不够时，需要采用有效的工程措施，保证输水干管的安全运行。

7.4.6 根据现行国家标准《城市工程管线综合规划规范》GB 50289，对城镇给水管道与建(构)筑物和其他工程管线间的水平距离做出本条规定。受道路宽度以及现有工程管线位置等因素限制难以满足时，可根据实际情况采取安全措施，减少其最小水平净距。

给水管线与高速公路的水平间距，可结合高速公路规定协商确定。

7.4.7 根据现行国家标准《城市工程管线综合规划规范》GB 50289，对城镇给水管道与其他工程管线交叉时的垂直距离做出本条规定。

给水管线与高速公路交叉时的垂直距离，可结合高速公路有关规定协商确定。

7.4.8 现行国家标准《城镇给水排水技术规范》GB 50788 规定，供水管网严禁与非生活饮用水管道联通，严禁擅自与自建供水设施联通，严禁穿过有毒污染区；通过腐蚀地段应采取安全保护措施。

7.4.11 穿越河道管道应根据现行国家标准《防洪标准》GB 50201 和《内河通航标准》GB 50139 的规定敷设，其防护等级和防护标准应按照现行国家标准《防洪标准》GB 50201 的规定。穿越堤防的管道防洪标准不应低于所在堤防的防洪标准。

经过行、蓄、滞洪区的管道的防洪标准，应结合所在河段，地区的行、蓄、滞洪区的要求确定，不得影响行、蓄、滞洪区的正常运用。

现行国家标准《内航通航标准》GB 50139 对管道管桥或者埋地穿越通航河道时给出了具体要求。"穿越航道的地下电缆，管道，涵洞和隧道等水下过河建筑物必须布设在远离滩险，港口和锚地的稳定地段"，"在航道河可能通航的水域内布置水下过河建筑物，宜埋置在河床内，其顶部设置深度，在Ⅰ-Ⅴ级航道不应小于远期规划航道底标高以下 2m，Ⅵ-Ⅶ级航道不应小于 1m"。

现行国家标准《城市工程管线综合规划规范》GB 50289—2016 规定："当在灌溉渠道下面敷设，应在渠底设计高程 0.5m 以下。"

根据现行国家标准《防洪标准》GB 50201 和《内河通航标准》GB 50139 及《城市工程管线综合规划规范》GB 50289 的规定，本条规定了管道穿越河道时管道埋设的深度。

7.4.14 设置在城市综合管廊内的供水管道，应具备施工、维护检修人员通行、维修设备和材料运输的条件。

在管廊内部分岔的管道贯通廊壁的位置，存在由于不均匀沉降造成破损的可能性，因此应当采取安装可挠性伸缩接头等措施。

由于作用于非整体连接型给水管道三通、弯头等部位的不平衡力也作用于管廊结构，特别是大口径管道以及高压管的场合，管廊在设计施工阶段要格外考虑到对它们的保护。

7.4.15 对于因年久失修而发生事故、故障的管道可暂时性的修补，但从长远考虑还是应该替换新管道。目前用于管道的改造、更新的方法很多，应根据现场环境条件和施工条件，评估现状管道设施情况，考虑改造的目的及生命周期成本等确定改造的方案和方法。

7.4.16 管网中设置中途增压泵站时，应综合考虑市政管网及可利用的压力，采用设置中间配水池式泵房或管网叠压供水形式。

为了避免增压泵站或配水池进水时影响到上游市政供水管网压力低于当地供水服务水头，可采取变频调速、进水稳压限流阀、进水压力前馈等措施。

在增压泵站中，当余氯不满足卫生要求时应设置补充消毒措施。

7.5 管渠材料及附属设施

7.5.1 近年来国内管材发展较快，新型管材较多，设计中应根据工程具体情况，通过技术经济比较，选择安全可靠的管材。

目前，国内输水管道管材一般采用预应力钢筒混凝土管、钢管、球墨铸铁管、预应力混凝土管等。配水管道管材一般采用球墨铸铁管、钢管、聚乙烯管、硬质聚氯乙烯管等。

7.5.2 金属管道防腐处理非常重要，它将直接影响水体的卫生安全以及管道使用寿命和运行可靠。

金属管道表面除锈的质量、防腐涂料的性能、防腐层等级与构造要求、涂料涂装的施工质量以及验收标准等，应遵守现行国家标准《给水排水管道工程施工及验收规范》GB 50268 等的规定。

非开挖施工给水管道(如顶管、拖拽管、夯管等)防腐层的设计与要求，应根据工程的具体情况确定。

7.5.4 非整体连接管道一般指承插式管道(包括整体连接管道设有伸缩节又不能承受管道轴向力的情况)。

非整体连接管道在管道的垂直和水平方向转弯点、分叉处、管道端部堵头处，以及管径截面变化处都会产生轴向力。埋地管道一般设置支墩支撑。支墩的设计应根据管道设计内水压力、接口摩擦力，以及地基和周围土质的物理力学指标，根据现行国家标准《给水排水工程管道结构设计规范》GB 50332 的规定计算确定。

7.5.5 输水管的始点、终点、分叉处一般设置阀门；管道穿越大型河道、铁路主干线、高速公路和公路的主干线，根据有关部门的规定结合工程的具体情况设置阀门。输水管还应考虑自身检修和事故时维修所需要设置的阀门，并考虑阀门拆卸方便。

根据消防的要求，配水管网上两个阀门之间消火栓数量不宜超过 5 个。

7.5.7 输水管(渠)、配水管道的通气设施是管道安全运行的重要措施。通气设施一般采用空气阀，其设置(位置、数量、形式、口径)可根据管线纵向布置等分析研究确定，在管道的隆起点上应设置空气阀，在管道的平缓段，根据管道安全运行的要求，宜间隔 1000m 左右设一处空气阀。

配水管道空气阀设置可根据工程需要确定。

7.5.8 泄(排)水阀井的作用是考虑管道排泥和管道检修排水以及管道爆管维修的需要而设置。

根据一些自来水公司反馈的意见，配水管网在事故修复后，由于缺少必要的冲洗设施，造成用户水质污染的事例时有发生，故环状管网在两个阀门间宜设置泄(排)水阀井，在枝状管网的末端应设置泄(排)水阀井。

7.5.11 消火栓和空气阀等设备在严寒地区要考虑防冻问题，同时这些设备内的水又有机会与空气直接接触，特别是空气阀吸气时，阀门井设施应考虑防止管道二次污染问题。

7.5.12 为了辨明管道位置及防止由于其他施工造成地下管道的损坏，输配水管道在地下敷设完成后沿线应做标记。长距离输水管道和城区外的配水管道，可在地面上适当的位置埋设混凝土标志桩。城区内道路下的管道，在其上方300mm处设置400mm宽塑料标识带，回填时一同埋设，以便再次挖掘时辨明位置。

7.6 调蓄构筑物

7.6.1 输水系统供水安全是保证城市供水安全的前提，对于单管(渠)输水系统，为保证供水安全，满足供水保证率的要求，需设置调蓄构筑物。

设置管道事故调蓄构筑物的目的是弥补输水管道系统薄弱环节的安全措施，其容积的确定应有别于避咸、避沙调蓄构筑物容积的确定，在考虑安全储备的同时，也应考虑调蓄带来的水质维持和水质安全风险问题。此外，考虑到管道快速抢修的施工技术已有很大提高，结合对所调蓄水的水质条件考虑，提出本条规定。

7.6.2 近年来多地的实践表明，充分利用原水调蓄构筑物兼作水质改善或应急处理净水设施不仅能从源头开始构建多级屏障的安全保障体系，而且可大为节约后续净化工程的投资和净化难度，故做出本条规定。

7.6.3 用于水源避咸、避沙、避凌的调蓄构筑物的容积确定，因受自然因素不确定的影响，很难用一个简单的储存时间来规定，应采用科学合理的方法来确定。故提出可按本标准第5.3.2条和第5.3.3条的规定执行。

7.6.4 根据多年来水厂的运行及设计单位的实践经验，管网无调节构筑物时，净水厂内清水池的有效容积为最高日设计水量的10%～20%，可满足调节要求。对于小型水厂，建议采用大值。

7.6.5 在水厂清水池内完成消毒工序目前在我国是一个较普遍的做法，但按现行国家标准《生活饮用水卫生标准》GB 5749规定的游离氯消毒接触时间大于或等于30min和氯胺消毒接触时间大于或等于120min的要求，仅消毒就需占水厂规模的2%或8%，将大为减少水厂的清水调蓄容积。此外，水位处于经常变化的清水池作为消毒接触池，其消毒效果和稳定性也不如专用消毒接触池。因此综合保障消毒安全和满足水厂调蓄可靠的要求，提出本条规定。

7.6.6 大中城市供水区域较大，供水距离远，为降低水厂送水泵房扬程，节省能耗，当供水区域有合适的位置和适宜的地形可建调节构筑物时，应进行技术经济比较，确定是否需要建调节构筑物(如高位水池、水塔、调节水池泵站等)。调节构筑物的容积应根据用水区域供需情况及消防储备水量等确定。当缺乏资料时，亦可参照相似条件下的经验数据确定。

7.6.7 为确保供水安全，设计时应考虑当某个清水池清洗或检修时仍能维持正常生产。

7.6.8 为防止清水池内壁可能对净水厂生产的净水产生污染以及保证其耐久性，规定清水池内壁宜采用防水、防腐蚀措施。

7.6.9 本条为强制性条文，必须严格执行。卫生部现行《生活饮用水集中式供水单位卫生规范》第十七条规定，生活饮用水的输水、蓄水和配水等设施应密封，严禁与排水设施及非生活饮用水的管网相连接。

为了身体健康，保障清水池水质不受污染是必须的。

7.6.11 为了防止饮用水被污染，本条规定了生活饮用水清水池和调节构筑物与污染源的最小距离。在管网中饮用水调节构筑物的选址时，尤其应注意其周围可能存在的对饮用水水质的潜在污染。

7.6.12 本条为强制性条文，必须严格执行。水塔高度较高，往往为周边最高的建筑物，并且为重要的水厂工艺设施。出于防雷的安全考虑，按现行国家标准《建筑防雷设计规范》GB 50057及国家建筑标准设计图集《建筑物防雷设施安装》15D 501的有关规定，以传统的防雷要求，可设外部防雷装置，即接闪器、引下线和接地装置。

8 水厂总体设计

8.0.1 水厂厂址选择正确与否涉及整个供水工程系统的合理性，并对工程投资、建设周期和运行维护等方面都会产生直接的影响。影响水厂厂址选择的技术要求很多，设计中应通过技术经济比较确定水厂厂址。

当原水浑浊度高、泥沙量大需要设置预沉设施时，预沉设施一般宜设在水源附近。

8.0.2 考虑到我国城镇建设土地资源日益稀缺的现实，为保障水厂未来的发展建设用地，对水厂远期用地控制和用地面控制应执行的标准做出了规定。

8.0.4 当水厂位于丘陵地区或山坡时，厂址的土方平整量往往很大，如生产构筑物能根据流程和埋深进行合理布置，充分利用地形，则可使挖方量与填方量基本达到平衡，并可节约能耗、排水顺畅。

为使操作管理方便，水厂生产构筑物应布置紧凑，但构筑物间的间距必须满足各构筑物施工及埋设管道的需要。寒冷地区因采暖需要，生产构筑物应尽量集中布置，以减少建筑面积和能耗。

构筑物间的联络管道应尽量顺直，避免迂回，以减少流程损失。但应适当考虑构筑物间不均匀沉降所需要的富余量。

水厂工艺流程中，部分构筑物存在停产的可能，设置连通管、超越管可实现该构筑物停产。

水厂若有两组以上相同流程的净水构筑物时，构筑物的进水管道布置应考虑配水的均匀性，使每组净水构筑物的负荷达到均匀。

水厂排泥水处理设施尽量集中布置有利于管理和保持水厂整体卫生环境。

8.0.5 考虑到供水企业投资主体多元化带来的生产管理模式多样化以及社会服务日益便捷化的现实，对水厂附属建筑和设施的设置(包括生产管理和生活等)不再做统一规定，而是根据实际需求确定。

8.0.6 为使水厂布置合理和整洁，并使运行维护方便，提出机电修理车间及仓库等附属生产建筑物与生产构筑物协调布置的原则规定。

8.0.7 水厂是安全和卫生防护要求很高的部门，为避免生活福利设施中人员流动和污水、污物排放的影响，本条规定水厂生产构筑物与水厂生活设施宜分开布置。

8.0.8 本条对水厂各种管线全面布置的合理性应考虑的主要因素做出了规定。在管线密集地段采用综合管廊的敷设方式将方便管线的维护和保养。

8.0.9 本条为强制性条文，必须严格执行。当水厂可能遭受洪水威胁时，应采取必要的防洪设施，且其防洪标准不应低于该城市的防洪标准，并应留有适当的安全裕度，以确保发生设计洪水时水厂能够正常运行。

8.0.10 本条按照《城市给水工程项目建设标准》(建标120—2009)第十一条、第五十四条及条文说明，规定了水厂对供电电源等级的要求。本条的水厂建设规模类型，参照建设标准《城市给水工程项目建设标准》(建标120—2009)。

8.0.11 本条为强制性条文，必须严格执行。为保证生产人员安全，构筑物及其通道应根据需要设置适用的栏杆、防滑梯等安全保护设施。

8.0.12 在布置水厂平面时，需考虑设置堆放管配件的场地。堆放场地宜设置在水厂边缘地区，不宜设置在主干道两侧。滤池翻砂需专设场地，场地大小不应小于堆放一只滤池的滤料和支承料所需面积。滤池翻砂场地尽可能设在滤池附近。

8.0.13 城镇水厂在满足实用和经济的条件下，还应考虑美观，但应符合水厂的特点，强调简洁、质朴，不宜过于豪华，避免色彩多样或过多的装饰。

8.0.14 规定了严寒地区净水构筑物应设在室内，以保证构筑物正常运行。寒冷地区的净水构筑物应根据水面结冰情况及当地运行经验确定是否设盖或建在室内。

8.0.16 车行道宽度和转弯半径系根据现行国家标准《厂矿道路设计规范》GBJ 22 的规定，适当放宽了车行道宽度的上限，并增加了人行天桥宽度和室外上构筑物扶梯角度的规定。本标准车道设置时的水厂建设规模类型，参照建设标准《城市给水工程项目建设标准》(建标 120—2009)。

8.0.17 为及时将厂区雨水排出，水厂应设有排水系统。当条件允许时，水厂排水首先应考虑重力流排放。若采用重力流排放有困难时，可在厂区内设置排水调节池和排水泵，通过提升后排放。

设计降雨重现期取值将上限提高到5年，并规定了水厂排水方式的确定应结合厂区周边城镇排水体系的实际条件统筹考虑。

8.0.18 按国家对环境保护的要求，明确了水厂生产废水与排泥水、脱水污泥、生产与生活污水的处置应满足工程环评报告的要求，将保障工程竣工后环境验收顺利通过。

8.0.19 水厂围墙主要为安全而设置，故围墙高度不宜太低，一般采用2.5m以上为宜。

为避免脱水泥渣运输影响厂区环境，宜在排泥水处理构筑物附近设置脱水泥渣运输专用通道及出入口。

8.0.20 从反恐怖和防恐怖角度考虑，规定了水厂应建立防外来破坏性入侵的电视监控技防设施。

8.0.21 水厂绿化要求较高，应在节约用地原则下，通过合理布局增加绿化面积。为避免清水池池顶因绿化施肥而影响清水水质，应限制施用对水质有害的肥料和杀虫剂。

9 水 处 理

9.1 一 般 规 定

9.1.1 水处理工艺流程的选用及主要构筑物的组成是净水处理能否取得预期处理效果和达到规定的处理后水水质的关键。根据改革开放以来我国经济发展和技术进步的实际，结合当前水源水质的现状和供水水质要求的提高，可经过调查研究以及不同工艺组合的试验，以使水处理工艺流程的选用及主要构筑物的组成更科学合理，更切实际。

9.1.2 本条为强制性条文，必须严格执行。现行国家标准《生活饮用水卫生标准》GB 5749—2006 的第4.1.5条规定：生活饮用水应经消毒处理。

生活饮用水必须保证不被病原体污染，是卫生而安全的。为保证配水系统的卫生安全，生活饮用水必须保证时常处于已消毒状态。因此，不论水厂的规模和处理工艺，水厂必须设有消毒设施。各国对生活饮用水消毒的必要性都做了规定，如《美国饮水法案》(Safe Drinking Water Act)修正案规定：美国所有的地表水供应单位必须用过滤和/或消毒来保证用户的健康。

9.1.3 水厂的自用水量系指水厂内沉淀池或澄清池的排泥水、溶解药剂所需用水、滤池冲洗水以及各种处理构筑物的清洗用水等。自用水率与构筑物类型、原水水质和处理方法等因素有关。根据我国各地水厂经验，一般自用水率为5%～10%。上限用于原水浊度较高和排泥频繁的水厂；下限用于原水浊度较低、排泥不频繁的水厂。

9.1.4 通常水处理构筑物按最高日供水量加自用水量进行设计。但当遇到低温、低浊或高含沙量而处理较困难时，尚需对这种情况下所要求的最大供水量的相应设计指标进行校核，保证安全、保证水质。

9.1.5 净水构筑物和设备常因清洗、检修而停运。通常清洗和检修都计划安排在一年中非高峰供水期进行，但净水构筑物和设备的供水能力仍应满足此时的用户用水需要，不可因某一构筑物或设备停止运行而影响供水，否则应设置足够的备用构筑物或设备，以满足水厂安全供水的要求。

9.1.6 净水构筑物除设置必需的进、出水管外，还应根据需要设置辅助管道和设施，以满足构筑物排泥、排空、事故时溢流以及冲洗等要求。

9.1.7 本条为强制性条文，必须严格执行。氧化剂、混凝剂、助凝剂、消毒剂、稳定剂和清洗剂等化学药剂是水处理工艺中添加和使用的化学物质，其成分将直接影响生活饮用水水质。选用的产品必须符合卫生要求，从法律上保证对人体无毒，对生产用水无害的要求。

9.1.8 常规处理或常规—深度处理的出水不能符合生活饮用水水质要求时，可先进行预处理。根据原水水质条件，预处理设施可分为连续运行构筑物和间歇性、应急性处理装置两类。

9.2 预 处 理

Ⅰ 预 沉 处 理

9.2.1 当原水含沙量很高，致使常规净水构筑物不能负担或者药剂投加量很大仍不能达到水质要求时，宜在常规净水构筑物前增设预沉措施。预沉措施通常包括设置预沉池、避沙预沉蓄水池等。

9.2.2 一般预沉方式有沉沙池、沉淀池、澄清池等自然沉淀或凝聚沉淀等多种形式。当原水中的悬浮物大多为沙性大颗粒时，一般可采取沉沙池等自然沉淀方式；当原水含有较多黏土性颗粒时，一般采用混凝沉淀池、澄清池等凝聚沉淀方式。

9.2.3 因原水泥沙沉降形态是随泥沙含量和颗粒组成的不同而各不相同，故本条规定了设计数据应通过对设计典型年沙峰曲线的分析并结合避沙蓄水池的设置综合考虑后确定。

Ⅱ 生物预处理

9.2.5 通常情况下，生物预处理主要的净水功能是去除水中氨氮，但在去除氨氮的同时，对水中部分有机微物、致嗅致味物、铁、锰和藻类等有一定的去除作用，故做出本条规定。

9.2.6 在生物预处理的工程设计之前，宜先用原水做该工艺的试验，试验时间宜经历冬夏两季。原水的可生物降解性可根据BDOC 或 BOD_5/COD_{Cr} 比值鉴别。国内多座水厂长期试验结果表明，BOD_5/COD_{Cr} 比值宜大于0.2。

9.2.7 据对国内大部分已有的生物预处理设施所采用工艺形式的调查，并参照现行行业标准《城镇给水微污染水预处理技术规程》CJJ/T 229 的有关规定，对生物预处理所采用的基本工艺形式做出了规定。

9.2.8 本条参照现行行业标准《城镇给水微污染水预处理技术规程》CJJ/T 229 的有关规定，对生物接触氧化池的关键设计要求做了规定，具体设计时可按该技术规程的详细要求执行。

9.2.9 本条参照现行行业标准《城镇给水微污染水预处理技术规程》CJJ/T 229 的有关规定，对颗粒填料生物滤池的关键设计要求做了规定，具体设计时可按该技术规程的详细要求执行。

Ⅲ 化学预处理

9.2.10 处理水加氯后，三卤甲烷等消毒副产物的生成量与前体物浓度、加氯量、接触时间成正相关。研究表明，在预沉池之前投氯，三卤甲烷生成量最高；快速混合池次之；絮凝池再次；混凝沉淀池后更少。三卤甲烷等生成量还与氯碳比值成正比；加氯量大、游离性余氯量高则三卤甲烷等浓度也高。为了减少消毒副产物的生成量，氯预氧化的加氯点和加氯量应合理确定。

9.2.12 采用高锰酸钾预氧化的规定。

1 高锰酸钾投加点可设在取水口，经过与原水充分混合反应后，再与氯、粉末活性炭等混合。高锰酸钾预氧化后再加氯，可降低水的致突变性。高锰酸钾与粉末活性炭混合投加时，高锰酸钾用量将会升高。如果需要在水厂内投加，高锰酸钾投加点可设在快速混合之前，与其他水处理剂投加点之间宜有 3min～5min 的间隔时间。

2 二氧化锰为不溶胶体，必须通过后续滤池过滤去除，否则出厂水有颜色。

3 高锰酸钾投加量取决于原水水质。国内外研究资料表明，控制部分臭味约为 0.5mg/L～2.5mg/L；去除有机微污染物为 0.5mg/L～2mg/L；去除藻类为 0.5mg/L～1.5mg/L；控制加氯后水的致突变活性约为 2mg/L。故规定高锰酸钾投加量一般为 0.5mg/L～2.5mg/L。

4 由于高锰酸钾投加量通常不宜过高，一般宜采用湿式投加方式。湿式投加时，可配制成 1%～4% 的溶液后用计量泵投加到管道中与待处理水混合，超过 5% 的高锰酸钾溶液易在管路中结晶沉积。当因特殊需求用量较大时，以干粉式投加为宜，但应防止投加设备系统的干粉凝结而影响设备正常运行。

5 运行中控制高锰酸钾投加量应精确，一般应通过烧杯搅拌试验确定。投量过高可能使滤后水锰的浓度增高而具有颜色。在生产运行中，可根据投加高锰酸钾后沉淀池或絮凝池水的颜色变化鉴别投量是否合适，也可通过出水的色度或氧化还原电位的在线监测反馈准确控制投加量。

6 高锰酸钾系强氧化剂，其固体粉尘聚集后容易爆炸。

Ⅳ 粉末活性炭吸附预处理

9.2.13 当一年中原水污染时间不长或应急需要或水的污染程度较低，以采用粉末活性炭吸附为宜；长时间或连续性处理，宜采用粒状活性炭吸附。

1 粉末活性炭宜加于原水中，进行充分混合，接触 10mg/L～15min 以上之后，再加氯或混凝剂。除在取水口投加以外，根据试验结果也可在混合池、絮凝池、沉淀池中投加。

2 粉末活性炭的用量范围是根据国内外生产实践用量规定。

3 根据国内外生产实践用量，规定湿投粉末活性炭的炭浆浓度一般采用 5%～10%。

5 大型水厂的湿投法，可在炭浆池内液面以下开启粉末活性炭包装，避免产生大量的粉尘。

有关粉末活性炭吸附预处理的详细设计可按现行行业标准《城镇给水微污染水预处理技术规程》CJJ/T 229 的有关规定执行。

9.3 混凝剂和助凝剂的投配

9.3.1 混凝剂和助凝剂的品种直接影响混凝效果，用量还关系到水厂的运行费用。为了正确地选择混凝剂和助凝剂品种和投加量，应以原水做混凝沉淀试验的结果为基础，综合比较其他方面来确定。铝盐和铁盐是常用的混凝剂。酸、碱、氧化剂（氯、高锰酸钾）、石灰和聚丙烯酰胺为常用的助凝剂。

采用助凝剂的目的是改善混凝条件或絮凝结构，加速悬浮颗粒脱稳、絮体聚集、絮体沉降，提高出水水质。特别对低温低浊度水以及高浊度水的处理，助凝剂更具明显作用。因此，在设计中对助凝剂是否采用及品种选择也应通过试验来确定。

缺乏试验条件或类似水源已有成熟的水处理经验时，则可根据相似条件下的水厂运行经验来选择。

聚丙烯酰胺常被用作处理高浊度水的混凝剂或助凝剂。聚丙烯酰胺是由丙烯酰胺聚合而成，其中还剩有少量未聚合的丙烯酰胺单体，这种单体是有毒的。饮用水处理用聚丙烯酰胺的单体丙烯酰胺含量应符合现行国家标准《水处理　阴离子和非离子型聚丙烯酰胺》GB 17514 规定的 0.025% 以下。经投加了聚丙烯酰胺处理工艺的出水中的单体丙烯酰胺含量应符合现行国家标准《生活饮用水卫生标准》GB 5749 的规定限值，故可靠控制其投加量很重要。

9.3.2 根据调查，固体混凝剂或液体混凝剂的储备量一般都按最大投加量的 7d～15d 计算。

9.3.3 为减轻水厂操作人员的劳动强度和消除粉尘污染，目前全国大部分水厂一般都采用液体原料经稀释后进行投加。因此，货源可靠供应条件具备的水厂都应直接采用液体原料混凝剂。而固体混凝剂因占地小，又可长期存放，可作为应急备份。

石灰不宜干投，应制成石灰乳投加，以免粉末飞扬，造成工作环境的污染。

9.3.4 固体混凝剂和助凝剂溶解和稀释方式取决于选用药剂的易溶程度，液体原料的稀释配置方式则主要依据投加量的大小来选择。当固体药剂易溶解时，可采用水力搅拌方式。当药剂难以溶解时，则宜采用机械或压缩空气来进行搅拌。此外，投加量的大小也影响搅拌方式的选择，投加量小可采用水力方式，投加量大则宜用机械或压缩空气搅拌。水力搅拌一般通过在池外设循环泵来实现，机械搅拌一般通过在池内设叶轮或浆板搅拌设备来实现，压缩空气搅拌一般通过设空压机与池底曝气管来实现。

采用液体混凝剂和助凝剂时，为方便液体原料储液运输车辆重力卸料，液体原料储液池宜设在地下。考虑到原料储液池需要定期放空维护和清洗，故规定其数量不应少于 2 个。

由于大部分水厂实行最多每日 3 班次的生产模式，故规定混凝剂和助凝剂溶解和稀释配置次数不宜超过 3 次。

混凝剂和助凝剂溶解池设置在地下主要是便于拆包卸料，混凝剂和助凝剂溶液池和投加池设在地上可使吸程有限的加注泵自灌启动，同时也可为加注泵安装在地面层以方便维护创造有利条件。虽然有设施停用维护的需求，但考虑到溶解池不需要连续工作，故规定其不宜少于 2 个。而投加池因需要连续工作，故规定溶液池与投加池的总数不应少于 2 个。

采用化学储罐替代溶解池、溶液池、投加池和原料储存池，可避免传统混凝土储药池防腐难度高、维护工作量大的现象，同时也可大为改善加药间的整体环境条件。

9.3.5 混凝剂和助凝剂的投加应具有适宜的浓度，在不影响投加精确度的前提下，宜高不宜低。浓度过低，则设备体积大，液体混凝剂还会发生水解。如三氯化铁在浓度小于 5% 时就会发生水解，易造成输水管道结垢。无机盐混凝剂和无机高分子混凝剂的投加浓度一般为 5%～7%（扣除结晶水的重量）。有些混凝剂当浓度太高时容易对溶液池造成较强腐蚀，故溶液浓度宜适当降低。

以铝为核心的无机盐和无机高分子混凝剂，其有效成分通常以 Al_2O_3 计。

9.3.6 按要求正确投加混凝剂量并保持加注量的稳定是混凝处理的关键。目前大多采用柱塞计量泵或隔膜计量泵投加，其优点是运行可靠，并可通过改变计量泵行程或变频调节混凝剂投量，既可人工控制也可自动控制。近年来也有采用总管统一加压支管调流的做法。设计中可根据具体条件选用。

有条件的水厂，设计中应采用混凝剂（包括助凝剂）投加量自动控制系统，其方法目前有特性参数法、数学模型法、现场模拟试验法等。无论采用何种自动控制方法，其目的是为达到最佳投加量且能即时调节、准确投加。此外，规定宜采用一对一加注设备的配置，或一台加注设备同时服务几个加注点时，加注点的设计加注量应一致，加注管道宜同程布置，同时服务的加注点不宜超过 2 个，也是基于精确稳定控制加注量的考虑。

9.3.7 常用的混凝剂或助凝剂一般对混凝土及水泥砂浆等都具有一定的腐蚀性，因此对与混凝剂或助凝剂接触的池内壁、设备、管道和地坪，应根据混凝剂或助凝剂性质采取相应的防腐措施。混凝剂不同，其腐蚀性能也不同。如三氯化铁腐蚀性较强，应采用较高标准的防腐措施。而且三氯化铁溶解时释放大量的热，当溶液浓度为 20% 时，溶解温度可达 70℃ 左右。一般池内壁可采用涂刷防腐涂料等，也可采用防腐大理石贴面砖、花岗岩贴面砖等。

9.3.8 为便于操作管理，加药间应与药剂仓库（或药剂储存池）毗连。加药间（或药剂储存池）应尽量靠近投药点，以缩短加药管长度，确保混凝效果。加药间是水厂中劳动强度较大和操作环境较差的工作场所，因此对于卫生安全的劳动保护需特别注意。有些混凝剂在溶解过程中将产生异臭和热量，影响人体健康和操作环境，故必须考虑有良好的通风条件等劳动保护措施。

9.3.9 药剂仓库内一般可设磅秤作为计量设备。固体药剂的搬运是劳动强度较大的工作，故应考虑必要的搬运设备。一般大中型水厂的加药间内可设悬挂式或单轨起吊设备和皮带运输机。

9.4 混凝、沉淀和澄清

Ⅰ 一般规定

9.4.1 随着净水技术的发展，沉淀和澄清构筑物的类型越来越多，各地均有不少经验。在不同情况下，各类池型有其各自的适用范围。正确选择沉淀池、澄清池型式，不仅对保证出水水质、降低工程造价，而且对投产后长期运行管理等方面均有重大影响。设计时应根据原水水质、处理水量和水质要求等主要因素，并考虑水质、水温和水量的变化以及是否间歇运行等情况，结合当地成熟经验和管理水平等条件，通过技术经济比较确定。

9.4.2 在运行过程中，有时需要停池清洗或检修，为不致造成水厂停产，故规定沉淀池和澄清池的个数或能够单独排空的分格数不应少于2个。

9.4.3 沉淀池和澄清池的均匀配水和均匀集水，对于减少短流，提高处理效果有很大影响。因此，设计中应注意配水和集水的均匀。对于大直径的圆形澄清池，为达到集水均匀，还应考虑设置辐射槽集水的措施。

9.4.5 沉淀池或澄清池沉泥的及时排除对提高出水水质有较大影响。当沉淀池或澄清池排泥较频繁时，若采用人工开启阀门，不仅劳动强度较大，而排泥效果不稳定，故应采用机械化排泥装置。平流沉淀池和斜管沉淀池一般常可采用机械吸泥机或刮泥机；澄清池则可采用底部转盘式机械刮泥装置。

考虑到沉淀池或澄清池排泥方式和各地原水水质变化特点不一，排泥时机与规律的掌握需要一定的条件，故规定有条件时可对机械化排泥装置实施自动控制。

9.4.6 为保持澄清池的正常运行，澄清池需经常检测沉渣的沉降比，为此规定了澄清池絮凝区应设取样装置。

9.4.7 沉淀池进水与出水均匀与否是影响沉淀效率的重要因素之一。为使进水能达到在整个水流断面上配水均匀，一般宜采用穿孔墙，但应避免絮粒在通过穿孔墙处破碎。穿孔墙过孔流速不应超过絮凝池末端流速，一般在0.1m/s以下。

9.4.8 根据实践经验，沉淀池和澄清池出水一般采用穿孔出水槽或溢流堰形式的齿形出水槽。近年来，国内新建平流沉淀池出水堰溢流率一般均不超过300m^3/(m·d)，部分在250m^3/(m·d)以下。为了不致因溢流率过高而使絮粒被出水水流带出，并进一步降低沉淀池和澄清池出水浊度，提高其出水浊度的稳定性，因此将溢流率降低至250m^3/(m·d)。

Ⅱ 混 合

9.4.9 混合是指投入的混凝剂被迅速均匀地分布于整个水体的过程。在混合阶段中胶体颗粒间的排斥力被消除或其亲水性被破坏，使颗粒具有相互接触而吸附的性能。据有关资料显示，对金属盐混凝剂普遍采用急剧、快速的混合方法，而对高分子聚合物的混合则不宜过分急剧。故本条规定"使药剂与水进行恰当的急剧、充分混合"。

9.4.10 给水工程中常用的混合方式有水泵混合、管式混合、机械混合以及管道静态混合器等，其中水泵混合可视为机械混合的一种特殊形式，管式混合和管道静态混合器属水力混合方式。目前国内应用较多的混合方式为管道静态混合器混合和机械混合。水力混合效果与处理水量变化关系密切，故选择混合方式时还应考虑水量变化的因素。

一般混合搅拌池的G值取500s^{-1}～1000s^{-1}。当管道流速为1.0m/s～1.5m/s、分节数为2段～3段时，管式静态混合器的水头损失约为0.5m～1.5m。

Ⅲ 絮 凝

9.4.11 为使完成絮凝过程所形成的絮粒不致破碎，应将絮凝池与沉淀池合建成一个整体构筑物。

9.4.13 隔板絮凝池的设计指标受原水浊度、水温、被去除物质的类别和浓度的影响。根据多年来水厂的运行经验，宜采用絮凝时间为20min～30min，起端流速为0.5m/s～0.6m/s，末端流速为0.2m/s～0.3m/s，故本条对絮凝时间和廊道的流速做了相应规定。为便于施工和清洗检修，规定了隔板净距宜大于0.5m。

9.4.14 实践证明，机械絮凝池絮凝效果较隔板絮凝池为佳，故絮凝时间可适当减少。根据各地水厂运行经验，机械絮凝时间宜为15min～20min。

9.4.15 折板絮凝池是在隔板絮凝池基础上发展起来的，目前已得到广泛应用。各地根据不同情况采用了平流折板、竖流折板、竖流波纹板等型式，以采用竖流折板较多。竖流折板又分同步、异步两种形式。经过多年来的运转证明，折板絮凝具有对水量和水质变化的适应性较强、投药量少、絮凝效率高、停留时间短、能量消耗省等特点，是一种高效絮凝工艺。

9.4.16 本条是关于栅条（网格）絮凝池设计参数的有关规定。

1 据调查，已投产的栅条（网格）絮凝池均为多格竖流式，故规定"宜采用多格竖流式"。

2 根据调查，目前应用的栅条（网格）絮凝池的絮凝时间一般均在12min～20min。

3 关于竖井流速、过栅（过网）和过孔流速，均根据国内水厂栅条（网格）絮凝池采用的设计参数和运行情况做了规定。

4 栅条（网格）絮凝池每组的设计水量宜小于25000m^3/d，当处理水量较大时，宜采用多组并联形式。

5 栅条（网格）絮凝池内竖井平均流速较低，难免沉泥，故应考虑排泥设施。

Ⅳ 平流沉淀池

9.4.17 沉淀时间是平流沉淀池设计中的一项主要指标，它不仅影响造价，而且对出厂水质和投药量也有较大影响。根据实际调查，我国现采用的沉淀时间大多低于3h，出水水质均能符合进入滤池的要求。近年来，由于出厂水质的需要进一步提高，在平流沉淀池设计中，采用的停留时间一般都大于1.5h。据此，条文中规定平流沉淀池沉淀时间可为1.5h～3.0h。调查情况见表10。

表10 各地已建平流沉淀池的沉淀时间(h)

地区	南京	武汉	重庆	成都	广州
沉淀时间	1.6～2.2	1～2.5	1～1.5	1～1.5	2左右
地区	长春	吉林	天津	哈尔滨	杭州
沉淀时间	2.5～3	2.5左右	3左右	3左右	1～2.3

设计大型平流沉淀池时，为满足长宽比的要求，水平流速可采用高值。处理低温低浊水时，水平流速可采用低值。

9.4.19 沉淀池的形状对沉淀效果有很大影响，一般宜做成狭长形。根据浅层沉淀原理，在相同沉淀时间的条件下，池子越深，沉淀池截留悬浮物的效率越低。但池子过浅，易使池内沉泥带起，并给处理构筑物的高程布置带来困难，故需采用恰当。根据各地水厂的实际情况及目前采用的设计数据，平流沉淀池池深一般均小于4m。据此，本条对沉淀池池深规定可采用3.0m～3.5m。

为改善沉淀池中水流条件，平流沉淀池宜布置成狭长的形式，为此，需对水池的长度与宽度的比例以及长度与深度的比例做出规定。本条将平流沉淀池每格宽度做适当限制，规定为"宜为3m～8m，不应大于15m"。并规定了"长度与宽度之比不应小于4m，长度与深度之比不应小于10m"。

Ⅴ 上向流斜管沉淀池

9.4.20 液面负荷值与原水水质、出水浊度、水温、药剂品种、投药量以及选用的斜管直径、长度等有关。

9.4.21 斜管沉淀池斜管的常用形式有正六边形、山形、矩形及正方形等，而以正六边形斜管最为普遍。条文中的斜管管径是指正六边形的内切圆直径或矩形、正方形的高。据调查，国内上向流斜管的管径一般为25mm～40mm。据此，本条规定了相应数值。

据调查，全国各水厂的上向流斜管沉淀池斜管的斜长多采用1m；考虑能使沉泥自然滑下，斜管倾角大多采用60°。据此，本条规定了相应数值。

9.4.22 斜管沉淀池的集水多采用集水槽或集水管，其间距一般为1.5m～2.0m。为使整个斜管区的出水达到均匀，清水区的保护高度不宜小于1.2m。

斜管以下底部配水区的高度需满足进入斜管区的水量达到均匀，并考虑排泥设施检修的可能。据调查，其高度一般在1.5m～1.7m。考虑检修维护的方便，本条规定"底部配水区高度不宜小于2.0m"。

Ⅵ 侧向流斜板沉淀池

9.4.23 本条是关于侧向流斜板沉淀池设计时应符合的规定。

1 颗粒沉降速度和液面负荷是斜板沉淀池设计的主要参数，它们的设计取值与原水的水质、水温及其絮粒的性质、药剂品种等因素有关，根据长春、吉林等地水厂的设计经验，其颗粒沉降速度一般为0.16mm/s～0.3mm/s；液面负荷为$6.0m^3/(m^2 \cdot h)$～$12m^3/(m^2 \cdot h)$。低温低浊水宜取低值。

2 条文中的板距是指两块斜板间的垂直间距。据调查，国内侧向流斜板沉淀池的板距一般采用80mm～100mm，常用100mm。

3 为了使斜板上的沉泥能自然而连续地向池底滑落，斜板倾角大多采用60°。

4 为了保证斜板的强度及便于安装和维护，单层斜板长度不宜大于1.0m。

Ⅶ 高速澄清池

9.4.24 本条是关于高速澄清池设计时应符合的规定。

1 由于高速澄清池同时投加了混凝剂和高分子助凝剂，其絮凝效果明显强于传统澄清池，所形成的絮粒沉速较高，因此其分离区的上升流速可达到普通斜管澄清池的2倍～5倍，但用于高浊度水处理时，应视原水水质条件和出水要求确定分离区的上升流速，当原水含砂量大、出水水质要求较高时应适当降低上升流速。

2 斜管要求与普通斜管沉淀池类似，也可与国外引进工艺所采用的类似。

3 清水区及配水区布置要求与普通斜管沉淀池类似。斜管上部清水区高度应保证集水区出水的均匀性，此高度还与集水槽布置的间距有关。配水区高度保证配水均匀性及不对下部污泥浓缩区造成干扰。部分现有工程清水区保护高度小于1.0m，但从控制出水水质目标考虑，建议留有一定余地。

4 分离区对污泥浓度控制要求较高，取样管的设置可协助污泥浓度计控制池内污泥泥面不影响斜管区的分离。

5 絮凝提升设备应采取变频措施，按水量不同可调。

6 根据现有运行情况调查，一般设计污泥回流量按3%～5%已可满足运行需要，实际生产中往往可通过变频协调运行。

Ⅷ 机械搅拌澄清池

9.4.25 考虑到生活饮用水水质标准的提高，为降低滤池负荷，保证出水水质，本条定为"机械搅拌澄清池清水区的液面负荷，应按相似条件下的运行经验确定，可采用$2.9m^3/(m^2 \cdot h)$～$3.6m^3/(m^2 \cdot h)$"。低温低浊度时宜采用低值。

9.4.26 根据我国实际运行经验，条文规定水在机械搅拌澄清池中的总停留时间，可采用1.2h～1.5h。

9.4.27 搅拌叶轮提升流量即第一絮凝室的回流量，对循环泥渣的形成关系较大。条文参照国外资料及国内实践经验确定"搅拌叶轮提升流量可为进水流量的3倍～5倍"。

9.4.28 机械搅拌澄清池是否设置机械刮泥装置，主要取决于池子直径大小和进水悬浮物含量及其颗粒组成等因素，设计时应根据上述因素通过分析确定。

对于澄清池直径较小（一般在15m以内），原水悬浮物含量又不太高，并将池底做成不小于45°的斜坡时，可考虑不设置机械刮泥装置。但当原水悬浮物含量较高时，为确保排泥通畅，一般应设置机械刮泥装置。对原水悬浮物含量虽不高，但因池子直径较大，为了降低池深宜将池子底部坡度减小，并增设机械刮泥装置来防止池底积泥，以确保出水水质的稳定性。

Ⅸ 脉冲澄清池

9.4.29 根据对各地脉冲澄清池运行经验的调查表明，由于其对水量、水质变化的适应性较差，液面负荷不宜过高，一般以低于$3.6m^3/(m^2 \cdot h)$为宜。此外，近十多年来，除上海罗泾水厂引进并已投运的$20000m^3/d$、包头画匠营子一期引进并已投运的$300000m^3/d$和天津凌庄水厂已引进并正在建设的$300000m^3/d$法国超脉冲澄清池，国内大中型水厂几乎均未采用脉冲澄清池，可借鉴的实践经验较少。因此液面负荷的指标可采用$2.5m^3/(m^2 \cdot h)$～$3.2m^3/(m^2 \cdot h)$。同样，考虑到低温低浊水的絮体沉速低，液面负荷的指标宜选用低值。

9.4.30 脉冲澄清池的脉冲发生器有真空式、S形虹吸式、钟罩式、浮筒切门式、皮膜式和脉冲阀切门式等形式，后三种形式脉冲效果不佳。

脉冲周期及其充放时间比的控制，对脉冲澄清池的正常运行有重要作用。由于目前一般采用的脉冲发生器不能根据进水量自动地调整脉冲周期和充放比，因而当进水量小于设计水量时，常造成池底积泥，当进水量大于设计水量时，又造成出水水质不佳。故设计时应根据进水量的变化幅度选用适当指标。本条是根据国内调查资料，结合国外资料制定的。

9.4.33 虹吸式脉冲澄清池易在放水过程中将空气带入配水系统，若不排除，将导致配水不均匀和搅乱悬浮层。据此，本条规定配水总管应设排气装置。

Ⅹ 气 浮 池

9.4.34 根据气浮处理的特点，适用于处理低浊度原水。虽然有试验表明，气浮池处理浑浊度为200NTU～300NTU的原水也是可行的，但考虑到国内相关的生产性经验不多，故本条规定了"气浮池宜用于浑浊度小于100NTU"的原水。

9.4.35 气浮池接触室上升流速应以接触室内水流稳定，气泡对絮粒有足够的捕捉时间为准。根据各地调查资料，上升流速大多采用20mm/s。某些水厂的实践表明，当上升流速低，也会因接触室面积过大而使释放器的作用范围受影响，造成净水效果不好。据资料分析，上升流速的下限以10mm/s为适宜。

又据各地调查资料，气浮池分离室向下流速采用2mm/s较多。据此，本条规定"可采用1.5mm/s～2.0mm/s，分离室液面负荷为$5.4m^3/(m^2 \cdot h)$～$7.2m^3/(m^2 \cdot h)$"。上限用于易处理的水质，下限用于难处理的水质。

9.4.36 为考虑布气的均匀性及水流的稳定性，减少风对渣面的干扰，池的单格宽度不宜超过10m。

气浮池的泥渣上浮分离较快，一般在水平距离10m范围内即可完成。为防止池末端因无气泡顶托池面浮渣而造成浮渣下落，影响水质，故规定池长不宜超过15m。

据调查，各地水厂气浮池池深大多在2.0m～2.5m。实际测定在池深1m处的水质已符合要求，但为安全起见，条文中规定"有效水深可采用2.0m～3.0m"。

9.4.37 国外资料中的溶气压力多采用0.4MPa～0.6MPa。根据我国的试验成果，提高溶气罐的溶气量及释放器的释气性能后，可适当降低溶气压力，以减少电耗。因此按国内试验及生产运行情况，规定溶气压力可采用0.2MPa～0.4MPa范围，回流比可采用5%~10%。

9.4.38 溶气罐铺设填料层对溶气效果有明显提高。但填料层厚度超过1m对提高溶气效率已作用不大。为考虑布水均匀，本条规定其高度宜为1.0m~1.5m。

根据试验资料，溶气罐的截面水力负荷一般以采用100m³/(m²·h)~150m³/(m²·h)为宜。

9.4.39 由于采用刮渣机刮出的浮渣浓度较高，耗用水量少，设备也较简单，操作条件较好，故各地一般均采用刮渣机排渣。根据试验，刮渣机行车速度不宜过大，以免浮渣因扰动剧烈而落下，影响出水水质。据调查，以采用5m/min以下为宜。

9.5 过 滤

Ⅰ 一般规定

9.5.2 影响滤池池型选择的因素很多，主要取决于生产能力、运行管理要求、出水水质和净水工艺流程布置。对于生产能力较大的滤池，不宜选用单池面积受限制的池型；在滤池进水水质可能出现较高浊度或含藻类较多的情况下，不宜选用翻砂检修困难或冲洗强度受限制的池型。选择池型还应考虑滤池进、出水水位和水厂地坪高程间的关系、滤池冲洗水排放的条件等因素。

9.5.3 为避免滤池中一格滤池在冲洗时对其余各格滤池滤速的过大影响，滤池应有一定的分格数。据调查，日本规定每10格滤池备用1格，包括备用至少2格以上；英国规定理想的应有3格同时停运，即一格排水、一格冲洗、一格检修，分格数最少为6格，但当维修时可降低水厂出水量的则可为4格；美国规定至少4格[如滤速在10m/h，同时冲洗强度为10.8L/(m²·s)时，最少要6格，如滤速更低而冲洗强度较高，甚至需要更多滤池格数]。

9.5.4 滤池的单格面积与滤池的池型、生产规模、操作运行方式等有关，而且也与滤后水汇集和冲洗水分配的均匀性有较大关系。单格面积小则分格数多，会增加土建工程量及管道阀门等设备数量，但冲洗设备能力小，冲洗泵房工程量小。反之则相反。因此滤池的单格面积是影响滤池造价的主要因素之一。在设计中应根据各地土建、设备的价格做技术经济比较后确定。

9.5.5 滤池的过滤效果主要取决于滤料层构成，滤料越细，要求滤层厚度越小；滤料越粗，则要求滤层越厚。因此滤料粒径与厚度之间存在着一定的组合关系。根据藤田贤二等的理论研究，滤层厚度L与有效粒径d_e存在一定的比例关系。

美国认为，常规细砂和双层滤料L/d_e应大于或等于1000；三层滤料和深床单层滤料(d_e=1mm~1.5mm)，L/d_e应大于或等于1250。英国认为：L/d_e应大于或等于1000。日本规定$L/d_{平均}$大于或等于800。

本标准参照上述规定，结合目前应用的滤料组成和出水水质要求，对$L/d_{10}(d_e)$做了规定：细砂及双层滤料过滤$L/d_{10}(d_e)$应大于1000，粗砂过滤$L/d_{10}(d_e)$应大于1250。

9.5.6 滤池在反冲洗后，滤层中积存的冲洗水和滤池滤层以上的水较为浑浊，因此在冲洗完成开始过滤时的初滤水水质较差、浊度较高，尤其是存在致病原生动物如贾第鞭毛虫和隐孢子虫的概率较高。

Ⅱ 滤速及滤料组成

9.5.8 滤速是滤池设计的最基本参数，滤池总面积取决于滤速的大小，滤速的大小在一定程度上影响着滤池的出水水质。由于滤池是由各分格所组成，滤池冲洗、检修、翻砂一般均可分格进行，因此规定了滤池应按正常滤速设计并以强制滤速进行校核。

正常情况指水厂全部滤池均在进行工作，检修情况指全部滤池中的一格或两格停运进行检修、冲洗或翻砂。

9.5.9 滤池出水水质主要决定于滤速和滤料组成，相同的滤速通过不同的滤料组成会得到不同的滤后水水质；相同的滤料组成、在不同的滤速运行下，也会得到不同的滤后水水质。因此滤速和滤料组成是滤池设计的最重要参数，是保证出水水质的根本所在。为此，在选择与出水水质密切相关的滤速和滤料组成时，应首先考虑通过不同滤料组成、不同滤速的试验以获得最佳的滤速和滤料组成的结合。

表9.5.9中所列单层细砂滤料、双层滤料的滤料组成数据在原规范的基础上做了调整；滤速的下限规定则根据水质提高的要求做了适当调低；参照法国公司有关V型滤池滤料设计级配的通用表述方法与参数要求以及福建石英砂协会的建议，将均匀级配粗砂滤料的不均匀系数用K_{60}表述，并将其不均匀系数调整为K_{60}小于1.6。

9.5.10 滤料的承托层粒径和厚度与所用滤料的组成和配水系统形式有关，根据国内长期使用的经验，条文做了相应规定。由于大阻力配水系统孔眼距池底高度不一，故最底层承托层按从孔眼以上开始计算。

一般认为承托层最上层粒径宜采用2mm~4mm，但也有认为再增加一层厚50mm~100mm粒径1mm~2mm的承托层为好。

9.5.11 滤头滤帽的缝隙通常都小于滤料最小粒径，从这点来讲，滤头配水系统可不设承托层。但为使冲洗配水更为均匀，不致扰动滤料，习惯上都设置厚100mm粒径2mm~4mm的粗砂作承托层。

Ⅲ 配水、配气系统

9.5.12 国内单水冲洗快滤池绝大多数使用大阻力穿孔管配水系统，滤砖是使用较多的中阻力配水系统，小阻力滤头配水系统则用于单格面积较小的滤池。

对于气水反冲，上海市政工程设计院于20世纪80年代初期在扬子石化水厂双阀滤池中首先设计使用了长柄滤头配气、配水系统，获得成功。20世纪80年代后期，南京上元门水厂等首批引进了长柄滤头配气、配水系统的V型滤池，并在国内各地普遍使用，在技术上显示出了优越性。目前国内设计的V型滤池基本上都采用长柄滤头配气、配水系统。气水反冲用塑料滤砖仅在少数水厂使用（北京、大庆等）。气水反冲采用穿孔管（气水共用或气、水分开）配水、配气的则不多。在配气、配水干管(渠)顶应设排气装置，以保证能排尽残存的空气。

9.5.13 本条根据国内滤池运行经验，对大阻力、中阻力配水系统及小阻力配气、配水系统的开孔比做了规定。

小阻力滤头国内使用的有英国式的，其缝隙宽分别为0.5mm、0.4mm、0.3mm，缝长34mm，每只均36条，其缝隙面积各为612mm²、489.6mm²和367.2mm²，按每平方米设33只计，其缝隙总面积与滤池面积之比各为2.0%、1.6%、1.2%；还有法国式的，其缝宽为0.4mm，缝隙面积为288mm²，每平方米设50只，其缝隙总面积与滤池面积之比为1.44%；国产的缝宽为0.25mm，缝隙面积为250mm²，每平方米设50只，其开孔比为1.25%。据此将滤头的开孔比定为1.25%~2.00%。

9.5.14 根据国内长期运行的经验，大阻力配水系统(管式大阻力配水系统)采用条文规定的流速设计，能在通常冲洗强度下，满足滤池冲洗水配水的均匀要求。

9.5.15 根据近十多年来实际设计应用情况和对引进的国外公司相关案例的分析，配气干管进口端流速多为10m/s~20m/s。

Ⅳ 冲 洗

9.5.16 20世纪80年代以前，国内的滤池几乎都是采用单水冲洗方式，仅个别小规模滤池采用了穿孔管气水反冲。自从改革开放以来，在给水行业中较多地引进了国外技术，带来了冲洗方式的变革，几乎所有引进的滤池都采用气水反冲方式，并获得较好的冲洗效果。本条在研究分析了国内外的有关资料后，列出了各种滤料适宜采用的冲洗方式。

9.5.17 在对现有单层细砂级配滤料滤池进行技术改造时，可首先考虑增设表面扫洗。

9.5.18 对于单层细砂级配滤料和双层滤料的冲洗强度，当砂粒直径大时，宜选较大的强度；粒径小者宜选择较小的强度。

9.5.19 单水冲洗滤池的冲洗周期沿用原规范的数值；粗砂均匀

级配滤料并用气水反冲滤池的冲洗周期，国内一般采用36h～72h，但是从提高水质考虑，过长的周期会对出水水质产生不利影响，因此规定冲洗周期宜采用24h～36h。

Ⅵ 普通快滤池

9.5.21 根据国内滤池的运行经验，单层、双层滤料快滤池冲洗前水头损失多为2.0m～2.5m。

对冲洗前的水头损失，也有认为用滤过水头损失来表达。习惯上滤池冲洗前的水头损失是指流经滤料层和配水系统的水头损失总和，而滤过水头损失为流经滤料层的水头损失。条文中仍按习惯用冲洗前的水头损失。

9.5.22 为保证快滤池有足够的工作周期，避免滤料层产生负压，并从净水工艺流程的高程设置和构筑物造价考虑，条文规定滤层表面以上水深宜采用1.5m～2.0m。

9.5.23 由于小阻力配水系统一般不适宜用于单格滤池面积大的滤池，因此条文规定了单层滤料滤池宜采用大阻力或中阻力配水系统。

由于双层滤料滤池的滤速较高，如采用大阻力配水系统，会使过滤水头损失过大；而采用小阻力配水系统，又会因单格面积较大而不易做到配水均匀，故条文规定宜采用中阻力配水系统。

9.5.24 本条为避免因冲洗排水槽平面面积过大而影响冲洗的均匀，以及防止滤料在冲洗膨胀时的流失所做的规定。

9.5.25 根据国内采用高位水箱(塔)冲洗的滤池，多为单水冲洗滤池，冲洗水箱(塔)容积一般按单格滤池冲洗水量的1.5倍～2.0倍计算，但实际运行中，即使滤池格数较多的水厂也很少出现两格滤池同时冲洗，故条文规定的按单格滤池冲洗水量的1.5倍计算，已留有了一定的富余度。

当采用水泵直接冲洗时，由于普通快滤池通常采用高强度单水冲洗，短时内冲洗水泵从滤池出水中所抽取的水量往往需要多格滤池的出水量才能满足要求，因此，冲洗时滤池出水至清水池流量短时内会急剧减少甚至为零，严重影响滤后水自动加氯消毒的稳定性和消毒效果，故规定宜设置独立的容积为1.5倍～2.0倍单格滤池冲洗水量的冲洗水调蓄水池。

冲洗水泵的能力需与冲洗强度相匹配，故水泵能力应按单格滤池冲洗水量设计。

Ⅶ V型滤池

9.5.26 V型滤池滤料采用粗粒均匀级配滤料，孔隙率比一般细砂级配滤料大，因而水头损失增长较慢，工作周期可以达到36h～72h，甚至更长。但过长的过滤周期会导致滤层内有机物积聚和菌群的增长，使滤层内产生难以消除的黏滞物。根据近十年来国内的设计和运行经验，将冲洗前的水头损失调整到2.0m～2.5m。

9.5.27 为使滤池保持足够的过滤水头，避免滤层出现负压，根据国内设计和运行经验，规定滤层表面以上的水深不应小于1.2m。

9.5.28 V型滤池采用气水反冲，根据一般布置，气、水经分配干渠由气、水分配孔眼进入有一定高度的气水室。在气水室形成稳定的气垫层，通过长柄滤头均匀地将气、水分配于整个滤池面积。目前应用的V型滤池均采用长柄滤头配气、配水系统，使用效果良好。条文据此做了规定。

9.5.29 V型滤池冲洗水的供给一般采用水泵直接自滤池出水渠取水。若采用水箱供应，因冲洗时水箱水位变化，将影响冲洗强度，不利于冲洗的稳定性。同时，采用水泵直接冲洗还能适应气水同冲的水冲强度与单水漂洗强度不同的灵活变化。水泵的能力和配置可按单格滤池气水同冲和单水漂洗的冲洗水量设计，当两者水量不同时，一般水泵宜配置二用一备。

9.5.30 鼓风机直接供气的效率高，气冲时间可任意调节。

鼓风机常用的有罗茨风机和多级离心风机，国内在气水反冲滤池中都有使用，两者都可正常工作。罗茨风机的特性是风量恒定，压力变化幅度大；而离心风机的特性曲线与离心水泵类似。

9.5.31 V型进水槽是V型滤池构造上的特点之一，目的在于沿滤格长度方向均匀分配进水，同时亦起到均匀分配表面扫洗水的作用。V型槽底配水孔口至中央排水槽边缘的水平距离过大，孔口出流推动力的作用减弱，将影响扫洗效果，结合国内外的资料和经验，宜在3.5m以内，最大不超过5m。

现行《滤池气水冲洗设计规程》CECS 50规定表面扫洗孔中心低于排水槽顶面150mm，但根据各地实际运转和测试表明，这样的高度会出现滤料面由排水堰一侧向V型槽一侧倾斜(排水槽侧高，V型槽侧低)，如广东某水厂及海口某水厂都出现这一现象；中山小榄镇水厂，因表扫孔偏低而出现扫洗水倒流，影响扫洗效果；吉林二水厂也由于表扫孔过低导致扫洗效果差，出现泡沫浮渣漂浮滞留。根据以上出现的问题，多数认为表扫孔高程宜接近中央排水槽的堰顶高程；有的认为应低于堰顶30mm～50mm；还有的认为应高于堰顶30mm。据此，条文未对表面扫洗孔的高程做出规定，设计时可根据具体情况确定。

9.5.32 为使V型槽能达到均匀配水目的，应使所有孔眼的直径和作用水头相等。孔径相等易于做到。作用水头则由于槽外滤池水位固定，而槽内水流为沿途非均匀流，水面不平，致使作用水头改变。因此设计时应按均匀度尽可能大（例如95%）的要求，对V型槽按非均匀流计算其过水断面，以确定V型槽的起始和末端的水深。V型槽斜面一侧与池壁的倾斜度根据国内常用数据规定宜采用45°～50°。倾斜度小将导致过水断面小，增加槽内流速。

9.5.33 进水总渠和进入每格滤池的堰板相结合组成的进水系统是V型滤池的特点之一，由于进水总渠的起始端与末端水位不同，通过同一高程堰板的过堰流量会有差异，萧山自来水公司的滤池就产生这种情况。因此为保证每格滤池的进水量相等，应设置可调整高度的堰板，以便在实际运行中调整。上海大场水厂采用这一措施，收到很好的效果。

9.5.34 气水反冲洗滤池的反冲洗空气总管的高程必须高出滤池的最高水位，否则就有可能产生滤池水倒灌进入风机。安徽马鞍山二水厂曾有此经验教训。

9.5.35 长柄滤头配气、配水系统的配气、配水均匀性取决于滤头滤帽顶面是否水平一致。目前国内主要有两种方法，一种是滤头安装在分块的滤板上，因此要求滤板本身平整，整个滤池滤板的水平误差允许范围为±5mm，以此来控制滤头滤帽顶面的水平；另一种是采用塑料制模板，再在其上整体浇筑混凝土滤板，并配有可调整一定高度的长柄滤头，以控制滤柄顶面的水平。条文规定设计中应采取有效措施，不管采用何种措施只要能使滤头滤帽或滤柄顶表面保持在同一水平高程，其误差不得超出±5mm范围。如果不能保证滤头滤帽或滤柄顶表面高程的一致，在同样的气垫层厚度下，每个滤头的进气面积会不同，将导致进气量的差异，无法均匀地将空气分配在整池滤层上，严重时还将出现脉冲现象或气流短路现象，势必导致不良的冲洗效果。

9.5.36 由于V型滤池采用滤料层微膨胀的冲洗，因此其冲洗排水槽顶不必像膨胀冲洗时所要高出的距离。根据国内外资料和实践经验，在滤料层厚度为1.20m左右时，冲洗排水槽顶面多采用高于滤料层表面500mm。条文据此做了规定。

Ⅷ 虹吸滤池

9.5.37 虹吸滤池每格滤池的反冲洗水量来自其余相邻滤格的滤后水量，一般冲洗强度约为滤速的5倍～6倍，当滤池运行水量降低时，这一倍数将相应增加。因此为保证滤池有足够的冲洗强度，滤池应有与这一倍数相应的最少分格数。

9.5.38 虹吸滤池是等滤速、变水头的过滤方式。冲洗前的水头损失过大，不易确保滤后出水水质，并将增加池深，提高造价；冲洗前的水头损失过低，则会缩短过滤周期，增加冲洗水率。根据国内多年设计及水厂运行经验，规定可采用1.5m。

9.5.39 虹吸滤池的冲洗水头，即虹吸滤池出水堰板高程与冲洗排水管淹没水面的高程差，应按要求的冲洗水量通过水力计算确定。国内使用的虹吸滤池形式大多采用1.0m～1.2m，据此条文做了规定。同时为适应冲洗水量变化的要求，规定要有调整冲洗水头的措施。

9.5.40 本条根据国内经验对虹吸滤池的虹吸进水管和排水管流速做了规定。

Ⅸ 重力式无阀滤池

9.5.41 无阀滤池一般适用于小规模水厂，其冲洗水箱设于滤池上部，容积一般按冲洗一次所需水量确定。通常每座无阀滤池都设计成数格合用一个冲洗水箱。实践证明，在一格滤池冲洗即将结束时，虹吸破坏管口刚露出水面不久，由于其余各格滤池不断向冲洗水箱大量供水，使管口又被上升水位所淹没，致使虹吸破坏不彻底，造成滤池持续不停地冲洗。滤池格数越多，问题越突出，甚至虹吸管口不易外露，虹吸不被破坏而延续冲洗。为保证能使虹吸管口露出水面，破坏虹吸及时停止冲洗，因此合用水箱的无阀滤池宜取 2 格，不宜多于 3 格。

9.5.42 无阀滤池是变水头、等滤速的过滤方式，各格滤池如不设置单独的进水系统，因各格滤池过滤水头的差异，势必造成各格滤池进水量的相互影响，也可能导致滤格发生同时冲洗现象。故规定每格滤池应设单独进水系统。在滤池冲洗后投入运行的初期，由于滤层水头损失较小，进水管中水位较低，易产生跌水和带入空气。因此规定要有防止空气进入的措施。

9.5.43 无阀滤池冲洗前的水头损失值将影响虹吸管的高度、过滤周期以及前道处理构筑物的高程。条文是根据长期设计经验规定的。

9.5.44 无阀滤池为防止冲洗时滤料从过滤室中流走，滤料表面以上的直壁高度除应考虑滤料的膨胀高度外，还应加上 100mm～150mm 的保护高度。

9.5.45 为加速冲洗形成时虹吸作用的发生，反冲洗虹吸管应设有辅助虹吸设施。为避免实际的冲洗强度与理论计算的冲洗强度有较大的出入，应设置可调节冲洗强度的装置。为使滤池能在未达到规定的水头损失之前，进行必要的冲洗，需设有强制冲洗装置。

Ⅹ 翻 板 滤 池

9.5.46 翻板滤池是近十年来从国外引进并加以吸收消化后在我国得以应用的一种采用气水联合冲洗的新型双层滤料过滤滤池。其主要特点是采用冲洗时不排水来控制双层滤料中上层比重较轻的滤料不随冲洗水而流失。由于目前国内应用实践经验不多，考虑到其采用煤和石英砂普通级配滤料时与双层滤料普通快滤池相同，再结合国内已投入运行的案例调查，做出此规定。

9.5.47 同样由于目前国内应用实践经验不多，考虑到翻板滤池的滤料组成主要表现为双层滤料的特点，故规定滤层表面以上水深与双层滤料普通快滤池的相同。

9.5.48 从目前国内已应用的案例调查得知，翻板滤池的配水属于中小阻力配水系统，目前较多采用一种适用于气水联合冲洗方式的专用穿孔配水、配气管，按气水分界面布置气孔和水孔，气孔和水孔孔眼总面积与滤池面积之比也不应过小，同时也不宜分别大于 0.12% 和 1.28%。同时考虑到也有部分翻板滤池采用滤头作为配水、配气系统，故对其承托层做出了规定。

9.5.50 考虑到从国外引进的早期翻板滤池冲洗水供应采用高位水箱，而国内吸收消化改进后的翻板滤池冲洗水供应一般采用冲洗水泵，故规定冲洗水泵和高位水箱皆可。

当采用水泵直接冲洗时，由于翻板滤池最后一次冲洗通常采用高强度单水冲洗，短时内冲洗水泵从滤池出水中所抽取的水量往往需要多格滤池的出水量才能满足要求，因此冲洗时滤池出水至清水池流量短时内会急剧减少甚至为零，严重影响滤后水自动加氯消毒的稳定性和消毒效果，故规定宜设置独立的容积为 1.5 倍～2.0 倍单格滤池冲洗水量的冲洗水调蓄水池。

冲洗水泵的能力需与冲洗强度相匹配，故水泵能力应按单格滤池冲洗水量设计。

9.5.51 本条规定应采用鼓风机供应冲洗气源是出于与 V 型滤池冲洗用气的同样考虑。

9.5.52 滤池的长度和宽度受生产规模、滤后水收集及冲洗水分配均匀性等多种因素的影响。据开发出翻板滤池的瑞士苏尔寿（SULZER）公司介绍，考虑到翻板滤池布置的特点，为保证冲洗水的均匀性以及排水有效性，滤池单格面积不宜超过 $90m^2$，故规定单格翻板滤池池宽不宜大于 6m，不应大于 8m，长度不应大于 15m。

9.5.53 设置进出水总渠可使各格滤池的进水分配和出水收集更加均匀。每格滤池的进出水设置可调堰板、调节阀门和跌水堰，主要目的是为了实现每格滤池的恒水位等速过滤运行模式。分阶段开启的翻板阀可有效防止排水时的滤料流失。

9.5.54 滤层上部有一定的储水高度可确保一次冲洗结束，翻板阀开启排水前，冲洗废水不会漫过进水渠。

9.5.55 为避免翻板阀开启时带走滤料，翻板阀底与滤层面之间应留有足够的超高。反冲洗空气总管的高程应高出滤池的最高水位（包括反冲洗时池内最高反冲洗水储存水位），否则就有可能产生滤池水倒灌进入风机。

9.5.57 规定了穿孔管配水、配气系统结构形式、布置要点以及管道和孔口的设计参考流速范围。当设计冲洗强度要求较大时，也可按此参考流速范围确定布水布气系统断面和开孔。

9.5.58 由于配水、配气管直接与滤后水接触，故其材质应满足涉水卫生标准的要求。采用 PE 管或不低于 S304 的不锈钢管主要是提高管材的防腐能力和延长其使用寿命。

9.5.59 对布水、布气管水平度提出一定的控制要求，可保障布水、布气系统的均匀性。

9.6 地下水除铁和除锰

Ⅰ 工艺流程选择

9.6.1 铁、锰都是人体组织的微量元素，成人身体中含铁 4g～5g，含锰 12mg～20mg。人体缺铁就会产生贫血和代谢功能紊乱，人体缺锰将引发畸形、脑惊厥、早产及不孕症等疾病。但铁、锰过多也会引起铁中毒和锰中毒。人体摄取铁过多有损于胰腺、肝胆和皮肤。锰过多引起造骨机能破坏、引发锰佝偻病以及中枢神经、呼吸系统病患。人们在饮茶、食用蔬果、肉类和粮食中已能满足对铁、锰的摄取需求。长期饮用含铁、锰水有损于健康。况且含铁、锰水会产生沉淀于供水管道之中，着色于生活器皿和衣物，给生活造成诸多不便。含铁、锰水用于造纸、纺织、印染、食品等工业生产会使产品着色乃至报废，用于锅炉用水会产生结垢乃至事故。水中铁、锰对工业生产有害而无益，希望越少越好。所以城市供水中，如水源水铁、锰超出用水标准必须予以处理。

9.6.2 我国含铁、锰地下水分布于 18 个省市、3.1 亿人口的广大地区。由于各地的水文地质化学条件的差异，含铁、锰地下水水质千差万别。在工艺中需要来考虑原水中 Fe^{2+} 与除锰生成的 Mn^{4+} 的氧化还原反应，所以按照原水中 Fe^{2+} 的含量可将原水分为：

Ⅰ：Fe^{2+} 小于 5mg/L，Mn^{2+} 小于 0.5mg/L 的地下水质称之为低浓度铁、锰地下水。

Ⅱ：Fe^{2+} 大于 5mg/L，Mn^{2+} 大于 0.5mg/L 的称之为高浓度铁、锰地下水。

Ⅲ：当含铁、锰地下水中同时又含有氨氮称之为伴生氨氮铁、锰地下水。

由于铁、锰和氨氮在水中的浓度不同，铁、锰和氨氮相互间的氧化还原关系及原水对氧的需求都将有重大差别。故地下水除铁、锰水厂设计之时，应根据原水水质条件来选择净水流程和构筑物形式。

由于地下水水质复杂、千差万别，有条件时应做现场模拟试验研究，也可参照相似水质条件水厂的运行经验，经工程综合技术经济比较后确定。

9.6.3 低浓度铁、锰地下水多分布于弱还原环境的河漫滩之下，与河水有较好的水力交换。水中还原物质较少，对氧的需求低。根据辽宁省浑太流域，大、小凌河流域地下水除铁、除锰水厂的多年运行经验，可采用跌水曝气1级除铁、除锰滤池的简捷净化流程。

9.6.4 在标准状态下，O_2的氧化还原电位0.82V，铁的氧化还原电位为0.2V，锰的氧化还原电位为0.6V。O_2与Mn的氧化还原电位差为0.22V，O_2与Fe的氧化还原电位差为0.62V。所以在地下水pH值中性条件下，Fe^{2+}可以被溶解氧直接氧化，当存在触媒的情况下可迅速氧化。但Fe与Mn的氧化还原电位差为0.4V。在一定的基质浓度下，Fe^{2+}与Mn^{4+}会发生氧化还原反应，Mn^{4+}将Fe^{2+}氧化Fe^{3+}，而Mn^{4+}还原为Mn^{2+}。据北京工业大学和中国市政东北设计研究院有限公司的科学研究成果和工程生产实验，当滤层进水中$Fe^{2+}>5mg/L$时，就会发生Fe^{2+}和Mn^{4+}的氧化还原反应，此时应采用厚滤料滤池或采用两级过滤流程。

9.6.5 Fe^{2+}的氧化当量为0.143mg O_2/mgFe^{2+}，Mn^{2+}的氧化当量为0.29mg O_2/mgMn^{2+}，而氨氮(NH_4^+-N)的氧化当量则为4.57mg O_2/mgNH_4^+-N。所以原水中含有氨氮，除铁、锰、氨的滤层耗氧量大增。故当含铁、锰水中伴生氨氮且$NH_4^+-N>1.0mg/L$，宜采用两级曝气两级过滤流程。

Ⅱ 曝 气 装 置

9.6.6 含铁、锰地下水是在还原环境下存在的，水中溶解氧为零。为进行Fe^{2+}、Mn^{2+}的氧化反应必须向水中充氧。除铁和除锰在地下水pH值6～6.5的条件下均可顺利进行，也不受溶解性硅酸的影响。曝气是为了充氧，不必刻意散失CO_2。故曝气装置的选择只根据原水需氧量来选择。同时曝气又是除铁、除锰水厂的重要动力消耗单元，在满足溶解氧需求条件下，宜选择简单节能的曝气装置，跌水与淋水是除铁、锰工艺首选曝气装置。

喷水、板条式曝气塔、接触曝气塔能耗较高、投资较大。叶轮式表面曝气装置有动力设备，增加了维护工作量。在一定条件下，也可以选用。

射流曝气、压缩空气曝气只有在压力式除铁、锰装置中使用。

9.6.7 跌水曝气的溶氧效果，因受水的饱和溶解氧浓度的限制，随着跌水级数和跌水高度增大是有限的。据生产实践调研一级跌水高度在0.5m之上，水中溶解氧浓度可达4.0mg/L～4.5mg/L，三级跌水达5.0mg/L～5.5mg/L。已能满足除铁、除锰工艺的要求。故以跌水级数1级～3级，每级跌水高度0.5m～1.0m为宜。

跌水堰单宽流量小，跌水水舌下真空度亦小，吸入空气量少；单宽流量大，随水舌下真空度增强，吸入空气量大，但水舌变厚后，单位水量中溶入空气量反而变小。据生产实际调研单宽流量以$20m^3/(m\cdot h)$～$50m^3/(m\cdot h)$为宜。

9.6.8 目前国内淋水装置多采用穿孔管，因其加工安装简单，曝气效果良好，而采用莲蓬头者较少。理论上，孔眼直径越小，水流越分散，曝气效果越好。但孔眼直径太小易于堵塞，反而会影响曝气效果。根据国内使用经验，孔眼直径以4mm～8mm为宜，孔眼流速以1.5m/s～2.5m/s为宜。据实地调研和室内科研实验，淋水飞程1.5m之内，溶氧效果与淋水飞程呈正相关关系。飞程大于1.5m溶氧效果增长非常缓慢。故淋水装置的安装高度宜为1.5m～2.0m。安装高度是指淋水出口至集水池水面的距离。

9.6.9 条文中规定了每$10m^2$面积设置喷嘴的个数，实际上相当于每个喷嘴的服务面积约为$1.7m^2$～$2.5m^2$。

9.6.10 某水厂原射流曝气装置未经计算，安装位置不当，使装置不仅不曝气，反而从吸气口喷水。后经计算，并改变了射流曝气装置的位置，结果曝气效果良好。可见，通过计算来确定射流曝气装置的构造是很重要的。东北两个城市采用射流曝气装置已有多年历史，由于它具有设备少、造价低、加工容易、管理方便、溶氧效率较高等优点，故迅速得以在国内十多个水厂推广使用，效果良好。实践表明，原水经射流曝气后溶解氧饱和度可达70%～80%，但CO_2散除率一般不超过30%，pH值无明显提高，故射流曝气装置适用于原水铁、锰含量较低，对散除CO_2和提高pH值要求不高的场合。

9.6.13 实践表明，接触式曝气塔运转一段时间以后，填料层易被堵塞。原水含铁量愈高，堵塞愈快。一般每1年～2年就应对填料层进行清理。这是一项十分繁重的工作，为方便清理，层间净距一般不宜小于600mm。

9.6.14 根据生产经验，淋水密度一般可采用$5m^3/(m^2\cdot h)$～$10m^3/(m^2\cdot h)$。但直接装设在滤池上的喷淋设备，其淋水密度相当于滤池的滤速。

9.6.15 试验研究和东北地区采用的叶轮表面曝气装置的实践经验表明，原水经曝气后溶解氧饱和度可达80%以上，二氧化碳散除率可达70%以上，pH值可提高0.5～1.0。可见，叶轮表面曝气装置不仅溶氧效率较高，而且能充分散除二氧化碳，大幅度提高pH值。使用中还可根据要求适当调节曝气程度，管理条件也较好，故近年来已逐渐在工程中得以推广使用。设计时应根据曝气程度的要求来确定设计参数，当要求曝气程度高时，曝气池容积和叶轮外缘线速度应选用条文中规定的上限，叶轮直径与池长边或直径之比应选用条文中规定数据的下限。

Ⅲ 除铁、除锰滤池

9.6.17 除铁、锰滤池滤料并非充作触媒物质，而是触媒载体。表层滤料是Fe^{2+}氧化触媒的载体，下部填料是锰氧化触媒物质载体，同时滤层还起到截滤悬浮的铁、锰氧化物的作用。故原则上任何可以作为滤料的材料均可作为除铁、除锰滤池滤料。锰砂有很大的吸附容量，是石英砂的几十倍。在一定的水质和操作条件下，在滤池投产之初当锰砂滤料的吸附容量渐渐饱和之前，除锰滤池就已经培养成熟，由此可使吸附饱和期与培养成熟期相衔接，在投产初期就可以取得Mn^{2+}浓度不超标的处理水。相反地，若采用石英砂为除锰滤池滤料，由于其对锰的吸附容量很小，在滤池投产初期吸附容量很快饱和，所以出水锰浓度在滤池成熟之前(时间可长达数十日)是不达标，但石英砂强度大耐磨，使用寿命长。各水厂可据地方条件选用。

9.6.18 除铁、除锰滤池希望有更大的填料表面积和曲折的过滤路径。据长年除铁、锰水厂的生产经验，滤池滤料粒径石英砂$d=$0.5mm～1.2mm，锰砂为0.6mm～1.2mm或0.6mm～2.0mm为宜。为了锰氧化还原菌在滤砂上附着和具有一定的生化反应时间，滤速不宜过大，一般为5m/h～7m/h。

9.6.19 在除铁、除锰滤层中不但滤砂表面黏附着铁锰氧化物，同时滤砂间隙中也有大量铁锰氧化物黏泥。为使全滤层全方位得以洗净，采用冲洗均匀的大阻力配水系统。

9.6.20 除铁、除锰滤池中Fe^{2+}、Mn^{2+}的氧化反应是在滤层中进行的。与地面水除浊主要发生在滤层表层不完全相同，可以省去表面冲洗。反冲的目的不但要将滤砂颗粒空隙中铁锰粘泥洗净，还要保护滤砂表面的触媒物质。所以一般不希望增加扰动更大的气冲洗，只采用水反冲洗就可完成滤层洗净的任务。冲洗强度与膨胀率都应小于地面水除浊的滤池。冲洗延续时间也不宜过长，反冲洗排水由浑稍有变清为止。

9.7 除 氟

Ⅰ 一 般 规 定

9.7.1 人体中的氟主要来自饮用水。氟对人体健康有一定的影响。长期过量饮用含氟高的水可引起慢性中毒，特别是对牙齿和骨骼。当水中含氟量在0.5mg/L以下时，可使龋齿增加，大于1.0mg/L时，可使牙齿出现斑釉。现行国家标准《生活饮用水卫生标准》GB 5749规定了饮用水中的氟化物含量小于1.0mg/L。

9.7.2 除氟的方法很多，如混凝沉淀法、活性氧化铝吸附法、反渗透法、电渗析法、离子交换法、电凝聚法、骨碳法等，仅对最常用的混凝沉淀法、活性氧化铝吸附法和反渗透法做了有关技术规定，原规范中的电渗析法因应用实践很少且稳定性差，不再做规定。

饮用水除氟的原水主要为地下水，在我国的华北和西北存在较多的地下水高氟地区，一般情况下高氟地下水中氟化物含量在1.0mg/L～10mg/L范围内。若原水中的氟化物含量大于10mg/L，可采用增加除氟流程或投加熟石灰预处理的方法。悬浮物量和含盐量是除氟方法适用的基本要求，当含盐量超过10000mg/L时，脱氟率明显下降，原水若超过限值，应采用相应的预处理措施。

9.7.3 除氟过程中产生的废水，其排放应符合现行国家标准《污水综合排放标准》GB 8978的规定。泥渣进入垃圾填埋厂的应符合现行国家标准《生活垃圾填埋污染控制标准》GB 16889的规定，进入农田的应符合现行国家标准《农用污泥污染物控制标准》GB 4284的规定，也可外运至危险废物处理处置中心集中处理处置。

Ⅱ 混凝沉淀法

9.7.4 混凝沉淀法主要是通过絮凝剂形成的絮体吸附水中的氟，经沉淀或过滤后去除氟化物。当原水中含氟量大于4mg/L时不宜采用混凝沉淀法，否则处理水中会增加SO_4^{2-}、Cl^-等物质，影响饮用水质量。

一般以采用铝盐的去除效果较好，可选择氯化铝、硫酸铝、聚合氯化铝等。

9.7.5 絮凝剂投加量受原水含氟量、温度、pH值等因素影响，其投加量应通过试验确定。一般投加量（以Al^{3+}计）宜为原水含氟量的10倍～15倍（质量比）。

Ⅲ 活性氧化铝吸附法

9.7.9 活性氧化铝的粒径越小吸附容量越高，但粒径越小强度越差，而且粒径小于0.5mm时，反冲造成的滤料流失较大。粒径1.0mm的滤料耐压强度一般能达到9.8N/粒。

9.7.10 一般含氟量较高的地下水，其碱度也较高（pH值大于8.0，偏碱性），而pH值对活性氧化铝的吸附容量影响很大。经试验，进水pH值在6.0～6.5时，活性氧化铝吸附容量一般可为4g(F^-)/kg(Al_2O_3)～5g(F^-)/kg(Al_2O_3)；进水pH值在6.5～7.0时，吸附容量一般可为3g(F^-)/kg(Al_2O_3)～4g(F^-)/kg(Al_2O_3)；若不调整pH值，吸附容量仅在1g(F^-)/kg(Al_2O_3)左右。

9.7.14 首次反冲洗滤层膨胀率宜采用30%～50%，反冲时间宜采用10min～15min，冲洗强度一般可采用12L/(m^2·s)～16L/(m^2·s)。

再生溶液宜自上而下通过滤层。采用氢氧化钠再生，浓度可为0.75%～1%，消耗量可按每去除1g氟化物需要8g～10g固体氢氧化钠计算，再生液用量容积为滤料体积的3倍～6倍，再生时间为1h～2h，流速为3m/h～10m/h；采用硫酸铝再生，浓度可为2%～3%，消耗量可按每去除1g氟化物需要60g～80g固体硫酸铝计算，再生时间为2h～3h，流速为1.0m/h～2.5m/h。

再生后滤池内的再生溶液必须排空。

二次反冲强度宜采用3L/(m^2·s)～5L/(m^2·s)，反冲时间1h～3h。采用硫酸铝再生，二次反冲终点出水的pH值应大于6.5；采用氢氧化钠再生，二次反冲后应进行中和，中和宜采用1%硫酸溶液调节进水pH值至3左右，直至出水pH值降至8～9时为止。

Ⅳ 反渗透法

9.7.15 保安过滤器的滤芯使用时间不宜过长，一般可根据前后压差来确定调换滤芯，压差不宜大于0.1MPa。宜采用14m^3/(m^2·h)～15m^3/(m^2·h)膜过滤。使用中应定时反洗、酸洗，必要时杀菌。

反渗透膜壳建议采用优质不锈钢或玻璃钢。膜的支撑材料、密封材料、外壳等应无不纯物渗出，能耐H_2O_2等化学药品的氧化及腐蚀等，一般可采用不锈钢材质。管路部分高压可用优质不锈钢，低压可用国产ABS或UPVC工程塑料。产水输送管路管材可用不锈钢。

进水侧应设高温开关及高、低pH值开关，浓水侧应设流量开关，产水侧应设电导率开关。整个系统应有高低压报警、加药报警、液位报警、高压泵入口压力不足报警等报警控制装置。

9.7.16 污染指数表示的是进水中悬浮物和胶体物质的浓度和过滤特性，是表征进水对微孔滤膜堵塞程度的一个指标。微量悬浮物和胶状物一旦堵塞反渗透膜，膜组件的产水量和脱盐率会明显降低，甚至影响膜的寿命，因此对进入反渗透处理装置水的污染指数有严格要求。

原水中除了悬浮物和胶体外，微生物、硬度、氯含量、pH值及其他对膜有损害的物质，都会直接影响膜的使用寿命及出水水质，关系整个净化系统的运行及效果。一般膜组件生产厂家对其产品的进水水质会提出严格要求，当原水水质不符合膜组件的要求时，就必须进行相应的预处理。

9.8 除 砷

Ⅰ 一般规定

9.8.1 砷对人体健康有害，长期摄入可引发各种癌症、心肌萎缩、动脉硬化、人体免疫系统削弱等疾病，甚至可以引起遗传中毒。现行国家标准《生活饮用水卫生标准》GB 5749规定了饮用水中的含砷浓度小于0.01mg/L，小型集中式供水和分散式供水受条件限制时小于0.05mg/L。原水中砷含量过高应首先探讨替换水源，如无更适宜的水源则必须进行除砷处理。

9.8.2 除砷的方法较多，本条列出了较为成熟的四种工艺，另外还有化学法（电解法等）、生物法（包括生物絮凝法、生物氧化法等）。在具体实施时，应根据除砷小型实验装置的运行参数和各种除砷工艺的技术经济比较来确定具体工艺。

9.8.3 本标准第9.8.2条中提到的除砷方法对As^{3+}的去除效果较差，而对As^{5+}的去除效果较好，因此对于As^{3+}的去除要首先预氧化。目前，氧化的方法有化学氧化法和生物氧化法。

9.8.4 除砷过程中产生的废水，其排放应符合现行国家标准《污水综合排放标准》GB 8978的规定。泥渣进入垃圾填埋厂的应符合现行国家标准《生活垃圾填埋污染控制标准》GB 16889的规定，进入农田的应符合现行国家标准《农用污泥污染物控制标准》GB 4284的规定，也可外运至危险废物处理处置中心集中处理处置。

Ⅱ 铁盐混凝沉淀法

9.8.5 由于原水pH值调节相对容易实现，因此当原水的pH值不在适用范围内时，可通过调节原水pH值后实施混凝沉淀法处理。

对于含砷超过1mg/L的原水应采用二级除砷，先用铁盐混凝沉淀法将砷含量降到0.5mg/L以下，再用离子交换法、膜法或吸附法进一步除砷。

9.8.6 铁盐混凝沉淀对As^{5+}的去除效果可为95%，对As^{3+}的去除效果为50%～60%。因此，为提高对含As^{3+}原水的处理效果，宜进行预氧化，氧化剂可采用高锰酸钾或液氯。

9.8.7 混凝剂可选用$[Fe_2(OH)_n(SO_4)_{3-n/2}]_m$、$FeCl_3$、$FeSO_4$或$Al_2(SO_4)_3$、$AlCl_3$，但铁盐除砷效果一般高于铝盐，而且铝盐的投量大且沉降性能较差，因此推荐使用铁盐。

9.8.8 原水进入沉淀池前加过量的混凝剂调节pH值至6～7.8，As^{5+}将和混凝剂在沉淀池内发生沉淀和共沉淀作用，而后经过滤处理除砷。

9.8.9 多介质过滤法是根据复合介质的组合原理，依靠不同介质的协同吸附作用，通过过滤装置完成除砷的过程。吸附滤池空床接触时间与原水砷含量有关。

河南省郑州市东周水厂水源为黄河地下侧渗水。目前出厂水中砷含量为0.007mg/L～0.008mg/L。为了强化除砷示范研究，在水厂增加加药车间（按10万m^3/d处理量设计），提高出厂水质。采用曝气—过滤工艺，药剂为$FeCl_3$絮凝剂和$KMnO_4$氧化剂的组合方式，出水砷浓度可降至0.007mg/L以下，进一步降低了出厂水砷含量。

9.8.10 本条所指的超标不多，指砷超标一倍左右。

Ⅲ 离子交换法

9.8.11 由于原水pH值调节相对容易实现，因此当原水的仅pH值不在适用范围内时，可通过调节原水pH值后实施离子交换法处理。

9.8.12 工艺流程中原水投加酸（或碱），主要是满足原水pH值不满足要求的调节pH值的需要；而原水投加氧化剂主要是考虑含As^{3+}的待处理水须先氧化成As^{5+}，否则除砷效果不佳。

9.8.13 离子交换树脂除了本条文中所述的聚苯乙烯树脂，还可采用用螯合剂浸渍多孔聚合物树脂制成的螯合树脂等。

9.8.14 离子交换树脂的再生技术除了条文中所述的NaCl再生法、酸碱再生法，还有CO_2再生离子交换法、电再生法、超声脱附等。

9.8.15 采用本条规定的NaCl溶液对树脂进行再生时，通常树脂可经反复再生后使用10次。

9.8.16 除可采用$FeCl_3$处理含砷废盐溶液外，也可采用石灰软化处理含砷废盐溶液。

Ⅳ 吸附法

9.8.17 由于原水pH值调节相对容易实现，因此，当原水pH值不在适用范围内时，可通过调节原水pH值后实施吸附法处理。原水经吸附处理脱砷后，应再加入NaOH，将pH值调至6.8～7.5，以降低出水的腐蚀性。

9.8.18 除了本条文中所述的吸附剂可以用作砷吸附剂的材料外，还有天然珊瑚、膨润土、沸石、红泥、椰子壳、涂层砂以及天然或合成的金属氧化物及其水合氧化物等。再生用的氢氧化钠溶液浓度宜为4%，每次再生损耗氧化铝约为2%。

9.8.19 工艺流程中原水投加氧化剂主要是考虑含As^{3+}的待处理水须先氧化成As^{5+}，否则除砷效果不佳。原水浊度较高时，需采取沉淀等预处理。

9.8.20 由于活性氧化铝在近中性水中其选择性吸附顺序：$OH^- > H_2AsO_4^- > H_3AsO_4 > F^- < SO_4^{2-} > HCO_3^- > Cl^- > NO_3^-$，所以其吸附床所需的高度可稍小于氟吸附床的高度。

Ⅴ 反渗透或低压反渗透（纳滤）法

9.8.22 反渗透或低压反渗透（纳滤）法除砷是四种除砷方法中造价最高的一种，其他的几种除砷法只适用于砷含量较低的原水，对于砷含量较高的原水只有采用反渗透或低压反渗透（纳滤）法处理才能达到饮用水的标准。

9.8.23 反渗透或低压反渗透（纳滤）法除砷工艺对As^{5+}（砷酸和AsO_4^{3-}）的去除率达99%；对含As^{3+}（二氧化二砷和AsO_3^{3-}）的原水应进行预氧化，氧化剂可采用高锰酸钾或液氯，膜法的进水pH值宜控制在6～9。

9.8.24 反渗透或低压反渗透（纳滤）法装置除砷时进水水质、工艺、运行维护等要求与本标准第9.7.15条～第9.7.18条规定相同，故可直接采用所述的相关规定。

9.9 消 毒

Ⅰ 一般规定

9.9.1 目前最常用的是以氯消毒为主的化学消毒工艺，当水中存在某些化学消毒无法有效灭活的特定病原体（如两虫）体，或氯消毒后消毒副产物会明显上升时，可采用以紫外线消毒为主的物理消毒与化学消毒相结合的组合式消毒工艺。根据美国最新研究结果表明，紫外线是控制贾第鞭毛虫和隐孢子虫等寄生虫最为经济有效的消毒方法。同时组合式消毒工艺，即多屏障消毒策略将逐渐被净水行业广泛认同和接受。目前，以北京、天津等地为代表的我国北方地区已有一定规模饮用水紫外消毒的实例，故规定了紫外消毒工艺及相关技术规定。

为避免或控制氯消毒副产物的生成，也可采用二氧化氯消毒、氯胺消毒和臭氧消毒等其他化学消毒工艺，但采用二氧化氯或臭氧消毒时仍需控制亚氯酸盐、氯酸盐和溴酸盐等其他消毒副产物的生成。

随着近年来各地对易爆危险化学品运输和储存管控力度的日益强化，许多大中城市对液氯、液氨的运输和储存在运输时间、线路和储存条件上有了很多限制，对使用液氯、液氨的水厂生产管理和安全运行带来了诸多困难，而采用次氯酸钠和硫酸铵替代液氯和液氨可减少水厂生产管理和安全运行的难度。虽然次氯酸钠和硫酸铵的成本稍高于液氯和液氨，但生产安全风险可大为降低。近年来，日本几乎所有自来水厂都在使用市场出售的次氯酸钠。因此该方法已被不少大中城市的供水企业所采纳，如北京、上海、深圳等地均已逐步实施次氯酸钠替代液氯改造，上海还实施了硫酸铵替代液氨改造。

由于现行国家标准《生活饮用水卫生标准》GB 5749将水中消毒余量作为水质指标做了明确的限值规定，因此当以紫外线消毒为主消毒工艺时，其后仍需进行适量的化学消毒，以满足出水的消毒剂余量指标要求。

9.9.2 化学消毒工艺位置的设置首先应以满足消毒为主要目标，其次应兼顾对消毒副产物的控制，当水源水质优良且稳定时，通常仅在滤后设置消毒工艺即可，而水源水质较差且不稳定时，采用多点投加消毒剂既可保障消毒效果，又可有效控制消毒副产物的生成。

由于水中悬浮物和浊度会影响紫外线在水中的穿透率从而影响紫外线消毒效果，因此紫外线消毒工艺的位置宜设在滤后。

9.9.3 消毒设计剂量包括化学消毒设计投加量和紫外消毒设计照射剂量；对于水质较好水源的净水厂可按相似条件下的运行经验确定；对多水源和原水水质较差的净水厂，原水水质变化使化学消毒剂投加点目的不同而使投加量相差悬殊，因此有必要按出厂水与投加消毒剂相关的水质控制指标，通过试验确定各投加点的最大消毒剂投加量作为设计投加量。

9.9.4 化学法消毒工艺的一条实用设计准则为接触时间T(min)×接触时间结束时消毒剂残留浓度C(mg/L)，被称为CT值。消毒接触一般采用接触池或利用清水池。由于其水流不能达到理想推流，所以部分消毒剂在水池内的停留时间低于水力停留时间t，故接触时间T需采用保证90%的消毒剂能达到的停留时间t，即T_{10}进行计算。T_{10}为水池出流10%消毒剂的停留时间。T_{10}/t值与消毒剂混合接触效率有关，值越大，接触效率越高。影响清水池T_{10}/t的主要因素有清水池水流廊道长宽比、水流弯道数目和形式、池型以及进、出口布置等。一般清水池的T_{10}/t值多低于0.5，因此应采取措施提高接触池或清水池的T_{10}/t值，保证必要的接触时间。

对于一定温度和pH值的待消毒处理水，不同消毒剂对粪便大肠菌、病毒、兰氏贾第鞭毛虫、隐孢子虫灭活的CT值也不同。

摘自美国地表水处理规则（SWTR），达到1-log灭活（90%灭活率）蓝氏贾第鞭毛虫和在pH值6～9时达到2-log、3-log灭活（99%、99.9%灭活率）肠内病毒的CT值，参见表11、表12。

表11 灭活1-log蓝氏贾第鞭毛虫的CT值

消毒剂	pH值	在水温下的CT值					
		0.5℃	5℃	10℃	15℃	20℃	25℃
2mg/L的游离残留氯	6	49	39	29	19	15	10
	7	70	55	41	28	21	14
	8	101	81	61	41	30	20
	9	146	118	88	59	44	29
臭氧	6～9	0.97	0.63	0.48	0.32	0.24	0.16
二氧化氯	6～9	21	8.7	7.7	6.3	5	3.7
氯胺（预生成的）	6～9	1270	735	615	500	370	250

表 12　在 pH6～9 时灭活肠内病毒的 *CT* 值

消　毒　剂	灭活 log	在水温下的 *CT* 值					
		0.5℃	5℃	10℃	15℃	20℃	25℃
游离残留氯	2	6	4	3	2	1	1
	3	9	6	4	3	2	1
臭氧	2	0.9	0.6	0.5	0.3	0.25	0.15
	3	1.4	0.9	0.8	0.5	0.4	0.25
二氧化氯	2	8.4	5.6	4.2	2.8	2.1	1.4
	3	25.6	17.1	12.8	8.6	6.4	4.3
氯胺(预生成的)	2	1243	857	643	428	321	214
	3	2063	1423	1067	712	534	356

各种消毒剂与水的接触时间应参考对应的 *CT* 值，并留有一定的安全系数加以确定。

由于水厂清水池的主要功能是平衡水厂制水与供水的流量，利用清水池消毒存在着因其清水池水位经常变化而影响消毒效果的可能，同时参照国际上发达国家较为普遍地采用设置专用消毒接触池的做法，提出了有条件时宜设置消毒接触池的规定。

紫外线水消毒设备是通过紫外灯管照射水体而进行消毒的设备，由紫外灯、石英套管、镇流器、紫外线强度传感器和清洗系统等组成。当设计水量和紫外剂量确定后，只有在所选设备满足设计水量和紫外剂量要求后才能达到既定的消毒效果。

9.9.5　水厂运行过程中水量变化不可避免，同时还会伴有一定程度的水质变化。当消毒设备不能针对这些变化做相应的消毒剂量的精确调整，将出现过度消毒或消毒不充分现象。过度消毒不仅造成浪费，而且可能引起水质(感官和消毒副产物)问题；消毒不充分则可导致水的卫生指标不合格。

由于消毒工艺是水厂水处理流程中最重要和最后一道工序，且必须随水厂的生产连续工作，因此应有备用能力。

9.9.6　由于用于消毒的化学药剂具有较强的氧化性或一定的酸碱性，不仅会产生氧化腐蚀和酸碱腐蚀，而且一旦泄漏会产生导致人员伤亡和破坏周边环境的严重次生灾害，因此要求消毒系统设备与器材应具有良好的密封性和耐腐蚀性。同时，考虑到消毒系统设备与器材在运行、维护和更换过程中可能出现微量化学物的外漏，对其所处环境的部分建筑结构可能造成腐蚀破坏，故应对所有可能接触到化学物的建筑结构、构件和墙地面做防腐处理。

Ⅱ　液氯消毒、液氯和液氨氯胺消毒

9.9.7　本条所述是最常用的以液氯和液氨为药剂的氯消毒和氯胺消毒系统设计。系统设计应包括的方面系根据水厂使用特点并结合现行国家标准《氯气安全规程》GB 11984 等有关规范要求所提出。

9.9.8　氯胺又称化合性有效氯 (CAC)，主要是利用一氯胺的消毒作用。由于在处理水中同时投加氯气和氨气后，水中首先形成一氯胺，随着氯和氨投加比例的不断增加逐步形成二氯胺、三氯化氮，最后过折点而形成自由氯。因此应合理控制氯和氨投加比例才能实现真正意义的氯胺消毒。

虽然形成一氯胺的理论比例在 3：1～5：1，但考虑到水中还存在一定的耗氯还原物质，故规定比例可为 3：1～6：1。

9.9.9　按现行国家标准《生活饮用水卫生标准》GB 5749 的要求，与水接触 30min 后，出厂水游离余氯应大于 0.3mg/L(即氯消毒 *CT* 值≥ 9mg · min/L)，或与水接触 120min 后，出厂水总余氯大于 0.6mg/L(即氯胺消毒 *CT* 值≥72mg · min/L)。

对于无大肠杆菌和大肠埃希菌的地下水，可利用配水管网进行消毒接触。对污染严重的地表水，应使用较高的 *CT* 值。

世界卫生组织 (WHO) 认为由原水得到无病毒出水，需满足下列氯消毒条件：出水浊度≤ 1.0NTU，pH 值＜ 8，接触时间 30min，游离余氯＞0.5mg/L。

9.9.10　与传统的压力加氯系统相比，全自动真空加氯系统具有安全性和投加精度更高的特点，因此目前国内大多数水厂液氯消毒及加压站补氯均采用了全自动真空加氯系统。

本条中关于全自动真空加氯系统的基本组成是基于目前国内实际应用的状况及产品供应商的技术性能所提出。

对氯库内工作和在线待命氯瓶连接数量做一定的限制，是从减少液氯可能的泄漏环节和大多数产品供应商的安全配置要求所提出。氯瓶歧管切换装置及真空调节器设置在氯库内是出于将正压部分的氯源集中设置的安全考虑。

当室内环境温度低于 5℃时，通常单个吨级氯瓶靠环境温度气化的出氯量不大于 10kg/h，故规定加氯量大于 40kg/h 时应设置液氯蒸发器或其他符合安全要求的增加气化量的措施(如水温不高于 40℃水淋水气化)。设置液氯蒸发器时应采用液相氯瓶歧管连接氯瓶是满足液氯蒸发器气化进氯的要求。液氯蒸发器和真空调节器设置在专用蒸发器间内，是出于蒸发器因维护不当可能存在泄漏的安全隐患和将正压部分的氯源集中设置的安全考虑。

全自动真空加氯系统中的加氯机到投加点之间的输气采用管道负压输送，管道负压是依靠投加点处的水射器形成。由于水射器形成管道负压的能力有限，故输气管道的长度不能过长，否则又可能造成加注量不够问题。本条规定的 200m 限值是基于大多数产品供应商技术要求所提。水射器动力水由专用泵提供是为了满足稳定安全加氯的需要。

加氯机与加注点一对一配置有利于精确稳定控制投加量；一对多配置时，对加注点的数量、每个加注点的投加量和水射器后至各投加点的管路布置做出规定也是满足精确稳定控制投加量的需要。

加氯机及其管道设置备用是为保证不间断加氯。加氯机可显示瞬时投加量便于生产的科学管理。

9.9.12　虽然与加氯相比水厂加氨量较小，但由于氨气泄漏也会导致伤及人员的次生灾害，故有条件时，尤其是大中型水厂宜采用安全性和投加精度更高的全自动真空加氨系统。除了因加注量较小通常不需要设蒸发器外，全自动真空加氨系统的基本组成、布置要求与全自动真空加氯系统基本相同。

当水厂处理水硬度超过 50mg/L，通常会在投加点产生结垢堵塞而影响正常投加，故应采取防止和消除投加点的结垢措施。对于真空加氨系统，通常可采用软化水射器动力水或在加氨点设置可定时临时加氯的方法；对于压力加氨系统，则可采用在加氨点设置可定时临时加氯的方法。

9.9.13　现行国家标准《工业企业设计卫生标准》GBZ 1 规定，产生并散发化学和生物等有害物质的车间，宜位于相邻车间当地全年最小频率风向的上风向。英国《供水》(water supply)(第六版)中规定，加氯间及氯库应与其他建筑的任何通风口相距不少于 25m，贮存氯罐(cylinder)、气态氯瓶和液态氯瓶的氯库应与其他建筑边界相距分别不少于 20m、40m、60m。

9.9.14　本条为强制性条文，必须严格执行。根据现行国家标准《氯气安全规程》GB 11984 的有关规定和氨气安全操作有关规程所提出。本条所指的所有连接在加氯岐管上氯瓶包括在线工作和待命氯瓶。

9.9.15　本条为强制性条文，必须严格执行。基于现行国家标准《氯气安全规程》GB 11984 的有关规定，增加了氯库室内环境温度控制的要求。为了避免氯瓶受热至 40℃以上，氯库设遮阳以及通风、空调等，使室内温度低于 40℃。取暖采用无明火方式，控制室内温度低于 40℃，散热器应远离氯(氨)瓶和投加设备，确保不会使氯(氨)瓶和投加设备温度超过 40℃。

9.9.16　本条为强制性条文，必须严格执行。现行国家标准《工作场所有害因素职业接触限值　第 1 部分：化学有害因素》GBZ 2.1 规定，室内环境空气中氯的允许最高浓度(MAC)不得超过 $1mg/m^3$。氨则未规定最高浓度(MAC)限值，但分别给出了时间加权平均容许浓度(PC-TWA)不得超过 $20mg/m^3$ 和短时间接触容许浓度

(PC-STEL)不得超过 30mg/m³ 的规定。因此，为保障工作人员安全，加氯（氨）间（真空加氯、加氨机间除外）、氯蒸发器间及氯（氨）库应设置氯（氨）泄漏检测仪和报警设施。

根据现行国家标准《工业企业设计卫生标准》GBZ 1 的规定，毒物报警值包括预报值、警报值和高报值，产生毒物的场所至少应设警报值和高报值。其中预报值应为 MAC 或 PC-STEL 的 1/2，警报值应为 MAC 或 PC-STEL，高报值则应综合各种因数确定。因此从预报报警的角度考虑，氯泄漏检测仪的检测下限应低于 0.5mg/m³，检测上限则至少应大于 1mg/m³；氨泄漏检测仪的检测下限应低于 15mg/m³，检测上限则至少应大于 30mg/m³。

按现行国家标准《大气污染物综合排放标准》GB 16297 中氯气无组织排放时周界外浓度最高点限值要求，氯吸收处理装置尾气排放小于 0.5mg/m³。漏氯吸收装置就近设在氯库边的单独房间内，主要是考虑到漏氯吸收装置使用概率低，日常维护是保障其事故时能迅速正常启动的重要工作，设在与用氯间分开单独房间内有利于维护人员安全，设在氯库旁可缩短漏氯吸收距离，提高漏氯处理速度。

当室内环境空气中氨气的浓度达到一定比例后遇明火热源会引起爆炸，故加氨间和氨库内的电气设备应采用防爆型。

9.9.17 本条为强制性条文，必须严格执行。基于现行国家标准《氯气安全规程》GB 11984 的有关规定，设置机械通风和吸收处理装置。设置机械通风的目的为了改善微漏气时使用场所的环境空气质量，即环境空气中氯气、氨气浓度处于预报值与警报值之间时进行机械通风。换风的次数和机械通风与漏氯吸收处理系统的切换时机则参考了英国等国的规定：即通风系统设计每小时不应小于 10 次，并在微泄漏量时工作，泄漏量大时关闭。因此从满足现行国家职业卫生标准《工作场所有害因素职业接触限值 第 1 部分：化学有害因素》GBZ 2.1 的规定和提高风险预警能力角度考虑，当室内环境空气中氯含量达到 0.5mg/m³ 或氨含量达到 15mg/m³ 时，应自动开启通风装置并同时进行预报报警；当室内环境空气中氯含量达到 1mg/m³时，应进行警报报警和关闭通风装置，同时启动漏氯吸收装置；当室内环境空气中氨含量达到 30mg/m³时，应进行警报报警并应及时采取应急处置措施。

由于氯气重于空气，氨气轻于空气，本条对加氯（氨）间及氯（氨）库通风系统新鲜空气进口和排风口位置的规定，主要根据上述氯气和氨气各自的比重特性所确定。

9.9.18 本条为强制性条文，必须严格执行。按现行国家标准《氯气安全规程》GB 11984 的有关规定，加氯（氨）间、氯（氨）库和氯蒸发器间的外部应设能控制室内照明和通风设备的室外开关，并设抢救设施和抢修工具箱。出于在室外能够控制室内照明和通风设备的开关以及现场抢修的职业安全考虑，做出本条规定。

9.9.19 由于液氯（氨）或干燥氯气、氨气对钢管没有腐蚀性，且压力高，故可采用耐高压的厚壁无缝钢管，氯（氨）溶液则对金属具有较强氧化或酸碱腐蚀性，真空输送的氯气或氨气处于微负压状态，故宜用耐腐蚀的塑料管材。

Ⅲ 二氧化氯消毒

9.9.21 因为二氧化氯与空气接触易爆炸，不易运输，所以二氧化氯一般采用化学法现场制备。国外多采用高纯型二氧化氯发生器，有以氯溶液与亚氯酸钠为原料的氯法制备和以盐酸与亚氯酸钠的酸法制备方法。国内有以盐酸（氯）与亚氯酸钠为原料的高纯型二氧化氯和以盐酸与氯酸钠为原料的复合二氧化氯两种形式，可根据原水水质和出水水质要求，本着技术上可行、经济上合理的原则选型。

通常在密闭的发生器中生成二氧化氯，其溶液浓度为 10g/L。

9.9.22 由于亚氯酸盐或氯酸盐均为现行国家标准《生活饮用水卫生标准》GB 5749 对采用二氧化氯或复合二氧化氯消毒时的常规毒理学水质指标，故做出本条规定。

9.9.23 生成二氧化氯时，原料调制浓度过高（32% HCl 和 24% $NaClO_2$），则反应时将发生爆炸。二氧化氯泄漏时，空气中浓度大于 11% 和水中浓度大于 30% 时易发生爆炸。因此在原料调制、生成反应和使用过程中有潜在的危险，为确保安全地制备二氧化氯和在水处理中安全使用，其现场制备的设备应是成套设备，并必须有相应有效的各种安全措施，包括材料有较好的密封性和耐腐蚀性。建筑屋内可能与原料或反应生成物接触的构件和墙地面做防腐处理是为了防止结构受损而造成安全事故。

9.9.24 本条是依据现行国家标准《生活饮用水卫生标准》GB 5749 的规定而提出的。

9.9.25 本条为强制性条文，必须严格执行。由于生成二氧化氯的主要固体原料（亚氯酸钠、氯酸钠）属一、二级无机氧化剂，贮运操作不当有引起爆炸的危险。此外，原料盐酸与固体亚氯酸钠相接触易引起爆炸，故规定应分别独立存放和采取必要的隔离措施。

9.9.26 本条为强制性条文，必须严格执行。由于二氧化氯发生与投加设备为整体设备，同时考虑到原料输送的方便和与原料存放间必要的隔离，故应设置在独立的设备间内。

9.9.27 本条为强制性条文，必须严格执行。由于二氧化氯制备的原料具有易爆、腐蚀性和一定职业危害，故规定各原料库房与设备间应相互隔开且室内互不相通，房门均应各自直接通向外部且向外开启。外部设置可启闭室内照明和通风设备的开关则作为事故应急安全操作之用。所有建筑均按防爆要求进行设计是基于仍存在爆炸的可能。

设置快速淋浴、洗眼器主要为了在工作人员不慎接触时及时冲洗之用，以保护人员安全。设置酸泄漏收集槽也是出于保护工作人员和防止建筑结构受损。

设备间设置通风设施主要是排除微泄漏的二氧化氯气体，由于二氧化氯气体重于空气，故通风设施的布置可参照加氯间的布置方式。此外，由于现行国家标准《工作场所有害因素职业接触限值化学有害因素》GBZ 2.1—2007 对环境空气中的二氧化氯，分别给出了时间加权平均容许浓度（PC-TWA）不得超过 0.3mg/m³ 和短时间接触容许浓度（PC-STEL）不得超过 0.8mg/m³ 的规定。因此设备间内应设置二氧化氯气体泄漏检测仪和报警设施，且二氧化氯泄漏检测仪的检测下限应低于 0.4mg/m³，检测上限则至少应大于 0.8mg/m³。当室内环境空气中二氧化氯含量达到 0.4mg/m³时，应自动开启通风装置同时进行预报报警；当室内环境空气中二氧化氯含量达到 0.8mg/m³时，应进行警报报警并应及时关闭二氧化氯发生装置并采取应急处置措施。

设备间设置喷淋设施主要用于二氧化氯水溶液和气体发生事故泄漏的紧急处理。

9.9.28 由于二氧化氯制备的原料具有易爆性，基于安全考虑，原料的储备量不宜过多，故其储备量比水厂其他药剂的储备量可适当减少。

Ⅳ 次氯酸钠氯消毒、次氯酸钠与硫酸铵氯胺消毒

9.9.29 通常情况下，当商品次氯酸钠溶液就近货源充足且保证率高时，宜首选商品次氯酸钠溶液；当货源不足、运输距离较远或存在短期限制因素（如气候）且保证率不高时，经技术经济比较后，可采用次氯酸钠发生器电解食盐现场制取使用；当难以或无法采购商品次氯酸钠溶液时，可采用次氯酸钠发生器电解食盐现场制取使用。

9.9.30 次氯酸钠为强氧化剂，化学性质极不稳定。在光照、受热、酸性环境或重金属离子存在下，极易发生分解反应，导致其商品溶液中有效氯含量降低。主要反应式如下：

$$NaClO + H_2O = HClO + NaOH$$

$$2HClO = 2HCl + O_2$$

$$HClO + HCl = H_2O + Cl_2$$

此外，较高温度下次氯酸钠和较长时间储存条件下，其分解产物中还会含有亚氯酸钠（亚氯酸盐）和氯酸钠（亚氯酸盐）等现行国家标准《生活饮用水卫生标准》GB 5749 有限值规定的常规毒理指

标。因此次氯酸钠溶液气温越高，分解速度越快，浓度越低，分解速度越慢，性能越稳定。因此在条件许可的情况下，送至水厂或泵站的商品次氯酸钠溶液宜稀释至5%浓度后储存和投加。

次氯酸钠溶液存储备量不宜过大，应综合考虑原料供应条件、输送距离、气候条件、储存场地气候条件、生产管理等因素，宜为7d左右。

由于硫酸铵的投加量一般较小，在单点投加规模较小时，原液小流量投加时计量泵精度较差，因此可采用1∶1～1∶3稀释储存和投加。

9.9.31 由于次氯酸钠溶液和硫酸铵溶液可原液投加，因此在储液池(罐)不小于2个的情况下，储液池(罐)可兼做投加池。考虑到次氯酸钠溶液和硫酸铵溶液具有较强的腐蚀性，储液池应做防腐处理。有条件时可采用化学储罐作为储液池。

次氯酸钠为强氧化剂且其溶液呈强碱性，而硫酸铵为还原剂且其溶液呈弱酸性，当两种溶液相遇时会发生较强烈的氧化还原反应，且当两者达到一定的比例时可能产生极不稳定和易爆炸的三氯化氮，上海在使用这两种溶液时曾发生此类事件。因此无论室内还是室外设置，两种溶液不应同处一室或一处，放空及废液处理系统的井不应连通。

温度较高时次氯酸钠溶液容易分解，溶液中的有效氯会减少，故气温较高地区次氯酸钠溶液宜在室内或室外地下储存。

9.9.32 由于次氯酸钠和硫酸铵溶液的投加方式和控制模式、投加设备及其系统组成与混凝剂溶液投加系统相同，故可按本标准第9.3.6条的第1款～第3款有关混凝剂投加部分的规定执行。

次氯酸钠和硫酸铵溶液的加注设备与管道在室内分室布置的规定，也是出于防止两种溶液不慎相遇可能产生爆炸的危险出现。

9.9.33 次氯酸钠和硫酸铵溶液的投加间和储存间存在微量的溶液分解和挥发气体逸出，为改善室内环境空气质量，应设置机械通风设施。考虑到次氯酸钠和硫酸铵溶液均具有腐蚀性，故规定可能与这两种溶液接触的建筑构件和墙地面应做防腐处理。

在房间出入口设置快速淋浴、洗眼器可为操作人员提供不慎接触到腐蚀性溶液后的应急自救设施。

9.9.34 目前我国供应次氯酸钠发生系统成套设备的制造商和水厂采用电解食盐制取次氯酸钠的实践较少，本条规定中涉及的成套设备的基本组成是在参考国际上主要制造商和国内的部分应用案例的基础提出。由于次氯酸钠发生系统涉及防爆、防毒和防腐等需求，故规定系统设计中应设置有针对性的安全设施。

9.9.35 次氯酸钠发生系统由盐水调配装置、次氯酸钠发生器、储液箱、投加设备、辅助设备等一系列设施组成，系统较为复杂，需定期放空进行酸洗、清洗、更换等维护保养工作。因此为确保大型或重大水厂生产安全，做出本条规定。

9.9.36 考虑到食用盐易吸潮结块，故储存量不宜过大。同样因食用盐吸潮结块，目前大部分水厂食用盐投料仍需人工操作，劳动强度较大，故盐水每日配置次数不宜大于2次，并尽可能采用自动化程序较高的装置，减少工人劳动强度。

9.9.37 本条为强制性条文，必须严格执行。由于电解食用盐溶液产生次氯酸钠溶液时会伴随产生氢气析出现象，氢气的火灾危险性为甲类，且氢气轻于空气，因此应采用高位排风，且在专用风机将氢气稀释至低于爆炸下限浓度进行排放的同时，仍应保证出风口设置的安全。

屋顶存在吊顶、无通气孔的倒翻梁容易积聚可能泄出的氢气和阻断积聚的氢气流向通风设备。

9.9.38 在次氯酸钠发生器间设置高位排风机械通风系统，主要用于排除发生器专用排风系统可能泄漏出来或未排尽的微量氢气。

当发生器至储罐之间的次氯酸钠溶液输送管路发生事故泄漏时，在发生器出入口设置的快速淋浴、洗眼器可为操作人员提供不慎接触到泄漏溶液后的应急自救设施。

9.9.39 食用盐中氯离子对金属具有强烈的腐蚀性，故储存食用盐的建筑内的机电设备和门窗应考虑选用耐高盐度的腐蚀。

Ⅴ 紫外线消毒

9.9.40 紫外线消毒系物理消毒。在饮用水消毒处理中，相比传统的化学消毒，紫外线具有更广谱的消毒能力，如可快速有效灭活“两虫”等化学消毒很难灭活的致病微生物。此外，消毒过程不会出现化学消毒所引起的消毒副产物问题，当与化学消毒进行组合消毒时，不仅减少了化学消毒剂的用量，而且使消毒副产物的生成量也减少。但是，由于紫外线消毒不具有持续性消毒效果，为保障进入管网的水的生物安全性和维持一定的消毒剂余量，在进行紫外线消毒后，仍必须投加适量的具有持续性消毒效果的化学消毒剂。且紫外线消毒需要建设专门的设施，运行过程中电耗和紫外灯管的老化损耗会增加一定的制水成本。因此应经技术经济比较来确定采用紫外线消毒的必要性与合理性。

9.9.41 紫外线水消毒设备在使用过程中会产生石英套管结垢与灯管老化问题，造成紫外输出损失。现行国家标准《城市给排水紫外线消毒设备》GB/T 19837规定：紫外线消毒设备应保证在处理峰值流量下、紫外灯运行寿命终点时并考虑紫外灯管结垢影响后，紫外线的有效剂量不低于40mJ/cm^2。结垢系数、老化系数应根据设备具体要求确定，在没有具体设备情况下结垢系数宜取0.8、老化系数宜值0.5进行剂量计算。

9.9.42 紫外线水消毒设备有管式和渠式两种基本形式，其中管式适用于饮用水消毒，渠式则适应于中水和污水消毒。

9.9.43 紫外线消毒工艺对进水的水质要求较高，消毒效果受进入紫外线水消毒设备待消毒水的水温、pH值、浊度、紫外线穿透率(UVT)等因素的影响。为充分发挥紫外线消毒工艺的消毒效果，紫外线消毒工艺应设置于清水池进水之前。在进行紫外线消毒工艺设计前，应实测待消毒水的水质情况，如没有条件可按下列情况取值：

(1)设计进水水温宜为3℃～30℃，pH值宜在6.5～8.5。

(2)设计进水浊度宜小于1NTU。

(3)设计进水UVT(紫外穿透率)：对于使用传统混凝—沉淀—过滤的地表水厂，设计UVT取值以不高于90%为宜。对于以无污染的地下水为水源的水厂或使用膜过滤的水厂，UVT取值以不高于95%为宜。对于使用紫外作为滤池反冲洗水消毒的水厂，建议反冲洗水进入紫外前，先进行沉淀处理，UVT取值以70%～80%为宜。

设置紫外消毒工艺的超越系统，可使水厂在水质较好时实现超越紫外消毒工艺节约制水成本的目的。

9.9.44 紫外线水消毒设备的紫外灯类型有低压灯、低压高强灯和中压灯三种，目前用于水处理的主要为低压高强灯和中压灯。低压高强灯的紫外光是以253.7nm波长单频谱输出，中压灯的紫外光是以200nm～280nm杀菌波段多频谱输出，中压灯比低压高强灯更具杀菌的广谱性；低压高强灯连续运行或累计运行寿命一般不低于12000h，中压灯连续运行或累计运行寿命一般不低于5000h～9000h；低压高强灯的电光转化率高于中压灯，相同条件下的运行能耗低于中压灯；在相同水质条件下，中压灯的紫外光穿透水体的能力强于低压高强灯。

在相同管径、处理水量和有效剂量的条件下，因低压高强灯产生的有效剂量低于中压灯而导致其消毒设备中灯管数量多于中压灯消毒设备，处理水通过消毒设备的水头损失会大于中压灯。在采用低压高强灯消毒设备时，为达到与中压灯相同的过程水头损失，通常采用放大消毒设备管径或配置更多数量的同管径消毒设备。因此紫外灯的选型应根据多种因素综合考虑后确定。一般情况下，中小型水厂，宜采用低压高强灯；大中型规模水厂或用地条件较为紧张的水厂，宜采用中压灯。

此外，应根据水质条件及是否具备在线灯管余量、在线更换灯管条件和在线清洗灯管条件等情况，确定紫外线水消毒设备的数量和备用方式。

9.9.45 应根据给水厂的整体水力流程条件，确定管式消毒设备水头损失的设计值。在实际的水头损失计算中，不仅要考虑消毒设备本身的水头损失，还应考虑与其连接的管路系统的直管段、三通、异径管、法兰、弯头等的水头损失。

9.9.46 高程布置上避免隆起是为了使管式消毒设备内达到满流状态，避免积气。

对前后直管段做此规定是为防止管式消毒设备内的部件受到冲击并保持良好的水力流态。在一些改扩建工程中，往往因空间狭小不能满足本条要求，故在确保前直管段长度不小于消毒设备管径的3倍前提下，也可采用管式消毒设备。

消毒设备前后直管段上应设置隔离阀门是为消毒设备检修维护隔离之用。在消毒设备前部管道高点设排气阀可避免高点积聚的气体带入消毒设备。

每台消毒设备前设置流量计，可结合消毒设备自带的在线紫外光穿透率传感器发出的穿透率数值或人为设定的穿透率数值，实现对紫外线消毒设备输出剂量同步控制，在保证紫外消毒效果的前提下，达到节电的目的。

设备间设置起重设备可方便消毒设备的整体拆装。

9.9.47 地下水硬度高，部分地区铁锰含量高，极易导致紫外线灯管套管结垢并影响紫外消毒效果，因此应根据水质情况选择合适的套管清洗方式，当进水硬度高于120mg/L时宜选择在线的机械加化学自动清洗方式。

9.10 臭氧氧化

Ⅰ 一般规定

9.10.1 近十多年来，我国在饮用水处理中采用臭氧氧化的应用案例已很多，积累的经验也相当丰富。关于臭氧氧化工艺设置原则，是基于对国内许多应用案例的调查分析所提出。在实际设计中，臭氧氧化工艺的设置还应通过对原水水质状况的分析，结合总体净水工艺过程的考虑和出水水质目标来确定，也可参照相似条件下的运行经验或通过一定的试验来确定。

9.10.3 基于目前我国饮用水处理中臭氧氧化工艺的丰富应用经验和研究成果借鉴总结，关于臭氧设计投加量给出了设计建议值。在实际设计中，臭氧氧化工艺的设置还应通过对原水水质状况的分析，结合总体净水工艺过程的考虑和出水水质目标来确定，也可参照相似条件下的运行经验或通过一定的试验来确定。

溴酸盐是自然界水中溴离子被臭氧逐步氧化形成的衍生物。溴酸盐的浓度主要取决于原水中的溴离子浓度、臭氧浓度以及臭氧与水接触时间等因素。另外，溴离子被臭氧氧化时的pH值和水温也对溴酸盐形成有影响。正常情况下，水中不含溴酸盐，但普遍含有溴化物，浓度一般为10μg/L～1000μg/L。当用臭氧对水消毒时，溴化物与臭氧反应，氧化后会生成溴酸盐，有研究认为当原水溴化物浓度小于20μg/L时，经臭氧处理一般不会形成溴酸盐，当溴化物浓度在50μg/L～100μg/L时有可能形成溴酸盐。国际癌症研究中心（IARC）认为，溴酸钾对实验动物有致癌作用，但溴酸盐对人的致癌作用还不能肯定，为此将溴酸盐列为对人2B级的潜在致癌物质。

现行国家标准《生活饮用水卫生标准》GB 5749规定采用臭氧处理工艺时，出厂水溴酸盐限值为0.01mg/L。对溴酸盐副产物的控制可通过加氨、降低pH值和优化臭氧投加方式等实现。

9.10.4 本条为强制性条文，必须严格执行。从臭氧接触池排气管排入环境空气中的气体仍含有一定的残余臭氧，这些气体被称为臭氧尾气。由于空气中一定浓度的臭氧对人的机体有害。人在含臭氧百万分之一的空气中长期停留，会引起易怒、感觉疲劳和头痛等不良症状。而在更高的浓度下，除这些症状外，还会增加恶心、鼻子出血和眼黏膜发炎。经常受臭氧的毒害会导致严重的疾病。因此出于对人体健康安全的考虑，提出了本条强制性规定。通常情况下，经尾气消除装置处理后，要求排入环境空气中的气体所含臭氧的浓度满足现行国家标准《环境空气质量标准》GB 3095的有关规定。

9.10.5 由于臭氧的氧化性极强，对许多材料具有强腐蚀性，因此要求臭氧处理设施中臭氧发生装置、臭氧气体输送管道、臭氧接触池以及臭氧尾气消除装置中所有可能与臭氧接触的材料能够耐受臭氧的腐蚀，以保证臭氧净水设施的长期安全运行和减少维护工作。据调查，一般的橡胶、大多数塑料、普通的钢和铁、铜以及铝等材料均不能用于臭氧处理系统。适用的材料主要包括316L不锈钢、玻璃、氯磺烯化聚乙烯合成橡胶、聚四氟乙烯以及混凝土等。

Ⅱ 气源装置

9.10.6 就制取臭氧的电耗而言，以空气为气源的最高，制氧机供氧气的其次，液氧最低。就气源装置的占地而言，空气气源的较氧气气源的大。就臭氧发生的浓度而言，以空气为气源的浓度只有氧气气源的五分之一到三分之一。就臭氧发生管、输送臭氧气体的管道、扩散臭氧气体的设备以及臭氧尾气消除装置规模而言，以空气为气源的比氧气的大很多。就设备投资和日常管理而言，空气的气源装置均需由用户自行投资和管理，而氧气气源装置通常可由用户向大型供气商租赁并委托其负责日常管理。虽然氧气气源装置较空气气源装置具有较多优点，但其设备的租赁费、委托管理费以及氧气的采购费也很高，且设备布置受到消防要求的限制。因此采用何种供气气源和气源装置应综合上述多方面的因素，做技术经济比较后确定。据调查，一般情况下，空气气源适合于较小规模的臭氧发生量，液氧气源适合于中等规模的臭氧发生量，制氧机气源适合于较大规模的臭氧发生量。

9.10.7 由于供给臭氧发生器的各种气源中一般均含有一定量的一氧化二氮，气源中过多的水分易与其生成硝酸，从而导致对臭氧发生装置及输送臭氧管道的腐蚀损坏，因此必须对气源中的水分含量做出了规定，露点就是代表气源水分含量的指标。据调查，目前国内外绝大部分运行状态下的臭氧发生器的气源露点均低于－60℃，有些甚至低于－80℃。一般情况下，空气经除湿干燥处理后，其露点可达到－60℃以下，制氧机制取的气态氧气露点也可达到－60℃到－70℃之间，液态氧的露点一般均在－80℃以下。现行行业标准《水处理用臭氧发生器》CJ/T 322对以空气、液氧、现场制氧等各类气源都做了较为详细的规定。

此外，气源中的碳氧化物、颗粒、氮以及氩等物质的含量对臭氧发生器的正常运行、使用寿命和产气能耗等也会产生影响，且不同臭氧发生器的厂商对这些指标要求各有不同，故本条文只做原则规定。

9.10.8 对采用氧气源的条件下，因臭氧发生装置备用方式的不同，满足臭氧发生装置最大发生量时的供气量会发生变化。若臭氧发生装置采用软备用（即热备用）方式，在故障发生装置退出工作后，原有的臭氧发生量，通常采取提高氧气进气量和降低产气中的臭氧浓度的方式来提高原有的臭氧发生量，即气源装置最大供气量不是在所有臭氧发生装置全部工作时，而是在有故障发生装置退出工作后时。因此氧气气源装置的设计供气量应结合臭氧发生装置备用方式来确定。

气源装置的供气压力通常与臭氧发生装置的品牌和形式有关，在满足最大供气量的前提下，供气压力满足设备要求即可。

虽然气体输送的能耗不大，但从节省高压管材和方便管理的角度考虑，气源装置应邻近臭氧发生装置设置。由于氧气是助燃气体，泄漏后存在火灾安全隐患，氧气输送管道在厂区内的敷设有许多限制条件，因此应尽量缩短氧气气源装置至发生装置间的距离。

9.10.9 供应空气的气源装置一般应包括空压机、储气罐、气体过滤设备、气体除湿干燥设备，以及消声设备。供应空气的气源装置除了应具有供气能力外，还应具备对所供空气进行预处理的功能，所供气体不仅在量上而且在质上均能满足臭氧发生装置的用气要求。空压机作为供气的动力设备，用以满足供气气量和气压的要求，一般要求采用无油润滑型；储气罐用于平衡供气压力和气量；过滤设备用于去除空气中的颗粒和杂质；除湿干燥设备用于去除空气中的水分，以达到降低供气露点的目的；消声设备则用于降低气源装置在高压供气时所产生的噪声。由于供应空气的气源装置需要常年连续工作，且设备系统较复杂，通常情况下每个装置可能包括多个空压机、储气罐，以及过滤、除湿、干燥和消声设备，为保证在某些设备组件发生故障或需要正常维修时气源装置仍能正常供气，要求气源装置中的主要设备应有备用。

9.10.10 液态氧可通过各种商业渠道采购而来，其温度极低，在使用现场需要专用的隔热和耐高压储罐予以储存。为节省占地面积，储罐一般都是立式布置。进入臭氧发生装置的氧必须是气态氧，因此需要设置将液态氧蒸发成气态氧的蒸发器。蒸发需要的能量一般来自环境空气的热量(特别寒冷的地区可采用电、天然气或其他燃料进行加热蒸发)。通过各种商业渠道所购的液态氧的纯度很高(均在99%以上)，而提供给臭氧发生装置的最佳氧气浓度通常在90%～95%之间，且要求含有少量的氮气。因此液氧储罐供氧装置一般应配置添加氮气或空气(空气中含有大量氮气)的设备。通常采用的设备有氮气储罐或空压机，并配备相应气体混配器。储存在液氧罐中的液态氧在使用中逐步消耗，其罐内的压力和液面将发生变化，为了随时了解其变化情况和提前做好补充液氧的准备，须设置液氧储罐的压力和液位显示及报警装置。

在沿海地区，应充分考虑台风(严重冰冻)等自然灾害可能带来交通中断等因素，适当增大液氧储罐容积，可确保水厂的液氧使用不会因供货中断而停产。现场液氧储罐的大小还受消防要求的制约，现场储存量不宜过大，但储存太少将增加运输成本，带来采购液态氧成本的增加。因此根据相关的调查，本条只做出最小储存量的规定。

9.10.11 制氧机供氧装置一般应包括制氧设备、供气状况的检测报警设备、备用液氧储罐、蒸发器以及备用液氧储罐压力和罐内液氧储存量的显示及报警设备等。空气中98%以上的成分为氮气和氧气。制氧机就是通过对环境空气中氮气的吸附来实现氧气的富集。一般情况下，制氧机所制取的氧气中氧的纯度在90%～95%，其中还含有少量氮气。此外，制氧机还能将所制氧气中的露点和其他有害物质降低到臭氧发生装置所需的要求。为了保证能长期正常工作，制氧机需定期停运维护保养，同时考虑到设备可能出现故障，因此制氧机供氧装置应配备备用液氧储罐及其蒸发器。根据大多数制氧机的运行经验，每次设备停用保养和故障修复的时间一般不会超过2d，故对备用液氧储罐的最小储存量提出了不应少于2d氧气用量的规定。虽然备用液氧储罐启用时其所供氧气纯度不属最佳，但由于其使用机会很少，为了降低设备投资和简化设备系统，一般不考虑备用加氮气或空气设备。

9.10.12 以空气和制氧机为气源的气源装置中产生噪声的设备较多，因此应设在室内并采取隔音降噪措施。液氧储罐系统因基本无产生噪声的设备，从方便液氧槽车定期充氧的角度考虑，应设置在室外。

为保障水厂消防安全，根据现行国家标准《氧气站设计规范》GB 50030的有关规定，对液氧储罐和制氧站与其他建筑的防火间距及液氧储罐周围防火措施提出了更明确的要求。

采购的液态氧由运氧槽车输送到现场，然后用专用车载设备加入储氧罐中。运氧槽车一般吨位较大车身长，在厂区内行驶对交通条件要求较高，一般厂区内至少有一条可回车的通向储氧罐的路，其宽不宜小于4m，转弯半径不宜小于10m。

Ⅲ 臭氧发生装置

9.10.13 臭氧发生器的供电及控制设备，一般都作为专用设备与臭氧发生器配套制造和供应。冷却设备用以对臭氧发生器及其供电设备的冷却，既可以配套制造供应，也可根据不同的冷却要求进行专门设计配套。

9.10.14 为了保证臭氧处理设施在最大生产规模和最不利水质条件下的正常工作，臭氧发生装置的产量应满足最大臭氧加注量的需要。

9.10.15 用空气制得的臭氧气体中的臭氧浓度一般为2%～3%，且臭氧浓度调节较困难。当某台臭氧发生器发生故障时，很难通过提高其他发生器的产气浓度来维持整个臭氧发生装置的产量不变。因此要求以空气为气源的臭氧发生装置中应设置硬备用的臭氧发生器。

用氧气制得的臭氧气体中的臭氧浓度一般为8%～14%，且臭氧浓度调节非常容易。当某台臭氧发生器发生故障时，既可以通过启用已设置的硬备用发生器来维持产量不变，也可通过提高无故障发生器的氧气进气量与降低产气中的臭氧浓度来维持产量不变。采用硬备用方式，可使臭氧发生器的产气浓度和氧气的消耗量始终处于较经济的状态，但设备的初期投资将增加。采用软备用方式，设备的初期投资可减少，但当有发生器发生故障退出工作时，短期内，会使在工作的臭氧发生装置的产气浓度不处于最佳状态，氧气的用量大于发生器无故障时的量。因此需通过技术经济比较来确定。

9.10.16 通过对氧气的放电产生臭氧的过程是一个放热过程，而臭氧在温度较高时又会迅速分解为氧气。因此为保持臭氧发生装置处于能耗较低的运行状态，同时防止装置内部温度过高而损伤设备，臭氧发生装置运行过程中必须进行在线冷却。通常臭氧发生装置自带内循环水冷却系统及其与外部冷却水的热交换器。考虑水厂常年出厂水的温度一般不会超过30℃，因此可采用水厂自用水系统作为外部冷却水水源。

9.10.17 臭氧的腐蚀性极强，泄漏到环境中对人体、设备、材料等均会造成危害，其通过管道输送的距离越长，出现泄漏的潜在危险越大。此外，臭氧极不稳定，随着环境温度的提高将分解成氧气，输送距离越长，其分解的比例越大，从而可能导致到投加点处的浓度达不到设计要求。因此，要求臭氧发生装置应尽可能靠近臭氧接触池。当净水工艺中同时设有预臭氧和后臭氧接触池时，考虑到节约输送管道的投资，其设置地点除了应尽量靠近各用气点外，更宜靠近用气量较大的臭氧接触池。

9.10.18 根据臭氧发生器设置的环境要求，其应设置在室内。虽然臭氧发生装置中配有专用的冷却系统，但其工作时仍将产生较多的热量，可能使设置臭氧发生装置的室内环境温度超出臭氧发生装置经济运行所要求的环境温度条件。据了解，大部分臭氧发生装置工作时，室内环境温度不宜超过30℃，故做出本条规定。通常在夏季气温较高的地区，在通过机械通风仍难有效降低室内环境温度时，可根据具体情况设置空调设备降低温度。

9.10.19 本条为强制性条文，必须严格执行。在臭氧发生车间内设置机械通风设备，首先可通过通风来降低室内环境温度，其次可排除从臭氧发生系统中可能泄漏出来的微量臭氧气体，即在室内环境空气中臭氧浓度达到0.15mg/m^{3}时开启，以保持室内环境空气质量的安全。

臭氧和氧气泄漏探测及报警设备通常设置在臭氧发生装置车间内，用以监测设置臭氧发生装置处室内环境空气中可能泄漏出的臭氧和氧气的浓度，并对泄漏状况做出指示和报警，并根据泄漏量关闭臭氧发生器。

现行国家标准《工作场所有害因素职业接触限值　第1部分：化学有害因素》GBZ 2.1规定，室内环境空气中臭氧的允许最高浓度(MAC)不得超过0.3mg/m^3。因此臭氧发生装置车间内应设置臭氧气体泄漏检测仪和报警设施，且臭氧泄漏检测仪的检测下限应低于0.15mg/m^3，检测上限则至少应大于0.3mg/m^3。当室内环境空气中臭氧含量达到0.15mg/m^{3}时，应自动开启机械通风装置同时进行预报报警；当室内环境空气臭氧含量达到0.3mg/m^{3}时，应进行警报报警并应及时关闭臭氧发生装置。

Ⅳ 臭氧气体输送管道

9.10.20 虽然现行国家标准《氧气站设计规范》GB 50030规定输送压力范围在0.1MPa～1.0MPa的不锈钢氧气管道最高允许流速为30m/s，但考虑到输送流速过大，会导致阻力增加，且运行噪声大，故规定不宜超过15m/s。

采用316L不锈钢管材主要从耐臭氧腐蚀和一定的供气压力考虑。

9.10.21 由于臭氧泄漏到环境中危害很大，为了能在输送臭氧气体的管道发生泄漏时迅速查找到泄漏点并及时修复，故一般不建议埋地敷设，而应在专用的管沟内敷设或架空敷设。

规定以氧气气源发生的臭氧气体管道的敷设应按现行国家标准《氧气站设计规范》GB 50030的有关氧气敷设规定执行，主要是考虑到管道所输送的臭氧气体中氧气的质量约占90%，其余10%的臭氧一旦遇热会迅速分解成氧气，因此可将输送以氧气气源发生的臭氧气体管道视作氧气输送管道。

输送臭氧气体的管道均采用不锈钢管，管材的导热性很好，因此在气候炎热的地区，设在室外的管道（包括设在管沟内）很容易吸收环境空气中的热量，导致管道中的臭氧分解速度加快。因此要求在这种气候条件下对室外管道进行隔热防护。

Ⅴ 臭氧接触池

9.10.22 在运行过程中，臭氧接触池有时需要停池清洗或检修。为不致造成水厂停产，故规定了臭氧接触池的个数或能够单独排空的分格数不宜少于2个。

9.10.23 由于臭氧氧化工艺设施的设备投资和日常运行成本较高，臭氧投加率、接触时间确定合理与否将直接影响工程的投资和生产运行成本。

工艺目的和待处理水的水质情况不同，所需臭氧接触池接触时间也不同。一般情况下，设计采用的接触时间应根据对工艺目的、待处理水的水质情况以及臭氧投加率进行分析，通过一定的小型或中型试验，或参照相似条件下的运行经验来确定。

9.10.24 为了防止臭氧接触池中少量未溶于水的臭氧逸出后进入环境空气而造成危害，臭氧接触池应采取全封闭的构造。

注入臭氧接触池的臭氧气体除含臭氧外，还含有大量的空气或氧气。这些空气或氧气绝大部分无法溶解于水而从水中逸出，其中还含有少量未溶于水的臭氧。这部分逸出的气体也就是臭氧接触池尾气。在全密闭的接触池内，要保证来自臭氧发生装置的气体连续不断地注入和避免将尾气带入到后续处理设施中而影响正常工作，应在臭氧接触池顶部设置尾气排放管。为了在接触池水面上形成一个使尾气集聚的缓冲空间，池内顶宜与池水面保持0.5m～0.7m的距离。

随着臭氧加注量和处理水量的变化，注入接触池的气量及产生的尾气也将发生变化。当出现尾气消除装置的抽气量与实际产生的尾气量不一致时，将在接触池内形成一定的附加正压或负压，从而可能对结构产生危害和影响接触池的水力负荷。因此应在池顶设自动气压释放阀，用于在产生附加正压时自动排气和产生附加负压时自动进气。

9.10.25 由于制取臭氧的成本高，为使臭氧能最大限度地溶于水中，接触池水流宜采用竖向流形式，并设置竖向导流隔板。在处于下向流的区格的池底导入臭氧，从而使气水作逆向混合，以保证高效的溶解和接触效果。在与池顶相连的导流隔板顶部设置通气孔是为了让集聚在池顶上部的尾气从排放管顺利排出。在与池底相连的导流隔板底部设置流水孔是为了清洗接触池时便于放空。

9.10.26 根据臭氧氧化的机理，在预臭氧阶段拟去除的物质大多能迅速与臭氧反应，去除效率主要与臭氧的加注量有关，接触时间对其影响很小。据对近十年来国内大部分应用案例的调查，接触时间大多数采用2min～3min。但若工艺设置是以除藻为主要目的的，则接触时间一般应适当延长到5min左右，或通过一定的试验确定。

根据对国内外有关应用实例的调查，接触池水深一般为4m～6m。

预臭氧处理的对象是未经任何处理的原水，原水中含有一定的颗粒杂质，容易堵塞微孔曝气装置。因此臭氧气体宜通过水射器抽吸后与动力水混合，然后再注入进水管上的静态混合器或通过专用的射流扩散器直接注入池内。由于预臭氧接触池停留时间较短和容积较小，故一般只设一个注入点。

由于原水中含有的颗粒杂质容易堵塞抽吸臭氧气体的水射器，因此一般不宜采用原水作为水射器动力水源，而宜采用沉淀（澄清）或滤后水。当受条件限制而不得不使用原水时，应在水射器之前加设两套过滤装置，一用一备。

由于接触池的池深较深，为保证臭氧扩散均匀，参考国内大部分水厂预臭氧接触区扩散装置性能提出的接触区尺寸要求。

当原水中含某些特定物质或藻类时，经预臭氧氧化后，可能产生大量的浮渣或泡沫。潮湿的泡沫会随尾气抽吸进入臭氧尾气消除装置而影响其性能。浮渣则会受中间导流墙限制，长期积累在臭氧接触池内。设置浮渣排除管可及时定期排除浮渣，消除上述不良现象。

9.10.27 后臭氧接触池根据其工艺需要，一般至少由二段接触室串联而成。其中第一段接触室主要是为了满足能与臭氧快速反应物质的接触反应需要，以及保持其出水中含有能继续杀灭细菌、病毒、寄生虫和氧化有机物所必需的臭氧剩余量的需要。后续接触室数量的确定则应根据待水处理的水质状况和工艺目的来考虑。当以杀灭细菌和病毒为目的时，一般宜再设一段。当以杀灭寄生虫和氧化有机物（特别是农药）为目的时，一般宜再设两段。

每段接触室包括布气区和后续反应区，并由竖向导流隔板分开，是目前国内外较普遍的布置方式。

规定后臭氧接触池的总接触时间宜控制在6min～15min，是基于对国内外的应用实例的调查所得，可作为设计参考。当条件许可时，宜通过一定的试验确定。规定第一段接触室的接触时间一般宜为2min～3min也是基于对有关的调查和与预臭氧相似的考虑所提出。

接触池设计水深范围的规定是基于对有关的应用实例调查所得出。对布气区的深度与长度之比做出专门规定是基于对均匀布气的考虑，其比值也是参照了相关的调查所得出的。

一般情况下，进入后臭氧接触池水中的悬浮固体大部分已去除，不会对微孔曝气装置造成堵塞，同时考虑到后臭氧处理的对象主要是溶解性物质和残留的细菌、病毒和寄生虫等，处理对象的浓度和含量较低，为保证臭氧在水中均匀高效地扩散溶解和与处理对象的充分接触反应，臭氧气体一般宜通过设在布气区底部的微孔曝气盘直接向水中扩散。

每个曝气盘在一定的布气量变化范围内可保持其有效作用范围不变。考虑到总臭氧加注量和各段加注量变化时，曝气盘的布气量也将相应变化。因此曝气盘的布置应经过对各种可能的布气设计工况分析来确定，以保证最大布气量到最小布气量变化过程中的布气均匀。由于第一段接触室需要与臭氧反应的物质含量最多，故规定其布气量宜占总气量的50%左右。

针对一池多段投加臭氧，提出每一段反应区顶部均应设置尾气收集管，可使池顶尾气排除通畅。

9.10.28 虽然混凝土本身耐臭氧腐蚀，但钢筋混凝土池壁结构设计是允许裂缝出现的，当裂缝过宽过深时，会使含臭氧的水接触到钢筋混凝土表层的钢筋而腐蚀钢筋，对臭氧接触池结构的耐久性和安全性带来威胁。通常裂缝的宽度、深度与混凝土的抗渗等级呈负相关。

因此可通过适当提高钢筋混凝土的设计抗渗等级或池内壁的混凝土保护层的厚度来提高其防裂防渗性能。有条件时还可在混凝土表面涂装可覆盖混凝土表面细微裂缝的耐臭氧腐蚀的涂层。

Ⅵ 臭氧尾气消除装置

9.10.29 一般情况下，这些设备应是最基本的。其中尾气输送管用于连接剩余臭氧消除器和接触池尾气排放管；尾气中臭氧浓度监测仪用于检测尾气中的臭氧含量和考核接触池的臭氧吸收效率;尾气除湿器用于去除尾气中的水分,以保护剩余臭氧消除器;抽气风机为尾气的输送和处理后排放提供动力;经处理尾气排放后的臭氧浓度监测及报警设备用于监测尾气是否能达到排放标准和尾气消除装置工作状态是否正常。

9.10.30 电加热分解消除是目前国际上应用较普遍的方式,其对尾气中剩余臭氧的消除能力极高。虽然其工作时需要消耗较多的电能,但随着热能回收型的电加热分解消除器的产生,其应用价值在进一步提高。催化剂接触催化分解消除,与前者相比可节省较多的电能,设备投资也较低,但需要定期更换催化剂,生产管理相对较复杂。活性炭吸附分解消除目前主要在日本等国家有应用,设备简单且投资也很省,但也需要定期更换活性炭和存在生产管理相对复杂等问题。此外,由于以氧气为气源时尾气中含有大量氧气,吸附到活性炭之后,在一定的浓度和温度条件下容易产生爆炸,因此规定在这种条件下不应采用活性炭消除方式。

9.10.31 臭氧尾气消除装置最大处理气量理论上略小于臭氧发生装置最大供气量,其差值随水质和臭氧加注量不同而不同。但从工程实际角度出发,两者最大设计气量应按一致考虑。抽气风机设置抽气量调节装置,并要求其根据臭氧发生装置的实际供气量适时调节抽气量,是为了保持接触池顶部的尾气压力相对稳定,以避免接触池顶的自动双向压力平衡阀动作过于频繁。通常情况下,利用自动气压释放阀使臭氧接触池运行时池顶上部空间保持微小的负压,可有效防止臭氧尾气逸出到环境空气中。

9.10.32 因臭氧尾气消除装置故障停运会导致整个臭氧氧化设施的停运,故应有备用。

9.10.33 当臭氧尾气消除装置设置比接触池顶低的位置时,尾气输送管道的最低处易产生凝结水。如不及时排除凝结水,不仅会影响管道输气能力,凝结水还有可能随尾气带入尾气消除装置而影响其正常工作。

当采用催化剂接触催化或活性炭吸附分解的尾气消除方式时,均需对尾气先进行预加热除湿干燥处理,热电过程会产生一定的热量。当采用电加热消除方式时,因高温(250℃～300℃)热解过程会向环境散发大量热量。因此尾气消除装置设在室内时,应在室内设强排风降温措施,必要时可加设空调设备来加强降温能力。

9.11 颗粒活性炭吸附

Ⅰ 一般规定

9.11.1 当原水中有机物含量较高时宜采用臭氧-生物活性炭处理工艺。采用活性炭吸附处理,应对原水进行多年水质监测,分析原水水质的变化规律和趋势,经技术经济比较后,可采用活性炭吸附处理工艺或臭氧-生物活性炭处理工艺。

9.11.2 通常情况下,针对不同的原水水质和工艺目标,经过一个水文年的中试研究来确定设计参数较为科学合理,参照相似条件下的经验确定也是一种基本方法。

9.11.3 为尽量发挥颗粒活性炭的吸附性能,降低水中悬浮物对活性炭吸附性能的影响,故以纯吸附为目的的炭吸附工艺一般应设在砂滤之后。而臭氧-生物活性炭工艺则因净水功能较多且存在生物泄漏风险,故可根据需求设在砂滤之后或砂滤之前。

通常滤后水经过下向流颗粒活性炭吸附池后浊度会增加0.1NTU～0.2NTU,当颗粒活性炭吸附或臭氧-生物活性炭工艺设在过滤之后时,除进行消毒外,已无进一步降低浊度的工艺措施。因此将进水浊度控制在较低值,能保证出厂水浊度小于1.0NTU。

聚丙烯酰胺作为混凝剂,在某些沉淀(澄清)工艺中有一定的应用。由于聚丙烯酰胺具有胶水的特性,一旦泄漏进入活性炭池,可能会封闭部分活性炭表面孔隙而影响其吸附性能,因此应对前序工艺使用聚丙烯酰胺的量进行控制。

现有水厂改造时,如果不具备新增炭吸附池的条件,也可考虑将原有砂滤池改造成炭砂滤池,同时发挥砂滤除浊和活性炭对有机污染物的吸附和生物降解去除作用。

9.11.4 据对目前国内外颗粒活性炭吸附池的应用情况了解,大部分采用下向流(降流式),也有部分采用上向流(升流式)的。选择的主要考虑因素包括其在工艺流程中的作用、位置和运行经验,还可结合池型和排水要求等因素的考虑。

由于下向流颗粒活性炭吸附池运行时活性炭处于固定床模式,在采用较小粒径的活性炭时可使其出水浊度与进水浊度基本维持不变,而上向流颗粒活性炭吸附池运行时活性炭处于浮动床状态,对水中浊度(悬浮物引起)无任何去除能力,且其出水中夹带得细小炭颗粒会使出水浊度有一定的增加。为保证出厂水浊度小于1NTU,故规定位于砂滤之后的颗粒活性炭吸附池应采用下向流。

当颗粒活性炭吸附池位于砂滤之前时,由于进水中浊度(悬浮物引起)较砂滤后高,采用下向流会使颗粒活性炭吸附池同时被动地承担了除浊的任务,导致过滤周期缩短和冲洗频次增加,活性炭的物理和机械性能下降较快(国内一些应用案例已表明了这种现象的存在)。而采用浮动床运行模式的上向流颗粒活性炭吸附池则不存在这些问题。因此颗粒活性炭吸附池位于砂滤之前时宜采用上向流。此外,因水流通过浮动床的水头损失明显小于固定床,采用上向流颗粒活性炭吸附池可明显降低中间提升能耗,甚至可不设中间提升设施。

9.11.5 为避免炭吸附池冲洗时对其他工作池接触时间产生过大影响,炭吸附池应设有一定的个数。为保证一个炭吸附池检修时不致影响整个水厂的正常运行,规定炭吸附池个数不得少于4个。

据了解,近十多年来,我国新建的大中型水厂的炭吸附池单格面积大部分在100m^{2}左右,最大单格面积的是上海杨树浦水厂158m^{2}的炭吸附池。

9.11.6 据调查,国内早期的颗粒活性炭吸附池较多采用单水冲洗的普通快滤池和虹吸滤池形式,近十年来则较多采用气水联合冲洗的普通快滤池或翻板滤池形式,运行效果总体稳定。虽然也有个别采用V型滤池形式的案例,但考虑到颗粒活性炭吸附池需采取膨胀冲洗方式进行冲洗,V型滤池是适用于砂滤料微膨胀冲洗的池型,应用在炭吸附池上较难解决冲洗时的跑炭问题,故未将其列入适用的池型。

当设计规模小于50000m^3/d且用地较为宽敞时,经过经济技术比较,可采用压力滤罐。

9.11.7 活性炭是用含炭为主的物质制成,如煤、木材(木屑形式)、木炭、泥煤、泥煤焦炭、褐煤、褐煤焦炭、骨、果壳以及含炭的有机废物等为原料,经高温炭化和活化两大工序制成的多孔性疏水吸附剂。

活性炭按原料不同分为煤质活性炭、木质活性炭或果壳活性炭等;按形状分为颗粒活性炭(GAC)与粉末活性炭(PAC),其中GAC用于炭吸附池,PAC作为投加的吸附剂用于预处理或应急处理;煤质颗粒活性炭分柱状炭、柱状破碎炭、压块破碎炭和原煤破碎炭。

国内早期水厂运行的炭吸附池大部分采用煤质柱状炭,近年来则开始较多采用柱状破碎炭、压块破碎炭和原煤破碎炭,其中以柱状破碎炭和压块破碎炭为主。

现行行业标准《生活饮用水净水厂用煤质活性炭》CJ/T 345—2010规定的技术指标见表13。

表13 净水厂用煤质活性炭技术指标

<table>
<tr><th rowspan="2">序号</th><th rowspan="2">项 目</th><th colspan="3">指标要求</th></tr>
<tr><th colspan="2">颗粒活性炭</th><th>粉末活性炭</th></tr>
<tr><td>1</td><td>孔容积(mL/g)</td><td colspan="2">≥0.65</td><td>≥0.65</td></tr>
<tr><td>2</td><td>比表面积(m²/g)</td><td colspan="2">≥950</td><td>≥900</td></tr>
<tr><td rowspan="2">3</td><td rowspan="2">漂浮率(%)</td><td>柱状颗粒活性炭</td><td>≤2</td><td rowspan="2">—</td></tr>
<tr><td>不规则状颗粒活性炭</td><td>≤3</td></tr>
</table>

续表 13

序号	项目			指标要求	
				颗粒活性炭	粉末活性炭
4	水分(%)			≤5	≤10
5	强度(%)			≥90	—
6	装填密度(g/L)			≥380	≥200
7	pH 值			6～10	6～10
8	碘吸附值(mg/g)			≥950	≥900
9	亚甲蓝吸附值(mg/g)			≥180	≥150
10	酚值(mg/L)			≤25	≤25
11	二甲基异崁醇吸附值(μg/g)			—	≥4.5
12	水溶物(%)			≤0.4	≤0.4
13	粒度(%)	ϕ1.5mm	>2.50m	≤2	≤200 目①
			1.25mm～2.50mm	≥83	
			1.00mm～1.25mm	≤14	
			<1.00mm	≤1	
		8 目×30 目	>2.50m	≤5	
			0.60mm～2.50mm	≥90	
			<0.60mm	≤5	
		12 目×40 目	>1.60mm	≤5	
			0.45mm～1.60mm	≥90	
			<0.45mm	≤5	
		30 目×60 目	>0.60mm	≤5	
			0.60mm～0.25mm	≥90	
			<0.25mm	≤5	
14	有效粒径			0.35～1.5②	—
15	均匀系数			≤2.1②	—
16	锌(Zn)(μg/g)			<500	<500
17	砷(As)(μg/g)			<2	<2
18	镉(Cd)(μg/g)			<1	<1
19	铅(Pb)(μg/g)			<10	<10

注:①200 目对应尺寸为 75μm,通过筛网的产品大于或等于 90%;

②适用于降流式固定床使用的不规则状颗粒活性炭。

9.11.8 因不同水温时水的黏滞度不同,导致活性炭在相同水流上升速度的条件下出现不同的膨胀度,水温越低,膨胀度越高。因此在确定上向流颗粒活性炭吸附池的滤速(上升流速)和颗粒活性炭吸附池的反冲洗强度以及进行颗粒活性炭吸附池高程设计时,根据设计选定的活性炭规格与设计水温、滤速和反冲洗强度,结合由活性炭供应商提供的或由第三方测定得出的该规格的活性炭膨胀度曲线,核算各种设计条件下滤池高程布置是否满足活性炭膨胀充分和不跑炭,是保障所设计的炭吸附池能否稳定运行的一项关键设计工作。

9.11.9 对露天设置的炭吸附池的池面采取隔离或防护措施,可有效防止夏季强日照时池内藻类滋生,避免初期雨水与空气中的粉尘对水质可能产生的污染。通常可采取池面加盖或加棚等措施。

对室内设置的炭吸附池的池面上部建筑空间强化通风,则可防止水中余臭氧(采用臭氧-生物活性炭工艺时)可能逸出对生产人员的伤害。通常可采取强化机械通风等措施。

9.11.10 由于钢筋混凝土池壁结构设计是允许裂缝出现的,当裂缝过宽过深时,会使磨损的炭粉掉到缝中接触到钢筋混凝土表层的钢筋,对钢筋产生电化学腐蚀而影响炭吸附池结构的耐久性和安全性。通常裂缝的宽度、深度与混凝土的抗渗等级呈负相关。因此可通过适当提高混凝土的设计抗渗等级或池内壁的混凝土保护层的厚度来提高其防裂防渗性能。有条件时还可在混凝土表面涂装可覆盖混凝土表面细微裂缝的涂层。

9.11.11 活性炭既可采用人工装卸,也可采用水力输送装卸。由于人工装卸劳动强度大和粉尘严重,且炭粒易磨损破碎,故规定宜采用水力输送装卸。

当采用水力输炭时,输炭管可采用固定方式亦可采用移动方式。出炭、进炭可利用水射器或旋流器。炭粒在水力输送过程中,既不沉淀又不致遭磨损破碎的最佳流速为 0.75m/s～1.5m/s。

Ⅱ 下向流颗粒活性炭吸附池

9.11.12 与传统的过滤不同,炭吸附池是通过待处理水与活性炭的一定时间接触来完成对水的吸附净化,故其主要设计参数是空床停留时间。据调查,目前国内较多采用 10min 左右的空床停留时间和 1.5m～2.0m 的床厚。在空床停留时间确定后,滤速和炭床厚度应结合占地面积、水头损失、活性炭粒径和机械强度等因素综合考虑后合理确定。当占地受到较大限制和水厂水力高程布置较宽裕时,可采用厚床、高滤速、粗粒径和机械强度稍高的活性炭(柱状炭、柱状或压块破碎炭)的组合方式,反之,则宜采用中等厚度或和中低滤速的组合方式。

表 14 为日本水道协会《日本水道设计指针》(2012 年版)中颗粒活性炭滤池设计参数,供参考。

表 14 日本颗粒活性炭吸附池设计参数

空床流速(m/h)	炭厚度(m)	空床接触时间(min)
8.4～20	1.2～2.5	6.3～14.4

南方地区水温较高,有生物膜脱落风险时,在炭床下宜设一定厚度(通过试验)的石英砂。

9.11.13 由于单水冲洗效果不如气水联合冲洗,故需要进行定期增强冲洗以冲掉附着在炭粒上和炭粒间的黏着物,周期一般可按 30d 考虑。

在同样水冲洗强度条件下,因低水温会导致活性炭过度膨胀造成活性炭流失,故水冲宜采用具有调节水量能力的水泵冲洗方式。具体方法可采用变频水泵或增加水泵台数以及在水冲洗总管设计量设备等措施。

由于活性炭对氯有较强的吸附能力,为防止反洗水中存在余氯而无谓牺牲活性炭的吸附性能,故规定采用砂滤池出水为冲洗水源时,滤池进水不宜加氯。

表 15 为日本水道协会《日本水道设计指针》(2012 年版)中颗粒活性炭吸附池设计冲洗参数,供参考。

表 15 日本颗粒活性炭吸附池设计冲洗参数

冲洗类型		活性炭粒径(mm)	
		2.38～0.59	1.68～0.42
气水反冲	水冲强度[L/(m²·s)]	11.1	6.7
	水冲时间(min)	8～10	15～20
	气冲强度[L/(m²·s)]	13.9	13.9
	气冲时间(min)	5	5
水冲加表面冲洗	水冲强度[L/(m²·s)]	11.1	6.7
	水冲时间(min)	8～10	15～20
	气冲强度[L/(m²·s)]	1.67	1.67
	气冲时间(min)	5	5

9.11.14 炭吸附池若采用中阻力配水(气)系统可采用滤砖,经工程实践验证,滤砖承托层粒径级配(五层承托层)可参照采用表 16 数据或通过试验确定。

表 16 滤砖承托层粒径级配(五层)

层次(自上而下)	粒径(mm)	承托层厚度(mm)
1	8～16	50
2	4～8	50
3	2～4	50
4	4～8	50
5	8～16	50

9.11.15 炭层经冲洗后重新启动,通常存在初期出水浊度升高的现象。当炭吸附位于砂滤后时,因其后一般已无其他进一步降低浊度的工艺措施,从保障出厂水浊度稳定的角度考虑,宜设置初滤水排放设施。在炭滤池重新过滤时,先排放初滤水。处滤水排放时长一般可按 10min～20min 考虑。

9.11.16 目前,炭砂滤池的应用案例较少,设计参数应经过试验或参考相似工程经验。已建成的几个工程案例：炭砂滤池设计滤速 6m/h～9m/h，活性炭层空床接触时间宜采用 6min～10min，宜采用压块颗粒破碎炭，炭粒径 8 目×30 目。砂层采用石英砂级配滤料，d_{10}=0.55mm，k_{80}<2.0，砂层厚度宜满足 L/d_{10} 值≥1000，炭砂滤池冲洗采用单水冲洗或先气后水冲洗方式，冲洗参数同煤砂双层滤料滤池。

Ⅲ 上向流颗粒活性炭吸附池

9.11.17 考虑到上向流炭吸附池运行时炭床必须处于浮动床状态，同时考虑到水温越低炭床膨胀度越高这一限制条件。因此与下向流炭吸附池相比，其空床停留时间、滤速(上升流速)和炭床厚度均不宜过大，否则会导致吸附池的高度较高而不经济。

9.11.18 因在上升水流中，活性炭的膨胀度与水温呈线性的负相关关系，为保证上向流炭吸附池运行时炭床处于适度的膨胀悬浮状态，同时又要避免过度膨胀而造成滤料流失，故做出本条规定。此外，在相同水温和上升流速的条件下，活性炭的粒度越小，膨胀度越高，通常上向流炭吸附池采用粒度较小 30 目×60 目规格，因此设计时除水温和上升流速外，还应结合活性炭的粒度选择综合考虑。

9.11.19 对出水堰的溢流率做一定的限制可较好地防止细小炭粒被出水带出。

9.11.20 上向流炭吸附池因处于浮动床的运行状态，不存在滤床堵塞问题，冲洗主要是洗掉炭粒表面老化的生物，保持活性炭持续的生物作用，故冲洗周期相对下向流可更长。采用气水冲洗则有利于提高冲洗效果，节约冲洗水量。因水流经过上向流炭吸附池后的浊度几乎很少变化，故也可采用进水作为冲洗水源。

在同样水冲洗强度条件下，因低水温会导致活性炭过度膨胀造成活性炭流失，故水冲宜采用具有调节水量能力的水泵冲洗方式。具体方法可采用变频水泵或增加水泵台数以及在水冲洗总管设计量设备等措施。

9.11.21 由于上向流炭吸附池的应用案例相对较少，本条规定是基于对近年来投产运行的部分案例的调查而确定。

9.12 中空纤维微滤、超滤膜过滤

Ⅰ 一般规定

9.12.1 在饮用水处理领域，压力式或浸没式中空纤维微滤、超滤膜过滤是目前国内外普遍采用和得到广泛认同的过滤方式。故规定应采用这两种工艺形式。

由于没有统一的中空纤维膜产品标准且成膜材料和工艺的差异较大，即使在相同水质条件下，不同膜材料或产品的水处理性能往往有较大差异。而相同膜材料或产品在水质和水温变化的条件下其水处理性能同样会有较大变化，膜处理系统的主要工艺设计参数较难标准化。因此其主要设计参数应经过试验或者参照相似条件下的工程经验确定。

9.12.2 用于饮用水处理的膜满足涉水卫生要求是最基本的要求。为使膜在使用过程中经受住压力、流速、温度和水质等变化和氧化剂与酸碱剂的定期清洗对材料所带来不利影响，成膜材料应有良好的机械强度和耐化学腐蚀性，才能使膜具有合理的耐久性和生命周期。经调查，目前在国际上应用较广的为聚偏氟乙烯、聚醚砜和聚砜等成膜材料，在国内则以聚氯乙烯和聚偏氟乙烯为主。

我国现行生活饮用水卫生标准的微生物控制指标中未对病毒提出控制要求，但对化学消毒很难灭活的“两虫”做了控制规定。虽然理论上全部膜孔径小于 3μm 的微滤或超滤膜均能实现对“两虫”的有效截留，但考虑到各种膜的孔径分布不尽相同，平均孔径不能代表最大孔径，故结合国内外已运行案例的应用情况规定膜平均孔径不宜大于 0.1μm。由于饮用水中已知病毒的最小尺寸不小于 0.02μm，因此如果对出水可能存在的潜在病毒风险有较严格控制要求时，膜平均孔径也可按不大于 0.02μm 来控制。

9.12.3 在相同压力条件下，由于单位面积的中空纤维膜产水量随水温的下降会有非常明显的下降。因此与传统的砂滤设计产水量不需要考虑水温的影响不同，膜处理系统必须确定设计水温，才能使工程设计既满足工程实际需求，又能做到经济合理。本条规定的正常设计水温和最低设计水温是基于我国不同地域不同季节的水温差异而提出的。设计中允许结合当地条件和工程需求做一定调整。对于夏季和冬季供水量变化不大的地区，也可将最低设计水温作为正常设计水温。

9.12.4 通常夏季水厂供水量大于冬季，从节约工程投资考虑，允许采用膜处理工艺的水厂在不同水温时有不同的产水量，即夏季应满足水厂正常设计规模要求，冬季在满足实际供水量要求下可酌情降低产水量，故仅规定了正常设计水温的产水量要求。

9.12.5 相对于传统的砂滤，膜处理系统运行时物理清洗的频率和消耗的冲洗水量较高，水回收率一般在 90%左右，故从节约工程投资和节省水资源角度出发做出本条规定。

9.12.6 由于聚丙烯酰胺具有胶水特性，一旦进到膜表面堵塞膜孔而引起膜通量的下降，且很难通过清洗恢复其膜通量，故做出本条规定。

9.12.7 对膜处理工艺系统中的过滤系统的基本组成、能力和配置数量做了规定。因膜组或膜池的功能与运行方式类似于滤池中的单格滤池，其最少数量的规定在参考了滤池分格数要求的基础上结合膜过滤的特性(水温、膜通量和跨膜压差的限制)而确定。

9.12.8 调查了国内外多个膜品牌供应商所提供的不同水质条件下气冲洗强度和水冲洗强度等情况，发现差异很大，故规定宜按供应商建议值选用。

冲洗水泵和鼓风机采用变频调速，主要是可根据膜污染程度不同调整冲洗强度和减缓鼓风机频繁启动所导致的能耗过大现象，同时也可有效降低水泵全速启闭时对膜系统产生的水锤压力，延长系统寿命。此外，考虑到物理清洗的频度很高，故应设置冲洗备用泵和鼓风机。

由于膜孔极易被水中细小的颗粒物堵塞，因此物理清洗用水应采用经过膜滤的产水。

9.12.9 低浓度化学清洗过程较为简单且所需时间不长，一般药剂浓度较低且不需加热药剂，清洗时通过药剂在膜系统中的几次循环来实现对膜系统的日常维护和保养，常用药剂为次氯酸钠。高浓度化学清洗过程则相对复杂且所需时间较长，一般药剂浓度较高且有时需要加热药剂，清洗时通过药剂在膜系统中的多次循环，甚至浸泡来实现对膜系统的强化清洗，以尽量恢复膜通量，常用药剂有次氯酸钠、盐酸、柠檬酸和氢氧化钠等。经调查，各种药剂的不同清洗步骤具有各自特点和效果，且存在较大的差异，故不对清洗周期和步骤做规定。

由于用于膜化学清洗的次氯酸钠不需要连续使用，故其保存期不宜过长，否则其有效浓度会下降很多而造成浪费。

9.12.10 因膜过滤系统最常用的药剂具有氧化和酸碱腐蚀性，从安全使用角度考虑，化学药剂间应独立设置，药剂应分开储存、配置和投加。从方便使用角度考虑，药剂间宜靠近膜组或膜池。设置防护设备、洗眼设施和药剂泄漏收集槽均是出于保护工作人员和设施的目的。设置通风设备则是为保持室内环境空气质量。

9.12.11 膜系统完整性检测通常有压力衰减测试、泄漏测试和声呐测试等方法，其中压力衰减测试和泄漏测试由于方法简单和结果准确而被普遍采用。

过低的用气压力无法有效测出 3μm 的膜破损而可能导致“两虫”的泄露，从而使完整性检测失去作用。而过高的用气压力虽然能测出小于 3μm 的膜破损，甚至更细微的膜破损，但可能会导致膜的损伤。通过对国内外多个膜品牌的综合调查分析，由于膜材料、结构及使用条件的不同，用气压力范围及幅度变化较大，最低可至 30kPa，最高可达 200kPa，故未规定具体数值。

完整性检测的用气若含有油珠，极易堵塞膜孔，因此应采用无

油螺杆式空压机或带除油装置的空压机作为完整性检测的供气装置。

Ⅱ 压力式膜处理工艺

9.12.13 本条给出的主要设计参数是通过对国内外多个膜产品技术性能的综合分析，结合国内大部分已建成通水工程的设计和运行参数，并参照了现行行业标准《城镇给水膜处理技术规程》CJJ/T 251 的有关规定而确定。冲洗强度和冲洗方式因差异太大而未做规定，设计时可按选定的膜产品供应商的建议值或通过试验确定。由于压力式膜处理工艺采用泵压进水方式，驱动力相对真空驱动高，相同条件下其通量和跨膜压差的选择可高于浸没式膜处理工艺。

9.12.14 压力式膜处理工艺因其膜组件装填在封闭的壳体内且通量相对较高，发生污堵可能性和洗脱污堵的难度相对较高，某些情况下（进水悬浮物浓度高）采用死端过滤的方式将使上述不良状况加剧。同时由于其泵压进水的方式和组件的结构特点，采用内压力式中空纤维膜时，可实现防污性能较好的错流过滤方式。

9.12.16 供水泵采用变频调速是为了适应运行过程中过膜流量和压差的变化，并节能降耗。同时也可有效降低了水泵启闭时对膜系统产生的水锤压力，延长系统寿命。

9.12.18 对于内压力式中空纤维膜，预过滤器的过滤精度一般不超过 200μm。对于外压力式中空纤维膜，预过滤器的过滤精度一般不超过 500μm。

9.12.19 通常压力式膜处理工艺系统产水直接进入水厂清水库池，当清水库池进行水量调节水位变化时会使膜产水侧的背压发生波动而影响膜系统的稳定运行，因此其出水总管上应设置稳定背压的堰或其他措施。

9.12.20 有压排水容易导致排水不畅和可能产生逆向污染，故做出本条规定。

9.12.21 压力式膜处理系统内有众多的检测控制设备，且膜组件和管道大部分采用塑性材料，因此不应处在日晒雨淋的室外环境或室内阳光直射的环境。

各个膜组间的配水均匀是保障膜处理系统内所有膜组负荷均等和系统稳定运行的关键条件。每个膜组上膜组件连接数量越少，各膜组件间的配水均匀度越高，但会导致工程建设的经济性下降，同样连接数量越多则配水均匀度将下降。因此应通过精确计算并辅以仿真分析的手段来科学确定连接数量。

9.12.22 膜组周边设置一定的空间的通道是为了便于日常巡检、维护和设备大修或更换时的交通畅通。由于膜组是由许多零件现场组装而成，维修保养时也不允许起吊整个膜组，车间内没有大型起吊件，故膜车间可不设起重设备。

9.12.23 化学药剂一旦进入产水侧将会引起严重的水质事故，因此应设置自动安全隔离设施，通常在化学清洗系统与膜产水侧连接处采取设双自动隔离阀的措施。

Ⅲ 浸没式膜处理工艺

9.12.24 本条所规定的设计参数是基于对国内外多个膜品牌的膜产品技术性能综合分析，结合国内大部分已建成通水工程的设计和运行参数，并参照了现行行业标准《城镇给水膜处理技术规程》CJJ/T 251 的有关规定而确定的。冲洗强度和冲洗方式因差异太大而未做规定，设计时可按选定的膜产品供应商的建议值或通过试验确定。专门规定冲洗强度的计算方法是基于浸没式膜的布置特性和行业的共性做法而得出。

浸没式膜处理工艺因为采用真空负压出水方式，其驱动压力为不变的环境大气压。因此相同条件下其通量和跨膜压差的选择应低于压力式膜处理工艺。

9.12.25 由于浸没式膜处理工艺采用产水侧负压驱动出水，相同条件下膜通量较压力式低，膜表面的污堵相对容易洗脱，且膜组件上所有膜丝外壁完全裸露并直接与膜池内的待滤水接触。因此其出水驱动方式、运行状况和膜组件结构决定了其只能采用外压力式中空纤维膜和死端过滤方式。

9.12.26 每个膜池进水设堰可保证各膜池的进水流量的均匀。

9.12.27 在膜产水侧形成负压驱动出水是浸没式膜处理工艺的最主要特点。通常是采用膜产水侧通过水泵抽吸形成负压驱动出水并为出水流至下游设施提供克服管道阻力的动力。当膜池内的水位与下游设施进水水位高差足以克服过膜阻力（最大跨膜压差）和出水流至下游设施的所有管道阻力时，也可采用虹吸自流出水方式。当膜系统日常运行流量变幅较大时，也可采用泵吸与自流相结合的方式，即流量大时采用泵吸出水，流量小时切换成自流出水以节约水泵运行能耗。

9.12.28 出水泵具有较小的必需汽蚀余量有利于快速、有效和稳定地形成真空。采用变频调速是为了适应运行过程中过膜流量和压差的变化，并节能降耗。同时也可有效降低水泵全速启闭时对膜系统产生的水锤压力，延长系统寿命。

9.12.29 真空控制装置的作用是真空形成、维持和破坏的指示以及真空泵与真空破坏阀启停的触发机构。

由于浸没式膜处理工艺采用真空负压出水方式，其驱动压力为不变的环境大气压，为了适应运行过程中过膜流量和压差的变化，需要通过其产水侧的阀门施加阻力来实现，故应设置可调节型的控制阀门。而在集水总管出口设置水封堰是防止产水侧真空破坏的必要措施。

真空控制装置设在集水系统的最高处可确保真空最不利点的真空度满足要求，避免出现假真空或未完全真空的不利现象，保障出水的稳定性。

9.12.30 设置排水管的主要作用是排除清洗废水或废液，同时具有排空膜池和排除池底积泥的功能。

9.12.31 由于膜池的水力过程与传统的砂滤池相似，故其排列的总体布局要求与砂滤池基本一致。膜池设在室内和室外设置加盖或加棚，主要是为了防止阳光直射膜组件和高温季节池壁滋生微生物。室内布置采取通风措施主要是考虑到膜在进行高浓度化学清洗时的化学药剂的挥发会在室内空气中积聚而对人员和设施造成伤害。

9.12.32 由于膜处理系统各功能要求及膜池的水力过程与传统的砂滤池相近，故其总体布局与砂滤池基本相似。

9.12.33 膜池内各个膜箱或膜组件间的配水、配气均匀是保障膜处理系统内所有膜箱或膜组件负荷均等和系统稳定运行的关键条件。

由于膜丝直接裸露在池内，因此防止进水冲刷膜丝是保持膜系统完整性的有效措施。

膜箱或膜组件布置紧凑将使膜池的面积利用率提高，减少无效空间和清洗时的水耗与药耗，节约土建工程投资和运行成本。

9.12.34 化学清洗池与膜池相邻并布置在每排膜池的一端将缩短进行异地高浓度化学清洗的膜箱或膜组件在膜池与化学清洗池之间的吊运距离，方便维护。在异地高浓度化学清洗的化学清洗池和就地高浓度化学清洗的膜池的池顶四周应设置围栏、警示标志、设防护设备及冲洗与洗眼设施是为了保护工作人员安全和不慎发生与化学平接触事故后的应急自救。

9.12.35 设置检修平台的目的是便于膜箱或膜组件的安装和维护；设接气点是为了在检修平台上对拆自膜池的有完整性缺陷的膜箱或膜组件进行具体破损点位置的确定性检测；设冲洗与排水设施是为了方便在检修平台上对拆自膜池的膜组件进行清洗，排除清洗废水和防止清洗废水进入膜池。

Ⅴ 化学处理池

9.12.40 因化学处理池系膜处理系统专用设施，故宜邻近膜处理系统设置，以减少池深和管道距离。

9.12.41 当老厂改造场地受限制时，也可不分格。

9.12.42 为保证化学药剂处理的反应效果，应设置混合设备。通常可采用池内设潜水搅拌器或利用水泵进行循环混合。

9.13 水质稳定处理

9.13.2 水中水-碳酸钙系统的水质稳定性一般用饱和指数和稳定指数鉴别：

$$I_L = pH_0 - pH_s \quad (1)$$

$$I_R = 2(pH_s) - pH_0 \quad (2)$$

式中：I_L——饱和指数，$I_L > 0$ 有结垢倾向，$I_L < 0$ 有腐蚀倾向；

I_R——稳定指数，$I_R < 6$ 有结垢倾向，$I_R > 7$ 有腐蚀倾向；

pH_0——水的实测 pH 值；

pH_s——水在碳酸钙饱和平衡时的 pH 值。

全国多座城市自来水公司的水质稳定判断和中南地区数十座水厂水质稳定性研究均使用上述两个指数。水中 $CaCO_3$ 平衡时的 pH_s，可根据水质化验分析或通过查索 pH_s 图表求出。

在城市自来水管网水中，I_L 较高和 I_R 较低会导致明显结垢，一般需要水质稳定处理。加酸处理工艺应根据试验用酸量等资料，确定技术经济可行性。

防止结垢的处理主要方法有：

(1)软化法：用化学或物理化学方法减少或除去水中含的钙、镁离子，如采用石灰软化法、石灰苏打法、苛性钠-苏打法、离子交换法、膜分离法等。

(2)加酸法：把酸加入水中，控制 pH 值，使水中的碳酸氢钙不转化为溶解度小的碳酸钙，而转化为溶解度较大的钙盐。如向水中加硫酸，生成硫酸钙。

(3)加二氧化碳法：把 CO_2 加入水中，往往是利用经过洗涤除尘的烟道气中的 CO_2，使下式的化学反应向左进行，防止有碳酸钙析出：$Ca(HCO_3)_2 \leftrightarrow CaCO_3 + H_2O + CO_2$。

(4)药剂法：把阻垢剂加入水中，通过螯合作用、分散作用或晶格畸变作用，使碳酸钙悬浮于水中，不形成硬垢。阻垢剂可分为天然阻垢剂、无机阻垢剂和有机阻垢剂三类。天然阻垢剂有丹宁、木质素、藻酸盐、纤维素、淀粉等，无机阻垢剂有聚磷酸盐、六偏磷酸钠等，有机阻垢剂有聚丙烯酸钠、聚甲基丙烯酸钠、聚顺丁烯二酸、有机磷酸酯、磷羧酸、磺化聚苯乙烯等。

$I_L < -1.0$ 和 $I_R > 9$ 的管网水，一般具有腐蚀性，宜先加碱处理。广州、深圳等地水厂一般加石灰，国内水厂也有加氢氧化钠、碳酸钠的实例。日本有很多大中型水厂采用加氢氧化钠。

中南地区地下水和地面水水厂资料表明，当侵蚀性二氧化碳浓度大于 15mg/L 时，水呈明显腐蚀性。敞口曝气法可去除侵蚀性二氧化碳，小水厂一般采用淋水曝气塔。

9.13.3 国内很多城市为多水源供水，水源切换过程中，无机离子浓度变化特别是氯离子、硫酸根离子、碱度、硬度等水质变化，会对裸露的金属管道内壁和管壁腐蚀产物产生影响，发生管道内铁稳定性破坏，管道受到腐蚀，用户龙头水出现浊度、色度以及铁超标的现象，即“黄水”问题。

城市给水管道的铁稳定性一般用拉森指数 LR 进行鉴别：

$$LR = \frac{2[SO_4^{2-}] + [Cl^-]}{[HCO_3^-]} \quad (3)$$

式中：$[SO_4^{2-}]$——硫酸根离子活度(mol/L)；

$[Cl^-]$——氯离子活度(mol/L)；

$[HCO_3^-]$——碳酸氢根离子活度(mol/L)。

LR 指数通常的判别标准为：$LR > 1.0$，铁制管材会严重腐蚀；$LR = 0.2 \sim 1.0$，水质基本稳定，有轻微腐蚀；$LR < 0.2$，水质稳定，可忽略腐蚀性离子对铁制管材的腐蚀影响。

水源切换时管网水质化学稳定性还与管壁腐蚀产物的性质相关，而管壁腐蚀产物的性质与原通水水质相关。国内有研究机构提出了水质腐蚀性判断指数 $WQCR$(water quality corrosion index)，可结合 LR，评判水源切换时不同地区管网发生“黄水”的风险性，制定合理的水质稳定处理方案：

$$WQCR = \frac{[SO_4^{2-}] + [Cl^-] + [NO_3^-]}{[HCO_3^-] \times [溶解氧 + 余氯]} \quad (4)$$

其中各项指标均为管网原通水水质指标，各离子浓度均以 mol/L 计。

$WQCR$ 指数通常的判别标准为：$WQCR > 1$，原管道管壁腐蚀产物相对脆弱，水源切换之后无机离子变化可能产生“黄水”的风险较大；$WQCR < 1$，原管道管壁腐蚀产物相对坚固，水源切换之后无机离子变化可能产生“黄水”的风险较小。

国家“十五”重大科技专项“水污染控制技术与治理工程”和国家“十一五”科技重大专项“水体污染控制与治理”等研究，针对配水管网管垢的铁释放问题，确定了几种主要的处理工艺：

(1)水源调配技术：根据拉森指数，通过试验，结合配水管网管垢性质(例如 $WQCR$)，合理制定水源切换的调配计划。

(2)加碱调控制技术：调节 pH 值和调节碱度是应对高氯化物引发配水管网铁不稳定的有效控制技术，可投加氢氧化钠等碱性药剂进行调节。水质调节可参考以下原则进行：调节 pH 值使 I_L 大于 0，总碱度和总硬度之和不低于 100mg/L($CaCO_3$ 计)。

(3)氧化还原调节控制技术：高氧化还原电位能够有效控制配水管网铁不稳定问题，可根据实际情况选择氧化还原电位更高的消毒剂或更换优质水源，适当增加出厂水中余氯和溶解氧浓度。对二次供水设施补氯等措施维持管网水高余氯浓度，以保障管网水质铁稳定性。

(4)缓蚀剂投加控制技术：六偏磷酸盐和三聚磷酸盐等缓蚀剂能够有效控制因氯离子和硫酸根离子造成的管网“黄水”问题，投加量为 0.1mg/L～0.5mg/L(以 P 计)，可作为应急控制对策。

9.13.4 本规定是依据国家“十五”重大科技专项“水污染控制技术与治理工程”和国家“十一五”科技重大专项“水体污染控制与治理”等研究成果而提出，其主要成果如下：

(1)要实现管网水生物稳定性，结合目前净水厂处理工艺水平，需要 $AOC = 50\mu g/L$，并且余氯量 $> 0.3mg/L$。当出厂水中 $AOC < 150\mu g/L$、余氯量 0.3mg/L～0.5mg/L 时，可有效控制管道内生物膜的生长。

(2)原水耗氧量 ≤6mg/L 时，“预氧化＋常规处理＋臭氧活性炭”工艺可保证出水耗氧量去除率 50%以上，AOC 去除率 80%以上；原水耗氧量 >6mg/L 时，“预氧化＋常规处理＋臭氧活性炭”工艺难以保证耗氧量和 AOC 的较高去除率，可在预氧化后接生物预处理单元以强化组合工艺对生物稳定性的控制。

9.13.5 本条为强制性条文，必须严格执行。由于给水水质稳定处理所使用的药剂大部分为酸碱性的化合物，对环境或工业生产具有一定的潜在危害，因此在选用时应避免产生危害。当需要投加磷酸盐缓蚀剂时，应分析评估对水环境可能带来的富营养问题。

10 净水厂排泥水处理

10.1 一 般 规 定

10.1.1 本条规定了水厂排泥水处理的主要对象，即在水厂水处理过程中各工艺段常态化产生的各种不进入下一工序的弃水，包括排泥、冲洗和过滤初期产水和正常排空水。但水质突发污染时的紧急排空水不包括在内。

10.1.2 现行国家标准《污水综合排放标准》GB 8978 中污水排放受纳水体包括天然水体和城镇排水系统两大类。原规范没有把城镇排水系统纳入，而目前国内也有把滤池反冲洗废水经调节后直接排入城镇排水系统的。因此这次修编增加城镇排水系统这一受体。若排入城镇排水系统，除了在水质上符合现行国家标准《污水综合排放标准》GB 8978—96 中第 4.1.3 条和第 4.1.4 条，还要考虑该排水系统对排入流量的承受能力。不能把经过处理过的排泥水排入离水厂最近的城镇排水系统的末端，造成排水系统因末端

1

管径小，排水系统能力不够而从检查井溢流。

10.1.3 水厂排泥水处理规模是由设计处理干泥量确定。设计处理干泥量又主要取决于设计浊度取值，设计浊度的取值与河流的流量、水位一样，是某一概率下的统计数值，不同保证率的河流流量和水位是不同的，同样的道理，不同保证率下的原水浊度也是不同的。排泥水全量完全处理保证率等于多年全量完全处理的日数与总日数的比值，设计处理干泥量应满足多年75%～95%日数的全量完全处理要求，就是全量完全处理保证率达到75%～95%。要求全量完全处理保证率越高，设计处理干泥量就越大，相应设计浊度的取值就越高，工程规模就越大。

全量完全处理保证率应根据当地的社会环境和自然条件确定。对于大城市和以水库为水源的工程，超量污泥不能排入水库，又没有其他受体，原则上每一日的排泥水均应全量完全处理，全量完全处理保证率达到95%及以上，本标准规定为75%～95%，最高达到95%，主要是考虑原水浊度变化幅度特别大的水源，短时高浊度很高，如果为了追求保证率达到100%，设计浊度按这种最高浊度取值，一年中最高浊度可能只有几日，则脱水设备一年中只有几日满负荷，大部分时间闲置。因此把全量完全处理保证率上限定为95%。实际上，当原水浊度小于设计浊度时，全量完全处理保证率大于95%。在短时高浊度时段，可采用在沉淀池、排泥池和平衡池储存超量污泥，在高浊度过去后，再分期分批排出，送入脱水系统处理，即使通过临时存储还不能完全消化超量污泥，但排入天然水体的超量污泥大为减少。因此全量完全处理保证率达到95%，采取临时存储等措施，削去了短时高浊度的峰值，有可能将全量完全处理保证率提升至100%，达到零排放。目前日本就要求全量完全处理的日数达到总日数的95%。我国一些地区如西南地区的一些河流，高浊度一年有几个月时间，如果全量完全处理保证率采用95%，则设计浊度很高，要处理的干泥量很大，排泥水处理工程规模大，其投资和日常运行费用有可能超过水厂，对于一些小水厂来说不堪重负。而对于一些河流雨季流量大，原水浊度高，水深流急，混合稀释能力强，环境容量大，把一部分排泥水排入其中，不会造成淤塞，因此把全量完全处理保证率下限放宽至75%。

10.1.4 干泥量的计算一般有两种类型，第一种类型是计算净水厂设计处理干泥量，用以确定排泥水处理的规模；第二种类型是计算某一日的干泥量，一般用于科学研究和水厂的日常管理。设计处理干泥量 S_0 是一个随机变量，不同的保证率得出不同的设计处理干泥量 S_0，全量完全处理保证率越高，设计处理干泥量 S_0 越大。95%的保证率设计处理干泥量比75%的保证率的设计处理干泥量大很多。用来计算 S_0 的设计浊度 C_0 不是单凭实测方法得出的，而是通过多年的系列实测浊度资料根据全量完全保证率采用数理统计方法推算得出的。计算设计处理干泥量时，采用水厂设计规模，即高日流量。而某一日的干泥量 S 不是随机变量，而是一个固定值，计算某一日的干泥量时，不仅要实测当日的原水浊度，而且要实测水厂当日的进水流量，不能套用水厂设计规模，因为有可能当日的流量没有达到设计规模。另外，对于低浊高色度原水，还要实测当日的色度和铁、锰以及其他溶解性固体含量。由于式(10.1.4)原水流量采用水厂设计规模，是高日流量，计算得出的设计处理处理干泥量有一定的余量，能抵消色度和铁、锰以及其他溶解性固体含量对干泥量的贡献。因此设计处理干泥量采用式(10.1.4)。

式(10.1.4)中 D 代表药剂投加量，当投加多种药剂时，应分别取不同的转化系数计算后叠加；可看成是 $\sum K_{2i}D_i$，包括各种添加剂，如粉末活性炭和黏土，单位为mg/L，转化成干泥量的系数为1。若粉末活性炭等添加剂只是临时应急投加且投加时间很短，可酌情考虑不计。若粉末活性炭等添加剂需要季节性投加时，则应计入这部分干泥量。

10.1.5 设计处理干泥量可根据设计浊度取值按式(10.1.4)求出，而设计浊度取值的确定目前还没有规定，一些工程按多年平均浊度的4倍取值，一些工程按多年平均浊度的2倍取值，还有一些工程根本就没有原水浊度资料，随意确定，取值比较混乱，急需解决这一问题。按多年平均浊度的4倍取值，是日本规范所采用的经验数据。其全量完全处理保证率达到95%及以上，也就是说多年日数的95%及以上可以达到全量完全处理。日本规范的保证率规定为95%，但我国由于国情不同（我国西南地区一些河流平均浊度达到几百度，若达到保证率95%，按多年平均浊度的4倍作为设计浊度的取值，设计处理干泥量很大，不堪重负），因此我国规范规定全量完全处理保证率为75%～95%，提出设计浊度取值确定的经验计算式(10.1.5)，并分别按几种典型的保证率95%、90%、85%、80%、75%列出多年平均浊度的取值倍数，以方便计算。

理论上设计浊度的取值应按一定的保证率根据数理统计方法求出，但这需要10年以上原水浊度资料，一般工程上很难做到，而且水文计算所采用的数理统计分析也比较烦琐，按表10.1.5计算更方便一些。但是得出的计算结果偏于安全。

10.1.6 由于排泥水处理系统中的构筑物包含了处理和调蓄设施，处理设施对排泥水的浓缩倍数和污泥的回收率（捕获率）均存在一定的局限性，不同排泥水进入处理系统的时机、持续时间、瞬时流量和水质特性相差较大，从而使排泥水处理系统中污泥浊度和水量不断变化，但其在系统中的总量仍应保持不变。因此为了合理确定排泥水处理系统各单元的设计水力负荷与固体负荷、调蓄容量和设备选型，在排水处理工艺和系统构成确定后，应进行系统的水量和泥量的平衡计算。

在水量和泥量平衡计算分析时，水量应按各构筑物的设计或实际运行排水量计，泥量可按下列原则计算得出：

(1)沉淀（澄清）池排泥水的固体平均浓度可按0.5%计；

(2)气浮池泥渣中的固体平均浓度可按1%计；

(3)砂滤池反洗废水中的悬浮固体 SS 平均含量可按300mg/L～400mg/L计；

(4)初滤水和炭吸附池反洗废水中的固体量则可忽略不计。

10.1.7 排泥水经排泥水处理系统的浓缩和脱水处理后，系统最终后会产生浓缩分离水、脱水分离水和一定含水率的脱水污泥三种产物，其中浓缩分离水的容量最大。因此为减少外排水和充分利用水资源，对尚具有一定回用价值和回用风险较小的浓缩分离水，在经过技术经济比较后可考虑全部或部分回用，并应按本条规定的要求执行。

根据充分利用水资源和节约水资源的要求，滤池反冲洗水可以加以回收利用。20世纪80年代以来，不少水厂采用了回收利用的措施，取得了一定的技术经济效果。但随着人们对水质要求的日益提高，对回用水中的锰、铁等有害物质的积聚，特别是近年来国内外关注的贾第鞭毛虫和隐孢子虫的积聚，对由此产生的水质风险应予重视并做必要的评估。因此在考虑回用时，要避免有害物质和病原微生物的积聚而影响出水水质，采取必要措施。必要时，经技术经济比较，也可采取适当处理后再回用，以达到既能节约水资源又能保证水质的目的。

发生于1993年美国密尔沃基市的严重的隐孢子虫水质事故，引起各国密切关注。事故的原因之一是利用了滤池冲洗废水回用。为此美国等国家制定了滤池反冲洗水回用条例。加州、俄亥俄州等对回流水量占总进水量的比例做了规定。因此本标准规定滤池反冲洗水回用应尽可能均匀，并在第10.7.1条对回流比做了规定。

10.1.8 因原水浊度一年四季是变化的，且排泥水处理系统的设计保证率最大为95%，因此当实际发生的排水量或干泥量超出排泥水处理系统的设计负荷时，为保障排泥水处理系统的正常稳定运行，排泥水处理系统设计应留有一定的处理超量泥水的富裕能力，并在系统中设置应急超越设施和排放口。

10.1.9 对排泥水处理构筑物个数或分格数做一定的规定，主要是满足处理构筑物维修和清洗时的排泥水处理系统能维持一定规模的运行能力。

10.1.10 由于排泥水处理系统所处理的泥量主要来自沉淀池排泥，而沉淀池排泥水多采用重力流入排泥池，如果排泥水处理系统离沉淀池太远，造成排泥池埋深很大，因此排泥水处理系统应尽可能靠近沉淀池。当水厂地形有高差可利用时，为减少管道埋深，宜尽可能位于地势较低处。

10.1.11 一些水厂净化构筑物先建成投产，排泥水处理系统后建，厂内未预留排泥水处理用地，需在厂外择地新建。厂外择地不仅离沉淀池远，而且还有可能地势较高。因此应尽可能把调节构筑物建在水厂内，以保证沉淀池排泥水和滤池反冲洗废水能重力流入调节池，使排泥池和排水池的埋深不至于因距离远而埋深太大。

10.2 工艺流程

10.2.1 目前国内外排泥水处理工艺流程一般由调节、浓缩、平衡、脱水、泥饼处置等基本工序组成。根据各水厂所处的社会环境、自然条件及净水厂沉淀池排泥浓度，其排泥水处理系统可选择其中一道或全部工序组成。例如，一些小水厂所处的社会环境是小城镇，附近有大河流，水环境容量较大，处理工艺可相对简单一些。当沉淀池排泥浓度达到含固率3%，则可不设浓缩池，沉淀池排泥水经调节后，可直接进入脱水工序，如北京市第三水厂沉淀池选型采用高密度沉淀池，高密度沉淀池排泥水经调节后进入离心脱水机前平衡池。

10.2.2 尽管水厂排泥水处理系统所采用的基本工序相同，但由于各水厂排泥水的性状差别很大，各水厂采用的脱水机种类不同，各工序的子工艺也不尽相同。如果脱水机选用板框压滤机，则脱水前处理即浓缩和脱水工序的子工艺可相对简单，可以采用一般加药前处理，甚至无加药前处理方式。如果选用带式压滤机，前处理方式要相对复杂一些，除了投加高分子絮凝剂外，可能还要投加石灰。对于排泥水性状是难以浓缩和脱水的亲水性泥渣，在国外，还需要在浓缩池前投加硫酸进行酸处理。因此各工序的子工艺应根据工程具体情况、通过试验并进行技术经济比较后确定。

10.2.3 沉淀池排泥平均含固率（排泥历时内平均排泥浓度）大于或等于3%时，一般能满足大多数脱水机械的最低进机浓度要求，因此可不设浓缩工序。但调节工序应采用分建式，不得采用综合排泥池，因为含固率较高的沉淀池排泥水被流量大、含固率低的滤池反冲洗废水稀释后，满足不了脱水机械最低进机浓度的要求。若浮动槽排泥池，则效果更好。

10.2.4 排泥水送往厂外处理时，在厂内设调节工序有以下优点：

（1）由于沉淀池排泥水和滤池反冲洗废水均为间歇性排放，峰值流量大，而在厂内设调节工序后，可均质、均量连续排出，减小排放流量，从而减小排泥管管径和排泥泵流量。若采用天然沟渠输送，由于间歇性排放峰值流量大，有可能造成现有沟渠壅水、淤积而堵塞。

（2）若考虑滤池反冲洗废水回用，则只需将沉淀池排泥水调节后，均质、均量输出。

10.2.6 本条为强制性条文，必须严格执行。通常排泥水处理系统的分离水多采用外排方式，浓缩设施所用的混凝剂或高分子凝聚剂不一定满足饮用水涉水卫生要求。此外，为提高脱水污泥的含固率，脱水设备所用的高分子凝聚剂一般为不能用于饮用水的阳离子或非离子型。因此当回用至净水系统时，浓缩和脱水工序使用的各类药剂必须满足涉水卫生要求。

10.3 调　节

Ⅰ　一般规定

10.3.1 调节构筑物按组合形式分为分建式与合建式，分建式是排泥池与排水池分开建设，即单独设排泥池接纳和调节沉淀池排泥水，单独设排水池接纳和调节滤池反冲洗废水等。合建式是排泥池与排水池合建，也称综合排泥池，既接纳和调节沉淀池排泥水，又同时接纳和调节反冲洗废水，两者在池中混掺。由于沉淀池排泥水含固率比反冲洗废水高很多，混掺后沉淀池排泥水被反冲洗废水稀释，大幅度降低了进入浓缩池的排泥水浓度，影响浓缩效果。

排泥水回收利用主要是回收滤池反冲洗废水，反冲洗废水含固率低，水质比沉淀池排泥水好，原水所携带的有害物质主要浓缩在沉淀池排泥水里，分建式有利于反冲洗废水回收利用。因此一般推荐采用分建式。

10.3.2 调节池（包括排水池和排泥池）出流流量应尽可能均匀、连续，主要有以下几个原因：

（1）排泥池出流一般流至下一道工序重力连续式浓缩池，重力连续式浓缩池要求要求调节池出流连续、均匀。

（2）排泥水处理系统生产废水（包括经排水池调节后的滤池反冲洗废水）回流至水厂重复利用时，为了避免冲击负荷对净水构筑物的不利影响，也要求调节池出流连续、均匀。

10.3.3 调节池按其调节功能又可分为匀质、调量调节池和调量调节池，匀质、调量调节池的池中应设置扰流设施，如潜水搅拌器，对来水进行均质，利用池容对间歇来水进行调量，形成连续均匀出水。调量调节池可不设扰流设施，只有利用池容进行调量的功能。由于没有扰流设施，池中泥渣产生沉淀，因此应设置沉泥取出设施，如刮泥机，规模较小的，可设泥斗；其上清液则应经水面溢流取出。

10.3.4 调节池靠近沉淀池和滤池，可缩短收集管长度并为排泥水的重力流入创造有利条件。当重力流入不会导致调节池埋设过大时，采用重力流入方式，可减少系统中提升环节和水厂维护工作量。

10.3.5 当调节池出流设备发生故障时，为避免泥水溢出地面，应设置溢流口。

设置放空设施是便于清洗调节池。当高程允许时，可采用放空管；当高程不足时，可在池底设抽水坑，用移动排水设备放空。

Ⅱ　排　水　池

10.3.6 排水池的入流来自滤池反洗水，出流对象可以是浓缩、回用（水质许可时）或排放（水质许可时），其入流和出流的时机、持续时间和流量变化较大。通常情况下，水厂滤池冲洗计划均以日为周期来设计或安排。因此应结合水厂净水和排泥水处理系统的设计或生产运行工况，进行24h为周期的各时段入流和出流的流量平衡计算分析，并考虑一定的余量后确定。对于新建水厂可按设计运行工况计算分析，对已建水厂则宜按实际生产运行工况计算分析。

水厂如有初滤水排放，当滤池反洗水水质符合直接回用要求时，初滤水可纳入反洗水排水池；当滤池反洗水水质不符合直接回用要求时，则应单独设置初滤水排水池。

10.3.7 由于出流对象可以是浓缩、回用（水质许可时）或排放（水质许可时），在采用水泵排出时，按不同出流对象的入流条件和要求来配置水泵设备和设置一定的备用能力，可保证水厂净水和排泥水处理系统的稳定运行。此外，为适应短时或应急超量废水的排放要求，水泵配置上应考虑这部分的能力。

Ⅲ　排　泥　池

10.3.8 排泥池的入流来自沉淀池排泥水，出流对象则是浓缩池，其入流和出流的时机、持续时间和流量变化较大。通常情况下，水厂沉淀池排泥计划均以日为周期来设计或安排。因此应结合水厂净水和排泥水处理系统的设计或生产运行工况，进行24h为周期的各时段入流和出流的流量平衡计算分析，并考虑一定的余量后确定。对于新建水厂可按设计运行工况计算分析，对已建水厂则宜按实际生产运行工况计算分析。

10.3.9 由于出流对象可以是浓缩或排放(水质许可时),在采用水泵排出时,按不同出流对象的入流条件和要求来配置水泵设备和设置一定的备用能力,可保证水厂净水和排泥水处理系统的稳定运行。此外,为适应短时或应急超量泥水的排放要求,水泵配置上应考虑这部分的能力。

Ⅳ 浮动槽排泥池

10.3.10 排泥池与排水池分建,主要原因之一是避免沉淀池排泥水被反冲洗废水稀释,以提高进入浓缩池的初始浓度,提高浓缩池的浓缩效果。当调节池采用分建式时,可采用浮动槽排泥池对沉淀池排泥水进行初步浓缩,进一步提高进入浓缩池的初始浓度。虽然多了浮动槽,但提高了排泥池和浓缩池的浓缩效果。

10.3.11 浮动槽排泥池是分建式排泥池的一种形式,以接纳和调节沉淀池排泥水为主,因此其调节容积计算原则同本标准第10.3.8条。由于采用浮动槽收集上清液,上清液连续、均匀排出,使液面负荷均匀稳定。因此这种排泥池如果既在容积上满足调节要求,又在平面面积及深度上满足浓缩要求,则具有调节和浓缩的双重功能。一般来说,按面积和深度满足了浓缩要求,其容积也一般能满足调节要求。因此池面积和深度可先按重力式浓缩池设计,然后再核对是否能满足调节要求。目前国内北京市第九水厂和深圳市笔架山水厂采用这种池型。

设置固定式溢流设施的目的是防止浮动槽一旦发生故障时,作为上清液的事故溢流口。

10.3.12 由于浮动槽排泥池具有调节和浓缩的双重功能,因此浓缩后的底泥与澄清后的上清液必然要分开,底泥由主流程排泥泵输往浓缩池,上清液应另设集水井和水泵排出。

Ⅴ 综合排泥池

10.3.14 池中设扰流设备,如潜水搅拌机、水下曝气等,用以防止池底积泥。

10.4 浓 缩

10.4.1 目前,在排泥水处理中,大多数采用重力式浓缩池。重力式浓缩池的优点是日常运行费低,管理较方便;另外,由于池容大,对负荷的变化,特别是冲击负荷有一定的缓冲能力,适应原水高浊度的能力较强。目前,国内重力式浓缩池用得最多,其中又以辐流式浓缩池应用最广,另一种形式高效斜板浓缩池在占地面积紧张的情况下也可以采用。

当排泥水悬浮固体含量较小且沉降性能较好时,可采用离心浓缩。当排泥水悬浮固体含量较小且沉降性能较差时,可采用气浮浓缩。

10.4.2 每一种类型脱水机械对进机浓度都有一定的要求,低于这一浓度,脱水机不能适应。例如,板框压滤机进机浓度可要求低一些,但含固率一般不能低于2%。又如,带式压滤机则要求大于3%,含固率太低,泥水有可能从滤带两侧挤出来。对于离心脱水机,如果浓缩设备不够完善,进机浓度达到含固率3%的保证率较低,则脱水机应适当选大一些,样本上提供的产率是一个范围,宜取低限或小于低限,大马拉小车,使脱水机在低负荷下工作,这样可适当提高离心脱水机内堰板高度,增加泥水在脱水机内的停留时间,来提高固体的回收率和泥饼的含固率。增加泥水在脱水机内的停留时间,相当于对泥水进行了预浓缩,但会增加脱水机的台数,增加日常耗电,应进行技术经济比较。

10.4.3 国内外重力式浓缩池一般多采用面积较大的中心进水辐流式浓缩池。虽然斜板浓缩池占地面积小,但斜板需要更换,容积小,缓解冲击负荷的能力较低。因此本条规定仍以辐流式浓缩池作为重力式浓缩池的主要池型。

10.4.4 本条是关于重力式浓缩池面积计算的原则规定。

浓缩池面积一般按通过单位面积上的固体量即固体通量确定。但在入流泥水浓度太低时,还要用液面负荷进行校核,以满足泥渣沉降的要求。

10.4.5 固体通量、液面负荷、停留时间与入流污泥的性质、浓缩池形式等因素有关。因此原则上固体通量、液面负荷及停留时间应通过沉降浓缩试验确定,或者按相似工程运行数据确定。

泥渣停留时间一般不小于24h,这里所指的停留时间不是水力停留时间,而是泥渣浓缩时间,即泥龄。大部分水完成沉淀过程后,上清液从溢流堰流走,上清液停留时间远比底流泥渣停留时间短。由于排泥水从入流到底泥排出,浓度变化很大,例如,排泥水入流浓度为含水率99.9%,经浓缩后,底泥浓度含水率达97%。这部分泥的体积变化很大,因此泥渣停留时间的计算比较复杂,需通过沉淀浓缩试验确定。一般来说,满足固体通量要求,且池边水深有3.5m~4.5m,则其泥渣停留时间一般能达到不小于24h。

对于斜板(斜管)浓缩池固体负荷、液面负荷,由于与排泥水性质、斜板(斜管)形式有关,各地所采用的数据相差较大,因此宜通过小型试验,或者按相似排泥水、同类型斜板数据确定。

10.4.7 重力式浓缩池的进水原则上是连续的,当外界因素的变化或设计不当造成进水不能连续而形成间歇式进水时,严重影响浓缩效果,可设浮动槽收集上清液,提高浓缩效果。

10.5 平 衡

10.5.1 通常情况下,浓缩池排泥与脱水设备的工作时机、持续时间、出流和入流流量并不一致。此外,浓缩池排泥一次排泥周期内的浓度也会有一定的变化,因此在浓缩池排泥与脱水设备设置平衡池,可起到平衡流量和稳定脱水设备的进泥浓度的作用。

10.5.2 平衡池的入流来自浓缩池排泥,出流对象则是脱水设备,其入流和出流的时机、持续时间和流量变化较大。通常情况下,浓缩池排泥和脱水设备工作时机与持续时间是以日为周期来设计。因此应按浓缩池排泥和脱水设备设计运行工况,进行24h为周期的各时段入流和出流的流量平衡计算分析,并考虑一定的余量后确定。根据目前国内外已建净水厂排泥水处理设施的情况,若采用重力浓缩池进行浓缩,调节容积相对较大,应付原水浊度及水量变化的能力较强,平衡池的容积可小一些;若采用调节容积较小的斜板浓缩或离心浓缩,则平衡池容积宜大一些。

10.5.3 采用圆形或方形有利于匀质防淤设备的合理布置。池中设潜水或立式搅拌机等匀质防淤设备,主要用以保持浓缩污泥的浓度稳定和防止池底积泥。

10.5.4 排泥管管径的确定应满足不淤流速的要求。当排泥水处理规模较小时,为满足不淤流速要求,所选管径可能小于本条规定的最小管径,为防止出现因管径过小而淤塞管道,应设置管道冲洗设施。通常可采用厂用水作为冲洗水源。

10.6 脱 水

Ⅰ 一般规定

10.6.1 目前国内外泥渣脱水大多采用机械脱水。当气候条件比较干燥,周围又有荒地可供利用时,规模较小的水厂也可采用干化场脱水。

10.6.2 脱水机械的选型既要适应前一道工序排泥水浓缩后的特性,又要满足下一道工序泥饼处置的要求。由于每一种类型的脱水机械对进机浓度都有一定的要求,低于这一浓度,脱水机难以适应,因此浓缩工序的泥水含水率是脱水机械选型的重要因素。如浓缩后含固率仅为2%,则宜选择板框压滤机。另外,下一道工序也影响机型选择,如为防止污染要求前一道工序不能加药,则应选用无加药脱水机械(如长时间压榨板框压滤机)等。

用于水厂泥渣脱水的机械目前主要采用板框压滤机和离心脱水机。带式压滤机国内也有使用,但对进机浓度和前处理的要求较高。因此本标准提出对于一些易于脱水的泥水,也可采用带式压滤机。

10.6.3 脱水机的产率和对进机浓度的要求不仅与脱水机本身的

性能有关，而且还与排泥水的特性(如含水率、泥渣的亲水性等)有关。进机含水率越高，泥渣的亲水性越高，脱水后泥饼的含固率越低，脱水机的产率就越低。因此脱水机的产率及对进机浓度要求一般宜通过对拟采用的机型和拟处理的排泥水进行小型试验后确定。脱水机样本提供的相关数据的范围可作为参考。

受温度的影响，脱水机的产率冬季与夏季区别很大，冬季产率较低，在确定脱水机的产率时，应适当考虑这一因素。

10.6.4 由于超量泥水不进入脱水工序，进入脱水工序的是设计处理干泥量，因此所需脱水机的台数应根据设计处理干泥量、每台脱水机单位时间所能处理的干泥量(即脱水机的产率)及每日运行班次确定，正常运行时间可按每日1班～2班考虑。脱水机可不设备用，当脱水机故障检修时，可用增加运行班次解决。但总台数一般不宜少于2台。

10.6.5 泥水在脱水前进行化学调质，由于泥渣性质及脱水机型的差别，药剂种类及投加量宜由试验或按相同机型、相似排泥水运行经验确定。若无试验资料和上述数据，当采用聚丙烯酰胺作药剂时，板框压滤机可按干固体质量的2‰～3‰，离心脱水机可按干固体质量的3‰～5‰计算加药量。

10.6.6 在脱水机间内，除脱水设备外，泥饼输送设备通常需要占据相当的空间和面积，因此在布置脱水机间时应综合考虑两者各自对空间和平面的需求。

10.6.7 把泥饼从脱水机输送到填埋地点要经过两个阶段，一个是厂内输送阶段，一个是厂外运输阶段。厂内输送即从脱水机到泥饼间，泥饼的输送方式有三种：

第一种方式是脱水后的泥饼经输送带如皮带运输机或螺旋输送机先送至泥饼堆积间，再用铲车等装载机将泥饼载入运输车运走。泥饼堆置间按3d～7d的泥饼发生量设计。

第二种方式是泥饼经皮带运输机或螺旋输送机送到具有一定容积的料仓内储存，当料仓内泥饼达到一定容量时，打开料仓底部弧门卸料。料仓容量应大于1台运输车的载重量，底部空间的高度应能通过运输工具，并满足操作弧门开启卸料的要求。

第三种方式是设置一个泥斗，泥斗容量较小，泥饼不在泥斗中储存，泥斗只起便于收集泥饼和通道的作用。泥斗底部空间的高度应能通过运输车辆，运输车辆直接放在泥斗下面等候皮带运输机或螺旋输送机转送过来的泥饼。

这三种厂内输送方式应根据所处理泥量的多少，泥饼的出路及厂外运输条件确定。当泥量多、泥饼的出路经常变换不稳定，厂外运输条件不太好时，宜采用第一种方式，例如，赶上雨雪天气，路不好走；或者运输路线要经过闹市区，只能晚上运输或者是泥饼还临时找不到出路，泥饼可临时储存在泥饼堆置间。第二种方式泥饼的装载速度快，可以很快装满运泥车辆外运，节省了运输工具等待的时间，提高了运输效率，不需要像第三种方式那样，车等泥饼，运输工具的使用效率低；而且也不需要装载铲车。节省了运行费用，还改善了工作环境。第二种方式适用于运距较长，需要充分发挥运输工具效率的情况。第三种方式不需要建造泥饼间储存泥饼，也不需要装载铲车，工程投资较其他两种方式低，适用于所处理的泥量较小，厂外运输距离不长这种情况。

10.6.8 脱水机间在设备冲洗、维修时地面会留下部分泥水，泥饼间地面则不可避免地会留有较多泥水。为保持室内适度的整洁度，需定期进行地面冲洗，故应设有及时排除冲洗废水的地面排水系统。由于泥水中含有一定量的泥沙，故排水管布置上应设有方便管中淤积泥沙清通设施。

10.6.9 泥水和泥饼会散发出泥腥味，因此脱水间内应设置通风设施，进行换气。因离心脱水机和板框压滤机的进泥压榨泵工作时会产生较大的噪声，故应采取消除噪声的措施，通常可通过设隔音墙和吸音板等措施。

10.6.10 脱水机分离水的悬浮固体含量通常可达数千到上万ppm，且分离水的浓度与流量变化因脱水设备的不同而呈现不同的变化规律，设置分离水回收井调节后，可使排水保持持续、稳定和均匀，有效减少排出管的淤积现象。

10.6.11 因浓缩泥水在管道内容易淤积，需定期冲洗清淤，故应设冲洗水注入口和排出口。因管道弯头处最容易磨损和淤积，且不易清洗，故应设置容易拆卸和更换的弯头。

10.6.12 脱水机房应尽可能靠近浓缩池，主要是为了缩短输送浓缩泥水的管道长度，减少容易堵塞的弯头、三通等零件。以减少日常维修维护工作量。

Ⅱ 板框压滤机

10.6.13 因板框压滤机是通过高压压榨实现对泥水的分离，并可分离部分吸附于污泥颗粒上的毛细水，泥水分离的效率高于离心脱水，故其进泥的浓度要求通常低于离心机。在进泥浓度给定的条件下，设计选型时除对固体通量和泥水流量这两项设备主要规模性能参数提出要求外，还应对脱水泥饼含固率和固体回收率这两项设备主要质量性能参数提出要求。因板框压滤机脱水效率较高，故对其泥饼含固率和固体回收率应达到的性能指标提出较高的要求。

10.6.14 板框压滤机每工作一批次，其滤水滤布上的滤水微孔会有较严重的堵塞而影响下一批次的工作性能。通常采用高压水对滤布进行强化清洗可有效恢复其滤水性能。

10.6.15 由于板框压滤机总重量可达百吨以上，整体吊装比较困难，宜采用分体吊装。起重量可按整机解体后部件的最大重量确定。如果安装时不考虑脱水机的分体吊装，宜结合更换滤布的需要设置单轨吊车。

10.6.16 滤布应具有强度高、使用寿命长、表面光滑、便于泥饼脱落。由于各种滤布对不同性质泥渣及所投加的药剂的适应性有一定的差别，因此滤布的选择应对拟处理排泥水投加不同药剂进行试验后确定。

10.6.17 本条是关于板框压滤机投料泵配置的规定：

(1)为了在投料泵的输送过程中，使化学调质所形成的絮体不被打碎，宜选择容积式水泵。

(2)由于投料泵启、停频繁，且浓缩后的泥水浓度大，因此宜采用自灌式启动。

Ⅲ 离心脱水机

10.6.18 离心脱水机有离心过滤、离心沉降和离心分离三种类型。水厂及污水处理厂的污泥浓缩和脱水，其介质是一种固相和液相重度相差较大、固相粒度较小的悬浮液，适用于离心沉降类脱水机。离心沉降类脱水机又分立式和卧式两种，水厂脱水通常采用卧式离心沉降脱水机，也称转筒式离心脱水机。

10.6.19 由于离心脱水是通过2500倍～3500倍的重力加速度所产生的离心力来实现泥水的重力分离，对吸附于污泥颗粒上的毛细水几乎无任何分离作用，故其进泥浓度的要求高于板框压滤机，而脱水泥饼含固率和固体回收率性能要求则相应低于板框压滤机。

10.6.20 分离因数是离心脱水机的一项重要的辅助性能参数，代表了重力加速度的倍数，通常在2500～3500。当无试验数据支撑和可参照经验时，可将该参考性能指标作为设备选型的一项技术要求提出。

10.6.21 离心脱水机工作时因高速旋转而产生很高的噪声，为消除噪声对工作人员的职业接触危害，应采取隔离和降噪措施，使脱水机房内外的噪声控制在现行国家标准《工业企业噪声控制设计规范》GB/T 50087规定的限值内。

10.6.22 离心脱水机前应设置污泥切割机可对泥渣中长纤维及较大的物体进行有效切割，避免其缠绕离心脱水机螺旋和堵塞离心脱水机排泥口。

Ⅳ 干 化 场

10.6.23 与机械脱水不同，因干化场设计面积的计算采用了平均干泥量作为基数之一，因此合理选用平均干泥量非常重要。当原水水质数据较为充分时，宜采用数理统计的方法，宜以出现频率最高的干泥量作为平均干泥量。

10.6.24 由于干化周期和干泥负荷与泥渣的性质、年平均气温、年平均降雨量、年平均蒸发量等因素有关。因此宜通过试验确定或根据以上因素，参照相似地区经验确定。

10.6.25 对单床面积做此建议范围，是基于布泥、透水和排水的均匀性考虑。床数不宜少于2个，是为了满足干泥清运期间系统仍可维持工作。

10.6.26 布泥的均匀性是干化床运作好坏的重要因素，而布泥的均匀性又与进泥口的个数及分布密切相关。当干化场面积较大时，要布泥均匀，需设置的固定布泥口个数太多，因此宜设置桥式移动进泥口。

10.6.29 干化场运作的好坏，迅速排除上清液和降落在上面的雨水是一个非常重要的方面。因此干化场四周应设上清液及雨水的排除装置。排除上清液时，一部分泥渣会随之流失，而可能造成上清液悬浮物含量超过国家排放标准，因此在排入厂外市政排水管道前应采取一定措施，如设沉淀池等。

10.7 排泥水回收利用

Ⅰ 一般规定

10.7.1 水厂排泥水水质与原水水质密切相关，是原水水质的浓缩。一些排泥水只是悬浮物含量高，可直接回流至混合设备前，与原水及药剂充分混合后进入沉淀、过滤等水处理环节，去除悬浮物。但也有一些排泥水除悬浮物含量高外，一些有害指标也超标，如果不经处理直接回用，会造成铁、锰及有害生物指标藻类、两虫指标的循环往复而富集，并堵塞滤池，影响净水厂出水水质。排泥水经过处理后，根据处理的程度，可进入混凝沉淀(澄清)、滤池、颗粒活性炭吸附池，或经消毒后直接进入清水池。例如，北京市第九水厂滤池反冲洗废水和浓缩池上清液经膜处理后，送入颗粒活性炭吸附池。

排泥水是否回用，特别是排泥水水质较差，需要经过处理后才能回用，要经过技术经济比较后确定，如果当地水源充足，经过处理后再回用，经济上不合算，也可弃掉。

回流水量在时空上均匀分布是指在时间上尽可能24h连续均匀回流，在空间上均匀分布是要求回流水量不能集中回流到某一期或某一点，即要求全部回流水量与全部原水水量均匀混合。应避免集中时段回流对水厂稳定运行带来的不利影响。

10.7.2 当反冲洗废水和初滤水水质相差很大，反冲洗废水水质不符合直接回用要求，需要处理后再回用时，则应分别设排水池进行调节。以避免两者混合后再行处理的不经济做法。

10.7.3 在回流管路上安装流量计，可实现对回流比和投药量的合理控制。

10.7.4 回流泵采用变频调速可根据水厂实际处理流量对回流量和回流比进行合理控制。保障水厂在各种运行流量下均能稳定运行。

Ⅱ 膜处理滤池反冲洗废水

10.7.5 由于微滤或超滤膜对水中有机物、氨氮和藻源性有机物几乎无去除能力，为防止回用过程中的有害物的富集，在原水有机物、氨氮和藻含量较高时不主张采用膜法用于水厂滤池反冲洗废水的回用处理。

10.7.6 滤池反冲洗废水中主要含有悬浮物，采用适度的混凝或混凝沉淀预处理，将有助于提高膜处理系统的处理效率。预处理后的出水浊度指标应通过试验或参照相似工程的运行经验确定，基于国内已有工程案例的经验，预处理后的出水浊度宜小于或等于15NTU。

10.7.7 排水池的进水是间歇和不均匀的，经排水池调节后出水是连续和均匀的，这符合膜处理系统进水的要求。排水池的调节容积按大于最大一次反冲洗水量确定。如果排水池与膜处理反冲洗废水同步建成，则排水池可作为膜处理系统进水的调节池，排水泵可作为进入膜处理的提升泵。如果是后建，是否新建调节池视具体情况而定。北京市第九水厂膜处理反冲洗废水另设进水调节池，调节容积按最大一次反冲洗水量的1.5倍设计。

10.7.8 滤池反冲洗废水中悬浮物的含量较高，平均约为300mg/L～400mg/L，因此，滤池反冲洗废水进入膜处理之前即使经过了预处理，膜通量仍宜选用低值。

10.7.9 考虑到水厂清水池中的水已经消毒，因此膜系统出水须经消毒后才可进入清水池。由于微滤或超滤膜无法有效去除水中微量有机物或嗅味物质，所以当水厂净水工艺中具有能够有效去除这些物质的颗粒活性炭吸附或臭氧生物活性炭设施时，同时对水厂出水的微量有机物含量或嗅味有较高要求时，膜系统出水宜进入这些设施再处理。

Ⅲ 气浮处理滤池反冲洗废水

10.7.10 由于微滤或超滤膜对水中有机物、氨氮和藻源性有机物几乎无去除能力，为防止回用过程中的有害物的富集，在原水有机物、氨氮和藻含量较高时不主张采用膜法对滤池反冲洗废水进行回用处理，可采用气浮工艺处理这种滤池反冲洗废水。

10.7.11 由于气浮只适于原水浊度小于100mg/L，而反冲洗废水悬浮物含量一般大于100mg/L，因此气浮工艺前应有混凝沉淀等预处理设施。

10.8 泥饼处置和利用

10.8.1 目前，国内净水厂排泥水处理的脱水泥饼，基本上都是采用地面填埋的方式处置。由于地面填埋需要占用大量土地，还有可能造成新的污染。此外，因泥饼含水率太高，受压后强度不够，有可能造成地面沉降。因此有效利用才是未来泥饼处置的方向。

10.8.3 当泥饼填埋场远期规划有其他用途时，填埋应能适用该规划目标。例如规划有建筑物时，应考虑填埋后如何提高场地的地耐力，对泥饼的含水率及结构强度应有一定的要求。如果规划为公园绿地，则填埋后泥土的性状不应妨碍植物生长。

10.8.4 对于泥饼的处置，国外有单独填埋和混合填埋两种方式。国内水厂脱水泥饼处置目前大多数采用单独填埋，其原因是泥饼含水率太高，难以压实。如果条件具备，如泥饼含水率很低，能承受一定的压力，满足城市垃圾填埋场的要求，宜送往垃圾填埋场与城市垃圾混合填埋。

11 应急供水

11.1 一般规定

11.1.2 本条对参与应急供水的相关设施的基本能力和应急模式做了规定。规定应急净水设施、应急水源与常用水源的工程切换设施具备快速切换功能，是实现尽快启动应急供水和消除事件影响的必要条件。城镇配水管网具备一定的域外调水能力，可有力保障应急供水期间居民基本生活用水需求，维持社会稳定。

11.1.3 对城市供水具有重要作用的集中式水源工程和主力水厂具备应急净化处理能力，可有效保证应急供水水量和水质。在一定条件下，充分发挥从水源到水厂现有设施的应急净水能力，不仅可节约应急净水设施的建设与维护成本，还可实现快速启动应急净水设施的目标。

11.1.4 在确定应急水源规模时，一方面要考虑到供水风险的持续时间，另一方面要考虑到风险期的日需水量。对于水资源丰富的城市，风险期日需水量可按平时的日需水量考虑。对于水资源贫乏的城市，应急水源的建设可只考虑基本的生活和生产用水需要，风险期日需水量可根据城市的实际情况和用水特征，可按平时日需水量的一定比例进行压缩。

应急供水时，应按先生活、后生产、再生态的顺序，降低供应。现行国家标准《城市给水工程规划规范》GB 50282 根据分析《城市居民生活用水量标准》GB/T 50331 的居民家庭生活人均日用水量调查统计表，规定了居民基本生活用水指标不宜低于 80L/(人/d)，包括饮用、厨用、冲厕和淋浴。

11.2 应急水源

11.2.1 应急水源的规划水量可按规划期总需水量的一定比例计算，也可根据各城市的水源实际情况进行规划，但应该考虑到城市未来的发展需求。

11.2.2 当城市本身水资源贫乏，不具备应急水源建设条件时，应考虑域外建设应急水源，考虑几个城市之间的相互备用。当城市采用外域应急水源或几个城市共用一个应急水源时，应根据区域或流域范围的水资源综合规划和专项规划进行综合考虑，以满足整个区域或流域内的城市用水需求平衡。

11.2.4 由于水源保护的要求不同，应急水源水质可能和常用水源存在一定差异，其水质如能与常用水源相近、水量可满足应急供水期间的需求或水质能经过水厂应急处理实现基本达标，则供水风险期进行水源切换后，可有效保证水厂出水水质基本达标的要求。

11.3 应急净水

11.3.1 为提高城镇供水系统应对突发性水源污染的能力，应通过对城市供水总体情况及水源地、水厂潜在风险及现有输配水与净水设施的基础资料收集，分析城市突发性水源污染的潜在风险(包括点源污染源、面源污染源和移动源污染)等，并对城市供水系统应对突发性水源污染的风险能力进行评估，确定所需应对的突发污染物的种类和应采取应急净水措施。应急净水措施可包括新建设施和对现有从水源到水厂的输配水、调蓄以及水厂净水设施的充分利用或适度改造利用。

11.3.2 不同的污染物需要采取针对性的应急处理技术，各种应急处理技术的适用范围和工艺及其参数的选用等，除可按本规定执行外，也可参照《城市供水系统应急净水技术指导手册》建议的有关方法实施。

11.3.3 粉末活性炭吸附技术可以去除农药、芳香族和其他有机物等一些污染物。粉末活性炭吸附技术可以去除饮用水相关标准中农药、芳香族和其他有机物等 61 种污染物。农药类：滴滴涕、乐果、甲基对硫、磷、对硫磷、马拉硫磷、内吸磷、敌敌畏、敌百虫、百菌清、莠去津(阿特拉津)、2,4-滴、灭草松、林丹、六六六、七氯、环氧七氯、甲草胺、呋喃丹、毒死蜱。芳香族：苯、甲苯、乙苯、二甲苯、苯乙烯、一氯苯、1,2-二氯苯、1,4-二氯苯、三氯苯(以偏三氯苯为例)、挥发酚(以苯酚为例)、五氯酚、2,4,6-三氯苯酚、2,4-二氯苯酚、四氯苯、六氯苯、异丙苯、硝基苯、二硝基苯、2,4-二硝基甲苯、2,4,6-三硝基甲苯、硝基氯苯、2,4-二硝基氯苯、苯胺、联苯胺、多环芳烃、苯并芘、多氯联苯。其他有机物：五氯丙烷、氯丁二烯、六氯丁二烯、阴离子合成洗涤剂、邻苯二甲酸二(2-乙基己基)酯、邻苯二甲酸二丁酯、邻苯二甲酸二乙酯、石油类、环氧氯丙烷微囊藻毒素、土臭素、二甲基异莰醇、双酚 A、松节油、苦味酸。

由于污染物的品种和污染程度的不确定性，通常应急处置时，应根据现场情况进行试验验证，确定实际投加量，故规定粉末活性炭设计应急投加量在 20mg/L～40mg/L 的基础上适度留有一定的富裕能力，以适应实际需求。实现适度富裕能力的基本方法可采用提高粉末活性炭炭浆配置和投加设备炭浆浓度的适用范围，如从常规的 5%提高到 10%，或适度增加炭浆配置和投加设备的备用能力等。

11.3.4 弱碱性化学沉淀法适用于镉、铅、锌、铜、镍等金属污染物。在水厂混凝剂投加处加碱(液体氢氧化钠)，调整水的 pH 值至弱碱性，生成不溶于水的沉淀物，通过混凝沉淀过滤去除，再在过滤后加酸(盐酸或硫酸)调整至中性。混凝剂可以采用铝盐或铁盐，在较高 pH 值条件下运行应优先采用铁盐，以防止出水铝超标。水厂需设置相应的酸、碱药剂投加设备和 pH 值监测控制系统，其中加碱设备的容量一般按 pH 值最高调整到 9.0 考虑，加酸设备按回调 pH 值至原出厂水 pH 值考虑。

弱酸性铁盐沉淀法适用于锑、钼等污染物。混凝剂采用铁盐(聚合硫酸铁或三氯化铁)，在水厂混凝剂投加处加酸(对应为盐酸或硫酸)，调整水的 pH 值至弱酸性，在弱酸性条件下用氢氧化铁矾花吸附污染物，通过混凝沉淀去除，再在过滤前加碳酸钠，调整至中性，以保持水质的化学稳定性。当高投加量混凝剂带入杂质二价锰较多时，需在过滤前增加氯化除锰措施。水厂需设置相应的酸、碱药剂投加设备和 pH 值监测控制系统，其中加酸设备的容量一般按 pH 值最低调整到 5.0 考虑，加碱设备按回调 pH 值至原出厂水 pH 值考虑。

硫化物化学沉淀法适用于镉、汞、铅、锌等污染物。沉淀剂采用硫化钠，投加点设在混凝剂投加处，把水中污染物生成难溶于水的化合物，在后续的混凝沉淀过滤中去除，多余的硫化物在清水池中用氯分解成无害的亚硫酸根和硫酸根。水厂需设置硫化钠投加设施，最大投加量一般按 1.0mg/L 设计。

预氧化化学沉淀法适用于铊、锰、砷等污染物。预氧化剂采用高锰酸钾、氯或二氧化氯，投加点设在混凝剂投加处，把水中的一价铊氧化为三价铊、二价锰氧化为四价锰，从而生成难溶于水的化合物，在后续的混凝沉淀过滤中去除。除砷必须采用铁盐混凝剂，原水中的三价砷需先氧化为五价砷，如原水中的砷主要为五价砷可以不用预氧化。水厂需设置预氧化的氧化剂投加设施，高锰酸钾最大投加量一般按 1.0mg/L 设计。

预还原化学沉淀法适用于六价铬污染物，还原剂可采用硫酸亚铁、亚硫酸钠、焦亚硫酸钠等。投加点设在混凝剂投加处。把六价还原成难溶于水的三价铬，在混凝沉淀过滤中去除。

应急处置时，应根据现场情况进行试验验证，确定运行的工艺条件和药剂投加量。

11.3.5 由于常规处理工艺水厂已有氯或二氧化氯等消毒工艺设施，深度处理工艺水厂则还有臭氧氧化工艺设施，因此从考虑应急净水需要，设计中应适度提高这些设施的设计处理能力，以节约工程投资和方便运行维护。

11.3.6 应对难于吸附或氧化的挥发性污染物的方法适用于氯乙烯、二氯甲烷、1,2-二氯乙烷、1,1-二氯乙烯、1,2-二氯乙烯、四氯化碳、三氯乙烯、四氯乙烯、1,1,1-三氯乙烷、1,1,2-三氯乙烷、三氯甲烷、一溴二氯甲烷、二溴一氯甲烷、三溴甲烷、三卤甲烷总量等饮用水相关标准中的 15 项污染物。

曝气吹脱应尽量利用从取水口到水厂的具有自由液面的既有设施来实施，如泵房前池和出水井、输水系统中的调蓄水池、水厂配水井等。

11.3.7 发生水源大规模微生物污染时，特别是在发生地震、洪涝、流行病疫情暴发、医疗污水泄漏等情况下，水中的致病微生物浓度会大大增加，此时需采用强化消毒技术。设计中除应适度增强加注设备的备用能力外，加注管线和加注点的设置应具有适应多点加注的可能，并便于常态加注与应急加注的快速灵活切换。

加注点的设置还应结合水厂净水工艺流程特点，避免应急加注时消毒副产物可能超标的现象出现。

11.3.8 藻类暴发时不仅对水质安全带来威胁(如藻毒素、嗅、味等超标)，同时对水厂稳定运行也会产生严重影响(如干扰混凝影响沉淀效果、堵塞滤床等)，而采用综合处理技术可有效控制和消除上述共生的不利现象。

11.3.10 应急处理药剂的加药设施与水厂常用加药设施进行统筹布置设计，不仅可方便水厂安全管理，也可节约工程投资。

11.3.11 由于应急净水期间水厂处理设施的污染负荷增加，转移到其排泥水中的污染物会高度富集，因此从保障水厂水质安全考虑，采用排泥水回用系统的水厂应设置应急排放设施，以备水厂应急净水期间临时排除回用风险极大的排泥水。

12 检测与控制

12.1 一 般 规 定

12.1.1 给水工程检测与控制涉及内容很广，本章内容主要是规定一些检测与控制的设计原则，有关仪表及控制系统的细则应依据国家或有关部门的技术规定执行。

本章中所提到的检测均指在线仪表检测。

给水工程检测及控制内容应根据原水水质、采用的工艺流程、处理后的水质，结合当地生产管理运行要求及投资情况确定。有条件时可优先采用集散型控制系统，系统的配置标准可视城市类别、建设规模确定。城市类别、建设规模按《城市给水工程项目建设标准》(建标 120—2009)执行。建设规模小于 $5\times10^4m^3/d$ 的给水工程可视具体情况设置检测与控制。

12.1.2 自动化仪表及控制系统的使用应有利于给水工程技术和现代化生产管理水平的提高。自动控制设计应以保证出厂水质、节能、经济、实用、保障安全运行、提高管理水平为原则。自动化控制方案的确定，应通过调查研究，经过技术经济比较确定。

12.1.3 根据工程所包含的内容及要求选择系统类型，系统设计要兼顾现有及今后发展。

12.2 在 线 检 测

12.2.1 地下水取水构筑物必须设有测量水源井水位的仪表。为考核单井出水量及压力应检测流量及压力。井群一般超过 3 眼井时，建议采用“三遥”控制系统，为便于管理必须检测控制与管理所需的相关参数。

地表水取水水质一般检测浊度、pH 值，根据原水水质可增加一些必要的检测参数。

12.2.2 对水厂进水的检测，可根据原水水质增加一些必要的水质检测参数。

加药系统应根据投加方式及控制方式确定所需要的检测项目。

消毒还应视所采用的消毒方法确定安全生产运行及控制操作所需要的检测项目。

清水池应检测液位，以便于实现高低水位报警、水泵开停控制及水厂运行管理。

水厂出水的检测，可根据处理水质增加一些必要的检测。

12.2.3 输水形式不同，检测内容也不同。应根据工程具体情况和泵站的设置等因素确定检测要求。长距离输水时，特别要考虑到运行安全所必需的检测。

水泵电机应检测相关的电气参数，中压电机应检测绕组温度。为了分析水泵的工作性能，应有检测水泵流量的措施，可以采用每台水泵设置流量仪，也可采用便携式流量仪在需要时检测。

12.2.4 配水管网特征点的水力和水质参数检测是科学调度和水质控制的基本依据。为满足用户对水量、水压和水质的要求，降低配水管网能耗，需要对配水管网的压力分界线变化、管网泵站进出水流量与压力、调蓄池水位等进行在线检测。目前，许多城市为保证供水水质已在配水管网装设余氯、浊度等水质检测仪表。

12.2.5 机电设备的工作状况与工作时间、故障次数与原因对控制及运行管理非常重要，随着给水工程自动化水平的提高，应对机电设备的状态进行检测。

12.3 控 制

12.3.3 目前，井群自动控制已在不少城市和工业企业水厂建成并正常运行。实现井群“三遥”控制，可以节约人力，便于调度管理，提高安全可靠性。

12.3.4 对于二、三类城市 10 万 m^3/d 以下规模的小型水厂，一般可采用可编程序控制器对主要生产工艺实现自动控制。

对 10 万 m^3/d 及以上规模的大、中型水厂，一般可采用集散型微机控制系统，实现生产过程的自动控制。

12.4 计算机控制管理系统

12.4.1 计算机控制管理系统是用于给水工程生产运行控制管理的计算机控制系统。本条对系统功能提出了总体要求。

2

中华人民共和国国家标准

室外排水设计标准

Standard for design of outdoor wastewater engineering

GB 50014—2021

主编部门：上海市住房和城乡建设管理委员会
批准部门：中华人民共和国住房和城乡建设部
施行日期：2 0 2 1 年 1 0 月 1 日

目　次

1 总 则

1.0.1 为保障城市安全,科学设计室外排水工程,落实海绵城市建设理念,防治城市内涝灾害和水污染,改善和保护环境,促进资源利用,提高人民健康水平,制定本标准。

1.0.2 本标准适用于新建、扩建和改建的城镇、工业区和居住区的永久性室外排水工程设计。

1.0.3 排水工程设计应以经批准的城镇总体规划、海绵城市专项规划、城镇排水与污水处理规划和城镇内涝防治专项规划为主要依据,从全局出发,综合考虑规划年限、工程规模、经济效益、社会效益和环境效益,正确处理近期与远期、集中与分散、排放与利用的关系,通过全面论证,做到安全可靠、保护环境、节约土地、经济合理、技术先进且适合当地实际情况。

1.0.4 排水工程设计应与水资源、城镇给水、水污染防治、生态环境保护、环境卫生、城市防洪、交通、绿地系统、河湖水系等专项规划和设计相协调。根据城镇规划蓝线和水面率的要求,应充分利用自然蓄水排水设施,并应根据用地性质规定不同地区的高程布置,满足不同地区的排水要求。

1.0.5 排水工程的设计应符合下列规定:

1 包括雨水的安全排放、资源利用和污染控制,污水和再生水的处理,污泥的处理和处置;

2 与邻近区域内的雨水系统和污水系统相协调;

3 可适当改造原有排水工程设施,充分发挥其工程效能。

1.0.6 排水工程的设计应在不断总结科研和生产实践经验的基础上,积极采用新技术、新工艺、新材料、新设备。

1.0.7 排水工程的设备应实现机械化、自动化,逐步实现智能化。

1.0.8 排水工程的设计除应按本标准执行外,尚应符合国家现行相关标准的规定。

2 术 语

2.0.1 排水工程 wastewater engineering

收集、输送、处理、再生污水和雨水的工程。

2.0.2 雨水系统 stormwater system

下渗、蓄滞、收集、输送、处理和利用雨水的设施以一定方式组合成的总体,涵盖从雨水径流的产生到末端排放的全过程管理及预警和应急措施等。

2.0.3 污水系统 wastewater system

收集、输送、处理、再生和处置城镇污水的设施以一定方式组合成的总体。

2.0.4 排水设施 wastewater facilities

排水工程中的管道、构筑物和设备等的统称。

2.0.5 合流制溢流 combined sewer overflow(CSO)

合流制排水系统降雨时,超过截流能力而排入水体的合流污水。

2.0.6 径流污染 runoff pollution

通过降雨和地表径流冲刷,将大气和地表中的污染物带入受纳水体,使受纳水体遭受污染的现象,是城市面源污染的主要来源。

2.0.7 年径流总量控制率 volume capture ratio of annual rainfall

通过自然与人工强化的渗透、滞蓄、净化等方式控制城市建设下垫面的降雨径流,得到控制的年均降雨量与年均降雨总量的比值。

2.0.8 低影响开发 low impact development(LID)

强调城镇开发应减少对环境的影响,其核心是基于源头控制和降低冲击负荷的理念,构建与自然相适应的排水系统,合理利用空间和采取相应措施削减暴雨径流产生的峰值和总量,延缓峰值流量出现时间,减少城镇面源污染。

2.0.9 旱流污水 dry weather flow(DWF)

晴天时的城镇污水,包括综合生活污水量、工业废水量和入渗地下水量。

2.0.10 旱季设计流量 maximum dry weather flowrate

晴天时最高日最高时的城镇污水量。

2.0.11 雨季设计流量 wet weather flowrate

分流制的雨季设计流量是旱季设计流量和截流雨水量的总和。合流制的雨季设计流量就是截流后的合流污水量。

2.0.12 截流雨水量 intercepted stormwater

排水系统中截流的雨水,这部分雨水通过污水管道送至城镇污水处理厂,以控制城镇地表径流污染。

2.0.13 综合生活污水量变化系数 overall peaking factor

最高日最高时污水量与平均日平均时污水量的比值。

2.0.14 径流量 runoff

降落到地面的雨水超出一定区域内地面渗透、滞蓄能力后多余水量,由地面汇流至管渠到受纳水体的流量的统称。

2.0.15 雨水管渠设计重现期 recurrence interval for storm sewer design

用于进行雨水管渠设计的暴雨重现期。

2.0.16 内涝防治设计重现期 recurrence interval for urban flooding design

用于进行城镇内涝防治系统设计的暴雨重现期,使地面、道路等区域的积水深度和退水时间不超过一定的标准。

2.0.17 内涝 urban flooding,local flooding

强降雨或连续性降雨超过城镇排水能力,导致城镇地面产生积水灾害的现象。

2.0.18 内涝防治系统 urban flooding prevention and control system

用于防止和应对城镇内涝的工程性设施和非工程性措施以一定方式组合成的总体,包括雨水收集、输送、调蓄、行泄、处理、利用的天然和人工设施及管理措施等。

2.0.19 渗透管渠 percolation underdrain

用于雨水下渗、转输或临时储存的管渠。

2.0.20 格栅除污机 bar screen machine

用机械的方法,将格栅截留的栅渣清捞出的机械。

2.0.21 辐流沉淀池 radial flow settling tank

污水沿径向减速流动,使污水中的固体物沉降的水池。

2.0.22 斜管(板)沉淀池 inclined tube(plate)settling tank

水池中加斜管(板),使污水中的固体物高效沉降的水池。

2.0.23 高效沉淀池 high efficiency settling tank

通过污水与回流污泥混合、絮凝增大悬浮物尺寸或添加砂、磁粉等重介质提高絮凝体密度,以加速沉降的水池。

2.0.24 厌氧/缺氧/好氧脱氮除磷工艺 anaerobic/anoxic/oxic process

污水经过厌氧、缺氧、好氧交替状态处理,提高总氮和总磷去除率的生物处理,也称 AAO 或 A^2O 工艺。

2

2.0.25 充水比 fill ratio

序批式活性污泥法工艺一个周期中，进入反应池的污水量与反应池有效容积之比。

2.0.26 膜生物反应器 membrane bioreactor(MBR)

将生物反应与膜过滤相结合，利用膜作为分离介质替代常规重力沉淀进行固液分离获得出水的污水处理系统。

2.0.27 表面硝化负荷 surface nitrification loading rate

生物反应池单位面积单位时间承担的氨氮千克数。其计量单位通常以$kgNH_3$-N/(m^2·d)表示。

2.0.28 移动床生物膜反应器 moving bed biofilm reactor (MBBR)

依靠在水流和气流作用下处于流化态的载体表面的生物膜对污染物吸附、氧化和分解，使污水得以净化的污水处理构筑物。

2.0.29 填充率 filling ratio

生物膜反应器内，填料的体积和填料所在反应区池容的比例。

2.0.30 有效比表面积 effective specific surface area

在移动床生物膜反应器内单位体积悬浮载体填料上可供生物膜附着生长，且保证良好传质和保护生物膜不被冲刷的表面积。

2.0.31 转盘滤池 disc filter

由水平轴串起若干彼此平行、包裹着滤布、中空的过滤转盘进行污水过滤的装置。

2.0.32 表面流人工湿地 free surface flow constructed wetland

污水以水平流方式从湿地的首段流至末端，且内部不设置填料的人工湿地。

2.0.33 水平潜流人工湿地 horizontal subsurface flow constructed wetland

污水以水平流方式从湿地的首端流至末端，且内部设置填料的人工湿地。

2.0.34 垂直潜流人工湿地 vertical subsurface flow constructed wetland

污水以垂直流方式从湿地的顶部流至底部或者从底部流至顶部，且内部设置填料的人工湿地。

2.0.35 紫外线有效剂量 effective ultraviolet dose

经生物验定测试得到的照射到生物体上的紫外线量(即紫外线生物验定剂量)。

2.0.36 污泥干化 sludge drying

通过渗滤或蒸发等作用，从脱水污泥中去除水分的过程。

2.0.37 污泥好氧发酵 sludge compost

在充分供氧的条件下，污泥在好氧微生物的作用下产生较高温度使有机物生物降解及无害化，最终生成性质稳定腐殖化产物的过程。

2.0.38 污泥综合利用 sludge integrated application

将处理后的污泥作为有用的原材料在各种用途上加以利用的方法。

2.0.39 除臭系统 odor control system

将臭气从源头收集、处理到末端排放的设施，包括臭气源加盖、臭气收集、臭气处理和处理后排放等。

3 排水工程

3.1 一般规定

3.1.1 排水工程包括雨水系统和污水系统，应遵循从源头到末端的全过程管理和控制。雨水系统和污水系统应相互配合、有效衔接。

3.1.2 排水体制(分流制或合流制)的选择应根据城镇的总体规划，结合当地的气候特征、地形特点、水文条件、水体状况、原有排水设施、污水处理程度和处理后再生利用等因地制宜地确定，并应符合下列规定：

1 同一城镇的不同地区可采用不同的排水体制。

2 除降雨量少的干旱地区外，新建地区的排水系统应采用分流制。

3 分流制排水系统禁止污水接入雨水管网，并应采取截流、调蓄和处理等措施控制径流污染。

4 现有合流制排水系统应通过截流、调蓄和处理等措施，控制溢流污染，还应按城镇排水规划的要求，经方案比较后实施雨污分流改造。

3.2 雨水系统

3.2.1 雨水系统应包括源头减排、排水管渠、排涝除险等工程性措施和应急管理的非工程性措施，并应与防洪设施相衔接。

3.2.2 源头减排设施应有利于雨水就近入渗、调蓄或收集利用，降低雨水径流总量和峰值流量，控制径流污染。

3.2.3 排水管渠设施应确保雨水管渠设计重现期下雨水的转输、调蓄和排放，并应考虑受纳水体水位的影响。

3.2.4 源头减排设施、排水管渠设施和排涝除险设施应作为整体系统校核，满足内涝防治设计重现期的设计要求。

3.2.5 雨水系统设计应采取工程性和非工程性措施加强城镇应对超过内涝防治设计重现期降雨的韧性，并应采取应急措施避免人员伤亡。灾后应迅速恢复城镇正常秩序。

3.2.6 受有害物质污染场地的雨水径流应单独收集处理，并应达到国家现行相关标准后方可排入排水管渠。

3.2.7 雨水系统设计应采取措施防止洪水对城镇排水工程的影响。

3.3 污水系统

3.3.1 污水系统应包括收集管网、污水处理、深度和再生处理与污泥处理处置设施。

3.3.2 城镇所有用水过程产生的污水和受污染的雨水径流应纳入污水系统。配套管网应同步建设和同步投运，实现厂网一体化建设和运行。

3.3.3 排入城镇污水管网的污水水质必须符合国家现行标准的规定，不应影响城镇排水管渠和污水厂等的正常运行；不应对养护管理人员造成危害；不应影响处理后出水的再生利用和安全排放；不应影响污泥的处理和处置。

3.3.4 工业园区的污、废水应优先考虑单独收集、处理，并应达标后排放。

3.3.5 污水系统设计应有防止外来水进入的措施。

3.3.6 城镇已建有污水收集和集中处理设施时，分流制排水系统不应设置化粪池。

3.3.7 污水处理应根据国家现行相关排放标准、污水水质特征、处理后出水用途等科学确定污水处理程度，合理选择处理工艺。

3.3.8 污水处理中排放的污水、污泥、臭气和噪声应符合国家现行标准的规定。

3.3.9 再生水处理目标应根据国家现行标准和再生水规划确定。

3.3.10 城镇污水厂应同步建设污泥处理处置设施，并应进行减量化、稳定化和无害化处理，在保证安全、环保和经济的前提下，实现污泥的能源和资源利用。

3.3.11 排水工程设计应妥善处理污水与再生水处理及污泥处理过程中产生的固体废弃物，应防止对环境的二次污染。

4 设计流量和设计水质

4.1 设计流量

Ⅰ 雨水量

4.1.1 源头减排设施的设计水量应根据年径流总量控制率确定，并应明确相应的设计降雨量，可按本标准附录A的规定进行计算。

4.1.2 当降雨量小于规划确定的年径流总量控制率所对应的降雨量时，源头减排设施应能保证不直接向市政雨水管渠排放未经控制的雨水。

4.1.3 雨水管渠的设计流量应根据雨水管渠设计重现期确定。雨水管渠设计重现期应根据汇水地区性质、城镇类型、地形特点和气候特征等因素，经技术经济比较后按表4.1.3的规定取值，并明确相应的设计降雨强度，且应符合下列规定：

表4.1.3 雨水管渠设计重现期(年)

城镇类型	城区类型			
	中心城区	非中心城区	中心城区的重要地区	中心城区地下通道和下沉式广场等
超大城市和特大城市	3～5	2～3	5～10	30～50
大城市	2～5	2～3	5～10	20～30
中等城市和小城市	2～3	2～3	3～5	10～20

注：1 表中所列设计重现期适用于采用年最大值法确定的暴雨强度公式。

2 雨水管渠按重力流、满管流计算。

3 超大城市指城区常住人口在1000万人以上的城市；特大城市指城区常住人口在500万人以上1000万人以下的城市；大城市指城区常住人口在100万人以上500万人以下的城市；中等城市指城区常住人口在50万人以上100万人以下的城市；小城市指城区常住人口在50万人以下的城市(以上包括本数，以下不包括本数)。

1 人口密集、内涝易发且经济条件较好的城镇，应采用规定的设计重现期上限；

2 新建地区应按规定的设计重现期执行，既有地区应结合海绵城市建设、地区改建、道路建设等校核、更新雨水系统，并按规定设计重现期执行；

3 同一雨水系统可采用不同的设计重现期；

4 中心城区下穿立交道路的雨水管渠设计重现期应按表4.1.3中"中心城区地下通道和下沉式广场等"的规定执行，非中心城区下穿立交道路的雨水管渠设计重现期不应小于10年，高架道路雨水管渠设计重现期不应小于5年。

4.1.4 排涝除险设施的设计水量应根据内涝防治设计重现期及对应的最大允许退水时间确定。内涝防治设计重现期应根据城镇类型、积水影响程度和内河水位变化等因素，经技术经济比较后按表4.1.4的规定取值，并明确相应的设计降雨量，且应符合下列规定：

1 人口密集、内涝易发且经济条件较好的城市，应采用规定的设计重现期上限；

2 目前不具备条件的地区可分期达到标准；

3 当地面积水不满足表4.1.4的要求时，应采取渗透、调蓄、设置行泄通道和内河整治等措施；

4 超过内涝设计重现期的暴雨应采取应急措施。

表4.1.4 内涝防治设计重现期(年)

城镇类型	重现期	地面积水设计标准
超大城市	100	1 居民住宅和工商业建筑物的底层不进水； 2 道路中一条车道的积水深度不超过15cm
特大城市	50～100	
大城市	30～50	
中等城市和小城市	20～30	

注：详见表4.1.3的注3。

4.1.5 内涝防治设计重现期下的最大允许退水时间应符合表4.1.5的规定。人口密集、内涝易发、特别重要且经济条件较好的城区，最大允许退水时间应采用规定的下限。交通枢纽的最大允许退水时间应为0.5h。

表4.1.5 内涝防治设计重现期下的最大允许退水时间(h)

城区类型	中心城区	非中心城区	中心城区的重要地区
最大允许退水时间	1.0～3.0	1.5～4.0	0.5～2.0

注：本标准规定的最大允许退水时间为雨停后的地面积水的最大允许排干时间。

4.1.6 当地区改建时，改建后相同设计重现期的径流量不得超过原径流量。

4.1.7 当采用推理公式法时，排水管渠的雨水设计流量应按下式计算。当汇水面积大于2km²时，应考虑区域降雨和地面渗透性能的时空分布不均匀性和管网汇流过程等因素，采用数学模型法确定雨水设计流量。

$$Q_s = q\Psi F \tag{4.1.7}$$

式中：Q_s——雨水设计流量(L/s)；

q——设计暴雨强度[L/(hm²·s)]；

Ψ——综合径流系数；

F——汇水面积(hm²)。

4.1.8 综合径流系数应严格按规划确定的控制，并应符合下列规定：

1 综合径流系数高于0.7的地区应采用渗透、调蓄等措施。

2 综合径流系数可根据表4.1.8-1规定的径流系数，通过地面种类加权平均计算得到，也可按表4.1.8-2的规定取值，并应核实地面种类的组成和比例。

3 采用推理公式法进行内涝防治设计校核时，宜提高表4.1.8-1中规定的径流系数。当设计重现期为20年～30年时，宜将径流系数提高10%～15%；当设计重现期为30年～50年时，宜将径流系数提高20%～25%；当设计重现期为50年～100年时，宜将径流系数提高30%～50%；当计算的径流系数大于1时，应按1取值。

表4.1.8-1 径流系数

地面种类	径流系数
各种屋面、混凝土或沥青路面	0.85～0.95
大块石铺砌路面或沥青表面各种的碎石路面	0.55～0.65
级配碎石路面	0.40～0.50
干砌砖石或碎石路面	0.35～0.40
非铺砌土路面	0.25～0.35
公园或绿地	0.10～0.20

表4.1.8-2 综合径流系数

区域情况	综合径流系数
城镇建筑密集区	0.60～0.70
城镇建筑较密集区	0.45～0.60
城镇建筑稀疏区	0.20～0.45

4.1.9 设计暴雨强度应按下式计算：

$$q = \frac{167A_1(1+C\lg P)}{(t+b)^n} \tag{4.1.9}$$

式中：q——设计暴雨强度[L/(hm²·s)]；

P——设计重现期(年)；

t——降雨历时(min)；

A_1, C, b, n——参数，根据统计方法进行计算确定。

具有20年以上自记雨量记录的地区，排水系统设计暴雨强度公式应采用年最大值法，并应按本标准附录B的规定编制。

4.1.10 暴雨强度公式应根据气候变化进行修订。

4.1.11 雨水管渠的降雨历时应按下式计算：

$$t = t_1 + t_2 \tag{4.1.11}$$

式中：t——降雨历时(min)；

t_1——地面集水时间(min)，应根据汇水距离、地形坡度和地面种类通过计算确定，宜采用5min～15min；

t_2——管渠内雨水流行时间(min)。

Ⅱ 污 水 量

4.1.12 污水系统设计中应确定旱季设计流量和雨季设计流量。

4.1.13 分流制污水系统的旱季设计流量应按下式计算：

$$Q_{dr}=KQ_d+K'Q_m+Q_u \quad (4.1.13)$$

式中：Q_{dr}——旱季设计流量(L/s)；

K——综合生活污水量变化系数；

Q_d——设计综合生活污水量(L/s)；

K'——工业废水量变化系数；

Q_m——设计工业废水量(L/s)；

Q_u——入渗地下水量(L/s)，在地下水位较高地区，应予以考虑。

4.1.14 综合生活污水定额应根据当地采用的用水定额，结合建筑内部给排水设施水平确定，可按当地相关用水定额的90%采用。

4.1.15 综合生活污水量变化系数可根据当地实际综合生活污水量变化资料确定。无测定资料时，新建项目可按表4.1.15的规定取值；改、扩建项目可根据实际条件，经实际流量分析后确定，也可按表4.1.15的规定，分期扩建。

表4.1.15 综合生活污水量变化系数

平均日流量(L/s)	5	15	40	70	100	200	500	≥1000
变化系数	2.7	2.4	2.1	2.0	1.9	1.8	1.6	1.5

注：当污水平均日流量为中间数值时，变化系数可用内插法求得。

4.1.16 设计工业废水量应根据工业企业工艺特点确定，工业企业的生活污水量应符合现行国家标准《建筑给水排水设计标准》GB 50015的有关规定。

4.1.17 工业废水量变化系数应根据工艺特点和工作班次确定。

4.1.18 入渗地下水量应根据地下水位情况和管渠性质经测算后研究确定。

4.1.19 分流制污水系统的雨季设计流量应在旱季设计流量基础上，根据调查资料增加截流雨水量。

4.1.20 分流制截流雨水量应根据受纳水体的环境容量、雨水受污染情况、源头减排设施规模和排水区域大小等因素确定。

4.1.21 分流制污水管道应按旱季设计流量设计，并在雨季设计流量下校核。

4.1.22 截流井前合流管道的设计流量应按下式计算：

$$Q=Q_d+Q_m+Q_s \quad (4.1.22)$$

式中：Q——设计流量(L/s)；

Q_d——设计综合生活污水量(L/s)；

Q_m——设计工业废水量(L/s)；

Q_s——雨水设计流量(L/s)。

4.1.23 合流污水的截流量应根据受纳水体的环境容量，由溢流污染控制目标确定。截流的合流污水可输送至污水厂或调蓄设施。输送至污水厂时，设计流量应按下式计算：

$$Q'=(n_0+1)\times(Q_d+Q_m) \quad (4.1.23)$$

式中：Q'——截流后污水管道的设计流量(L/s)；

n_0——截流倍数。

4.1.24 截流倍数应根据旱流污水的水质、水量、受纳水体的环境容量和排水区域大小等因素经计算确定，宜采用2～5，并宜采取调蓄等措施，提高截流标准，减少合流制溢流污染对河道的影响。同一排水系统中可采用不同截流倍数。

4.2 设计水质

4.2.1 城镇污水的设计水质应根据调查资料确定，或参照邻近城镇、类似工业区和居住区的水质确定。当无调查资料时，可按下列规定采用：

1 生活污水的五日生化需氧量可按40g/(人·d)～60g/(人·d)计算；

2 生活污水的悬浮固体量可按40g/(人·d)～70g/(人·d)计算；

3 生活污水的总氮量可按8g/(人·d)～12g/(人·d)计算；

4 生活污水的总磷量可按0.9g/(人·d)～2.5g(人·d)计算。

4.2.2 污水厂内生物处理构筑物进水的水温宜为10℃～37℃，pH值宜为6.5～9.5，营养组合比(五日生化需氧量:氮:磷)可为100:5:1。有工业废水进入时，应考虑有害物质的影响。

5 排水管渠和附属构筑物

5.1 一般规定

5.1.1 排水管渠系统应根据城镇总体规划和建设情况统一布置，分期建设。排水管渠断面尺寸应按远期规划设计流量设计，按现状水量复核，并考虑城镇远景发展的需要。

5.1.2 管渠平面位置和高程应根据地形、土质、地下水位、道路情况、原有的和规划的地下设施、施工条件及养护管理方便等因素综合考虑确定，并应与源头减排设施和排涝除险设施的平面和竖向设计相协调，且应符合下列规定：

1 排水干管应布置在排水区域内地势较低或便于雨污水汇集的地带；

2 排水管宜沿城镇道路敷设，并与道路中心线平行，宜设在快车道以外；

3 截流干管宜沿受纳水体岸边布置；

4 管渠高程设计除应考虑地形坡度外，尚应考虑与其他地下设施的关系及接户管的连接方便。

5.1.3 污水和合流污水收集输送时，不应采用明渠。

5.1.4 管渠材质、管渠断面、管道基础、管道接口应根据排水水质、水温、冰冻情况、断面尺寸、管内外所受压力、土质、地下水位、地下水侵蚀性、施工条件和对养护工具的适应性等因素进行选择和设计。

5.1.5 输送污水、合流污水的管道应采用耐腐蚀材料，其接口和附属构筑物应采取相应的防腐蚀措施。

5.1.6 排水管渠的断面形状应符合下列规定：

1 排水管渠的断面形状应根据设计流量、埋设深度、工程环境条件，并结合当地施工、制管技术水平和经济条件、养护管理要求综合确定，宜优先选用成品管；

2 大型和特大型管渠的断面应方便维修、养护和管理。

5.1.7 当输送易造成管道内沉析的污水时，管道断面形式应考虑维护检修的方便。

5.1.8 雨水管渠和合流管道除应满足雨水管渠设计重现期标准外，尚应与城镇内涝防治系统中的其他设施相协调，并应满足内涝防治的要求。

5.1.9 合流管道的雨水设计重现期可高于同一情况下的雨水管渠设计重现期。

5.1.10 排水管渠系统的设计应以重力流为主，不设或少设提升泵站。当无法采用重力流或重力流不经济时，可采用压力流。

5.1.11 雨水管渠系统的设计宜结合城镇总体规划，利用水体调蓄雨水，并宜根据控制径流污染、削减径流峰值流量、提高雨水利用程度的需求，设置雨水调蓄和处理设施。

5.1.12 污水、合流管道及湿陷土、膨胀土、流沙地区的雨水管道和附属构筑物应保证其严密性，并应进行严密性试验。

5.1.13 当排水管渠出水口受水体水位顶托时，应根据地区重要性和积水所造成的后果，设置防潮门、闸门或泵站等设施。

5.1.14 排水管渠系统之间可设置连通管，并应符合下列规定：

1 雨水管渠系统和合流管道系统之间不得设置连通管。

2 雨水管渠系统之间或合流管道系统之间可根据需要设置连通管，在连通管处应设闸槽或闸门。连通管和附近闸门井应考虑维护管理的方便。

3 同一圩区内排入不同受纳水体的自排雨水系统之间，根据受纳水体和管道标高情况，在安全前提下可设置连通管。

5.1.15 有条件地区，污水输送干管之间应设置连通管。

5.2 水力计算

5.2.1 排水管渠的流量应按下式计算：

$$Q=Av \tag{5.2.1}$$

式中：Q——设计流量（m^3/s）；

A——水流有效断面面积（m^2）；

v——流速（m/s）。

5.2.2 恒定流条件下排水管渠的流速应按下式计算：

$$v=\frac{1}{n}R^{\frac{2}{3}}I^{\frac{1}{2}} \tag{5.2.2}$$

式中：v——流速（m/s）；

R——水力半径（m）；

I——水力坡降；

n——粗糙系数。

5.2.3 排水管渠粗糙系数宜按表5.2.3的规定取值。

表5.2.3 排水管渠粗糙系数

管渠类别	粗糙系数 n	管渠类别	粗糙系数 n
混凝土管、钢筋混凝土管、水泥砂浆抹面渠道	0.013～0.014	土明渠（包括带草皮）	0.025～0.030
水泥砂浆内衬球墨铸铁管	0.011～0.012	干砌块石渠道	0.020～0.025
石棉水泥管、钢管	0.012	浆砌块石渠道	0.017
UPVC管、PE管、玻璃钢管	0.009～0.010	浆砌砖渠道	0.015

5.2.4 排水管渠的最大设计充满度和超高应符合下列规定：

1 重力流污水管道应按非满流计算，其最大设计充满度应按表5.2.4的规定取值。

表5.2.4 排水管渠的最大设计充满度

管径或渠高（mm）	最大设计充满度
200～300	0.55
350～450	0.65
500～900	0.70
≥1000	0.75

注：在计算污水管道充满度时，不包括短时突然增加的污水量，但当管径小于或等于300mm时，应按满流复核。

2 雨水管道和合流管道应按满流计算。

3 明渠超高不得小于0.2m。

5.2.5 排水管道的最大设计流速宜符合下列规定：

1 金属管道宜为10.0m/s；

2 非金属管道宜为5.0m/s，经试验验证可适当提高。

5.2.6 雨水明渠的最大设计流速应符合下列规定：

1 当水流深度为0.4m～1.0m时，宜按表5.2.6的规定取值。

表5.2.6 雨水明渠的最大设计流速（m/s）

明渠类别	最大设计流速
粗砂或低塑性粉质黏土	0.8
粉质黏土	1.0
黏土	1.2
草皮护面	1.6
干砌块石	2.0
浆砌块石或浆砌砖	3.0
石灰岩和中砂岩	4.0
混凝土	4.0

2 当水流深度小于0.4m时，宜按表5.2.6所列最大设计流速乘以0.85计算；当水流深度大于1.0m且小于2.0m时，宜按表5.2.6所列最大设计流速乘以1.25计算；当水流深度不小于2.0m时，宜按表5.2.6所列最大设计流速乘以1.40计算。

5.2.7 排水管渠的最小设计流速应符合下列规定：

1 污水管道在设计充满度下应为0.6m/s；

2 雨水管道和合流管道在满流时应为0.75m/s；

3 明渠应为0.4m/s；

4 设计流速不满足最小设计流速时，应增设防淤积或清淤措施。

5.2.8 压力输泥管的最小设计流速可按表5.2.8的规定取值。

表5.2.8 压力输泥管的最小设计流速（m/s）

污泥含水率（%）	最小设计流速	
	管径（mm）	
	150～250	300～400
90	1.5	1.6
91	1.4	1.5
92	1.3	1.4
93	1.2	1.3
94	1.1	1.2
95	1.0	1.1
96	0.9	1.0
97	0.8	0.9
98	0.7	0.8

5.2.9 排水管道采用压力流时，压力管道的设计流速宜采用0.7m/s～2.0m/s。

5.2.10 排水管道的最小管径和相应最小设计坡度，宜按表5.2.10的规定取值。

表5.2.10 最小管径和相应最小设计坡度

管道类别	最小管径（mm）	相应最小设计坡度
污水管、合流管	300	0.003
雨水管	300	塑料管0.002，其他管0.003
雨水口连接管	200	0.010
压力输泥管	150	—
重力输泥管	200	0.010

5.2.11 管道在坡度变陡处，其管径可根据水力计算确定，由大变小，但不得超过2级，且不得小于相应条件下的最小管径。

5.3 管道

5.3.1 不同直径的管道在检查井内的连接应采用管顶平接或水面平接。

5.3.2 管道转弯和交接处，其水流转角不应小于90°。当管径小于或等于300mm且跌水水头大于0.3m时，可不受此限制。

5.3.3 管道地基处理、基础形式和沟槽回填土压实度应根据管道材质、管道接口和地质条件确定，并应符合国家现行标准的规定。

5.3.4 管道接口应根据管道材质和地质条件确定，并应符合现行国家标准《室外给水排水和燃气热力工程抗震设计规范》GB 50032的有关规定。当管道穿过粉砂、细砂层并在最高地下水位以下，或在地震设防烈度为7度及以上设防区时，应采用柔性接口。

5.3.5 当矩形钢筋混凝土箱涵敷设在软土地基或不均匀地基上时，宜采用钢带橡胶止水圈结合上下企口式接口形式。

5.3.6 排水管道设计时，应防止在压力流情况下使接户管发生倒灌。

5.3.7 管顶最小覆土深度应根据管材强度、外部荷载、土壤冰冻深度和土壤性质等条件，结合当地埋管经验确定：人行道下宜为0.6m，车行道下宜为0.7m。管顶最大覆土深度超过相应管材承受规定值或最小覆土深度小于规定值时，应采用结构加强管材或采用结构加强措施。

5.3.8 冰冻地区的排水管道宜埋设在冰冻线以下。当该地区或条件相似地区有浅埋经验或采取相应措施时，也可埋设在冰冻线以上，其浅埋数值应根据该地区经验确定，但应保证排水管道安全运行。

5.3.9 道路红线宽度超过40m的城镇干道宜在道路两侧布置排水管道。

5.3.10 污水管道和合流管道应根据需要设置通风设施。

5.3.11 管道的排气、排空装置应符合下列规定：

1 重力流管道系统可设排气装置，在倒虹管、长距离直线输送后变化段宜设排气装置；

2 压力管道应考虑水锤的影响，在管道的高点及每隔一定距离处，应设排气装置；

3 排气装置可采用排气井、排气阀等，排气井的建筑应与周边环境相协调；

4 在管道的低点及每隔一定距离处，应设排空装置。

5.3.12 承插式压力管道应根据管径、流速、转弯角度、试压标准和接口摩擦力等因素，通过计算确定是否在垂直或水平方向转弯处设置支墩。

5.3.13 压力管道接入自流管渠时，应设置消能设施。

5.3.14 管道的施工方法，应根据管道所处土层性质、埋深、管径、地下水位、附近地下和地上建筑物等因素，经技术经济比较，确定是否采用开槽、顶管或盾构施工等。

5.4 检 查 井

5.4.1 检查井的位置应设在管道交汇处、转弯处、管径或坡度改变处、跌水处及直线管段上每隔一定距离处。

5.4.2 污水管道、雨水管道和合流管道的检查井井盖应有标识。

5.4.3 检查井宜采用成品井，其位置应充分考虑成品管节的长度，避免现场切割。检查井不得使用实心黏土砖砌检查井。砖砌和钢筋混凝土检查井应采用钢筋混凝土底板。

5.4.4 检查井在直线管段的最大间距应根据疏通方法等的具体情况确定，在不影响街坊接户管的前提下，宜按表5.4.4的规定取值。无法实施机械养护的区域，检查井的间距不宜大于40m。

表5.4.4 检查井在直线段的最大间距

管径(mm)	300～600	700～1000	1100～1500	1600～2000
最大间距(m)	75	100	150	200

5.4.5 检查井各部尺寸应符合下列规定：

1 井口、井筒和井室的尺寸应便于养护和检修，爬梯和脚窝的尺寸、位置应便于检修和上下安全；

2 检修室高度在管道埋深许可时宜为1.8m，污水检查井由流槽顶起算，雨水(合流)检查井由管底起算。

5.4.6 检查井井底应设流槽。污水检查井流槽顶可与大管管径的85%处相平，雨水(合流)检查井流槽顶可与大管管径的50%处相平。流槽顶部宽度宜满足检修要求。

5.4.7 在管道转弯处，检查井内流槽中心线的弯曲半径应按转角大小和管径大小确定，但不宜小于大管管径。

5.4.8 位于车行道的检查井应采用具有足够承载力和稳定性良好的井盖与井座。

5.4.9 设置在主干道上检查井的井盖基座和井体应避免不均匀沉降。

5.4.10 检查井应采用具有防盗功能的井盖。位于路面上的井盖，宜与路面持平；位于绿化带内井盖，不应低于地面。

5.4.11 检查井应安装防坠落装置。

5.4.12 在污水干管每隔适当距离的检查井内，可根据需要设置闸槽。

5.4.13 接入检查井的支管(接户管或连接管)管径大于300mm时，支管数不宜超过3条。

5.4.14 检查井和管道接口处应采取防止不均匀沉降的措施。

5.4.15 检查井和塑料管道的连接应符合现行国家标准《室外给水排水和燃气热力工程抗震设计规范》GB 50032的有关规定。

5.4.16 在排水管道每隔适当距离的检查井内、泵站前一检查井内和每一个街坊接户井内，宜设置沉泥槽并考虑沉积淤泥的处理处置。沉泥槽深度宜为0.5m～0.7m。设沉泥槽的检查井内可不做流槽。

5.4.17 在压力管道上应设置压力检查井。

5.4.18 高流速排水管道坡度突然变化的第一座检查井宜采用高流槽排水检查井，并采取增强井筒抗冲击和冲刷能力的措施，井盖宜采用排气井盖。

5.5 跌 水 井

5.5.1 管道跌水水头为1.0m～2.0m时，宜设跌水井；跌水水头大于2.0m时，应设跌水井。管道转弯处不宜设跌水井。

5.5.2 跌水井的进水管管径不大于200mm时，一次跌水水头高度不得大于6m；管径为300mm～600mm时，一次跌水水头高度不宜大于4m，跌水方式可采用竖管或矩形竖槽；管径大于600mm时，其一次跌水水头高度和跌水方式应按水力计算确定。

5.5.3 污水和合流管道上的跌水井，宜设排气通风措施，并应在该跌水井和上下游各一个检查井的井室内部及这三个检查井之间的管道内壁采取防腐蚀措施。

5.6 水 封 井

5.6.1 当工业废水能产生引起爆炸或火灾的气体时，其管道系统中必须设置水封井。水封井位置应设在产生上述废水的排出口处及其干管上适当间隔距离处。

5.6.2 水封深度不应小于0.25m，井上宜设通风设施，井底应设沉泥槽。

5.6.3 水封井及同一管道系统中的其他检查井，均不应设在车行道和行人众多的地段，并应适当远离产生明火的场地。

5.7 雨 水 口

5.7.1 雨水口的形式、数量和布置，应按汇水面积所产生的流量、雨水口的泄水能力和道路形式确定。立箅式雨水口的宽度和平箅式雨水口的开孔长度、开孔方向应根据设计流量、道路纵坡和横坡等参数确定。合流制系统中的雨水口应采取防止臭气外逸的措施。

5.7.2 雨水口和雨水连接管流量应为雨水管渠设计重现期计算流量的1.5倍～3.0倍。

5.7.3 雨水口间距宜为25m～50m。连接管串联雨水口不宜超过3个。雨水口连接管长度不宜超过25m。

5.7.4 道路横坡坡度不应小于1.5%，平箅式雨水口的箅面标高应比周围路面标高低3cm～5cm，立箅式雨水口进水处路面标高应比周围路面标高低5cm。

5.7.5 当考虑道路排水的径流污染控制时，雨水口应设置在源头减排设施中。其箅面标高应根据雨水调蓄设计要求确定，且应高于周围绿地平面标高。

5.7.6 当道路纵坡大于2%时，雨水口的间距可大于50m，其形式、数量和布置应根据具体情况和计算确定。坡段较短时可在最低点处集中收水，其雨水口的数量或面积应适当增加。

5.7.7 雨水口深度不宜大于1m，并根据需要设置沉泥槽。遇特殊情况需要浅埋时，应采取加固措施。有冻胀影响地区的雨水口深度，可根据当地经验确定。

5.7.8 雨水口宜采用成品雨水口。

5.7.9 雨水口宜设置防止垃圾进入雨水管渠的装置。

5.8 截流设施

5.8.1 合流污水的截流可采用重力截流和水泵截流。

5.8.2 截流设施的位置应根据溢流污染控制要求、污水截流干管位置、合流管道位置、调蓄池布局、溢流管下游水位高程和周围环境等因素确定。

5.8.3 截流井宜采用槽式，也可采用堰式或槽堰结合式。管渠高程允许时，应选用槽式，当选用堰式或槽堰结合式时，堰高和堰长应进行水力计算。

5.8.4 截流井溢流水位应在设计洪水位或受纳管道设计水位以上，当不能满足要求时，应设置闸门等防倒灌设施，并应保证上游管渠在雨水设计流量下的排水安全。

5.8.5 截流井内宜设流量控制设施。

5.9 出水口

5.9.1 排水管渠出水口位置、形式和出口流速应根据受纳水体的水质要求、水体流量、水位变化幅度、水流方向、波浪状况、稀释自净能力、地形变迁和气候特征等因素确定。

5.9.2 出水口应采取防冲刷、消能、加固等措施，并设置警示标识。

5.9.3 受冻胀影响地区的出水口应考虑采用耐冻胀材料砌筑，出水口的基础应设在冰冻线以下。

5.10 立体交叉道路排水

5.10.1 立体交叉道路排水应排除汇水区域的地面径流水和影响道路功能的地下水，其形式应根据当地规划、现场水文地质条件、立交形式等工程特点确定。

5.10.2 立体交叉道路排水系统的设计应符合下列规定：

1 同一立体交叉道路的不同部位可采用不同的重现期；高架道路雨水管渠设计重现期不应小于地面道路雨水管渠设计重现期。

2 地面集水时间应根据道路坡长、坡度和路面粗糙度等计算确定，宜为2min～10min。

3 综合径流系数宜为0.9～1.0。

4 下穿立交道路的地面径流，具备自流条件的，可采用自流排除，不具备自流条件的，应设泵站排除。

5 当采用泵站排除地面径流时，应校核泵站和配电设备的安全高度，采取措施防止变配电设施受淹。

6 立体交叉道路宜采用高水高排、低水低排且互不连通的系统，并应采取措施，封闭汇水范围，避免客水汇入。

7 下穿立交道路宜设置横截沟和边沟。横截沟设置应考虑清淤和沉泥。横截沟盖和边沟盖的设置，应保证车辆和行人的安全。

8 宜采取设置调蓄池等综合措施达到规定的设计重现期。

5.10.3 下穿立交道路排水应设置独立的排水系统，并防止倒灌。当没有条件设置独立排水系统时，受纳排水系统应能满足地区和立交排水设计流量要求。

5.10.4 高架道路雨水管道宜设置单独的收集管和出水口。

5.10.5 立体交叉道路排水系统宜控制径流污染。

5.10.6 高架道路雨水口的间距宜为20m～30m。每个雨水口应单独用立管引至地面排水系统。雨水口的入口应设置格网。

5.10.7 当下穿立交道路的最低点位于地下水位以下时，应采取排水或控制地下水的措施。

5.10.8 下穿立交道路应设置地面积水深度标尺、标识线和提醒标语等警示标识。

5.10.9 下穿立交道路宜设置积水自动监测和报警装置。

5.11 倒虹管

5.11.1 通过河道的倒虹管不宜少于两条；通过谷地、旱沟或小河的倒虹管可采用一条。通过障碍物的倒虹管，尚应符合与该障碍物相交的有关规定。

5.11.2 倒虹管的设计应符合下列规定：

1 最小管径宜为200mm。

2 管内设计流速应大于0.9m/s，并应大于进水管内的流速；当管内设计流速不能满足上述要求时，应增加定期冲洗措施，冲洗时流速不应小于1.2m/s。

3 倒虹管的管顶距规划河底距离不宜小于1.0m，通过航运河道时，其位置和管顶距规划河底距离应与当地航运管理部门协商确定，并设置标识，遇冲刷河床应考虑防冲措施。

4 倒虹管宜设置事故排出口。

5.11.3 倒虹管采用开槽埋管施工时，应根据管道材质、接口形式和地质条件，对管道基础进行加固或保护。刚性管道宜采用钢筋混凝土基础，柔性管道应采用包封措施。

5.11.4 合流管道设置倒虹管时，应按旱流污水量校核流速。

5.11.5 倒虹管进出水井的检修室净高宜高于2m。进出水井较深时，井内应设置检修台，其宽度应满足检修要求。当倒虹管为复线时，井盖的中心宜设在各条管道的中心线上。

5.11.6 倒虹管进出水井内应设置闸槽或闸门。

5.11.7 倒虹管进水井的前一检查井应设置沉泥槽。

5.12 渗透管渠

5.12.1 当采用渗透管渠进行雨水转输和临时储存时，应符合下列规定：

1 渗透管渠宜采用穿孔塑料、无砂混凝土等透水材料；

2 渗透管渠开孔率宜为1%～3%，无砂混凝土管的孔隙率应大于20%；

3 渗透管渠应设置预处理设施；

4 地面雨水进入渗透管渠处、渗透管渠交汇处、转弯处和直线管段每隔一定距离处应设置渗透检查井；

5 渗透管渠四周应填充砾石或其他多孔材料，砾石层外应包透水土工布，土工布搭接宽度不应小于200mm。

5.12.2 当渗透管渠用于雨水转输时，其敷设坡度应符合本标准中排水管渠的设计要求。渗透检查井的设置应符合本标准第5.4节的有关规定。

5.13 渠道

5.13.1 在地形平坦地区、埋设深度或出水口深度受限制的地区，可采用渠道（明渠或盖板渠）排除雨水。盖板渠宜就地取材，构造宜方便维护，渠壁可与道路侧石联合砌筑。

5.13.2 明渠和盖板渠的底宽不宜小于0.3m。无铺砌的明渠边坡，应根据不同的地质按表5.13.2的规定取值；用砖石或混凝土块铺砌的明渠可采用1：0.75～1：1的边坡。

表5.13.2 无铺砌的明渠边坡值

地质	边坡值
粉砂	1：3～1：3.5
松散的细砂、中砂和粗砂	1：2～1：2.5
密实的细砂、中砂、粗砂或黏质粉土	1：1.5～1：2
粉质黏土或黏土砾石或卵石	1：1.25～1：1.5
半岩性土	1：0.5～1：1
风化岩石	1：0.25～1：0.5
岩石	1：0.1～1：0.25

5.13.3 渠道和涵洞连接时，应符合下列规定：

1 渠道接入涵洞时，应考虑断面收缩、流速变化等因素造成明渠水面壅高的影响；

2 涵洞断面应按渠道水面达到设计超高时的泄水量计算；

3 涵洞两端应设置挡土墙，并护坡和护底；

4 涵洞宜采用矩形，当为圆管时，管底可适当低于渠底，其降低部分不计入过水断面。

5.13.4 渠道和管道连接处应设置挡土墙等衔接设施。渠道接入管道处应设置格栅。

5.13.5 明渠转弯处，其中心线的弯曲半径不宜小于设计水面宽度的5倍；盖板渠和铺砌明渠的弯曲半径可采用不小于设计水面宽度的2.5倍。

5.13.6 植草沟的设计参数应符合下列规定：

1 浅沟断面形式宜采用倒抛物线形、三角形或梯形。

2 植草沟的边坡坡度不宜大于1：3。

3 植草沟的纵坡不宜大于4%；当植草沟的纵向坡度大于4%时，沿植草沟的横断面应设置节制堰。

4 植草沟最大流速应小于0.8m/s，粗糙系数宜为0.2～0.3。

5 植草沟内植被高度宜为100mm～200mm。

5.14 雨水调蓄设施

5.14.1 雨水调蓄设施可用于径流污染控制、径流峰值削减和雨水回用。

5.14.2 雨水调蓄设施的位置应根据调蓄目的、排水体制、管网布置、溢流管下游水位高程和周围环境等综合考虑后确定，有条件的地区应采用数学模型法进行方案优化。

5.14.3 用于合流制排水系统溢流污染控制的雨水调蓄设施的设计应符合下列规定：

1 应根据当地降雨特征、受纳水体环境容量、下游污水系统负荷和服务范围内源头减排设施规模等因素，合理确定年均溢流频次或年均溢流污染控制率，计算设计调蓄量，并应采用数学模型法进行复核。

2 应采用封闭结构的调蓄设施。

5.14.4 用于分流制排水系统径流污染控制的雨水调蓄设施的设计应按当地相关规划确定的年径流总量控制率、年径流污染控制率等目标计算调蓄量，并应以源头减排设施为主。

5.14.5 用于削减峰值流量的雨水调蓄设施的设计应符合下列规定：

1 应根据设计标准，分析设施上下游的流量过程线，经计算确定调蓄量。

2 应优先设置于地上，当地上空间紧张时，可设置在地下；当地上建筑密集且地下浅层空间无利用条件时，可采用深层调蓄设施。

3 当作为排涝除险设施时，应优先利用地上绿地、运动场、广场和滨河空间等开放空间设置为多功能调蓄设施，并应优化竖向设计，确保设计条件下径流的排入和降雨停止后的有序排出。

5.14.6 用于雨水利用的雨水调蓄设施的设计应根据降雨特征、用水需求和经济效益等确定有效容积。

5.14.7 敞开式调蓄设施的设计应符合下列规定：

1 调蓄水体近岸2.0m范围内的常水位水深大于0.7m时，应设置防止人员跌落的安全防护设施，并应有警示标识；

2 敞开式雨水调蓄设施的超高应大于0.3m，并应设置溢流设施。

5.14.8 调蓄设施的放空方式应根据调蓄设施的类型和下游排水系统的能力综合确定，可采用渗透排空、重力放空、水泵排空或多种放空方式相结合的方式，并应符合下列规定：

1 具有渗透功能的调蓄设施，其排空时间应根据土壤稳定入渗率和当地蒸发条件，经计算确定；采用绿地调蓄的设施，排空时间不应大于绿地中植被的耐淹时间。

2 采用重力放空的调蓄设施，出水管管径应根据放空时间确定，且出水管排水能力不应超过下游管渠排水能力。

5.14.9 封闭结构的雨水调蓄池应设置清洗、排气和除臭等附属设施和检修通道。

5.14.10 雨水调蓄池的清淤冲洗水和用于控制径流污染但不具备净化功能的雨水调蓄设施的出水应接入污水系统；当下游污水系统无接纳容量时，应对下游污水系统进行改造或设置就地处理设施。

5.15 管道综合

5.15.1 排水管道和其他地下管渠、建筑物、构筑物等相互间的位置应符合下列规定：

1 敷设和检修管道时，不应互相影响；

2 排水管道损坏时，不应影响附近建筑物、构筑物的基础，不应污染生活饮用水。

5.15.2 排水管道和其他地下管线（构筑物）的水平和垂直的最小净距，应根据其类型、高程、施工先后和管线损坏后果等因素，按当地城市管道综合规划确定，也可按本标准附录C的规定采用。

5.15.3 污水管道、合流管道和生活给水管道相交时，应敷设在生活给水管道的下面或采取防护措施。

5.15.4 再生水管道与生活给水管道、合流管道和污水管道相交时，应敷设在生活给水管道下面，宜敷设在合流管道和污水管道的上面。

5.15.5 排水管道进入综合管廊应根据综合管廊工程规划确定，应因地制宜，充分考虑排水系统规划、道路地势等因素，合理布局，保证排水安全和综合管廊技术经济的合理。

5.15.6 综合管廊内的排水管道应按管线管理单位的要求做标识区分，其设计尚应符合现行国家标准《城市综合管廊工程技术规范》GB 50838中的有关规定。

5.15.7 综合管廊内的排水管道应优先选用内壁粗糙度小的管道，管道之间、管道和检查井之间的连接必须可靠，宜采用整体性连接；采用柔性连接时，应有抗拉脱稳定设施。廊内排水管道应设置避免温度应力对管道稳定性影响的设施。

5.15.8 利用综合管廊结构本体排除雨水时，雨水舱室不应和其他舱室连通。

5.15.9 排水管道和支户线入廊前、出廊后应就近设置检修闸门或闸槽。压力流管道进出管廊时，应在管廊外设置阀门。廊内排水管道检查井（口）设置可结合各地排水管道检修、疏通设施水平，适当增大检查井（口）最小间距。

6 泵　　站

6.1 一般规定

6.1.1 泵站布置应在满足城镇总体规划和城镇排水专业规划要求的前提下，合理布局，提高运行效率。

6.1.2 排水泵站可根据水环境和水安全的要求，与径流污染控制、径流峰值削减或雨水利用等调蓄设施合建，并应满足国家现行有关标准的规定。

6.1.3 排水泵站宜按远期规模设计，水泵机组可按近期规模配置。

6.1.4 排水泵站宜为单独的建筑物。

6.1.5 会产生易燃易爆和有毒有害气体的污水泵站应为单独的建筑物，并应配置相应的检测设备、报警设备和防护措施。

6.1.6 排水泵站的建筑物和附属设施宜采取防腐蚀措施。抽送腐蚀性污水的泵站，必须采用耐腐蚀的水泵、管配件和有关设备。

6.1.7 单独设置的泵站与居住房屋和公共建筑物的距离应满足规划、消防和环保部门的要求。泵站的地面建筑物应与周围环境协调，做到适用、经济、美观，泵站内应绿化。

6.1.8 泵站室外地坪标高应满足防洪要求，并应符合规划部门规定；泵房室内地坪应比室外地坪高 0.2m～0.3m；易受洪水淹没地区的泵站和地下式泵站，其入口处地面标高应比设计洪水位高 0.5m 以上；当不能满足上述要求时，应设置防洪措施。

6.1.9 泵站场地雨水排放应充分体现海绵城市建设理念，利用绿色屋顶、透水铺装、生物滞留设施等进行源头减排，并应结合道路和建筑物布置雨水口和雨水管道，接入附近城镇雨水系统或雨水泵站的格栅前端。地形允许散水排水时，可采用植草沟和道路边沟排水。

6.1.10 雨水泵站应采用自灌式泵站。污水泵站和合流污水泵站宜采用自灌式泵站。

6.1.11 泵房宜设两个出入口，其中一个应能满足最大设备或部件的进出。

6.1.12 排水泵站供电应按二级负荷设计。特别重要地区的泵站应按一级负荷设计。

6.1.13 位于居民区和重要地段的污水泵站、合流污水泵站和地下式泵站，应设置除臭装置，除臭效果应符合国家现行标准的有关规定。

6.1.14 自然通风条件差的地下式水泵间应设置机械送排风系统。

6.1.15 有人值守的泵站内，应设隔声值班室并设有通信设施。远离居民点的泵站，应根据需要适当设置工作人员的生活设施。

6.1.16 排水泵站内部和四周道路应满足设备装卸、垃圾清运、操作人员进出方便和消防通道的要求。

6.1.17 规模较小、用地紧张、不允许存在地面建筑的情况下，可采用一体化预制泵站。

6.2 设计流量和设计扬程

6.2.1 污水泵站的设计流量应按泵站进水总管的旱季设计流量确定；污水泵站的总装机流量应按泵站进水总管的雨季设计流量确定。

6.2.2 雨水泵站的设计流量应按泵站进水总管的设计流量确定。雨污分流不彻底、短时间难以改建或考虑径流污染控制的地区，雨水泵站中宜设置污水截流设施，输送至污水系统进行处理达标后排放。当立交道路设有盲沟时，其渗流水量应单独计算。

6.2.3 合流污水泵站的设计流量，应按下列公式计算：

1 泵站后设污水截流装置时应按本标准公式(4.1.23)计算。

2 泵站前设污水截流装置时，雨水部分和污水部分应分别按下列公式计算。

1)雨水部分：

$$Q_p = Q_s - n_0(Q_d + Q_m) \qquad (6.2.3\text{-}1)$$

2)污水部分：

$$Q_p = (n_0 + 1)(Q_d + Q_m) \qquad (6.2.3\text{-}2)$$

式中：Q_p——泵站设计流量(m^3/s)；

Q_s——雨水设计流量(m^3/s)；

n_0——截流倍数；

Q_d——设计综合生活污水量(m^3/s)；

Q_m——设计工业废水量(m^3/s)。

6.2.4 污水泵和合流污水泵的设计扬程应根据设计流量时的集水池水位与出水管渠水位差、水泵管路系统的水头损失及安全水头确定。

6.2.5 雨水泵的设计扬程应根据设计流量时的集水池水位与受纳水体平均水位差和水泵管路系统的水头损失确定。

6.3 集 水 池

6.3.1 集水池的容积应根据设计流量、水泵能力和水泵工作情况等因素确定，并应符合下列规定：

1 污水泵站集水池的容积不应小于最大一台水泵 5min 的出水量，水泵机组为自动控制时，每小时开动水泵不宜超过 6 次。

2 雨水泵站集水池的容积不应小于最大一台水泵 30s 的出水量，地道雨水泵站集水池容积不应小于最大一台泵 60s 的出水量。

3 合流污水泵站集水池的容积不应小于最大一台水泵 30s 的出水量。

4 污泥泵房集水池的容积应按一次排入的污泥量和污泥泵抽送能力计算确定。活性污泥泵房集水池的容积，应按排入的回流污泥量、剩余污泥量和污泥泵抽送能力计算确定。

5 一体化预制泵站的集水池容积应按最大一台水泵的设计流量和每小时最大启停次数确定。

6.3.2 大型合流污水输送泵站集水池的面积应按管网系统中调压塔原理复核。

6.3.3 流入集水池的污水和雨水均应通过格栅。

6.3.4 雨水泵站和合流污水泵站集水池的设计最高水位宜与进水管管顶相平。当设计进水管道为压力管时，集水池的设计最高水位可高于进水管管顶，但不得使管道上游地面冒水。

6.3.5 污水泵站集水池的设计最高水位应按进水管充满度计算。

6.3.6 集水池的设计最低水位应满足所选水泵吸水水头的要求。自灌式泵房尚应满足水泵叶轮浸没深度的要求。

6.3.7 泵房宜采用正向进水，应考虑改善水泵吸水管的水力条件，减少滞流或涡流，规模较大的泵房宜通过数学模型或水力模型试验确定进水布置方式。

6.3.8 泵站集水池前，应设置闸门或闸槽；泵站宜设置事故排出口，污水泵站和合流污水泵站设置事故排出口应报有关部门批准。

6.3.9 雨水进水管沉砂量较多地区宜在雨水泵站集水池前设置沉砂设施和清砂设备。

6.3.10 集水池池底应设置集水坑，坑深宜为 500mm～700mm。

6.3.11 集水池应设置冲洗装置，宜设置清泥设施。

6.4 泵 房 设 计

Ⅰ 水 泵 配 置

6.4.1 水泵的选择应根据设计流量和所需扬程等因素确定，并应符合下列规定：

1 水泵台数不应少于 2 台，且不宜大于 8 台。当水量变化很大时，可配置不同规格的水泵，但不宜超过两种，也可采用变频调速装置或采用叶片可调式水泵。

2 污水泵房和合流污水泵房应设备用泵，当工作泵台数小于或等于 4 台时，应设 1 台备用泵。工作泵台数大于或等于 5 台时，应设 2 台备用泵；潜水泵房备用泵为 2 台时，可现场备用 1 台，库存备用 1 台。雨水泵房可不设备用泵。下穿立交道路的雨水泵房可视泵房重要性设置备用泵。

6.4.2 选用的水泵在设计扬程时宜在高效区运行。在最高工作扬程和最低工作扬程的整个工作范围内应能安全稳定运行。2 台以上水泵并联运行合用一根出水管时，应根据水泵特性曲线和管路工作特性曲线验算单台水泵工况。

6.4.3 多级串联的污水泵站和合流污水泵站，应考虑级间调整的影响。

6.4.4 水泵吸水管设计流速宜为 0.7m/s～1.5m/s，出水管流速宜为 0.8m/s～2.5m/s。

6.4.5 非自灌式水泵应设置引水设备，并均宜设置备用。小型水泵可设置底阀或真空引水设备。

Ⅱ 泵　房

6.4.6 水泵布置宜采用单行排列。

6.4.7 主要机组的布置和通道宽度，应满足机电设备安装、运行和操作的要求，并应符合下列规定：

1 水泵机组基础间的净距不宜小于1.0m。

2 机组突出部分和墙壁的净距不宜小于1.2m。

3 主要通道宽度不宜小于1.5m。

4 配电箱前面通道宽度，低压配电时不宜小于1.5m，高压配电时不宜小于2.0m。当采用在配电箱后面检修时，后面距墙的净距不宜小于1.0m。

5 有电动起重机的泵房内，应有吊运设备的通道。

6.4.8 泵房各层层高，应根据水泵机组、电气设备、起吊装置尺寸及安装、运行和检修等因素确定。

6.4.9 泵房起重设备应根据需吊运的最重部件确定。起重量不大于3t时宜选用手动或电动葫芦；起重量大于3t时应选用电动单梁或双梁起重机。

6.4.10 水泵机组基座应按水泵要求配置，并应高出地坪0.1m以上。

6.4.11 水泵间和电动机间的层高差超过水泵技术性能中规定的轴长时，应设置中间轴承和轴承支架，水泵油箱和填料函处应设置操作平台等设施。操作平台工作宽度不应小于0.6m，并应设置栏杆。平台的设置应满足管理人员通行和不妨碍水泵装拆。

6.4.12 泵房内应有排除积水的设施。

6.4.13 泵房内地面敷设管道时，应根据需要设置跨越设施。若架空敷设时，不得跨越电气设备和阻碍通道，通行处的管底距地面不宜小于2.0m。

6.4.14 当泵房为多层时，楼板应设吊物孔，其位置应在起吊设备的工作范围内。吊物孔尺寸应按需起吊最大部件外形尺寸每边放大0.2m以上。

6.4.15 潜水泵上方吊装孔盖板可视环境需要采取密封措施。

6.4.16 水泵因冷却、润滑和密封等需要的冷却用水可接自泵站供水系统，其水量、水压、管路等应按设备要求设置。当冷却水量较大时，应考虑循环利用。

6.5 出水设施

6.5.1 当2台或2台以上水泵合用一根出水管时，每台水泵的出水管上均应设置闸阀，并在闸阀和水泵之间设置止回阀。当污水泵出水管和压力管或压力井相连时，出水管上必须安装止回阀和闸阀等防倒流装置。雨水泵的出水管末端宜设置防倒流装置，其上方宜考虑设置起吊设施。

6.5.2 出水压力井的盖板必须密封，所受压力由计算确定。水泵出水压力井必须设透气筒，筒高和断面应根据计算确定。

6.5.3 敞开式出水井的井口高度，应满足水体最高水位时开泵形成的高水位，或水泵骤停时水位上升的高度。敞开部分应有安全防护措施。

6.5.4 合流污水泵站和雨水泵站应设置试车水回流管，出水井通向河道一侧应安装出水闸门，防止试车时污水和受污染雨水排入河道。

6.5.5 雨水泵站出水口位置选择，应避让桥梁等水中构筑物，出水口和护坡结构不得影响航道，水流不得冲刷河道和影响航运安全，出口流速宜小于0.5m/s，并应取得航运、水利等部门的同意。泵站出水口处应设置警示标识。

7 污水和再生水处理

7.1 一般规定

7.1.1 城镇污水和再生水处理程度、方法应根据国家现行有关排放标准、污染物的来源及性质和处理目标确定。

7.1.2 污水厂的处理效率可按表7.1.2的规定取值。

表7.1.2 污水厂的处理效率

处理级别	处理方法	主要工艺	处理效率(%)			
			SS	BOD_5	TN	TP
一级	沉淀法	沉淀（自然沉淀）	40～55	20～30	—	5～10
二级	生物膜法	初次沉淀、生物膜反应、二次沉淀	60～90	65～90	60～85	—
二级	活性污泥法	初次沉淀、活性污泥反应、二次沉淀	70～90	65～95	60～85	75～85
深度处理	混凝沉淀过滤	—	90～99	80～96	65～90	80～95

注：1 SS表示悬浮固体量，BOD_5表示五日生化需氧量，TN表示总氮量，TP表示总磷量。

2 活性污泥法根据水质、工艺流程等情况，可不设置初次沉淀池。

7.1.3 污水厂的规模应按平均日流量确定。

7.1.4 污水厂应通过扩容或增加调蓄设施，保证雨季设计流量下的达标排放。当采用雨水调蓄时，污水厂的雨季设计流量可根据调蓄规模相应降低。

7.1.5 污水处理构筑物的设计应符合下列规定：

1 旱季设计流量应按分期建设的情况分别计算。

2 当污水为自流进入时，应满足雨季设计流量下运行要求；当污水为提升进入时，应按每期工作水泵的最大组合流量校核管渠配水能力。

3 提升泵站、格栅和沉砂池应按雨季设计流量计算。

4 初次沉淀池应按旱季设计流量设计，雨季设计流量校核，校核的沉淀时间不宜小于30min。

5 二级处理构筑物应按旱季设计流量设计，雨季设计流量校核。

6 管渠应按雨季设计流量计算。

7.1.6 水质和(或)水量变化大的污水厂宜设置调节水质和(或)水量的设施。

7.1.7 处理构筑物的个(格)数不应少于2个(格)，并应按并联设计。

7.1.8 并联运行的处理构筑物间应设置均匀配水装置，各处理构筑物系统间应设置可切换的连通管渠。

7.1.9 处理构筑物中污水的出入口处应采取整流措施。

7.1.10 污水厂和再生水厂应设置出水消毒设施。

7.1.11 污水厂的供电系统应按二级负荷设计。重要的污水厂内的重要部位应按一级负荷设计。

7.1.12 位于寒冷地区的污水和污泥处理构筑物，应有保温防冻措施。

7.1.13 厂区的给水管道和再生水管道严禁与处理装置直接连接。

7.2 厂址选择和总体布置

7.2.1 污水厂、污泥处理厂位置的选择应符合城镇总体规划和排水工程专业规划的要求，并应根据下列因素综合确定：

1 便于污水收集和处理再生后回用和安全排放；

2 便于污泥集中处理和处置；

3 在城镇夏季主导风向的下风侧；

4 有良好的工程地质条件；

5 少拆迁、少占地，根据环境影响评价要求，有一定的卫生防护距离；

6 有扩建的可能；

7 厂区地形不应受洪涝灾害影响，防洪标准不应低于城镇防洪标准，有良好的排水条件；

8 有方便的交通、运输和水电条件；

9 独立设置的污泥处理厂，还应有满足生产需要的燃气、热力、污水处理及其排放系统等设施条件。

7.2.2 污水厂的建设用地应按项目总规模控制；近期和远期用地布置应按规划内容和本期建设规模，统一规划，分期建设；公用设施宜一次建设，并尽量集中预留用地。

7.2.3 污水厂的总体布置应根据厂内各建筑物和构筑物的功能和流程要求，结合厂址地形、气候和地质条件，综合考虑运行成本和施工、维护、管理的便利性等因素，经技术经济比较后确定。

7.2.4 污水和污泥处理构筑物宜根据情况分别集中布置。处理构筑物的间距应紧凑、合理，符合国家现行防火标准的有关规定，并应满足各构筑物的施工、设备安装和埋设各种管道及养护、维修和管理的要求。

7.2.5 生产管理建筑物和生活设施宜集中布置，其位置和朝向应力求合理，并应和处理构筑物保持一定距离。

7.2.6 污水厂厂区内各建筑物造型应简洁美观、节省材料、选材适当，并应使建筑物和构筑物群体的美观效果与周围环境协调。

7.2.7 厂区布置应尽量节约用地。当污水厂位于用地非常紧张、环境要求高的地区，可采用地下或半地下污水厂的建设方式，但应进行充分的必要性和可行性论证。

7.2.8 地下或半地下污水厂设计应综合考虑规模、用地、环境、投资等各方面因素，确定处理工艺、建筑结构、通风、除臭、交通、消防、供配电及自动控制、照明、给排水、监控等系统的配置。各系统之间应相互协调。

7.2.9 地下或半地下污水厂应充分利用污水厂的上部空间，有效利用土地资源，提高土地利用率。

7.2.10 污水厂的工艺流程、竖向设计宜充分利用地形，符合排水通畅、降低能耗、平衡土方的要求。

7.2.11 厂区的消防设计和消化池、储气罐、污泥气压缩机房、污泥气发电机房、污泥气燃烧装置、污泥气管道、污泥好氧发酵工程辅料存储区、污泥干化装置、污泥焚烧装置及其他危险品仓库等的设计，应符合国家现行防火标准的有关规定。

7.2.12 污水厂内可根据需要，在适当地点设置堆放材料、备件、燃料和废渣等物料及停车的场地。

7.2.13 污水厂应设置通向各构筑物和附属建筑物的必要通道，并应符合下列规定：

1 主要车行道的宽度：单车道宜为 4.0m，双车道宜为 6.0m～7.0m；

2 车行道的转弯半径宜为 6.0m～10.0m；

3 人行道的宽度宜为 1.5m～2.0m；

4 通向高架构筑物的扶梯倾角宜采用 30°，不宜大于 45°；

5 天桥宽度不宜小于 1.0m；

6 车道、通道的布置应符合国家现行防火标准的有关规定，并应符合当地有关部门的规定；

7 地下或半地下污水厂箱体宜设置车行道进出通道，通道坡度不宜大于 8%，通道敞开部分宜采用透光材料进行封闭；

8 进入地下污水厂箱体的通道前应设置驼峰，驼峰高度不应小于 0.5m，驼峰后在通道的中部和末端均应设置横截沟，并应配套设置雨水泵房。

7.2.14 污水厂周围根据现场条件应设置围墙，其高度不宜小于 2.0m。

7.2.15 污水厂的大门尺寸应能允许运输最大设备或部件的车辆出入，并应另设运输废渣的侧门。

7.2.16 污水厂内各种管渠应全面安排，避免相互干扰。处理构筑物间输水、输泥和输气管线的布置应使管渠长度短、损失小、流行通畅、不易堵塞和便于清通。各污水处理构筑物间的管渠连通，在条件适宜时，宜采用明渠。

7.2.17 管道复杂时宜设置管廊，并应符合下列规定：

1 管廊内宜敷设仪表电缆、电信电缆、电力电缆、给水管、污水管、污泥管、再生水管、压缩空气管等，并设置色标；

2 管廊内应设通风、照明、广播、电话、火警及可燃气体报警系统、独立的排水系统、吊物孔、人行通道出入口和维护需要的设施等，并应符合国家现行防火标准的有关规定。

7.2.18 污水厂内应充分体现海绵城市建设理念，利用绿色屋顶、透水铺装、生物滞留设施等进行源头减排，并结合道路和建筑物布置雨水口和雨水管道，地形允许散水排水时，可采用植草沟和道路边沟排水。

7.2.19 污水厂应合理布置处理构筑物的超越管渠。

7.2.20 处理构筑物应设排空设施，排出水应回流处理。

7.2.21 污水厂附属建筑物的组成和面积，应根据污水厂的规模、工艺流程、计算机监控系统水平和管理体制等，结合当地实际情况确定，并应符合国家现行标准的有关规定。

7.2.22 根据维护管理的需要，宜在厂区适当地点设置配电箱、照明、联络电话、冲洗水栓、浴室、厕所等设施。

7.2.23 处理构筑物应设置栏杆、防滑梯等安全措施，高架处理构筑物还应设置避雷设施。

7.2.24 地下或半地下污水厂的综合办公楼、总变电室、中心控制室等运行和管理人员集中的建筑物宜设置于地面上；有爆炸危险或火灾危险性大的设施或处理单元应设置于地面上。

7.2.25 地下或半地下污水厂污水进口应至少设置一道速闭闸门。

7.2.26 地下或半地下污水厂产生臭气的主要构筑物应封闭除臭，箱体内应设置强制通风设施。

7.2.27 地下或半地下污水厂箱体顶部覆土厚度应根据上部种植绿化形式选择确定，并宜为 0.5m～2.0m。

7.2.28 地下或半地下污水厂箱体内人员操作层的净空不应小于 4.0m，并宜选用便于拆卸、重量较轻和便于运输的设备。

7.3 格 栅

7.3.1 污水处理系统或水泵前应设置格栅。

7.3.2 格栅栅条间隙宽度应符合下列规定：

1 粗格栅：机械清除时宜为 16mm～25mm，人工清除时宜为 25mm～40mm。特殊情况下，最大间隙可为 100mm。

2 细格栅：宜为 1.5mm～10mm。

3 超细格栅：不宜大于 1mm。

4 水泵前，应根据水泵要求确定。

7.3.3 污水过栅流速宜采用 0.6m/s～1.0m/s。除转鼓式格栅除污机外，机械清除格栅的安装角度宜为 60°～90°。人工清除格栅的安装角度宜为 30°～60°。

7.3.4 格栅除污机底部前端距井壁尺寸，钢丝绳牵引除污机或移动悬吊葫芦抓斗式除污机应大于 1.5m；链动刮板除污机或回转式固液分离机应大于 1.0m。

7.3.5 格栅上部必须设置工作平台，其高度应高出格栅前最高设计水位 0.5m，工作平台上应有安全和冲洗设施。

7.3.6 格栅工作平台两侧边道宽度宜采用 0.7m～1.0m。工作平台正面过道宽度，采用机械清除时不应小于1.5m，采用人工清除时不应小于1.2m。

7.3.7 粗格栅栅渣宜采用带式输送机输送；细格栅栅渣宜采用螺旋输送机输送，输送过程宜进行密封处理。

7.3.8 格栅间应设置通风设施和硫化氢等有毒有害气体的检测与报警装置。

7.4 沉 砂 池

7.4.1 污水厂应设置沉砂池。沉砂池应按去除相对密度2.65、粒径0.2mm以上的砂粒进行设计。

7.4.2 平流沉砂池的设计应符合下列规定：

1 最大流速应为0.30m/s，最小流速应为0.15m/s；

2 停留时间不应小于45s；

3 有效水深不应大于1.5m，每格宽度不宜小于0.6m。

7.4.3 曝气沉砂池的设计应符合下列规定：

1 水平流速不宜大于0.1m/s；

2 停留时间宜大于5min；

3 有效水深宜为2.0m～3.0m，宽深比宜为1.0～1.5；

4 曝气量宜为5.0L/(m·s)～12.0L/(m·s)空气；

5 进水方向应和池中旋流方向一致，出水方向应和进水方向垂直，并宜设置挡板；

6 宜设置除砂和撇油除渣两个功能区，并配套设置除渣和撇油设备。

7.4.4 旋流沉砂池的设计应符合下列规定：

1 停留时间不应小于30s；

2 表面水力负荷宜为150m³/(m²·h)～200m³/(m²·h)；

3 有效水深宜为1.0m～2.0m，池径和池深比宜为2.0～2.5；

4 池中应设立式桨叶分离机。

7.4.5 污水的沉砂量可按0.03L/m³计算，合流制污水的沉砂量应根据实际情况确定。

7.4.6 砂斗容积不应大于2d的沉砂量；当采用重力排砂时，砂斗斗壁和水平面的倾角不应小于55°。

7.4.7 沉砂池除砂宜采用机械方法，并经砂水分离后储存或外运。当采用人工排砂时，排砂管直径不应小于200mm。排砂管应考虑防堵塞措施。

7.5 沉 淀 池

Ⅰ 一 般 规 定

7.5.1 沉淀池的设计数据宜按表7.5.1的规定取值。合建式完全混合生物反应池沉淀区的表面水力负荷宜按本标准第7.6.15条的规定取值。

表7.5.1 沉淀池的设计数据

沉淀池类型		沉淀时间(h)	表面水力负荷[m³/(m²·h)]	每人每日污泥量[g/(人·d)]	污泥含水率(%)	固体负荷[kg/(m²·d)]
初次沉淀池		0.5～2.0	1.5～4.5	16～36	95.0～97.0	—
二次沉淀池	生物膜法后	1.5～4.0	1.0～2.0	10～26	96.0～98.0	≤150
	活性污泥法后	1.5～4.0	0.6～1.5	12～32	99.2～99.6	≤150

注：当二次沉淀池采用周边进水周边出水辐流沉淀池时，固体负荷不宜超过200kg/(m²·d)。

7.5.2 沉淀池的超高不应小于0.3m。

7.5.3 沉淀池的有效水深宜采用2.0m～4.0m。

7.5.4 当采用污泥斗排泥时，每个污泥斗均应设单独的阀门(或闸门)和排泥管。污泥斗斜壁和水平面的倾角，方斗宜为60°，圆斗宜为55°。

7.5.5 初次沉淀池的污泥区容积，除设机械排泥的宜按4h的污泥量计算外，其余宜按不大于2d污泥量计算。活性污泥法处理后的二次沉淀池污泥区容积，宜按不大于2h污泥量计算，并应有连续排泥措施；生物膜法处理后的二次沉淀池污泥区容积，宜按4h污泥量计算。

7.5.6 排泥管的直径不应小于200mm。

7.5.7 当采用静水压力排泥时，初次沉淀池的静水头不应小于1.5m；二次沉淀池的静水头，生物膜法处理后不应小于1.2m，活性污泥法处理池后不应小于0.9m。

7.5.8 初次沉淀池的出口堰最大负荷不宜大于2.9L/(m·s)；二次沉淀池的出水堰最大负荷不宜大于1.7L/(m·s)，当二次沉淀池采用周边进水周边出水辐流沉淀池时，出水堰最大负荷可适当放大。

7.5.9 沉淀池应设置浮渣的撇除、输送和处置设施。

Ⅱ 沉 淀 池

7.5.10 平流沉淀池的设计应符合下列规定：

1 每格长度和宽度之比不宜小于4，长度和有效水深之比不宜小于8，池长不宜大于60m。

2 宜采用机械排泥，排泥机械的行进速度宜为0.3m/min～1.2m/min。

3 非机械排泥时，缓冲层高度宜为0.5m；机械排泥时，缓冲层高度应根据刮泥板高度确定，且缓冲层上缘宜高出刮泥板0.3m。

4 池底纵坡不宜小于0.01。

7.5.11 竖流沉淀池的设计应符合下列规定：

1 水池直径(或正方形的一边)和有效水深之比不宜大于3；

2 中心管内流速不宜大于30mm/s；

3 中心管下口应设有喇叭口和反射板，板底面距泥面不宜小于0.3m。

7.5.12 辐流沉淀池的设计应符合下列规定：

1 水池直径(或正方形的一边)和有效水深之比宜为6～12，水池直径不宜大于50m。

2 宜采用机械排泥，排泥机械旋转速度宜为1r/h～3r/h，刮泥板的外缘线速度不宜大于3m/min。当水池直径(或正方形的一边)较小时也可采用多斗排泥。

3 缓冲层高度，非机械排泥时宜为0.5m；机械排泥时，应根据刮泥板高度确定，且缓冲层上缘宜高出刮泥板0.3m。

4 坡向泥斗的底坡不宜小于0.05。

5 周边进水周边出水辐流沉淀池应保证进水渠的均匀配水。

Ⅲ 斜管(板)沉淀池

7.5.13 当需要挖掘原有沉淀池潜力或建造沉淀池面积受限制时，通过技术经济比较，可采用斜管(板)沉淀池。

7.5.14 升流式异向流斜管(板)沉淀池的表面水力负荷，可按普通沉淀池表面水力负荷的2倍计；但对于斜管(板)二次沉淀池，尚应以固体负荷核算。

7.5.15 升流式异向流斜管(板)沉淀池的设计应符合下列规定：

1 斜管孔径(或斜板净距)宜为80mm～100mm；

2 斜管(板)斜长宜为1.0m～1.2m；

3 斜管(板)水平倾角宜为60°；

4 斜管(板)区上部水深宜为0.7m～1.0m；

5 斜管(板)区底部缓冲层高度宜为1.0m。

7.5.16 斜管(板)沉淀池应设置冲洗设施。

Ⅳ 高效沉淀池

7.5.17 高效沉淀池表面水力负荷宜为6m³/(m²·h)～13m³/(m²·h)。混合时间宜为0.5min～2.0min，絮凝时间宜为8min～15min。污泥回流量宜占进水量的3%～6%。

7.6 活性污泥法

Ⅰ 一般规定

7.6.1 应根据去除碳源污染物、脱氮、除磷、污泥减量、好氧污泥稳定等不同要求和外部环境条件，选择适宜的活性污泥处理工艺。

7.6.2 当采用鼓风曝气时，生物反应池的设备操作平台宜高出设计水面0.5m～1.0m；当采用机械曝气时，生物反应池的设备操作平台宜高出设计水面0.8m～1.2m。

7.6.3 污水中含有大量产生泡沫的表面活性剂时，应有除泡沫措施。

7.6.4 在生物反应池有效水深一半处宜设置放水管。

7.6.5 廊道式生物反应池的池宽和有效水深之比宜采用1∶1～2∶1。有效水深应结合流程设计、地质条件、供氧设施类型和选用风机压力等因素确定，可采用4.0m～6.0m。当条件许可时，水深尚可加大。

7.6.6 生物反应池中的好氧区（池），采用鼓风曝气器时，处理立方米污水的供气量不宜小于$3m^3$。当好氧区采用机械曝气器时，混合全池污水所需功率不宜小于$25W/m^3$；氧化沟所需功率不宜小于$15W/m^3$。缺氧区（池）、厌氧区（池）应采用机械搅拌，混合功率宜采用$2W/m^3$～$8W/m^3$。机械搅拌器布置的间距、位置，应根据试验资料确定。

7.6.7 生物反应池的设计应充分考虑冬季低水温对去除碳源污染物、脱氮和除磷的影响，必要时可采取降低负荷、增长泥龄、调整厌氧区（池）、缺氧区（池）、好氧区（池）水力停留时间和保温或增温等措施。

7.6.8 污水、回流污泥进入生物反应池的厌氧区（池）、缺氧区（池）时，宜采用淹没入流方式。

Ⅱ 传统活性污泥法

7.6.9 去除碳源污染物的生物反应池的主要设计参数可按表7.6.9的规定取值。

表7.6.9 去除碳源污染物的生物反应池的主要设计参数

类别	BOD_5污泥负荷L_S [$kgBOD_5$/(kgMLSS·d)]	污泥浓度(MLSS)X(g/L)	容积负荷L_V [$kgBOD_5$/(m^3·d)]	污泥回流比R(%)	总处理效率η(%)
普通曝气	0.2～0.4	1.5～2.5	0.4～0.9	25～75	90～95
阶段曝气	0.2～0.4	1.5～3.0	0.4～1.2	25～75	85～95
吸附再生曝气	0.2～0.4	2.5～6.0	0.9～1.8	50～100	80～90
合建式完全混合曝气	0.25～0.50	2.0～4.0	0.5～1.8	100～400	80～90

7.6.10 当以去除碳源污染物为主时，生物反应池的容积可按下列公式计算：

1 按污泥负荷计算：

$$V=\frac{Q(S_o-S_e)}{1000L_sX} \quad (7.6.10\text{-}1)$$

2 按污泥龄计算：

$$V=\frac{QY\theta_C(S_o-S_e)}{1000X_V(1+K_d\theta_C)} \quad (7.6.10\text{-}2)$$

式中：V——生物反应池的容积（m^3）；

Q——生物反应池的设计流量（m^3/d）；

S_o——生物反应池进水五日生化需氧量浓度（mg/L）；

S_e——生物反应池出水五日生化需氧量浓度（mg/L）（当去除率大于90%时可不计入）；

L_s——生物反应池的五日生化需氧量污泥负荷[$kgBOD_5$/(kgMLSS·d)]；

X——生物反应池内混合液悬浮固体平均浓度（gMLSS/L）；

Y——污泥产率系数（$kgVSS/kgBOD_5$），宜根据试验资料确定，无试验资料时，可取0.4～0.8；

θ_C——设计污泥龄（d），其数值为3～15；

X_V——生物反应池内混合液挥发性悬浮固体平均浓度（gMLVSS/L）；

K_d——衰减系数（d^{-1}），20℃的数值为0.040～0.075。

7.6.11 衰减系数K_d值应以当地冬季和夏季的污水温度进行修正，并应按下式计算：

$$K_{dT}=K_{d20}\cdot(\theta_T)^{T-20} \quad (7.6.11)$$

式中：K_{dT}——T℃时的衰减系数（d^{-1}）；

K_{d20}——20℃时的衰减系数（d^{-1}）；

θ_T——温度系数，采用1.02～1.06；

T——设计温度（℃）。

7.6.12 生物反应池的始端可设缺氧或厌氧选择区（池），水力停留时间宜采用0.5h～1.0h。

7.6.13 阶段曝气生物反应池宜采取在生物反应池始端1/2～3/4的总长度内设置多个进水口。

7.6.14 吸附再生生物反应池的吸附区和再生区可在一个反应池内，也可分别由两个反应池组成，并应符合下列规定：

1 吸附区的容积不应小于生物反应池总容积的1/4，吸附区的停留时间不应小于0.5h；

2 当吸附区和再生区在一个反应池内时，沿生物反应池长度方向应设置多个进水口；进水口的位置应适应吸附区和再生区不同容积比例的需要；进水口的尺寸应按通过全部流量计算。

7.6.15 完全混合生物反应池可分为合建式和分建式。合建式生物反应池的设计，应符合下列规定：

1 生物反应池宜采用圆形，曝气区的有效容积应包括导流区部分；

2 沉淀区的表面水力负荷宜为$0.5m^3/(m^2\cdot h)$～$1.0m^3/(m^2\cdot h)$。

Ⅲ 厌氧/缺氧/好氧法（AAO或A^2O法）

7.6.16 当以脱氮除磷为主时，应采用厌氧/缺氧/好氧法（AAO或A^2O法）的水处理工艺，并应符合下列规定：

1 脱氮时，污水中的五日生化需氧量和总凯氏氮之比宜大于4；

2 除磷时，污水中的五日生化需氧量和总磷之比宜大于17；

3 同时脱氮、除磷时，宜同时满足前两款的要求；

4 好氧区（池）剩余总碱度宜大于70mg/L（以$CaCO_3$计），当进水碱度不能满足上述要求时，应采取增加碱度的措施。

7.6.17 当仅需脱氮时，宜采用缺氧/好氧法（A_NO法），并应符合下列规定：

1 生物反应池中好氧区（池）的容积，采用污泥负荷或污泥龄计算时，可按本标准第7.6.10条所列公式计算，其中反应池中缺氧区（池）的水力停留时间宜为2h～10h；

2 生物反应池的容积，采用硝化、反硝化动力学计算时，可按下列公式计算：

1）缺氧区（池）容积可按下列公式计算：

$$V_n=\frac{0.001Q(N_k-N_{te})-0.12\Delta X_V}{K_{de}X} \quad (7.6.17\text{-}1)$$

$$K_{de(T)}=K_{de(20)}1.08^{(T-20)} \quad (7.6.17\text{-}2)$$

$$\Delta X_v=Y\frac{Q(S_o-S_e)}{1000} \quad (7.6.17\text{-}3)$$

式中：V_n——缺氧区（池）容积（m^3）；

Q——生物反应池的设计流量（m^3/d）；

N_k——生物反应池进水总凯氏氮浓度（mg/L）；

N_{te}——生物反应池出水总氮浓度（mg/L）；

ΔX_v——排出生物反应池系统的微生物量（kgMLVSS/d）；

K_{de}——脱氮速率[$kgNO_3$-N/(kgMLSS·d)]，宜根据试验资料确定；当无试验资料时，20℃的K_{de}

值可采用(0.03～0.06)[$kgNO_3-N/(kgMLSS\cdot d)$],并按本标准公式(7.6.17-2)进行温度修正;

$K_{de(T)}$、$K_{de(20)}$——分别为T℃和20℃时的脱氮速率;

X——生物反应池内混合液悬浮固体平均浓度(gMLSS/L);

T——设计温度(℃);

Y——污泥产率系数($kgVSS/kgBOD_5$),宜根据试验资料确定。无试验资料时,可取0.3～0.6;

S_o——生物反应池进水五日生化需氧量浓度(mg/L);

S_e——生物反应池出水五日生化需氧量浓度(mg/L)。

2)好氧区(池)容积可按下列公式计算:

$$V_o=\frac{Q(S_o-S_e)\theta_{co}Y_t}{1000X} \quad (7.6.17\text{-}4)$$

$$\theta_{co}=F\frac{1}{\mu} \quad (7.6.17\text{-}5)$$

$$\mu=0.47\frac{N_a}{K_n+N_a}e^{0.098(T-15)} \quad (7.6.17\text{-}6)$$

式中:V_o——好氧区(池)容积(m^3);

Q——生物反应池的设计流量(m^3/d);

S_o——生物反应池进水五日生化需氧量浓度(mg/L);

S_e——生物反应池出水五日生化需氧量浓度(mg/L);

θ_{co}——好氧区(池)设计污泥龄(d);

Y_t——污泥总产率系数($kgMLSS/kgBOD_5$),宜根据试验资料确定;无试验资料时,系统有初次沉淀池时宜取0.3～0.6,无初次沉淀池时宜取0.8～1.2;

X——生物反应池内混合液悬浮固体平均浓度(gMLSS/L);

F——安全系数,宜为1.5～3.0;

μ——硝化细菌比生长速率(d^{-1});

N_a——生物反应池中氨氮浓度(mg/L);

K_n——硝化作用中氮的半速率常数(mg/L);

T——设计温度(℃);

0.47——15℃时,硝化细菌最大比生长速率(d^{-1})。

3)混合液回流量可按下式计算:

$$Q_{Ri}=\frac{1000V_nK_{de}X}{N_t-N_{ke}}-Q_R \quad (7.6.17\text{-}7)$$

式中:Q_{Ri}——混合液回流量(m^3/d),混合液回流比不宜大于400%;

V_n——缺氧区(池)容积(m^3);

K_{de}——脱氮速率[$kgNO_3-N/(kgMLSS\cdot d)$],宜根据试验资料确定;无试验资料时,20℃的K_{de}值可采用(0.03～0.06)[$kgNO_3-N/(kgMLSS\cdot d)$],并按本标准公式(7.6.17-2)进行温度修正;

X——生物反应池内混合液悬浮固体平均浓度(gMLSS/L);

N_t——生物反应池进水总氮浓度(mg/L);

N_{ke}——生物反应池出水总凯氏氮浓度(mg/L);

Q_R——回流污泥量(m^3/d)。

3 缺氧/好氧法(A_NO法)生物脱氮的主要设计参数,宜根据试验资料确定;当无试验资料时,可采用经验数据或按表7.6.17的规定取值。

表7.6.17 缺氧/好氧法(A_NO法)生物脱氮的主要设计参数

项目		单位	参数值
BOD污泥负荷L_s		$kgBOD_5/(kgMLSS\cdot d)$	0.05～0.10
总氮负荷率		$kgTN/(kgMLSS\cdot d)$	≤0.05
污泥浓度(MLSS)X		g/L	2.5～4.5
污泥龄θ_C		d	11～23
污泥产率Y		$kgVSS/kgBOD_5$	0.3～0.6
需氧量O_2		$kgO_2/kgBOD_5$	1.1～2.0
水力停留时间(HRT)		h	9～22
			其中缺氧段2～10
污泥回流比R		%	50～100
混合液回流比R_i		%	100～400
总处理效率η	BOD_5	%	90～95
	TN	%	60～85

7.6.18 当仅需除磷时,宜采用厌氧/好氧法(A_PO法),并应符合下列规定:

1 生物反应池中好氧区(池)的容积,采用污泥负荷或污泥龄计算时,可按本标准第7.6.10条所列公式计算。

2 生物反应池中厌氧区(池)的容积,可按下式计算:

$$V_P=\frac{t_PQ}{24} \quad (7.6.18)$$

式中:V_P——厌氧区(池)容积(m^3);

t_P——厌氧区(池)停留时间(h),宜为1～2;

Q——生物反应池的设计流量(m^3/d)。

3 厌氧/好氧法(A_PO法)生物除磷的主要设计参数,宜根据试验资料确定;无试验资料时,可采用经验数据或按表7.6.18的规定取值。

表7.6.18 厌氧/好氧法(A_PO法)生物除磷的主要设计参数

项目		单位	参数值
BOD污泥负荷L_s		$kgBOD_5/(kgMLSS\cdot d)$	0.4～0.7
污泥浓度(MLSS)X		g/L	2.0～4.0
污泥龄θ_C		d	3.5～7.0
污泥产率Y		$kgVSS/kgBOD_5$	0.4～0.8
污泥含磷率		kgTP/kgVSS	0.03～0.07
需氧量O_2		$kgO_2/kgBOD_5$	0.7～1.1
水力停留时间(HRT)		h	5～8
			其中厌氧段1～2
污泥回流比R		%	40～100
总处理效率η	BOD_5	%	80～90
	TP	%	75～85

4 采用生物除磷处理污水时,剩余污泥宜采用机械浓缩。

5 生物除磷的剩余污泥,采用厌氧消化处理时,输送厌氧消化污泥或污泥脱水滤液的管道,应有除垢措施。含磷高的液体,宜先回收磷或除磷后再返回污水处理系统。

7.6.19 当需要同时脱氮除磷时,宜采用厌氧/缺氧/好氧法(AAO或A^2O法),并应符合下列规定:

1 生物反应池的容积,宜按本标准第7.6.10条、第7.6.17条和第7.6.18条的规定计算;

2 厌氧/缺氧/好氧法(AAO或A^2O法)生物脱氮除磷的主要设计参数,宜根据试验资料确定;无试验资料时,可采用经验数据或按表7.6.19的规定取值;

表7.6.19 厌氧/缺氧/好氧法(AAO或A^2O法)生物脱氮除磷的主要设计参数

项目	单位	参数值
BOD污泥负荷L_s	$kgBOD_5/(kgMLSS\cdot d)$	0.05～0.10
污泥浓度(MLSS)X	g/L	2.5～4.5
污泥龄θ_C	d	10～22

续表 7.6.19

项　目		单　位	参　数　值
污泥产率 Y		kgVSS/kgBOD$_5$	0.3～0.6
需氧量 O_2		kgO$_2$/kgBOD$_5$	1.1～1.8
水力停留时间(HRT)		h	10～23
			其中厌氧段 1～2
			缺氧段 2～10
污泥回流比 R		%	20～100
混合液回流比 R_i		%	≥200
总处理效率 η	BOD$_5$	%	85～95
	TP	%	60～85
	TN	%	60～85

3　根据需要，厌氧/缺氧/好氧法（AAO 或 A^{2}O 法）的工艺流程中，可改变进水和回流污泥的布置形式，调整为前置缺氧区（池）或串联增加缺氧区（池）和好氧区（池）等变形工艺。

Ⅳ　氧　化　沟

7.6.20　氧化沟前可不设初次沉淀池。

7.6.21　氧化沟前可设置厌氧池。

7.6.22　氧化沟可按两组或多组系列布置，并设置进水配水井。

7.6.23　氧化沟可与二次沉淀池分建或合建。

7.6.24　延时曝气氧化沟的主要设计参数，宜根据试验资料确定；当无试验资料时，可采用经验数据或按表 7.6.24 的规定取值。

表 7.6.24　延时曝气氧化沟的主要设计参数

项　目		单　位	参　数　值
污泥浓度(MLSS)X		g/L	2.5～4.5
污泥负荷 L_s		kgBOD$_5$/(kgMLSS·d)	0.03～0.08
污泥龄 θ_C		d	>15
污泥产率 Y		kgVSS/kgBOD$_5$	0.3～0.6
需氧量 O_2		kgO$_2$/kgBOD$_5$	1.5～2.0
水力停留时间(HRT)		h	≥16
污泥回流比 R		%	75～150
总处理效率 η	BOD$_5$	%	>95

7.6.25　当采用氧化沟进行脱氮除磷时，宜符合本标准第 7.6.16 条～第 7.6.19 条的有关规定。

7.6.26　氧化沟的进水和回流污泥点宜设在缺氧区首端，出水点宜设在充氧器后的好氧区。当采用转刷、转碟时，氧化沟的设备平台高出设计水面宜为 0.5m；当采用竖轴表曝机时，宜为 0.6m～0.8m，氧化沟的设备平台宜高出设计水面 0.8m～1.2m。

7.6.27　氧化沟有效水深的确定应考虑曝气、混合、推流的设备性能，宜采用 3.5m～4.5m。

7.6.28　根据氧化沟渠宽度，弯道处可设置一道或多道导流墙；导流墙宜高出设计水位 0.2m～0.3m。

7.6.29　曝气转刷、转碟宜安装在沟渠直线段的适当位置，曝气转碟也可安装在沟渠的弯道上，竖轴表曝机应安装在沟渠的端部。

7.6.30　氧化沟的走道和工作平台，应安全、防溅和便于设备维修。

7.6.31　氧化沟内的平均流速宜大于 0.25m/s。

7.6.32　氧化沟系统宜采用自动控制。

Ⅴ　序批式活性污泥法(SBR)

7.6.33　SBR 反应池的数量不宜少于 2 个。

7.6.34　SBR 反应池容积可按下式计算：

$$V=\frac{24QS_o}{1000XL_s t_R} \tag{7.6.34}$$

式中：V——生物反应池容积；

Q——每个周期进水量（m^3）；

S_o——生物反应池进水五日生化需氧量浓度（mg/L）；

X——生物反应池内混合液悬浮固体平均浓度（gMLSS/L）；

L_s——生物反应池的五日生化需氧量污泥负荷[kgBOD$_5$/(kgMLSS·d)]；

t_R——每个周期反应时间（h）。

7.6.35　污泥负荷的取值，以脱氮为主要目标时，宜按本标准表 7.6.17 的规定取值；以除磷为主要目标时，宜按本标准表 7.6.18 的规定取值；同时脱氮除磷时，宜按本标准表 7.6.19 的规定取值。

7.6.36　SBR 工艺各工序的时间宜按下列公式计算：

1　进水时间可按下式计算：

$$t_F=\frac{t}{n} \tag{7.6.36-1}$$

式中：t_F——每池每个周期所需要的进水时间（h）；

t——一个运行周期所需要的时间（h）；

n——每个系列反应池个数。

2　反应时间可按下式计算：

$$t_R=\frac{24S_o m}{1000L_s X} \tag{7.6.36-2}$$

式中：S_o——生物反应池进水五日生化需氧量浓度（mg/L）；

m——充水比，仅需除磷时宜为 0.25～0.50，需脱氮时宜为 0.15～0.30；

L_s——生物反应池的五日生化需氧量污泥负荷[kgBOD$_5$/(kgMLSS·d)]；

X——生物反应池内混合液悬浮固体平均浓度（gMLSS/L）。

3　沉淀时间 t_s 宜为 1.0h；

4　排水时间 t_D 宜为 1.0h～1.5h；

5　一个周期所需时间可按下式计算：

$$t=t_R+t_s+t_D+t_b \tag{7.6.36-3}$$

式中：t_R——每个周期反应时间（h）；

t_s——沉淀时间（h）；

t_D——排水时间（h）；

t_b——闲置时间（h）。

7.6.37　每天的周期数宜为正整数。

7.6.38　连续进水时，反应池的进水处应设置导流装置。

7.6.39　反应池宜采用矩形池，水深宜为 4.0m～6.0m；反应池长度和宽度之比：间隙进水时宜为 1：1～2：1，连续进水时宜为 2.5：1～4：1。

7.6.40　反应池应设置固定式事故排水装置，可设在滗水结束时的水位处。

7.6.41　反应池应采用有防止浮渣流出设施的滗水器；同时，宜有清除浮渣的装置。

Ⅵ　膜生物反应器(MBR)

7.6.42　膜生物反应器工艺的主要设计参数宜根据试验资料确定。当无试验资料时，可采用经验数据或按表 7.6.42 的规定取值。

表 7.6.42　膜生物反应器工艺的主要设计参数

名　称	单　位	典型值或范围
膜池内污泥浓度(MLSS*)X	g/L	6～15（中空纤维膜）10～20(平板膜)
生物反应池的五日生化需氧量污泥负荷 L_s	kgBOD$_5$/(kgMLSS·d)	0.03～0.10
总污泥龄 θ_C	d	15～30
缺氧区(池)至厌氧区(池)混合液回流比 R_1	%	100～200

续表 7.6.42

名　　称	单　　位	典型值或范围
好氧区（池）至缺氧区（池）混合液回流比 R_2	%	300～500
膜池至好氧区（池）混合液回流比 R_3	%	400～600

注：* 其他反应区（池）的设计 MLSS 可根据回流比计算得到。

7.6.43 膜生物反应器工程中膜系统运行通量的取值应小于临界通量。临界通量的选取应考虑膜材料类型、膜组件和膜组器型式、污泥混合液性质、水温等因素，可实测或采用经验数据。同时，应根据生物反应池设计流量校核膜的峰值通量和强制通量。

7.6.44 浸没式膜生物反应器平均通量的取值范围宜为 $15L/(m^2 \cdot h) \sim 25L/(m^2 \cdot h)$，外置式膜生物反应器平均通量的取值范围宜为 $30L/(m^2 \cdot h) \sim 45L/(m^2 \cdot h)$。

7.6.45 布设膜组器时，应留 10%～20%的富余膜组器空位作为备用。

7.6.46 膜生物反应器工艺应设置化学清洗设施。

7.6.47 膜离线清洗的废液宜采用中和等措施处理，处理后的废液应返回污水处理构筑物进行处理。

7.7 回流污泥和剩余污泥

7.7.1 回流污泥设施宜采用离心泵、混流泵、潜水泵、螺旋泵或空气提升器。当生物处理系统中带有厌氧区（池）、缺氧区（池）时，应选用不易复氧的回流污泥设施。

7.7.2 回流污泥设施宜分别按生物处理系统中的最大污泥回流比和最大混合液回流比计算确定。回流污泥设备台数不应少于 2 台，并应有备用设备，空气提升器可不设备用。回流污泥设备，宜有调节流量的措施。

7.7.3 剩余污泥量可按下列公式计算：

1 按污泥龄计算：

$$\Delta X = \frac{V \cdot X}{\theta_C} \tag{7.7.3-1}$$

式中：ΔX——剩余污泥量（kgSS/d）；

V——生物反应池的容积（m^3）；

X——生物反应池内混合液悬浮固体平均浓度（gMLSS/L）；

θ_C——污泥龄（d）。

2 按污泥产率系数、衰减系数及不可生物降解和惰性悬浮物计算：

$$\Delta X = YQ(S_o - S_e) - K_d V X_V + fQ(SS_o - SS_e) \tag{7.7.3-2}$$

式中：Y——污泥产率系数（$kgVSS/kgBOD_5$），20℃时宜为 0.3～0.8；

Q——设计平均日污水量（m^3/d）；

S_o——生物反应池进水五日生化需氧量（kg/m^3）；

S_e——生物反应池出水五日生化需氧量（kg/m^3）；

K_d——衰减系数（d^{-1}）；

X_V——生物反应池内混合液挥发性悬浮固体平均浓度（gMLVSS/L）；

f——SS 的污泥转换率，宜根据试验资料确定，无试验资料时可取（0.5～0.7）（gMLSS/gSS）；

SS_o——生物反应池进水悬浮物浓度（kg/m^3）；

SS_e——生物反应池出水悬浮物浓度（kg/m^3）。

7.8 生物膜法

Ⅰ 一般规定

7.8.1 生物膜法处理污水可单独应用，也可和其他污水处理工艺组合应用。

7.8.2 污水进行生物膜法处理前，宜进行预处理。当进水水质或水量波动大时，应设置调节池。

7.8.3 生物膜法的处理构筑物应根据当地气温和环境等条件，采取防冻、防臭和灭蝇等措施。

Ⅱ 生物接触氧化池

7.8.4 生物接触氧化池应根据进水水质和处理程度确定采用一段式或二段式。生物接触氧化池平面形状宜为矩形，有效水深宜为 3m～6m。生物接触氧化池不宜少于 2 个，每池可分为两室。

7.8.5 生物接触氧化池中的填料可采用全池布置（底部进水、进气）、两侧布置（中心进气、底部进水）或单侧布置（侧部进气、上部进水），填料应分层安装。

7.8.6 生物接触氧化池应采用对微生物无毒害、易挂膜、质轻、高强度、抗老化、比表面积大和空隙率高的填料。

7.8.7 曝气装置应根据生物接触氧化池填料的布置形式布置。采用池底均布曝气方式时，气水比宜为 6∶1～9∶1。

7.8.8 生物接触氧化池进水应防止短流，出水宜采用堰式出水。

7.8.9 生物接触氧化池底部应设置排泥和放空设施。

7.8.10 生物接触氧化池的五日生化需氧量容积负荷，宜根据试验资料确定，无试验资料时，碳氧化宜为 $2.0kgBOD_5/(m^3 \cdot d) \sim 5.0kgBOD_5/(m^3 \cdot d)$，碳氧化/硝化宜为 $0.2kgBOD_5/(m^3 \cdot d) \sim 2.0kgBOD_5/(m^3 \cdot d)$。

Ⅲ 曝气生物滤池

7.8.11 曝气生物滤池的池型可采用上向流或下向流进水方式。

7.8.12 曝气生物滤池前应设沉砂池、初次沉淀池或混凝沉淀池、除油池、超细格栅等预处理设施，也可设水解调节池，进水悬浮固体浓度不宜大于 60mg/L。

7.8.13 曝气生物滤池根据处理程度不同可分为碳氧化、硝化、后置反硝化或前置反硝化等。碳氧化、硝化和反硝化可在单级曝气生物滤池内完成，也可在多级曝气生物滤池内完成。

7.8.14 曝气生物滤池的池体高度宜为 5m～9m。

7.8.15 曝气生物滤池宜采用滤头布水布气系统。

7.8.16 曝气生物滤池宜分别设置曝气充氧和反冲洗供气系统。曝气装置可采用单孔膜空气扩散器和穿孔管等曝气器。曝气器可设在承托层或滤料层中。

7.8.17 曝气生物滤池宜选用机械强度和化学稳定性好的卵石作承托层，并按一定级配布置。

7.8.18 曝气生物滤池的滤料应具有强度大、不易磨损、孔隙率高、比表面积大、化学物理稳定性好、易挂膜、生物附着性强、比重小、耐冲洗和不易堵塞的性质。

7.8.19 曝气生物滤池宜采用气水联合反冲洗。反冲洗空气强度宜为 $10L/(m^2 \cdot s) \sim 15L/(m^2 \cdot s)$，反冲洗水强度不应超过 $8L/(m^2 \cdot s)$。

7.8.20 曝气生物滤池用于二级处理时，污泥产率系数可为 $0.3kgVSS/kgBOD_5 \sim 0.5kgVSS/kgBOD_5$。

7.8.21 曝气生物滤池设计参数宜根据试验资料确定；当无试验资料时，可采用经验数据或按表 7.8.21 取值。

表 7.8.21 曝气生物滤池设计参数

类型	功能	参数	单位	取值
碳氧化曝气生物滤池	降解污水中含碳有机物	滤池表面水力负荷（滤速）	$m^3/[m^2 \cdot h(m/h)]$	3.0～6.0
		BOD_5 负荷	$kgBOD_5/(m^3 \cdot d)$	2.5～6.0
碳氧化/硝化曝气生物滤池	降解污水中含碳有机物并对氨氮进行部分硝化	滤池表面水力负荷（滤速）	$m^3/[m^2 \cdot h(m/h)]$	2.5～4.0
		BOD_5 负荷	$kgBOD_5/(m^3 \cdot d)$	1.2～2.0
		硝化负荷	$kgNH_3\text{-}N/(m^3 \cdot d)$	0.4～0.6

续表 7.8.21

类型	功能	参数	单位	取值
硝化曝气生物滤池	对污水中氨氮进行硝化	滤池表面水力负荷(滤速)	$m^3/[m^2 \cdot h(m/h)]$	3.0～12.0
		硝化负荷	$kgNH_3-N/(m^3 \cdot d)$	0.6～1.0
前置反硝化生物滤池	利用污水中的碳源对硝态氮进行反硝化	滤池表面水力负荷(滤速)	$m^3/[m^2 \cdot h(m/h)]$	8.0～10.0（含回流）
		反硝化负荷	$kgNO_3-N/(m^3 \cdot d)$	0.8～1.2
后置反硝化生物滤池	利用外加碳源对硝态氮进行反硝化	滤池表面水力负荷(滤速)	$m^3/[m^2 \cdot h(m/h)]$	8.0～12.0
		反硝化负荷	$kgNO_3-N/(m^3 \cdot d)$	1.5～3.0

Ⅳ 生 物 转 盘

7.8.22 生物转盘处理工艺流程宜为初次沉淀池，生物转盘，二次沉淀池。根据污水水量、水质和处理程度等，生物转盘可采用单轴单级式、单轴多级式或多轴多级式布置形式。

7.8.23 生物转盘的盘体材料应质轻、强度高、耐腐蚀、抗老化、易挂膜、比表面积大及方便安装、养护和运输。

7.8.24 生物转盘反应槽的设计应符合下列规定：

1 反应槽断面形状应呈半圆形。

2 盘片外缘和槽壁的净距不宜小于150mm；进水端盘片净距宜为25mm～35mm，出水端盘片净距宜为10mm～20mm。

3 盘片在槽内的浸没深度不应小于盘片直径的35%，转轴中心应高出水位150mm以上。

7.8.25 生物转盘转速宜为2.0r/mim～4.0r/mim，盘体外缘线速度宜为15m/min～19m/min。

7.8.26 生物转盘的转轴强度和挠度必须满足盘体自重和运行过程中附加荷重的要求。

7.8.27 生物转盘的设计负荷宜根据试验资料确定；当无试验资料时，五日生化需氧量表面有机负荷，以盘片面积计，宜为 $0.005kgBOD_5/(m^2 \cdot d)$～$0.020kgBOD_5/(m^2 \cdot d)$，首级转盘不宜超过 $0.030kgBOD_5/(m^2 \cdot d)$；表面水力负荷以盘片面积计，宜为 $0.04m^3/(m^2 \cdot d)$～$0.20m^3/(m^2 \cdot d)$。

Ⅴ 移动床生物膜反应器

7.8.28 移动床生物膜反应器应采用悬浮填料的表面负荷进行设计。表面负荷宜根据试验资料确定；当无试验资料时，在20℃的水温条件下，五日生化需氧量表面有机负荷宜为 $5gBOD_5/(m^2 \cdot d)$～$15gBOD_5/(m^2 \cdot d)$，表面硝化负荷宜为 $0.5gNH_3\text{-}N/(m^2 \cdot d)$～$2.0gNH_3\text{-}N/(m^2 \cdot d)$。

7.8.29 悬浮填料应满足易于流化、微生物附着性好、有效比表面积大、耐腐蚀、抗机械磨损的要求。悬浮填料的填充率不应超过反应池容积的2/3。

7.8.30 悬浮填料投加区域应设拦截筛网。

7.8.31 移动床生物膜反应器池内水平流速不应大于35m/h，长宽比宜为2∶1～4∶1；当不满足此条件时，应增设导流隔墙和弧形导流隔墙，强化悬浮填料的循环流动。

7.9 供 氧 设 施

7.9.1 生物反应池中好氧区的供氧应满足污水需氧量、混合和处理效率等要求，宜采用鼓风曝气或表面曝气等方式。

7.9.2 生物反应池中好氧区的污水需氧量，根据去除的五日生化需氧量、氨氮的硝化和除氮等要求，宜按下式计算：

$$O_2 = 0.001aQ(S_o - S_e) - c\Delta X_V + b[0.001Q(N_k - N_{ke}) - 0.12\Delta X_V] - 0.62b[0.001Q(N_t - N_{ke} - N_{oe}) - 0.12\Delta X_V] \quad (7.9.2)$$

式中：O_2——污水需氧量(kgO_2/d)；

a——碳的氧当量，当含碳物质以BOD_5计时，应取1.47；

Q——生物反应池的进水流量(m^3/d)；

S_o——生物反应池进水五日生化需氧量浓度(mg/L)；

S_e——生物反应池出水五日生化需氧量浓度(mg/L)；

c——常数，细菌细胞的氧当量，应取1.42；

ΔX_V——排出生物反应池系统的微生物量(kg/d)；

b——常数，氧化每公斤氨氮所需氧量(kgO_2/kgN)，应取4.57；

N_k——生物反应池进水总凯氏氮浓度(mg/L)；

N_{ke}——生物反应池出水总凯氏氮浓度(mg/L)；

N_t——生物反应池进水总氮浓度(mg/L)；

N_{oe}——生物反应池出水硝态氮浓度(mg/L)；

$0.12\Delta X_V$——排出生物反应池系统的微生物中含氮量(kg/d)。

7.9.3 选用曝气装置和设备时，应根据设备的特性、位于水面下的深度、水温、污水的氧总转移特性、当地的海拔高度和预期生物反应池中溶解氧浓度等因素，将计算的污水需氧量换算为标准状态下清水需氧量。

7.9.4 鼓风曝气时，可将标准状态下污水需氧量，换算为标准状态下的供气量，并应按下式计算：

$$G_s = \frac{O_s}{0.28E_A} \quad (7.9.4)$$

式中：G_s——标准状态(0.1MPa、20℃)下供气量(m^3/h)；

O_s——标准状态下生物反应池污水需氧量(kgO_2/h)；

0.28——标准状态下的每立方米空气中含氧量(kgO_2/m^3)；

E_A——曝气器氧的利用率(%)。

7.9.5 鼓风曝气系统中的曝气器应选用有较高充氧性能、布气均匀、阻力小、不易堵塞、耐腐蚀、操作管理和维修方便的产品，并应明确不同服务面积、不同空气量、不同曝气水深，在标准状态下的充氧性能及底部流速等技术参数。

7.9.6 曝气器的数量应根据供气量和服务面积计算确定。

7.9.7 廊道式生物反应池中的曝气器，可满池布置或沿池侧布置，或沿池长分段渐减布置。

7.9.8 采用表面曝气器供氧时，宜符合下列规定：

1 叶轮直径和生物反应池(区)直径(或正方形的一边)之比：倒伞或混流型可为1∶3～1∶5，泵型可为1∶3.5～1∶7；

2 叶轮线速度可为3.5m/s～5.0m/s；

3 生物反应池宜有调节叶轮(转刷、转碟)速度或淹没水深的控制设施。

7.9.9 各种类型的机械曝气设备的充氧能力应根据测定资料或相关技术资料采用。

7.9.10 选用供氧设施时，应考虑冬季溅水、结冰、风沙等气候因素及噪声、臭气等环境因素。

7.9.11 污水厂采用鼓风曝气时，宜设置单独的鼓风机房。鼓风机房可设有值班室、控制室、配电室和工具室，必要时还应设鼓风机冷却系统和隔声的维修场所。

7.9.12 鼓风机的选型应根据使用的风压、单机风量、控制方式、噪声和维修管理等条件确定。选用离心鼓风机时，应详细核算各种工况条件下鼓风机的工作点，不得接近鼓风机的湍振区，并宜设有调节风量的装置。在同一供气系统中，宜选用同一类型的鼓风机。应根据当地海拔高度，最高、最低空气温度，相对湿度对鼓风机的风量、风压及配置的电动机功率进行校核。

7.9.13 采用污泥气燃气发动机作为鼓风机的动力时，可和电动鼓风机共同布置，其间应有隔离措施，并应符合国家现行有关防火防爆标准的规定。

7.9.14 计算鼓风机的工作压力时，应考虑进出风管路系统压力损失和使用时阻力增加等因素。输气管道中空气流速宜采用：干支管为10m/s～15m/s；竖管、小支管为4m/s～5m/s。

7.9.15 鼓风机的台数应根据供气量确定；供气量应根据污水量、污染物负荷变化、水温、气温、风压等确定。可采用不同风量的鼓风机，但不应超过两种。工作鼓风机台数，按平均风量供气量配置时，应设置备用鼓风机。工作鼓风机台数小于或等于4台时，应设置1台备用鼓风机；工作鼓风机台数大于或等于5台时，应设置2台备用鼓风机。备用鼓风机应按设计配置的最大机组考虑。

7.9.16 鼓风机应根据产品本身和空气曝气器的要求，设不同的空气除尘设施。鼓风机进风管口的位置应根据环境条件而设，并宜高于地面。大型鼓风机房宜采用风道进风，风道转折点宜设整流板。风道应进行防尘处理。进风塔进口宜设耐腐蚀的百叶窗，并应根据气候条件加设防止雪、雾或水蒸气在过滤器上冻结冰霜的设施。

7.9.17 选择输气管道的管材时，应考虑强度、耐腐蚀性和膨胀系数。当采用钢管时，管道内外应有不同的耐热、耐腐蚀处理，敷设管道时应考虑温度补偿。当管道置于管廊或室内时，在管外应敷设隔热材料或加做隔热层。

7.9.18 鼓风机和输气管道连接处宜设柔性连接管。输气管道的低点应设排除水分（或油分）的放泄口和清扫管道的排出口；必要时可设排入大气的放泄口，并应采取消声措施。

7.9.19 生物反应池的输气干管宜采用环状布置。进入生物反应池的输气立管管顶宜高出水面0.5m。在生物反应池水面上的输气管，宜根据需要布置控制阀，在其最高点宜适当设置真空破坏阀。

7.9.20 鼓风机房内的机组布置和起重设备设置宜符合本标准第6.4.7条和第6.4.9条的规定。

7.9.21 大中型鼓风机应设单独基础，机组基础间通道宽度不应小于1.5m。

7.9.22 鼓风机房内外的噪声应分别符合现行国家标准《工业企业噪声控制设计规范》GB/T 50087和《工业企业厂界环境噪声排放标准》GB 12348的规定。

7.10 化学除磷

7.10.1 污水经生物除磷工艺处理后，其出水总磷不能达到要求时，应采用化学除磷工艺处理；污泥处理过程中产生的污水含磷较高影响出厂水总磷不能达标时，也应采用化学除磷工艺。

7.10.2 化学除磷药剂可采用生物反应池的前置投加、后置投加或同步投加，也可采用多点投加。在生物滤池中不宜采用同步投加方式除磷。

7.10.3 化学除磷设计中，药剂的种类、剂量和投加点宜根据试验资料确定。

7.10.4 化学除磷药剂可采用铝盐、铁盐或其他有效的药剂。后置投加除磷药剂采用铝盐或铁盐作混凝剂时，宜投加离子型聚合电解质作为助凝剂。

7.10.5 采用铝盐或铁盐作混凝剂时，其投加混凝剂和污水中总磷的摩尔比宜为1.5～3.0，当出水中总磷的浓度低于0.5mg/L时，可适当增加摩尔比。

7.10.6 化学除磷时应考虑产生的污泥量。

7.10.7 化学除磷时，接触腐蚀性物质的设备和管道应采取防腐蚀措施。

7.11 深度和再生处理

Ⅰ 一般规定

7.11.1 污水深度和再生处理的工艺应根据水质目标选择，工艺单元的组合形式应进行多方案比较，满足实用、经济、运行稳定的要求。再生水的水质应符合国家现行水质标准的规定。

7.11.2 污水深度处理和再生水处理主要工艺宜采用混凝、沉淀（澄清、气浮）、过滤、消毒，必要时可采用活性炭吸附、膜过滤、臭氧氧化和自然处理等工艺。

7.11.3 再生水输配到用户的管道严禁和其他管网连接。

Ⅱ 处理工艺

7.11.4 深度和再生水处理工艺的设计参数宜根据试验资料确定，也可参照类似运行经验确定。

7.11.5 采用混合、絮凝、沉淀工艺时，投药混合设施中平均速度梯度值（G值）宜为$300s^{-1}$，混合时间宜为30s～120s。

7.11.6 絮凝、沉淀、澄清、气浮工艺的设计宜符合下列规定：

1 絮凝时间宜为10min～30min。

2 平流沉淀池的沉淀时间宜为2.0h～4.0h，水平流速宜为4.0mm/s～12.0mm/s。

3 上向流斜管沉淀表面水力负荷宜为$4.0m^3/(m^2 \cdot h)$～$7.0m^3/(m^2 \cdot h)$，侧向流斜板沉淀池表面水力负荷可采用$5.0m^3/(m^2 \cdot h)$～$9.0m^3/(m^2 \cdot h)$。

4 澄清池表面水力负荷宜为$2.5m^3/(m^2 \cdot h)$～$3.0m^3/(m^2 \cdot h)$。

5 溶气气浮池的接触室的上升流速可采用10.0mm/s～20.0mm/s，分离室的向下流速可采用1.5mm/s～2.0mm/s。溶气水回流比宜为5%～10%。

6 高效浅层气浮池表面水力负荷宜为$5.0m^3/(m^2 \cdot h)$～$6.0m^3/(m^2 \cdot h)$，溶气水回流比可采用15%～30%。

7.11.7 滤池的设计宜符合下列规定：

1 滤池的进水SS宜小于20mg/L；

2 滤池宜设有冲洗滤池表面污垢和泡沫的冲洗水管；

3 滤池宜采取预加氯等措施。

7.11.8 石英砂滤料滤池、无烟煤和石英砂双层滤料滤池的设计应符合下列规定：

1 采用均匀级配石英砂滤料的V形滤池，滤料厚度宜采用1200mm～1500mm，滤速宜为5m/h～8m/h，应设气水联合反冲洗和表面扫洗辅助系统，表面扫洗强度宜为$2L/(m^2 \cdot s)$～$3L/(m^2 \cdot s)$。单独气冲强度宜为$13L/(m^2 \cdot s)$～$17L/(m^2 \cdot s)$，历时2min～4min；气水联合冲洗时气冲强度宜为$13L/(m^2 \cdot s)$～$17L/(m^2 \cdot s)$，水冲强度宜为$3L/(m^2 \cdot s)$～$4L/(m^2 \cdot s)$，历时3min～4min，单独水冲强度宜为$4L/(m^2 \cdot s)$～$8L/(m^2 \cdot s)$，历时5min～8min。滤池的过滤周期应为12h～24h。

2 无烟煤和石英砂双层滤料滤池，滤速宜为5m/h～10m/h，宜采用先气冲洗后水冲洗方式，气冲强度宜为$15L/(m^2 \cdot s)$～$20L/(m^2 \cdot s)$，历时1min～3min；水冲强度宜为$6.5L/(m^2 \cdot s)$～$10.0L/(m^2 \cdot s)$，历时5min～6min。

3 单层细砂滤料滤池，滤速宜为4m/h～6m/h，宜采用先气冲洗后水冲洗方式，气冲强度宜为$15L/(m^2 \cdot s)$～$20L/(m^2 \cdot s)$，历时1min～3min；水冲强度宜为$8L/(m^2 \cdot s)$～$10L/(m^2 \cdot s)$，历时5min～7min。

4 滤池的构造、滤料组成等宜符合现行国家标准《室外给水设计标准》GB 50013的有关规定。

7.11.9 转盘滤池的设计宜符合下列规定：

1 滤速宜为8m/h～10m/h。

2 当过滤介质采用不锈钢丝网时，反冲洗水压力宜为60m～100m；当过滤介质采用滤布时，反冲洗水压力宜为7m～15m。

3 冲洗前水头损失宜为0.2m～0.4m。

4 滤池前宜设可靠的沉淀措施。

7.11.10 当污水厂二级处理出水经混凝、沉淀、过滤后，仍不能达到再生水水质要求时，可采用活性炭吸附处理。

7.11.11 活性炭吸附处理的设计宜符合下列规定：

1 采用活性炭吸附工艺时，宜进行静态或动态试验，合理确定活性炭的用量、接触时间、表面水力负荷和再生周期。

2 采用活性炭吸附池的设计参数宜根据试验资料确定；当无试验资料时，宜按下列规定采用：

1）空床接触时间宜为20min～30min。

2）炭层厚度宜为3m～4m。

3）下向流的空床滤速宜为7m/h～12m/h。

4）炭层最终水头损失宜为0.4m～1.0m。

5）常温下经常性冲洗时，水冲洗强度宜为$39.6m^3/(m^2·h)$～$46.8m^3/(m^2·h)$，历时10min～15min，膨胀率15%～20%，定期大流量冲洗时，水冲洗强度宜为$54.0m^3/(m^2·h)$～$64.8m^3/(m^2·h)$，历时8min～12min，膨胀率宜为25%～35%。活性炭再生周期由处理后出水水质是否超过水质目标值确定，经常性冲洗周期宜为3d～5d。冲洗水可用砂滤水或炭滤水，冲洗水浊度宜小于5NTU。

3 活性炭吸附罐的设计参数宜根据试验资料确定；当无试验资料时，宜按下列规定采用：

1）接触时间宜为20min～35min；

2）吸附罐的最小高度和直径比可为2：1，罐径为1m～4m，最小炭层厚度宜为3m，可为4.5m～6m；

3）升流式表面水力负荷宜为$9.0m^3/(m^2·h)$～$24.5m^3/(m^2·h)$，降流式表面水力负荷宜为$7.2m^3/(m^2·h)$～$11.9m^3/(m^2·h)$；

4）操作压力宜每0.3m炭层7kPa。

7.11.12 去除水中色度、嗅味和有毒有害及难降解有机物，可采用臭氧氧化技术，设计参数宜通过试验确定；当无试验资料时，应符合下列规定：

1 臭氧投量宜大于3mg/L，接触时间宜为5min～60min，接触池应加盖密封，并应设呼吸阀和安全阀。

2 臭氧氧化系统中应设臭氧尾气消除装置。

3 所有和臭氧气体或溶解臭氧的水接触的材料应耐臭氧腐蚀。

4 可根据当地情况采用不同氧源的发生器。氧源、臭氧发生装置系统和臭氧接触池的设计应符合现行国家标准《室外给水设计标准》GB 50013的规定。

5 臭氧氧化工艺中臭氧投加量较大或再生水规模较大时，臭氧尾气的利用应通过技术经济分析确定。

Ⅲ 输 配 水

7.11.13 再生水管道敷设及其附属设施的设计应符合现行国家标准《室外给水设计标准》GB 50013的规定。

7.11.14 再生水输配水管道平面和竖向布置，应按城镇相关专项规划确定，并应符合现行国家标准《城市工程管线综合规划规范》GB 50289的规定。

7.11.15 污水再生处理厂宜靠近污水厂或再生水用户。有条件时再生水处理设施应和污水厂集中建设。

7.11.16 输配水干管应根据再生水用户的用水特点和安全性要求，合理确定其数量，不能断水用户的配水干管不宜少于2条。再生水管道应具有安全和监控水质的措施。

7.11.17 输配水管道材料的选择应根据水压、外部荷载、土壤性质、施工维护和材料供应等条件，经技术经济比较确定。可采用塑料管、承插式预应力钢筋混凝土管和承插式自应力钢筋混凝土管等非金属管道或金属管道。采用金属管道时，应对管道进行防腐处理。

7.11.18 管道的埋设深度应根据竖向布置、管材性能、冻土深度、外部荷载、抗浮要求及和其他管道交叉等因素确定。露天管道应有调节伸缩的设施和保证管道整体稳定的措施，严寒和寒冷地区应采取防冻措施。

7.12 自 然 处 理

Ⅰ 一 般 规 定

7.12.1 污水量较小的城镇，在环境影响评价和技术经济比较合理时，可采用污水自然处理。

7.12.2 污水的自然处理可包括人工湿地和稳定塘。

7.12.3 污水自然处理必须考虑对周围环境及水体的影响，不得降低周围环境的质量，应根据地区特点选择适宜的污水自然处理方式。

7.12.4 采用自然处理时，应采取防渗措施，严禁污染地下水。

7.12.5 有条件的地区可将自然处理净化城镇污水厂尾水用作河道基流补水。

Ⅱ 人 工 湿 地

7.12.6 采用人工湿地处理污水时，应进行预处理。预处理设施出水SS不宜超过80mg/L。

7.12.7 人工湿地面积应按五日生化需氧量表面有机负荷确定，同时应满足表面水力负荷和停留时间的要求。人工湿地的主要设计参数宜根据试验资料确定；当无试验资料时，可采用经验数据或按表7.12.7的规定取值。

表7.12.7 人工湿地的主要设计参数

人工湿地类型	表面有机负荷 [$g/(m^2·d)$]	表面水力负荷 [$m^3/(m^2·d)$]	水力停留时间 (d)
表面流人工湿地	1.5～5	≤0.1	4～8
水平潜流人工湿地	4～8	≤0.3	1～3
垂直潜流人工湿地	5～8	<0.5	1～3

7.12.8 表面流人工湿地的设计宜符合下列规定：

1 单池长度宜为20m～50m，单池长宽比宜为3：1～5：1；

2 表面流人工湿地的水深宜为0.3m～0.6m；

3 表面流人工湿地的底坡宜为0.1%～0.5%。

7.12.9 潜流人工湿地的设计应符合下列规定：

1 水平潜流人工湿地单元的长宽比宜为3：1～4：1；垂直潜流人工湿地单元的长宽比宜控制在3：1以下。

2 规则的潜流人工湿地单元的长度宜为20m～50m；不规则潜流人工湿地单元，应考虑均匀布水和集水的问题。

3 潜流人工湿地水深宜为0.4m～1.6m。

4 潜流人工湿地的水力坡度宜为0.5%～1.0%。

7.12.10 人工湿地的集配水应均匀，宜采用穿孔管、配（集）水管、配（集）水堰等方式。

7.12.11 人工湿地宜选用比表面积大、机械强度高、稳定性好、取材方便的填料。

7.12.12 人工湿地应以本土植物为首选，宜选用耐污能力强、根系发达、去污效果好、具有抗冻及抗病虫害能力、有一定经济价值和美化景观效果、容易管理的植物。

7.12.13 人工湿地应在池体底部和侧面进行防渗处理，防渗层的渗透系数不应大于$10^{-8}m/s$。

7.12.14 在寒冷地区，集配水及进出水管的设计应考虑防冻措施。

7.12.15 人工湿地系统应定期清淤排泥。

7.12.16 人工湿地应综合考虑污水的悬浮物浓度、有机负荷、投配方式、填料粒径、植物、微生物和运行周期等因素进行防堵塞设计。

Ⅲ 稳 定 塘

7.12.17 在有可利用的荒地或闲地等条件下，技术经济比较合理时，可采用稳定塘处理污水。用作二级处理的稳定塘系统，处理规模不宜大于$5000m^3/d$。

7.12.18 处理污水时，稳定塘的设计数据应根据试验资料确定；当无试验资料时，根据污水水质、处理程度、当地气候和日照等条件，稳定塘的五日生化需氧量总平均表面有机负荷可采用$1.5gBOD_5/(m^2·d)$～$10.0gBOD_5/(m^2·d)$，总停留时间可采用20d～120d。

7.12.19 稳定塘的设计应符合下列规定：

1 稳定塘前宜设格栅；当污水含砂量高时，宜设沉砂池。

2 稳定塘串联的级数不宜少于3级，第一级塘有效深度不宜小于3m。

3 推流式稳定塘的进水宜采用多点进水。

4 稳定塘污泥的蓄积量宜为40L/(人·年)～100L/(人·年)，一级塘应分格并联运行，轮换清除污泥。

7.12.20 在多级稳定塘系统的后面可设养鱼塘，进入养鱼塘的水质应符合国家现行有关渔业水质标准的规定。

7.13 消毒

Ⅰ 一般规定

7.13.1 污水厂出水的消毒程度应根据污水性质、排放标准或再生利用要求确定。

7.13.2 污水厂出水可采用紫外线、二氧化氯、次氯酸钠和液氯消毒，也可采用上述方法的联合消毒方式。

7.13.3 污水厂消毒后的出水不应影响生态安全。

7.13.4 消毒设施和有关建筑物的设计，应符合现行国家标准《室外给水设计标准》GB 50013的规定。

Ⅱ 紫外线

7.13.5 污水厂出水采用紫外线消毒时，宜采用明渠式紫外线消毒系统，清洗方式宜采用在线机械加化学清洗的方式。

7.13.6 紫外线消毒有效剂量宜根据试验资料或类似运行经验，并宜按下列规定确定：

1 二级处理的出水宜为$15mJ/cm^2$～$25mJ/cm^2$；

2 再生水宜为$24mJ/cm^2$～$30mJ/cm^2$。

7.13.7 紫外线照射渠的设计，应符合下列规定：

1 照射渠水流均匀，灯管前后的渠长度不宜小于1m。

2 渠道设水位探测和水位控制装置，设计水深应满足全部灯管的淹没要求；当同时应满足最大流量要求时，最上层紫外灯管顶以上水深在灯管有效杀菌范围内。

7.13.8 紫外线消毒模块组应具备不停机维护检修的条件，应能维持消毒系统的持续运行。

Ⅲ 二氧化氯、次氯酸钠和氯

7.13.9 污水厂出水的加氯量应根据试验资料或类似运行经验确定；当无试验资料时，可采用5mg/L～15mg/L，再生水的加氯量应按卫生学指标和余氯量确定。

7.13.10 二氧化氯、次氯酸钠或氯消毒后应进行混合和接触，接触时间不应小于30min。

7.13.11 次氯酸钠溶液宜低温、避光储存，储存时间不宜大于7d。

8 污泥处理和处置

8.1 一般规定

8.1.1 污泥处理工艺应根据污泥性质、处理后的泥质标准、当地经济条件、污泥处置出路、占地面积等因素合理选择，包括浓缩、厌氧消化、好氧消化、好氧发酵、脱水、石灰稳定、干化和焚烧等。

8.1.2 污泥的处置方式应根据污泥特性、当地自然环境条件、最终出路等因素综合考虑，包括土地利用、建筑材料利用和填埋等。

8.1.3 污泥处理处置应从工艺全流程角度确定各工艺段的处理工艺。

8.1.4 污水厂污泥产量可按下式计算：

$$Q_{sl}=Q_{ps}+Q_{es}+Q_{cs} \tag{8.1.4}$$

式中：Q_{sl}——污泥产生量(kg/d)；

Q_{ps}——初沉污泥量(kg/d)；

Q_{es}——剩余污泥量(kg/d)；

Q_{cs}——化学污泥量(kg/d)。

8.1.5 污泥处理处置设施的规模应以污泥产量为依据，并应综合考虑排水体制、污水处理水量、水质和工艺、季节变化对污泥产量的影响后合理确定。处理截流雨水的污水系统，其污泥处理处置设施的规模应统筹考虑相应的污泥增量，可在旱流污水量对应的污泥量上增加20%。

8.1.6 污泥处理处置设施的设计能力应满足设施检修维护时的污泥处理处置要求，当设施检修时，应仍能全量处理处置产生的污泥。

8.1.7 污泥处理宜根据污水处理除砂和除渣情况设置相应的预处理工艺。

8.1.8 污泥处理构筑物和主要设备的数量不应少于2个。

8.1.9 污泥处理处置过程中产生的臭气应收集后进行处理。

8.1.10 污泥处理处置过程中产生的污泥水应单独处理或返回污水处理构筑物进行处理。

8.1.11 污泥产物资源利用时应符合国家现行有关标准的规定。

8.1.12 污泥产生、运输、贮存、处理处置的全过程应符合国家现行有关污染控制标准的规定。

8.2 污泥浓缩

8.2.1 浓缩剩余污泥时，重力式污泥浓缩池的设计宜符合下列规定：

1 污泥固体负荷宜采用$30kg/(m^2 \cdot d)$～$60kg/(m^2 \cdot d)$；

2 浓缩时间不宜小于12h；

3 由生物反应池后二次沉淀池进入污泥浓缩池的污泥含水率为99.2%～99.6%时，浓缩后污泥含水率可为97.0%～98.0%；

4 有效水深宜为4m；

5 采用栅条浓缩机时，其外缘线速度宜为1m/min～2m/min，池底坡向泥斗的坡度不宜小于0.05。

8.2.2 污泥浓缩池宜设置去除浮渣的装置。

8.2.3 当采用生物除磷工艺进行污水处理时，不宜采用重力浓缩。当采用重力浓缩池时，宜对污泥水进行除磷处理。

8.2.4 当采用机械浓缩设备进行污泥浓缩时，宜根据试验资料或类似运行经验确定设计参数。

8.2.5 污泥浓缩脱水可采用一体化机械。

8.2.6 间歇式污泥浓缩池应设置可排出深度不同的污泥水的设施。

8.3 污泥消化

Ⅰ 一般规定

8.3.1 应根据污泥性质、环境要求、工程条件和污泥处置方式，选择经济适用、管理方便的污泥消化工艺。

8.3.2 污泥经消化处理后，其挥发性固体去除率宜大于40%。

Ⅱ 污泥厌氧消化

8.3.3 有初次沉淀池系统的污水厂，剩余污泥宜和初沉污泥合并进行厌氧消化处理。当有条件时，污泥可和餐厨垃圾等进行协同处理。

8.3.4 污泥厌氧消化工艺，按消化级数可分为单级和多级消化；按消化温度可分为中温和高温消化；按消化相数可分为单相和两相消化；按消化固体浓度可分为常规浓度和高含固浓度消化。

8.3.5 单级厌氧消化池（或多级厌氧消化池中的第一级）污泥应加热并搅拌，宜有防止浮渣结壳和排出上清液的措施。采用多级厌氧消化时，各级厌氧消化池的容积比应根据其运行操作方式，通过技术经济比较确定；二级及以上厌氧消化池可不加热、不搅拌，但应有防止浮渣结壳和排出上清液的措施。

8.3.6 厌氧消化池的总有效容积应根据厌氧消化时间或挥发性固体容积负荷计算互相校核，并应按下列公式计算：

$$V=Q_o\cdot t_d \quad (8.3.6\text{-}1)$$

$$V=\frac{W_S}{L_V} \quad (8.3.6\text{-}2)$$

式中：V——消化池总有效容积(m^3)；

Q_o——每日投入消化池的原污泥量(m^3/d)；

t_d——消化时间(d)；

W_S——每日投入消化池的原污泥中挥发性干固体质量(kgVSS/d)；

L_V——消化池挥发性固体容积负荷[kgVSS/(m^3·d)]。

8.3.7 常规浓度中温厌氧消化池的设计应符合下列规定：

1 多级消化池的第一级或单级消化池的消化温度宜为33℃～38℃；

2 消化时间宜为20d～30d；

3 挥发性固体容积负荷取值：重力浓缩后的污泥宜为0.6kgVSS/(m^3·d)～1.5kgVSS/(m^3·d)，机械浓缩后的污泥不应大于2.3kgVSS/(m^3·d)。

8.3.8 高含固浓度厌氧消化池的设计宜符合下列规定：

1 消化池温度宜为33℃～38℃；

2 污泥含水率宜为90%～92%；

3 消化时间宜为20d～30d；

4 挥发性固体容积负荷取值宜为1.6kgVSS/(m^3·d)～3.5kgVSS/(m^3·d)。

8.3.9 以热水解(水热)作为消化预处理时，宜符合下列规定：

1 热水解反应罐反应时间宜为20min～30min；

2 厌氧消化池温度宜为37℃～42℃；

3 污泥含水率宜为88%～92%；

4 消化时间宜为15d～20d；

5 挥发性固体容积负荷宜为2.8kgVSS/(m^3·d)～5.0kgVSS/(m^3·d)。

8.3.10 厌氧消化池污泥温度应保持稳定，并宜保持在设计温度±2℃。

8.3.11 污泥厌氧消化池池形可根据工艺条件、投资成本和景观要求等因素进行选择。

8.3.12 厌氧消化池污泥的加热可采用池外热交换，并应符合下列规定：

1 厌氧消化池总耗热量应按全年最冷月平均日气温通过热工计算确定；

2 加热设备应考虑10%～20%的富余能力；

3 厌氧消化池及污泥投配和循环管道应进行保温。

8.3.13 厌氧消化池内壁应采取防腐措施。

8.3.14 厌氧消化池的污泥搅拌宜采用池内机械搅拌、污泥气搅拌或池外泵循环搅拌等。每日将全池污泥完全搅拌(循环)的次数不宜少于3次。间歇搅拌时，每次搅拌的时间不宜大于循环周期的一半。

8.3.15 厌氧消化池和污泥气贮罐应密封，并应能承受污泥气的工作压力，其气密性试验压力不应小于污泥气工作压力的1.5倍。厌氧消化池和污泥气贮罐应采取防止池(罐)内产生超压和负压的措施。

8.3.16 厌氧消化池溢流和表面排渣管出口不得放在室内，且必须设置水封装置。厌氧消化池的出气管上必须设置回火防止器。

8.3.17 用于污泥投配、循环、加热、切换控制的设备和阀门设施宜集中布置，室内应设通风设施。厌氧消化系统的电气集中控制室不应和存在污泥气泄漏可能的设施合建。

8.3.18 污泥气贮罐、污泥气压缩机房、污泥气阀门控制间、污泥气管道层等可能泄漏污泥气的场所，电机、仪表和照明等电器设备均应符合防爆要求，室内应设置通风设施和污泥气泄漏报警装置。

8.3.19 污泥气贮罐的容积宜根据产气量和用气量计算确定。当无相关资料时，可按6h～10h的平均产气量设计。污泥气贮罐应采取防腐措施。

8.3.20 污泥气贮罐超压时，不得直接向大气排放污泥气，应采用污泥气燃烧器燃烧消耗，燃烧器应采用内燃式。污泥气贮罐的出气管上必须设置回火防止器。

8.3.21 污泥气净化应进行除湿、过滤和脱硫等处理。污泥气纯化应进行除湿，去除二氧化碳、氨和氮氧化物等处理。

8.3.22 污泥气应综合利用，可用于锅炉、发电或驱动鼓风机等。

8.3.23 污泥气系统的设计应符合现行国家标准《大中型沼气工程技术规范》GB/T 51063的规定。

Ⅲ 污泥好氧消化

8.3.24 好氧消化池的总有效容积可按本标准式(8.3.6-1)或式(8.3.6-2)计算。设计参数宜根据试验资料确定。当无试验资料时，好氧消化时间宜为10d～20d；重力浓缩后的原污泥，其挥发性固体容积负荷宜为0.7kgVSS/(m^3·d)～2.8kgVSS/(m^3·d)；机械浓缩后的高浓度原污泥，其挥发性固体容积负荷不宜大于4.2kgVSS/(m^3·d)。

8.3.25 好氧消化池宜根据气候条件采取保温、加热措施或适当延长消化时间。

8.3.26 好氧消化池中溶解氧浓度不应小于2mg/L。

8.3.27 好氧消化池采用鼓风曝气时，宜采用中气泡空气扩散装置，鼓风曝气应同时满足细胞自身氧化和搅拌混合的需气量，宜根据试验资料或类似运行经验确定。

8.3.28 当好氧消化池采用鼓风曝气时，其有效深度应根据鼓风机的输出风压、管路及曝气器的阻力损失确定，宜为5.0m～6.0m。好氧消化池的超高不宜小于1.0m。

8.3.29 间歇运行的好氧消化池应设有排出上清液的装置，连续运行的好氧消化池宜设有排出上清液的装置。

8.4 污泥好氧发酵

Ⅰ 一般规定

8.4.1 采用好氧发酵的污泥应符合下列规定：

1 含水率不宜高于80%；

2 有机物含量不宜低于40%；

3 有害物质含量应符合现行国家标准《城镇污水处理厂污泥泥质》GB 24188的规定。

8.4.2 污泥好氧发酵系统应包括混料、发酵、供氧、除臭等设施。

8.4.3 污泥好氧发酵工艺可根据物料发酵分段、翻堆方式、供氧方式和反应器类型进行分类，工艺分类和类型宜符合表8.4.3的规定。

表8.4.3 污泥好氧发酵工艺分类和类型

分类方式	工艺类型
发酵分段	一次发酵、二次发酵
翻堆方式	静态、间歇动态(半动态)、动态
供氧方式	自然通风、强制通风

8.4.4 污泥接收区、混料区、发酵处理区、发酵产物储存区的地面和周边车行道应进行防渗处理。

8.4.5 北方寒冷地区的污泥好氧发酵工程应采取措施保证好氧发酵车间环境温度不低于5℃，并应采取措施防止冷凝水回滴至发酵堆体。

Ⅱ 混料系统

8.4.6 污泥、辅料和返混料的配比应根据三者的含水率、有机物含量和碳氮比等经计算确定，冬季可适当提高辅料投加比例。

8.4.7 进入发酵系统的混合物料应符合下列规定：

1 含水率应为55%～65%，有机物含量不应低于40%，碳氮比应为20～30，pH值应为6～9；

2　混合物料应结构松散、颗粒均匀、无大团块，颗粒直径不应大于2cm。

8.4.8　给料设备应能按比例配备进入混料设备的污泥、辅料和返混料。当采用料斗方式给料时，应采取防止污泥架桥的措施。

8.4.9　混料设备的额定处理能力可按每天8h～16h工作时间计算，设备选择时应根据物料堆积密度进行处理能力校核。

8.4.10　辅料储存量应根据辅料来源并结合实际情况确定，并应满足消防的相关要求。

Ⅲ　发 酵 系 统

8.4.11　一次发酵仓的数量和容积应根据进料量和发酵时间确定，堆体高度的确定应综合考虑供氧方式、物料含水率、有机物含量等因素，并宜符合下列规定：

1　当采用自然通风供氧时，堆体高度宜为1.2m～1.5m；

2　当采用机械强制通风供氧时，堆体高度不宜超过2.0m。

8.4.12　一次发酵阶段堆体氧气浓度不应低于5%(按体积计)，温度达到55℃～65℃时持续时间应大于3d，总发酵时间不应小于7d。

8.4.13　二次发酵宜采用静态或间歇动态发酵，堆体供氧方式应根据场地条件和经济成本等因素确定。

8.4.14　二次发酵阶段堆体氧气浓度不宜低于3%，堆体温度不宜高于45℃，发酵时间宜为30d～50d。

8.4.15　翻堆机选型应根据翻堆物料量、翻堆频次、堆体宽度和堆体高度等因素确定。

8.4.16　发酵系统中和物料、水汽直接接触的设备、仪表和金属构件应采取防腐蚀措施。

Ⅳ　供 氧 系 统

8.4.17　污泥好氧发酵的供氧可采用自然通风、强制通风和翻堆等方式。

8.4.18　强制通风的风量和风压宜符合下列规定：

1　风量宜按下式计算：

$$Q=R\cdot V \tag{8.4.18-1}$$

式中：Q——强制通风量(m^3/min)；

R——单位时间内每立方米物料通风量[$m^3/(min\cdot m^3)$]，宜取0.05～0.20；

V——污泥好氧发酵容积(m^3)。

2　风压宜按下式计算：

$$P=(P_1+P_2+P_3)\cdot\lambda \tag{8.4.18-2}$$

式中：P——鼓风风压(kPa)；

P_1——鼓风机出口阀门压力损失(kPa)；

P_2——管道及气室压力损失(kPa)；

P_3——气流穿透物料层的压力损失(kPa)，取值不宜低于3kPa/m堆体高度；

λ——供氧系统风压余量系数，宜取1.05～1.10。

8.4.19　鼓风机或抽风机和堆体之间的空气通道可采用管道或气室的形式，应尽量减少管道或气室的弯曲、变径和分叉。

8.5　污泥机械脱水

Ⅰ　一 般 规 定

8.5.1　污泥机械脱水的设计应符合下列规定：

1　污泥脱水机械的类型应按污泥的脱水性质和脱水泥饼含水率要求，经技术经济比较后选用。

2　机械脱水间的布置应按本标准第6章的有关规定执行，并应考虑泥饼运输设施和通道。

3　脱水后的污泥应卸入污泥外运设备，或设污泥料仓贮存；当污泥输送至外运设备时，应避免污泥洒落地面，污泥料仓的容量应根据污泥出路和运输条件等确定。

4　污泥机械脱水间应设通风设施，换气次数可为8次/h～12次/h。

8.5.2　污泥在脱水前应加药调理，并应符合下列规定：

1　药剂种类应根据污泥的性质和出路等选用，投加量宜根据试验资料或类似运行经验确定；

2　污泥加药后，应立即混合反应，并进入脱水机。

Ⅱ　压 滤 机

8.5.3　压滤机宜采用带式压滤机、板框压滤机、厢式压滤机或微孔挤压脱水机，其泥饼产率和泥饼含水率，应根据试验资料或类似运行经验确定。

8.5.4　带式压滤机的设计应符合下列规定：

1　污泥脱水负荷应根据试验资料或类似运行经验确定，并可按表8.5.4的规定取值；

表8.5.4　污泥脱水负荷

污泥类别	初沉原污泥	初沉消化污泥	混合原污泥	混合消化污泥
污泥脱水负荷[kg/(m·h)]	250	300	150	200

2　应按带式压滤机的要求配置空气压缩机，并至少应有1台备用；

3　应配置冲洗泵，其压力宜采用0.4MPa～0.6MPa，其流量可按5.5m^3/[m(带宽)·h]～11.0m^3/[m(带宽)·h]计算，至少应有1台备用。

8.5.5　板框压滤机和厢式压滤机的设计应符合下列规定：

1　过滤压力不应小于0.4MPa；

2　过滤周期不应大于4h；

3　每台压滤机可设1台污泥压入泵；

4　压缩空气量为每立方米滤室不应小于2m^3/min(按标准工况计)。

8.5.6　深度脱水压滤机的设计应符合下列规定：

1　进料压力宜为0.6MPa～1.6MPa；

2　压榨压力宜为2.0MPa～3.0MPa，压榨泵至隔膜腔室之间的连接管路配件和控制阀，其承压能力应满足相关安全标准和使用要求；

3　压缩空气系统应包括空压机、储气罐、过滤器、干燥器和配套仪表阀门等部件，控制用压缩空气、压榨用压缩空气和工艺用压缩空气三部分不应相互干扰。

Ⅲ　离 心 机

8.5.7　采用卧螺离心脱水机脱水时，其分离因数宜小于3000g(g为重力加速度)。

8.5.8　离心脱水机前应设污泥切割机，切割后的污泥粒径不宜大于8mm。

8.5.9　离心脱水机房应采取降噪措施，离心脱水机房内外的噪声应符合现行国家标准《工业企业噪声控制设计规范》GB/T 50087的规定。

8.6　污泥石灰稳定

8.6.1　石灰稳定工艺由脱水污泥给料单元、石灰计量投加单元、混合反应单元、污泥出料输送单元和气体净化单元等组成。进入石灰稳定系统的污泥含水率宜为60%～80%，且不应含有粒径大于50mm的杂质。

8.6.2　石灰稳定工艺的设计应符合下列规定：

1　石灰稳定设施应密闭，配套除尘、除臭设施设备；

2　石灰储料筒仓顶端应设有粉尘收集过滤装置和物位测量装置，且应安装过压保护；

3　石灰混合装置应设在收集泥饼的传送装置末端，并宜采用适用于污泥和石灰混合反应的专用混合器设备；

4　石灰进料装置应位于储料筒仓的锥斗部分，宜采用定容螺旋式进料装置；

5　石灰的投加量应由最终的含固率和石灰稳定控制指标计

算确定。

8.7 污泥干化

8.7.1 污泥干化宜采用热干化，在特定的地区，污泥干化可采用干化场。

8.7.2 污泥热干化的设计应符合下列规定：

1 应充分考虑热源和进泥性质波动等因素；

2 应充分利用污泥处理过程中产生的热源；

3 热干化出泥应避开污泥的黏滞区；

4 热干化系统内的氧含量小于3%时，必须采用纯度较高的惰性气体。

8.7.3 污泥热干化设备的选型应根据热干化的实际需要确定。污泥热干化可采用直接干化和间接干化，宜采用间接干化。

8.7.4 污泥干化设备可采用流化床式、圆盘式、桨叶式和薄层式等，设计年运行时间不宜小于8000h。

8.7.5 流化床式干化的设计应符合下列规定：

1 床内氧含量应小于5%；

2 加热介质温度宜控制在180℃～250℃；

3 床内干化气体温度应为85℃±3℃。

8.7.6 圆盘式、桨叶式和薄层式干化的设计应符合下列规定：

1 热交换介质可为导热油或饱和蒸汽；

2 饱和蒸汽的压力应在0.2MPa～1.3MPa(表压)。

8.7.7 当污泥干化热交换介质为导热油时，导热油的闪点温度必须大于运行温度。

8.7.8 污泥热干化蒸发单位水量所需的热能应小于3300kJ/kgH_2O。

8.7.9 污泥干化设备应设有安全保护措施。

8.7.10 热干化系统必须设置尾气净化处理设施，并应达标排放。

8.7.11 干化装置必须全封闭，污泥干化设备内部和污泥干化车间应保持微负压，干化后污泥应密封贮存。

8.7.12 污泥热干化工艺应和余热利用相结合，可考虑利用垃圾焚烧余热、发电厂余热或其他余热作为污泥干化处理的热源，不宜采用优质一次能源作为主要干化热源。

8.7.13 干化尾气载气冷凝处理后冷凝水中的热量宜进行回收利用。

8.7.14 污泥自然干化场的设计宜符合下列规定：

1 污泥固体负荷宜根据污泥性质、年平均气温、降雨量和蒸发量等因素，参照相似地区经验确定。

2 污泥自然干化场划分块数不宜少于3块；围堤高度宜为0.5m～1.0m，顶宽宜为0.5m～0.7m。

3 污泥自然干化场宜设人工排水层。除特殊情况外，人工排水层下应设不透水层，不透水层应坡向排水设施，坡度宜为0.01～0.02。

4 污泥自然干化场宜设排除上层污泥水的设施。

8.7.15 污泥自然干化场及其附近应设长期监测地下水质量的设施。

8.7.16 污泥焚烧应和热干化设施同步建设。

8.8 污泥焚烧

8.8.1 污泥焚烧系统的设计应对污泥进行特性分析。

8.8.2 污泥焚烧宜采用流化床工艺。

8.8.3 污泥焚烧区域空间应满足污泥焚烧产生烟气在850℃以上高温区域停留时间不小于2s。

8.8.4 污泥焚烧设施的设计年运行时间不应小于7200h。

8.8.5 污泥焚烧必须设置烟气净化处理设施，且烟气处理后的排放值应符合现行国家标准的规定。烟气净化系统必须设置袋式除尘器。

8.8.6 污泥焚烧的炉渣和除尘设备收集的飞灰应分别收集、贮存和运输。符合要求的炉渣应进行综合利用，飞灰应经鉴别后妥善处置。

8.8.7 采用垃圾焚烧等设施协同焚烧污水厂污泥时，在焚烧前应对污泥进行干化预处理，并应控制掺烧比。

8.9 污泥处置和综合利用

8.9.1 污泥的最终处置应考虑综合利用。

8.9.2 污泥的处置和综合利用应因地制宜。污泥的土地利用应严格控制污泥中和土壤中积累的重金属和其他有毒有害物质含量，园林绿化利用和农用污泥应符合国家现行标准的规定，处理不达标的污泥不得进入耕地。

8.9.3 用于建材的污泥应根据实际产品要求、工艺情况和污泥掺入量，对污泥中的硫、氯、磷和重金属等的含量设置最高限值。

8.9.4 污泥和生活垃圾混合填埋，污泥应进行稳定化、无害化处理，并应满足垃圾填埋场填埋土力学要求。

8.10 污泥输送和贮存

8.10.1 污泥输送方式应根据污泥特性选择，应能满足耐用、防尘和防臭气外逸的要求，并应根据输送位置、距离、输送量和输送污泥含水率等合理选择输送设备。

8.10.2 脱水污泥的输送宜采用螺旋输送机、管道输送和皮带输送机三种形式。干化污泥输送宜采用螺旋输送机、刮板输送机、斗式提升机和皮带输送机等形式。

8.10.3 螺旋输送机输送脱水污泥，其倾角宜小于30°，且宜采用无轴螺旋输送机。黏稠度高的脱水污泥宜采用双螺旋输送机。

8.10.4 管道输送脱水污泥，弯头的转弯半径不应小于5倍管径，并应选择适用于输送大颗粒、高黏稠度的污泥输送泵，污泥泵应具有较强的抗腐蚀性和耐磨性。

8.10.5 皮带输送机输送污泥的倾角应小于20°。

8.10.6 干化污泥输送应密闭，干化污泥的输送设施应处于负压状态，防止气体外逸污染环境。干化污泥输送设备应具有耐磨、耐腐蚀、检修方便的特点。

8.10.7 污水厂应设置污泥贮存设施，便于污泥处理、外运处置，避免造成环境污染。

8.10.8 污泥料仓的设计应符合下列规定：

1 污泥料仓的容积应根据污泥出路、运输条件和后续处理工艺等因素综合确定；

2 脱水污泥料仓应设有防止污泥架桥装置；

3 污泥料仓应具有密闭性、耐腐蚀、防渗漏等性能；

4 应设除臭设施；

5 干化污泥料仓应设有温度检测和一氧化碳气体检测装置，并应设有温度过高和气体浓度过高的应急措施。

8.11 除臭

Ⅰ 一般规定

8.11.1 排水工程设计时，宜采用臭气散发量少的污水、污泥处理工艺和设备，并应通过臭气源隔断、防止腐败和设备清洗等措施，对臭气源头进行控制。

8.11.2 污水厂除臭系统宜由臭气源封闭加罩或加盖、臭气收集、臭气处理和处理后排放等部分组成。

8.11.3 污水除臭系统应进行源强和组分分析，根据臭气发散量、浓度和臭气成分选用合适的处理工艺。周边环境要求高的场合宜采用多种处理工艺组合。

8.11.4 污水除臭系统应根据当地的气温和气候条件采取防冻和保温措施。

8.11.5 臭气风量设计应采取量少、质浓的原则。在满足密闭空间内抽吸气均匀和浓度控制的条件下，应尽量采取小空间密闭、负压抽吸的收集方式。污水、污泥处理构筑物的臭气风量宜根据构筑物的种类、散发臭气的水面面积和臭气空间体积等因素确定；设备臭气风量宜根据设备的种类、封闭程度和封闭空间体积等因素确定；臭气风量应根据监测和试验确定，当无数据和试验资料时，可按下列规定计算：

1 进水泵房集水井或沉砂池臭气风量可按单位水面积臭气风量指标 $10m^3/(m^2 \cdot h)$ 计算，并可增加 1 次/h～2 次/h 的空间换气量；

2 初次沉淀池、浓缩池等构筑物臭气风量可按单位水面积臭气风量指标 $3m^3/(m^2 \cdot h)$ 计算，并可增加 1 次/h～2 次/h 的空间换气量；

3 曝气处理构筑物臭气风量可按曝气量的 110% 计算；

4 半封口设备臭气风量可按机盖内换气次数 8 次/h 或机盖开口处抽气流速为 0.6m/s 计算，按两种计算结果的较大者取值。

8.11.6 臭气处理装置应靠近臭气风量大的臭气源。当臭气源分散布置时，可采用分区处理。

Ⅱ 臭气源加盖

8.11.7 臭气源加盖时，应符合下列规定：

1 正常运行时，加盖不应影响构筑物内部和相关设备的观察和采光要求；

2 应设检修通道，加盖不应妨碍设备的操作和维护检修；

3 盖和支撑的材质应具有良好的物理性能，耐腐蚀、抗紫外老化，并在不同温度条件下有足够的抗拉、抗剪和抗压强度，承受台风和雪荷载，定期进行检测，且不应有和臭气源直接接触的金属构件；

4 盖上宜设置透明观察窗、观察孔、取样孔和人孔，并应设置防起雾措施，窗和孔应开启方便且密封性良好；

5 禁止踩踏的盖应设置栏杆或醒目的警示标识；

6 臭气源加盖设施应和构筑物(设备)匹配，提高密封性，减少臭气逸出。

Ⅲ 臭气收集

8.11.8 收集风管宜采用玻璃钢、UPVC 和不锈钢等耐腐蚀材料。风管管径和截面尺寸应根据风量和风速确定，风管内的风速可按表 8.11.8 的规定确定。

表 8.11.8 风管内的风速(m/s)

风管类别	钢板和非金属风管内	砖和混凝土风道内
干管	6～14	4～12
支管	2～8	2～6

8.11.9 各并联收集风管的阻力宜保持平衡，各吸风口宜设置带开闭指示的阀门。

8.11.10 臭气收集通风机的风压计算时，应考虑除臭空间负压、臭气收集风管沿程和局部损失、除臭设备自身阻力、臭气排放管风压损失，并应预留安全余量。

8.11.11 臭气收集通风机壳体和叶轮材质应选用玻璃钢等耐腐蚀材料。风机宜配备隔声罩，且面板应采用防腐材质，隔声罩内应设散热装置。

Ⅳ 臭气处理

8.11.12 采用洗涤处理时，可符合下列规定：

1 洗涤塔(器)的空塔流速可取 0.6m/s～1.5m/s；

2 臭气在填料层停留时间可取 1s～3s。

8.11.13 采用生物处理时，宜符合下列规定：

1 填料区停留时间不宜小于 15s，寒冷地区宜根据进气温度情况延长空塔停留时间；

2 空塔气速不宜大于 300m/h；

3 单位填料负荷宜根据臭气浓度和去除要求确定，硫化氢负荷不宜高于 $5g/(m^3 \cdot h)$。

8.11.14 采用活性炭处理时，活性炭吸附单元的空塔停留时间应根据臭气浓度、处理要求和吸附容量确定，且宜为 2s～5s。

Ⅴ 臭气排放

8.11.15 臭气排放应进行环境影响评估。当厂区周边存在环境敏感区域时，应进行臭气防护距离计算。

8.11.16 采用高空排放时，应设避雷设施，室外采用金属外壳的排放装置还应有可靠的接地措施。

9 检测和控制

9.1 一般规定

9.1.1 排水工程运行应设置检测系统、自动化系统，宜设置信息化系统和智能化系统。城镇或地区排水网络宜建立智慧排水系统。

9.1.2 排水工程设计应根据工程规模、工艺流程、运行管理、安全保障和环保监督要求确定检测和控制的内容。

9.1.3 检测和控制系统应保证排水工程的安全可靠、便于运行和改善劳动条件，提高科学管理和智慧化水平。

9.1.4 检测和控制系统宜兼顾现有、新建和规划的要求。

9.2 检测

9.2.1 污水厂进出水应按国家现行排放标准和环境保护部门的要求设置相关检测仪表。

9.2.2 下列位置应设相关监测仪表和报警装置：

1 排水泵站：硫化氢(H_2S)浓度；

2 厌氧消化区域：甲烷(CH_4)、硫化氢(H_2S)浓度；

3 加氯间：氯气(Cl_2)浓度；

4 地下式泵房、地下式雨水调蓄池和地下式污水厂箱体：硫化氢(H_2S)、甲烷(CH_4)浓度；

5 其他易产生有毒有害气体的密闭房间或空间：硫化氢(H_2S)浓度。

9.2.3 排水泵站和污水厂各处理单元应设生产控制和运行管理所需的检测仪表。

9.2.4 排水管网关键节点宜设液位、流速和流量监测装置，并应根据需要增加水质监测装置。

9.3 自动化

9.3.1 自动化系统应能监视和控制全部工艺流程和设备的运行，并应具有信息收集、处理、控制、管理和安全保护功能。

9.3.2 排水泵站和排水管网宜采用"少人(无人)值守，远程监控"的控制模式，建立自动化系统，设置区域监控中心进行远程的运行监视、控制和管理。

9.3.3 污水厂应采用"集中管理、分散控制"的控制模式设立自动化控制系统，应设中央控制室进行集中运行监视、控制和管理。

9.3.4 自动化系统的设计应符合下列规定：

1 系统宜采用信息层、控制层和设备层三层结构形式；

2 设备应设基本、就地和远控三种控制方式；

3 应根据工程具体情况，经技术经济比较后选择网络结构和通信速率；

4 操作系统和开发工具应运行稳定、易于开发，操作界面方便；

5 电源应做到安全可靠，留有扩展裕量，采用在线式不间断电源(UPS)作为备用电源，并应采取过电压保护等措施。

9.3.5 排水工程宜设置能耗管理系统。

9.4 信　息　化

9.4.1 信息化系统应根据生产管理、运营维护等要求确定，分为信息设施系统和生产管理信息平台。

9.4.2 排水工程应进行信息设施系统建设，并应符合下列规定：

1 应设置固定电话系统和网络布线系统；

2 宜结合智能化需求设置无线网络通信系统；

3 可根据运行管理需求设置无线对讲系统、广播系统；

4 地下式排水工程可设置移动通信室内信号覆盖系统。

9.4.3 排水工程宜设置生产管理信息平台，并应具有移动终端访问功能。

9.4.4 信息化系统应采取工业控制网络信息安全防护措施。

9.5 智　能　化

9.5.1 智能化系统应根据工程规模、运营保护和管理要求等确定。

9.5.2 智能化系统宜分为安全防范系统、智能化应用系统和智能化集成平台。

9.5.3 排水工程应设安全防范系统，并应符合下列规定：

1 应设视频监控系统，包含安防视频监控和生产管理视频监控；

2 厂区周界、主要出入口应设入侵报警系统；

3 重要区域宜设门禁系统；

4 根据运行管理需要可设电子巡更系统和人员定位系统；

5 地下式排水工程应设火灾报警系统，并应根据消防控制要求设计消防联动控制。

9.5.4 排水工程应设智能化应用系统，并宜符合下列规定：

1 鼓风曝气宜设智能曝气控制系统；

2 加药工艺宜设智能加药控制系统；

3 地下式排水工程宜设智能照明系统；

4 可根据运行管理需求设置智能检测、巡检设备。

9.5.5 排水工程宜设置智能化集成平台，对智能化各组成系统进行集成，并具有信息采集、数据通信、综合分析处理和可视化展现等功能。

9.6 智慧排水系统

9.6.1 智慧排水系统应和城镇排水管理机制和管理体系相匹配，并应建成从生产到运行管理和决策的完整系统。

9.6.2 智慧排水系统应能实现整个城镇或区域排水工程大数据管理、互联网应用、移动终端应用、地理信息查询、决策咨询、设备监控、应急预警和信息发布等功能。

9.6.3 智慧排水系统应设置智慧排水信息中心，建立信息综合管理平台，并应具有对接智慧水务的技术条件，并与其他管理部门信息互通。

9.6.4 智慧排水信息中心应设置显示系统，可展示整个城镇或区域排水系统的总体布局、主要节点的监测数据和设施设备的运行情况。

9.6.5 智慧排水信息中心和下属排水工程之间的数据通信网络应安全可靠。

附录A　年径流总量控制率对应的设计降雨量计算方法

A.0.1 年径流总量控制率对应的设计降雨量值应按下列步骤计算：

1 选取至少30年的日降水资料，剔除小于或等于2mm的降雨事件数据和全部降雪数据；

2 将剩余的日降雨量由小到大进行排序；

3 根据下式依次计算日降雨量对应的年径流总量控制率：

$$P_i=\frac{(X_1+X_2+\cdots+X_i)+X_i\times(N-i)}{X_1+X_2+\cdots+X_N} \quad (A.0.1)$$

式中：P_i——第 i 个日降雨量数值对应的年径流总量控制率；

X_1，X_2，X_i，X_N——第1个、第2个、第 i 个、第 N 个日降雨量数值；

N——日降雨量序列的累计数。

4 某年径流总量控制率对应的日降雨量即为设计降雨量。

附录B　暴雨强度公式的编制方法

Ⅰ　年最大值法取样

B.0.1 本方法适用于具有20年以上自记雨量记录的地区，有条件的地区可用30年以上的雨量系列，暴雨样本选样方法可采用年最大值法。若在时段内任一时段超过历史最大值，宜进行复核修正。

B.0.2 计算降雨历时宜采用5min、10min、15min、20min、30min、45min、60min、90min、120min、150min、180min共11个历时。计算降雨重现期宜按2年、3年、5年、10年、20年、30年、50年、100年统计。

B.0.3 选取的各历时降雨资料，应采用经验频率曲线或理论频率曲线进行趋势性拟合调整，可采用理论频率曲线，包括皮尔逊Ⅲ型分布曲线、耿贝尔分布曲线和指数分布曲线。根据确定的频率曲线，得出重现期、降雨强度和降雨历时三者的关系，即 P、i、t 关系值。

B.0.4 应根据 P、i、t 关系值求得 A_1、b、C、n 各个参数，可采用图解法、解析法、图解与计算结合法等方法进行。为提高暴雨强度公式的精度，可采用高斯—牛顿法。将求得的各个参数按本标准公式(4.1.9)计算暴雨强度。

B.0.5 计算抽样误差和暴雨公式均方差，宜按绝对均方差计算，也可辅以相对均方差计算。计算重现期在2年～20年时，在一般强度的地方，平均绝对方差不宜大于0.05mm/min；在强度较大的地方，平均相对方差不宜大于5%。

Ⅱ　年多个样法取样

B.0.6 本方法适用于具有10年以上自记雨量记录的地区。

B.0.7 计算降雨历时宜采用5min、10min、15min、20min、30min、45min、60min、90min、120min共9个历时。计算降雨重现期宜按0.25年、0.33年、0.5年、1年、2年、3年、5年、10年统计。资料条件较好时(资料年数≥20年、子样点的排列比较规律)，也可统计高于10年的重现期。

B.0.8 取样方法宜采用年多个样法，每年每个历时选择6个～8个最大值，然后不论年次，将每个历时子样按大小次序排列，再从中选择资料年数的3倍～4倍的最大值，作为统计的基础资料。

B.0.9 选取的各历时降雨资料，可采用频率曲线加以调整。当精度要求不太高时，可采用经验频率曲线；当精度要求较高时，可采用皮尔逊Ⅲ型分布曲线或指数分布曲线等理论频率曲线。根据确定的频率曲线，得出重现期、降雨强度和降雨历时三者的关系，即 P、i、t 关系值。

B.0.10 根据 P、i、t 关系值求得 b、n、A_1、C 各个参数，可用解析法、图解与计算结合法或图解法等方法进行。将求得的各参数代入本标准公式(4.1.9)计算暴雨强度。

B.0.11 计算抽样误差和暴雨公式均方差，可按绝对均方差计算，也可辅以相对均方差计算。计算重现期在0.25年～10年时，在一般强度的地方，平均绝对方差不宜大于0.05mm/min；在强度较大的地方，平均相对方差不宜大于5%。

附录C 排水管道和其他地下管线(构筑物)的最小净距

表C 排水管道和其他地下管线(构筑物)的最小净距(m)

名称			水平净距	垂直净距
建筑物	管道埋深浅于建筑物基础		2.50	—
	管道埋深深于建筑物基础		3.00	—
给水管	$d\leqslant200$mm		1.00	0.40
	$d>200$mm		1.50	
排水管			—	0.15
再生水管			0.50	0.40
燃气管	低压	$P\leqslant0.05$MPa	1.00	0.15
	中压	0.05MPa$<P\leqslant$0.4MPa	1.20	0.15
	高压	0.4MPa$<P\leqslant$0.8MPa	1.50	0.15
		0.8MPa$<P\leqslant$1.6MPa	2.00	0.15

续表C

名称		水平净距	垂直净距
热力管线		1.50	0.15
电力管线		0.50	0.50
电信管线		1.00	直埋0.50
			管块0.15
乔木		1.50	—
地上柱杆	通信照明及<10kV	0.50	—
	高压铁塔基础边	1.50	—
道路侧石边缘		1.50	—
铁路钢轨(或坡脚)		5.00	轨底1.20
电车(轨底)		2.00	1.00
架空管架基础		2.00	—
油管		1.50	0.25
压缩空气管		1.50	0.15
氧气管		1.50	0.25
乙炔管		1.50	0.25
电车电缆		—	0.50
明渠渠底		—	0.50
涵洞基础底		—	0.15

注：1 表中数字除注明者外，水平净距均指外壁净距，垂直净距系指下面管道的外顶和上面管道基础底间的净距。

2 采取充分措施(如结构措施)后，表中数字可减小。

中华人民共和国国家标准

室外排水设计标准

GB 50014—2021

条 文 说 明

目　次

1 总 则

1.0.2 本条规定了本标准的适用范围。

关于工业区的排水工程是指工业区内的排水管渠、泵站，工业企业的工业废水应经处理达到纳管标准或排放标准后排放。

关于镇(乡)村和临时性排水工程，由于集镇和村庄排水的条件和要求具有和城镇不同的特点，而临时性排水工程的标准和要求的安全性要比永久性工程低，故不适用本标准。

1.0.3 2015年4月24日第十二届全国人民代表大会常务委员会第十四次会议通过了《中华人民共和国城乡规划法》的修正。根据第三条的规定，本城市、镇规划区内的建设活动都应符合规划要求。根据第十七条的规定，排水、防洪等重大基础设施的规划是城市总体规划的重要内容。近年来，随着极端气候的增加，城市防灾能力的要求日趋严峻。在新版《城镇排水与污水处理条例》(国务院令第641号)第7条规定，“城镇排水主管部门会同有关部门，根据当地经济社会发展水平以及地理、气候特征，编制本行政区域的城镇排水与污水处理规划……易发生内涝的城市、镇，还应当编制城镇内涝防治专项规划，并纳入本行政区域的城镇排水与污水处理规划”。为进一步贯彻落实《中共中央国务院关于进一步加强城市规划建设管理工作的若干意见》(中发〔2016〕6号)、《国务院关于深入推进新型城镇化建设的若干意见》(国发〔2016〕8号)和《国务院办公厅关于推进海绵城市建设的指导意见》(国办发〔2015〕75号)，住建部于2016年3月发布了《住房城乡建设部关于印发海绵城市专项规划编制暂行规定的通知》(建规〔2016〕50号)，以指导各地做好海绵城市专项规划编制工作。根据这些新的政策文件，室外排水工程的建设应依据城镇排水与污水处理规划、内涝防治专项规划和海绵城市专项规划开展。

1.0.4 排水工程中的雨水系统包括源头减排工程、排水管渠工程和排涝除险工程，是保障城镇安全运行和资源利用的重要基础设施。在降雨频繁、河网密集或易受内涝灾害的地区，雨水系统设施尤为重要。雨水系统应和城市防洪、交通、绿地系统、河湖水系等专项规划相协调，并应和城市平面和竖向规划相协调。

河道、湖泊、湿地、沟塘等城市自然蓄排水设施是城市内涝防治的重要载体，在城镇平面规划中有明确的规划蓝线和水面率要求，应满足规划中的相关控制指标，根据城市自然蓄排水设施数量、规划蓝线保护和水面率的控制指标要求，合理确定雨水系统设施的建设方案。雨水系统设计中应考虑对河湖水系等城市现状受纳水体的保护和利用。

雨水系统设施的设计，应充分考虑城市竖向规划中的相关指标要求，根据不同地区的排水优先等级确定雨水系统设施和周边地区的高程差；从竖向规划角度考虑内涝防治要求，根据竖向规划要求确定高程差，而不能仅仅根据单项工程的经济性要求进行设计和建设。

排水工程中的污水系统包括污水收集、输送、处理、再生水处理和污泥处理处置，是水环境、水生态保护的重要基础设施，实现污水再生利用、回收污泥中的能源和资源。污水系统应与水资源、城镇给水、水污染防治、生态环境保护、环境卫生、交通等专项规划相协调。

1.0.5 本条是关于排水工程设计的相关规定。

1 雨水的安全排放、资源利用和污染控制是海绵城市建设中的重要内容和要求。根据国内外经验，污水和污泥可作为资源，应考虑综合利用，但在考虑综合利用和处置污水污泥时，首先应对其卫生安全性、技术可靠性和经济合理性等情况进行全面论证和评价。

2 与邻近区域内的雨水、污水和再生水系统相协调包括：

一个区域的排水工程可能影响邻近区域，特别是影响下游区域的环境质量，故在确定该区域的处理水平和处置方案时，必须在较大区域范围内综合考虑。

根据排水工程专业规划，有几个区域同时或几乎同时建设时，应综合考虑雨水和污水再生利用的需求、设施建设和运行维护的规模效应、施工周期等因素，确定处理和处置设施集中或分散的布置。

3 在扩建和改建排水工程时，原有排水工程设施是否保留应通过调查做出决定。

1.0.6 随着科学技术的发展，新技术还会不断涌现。凡是在国内普遍推广、行之有效和有完整可靠科学数据的新技术，都应积极纳入，标准不应阻碍或抑制新技术的发展，为此，积极鼓励采用经过鉴定、节地节能和经济高效的新技术。

1.0.7 由于排水工程操作人员劳动强度较大，同时，有些构筑物，如污水泵站的格栅井、污泥脱水机房和污泥厌氧消化池等会产生硫化氢、污泥气等有毒有害和易燃易爆气体，为保障操作人员身体健康和人身安全，规定排水工程宜采用机械化和自动化设备，对操作繁重、影响安全和危害健康的，应采用机械化和自动化设备。随着科学技术的发展和管理要求的提高，可逐步采用智能化的技术和设备，来代替人工进行操作和管理，实现“少人化、无人化”的目标。

1.0.8 城镇污水厂尾水排放，应根据环境影响评价的结果，执行现行国家标准《城镇污水处理厂污染物排放标准》GB 18918的有关规定。

排水管渠和附属设施的连接应执行现行国家标准《室外给水排水和燃气热力工程抗震设计规范》GB 50032的有关规定。

为保障操作人员和仪器设备安全，根据现行国家标准《建筑物防雷设计规范》GB 50057的有关规定，监控设施等必须采取接地和防雷措施。

建筑物构件的燃烧性能、耐火极限和室内设置的消防设施均应符合现行国家标准《建筑设计防火规范》GB 50016的有关规定。

排水工程可能会散发臭气，污染周围环境，设计时应对散发的臭气进行收集和处理，或建设绿化带并设有一定的防护距离，以符合相关国家标准的规定。有组织排放的应进行逐个排放源的监测，按现行国家标准《恶臭污染物排放标准》GB 14554的有关规定执行。对无组织排放的可统一进行厂界排放和监测，应按现行国家标准《城镇污水处理厂污染物排放标准》GB 18918的有关规定执行。

随着人民生活水平和对城镇居住环境要求的提高，市政排水工程的功能要求也相应增加，如近年来黑臭水体的治理和内涝防治为市政排水工程建设提出新的要求和目标。同时伴随着城市建设理念由灰色向绿色的转变，传统的市政排水工程已经不能满足新的要求，排水工程的范畴也相应扩大。以雨水系统为例，已由原先的排水管渠系统逐渐扩大为包括源头减排、排水管渠、排涝除险的全过程内涝防治系统。

本标准作为室外排水工程设计标准，对整个系统进行总体的要求，雨水综合管理的内容除了应满足本标准的要求外，还应按现行国家标准《城镇内涝防治技术规范》GB 51222和《城镇雨水调蓄工程技术规范》GB 51174的有关规定执行。

3 排 水 工 程

3.1 一 般 规 定

3.1.1 雨水系统实现雨水的收集、输送、径流的下渗、滞留、调蓄、净化、利用和排放，解决排水内涝防治和径流污染控制的问题。从原先单纯依靠排水管渠的快速排水方式，已逐渐发展为涵盖源头减排、排水管渠和排涝除险的全过程雨水综合管理。污水系统由污水收集、处理、再生和污泥处理处置组成，主要解决水质问题。生活污水和受污染的雨水依靠排水管渠、泵站等排水设施，收集输送到污水厂处理后达到标排放。污水处理过程中污染物迁移转化而产生的污泥，也应同时得到妥善的处理和处置，避免污染再次进入环境，并回收污泥中的能源和资源。污水处理后的尾水经过深度处理后，达到相应的回用水质标准要求，成为再生水，通过再生水管网输送至用水点，从而实现水资源的循环利用。排水工程的组成和相互关系如图1所示。合流污水、截流雨水的输送、处理等应和污水系统有效衔接。受纳水体是排水系统的边界条件。雨水系统应以受纳水体的水位和蓄排能力作为内涝防治设计边界；以受纳水体的水质作为控制径流污染的依据。而污水系统应以受纳水体的水环境容量确定污水厂排放要求和处理工艺。

3.1.2 分流制是分别用雨水管渠和污水管道收集、输送雨水和污水的排水方式。合流制是用同一管渠系统收集、输送雨水和污水的排水方式。

1 旧城区由于历史原因，一般已采用合流制，故规定同一城镇的不同地区可采用不同的排水体制，但相邻排水系统如采用不同的排水体制，应明确各自的边界，分流制雨水系统的排水管渠不得和合流制排水系统的合流管渠连通。

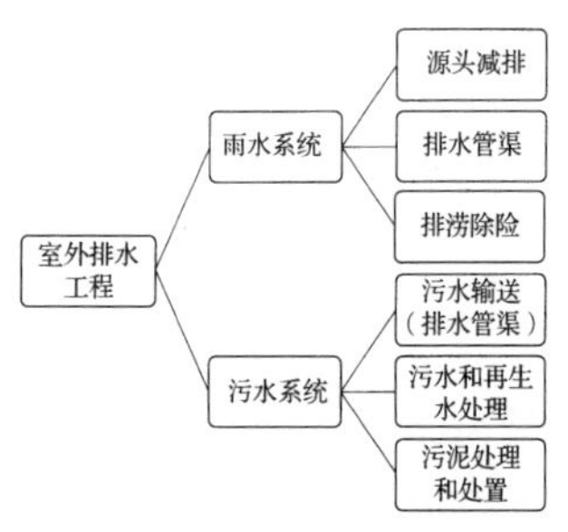

图1 排水工程组成和相互关系

2 分流制可根据当地规划的实施情况和经济情况，分期建设。污水由污水收集系统收集并输送到污水厂处理；雨水由雨水系统收集，就近排入水体，可达到投资低，环境效益高的目的，因此规定除降雨量少的干旱地区外，新建地区应采用分流制。降雨量少一般指年均降雨量200mm以下的地区。我国200mm以下年等降水量线位于内蒙古自治区西部经河西走廊西部以及藏北高原一线，此线是干旱和半干旱地区分界线，也是我国沙漠和非沙漠区的分界线。

3 径流污染控制是水体综合整治的重要一环，在生态文明建设要求下，排水工程的雨水系统不仅要防止内涝灾害，还要控制径流污染。因此，提出分流制雨水管渠应严禁污水混接、错接，并通过截流、调蓄和处理等措施控制径流污染。

4 对于现有合流制排水系统，应科学分析现状标准、存在问题、改造难度和改造的经济性，结合城市更新，采取源头减排、截流管网改造、现状管网修复、调蓄、溢流堰(门)改造等措施，提高截流标准，控制溢流污染，并应按城镇排水规划的要求，经方案比较后实施雨污分流改造。当汇水范围内不具备条件建造雨水调蓄池收集受污染径流时，可通过提高截留干管截留倍数的方法，避免溢流污染。

3.2 雨水系统

3.2.1 雨水系统是一项系统工程，涵盖从雨水径流的产生到末端排放的全过程控制，其中包括产流、汇流、调蓄、利用、排放、预警和应急措施等，而不仅仅指传统的排水管渠设施。本标准规定的雨水系统包括源头减排、排水管渠和排涝除险设施，分别和美国常用的低影响开发(low impact development)、小排水系统(minor drainage system)和大排水系统(major drainage system)基本对应。

源头减排工程在有些国家也称为低影响开发或分散式雨水管理，主要通过绿色屋顶、生物滞留设施、植草沟、调蓄设施和透水铺装等控制降雨期间的水量和水质，既可减轻排水管渠设施的压力，又使雨水资源从源头得到利用。

排水管渠工程主要由排水管道、沟渠、雨水调蓄设施和排水泵站等组成，主要应对短历时强降雨的大概率事件，其设计应考虑公众日常生活的便利，并满足较为频繁降雨事件的排水安全要求。

排涝除险设施主要应对长历时降雨的小概率事件，这一系统包括：

(1)城镇水体：天然或者人工构筑的水体，包括河流、湖泊和池塘等。

(2)调蓄设施：特别是在一些浅层排水管渠设施不能完全排除雨水的地区所设的地下调蓄设施。

(3)行泄通道：包括开敞的洪水通道、规划预留的雨水行泄通道，道路两侧区域和其他排水通道。

应急管理措施主要是以保障人身和财产安全为目标，既可针对设计重现期之内的暴雨，也可针对设计重现期之外的暴雨。

雨水系统的管理目标包括内涝防治和径流污染控制。内涝防治主要是防治城镇范围内的强降雨或连续降雨超过城镇雨水排水管渠设施消纳能力后产生的地面积水，采取措施包括源头减排(减少场地雨水排放)、排水管渠提标、构建排涝除险系统和应急管理措施等。城市防洪措施主要是防止城市以外的洪水进入城市而发生灾害，包括河道的堤防，在所在流域的河流上游修建山谷水库或水库群承担城市的蓄洪任务，在城市附近利用分滞洪区分滞洪水，建立预报警系统等。由此可见，内涝防治和城市防洪的概念和措施是不一样的，洪水是源于城市之外，内涝是源于城市之内。近些年虽然每年都有洪涝灾害，但仅是因为城市内部降雨导致的灾害还是基本可以控制的，受灾严重的事件一般和外洪进城、外河水位过高影响城市排涝有很大关系。

3.2.2 采取雨水渗透、调蓄等措施，可以从源头降低雨水径流产生量，并延缓出流时间，同时可以控制径流污染。

3.2.3 排水管渠设计中应考虑受纳水体水位的最不利情况，以避免下游顶托造成雨水无法正常排除。

3.2.4 排涝除险设施承担着在暴雨期间调蓄雨水径流、为超出源头减排设施和排水管渠设施承载能力的雨水径流提供行泄通道和最终出路等重要任务，是满足城镇内涝防治设计重现期标准的重要保障。排涝除险设施的建设，应充分利用自然蓄排水设施，发挥河道行洪能力和水库、洼地、湖泊、绿地等调蓄雨水的功能，合理确定排水出路。

3.2.5 城镇的韧性表现在，通过规划预控的冗余性、工程防治的多元性、应急管理的适应性，实现城镇在极端降雨条件下的快速退水和安全运行，避免人员伤亡和财产损失，提高城镇应对内涝灾害的能力。

3.2.6 加油站、垃圾压缩站、垃圾堆场、工业区内受有害物质污染的露天场地，降雨时地面径流夹带有害物质，若直接排放会对水体造成严重污染。不论受污染场地所处地区采用何种排水体制，该场地内的受污染雨水都应单独收集，并根据污染物类型和污染浓度采取相应的调蓄或就地处理措施，避免受污染的雨水径流排入自然水体。受污染的雨水径流应满足现行国家标准《污水排入城镇下水道水质标准》GB/T 31962的有关规定，才能排入市政污水管道。

3.2.7 由于全球气候变化，特大暴雨发生频率越来越高，引发洪水灾害频繁，为保障城镇居民生活和工厂企业运行正常，在城镇防洪体系中应采取措施防止洪水对城镇排水工程的影响而造成内涝。措施有设泄洪通道和城镇设圩垸等。

3.3 污水系统

3.3.1 污水系统是一项系统工程。从只注重污水处理的提标改造，转变为注重污水管网的覆盖率、收集率和完好率，同时注重泥水同治，妥善处理处置污水污泥。

3.3.2 径流污染控制是海绵城市建设的重要内容之一，和黑臭水体整治息息相关。污水系统的规划和建设应和海绵城市建设中径流污染控制的目标和要求接轨，将受污染的雨水径流截流后输送到污水处理厂（以下简称污水厂）处理后排放。此外，只有实现管网和污水厂的一体化，同步建设、同步运行才能确保污染治理达到预期的目标。

3.3.3 本条为强制性条文，必须严格执行。排入城镇排水系统的污水水质，必须符合现行国家标准《污水排入城镇下水道水质标准》GB/T 31962等有关标准的规定，做到城镇排水管渠不阻塞，不损坏，不产生易燃、易爆和有毒有害气体，不传播致病菌和病原体，不对操作养护人员造成危害，不妨碍污水和污泥的处理处置。

3.3.4 部分工业废水中含有不可降解或者有毒有害的有机物和重金属，而市政污水厂的工艺流程对这些污染物的去除能力极其有限，在普遍提高市政污水厂处理标准的背景下，工业废水即使达到纳管标准，也会给市政污水厂的正常运行和达标排放带来困难。而且工业废水带入的有毒有害污染物富集在污水污泥中还会限制污泥处理处置的途径，使污泥无法土地利用，不利于污泥的资源化，因此本标准规定，工业园区内的废水应优先考虑单独收集、单独处理和单独排放。

3.3.5 外来水是指从管渠或检查井缝隙渗漏进管道的地下水、从排口倒灌到污水系统的河水、从雨污混接点进入污水管渠的雨水等，是造成污水厂进水水质低、污水量大且污水处理设施效率低下的主要原因。

3.3.6 在污水处理设施尚未建成时，设置化粪池可减少生活污水对水体的影响。随着我国大部分地区污水设施的逐步建成和完善，再设置化粪池将减低污水厂进水水质，不利于提高污水厂的处理效率。

3.3.10 污泥是污水处理过程的产物，富集了污水中的有机物、营养物质和有毒有害物质，因此需重视污泥的处理处置，污泥处理处置设施和污水处理设施应同步建设。

我国幅员辽阔，地区经济条件、环境条件差异很大，因此采用的污泥处理处置技术也存在很大的差异，但是城镇污水污泥处理和处置的基本原则和目的是一致的，即遵循污泥减量化、稳定化、无害化、资源化的原则，达到污泥安全处理处置的目的。

一般情况下，在污水厂内实现污泥的减量化、稳定化、无害化处理，从污泥处理处置全流程角度考虑是较为合理的。

城镇污水污泥的减量化处理包括使污泥的体积减小和污泥的质量减少，前者可采用污泥浓缩、脱水、干化等技术，后者可采用污泥消化、污泥好氧发酵、污泥焚烧等技术。

城镇污水污泥的稳定化处理是指使污泥得到稳定（不易腐败），以利于对污泥做进一步处理处置。实现污泥稳定可采用厌氧消化、好氧消化、好氧发酵、热干化、焚烧等技术。

城镇污水污泥的无害化处理是指减少污泥中的致病菌和寄生虫卵数量、重金属和挥发性有机物含量，达到污泥处置的泥质标准，降低污泥臭味。广义的无害化处理还包括污泥稳定。

污泥处理处置过程应逐步提高污泥的资源化程度，变废为宝，例如，处理过程中C、N、P的提取回收，处置过程中用作营养土、燃料或建材等，做到污泥处理和处置的可持续发展。

3.3.11 设计中应考虑膜生物反应器（MBR）组件、滤料、滤芯、填料、活性炭等污水、再生水和污泥处理中更换下来的固体废弃物的处理处置，对其中有用物资尽可能回收利用，对无法再用的部分妥善处理处置，以免对环境造成二次污染。

4 设计流量和设计水质

4.1 设计流量

Ⅰ 雨 水 量

4.1.1 源头减排设施可用于径流总量控制、降雨初期的污染防治、雨水径流峰值削减和雨水利用，鉴于径流污染控制目标、雨水资源利用目标大多可通过径流总量控制实现，各地源头减排设施的设计一般以年径流总量控制率作为控制目标，并应明确相应的设计降雨量。根据年径流总量控制率所对应的设计降雨量和汇水面积，采用容积法进行计算以确定源头减排设施的规模。

年径流总量控制率对应的设计降雨量值是通过统计学方法获得的。考虑我国不同城市的降雨分布特征不同，各城市的设计降雨量值应单独推求。《海绵城市建设技术指南——低影响开发雨水系统构建（试行）》给出了我国部分城市年径流总量控制率对应的设计降雨量值（依据1983—2012年降雨资料计算），如表1所示。不在列表中的城市，可根据当地长期降雨规律和近年气候的变化，按附录A进行计算，也可参照与其长期降雨规律相近城市的设计降雨量值。

表1 我国部分城市年径流总量控制率对应的设计降雨量值一览表(mm)

城市	不同年径流总量控制率对应的设计降雨量				
	60%	70%	75%	80%	85%
酒泉	4.1	5.4	6.3	7.4	8.9
拉萨	6.2	8.1	9.2	10.6	12.3
西宁	6.1	8.0	9.2	10.7	12.7
乌鲁木齐	5.8	7.8	9.1	10.8	13.0
银川	7.5	10.3	12.1	14.4	17.7
呼和浩特	9.5	13.0	15.2	18.2	22.0
哈尔滨	9.1	12.7	15.1	18.2	22.2
太原	9.7	13.5	16.1	19.4	23.6
长春	10.6	14.9	17.8	21.4	26.6
昆明	11.5	15.7	18.5	22.0	26.8
汉中	11.7	16.0	18.8	22.3	27.0
石家庄	12.3	17.1	20.3	24.1	28.9
沈阳	12.8	17.5	20.8	25.0	30.3
杭州	13.1	17.8	21.0	24.9	30.3
合肥	13.1	18.0	21.3	25.6	31.3
长沙	13.7	18.5	21.8	26.0	31.6
重庆	12.2	17.4	20.9	25.5	31.9
贵阳	13.2	18.4	21.9	26.3	32.0
上海	13.4	18.7	22.2	26.7	33.0
北京	14.0	19.4	22.8	27.3	33.6
郑州	14.0	19.5	23.1	27.8	34.3
福州	14.8	20.4	24.1	28.9	35.7
南京	14.7	20.5	24.6	29.7	36.6
宜宾	12.9	19.0	23.4	29.1	36.7
天津	14.9	20.9	25.0	30.4	37.8
南昌	16.7	22.8	26.8	32.0	38.9
南宁	17.0	23.5	27.9	33.4	40.4
济南	16.7	23.2	27.7	33.5	41.3
武汉	17.6	24.5	29.2	35.2	43.3
广州	18.4	25.2	29.7	35.5	43.4
海口	23.5	33.1	40.0	49.5	63.4

2

4.1.2 年径流总量控制率的“控制”指的是“总量控制”，即包括径流污染物总量和径流体积。对于具有底部出流的生物滞留设施、延时调节塘等，雨水主要通过渗滤、排空时间控制（延时排放以增加污染物停留时间）实现污染物总量控制，雨水并未直接外排，而是经过控制（即污染物经过处理）并达到相关规定的效果后外排，故而也属于总量控制的范畴。

当源头减排设施用于径流总量控制时，宜采用数学模型法对汇水区范围进行建模，并利用实际工程中典型设施或区域实际降雨下的监测数据对数学模型进行率定和验证后，再利用近年（宜为30年，至少10年）连续降雨数据（时间步长宜小于10min，不应大于1h）进行模拟，评估总量控制目标的可达性、优化设施布局等。

4.1.3 雨水管渠是应对短历时强降雨状况下的安全排水设施。各地应根据年最大值法确定的暴雨强度公式计算对应雨水管渠设计重现期下的小时设计降雨强度，以便公众理解。表2是以上海市举例说明。

表2 上海市雨水管渠设计重现期对应的设计降雨强度（mm/h）

区域位置	雨水管渠设计重现期	小时设计降雨强度
主城区及新城	5年一遇	58.1
其他地区	3年一遇	51.3
地下通道和下沉式广场等	30年一遇	82.2

雨水管渠的传输能力是根据雨水管渠设计重现期下的设计降雨强度、汇水面积和径流系数，采用强度法理论经推理公式或数学模型法计算流量确定。

表3为我国目前雨水管渠设计重现期与发达国家和地区的对比情况。美国、日本等国家在城镇排水管渠设施上投入较大，城镇雨水管渠设计重现期一般采用5年～10年。日本《下水道设施设计指南》（2009年版，以下简称《日本指南》）中规定，排水系统设计重现期在10年内应提高到10年～15年。所以本标准提出按照地区性质和城镇类型，并结合地形特点和气候特征等因素，经技术经济比较后，适当提高我国雨水管渠的设计重现期，并与发达国家和地区标准基本一致。

表3 发达国家和地区排水管渠设计重现期

国家（地区）	设计暴雨重现期
美国	居住区2年～15年，一般取10年；商业和高价值地区10年～100年
欧盟	农村地区1年；居民区2年；城市中心/工业区/商业区5年
英国	30年
日本	3年～10年，10年内应提高至10年～15年
澳大利亚	高密度开发的办公、商业和工业区20年～50年；其他地区以及住宅区为10年；较低密度的居民区和开放地区为5年
新加坡	一般管渠、次要排水设施、小河道5年；机场、隧道等重要基础设施和地区50年
本标准	中心城区2年～5年；非中心城区2年～3年；中心城区的重要地区3年～10年；中心城区的地下通道和下沉式广场等10年～50年

注：中国香港高度利用的农业用地的设计暴雨重现期为2年～5年，农村排水，包括开拓地项目的内部排水系统的设计暴雨重现期为10年，城市排水支线系统的设计暴雨重现期为50年。

根据2014年11月20日国务院下发的《国务院关于调整城市规模划分标准的通知》（国发〔2014〕51号），表4.1.3的城镇类型按城区常住人口划分为“超大城市和特大城市”“大城市”和“中等城市和小城市”。城区类型则分为“中心城区”“非中心城区”“中心城区的重要地区”和“中心城区的地下通道和下沉式广场”。其中，中心城区重要地区主要指行政中心、交通枢纽、学校、医院和商业聚集区等。

根据我国目前城市发展现状，并参照国外相关标准，将“中心城区地下通道和下沉式广场等”单独列出。以德国、美国为例，德国水协DWA推荐的设计标准中规定：地下铁道/地下通道的设计重现期为5年～20年。我国上海市虹桥商务区的规划中，将下沉式广场的设计重现期规定为50年。由于中心城区地下通道和下沉式广场的汇水面积可以控制，且一般不能与城镇内涝防治系统相结合，因此采用的设计重现期应与内涝防治设计重现期相协调。

立体交叉道路的下穿部分往往是所处汇水区域最低洼的部分，雨水径流汇流至此后再无其他出路，只能通过泵站强排至附近河湖等水体或雨水管道中，如果排水不及时，必然会引起严重积水。国外相关标准中均对下穿立交道路排水系统设计重现期有较高要求，美国联邦高速公路管理局规定，高速公路“低洼点”（包括下立交）的设计标准为最低50年一遇。

4.1.4 排涝除险设施的规模，应根据其类型（调蓄或排放），进行相应的水量或流量计算。根据本标准第3.2.4条的规定，排涝除险设施应和源头减排设施、排水管渠设施作为一个整体系统校核，满足内涝防治设计重现期的设计要求。

内涝防治系统是为应对长历时、长降雨状态下的排水安全。根据内涝防治设计重现期校核地面积水排除能力时，应根据当地历史数据合理确定用于校核的降雨历时及该时段内的降雨量分布情况，采用数学模型计算。计算中降雨历时一般采用3h～24h。发达国家一般根据服务面积，确定最小降雨历时，如美国得克萨斯州交通部颁布的《水力设计手册》（2011年版）规定采用24h。美国丹佛市的《城市暴雨排水标准》（2016年版，第一卷）规定：服务面积小于10平方英里（约25.9km^2），最小降雨历时为2h；10平方英里～20平方英里，最小降雨历时为3h；大于20平方英里（约51.8km^2），最小降雨历时为6h。美国休斯敦市《雨水设计手册》第九章“雨水设计要求”（2005年版）规定：小于200acre（约0.8km^2）时，最小降雨历时为3h；大于或等于200acre时，最小降雨历时为6h。如校核结果不符合要求，应调整设计，包括放大管径、增设渗透设施、建设调蓄段或调蓄池等。在设计内涝防治设计重现期下，雨水管渠按压力流计算，即雨水管渠应处于超载状态。各地应根据当地统计资料，确定内涝防治设计重现期和设计降雨历时所对应的设计降雨量，以便公众理解。

表4.1.4“地面积水设计标准”中的道路积水深度是指靠近路拱处的车道上最深积水深度（见图2）。当路面积水深度超过15cm时，车道可能因机动车熄火而完全中断，本规定能保证城镇道路不论宽窄，在内涝防治设计重现期下，至少有一车道能够通行。发达国家和我国部分城市已有类似的规定，如美国丹佛市规定：当降雨强度不超过10年一遇时，非主干道路（collector）中央的积水深度不应超过15cm，主干道路和高速公路的中央不应有积水；当降雨强度为百年一遇时，非主干道路中央的积水深度不应超过30cm，主干道路和高速公路中央不应有积水。上海市关于判定市政道路积水的标准有两个：一是积水深度超过道路立缘石（侧石），上海市规定立缘石高出路面边缘为10cm～20cm；二是道路中心雨停后积水时间大于1h。此外，上海市规定下穿立交道路在积水20cm时限行，在积水25cm时封闭；公共汽车超过规定的涉水深度（一般电车23cm、超级电容车18cm、并联式车辆30cm、汽车35cm）且积水区域长达100m以上时，车辆暂停行驶。

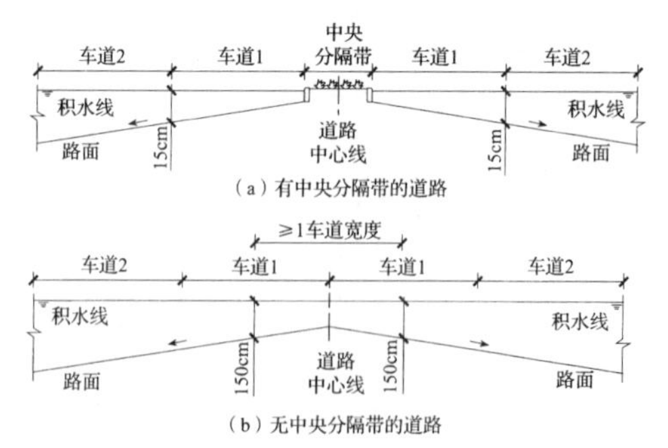

图2 地面积水设计标准示意图

发达国家和地区的城市内涝防治系统包含雨水管渠、道路、河道和调蓄设施等所有雨水径流可能流经的地区。美国和澳大利亚的内涝防治设计重现期为 100 年或大于 100 年，英国为 30 年～100 年，中国香港城市主干管为 200 年，郊区主排水渠为 50 年。

图 3 引自《日本指南》中日本横滨市鹤见川地区的“不同设计重现期标准的综合应对措施”。图 3 反映了该地区从单一的城市排水管渠系统到包含雨水管渠、内河和流域调蓄等综合应对措施在内的内涝防治系统的发展历程。当采用排水管道调蓄时，该地区的设计重现期可达 10 年一遇，可排除 50mm/h 的降雨；当采用雨水调蓄设施和利用内河调蓄时，设计重现期可进一步提高到 40 年一遇；在此基础上再利用流域调蓄时，可应对 150 年一遇的降雨。

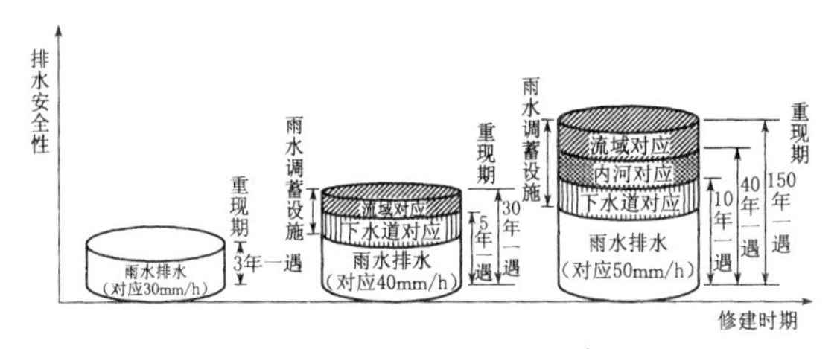

图 3　不同设计重现期标准的综合应对措施(日本鹤见川地区)

欧盟标准 BS EN 752:2008《室外排水和污水系统》中关于“设计暴雨重现期(Design Storm Frequency)”和“设计洪水重现期(Design Flooding Frequency)”的规定见表 4 和表 5。在该标准中，“设计暴雨重现期”与我国雨水管渠设计重现期相对应；“设计洪水重现期”与我国的内涝防治设计重现期概念相近。

表 4　欧盟推荐设计暴雨重现期(Design Storm Frequency)

地　点	设计暴雨重现期	
	重现期(年)	超过 1 年一遇的概率(%)
地下铁路/地下通道	10	10
城市中心/工业区/商业区	5	20
居民区	2	50
农村地区	1	100

表 5　欧盟推荐设计洪水重现期(Design Flooding Frequency)

地　点	设计洪水重现期	
	重现期(年)	超过 1 年一遇的概率(%)
地下铁路/地下通道	50	2
城市中心/工业区/商业区	30	3
居民区	20	5
农村地区	10	10

根据我国内涝防治整体现状，各地区应采取渗透、调蓄、设行泄通道和内河整治等措施，积极应对可能出现的超过雨水管渠设计重现期的暴雨，保障城镇安全运行。

4.1.5　在内涝防治设计重现期条件下，城镇排涝能力满足表 4.1.4 和表 4.1.5 规定的积水深度和最大允许退水时间时，不应视作内涝；反之，地面积水深度和最大允许积水时间超过规定值时，判为不达标。

各城市应根据地区重要性等因素，加快基础设施的改造，以达到表 4.1.5 的最大允许退水时间要求。上海市在全国率先规定雨停后的积水时间，并从最初要求的不大于 2h 调整到不大于 1h；浙江省地方标准对积水时间进行了详细的规定，中心城区重要地区不大于 0.5h，中心城区不大于 1h，非中心城区不大于 2h；常州市的实践经验为雨停后 2h 排除积水；天津市的排除积水实践经验为降雨强度在 30mm/h 以下道路不积水，降雨强度在 40mm/h～50mm/h 雨后 1h～3h 排除积水，降雨强度在 60mm/h～70mm/h 雨后 3h～6h 排除积水，降雨强度超过 70mm/h 排除积水时间更长。安徽省要求降雨强度在 35mm/h 以下道路不积水，降雨强度在 35mm/h～45mm/h 雨后 2h 排除积水，重要路段及交通枢纽不积水，降雨强度在 45mm/h～55mm/h 雨后 6h 内排除积水，降雨强度在 55mm/h 以上不发生人员伤亡及重大财产损失。表 4.1.5 的最大允许退水时间是在总结以上城市的实践经验后制定的。

4.1.6　本条为强制性条文，必须严格执行。本条规定以径流量作为地区改建控制指标。地区改建应充分体现海绵城市建设理念，除应执行规划控制的综合径流系数指标外，还应执行径流量控制指标。本条规定改建地区应采取措施确保改建后的径流量不超过原有径流量。条文中所指的径流量为设计雨水径流量峰值，设计重现期包括雨水管渠设计重现期和内涝防治设计重现期。改建可采取的综合措施包括建设生物滞留设施、植草沟、绿色屋顶、调蓄池等，人行道、停车场、广场和小区道路等可采用透水铺装，促进雨水下渗，既达到雨水资源综合利用的目的，又不增加径流量。

4.1.7　我国目前采用恒定均匀流推理公式，即用公式(4.1.7)计算雨水设计流量。恒定均匀流推理公式基于以下假设：降雨在整个汇水面积上的分布是均匀的；降雨强度在选定的降雨时段内均匀不变；汇水面积随集流时间增长的速度为常数。因此推理公式适用于较小规模排水系统的计算，当应用于较大规模排水系统的计算时会产生较大误差。随着技术的进步，管渠直径的放大、水泵能力的提高，排水系统汇水流域面积逐步扩大，应该修正推理公式的精确度。发达国家已采用数学模型模拟降雨过程，把排水管渠作为一个系统考虑，并用数学模型对管网进行管理。美国一些城市规定的推理公式适用的汇水面积范围分别为奥斯汀 $4km^2$，芝加哥 $0.8km^2$，纽约 $1.6km^2$，丹佛 $6.4km^2$ 且汇流时间小于 10min；欧盟的排水设计规范要求当排水系统面积大于 $2km^2$ 或汇流时间大于 15min 时，应采用非恒定流模拟进行城市雨水管网水力计算。在总结国内外资料的基础上，本标准提出当汇水面积超过 $2km^2$ 时，雨水设计流量应采用数学模型进行确定。

排水工程设计常用的数学模型一般由降雨模型、产流模型、汇流模型、管网水动力模型等一系列模型组成，涵盖了排水系统的多个环节。数学模型可以考虑同一降雨事件中降雨强度在不同时间和空间的分布情况，因而可以更加准确地反映地表径流的产生过程和径流流量，也便于和后续的管网水动力学模型衔接。

数学模型中用到的设计暴雨资料包括设计暴雨量和设计暴雨过程，即雨型。设计暴雨量可按城市暴雨强度公式计算，设计暴雨过程可按以下三种方法确定：

(1)设计暴雨统计模型。结合编制城市暴雨强度公式的采样过程，收集降雨过程资料和雨峰位置，根据常用重现期部分的降雨资料，采用统计分析方法确定设计降雨过程。

(2)芝加哥降雨模型。根据自记雨量资料统计分析城市暴雨强度公式，同时采集雨峰位置系数，雨峰位置系数取值为降雨雨峰位置除以降雨总历时。

(3)当地政府认可的降雨模型。采用当地水务部门推荐的设计降雨雨型资料，必要时需做适当修正，并摒弃超过 24h 的长历时降雨。

排水工程设计常用的产、汇流计算方法包括扣损法、径流系数法和单位线法(Unit Hydrograph)等。扣损法是参考径流形成的物理过程，扣除集水区蒸发、植被截留、低洼地面积蓄和土壤下渗等损失之后所形成径流过程的计算方法。降雨强度和下渗在地面径流的产生过程中具有决定性的作用，而低洼地面积蓄量和蒸发量一般较小，因此在城市暴雨计算中常常被忽略。Horton 模型或 Green-Ampt 模型常被用来描述土壤下渗能力随时间变化的过程。当缺乏详细的土壤下渗系数等资料，或模拟城镇建筑较密集的地区时，可以将汇水面积划分成多个片区，采用径流系数法，即式(4.1.7)计算每个片区产生的径流，然后运用数学模型模拟地面漫流和雨水在管道的流动，以每个管段的最大峰值流量作为设计雨水量。单位线法是指单位时段内均匀分布的单位净雨量在流域出口断面形成的地面径流过程线，利用单位线推求汇流过程线的方法。单位线可根据出流断面的实测流量通过倍比、叠加等数学方法生成，也可以通过解析公式如线性水库模型来获得。目前，单位线法在我国排水工程设计中应用较少。

采用数学模型进行排水系统设计时，除应按本标准执行外，还应满足当地的设计标准，应对模型的适用条件和假定参数做详细分析和评估。当建立管道系统的数学模型时，应对系统的平面布置、管径和标高等参数进行核实，并运用实测资料对模型进行校正。

4.1.8 建筑小区的开发，应体现低影响开发的理念，应在建筑小区内进行源头控制，而非依赖市政设施的不断扩建并与之适应。本条规定了应严格执行规划控制的综合径流系数，还提出了综合径流系数高于0.7的地区应采用渗透、调蓄等措施。

可以采用遥感监测、实地勘测等方法核实地面种类的组成和比例。

表4.1.8-1列出按地面种类分列的径流系数，表4.1.8-2列出按区域情况分列的综合径流系数。国内一些地区采用的综合径流系数见表6，《日本指南》推荐的综合径流系数见表7。

表6 国内一些地区采用的综合径流系数

城市	综合径流系数	城市		综合径流系数
北京	0.5～0.7	扬州		0.5～0.8
上海	0.5～0.8	宜昌		0.65～0.8
天津	0.45～0.6	南宁		0.5～0.75
乌兰浩特	0.5	柳州		0.4～0.8
南京	0.5～0.7	深圳	旧城区	0.7～0.8
杭州	0.6～0.8		新城区	0.6～0.7

表7 《日本指南》推荐的综合径流系数

区域情况	综合径流系数
空地非常少的商业区 或类似的住宅区	0.80
有若干室外作业场等透水地面的工厂 或有若干庭院的住宅区	0.65
房产公司住宅区之类的中等住宅区 或单户住宅多的地区	0.50
庭院多的高级住宅区 或夹有耕地的郊区	0.35

4.1.9 目前我国各地已积累了完整的自记雨量记录资料，可采用数理统计法计算确定暴雨强度公式。本条所列的计算公式为我国目前普遍采用的计算公式。

水文统计学的取样方法有年最大值法和非年最大值法两类，国际上的发展趋势是采用年最大值法。日本在具有20年以上雨量记录的地区采用年最大值法，在不足20年雨量记录的地区采用非年最大值法，年多个样法是非年最大值法中的一种。由于以前国内自记雨量资料不多，因此多采用年多个样法。现在我国许多地区已具有40年以上的自记雨量资料，具备采用年最大值法的条件。所以本条规定具有20年以上自记雨量记录的地区，应采用年最大值法。

4.1.10 近年来城市暴雨内涝成为影响城市健康发展，威胁城市安全的突出问题，强降雨是导致城市暴雨内涝的直接原因之一。暴雨强度公式是反映降雨规律，指导城市排水防涝工程设计和相关设施建设的重要基础，其准确与否直接影响城市排水工程的安全性和与经济性。为此，2014年5月，住房和城乡建设部、中国气象局联合发布《关于做好暴雨强度公式修订有关工作的通知》（建城〔2014〕66号），要求各地加快暴雨强度公式的制、修订工作，一般情况下应根据降雨特点及时修订。

4.1.11 本标准之前的版本中降雨历时采用的折减系数 m 是根据苏联的相关研究成果提出的数据。近年来，我国许多地区发生严重内涝，给人民生活和生产造成了极不利影响。为防止或减少类似事件，有必要提高城镇排水管渠设计标准，而采用降雨历时计算公式中的折减系数降低了设计标准。发达国家一般不采用折减系数。为了有效应对日益频发的城镇暴雨内涝灾害，提高我国城镇排水安全性，取消折减系数 m。

根据国内资料，地面集水时间采用的数据大多数不经计算，按经验确定。在地面平坦、地面种类接近、降雨强度相差不大的情况下，地面集水距离是决定集水时间长短的主要因素；地面集水距离的合理范围是50m～150m，采用的集水时间为5min～15min。国外常用的地面集水时间见表8。

表8 国外采用的地面集水时间(min)

资料来源	工程情况	t_1
《日本指南》	人口密度大的地区	5
	人口密度小的地区	10
	平均	7
	干线	5
	支线	7～10
美国土木工程学会	全部铺装，排水管道完备的密集地区	5
	地面坡度较小的发展区	10～15
	平坦的住宅区	20～30

Ⅱ 污水量

4.1.12 径流污染控制是海绵城市建设的一个重要指标。因此，污水系统的设计也应将受污染的雨水径流收集、输送至污水厂处理达标后排放，以缓解雨水径流对河道的污染。在英国、美国等国家，无论排水体制采用合流制还是分流制，污水干管和污水厂的设计中都有在处理旱季流量之外，预留部分雨季流量处理的能力，根据当地气候特点、污水系统收集范围、管网质量，雨季设计流量可以是旱季流量的3倍～8倍。

4.1.13 旱季设计流量包括最高日最高时的综合生活污水量和工业废水量。地下水位较高地区，还应考虑入渗地下水量。综合生活污水由居民生活污水和公共建筑污水组成。居民生活污水指居民日常生活中洗涤、冲厕、洗澡等产生的污水。公共建筑污水指娱乐场所、宾馆、浴室、商业网点、学校和办公楼等产生的污水。

4.1.14 按用水定额确定污水定额时，可按用水定额的90%计，建筑内部给排水设施水平不完善的地区可适当降低。

4.1.15 本次标准修订对原规范的综合生活污水量总变化系数进行了调整。编制组研究了上海市80座污水泵站（不含节点泵站、合流污水泵站）2010年至2014年的日运行数据，为了消除雨污混接、泵站预抽空和雨水倒灌等诸多因素的干扰，在分析中剔除了雨天泵站运行数据。对剩余非降雨天运行数据整理和分析后，得到日流量和日变化系数对数值的线性拟合公式：

$$\lg K = -0.1156 \lg Q + 0.5052 \quad (1)$$

鉴于泵站数据无法统计时变化系数，因此仅以日流量变化系数的拟合公式，与《室外排水设计规范》GB 50014－2006和国外发达国家的生活污水量总变化系数做了对比，如表9所示。国外大多按照人口总数确定综合生活污水量总变化系数，并设定最小值。计算时，人口 P 值按250L/(人·d)的用水当量换算为表9中的流量。美国加州规定 K 值不低于1.8；美国有10个州和加拿大萨斯喀彻温省采用Harrmon公式，加拿大萨斯喀彻温省规定 K 值不低于2.5；日本和加拿大安大略省采用Rabbitt公式，且规定 K 值不低于2.0。

表 9 综合生活污水量变化系数比较

平均日流量(L/s)	5	15	40	70	100	200	500	≥1000
上海泵站调研拟合得到的日变化系数	2.7	2.4	2.1	2.0	1.9	1.8	1.6	1.5
《室外排水设计规范》GB 50014－2006 中表 3.1.3 总变化系数	2.3	2.0	1.8	1.7	1.6	1.5	1.4	1.3
美国加州采用的计算公式 $K=5.453/P^{0.0963}$	2.7	2.4	2.2	2.1	2.0	1.9	1.8	1.8
Harrmon 公式 $K=1+14/[4+(P/1000)]^{0.5}$	3.6	3.2	2.8	2.6	2.4	2.1	2.0	2.0
Rabbitt 公式 $K=5/(P/1000)^{0.2}$	4.5	3.6	2.9	2.6	2.5	2.1	2.0	2.0
本标准采用值	2.7	2.4	2.1	2.0	1.9	1.8	1.6	1.5

由表 9 可见，拟合公式得到的日变化系数比原规范中的生活污水总变化系数提高了约 15%；与美国加州采用的 K 值计算公式得到的结果十分接近。虽然在 100L/s 以下流量范围中，拟合公式计算值远低于 Harrmon 公式与 Rabbitt 公式计算得到的变化系数值，考虑到变化系数对排水管网和污水厂规模以及投资的影响，暂按此数据调整。

改建、扩建项目可根据实际条件，经实际流量分析后确定总变化系数。如果按表 4.1.15 的规定执行时，也可以结合地区整体改造，分期扩建，逐步提高。

4.1.16 我国是一个水资源短缺的国家，城市缺水问题尤为突出，国家对水资源的开发利用和保护十分重视，有关部门制定了各工业的工业取水定额，排水工程设计时，应与之相协调，可以通过循环用水和处理后回用，降低对新鲜水的消耗量。

4.1.18 因当地土质、地下水位、管道和接口材料以及施工质量、管道运行时间等因素的影响，当地下水位高于排水管渠时，排水系统设计应适当考虑入渗地下水量。根据上海地区排水系统地下水渗入情况调研发现，由于降雨充沛、地势平缓、地下水位高和部分区域的流沙性土壤，刚性接口的混凝土管道很容易因为受力不均匀导致接口开裂、错位漏水。

入渗地下水量宜根据实际测定资料确定，一般按单位管长和管径的入渗地下水量计，也可按平均日综合生活污水和工业废水总量的 10%～15%计，还可按每天每单位服务面积入渗的地下水量计。中国市政工程中南设计研究院和广州市市政园林局测定过管径为 1000mm～1350mm 的新铺钢筋混凝土管入渗地下水量，结果为地下水位高于管底 3.2m，入渗量为 $94m^3/(km \cdot d)$；地下水位高于管底 4.2m，入渗量为 $196m^3/(km \cdot d)$；地下水位高于管底 6m，入渗量为 $800m^3/(km \cdot d)$；地下水位高于管底 6.9m，入渗量为 $1850m^3/(km \cdot d)$。上海某泵站冬夏两次测定，冬季为 $3800m^3/(km^2 \cdot d)$，夏季为 $6300m^3/(km^2 \cdot d)$；《日本指南》规定采用经验数据，按日最大综合污水量的 10%～20%计；英国《污水处理厂》BS EN 12255 建议按观测现有管道的夜间流量进行估算；德国水协 DWA 标准规定入渗水量不大于 $0.15L/(hm^2 \cdot s)$，如大于则应采取措施减少入渗；美国按 $0.01m^3/(d \cdot mm\text{-}km)$～$1.0m^3/(d \cdot mm\text{-}km)$（mm 为管径，km 为管长）计，或按 $0.2m^3/(hm^2 \cdot d)$～$28m^3/(hm^2 \cdot d)$计。

4.1.19 分流制污水系统的雨季设计流量是在旱季设计流量上增加截流雨水量。鉴于保护水环境的要求，控制径流污染，将一部分雨水径流纳入污水系统，进入污水厂处理，雨季设计流量应根据调查资料确定。

4.1.20 截流雨水量应根据受纳水体的环境容量、雨水受污染情况等因素确定。例如，英国南方水务的暴雨溢流控制量中，分流制截留雨水量按 2 倍旱流污水量确定。

4.1.21 旱季设计流量和雨季设计流量应参照本标准第 4.1 节相关条文的规定。污水管道在雨季设计流量下校核时，可采用满管流。

4.1.22 设计综合生活污水量 Q_d 和设计工业废水量 Q_m 均以平均日流量计。

4.1.23 条文中公式(4.1.23)给出的是截流后污水管道的设计流量，当管道下游有其他污水或者截流的合流污水汇入时，汇入点后污水管道的设计流量应叠加汇入的污水流量。此外，设计中应保证截流并输送到污水厂的流量与下游污水厂的雨季设计流量相匹配，避免厂前溢流。截流后输送至调蓄设施的设计流量应根据本标准第 5.14 节的有关规定确定。

4.1.24 截流倍数的设置直接影响环境效益和经济效益，其取值应综合考虑受纳水体的水质要求、受纳水体的自净能力、城市类型、人口密度、降雨量和污水系统规模等因素。根据国外资料，英国截流倍数为 5，德国为 4，美国为 1.5～5。截流标准和截流倍数的概念不同，截流倍数是针对某段截流管或截流泵站的设计标准，而截流标准指的是排水系统通过截流、调蓄共同作用达到的合流污水截流目标。日本控制合流制溢流污染时，采用的是 1mm/h 的截流量加上 2mm～4mm 的调蓄量；英国南方水务针对合流制排水体制规定，污水厂最大处理流量(Flow to Fill Treatment，FFT)应为旱季生活污水和工业废水流量之和的 3 倍，再加上最大地下水入渗量，确保整个系统在满足污水量变化的基础上，还能处理 25mm 以下降雨产生的径流量。此外，污水厂最大处理流量(3 倍旱流污水量)和 68L/人的厂内调蓄量(或 2h 峰值流量调蓄)还可以共同实现 6.5 倍～8 倍旱流污水量的暴雨溢流控制量。

4.2 设 计 水 质

4.2.1 一些国家的水质指标比较见表 10；2017 年春季住建部城建司组织了对全国 23 个城市生活小区排放总管的出流水质的取样分析，数据分析也见表 10。对照其他国家的水质数据，本次修订将所有污染物当量的上下限略做调整。

表 10 一些国家的水质指标比较[g/(人·d)]

资料来源	五日生化需氧量 BOD_5	悬浮固体量 SS	总氮量 TN	总磷量 TP
日本[1]	58±17	45±16	11±3	1.3±0.4
美国	50～120	60～150	9～22	2.7～4.5
德国	55～68	82～96	11～16	1.2～1.6
英国南方水务	60	80	11[2]	2.5
中国 2017 年实测数据[1]	32.78±23.57	30.92±30.83	10.36±6.11	1.37±2.86
本标准	40～60	40～70	8～12	0.9～2.5

注：1 日本和 2017 年实测数据都是平均值±标准偏差。

2 英国南方水务采用的不是总氮，而是总凯氏氮。

4.2.2 本条根据国内污水厂的运行数据，提出以下规定：

(1)规定进水水温为 10℃～37℃。微生物在生物处理过程中最适宜温度为 20℃～35℃，当水温高至 37℃或低至 10℃时，还有一定的处理效果，超出此范围时，处理效率显著下降。

(2)规定进水的 pH 值宜为 6.5～9.5。在处理构筑物内污水的最适宜 pH 值为 7～8，当 pH 值低于 6.5 或高于 9.5 时，微生物的活动能力下降。

(3)规定营养组合比(五日生化需氧量：氮：磷)为 100：5：1。一般而言，生活污水中氮、磷能满足生物处理的需要；当城镇污水中某些工业废水占较大比例时，微生物营养可能不足，为保证生物处理的效果，需人工添加至足量。

5 排水管渠和附属构筑物

2

5.1 一般规定

5.1.1 排水管渠(包括输送污水和雨水的管道、明渠、盖板渠、暗渠)的系统设计,应按城镇总体规划和分期建设情况,全面考虑,统一布置,逐步实施。有条件时,干管应优先实施,避免因建设时序安排不当造成雨污水没有出路。

管渠一般使用年限较长,改建困难,如仅根据当前需要设计,不考虑规划,在发展过程中会造成被动和浪费;但是如按规划一次建成设计,不考虑分期建设,也会不适当地扩大建设规模,增加投资拆迁和其他方面的困难。为减少扩建时废弃管渠的数量,排水管渠的断面尺寸应根据排水规划,并考虑城镇远景发展需要确定;同时应按近期水量复核最小流速,防止流速过小造成淤积。规划期限应与城镇总体规划期限相一致。

本条对排水管渠的设计期限做了重要规定,即需要考虑"远景"水量。

5.1.2 区域内排水管渠系统的高程应与源头减排和排涝除险设施的竖向有效衔接,保证源头减排设施发挥雨水蓄滞、净化和多余雨水排除;保证在内涝发生时,排涝除险设施能发挥作用,有序排除涝水。

一般情况下,管渠布置应与其他地下设施综合考虑。排水管渠宜布置在道路人行道、绿化带或慢车道下,尽量避开快车道,如不可避免时,应充分考虑检查井对行车以及管道施工维护等对交通和路面的影响。敷设的管道应是可巡视的,要有巡视养护通道。排水管渠在城镇道路下的埋设位置应符合现行国家标准《城市工程管线综合规划规范》GB 50289 的有关规定。

5.1.3 从安全、卫生的角度考虑,目前新建的排水系统大多采用管道(包括箱涵)。

5.1.4 管渠采用的材料一般有混凝土、钢筋混凝土、球墨铸铁、塑料、钢等。钢筋混凝土管道工艺成熟,质量稳定,管道强度好,但对管道基础要求较高,施工时间较长,管道粗糙系数大。球墨铸铁管适用于排水工程,具有施工便捷、防渗漏等优点。塑料管道具有粗糙系数小、防腐性能好、抗不均匀沉降性能好、实施方便的优点,但刚度要求高,对管材质量控制和施工回填质量的要求较严。金属管材使用时应充分考虑防腐要求。采用顶管施工方式的,可选用F型钢承口钢筋混凝土管、玻璃纤维增强塑料夹砂管、树脂钢筋混凝土管或顶管用球墨铸铁管。管道基础有砂石基础、混凝土基础、土弧基础等。管道接口有柔性接口和刚性接口等,应根据影响因素进行选择。

5.1.5 输送污水的管道、检查井和接口必须采取相应的防腐蚀措施,以保证管道系统的使用寿命。

5.1.6 排水管渠断面形状应综合考虑下列因素后确定:受力稳定性好,断面过水流量大,在不淤流速下不发生沉淀,工程综合造价经济,便于冲洗和清通。

排水工程常用管渠的断面形状有圆形、矩形、梯形和卵形等。

圆形断面有较好的水力性能,结构强度高,使用材料经济,便于预制,因此是最常用的一种断面形式。

矩形断面可以就地浇筑或砌筑,并可按需要调节深度,以增大排水量。排水管道工程中采用箱涵的主要因素有:受当地制管技术、施工环境条件和施工设备等限制,超出其能力的即用现浇箱涵;在地势较为平坦地区,采用矩形断面箱涵敷设,可减少埋深。

梯形断面适用于明渠。

卵形断面适用于流量变化大的场合,合流制排水系统可采用卵形断面。

5.1.7 某些污水易造成管道内沉析,或因结垢、微生物和纤维类黏结而堵塞管道,因而管道形式和附属构筑物的确定,必须考虑维护检修方便,必要时要考虑更换的可能。

5.1.8 排水管渠应在雨水管渠设计重现期条件下按重力流、满管流计算,并在内涝防治设计重现期条件下按压力流进行校核。

5.1.9 合流管道的冒溢会污染环境,散发臭味,引起较严重的后果,故合流管道的雨水设计重现期可适当高于同一情况下的雨水管渠设计重现期。

5.1.10 本条提出排水管渠应以重力流为主的要求,当排水管道翻越高地或长距离输水等情况时,可采用压力流。

5.1.11 目前城镇的公园湖泊、景观河道等有作为雨水调蓄水体和设施的可能性,雨水管渠的设计,可考虑利用这些条件,以节省工程投资。人工雨水调蓄设施的设置有三种目的,即控制径流污染、防治内涝灾害和提高雨水利用程度。

源头调蓄工程可与源头渗透工程等联合用于削减峰值流量、控制地表径流污染和提高雨水综合利用程度,一般包括小区景观水体、生物滞留设施、湿塘和源头调蓄池等;在排水系统雨水排放口附近设置雨水调蓄池,可将污染物浓度较高的溢流污染或受污染雨水暂时储存在调蓄池中,待降雨结束后,将储存的雨水通过污水管道输送至污水厂,达到控制径流污染、保护水体水质的目的。

随着城镇化的发展,雨水径流量增大,将雨水径流的峰值流量暂时储存在调蓄设施中,待流量下降后,再从调蓄设施中将水排出,以削减峰值流量,降低下游雨水干管的管径,提高区域的排水标准和防涝能力,减少内涝灾害。尤其是在排水系统提标改造中,可以通过在合适的位置设置径流峰值控制的雨水调蓄池,有效减少下游排水管渠的翻排量。

雨水利用工程中,为满足雨水利用的要求而设置调蓄池储存雨水,储存的雨水净化后可综合利用。

5.1.12 根据现行国家标准《给水排水管道工程及验收规范》GB 50268 的有关规定,压力和无压管道都要在安装完成后进行管道功能性试验,包括水压和严密性试验(闭水、闭气试验)。污水和合流污水检查井应进行严密性试验,防止污水外渗和地下水位高的地区的入渗。

5.1.13 管渠出水口的设计水位应高于或等于排放水体的设计洪水位。当低于排放水体的设计洪水位时,应采取适当工程措施。

5.1.14 本条是关于排水管渠系统之间设置连通管的规定。

1 在分流制和合流制排水系统并存的地区,为防止系统之间的雨污混接,规定雨水管道系统与合流管道系统之间不得设置连通管,特别在分流制地区,实施临时排水措施过程中应避免不同系统之间的直接连通。

2 由于各个雨水管道系统或各个合流管道系统的汇水面积、集水时间均不相同,高峰流量同时发生的概率比较低,如在两个雨水管道系统或两个合流管道系统之间适当位置设置连通管,可相互调剂水量,改善地区排水情况。

为了便于控制和防止管道检修时污水或雨水从连通管倒流,可设置闸槽或闸门并应考虑检修和养护的方便。

3 圩区是有堤垸防御外水的低洼平原,主要分布在中国南方沿江滨湖和受潮汐影响的河口三角洲,其特点是地势低平,地面高程一般低于汛期外河水位,自流排水条件差,易涝成灾,而且同一圩区内所有水体控制水位是相同的。排入同一圩区的不同受纳水体的自排雨水系统的连通需要进行安全性复核,若自排系统的受纳水体变化相近且雨水管道服务区域内管道标高也接近,经复核安全可设置连通管。

5.1.15 污水输送干管连通能实现污水厂之间互为备用,有利于提高污水厂的效率和运行安全性。

5.2 水力计算

5.2.2 排水管渠的水力计算根据流态可以分为恒定流和非恒定流两种,本条规定了恒定流条件下的流速计算公式,非恒定流计算条件下的排水管渠流速计算应根据具体数学模型确定。

5.2.3 根据现行行业标准《埋地塑料排水管道工程技术规程》CJJ 143－2010的有关规定，塑料管道的粗糙系数 n 均为0.009～0.011，具体设计时，可根据管道加工方法和管道使用条件等确定，无资料时，按0.011取值。近年来，水泥砂浆内衬球墨铸铁管制造工艺逐渐提升，设计时粗糙系数可按0.011取值。

5.2.5 非金属管种类繁多，耐冲刷等性能各异。我国幅员辽阔，各地地形差异较大，山城重庆有些管渠的埋设坡度达到10%以上，甚至达到20%，实践证明，在污水计算流速达到最大设计流速3倍或以上的情况下，部分钢筋混凝土管和硬聚氯乙烯管等非金属管道仍可正常工作。南宁市某排水系统，采用钢筋混凝土管，管径为1800mm，最高流速为7.2m/s，投入运行后无破损，管道和接口无渗水，管内基本无淤泥沉积，使用效果良好。

5.2.7 含有金属、矿物固体或重油杂质等的污水管道，其最小设计流速宜适当加大。当起点污水管段中的流速不能满足条文中的规定时，应按本标准表5.2.10的规定的最小设计坡度取值。

5.2.9 压力管道在排水工程泵站输水中较为适用。使用压力管道，可以减少埋深、缩小管径、便于施工。但应综合考虑管材强度，压力管道长度，水流条件等因素，确定经济流速。

随着综合管廊的不断普及，污水压力输送也给污水管入廊创造了良好条件。

5.2.10 随着城镇建设发展，街道楼房增多，排水量增大，应适当增大最小管径，并提高最小设计坡度。取消化粪池的地区，有条件的应适当放大管径，提高坡度，加强养护，避免淤积。常用管径的最小设计坡度，可按设计充满度下不淤流速控制，当管道坡度不能满足不淤流速要求时，应有防淤、清淤措施。通常管径的最小设计坡度见表11。

表11 常用管径的最小设计坡度(钢筋混凝土管非满流)

管径(mm)	最小设计坡度
400	0.0015
500	0.0012
600	0.0010
800	0.0008
1000	0.0006
1200	0.0006
1400	0.0005
1500	0.0005

5.3 管　　道

5.3.1 管道在检查井内的连接，采用管顶平接，可便利施工，但可能增加管道埋深；采用管道内按设计水面平接，可减少埋深，但施工不便，易发生误差。设计时应因地制宜选用不同的连接方式。

5.3.3 为了防止污水外泄污染环境，同时也为了防止地下水内渗，以及保证污水管道使用年限，管道基础形式、地基处理和沟槽回填土压实度非常重要，相关设计和施工应严格执行国家现行标准《给水排水工程管道结构设计规范》GB 50332、《给水排水管道工程施工及验收规范》GB 50268和《建筑地基处理技术规范》JGJ 79等的相关规定，也可参考国家标准图集06MS201《市政排水管道工程及附属设施》的做法。

5.3.4 根据现行国家标准《室外给水排水和燃气热力工程抗震设计规范》GB 50032的有关规定，排水管道采用承插式管道时，应采用柔性接口避免不均匀沉降或地震造成的接口错位。

5.3.5 钢筋混凝土箱涵一般采用平接口，抗地基不均匀沉降能力较差，在顶部覆土和附加荷载的作用下，易引起箱涵接口上下严重错位和翘曲变形，造成箱涵接口止水带的变形，形成箱涵混凝土和橡胶接口止水带之间的空隙，严重的会使止水带拉裂，最终导致漏水。钢带橡胶止水圈采用复合型止水带，突破了原橡胶止水带的单一材料结构形式，具有较好的抗渗漏性能。箱涵接口采用上下企口抗错位的新结构形式，能限制接口上下错位和翘曲变形。

上海市污水治理二期工程敷设的41km的矩形箱涵，采用钢带橡胶止水圈，经过多年的运行均未发现接口有渗漏现象。

5.3.7 一般情况下，宜执行最小覆土深度的规定：人行道下0.6m，车行道下0.7m，同时应考虑街坊排水的接入要求。不能执行上述规定时，应对管道采取加固措施。

在上海市，为了降低管道施工对道路交通的影响，加快管道施工，回填后进行结构层压实时，多采用机械夯实。考虑到道路结构层施工时对管道的影响，管道敷设在道路结构层以下并与结构层保持一定距离，可有效保护管道安全。因此上海市地方标准规定，管顶覆土从道路结构层以下再增加0.5m，即管道外顶面至道路结构层下边缘的距离保持在0.5m，再加上道路结构层至路面的距离(约0.7m)，管道整体覆土深度在1.2m。综合考虑地块接入需要和管道敷设经济因素，一般市政道路下排水管道起点覆土深度在1.2m～2.5m。

5.3.8 一般情况下，排水管道埋设在冰冻线以下，有利于安全运行。当有可靠依据时，也可埋设在冰冻线以上。这样，可节省投资，但增加了运行风险，应综合比较确定。

5.3.9 本标准第5.7.3条规定："雨水口连接管长度不宜超过25m"，为与之协调，本条规定中道路红线宽度超过40m的城镇干道，宜在道路两侧布置排水管道，减少横穿管，降低管道埋深。

5.3.10 为防止发生人员中毒、爆炸起火等事故，应排除管道内产生的有毒有害气体，为此，根据管道内产生气体情况、水力条件、周围环境，在下列地点可考虑设通风设施：在管道充满度较高的管段内，设有沉泥槽处，管道转弯处，倒虹管进、出水处，管道高程有突变处。

5.3.11 重力流管道在倒虹管、长距离直线输送后变化段会有气体逸出，为防止产生气阻现象，宜设排气装置。

当压力管道内流速较大或管路很长时应有消除水锤的措施。为使压力管道内空气流通、压力稳定，防止污水中产生的气体逸出后在高点堵塞管道，应设排气装置。

为方便检修，故应在管道低点设排空装置。

5.3.12 对流速较大的压力管道，应保证管道在交叉或转弯处的稳定。由于液体流动方向突变所产生的冲力或离心力，可能造成管道本身在垂直或水平方向发生位移，为避免影响输水，应经过计算确定是否设置支墩及其位置和大小。

5.4 检　查　井

5.4.2 建筑物和小区内均应采用分流制排水系统。为防止接出管道误接，产生雨污混接现象，应在井盖上分别标识"雨"和"污"，合流污水管应标识"污"。

5.4.3 为防止渗漏、提高工程质量、加快建设进度，检查井宜采用钢筋混凝土等材质的成品井。成品检查井的布置应尽量避免现场切割成品管道，因为管道切割后接口施工很难保证严密，容易造成地下水渗入。根据《国务院办公厅关于进一步推进墙体材料革新和推广节能建筑的通知》(国发办〔2005〕33号)的要求，为保护耕地资源，到2010年底所有城市禁止使用实心黏土砖。因此本条规定砖砌检查井不得使用实心黏土砖。

5.4.4 随着养护技术的发展，管道检测、清淤和修复的服务距离增大，检查井的最大间距也可适当增大。此次修订后，检查井最大间距接近《日本指南》中对检查井最大间距的规定，如表12所示。

表12 检查井最大间距

管径(mm)	600以下	1000以下	1500以下	1650以上
《日本指南》中的最大间距(m)	75	100	150	200

随着城镇范围的扩大，排水设施标准的提高，有些城镇出现口径大于2000mm的排水管渠。此类管渠内的净高度可允许养护工人或机械进入管渠内检查养护。大城市干道上的大直径直线管段，检查井最大间距可按养护机械的要求确定。对于养护车辆难以进入的道路(如采用透水铺装的步行街等)，检查井的最大间距应按照人工养护的要求确定，一般不宜大于40m。

压力管道应根据地形地势标高设置排气阀、排泥阀等阀门井，间距约1km。检查井最大间距大于表5.4.4数据的管段应设置冲洗设施。

5.4.5 在设计检查井时尚应注意以下问题：

据管理单位反映，在我国北方和中部地区冬季检修时，工人操作时多穿棉衣，井口、井筒小于700mm时，出入不便，因此对需要经常检修的井，井口、井筒大于800mm为宜。

以往爬梯发生事故较多，因此爬梯设计应牢固、防腐蚀，便于上下操作。砖砌检查井内不宜设钢筋爬梯；井内检修室高度，是根据工人可直立操作而规定的。

5.4.6 总结各地经验，为创造良好的水流条件，宜在检查井内设置流槽。流槽顶部宽度应便于在井内养护操作，一般为0.15m～0.20m，随管径、井深增加，宽度还需加大。

5.4.7 为创造良好的水力条件，流槽转弯的弯曲半径不宜太小。

5.4.8 位于车行道的检查井，必须在任何车辆荷重下，包括在道路碾压机荷重下，确保井盖、井座牢固安全，同时应具有良好的稳定性，防止车速过快造成井盖振动。

5.4.9 主干道上车速较快，出现不均匀沉降时，容易造成车辆颠簸，影响行车安全，可采用井盖基座和井体分离的检查井或者可调节式井盖，加以避免。

5.4.10 井盖应有防盗功能，保证井盖不被盗窃丢失，避免发生伤亡事故。

在道路以外的检查井，尤其在绿化带时，为防止地面径流水从井盖流入井内，井盖应高出地面，但不能妨碍观瞻。

5.4.11 为避免在检查井盖损坏或缺失时发生行人坠落检查井的事故，本条规定污水、雨水和合流污水检查井应安装防坠落装置。防坠落装置应牢固可靠，具有一定的承重能力(≥100kg)，并具备较大的过水能力，避免暴雨期间雨水从井底涌出时被冲走。

5.4.12 根据北京、上海等地经验，在污水干管中，当流量和流速都较大，检修管道需放空时，采用草袋等措施断流，困难较多，为了方便检修，故规定可设置闸槽。

5.4.13 支管是指接户管等小管径管道。检查井接入管径大于300mm以上的支管过多，维护管理工人会操作不便，故规定支管数不宜超过3条。管径小于300mm的支管对维护管理影响不大，在符合结构安全条件下适当将支管集中，有利于减少检查井数量和维护工作量。

5.4.14 在地基松软或不均匀沉降地段，检查井和管渠接口处常发生断裂。处理办法：做好检查井与管渠的地基和基础处理，防止两者产生不均匀沉降；在检查井和管渠接口处，采用柔性连接，消除地基不均匀沉降的影响。

5.4.15 为适应检查井和管道间的不均匀沉降和变形要求而制定本条规定。

5.4.16 设置沉泥槽的目的是便于从检查井中用工具清除管道内的污泥。根据各地情况，在每隔一定距离的检查井和泵站前一检查井宜设置沉泥槽。

为防止地块支管接入带来的泥沙，在每一个街坊接户井内也宜设置沉泥槽。一般情况下，污水检查井不设沉泥槽，有支管接入处、变径处和转折处等雨水检查井内也不设沉泥槽。考虑到过浅的沉泥槽深度不利于机械清捞管道淤泥，因此本条规定沉泥槽的深度宜为0.5m～0.7m。

5.4.17 压力流管道上设置的检查井及其井盖必须能承受压力。

5.4.18 检查井内采用高流槽，可使急速下泄的水流在流槽内顺利通过，避免使用普通低流槽产生的水流溢出而发生冲刷井壁的现象。

管道坡度变化较大处，水流速度发生突变，流速差产生的冲击力会对检查井产生较大的推动力，宜采取增强井筒抗冲击和冲刷能力的措施。

水在流动时会挟带管内气体一起流动，呈气水两相流，气水冲刷和上升气泡的振动反复冲刷管道内壁，使管道内壁易破碎、脱落和积气。在流速突变处，急速的气水两相撞击井壁，气水迅速分离，气体上升冲击井盖，产生较大的上升顶力。某机场排水管道坡度突变处的检查井井盖曾被气体顶起，造成井盖变形和损坏，故井盖宜采用排气井盖。

5.5 跌 水 井

5.5.1 据各地调查，支管接入跌水井水头为1.0m左右时，一般不设跌水井。原化工部某设计院一般在跌水水头大于2.0m时才设跌水井，沈阳某设计院亦有类似意见，上海某设计院反映，上海未用过跌水井。据此，本条做了较灵活的规定。

5.5.3 依据北京排水管网运营养护单位多年养护经验，目前已建污水干线在跌水井处的井室和紧邻的上下游管段管道和检查井内壁均腐蚀严重，维修困难，造成运行安全隐患。为保证管网系统安全提出本条规定。管道内壁所采用的防腐措施应能抵抗长期水流冲击，不易剥落。

5.6 水 封 井

5.6.1 本条为强制性条文，必须严格执行。水封井是一旦废水中产生的气体发生爆炸或火灾时，防止通过管道蔓延的重要安全装置。国内石油化工厂、油品库和油品转运站等含有易燃易爆的工业废水管渠系统中均设置水封井。

当其他管道必须和输送易燃易爆废水的管道连接时，其连接处也必须设置水封井。

水封井设置的位置可参考现行国家标准《石油化工企业设计防火标准》GB 50160的相关要求。

5.6.2 水封深度与管径、流量和废水含易燃易爆物质的浓度有关，水封深度不应小于0.25m。

水封井设置通风管可将井内有害气体及时排出，其直径不得小于100mm，设置时应注意：

(1)避开锅炉房或其他明火装置。

(2)不得靠近操作台或通风机进口。

(3)通风管有足够的高度，使有害气体在大气中充分扩散。

(4)通风管处设立标识，避免工作人员靠近。

水封井底设置沉泥槽，是为了养护方便，其深度一般采用0.5m～0.7m。

5.6.3 水封井位置应考虑一旦管道内发生爆炸时造成的影响最小，故不应设在车行道和行人众多的地段。

5.7 雨 水 口

5.7.1 雨水口的形式主要有立箅式和平箅式两种。平箅式雨水口水流通畅，但暴雨时易被树枝等杂物堵塞，影响收水能力。立箅式雨水口不易堵塞，但有的城镇因逐年维修道路，路面加高，使立箅断面减小，影响收水能力。各地可根据具体情况和经验确定适宜的雨水口形式。

雨水口布置应根据地形和汇水面积确定，立箅式雨水口的宽度和平箅式雨水口的开孔长度应根据设计流量、道路纵坡和横坡等参数确定，避免有的地区不经计算，完全按道路长度均匀布置，雨水口尺寸也按经验选择，造成投资浪费或排水不畅。

合流制系统中的雨水口，为避免出现由污水产生的臭气外逸的现象，应采取设置水封或翻板等措施，防止臭气外逸。

5.7.2 雨水口易被路面垃圾和杂物堵塞，平箅雨水口在设计中应考虑50%被堵塞，立箅式雨水口应考虑10%被堵塞。在暴雨期间排除道路积水的过程中，雨水管道一般处于承压状态，其所能排除的水量要大于重力流情况下的设计流量，因此本条规定雨水口和雨水连接管流量按照雨水管渠设计重现期所计算流量的1.5倍～3.0倍计，通过提高路面进入地下排水系统的径流量，缓解道路积水。

5.7.3 根据各地设计、管理的经验和建议，确定雨水口间距、连接管横向雨水口串联的个数和雨水口连接管的长度。

为保证路面雨水宣泄通畅，又便于维护，雨水口只宜横向串联，不应横、纵向一起串联。

对于低洼和易积水地段，雨水径流面积大，径流量较多，如有植物落叶，容易造成雨水口的堵塞。为提高收水速度，需根据实际情况适当增加雨水口，或采用带侧边进水的联合式多箅雨水口和道路横沟。

5.7.4 本条规定有助于雨水口对径流的截流，就近排除道路积水。

5.7.5 在道路两边绿地设置源头减排设施控制径流污染时，应通过道路横坡和绿地的高程衔接，尽量将雨水引入绿地，充分利用绿地的渗蓄和净化功能。同时应在源头减排设施中设置雨水口用于溢流排放。雨水口的箅面标高应高于周边绿地，以保证绿地对雨水的渗透和调蓄作用。

5.7.6 根据各地经验，对丘陵地区、立交道路引道等，当道路纵坡大于2%时，因纵坡大于横坡，雨水流入雨水口少，故沿途可少设或不设雨水口。坡段较短（一般在300m以内）时，往往在道路低点处集中收水，较为经济合理。

5.7.7 雨水口不宜过深，若埋设较深会给养护带来困难，并增加投资，故规定雨水口深度不宜大于1m。

雨水口深度指雨水口井盖至连接管管底的距离，不包括沉泥槽深度。

在交通繁忙、行人稠密的地区，根据各地养护经验，可设置沉泥槽。

5.7.8 成品雨水口比现场施工的雨水口在质量控制和施工便利方面更有优势。

5.7.9 路面落叶和其他垃圾往往随雨水流入雨水口，为防止垃圾进入管渠，宜设置网篮等设施。

5.8 截流设施

5.8.1 重力截流和水泵截流是目前常用的两种截流方式。在我国大部分地区，当合流制排水系统雨水为自排时，采用的截流方式大多为重力截流，即截流井截流的污水通过重力排入截流管和下游污水系统。随着我国水环境治理力度的加大，对截流设施定量控制的要求越来越高，有条件的地区大多采用水泵截流的方式。截流水泵可设置在合流污水泵站集水池里，也可设置在截流井中。

5.8.2 截流设施是指截流井、截流干管、溢流管及防倒灌等附属设施组成的构筑物和设备的总称。截流设施一般设在合流管渠的入河口前，也有的设在城区内，将旧有合流支线截流后接入新建分流制的污水系统。溢流管下游水位包括受纳水体的水位或受纳管渠的水位。

5.8.3 国内常用的截流井形式有槽式和堰式。据调查，北京市的槽式和堰式截流井占截流井总数的80.4%。槽堰式截流井兼有槽式和堰式的优点，也可选用。

槽式截流井的截流效果好，不影响合流管渠排水能力。当管渠高程允许时，应选用槽式截流井。

5.8.4 截流井溢流水位，应在接口下游洪水位或受纳管道设计水位以上，以防止下游水倒灌，否则溢流管道上应设置闸门等防倒灌设施。设计中还应考虑防倒灌设施的排水阻力，确保溢流管满足上游雨水设计流量的顺畅排放。

5.8.5 重力截流方式较为经济，但是不宜控制各个截流井的截流量，在雨量较大或下游污水系统负荷不足时，系统下游的截流量往往会超过上游，从而造成上游的混合污水大量排放，且污水系统的进水浓度被大幅降低。可采用浮球控制调流阀控制截流量，从而保障系统每个截流井的截流效能得到发挥，避免大量外来水通过截流井进入污水系统。对截流设施定量控制的要求高的地区可采用水泵截流方式。

5.9 出 水 口

5.9.1 雨水排水管渠出水口的设计要求：

（1）对航运、给水等水体原有的各种用途无不良影响。

（2）能使排水迅速和水体混合，不妨碍景观和影响环境。

（3）岸滩稳定，河床变化不大，结构安全，施工方便。

出水口的设计包括位置、形式和出口流速等，是一个比较复杂的问题，情况不同，差异很大，很难做出具体规定。本条仅根据上述要求，提出应综合考虑的各种因素。由于牵涉面比较广，出水口的设计应取得规划、卫生、环保、航运等有关部门同意，如原有水体系鱼类通道，或重要水产资源基地，还应取得相关部门同意。

5.9.2 据北京、上海等地经验，一般仅设翼墙的出口，在较大流量和无断流的河道上，易受水流冲刷，致底部掏空，甚至底板折断损坏，并危及岸坡，为此本条规定应采取防冲刷、加固措施。一般在出水口底部打桩，或加深齿墙。当出水口跌水水头较大时，尚应考虑消能。

5.9.3 在受冻胀影响的地区，凡采用砖砌的出水口，一般3年～5年即损坏。北京市采用浆砌块石，未因冻胀而损坏，故设计时应采取块石等耐冻胀材料砌筑。

据在东北地区的调查，凡基础在冰冻线上的，大多冻胀损坏；在冰冻线下的，普遍完好，如长春市伊通河出水口等。

5.10 立体交叉道路排水

5.10.1 立体交叉道路分为高架道路和下穿立交道路两种，其排水主要任务是解决降雨的地面径流和影响道路功能的地下水的排除，一般不考虑降雪的影响。对个别雪量大的地区应进行融雪流量校核。

5.10.2 本条对立体交叉道路排水系统的设计做出规定。

1 由于高架道路路面标高高于周边道路、地块标高，在一般情况下，高架道路不会发生严重的积水事故。高架道路排水设计的要点在于削峰，减少高架道路雨水对地面排水系统的冲击，防止高架道路雨水流入地道排水系统。高架道路雨水管渠设计重现期不得小于地面道路雨水管渠设计重现期。

2 因为立体交叉道路坡度大（一般是2%～5%），坡长较短（100m～300m），集水时间常常小于5min。鉴于道路设计千差万别，坡度、坡长均各不相同，应通过计算确定集水时间。当道路形状较为规则，边界条件较为明确时，可采用本标准公式（5.2.2）（曼宁公式）计算；当道路形状不规则或边界条件不明确时，可按照坡面汇流参照下式计算：

$$t_1 = 1.445\left(\frac{n'L}{\sqrt{i}}\right)^{0.467} \tag{2}$$

3 综合径流系数应按照汇水面积内下垫面的实际情况进行加权平均计算，如果计算结果小于0.9，应按0.9取值。

5 下穿立交道路的排水泵站为保证在设计重现期内的降雨期间水泵能正常启动和运转，应对排水泵站和配电设备的安全高度进行计算校核。当不具备将泵站整体地面标高抬高的条件时，应提高配电设备设置的安全高度。

6 合理确定立体交叉道路排水系统的汇水面积，高水高排，低水低排，并采取设置挡墙、驼峰等有效地防止高水进入低水系统的拦截措施，是排除立体交叉道路（尤其是下穿立交道路）积水的关键问题。下穿立交引道驼峰高度不低于0.5m。当高架道路直接和地下道路连接时，宜在接地段设置线型横截沟，同时在道路两翼设置挡墙，控制汇水面积，封闭汇水范围，避免客水汇入。

7　下穿立交道路纵坡大，雨水汇水快、水流急。因此，下穿立交道路雨水收集系统宜设置横截沟和边沟来截取水流再通过管渠排入泵站集水池。可以在坡道中部以下或在底部设置多道横截沟，提高雨水收集的效果。在上海市的实践中发现，下穿立交道路底部横截沟内泥沙沉积比较严重，因此横截沟设计应便于沉泥和清理泥沙。成品一体式线性横截沟，不仅施工方便，而且沟盖连体，既防盗又保障行车安全。

8　为满足规定的设计重现期要求，应采取调蓄等应对措施。超过设计重现期的暴雨将产生内涝，应采取包括非工程性措施在内的综合应对措施。

5.10.3　因为涉及人身安全，下穿立交排水的设计重现期远远高于附近地面道路的设计重现期，而且下穿立交排水的可靠程度取决于排水系统出水口的畅通无阻，故有条件的地区，下穿立交排水应尽量设置独立系统，出水应就近排入受纳水体。若就近受纳水体排水能力不足时，可选择排入排水能力更强的受纳水体。当不具备直接排入水体的条件时，可将出水管接入地面雨水管网，但受纳排水系统应能同时满足设计条件下地区和立交的排水要求。出水管末端应设置防倒流装置，以免发生水流倒灌。有条件的地区可设置下穿立交道路调蓄设施。通过采取防倒灌和调蓄等综合措施，保障排水通畅，使得下穿立交道路排水满足雨水管渠设计重现期和内涝防治设计重现期的要求。

5.10.4　对于开发密度大的城市，高架道路雨水一般直接接至地面雨水系统，导致高架和立管附近的地面常常发生积水，因此，在有条件的地区宜设置单独的收集管和出水口。

当高架道路出水管接入地面雨水管道时，应充分考虑高架道路排水对地面雨水管道的冲击，复核受纳雨水管道的排水能力及排水安全性。

5.10.5　立体交叉道路路面一般有少量汽车用油，特别是下穿立交道路区域标高较低、空间狭小、纳污容量相对较高。当立体交叉道路的雨水直接排放受纳水体时，可通过调蓄池、就地处理设施和设置在立交桥区与高架道路下灌木绿化带中的下沉式绿地、雨水花园等源头减排设施，降低径流污染，也可对雨水进行收集处理后用于浇灌绿化。

5.10.7　据天津、上海等地设计经验，应全面详细调查工程所在地的水文、地质和气候资料，以便确定排出或控制地下水的设施，可以采用盲沟收集排除地下水，或设泵站排除地下水；也可采取U形槽钢筋混凝土结构桥体防水等新型措施控制地下水进入。

5.10.8　为防止行人或机动车进入积水较深的下穿立交道路区域，造成人身伤害和财产损失，应在进入下穿立交道路前较明显的位置设置标尺，表明下穿立交道路的积水深度和标识线，并设置警示标识等。

5.10.9　积水自动监测装置可设置于下穿立交道路路面最低点和泵站集水池内，积水自动监测结果可通过信息控制系统传输至LED智能报警系统或声光报警系统，实现水位变化检测、积水智能报警、信息发布和远程监控指挥，做到提前预警和警示。目前上海在全市的下穿立交道路都安装了积水自动监测和报警装置，出现超过20cm积水且无有效手段降低或抑制水位上升时，采取措施限行；当出现超过25cm积水，水位得不到有效控制时，应采取封闭交通措施，从而有效保证下穿立交运行的安全性。

5.11　倒虹管

5.11.1　倒虹管宜设置两条以上，以便一条发生故障时，另一条可继续使用，平时也能逐条清通。通过谷地、旱沟或小河的倒虹管因维修难度不大，可以采用一条。

倒虹管通过铁路、航运河道和公路等障碍物时，应符合现行国家标准《城市工程管线综合规划规范》GB 50289的有关规定。

5.11.2　我国以往设计中倒虹管内流速都大于0.9m/s，并大于进水管内流速，如达不到时，定期冲洗的水流流速不应小于1.2m/s。《日本指南》规定：倒虹管内的流速，应比进水管渠增加20%～30%，与本标准规定基本一致。

倒虹管在穿过航运河道时，必须和当地航运管理等部门协商，确定河道规划的有关情况，对冲刷河道还应考虑抛石等防冲措施。

为考虑倒虹管道检修时排水，倒虹管进水端宜设置事故排出口。

5.11.3　由于倒虹管道相对敷设难度大，一次敷设完成后，应尽量确保管道安全性，减少维修工作量。考虑到基础地质沉降、河道疏浚等因素可能对管道造成的不利影响，本条针对不同材质管道的倒虹管（刚性管道、柔性管道）提出了管道基础或包封措施要求。对于金属材质半柔性的管道，则根据具体土质情况，确定采用钢筋混凝土基础还是钢筋混凝土包封。

5.11.4　鉴于合流制中旱流污水量和设计合流污水量数值差异较大，根据天津、北京等地设计经验，合流管道的倒虹管应按旱流污水量校核流速，当不能达到最小流速0.9m/s时，应采取相应的技术措施。

为保证合流制倒虹管在旱流和合流情况下均能正常运行，设计中合流制倒虹管可设两条，分别使用于旱季旱流和雨季合流两种情况。

5.11.6　设计闸槽或闸门时必须确保在事故发生或维修时能顺利发挥其作用。

5.11.7　沉泥槽作用是沉淀泥土、杂物，保证管道内水流通畅。

5.12　渗透管渠

5.12.1　根据海绵城市建设要求，雨水采取雨水渗透措施可促进雨水下渗综合利用。雨水渗透管渠可设置在绿化带、停车场和人行道下，起到避免地面积水、减少市政排水管渠排水压力和补充地下水的作用。渗透管渠应设置植草沟、沉淀池或沉砂池等预处理设施。

5.13　渠　道

5.13.6　植草沟的设计参数应考虑当地的地理条件、汇水范围、降雨特点和内涝防治设计标准等因素综合确定，选取植草沟坡度和设计流速时，应避免对植被和土壤形成冲刷。节制堰宜由卵石、碎石或混凝土等构成，以延缓流速。堰顶高度应根据植草沟的设计蓄水量确定。

5.14　雨水调蓄设施

5.14.2　根据在排水系统中的位置，调蓄设施可分为源头调蓄、管渠调蓄和排涝除险调蓄设施。源头调蓄设施可与源头渗透设施等联合用于削减峰值流量、控制地表径流污染和提高雨水综合利用程度，一般包括小区景观水体、雨水塘、生物滞留设施和源头调蓄池等；管渠调蓄设施主要用于削减峰值流量和控制径流污染，一般包括调蓄池和隧道调蓄工程等；排涝除险调蓄设施主要用于内涝设计重现期下削减峰值流量，一般包括内河内湖、雨水塘和雨水湿地等绿地空间、下沉式广场以及隧道调蓄工程等。

5.14.3　合流制排水系统年均溢流污染控制率指通过调蓄设施削减或收集处理的溢流污染量和年总溢流污染量的比值。我国不同地区城市降雨特征、源头减排设施建设情况、合流制管网运行情况、受纳水体水环境容量、溢流污染本底情况等差异较大，应经技术经济分析后合理确定合流制溢流污染控制标准。现行国家标准《城镇雨水调蓄工程技术规范》GB 51174中推荐的合流制溢流调蓄池调蓄量的计算方法是截流倍数计算法，是一种基于合流制排水系统设计截流倍数的简化计算方法。该方法将当地旱流污水量转化为当量降雨强度，从而使系统截流倍数和降雨强度相对应，溢流量即为大于该降雨强度的降雨量。根据当地降雨特性参数的统计分析，拟合当地截流倍数和截流量占降雨量比例之间的关系。在设计过程中，可用截流倍数计算法估算所需调蓄设施的规模，再以数学模型法进行复核。

5.14.4 分流制排水系统雨天放江污染来源，主要包括径流污染、管道沉积污染和混接污水等。雨天径流污染主要来源于雨水冲刷下垫面产生的污染，应在系统源头分散控制，能够最大程度发挥设施的效益。调蓄量的计算应按现行国家标准《城镇雨水调蓄工程技术规范》GB 51174 中的有关规定。

对于没有条件进行源头减排设施建设的已建城区，可采用模型掌握服务范围内雨水径流的污染规律，因地制宜地在排水系统中途或末端设置径流污染控制调蓄设施。

5.14.5 设置调蓄设施，对径流峰值水量进行储存，可提高调蓄设施上游服务范围的排水标准。

排涝除险调蓄的调蓄设施应对的是小概率降雨事件，为缓解城镇化高速发展条件下用地紧张，应优先利用多功能调蓄设施。在平时发挥设施原有的景观、游憩、休闲娱乐功能；在暴雨产生积水时，径流才排入设施，发挥雨水调蓄功能。因此，设计时一定要控制好设施进水口和周边场地的竖向关系，具体要求可参见现行国家标准《城镇雨水调蓄工程技术规范》GB 51174 的规定。雨水调蓄池容积应通过数学模型，根据流量过程线计算。为简化计算，用于雨水收集储存的调蓄池也可根据当地气候资料，按一定设计重现期降雨量（如 24h 最大降雨量）计算。合理确定雨水调蓄池容积是一个十分重要且复杂的问题，除了调蓄目的外，还需要根据投资效益等综合考虑。

5.14.8 生物滞留设施、下凹式绿地等具有渗透功能的调蓄设施，当土壤稳定入渗率或地下水位等条件不能满足在需要的时间内排空时，可在设施底部设置排水盲管，排入就近的雨水系统。

采用重力放空或水泵排空的调蓄设施，其出口流量和放空时间可根据现行国家标准《城镇雨水调蓄工程技术规范》GB 51174 的有关规定计算。

5.14.9 雨水调蓄池使用一定时间后，特别是当调蓄池用于径流污染控制或削减排水管道峰值流量时，易沉淀积泥。因此，雨水调蓄池应设置清洗设施。清洗方式可分为人工清洗和水力清洗，人工清洗危险性大且费力，尽量采用水力清洗，将人工清洗作为辅助手段。对于矩形池，可采用水力冲洗翻斗或水力自清洗装置；对于圆形池，可通过入水口和底部构造设计，形成进水自冲洗，或采用径向水力清洗装置。

对全地下用于径流污染控制的封闭结构的调蓄池而言，为防止有害气体在调蓄池内积聚，应提供有效的通风排气装置。经验表明，4 次/h～6 次/h 的空气交换量可以实现良好的通风排气效果。若需采用除臭设备时，设备选型应考虑调蓄池间歇运行、长时间空置的情况，除臭设备的运行应能和调蓄池工况相匹配。

所有封闭结构的大型地下调蓄池都需要设置维修人员、设备进出的检修孔和检修通道，检修孔应设置在调蓄池最高水位以上。

5.14.10 降雨停止后，用于控制径流污染调蓄池的出水，一般接入下游污水管道输送至污水厂处理后排放。当下游污水系统在旱季时就已达到满负荷运行或下游污水系统的容量不能满足调蓄池放空速度的要求时，应将调蓄池出水处理后排放。国内外常用的处理装置包括格栅、旋流分离器和混凝沉淀池等，处理排放标准应考虑受纳水体的环境容量后确定。

5.15 管道综合

5.15.1 当地下管道较多时，不仅应考虑到排水管道不应和其他管道互相影响，而且要考虑维护方便。

5.15.2 排水管道和其他地下管线（构筑物）水平和垂直的最小净距，应由城镇规划部门或管道综合部门根据其管线类型、数量、高程和可敷设管线的地位大小等因素制定管道综合设计确定。本标准附录 C 的规定是指一般情况下的最小间距，供管道综合规划时参考。

5.15.3 本条为强制性条文，必须严格执行。本条制定的目的是防止污染生活给水管道。当污水管道和合流管道无法敷设在生活给水管道下面时，应在管道相交处做好防护措施，限制泄漏影响，避免污染生活给水。

5.15.4 为避免污染生活给水管道，再生水管道应敷设在生活给水管道的下面。当不能满足时，必须有防止污染生活给水管道的措施。为避免污染再生水管道，再生水管道宜敷设在合流管道和污水管道的上面。

5.15.7 综合管廊内的排水管道可选用钢管、球墨铸铁管、化学材料和复合材料等内壁粗糙度小的管道，以防止管道淤积。

5.15.8 因为存在上游冲击、下游倒灌的风险，因此要求雨水舱室不得和其他舱室连通，以防止倒灌其他舱室。

5.15.9 污水管道压力输送时，可与综合管廊充分结合。为保障污水管道和综合管廊的安全运行，污水管道进廊和出廊处都应设置阀门、闸门或闸槽。廊内污水管道检查井可根据实际需要设置，适当增大最小间距。

6 泵　　站

6.1 一 般 规 定

6.1.1 泵站作为排水工程的重要组成部分，应满足城市总体规划和排水专业规划的要求，通过优化泵站布局尽可能提高排水系统的运行效率，节约能耗。

6.1.2 充分考虑集约节约用地，为满足水环境、水安全需要，控制径流污染、降低内涝风险、利用雨水资源，可根据需要，在泵站中设置调蓄池。

6.1.3 排水泵站应根据排水工程专业规划所确定的远、近期规模设计。考虑到排水泵站多为地下构筑物，土建部分如按近期规模设计，则远期规模扩建较为困难。因此，本条规定泵站主要构筑物的土建部分宜按远期规模一次设计建成，水泵机组可按近期规模配置，根据需要，随时添装机组。

6.1.4 由于排水泵站抽送污水时会产生臭气和噪声，对周围环境造成影响，故宜设计为单独的建筑物。

6.1.5 排水泵站相应的防护措施有：

（1）良好的通风设备；

（2）防火防爆的照明、电机和电气设备；

（3）有毒气体监测和报警设施；

（4）与其他建筑物有一定的防护距离。

6.1.6 排水泵站的特征是潮湿和散发各种气体，极易腐蚀周围物体，因此其建筑物、附属设施、水泵、管配件等都需要采取相应的防腐蚀措施，一般为设备和配件采用耐腐蚀材料或涂防腐涂料，如栏杆和扶梯等采用玻璃钢等耐腐蚀材料。

6.1.7 排水泵站的卫生防护距离涉及周围居民的居住质量，在广大居民环保意识增强的情况下，显得尤其必要，故做此规定。

泵站地面建筑物的建筑造型应与周围环境协调、和谐、统一。上海、广州、青岛等地的某些泵站，其建筑造型因地制宜深受周围居民喜爱。

6.1.8 本条规定主要为防止泵站淹水。易受洪水淹没地区的泵站和地下式泵站应保证洪水期间水泵能正常运转，一般采取的防洪措施如下：

（1）泵站地面标高填高。这需要大量土方，并可能造成和周围地面高差较大，影响交通运输。

（2）泵房室内地坪标高抬高。可减少填土土方量，但可能造成泵房地坪与泵站地面高差较大，影响日常管理维修工作。

（3）泵站或泵房入口处筑高或设闸槽等。仅在入口处筑高可适当降低泵房的室内地坪标高，但可能影响交通运输和日常管理维修工作。通常采用在入口处设闸槽、在防洪期间加闸板等，作为临时防洪措施。

6.1.10 由于雨水泵的特征是流量大、扬程低、吸水能力小，根据多年来的实践经验，应采用自灌式泵站。污水泵站和合流污水泵站宜采用自灌式，若采用非自灌式，保养较困难。

6.1.11 泵房宜设两个出入口，其中一个应能满足最大设备和部件进出，且应与车行道连通，目的是方便设备吊装和运输。

6.1.12 本条为强制性条文，必须严格执行。供电负荷是根据其重要性和中断供电所造成的损失或影响程度来划分的。若突然中断供电，会造成较大经济损失，给城镇生活带来较大影响者应采用二级负荷设计。若突然中断供电，会造成重大经济损失，给城镇生活带来重大影响者应采用一级负荷设计。二级负荷宜由两回路供电，两路互为备用或一路常用一路备用。根据现行国家标准《供配电系统设计规范》GB 50052 的有关规定，二级负荷的供电系统，对小型负荷或供电确有困难地区，也允许一回路专线供电，但应从严掌握。一级负荷应采用两个电源供电，当一个电源发生故障时，另一个电源不应同时受到损坏。上海合流污水治理一期和二期工程中，大型输水泵站 35kV 变电站都按一级负荷设计。

6.1.13 污水、合流污水泵站的格栅井和污水敞开部分，有臭气逸出，影响周围环境。对位于居民区和重要地段的泵站，应设置除臭装置。

6.1.14 地下式泵房在水泵间有顶板结构时，其自然通风条件差，应设置机械送排风综合系统排除可能产生的有害气体以及泵房内的余热、余湿，以保障操作人员的生命安全和健康。通风换气次数一般为 5 次/h～10 次/h，通风换气体积以地面为界。当地下式泵房的水泵间为无顶板结构，或为地面层泵房时，则可视通风条件和要求，确定通风方式。送排风口应合理布置，防止气流短路。

自然通风条件较好的地下式水泵间或地面层泵房，宜采用自然通风。当自然通风不能满足要求时，可采用自然进风、机械排风方式进行通风。

自然通风条件一般的地下式泵房或潜水泵房的集水池，可不设通风装置。但在检修时，应设临时送排风设施。通风换气次数不小于 5 次/h。

6.1.15 隔声值班室是指在泵房内单独隔开一间，供值班人员工作、休息等用，备有通信设施，便于和外界的联络。对远离居民点的泵站，应适当设置管理人员的生活设施，一般可在泵站内设置供居住用的建筑。

6.1.16 泵站内道路布置的规定。潜水泵泵站当采用汽车吊装卸时，道路布置应考虑汽车吊操作方便；消防通道应考虑消防车通行转弯的要求。

6.1.17 一体化预制泵站在欧洲有 60 多年的使用历史，目前一体化预制泵站的应用已遍布全球。一体化预制泵站可采用全地下式安装、设备集成度高、施工周期短等特点，近年来在我国市政给水排水和内涝防治中广泛使用。例如，江西省海绵城市试点城市萍乡市西门内涝 1 号一体化轴流预制泵站项目设计规模为 4.6m³/s，采用两个单筒并联，每个筒的规模都为 2.3m³/s。

6.2 设计流量和设计扬程

6.2.1 污水泵站的设计还应考虑雨季设计流量下，污水和截流雨水的提升，故提出总装机流量的设计依据。总装机流量指工作和备用水泵合在一起的总流量。

6.2.2 目前我国一些地区雨污分流不彻底，短期内又难以完成改建。市政排水管网雨污水管道混接，一方面降低了现有污水系统设施的收集处理率，另一方面又造成了对周围水体环境的污染。雨污混接方式主要有建筑物内部洗涤水接入雨水管、建筑物内污水出户管接入雨水管、化粪池出水管接入雨水管、市政污水管接入雨水管等。以上海市为例，目前存在雨污混接的多个分流制排水系统中，旱流污水往往通过分流制排水系统的雨水泵站排入河道。为减少雨污混接对河道的污染，上海市城镇雨水系统专业规划提出在分流制排水系统的雨水泵站内增设截流设施，旱季将混接的旱流污水全部截流，纳入污水系统处理后排放，远期这些设施可用于分流制排水系统截流雨水。在雨水泵站中设置的截流设施，包括截流泵房和管道，主要是为了对雨水管道中污染较为严重的水（包括通过路面无组织排放进入的道路冲洗水、管道混接水、受污染雨水等）进行截流，接入污水系统进行处理达标排放，从而减少对水体的污染。截流量可根据排水系统实际情况确定，上海市规定，一般不低于系统服务范围内旱流污水量的 20%。

6.2.4 出水管渠水位以及集水池水位的不同组合，可组成不同的扬程。设计平均流量时，出水管渠水位和集水池设计水位之差加上管路系统水头损失和安全水头为设计扬程；设计最小流量时，出水管渠水位和集水池设计最高水位之差加上管路系统水头损失和安全水头为最低工作扬程；设计最大流量时，出水管渠水位与集水池设计最低水位之差加上管路系统水头损失和安全水头为最高工作扬程。安全水头一般为 0.3m～0.5m。

6.2.5 受纳水体水位以及集水池水位的不同组合，可组成不同的扬程。受纳水体水位的常水位或平均潮位和设计流量下集水池设计水位之差加上管路系统的水头损失为设计扬程；受纳水体水位的低水位或平均低潮位和集水池设计最高水位之差加上管路系统的水头损失为最低工作扬程；受纳水体水位的高水位或防汛潮位和集水池设计最低水位之差加上管路系统的水头损失为最高工作扬程。

6.3 集 水 池

6.3.1 为了泵站正常运行，集水池的贮水部分必须有适当的有效容积。集水池的设计最高水位和设计最低水位之间的容积为有效容积。集水池有效容积的计算范围，除集水池本身外，可以向上游推算到格栅部位。如容积过小，则水泵开停频繁；容积过大，则增加工程造价。根据当前电机启闭次数要求，本次修订降低了对水泵开停的限制，污水泵站应控制单台泵开停次数不宜大于 6 次/h。对污水中途泵站，其下游泵站集水池容积，应和上游泵站工作相匹配，防止集水池壅水和开空车。雨水泵站和合流污水泵站集水池容积，由于雨水进水管部分可作为贮水容积考虑，仅规定不应小于最大一台水泵 30s 的出水量。为保证地道泵站安全和正常运行，本标准将集水池容积提高到不应小于最大一台泵 60s 的出水量。此处地道是指下穿立交道路和人行地道。间隙使用的泵房集水池，应按一次排入的水、泥量和水泵抽送能力计算。

一体化预制泵站的特点就是集成度高，通过配备启停次数高的水泵电机和高水平的自控实现远程控制、水泵自动轮值和水泵故障自动切换以及定期泵站排空等功能，因此可以大大减少集水井容积。一体化预制泵站中水泵的最大启停次数应根据水泵性能确定，并适当考虑余量。目前，国内外一体化预制泵站配备水泵的最大允许启停次数一般为 10 次～30 次。

6.3.2 大型合流污水输送泵站，尤其是多级串联泵站，当水泵突然停运或失负时，系统中的水流由动能转为势能，下游集水池会产生壅水现象，上壅高度和集水池面积有关，应复核水流不壅出地面。

6.3.3 集水池前设置格栅是用来截留大块的悬浮或漂浮的污物，以保护水泵叶轮和管配件，避免堵塞或磨损，保证水泵正常运行。

6.3.4 我国的雨水泵站运行时，部分受压情况较多，其进水水位高于管顶。考虑此因素，设计时最高水位可高于进水管管顶，但应复核控制最高水位不得使管道上游的地面冒水。

地道泵站集水池最高水位应低于地道最低点路面高程以下 1m，同时低于所设盲沟管最低点的管内底高程。

6.3.7 泵房采用正向进水，是使水流顺畅，流速均匀的主要条件。侧向进水易形成集水池下游端的水泵吸水管处水流不稳，流量不均，对水泵运行不利，故应避免。由于进水条件对泵房运行极为重要，必要时，规模较大的泵房宜通过数学模型或水力模型试验确定进水布置方式。

集水池的布置会直接影响水泵吸水的水流条件。水流条件差，会出现滞流或涡流，不利于水泵运行；会引起汽蚀作用，水泵特性改变，效率下降，出水量减少，电动机超载运行；会造成运行不稳定，产生噪声和振动，增加能耗。

集水池的设计一般应注意下列几点：

(1)水泵吸水管或叶轮应有足够的淹没深度，防止空气吸入，或形成涡流时吸入空气；

(2)泵的吸入喇叭口和池底保持所要求的距离；

(3)水流应均匀顺畅无旋涡地流进泵吸水管，每台水泵的进水水流条件基本相同，水流不要突然扩大或改变方向；

(4)集水池进口流速和水泵吸入口处的流速尽可能缓慢。

6.3.8 为了便于清洗集水池或检修水泵，泵站集水池前应设置闸门或闸槽。泵站前宜设置事故排出口，供泵站检修时使用。为防止水污染和保护环境，本条规定设置事故排出口应报有关部门批准。

6.3.9 有些地区雨水管道内常有大量砂粒流入，为保护水泵，减少对水泵叶轮的磨损，在雨水进水管砂粒量较多的地区宜在集水池前设置沉砂设施和清砂设备。上海市某泵站设有沉砂池，长期运行良好。上海市另一泵站，由于无沉砂设施，曾发生水泵被淤埋和进水管渠断面减小、流量减少的情况。青岛市的雨水泵站大多设有沉砂设施。

6.4 泵房设计

Ⅰ 水泵配置

6.4.1 本条是关于水泵选择的规定。

1 一座泵房内的水泵，如型号规格相同，则运行管理、维修养护均较方便，工作泵的配置宜为2台～8台。台数少于2台，如遇故障，影响太大；台数大于8台时，则进出水条件可能不良，影响运行管理。当流量变化大时，可配置不同规格的水泵，大小搭配，但不宜超过两种；也可采用变频调速装置或叶片可调式水泵。

2 污水泵房和合流污水泵房的备用泵台数应根据下列情况考虑：

(1)水泵总装机流量：应满足泵站进水总管的雨季设计流量要求。

(2)地区的重要性：不允许间断排水的重要政治、经济、文化等地区和重要的工业企业的泵房，应有较高的水泵备用率。

(3)泵房的特殊性：指泵房在排水系统中的特殊地位。如多级串联排水的泵房，其中一座泵房因故不能工作时，会影响整个排水区域的排水，故应适当提高备用率。

(4)工作泵的型号：当采用橡胶轴承的轴流泵抽送污水时，因橡胶轴承容易磨损，造成检修工作繁重，也需要适当提高水泵备用率。

(5)台数较多的泵房，相应的损坏次数也较多，故备用台数应有所增加。

(6)水泵制造质量的提高，检修率下降，可减少备用率。

但是备用泵增多，会增加投资和维护工作，综合考虑后做此规定。由于潜水泵调换方便，当备用泵为2台时，可现场备用1台，库存备用1台，以减小土建规模。

雨水泵的年利用小时数很低，故雨水泵一般可不设备用泵，但应在非雨季做好维护保养工作。

下穿立交道路雨水泵站可视泵站重要性设备用泵，但必须保证道路不积水，以免影响交通。

6.4.2 根据对已建泵站的调查，水泵扬程普遍按集水池最低水位和排出水体最高水位之差，再计入水泵管路系统的水头损失确定。由于出水最高水位出现概率甚少，导致水泵大部分工作时段的工况较差。本条规定了选用的水泵宜满足设计扬程时在高效区运行。此外，最高工作扬程和最低工作扬程，应在所选水泵的安全、稳定的运行范围内。由于各类水泵的特性不一，按上列扬程配泵如超出稳定运行范围，则以最高工作扬程时能安全稳定运行为控制工况。

6.4.3 多级串联的污水泵站和合流污水泵站，受多级串联后的工作制度、流量搭配等的影响较大，故应考虑级间调整的影响。

6.4.4 水泵吸水管和出水管流速不宜过大，以减少水头损失和保证水泵正常运行。如水泵的进出口管管径较小，则应配置渐扩管进行过渡，使流速在本标准规定的范围内。

6.4.5 当水泵为非自灌式工作时，应设置引水设备。引水设备有真空泵或水射器抽气引水，也可采用密闭水箱注水。当采用真空泵引水时，在真空泵和水泵之间应设置气水分离箱。

Ⅱ 泵 房

6.4.6 水泵的布置是泵站的关键。水泵宜采用单行排列，这样对运行、维护有利，且进出水方便。

6.4.7 主要机组的间距和通道的宽度应满足安全防护和便于操作、检修的需要，应保证水泵轴或电动机转子在检修时能够拆卸。

6.4.10 基座尺寸随水泵形式和规格而不同，应按水泵的要求配置。本条规定基座高出地坪0.1m以上是为了在机房少量淹水时，不影响机组正常工作。

6.4.11 当泵房较深，选用立式泵时，水泵间地坪和电动机间地坪的高差超过水泵允许的最大轴长值时，一种方法是将电动机间建成半地下式；另一种方法是设置中间轴承和轴承支架以及人工操作平台等辅助设施。从电动机和水泵运转稳定性出发，轴长不宜太长，采用前一种方法较好，但从电动机散热方面考虑，后一种方法较好。本条对后一种方法做出了规定。

6.4.12 水泵间地坪应设集水沟排除地面积水，其地坪宜以1%坡向集水沟，并在集水沟内设抽吸积水的水泵。

6.4.13 泵房内管道敷设在地面上时，为方便操作人员巡回工作，可采用活动踏梯或活络平台作为跨越设施。

当泵房内管道为架空敷设时，为不妨碍电气设备的检修和阻碍通道，规定不得跨越电气设备，通行处的管底距地面不宜小于2.0m。

6.4.16 冷却水是相对洁净的水，应考虑循环利用。

6.5 出水设施

6.5.1 污水管出水管上应设置止回阀和闸阀。雨水泵出水管末端设置防倒流装置的目的是在水泵突然停运时，防止出水管的水流倒灌，或水泵发生故障时检修方便，我国目前使用的防倒流装置有拍门、堰门、柔性止回阀等。

雨水泵出水管的防倒流装置上方，应按防倒流装置的重量考虑是否设置起吊装置，以方便拆装和维修。其中一种做法是设工字钢，在使用时安装起吊装置，以防锈蚀。

6.5.2 出水压力井的井压，按水泵的流量和扬程计算确定。出水压力井上设透气筒，可释放水锤能量，防止水锤损坏管道和压力井。透气筒高度和断面根据计算确定，且透气筒不宜设在室内。压力井的井座、井盖和螺栓应采用防锈材料，以便于装拆。

6.5.3 敞开式出水井的井口高度应根据河道最高水位加上开泵时的水流壅高，或停泵时壅高水位确定。

6.5.4 合流污水泵站试车时，关闭出水井内通向河道一侧的出水闸门或临时封堵出水井，可使泵出的水通过管道回至集水池。回流管管径宜按最大一台水泵的流量确定。

6.5.5 雨水泵站出水口流量较大，应避让桥梁等水中构筑物，出水口和护坡结构不得影响航行，出水口流速宜控制在0.5m/s以下。出水口的位置、流速控制、消能设施和警示标识等，应事先征求当地航运、水利、港务和市政等有关部门的同意，并按要求设置有关设施。

7 污水和再生水处理

7.1 一 般 规 定

7.1.1 污水的处理目标主要根据排入地表水域环境功能和保护目标确定，再生水的处理目标主要根据再生水用户的要求确定。

7.1.2 本条关于污水厂处理效率的规定取值是根据国内污水厂处理效率的实践数据，并参考国外资料制定的。其中，一级处理的处理效率主要是沉淀池的处理效率，未计入格栅和沉砂池的处理效率；二级处理的处理效率包括一级处理；深度处理的处理效率包括一级和二级处理。调研数据来源于国内包括上海、重庆、青岛、郑州、深圳等地污水厂的实际运行数据。

7.1.4 当采用雨水调蓄时，污水厂的雨季设计流量可低于服务范围内的雨季设计流量，根据调蓄之后的流量确定。

7.1.5 本条是关于污水处理构筑物设计的规定。

1 污水处理构筑物设计应根据污水厂的远期规模和分期建设情况统一安排，按每期污水量设计，并考虑到分期扩建的可能性和灵活性，有利于工程建设在短期内见效。

4 初次沉淀池应按旱季设计流量设计，保证旱季时的沉淀效果。降雨时，容许降低沉淀效果，故用雨季设计流量校核，此时沉淀时间可适当缩短，但不宜小于30min。

5 二级处理构筑物按旱季设计流量设计，为保护降雨时河流水质，改善污水厂的出水水质，故用雨季流量校核。当二级处理构筑物用雨季流量校核无法满足出水水质要求时，应调整设计流量，保障出水水质。

7.1.6 美国《污水处理设施》规定，在水质、水量变化大的污水厂中，应设置调节设施。有些污水厂昼夜处理流量差别较大或雨季流量较大，使污水厂进水水质、水量变化很大，无法保证生物处理效果，据此制定本条。

7.1.7 根据国内污水厂的设计和运行经验，处理构筑物的个(格)数，不应少于2个(格)，便于检修维护；同时按并联设计，可使污水的运行更为可靠、灵活和合理。

7.1.8 并联运行的处理构筑物间的配水是否均匀，直接影响构筑物能否达到设计流量和处理效果，所以设计时应重视配水装置。配水装置一般采用堰或配水井等方式。

构筑物系统之间设可切换的连通管渠，可灵活组合各组运行系列，同时，便于操作人员观察、调节和维护。

7.1.9 处理构筑物中污水的入口和出口处设置整流措施，使整个断面布水均匀，并能保持稳定的池水面，保证处理效率。

7.1.10 2000年5月实施的《城市污水处理及污染防治技术政策》规定：为保证公共卫生安全，防止传染性疾病传播，城镇污水处理应设置消毒设施。此外，现行国家标准《城镇污水处理厂污染物排放标准》GB 18918中首次将微生物指标(粪大肠菌群数)列为基本控制指标，故城镇污水有必要进行消毒处理。现行行业标准《再生水水质标准》SL 368，对不同用途的再生水均有余氯和卫生学指标的规定，因此再生水必须进行消毒处理。

7.1.11 本条为强制性条文，必须严格执行。考虑到污水厂中断供电可能对该地区的政治、经济、生活和周围环境等造成不良影响，污水厂的供电负荷等级应按二级设计。重要的污水厂是指中断供电对该地区的政治、经济、生活和周围环境等造成重大影响的污水厂。重要部位包括进水泵房、污泥焚烧系统的安全保障设施以及地下或半地下污水厂的安全保障用通风、消防设施等。

7.1.12 为了保证寒冷地区的污水厂在冬季能正常运行，有关的处理构筑物、管渠和其他设施应有保温防冻措施。一般有池上加盖、池内加热和建于房屋内等措施，视当地气温和处理构筑物的运行要求而定。

7.1.13 本条为强制性条文，必须严格执行。解决方案：通过空气间隙和设置中间储存池，然后再和处理装置连接，以防止污染给水系统、再生水系统。

7.2 厂址选择和总体布置

7.2.1 污水厂位置的选择应在城镇总体规划和排水工程专业规划的指导下进行，以保证总体的社会效益、环境效益和经济效益。

1 污水厂处理后的尾水是宝贵的资源，可以再生回用，因此污水厂的厂址选择要考虑便于出水回用；同时，排放口的安全性和尾水排放的安全性因素也相当重要，因此污水厂的厂址应便于安全排放。

2 根据污泥处理和处置的需要，也应考虑方便集中处理处置。

3 污水厂应选在该城镇对周围居民点的环境质量影响最小的方位，一般位于夏季主导风向的下风侧。

4 厂址的良好工程地质条件包括土质、地基承载力和地下水位等，可为工程的设计、施工、管理和节省造价提供有利条件。

5 根据我国耕田少、人口多的实际情况，选厂址时应尽量少拆迁、少占农田，使污水厂工程易于开工建设。同时，根据环境影响评价要求，应和附近居民点有一定的卫生防护距离，并予以绿化。

6 厂址的区域面积不仅应考虑规划期的需要，尚应考虑满足在不可预见的将来有扩建的可能。

7 厂址的防洪和排水问题必须重视，一般不应在淹水区建污水厂，当必须在可能受洪水威胁的地区建厂时，应采取防洪措施。另外，有良好的排水条件，可节省建造费用。本款规定防洪标准不应低于城镇防洪标准。

8 为缩短污水厂建造周期和有利于污水厂的日常管理，应有方便的交通、运输和水电条件。

9 独立设置的污泥处理厂，若污泥处理工艺需要利用燃气或热力等，则需要考虑污泥处理厂周边是否有相应的设施条件；对于污泥处理设施产生的污泥水和厂内的生活污水，应考虑设置污水处理及其排放系统。

7.2.2 污水厂建设用地必须贯彻合理利用土地和切实保护耕地的基本国策。考虑到城镇污水量的增加趋势较快，污水厂的建造周期较长，污水厂建设用地应按项目总规模确定。同时，应根据现状水量和排水收集系统的建设周期合理确定近期规模。尽可能近期少拆迁、少占农田，做出合理的分期建设、分期征地的安排。本条规定既保证了污水厂在远期扩建的可能性，又利于工程建设在短期内见效。

7.2.3 根据污水厂的处理级别(一级处理或二级处理)、处理工艺(活性污泥法或生物膜法)、污泥处理流程(浓缩、消化、脱水、好氧发酵、干化、焚烧和污泥气利用等)、除臭系统布置和各种构筑物的形状、大小及其组合，结合厂址地形、气候和地质条件等，可有各种总体布置形式，必须综合确定。总体布置恰当，可为今后施工、维护和管理等提供良好条件。

7.2.4 污水和污泥处理构筑物各有不同的处理功能和操作、维护、管理要求，分别集中布置有利于管理。合理的布置可保证施工安装、操作运行和管理维护的安全方便，并减少占地面积。

7.2.5 城镇污水包括生活污水和一部分工业废水，往往散发臭味和对人体健康有害的气体。另外，在生物处理构筑物附近的空气中，细菌芽孢数量也较多。因此，处理构筑物附近的空气质量相对较差。生产管理建筑物和生活设施应与处理构筑物保持一定距离，并尽可能集中布置，便于通过绿化隔离或处理构筑物加盖除臭等措施，保证管理人员有良好的工作环境，以免影响正常工作。办公室、化验室和食堂等的位置应处于夏季主导风向的上风侧，东南朝向。

7.2.6 在满足经济实用的前提下，污水厂建设应适当考虑美观。除在厂区进行必要的绿化、美化外，还应根据污水厂内建筑物和构筑物的特点，使各建筑物之间、建筑物和构筑物之间、污水厂和周围环境之间都能达到建筑美学的和谐一致。

7.2.7 地下或半地下污水厂作为污水厂的一种建设方式，主要适用于用地非常紧张、对环境要求高、地上污水厂选址困难的区域，可以提高土地使用效率、提升地面景观和周边土地价值等，但由于其建设成本较高，加上地下或半地下式污水厂本身所存在的消防、通风等问题，在选择时应进行充分的必要性和可行性论证。

7.2.8 地下或半地下污水厂设计需考虑社会效益、环境效益和经济效益的协调统一，并遵循"运行安全、能源节约、环境协调"的设计理念。

7.2.9 地下或半地下污水厂一般位于用地紧张的城市区域，上部空间也根据当地实际情况采取建设开放式的绿地公园、停车场，设置太阳能回收装置等措施，充分利用土地资源。

7.2.11 消化池、贮气罐、污泥气燃烧装置、污泥气管道、污泥好氧发酵工程辅料存储区等具有火灾和爆炸危险的场所，应符合现行国家标准《建筑设计防火规范》GB 50016、《消防给水及消火栓系统技术规范》GB 50974 和《城镇燃气设计规范》GB 50028 的有关规定。

7.2.12 堆放场地，尤其是堆放废渣（如泥饼和煤渣）的场地，宜设置在较隐蔽处，不宜设在主干道两侧。

7.2.13 通道包括双车道、单车道、人行道、扶梯和人行天桥等。污水厂厂区的通道应根据通向构筑物和建筑物的功能要求，如运输、检查、维护和管理的需要设置。

1 根据厂区消防通道要求，单行道宽度由原标准中规定的3.5m～4.0m 改为 4.0m。

4 根据管理部门意见，扶梯不宜太陡，尤其是通行频繁的扶梯，并宜利于搬运重物上下扶梯。

7、8 因为地下或半地下污水厂箱体进出通道的最低点比周围地面低很多，形成盆地，且纵坡很大，雨水迅速向最低点汇集，易造成积水。因此，从安全和节能的角度出发，通道敞开部分采用透光材料进行封闭，通道前设置驼峰，避免地面雨水进入箱体，通道中部和末端设置横截沟和雨水泵房，将进入箱体通道的雨水迅速排出。应将高处可以以重力流排出的雨水和低处需要借助水泵排出的雨水分开，建成高水高排和低水低排系统，高水自流排放，低水水泵排放。

7.2.14 根据污水厂的安全要求，污水厂周围应设置围墙，高度不宜太低，不宜低于 2.0m。

7.2.16 污水厂内管渠较多，设计时应全面安排，可防止错、漏、碰、缺。管渠尺寸应按可能通过的最高时流量计算确定，并按最低时流量复核，防止发生沉积。明渠的水头损失小，不易堵塞，便于清理，应尽量采用明渠。合理的管渠设计和布置可保障污水厂运行的安全、可靠、稳定，并节省费用。

7.2.17 在管道复杂时宜设置管廊，便于检查维修。

7.2.18 污水厂内建设应体现海绵城市建设理念，注重源头减排，减少地面径流。设计需根据厂区实际情况，结合用地、布局和景观等因素选择合适的工程设施。

7.2.19 污水厂内合理布置超越管渠，可使水流越过某处理构筑物流至其后续构筑物。其合理布置应保证在构筑物维护和紧急修理以及发生其他特殊情况时，对出水水质影响小，并能迅速恢复正常运行。

7.2.20 考虑到处理构筑物的维护检修，应设排空设施。为了保护环境，排空水应回流处理，不应直接排入水体，并应有防止倒灌的措施，确保其他构筑物的安全运行。排空设施有构筑物底部预埋排水管道和临时设泵抽水两种形式。

7.2.21 确定污水厂附属建筑物的组成和面积的影响因素较复杂，如各地的管理体制不一，检修协作条件不同，污水厂的规模和工艺流程不同等，因此，尚难规定统一的标准。目前许多污水厂设有计算机控制系统，减少了工作人员和附属构筑物建筑面积。

7.2.22 根据国内污水厂的实践经验，为了有利于维护管理，宜在厂区内适当地点设置一定的辅助设施，包括巡回检查和取样等有关地点所需的照明，维修所需的配电箱，巡回检查或维修时联络用的电话，冲洗用的给水栓、浴室和厕所等。

7.2.23 为了确保操作人员安全，处理构筑物应设置安全防护设施。

7.2.25 速闭闸门设置的目的是防止停电导致污水厂受淹。

7.2.27 景观设计是地下或半地下污水厂的亮点，要结合地下箱体顶部的承重能力合理配置景观、灌木和乔木等。种植草坪的覆土厚度宜大于或等于 0.5m；种植灌木的覆土厚度宜大于或等于 1.0m；种植乔木的覆土厚度宜大于或等于 1.5m。

7.2.28 箱体净空高度的要求是为确保人员通行和设备安装检修的空间。考虑到地下箱体内净空有限，宜选用便于拆卸、重量较轻和便于运输的设备。

7.3 格 栅

7.3.1 在污水中混有纤维、木材、塑料制品和纸张等大小不同的杂物，为了防止水泵和处理构筑物的机械设备和管道被磨损或堵塞，使后续处理流程能顺利进行，应在污水处理系统或水泵前设置格栅。

7.3.2 根据调查，本条规定了粗格栅栅条间隙宽度：机械清除时宜为 16mm～25mm，人工清除时宜为 25mm～40mm，特殊情况下最大栅条间隙可采用 100mm；细格栅栅条间隙宽度宜为 1.5mm～10mm。

膜处理工艺和曝气生物滤池工艺需要将细小物质安全可靠地分离出去，例如头发和细小纤维物质等，避免引起膜组件或滤池填料堵塞而无法正常工作，因此膜处理工艺和曝气生物滤池工艺前一般需要设置超细格栅作为预处理工艺。根据国内外工程实际应用情况，超细格栅栅条间隙宜小于或等于 1mm。

水泵前，格栅除污机栅条间隙宽度应根据水泵进口口径按表 13 选用。对于阶梯式格栅除污机、回转式固液分离机和转鼓式格栅除污机的栅条间隙或栅孔可按需要确定。

表 13 栅条间隙

水泵口径（mm）	<200	250～450	500～900	1000～3500
栅条间隙（mm）	15～20	30～40	40～80	80～100

如泵站较深，泵前格栅机械清除或人工清除比较复杂，可在泵前设置仅为保护水泵正常运转的、空隙宽度较大的粗格栅（宽度根据水泵要求，国外资料认为可大到 100mm）以减少栅渣量，并在处理构筑物前设置间隙宽度较小的细格栅，保证后续工序的顺利进行。这样既便于维修养护，也不会增加投资。

7.3.3 过栅流速是参照国外资料制定的：欧盟标准 BS EN 12255-3:2000《污水处理厂 第 3 部分：预处理》规定过栅流速在最大流量下不超过 1.2m/s；《日本指南》为 0.45m/s；美国《污水处理厂设计手册》（1998 年，以下简称美国《污水厂手册》）为 0.6m/s～1.2m/s；法国《水处理手册》（1978 年）为 0.6m/s～1.0m/s。本标准规定过栅流速宜为 0.6m/s～1.0m/s。

格栅倾角是根据国内外采用的数据而制定的，除转鼓式格栅除污机外，其资料见表 14。

表 14 格栅倾角

资料来源	格栅倾角	
	人工清除	机械清除
国内污水厂	45°～75°	
《日本指南》	45°～60°	70°左右
美国《污水厂手册》	30°～45°	40°～90°
本标准	30°～60°	60°～90°

7.3.4 钢丝绳牵引格栅除污机和移动悬吊葫芦抓斗式格栅除污机应考虑耙斗尺寸和安装人员的工作位置，其他类型格栅除污机由于齿耙尺寸较小，其尺寸可适当减小。

7.3.5 本条规定是为便于清除栅渣和养护格栅。

7.3.6 本条是根据国内污水厂养护管理的实践经验而制定的。

7.3.7 栅渣通过机械输送、压榨脱水外运的方式，在国内新建的大中污水厂中已得到应用。关于栅渣的输送设备采用：粗格栅渣宜采用带式输送机，细格栅渣宜采用螺旋输送机；对输送距离大于8.0m宜采用带式输送机，对距离较短的宜采用螺旋输送机；而当污水中有较大的杂质时，不管输送距离长短，均宜采用皮带输送机。

由于格栅栅渣的输送过程会散发臭味，因此输送机宜采用密封结构，进出料口处宜进行密封处理，防止臭味逸出，并便于臭气收集和处理。

7.3.8 本条为强制性条文，必须严格执行。为改善格栅间的操作条件和确保操作人员安全，应设置通风设施和硫化氢等有毒有害气体的检测与报警装置。

7.4 沉 砂 池

7.4.1 一般情况下，由于在污水系统中有些井盖密封不严，有些支管连接不合理和部分家庭院落的雨水进入污水管，在污水中会含有相当数量的砂粒等杂质。设置沉砂池可以避免后续处理构筑物和机械设备的磨损，减少管渠和处理构筑物内的沉积，避免重力排泥困难，防止对生物处理系统和污泥处理系统运行的干扰。

7.4.2 本条是根据国内污水厂的试验资料和管理经验，并参照国外有关资料而制定。平流沉砂池的设计应符合下列规定：

1 最大流速应为0.3m/s，最小流速应为0.15m/s。在此流速范围内可避免已沉淀的砂粒再次翻起，也可避免污水中的有机物大量沉淀，能有效地去除相对密度2.65、粒径0.2mm以上的砂粒。

2 根据国内的实际应用情况，同时参考国外有关资料，最高时流量的停留时间不应小于45s。

3 从养护方便考虑，本款规定每格宽度不宜小于0.6m。有效水深在理论上和沉砂效率无关，美国《污水厂手册》规定为0.6m～1.5m，本款规定不应大于1.5m。

7.4.3 根据国内污水含砂量特别高的特性，参照国际经验和实际运行数据（见表15），本标准确定曝气沉沙池的停留时间宜大于5min。

由于沉砂池停留时间增加，曝气量采用原标准规定$0.1m^3/m^3$～$0.2m^3/m^3$计算偏小，因此，根据国内污水厂的运行数据，参照国外有关资料，曝气量按曝气沉砂池池长进行计算。

为避免污水中的油类物质对生物反应系统的影响，保证油类物质的去除效果，宜将除砂和撇油除渣功能区分隔，并配套设置除渣和撇油设备。

表15 曝气沉砂池设计数据

资料来源	水平流速(m/s)	最高时流量停留时间(min)	有效水深(m)	宽深比	曝气量[L/(m·s)]	进水方向	出水方向
郑州某污水厂	0.070	8.0	3.20	1.60	6.9	与池中旋流方向一致	与进水方向垂直，淹没式出水口
青岛某污水厂	0.075	6.5	2.50	1.20	5.9	与池中旋流方向一致	与进水方向垂直，淹没式出水口
上海某污水厂	0.087	5.0	3.24	1.23	8.7	与池中旋流方向一致	与进水方向垂直，淹没式出水口
上海某合流污水厂	0.100	4.6	3.00	1.37	8.7	与池中旋流方向一致	与进水方向垂直，淹没式出水口
美国《污水厂手册》	—	3.0～5.0	—	—	4.6～12.4	使污水在空气作用下形成旋流	应与进水成直角，并考虑在靠近出口处设置挡板
美国《污水处理设施》(2014年)	—	3.0～5.0	—	—	4.7～12.4	—	—
《日本指南》	—	1.0～3.0	—	—	5.0～14.0	—	—
本标准	0.100	>5.0	2.00～3.00	1.00～1.50	5.0～12.0	应与池中旋流方向一致	应与进水方向垂直，并宜设置挡板

7.4.4 本条是根据国内的实践数据，并参照国外资料而制定的。

7.4.5 根据北京、上海、青岛等城市的实践数据，污水的沉砂量分别为：$0.02L/m^3$、$0.02L/m^3$、$0.11L/m^3$，污水沉砂量的含水率为60%，密度为$1500kg/m^3$。参照国外资料，本条规定沉砂量为$0.03L/m^3$，各国沉砂量情况见表16。

表16 各国沉砂量情况

资料来源	单位	数值	说明
《日本指南》	L/m^3(污水)	0.0005～0.05	分流制污水
		0.005～0.05	分流制雨水
		0.001～0.05	合流制污水
美国《污水厂手册》	L/m^3(污水)	0.004～0.037	分流制
	L/(人·d)	0.004～0.18	合流制
德国水协DWA标准	L/m^3(污水)	0.02～0.2	年平均0.06
	L/(人·年)	2～5	—
本标准	L/m^3(污水)	0.03	—

7.4.6 根据国内沉砂池的运行经验，砂斗容积不应大于2d的沉砂量；当采用重力排砂时，砂斗斗壁和水平面的倾角不应小于55°，国外也有类似规定。

7.4.7 国内外的实践经验表明，沉砂池的除砂一般采用砂泵或空气提升泵等机械方法，沉砂经砂水分离后，干砂在储砂池或晒砂场储存或直接装车外运。由于排砂的不连续性，重力或机械排砂方法均会发生排砂管堵塞现象，在设计中应考虑水力冲洗等防堵塞措施。考虑到排砂管易堵，本条规定采用人工排砂时，排砂管直径不应小于200mm。

7.5 沉 淀 池

Ⅰ 一 般 规 定

7.5.1 为使用方便和易于比较，根据目前国内的实践经验并参照美国、日本等的资料，沉淀池以表面水力负荷为主要设计参数。按表面水力负荷设计沉淀池时，应校核固体负荷、沉淀时间和沉淀池各部分主要尺寸的关系，使之相互协调。表17为国外有关表面水力负荷和沉淀时间的取值范围。

表 17 国外有关表面水力负荷和沉淀时间取值范围

资料来源	沉淀时间(h)	表面水力负荷 [$m^3/(m^2 \cdot d)$]	说明
《日本指南》	1.5	35～70	分流制初次沉淀池
	0.5～3.0	25～50	合流制初次沉淀池
	4.0～5.0	20～30	二次沉淀池
美国《污水处理设施》(2014 年)	—	61～81	初次沉淀池
	—	≤49	二次沉淀池(生物膜法)
	—	33～49	二次沉淀池(活性污泥法)
德国水协 DWA 标准	0.5～0.8	2.5～4.0*	化学沉淀池
	0.5～1.0	2.5～4.0*	初次沉淀池
	1.7～2.5	0.8～1.5*	二次沉淀池
本标准	0.5～2.0	1.5～4.5*	初次沉淀池
	1.5～4.0	1.0～2.0*	二次沉淀池(生物膜法)
	1.5～4.0	0.6～1.5*	二次沉淀池(活性污泥法)

注:* 单位为 $m^3/(m^2 \cdot h)$。

按现行国家标准《城镇污水处理厂污染物排放标准》GB 18918 的有关规定，对排放的污水应进行脱氮除磷处理，为保证较高的脱氮除磷效果，初次沉淀池的处理效率不宜太高，以维持足够碳氮和碳磷比例。当沉淀池的有效水深为 2.0m～4.0m 时，初次沉淀池的沉淀时间为 0.5h～2.0h，其相应的表面水力负荷为 $1.5m^3/(m^2 \cdot h)$～$4.5m^3/(m^2 \cdot h)$；二次沉淀池活性污泥法的沉淀时间为 1.5h～4.0h，其相应的表面水力负荷为 $0.6m^3/(m^2 \cdot h)$～$1.5m^3/(m^2 \cdot h)$。

对于周边进水周边出水辐流沉淀池，由于其独特的水流特征，表面水力负荷较高，近年来根据国内各污水厂的实际运行资料，一般为 $1.1m^3/(m^2 \cdot h)$～$1.5m^3/(m^2 \cdot h)$，相应的固体负荷也较高，约为 $160kg/(m^2 \cdot d)$～$200kg/(m^2 \cdot d)$。

沉淀池的污泥量是根据每人每日 SS 和 BOD_5 数值，按沉淀池沉淀效率经理论推算求得。

污泥含水率，按国内污水厂的实践数据制定。

7.5.2 本条是根据国内实践数据，并参照国外规范而制定的。《日本指南》沉淀池的超高宜为 50cm；美国《污水处理设施》(2014 年)规定沉淀池的超高不应小于 0.3m。按国内污水厂实践经验，沉淀池的超高取 0.3m～0.5m，本标准采用 0.3m，沿海城市当考虑到风大等因素，沉淀池的超高可采用 0.5m。

7.5.3 沉淀池的沉淀效率由池的表面积决定，与池深无多大关系，因此宁可采用浅池。但实际上若水池过浅，因水流会引起污泥的扰动，使污泥上浮，温度、风等外界影响也会使沉淀效率降低。若水池过深，会造成投资增加。故有效水深以 2.0m～4.0m 为宜。

7.5.4 本条是根据国内实践经验制定的，国外规范也有类似规定。每个泥斗分别设阀门(或闸门)和排泥管，目的是便于控制排泥。

7.5.5 本条是根据国内实践数据，并参照国外规范而制定的。污泥区容积包括污泥斗和池底贮泥部分的容积。

7.5.7 本条是根据国内实践数据，并参照国外规范而制定的。

7.5.8 本条参照国外资料，规定了出水堰最大负荷，各种类型的沉淀池都宜遵守。

周边进水周边出水辐流沉淀池由于表面水力负荷较高，出水槽一般采用单侧集水的形式，因此出水堰负荷较高。根据目前国内部分污水厂的运行情况，出水堰最大负荷可适当放大。

7.5.9 据调查，初次沉淀池和二次沉淀池出流处会有浮渣积聚，为防止浮渣随出水溢出，影响出水水质，应设置撇除、输送和处置设施。

Ⅱ 沉 淀 池

7.5.10 本条是关于平流沉淀池设计的规定。

1 本款是对长宽比和长深比的要求。长宽比过小，水流不易均匀平稳，过大会增加池中水平流速，两者都影响沉淀效率。《日本指南》规定长宽比为 3～5，英、美等国家的资料建议也为 3～5，本款规定长宽比不宜小于 4。长深比苏联规范规定为 8～12，本款规定长深比不宜小于 8，池长不宜大于 60m。

2 本款是对排泥机械行进速度的要求。据国内外资料介绍，链条刮板式的行进速度通常取 0.6m/min。

3 本款是对缓冲层高度的要求，参照苏联规范制定。

4 本款是对池底纵坡的要求。设刮泥机时的池底纵坡不宜小于 0.01。《日本指南》规定为 0.01～0.02。

按表面水力负荷设计平流沉淀池时，可按水平流速进行校核。平流沉淀池的最大水平流速：初次沉淀池为 7mm/s，二次沉淀池为 5mm/s。

7.5.11 本条是关于竖流沉淀池设计的规定。

1 本款是对径深比的要求。根据竖流沉淀池的流态特征，径深比不宜大于 3。

2 中心管内流速不宜过大是为防止影响沉淀区的沉淀作用。

3 中心管下口设喇叭口和反射板，以消除进入沉淀区的水流能量，保证沉淀效果。

7.5.12 本条是关于辐流沉淀池设计的规定。

1 本款是对径深比的要求。根据辐流沉淀池的流态特征，径深比宜为 6～12。《日本指南》为 6～12，沉淀效果较好，本款采用 6～12。为减少风对沉淀效果的影响，池径宜小于 50m。

2 本款是对排泥方式和排泥机械的要求。近年来，国内各地区设计的辐流沉淀池，其直径都较大，配有中心传动或周边驱动的桁架式刮泥机，已取得成功经验，故规定宜采用机械排泥。《日本指南》规定排泥机械旋转速度为 1r/h～3r/h，刮泥板的外缘线速度不宜大于 3m/min。当池子直径较小，且无配套的排泥机械时，可考虑多斗排泥，但管理较麻烦。

5 周边进水周边出水辐流沉淀池进水渠要求沿程配水基本均匀，一般采用变断面法，同时进水渠应保证一定的流速，避免进水中的悬浮物发生沉淀。

Ⅲ 斜管(板)沉淀池

7.5.13 据调查，国内城镇污水厂有采用斜管(板)沉淀池作为初次沉淀池和二次沉淀池的生产实践经验。在用地紧张，需要挖掘原有沉淀池的潜力，或需要压缩沉淀池面积等条件下，通过技术经济比较，可采用斜管(板)沉淀池。

7.5.14 根据理论计算，升流式异向流斜管(板)沉淀池的表面水力负荷比普通沉淀池大几倍，但国内污水厂多年生产运行实践表明，升流式异向流斜管(板)沉淀池的设计表面水力负荷不宜过大，不然沉淀效果不稳定，宜按普通沉淀池设计表面水力负荷的 2 倍计。据调查，斜管(板)二次沉淀池的沉淀效果不太稳定，为防止泛泥，本条规定对于斜管(板)二次沉淀池，应以固体负荷核算。

7.5.15 本条是根据国内污水厂斜管(板)沉淀池采用的设计参数和运行情况而做出的相应规定。

1 斜管孔径(或斜板净距)一般为 45mm～100mm，通常取 80mm，本条规定宜为 80mm～100mm。

4 斜管(板)区上部水深为 0.5m～0.7m，本条规定宜为 0.7m～1.0m。

5 底部缓冲层高度为 0.5m～1.2m，本条规定宜为 1.0m。

7.5.16 根据国内生产实践经验，斜管内和斜板上有积泥现象，为保证斜管(板)沉淀池的正常稳定运行，本条规定斜管(板)沉淀池应设置冲洗设施。

Ⅳ 高效沉淀池

7.5.17 沉淀污泥有一定的凝聚性能，回流污泥颗粒能够增加絮凝体的沉降速度，同时污泥中生物絮体的絮凝吸附作用能够较大程度地提高污染物的去除率，同时可以避免过量投加药剂。污泥循环一般采用污泥泵从泥斗中抽取回流至絮凝池的方式。

根据国内生产实践经验，通过污水和回流污泥混凝、絮凝增大悬浮物尺寸的高效沉淀池，用于深度处理工艺时，表面水力负荷宜为 $6m^3/(m^2 \cdot h)$～$13m^3/(m^2 \cdot h)$；用于一级强化处理工艺时，表面水力负荷可以适当提高。当高效沉淀池添加砂、磁粉等重介质增强絮凝效果时，表面水力负荷也可适当提高。

7.6 活性污泥法

Ⅰ 一 般 规 定

7.6.1 外部环境条件一般指操作管理要求，包括水量、水质、占地、供电、地质、水文和设备供应等。

7.6.3 目前常用的消除泡沫的措施有水喷淋和投加消泡剂等方法。

7.6.4 生物反应池投产初期采用间歇曝气培养活性污泥时，静沉后用作排除上清液。

7.6.5 本条适用于推流式运行的廊道式生物反应池。生物反应池的池宽和水深之比宜采用1∶1～2∶1，曝气装置沿一侧布置时，生物反应池混合液的旋流前进的水力状态较好。有效水深4.0m～6.0m是根据国内鼓风机的风压能力，并考虑尽量降低生物反应池占地面积而确定的。当条件许可时也可采用较大水深，目前国内一些大型污水厂采用的水深为6.0m，也有一些污水厂采用的水深超过6.0m。

7.6.6 缺氧区(池)、厌氧区(池)的搅拌功率：在《污水处理新工艺与设计计算实例》一书中推荐取 $3W/m^3$，美国《污水厂手册》推荐取 $5W/m^3$～$8W/m^3$，中国市政工程西南设计研究总院有限公司曾采用过 $2W/m^3$，本标准建议为 $2W/m^3$～$8W/m^3$。所需功率均以曝气器配置功率表示。

7.6.7 我国的寒冷地区，冬季水温一般在6℃～10℃，短时间可能为4℃～6℃。生物反应池设计时应核算污水处理过程中低气温对污水温度的影响。

7.6.8 污水进入厌氧区(池)、缺氧区(池)时，采用淹没入流方式的目的是避免引起复氧。

Ⅱ 传统活性污泥法

7.6.9 有关设计数据是根据我国污水厂回流污泥浓度一般为4g/L～8g/L的情况确定的。如回流污泥浓度不在上述范围时，可适当修正。当处理效率可以降低时、负荷可适当增大。当进水五日生化需氧量低于一般城镇污水时，负荷应适当减小。

生物反应池主要设计参数中，容积负荷 L_V、污泥负荷 L_S 和污泥浓度 X 相关；同时又必须按生物反应池实际运行规律来确定数据，即不可无依据地将本标准规定的 L_S 和 X 取端值相乘确定最大的容积负荷 L_V。

Q 为反应池设计流量，不包括污泥回流量。采用旱季设计流量设计，用雨季设计流量复核。

X 为反应池内混合液悬浮固体MLSS的平均浓度，适用于推流式、完全混合式生物反应池。吸附再生反应池的 X 是根据吸附区的混合液悬浮固体和再生区的混合液悬浮固体，按这两个区的容积进行加权平均得出的理论数据。

7.6.10 由于目前很少采用按容积负荷计算生物反应池的容积，因此将按容积负荷计算的公式列入条文说明中以备方案校核、比较时参考使用，以及采用容积负荷指标时计算容积之用。按容积负荷计算生物反应池的容积时，可按下式计算：

$$V = \frac{QS_o}{1000L_V} \quad (3)$$

式中：V——生物反应池的容积(m^3)；

Q——生物反应池的设计流量(m^3/d)；

S_o——生物反应池进水五日生化需氧量浓度(mg/L)；

L_V——生物反应池的五日生化需氧量容积负荷[$kgBOD_5/(m^3 \cdot d)$]。

根据国内外的工程实际应用情况，当生物反应池仅用于去除碳源污染物时，污泥龄取值一般为3d～6d；当生物反应池兼顾硝化时污泥龄取值宜为3d～15d。

7.6.11 衰减系数 K_d 的值和温度有关，本条列出了污水温度修正公式。

7.6.12 选择区(池)的作用是改善污泥性质，防止污泥膨胀。

7.6.13 本条是根据国内外有关阶段曝气法的资料制定。阶段曝气的特点是污水沿池的始端1/2～3/4长度内分数点进入(即进水口分布在两廊道生物反应池的第一条廊道内，三廊道生物反应池的前两条廊道内，四廊道生物反应池的前三条廊道内)，尽量使反应池混合液的氧利用率接近均匀，所以容积负荷比普通生物反应池大。

7.6.14 根据国内污水厂的运行经验，参照国外有关资料，规定吸附再生生物反应池吸附区和再生区的容积和停留时间。它的特点是回流污泥先在再生区作较长时间的曝气，然后和污水在吸附区充分混合，较短时间接触，但一般不小于0.5h。

7.6.15 本条对合建式生物反应池设计做出规定。

1 据资料介绍，一般生物反应池的平均耗氧速率为 $30mg/(L \cdot h)$～$40mg/(L \cdot h)$。根据对上海某污水厂和湖北某印染厂污水站的生物反应池回流缝处测定实际的溶解氧，表明污泥室的溶解氧浓度不一定能满足生物反应池所需的耗氧速率，为安全考虑，合建式完全混合反应池曝气部分的容积应包括导流区，但不包括污泥室容积。

2 根据国内运行经验，沉淀区的沉淀效果易受曝气区的影响。为了保证出水水质，沉淀区表面水力负荷宜为 $0.5m^3/(m^2 \cdot h)$～$1.0m^3/(m^2 \cdot h)$。

Ⅲ 厌氧/缺氧/好氧法(AAO或 A^2O 法)

7.6.16 本条是关于采用厌氧/缺氧/好氧法(AAO或 A^2O 法)的水处理工艺的规定。

1 污水的五日生化需氧量和总凯氏氮之比是影响脱氮效果的重要因素之一。异养性反硝化菌在呼吸时，以有机基质作为电子供体，硝态氮作为电子受体，即反硝化时需消耗有机物。青岛等地污水厂运行实践表明，当污水中五日生化需氧量和总凯氏氮之比大于4时，可达到理想脱氮效果；五日生化需氧量和总凯氏氮之比小于4时，脱氮效果不好。五日生化需氧量和总凯氏氮之比过小时，需外加碳源才能达到理想的脱氮效果。外加碳源可采用甲醇，它被分解后产生二氧化碳和水，不会留下任何难以分解的中间产物。由于城镇污水水量大，外加甲醇的费用较大，有些污水厂将淀粉厂、制糖厂、酿造厂等排出的高浓度有机废水作为外加碳源，取得了良好效果。当五日生化需氧量和总凯氏氮之比为4或略小于4时，可不设初次沉淀池或缩短污水在初次沉淀池中的停留时间，以增大进生物反应池污水中五日生化需氧量和氮的比值。

2 生物除磷由吸磷和放磷两个过程组成，聚磷菌在厌氧放磷时，伴随着溶解性可快速生物降解的有机物在菌体内储存。若放磷时无溶解性可快速生物降解的有机物在菌体内储存，则聚磷菌在进入好氧环境中并不吸磷，此类放磷为无效放磷。生物脱氮和除磷都需要有机碳，在有机碳不足，尤其是溶解性可快速生物降解的有机碳不足时，反硝化菌和聚磷菌争夺碳源，会竞争性地抑制放磷。

污水的五日生化需氧量和总磷之比是影响除磷效果的重要因素之一。若比值过低，聚磷菌在厌氧池放磷时释放的能量不能很好地被用来吸收和储藏溶解性有机物，影响该类细菌在好氧池的吸磷，从而使出水磷浓度升高。广州地区的一些污水厂，在五日生化需氧量和总磷之比大于或等于17时，取得了良好的除磷效果。

3 若五日生化需氧量和总凯氏氮之比小于4，则难以完全脱氮而导致系统中存在一定的硝态氮的残余量，这样即使污水中五日生化需氧量和总磷之比大于17，其生物除磷的效果也将受到影响。

4 一般地说，聚磷菌、反硝化菌和硝化细菌生长的最佳pH值在中性或弱碱性范围，当pH值偏离最佳值时，反应速度逐渐下降，碱度起着缓冲作用。污水厂生产实践表明，为使好氧池的pH

值维持在中性附近，池中剩余总碱度宜大于70mg/L。每克氨氮氧化成硝态氮需消耗7.14g碱度，大大消耗了混合液的碱度。反硝化时，还原1g硝态氮成氮气，理论上可回收3.57g碱度，此外，去除1g五日生化需氧量可以产生0.3g碱度。出水剩余总碱度可按下式计算：

$$A_e = A_r - A_o + 0.3 \times (S_o - S_e) + 3 \times \Delta N_{de} - 7.14 \times \Delta N_0 \tag{4}$$

式中：A_e——出水剩余总碱度（mg/L，以 $CaCO_3$ 计）；

A_r——剩余总碱度（mg/L，以 $CaCO_3$ 计）；

A_o——进水总碱度（mg/L，以 $CaCO_3$ 计）；

S_o——生物反应池进水五日生化需氧量浓度（mg/L）；

S_e——生物反应池出水五日生化需氧量浓度（mg/L）；

ΔN_{de}——反硝化脱氮量（$mgNO_3$-N/L）；

ΔN_0——硝化氮量（$mgNH_3$-N/L）；

3——美国环境保护署（EPA）推荐的还原1g硝态氮可回收3g碱度。

当进水碱度较小，硝化消耗碱度后，好氧池剩余碱度小于70mg/L，可增加缺氧池容积，以增加回收碱度量。在要求硝化的氨氮量较多时，可布置成多段缺氧/好氧形式。在该形式下，第一个好氧池仅氧化部分氨氮，消耗部分碱度，经第二个缺氧池回收碱度后再进入第二个好氧池消耗部分碱度，这样可减少对进水碱度的需要量。

7.6.17 生物脱氮由硝化和反硝化两个生物化学过程组成。氨氮在好氧池中通过硝化细菌作用被氧化成硝态氮，硝态氮在缺氧池中通过反硝化菌作用被还原成氮气逸出。硝化菌是化能自养菌，需在好氧环境中氧化氨氮获得生长所需能量；反硝化菌是兼性异养菌，它们利用有机物作为电子供体，硝态氮作为电子最终受体，将硝态氮还原成气态氮。由此可见，为了发生反硝化作用，必须具备以下条件：①硝态氮；②有机碳；③基本无溶解氧（溶解氧会消耗有机物）。为了有硝态氮，处理系统应采用较长泥龄和较低负荷。缺氧/好氧法可满足上述要求，适用于脱氮。

1 缺氧/好氧工艺中好氧区（池）的容积计算，可采用本标准第7.6.10条生物去除碳源污染物的计算方法。

2 公式（7.6.17-1）是缺氧池容积的计算方法，式中0.12为微生物中氮的分数。反硝化速率 K_{de} 与混合液回流比、进水水质、温度和污泥中反硝化菌的比例等因素有关。混合液回流量大，带入缺氧池的溶解氧多，K_{de} 取低值；进水有机物浓度高且较易生物降解时，K_{de} 取高值。

温度变化可用公式（7.6.17-2）修正，式中1.08为温度修正系数。

由于污水总悬浮固体中的一部分沉积到污泥中，结果产生的污泥将大于由有机物降解产生的污泥，在许多不设初次沉淀池的处理工艺中更甚。因此，在确定污泥总产率系数时，必须考虑污水中总悬浮固体的含量，否则，计算所得的剩余污泥量往往偏小。污泥总产率系数随温度、泥龄和内源衰减系数变化而变化，不是一个常数。对于某种生活污水，有初次沉淀池和无初次沉淀池时，泥龄-污泥总产率曲线分别如图4和图5所示。

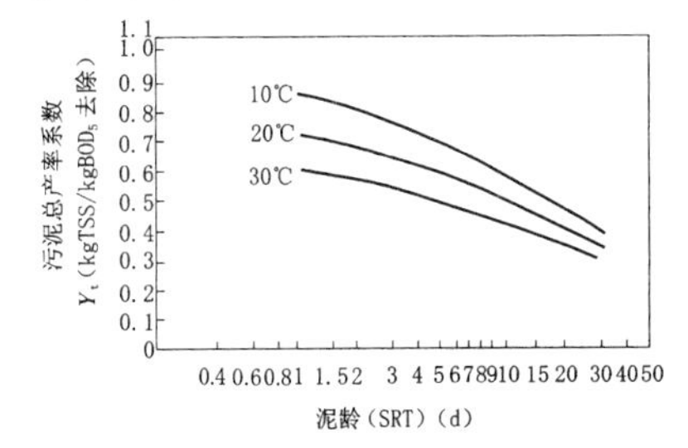

图4 有初次沉淀池时泥龄-污泥总产率系数曲线

注：有初次沉淀池，TSS（总悬浮物）去除60%，初次沉淀池出流中有30%的惰性物质，污水的COD/BOD_5为1.5～2.0（COD是chemical oxygen demand的简写），TSS/BOD_5为0.8～1.2。

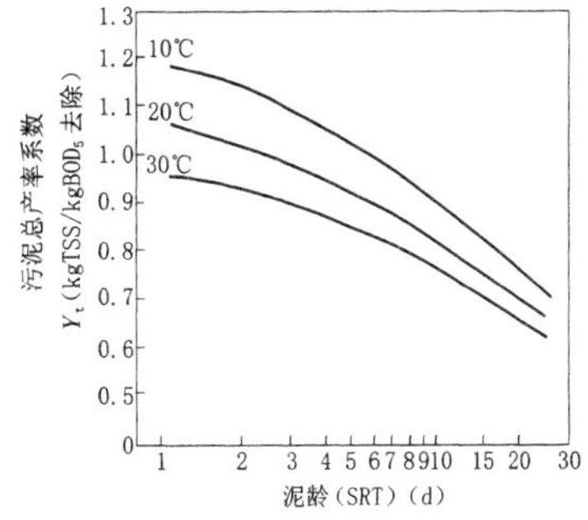

图5 无初次沉淀池时泥龄-污泥总产率系数曲线

注：无初次沉淀池，TSS/BOD_5=1.0，TSS中惰性固体占50%。

TSS/BOD_5反映了污水中总悬浮固体和五日生化需氧量之比，比值大，剩余污泥量大，即 Y_t 值大。泥龄 θ_c 影响污泥的衰减，泥龄长，污泥衰减多，即 Y_t 值小。温度影响污泥总产率系数，温度高，Y_t 值小。

公式（7.6.17-4）介绍了好氧区（池）容积的计算公式。公式（7.6.17-6）为计算硝化细菌比生长速率的公式，式中0.47为15℃时硝化细菌最大比生长速率；硝化作用中氮的半速率常数 K_n 是硝化细菌比生长速率等于硝化细菌最大比生长速率一半时氮的浓度，K_n 的典型值为1.0mg/L；$e^{0.098(T-15)}$ 是温度校正项。自养硝化细菌比异养菌的比生长速率小得多，如果没有足够长的泥龄，硝化细菌就会从系统中流失。为了保证硝化发生，泥龄须大于 $1/\mu$。在需要硝化的场合，以泥龄作为基本设计参数是十分有利的。公式（7.6.17-6）是从纯种培养试验中得出的硝化细菌比生长速率。为了在环境条件变得不利于硝化细菌生长时，系统中仍有硝化细菌，在公式（7.6.17-5）中引入安全系数 F，城镇污水可生化性好，F 宜取1.5～3.0。

公式（7.6.17-7）是混合液回流量的计算公式。如果好氧区（池）硝化作用完全，回流污泥中硝态氮浓度和好氧区（池）相同，回流污泥中硝态氮进缺氧区（池）后全部被反硝化，缺氧区（池）有足够碳源，则系统最大脱氮率是总回流比（混合液回流量加上回流污泥量和进水流量之比）r 的函数，$r=(Q_{Ri}+Q_R)/Q$，最大脱氮率$=r/(1+r)$。由公式（7.6.17-7）可知，增大总回流比可提高脱氮效果，但是，总回流比为4时，再增加回流比，对脱氮效果的提高不大。总回流比过大，会使系统由推流式趋于完全混合式，导致污泥性状变差；在进水浓度较低时，会使缺氧区（池）氧化还原电位（ORP）升高，导致反硝化速率降低。上海市政工程设计研究总院观察到总回流比从1.5上升到2.5，ORP从−218mV上升到−192mV，反硝化速率从0.08kgNO_3/（kgVSS·d）下降到0.038kgNO_3/（kgVSS·d）。回流污泥量的确定，除计算外，还应综合考虑提供硝酸盐和反硝化速率等方面的因素。

3 在设计中虽然可以从参考文献中获得一些动力学数据，但由于污水的情况千差万别，因此只有试验数据才最符合实际情况，有条件时应通过试验获取数据；若无试验条件时，可通过相似水质、相似工艺的污水厂，获取数据。生物脱氮时，由于硝化细菌世代时间较长，要取得较好脱氮效果，需较长泥龄。以脱氮为主要目标时，泥龄可取11d～23d。相应的五日生化需氧量污泥负荷较低、污泥产率较低、需氧量较大，水力停留时间也较长。表7.6.17所列设计参数为经验数据。

7.6.18 生物除磷必须具备以下条件：①厌氧（无硝态氮）；②有机碳。厌氧/好氧法可满足上述要求，适用于除磷。

1 厌氧/好氧工艺的好氧区（池）的容积计算，根据经验可采用本标准第7.6.10条生物去除碳源污染物的计算方法，并根据经验确定厌氧和好氧各区的容积比。

2 在厌氧区（池）中先发生脱氮反应消耗硝态氮，然后聚磷菌释放磷，释磷过程中释放的能量可用于其吸收和贮藏溶解性有机物。若厌氧区（池）停留时间小于1h，磷释放不完全，会影响磷的去除率，综合考虑除磷效率和经济性，规定厌氧区（池）停留时间宜为1h～2h。在只除磷的厌氧/好氧系统中，由于无硝态氮和聚磷菌争夺有机物，厌氧池停留时间可取下限。

3 活性污泥中聚磷菌在厌氧环境中会释放出磷，在好氧环境中会吸收超过其正常生长所需的磷。通过排放富磷剩余污泥，可比普通活性污泥法从污水中去除更多的磷。由此可见，缩短泥龄，即增加排泥量可提高磷的去除率。以除磷为主要目的时，泥龄可取3.5d～7.0d。表7.6.18所列设计参数为经验数据。

4 除磷工艺的剩余污泥在污泥浓缩池中浓缩时会因厌氧放出大量磷酸盐，用机械法浓缩污泥可缩短浓缩时间，减少磷酸盐析出量。

5 生物除磷工艺的剩余活性污泥厌氧消化时会产生大量灰白色的磷酸盐沉积物，这种沉积物极易堵塞管道。青岛某污水厂采用厌氧/缺氧/好氧法（AAO或A^2O法）工艺处理污水，该厂在消化池出泥管、后浓缩池进泥管、后浓缩池上清液管道和污泥脱水后滤液管道中均发现灰白色沉积物，弯管处尤甚，严重影响了正常运行。这种灰白色沉积物质地坚硬，不溶于水；经盐酸浸泡，无法去除。该厂在这些管道的转弯处增加了法兰，还拟对消化池出泥管进行改造，将原有的内置式管道改为外部管道，便于经常冲洗保养。污泥脱水滤液和第二级消化池上清液，磷浓度十分高，如不除磷，直接回到集水池，则磷从水中转移到泥中，再从泥中转移到水中，只是在处理系统中循环，严重影响了磷的去除效率，这类磷酸盐宜采用化学法去除。除化学除磷外，磷回收技术也得到不断应用。

7.6.19 本条是脱氮除磷采用厌氧/缺氧/好氧法（AAO或A^2O法）的相关规定。

1 生物同时脱氮除磷，要求系统具有厌氧、缺氧和好氧环境，厌氧/缺氧/好氧法可满足这一条件。

脱氮和除磷是相互影响的。脱氮要求较低负荷和较长泥龄，除磷却要求较高负荷和较短泥龄。脱氮要求有较多硝酸盐供反硝化，而硝酸盐不利于除磷。设计生物反应池各区（池）容积时，应根据氮、磷的排放标准等要求，寻找合适的平衡点。

2 脱氮和除磷对泥龄、污泥负荷和好氧停留时间的要求是相反的。在需同时脱氮除磷时，综合考虑泥龄的影响后，可取10d～22d。本标准表7.6.19所列设计参数为经验数据。

3 厌氧/缺氧/好氧法（AAO或A^2O法）工艺中，当脱氮效果好时，除磷效果较差。反之亦然，不能同时取得较好的效果。针对这些存在的问题，可对工艺流程进行变形改进，调整泥龄、水力停留时间等设计参数，改变进水和回流污泥等布置形式，从而进一步提高脱氮除磷效果。图6为一些变形的工艺流程。

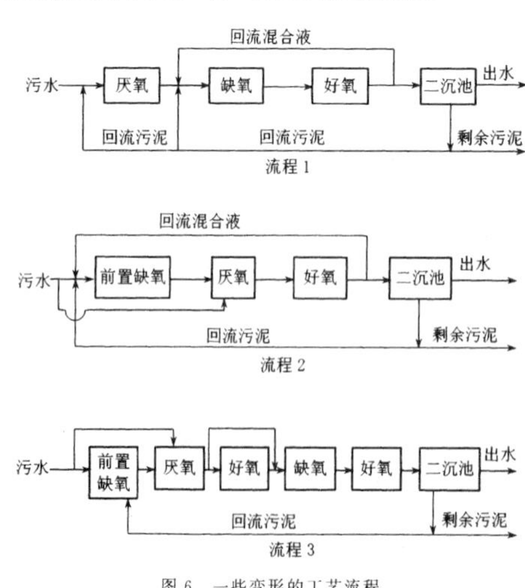

图6 一些变形的工艺流程

Ⅳ 氧化沟

7.6.20 由于氧化沟多用于长泥龄的工艺，悬浮状有机物可在氧化沟内得到部分稳定，故可不设初次沉淀池。

7.6.21 氧化沟前设置厌氧池可提高系统的除磷功能。

7.6.22 在交替式运行的氧化沟中，需设置进水配水井，井内设闸或溢流堰，按设计程序变换进出水水流方向；当有两组及以上平行运行的系列时，也需设置进水配水井，以保证均匀配水。

7.6.23 按构造特征和运行方式的不同，氧化沟可分为多种类型，其中有连续运行、与二次沉淀池分建的氧化沟，如Carrousel型多沟串联系统氧化沟、Orbal同心圆或椭圆形氧化沟和DE型交替式氧化沟等；也有集曝气、沉淀于一体的氧化沟，又称合建式氧化沟，如船式一体化氧化沟和T型交替式氧化沟等。

7.6.26 进水和回流污泥从缺氧区首端进入，有利于反硝化脱氮。出水宜在充氧器后的好氧区，是为了防止二次沉淀池中出现厌氧状态。

7.6.27 随着曝气设备不断改进，氧化沟的有效水深也在变化。当采用转刷时，不宜大于3.5m；当采用转碟、竖轴表曝机时，不宜大于4.5m。

7.6.31 为了保证活性污泥处于悬浮状态，国内外普遍采用沟内平均流速为0.25m/s～0.35m/s。《日本指南》规定沟内平均流速为0.25m/s，本标准规定宜大于0.25m/s。为改善沟内流速分布，可在曝气设备上、下游设置导流墙。

7.6.32 氧化沟自动控制系统可采用时间程序控制，也可采用溶解氧或氧化还原电位（ORP）控制。在特定位置设置溶解氧探头，可根据池中溶解氧浓度控制曝气设备的开关，有利于满足运行要求，且可最大限度地节约动力。

对于交替运行的氧化沟，宜设置溶解氧控制系统，控制曝气转刷的连续、间歇或变速转动，以满足不同阶段的溶解氧浓度要求或根据设定的模式进行运行。

Ⅴ 序批式活性污泥法（SBR）

7.6.33 考虑到清洗和检修等情况，SBR反应池的数量不宜少于2个。但水量较小（小于$500m^3/d$）时，设2个反应池不经济，或当投产初期污水量较小、采用低负荷连续进水方式时，可建1个反应池。

7.6.35 SBR工艺也是活性污泥法的一种，其主要参数和活性污泥法相同，故参照本标准的相关规定取值。另外，除负荷外，充水比和周期数等参数均对脱氮除磷有影响，设计时要综合考虑各种因素。

7.6.36 SBR工艺是按周期运行的，每个周期包括进水、反应（厌氧、缺氧、好氧）、沉淀、排水和闲置五个工序，前四个工序是必需工序。

进水时间指开始向反应池进水至进水完成的一段时间。在此期间可根据具体情况进行曝气（好氧反应）、搅拌（厌氧、缺氧反应）、沉淀、排水或闲置。若一个处理系统有n个反应池，连续地将污水流入各个池内，依次对各池污水进行处理，假设在进水工序不进行沉淀和排水，一个周期的时间为t，则进水时间应为t/n。

非好氧反应时间内，发生反硝化反应和放磷反应。运行时可增减闲置时间调整非好氧反应时间。

公式（7.6.36-2）中充水比的含义是每个周期进水体积和反应池容积之比。充水比的倒数减1，可理解为回流比；充水比小，相当于回流比大。要取得较好的脱氮效果，充水比要小；但充水比过小，反而不利，可参见本标准第7.6.17条的条文说明。

排水目的是排除沉淀后的上清液，直至达到开始向反应池进水时的最低水位。排水可采用滗水器，所用时间由滗水器的能力决定。排水时间可通过增加滗水器台数或加大溢流负荷来缩短。但是，缩短了排水时间将增加后续处理构筑物（如消毒池等）的容积和增大排水管管径。综合两者关系，排水时间宜为1.0h～

1.5h。

闲置不是一个必需的工序，可以省略。在闲置期间，根据处理要求，可以进水、好氧反应、非好氧反应和排除剩余污泥等。闲置时间的长短由进水流量和各工序的时间安排等因素决定。

7.6.37 本条规定是为了便于运行管理。

7.6.38 由于污水的进入会搅动活性污泥，此外，若进水发生短流会造成出水水质恶化，因此连续进水时，反应池的进水处应设置导流装置。

7.6.39 矩形反应池可布置紧凑，占地少。水深应根据鼓风机出风压力确定，如果反应池水深过大，排出水的深度相应增大，则固液分离所需时间就长，同时，受滗水器结构限制，滗水不能过多；如果反应池水深过小，由于受活性污泥界面以上最小水深（保护高度）限制，排出比小，不经济。综合以上考虑，本条规定完全混合型反应池水深宜为4.0m～6.0m。连续进水时，如反应池长宽比过大，流速大，会带出污泥，长宽比过小，会因短流而造成出水水质下降，故长宽比宜为2.5：1～4：1。

7.6.40 滗水器故障时，可用事故排水装置应急。固定式排水装置结构简单，适合作为事故排水装置。

7.6.41 由于SBR工艺一般不设初次沉淀池，浮渣和污染物会流入反应池。为了不使反应池水面上的浮渣随处理水一起流出，首先应设沉砂池、除渣池（或极细格栅）等预处理设施，其次应采用有挡板的滗水器。反应池宜有撇渣机等浮渣清除装置，否则反应池表面会积累浮渣，影响环境和处理效果。

Ⅵ 膜生物反应器（MBR）

7.6.43 为尽可能地减轻膜污染，膜系统运行通量的取值应小于临界通量。同时，设计过程中应根据生物反应池设计流量校核膜峰值通量和强制通量。为了减轻膜的污染，延长膜使用寿命，峰值通量和强制通量宜按临界通量的80%～90%选取。

7.6.44 根据膜组件的设置位置，膜生物反应器型式包括外置式和浸没式。由于膜生物反应器工艺一般为间歇运行，因此，设计流量按照平均通量来计算。膜系统的实际运行通量，可按下式换算成平均通量：

$$J_m = \frac{J_o \cdot t_o}{t_o + t_p} \tag{5}$$

式中：J_m——平均通量$[L/(m^2 \cdot h)]$；

J_o——运行通量$[L/(m^2 \cdot h)]$；

t_o——产水泵运行时间（min）；

t_p——产水泵暂停时间（min）。

7.6.45 膜生物反应器长期运行时，膜污染会导致膜的实际通量永久性地降低，为满足污水厂处理规模的要求，应预留10%～20%的富余膜组器空位作为备用。

7.6.46 为有效缓解膜污染，膜生物反应器工艺应设置化学清洗设施。膜化学清洗设施一般包括在线化学清洗设施和离线化学清洗设施。膜清洗药剂包括碱洗药剂和酸洗药剂，碱洗药剂包括次氯酸钠、氢氧化钠等；酸洗药剂包括柠檬酸、草酸、盐酸等。碱洗和酸洗管路系统要严格分开，不能混用。

7.7 回流污泥和剩余污泥

7.7.1 生物脱氮除磷处理系统中应尽可能减少污泥回流过程中的复氧，使厌氧段和缺氧段的溶解氧值尽可能低，以利于脱氮和除磷。

7.7.3 本条对剩余污泥量做出规定。

公式（7.7.3-1）中，剩余污泥量和泥龄成反比关系。

公式（7.7.3-2）中的Y值为污泥产率系数。理论上污泥产率系数是指单位五日生化需氧量降解后产生的微生物量。

由于微生物在内源呼吸时要自我分解一部分，其值随内源衰减系数（泥龄、温度等因素的函数）和泥龄变化而变化，不是一个常数。

污泥产率系数Y，采用活性污泥法去除碳源污染物时为0.4～0.8；采用A_NO法时为0.3～0.6；采用A_PO法时为0.4～0.8；采用AAO法时为0.3～0.6，因此，其取值范围为0.3～0.8。“十二五”水专项课题“重点流域城市污水处理厂污泥处理处置技术优化应用研究”（2013ZX07315-003）中对全国106座污水厂的污泥产率系数Y进行了研究和解析，发现采用A_2O/AO工艺和氧化沟工艺的污水厂污泥合成产率系数经过数据拟合得到的平均值分别为0.782kgVSS/kgBOD_5和0.755kgVSS/kgBOD_5。

由于污水中有相当量的惰性悬浮固体，它们性质不变地沉积到污泥中，在许多不设初次沉淀池的处理工艺中其值更甚。计算剩余污泥量必须考虑原水中惰性悬浮固体的含量，否则计算所得的剩余污泥量往往偏小。由于水质差异很大，因此悬浮固体的污泥转换率相差也很大。德国水协DWA标准推荐取0.6。《日本指南》推荐取0.9～1.0。

悬浮固体的污泥转换率，有条件时可根据试验确定，或参照相似水质污水厂的实测数据；当无试验条件时可取0.5gMLSS/gSS～0.7gMLSS/gSS（MLSS是mixed liquor suspended solids的简写）。

活性污泥中，自养菌所占比例极小，故可忽略不计。出水中的悬浮物没有单独计入。若出水的悬浮物含量过高时，可斟酌计入。

7.8 生物膜法

Ⅰ 一般规定

7.8.1 生物膜法在污水二级处理中可以适应高浓度或低浓度污水，可以单独应用，也可以和其他生物处理工艺组合应用，如上海某污水厂采用厌氧生物反应池、生物接触氧化池和生物滤池组合工艺处理污水。

7.8.2 国内外资料表明，污水进入生物膜处理构筑物前，进行沉淀等预处理，可以尽量减少进水的悬浮物质，从而防止填料堵塞，保证处理构筑物的正常运行。当进水水质或水量波动大时，应设置调节池，停留时间根据一天中水量或水质波动情况确定。

7.8.3 在冬季较寒冷的地区应采取防冻措施，如将生物转盘设在室内。

Ⅱ 生物接触氧化池

7.8.4 污水经初次沉淀池处理后可进一段接触氧化池，也可进两段或两段以上串联的接触氧化池，以得到较高质量的处理水。

7.8.5 填料床的填料层高度应结合填料种类、流程布置等因素确定，每层厚度由填料品种确定，一般不宜超过1.5m。

7.8.6 目前国内常用的填料有整体型、悬浮型和悬挂型，其技术性能见表18。

表18 常用填料技术性能

项目	整体型		悬浮型		悬挂型	
	立体网状	蜂窝直管	φ50×50mm柱状	内置式悬浮填料	半软性填料	弹性立体填料
比表面积（m^2/m^3）	50～110	74～100	278	650～700	80～120	116～133
空隙率（%）	95～99	99～98	90～97	内置纤维束数12束/个，≥40g/个；纤维束重量1.6g/个～2.0g/个	>96	—
成品重量（kg/m^3）	20	45～38	7.6		3.6kg/m～6.7kg/m	2.7kg/m～4.99kg/m
挂膜重量（kg/m^3）	190～316	—	—		4.8g/片～5.2g/片	—
填充率（%）	30～40	50～70	60～80	堆积数量1000个/m^3；产品直径φ100	100	100

续表 18

<table>
<tr><td colspan="2" rowspan="2">项　目</td><td colspan="2">整体型</td><td colspan="2">悬浮型</td><td colspan="2">悬挂型</td></tr>
<tr><td>立体网状</td><td>蜂窝直管</td><td>φ50×50mm柱状</td><td>内置式悬浮填料</td><td>半软性填料</td><td>弹性立体填料</td></tr>
<tr><td rowspan="2">填料容积负荷[kgCOD/(m³·d)]</td><td>正常负荷</td><td>4.4</td><td>—</td><td>3～4.5</td><td>1.5～2.0</td><td>2～3</td><td>2～2.5</td></tr>
<tr><td>冲击负荷</td><td>5.7</td><td>—</td><td>4～6</td><td>3</td><td>5</td><td>—</td></tr>
<tr><td colspan="2">安装条件</td><td>整体</td><td>整体</td><td>悬浮</td><td>悬浮</td><td>吊装</td><td>吊装</td></tr>
<tr><td colspan="2">支架形式</td><td>平格栅</td><td>平格栅</td><td>绳网</td><td>绳网</td><td>框架或上下固定</td><td>框架或上下固定</td></tr>
</table>

7.8.7　生物接触氧化池有池底均布曝气方式、侧部进气方式、池上面安装表面曝气器充氧方式（池中心为曝气区）和射流曝气充氧方式等。一般常采用池底均布曝气方式，该方式曝气均匀，氧转移率高，对生物膜搅动充分，生物膜的更新快。常用的曝气器有中微孔曝气软管、穿孔管和微孔曝气等。

7.8.9　生物接触氧化池底部设置排泥和放空设施，以利于排除池底积泥和方便维护。

7.8.10　该数据是根据国内经验，参照国外标准制定。生物接触氧化池典型负荷率见表 19，此表摘自欧盟标准 BS EN 1225-7：2002《污水处理厂　第 7 部分：生物膜法》。

表 19　生物接触氧化池的典型负荷

处理要求	工艺要求	容积负荷	
		$kgBOD_5/(m^3 \cdot d)$	$kgNH_3\text{-}N/(m^3 \cdot d)$
碳氧化	高负荷	2.0～5.0	—
碳氧化/硝化	高负荷	0.5～2.0	0.1～0.4
深度处理中的硝化	高负荷	<20mgBOD/L*	0.2～1.0

注：* 指污水厂进水浓度。

Ⅲ　曝气生物滤池

7.8.11　曝气生物滤池由池体、布水系统、布气系统、承托层、填料层和反冲洗系统等组成。曝气生物滤池的池型有上向流曝气生物滤池（池底进水，水流和空气同向运行）和下向流曝气生物滤池（滤池上部进水，水流和空气逆向运行）两种。

7.8.12　污水经预处理后使悬浮固体浓度降低，再进入曝气生物滤池，有利于减少反冲洗次数和保证滤池的运行。如进水有机物浓度较高，污水经沉淀后可进入水解调节池进行水质水量的调节，同时也提高了污水的可生化性。

7.8.13　多级曝气生物滤池中，第一级曝气生物滤池以碳氧化为主；第二级曝气生物滤池主要对污水中的氨氮进行硝化；第三级曝气生物滤池主要为反硝化除氮，也可在第二级滤池出水中投加碳源和铁盐或铝盐同时进行反硝化脱氮除磷。

7.8.14　曝气生物滤池的池体高度宜为 5m～9m，由配水区、承托层、滤料层、清水区的高度和超高等组成。

7.8.15　曝气生物滤池的布水布气系统有滤头布水布气系统、栅型承托板布水布气系统和穿孔管布水布气系统。根据调查研究，城镇污水处理宜采用滤头布水布气系统。

7.8.16　曝气生物滤池的布气系统包括曝气充氧系统和进行气水联合反冲洗供气系统。曝气充氧量由计算得出，一般比活性污泥法低 30%～40%。

7.8.17　曝气生物滤池承托层采用的材质应具有良好的机械强度和化学稳定性，一般选用卵石作承托层。

7.8.18　生物滤池的滤料应选择比表面积大、空隙率高、吸附性强、密度合适、质轻且有足够机械强度的材料。根据资料和工程运行经验，宜选用粒径 5mm 左右的均质陶粒和塑料球形颗粒，常用滤料的物理特性见表 20。

7.8.19　曝气生物滤池反冲洗通过滤板和固定其上的长柄滤头来实现，由单独气冲洗、气水联合反冲洗、单独水洗三个过程组成。反冲洗周期，根据水质参数和滤料层阻力加以控制，一般以 24h 为一周期，反冲洗水量为进水水量的 8%左右。反冲洗出水平均悬浮固体可达 600mg/L。

表 20　常用滤料的物理特性

名称	物理特性							
	比表面积 (m^2/g)	总孔体积 (cm^3/g)	松散容重 (g/L)	磨损率 (%)	堆积密度 (g/cm^3)	堆积空隙率 (%)	粒内孔隙率 (%)	粒径 (mm)
黏土陶粒	4.89	0.39	875	≤3	0.7～1.0	>42	>30	3～5
页岩陶粒	3.99	0.103	976	—	—	—	—	—
沸石	0.46	0.0269	830	—	—	—	—	—
膨胀球形黏土	3.98	—	密度 1550 (kg/m^3)	1.5	—	—	—	3.5～6.2

Ⅳ　生 物 转 盘

7.8.22　生物转盘可分为单轴单级式、单轴多级式和多轴多级式。对单轴转盘，可在槽内设隔板分段；对多轴转盘，可以轴或槽分段。

7.8.23　盘体材料应质轻、强度高、比表面积大、易于挂膜、使用寿命长和便于安装养护和运输。盘体适合由高密度聚乙烯、聚氯乙烯或聚酯玻璃钢等制成。

7.8.24　本条是对生物转盘反应槽设计的规定。

1　反应槽的断面形状呈半圆形，和盘体外形基本吻合。

2　盘体外缘和槽壁净距是为了保证盘体外缘的通风。盘片净距取决于盘片直径和生物膜厚度，一般为 10mm～35mm，污水浓度高，取上限值，以免生物膜造成堵塞。如采用多级转盘，则前数级的盘片间距为 25mm～35mm，后数级为 10mm～20mm。

3　为确保处理效率，盘片在槽内的浸没深度不应小于盘片直径的 35%。水槽容积和盘片总面积的比值，影响着水在槽中的平均停留时间，一般采用 $5L/m^2 \sim 9L/m^2$。

7.8.25　生物转盘转速宜为 2.0r/min～4.0r/min，转速过高有损于设备的机械强度，同时在盘片上易产生较大的剪切力，易使生物膜过早剥离。一般对于小直径转盘的线速度采用 15m/min；中、大直径转盘采用 19m/min。

7.8.26　生物转盘的转轴强度和挠度必须满足盘体自重、生物膜和附着水重量形成的挠度和启动时扭矩的要求。

7.8.27　国内生物转盘大都应用于处理工业废水，国外生物转盘用于处理城镇污水已有成熟的经验。生物转盘的五日生化需氧量表面有机负荷宜根据试验资料确定，一般处理城镇污水五日生化需氧量表面有机负荷为 $0.005kgBOD_5/(m^2 \cdot d) \sim 0.020kgBOD_5/(m^2 \cdot d)$。国外资料：要求出水 $BOD_5 \leqslant 60mg/L$ 时，表面有机负荷为 $0.020kgBOD_5/(m^2 \cdot d) \sim 0.040kgBOD_5/(m^2 \cdot d)$；要求出水 $BOD_5 \leqslant 30mg/L$ 时，表面有机负荷为 $0.010kgBOD_5/(m^2 \cdot d) \sim 0.020kgBOD_5/(m^2 \cdot d)$。表面水力负荷一般为 $0.04m^3/(m^2 \cdot d) \sim 0.2m^3/(m^2 \cdot d)$。生物转盘的典型负荷见表 21，此表摘自欧盟标准 BS EN 1225-7：2002《污水处理厂　第 7 部分：生物膜法》。

表 21　生物转盘的典型负荷

处理要求	工艺类型	第一级表面有机负荷 $[kg/(m^2 \cdot d)]$*	平均表面有机负荷 $[kg/(m^2 \cdot d)]$
部分处理	高负荷	≤0.04	≤0.01
碳氧化	低负荷	≤0.03	≤0.005
碳氧化/硝化	低负荷	≤0.03	≤0.002

注：* 指多段串联系统的第一级，该级的负荷率应低于表中的推荐值，以防止膜的过度增长和尽可能减少臭味。

Ⅴ　移动床生物膜反应器

7.8.28　悬浮填料生物膜工艺设计时应根据水质、水温和表面负荷等参数，计算出所需悬浮填料的有效填料表面积，再根据不同填料的有效比表面积，转换成该类型填料的体积。

7.8.29 悬浮填料密度和水接近时，易于流化。亲水性能好，带正电等性能易于挂膜。此外，填料还应具有良好的化学和物理稳定性，刚性弹性兼备。

纯高密度聚乙烯的悬浮载体填料还应满足现行行业标准《水处理用高密度聚乙烯悬浮载体填料》CJ/T 461 的有关规定。

悬浮填料的填充率可采用 20%～60%，一般要求小于或等于67%。

7.8.30 为防止填料随水流外泄，悬浮填料投加区和非投加区之间应设拦截筛网。同时，为避免填料在拦截筛网处的堆积堵塞，保证填料的充分流化和出水区过水断面的畅通，应在末端填料拦截筛网外增加穿孔管曝气的管路布置，避免悬浮填料在拦截筛网处的堆积，有效防止筛网空隙的堵塞，保障出水畅通。

7.8.31 移动床生物膜反应器反应池的工艺设计，宜采用循环流态的构筑物形式，不宜采用完全推流式。

由于移动床生物膜反应器工艺中悬浮填料会随着水流方向流往下游方向，因此宜控制水平流速和长宽比，促进填料的循环流态，保证悬浮填料分布的均匀性，避免填料在出口处堆积。已建工程提标需要改造原有的完全推流式反应池时，应采取措施强化悬浮填料的循环流动。

7.9 供氧设施

7.9.1 供氧设施的功能应同时满足污水需氧量活性污泥污水的混合及相应的处理效率等要求。

7.9.2 公式(7.9.2)右边第一项为去除含碳污染物的需氧量，第二项为剩余污泥需氧量，第三项为氧化氨氮需氧量，第四项为反硝化脱氮回收的氧量。若处理系统仅为去除碳源污染物则常数 b 为零，只计第一项和第二项。

总凯氏氮(TKN)包括有机氮和氨氮。有机氮可通过水解脱氨基而生成氨氮，此过程为氨化作用。氨化作用对氮原子而言化合价不变，并无氧化还原反应发生。故采用氧化 1kg 氨氮需 4.57kg 氧计算 TKN 降低所需要的氧量。

1.42 为细菌细胞的氧当量，若用 $C_5H_7NO_2$ 表示细菌细胞，则氧化 1 个 $C_5H_7NO_2$ 分子需 5 个氧分子，即 160/113＝1.42(kgO_2/kgVSS)(VSS 是 volatile suspended solids 的简写)。

含碳物质氧化的需氧量，也可采用经验数据，参照国内外研究成果和国内污水厂生物反应池污水需氧量数据，综合分析为去除 1kg 五日生化需氧量 O_2 需 0.7kg～1.2kg。

7.9.3 同一曝气器在不同压力、不同水温和不同水质时性能不同，曝气器的充氧性能数据是指单个曝气器标准状态下之值(即 0.1MPa，20℃ 状态下清水)。生物反应池污水需氧量，不是 0.1MPa、20℃状态下清水中的需氧量，为了计算曝气器的数量，必须将污水需氧量换成标准状态下的值。

7.9.8 叶轮使用应和池型相匹配，才可获得良好的效果，根据国内外运行经验做了相应的规定：

1 叶轮直径和生物反应池直径之比，根据国内运行经验，较小直径的泵型叶轮的影响范围达不到叶轮直径的 4 倍，故适当调整为 1∶3.5～1∶7。

2 根据国内实际使用情况，叶轮线速度在 3.5m/s～5.0m/s 范围内，效果较好。小于 3.5m/s，提升效果降低，故本条规定为 3.5m/s～5.0m/s。

3 控制叶轮供氧量的措施，根据国内外的运行经验，宜有调节叶轮速度、控制生物反应池出口水位和升降叶轮改变淹没水深等。

7.9.9 目前多数曝气叶轮、转刷、转碟和各种射流曝气器均为非标准型产品，该类产品的供氧能力应根据测定资料或相关技术资料采用。

7.9.11 目前国内有露天式风机站，根据多年运行经验，考虑鼓风机的噪声影响和操作管理的方便，本条规定污水厂宜设置独立鼓风机房，并设辅助设施。离心式鼓风机应设冷却装置，并应考虑设置的位置。

7.9.12 目前在污水厂中常用的鼓风机有单级高速离心式鼓风机、多级离心式鼓风机、悬浮风机和容积式罗茨鼓风机等。

离心式鼓风机噪声相对较低。调节风量的方法，目前大多采用在进口调节，操作简便。它的特性是压力条件和气体相对密度变化时对送风量和动力影响很大，所以应考虑风压和空气温度的变动带来的影响。离心式鼓风机宜用于水深不变的生物反应池。

悬浮风机具有高效、节能、振动小和低噪声等特点，近年来在国内也有了较多的工程应用。根据轴承悬浮方式的不同，主要包括磁悬浮风机和空气悬浮风机。

罗茨鼓风机的噪声较大。为防止风压异常上升，应设防止超负荷的装置。生物反应池的水深在运行中变化时，采用罗茨鼓风机较为适用。

7.9.15 为便于污水厂实际运行管理，可采用不同风量的风机，如水量较小或水质污染物负荷较低时开启小风量风机，节约能耗，但不应超过两种。

工作鼓风机台数，按平均供气量配置时，需加设备用鼓风机。根据污水厂管理部门的经验，一般认为如按最大供气量配置工作鼓风机时，可不设备用机组。

7.9.16 气体中固体微粒含量，罗茨鼓风机不应大于 $100mg/m^3$，离心式鼓风机不应大于 $10mg/m^3$。微粒最大尺寸不应大于气缸内各相对运动部件的最小工作间隙的 1/2。空气曝气器对空气除尘也有要求，钟罩式、平板式微孔曝气器，固体微粒含量应小于 $15mg/m^3$；中大气泡曝气器可采用粗效除尘器。

在进风口设的防止在过滤器上冻结冰霜的措施，一般是加热处理。

7.9.19 生物反应池输气干管，环状布置可提高供气的安全性。为防止鼓风机突然停止运转，使池内水回灌进入输气管中，本条规定了应采取的措施。

7.9.21 本条规定是为了发生振动时，不影响鼓风机房的建筑安全。

7.9.22 鼓风机尤其是罗茨鼓风机会产生超标的噪声，应首先从声源上进行控制，选用低噪声的设备，同时采用隔声、消声、吸声和隔振等措施，以符合现行国家标准《工业企业噪声控制设计规范》GB/T 50087 和《工业企业厂界环境噪声排放标准》GB 12348 的有关规定。

7.10 化学除磷

7.10.1 现行国家标准《城镇污水处理厂污染物排放标准》GB 18918 规定，自 2006 年 1 月 1 日起建设的污水厂总磷(以 P 计)的一级 A 排放标准为 0.5mg/L。一般城镇污水经生物除磷后，较难达到上述标准，故应辅以化学除磷，以满足出水水质的要求。由于在厌氧条件下，有大量含磷物质释放到液体中，污泥厌氧处理过程中的上清液、脱水机过滤液和浓缩池上清液等污水，若回流入污水处理系统，将造成污水处理系统中磷的恶性循环，增加污水生物处理除磷难度，因此可在回流入污水处理系统前先进行化学除磷。

7.10.2 前置投加点在污水预处理阶段，形成沉淀物与初沉污泥一起排除。前置投加的优点是除磷的同时还可去除相当数量的有机物，能减少生物处理的有机负荷，但污水处理总污泥产量较多，且对生物反硝化有一定的影响。后置投加点是在生物处理系统之后，形成的沉淀物通过生物反应池后的固液分离装置进行分离，这一方法的出水水质好。目前大多出水执行现行国家标准《城镇污水处理厂污染物排放标准》GB 18918 一级 A 标准以上的污水厂采用了后置投加。同步投加点为生物反应池入口上游或生物反应池内，形成的沉淀物与剩余污泥一起排除。此时如采用酸性药剂会使 pH 值下降，对生物硝化不利。多点投加点是在生物反应池前、生物反应池和固液分离设施等位置投加药剂，其可以降低投药总量，增加运行的灵活性。

7.10.3 由于污水水质和环境条件各异，因而宜根据试验确定最佳药剂种类、剂量和投加点。

7.10.4 铝盐有硫酸铝、铝酸钠和聚合铝等，其中硫酸铝较常用。铁盐有三氯化铁、氯化亚铁、硫酸铁和硫酸亚铁等，其中三氯化铁最常用。

采用铝盐或铁盐除磷时，主要生成难溶性的磷酸铝或磷酸铁，其投加量与污水中总磷量成正比，可用于生物反应池的前置、后置和同步投加。采用亚铁盐需先氧化成铁盐后才能取得最大除磷效果，因此其一般不作为后置投加的混凝剂，在前置投加时，一般投加在曝气沉砂池中，以使亚铁盐迅速氧化成铁盐。加入少量阴离子、阳离子或阴阳离子聚合电解质，如聚丙烯酰胺（PAM），作为助凝剂，有利于分散的游离金属磷酸盐絮体混凝和沉淀。

如果生物反应池采用的是生物接触氧化池或曝气生物滤池，则不宜采用同步投加方式除磷，以防止填料堵塞。

7.10.5 理论上，三价铝和铁离子与等摩尔磷酸反应生成磷酸铝和磷酸铁，但在实际中，化学反应并不是100％有效的，OH^- 亦会与金属离子竞争反应，生成相应的氢氧化物，同时由于污水中成分极其复杂，含有大量阴离子，铝、铁离子会与它们反应，从而消耗混凝剂，所以化学药剂在实际应用中需要超量投加，以保证出水总磷标准。德国在化学除磷计算时，提出了投加系数 β 的概念，β 是铁盐或铝盐的摩尔浓度与磷的摩尔浓度的比值。投加系数 β 是受多种因素影响的，如投加地点、混合条件等。然而，过量投加药剂不仅会使药剂费增加，而且因氢氧化物的大量形成也会使污泥量大大增加，这种污泥体积大、难脱水。在我国，根据经验投加铝盐或铁盐时其摩尔比宜为 1.5～3.0。美国《营养物控制设计手册》（2009 版）中铝盐与总磷的摩尔比与总磷的去除率相关：当去除率为75％、85％和95％时，摩尔比分别为 1.38：1、1.72：1 和 2.3：1，铁盐与总磷的摩尔比为 1：1，但是需要投加额外的 10mg/L 以形成氢氧化物。当对出水总磷的要求更高时，铝盐或铁盐与总磷的比例为 2：1～6：1。出水的总磷浓度越低，摩尔比越高。

前置投加应注意控制投加量，以保证进入生物反应池剩余磷酸盐的含量为 1.5mg/L～2.5mg/L，满足后续生物处理对磷的需要。

7.10.6 化学除磷时会产生较多的污泥。采用铝盐或铁盐作混凝剂时，前置投加，污泥量增加 40％～75％；后置投加，污泥量增加 20％～35％；同步投加，污泥量增加 15％～50％。

7.10.7 三氯化铁、氯化亚铁、硫酸铁和硫酸亚铁都具有很强的腐蚀性；硫酸铝固体在干燥条件下没有腐蚀性，但硫酸铝液体却有很强的腐蚀性，故做本条规定。

7.11 深度和再生处理

Ⅰ 一 般 规 定

7.11.1 深度处理以排放标准为处理目的，再生处理以回用水质要求为目标。污水深度处理和再生处理工艺应根据处理目标选择，可采用其中的一个工艺单元或几种单元的组合。

深度处理工艺应根据排放标准进行选择，保证经济和有效。污水再生利用的目标不同，其水质标准也不同。根据现行国家标准《城市污水再生利用分类》GB/T 18919 的有关规定，城市污水再生利用类别共分为五类，包括农、林、牧、渔业用水，城镇杂用水，工业用水，环境用水和补充水源水。污水再生利用时，其水质应符合以上标准及其他相关标准的规定。

7.11.2 本条列出常规条件下城镇污水深度处理和再生水处理的主要工艺形式，其中，膜过滤指在一定推动力下，利用膜的选择透过性将液体中的组分进行分离、纯化、浓缩以去除污染物的技术，包括微滤、超滤、纳滤、反渗透和电渗析等不同膜过滤工艺去除污染物分子量大小和对预处理要求不同。

7.11.3 本条为强制性条文，必须严格执行。再生水水质是保证污水回用工程安全运行的重要基础，其水质介于饮用水和城镇污水厂出厂水之间，为避免对饮用水和再生水水质的影响，再生水输配管道不得和其他管道相连接，输送过程中不得降低和影响其他用水的水质，尤其是严禁和城市饮用水管道连接。

Ⅱ 处 理 工 艺

7.11.4 本条规定设计参数宜通过试验资料确定或参照相似地区的实际设计和运行经验确定。

7.11.5 混合是混凝剂被迅速均匀地分布于整个水体的过程。在混合阶段中胶体颗粒间的排斥力被消除或其亲水性被破坏，使颗粒具有相互接触而吸附的性能。根据国外资料，混合时间可采用 30s～120s。

7.11.6 污水处理出水的水质特点和给水处理的原水水质有较大的差异，因此实际的设计参数不完全一致。

如美国南太和湖石灰作混凝剂的絮凝（空气搅拌）时间为 5min、沉淀（圆形辐流式）表面水力负荷为 $1.6m^3/(m^2 \cdot h)$，上升流速为 0.44mm/s；美国加利福尼亚州橘县给水区深度处理厂的絮凝（机械絮凝）时间为 30min；科罗拉多泉污水深度处理厂处理二级处理出水，用于灌溉和工业回用，澄清池上升流速为 0.57mm/s～0.63mm/s；我国现行国家标准《室外给水设计标准》GB 50013 规定不同形式的絮凝时间为 12min～30min；平流沉淀池水平流速为 10mm/s～25mm/s，沉淀时间为 1.5h～3.0h；机械搅拌澄清池液面负荷为 $2.9m^3/(m^2 \cdot h)$～$3.6m^3/(m^2 \cdot h)$，脉冲澄清池液面负荷为 $2.5m^3/(m^2 \cdot h)$～$3.2m^3/(m^2 \cdot h)$。现行国家标准《污水再生利用工程设计规范》GB 50335 规定隔板絮凝池絮凝时间为 20min～30min，折板絮凝池、栅条（网格）絮凝池和机械絮凝池絮凝时间为 15min～25min，平流沉淀池沉淀时间为 2.0h～4.0h，水平流速为 4.0mm/s～12.0mm/s，上向流斜管沉淀表面水力负荷为 $4m^3/(m^2 \cdot h)$～$7m^3/(m^2 \cdot h)$，侧向流斜板沉淀池表面水力负荷可采用 $5m^3/(m^2 \cdot h)$～$9m^3/(m^2 \cdot h)$，机械搅拌澄清池表面水力负荷应为 $2.5m^3/(m^2 \cdot h)$～$3.0m^3/(m^2 \cdot h)$。

污水的絮凝时间较天然水絮凝时间短，形成的絮体较轻，不易沉淀，宜根据实际运行经验，提出混凝沉淀设计参数。

7.11.7 本条是对滤池设计的规定。

1 为避免滤池填料堵塞，影响过滤效果，因此滤池的进水 SS 宜小于 20mg/L。

3 根据国内工程实践经验，在适宜的水温、充足的阳光作用下，滤池存在藻类滋生的现象，因此宜采取预加氯等措施加以控制。

7.11.8 用于污水深度处理的滤池和给水处理的池形没有大的差异，因此，在污水深度处理中可以参照给水处理的滤池设计参数进行选用。

滤池的设计参数，主要根据目前国内外的实际运行情况和现行国家标准《污水再生利用工程设计规范》GB 50335 以及有关资料的内容确定。

7.11.9 转盘滤池是一种表面过滤方式，冲洗能耗低，过滤水头小，占地面积小，维护使用简便。

7.11.10 因活性炭吸附处理的投资和运行费用相对较高，所以在城镇污水再生利用中应慎重采用。在常规的处理工艺不能满足再生水水质要求或对水质有特殊要求时，为进一步提高水质，可采用活性炭吸附处理工艺。

7.11.11 活性炭吸附池的设计参数原则上应根据原水和再生水水质要求，根据试验资料或结合实际运行资料确定。本条按运行经验提出正常情况下可采用的参数。

7.11.12 臭氧的投加量和接触时间应根据采用臭氧处理的目的确定，根据国内工程实践，当臭氧作为脱色剂或去除嗅味时，臭氧的接触时间一般不小于 5min。当需进一步氧化去除难以生物降解的有机物时，常采取加大臭氧投加量和延长接触时间的措施。

Ⅲ 输 配 水

7.11.13 再生水管道和给水管道的铺设原则上无大的差异，因此，再生水输配管道设计可参照现行国家标准《室外给水设计标准》GB 50013 执行。

7.11.14 再生水管线的平面位置和竖向位置一般由城镇总体规划及给排水、道路等专项规划确定，并按现行国家标准《城市工程管线综合规划规范》GB 50289 的有关规定进行管线综合设计。

7.11.15 为减少污水厂出水的输送距离，便于再生处理设施的管理，一般宜和城镇污水厂集中建设；同时，再生处理设施应尽量靠近再生水用户，以节省输配水管道的长度。

7.11.16 再生水输配水管道的数量和布置与用户的用水特点和重要性有密切关系，一般比城镇供水的保证率低，应具体分析实际情况合理确定。

7.12 自然处理

Ⅰ 一 般 规 定

7.12.1 污水自然处理主要依靠自然的净化能力，因此必须严格进行环境影响评价，通过技术经济比较确定。污水自然处理对环境的依赖性强，所以从建设规模上考虑，一般仅应用在污水量较小的小城镇。

7.12.2 随着国家对土壤环境污染的重视，土地处理已不再推荐使用。故本次修订删除土地处理的内容。冬季会出现冰冻的地区应谨慎考虑人工湿地处理。

7.12.3 污水自然处理是利用环境的净化能力进行污水处理的方法，因此，当设计不合理时会破坏环境质量，所以建设污水自然处理设施时应充分考虑环境因素，不得降低周围环境的质量。污水自然处理的方式较多，必须结合当地的自然环境条件，进行多方案的比较，在技术经济可行、满足环境评价、满足生态环境和社会环境要求的基础上，选择适宜的污水自然处理方式。

7.12.4 本条为强制性条文，必须严格执行。自然处理是利用植物和微生物构建的生态群落降解污染物的一种方式，具有生态价值和景观价值，在污水深度处理和径流污染控制方面具有良好的应用前景。但如果不采取防渗措施（包括自然防渗和人工防渗），必定会造成污水下渗，影响地下水水质，因此应采取防渗措施避免对地下水产生污染。

7.12.5 自然处理的工程投资和运行费用较低。城镇污水厂的尾水一般污染物浓度较低，所以有条件的地区可考虑采用自然处理进一步改善水质，也可以作为河道基流补水前的生态缓冲

Ⅱ 人 工 湿 地

7.12.6 人工湿地作为深度处理工艺的出水水质可优于城镇污水厂一级 A 标准排放，且景观效果较好。因此特别适合景观用水区域附近的生活污水处理或直接对受污染水体的水进行深度处理，此外，人工湿地可以为这些水体提供清洁的水源补充。

污水中污染物浓度过高不利于人工湿地的处理，尤其悬浮颗粒浓度较高易引发人工湿地堵塞。因此需对人工湿地进水进行预处理，以有效降低进水污染物浓度，一般采用格栅、沉砂池或初次沉淀池，当进水量较大污染物浓度很高或者对人工湿地出水要求较高时，应采用一级强化处理或二级生物处理。

从延长人工湿地使用寿命角度考虑，本条规定了人工湿地的进水 SS 值不宜超过 80mg/L。

7.12.7 人工湿地处理污水采用的类型包括表面流湿地、水平潜流湿地、垂直潜流湿地及其组合，一般将处理污水和景观相结合。采用何种方式应进过技术经济分析。因人工湿地处理污水的目标不同，目前国内人工湿地的实际数据差距较大，因此，设计参数宜由试验确定。

人工湿地表面积设计可按有机污染物负荷和水力负荷进行计算，取两者计算结果中的较大值。人工湿地用作二级生物处理时，可取较高的有机物负荷和较低的水力负荷；用作深度处理时，可取较低的有机物负荷和较高的水力负荷。年平均温度较低的地区可适当增加水力停留时间。

7.12.8 在停留时间一定的条件下，人工湿地越长，水流流速越快，污染物的沉降和植物的拦截过滤作用均会受到影响，因此表面流人工湿地的长度不宜过大，宜小于 50m。人工湿地长宽比过小时，易形成短流，因此表面流人工湿地的长宽比宜控制在 3：1～5：1。

一般认为，表面流人工湿地主体植物多采用大型挺水植物，过大的水深不利于挺水植物的生长。

由于表面流人工湿地沿程水头损失较小，故表面流人工湿地的水力坡度一般较水平潜流人工湿地小，一般建议不大于 0.5%，坡度过大会导致额外的工程投资，且末端易壅水；坡度过小时，易造成前端壅水。设计时应根据人工湿地中水生植物的种植密度进行坡度的调整。种植密度较大时应适当加大坡度。

7.12.9 基于减弱水流冲刷、减小短流和壅水的可能性，水平潜流人工湿地同表面流人工湿地一样需要注意选择合适的长度和长宽比，因此单元面积受到一定的限制。

7.12.10 人工湿地的集配水系统应该保证集配水的均匀性，这样才能减少短流现象和堵塞现象的发生，从而充分发挥湿地的净化功能。

7.12.11 人工湿地填料不仅具有吸附、过滤、沉淀等水处理功能，而且为微生物生长提供载体，因此需要填料具有尽可能大的表面积。填料的总表面积和其粒径呈反比，但如果填料的粒径过小，将会容易造成人工湿地床体的堵塞。人工湿地填料作为床体的支持骨架，应具备一定的机械强度，可有效避免床体压实堵塞。人工湿地填料需具有较好的化学稳定性，应避免缓释有毒有害物质。为降低运输成本，人工湿地填料应尽可能就地取材。

7.12.12 人工湿地选择的植物应该对当地的气候条件、土壤条件和周围的动植物环境有很好的适应能力，否则难以达到理想的处理效果，一般优先选用当地或本地区存在的植物。

湿地系统应根据湿地类型、污水性质选择耐污能力强、去污效果好、具有抗冻抗病虫害能力和容易管理的湿地植物。

建造人工湿地时要考虑一定的经济价值和景观效果。

7.12.13 为防止人工湿地渗漏的污水对土壤、地下水等产生污染，应设防渗层并做好防渗措施。

防渗层可采用黏土层、高密度聚乙烯土工膜和其他建筑工程防水材料，并要求其渗透系数不应大于 10^{-8}m/s。

7.12.15 潜流人工湿地底部应设置清淤装置。

7.12.16 人工湿地防堵塞设计对于保证人工湿地的净化效果、提高人工湿地的使用寿命、减少维护管理工作量极为重要。必须控制进水有机物、悬浮物含量，控制合适的滤料级配。另外，通过多个单元的轮灌和加强预曝气，均可以降低堵塞风险。

Ⅲ 稳 定 塘

7.12.17 在进行污水处理规划设计时，对地理环境合适的城镇，以及中、小城镇和干旱、半干旱地区，可考虑采用荒地、废地、劣质地，以及坑塘、洼地，建设稳定塘污水处理系统。

稳定塘是人工的接近自然的生态系统，它具有管理方便、能耗少等优点，但有占地面积大等缺点。选用稳定塘时，必须考虑当地是否有足够的土地可供利用，并应对工程投资和运行费用进行全面的技术经济比较。国外稳定塘一般用于处理小水量的污水。如日本因稳定塘占地面积大，不推广应用；英国限定稳定塘用于深度处理；美国 5000 座稳定塘的处理污水总量为 898.9×10^4m^3/d，平均 1798m^3/d，仅 135 座大于 3785m^3/d。我国地少价高，稳定塘占地约为活性污泥法二级处理厂用地面积的 13.3 倍～66.7 倍，因此，稳定塘的处理规模不宜大于 5000m^3/d。

7.12.18 冰封期长的地区，其总停留时间应适当延长；曝气塘的有机负荷和停留时间不受本条规定的限制。

温度、光照等气候因素对稳定塘处理效果的影响十分重要，将决定稳定塘的负荷能力、处理效果以及塘内优势细菌、藻类和其他水生生物的种群。

稳定塘的五日生化需氧量总平均表面负荷和冬季平均气温有关，气温高时，五日生化需氧量负荷较高，气温低时，五日生化需氧量负荷较低。为保证出水水质，冬季平均气温在0℃以下时，总水力停留时间以不少于塘面封冻期为宜。本条的表面有机负荷和停留时间适用于好氧稳定塘和兼性稳定塘。表22为几种稳定塘的典型设计参数。

表22 稳定塘典型设计参数

塘类型	表面有机负荷[$gBOD_5/(m^2 \cdot d)$]	水力停留时间(d)	水深(m)	BOD_5去除率(%)
好氧稳定塘	4～12	10～40	1.0～1.5	80～95
兼性稳定塘	1～10	25～80	1.5～2.5	60～85
厌氧稳定塘	15～100	5～30	2.5～5.0	20～70
曝气稳定塘	3～30	3～20	2.5～5.0	80～95
深度处理稳定塘	2～10	4～12	0.6～1.0	30～50

7.12.19 本条是关于稳定塘设计的规定。

1 污水进入稳定塘前，宜进行预处理。预处理一般为物理处理，其目的在于尽量去除水中杂质或不利于后续处理的物质，减少塘中的积泥。

污水流量小于1000m³/d的小型稳定塘前一般可不设沉淀池，否则，增加了塘外处理污泥的困难。处理大水量的稳定塘前，可设沉淀池，防止稳定塘塘底沉积大量污泥，减少塘的容积。

2 有关资料表明：对几个稳定塘进行串联模型试验，单塘处理效率为76.8%，两塘处理效率为80.9%，三塘处理效率为83.4%，四塘处理效率为84.6%，因此，本条规定稳定塘串联的级数一般不少于3级。

第一级塘的底泥增长较快，占全塘系统的30%～50%，塘下部需用于储泥。深塘暴露于空气的面积小，保温效果好。因此，本条规定第一级塘的有效水深不宜小于3m。

3 当只设一个进水口和一个出水口并把进水口和出水口设在长度方向中心线上时，则短流严重，容积利用系数可低至0.36。进水口和出水口离得太近，也会使塘内存在很大死水区。为取得较好的水力条件和运转效果，推流式稳定塘宜采用多个进水口装置，出水口尽可能布置在距进水口远一点的位置上。风能使塘产生环流，为减小这种环流，进出水口轴线布置在与当地主导风向相垂直的方向上，也可以利用导流墙，减小风产生环流的影响。

4 本款是关于稳定塘底泥的规定。

根据资料，各地区的稳定塘的底泥量分别为武汉68L/(人·年)～78L/(人·年)、美国30L/(人·年)～91L/(人·年)、加拿大91L/(人·年)～146L/(人·年)，一般可按100L/(人·年)取值，5年后大约稳定在40L/(人·年)的水平。

第一级塘的底泥增长较快，污泥最多，应考虑排泥或清淤措施。为清除污泥时不影响运行，可分格并联运行。

7.12.20 多级稳定塘处理的最后出水中，一般含有藻类、浮游生物，可作鱼饵，在其后可设养鱼塘，但水质必须符合现行国家标准《渔业水质标准》GB 11607的有关规定。

7.13 消 毒

Ⅰ 一般规定

7.13.1 目前，国内城镇污水厂出水执行现行国家标准《城镇污水处理厂污染物排放标准》GB 18918，其控制指标为粪大肠菌群数，消毒主要考虑灭活致病细菌和病毒。再生水的消毒程度则需根据其用途确定，分别执行现行国家标准《城市污水再生利用 城市杂用水水质》GB/T 18920、《城市污水再生利用 景观环境用水水质》GB/T 18921、《城市污水再生利用 地下水回灌水质》GB/T 19972、《城市污水再生利用 工业用水水质》GB/T 19923、《城市污水再生利用 农田灌溉用水水质》GB 20922、《城市污水再生利用 绿地灌溉水质》GB/T 25499等，消毒除考虑灭活致病细菌和病毒外，还需考虑持续杀菌的效果、消毒副产物等因素。

7.13.2 常用的污水消毒方法包括二氧化氯、次氯酸钠、液氯和紫外线，或上述方法的组合技术。其中二氧化氯、次氯酸钠和液氯是化学消毒方法，维持一定的余氯量时，具有持续消毒作用，但会和水中的有机物反应生成消毒副产物；紫外线消毒是物理消毒方法，可避免或减少消毒副产物产生的二次污染物，但没有持续灭菌作用，消毒效果受水中悬浮物浓度及色度影响较大。因此，应根据工程实际情况选择合适的消毒方式。

次氯酸钠是近年来污水厂使用较多的一种消毒剂，因其系统简单、副作用小、使用方便而受欢迎；尤其是在污水厂提标改造工程中，所耗投资较低，增加的设备设施简单，安全隐患小。

7.13.3 由于污水厂消毒后的出水中含有的残留消毒剂和消毒副产物，排入水体后会对水体的生态产生影响，因此，污水厂消毒方式的选择应充分考虑对排放水体的影响，不应影响水体生态安全。

Ⅱ 紫 外 线

7.13.5 明渠式紫外线消毒系统包括紫外线消毒模块组、配电中心、系统控制中心、水位探测和水位控制装置等。紫外线消毒模块组的所有灯管相互平行，均匀排列在消毒明渠内。

为确保紫外线消毒效果，保持渠道内紫外线有效剂量，应定期清洗紫外线灯管的石英玻璃套管表面。

7.13.6 污水的有效紫外线剂量应为生物体吸收至足量的紫外线剂量(生物验定剂量或有效剂量)，以往用理论公式计算。由于污水的成分复杂且变化大，实践表明理论值比实际需要值低很多，为此，美国《紫外线消毒手册》(EPA，2003年)已推荐用独立第三方验证的紫外线生物验定剂量作为紫外线有效剂量。据此，本条做此规定。

《城市给排水紫外线消毒设备》GB/T 19837中明确规定用于污水消毒的紫外线有效剂量指标；为保证达到现行国家标准《城镇污水处理厂污染物排放标准》GB 18918所要求卫生学指标中的二级标准和一级B标准，SS不超过20mg/L时，紫外线有效剂量不应低于15mJ/cm²；为保证达到一级A标准，SS不超过10mg/L时，紫外线有效剂量不应低于20mJ/cm²。紫外线消毒设备在工程设计和应用之前，应提供有资质的第三方用同类设备在类似水质中所做的检验报告。

经调查国内城镇污水厂的运行经验，一般二级处理出水水质达一级B标准时，紫外线消毒有效剂量按15mJ/cm²～19mJ/cm²；出水水质达一级A标准时，紫外线消毒有效剂量按20mJ/cm²～25mJ/cm²。据此做出二级处理出水的紫外线有效剂量规定。

一些病原体进行不同程度灭活时所需紫外线剂量资料见表23。

表23 灭活一些病原体的紫外线剂量(mJ/cm²)

病原体	病原体的灭活程度(%)			
	90	99	99.9	99.99
隐孢子虫	—	<10	<19	—
贾第鞭毛虫	—	<5	—	—
霍乱弧菌	0.8	1.4	2.2	2.9
痢疾志贺菌	0.5	1.2	2.0	3.0
埃希氏菌	1.5	2.8	4.1	5.6
伤寒沙门氏菌	1.8～2.7	4.1～4.8	5.5～6.4	7.1～8.2
伤寒志贺氏病菌	3.2	4.9	6.5	8.2
致肠炎沙门氏菌	5	7	9	10
肝炎病毒	4.1～5.5	8.2～14	12～22	16～30
脊髓灰质炎病毒	4～6	8.7～14	14～23	21～30
柯萨奇病毒B5型病毒	6.9	14	22	30
轮状病毒SAⅡ	7.1～9.1	15～19	23～26	31～36

一些城镇污水厂消毒的紫外线剂量见表24。

表24 一些城镇污水厂消毒的紫外线有效剂量

厂 名	拟消毒的水	紫外线剂量(mJ/cm²)
上海市长桥污水厂	A_NO二级出水	21.4
上海市龙华污水厂	二级出水	21.6
无锡市新城污水厂	二级出水	17.6
深圳市工业区污水厂(一期)	二级出水	18.6
苏州市新区第二污水厂	二级出水	17.6
上海市闵行污水厂	A_NO二级出水	15.0

单独采用紫外线消毒时，由于紫外光不能在管网中提供持续的消毒作用，为避免细菌的光复活，应尽量加大紫外线有效剂量。因此，现行国家标准《城市给排水紫外线消毒设备》GB/T 19837规定，紫外线消毒作为城市杂用水主要消毒手段时，紫外线有效剂量不应低于80mJ/cm²。否则，难以稳定达到现行国家标准《城市污水再生利用 城市杂用水水质》GB/T 18920规定的"总大肠菌群≤3个/L"的指标。采用紫外线消毒和含氯消毒剂联用的方法，则可以增强水质安全保障，有效解决紫外线持续消毒能力差的问题。此外，根据污水再生利用的不同分类，按照国内相关水质标准，除地下水回灌水质无余氯要求外，其余(城市杂用水、景观环境用水、工业用水、农田灌溉用水、绿地灌溉)均有余氯量的要求，故再生水采用紫外线消毒时宜和含氯消毒剂联合使用。

7.13.7 为控制合理的水流流态，充分发挥照射效果，做出本条规定。

Ⅲ 二氧化氯、次氯酸钠和氯

7.13.9 现行国家标准《城镇污水处理厂污染物排放标准》GB 18918中规定了粪大肠菌群数排放指标，按此要求的加氯量，应根据试验资料或类似生产运行经验确定。

经调查，国内城镇污水厂的运行经验：一般出水水质达一级B标准时，加氯量为5mg/L～9mg/L；出水水质达一级A标准时，加氯量为3mg/L～5mg/L。据此，规定本条，无试验资料时，二级处理出水的加氯量可采用5mg/L～15mg/L。

再生水除卫生学指标外，还有余氯量的要求，故加氯量按卫生学指标和余氯量确定。

7.13.10 在紊流条件下，二氧化氯或氯能在较短的接触时间内对污水达到最大的杀菌率。但考虑到接触池中水流可能发生死角和短流，因此，为了提高和保证消毒效果，规定二氧化氯或氯消毒的接触时间不应小于30min。

7.13.11 次氯酸钠溶液的稳定性较差，温度和紫外光对次氯酸钠的稳定性影响很大，升高温度或光照(特别是紫外光)，次氯酸钠溶液的分解速度将明显加快，所以次氯酸钠溶液要低温、避光储存。储存区域室温不宜超过30℃，储存时间不宜大于7d。

8 污泥处理和处置

8.1 一般规定

8.1.1 目前污泥的处理技术种类繁多，采用何种技术对污泥进行处理应和污泥的最终处置方式相适应，由处置出路决定处理工艺，并经过技术经济比较确定。例如，污泥用作土地利用时，应该进行稳定化和无害化处理，污泥处理工艺的设计应按照现行行业标准《城镇污水处理厂污泥处理 稳定标准》CJ/T 510对污泥进行稳定处理；污泥用作建材利用时，应进行脱水处理，并视情况进行干化处理；污泥用作填埋时，应满足现行国家标准《城镇污水处理厂污泥处置 混合填埋用泥质》GB/T 23485的规定。

8.1.2 污泥处理处置应从节能减排的角度出发，综合考虑处置效率、能源消耗、碳足迹等因素。工艺选择以减量化处理为基础，以稳定化和无害化处理为核心，以资源化利用为目标，以对环境总体影响最小为宗旨。因此，污泥处理工程建设之前，应对污泥中有机质、营养物、重金属、病原菌、污泥热值、有毒有机物进行分析测试，根据泥质确定经济合理且对环境安全的处置方式，再根据处置方式选定合理的处理工艺。

8.1.3 污泥处理处置应进行工艺全流程分析，选择合理的技术路线和各工艺段的处理工艺，使整个污泥处理处置工艺绿色、低碳、循环、可持续发展。

8.1.5 本条规定了污泥处理处置设施规模确定的原则。污泥产生量会受到多种因素的影响，主要影响污泥产生量的因素有：

(1)不同的排水体制和管网运行维护程度造成污水厂进水水量、水质的差异；

(2)不同的污水处理工艺产泥量差异；

(3)季节交替等因素造成的水温波动从而影响污泥产生量；

(4)雨季时污水污泥增量。

处理截流雨水的污水系统，其污泥处理处置设施的规模应考虑截流雨水的水量、水质，可在旱流污水量对应的污泥量上增加20%。

8.1.6 污水处理是全年无休的，所以每天都产生污泥，而不同的污泥处理处置设施有不同的运行和维护保养周期，如一套污泥焚烧系统的设计年运行时间一般为7200h，因此需通过放大设计能力以保证设施检修维护时的污泥处理处置要求。此外，在特殊工况条件下污泥产量会超出原有规模，而设备不可能永远满负荷运行，因此污泥处理处置设施的设计能力还应留有富余，使污水处理产生的污泥得到全量处理处置。

8.1.7 污泥中的砂、渣将加速污泥处理设备设施的磨损，加重设施堵塞程度，影响处理设施的运行保障能力，因此宜根据污水处理除砂和除渣情况设置相应的预处理工艺。

8.1.8 考虑到构筑物和设备检修的需要和运行中会出现故障等因素，各种污泥处理构筑物和主要设备均不能只设1个。

8.1.9 臭气收集和处理可按照本标准第8.11节的要求执行。

8.1.10 污泥水含有较多污染物，其浓度一般比污水高，若不经处理直接排放，势必污染水体，造成二次污染。因此，污泥处理过程中产生的污泥水均应进行处理，不得直接排放。

污泥水中富含许多可利用物质，如磷资源，可以单独处理回收，也可返回污水处理构筑物进行处理。

污泥水返回污水厂进口，和进水混合后一并处理。若条件允许，也可送入初次沉淀池或生物处理构筑物进行处理。

不在污水厂内的污泥处理设施产生的污泥水，可通过管道输送至污水厂或污泥水处理设施进行处理。

8.1.11 污水、污泥有时会含有重金属、致病菌和寄生虫卵等有害物质，为保证污泥利用的安全性，根据不同的用途，污泥泥质应符合国家现行标准《城镇污水处理厂污泥处置 园林绿化用泥质》GB/T 23486、《城镇污水处理厂污泥处置 土地改良用泥质》GB/T 24600、《城镇污水处理厂污泥处置 林地用泥质》CJ/T 362、《城镇污水处理厂污泥处置 农用泥质》CJ/T 309等相应标准的要求，以免有害物质迁移、进入食物链和污染地下水。

8.1.12 本条制定的依据是《中华人民共和国水污染防治法》第五十一条，城镇污水集中处理设施的运营单位或者污泥处理处置单位应当安全处理处置污泥，保证处理处置后的污泥符合国家标准，并对污泥的去向等进行记录。

8.2 污泥浓缩

8.2.1 本条是关于重力式污泥浓缩池设计的规定。

1 根据调查，目前我国污泥浓缩池的固体负荷见表25。

2 根据调查，现有的污泥浓缩池水力停留时间不低于12h。

表 25 污泥浓缩池浓缩剩余污泥时的水力停留时间与固体负荷

污水厂名称	水力停留时间(h)	固体负荷[kg/(m²·d)]
苏州新加坡工业园区污水厂	36.5	45.3
常州市城北污水厂	14～18	40
徐州市污水厂	26.6	38.9
唐山南堡开发区污水厂	12.7	26.5
湖州市市北污水厂	33.9	33.5
西宁市污水处理一期工程	24	46
富阳市污水厂	16～17	38

3 根据一些污泥浓缩池的实践经验，浓缩后污泥的含水率往往达不到97%，故本条规定当浓缩前含水率为99.2%～99.6%时，浓缩后含水率可为97.0%～98.0%。

4 本次修订，浓缩池有效水深采用4m的规定不变。

5 栅条浓缩机的外缘线速度的大小以不影响污泥浓缩为准。我国目前运行的部分重力浓缩池，其浓缩机外缘线速度一般为1m/min～2m/min。同时，根据有关污水厂的运行经验，池底坡向泥斗的坡度规定为不小于0.05。

8.2.2 由于污泥在浓缩池内停留时间较长，有可能会因厌氧分解或反硝化作用而产生气体，污泥附着气体上浮到水面，形成浮渣。如不及时排除浮渣，会产生污泥出流。因此，本条规定宜设去除浮渣的装置。

8.2.3 污水生物除磷工艺是靠聚磷菌在好氧条件下超量吸磷形成富磷污泥，将富磷污泥从系统中排出，达到生物除磷的目的。重力浓缩池因水力停留时间长，污泥在池内会发生厌氧释磷，如果将污泥水直接回流至污水处理系统，将增加污水处理的磷负荷，降低生物除磷的效果。因此，当采用生物除磷工艺进行污水处理时，不宜采用重力浓缩。当采用重力浓缩时，应对污泥水进行处理，回收污泥水中的磷。

8.2.4 调查表明，目前一些污水厂采用机械污泥浓缩设备浓缩污泥，如采用带式浓缩机、螺压式浓缩机和转筒式浓缩机等。鉴于污泥浓缩机械设备种类较多，各设备生产厂家提供的技术参数不尽相同，因此宜根据试验资料确定设计参数，无试验资料时，按类似运行经验(污泥性质相似、单台设备处理能力相似)合理选用设计参数。

8.2.5 目前，污泥浓缩脱水一体化机械已经较广泛应用于工程中。

8.2.6 污泥在间歇式污泥浓缩池为静止沉淀，一般情况下污泥水在上层，浓缩污泥在下层。但经较长时间日晒或贮存后，部分污泥可能腐化上浮，形成浮渣，变为中间是污泥水，上、下层是浓缩污泥。此外，污泥贮存深度也有不同。因此，本条规定应设可排出深度不同的污泥水的设施。

8.3 污泥消化

Ⅰ 一般规定

8.3.1 污泥消化的方式有厌氧消化和好氧消化两种。

厌氧消化可以降低污泥中有机质含量，使污泥稳定、易于脱水，产生的污泥气可资源利用，因此污泥厌氧消化对提高污水厂能量自给率、碳减排意义重大，已成为国际上应用较为广泛的污泥减量化、稳定化和资源化方法。

近年来，污泥厌氧消化技术研究和实践均取得了较大进展，高含固浓度厌氧消化、污泥和餐厨垃圾协同厌氧消化、热水解(水热)消化预处理工艺得到了应用，污泥气利用方式也有很大改进，污泥气脱硫、提纯技术得到应用，净化提纯后污泥气压缩罐装或直接并入天然气管网也有较多实践经验。但和发达国家相比，我国污泥厌氧消化的认识仍有待提高，采用污泥厌氧消化工艺的污水厂不到3%，部分已经建成的污泥厌氧消化工程运行不良或处于停运状态，除污泥有机质含量低、含砂量高、碳氮比低等客观原因外，对污泥厌氧消化在回收能源、提高污水厂能量自给率、建设碳汇的污水厂等方面认识不足也是原因之一。

污泥好氧消化系统由于工艺条件(污泥温度)随气温变化波动较大、冬季运行效果较差、能耗高等原因，采用较少，但好氧消化工艺仍具有有机物去除率较高、处理后污泥品质较好等优点。

8.3.2 据有关文献介绍，污泥厌氧消化的挥发性固体分解率最高可达到80%。对于充分搅拌、连续工作、运行良好的厌氧消化池，在有限消化时间(20d～30d)内，挥发性固体分解率可达到40%～50%。

据调查资料，我国现有的厌氧和好氧消化池设计有机固体分解率在30%～50%，实际运行基本达到40%。现行国家标准《城镇污水处理厂污染物排放标准》GB 18918－2002第4.3.1条提出的污泥稳定化控制指标为：“采用厌氧消化时，有机物降解率＞40%，采用好氧消化时，有机物降解率＞40%。”本标准将有机物降解的指标名称统一为挥发性固体降解率，并按照现行国家标准《城镇污水处理厂污染物排放标准》GB 18918的有关规定，将该值确定为40%。

Ⅱ 污泥厌氧消化

8.3.3 厌氧消化反应的理想碳氮比为10～20，我国污水厂初沉污泥的碳氮比为(9.40～10.35)：1，剩余污泥的碳氮比为(4.60～5.04)：1，混合污泥的碳氮比为(6.80～7.50)：1。初沉污泥比较适合厌氧消化，混合污泥次之，故规定剩余污泥宜和初沉污泥合并进行厌氧消化处理。

为改善厌氧发酵基质的碳氮比，提高污泥厌氧消化系统的效率，还可通过将污泥和餐厨垃圾等有机物按照一定比例混合后进行协同厌氧消化。协同厌氧消化的优势主要表现在：提高了系统的碳氮比，有利于厌氧消化系统的高效运行，同时降低了厌氧消化运行成本；餐厨垃圾和污泥协同互补，降低了氨氮和重金属离子等抑制物的浓度，缓冲能力得到提升，提高了厌氧消化系统的运行稳定性。

污泥和餐厨垃圾混合协同厌氧消化在丹麦、瑞典等国家有广泛的应用且效果良好，在我国也有所应用。镇江市餐厨废弃物和生活污泥协同处理一期工程的设计规模为260t/d，包括140t/d含水率为85%的餐厨垃圾和120t/d含水率为80%的污泥。该工程采用高温热水解作为污泥的预处理，再和餐厨垃圾混合进行协同厌氧消化，消化池总容积为12800m³，厌氧消化温度为38℃，停留时间为25d～30d，进料含固率为8%，运行产生的污泥气中甲烷含量达到63%左右，产气率平均为0.77m³/kgVS(去除)，有机物降解率平均为51.8%。

8.3.4 原标准中考虑到高温厌氧消化能耗较高，一般情况下不经济，未列入高温消化。相对于中温消化，高温消化固体负荷率更高，挥发性固体降解率更高，消化后污泥具有更好的脱水特性，可产生包含较少病原体的生物固体。上述优点加上目前采用热水解(水热)等厌氧消化预处理技术，使得高温消化的技术经济优势较为明显，可根据具体项目进行技术经济比较确定。

8.3.5 各级厌氧消化池的容积比和其运行控制方式以及后续污泥浓缩设施有关，应通过技术经济比较确定。

对二级和二级以上的消化池，由于可以不搅拌，运行时常有污泥浮渣在表面结壳，影响上清液的排出，所以应采取防止浮渣结壳的措施。

8.3.6 参照美国、德国和日本相关设计标准，采用消化时间和挥发性固体容积负荷两个参数确定厌氧消化池的有效容积，提出两个参数互相校核，保证消化池设计合理，运行可靠。

8.3.7 中温厌氧消化池是目前我国采用较多的形式。表26是我国和美国厌氧消化系统的主要设计参数对比表。

表 26 我国和美国厌氧消化系统的主要设计参数对比

参数	中国	美国
SRT(d)	20～30	＞15
挥发性固体容积负荷[kgVSS/(m³·d)]	重力浓缩后的原污泥：0.6～1.5； 机械浓缩后的原污泥：≤2.3	1.9～2.5
消化温度(℃)	中温：33～35	中温：＞35

表 27 是日本厌氧消化系统设计和运行参数统计表。

表 27　日本厌氧消化系统设计和运行参数统计表

单级/多级	单级为 35%，多级为 65%
是否加热	不加热为 11%，加热为 89%
搅拌方式	污泥气搅拌为 48%，机械搅拌为 27%，水力搅拌为 18%，组合搅拌或其他方式为 7%
总设计容量	$270m^3 \sim 48000m^3$
消化时间	原污泥为 34d，浓缩污泥为 44d
消化温度	19℃～29℃为 14%，30℃～38℃为 67%，39℃～49℃为 16%，50℃～55℃为 3%
进泥含水率	范围为 94.2%～99.5%，平均值为 96.77%
进泥有机分	范围为 51%～95.4%，平均值为 82.78%

消化温度是厌氧消化设计和能量平衡的重要工艺参数。国外一些厌氧消化采用 37℃，我国近年建设的污泥厌氧消化设施如大连夏家河污泥处理厂、天津津南污泥处理厂也采用 37℃。因此，本条规定中温厌氧消化的温度由原来的 33℃～35℃调整为 33℃～38℃。

表 28 是我国部分厌氧消化池的主要设计参数。

表 28　我国部分厌氧消化池的主要设计参数

参　数	青岛麦岛	上海白龙港	郑州王新庄	北京小红门
处理量(tDS/d)	48	204	66	132.5
消化池类型	圆柱形	卵形	圆柱形	卵形
单池有效容积(m^3)	12700	12400	10000	12300
消化池数量(座)	2	8	4	5
一级消化 SRT(d)	20	24.3	18	20
二级消化 SRT(d)	—	—	6	—
进泥含固率(%)	3.8～4	5	5	3.2
消化温度(℃)	35	35	35	35
污泥气日产量(万 m^3)	1.44	4.45	2	3
污泥气产率(m^3/m^3)	0.59	0.45	0.5	0.49
搅拌强度(W/m^3)	0.9	4.7	—	3

8.3.8　相比于传统厌氧消化，高含固浓度厌氧消化的显著特点是进料含固率较高，一般为 8%～10%，高含固浓度厌氧消化主要的优势包括所需反应器容积减小、保温能量需求降低等。

我国已相继建成了大连夏家河、郑州马头岗、长沙黑麋峰、湖南长沙、浙江宁海县城北和湖南襄阳等多个高含固污泥厌氧消化处理设施，为我国高含固浓度厌氧消化的应用提供了实践基础。

表 29 是我国部分高含固厌氧消化池的主要设计参数。

表 29　我国部分高含固厌氧消化池的主要设计参数

参　数	大连夏家河	郑州马头岗	长沙黑麋峰
处理量(tDS/d)	120	160	100
浓缩方式	脱水污泥稀释至含固率 10%	剩余污泥＋化学污泥先重力浓缩至 98%后与初沉污泥混合共同机械浓缩至 90%	脱水污泥热水解预处理至含固率 10%～12%
单池有效容积(m^3)	2230	2200	10000
消化池数量(座)	12	16	2
消化 SRT(d)	22	22	20
进泥含固率(%)	10	10	10
投配率(%)	4.5	4.5	—
消化温度(℃)	35	35～37	53～55
挥发性固体容积负荷[$kgVSS/(m^3 \cdot d)$]	2.47(VS/TS 按照 0.55 计算)	2.47(VS/TS 按照 0.55 计算)	2.75
污泥气日产量(万 m^3)	2.76	3	2
容积污泥气产率(m^3/m^3)	1.03	0.84	1.0
搅拌方式	机械搅拌	搅拌器＋循环泵	污泥气
机械搅拌强度(W/m^3)	19.7	20＋8.4	—

8.3.9　高温热水解技术通过高温高压和泄压闪蒸过程，能够溶解颗粒污泥，水解胞外聚合物，使细胞破壁，提高污泥流动性和可生化性，从而提高水解反应效果，在加快消化反应进程的同时，提高污泥的降解程度和污泥气产量。

和传统厌氧消化工艺相比，高温热水解厌氧消化技术的优势主要表现为：污泥流动性增强，可提高搅拌效率，减少污泥消化时间，减少消化池容积；提高可溶性 COD 含量，可提高污泥厌氧消化的有机物降解率，提高污泥气产率；在高温条件下杀死病原菌。

8.3.10　和原规范相比，本条主要做了以下调整：

(1)将原污泥加热调整为温度保持。

(2)明确中温消化池的温度变化幅度为±2℃，这也是对污泥温度保持系统能力的要求。

8.3.11　污泥厌氧消化池池形应具有工艺条件好、防止沉淀、没有死区、混合良好、易去除浮渣和泡沫等特点。卵形消化池在德国采用较多，我国也有卵形消化池。

8.3.12　随着技术的进步，近年来新设计的污泥厌氧消化池大多采用污泥池外热交换方式加热，蒸汽直接加热污泥的方式已逐渐被淘汰。

1　总耗热量应按最冷月平均日气温计算，包括原污泥加热量、厌氧消化池散热量(包括地上和地下部分)、投配和循环管道散热量等；

2　加热设备应考虑备用或留有富余能力；

3　为控制散热，污泥投配和循环管道的所有户内、户外管道均应采取保温措施。

8.3.13　厌氧消化污泥和污泥气对混凝土或钢结构存在较大的腐蚀，池内壁应进行防腐处理。

8.3.14　厌氧消化池的搅拌是厌氧消化系统成败的重要环节，搅拌方式的选择和污泥浓度、黏滞系数、池容和池形等因素有关。如搅拌系统选择不当，会导致污泥沉积、温度不均和消化效率降低等问题。机械搅拌和污泥气搅拌是目前厌氧消化池的主要搅拌方式，池外泵循环搅拌适用于小型厌氧消化池。间歇搅拌时，规定每次搅拌的时间不宜大于循环周期的一半(按每日 3 次考虑，相当于每次搅拌的时间 4h 以下)，主要是考虑设备配置和操作的合理性。如果规定时间太短，设备投资增加太多；如果规定时间太长，接近循环周期时，间歇搅拌就失去了意义。

8.3.15　本条为强制性条文，必须严格执行。污泥厌氧消化系统在运行时，厌氧消化池和污泥气贮罐是用管道连通的，所以厌氧消化池的工作内压一般和污泥气贮罐的工作压力相同。现行国家标准《给水排水构筑物工程施工及验收规范》GB 50141 规定，在气密性试验压力为池体工作压力的 1.5 倍时，24h 的气压降不超过试验压力的 20%，则应判定气密性试验合格。因此，本标准规定气密性试验压力不应小于污泥气工作压力的 1.5 倍。

为防止超压或负压造成的破坏，厌氧消化池和污泥气贮罐设计时应采取相应的措施(如设超压或负压检测、报警和释放装置，放空、排泥和排水阀应采用双阀等)，规定防止超压或负压的操作程序。

8.3.16　本条为强制性条文，必须严格执行。厌氧消化池溢流或表面排渣管排渣时，均有可能发生污泥气外泄，放在室内(指经常有人活动或值守的房间或设备间内，不包括户外专用于排渣、溢流的井室）可能发生爆炸，危及人身安全。水封的作用是减少污泥气泄漏，并避免空气进入厌氧消化池影响消化条件。

为防止污泥气管道着火而引起厌氧消化池爆炸，规定厌氧消化池的出气管上必须设置回火防止器。

8.3.17 为便于管理和减少通风装置的数量，相关设备宜集中布置，室内应设通风设施。

电气设备引发火灾或爆炸的危险性较大，如全部采用防爆型则投资较高，因此规定电气集中控制室不应和存在污泥气泄漏可能的设施合建。

8.3.18 本条为强制性条文，必须严格执行。贮存或使用污泥气的贮罐、压缩机房、阀门控制间和管道层等场所，均存在污泥气泄漏的可能，规定这些场所的电机、仪表和照明等电器设备均应符合防爆要求。若处于室内时，应设通风设施和 CH_4、H_2S 泄漏浓度监测和报警装置。

8.3.19 污泥气贮罐的容积原则上应根据产气量和用气情况经计算确定，实际设计可按 6h～10h 的平均产气量采用。

污泥气对钢或混凝土结构存在较大的腐蚀，为延长使用年限，贮罐应采取防腐措施。

8.3.20 本条为强制性条文，必须严格执行。污泥气中的甲烷是一种温室气体，根据联合国政府间气候变化专门委员会（IPCC）2006 年出版的《国家温室气体调查指南》，其温室效应是 CO_2 的 21 倍，为防止大气污染和火灾，污泥气不得直接向大气排放。多余的污泥气必须燃烧消耗。由于外燃式燃烧器明火外露，在遇大风时易形成火苗或火星飞落，可能导致火灾，故规定燃烧器应采用内燃式。

为防止用气设备回火或输气管道着火而引起污泥气贮罐爆炸，规定污泥气贮罐的出气管上必须设回火防止器。

8.3.21 污泥气净化处理中，除湿和过滤处理指采用过滤器和沉淀物捕集器去除污泥气中的水分和沉淀物。应根据污泥气含硫量和用气设备的要求设置脱硫装置。脱硫装置应设在污泥气进入污泥气柜之前，脱硫作用是降低 H_2S 含量，减少污泥气对后续管道和设备的腐蚀，延长设备的使用寿命，同时减小污泥气燃烧产生的烟气对大气的污染。

污泥气纯化过程为经过初步除湿、过滤和脱硫后的气体，在特定反应条件下，全部或部分除去二氧化碳、氨、氮氧化物和硅氧烷等多种杂质，可使气体中甲烷含量达到 95%以上。

8.3.22 污泥气约含 60%的甲烷，其热值一般可达到 21000kJ/m³～25000kJ/m³，是一种可利用的生物质能，污泥气可用于污泥气锅炉的燃料、消化池加温、发电和驱动鼓风机等，能节约污水厂的能耗。经过纯化的污泥气，还可以液化罐装或并入城镇燃气管网综合利用。在世界能源紧缺的今天，综合利用污泥气显得越发重要。

Ⅲ 污泥好氧消化

8.3.24 好氧消化池的设计经验相对较缺乏，故规定好氧消化池的总有效容积宜根据试验资料和技术经济比较确定。

据国内外文献资料介绍，污泥好氧消化时间为：剩余污泥 10d～15d，混合污泥 15d～20d（个别资料推荐 15d～25d）；污泥好氧消化的挥发性固体容积负荷一般为 0.38kgVSS/(m³·d)～2.24kgVSS/(m³·d)。

根据测算，在 10d～20d 的消化时间内，当处理重力浓缩后的原污泥（含水率在 96%～98%）时，相应的挥发性固体容积负荷为 0.7kgVSS/(m³·d)～2.8kgVSS/(m³·d)；当处理经机械浓缩后的原污泥（含水率在 94%～96%）时，相应的挥发性固体容积负荷为 1.4kgVSS/(m³·d)～4.2kgVSS/(m³·d)。

因此本标准推荐，好氧消化时间宜采用 10d～20d。重力浓缩后的原污泥，其挥发性固体容积负荷宜采用 0.7kgVSS/(m³·d)～2.8kgVSS/(m³·d)；机械浓缩后的高浓度原污泥，其挥发性固体容积负荷不宜大于 4.2kgVSS/(m³·d)。以一定的原污泥干固体量（100kg/d）、挥发性干固体比例（70%）为例，不同原污泥含水率和好氧消化时间对应的污泥好氧消化池的挥发性固体容积负荷测算见表 30。

表 30 污泥好氧消化池挥发性固体容积负荷测算

参数名称	不同运行工况									
	一	二	三	四	五	六	七	八	九	十
原污泥干固体质量(kgSS/d)	100	100	100	100	100	100	100	100	100	100
污泥消化时间(d)	20	20	20	20	20	10	10	10	10	10
原污泥含水率(%)	98	97	96	95	94	98	97	96	95	94
原污泥体积(m³/d)	5.0	3.3	2.5	2.0	1.7	5.0	3.3	2.5	2.0	1.7
挥发性干固体比例(%)	70	70	70	70	70	70	70	70	70	70
挥发性干固体质量(kgVSS/d)	70	70	70	70	70	70	70	70	70	70
消化池总有效容积(m³)	100	67	50	40	33	50	33	25	20	17
挥发性固体容积负荷[kgVSS/(m³·d)]	0.7	1.05	1.40	1.75	2.10	1.4	2.10	2.80	3.50	4.20

8.3.25 好氧消化过程为放热反应，随着固体容积负荷的提高，池内温度也随之上升，但如果外部气温较低，则会降低反应温度，达不到处理效果，因此宜采取保温、加热措施和适当延长消化时间。

8.3.26 好氧消化池中溶解氧的浓度是一个十分重要的运行控制参数。

溶解氧浓度 2mg/L 是维持活性污泥中细菌内源呼吸反应的最低需求，也是通常衡量活性污泥处于好氧/缺氧状态的界限参数。好氧消化应保持污泥始终处于好氧状态下，即应保持好氧消化池中溶解氧浓度不小于 2mg/L。

8.3.27 好氧消化池采用鼓风曝气时，应同时满足细胞自身氧化需气量和搅拌混合需气量，宜根据试验资料或类似工程经验确定。

根据工程经验和文献记载，一般情况下，剩余污泥的细胞自身氧化需气量为 0.015m³(空气)/[m³(池容)·min]～0.02m³(空气)/[m³(池容)·min]，搅拌混合需气量为 0.02m³(空气)/[m³(池容)·min]～0.04m³(空气)/[m³(池容)·min]；初沉污泥或混合污泥的细胞自身氧化需气量为 0.025m³(空气)/[m³(池容)·min]～0.03m³(空气)/[m³(池容)·min]，搅拌混合需气量为 0.04m³(空气)/[m³(池容)·min]～0.06m³(空气)/[m³(池容)·min]。

可见污泥好氧消化采用鼓风曝气时，搅拌混合需气量大于细胞自身氧化需气量，因此以混合搅拌需气量作为好氧消化池供气量设计控制参数。

微孔曝气器的空气洁净度要求高、易堵塞、气压损失较大、维护管理工作量较大、混合搅拌作用较弱，因此好氧消化池宜采用中气泡空气扩散装置，如穿孔管、中气泡曝气盘等。

8.3.28 当采用鼓风曝气时，应根据鼓风机的输出风压、管路和曝气器的阻力损失确定好氧消化池的有效深度，一般鼓风机的出口风压为 55kPa～65kPa，有效深度宜采用 5.0m～6.0m。

采用鼓风曝气时，易形成较高的泡沫层，所以好氧消化池的超高不宜小于 1.0m。

8.3.29 好氧消化易产生大量气泡和浮渣。间歇运行的好氧消化池一般不设泥水分离装置。在停止曝气期间利用静置沉淀实现泥水分离，因此消化池本身应设有排出上清液的措施，如各种可调或浮动堰式的排水装置。

连续运行的好氧消化池一般其后设有泥水分离装置。正常运行时，消化池本身不具备泥水分离功能，可不使用上清液排出装置。但考虑检修等其他因素，宜设排出上清液的措施，如各种分层放水装置。

8.4 污泥好氧发酵

Ⅰ 一般规定

8.4.2 污泥好氧发酵系统应包括混料、发酵、供氧和除臭等设施，基本工艺流程如图7所示。

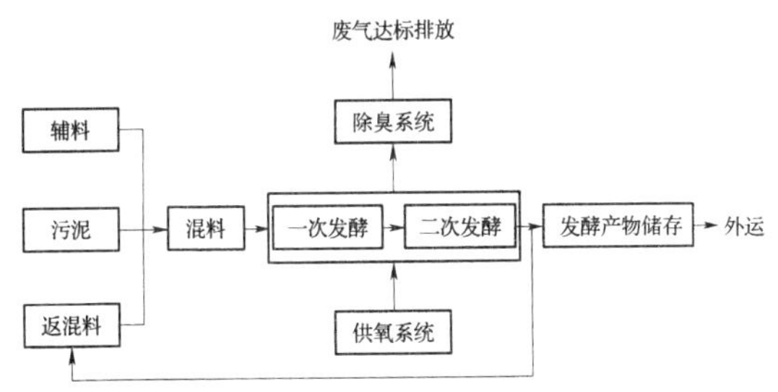

图7 污泥好氧发酵工艺流程

8.4.3 污泥好氧发酵工艺主要根据物料发酵分段、翻堆方式和供氧方式进行分类。一次发酵和二次发酵所采用的工艺类型要根据实际的稳定化和无害化要求进行选择。

静态、间歇动态和动态好氧发酵是根据发酵反应器内物料的翻堆方式做出的分类：完全不翻堆为静态，间歇性翻堆为间歇动态，持续性翻堆为动态。

8.4.4 为防止污泥好氧发酵中产生的污泥水对土壤和地下水等产生污染，必须设置防渗层做好防渗措施。

8.4.5 当环境温度较低时，不利于污泥好氧发酵堆体升温和高温期的持续，因此应采取措施保证污泥好氧发酵车间环境温度不低于5℃，并应通过设置气体导流系统、冷凝器和冷凝水收集管路等措施，预防和解决冷凝水回滴问题。

Ⅱ 混 料 系 统

8.4.6 污泥好氧发酵可添加辅料和返混料以调节物料的含水率、孔隙率和营养物质比例，污泥、返混料和辅料的质量配比应根据三者的含水率、有机物含量和碳氮比等计算确定，无参数时可按照污泥、辅料、返混料的质量比为100：(10～20)：(50～60)进行配比。冬季宜适当提高辅料投加比例，提高物料的孔隙率，以利于发酵堆体升温。

8.4.9 混料生产线的额定处理能力可按每天8h～16h工作时间计算，便于合理安排工作班次，并保证必要的维护时间，同时可通过延长生产线工作时间提高处理能力。

8.4.10 污泥好氧发酵工程通常采用碎秸秆、木屑、锯末、花生壳粉、蘑菇土和园林修剪物等作为辅料，辅料储存量应根据辅料来源并结合实际情况确定，储存量不宜过多，以5d～7d投加量为宜。辅料的存储应充分考虑防火要求，且应配备灭火器等消防器材。

Ⅲ 发 酵 系 统

8.4.13 二次发酵是物料的熟化过程，生物降解过程平缓，对环境条件的要求不高，二次发酵工艺和设施可适当简化，以节省处理成本。

8.4.16 污泥发酵过程中会产生大量水汽，并且可能会由于局部厌氧而产生NH_3、H_2S等腐蚀性气体，因此和物料、水汽直接接触的设备、仪表和金属构件应采取防腐措施。

Ⅳ 供 氧 系 统

8.4.17 污泥好氧发酵供氧方式有自然通风、强制通风和翻堆等。

自然通风能耗低，操作简单。供氧靠空气由堆体表面向堆体内扩散，但供氧速度慢，供气量小，供气不均匀，易造成堆体内部缺氧或无氧，发生厌氧发酵。另外，堆体内部产生的热量难以达到堆体表面，表层温度较低，无害化程度较低，发酵周期较长，表层易滋生蚊蝇等。需氧量较低时(如二次发酵)可采用。

强制通风风量可准确控制，分为正压送风和负压抽风两种方式。正压送风空气由堆体底部进入，由堆体表面散出，表层升温速度快，无害化程度高，发酵产品腐熟度高，但发酵仓尾气不易收集。负压抽风堆体表层温度低，无害化程度差，表层易滋生蝇类；堆体抽出气体易冷凝成腐蚀性液体，对抽风机侵蚀较严重。

翻堆有利于供氧和物料破碎，但翻堆能耗高。次数过多会增加热量散发，堆体温度达不到无害化要求；次数过少则不能保证完全好氧发酵。一次发酵的翻堆供氧宜和强制供氧联合使用，二次发酵可采用翻堆供氧。

强制通风加翻堆，通风量易控制，有利于供氧、颗粒破碎水分的蒸发和堆体发酵均匀，但投资、运行费用较高，能耗大。

8.4.19 减少管道或气室的弯曲、变径和分叉的目的是减少压力损失。

8.5 污泥机械脱水

Ⅰ 一 般 规 定

8.5.1 本条是关于污泥机械脱水设计的规定。

1 污泥脱水机械，国内较成熟的有压滤机和离心脱水机等，应根据污泥的脱水性质和脱水要求，以及当前产品供应情况经技术经济比较后选用。污泥脱水性质的指标有比阻、黏滞度和粒度等。

2 根据脱水间机组和泵房机组的布置相似的特点，脱水间的布置可按本标准第6章泵站的机组的布置、通道宽度、起重设备和机房高度等有关规定执行。除此以外，还应考虑污泥运输的设施和通道。

3 国内污水厂一般设有污泥料仓，也有用车立即运走的，由于目前国内污泥的处置途径多样，贮存时间等亦无规律性，故对污泥贮存容量仅做原则规定。

4 为改善工作环境，脱水间应有通风设施。每小时换气次数按现行国家标准《民用建筑供暖通风与空气调节设计规范》GB 50736中的相关规定执行。

8.5.2 为了改善污泥的脱水性质，污泥脱水前应加药调理。

1 无机混凝剂不宜单独用于脱水机脱水前的污泥调理，原因是形成的絮体细小，压榨脱水时污泥颗粒漏网严重，固体回收率很低。用有机高分子混凝剂(如阳离子聚丙烯酰胺)形成的絮体粗大，适用于污水厂污泥机械脱水。阳离子型聚丙烯酰胺适用于带负电荷、胶体粒径小于0.1μm的污水污泥，其混凝原理一般认为是电荷中和与吸附架桥双重作用的结果。阳离子型聚丙烯酰胺还能和带负电的溶解物进行反应生成不溶性盐。经阳离子型聚丙烯酰胺调理脱水后的污泥水均为无色透明，泥水分离效果良好。

2 污泥加药以后，应立即混合反应，并进入脱水机，以利于污泥的凝聚。

Ⅱ 压 滤 机

8.5.3 目前，国内用于污水污泥脱水的压滤机有带式压滤机、板框压滤机、厢式压滤机和微孔挤压脱水机。

由于各种污泥的脱水性质不同，泥饼的产率和含水率变化较大，所以应根据试验资料或参照相似污泥的数据确定。

《日本指南》从脱水泥饼的处理和泥饼焚烧经济性考虑，规定泥饼含水率宜为75%；天津某污水厂消化污泥经压滤机脱水后，泥饼含水率为70%～80%，平均为75%；上海某污水厂混合污泥经压滤机脱水后，泥饼含水率为73.4%～75.9%；厦门某污水厂混合污泥经石灰等药剂调理后，通过压滤机脱水，泥饼含水率为55%～60%。

8.5.4 本条是关于带式压滤机设计的规定。

1 本标准使用污泥脱水负荷，其含义为每米带宽每小时能处理的污泥干重(以kg计)。该负荷因污泥类别、含水率、滤带速度、张力和混凝剂品种、用量不同而异；应根据试验资料或类似运行经验确定，也可按表8.5.4取值。表8.5.4中混合原污泥为初沉污泥和剩余污泥的混合污泥，混合消化污泥为初沉污泥和剩余污泥混合消化后的污泥。

《日本指南》建议对浓缩污泥和消化污泥的污泥脱水负荷采用90kg/(m·h)～150kg/(m·h)；杭州某污水厂用2m带宽的压滤机对初沉消化污泥脱水，污泥脱水负荷为300kg/(m·h)～

500kg/(m·h)；上海某污水厂用1m带宽的压滤机对混合原污泥脱水，污泥脱水负荷为150kg/(m·h)～224kg/(m·h)；天津某污水厂用3m带宽的压滤机对混合消化污泥脱水，污泥脱水负荷为207kg/(m·h)～247kg/(m·h)。

2 压滤机滤布的张紧和调正由压缩空气和其控制系统实现，在空气压力低于某一值时，压滤机将停止工作。应按压滤机的要求配置空气压缩机。为了在检查和故障维修时脱水间能正常运行，至少应有1台备用机。

3 上海某污水厂采用压力为0.4MPa～0.6MPa的冲洗水冲洗带式压滤机滤布，运行结果表明，压力稍高，效果稍好。

天津某污水厂推荐滤布冲洗水压为0.5MPa～0.6MPa。

上海某污水厂用带宽为1m的带式压滤机进行混合污泥脱水，每米带宽每小时需$7m^3$～$11m^3$冲洗水。天津某污水厂用带宽3m的带式压滤机对混合消化污泥脱水，每米带宽每小时需$5.5m^3$～$7.5m^3$冲洗水。为降低成本，可用再生水作冲洗水；天津某污水厂用再生水冲洗，取得较好效果。

为了在检查和维修故障时脱水间能正常运行，至少应有1台备用泵。

8.5.5 本条是关于板框压滤机和厢式压滤机设计的规定。

1 过滤压力太小，则污泥在滤室内难以形成泥饼。《日本指南》规定过滤压力为400kPa～500kPa，国内板框压滤机和厢式压滤机过滤压力一般不小于400kPa，采用隔膜滤板的厢式压滤机过滤压力通常更高。

2 过滤周期，吉林某厂污水站的厢式压滤机为3h～4.5h；辽阳某厂污水站的厢式压滤机为3.5h；北京某厂污水站的自动板框压滤机为3h～4h。据此，本条规定为过滤周期不应大于4h。

3 污泥压入泵，国内使用离心泵、往复泵和柱塞泵。北京某厂污水站采用柱塞泵，使用效果较好。《日本指南》规定可用无堵塞构造的离心泵、往复泵和柱塞泵。

4 我国现有配置的压缩空气量，每立方米滤室一般为$1.4m^3/min$～$3.0m^3/min$。《日本指南》规定每立方米滤室$2m^3/min$(按标准工况计)。

8.5.6 本条是关于深度脱水压滤机设计的规定。

1 污泥通过进料泵进入隔膜压滤机滤室，当滤室内压力达到预设进料压力时，通过变频器调整进料泵转速将压力稳定在预设值。进料泵预设进料压力的大小影响进入滤室的污泥量，当进料压力小于0.6MPa时，污泥在滤室内难以形成泥饼。目前，污泥隔膜压滤常用的进料压力一般为1.0MPa以上。

2 进料完成后，压榨泵启动，向隔膜滤板腔室内通入外部介质(水或者压缩空气)，使隔膜滤板膜片鼓起进而对滤室内的污泥进行压榨。当隔膜滤板腔室内的压力达到预设压榨压力时，通过变频器调整压榨泵转速将压力稳定在预设值，压力的大小影响脱水效率和泥饼的含水率，一般宜为2.0MPa～3.0MPa。

3 根据功能不同，压缩空气分为下列3种类型：

(1)控制用压缩空气：为相关的仪表和阀门供气；

(2)压榨用压缩空气：为挤压隔膜提供压榨压力；

(3)工艺用压缩空气：通入压滤机的中心管道内，将黏附在滤布上的污泥吹回储泥池。

控制用压缩空气和压榨用压缩空气对空气的粉尘含量和湿度要求较高，应设置过滤器和干燥器；工艺用压缩空气对空气质量的要求相对较低。三种压缩空气应在气压站分开使用，以免工作时相互干扰，导致设备失控。

Ⅲ 离 心 机

8.5.7 目前国内用于污水污泥脱水的离心机多为卧螺离心机。离心脱水是以离心力强化脱水效率，虽然分离因数大，脱水效果好，但并不成比例，达到临界值后分离因数再大，脱水效果也无多大提高，而动力消耗增加，运行费用大幅度提高，机械磨损、噪声也随之增大。而且随着转速的增加，对污泥絮体的剪切力也增大，大的絮体易被剪碎而破坏，影响污泥的回收率。

国内污水厂卧螺离心机进行污泥脱水采用的分离因数如下：

深圳滨河污水厂为$2115g$，洛阳涧西污水厂为$2115g$，云南个旧污水厂为$1450g$，武汉汤逊湖污水厂为$2950g$，辽宁葫芦岛污水厂为$2950g$，上海白龙港污水厂(一级强化处理)为$3200g$，香港昂船洲污水厂(一级强化处理)为$3200g$。

由于随污泥性质、离心机大小的不同，其分离因数的取值也有一定的差别。为此，本条规定污水污泥的卧螺离心机脱水的分离因数宜小于$3000g$。对于初沉和一级强化处理等有机质含量相对较低的污泥，可适当提高其分离因数。

8.5.8 为避免污泥中的长纤维缠绕离心机螺旋和纤维裹挟污泥成较大的球状体后堵塞离心机排泥孔，一般认为当纤维长度小于8mm时已不具备裹挟污泥成为大的球状体的条件。因此，本条规定离心脱水机前应设污泥切割机，切割后的纤维长度不宜大于8mm。

8.5.9 现行国家标准《工业企业噪声控制设计规范》GB/T 50087规定了工业企业室内噪声控制设计限值，现行国家标准《声环境质量标准》GB 3096规定了厂界噪声控制限值，故规定离心脱水机房室内、室外噪声应分别符合这两个标准。

8.6 污泥石灰稳定

8.6.2 本条是关于石灰稳定工艺设计的规定。

1 污泥石灰稳定设施应密闭，并配套除尘和除臭设备，以防止石灰粉料和污泥臭气散发，影响操作环境，危害操作人员的健康。

4 螺旋式进料装置可有效防止螺旋叶片在旋转过程中被物料卡死，避免螺旋输送机的损坏。

8.7 污 泥 干 化

8.7.1 根据国内外多年的污泥处理和处置实践，污泥需进一步减量化、无害化，在很多情况下都进行干化处理。

污泥干化采用最多的是热干化，全国已有众多热干化的工程实例。

污泥自然干化可以节约能源，降低运行成本，但要求降雨量少、蒸发量大、可使用的土地多和环境要求相对宽松等特定条件，故受到一定限制。

8.7.2 当干化机采用的热源为外供热源时，热源特性可能存在一定程度的波动，污水污泥的量和特性也会发生波动，需要干化设备对这些不稳定因素具有一定的耐受性。

污泥处理工艺流程中会产生许多热源，污泥厌氧消化产生的污泥气经净化后是优质热源，污泥焚烧过程中产生的热也可以通过各种方式回收利用。

8.7.3 热干化设备种类很多，应根据热干化的实际需要和经验确定。污泥间接干化的温度一般低于120℃，污泥中的有机物不易分解，且废气处理量小。目前，国内外污泥热干化主要采用间接干化。常用的污泥间接干化设备有流化床式干化、圆盘式干化、桨叶式干化和薄层干化等。

8.7.4 在一般情况下，污泥干化设施每年都要进行检(维)修。根据污泥干化设备的具体类型、规模、配套设备种类和质量状况、检(维)修力量等多种因素，污泥干化设施的年检、维修时间长短不一，但一般至少需要2周～5周。

8.7.7 导热油的闪点温度必须高于运行温度才能保证污泥干化过程的安全。

8.7.8 污泥热干化蒸发单位水量所需的热能和下列因素有关：进口处物料温度、进口处加热介质温度、出口处产物温度、出口处加热介质温度和干化生产能力等，干化系统的单位耗热量一般为$2600kJ/kgH_2O$～$3300kJ/kgH_2O$。

8.7.9 污泥干化设备应设有安全保护措施，如污泥干化系统的气体回路中的氧含量若在高位运行，将会使系统的安全性下降，因此应采取相应的安全保护措施，如设置惰性气体保护等。

8.7.11 本条规定的目的是为了防止污泥干化过程中臭气散发，导致尾气也要经处理达到排放要求。

8.7.12 为了尽量减少能源消耗，建设低碳社会，污泥热干化的热量应充分利用城市其他设施的余热，可将污泥干化处理和垃圾焚烧厂、电厂和其他基础设施共同建设在某一区域，达到能源协同的目标。不宜采用优质一次能源作为主要干化热源。

8.7.13 本条根据德国标准 ATV－DVWK－M379E《污水污泥干化》的相关规定制定。为充分利用干化尾气载气冷凝处理后冷凝水中的热量，宜对其进行回收利用。

8.7.14 污泥自然干化场的污泥主要靠渗滤、撇除上层污泥水和蒸发达到干化。

1 渗滤和撇除上层污泥水主要受污泥的含水率和黏滞度等的影响，而蒸发则主要视当地自然气候条件，如平均气温、降雨量和蒸发量等因素而定。由于各地污泥性质和自然条件不同，因此建议固体负荷量宜充分考虑当地污泥性质和自然条件，参照相似地区的经验确定。在北方地区，应考虑结冰期间干化场贮存污泥的能力。

2 干化场划分块数不宜少于 3 块，是考虑进泥、干化和出泥能够轮换进行，从而提高干化场的使用效率。围堤高度是考虑贮泥量和超高的需要，顶宽是考虑人行的需要。

3 对脱水性能好的污泥而言，设置人工排水层有利于污泥水的渗滤，从而加速污泥干化。为了防止污泥水渗入土壤深层和地下水，造成二次污染，故规定在干化场的排水层下应设置不透水层。

4 污泥在干化场干化是一个污泥沉降浓缩、析出污泥水的过程，及时将这部分污泥水排除，有利于提高干化场的效率。

8.7.15 污泥自然干化场可能污染地下水，故规定应设相应的长期环境监测设施。

8.7.16 污泥热干化和焚烧集中布置，可充分利用污泥热值和焚烧热量，更经济节能，并便于管理。

8.8 污泥焚烧

8.8.1 污泥焚烧工程中，污泥热值和元素成分等污泥特性分析数据是极其重要的设计参数，如果缺少此类数据，会造成实际运行和设计工况产生偏离，甚至导致污泥焚烧设施无法达到设计处理量。

污泥特性分析的内容应包括物化性质分析、工业分析和元素分析。其中，物化性质分析包括含水率、含砂率和黏度等；工业分析包括水、固定碳、灰分、挥发分、高位发热量和低位发热值等；元素分析包括全硫(S)、碳(C)、氢(H)、氧(O)、氮(N)、氯(Cl)和氟(F)等。

8.8.2 国内城镇污水厂污泥的单独焚烧目前基本上采用鼓泡流化床工艺。

8.8.3 本条根据现行国家标准《生活垃圾焚烧污染控制标准》GB 18485 的有关规定制定。国内外研究结果表明，较为理想的完全燃烧温度为 850℃～1000℃。若燃烧室烟气温度过高，烟气中颗粒物被软化或融化而黏结在受热面上，不但降低传热效果，而且易形成受热面腐蚀，也会对炉墙产生破坏性影响。若烟气温度过低，挥发分燃烧不彻底，恶臭不能有效分解，烟气中一氧化碳含量可能增加，而且热灼减率也可能达不到规定要求。另外，有机挥发分的完全燃烧还需要足够的时间，因此本条还规定了烟气的滞留时间。

8.8.4 本条根据国内外污泥焚烧线的运行经验制定。因为焚烧装置每年需要进行维护、保养，还需要定期维修。

8.8.5 污泥焚烧产生的烟气中含有烟尘、臭气成分、酸性成分和氮氧化物，直接排放会对环境造成严重的污染，必须进行处理达标后排放，烟气净化可采用旋风除尘、静电除尘、袋式除尘、脱硫和脱硝等控制技术。

烟气中的颗粒物控制，常用的净化设备有旋风除尘器、静电除尘器和袋式除尘器等。由于飞灰粒径很小($d<10\mu m$ 的颗粒物含量较高)，必须采用高效除尘器才能有效控制颗粒物的排放。袋式除尘器可捕集粒径大于 $0.1\mu m$ 的粒子。烟气中汞等重金属的气溶胶等极易吸附在亚微米粒子上，在捕集亚微米粒子的同时，可将重金属气溶胶等一同除去。由于袋式除尘器在净化污泥焚烧烟气方面有其独特的优越性，因此本标准明确规定，污泥焚烧的除尘设备应采用袋式除尘器。

8.8.6 相对垃圾焚烧而言，污泥的性质较为单一，从目前国内已运行的污水污泥焚烧工程来看，产生的炉渣和飞灰基本上均不属于危险废物，袋式除尘器产生的飞灰需经鉴别确定。

8.8.7 根据理论研究和运行经验，垃圾焚烧设施协同处置污泥应在保证原焚烧炉焚烧性能和污染物排放控制等原则的要求下进行。由于污泥和垃圾性质存在较大的差异，污泥的掺烧容易对已有焚烧炉的运行造成影响。当垃圾焚烧炉采用炉排焚烧炉时，污泥掺烧比一般控制在 5%以下。水泥窑协同处置污泥的设计应满足现行国家标准《水泥窑协同处置污泥工程设计规范》GB 50757 的规定。

8.9 污泥处置和综合利用

8.9.1 污泥的处置一般包括土地利用、建筑材料利用和填埋等。

8.9.2 由于污泥中含有丰富的有机质，可以改良土壤。污泥土地利用维持了有机质的良性循环。

污泥用于园林绿化时，泥质应满足现行国家标准《城镇污水处理厂污泥处置　园林绿化用泥质》GB/T 23486 和有关标准的规定；污泥用于盐碱地、沙化地和废弃矿场等土地改良时，泥质应符合现行国家标准《城镇污水处理厂污泥处置　土地改良用泥质》GB/T 24600 的有关规定；污泥农用时，应符合现行国家标准《农用污泥中污染物控制标准》GB 4284 等国家和地方现行的有关农用标准的规定。根据《水污染防治行动计划》(国发〔2015〕17 号)的要求，本条规定"处理不达标的污泥不得进入耕地"。

8.9.3 污泥中的硫、氯、磷和重金属等对建材生产和产物性能有不利的影响，应限定其带入量。

8.9.4 污水污泥进入生活垃圾填埋场混合填埋处置时，应经预处理改善污泥的高含水率、高黏度、易流变、高持水性和低渗透性系数的特性，改性后的泥质应符合现行国家标准《城镇污水处理厂污泥处置混合填埋用泥质》GB/T 23485、《生活垃圾卫生填埋处理技术规范》GB 50869 的有关规定。

8.10 污泥输送和贮存

8.10.3 如果螺旋输送机倾角过大，会导致脱水污泥下滑而影响污泥脱水间的正常工作。如果采用有轴螺旋输送机，由于轴和螺旋叶片之间形成了相对于无轴螺旋输送机而言较为密闭的空间，输送污泥过程中对污泥的挤压和搅动更为剧烈，会使污泥中的表面吸附水、间歇水和毛细结合水外溢，增加污泥的流动性，在污泥的运输过程中容易造成污泥的滴漏，污染沿途环境。双螺旋输送机比较适用于黏性污泥的输送。

8.10.4 由于脱水污泥管道输送的局部阻力系数大，为降低污泥输送泵的扬程，避免污泥在管道中发生堵死现象，同时污水厂污泥的管道输送距离较短，而脱水机房场地有限，不利于管道进行大幅度转角布置。

8.10.5 皮带运输机倾角超过 20°，泥饼会在皮带上滑动。

8.10.8 本条是关于污泥料仓设计的规定。

4 料仓仓顶应设置臭气抽排口，连接排风管道，并设置除臭设施。

5 大量干化污泥在料仓存储时，一旦发生缓慢燃烧，则会消耗氧气并产生一氧化碳。料仓中可以使用一氧化碳探测器识别和预警风险。燃烧的污泥起初只产生少量的一氧化碳，之后会产生大量一氧化碳，并发生剧烈放热反应。可使用多点温度探头以监测储存的污泥。

2

8.11 除 臭

Ⅰ 一般规定

8.11.1 通过工艺改进，采用臭气散发量少的污水、污泥处理工艺和设备，减少臭气产生量是除臭技术中最经济有效的方法。改进方法包括：污水收集应严格执行排放标准和排放程序，对工业废水进行预处理并设调节池等措施减少排入收集系统的恶臭物质；污水管道系统设计应确保管内流速不致引起固体物质沉降和累积；在收集系统和长距离压力管中可投加过氧化氢、纯氧或空气，避免污水处于厌氧状态，污水中的溶解氧浓度宜在 0.5mg/L 以上。其他措施包括：进行消毒或调节 pH 值控制厌氧生物生长，投加硝酸钙等化学药剂氧化或沉淀致臭物质。

污水泵站可减少集水井的跌水高度，避免渠道内紊流，采用变速泵等措施减小集水井体积，设集水井底坡防止沉积，及时清除油脂类物质等减少臭气产生。

污水厂进水段应及时清除栅渣和沉砂，定期清洗格栅，采用封闭式栅渣粉碎机、封闭式计量设备；采用淹没式出水；格栅除污机、输送机和压榨脱水机的进出料口宜采用密封形式；初次沉淀池减少出水跌水高度，采用完全密闭接口排泥，避免污泥长时间停留；注重选用敞开面积小、臭气散发量小的工艺；曝气池需要加盖时，不宜选择表面曝气系统；降低生物处理的工艺负荷，确保充氧充分和混合均匀；采用扩散空气曝气和水下搅拌器；将出水和排泥口置于水面下可减少臭气释放；低负荷工艺可减少污泥量，从而减少后续污泥处理中的臭气量。

储泥池和重力浓缩池应减少污泥存放时间，防止污泥和上清液排放时发生飞溅，应采用低速搅拌。

机械浓缩和脱水可减少存放时间；防止污泥和上清液排放时的飞溅，可采用密封性能较好的处理设备，对污泥进行密闭转运和处理等。

8.11.2 污水厂的除臭是一项系统工程，涵盖从源头收集到末端排放的全过程控制，其中包括臭气源加盖、臭气收集、臭气处理和处理后排放等部分。

8.11.3 随着对大气环境质量要求和污水设施臭气排放标准的提高，臭气处理的难度和运行成本也不断增加，应根据不同的臭源针对性采取高效的处理工艺和技术，确保达标排放。当污水厂厂界臭气浓度满足排放要求时，非封闭操作区域可采取喷洒植物液等缓解臭气的措施。

8.11.4 寒冷地区的除臭系统包括臭气处理装置和臭气收集管道等，应采取防冻保温措施，保证处理装置特别是生物处理装置能够正常运行。

8.11.5 臭气风量根据收集要求和集气方式确定。抽吸量越大，污水中逸出污染物越多，所以应以加强密闭和负压控制逸出为主。若密闭不严、抽吸口分布不均或负压不够，缝隙风速低于臭气扩散速率或达不到集气盖内部的合理流态，会导致臭气外逸和密闭空间内臭气浓度差异；若集气量太大，会增加投资和运行费用，超出臭气扩散速率过多，可能不满足处理设备的负荷要求，导致处理效率下降。臭气风量应通过试验确定，条件不具备时可参照相似条件下已有工程运行经验确定或按本标准确定。

本标准按照运行经验和《日本指南》制定：

1 进水泵吸水井、沉砂池由于水面交换较为频繁，臭气风量按单位水面积臭气风量指标 $10m^3/(m^2 \cdot h)$ 计算，上部封闭空间参照不进人空间，按增加 1 次/h～2 次/h 的空间换气量计算。

2 初次沉淀池、厌(缺)氧池、浓缩池、储泥池等构筑物由于水面交换频率相对较低，臭气风量按单位水面积臭气风量指标 $3m^3/(m^2 \cdot h)$ 计算，上部封闭空间参照不进人空间，按增加 1 次/h～2 次/h 的空间换气量计算。

3 曝气池构筑物加盖除臭时，考虑加盖设备的泄漏，可按曝气量的 110% 计算。

4 脱水机房、污泥堆棚和污泥处理车间等构筑物宜将设备分隔除臭。难以分隔时，人员需要进入的处理构(建)筑物，抽气量宜按换气次数不少于 8 次/h 计算，人员经常进入且要求较高的场合换气次数可按 12 次/h 计算，贮泥料仓等一般人员不进入的空间按 2 次/h 计算。

8.11.6 臭气处理设施应尽量靠近恶臭源，臭气风管应合理布线，降低收集风管总长度。

Ⅲ 臭气收集

8.11.8 为使管道系统经济合理，可确定适当的风速。

8.11.9 由于臭气收集管路较长、管配件较多，气体输送时会产生压力损失，对各并联支管应进行阻力平衡计算，必要时可设孔板等设施调节风管风量。为便于风量平衡和操作管理，各吸风口宜设带开闭的指示阀门。

8.11.10 臭气收集通风机的风压可按下列公式计算：

$$\Delta p = \Delta p_1 + h_{f_1} + h_{f_2} + h_{f_3} + \Delta H \tag{6}$$

$$\Delta p_0 = (1 + K_p)\Delta p \frac{\rho_0}{\rho} \tag{7}$$

式中：Δp——系统的总压力损失(Pa)；

Δp_1——除臭空间的负压(Pa)；

h_{f_1}——臭气收集风管沿程损失和局部损失(Pa)；

h_{f_2}——臭气处理装置阻力(Pa)，包括使用后增加的阻力；

h_{f_3}——臭气排放管风压损失(Pa)；

ΔH——安全余量(Pa)，宜为 300Pa～500Pa；

Δp_0——通风机全压(Pa)；

K_p——考虑系统压损计算误差等所采用的安全系数，可取 0.10～0.15；

ρ_0——通风机性能表中给出的空气密度(kg/m^3)；

ρ——运行工况下系统总压力损失计算采用的空气密度(kg/m^3)。

8.11.11 臭气组分中氨气和硫化氢等都具有腐蚀性，因此通风机壳体和叶轮材质应选用玻璃钢等耐腐蚀材料。

Ⅴ 臭气排放

8.11.15 臭气排放应进行环境影响评价，可按现行行业标准《环境影响评价技术导则 大气环境》HJ 2.2 的有关规定执行。

9 检测和控制

9.1 一般规定

9.1.1 随着社会进步和科技发展，排水工程不仅仅要满足生产控制，还需要进行管理决策，因此排水工程进行检测和控制设计是十分必要的。

检测仪表是排水工程的“眼睛”、自动化系统是排水工程控制手段，检测仪表和自动化系统是生产控制的基础。

智能化系统是对检测仪表和自动化系统的重要补充，拓展了排水工程观察、控制手段的广度。

信息化系统是对检测仪表和自动化系统的生产信息进行分析，同时纳入了经营管理决策的内容，增加了排水工程生产管理的深度。

智慧水务由智慧排水、智慧供水、智慧海绵、智慧河道等多个板块组成，智慧排水系统是智慧水务的一个子系统。智慧排水系统可以从全局性的角度统筹管理整个城镇或区域排水网络。

9.1.2 排水工程检测和控制内容应根据原水水质、处理工艺、处理后的水质，并结合当地生产运行管理、人员安全保障措施、环保部门对污水厂水与沼气监管的要求和投资情况确定。检测和控制的配置标准可视建设规模、污水处理级别、经济条件等因素合理确定。

9.1.3 检测和控制系统的使用应有利于排水工程技术和生产管理水平的提高；检测和控制设计应以保证出厂水质、节能、经济、实用、保障安全运行和科学管理为原则；检测和控制系统应通过互联网、物联网和无线局域网等信息网络，聚合排水工程各类信息，为政府、企业和公众提供信息化服务；检测和控制系统方案的确定应通过调查研究，经过技术经济比较后确定。

9.1.4 根据工程所包含的内容及要求选择检测和控制系统设计内容，设计内容要兼顾现有和今后的发展。

9.2 检　　测

9.2.1 污水厂进水应检测流量、温度、pH 值、COD 和氨氮(NH_3-N)和其他相关水质参数。

污水厂出水应检测流量、pH 值、COD、NH_3-N、TP、TN 和其他相关水质参数。

应根据当地环保部门的要求对污水厂进出水检测仪表配置进行适当调整。

9.2.2 排水泵站内应配置 H_2S 监测仪，监测可能产生的有害气体，并采取防范措施。在人员进出且 H_2S 易聚集的密闭场所应设在线式 H_2S 气体监测仪；泵站的格栅井下部、水泵间底部等易积聚 H_2S 但安装维护不方便、无人员活动的地方，可采用便携式 H_2S 监测仪监测，也可安装在线式 H_2S 监测仪和报警装置。

厌氧消化池、厌氧消化池控制室、脱硫塔、沼气柜、沼气锅炉房和沼气发电机房等应设 CH_4 泄漏浓度监测和报警装置，并采取相应防范措施。厌氧消化池控制室应设 H_2S 泄漏浓度监测和报警装置，并采取相应防范措施。

加氯间应设氯气泄漏浓度监测和报警装置，并采取相应防范措施。

地下式泵房、地下式雨水调蓄池和地下式污水厂预处理段、生物处理段、污泥处理段的箱体内应设 H_2S、CH_4 监测仪，其出入口应设 H_2S、CH_4 报警显示装置，并和通风设施联动。

其他易产生有毒有害气体的密闭房间和空间包括：粗细格栅间(房间内)、进水泵房、初沉污泥泵房、污泥处理处置车间(浓缩机房、脱水机房、干化机房)等。

9.2.3 排水泵站：排水泵站应检测集水池或水泵吸水池水位、水量和水泵电机工作相关的参数，并纳入该泵站控制系统。为便于管理，大型雨水泵站和合流污水泵站宜设自记雨量计，设置条件应符合国家相关标准的规定，并纳入该泵站自控系统。

污水厂：污水处理包括一级处理、二级处理、深度处理和再生利用等几种常用污水处理工艺的检测项目，可按表 31 执行。

表 31　常用污水处理工艺检测项目

处理级别	处理方法		检测项目	备注
一级处理	沉淀法		粗、细格栅前后水位(差)；初次沉淀池污泥界面或污泥浓度及排泥量	为改善格栅间的操作条件，一般均采用格栅前后水位差来自动控制格栅的运行
二级处理	活性污泥法	传统活性污泥法	生物反应池：MLSS、溶解氧(DO)、NH_3-N、硝氮(NO_3-N)、供气量、污泥回流量、剩余污泥量； 二次沉淀池：泥水界面	只对各个工艺提出检测内容，而不做具体数量和位置的要求，便于设计的灵活应用
		厌氧/缺氧/好氧法(生物脱氮、除磷)	生物反应池：MLSS、溶解氧(DO)、NH_3-N、NO_3-N、供气量、氧化还原电位(ORP)、混合液回流量、污泥回流量、剩余污泥量； 二次沉淀池：泥水界面	

续表 31

处理级别	处理方法		检测项目	备注
二级处理	活性污泥法	氧化沟法	氧化沟：活性污泥浓度(MLSS)、溶解氧(DO)、氧化还原电位(ORP)、污泥回流量、剩余污泥量； 二次沉淀池：泥水界面	只对各个工艺提出检测内容，而不做具体数量和位置的要求，便于设计的灵活应用
		序批式活性污泥法(SBR)	液位、活性污泥浓度(MLSS)、溶解氧(DO)、氧化还原电位(ORP)、污泥排放量	
	生物膜法	曝气生物滤池	单格溶解氧、过滤水头损失	
		生物接触氧化池、生物转盘、生物滤池	溶解氧(DO)	只提出了一个常规参数溶解氧的检测，实际工程设计中可根据具体要求配置
深度处理和再生利用	高效沉淀池		泥水界面、污泥回流量、剩余污泥量、污泥浓度	只提出了典型工艺的检测，实际工程设计中可根据具体要求配置
	滤池		液位、过滤水头损失、进出水浊度	
	再生水泵房		液位、流量、出水压力、pH 值、余氯(视消毒形式)、悬浮固体量(SS)、浊度和其他相关水质参数	
消毒	紫外线消毒、加氯消毒、臭氧消毒		液位或流量	只提出了常规参数，应视所采用的消毒方法确定安全生产运行和控制操作所需要的检测项目

污泥处理包括浓缩、消化、好氧发酵、脱水干化和焚烧等，可按表 32 确定检测项目。

表 32　常用污泥处理工艺检测项目

污泥处理方法	检测项目
重力浓缩池	进出泥含水率、上清液悬浮固体浓度、上清液总磷，处理量、浓缩池泥位
机械浓缩	进出泥含水率、滤液悬浮固体浓度，处理量、药剂消耗量
脱水	进出泥含水率、滤液悬浮固体浓度，处理量、药剂消耗量
热水解	进出泥含水率、出泥 pH 值，处理量、蒸汽消耗量
厌氧消化	消化池进出泥含水率、有机物含量、总碱度、氨氮，污泥气的压力、流量；污泥处理量、消化池温度、压力、pH 值
好氧发酵	发酵前后污泥含水率、pH 值，处理量、调理剂添加量、污泥返混量、发酵温度、鼓风气量、氧含量
热干化	干化前后含水率，处理量、能源消耗量、氧含量、温度
焚烧	进泥含水率、有机物含量、进泥低位热值，处理量、能源消耗量、燃烧温度，排放烟气监测

9.2.4 排水管网关键节点指排水泵站、主要污水和雨水排放口、管网中流量可能发生剧烈变化的位置等。水质监测参数一般为pH值、COD,可根据运行需要增加NH_3-N、TP、SS等参数。

9.3 自 动 化

9.3.1 本条是对自动化系统功能的总体要求。

9.3.2 排水泵站控制模式应根据各地区的经济发展程度、人力成本情况、运行管理要求进行经济技术比较,有条件的地区可按照"无人值守"全自动控制的方式考虑,所有工艺设备均可实现泵站无人自动化控制,达到"远程监控"的目的。在区域监控中心远程监控,实现正常运行时现场少人(无人)值守,管理人员定时巡检。

排水泵站的运行管理应在保证运行安全的条件下实现自动化控制。为便于生产调度管理,实现遥测、遥讯和遥控等功能。

排水管网关键节点的自动化控制系统宜根据当地经济条件和工程需要建立。

9.3.3 污水厂生产管理和控制的自动化宜为:自动化控制系统应能够监视主要设备的运行工况和工艺参数,提供实时数据传输、图形显示、控制设定调节、趋势显示、超限报警和制作报表等功能,对主要生产过程实现自动控制。

9.4 信 息 化

9.4.1 信息设施系统的建设对于提高排水工程管理水平非常关键,是部署生产管理信息平台和最终实现排水工程管理信息化的基础。生产管理信息平台是排水工程的信息化集成平台,将生产监控和运行管理决策有机地结合起来,在企业管理层和现场自动化控制层之间起到承上启下的作用,实现指导生产运行调度、统计报表、设备管理、成本分析、计划管理和企业管理体系等目标,提升厂级生产管理效率和运营信息化管理水平。

9.4.3 建立生产管理信息平台可以实现排水工程运行管理的集中化、数字化、网络化。生产管理信息平台具有移动终端应用系统(App软件),可设访问权限,授权移动终端进行排水工程地理信息查询、基础信息查询、实时数据监测查询、历史运行信息查询、实时告警信息查询、实时数据巡查查询、在线填报、填报审核、日报统计、日报查询和安全认证等移动办公的功能。

9.4.4 近年来,工业领域信息安全事件频发,因此信息化系统应考虑适当的软硬件防护措施。信息系统安全防护要求可参照现行国家标准《信息安全技术　网络安全等级保护基本要求》GB/T 22239的有关规定执行。

9.5 智 能 化

9.5.3 本条是关于排水工程设置安全防范系统的规定。

1　视频监控系统应采用数字式网络技术,视频图像信息应记录并保存30d以上。安防视频监视点应设在厂区周界、大门、主要通道处;生产管理视频监视点应设在主要工艺设施、主要工艺处理厂房、变配电间、控制室和值班间等区域,监视主要工艺、电气控制设施状况。

2　入侵报警系统应采用电子围栏形式,大门采用红外对射形式。

3　门禁系统主要设在封闭式(含地下式)工艺处理厂房、变配电间、控制室、值班室等人员进出门处,保障排水工程运行安全。设备进出门可不设门禁装置。

4　大型污水厂、地下式污水厂和地下式泵站宜设在线式电子巡更系统和人员定位系统。

5　地下式排水工程应设火灾报警系统,有水消防系统时,应设计消防联动控制。

9.5.4 本条是关于排水工程设置智能化应用系统的规定。

1　生物曝气池宜采用智能曝气控制系统,根据曝气池的实时运行参数和水质状况在线计算溶解氧的实际需求,按需分配各曝气控制区域的供气量,达到溶解氧控制稳定、生物池各反应段高效稳定运行,同时控制鼓风机运行,实现节能降耗的目的。

2　加药混凝沉淀等工艺处理过程宜采用基于水质和水量监测通过算法策略进行控制的智能化系统,降低药剂消耗。

3　地下式污水厂、地下式泵站宜采用智能化照明系统,平时可维持在设备监控最低照度水平,当人员进入地下厂房进行巡检、维修等,可恢复正常照明,降低照明电耗。

4　可根据运行管理需求,在排水工程运用智能化检测、巡检手段,减少人员劳动强度,保障人身安全。地下式污水厂生物反应池、采用加盖形式的地面生物反应池可根据需要采用智能巡检机器人系统,机器人设在生物反应池盖板下方,用于巡视污水厂生物反应池曝气状况,为曝气设备的维护提供依据。

9.6 智慧排水系统

9.6.1 城镇或区域排水系统由于排水工程区域分布不同、建设时间不一、管理模式不同和管理人员水平高低不同等情况,导致各排水工程之间存在信息传递脱节、技术资源难以共享和集中管理难度大等问题。因此,城镇或区域排水系统、公司或集团型水务企业需要建设从生产、运行管理到决策的完整的智慧排水系统,进一步提高整体管理水平。智慧排水系统可以通过智慧化管理手段实现对基层生产单位的远程监控、技术指导、生产调度、数据挖掘和信息发布等,使城镇或区域排水系统、公司或集团型水务企业管理由分散转向集中、由粗放转向精细化和智能化,从而提高管理水平、降低运营管理成本、提高核心竞争力。

9.6.3 智慧排水信息中心是城镇或区域排水系统、公司或集团公司级的全局性信息化集成平台,应能对城镇区域内排水管渠、排水泵站、污水厂等排水工程进行生产信息管理、经营管理决策。

智慧排水系统是智慧水务的一个子系统,因此智慧排水系统应能兼容智慧水务信息构架体系,无缝接入智慧水务信息平台,与环保、气象、安全、水利等其他部门信息互通。

9.6.4 随着科学技术的发展,智慧排水系统展示方式可采用BIM(Building Information Modeling)、AR(Augmented Reality)、MR(Mix Reality)等新技术手段。

附录A　年径流总量控制率对应的设计降雨量计算方法

A.0.1 年径流总量控制率的气象资料选取要求和计算方法的原理与现行国家标准《海绵城市建设评价标准》GB/T 51345中的要求和方法是一致的。在现行国家标准《海绵城市建设评价标准》GB/T 51345－2018中,是以图解方式计算年径流总量控制率所对应的设计日降雨量的。

3

中华人民共和国国家标准

城市排水工程规划规范

Code for urban wastewater and stormwater engineering planning

GB 50318—2017

主编部门：中华人民共和国住房和城乡建设部
批准部门：中华人民共和国住房和城乡建设部
施行日期：2 0 1 7 年 7 月 1 日

目　次

1 总　　则

1.0.1 为保障城市水安全，提高水资源利用效率，促进水生态环境改善，统一城市排水工程规划的技术要求，制定本规范。

1.0.2 本规范适用于城市规划的排水工程规划和城市排水工程专项规划的编制。

1.0.3 城市排水工程规划应遵循"统筹规划、合理布局、综合利用、保护环境、保障安全"的原则，满足新型城镇化和生态文明建设的要求。

1.0.4 城市排水工程规划除应符合本规范外，尚应符合国家现行有关标准的规定。

2 术　　语

2.0.1 城市雨水系统　urban drainage system

收集、输送、调蓄、处置城市雨水的设施及行泄通道以一定方式组合成的总体，包括源头减排系统、雨水排放系统和防涝系统三部分。

2.0.2 源头减排系统　source control drainage system

场地开发过程中用于维持场地开发前水文特征的生态设施以一定方式组合的总体。

2.0.3 雨水排放系统　minor drainage system

应对常见降雨径流的排水设施以一定方式组合成的总体，以地下管网系统为主。亦称"小排水系统"。

2.0.4 防涝系统　major drainage system

应对内涝防治设计重现期以内的超出雨水排放系统应对能力的强降雨径流的排水设施以一定方式组合成的总体。亦称"大排水系统"。

2.0.5 防涝行泄通道　excess stormwater pathway

承担防涝系统雨水径流输送和排放功能的通道，包括城市河道、明渠、道路、隧道、生态用地等。

2.0.6 城市防涝空间　space for local flooding control

用于城市超标降雨的防涝行泄通道和布置防涝调蓄设施的用地空间，包括河道、明渠、隧道、坑塘、湿地、地下调节池（库）和承担防涝功能的城市道路、绿地、广场、开放式运动场等用地空间。

2.0.7 防涝调蓄设施　storage and detention facilities for local flooding

用于防治城市内涝的各种调节和储蓄雨水的设施，包括坑塘、湿地、地下调节池（库）和承担防涝功能的绿地、广场、开放式运动场地等。

2.0.8 合流制排水系统　combined system

将雨水和污水统一进行收集、输送、处理、再生和处置的排水系统。

3 基 本 规 定

3.1 一 般 规 定

3.1.1 城市排水工程规划的主要内容应包括：确定规划目标与原则，划定城市排水规划范围，确定排水体制、排水分区和排水系统布局，预测城市排水量，确定排水设施的规模与用地、雨水滞蓄空间用地、初期雨水与污水处理程度、污水再生利用和污水处理厂污泥的处理处置要求。

3.1.2 城市排水工程规划期限宜与城市总体规划期限一致。城市排水工程规划应近、远期结合，并兼顾城市远景发展的需要。

3.1.3 城市排水工程规划应与城市道路、竖向、防洪、河湖水系、给水、绿地系统、环境保护、管线综合、综合管廊、地下空间等规划相协调。

3.1.4 城市建设应根据气候条件、降雨特点、下垫面情况等，因地制宜地推行低影响开发建设模式，削减雨水径流、控制径流污染、调节径流峰值、提高雨水利用率、降低内涝风险。

3.2 排 水 范 围

3.2.1 城市排水工程规划范围，应与相应层次的城市规划范围一致。

3.2.2 城市雨水系统的服务范围，除规划范围外，还应包括其上游汇流区域。

3.2.3 城市污水系统的服务范围，除规划范围外，还应兼顾距离污水处理厂较近、地形地势允许的相邻地区，包括乡村或独立居民点。

3.3 排 水 体 制

3.3.1 城市排水体制应根据城市环境保护要求、当地自然条件（地理位置、地形及气候）、受纳水体条件和原有排水设施情况，经综合分析比较后确定。同一城市的不同地区可采用不同的排水体制。

3.3.2 除干旱地区外，城市新建地区和旧城改造地区的排水系统应采用分流制；不具备改造条件的合流制地区可采用截流式合流制排水体制。

3.4 排水受纳水体

3.4.1 城市排水受纳水体应有足够的容量和排泄能力，其环境容量应能保证水体的环境保护要求。

3.4.2 城市排水受纳水体应根据城市的自然条件、环境保护要求、用地布局，统筹兼顾上下游城市需求，经综合分析比较后确定。

3.5 排 水 管 渠

3.5.1 排水管渠应以重力流为主，宜顺坡敷设。当受条件限制无法采用重力流或重力流不经济时，排水管道可采用压力流。

3.5.2 城市污水收集、输送应采用管道或暗渠，严禁采用明渠。

3.5.3 排水管渠应布置在便于雨、污水汇集的慢车道或人行道下，不宜穿越河道、铁路、高速公路等。截流干管宜沿河流岸线走向布置。道路红线宽度大于40m时，排水管渠宜沿道路双侧布置。

3.5.4 规划有综合管廊的路段，排水管渠宜结合综合管廊统一布置。

3.5.5 排水管渠断面尺寸应按设计流量确定。

3.5.6 排水管渠出水口内顶高程宜高于受纳水体的多年平均水位。有条件时宜高于设计防洪（潮）水位。

3.6 排水系统的安全性

3.6.1 排水工程中的厂站不应设置在不良地质地段和洪水淹没区。确需在不良地质地段和洪水淹没区设置时，应进行风险评估并采取必要的安全防护措施。

3.6.2 排水工程中厂站的抗震和防洪设防标准不应低于所在城市相应的设防标准。

3.6.3 排水管渠出水口应根据受纳水体顶托发生的概率、地区重要性和积水所造成的后果等因素，设置防止倒灌设施或排水泵站。

3.6.4 雨水管道系统之间或合流管道系统之间可根据需要设置连通管，合流制管道不得直接接入雨水管道系统，雨水管道接入合流制管道时，应设置防止倒灌设施。

3.6.5 排水管渠系统中，在排水泵站和倒虹管前，应设置事故排出口。

4 污水系统

4.1 排水分区与系统布局

4.1.1 城市污水分区与系统布局应根据城市的规模、用地规划布局，结合地形地势、风向、受纳水体位置与环境容量、再生利用需求、污泥处理处置出路及经济因素等综合确定。

4.1.2 城市污水处理厂可按集中、分散或集中与分散相结合的方式布置，新建污水处理厂应含污水再生系统。独立建设的再生水利用设施布局应充分考虑再生水用户及生态用水的需要。

4.1.3 再生水利用于景观环境、河道、湿地等生态补水时，污水处理厂宜就近布置。

4.1.4 污水收集系统应根据地形地势进行布置，降低管道埋深。

4.2 污水量

4.2.1 城市污水量应包括城市综合生活污水量和工业废水量。地下水位较高的地区，污水量还应计入地下水渗入量。

4.2.2 城市污水量可根据城市用水量和城市污水排放系数确定。

4.2.3 各类污水排放系数应根据城市历年供水量和污水量资料确定。当资料缺乏时，城市分类污水排放系数可根据城市居住和公共设施水平以及工业类型等，按表4.2.3的规定取值。

表4.2.3 城市分类污水排放系数

城市污水分类	污水排放系数
城市污水	0.70～0.85
城市综合生活污水	0.80～0.90
城市工业废水	0.60～0.80

注：城市工业废水排放系数不含石油和天然气开采业、煤炭开采和洗选业、其他采矿业以及电力、热力生产和供应业废水排放系数，其数据应按厂、矿区的气候、水文地质条件和废水利用、排放方式等因素确定。

4.2.4 地下水渗入量宜根据实测资料确定，当资料缺乏时，可按不低于污水量的10%计入。

4.2.5 城市污水量的总变化系数，应按下列原则确定：

1 城市综合生活污水量总变化系数，应按现行国家标准《室外排水设计规范》GB 50014确定。

2 工业废水总变化系数，应根据规划城市的具体情况，按行业工业废水排放规律分析确定，或根据条件相似城市的分析结果确定。

4.3 污水泵站

4.3.1 污水泵站规模应根据服务范围内远期最高日最高时污水量确定。

4.3.2 污水泵站应与周边居住区、公共建筑保持必要的卫生防护距离。防护距离应根据卫生、环保、消防和安全等因素综合确定。

4.3.3 污水泵站规划用地面积应根据泵站的建设规模确定，规划用地指标宜按表4.3.3的规定取值。

表4.3.3 污水泵站规划用地指标

建设规模（万 m^3/d）	＞20	10～20	1～10
用地指标（m^2）	3500～7500	2500～3500	800～2500

注：1 用地指标是指生产必需的土地面积。不包括有污水调蓄池及特殊用地要求的面积。

2 本指标未包括站区周围防护绿地。

4.4 污水处理厂

4.4.1 城市污水处理厂的规模应按规划远期污水量和需接纳的初期雨水量确定。

4.4.2 城市污水处理厂选址，宜根据下列因素综合确定：

1 便于污水再生利用，并符合供水水源防护要求。

2 城市夏季最小频率风向的上风侧。

3 与城市居住及公共服务设施用地保持必要的卫生防护距离。

4 工程地质及防洪排涝条件良好的地区。

5 有扩建的可能。

4.4.3 城市污水处理厂规划用地指标应根据建设规模、污水水质、处理深度等因素确定，可按表4.4.3的规定取值。设有污泥处理、初期雨水处理设施的污水处理厂，应另行增加相应的用地面积。

表4.4.3 城市污水处理厂规划用地指标

建设规模（万 m^3/d）	规划用地指标（$m^2\cdot d/m^3$）	
	二级处理	深度处理
>50	0.30～0.65	0.10～0.20
20～50	0.65～0.80	0.16～0.30
10～20	0.80～1.00	0.25～0.30
5～10	1.00～1.20	0.30～0.50
1～5	1.20～1.50	0.50～0.65

注：1 表中规划用地面积为污水处理厂围墙内所有处理设施、附属设施、绿化、道路及配套设施的用地面积。

2 污水深度处理设施的占地面积是在二级处理污水厂规划用地面积基础上新增的面积指标。

3 表中规划用地面积不含卫生防护距离面积。

4.4.4 污水处理厂应设置卫生防护用地，新建污水处理厂卫生防护距离，在没有进行建设项目环境影响评价前，根据污水处理厂的规模，可按表4.4.4控制。卫生防护距离内宜种植高大乔木，不得安排住宅、学校、医院等敏感性用途的建设用地。

表4.4.4 城市污水处理厂卫生防护距离

污水处理厂规模（万 m^3/d）	≤5	5～10	≥10
卫生防护距离（m）	150	200	300

注：卫生防护距离为污水处理厂厂界至防护区外缘的最小距离。

4.4.5 排入城市污水管渠的污水水质应符合现行国家标准《污水排入城镇下水道水质标准》GB/T 31962的要求。

4.4.6 城市污水的处理程度应根据进厂污水的水质、水量和处理后污水的出路（利用或排放）及受纳水体的水环境容量确定。污水处理厂的出水水质应执行现行国家标准《城镇污水处理厂污染物排放标准》GB 18918，并满足当地水环境功能区划对受纳水体环境质量的控制要求。

4.5 污水再生利用

4.5.1 城市污水应进行再生利用。再生水应作为资源参与城市水资源平衡计算。

4.5.2 城市污水再生利用于城市杂用水、工业用水、环境用水和农、林、牧、渔业等用水时，应满足相应的水质标准。

4.5.3 再生水管网水力计算应按压力流管网的参数确定。

4.6 污泥处理与处置

4.6.1 城市污水处理厂的污泥应进行减量化、稳定化、无害化、资源化的处理和处置。

4.6.2 污水处理厂产生的污泥量，可结合当地已建成污水厂实际产泥率进行预测；无资料时可结合污水水质、泥龄、工艺等因素，按处理万立方米污水产含水率80%的污泥6t～9t估算。

4.6.3 污泥处理处置设施宜采用集散结合的方式布置。应规划相对集中的污泥处理处置中心，也可与城市垃圾处理厂、焚烧厂等统筹建设。

4.6.4 采用土地利用、填埋、焚烧、建筑材料综合利用等方式处理处置污泥时，污泥的泥质应符合国家现行相关标准的规定，确保环境安全。

5 雨 水 系 统

5.1 排水分区与系统布局

5.1.1 雨水的排水分区应根据城市水脉格局、地势、用地布局，结合道路交通、竖向规划及城市雨水受纳水体位置，遵循高水高排、低水低排的原则确定，宜与河流、湖泊、沟塘、洼地等天然流域分区相一致。

5.1.2 立体交叉下穿道路的低洼段和路堑式路段应设独立的雨水排水分区，严禁分区之外的雨水汇入，并应保证出水口安全可靠。

5.1.3 城市新建区排入已建雨水系统的设计雨水量，不应超出下游已建雨水系统的排水能力。

5.1.4 源头减排系统应遵循源头、分散的原则构建，措施宜按自然、近自然和模拟自然的优先序进行选择。

5.1.5 雨水排放系统应按照分散、就近排放的原则，结合地形地势、道路与场地竖向等进行布局。

5.1.6 城市总体规划应充分考虑防涝系统蓄排能力的平衡关系，统筹规划，防涝系统应以河、湖、沟、渠、洼地、集雨型绿地和生态用地等地表空间为基础，结合城市规划用地布局和生态安全格局进行系统构建。控制性详细规划、专项规划应落实具有防涝功能的防涝系统用地需求。

5.2 雨 水 量

5.2.1 城市总体规划应按气候分区、水文特征、地质条件等确定径流总量控制目标；专项规划应将城市的径流总量控制目标进行分解和落实。

5.2.2 采用数学模型法计算雨水设计流量时，宜采用当地设计暴雨雨型。设计降雨历时应根据本地降雨特征、雨水系统的汇水面积、汇流时间等因素综合确定，其中雨水排放系统宜采用短历时降雨，防涝系统宜采用不同历时的降雨。

5.2.3 设计暴雨强度，应按当地设计暴雨强度公式计算，计算方法按现行国家标准《室外排水设计规范》GB 50014 中的规定执行。暴雨强度公式应适时进行修订。

5.2.4 综合径流系数可按表 5.2.4 的规定取值。城市开发建设应采用低影响开发建设模式，降低综合径流系数。

表 5.2.4 综合径流系数

区域情况	综合径流系数（Ψ）	
	雨水排放系统	防涝系统
城市建筑密集区	0.60～0.70	0.80～1.00
城市建筑较密集区	0.45～0.60	0.60～0.80
城市建筑稀疏区	0.20～0.45	0.40～0.60

5.2.5 设计重现期应根据地形特点、气候条件、汇水面积、汇水分区的用地性质（重要交通干道及立交桥区、广场、居住区）等因素综合确定，在同一排水系统中可采用不同设计重现期，重现期的选择应考虑雨水管渠的系统性；主干系统的设计重现期应按总汇水面积进行复核。设计重现期取值，按现行国家标准《室外排水设计规范》GB 50014 中关于雨水管渠、内涝防治设计重现期的相关规定执行。

5.2.6 雨水设计流量应采用数学模型法进行校核，并同步确定相应的径流量、不同设计重现期的淹没范围、水流深度及持续时间等。当汇水面积不超过 $2km^2$ 时，雨水设计流量可采用推理公式法按下式计算。

$$Q = q \times \Psi \times F \qquad (5.2.6)$$

式中：Q——雨水设计流量（L/s）；

q——设计暴雨强度 [L/（s·hm^2）]；

Ψ——综合径流系数；

F——汇水面积（hm^2）。

5.3 城市防涝空间

5.3.1 城市新建区域，防涝调蓄设施宜采用地面形式布置。建成区的防涝调蓄设施宜采用地面和地下相结合的形式布置。

5.3.2 具有防涝功能的用地宜进行多用途综合利用，但不得影响防涝功能。

5.3.3 城市防涝空间规模计算应符合下列规定：

1 防涝调蓄设施（用地）的规模，应按照建设用地外排雨水设计流量不大于开发建设前或规定值的要求，根据设计降雨过程变化曲线和设计出水流量变化曲线经模拟计算确定。

2 城市防涝空间应按路面允许水深限定值进行推算。道路路面横向最低点允许水深不超过 30cm，且其中一条机动车道的路面水深不超过 15cm。

5.4 雨 水 泵 站

5.4.1 当雨水无法通过重力流方式排除时，应设置雨水泵站。

5.4.2 雨水泵站宜独立设置，规模应按进水总管设计流量和泵站调蓄能力综合确定，规划用地指标宜按表 5.4.2 的规定取值。

表 5.4.2 雨水泵站规划用地指标

建设规模（L/s）	>20000	10000～20000	5000～10000	1000～5000
用地指标（m^2·s/L）	0.28～0.35	0.35～0.42	0.42～0.56	0.56～0.77

注：有调蓄功能的泵站，用地宜适当扩大。

5.5 雨水径流污染控制

5.5.1 城市排水工程规划应提出雨水径流污染控制目标与原则，并应确定初期雨水污染控制措施，达到受纳水体的环境保护要求。

5.5.2 雨水径流污染控制应采取源头削减、过程控制、系统治理相结合的措施。处理处置设施的占地规模，应按规划收集的雨水量和水质确定。

6 合流制排水系统

6.1 排水分区与系统布局

6.1.1 合流制排水系统的分区与布局应综合考虑污水的收集、处理与再生回用，以及雨水的排除与利用等方面的要求。

6.1.2 合流制排水系统的分区应根据城市的规模与用地布局，结合地形地势、道路交通、竖向规划、风向、受纳水体位置与环境容量、再生利用需求、污泥处理处置出路及经济因素等综合确定，并宜与河流、湖泊、沟塘、洼地等的天然流域分区相一致。

6.1.3 合流制收集系统应根据地形地势进行布置，降低管道埋深。

6.2 合 流 水 量

6.2.1 进入合流制污水处理厂的合流水量应包括城

市污水量和截流的雨水量。

6.2.2 合流制排水系统截流倍数宜采用2～5，具体数值应根据受纳水体的环境保护要求确定；同一排水系统中可采用不同的截流倍数。

6.3 合流泵站

6.3.1 合流泵站的规模应按规划远期的合流水量确定。

6.3.2 合流泵站的规划用地指标可按表5.4.2的规定取值。

6.4 合流制污水处理厂

6.4.1 合流制污水处理厂的规模应按规划远期的合流水量确定。

6.4.2 合流制污水处理厂的规划用地，宜参照表4.4.3的指标值计算，并考虑截流雨水量的调蓄空间用地需求综合确定。

6.5 合流制溢流污染控制

6.5.1 合流制区域应优先通过源头减排系统的构建，减少进入合流制管道的径流量，降低合流制溢流总量和溢流频次。

6.5.2 合流制排水系统的溢流污水，可采用调蓄后就地处理或送至污水厂处理等方式，处理达标后利用或排放。就地处理应结合空间条件选择旋流分离、人工湿地等处理措施。

6.5.3 合流制排水系统调蓄设施宜结合泵站设置，在系统中段或末端布置，应根据用地条件、管网布局、污水处理厂位置和环境要求等因素综合确定。

6.5.4 合流制排水系统调蓄设施的规模，应根据当地降雨特征、合流水量和水质、管道截流能力、汇水面积、场地空间条件和排放水体的水质要求等因素综合确定，计算方法按现行国家标准《室外排水设计规范》GB 50014中的规定执行，占地面积应根据调蓄池的调蓄容量和有效水深确定。

7 监控与预警

7.0.1 城市雨水、污水系统应设置监控系统。在排水管网关键节点宜设置液位、流量和水质的监测设施。

7.0.2 城市雨水工程规划和污水工程规划应确定重点监控区域，提出监控内容和要求。污水工程专项规划应提出再生水系统、污泥系统的监控内容和要求。

7.0.3 应根据城市内涝易发点分布及影响范围，对城市易涝点、易涝地区和重点防护区域进行监控。

中华人民共和国国家标准

城市排水工程规划规范

GB 50318—2017

条 文 说 明

目　次

1 总 则

1.0.1 本条说明制订本规范的目的。

《城市排水工程规划规范》GB 50318－2000对城市排水工程的有序建设发挥了重要作用。但随着我国城镇化水平的快速提高，城市下垫面硬化比例增大，立体交通的建设量在特大城市、大城市的发展迅速，导致城市排水工程的建设条件发生了很大变化，城市原有自然生态本底和水文特征发生了根本性改变，城市生态环境、河湖水系的自然生态功能丧失，城市水安全问题频发，这些都对城市排水工程的建设产生了一定的影响。此外，近10年来给水排水工程技术发展较快，新设备、新技术不断出现。随着国家新的《中华人民共和国城乡规划法》、《中华人民共和国环境保护法》、《中华人民共和国水污染防治法》、《中华人民共和国水法》等一系列法律的颁布和相关专业规范的陆续颁布实施及修订，修订《城市排水工程规划规范》的需求也越来越迫切。本次修订是在国家有关基本建设方针、政策、法令的指导下，在最近的《城镇排水与污水处理条例》、《关于做好城市排水防涝设施建设工作的通知》、《关于加强城市基础设施建设的意见》、《关于加强城市地下管线建设管理的指导意见》、《关于推进海绵城市建设的指导意见》的引领下，总结我国近年来排水工程建设的经验、技术进步、水资源及水环境条件的变化等因素，借鉴发达国家城市排水的治理经验，并考虑今后城市排水工程发展需要进行的。

1.0.2 本条规定本规范的适用范围。

本规范除了适用于设市城市总体规划阶段和控制性详细规划阶段的排水工程专业规划，还兼顾了各地普遍开展的相关排水工程方面的专项规划，县城、建制镇各个规划阶段的排水工程规划可参照本规范执行。

中华人民共和国国务院令第641号发布的《城镇排水与污水处理条例》，要求各城镇排水主管部门会同有关部门编制本行政区域的城镇排水与污水处理规划，该规划包括污水工程规划和雨水工程规划两部分内容。同时条例规定，易发生内涝的城市、镇，还应当编制城镇内涝防治专项规划，并纳入本行政区域的城镇排水与污水处理规划。本规范也适用于城镇排水与污水处理规划的编制。

2 术 语

2.0.2 本条是源头减排系统的定义。

源头减排系统主要通过竖向、景观和园林绿化设计。满足径流总量控制率要求的滞蓄空间，可由植草沟、下沉式绿地、生物滞留设施等源头、分散的生态设施和小型人工设施组成，其设置的核心目的是维持场地开发前后水文特征基本不变，但该系统通常兼有维持水文循环状态、控制径流污染、促进雨水资源化利用、缓解内涝风险等综合效益。

源头减排系统一般是在场地开发过程中分散构建的，它从雨水形成的第一时间即通过渗、滞、蓄、净、用等源头减排措施加以控制，不同场地的源头减排系统通常互不影响，一般以城市道路、建筑小区、公园绿地、广场、开放式运动场等空间为主要场地。

2.0.3 本条是雨水排放系统的定义。

雨水排放系统即目前所说的"雨水管渠系统"。雨水排放系统是城市雨水系统的组成部分之一，主要用于收集、输送和处置该系统设计排水能力以内的降雨、融雪径流等，其设置目的是为了减少因低强度降雨事件所带来的不便，降低经常重复出现的破坏及频繁的街道维护需求。国外比较常见的术语为"Minor (Drainage) System（小排水系统）"或"Initial (Drainage) System（基本排水系统）"。

雨水排放系统的组成部分包括道路街沟（偏沟）、边沟、雨水口、雨水管、暗渠、检查井、泵站以及相关的雨水利用设施、污染控制设施等。

2.0.4 本条是防涝系统的定义。

防涝系统是城市雨水系统中重要的组成部分，主要用于应对内涝防治设计重现期对应的强降雨径流，其设置的目的是为了提高城市排水防涝能力，减少强降雨径流可能导致的重大破坏和生命损失，国外比较常见的术语为"Major (Drainage) System（大排水系统）"。

防涝系统主要由强排设施、滞蓄设施和行泄通道组成，组成部分包括河道、明渠、隧道（存蓄和输送雨水的）、泵站以及承担防涝功能的道路、绿地、广场、开放式运动场、湿地、坑塘、生态用地和防涝调蓄设施等。其中，道路、绿地主要承担强降雨径流的汇集功能，明渠、隧道、河道等行泄通道主要承担对所汇集强降雨径流的输送和排放功能，湿地、洼地主要起蓄滞作用，防涝调蓄设施的主要作用是削减峰值流量，减轻下游的排水压力和致灾风险。

从功能上来看，防涝系统是雨水排放系统的救援系统：当雨水径流量超过了雨水排放系统的排水能力时，剩余径流将通过道路、绿地表面汇集到明渠等行泄通道进行排放，或汇集到防涝调蓄空间进行临时储存，以避免内涝灾害的产生。因此，防涝系统与雨水排放系统既紧密联系，又相对独立。应高度重视防涝系统的布局，在城市用地规划布局时，需结合生态安全格局构建，合理设计防涝系统，预留用地空间。

3 基本规定

3.1 一般规定

3.1.1 本条是关于城市排水工程规划主要内容的规定。

城市排水工程规划的内容是根据《城市规划编制办法实施细则》的有关要求，并结合城市排水工程技术特点确定的。在确定排水体制、进行排水系统布局时，应结合城市蓄滞洪区用地、生态空间布局拟定城市排水方案，确定雨、污水排除与综合利用方式，提出对旧城原排水设施的利用与改造方案和在规划期限内排水设施的建设要求。提出对初期雨水、污水处理厂污泥、再生水利用的内容要求。在确定污水排放标准时，应从污水受纳体的水环境安全着眼，既符合近期的要求，又要不影响远期的发展。

3.1.2 本条说明规划期限确定的原则。

城市排水工程规划的规划期限与城市总体规划期限相一致的同时，应考虑雨水或污水系统的自身特点。一般城市总体规划的期限为20年，城市建设需要多个规划期才能逐步完善。而城市排水工程是系统工程，主要设施埋于地下，靠重力流排水，且排水管道的使用年限一般大于50年。因此，城市排水工程规划应具有较长的时效，以满足城市不同发展阶段的需要。本条明确规定了城市排水工程规划不仅要重视近期建设规划，而且还应考虑城市远景发展的需要，为城市远景发展留有余地，并应注意城市排水系统的系统性。

污水工程规划要为城市污水处理厂的近、远期结合创造条件。雨水工程规划要考虑城市发展、变化的需要，结合城市生态安全格局构建，按远景预留行泄通道和城市防涝调蓄设施的用地。城市排水出口与受纳体的确定都不应影响下游城市或远景规划城市的建设和发展。

3.1.3 本条是关于城市排水工程规划与其他相关规划协调的规定。

城市排水工程规划除应符合城市总体规划的要求外，还应与其他各项专业规划协调一致，如：城市排水工程规划与道路规划、绿地系统规划的竖向衔接；排水工程规划的污水量、污水处理程度和受纳水体及污水出口应与给水工程规划的用水量、再生水的水质、水量和水源地及其保护区相协调；城市排水工程规划的管线应与综合管廊规划相协调；城市排水工程规划的受纳水体与城市水系规划、城市防洪规划相关，应与规划水系的功能和防洪的设计水位相协调，并符合城市环境保护规划的水环境功能区划及环境保护要求和规定。

3.1.4 本条是关于推行低影响开发建设模式、源头减排的规定。

低影响开发（Low Impact Development，LID）是一种在开发过程中尽最大努力保留自然要素、生物多样性和水文状态，对自然环境影响最小化的土地利用和开发模式，其运用经过设计的小规模水文控制措施，通过在源头对径流进行渗透、过滤、存储、蒸发和滞留，来重现流域开发前的水文机制。

大气和地表中的污染物通过降雨和地表径流冲刷，形成径流污染，排入受纳水体，是城市河湖水系遭受污染的重要原因。低影响开发强调利用场地的自然特征来保护水环境质量，有利于控制城市径流污染和提高雨水利用程度，对于降低城市内涝风险也有一定的帮助。但是，在强降雨的降雨强度达到峰值时，源头减排系统所依赖的渗透、存储、蒸发和滞留能力往往也已经基本饱和。因此，低影响开发建设模式对于内涝风险的降低作用是有限的。确定城市内涝应对策略时，应注意避免过于强调甚至是依赖这一措施。

3.2 排水范围

3.2.2、3.2.3 条款是对排水工程规划中区域协调的一般规定。

当城市污水处理厂或雨、污水排出口设在城市规划区范围以外时，应将污水处理厂或雨、污水排出口及其连接的排水管渠纳入城市排水工程规划范围。涉及邻近城市时，应进行协调，统一规划。

保护城市环境、防治水体污染应从全流域着手。规划城市水体上游的污水应就地处理达标排放，如无此条件，在允许的情况下可接入规划城市进行统一处理。规划城市产生的污水应处理达标后排入水体，但不应影响水体下游的现有城市或远景规划城市的建设和发展，排水工程规划应促进全流域的系统治理和可持续发展。

3.3 排水体制

3.3.2 本条规定排水体制选择的原则。

我国地域广阔，气候分区差异大，应因地制宜地选择排水体制。鉴于我国目前的城市水环境状况，排水体制宜采用雨污分流。因此，本条规定除降雨量少的干旱地区（降雨量年均200mm以下的地区）外，城市新建和旧城改造地区的排水系统应采用分流制。考虑到部分城市旧城区已采用合流制，暂不具备分流制改造条件，因此，提出在不具备分流制改造条件的地区可采用截流式合流制，但应采用调蓄和处理相结合的措施，以尽可能减少合流制溢流污染。在混接问题严重的地区或对环境质量要求高的城市，对已经采用雨污分流的已建城区可通过技术经济比较采用截流式分流制排水体制，可将旱季雨水管道的错接污水和雨季的初期雨水均送至污水处理厂进行处理，以适应现代城市发展的更高要求。即在城镇区域内部采用分流制为主的基础上，对晴天有污水排入城镇水体的雨水排出口，沿城镇水体两岸布设截污干管系统，在其排入点进行末端截污；条件良好地区，可利用截污干管系统截流初期雨水；但非干旱地区不允许新建区域采用合流制。

3

3.4 排水受纳水体

3.4.1 本条规定了城市排水受纳体应符合的基本条件。

明确了城市雨水和达标排放的污水排入受纳水体的条件是必须满足受纳水体的环境容量和排泄能力。沿海、沿江城市，污水选择深海排放或排江时，必须经技术经济比较论证及环境影响评价（包括生物影响评价），并对污水水质、水体功能、水环境容量和水文水动力条件等进行综合分析后合理确定。污水排放前应根据环境评价的要求进行处理，排入受纳水体的污水处理厂出厂水水质应满足国家和地方相关排放标准。湿地、坑、塘、淀、洼等水体因容量有限，需要进行科学地分析论证。

3.5 排 水 管 渠

3.5.2 本条是关于污水管渠及合流制管渠形式的规定。

污水成分复杂，有恶臭气味，含有大量病原微生物。合流制管渠输送的是雨污混合水，旱季则输送的全部是污水。污水及合流污水通过明渠收集输送会对周围环境产生影响，因此严禁采用明渠的形式收集。

污水管渠及合流制管渠形式直接关系到环境安全和人民健康，因而将本条作为强制性条文。

3.5.3 本条规定排水管渠及截流干管的布置原则。

截流干管在河流和水体附近布置，是为了便于截流、溢流或就地处理排放。道路红线宽度超过 40m 时，排水管渠宜沿道路双侧布置。当仅有单侧用户时，污水管渠应布置在收水侧。当道路下布置综合管廊时，雨、污水管道应根据实际条件考虑管道入廊的可能性，不能直接入廊的雨、污水管道，应结合综合管廊的位置协调管道之间的竖向标高及支管标高。

3.5.4 本条是关于排水管渠与综合管廊关系的规定。

国务院办公厅 2015 年 61 号文要求各地建设地下管廊，集约优化利用地下空间，解决马路拉链问题，提升抗灾防灾能力，新建区域要求管道入廊。排水管渠是城市基础设施的重要组成部分，而它又有重力流排水的明显特征，结合综合管廊布局统一规划设计排水管渠是城市建设的新命题，因此，本条提出对规划有综合管廊的路段宜结合管廊布局合理布置排水管渠，在保障安全的前提下，可利用大断面雨水管渠上部空间布置再生水、供水、通信等管线，因地制宜地做好支管及交叉管线的衔接。

3.5.5 本条规定城市排水管渠断面尺寸确定的原则。

城市污水管渠建设因其特殊性，管渠的使用周期较长，因此不宜按近期建设，以避免重复建设改造对城市道路交通的影响。因此，确定污水管渠断面尺寸时，设计流量应采用远期最高日最高时污水量。

确定截流初期雨水的污水管渠断面尺寸时，设计流量为远期最高日最高时污水量与截流雨水量之和。

3.5.6 本条是对排水管渠出水口高程的规定。

本规范提出排水管渠出水口内顶高程的要求，主要目的是要保证水的顺利排出。出水口高程的设计要兼顾南北方城市的不同特点，对于高差较小的城市允许淹没出流。出水口的设置应同时考虑城市的景观、工程地质等因素。

3.6 排水系统的安全性

3.6.1 本条是排水工程中厂、站选址的规定。

城市排水工程是城市的重要基础设施之一，在选择用地时必须注意地质条件和洪水淹没或排水困难的问题，尽量避开易出现问题的区域，实在无法避开的应采用可靠的防护措施，保证排水设施在安全条件下正常使用。

3.6.4 本条是关于雨水管道系统与合流管道系统之间连接的规定。

由于雨水管道系统的汇水面积、集水时间均不相同，峰值流量不会同时发生。为充分发挥各系统的排水能力，本条规定可在两个系统间的关键节点设置连通管，互相调剂水量，提高地区整体雨水排除能力。为了防止合流污水进入雨水管道直排水体，合流制管道不应直接接入雨水管道系统，合流管道系统的溢流管与雨水管道系统之间可根据需要设置连通管。

4 污 水 系 统

4.1 排水分区与系统布局

4.1.1 本条是关于城市污水分区与系统布局方面的规定。

4.1.2 本条是关于污水集中与分散处理的规定。

城市采用集中还是分散的方式布置污水处理厂，应综合考虑自然、环境、经济和管理等多方面的因素。集中式污水处理厂收集、输送、处理的污水量大，进水水质水量相对稳定，厂站总占地面积小，有利于节约用地，处理效果可靠性较高，排放口相对集中，便于管理。同时集中式污水处理厂收水面积大，距离远，往往需要设置多处提升泵站，一旦运行管理不当，影响范围大，且存在不宜分期建设，不利于污水再生利用，一次性投资巨大等问题。分散式污水处理厂收集、输送、处理的污水量较小，易于分期实施和污水再生利用，但存在处理效果不稳定，不利于管理，总占地面积大等问题。

4.1.4 本条是关于污水收集系统的相关规定。

城市污水收集系统包括污水管网和泵站等设施。充分利用地形、地势布置，并与城市场地竖向相协调，可以减小管道埋深、少设提升泵站、降低工程造价、减少运行费用、提高城市抗灾能力。污水管道一般为重力流排水。

4.2 污 水 量

4.2.1 本条说明城市污水量的组成。

城市污水量指城市给水工程统一供水的用户和自备水源供水用户排出的污水量，由综合生活污水量、工业废水量组成。综合生活污水量由居民生活污水量和公共设施污水量组成。居民生活污水量指居民日常生活中洗涤、冲厕、洗浴等产生的污水量。公共设施污水量指娱乐场所、宾馆、浴室、商业网点、学校和办公楼等产生的污水量。工业废水量包括生产废水和生产污水，指工业生产过程中产生的废水和废液。在地下水水位较高的地区，还应包括地下水渗入量。

不同城市可根据实际情况选择平均日污水量或最高日污水量，本次修编不再仅限于平均日污水量。

4.2.2 本条规定城市污水量的计算方法。

本条规定的方法是确定城市污水量的方法之一。城市污水量主要用于确定城市污水总规模。城市综合用水量即城市供水总量，包括市政、公用设施及其他用水量及管网漏失水量。采用《城市给水工程规划规范》GB 50282 的“城市单位人口综合用水量指标”或“城市单位建设用地综合用水量指标”估算城市污水量时，应根据城市的具体情况选择是否将“最高日”用水量换算成“平均日”用水量。

4.2.3 本条规定城市分类污水排放系数确定的原则、方法和取值范围。

影响城市分类污水排放系数大小的主要因素有建筑室内排水设施的完善程度和各工业行业生产工艺、设备及技术水平、管理水平以及城市排水设施普及率等。

城市综合生活污水排放系数可根据总体规划对居住、公共设施等建筑物室内给、排水设施水平的要求，城市排水设施普及程度，结合城市居民的用水习惯、生活水平以及第三产业增加值在地区生产总值中的比重和气候等因素确定，也可分区确定。城市工业废水排放系数应根据城市的工业结构和生产设备、工艺先进程度确定。在工业类型未定的情况下，可按表 4.2.3 取值，表中工业废水排放系数不含石油和天然气开采业、煤炭开采和洗选业、其他采矿业以及电力、热力生产和供应业废水排放系数。因以上三个工业行业的生产条件特殊，其工业废水排放系数与其他工业行业出入较大，应根据当地厂、矿区的气候、水文地质条件和废水利用、排放的具体条件和经验值，单独进行估算。

4.2.4 本条规定排水系统地下水渗入量的取值原则及范围。

当地下水位高于排水管渠时，因当地土质、地下水位、管道和接口材料、附属设施以及施工质量等因素的影响，排水工程规划应适当考虑地下水渗入量。

影响排水管道地下水渗入的主要因素包括地下水位高于管内水位的差值、管道接口形式和附属设施以及管道的运行时间。中国市政工程中南设计研究总院有限公司在污水量及重要设计参数专题研究中，对新建管道管径 600mm～1350mm、地下水水位高于管内水位 0.3m～6.0m 的排水管道地下水渗入量进行了实测，实测范围为 4.67 $m^3/(km \cdot d)$～1850 $m^3/(km \cdot d)$，相当于城市污水量的 18%左右。地下水位与排水管道管内水位的差值和管径越大、管道运行时间越长的排水管道，地下水渗入量越大。不同区域和条件下，管道渗入量差异也较大。随着技术的进步发展，排水工程规划应强调排水管道接口形式、管材和附属设施的选择，控制施工质量，降低地下水渗入量，提高整个排水系统的运行经济性。因此，本规范规定地下水渗入量宜根据实测资料确定，当资料缺乏时，可按不低于污水量的 10%计入。对地下水位较高的地区，要加强维护管理，及时修补渗漏严重的管道，控制地下水渗入量，合理确定地下水渗入量。

4.3 污 水 泵 站

4.3.1 本条规定污水泵站规模确定的原则。

未处理的污水溢流会对环境造成极大污染，因此污水提升泵站的规模，应按最不利水量计算，即采用最高日最高时流量作为污水泵站的设计流量。

4.3.2 本条是关于污水泵站防护距离及其确定原则的规定。

由于污水泵站产生的臭味、噪声会对周围居民的健康和居住质量产生不利影响，因此，污水泵站应当与周围建筑物保持一定的防护距离。污水泵站运行及栅渣外运时，必须满足环境保护部门的要求。当受条件限制不能满足时，应采取相应措施，保证周围环境质量。在保护范围内，有关单位从事爆破、钻探、打桩、顶进、挖掘、取土等可能影响污水泵站安全的活动时，应与泵站维护运营单位等共同制定保护方案，并采取相应的安全防护措施。

目前，量化的防护距离尚缺乏科研成果支撑，不宜在本规范中作统一规定，建议在编制排水工程规划时，结合当地的具体条件和技术经济水平，经论证后确定。

4.3.3 本条是关于污水泵站规划用地指标的规定。

污水泵站规划用地指标是在参考全国部分城市的污水泵站实际建设用地指标和部分大城市泵站地方建设标准的基础上，经过研究分析确定。

污水泵站的规划用地指标，宜根据其规模选取：规模大时偏下限取值，规模小时偏上限取值。

4.4 污水处理厂

4.4.3 本条规定城市污水处理厂的规划用地面积指标。

城市总体规划中的排水专项的重要任务之一就是预留污水处理厂的规划用地面积。本次规划修订是在调研分析近十年全国范围内包括北京市、上海市、天津市、重庆市、广东省、陕西省、湖北省、浙江省、山东省、吉林省、内蒙古自治区、西藏自治区等多个省市自治区几百座污水处理厂实际工程建设用地的基础上，选择不同地区、不同规模、主流工艺流程、数据齐全的101座污水处理厂的有效样本作为基础数据，统计分析确定。

资料显示，最近十年的新建污水处理厂已无仅含一级处理的案例。因此，本次修编取消了一级处理标准的污水处理厂用地指标。

二级处理污水的规划用地指标所适用的城市污水处理厂出水水质按国家《城镇污水处理厂污染物排放标准》GB 18918－2002中的一级A标准考虑。该规划用地指标根据工艺特点及建设模式的变化，对各种污水处理工艺的用地进行综合比较后，按已建成的污水处理厂主流技术确定，能满足目前国内污水处理厂除磷脱氮工艺的用地需求。

污水深度处理的规划用地指标按混凝、沉淀（或澄清）、过滤、膜技术、曝气、消毒等目前主流处理技术路线考虑。规划时可根据区域特征及再生水回用目标酌情调整。

在调研统计的全国各地污水处理厂中，仅有北京、上海、天津、广州、武汉等大城市的新建及改、扩建污水处理厂中有增加初期雨水处理工艺或污泥深度脱水工艺的工程案例。根据从为数不多的项目中总结提取的经验值，结合国家有关城镇污水处理厂污泥处理处置的技术指南与技术导则，以及若干城市相关的地方规定，初步提出初期雨水处理及污泥深度脱水的具有前瞻性的规划用地面积建议值，详见表1。因我国各地区经济及环境条件差异很大，而本次规范修编收集的样本数量有限，需要在今后的工程实践中不断积累经验，待丰富完善之后再补充到规范的条文中。

表1 初期雨水处理、污泥深度脱水的规划用地面积建议值

建设规模（万 m^3/d）	污水处理厂（hm^2）	
	初期雨水处理	污泥深度脱水
20～50	1.50～2.00	6.00～8.00
10～20	1.20～1.50	3.00～6.00
5～10	0.90～1.20	2.50～3.00
1～5	0.30～0.90	0.65～2.50

注：1 污泥深度脱水为脱水后的污泥含水率达到55%～65%。

2 本表数据不含初期雨水调蓄池等的用地面积。

4.4.4 本条是有关污水处理厂卫生防护距离预留的规定。

按照《工业企业设计卫生标准》GBZ 1－2010的规定，在工业企业的活动中，只要产生有害物质就必须设置卫生防护距离。污水处理厂虽然与传统意义上的工业企业有所区别，属于公共工程，但它是将污水作为原料，通过处理（生产活动）获得达到排放标准的处理水（产品），而且在处理过程中由于自然逸散、曝气、搅拌等各个环节均可能产生有害物质（氨、硫化氢、臭气、甲烷以及带有致病微生物飞沫等）。因此，污水处理厂必须设置卫生防护距离。

污水处理厂排出的气态污染物与污水处理厂的规模、处理工艺相关，且污染物的扩散受气象条件影响。由于在排水工程规划阶段，处理工艺尚未确定，环境影响评价也是在项目建设阶段才能安排，规划阶段污水处理厂规模是确定卫生防护距离的唯一参数，因此精确地预留卫生防护距离较难。

规范编制组对全国21个省和直辖市的110座现有污水处理厂的卫生防护距离进行了调查，并对美国、加拿大、澳大利亚等国家已建污水处理厂的卫生防护距离进行了分析。结果表明：城市污水处理厂的卫生防护距离与工艺、地域等无明显的相关关系，与污水处理厂的规模存在概率相关性，即规模越大，卫生防护距离也越大。按所收集的110个案例分析，80%以上的污水处理厂的卫生防护距离在100m～300m的范围。

采用《环境影响评价技术导则　大气环境》进行卫生防护距离、大气环境防护距离以及按照最高容许浓度衰减三种方法进行计算，在可预知的规模和环境条件下的极限卫生防护距离均小于300m。

本规范建议的最小卫生防护距离为国内调查数据按规模分级后的最大概率分布值，该值同时满足现行三种评价方法在常规源强下的最小卫生防护距离，而且与国外的数据也比较接近。

研究表明，高大树木对嗅味、灰尘等隔离效果良好，污水处理厂周边的用地宜种植高大乔木，外围宜设置一定宽度（不小于10m）的防护绿带。出于健康和安全的考虑，污水处理厂的卫生防护距离内，不得安排住宅、学校、医院等敏感性用途的建设用地。

4.4.5 本条规定污水排入城市污水管渠的水质要求。

排入城市污水系统的污水水质，应符合现行国家标准《污水综合排放标准》GB 8978和《污水排入城镇下水道水质标准》GB/T 31962的规定。当《污水排入城镇下水道水质标准》GB/T 31962与《污水综合排放标准》GB 8978对同一水质指标的规定不一致时，按高标准执行。工业企业应对本企业废水进行预处理，使其接入城镇排水系统后，不阻塞，不损坏，城镇排水管渠和泵站不产生易燃、易爆和有毒有害气体，不传播致病菌和病原体，不危害操作养护人员安全，不妨碍污水的生物处理、再生利用和污泥的处理处置，不影响污水厂的出水水质和污泥的资源化利用。

4.4.6 本条规定污水处理厂的处理程度和出水水质的控制标准。

城市污水处理厂的出水水质应按现行国家标准《城镇污水处理厂污染物排放标准》GB 18918 执行。目前，我国多数城市河流污染较为严重，剩余环境容量较小，污水处理厂的出水水质即使满足《城镇污水处理厂污染物排放标准》GB 18918－2002 的一级 A 标准也不一定能满足水环境功能区划的要求。因此，本条款规定：污水处理厂的出水水质还应满足当地水环境功能区划对受纳水体环境质量的控制要求。

4.5 污水再生利用

4.5.1 本条是对城市污水再生利用的规定。

水是一种有限的不可替代的资源，又是可再生的、能重复使用的资源。长距离引水经济成本高，并且会产生生态问题。海水淡化经济成本高，需要大量的能源和土地为代价，并且作为饮用水的替代品还有未知检测指标对健康产生影响的潜在威胁。而随着城市污水处理技术越来越成熟，再生水作为战略水资源，有就地可得、水量稳定、易收集处理、基建投资相对较小等优势。目前，世界各国普遍将污水再生利用作为解决水资源短缺问题的首选方案。

污水再生利用关系到人民日常生活，因此，要求城市将污水作为城市的战略水资源参与水资源平衡。

4.5.2 本条规定污水再生利用的用途和对应的水质要求。

结合城市再生水利用特点，根据再生水用户对水量、水质的需求，综合评价后确定不同用户的再生水配置规划方案，提高水资源利用率，同时其水质应满足相应的国家现行标准规定。

4.6 污泥处理与处置

4.6.1 本条规定城市污水处理厂污泥处理处置的基本原则和目标。

4.6.2 本条规定排水工程中污水处理厂污泥量预测的基本原则和方法。

根据实际调研的污泥产率，一般每 1 万 m^3 污水产生含水率 80%的污泥在 5t～8t。产泥率不仅与进水有机物浓度有关，还与进水中的悬浮物以及污水处理过程中投加的药剂量有关。因此，对污水处理中的污泥量应进行具体分析。规划阶段污泥量的预测可适当放宽，以便留有余地。

4.6.3 本条是对污水厂污泥处理处置的规定。

污泥是污水处理厂中嗅味最大的物质，其性质接近于城市生活垃圾，处置过程中易对居民造成影响，需远离居民区并预留较大的卫生防护距离。因此，建议污泥处置设施与垃圾处理厂合建，对于有多座污水处理厂的城市，可考虑规划相对集中的污泥处理处置中心。对于不具备污泥处理处置中心建设条件的城市，应预留污泥处理处置设施的用地，并留足防护用地。

4.6.4 本条规定污泥处置时的泥质要求。

如污泥农用需要满足《农用污泥中污染物控制标准》GB 4284、《城镇污水处理厂污泥处置　农用泥质》CJ/T 309 的规定；与城市垃圾混合填埋时应符合《生活垃圾卫生填埋处理技术规范》GB 50869 的有关规定。焚烧、园林绿化、土地改良等均应符合相应的国家标准的规定。

5 雨水系统

5.1 排水分区与系统布局

5.1.1 本条规定了雨水排水分区确定的基本原则。

天然流域汇水分区的较大改变可能会导致下游因峰值流量的显著增加而产生洪涝灾害，也可能会导致下游因雨水流量长期减少而影响生态系统的平衡。因此，为减轻对各流域自然水文条件的影响，降低工程造价，规划雨水分区宜与天然流域汇水分区保持一致。

5.1.2 本条是关于立体交叉下穿道路低洼段和路堑式路段等重要低洼区雨水排水分区的规定。

立体交叉下穿道路低洼段和路堑式路段的雨水一般难以重力流就近排放，往往需要设置泵站、调蓄设施等应对强降雨。为减少泵站等设施的规模，降低建设、运行及维护成本，应遵循高水高排、低水低排的原则合理进行竖向设计及排水分区划分，并采取有效措施防止分区之外的雨水径流进入这些低洼地区。

在合理划分排水分区的基础上，为提高排水的安全保障能力，立体交叉下穿道路低洼段和路堑式路段均应构建独立的排水系统。出水口应设置于适宜的受纳水体，防止排水不畅甚至是客水倒灌。

立体交叉下穿道路低洼段和路堑式路段一般都是重要的交通通道，如果不以上述措施保障这些区域的排水防御能力，不仅会频繁严重影响城市的正常运转，而且往往还会直接威胁人民的生命财产安全，因而将本条作为强制性条文。

5.1.3 本条是关于新建雨水系统与已建雨水系统关系的规定。

城市建设往往会导致雨水径流量的增加。随着城市规模的扩大，如果不对城市新建区排入已建雨水系统的雨水量进行合理控制，就会不断加大已建雨水系统的排水压力，增加城市内涝风险。因此，应以城市已建雨水系统的排水能力作为限制因素，按照新建区域增加的设计雨水量不会导致已建雨水系统排水能力不足为限制条件，来考虑新建雨水系统与已建雨水系统的衔接。对于雨水排放系统，应据此确定新建区中可接入已建系统的最大规模，超出部分应另行考虑排水出路；对于防涝系统，应据此确定新建区中可排入已建系统的最大设计流量，超出部分应合理布置调蓄空间进行调蓄。

5.2 雨 水 量

5.2.2 本条是关于设计降雨历时的确定原则。

在采用数学模型法计算复核管道规模时，宜采用当地设计暴雨雨型。设计降雨历时应根据本地降雨特征、雨水系统的汇水面积、汇流时间等因素综合确定，其中雨水排放系统宜采用短历时降雨，防涝系统宜采用不同历时的降雨进行校核。

5.2.3 本条是关于暴雨强度公式的规定。

为应对气候变化，规定地方政府应组织相关部门根据新的降雨资料对设计暴雨强度公式进行适时修订。对无当地暴雨强度公式的城市，可参考《中国气候区划图》及当地气象条件选取周边较近城市（地区）的暴雨强度公式。

5.2.4 本条规定了综合径流系数的取值范围。

城市建筑稀疏区是指公园、绿地等用地，城市建筑密集区是指城市中心区等建筑密度高的区域，城市建筑较密集区是指上述两类区域以外的城市规划建设用地。

综合径流系数应考虑城市规划用地的下垫面情况，如不透水下垫面的比例、土壤渗透能力以及地下水埋深等的影响。相同条件下，不透水下垫面比例高的场地，其综合径流系数取值应高于不透水下垫面比例低的场地；土壤渗透能力弱的场地，其综合径流系数取值应高于土壤渗透能力强的场地。

推行低影响开发建设模式能够在一定程度上降低场地的综合径流系数，对雨水进行源头削峰、减量、降污。随着海绵城市建设的逐渐推进，低影响开发模式正在城市建设过程中实施，规划审批环节也将逐步完善。因此，在确定雨水管道及设施规模时，考虑源头减排系统对径流系数取值的影响，综合径流系数的取值采用表5.2.4的数值，对于没有采用低影响理念进行建设的城市或区域，市政管道设计径流系数可取上限值或按实际情况取值。

防涝系统的综合径流系数的取值范围高于雨水排放系统，主要是考虑到以下两个方面的因素：

1 防涝系统的设计重现期高于雨水排放系统，渗透、蒸发、植被截留等对其设计径流量的削减程度相对较低。

2 雨水的渗透、蒸发与植被截留作用随着降雨历时的延长而逐渐减弱，设计降雨峰值出现时，上述作用会大大降低，甚至已不明显。

防涝系统的综合径流系数的取值范围，是在雨水排放系统综合径流系数取值范围的基础上，参考澳大利亚《昆士兰州城市排水手册》（2007年第二版）中所列的综合径流系数重现期修正参数确定的，相关参数见表2。

表2 《昆士兰州城市排水手册》中的综合径流系数重现期修正参数

重现期（年）	综合径流系数重现期修正参数
1	0.80
2	0.85
3	0.95
10	1.00
20	1.05
50	1.15
100	1.20

注：根据《澳大利亚降雨与径流》（1998）的建议，城区内修正后的综合径流系数超过1.00时，直接取1.00。

5.2.5 本条规定了雨水系统设计重现期的取值依据。

本次修订在设计重现期的取值规定中增加了汇水面积及在同一排水系统中可采用不同设计重现期，重现期的选择应考虑雨水管渠的系统性；主干系统的设计重现期应按总收水面积进行复核等内容，目的是强调雨水管渠设计的系统性，及主干系统的重要作用。对设计重现期的具体取值建议参考现行国家标准《室外排水设计规范》GB 50014的相关规定执行，主要是避免两个规范出现的数值不一致。

城市排水工程规划设计重现期的取值应从城市的视角出发，对于新建区域，应预测不同降雨重现期的防涝用地需求，并结合城市长远的发展规模，经技术经济比较后确定城市适宜的防涝系统设计重现期规划标准。既有建成区由于受城市竖向及用地空间的限制，城市防涝系统的构建已难以在地面上全部实现，不得不依赖或主要依赖于地下空间，这需要昂贵的建设、维护和运行成本。以这样的方式将既有建成区的排水安全防御能力普遍提到一个较高的水平，我国各城市在经济上目前都是很难支撑的。因此，既有建成区防涝系统的建设，需要根据积水可能造成的后果，经成本效益分析后确定其合适的标准。

5.2.6 本条是关于雨水设计流量计算方法的规定。

本次规范修编提出采用数学模型法进行雨水设计流量计算，意在推动我国基础设施基础数据及降雨资料的积累和技术进步。数学模型法是基于流域产汇流机制或水文过程线的一种计算方法。它能够模拟降雨及产汇流过程，直观、快速地对城市内涝灾害风险进行量化分析，还能够在城市雨水系统运营与管理中发挥重要作用。

我国目前采用恒定均匀流推理公式计算雨水设计流量。恒定均匀流推理公式基于以下假设：降雨在整个汇水面积上的分布是均匀的；降雨强度在选定的降雨时段内均匀不变；汇水面积随集流时间增长的速度为常数，因此，恒定均匀流推理公式适用于汇水面积较小的排水系统流量计算，当应用于较大面积的排水系统流量计算时，会产生一定误差。随着汇水面积的增加（汇水面积大于2km²），排水系统区域内往往存在地面渗透性能差异较大、降雨在时空上分布不均匀、管网汇流过程较为复杂等情况，发达国家已普遍采用数学模型模拟城市降雨及地表产汇流过程，模拟城市排水管网系统的运行特征，分析城市排水管网的运行规律，以便对排水管网的规划、设计和运行管理做出科学的决策。目前我国也有部分城市在规划设计过程中采用此方法，逐步积累了一些经验。当然，我国还有一些城市的基础数据尚不支持综合模拟，急需加强地下排水管网基础数据库的建立，并加强降雨资料的积累。

最早的排水管网模型是1971年在美国环保署（USEPA）的支持下，由梅特卡夫—埃迪公司（M&E）、美国水资源公司（WRE）和佛罗里达大学（UF）等联合开发的SWMM模型（Storm Water Management Model）。SWMM曾在美国二十多个城市使用，解决当地排水流域的水量、水质问题，并且在加拿大、欧洲和澳大利亚也有广泛应用，主要用于进行合流管道溢流的复杂水力分析，以及许多城市暴雨管理规划和污染消减等工程，在我国也有很多应用实践。随后，各种城市排水模型相继问世，包括美国的ILLUDAS模型（Illinois Urban Drainage Area Simulator）、美国陆军工程兵团水文工程中心开发的STORM模型（Storage Treatment Overflow Runoff Model）、英国沃林福特水力研究公司（HR Wallingford）开发的Infoworks模型和丹麦水力研究所（DHI）开发的Mouse模型等。

5.3 城市防涝空间

5.3.1 本条是对防涝调蓄设施形式的原则性规定。

地面式防涝调蓄设施和地下式防涝调蓄设施相比，在公共安全、排水安全保障和综合效益等方面都有相当的优势。因此，要求在城市新建区，首先采用地面的形式，保证调蓄空间的用地需求。但是，对于城市的既有建成区，在径流汇集的低洼地带不一定能有足够的地面调蓄空间，需要因地制宜地确定调蓄空间的建设形式，可采取地下或地下地上相结合的方式解决防涝设计重现期内的积水。防涝调蓄空间的布局应根据城市的用地条件以优先地面的原则确定。

5.3.2 本条是关于城市防涝空间综合利用的规定。

保证城市防涝空间功能的正常发挥，是提高城市排水防涝能力的根本保证。城市防涝用地的大部分空间，是为了应对出现频率较小的强降雨而预留的，其空间使用具有偶然性和临时性的特点。因此，可以充分利用城市防涝空间用地建设临时性绿地、运动场地等（行洪通道除外），也可以利用处于低洼地带的绿地、开放式运动场地、学校操场等临时存放雨水，错峰排放，形成多用途综合利用效果。但必须说明的是城市防涝用地的首要功能是防涝，在其中的任何建设行为，都不能妨碍其防涝功能的正常发挥。

5.3.3 本条是关于城市防涝空间规模计算的规定。

1 本款是关于城市防涝空间蓄排能力协调确定的原则性规定。

防涝调蓄设施的设置目的，主要是为了避免向下游排放的峰值流量过大而导致洪涝灾害风险的提高。按照开发建设前后外排设计流量不增加的原则确定调蓄设施的规模，基本可以将流域内因上游的城市化发展而对下游排水系统产生的影响控制在可接受的水平。因此，在确定防涝用地空间的规模时，应首先考虑下游地区行泄通道的承受能力，确定外排雨水设计流量，再确定超标雨水行泄通道的通行量，同时确定防涝调蓄设施的规模，二者相互协调，共同达到相应设计重现期的防御能力。由于防涝调蓄空间的使用具有偶然性和临时性，其有效调蓄容积的设计排空时间，可依据不同季节不同城市的降雨特征、水资源条件和排涝具体要求等确定，一般可采用24h～72h的区间值。

2 本款是关于城市防涝空间用地计算的边界条件。

本款对于城市道路路面水流最大允许深度的限制性规定，是城市防涝空间布局的量化推算依据：在发生防涝系统设计标准所对应的降雨时，城市道路路面水流最大深度超出相应限值的地点，应布置城市防涝用地空间或设施。

在降雨强度超出雨水管渠应对能力时，雨水径流已经不能及时由雨水排放系统排除，剩余水流会沿着路面或低地向下游不断汇集，对道路通行的影响及公众安全的威胁也不断增加。为将上述影响和威胁控制在可接受的程度，在发生防涝系统设计标准所对应的降雨时，应对道路路面水流的最大水深加以控制。本条标准引自美国科罗拉多州丹佛城市排水和洪水控制区的《城市雨水排水标准手册》（2008年4月修订），考虑到我国城市开发建设强度一般都比美国丹佛等城市的开发强度高，道路两侧的场地标高暂时没有相应规范限定，出于安全考虑，同时，也是为了协调与《室外排水设计规范》GB 50014相关规定的关系，增加了其中一条机动车道的路面积水深度不超过15cm的要求。

5.4 雨水泵站

5.4.2 本条是关于雨水泵站设置及规划用地指标的规定。

由于泵站运行时产生的噪声，对周围环境有一定的影响，故雨水泵站宜独立设置。但对于一些与之相容较高的市政设施，例如污水泵站等，则可以考虑联合设置，以便节约土地资源和减轻对环境的影响。

雨水泵站的规划用地指标，宜根据其规模选取：规模大时偏下限取值，规模小时偏上限取值。

5.5 雨水径流污染控制

5.5.2 本条规定了初期雨水污染控制的相关措施。

对于城市雨水径流污染，应首先采用低影响开发的模式进行控制，通过蓄、滞、渗等生态处理方法，在场地源头利用植被、土壤的吸附和过滤等功能，对污染物进行削减；必要时，还可在适当位置设置处理设施对初期雨水进行处理，使排入受纳水体的污染物达到允许排放的标准。

初期雨水的收集量，目前还没有统一认识和相关科研成果的支持，不宜在国标中取定值。有条件的城市，可针对城市特点，采用模型法确定，建议在地方标准中加以规定。

6 合流制排水系统

6.1 排水分区与系统布局

6.1.1 本条规定了合流制排水系统分区与布局的原则。

6.1.3 本条是关于合流制收集系统的相关规定。

合流制收集系统包括合流制管网和合流泵站等设施。合流制管道一般为重力流，应充分利用地形、地势布置，并与城市场地竖向相协调，以减小管道埋深、少设提升泵站，降低工程造价、减少运行费用。

6.2 合 流 水 量

6.2.2 本条规定截流倍数的选取原则。

截流倍数的确定直接影响环境效益和经济效益，其取值应综合考虑受纳水体的水质要求与环境容量、城市级别、人口密度及降雨量等因素。根据国外资料，英国截流倍数为5，德国为4，美国为1.5～5。我国的截流倍数选取与发达国家相比偏低，在实际运行的截流式合流制中，有的城市截流倍数仅为0.5。应根据我国实际情况，适当加大合流制系统的截流倍数，以加强初期雨水污染的防治。

6.3 合 流 泵 站

6.3.2 本条是关于合流泵站规划用地指标的规定。

合流泵站的规划用地指标参考雨水泵站的指标加以确定，宜根据其规模选取：规模大时偏下限取值，规模小时偏上限取值。

6.4 合流制污水处理厂

6.4.2 本条规定合流制污水处理厂的规划用地面积计算方法。

用地指标表4.4.3条及其条文说明，对分流制污水处理厂的规划用地面积指标进行了详细说明，是在调研分析近十年全国范围内101座污水处理厂占地实际数据的基础上，统计分析得出了表4.4.3的相关数据，这里只是污水处理用地所需要的用地指标，没有包含合流制管道所收集的雨水。因此，本条款要求合流制污水处理厂的规划用地面积除按分流制污水处理厂的用地指标进行选取计算外，还应加上相应雨水量所需要的占地面积。

6.5 合流制溢流污染控制

6.5.1 本条规定合流制溢流污染控制的基本原则和目标。

6.5.2 本条规定合流制系统溢流污染的控制措施。

合流制排水系统溢流污染（Combined Sewer Overflows，CSOs）是造成我国地表水污染的主要因素之一。合流制污水溢流是指随着降雨量的增加，雨水径流相应增加，当流量超过截流干管的输送能力时，部分雨污混合水经过溢流井或泵站排入受纳水体。

合流制溢流污水的处理方式有调蓄后就地处理和送至污水厂集中处理等方式。对溢流的合流污水就地处理可以在短时间内最大限度地去除可沉淀固体、漂浮物、细菌等污染物，经济实用且效果明显。合流制溢流污水送至污水厂集中处理，是利用非雨天污水厂的空余处理能力，不影响规划中污水厂规模的确定。

合流制调蓄池是合流制溢流污染控制的一项关键技术，目前已被多个国家采用。上海市在苏州河水环境综合整治过程中，针对合流制污水溢流污染问题，采取了提高截流倍数、建设地下调蓄池和优化运行调度管理等对策，取得了良好效果。

6.5.3 本条说明了合流制系统调蓄设施设置的位置。

合流制系统调蓄设施的规划应在现有设施的基础上，充分利用现有河道、池塘、人工湖、景观水池等设施建设调蓄池，以降低建设费用，取得良好的社会、经济和环境效益。调蓄池按照在排水系统中的位置不同，可分为末端调蓄池和中间调蓄池。末端调蓄池位于排水系统的末端，主要用于城市面源污染控制，如上海市合流污水治理一期工程成都北路调蓄池。中间调蓄池位于排水系统的起端或中间位置，可用于削减洪峰流量和提高雨水利用程度。

6.5.4 本条是关于合流制系统调蓄设施规模的规定。

合流制系统调蓄设施用于控制溢流污染时，调蓄容量应分析当地气候特征、排水体制、汇水面积、服务人口和受纳水体的水质要求、流量、稀释与自净能力，对当地降雨特性参数进行统计分析，加以确定。

德国、日本、美国、澳大利亚等国家均将雨水调蓄池作为合流制排水系统溢流污染控制的主要措施。德国设计规范《合流污水箱涵暴雨削减装置指针》

ATV A128 中以合流制排水系统排入水体负荷不大于分流制排水系统为目标，根据降雨量、地面径流污染负荷、旱流污水浓度等参数确定雨水调蓄池容积。

7 监控与预警

7.0.1 本条是关于城市雨水、污水系统的监控预警的规定。

为实现城市排水系统的灾情预判、应急处置、辅助决策等功能，有条件的城市宜设置城市雨水、污水监控系统，实时监测城市排水管网内的水位、流量等情况。接入河道、湖泊的排出口是城市排水管网系统的末端，也是雨水、污水处理厂出厂水入河、湖的关键节点，此处设置流量和水质监测装置，可以起到事半功倍的作用。

7.0.2 本条规定监控内容和要求。

城市雨水、污水工程规划应将内涝易发区、管网流量瓶颈管段、合流制溢流口等易发生水量超载及水质污染的区域确定为重点监控区域，并对其管网及设施的规划建设提出相应要求，从而提高城市排水系统的安全性和可靠性。

中华人民共和国国家标准

4

城镇污水再生利用工程设计规范

Code for design of municipal wastewater reclamation and reuse

GB 50335—2016

主编部门：中华人民共和国住房和城乡建设部
批准部门：中华人民共和国住房和城乡建设部
施行日期：2 0 1 7 年 4 月 1 日

目　次

1 总　　则

1.0.1 为使污水再生利用工程设计符合充分利用城镇污水资源、削减水污染负荷、提高水资源的综合利用效率，推动资源节约型和环境友好型社会建设的要求，做到安全可靠、技术先进、经济实用，制定本规范。

1.0.2 本规范适用于以景观环境用水、工业用水水源、城市杂用水、绿地灌溉用水、农田灌溉用水和地下水回灌用水等为污水再生利用途径的新建、扩建和改建的污水再生利用工程设计。

1.0.3 污水再生利用工程设计除应符合本规范外，尚应符合国家现行有关标准的规定。

2 术　　语

2.0.1 污水再生　wastewater reclamation

对污水采用物理、化学、生物等方法进行净化，使水质达到利用要求的过程。

2.0.2 城镇再生水厂　water reclamation plant

以达到一定要求的城镇污水处理厂二级处理出水为水源，将其净化处理，达到使用要求的水处理厂。

2.0.3 高效沉淀池　high-efficiency sedimentation tank

采用机械混凝、斜管（板）沉淀、污泥回流，并具有较高表面水力负荷的沉淀池。

2.0.4 介质过滤　media filtration

水流通过粒状滤料、滤布、纤维束滤料以去除悬浮固体的过程。

2.0.5 滤布滤池　cloth media filter

利用一定孔径的滤布过滤以去除悬浮固体的过滤装置。

2.0.6 纤维束滤池　fiber bundle filter

采用纤维束滤料的过滤装置，分为长纤维束滤池和短纤维束滤池。

2.0.7 连续过滤砂滤池　active dynasand filter

连续清洗滤料、连续过滤，可实现絮凝、澄清、过滤功能的上向流过滤装置。

2.0.8 曝气生物滤池　biological filter

在有氧或缺氧条件下，完成有机物氧化、硝化、反硝化及物理过滤的过滤装置。

2.0.9 膜生物反应器　membrane bioreactor（MBR）

生物反应与膜过滤相结合，利用膜过滤替代常规重力沉淀与过滤的污水处理构筑物。

3 基本规定

3.0.1 污水再生利用工程设计应符合城镇总体规划、给水排水和污水再生利用等相关专项规划。近期设计年限宜采用5年～10年，远期设计年限宜采用10年～20年。

3.0.2 应结合城镇水资源综合保护与开发，处理好城镇供水水源建设与开发利用污水资源的关系、污水处理排放与再生利用的关系，使城镇污水经过处理达到一定水质标准后得到充分利用。

3.0.3 确定再生水利用途径时，宜优先选择用水量大、水质要求相对不高、技术可行、经济和社会效益显著的用户。

3.0.4 应根据再生水水源、用户分布、水质水量要求及利用便利性，合理确定污水再生利用工程的建设规模、水质标准、处理工艺和输配水方式。

3.0.5 污水再生利用工程的设计应以水质达标、水量稳定、标识明确、供水安全为目标。

3.0.6 再生水用户可根据城镇污水再生利用专项规划并通过调查确定。

3.0.7 工程设计方案应通过综合技术经济比较，选择技术先进可靠、经济合理、因地制宜的方案。污水再生处理工艺设计宜通过试验或借鉴已建工程的运行经验进行。

3.0.8 应根据污水再生利用水源及用户位置，合理选择再生水厂厂址。

3.0.9 再生水厂选址在现有污水处理厂内时，应充分利用现有生产及附属设施。再生水厂与污水处理厂合并建设时，附属设施及附属设备应统一规划建设及配备。独立建设的再生水厂应根据再生水的水质目标以及处理工艺，合理设置附属设施及附属设备。

3.0.10 污水再生利用工程中构筑物的设计使用年限应大于50年，管道及专用设备的设计使用年限宜按材质和产品更新周期经技术经济比较后确定。构筑物设计应满足抗震、抗浮、防渗、防腐、防冻等要求。

3.0.11 再生水厂产生的污泥及浓缩废液应进行处理处置。

3.0.12 再生水厂应按国家现行有关标准的规定设置安全、防爆、消防、防噪、抗震、卫生等设施。

3.0.13 应结合工程近期、远期规划，综合确定输配水管网的设计水量、水压和水质保障措施。个别要求更高的用户，可自行增建相应设施。

3.0.14 可能产生水锤危害的供水泵站及输配水管线，应采取水锤防护措施。

3.0.15 配水干管宜布置成环状管网。枝状管道末端应设置排水阀（井），并应考虑排水出路。

3.0.16 再生水供水配套设施及运营管理措施应根据再生水用水途径要求确定。

3.0.17 再生水厂供电系统设计应满足用户对供水可靠性要求，不宜低于二级负荷。

3.0.18 对用水可靠性要求高的用户，应提出备用水源要求。

4 水源、水质和水量

4.1 水　　源

4.1.1 再生水水源的水量、水质应满足再生水生产与供给的可靠性、稳定性和安全性要求，且不应对后续再生利用过程产生危害。

4.1.2 以城镇污水作为再生水水源时，其设计水质应根据污水收集区域现状水质和预期水质变化情况确定，并应符合现行国家标准《污水排入城镇下水道水质标准》GB/T 31962的有关规定。

4.1.3 以污水处理厂出水作为再生水水源时，其设计水质可按污水处理厂的实际运行出水水质及原设计出水水质综合分析确定。

4.1.4 再生水水源水宜通过排水管道、暗渠收集输送，不得二次污染。

4.1.5 严禁以放射性废水、重金属及有毒有害物质超标的污水作为再生水水源。

4.2 水　　质

4.2.1 污水再生利用用途分类应符合现行国家标准《城市污水再生利用　分类》GB/T 18919的有关规定，不同用水途径的再生水水质，应符合下列规定：

1 再生水用作农田灌溉用水的水质标准，应符合现行国家标准《城市污水再生利用　农田灌溉用水水质》GB 20922的有关规定。

2 再生水用作工业用水水源的水质标准，应符合现行国家标准《城市污水再生利用　工业用水水质》GB/T 19923的有关规定。当再生水作为冷却用水、洗涤用水直接使用时，应达到现行国家标准《城市污水再生利用　工业用水水质》GB/T 19923的有关规定。当再生水作为锅炉补给水时，应进行软化、除盐等处理。当再生水作为工艺与产品用水时，应通过试验或根据相关行业水质指标，确定直接使用或补充处理后再用。

3 再生水用作城市杂用水的水质标准，应符合现行国家标准《城市污水再生利用　城市杂用水水质》GB/T 18920的有关规定。

4 再生水用作景观环境用水的水质标准，应符合现行国家标准《城市污水再生利用　景观环境用水水质》GB/T 18921的有关规定。

5 再生水用作地下水回灌用水的水质标准，应符合现行国家标准《城市污水再生利用　地下水回灌水质》GB/T 19772的有关规定。

6 再生水用作绿地灌溉用水的水质标准，应符合现行国家标准《城市污水再生利用　绿地灌溉水质》GB/T 25499的有关规定。

4.2.2 当再生水同时用于多种用途时，水质可按最高水质标准要求确定或分质供水；也可按用水量最大用户的水质标准要求确定。个别水质要求更高的用户，可自行补充处理达到其水质要求。

4.3 设 计 水 量

4.3.1 设计供水量应由再生水利用水量、管网漏损水量、未预见水量等组成。设计规模应按最高日供水量确定。

4.3.2 当水源为污水处理厂出水时，最大设计规模应为污水处理厂出水量扣除再生水厂各种不可回收的自用水量，且不宜超过污水处理厂规模的80%。

4.3.3 工业企业再生水用水量宜根据企业的具体情况确定。对于已经建成投产的工业企业，宜通过用户调查方法确定；对于建设期的工业企业，可依据其设计文件中的用水量确定；对于处在规划阶段的拟建企业，可按同类规模企业的再生水用水量情况确定。

4.3.4 农田灌溉用水量可按行业管理部门制定的用水量指标及灌溉面积确定。

4.3.5 景观环境用水应按不同类别用水量确定。当无设计资料时，可按下列方法确定：

1 娱乐性、观赏性景观环境用水量可按水体容量除以换水周期确定。

2 其他环境用水量可按维护生态环境平衡，满足植被用水、水生生物用水等需要，加上非汛期最大月水面蒸发量和水体渗透量之和确定。

4.3.6 道路、广场的浇洒用水可按2.0L/(m²·d)～3.0L/(m²·d)确定。

4.3.7 绿化浇灌用水定额应根据气候条件、植物种类、土壤理化性状、浇灌方式和管理制度等因素确定。当无相关资料时，绿化浇灌用水可按1.0L/(m²·d)～3.0L/(m²·d)确定。

4.3.8 冲厕用水量应按现行国家标准《建筑给水排水设计规范》GB 50015的有关规定确定。

4.3.9 其他用途的用水量可根据水量调查结果或按其他同类工程再生水用水量确定。

4.3.10 城镇再生水配水管网的漏损水量宜按再生水利用水量的10%～12%确定。

4.3.11 未预见用水量可按再生水利用水量与配水管网的漏损水量之和的8%～12%确定。

4.3.12 再生水厂自用水量应按再生水厂生产工艺需要计算确定。

4.3.13 再生水厂供水的日变化系数和时变化系数，应根据用水途径通过调研分析确定。

5 再 生 水 厂

5.1 一 般 规 定

5.1.1 再生水厂厂址、厂区总体布置、竖向设计等设计要求应符合现行国家标准《室外给水设计规范》GB 50013 和《室外排水设计规范》GB 50014 的有关规定。

5.1.2 污水二级处理与深度处理设施同时建设时，二级处理工艺设计应同时考虑处理出水的达标排放和再生水生产对水质净化程度的要求，应强化氮、磷营养物处理程度，不宜在深度处理中专门脱氮，二级处理构筑物的设计应符合现行国家标准《室外排水设计规范》GB 50014 的有关规定。

5.1.3 深度处理工艺的选择及主要构筑物的组成，应根据再生水水源的水质、水量和再生水用户的使用要求等因素，按相似条件下再生水厂的运行经验，结合当地条件，通过技术经济比较确定。

5.1.4 深度处理工艺构筑物的设计水量应按最高日供水量加再生水厂自用水量确定。

5.1.5 选择曝气生物滤池或膜生物反应器时，应充分发挥其生物处理与过滤相结合的功能。

5.1.6 再生水处理应设置消毒设施。

5.1.7 各处理构筑物的个（格）数不应少于 2 个（格），并应按并联设计。当任一构筑物或设备进行检修、清洗或停止工作时，应能满足供水要求。

5.1.8 供水泵站内工作泵不应少于 2 台，并应设置备用泵。当供水量和水压变化大时，供水泵站宜采用机组调速等调控措施。

5.1.9 再生水厂内除生活用水和有特定使用要求的情况外，其他自用水应采用再生水。

5.1.10 再生水厂应设有溢流和事故排放设施。

5.1.11 化验室设置应按现行行业标准《城镇供水与污水处理化验室技术规范》CJJ/T 182 的有关规定执行。

5.1.12 水量调蓄构筑物的设置，应符合下列规定：

1 再生水厂的清水池有效容积应根据产水、供水和用水变化曲线、自用水量等确定，并应满足消毒接触时间的要求。当管网中无调节构筑物时，在缺乏资料情况下，可按再生水厂最高日供水量的 10%～20%确定。

2 当供水区域较大，且有合适的位置及地形，可在再生水厂外建高位水池或调节水池泵站，其调节容积应根据用水区域供需情况确定。

3 再生水用于景观环境用水、农田灌溉用水时，可利用当地水系（体）的调蓄功能。

5.2 工 艺 流 程

5.2.1 在既有污水处理设施基础上升级改造时，可选择增建深度处理设施的工艺流程，新建再生水厂时应统筹考虑污水二级处理和深度处理有机结合的工艺流程。

5.2.2 依据不同的再生水水源及供水水质要求，污水再生处理可采用下列工艺流程：

1 二级处理出水——介质过滤——消毒；

2 二级处理出水——微絮凝——介质过滤——消毒；

3 二级处理出水——混凝——沉淀（澄清、气浮）——介质过滤——消毒；

4 二级处理出水——混凝——沉淀（澄清、气浮）——膜分离——消毒；

5 污水——二级处理（或预处理）——曝气生物滤池——消毒；

6 污水——预处理——膜生物反应器——消毒；

7 深度处理出水（或二级处理出水）——人工湿地——消毒。

5.2.3 当上述工艺流程尚不能满足用户水质要求时，可再增加一种或几种其他深度处理单元，其他深度处理单元包括臭氧氧化、活性炭吸附、臭氧—活性炭、高级氧化等。各单元的处理效率、出水水质宜通过试验或按国内外已建成的工程实例确定。

5.3 混　凝

5.3.1 混凝剂和助凝剂品种选择及其用量，应结合所选用的污水再生处理工艺流程，根据原水混凝沉淀试验结果或参照相似条件下的再生水厂运行经验，经综合比较确定。混凝剂和助凝剂调配及投加方式，加药间及药剂仓库设计要求应符合现行国家标准《室外给水设计规范》GB 50013 的有关规定。药剂仓库的固定储备量可按最大投药量的 7d～15d 用量确定。

5.3.2 投药混合可采用机械混合、水力混合或其他混合方式。混合时间宜为 30s～60s，投药混合设施中平均速度梯度值宜大于 $500s^{-1}$～$1000s^{-1}$。

5.3.3 絮凝池设计参数应符合下列规定：

1 隔板絮凝池的絮凝时间应为 20min～30min；起端廊道流速应为 0.5m/s～0.6m/s，逐渐降至末端的 0.2m/s～0.3m/s。

2 折板絮凝池的絮凝时间应为 15min～25min；前段流速应为 0.25m/s～0.35m/s，中段流速应为 0.15m/s～0.25m/s，末段流速应为 0.10m/s～0.15m/s。

3 栅条（网格）絮凝池的絮凝时间应为 15min～25min；前段流速应为 0.14m/s～0.12m/s，过栅（过网）流速应为 0.30m/s～0.25m/s，中段流速应为 0.14m/s～0.12m/s，过栅（过网）流速应为 0.25m/s～0.22m/s，末段流速应为 0.14m/s～0.10m/s，末段应安放栅条（网格）。

4 机械絮凝池的絮凝时间应为 15min～25min；搅拌机的转速应通过计算确定，并应可调，桨板边缘处的线速度应自第一级的 0.5m/s 逐渐降至末级的 0.2m/s。絮凝池前端宜设除沫设施，后端宜设排泥设施。

5.4 沉淀（澄清、气浮）

5.4.1 平流沉淀池停留时间应为 2.0h～4.0h，水平流速可采用 4.0mm/s～12.0mm/s，池的长深比不宜小于 10∶1，长宽比不宜小于 4∶1，有效水深宜为 3.0m～3.5m。可采用重力穿孔管排泥或机械排泥。

5.4.2 升流式斜管沉淀池的表面水力负荷应为 $4.0m^3/(m^2 \cdot h)$～$7.0m^3/(m^2 \cdot h)$，斜管长度宜为 800mm～1000mm，倾角宜采用 60°，上部清水区高度宜大于 1.0m，底部配水区高度宜大于 1.5m。侧向流斜板沉淀池的表面水力负荷宜为 $5.0m^3/(m^2 \cdot h)$～$9.0m^3/(m^2 \cdot h)$，斜板板距宜采用 50mm～100mm，单层斜板板长不宜大于 1.0m，倾角宜采用 60°。斜管（板）沉淀池可采用穿孔管排泥或机械排泥。

5.4.3 高效沉淀池表面水力负荷宜为 $10m^3/(m^2 \cdot h)$～$20m^3/(m^2 \cdot h)$；混合时间宜为 0.5min～1.0min，絮凝时间宜为 8min～15min，污泥回流量宜占进水量的 3%～6%；斜管长宜采用 1000mm～1500mm，倾角宜采用 60°。

5.4.4 机械搅拌澄清池的表面水力负荷应为 $2.5m^3/(m^2 \cdot h)$～$3.0m^3/(m^2 \cdot h)$，水在池中的停留时间宜为 1.5h～2.0h，机械搅拌内循环倍数宜为 3 倍～5 倍，并宜设调整叶轮转速和开启度的装置。

5.4.5 加压溶气气浮池设计参数，宜通过试验确定。无试验资料时，宜符合下列要求：

1 接触室的上升流速可采用 10mm/s～20mm/s，分离室的向下流速可采用 1.5mm/s～2.0mm/s，分离室表面水力负荷宜为 $5.4m^3/(m^2 \cdot h)$～$7.2m^3/(m^2 \cdot h)$。气浮池的单格宽度不宜超过 10m；池长不宜超过 15m；有效水深宜采用 2.0m～3.0m。

2 溶气罐位置宜靠近气浮池，溶气压力可采用 0.2MPa～0.4MPa，溶气水回流比为 10%。

3 采用高效浅层气浮的气浮池水力负荷宜为 $5.0m^3/(m^2 \cdot h)$～$6.0m^3/(m^2 \cdot h)$，水深不宜小于 0.6m，溶气压力可采用 0.35MPa～0.40MPa，溶气水回流比可采用 15%～30%。

4 气浮池应设置排泥、排渣设施。

5.5 化学除磷

5.5.1 化学除磷设计应符合下列规定：

1 可选用前置沉淀工艺、同步沉淀工艺或后沉淀工艺。

2 药剂可采用铁盐、铝盐或石灰。

3 采用铝盐或铁盐絮凝剂时，其投加量与污水中总磷的摩尔比宜通过试验确定。当无试验数据时，可采用 1.5～3.0。

4 石灰作为絮凝剂时，宜投加铁盐助凝剂。石灰用量与铁盐用量宜通过试验确定。

5.5.2 化学除磷工艺产生的化学污泥量宜通过试验或参照类似工程运行数据确定，化学污泥宜与生物污泥一并处置。

5.5.3 化学除磷絮凝剂投加系统应满足计量准确、耐腐蚀及不堵塞等要求。

5.6 介质过滤

5.6.1 石英砂滤料滤池、无烟煤和石英砂双层滤料滤池的设计应符合下列规定：

1 滤池的进水 SS 宜小于 20mg/L。

2 均匀级配石英砂滤料滤池（V 型滤池），滤料有效粒径（d_{10}）宜为 0.9mm～1.3mm，不均匀系数（K_{80}）宜为 1.4～1.6，厚度宜采用 1000mm～1300mm。滤速宜为 5m/h～8m/h。应设气水冲洗和表面扫洗辅助系统，表面扫洗强度宜为 $2L/(m^2 \cdot s)$～$3L/(m^2 \cdot s)$；单独气冲强度宜为 $13L/(m^2 \cdot s)$～$17L/(m^2 \cdot s)$，历时 2min～4min；气水联合冲洗时气冲强度宜为 $13L/(m^2 \cdot s)$～$17L/(m^2 \cdot s)$，水冲强度宜为 $2L/(m^2 \cdot s)$～$3L/(m^2 \cdot s)$，历时 3min～4min；单独水冲强度宜为 $4L/(m^2 \cdot s)$～$6L/(m^2 \cdot s)$，历时 3min～4min。

3 无烟煤和石英砂双层滤料滤池，无烟煤滤料有效粒径（d_{10}）宜为 0.85mm，不均匀系数（K_{80}）宜小于 2.0，厚度宜采用 300mm～400mm；石英砂滤料有效粒径（d_{10}）宜为 0.55mm，厚度宜采用 400mm～500mm；滤速宜为 5m/h～10m/h。宜采用先气冲洗后水冲洗方式，气冲强度宜为 $15L/(m^2 \cdot s)$～$20L/(m^2 \cdot s)$，历时 1min～3min；水冲强度宜为 $6.5L/(m^2 \cdot s)$～$10L/(m^2 \cdot s)$，历时 5min～6min。

4 单层细砂滤料滤池，石英砂滤料有效粒径（d_{10}）宜为 0.55mm，不均匀系数（K_{80}）宜小于 2.0，厚度宜采用 700mm～1200mm，滤速宜为 4m/h～6m/h。宜采用先气冲洗后水冲洗方式，气冲强度宜为 $15L/(m^2 \cdot s)$～$20L/(m^2 \cdot s)$，历时 1min～3min；水冲强度宜为 $8L/(m^2 \cdot s)$～$10L/(m^2 \cdot s)$，历时 5min～7min。

5 滤池的工作周期采宜用 12h～36h。

6 滤池系统水头损失宜采用 2.0m～3.0m。

7 滤池宜设有冲洗滤池表面污垢和泡沫的冲洗水管。

8 滤池宜采取临时性加氯等措施。

5.6.2 滤布滤池的设计应符合下列规定：

1 滤池的进水 SS 宜小于 20mg/L。

2 可采用聚酯编织针毡滤布或合成纤维绒毛滤布，最小孔径宜为 10μm，表面浸没度宜为 100%；滤盘直径宜为 0.9m～3.0m；滤速宜采用 8m/h～10m/h 或通过试验确定；滤盘反洗转速宜为 0.5r/min～1.0r/min，反冲洗水量宜为处理水量的 1.0%，反冲洗泵扬程宜为 7m～15m。

3 冲洗前水头损失宜为 0.2m～0.4m。

4 滤池宜设斗形池底，可采用重力排泥。

5.6.3 长纤维束滤池的设计应符合下列规定：

1 进水 SS 宜小于 20mg/L。

2 滤料厚度宜为 1.0m～1.2m，滤速宜为 15m/h～20m/h。宜采用气水反冲洗方式，气冲强度宜为 50L/(m^2·s)～70L/(m^2·s)，水冲强度宜为 7L/(m^2·s)～9L/(m^2·s)；反洗周期宜为 8h～24h。

3 水头损失宜为 1.5m～2.0m。

4 宜在滤池内设置纤维密度调节装置。

5.6.4 短纤维束滤池的设计应符合下列规定：

1 进水 SS 宜小于 20mg/L。

2 滤料厚度宜为 1.6m～1.8m，滤速宜为 15m/h～20m/h。宜采用气水反冲洗方式，气冲强度宜为 28L/(m^2·s)～32L/(m^2·s)，水冲强度宜为 5L/(m^2·s)～6L/(m^2·s)，反洗周期宜为8h～24h。

3 水头损失宜为 2.0m～2.5m。

4 宜在滤池内设置滤料拦截装置。

5.6.5 连续过滤砂滤池的设计应符合下列规定：

1 滤池的进水 SS 宜小于 20mg/L。

2 滤池宜采用单层均质级配石英砂滤料，滤料厚度宜采用 2000mm～2500mm，粒径宜为 0.8mm～1.2mm，不均匀系数宜小于 1.5。滤速宜为 8m/h～12m/h。连续气提反冲洗，气水比宜为 1∶5；反冲洗用水量宜为 3%～7%。

3 滤池系统水头损失宜采用 0.5m～1.0m。

4 滤池前应设有杂质截留过滤器。

5 宜采取防止生物生长堵塞滤池的措施。

5.7 曝气生物滤池

5.7.1 根据工艺需要，曝气生物滤池可采用碳氧化曝气生物滤池、硝化曝气生物滤池或反硝化生物滤池的单级布置形式，也可采用组合串联的多级布置形式。

5.7.2 曝气生物滤池前宜设置精细格栅或沉淀池等预处理设施，精细格栅间隙应为 1.0mm～2.0mm；滤池进水 SS 宜小于 60mg/L。

5.7.3 重质滤料曝气生物滤池宜选用天然火山岩滤料或人工烧结黏土陶粒，宜按单层均质滤料配置。重质滤料厚度宜为2.5m～4.5m，轻质滤料厚度宜为 2.0m～4.0m。硝化、碳氧化滤池滤料粒径宜为 3mm～5mm，反硝化滤池宜为 4mm～6mm。底部卵石垫层厚度宜为 300mm～350mm，粒径宜为 8mm～32mm。重质滤料滤池单格面积不宜大于 100m^2。

5.7.4 碳氧化曝气生物滤池及硝化曝气生物滤池应设空气供给系统，池内供气可采用单孔膜曝气器或穿孔管，供气量应根据需氧量计算确定。曝气风机和反冲洗风机出口处应设置放空装置。曝气生物滤池多格并联运行时，供氧鼓风机应采取一对一或一对二布置形式。

5.7.5 曝气生物滤池应采用气水联合反冲洗，按气洗、气水联合洗、清水漂洗依次进行。气洗时间宜为 3min～5min；气水联合冲洗时间宜为 4min～6min；单独水漂洗时间宜为 8min～10min。空气冲洗强度宜为 10L/(m^2·s)～15L/(m^2·s)，水反洗强度宜为 4L/(m^2·s)～6L/(m^2·s)。滤池的反冲洗周期宜为 24h～72h。

5.7.6 滤池进出水液位差宜为 1.8m～2.3m。

5.7.7 当出水总磷浓度达不到要求时，应辅以化学除磷。

5.7.8 当采用硝化、反硝化生物脱氮工艺时，污水中的五日生化需氧量与总凯氏氮之比应大于 4。当污水中碳源不足时可外加碳源。外加碳源投加量（以 COD_{cr}计）可按所需去除的硝态氮浓度的 3 倍～5 倍计算。具备条件时，应选用利于生物降解的当地廉价碳源。

5.7.9 曝气生物滤池的容积负荷宜根据试验资料确定。无试验数据时，其五日生化需氧量容积负荷宜为 3kg/(m^3·d)～6kg/(m^3·d)，硝化容积负荷（以 NH_3-N 计）宜为 0.3kg/(m^3·d)～0.8kg/(m^3·d)。反硝化生物滤池容积负荷（以 NO_3-N 计）宜为 0.8kg/(m^3·d)～4.0kg/(m^3·d)，滤速宜为 6.0m^3/(m^2·h)～12.0m^3/(m^2·h)，空床水力停留时间宜为 20min～30min。

5.8 膜生物反应器

5.8.1 膜生物反应器类型应根据污水性质、浓度和水量选择浸没式或外置式。应设置膜在线清洗或离线清洗系统，并应根据膜的运行状况确定清洗和反洗程序。

5.8.2 膜生物反应器前端应设置沉砂池及间隙不大于 1mm 的精细格栅或格网等预处理构筑物。当进水水质和水量变化时应设置调节设施；当进水中动植物油含量大于 50mg/L、矿物油大于 3mg/L 时，应设置除油装置。

5.8.3 膜组件可采用抽吸水泵负压出水，也可利用静水压力自流出水，出水流量应稳定。膜和膜组件应耐污染和耐腐蚀，并应采取防冻、防风、防晒措施。膜组件与池壁之间的距离不应小于 300mm，且顶部应位于正常运行时的最低水位以下 400mm；膜组件下部曝气管与池底净距不应小于 300mm。曝气系统的风量应同时满足生物处理需氧量和减缓膜组件污染的要求，并应保证布气均匀。应合理设计池内水流循环通道。

5.8.4 浸没式膜生物反应器的生物反应池污泥负荷、污泥浓度等设计参数宜通过试验确定。当无试验数据时，污泥负荷宜采用 0.05kgBOD_5/(kgMLSS·d)～0.15kgBOD_5/(kgMLSS·d)；污泥浓度(MLSS)宜采用 6g/L～8g/L，污泥龄宜大于 15d；总水力停留时间宜为 8h～15h，其中好氧段宜为 5h～8h，缺氧段宜为 2h～5h，厌氧段宜为 1h～2h。

5.8.5 浸没式膜生物反应器膜组件可采用帘式、柱式中空纤维膜或板框式平板膜；膜的孔径宜为 0.01μm～0.40μm。正常设计水温 20℃条件下，膜通量宜采用 10L/(m²·h)～20L/(m²·h)，膜总有效面积应增加 10%～20%的富余量；跨膜压差宜小于 0.05MPa。生物反应池气水比宜为 4∶1～10∶1，膜池气水比宜为 7∶1～15∶1。

5.8.6 外置式膜生物反应器的生物反应池容积、水力停留时间、污泥负荷、曝气系统等设计参数可按浸没式反应池设计。

5.8.7 外置式膜生物反应器膜系统过滤方式宜为错流式过滤，正常运行回收率宜为 85%～90%，回流浓水宜为 10%～15%，膜面流速宜为 3m/s～5m/s，膜通量宜为 30L/(m²·h)～80L/(m²·h)。膜组件可采用管式膜或中空纤维膜封装组成管式膜，膜的孔径宜为 0.03μm～0.50μm，应设置反冲洗和化学清洗系统。管式膜的进水压力宜为 0.2MPa～0.4MPa，由中空纤维膜封装的管式膜的进水压力宜为 0.1MPa～0.2MPa。膜池应设置至生物反应池好氧段的回流装置，回流比宜为 300%～600%。

5.9 人 工 湿 地

5.9.1 采用人工湿地工艺提高再生水供水水质时，主要设计参数应通过试验或按相似条件下人工湿地的运行经验确定，无上述资料时，可按现行行业标准《污水自然处理工程技术规程》CJJ/T 54 的有关规定确定。

5.9.2 人工湿地选种的植物应根据不同地域及气候条件确定。

5.9.3 宜就地取材选择人工湿地基质填料，并按过滤和透水要求确定合适的级配。

5.9.4 应在人工湿地底部和侧面进行防渗处理。

5.10 膜 分 离

5.10.1 污水再生处理采用微滤或超滤处理工艺时，应符合下列规定：

1 进水宜为污水二级处理出水，膜分离前应设置预处理设施，宜投加抑菌剂。

2 微滤膜孔径宜选用 0.1μm～0.2μm，超滤膜孔径宜选用 0.01μm～0.10μm。

3 微滤膜、超滤膜处理工艺主要设计参数宜通过试验或参照相似工程的运行经验确定。无试验数据时，正常设计水温 20℃条件下，浸没式膜处理工艺的膜通量宜采用 30L/(m²·h)～45L/(m²·h)，压力式膜处理工艺的膜通量宜采用 35L/(m²·h)～55L/(m²·h)，跨膜压差宜采用 0.05MPa～0.06MPa，水回收率不应小于 90%。

4 当膜分离系统设置自动气水反冲系统时，宜用污水二级处理出水辅助表面冲洗。也可根据膜材料，采用其他冲洗措施。

5 膜分离系统应设置运行及膜完整性的在线自动测试与控制系统。应通过在线监测跨膜压力、水质等运行参数，自动控制反冲洗和化学清洗。反冲洗水应回流至污水二级处理系统中进行处理；应妥善处理与处置化学清洗废液。

6 当有除磷要求时，宜在膜分离系统前采取化学除磷措施，应使铝盐或铁盐絮凝剂充分与水融合反应，不得堵塞保安过滤器及污染滤膜。

5.10.2 当采用反渗透技术时，应符合下列规定：

1 反渗透系统应采用超滤或微滤等预处理设施，并应配置保安过滤器、氧化性物质消除器、阻垢剂及非氧化性杀菌剂投加等装置。

2 应根据水质要求选择反渗透装置组合形式。当采用一级两段式组合工艺流程时，水回收率不宜小于 70%，脱盐率不宜小于 95%，膜通量宜为 10L/(m²·h)～22L/(m²·h)，出水 pH 值应根据供水水质标准进行中和调整。

3 反渗透装置的清洗系统可根据实际情况选择分段清洗或不分段清洗的方式。清洗系统中，微孔过滤器孔径不宜大于5μm。

4 反渗透系统应设置止回阀、电动慢开阀等有效的高压保护装置，管路材质应耐腐蚀、易清垢；系统中应设置取样阀门、流量控制阀门及不合格水排放阀门。

5 清洗废液及浓缩液应进行处理与处置。

5.11 臭氧氧化、活性炭吸附

5.11.1 去除水中色度、嗅味及有毒有害及难降解有机物，可采用臭氧氧化技术，设计参数宜通过试验确定，无试验资料时，应符合下列规定：

1 臭氧投量宜大于 3mg/L，接触时间宜为 5min～10min，接触池应加盖密封，并应设置呼吸阀及安全阀。

2 臭氧氧化系统中应设置臭氧尾气消除装置。

3 所有与臭氧气体或溶解有臭氧的水体接触的材料应耐臭氧腐蚀。

4 可根据当地情况采用不同氧源的发生器。氧源及臭氧发生装置系统、臭氧接触池的设计应符合现行国家标准《室外给水设计规范》GB 50013 的有关规定。

5 臭氧氧化工艺中臭氧投加量较大或再生水规模较大时，臭氧尾气的利用应通过技术经济分析确定。

5.11.2 选用活性炭吸附工艺时，应符合下列规定：

1 接触时间、水力负荷与再生周期等设计参数宜通过试验确定。

2 应选择具有吸附性能好、中孔发达、机械强度高、化学性能稳定、再生后性能恢复好等特点的活性炭。

3 活性炭使用周期，应以目标去除物接近超标时为再生的控制条件，并应定期取炭样检测。

4 无试验资料时，活性炭吸附池的设计参数宜符合下列规定：

1）空池接触时间不宜小于10min；

2）炭层厚度宜为1.0m～2.5m；

3）滤速宜为7m/h～10m/h；

4）水头损失宜为0.4m～1.0m。

5 活性炭吸附池经常性冲洗强度宜为11L/(m^2·s)～13L/(m^2·s)，冲洗历时宜为10min～15min，冲洗周期宜为3d～5d，冲洗膨胀率宜为15%～20%；除经常性冲洗外，还应定期采用大流量冲洗，冲洗强度宜为15L/(m^2·s)～18L/(m^2·s)，冲洗历时宜为8min～12min，冲洗膨胀率宜为25%～35%。为提高冲洗效果，可采用气水联合冲洗或增加表面冲洗方式。冲洗水可用滤池出水或炭吸附池出水。

5.12 消　毒

5.12.1 再生水应进行消毒处理。消毒方法可采用氯消毒、二氧化氯消毒、紫外线消毒、臭氧消毒，也可采用紫外线与氯消毒或臭氧与氯消毒的组合方法。

5.12.2 消毒剂的设计投加量应根据试验资料或类似运行经验确定。无试验数据时，常规氯投加量宜采用6mg/L～15mg/L，二氧化氯投加量宜采用4mg/L～10mg/L，与再生水的接触时间不应小于30min，出厂水及管网末端水余氯含量应符合有关标准要求；紫外线消毒剂量宜采用24mJ/cm^2～30mJ/cm^2，接触时间宜为5s～30s；臭氧消毒投加量宜采用8mg/L～15mg/L，接触时间宜为10min～20min。

5.12.3 消毒设施和有关构筑物的设计，应符合现行国家标准《室外给水设计规范》GB 50013及《室外排水设计规范》GB 50014的有关规定。

6 输　配　水

6.1 一 般 规 定

6.1.1 再生水输配水管道平面和竖向布置，应按城镇相关专项规划确定，并应符合现行国家标准《城市工程管线综合规划规范》GB 50289的有关规定。

6.1.2 再生水管道水力计算、管道敷设及附属设施设置的要求等，应符合现行国家标准《室外给水设计规范》GB 50013的有关规定。

6.1.3 输配水管道管材的选择应根据水量、水压、外部荷载、地质情况、施工维护等条件，经技术经济比较确定。可采用塑料管、钢管及球墨铸铁管等，采用钢管及球墨铸铁管时应进行管道防腐。

6.1.4 管道不应穿过毒物污染及腐蚀性地段，不能避开时，应采取有效防护措施。

6.1.5 管道的埋设深度应根据竖向布置、管材性能、冻土深度、外部荷载、抗浮要求及与其他管道交叉等因素确定。露天管道应有调节伸缩设施及保证管道整体稳定的措施，严寒及寒冷地区应采取防冻措施。

6.1.6 再生水管道与建（构）筑物、铁路以及其他工程管道之间的最小水平净距，应按本规范附录A的规定确定。

6.1.7 再生水管道与其他管线交叉时的最小垂直净距，应按本规范附录B的规定确定。

6.1.8 当再生水管道敷设在给水管道上面时，除应满足本规范附录B规定的最小垂直净距外，尚应符合下列规定：

1 接口不应重叠；

2 再生水管道应加设套管；

3 套管内径应大于再生水管道外径100mm；

4 套管伸出交叉管的长度每端不得小于3m；

5 套管的两端应采用防水材料封闭。

6.1.9 管道穿越河堤、铁路、高速公路和其他高等级路面的设计应按国家现行相关标准的规定执行。

6.1.10 管道试验要求应符合现行国家标准《给水排水管道工程施工及验收规范》GB 50268的有关规定。

6.1.11 管网供水区域较大、距离再生水厂较远时，可设置管网运行管理站点。

6.2 输配水管道

6.2.1 再生水输水管道设计水量应根据用途、有无调蓄设施等确定，并应符合下列规定：

1 城镇污水处理厂至再生水厂的原水输水干管设计流量应按再生水厂设计供水量加上自用水量确定。

2 对于向特定用户供水的专用输水干管，当用户无调节设施时，设计流量应按用户最高日最高时用水量确定；当用户设置调节设施时，设计流量应按用户用水曲线、调节设施容量等因素确定。

6.2.2 再生水配水管网应按最高日最高时供水量及设计水压进行计算，并应按下列工况进行校核：

1 最不利管段发生故障时的事故用水量和设计水压要求；

2 最大转输时流量和水压的要求。

6.2.3 应根据再生水用水途径，合理确定管网服务压力。不同用户的服务压力要求差别大时，采用分压供水方式宜通过技术经济比较确定。

6.3 附 属 设 施

6.3.1 输配水管道中宜设置阀门、排气阀、泄水阀、测压、测流等装置。

6.3.2 再生水管道阀门设置应符合下列规定：

1　主干管上任意两个相邻阀门之间不宜超过3条配水管，且阀门设置间距宜为1km～2km。

2　主干管变径处设置阀门时，宜设置在小口径管道上。

3　干管与配水管的连接处，阀门宜在配水管起端设置。

4　输配水管道的起点、终点、分叉点及穿越河道、铁路、公路处，应根据工程的具体情况和有关部门的规定设置阀门。

5　输配水管道的阀门设置应方便事故检修隔断及放空排水的需要。

6.3.3　输配水管道的隆起点及平直段每1000m应设置排气阀。

6.3.4　输配水管道低洼处及阀门间管段低处，宜根据工程的需要设置泄（排）水阀井。

6.3.5　再生水管道向景观水体、循环冷却水集水池等淹没出流配水时，应设置防止倒流装置。

7　安全防护和监测控制

7.1　安 全 防 护

7.1.1　再生水厂与各用户之间应设置通信系统。

7.1.2　再生水处理构筑物上面的通道，应设置安全防护栏杆，地面应有防滑措施。

7.1.3　再生水管道系统严禁与饮用水管道系统、自备水源供水系统连接。

7.1.4　再生水管道取水接口和取水龙头处应配置“再生水不得饮用”的耐久标识。

7.1.5　再生水输配水管网中所有组件和附属设施的显著位置应配置“再生水”耐久标识，再生水管道明装时应采用识别色，并配置“再生水管道”耐久标识，埋地再生水管道应在管道上方设置耐久标志带。

7.1.6　再生水调蓄池的排空管道、溢流管道严禁直接与下水道连通。

7.2　监 测 控 制

7.2.1　再生水厂应设自动检测与控制系统，输配水管道宜设自动检测与控制系统。

7.2.2　再生水水源收集系统中的工业废水接入口，宜设置水质监测点和控制闸门。

7.2.3　再生水厂进水口、出水口应设置水质、水量在线监测及预警系统。

7.2.4　加氯消毒设施必须设置漏氯监测报警和安全处置系统。

7.2.5　再生水厂主要处理单元应设置符合生产运行要求和监管部门规定的水质监测设备。

7.2.6　再生水厂进出水口与主要处理单元以及用户用水点应设置水样取样装置。

7.2.7　再生水厂出厂管道起端、配水管网中的特征点，以及各用户进户管道上宜设置测流、测压装置，并宜设置遥测、遥信、遥控系统。

附录A　再生水管道与其他管线及建（构）筑物之间的最小水平净距

表A　再生水管道与其他管线及建（构）筑物之间的最小水平净距（m）

序号	建（构）筑物或管线名称			最小水平净距（m）	
				$D\leqslant200mm$	$D>200mm$
1	建筑物			1.0	3.0
2	围墙或者篱笆			1.0	1.0
3	给水管线			1.0	1.5
4	污水、雨水管线			1.0	1.5
5	燃气管线	中、低压	$P\leqslant0.4MPa$	0.5	
		次高压	$0.4MPa<P\leqslant0.8MPa$	1.0	
			$0.8MPa<P\leqslant1.6MPa$	1.5	
6	热力管线（直埋或管沟）			1.5	
7	电力管线（直埋或排管）			0.5	
8	通信管线（直埋或管道）			1.0	
9	乔木			1.5	
10	灌木			1.5	
11	地上杆柱	通信照明及10kV以下		0.5	
		高压铁塔基础边		3.0	
12	城镇道路侧石边缘			1.5	
13	铁路堤坡脚			5.0	
14	地道箱体			5.0	
15	河道堤坡脚			6.0	

附录B　再生水管道与其他管线最小垂直净距

表B　再生水管道与其他管线最小垂直净距（m）

序号	管线名称		最小垂直净距（m）
1	再生水管道		0.15
2	给水管线		0.40
3	污水、雨水管线		0.40
4	热力管线		0.15
5	燃气管线		0.15
6	电信管线	直埋	0.50
		管沟	0.15
7	电力管线（直埋或者管沟）		0.15
8	沟渠（基础底）		0.50
9	涵洞（基础底）		0.15
10	铁路（轨底）		1.00
11	河道及管渠	一至五级航道底设计高程以下	2.00
		其他河道河底设计高程以下	1.00
		灌渠渠底设计高程以下	0.50

中华人民共和国国家标准

城镇污水再生利用工程设计规范

GB 50335—2016

条 文 说 明

目　次

1 总 则

1.0.1 我国政府高度重视城镇污水处理与再生利用基础设施建设，将其作为提升基本公共服务、改善水环境质量的重大环保民生工程，是建设资源节约型、环境友好型社会的重要工作任务。“十一五”期间，地方各级人民政府积极落实国家部署，不断加大污水处理设施建设力度。截至2010年底，我国城镇污水处理设施能力已达到1.25亿m^3/d，设市城市污水处理率已达77.5%。同时污水再生利用也得到快速发展，工程建设规模迅速扩大。“十二五”期间，全国污水再生利用设施规划建设规模达2676万m^3/d，全部建成后，我国城镇污水再生利用设施总规模接近4000万m^3/d，其中设市城市超过3000万m^3/d，可以有效缓解城市用水供需矛盾。本规范2002年版已经颁布实施十余年，对推动污水再生利用事业起到了积极作用。近年来，污水再生利用技术得到迅猛发展，为总结我国十多年来污水再生利用技术成果，满足新形势下城镇污水再生利用工程建设需要，为工程设计提供技术支撑，故对本规范2002年版进行全面修订。

1.0.2 依据国家现行的城市污水再生利用水质系列标准，确定了本规范的适用范围。目前，污水再生利用的最大途径是城镇景观环境用水，用于保护、修复或建设给定区域的生态环境，包括城镇河湖景观水体补水、绿地灌溉用水和环境卫生清洁等用水；污水再生利用市场化方向的主要途径是工农业生产用水，其中，工业用水中约80%是水质要求不高的冷却用水，以再生水替代用自来水作冷却用水，在技术上和工程上都易于实现，可缓解城镇供水紧张状况，农田灌溉在我国有悠久历史，其再生水利用有经验也有教训，仍需不断进行科学总结。随着城镇污水再生利用技术不断提高，污水再生利用途径也会逐步扩大。

1.0.3 污水再生处理技术包括给水处理和污水处理的绝大部分技术内容，但处理对象及目标既有联系又有区别。本规范规定的未尽事宜，应按现行国家标准《室外排水设计规范》GB 50014和《室外给水设计规范》GB 50013等有关标准执行。再生水用于工业冷却用水的有关技术要求，应按现行国家标准《工业循环冷却水处理设计规范》GB 50050的有关规定执行；再生水用于建筑物或小区使用的有关技术要求，应按现行国家标准《建筑中水设计规范》GB 50336的有关规定执行。

3 基 本 规 定

3.0.1 污水再生利用工程设计应以城镇总体规划、给水排水和污水再生利用等专项规划为主要依据，统一规划，分期实施。根据用水途径不同，因地制宜，以集中利用、就近利用为主，必要时采用优质优用、分质供水系统，注重提高建设实效。一般情况下，设计规划年限采用城镇总体规划和给水排水等专项规划的年限。再生水厂近期设计年限采用5年～10年、远期设计年限采用10年～20年比较合适，再生水输配水管网设计中要体现再生水利用工程建设的可持续性，要以远期规划年限校核设计输配水主干管线。

3.0.2 强调城镇污水经处理达到一定标准后，应作为城镇的一种合法水源予以积极开发利用，将再生水与天然水资源统一进行管理和调配。在解决城镇缺水问题时，应充分考虑污水再生利用。污水再生利用方案未得到充分论证之前，不能盲目舍近求远兴建远距离调水工程。水资源优化配置的顺序应是：利用本地天然水、再生水、雨水、境外引水、淡化海水。

3.0.3 本条为《城市污水再生利用技术政策》（建科[2006]100号）关于选择再生水用水途径的原则。城镇景观环境用水要优先利用再生水；工业用水和城市杂用水要积极利用再生水；农业用水要充分利用符合要求的城镇污水二级处理厂的出水。

3.0.4 要在用户分布、水质水量调查、输配水管线路由踏勘等工作基础上，经充分论证确定再生利用工程规模、系统布局、处理标准及处理工艺方案。

3.0.5 再生水处理及利用系统的设计及运行，除应保证安全生产、安全供水外，还应采取防止误饮等安全用水措施。

3.0.6 再生水用户的调查确定可分为三个阶段。

1 调查阶段：主要工作是收集现状资料，确定可供再生利用的全部污水以及使用再生水的全部潜在用户。这一阶段需要和当地供水部门调查确定主要潜在用户情况，与供水部门和潜在用户建立密切的工作联系非常重要。潜在用户比较关心再生利用工程的供水量、水质、可靠性、政府对使用再生水的政策，以及有无能力支付管线连接费或增加处理设施所需费用。

2 筛选阶段：按用水量大小、水质要求、经济上的考虑对上阶段被确认的潜在用户分类排队，筛选出若干个候选用户。

3 确定用户阶段：这个阶段应研究各个用户的输水线路和蓄水要求，确定对这些用户输送再生水所需的费用估算；对不同的筹资方案进行比较，确定用户使用成本；比较每个用户使用新鲜水和再生水的成本。

3.0.7 污水再生利用工程的方案设计是设计过程中的基础性工作。方案设计要详实可靠，特别要把落实用户工作做好，为工程审批决策提供充分依据。

污水再生利用工程方案设计应包括下列内容：

1 确定再生水水源；确定再生利用工程用户、工程规模和水质标准；

2　确定再生水厂的厂址、处理工艺方案、输配水管线布置及管材管径优化选择；

3　确定用户配套设施；

4　进行工程投资估算、经济分析和风险评价等。

具备条件时，污水再生处理工艺及设计参数宜通过试验确定。不具备条件的，应充分借鉴已建工程的运行经验。

3.0.8　关于再生水厂选址的原则要求。

《城市污水再生利用技术政策》（建科［2006］100号）规定：城市污水再生利用系统，应因地制宜，灵活应用。集中型系统通常以城市污水处理厂出水或符合排入城市下水道水质标准的污水为水源，集中处理，再生水通过输配管网输送到不同的用水场所或用户管网。城镇污水处理厂的邻近区域，用水量大或水质要求相近的用水，可以采用集中型再生水系统，如景观环境用水、工业用水及城市杂用水。就地（小区）型系统是在相对独立或较为分散的居住小区、开发区、度假区或其他公共设施组团中，以符合排入城市下水道水质标准的污水为水源，就地建立再生水处理设施，再生水就近就地利用。

再生水生产设施可通过对已建成的污水厂进行改扩建，以及增加深度处理单元来实现；也可在新建污水处理厂中一并建设污水再生利用设施；或独立建设再生水厂。

3.0.9　本条规定了再生水厂附属设施和附属设备的设置原则。强调再生水厂选址在现有污水处理厂内时，在充分利用现有供电、中心控制、污泥处理、除臭、化验、办公等生产及附属设施基础上，按实际需要合理设置。目前国内大多再生水厂与污水处理厂合建，独立建设的较少，对于再生水厂与污水处理厂同时合并建设的应统一考虑配套设施及设备设置，并应统一规划建设。独立建设的再生水厂，由于再生水水质标准不同以及原水水质的差别，再生水处理工艺也会存在较大差别，要根据具体情况尤其是水质监测项目的需要，合理配置相关的附属设施和附属设备。

3.0.10　关于对污水再生利用工程中构筑物、管道及专用设备的设计使用年限的规定，以及对构筑物设计应满足抗震、抗浮、防渗、防腐、防冻等要求的规定。

3.0.11　应本着减量化、稳定化和无害化的原则，对再生水厂产生的污泥和浓缩废液进行妥善处理处置。《城镇污水处理厂污泥处理处置及污染防治技术政策（试行）》（建城［2009］23号）规定：城镇污水处理厂新建、改建和扩建时，污泥处理处置设施应与污水处理设施同时规划、同时建设、同时投入运行；污泥处理处置应统一规划，合理布局，污泥处理处置设施宜相对集中设置，鼓励将若干城镇污水处理厂的污泥集中处理处置。因此，在城镇建有污泥集中处理处置设施时，再生水厂产生的污泥可委托集中处理处置；不具备上述条件的，再生水厂与污水处理厂合建或污水处理厂升级改造与再生水厂一并建设时，产生的污泥应统一处理处置，污泥浓缩、消化及脱水废液应回流至污水处理系统处理；再生水厂的污泥处理处置设施单独设置时，应进行充分论证。

3.0.12　再生水厂的安全设施设计应符合现行行业标准《城镇污水处理厂运行、维护及安全技术规程》CJJ 60、《城镇再生水厂运行、维护及安全技术规程》CJJ/T 247的有关规定。建筑物、厂房（仓库）、车库的消防水量及水压确定、消防给水系统组成、室内外消火栓设置，以及建筑灭火器配置、内部装修设计、建筑及结构材料防火要求应符合现行国家标准《建筑设计防火规范》GB 50016、《消防给水及消火栓系统技术规范》GB 50974、《建筑灭火器配置设计规范》GB 50140的有关规定。各类工作场所、厂界噪声限值及噪声控制设计应符合现行国家标准《工业企业噪声控制设计规范》GB/T 50087、《工业企业厂界环境噪声排放标准》GB 12348的有关规定。建（构）筑物抗震设计应符合现行国家标准《建筑抗震设计规范》GB 50011、《构筑物抗震设计规范》GB 50191的有关规定。

3.0.15　配水管网干管布置成环状对于提高供水安全性、保障供水水质具有非常重要的意义。对于暂不具备设置环状管网的地区，为避免管网末梢再生水较长时间滞留、恶化水质，应设置排水阀（井）。对于处于枝状管网服务范围内且对供水安全要求高的再生水用户，应结合用户要求，提出提高供水安全性的具体措施，如设置调蓄池、另设备用水源等。

3.0.16　再生水供水配套设施及管理措施按照不同用水途径确定，有的需要在再生水供水系统中设置，有的需要用户自行设置。例如，再生水用于工业冷却用水时，一般需要进行水质稳定处理、菌藻处理和进一步改善水质的其他特殊处理，其处理程度和药剂的选择，由用户通过试验或参照相似条件下循环冷却水的运行经验确定；用于城市杂用水和景观环境用水时，应进行水质水量监测、补充消毒、用水设施维护等工作。在工程设计中，根据再生水用户需要提出用水管理要求，再生水用水设施应和再生处理设施同时施工，同时投产。

3.0.17　工业用水水源的再生水厂供电系统应保障正常生产及供水。

3.0.18　为使工程规模达到经济合理，很可能高峰时再生水需水量大于供水量，此时用户可用新鲜水补足。有时再生水不能满足用户水质要求，或发生设备事故停水时，仍需用户用新鲜水补足。

4　水源、水质和水量

4.1　水　　源

4.1.1　再生水水源应保证对后续再生利用工程不产

生危害，从系统上保障再生水水质安全。

4.1.2 城镇污水，包括生活污水、工业废水和合流制管道截留的雨水，一般情况下可作为再生水水源。但生物处理和常规深度处理难以去除的氯化物、色度、高浓度氨氮、总溶解固体等，都会影响污水再生处理及利用，排污单位应做好内部处理，达到有关标准后才能进入市政排水系统。

4.1.3 为使污水二级处理厂出水的水源水质确定更加合理，应调查分析污水处理厂实际运行进出水水质、原设计出水水质，以及水质可能变化情况，综合分析确定。

4.1.4 再生水水源水的收集及输送不宜采用明渠，以防止雨水、泥沙混入等二次污染及水温过度散失。

4.1.5 放射性废水、重金属及有毒有害物质超标的污水不但对生物处理系统有影响，且经常规的生物处理及深度处理达不到相关水质标准，因此严禁作为再生水水源。

4.2 水　　质

4.2.1 我国现行城市污水再生利用分类及水质标准体系，是城市污水再生利用工程设计的基本标准。《城市污水再生利用　分类》GB/T 18919－2002 规定的城市污水再生利用分类见表 1。

再生水的水质标准由基本控制项目和选择控制项目组成，两种项目都应执行。基本控制项目为再生水的卫生安全等级与综合性水质要求，包括粪大肠菌群、SS、BOD_5、CODcr、pH 值、感官性状指标等。选择控制项目是按用水途径确定的特定水质要求，包括影响用水功能与用水环境质量的各种化学指标和毒理指标。不同用途水质的国家现行标准分列如下：

表 1　城市污水再生利用类别

序号	分类	范　围	示　例
1	农、林、牧、渔业用水	农田灌溉	种籽与育种、粮食与饲料作物、经济作物
		造林育苗	种籽、苗木、苗圃、观赏植物
		畜牧养殖	畜牧、家畜、家禽
		水产养殖	淡水养殖
2	城市杂用水	城市绿化	公共绿地、住宅小区绿化
		冲厕	厕所便器冲洗
		道路清扫	城市道路的冲洗及喷洒
		车辆冲洗	各种车辆冲洗
		建筑施工	施工场地清扫、浇洒、灰尘抑制、混凝土制备与养护、施工中的混凝土构件和建筑物冲洗
		消防	消火栓、消防水炮
3	工业用水	冷却用水	直流式、循环式
		洗涤用水	冲渣、冲灰、消烟除尘、清洗
		锅炉用水	中压、低压锅炉
		工艺用水	溶料、水浴、蒸煮、漂洗、水力开采、水力输送、增湿、稀释、搅拌、选矿、油田回注
		产品用水	浆料、化工制剂、涂料
4	环境用水	娱乐性景观环境用水	娱乐性景观河道、景观湖泊及水景
		观赏性景观环境用水	观赏性景观河道、景观湖泊及水景
		湿地环境用水	恢复自然湿地、营造人工湿地
5	补充水源水	补充地表水	河流、湖泊
		补充地下水	水源补给、防止海水入侵、防止地面沉降

1　农田灌溉用水水质。国家标准《城市污水再生利用　农田灌溉用水水质》GB 20922－2007 规定的农田灌溉用基本控制项目及水质指标最大限值见表 2，选择控制项目及水质指标最大限值见表 3。我国利用污水灌溉历史悠久，但使用未经处理的污水灌溉会造成土壤板结、农作物受污染等问题，污水经一定程度处理后灌溉，才能保证农业生产安全和卫生安全。

表 2　再生水用于农田灌溉用水基本控制项目及水质指标最大限值（mg/L）

序号	基本控制项目	灌溉作物类型			
		纤维作物	旱地谷物油料作物	水田谷物	露地蔬菜
1	生化需氧量（BOD_5）	100	80	60	40
2	化学需氧量（CODcr）	200	180	150	100
3	悬浮物（SS）	100	90	80	60
4	溶解氧（DO）			≥0.5	
5	pH 值（无量纲）	5.5～8.5			
6	溶解性总固体（TDS）	非盐碱地地区 1000，盐碱地地区 2000			1000

续表 2

序号	基本控制项目	灌溉作物类型			
		纤维作物	旱地谷物油料作物	水田谷物	露地蔬菜
7	氯化物	350			
8	硫化物	1.0			
9	余氯	1.5		1.0	
10	石油类	10		5.0	1.0
11	挥发酚	1.0			
12	阴离子表面活性剂（LAS）	8.0		5.0	
13	汞	0.001			
14	镉	0.01			
15	砷	0.1		0.05	
16	铬（六价）	0.1			
17	铅	0.2			
18	粪大肠菌群数（个/L）	40000			20000
19	蛔虫卵数（个/L）	2			

表 3　再生水用于农田灌溉用水选择控制项目及水质指标最大限值（mg/L）

序号	选择控制项目	限值	序号	选择控制项目	限值
1	铍	0.002	10	锌	2.0
2	钴	1.0	11	硼	1.0
3	铜	1.0	12	钒	0.1
4	氟化物	2.0	13	氰化物	0.5
5	铁	1.5	14	三氯乙醛	0.5
6	锰	0.3	15	丙烯醛	0.5
7	钼	0.5	16	甲醛	1.0
8	镍	0.1	17	苯	2.5
9	硒	0.02	—	—	—

2　再生水用作工业用水水源的水质标准。国家标准《城市污水再生利用　工业用水水质》GB/T 19923－2005 规定工业用水水源的水质标准见表 4，以城镇污水为水源的再生水用作工业用水水源时，除应满足表 4 中各项指标外，其化学毒理指标还应符合现行国家标准《城镇污水处理厂污染物排放标准》GB 18918 中的“一类污染物”和“选择控制项目”各项指标限值的规定；再生水作为冷却用水、洗涤用水时，一般达到表 4 所列中的控制指标后可以直接使用，必要时也可对再生水进行补充处理或与新鲜水混合使用；再生水作为锅炉补给水水源时，达到表 4 中所列的控制指标后尚不能直接补给锅炉，应根据锅炉工况，对水源水再进行软化、除盐等处理，直至满足相应工况的锅炉水质标准；再生水作为工艺与产品用水水源时，达到表 4 中所列的控制指标后，尚应根据不同生产工艺或不同产品的具体情况，通过再生水利用试验或者相似经验证明可行时，工业用户可直接使用，当表 4 中所列水质不能满足供水水质指标要求时，又无再生利用经验可借鉴时，则需对再生水作补充处理试验，直至达到相关工艺与产品的供水水质指标要求。

用水量最大的冷却水水质控制指标，是经过国家科技攻关及大量调研工作后确定的，经过多年实践检验，证明该控制指标是合适的，在保证生产安全情况下，有较好的经济适用性。循环冷却系统补充水与锅炉用水、工艺用水相比较，水质要求不高。污水厂二级出水再经过简单深度处理即可满足水质要求。用户可根据水质状况进行循环水系统处理，个别水质要求高的用户，也可针对个别指标作补充处理。再生水用于工业上生产工艺用水，目前很难制定出众多行业共同使用再生水的水质标准。因为各行业生产工艺条件相差悬殊，用水水质要求不同，水质标准会差异很大。鼓励各行业自行编制本行业使用再生水水质标准。再生水用于锅炉用水，对硬度和含盐量要求很高，需增加软化或除盐处理，常采用膜技术与离子交换。再生水用于锅炉用水的进炉标准，需与以天然水作为水源的水质标准相一致。

表 4　再生水用作工业用水水源的水质标准

序号	控制项目	冷却用水		洗涤用水	锅炉补给水	工艺与产品用水
		直流冷却水	敞开式循环冷却系统补充水			
1	pH 值	6.5～9.0	6.5～8.5	6.5～9.0	6.5～8.5	6.5～8.5
2	悬浮物(SS)(mg/L)	≤30	—	≤30	—	—
3	浊度(NTU)	—	≤5	—	≤5	≤5
4	色度(度)	≤30	≤30	≤30	≤30	≤30
5	生化需氧量 BOD_5(mg/L)	≤30	≤10	≤30	≤10	≤10
6	化学需氧量 CODcr(mg/L)	—	≤60	—	≤60	≤60
7	铁(mg/L)	—	≤0.3	≤0.3	≤0.3	≤0.3
8	锰(mg/L)	—	≤0.1	≤0.1	≤0.1	≤0.1

续表 4

序号	控制项目	冷却用水		洗涤用水	锅炉补给水	工艺与产品用水
		直流冷却水	敞开式循环冷却系统补充水			
9	氯离子(mg/L)	≤250	≤250	≤250	≤250	≤250
10	二氧化硅(SiO_2)	≤50	≤50	—	≤30	≤30
11	总硬度(以 $CaCO_3$ 计 mg/L)	≤450	≤450	≤450	≤450	≤450
12	总碱度(以 $CaCO_3$ 计 mg/L)	≤350	≤350	≤350	≤350	≤350
13	硫酸盐(mg/L)	≤600	≤250	≤250	≤250	≤250
14	氨氮(以 N 计 mg/L)	—	≤10	—	≤10	≤10
15	总磷(以 P 计 mg/L)	—	≤1	—	≤1	≤1
16	溶解性总固体(mg/L)	≤1000	≤1000	≤1000	≤1000	≤1000
17	石油类(mg/L)	—	≤1	—	≤1	≤1
18	阴离子表面活性剂(mg/L)	—	≤0.5	—	≤0.5	≤0.5
19	余氯(mg/L)	≥0.05	≥0.05	≥0.05	≥0.05	≥0.05
20	粪大肠菌群(个/L)	≤2000	≤2000	≤2000	≤2000	≤2000

注：1 当敞开式循环冷却水系统换热器为铜质时，循环冷却系统中循环水的氨氮指标应小于 1mg/L。

2 余氯指加氯消毒时管末梢值。

3 再生水用作城市杂用水水质标准。国家标准《城市污水再生利用　城市杂用水水质》GB/T 18920－2002 规定的城市杂用水水质标准见表 5。混凝土拌合用水还应符合现行行业标准《混凝土用水标准》JGJ 63 的有关规定。

表 5　再生水用作城市杂用水水质标准

序号	指标＼项目	冲厕	道路清扫消防	城市绿化	车辆冲洗	建筑施工
1	pH 值	6.0～9.0				
2	色度(度)	≤30				
3	嗅	无不快感				
4	浊度(NTU)	≤5	≤10	≤10	≤5	≤20
5	溶解性总固体(mg/L)	≤1500	≤1500	≤1000	≤1000	—
6	五日生化需氧量(BOD_5)(mg/L)	≤10	≤15	≤20	≤10	≤15
7	氨氮(mg/L)	≤10	≤10	≤20	≤10	≤20
8	阴离子表面活性剂(mg/L)	≤1.0	≤1.0	≤1.0	≤0.5	≤1.0
9	铁(mg/L)	≤0.3	—	—	≤0.3	—
10	锰(mg/L)	≤0.1	—	—	≤0.1	—
11	溶解氧(mg/L)	≥1.0				
12	总余氯(mg/L)	接触 30min 后≥1.0，管网末端≥0.2				
13	总大肠菌群(个/L)	≤3				

随着城镇建设的发展，城市杂用水，如冲厕、道路清扫、消防、城市绿化、车辆冲洗和建筑施工用水等也逐渐增多，再生水能够很好地满足这方面需要。

4 再生水用作景观环境用水标准。国家标准《城市污水再生利用　景观环境用水水质》GB/T 18921－2002 规定的景观环境用水水质基本控制项目指标见表 6，选择控制项目指标见表 7。景观环境用水是城镇再生水利用主要用途之一。景观水体需要严格控制污染物对水体美学价值的影响，再生处理工艺应考虑去除氮磷等营养物质，防止水体发生黑臭，满足卫生要求。

表 6　再生水用作景观环境用水基本控制项目指标（mg/L）

序号	项目	观赏性景观环境用水			娱乐性景观环境用水		
		河道类	湖泊类	水景类	河道类	湖泊类	水景类
1	基本要求	无漂浮物，无令人不愉快的嗅和味					
2	pH 值	6～9					
3	五日生化需氧量(BOD_5)	≤10	≤6		≤6		
4	悬浮物(SS)	≤20	≤10		—		
5	浊度(NTU)	—			≤5.0		

续表 6

序号	项目	观赏性景观环境用水			娱乐性景观环境用水		
		河道类	湖泊类	水景类	河道类	湖泊类	水景类
6	溶解氧	≥1.5			≥2.0		
7	总磷（以 P 计）	≤1.0	≤0.5		≤1.0	≤0.5	
8	总氮	≤15					
9	氨氮（以 N 计）	≤5					
10	粪大肠菌群（个/L）	≤10000		≤2000	≤500		不得检出
11	余氯	≥0.05					
12	色度（度）	≤30					
13	石油类	≤1.0					
14	阴离子表面活性剂	≤0.5					

注：1　对于需要通过管道输送再生水的非现场回用情况必须加氯消毒；而对于现场回用情况不限制消毒方式。

2　若使用未经过除磷脱氮的再生水作为景观环境用水，鼓励使用本标准的各方在回用地点积极探索通过人工培养具有观赏价值水生植物的方法，使景观水体的氮磷满足表中的要求，使再生水中的水生植物有经济合理的出路。

3　氯接触时间不应低于 30min 的余氯。对于非加氯消毒方式无此项要求。

表 7　再生水用作景观环境用水选择控制项目最高允许排放浓度（以日均值计）（mg/L）

序号	选择控制项目	标准值
1	总汞	0.01
2	烷基汞	不得检出
3	总镉	0.05
4	总铬	1.5
5	六价铬	0.5
6	总砷	0.5
7	总铅	0.5
8	总镍	0.5
9	总铍	0.001
10	总银	0.1
11	总铜	1.0
12	总锌	2.0
13	总锰	2.0
14	总硒	0.1
15	苯并(α)芘	0.00003
16	挥发酚	0.1
17	总氰化物	0.5
18	硫化物	1.0

续表 7

序号	选择控制项目	标准值
19	甲醛	1.0
20	苯胺类	0.5
21	硝基苯类	2.0
22	有机磷农药（以 P 计）	0.5
23	马拉硫磷	1.0
24	乐果	0.5
25	对硫磷	0.05
26	甲基对硫磷	0.2
27	五氯酚	0.5
28	三氯甲烷	0.3
29	四氯化碳	0.03
30	三氯乙烯	0.3
31	四氯乙烯	0.1
32	苯	0.1
33	甲苯	0.1
34	邻-二甲苯	0.4
35	对-二甲苯	0.4
36	间-二甲苯	0.4
37	乙苯	0.1
38	氯苯	0.3
39	对-二氯苯	0.4
40	邻-二氯苯	1.0
41	对硝基氯苯	0.5
42	2,4-二硝基氯苯	0.5
43	苯酚	0.3
44	间-甲酚	0.1
45	2,4-二氯酚	0.6
46	2,4,6-三氯酚	0.6
47	邻苯二甲酸二丁酯	0.1
48	邻苯二甲酸二辛酯	0.1
49	丙烯腈	2.0
50	可吸附有机卤化物（以 Cl 计）	1.0

5　地下水回灌水质。国家标准《城市污水再生利用　地下水回灌水质》GB/T 19772－2005 规定的地下水回灌基本控制项目及限值见表 8，选择控制项目及限值见表 9。

表8　城市污水再生水地下水回灌基本控制项目及限值

序号	基本控制项目	单位	地表回灌	井灌
1	色度	稀释倍数	30	15
2	浊度	NTU	10	5
3	pH值	—	6.5～8.5	6.5～8.5
4	总硬度（以$CaCO_3$计）	mg/L	450	450
5	溶解性总固体	mg/L	1000	1000
6	硫酸盐	mg/L	250	250
7	氯化物	mg/L	250	250
8	挥发酚类（以苯酚计）	mg/L	0.5	0.002
9	阴离子表面活性剂	mg/L	0.3	0.3
10	化学需氧量（COD）	mg/L	40	15
11	五日生化需氧量（BOD_5）	mg/L	10	4
12	硝酸盐（以N计）	mg/L	15	15
13	亚硝酸盐（以N计）	mg/L	0.02	0.02
14	氨氮（以N计）	mg/L	1.0	0.2
15	总磷（以P计）	mg/L	1.0	1.0
16	动植物油	mg/L	0.5	0.05
17	石油类	mg/L	0.5	0.05
18	氰化物	mg/L	0.05	0.05
19	硫化物	mg/L	0.2	0.2
20	氟化物	mg/L	1.0	1.0
21	粪大肠菌群数	个/L	1000	3

注：地表回灌时，表层黏性土厚度不宜小于1m，若小于1m按井灌要求执行。

表9　城市污水再生水地下水回灌选择控制项目及限值

序号	选择控制项目	限值
1	汞	0.001
2	烷基汞	不得检出
3	总镉	0.01
4	六价铬	0.05
5	总砷	0.05
6	总铅	0.05
7	总镍	0.05
8	总铍	0.0002
9	总银	0.05
10	总铜	1.0
11	总锌	1.0
12	总锰	0.1
13	总硒	0.01

续表9

序号	选择控制项目	限值
14	总铁	0.3
15	总钡	1.0
16	苯并芘	0.00001
17	甲醛	0.9
18	苯胺	0.1
19	硝基苯	0.017
20	马拉硫磷	0.05
21	乐果	0.08
22	对硫磷	0.003
23	甲基对硫磷	0.002
24	五氯酚	0.009
25	三氯甲烷	0.06
26	四氯化碳	0.002
27	三氯乙烯	0.07
28	四氯乙烯	0.04
29	苯	0.01
30	甲苯	0.7
31	二甲苯	0.5
32	乙苯	0.3
33	氯苯	0.3
34	1,4-二氯苯	0.3
35	1,2-二氯苯	1.0
36	硝基氯苯	0.05
37	2,4-二硝基氯苯	0.5
38	2,4-二氯苯酚	0.093
39	2,4,6-三氯苯酚	0.2
40	邻苯二甲酸二丁酯	0.003
41	邻苯二甲酸二(2-乙基己基)酯	0.008
42	丙烯腈	0.1
43	滴滴涕	0.001
44	六六六	0.005
45	六氯苯	0.05
46	七氯	0.0004
47	林丹	0.002
48	三氯乙醛	0.01
49	丙烯醛	0.1
50	硼	0.5
51	总α放射性	0.1
52	总β放射性	1

注：1　除51、52项的单位为Bq/L外，其他项目的单位均为mg/L。
2　二甲苯：指对-二甲苯、间-二甲苯、邻-二甲苯。
3　硝基氯苯：指对-硝基氯苯、间-硝基氯苯、邻-硝基氯苯。

6 绿地灌溉水质。国家标准《城市污水再生利用 绿地灌溉水质》GB/T 25499－2010 规定的绿地灌溉水质基本控制项目及限值见表 10，选择控制项目及限值见表 11。

表 10 城市污水再生利用于绿地灌溉水质基本控制项目及限值

序号	控制项目	单位	限值
1	浊度	NTU	≤5(非限制性绿地)，≤10(限制性绿地)
2	嗅	—	无不快感
3	色度	度	≤30
4	pH 值	—	6.0～9.0
5	溶解性总固体（TDS）	mg/L	≤1000
6	生化需氧量（BOD_5）	mg/L	≤20
7	总余氯	mg/L	0.2≤管网末端值≤0.5
8	氯化物	mg/L	≤250
9	阴离子表面活性剂	mg/L	≤1.0
10	氨氮	mg/L	≤20
11	粪大肠菌群	个/L	≤200(非限制性绿地)，≤1000(限制性绿地)
12	蛔虫卵数	个/L	≤1(非限制性绿地)，≤2(限制性绿地)

注：粪大肠菌群的限值为每周连续 7d 测试样品的中间值。

表 11 城市污水再生利用于绿地灌溉水质选择控制项目及限值

序号	选择控制项目	限值
1	钠吸收率（SAR）	≤9
2	镉	≤0.01
3	砷	≤0.05
4	汞	≤0.001
5	铬（六价）	≤0.1
6	铅	≤0.2
7	铍	≤0.002
8	钴	≤1.0
9	铜	≤0.5
10	氟化物	≤2.0
11	锰	≤0.3
12	钼	≤0.5
13	镍	≤0.05
14	硒	≤0.02
15	锌	≤1.0
16	硼	≤1.0
17	钒	≤0.1
18	铁	≤1.5
19	氰化物	≤0.5
20	三氯乙醛	≤0.5
21	甲醛	≤1.0
22	苯	≤2.5

注：1 除第一项外，其他项目的单位为 mg/L。

2 $SAR=\frac{Na^{+}}{\sqrt{\frac{Ca^{2+}+Mg^{2+}}{2}}}$，式中钠、钙、镁离子浓度单位均以 mmol/L 表示。

4.2.2 关于再生水同时用于多种用途时的供水水质确定原则。以用水量最大用户的水质确定城镇再生水厂的处理工艺流程通常是合理的。对于水质水量有特殊要求的用水大户，在可行的条件下，可考虑采用专线分质的供水方案，也可在用户内部再作相应补充处理。水质要求低于设计标准的，如水量不大，使用较高标准的再生水效果会更好，且费用又增加不多，水量大时也可采用分质供水。

4.3 设 计 水 量

4.3.1 现行国家标准《城市污水再生利用 分类》GB/T 18919 中规定了城市污水再生利用按用途分为农、林、牧、渔业用水；城市杂用水；工业用水；环境用水；补充水源水五类。每项污水再生利用工程的供水用户可能组成不同，应因地制宜确定其供水用户及供水量。

4.3.2 当水源为污水处理厂出水时，再生水厂设计规模的确定原则。因采用处理工艺不同，再生水厂自用水量差别较大，设计规模及成本测算水量除应考虑水源水量及用户水量的季节变化外，还应考虑不可回收自用水量的影响。为保证供水安全，考虑污水厂运行的不稳定性，规定再生水厂规模要小于污水处理厂规模。

4.3.3 由于工业产品结构和工艺性质不同，各类工业企业再生水用水量差异较大，对于已经建成的工业企业，最好通过用户调查的方法确定再生水用水量。目前热电厂是再生水的主要用户之一，部分热电厂的规模和冷却水用水量列于表 12，供预测热电厂冷却用再生水水量时参考。

表 12 部分热电厂规模和冷却水用水量

热电厂名称	电厂规模	循环冷却水补水量	资料来源
天津杨柳青热电厂	2×300MW 抽汽供热燃煤机组	平均用水量 1020t/h，最大用水量 1200t/h	设计文件
天津东北郊热电厂	4×300MW 燃煤发电供热机组	30000m³/d	设计文件
山东潍坊电厂	2×670MW 超临界燃煤纯凝汽式机组	2784t/h	设计文件

4.3.4 农田灌溉用水量大、面广，用水指标与气候、土壤条件关系较大，需要从实践中积累更多经验数据。参考用水指标为：水作类 800m³/(亩·年)，旱作类 300m³/(亩·年)，蔬菜类 200m³/(亩·年)～500m³/(亩·年)。

4.3.5 随着生态城镇建设的不断推进，各地建设了不少景观湖、景观河道，不少居住小区也建设了景观水系，这些景观水体应尽量采用再生水作为补水水源。但目前景观水体补水量缺乏统一的计算方法。根据部分再生水用于景观环境的工程经验，提出了景观水体补水量的计算方法。

4.3.6 依据现行国家标准《室外给水设计规范》GB 50013 规定道路、广场浇洒的用水定额。

4.3.7 依据现行国家标准《室外给水设计规范》GB 50013 规定绿化浇灌的用水定额。

4.3.8 冲厕用水定额、停车库地面冲洗水定额按现行国家标准《建筑给水排水设计规范》GB 50015 与《建筑与小区雨水利用工程技术规范》GB 50400 的有关规定选取。

4.3.9 其他用途的用水量指标尚无标准可依，需根据水量调查或者参考其他已建工程同类再生水用水量确定。

4.3.10 参照现行行业标准《城镇供水管网漏损控制及评定标准》CJJ 92 确定城镇再生水配水管网的漏损水量。

4.3.11 再生水利用仍属于推广普及阶段，在水量预测中不可预见因素多，水量预测难度较大。本条参照现行国家标准《室外给水设计规范》GB 50013 的有关规定确定不可预见水量比例。

4.3.12 由于采用工艺不同，再生水厂自用水量差别较大，需根据不同工艺生产需要以及厂内水回用率计算确定自用水量。

根据现行国家标准《室外给水设计规范》GB 50013 的有关规定，给水厂自用水率按设计水量的 5%～10% 确定，以及《室外排水设计规范》GB 50014－2006（2011 年版）第 6.9.20 条条文说明中提出曝气生物滤池反冲洗水量为进水水量的 8%左右，因此，对采用混凝、沉淀、过滤＋消毒工艺，曝气生物滤池工艺的再生水厂，无试验资料时，自用水率可按再生水厂设计供水量的 8%～12%确定。

采用膜处理技术时，可按各单元技术耗水量计算再生水厂的自用水率。微滤单元的水回收率在 93%～95%左右，反冲洗水量、制备清洗药剂水量按产水量的 8%～10%考虑，所以微滤单元的自用水量按微滤产水量的 10%～15%考虑。超滤单元的水回收率在 88%～92%左右，反冲洗水量、制备清洗药剂水量按产水量的 8%～10%考虑，所以超滤单元的自用水量按超滤产水量的 18%～22%考虑。反渗透的水回收率按 70%～75%考虑，反冲洗水量、制备清洗药剂水量按产水量的 8%～10%考虑，所以反渗透单元的自用水量按反渗透产水量的 40%～45%考虑。

4.3.13 鉴于再生水利用的不同用途其供水变化差距较大，日变化系数和时变化系数需综合分析确定。

5 再生水厂

5.1 一般规定

5.1.1 再生水厂厂址、厂区总体布置、竖向设计等设计要求与净水厂、污水处理厂设计要求基本相同，应符合现行国家标准《室外给水设计规范》GB 50013 和《室外排水设计规范》GB 50014 的有关规定。

5.1.2 提出再生水处理对污水二级处理的要求。污水二级处理主要是生物处理，氮磷等营养物质宜用生物法去除，不宜采用物化法居多的深度处理工艺去除。

5.1.3 深度处理工艺的选择是再生利用工程设计的核心，应在试验或可靠资料基础上慎重进行选择，设计标准过高，会使投资增大，运行费用偏高，增加供水成本和用户负担；设计标准过低，会使再生水水质不能达标，影响用户使用。

5.1.4 不同的再生水处理工艺其自用水量差别较大，应注意自用水量对水处理构筑物的设计水量影响。

5.1.5 曝气生物滤池和膜生物反应器近年应用较多，出水基本可达到一级 A 标准要求，可视其为二级处理也可视其为深度处理构筑物，曝气生物滤池也可单独放置在二级处理之后，作深度处理使用。

5.1.6 再生水的卫生安全十分重要，消毒单元不能省略。

5.1.7 规定处理构筑物的个（格）数及布置的原则。

5.1.8 再生水厂供水泵站水泵工作台数需根据供水量大小、供水量预期变化情况确定，为方便调节，工作泵不得少于 2 台，备用泵数量应按有关规定确定。

当再生水用户分类多，需水量时变化系数会较大，再生水厂供水泵站可设置变频调速等调节装置，以适应包括投产初期在内的用水量变化情况。

5.1.9 再生水厂厂内符合水质要求的生产及杂用水应率先使用再生水。

5.1.10 关于再生水厂设置溢流和事故排放设施的要求。在现有污水处理厂内增建再生水厂时，溢流和事故排放管道可在利用现有设施基础上统一考虑。

5.1.11 再生水厂与污水处理厂同时合并建设时，按照现行行业标准《城镇供水与污水处理化验室技术规范》CJJ/T 182的规定，合理确定化验室等级、检测能力，一并配置化验设施。在现有污水处理厂增建再生水处理设施时，应充分利用现有污水处理厂化验设施。独立建设再生水厂时，参照上述技术规范并考虑当地污水处理厂等化验设施配置状况，合理确定化验室等级、检测能力，配置相应化验设施。

5.1.12 关于水量调蓄构筑物的设置要求。

1 再生水厂的清水池调节容积计算除考虑产水、供水和用水变化因素外，应注意深度处理工艺自用水水量较大的影响。

2 供水区域较大，供水距离远，当地有合适的位置及适宜的地形可建调节构筑物时，为节省配水能耗，应经技术经济比较，确定是否建设调节构筑物(高位水池或调节水池泵站)。

3 景观环境用水、农田灌溉用水季节性强，用水量变化大，可充分利用当地的景观水系、水池或水库等既有设施的调蓄功能。

5.2 工 艺 流 程

5.2.1 全国许多现有污水处理厂面临升级改造任务，往往增建深度处理工艺以达到一级A或再生水水质标准；而对于新建污水处理及再生水厂来说，可直接按水质标准要求确定处理工艺方案，综合考虑污水二级处理和深度处理关系，甚至污水处理厂名称也可改为再生水厂。现有污水处理厂升级改造成再生水厂与新建再生水厂所确定的处理工艺方案或单体构筑物相比，设计参数会有所不同。

5.2.2 按照污水再生利用用途分类及水质标准要求，结合国内外工程建设实例，提出了供选用的再生处理工艺流程。

1 污水二级处理加介质过滤、消毒工艺，可提高二级处理出水悬浮物的处理效果，水质可满足城镇绿地灌溉用水要求。污水二级处理加消毒处理，出水可以用于农田灌溉用水，水田谷物、露地蔬菜灌溉用水宜选择二级处理加消毒工艺，纤维作物、旱地作物灌溉用水可选择一级强化处理、消毒工艺。

2、3 污水二级处理加混凝、沉淀、介质过滤、消毒工艺，以及二级处理加微絮凝、介质过滤、消毒工艺，是国内外许多工程的常用再生工艺，可进一步强化对悬浮物、总磷及有机污染物的去除效果。城市杂用水、工业冷却和洗涤用水水源宜选择此类工艺。

4 近年来膜分离技术应用增多，膜工艺能够高效地去除悬浮物及胶体物质，具有占地小的特点，但运行成本较高。锅炉补给水宜选择超滤、反渗透，或离子交换工艺进行补充处理。工业工艺与产品用水宜根据试验或参照相关行业水质指标，可以直接使用达到水源标准的再生水，或补充处理后利用，补充处理宜选择超滤、反渗透、(臭氧)、消毒工艺。具有超滤、反渗透、臭氧、消毒等单元的处理工艺出水可作为地下水回灌用水水源。

5 曝气生物滤池近年应用较多，可在已建污水厂做升级改造的深度处理单元使用，也可在新建污水厂做主体工艺单元使用。污水二级处理加曝气生物滤池、消毒工艺，可强化对有机污染物、悬浮物及总磷总氮的去除效果，出水可满足部分工业用水水源的水质要求。

6 膜生物反应器有较好的出水水质，近年也得到较多应用。膜生物反应器出水可满足大部分再生水用水途径的水质要求。

7 人工湿地可作为进一步净化设施提高水质，满足再生利用水质或排放水体的水质标准要求。

上述基本处理工艺流程可满足当前大多数再生水用户的水质要求。

5.2.3 随着再生水利用范围的扩大，优质再生水将是今后发展方向，深度处理技术特别是膜技术的迅速发展展示了污水再生利用的广阔前景，补给给水水源也将变为现实，污水再生处理的工艺流程也会随之不断发展。各单元的处理效率、出水水质与水源水质、再生工艺设计参数等有关，可参照国内外已建成的工程实例确定。

5.3 混 凝

5.3.1 关于混凝剂、助凝剂品种选择及其用量确定，混凝剂、助凝剂调配及投加方式，以及加药间及药剂仓库设计的原则规定。再生水厂与污水处理厂同时合并建设时，加药间、药剂仓库宜统一合建。

5.3.3 参照现行国家标准《室外给水设计规范》GB 50013及部分再生利用工程实际运行数据，规定了四种絮凝构筑物的设计参数。

5.4 沉淀(澄清、气浮)

5.4.3 高效沉淀池的主要控制参数为表面水力负荷，其数值范围是根据各地工程实例的设计和运行参数确定的，在水温适宜时可选用上限值。

5.4.5 关于气浮池的设计参数的规定。

1 常规加压溶气气浮池的设计参数是按照现行国家标准《室外给水设计规范》GB 50013确定的。

2 为减小因管道过长而造成压力的损失，溶气罐宜接近气浮池。按国内试验及生产运行情况，规定溶气压力一般可采用0.2MPa～0.4MPa。回流比应根据悬浮物浓度和颗粒大小以及气泡粘附絮粒的难易程度决定。溶气水回流比宜采用10%。

3 高效浅层气浮用均衡消能装置，取代了传统的释放器，此装置还运用了“浅池理论”及“零速原理”进行设计，水力停留时间仅需4min～5min，强制布水，对水体扰动小。其设计参数是根据有关试验及工程实例确定的。由于浅层气浮的停留时间较短，因此回流比较常规气浮的大，一般在30%以下。

4 关于气浮池排渣设备的规定。

5.5 化学除磷

5.5.1 当再生水水质对总磷的指标要求严格，采用生物除磷工艺仍不能达到要求时，应考虑增加化学除磷措施。化学除磷是指向污水中投加无机金属盐药剂，与污水中溶解性磷酸盐混合后形成非溶解性颗粒状物质，从污水中去除磷的方法。

1 化学除磷工艺分为前置沉淀工艺、同步沉淀工艺和后沉淀工艺。前置沉淀工艺将药剂加在生物处理前的沉砂池中，或加在初沉池的进水渠中，形成的化学污泥在初沉池中与污水中的污泥一同排除。前置沉淀工艺常用药剂为铁盐或铝盐，其流程如下：

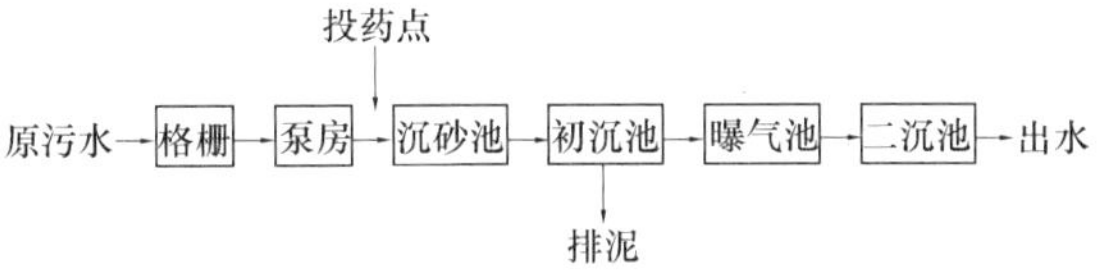

投药点（沉砂池前）

原污水→格栅→泵房→沉砂池→初沉池→曝气池→二沉池→出水

排泥（初沉池）

前置沉淀工艺适用于现有污水厂需增加除磷措施的改建工程。

同步沉淀工艺将药剂投加在曝气池进水、出水或二沉池的进水中，形成的化学污泥同剩余生物污泥一起排除。其流程如下：

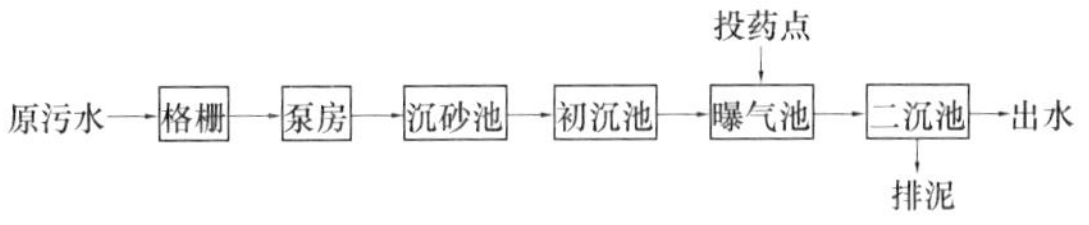

投药点（曝气池）

原污水→格栅→泵房→沉砂池→初沉池→曝气池→二沉池→出水

排泥（二沉池）

后沉淀工艺药剂投加在二沉池出水后另建的混凝设施中，形成单独的处理系统，其流程如下：

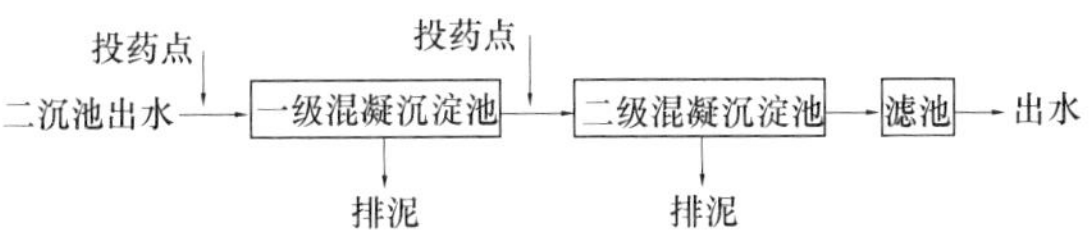

投药点　　投药点

二沉池出水→一级混凝沉淀池→二级混凝沉淀池→滤池→出水

排泥　　排泥

2 化学除磷投加的絮凝剂品种及投加量依据水中总磷、碱度等水质参数确定。常用的铁盐絮凝剂有硫酸亚铁、氯化硫酸铁和三氯化铁；常用铝盐絮凝剂有硫酸铝、氯化铝和聚合氯化铝。当采用石灰作为絮凝剂，宜采用铁盐作为助凝剂。当后续采用紫外消毒时，不宜选用铁盐絮凝剂。

5.6 介质过滤

5.6.1 粒状滤料滤池是再生水处理常用的过滤构筑物，凡在给水处理工艺中采用的石英砂单层滤料、石英砂和无烟煤双层滤料滤池，在污水再生利用的深度处理上也可采用，但设计参数应有所区别，宜通过试验或参考类似工程确定，滤池采取临时性加氯为了防止生物生长堵塞滤池。条款中规定的粒状滤料滤池设计参数是参照已建工程实例确定的。

5.6.2 滤布滤池利用一定孔径的滤布过滤去除总悬浮固体。滤布滤池技术为表面过滤技术，冲洗能耗低，约为常规滤池气水反冲能耗的1/3；过滤水头小；占地面积小，维护使用简便。对SS的去除率可达50%以上。但当处理水中SS过高或其黏附性较强时，滤布易发生污染和堵塞。

5.6.3、5.6.4 纤维束滤池是利用纤维束替代传统的砂滤料，国内已有诸多工程采用。特点是滤速高，可达到砂滤池的2倍，因而占地面积小，并有较高的去除污染物能力。条款中规定的设计参数是参照已建工程实例给出的。

5.6.5 连续过滤砂滤池可实现絮凝、澄清、过滤功能。原水加絮凝剂后经进水管、布水器均匀分配后上向逆流，通过絮凝及滤料层截留作用去除水中的杂质，滤液通过排放口排除。滤池底部含过滤杂质的滤砂，依靠空气提升泵提升至顶部的洗砂器，通过紊流作用使脏颗粒从活性砂中分离出来，杂质通过清洗水出口排出，清洗后的滤砂回落到砂床上层。石英砂滤料呈自上而下的运动，水与砂呈逆向流状态，增强了絮凝及截留效果。

5.7 曝气生物滤池

5.7.1 曝气生物滤池适用于有机污染物及氨氮的去除；不曝气的反硝化生物滤池，适用于总氮的去除。曝气生物滤池在生物脱氮方面具有一定的特殊性质。

5.7.2 为防止曝气生物滤池堵塞，宜设置细格栅或沉淀池等预处理设施。现有污水处理已设置的预处理设施不满足要求时，应改造或增设；新建再生水厂时，应一并设置符合要求的预处理设施。碳氧化曝气生物滤池的进水SS宜小于60mg/L，二级处理后的硝化、反硝化曝气生物滤池的进水SS宜小于20mg/L。

5.7.8 补加碳源量除取决于反硝化进水的碳氮比、所需去除的硝态氮浓度外，还应考虑水温、溶解氧、亚硝酸盐等因素的影响。为降低运行费用，条件具备时可选用例如酒业废水、食品加工废水、糖蜜废水等廉价碳源。

5.7.9 曝气生物滤池硝化容积负荷和反硝化生物滤池容积负荷，根据待处理水的污染物指标酌情选取，最好通过试验验证和调整。水温对硝化和反硝化均有明显影响，水中碱度对硝化过程亦有明显影响。曝气生物滤池氨氮去除率可达90%以上，反硝化滤池硝态氮去除率主要取决于碳源投加量，一般为50%～90%。

5.8 膜生物反应器

5.8.1 膜生物反应器适用于以城镇污水为水源的污水再生处理。新建工程的生物处理应按同时除磷、脱氮设计。膜生物反应器占地面积较小，容积负荷高，出水水质总体上优于常规生物处理技术，可克服传统活性污泥法的污泥流失和膨胀问题。膜生物反应器工艺对运行管理要求较高。

5.8.2 为降低对膜组件的污染影响，满足膜过滤精度要求，应设置必要预处理设施。膜生物反应器进水水质要求为：COD_{cr}≤500mg/L；BOD_5≤300mg/L；SS≤150mg/L；氨氮≤50mg/L；动植物油（n－Hex）≤50mg/L且矿物油（n－Hex）≤3mg/L；pH值6～9；水温宜在15℃～35℃之间。

5.9 人 工 湿 地

5.9.1 自然条件允许时，可采用人工湿地或自然湿地工艺对深度处理单元出水或二级处理出水进一步处理，提高再生水供水水质。工程化的人工湿地系统去除污染物的范围较为广泛，包括有机物、氮、磷、悬浮物、微量元素、病原体等，其净化机理十分复杂，综合了物理、化学和生物的多种作用，由发达的植物根系及填料表面生长的生物膜的净化作用、填料床体的截留及植物对营养物质的吸收作用，实现对水的净化。

5.9.2 人工湿地宜选用耐污能力强、根系发达、去污效果好，并具有一定经济价值和景观效果的本土植物。

5.9.3 宜根据机械强度、孔隙率及比表面积、稳定性等因素，就地就近选择基质填料，并按使用功能要求确定合适的级配。

5.9.4 人工湿地底部和侧面可采用黏土层等进行防渗处理，防渗层的渗透系数不应大于10^{-8}m/s。

5.10 膜 分 离

5.10.1 微（超）滤是较常规介质过滤更高效的分离工艺，已在国内外许多污水再生利用工程中得到了应用。污水再生利用工程可根据水源水质、用户水质要求及建设用地等因素，选用微滤或超滤处理工艺。微（超）膜具有整齐均匀的多孔结构，在压差作用下，大于滤膜孔径的物质被截留分离，具有高效去除悬浮物和胶体物质的能力，出水浊度一般小于0.5NTU，考虑到多因素影响，设计出水浊度可取0.5NTU～2.0NTU。

1 微（超）膜过滤系统对进水中的悬浊物虽有较好的适应性，但为了保证系统更加高效运行，延长膜的使用寿命，进水宜为符合相关标准要求的二级处理出水，并应设置粗滤（一般孔径为500 μm）或混凝、沉淀等预处理装置。投加少量抑菌剂（如氯氨等）是为了抑制管路及膜组件内微生物的过分生长。

2 由于微生物中一些细菌大小只有0.5μm，为提高对细菌类的去除效果，应选择孔径不大于0.2μm的微（超）滤膜。

3 微（超）滤膜的通量与膜材料及水温密切相关，宜通过试验或参照相似工程的运行经验确定。浸没式一般采用负压抽吸方式出水，产生的跨膜压差小，膜通量取值较低，优点是运行成本较压力式低20%～50%；压力式跨膜压差大，膜通量取值高些，相同处理规模具有使用膜面积少、节省投资的优点。

4 采用空气反冲是指压缩空气由滤膜内向外将附着在滤膜上的杂质和沉积物冲洗掉，然后用二级处理出水进行滤膜表面辅助冲洗。这种反冲方式能够在短时间内有效地去除滤膜内外的杂质和沉积物，并能够再生滤膜表层的过滤功能，延长微滤膜使用寿命，具有低耗能和反冲不需使用滤后水的特点。

5 膜分离系统的膜完整性自动测试装置，只需要较少的测试设备就可以在线监测到滤膜的破损情况，预知故障的发生，监测结果准确，从而能够保证处理出水的水质。系统的跨膜压力是指滤膜前后的压力差，实际工程中可以通过设定的跨膜压力来启动反冲系统，当跨膜压力达到设定值时，自动进行化学清洗。需定期进行离线化学清洗，膜组件更换周期约为3年～5年。超滤膜运行参数见表13。

表13 浸没式超滤膜运行参数

跨膜压差(kPa)	反冲周期(min)	反洗时间(min)	曝气强度[m³/(m²·h)]	水冲强度[m³/(m²·h)]	维护性化学清洗(d)	恢复性化学清洗(d)
20～65	20～40	2～3	40～80	0.05～0.09	7～15	≤90

反冲水不能直接排放，需要回流至污水处理系统前端，与污水一并进行处理。化学清洗废液应经达标处理后排放或将废液外运集中处理，不得回用。

6 在有除磷要求时，可在系统前采用化学除磷措施，通过投加化学絮凝剂来形成不溶性磷酸盐沉淀物去除。

5.10.2 反渗透出水水质好，有机质和无机盐含量远低于其他处理技术的出水，适用于对溶解性无机盐类和有机物含量有特殊要求的再生水生产。

1 为了提高反渗透系统效率和对反渗透膜进行有效的保护，选择适宜的预处理工艺，减少污堵、结垢和膜降解，实现系统产水量、脱盐率、回收率和运行费用的最优化，提高膜的使用寿命。水源水为城镇污水处理厂出水时，有发生微生物和胶体两方面高度污染的可能性，所需预处理包括氯消毒、絮凝/助凝、沉淀、介质过滤、微滤/超滤、脱氯、加酸或加阻垢剂等，保证进水污染指数（SDI）小于3。

反渗透膜进水前设置保安过滤装置，对反渗透膜起到保护作用，通过保安过滤装置的运行状态也可间接反映出反渗透系统进水是否达到要求，为运行管理提供方便。一般采用孔径为5μm的聚丙烯滤芯作为反渗透进水的保安过滤装置。

反渗透进水前采取消毒杀菌的方式防止微生物在膜元件及管道内滋生而造成的膜污染，常用的杀菌剂有Cl_2、NaOCl等。应注意的是，当使用上述氧化性的杀菌方式时，由于氧化性物质会造成膜的氧化，破坏膜结构，因此在反渗透膜进水前应设置有效的氧化性物质消除装置，通常采用活性炭吸附或投加$NaHSO_3$的方法来脱除氧化性物质。

为防止碳酸盐垢、硫酸盐垢以及氟化钙垢等造成膜污堵，反渗透膜进水前应投加阻垢剂。对于阻垢剂的种类和投加量应根据对原水的水质分析和实验确定。

2 根据进水水质、要求的水质确定反渗透装置组合形式，通常采用一级或二级组合的形式。一级是指通过一次反渗透就达到脱盐要求的流程，典型的流程为一级一段式、一级两段式。一级一段式，回收水率低，通常用于海水淡化；一级两段式的第二段进水为第一段的浓水，回收水率高，两段的产水汇集为系统的产水，第二段的浓水排放。二级组合式的第二级进水为第一级的产水，第二级产水为系统的产水，第一级的浓水排放，第二级的浓水返回第一级的进水中，从而提高了回收水率，该流程通常用于一级反渗透达不到最终产水水质要求的场合。

3 反渗透系统采用分段清洗的方式便于根据各段污染特点进行有针对性的清洗操作，清洗效果较不分段清洗方式好。但分段清洗系统较为复杂，管路较多，投资较不分段清洗高，可根据投资和现场布置情况等因素综合考虑后确定。由于有些清洗药剂杂质含量较多，在清洗系统中应设置微孔过滤器，可以有效防止在清洗过程中对膜的污染。一般情况下反渗透膜每年需进行2次～6次化学清洗，3年～5年需更换膜组件。

4 反渗透系统的运行压力很高，一般都在1.5MPa以上，需要设置有效的高压保护装置。可在高压泵的出口管路上设置止回阀、电动慢开阀。同时也可在自控系统的设计中采取控制阀门启闭时间、超高压报警等措施进行对系统的保护。

反渗透系统中高压力管路通常采用不锈钢材料，对于含盐量较高的水通常采用SS316L不锈钢或双相不锈钢，对于一般的苦咸水常采用SS304不锈钢。低压管路如产水管路可选用ABS、PVC-U、PVDF等材料，大管径可采用不锈钢管或钢衬胶管。在高压泵出口和浓水排放处设置流量控制阀，以调节组件进水流量和浓水排放流量，控制系统的回收率。在产水侧设置排放阀用于排放系统运行初期或出现异常情况时的不合格水，以免污染后续处理设施。在采用复合膜的反渗透系统中，如产生背压则会对膜元件造成严重的结构损害，要采取有效地防止产水背压的保护措施，一般可采用在产水管路上设置止回阀或压力爆破膜等措施。

在膜组件的进水、浓水和产水处设置取样阀，以监测装置、组件的性能和运行状态。

5 反渗透浓缩液中无机盐和有机质含量高，应妥善处理处置。

5.11 臭氧氧化、活性炭吸附

5.11.1 臭氧氧化技术较适用于城镇污水二级处理出水的深度处理，可综合改善水质，并强化病原微生物的去除，对色度、臭味以及含不饱和键的有毒有害有机物去除效果显著。臭氧氧化设计参数由于水质及目标的不同，投加量差异较大，一般宜通过试验确定臭氧投加量和接触时间。无试验资料时，也可参照本规范的规定取值。

1 关于臭氧投加量和接触时间的规定。根据国内工程实践，一般臭氧作为脱色剂或除味时，投加量在5mg/L以上，臭氧的接触时间一般不宜小于5min。当需进一步氧化去除难以生物降解的有机物时，宜加大臭氧投加量和延长接触时间。

2 从臭氧接触池排气管排出的气体仍含有一定的残余臭氧，这些气体被称为臭氧尾气。由于空气中一定浓度的臭氧对人的机体有害。人在臭氧含量百万分之一的空气中长期停留，会引起易怒、感觉疲劳和头痛等不良症状。而在更高的浓度下，除这些症状外，还会增加恶心、鼻子出血和眼黏膜发炎，经常受臭氧的毒害会导致严重的疾病。出于对人体健康安全的考虑，提出了此项规定。通常情况下，经尾气消除装置处理后，要求排入环境空气中的气体所含臭氧的浓度小于0.1μg/L。

3 由于臭氧的氧化性极强，对许多材料具有强腐蚀性，因此要求臭氧处理设施中臭氧发生装置、臭氧气体输送管道、臭氧接触池以及臭氧尾气消除装置中所有可能与臭氧接触的材料能够耐受臭氧的腐蚀，以保证臭氧净水设施的长期安全运行和减少维护工作。

4 臭氧氧化工艺中的臭氧制备的氧气气源、臭氧发生装置以及臭氧接触池的设计与给水处理中的臭氧净水没有本质差别，因此，除本规范已经规定的内容外，其他应符合现行国家标准《室外给水设计规范》GB 50013的有关规定。

5　臭氧氧化的运行成本较高，臭氧制备中使用的氧气仅有10%左右产生臭氧，大部分成为尾气排放，一般每公斤臭氧的电耗在8kWh左右。臭氧投加浓度较大或水处理规模较大时，应进行尾气利用的技术经济分析，方案可行且经济合理的应充分利用，以降低水处理系统的处理成本。

5.11.2　污水处理厂二级出水经深度处理后，出水中的某些有机污染物指标仍不能满足再生利用水质要求时，可增设活性炭吸附工艺。

1　因活性炭去除有机物有一定选择性，其适用范围有一定限制。当选用粒状活性炭吸附工艺时，宜针对待处理水水质、再生利用水质要求、去除污染物的种类及含量等，通过活性炭滤柱试验确定工艺设计参数。

2　用于水处理的活性炭，其炭的规格、吸附特征、物理性能等均应符合相关颗粒活性炭标准的要求。

3　当活性炭使用一段时间后，其出水不能满足水质要求时，可从活性炭滤池的表层、中层、底层分层取炭样，测碘值和亚甲蓝值，验证炭是否失效。失效炭指标见表14。

表14　失效炭指标

测定项目	表层	中层	底层
碘吸附值（mg/L）	≤600	≤610	≤620
亚甲蓝吸附值（mg/L）	≤85	—	≤90

活性炭吸附能力失效后，为了降低运行成本，一般需将失效的活性炭进行再生后继续使用。我国目前再生活性炭常用两种方法，一种是直接电加热，另一种是高温加热。活性炭再生处理可在现场进行，也可返回厂家集中再生处理。

5.12　消　　毒

5.12.1　为了保证用水安全，消毒是必须的。要保证消毒剂的货源充足和一定量的储备。消毒与给水处理不同的是投加量大。

氯消毒（液氯、次氯酸钠或次氯酸钙等）方法技术成熟、成本低，具有广谱的微生物灭活效果，余氯具有持续杀菌作用。在保证消毒效果的同时应防止消毒副产物对水环境的影响。二氧化氯的强氧化性，具有优良的广谱微生物灭活效果和氧化作用。紫外线消毒系利用低压或中压紫外线灯灭活水中各类病原微生物，不使用化学药品，具有广谱的微生物灭活效果，接触时间短，基本不产生消毒副产物。在条件许可的情况下推荐采用臭氧、紫外线消毒技术，或臭氧、紫外线与氯的联合消毒方式，提高病原性原虫灭活效果，降低消毒副产物生成量。

5.12.2　不同用途的再生水对消毒效果要求差别也较大，消毒剂的设计投加量应根据试验确定。国家标准《室外排水设计规范》GB 50014－2006（2014年版）规定，无试验资料时，二级处理出水的加氯量可采用6mg/L～15mg/L，再生水厂的加氯量按卫生学指标和余氯量确定。不同用水途径和要求的臭氧消毒投加剂量参考值见表15、表16。

表15　再生水厂臭氧消毒投加剂量参考值

污水类型	初始粪大肠菌群数（MPN/100mL）	臭氧消毒剂量（mg/L） 粪大肠菌群数出水目标数（MPN/100mL）			
		1000	200	23	≤2.2
活性污泥法出水	10^5～10^6	3～5	5～7	12～16	20～30
活性污泥法过滤出水	10^4～10^6	3～5	5～7	10～14	16～24
硝化出水	10^4～10^6	2～5	4～6	8～10	16～20
硝化出水过滤后	10^4～10^6	2～4	5～8	5～7	10～16
微滤出水	10～10^3	—	2～3	3～5	6～8
反渗透出水	0	—	—	—	1～2

表16　再生水厂臭氧消毒投加剂量试验值
（北京多座再生水厂现场试验结果）

用途		粪大肠菌群要求	文献报道投加量	试验投加量
城市杂用		≤3CFU/L	暂无相关数据	>15mg/L
工业回用		≤2000CFU/L	3mg/L～5mg/L	≥3.6mg/L
观赏性景观环境用水	河道类	≤10000CFU/L	2mg/L～4mg/L	≥1.8mg/L
	湖泊类			
	水景类	≤2000CFU/L	3mg/L～5mg/L	≥3.6mg/L
娱乐性景观环境用水	河道类	≤500CFU/L	5mg/L～7mg/L	≥9.5mg/L
	湖泊类			
	水景类	不得检出	暂无相关数据	
一级A		≤1000CFU/L	5mg/L～8mg/L	≥7.0mg/L

《室外排水设计规范》GB 50014－2006（2014年版）规定，再生水的紫外线消毒剂量可为24mJ/cm^2～30mJ/cm^2。影响紫外线消毒的主要因素有透射率、悬浮物浓度和浊度，因此结合现行行业标准《城镇污

水处理厂运行、维护及安全技术规程》CJJ 60的有关规定，紫外线消毒进水透射率应大于30%，悬浮物不大于10mg/L，浊度不大于5NTU。当进水水质不满足以上要求时，宜优化或增设预处理工艺，水中带色金属离子等均会影响紫外线在水中的穿透率，其中三价铁离子对紫外线摩尔吸收系数最大，因此不宜使用铁盐作为混凝沉淀药剂。污水中常见物质对紫外线的吸收特性见表17。

表17　污水中常见物质对紫外线的吸收特性

物质	摩尔吸收系数 ($M^{-1}cm^{-1}$)	最小影响浓度 (mg/L)
O_3	3250	0.071
Fe^{3+}	4716	0.057
MnO_4^-	657	0.91
$S_2O_3^{2-}$	201	2.7
ClO^-	29.5	8.4
H_2O_2	18.7	8.7
Fe^{2+}	28	9.6
SO_3^{2-}	16.5	23
Zn^{2+}	1.7	187

6　输　配　水

6.1　一 般 规 定

6.1.1　再生水管线的平面位置和竖向位置一般由城镇总体规划及给排水、道路等专项规划确定，并按现行国家标准《城市工程管线综合规划规范》GB 50289的有关规定进行管线综合设计。

6.1.6　参照现行国家标准《城市工程管线综合规划规范》GB 50289及《室外给水设计规范》GB 50013的有关规定，提出再生水管道与其他管线及建（构）筑物之间的最小水平净距，实际执行中受现场条件等因素难以满足上述要求时，可根据实际情况采取安全措施后减小最小水平净距。

6.1.7　参照现行国家标准《城市工程管线综合规划规范》GB 50289及《室外给水设计规范》GB 50013的有关规定，提出再生水管道与其他管线及建（构）筑物之间的最小垂直净距，实际执行中受现场条件等因素难以满足上述要求时，应根据实际情况采取安全措施，减小最小垂直净距。

6.1.9　关于管道穿越河堤、铁路、高速公路和其他高等级路面的设计原则要求。相关的国家现行标准有《防洪标准》GB 50201、《铁路桥涵设计基本规范》TB 10002.1、《公路桥涵设计通用规范》JTG D60。

6.1.11　管网供水区域较大、距离再生水厂较远时，为方便管理人员及时进行供水调配、管网检修维护等工作，可设置维护管理站点。

6.2　输配水管道

6.2.1　关于再生水输水干管设计流量的规定。

再生水输水干管主要包括：从城镇污水处理厂至再生水厂的原水输水干管、向特定用户供水的专用输水干管两类。

由于再生水厂的制水工艺和净水厂不同，再生水厂采用“混凝、沉淀＋微滤膜过滤＋部分反渗透”的处理工艺，再生水水厂自用水量所占比例较大，在原水输水干管设计中应考虑再生水厂自用水量。

6.2.2　配水管网负责向用户提供满足水量和水压要求的再生水，除按最高日最高时的水量及控制点的设计水压进行管网计算之外，还应采用最不利管段发生故障时的事故用水量和设计水压、最大转输时的流量和水压进行校核，如结果不能满足要求，则需要调整某些管段的管径。

6.2.3　用户最小服务水头保证管道的流出水头使用要求。再生水用于浇洒道路和绿地时，国家标准《建筑给水排水设计规范》GB 50015－2003（2009年版）第3.1.14条规定，洒水栓最低工作压力（0.05～0.10）MPa；国家标准《城市绿地设计规范》GB 50420－2007第8.1.4条规定，绿化灌溉给水管网从地面算起最小服务水压应为0.10MPa。再生水用于景观水体补水时，受水点处最小服务水头可取0.05MPa。再生水回用于民用建筑、公用建筑内部冲洗厕所用水时的供水水压，按直接供水的建筑层数计算确定。当不同用户的服务压力要求差别较大时，宜根据至各用户的输配水距离、高程差、水量，通过技术经济比较确定是否需要采用分压输配水方式。

6.3　附 属 设 施

6.3.2　再生水管道故障时为方便检修，确定设置阀门的位置及数量。

6.3.3　避免再生水输配水管道集气，影响输配水能力，确定排气阀设置的位置及数量，长输管道还应结合水锤防护计算确定。

6.3.4　为方便管道冲洗、检修泄空，结合当地排水条件合理设置泄（排）水阀井，泄水阀规格宜按表18选用。

表18　泄水阀规格表

再生水管管径	≤*DN*400	*DN*500	*DN*600～*DN*700
泄水阀规格	*DN*100	*DN*150	*DN*200～*DN*250

续表 18

再生水管管径	DN800～DN900	DN1000	≥DN1200
泄水阀规格	DN250～DN300	DN300～DN400	DN400～DN500

6.3.5 防止再生水管道压力不足时产生倒流，应在淹没出流管道上设置防倒流装置。

7 安全防护和监测控制

7.1 安 全 防 护

7.1.1 为便于在停电事故、进水量减少，或水质波动等情况时采取应急措施，要保证供水部门和用户之间畅通的通信联系。

7.1.2 为防止操作维护管理人员坠落、滑跌，应在敞口及临边水处理构筑物上面的通道设置符合安全要求的扶手栏杆，并采用防滑地面或采取其他防滑措施。

7.1.3 严禁再生水管道与给水管道、自备水源供水系统连接的规定，防止污染生活饮用水系统。

7.1.4 为防范误饮、混接误用再生水，在绿化、景观环境等再生水管道取水接口和取水龙头处，应配置"再生水不得饮用"的耐久警示标识。使用维护期间，应定期巡视标识是否遗落和损坏等现象。

7.1.5 为防止误接、误用，对再生水输配管网中所有的组件、附属设施以及埋地管道应明确标识的规定。

7.1.6 为防止下水道排水不畅时，引起污废水倒灌，再生水清水池的排空管道、溢流管道严禁与下水道直接连通。

7.2 监 测 控 制

7.2.1 再生水厂及输配水管道设置自动化监测与控制系统，有利于保证再生水生产及利用系统的安全可靠运行和提高管理水平。

7.2.2 对再生水水源收集系统中的工业废水接入口水质检测及设置事故控制闸门作出规定。

7.2.3 在再生水厂进出水口设置水质、水量在线监测及预警系统，便于再生水厂运行调节控制。水质、水量出现较大波动时，通过预警提示，便于采取应急对策。

7.2.4 关于加氯消毒系统设置监测、报警和安全控制系统的规定。液氯加氯系统的设计必须执行现行国家标准《氯气安全规程》GB 11984 的有关规定。

7.2.5 为满足再生水厂生产工艺过程控制及环境保护等监管部门的要求，应设置必要的水质检测仪表，对沉淀池（澄清、气浮）、滤池、曝气生物滤池、膜分离装置等主要处理单元运行及出厂水水质进行监测。

7.2.6 再生水厂进出口、主要处理单元以及用户用水点设置水样取样点，方便化验人员定期采集水样。

7.2.7 关于再生水厂出厂管道、配水管网中的特征点及用户进户管道上的测流和测压点、遥测、遥信、遥控等设置内容的规定。

中国工程建设协会标准

城镇径流污染控制调蓄池技术规程

Technical specification for detention tank controlling urban stormwater pollution

5

CECS 416：2015

主编单位：上海市政工程设计研究总院（集团）有限公司
批准单位：中 国 工 程 建 设 标 准 化 协 会
施行日期：2 0 1 6 年 1 月 1 日

目　次

1 总　　则

1.0.1　为减少降雨初期排水系统溢流或放江的污染量，达到保护水环境的要求，规范我国用于城镇径流污染控制的调蓄池的设计、施工、验收和运行维护，制定本规程。

1.0.2　本规程适用于以钢筋混凝土为主要材质、主要用于控制城镇径流污染的调蓄池的设计、施工、验收、运行和维护。

1.0.3　调蓄池的建设应在不断总结科学实验和实践经验的基础上，积极采用行之有效的新技术、新材料和新设备，降低工程造价和运行成本。

1.0.4　调蓄池的设计、施工、验收、运行和维护除应符合本规程外，尚应符合国家现行有关标准的规定。

2 术语和符号

2.1 术　　语

2.1.1　调蓄池　detention tank

是以控制城镇径流污染为主要功能，用于储存雨水的蓄水池。

2.1.2　城镇径流污染　urban stormwater pollution

通过降雨和地表径流冲刷，将城镇大气和地表中的污染物带入受纳水体；或在合流制排水系统中，超过截流倍数的雨污水溢流进入受纳水体，使受纳水体遭受污染的现象。

2.1.3　接收池　interception tank

不具有沉淀净化功能的调蓄池。调蓄池充满后，后续来水不再进入调蓄池。

2.1.4　通过池　purification tank

具有沉淀净化功能的调蓄池。调蓄池充满后，后续来水继续进入调蓄池，而沉淀净化后的雨污水溢流至水体。

2.1.5　联合池　interception and purification tank

由接收池和通过池组成的调蓄池。雨污水首先进入接收池，接收池充满后，后续来水再进入按照通过池建造的净化部分。

2.1.6　廊道式　gallery type

设置若干个平行的纵向或横向沟槽的调蓄池底部结构型式。

2.1.7　连续沟槽式　continuous groove type

在调蓄池入口和出口之间设置一个连续的倾斜沟槽的底部结构型式。

2.1.8　调蓄池放空　detention tank emptying

调蓄池排出池内占据有效蓄水空间的水，恢复池体调蓄功能的过程。

2.1.9　水力固定堰　hydraulic fixed weir

利用水力条件控制管渠进入调蓄池水量的堰式固定设施。

2.1.10　水射器冲洗　water jeter washing

借助吸气管和特殊设计的管嘴，高压水流在喷射管中产生负压，利用带气高压水流对池底进行冲刷清洗的过程。

2.1.11　门式自冲洗　gate-type self-washing

调蓄池分割成数条长形冲洗廊道，廊道始端设置储水池和门式外形的冲洗门，廊道末端设置出水收集渠，控制系统触发，冲洗门瞬间将储水释放，底部喷射出的水形成强力席卷式的射流，对池底进行冲刷清洗的过程。

2.1.12　水力翻斗冲洗　hydraulic skip bucket washing

调蓄池分割成数条长形冲洗廊道，翻斗安装于调蓄池廊道始端的池壁上方，工作待命状态时翻斗口朝上，冲洗调蓄池时翻斗充满水，利用偏心设计，翻斗失稳自动翻转，对池底进行冲刷清洗的过程。

2.1.13　连续沟槽自清冲洗　continuous ditch self-washing

调蓄池底部设计成连续沟槽，利用池内蓄水冲洗底部，通过水力将势能转换为动能进入连续沟槽，在沟槽内达到自清流速，形成冲刷清洗的过程。

2.1.14　移动清洗设备冲洗　mobile cleaning equipment washing

利用扫地车、铲车等清洗设备，对有敞开条件的平底调蓄池进行冲刷清洗的过程。

2.2 符　　号

A——调蓄池出口截面积；

A_t——t 时刻调蓄池表面积；

C_d——出口管道流量系数；

F——汇水面积；

g——重力加速度；

h——调蓄池水深；

h_1——放空前调蓄池水深；

h_2——放空后调蓄池水深；

H——调蓄量；

ΔH——调蓄池上下游的水力高差；

i_{dr}——旱流污水当量降雨强度；

i_T——截流调蓄系统设计降雨强度；

i_y——调蓄池设计降雨强度；

n_0——系统原截流倍数；

q——调蓄池进水管设计流量；

Q——调蓄池出口流量；

Q'——下游排水管渠或设施的受纳能力；

t_i——调蓄时间；

t_0——放空时间；

V——调蓄池有效容积；

ψ——径流系数；

ε——合流污水截流率；

β——安全系数；

η——排放效率。

3 设　　计

3.1 一般规定

3.1.1　调蓄池的位置，应根据排水体制、管网布置、溢流管下游水位高程和周围环境等综合确定，有条件的地区可采用数学模型进行方案设计和优化。

3.1.2　用于控制城镇径流污染的调蓄池的类型有接收池、通过池和联合池。调蓄池类型的选择，应根据雨水径流的初期效应、水质特性和下游污水系统的处理能力等因素综合确定。

3.1.3　调蓄池的埋深宜根据上下游排水管道的埋深和调蓄池的类型，并综合工程用地等环境条件，通过技术经济比较后确定。

3.1.4　调蓄池的出水应接入污水管网，当下游污水系统余量不能满足调蓄池放空要求时，应设置调蓄池出水就地处理装置。

3.1.5　调蓄池的建设应与城市景观、绿化和排水泵站等设施统筹考虑，相互协调。

3.2 水量和水质

3.2.1　降雨量和降雨特征参数应根据当地近期 20 年以上的降雨

资料确定。

3.2.2 用于合流制排水系统控制雨水径流污染时，调蓄池的有效容积应根据当地降雨特征、受纳水体的环境容量、排水系统截流倍数、系统旱流污水量、排水系统服务面积和下游污水系统的余量等因素，按下列公式计算：

$$V = 10 i_y t_i F \psi \beta \quad (3.2.2\text{-}1)$$

$$i_y = i_T - n_0 \cdot i_{dr} \quad (3.2.2\text{-}2)$$

$$i_T = f(\varepsilon) \quad (3.2.2\text{-}3)$$

式中：V——调蓄池有效容积（m^3）；

i_y——调蓄池设计降雨强度（mm/h），当计算得到的 i_y 小于4mm，取4mm；

t_i——调蓄时间（h），宜采用0.5h～1h，当合流制排水系统雨天溢流污水水质在单次降雨事件中无明显初期效应时，取上限；反之，可取下限；

F——汇水面积（hm^2）；

ψ——径流系数；

β——安全系数，可取1.1～1.5；

i_T——截流调蓄系统设计降雨强度（mm/h），包括系统原截流和调蓄池截流；

n_0——系统原截流倍数；

i_{dr}——旱流污水当量降雨强度（mm/h）；

ε——合流污水截流率（%），是当地历史数据获得截流调蓄系统设计降雨强度 i_T 和合流污水截流率的函数关系 $f(\varepsilon)$。

3.2.3 用于分流制排水系统控制雨水径流污染时，调蓄池的有效容积应根据当地降雨特征、受纳水体的环境容量、初期雨水水质水量特征、排水系统服务面积、下垫面径流系数和下游污水系统的余量等综合确定，并按下式计算：

$$V = 10 H F \psi \beta \quad (3.2.3)$$

式中：H——调蓄量（mm），可取4mm～8mm。

3.2.4 与排水管道并联的调蓄池进水管的设计流量可按下式计算：

$$q = i_y F \psi \beta / 360 \quad (3.2.4)$$

式中：q——调蓄池进水管设计流量（m^3/s）；

i_y——调蓄池的设计降雨强度（mm/h）。

3.2.5 合流制排水系统溢流排放口和分流制排水系统雨水排放口的初期出流水质应以实测数据为准。

3.3 平面布局

3.3.1 调蓄池宜采用与排水管渠并联的形式。

3.3.2 调蓄池池型应根据用地条件、调蓄容积和总平面布置等因素，经技术经济比较后确定。

3.3.3 调蓄池进水井位置应根据排水管渠位置、调蓄池选址、调蓄池进水方式和周围环境等因素综合确定，并应符合下列规定：

1 进水井可采用溢流井、旁通井等形式；

2 采用溢流井作为进水井时，宜采用槽式，也可采用堰式或槽堰结合式；管渠高程允许时，应选用槽式；当选用堰式或槽堰结合式时，堰高和堰长应进行水力计算，并复核其过流能力；

3 采用旁通井作为进水井时，应设置闸门或阀门。

3.3.4 调蓄池进水可采用管道、渠道箱涵等形式，与泵站合建的调蓄池，可采用与泵站水池相通的洞口形式。

3.3.5 进出水管渠设计应保证进出水顺畅，避免在池内产生滞流和偏流，出水不应产生壅流。

3.3.6 调蓄池进水宜设置格栅等拦污装置。

3.4 竖向布局

3.4.1 调蓄池设计有效水深应根据用地条件、调蓄池类型、池型、下游管渠标高、当地施工条件和运行能耗等因素，经技术经济比较后确定。

3.4.2 调蓄池的超高宜大于0.5m。

3.4.3 调蓄池底部结构应根据冲洗方式确定，并应符合下列规定：

1 当采用门式自冲洗或水力翻斗冲洗时，宜为廊道式；

2 当采用自清冲洗方式时，应为连续沟槽式，并应进行水力模型试验。

3.4.4 调蓄池的底坡设计应满足冲洗的要求；结构较复杂的调蓄池宜进行水力模型试验确定底坡坡度。

3.4.5 重力出水管渠标高应根据下游管道水位标高和管道水头损失确定。

3.4.6 当调蓄池达到最高设计水位时，应超出调蓄池容纳能力的雨水溢流。溢流设施的设置应符合下列规定：

1 采用水力固定堰进水方式或没有设置根据池内液位自动控制进水设施的调蓄池宜设置溢流设施；

2 溢流管涵过流断面不宜小于进水过流断面；

3 下游管道系统应适当考虑溢流流量，下游管道系统无多余负荷且环境容量满足要求时，可就近排放。

3.5 进水和放空

3.5.1 进水控制设施可采用闸门、阀门和水力固定堰，并应符合下列规定：

1 选用闸门、阀门时，应考虑闸门、阀门的密闭性和启闭时间，闸门的开启速度宜为0.2m/min～0.5m/min，其他阀门启闭时间不应大于2min；

2 选用水力固定堰的，应复核其过流能力。

3.5.2 调蓄池宜采用重力进水；当调蓄池埋深不满足重力进水要求时，应采用水泵提升进水。

3.5.3 调蓄池放空可采用重力放空、水泵排空和两者相结合的方式。有条件时，应采用重力放空。出水管管径应根据放空时间确定，且出水管排水能力不应超过下游管渠排水能力。出口流量和放空时间，应按下列规定计算：

1 采用管道重力就近出流的调蓄池，出口流量应按下式计算：

$$Q = C_d A \sqrt{2g(\Delta H)} \quad (3.5.3\text{-}1)$$

式中：Q——调蓄池出口流量（m^3/s）；

C_d——出口管道流量系数，取0.62；

A——调蓄池出口截面积（m^2）；

g——重力加速度（m^2/s）；

ΔH——调蓄池上下游的水力高差（m）。

2 采用管道重力就近出流的调蓄池，放空时间应按下式计算：

$$t_0 = \int_{h_1}^{h_2} \frac{A_t}{C_d A \sqrt{2gh}} dh \quad (3.5.3\text{-}2)$$

式中：t_0——放空时间；

h_1——放空前调蓄池水深（m）；

h_2——放空后调蓄池水深（m）；

A_t——t 时刻调蓄池表面积（m^2）；

h——调蓄池水深（m）。

3 采用水泵排空的调蓄池，放空时间可按下式计算：

$$t_0 = \frac{V}{3600 Q' \eta} \quad (3.5.3\text{-}3)$$

式中：V——调蓄量或调蓄池有效容积（m^3）；

Q'——下游排水管渠或设施的受纳能力（m^3/s）；

η——排放效率。

3.5.4 调蓄池放空可采用重力放空、水泵压力放空和两者相结合的方式。有条件时，应采用重力放空。

3.5.5 采用水泵压力放空方式的调蓄池应符合下列规定：

1 底部应设置放空泵坑；

2 水泵放空水深大于7m的，应设置双层放空泵；

3 放空泵宜设置备用泵。

3.6 冲 洗

3.6.1 调蓄池应设置对其底部沉积物进行冲刷清洗的有效措施。

3.6.2 调蓄池应根据工程特点和周边条件，选择经济、可靠的冲洗水源。

3.6.3 调蓄池冲洗应根据工程特点和调蓄池池型设计，选用安全、环保、节能、操作方便的冲洗方式，宜采用水力自清和设备冲洗等方式，人工冲洗作为辅助手段。

3.6.4 采用水力自清时，可采用连续沟槽自清冲洗等方式；采用设备冲洗时，可采用门式自冲洗、水力翻斗冲洗、移动清洗设备冲洗、水射器冲洗、潜水搅拌器冲洗等方式。

3.6.5 矩形池宜采用门式自冲洗、水力翻斗冲洗、移动清洗设备冲洗、水射器冲洗等冲洗方式；圆形池应结合底部结构设计，宜采用连续沟槽自清冲洗、潜水搅拌器等径向水力冲洗方式。

3.6.6 位于泵房下部的调蓄池，宜优先选用设备维护量低、控制简单、无需电力或机械驱动的冲洗方式。

3.6.7 在冲洗廊道的末端应设置集水坑，集水坑的容积应大于调蓄池冲洗一次的冲洗水量。

3.7 电气仪表

3.7.1 调蓄池的负荷等级宜为三级负荷。与泵站合建的调蓄池应结合泵站确定负荷等级，特殊用途的调蓄池应根据其性质和重要性综合确定。

3.7.2 调蓄池电气主接线设计应根据调蓄池规模、用电负荷大小、运行方式、供电接线和调蓄池的重要性等因素合理确定。接线应简单可靠、操作检修方便、节约工程投资。当调蓄池与泵站合建时，电气主接线设计应结合泵站统一确定。

3.7.3 调蓄池的主要电气设备布置和电缆敷设，应符合下列规定：

1 电气设备布置应结合调蓄池总体布局，交通道路、地形、地质条件、自然环境等进行布置，减少占地面积和土建工程量，降低工程造价；

2 电气设备布置应紧凑，并有利于主要电气设备之间的电气连接和安全运行，且检修维护方便。变电所、配电所宜靠近负荷中心；

3 电气设备布置在地下室时，应采取相应的防潮措施；

4 电缆沟内应设置排水设施，排水坡度不宜小于2%。电缆管进、出口应采取防止水进入管内的措施。

3.7.4 调蓄池的接地和防雷应符合下列规定：

1 调蓄池应设有工作接地、保护接地和防雷接地装置；

2 接地装置应优先利用调蓄池构筑物的主钢筋作为自然接地体，当自然接地体的接地电阻达不到要求时，应增加人工接地装置，人工接地装置与自然接地体间的连接不应少于两点；

3 建筑物应设总等电位联结；

4 进出防雷保护区的进线电源和信号系统应加装防雷保护器，其余金属线路、金属管道在进出处应就近接到防雷或电气装置的接地装置上。防雷保护应符合现行国家标准《建筑物防雷设计规范》GB 50057 的有关规定。

3.7.5 调蓄池的照明应符合下列规定：

1 变电所、配电所应设置正常工作照明和应急照明；

2 应急照明电源应由照明器具内的可充电电池或应急电源(EPS)供电，其标准供电时间不应小于30min；

3 全地下调蓄池宜配置移动式照明灯具，供调蓄池内人工冲洗时使用，并应采取防止触电措施或采用安全电压供电。

3.7.6 调蓄池自动化控制系统应符合下列规定：

1 调蓄池宜按无人值守(或少人值守)，定期巡检的控制模式设置自动化控制系统，并根据调蓄池规模、工艺和运行管理要求等确定，受所服务的上级排水系统调度和管理；

2 与泵站合建调蓄池的控制模式、自动化控制系统结构应结合泵站统一确定；

3 大型调蓄池自动化控制系统结构宜为信息层、控制层和现场层三层；形式简单、设备数量少的调蓄池可简化为控制层和现场层二层结构；

4 设备控制宜为远程控制、就地控制和机侧控制等三种控制方式。较高优先级的控制可屏蔽较低优先级的控制；就地控制和机侧控制应设置选择开关；

5 调蓄池应设置与上级调度系统的通讯接口。

3.7.7 调蓄池检测仪表的设置应符合下列规定：

1 检测仪表配置应根据运行管理要求确定；

2 出水总管宜设置流量计；

3 集水池应设置液位计。

3.7.8 调蓄池必须设置 H_2S、CH_4 等有毒有害气体检测仪和报警装置。

3.7.9 调蓄池的安防系统应符合下列规定：

1 调蓄池视频安防监控系统设计应遵循本地存储、数据上传的原则；

2 与泵站合建的调蓄池视频安防监控系统应结合泵站统一确定；

3 监视范围应包括主要工艺设施、变电所、周界和出入口，视频图像宜上传上级调度系统；

4 调蓄池宜设置周界报警系统，报警信号可与当地排水管理单位系统连接；

5 根据运行需求可设置门禁系统，并对出入信息进行记录。

3.8 通风除臭

3.8.1 调蓄池应设送排风设施，送排风设施的设计应符合下列规定：

1 在调蓄池进水和放空时，池内气压应平衡；

2 当调蓄池内储存有雨污水时或放空后，池内 H_2S、CH_4 等有毒有害气体的浓度应低于爆炸极限；

3 人员进入前，池内 H_2S、NH_3 等有毒有害气体的浓度不应对人员安全造成威胁。

3.8.2 合流制排水系统中的调蓄池，其透气井口处应设置除臭设施，避免臭气散逸。分流制排水系统中的调蓄池，位于居民区或敏感地段的，其透气井口处宜设置除臭设施。

3.8.3 调蓄池臭气经处理后应达到现行国家标准《恶臭污染物排放标准》GB 14554 中厂界新(扩、改)建二级指标后方可排放；在环境敏感或环评有特殊要求的地区，臭气应达到要求后方可排放。

3.8.4 除臭设备应符合下列规定：

1 调蓄池透气井口处除臭系统的处理风量宜按每小时处理调蓄池容积1倍～2倍的臭气体积确定；在有特殊要求的工程中，应结合通风系统的换气次数进行确定；

2 除臭设备及其配套设施应采用耐腐蚀材料；风机、电动机防护等级不应低于IP65；

3 除臭设备及其配套设施布置应紧凑，在对景观要求高的工程中，除臭设备应结合周边景观做特别处理；

4 排气筒应与周边建筑景观相协调，其位置及高度应按环保部门相关批文的要求执行。

3.9 检修通道和附属设施

3.9.1 调蓄池中应设置必要的人员检修通道和合理的设备检修措施，并应考虑人工清除池底沉积物的运渣方式。

3.9.2 调蓄池应根据设备安装和检修要求，设置设备起吊孔。设备起吊孔尺寸应按起吊最大部件外形尺寸各边加300mm，起吊孔的盖板应设密封措施。

3.9.3 调蓄池检修通道宜设置钢筋混凝土结构的楼梯，宽度不宜小于1100mm，倾角宜为40°，每个梯段的踏步不应超过18级；应做好楼梯的防腐设计和安全性设计。

3.9.4 调蓄池检修通道的设置应避免对调蓄池冲洗产生影响。

3.10 安全性要求

3.10.1 调蓄池可能出现爆炸性气体混合物的区域，应根据现行国家标准《爆炸和危险环境电力装置设计规范》GB 50058的有关规定采取防爆措施。

3.10.2 调蓄池的耐火等级不应低于二级。调蓄池场地应设消防设施，并应符合现行国家标准《建筑设计防火规范》GB 50016的有关规定。

3.10.3 进入调蓄池内的通道、楼梯应设置必要的栏杆等安全保护措施；爬梯应采用能够在污水环境下防腐蚀的材质，并设置护栏。

3.10.4 工作人员进入调蓄池前，应对池内人员工作区域进行有效通风，确保人员安全。

3.10.5 工作人员进入调蓄池前应采取佩戴防毒面具、携带便携式H_2S检测仪、可燃气体检测仪等防护措施。

3.10.6 调蓄池应设置必要的防腐措施。

4 施工及验收

4.1 一般规定

4.1.1 调蓄池的施工单位应具备相应的施工资质，施工人员应具备相应的资格。施工项目质量控制应符合相应的施工技术标准规定，并应制定质量管理体系、质量控制和检验制度。

4.1.2 施工前，施工单位应熟悉施工图纸，了解设计意图和要求，实行自审、会审(交底)和签证制度；发现施工图有疑问、差错时，应及时提出意见和建议。

4.1.3 施工单位在施工前应编制施工组织设计文件。

4.2 土建施工

4.2.1 调蓄池施工应制定专项施工方案，主要内容应包括基坑开挖与支护、模板支架、混凝土等施工方法及地层变形、周围环境的监测。

4.2.2 调蓄池施工应考虑施工期间的稳定性，进行抗浮验算，临河或建于坡地时应进行抗滑、抗倾覆稳定验算。

4.2.3 调蓄池建设的地基处理和基坑施工应符合国家现行标准《建筑地基基础工程施工质量验收规范》GB 50202、《建筑边坡工程技术规范》GB 50330、《建筑地基处理技术规范》JGJ 79、《建筑基桩检测技术规范》JGJ 106的有关规定。

4.2.4 围堰应编制施工专项方案并有设计图，其构造应简单，并符合强度、稳定、防冲和抗渗要求。

4.2.5 围堰的顶面高程，在有临时防汛措施的前提下，宜高出施工期间的最高水位0.5m～0.7m；临近通航水体尚应考虑涌浪高度。围堰施工和拆除，不得影响航运和污染临近取水水源的水质。

4.2.6 现浇调蓄池主体结构施工组织设计或施工技术方案中应明确池壁裂缝、交角裂缝、二次混凝土浇筑裂缝等通病防治措施并在施工中有效落实。

4.2.7 调蓄池设有排放口时，施工方案应征得海事或河道、防汛、港务监督等相关部门的同意并办理相关手续，必要时报批施工方案。

4.3 安装和调试

4.3.1 管线施工应符合现行国家标准《给水排水管道工程施工及验收规范》GB 50268的有关规定；建筑工程室内管线应符合现行国家标准《建筑工程施工质量验收统一标准》GB 50300的有关规定。

4.3.2 整机安装的机械设备以及机械设备的动力装置或传动机构均不得在现场进行拆洗、装配和组装作业。对规定在现场按部件组装的机械设备应按制造厂的定位标记做接点连接，连接精度应符合设备技术文件的规定。

4.3.3 调蓄池应进行满水试验，并检查构筑物的渗漏、沉降和耐压情况。

4.3.4 设备安装后应按现行国家标准《机械设备安装工程施工及验收通用规范》GB 50231的有关规定、产品技术文件要求进行单机调试和各系统联动调试，并应符合下列规定：

1 单机调试应遵循先无负载、后带负载的原则，带负载试运行时间应符合相关设备的技术规定；

2 单机调试前，应确认配套电机与电控设备的接地电阻不应大于设计规定数值。设备的旋向应符合工艺设计的要求，机件的润滑点应加注油脂且品质达标；

3 各系统联动调试相关电气和控制(在线仪表)设备的配合下完成，并应符合下列规定：

1) 调蓄池进水由堰控制时，应检查不同流量情况下进水堰运行状况；进水由闸/阀门控制时，应检查闸/阀门密封性、开启速度和开启位置；应开启格栅，观测格栅运行效果；

2) 应利用调蓄池闭水试验，重力放空的调蓄池应检查出水闸门的密封性、开启速度和开启位置；

3) 调蓄池重力放空时，应检查下游管渠的畅通性和过水能力；调蓄池泵排放空时，应检查水泵带负荷运行是否正常；

4) 应检查送排风设施在不同水位时的运行状况；

5) 应检查冲洗设施的启闭状况和冲洗效果。

4 各系统带负载联动调试前应确认机件的润滑点已加注油脂，调试中应检查机械设备联动部分的操作程序正确性、连接处无泄漏和验证联动设备应符合现场工况的运行要求等情况；

5 联动调试用水可采用泵站污水或附近河道水。

4.4 工程验收

4.4.1 调蓄池竣工验收前，建设单位应组织试运行，试运行应选择在汛期，且不应少于3个月。

4.4.2 试运行结束后，有就地处理设施的调蓄池，建设单位应书面报请当地环保主管部门进行水质检测，出水水质应符合设计要求。

4.4.3 按分项工程(检验批)、分部工程、单位工程和水质验收(带有就地处理设施的调蓄池)顺序验收后，施工单位应预先1个月向监理和建设单位书面申请调蓄池工程竣工验收。

4.4.4 建设单位在收到施工单位提交的竣工验收申请，并报主管部门批准后，应组织竣工验收。竣工验收时应提供下列材料：

1 批准的设计文件和设计变更文件；

2 完整的联动调试和试运行记录；

3 试运行期间进出水水量记录报告；

4 其他相关技术资料。

4.4.5 竣工验收合格后，调蓄池再投入正式使用。建设单位应将有关项目前期、勘测、设计、施工和验收的文件和技术资料归档。

5 运行维护

5.1 一般规定

5.1.1 调蓄池应制定专项运行方案、运行管理制度、岗位操作手册、设施及设备维护保养手册和事故应急预案，并应定期修订。

5.1.2 调蓄池的管理操作人员应持证上岗。

5.1.3 调蓄池应确保通风良好，必须做好防爆安全措施。

5.1.4 调蓄池运行、维护应做好记录和数据统计工作，并宜对工程实施效果进行分时段的监测和评估。

5.2 运行模式控制

5.2.1 调蓄池运行模式可分为进水模式、放空模式和清淤冲洗模式三种。

5.2.2 调蓄池进水模式应符合下列规定：

1 进水模式可分为降雨进水模式和旱流进水模式；

2 进水模式应根据运行指令进入；

3 出水闸门应处于关闭状态；

4 配有格栅的调蓄池应开启格栅除污机；

5 采用重力流进水的调蓄池应正确操作进水闸（阀）门；

6 采用泵送进水的调蓄池应按进水水量调整开启台数；

7 当调蓄池水位到达设计最高水位后，应关闭进水闸门或进水水泵。

5.2.3 调蓄池放空模式应符合下列规定：

1 放空模式应根据运行指令进入；

2 进水闸门应处于关闭状态；

3 依据指令可进行污水管道放空或河道放空；

4 采用重力流出水的调蓄池应控制下游管渠水位；

5 采用泵送出水的调蓄池应根据下游管渠实际运行情况、调蓄池水位合理运行；

6 应及时放空到最低水位并开启机械通风；

7 放空后应及时关闭出水闸门。

5.2.4 调蓄池清淤冲洗模式应符合下列规定：

1 每次调蓄池放空结束后，应根据运行指令进入清淤冲洗模式；

2 采用人工清淤冲洗时，应确保通风透气，进行有毒、有害和可燃性气体实时监测，下池操作人员应配备防护装置；

3 清淤冲洗模式结束后，调蓄池进入待运行模式。

5.3 维护管理

5.3.1 调蓄池设施设备应加强日常检查和维护保养，检查维修频率不应少于汛期每月1次、非汛期每两个月1次。

5.3.2 调蓄池长时间未使用或未彻底放空，清淤冲洗前，应进行有毒、有害、可燃性气体监测。

5.3.3 调蓄池内的设施设备维护应符合下列规定：

1 调蓄池内的水泵、电气设备、进水与出水设施、仪表与自控、辅助设施的检查、保养和维修应符合现行行业标准《城镇排水管渠与泵站维护技术规程》CJJ 68 的有关规定，并做好检查维护记录；

2 水力冲洗翻斗维护应包括下列内容：

1）翻斗转动部位润滑应良好；

2）冲洗给水阀不漏水，控制性能良好；

3）冲洗给水水压正常；

4）冲洗水箱宜每年清洗一次。

3 冲洗门维护应包括下列内容：

1）冲洗门液压装置完好无渗漏，液压油位正常；

2）液压油按产品手册要求定期更换；

3）冲洗门转动部位润滑应良好；

4）冲洗门表面清理宜每年不少于1次。

4 除臭设备维护应包括下列内容：

1）物理法除臭应定期更换吸附介质；

2）离子法除臭应避免对工作人员的健康损害；

3）喷淋法除臭应做好对相关设施设备和控制系统的腐蚀保护。

5 调蓄池应做好自身设施的防汛安全管理。

5.3.4 对于由于设备故障或其他原因，造成调蓄池不正常进水的情况，应及时排空。

5.3.5 调蓄池下池检查保养宜每年不少于1次，一般集中在每年汛前或汛后。作业人员下池前，应开启通风除臭设备，达到安全标准再下池作业。

5.3.6 排水管理单位应对调蓄池的进（出）水水量进行监测，宜对调蓄池进（出）水水质进行监测。

5.3.7 调蓄池的运行维护应建立健全的故障排除和管理机制，在突发事件情况下能保障调蓄池基本功能的应急处置和管理，并应符合下列规定：

1 制定机电设备故障诊断、排除和管理机制，确保调蓄池正常运行；

2 制定断电情况下的调蓄池备用电源的应急预案；

3 制定调蓄池超负荷进水情况下，溢流口、出水管道闸门、放空泵的应急运行方案，确保调蓄池运行安全。

5

中国工程建设协会标准

城镇径流污染控制调蓄池技术规程

CECS 416：2015

条 文 说 明

目　次

1 总　　则

随着工程实践经验的积累和科技技术的发展，调蓄池应积极采用行之有效和安全可靠的新技术、新材料和新设备，不断完善调蓄池的设计建设。

1.0.4 位于地震、湿陷性黄土、膨胀土、多年冻土以及其他特殊地区的调蓄池建设，应符合国家现行有关标准的规定。

5

3 设　　计

3.1 一 般 规 定

3.1.1 用于控制雨水径流污染的调蓄池一般设置于排水系统下游，可削减泵站的峰值流量和雨水泵站的装机工程量，其城镇雨水径流污染控制效果也较显著。目前，上海市苏州河沿岸的6座和世博园区的4座调蓄池均为末端调蓄池。末端调蓄池因可与泵站合建，可降低建设成本、减少运行管理人员。但末端调蓄池对前端管网设计和运行的优化所起作用不大。另外，为提高降雨放江量的削减比例，末端调蓄池一般需要较大的体积，且需要与泵站毗邻建设，对于土地利用率高、人口密度大的城市而言，选址难度较大。

当排水系统下游选址困难时，调蓄池也可设置于排水系统上游或中间位置。对于有条件的地区，可将排水模型和优化算法相结合，用于调蓄池的布局设计，能够根据不同条件选取出最优的方案，实现经济、社会、环境效益的综合最优。

3.1.2 调蓄池根据是否有沉淀净化功能可分为接收池、通过池和联合池三种，分别相当于德国的雨水截流池、雨水净化池和雨水溢流池。

当进水污染初期效应明显时，可设置接收池，初期雨水储存在接收池中，而后续水量不再进入接收池，待降雨停止或下游污水管道有空余时，接收池内的水通过下游污水管道输送至泵站或污水处理厂；当进水污染物浓度没有明显的初期效应且悬浮物沉降性能较好时，可设置通过池，在通过池中可以进行合流污水或初期雨水的沉淀净化，在通过池末端需设置溢流装置，在通过池充满后，将沉淀后的合流污水或初期雨水溢流至水体，通过池在充满之前类似接收池，起储存作用，在充满后起沉淀净化作用；当同时出现既有水量冲击负荷，又有明显的污染持续较长时间时，应采用联合池，联合池是接收池和通过池的结合体，由一个接收部分和一个净化部分组成，合流污水或初期雨水首先进入一个按接收池建造的接收部分，它充满之后，随后来的合流污水或初期雨水再进入按通过池建造的净化部分。当初期效应不明显时，一般采用通过池；当进水流量冲击负荷大，且污染持续较长时间时，一般采用联合池。

接收池、通过池和联合池分别如图1～图3所示。

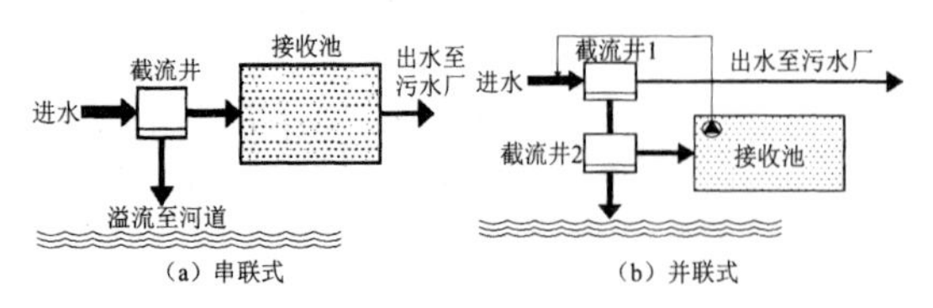

图1　接收池

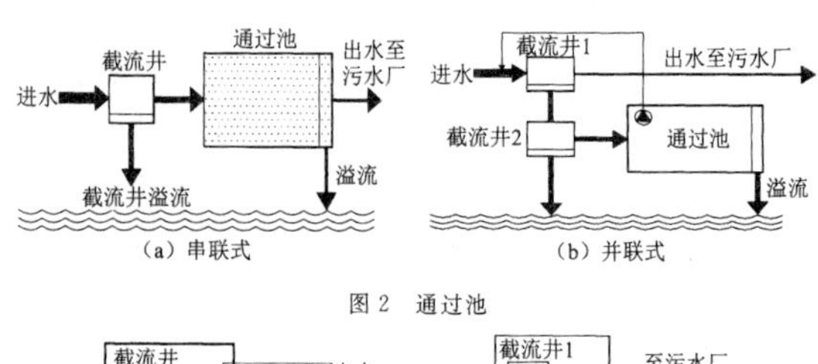

图2　通过池

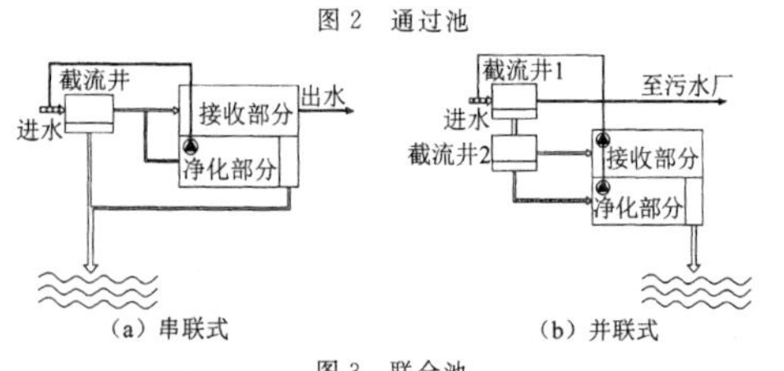

图3　联合池

3.1.3 调蓄池的埋深应根据上下游排水管道的埋深，综合考虑运行能耗、施工难度、工程投资等因素后确定。

3.1.4 调蓄池的出水，一般是在降雨停止后，由下游污水管道输送至污水处理厂处理后排放。当下游污水系统在旱季时就已达到满负荷运行或下游污水系统的容量不能满足调蓄池放空速度的要求时，宜设置就地处理装置对调蓄池的出水进行处理后排放，处理排放标准应根据区域水环境敏感度、受纳水体的环境容量等因素确定。国内外常用的就地处理装置包括溢流格栅、旋流分离器、混凝沉淀池、斜板沉淀器等。

3.2 水量和水质

3.2.1 本规程的计算中涉及的降雨资料主要是当地多年降雨强度分布统计数据和当地暴雨强度公式。前者需根据当地气象局多年小时降雨强度和降雨历时数据进行统计分析后得到；后者为目前各地正在使用的雨水排除计算公式。

3.2.2 关于用于合流制排水系统控制雨水径流污染时的调蓄池容积计算的规定。

调蓄池用于合流制排水系统控制雨水径流污染时，有效容积应根据降雨特征、受纳水体的环境容量、排水系统截流倍数、系统旱流污水量、排水系统服务面积和下游污水系统的余量等确定。本方法为美国《合流污水控制手册》中推荐的截获率法，即根据当地降雨数据，分析降雨强度和降雨量之间的函数关系，将当地旱流污水量转化为当量降雨强度，求得合流污水截流率和降雨强度的函数关系，溢流量即为大于该降雨强度的降雨量。根据受纳水体水环境容量，确定污染负荷削减目标，即合流污水截流率要求，根据式(3.2.2-3)求得截流调蓄系统设计降雨强度 i_T，再减去原有截流系统的截流量，即可得到调蓄池需要截流的设计降雨强度 i_y。考虑到相同服务面积下，合流制排水系统的雨天初期溢流量应大于分流制排水系统的初期排江量，因此当计算得到的 i_y 小于一般分流制初期雨水控制量4mm时，宜取值4mm。

截获率法是一种简化的计算方法，该方法建立在降雨事件为均匀降雨的基础上，且假设调蓄池的运行时间不小于发生溢流的降雨历时，以及调蓄池的放空时间小于两场降雨的间隔，而实际情况，很难满足上述两种假设。因此，以截流率法得到的调蓄池容积偏小，计算得到的调蓄池容积在实际运行过程中发挥的效益小于设定的调蓄效益，在设计中应乘以安全系数 β。

德国、日本、美国、澳大利亚等国家均将调蓄池作为合流制排水系统溢流污染控制的主要措施。德国设计规范 ATV A128《合流污水箱涵暴雨削减装置指南》中以合流制排水系统排入水体负荷不大于分流制排水系统为目标，根据降雨量、地面径流污染负荷、旱流污水浓度等确定调蓄池容积。日本合流制排水系统溢流污染控制目标和德国相同，区域单位面积截流雨水量设为1mm/h，区域单位面积调蓄量设为2mm～4mm。

3.2.3 关于用于分流制排水系统控制雨水径流污染调蓄池容积

计算的规定。

研究证明，城市径流存在明显的初期冲刷作用，但由于降雨冲刷过程的复杂性和随机性，对冲刷过程的精确描述以及如何确定不同条件下合理的初期径流污染控制量仍极具争议。对屋面径流而言，同济大学对上海市屋面径流污染物出流的研究表明，屋面径流初期水质较差，形成径流15min后，径流COD浓度由初期的185mg/L大幅度降低为36mg/L，并趋于平缓；北京建筑大学对北京不同材料的屋面径流进行研究，发现存在明显初期效应，初期COD浓度一般为后期的5倍甚至更高。对地面径流而言，北京的研究结果表明，城区雨水初期径流污染物浓度一般都很高，约为后期的3倍～4倍；同济大学对上海芙蓉江、水城路等地区的雨水地面径流研究表明在降雨量达到10mm时径流水质已基本稳定。有关研究表明，通常同一场降雨，路面的初期冲刷降雨量是屋面的3倍以上。屋面的控制量在1mm～3mm即可控制整场降雨屋面径流污染负荷约60%以上，控制量超过3mm，效果增加很小。路面的情况更为复杂，数据变化幅度大，国外相关的研究认为，每小时雨量达到12.7mm的降雨能冲刷掉90%以上的地表污染物，国内的研究认为一般控制量在6mm～8mm左右可控制约60%～80%的污染量。

本规程建议，当服务范围地表洁净度较好或受纳水体环境容量较大时，分流制调蓄池的调蓄量取值可较小，如4mm～6mm；反之取值应较大。

3.2.5 关于排水系统溢流排放口初期溢流水质取值的规定。

合流制排水系统溢流排放口和分流制排水系统雨水排放口的初期出流水质及其随时间的变化规律影响调蓄池规模和进水时间的选择，因此条件允许时，应通过实测掌握排放口的初期出流水质及其随时间的变化规律，出流水质一般以事件平均浓度（*EMC*）来表征。

*EMC*为整个排江过程的流量加权平均浓度。其表达式为下式：

$$EMC = \bar{C} = \frac{\int_0^T C(t)Q(t)}{\int_0^T Q(t)} \approx \frac{\sum C(t)Q(t)}{\sum Q(t)} \tag{1}$$

式中：*EMC*——整个排江过程的流量加权平均浓度；

$C(t)$——随排放时间而变化的某污染物浓度；

$Q(t)$——随排放时间而变化的径流流量；

T——总的排放时间。

从理论上分析，分流制出流水质好，有利于保护水环境质量，国外的研究结果普遍持此观点。而国内的实际应用中，分流制排水系统因存在比较严重的雨污混接，其出流雨水水质并不一定比合流制系统溢流好。合流制排水系统初期溢流水质受服务人口、径流系数和截流倍数的影响较大，上海市的研究结果表明合流制排水系统溢流污染事件COD平均浓度为240mg/L～450mg/L，SS平均浓度为100mg/L～500mg/L；江苏省镇江市对以合流制系统为主的古运河沿线排放口溢流水质监测结果表明，COD平均浓度为60mg/L～312mg/L。分流制排水系统因其系统建设完善程度的不同，排江水质差异更大，上海市分流制排水系统排江污染物COD和SS的浓度范围分别为51mg/L～327mg/L、195mg/L～234mg/L；江苏省镇江市分流制系统排江污染物COD和SS的浓度范围分别为25mg/L～170mg/L、100mg/L～900mg/L。

3.3 平面布局

3.3.1 关于调蓄池形式的规定。

调蓄池一般根据与排水管道的关系分为串联形式和并联形式。

串联形式调蓄池，一般出口尺寸小于入口尺寸，晴天污水沿调蓄池底部沟槽穿过调蓄池，流入下游管道，当进水量超过出口的最大出水量，多余的水量储存在调蓄池，直到调蓄池充满或进水量减少。串联形式的调蓄池用于雨水利用系统时，要考虑合流制旱季污水、初期雨水对水质的影响。

并联形式调蓄池，旱流污水从位于调蓄池外的旁通管道流过，在降雨过程中，管道内水位上升，当水位超过预先设定的高度时，经进水交汇井溢流堰或调蓄池进水控制设施流入调蓄池；当调蓄池充满后，根据调蓄池的不同类型，后续来水或是继续进入调蓄池，并通过池内溢流设施排放至河道或至下游管道，或是关闭调蓄池进水控制设施，后续来水通过管网溢流设施排放至河道或至下游管道。

3.3.2 关于确定调蓄池池型因素的规定。

调蓄池池型主要有矩形、多边形、圆形等。上海市内已建的11座调蓄池，8座为矩形，2座为多边形（也为矩形池，只是根据地形要求，削去部分面积而成为多边形），还有1座为圆形池。用地较为宽裕的调蓄池多为矩形；周边环境要求高，用地条件苛刻的调蓄池多为多边形，不规则多边形池型应进行水力模型试验，确定该池型的冲洗效果。

调蓄池因为并非24h连续运行，可在旱季或闲置期进行维护清洗。

3.3.3 关于进水井设置的规定。

目前上海并联形式的调蓄池多采用旁通交汇井作为进水井，串联形式的调蓄池一般不设进水井，调蓄池兼有溢流井作用。为便于调蓄池放空和清淤，进水应设置闸门或阀门。

3.3.6 与泵站合建的调蓄池，当调蓄池进水管设置在泵站格栅间之后，调蓄池进水可不单独设置格栅。

3.4 竖向布局

3.4.1 关于调蓄池有效水深的规定。

调蓄池的水深直接影响工程的开挖深度，开挖深度大，施工费用和施工难度进一步加大；有效水深大，泵排的水量增加，运行能耗也随之增加，因此，在满足调蓄池有效容积且用地条件允许的情况下，因尽量减小调蓄池的有效水深。有效水深同时还受调蓄池类型和池型的影响，通过池和联合池因具有沉淀功能，有效水深不宜太深，否则影响沉淀效果；圆形池一般采用搅拌方式避免污染物质的沉淀，有效水深也会影响搅拌的效果。

上海已建调蓄池中设计有效水深最小为2.8m，最大为18.45m；昆明已建调蓄池中设计有效水深最小为4.55m，最大为11.6m。

3.4.2 关于超高的规定。

根据上海已建调蓄池实例，超高均大于0.6m，较高的超高多因与泵房合建结构需要所致。

3.4.3 关于底部结构的规定。

采用自清冲洗方式的调蓄池，其沟槽一旦出现淤积清洗难度非常大，因此应通过水力模型试验验证其沟槽、底坡、转弯处防止淤积的可能性。

3.4.4 关于底坡的规定。

调蓄池的底部结构应根据冲洗方式确定，当采用门式冲洗或水力翻斗冲洗时，底部结构一般设计为廊道式；当采用自清冲洗方式时，底部结构应设计为连续沟槽，其沟槽一旦出现淤积，清洗难度非常大，因此应通过水力模型试验验证其沟槽、底坡、转弯处防止淤积的可能性。

3.5 进水和放空

3.5.1 关于进水控制设施的规定。

根据上海已建的调蓄池运行管理经验，进水闸门或阀门的密闭性不好时，旱季污水会进入调蓄池，占据调蓄空间，造成暴雨突发时，池内积水来不及放空而使调蓄池无法使用。特别是进水采用蝶阀控制时，因合流污水或初期雨水中垃圾较多，蝶阀易被堵塞或损坏，从而影响调蓄池的正常使用。采用阀门控制进水时，建议采用偏心半球阀，如采用闸门的，泄漏量不大于1.25L/min·m(密封长度)。闸门或阀门的启闭时间对调蓄池的使用性能也有较大影响，根据实际经验，有些调蓄池因进水闸门或阀门启闭时间过长，甚至超过1h，当开启完毕后，雨水峰值流量已经过境，没有充分利用调蓄池容积，达到设计的最大削峰作用。因此要求，闸门或闸阀的开启速度宜为0.2m/min～0.5m/min，其他阀门启闭时间不大于2min。

3.5.2 关于进水方式的规定。

重力自流进水避免了因设备故障导致的进水问题，同时节约了设备购置、维护、改造和运行等大量费用，符合节能环保理念。如上海市苏州河治理工程建设的5座调蓄池，其中4座采用重力自流进水方式，实际运行情况验证了重力自流进水模式的优势。但由于重力自流进水速度较慢，导致在雨量较大情况下，调蓄池容积使用率不足，并存在调蓄池使用过程中的溢流现象。可通过优化进水口高宽比、增加进水流道的底部坡降，加快调蓄池进水速度，避免在降雨强度加大的情况下，排水系统管道收集水量快速增加，调蓄池进水能力较小而导致的集水井水位上升过快，在调蓄池尚未蓄满的情况下，发生溢流现象。

当调蓄池埋深较浅，不满足重力进水要求时，应采用水泵提升进水，当调蓄池与泵站合建的时候，应结合泵站工艺，充分利用现有设施。

3.5.3 关于调蓄池放空设计的规定。

调蓄池放空可采用重力放空、水泵排空和两者相结合的方式。上海市苏州河环境综合整治工程中建设的江苏路调蓄池、成都路调蓄池和梦清园调蓄池等均采用重力放空和水泵排空相结合的方式，其中梦清园调蓄池25000m^{3}有效容积中，重力放空部分的容积为18000m^3，DN1400放空管的最大流量可达10.6m^3/s，重力放空耗时约1h。

重力放空的优点是无需电力或机械驱动，符合节能环保政策，且控制简单。依靠重力排放的调蓄池，其出口流量随调蓄池上下游水位的变化而改变，出流过程线也随之改变。因此，确定调蓄池的容积时，应考虑出流过程线的变化。采用式(3.5.3-2)时，还需事先确定调蓄池表面积A_t随水位h变化的关系。对于矩形或圆形调蓄设施等表面积不随水深发生变化的调蓄池，如不考虑调蓄池水深变化对出流流速的影响，调蓄池的出流可简化按恒定流计算，其放空时间可按下式估算：

$$t_0=\frac{h_1-h_2}{C_d\sqrt{g(h_1-h_2)}} \tag{2}$$

式(3.5.3-1)和式(3.5.3-2)仅考虑了调蓄设施出口处的水头损失，没有考虑出流管道引起的沿程和局部水头损失，因此仅适用于调蓄池出水就近排放的情况。当出流管路较长时，应根据管道直径、长度和阻力情况等因素计算出流速度，并通过积分计算放空时间。

水泵排空和重力放空相比，工程造价和运行维护费用高。当采用水泵排空时，考虑到下游管渠和相关设施的受纳能力的变化、水泵能耗、水泵启闭次数等因素，设置排放效率η，当排放至受纳水体时，相关的影响因素较少，η可取大值；当排放至下游污水管道时，其实际受纳能力可能由于地区开发状况和系统运行方式的变化而改变，η宜取较小值。

3.5.4 关于放空方式的规定。

重力放空较水泵压力放空节省能耗，但重力放空后期放空流速逐渐降低，影响调蓄池的放空时间。上海已建的调蓄池根据调蓄池水位和下游管道水位，多采用重力放空和水泵压力放空两者结合的方式。

3.5.5 水深较深的调蓄池，若仅采用底部放空泵，则放空泵从启动到停止扬程变化非常大，水泵往往无法满足全部运行在高效区，不利于水泵的保护和节能，因此宜采用双层或多层布置的形式。根据上海市调蓄池的实际运行经验，有水深7.5m采用双层泵布置的，也有水深10m采用重力排放加单层泵布置的，是否设置双层泵排取决于水泵的选型和重力自排条件等。

3.6 冲　洗

3.6.1 关于调蓄池应设置冲洗措施的规定。

调蓄池使用一定时间后，特别是当调蓄池用于雨水径流污染控制或削减峰值流量时，其底部不可避免有沉积物。若不及时进行清理会造成污物变质，产生异味，沉积物积聚过多将使调蓄池无法正常发挥功效。因此，在设计调蓄池时应考虑底部沉积物的有效冲洗和清除。

3.6.3 关于调蓄池冲洗方式的规定。

人工清洗危险性大且费力，一般作为调蓄池冲洗的辅助手段。调蓄池的冲洗有多种方法，各有利弊。随着节能减排的政策要求，越来越多的环保型、节能型的冲洗设施和方法产生。表1列出各种冲洗方式的优缺点；表2列出上海已建11座调蓄池采用的冲洗方式，但其运行使用情况尚待调研总结。

表1　各种冲洗方式优缺点一览表

序号	清洗方式	优　点	缺　点
1	人工清洗	无机械设备，无需检修维护	危险性高，劳动强度大
2	移动清洗设备	投资省，维护方便	仅适用于有敞开条件的平底调蓄池，清洗设备(扫地车、铲车等)需人工作业
3	水射器	自动冲洗；冲洗时有曝气过程，可减少异味，适应于大部分池型	需建造冲洗水储水池，并配置相关设备；运行成本较高；设备位于池底，易被污染磨损
4	潜水搅拌器	搅拌带动水流，自冲洗，投资省	冲洗效果差，设备位于池底，易被缠绕、污染、磨损
5	水力冲洗翻斗	无需电力或机械驱动，控制简单	必须提供有压力的外部水源给翻斗进行冲洗，运行费用较高；翻斗容量有限，冲洗范围受限制
6	连续沟槽自清	无需电力或机械驱动，无需外部供水	依赖晴天污水作为冲洗水源，利用其自清流速进行冲洗，难以实现彻底清洗，易产生二次沉积；连续沟槽的结构形式加大了泵站的建造深度
7	门式自冲洗	无需电力或机械驱动，无需外部供水，控制系统简单；单个冲洗波的冲洗距离长；调节灵活，手动、电动均可控制；运行成本低、使用效率高	进口设备，初期投资较高

表2　上海已建调蓄池冲洗方式一览表

序号	调蓄池名称	调蓄池容积(m^3)	排水体制	池型	冲洗方式
1	江苏路调蓄池	15300	合流制	矩形	水力冲洗翻斗
2	成都路调蓄池	7400	合流制	圆形	潜水搅拌器
3	梦清园调蓄池	25000	合流制	矩形	水力冲洗翻斗
4	新昌平调蓄池	15000	合流制	矩形	连续沟槽自清
5	芙蓉江调蓄池	12500	分流制	矩形	连续沟槽自清
6	世博浦明调蓄池	8000	分流制	矩形	门式自冲洗
7	世博后滩调蓄池	2800	分流制	矩形	门式自冲洗
8	世博南码头调蓄池	3500	分流制	矩形	门式自冲洗
9	世博蒙自调蓄池	5500	分流制	矩形	门式自冲洗
10	新师大调蓄池	3500	合流制	矩形	水力冲洗翻斗
11	新蕰藻浜调蓄池	20000	合流制	矩形	门式自冲洗

3.6.7 冲洗水流量大，很难快速排除。为确保冲洗效果，防止冲洗水中的悬浮污染物再次沉淀在池底，应在冲洗廊道的末端设置集水坑，收集一次冲洗的排放量。

3.7 电气仪表

3.7.3 关于调蓄池电气设备布置和电缆敷设的规定。

第4款规定电缆沟内应排水畅通，是为了防止电缆长时间浸在水里。

3.7.5 考虑到全地下调蓄池存在充满污水的情况，且人工冲洗的频率较小，调蓄池内若设置固定照明装置，使用时间短，使用次数少，调蓄池的环境容易造成照明装置腐蚀损坏，且安装固定照明装置增加日常维护检修工作量，因此配置移动式照明灯具，供人工冲洗时使用。

3.7.6 关于自动化控制系统的规定。

调蓄池是排水系统的一部分，运行管理部门一般考虑将调蓄池纳入相应的排水调度系统，对调蓄池进行统一管理调度，因此调蓄池平时可不设值班人员，采用巡检方式。特别重要的调蓄池，可在运行时派人值班。

信息层的作用是实现数据的集中收集、处理和整理，应完成监控与监测、数据采集与处理、控制调节、运行管理、人机接口、数据上传等功能。设置工业级监控工作站、数据库服务器、打印机、交换机等。大型调蓄池可设置信息层，便于操作人员进行监控。信息层设备设在调蓄池控制室，宜采用具有客户机/服务器(C/S)结构的计算机局域网，网络形式宜采用10M/100M/1000M工业以太网。

控制层的作用是完成现场设备的监测与控制命令的执行，应完成设备监控与监测、设备控制和联动控制等功能。按照调蓄池规模大小设置PLC/RTU及控制柜、触摸式显示屏或工业计算机等。控制层由一台或多台负责局部控制的PLC组成，相互间宜采用工业以太网或现场工业总线网络连接，以主/从、对等或混合结构的通信方式与信息层的监控工作站或主PLC连接。形式简单、设备数量少的调蓄池可设置RTU控制装置。

现场层是所有现场仪表和自动化设备的集合，实现各种数据的采集。应根据功能及规模大小选择相应的仪表及受控设备，一般包括：液位、流量、雨量、硫化氢、水质参数、水泵、闸门、除臭装置等各种设备工况及泵站电气参数的检测等。设备层宜采用硬线电缆或现场总线网络连接仪表和设备控制箱。

远程控制模式：由上级调度系统发布对调蓄池内主要设备的控制命令，包括泵站内的水泵、闸门等设备。泵站内各设备的联动由就地控制PLC/RTU根据要求完成。

就地控制模式：分就地手动和就地自动两种，这两种控制都应通过自动化控制系统PLC/RTU控制器完成。

就地手动控制模式下由操作人员通过就地控制操作界面特定图控按钮控制设备运行。通过操作界面可以完成对设备的控制或对控制参数的调整。此时的操作通过PLC/RTU完成。

就地自动控制模式下由就地控制的PLC/RTU根据液位、流量等参数按原先内置的程序自动控制各工艺设备，按正常运作的需求对工艺设备进行连锁保护。

机侧控制模式：受控设备的现场(机旁)控制箱或其上设有本地/远方选择开关，当选择开关处于本地位置时，只能由现场(机旁)控制箱上的按钮进行控制，自动化控制系统PLC/RTU控制器不能对设备进行控制，当选择开关处于远方位置时，由自动化控制系统PLC/RTU控制器对设备进行控制。

3.7.7 关于调蓄池检测仪表的规定。

流量测量分为泵排和流量计测量两种，泵排测量精度较差，流量计测量精度较高。在条件允许的情况下，建议用流量计测量。管径在10mm～3000mm之间的满管流量检测宜采用电磁流量计，当电磁流量计在安装上有困难时，可以采用超声波流量计或明渠流量计。

液位测量宜采用超声波液位计或液位差计，当设置超声波液位计有困难时，宜采用投入式静压液位计。

3.7.8 雨污水在密闭空间中储存一定时间后，其中的含硫污染物易发生厌氧反应产生有毒有害的H_2S和CH_4气体。因此，为确保安全，规定封闭式的调蓄池必须设置H_2S和CH_4检测仪，H_2S和CH_4检测仪可采用在线式或便携式，并应配备相应的报警装置。

3.7.9 由于红外线周界防卫系统容易受到阳光照射、天气变化、物体遮挡等情况，误报比较严重，特别是围墙附近有高大树木时，由于树木生长而修剪不及时，会造成周界报警系统无法正常使用，因此周界报警系统优先采用电子围栏系统。

3.8 通风除臭

3.8.1 关于调蓄池设置送排风设施的规定。

采用封闭结构的调蓄池需要设置送排风设施，应合理设置透气井或排放口，以保持进出水期间池内气压平衡，保障进出水通畅和有毒有害气体的有组织排放。设计通风换气频率的确定应充分考虑调蓄目的、进出水设计、有毒有害气体爆炸极限浓度等因素。

送排风设施的设计应满足：在调蓄池进水和放空时，池内气压平衡；当调蓄池内储存有雨污水时或放空后，池内H_2S、CH_4等有毒有害气体的浓度低于爆炸极限；人员进入前，池内H_2S、NH_3等有毒有害气体的浓度不应对人员安全造成威胁。

美国用于合流制溢流污染控制的调蓄池设计中要求的设计通风次数是每小时6次～12次，我国目前用于径流污染控制的调蓄池的通风次数一般是每小时2次～6次。

3.8.2 关于调蓄池透气井口设置除臭设施的规定。

采用地下封闭结构的调蓄池，一般会根据需要设置透气井，将大量进水时涌出的气体排至室外。当调蓄池大量进水时，透气井口会产生臭气涌出；同时，室外季节风产生的空气扰动也会使臭气涌出，会对周边人员和环境造成不良影响。考虑到调蓄池容积大，池中设备少，不需要人员经常进出检修巡视，因此规定在其透气井口处设置除臭设施，节约工程投资、降低运行成本。

3.8.3 关于调蓄池除臭排放标准的规定。

在环境敏感地区，应对除臭进行强化设计，并应满足环境影响评价的要求。

3.8.4 关于调蓄池除臭设备的规定。

宜根据调蓄池的排风量，确定除臭系统的处理风量。在没有特殊要求的工程中，当采用临时送排风设施进行通风换气时，其换风量大于除臭系统的处理能力，此时除臭系统的处理效率有所降低。

上海和昆明部分已建调蓄池采用的除臭方式如表3所示，大多为离子法、植物提取液喷淋法等。在日本，调蓄设施的除臭很多采用的是活性炭吸附，但是活性炭吸附需要定期更换，运行维护费用相对较高。

表3 上海、昆明部分已建调蓄池除臭方式一览表

序号	调蓄池名称	除臭方式
1	上海江苏路调蓄池	离子法＋植物提取液喷淋法
2	上海梦清园调蓄池	离子法＋植物提取液喷淋法
3	上海新昌平调蓄池	离子法＋植物提取液喷淋法
4	上海芙蓉江调蓄池	离子法＋植物提取液喷淋法
5	上海世博后滩调蓄池	离子法＋植物提取液喷淋法
6	上海新师大调蓄池	离子法＋植物提取液喷淋法
7	上海新蕴藻浜调蓄池	离子法＋植物提取液喷淋法
8	昆明乌龙河调蓄池	植物提取液喷淋法
9	昆明海明河调蓄池	植物提取液喷淋法

3.9 检修通道和附属设施

3.9.1 关于调蓄池设置检修通道和设备检修措施的规定。

工作人员会定期(一般1次/年～2次/年)进入调蓄池,进行设备维护、检修或长期沉积物清除等工作。为改善人员工作环境,做出本条规定。

3.9.3 关于调蓄池检修通道楼梯的规定。

为改善工作环境,宜采用安全方便的钢筋混凝土楼梯。

3.10 安全性要求

3.10.1 关于调蓄池防爆措施的规定。

雨污水在密闭的输送管渠和调蓄池等厌氧环境下可能产生CH_4、H_2S等可燃气体,储存雨污水的调蓄池的池体、接纳雨污水的格栅间和排放调蓄池内气体的透气井井口等场所均可能存在可燃气体,可燃气体发生爆炸应同时符合下列两个条件:一是可燃气体与空气混合形成爆炸性气体混合物,且可燃气体浓度在爆炸极限以内,二是存在足以点燃可燃气体混合物的火花、电弧或高温。

因此在调蓄池内出现或可能出现爆炸性气体混合物的区域,应参考现行国家标准《爆炸危险环境电力装置设计规范》GB 50058有关规定,采取下列防止爆炸的措施,将产生爆炸的条件同时出现的可能性应减到最小程度:

(1)采取电气防爆和其他措施,确保爆炸性气体混合物的区域内不产生或出现足以点燃可燃气体混合物的火花、电弧或高温。

(2)防止爆炸性气体混合物的形成或缩短爆炸性气体混合物的浓度和滞留时间。如采用可靠有效的机械通风装置,确保爆炸性气体混合物的浓度在爆炸下限值以下。

(3)调蓄池的透气井设置在工作区域内,工作区域设置防火标志,以避免明火接触池内产生的可燃气体,造成爆炸。

3.10.2 根据现行国家标准《建筑设计防火规范》GB 50016的有关规定,由于调蓄池系地下或半地下建筑,污水中可能含有易燃物质,故建筑物应按二级耐火等级考虑。建筑物构件的燃烧性能和耐火极限以及消防设施均应符合现行防火规范的规定。

3.10.5 通风措施能改善调蓄池池底的工作环境,但考虑到池底沉积物产生的有毒、有害和爆炸性气体为持续性挥发,因此做出本条规定。

4 施工及验收

4.1 一般规定

4.1.1 施工现场质量管理应遵循质量控制和质量检验并重的原则,以突出过程控制。

4.1.2 调蓄池比常规雨水管道系统涵盖的内容多,系统复杂,施工要求更加严格。施工过程是调蓄池建设的一个关键环节,施工时是否按照经所在地行政主管部门批准的图纸施工、是否采取了相应安全措施等都对工程的顺利实施和运营有重要影响。因此施工前,施工单位应熟悉设计文件和施工图纸,深入理解设计意图及要求,严格按照设计文件和相关技术标准进行施工,不得无图纸擅自施工。

4.1.3 调蓄池工程,一般基坑开挖面积大,覆土深,周边和地下环境复杂,施工难度大,危险性较大,为了保证工程顺利实施,保障施工安全,施工单位必须对涉及危险性较大的分部、分项工程编制专项施工方案,施工组织设计和专项施工技术方案按程序通过审批和交底后方可开始施工。

4.3 安装和调试

4.3.1 关于调蓄池管线施工的规定。

调蓄池的管线工程主要指调蓄池进出管和部分室内给排水管,一般在主要构筑物完成后实施,其施工应符合现行国家标准《给水排水管道工程施工及验收规范》GB 50268和《建筑工程施工质量验收统一标准》GB 50300的有关规定。

4.3.2 关于机械设备整机安装的规定。

为控制设备安装工程质量,安装前,对设备的尺寸和精度进行复测是必要的,同时规定整机安装的设备和驱动装置等部件,不得任意拆装,对大型设备,诸如大型水泵等为便于运输而允许按部件在现场组装的设备,须按照产品的技术文件的规定连接。

4.3.4 设备安装后应按现行国家标准《机械设备安装工程施工及验收通用规范》GB 50231的有关规定、产品技术文件要求进行试运转。机械设备单机调试和联动调试是综合检验承建工程建设质量的重要环节,并为工程竣工验收奠定基础,分为空载试车(包括点动)和负载试车(包括满池调试)两个部分,空载试车和联动试车的目的是为检验机械设备各部分的动作和相互作用的正确性,验证单机设备安装质量符合设计要求,负载试车应检测机械和电气性能参数符合设备技术文件的要求。联动调试应在相关电气和控制(在线仪表)设备的配合下完成,是指关联或组合设备之间相互动作的配合,以达到功能正常传输的目的,确保工艺系统试运行的正常运行。

4.4 工程验收

4.4.1 调蓄池验收前,应进行不少于3个月的试运行,且试运行时间应在汛期。试运行期间应对水泵、电气设备、进水和出水设施、仪表自控、辅助设施进行检查,包括调蓄池的进水能力、进出水闸/阀的启闭情况、送排风设施的运行能力等,并由施工单位承担保修责任。对于设置就地处理设施的调蓄池,还应对就地处理设施的雨污水处理能力进行性能试验,考察雨污水处理量、污染物去除率等技术性能是否达到设计要求。

5 运行维护

5.1 一般规定

5.1.1 为了保证调蓄池的安全、高效运行,运营管理单位应制定专项运行方案,调蓄池的运行应根据调蓄目的、排水体制、管网布置、溢流管下游水位高程和周围环境等因素,结合设计资料、运行工艺、降雨特征等因素,制定有针对性地制定运行方案,并包含上游流域示意图、运转系统示意图、退水系统示意图、泵站平面示意图等;同时,应制定岗位责任制、设施巡视制度、运行调度制度、设备管理制度、交接班制度、设备操作手册、维护保养手册和重要设施设备故障等事故发生时的突发事故应急预案。根据实际情况和要求,定期对规章制度和操作手册及事故应急预案进行更新。

5.1.2 调蓄池管理人员应持有电器操作证、泵站工等级证等相关上岗证书,并定期接受防毒、防爆、防坠落、防溺水等安全教育;远程控制的调蓄池在进水、放空、冲洗等作业期间,应有专人在现场监督,出现突发情况时及时切换为人工手动作业;需要进行下井、下池作业的人员,应持有特种作业证书。

5.1.3 调蓄池自然通风口应畅通,不得密闭、堵塞或缩小原设计口径;调蓄池宜安装甲烷(CH_4)浓度报警装置,爆炸下限(LEL)报警值设定1%～25%,应符合现行国家标准《可燃气体探测器》GB 15322的有关规定;配有强排风和除臭装置调蓄池应确保通风设备定时开启,并应与报警装置连锁设置;调蓄池内电气设备应具备防爆功能，防爆等级按设计要求确定。

5.1.4 调蓄池在汛期和非汛期，对削减暴雨溢流水量、削减暴雨溢流污染物和改善受纳水体水质等效益受到降雨强度、旱流污水量、河道本底水质等多种因素影响，分不同时期进行评估，有利于全面掌握雨水调蓄工程运行效能，为进一步优化和提高雨水调蓄工程效能提供依据。

5.2 运行模式控制

5.2.1 关于调蓄池运行模式的规定。

在不同的调蓄池运行模式中，应设定相应的调蓄池启运水位、停运水位和放空水位，运行水位应按绝对标高设定。启运水位是指当外部系统水位达到启运水位时，且调蓄池具有调蓄余量，可开始进水；停运水位是指当调蓄池水位达到最高运行水位时，已无调蓄余量，可关闭调蓄池进水；放空水位是指调蓄池放空后，调蓄余量达到最大时的最低水位；清淤冲洗模式是指采用调蓄池冲洗装置对池底淤泥进行冲洗，避免淤泥长期累积而产生沼气。

5.2.2 关于调蓄池进水要求的规定。

调蓄池降雨进水模式是指在降雨阶段，启用调蓄池截流初期雨水、预降系统水位，在结束进水前应避免溢流产生；旱流进水模式是指在旱流阶段，当系统水位异常升高时，启用调蓄池调蓄系统超量污水，待系统水位降低后进行放空。

当系统水位达到启运水位，且池内水位低于停运水位时，即有调蓄余量时，可开始启用；没有采用放空模式时，不应开启调蓄池出水闸门；拦截型格栅前后水位差应小于200mm，为控制格栅水位差，粉碎型格栅应连续开启；为确保调蓄池水位上涨不超过停运水位，应预留闸(阀)门关闭的时间余量；水泵开启台数不得超过管道最大过流能力流量。

5.2.3 关于调蓄池放空要求的规定。

调蓄池放空应优先选择重力放空。调蓄池重力放空期间，应保持下游管网水位低于放空水位，确保调蓄池充分放空；重力放空模式的优点是无需电力或机械驱动，符合节能环保策略，且控制简单。设置较大管径放空管时，放空时间短，利于调蓄池多次连续使用。

为避免应放空不及时或放空不彻底造成调蓄池不能连续使用，甚至造成有毒有害气体集聚而产生爆炸风险，本规程规定调蓄池应及时放空并开启机械通风。为提高放空效率，采用重力放空时，应记录放空时间和调蓄设施放空前后的水位，确定合理的开启水泵排空模式的水位。设计有河道放空功能的调蓄池，放空启动前应得到当地政府主管部门的批准，出水指标应满足相应的污染物排放标准，并加强采样监测。

5.2.4 关于清淤冲洗模式的规定。

调蓄池内淤泥若沉积时间较长，易产生大量CH_4和H_2S，增加爆炸和毒害风险，因此调蓄池使用后应及时进行清於冲洗。池内水位应满足清淤要求；根据实际冲洗效果，连续冲洗次数不宜少于2次；有条件的地区宜定期采用井下电视设备进行淤泥厚度检测；经冲洗后淤泥累积厚度不宜超过100mm；冲洗水宜采用调蓄池进水或河水。调蓄池运行中存在有毒、有害和可燃性气体，一般不推荐采用人工清淤冲洗方式，如必须采用人工清淤冲洗，应确保池内通风透气，并进行有毒有害气体的监测，下池操作人员应配备防护装置。调蓄池进入待运行模式时，应确保关闭进水、出水闸门；通风设备保持完好，定时开启。

5.3 维护管理

5.3.3 关于设备的使用、维护和维修的规定。

由于调蓄池一般建设于地面标高以下，尤其应做好配电设备间的防渗、防漏、防涝措施。

5.3.4 关于调蓄池积水及时排空的规定。

调蓄池在非运行期间，可能会因为进水闸/阀的密封性故障等设备故障或冬天融雪等原因，造成进水。为避免长时间积水造成池内湿气、有毒有害气体集聚，对设备和安全造成影响，应对非运行期间的积水进行及时排空。

5.3.5 关于下池保养的规定。下池保养重点是清除池底杂物与淤泥，清理集水坑，检查清淤冲洗设备、送排风设施和调蓄池的渗漏情况。

5.3.6 关于调蓄池水质水量监测的规定。

利用调蓄池的进(出)水水质、水量监测数据和服务范围内的降雨过程数据，可对调蓄池的运行管理绩效和环境效应进行评估；水质监测与记录指标宜包括有机物、营养盐和悬浮颗粒物等三大类。

5.3.7 关于故障排除和管理机制的规定。

调蓄池机电设备能否正常运行，或能否发挥应有的效能，除设备本身的性能因数外，很大程度上取决于对设备的正确使用和良好维护。所以，应在机制上保证调蓄池机电设备能得到良好的维护和保养。

在停电、调蓄池超负荷进水等突发事件的情况下，如果调蓄池不能发挥其作用，则将使得局势更加恶化。所以调蓄池运行和管理单位应根据情况，制定突发事件情况下保障调蓄池基本功能的应急措施和相应的预案执行程序。

中华人民共和国国家标准

城镇给水排水技术规范

Technical code for water supply and sewerage of urban

GB 50788—2012

主编部门：中华人民共和国住房和城乡建设部
批准部门：中华人民共和国住房和城乡建设部
施行日期：2 0 1 2 年 1 0 月 1 日

6

目　次

1 总　　则

1.0.1 为保障城镇用水安全和城镇水环境质量，维护水的健康循环，规范城镇给水排水系统和设施的基本功能和技术性能，制定本规范。

1.0.2 本规范适用于城镇给水、城镇排水、污水再生利用和雨水利用相关系统和设施的规划、勘察、设计、施工、验收、运行、维护和管理等。

城镇给水包括取水、输水、净水、配水和建筑给水等系统和设施；城镇排水包括建筑排水，雨水和污水的收集、输送、处理和处置等系统和设施；污水再生利用和雨水利用包括城镇污水再生利用和雨水利用系统及局部区域、住区、建筑中水和雨水利用等设施。

1.0.3 城镇给水排水系统和设施的规划、勘察、设计、施工、运行、维护和管理应遵循安全供水、保障服务功能、节约资源、保护环境、同水的自然循环协调发展的原则。

1.0.4 城镇给水排水系统和设施的规划、勘察、设计、施工、运行、维护和管理除应符合本规范的规定外，尚应符合国家现行有关标准的规定；当有关现行标准与本规范的规定不一致时，应按本规范的规定执行。

2 基 本 规 定

2.0.1 城镇必须建设与其发展需求相适应的给水排水系统，维护水环境生态安全。

2.0.2 城镇给水、排水规划，应以区域总体规划、城市总体规划和镇总体规划为依据，应与水资源规划、水污染防治规划、生态环境保护规划和防灾规划等相协调。城镇排水规划与城镇给水规划应相互协调。

2.0.3 城镇给水排水设施应具备应对自然灾害、事故灾难、公共卫生事件和社会安全事件等突发事件的能力。

2.0.4 城镇给水排水设施的防洪标准不得低于所服务城镇设防的相应要求，并应留有适当的安全裕度。

2.0.5 城镇给水排水设施必须采用质量合格的材料与设备。城镇给水设施的材料与设备还必须满足卫生安全要求。

2.0.6 城镇给水排水系统应采用节水和节能型工艺、设备、器具和产品。

2.0.7 城镇给水排水系统中有关生产安全、环境保护和节水设施的建设，应与主体工程同时设计、同时施工、同时投产使用。

2.0.8 城镇给水排水系统和设施的运行、维护、管理应制定相应的操作标准，并严格执行。

2.0.9 城镇给水排水工程建设和运行过程中必须做好相关设施的建设和管理，满足生产安全、职业卫生安全、消防安全和安全保卫的要求。

2.0.10 城镇给水排水工程建设和运行过程产生的噪声、废水、废气和固体废弃物不应对周边环境和人身健康造成危害，并应采取措施减少温室气体的排放。

2.0.11 城镇给水排水设施运行过程中使用和产生的易燃、易爆及有毒化学危险品应实施严格管理，防止人身伤害和灾害性事故发生。

2.0.12 设置于公共场所的城镇给水排水相关设施应采取安全防护措施，便于维护，且不应影响公众安全。

2.0.13 城镇给水排水设施应根据其储存或传输介质的腐蚀性质及环境条件，确定构筑物、设备和管道应采取的相应防腐蚀措施。

2.0.14 当采用的新技术、新工艺和新材料无现行标准予以规范或不符合工程建设强制性标准时，应按相关程序和规定予以核准。

3 城 镇 给 水

3.1 一 般 规 定

3.1.1 城镇给水系统应具有保障连续不间断地向城镇供水的能力，满足城镇用水对水质、水量和水压的用水需求。

3.1.2 城镇给水中生活饮用水的水质必须符合国家现行生活饮用水卫生标准的要求。

3.1.3 给水工程规模应保障供水范围规定年限内的最高日用水量。

3.1.4 城镇用水量应与城镇水资源相协调。

3.1.5 城镇给水规划应在科学预测城镇用水量的基础上，合理开发利用水资源、协调给水设施的布局、正确指导给水工程建设。

3.1.6 城镇给水系统应具有完善的水质监测制度，配备合格的检测人员和仪器设备，对水质实施严格有效的监管。

3.1.7 城镇给水系统应建立完整、准确的水质监测档案。

3.1.8 供水、用水必须计量。

3.1.9 城镇给水系统需要停水时，应提前或及时通告。

3.1.10 城镇给水系统进行改、扩建工程时，应保障城镇供水安全，并应对相邻设施实施保护。

3.2 水源和取水

3.2.1 城镇给水水源的选择应以水资源勘察评价报告为依据，应确保取水量和水质可靠，严禁盲目开发。

3.2.2 城镇给水水源地应划定保护区，并应采取相应的水质安全保障措施。

3.2.3 大中城市应规划建设城市备用水源。

3.2.4 当水源为地下水时，取水量必须小于允许开采量。当水源为地表水时，设计枯水流量保证率和设计枯水位保证率不应低于90%。

3.2.5 地表水取水构筑物的建设应根据水文、地形、地质、施工、通航等条件，选择技术可行、经济合理、安全可靠的方案。

3.2.6 在高浊度江河、入海感潮江河、湖泊和水库取水时，取水设施位置的选择及采取的避沙、防冰、避咸、除藻措施应保证取水水质安全可靠。

3.3 给水泵站

3.3.1 给水泵站的规模应满足用户对水量和水压的要求。

3.3.2 给水泵站应设置备用水泵。

3.3.3 给水泵站的布置应满足设备的安装、运行、维护和检修的要求。

3.3.4 给水泵站应具备可靠的排水设施。

3.3.5 对可能发生水锤的给水泵站应采取消除水锤危害的措施。

3.4 输配管网

3.4.1 输水管道的布置应符合城镇总体规划，应以管线短、占地少、不破坏环境、施工和维护方便、运行安全为准则。

3.4.2 输配水管道的设计水量和设计压力应满足使用要求。

3.4.3 事故用水量应为设计水量的70%。当城镇输水采用2条以上管道时，应按满足事故用水量设置连通管；在多水源或设置了调蓄设施并能保证事故用水量的条件下，可采用单管。

3.4.4 长距离管道输水系统的选择应在输水线路、输水方式、管材、管径等方面进行技术、经济比较和安全论证，并应对管道系统进行水力过渡过程分析，采取水锤综合防护措施。

3.4.5 城镇配水管网干管应成环状布置。

3.4.6 应减少供水管网漏损率，并应控制在允许范围内。

3.4.7 供水管网严禁与非生活饮用水管道连通，严禁擅自与自建供水设施连接，严禁穿过毒物污染区；通过腐蚀地段的管道应采取安全保护措施。

3.4.8 供水管网应进行优化设计、优化调度管理，降低能耗。

3.4.9 输配水管道与建（构）筑物及其他管线的距离、位置应保证供水安全。

3.4.10 当输配水管道穿越铁路、公路和城市道路时，应保证设施安全；当埋设在河底时，管内水流速度应大于不淤流速，并应防止管道被洪水冲刷破坏和影响航运。

3.4.11 敷设在有冰冻危险地区的管道应采取防冻措施。

3.4.12 压力管道竣工验收前应进行水压试验。生活饮用水管道运行前应冲洗、消毒。

3.5 给水处理

3.5.1 城镇水厂对原水进行处理，出厂水水质不得低于现行国家生活饮用水卫生标准的要求，并应留有必要的裕度。

3.5.2 城镇水厂平面布置和竖向设计应满足各建（构）筑物的功能、运行和维护的要求，主要建（构）筑物之间应通行方便、保障安全。

3.5.3 生活饮用水必须消毒。

3.5.4 城镇水厂中储存生活饮用水的调蓄构筑物应采取卫生防护措施，确保水质安全。

3.5.5 城镇水厂的工艺排水应回收利用。

3.5.6 城镇水厂产生的泥浆应进行处理并合理处置。

3.5.7 城镇水厂处理工艺中所涉及的化学药剂，在生产、运输、存储、运行的过程中应采取有效防腐、防泄漏、防毒、防爆措施。

3.6 建筑给水

3.6.1 民用建筑与小区应根据节约用水的原则，结合当地气候和水资源条件、建筑标准、卫生器具完善程度等因素合理确定生活用水定额。

3.6.2 设置的生活饮用水管道不得受到污染，应方便安装与维修，并不得影响结构的安全和建筑物的使用。

3.6.3 生活饮用水不得因管道、设施产生回流而受污染，应根据回流性质、回流污染危害程度，采取可靠的防回流措施。

3.6.4 生活饮用水水池、水箱、水塔的设置应防止污水、废水等非饮用水的渗入和污染，并应采取保证储水不变质、不冻结的措施。

3.6.5 建筑给水系统应充分利用室外给水管网压力直接供水，竖向分区应根据使用要求、材料设备性能、节能、节水和维护管理等因素确定。

3.6.6 给水加压、循环冷却等设备不得设置在居住用房的上层、下层和毗邻的房间内，不得污染居住环境。

3.6.7 生活饮用水的水池（箱）应配置消毒设施，供水设施在交付使用前必须清洗和消毒。

3.6.8 消防给水系统和灭火设施应根据建筑用途、功能、规模、重要性及火灾特性、火灾危险性等因素合理配置。

3.6.9 消防给水水源必须安全可靠。

3.6.10 消防给水系统的水量、水压应满足使用要求。

3.6.11 消防给水系统的构筑物、站室、设备、管网等均应采取安全防护措施，其供电应安全可靠。

3.7 建筑热水和直饮水

3.7.1 建筑热水定额的确定应与建筑给水定额匹配，建筑热水热源应根据当地可再生能源、热资源条件并结合用户使用要求确定。

3.7.2 建筑热水供应应保证用水终端的水质符合现行国家生活饮用水水质标准的要求。

3.7.3 建筑热水水温应满足使用要求，特殊建筑内的热水供应应采取防烫伤措施。

3.7.4 水加热、储热设备及热水供应系统应保证安全、可靠地供水。

3.7.5 热水供水管道系统应设置必要的安全设施。

3.7.6 管道直饮水系统用户端的水质应符合现行行业标准《饮用净水水质标准》CJ 94 的规定，且应采取严格的保障措施。

4 城 镇 排 水

4.1 一 般 规 定

4.1.1 城镇排水系统应具有有效收集、输送、处理、处置和利用城镇雨水和污水，减少水污染物排放，并防止城镇被雨水、污水淹渍的功能。

4.1.2 城镇排水规划应合理确定排水系统的工程规模、总体布局和综合径流系数等，正确指导排水工程建设。城镇排水系统应与社会经济发展和相关基础设施建设相协调。

4.1.3 城镇排水体制的确定必须遵循因地制宜的原则，应综合考虑原有排水管网情况、地区降水特征、受纳水体环境容量等条件。

4.1.4 合流制排水系统应设置污水截流设施，合理确定截流倍数。

4.1.5 城镇采用分流制排水系统时，严禁雨、污水管渠混接。

4.1.6 城镇雨水系统的建设应利于雨水就近入渗、调蓄或收集利用，降低雨水径流总量和峰值流量，减少对水生态环境的影响。

4.1.7 城镇所有用水过程产生的污染水必须进行处理，不得随意排放。

4.1.8 排入城镇污水管渠的污水水质必须符合国家现行标准的规定。

4.1.9 城镇排水设施的选址和建设应符合防灾专项规划。

4.1.10 对于产生有毒有害气体或可燃气体的泵站、管道、检查井、构筑物或设备进行放空清理或维修时，必须采取确保安全的措施。

4.2 建 筑 排 水

4.2.1 建筑排水设备、管道的布置与敷设不得对生活饮用水、食品造成污染，不得危害建筑结构和设备的安全，不得影响居住环境。

4.2.2 当不自带水封的卫生器具与污水管道或其他可能产生有害气体的排水管道连接时，应采取有效措施防止有害气体的泄漏。

4.2.3 地下室、半地下室中的卫生器具和地漏不得与上部排水管道连接，应采用压力排水系统，并应保证污水、废水安全可靠的排出。

4.2.4 下沉式广场、地下车库出入口等不能采用重力流排出雨水的场所，应设置压力流雨水排水系统，保证雨水及时安全排出。

4.2.5 化粪池的设置不得污染地下取水构筑物及生活储水池。

4.2.6 医疗机构的污水应根据污水性质、排放条件采取相应的处理工艺，并必须进行消毒处理。

4.2.7 建筑屋面雨水排除、溢流设施的设置和排水能力不得影响屋面结构、墙体及人员安全，并应保证及时排除设计重现期的雨水量。

4.3 排 水 管 渠

4.3.1 排水管渠应经济合理地输送雨水、污水，并应具备下列性能：

1 排水应通畅，不应堵塞；

2 不应危害公众卫生和公众健康；

3 不应危害附近建筑物和市政公用设施；

4 重力流污水管道最大设计充满度应保障安全。

4.3.2 立体交叉地道应设置独立的排水系统。

4.3.3 操作人员下井作业前，必须采取自然通风或人工强制通风使易爆或有毒气体浓度降至安全范围；下井作业时，操作人员应穿戴供压缩空气的隔离式防护服；井下作业期间，必须采用连续的人工通风。

4.3.4 应建立定期巡视、检查、维护和更新排水管渠的制度，并应严格执行。

4.4 排 水 泵 站

4.4.1 排水泵站应安全、可靠、高效地提升、排除雨水和污水。

4.4.2 排水泵站的水泵应满足在最高使用频率时处于高效区运行，在最高工作扬程和最低工作扬程的整个工作范围内应安全稳定运行。

4.4.3 抽送产生易燃易爆和有毒有害气体的室外污水泵站，必须独立设置，并采取相应的安全防护措施。

4.4.4 排水泵站的布置应满足安全防护、机电设备安装、运行和检修的要求。

4.4.5 与立体交叉地道合建的雨水泵站的电气设备

应有不被淹渍的措施。

4.4.6 污水泵站和合流污水泵站应设置备用泵。道路立体交叉地道雨水泵站和为大型公共地下设施设置的雨水泵站应设置备用泵。

4.4.7 排水泵站出水口的设置不得影响受纳水体的使用功能，并应按当地航运、水利、港务和市政等有关部门要求设置消能设施和警示标志。

4.4.8 排水泵站集水池应有清除沉积泥砂的措施。

4.5 污水处理

4.5.1 污水处理厂应具有有效减少城镇水污染物的功能，排放的水、泥和气应符合国家现行相关标准的规定。

4.5.2 污水处理厂应根据国家排放标准、污水水质特征、处理后出水用途等科学确定污水处理程度，合理选择处理工艺。

4.5.3 污水处理厂的总体设计应有利于降低运行能耗，减少臭气和噪声对操作管理人员的影响。

4.5.4 合流制污水处理厂应具有处理截流初期雨水的能力。

4.5.5 污水采用自然处理时不得降低周围环境的质量，不得污染地下水。

4.5.6 城镇污水处理厂出水应消毒后排放，污水消毒场所应有安全防护措施。

4.5.7 污水处理厂应设置水量计量和水质监测设施。

4.6 污泥处理

4.6.1 污泥应进行减量化、稳定化和无害化处理并安全、有效处置。

4.6.2 在污泥消化池、污泥气管道、储气罐、污泥气燃烧装置等具火灾或爆炸危险的场所，应采取安全防范措施。

4.6.3 污泥气应综合利用，不得擅自向大气排放。

4.6.4 污泥浓缩脱水机房应通风良好，溶药场所应采取防滑措施。

4.6.5 污泥堆肥场地应采取防渗和收集处理渗沥液等措施，防止水体污染。

4.6.6 污泥热干化车间和污泥料仓应采取通风防爆的安全措施。

4.6.7 污泥热干化、污泥焚烧车间必须具有烟气净化处理设施。经净化处理后，排放的烟气应符合国家现行相关标准的规定。

5 污水再生利用与雨水利用

5.1 一般规定

5.1.1 城镇应根据总体规划和水资源状况编制城镇再生水与雨水利用规划。

5.1.2 城镇再生水与雨水利用工程应满足用户对水质、水量、水压的要求。

5.1.3 城镇再生水与雨水利用工程应保障用水安全。

5.2 再生水水源和水质

5.2.1 城镇再生水水源应保障水源水质和水量的稳定、可靠、安全。

5.2.2 重金属、有毒有害物质超标的污水、医疗机构污水和放射性废水严禁作为再生水水源。

5.2.3 再生水水质应符合国家现行相关标准的规定。对水质要求不同时，应首先满足用水量大、水质标准低的用户。

5.3 再生水利用安全保障

5.3.1 城镇再生水工程应设置溢流和事故排放管道。当溢流排入管道或水体时应符合国家排放标准的规定；当事故排放时应采取相关应急措施。

5.3.2 城镇再生水利用工程应设置再生水储存设施，并应做好卫生防护工作，保障再生水水质安全。

5.3.3 城镇再生水利用工程应设置消毒设施。

5.3.4 城镇再生水利用工程应设置水量计量和水质监测设施。

5.3.5 当将生活饮用水作为再生水的补水时，应采取可靠有效的防回流污染措施。

5.3.6 再生水用水点和管道应有防止误接或误用的明显标志。

5.4 雨水利用

5.4.1 雨水利用工程建设应以拟建区域近期历年的降雨量资料及其他相关资料作为依据。

5.4.2 雨水利用规划应以雨水收集回用、雨水入渗、调蓄排放等为重点。

5.4.3 雨水利用设施的建设应充分利用城镇及周边区域的天然湖塘洼地、沼泽地、湿地等自然水体。

5.4.4 雨水收集、调蓄、处理和利用工程不应对周边土壤环境、植物的生长、地下含水层的水质和环境景观等造成危害和隐患。

5.4.5 根据雨水收集回用的用途，当有细菌学指标要求时，必须消毒后再利用。

6 结 构

6.1 一般规定

6.1.1 城镇给水排水工程中各厂站的地面建筑物，其结构设计、施工及质量验收应符合国家现行工业与民用建筑标准的相应规定。

6.1.2 城镇给水排水设施中主要构筑物的主体结构和地下干管，其结构设计使用年限不应低于50年；

安全等级不应低于二级。

6.1.3 城镇给水排水工程中构筑物和管道的结构设计，必须依据岩土工程勘察报告，确定结构类型、构造、基础形式及地基处理方式。

6.1.4 构筑物和管道结构的设计、施工及管理应符合下列要求：

1 结构设计应计入在正常建造、正常运行过程中可能发生的各种工况的组合荷载、地震作用（位于地震区）和环境影响（温、湿度变化，周围介质影响等）；并正确建立计算模型，进行相应的承载力和变形、开裂控制等计算。

2 结构施工应按照相应的国家现行施工及质量验收标准执行。

3 应制定并执行相应的养护操作规程。

6.1.5 构筑物和管道结构在各项组合作用下的内力分析，应按弹性体计算，不得考虑非弹性变形引起的内力重分布。

6.1.6 对位于地表水或地下水以下的构筑物和管道，应核算施工及使用期间的抗浮稳定性；相应核算水位应依据勘察文件提供的可能发生的最高水位。

6.1.7 构筑物和管道的结构材料，其强度标准值不应低于95%的保证率；当位于抗震设防地区时，结构所用的钢材应符合抗震性能要求。

6.1.8 应控制混凝土中的氯离子含量；当使用碱活性骨料时，尚应限制混凝土中的碱含量。

6.1.9 城镇给水排水工程中的构筑物和地下管道，不应采用遇水浸蚀材料制成的砌块和空芯砌块。

6.1.10 对钢筋混凝土构筑物和管道进行结构设计时，当构件截面处于中心受拉或小偏心受拉时，应按控制不出现裂缝设计；当构件截面处于受弯或大偏心受拉（压）时，应按控制裂缝宽度设计，允许的裂缝宽度应满足正常使用和耐久性要求。

6.1.11 对平面尺寸超长的钢筋混凝土构筑物和管道，应计入混凝土成型过程中水化热及运行期间季节温差的作用，在设计和施工过程中均应制定合理、可靠的应对措施。

6.1.12 进行基坑开挖、支护和降水时，应确保结构自身及其周边环境的安全。

6.1.13 城镇给水排水工程结构的施工及质量验收应符合下列要求：

1 工程采用的成品、半成品和原材料等应符合国家现行相关标准和设计要求，进入施工现场时应进行进场验收，并按国家有关标准规定进行复验。

2 对非开挖施工管道、跨越或穿越江河管道等特殊作业，应制定专项施工方案。

3 对工程施工的全过程应按国家现行相应施工技术标准进行质量控制；每项工程完成后，必须进行检验；相关各分项工程间，必须进行交接验收。

4 所有隐蔽分项工程，必须进行隐蔽验收；未经检验或验收不合格时，不得进行下道分项工程。

5 对不合格分项、分部工程通过返修或加固仍不能满足结构安全或正常使用功能要求时，严禁验收。

6.2 构筑物

6.2.1 盛水构筑物的结构设计，应计入施工期间的水密性试验和运行期间（分区运行、养护维修等）可能发生的各种工况组合作用，包括温度、湿度作用等环境影响。

6.2.2 对预应力混凝土构筑物进行结构设计时，在正常运行时各种组合作用下，应控制构件截面处于受压状态。

6.2.3 盛水构筑物的混凝土材料应符合下列要求：

1 应选用合适的水泥品种和水泥用量。

2 混凝土的水胶比应控制在不大于0.5。

3 应根据运行条件确定混凝土的抗渗等级。

4 应根据环境条件（寒冷或严寒地区）确定混凝土的抗冻等级。

5 应根据环境条件（大气、土壤、地表水或地下水）和运行介质的侵蚀性，有针对性地选用水泥品种和水泥用量，满足抗侵蚀要求。

6.3 管道

6.3.1 城镇给水排水工程中，管道的管材及其接口连接构造等的选用，应根据管道的运行功能、施工敷设条件、环境条件，经技术经济比较确定。

6.3.2 埋地管道的结构设计，应鉴别设计采用管材的刚、柔性。在组合荷载的作用下，对刚性管道应进行强度和裂缝控制核算；对柔性管道，应按管土共同工作的模式进行结构内力分析，核算截面强度、截面环向稳定及变形量。

6.3.3 对开槽敷设的管道，应对管道周围不同部位回填土的压实度分别提出设计要求。

6.3.4 对非开挖顶进施工的管道，管顶承受的竖向土压力应计入上部土体极限平衡裂面上的剪应力对土压力的影响。

6.3.5 对跨越江湖架空敷设的拱形或折线形钢管道，应核算其在侧向荷载作用下，出平面变位引起的 $P-\Delta$ 效应。

6.3.6 对塑料管进行结构核算时，其物理力学性能指标的标准值，应针对材料的长期效应，按设计使用年限内的后期数值采用。

6.4 结构抗震

6.4.1 抗震设防烈度为6度及高于6度地区的城镇给水排水工程，其构筑物和管道的结构必须进行抗震设计。相应的抗震设防类别及设防标准，应按现行国家标准《建筑工程抗震设防分类标准》GB 50223确定。

6.4.2 抗震设防烈度必须按国家规定的权限审批及

颁发的文件（图件）确定。

6.4.3 城镇给水排水工程中构筑物和管道的结构，当遭遇本地区抗震设防烈度的地震影响时，应符合下列要求：

1 构筑物不需修理或经一般修理后应仍能继续使用；

2 管道震害在管网中应控制在局部范围内，不得造成较严重次生灾害。

6.4.4 抗震设计中，采用的抗震设防烈度和设计基本地震加速度取值的对应关系，应为 6 度：0.05g；7 度：0.1g(0.15g)；8 度：0.2g(0.3g)；9 度：0.4g。g 为重力加速度。

6.4.5 构筑物的结构抗震验算，应对结构的两个主轴方向分别计算水平地震作用（结构自重惯性力、动水压力、动土压力等），并由该方向的抗侧力构件全部承担。当设防烈度为 9 度时，对盛水构筑物尚应计算竖向地震作用效应，并与水平地震作用效应组合。

6.4.6 当需要对埋地管道结构进行抗震验算时，应计算在地震作用下，剪切波行进时管道结构的位移或应变。

6.4.7 结构抗震体系应符合下列要求：

1 应具有明确的结构计算简图和合理的地震作用传递路线；

2 应避免部分结构或构件破坏而导致整个体系丧失承载力；

3 同一结构单元应具有良好的整体性；对局部薄弱部位应采取加强措施；

4 对埋地管道除采用延性良好的管材外，沿线应设置柔性连接措施。

6.4.8 位于地震液化地基上的构筑物和管道，应根据地基土液化的严重程度，采取适当的消除或减轻液化作用的措施。

6.4.9 埋地管道傍山区边坡和江、湖、河道岸边敷设时，应对该处边坡的稳定性进行验算并采取抗震措施。

7 机械、电气与自动化

7.1 一 般 规 定

7.1.1 机电设备及其系统应能安全、高效、稳定地运行，且应便于使用和维护。

7.1.2 机电设备及其系统的效能应满足生产工艺和生产能力要求，并且应满足维护或故障情况下的生产能力要求。

7.1.3 机电设备的易损件、消耗材料配备，应保障正常生产和维护保养的需要。

7.1.4 机电设备在安装、运行和维护过程中均不得对工作人员的健康或周边环境造成危害。

7.1.5 机电设备及其系统应能为突发事件情况下所采取的各项应对措施提供保障。

7.1.6 在爆炸性危险气体或爆炸性危险粉尘环境中，机电设备的配置和使用应符合国家现行相关标准的规定。

7.1.7 机电设备及其系统应定期进行专业的维护保养。

7.2 机 械 设 备

7.2.1 机械设备各组成部件的材质，应满足卫生、环保和耐久性的要求。

7.2.2 机械设备的操作和控制方式应满足工艺和自动化控制系统的要求。

7.2.3 起重设备、锅炉、压力容器、安全阀等特种设备必须检验合格，取得安全认证。运行期间应按国家相关规定进行定期检验。

7.2.4 机械设备基础的抗震设防烈度不应低于主体构筑物的抗震设防烈度。

7.2.5 机械设备有外露运动部件或走行装置时，应采取安全防护措施，并应对危险区域进行警示。

7.2.6 机械设备的临空作业场所应具有安全保障措施。

7.3 电 气 系 统

7.3.1 电源和供电系统应满足城镇给水排水设施连续、安全运行的要求。

7.3.2 城镇给水排水设施的工作场所和主要道路应设置照明，需要继续工作或安全撤离人员的场所应设置应急照明。

7.3.3 城镇给水排水构筑物和机电设备应按国家现行相关标准的规定采取防雷保护措施。

7.3.4 盛水构筑物上所有可触及的导电部件和构筑物内部钢筋等都应作等电位连接，并应可靠接地。

7.3.5 城镇给水排水设施应具有安全的电气和电磁环境，所采用的机电设备不应对周边电气和电磁环境的安全和稳定构成损害。

7.3.6 机电设备的电气控制装置应能够提供基本的、独立的运行保护和操作保护功能。

7.3.7 电气设备的工作环境应满足其长期安全稳定运行和进行常规维护的要求。

7.4 信息与自动化控制系统

7.4.1 存在或可能积聚毒性、爆炸性、腐蚀性气体的场所，应设置连续的监测和报警装置，该场所的通风、防护、照明设备应能在安全位置进行控制。

7.4.2 爆炸性危险气体、有毒气体的检测仪表必须定期进行检验和标定。

7.4.3 城镇给水厂站和管网应设置保障供水安全和满足工艺要求的在线式监测仪表和自动化控制系统。

7.4.4 城镇污水处理厂应设置在线监测污染物排放的水质、水量检测仪表。

7.4.5 城镇给水排水设施的仪表和自动化控制系统应能够监视与控制工艺过程参数和工艺设备的运行，应能够监视供电系统设备的运行。

7.4.6 应采取自动监视和报警的技术防范措施，保障城镇给水设施的安全。

7.4.7 城镇给水排水系统的水质化验检测设备的配置应满足正常生产条件下质量控制的需要。

7.4.8 城镇给水排水设施的通信系统设备应满足日常生产管理和应急通信的需要。

7.4.9 城镇给水排水系统的生产调度中心应能够实时监控下属设施，实现生产调度，优化系统运行。

7.4.10 给水排水设施的自动化控制系统和调度中心应安全可靠，连续运行。

7.4.11 城镇给水排水信息系统应具有数据采集与处理、事故预警、应急处置等功能，应作为数字化城市信息系统的组成部分。

中华人民共和国国家标准

城镇给水排水技术规范

GB 50788－2012

条 文 说 明

目　　次

1 总 则

1.0.1 本条阐述了制定本规范的目的。城镇给水排水系统和设施是保障城镇居民生活和社会经济发展的生命线，是保障公众身体健康、水环境质量的重要基础设施；同时，城镇给水排水系统形成水的社会循环还往往对水自然循环造成干扰和破坏，因此，维护水的健康循环也是制定本规范的重要目的。本规范按照“综合化、性能化、全覆盖、可操作”的原则，制定了城镇给水排水系统和设施基本功能和技术性能的相关要求。

《中华人民共和国水法》、《中华人民共和国水污染防治法》、《中华人民共和国城乡规划法》和《中华人民共和国建筑法》等国家相关法律、部门规章和技术经济政策等对城镇给水排水有关设施提出了诸多严格规定和要求，是编制本规范的基本依据。

1.0.2 规定了本规范的适用范围，明确了“城镇给水”、“城镇排水”以及“城镇污水再生利用和雨水利用”包含的内容。城镇给水排水的规划、勘察、设计、施工、运行、维护和管理的全过程都直接影响着城镇的用水安全、城镇水环境质量以及水的健康循环，因此，必须从全过程规范其基本功能和技术性能，才能保障城镇给水排水系统安全，满足城镇的服务需求。

1.0.3 本条规定了城镇给水排水设施规划、勘察、设计、施工、运行、维护和管理应遵循的基本原则。“保障服务功能”是指作为市政公用基础设施的城镇给水排水设施要保障对公众服务的基本功能，提供高质量和高效率的服务；“节约资源”是指节约水资源、能源、土地资源、人力资源和其他资源；“保护环境”是指减少污染物排放，保障城镇水环境质量；“同水的自然循环协调发展”是指城镇给水排水系统作为城镇水的社会循环的基础设施，要减少对水自然循环的影响和冲击，并使其保持在水自然循环可承受的范围内。

1.0.4 规定了本规范与其他相关标准的关系。说明本规范作为全文强制标准，执行效力高于国家现行有关城镇给水排水相关标准；当现行标准与本规范的规定不一致时，应按本规范的规定执行。

2 基 本 规 定

2.0.1 本条规定了城镇必须建设给水排水系统的要求。城镇给水排水系统是保障城镇居民健康、社会经济发展和城镇安全的不可或缺的重要基础设施；由于城镇水资源条件、用水需求和用水结构差异较大，因此，要求城镇建设“与其发展需求相适应”的给水排水系统。“维护水环境生态安全”是指城镇给水排水系统运行形成水的社会循环对水环境的水质以及地表、地下径流和储存产生的影响不应该危及和损害水环境生态安全。

2.0.2 本条规定了城镇给水排水发展规划编制的基本要求。《中华人民共和国城乡规划法》规定，城镇给水排水系统作为城镇重要基础设施应编制专项发展规划；《中华人民共和国水法》规定，应制定流域和区域水的供水专项规划，并与城镇总体规划和环境保护规划相协调；《中华人民共和国水污染防治法》也规定，县级以上地方人民政府组织建设、经济综合宏观调控、环境保护、水行政等部门编制本行政区域的城镇污水处理设施建设规划。县级以上地方人民政府建设主管部门应当按照城镇污水处理设施建设规划，组织建设城镇污水集中处理设施及配套管网，并加强对城镇污水集中处理设施运营的监督管理；在国务院颁发的《全国生态环境保护纲要》中规定，要制定地区或部门生态环境保护规划，并提出要重视城镇和水资源开发利用的生态环境保护，建设生态城镇示范区等要求。

城镇排水规划与城镇给水规划密切相关。相互协调的内容主要包括城镇用水量和城镇排水量；水源地和城镇排水受纳水体；给水厂和污水处理厂厂址选择；给水管道和排水管道的布置；再生水系统和大用水户的相互关联等诸多方面。

2.0.3 本条规定了城镇给水排水设施必须具备应对突发事件的安全保障能力。《中华人民共和国突发事件应对法》、《国家突发公共事件总体应急预案》、《国家突发环境事件应急预案》、住房和城乡建设部《市政公用设施抗灾设防管理规定》和《城镇供水系统重大事故应急预案》等相关法律、法规和文件，都对城镇给水排水公共基础设施在突发事件中的功能保障提出了相关要求。城镇给水排水设施要具有预防多种突发事件影响的能力；在得到相关突发事件将影响设施功能信息时，要能够采取应急准备措施，最大限度地避免或减轻对设施功能带来的损害；要设置相应监测和预警系统，能够及时、准确识别突发事件对城镇给水排水设施带来的影响，并有效采取措施抵御突发事件带来的灾害，采取相关补救、替代措施保障设施基本功能。

2.0.4 本条规定了城镇给水排水设施防洪的要求。现行国家标准《防洪标准》GB 50201－94 中第 1.0.6 条作出了如下规定：“遭受洪灾或失事后损失巨大、影响十分严重的防护对象，可采用高于本标准规定的防洪标准”。城镇给水排水设施属于“影响十分严重的防护对象”，因此，要求城镇给水排水设施要在满足所服务城镇防洪设防相应要求的同时，还要根据城镇给水排水重要设施和构筑物具体情况，适度加强设置必要的防止洪灾的设施。

2.0.5 本条规定了城镇给水排水设施选用的材料和

设备执行的质量和卫生许可的原则。城镇给水排水设施选用材料和设备的质量状况直接影响设施的运行安全、基本功能和技术性能，要予以许可控制。城镇给水排水相关材料和设备选用要执行国务院颁发的《建设工程勘察设计管理条例》中“设计文件中选用的材料、构配件、设备，应当注明其规格、型号、性能等技术指标，其质量要求必须符合国家规定的标准”的规定。处理生活饮用水采用的混凝、絮凝、助凝、消毒、氧化、pH 调节、软化、灭藻、除垢、除氟、除砷、氟化、矿化等化学处理剂也要符合国家相关标准的规定。

2.0.6 本条规定了城镇给水排水系统建设时就要选取节水和节能型工艺、设备、器具和产品的要求。即规定了城镇给水、排水、再生水和雨水系统和设施的运行过程以及相关生活用水、生产用水、公共服务用水和其他用水的用水过程，所采用的工艺、设备、器具和产品都应该具有节水和节能的功能，以保证系统运行过程中发挥节水和节能的效益。《中华人民共和国水法》和《中华人民共和国节约能源法》分别对相关节能和节水要求作出了原则的规定；国家发改委等五部委颁发的《中国节水技术政策大纲》中对各类用水推广采用具有节水功能的工艺技术、节水重大装备、设施和器具等都提出了明确要求。

2.0.7 本条规定了城镇给水排水系统建设的有关“三同时”的建设原则。《中华人民共和国安全生产法》第二十四条，《中华人民共和国环境保护法》第二十六条和《中华人民共和国水法》第五十三条都分别规定了有关安全生产、环保和节水设施建设应“与主体工程同时设计、同时施工、同时投产使用”的要求。城镇给水排水系统建设要认真贯彻执行这些规定。

2.0.8 本条规定了城镇给水排水系统和设施日常运行和维护必须遵照技术标准进行的基本原则。为保障城镇给水排水系统的运行安全和服务质量，要对相关系统和设施制定科学合理的日常运行和维护技术规程，并按规程进行经常性维护、保养，定期检测、更新，做好记录，并由有关人员签字，以保证系统和设施正常运转安全和服务质量。

2.0.9 本条规定了城镇给水排水设施建设和运行过程中必须保障相关安全的问题。施工和生产安全、职业卫生安全、消防安全和安全保卫工作都需要必要的相关设施保障和管理制度保障。要根据具体情况建设必要设施，配备必要设备和器具，储备必要的物资，并建立相应管理制度。国家在工程建设安全和生产安全方面已发布了多项法规和文件，《中华人民共和国安全生产法》、国务院 2003 年颁发的《建设工程安全生产管理条例》、2004 年颁发的《安全生产许可证条例》、2007 年颁发的《生产安全事故报告和调查处理条例》和《安全生产事故隐患排查治理暂行规定》等，都对工程施工和安全生产做出了详细规定；建设主管部门对建筑工程的施工还制定了一系列法规、文件和标准规范，《建筑工程安全生产监督管理工作导则》、《建筑施工现场环境与卫生标准》JGJ 146、《施工现场临时用电安全技术规范》JGJ 46 和《建筑拆除工程安全技术规范》JGJ 147 等对工程施工过程做了更详细的规定；另外，国家在有关职业病防治、火灾预防和灭火以及安全保卫等方面制定了一系列法规和文件，城镇给水排水设施建设和运行中都必须认真执行。

2.0.10 本条对城镇给水排水设施工程建设和生产运行时防止对周边环境和人身健康产生危害做出了规定。城镇给水排水设施建设和运行除产生一般大型土木工程施工的噪声、废水、废气和固体废弃物外，特别是污水的处理和输送过程还产生有毒有害气体和大量污泥，要进行有效的处理和处置，避免对环境和人身健康造成危害。1996 年颁发的《中华人民共和国环境噪声污染防治法》，2008 年发布的《社会生活环境噪声排放标准》GB 22337，对社会生活中的环境噪声作出了更高要求的新规定。2002 年国家还特别对城镇污水处理厂排放的水和污泥制定了《城镇污水处理厂污染物排放标准》GB 18918。国家还对固体废弃物、水污染物、有害气体和温室气体的排放制定了相关标准或要求，城镇给水排水设施建设和运行过程中都要采取严格措施执行这些标准。

城镇给水排水设施建设和运行过程温室气体的排放主要是能源消耗间接产生的 CO_2 和污水储存、输送、处理和排放过程产生的 CH_4 和 N_2O。CH_4 和 N_2O 的温室效应分别为 CO_2 的 23～62 倍和 280～310 倍。政府间气候变化专门委员会（IPCC）在《气候变化 2007 第四次评估报告（AR4）》和 2008 年《气候变化与水》的专项技术报告中都对污水处理过程中产生的 CH_4 和 N_2O 进行了评估，并提出了减排意见。因此，城镇给水排水设施建设和运行过程要采取综合措施减排温室气体，为适应和减缓气候变化承担相应的责任。

2.0.11 本条规定了易燃、易爆及有毒化学危险品等的防护要求。城镇给水排水设施运行过程中使用的各种消毒剂、氧化剂，污水和污泥处理过程产生的有毒有害气体都必须予以严格管理，特别是有关污泥消化设施运行，污水管网和泵站的维护管理以及加氯消毒设施的运行和管理等都是城镇给水排水设施运行中经常发生人身伤害和事故灾害的主要部位，要重点完善相关防护设施的建设和监督管理。国家和相关部门颁布的《易燃易爆化学物品消防安全监督管理办法》和《危险化学品安全管理条例》等相关法规，对化学危险品的分类、生产、储存、运输和使用都做出了详细规定。城镇给水排水设施建设和运行过程中要对其涉及的多种危险化学品和易燃易爆化学物品予以严格管理。

2.0.12 城镇给水排水系统在公共场所建有的相关设施，如某些加压、蓄水、消防设施和检查井、闸门井、化粪池等，其设置要在方便其日常维护和设施安全运行的同时，还要避免对车辆和行人正常活动的安全构成威胁。

2.0.13 城镇给水排水系统中接触腐蚀性药剂的构筑物、设备和管道要采取防腐蚀措施，如加氯管道、化验室下水道等接触强腐蚀性药剂的设施要选用工程塑料等；密闭的、产生臭气较多的车间设备要选用抗腐蚀能力较强的材质。管道都与水、土壤接触，金属管道及非金属管道接口，当采用钢制连接构造时均要有防腐措施，具体措施应根据传输介质和设施运行的环境条件，通过技术经济比选，合理采用。

2.0.14 本条规定了城镇给水排水采用新技术、新工艺和新材料的许可原则。城镇给水排水设施在规划建设中要积极采用高效的新技术、新工艺和新材料，以保障设施功效，提高设施安全可靠性和服务质量。当采用无现行相关标准予以规范的新技术、新工艺和新材料时，要根据国务院《建设工程勘察设计管理条例》和原建设部《实施工程建设强制性标准监督规定》的要求，由拟采用单位提请建设单位组织专题技术论证，报建设行政主管部门或者国务院有关主管部门审定。其相关核准程序已在《采用不符合工程建设强制性标准的新技术、新工艺、新材料核准行政许可实施细则》的通知中做出了详细规定。

3 城镇给水

3.1 一般规定

3.1.1 本条规定了城镇给水设施的基本功能和性能要求。城镇给水是保障公众健康和社会经济发展的生命线，不能中断。按照国家相关规定，在特殊情况下也要保证供给不低于城镇事故用水量（即正常水量的70%）。

城镇用水是指居民生活、生产运行、公共服务、消防和其他用水。满足城镇用水需求，主要是指提供供水服务时应该保障用户对水量、水质和水压的需求。对水质或水压有特殊要求的用户应该单独解决。

3.1.2 城镇给水所提供的生活饮用水水质要符合现行国家标准《生活饮用水卫生标准》GB 5749 的要求。世界卫生组织认为，提供安全的饮用水对身体健康是必不可少的。

3.1.3 给水工程最高日用水量包括综合生活用水、生产运营用水、公共服务用水、消防用水、管网漏损水和未预见用水，不包括因原水输水损失、厂内自用水而增加的取水量。

3.1.4 《城市供水条例》（中华人民共和国国务院令第158号）第十条规定："编制城市供水水源开发利用规划，应当从城市发展的需要出发，并与水资源统筹规划和水长期供求规划相协调"。应该提出保持协调的对策，包括积极开发并保护水资源；对城镇的合理规模和产业结构提出建议；积极推广节约用水，污水资源化等举措。

3.1.5 给水工程关系着城镇的可持续发展，关系着城镇的文明、安全和公众的生活质量，因此要认真编制城镇给水规划，科学预测城镇用水量，避免不断建设，重复建设；合理开发水资源，对城镇远期水资源进行控制和保护；协调城镇给水设施的布局，适应城镇的发展，正确指导给水工程建设。

3.1.6 国务院办公厅《关于加强饮用水安全保障工作的通知》（国办发［2005］45号）要求："各供水单位要建立以水质为核心的质量管理体系，建立严格的取样、检测和化验制度，按国家有关标准和操作规程检测供水水质，并完善检测数据的统计分析和报表制度"。要予严格执行，严格检验原水、净化工序出水、出厂水、管网水、二次供水和用户端（"龙头水"）的水质，保障饮用水水质安全。

3.1.7 饮用水水质安全问题直接关系到广大人民群众的生活和健康，城镇供水系统应该建立完整、准确的水质监测档案，除了出于供水系统管理的需要外，更重要的是对实施供水水质社会公示制度和水质任意查询举措的支持。

3.1.8 供水、用水计量是促进节约用水的有效途径，也是供水部门及用户改善管理的重要依据之一，出厂水及输配水管网供给的各类用水用户都必须安装计量仪表，推进节约用水。

3.1.9 供水部门主动停水时要根据相关规定提前通告，以避免造成用户损失和不便。《城市供水条例》（中华人民共和国国务院令第158号）第二十二条要求："城市自来水供水企业和自建设施对外供水的企业应当保持不间断供水。由于施工、设备维修等原因需要停止供水的，应当经城市供水行政主管部门批准并提前24小时通知用水单位和个人；因发生灾害或者紧急事故，不能提前通知的，应当在抢修的同时通知用水单位和个人，尽快恢复正常供水，并报告城市供水行政主管部门。"居民区停水，也要按上述规定报请相关部门批准并及时通知用户。

3.1.10 强调了城镇给水系统进行改、扩建工程时，要对已建供水设施实施保护，不能影响其正常运行和结构稳定。对已建供水设施实施保护主要有两方面：一是不能对已建供水设施的正常运行产生干扰和影响，并要对飘尘、噪声、排水等进行控制或处置；二是针对邻近构筑物的基础、结构状况，采取合理的施工方法和有效的加固措施，避免邻近构筑物发生位移、沉降、开裂和倒塌。

3.2 水源和取水

3.2.1 进行城镇水资源勘察与评价是选择城镇给水水源和确定城镇水源地的基础，也是保障城镇给水安全的前提条件。要选择有资质的单位根据流域的综合规划进行城镇水资源勘查和评价，确定水质、水量安全可靠的水源。水资源属于国家所有，国家对水资源依法实行取水许可证制度和有偿使用制度。不能脱离评价报告和在未得到取水许可时盲目开发水源。

3.2.2 《中华人民共和国水法》、《中华人民共和国水污染防治法》都规定了"国家建立饮用水水源保护区制度。饮用水水源保护区分别为一级保护区和二级保护区；必要时可在饮用水水源保护区外围划定一定的区域作为准保护区。"生活饮用水地表水一级保护区内的水质适用国家《地面水环境质量标准》GB 3838中的Ⅱ类标准；二级保护区内的水质适用Ⅲ类标准。在饮用水水源保护区内要禁止设置排污口、禁止一切污染水质的活动。取自地表水和地下水的水源保护区要对水质进行定期或在线监测和评价，并要实施适用于当地具体情况的供水水源水质防护、预警和应急措施，应对水源污染突发事件或其他灾害、安全事故的发生。

3.2.3 本条规定大中城市为保障在特殊情况下生活饮用水的安全，应规划建设城市备用水源。国务院办公厅《关于加强饮用水安全保障工作的通知》（国办发［2005］45号文）要求："各省、自治区、直辖市要建立健全水资源战略储备体系，各大中城市要建立特枯年或连续干旱年的供水安全储备，规划建设城市备用水源，制订特殊情况下的区域水资源配置和供水联合调度方案。"对于单一水源的城市，建设备用水源的作用更显著。

3.2.4 规定了有关水源取水水量安全性的要求。水源选择地下水时，取水水量要小于允许开采量。首先要经过详细的水文地质勘察，并进行地下水资源评价，科学地确定地下水源的允许开采量，不能盲目开采。并要做到地下水开采后不会引起地下水位持续下降、水质恶化及地面沉降。水源选择地表水时，取水保证率要根据供水工程规模、性质及水源条件确定，即重要的工程且水资源较丰富地区取高保证率，干旱地区及山区枯水季节径流量很小的地区可采用低保证率，但不得低于90%。

3.2.5 地表水取水构筑物的建设受水文、地形、地质、施工技术、通航要求等多种因素的影响，并关系取水构筑物正常运行及安全可靠，要充分调查研究水位、流量、泥沙运动、河床演变、河岸的稳定性、地质构造、冰冻和流冰运动规律。另外，地表水取水构筑物有些部位在水下，水下施工难度大、风险高，因此尚应研究施工技术、方法、施工周期。建设在通航河道上的取水构筑物，其位置、形式、航行安全标志要符合航运部门的要求。地表水取水构筑物需要进行技术、经济、安全多方案的比选优化确定。

3.2.6 本条文规定了有关高浊度江河、入海感潮江河、藻类易高发的湖泊和水库水源取水安全的要求。水源地为高浊度江河时，取水要选在水浊度较低的河段或有条件设置避开沙峰的河段。水源为咸潮江河时，要尽量减少海潮的影响，取水应选在氯离子含量达标的河段，或者有条件设置避开咸潮、可建立淡水调蓄水库的河段。水源为湖泊或水库时，取水应选在藻类含量较低、水深较大，水域开阔，能避开高藻季节主风向向风面的凹岸处，或在湖泊、水库中实施相关除藻措施。

3.3 给 水 泵 站

3.3.1 明确给水泵站的基本功能。泵站的基本功能是将一定量的流体提升到一定的高度（或压力）满足用户的要求。泵站在给水工程中起着不可替代的重要作用，泵站的正常运行是供水系统正常运行的先决条件。给水工程中，取水泵站的规模要满足水厂对水量和水压的要求；送水泵站的规模要满足配水管网对水量和水压的要求；中途加压泵站要满足目的地对水量和水压的要求；二次供水泵站的规模要满足用户对水量和水压的要求。

3.3.2 给水泵站设置备用水泵是保障泵站安全运行的必要条件，泵站内一旦某台水泵发生故障，备用水泵要立即投入运行，避免造成供水安全事故。

备用水泵设置的数量要根据泵房的重要性、对供水安全的要求、工作水泵的台数、水泵检修的频率和检修难易程度等因素确定。例如在提升含磨损杂质较高的水时，要适当增加备用能力；供水厂中的送水泵房，处于重要地位，要采用较高的备用率。

3.3.3 本条规定提出了对泵站布置的要求。这些要求对于保证水泵的有效运行、延长设备的寿命以及维护运行人员的安全都是必不可少的。吸水井的布置要满足井内水流顺畅、不产生涡流的吸水条件，否则会直接影响水泵的运行效率和使用寿命；水泵的安装，吸水管及吸水口的布置要满足流速分布均匀，避免汽蚀和机组振动的要求，否则会导致水泵使用寿命的缩短并影响到运行的稳定性；机组及泵房空间的布置要以不影响安装、运行、维护和检修为原则。例如：泵房的主要通道应该方便通行；泵房内的架空管道不得阻碍通道和跨越电气设备；泵房至少要设置一个可以搬运最大尺寸设备的门等。

3.3.4 给水泵站的设备间往往有生产杂水或事故漏水需及时排除，地上式泵房可采取通畅的排水通道，地下或半地下式泵站要设置排水泵，避免积水淹及泵房造成重大损失。

3.3.5 鉴于停泵或快速关闭阀门时可能形成水锤，引发水泵阀门受损、管道破裂、泵房淹没等重大事故，必要时应进行水锤计算，对有可能产生水锤危害的泵站要采取防护措施。目前常用的消除水锤危害的措施有：在水泵压水管上装设缓闭止回阀、水锤消除器以及在输水管道适当位置设置调压井、进排气阀等。

3.4 输配管网

3.4.1 本条规定了输水管道在选线和管道布置时应遵循的准则。输水管道的建设应符合城镇总体规划，选择的管线在满足使用功能要求的前提下要尽量的短，这样可少占地且节省能耗和投资；其次管线可沿现有和规划道路布置，这样施工和维护方便。管线还要尽可能避开不良地质构造区域，尽可能减少穿越山川、水域、公路、铁路等，为所建管道安全运行创造条件。

3.4.2 原水输水管的设计流量要按水厂最高日平均时需水量加上输水管的漏损水量和净水厂自用水量确定。净水输水管道的设计流量要按最高日最高时用水条件下，由净水厂负担的供水量计算确定。

配水管网要按最高日最高时供水量及设计水压进行管网水力平差计算，并且还要按消防、最大转输和最不利管段发生故障时 3 种工况进行水量和水压校核，直接供水管网用户最小服务水头按建筑物层数确定。

3.4.3 本条强调了城镇输水的安全性。必须保证输水管道出现事故时输水量不小于设计水量的 70%。为保证输水安全，输水管道系统可以采取下列安全措施：首先输水干管根数采用不少于 2 条的方案，并在两条输水干管之间设连通管，保证管道的任何一段断管时，管道输水能力不小于事故水量；在多水源或设有水量调蓄设施且能保证事故状态供水能力等于或大于事故水量时，才可采用单管输水。

3.4.4 长距离管道输水工程选择输水线路时，要使管线尽可能短，管线水平和竖向布置要尽量顺直，尽量避开不良地质构造区，减少穿越山川和水域。管材选择要依据水量、压力、地形、地质、施工条件、管材生产能力和质量保证等进行技术经济比较。管径选择时要进行不同管径建设投资和运行费用的优化分析。输水工程应该能保证事故状态下的输水量不小于设计水量的 70%。长距离管道输水工程要根据上述条件进行全面的技术、经济的综合比较和安全论证，选择可靠的管道运行系统。

长距离管道输水工程要对管路系统进行水力过渡过程分析，研究输水管道系统在非稳定流状态下运行时发生的各种水锤现象。其中停泵（关阀）水锤，以及伴有的管道系统中水柱拉断而发生的断流弥合水锤，是造成诸多长距离管道输水工程事故的主要原因。因此，在管路运行系统中要采取水锤的综合防护措施，如控制阀门的关闭时间，管路中设调压塔注水，或在管路的一些特征点安装具备削减水锤危害的复合式高速进排气阀、三级空气阀等综合保护措施，保证长距离管道输水工程安全。

3.4.5 安全供水是城镇配水管网最重要的原则，配水管网干管成环布置是保障管网配水安全诸多措施中最重要的原则之一。

3.4.6 管网的漏损率控制要考虑技术和经济两个方面，应该进行“投入—产出”效益分析，即要将漏损率控制在当地经济漏损率范围内。控制漏损所需的投入与效益进行比较，投入等于或小于漏损控制所造成效益时的漏损量是经济合理的漏损率。供水管网漏损率应控制在国家行业标准规定的范围内，并根据居民的抄表状况、单位供水量管长、年平均出厂压力的大小进行修正，确定供水企业的实际漏损率。降低管网的漏损率对于节约用水、优化企业供水成本，建设节约型的城市具有重大意义。

降低管网的漏损率需要采取综合防护措施。应该从管网规划、管材选择、施工质量控制、运行压力控制、日常维护和更新、漏损探测和漏损及时修复等多方面控制管网漏损。

3.4.7 城镇供水管网是向城镇供给生活饮用水的基本渠道。为保障供水水质卫生安全，不能与其他非饮用水管道系统连通。在使用城镇供水作为其他用水补充用水时，一定要采取有效措施防止其他用水流入城镇供水系统。

《城市供水条例》中明确：“禁止擅自将自建设施供水管网系统与城市公共供水管网系统连接；因特殊情况需要连接的，必须经城市自来水供水企业同意，报城市供水行政管理部门和卫生行政主管部门批准，并在管道连接处采取必要的防护措施。”为保证城镇供水的卫生安全，供水管网要避开毒物污染区；在通过腐蚀性地域时，要采取安全可靠的技术措施，保证管道在使用期不出事故，水质不会受污染。

3.4.8 管网优化设计一定要考虑水压、水量的保证性，水质的安全性，管网系统的可靠性和经济性。在保证供水安全可靠，满足用户的水质、水量、水压需求的条件下，对管网进行优化设计，保障管道施工质量，达到节省建设费用、节省能耗和供水安全可靠的目的。

管网优化调度是在保证用户所需水质、水量、水压安全可靠的条件下，根据管网监测系统反馈的运行状态数据或者科学的预测手段确定用水量分布，运用数学优化技术，在各种可能的调度方案中，合理确定多水源各自供水水量和水压，筛选出使管网系统最经济、最节能的调度操作方案，努力做到供水曲线与用水曲线相吻合。

3.4.9 本条规定了输配水管道与建（构）筑物及其他工程管线之间要保留有一定的安全距离。现行国家标准《城市地下管道综合规划规范》GB 50289 规定了给水管与其他管线及建（构）筑物之间的最小水平净距和最小垂直净距。

输水干管的供水安全性十分重要，两条或两条以上的埋地输水干管，需要防止其中一条断管，由于水流的冲刷危及另一条管道的正常输水，所以两条埋地管道一定要保持安全距离。输水量大、运行压力高，敷设在松散土质中的管道，需加大安全距离。若两条干管的间距受占地、建（构）筑物等因素控制，不能满足防冲距离时，需考虑采取有效的工程措施，保证输水干管的安全运行。

3.4.10 本条规定了输配水管道穿过铁路、公路、城市道路、河流时的安全要求。当穿过河流采用倒虹方式时，管内水流速度要大于不淤流速，防止泥沙淤积管道；管道埋设河底的深度要防止被洪水冲坏和满足航运的相关规定。

3.4.11 在有冰冻危险的地区，埋地管道要埋设在冰冻土层以下；架空管道要采取保温防冻措施，保证管道在正常输水和事故停水时管内水不冻结。

3.4.12 管道工作压力大于或等于0.1MPa时称为压力管道，在竣工验收前要做水压试验。水压试验是对管道系统质量检验的重要手段，是管道安全运行的保障。生活饮用水管道投入运行前要进行冲洗消毒。建设部第158号文《城镇供水水质管理规定》明确："用于城镇供水的新设备、新管网或者经改造的原有设备、管网，应当严格进行冲洗、消毒，经质量技术监督部门资质认定的水质检测机构检验合格后，方可投入使用"。

3.5 给水处理

3.5.1 本条明确了城镇水厂处理的基本功能及城镇水厂出水水质标准的要求。强调城镇水厂的处理工艺一定要保证出水水质不低于现行国家标准《生活饮用水卫生标准》GB 5749的要求，并留有必要的裕度。这里"必要的裕度"主要是考虑管道输送过程中水质还将有不同程度降低的影响。

3.5.2 水厂平面布置应根据各构（建）筑物的功能和流程综合确定。竖向设计应满足水力流程要求并兼顾生产排水及厂区土方平衡需求，同时还应考虑运行和维护的需要。为保证生产人员安全，构筑物及其通道应根据需要设置适用的栏杆、防滑梯等安全保护设施。

3.5.3 为确保生活饮用水的卫生安全，维护公众的健康，无论原水来自地表水还是地下水，城镇给水处理厂都一定要设有消毒处理工艺。通过消毒处理后的水质，不仅要满足生活饮用水水质卫生标准中与消毒相关的细菌学指标，同时，由于各种消毒剂消毒时会产生相应的副产物，因此，还要求满足相关的感官性状和毒理学指标，确保公众饮水安全。

3.5.4 储存生活饮用水的调蓄构筑物的卫生防护工作尤为重要，一定要采取防止污染的措施。其中清水池是水厂工艺流程中最后一道关口，净化后的清水由此经由送水泵房、管网向用户直接供水。生活饮用水的清水池或调节水池要有保证水的流动、避免死角、空气流通、便于清洗、防止污染等措施，且清水池周围不能有任何形式的污染源等，确保水质安全。

3.5.5 城镇给水厂的工艺排水一般主要有滤池反冲洗排水和泥浆处理系统排水。滤池反冲洗排水量很大，要均匀回流到处理工艺的前点，但要注意其对水质的冲击。泥浆处理系统排水，由于前处理投加的药物不同，而使得各工序排水的水质差别很大，有的尚需再处理才能使用。

3.5.6 水厂的排泥水量约占水厂制水量的3%～5%，若水厂排泥水直接排入河中会造成河道淤堵，而且由于泥中有机成分的腐烂，会直接影响河流水质的安全。水厂所排泥浆要认真处理，并合理处置。

水厂泥浆通常的处理工艺为：调解—浓缩—脱水。脱水后的泥饼要达到相应的环保要求并合理处置，杜绝二次污染。泥饼的处置有多种途径：综合利用、填埋、土地施泥等。

3.5.7 本条规定了城镇水厂处理工艺中所涉及的化学药剂应采取严格的安全防护措施。水厂中涉及化学药剂工艺有加药、消毒、预处理、深度处理等。这些工艺中除了加药中所采用的混凝剂、助凝剂仅具有腐蚀性外；其他工艺采用的如：氯、二氧化氯、氯胺、臭氧等均为强氧化剂，有很强的毒性，对人身及动植物均有伤害，处置不当有的还会发生爆炸，故在生产、运输、存储、运行的过程中要根据介质的特性采取严密安全防护措施，杜绝人身或环境事故发生。

3.6 建筑给水

3.6.1 本条提出了合理确定各类建筑用水定额应该综合考虑的因素。民用建筑与小区包括居住建筑、公共建筑、居住小区、公共建筑区。我国是一个缺水的国家，尤其是北方地区严重缺水，因此，我们在确定生活用水定额时，既要考虑当地气候条件、建筑标准、卫生器具的完善程度等使用要求，更要考虑当地水资源条件和节水的原则。一般缺水地区要选择生活用水定额的低值。

3.6.2 生活给水管道容易受到污染的场所有：建筑内烟道、风道、排水沟、大便槽、小便槽等。露明敷设的生活给水管道不要布置在阳光直接照射处，以防止水温的升高引起细菌的繁殖。生活给水管敷设的位置要方便安装和维修，不影响结构安全和建筑物的使用，暗装时不能埋设在结构墙板内，暗设在找平层内时要采用抗耐蚀管材，且不能有机械连接件。

3.6.3 本条规定了有回流污染生活饮用水质的地方，要采取杜绝回流污染的有效措施。生活饮用水管道的供、配水终端产生回流的原因：一是配水管出水口被淹没或没有足够的空气间隙；二是配水终端为升压、升温的管网或容器，前者引起虹吸回流，后者引起背压回流。为防止建筑给水系统产生回流污染生活饮用水水质一定要采取可靠的、有效的防回流措施。其主要措施有：禁止城镇给水管与自备水源供水管直接连接；禁止中水、回用雨水等非生活饮用水管道与生活饮用水管连接；卫生器具、用水设备、水箱、水池等设施的生活饮用水管配水件出水口或补水管出口应保持与其溢流边缘的防回流空气间隙；从室外给水管直接抽水的水泵吸水管，连接锅炉、热水机组、水加热器、气压水罐等有压或密闭容器的进水管，小区或单体建筑的环状室外给水管与不同室外给水干管管段连接的两路及两路以上的引入管上均要设倒流防止器；从小区或单体建筑的给水管连接消防用水管的起端及从生活饮用水池（箱）抽水的消防泵吸水管上也要设置倒流防止器；生活饮用水管要避开毒物污染区，禁止生活饮用水管与大便器（槽）、小便斗（槽）采用非专用冲洗阀直接连接等。

3.6.4 本条文规定了储存、调节和直接供水的水池、水箱、水塔保证安全供水的要求。储存、调节生活饮用水的水箱、水池、水塔是民用建筑与小区二次供水的主要措施，一定要保证其水不冰冻，水质不受污染，以满足安全供水的要求。一般防止水质变质的措施有：单体建筑的生活饮用水池（箱）单独设置，不与消防水池合建；埋地式生活饮用水池周围 10m 以内无化粪池、污水处理构筑物、渗水井、垃圾堆放点等污染源，周围 2m 以内无污水管和污染物；构筑物内生活饮用水池（箱）体，采用独立结构形式，不利用建筑物的本体结构作为水池（箱）的壁板、底板和顶盖；生活饮用水池（箱）的进、出水管，溢、泄流管，通气管的设置均不能污染水质或在池（箱）内形成滞水区。一般防冻的做法有：生活饮用水水池（箱）间采暖；水池（箱）、水塔做防冻保温层。

3.6.5 本条规定了建筑给水系统的分区供水原则：一是要充分利用室外给水管网的压力满足低层的供水要求，二是高层部分的供水分区要兼顾节能、节水和方便维护管理等因素确定。

3.6.6 水泵、冷却塔等给水加压、循环冷却设备运行中都会产生噪声、振动及水雾，因此，除工程应用中要选用性能好、噪声低、振动小、水雾少的设备及采取必要的措施外，还不得将这些设备设置在要求安静的卧室、客房、病房等房间的上、下层及毗邻位置。

3.6.7 生活饮用水池（箱）中的储水直接与空气接触，在使用中储水在水池（箱）中将停留一定的时间而受到污染，为确保供水的水质满足国家生活饮用水卫生标准的要求，水池（箱）要配置消毒设施。可采用紫外线消毒器、臭氧发生器和水箱自洁消毒器等安全可靠的消毒设备，其设计和安装使用要符合相应技术标准的要求。生活饮用的供水设施包括水池（箱）、水泵、阀门、压力水容器、供水管道等。供水设施在交付使用前要进行清洗和消毒，经有关资质认证机构取样化验，水质符合《生活饮用水卫生标准》GB 5749 的要求后方可使用。

3.6.8 建筑物内设置消防给水系统和灭火设施是扑灭火灾的关键。本条规定了各类建筑根据其用途、功能、重要性、火灾特性、火灾危险性等因素合理设置不同消防给水系统和灭火设施的原则。

3.6.9 本条规定了消防水源一定要安全可靠，如室外给水水源要为两路供水，当不能满足时，室内消防水池要储存室内外消防部分的全部用水量等。

3.6.10 消防给水系统包括建筑物室外消防给水系统、建筑物室内的消防给水系统如消火栓、自动喷水、水喷雾和水炮等多种系统，这些系统都由储水池、管网、加压设备、末端灭火设施及附配件组成。本条规定了系统的组成部分均应该按相关消防规定要求合理配置，满足灭火所需的水量、水压要求，以达到迅速扑灭火灾的目的。

3.6.11 本条规定了消防给水系统的各组成部分均要具备防护功能，以满足其灭火要求；安全的消防供电、合理的系统控制亦是及时有效扑灭火灾的重要保证。

3.7 建筑热水和直饮水

3.7.1 生活热水用水定额同生活给水用水定额的确定原则相同，同样要根据当地气候、水资源条件、建筑标准、卫生器具完善程度并结合节约用水的原则来确定。因此它应该与生活给水用水定额相匹配。

生活热水热源的选择，要贯彻节能减排政策，要根据当地可再生能源（如太阳能、地表水、地下水、土壤等地热热源及空气热源）的条件，热资源（如工业余热、废热、城市热网等）的供应条件，用水使用要求（如用户对热水用水量，水温的要求，集中、分散用水的要求）等综合因素确定。一般集中热水系统选择热源的顺序为：工业余热、废热、地热或太阳能、城市热力管网、区域性锅炉房、燃油燃气热水机组等。局部热水系统的热源可选太阳能、空气源热泵及电、燃气、蒸汽等。

3.7.2 本条规定了生活热水的水质标准。生活热水通过沐浴、洗漱等直接与人体接触，因此其水质要符合现行国家标准《生活饮用水卫生标准》GB 5749 的要求。

当生活热水源为生活给水时，虽然生活给水水质符合标准要求，但它经水加热设备加热、热水管道输送和用水器具使用的过程中，有可能产生军团菌等致病细菌及其他微生物污染，因此，本条规定要保证用水终端的热水出水水质符合标准要求。一般做法有：选用无滞水区的水加热设备，控制热水出水温度为 55℃～60℃，选用内表光滑不生锈、不结垢的管道及阀件，保证集中热水系统循环管道的循环效果；设置消毒设施。当采用地热水作为生活热水时，要通过水质处理，使其水质符合现行国家标准《生活饮用水卫生标准》GB 5749 的要求。

3.7.3 本条对生活热水的水温做出了规定，并对一些特殊建筑提出了防烫伤的要求。生活热水的水温要满足使用要求，主要是指集中生活热水系统的供水温度要控制在 55℃～60℃，并保证终端出水水温不低于 45℃。当水温低于 55℃时，不易杀死滋生在温水中的各种细菌，尤其是军团菌之类致病菌；当水温高于 60℃时，一是系统热损耗大、耗能，二是将加速设备与管道的结垢与腐蚀，三是供水安全性降低，易产生烫伤人的事故。

幼儿园、养老院、精神病医院、监狱等弱势群体集聚场所及特殊建筑的热水供应要采取防烫伤措施，一般做法有：控制好水加热设备的供水温度，保证用水点处冷热水压力的稳定与平衡，用水终端采用安全可靠的调控阀件等。

3.7.4 热水系统的安全主要是指供水压力和温度要稳定，供水压力包括配水点处冷热水压力的稳定与平衡两个要素；温度稳定是指水加热设备出水温度与配水点放水温度既不能太高也不能太低，以保证使用者的安全；集中热水供应系统的另一要素是热水循环系统的合理设置，它是节水、节能、方便使用的保证。水加热设备是热水系统的核心部分，它来保证出水压力、温度稳定，不滋生细菌、供水安全且换热效果好、方便维修。

3.7.5 生活热水在加热过程中会产生体积膨胀，如这部分膨胀量不及时吸纳消除，系统内压力将升高，将影响水加热设备、热水供水管道的安全正常工作，损坏设备和管道，同时引起配水点处冷热水压力的不平衡和不稳定，影响用水安全，并且耗水耗电，因此，热水供水管道系统上要设置膨胀罐、膨胀管或膨胀水箱，设置安全阀、管道伸缩节等设施以及时消除热水升温膨胀时给系统带来的危害。

3.7.6 管道直饮水是指原水（一般为室外给水）经过深度净化处理达到《饮用净水水质标准》CJ 94 后，通过管道供给人们直接饮用的水，为保证管道直饮水系统用户端的水质达标，采取的主要措施有：①设置供、回水管网为同程式的循环管道；②从立管接出至用户用水点的不循环支管长度不大于 3m；③循环回水管道的回流水经再净化或消毒；④系统必须进行日常的供水水质检验；⑤净水站制定规章和管理制度，并严格执行等。

4 城 镇 排 水

4.1 一 般 规 定

4.1.1 本条规定了城镇排水系统的基本功能和技术性能。城镇排水系统包括雨水系统和污水系统。城镇雨水系统要能有效收集并及时排除雨水，防止城镇被雨水淹渍；并根据自然水体的水质要求，对污染较严重的初期雨水采取截流处理措施，减少雨水径流污染对自然水体的影响。为满足某些使用低于生活饮用水水质的需求，降低用水成本，提高用水效率，还要设置雨水储存和利用设施。

城镇污水系统要能有效收集和输送污水，因地制宜处理、处置污水和污泥，减少向自然水体排放水污染物，保障城镇水环境质量和水生态安全；水资源短缺的城镇还要建设污水净化再生处理设施，使再生水达到一定的水质标准，满足水再利用或循环利用的要求。

4.1.2 排水设施是城镇基础设施的重要组成部分，是保障城镇正常活动、改善水环境和生态环境质量，促进社会、经济可持续发展的必备条件。确定排水系统的工程规模时，既要考虑当前，又要考虑远期发展需要；更应该全面、综合进行总体布局；合理确定综合径流系数，不能被动适应城市高强度开发。建立完善的城镇排水系统，提高排水设施普及率和污水处理达标率，贯彻“低影响开发”原则，建设雨水系统等都需要较长时间，这些都应在城镇排水系统规划总体部署的指导下，与城镇社会经济发展和相关基础设施建设相协调，逐步实施。低影响开发是指强调城镇开发要减少对环境的冲击，其核心是基于源头控制和延缓冲击负荷的理念，构建与自然相适应的城镇排水系统，合理利用景观空间和采取相应措施对暴雨径流进行控制，减少城镇面源污染。

4.1.3 排水体制有雨水污水分流制与合流制两种基本形式。分流制是用不同管渠系统分别收集、输送污水和雨水。污水经污水系统收集并输送到污水处理厂处理，达到排放标准后排放；雨水经雨水系统收集，根据需要，经处理或不经处理后，就近排入水体。合流制则是以同一管渠系统收集、输送雨水和污水，旱季污水经处理后排放，雨季污水处理厂需加大雨污水处理量，并在水环境容量许可情况下，排放部分雨污水。分流制可缩小污水处理设施规模、节约投资，具有较高的环境效益。与分流制系统相比，合流制管渠投资较小，同时施工较方便。在年降雨量较小的地区，雨水管渠使用时间极少，单独建设雨水系统使用效率很低；新疆、黑龙江等地的一些城镇区域已采用的合流制排水体制，取得良好效果。城镇排水体制要因地制宜，从节约资源、保护水环境、节省投资和减少运行费用等方面综合考虑确定。

4.1.4 因大气污染、路面污染和管渠中的沉积污染，初期雨水污染程度相当严重，设置污水截流设施可削减初期雨水和污水对水体的污染。因此，规定合流制排水系统应设置污水截流设施，并根据受纳水体环境容量、工程投资额和合流污水管渠排水能力，合理确定截流倍数。

4.1.5 在分流制排水系统中，由于擅自改变建筑物内的局部功能、室外的排水管渠人为疏忽或故意错接会造成雨污水管渠混接。如果雨、污水管渠混接，污水会通过雨水管渠排入水体，造成水体污染；雨水也会通过污水管渠进入污水处理厂，增加了处理费用。为发挥分流制排水的优点，故作此规定。

4.1.6 城镇的发展不断加大建筑物和不透水地面的建设，使得城镇建成区域降雨形成的径流不断加大，不仅增加了雨水系统建设和维护投资，加大了暴雨期间的灾害风险，还严重影响了地下水的渗透补给。如从源头着手，加大雨水就近入渗、调蓄或收集利用，可减少雨水径流总量和峰值流量；同时如充分利用绿地和土壤对雨水径流的生态净化作用，不仅节省雨水系统设施建设和维护资金，减少暴雨灾害风险，还能有效降低城镇建设对水环境的冲击，有利于水生态系统的健康，推进城镇水社会循环和自然循环的和谐发展。这是一种基于源头控制的低影响开发的雨水管理方法，城镇雨水系统的建设要积极贯彻实施。

4.1.7 随意排放污水会破坏环境，如富营养化的水臭味大、颜色深、细菌多，水质差，不能直接利用，水中鱼类大量死亡。水污染物还会通过饮水或食物链进入人体，使人急性或慢性中毒。砷、铬、铵类、苯并（a）芘和稠环芳烃等，可诱发癌症。被寄生虫、病毒或其他致病菌污染的水，会引起多种传染病和寄生虫病。重金属污染的水，对人的健康均有危害，如铅造成的中毒，会引起贫血和神经错乱。有机磷农药会造成神经中毒；有机氯农药会在脂肪中蓄积，对人和动物的内分泌、免疫功能、生殖机能均造成危害。世界上80%的疾病与水污染有关。伤寒、霍乱、胃肠炎、痢疾、传染性肝病是人类五大疾病，均由水污染引起。水质污染后，城镇用水必须投入更多的处理费用，造成资源、能源的浪费。

城镇所有用水过程产生的污染水，包括居民生活、公共服务和生产过程等产生的污水和废水，一定要进行处理，处理方式包括排入城市污水处理厂集中处理或分散处理两种。

4.1.8 为了保护环境，保障城镇污水管渠和污水处理厂等的正常运行、维护管理人员身体健康，处理后出水的再生利用和安全排放、污泥的处理和处置，污水接入城镇排污水管渠的水质一定要符合《污水排入城镇下水道水质标准》CJ 3082等有关标准的规定，有的地方对水质有更高要求时，要符合地方标准，并根据《中华人民共和国水污染防治法》，加强对排入城镇污水管渠的污水水质的监督管理。

4.1.9 城镇排水设施是重要的市政公用设施，当发生地震、台风、雨雪冰冻、暴雨、地质灾害等自然灾害时，如果雨水管渠或雨水泵站损坏，会造成城镇被淹；若污水管渠、污水泵站或污水处理厂损坏，会造成城镇被污水淹没和受到严重污染等次生灾害，直接危害公众利益和健康，2008年住房和城乡建设部发布的《市政设施抗灾设防管理规定》对市政公用设施的防灾专项规划内容提出了具体的要求，因此，城镇排水设施的选址和建设除应该符合本规范第2.0.2条的规定外，还要符合防灾专项规划的要求。

4.1.10 为保障操作人员安全，对产生有毒有害气体或可燃气体的泵站、管道、检查井、构筑物或设备进行放空清理或维修时，一定要采取防硫化氢等有毒有害气体或可燃气体的安全措施。安全措施主要有：隔绝断流，封堵管道，关闭闸门，水冲洗，排尽设备设施内剩余污水，通风等。不能隔绝断流时，要根据实际情况，操作人员穿戴供压缩空气的隔离式安全防护服和系安全带作业，并加强监测，或采用专业潜水员作业。

4.2 建筑排水

4.2.1 建筑排水设备和管道担负输送污水的功能，有可能产生漏水污染环境，产生噪声，甚至危害建筑结构和设备安全等，要采取措施合理布置与敷设，避免可能产生的危害。

4.2.2 存水弯、水封盒等水封能有效地隔断排水管道内的有害有毒气体窜入室内，从而保证室内环境卫生，保障人民身心健康，防止事故发生。

存水弯水封需要保证一定深度，考虑到水封蒸发损失、自虹吸损失以及管道内气压变化等因素，卫生器具的排水口与污水排水管的连接处，要设置相关设施阻止有害气体泄漏，例如设置有水封深度不小于50mm的存水弯，是国际上为保证重力流排水管道系统中室内压不破坏存水弯水封的要求。当卫生器具构造内自带水封设施时，可不另设存水弯。

4.2.3 本条规定了建筑物地下室、半地下室的污、废排水要单独设置压力排水系统排除，不应该与上部排水管道连接，目的是防止室外管道满流或堵塞时，污、废水倒灌进室内。对于山区的建筑物，若地下室、半地下室的地面标高高于室外排水管道处的地面标高，可以采用重力排水系统。建筑物内采用排水泵压力排出污、废水时，一定要采取相应的安全保证措施，不应该因此造成污、废水淹没地下室、半地下室的事故。

4.2.4 本条规定了下沉式广场、地下车库出入口处等及时排除雨水积水的要求。下沉式广场、地下车库出入口处等不能采用重力流排除雨水的场所，要设集水沟、集水池和雨水排水泵等设施及时排除雨水，保证这些场所不被雨水淹渍。一般做法有：下沉式广场地面排水集水池的有效容积不小于最大一台排水泵30s的出水量，地下车库出入口明沟集水池的有效容积不小于最大一台排水泵5min的出水量，排水泵要有不间断的动力供应；且定期检修，保证其正常使用。

4.2.5 化粪池一般采用砖砌水泥砂浆抹面，防渗性差，对于地下水取水构筑物和生活饮用水池而言属于污染源，因此要防止化粪池渗出污水污染地下水源，可以采取化粪池与地下取水构筑物或生活储水池保持一定的距离等措施。

4.2.6 本条规定医疗机构污水要根据其污水性质、排放条件（即排入市政下水管或地表水体）等进行污水处理和确定处理流程及工艺，处理后的水质要符合现行国家标准《医疗机构水污染物排放标准》GB 18466的有关要求。

4.2.7 建筑屋面雨水的排除涉及屋面结构、墙体及人员的安全，屋面雨水的排水设施由雨水斗、屋面溢流口（溢流管）、雨水管道组成，它们总的排水能力要保证设计重现期内的雨水的排除，保证屋面不积水。

4.3 排水管渠

4.3.1 本条规定了排水管渠的基本功能和性能。经济合理地输送雨水、污水指利用地形合理布置管渠，降低排水管渠埋设深度，减少压力输送，花费较少投资和运行费用，达到同样输送雨水和污水的目的。为了保障公众和周边设施安全、通畅地输送雨水和污水，排水管渠要满足条文中提出的各项性能要求。

4.3.2 立体交叉地道排水的可靠程度取决于排水系统出水口的畅通无阻。当立体交叉地道出水管与城镇雨水管直接连通，如果城镇雨水管排水不畅，会导致雨水不能及时排除，形成地道积水。独立排水系统指单独收集立体交叉地道雨水并排除的系统。因此，规定立体交叉地道排水要设置独立系统，保证系统出水不受城镇雨水管影响。

4.3.3 检查井是含有硫化氢等有毒有害气体和缺氧的场所，我国曾多次发生操作人员下井作业时中毒身亡的悲剧。为保障操作人员安全，作此规定。

强制通风后在通风最不利点检测易爆和有毒气体浓度，检测符合安全标准后才可进行后续作业。

4.3.4 为保障排水管渠正常工作，要建立定期巡视、检查、维护和更新的制度。巡视内容一般包括污水冒溢、晴天雨水口积水、井盖和雨水箅缺损、管道塌陷、违章占压、违章排放、私自接管和影响排水的工程施工等。

4.4 排水泵站

4.4.1 本条规定了排水泵站的基本功能。为安全、可靠和高效地提升雨水和污水，泵站进出水管水流要顺畅，防止进水滞流、偏流和泥砂杂物沉积在进水渠底，防止出水壅流。如进水出现滞流、偏流现象会影响水泵正常运行，降低水泵效率，易形成气蚀，缩短水泵寿命。如泥砂杂物沉积在进水渠底，会减小过水断面。如出水壅流，会增大阻力损失，增加电耗。水泵及配套设施应选用高效节能产品，并有防止水泵堵塞措施。出水排入水体的泵站要采取措施，防止水流倒灌影响正常运行。

4.4.2 水泵最高扬程和最低扬程发生的频率较低，选择时要使大部分工作时间均处在高效区运行，以符合节能要求。同时为保证排水畅通，一定要保证在最高工作扬程和最低工作扬程范围内水泵均能正常运行。

4.4.3 为保障周围建筑物和操作人员的安全，抽送产生易燃易爆或有毒有害气体的污水时，室外污水泵站必须为独立的建筑物。相应的安全防护措施有：具有良好的通风设备，采用防火防爆的照明和电气设备，安装有毒有害气体检测和报警设施等。

4.4.4 排水泵站布置主要是水泵机组的布置。为保障操作人员安全和保证水泵主要部件在检修时能够拆卸，主要机组的间距和通道、泵房出入口、层高、操作平台设置要满足安全防护的需要并便于操作和检修。

4.4.5 立体交叉地道受淹后，如果与地道合建的雨水泵站的电气设备也被淹，会导致水泵无法启动，延长了地道交通瘫痪的时间。为保障雨水泵站正常工作，作此规定。

4.4.6 在部分水泵损坏或检修时，为使污水泵站和合流污水泵站还能正常运行，规定此类泵站应设置备用泵。由于道路立体交叉地道在交通运输中的重要性，一旦立体交叉地道被淹，会造成整条交通线路瘫痪的严重后果；为大型公共地下设施设置的雨水泵站，如果水泵发生故障，会造成地下设施被淹，进而影响使用功能，所以，作出道路立体交叉地道和大型公共地下设施雨水泵站应设备用泵的规定。

4.4.7 雨水及合流泵站出水口流量较大，要控制出水口的位置、高程和流速，不能对原有河道驳岸、其他水中构筑物产生冲刷；不能影响受纳水体景观、航运等使用功能。同时为保证航运和景观安全，要根据需要设置有关设施和标志。

4.4.8 雨污水进入集水池后速度变慢，一些泥砂会沉积在集水池中，使有效池容减少，故作此规定。

4.5 污水处理

4.5.1 本条规定了污水处理厂的基本功能。污水处理厂是集中处理城镇污水，以达到减少污水中污染物，保护受纳水体功能的设施。建设污水处理厂需要大量投资，目前有些地方盲目建设污水处理厂，造成污水处理厂建成后无法正常投入运行，不仅浪费了国家和地方政府的资金，而且污水未经有效处理排放造成水体及环境污染，影响人民健康。国家有关部门对污水处理厂的实际处理负荷作了明确的规定，以保证污水处理厂有效减少城镇水污染物。排放的水应符合

《城镇污水处理厂污染物排放标准》GB 18918、《地表水环境质量标准》GB 3838和各地方的水污染物排放标准的要求；脱水后的污泥应该符合《城镇污水处理厂污染物排放标准》GB 18918和《城镇污水处理厂污泥泥质》GB 24188要求。当污泥进行最终处置和综合利用时，还要分别符合相关的污泥泥质标准。排放的废气要符合《城镇污水处理厂污染物排放标准》GB 18918中规定的厂界废气排放标准；当污水处理厂采用污泥热干化或污泥焚烧时，污泥热干化的尾气或焚烧的烟气中含有危害人民身体健康的污染物质，除了要符合上述标准外，其颗粒物、二氧化硫、氮氧化物的排放指标还要符合国家现行标准《恶臭污染物排放标准》GB 14554及《生活垃圾焚烧污染控制标准》GB 18485的要求。

4.5.2 本条规定了污水处理厂的技术要求。对不同的地表水域环境功能和保护目标，在现行国家标准《城镇污水处理厂污染物排放标准》GB 18918中，有不同等级的排放要求；有些地方政府也根据实际情况制定了更为严格的地方排放标准。因此，要遵从国家和地方现行的排放标准，结合污水水质特征、处理后出水用途等确定污水处理程度。进而，根据处理程度综合考虑污水水质特征、地质条件、气候条件、当地经济条件、处理设施运行管理水平，还要统筹兼顾污泥处理处置，减少污泥产生量，节约污泥处理处置费用等，选择污水处理工艺，做到稳定达标又节约运行维护费用。

4.5.3 污水处理厂的总体设计包括平面布置和竖向设计。合理的处理构筑物平面布置和竖向设计以满足水力流程要求，减少水流在处理厂内不必要的折返以及各类跌水造成的水头浪费，降低污水、污泥提升以及供气的运行能耗。

同时，污水处理过程中往往会散发臭味和对人体健康有害的气体，在生物处理构筑物附近的空气中，细菌芽孢数量也较多，鼓风机（尤其是罗茨鼓风机）会产生较大噪声，为此，污水处理厂在平面布置时，应该采取措施。如将生产管理建筑物和生活设施与处理构筑物保持一定距离，并尽可能集中布置；采用绿化隔离，考虑夏季主导风向影响等措施，减少臭气和噪声的影响，保持管理人员有良好的工作环境，避免影响正常工作。

4.5.4 初期雨水污染十分严重，为保护环境，要进行截流并处理，因此在确定合流制污水处理厂的处理规模时，要考虑这部分容量。

4.5.5 污水自然处理是利用自然生物作用进行污水处理的方法，包括土地处理和稳定塘处理。通常污水自然处理需要占用较大面积的土地或人工水体，或者与景观结合，当处理负荷等因素考虑不当或气候条件不利时，会造成臭气散发、水体视觉效果差甚至有蚊蝇飞虫等影响，因此，在自然处理选址以及设计中要采取措施减少对周围环境质量的影响。

另外，污水自然处理常利用荒地、废地、坑塘、洼地等建设，如果不采取防渗措施（包括自然防渗和人工防渗），必定会造成污水下渗影响地下水水质，因此，要采取措施避免对地下水产生污染。

4.5.6 污水处理厂出水中含有大量微生物，其中有些是致病的，对人类健康有危害，尤其是传染性疾病传播时，其危害更大，如SAS的传播。为保障公共卫生安全规定污水处理厂出水应该消毒后排放。

污水消毒场所包括放置消毒设备、二氧化氯制备器和原料的地方。污水消毒主要采用紫外线、二氧化氯和液氯。采用紫外线消毒时，要采取措施防止紫外光对人体伤害。二氧化氯和液氯是强氧化剂，可以和多种化学物质和有机物发生反应使得它的毒性很强，其泄漏可损害全身器官。若处理不当会发生爆炸，如液氯容器遭碰撞或冲击受损爆炸，同时，也会因氯气泄漏造成次生危害；又如氯酸钠与磷、硫及有机物混合或受撞击爆炸。为保障操作人员安全规定消毒场所要有安全防护措施。

4.5.7 《中华人民共和国水污染防治法》要求，城镇污水集中处理设施的运营单位，应当对城镇污水集中处理设施的出水水质负责；同时，污水处理厂为防止进水水量、水质发生重大变化影响污水处理效果，以及运行节能要求，一定要及时掌握水质水量情况，因此作此规定。

4.6 污泥处理

4.6.1 随着城镇污水处理的迅速发展，产生了大量的污泥，污泥中含有的病原体、重金属和持久性有机污染物等有毒有害物质，若未经有效处理处置，极易对地下水、土壤等造成二次污染，直接威胁环境安全和公众健康，使污水处理设施的环境效益大大降低。我国幅员辽阔，地区经济条件、环境条件差异很大，因此采用的污泥处理和处置技术也存在很大的差异，但是污泥处理和处置的基本原则和目的是一致的，即进行减量化、稳定化和无害化处理。

污泥的减量化处理包括使污泥的体积减小和污泥的质量减少，如前者采用污泥浓缩、脱水、干化等技术，后者采用污泥消化、污泥焚烧等技术。污泥的减量化也可以减少后续的处理处置的能源消耗。

污泥的稳定化处理是指使污泥得到稳定（不易腐败），以利于对污泥作进一步处理和利用。可以达到或部分达到减轻污泥重量，减少污泥体积，产生沼气、回收资源，改善污泥脱水性能，减少致病菌数量，降低污泥臭味等目的。实现污泥稳定可采用厌氧消化、好氧消化、污泥堆肥、加碱稳定、加热干化、焚烧等技术。

污泥的无害化处理是指减少污泥中的致病菌数量和寄生虫卵数量，降低污泥臭味。

污泥安全处置有两层意思，一是保障操作人员安全，需要采取防火、防爆及除臭等措施；二是保障环境不遭受二次污染。

污泥处置要有效提高污泥的资源化程度，变废为宝，例如用作制造肥料、燃料和建材原料等，做到污泥处理和处置的可持续发展。

4.6.2 消化池、污泥气管道、储气罐、污泥气燃烧装置等处如发生污泥气泄漏会引起爆炸和火灾，为有效阻止和减轻火灾灾害，要根据现行国家标准《建筑设计防火规范》GB 50016 和《城镇燃气设计规范》GB 50028 的规定采取安全防范措施，包括对污泥气含量和温度等进行自动监测和报警，采用防爆照明和电气设备，厌氧消化池和污泥气储罐要密封，出气管一定要设置防回火装置，厌氧消化池溢流口和表面排渣管出口不得置于室内，并一定要有水封装置等。

4.6.3 污泥气约含 60%的甲烷，其热值一般可达到 $21000kJ/m^3 \sim 25000kJ/m^3$，是一种可利用的生物质能。污水处理厂产生的污泥气可用于消化池加温、发电等，若加以利用，能节约污水处理厂的能耗。在世界能源紧缺的今天，综合利用污泥气显得越发重要。污泥气中的甲烷是一种温室气体，根据联合国政府间气候变化专门委员会（IPCC）2006 年出版的《国家温室气体调查指南》，其温室效应是 CO_2 的 21 倍，为防止大气污染和火灾，污泥气不得擅自向大气排放。

4.6.4 污泥进行机械浓缩脱水时释放的气体对人体、仪器和设备有不同程度的影响和损害；药剂撒落在地上，十分黏滑，为保障安全，作出上述规定。

4.6.5 污泥堆肥过程中会产生大量的渗沥液，其 COD、BOD 和氨氮等污染物浓度较高，如果直接进入水体，会造成地下水和地表水的污染。一般采取对污泥堆肥场地进行防渗处理，并设置渗沥液收集处理设施等。

4.6.6 污泥热干化时产生的粉尘是 St1 级爆炸粉尘，具有潜在的爆炸危险，干化设施和污泥料仓内的干污泥也可能会自燃。在欧美已发生多起干化器爆炸、着火和附属设施着火的事件。安全措施包括设置降尘除尘设施、对粉尘含量和温度等进行自动监测和报警、采用防爆照明和电气设备等。为保障安全，作此规定。

4.6.7 污泥干化和焚烧过程中产生的烟尘中含有大量的臭气、杂质和氮氧化物等，直接排放会对周围环境造成严重污染，一定要进行处理，并符合现行国家标准《恶臭污染物排放标准》GB 14554 及《生活垃圾焚烧污染控制标准》GB 18485 的要求后排放。

5 污水再生利用与雨水利用

5.1 一 般 规 定

5.1.1 资源型缺水城镇要积极组织编制以增加水源为主要目标的城镇再生水和雨水利用专项规划；水质型缺水城镇要积极组织编制以削减水污染负荷、提高城镇水体水质功能为主要目标的城镇再生水专项规划。在编制规划时，要以相关区域城镇体系规划和城镇（总体）规划为依据，并与相关水资源规划、水污染防治规划相协调。

城镇总体规划在确定供水、排水、生态环境保护与建设发展目标及市政基础设施总体布局时，要包含城镇再生水利用的发展目标及布局；市政工程管线规划设计和管线综合中，要包含再生水管线。

城镇再生水规划要根据再生水水源、潜在用户地理分布、水质水量要求和输配水方式，经综合技术经济比较，合理确定城镇再生水的系统规模、用水途径、布局及建设方式。城镇再生水利用系统包括市政再生水系统和建筑中水设施。

城镇雨水利用规划要与拟建区域总体规划为主要依据，并与排水、防洪、绿化及生态环境建设等专项规划相协调。

5.1.2 本条规定了城镇再生水和雨水利用工程的基本功能和性能。城镇再生水和雨水利用的总体目标是充分利用城镇污水和雨水资源、削减水污染负荷、节约用水、促进水资源可持续利用与保护、提高水的利用效率。

城镇再生水和雨水利用设施包括水源、输（排）水、净化和配水系统，要按照相关规定满足不同再生水用户或用水途径对水质、水量、水压的要求。

5.1.3 城镇再生水与雨水的利用，在工程上要确保安全可靠。其中保证水质达标、避免误接误用、保证水量安全等三方面是保障再生水和雨水使用安全减少风险的必要条件。具体措施有：①城镇再生水与雨水利用工程要根据用户的要求选择合适的再生水和雨水利用处理工艺，做到稳定达标又节约运行费用。②城镇再生水与雨水利用输配水系统要独立设置，禁止与生活饮用水管道连接；用水点和管道上一定要设有防止误饮、误用的警示标识。③城镇再生水与雨水利用工程要有可靠的供水水源，重要用水用户要备有其他补水系统。

5.2 再生水水源和水质

5.2.1 本条规定了城镇再生水水源利用的基本要求。城镇再生水水源包括建筑中水水源。再生水水源工程包括收集、输送再生水水源水的管道系统及其辅助设施，在设计时要保证水源的水质水量满足再生水生产与供给的可靠性、稳定性和安全性要求。

有了充足可靠的再生水水源可以保障再生水处理设施的正常运转，而这需要进行水量平衡计算。再生水工程的水量平衡是指再生水原水水量、再生水处理水量、再生水回用水量和生活补给水量之间通过计算调整达到供需平衡，以合理确定再生水处理系统的规模和处理方法，使原水收集、再生水处理和再生水供应等协调运行，保证用户需求。

5.2.2 重金属、有毒有害物质超标的污水不允许排入或作为再生水水源。排入城镇污水收集系统与再生处理系统的工业废水要严格按照国家及行业规定的排放标准，制定和实施相应的预处理、水质控制和保障计划。并在再生水水源收集系统中的工业废水接入口设置水质监测点和控制闸门。

医疗机构的污水中含有多种传染病菌、病毒，虽然医疗机构中有消毒设备，但不可能保证任何时候的绝对安全性，稍有疏忽便会造成严重危害，而放射性废水对人体造成伤害的危害程度更大。考虑到安全因素，因此规定这几种污水和废水不得作为再水水源。

5.2.3 再生水利用分类要符合现行国家标准《城市污水再生利用分类》GB/T 18919 的规定。再生水用于城市杂用水时，其水质要符合国家现行的《城市污水再生利用城市杂用水水质》GB/T 18920 的规定。再生水用于景观环境用水时，其水质要符合现行国家标准《城市污水再生利用景观环境用水水质》GB/T 18921 的规定。再生水用于农田灌溉时，其水质要符合现行国家标准《城市污水再生利用农田灌溉用水水质》GB 20922 的规定。再生水用于工业用水时，其水质要符合现行国家标准《工业用水水质标准》GB/T 19923 的规定。再生水用于绿地灌溉时，其水质要符合现行国家标准《城市污水再生利用绿地灌溉水质》GB/T 25499 的规定。

当再生水用于多种用途时，应该按照优先考虑用水量大、对水质要求不高的用户，对水质要求不同用户可根据自身需要进行再处理。

5.3 再生水利用安全保障

5.3.1 再生水工程为保障处理系统的安全，要设有溢流和采取事故水排放措施，并进行妥善处理与处置，排入相关水体时要符合先行国家标准《城镇污水处理厂污染物排放标准》GB 18918 的规定。

5.3.2 城镇再生水的供水管理和分配与传统水源的管理有明显不同。城镇再生水利用工程要根据设计再生水水量和回用类型的不同确定再生水储存方式和容量，其中部分地区还要考虑再生水的季节性储存。同时，强调再生水储存设施应严格做好卫生防护工作，切断污染途径，保障再生水水质安全。

5.3.3 消毒是保障再生水卫生指标的重要环节，它直接影响再生水的使用安全。根据再生水水质标准，对不同目标的再生水均有余氯和卫生指标的规定，因此再生水必须进行消毒。

5.3.4 城镇再生水利用工程为便于安全运行、管理和确保再生水水质合格，要设置水量计量和水质监测设施。

5.3.5 建筑小区和工业用户采用再生水系统时，要备有补水系统，这样可保证污水再生利用系统出事故时不中断供水。而饮用水的补给只能是应急的，有计量的，并要有防止再生水污染饮用水系统的措施和手段。其中当补水管接到再生水储存池时要设有空气隔断，即保证补水管出口距再生水储存池最高液面不小于 2.5 倍补水管径的净距。

5.3.6 本条主要指再生水生产设施、管道及使用区域都要设置明显标志防止误接、误用，确保公众和操作人员的卫生健康，杜绝病原体污染和传播的可能性。

5.4 雨水利用

5.4.1 拟建区域与雨水利用工程建设相关基础资料的收集是雨水利用工程技术评价的基础。降雨量资料主要有：年均降雨量；年均最大月降雨量；年均最大日降雨量；当地暴雨强度计算公式等。最近实施的北京市地方标准《城市雨水利用工程技术规程》DB11/T685 中，要求收集工程所在地近 10 年以上的气象资料作为雨水利用工程的参考资料。有专家认为，通过近 10 年以上的降雨量资料计算设计的雨水利用工程更接近实际。

其他相关基础资料主要包括：地形与地质资料（含水文地质资料），地下设施资料，区域总体规划及城镇建设专项规划。

5.4.2 现行国家标准《给水排水工程基本术语标准》GB/T 50125 中对“雨水利用”的定义为：“采用各种措施对雨水资源进行保护和利用的全过程”。目前较为广泛的雨水利用措施有收集回用、雨水入渗、调蓄排放等。

“雨水收集回用”即要求同期配套建设雨水收集利用设施，作为雨水利用、减少地表径流量等的重要措施之一。由于城市化的建设，城市降雨径流量已经由城市开发前的 10%增加到开发后的 50%以上，同时降雨带来的径流污染也越来越严重。因此，雨水收集回用不仅节约了水资源，同时还减少了雨水地表径流和暴雨带给城市的淹涝灾害风险。

“雨水入渗”即包括雨水通过透水地面入渗地下，补充涵养地下水资源，缓解或遏制地面沉降，减少因降雨所增加的地表径流量，是改善生态环境，合理利用雨水资源的最理想的间接雨水利用技术。

“雨水调蓄排放”主要是通过利用城镇内和周边的天然湖塘洼地、沼泽地、湿地等自然水体，以及雨水利用工程设计中为满足雨水利用的要求而设置的调蓄池，在雨水径流的高峰流量时进行暂存，待径流量下降后再排放或利用，此措施也减少了洪涝灾害。

5.4.3 利用城镇及周边区域的湖塘洼地、坝塘、沼泽地等自然水体对雨水进行处理、净化、滞留和调蓄是最理想的水生态循环系统。

5.4.4 在设计、建造和运行雨水设施时要与周边环境相适宜，充分考虑减少硬化面上的污染物量；对雨水中的固体污物进行截流和处理；采用生物滞蓄生态净化处理技术，不破坏周边景观。

5.4.5 雨水经过一般沉淀或过滤处理后，细菌的绝对值仍可能很高，并有病原菌的可能，因此，根据雨水回用的用途，特别是与人体接触的雨水利用项目应在利用前进行消毒处理。消毒处理方法的选择，应按相关国家现行的标准执行。

6 结 构

6.1 一 般 规 定

6.1.1 城镇给水排水工程系指涵盖室外和居民小区内建筑物外部的给水排水设施。其中，厂站内通常设有办公楼、化验室、调度室、仓库等，这些建筑物的结构设计、施工，要按照工业与民用建筑的结构设计、施工标准的相应规定执行。

6.1.2 城镇给水排水设施属生命线工程的重要组成部分，为居民生活、生产服务，不可或缺，为此这些设施的结构设计安全等级，通常应为二级。同时作为生命线网络的各种管道及其结点构筑物（水处理厂站中各种功能构筑物），多为地下或半地下结构，运行后维修难度大，据此其结构的设计使用年限，国外有逾百年考虑；本条根据我国国情，按国家标准《工程结构可靠性设计统一标准》GB 50153 的规定，对厂站主要构筑物的主体结构和地下干管道结构的设计使用年限定为不低于 50 年。这里不包括类似阀门井、铁爬梯等附属构筑物和可以替换的非主体结构以及居民小区内的小型地下管道。

6.1.3 城镇给水排水工程中的各种构筑物和管道与地基土质密切相关，因此在结构设计和施工前，一定要按基本建设程序进行岩土工程勘察。根据国家标准《岩土工程勘察规范》GB 50021 的规定，按工程建设相应各阶段的要求，提供工程地质及水文地质条件，查明不良地质作用和地质灾害，根据工程项目的结构特征，提供资料完整，有针对性评价的勘察报告，以便结构设计据此正确、合理地确定结构类型、构造及地基基础设计。

6.1.4 本条主要是依据国家标准《工程结构可靠性设计统一标准》GB 50153 的规定，要确保结构在设计使用年限内安全可靠（保持其失效概率）和正常运行，一定要符合“正常设计”、“正常施工”和“正常管理、维护”的原则。

6.1.5 盛水构筑物和管道均与水和土壤接触，运行条件差，为此在进行结构内力分析时，应该视结构为弹性体，不要考虑非弹性变形引起的内力重分布，避免出现过大裂缝（混凝土结构）或变形（金属、塑料材质结构），以确保正常使用及可靠的耐久性。

6.1.6 本条规定对位于地表水或地下水水位以下的构筑物和管道，应该进行抗浮稳定性核算，此时采用核算水位应为勘察文件提供在使用年限内可能出现的最高水位，以确保结构安全。相应施工期间的核算水位，应该由勘察文件提供不同季节可能出现的最高水位。

6.1.7 结构材料的性能对结构的安全可靠至关重要。根据国家标准《工程结构可靠性设计统一标准》GB 50153 的规定，结构设计采用以概率理论为基础的极限状态设计方法，要求结构材料强度标准值的保证率不应低于 95%。同时依据抗震要求，结构采用的钢材应具有一定的延性性能，以使结构和构件具有足够的塑性变形能力和耗能功能。

6.1.8 条文主要依据国家标准《混凝土结构设计规范》GB 50010 的规定，确保混凝土的耐久性。对与水接触、埋设于地下的结构，其混凝土中配制的骨料，最好采用非碱活性骨料，如由于条件限制采用碱活性骨料时，则应该控制混凝土中的碱含量，否则发生碱骨料反应将导致膨胀开裂，加速钢筋锈蚀，缩短结构、构件的使用年限。

6.1.9 遇水浸蚀材料砌块和空芯砌块都不能满足水密性要求，也严重影响结构的耐久性要求。

6.1.10 本条规定主要在于保证钢筋混凝土构件正常工作时的耐久性。当构件截面受力处于中心受拉或小偏心受拉时，全截面受拉一旦开裂将贯通截面，因此应该按控制裂缝出现设计。当构件截面处于受弯或大偏心受拉、压状态时，并非全截面受拉，应按控制裂缝宽度设计。

6.1.11 条文对平面尺寸超长（例如超过 25m～30m）的钢筋混凝土构筑物的设计和施工，提出了警示。在工程实践中不乏由于温度作用（混凝土成型过程中的水化热或运行时的季节温差）导致墙体开裂。对此，设计和施工需要采取合理、可靠的应对措施，例如采取设置变形缝加以分割、施加部分预应力、设置后浇带分期浇筑混凝土、采用合适的混凝土添加剂、降低水胶比等。

6.1.12 给水排水工程中的构筑物和管道，经常会敷设很深，条文要求在深基坑开挖、支护和降水时，不仅要保证结构本身安全，还要考虑对周边环境的影响，避免由于开挖或降水影响邻近已建建（构）筑物的安全（滑坡、沉陷而开裂等）。

6.1.13 条文针对构筑物和管道结构的施工验收明确了要求。从原材料控制到竣工验收，提出了系统要求，达到保证工程施工质量的目标。

6.2 构 筑 物

6.2.1 条文对盛水构筑物即各种功能的水池结构设计，规定了应该予以考虑的工况及其相应的各种作用。通常除了池内水压力和池外土压力（地下式或半地下式水池）外，尚需考虑结构承受的温差（池壁内外温差及季节温差）和湿差（池壁内外）作用。这些作用会对池体结构的内力有显著影响。

环境影响除与温差作用有关外，还要考虑地下水位情况。如地下水位高于池底时，则不能忽视对构筑物的浮力和作用在侧壁上的地下水压力。

6.2.2 本条针对预应力混凝土结构设计作出规定，对盛水构筑物的构件，在正常运行时各种工况的组合作用下，结构截面上应该保持具有一定的预压应力，以确保不致出现开裂，影响预应力钢丝的可靠耐久性。

6.2.3 条文针对混凝土结构盛水构筑物的结构设计，为确保其使用功能及耐久性，对水泥品种的选用、最少水泥用量及混凝土水胶比的控制（保证其密实性）、抗渗和抗冻等级、防侵蚀保护措施等方面，提出了综合要求。

6.3 管 道

6.3.1 城镇室外给水排水工程中应用的管材，首先要依据其运行功能选用，由工厂预制的普通钢筋混凝土管和砌体混合结构管道，通常不能用于压力运行管道；结构壁塑料管是采用薄壁加肋方式，提高管刚度，藉以节约原材料，其中不加其他辅助材料（如钢材）由单一纯塑料制造的结构壁塑料管不能承受内压，同样不能用于压力运行管道。

施工敷设也是选择要考虑的因素，开槽埋管还是不开挖顶进施工，后者需要考虑纵向刚度较好的管材，同时还需要加强管材接口的连接构造；对过江、湖的架空管通常采用焊接钢管。

对存在污染的环境，要选择耐腐蚀的管材，此时塑料管材具有优越性。

当有多种管材适用时，则需通过技术经济对比分析，做出合理选择。

6.3.2 本条要求在进行管道结构设计时，应该判别所采用管道结构的刚、柔性。刚柔性管的鉴别，要根据管道结构刚度与管周土体刚度的比值确定。通常矩形管道、混凝土圆管属刚性管道；钢管、铸铁（灰口铸铁除外，现已很少采用）管和各种塑料管均属柔性管；仅当预应力钢筒混凝土管壁厚较小时，可能成为柔性管。

刚、柔两种管道在受力、承载和破坏形态等方面均不相同，刚性管承受的土压力要大些，但其变形很小；柔性管的变形大，尤其在外压作用下，要过多依靠两侧土体的弹抗支承，为此对其进行承载力的核算时，尚需作环向稳定计算，同时进行正常使用验算时，还需作允许变形量计算。据此条文规定对柔性管进行结构设计时，应按管结构与土体共同工作的结构模式计算。

6.3.3 埋设在地下的管道，必然要承受土压力，对刚性管道可靠的侧向土压力可抵消竖向土压力产生的部分内力；对柔性管道则更需侧土压力提供弹抗作用；因此，需要对管周土的压实密度提出要求，作为埋地管道结构的一项重要的设计内容。通常应该对管两侧回填土的密实度严格要求，尤其对柔性圆管需控制不低于95%最大密实度；对刚性圆管和矩形管道可适当降低。管底回填土的密实度，对圆管不要过高，可控制在85%～95%，以免管底受力过于集中而导致管体应力剧增。管顶回填土的密实度不需过高，要视地面条件确定，如修道路，则按路基要求的密实度控制。但在有条件时，管顶最好留出一定厚度的缓冲层，控制密实度不高于85%。

6.3.4 对非开挖顶进施工的管道，管体承受的竖向土压力要比管顶以上土柱的压力小，主要由于土柱两侧滑裂面上的剪应力抵消了部分土柱压力，消减的多少取决于管顶覆土厚度和该处土体的物理力学性能。

6.3.5 钢管常用于跨越河湖的自承式结构，当跨度较大时多采用拱形或折线形结构，此时应该核算在侧向荷载（风、地震作用）作用下，出平面变位引起的 $P\text{-}\Delta$ 效应，其影响随跨越结构的矢高比有关，但通常均会达到不可忽视的量级，要给予以重视。

6.3.6 塑料与混凝土、钢铁不同，老化问题比较突出，其物理力学性能随时间而变化，因此对塑料管进行结构设计时，其力学性能指标的采用，要考虑材料的长期效应，即在按设计使用年限内的后期数值采用，以确保使用期内的安全可靠。

6.4 结构抗震

6.4.1 本条是对给水排水工程中构筑物和管道结构的抗震设计，规定了设防标准，给水排水工程是城镇生命线工程的重要内容之一，密切关联着广大居民生活、生产活动，也是震后震灾抢救、恢复秩序所必要的设施。因此，条文依据国家标准《建筑工程抗震设防分类标准》GB 50223（这里“建筑”是广义的，包涵构筑物）的规定，对给水排水工程中的若干重要构筑物和管道，明确了需要提高设防标准，以使避免在遭遇地震时发生严重次生灾害。

这里还需要对排水工程给予重视。在国内几次强烈地震中，由于排水工程的震害加重了次生灾害。例如唐山地震时，唐山市内永红立交处，因排水泵房毁坏无法抽水降低地面积水，造成震后救援车辆无法通行；天津市常德道卵形排水管破裂，大量基土流失，而排水管一般埋地较深，影响到旁侧房屋开裂、倒塌。同时，排水管道系统震坏后，还将造成污水横溢，严重污染整个生态环境，这种次生灾害不可能在短期内获得改善。

6.4.2 本条规定了在工程中采用抗震设防烈度的依据，明确要以现行中国地震动参数区划图规定的基本烈度或地震管理部门批准的地震安全性评价报告所确定的基本烈度作为设防烈度。

6.4.3 本条规定抗震设防应达到的目标，着眼于避免形成次生灾害，这对城镇生命线工程十分重要。

6.4.4 本条对抗震设防烈度和相应地震加速度取值的关系，是依据原建设部1992年7月3日颁发的建标［1992］419号《关于统一抗震设计规范地面运动加速度设计取值的通知》而采用的，该取值为50年设计基准期超越概率10%的地震加速度取值。其中0.15g和0.3g分别为0.1g与0.2g、0.2g与0.4g地区间的过渡地区取值。

6.4.5 条文对构筑物的抗震验算，规定了可以简化分析的原则，同时对设防烈度为9度时，明确了应该计算竖向地震效应，主要考虑到9度区一般位于震中或邻近震中，竖向地震效应显著，尤其对动水压力的影响不可忽视。

6.4.6 本条对埋地管道结构的抗震验算作了规定，明确了应该计算在地震作用下，剪切波行进时对管道结构形成的变位或应变量。埋地管道在地震作用下的反应，与地面结构不同，由于结构的自振频率远高于土体，结构受到的阻尼很大，因此自重惯性力可以忽略不计，而这种线状结构必然要随行进的地震波协同变位，应该认为变位既是沿管道纵向的，也有弯曲形的。对于体形不大的管道，显然弯曲变位易于适应被接受，主要着重核算管道结构的纵向变位（瞬时拉或压）；但对体形较大的管道，弯曲变位的影响会是不可忽视的。

上述原则的计算模式，目前国际较为实用的方法是将管道视作埋设于土中的弹性地基梁，亦即考虑了管道结构和土体的相对刚度影响。管道在地震波的作用下，其变位不完全与土体一致，会有一定程度的折减，减幅大小与管道外表构造和管道四周土体的物理力学性能（密实度、抗剪强度等）有关。由于涉及因素较多，通常很难精确掌控，因此有些重要的管道工程，其抗震验算就不考虑这项折减因素。

6.4.7 对构筑物结构主要吸取国家标准《建筑抗震设计规范》GB 50011的要求做出规定。旨在当遭遇强烈地震时，不致结构严重损坏甚至毁坏。

对埋地管道，在地震作用下引起的位移，除了采用延性良好的管材（例如钢管、PE管等）能够适应外，其他管材的管道很难以结构受力去抵御。需要在管道沿线配置适量的柔性连接去适应地震动位移，这是国内外历次强震反应中的有效措施。

6.4.8 当构筑物或管道位于地震液化地基土上时，很可能受到严重损坏，取决于地基土的液化严重程度，应据此采取适当的措施消除或减轻液化作用。

6.4.9 当埋地管道傍山区边坡和江、河、湖的岸边敷设时，多见地震时由于边坡滑移而导致管道严重损坏，这在四川汶川地震、唐山地震中均有多发震害实例。为此条文提出针对这种情况，应对该处岸坡的抗震稳定性进行验算，以确保管道安全可靠。

7 机械、电气与自动化

7.1 一般规定

7.1.1 机电设备及其系统是指相关机械、电气、自动化仪表和控制设备及其形成的系统，是城镇给水排水设施的重要组成部分。城镇给水排水设施能否正常运行，实际上取决于机电设备及其系统能否正常运行。城镇给水排水设施的运行效率以及安全、环保方面的性能，也在很大程度上取决于机电设备及其系统的配置和运行情况。

7.1.2 机电设备及其系统是实现城镇给水排水设施的工艺目标和生产能力的基本保障。部分机电设备因故退出运行时，仍应该满足相应运行条件下的基本生产能力要求。

7.1.3 必要的备品备件能加快城镇给水排水机电设备的维护保养和故障修复过程，保障机电设备长期安全地运行。易损件、消耗材料一定要品种齐全，数量充足，满足经常更换和补充的需要。

7.1.4 城镇给水排水设施要积极采用环保型机电设备，创造宁静、祥和的工作环境，与周边的生产、生活设施和谐相处。所产生的噪声、振动、电磁辐射、污染排放等均要符合国家相关标准。即使在安装和维护的过程中，也要采取有效的防范措施，保障工作人员的健康和周边环境免遭损害。

7.1.5 城镇给水排水设施一定要具有应对自然灾害、事故灾难、公共卫生事件和社会安全事件等突发事件的能力，防止和减轻次生灾害发生，其中许多内容是由机电设备及其系统实现或配合实现的。一旦发生突发事件，为配合应急预案的实施，相关的机电设备一定要能够继续运行，帮助抢险救灾，防止事态扩大，实现城镇给水排水设施的自救或快速恢复。为此，在机电设备系统的设计和运行过程中，应该提供必要的技术准备，保障上述功能的实现。

7.1.6 在水处理设施中，许多场所如氨库、污泥消化设施及沼气存储、输送、处理设备房、甲醇储罐及投加设备房、粉末活性炭堆场等可能因泄漏而成为爆炸性危险气体或爆炸性危险粉尘环境，在这些场所布置和使用电气设备要遵循以下原则：

1 尽量避免在爆炸危险性环境内布置电气设备；

2 设计要符合《爆炸和火灾危险环境电力装置设计规范》GB 50058的规定；

3 防爆电气设备的安装和使用一定要符合国家相关标准的规定。

7.1.7 城镇给水排水机电设备及其构成的系统能否正常运行，或能否发挥应有的效能，除去设备及其系统本身的性能因素外，很大程度上取决于对其的正确

6

使用和良好的维护保养。机电设备及其系统的维护保养周期和深度应根据其特性和使用情况制定，由专业人员进行，以保障其具有良好的运行性能。

7.2 机械设备

7.2.1 本条规定了城镇给水排水机械设备各组成部件材质的基本要求。给水设施要求，凡与水直接接触的设备包括附件所采用的材料，都必须是稳定的，符合卫生标准，不产生二次污染。污水处理厂和再生水厂要求与待处理水直接接触的设备或安装在污水池附近的设备采用耐腐蚀材料，以保证设备的使用寿命。

7.2.2 机械设备是城镇给水排水设施的重要工艺装备，其操作和控制方式应满足工艺要求。同时，机械设备的操作和控制往往和自动化控制系统有关，或本身就是自动化控制的一个对象，需要设置符合自动化控制系统的要求的控制接口。

7.2.3 凡与生产、维护和劳动安全有关的设备，一定要按国家相关规定进行定期的专业检验。

7.2.4 发生地震时，机械设备基础不能先于主体工程损毁。

7.2.5 城镇给水排水机械设备运行过程中，外露的运动部件或者走行装置容易引发安全事故，需要进行有效的防护，如设置防护罩、隔离栏等。除此之外，还需要对危险区域进行警示，如设置警示标识、警示灯和警示声响等。

7.2.6 临空作业场所包括临空走道、操作和检修平台等，要具有保障安全的各项防护措施，如空间的高度、安全距离、防护栏杆、爬梯以及抓手等。

7.3 电气系统

7.3.1 城镇给水排水设施的正常、安全运行直接关系城镇社会经济发展和安全。原建设部《城市给水工程项目建设标准》要求：一、二类城市的主要净（配）水厂、泵站应采用一级负荷。一、二类城市的非主要净（配）水厂、泵站可采用二级负荷。随着我国城市化进程的发展，城市供水系统的安全性越来越受到关注。同时，得益于我国电力系统建设的发展，城市水厂和给水泵站引接两路独立外部电源的条件也越来越成熟了。因此，新建的给水设施应尽量采用两路独立外部电源供电，以提高供电的可靠性。

原建设部《城市污水处理工程项目建设标准》规定，污水处理厂、污水泵站的供电负荷等级应采用二级。

对于重要的地区排水泵站和城镇排水干管提升泵站，一旦停运将导致严重积水或整个干管系统无法发挥效用，带来重大经济损失甚至灾难性后果，其供电负荷等级也适用一级。

在供电条件较差的地区，当外部电源无法保障重要的给水排水设施连续运行或达到所需要的能力，一定要设置备用的动力装备。室外给水排水设施采用的备用动力装备包括柴油发电机或柴油机直接拖动等形式。

7.3.2 城镇给水排水设施连续运行，其工作场所具有一定的危险性，必要的照明是保障安全的基本措施。正常照明失效时，对于需要继续工作的场所要有备用照明；对于存在危险的工作场所要有安全照明；对于需要确保人员安全疏散的通道和出口要有疏散照明。

7.3.3 城镇给水排水设施的各类构筑物和机电设备要根据其使用性质和当地的预计雷击次数采取有效的防雷保护措施。同时尚应该采取防雷电感应的措施，保护电子和电气设备。

城镇给水排水设施各类建筑物及其电子信息系统的设计要满足现行国家标准《建筑物防雷设计规范》GB 50057 和《建筑物电子信息系统防雷技术规范》GB 50343 的相关规定。

7.3.4 给水排水设施中各类盛水构筑物是容易产生电气安全问题的场所，等电位连接是安全保障的根本措施。本条规定要求盛水构筑物上各种可触及的外露导电部件和构筑物本体始终处于等电位接地状态，保障人员安全。

7.3.5 安全的电气和电磁环境能够保障给水排水机电设备及其系统的稳定运行。同时，给水排水设施采用的机电设备及其系统一定要具有良好的电磁兼容性，能适应周围电磁环境，抵御干扰，稳定运行。其运行时产生的电磁污染也应符合国家相关标准的规定，不对周围其他机电设备的正常运行产生不利影响。

7.3.6 机电设备的电气控制装置能够对一台（组）机电设备或一个工艺单元进行有效的控制和保护，包括非正常运行的保护和针对错误操作的保护。上述控制和保护功能应该是独立的，不依赖于自动化控制系统或其他联动系统。自动化控制系统需要操作这些设备时，也需要该电气控制装置提供基本层面的保护。

7.3.7 城镇给水排水设施的电气设备应具有良好的工作和维护环境。在城镇给水排水工艺处理现场，尤其是污水处理现场，环境条件往往比较恶劣。安装在这些场所的电气设备应具有足够的防护能力，才能保证其性能的稳定可靠。在总体布局设计时，也应该将电气设备布置在环境条件相对较好的区域。例如在污水处理厂，电气和仪表设备在潮湿和含有硫化氢气体的环境中受腐蚀失效的情况比较严重，要采用气密性好，耐腐蚀能力强的产品，并且布置在腐蚀性气体源的上风向。

城镇给水排水设施可能会因停电、管道爆裂或水池冒溢等意外事故而导致内部水位异常升高。可能导致电气设备遭受水淹而失效。尤其是地下排水设施，电气设备浸水失效后，将完全丧失自救能力。所以，城镇给水排水设施的电气设备要与水管、水池等工艺设施之间有可靠的防水隔离，或采取有效的防水措施。地下给水排水设施的电气设备机房有条件时要设置于地面，设置在地下时，要能够有效防止地面积水倒灌，并采取必要的防范措施，如采用防水隔断、密闭门等。

7.4 信息与自动化控制系统

7.4.1 对于各种有害气体，要采取积极防护，加强监测的原则。在可能泄漏、产生、积聚危及健康或安全的各种有害气体的场所，应该在设计上采取有效的防范措施。对于室外场所，一些相对密度较空气大的有害气体可能会积聚在低洼区域或沟槽底部，构成安全隐患，应该采取有效的防范措施。

7.4.2 各种与生产和劳动安全有关的仪表，一定要定期由专业机构进行检验和标定，取得检验合格证书，以保证其有效。

7.4.3 为了保障城镇供水水质和供水安全，一定要加强在线的监测和自动化控制，有条件的城镇供水设施要实现从取水到配水的全过程运行监视和控制。城镇给水厂站的生产管理与自动化控制系统配置，应该根据建设规模、工艺流程特点、经济条件等因素合理确定。随着城镇经济条件的改善和管理水平的提高，在线的水质、水量、水压监测仪表和自动化控制系统在给水系统中的应用越来越广泛，有助于提高供水质量、提高效率、减少能耗、改善工作条件、促进科学管理。

7.4.4 根据《中华人民共和国水污染防治法》，应该加强对城镇污水集中处理设施运营的监督管理，进行排水水质和水量的检测和记录，实现水污染物排放总量控制。城镇污水处理厂的排水水质、水量检测仪表应根据排放标准和当地水环境质量监测管理部门的规定进行配置。

7.4.5 本条规定了给水排水设施仪表和自动化控制系统的基本功能要求。

给水排水设施仪表和自动化控制系统的设置目标，首先要满足水质达标和运行安全，能够提高运行效率，降低能耗，改善劳动条件，促进科学管理。给水排水设施仪表和自动化控制系统应能实现工艺流程中水质水量参数和设备运行状态的可监、可控、可调。除此之外，自动化控制系统的监控范围还应包括供配电系统，提供能耗监视和供配电系统设备的故障报警，将能耗控制纳入到控制系统中。

7.4.6 为了确保给水设施的安全，要实现人防、物防、技防的多重防范。其中技防措施能够实现自动的监视和报警，是给水排水设施安全防范的重要组成部分。

7.4.7 城镇给水排水系统的水质化验检测分为厂站、行业、城市（或地区）多个级别。各级别化验中心的设备配置一定要能够进行正常生产过程中各项规定水质检查项目的分析和检测，满足质量控制的需要。一座城市或一个地区有几座水厂（或污水处理厂、再生水厂）时，可以在行业、城市（或地区）的范围内设一个中心化验室，以达到专业化协作，设备资源共享的目的。

7.4.8 城镇给水排水设施的通信系统设备，除用于日常的生产管理和业务联络外，还具有防灾通信的功能，需要在紧急情况下提供有效的通信保障。重要的供水设施或排水防汛设施，除常规通信设备外，还要配置备用通信设备。

7.4.9 城镇给水排水调度中心的基本功能是执行管网系统的平衡调度，处理管网系统的局部故障，维持管网系统的安全运行，提高管网系统的整体运行效率。为此，调度中心要能够实时了解各远程设施的运行情况，对其实施监视和控制。

7.4.10 随着电子技术、计算机技术和网络通信技术的发展，现代城镇给水排水设施对仪表和自动化控制系统的依赖程度越来越高。实际上，现代城镇给水排水设施离开了仪表和自动化控制系统，水质水量等生产指标都难以保证。

7.4.11 现代计算机网络技术加快了信息化系统的建设步伐，全国各地大中城市都制定了数字化城市和信息系统的建设发展计划，不少城市也建立了区域性的给水排水设施信息化管理系统。给水排水设施信息化管理系统以数据采集和设施监控为基本任务，建立信息中心，对采集的数据进行处理，为系统的优化运行提供依据，为事故预警和突发事件情况下的应急处置提供平台。在数字化城市信息系统的建设进程中，给水排水信息系统要作为其中一个重要的组成部分。

建筑给水排水和消防工程

中华人民共和国国家标准

建筑给水排水设计标准

Standard for design of building water supply and drainage

GB 50015—2019

主编部门：中华人民共和国住房和城乡建设部
批准部门：中华人民共和国住房和城乡建设部
施行日期：2 0 2 0 年 3 月 1 日

7

目 次

1 总　　则

1.0.1 为保证建筑给水排水工程设计质量，满足安全、卫生、适用、经济、绿色等基本要求，制定本标准。

1.0.2 本标准适用于民用建筑、工业建筑与小区的生活给水排水以及小区的雨水排水工程设计。

1.0.3 当建筑物高度超过250m时，建筑给水排水系统设计除应符合本标准的规定外，尚应进行专题研究、论证。

1.0.4 建筑给水排水设计，在满足使用要求的同时还应为施工安装、操作管理、维修检测以及安全防护等提供便利条件。

1.0.5 建筑给水排水工程设计，除应执行本标准外，尚应符合国家现行有关标准的规定。

2 术语和符号

2.1 术　　语

2.1.1 生活饮用水　drinking water

水质符合国家生活饮用水卫生标准的用于日常饮用、洗涤等生活用水。

2.1.2 生活杂用水　non-drinking water

用于冲厕、洗车、浇洒道路、浇灌绿化、补充空调循环用水及景观水体等的非生活饮用水。

2.1.3 二次供水　secondary water supply

当民用与工业建筑生活饮用水对水压、水量的要求超出城镇公共供水或自建设施供水管网能力时，通过储存、加压等设施经管道供给用户或自用的供水方式。

2.1.4 小时变化系数　hourly variation coefficient

最大时用水量与平均时用水量的比值。

2.1.5 最大时用水量　maximum hourly water consumption

最高日最大用水时段内的小时用水量。

2.1.6 平均时用水量　average hourly water consumption

最高日用水时段内的平均小时用水量。

2.1.7 回流污染　backflow pollution

由背压回流或虹吸回流对生活给水系统造成的污染。

2.1.8 背压回流　back-pressure back flow

因给水系统下游压力的变化，用水端的水压高于供水端的水压而引起的回流现象。

2.1.9 虹吸回流　siphonage back flow

给水管道内负压引起卫生器具、受水容器中的水或液体混合物倒流入生活给水系统的回流现象。

2.1.10 空气间隙　air gap

在给水系统中，管道出水口或水嘴出口的最低点与用水设备溢流水位间的垂直空间距离；在排水系统中，间接排水的设备或容器的排出管口最低点与受水器溢流水位间的垂直空间距离。

2.1.11 溢流边缘　flood-level rim

器具溢流的上边缘。

2.1.12 倒流防止器　backflow preventer

采用止回部件组成的可防止给水管道水流倒流的装置。

2.1.13 真空破坏器　vacuum breaker

可导入大气压消除给水管道内水流因虹吸而倒流的装置。

2.1.14 引入管　service pipe

由市政管道引入至小区给水管网的管段，或由小区给水接户管引入建筑物的管段。

2.1.15 接户管　inter-building pipe

布置在建筑物周围，直接与建筑物引入管或排出管相接的给水排水管道。

2.1.16 入户管(进户管)　inlet pipe

从给水系统单独供至每个住户的生活给水管段。

2.1.17 竖向分区　vertical division zone

建筑给水系统中在垂直高度分成若干供水区。

2.1.18 并联供水　parallel water supply

建筑物各竖向给水分区有独立增(减)压系统供水的方式。

2.1.19 串联供水　series water supply

建筑物各竖向给水分区逐区串级增(减)压供水的方式。

2.1.20 叠压供水　pressure superposed water supply

供水设备从有压的供水管网中直接吸水增压的供水方式。

2.1.21 明设　exposed installation

室内管道明露布置的方法。

2.1.22 暗设　concealed installation, embedded installation

室内管道布置在墙体管槽、管道井或管沟等内，或者由建筑装饰隐蔽的敷设方法。

2.1.23 分水器　manifold

用于多分支管路的管道配件。

2.1.24 自备水源　self-provided water source

除城镇给水管网提供的生活饮用水之外的水源。

2.1.25 卫生器具　plumbing fixture, fixture

供水并接受、排出污废水或污物的容器或装置。

2.1.26 卫生器具当量　fixture unit

以某一卫生器具流量(给水流量或排水流量)值为基数，其他卫生器具的流量(给水流量或排水流量)值与其的比值。

2.1.27 额定流量　nominal flow

卫生器具配水出口在规定的工作压力下单位时间内流出的水量。

2.1.28 设计秒流量　design peak flow

在建筑生活给水管道系统设计时，按其供水的卫生器具给水当量、使用人数、用水规律在高峰用水时段的最大瞬时给水流量作为该管段的设计流量，称为给水设计秒流量，其计量单位通常以L/s表示。

建筑内部在排水管道设计时，按其接纳室内卫生器具数量、排水当量、排水规律在排水管段中产生的瞬时最大排水流量作为该管段设计流量，称为排水设计秒流量，其计量单位通常以L/s表示。

2.1.29 水头损失　head loss

水通过管渠、设备、构筑物等引起的能耗。

2.1.30 气压给水　pneumatic water supply

由水泵和压力罐以及一些附件组成，水泵将水压入压力罐，依靠罐内的压缩空气压力，自动调节供水流量和保持供水压力的供水方式。

2.1.31 配水点　points of distribution

给水系统中的用水点。

2.1.32 循环周期　circulating period

循环水系统构筑物和管道内的有效水容积与单位时间内循环量的比值。

2.1.33 反冲洗　backwash

当滤料层截污到一定程度时，用较强的水流逆向对滤料进行冲洗。

2.1.34 水质稳定处理　stabilization treatment of water quality

为保持循环冷却水中的碳酸钙和二氧化碳的浓度达到平衡状态(既不产生碳酸钙沉淀而结垢，也不因其溶解而腐蚀)，并抑制微

7

生物生长而采用的水处理工艺。

2.1.35 浓缩倍数 cycle of concentration

循环冷却水的含盐浓度与补充水的含盐浓度的比值。

2.1.36 自灌 self-priming

水泵启动时水靠重力充入泵体的引水方式。

2.1.37 水景 waterscape,fountain

人工建造的水体景观。

2.1.38 亲水性水景 hydrophilic waterscape

产生飘粒、水雾会接触器官吸入人体的动态水景。

2.1.39 生活污水 domestic sewage

人们日常生活中排泄的粪便污水。

2.1.40 生活废水 domestic wastewater

人们日常生活中排出的洗涤水。

2.1.41 生活排水 sanitary wastewater

人们在日常生活中排出的生活污水和生活废水的总称。

2.1.42 排出管 building drain,outlet pipe

从建筑物内至室外检查井或排水沟渠的排水横管段。

2.1.43 立管 vertical pipe,riser,stack

呈垂直或与垂线夹角小于45°的给水排水管道。

2.1.44 横管 horizontal pipe

呈水平或与水平线夹角小于45°的管道。其中连接器具排水管至排水立管的管段称横支管，连接若干根排水立管至排出管的管段称横干管。

2.1.45 器具排水管 fixture drainage

自卫生器具存水弯出口至排水横支管连接处之间排水管段。

2.1.46 清扫口 cleanout

排水横管上用于清通排水管的配件。

2.1.47 检查口 check hole,check pipe

带有可开启检查盖的配件，装设在排水立管上，做检查和清通之用。

2.1.48 存水弯 trap

在卫生器具内部或器具排出口上设置的一种内有水封的配件。

2.1.49 水封 water seal

器具或管段内有一定高度的水柱，防止排水管系统中气体窜入室内。

2.1.50 H管 H pipe

连接排水立管与通气立管形如H的专用配件。

2.1.51 吸气阀 air admittance valves

只允许空气进入排水系统，不允许排水系统中臭气逸出的通气管道附件。

2.1.52 通气管 vent pipe,vent

为使排水系统内空气流通、压力稳定、防止水封破坏而设置的与大气相通的管道。

2.1.53 伸顶通气管 stack vent

排水立管与最上层排水横支管连接处向上延伸至室外通气的管段。

2.1.54 专用通气立管 specific vent stack

仅与排水立管连接，为排水立管内空气流通而设置的垂直通气管道。

2.1.55 汇合通气管 vent headers

连接数根通气立管或排水立管顶端通气部分，并延伸至室外接通大气的通气管段。

2.1.56 主通气立管 main vent stack

设置在排水立管同侧，连接环形通气管和排水立管，为排水横支管和排水立管内空气流通而设置的垂直管道。

2.1.57 副通气立管 secondary vent stack,assistant vent stack

设置在排水立管不同侧，仅与环形通气管连接，为使排水横支管内空气流通而设置的通气立管。

2.1.58 环形通气管 loop vent

从多个卫生器具的排水横支管上最始端的两个卫生器具之间接出至主通气立管或副通气立管的通气管段，或连接器具通气管至主通气立管或副通气立管的通气管段。

2.1.59 器具通气管 fixture vent

卫生器具存水弯出口端接至环形通气管的管段。

2.1.60 结合通气管 yoke vent

排水立管与通气立管的连接管段。

2.1.61 自循环通气 self-circulation venting

通气立管在顶端、层间和排水立管相连，在底端与排出管连接，排水时在管道内产生的正负压通过连接的通气管道迂回补气而达到平衡的通气方式。

2.1.62 间接排水 indirect drain

设备或容器的排水管道与排水系统非直接连接，其间留有空气间隙。

2.1.63 同层排水 same-floor drainage

排水横支管布置在本层，器具排水管不穿楼层的排水方式。

2.1.64 覆土深度 covered depth

埋地管道管外顶至地表面的垂直距离。

2.1.65 埋设深度 buried depth

埋地排水管道内底至地表面的垂直距离。

2.1.66 水流转角 angle of turning flow

水流原来的流向与其改变后的流向之间的夹角。

2.1.67 充满度 depth ratio

水流在管渠中的充满程度，管道以水深与管径之比值表示，渠道以水深与渠高之比值表示。

2.1.68 隔油池 grease tank

分隔、拦集生活废水中油脂的小型处理构筑物。

2.1.69 隔油器 grease interceptor

分隔、拦集生活废水中油脂的成品装置。

2.1.70 降温池 cooling tank

降低排水温度的小型处理构筑物。

2.1.71 化粪池 septic tank

将生活污水分格沉淀，并对污泥进行厌氧消化的小型处理构筑物。

2.1.72 中水 reclaimed water

各种生活排水经处理达到规定的水质标准后回用的水。

2.1.73 医疗机构污水 medical orgnization sewage

医疗机构门诊、病房、手术室、各类检验室、病理解剖室、放射室、洗衣房、太平间等处排出的诊疗、生活及粪便污水。

2.1.74 污水提升装置 sewage lifting device

集污水泵、集水箱、管道、阀门、液位计和电气控制为一体，用于污水提升的成品装置。

2.1.75 换气次数 time of air change

通风系统单位时间内送风或排风体积与室内空间体积之比。

2.1.76 暴雨强度 rainfall intensity

单位时间内的降雨量。工程上常用单位时间内单位面积上的降雨体积计，其计量单位通常以L/(s·hm^2)表示。

2.1.77 重现期 recurrence interval

经一定时间的雨量观测资料统计分析，大于或等于某暴雨强度的降雨出现一次的平均间隔时间，其单位通常以a表示。

2.1.78 降雨历时 duration of rainfall

降雨过程中的任意连续时段。

2.1.79 地面集水时间 inlet time

雨水从相应汇水面积的最远点地表径流到雨水管渠入口的时间，简称集水时间。

2.1.80 管内流行时间 time of flow

雨水在管渠中流行的时间，简称流行时间。

2.1.81 汇水面积 catchment area

雨水管渠汇集降雨的面积。

2.1.82 重力流雨水排水系统 gravity rain drainage system

管道按重力无压流设计的屋面雨水排水系统。

2.1.83 满管压力流雨水排水系统 full pressure storm system

管道按满管流产生的负压抽吸排水设计的屋面雨水排水系统。

2.1.84 雨水口 gulley，gutter inlet

将地面雨水导入雨水管渠的带格栅的集水口。

2.1.85 线性排水沟 linear drainage ditch

将地面雨水沿程连续收集的排水沟。

2.1.86 雨落水管 downspout，leader

敷设在建筑物外墙的外侧，用于排除屋面雨水的排水立管。

2.1.87 悬吊管 hung pipe

悬吊在屋架、楼板和梁下或架空在柱上的雨水横管。

2.1.88 雨水斗 roof drain

将建筑物屋面的雨水导入雨水立管的装置。

2.1.89 径流系数 runoff coefficient

一定汇水面积的径流雨水量与降雨量的比值。

2.1.90 集中热水供应系统 central hot water supply system

供给一幢（不含单幢别墅）、数幢建筑或供给多功能单栋建筑中一个、多个功能部门所需热水的系统。

2.1.91 全日集中热水供应系统 all day hot water supply system

在全日、工作班或营业时间内不间断供应热水的系统。

2.1.92 定时集中热水供应系统 fixed time hot water supply system

在全日、工作班或营业时间内某一时段供应热水的系统。

2.1.93 局部热水供应系统 local hot water supply system

供给单栋别墅、住宅的单个住户、公共建筑的单个卫生间、单个厨房餐厅或淋浴间等用房热水的系统。

2.1.94 开式热水供应系统 open hot water supply system

热水管系与大气相通的热水供应系统。

2.1.95 闭式热水供应系统 closed hot water supply system

热水管系不与大气相通的热水供应系统。

2.1.96 单管热水供应系统 single line hot water system，tempered water supply system

用一根管道直接供应配水点所需使用温度热水的热水供应系统。

2.1.97 热泵热水供应系统 heat pump hot water supply system

采用热泵机组制备和供应热水的热水供应系统。

2.1.98 水源热泵 water-source heat pump

以水或添加防冻剂的水溶液为低温热源的热泵。

2.1.99 空气源热泵 air-source heat pump

以环境空气为低温热源的热泵。

2.1.100 热源 heat source

制取热水或热媒的能源。

2.1.101 热媒 heat medium

热传递载体，常为热水、蒸汽、烟气。

2.1.102 废热 waste heat

生产过程中排放的废弃热量，如废蒸汽、高温废水（液）、高温烟气等排放的热量。

2.1.103 太阳能保证率 solar fraction

系统中全年由太阳能提供的热量占全年系统总耗热量的比率。

2.1.104 太阳辐照量 solar irradiation

接收到太阳辐射能的面密度。

2.1.105 燃油（气）热水机组 fuel oil(gas)hot water device

由燃烧器、水加热炉体和燃油（气）供应系统等组成的设备组合体，炉体水套与大气相通，呈常压状态。

2.1.106 设计小时耗热量 design heat consumption of maximum hour

热水供应系统中用水设备、器具最大用水时段内的小时耗热量。

2.1.107 设计小时供热量 design heat supply of maximum hour

热水供应系统中水加热设备最大用水时段内的小时产热量。

2.1.108 同程热水供应系统 reversed return hot water system

对应每个配水点的供水与回水管路长度之和相等或近似相等的热水供应系统。

2.1.109 第一循环系统 heat carrier circulation system

集中热水供应系统中，热水锅炉或热水机组与水加热器或贮热水罐之间组成的热媒或热水的循环系统。

2.1.110 第二循环系统 hot water circulation system

集中热水供应系统中，水加热器或贮热水罐与热水供、回水管道组成的热水循环系统。

2.1.111 上行下给式 downfeed system

给水横干管位于配水管网的上部，通过立管向下给水的方式。

2.1.112 下行上给式 upfeed system

给水横干管位于配水管网的下部，通过立管向上给水的方式。

2.1.113 回水管 return pipe

在热水循环管系中仅通过循环流量的管段。

2.1.114 管道直饮水系统 pipe system for fine drinking water

原水经深度净化处理达到标准后，通过管道供给人们直接饮用的供水系统。

2.1.115 水质阻垢缓蚀处理 water quality treatment of scale inhibitor and corrosion-delay

采用电、磁、化学稳定剂等物理、化学方法稳定水中钙、镁离子，使其在一定的条件下不形成水垢，延缓对加热设备或管道的腐蚀的水质处理。

2.1.116 太阳能热水系统 solar hot water system

利用太阳能集热器集取太阳能热能为主热源，配置辅助热源制备并供给生活热水的系统。

2.1.117 集中集热集中供热太阳能热水系统 centralized heat collecting and centralized heat supplying solar hot water system

集中集取太阳能的热能，集中配置辅助热源的太阳能热水系统。

2.1.118 集中集热分散供热太阳能热水系统 centralized heat collecting and decentralized heat supplying solar hot water system

集中集取太阳能的热能，分散配置辅助热源的太阳能热水系统。

2.1.119 分散集热分散供热太阳能热水系统 decentralized heat collecting and decentralized heat supplying solar hot water system

分散集取太阳能的热能，分散配置辅助热源的太阳能热水系统。

2.1.120 直接太阳能热水系统 solar direct system

集取太阳能的热能直接加热冷水，配置辅助热源供给生活热水的太阳能热水系统。

2.1.121 间接太阳能热水系统 solar indirect system

集取太阳能的热能加热被加热介质（软化水或防冻液水）经水

加热设施间接加热冷水，配置辅助热源供给生活热水的太阳能热水系统。

2.1.122 开式太阳能集热系统 open system

太阳能集热器内被加热介质(冷水、软化水、防冻液水)直接通大气的集热系统。

2.1.123 闭式太阳能集热系统 closed system

太阳能集热器内被加热介质(冷水、软化水、防冻液水)不通大气密闭承压运行的集热系统。

2.2 符 号

2.2.1 流量、流速：

q_b——水泵出流量；

q_{bc}——补充水水量；

q_g——计算管段的给水设计秒流量；

q_{go}——同类型的一个卫生器具给水额定流量；

q_{gz}——单位轮廓面积集热器对应的工质流量；

q_h——卫生器具热水的小时用水定额；

q_j——设计暴雨强度；

q_L——最高日的用水定额；

q_{max}——计算管段上最大一个卫生器具的排水流量；

q_{mr}——平均日热水用水定额；

q_n——每人每日计算污泥量；

q_o——饮水水嘴额定流量；

q_p——排水流量；

q_{po}——同一类型的一个卫生器具排水流量；

q_r——热水用水定额；

q_{rh}——设计小时热水量；

q_{rjd}——集热器单位轮廓面积平均每日产热水量；

q_w——每人每日计算污水量；

q_x——循环流量；

q_{xh}——循环水泵流量；

q_y——设计雨水流量；

q_{yL}——溢流量；

q_z——冷却塔蒸发损失水量；

v——管道内的平均水流速度。

2.2.2 水压、水头损失：

H_b——循环水泵扬程；

H_{xr}——第一循环管的自然压力值；

h_e——集热系统循环流量通过集热水加热器的阻力损失；

h_{e1}——循环流量通过热泵冷凝器、快速水加热器的阻力损失；

h_f——附加压力；

h_j——集热系统循环流量通过集热器的阻力损失；

h_{jx}——集热系统循环流量通过循环管道的沿程与局部阻力损失；

h_p——循环流量通过配水管网的水头损失；

h_x——循环流量通过回水管网的水头损失；

h_{xh}——循环流量通过循环管道的沿程与局部阻力损失；

h_z——集热器顶与贮热水箱最低水位之间的几何高差；

Δh——热水锅炉或水加热器中心与贮热水罐中心的标高差；

I——水力坡度；

i——管道单位长度的水头损失；

P——压力；

P_1——膨胀罐处管内水压力；

P_2——膨胀罐处管内最大允许压力；

R——水力半径。

2.2.3 几何特征：

A——设计充满度时的过水断面；

A_j——集热器总面积；

A_{jj}——间接太阳能热水系统集热器总面积；

A_{jz}——直接太阳能热水系统集热器总面积；

b_{yL}——溢流孔宽度；

D_{yL}——漏斗喇叭口直径；

d_j——管道计算内径；

d_{yL}——溢流管内径；

F_{jr}——水加热器的加热面积；

F_w——汇水面积；

H_1——热水锅炉、水加热器底部至高位冷水箱面的高度；

h_1——膨胀管高出高位冷水箱最高水位的垂直高度；

h_{y1}——溢流水位高度；

h_{y2}——天沟水位至管中心淹没高度；

h_{y3}——喇叭口上边缘溢流水位深度；

V——容积；

V_1——高温贮热水箱总容积；

V_2——低温供热水箱总容积；

V_3——贮热、供热合一的低温热水箱总容积；

V_4——热媒水贮热水箱总容积；

V_e——膨胀罐的总容积；

V_n——化粪池污泥部分容积；

V_q——气压水罐总容积；

V_{q1}——气压水罐水容积；

V_{q2}——气压水罐的调节容积；

V_r——总贮热容积；

V_{rx}——集热水加热器或集热水箱(罐)有效容积；

V_{rx1}——集热水箱有效容积；

V_{rx2}——分户容积式热水器的有效容积；

V_s——系统内热水水总容积；

V_w——化粪池污水部分容积。

2.2.4 计算系数：

b_f——化粪池实际使用人数占总人数的百分数；

b_g——卫生器具同时给水百分数；

b_j——集热器面积补偿系数；

b_n——浓缩后污泥含水率；

b_p——卫生器具同时排水百分数；

b_x——新鲜污泥含水率；

C_h——海澄-威廉系数；

C_r——热水供应系数的热损失系数；

f——太阳能保证率；

g——重力加速度；

K——传热系数；

K_h——小时变化系数；

K_x——相应循环措施的附加系数；

k_1——用水均匀性的安全系数；

k_2——水温差因素的附加系数；

M_s——污泥发酵后体积缩减系数；

N_n——浓缩倍数；

n——管道粗糙系数；

U——卫生器具给水当量的同时出流概率；

U_L——集热器热损失系数；

U_o——最大用水时卫生器具给水当量平均出流概率；

$\overline{U}_o$——给水干管的卫生器具给水当量平均出流概率；

Ψ——径流系数；

α——根据建筑物用途而定的系数；

α_1——水嘴同时使用经验系数；

α_a——气压水罐的调节容积安全系数；

α_b——气压水罐工作压力比；

α_c——对应 U_o 的系数；

7

β——气压水罐的容积系数；

σ——溢流水流断面面积与天沟断面面积之比；

ε——水垢和热媒分布不均匀影响传热效率的系数；

η——有效贮热容积系数；

η_l——集热系统的热损失；

η_j——集热器总面积的年平均集热效率。

2.2.5 热量、温度、比重和时间：

C——水的比热；

J_t——集热器总面积的年平均日太阳辐照量；

Q_g——设计小时供热量；

Q_h——设计小时耗热量；

Q_{md}——平均日耗热量；

Q_{rh}——设计小时热水量；

Q_s——配水管道的热损失；

T——用水时数；

T_1——设计小时耗热量持续时间；

T_2——高温热水贮水时间；

T_3——低温热水贮水时间；

T_4——低谷电加热的时间；

T_5——热泵机组设计工作时间；

t——降雨历时；

t_1——地面集流时间；

t_2——管渠内雨水流行时间；

t_c——被加热水初温；

t_h——贮水温度；

t_l——冷水温度；

t_{mc}——热媒初温；

t_{mz}——热媒终温；

t_n——污泥清掏周期；

t_r——热水温度；

t_{r1}——使用温度；

t_{r2}——设计热水温度；

t_w——污水在化粪池中停留时间；

t_z——被加热水终温；

t_L^m——年平均冷水温度；

Δt——快速水加热器两侧的热媒进水、出水温差或热水进水、出水温差；

Δt_j——热媒与被加热水的计算温度差；

Δt_m^m——热媒供回水平均温度差；

Δt_{max}——热媒与被加热水在水加热器一端的最大温度差；

Δt_{min}——热媒与被加热水在水加热器一端的最小温度差；

Δt_s——配水管道的热水温度差；

ρ_f——加热前加热贮热设备内的水的密度；

ρ_l——冷水密度；

ρ_r——热水密度。

2.2.6 其他：

b_1——同日使用率；

M——电能转为热能的效率；

m——用水计算单位数；

m_1——分散供热用户的个数；

m_f——化粪池服务总人数；

N——电热水机组功率；

N_G——每户设置的卫生器具给水当量数；

N_g——计算管段的卫生器具给水当量总数；

N_P——计算管段的卫生器具排水当量总数；

n_o——同类型卫生器具数；

n_1——饮水水嘴数量；

n_q——水泵启动次数。

3 给　　水

3.1 一般规定

3.1.1 建筑给水系统的设计应满足生活用水对水质、水量、水压、安全供水，以及消防给水的要求。

3.1.2 自备水源的供水管道严禁与城镇给水管道直接连接。

3.1.3 中水、回用雨水等非生活饮用水管道严禁与生活饮用水管道连接。

3.1.4 生活饮用水应设有防止管道内产生虹吸回流、背压回流等污染的措施。

3.1.5 在满足使用要求与卫生安全的条件下，建筑给水系统应节水节能，系统运行的噪声和振动等不得影响人们的正常工作和生活。

3.1.6 生活饮用水给水系统的涉水产品应符合现行国家标准《生活饮用水输配水设备及防护材料的安全性评价标准》GB/T 17219的规定。

3.1.7 小区给水系统设计应综合利用各种水资源，充分利用再生水、雨水等非传统水源；优先采用循环和重复利用给水系统。

3.2 用水定额和水压

3.2.1 住宅生活用水定额及小时变化系数，可根据住宅类别、建筑标准、卫生器具设置标准等因素按表3.2.1确定。

表3.2.1 住宅生活用水定额及小时变化系数

住宅类别	卫生器具设置标准	最高日用水定额[L/(人·d)]	平均日用水定额[L/(人·d)]	最高日小时变化系数 K_h
普通住宅	有大便器、洗脸盆、洗涤盆、洗衣机、热水器和沐浴设备	130～300	50～200	2.8～2.3
	有大便器、洗脸盆、洗涤盆、洗衣机、集中热水供应（或家用热水机组）和沐浴设备	180～320	60～230	2.5～2.0
别墅	有大便器、洗脸盆、洗涤盆、洗衣机、洒水栓，家用热水机组和沐浴设备	200～350	70～250	2.3～1.8

注：1 当地主管部门对住宅生活用水定额有具体规定时，应按当地规定执行。

2 别墅生活用水定额中含庭院绿化用水和汽车抹车用水，不含游泳池补充水。

3.2.2 公共建筑的生活用水定额及小时变化系数，可根据卫生器具完善程度、区域条件和使用要求按表3.2.2确定。

表3.2.2 公共建筑生活用水定额及小时变化系数

序号	建筑物名称		单位	生活用水定额（L）		使用时数（h）	最高日小时变化系数 K_h
				最高日	平均日		
1	宿舍	居室内设卫生间	每人每日	150～200	130～160	24	3.0～2.5
		设公用盥洗卫生间		100～150	90～120		6.0～3.0
2	招待所、培训中心、普通旅馆	设公用卫生间、盥洗室	每人每日	50～100	40～80	24	3.0～2.5
		设公用卫生间、盥洗室、淋浴室		80～130	70～100		
		设公用卫生间、盥洗室、淋浴室、洗衣室		100～150	90～120		
		设单独卫生间、公用洗衣室		120～200	110～160		
3	酒店式公寓		每人每日	200～300	180～240	24	2.5～2.0
4	宾馆客房	旅客	每床位每日	250～400	220～320	24	2.5～2.0
		员工	每人每日	80～100	70～80	8～10	2.5～2.0

续表 3.2.2

序号	建筑物名称		单位	生活用水定额(L) 最高日	平均日	使用时数(h)	最高日小时变化系数 K_h
5	医院住院部	设公用卫生间、盥洗室	每床位每日	100～200	90～160	24	2.5～2.0
		设公用卫生间、盥洗室、淋浴室		150～250	130～200		
		设单独卫生间		250～400	220～320		
		医务人员	每人每班	150～250	130～200	8	2.0～1.5
	门诊部、诊疗所	病人	每病人每次	10～15	6～12	8～12	1.5～1.2
		医务人员	每人每班	80～100	60～80	8	2.5～2.0
	疗养院、休养所住房部		每床位每日	200～300	180～240	24	2.0～1.5
6	养老院、托老所	全托	每人每日	100～150	90～120	24	2.5～2.0
		日托		50～80	40～60	10	2.0
7	幼儿园、托儿所	有住宿	每儿童每日	50～100	40～80	24	3.0～2.5
		无住宿		30～50	25～40	10	2.0
8	公共浴室	淋浴	每顾客每次	100	70～90	12	2.0～1.5
		浴盆、淋浴		120～150	120～150		
		桑拿浴(淋浴、按摩池)		150～200	130～160		
9	理发室、美容院		每顾客每次	40～100	35～80	12	2.0～1.5
10	洗衣房		每千克干衣	40～80	40～80	8	1.5～1.2
11	餐饮业	中餐酒楼	每顾客每次	40～60	35～50	10～12	1.5～1.2
		快餐店、职工及学生食堂		20～25	15～20	12～16	
		酒吧、咖啡馆、茶座、卡拉OK房		5～15	5～10	8～18	
12	商场	员工及顾客	每平方米营业厅面积每日	5～8	4～6	12	1.5～1.2
13	办公	坐班制办公	每人每班	30～50	25～40	8～10	1.5～1.2
		公寓式办公	每人每日	130～300	120～250	10～24	2.5～1.8
		酒店式办公		250～400	220～320	24	2.0
14	科研楼	化学	每工作人员每日	460	370	8～10	2.0～1.5
		生物		310	250		
		物理		125	100		
		药剂调制		310	250		
15	图书馆	阅览者	每座位每次	20～30	15～25	8～10	1.2～1.5
		员工	每人每日	50	40		
16	书店	顾客	每平方米营业厅每日	3～6	3～5	8～12	1.5～1.2
		员工	每人每班	30～50	27～40		
17	教学、实验楼	中小学校	每学生每日	20～40	15～35	8～9	1.5～1.2
		高等院校		40～50	35～40		
18	电影院、剧院	观众	每观众每场	3～5	3～5	3	1.5～1.2
		演职员	每人每场	40	35	4～6	2.5～2.0
19	健身中心		每人每次	30～50	25～40	8～12	1.5～1.2
20	体育场(馆)	运动员淋浴	每人每次	30～40	25～40	4	3.0～2.0
		观众	每人每场	3	3		1.2
21	会议厅		每座位每次	6～8	6～8	4	1.5～1.2
22	会展中心(展览馆、博物馆)	观众	每平方米展厅每日	3～6	3～5	8～16	1.5～1.2
		员工	每人每班	30～50	27～40		
23	航站楼、客运站旅客		每人次	3～6	3～6	8～16	1.5～1.2
24	菜市场地面冲洗及保鲜用水		每平方米每日	10～20	8～15	8～10	2.5～2.0
25	停车库地面冲洗水		每平方米每次	2～3	2～3	6～8	1.0

注:1 中等院校、兵营等宿舍设置公用卫生间和盥洗室,当用水时段集中时,最高日小时变化系数 K_h 宜取高值 6.0～4.0;其他类型宿舍设置公用卫生间和盥洗室时,最高日小时变化系数 K_h 宜取低值 3.5～3.0。
2 除注明外,均不含员工生活用水,员工最高日用水定额为每人每班 40L～60L,平均日用水定额为每人每班 30L～45L。
3 大型超市的生鲜食品区按菜市场用水。
4 医疗建筑用水中已含医疗用水。
5 空调用水应另计。

3.2.3 绿化浇灌用水定额应根据气候条件、植物种类、土壤理化性状、浇灌方式和管理制度等因素综合确定。当无相关资料时,小区绿化浇灌最高日用水定额可按浇灌面积 1.0L/(m²·d)～3.0L/(m²·d)计算。干旱地区可酌情增加。

3.2.4 小区道路、广场的浇洒最高日用水定额可按浇洒面积 2.0L/(m²·d)～3.0L/(m²·d)计算。

3.2.5 游泳池、水上游乐池和水景用水量计算可按本标准第 3.10.18 条、第 3.10.19 条、第 3.12.2 条的规定确定。

3.2.6 民用建筑空调循环冷却水系统的补充水量,应根据气候条件、冷却塔形式、浓缩倍数等因素确定,可按本标准第 3.11.14 条的规定确定。

3.2.7 汽车冲洗用水定额应根据冲洗方式、车辆用途、道路路面等级和沾污程度等确定,汽车冲洗最高日用水定额可按表 3.2.7 计算。

表 3.2.7 汽车冲洗最高日用水定额

冲洗方式	高压水枪冲洗 [L/(辆·次)]	循环用水冲洗补水 [L/(辆·次)]	抹车、微水冲洗 [L/(辆·次)]	蒸汽冲洗 [L/(辆·次)]
轿车	40～60	20～30	10～15	3～5
公共汽车	80～120	40～60	15～30	—
载重汽车				

注:1 汽车冲洗台自动冲洗设备用水定额有特殊要求时,其值应按产品要求确定。
2 在水泥和沥青路面行驶的汽车,宜选用下限值;路面等级较低时,宜选用上限值。

3.2.8 建筑物室内外消防用水的设计流量、供水水压、火灾延续时间、同一时间内的火灾起数等,应按国家现行消防规范的相关规定确定。

3.2.9 给水管网漏失水量和未预见水量应计算确定,当没有相关资料时漏失水量和未预见水量之和可按最高日用水量的 8%～12%计。

3.2.10 居住小区内的公用设施用水量,应由该设施的管理部门提供用水量计算参数。

3.2.11 工业企业建筑管理人员的最高日生活用水定额可取 30L/(人·班)～50L/(人·班);车间工人的生活用水定额应根据车间性质确定,宜采用 30L/(人·班)～50L/(人·班);用水时间宜取 8h,小时变化系数宜取 2.5～1.5。

工业企业建筑淋浴最高日用水定额,应根据现行国家标准《工业企业设计卫生标准》GBZ 1 中的车间卫生特征分级确定,可采用 40L/(人·次)～60L/(人·次),延续供水时间宜取 1h。

3.2.12 卫生器具的给水额定流量、当量、连接管公称尺寸和工作压力应按表 3.2.12 确定。

表 3.2.12 卫生器具的给水额定流量、当量、连接管公称尺寸和工作压力

序号	给水配件名称		额定流量（L/s）	当量	连接管公称尺寸（mm）	工作压力（MPa）
1	洗涤盆、拖布盆、盥洗槽	单阀水嘴	0.15～0.20	0.75～1.00	15	0.100
		单阀水嘴	0.30～0.40	1.5～2.00	20	
		混合水嘴	0.15～0.20（0.14）	0.75～1.00（0.70）	15	
2	洗脸盆	单阀水嘴	0.15	0.75	15	0.100
		混合水嘴	0.15(0.10)	0.75(0.50)		
3	洗手盆	感应水嘴	0.10	0.50	15	0.100
		混合水嘴	0.15(0.10)	0.75(0.5)		
4	浴盆	单阀水嘴	0.20	1.00	15	0.100
		混合水嘴（含带淋浴转换器）	0.24(0.20)	1.2(1.0)		
5	淋浴器	混合阀	0.15(0.10)	0.75(0.50)	15	0.100～0.200
6	大便器	冲洗水箱浮球阀	0.10	0.50	15	0.050
		延时自闭式冲洗阀	1.20	6.00	25	0.100～0.150
7	小便器	手动或自动自闭式冲洗阀	0.10	0.50	15	0.050
		自动冲洗水箱进水阀	0.10	0.50		0.020
8	小便槽穿孔冲洗管（每m长）		0.05	0.25	15～20	0.015
9	净身盆冲洗水嘴		0.10(0.07)	0.50(0.35)	15	0.100
10	医院倒便器		0.20	1.00	15	0.100
11	实验室化验水嘴（鹅颈）	单联	0.07	0.35	15	0.020
		双联	0.15	0.75		
		三联	0.20	1.00		
12	饮水器喷嘴		0.05	0.25	15	0.050
13	洒水栓		0.40 0.70	2.00 3.50	20 25	0.050～0.100
14	室内地面冲洗水嘴		0.20	1.00	15	0.100
15	家用洗衣机水嘴		0.20	1.00	15	0.100

注：1 表中括弧内的数值系在有热水供应时，单独计算冷水或热水时使用。
2 当浴盆上附设淋浴器时，或混合水嘴有淋浴器转换开关时，其额定流量和当量只计水嘴，不计淋浴器，但水压应按淋浴器计。
3 家用燃气热水器，所需水压按产品要求和热水供应系统最不利配水点所需工作压力确定。
4 绿地的自动喷灌应按产品要求设计。
5 卫生器具给水配件所需额定流量和工作压力有特殊要求时，其值应按产品要求确定。

3.2.13 卫生器具和配件应符合国家现行有关标准的节水型生活用水器具的规定。

3.2.14 公共场所卫生间的卫生器具设置应符合下列规定：

1 洗手盆应采用感应式水嘴或延时自闭式水嘴等限流节水装置；

2 小便器应采用感应式或延时自闭式冲洗阀；

3 坐式大便器宜采用设有大、小便分档的冲洗水箱，蹲式大便器应采用感应式冲洗阀、延时自闭式冲洗阀等。

3.3 水质和防水质污染

3.3.1 生活饮用水系统的水质，应符合现行国家标准《生活饮用水卫生标准》GB 5749 的规定。

3.3.2 当采用中水为生活杂用水时，生活杂用水系统的水质应符合现行国家标准《城市污水再生利用 城市杂用水水质》GB/T 18920 的规定。

3.3.3 当采用回用雨水为生活杂用水时，生活杂用水系统的水质应符合所供用途的水质要求，并应符合现行国家标准《建筑与小区雨水控制及利用工程技术规范》GB 50400 的规定。

3.3.4 卫生器具和用水设备等的生活饮用水管配水件出水口应符合下列规定：

1 出水口不得被任何液体或杂质所淹没；

2 出水口高出承接用水容器溢流边缘的最小空气间隙，不得小于出水口直径的 2.5 倍。

3.3.5 生活饮用水水池(箱)进水管应符合下列规定：

1 进水管口最低点高出溢流边缘的空气间隙不应小于进水管管径，且不应小于 25mm，可不大于 150mm；

2 当进水管从最高水位以上进入水池(箱)，管口处为淹没出流时，应采取真空破坏器等防虹吸回流措施；

3 不存在虹吸回流的低位生活饮用水贮水池(箱)，其进水管不受以上要求限制，但进水管仍宜从最高水面以上进入水池。

3.3.6 从生活饮用水管网向下列水池(箱)补水时应符合下列规定：

1 向消防等其他非供生活饮用的贮水池(箱)补水时，其进水管口最低点高出溢流边缘的空气间隙不应小于 150mm；

2 向中水、雨水回用水等回用水系统的贮水池(箱)补水时，其进水管口最低点高出溢流边缘的空气间隙不应小于进水管管径的 2.5 倍，且不应小于 150mm。

3.3.7 从生活饮用水管道上直接供下列用水管道时，应在用水管道的下列部位设置倒流防止器：

1 从城镇给水管网的不同管段接出两路及两路以上至小区或建筑物，且与城镇给水管形成连通管网的引入管上；

2 从城镇生活给水管网直接抽水的生活供水加压设备进水管上；

3 利用城镇给水管网直接连接且小区引入管无防回流设施时，向气压水罐、热水锅炉、热水机组、水加热器等有压容器或密闭容器注水的进水管上。

3.3.8 从小区或建筑物内的生活饮用水管道系统上接下列用水管道或设备时，应设置倒流防止器：

1 单独接出消防用水管道时，在消防用水管道的起端；

2 从生活用水与消防用水合用贮水池中抽水的消防水泵出水管上。

3.3.9 生活饮用水管道系统上连接下列含有有害健康物质等有毒有害场所或设备时，必须设置倒流防止设施：

1 贮存池(罐)、装置、设备的连接管上；

2 化工剂罐区、化工车间、三级及三级以上的生物安全实验室除按本条第 1 款设置外，还应在其引入管上设置有空气间隙的水箱，设置位置应在防护区外。

3.3.10 从小区或建筑物内的生活饮用水管道上直接接出下列用水管道时，应在用水管道上设置真空破坏器等防回流污染设施：

1 当游泳池、水上游乐池、按摩池、水景池、循环冷却水集水池等的充水或补水管道出口与溢流水位之间应设有空气间隙，且空气间隙小于出口管径 2.5 倍时，在其充(补)水管上；

2 不含有化学药剂的绿地喷灌系统，当喷头为地下式或自动升降式时，在其管道起端；

3 消防(软管)卷盘、轻便消防水龙；

4 出口接软管的冲洗水嘴(阀)、补水水嘴与给水管道连接处。

3.3.11 空气间隙、倒流防止器和真空破坏器的选择，应根据回流性质、回流污染的危害程度，按本标准附录 A 确定。

3.3.12 在给水管道防回流设施的同一设置点处，不应重复设置防回流设施。

3.3.13 严禁生活饮用水管道与大便器(槽)、小便斗(槽)采用非专用冲洗阀直接连接。

3.3.14 生活饮用水管道应避开毒物污染区，当条件限制不能避开时，应采取防护措施。

3.3.15 供单体建筑的生活饮用水池(箱)与消防用水的水池(箱)应分开设置。

3.3.16 建筑物内的生活饮用水水池(箱)体,应采用独立结构形式,不得利用建筑物的本体结构作为水池(箱)的壁板、底板及顶盖。

生活饮用水水池(箱)与消防用水水池(箱)并列设置时,应有各自独立的池(箱)壁。

3.3.17 建筑物内的生活饮用水水池(箱)及生活给水设施,不应设置于与厕所、垃圾间、污(废)水泵房、污(废)水处理机房及其他污染源毗邻的房间内;其上层不应有上述用房及浴室、盥洗室、厨房、洗衣房和其他产生污染源的房间。

3.3.18 生活饮用水水池(箱)的构造和配管,应符合下列规定:

1 人孔、通气管、溢流管应有防止生物进入水池(箱)的措施;

2 进水管宜在水池(箱)的溢流水位以上接入;

3 进出水管布置不得产生水流短路,必要时应设导流装置;

4 不得接纳消防管道试压水、泄压水等回流水或溢流水;

5 泄水管和溢流管的排水应间接排水,并应符合本标准第4.4.13条、第4.4.14条的规定;

6 水池(箱)材质、衬砌材料和内壁涂料,不得影响水质。

3.3.19 生活饮用水水池(箱)内贮水更新时间不宜超过48h。

3.3.20 生活饮用水水池(箱)应设置消毒装置。

3.3.21 在非饮用水管道上安装水嘴或取水短管时,应采取防止误饮误用的措施。

7

3.4 系统选择

3.4.1 建筑物内的给水系统应符合下列规定:

1 应充分利用城镇给水管网的水压直接供水;

2 当城镇给水管网的水压和(或)水量不足时,应根据卫生安全、经济节能的原则选用贮水调节和加压供水方式;

3 当城镇给水管网水压不足,采用叠压供水系统时,应经当地供水行政主管部门及供水部门批准认可;

4 给水系统的分区应根据建筑物用途、层数、使用要求、材料设备性能、维护管理、节约供水、能耗等因素综合确定;

5 不同使用性质或计费的给水系统,应在引入管后分成各自独立的给水管网。

3.4.2 卫生器具给水配件承受的最大工作压力,不得大于0.60MPa。

3.4.3 当生活给水系统分区供水时,各分区的静水压力不宜大于0.45MPa;当设有集中热水系统时,分区静水压力不宜大于0.55MPa。

3.4.4 生活给水系统用水点处供水压力不宜大于0.20MPa,并应满足卫生器具工作压力的要求。

3.4.5 住宅入户管供水压力不应大于0.35MPa,非住宅类居住建筑入户管供水压力不宜大于0.35MPa。

3.4.6 建筑高度不超过100m的建筑的生活给水系统,宜采用垂直分区并联供水或分区减压的供水方式;建筑高度超过100m的建筑,宜采用垂直串联供水方式。

3.5 管材、附件和水表

3.5.1 给水系统采用的管材和管件及连接方式,应符合国家现行标准的有关规定。管材和管件及连接方式的工作压力不得大于国家现行标准中公称压力或标称的允许工作压力。

3.5.2 室内的给水管道,应选用耐腐蚀和安装连接方便可靠的管材,可采用不锈钢管、铜管、塑料给水管和金属塑料复合管及经防腐处理的钢管。高层建筑给水立管不宜采用塑料管。

3.5.3 给水管道阀门材质应根据耐腐蚀、管径、压力等级、使用温度等因素确定,可采用全铜、全不锈钢、铁壳铜芯和全塑阀门等。阀门的公称压力不得小于管材及管件的公称压力。

3.5.4 室内给水管道的下列部位应设置阀门:

1 从给水干管上接出的支管起端;

2 入户管、水表前和各分支立管;

3 室内给水管道向住户、公用卫生间等接出的配水管起端;

4 水池(箱)、加压泵房、水加热器、减压阀、倒流防止器等处应按安装要求配置。

3.5.5 给水管道阀门选型应根据使用要求按下列原则确定:

1 需调节流量、水压时,宜采用调节阀、截止阀;

2 要求水流阻力小的部位宜采用闸板阀、球阀、半球阀;

3 安装空间小的场所,宜采用蝶阀、球阀;

4 水流需双向流动的管段上,不得使用截止阀;

5 口径大于或等于*DN*150的水泵,出水管上可采用多功能水泵控制阀。

3.5.6 给水管道的下列管段上应设置止回阀,装有倒流防止器的管段处,可不再设置止回阀:

1 直接从城镇给水管网接入小区或建筑物的引入管上;

2 密闭的水加热器或用水设备的进水管上;

3 每台水泵的出水管上。

3.5.7 止回阀选型应根据止回阀安装部位、阀前水压、关闭后的密闭性能要求和关闭时引发的水锤等因素确定,并应符合下列规定:

1 阀前水压小时,宜采用阻力低的球式和梭式止回阀;

2 关闭后密闭性能要求严密时,宜选用有关闭弹簧的软密封止回阀;

3 要求削弱关闭水锤时,宜选用弹簧复位的速闭止回阀或后阶段有缓闭功能的止回阀;

4 止回阀安装方向和位置,应能保证阀瓣在重力或弹簧力作用下自行关闭;

5 管网最小压力或水箱最低水位应满足开启止回阀压力,可选用旋启式止回阀等开启压力低的止回阀。

3.5.8 倒流防止器设置位置应符合下列规定:

1 应安装在便于维护、不会结冻的场所;

2 不应装在有腐蚀性和污染的环境;

3 具有排水功能的倒流防止器不得安装在泄水阀排水口可能被淹没的场所;

4 排水口不得直接接至排水管,应采用间接排水,并应符合本标准第4.4.14条的规定。

3.5.9 真空破坏器设置位置应符合下列规定:

1 不应装在有腐蚀性和污染的环境;

2 大气型真空破坏器应直接安装于配水支管的最高点;

3 真空破坏器的进气口应向下进气口下沿的位置高出最高用水点或最高溢流水位的垂直高度,压力型不得小于300mm;大气型不得小于150mm。

3.5.10 给水管网的压力高于本标准第3.4.2条、第3.4.3条规定的压力时,应设置减压阀,减压阀的配置应符合下列规定:

1 减压阀的减压比不宜大于3∶1,并应避开气蚀区;

2 当减压阀的气蚀校核不合格时,可采用串联减压方式或采用双级减压阀等减压方式;

3 阀后配水件处的最大压力应按减压阀失效情况下进行校核,其压力不应大于配水件的产品标准规定的公称压力的1.5倍;当减压阀串联使用时,应按其中一个失效情况下计算阀后最高压力;

4 当减压阀阀前压力大于或等于阀后配水件试验压力时,减压阀宜串联设置;当减压阀串联设置时,串联减压的减压级数不宜大于2级,相邻的2级串联设置的减压阀应采用不同类型的减压阀;

5 当减压阀失效时的压力超过配水件的产品标准规定的水压试验压力时,应设置自动泄压装置;当减压阀失效可能造成重大损失时，应设置自动泄压装置和超压报警装置；

6 当有不间断供水要求时，应采用两个减压阀并联设置，宜采用同类型的减压阀；

7 减压阀前的水压宜保持稳定，阀前的管道不宜兼作配水管；

8 当阀后压力允许波动时，可采用比例式减压阀；当阀后压力要求稳定时，宜采用可调式减压阀中的稳压减压阀；

9 当减压差小于0.15MPa时，宜采用可调式减压阀中的差压减压阀；

10 减压阀出口动静压升应根据产品制造商提供的数据确定，当无资料时可按0.10MPa确定；

11 减压阀不应设置旁通阀。

3.5.11 减压阀的设置应符合下列规定：

1 减压阀的公称直径宜与其相连管道管径一致；

2 减压阀前应设阀门和过滤器；需要拆卸阀体才能检修的减压阀，应设管道伸缩器或软接头，支管减压阀可设置管道活接头；检修时阀后水会倒流时，阀后应设阀门；

3 干管减压阀节点处的前后应装设压力表，支管减压阀节点后应装设压力表；

4 比例式减压阀、立式可调式减压阀宜垂直安装，其他可调式减压阀应水平安装；

5 设置减压阀的部位，应便于管道过滤器的排污和减压阀的检修，地面宜有排水设施。

3.5.12 当给水管网存在短时超压工况，且短时超压会引起使用不安全时，应设置持压泄压阀。持压泄压阀的设置应符合下列规定：

1 持压泄压阀前应设置阀门；

2 持压泄压阀的泄水口应连接管道间接排水，其出流口应保证空气间隙不小于300mm。

3.5.13 安全阀阀前、阀后不得设置阀门，泄压口应连接管道将泄压水(气)引至安全地点排放。

3.5.14 给水管道的排气装置设置应符合下列规定：

1 间歇性使用的给水管网，其管网末端和最高点应设置自动排气阀；

2 给水管网有明显起伏积聚空气的管段，宜在该段的峰点设自动排气阀或手动阀门排气；

3 给水加压装置直接供水时，其配水管网的最高点应设自动排气阀；

4 减压阀后管网最高处宜设置自动排气阀。

3.5.15 给水管道的管道过滤器设置应符合下列规定：

1 减压阀、持压泄压阀、倒流防止器、自动水位控制阀、温度调节阀等阀件前应设置过滤器；

2 水加热器的进水管上，换热装置的循环冷却水进水管上宜设置过滤器；

3 过滤器的滤网应采用耐腐蚀材料，滤网网孔尺寸应按使用要求确定。

3.5.16 建筑物水表的设置位置应符合下列规定：

1 建筑物的引入管、住宅的入户管；

2 公用建筑物内按用途和管理要求需计量水量的水管；

3 根据水平衡测试的要求进行分级计量的管段；

4 根据分区计量管理需计量的管段。

3.5.17 住宅的分户水表宜相对集中读数，且宜设置于户外；对设在户内的水表，宜采用远传水表或IC卡水表等智能化水表。

3.5.18 水表应装设在观察方便、不冻结、不被任何液体及杂质所淹没和不易受损处。

3.5.19 水表口径确定应符合下列规定：

1 用水量均匀的生活给水系统的水表应以给水设计流量选定水表的常用流量；

2 用水量不均匀的生活给水系统的水表应以给水设计流量选定水表的过载流量；

3 在消防时除生活用水外尚需通过消防流量的水表，应以生活用水的设计流量叠加消防流量进行校核，校核流量不应大于水表的过载流量；

4 水表规格应满足当地供水主管部门的要求。

3.5.20 给水加压系统水锤消除装置，应根据水泵扬程、管道走向、止回阀类型、环境噪声要求等因素确定。

3.5.21 隔音防噪要求严格的场所，给水管道的支架应采用隔振支架；配水管起端宜设置水锤消除装置；配水支管与卫生器具配水件的连接宜采用软管连接。

3.6 管道布置和敷设

3.6.1 室内生活给水管道可布置成枝状管网。

3.6.2 室内给水管道布置应符合下列规定：

1 不得穿越变配电房、电梯机房、通信机房、大中型计算机房、计算机网络中心、音像库房等遇水会损坏设备或引发事故的房间；

2 不得在生产设备、配电柜上方通过；

3 不得妨碍生产操作、交通运输和建筑物的使用。

3.6.3 室内给水管道不得布置在遇水会引起燃烧、爆炸的原料、产品和设备的上面。

3.6.4 埋地敷设的给水管道不应布置在可能受重物压坏处。管道不得穿越生产设备基础，在特殊情况下必须穿越时，应采取有效的保护措施。

3.6.5 给水管道不得敷设在烟道、风道、电梯井、排水沟内。给水管道不得穿过大便槽和小便槽，且立管离大、小便槽端部不得小于0.5m。给水管道不宜穿越橱窗、壁柜。

3.6.6 给水管道不宜穿越变形缝。当必须穿越时，应设置补偿管道伸缩和剪切变形的装置。

3.6.7 塑料给水管道在室内宜暗设。明设时立管应布置在不易受撞击处。当不能避免时，应在管外加保护措施。

3.6.8 塑料给水管道布置应符合下列规定：

1 不得布置在灶台上边缘；明设的塑料给水立管距灶台边缘不得小于0.4m，距燃气热水器边缘不宜小于0.2m；当不能满足上述要求时，应采取保护措施；

2 不得与水加热器或热水炉直接连接，应有不小于0.4m的金属管段过渡。

3.6.9 室内给水管道上的各种阀门，宜装设在便于检修和操作的位置。

3.6.10 给水引入管与排水排出管的净距不得小于1m。建筑物内埋地敷设的生活给水管与排水管之间的最小净距，平行埋设时不宜小于0.50m；交叉埋设时不应小于0.15m，且给水管应在排水管的上面。

3.6.11 给水管道的伸缩补偿装置，应按直线长度、管材的线胀系数、环境温度和管内水温的变化、管道节点的允许位移量等因素经计算确定。应优先利用管道自身的折角补偿温度变形。

3.6.12 当给水管道结露会影响环境，引起装饰层或者物品等受损害时，给水管道应做防结露绝热层，防结露绝热层的计算和构造可按现行国家标准《设备及管道绝热设计导则》GB/T 8175执行。

3.6.13 给水管道暗设时，应符合下列规定：

1 不得直接敷设在建筑物结构层内；

2 干管和立管应敷设在吊顶、管井、管窿内，支管可敷设在吊顶、楼(地)面的垫层内或沿墙敷设在管槽内；

3 敷设在垫层或墙体管槽内的给水支管的外径不宜大于25mm；

4 敷设在垫层或墙体管槽内的给水管管材宜采用塑料、金属与塑料复合管材或耐腐蚀的金属管材；

5 敷设在垫层或墙体管槽内的管材，不得采用可拆卸的连接方式；柔性管材宜采用分水器向各卫生器具配水，中途不得有连接配件，两端接口应明露。

3.6.14 管道井尺寸应根据管道数量、管径、间距、排列方式、维修条件，结合建筑平面和结构形式等确定。需进人维修管道的管井，维修人员的工作通道净宽度不宜小于0.6m。管道井应每层设外开检修门。管道井的井壁和检修门的耐火极限和管道井的竖向防火隔断应符合现行国家标准《建筑设计防火规范》GB 50016的规定。

3.6.15 给水管道穿越人防地下室时，应按现行国家标准《人民防空地下室设计规范》GB 50038的要求采取防护密闭措施。

3.6.16 需要泄空的给水管道，其横管宜设有0.002～0.005的坡度坡向泄水装置。

3.6.17 给水管道穿越下列部位或接管时，应设置防水套管：

1 穿越地下室或地下构筑物的外墙处；

2 穿越屋面处；

3 穿越钢筋混凝土水池(箱)的壁板或底板连接管道时。

3.6.18 明设的给水立管穿越楼板时，应采取防水措施。

3.6.19 在室外明设的给水管道，应避免受阳光直接照射，塑料给水管还应有有效保护措施；在结冻地区应做绝热层，绝热层的外壳应密封防渗。

3.6.20 敷设在有可能结冻的房间、地下室及管井、管沟等处的给水管道应有防冻措施。

3.6.21 室内冷、热水管上、下平行敷设时，冷水管应在热水管下方。卫生器具的冷水连接管，应在热水连接管的右侧。

3.7 设计流量和管道水力计算

3.7.1 建筑给水设计用水量应根据下列各项确定：

1 居民生活用水量；

2 公共建筑用水量；

3 绿化用水量；

4 水景、娱乐设施用水量；

5 道路、广场用水量；

6 公用设施用水量；

7 未预见用水量及管网漏失水量；

8 消防用水量；

9 其他用水量。

3.7.2 居民生活用水量应按住宅的居住人数和本标准表3.2.1规定的生活用水定额经计算确定。

3.7.3 公共建筑生活用水量应按其使用性质、规模采用本标准表3.2.2中的生活用水定额，经计算确定。

3.7.4 建筑物的给水引入管的设计流量应符合下列规定：

1 当建筑物内的生活用水全部由室外管网直接供水时，应取建筑物内的生活用水设计秒流量；

2 当建筑物内的生活用水全部自行加压供给时，引入管的设计流量应为贮水调节池的设计补水量；设计补水量不宜大于建筑物最高日最大时用水量，且不得小于建筑物最高日平均时用水量；

3 当建筑物内的生活用水既有室外管网直接供水，又有自行加压供水时，应按本条第1款、第2款的方法分别计算各自的设计流量后，将两者叠加作为引入管的设计流量。

3.7.5 住宅建筑的生活给水管道的设计秒流量，应按下列步骤和方法计算：

1 根据住宅配置的卫生器具给水当量、使用人数、用水定额、使用时数及小时变化系数，可按下式计算出最大用水时卫生器具给水当量平均出流概率：

$$U_o=\frac{100q_L mK_h}{0.2\cdot N_G\cdot T\cdot 3600}(\%) \qquad (3.7.5\text{-}1)$$

式中：U_o——生活给水管道的最大用水时卫生器具给水当量平均出流概率(%)；

q_L——最高用水日的用水定额，按本标准表3.2.1取用[L/(人·d)]；

m——每户用水人数；

K_h——小时变化系数，按本标准表3.2.1取用；

N_G——每户设置的卫生器具给水当量数；

T——用水时数(h)；

0.2——一个卫生器具给水当量的额定流量(L/s)。

2 根据计算管段上的卫生器具给水当量总数，可按下式计算得出该管段的卫生器具给水当量的同时出流概率：

$$U=100\frac{1+\alpha_c(N_g-1)^{0.49}}{\sqrt{N_g}}(\%) \qquad (3.7.5\text{-}2)$$

式中：U——计算管段的卫生器具给水当量同时出流概率(%)；

α_c——对应于U_o的系数，按本标准附录B中表B取用；

N_g——计算管段的卫生器具给水当量总数。

3 根据计算管段上的卫生器具给水当量同时出流概率，可按下式计算该管段的设计秒流量：

$$q_g=0.2\cdot U\cdot N_g \qquad (3.7.5\text{-}3)$$

式中：q_g——计算管段的设计秒流量(L/s)。当计算管段的卫生器具给水当量总数超过本标准附录C表C.0.1～表C.0.3中的最大值时，其设计流量应取最大时用水量。

4 给水干管有两条或两条以上具有不同最大用水时卫生器具给水当量平均出流概率的给水支管时，该管段的最大用水时卫生器具给水当量平均出流概率应按下式计算：

$$\overline{U}_o=\frac{\sum U_{oi}N_{gi}}{\sum N_{gi}} \qquad (3.7.5\text{-}4)$$

式中：$\overline{U}_o$——给水干管的卫生器具给水当量平均出流概率；

U_{oi}——支管的最大用水时卫生器具给水当量平均出流概率；

N_{gi}——相应支管的卫生器具给水当量总数。

3.7.6 宿舍(居室内设卫生间)、旅馆、宾馆、酒店式公寓、门诊部、诊疗所、医院、疗养院、幼儿园、养老院、办公楼、商场、图书馆、书店、客运站、航站楼、会展中心、教学楼、公共厕所等建筑的生活给水设计秒流量，应按下式计算：

$$q_g=0.2\alpha\sqrt{N_g} \qquad (3.7.6)$$

式中：q_g——计算管段的给水设计秒流量(L/s)；

N_g——计算管段的卫生器具给水当量总数；

α——根据建筑物用途而定的系数，应按表3.7.6采用。

表3.7.6 根据建筑物用途而定的系数值(α值)

建筑物名称	α值
幼儿园、托儿所、养老院	1.2
门诊部、诊疗所	1.4
办公楼、商场	1.5
图书馆	1.6
书店	1.7
教学楼	1.8
医院、疗养院、休养所	2.0
酒店式公寓	2.2
宿舍(居室内设卫生间)、旅馆、招待所、宾馆	2.5
客运站、航站楼、会展中心、公共厕所	3.0

3.7.7 按本标准式(3.7.6)进行给水秒流量的计算应符合下列规定：

1 当计算值小于该管段上一个最大卫生器具给水额定流量时，应采用一个最大的卫生器具给水额定流量作为设计秒流量；

2 当计算值大于该管段上按卫生器具给水额定流量累加所得流量值时，应按卫生器具给水额定流量累加所得流量值采用；

3 有大便器延时自闭冲洗阀的给水管段，大便器延时自闭冲洗阀的给水当量均以0.5计，计算得到的q_g附加1.20L/s的流量后为该管段的给水设计秒流量；

4 综合楼建筑的 α 值应按加权平均法计算。

3.7.8 宿舍(设公用盥洗卫生间)、工业企业的生活间、公共浴室、职工(学生)食堂或营业餐馆的厨房、体育场馆、剧院、普通理化实验室等建筑的生活给水管道的设计秒流量,应按下式计算:

$$q_g = \sum q_{go} n_o b_g \qquad (3.7.8)$$

式中:q_g——计算管段的给水设计秒流量(L/s);

q_{go}——同类型的一个卫生器具给水额定流量(L/s);

n_o——同类型卫生器具数;

b_g——同类型卫生器具的同时给水百分数,按本标准表3.7.8-1~表3.7.8-3采用。

表3.7.8-1 宿舍(设公用盥洗卫生间)、工业企业生活间、公共浴室、影剧院、体育场馆等卫生器具同时给水百分数(%)

卫生器具名称	宿舍(设公用盥洗室卫生间)	工业企业生活间	公共浴室	影剧院	体育场馆
洗涤盆(池)	—	33	15	15	15
洗手盆	—	50	50	50	70(50)
洗脸盆、盥洗槽水嘴	5~100	60~100	60~100	50	80
浴盆	—	—	50	—	—
无间隔淋浴器	20~100	100	100	—	100
有间隔淋浴器	5~80	80	60~80	(60~80)	(60~100)
大便器冲洗水箱	5~70	30	20	50(20)	70(20)
大便槽自动冲洗水箱	100	100	—	100	100
大便器自闭式冲洗阀	1~2	2	2	10(2)	5(2)
小便器自闭式冲洗阀	2~10	10	10	50(10)	70(10)
小便器(槽)自动冲洗水箱	—	100	100	100	100
净身盆	—	33	—	—	—
饮水器	—	30~60	30	30	30
小卖部洗涤盆	—	—	50	50	50

注:1 表中括号内的数值系电影院、剧院的化妆间、体育场馆的运动员休息室使用。

2 健身中心的卫生间,可采用本表体育场馆运动员休息室的同时给水百分率。

表3.7.8-2 职工食堂、营业餐馆厨房设备同时给水百分数(%)

厨房设备名称	同时给水百分数
洗涤盆(池)	70
煮锅	60
生产性洗涤机	40
器皿洗涤机	90
开水器	50
蒸汽发生器	100
灶台水嘴	30

注:职工或学生饭堂的洗碗台水嘴,按100%同时给水,但不与厨房用水叠加。

表3.7.8-3 实验室化验水嘴同时给水百分数(%)

化验水嘴名称	同时给水百分数	
	科研教学实验室	生产实验室
单联化验水嘴	20	30
双联或三联化验水嘴	30	50

3.7.9 按本标准式(3.7.8)进行给水秒流量的计算应符合下列规定:

1 当计算值小于该管段上一个最大卫生器具给水额定流量时,应采用一个最大的卫生器具给水额定流量作为设计秒流量;

2 大便器自闭式冲洗阀应单列计算,当单列计算值小于1.2L/s时,以1.2L/s计;大于1.2L/s时,以计算值计。

3.7.10 综合体建筑或同一建筑不同功能部分的生活给水干管的设计秒流量计算,应符合下列规定:

1 当不同建筑(或功能部分)的用水高峰出现在同一时段时,生活给水干管的设计秒流量应采用各建筑或不同功能部分的设计秒流量的叠加值;

2 当不同建筑或功能部分的用水高峰出现在不同时段时,生活给水干管的设计秒流量应采用高峰时用水量最大的主要建筑(或功能部分)的设计秒流量与其余部分的平均时给水流量的叠加值。

3.7.11 建筑物内生活用水最大小时用水量,应按本标准表3.2.1和表3.2.2规定的设计参数经计算确定。

3.7.12 住宅的入户管,公称直径不宜小于20mm。

3.7.13 生活给水管道的水流速度,宜按表3.7.13采用。

表3.7.13 生活给水管道的水流速度

公称直径(mm)	15~20	25~40	50~70	≥80
水流速度(m/s)	≤1.0	≤1.2	≤1.5	≤1.8

3.7.14 给水管道的沿程水头损失可按下式计算:

$$i = 105 C_h^{-1.85} d_j^{-4.87} q_g^{1.85} \qquad (3.7.14)$$

式中:i——管道单位长度水头损失(kPa/m);

d_j——管道计算内径(m);

q_g——计算管段给水设计流量(m^3/s);

C_h——海澄-威廉系数,其中:

各种塑料管、内衬(涂)塑管 $C_h=140$;

铜管、不锈钢管 $C_h=130$;

内衬水泥、树脂的铸铁管 $C_h=130$;

普通钢管、铸铁管 $C_h=100$。

3.7.15 生活给水管道的配水管的局部水头损失,宜按管道的连接方式,采用管(配)件当量长度法计算。当管道的管(配)件当量长度资料不足时,可根据下列管件的连接状况,按管网的沿程水头损失的百分数取值:

1 管(配)件内径与管道内径一致,采用三通分水时,取25%~30%;采用分水器分水时,取15%~20%;

2 管(配)件内径略大于管道内径,采用三通分水时,取50%~60%;采用分水器分水时,取30%~35%;

3 管(配)件内径略小于管道内径,管(配)件的插口插入管口内连接,采用三通分水时,取70%~80%;采用分水器分水时,取35%~40%;

4 阀门和螺纹管件的摩阻损失可按本标准附录D确定。

3.7.16 给水管道上各类附件的水头损失,应按选用产品所给定的压力损失值计算。在未确定具体产品时,可按下列情况确定:

1 住宅入户管上的水表,宜取0.01MPa;

2 建筑物或小区引入管上的水表,在生活用水工况时,宜取0.03MPa;在校核消防工况时,宜取0.05MPa;

3 比例式减压阀的水头损失宜按阀后静水压的10%~20%确定;

4 管道过滤器的局部水头损失,宜取0.01MPa;

5 倒流防止器、真空破坏器的局部水头损失,应按相应产品测试参数确定。

3.8 水箱、贮水池

3.8.1 生活用水水池(箱)应符合下列规定:

1 水池(箱)的结构形式、设置位置、构造和配管要求、贮水更新周期、消毒装置设置等应符合本标准第3.3.15条~第3.3.20条和第3.13.11条的规定;

2 建筑物内的水池(箱)应设置在专用房间内,房间应无污染、不结冻、通风良好并应维修方便;室外设置的水池(箱)及管道应采取防冻、隔热措施;

3 建筑物内的水池(箱)不应毗邻配变电所或在其上方,不宜毗邻居住用房或在其下方;

4 当水池(箱)的有效容积大于50m^3时,宜分成容积基本相等、能独立运行的两格;

5 水池(箱)外壁与建筑本体结构墙面或其他池壁之间的净距,应满足施工或装配的要求,无管道的侧面净距不宜小于0.7m;安装有管道的侧面,净距不宜小于1.0m,且管道外壁与建筑本体墙面之间的通道宽度不宜小于0.6m;设有人孔的池顶,顶板面与上面建筑本体板底的净空不应小于0.8m;水箱底与房间地面板的净距,当有管道敷设时不宜小于0.8m;

6 供水泵吸水的水池(箱)内宜设有水泵吸水坑，吸水坑的大小和深度应满足水泵或水泵吸水管的安装要求。

3.8.2 无调节要求的加压给水系统可设置吸水井，吸水井的有效容积不应小于水泵 3min 的设计流量。吸水井的其他要求应符合本标准第 3.8.1 条的规定。

3.8.3 生活用水低位贮水池的有效容积应按进水量与用水量变化曲线经计算确定；当资料不足时，宜按建筑物最高日用水量的 20%～25%确定。

3.8.4 生活用水高位水箱应符合下列规定：

1 由城镇给水管网夜间直接进水的高位水箱的生活用水调节容积，宜按用水人数和最高日用水定额确定；由水泵联动提升进水的水箱的生活用水调节容积，不宜小于最大时用水量的 50%；

2 水箱的设置高度(以底板面计)应满足最高层用户的用水水压要求；当达不到要求时，宜采取局部增压措施。

3.8.5 生活用水中间水箱应符合下列规定：

1 中间水箱的设置位置应根据生活给水系统竖向分区、管材和附件的承压能力、上下楼层及毗邻房间对噪声和振动要求、避难层的位置、提升泵的扬程等因素综合确定；

2 生活用水调节容积应按水箱供水部分和转输部分水量之和确定；供水水量的调节容积，不宜小于供水服务区域楼层最大时用水量的 50%；转输水量的调节容积，应按提升水泵 3min～5min 的流量确定；当中间水箱无供水部分生活调节容积时，转输水量的调节容积宜按提升水泵 5min～10min 的流量确定。

3.8.6 水池(箱)等构筑物应设进水管、出水管、溢流管、泄水管、通气管和信号装置等，并应符合下列规定：

1 水池(箱)设置和管道布置应符合本标准第 3.3.5 条、第 3.3.16 条～第 3.3.20 条等有关防止水质污染的规定；

2 进、出水管应分别设置，进、出水管上应设置阀门；

3 当利用城镇给水管网压力直接进水时，应设置自动水位控制阀，控制阀直径应与进水管管径相同；当采用直接作用式浮球阀时，不宜少于 2 个，且进水管标高应一致；

4 当水箱采用水泵加压进水时，应设置水箱水位自动控制水泵开、停的装置；当一组水泵供给多个水箱进水时，在各个水箱进水管上宜装设电讯号控制阀，由水位监控设备实现自动控制；

5 溢流管宜采用水平喇叭口集水，喇叭口下的垂直管段长度不宜小于 4 倍溢流管管径；溢流管的管径应按能排泄水池(箱)的最大入流量确定，并宜比进水管管径大一级；溢流管出口端应设置防护措施；

6 泄水管的管径应按水池(箱)泄空时间和泄水受体排泄能力确定；当水池(箱)中的水不能以重力自流泄空时，应设置移动或固定的提升装置；

7 低位贮水池应设水位监视和溢流报警装置，高位水箱和中间水箱宜设置水位监视和溢流报警装置，其信息应传至监控中心；

8 通气管的管径应经计算确定，通气管的管口应设置防护措施。

3.9 增压设备、泵房

3.9.1 生活给水系统加压水泵的选择应符合下列规定：

1 水泵效率应符合现行国家标准《清水离心泵能效限定值及节能评价值》GB 19762 的规定；

2 水泵的 Q～H 特性曲线应是随流量增大，扬程逐渐下降的曲线；

3 应根据管网水力计算进行选泵，水泵应在其高效区内运行；

4 生活加压给水系统的水泵机组应设备用泵，备用泵的供水能力不应小于最大一台运行水泵的供水能力；水泵宜自动切换交替运行；

5 水泵噪声和振动应符合国家现行的有关标准的规定。

3.9.2 建筑物内采用高位水箱调节的生活给水系统时，水泵的供水能力不应小于最大时用水量。

3.9.3 生活给水系统采用变频调速泵组供水时，除符合本标准第 3.9.1 条外，尚应符合下列规定：

1 工作水泵组供水能力应满足系统设计秒流量；

2 工作水泵的数量应根据系统设计流量和水泵高效区段流量的变化曲线经计算确定；

3 变频调速泵在额定转速时的工作点，应位于水泵高效区的末端；

4 变频调速泵组宜配置气压罐；

5 生活给水系统供水压力要求稳定的场合，且工作水泵大于或等于 2 台时，配置变频器的水泵数量不宜少于 2 台；

6 变频调速泵组电源应可靠，满足连续、安全运行的要求。

3.9.4 生活给水系统采用气压给水设备供水时，应符合下列规定：

1 气压水罐内的最低工作压力，应满足管网最不利处的配水点所需水压。

2 气压水罐内的最高工作压力，不得使管网最大水压处配水点的水压大于 0.55MPa。

3 水泵(或泵组)的流量(以气压水罐内的平均压力计，其对应的水泵扬程的流量)，不应小于给水系统最大小时用水量的 1.2 倍。

4 气压水罐的调节容积应按下式计算：

$$V_{q2}=\frac{\alpha_a \cdot q_b}{4n_q} \qquad (3.9.4\text{-}1)$$

式中：V_{q2}——气压水罐的调节容积(m^3)；

q_b——水泵(或泵组)的出流量(m^3/h)；

α_a——安全系数，宜取 1.0～1.3；

n_q——水泵在 1h 内的启动次数，宜采用 6 次～8 次。

5 气压水罐的总容积应按下式计算：

$$V_q=\frac{\beta \cdot V_{q1}}{1-\alpha_b} \qquad (3.9.4\text{-}2)$$

式中：V_q——气压水罐总容积(m^3)；

V_{q1}——气压水罐的水容积(m^3)，应大于或等于调节容量；

α_b——气压水罐内的工作压力比(以绝对压力计)，宜采用 0.65～0.85；

β——气压水罐的容积系数，隔膜式气压水罐取 1.05。

3.9.5 水泵宜自灌吸水，并应符合下列规定：

1 每台水泵宜设置单独从水池吸水的吸水管；

2 吸水管内的流速宜采用 1.0m/s～1.2m/s；

3 吸水管口宜设置喇叭口；喇叭口宜向下，低于水池最低水位不宜小于 0.3m；当达不到上述要求时，应采取防止空气被吸入的措施；

4 吸水管喇叭口至池底的净距，不应小于 0.8 倍吸水管管径，且不应小于 0.1m；吸水管喇叭口边缘与池壁的净距不宜小于 1.5 倍吸水管管径；

5 吸水管与吸水管之间的净距，不宜小于 3.5 倍吸水管管径(管径以相邻两者的平均值计)；

6 当水池水位不能满足水泵自灌启动水位时，应设置防止水泵空载启动的保护措施。

3.9.6 当每台水泵单独从水池(箱)吸水有困难时，可采用单独从吸水总管上自灌吸水，吸水总管应符合下列规定：

1 吸水总管伸入水池(箱)的引水管不宜少于 2 条，当 1 条引水管发生故障时，其余引水管应能通过全部设计流量；每条引水管上都应设阀门；

2 引水管宜设向下的喇叭口，喇叭口的设置应符合本标准第 3.9.5 条中吸水管喇叭口的相应规定；

3 吸水总管内的流速不应大于 1.2m/s；

4 水泵吸水管与吸水总管的连接应采用管顶平接，或高出管顶连接。

3.9.7 自吸式水泵每台应设置独立从水池吸水的吸水管。水泵以水池最低水位计算的允许安装高度，应根据当地大气压力、最高水温时的饱和蒸汽压、水泵汽蚀余量、水池最低水位和吸水管路水头损失，经计算确定，并应有安全余量。安全余量不应小于0.3m。

3.9.8 每台水泵的出水管上应装设压力表、检修阀门、止回阀或水泵多功能控制阀，必要时可在数台水泵出水汇合总管上设置水锤消除装置。自灌式吸水的水泵吸水管上应装设阀门。水泵多功能控制阀的设置应符合本标准第3.5.5条第5款的要求。

3.9.9 民用建筑物内设置的生活给水泵房不应毗邻居住用房或在其上层或下层，水泵机组宜设在水池（箱）的侧面、下方，其运行噪声应符合现行国家标准《民用建筑隔声设计规范》GB 50118的规定。

3.9.10 建筑物内的给水泵房，应采用下列减振防噪措施：

1 应选用低噪声水泵机组；

2 吸水管和出水管上应设置减振装置；

3 水泵机组的基础应设置减振装置；

4 管道支架、吊架和管道穿墙、楼板处，应采取防止固体传声措施；

5 必要时，泵房的墙壁和天花应采取隔音吸音处理。

3.9.11 水泵房应设排水设施，通风应良好，不得结冻。

3.9.12 水泵机组的布置应符合表3.9.12规定。

表3.9.12 水泵机组外轮廓面与墙和相邻机组间的间距

电动机额定功率（kW）	水泵机组外廓面与墙面之间的最小间距（m）	相邻水泵机组外轮廓面之间的最小距离（m）
≤22	0.8	0.4
>22，<55	1.0	0.8
≥55，≤160	1.2	1.2

注：1 水泵侧面有管道时，外轮廓面计至管道外壁面。
2 水泵机组是指水泵与电动机的联合体，或已安装在金属座架上的多台水泵组合体。

3.9.13 水泵基础高出地面的高度应便于水泵安装，不应小于0.10m；泵房内管道管外底距地面或管沟底面的距离，当管径不大于150mm时，不应小于0.20m；当管径大于或等于200mm时，不应小于0.25m。

3.9.14 泵房内宜有检修水泵场地，检修场地尺寸宜按水泵或电机外形尺寸四周有不小于0.7m的通道确定。泵房内单排布置的电控柜前面通道宽度不应小于1.5m。泵房内宜设置手动起重设备。

3.10 游泳池与水上游乐池

3.10.1 游泳池和水上游乐池的池水水质应符合现行行业标准《游泳池水质标准》CJ/T 244的规定。

3.10.2 举办重要国际竞赛和有特殊要求的游泳池池水水质，除应符合本标准第3.10.1条的规定外，尚应符合相关专业部门的规定。

3.10.3 游泳池和水上游乐池的初次充水和使用过程中的补充水水质，应符合现行国家标准《生活饮用水卫生标准》GB 5749的规定。

3.10.4 游泳池和水上游乐池的淋浴等生活用水水质，应符合现行国家标准《生活饮用水卫生标准》GB 5749的规定。

3.10.5 游泳池和水上游乐池水应循环使用。游泳池和水上游乐池的池水循环周期应根据池的类型、用途、池水容积、水深、游泳负荷等因素确定。

3.10.6 不同使用功能的游泳池应分别设置各自独立的循环系统。水上游乐池循环水系统应根据水质、水温、水压和使用功能等因素，设计成一个或若干个独立的循环系统。

3.10.7 循环水应经过滤、消毒等净化处理，必要时应进行加热。

3.10.8 循环水的预净化应在循环水泵的吸水管上装设毛发聚集器。

3.10.9 循环水净化工艺流程应根据游泳池和水上游乐池的用途、水质要求、游泳负荷、消毒方法等因素经技术经济比较后确定。

3.10.10 水上游乐池滑道润滑水系统的循环水泵，必须设置备用泵。

3.10.11 循环水过滤宜采用压力过滤器，压力过滤器应符合下列规定：

1 过滤器的滤速应根据泳池的类型、滤料种类确定；

2 过滤器的个数及单个过滤器面积，应根据循环流量的大小、运行维护等情况，通过技术经济比较确定，且不宜少于2个；

3 过滤器宜采用水进行反冲洗或气、水组合反冲洗。过滤器反冲洗宜采用游泳池水；当采用生活饮用水时，冲洗管道不得与利用城镇给水管网水压的给水管道直接连接。

3.10.12 循环水在净化过程中应根据滤料、消毒剂品种、气候条件和池水水质变化等情况，投加混凝、消毒、除藻、水质平衡等药剂。

3.10.13 游泳池和水上游乐池的池水必须进行消毒处理。

3.10.14 消毒剂和消毒方式应根据使用性质和使用要求确定，并应符合下列规定：

1 不应造成水和环境污染，不应改变池水水质；

2 应对人体健康无害；

3 应对建筑结构、设备和管道无腐蚀或轻微腐蚀。

3.10.15 使用臭氧消毒时，臭氧应采用负压方式投加在过滤器之后的循环水管道上，并应采用与循环水泵联锁的全自动控制投加系统。严禁将氯消毒剂直接注入游泳池。

3.10.16 游泳池和水上游乐池的池水设计温度，应根据池的类型确定。

3.10.17 游泳池和水上游乐池水加热所需热量应经计算确定，加热方式宜采用间接式，并应优先采用余热和废热、太阳能、热泵等作为热源。

3.10.18 游泳池和水上游乐池的初次充水时间，应根据使用性质、城镇给水条件等确定，游泳池不宜超过48h，水上游乐池不宜超过72h。

3.10.19 游泳池和水上游乐池的补充水量根据游泳池的类型和特征计算确定，每日补充水量占池水容积的比例可按表3.10.19确定。

表3.10.19 游泳池和水上游乐池的补充水量

序号	池的类型和特征		每日补充水量占池水容积的百分数（%）
1	比赛池、训练池、跳水池	室内	3～5
		室外	5～10
2	公共游泳池、水上游乐池	室内	5～10
		室外	10～15
3	儿童游泳池、幼儿戏水池	室内	≥15
		室外	≥20
4	家庭游泳池	室内	3
		室外	5

注：游泳池和水上游乐池的最小补充水量应保证一个月内池水全部更新一次。

3.10.20 游泳池和水上游乐池应考虑水量平衡措施。

3.10.21 游泳池和水上游乐池进水口、回水口的数量应满足循环流量的要求，设置位置应使游泳池内水流均匀、不产生涡流和短流。

3.10.22 游泳池和水上游乐池的进水口、池底回水口和泄水口应配设格栅盖板，格栅间隙宽度不应大于8mm。泄水口的数量应满足不会产生对人体造成伤害的负压。通过格栅的水流速度不应大于0.2m/s。

3.10.23 进入公共游泳池和水上游乐池的通道，应设置浸脚消毒池。

3.10.24 游泳池和水上游乐池的管道、设备、容器和附件，均应采用耐腐蚀材质或内壁涂衬耐腐蚀材料。其材质与涂衬材料应符合

7

国家现行标准中有关卫生的规定。

3.10.25 比赛用跳水池必须设置水面制波和喷水装置。

3.11 循环冷却水及冷却塔

3.11.1 设计循环冷却水系统时，应符合下列规定：

1 循环冷却水系统宜采用敞开式，当需采用间接换热时，可采用密闭式；

2 对于水温、水质、运行等要求差别较大的设备，循环冷却水系统宜分开设置；

3 敞开式循环冷却水系统的水质，应满足被冷却设备的水质要求；

4 设备、管道设计时应能使循环系统的余压充分利用；

5 冷却水的热量宜回收利用；

6 当建筑物内有需要全年供冷的区域，冬季气候条件适宜时宜利用冷却塔作为冷源提供空调用冷水；

7 循环冷却水系统补水水质宜符合现行国家标准《生活饮用水卫生标准》GB 5749 的规定。当采用非生活饮用水时，其水质应符合现行国家标准《采暖空调系统水质》GB/T 29044 的规定。

3.11.2 冷却塔设计计算所采用的空气干球温度和湿球温度，应与所服务的空调等系统的设计空气干球温度和湿球温度相吻合，应采用历年平均不保证 50h 的干球温度和湿球温度。

3.11.3 冷却塔设置位置应根据下列因素综合确定：

1 气流应通畅，湿热空气回流影响小，且应布置在建筑物的最小频率风向的上风侧；

2 冷却塔不应布置在热源、废气和烟气排放口附近，不宜布置在高大建筑物中间的狭长地带上；

3 冷却塔与相邻建筑物之间的距离，除满足塔的通风要求外，还应考虑噪声、飘水等对建筑物的影响。

3.11.4 选用成品冷却塔时，应符合下列规定：

1 按生产厂家提供的热力特性曲线选定，设计循环水量不宜超过冷却塔的额定水量；当循环水量达不到额定水量的 80%时，应对冷却塔的配水系统进行校核；

2 冷却塔应选用冷效高、能源省、噪声低、重量轻、体积小、寿命长、安装维护简单、飘水少的产品；

3 材料应为阻燃型，并应符合防火规定；

4 数量宜与冷却水用水设备的数量、控制运行相匹配；

5 塔的形状应按建筑要求、占地面积及设置地点确定。

3.11.5 当可能有结冻危险时，冬季运行的冷却塔应采取防冻措施。

3.11.6 冷却塔的布置应符合下列规定：

1 冷却塔宜单排布置；当需多排布置时，塔排之间的距离应保证塔排同时工作时的进风量，并不宜小于冷却塔进风口高度的 4 倍；

2 单侧进风塔的进风面宜面向夏季主导风向；双侧进风塔的进风面宜平行夏季主导风向；

3 冷却塔进风侧与建筑物的距离，宜大于冷却塔进风口高度的 2 倍；冷却塔的四周除满足通风要求和管道安装位置外，尚应留有检修通道，通道净距不宜小于 1.0m。

3.11.7 冷却塔应安装在专用的基础上，不得直接设置在楼板或屋面上。当一个系统内有不同规格的冷却塔组合布置时，各塔基础高度应保证集水盘内水位在同一水平面上。

3.11.8 环境对噪声要求较高时，冷却塔可采取下列措施：

1 冷却塔的位置宜远离对噪声敏感的区域；

2 应采用低噪声型或超低噪声型冷却塔；

3 进水管、出水管、补充水管上应设置隔振防噪装置；

4 冷却塔基础应设置隔振装置；

5 建筑上应采取隔声吸音屏障。

3.11.9 循环水泵的台数宜与冷水机组相匹配。循环水泵的出水量应按冷却水循环水量确定，扬程应按设备和管网循环水压要求确定，并应复核水泵泵壳承压能力。

3.11.10 当循环水泵并联设置时，系统流量应考虑水泵并联的流量衰减影响。循环水泵并联台数不宜大于 3 台。当循环水泵并联台数大于 3 台时，应采取流量均衡技术措施。

3.11.11 冷却水循环干管流速和循环水泵吸水管流速，应符合表 3.11.11-1 和表 3.11.11-2 的规定。

表 3.11.11-1 循环干管流速表

循环干管管径(mm)	流速(m/s)
$DN \leqslant 250$	1.0～2.0
$250 < DN < 500$	2.0～2.5
$DN \geqslant 500$	2.5～3.0

表 3.11.11-2 循环水泵吸水管流速表

循环水泵吸水管	流速(m/s)
从冷却塔集水池吸水	1.0～1.2
从循环管道吸水且 $DN \leqslant 250$	1.0～1.5
从循环管道吸水且 $DN > 250$	1.5～2.0

注：循环水泵出水管可采用循环干管下限流速。

3.11.12 当循环冷却水系统设有冷却塔集水池时，设计应符合下列规定：

1 集水池容积应按第 1 项、第 2 项因素的水量之和确定，并应满足第 3 项的要求：

1）布水装置和淋水填料的附着水量宜按循环水量的 1.2%～1.5%确定；

2）停泵时因重力流入的管道水容量；

3）水泵吸水口所需最小淹没深度应根据吸水管内流速确定，当流速小于或等于 0.6m/s 时，最小淹没深度不应小于 0.3m；当流速为 1.2m/s 时，最小淹没深度不应小于 0.6m。

2 当多台冷却塔共用集水池时，可设置一套补充水管、泄水管、排污及溢流管。

3.11.13 当循环冷却水系统不设冷却塔集水池时，设计应符合下列规定：

1 当选用成品冷却塔时，应符合本标准第 3.11.12 条第 1 款的规定，对其集水盘的容积进行核算。当不满足要求时，应加大集水盘深度或另设集水池。

2 不设集水池的多台冷却塔并联使用时，各塔的集水盘宜设连通管。当无法设置连通管时，回水横干管的管径应放大一级。连通管、回水管与各塔出水管的连接应为管顶平接。塔的出水口应采取防止空气吸入的措施。

3 每台(组)冷却塔应分别设置补充水管、泄水管、排污及溢流管；补水方式宜采用浮球阀或补充水箱。

3.11.14 冷却塔补充水量可按下式计算：

$$q_{bc} = q_z \cdot \frac{N_n}{N_n - 1} \quad (3.11.14)$$

式中：q_{bc}——补充水水量(m^3/h)；对于建筑物空调、冷冻设备的补充水量，应按冷却水循环水量的 1%～2%确定；

q_z——冷却塔蒸发损失水量(m^3/h)；

N_n——浓缩倍数，设计浓缩倍数不宜小于 3.0。

3.11.15 循环冷却水系统补给水总管上应设置水表等计量装置。

3.11.16 建筑空调系统的循环冷却水系统应有过滤、缓蚀、阻垢、杀菌、灭藻等水处理措施。

3.11.17 旁流处理水量可根据去除悬浮物或溶解固体分别计算。当采用过滤处理去除悬浮物时，过滤水量宜为冷却水循环水量的 1%～5%。

3.11.18 循环冷却水系统排水应排入室外污水管道。

3.12 水　　景

3.12.1 水景及补水的水质应符合下列规定：

1 非亲水性水景景观用水水质应符合现行国家标准《地表水环境质量标准》GB 3838 中规定的Ⅳ类标准；

2 亲水性水景景观用水水质应符合现行国家标准《地表水环境质量标准》GB 3838 中规定的Ⅲ类标准；

3 亲水性水景的补充水水质，应符合国家现行相关标准的规定；

4 当无法满足时，应进行水质净化处理和水质消毒。

3.12.2 水景用水宜循环使用。采用循环系统的补充水量应根据蒸发、飘失、渗漏、排污等损失确定，室内工程宜取循环水流量的1%～3%；室外工程宜取循环水流量的3%～5%。

3.12.3 水景工程应根据喷头造型分组布置喷头。喷泉每组独立运行的喷头，其规格宜相同。

3.12.4 水景工程循环水泵宜采用潜水泵，并应符合下列规定：

1 应直接设置于水池底；

2 娱乐性水景的供人涉水区域，不应设置水泵；

3 循环水泵宜按不同特性的喷头、喷水系统分开设置；

4 循环水泵流量和扬程应按所选喷头形式、喷水高度、喷嘴直径和数量，以及管道系统水头损失等经计算确定；

5 娱乐性水景的供人涉水区域，因景观要求需要设置水泵时，水泵应干式安装，不得采用潜水泵，并采取可靠的安全措施。

3.12.5 当水景水池采用生活饮用水作为补充水时，应采取防止回流污染的措施，补水管上应设置用水计量装置。

3.12.6 有水位控制和补水要求的水景水池应设置补充水管、溢流管、泄水管等管道。在水池的周围宜设排水设施。

3.12.7 水景工程的运行方式可采用手控、程控或声控。控制柜应按电气工程要求，设置于控制室内。控制室应干燥、通风。

3.12.8 瀑布、涌泉、溪流等水景工程设计，应符合下列规定：

1 设计循环流量应为计算流量的 1.2 倍；

2 水池设置应符合本标准第 3.12.6 条和第 3.12.7 条的规定；

3 电器控制可设置于附近小室内。

3.12.9 水景工程宜采用强度高、耐腐蚀的管材。

3.13 小区室外给水

3.13.1 小区的室外给水系统的水量应满足小区内全部用水的要求。

3.13.2 由城镇管网直接供水的小区给水系统，应充分利用城镇给水管网的水压直接供水。当城镇给水管网的水压、水量不足时，应设置贮水调节和加压装置。

3.13.3 小区的加压给水系统，应根据小区的规模、建筑高度、建筑物的分布和物业管理等因素确定加压站的数量、规模和水压。二次供水加压设施服务半径应符合当地供水主管部门的要求，并不宜大于 500m，且不宜穿越市政道路。

3.13.4 居住小区的室外给水管道的设计流量应根据管段服务人数、用水定额及卫生器具设置标准等因素确定，并应符合下列规定：

1 住宅应按本标准第 3.7.4 条、第 3.7.5 条计算管段流量；

2 居住小区内配套的文体、餐饮娱乐、商铺及市场等设施应按本标准第 3.7.6 条、第 3.7.8 条的规定计算节点流量；

3 居住小区内配套的文教、医疗保健、社区管理等设施，以及绿化和景观用水、道路及广场洒水、公共设施用水等，均以平均时用水量计算节点流量；

4 设在居住小区范围内，不属于居住小区配套的公共建筑节点流量应另计。

3.13.5 小区室外直供给水管道管段流量应按本标准第 3.7.6 条、第 3.7.8 条、第 3.13.4 条计算。当建筑设有水箱(池)时，应以建筑引入管设计流量作为室外计算给水管段节点流量。

3.13.6 小区的给水引入管的设计流量应符合下列规定：

1 小区给水引入管的设计流量应按本标准第 3.13.4 条、第 3.13.5 条的规定计算，并应考虑未预计水量和管网漏失量；

2 不少于 2 条引入管的小区室外环状给水管网，当其中 1 条发生故障时，其余的引入管应能保证不小于 70%的流量；

3 小区引入管的管径不宜小于室外给水干管的管径；

4 小区环状管道应管径相同。

3.13.7 小区的室外生活、消防合用给水管道设计流量，应按本标准第 3.13.4 条或第 3.13.5 条规定计算，再叠加区内火灾的最大消防设计流量，并应对管道进行水力计算校核，其结果应符合现行的国家标准《消防给水及消火栓系统技术规范》GB 50974 的规定。

3.13.8 设有室外消火栓的室外给水管道，管径不得小于100mm。

3.13.9 小区生活用贮水池设计应符合下列规定：

1 小区生活用贮水池的有效容积应根据生活用水调节量和安全贮水量等确定，并应符合下列规定：

1)生活用水调节量应按流入量和供出量的变化曲线经计算确定，资料不足时可按小区加压供水系统的最高日生活用水量的 15%～20%确定；

2)安全贮水量应根据城镇供水制度、供水可靠程度及小区供水的保证要求确定；

3)当生活用水贮水池贮存消防用水时，消防贮水量应符合现行的国家标准《消防给水及消火栓系统技术规范》GB 50974 的规定。

2 贮水池大于 $50m^3$ 宜分成容积基本相等的两格。

3 小区贮水池设计应符合国家现行相关二次供水安全技术规程的要求。

3.13.10 当小区的生活贮水量大于消防贮水量时，小区的生活用水贮水池与消防用贮水池可合并设置，合并贮水池有效容积的贮水设计更新周期不得大于 48h。

3.13.11 埋地式生活饮用水贮水池周围 10m 内，不得有化粪池、污水处理构筑物、渗水井、垃圾堆放点等污染源。生活饮用水水池(箱)周围 2m 内不得有污水管和污染物。

3.13.12 小区采用水塔作为生活用水的调节构筑物时，应符合下列规定：

1 水塔的有效容积应经计算确定；

2 有结冻危险的水塔应有保温防冻措施。

3.13.13 小区独立设置的水泵房，宜靠近用水大户。水泵机组的运行噪声应符合现行国家标准《声环境质量标准》GB 3096 的规定。

3.13.14 小区的给水加压泵站，当给水管网无调节设施时，宜采用调速泵组或额定转速泵编组运行供水。泵组的最大出水量不应小于小区生活给水设计流量，生活与消防合用给水管道系统还应按本标准第 3.13.7 条以消防工况校核。

3.13.15 由城镇管网直接供水的小区室外给水管网应布置成环状网，或与城镇给水管连接成环状网。环状给水管网与城镇给水管的连接管不应少于 2 条。

3.13.16 小区的室外给水管道应沿区内道路敷设，宜平行于建筑物敷设在人行道、慢车道或草地下。管道外壁距建筑物外墙的净距不宜小于 1m，且不得影响建筑物的基础。

3.13.17 小区的室外给水管道与其他地下管线及乔木之间的最小净距，应符合本标准附录 E 的规定。

3.13.18 室外给水管道与污水管道交叉时，给水管道应敷设在污水管道上面，且接口不应重叠。当给水管道敷设在下面时，应设置钢套管，钢套管的两端应采用防水材料封闭。

3.13.19 室外给水管道的覆土深度，应根据土壤冰冻深度、车辆荷载、管道材质及管道交叉等因素确定。管顶最小覆土深度不得小于土壤冰冻线以下 0.15m，行车道下的管线覆土深度不宜小于 0.70m。

3.13.20 敷设在室外综合管廊（沟）内的给水管道，宜在热水、热力管道下方，冷冻管和排水管的上方。给水管道与各种管道之间的净距，应满足安装操作的需要，且不宜小于0.3m。

3.13.21 生活给水管道不应与输送易燃、可燃或有害的液体或气体的管道同管廊（沟）敷设。

3.13.22 小区室外埋地给水管道管材，应具有耐腐蚀和能承受相应地面荷载的能力，可采用塑料给水管、有衬里的铸铁给水管、经可靠防腐处理的钢管等管材。

3.13.23 室外给水管道的下列部位应设置阀门：

1 小区给水管道从城镇给水管道的引入管段上；

2 小区室外环状管网的节点处，应按分隔要求设置；环状管宜设置分段阀门；

3 从小区给水干管上接出的支管起端或接户管起端。

3.13.24 室外给水管道阀门宜采用暗杆型的阀门，并宜设置阀门井或阀门套筒。

3.13.25 室外贮水池配置管道、阀门和附件可按本标准第3.8.6条的规定设置。

4 生活排水

4.1 一般规定

4.1.1 室内生活排水管道系统的设备选择、管材配件连接和布置不得造成泄漏、冒泡、返溢，不得污染室内空气、食物、原料等。

4.1.2 室内生活排水管道应以良好水力条件连接，并以管线最短、转弯最少为原则，应按重力流直接排至室外检查井；当不能自流排水或会发生倒灌时，应采用机械提升排水。

4.1.3 排水管道的布置应考虑噪声影响，设备运行产生的噪声应符合现行国家标准的规定。

4.1.4 生活污水处理间（站）应有良好通风（气）和采取卫生防护措施。

4.1.5 小区生活排水与雨水排水系统应采用分流制。

4.1.6 小区生活排水管的布置应根据小区规划、地形标高、排水流向，按管线短、埋深小、尽可能自流排出的原则确定。当生活排水管道不能以重力自流排入市政排水管道时，应设置生活排水泵站。

4.2 系统选择

4.2.1 生活排水应与雨水分流排出。

4.2.2 下列情况宜采用生活污水与生活废水分流的排水系统：

1 当政府有关部门要求污水、废水分流且生活污水需经化粪池处理后才能排入城镇排水管道时；

2 生活废水需回收利用时。

4.2.3 消防排水、生活水池（箱）排水、游泳池放空排水、空调冷凝排水、室内水景排水、无洗车的车库和无机修的机房地面排水等宜与生活废水分流，单独设置废水管道排入室外雨水管道。

4.2.4 下列建筑排水应单独排水至水处理或回收构筑物：

1 职工食堂、营业餐厅的厨房含有油脂的废水；

2 洗车冲洗水；

3 含有致病菌、放射性元素等超过排放标准的医疗、科研机构的污水；

4 水温超过40℃的锅炉排污水；

5 用作中水水源的生活排水；

6 实验室有害有毒废水。

4.2.5 建筑中水原水收集管道应单独设置，且应符合现行的国家标准《建筑中水设计标准》GB 50336的规定。

4.3 卫生器具、地漏及存水弯

4.3.1 卫生器具的材质和技术要求，均应符合国家现行标准《卫生陶瓷》GB 6952和《非陶瓷类卫生洁具》JC/T 2116的规定。

4.3.2 大便器的选用应根据使用对象、设置场所、建筑标准等因素确定，且均应选用节水型大便器。

4.3.3 卫生器具的安装高度可按表4.3.3确定。

表4.3.3 卫生器具的安装高度

序号	卫生器具名称		卫生器具边缘离地高度(mm)	
			居住和公共建筑	幼儿园
1	架空式污水盆（池）（至上边缘）		800	800
2	落地式污水盆（池）（至上边缘）		500	500
3	洗涤盆（池）（至上边缘）		800	800
4	洗手盆（至上边缘）		800	500
5	洗脸盆（至上边缘）		800	500
	残障人用洗脸盆（至上边缘）		800	—
6	盥洗槽（至上边缘）		800	500
7	浴盆（至上边缘）		480	—
	残障人用浴盆（至上边缘）		450	—
	按摩浴盆（至上边缘）		450	—
	淋浴盆（至上边缘）		100	—
8	蹲、坐式大便器（从台阶面至高水箱底）		1800	1800
9	蹲式大便器（从台阶面至低水箱底）		900	900
10	坐式大便器（至低水箱底）	外露排出管式	510	—
		虹吸喷射式	470	—
		冲落式	510	270
		旋涡连体式	250	—
11	坐式大便器（至上边缘）	外露排出管式	400	—
		旋涡连体式	360	—
		残障人用	450	—
12	蹲便器（至上边缘）	2踏步	320	—
		1踏步	200～270	—
13	大便槽（从台阶面至冲洗水箱底）		≥2000	—
14	立式小便器（至受水部分上边缘）		100	—
15	挂式小便器（至受水部分上边缘）		600	450
16	小便槽（至台阶面）		200	150
17	化验盆（至上边缘）		800	—
18	净身器（至上边缘）		360	—
19	饮水器（至上边缘）		1000	—

4.3.4 地漏的构造和性能应符合现行行业标准《地漏》CJ/T 186的规定。

4.3.5 地漏应设置在有设备和地面排水的下列场所：

1 卫生间、盥洗室、淋浴间、开水间；

2 在洗衣机、直饮水设备、开水器等设备的附近；

3 食堂、餐饮业厨房间。

4.3.6 地漏的选择应符合下列规定：

1 食堂、厨房和公共浴室等排水宜设置网筐式地漏；

2 不经常排水的场所设置地漏时，应采用密闭地漏；

3 事故排水地漏不宜设水封，连接地漏的排水管道应采用间接排水；

4 设备排水应采用直通式地漏；

5 地下车库如有消防排水时，宜设置大流量专用地漏。

4.3.7 地漏应设置在易溅水的器具或冲洗水嘴附近，且应在地面的最低处。

4.3.8 地漏泄水能力应根据地漏规格、结构和排水横支管的设置坡度等经测试确定。当无实测资料时，可按表4.3.8确定。

表 4.3.8 地漏泄水能力

地漏规格			DN50	DN75	DN100	DN150
用于地面排水(L/s)	普通地漏	积水深 15mm	0.8	1.0	1.9	4.0
	大流量地漏	积水深 15mm	—	1.2	2.1	4.3
		积水深 50mm	—	2.4	5.0	10
用于设备排水(L/s)			1.2	2.5	7.0	18.0

4.3.9 淋浴室内地漏的排水负荷，可按表 4.3.9 确定。当用排水沟排水时，8 个淋浴器可设置 1 个直径为 100mm 的地漏。

表 4.3.9 淋浴室地漏管径

淋浴器数量(个)	地漏管径(mm)
1～2	50
3	75
4～5	100

4.3.10 下列设施与生活污水管道或其他可能产生有害气体的排水管道连接时，必须在排水口以下设存水弯：

1 构造内无存水弯的卫生器具或无水封的地漏；

2 其他设备的排水口或排水沟的排水口。

4.3.11 水封装置的水封深度不得小于 50mm，严禁采用活动机械活瓣替代水封，严禁采用钟式结构地漏。

4.3.12 医疗卫生机构内门诊、病房、化验室、试验室等不在同一房间内的卫生器具不得共用存水弯。

4.3.13 卫生器具排水管段上不得重复设置水封。

4.4 管道布置和敷设

4.4.1 室内排水管道布置应符合下列规定：

1 自卫生器具排至室外检查井的距离应最短，管道转弯应最少；

2 排水立管宜靠近排水量最大或水质最差的排水点；

3 排水管道不得敷设在食品和贵重商品仓库、通风小室、电气机房和电梯机房内；

4 排水管道不得穿过变形缝、烟道和风道；当排水管道必须穿过变形缝时，应采取相应技术措施；

5 排水埋地管道不得布置在可能受重物压坏处或穿越生产设备基础；

6 排水管、通气管不得穿越住户客厅、餐厅，排水立管不宜靠近与卧室相邻的内墙；

7 排水管道不宜穿越橱窗、壁柜，不得穿越贮藏室；

8 排水管道不应布置在易受机械撞击处；当不能避免时，应采取保护措施；

9 塑料排水管不应布置在热源附近；当不能避免，并导致管道表面受热温度大于 60℃时，应采取隔热措施；塑料排水立管与家用灶具边净距不得小于 0.4m；

10 当排水管道外表面可能结露时，应根据建筑物性质和使用要求，采取防结露措施。

4.4.2 排水管道不得穿越下列场所：

1 卧室、客房、病房和宿舍等人员居住的房间；

2 生活饮用水池(箱)上方；

3 遇水会引起燃烧、爆炸的原料、产品和设备的上面；

4 食堂厨房和饮食业厨房的主副食操作、烹调和备餐的上方。

4.4.3 住宅厨房间的废水不得与卫生间的污水合用一根立管。

4.4.4 生活排水管道敷设应符合下列规定：

1 管道宜在地下或楼板填层中埋设，或在地面上、楼板下明设；

2 当建筑有要求时，可在管槽、管道井、管窿、管沟或吊顶、架空层内暗设，但应便于安装和检修；

3 在气温较高、全年不结冻的地区，管道可沿建筑物外墙敷设；

4 管道不应敷设在楼层结构层或结构柱内。

4.4.5 当卫生间的排水支管要求不穿越楼板进入下层用户时，应设置成同层排水。

4.4.6 同层排水形式应根据卫生间空间、卫生器具布置、室外环境气温等因素，经技术经济比较确定。住宅卫生间宜采用不降板同层排水。

4.4.7 同层排水设计应符合下列规定：

1 地漏设置应符合本标准第 4.3.4 条～第 4.3.9 条的规定；

2 排水管道管径、坡度和最大设计充满度应符合本标准第 4.5.5 条、第 4.5.6 条的规定；

3 器具排水横支管布置和设置标高不得造成排水滞留、地漏冒溢；

4 埋设于填层中的管道不宜采用橡胶圈密封接口。

4.4.8 室内排水管道的连接应符合下列规定：

1 卫生器具排水管与排水横支管垂直连接，宜采用 90°斜三通；

2 横支管与立管连接，宜采用顺水三通或顺水四通和 45°斜三通或 45°斜四通；在特殊单立管系统中横支管与立管连接可采用特殊配件；

3 排水立管与排出管端部的连接，宜采用两个 45°弯头、弯曲半径不小于 4 倍管径的 90°弯头或 90°变径弯头；

4 排水立管应避免在轴线偏置；当受条件限制时，宜用乙字管或两个 45°弯头连接；

5 当排水支管、排水立管接入横干管时，应在横干管管顶或其两侧 45°范围内采用 45°斜三通接入；

6 横支管、横干管的管道变径处应管顶平接。

4.4.9 粘接或热熔连接的塑料排水立管应根据其管道的伸缩量设置伸缩节，伸缩节宜设置在汇合配件处。排水横管应设置专用伸缩节。

4.4.10 金属排水管道穿楼板和防火墙的洞口间隙、套管间隙应采用防火材料封堵。塑料排水管设置阻火装置应符合下列规定：

1 当管道穿越防火墙时应在墙两侧管道上设置；

2 高层建筑中明设管径大于或等于 *dn*110 排水立管穿越楼板时，应在楼板下侧管道上设置；

3 当排水管道穿管道井壁时，应在井壁外侧管道上设置。

4.4.11 靠近生活排水立管底部的排水支管连接，应符合下列规定：

1 排水立管最低排水横支管与立管连接处距排水立管管底垂直距离不得小于表 4.4.11 的规定。

表 4.4.11 最低横支管与立管连接处至立管管底的最小垂直距离(m)

立管连接卫生器具的层数	垂直距离	
	仅设伸顶通气	设通气立管
≤4	0.45	按配件最小安装尺寸确定
5～6	0.75	
7～12	1.20	
13～19	底层单独排出	0.75
≥20		1.20

2 当排水支管连接在排出管或排水横干管上时，连接点距立管底部下游水平距离不得小于 1.5m。

3 排水支管接入横干管竖直转向管段时，连接点应距转向处以下不得小于 0.6m。

4 下列情况下底层排水横支管应单独排至室外检查井或采取有效的防反压措施：

1)当靠近排水立管底部的排水支管的连接不能满足本条第 1 款、第 2 款的要求时；

2)在距排水立管底部 1.5m 距离之内的排出管、排水横管有 90°水平转弯管段时。

4.4.12 下列构筑物和设备的排水管与生活排水管道系统应采取间接排水的方式：

1 生活饮用水贮水箱(池)的泄水管和溢流管;

2 开水器、热水器排水;

3 医疗灭菌消毒设备的排水;

4 蒸发式冷却器、空调设备冷凝水的排水;

5 贮存食品或饮料的冷藏库房的地面排水和冷风机溶霜水盘的排水。

4.4.13 设备间接排水宜排入邻近的洗涤盆、地漏。当无条件时，可设置排水明沟、排水漏斗或容器。间接排水的漏斗或容器不得产生溅水、溢流，并应布置在容易检查、清洁的位置。

4.4.14 间接排水口最小空气间隙，应按表4.4.14确定。

表4.4.14 间接排水口最小空气间隙(mm)

间接排水管管径	排水口最小空气间隙
≤25	50
32～50	100
>50	150
饮料用贮水箱排水口	≥150

4.4.15 室内生活废水在下列情况下，宜采用有盖的排水沟排除：

1 废水中含有大量悬浮物或沉淀物需经常冲洗；

2 设备排水支管很多，用管道连接有困难；

3 设备排水点的位置不固定；

4 地面需要经常冲洗。

4.4.16 当废水中可能夹带纤维或有大块物体时，应在排水沟与排水管道连接处设置格栅或带网筐地漏。

4.4.17 室内生活废水排水沟与室外生活污水管道连接处，应设水封装置。

4.4.18 排水管穿越地下室外墙或地下构筑物的墙壁处，应采取防水措施。

4.4.19 当建筑物沉降可能导致排出管倒坡时，应采取防倒坡措施。

4.4.20 排水管道在穿越楼层设套管且立管底部架空时，应在立管底部设支墩或其他固定措施。地下室立管与排水横管转弯处也应设置支墩或固定措施。

4.5 排水管道水力计算

4.5.1 卫生器具排水的流量、当量和排水管的管径应按表4.5.1确定。

表4.5.1 卫生器具排水的流量、当量和排水管的管径

序号	卫生器具名称		排水流量(L/s)	当量	排水管管径(mm)
1	洗涤盆、污水盆(池)		0.33	1.00	50
2	餐厅、厨房洗菜盆(池)	单格洗涤盆(池)	0.67	2.00	50
		双格洗涤盆(池)	1.00	3.00	50
3	盥洗槽(每个水嘴)		0.33	1.00	50～75
4	洗手盆		0.10	0.30	32～50
5	洗脸盆		0.25	0.75	32～50
6	浴盆		1.00	3.00	50
7	淋浴器		0.15	0.45	50
8	大便器	冲洗水箱	1.50	4.50	100
		自闭式冲洗阀	1.20	3.60	100
9	医用倒便器		1.50	4.50	100
10	小便器	自闭式冲洗阀	0.10	0.30	40～50
		感应式冲洗阀	0.10	0.30	40～50
11	大便槽	≤4个蹲位	2.50	7.50	100
		>4个蹲位	3.00	9.00	150
12	小便槽(每米长)	自动冲洗水箱	0.17	0.50	—
13	化验盆(无塞)		0.20	0.60	40～50
14	净身器		0.10	0.30	40～50
15	饮水器		0.05	0.15	25～50
16	家用洗衣机		0.50	1.50	50

注：家用洗衣机下排水软管直径为30mm，上排水软管内径为19mm。

4.5.2 住宅、宿舍(居室内设卫生间)、旅馆、宾馆、酒店式公寓、医院、疗养院、幼儿园、养老院、办公楼、商场、图书馆、书店、客运中心、航站楼、会展中心、中小学教学楼、食堂或营业餐厅等建筑生活排水管道设计秒流量，应按下式计算：

$$q_p=0.12\alpha\sqrt{N_p}+q_{max} \qquad (4.5.2)$$

式中：q_p——计算管段排水设计秒流量(L/s)；

N_p——计算管段的卫生器具排水当量总数；

α——根据建筑物用途而定的系数，按表4.5.2确定；

q_{max}——计算管段上最大一个卫生器具的排水流量(L/s)。

表4.5.2 根据建筑物用途而定的系数α值

建筑物名称	住宅、宿舍(居室内设卫生间)、宾馆、酒店式公寓、医院、疗养院、幼儿园、养老院的卫生间	旅馆和其他公共建筑的盥洗室和厕所间
α值	1.5	2.0～2.5

当计算所得流量值大于该管段上按卫生器具排水流量累加值时，应按卫生器具排水流量累加值计。

4.5.3 宿舍(设公用盥洗卫生间)、工业企业生活间、公共浴室、洗衣房、职工食堂或营业餐厅的厨房、实验室、影剧院、体育场(馆)等建筑的生活排水管道设计秒流量，应按下式计算：

$$q_p=\sum q_{po}n_o b_p \qquad (4.5.3)$$

式中：q_{po}——同类型的一个卫生器具排水流量(L/s)；

n_o——同类型卫生器具数；

b_p——卫生器具的同时排水百分数，按本标准第3.7.8条的规定采用。冲洗水箱大便器的同时排水百分数应按12%计算。

当计算值小于一个大便器排水流量时，应按一个大便器的排水流量计算。

4.5.4 排水横管的水力计算，应按下列公式计算：

$$q_p=A\cdot v \qquad (4.5.4\text{-}1)$$

$$v=\frac{1}{n}R^{2/3}I^{1/2} \qquad (4.5.4\text{-}2)$$

式中：A——管道在设计充满度的过水断面(m^2)；

v——速度(m/s)；

R——水力半径(m)；

I——水力坡度，采用排水管的坡度；

n——管渠粗糙系数，塑料管取0.009、铸铁管取0.013、钢管取0.012。

4.5.5 建筑物内生活排水铸铁管道的最小坡度和最大设计充满度，宜按表4.5.5确定。节水型大便器的横支管应按表4.5.5中通用坡度确定。

表4.5.5 建筑物内生活排水铸铁管道的最小坡度和最大设计充满度

管径(mm)	通用坡度	最小坡度	最大设计充满度
50	0.035	0.025	0.5
75	0.025	0.015	
100	0.020	0.012	
125	0.015	0.010	
150	0.010	0.007	0.6
200	0.008	0.005	

4.5.6 建筑排水塑料横管的坡度、设计充满度应符合下列规定：

1 排水横支管的标准坡度应为0.026，最大设计充满度应为0.5；

2 排水横干管的最小坡度、通用坡度和最大设计充满度应按表4.5.6确定。

表4.5.6 建筑排水塑料管排水横管的最小坡度、通用坡度和最大设计充满度

外径(mm)	通用坡度	最小坡度	最大设计充满度
110	0.012	0.0040	0.5
125	0.010	0.0035	
160	0.007	0.0030	0.6
200	0.005		
250			
315			

注：胶圈密封接口的塑料排水横支管可调整为通用坡度。

4.5.7 生活排水立管的最大设计排水能力，应符合下列规定：

1 生活排水系统立管当采用建筑排水光壁管管材和管件时，应按表4.5.7确定。

表4.5.7 生活排水立管最大设计排水能力

<table>
<tr><td colspan="3" rowspan="3">排水立管系统类型</td><td colspan="4">最大设计排水能力(L/s)</td></tr>
<tr><td colspan="4">排水立管管径(mm)</td></tr>
<tr><td colspan="2">75</td><td>100(110)</td><td>150(160)</td></tr>
<tr><td colspan="3" rowspan="2">伸顶通气</td><td>厨房</td><td>1.00</td><td rowspan="2">4.0</td><td rowspan="2">6.40</td></tr>
<tr><td>卫生间</td><td>2.00</td></tr>
<tr><td rowspan="4">专用通气</td><td rowspan="2">专用通气管75mm</td><td>结合通气管每层连接</td><td colspan="2" rowspan="7">—</td><td>6.30</td><td rowspan="7">—</td></tr>
<tr><td>结合通气管隔层连接</td><td>5.20</td></tr>
<tr><td rowspan="2">专用通气管100mm</td><td>结合通气管每层连接</td><td>10.00</td></tr>
<tr><td>结合通气管隔层连接</td><td rowspan="2">8.00</td></tr>
<tr><td colspan="3">主通气立管+环形通气管</td></tr>
<tr><td rowspan="2">自循环通气</td><td colspan="2">专用通气形式</td><td>4.40</td></tr>
<tr><td colspan="2">环形通气形式</td><td>5.90</td></tr>
</table>

2 生活排水系统立管当采用特殊单立管管材及配件时，应根据现行行业标准《住宅生活排水系统立管排水能力测试标准》CJJ/T 245所规定的瞬间流量法进行测试，并应以±400Pa为判定标准确定。

3 当在50m及以下测试塔测试时，除苏维脱排水单立管外其他特殊单立管应用于排水层数在15层及15层以上时，其立管最大设计排水能力的测试值应乘以系数0.9。

4.5.8 大便器排水管最小管径不得小于100mm。

4.5.9 建筑物内排出管最小管径不得小于50mm。

4.5.10 多层住宅厨房间的立管管径不宜小于75mm。

4.5.11 单根排水立管的排出管宜与排水立管相同管径。

4.5.12 下列场所设置排水横管时，管径的确定应符合下列规定：

1 当公共食堂厨房内的污水采用管道排除时，其管径应比计算管径大一级，且干管管径不得小于100mm，支管管径不得小于75mm；

2 医疗机构污物洗涤盆（池）和污水盆（池）的排水管管径不得小于75mm；

3 小便槽或连接3个及3个以上的小便器，其污水支管管径不宜小于75mm；

4 公共浴池的泄水管不宜小于100mm。

4.6 管材、配件

4.6.1 排水管材选择应符合下列规定：

1 室内生活排水管道应采用建筑排水塑料管材、柔性接口机制排水铸铁管及相应管件；通气管材宜与排水管材一致；

2 当连续排水温度大于40℃时，应采用金属排水管或耐热塑料排水管；

3 压力排水管道可采用耐压塑料管、金属管或钢塑复合管。

4.6.2 生活排水管道应按下列规定设置检查口：

1 排水立管上连接排水横支管的楼层应设检查口，且在建筑物底层必须设置；

2 当立管水平拐弯或有乙字管时，在该层立管拐弯处和乙字管的上部应设检查口；

3 检查口中心高度距操作地面宜为1.0m，并应高于该层卫生器具上边缘0.15m；当排水立管设有H管时，检查口应设置在H管件的上边；

4 当地下室立管上设置检查口时，检查口应设置在立管底部之上；

5 立管上检查口的检查盖应面向便于检查清扫的方向。

4.6.3 排水管道上应按下列规定设置清扫口：

1 连接2个及2个以上的大便器或3个及3个以上卫生器具的铸铁排水横管上，宜设置清扫口；连接4个及4个以上的大便器的塑料排水横管上宜设置清扫口；

2 水流转角小于135°的排水横管上，应设清扫口；清扫口可采用带清扫口的转角配件替代；

3 当排水立管底部或排出管上的清扫口至室外检查井中心的最大长度大于表4.6.3-1的规定时，应在排出管上设清扫口；

表4.6.3-1 排水立管底部或排出管上的清扫口至室外检查井中心的最大长度

管径(mm)	50	75	100	100以上
最大长度(m)	10	12	15	20

4 排水横管的直线管段上清扫口之间的最大距离，应符合表4.6.3-2的规定。

表4.6.3-2 排水横管的直线管段上清扫口之间的最大距离

管径(mm)	距离(m)	
	生活废水	生活污水
50～75	10	8
100～150	15	10
200	25	20

4.6.4 排水管上设置清扫口应符合下列规定：

1 在排水横管上设清扫口，宜将清扫口设置在楼板或地坪上，且应与地面相平，清扫口中心与其端部相垂直的墙面的净距离不得小于0.2m；楼板下排水横管起点的清扫口与其端部相垂直的墙面的距离不得小于0.4m；

2 排水横管起点设置堵头代替清扫口时，堵头与墙面应有不小于0.4m的距离；

3 在管径小于100mm的排水管道上设置清扫口，其尺寸应与管道同径；管径大于或等于100mm的排水管道上设置清扫口，应采用100mm直径清扫口；

4 铸铁排水管道设置的清扫口，其材质应为铜质；塑料排水管道上设置的清扫口宜与管道相同材质；

5 排水横管连接清扫口的连接管及管件应与清扫口同径，并采用45°斜三通和45°弯头或由两个45°弯头组合的管件；

6 当排水横管悬吊在转换层或地下室顶板下设置清扫口有困难时，可用检查口替代清扫口。

4.6.5 生活排水管道不应在建筑物内设检查井替代清扫口。

4.7 通气管

4.7.1 生活排水管道系统应根据排水系统的类型，管道布置、长度，卫生器设置数量等因素设置通气管。当底层生活排水管道单独排出且符合下列条件时，可不设通气管：

1 住宅排水管以户排出时；

2 公共建筑无通气的底层生活排水支管单独排出的最大卫生器具数量符合表4.7.1规定时。

3 排水横管长度不应大于12m。

表 4.7.1 公共建筑无通气的底层生活排水支管单独排出的最大卫生器具数量

排水横支管管径(mm)	卫生器具	数量
50	排水管径≤50mm	1
75	排水管径≤75mm	1
	排水管径≤50mm	3
100	大便器	5

注：1 排水横支管连接地漏时，地漏可不计数量。
2 *DN*100 管道除连接大便器外，还可连接该卫生间配置的小便器及洗涤设备。

4.7.2 生活排水管道的立管顶端应设置伸顶通气管。当伸顶通气管无法伸出屋面时，可设置下列通气方式：

1 宜设置侧墙通气时，通气管口的设置应符合本标准第4.7.12条的规定；

2 当本条第1款无法实施时，可设置自循环通气管道系统，自循环通气管道系统的设置应符合本标准第4.7.9条、第4.7.10条的规定；

3 当公共建筑排水管道无法满足本条第1款、第2款的规定时，可设置吸气阀。

4.7.3 除本标准第4.7.1条规定外，下列排水管段应设置环形通气管：

1 连接4个及4个以上卫生器具且横支管的长度大于12m的排水横支管；

2 连接6个及6个以上大便器的污水横支管；

3 设有器具通气管；

4 特殊单立管偏置时。

4.7.4 对卫生、安静要求较高的建筑物内，生活排水管道宜设置器具通气管。

4.7.5 建筑物内的排水管道上设有环形通气管时，应设置连接各环形通气管的主通气立管或副通气立管。

4.7.6 通气立管不得接纳器具污水、废水和雨水，不得与风道和烟道连接。

4.7.7 通气管和排水管的连接应符合下列规定：

1 器具通气管应设在存水弯出口端；在横支管上设环形通气管时，应在其最始端的两个卫生器具之间接出，并应在排水支管中心线以上与排水支管呈垂直或45°连接；

2 器具通气管、环形通气管应在最高层卫生器具上边缘0.15m或检查口以上，按不小于0.01的上升坡度敷设与通气立管连接；

3 专用通气立管和主通气立管的上端可在最高层卫生器具上边缘0.15m或检查口以上与排水立管通气部分以斜三通连接，下端应在最低排水横支管以下与排水立管以斜三通连接；或者下端应在排水立管底部距排水立管底部下游侧10倍立管直径长度距离范围内与横干管或排出管以斜三通连接；

4 结合通气管宜每层或隔层与专用通气立管、排水立管连接，与主通气立管连接；结合通气管下端宜在排水横支管以下与排水立管以斜三通连接，上端可在卫生器具上边缘0.15m处与通气立管以斜三通连接；

5 当采用H管件替代结合通气管时，其下端宜在排水横支管以上与排水立管连接；

6 当污水立管与废水立管合用一根通气立管时，结合通气管配件可隔层分别与污水立管和废水立管连接；通气立管底部分别以斜三通与污废水立管连接；

7 特殊单立管当偏置管位于中间楼层时，辅助通气管应从偏置横管下层的上部特殊管件接至偏置管上层的上部特殊管件；当偏置管位于底层时，辅助通气管应从横干管接至偏置管上层的上部特殊管件或加大偏置管管径。

4.7.8 在建筑物内不得用吸气阀替代器具通气管和环形通气管。

4.7.9 自循环通气系统，当采取专用通气立管与排水立管连接时，应符合下列规定：

1 顶端应在最高卫生器具上边缘0.15m或检查口以上采用2个90°弯头相连；

2 通气立管宜隔层按本标准第4.7.7条第4款、第5款的规定与排水立管相连；

3 通气立管下端应在排水横干管或排出管上采用倒顺水三通或倒斜三通相接。

4.7.10 自循环通气系统，当采取环形通气管与排水横支管连接时，应符合下列规定：

1 通气立管的顶端应按本标准第4.7.9条第1款的规定连接；

2 每层排水支管下游端接出环形通气管与通气立管相接；横支管连接卫生器具较多且横支管较长并符合本标准第4.7.3条设置环形通气管的规定时，应在横支管上按本标准第4.7.7条第1款、第2款的规定连接环形通气管；

3 结合通气管的连接间隔不宜多于8层；

4 通气立管底部应按本标准第4.7.9条第3款的规定连接。

4.7.11 当建筑物排水立管顶部设置吸气阀或排水立管为自循环通气的排水系统时，宜在其室外接户管的起始检查井上设置管径不小于100mm的通气管。当通气管延伸至建筑物外墙时，通气管口应符合本标准第4.7.12条第2款的规定；当设置在其他隐蔽部位时，应高出地面不小于2m。

4.7.12 高出屋面的通气管设置应符合下列规定：

1 通气管高出屋面不得小于0.3m，且应大于最大积雪厚度，通气管顶端应装设风帽或网罩；

2 在通气管口周围4m以内有门窗时，通气管口应高出窗顶0.6m或引向无门窗一侧；

3 在经常有人停留的平屋面上，通气管口应高出屋面2m，当屋面通气管有碍于人们活动时，可按本标准第4.7.2条规定执行；

4 通气管口不宜设在建筑物挑出部分的下面；

5 在全年不结冻的地区，可在室外设吸气阀替代伸顶通气管，吸气阀设在屋面隐蔽处；

6 当伸顶通气管为金属管材时，应根据防雷要求设置防雷装置。

4.7.13 通气管最小管径不宜小于排水管管径的1/2，并可按表4.7.13确定。

表 4.7.13 通气管最小管径(mm)

通气管名称	排水管管径			
	50	75	100	150
器具通气管	32	—	50	—
环形通气管	32	40	50	—
通气立管	40	50	75	100

注：1 表中通气立管系指专用通气立管、主通气立管、副通气立管。
2 根据特殊单立管系统确定偏置辅助通气管管径。

4.7.14 下列情况通气立管管径应与排水立管管径相同：

1 专用通气立管、主通气立管、副通气立管长度在50m以上时；

2 自循环通气系统的通气立管。

4.7.15 通气立管长度不大于50m且2根及2根以上排水立管同时与1根通气立管相连时，通气立管管径应以最大一根排水立管按本标准表4.7.13确定，且其管径不宜小于其余任何一根排水立管管径。

4.7.16 结合通气管的管径确定应符合下列规定：

1 通气立管伸顶时，其管径不宜小于与其连接的通气立管管径；

2 自循环通气时，其管径宜小于与其连接的通气立管管径。

4.7.17 伸顶通气管管径应与排水立管管径相同。最冷月平均气温低于－13℃的地区，应在室内平顶或吊顶以下0.3m处将管径放大一级。

4.7.18 当2根或2根以上排水立管的通气管汇合连接时，汇合通气管的断面积应为最大一根排水立管的通气管的断面积加其余排水立管的通气管断面积之和的1/4。

4.8 污水泵和集水池

4.8.1 建筑物室内地面低于室外地面时，应设置污水集水池、污水泵或成品污水提升装置。

4.8.2 地下停车库的排水排放应符合下列规定：

1 车库应按停车层设置地面排水系统，地面冲洗排水宜排入小区雨水系统；

2 车库内如设有洗车站时应单独设集水井和污水泵，洗车水应排入小区生活污水系统。

4.8.3 当生活污水集水池设置在室内地下室时，池盖应密封，且应设置在独立设备间内并设通风、通气管道系统。成品污水提升装置可设置在卫生间或敞开空间内，地面宜考虑排水措施。

4.8.4 生活排水集水池设计应符合下列规定：

1 集水池有效容积不宜小于最大一台污水泵5min的出水量，且污水泵每小时启动次数不宜超过6次；成品污水提升装置的污水泵每小时启动次数应满足其产品技术要求；

2 集水池除满足有效容积外，还应满足水泵设置、水位控制器、格栅等安装、检查要求；

3 集水池设计最低水位，应满足水泵吸水要求；

4 集水坑应设检修盖板；

5 集水池底宜有不小于0.05坡度坡向泵位；集水坑的深度及平面尺寸，应按水泵类型而定；

6 污水集水池宜设置池底冲洗管；

7 集水池应设置水位指示装置，必要时应设置超警戒水位报警装置，并将信号引至物业管理中心。

4.8.5 污水泵、阀门、管道等应选择耐腐蚀、大流通量、不易堵塞的设备器材。

4.8.6 建筑物地下室生活排水泵的设置应符合下列规定：

1 生活排水集水池中排水泵应设置一台备用泵；

2 当采用污水提升装置时，应根据使用情况选用单泵或双泵污水提升装置；

3 地下室、车库冲洗地面的排水，当有2台及2台以上排水泵时，可不设备用泵；

4 地下室设备机房的集水池当接纳设备排水、水箱排水、事故溢水时，根据排水量除应设置工作泵外，还应设置备用泵。

4.8.7 污水泵流量、扬程的选择应符合下列规定：

1 室内的污水水泵的流量应按生活排水设计秒流量选定；当室内设有生活污水处理设施并按本标准第4.10.20条设置调节池时，污水水泵的流量可按生活排水最大小时流量选定；

2 当地坪集水坑(池)接纳水箱(池)溢流水、泄空水时，应按水箱(池)溢流量、泄流量与排入集水池的其他排水量中大者选择水泵机组；

3 水泵扬程应按提升高度、管路系统水头损失，另附加2m～3m流出水头计算。

4.8.8 提升装置的污水排出管设置应符合本标准第4.8.9条的规定。通气管应与楼层通气管道系统相连或单独排至室外。当通气管单独排至室外时，应符合本标准第4.7.12条第2款的规定。

4.8.9 污水泵宜设置排水管单独排至室外，排出管的横管段应有坡度坡向出口，应在每台水泵出水管上装设阀门和污水专用止回阀。

4.8.10 当集水池不能设事故排出管时，污水泵应按现行行业标准《民用建筑电气设计规范》JGJ 16确定电力负荷级别，并应符合下列规定：

1 当能关闭污水进水管时，可按三级负荷配电；

2 当承担消防排水时，应按现行消防规范执行。

4.8.11 污水水泵的启闭应设置自动控制装置，多台水泵可并联交替或分段投入运行。

4.9 小型污水处理

4.9.1 职工食堂和营业餐厅的含油脂污水，应经除油装置后方许排入室外污水管道。

4.9.2 隔油设施应优先选用成品隔油装置，并应符合下列规定：

1 成品隔油装置应符合现行行业标准《餐饮废水隔油器》CJ/T 295、《隔油提升一体化设备》CJ/T 410的规定；

2 按照排水设计秒流量选用隔油装置的处理水量；

3 含油废水水温及环境温度不得小于5℃；

4 当仅设一套隔油器时应设置超越管，超越管管径应与进水管管径相同；

5 隔油器的通气管应单独接至室外；

6 隔油器设置在设备间时，设备间应有通风排气装置，且换气次数不宜小于8次/h；

7 隔油设备间应设冲洗水嘴和地面排水设施。

4.9.3 隔油池设计应符合下列规定：

1 排水流量应按设计秒流量计算；

2 含食用油污水在池内的流速不得大于0.005m/s；

3 含食用油污水在池内停留时间不得小于10min；

4 人工除油的隔油池内存油部分的容积不得小于该池有效容积的25%；

5 隔油池应设在厨房室外排出管上；

6 隔油池应设活动盖板，进水管应考虑有清通的可能；

7 隔油池出水管管底至池底的深度，不得小于0.6m。

4.9.4 生活污水处理设施的设置应符合下列规定：

1 当处理站布置在建筑地下室时，应有专用隔间；

2 设置生活污水处理设施的房间或地下室应有良好的通风系统，当处理构筑物为敞开式时，每小时换气次数不宜小于15次；当处理设施有盖板时，每小时换气次数不宜小于8次；

3 生活污水处理间应设置除臭装置，其排放口位置应避免对周围人、畜、植物造成危害和影响。

4.9.5 生活污水处理构筑物机械运行噪声不得超过现行国家标准《声环境质量标准》GB 3096的规定。对建筑物内运行噪声较大的机械应设独立隔间。

4.10 小区生活排水

Ⅰ 管道布置和敷设

4.10.1 小区生活排水管道平面布置应符合下列规定：

1 宜与道路和建筑物的周边平行布置，且在人行道或草地下；

2 管道中心线据建筑物外墙的距离不宜小于3m，管道不应布置在乔木下面；

3 管道与道路交叉时，宜垂直于道路中心线；

4 干管应靠近主要排水建筑物，并布置在连接支管较多的路边侧。

4.10.2 小区生活排水管道最小埋地敷设深度应根据道路的行车等级、管材受压强度、地基承载力等因素经计算确定，并应符合下列规定：

1 小区干道和小区组团道路下的生活排水管道，其覆土深度不宜小于0.70m；

2 生活排水管道埋设深度不得高于土壤冰冻线以上0.15m，且覆土深度不宜小于0.30m；当采用埋地塑料管道时，排出管埋设深度可不高于土壤冰冻线以上0.50m。

4.10.3 室外生活排水管道下列位置应设置检查井：

1 在管道转弯和连接处；

2　在管道的管径、坡度改变、跌水处；

3　当检查井井间距超过表4.10.3时，在井距中间处。

表4.10.3　室外生活排水管道检查井井距

管径(mm)	检查井井距(m)
≤160(150)	≤30
≥200(200)	≤40
315(300)	≤50

注：表中括号内的数值是埋地塑料管内径系列。

4.10.4　检查井生活排水管的连接应符合下列规定：

1　连接处的水流转角不得小于90°；当排水管管径小于或等于300mm且跌落差大于0.3m时，可不受角度的限制；

2　室外排水管除有水流跌落差以外，管顶宜平接；

3　排出管管顶标高不得低于室外接户管管顶标高；

4　小区排出管与市政管渠衔接处，排出管的设计水位不应低于市政管渠的设计水位。

4.10.5　小区室外生活排水管道系统的设计流量应按最大小时排水流量计算，并应按下列规定确定：

1　生活排水最大小时排水流量应按住宅生活给水最大小时流量与公共建筑生活给水最大小时流量之和的85%～95%确定；

2　住宅和公共建筑的生活排水定额和小时变化系数应与其相应生活给水用水定额和小时变化系数相同，按本标准第3.2.1条和第3.2.2条确定。

4.10.6　小区埋地排水管的水力计算，应按本标准式(4.5.4-1)和式(4.5.4-2)计算。

4.10.7　小区室外埋地生活排水管道最小管径、最小设计坡度和最大设计充满度宜按表4.10.7确定。生活污水单独排至化粪池的室外生活污水接户管道当管径为160mm时，最小设计坡度宜为0.010～0.012；当管径为200mm时，最小设计坡度宜为0.010。

表4.10.7　小区室外生活排水管道最小管径、最小设计坡度和最大设计充满度

管别	最小管径(mm)	最小设计坡度	最大设计充满度
接户管支管	160(150)	0.005	0.5
	160(150)		
干管	200(200)	0.004	
	≥315(300)	0.003	

注：接户管管径不得小于建筑物排出管管径。

4.10.8　小区室外生活排水管道系统，宜采用埋地排水塑料管和塑料污水排水检查井。

4.10.9　检查井的内径应根据所连接的管道管径、数量和埋设深度确定。当井内径大于或等于600mm时，应采取防坠落措施。

4.10.10　生活排水管道的检查井内应有导流槽或顺水构造。

4.10.11　小于或等于150mm的排水管道，当敷设于室外地下室顶板上覆土层时，可用清扫口替代检查井，清扫口宜设在井室内。

Ⅱ　小区水处理构筑物

4.10.12　降温池的设计应符合下列规定：

1　排水温度高于40℃时，应优先考虑热量回收利用，当不可能或回收不合理时，在排入城镇排水管道排入口检测井处水温度高于40℃应设降温池。

2　降温宜采用较高温度排水与冷水在池内混合的方法进行。冷却水宜利用低温废水；冷却水量应按热平衡方法计算。

3　降温池的容积应按下列规定确定：

1)间断排放时，有效容积应按一次最大排水量与所需冷却水量的总和计算；

2)连续排放污水时，应保证污水与冷却水能充分混合。

4　降温池管道设置应符合下列规定：

1)有压高温废水进水管口宜装设消音设施，当有二次蒸发时，管口应露出水面向上并应采取防止烫伤人的措施；当无二次蒸发时，管口宜插进水中深度200mm以上，并应设通气管；

2)冷却水与高温排水混合可采用穿孔管喷洒，当采用生活饮用水做冷却水时，应采取防回流污染措施；

3)降温池虹吸排水管管口应设在水池底部。

4.10.13　化粪池与地下取水构筑物的净距不得小于30m。

4.10.14　化粪池的设置应符合下列规定：

1　化粪池宜设置在接户管的下游端，便于机动车清掏的位置；

2　化粪池池外壁距建筑物外墙不宜小于5m，并不得影响建筑物基础；

3　化粪池应设通气管，通气管排出口设置位置应满足安全、环保要求。

4.10.15　化粪池有效容积应为污水部分和污泥部分容积之和，并宜按下列公式计算：

$$V=V_w+V_n \tag{4.10.15-1}$$

$$V_w=\frac{m_f \cdot b_f \cdot q_w \cdot t_w}{24\times1000} \tag{4.10.15-2}$$

$$V_n=\frac{m_f \cdot b_f \cdot q_n \cdot t_n(1-b_x) \cdot M_s\times1.2}{(1-b_n)\times1000} \tag{4.10.15-3}$$

式中：V_w——化粪池污水部分容积(m^3)；

V_n——化粪池污泥部分容积(m^3)；

q_w——每人每日计算污水量[L/(人·d)]，按表4.10.15-1取用；

t_w——污水在池中停留时间(h)，应根据污水量确定，宜采用12h～24h；

q_n——每人每日计算污泥量[L/(人·d)]，按表4.10.15-2取用；

t_n——污泥清掏周期应根据污水温度和当地气候条件确定，宜采用(3～12)个月；

b_x——新鲜污泥含水率可按95%计算；

b_n——发酵浓缩后的污泥含水率可按90%计算；

M_s——污泥发酵后体积缩减系数，宜取0.8；

1.2——清掏后遗留20%的容积系数；

m_f——化粪池服务总人数；

b_f——化粪池实际使用人数占总人数的百分数，可按表4.10.15-3确定。

表4.10.15-1　化粪池每人每日计算污水量[L/(人·d)]

分　类	生活污水与生活废水合流排入	生活污水单独排入
每人每日污水量	(0.85～0.95)给水定额	15～20

表4.10.15-2　化粪池每人每日计算污泥量(L)

建筑物分类	生活污水与生活废水合流排入	生活污水单独排入
有住宿的建筑物	0.7	0.4
人员逗留时间大于4h并小于或等于10h的建筑物	0.3	0.2
人员逗留时间小于或等于4h的建筑物	0.1	0.07

表4.10.15-3　化粪池实际使用人数占总人数百分数(%)

建筑物名称	百分数
医院、疗养院、养老院、幼儿园(有住宿)	100
住宅、宿舍、旅馆	70
办公楼、教学楼、试验楼、工业企业生活间	40
职工食堂、餐饮业、影剧院、体育场(馆)、商场和其他场所(按座位)	5～10

4.10.16　小区内不同的建筑物或同一建筑物内有不同生活用水定额等设计参数的人员，其生活污水排入同一座化粪池时，应按本标准式(4.10.15-1)～式(4.10.15-3)和表4.10.15-3分别计算不

同人员的污水量和污泥量，以叠加后的总容量确定化粪池的总有效容积。

4.10.17 化粪池的构造应符合下列规定：

1 化粪池的长度与深度、宽度的比例应按污水中悬浮物的沉降条件和积存数量，经水力计算确定；深度（水面至池底）不得小于1.30m，宽度不得小于0.75m，长度不得小于1.00m，圆形化粪池直径不得小于1.00m；

2 双格化粪池第一格的容量宜为计算总容量的75%；三格化粪池第一格的容量宜为总容量的60%，第二格和第三格各宜为总容量的20%；

3 化粪池格与格、池与连接井之间应设通气孔洞；

4 化粪池进水口、出水口应设置连接井与进水管、出水管相接；

5 化粪池进水管口应设导流装置，出水口处及格与格之间应设拦截污泥浮渣的设施；

6 化粪池池壁和池底应防止渗漏；

7 化粪池顶板上应设有人孔和盖板。

4.10.18 生活污水处理设施的工艺流程应根据污水性质、回用或排放要求确定。

4.10.19 小区生活污水处理设施的设置应符合下列规定：

1 宜靠近接入市政管道的排放点；

2 建筑小区处理站的位置宜在常年最小频率的上风向，且应用绿化带与建筑物隔开；

3 处理站宜设置在绿地、停车坪及室外空地的地下。

4.10.20 生活排水调节池的有效容积不得大于6h生活排水平均小时流量。

4.10.21 生活污水处理设施应设超越管。

4.10.22 生活污水处理站应设置除臭装置，其排放口位置应避免对周围人、畜、植物造成危害和影响。

4.10.23 生活污水处理构筑物机械运行噪声应符合现行国家标准《声环境质量标准》GB 3096 的有关规定。

4.10.24 污水泵站应建成单独构筑物，并应有卫生防护隔离带。泵房设计应按现行国家标准《室外排水设计规范》GB 50014 执行。

4.10.25 小区污水水泵的流量应按小区最大小时生活排水流量选定。

4.10.26 小区污水水泵的扬程应按提升高度、管路系统水头损失、另附加1.5m～2.0m流出水头计算。

5 雨　　水

5.1 一般规定

5.1.1 屋面雨水排水系统应迅速、及时地将屋面雨水排至室外地面或雨水控制利用设施和管道系统。

5.1.2 屋面雨水排水系统设计应根据建筑物性质、屋面特点等，合理确定系统形式、计算方法、设计参数、排水管材和设备，在设计重现期降雨量时不得造成屋面积水、泛溢，不得造成厂房、库房地面积水。

5.1.3 小区雨水排水系统应与生活污水系统分流。雨水回用时，应设置独立的雨水收集管道系统，雨水利用系统处理后的水可在中水贮存池中与中水合并回用。

5.1.4 建筑小区在总体地面高程设计时，宜利用地形高程进行雨水自流排水；同时应采取防止滑坡、水土流失、塌方、泥石流、地（路）面结冻等地质灾害发生的技术措施。

5.1.5 应按当地规划确定的雨水径流控制目标，实施雨水控制利用。雨水控制及利用工程设计应符合现行的国家标准《建筑与小区雨水控制及利用工程技术规范》GB 50400 的规定。

5.2 建筑雨水

5.2.1 建筑屋面设计雨水流量应按下式计算：

$$q_y = \frac{q_j \cdot \psi \cdot F_w}{10000} \qquad (5.2.1)$$

式中：q_y——设计雨水流量（L/s），当坡度大于2.5%的斜屋面或采用内檐沟集水时，设计雨水流量应乘以系数1.5；

q_j——设计暴雨强度[L/(s·hm²)]；

ψ——径流系数；

F_w——汇水面积（m²）。

5.2.2 设计暴雨强度应按当地或相邻地区暴雨强度公式计算确定。

5.2.3 屋面雨水排水设计降雨历时应按5min计算。

5.2.4 屋面雨水排水管道工程设计重现期应根据建筑物的重要程度、气象特征等因素确定，各种屋面雨水排水管道工程的设计重现期不宜小于表5.2.4中的规定值。

表5.2.4 各类建筑屋面雨水排水管道工程的设计重现期(a)

建筑物性质	设计重现期
一般性建筑物屋面	5
重要公共建筑屋面	≥10

注：工业厂房屋面雨水排水管道工程设计重现期应根据生产工艺、重要程度等因素确定。

5.2.5 建筑的雨水排水管道工程与溢流设施的排水能力应根据建筑物的重要程度、屋面特征等按下列规定确定：

1 一般建筑的总排水能力不应小于10a重现期的雨水量；

2 重要公共建筑、高层建筑的总排水能力不应小于50a重现期的雨水量；

3 当屋面无外檐天沟或无直接散水条件且采用溢流管道系统时，总排水能力不应小于100a重现期的雨水量；

4 满管压力流排水系统雨水排水管道工程的设计重现期宜采用10a；

5 工业厂房屋面雨水排水管道工程与溢流设施的总排水能力设计重现期应根据生产工艺、重要程度等因素确定。

5.2.6 屋面的雨水径流系数可取1.00，当采用屋面绿化时，应按绿化面积和相关规范选取径流系数。

5.2.7 屋面的汇水面积应按屋面水平投影面积计算。高出裙房屋面的毗邻侧墙，应附加其最大受雨面正投影的1/2计算。窗井、贴近高层建筑外墙的地下汽车库出入口坡道应附加其高出部分侧墙面积的1/2。

5.2.8 天沟、檐沟排水不得流经变形缝和防火墙。

5.2.9 天沟宽度不宜小于300mm，并应满足雨水斗安装要求，坡度不宜小于0.003。

5.2.10 天沟的设计水深应根据屋面的汇水面积、天沟坡度、天沟宽度、屋面构造和材质、雨水斗的斗前水深、天沟溢流水位确定。排水系统有坡度的檐沟、天沟分水线处最小有效深度不应小于100mm。

5.2.11 建筑屋面雨水排水工程应设置溢流孔口或溢流管系等溢流设施，且溢流排水不得危害建筑设施和行人安全。下列情况下可不设溢流设施：

1 外檐天沟排水、可直接散水的屋面雨水排水；

2 民用建筑雨水管道单斗内排水系统、重力流多斗内排水系统按重现期P大于或等于100a设计时。

5.2.12 建筑屋面雨水溢流设施的泄流量宜按本标准附录F确定。

5.2.13 屋面雨水排水管道系统设计流态应符合下列规定：

1 檐沟外排水宜按重力流系统设计；

2 高层建筑屋面雨水排水宜按重力流系统设计；

3 长天沟外排水宜按满管压力流设计；

4 工业厂房、库房、公共建筑的大型屋面雨水排水宜按满管压力流设计；

5 在风沙大、粉尘大、降雨量小地区不宜采用满管压力流排水系统。

5.2.14 当满管压力流雨水斗布置在集水槽中时，集水槽的平面尺寸应满足雨水斗安装和汇水要求，其有效水深不宜小于250mm。

5.2.15 雨水斗外边缘距天沟或集水槽装饰面净距不得小于50mm。

5.2.16 屋面排水系统应设置雨水斗。不同排水特征的屋面雨水排水系统应选用相应的雨水斗。

5.2.17 雨水斗数量应按屋面总的雨水流量和每个雨水斗的设计排水负荷确定，且宜均匀布置。

5.2.18 雨水斗的设置位置应根据屋面汇水情况并结合建筑结构承载、管系敷设等因素确定。

5.2.19 当屋面雨水管道按满管压力流排水设计时，同一系统的雨水斗宜在同一水平面上。

5.2.20 居住建筑设置雨水内排水系统时，除敞开式阳台外应设在公共部位的管道井内。

5.2.21 除土建专业允许外，雨水管道不得敷设在结构层或结构柱内。

5.2.22 裙房屋面的雨水应单独排放，不得汇入高层建筑屋面排水管道系统。

5.2.23 高层建筑雨落水管的雨水排至裙房屋面时，应将其雨水量计入裙房屋面的雨水量，且应采取防止水流冲刷裙房屋面的技术措施。

5.2.24 阳台、露台雨水系统设置应符合下列规定：

1 高层建筑阳台、露台雨水系统应单独设置；

2 多层建筑阳台、露台雨水宜单独设置；

3 阳台雨水的立管可设置在阳台内部；

4 当住宅阳台、露台雨水排入室外地面或雨水控制利用设施时，雨落水管应采取断接方式；当阳台、露台雨水排入小区污水管道时，应设水封井。

5 当屋面雨落水管雨水间接排水且阳台排水有防返溢的技术措施时，阳台雨水可接入屋面雨落水管。

6 当生活阳台设有生活排水设备及地漏时，应设专用排水立管管接入污水排水系统，可不另设阳台雨水排水地漏。

5.2.25 建筑物内设置的雨水管道系统应密闭。有埋地排出管的屋面雨水排出管系，在底层立管上宜设检查口。

5.2.26 下列场所不应布置雨水管道：

1 生产工艺或卫生有特殊要求的生产厂房、车间；

2 贮存食品、贵重商品库房；

3 通风小室、电气机房和电梯机房。

5.2.27 建筑屋面各汇水范围内，雨水排水立管不宜少于2根。

5.2.28 屋面雨水排水管的转向处宜做顺水连接。

5.2.29 塑料雨水管穿越防火墙和楼板时，应按本标准第4.4.10条的规定设置阻火装置。当管道布置在楼梯间休息平台上时，可不设阻火装置。

5.2.30 重力流雨水排水系统中长度大于15m的雨水悬吊管，应设检查口，其间距不宜大于20m，且应布置在便于维修操作处。

5.2.31 雨水管道在穿越楼层应设套管且立管底部架空时，应在立管底部设支墩或其他固定措施。地下室横管转弯处也应设置支墩或固定措施。

5.2.32 雨水管穿越地下室外墙处，应采取防水措施。

5.2.33 寒冷地区，雨水斗和天沟宜采用融冰措施，雨水立管宜布置在室内。

5.2.34 重力流多斗系统设计应符合下列规定：

1 雨水斗的最大设计排水流量应符合表5.2.34的规定；

表5.2.34 重力流多斗系统的雨水斗设计最大排水流量

项　目	雨水斗规格(mm)		
	75	100	150
流量(L/s)	7.1	7.4	13.7
斗前水深(mm)	48	50	68

2 雨水悬吊管水力计算应按本标准式(4.5.4-1)、式(4.5.4-2)计算，雨水悬吊管充满度应取0.8，排出管充满度应取1.0。

3 重力流多斗系统立管不得小于悬吊管管径，当一根立管连接2根或2根以上悬吊管时，立管的最大设计排水流量宜按本标准附录G确定。

5.2.35 屋面雨水单斗内排水系统设计应符合下列规定：

1 单斗排水系统排水管道的管径应与雨水斗规格一致；

2 系统应密闭；

3 雨水斗的最大设计排水流量应根据单斗雨水管道系统设计流态确定，并应符合下列规定：

1）当单斗雨水管道系统流态按重力流设计时，其雨水斗的最大设计排水流量宜按本标准附录G确定；

2）当单斗雨水管道系统流态按满管压力流设计时，应根据建筑物高度、雨水斗规格型式和雨水管的材质等经计算确定，当缺乏相关资料时，宜符合表5.2.35的规定。

表5.2.35 单斗压力流排水系统雨水斗的最大设计排水流量

雨水斗规格(mm)			75	100	≥150
满管压力（虹吸）斗	平底型	流量(L/s)	18.6	41.0	宜定制，泄流量应经测试确定
		斗前水深(mm)	55	80	
	集水盘型	流量(L/s)	18.6	53.0	
		斗前水深(mm)	55	87	

5.2.36 满管压力流系统设计应符合下列规定：

1 满管压力流系统的雨水斗的泄流量，应根据雨水斗规格、斗前设计水深、斗进水口和立管排出管口标高差实测确定，当无实测资料时，可按表5.2.36选用；

表5.2.36 满管压力流多斗系统雨水斗的设计泄流量

雨水斗规格(mm)	50	75	100
雨水斗泄流量(L/s)	4.2～6.0	8.4～13.0	17.5～30.0

注：满管压力流雨水斗应根据不同型号的具体产品确定其最大泄流量。

2 一个满管压力流多斗系统服务汇水面积不宜大于2500m²；

3 悬吊管中心线与雨水斗出口的高差宜大于1.0m；

4 悬吊管设计流速不宜小于1m/s，立管设计流速不宜大于10m/s；

5 雨水排水管道总水头损失与流出水头之和不得大于雨水管进、出口的几何高差；

6 悬吊干管水头损失不得大于80kPa；

7 满管压力流多斗排水管系各节点的上游不同支路的计算水头损失之差，不应大于10kPa；

8 连接管管径可小于雨水斗管径，立管管径可小于悬吊管管径；

9 满管压力流排水管系出口应放大管径，其出口水流速度不宜大于1.8m/s，当其出口水流速度大于1.8m/s时，应采取消能措施。

5.2.37 87型雨水斗系统设计可按现行行业标准《建筑屋面雨水排水系统技术规程》CJJ 142的规定执行。

5.2.38 建筑雨水管道的最小管径和横管的最小设计坡度，宜按表5.2.38确定。

表 5.2.38 建筑雨水管道的最小管径和横管的最小设计坡度

管道类型	最小管径（mm）	横管最小设计坡度	
		铸铁管、钢管	塑料管
建筑外墙雨落水管	75(75)	—	—
雨水排水立管	100(110)	—	—
重力流排水悬吊管	100(110)	0.01	0.0050
满管压力流屋面排水悬吊支管	50(50)	0.00	0.0000
雨水排出管	100(110)	0.01	0.0050

注：表中铸铁管管径为公称直径，括号内数据为塑料管外径。

5.2.39 雨水排水管材选用应符合下列规定：

1 重力流雨水排水系统当采用外排水时，可选用建筑排水塑料管；当采用内排水雨水系统时，宜采用承压塑料管、金属管或涂塑钢管等管材；

2 满管压力流雨水排水系统宜采用承压塑料管、金属管、涂塑钢管、内壁较光滑的带内衬的承压排水铸铁管等，用于满管压力流排水的塑料管，其管材抗负压力应大于－80kPa。

5.2.40 地下车库出入口的明沟雨水集水池的有效容积，不应小于最大一台排水泵 5min 的出水量。集水池除满足有效容积外，尚应满足水泵设置、水位控制器等安装、检查要求。

5.3 小区雨水

5.3.1 小区雨水排放应遵循源头减排的原则，宜利用地形高程采取有组织地表排水方式。

5.3.2 小区雨水排水口应设置在雨水控制利用设施末端，以溢流形式排放；超过雨水径流控制要求的降雨溢流进入市政雨水管渠。

5.3.3 小区必须设雨水管网时，雨水口的布置应根据地形、土质特征、建筑物位置设置。下列部位宜布置雨水口：

1 道路交汇处和路面最低点；

2 地下坡道入口处。

5.3.4 下列场所宜设置排水沟：

1 室外广场、停车场、下沉式广场；

2 道路坡度改变处；

3 水景池周边、超高层建筑周边；

4 采用管道敷设时覆土深度不能满足要求的区域；

5 有条件时宜采用成品线性排水沟；

6 土壤等具备入渗条件时宜采用渗水沟等。

5.3.5 小区雨水管道布置应符合下列规定：

1 宜沿道路和建筑物的周边平行布置，且在人行道、车行道下或绿化带下；

2 雨水管道与其他管道及乔木之间最小净距，应符合本标准附录 E 的规定；

3 管道与道路交叉时，宜垂直于道路中心线；

4 干管应靠近主要排水建筑物，并应布置在连接支管较多的路边侧。

5.3.6 小区雨水管道最小埋地敷设深度应根据道路的行车等级、管材受压强度、地基承载力等因素经计算确定，并应符合下列规定：

1 小区干道和小区组团道路下的管道，其覆土深度不宜小于 0.70m；

2 当冬季管道内不会贮留水时，雨水管道可埋设在冰冻层内。

5.3.7 雨水检查井设置应符合下列规定：

1 雨水管、雨水沟管径、坡度、流向改变时，应设雨水检查井连接；

2 雨水管在检查井连接，除有水流跌落差以外，宜采取管顶平接；

3 连接处的水流转角不得小于 90°；当雨水管管径小于或等于 300mm 且跌落差大于 0.3m 时，可不受角度的限制；

4 小区排出管与市政管道连接时，小区排出管管顶标高不得低于市政管道的管顶标高；

5 雨水管道向景观水体、河道排水时，管内水位不宜低于水体的设计水位。

5.3.8 雨水检查井的最大间距可按表 5.3.8 确定。

表 5.3.8 雨水检查井的最大间距

管径(mm)	最大间距(m)
160(150)	30
200～315(200～300)	40
400(400)	50
≥500(≥500)	70

注：括号内是埋地塑料管内径系列管径。

5.3.9 小区雨水排水系统宜选用埋地塑料管和塑料雨水排水检查井。

5.3.10 小区雨水管道设计雨水量和设计降雨强度应按本标准第 5.2.1 条、第 5.2.2 条确定。

5.3.11 小区雨水管道设计降雨历时应按式(5.3.11)计算：

$$t=t_1+t_2 \tag{5.3.11}$$

式中：t——降雨历时(min)；

t_1——地面集水时间(min)，视距离长短、地形坡度和地面铺盖情况而定，可选用 5min～10min；

t_2——排水管内雨水流行时间(min)。

5.3.12 小区雨水排水管道的排水设计重现期应根据汇水区域性质、地形特点、气象特征等因素确定，各种汇水区域的设计重现期不宜小于表 5.3.12 中的规定值。

表 5.3.12 各种汇水区域的设计重现期(a)

汇水区域名称	设计重现期
小区	3～5
车站、码头、机场的基地	5～10
下沉式广场、地下车库坡道出入口	10～50

注：下沉式广场设计重现期应由广场的构造、重要程度、短期积水即能引起较严重后果等因素确定。

5.3.13 地面的雨水径流系数可按表 5.3.13 采用。

表 5.3.13 各类地面雨水径流系数

地面种类	ψ
混凝土和沥青路面	0.90
块石路面	0.60
级配碎石路面	0.45
干砖及碎石路面	0.40
非铺砌地面	0.30
绿地	0.15

注：各种汇水面积的综合径流系数应加权平均计算。

5.3.14 地面的雨水汇水面积应按水平投影面积计算。

5.3.15 小区雨水管段设计流量应按本标准第 5.3.10 条～第 5.3.14 条，经计算确定，并应符合下列规定：

1 汇水面积应为汇入的地面、屋面面积和墙面面积。

2 墙面设计流量应按下列条件计算：

1)当建筑高度大于或等于 100m 时，按夏季主导风向迎风墙面 1/2 面积作为有效汇水面积；

2)径流系数取 1.0；

3)设计重现期与小区雨水设计重现期相同。

3 其综合径流系数按各类地面(含屋面)的加权平均值。

4 汇合管段中集流时间应取长者。

5.3.16 小区雨水管道宜按满管重力流设计，管内流速不宜小于 0.75m/s。

5.3.17 小区雨水管道的最小管径和横管的最小设计坡度应按表 5.3.17 确定。

表 5.3.17 小区雨水管道的最小管径和横管的最小设计坡度

管 别	最小管径(mm)	横管最小设计坡度
小区建筑物周围雨水接户管	200(200)	0.0030
小区道路下干管、支管	315(300)	0.0015
建筑物周围明沟雨水口的连接管	160(150)	0.0100

注：表中括号内数值是埋地塑料管内径系列管径。

5.3.18 与建筑连通的下沉式广场地面排水当无法重力排水时，应设置雨水集水池和排水泵提升排至室外雨水检查井。

5.3.19 雨水集水池和排水泵设计应符合下列规定：

1 排水泵的流量应按排入集水池的设计雨水量确定；

2 排水泵不应少于 2 台，不宜大于 8 台，紧急情况下可同时使用；

3 雨水排水泵应有不间断的动力供应；

4 下沉式广场地面排水集水池的有效容积，不应小于最大一台排水泵 30s 的出水量，并应满足水泵安装和吸水要求；

5 集水池除满足有效容积外，还应满足水泵设置、水位控制器等安装、检查要求。

5.3.20 当市政雨水管无法全部接纳小区雨水量时，应设置雨水贮存调节设施。

5.3.21 雨水调蓄池的建设宜与雨水利用设施、景观水池、绿化和雨水泵站等设施统筹考虑。

5.3.22 雨水调蓄池的有效容积应根据当地降雨特征和建设基地规划控制综合径流系数，按现行国家标准《城镇雨水调蓄工程技术规范》GB 51174 和《建筑与小区雨水控制及利用工程技术规范》GB 50400 的规定确定。

5.3.23 雨水调蓄池宜设于室外。当雨水调蓄池设于地下室时，应在室外设有超调蓄能力的溢流措施。

6 热水及饮水供应

6.1 一 般 规 定

6.1.1 热水供应系统应在满足使用要求水量、水质、水温和水压的条件下节约能源、节约用水。

6.1.2 热水系统所采用的设备、设施、阀门、管道、附件等应保证系统的安全、可靠使用。

6.2 用水定额、水温和水质

6.2.1 热水用水定额应根据卫生器具完善程度和地区条件，按表 6.2.1-1 确定。卫生器具的一次和小时热水用水定额及水温应按表 6.2.1-2 确定。

表 6.2.1-1 热水用水定额

序号	建筑物名称		单位	用水定额(L)		使用时间(h)
				最高日	平均日	
1	普通住宅	有热水器和沐浴设备	每人每日	40～80	20～60	24
		有集中热水供应(或家用热水机组)和沐浴设备		60～100	25～70	
2	别墅		每人每日	70～110	30～80	24
3	酒店式公寓		每人每日	80～100	65～80	24
4	宿舍	居室内设卫生间	每人每日	70～100	40～55	24 或定时供应
		设公用盥洗卫生间		40～80	35～45	
5	招待所、培训中心、普通旅馆	设公用盥洗室	每人每日	25～40	20～30	24 或定时供应
		设公用盥洗室、淋浴室、		40～60	35～45	
		设公用盥洗室、淋浴室、洗衣室		50～80	45～55	
		设单独卫生间、公用洗衣室		60～100	50～70	
6	宾馆客房	旅客	每床位每日	120～160	110～140	24
		员工	每人每日	40～50	35～40	8～10
7	医院住院部	设公用盥洗室	每床位每日	60～100	40～70	24
		设公用盥洗室、淋浴室		70～130	65～90	
		设单独卫生间		110～200	110～140	
		医务人员	每人每班	70～130	65～90	8
	门诊部、诊疗所	病人	每病人每次	7～13	3～5	8～12
		医务人员	每人每班	40～60	30～50	8
		疗养院、休养所住房部	每床每位每日	100～160	90～110	24
8	养老院、托老所	全托	每床位每日	50～70	45～55	24
		日托		25～40	15～20	10
9	幼儿园、托儿所	有住宿	每儿童每日	25～50	20～40	24
		无住宿		20～30	15～20	10
10	公共浴室	淋浴	每顾客每次	40～60	35～40	12
		淋浴、浴盆		60～80	55～70	
		桑拿浴(淋浴、按摩池)		70～100	60～70	
11	理发室、美容院		每顾客每次	20～45	20～35	12
12	洗衣房		每公斤干衣	15～30	15～30	8
13	餐饮业	中餐酒楼	每顾客每次	15～20	8～12	10～12
		快餐店、职工及学生食堂		10～12	7～10	12～16
		酒吧、咖啡厅、茶座、卡拉 OK 房		3～8	3～5	8～18
14	办公楼	坐班制办公	每人每班	5～10	4～8	8～10
		公寓式办公	每人每日	60～100	25～70	10～24
		酒店式办公		120～160	55～140	24
15	健身中心		每人每次	15～25	10～20	8～12
16	体育场(馆)	运动员淋浴	每人每次	17～26	15～20	4
17	会议厅		每座位每次	2～3	2	4

注：1 表内所列用水定额均已包括在本标准表 3.2.1、表 3.2.2 中。
2 本表以 60℃热水水温为计算温度，卫生器具的使用水温见表 6.2.1-2。
3 学生宿舍使用 IC 卡计费用热水时，可按每人每日最高日用水定额 25L～30L、平均日用水定额 20L～25L。
4 表中平均日用水定额仅用于计算太阳能热水系统集热器面积和计算节水用水量。

表 6.2.1-2 卫生器具的一次和小时热水用水定额及水温

序号	卫生器具名称			一次用水量(L)	小时用水量(L)	使用水温(℃)
1	住宅、旅馆、别墅、宾馆、酒店式公寓	带有淋浴器的浴盆		150	300	40
		无淋浴器的浴盆		125	250	
		淋浴器		70～100	140～200	37～40
		洗脸盆、盥洗槽水嘴		3	30	30
		洗涤盆(池)		—	180	50
2	宿舍、招待所、培训中心	淋浴器	有淋浴小间	70～100	210～300	37～40
			无淋浴小间	—	450	
		盥洗槽水嘴		3～5	50～80	30
3	餐饮业	洗涤盆(池)		—	250	50
		洗脸盆	工作人员用	3	60	30
			顾客用	—	120	
		淋浴器		40	400	37～40

续表 6.2.1-2

序号	卫生器具名称			一次用水量（L）	小时用水量（L）	使用水温（℃）
4	幼儿园、托儿所	浴盆	幼儿园	100	400	35
			托儿所	30	120	
		淋浴器	幼儿园	30	180	
			托儿所	15	90	
		盥洗槽水嘴		15	25	30
		洗涤盆(池)		—	180	50
5	医院、疗养院、休养所	洗手盆		—	15～25	35
		洗涤盆(池)			300	50
		淋浴器			200～300	37～40
		浴盆		125～150	250～300	40
6	公共浴室	浴盆		125	250	40
		淋浴器	有淋浴小间	100～150	200～300	37～40
			无淋浴小间	—	450～540	
		洗脸盆		5	50～80	35
7	办公楼	洗手盆		—	50～100	35
8	理发室、美容院	洗脸盆		—	35	35
9	实验室	洗脸盆		—	60	50
		洗手盆			15～25	30
10	剧场	淋浴器		60	200～400	37～40
		演员用洗脸盆		5	80	35
11	体育场馆	淋浴器		30	300	35
12	工业企业生活间	淋浴器	一般车间	40	360～540	37～40
			脏车间	60	180～480	40
		洗脸盆	一般车间	3	90～120	30
		盥洗槽水嘴	脏车间	5	100～150	35
13	净身器			10～15	120～180	30

注：1 一般车间指现行国家标准《工业企业设计卫生标准》GBZ 1 中规定的 3、4 级卫生特征的车间，脏车间指该标准中规定的 1、2 级卫生特征的车间。

2 学生宿舍等建筑的淋浴间，当使用 IC 卡计费用水时，其一次用水量和小时用水量可按表中数值的 25%～40%取值。

6.2.2 生活热水的原水水质应符合现行国家标准《生活饮用水卫生标准》GB 5749 的规定，生活热水的水质应符合现行行业标准《生活热水水质标准》CJ/T 521 的规定。

6.2.3 集中热水供应系统的原水的防垢、防腐处理，应根据水质、水量、水温、水加热设备的构造、使用要求等因素经技术经济比较，并按下列规定确定：

1 洗衣房日用热水量（按 60℃计）大于或等于 $10m^3$ 且原水总硬度（以碳酸钙计）大于 300mg/L 时，应进行水质软化处理；原水总硬度（以碳酸钙计）为 150mg/L～300mg/L 时，宜进行水质软化处理；

2 其他生活日用热水量（按 60℃计）大于或等于 $10m^3$ 且原水总硬度（以碳酸钙计）大于 300mg/L 时，宜进行水质软化或阻垢缓蚀处理；

3 经软化处理后的水质总硬度（以碳酸钙计），洗衣房用水宜为 50mg/L～100mg/L；其他用水宜为 75mg/L～120mg/L；

4 水质阻垢缓蚀处理应根据水的硬度、温度、适用流速、作用时间或有效管道长度及工作电压等，选择合适的物理处理或化学稳定剂处理方法；

5 当系统对溶解氧控制要求较高时，宜采取除氧措施。

6.2.4 集中热水供应系统的水加热设备出水温度不能满足本标准第 6.2.6 条的要求时，应设置消灭致病菌的设施或采取消灭致病菌的措施。

6.2.5 冷水的计算温度，应以当地最冷月平均水温资料确定。当无水温资料时，可按表 6.2.5 采用。

表 6.2.5 冷水计算温度（℃）

区域	省、市、自治区、行政区		地面水	地下水
东北	黑龙江		4	6～10
	吉林			
	辽宁	大部		
		南部		10～15
华北	北京		4	10～15
	天津			
	河北	北部		6～10
		大部		10～15
	山西	北部		6～10
		大部		10～15
	内蒙古			6～10
西北	陕西	偏北	4	6～10
		大部		10～15
		秦岭以南	7	15～20
	甘肃	南部	4	10～15
		秦岭以南	7	15～20
	青海	偏东	4	10～15
	宁夏	偏东		6～10
		南部		10～15
	新疆	北疆	5	10～11
		南疆	—	12
		乌鲁木齐	8	
东南	山东		4	10～15
	上海		5	15～20
	浙江			
	江苏	偏北	4	10～15
		大部	5	15～20
	江西	大部		
	安徽	大部		
	福建	北部		
		南部	10～15	20
	台湾			
中南	河南	北部	4	10～15
		南部	5	15～20
	湖北	东部	5	15～20
		西部	7	
	湖南	东部	5	
		西部	7	
	广东、港澳		10～15	20
	海南		15～20	17～22
西南	重庆		7	15～20
	贵州			
	四川	大部		
	云南	大部		
		南部	10～15	20
	广西	大部		
		偏北	7	15～20
	西藏		—	5

6.2.6 集中热水供应系统的水加热设备出水温度应根据原水水质、使用要求、系统大小及消毒设施灭菌效果等确定，并应符合下列规定：

1 进入水加热设备的冷水总硬度（以碳酸钙计）小于 120mg/L 时，水加热设备最高出水温度应小于或等于 70℃；冷水总硬度（以碳酸钙计）大于或等于 120mg/L 时，最高出水温度应小于或等于 60℃；

2 系统不设灭菌消毒设施时，医院、疗养所等建筑的水加热设备出水温度应为 60℃～65℃，其他建筑水加热设备出水温度应为 55℃～60℃；系统设灭菌消毒设施时水加热设备出水温度均宜相应降低 5℃；

3 配水点水温不应低于 45℃。

6.3 热水供应系统选择

6.3.1 集中热水供应系统的热源应通过技术经济比较，并应按下列顺序选择：

1 采用具有稳定、可靠的余热、废热、地热，当以地热为热源时，应按地热水的水温、水质和水压，采取相应的技术措施处理满足使用要求；

2 当日照时数大于1400h/a且年太阳辐射量大于4200MJ/m²及年极端最低气温不低于－45℃的地区，采用太阳能，全国各地日照时数及年太阳能辐照量应按本标准附录H取值；

3 在夏热冬暖、夏热冬冷地区采用空气源热泵；

4 在地下水源充沛、水文地质条件适宜，并能保证回灌的地区，采用地下水源热泵；

5 在沿江、沿海、沿湖，地表水源充足、水文地质条件适宜，以及有条件利用城市污水、再生水的地区，采用地表水源热泵；当采用地下水源和地表水源时，应经当地水务、交通航运等部门审批，必要时应进行生态环境、水质卫生方面的评估；

6 采用能保证全年供热的热力管网热水；

7 采用区域性锅炉房或附近的锅炉房供给蒸汽或高温水；

8 采用燃油、燃气热水机组、低谷电蓄热设备制备的热水。

6.3.2 局部热水供应系统的热源宜按下列顺序选择：

1 符合本标准第6.3.1条第2款条件的地区宜采用太阳能；

2 在夏热冬暖、夏热冬冷地区宜采用空气源热泵；

3 采用燃气、电能作为热源或作为辅助热源；

4 在有蒸汽供给的地方，可采用蒸汽作为热源。

6.3.3 升温后的冷却水，当其水质符合本标准第6.2.2条规定的要求时，可作为生活用热水。

6.3.4 当采用废气、烟气、高温无毒废液等废热作为热媒时，应符合下列规定：

1 加热设备应防腐，其构造应便于清理水垢和杂物；

2 应采取措施防止热媒管道渗漏而污染水质；

3 应采取措施消除废气压力波动或除油。

6.3.5 采用蒸汽直接通入水中或采取汽水混合设备的加热方式时，宜用于开式热水供应系统，并应符合下列规定：

1 蒸汽中不得含油质及有害物质；

2 加热时应采用消声混合器，所产生的噪声应符合现行国家标准《声环境质量标准》GB 3096的规定；

3 应采取防止热水倒流至蒸汽管道的措施。

6.3.6 热水供应系统选择宜符合下列规定：

1 宾馆、公寓、医院、养老院等公共建筑及有使用集中供应热水要求的居住小区，宜采用集中热水供应系统；

2 小区集中热水供应应根据建筑物的分布情况等采用小区共用系统、多栋建筑共用系统或每幢建筑单设系统，共用系统水加热站室的服务半径不应大于500m；

3 普通住宅、无集中沐浴设施的办公楼及用水点分散、日用水量(按60℃计)小于5m³的建筑宜采用局部热水供应系统；

4 当普通住宅、宿舍、普通旅馆、招待所等组成的小区或单栋建筑如设集中热水供应时，宜采用定时集中热水供应系统；

5 全日集中热水供应系统中的较大型公共浴室、洗衣房、厨房等耗热量较大且用水时段固定的用水部位，宜设单独的热水管网定时供应热水或另设局部热水供应系统。

6.3.7 集中热水供应系统的分区及供水压力的稳定、平衡，应遵循下列原则：

1 应与给水系统的分区一致，并应符合下列规定：

1)闭式热水供应系统的各区水加热器、贮热水罐的进水均应由同区的给水系统专管供应；

2)由热水箱和热水供水泵联合供水的热水供应系统的热水供水泵扬程应与相应供水范围的给水泵压力协调，保证系统冷热水压力平衡；

3)当上述条件不能满足时，应采取保证系统冷、热水压力平衡的措施。

2 由城镇给水管网直接向闭式热水供应系统的水加热器、贮热水罐补水的冷水补水管上装有倒流防止器时，其相应供水范围内的给水管宜从该倒流防止器后引出。

3 当给水管道的水压变化较大且用水点要求水压稳定时，宜采用设高位热水箱重力供水的开式热水供应系统或采取稳压措施。

4 当卫生设备设有冷热水混合器或混合龙头时，冷、热水供应系统在配水点处应有相近的水压。

5 公共浴室淋浴器出水水温应稳定，并宜采取下列措施：

1)采用开式热水供应系统；

2)给水额定流量较大的用水设备的管道应与淋浴配水管道分开；

3)多于3个淋浴器的配水管道宜布置成环形；

4)成组淋浴器的配水管的沿程水头损失，当淋浴器少于或等于6个时，可采用每米不大于300Pa；当淋浴器多于6个时，可采用每米不大于350Pa；配水管不宜变径，且其最小管径不得小于25mm；

5)公共淋浴室宜采用单管热水供应系统或采用带定温混合阀的双管热水供应系统，单管热水供应系统应采取保证热水水温稳定的技术措施。当采用公共浴池沐浴时，应设循环水处理系统及消毒设备。

6.3.8 水加热设备机房的设置宜符合下列规定：

1 宜与给水加压泵房相近设置；

2 宜靠近耗热量最大或设有集中热水供应的最高建筑；

3 宜位于系统的中部；

4 集中热水供应系统当设有专用热源站时，水加热设备机房与热源站宜相邻设置。

6.3.9 老年人照料设施、安定医院、幼儿园、监狱等建筑中为特殊人群提供沐浴热水的设施，应有防烫伤措施。

6.3.10 集中热水供应系统应设热水循环系统，并应符合下列规定：

1 热水配水点保证出水温度不低于45℃的时间，居住建筑不应大于15s，公共建筑不应大于10s；

2 应合理布置循环管道，减少能耗；

3 对使用水温要求不高且不多于3个的非沐浴用水点，当其热水供水管长度大于15m时，可不设热水回水管。

6.3.11 小区集中热水供应系统应设热水回水总管和总循环水泵保证供水总管的热水循环，其所供单栋建筑的热水供、回水循环管道的设置应符合本标准第6.3.12条的规定。

6.3.12 单栋建筑的集中热水供应系统应设热水回水管和循环水泵保证干管和立管中的热水循环。

6.3.13 采用干管和立管循环的集中热水供应系统的建筑，当系统布置不能满足第6.3.10条第1款的要求时，应采取下列措施：

1 支管应设自调控电伴热保温；

2 不设分户水表的支管应设支管循环系统。

6.3.14 热水循环系统应采取下列措施保证循环效果：

1 当居住小区内集中热水供应系统的各单栋建筑的热水管道布置相同，且不增加室外热水回水总管时，宜采用同程布置的循环系统。当无此条件时，宜根据建筑物的布置、各单体建筑物内热水循环管道布置的差异等，在单栋建筑回水干管末端设分循环水泵、温度控制或流量控制的循环阀件。

2 单栋建筑内集中热水供应系统的热水循环管宜根据配水点的分布布置循环管道：

1)循环管道同程布置；

2)循环管道异程布置，在回水立管上设导流循环管件、温度控制或流量控制的循环阀件。

3 采用减压阀分区时，除应符合本标准第3.5.10条、第3.5.11条的规定外，尚应保证各分区热水的循环。

4 太阳能热水系统的循环管道设置应符合本标准第6.6.1

条第 6 款的规定。

5 设有 3 个或 3 个以上卫生间的住宅、酒店式公寓、别墅等共用热水器的局部热水供应系统，宜采取下列措施：

1)设小循环泵机械循环；

2)设回水配件自然循环；

3)热水管设自调控电伴热保温。

6.4 耗热量、热水量和加热设备供热量的计算

6.4.1 设计小时耗热量的计算应符合下列规定：

1 设有集中热水供应系统的居住小区的设计小时耗热量，应按下列规定计算：

1)当居住小区内配套公共设施的最大用水时时段与住宅的最大用水时时段一致时，应按两者的设计小时耗热量叠加计算；

2)当居住小区内配套公共设施的最大用水时时段与住宅的最大用水时时段不一致时，应按住宅的设计小时耗热量加配套公共设施的平均小时耗热量叠加计算。

2 宿舍(居室内设卫生间)、住宅、别墅、酒店式公寓、招待所、培训中心、旅馆、宾馆的客房(不含员工)、医院住院部、养老院、幼儿园、托儿所(有住宿)、办公楼等建筑的全日集中热水供应系统的设计小时耗热量应按下式计算：

$$Q_h = K_h \frac{mq_r C(t_r - t_l)\rho_r}{T} C_\gamma \quad (6.4.1\text{-}1)$$

式中：Q_h——设计小时耗热量(kJ/h)；

m——用水计算单位数(人数或床位数)；

q_r——热水用水定额[L/(人·d)或 L/(床·d)]，按本标准表 6.2.1-1 中最高日用水定额采用；

t_r——热水温度(℃)，$t_r = 60$℃；

C——水的比热[kJ/(kg·℃)]，$C = 4.187$kJ/(kg·℃)；

t_l——冷水温度(℃)，按本标准表 6.2.5 取用；

ρ_r——热水密度(kg/L)；

T——每日使用时间(h)，按本标准表 6.2.1-1 取用；

C_γ——热水供应系统的热损失系数，$C_\gamma = 1.10 \sim 1.15$；

K_h——小时变化系数，可按表 6.4.1 取用。

表 6.4.1 热水小时变化系数 K_h 值

类别	住宅	别墅	酒店式公寓	宿舍(居室内设卫生间)	招待所培训中心、普通旅馆	宾馆	医院、疗养院	幼儿园、托儿所	养老院
热水用水定额[L/人(床)·d]	60～100	70～110	80～100	70～100	25～40 40～60 50～80 60～100	120～160	60～100 70～130 110～200 100～160	20～40	50～70
使用人(床)数	100～6000	100～6000	150～1200	150～1200	150～1200	150～1200	50～1000	50～1000	50～1000
K_h	4.8～2.75	4.21～2.47	4.00～2.58	4.80～3.20	3.84～3.00	3.33～2.60	3.63～2.56	4.80～3.20	3.20～2.74

注：1 表中热水用水定额与表 6.2.1-1 中最高日用水定额对应。

2 K_h应根据热水用水定额高低、使用人(床)数多少取值，当热水用水定额高、使用人(床)数多时取低值，反之取高值。使用人(床)数小于或等于下限值及大于或等于上限值时，K_h就取上限值及下限值，中间值可用定额与人(床)数的乘积作为变量内插法求得。

3 设有全日集中热水供应系统的办公楼、公共浴室等表中未列入的其他类建筑的 K_h值可按本标准表 3.2.2 中给水的小时变化系数选值。

3 定时集中热水供应系统，工业企业生活间、公共浴室、宿舍(设公用盥洗卫生间)、剧院化妆间、体育场(馆)运动员休息室等建筑的全日集中热水供应系统及局部热水供应系统的设计小时耗热量应按下式计算：

$$Q_h = \sum q_h C(t_{r1} - t_l)\rho_r n_o b_g C_\gamma \quad (6.4.1\text{-}2)$$

式中：Q_h——设计小时耗热量(kJ/h)；

q_h——卫生器具热水的小时用水定额(L/h)，按本标准表 6.2.1-2 取用；

t_{r1}——使用温度(℃)，按本标准表 6.2.1-2“使用水温”取用；

n_o——同类型卫生器具数；

b_g——同类型卫生器具的同时使用百分数。住宅、旅馆、医院、疗养院病房、卫生间内浴盆或淋浴器可按 70%～100%计，其他器具不计，但定时连续供水时间应大于或等于 2h；工业企业生活间、公共浴室、宿舍(设公用盥洗卫生间)、剧院、体育场(馆)等的浴室内的淋浴器和洗脸盆均按表 3.7.8-1 的上限取值；住宅一户设有多个卫生间时，可按一个卫生间计算。

4 具有多个不同使用热水部门的单一建筑或具有多种使用功能的综合性建筑，当其热水由同一全日集中热水供应系统供应时，设计小时耗热量可按同一时间内出现用水高峰的主要用水部门的设计小时耗热量，加其他用水部门的平均小时耗热量计算。

6.4.2 设计小时热水量可按下式计算：

$$q_{rh} = \frac{Q_h}{(t_{r2} - t_l)C\rho_r C_\gamma} \quad (6.4.2)$$

式中：q_{rh}——设计小时热水量(L/h)；

t_{r2}——设计热水温度(℃)。

6.4.3 集中热水供应系统中，热源设备、水加热设备的设计小时供热量宜按下列原则确定：

1 导流型容积式水加热器或贮热容积与其相当的水加热器、燃油(气)热水机组应按下式计算：

$$Q_g = Q_h - \frac{\eta \cdot V_r}{T_1}(t_{r2} - t_l)C \cdot \rho_r \quad (6.4.3\text{-}1)$$

式中：Q_g——导流型容积式水加热器的设计小时供热量(kJ/h)；

η——有效贮热容积系数，导流型容积式水加热器 η 取 0.8～0.9；第一循环系统为自然循环时，卧式贮热水罐 η 取 0.80～0.85；立式贮热水罐 η 取 0.85～0.90；第一循环系统为机械循环时，卧、立式贮热水罐 η 取 1.0；

V_r——总贮热容积(L)；

T_1——设计小时耗热量持续时间(h)，全日集中热水供应系统 T_1 取 2h～4h；定时集中热水供应系统 T_1 等于定时供水的时间(h)；当 Q_g 计算值小于平均小时耗热量时，Q_g 应取平均小时耗热量。

2 半容积式水加热器或贮热容积与其相当的水加热器、燃油(气)热水机组的设计小时供热量应按设计小时耗热量计算。

3 半即热式、快速式水加热器的设计小时供热量应按下式计算：

$$Q_g = 3600 q_g (t_y - t_l)C \cdot \rho_y \quad (6.4.3\text{-}2)$$

式中：Q_g——半即热式、快速式水加热器的设计小时供热量(kJ/h)；

q_g——集中热水供应系统供水总干管的设计秒流量(L/s)。

6.5 水的加热和贮存

6.5.1 水加热设备应根据使用特点、耗热量、热源、维护管理及卫生防菌等因素选择，并应符合下列规定：

1 热效率高，换热效果好，节能，节省设备用房；

2 生活热水侧阻力损失小，有利于整个系统冷、热水压力的平衡；

3 设备应留有人孔等方便维护检修的装置，并应按本标准第 6.8.9 条、第 6.8.10 条配置控温、泄压等安全阀件。

6.5.2 选用水加热设备尚应遵循下列原则：

1 当采用自备热源时，应根据冷水水质总硬度大小、供水温度等采用直接供应热水或间接供应热水的燃油(气)热水机组；

2　当采用蒸汽、高温水为热媒时，应结合用水的均匀性、水质要求、热媒的供应能力、系统对冷热水压力平衡稳定的要求及设备所带温控安全装置的灵敏度、可靠性等，经综合技术经济比较后选择间接水加热设备；

3　当采用电能作热源时，其水加热设备应采取保护电热元件的措施；

4　采用太阳能作热源的水加热设备选择应按本标准第6.6.5条第6款确定；

5　采用热泵作热源的水加热设备选择应按本标准第6.6.7条第3款确定。

6.5.3　医院集中热水供应系统的热源机组及水加热设备不得少于2台，其他建筑的热水供应系统的水加热设备不宜少于2台，当一台检修时，其余各台的总供热能力不得小于设计小时供热量的60%。

6.5.4　医院建筑应采用无冷温水滞水区的水加热设备。

6.5.5　局部热水供应设备应符合下列规定：

1　选用设备应综合考虑热源条件、建筑物性质、安装位置、安全要求及设备性能特点等因素；

2　当供给2个及2个以上用水器具同时使用时，宜采用带有贮热调节容积的热水器；

3　当以太阳能作热源时，应设辅助热源；

4　热水器不应安装在下列位置：

1）易燃物堆放处；

2）对燃气管、表或电气设备有安全隐患处；

3）腐蚀性气体和灰尘污染处。

6.5.6　燃气热水器、电热水器必须带有保证使用安全的装置。严禁在浴室内安装直接排气式燃气热水器等在使用空间内积聚有害气体的加热设备。

6.5.7　水加热器的加热面积应按下式计算：

$$F_{jr}=\frac{Q_g}{\varepsilon K\Delta t_j}\qquad(6.5.7)$$

式中：F_{jr}——水加热器的加热面积（m^2）；

Q_g——设计小时供热量（kJ/h）；

K——传热系数[$kJ/(m^2\cdot ℃\cdot h)$]；

ε——水垢和热媒分布不均匀影响传热效率的系数，采用0.6～0.8；

Δt_j——热媒与被加热水的计算温度差（℃），按本标准第6.5.8条的规定确定。

6.5.8　水加热器热媒与被加热水的计算温度差应按下列公式计算：

1　导流型容积式水加热器、半容积式水加热器：

$$\Delta t_j=\frac{t_{mc}+t_{mz}}{2}-\frac{t_c+t_z}{2}\qquad(6.5.8\text{-}1)$$

式中：t_{mc}、t_{mz}——热媒的初温和终温（℃）；

t_c、t_z——被加热水的初温和终温（℃）。

2　快速式水加热器、半即热式水加热器：

$$\Delta t_j=\frac{\Delta t_{max}-\Delta t_{min}}{\ln\dfrac{\Delta t_{max}}{\Delta t_{min}}}\qquad(6.5.8\text{-}2)$$

式中：Δt_{max}——热媒与被加热水在水加热器一端的最大温度差（℃）；

Δt_{min}——热媒与被加热水在水加热器另一端的最小温度差（℃）。

6.5.9　热媒的计算温度应符合下列规定：

1　热媒为饱和蒸汽时的热媒初温、终温的计算：

1）热媒的初温 t_{mc}：当热媒为压力大于70kPa的饱和蒸汽时，t_{mc}应按饱和蒸汽温度计算；压力小于或等于70kPa时，t_{mc}应按100℃计算；

2）热媒的终温 t_{mz}：应由经热工性能测定的产品提供，可按 t_{mz}=50℃～90℃。

2　热媒为热水时，热媒的初温应按热媒供水的最低温度计算；热媒的终温应由经热工性能测定的产品提供；当热媒初温 t_{mc}=70℃～100℃时，可按终温 t_{mz}=50℃～80℃计算。

3　热媒为热力管网的热水时，热媒的计算温度应按热力管网供回水的最低温度计算。

6.5.10　导流型容积式水加热器或加热水箱（罐）等的容积附加系数应符合下列规定：

1　导流型容积式水加热器、贮热水箱（罐）的计算容积的附加系数应按本标准式（6.4.3-1）中的有效贮热容积系数 η 计算；

2　当采用半容积式水加热器、带有强制罐内水循环水泵的水加热器或贮热水箱（罐）时，其计算容积可不附加。

6.5.11　水加热设施贮热量应符合下列规定：

1　内置加热盘管的加热水箱、导流型容积式水加热器、半容积式水加热器的贮热量应符合表6.5.11的规定。

表6.5.11　水加热设施的贮热量

加热设施	以蒸汽和95℃以上的热水为热媒		以小于或等于95℃的热水为热媒	
	工业企业淋浴室	其他建筑物	工业企业淋浴室	其他建筑物
内置加热盘管的加热水箱	≥30min·Q_h	≥45min·Q_h	≥60min·Q_h	≥90min·Q_h
导流型容积式水加热器	≥20min·Q_h	≥30min·Q_h	≥30min·Q_h	≥40min·Q_h
半容积式水加热器	≥15min·Q_h	≥15min·Q_h	≥15min·Q_h	≥20min·Q_h

注：1　燃油（气）热水机组所配贮热水罐，贮热量宜根据热媒供应情况按导流型容积式水加热器或半容积式水加热器确定。

2　表中 Q_h 为设计小时耗热量（kJ/h）。

2　半即热式、快速式水加热器，当热媒按设计秒流量供应且有完善可靠的温度自动控制及安全装置时，可不设贮热水罐；当其不具备上述条件时，应设贮热水罐；贮热量宜根据热媒供应情况按导流型容积式水加热器或半容积式水加热器确定。

3　太阳能热水供应系统的水加热器、集热水箱（罐）的有效容积可按本标准式（6.6.5-1）、式（6.6.5-2）计算确定，水源、空气源热泵热水供应系统的贮热水箱（罐）的有效容积可按本标准式（6.6.7-2）计算确定。

4　集中生活热水供应系统利用低谷电制备生活热水时，其贮热水箱总容积、电热机组功率应符合下列规定：

1）采用高温贮热水箱贮热、低温供热水箱供热的直接供应热水系统时，其热水箱总容积应分别按下列公式计算：

$$V_1=\frac{1.1T_2\cdot m\cdot q_r\cdot(t_r-t_l)\cdot C_\gamma}{1000(t_h-t_l)}\qquad(6.5.11\text{-}1)$$

$$V_2=\frac{T_3\cdot Q_{rh}}{1000}\qquad(6.5.11\text{-}2)$$

式中：V_1——高温贮热水箱总容积（m^3）；

V_2——低温（供水温度 t_r=60℃）供热水箱总容积（m^3）；

1.1——总容积与有效贮水容积之比值；

T_2——高温热水贮水时间，T_2=1d；

T_3——低温热水贮水时间，T_3=0.25～0.30h；

t_h——贮水温度（℃），t_h=80℃～90℃；

Q_{rh}——设计小时热水量（L/h）。

2）采用贮热、供热合一的低温水箱的直接供应热水系统时，热水箱总容积应按下式计算：

$$V_3=\frac{1.1T_2\cdot m\cdot q_r\cdot C_\gamma}{1000}\qquad(6.5.11\text{-}3)$$

式中：V_3——贮热、供热合一的低温贮热水箱（供水温度 t_r=60℃）的总容积（m^3）。

3）采用贮热水箱贮存热媒水的间接供应热水系统时，贮热水箱总容积应按下式计算：

$$V_4=\frac{1.1T_2\cdot m\cdot q_r\cdot(t_r-t_l)\cdot C_\gamma}{1000\Delta t_m^m}\qquad(6.5.11\text{-}4)$$

式中：V_4——热媒水贮热水箱总容积（m^3）；

Δt_{m}^{m}——热媒水间接换热被加热水时，热媒供、回水平均温度差；一般可取热媒供水温度 $t_{mc}=80℃\sim90℃$，$\Delta t_{m}^{m}=25℃$。

4）电热机组的功率应按下式计算：

$$N=\frac{m\cdot q_{r}\cdot C(t_{r}-t_{l})\rho_{r}\cdot C_{\gamma}}{3600T_{1}\cdot M} \quad (6.5.11\text{-}5)$$

式中：N——电热水机组功率（kW）；

T_1——每天低谷电加热的时间，$T_1=6h\sim8h$；

M——电能转为热能的效率，$M=0.98$。

6.5.12 设有高位加热贮热水箱连续加热的热水供应系统，宜设置高位冷水供水箱供水和补水。高位冷水水箱的设置高度（以水箱最低水位计算）应保证最不利处的配水点所需水压。

6.5.13 闭式热水供应系统的冷水补给水管的设置除应符合本标准第6.3.7条的要求外，尚应符合下列规定：

1 冷水补给水管的管径应按热水供应系统总干管的设计秒流量确定；

2 有第一循环的热水供应系统，当第一循环采用自然循环时，冷水补给水管应接入贮热水罐，不应接入第一循环的回水管、热水锅炉或热水机组。

6.5.14 热水箱应加盖，并应设溢流管、泄水管和引出室外的通气管。热水箱溢流水位超出冷水补水箱的水位高度应按热水膨胀量计算。泄水管、溢流管不得与排水管道直接连接。

6.5.15 水加热设备和贮热设备罐体，应根据水质情况及使用要求采用耐腐蚀材料制作或在钢制罐体内表面衬不锈钢、铜等防腐面层。

6.5.16 水加热器的布置应符合下列规定：

1 导流型容积式、半容积式水加热器的侧向或竖向应留有抽出加热管束或盘管的空间；

2 导流型容积式、半容积式水加热器的一侧应有净宽不小于0.7m的通道，其他侧净宽不应小于0.5m；

3 水加热器上部附件的最高点至建筑结构最低点的净距应满足检修的要求，并不得小于0.2m，房间净高不得低于2.2m。

6.5.17 燃油（气）热水机组机房的布置应符合下列规定：

1 燃油（气）热水机组机房宜与其他建筑物分离独立设置；当机房设在建筑物内时，不应设置在人员密集场所的上、下或贴邻，并应设对外的安全出口；

2 机房的布置应满足设备的安装、运行和检修要求，并靠外墙布置其前方应留不少于机组长度2/3的空间，后方应留0.8m～1.5m的空间，两侧通道宽度应为机组宽度，且不应小于1.0m。机组最上部部件（烟囱除外）至机房顶板梁底净距不宜小于0.8m；

3 机房与燃油（气）机组配套的日用油箱、贮油罐等的布置和供油、供气管道的敷设均应符合有关消防、安全的要求。

6.5.18 设置锅炉、燃油（气）热水机组、水加热器、贮热水罐的房间，应便于泄水、防止污水倒灌，并应有良好的通风和照明。

6.5.19 在设有膨胀管的开式热水供应系统中，膨胀管的设置应符合下列规定：

1 当热水系统由高位生活饮用冷水箱补水时，可将膨胀管引至同一建筑物的非生活饮用水箱的上空，其高度应按下式计算：

$$h_1\geqslant H_1\cdot\left(\frac{\rho_l}{\rho_r}-1\right) \quad (6.5.19)$$

式中：h_1——膨胀管高出高位冷水箱最高水位的垂直高度（m）；

H_1——热水锅炉、水加热器底部至高位冷水箱水面的高度（m）；

ρ_l——冷水密度（kg/m³）；

ρ_r——热水密度（kg/m³），膨胀管出口离接入非生活饮用水箱溢流水位的高度不应少于100mm。

2 当膨胀管有结冻可能时，应采取保温措施。

3 膨胀管的最小管径应按表6.5.19确定。

表 6.5.19 膨胀管的最小管径

热水锅炉或水加热器的加热面积（m²）	＜10	≥10且＜15	≥15且＜20	≥20
膨胀管最小管径（mm）	25	32	40	50

6.5.20 膨胀管上严禁装设阀门。

6.5.21 在闭式热水供应系统中，应设置压力式膨胀罐、泄压阀，并应符合下列规定：

1 最高日日用热水量小于或等于30m³的热水供应系统可采用安全阀等泄压的措施。

2 最高日日用热水量大于30m³的热水供应系统应设置压力式膨胀罐；膨胀罐的总容积应按下式计算：

$$V_e=\frac{(\rho_f-\rho_r)P_2}{(P_2-P_1)\rho_r}\cdot V_s \quad (6.5.21)$$

式中：V_e——膨胀罐的总容积（m³）；

ρ_f——加热前加热、贮热设备内水的密度（kg/m³），定时供应热水的系统宜按冷水温度确定；全日集中热水供应系统宜按热水回水温度确定；

ρ_r——热水密度（kg/m³）；

P_1——膨胀罐处管内水压力（MPa，绝对压力），为管内工作压力加0.1MPa；

P_2——膨胀罐处管内最大允许压力（MPa，绝对压力），其数值可取$1.10P_1$，但应校核P_2值，并应小于水加热器设计压力；

V_s——系统内热水总容积（m³）。

3 膨胀罐宜设置在水加热设备的冷水补水管上或热水回水管上，其连接管上不宜设阀门。

6.6 太阳能、热泵热水供应系统

6.6.1 太阳能热水系统的选择应遵循下列原则：

1 公共建筑宜采用集中集热、集中供热太阳能热水系统；

2 住宅类建筑宜采用集中集热、分散供热太阳能热水系统或分散集热、分散供热太阳能热水系统；

3 小区设集中集热、集中供热太阳能热水系统或集中集热、分散供热太阳能热水系统时应符合本标准第6.3.6条的规定；太阳能集热系统宜按分栋建筑设置，当需合建系统时，宜控制集热器阵列总出口至集热水箱的距离不大于300m；

4 太阳能热水系统应根据集热器构造、冷水水质硬度及冷热水压力平衡要求等经比较确定采用直接太阳能热水系统或间接太阳能热水系统；

5 太阳能热水系统应根据集热器类型及其承压能力、集热系统布置方式、运行管理条件等经比较采用闭式太阳能集热系统或开式太阳能集热系统；开式太阳能集热系统宜采用集热、贮热、换热一体间接预热承压冷水供应热水的组合系统；

6 集中集热、分散供热太阳能热水系统采用由集热水箱或由集热、贮热、换热一体间接预热承压冷水供应热水的组合系统直接向分散带温控的热水器供水，且至最远热水器热水管总长不大于20m时，热水供水系统可不设循环管道；

7 除上款规定外的其他集中集热、集中供热太阳能热水系统和集中集热、分散供热太阳能热水系统的循环管道设置应按本标准第6.3.14条执行。

6.6.2 太阳能集热系统集热器总面积的计算应符合下列规定：

1 直接太阳能热水系统的集热器总面积应按下式计算：

$$A_{jz}=\frac{Q_{md}\cdot f}{b_j\cdot J_t\cdot\eta_j(1-\eta_l)} \quad (6.6.2\text{-}1)$$

式中：A_{jz}——直接太阳能热水系统集热器总面积（m²）；

Q_{md}——平均日耗热量（kJ/d），按本标准式（6.6.3）计算；

f——太阳能保证率，按本标准第6.6.3条第3款确定；

b_j——集热器面积补偿系数，按本标准第6.6.3条第4款确定；

J_t——集热器总面积的平均日太阳辐照量[kJ/(m²·d)]，可按本标准附录H确定；

η_j——集热器总面积的年平均集热效率，按本标准第6.6.3条第5款确定；

η_l——集热系统的热损失，按本标准第6.6.3条第6款确定。

2 间接太阳能热水系统的集热器总面积应按下式计算：

$$A_{jj} = A_{jz}\left(1+\frac{U_L \cdot A_{jz}}{K \cdot F_{jr}}\right) \quad (6.6.2\text{-}2)$$

式中：A_{jj}——间接太阳能热水系统集热器总面积(m²)；

U_L——集热器热损失系数[kJ/(m²·℃·h)]应根据集热器产品的实测值确定，平板型可取14.4[kJ/(m²·℃·h)]～21.6[kJ/(m²·℃·h)]；真空管型可取3.6[kJ/(m²·℃·h)]～7.2[kJ/(m²·℃·h)]；

K——水加热器传热系数[kJ/(m²·℃·h)]；

F_{jr}——水加热器加热面积(m²)。

6.6.3 太阳能热水系统主要设计参数的选择应符合下列规定：

1 太阳能热水系统的设计热水用水定额应按本标准表6.2.1-1平均日热水用水定额确定。

2 平均日耗热量应按下式计算：

$$Q_{md} = q_{mr} \cdot m \cdot b_1 \cdot C \cdot \rho_r(t_r - t_L^m) \quad (6.6.3)$$

式中：q_{mr}——平均日热水用水定额[L/(人·d)，L/(床·d)]见表6.2.1-1；

m——用水计算单位数(人数或床位数)；

b_1——同日使用率(住宅建筑为入住率)的平均值应按实际使用工况确定，当无条件时可按表6.6.3-1取值。

t_L^m——年平均冷水温度(℃)，可参照城市当地自来水厂年平均水温值计算。

表6.6.3-1 不同类型建筑的 b_1 值

建筑物名称	b_1
住宅	0.5～0.9
宾馆　旅馆	0.3～0.7
宿舍	0.7～1.0
医院、疗养院	0.8～1.0
幼儿园、托儿所、养老院	0.8～1.0

注：分散供热、分散集热太阳能热水系统的 $b_1=1$。

3 太阳能保证率 f 应根据当地的太阳能辐照量、系统耗热量的稳定性、经济性及用户要求等因素综合确定。太阳能保证率 f 应按表6.6.3-2取值。

表6.6.3-2 太阳能保证率 f 值

年太阳能辐照量[MJ/(m²·d)]	f(%)
≥6700	60～80
5400～6700	50～60
4200～5400	40～50
≤4200	30～40

注：1 宿舍、医院、疗养院、幼儿园、托儿所、养老院等系统负荷较稳定的建筑取表中上限值，其他类建筑取下限值。
2 分散集热、分散供热太阳能热水系统可按表中上限取值。

4 集热器总面积补偿系数 b_j 应根据集热器的布置方位及安装倾角确定。当集热器朝南布置的偏离角小于或等于15℃，安装倾角为当地纬度 $\varphi\pm10°$ 时，b_j 取1；当集热器布置不符合上述规定时，应按照现行的国家标准《民用建筑太阳能热水系统应用技术标准》GB 50364的规定进行集热器面积的补偿计算。

5 集热器总面积的平均集热效率 η_j 应根据经过测定的基于集热器总面积的瞬时效率方程在归一化温差为0.03时的效率值确定。分散集热、分散供热系统的 η_j 经验值为40%～70%；集中集热系统的 η_j 应考虑系统型式、集热器类型等因素的影响，经验值为30%～45%。

6 集热系统的热损失 η_l 应根据集热器类型、集热管路长短、集热水箱(罐)大小及当地气候条件、集热系统保温性能等因素综合确定，当集热器或集热器组紧靠集热水箱(罐)时，η_l 取15%～20%；当集热器或集热器组与集热水箱(罐)分别布置在两处时，η_l 取20%～30%。

6.6.4 集热系统的设置应符合现行国家标准《民用建筑太阳能热水系统应用技术标准》GB 50364的规定。

6.6.5 集热系统附属设施的设计计算应符合下列规定：

1 集中集热、集中供热太阳能热水系统的集热水加热器或集热水箱(罐)宜与供热水加热器或供热水箱(罐)分开设置，串联连接，辅热热源设在供热设施内，其有效容积应按下列计算：

1)集热水加热器或集热水箱(罐)的有效容积应按下式计算：

$$V_{rx} = q_{rjd} \cdot A_j \quad (6.6.5\text{-}1)$$

式中：V_{rx}——集热水加热器或集热水箱(罐)有效容积(L)；

A_j——集热器总面积(m²)，$A_j=A_{jz}$ 或 $A_j=A_{jj}$；

q_{rjd}——集热器单位轮廓面积平均日产60℃热水量[L/(m²·d)]，根据集热器产品的实测结果确定。当无条件时，根据当地太阳能辐照量、集热面积大小等选用下列参数：直接太阳能热水系统 q_{rjd}=40L/(m²·d)～80L/(m²·d)；间接太阳能热水系统 q_{rjd}=30L/(m²·d)～55L/(m²·d)。

2)供热水加热器或供热水箱(罐)的有效容积应按本标准第6.5.11条确定。

2 分散集热、分散供热太阳能热水系统采用集热、供热共用热水箱(罐)时，其有效容积应按本标准式(6.6.5-1)计算。热水箱(罐)中设置辅热元件时，应符合本标准第6.6.6条的规定，其控制应保证有利于太阳能热源的充分利用。

3 集中集热、分散供热太阳能热水系统，当分散供热用户采用容积式热水器间接换热冷水时，其集热水箱的有效容积宜按下式计算：

$$V_{rx1} = V_{rx} - b_1 \cdot m_1 \cdot V_{rx2} \quad (6.6.5\text{-}2)$$

式中：V_{rx1}——集热水箱的有效容积(L)；

m_1——分散供热用户的个数(户数)；

V_{rx2}——分散供热用户设置的分户容积式热水器的有效容积(L)，应按每户实际用水人数确定，一般 V_{rx2} 取60L～120L。

V_{rx1} 除按上式计算外，还宜留有调节集热系统超温排回的一定容积。其最小有效容积不应小于3min热媒循环泵的设计流量且不宜小于800L。

4 集中集热、分散供热太阳能热水系统，当分散供热用户采用热水器辅热直接供水时，其集热水箱的有效容积应按本标准式(6.6.5-1)计算。

5 强制循环的太阳能集热系统应设循环水泵，其流量和扬程的计算应符合下列规定：

1)集热循环水泵的流量等同集热系统循环流量可按下式计算：

$$q_x = q_{gz} \cdot A_j \quad (6.6.5\text{-}3)$$

式中：q_x——集热系统循环流量(L/s)；

q_{gz}——单位轮廓面积集热器对应的工质流量[L/(m²·s)]，按集热器产品实测数据确定。当无条件时，可取0.015L/(m²·s)～0.020L/(m²·s)。

2)开式太阳能集热系统循环水泵的扬程应按下式计算：

$$H_b = h_{jx} + h_j + h_z + h_f \quad (6.6.5\text{-}4)$$

式中：H_b——循环水泵扬程(kPa)；

h_{jx}——集热系统循环流量通过循环管道的沿程与局部阻力损失(kPa)；

h_j——集热系统循环流量通过集热器的阻力损失(kPa)；

h_z——集热器顶与集热水箱最低水位之间的几何高差(kPa)；

h_f——附加压力(kPa)，取20kPa～50kPa。

3)闭式太阳能集热系统循环水泵的扬程应按下式计算：

$$H_b = h_{jx} + h_e + h_j + h_f \tag{6.6.5-5}$$

式中：h_e——循环流量通过集热水加热器的阻力损失(kPa)。

6 集中集热、集中供热的间接太阳能热水系统的集热系统附属集热设施的设计计算宜符合下列规定：

1)当集热器总面积 A_j 小于500m²时，宜选用板式快速水加热器配集热水箱(罐)，或选用导流型容积式或半容积式水加热器集热；

2)当集热器总面积 A_j 大于或等于500m²时，宜选用板式水加热器配集热水箱集热；

3)集热系统的水加热器的水加热面积应按本标准式(6.5.7)计算确定；

4)热媒与被加热水的计算温度差 Δt_j 可按5℃～10℃取值。

7 太阳能集热系统应设防过热、防爆、防冰冻、防倒热循环及防雷击等安全设施，并应符合下列规定：

1)太阳能集热系统应设放气阀、泄水阀、集热介质充装系统；

2)闭式太阳能热水系统应设安全阀、膨胀罐、空气散热器等防过热、防爆的安全设施；

3)严寒和寒冷地区的太阳能集热系统应采用集热系统倒循环、添加防冻液等防冻措施；集中集热、分散供热的间接太阳能热水系统应设置电磁阀等防倒热循环阀件。

8 集热系统的管道、集热水箱等应作保温层，并应按当地年平均气温与系统内最高集热温度或贮水温度计算保温层厚度。

9 开式太阳能集热系统应采用耐温不小于100℃的金属管材、管件、附件及阀件；闭式太阳能集热系统应采用耐温不小于200℃的金属管材、管件、附件及阀件。直接太阳能集热系统宜采用不锈钢管材。

6.6.6 太阳能热水系统应设辅助热源及加热设施，并应符合下列规定：

1 辅助热源宜因地制宜选择，分散集热、分散供热太阳能热水系统和集中集热、分散供热太阳能热水系统宜采用燃气、电；集中集热、集中供热太阳能热水系统宜采用城市热力管网、燃气、燃油、热泵等。集热、辅热设施宜按本标准第6.6.5条第1款和第2款的规定设置；

2 辅助热源的供热量宜按无太阳能时参照本标准第6.4.3条设计计算；

3 辅助热源的控制应在保证充分利用太阳能集热量的条件下，根据不同的热水供水方式采用手动控制、全日自动控制或定时自动控制；

4 辅助热源的水加热设备应根据热源种类及其供水水质、冷热水系统型式采用直接加热或间接加热设备。

6.6.7 当采用热泵机组供应热水时，其设计应符合下列规定：

1 水源热泵热水供应系统设计应符合下列规定：

1)水源热泵应选择水量充足、水质较好、水温较高且稳定的地下水、地表水、废水为热源；

2)水源总水量应按供热量、水源温度和热泵机组性能等综合因素确定；

3)水源热泵的设计小时供热量应按下式计算：

$$Q_g = \frac{m \cdot q_r \cdot C(t_r - t_1)\rho_r \cdot C_\gamma}{T_5} \tag{6.6.7-1}$$

式中：Q_g——水源热泵设计小时供热量(kJ/h)；

q_r——热水用水定额[L/(人·d)或L/(床·d)]，按不高于本标准表6.2.1-1的最高日用水定额或表6.2.1-2中用水定额中下限取值；

T_5——热泵机组设计工作时间(h/d)，取8h～16h。

4)水源水质应满足热泵机组或水加热器的水质要求，当其不满足时，应采取有效的过滤、沉淀、灭藻、阻垢、缓蚀等处理措施。当以污水、废水为水源时，尚应先对污水、废水进行预处理。

2 水源热泵换热系统设计应符合现行国家标准《地源热泵系统工程技术规范》GB 50366的相关规定。

3 水源热泵宜采用快速水加热器配贮热水箱(罐)间接换热制备热水，设计应符合下列规定：

1)全日集中热水供应系统的贮热水箱(罐)的有效容积应按下式计算：

$$V_r = k_1 \frac{(Q_h - Q_g)T_1}{(t_r - t_1)C \cdot \rho_r} \tag{6.6.7-2}$$

式中：V_r——贮热水箱(罐)总容积(L)；

k_1——用水均匀性的安全系数，按用水均匀性选值，k_1＝1.25～1.50。

2)定时热水供应系统的贮热水箱(罐)的有效容积宜为定时供应热水的全部热水量；

3)快速水加热器的加热面积应按本标准式(6.5.7)计算，板式快速水加热器 K 值应为3000[kJ/(m²·℃·h)]～4000[kJ/(m²·℃·h)]，管束式快速水加热器 K 值应为1500[kJ/(m²·℃·h)]～3000[kJ/(m²·℃·h)]，Δt_j 应为3℃～6℃。

4)快速水加热器两侧与热泵、贮热水箱(罐)连接的循环水泵的流量和扬程应按下列公式计算：

$$q_{xh} = \frac{k_2 \cdot Q_g}{3600C \cdot \rho_r \cdot \Delta t} \tag{6.6.7-3}$$

$$H_b = h_{xh} + h_{e1} + h_f \tag{6.6.7-4}$$

式中：q_{xh}——循环水泵流量(L/s)；

k_2——考虑水温差因素的附加系数，k_2＝1.2～1.5；

Δt——快速水加热器两侧的热媒进水、出水温差或热水进水、出水温差，可按 Δt＝5℃～10℃取值；

H_b——循环水泵扬程(kPa)；

h_{xh}——循环流量通过循环管道的沿程与局部阻力损失(kPa)；

h_{e1}——循环流量通过热泵冷凝器、快速水加热器的阻力损失(kPa)，冷凝器阻力由产品提供，板式水加热器阻力为40kPa～60kPa。

4 水源热泵机组布置应符合下列规定：

1)热泵机房应合理布置设备和运输通道，并预留安装孔、洞；

2)机组距墙的净距不宜小于1.0m，机组之间及机组与其他设备之间的净距不宜小于1.2m，机组与配电柜之间净距不宜小于1.5m；

3)机组与其上方管道、烟道或电缆桥架的净距不宜小于1.0m；

4)机组应按产品要求在其一端留有不小于蒸发器、冷凝器中换热管束长度的检修位置。

5 空气源热泵热水供应系统设计应符合下列规定：

1)最冷月平均气温不小于10℃的地区，空气源热泵热水供应系统可不设辅助热源；

2)最冷月平均气温小于10℃且不小于0℃的地区，空气源热泵热水供应系统宜采取设置辅助热源，或采取延长空气源热泵的工作时间等满足使用要求的措施；

3)最冷月平均气温小于0℃的地区，不宜采用空气源热泵热水供应系统；

4)空气源热泵辅助热源应就地获取，经过经济技术比较，选用投资省、低能耗热源；

5）辅助热源应只在最冷月平均气温小于10℃的季节运行，供热量可按补充在该季节空气源热泵产热量不满足系统耗热量的部分计算；

6）空气源热泵的供热量可按本标准式（6.6.7-1）计算确定；当设辅助热源时，宜按当地农历春分、秋分所在月的平均气温和冷水供水温度计算；当不设辅助热源时，应按当地最冷月平均气温和冷水供水温度计算。

7）空气源热泵采取直接加热系统时，直接加热系统要求冷水进水总硬度（以碳酸钙计）不应大于120mg/L，其贮热水箱（罐）的总容积应按本标准式（6.6.7-2）计算。

6　空气源热泵机组布置应符合下列规定：

1）机组不得布置在通风条件差、环境噪声控制严及人员密集的场所；

2）机组进风面距遮挡物宜大于1.5m，控制面距墙宜大于1.2m，顶部出风的机组，其上部净空宜大于4.5m；

3）机组进风面相对布置时，其间距宜大于3.0m。

6.7　管网计算

6.7.1　设有集中热水供应系统的居住小区室外热水干管的设计流量可按本标准第3.13.4条的规定计算确定。建筑物的热水引入管应按其相应热水供水系统总干管的设计秒流量确定。

6.7.2　建筑物内热水供水管网的设计秒流量可分别按本标准第3.7.4条～第3.7.10条计算。

6.7.3　卫生器具热水给水额定流量、当量、支管管径和最低工作压力，应符合本标准第3.2.12条的规定。

6.7.4　热水管网的水头损失计算应符合下列规定：

1　单位长度水头损失，应按本标准第3.7.14条确定，管道的计算内径d_j应考虑结垢和腐蚀引起的过水断面缩小的因素；

2　局部水头损失，可按本标准第3.7.15条的规定计算。

6.7.5　全日集中热水供应系统的热水循环流量应按下式计算：

$$q_x = \frac{Q_s}{C \cdot \rho_r \cdot \Delta t_s} \qquad (6.7.5)$$

式中：q_x——全日集中热水供应系统循环流量（L/h）；

Q_s——配水管道的热损失（kJ/h），经计算确定，单体建筑可取（2%～4%）Q_h，小区可取（3%～5%）Q_h；

Δt_s——配水管道的热水温度差（℃），按系统大小确定，单体建筑可取5℃～10℃，小区可取6℃～12℃。

6.7.6　定时集中热水供应系统的热水循环流量可按循环管网总水容积的2倍～4倍计算。循环管网总水容积包括配水管、回水管的总容积，不包括不循环管网、水加热器或贮热水设施的容积。

6.7.7　热水供应系统中，锅炉或水加热器的出水温度与配水点的最低水温的温度差，单体建筑不得大于10℃，建筑小区不得大于12℃。

6.7.8　热水管道的流速宜按表6.7.8选用。

表6.7.8　热水管道的流速

公称直径（mm）	15～20	25～40	≥50
流速（m/s）	≤0.8	≤1.0	≤1.2

6.7.9　热水供应系统的循环回水管管径，应按管路的循环流量经水力计算确定。

6.7.10　集中热水供应系统的循环水泵设计应符合下列规定：

1　水泵的出水量应按下式计算：

$$q_{xh} = K_x \cdot q_x \qquad (6.7.10\text{-}1)$$

式中：q_{xh}——循环水泵的流量（L/h）；

K_x——相应循环措施的附加系数，取K_x＝1.5～2.5。

2　水泵的扬程应按下式计算：

$$H_b = h_p + h_x \qquad (6.7.10\text{-}2)$$

式中：H_b——循环水泵的扬程（kPa）；

h_p——循环流量通过配水管网的水头损失（kPa）；

h_x——循环流量通过回水管网的水头损失（kPa）。

当采用半即热式水加热器或快速水加热器时，水泵扬程尚应计算水加热器的水头损失。

当计算H_b值较小时，可选H_b＝0.05MPa～0.10MPa。

3　循环水泵应选用热水泵，水泵壳体承受的工作压力不得小于其所承受的静水压力加水泵扬程。

4　循环水泵宜设备用泵，交替运行。

5　全日集中热水供应系统的循环水泵在泵前回水总管上应设温度传感器，由温度控制开停。定时热水供应系统的循环水泵宜手动控制，或定时自动控制。

6.7.11　采用热水箱和热水供水泵联合供水的全日热水供应系统的热水供水泵、循环水泵应符合下列规定：

1　热水供水泵与循环水泵宜合并设置热水泵，流量和扬程应按热水供水泵计算；

2　热水供水泵的流量按本标准第3.9.3条计算，并符合本标准第6.3.7条的规定；

3　热水泵应按本标准第3.9.1条选择，且热水泵不宜少于3台；

4　热水总回水管上应设温度控制阀件控制总回水管的开、关。

6.7.12　设有循环水泵的局部热水供应系统，循环水泵的设置应符合下列规定：

1　可设1台循环水泵；

2　循环水泵宜带智能控制或手动控制。

6.7.13　第一循环管的自然压力值，应按下式计算：

$$H_{xr} = 10 \cdot \Delta h(\rho_1 - \rho_2) \qquad (6.7.13)$$

式中：H_{xr}——第一循环管的自然压力值（Pa）；

Δh——热水锅炉或水加热器中心与贮热水罐中心的标高差（m）；

ρ_1——贮热水罐回水的密度（kg/m³）；

ρ_2——热水锅炉或水加热器供水的密度（kg/m³）。

6.8　管材、附件和管道敷设

6.8.1　热水系统采用的管材和管件，应符合国家现行标准的有关规定。管道的工作压力和工作温度不得大于国家现行标准规定的许用工作压力和工作温度。

6.8.2　热水管道应选用耐腐蚀和安装连接方便可靠的管材，可采用薄壁不锈钢管、薄壁铜管、塑料热水管、复合热水管等。当采用塑料热水管或塑料和金属复合热水管材时，应符合下列规定：

1　管道的工作压力应按相应温度下的许用工作压力选择；

2　设备机房内的管道不应采用塑料热水管。

6.8.3　热水管道系统应采取补偿管道热胀冷缩的措施。

6.8.4　配水干管和立管最高点应设置排气装置。系统最低点应设置泄水装置。

6.8.5　下行上给式系统回水立管可在最高配水点以下与配水立管连接。上行下给式系统可将循环管道与各立管连接。

6.8.6　热水系统上各类阀门的材质及阀型应符合本标准第3.5.3条～第3.5.5条和第3.5.7条的规定。

6.8.7　热水管网应在下列管段上装设阀门：

1　与配水、回水干管连接的分干管；

2　配水立管和回水立管；

3　从立管接出的支管；

4　室内热水管道向住户、公用卫生间等接出的配水管的起端；

5　水加热设备，水处理设备的进、出水管及系统用于温度、流量、压力等控制阀件连接处的管段上按其安装要求配置阀门。

6.8.8　热水管网应在下列管段上设置止回阀：

1　水加热器或贮热水罐的冷水供水管；

2　机械循环的第二循环系统回水管；

3　冷热水混水器、恒温混合阀等的冷、热水供水管。

6.8.9　水加热设备的出水温度应根据其贮热调节容积大小分别

采用不同温级精度要求的自动温度控制装置。当采用汽水换热的水加热设备时，应在热媒管上增设切断汽源的电动阀。

6.8.10 水加热设备的上部、热媒进出口管、贮热水罐、冷热水混合器上和恒温混合阀的本体或连接管上应装温度计、压力表；热水循环泵的进水管上应装温度计及控制循环水泵开停的温度传感器；热水箱应装温度计、水位计；压力容器设备应装安全阀，安全阀的接管直径应经计算确定，并应符合锅炉及压力容器的有关规定，安全阀前后不得设阀门，其泄水管应引至安全处。

6.8.11 水加热设备的冷水供水管上应装冷水表，设有集中热水供应系统的住宅应装分户热水水表，洗衣房、厨房、游乐设施、公共浴池等需要单独计量的热水供水管上应装热水水表，其设有回水管者应在回水管上装热水水表。水表的选型、计算及设置应符合本标准第3.5.18条、第3.5.19条的规定。

6.8.12 热水横干管的敷设坡度上行下给式系统不宜小于0.005，下行上给式系统不宜小于0.003。

6.8.13 塑料热水管宜暗设，明设时立管宜布置在不受撞击处。当不能避免时，应在管外采取保护措施。

6.8.14 热水锅炉、燃油(气)热水机组、水加热设备、贮热水罐、分(集)水器、热水输(配)水、循环回水干(立)管应做保温，保温层的厚度应经计算确定并应符合本标准第3.6.12条的规定。

6.8.15 室外热水供、回水管道宜采用管沟敷设。当采用直埋敷设时，应采用憎水型保温材料保温，保温层外应做密封的防潮防水层，其外再做硬质保护层。管道直埋敷设应符合国家现行标准《城镇供热直埋热水管道技术规程》CJJ/T 81、《建筑给水排水及采暖工程施工质量验收规范》GB 50242和《设备及管道绝热设计导则》GB/T 8175的规定。

6.8.16 热水管穿越建筑物墙壁、楼板和基础处应设置金属套管，穿越屋面及地下室外墙时应设置金属防水套管。

6.8.17 热水管道的敷设应按本标准第3.6节中有关条款执行。

6.8.18 用蒸汽作热媒间接加热的水加热器应在每台开水器凝结水回水管上单独设疏水器，蒸汽立管最低处、蒸汽管下凹处的下部应设疏水器。

6.8.19 疏水器口径应经计算确定，疏水器前应装过滤器，旁边不宜附设旁通阀。

6.9 饮水供应

6.9.1 饮水定额及小时变化系数，应根据建筑物的性质和地区的条件按表6.9.1确定。

表6.9.1 饮水定额及小时变化系数

建筑物名称	单位	饮水定额(L)	K_h
热车间	每人每班	3～5	1.5
一般车间	每人每班	2～4	1.5
工厂生活间	每人每班	1～2	1.5
办公楼	每人每班	1～2	1.5
宿舍	每人每日	1～2	1.5
教学楼	每学生每日	1～2	2.0
医院	每病床每日	2～3	1.5
影剧院	每观众每场	0.2	1.0
招待所、旅馆	每客人每日	2～3	1.5
体育馆(场)	每观众每场	0.2	1.0

注：小时变化系数K_h系指饮水供应时间内的变化系数。

6.9.2 设有管道直饮水的建筑最高日管道直饮水定额可按表6.9.2采用。

表6.9.2 最高日管道直饮水定额

用水场所	单位	最高日直饮水定额
住宅楼、公寓	L/(人·d)	2.0～2.5
办公楼	L/(人·班)	1.0～2.0
教学楼	L/(人·d)	1.0～2.0
旅馆	L/(床·d)	2.0～3.0

续表6.9.2

用水场所	单位	最高日直饮水定额
医院	L/(床·d)	2.0～3.0
体育场馆	L/(观众·场)	0.2
会展中心(博物馆、展览馆)	L/(人·d)	0.4
航站楼、火车站、客运站	L/(人·d)	0.2～0.4

注：1 此定额仅为饮用水量。
2 经济发达地区的最高日直饮水定额，居民住宅楼可提高至4L/(人·d)～5L/(人·d)。
3 最高日管道直饮水定额也可根据用户要求确定。

6.9.3 管道直饮水系统应符合下列规定：

1 管道直饮水应对原水进行深度净化处理，水质应符合现行行业标准《饮用净水水质标准》CJ 94的规定。

2 管道直饮水水嘴额定流量宜为0.04L/s～0.06L/s，最低工作压力不得小于0.03MPa。

3 管道直饮水系统必须独立设置。

4 管道直饮水宜采用调速泵组直接供水或处理设备置于屋顶的水箱重力式供水方式。

5 高层建筑管道直饮水系统应竖向分区，各分区最低处配水点的静水压，住宅不宜大于0.35MPa，公共建筑不宜大于0.40MPa，且最不利配水点处的水压，应满足用水水压的要求。

6 管道直饮水应设循环管道，其供、回水管网应同程布置，当不能满足时，应采取保证循环效果的措施。循环管网内水的停留时间不应超过12h。从立管接至配水龙头的支管管段长度不宜大于3m。

7 办公楼等公共建筑每层自设终端净水处理设备时，可不设循环管道。

8 管道直饮水系统配水管的瞬时高峰用水量应按下式计算：

$$q_g = m \cdot q_o \tag{6.9.3}$$

式中：q_g——计算管段的设计秒流量(L/s)；

q_o——饮水水嘴额定流量，q_o=0.04L/s～0.06L/s；

m——计算管段上同时使用饮水水嘴的数量，根据其水嘴数量可按本标准附录J确定。

9 管道直饮水系统配水管的水头损失，应按本标准第3.7.14条、第3.7.15条的规定计算。

6.9.4 开水供应应符合下列规定：

1 开水计算温度应按100℃计算，冷水计算温度应符合本标准第6.2.5条的规定；

2 当开水炉(器)需设置通气管时，其通气管应引至室外；

3 配水水嘴宜为旋塞；

4 开水器应装设温度计和水位计，开水锅炉应装设温度计，必要时还应装设沸水笛或安全阀。

6.9.5 当中小学校、体育场馆等公共建筑设饮水器时，应符合下列规定：

1 以温水或自来水为原水的直饮水，应进行过滤和消毒处理；

2 应设循环管道，循环回水应经消毒处理；

3 饮水器的喷嘴应倾斜安装并设防护装置，喷嘴孔的高度应保证排水管堵塞时不被淹没；

4 应使同组喷嘴压力一致；

5 饮水器应采用不锈钢、铜镀铬或瓷质、搪瓷制品，其表面应光洁、易于清洗。

6.9.6 管道直饮水系统管道应选用耐腐蚀，内表面光滑，符合食品级卫生、温度要求的薄壁不锈钢管、薄壁铜管、优质塑料管。开水管道金属管材的许用工作温度应大于100℃。

6.9.7 开水管道应采取保温措施。

6.9.8 阀门、水表、管道连接件、密封材料、配水水嘴等选用材质均应符合食品级卫生要求，并与管材匹配。

6.9.9 饮水供应点的设置，应符合下列规定：

1 不得设在易污染的地点，对于经常产生有害气体或粉尘的车间，应设在不受污染的生活间或小室内；

2 位置应便于取用、检修和清扫，并应保证良好的通风和照明。

6.9.10 开水间、饮水处理间应设给水管、排污排水用地漏。给水管管径可按设计小时饮水量计算。开水器、开水炉排污、排水管道应采用金属排水管或耐热塑料排水管。

附录A 回流污染的危害程度及防回流设施选择

A.0.1 生活饮用水回流污染危害程度应符合表A.0.1的规定。

表A.0.1 生活饮用水回流污染危害程度划分

生活饮用水与之连接场所、管道、设备		回流危害程度		
		低	中	高
贮存有害有毒液体的罐区		—	—	√
化学液槽生产流水线		—	—	√
含放射性材料加工及核反应堆		—	—	√
加工或制造毒性化学物的车间		—	—	√
化学、病理、动物试验室		—	—	√
医疗机构医疗器械清洗间		—	—	√
尸体解剖、屠宰车间		—	—	√
其他有毒有害污染场所和设备		—	—	√
消防	消火栓系统	—	√	—
	湿式喷淋系统、水喷雾灭火系统	—	√	—
	简易喷淋系统	√	—	—
	泡沫灭火系统	—	—	√
	软管卷盘	—	√	—
	消防水箱(池)补水	—	√	—
	消防水泵直接吸水	—	√	—
中水、雨水等再生水水箱(池)补水		—	√	—
生活饮用水水箱(池)补水		√	—	—
小区生活饮用水引入管		√	—	—
生活饮用水有温、有压容器		√	—	—
叠压供水		√	—	—
卫生器具、洗涤设备给水		—	√	—
游泳池补水、水上游乐池等		—	√	—
循环冷却水集水池等		—	—	√
水景补水		—	√	—
注入杀虫剂等药剂喷灌系统		—	—	√
无注入任何药剂的喷灌系统		√	—	—
畜禽饮水系统		—	√	—
冲洗道路、汽车冲洗软管		√	—	—
垃圾中转站冲洗给水栓		—	—	√

A.0.2 防回流设施的选择应符合表A.0.2的规定。

表A.0.2 防回流设施选择

倒流防止设施	回流危害程度					
	低		中		高	
	虹吸回流	背压回流	虹吸回流	背压回流	虹吸回流	背压回流
空气间隙	√	—	√	—	√	—
减压型倒流防止器	√	√	√	√	√	√
低阻力倒流防止器	√	√	√	√	—	—
双止回阀倒流防止器	—	√	—	—	—	—
压力型真空破坏器	√	—	√	—	√	—
大气型真空破坏器	√	—	—	—	—	—

附录B 给水管段卫生器具给水当量同时出流概率计算式α_c系数取值

表B U_o～α_c值对应表

U_o(%)	α_c
1.0	0.00323
1.5	0.00697
2.0	0.01097
2.5	0.01512
3.0	0.01939
3.5	0.02374
4.0	0.02816
4.5	0.03263
5.0	0.03715
6.0	0.04629
7.0	0.05555
8.0	0.06489

附录C 给水管段设计秒流量计算

C.0.1 给水管段设计秒流量计算(U_o=1.0、1.5、2.0、2.5)应符合表C.0.1的规定。

表C.0.1 给水管段设计秒流量计算表[U(%)；q(L/s)]

U_o	1.0		1.5		2.0		2.5	
N_g	U	q	U	q	U	q	U	q
1	100.00	0.20	100.00	0.20	100.00	0.20	100.00	0.20
2	70.94	0.28	71.20	0.28	71.49	0.29	71.78	0.29
3	58.00	0.35	58.30	0.35	58.62	0.35	58.96	0.35
4	50.28	0.40	50.60	0.40	50.94	0.41	51.32	0.41
5	45.01	0.45	45.34	0.45	45.69	0.46	46.06	0.46
6	41.10	0.49	41.45	0.50	41.81	0.50	42.18	0.51
7	38.09	0.53	38.43	0.54	38.79	0.54	39.17	0.55
8	35.65	0.57	35.99	0.58	36.36	0.58	36.74	0.59
9	33.63	0.61	33.98	0.61	34.35	0.62	34.73	0.63
10	31.92	0.64	32.27	0.65	32.64	0.65	33.03	0.66
11	30.45	0.67	30.8	0.68	31.17	0.69	31.56	0.69
12	29.17	0.70	29.52	0.71	29.89	0.72	30.28	0.73
13	28.04	0.73	28.39	0.74	28.76	0.75	29.15	0.76
14	27.03	0.76	27.38	0.77	27.76	0.78	28.15	0.79
15	26.12	0.78	26.48	0.79	26.85	0.81	27.24	0.82
16	25.30	0.81	25.66	0.82	26.03	0.83	26.42	0.85
17	24.56	0.83	24.91	0.85	25.29	0.86	25.68	0.87
18	23.88	0.86	24.23	0.87	24.61	0.89	25.00	0.90
19	23.25	0.88	23.60	0.90	23.98	0.91	24.37	0.93
20	22.67	0.91	23.02	0.92	23.40	0.94	23.79	0.95
22	21.63	0.95	21.98	0.97	22.36	0.98	22.75	1.00
24	20.72	0.99	21.07	1.01	21.45	1.03	21.85	1.05
26	19.92	1.04	21.27	1.05	20.65	1.07	21.05	1.09
28	19.21	1.08	19.56	1.10	19.94	1.12	20.33	1.14
30	18.56	1.11	18.92	1.14	19.30	1.16	19.69	1.18
32	17.99	1.15	18.34	1.17	18.72	1.20	19.12	1.22
34	17.46	1.19	17.81	1.21	18.19	1.24	18.59	1.26
36	16.97	1.22	17.33	1.25	17.71	1.28	18.11	1.30
38	16.53	1.26	16.89	1.28	17.27	1.31	17.66	1.34
40	16.12	1.29	16.48	1.32	16.86	1.35	17.25	1.38

续表 C.0.1

U_o	1.0		1.5		2.0		2.5	
N_g	U	q	U	q	U	q	U	q
42	15.74	1.32	16.09	1.35	16.47	1.38	16.87	1.42
44	15.38	1.35	15.74	1.39	16.12	1.42	16.52	1.45
46	15.05	1.38	15.41	1.42	15.79	1.45	16.18	1.49
48	14.74	1.42	15.10	1.45	15.48	1.49	15.87	1.52
50	14.45	1.45	14.81	1.48	15.19	1.52	15.58	1.56
55	13.79	1.52	14.15	1.56	14.53	1.60	14.92	1.64
60	13.22	1.59	13.57	1.63	13.95	1.67	14.35	1.72
65	12.71	1.65	13.07	1.70	13.45	1.75	13.84	1.80
70	12.26	1.72	12.62	1.77	13.00	1.82	13.39	1.87
75	11.85	1.78	12.21	1.83	12.59	1.89	12.99	1.95
80	11.49	1.84	11.84	1.89	12.22	1.96	12.62	2.02
85	11.05	1.90	11.51	1.96	11.89	2.02	12.28	2.09
90	10.85	1.95	11.20	2.02	11.58	2.09	11.98	2.16
95	10.57	2.01	10.92	2.08	11.30	2.15	11.70	2.22
100	10.31	2.06	10.66	2.13	11.05	2.21	11.44	2.29
110	9.84	2.17	10.20	2.24	10.58	2.33	10.97	2.41
120	9.44	2.26	9.79	2.35	10.17	2.44	10.56	2.54
130	9.08	2.36	9.43	2.45	9.81	2.55	10.21	2.65
140	8.76	2.45	9.11	2.55	9.49	2.66	9.89	2.77
150	8.47	2.54	8.83	2.65	9.20	2.76	9.60	2.88
160	8.21	2.63	8.57	2.74	8.94	2.86	9.34	2.99
170	7.98	2.71	8.33	2.83	8.71	2.96	9.10	3.09
180	7.76	2.79	8.11	2.92	8.49	3.06	8.89	3.20
190	7.56	2.87	7.91	3.01	8.29	3.15	8.69	3.30
200	7.38	2.95	7.73	3.09	7.11	3.24	8.50	3.40
220	7.05	3.10	7.40	3.26	7.78	3.42	8.17	3.60
240	6.76	3.25	7.11	3.41	7.49	3.60	6.88	3.78
260	6.51	3.28	6.86	3.57	7.24	3.76	6.63	3.97
280	6.28	3.52	6.63	3.72	7.01	3.93	6.40	4.15
300	6.08	3.65	6.43	3.86	6.81	4.08	6.20	4.32
320	5.89	3.77	6.25	4.00	6.62	4.24	6.02	4.49
340	5.73	3.89	6.08	4.13	6.46	4.39	6.85	4.66
360	5.57	4.01	5.93	4.27	6.30	4.54	6.69	4.82
380	5.43	4.13	5.79	4.40	6.16	4.68	6.55	4.98
400	5.30	4.24	5.66	4.52	6.03	4.83	6.42	5.14
420	5.18	4.35	5.54	4.65	5.91	4.96	6.30	5.29
440	5.07	4.46	5.42	4.77	5.80	5.10	6.19	5.45
460	4.97	4.57	5.32	4.89	5.69	5.24	6.08	5.60
480	4.87	4.67	5.22	5.01	5.59	5.37	5.98	5.75
500	4.78	4.78	5.13	5.13	5.50	5.50	5.89	5.89
550	4.57	5.02	4.92	5.41	5.29	5.82	5.68	6.25
600	4.39	5.26	4.74	5.68	5.11	6.13	5.50	6.60
650	4.23	5.49	4.58	5.95	4.95	6.43	5.34	6.94
700	4.08	5.72	4.43	6.20	4.81	6.73	5.19	7.27
750	3.95	5.93	4.30	6.46	4.68	7.02	5.07	7.60
800	3.84	6.14	4.19	6.70	4.56	7.30	4.95	7.92
850	3.73	6.34	4.08	6.94	4.45	7.57	4.84	8.23
900	3.64	6.54	3.98	7.17	4.36	7.84	4.75	8.54
950	3.55	6.74	3.90	7.40	4.27	8.11	4.66	8.85
1000	3.46	6.93	3.81	7.63	4.19	8.37	4.57	9.15
1100	3.32	7.30	3.66	8.06	4.04	8.88	4.42	9.73
1200	3.09	7.65	3.54	8.49	3.91	9.38	4.29	10.31
1300	3.07	7.99	3.42	8.90	3.79	9.86	4.18	10.87
1400	2.97	8.33	3.32	9.30	3.69	10.34	4.08	11.42
1500	2.88	8.65	3.23	9.69	3.60	10.80	3.99	11.96
1600	2.80	8.96	3.15	10.07	3.52	11.26	3.90	12.49
1700	2.73	9.27	3.07	10.45	3.44	11.71	3.83	13.02
1800	2.66	9.57	3.00	10.81	3.37	12.15	3.76	13.53
1900	2.59	9.86	2.94	11.17	3.31	12.58	3.70	14.04
2000	2.54	10.14	2.88	11.53	3.25	13.01	3.64	14.55
2200	2.43	10.70	2.78	12.22	3.15	13.85	3.53	15.54
2400	2.34	11.23	2.69	12.89	3.06	14.67	3.44	16.51

续表 C.0.1

U_o	1.0		1.5		2.0		2.5	
N_g	U	q	U	q	U	q	U	q
2600	2.26	11.75	2.61	13.55	2.97	15.47	3.36	17.46
2800	2.19	12.26	2.53	14.19	2.90	16.25	3.29	18.40
3000	2.12	12.75	2.47	14.81	2.84	17.03	3.22	19.33
3200	2.07	13.22	2.41	15.43	2.78	17.79	3.16	20.24
3400	2.01	13.69	2.36	16.03	2.73	18.54	3.11	21.14
3600	1.96	14.15	2.13	16.62	2.68	19.27	3.06	22.03
3800	1.92	14.59	2.26	17.21	2.63	20.00	3.01	22.91
4000	1.88	15.03	2.22	17.78	2.59	20.72	2.97	23.78
4200	1.84	15.46	2.18	18.35	2.55	21.43	2.93	24.64
4400	1.80	15.88	2.15	18.91	2.52	22.14	2.90	25.50
4600	1.77	16.30	2.12	19.46	2.48	22.84	2.86	26.35
4800	1.74	16.71	2.08	20.00	2.45	13.53	2.83	27.19
5000	1.71	17.11	2.05	20.54	2.42	24.21	2.80	28.03
5500	1.65	18.10	1.99	21.87	2.35	25.90	2.74	30.09
6000	1.59	19.05	1.93	23.16	2.30	27.55	2.68	32.12
6500	1.54	19.97	1.88	24.43	2.24	29.18	2.63	34.13
7000	1.49	20.88	1.83	25.67	2.20	30.78	2.58	36.11
7500	1.45	21.76	1.79	26.88	2.16	32.36	2.54	38.06
8000	1.41	22.62	1.76	28.08	2.12	33.92	2.50	40.00
8500	1.38	23.46	1.72	29.26	2.09	35.47	—	—
9000	1.35	24.29	1.69	30.43	2.06	36.99	—	—
9500	1.32	25.1	1.66	31.58	2.03	38.50	—	—
10000	1.29	25.9	1.64	32.72	2.00	40.00	—	—
11000	1.25	27.46	1.59	34.95	—	—	—	—
12000	1.21	28.97	1.55	37.14	—	—	—	—
13000	1.17	30.45	1.51	39.29	—	—	—	—
14000	1.14	31.89	N_g=13333 U=1.5% q=40		—	—	—	—
15000	1.11	33.31			—	—	—	—
16000	1.08	34.69			—	—	—	—
17000	1.06	36.05	—	—	—	—	—	—
18000	1.04	37.39	—	—	—	—	—	—
19000	1.02	38.70	—	—	—	—	—	—
20000	1.00	40.00	—	—	—	—	—	—

C.0.2 给水管段设计秒流量计算(U_o=3.0、3.5、4.0、4.5)应符合表 C.0.2 的规定。

表 C.0.2 给水管段设计秒流量计算表[U(%);q(L/s)]

U_o	3.0		3.5		4.0		4.5	
N_g	U	q	U	q	U	q	U	q
1	100.00	0.20	100.00	0.20	100.00	0.20	100.00	0.20
2	72.08	0.29	72.39	0.29	72.70	0.29	73.02	0.29
3	59.31	0.36	59.66	0.36	60.02	0.36	60.38	0.36
4	51.66	0.41	52.03	0.42	52.41	0.42	52.80	0.42
5	46.43	0.46	46.82	0.47	47.21	0.47	47.60	0.48
6	42.57	0.51	42.96	0.52	43.35	0.52	43.76	0.53
7	39.56	0.55	39.96	0.56	40.36	0.57	40.76	0.57
8	37.13	0.59	37.53	0.60	37.94	0.61	38.35	0.61
9	35.12	0.63	35.53	0.64	35.93	0.65	36.35	0.65
10	33.42	0.67	33.83	0.68	34.24	0.68	34.65	0.69
11	31.96	0.70	32.36	0.71	32.77	0.72	33.19	0.73
12	30.68	0.74	31.09	0.75	31.50	0.76	31.92	0.77
13	29.55	0.77	29.96	0.78	30.37	0.79	30.79	0.80
14	28.55	0.80	28.96	0.81	29.37	0.82	29.79	0.83
15	27.64	0.83	28.05	0.84	28.47	0.85	28.89	0.87
16	26.83	0.86	27.24	0.87	27.65	0.88	28.08	0.90
17	26.08	0.89	26.49	0.90	26.91	0.91	27.33	0.93
18	25.4	0.91	25.81	0.93	26.23	0.94	26.65	0.96
19	24.77	0.94	25.19	0.96	25.60	0.97	26.03	0.99
20	24.2	0.97	24.61	0.98	25.03	1.00	25.45	1.02
22	23.16	1.02	23.57	1.04	23.99	1.06	24.41	1.07
24	22.25	1.07	22.66	1.09	23.08	1.11	23.51	1.13

续表 C.0.2

U_o	3.0		3.5		4.0		4.5	
N_g	U	q	U	q	U	q	U	q
26	21.45	1.12	21.87	1.14	22.29	1.16	22.71	1.18
28	20.74	1.16	21.15	1.18	21.57	1.21	22.00	1.23
30	20.10	1.21	20.51	1.23	20.93	1.26	21.36	1.28
32	19.52	1.25	19.94	1.28	20.36	1.30	20.78	1.33
34	18.99	1.29	19.41	1.32	19.83	1.35	20.25	1.38
36	18.51	1.33	18.93	1.36	19.35	1.39	19.77	1.42
38	18.07	1.37	18.48	1.40	18.90	1.44	19.33	1.47
40	17.66	1.41	18.07	1.45	18.49	1.48	18.92	1.51
42	17.28	1.45	17.69	1.49	18.11	1.52	18.54	1.56
44	16.92	1.49	17.34	1.53	17.76	1.56	18.18	1.60
46	16.59	1.53	17.00	1.56	17.43	1.60	17.85	1.64
48	16.28	1.56	16.69	1.60	17.11	1.54	17.54	1.68
50	15.99	1.60	16.40	1.64	16.82	1.68	17.25	1.73
55	15.33	1.69	15.74	1.73	16.17	1.78	16.59	1.82
60	14.76	1.77	15.17	1.82	15.59	1.87	16.02	1.92
65	14.25	1.85	14.66	1.91	15.08	1.96	15.51	2.02
70	13.80	1.93	14.21	1.99	14.63	2.05	15.06	2.11
75	13.39	2.01	13.81	2.07	14.23	2.13	14.65	2.20
80	13.02	2.08	13.44	2.15	13.86	2.22	14.28	2.29
85	12.69	2.16	13.10	2.23	13.52	2.30	13.95	2.37
90	12.38	2.23	12.80	2.30	13.22	2.38	13.64	2.46
95	12.10	2.30	12.52	2.38	12.94	2.46	13.36	2.54
100	11.84	2.37	12.26	2.45	12.68	2.54	13.10	2.62
110	11.38	2.50	11.79	2.59	12.21	2.69	12.63	2.78
120	10.97	2.63	11.38	2.73	11.80	2.83	12.23	2.93
130	10.61	2.76	11.02	2.87	11.44	2.98	11.87	3.09
140	10.29	2.88	10.70	3.00	11.12	3.11	11.55	3.23
150	10.00	3.00	10.42	3.12	10.83	3.25	11.26	3.38
160	9.74	3.12	10.16	3.25	10.57	3.38	11.00	3.52
170	9.51	3.23	9.92	3.37	10.34	3.51	10.76	3.66
180	9.29	3.34	9.70	3.49	10.12	3.64	10.54	3.80
190	9.09	3.45	9.50	3.61	9.92	3.77	10.34	3.93
200	8.91	3.56	9.32	3.73	9.74	3.89	10.16	4.06
220	8.57	3.77	8.99	3.95	9.40	4.14	9.83	4.32
240	8.29	3.98	8.70	4.17	9.12	4.38	9.54	4.58
260	8.03	4.18	8.44	4.39	8.86	4.61	9.28	4.83
280	7.81	4.37	8.22	4.60	8.63	4.83	9.06	5.07
300	7.60	4.56	8.01	4.81	8.43	5.06	8.85	5.31
320	7.42	4.75	7.83	5.02	8.24	5.28	8.67	5.55
340	7.25	4.93	7.66	5.21	8.08	5.49	8.50	5.78
360	7.10	5.11	7.51	5.40	7.92	5.70	8.34	6.01
380	6.95	5.29	7.36	5.60	7.78	5.91	8.20	6.23
400	6.82	5.46	7.23	5.79	7.65	6.12	8.07	6.46
420	6.70	5.63	7.11	5.97	7.53	6.32	7.95	6.68
440	6.59	5.80	7.00	6.16	7.41	6.52	7.83	6.89
460	6.48	5.97	6.89	6.34	7.31	6.72	7.73	7.11
480	6.39	6.13	6.79	6.52	7.21	6.92	7.63	7.32
500	6.29	6.29	6.70	6.70	7.12	7.12	7.54	7.54
550	6.08	6.69	6.49	7.14	6.91	7.60	7.32	8.06
600	5.90	7.08	6.31	7.57	6.72	8.07	7.14	8.57
650	5.74	7.46	6.15	7.99	6.56	8.53	6.98	9.08
700	5.59	7.83	6.00	8.40	6.42	8.98	6.83	9.57
750	5.46	8.20	5.87	8.81	6.29	9.43	6.70	10.06
800	5.35	8.56	5.75	9.21	6.17	9.87	6.59	10.54
850	5.24	8.91	5.65	9.60	6.06	10.30	6.48	11.01
900	5.14	9.26	5.55	9.99	5.96	10.73	6.38	11.48
950	5.05	9.60	5.46	10.37	5.87	11.16	6.29	11.95
1000	4.97	9.94	5.38	10.75	5.79	11.58	6.21	12.41
1100	4.82	10.61	5.23	11.50	5.64	12.41	6.06	13.32
1200	4.69	11.26	5.10	12.23	5.51	13.22	5.93	14.22
1300	4.58	11.90	4.98	12.95	5.39	14.02	5.81	15.11

续表 C.0.2

U_o	3.0		3.5		4.0		4.5	
N_g	U	q	U	q	U	q	U	q
1400	4.48	12.53	4.88	13.66	5.29	14.81	5.71	15.98
1500	4.38	13.15	4.79	14.36	5.20	15.60	5.61	16.84
1600	4.30	13.76	4.70	15.05	5.11	16.37	5.53	17.70
1700	4.22	14.36	4.63	15.74	5.04	17.13	5.45	18.54
1800	4.16	14.96	4.56	16.41	4.97	17.89	5.38	19.38
1900	4.09	15.55	4.49	17.08	4.90	18.64	5.32	20.21
2000	4.03	16.13	4.44	17.74	4.85	19.38	5.26	21.04
2200	3.93	17.28	4.33	19.05	4.74	20.85	5.15	22.67
2400	3.83	18.41	4.24	20.34	4.65	22.30	5.06	24.29
2600	3.75	19.52	4.16	21.61	4.56	23.73	4.98	25.88
2800	3.68	20.61	4.08	22.86	4.49	25.15	4.90	27.46
3000	3.62	21.69	4.02	24.10	4.42	26.55	4.84	29.02
3200	3.56	22.76	3.96	25.33	4.36	27.94	4.78	30.58
3400	3.50	23.81	3.90	26.54	4.31	29.31	4.72	32.12
3600	3.45	24.86	3.85	27.75	4.26	31.68	4.67	33.64
3800	3.41	25.90	3.81	28.94	4.22	32.03	4.63	35.16
4000	3.37	26.92	3.77	30.13	4.17	33.38	4.58	36.67
4200	3.33	27.94	3.73	31.30	4.13	34.72	4.54	38.17
4400	3.29	28.95	3.69	32.47	4.10	36.05	4.51	39.67
4600	3.26	29.96	3.66	33.64	4.06	37.37	N_g=4444	
4800	3.22	30.95	3.62	34.79	4.03	38.69	U=4.5%	
5000	3.19	31.95	3.59	35.94	4.00	40.40	q=40.00	
5500	3.13	34.40	3.53	38.79	—	—	—	—
6000	3.07	36.82	N_g=5714		—	—	—	—
6500	3.02	39.21	U=3.5%		—	—	—	—
6667	3.00	40.00	q=40.00		—	—	—	—

C.0.3 给水管段设计秒流量计算(U_o=5.0、6.0、7.0、8.0)应符合表C.0.3的规定。

表 C.0.3 给水管段设计秒流量计算表[U(%);q(L/s)]

U_o	5.0		6.0		7.0		8.0	
N_g	U	q	U	q	U	q	U	q
1	100.00	0.20	100.00	0.20	100.00	0.20	100.00	0.20
2	73.33	0.29	73.98	0.30	74.64	0.30	75.30	0.30
3	60.75	0.36	61.49	0.37	62.24	0.37	63.00	0.38
4	53.18	0.43	53.97	0.43	54.76	0.44	55.56	0.44
5	48.00	0.48	48.80	0.49	49.62	0.50	50.45	0.50
6	44.16	0.53	44.98	0.54	45.81	0.55	46.65	0.56
7	41.17	0.58	42.01	0.59	42.85	0.60	43.70	0.61
8	38.76	0.62	39.60	0.63	40.45	0.65	41.31	0.66
9	36.76	0.66	37.61	0.68	38.46	0.69	39.33	0.71
10	35.07	0.70	35.92	0.72	36.78	0.74	37.65	0.75
11	33.61	0.74	34.46	0.76	35.33	0.78	36.20	0.80
12	32.34	0.78	33.19	0.80	34.06	0.82	34.93	0.84
13	31.22	0.81	32.07	0.83	32.94	0.96	33.82	0.88
14	30.22	0.85	31.07	0.87	31.94	0.89	32.82	0.92
15	29.32	0.88	30.18	0.91	31.05	0.93	31.93	0.96
16	28.50	0.91	29.36	0.94	30.23	0.97	31.12	1.00
17	27.76	0.94	28.62	0.97	29.50	1.00	30.38	1.03
18	27.08	0.97	27.94	1.01	28.82	1.04	29.70	1.07
19	26.45	1.01	27.32	1.04	28.19	1.07	29.08	1.10
20	25.88	1.04	26.74	1.07	27.62	1.10	28.50	1.14
22	24.84	1.09	25.71	1.13	26.58	1.17	27.47	1.21
24	23.94	1.15	24.80	1.19	25.68	1.23	26.57	1.28
26	23.14	1.20	24.01	1.25	24.98	1.29	25.77	1.34
28	22.43	1.26	23.30	1.30	24.18	1.35	25.06	1.40
30	21.79	1.31	22.66	1.36	23.54	1.41	24.43	1.47
32	21.21	1.36	22.08	1.41	22.96	1.47	23.85	1.53
34	20.68	1.41	21.55	1.47	22.43	1.53	23.32	1.59
36	20.20	1.45	21.07	1.52	21.95	1.58	22.84	1.64

续表 C.0.3

U_o	5.0		6.0		7.0		8.0	
N_g	U	q	U	q	U	q	U	q
38	19.76	1.50	20.63	1.57	21.51	1.63	22.40	1.70
40	19.35	1.55	20.22	1.62	21.10	1.69	21.99	1.76
42	18.97	1.59	19.84	1.67	20.72	1.74	21.61	1.82
44	18.61	1.64	19.48	1.71	20.36	1.79	21.25	1.87
46	18.28	1.68	19.15	1.76	21.03	1.84	20.92	1.92
48	17.97	1.73	18.84	1.81	19.72	1.89	20.61	1.98
50	17.68	1.77	18.55	1.86	19.43	2.94	20.32	2.03
55	17.02	1.87	17.89	1.97	18.77	2.07	19.66	2.16
60	16.45	1.97	17.32	2.08	18.20	2.18	19.08	2.29
65	15.94	2.07	16.81	2.19	17.69	2.30	18.58	2.42
70	15.49	2.17	16.36	2.29	17.24	2.41	18.13	2.54
75	15.08	2.26	15.95	2.39	16.83	2.52	17.72	2.66
80	14.71	2.35	15.58	2.49	16.46	2.63	17.35	2.78
85	14.38	2.44	15.25	2.59	16.13	2.74	17.02	2.89
90	14.07	2.53	14.94	2.69	15.82	2.85	16.71	3.01
95	13.79	2.62	14.66	2.79	15.54	3.95	16.43	3.12
100	13.53	2.71	14.40	2.88	15.28	3.06	16.17	3.23
110	13.06	2.87	13.93	3.06	14.81	3.26	15.70	3.45
120	12.66	3.04	13.52	3.25	14.40	3.46	15.29	3.67
130	12.30	3.20	13.16	3.42	14.04	3.65	14.93	3.88
140	11.97	3.35	12.84	3.60	13.72	4.84	14.61	4.09
150	11.69	3.51	12.55	3.77	13.43	4.03	14.32	4.30
160	11.43	3.66	12.29	3.93	13.17	4.21	14.06	4.50
170	11.19	3.80	12.05	4.10	12.93	4.40	13.82	4.70
180	10.97	3.95	11.84	4.26	12.71	4.58	13.60	4.90
190	10.77	4.09	11.64	4.42	12.51	4.75	13.40	5.09
200	10.59	4.23	11.45	4.58	12.33	4.93	13.21	5.28
220	10.25	4.51	11.12	4.89	11.99	5.28	12.88	5.67
240	9.96	4.78	10.83	5.20	11.70	5.62	12.59	6.04
260	9.71	5.05	10.57	5.50	11.45	5.95	12.33	6.41
280	9.48	5.31	10.34	5.79	11.22	6.28	12.10	6.78
300	9.28	5.57	10.14	6.08	11.01	6.61	11.89	7.14
320	9.09	5.82	9.95	6.37	10.83	6.93	11.71	7.49
340	8.92	6.07	9.78	6.65	10.66	7.25	11.54	7.84
360	8.77	6.31	9.63	6.93	10.56	7.56	11.38	8.19
380	8.63	6.56	9.49	7.21	10.36	7.87	11.24	8.54
400	8.49	6.80	9.35	7.48	10.23	8.18	11.10	8.88
420	8.37	7.03	9.23	7.76	10.10	8.49	10.98	9.22
440	8.26	7.27	9.12	8.02	9.99	8.79	10.87	9.56
460	8.15	7.50	9.01	8.29	9.88	9.09	10.76	9.90
480	8.05	7.73	9.91	8.56	9.78	9.39	10.66	10.23
500	7.96	7.96	8.82	8.82	9.69	9.69	10.56	10.56
550	7.75	8.52	8.61	9.47	9.47	10.42	10.35	11.39
600	7.56	9.08	8.42	10.11	9.29	11.15	10.16	12.20
650	7.40	9.62	8.26	10.74	9.12	11.86	10.00	13.00
700	7.26	10.16	8.11	11.36	8.98	12.57	9.85	13.79
750	7.13	10.69	7.98	11.97	8.85	13.27	9.72	14.58
800	7.01	11.21	7.86	12.58	8.73	13.96	9.60	15.36
850	6.90	11.73	7.75	13.18	8.62	14.65	9.49	16.14
900	6.80	12.24	7.66	13.78	8.52	15.34	9.39	16.91
950	6.71	12.75	7.56	14.37	8.43	16.01	9.30	17.67
1000	6.63	12.26	7.48	14.96	8.34	16.69	9.22	18.43
1100	6.48	14.25	7.33	16.12	8.19	18.02	9.06	19.94
1200	6.35	15.23	7.20	17.27	8.06	19.34	8.93	21.43
1300	6.23	16.20	7.08	18.41	7.94	20.65	8.81	22.91
1400	6.13	17.15	6.98	19.53	7.84	21.95	8.71	24.38
1500	6.03	18.10	6.88	20.65	7.74	23.23	8.61	25.84
1600	5.95	19.04	6.80	21.76	7.66	24.51	8.53	27.28
1700	5.87	19.97	6.72	22.85	7.58	25.77	8.45	28.72

续表 C.0.3

U_o	5.0		6.0		7.0		8.0	
N_g	U	q	U	q	U	q	U	q
1800	5.80	10.89	6.65	23.94	7.51	27.03	8.38	30.15
1900	5.74	21.80	6.59	25.03	7.44	28.29	8.31	31.58
2000	5.68	22.71	6.53	26.10	7.38	29.53	8.25	33.00
2200	5.57	24.51	6.42	28.24	7.27	32.01	8.14	35.81
2400	5.48	26.29	6.32	30.35	7.18	34.46	8.04	38.60
2600	5.39	28.05	6.24	32.45	7.10	36.89	N_g=2500	
2800	5.32	29.80	6.17	34.52	7.02	39.31	U=8.0%	
3000	5.25	31.35	6.10	36.59	N_g=2857		q=40.00	
3200	5.19	33.24	6.04	38.64	U=7.0%		—	—
3400	5.14	34.95	N_g=3333		q=40.00		—	—
3600	5.09	36.64	U=6.0%		—	—	—	—
3800	5.04	38.33	q=40.00		—	—	—	—
4000	5.00	40.00	—	—	—	—	—	—

附录 D　阀门和螺纹管件的摩阻损失的折算补偿长度

表 D　阀门和螺纹管件的摩阻损失的折算补偿长度表

管件内径（mm）	各种管件的折算管道长度(m)						
	90°标准弯头	45°标准弯头	标准三通90°转角流	三通直向流	闸板阀	球阀	角阀
9.5	0.3	0.2	0.5	0.1	0.1	2.4	1.2
12.7	0.6	0.4	0.9	0.2	0.1	4.6	2.4
19.1	0.8	0.5	1.2	0.2	0.2	6.1	3.6
25.4	0.9	0.5	1.5	0.3	0.2	7.6	4.6
31.8	1.2	0.7	1.8	0.4	0.2	10.6	5.5
38.1	1.5	0.9	2.1	0.5	0.3	13.7	6.7
50.8	2.1	1.2	3.0	0.6	0.4	16.7	8.5
63.5	2.4	1.5	3.6	0.8	0.5	19.8	10.3
76.2	3.0	1.8	4.6	0.9	0.6	24.3	12.2
101.6	4.3	2.4	6.4	1.2	0.8	38.0	16.7
127.0	5.2	3.0	7.6	1.5	1.0	42.6	21.3
152.4	6.1	3.6	9.1	1.8	1.2	50.2	24.3

注：本表的螺纹接口是指管件无凹口的螺纹，即管件与管道在连接点内径有突变，管件内径大于管道内径。当管件为凹口螺纹，或管件与管道为等径焊接，其折算补偿长度取本表值的1/2。

附录 E　小区地下管线（构筑物）间最小净距

表 E　小区地下管线（构筑物）间最小净距表

种类 / 净距(m) / 种类	给水管		污水管		雨水管	
	水平	垂直	水平	垂直	水平	垂直
给水管	0.5～1.0	0.10～0.15	0.8～1.5	0.10～0.15	0.8～1.5	0.10～0.15
污水管	0.8～1.5	0.10～0.15	0.8～1.5	0.10～0.15	0.8～1.5	0.10～0.15
雨水管	0.8～1.5	0.10～0.15	0.8～1.5	0.10～0.15	0.8～1.5	0.10～0.15
低压煤气管	0.5～1.0	0.10～0.15	1.0	0.10～0.15	1.0	0.10～0.15
直埋式热水管	1.0	0.10～0.15	1.0	0.10～0.15	1.0	0.10～0.15
热力管沟	0.5～1.0	—	1.0	—	1.0	—
乔木中心	1.0	—	1.5	—	1.5	—
电力电缆	1.0	直埋 0.50 穿管 0.25	1.0	直埋 0.50 穿管 0.25	1.0	直埋 0.50 穿管 0.25
通讯电缆	1.0	直埋 0.50 穿管 0.15	1.0	直埋 0.50 穿管 0.15	1.0	直埋 0.50 穿管 0.15
通讯及照明电缆	0.5	—	1.0	—	1.0	—

注：1　净距指管外壁距离，管道交叉设套管时指套管外壁距离，直埋式热力管指保温管壳外壁距离。

2　电力电缆在道路的东侧（南北方向的路）或南侧（东西方向的路），通讯电缆在道路的西侧或北侧，均应在人行道下。

附录 F 屋面溢流设施泄流量计算

F.0.1 金属天沟溢流孔溢流量可按下式计算：

$$q_{yL} = 400 b_{yL} \sqrt{2g} h_{y1}^{3/2} \quad (F.0.1)$$

式中：q_{yL}——溢流量(L/s)；

b_{yL}——溢流孔宽度(m)；

400——流量系数；

h_{y1}——溢流水位高度(m)；

g——重力加速度(m/s²)。

F.0.2 墙体方孔溢流量可按下列公式计算：

1 当溢流水位 $h_{y1}>100$mm 时，按下式计算：

$$q_{yL} = 320 b_{yL} \sqrt{2g} h_{y1}^{3/2} \quad (F.0.2\text{-}1)$$

2 当溢流水位 $h_{y1}\leqslant 100$mm 时，按下式计算：

$$q_{yL} = (320+65\sigma) b_{yL} \sqrt{2g} h_{y1}^{3/2} \quad (F.0.2\text{-}2)$$

式中：σ——溢流水流断面面积与天沟断面面积之比，即 $\sigma=\omega/\Omega$；ω 为溢流水流断面面积(m²)；Ω 为天沟断面面积(m²)。

F.0.3 墙体圆管溢流量可按下式计算：

$$q_{yL} = 562 d_{yL}^2 \sqrt{2g h_{y2}} \quad (F.0.3)$$

式中：d_{yL}——溢流管内径(m)；

h_{y2}——天沟水位至管中心淹没高度(m)。

注：式(F.0.3)只有在淹没流时才成立。

F.0.4 漏斗形管式溢流量可按下式计算：

$$q_{yL} = 1130 D_{yL} \sqrt{2g} h_{y3}^{3/2} \quad (F.0.4)$$

式中：D_{yL}——漏斗喇叭口直径(m)；

h_{y3}——喇叭口上边缘溢流水位深度(m)。

F.0.5 直管式溢流量可按本标准式(F.0.4)计算，其中 $D_{yL}=d_{yL}$，为直管式溢流管内径。

附录 G 重力流系统立管的最大设计排水流量

表 G 重力流系统屋面雨水排水立管的泄流量表

铸铁管		塑料管		钢管	
公称直径(mm)	最大泄流量(L/s)	公称外径×壁厚(mm)	最大泄流量(L/s)	公称外径×壁厚(mm)	最大泄流量(L/s)
75	4.30	75×2.3	4.50	88.9×4.0	5.10
100	9.50	90×3.2	7.40	114.3×4.0	9.40
		110×3.2	12.80		
125	17.00	125×3.2	18.30	139.7×4.0	17.10
		125×3.7	18.00		
150	27.80	160×4.0	35.50	168.3×4.5	30.80
		160×4.7	34.70		
200	60.00	200×4.9	64.60	219.1×6.0	65.50
		200×5.9	62.80		
250	108.00	250×6.2	117.00	273.0×7.0	119.10
		250×7.3	114.10		
300	176.00	315×7.7	217.00	323.9×7.0	194.00
—	—	315×9.2	211.00	—	—

附录 H 我国的太阳能资源分区及其特征

表 H 我国的太阳能资源分区及其特征表

分区	太阳辐照量[MJ/(m²·a)]	主要地区	月平均气温≥10℃、日照时数≥6h 的天数
资源丰富区	≥6700	新疆南部、甘肃西北一角	275 左右
		新疆南部、西藏北部、青海西部	275～325
		甘肃西部、内蒙古巴彦淖尔盟西部、青海一部分	275～325
		青海南部	250～300
		青海西南部	250～275
		西藏大部分	250～300
		内蒙古乌兰察布市、巴彦淖尔市及鄂尔多斯市一部分	>300
资源较丰富地区	5400～6700	新疆北部	275 左右
		内蒙古呼伦贝尔市	225～275
		内蒙古锡林郭勒盟、乌兰察布市、河北北部部分	>275
		山西北部、河北北部、辽宁部分	250～275
		北京、天津、山东西北部	250～275
		内蒙古鄂尔多斯市大部分	275～300
		陕北及甘肃东部一部分	225～275
		青海东部、甘肃南部、四川西部	200～300
		四川南部、云南北部一部分	200～250
		西藏东部、四川西部和云南北部一部分	<250
		福建、广东沿海一带	175～200
		海南	225 左右
资源一般	4200～5400	山西南部、河南大部分及安徽、山东、江苏部分	200～250
		黑龙江、吉林大部分	225～275
		吉林、辽宁、长白山地区	<225
		上海、湖南、安徽、江苏南部、浙江、江西、福建、广东北部、湖南东部和广西大部分	150～200
		湖南西部、广西北部一部分	125～150
		陕西南部	125～175
		湖北、河南西部	150～175
		四川西部	125～175
资源缺乏区	<4200	云南西南一部分	175～200
		云南东南一部分	175 左右
		贵州西部、云南东南部分	150～175
		广西西部	150～175
		四川、贵州大部分	<125
		成都平原	<100

附录 J 饮用水嘴同时使用数量计算

J.0.1 当计算管段上饮水水嘴数量 n_1 不大于 24 个时，同时使用数量 m 可按表 J.0.1 取值。

表 J.0.1 计算管段上饮水水嘴数量 n_1 不大于 24 个时的 m 值表(个)

水嘴数量 n_1	1	2	3～8	9～24
使用数量 m	1	2	3	4

J.0.2 当计算管段上饮水水嘴数量 n_1 大于 24 个时，同时使用数量 m 可按表 J.0.2 取值。

J.0.3 水嘴同时使用概率可按下式计算：

$$p_o = \frac{\alpha_1 q_d}{1800 n_1 q_o} \tag{J.0.3}$$

式中：α_1——水嘴同时使用经验系数，住宅楼取 0.22，办公楼、会展中心、航站楼、火车站、客运站取 0.27，教学楼、体育馆取 0.45，旅馆、医院取 0.15；

q_d——系统最高日直饮水量（L/d）；

n_1——水嘴数量（个），当 n_1 值与表中数据不符时，可用差值法求得 m；

q_o——水嘴额定流量。

表 J.0.2 计算管段上饮水水嘴数量 n_1 大于 24 个时的 m 值表

n_1 \ m \ p_o	0.010	0.015	0.020	0.025	0.030	0.035	0.040	0.045	0.050	0.055	0.060	0.065	0.070	0.075	0.080	0.085	0.090	0.095	0.100
25	—	—	—	—	—	4	4	4	4	5	5	5	5	5	6	6	6	6	6
50	—	—	4	4	5	5	6	6	7	7	7	8	8	9	9	9	10	10	10
75	—	4	5	6	6	7	8	8	9	9	10	10	11	11	12	13	13	14	14
100	4	5	6	7	8	8	9	10	11	11	12	13	13	14	15	16	16	17	18
125	4	6	7	8	9	10	11	12	13	13	14	15	16	17	18	18	19	20	21
150	5	6	8	9	10	11	12	13	14	15	16	17	18	19	20	21	22	23	24
175	5	7	8	10	11	12	14	15	16	17	18	20	21	22	23	24	25	26	27
200	6	8	9	11	12	14	15	16	18	19	20	22	23	24	25	27	28	29	30
225	6	8	10	12	13	15	16	18	19	21	22	24	25	27	28	29	31	32	34
250	7	9	11	13	14	16	18	19	21	23	24	26	27	29	31	32	34	35	37
275	7	9	12	14	15	17	19	21	23	25	26	28	30	31	33	35	36	38	40
300	8	10	12	14	16	18	21	22	24	25	28	30	32	34	36	37	39	41	43
325	8	11	13	15	18	20	22	24	26	28	30	32	34	36	38	40	42	44	46
350	8	11	14	16	19	21	23	25	28	30	32	34	36	38	40	42	45	47	49
375	9	12	14	17	20	22	24	27	29	32	34	36	38	41	43	45	47	49	52
400	9	12	15	18	21	23	26	28	31	33	36	38	40	43	45	48	50	52	55
425	10	13	16	19	22	24	27	30	32	35	37	40	43	45	48	50	53	55	57
450	10	13	17	20	23	25	28	31	34	37	39	42	45	47	50	53	55	58	60
475	10	14	17	20	24	27	30	33	35	38	41	44	47	50	52	55	58	61	63
500	11	14	18	21	25	28	31	34	37	40	43	46	49	52	55	58	60	63	66

7

中华人民共和国国家标准

建筑给水排水设计标准

GB 50015—2019

条 文 说 明

7

目　次

7

1 总　　则

1.0.2 本条明确了本标准的适用范围。现行国家标准《民用建筑设计统一标准》GB 50352 第 2.0.1 条对"民用建筑"的定义做了明确的规定，民用建筑是供人们居住和进行公共活动的建筑的总称。"小区"是居住区、公建区和工业园区的总称。随着我国诸如会展区、金融区、高新科技开发区、大学城等的兴建，形成以展馆、办公楼、教学楼等为主体，以为其配套的服务行业建筑为辅的公建小区。公建小区给排水设计属于建筑给排水设计范畴，公建小区给排水设计也应符合国家标准《建筑给水排水设计标准》GB 50015 的要求。

设计下列工程或内容时，还应按现行的有关规范、标准或规定执行：

(1)湿陷性黄土、多年冻土和胀缩土等地区的建筑物；

(2)矿泉水疗、人防建筑；

(3)工业生产给水排水工程；

(4)有抗震要求的机电工程；

(5)真空排水；

(6)消防给水设计。

1.0.3 随着我国超高层建筑的迅速发展，各地超高层建筑越来越多、越来越高，为保证超高层建筑给水排水系统设计符合安全、卫生、适用、绿色及经济等要求，提出了给水排水系统设计应经过国家建设行政主管部门组织专家专项研究和论证的要求。关于建筑物高度 250m 的规定，参考了现行国家标准《建筑设计防火规范》GB 50016 的相关规定。

3 给　　水

3.1 一 般 规 定

3.1.1 本标准关于消防给水的要求包含以下内容：第 3.2.8 条关于建筑物室内外消防用水的设计流量、供水水压、火灾延续时间、同一时间内的火灾起数等的确定原则；第 3.3.8 条关于从小区或建筑物内生活饮用水管道系统上单独接出消防用水管道时，应在消防用水管道的起端设置倒流防止器；第 3.5.19 条关于在消防时除生活用水外尚需通过消防流量的水表口径的确定原则，关于建筑物或小区引入管上水表的水头损失在校核消防工况时的取值方法；第 3.7.1 条关于建筑给水设计用水量中消防用水量的作用；第 3.13.7 条关于小区的室外生活、消防合用给水管道设计流量的计算方法；第 3.13.8 条关于设有室外消火栓的室外给水管道最小管径的规定；第 3.13.9 条关于小区生活用贮水池贮存消防用水时，消防贮水量的计算方法等。

3.1.2 本条为强制性条文，必须严格执行。生活饮用水水质卫生状况与人民的身体健康和生命安全息息相关，应确保建筑给水系统在储存、加压、输送等各个环节均不能改变供水管网的水质。本条规定了用户的自备水源的供水管道严禁与城镇给水管道（即城市自来水管道）直接连接，这是国际上通用的规定。所谓自备水源供水管道，即设计工程基地内设有一套从水源（非城镇给水管网，可以是地表水或地下水）取水，经水质处理后供基地内生活、生产和消防用水的供水系统。当用户需要将城镇给水作为自备水源的备用水或补充水时，只能将城镇给水管道的水放入自备水源的贮水（或调节）池，经自备系统加压后使用。其进水管口最低点与水池溢流水位之间必须有有效的空气间隙。现行国家标准《城镇给水排水技术规范》GB 50788—2012 还规定，城镇供水管网"严禁擅自与自建供水设施连接"。

本规定与自备水源水质是否符合或优于城镇给水水质无关。

3.1.3 本条为强制性条文，必须严格执行。当采用生活饮用水作为中水、回用雨水补充水时，严禁用管道连接（即使装倒流防止器也不允许），而应补入中水、回用雨水贮存池内，且应有本标准第 3.3.6 条规定的空气间隙。

3.1.4 本条为强制性条文，必须严格执行。本条规定了生活饮用水管道应采取措施防止回流污染，造成生活饮用水管内回流的原因具体可分为虹吸回流和背压回流两种情况。虹吸回流是由于给水系统供水端压力降低或产生负压（真空或部分真空）而引起的回流。例如，由于附近管网救火、爆管、修理造成的供水中断。背压回流是由于给水系统下游的压力变化，用水端的水压高于供水端的水压，出现大于上游压力而引起的回流，可能出现在热水或压力供水等系统中。例如，锅炉的供水压力低于锅炉的运行压力时，锅炉内的水会回流入给水管道。因为回流现象的产生而造成生活饮用水系统的水质劣化，称为回流污染，也称倒流污染。因此，在可能产生回流污染的情况下，应采取防止回流污染产生的技术措施，该措施一般可采用空气间隙、倒流防止器、真空破坏器等措施和装置。

3.1.7 合理利用水资源，避免水的损失和浪费，是保证我国国民经济和社会发展的重要战略问题。建筑给水设计时应贯彻减量化、再利用、再循环的原则，综合利用各种水资源。

3.2 用水定额和水压

3.2.1 住宅生活用水定额与气候条件、水资源状况、经济环境、生活习惯、住宅类别和建设标准等因素有关，设计选用时应综合考虑。表 3.2.1 的住宅生活用水定额按住宅类别、建筑标准、卫生器具设置标准考虑；当住宅生活用水定额需考虑地域分区、城市规模等因素时，可参考现行国家标准《民用建筑节水设计标准》GB 50555—2010 选用，缺水地区应选择低值。本表中平均日用水定额按现行国家标准《民用建筑节水设计标准》GB 50555—2010 的有关数据整理，可用于计算平均日及年用水量。

现行国家标准《住宅设计规范》GB 50096—2011 第 5.4.1 条规定"每套住宅应设卫生间，应至少配置便器、洗浴器、洗面器三件卫生设备或为其预留设置位置及条件"。原标准中卫生器具设置标准仅为大便器与洗涤盆的"Ⅰ类普通住宅"，已不符合现行国家标准《住宅设计规范》GB 50096 的相关规定，故本次修订予以删除。

3.2.2 表 3.2.2 中最高日用水定额可用于计算用水部位最高日、最高日最大时、最高日平均时的用水量，平均日用水定额可用于计算用水部位的平均日及年用水量。平均日用水定额摘自现行国家标准《民用建筑节水设计标准》GB 50555—2010 的相关规定。

目前我国旅馆、医院等大多数实行洗衣社会化，委托专业洗衣房洗衣，减少了这部分建筑面积、设备、人员和能耗、水耗，故本条中旅馆、医院的用水定额未包含这部分用水量。如果实际设计项目中仍有洗衣房的话，那还应考虑这一部分的水量，用水定额可按表 3.2.2 第 10 项的规定确定。

根据反馈意见在表 3.2.2 中增列了科研楼等的用水定额。表中没有的建筑物可参照建筑类型、使用功能相近的建筑物，如音乐厅可参照剧院，美术馆可参照博物馆，公寓式酒店可参照酒店，西餐厅可参照中餐下限值考虑。

3.2.3 目前各地为促进城市可持续发展、加强城市生态环境建设、创造良好的人居环境，以种植树木和植物造景为主，努力建成景观优美的绿地，建设山清水秀、自然和谐的山水园林城市。在各工程项目的设计中绿化浇灌用水量占有一定的比重。充分利用当地降水、采用节水浇灌技术是绿化浇灌节水的重要措施。确定绿化浇灌用水定额涉及的因素较多，本条提供的数据仅根据以往工程的经验提出，由于我国幅员辽阔，各地应根据当地不同的气候条件、种植的植物种类、土壤理化性状、浇灌方式和制度等因素综合确定。

3.2.7 传统的洗车方法用清水冲洗后，水就排入排水管道，既增加了洗车成本，又大量浪费水资源。近年来随着我国汽车工业的蓬勃发展和家庭车辆的普及，以及各地政府加强了节约用水管理，一些既节水又环保的洗车方式纷纷出现。本标准自2009年版开始删除了消耗水量大的软管冲洗方式的用水定额，补充了微水冲洗、蒸汽冲洗等节水型冲洗方式的用水定额。

同时冲洗的汽车数量按洗车台数量确定，每辆车冲洗时间可按10min考虑。

3.2.9 降低给水管网漏失率是节能减排、提高供水效益的重要措施之一。现行行业标准《城镇供水管网漏损控制及评定标准》CJJ 92规定了城市供水管网基本漏损率分为两级，一级为10%，二级为12%，并应根据居民抄表到户水量、单位供水量管长、年平均出厂压力和最大冻土深度进行修正。近年来，建筑给水管材的耐腐蚀性能、接口连接技术等均有明显提高，有效地降低了给水管网的漏失率。而未预见水量对于特定小区或建筑物难以预见的因素非常少，故本条将给水管网漏失水量和未预见水量之和从原规范的10%～15%下调到8%～12%。

3.2.12 由于给水配件构造的改进与更新，出现了更舒适、更节水的卫生器具。当选用的卫生器具的给水额定流量和工作压力与表3.2.12不符合时，可根据表3.2.12注5的规定按产品要求设计。

表3.2.12中额定流量不是最低工作压力下的流量，两者没有对应关系。

3.2.13 国家现行有关节水型生活用水器具的标准有：《节水型生活用水器具》CJ/T 164、《节水型产品通用技术条件》GB/T 18870、《水嘴用水效率限定值及用水效率等级》GB 25501、《坐便器水效限定值及水效等级》GB 25502、《小便器用水效率限定值及用水效率等级》GB 28377、《淋浴器用水效率限定值及用水效率等级》GB 28378、《便器冲洗阀用水效率限定值及用水效率等级》GB 28379等。生活用水器具所允许的最大流量（坐便器为用水量）应符合产品的用水效率限定值，节水型用水器具应按选用的用水效率等级确定产品的最大流量（坐便器为用水量）。当进行绿色建筑设计时，应按现行国家标准《绿色建筑评价标准》GB/T 50378的要求确定用水器具的用水效率等级。

3.2.14 洗手盆感应式水嘴和小便器感应式冲洗阀在离开使用状态后，在一定时间内会自动断水，用于公共场所的卫生间时不仅节水，而且卫生。洗手盆延时自闭式水嘴和小便器延时自闭式冲洗阀可限定每次给水量和给水时间，具有较好的节水性能。

3.3 水质和防水质污染

3.3.3 处理后的雨水回用水同时用于多种用途时，水质应按其所供用途中的最高水质标准确定。

3.3.4 本条为强制性条文，必须严格执行。本条明确了对于卫生器具或用水设备的防止回流污染的要求。已经从配水口流出的并经洗涤过的废污水，不得因生活饮用水水管产生负压而被吸回生活饮用水管道，使生活饮用水水质受到严重污染，这种事故必须杜绝。

3.3.5 本条明确了生活饮用水水池（箱）补水时的防止回流污染要求。本条空气间隙仍以高出溢流边缘的高度来控制。管径小于25mm的进水管，空气间隙不能小于25mm；管径在25mm～150mm的进水管，空气间隙等于管径；管径大于150mm的进水管，经测算空气间隙可取150mm；当进水管径为350mm时，喇叭口上的溢流水深约为149mm。而建筑给水水池（箱）进水管管径大于200mm的情况较少。生活饮用水水池（箱）进水管采用淹没出流的目的是降低进水的噪声，但如果进水管不采取相应的技术措施会产生虹吸回流，应采取进水管顶安装真空破坏器，或在进水管上设置倒流防止器等防虹吸回流措施。

3.3.6 本条为强制性条文，必须严格执行。本条明确了消防水池（箱）补水时的防止回流污染的要求。当生活饮用水管网向贮存以生活饮用水作为水源的消防用水等其他非供饮用的贮水池（箱）补水时，由于其贮水水质虽低于生活饮用水水池（箱），但与本标准第3.3.4条中“卫生器具和用水设备”内的“液体”或“杂质”是有区别的，同时消防水池补水管的管径较大，因此进水管口的最低点高出溢流边缘的空气间隙高度不应小于150mm；当生活饮用水管网向贮存以杂用水水质标准水作为水源的消防用水等贮水池（箱）补水时，应按本条第2款实施。

本条明确了中水和雨水回用水系统的清水池（箱）补水时的防止回流污染要求。对向中水、雨水回用水系统的清水池（箱）补水时的补水进水管口最低点高出溢流边缘的空气间隙进行了数值调整。在向不设清水池（箱）的雨水回用水等系统的原水蓄水池补水时，可采用池外间接补水方式。

3.3.7 本条为强制性条文，必须严格执行。本条系防止建筑或小区内压力设施的水倒流至市政生活饮用水管网而作的规定。

1 针对有两路进水的小区或建筑物，当城镇两路生活饮用水管道水压有差异时，容易造成一路略高水压的城镇生活饮用水管道将小区或建筑给水管道中水压至另一路略低水压的城镇生活饮用水管道，所以两路引入管上都应安装倒流防止器。

2 系针对如叠压供水系统等从城镇生活给水管网直接抽水的生活供水加压设备。

3 规定的前提是城镇给水管网直供且小区引入管无防回流设施。有温有压容器设备，如气压水罐、热水锅炉、热水机组和水加热器，这些承压设备压力高、容量大，回流至城镇给水管网可能性大，故必须在向这些设备注水的进水管上设置倒流防止器。当局部热水供应系统采用贮水容积大于200L的容积式燃气热水器、电热水器或设置有热水循环时，应设置倒流防止器。

3.3.8 本条为强制性条文，必须严格执行。本条规定属于生活饮用水与消防用水管道的连接。

1 从小区或建筑物内的生活饮用水管道系统上接出消防管道不含室外生活饮用水给水管道接出的接驳室外消火栓的短管。

2 小区生活用水与消防用水合用贮水池中抽水的消防水泵，由于倒流防止器阻力较大，水泵吸程有限，故倒流防止器可装在水泵的出水管上。

3.3.9 本条为强制性条文，必须严格执行。本条规定属于生活饮用水与有害有毒污染的场所和设备的连接。

1 本款是关于与设备、设施的连接。

2 本款是关于有害有毒污染的场所。实施双重设防要求，目的是防止防护区域内外，以及防护区域内部交叉污染。隔断水箱进水管设置空气间隙的方式可按照本标准第3.3.4条规定，隔断水箱须设在防护区外。

生物安全实验室等级划分及设计应符合现行国家标准《生物安全实验室建筑技术规范》GB 50346的规定。

3.3.10 本条为强制性条文，必须严格执行。生活饮用水给水管道中存在负压虹吸回流的可能，而解决方法就是设真空破坏器等防回流污染设施，消除管道内真空度而使其断流。在本条的第1款～第4款所提到的场合中均存在负压虹吸回流的可能性。家庭泳池由自来水直接接软管补水，其与给水管道连接处需设置防回流污染措施。但当不存在负压回流可能时，就不必设置防回流污染设施。

3 轻便消防水龙指在自来水供水管路上直接接出使用的一种小型简便的水灭火设备，设置要求详见现行国家标准《建筑设计防火规范》GB 50016的有关规定。

4 不含满足现行国家标准《卫生洁具　淋浴用花洒》GB/T 23447要求的淋浴用花洒，花洒本身自带防回流装置，故不应在供水管道上重复设置防回流污染设施。

对防止虹吸回流污染，除可采用真空破坏器外，还可以采用倒流防止器等防回流污染设施，详见本标准附录A。

3.3.11 本条规定了倒流防止设施选择原则，系参考了国外回流污染危险等级，根据我国倒流防止器产品市场供应情况确定。

防止回流污染可采取空气间隙、倒流防止器、真空破坏器等措施和装置。选择防回流设施要考虑下列因素：

(1)回流性质：①虹吸回流，系正常供水出口端为自由出流(或末端有控制调节阀)，由于供水端突然失压等原因产生一定真空度，使下游端的卫生器具或容器等使用过的水或被污染了的水回流到供水管道系统；②背压回流，由于水泵、锅炉、压力罐等增压设施或高位水箱等末端水压超过供水管道压力时产生的回流。

(2)回流造成的危害程度。本标准参照国内外标准基础上确定低、中、高三档：①低危险级，回流造成损害虽不至于危害公众健康，但对生活饮用水在感官上造成不利影响；②中危险级，回流造成对公众健康的潜在损害；③高危险级，回流造成对公众生命和健康的严重危害。

生活饮用水回流污染危害程度划分和倒流防止设施的选择详见本标准附录A。

一般防回流污染等级高的倒流防止设施可以替代防回流污染等级低的倒流防止设施。如本标准附录A，防止背压回流型污染的倒流防止设施可替代防止虹吸回流型污染的倒流防止设施；而防止虹吸回流型污染的倒流防止设施不能替代防止背压回流型污染的倒流防止设施。

3.3.12 在给水管道的同一设置点处需设置防回流设施时，应按相应防护等级要求选择设置空气间隙、倒流防止器和真空破坏器等一个防回流设施，不应重复设置多个。

3.3.13 本条为强制性条文，必须严格执行。现行国家标准《二次供水设施卫生规范》GB 17051中规定："二次供水设施管道不得与大便器(槽)、小便斗直接连接，须采用冲洗水箱或用空气隔断冲洗阀。"本条与该标准协调一致，严禁生活饮用水管道与大便器(槽)采用普通阀门直接连接。

3.3.14 本条主要是针对生活饮用水水质安全的重要性而提出的规定。由于有毒污染的危害性较大，有毒污染区域内的环境情况较为复杂，一旦穿越有毒污染区域内的生活饮用水管道发生爆管、需要维修等情况，极有可能会影响与之连接的其他生活饮用水管道内的水质安全，在规划和设计过程中应尽量避开。当无法避开时，可采用独立明管铺设，加强管材强度和防腐蚀、防冻等级，并采取避开道路设置等减少管道损坏和便于管理的措施，重点管理和监护。

3.3.15 本条规定供单体建筑生活水箱(池)与消防水箱(池)应分开设置。当地供水行政主管部门及供水部门另有规定时，按规定执行，并应满足合并贮水池有效容积的贮水设计更新周期不得大于48h。

3.3.16 本条为强制性条文，必须严格执行。本条是对生活饮用水水池(箱)体结构的要求：明确与建筑本体结构完全脱开，生活饮用水水池(箱)体不论什么材质均不应与其他用水水池(箱)共用池(箱)壁。两种水池(箱)壁的间距宜不小于150mm，避免池壁靠在一起，发生消防水池向生活水池渗水的事故。

3.3.17 本条明确了建筑物内的生活饮用水水池(箱)及生活水处理设备、生活供水加压设备等生活给水设施应设置在有隔墙分隔的房间内，其毗邻的房间不能有厕所、垃圾间、污(废)水泵房、污(废)水处理机房、中水处理机房、雨水回用处理机房等可能会产生污染源的房间。生活饮用水水池(箱)上方，应是洁净且干燥的用房，在其上层不能有产生、储存、处理污(废)水，及产生其他污染源的房间，不能有需经常冲洗地面的用房。在生活饮用水水池(箱)的上层即使采用同层排水系统也不可以，以免楼板产生渗漏污染生活饮用水水质。生活饮用水池(箱)及生活给水设施设在有隔墙分隔的房间内，还有利于水池配管及仪表的保护，防止非管理人员误操作而引发事故。

设置于给水机房内的仅为本机房排水用的集水井、排水泵，不属于以上所指的污(废)水泵房。

本条中"毗邻"的含义为以墙体相隔的给水机房四周的贴邻房间，本条中"上层"的含义为以楼板相隔的给水机房正上方范围内的房间。

3.3.18 本条是贯彻执行现行国家标准《生活饮用水卫生标准》GB 5749，规定给水配件取水达标的要求。加强二次供水防污染措施，将水池(箱)的构造和配管的有关要求归纳后分别列出。

1 人孔的盖与盖座之间的缝隙是昆虫进入水池(箱)的主要通道，人孔盖与盖座要吻合紧密，并用富有弹性的无毒发泡材料嵌在接缝处。暴露在外的人孔盖要有锁(外围有围护措施，已能防止非管理人员进入者除外)。

通气管口和溢流管是外界生物入侵的通道，所谓生物指蚊子、爬虫、老鼠、麻雀等，这些是造成水箱(池)的水质污染因素，所以要采取隔断等防生物入侵的措施。

2 进水管要在高出水池(箱)溢流水位以上进入水池(箱)，是为了防止进水管出现压力倒流或破坏进水管可能出现虹吸倒流时管内真空的需要。

以城镇给水作为水源的消防贮水池(箱)，除本条第1款只需防昆虫、老鼠等入侵外，第2款、第5款的规定也可适用。

3.3.19 水池(箱)内的水停留时间超过48h，一般情况下水中的余氯已逐渐挥发完了，从水质保证上考虑，生活饮用水水池(箱)容积不宜过大。本标准与现行国家标准《二次供水设施卫生规范》GB 17051的要求一致。可按照平均日用水量计算贮水更新时间。

3.3.20 本条为强制性条文，必须严格执行。为防止生活饮用水水池(箱)水质二次污染，强调加强管理，并设置水消毒处理装置。根据物业管理水平选择水箱的消毒方式，应首选物理消毒方式，如紫外线消毒等，可参考现行行业标准《二次供水工程技术规程》CJJ 140。消毒装置一般可设置于终端直接供水的水池(箱)，也可以在水池(箱)的出水管上设置消毒装置。

3.3.21 本条为强制性条文，必须严格执行。这是为了防止误饮误用，国内外相关法规中都有此规定。一般做法是采取设置永久性的、明显的、清晰的标识；或采取加锁、专用手柄等措施。标识上写上"非饮用水""此水不能喝"等字样，还应配有英文，如"NOT DRINKING WATER"或者"CAN'T DRINK"。

3.4 系统选择

3.4.1 建筑物内除不同使用性质或计费的给水系统在其引入管后分成各自独立的给水管网外，还要在条件许可时采用分质供水，充分利用中水、雨水回用等再生水资源；并尽可能利用室外给水管网的水压，以直接连接方式供水。

3.4.3 生活给水系统分区供水要根据建筑物用途、建筑高度、材料设备性能等因素综合确定。给水系统各分区的最大静水压力不应大于卫生器具给水配件能够承受的最大工作压力。分区供水的目的不仅防止损坏给水配件，同时可避免过高的供水压力造成用水不必要的浪费。

对供水区域较大多层建筑的生活给水系统，有时也会出现超出本条分区压力的规定。一旦产生入户管压力、最不利点压力等超出本条规定时，也要为满足本条的有关规定采取相应的技术措施。

当设有集中热水系统时，为减少热水系统分区、减少热水系统热交换设备数量，在静水压力不大于卫生器具给水配件能够承受的最大工作压力前提下，适当加大相应的给水系统的分区范围。

3.4.4 本条规定用水点供水压力一般不大于0.20MPa，当用水点卫生设备对供水压力有特殊要求时，应满足卫生设备的给水供水压力要求，但一般不大于0.35MPa。

3.4.5 住宅入户管最小值，一般需根据最不利用水点处的工作压力要求，经计算确定。住宅入户管动压最高不能超过0.35MPa。

3.4.6 建筑高度不超过100m的高层建筑，一般低层部分采用市政水压直接供水，中区和高区采用加压至屋顶水箱（或分区水箱），再自流分区减压供水的方式，也可采用变频调速泵直接供水，分区减压方式，或采用变频调速泵垂直分区并联供水方式。

对建筑高度超过100m的高层建筑，若仍采用并联供水方式，其输水管道承压过大，存在安全隐患，而串联供水可解决此问题。

3.5 管材、附件和水表

3.5.1 在给水系统中使用的管材、管件，必须满足现行产品标准的要求。

管件的允许工作压力，除取决于管材、管件的承压能力外，还与管道接口能承受的拉力有关。管材的允许压力、管件承压能力、管道接口能承受的拉力，这三个允许工作压力中的最低者，为管道系统的允许工作压力。

3.5.2 室内的给水管道，选用时应考虑其耐腐蚀性能，连接方便可靠，接口耐久不渗漏，管材的温度变形，抗老化性能等因素综合确定。当地主管部门对给水管材的采用有规定时，应予遵守。

可用于室内给水管道的管材品种很多，有薄壁不锈钢管、薄壁铜管、塑料管和纤维增强塑料管，还有衬（涂）塑钢管、铝合金衬塑管等金属与塑料复合的复合管材。各种新型的给水管材，大多数编制有推荐性技术规程，可为设计、施工安装和验收提供依据。

根据工程实践经验，塑料给水管由于线胀系数大，又无消除线胀的伸缩节，如用作高层建筑给水立管，在支管连接处累积变形大，容易断裂漏水。故立管推荐采用金属管或金属塑料复合管。

3.5.3 给水管道上的阀门的工作压力等级，应大于或等于其所在管段的管道工作压力。阀门的材质，必须耐腐蚀，经久耐用。镀铜的铁杆、铁芯阀门，不应使用。当采用金属管材时，阀芯材质应考虑电化学腐蚀因素，不锈钢管道的阀门不宜采用铜质，宜采用同质阀门。

3.5.5 调节阀是专门用于调节流量和压力的阀门，常用在需调节流量或水压的配水管段上，如热水循环管道。

闸板阀、球阀和半球阀的过水断面为全口径，阻力最小。水泵吸水管的阻力大小对水泵的出水流量影响较大，故宜采用闸板阀。

蝶阀虽具有安装空间小的优点，但小口径的蝶阀，其阀瓣占据流道截面的比例较大，故水流阻力较大，且易挂积杂物和纤维。

截止阀内的阀芯，有控制并截断水流的功能，故不能安装在双向流动的管段上。

多功能水泵控制阀兼有闸阀、缓闭止回阀和水锤消除器的功能，故一般装在口径较大的水泵的出水管上。

3.5.6 本条规定了止回阀的设置要求。明确止回阀只是引导水流单向流动的阀门，不是防止倒流污染的有效装置。此概念是选用止回阀还是选用管道倒流防止器的原则。管道倒流防止器具有止回阀的功能，而止回阀则不具备管道倒流防止器的功能，所以设有管道倒流防止器后，就不需再设止回阀。

1 本款明确只在直接从城镇给水管接入的引入管上。

2 本款明确密闭的水加热器或用水设备的进水管上，应设置止回阀（如根据本标准第3.3.7条已设置倒流防止器，不需再设止回阀）。当局部热水供应系统采用贮水容积大于200L的容积式燃气热水器、电热水器或设置有热水循环时，应设置止回阀。

3.5.7 本条列出了选择止回阀阀型时应综合考虑的因素。

止回阀的开启压力与止回阀关闭状态时的密封性能有关，关闭状态密封性好的，开启压力就大，反之就小。

开启压力一般大于开启后水流正常流动时的局部水头损失。

速闭消声止回阀和阻尼缓闭止回阀都有削弱停泵水锤的作用，但两者削弱停泵水锤的机理不同，速闭止回阀一般用于200mm以下口径；缓闭止回阀包括多功能水泵控制阀、消水锤止回阀等，为具有两阶段关闭功能的止回阀。一般水力控制阀型缓闭止回阀水头损失较大，在工程应用中可以采用水头损失较小的缓闭止回阀。

止回阀的阀瓣或阀芯，在水流停止流动时，应能在重力或弹簧力作用下自行关闭，也就是说重力或弹簧力的作用方向与阀瓣或阀芯的关闭运动的方向要一致，才能使阀瓣或阀芯关闭。一般来说卧式升降式止回阀和阻尼缓闭止回阀及多功能阀只能安装在水平管上，立式升降式止回阀不能安装在水平管上，其他的止回阀均可安装在水平管上或水流方向自下而上的立管上。水流方向自上而下的立管，不应安装止回阀，因其阀瓣不能自行关闭，起不到止回作用。管网最小压力或水箱最低水位应能自动开启止回阀。旋启式止回阀静水压大于或等于于0.5m时可开启。

3.5.8、3.5.9 正确的设置位置是保证管道倒流防止器和真空破坏器使用的重要保证条件。这两条系引用行业标准中倒流防止器和真空破坏器的设置要求，以倒流防止器和真空破坏器本身安全卫生防护要求来确定的。

3.5.10 本条规定是为了防止给水管网使用减压阀后可能出现的安全隐患。

1 本款规定是限制减压阀的减压比，是为了防止阀内产生汽蚀损坏减压阀和减少振动及噪声。

2 气蚀校核可根据减压阀的进口压力、出口压力和介质温度等条件，参照《建筑给水减压阀应用技术规程》CECS 109中的规定进行校核。

3 本款规定是防止减压阀失效时，阀后卫生器具给水栓受损坏。当配水件有渗漏危险时，可按密闭试验压力1.1倍校核。

4 本款考虑谐振，在供水干管串联减压时，前一级减压阀可采用比例式减压阀，后一级减压阀可采用可调式减压阀。

5 本款规定是防止减压阀失效时造成超压破坏。自动泄压装置可以采用安全阀。

6 在给水总管和干管减压时，可采用两个减压阀并联设置。

7 规定阀前水压稳定，阀后水压才能稳定。

11 规定减压阀并联设置的作用只是为了当一个阀失效时，将其关闭检修，使管路不需停水检修。减压阀若设旁通管，因旁通管上的阀门渗漏会导致减压阀减压作用失效，故不应设置旁通管。

3.5.12 持压泄压阀的泄流量大，给水管网超压是因管网的用水量太少，使向管网供水的水泵的工作点上移而引起的，持压泄压阀的泄压动作压力比供水水泵的最高供水压力小，泄压时水泵仍不断将水供入管网，所以持压泄压阀动作时是要连续泄水，直到管网用水量等于泄水量时才停止泄水复位。持压泄压阀的泄水流量要按水泵H～Q特性曲线上泄压压力对应的流量确定。

泄压水排入非生活用水水池，既可利用水池存水消能，也可避免水的浪费。

持压泄压阀之前设置的检修阀门应常开。

3.5.15 给水管道系统如果串联重复设置管道过滤器，不仅增加工程费用，且增加了阻力需消耗更多的能耗。因此，当在减压阀、自动水位控制阀、温度调节阀等阀件前已设置了管道过滤器，则水加热器的进水管等处的管道过滤器可不必再设置。

3.5.16 本条规定了建筑物水表的设置位置。

4 针对区域供水情况，为控制管网漏损和提升信息化管理水平，根据分区计量管理要求设置水表。

3.5.19 水表直径的确定应按第1款～第3款的计算结果。

现行国家标准《封闭满管道中水流量的测量饮用冷水水表和热水水表 第1部分：规范》GB/T 778.1中的“常用流量”系指水表在正常工作条件即稳定或间隙流动下的最佳使用流量。对于用水量在计算时段时用水量相对均匀的给水系统，如用水量相对集中的工业企业生活间、公共浴室、洗衣房、公共食堂、体育场等建筑物，用水密集，其设计秒流量与最大小时平均流量折算成秒流量相差不大，应以设计秒流量来选用水表的“常用流量”；而对于住宅、旅馆、医院等用水分散型的建筑物，其设计秒流量系指最大日最大时中某几分钟高峰用水时段的平均秒流量，如按此选用水表的常用流量，则水表很多时段均在比常用流量小或小得很多的情况下运行，且水表口径选得很大。为此，这类建筑宜按给水系统的设计秒流量选用水表的“过载流量”较合理。“过载流量”是“常用流量”的1.25倍。

居住小区由于人数多、规模大，虽然按设计秒流量计算，但已接近最大用水时的平均秒流量。以此流量选择小区引入管水表的常用流量。如引入管为2条及2条以上时，则应平均分摊流量。该生活给水设计流量还应按消防规范的要求叠加区内一起火灾的最大消防流量校核，不应大于水表的“过载流量”。

因供水主管部门收费计量的水表产权归属供水主管部门，因此，一般市政管接入小区的引入管上的总水表和住宅分户水表的规格往往由供水主管部门确定。

3.5.20 水锤消除装置包括水锤吸纳器、速闭止回阀、缓闭止回阀和多功能水泵控制阀等。

3.5.21 声环境功能区分类参见现行国家标准《声环境质量标准》GB 3096，可根据建筑的使用功能特点和环境质量要求等确定是否采用隔音降噪措施。

3.6 管道布置和敷设

3.6.1 随着国民经济的发展，人们生活水平的提高，建筑室内给水水质安全越来越引起人们的重视。目前已有国外的相关资料显示，室内给水管道布置成环状管网，是保证建筑室内给水水质安全的一项技术措施。因此在经济条件许可的前提条件下也可将室内给水管道布置成环状。

3.6.3 本条为强制性条文，必须严格执行。本条规定室内给水管道敷设的位置不能因为管道的漏水或结露产生的凝结水造成严重安全隐患，产生重大财物损害。

遇水燃烧物质系指凡是能与水发生剧烈反应放出可燃气体，同时放出大量热量，使可燃气体温度猛升到自燃点，从而引起燃烧爆炸的物质。遇水燃烧物质按遇水或受潮后发生反应的强烈程度及其危害的大小，划分为以下两个级别：

一级遇水燃烧物质，与水或酸反应时速度快，能放出大量的易燃气体，热量大，极易引起自燃或爆炸。如锂、钠、钾、铷、锶、铯、钡等金属及其氢化物等。

二级遇水燃烧物质，与水或酸反应时速度比较缓慢，放出的热量也比较少，产生的可燃气体，一般需要有水源接触，才能发生燃烧或爆炸。如金属钙、氢化铝、硼氢化钾、锌粉等。

在实际生产、储存与使用中，将遇水燃烧物质都归为甲类火灾危险品。在储存危险品的仓库设计中，应避免将给水管道（含消防给水管道）布置在上述危险品堆放区域的上方。

3.6.6 当建筑物或室外地面沉降量较大时，凡是穿越建筑的引入管和接出管均应考虑防沉降措施。

3.6.7 塑料给水管道在室内明装敷设时易受碰撞而损坏，也发生过被人为割伤的情况，尤其是设在公共场所的立管更易受此威胁，因此提倡在室内吊顶、管道井和嵌墙暗装。

3.6.8 塑料给水管道不得布置在灶台上边缘，是为了防止炉灶口喷出的火焰及辐射热损坏管道。燃气热水器虽无火焰喷出，但其燃烧部位外面仍有较高的辐射热，所以不应靠近。

塑料给水管道不应与水加热器或热水炉直接连接，以防炉体或加热器的过热温度直接传给管道而损害管道，一般应经不少于0.4m的金属管过渡后再连接。

3.6.11 给水管道因温度变化而引起伸缩，必须予以补偿，在给水管道采用塑料管时，塑料管的线膨胀系数是钢管的7倍～10倍。因此必须予以重视，若无妥善的伸缩补偿措施，将会导致塑料管道的不规则拱起弯曲，甚至断裂等质量事故。常用的补偿方法就是利用管道自身的折角变形来补偿温度变形。

3.6.12 给水管道的防结露计算是比较复杂的问题，它与水温、管材的导热系数和壁厚、空气的温度和相对湿度，绝热层的材质和导热系数等有关。如资料不足时，可借用当地空调冷冻水小型支管的绝热层做法。

在采用金属给水管出现结露的地区，塑料给水管同样也会出现结露，仍需做绝热层。

3.6.13 给水管道不论管材是金属管还是塑料管（含复合管），均不得直接埋设在建筑结构层内。如一定要埋设时，必须在管外设置套管，这可以解决在套管内敷设和更换管道的技术问题，且要经结构工种的同意，确认埋在结构层内的套管不会降低建筑结构的安全可靠性。

小管径的配水支管，可以直接埋设在楼板面的垫层内，或在非承重墙体上开凿的管槽内（当墙体材料强度低不能开槽时，可将管道贴墙面安装后抹厚墙体）。这种直埋安装的管道外径，受垫层厚度或管槽深度的限制，一般外径不宜大于25mm。

直埋敷设的管道，除管内壁要求具有优良的防腐性能外，其外壁还要具有抗水泥腐蚀的能力，以确保管道使用的耐久性。

采用卡套式或卡环式接口的交联聚乙烯管，铝塑复合管，为了避免直埋管因接口渗漏而维修困难，故要求直埋管段不应中途接驳或用三通分水配水，应采用软态给水塑料管，分水器集中配水，管接口均应明露在外，以便检修。

给水管嵌墙敷设时，墙体预留的管槽应经结构设计，未经结构专业的许可，不得在墙体横向开凿宽度超过300mm的管槽。参见《建筑给水金属管道工程技术规程》CJJ/T 154—2011第4.4.7条。

可拆卸的连接方式：如卡套式、卡环式。

3.6.18 管道穿过墙壁和楼板时，应设置金属或塑料套管。安装在楼板内的套管，其顶部高出装饰地面20mm；安装在卫生间及厨房内的套管，其顶部应高出装饰地面50mm，底部应与楼板底面相平；安装在墙壁内的套管其两端与饰面相平。穿过楼板的套管与管道之间缝隙宜用阻燃密实材料填实，且端面应光滑。管道的接口不得设在套管内。

3.6.19 室外明设的管道，在结冻地区无疑要做保温层，在非结冻地区亦宜做保温层，以防止管道受阳光照射后管内水温高，导致用水时水温忽热忽冷，水温升高管内的水受到了“热污染”，还给细菌繁殖提供了良好的环境。

室外明设的塑料给水管道不需保温时，亦应有遮光措施，以防塑料老化缩短使用寿命。

3.6.21 本条明确为卫生器具进水接管时，冷水的连接管应在热水连接管的右侧。

3.7 设计流量和管道水力计算

3.7.1 消防用水量仅用于校核管网计算，不计入日常用水量。

3.7.4 高层建筑的室内给水系统，一般都是低层区由室外给水管网直接供水，室外给水管网水压供不上的楼层，由建筑物内的加压系统供水。加压系统设有调节贮水池，其补水量经计算确定，一般介于平均时流量与最大时流量之间。所以建筑物的给水引入管的设计秒流量，就由直接供水部分的设计秒流量加上加压部分的补水流量组成。当建筑物内的生活用水全部采用叠压供水时，给水引入管应取建筑物内的生活用水设计秒流量。当建筑物既有叠压供水、又有自行加压供水时，应按本条第1款、第2款的方法分别计算各自的设计流量后，将两者叠加作为引入管的设计流量。

3.7.5 本条是对住宅建筑的生活给水管道设计秒流量的计算步骤及方法做出规定。

1、2 住宅生活给水管道设计秒流量计算按用水特点为分散型，其用水特点是用水时间长，用水设备使用情况不集中，卫生器具的同时出流百分数（出流率）随卫生器具的增加而减少；而对分散型中的住宅的设计秒流量计算方法，采用了以概率法为基础的计算方法。式(3.7.5-1)和式(3.7.5-2)分子中需乘以100，才与附录 C 中 U 和 U_0 相吻合。

3　为了计算快速、方便，在计算出 U_0 后，即可根据计算管段的 N_g 值从附录 C 计算表中直接查得给水设计秒流量 q_g，该表可用内插法。

4　式(3.7.5-4)是概率法中的一个基本公式，也就是加权平均法的基本公式，使用本公式时应注意：本公式只适用于各支管的最大用水时发生在同一时段的给水管道。而对最大用水时并不发生在同一时段的给水管道，应将设计秒流量小的支管的平均用水时平均秒流量与设计秒流量大的支管的设计秒流量叠加成干管的设计秒流量。

3.7.6　宿舍（居室内设卫生间）、旅馆、酒店式公寓、医院、幼儿园、办公楼、学校等建筑生活用水特点是用水时间长，用水设备使用情况不集中，采用平方根法计算。大便器延时自闭冲洗阀就不能将其折算给水当量直接纳入计算，而只能将计算结果附加 1.20L/s 流量后作为给水管段的设计流量。

综合楼建筑的 α 值按下式计算：

$$\alpha_{综合}=\sum[\alpha_1 N_{g1}+\alpha_2 N_{g2}+\alpha_3 N_{g3}+\cdots+\alpha_n N_{gn}]/\sum N_g \quad (1)$$

式中：$N_g=N_{g1}+N_{g2}+N_{g3}+\cdots+N_{gi}$。

3.7.8　将宿舍（设公用盥洗卫生间）归为用水密集型建筑。其卫生器具同时给水百分数随器具数增多而减少。实际应用中，需根据用水集中情况、冷热水是否有计费措施等情况选择上限或下限值。

宿舍设有集中卫生间时，可按表 1 选用。

表 1　宿舍（设公用盥洗卫生间）的卫生器具同时给水百分数（%）

卫生器具名称＼卫生器具数量	1～30	31～50	51～100	101～200	201～500	501～1000	1000以上
洗涤盆（池）	—	—	—	—	—	—	—
洗手盆	—	—	—	—	—	—	—
洗脸盆、盥洗槽水嘴	80～100	75～80	70～75	55～70	45～55	40～45	20～40
浴盆	—	—	—	—	—	—	—
无间隔淋浴器	100	80～100	75～80	60～75	50～60	40～50	20～40
有间隔淋浴器	80	75～80	60～75	50～60	40～50	35～40	20～35
大便器冲洗水箱	70	65～70	55～65	45～55	40～45	35～40	20～35
大便槽自动冲洗水箱	100	100	100	100	100	100	100
大便器自闭式冲洗阀	2	2	2	1～2	1	1	1
小便槽自动冲洗水箱	100	100	100	100	100	100	100
小便器自闭式冲洗阀	10	9～10	8～9	6～7	5～6	4～5	2～4

3.7.10　秒流量叠加不是将各建筑和各功能部分的设计秒流量直接简单相加，应该是将相同类型建筑或功能部分（采用同一秒流量计算公式视为同一类型）的卫生器具总数汇总起来，分别按当量法或同时使用百分数法计算各自的设计秒流量，然后将不同类型的给水秒流量相加为总的设计秒流量。

3.7.11　本条规定了生活用水最大小时用水量按本标准表 3.2.1 和表 3.2.2 中的最高日用水定额，使用时数和小时变化系数经计算确定，以便确定调节设备的进水管径等。

3.7.12　本条住宅的入户管径不宜小于 20mm，这是根据住宅户型和卫生器具配置标准经计算而得出的。

3.7.14　海澄-威廉公式是目前许多国家用于供水管道水力计算的公式。它的主要特点是，可以利用海澄-威廉系数的调整，适应不同粗糙系数管道的水力计算。

3.7.15　给水管道的局部水头损失，当管件的内径与管道的内径在接口处一致时，水流在接口处流线平滑无突变，其局部水头损失最小。当管件的内径大于或小于管道内径时，水流在接口处的流线都产生突然放大和突然缩小的突变，其局部水头损失约为内径无突变的光滑连接的 2 倍。所以本条只按连接条件区分，而不按管材区分。

本条提供的按沿程水头损失百分比取值，只适用于配水管，不适用于给水干管。

配水管采用分水器集中配水，既可减少接口及减小局部水头损失，又可削减卫生器具用水时的相互干扰，获得较稳定的出口水压。

3.7.16　倒流防止器的水头损失，应包括第一阀瓣开启压力和第二阀瓣开启压力加上水流通过倒流防止器过水通道的局部水头损失。由于各生产企业的产品参数不一，各种规格型号的产品局部水头损失都不一样，设计选用时要求提供经权威测试机构检测的倒流防止器的水头损失曲线。

真空破坏器的水头损失值，也应经权威测试机构检测的参数作为设计依据。

3.8　水箱、贮水池

3.8.1　建筑物内的生活用水水池（箱）设置在通风良好、无污染房间的目的，是为了改善水池（箱）周围的卫生环境，保护水池（箱）水质。室外设置的水池（箱）如不采取隔热措施，就会存在受阳光照射而水温升高的问题，将导致水池（箱）内水的余氯加速挥发，细菌繁殖加快，水质受到“热污染”，一旦引发“军团病”，就威胁到用户的生命安全。本条中“毗邻”是边界接壤的意思，“水池（箱）不应毗邻配变电所”是指水池（箱）的前、后、左、右四个平面都不应与配变电用房接壤，水池（箱）“不宜毗邻居住用房”是指水池（箱）的前、后、左、右四个平面不宜与居住用房接壤，这样的规定除防止水池（箱）渗漏造成损害外，还考虑水池（箱）产生的噪声对周围房间的影响。所以其他有安静要求的房间，也不宜毗邻水池（箱）或在其下方。水池（箱）“不应毗邻配变电所或在其上方”的规定是遵循现行行业标准《民用建筑电气设计规范》JGJ 16—2008 中第 4.2.1 条关于“配变电所的位置选择不应设在厕所、浴室、厨房或其他经常积水场所的正下方，且不宜与上述场所贴邻”的有关要求。

3.8.4　高位水箱也称屋顶水箱，通常依靠重力方式向用户供水，因此其设置高度需按最高层用户最不利点的用水水压要求确定。屋顶水箱的设置高度一旦无法满足要求时，常为顶部不能满足用水水压要求的楼层设置局部增压的措施。此时，应密切关注下部楼层及毗邻房间对噪声和振动要求。

3.8.5　超高层建筑采用垂直串联供水时，通常的做法是设置中间水箱和提升水泵。设置中间水箱的作用是防止次级提升水泵停泵时，次级管网的水压回传（只要次级提升水泵出口止回阀渗漏，静水压就回传），中间水箱可将回传水压消除，达到保护初级提升水泵和管道不受损害的目的。因此，中间水箱设置在哪个楼层、哪个位置较为合理，应综合考虑生活给水系统竖向分区的要求、管材和附件的承压能力及经济合理性、上下楼层及毗邻房间对噪声和振动要求（给水提升水泵不能设置在卧室、客房、病房等居住用房的上下楼层及毗邻）、提升泵的扬程等因素，通常设置在超高层建筑的避难层的机电设备机房内。

中间水箱的生活用水调节容积由两部分组成：首先是水箱供水部分的调节容积，该部分的容积可按不小于供水服务区域楼层的生活用水最大时用水量的 50% 确定。其次是转输水量部分的调节容积，该部分的容积可按两种工况确定，如果中间水箱含有供水部分的调节容积时，此种工况下转输水量部分的调节容积可按向上一级水箱提供转输水量的提升水泵 3min～5min 流量确定；如果中间水箱不含供水部分的调节容积，只有转输水量部分的调节容积时，此种工况下转输水量部分的调节容积应按向上一级水箱提供转输水量的提升水泵 5min～10min 流量确定。

3.8.6　中间水箱和高位水箱的进、出水管不应采用一根管道，即进水管不能兼做出水配水管，这种配管会造成水箱内死水区大，尤其是当进水压力基本可满足用户水压要求时，进入水箱的水很少时，箱内的水得不到更新（如利用市政水压供水的调节水箱，夏季水压不足，冬季水压已够），引起水质恶化。当然这种配管在进水管起端必须安装管道倒流防止器，否则就产生倒流污染，甚至箱内的水会流空，用户没水用。

进、出水管的布置不得产生水流短路，防止贮水滞留和死角，必要时可设导流装置。

由于直接作用式浮球阀出口是进水管断面的40%，故需设置2个，且要求进水管标高一致，可避免2个浮球阀受浮力不一致而损坏漏水的现象。

由于城镇给水管网直接供给调节水池（箱）时，只能利用水池（箱）的水位控制其启闭，水位控制阀能实现其启闭自动化。但对由单台加压设备向单个调节水箱供水时，则由水箱的水位通过液位传感信号控制加压设备的启闭，不应在水箱进水管上设置水位控制阀，否则造成控制阀冲击振动而损坏。对于一组水泵同时供给多个水箱的供水工况，损坏概率较高的是与水箱进水管相同管径的直接作用式浮球阀，而应在每个水箱中设置水位传感器，通过水位监控仪实现水位自动控制。这类阀门有电磁先导水力控制阀、电动阀等。当一组水泵同时供给多个水箱的供水工况中含有高位消防水箱时，高位消防水箱的进水管可设置直接作用式浮球阀等水位控制阀。

溢流管的溢流量是随溢流水位升高而增加，常规做法是溢流管比水箱进水管管径大一级，管顶采用喇叭口（1∶1.5～1∶2.0）集水，是有明显的溢流堰的水流特性，然后经垂直管段后转弯穿池壁出池外。

水池（箱）泄水出路有室外雨水检查井、地下室排水沟（应间接排水）、屋面雨水天沟等，其排泄能力有大小，不能一概而论。一般情况下，比进水管小一级管径至少不应小于50mm。

当水池埋地较深，无法设置泄水管时，应采用潜水给水泵提升泄水。

在工程中由于自动水位控制阀失灵，水池（箱）溢水造成水资源浪费，特别是地下室的贮水池溢水造成财产损失的事故屡见不鲜。贮水构筑物设置水位监视、报警和控制仪器和设备很有必要，目前国内此类产品性能可靠，已广泛应用。有淹没可能的地下泵房，有的对水池的进水阀提出双重控制要求（如先导阀采用浮球阀＋电磁阀），同时，对泵房排水提出防淹没的排水能力要求。

报警水位与最高水位和溢流水位之间关系：报警水位应高出最高水位50mm左右，小水箱可取小一些，大水箱可取大一些。报警水位距溢流水位一般约50mm，如进水管径大，进水流量大，报警后需人工关闭或电动关闭时，应给予紧急关闭的时间，一般报警水位距溢流水位250mm～300mm。

水池（箱）的通气管可根据最大进水量或出水量求得最大通气量，按通气量计算确定通气管的直径和数量，通气管内空气流速可采用5m/s。

3.9 增压设备、泵房

3.9.1 本条是生活给水系统加压水泵选择的规定。

1 现行国家标准《清水离心泵能效限定值及节能评价值》GB 19762—2007中第6章“泵能效限定值”、第7章“泵目标能效限定值”为强制性的，第8章“泵节能评价值”为推荐性的，建筑给水排水设计中应按有关要求执行。“泵能效限定值”指在标准规定测试条件下，允许泵规定点的最低效率；“泵目标能效限定值”指按标准实施一定年限后，允许泵规定点的最低效率；“泵节能评价值”指在标准规定测试条件下，满足节能认证要求应达到的泵规定点最低效率。

2 选择生活给水系统的加压水泵时，必须对水泵的Q～H特性曲线进行分析，应选择特性曲线为随流量增大其扬程逐渐下降的水泵，这样的泵工作稳定，并联使用时可靠。

3 生活给水的加压泵是长期不停地工作的，水泵产品的效率对节约能耗、降低运行费用起着关键作用。因此，选泵时应选择效率高的泵型，且管网特性曲线所要求的水泵工作点，应位于水泵效率曲线的高效区内。

4 本款提出生活给水系统需要设置备用泵，以及备用泵的供水能力等要求，是为了保证生活给水系统的安全运行。当某台水泵发生了故障时，备用泵应立即投入运行，避免造成供水安全事故。

水泵自动切换交替运行，可避免备用泵因长期不运行而泵内的水滞留变质或锈蚀卡死不转等问题。

5 生活给水系统选用的加压水泵应控制产品自身的噪声和振动。现行行业标准《泵的噪声测量与评价方法》JB/T 8098—1999与《泵的振动测量与评价方法》JB/T 8097—1999分别将水泵运行的噪声和振动从小至大分为A、B、C、D四个级别，其中D级为不合格水泵。现行行业标准《二次供水工程技术规程》CJJ 140—2010中规定，居住建筑生活给水系统选用水泵的噪声和振动应分别满足现行行业标准《泵的噪声测量与评价方法》JB/T 8098—1999与《泵的振动测量与评价方法》JB/T 8097—1999中的B级要求，公共建筑生活给水系统选用水泵的噪声和振动应分别满足现行行业标准《泵的噪声测量与评价方法》JB/T 8098—1999与《泵的振动测量与评价方法》JB/T 8097—1999中的C级要求。

3.9.2 建筑物内采用高位水箱调节供水的系统，水泵由高位水箱中的水位控制其启动或停止，当高位水箱的调节容量（启动泵时箱内的存水一般不小于5min用水量）不小于0.5h最大用水时水量的情况下，可按最大用水时流量选择水泵流量；当高位水箱的有效调节容量较小时，应以大于最大用水时的流量选确定水泵流量。

3.9.3 变频调速供水设备从20世纪90年代开始在我国推广使用，主要由泵组、管路和电气控制系统三部分组成。伴随着三十年来电气设备控制元器件的更新换代，变频调速供水设备先后经历了由继电器电路变频调速控制技术（早期单变频控制技术）、局部数字化电气电路变频调速控制技术（中期单变频、多变频控制技术）和数字集成全变频控制技术（近期全变频控制技术）三个主要发展阶段。

1 变频调速泵组供水未设调节构筑物，泵组的供水能力应满足生活给水系统中最大的设计秒流量的要求。

2 由于泵组的运行工况在“最大设计流量”和“最小设计流量”区间之内，为保证泵组节能、高效运行，应根据生活给水系统设计流量变化和变频调速泵高效区段的流量范围两者间的关系确定工作水泵的数量，缺乏相关资料时可按以下要求确定：当系统供水量小于15m³/h～20m³/h时，宜配置1台工作泵；当系统供水量大于20m³/h时，可配置2台～4台工作泵。变频泵组备用泵的设置应满足本标准第3.9.1条的规定。

3 变频水泵大部分时段的运行工况小于“最大设计流量”工作点，为使水泵在高效区内运行，此时总出水量对应的单泵工作点，应处于水泵高效区的末端。

4 恒压变频供水系统配置气压罐，可稳定水泵切换或用户用水量突然变化时设备出口的压力波动，维持水泵停止运行时小流量的正常供水。

5 当用户对生活给水系统供水压力稳定性要求较高时，为减小水泵切换过程产生的供水压力波动，宜采用多台变频调速水泵的供水方案。

6 一旦停电，变频调速泵组将停止运行，无法继续供水，因此，强调变频调速泵组的供电应可靠是十分必要的；“满足连续、安全运行”是现行国家标准《城镇给水排水技术规范》GB 50788—2012对给水排水设施电源的要求。

3.9.5 生活给水的加压水泵宜采用自灌吸水，非自灌吸水的水泵给自动控制带来困难，并使加压系统的可靠性变差，应尽量避免采用。若需要采用时，应有可靠的自动灌水或引水措施。

生活给水水泵的自灌吸水，并不要求水泵位于水池（箱）最低水位以下。自灌吸水水泵不可能在水池（箱）最低水位启动，因此，水池（箱）应按满足水泵自灌要求设定一个启泵水位，水位在启泵水位以上时，允许启动水泵，水位在启泵水位以下，不允许水泵启动，但已经在运行的水泵应继续运行，达到水池（箱）最低水位时自动停泵（只要吸程满足要求，甚至在最低水位之下还可继续运行）。

因此，卧式离心泵的泵顶放气孔、立式多级离心泵吸水端第一级（段）泵体可置于最低设计水位标高以下。

水池（箱）的启泵水位，在一般情况下，宜取 1/3 贮水池总水深。

水池（箱）的最低水位是以水泵吸水管喇叭口的最小淹没水深确定的。淹没水深不足时，就产生空气旋涡漏斗，水面上的空气经旋涡漏斗被吸入水泵，对水泵造成损害。影响最小淹没水深的因素很多，目前尚无确切的计算方法，本条规定的吸水喇叭口"低于水池最低水位不宜小于 0.3m"是以建筑给水系统中使用的水泵均不大，吸水管管径不大于 200mm 而定的。当吸水管管径大于 200mm 时，应相应加深水深，可按管径每增大 100mm，水深加深 0.1m 计。

对于吸水喇叭口上水深达不到 0.3m 的情况，常用的办法是在喇叭口缘加设水平防涡板，防涡板的直径为喇叭口缘直径的 2 倍，即吸水管管径为 1D，喇叭口缘直径为 2D，防涡板外径为 4D。

本条中关于其他有关吸水管的安装尺寸要求，是为了水泵工作时能正常吸水，并避免相邻水泵之间的互相干扰。

3.9.6 水泵从吸水总管吸水，吸水总管又伸入水池（箱）吸水，这种做法已被普遍采用，尤其是水池（箱）有独立的两格时，可增加水泵工作的灵活性，泵房内的管道布置也可简化和规则。

吸水总管伸入水池（箱）的引水管不宜少于 2 条，每条引水管都能通过全部设计流量，引水管上应设阀门，是从安全角度出发而规定的。水池（箱）有独立的 2 个及以上的分格，每格有一条引水管，可视为有 2 条以上引水管。

为了水泵能正常自灌，且在运行过程中，吸水总管内勿积聚空气，保证水泵能正常和连续运行，吸水总管管顶应低于水池启动水位，水泵吸水管与吸水总管的连接应采用管顶平接或高出管顶连接。

采用吸水总管时，水泵的自灌条件不变，与单独吸水管时的条件相同。

采用吸水总管时，吸水总管喇叭口的最小淹没水深为 0.3m，是考虑吸水总管的口径比单独吸水管大，喇叭口处的趋近流速就有降低。但若喇叭口按本标准第 3.9.5 条说明中的办法增设防涡板将会更好。

吸水总管中的流速不宜大，否则会引起水泵互相间的吸水干扰，但也不宜低于 0.8m/s，以免吸水总管过粗。

3.9.7 自吸式水泵或非自灌吸水的水泵，应进行允许安装高度的计算，是为了防止盲目设计引起事故。即使是自灌吸水的水泵，当启泵水位与最低水位相差较大时，也应做安装高度的校核计算。

3.9.8 当水泵出水管上装设水泵多功能控制阀时，尚应设置检修阀门。一般当水泵的出水管上已设置水泵多功能控制阀时，无须再设水锤消除装置。

3.9.14 本条泵房内电控柜前面通道宽度要求系根据靠墙安装的挂墙式、落地式配电柜和控制柜前面通道宽度要求，如采用的配电柜和控制柜是后开门检修形式的，配电柜和控制柜后面检修通道的宽度要求应见相应电气规范的规定。

3.10 游泳池与水上游乐池

现行行业标准《游泳池给水排水工程技术规程》CJJ 122 对游泳池的池水特性、池水循环、池水净化、池水消毒、池水加热、水质平衡、游泳池节能技术、监控和检测、特殊设施、洗净设施、排水及回收利用、水处理设备机房以及施工、系统调试、验收、运行、维护和管理等方面均作了较详细、全面的规定。本标准仅对游泳池与水上游乐池的主要设计参数作原则性规定。

3.10.5 游泳池的池水使用有定期换水、定期补水、直流供水、定期循环供水、连续循环供水等多种方式。由于水资源是十分宝贵的，节约用水是节约能源的一个重要组成部分，通常情况下游泳池池水均应循环使用。

在一定水质标准要求下，影响游泳池和水上游乐池的池水循环周期的因素有池的类型（跳水、比赛、训练等）、用途（营业、内部、群众性、专业性等）、池水容积、水深、使用时间、使用对象（运动员、成人、儿童）、游泳负荷（任何时间内游泳池内为保证游泳者舒适、安全所允许容纳的人数）和游泳池的环境（室内、露天等）及经济条件等。在没有大量可靠的累计数据时，一般可按表 2 采用。

表 2 游泳池和水上游乐池的循环周期

游泳池和水上游乐池分类			使用有效池水深度（m）	循环次数（次/d）	循环周期（h）
竞赛类	竞赛游泳池		2.0	8.0～6.0	3.0～4.0
			3.0	6.0～4.8	4.0～5.0
	水球、热身游泳池		1.8～2.0	8.0～6.0	3.0～4.0
	跳水池		5.5～6.0	4.0～3.0	6.0～8.0
	放松池		0.9～1.0	80～48	0.3～0.5
专用类	训练池、健身池、教学池		1.35～2.0	6.0～4.8	4.0～5.0
	潜水池		8.0～12.0	2.4～2.0	10.0～12.0
	残疾人池、社团池		1.35～2.0	6.0～4.5	4.0～5.0
	冷水池		1.8～2.0	6.0～4.0	4.0～6.0
	私人泳池		1.2～1.4	4.0～3.0	6.0～8.0
公共类	成人泳池（含休闲池、学校泳池）		1.35～2.0	8.0～6.0	3.0～4.0
	成人初学池、中小学校泳池		1.2～1.6	8.0～6.0	3.0～4.0
	儿童泳池		0.6～1.0	24.0～12.0	1.0～2.0
	多用途池、多功能池		2.0～3.0	8.0～6.0	3.0～4.0
水上游乐类	成人戏水休闲池		1.0～1.2	6.0	4.0
	儿童戏水池		0.6～0.9	48.0～24.0	0.5～1.0
	幼儿戏水池		0.3～0.4	>48.0	<0.5
	造浪池	深水区	>2.0	6.0	4.0
		中深水区	2.0～1.0	8.0	3.0
		浅水区	1.0～0	24.0～12.0	1.0～2.0
	滑道跌落池		1.0	12.0～8.0	2.0～3.0
	环流河（漂流河）		0.9～1.0	12.0～6.0	2.0～4.0
文艺演出池			—	6.0	4.0

注：1 池水的循环次数按游泳池和水上游乐池每日循环运行时间与循环周期的比值确定。

2 多功能游泳池宜按最小使用水深确定池水循环周期。

池水的循环次数可按每日使用时间与循环周期的比值确定。

池水的循环周期决定游泳池的循环水量按下式计算：

$$q_c = \frac{V_y \cdot \alpha_y}{T_y} \tag{2}$$

式中：q_c——游泳池的循环水流量（m^3/h）；

V_y——游泳池等的池水容积（m^3）；

α_y——游泳池等的管道和设备的水容积附加系数，取值 1.05～1.10；

T_y——游泳池等的池水循环周期（h），按本标准表 2 的规定选用。

3.10.6 一个完善的水上游乐池不仅应具有多种功能的运动休闲项目以达到健身目的，还应利用各种特殊装置模拟自然水流形态增加趣味性，而且根据水上游乐池的艺术特征和特定的环境要求，因势就形，融入自然。要达到各项功能的预期效果，应根据各自的水质、水温和使用功能要求，设计成独立的循环系统和水质净化系统。

3.10.7 在过滤、消毒等处理过程中，应视处理方案辅以加药等措施。

3.10.10 本条为强制性条文，必须严格执行。为滑道表面供水的目的是起到润滑作用，避免下滑游客因无水而擦伤皮肤发生安全事故，因此，循环水泵必须设置备用泵。

3.10.13 本条为强制性条文，必须严格执行。消毒是游泳池水处理中极重要的步骤。游泳池池水因循环使用，水中细菌会不断增加，必须投加消毒剂以减少水中细菌数量，使水质满足卫生要求。消毒处理设施应符合国家现行相关标准的规定。

3.10.14 由于消毒剂选择、消毒方法、投加量等应根据游泳池和水上游乐池的使用性质确定。如公共游泳池与水上游乐池的人员构成复杂，有成人也有儿童，人们的卫生习惯也不相同；而家庭游泳池和家庭及宾馆客房的按摩池人员较单一，使用人数较少。两者在消毒剂选择、消毒方法等方面可能完全不同。本标准仅对消毒剂选择作了原则性的规定。

3.10.15 本条为强制性条文，必须严格执行。臭氧是一种强氧化剂，具有非常强的广谱杀菌功能，在正常流量下可以不投加混凝剂。臭氧还具有增加水中溶解氧、分解水中一定的尿素、抑制藻类生长、改善水的pH值、提高水的透明度使其呈湛蓝色等功能。因此，臭氧被广泛用于游泳池、游乐池等池水的消毒。为保证消毒效果，减少臭氧投加量、降低运行成本，将臭氧投加在滤后水中是一种有效方式。

臭氧是一种强氧化剂，且半衰期短，不宜贮存，只能现场制备和应用，一旦发生泄漏，当其在空气中的浓度超过 $0.25mg/m^3$ 时，就会对人会产生强烈的刺激性，造成呼吸困难；在空气中的浓度达到25%时，遇热会发生爆炸。故在游泳池、游乐池中采用臭氧消毒时一定要采用负压系统，即负压制备臭氧、负压投加臭氧。

臭氧的制备一般采用高压放电式臭氧发生器，使用一定频率的高压电流制造高压电晕电场，使电场内或电场周围的氧分子发生电化学反应，从而制造臭氧。臭氧投加系统由水射器（文丘里管）、加压水泵和在线管道混合器组成。负压投加臭氧就是通过文丘里管造成负压将臭氧送入并与水混合防止臭氧的外泄漏，然后将混合后水送入紊流较高的管道混合器充分混合，达到90%以上的臭氧溶解率。确保设备系统的操作者健康、安全。由于臭氧是一种强氧化剂，投加系统实现全自动控制：臭氧发生器的产量应是可调的型式以适应随游泳负荷的变化，投加量不断变化的要求；投加控制装置应设在线监测监控运行，确保安全可靠；为防止臭氧过量进入泳池池水中，当循环水泵停止运行时，臭氧投加系统应同时停止运行，不再向系统投加臭氧，以防止出现安全事故，故臭氧投加装置应与循环水泵联锁。从臭氧反应装置排出的尾气中可能含有一定量的臭氧，如果直接排入大气，会造成空气环境污染，应采取尾气消除或回收技术措施。

氯消毒剂制品直接倒入池内，会造成消毒剂局部浓度偏高，以及部分氯消毒剂遇湿热气体后急速扩散，严重时发生爆炸。采用氯消毒时，应采用湿式投加方式：将片状、粉状消毒剂先溶解成液体，再用计量泵抽吸将其送入水净化设备加热工艺工序后的循环水管道内与水充分混合后送入游泳池内；氯的投加应采用全自动投加，加氯所用管道、阀门和附件均应为耐氯腐蚀材质；氯的投加房间应有良好的通风、照明及急救防护装置。

3.10.16 游泳池和水上游乐池的池水设计温度可按表3确定。

表3 游泳池和水上游乐池的池水设计温度(℃)

序号	场所	池的类型	池的用途		池水设计温度
1	室内池	专用游泳池	比赛池、花样游泳池		26～28
2			跳水池		27～29
3			训练池		26～28
4		公共游泳池	成人池		26～28
5			儿童池		28～30
6		水上游乐池	戏水池	成人池	26～28
7				幼儿池	28～30
8			滑道跌落池		26～30
9	室外池	有加热设备			≥26
10		无加热设备			≥23

3.10.17 游泳池和水上游乐池的池水加热，在技术合理、经济可行的条件下，应积极采用节能技术，包括：太阳能加热、空气源热泵加热、水(地)源热泵加热、除湿热泵余热利用等技术。

3.10.20 池水采用逆流式或混合流循环时，应设置均衡水池；在下列情况下应设置平衡水池：

(1)顺流式池水循环水泵从池底直接吸水时，吸水管过长影响循环水泵汽蚀余量时；

(2)多座水上游乐池共用一组池水循环净化设备系统时；

(3)循环水泵采用自吸式水泵吸水时。

3.10.22 本条为强制性条文，必须严格执行。本条规定格栅间隙的宽度是考虑防止游泳者手指、脚趾被卡住造成伤害；控制回(泄)水口流速是为了避免产生负压造成幼儿四肢被吸住，发生安全事故。池底回(泄)水口应具有防旋流、防吸入的功能。

3.10.23 为保证游泳池和水上游乐池的池水不被污染，防止池水产生传染病菌，必须在游泳池和水上游乐池的入口处设置浸脚消毒池，使每一位游泳者或游乐者在进入池子之前，对脚部进行洗净消毒。

3.10.25 本条为强制性条文，必须严格执行。跳水池的水表面利用人工方法制造一定高度的水波浪，是为了防止跳水池的水表面产生眩光，使跳水运动员从跳台(板)起跳后在空中完成各种动作的过程中，能准确地识别水面位置，从而保证空中动作的完成和不发生被水击伤或摔伤等现象。

水面制波和喷水装置的设置应符合现行行业标准《游泳池给水排水工程技术规程》CJJ 122的相关规定。

3.11 循环冷却水及冷却塔

3.11.1 本条是对循环冷却水系统的设计规定。

1 循环冷却水系统通常以循环水是否与空气直接接触而分为密闭式和敞开式系统，民用建筑空气调节系统一般可采用敞开式循环冷却水系统。当暖通专业采用内循环方式供冷(内部)供热(外部及新风)时(水环热泵)，以及高档办公楼出租时需提供用于客户计算机房等常年供冷区域的各局部空调共用的冷却水系统(租户冷却水)等情况时，采用间接换热方式的冷却水系统，此时的冷却水系统通常采用密闭式。

5 随着我国对节能节水的日益重视，冷水机组的冷凝废热应通过冷却水尽可能加以利用，如夏季作为生活热水的预热热源。

3.11.2 民用建筑空调系统的冷却塔设计计算时所选用的空气干球温度和湿球温度，应与所服务的空调等系统的设计空气干球温度和湿球温度相吻合。本条规定依据：现行国家标准《民用建筑供暖通风与空气调节设计规范》GB 50736—2012第4.1.6条规定，“夏季空调室外计算干球温度，应采用历年平均不保证50h的干球温度”，第4.1.7条规定，“夏季空调室外计算湿球温度，应采用历年平均不保证50h的湿球温度”。室外空气计算参数可参见现行国家标准《民用建筑供暖通风与空气调节设计规范》GB 50736—2012中的附录A。

3.11.4 当冷却塔的布置不能满足本标准第3.11.3条的规定时，应采取相应的技术措施，并对塔的热力性能进行校核。

在实际工程设计中，由于受建筑物的约束，冷却塔的布置很可能不能满足本标准第3.11.3条文的规定。当采用多台塔双排布置时，不仅需考虑湿热空气回流对冷效的影响，还应考虑多台塔及塔排之间的干扰影响(回流是指机械通风冷却塔运行时，从冷却塔排出的湿热空气，一部分又回到进风口，重新进入塔内；干扰是指进塔空气中掺入了一部分从其他冷却塔排出的湿热空气)。必须对选用的成品冷却器的热力性能进行校核，并采取相应的技术措施，如提高气水比等。

3.11.5 供暖室外计算温度在0℃以下的地区，冬季运行的冷却塔应采取防冻措施。

3.11.9 设计中，通常采用冷却塔、循环水泵的台数与冷冻机组数量相匹配。

循环水泵的流量应按冷却水循环水量确定，水泵的扬程应根据冷冻机组和循环管网的水压损失、冷却塔进水的水压要求、冷却水提升净高度之和确定。

当建筑物高度较高，且冷却塔设置在建筑物的屋顶上，循环水泵设置在地下室内，这时水泵所承受的静水压强远大于所选用的循环水泵的扬程。由于水泵泵壳的耐压能力是根据水泵的扬程作为参数设计的，因此遇到上述情况时，必须复核水泵泵壳的承压能力，同时应提醒暖通专业复核冷冻机组的承压能力。

3.11.10 当循环水泵并联台数大于3台时，可采取流量均衡技术措施：在每台冷冻机组冷却水进水管上设置流量平衡阀；冷却水泵与冷冻机组一一对应，每台冷却水泵的出水管单独与每台冷冻机组冷却水进水管相连接。

3.11.13 不设集水池的多台冷却塔并联使用时，各塔的集水盘之间设置连通管是为了各集水盘中的水位保持基本一致，防止空气进入循环水系统。在一些工程项目中由于受客观条件的限制，而无法设置连通管时，应放大回水横干管的管径。

3.11.14 冷却水在循环过程中，共有三部分水量损失，即蒸发损失水量、排污损失水量、风吹损失水量，在敞开式循环冷却水系统中，为维持系统的水量平衡，补充水量应等于上述三部分损失水量之和。

循环冷却水通过冷却塔时水分不断蒸发，因为蒸发掉的水中不含盐分，所以随着蒸发过程的进行，循环水中的溶解盐类不断被浓缩，含盐量不断增加。为了将循环水中含盐量维持在某一个浓度，必须排掉一部分冷却水，同时，为维持循环过程中的水量平衡，需不断地向系统内补充新鲜水。补充的新鲜水的含盐量和经过浓缩过程的循环水的含盐量是不相同的，后者与前者的比值称为浓缩倍数 N_n。由于蒸发损失水量不等于零，则 N_n 值永远大于 1，即循环水的含盐量总大于补充新鲜水的含盐量。浓缩倍数 N_n 越大，在蒸发损失水量、风吹损失水量、排污损失水量越小的条件下，补充水量就越小。由此看来，提高浓缩倍数，可节约补充水量和减少排污水量；同时，也减少了随排污水量而流失的系统中的水质稳定药剂量。但是浓缩倍数也不能提得过高，如果采用过高的浓缩倍数，不仅水中有害离子氯根或垢离子钙、镁等将出现腐蚀或结垢倾向，而且浓缩倍数高了，增加了水在系统中的停留时间，不利于微生物的控制。因此，考虑节水、加药量等多种因素，浓缩倍数必须控制在一个适当的范围内。一般建筑用冷却塔循环冷却水系统的设计浓缩倍数控制在 3.0 以上比较经济合理。

3.11.15 本条是贯彻执行现行国家标准《公共建筑节能设计标准》GB 50189、《民用建筑节水设计标准》GB 50555 的有关要求而规定。

3.11.16 民用建筑空调的敞开式循环冷却水系统中，影响循环水水质稳定的因素有：

(1)在循环过程中，水在冷却塔内和空气充分接触，使水中的溶解氧得到补充，达到饱和；水中的溶解氧是造成金属电化学腐蚀的主要因素；

(2)水在冷却塔内蒸发，使循环水中含盐量逐渐增加，加上水中二氧化碳在塔中解析逸散，使水中碳酸钙在传热面上结垢析出的倾向增加；

(3)冷却水和空气接触，吸收了空气中大量的灰尘、泥砂、微生物及其孢子，使系统的污泥增加。冷却塔内的光照、适宜的温度、充足的氧和养分都有利于细菌和藻类的生长，从而使系统粘泥增加，在换热器内沉积下来，形成了粘泥的危害。

在敞开式循环冷却水系统中，冷却水吸收热量后，经冷却塔与大气直接接触，二氧化碳逸散，溶解氧和浊度增加，水中溶解盐类浓度增加以及工艺介质的泄漏等，使循环冷却水质恶化，给系统带来结垢腐蚀、污泥和菌藻等问题。冷却水的循环对换热器带来的腐蚀、结垢和粘泥影响比采用直流系统严重得多。如果不加以处理，将发生换热设备的水流阻力加大，水泵的电耗增加，传热效率降低，造成换热器腐蚀并泄露等问题。因此，民用建筑空调系统的循环冷却水应该进行水质稳定处理，主要任务是去除悬浮物、控制泥垢及结垢、控制腐蚀及微生物三个方面。当循环冷却水系统达到一定规模时，除了必须配置的冷却塔、循环水泵、管网、放空装置、补水装置、温度计等外，还应配置水质稳定处理和杀菌灭藻、旁滤器等装置，以保证系统能够有效和经济地运行。

在密闭式循环冷却水系统中，水在系统中不与空气接触，不受阳光照射，结垢与微生物控制不是主要问题，但腐蚀问题仍然存在。可能产生的泄漏、补充水带入的氧气、各种不同金属材料引起的电偶腐蚀，以及各种微生物(特别是在厌氧区微生物)的生长都将引起腐蚀。

3.11.17 旁流处理的目的是保持循环水水质，使循环冷却水系统在满足浓缩倍数条件下有效和经济地运行。旁流水就是取部分循环水量按要求进行处理后，仍返回系统。旁流处理方法可分为去除悬浮固体和溶解固体两类，但在民用建筑空调系统中通常是去除循环水中的悬浮固体。因为从空气中带进系统的悬浮杂质以及微生物繁殖所产生的黏泥，补充水中的泥沙、黏土、难溶盐类，循环水中的腐蚀产物、菌藻、冷冻介质的渗漏等因素使循环水的浊度增加，仅依靠加大排污量是不能彻底解决的，也是不经济的。旁滤处理的方法同一般给水处理的有关方法，旁滤水量需根据去除悬浮物或溶解固体的对象而分别计算确定。当采用过滤处理去除悬浮物时，过滤水量宜为冷却水循环水量的 1%～5%。

3.11.18 循环冷却水系统排水包括：系统放空水、排污水、排泥、清洗排水、预膜排水、旁流水处理及补充水处理过程中的排水等。循环冷却水系统排水不应排入市政雨水管道。

3.12 水　　景

3.12.1 本条对水景及补水水质作出规定。

1 本款规定了对非亲水性水景的补水水质要求。非亲水性的水景，如静止镜面水景、流水型平流壁流等不产生漂粒、水雾的水质达到现行国家标准《地表水环境质量标准》GB 3838 中规定的Ⅳ类标准的都可以作补充水。

2 亲水性水景包括人体器官与手足有可能接触水体的水景以及会产生漂粒、水雾会吸入人体的动态水景。如冷雾喷、干泉、趣味喷泉(游乐喷泉或戏水喷泉)等。涉及建筑给排水的安全卫生核心部分，其补充水水质应符合现行国家标准《生活饮用水卫生标准》GB 5749 的要求；由于中水及雨水回用水都是分散性系统，由各居住小区、企业、机关等物业管理，缺乏技术和管理水平且无水质监管体系及相应机构，存在水质风险。中水及雨水回用水一般用于绿化、冲厕、街道清扫、车辆冲洗、建筑施工、消防等与人体不接触的杂用水。

3.12.2 考虑到水景可能是旱雨两用的，下雨才有水景，不下雨是旱景，不存在循环，表述为“水景用水宜循环使用”而非“应循环使用”。本条确定了循环式供水的水景工程的补充水量标准。循环周期计算参照现行行业标准《喷泉水景工程技术规程》CJJ/T 222。对于非循环式供水的镜湖、珠泉等静水景观，宜根据水质情况，周期性排空放水。

3.12.5 当水景兼作体育活动场所时，可采用城镇给水作为补水水源。

3.13 小区室外给水

3.13.3 小区的二次供水加压设施服务半径应根据地形、供水条件确定，并应符合当地供水主管部门的要求。小区二次供水加压设施服务半径不宜大于 500m 的要求是与热水系统要求相统一，也是体现了节能的要求。

3.13.4 住宅按本标准第 3.7.4 条和第 3.7.5 条概率公式计算设计秒流量作为管段流量。居住小区配套设施(文体、餐饮娱乐、商铺及市场)按本标准式(3.7.6)和式(3.7.8)计算设计秒流量作为节点流量。

小区内配套的文教、医疗保健、社区管理等设施的用水时间和时段(寄宿学校除外)与住宅的最大用水时间和时段并不重合。绿化和景观用水、道路及广场洒水、公共设施用水等都与住宅最大用水时间和时段不重合，均以平均小时流量计算节点流量是有安全余量的。当绿化和景观用水、道路及广场洒水采用再生水时，应分别计算设计流量。

3.13.5 本条规定了除居住小区以外的其他小区室外给水管道直供和非直供的计算方法。当多栋不同功能建筑的用水高峰出现在不同时段时，可以参照本标准第3.7.10条计算管段流量。

3.13.6 本条规定了小区引入管的计算原则。

1 本款规定系与本标准第3.2.9条相呼应，漏失水量和未预见水量应在引入管计算流量基础上乘以系数1.08～1.12。

2 本款系参照现行国家标准《室外给水设计规范》GB 50013—2018第7.1.3条的规定。

3 本款规定是为了保证小区室外给水管网的供水能力，当小区室外给水管支状布置时引入管的管径不应小于室外给水干管的管径。

4 本款规定小区环状管道管径应相同，一是简化计算，二是安全供水。

3.13.7 小区的室外生活与消防合用的给水管道，当小区内未设消防贮水池，消防用水直接从室外合用给水管上抽取时，在最大用水时生活用水设计流量基础上叠加最大消防设计流量进行复核。绿化、道路及广场浇洒用水可不计算在内，小区如有集中浴室，则淋浴用水量可按15%计算。当小区设有消防贮水池，消防用水全部从消防贮水池抽取时，叠加的最大消防设计流量应为消防贮水池的补给流量。当部分消防水量从室外管网抽取，部分消防水量从消防贮水池抽取，叠加的最大消防设计流量应为从室外给水管抽取的消防设计流量再加上消防贮水池的补给流量。最终水力计算复核结果应满足管网末梢的室外消火栓从地面算起的流出水头不低于0.10MPa。

3.13.10 本条规定了小区生活贮水池与消防贮水池合并设置的条件，两个条件必须同时满足方能合并。更新周期应采用平均日平均时生活用水量计算。

3.13.11 本条为强制性条文，必须严格执行。现行国家标准《二次供水设施卫生规范》GB 17051中规定："蓄水池周围10m以内不得有渗水坑和堆放的垃圾等污染源。"本条与该标准协调一致。

3.13.17 居住小区室外管线要进行管线综合设计，管线与管线之间、管线与建筑物或乔木之间的最小水平净距，以及管线交叉敷设时的最小垂直净距，应符合附录E的要求。当小区内的道路宽度小，管线在道路下排列困难时，可将部分管线移至绿地内。

3.13.18 根据现行国家标准《室外给水设计规范》GB 50013—2018第7.4.9条的规定，并根据小区道路狭窄的特点，钢套管伸出与排水管交叉点的长度可根据具体工程情况确定。

3.13.22 埋地的给水管道，既要承受管内的水压力，又要承受地面荷载的压力。管内壁要耐水的腐蚀，管外壁要耐地下水及土壤的腐蚀。目前使用较多的有塑料给水管，球墨铸铁给水管，有衬里的铸铁给水管。当必须使用钢管时，要特别注意钢管的内外防腐处理，防腐处理常见的有衬塑、涂塑或涂防腐涂料。需要注意：镀锌层不是防腐层，而是防锈层，所以镀锌钢管也必须做防腐处理。

3.13.23 除本条规定以外，还可参照现行国家标准《室外给水设计规范》GB 50013、《消防给水及消火栓系统技术规范》GB 50794的有关规定。对于环状管段设置阀门间距，可根据工程实际情况、检修维护能力和投资等因素综合考虑。

3.13.24 室外生活与消防合用给水管道上阀门的选型和设置要求除应符合本标准的规定外，还应符合现行国家标准《消防给水及消火栓系统技术规范》GB 50794的有关规定。

4 生活排水

4.1 一般规定

4.1.2 本条"当不能自流排水或会发生倒灌时，应采用机械提升排水"的规定系指在生活排水管道系统正常运行工况下，生活排水均可自流排入室外检查井，但小区受室外雨水管道系统泄水能力和地面地形影响，暴雨期间雨水有可能倒灌入污水系统，使室内器具或地漏返溢，此情况仍应设置机械提升装置。

4.2 系统选择

4.2.2 根据国家"十二五"规划，至2015年城市污水处理约为85%，但在城市边缘地区，特别是乡镇居民聚集区域，生活污水只能采用化粪池等简易初级处理后排入天然水体。有的地区由于城市污水管道、处理设施建设不能适应城市发展规模，政府有关部门要求小区粪便污水经化粪池初级处理后排入城镇排水。目的是减小化粪池的容积，有利于厌氧菌腐化发酵分解有机物，提高化粪池的污水处理效果。因此，在设计生活排水系统体制时应按当地政府有关部门的规定执行。

4.2.3 本条所罗列的由设备及构筑物排出的非生活排水，其含有机物甚微，属于洁净废水，故可以排入雨水管道。当传染病暴发时期，游泳池放空排水应经消毒处理后排放。当地政府主管部门有要求时，车库和无机修的机房地面排水，还应遵照当地政府有关部门的要求执行。

4.2.4 本条根据《国务院办公厅关于加强地沟油整治和餐厨废弃物管理的意见》(国办发〔2010〕36号)规定，在餐饮业推行安装油水分离池、油水分离器等设施。

1 现行行业标准《饮食业环境保护技术规范》HJ 554—2010明确规定："含油污水应与其他排水分流设计"。

2 自动洗车台的冲洗水中含大量泥沙，必须经过沉淀处理后排放或循环利用。

3 现行国家标准《医疗机构水污染物排放标准》GB 18466—2005规定："低放射性废水应经衰变池处理。"

4 目前小区埋地排水管普遍采用PVC-U、HDPE埋地塑料管，其长期耐温可达40℃。现行国家标准《污水排入城镇下水道水质标准》GB/T 31962—2015规定："污水排入城镇下水道水质不得高于40℃。"

4.3 卫生器具、地漏及存水弯

4.3.5 直饮水设备系指可以将生活饮用水管网的水经水质深度处理成直接饮用水的处理装置，装置中有定期反冲洗水自动排出。

4.3.6 一些涉水的设备正常运行情况下不排水，在检修时需要从地面排水时宜采用密闭地漏，目前市场上密闭地漏有用工具动手打开的也有脚踩的可供选择。对于管道井、设备技术层的事故排水建议设置无水封直通式地漏，连接地漏的管道末端采取间接排水。

设备排水应采用不带水封的直通式两用地漏，这种地漏箅子既有设备排水插口也有地面排水孔。地漏与排水管道连接应设存水弯，这种配置排水阻力较小，排水量大。大流量专用地漏具有地漏箅子开孔面积大，接纳排水流量大的特点，并允许设置地漏处有一定淹没深度。

4.3.8 表4.3.8中地漏用于地面排水时的泄流量的数据摘自现行的行业标准《地漏》CJ/T 186中的地漏最小排水流量。地漏用于设备排水是指设备排水不从地面排入地漏而是采用软管插入直通式地漏的方式，排水流量的数据系根据地漏接入的排水横支管在标准坡度和充满度时的排水流量。

4.3.9 本条中淋浴器系指符合现行国家标准《卫生器具 淋浴用花洒》GB/T 23447规定的最大流量0.15L/s～0.20L/s确定。

4.3.10 本条是强制性条文，必须严格执行。本规定是建筑给排水设计安全卫生的重要保证，必须严格执行。

排水管道运行状况证明，存水弯、水封盒、水封井等的水封装置能有效地隔断排水管道内的有害有毒气体窜入室内，从而保证室内环境卫生，保障人民身心健康，防止中毒窒息事故发生。

4.3.11 本条是强制性条文，必须严格执行。存水弯水封必须保证一定深度，考虑到水封蒸发损失、自虹吸损失以及管道内气压波动等因素，国外规范均规定卫生器具存水弯水封深度为50mm～

100mm。

水封深度不得小于 50mm 的规定是依据国际上对污水、废水、通气的重力排水管道系统(DWV)排水管内压力波动不至于把存水弯水封破坏的要求。在工程中发现以活动的机械活瓣替代水封,这是十分危险的做法,一是活动的机械活瓣寿命问题,二是排水中杂物卡堵问题。据国家住宅与居住环境工程研究中心烟雾测试证明,活动的机械活瓣保证不了"可靠密封",为此以活动的机械活瓣替代水封的做法应予以禁止。钟式结构地漏的扣碗易被移动、丢弃而水封丧失,美国规范早已将钟式结构地漏划为禁用之列,在本标准 2009 版中也已明确禁止使用钟式结构地漏。

4.3.12 本条规定的目的是防止两个不同病区或医疗室的空气通过器具排水管的连接互相串通,以致可能产生致病菌传染。

4.3.13 双水封会形成气塞,造成气阻现象,排水不畅且产生排水噪声。如在卫生器具排水管段上设置了水封,又在排出管上加装水封,卫生器具排水时,会产生气泡破裂噪声,在底层卫生器具产生冒泡、泛溢、水封破坏等现象。

4.4 管道布置和敷设

4.4.1 本条对室内排水管道布置作出规定。

4 目前不少建筑物体量越来越大,工程中建筑布局造成排水管道不可避免穿越变形缝,应采取相应的技术措施。随着橡胶密封排水管材、管件的开发及产品上市,这些配件优化组合可适应建筑变形、沉降的要求,但变形沉降后的排水管道不得造成平坡或倒坡。

6 本款中补充了排水管不得穿越住宅住户客厅、餐厅的规定。客厅、餐厅也有卫生、安静要求。排水管、通气管穿越客厅、餐厅造成视觉和听觉污染,群众投诉的案例时有发生,这是与建筑设计未协调好的缘故。

4.4.2 本条是强制性条文,必须严格执行。

1 住宅的卧室、旅馆的客房、医院病房、宿舍等是卫生、安静要求最高的空间部位。排水管道、通气管不得穿越卧室空间任何部位,包括卧室内壁柜、吊顶。室内埋地管道不受本条制约。

2 本款规定的目的是防止生活饮用水水质因生活排水管道渗漏、结露滴漏而受到污染。

3 本款中的遇水燃烧物质系指凡是能与水发生剧烈反应放出可燃气体,同时放出大量热量,使可燃气体温度猛升到自燃点,从而引起燃烧爆炸的物质,都称为遇水燃烧物质。遇水燃烧物质按遇水或受潮后发生反应的强烈程度及危害的大小,划分为两个级别。

一级遇水燃烧物质,与水或酸反应时速度快,能放出大量的易燃气体,热量大,极易引起自燃或爆炸,如锂、钠、钾、铷、锶、铯、钡等金属及其氢化物等。

二级遇水燃烧物质,与水或酸反应时的速度比较缓慢,放出的热量也比较少,产生的可燃气体,一般需要有水源接触,才能发生燃烧或爆炸,如金属钙、氢化铝、硼氢化钾、锌粉等。

在实际生产、储存与使用中,将遇水燃烧物质都归为甲类火灾危险品。在储存危险品的仓库设计中,应避免将排水管道布置在上述危险品堆放区域的上方。

4 排水横管可能渗漏和受厨房湿热空气影响,管外表易结露滴水,造成污染食品的安全卫生事故。因此,在设计方案阶段就应该与建筑专业协调,避免上层用水器具、设备机房布置在厨房间的主副食操作、烹调、备餐的上方。

4.4.3 本条是强制性条文,必须严格执行。本条参照现行国家标准《住宅建筑规范》GB 50368—2005 的第 8.2.7 条编制。本条仅指厨房间废水不能接入卫生间生活污水立管,不含卫生间的废水立管、排出管以及转换层的排水干管。

4.4.4 生活排水管道敷设在楼层结构层或结构柱内如管道渗漏无法维修更换,同时生活污水腐蚀损坏结构,影响结构安全。

4.4.7 本条规定了同层排水的设计原则。

1 同层排水不论是不降板、降板还是架空楼板,其设置地漏空间有限,故应设置既能保证足够的水封深度,又能有自清功能的地漏。

2 排水通畅是同层排水的核心,因此排水管管径、坡度、设计充满度均应符合本标准有关条文规定,刻意地为少降板而放小坡度,甚至平坡,将会为日后管道埋下堵塞隐患。

3 卫生器具排水性能与其排水口至排水横支管之间落差有关,过小的落差会造成卫生器具排水滞留。如洗衣机排水排入地漏,地漏排水落差过小,则会产生泛溢;浴盆、淋浴盆排水落差过小,排水会滞留积水。

4 埋设于填层中的管道接口应严密,不得渗漏且能经受时间考验,应推荐采用粘接和熔接的管道连接方式。胶圈密封在填层中受压变形易产生渗漏,同时在垫层中管道无须"可曲挠"。

4.4.9 埋地塑料管道在埋层中受混凝土或夯实土包覆,不会产生伸缩位移,因此可不设伸缩节。

4.4.10 建筑塑料排水管穿越楼层设置阻火装置的目的是防止火灾蔓延。

2 本款规定塑料排水立管穿越楼板设置阻火装置的条件:①在高层建筑中的排水管;②明设的,而非安装在管道井或管窿中的塑料排水立管;③塑料管的外径大于或等于 dn110mm。这三个前提条件必须同时存在。这是根据我国模拟火灾试验和塑料管道贯穿孔洞的防火封堵耐火试验成果确定。

3 本款的规定是依据现行国家标准《建筑设计防火规范》GB 50016—2014 对穿管道井壁防火分隔要求确定的,"管道井"是设有检修门,可进人或不进人的穿越管道的空间,而不是管窿。

塑料排水管采用阻火圈应符合现行行业标准《塑料管道阻火圈》GA 304 的规定。

4.4.11 根据国内外的科研测试证明,污水立管的水流流速大,而污水排出管的水流流速小,在立管底部管道内产生正压值,这个正压区能使靠近立管底部的卫生器具内的水封遭受破坏,卫生器具内发生冒泡、满溢现象,在许多工程中都出现上述情况,严重影响使用。立管底部的正压值与立管的高度、排水立管通气状况和排出管的阻力有关。为此,连接在立管上的最低横支管或连接在排出管、排水横干管上的排水支管应与立管底部保持一定的距离,本条表 4.4.11 是参照国外规范数据并结合我国工程设计实践确定的。最低横支管单独排出是解决立管底部造成正压影响最低层卫生器具使用的最有效的方法。另外,最低横支管单独排出时,其排水能力受本标准第 4.7.1 条的制约。

2 本款只规定排水支管连接在排出管或排水横干管上时,连接点距立管底部下游水平距离最低要求。

4 本款第 2 项系新增内容。根据对排水立管通水能力测试,在排出管上距立管底部 1.5m 范围内的管段如有 90°拐弯时增加了排出管的阻力,无论伸顶通气还是设有专用通气立管均在排水立管底部产生较大反压,在这个管段内不应再接入支管,故排出管宜径直排至室外检查井。

立管底部防反压措施有:立管底部减小局部阻力,如采用本标准第 4.4.8 条第 3 款的连接管件和放大排出管坡度;设有专用通气立管的排水系统可按本标准第 4.7.7 条第 3 款,将专用通气立管的底部与排出管相连释放正压,或底层排水横支管接在 90°拐弯后的排出管管段上。

4.4.12 本条为强制性条文,必须严格执行。本条参阅美国、日本标准并结合我国国情的要求,对采取间接排水的设备或容器作了规定。间接排水系指卫生设备或容器排出管与排水管道不直接连接,这样卫生器具或容器与排水管道系统不但有存水弯阻隔气体,而且还有一段空气间隙。在存水弯水封可能被破坏的情况下,卫生设备或容器与排水管道也不至于连通,污浊气体进入设备或容器。采取这类安全卫生措施，主要针对贮存饮用水、饮料和食品等卫生要求高的设备或容器的排水。空调机冷凝水排水虽排至雨水系统，但雨水系统也存在有害气体和臭气，排水管道直接与雨水检查井连接，造成臭气窜入卧室，污染室内空气的工程事例不少。

4.4.17 本条为强制性条文，必须严格执行。对于生活废水如厨房、公共浴室内排水很多情况采用明沟排水，但这些排水不能排入室外雨水管道，而应排入室外生活污水管。人们往往忽视隔绝室外管道中有害有毒气体通过明沟窜入室内，污染室内环境。有效的隔绝方法，就是在室内设置存水弯或在室外设置水封井。对于不经常排水的地面排水沟应采取防水封干涸的措施，一般根据气候条件采取定时往排水沟内间接排水（补水）方法。

4.4.19 根据在结构封顶后设计控制的沉降量，排出管的坡度设计应附加该房屋建筑的沉降量，使房屋建筑的沉降后排出管不至于形成平坡或倒坡。

4.4.20 本条规定排水立管底部架空设置支墩等固定措施。由于金属排水立管穿越楼板设套管，属于非固定支承，层间支承也属于活动支承，管道有相当重量作用于立管底部，故必须坚固支承。虽然塑料排水立管每层楼板处固定支承，但在地下室立管与排水横管90°转弯，属于悬臂管道，立管中污水下落在底部水流方向改变，产生冲击和横向分力，造成抖动，故需支承固定。立管与排水横干管三通连接或立管靠外墙内侧敷设，排出管悬臂段很短时，则不必支承。

4.5 排水管道水力计算

4.5.7 本条对生活排水立管的最大设计排水能力作了规定。

1 生活排水立管的最大设计排水能力表中数据系根据万科试验塔，采用塑料和铸铁直壁管材和管件，按立管垂直状态下采用瞬间流测试方法，取得立管允许压力波动不大于±400Pa的数据基础上编制而成。其中伸顶通气 *dn*75 管径的排水能力考虑工程实际运行情况适当进行调整而成，自循环通气立管排水能力按同济测试平台数据确定。

设有通气管道系统的 *dn*125 立管排水系统测试其通水能力小于相对应的 *dn*110 立管排水系统的通水能力，且 *dn*125 管材及配件市场供应短缺，表4.5.7中 *dn*125 规格空缺。当设有通气管道系统的 *dn*110 立管排水系统超出表4.5.7规定值时，可增设排水立管或设置器具通气管。

设有副通气立管的排水立管系统，其最大设计排水能力可参照仅设伸顶通气的排水立管系统通水能力。

2 本款系针对特殊配件单立管如苏维脱、旋流器、加强型旋流器等。由于制造商产品品种繁多又无统一产品标准，管道与配件组成系统层出不穷。经初步测试，其通水能力差异很大，为此规定用于工程设计特殊配件单立管产品必须通过测试确定其最大通水能力。

瞬间流测试方法符合我国民众用水习惯和生活排水管道实际运行工况。通过瞬间流对不同卫生器具水封影响的试验研究表明±400Pa为判定标准，卫生器具水封损失值均不大于25mm。

测试机构应为具备政府行政部门认可检测资质的第三方公益机构、省部级重点实验室、科研院所，以保证公正公平、科学合理。

3 测试成果显示苏维脱内的通气缝隙具有平衡气压功能，故其通水能力不受排水立管高度影响，而其他特殊配件单立管最大设计排水能力与排水立管高度有关，确定安全系数0.9。

在超高层测试塔测试值已反映了立管高度对排水能力的影响，所以无须再乘以安全系数0.9。

4.5.11 根据我国同济大学留学生楼消防扶梯测试平台和东莞万科测试平台对排水立管装置进行瞬间流排水测试显示，立管底部没有明显水跃现象，排出管放大管径后对底部正压改善甚微。盲目放大排出管的管径适得其反，减小管道内水流充满度，达不到自清流速，污物易淤积而造成堵塞。工程也有反馈排出管放大后堵塞的事故信息，因此，排出管宜与立管同径。

4.6 管材、配件

4.6.1 耐热塑料排水管有氯化聚氯乙烯管（PVC-C）、高密度聚乙烯管（HDPE）、聚丙烯管（PP）、苯乙烯与聚氯乙烯共混管（SAN+PVC-U），其适用于连续温度不高于70℃、短时温度不高于90℃的排水。耐压塑料管一般指按现行国家标准《给水用硬聚氯乙烯（PVC-U）管材》GB/T 10002.1 生产的给水管。

4.6.2～4.6.5 本次标准修订这几条确定了检查口和清扫口设置原则，除特殊情况可用检查口替代清扫口外，立管上应设检查口，横管上应设清扫口。

4.7 通 气 管

4.7.1 本条第2款的规定适用公共建筑一个卫生间（含男厕和女厕）的便溺或洗涤用器具，或公共建筑其他用房配置的卫生洗涤洁具在底层排水横支管单独排水。管道的设计坡度应符合本标准第4.5.5条、第4.5.6条要求。2个及2个以上卫生间的排水支管合并后排出不称为单独排出。

4.7.2 执行本条时应按款的排列顺序，根据工程的具体情况，提供切实证据或理由选择通气管不伸顶的实施方案。如选择设置吸气阀时，吸气阀应经检验机构检测符合现行行业标准《建筑排水系统用吸气阀》CJ 202—2004 的规定。

4.7.3 本条第1款所指“卫生器具”包含大便器。

4.7.7 本条通气管和排水管的连接见图1。

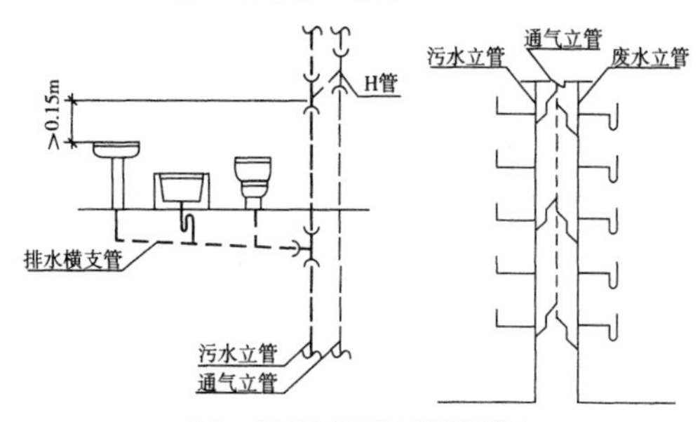

（a）H管与通气管和排水管的连接模式

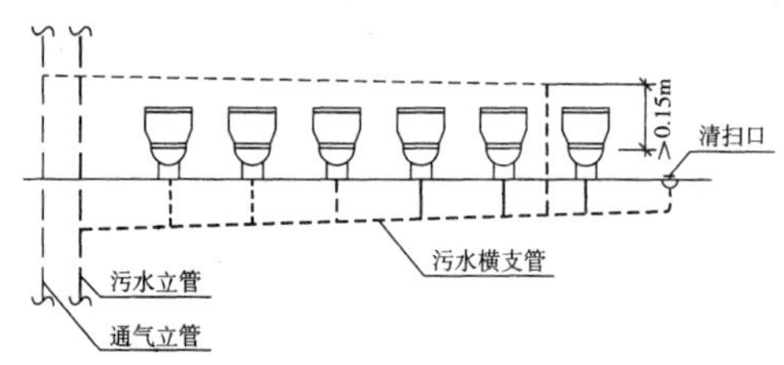

（b）环形通气管与排水管及连接模式

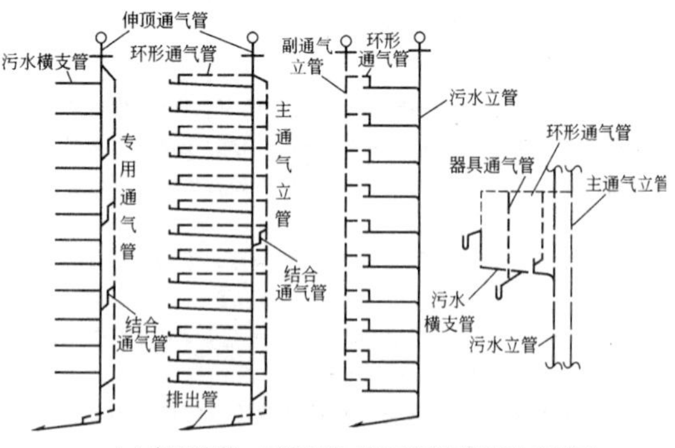

（c）专用通气管、主副通气管、器具通气管与排水管的连接模式

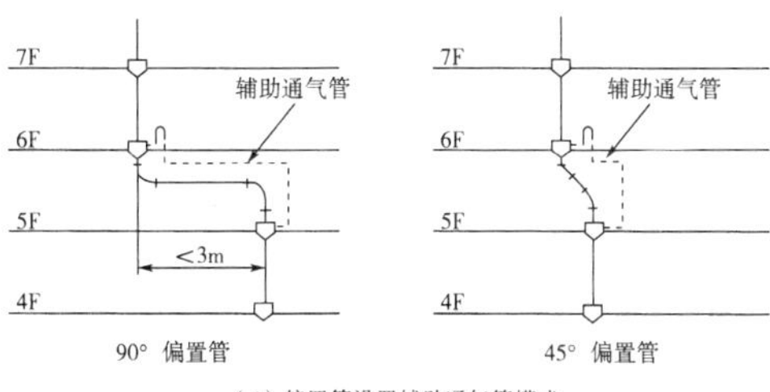

(d)偏置管设置辅助通气管模式

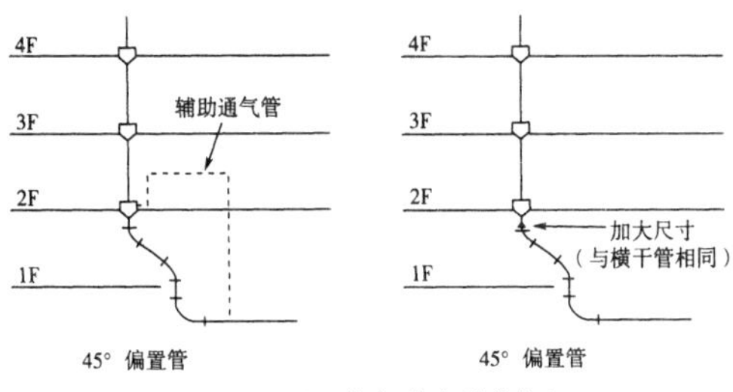

(e)最底层的偏置管设置辅助通气管模式

图 1 几种通气管与污水立管典型连接模式

4.7.8 本条系根据本标准第 4.7.2 条第 3 款"……可设置吸气阀"的规定提出"不得用吸气阀替代器具通气管和环形通气管"。

4.7.10 本标准第 4.7.9 条和第 4.7.10 条的自循环通气系统管配件的连接是根据上海现代建筑设计集团有限公司与同济大学合作测试研究成果确定，并在日本测试塔得到验证。本条自循环通气模式见图 2。

4.7.11 本条系针对排水立管顶部设置吸气阀或排水立管设置自循环通气系统的建筑，由于排水管道系统缺乏排除有害气体的功能，故而采取弥补措施。

4.7.12 本条对高出屋面的通气管设置作出规定。

1 本款中规定了通气管高出屋面的高度，当屋顶有隔热层时，应从隔热层板面算起。

3 本款中"经常有人停留的平屋面"一般指公共建筑的屋顶花园、屋顶操场等，这些地方需要开阔的场地、清新的空气，故规定"当屋面通气管有碍于人们活动时，可按本标准第 4.7.2 条规定执行"。

4 本款中"建筑物挑出部分"是指屋檐檐口、阳台和雨篷等。

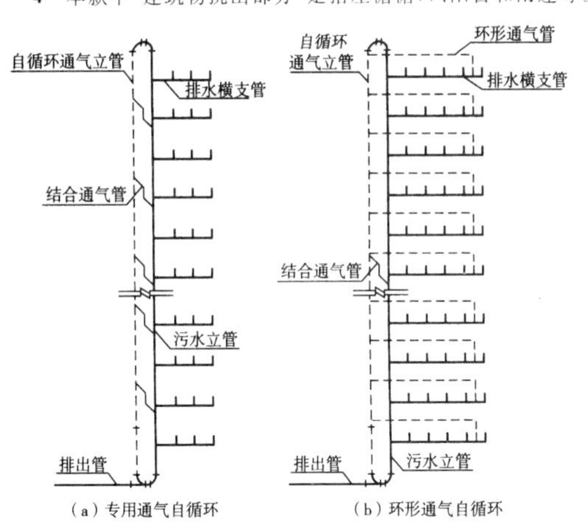

(a)专用通气自循环　(b)环形通气自循环

图 2 自循环通气模式

4.7.18 汇合通气管系指连接排水立管顶部通气管的横向管道。2 根及 2 根以上汇合通气立管再汇合时也应按污水立管的通气立管断面积计算，避免汇合通气管的断面积重复计算。计算见图 3、表 4。

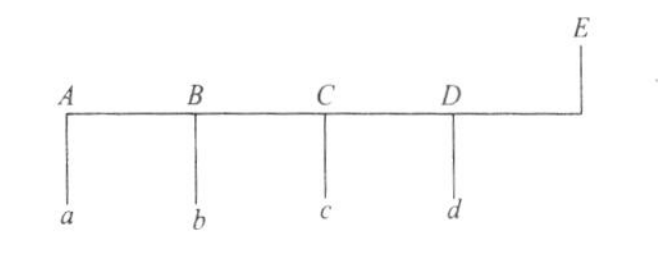

图 3 汇合通气管计算图

表 4 汇合通气管计算表

汇合通气管段	A-B	B-C	C-D	D-E
汇合通气管断面	a_f	$a_f+1/4b_f$	$a_f+1/4(b_f+c_f)$	$a_f+1/4(b_f+c_f+d_f)$

注：表格中以 a_f 为最大 1 根排水立管通气管计。

4.8 污水泵和集水池

4.8.1 一些住宅楼地下室或半地下室生活排水虽能自流排出，但存在雨水倒灌可能时应设置污水提升装置。公共建筑在地下室设置污水集水池，一般分散设置，故应在每个污水集水池设置提升泵或成品提升装置。成品污水提升装置是集污水泵、集水箱、管道、阀门、液位计和电气控制组成的一体装置，其应符合现行行业标准《污水提升装置技术条件》CJ/T 380—2011 的规定。成品污水提升装置选型主要参数是污水泵流量，别墅地下室卫生间的成品污水提升装置流量应满足便器排水流量即可，别墅地下室即使有卫生间，如无地面排水也不需要设置地漏或明沟之类地面排水设施。公建地下室卫生间以排水设计秒流量选型。

4.8.2 地下车库有多层停车时上层地面冲洗排水可用地漏收集排入下层集水井。最底层地面冲洗水可用明沟收集，埋设浅易清扫，并应设集水井和提升泵。由于地下车库入口限高 2.2m，适宜于小轿车、商务车或 9 座面包车，车轮上沾的是尘土，与市政路面相近，故可以将地面冲洗水排入小区雨水管道系统；也可按当地政府主管部门要求设置隔油、沉淀设施后排入小区污水管道系统。而车库内如设有洗车站时，洗车水中含有洗涤剂，其排水水质与洗衣机排水相仿，故应将洗车排水排入小区污水管道系统。

地下车库内设置消防电梯集水池时，应独立设置，排水要求应符合消防规范的规定。地下车库如设水消防系统时，地面排水系统应按防火分区分隔。

4.8.3 地下室污水集水池通气管道系统可与建筑物内生活排水系统的通气管相连，将有害气体排放至屋面以上大气中。

4.8.6 水泵机组运转一定时间后应进行检修，一是避免发生运行故障，二是易损零件及时更换。为了不影响建筑生活排水，应设一台备用机组。

成品污水提升装置有单泵和双泵区别，应根据使用频率、水泵故障后影响生活排水程度、供应商售后服务能力确定选用。

由于地下室地面排水可能有多个集水池和排水泵，当在同一防火分区有排水沟连通，已起到相互备用的作用时，故不必在每个集水池中再设置备用泵。当采用生活排水泵排放消防水时，可按双泵同时运行的排水方式考虑。

对于水泵房、热水机房等可能存在水池(箱)溢流的设备用房，一旦出现溢流，短时间内排水量很大，故必须设置备用泵。

4.8.7 本条第 2 款明确了地坪集水坑(池)如接纳其他(生活饮用水、消防水、中水、雨水等)水箱(池)溢水、泄空水时，排水泵流量的确定原则。设于地下室的水箱(池)的溢流量视进水阀控制的可靠程度确定，如在液位水力控制阀前装电动阀等双阀串联控制，一旦液位水力控制阀失灵，水箱(池)中水位上升至报警水位时，电动阀启动关闭，水箱(池)的溢流量可不予考虑。如仅水力控制阀单阀控制，则水池溢流量即为水箱(池)进水量。水箱(池)的泄流量可按水泵吸水最低水位时的泄流量确定。

4.8.9 污水泵压出水管内呈有压流，不应排入室内生活排水重力管道内，应单独设置压力管道排至室外检查井。由于污水泵间断运行，停泵后积存在出户横管内的污水也宜自流排出，避免积污淤堵。

4.8.11 备用泵与工作泵可交替或分段投入运行，防止备用机组由于长期搁置而锈蚀不能运行，失去备用意义。

4.9 小型污水处理

4.9.1 公共食堂、饮食业的食用油脂的污水排入下水道时，随着水温下降，污水挟带的油脂颗粒便开始凝固，并附着在管壁上，逐渐缩小管道断面，最后完全堵塞管道。如某大饭店曾发生油脂堵塞管道后污水从卫生器具处外溢的事故，不得不拆换管道。由此可见，设置除油装置是十分必要的。

4.9.2 由于隔油器为成品，隔油器内设置固体残渣拦截、油水分离装置，隔油器的容积比隔油池的容积小、除油效果好，故隔油器可设置于室内。现行行业标准《餐饮废水隔油器》CJ/T 295 中明确规定，隔油器适用于处理水量小于或等于 $55m^3/h$，动(植)物油油脂含量小于或等于 500mg/L 的水质，水温及环境温度大于或等于 5℃的餐饮废水的除油处理。

4.9.3 由于隔油池的作用是油水分离而非水量调节，故按含油污水设计秒流量计算。油水分离靠重力分离，所以要控制污水在池内的停留时间和水流流速。参照实践经验，存油部分的容积不宜小于该池的有效容积的 25%；隔油池的有效容积可根据厨房洗涤废水的流量和废水在池内停留时间决定，其有效容积是指隔油池出口管管底标高以下的池容积。存油部分容积是指出水挡板的下端至水面油水分离室的容积。

4.9.4 由于生活污水处理设施置于地下室或建筑物邻近的绿地之下，为了保护周围环境的卫生，除臭系统不能缺少，目前既经济又解决问题的方法有：①设置排风机和排风管，将臭气引至屋顶以上高空排放；②将臭气引至土壤层进行吸附除臭；③采用成品臭氧装置除臭。臭氧装置除臭效果好，但投资大耗电量大。不论采取什么处理方法，处理后都应达到现行行业标准《城镇污水处理厂臭气处理技术规程》CJJ/T 243 中规定的污水处理站周边大气污染物最高允许浓度。

4.10 小区生活排水

Ⅰ 管道布置和敷设

4.10.2 本条第 2 款系根据寒冷地带工程运行经验，可减少管道埋深，具有较好的经济效益。埋地塑料排水管的基础是砂垫层，属柔性基础，具有抗冻性能。另外，塑料排水管具有保温性能，建筑排出管排水温度接近室温，在坡降 0.5m 的管段内排水不会结冻。

4.10.4 本条第 1 款规定摘自现行国家标准《室外排水设计规范》GB 50014。

4.10.5 本条明确规定在计算小区室外生活排水管道系统时按最大小时流量计算。小区生活排水系统的排水定额要比其相应的生活给水系统用水定额小，其原因是，用水损耗、蒸发损失，水箱(池)因阀门失灵漏水、埋地管道渗漏等，但公共建筑中不排入生活排水管道系统的给水量不应计入。选择 85%～95% 为上下限的考虑因素是建筑物性质、选用管材配件附件质量、建筑给排水工程施工质量和物业管理水平等。

4.10.8 本条规定是根据原建设部 2007 年第 659 号公告《建设事业"十一五"推广应用和限制禁止使用技术(第一批)》中推广应用技术第 128 项"推广埋地塑料排水管和塑料检查井"。塑料检查井具有节地、节能、节材、环保以及施工快捷等优点，具有较好的经济效益、社会效益和环境效益。

塑料检查井经近十年的推广应用，产品规格系列化，应用技术文件齐全，许多省份出台了禁用黏土砖砌检查井的指令性文件。

4.10.11 地下室顶板覆土层不能满足设置排水检查井时，采用清扫口替代，此类排水管一般是建筑生活排水管道的排出管。

Ⅱ 小区水处理构筑物

4.10.12 根据现行国家标准《污水排入城镇下水道水质标准》GB/T 31962 规定，污水排入城镇下水道的水温不得超过 40℃。有温度的生活排水余热回收利用，视生活排水排放量，经技术经济比较合理时实施。一般在公共浴场、学生集中淋浴房、游泳池等工程中应用。

有压高温废水一般指蒸汽锅炉排水，高温排水指水热交换器的排污水。这种热交换设备的排水一般水温高但排水量少且不定期，余热回收利用不合理，应采用降温措施。

4.10.13 本条为强制性条文，必须严格执行。本条系根据原国家标准《生活饮用水卫生标准》GB 5749—85 二次供水的规定"以地下水为水源时，水井周围 30m 的范围内，不得设置渗水厕所、渗水坑、粪坑、垃圾堆和废渣堆等污染源"。在《生活饮用水卫生标准》GB 5749—2006 版修订时此内容纳入《生活饮用水集中式供水单位卫生规范》第二十六条规定："集中式供水单位应划定生产区的范围。生产区外围 30 米范围内应保持良好的卫生状况，不得设置生活居住区，不得修建渗水厕所和渗水坑，不得堆放垃圾、粪便、废渣和铺设污水渠道。"以地下水为水源的一般是远离城市的厂矿企业、农村、村镇，不在城市生活饮用水管网供水范围，且渗水厕所、渗水坑、粪坑、垃圾堆和废渣堆等普遍存在。化粪池一般采用砖或混凝土模块砌筑，水泥砂浆抹面，防渗性差，对于地下水取水构筑物而言也属于污染源。

4.10.14 污水在化粪池厌氧处理过程中有机物分解产生甲烷气体，聚集在池上部空间，甲烷浓度 5%～15%时，一旦遇到明火即刻发生爆炸。化粪池爆炸导致成人儿童伤亡的事故几乎每年发生。设通气管将化粪池中聚集的甲烷气体引向大气中散发是降低甲烷浓度是有效办法。通气管可在顶板或顶板下侧壁上引出，通气管出口应设在人员稀少的地方或远离明火的安全地方。

4.10.15 本条规定了化粪池有效容积计算公式。生活污废水合流的每人每日计算污水量按本标准第 3.2.1 条、第 3.2.2 条最高日生活用水定额乘以 0.85～0.95；每人每日计算污泥量是根据人员在建筑物中逗留的时间长短确定。有住宿的建筑物如住宅、宿舍、旅馆、医院、疗养院、养老院、幼儿园(有住宿)等，人员逗留时间大于 4h 并小于或等于 10h 的建筑物，如办公楼、教学楼、试验楼、工业企业生活间；人员逗留时间小于或等于 4h 的建筑物，如职工食堂、餐饮业、影剧院、体育场(馆)、商场和其他场所。化粪池在计算有效容积时，不论污水部分容积还是污泥部分容积均按实际使用人数确定，表 4.10.15-3 中根据建筑物性质列出了实际使用人数占总人数的百分数，其中职工食堂、餐饮业、影剧院、体育场(馆)、商场和其他场所化粪池使用人数百分数，人员多者取小值，人员少者取大值。

4.10.17 化粪池的构造尺寸理论上与平流式沉淀池一样，根据水流速度、沉降速度通过水力计算就可以确定沉淀部分的空间，再考虑污泥积存的数量确定污泥占有空间，最终选择长、宽、高三者的比例。从水力沉降效果来说，化粪池浅些、狭长些沉淀效果更好，但这对施工带来不便，且化粪池单位空间材料耗量大。某些建筑物污水量少，算出的化粪池尺寸很小，无法施工。实际上污水在化粪池中的水流状态并非按常规沉淀池的沉淀曲线运行，水流非常复杂。故本条除规定化粪池的最小尺寸外，还规定化粪池的长、宽、高应有合适的比例。

化粪池入口处设置导流装置，格与格之间设置拦截污泥浮渣的措施，目的是保护污泥浮渣层隔氧功能不被破坏，保证污泥在厌氧的条件下腐化发酵，一般采用三通管件和乙字弯管件。化粪池的通气很重要，因为化粪池内有机物在腐化发酵过程中分解出各种有害气体和可燃性气体，如硫化氢、甲烷等，及时将这些气体通过管道排至室外大气中去，避免发生爆炸、燃烧、中毒和污染环境的事故发生。故本条规定不但化粪池格与格之间应设通气孔洞，而且在化粪池与连接井之间也应设置通气孔洞。

4.10.20 生活排水调节池起污水量贮存调节作用。本条规定的目的是防止污水在集水池停留时间过长产生沉淀腐化。

4.10.22 除臭装置排放口位置应避免对周围环境造成危害和影响。除臭装置使用后污水处理站周边大气污染物应低于现行行业标准《城镇污水处理厂臭气处理技术规程》CJJ/T 243 规定的最高允许浓度。

4.10.23 生活污水处理设施一般采用生物接触氧化，鼓风曝气。鼓风机运行过程中产生的噪声高达100dB左右，因此，设置隔声降噪措施是必要的。一般安装鼓风机的房间要进行隔声设计，特别是进气口应设消声装置，才能达到现行国家标准《声环境质量标准》GB 3096 中规定的数值。

5 雨　　水

5.1 一般规定

5.1.1 本标准从保证建筑物结构安全角度出发，要求屋面雨水排水迅速、及时地排至室外管渠或室外地面。当设计种植屋面和蓄水屋面的雨水排水时，设计人员应配合建筑或景观专业，将屋面荷载提供给结构专业，避免超载，影响屋面结构的安全，应按相关规范执行。

当小区地面有雨水控制和资源化利用生态设施时，屋面雨水排水管可采用断接方式，散水排入地面或绿地、坑塘，雨水口溢流排入雨水检查井。

5.1.5 当工程项目有海绵型方面设计时，渗、滞、蓄、净、用、排的设计应符合现行国家标准《建筑与小区雨水控制及利用技术规范》GB 50400 的相关规定。

5.2 建筑雨水

5.2.1 内檐沟是指内天沟收集两边斜屋面的雨水，屋面与天沟之间无防水密封或防水密封不严密，天沟溢水会泛入室内的一种结构形式。为提高屋面排水的安全性而增大雨水排水系统宣泄能力。斜屋面的集流面上最远点排至屋面雨水斗集流时间一般为0.5min～1.0min。研究认为集流时间取3min为宜，3min集流时间内平均降雨强度是5min集流时间内平均降雨强度的1.3倍～1.5倍。

5.2.3 由于雨量记录仪的最小单元格为5min，也就是记录5min暴雨的平均值。

5.2.4 对于一般性建筑物屋面、重要公共建筑屋面的划分，可参考建筑防火相关规范的内容。除重要公共建筑以外，可视为一般性建筑。

5.2.5 本条对雨水排水管道工程和溢流设施排水能力作出规定。

1、2 按本标准第5.1.2条的原则，在设计重现期内出现降雨时屋面不应积水，超设计重现期的雨水应由溢流设施排放。本条规定了屋面雨水管道工程的排水系统和溢流设施宣泄雨水能力，两者合计为总排水能力应具备的最小排水能力。

3 本款的规定是针对在无外檐天沟或无直接散水凹形屋面，必须考虑本条第1款、第2款超重现的雨水排水，因此提高雨水排水管道工程与溢流设施的总排水能力，才能保证屋面不积水。对这类屋面可能产生的超荷载应进行结构核算，并且应设置屋面超警戒水位的报警系统。

4 本款的规定是根据一场降雨从小到大的规律，满管压力流排水系统雨水排水管道内流态变化的过程是从重力流→间歇性压力流→满管压力流。如设计重现期选得过大，系统可能在小于设计重现期的降雨时，雨水排水管道系统一直处于重力流与间歇性压力流的非满管压力流状态运行，影响雨水排水管道系统的安全运行。当缺乏重现期资料时，重现期 P 与设计流量 q 关系可按表5估算。

表5 重现期 P 与设计流量 q 关系估算表

不同重现期之比	q_{p100}/q_{p50}	q_{p100}/q_{p10}	q_{p100}/q_{p5}	q_{p50}/q_{p10}	q_{p10}/q_{p5}
雨水流量比值	1.10	1.70	2.00	1.50	1.15

5.2.7 本条规定雨水汇水面积按屋面的汇水面积投影面积计算，还需考虑高层建筑高出裙房屋面的侧墙面（最大受雨面）的雨水排到裙房屋面上；窗井及高层建筑地下汽车库出入口的侧墙，由于风力吹动，造成侧墙兜水，因此，将此类侧墙面积的1/2纳入其下方屋面（地面）排水的汇水面积。

5.2.8 本条引用现行国家标准《屋面工程技术规范》GB 50345 的有关规定。伸缩缝、沉降缝统称变形缝，变形缝和防火墙处结构均脱开，并有错位，故天沟布置应以为分界，不应穿越变形缝和防火墙。

5.2.9 一般金属屋面采用金属长天沟，施工时金属钢板之间焊接连接。当建筑屋面构造有坡度时，天沟沟底顺建筑屋面的坡度可以做出坡度。当建筑屋面构造无坡度时，天沟沟底的坡度难以实施，靠天沟水位差进行排水。金属屋面的长天沟可无坡度。

5.2.11 管系排水能力是相对按一定重现期设计的，因此为建筑安全考虑，超设计重现期的雨水应有出路。根据目前的技术水平，设置溢流设施是最有效的，但有些建筑屋面无法设置溢流时，只能提高其管系排水能力。

1 本款的规定是针对外檐天沟排水、可直接散水的屋面雨水排水，其超设计重现期的雨水可直接从天沟或屋面外溢，既保证屋面不会积水，又不会造成次生危害。

2 本款的规定是针对单斗内排水系统和多斗重力流雨水管道系统适应性强的特征，只要按上限值设计的管道系统，均能将此值以下的雨水量安全排泄。百年一遇的雨水量可根据当地雨量计算公式计算而得，也可按本标准第5.2.5条条文说明表5推算。

5.2.13 檐沟排水常用于多层住宅或建筑体量与之相似的一般民用建筑，其屋顶面积较小，建筑四周排水出路多，立管设置要服从建筑立面美观要求，故宜采用重力流排水。

长天沟外排水常用于多跨工业厂房，汇水面积大，厂房内生产工艺要求不允许设置雨水悬吊管，由于外排水立管设置数量少，只有采用满管压力流排水，方可利用其管系通水能力大的特点，将具有一定重现期的屋面雨水排除。

高层建筑、超高层建筑屋面面积较小，不适合采用满管压力流单斗系统，由于立管过长，资用势能过大，管道内容易产生汽化和气蚀以及伴随振动、气暴噪声，所以超高层建筑单斗排水系统宜设计为重力流系统。大型屋面工业厂房、库房、公共建筑通常是汇水面积较大，但可敷设立管的地方却较少，只有充分发挥每根立管泄流量大的作用，方能较好的排除屋面雨水，因此，应推荐采用满管压力流排水。

由于满管压力流排水系统悬吊管坡度几乎平坡，在风沙大、粉尘大的地区，一般为降雨量小的西北地区，容易造成雨水管道淤堵现象，该地区的屋面排水不宜采用满管压力流排水系统。

5.2.14 本条针对大面积雨水排水采用满管压力流排水系统，雨水斗布置在屋面的雨水集水槽时，对集水槽尺寸要求。集水槽平面尺寸可按满管压力雨水斗的格栅罩或反涡流装置的直径再加上不小于50mm的水流通道确定。满管压力流雨水斗的高度一般小于100mm（30mm～50mm），故250mm有效水深能保证满管压力流排水系统正常运行。

5.2.15 本条规定的目的是保证天沟（坑）雨水进入雨水斗有良好的水力条件。由于雨水斗规格尺寸不一，雨水斗的格栅罩可能比天沟宽度还大，故应与土建专业协调，在布置雨水斗的局部天沟尺寸放大。

5.2.16 屋面雨水排水系统应采用成品雨水斗，不得用排水箅子、通气帽等替代雨水斗。根据不同的系统采用相应的雨水斗。重力流排水系统应采用重力流雨水斗，是依据斗前水位溢流排泄雨水，允许掺气。反之亦然，满管压力流排水系统如采用重力流雨水斗，大气进入，负压破坏形成不了满管压力流，达不到设计雨水排水量而使屋面积水。

5.2.19 满管压力流的水力计算通常是按设计重现期的流量进行水力计算，但不同高度的雨水斗实际是排除非同一屋面、集水沟的雨水，屋面位置不同、高度不同、朝向不同，接收的实际降雨强度也会有大的差异，两个屋面可能一个达到设计降雨量，而另外一个远小于设计降雨量，导致系统内的负压被破坏，计算无法解决这种流量差异。

5.2.20 本条引用现行国家标准《住宅设计规范》GB 50096 有关条文，规定目的是避免屋面雨水管道设置在套内时产生噪声扰民，或雨水管道损漏造成财产损失。

5.2.21 雨水管道敷设在结构层或结构柱内，雨水管渗漏腐蚀钢筋影响结构安全，雨水管道一旦堵塞，不能维护更换，也会造成屋面积水。

5.2.22 高层建筑雨水排水系统中，立管上部是负压区，下部是正压区，而裙房处于下部，裙房屋面的雨水汇入高层建筑屋面排水管道系统不但会造成裙房屋面的雨水排水不畅，还有可能返溢。

5.2.24 本条对阳台、露台、雨水系统的设置作出规定。

1 本款规定的前提条件是：①屋面雨落水管敷设在外墙；②雨落水管底部间接排水；③有防返溢的技术措施时，阳台雨水排水可以接入屋面雨水立管。

6 本款规定中生活阳台是指厨房外侧的阳台，亦称工作阳台、北阳台，因其面积小且飘入阳台雨水量也少。当生活阳台设有生活排水设备及地漏时，雨水可排入生活排水地漏中，不必另设雨水排水立管。生活排水设施主要是指洗衣机或洗涤盆通过地漏排水。当住宅阳台设有生活排水设备时，其洗涤废水中含有洗涤剂，排入雨水系统后污染雨水排放的水体，应纳入污水系统进污水处理厂处理。

5.2.25 多斗系统不管重力流还是压力流均成悬吊管系统，在室内成为密闭系统。单斗系统，在室内如设检查井与室内埋地管连接，容易造成泛溢，这已在众多工程中造成厂(库)内雨水返溢，造成财物损失。

5.2.26 本条规定中的建筑在卫生、安全方面要求较高，故不适合在建筑物内这些场所设置雨水管道。

5.2.27 本条规定的目的是在屋面汇水范围内一旦一根排水立管堵塞，至少还有一根可排泄雨水。基于雨水斗之间泄流互相调剂和天沟溢流等因素，下列情况下，汇水范围内可只设 1 根雨水排水立管：①外檐天沟雨落水管排水；②长天沟外排水。

5.2.34 本条系屋面雨水重力流多斗系统按常规重力流排水管渠的设计方法。表 5.2.34 中雨水斗的最大设计排水流量系根据北京建筑大学在测试平台对河北徐水县兴华铸造有限公司提供的 G 型重力斗进行了尾管 0.5m 通水能力测试所得泄流量而确定的(如图 4 所示)。考虑到树叶杂物在雨水斗处遮挡，相当于增加了雨水斗的阻力，乘以系数 0.7。

(a) 集水盘状(G型)斗　　(b) 斗状斗

图 4　重力流雨水斗

本标准表 G 的数据系根据重力流系统立管的最大设计排水流量系按威廉-埃顿(Whly-Eaton)方程式计算，立管管中雨水充满率为 0.33 时的排水流量确定的。

5.2.35 由于单斗排水不存在斗与斗之间的水力相关平衡问题。其泄流量仅与单斗雨水管道系统设计流态有关。由于单斗排水系统流态可设计为重力流也可设计为满管压力流。单斗重力流排水系统雨水斗的最大设计排水流量是控制在立管充满率 0.33 时的排水流量。单斗压力流排水系统雨水斗的最大设计排水流量与雨水斗规格、阻力，管材性质和立管高度等因素有关。

表 5.2.35 单斗压力流排水系统雨水斗的最大设计排水流量系北京建筑大学在测试平台对各种类型的雨水斗在尾管 3m、斗前水深小于或等于 100mm(或 h-q 曲线拐点)情况下的最大测试泄流量。

实际工程视具体情况，如气象特征、建筑物高度、物业管理水平等确定打折系数。

5.2.36 本条对满管压力流系统设计作出规定。

1 本款表 5.2.36 中的值是取用原标准 2009 版第 4.9.16 条表中最大测试泄流量基础上乘以系数 0.7，同时不能大于单斗压力(虹吸)雨水斗设计泄流量。选择雨水斗的泄流量的目的是确定在屋面汇水面积上布置雨水斗数量，而满管压力流排水管道系统设计雨水流量还是应按本标准式(5.2.1)计算。

2 本款规定是满管压力流屋面雨水排水系统越大，管道水力平衡越不易计算，特别系统在重力流至满管压力流之间的脉冲流运行工况下，更容易造成水力不平衡。

3 本款规定是根据一场暴雨的降雨过程是由小到大，再由大到小，即使是满管压力流屋面雨水排水系统，在降雨初期或末期由于立管中未形成负压抽吸，靠雨水斗出口到悬吊管中心线高差的水力坡降排水，故悬吊管中心线与雨水斗出口应有一定的高差。悬吊管中心线与雨水斗出口的高差宜大于 1.0m 是源于德国工程师协会准则《屋面虹吸排水系统》VDI 3806—2000 版的规定。欧标《建筑物排水沟　第 2 部分:测试方法》EN 1253-3:2000 中虹吸启动流量测试装置图中的雨水斗斗面至排出管过渡段管中心的几何高差为 1.0m。

如果悬吊管长度短，连接管管径小于或等于 75mm 或天沟有效水深大于或等于 300mm 时，则悬吊管中心线与雨水斗出口的高差可适当减少。

5 本款满管压力流管道系统泄流量大小完全取决于雨水管进、出口的几何高差，如果满管压力流管道系统总水头损失与流出水头之和大于雨水管进、出口的几何高差，系统将达不到设计泄流量而导致屋面积水。根据实际工程中建筑物高度有高有低，大面积的单层厂房一般高度在 12m 左右，大面积公共建筑高度在 40m 之内，建议高差 $H<12$m 时，管道系统的总水头损失有 1.0m 的水头富裕；高差 $H\geqslant12$m 时，有 2.0m～3.0m 的水头富裕，以避免管道负压区产生汽化、气蚀和气暴噪声等现象。

6、7 满管压力流多斗悬吊管系统关键在于水力平衡。因各雨水斗排泄屋面雨水量基本均匀，可根据选用管材的沿程阻力和配件的局部阻力进行水力计算，不断调整与水头损失相关参数，达到水力相对平衡。各支管(连接雨水斗的管道)均汇合到悬吊管。悬吊管有较大管径即产生阻力较小，有利于各支管之间的流量平衡。

9 本款满管压力流管道系统的排水由势能转化为动能，在排出口形成射流，容易损坏排水检查井及埋地管道，应采取消能措施，一般采用放大管径降低流速，或设置消能井。

5.2.39 按重力流设计的多层建筑，一般采用外檐天沟雨落水管，敷设于外墙，雨水斗下有一个落水斗过渡，管材采用符合国家标准《建筑排水用硬聚氯乙烯管材》GB/T 5836 的规定。对于高层建筑外墙敷设的雨落水管也可采用上述管材。但对于高层公共建筑由于建筑外立面玻璃幕墙等装饰不能敷设的雨落水管，雨水立管必须设置于建筑物内，据工程反馈信息，雨水立管吸瘪的事例不少：①采用地漏或通气帽替代重力雨水斗，被塑料袋堵住，屋面积水，维护人员挪开塑料袋瞬间产生负压抽吸(虹吸)流。②将有顶板或整流罩等防止气体进入的压力流雨水斗替代重力流雨水斗，使重力流变成满管压力流。

由于现行国家标准《建筑给水排水及采暖工程施工质量验收

规范》GB 50242 规定，“安装在室内雨水管道安装后应做灌水试验，灌水高度必须到每根立管上部雨水斗”，因此，高层建筑如采用增厚耐压的塑料管材及配件，其管道系统(含管道、配件、伸缩节组成的系统)耐压不应小于雨水立管静压。超高层建筑屋面雨水排水立管建议采用金属管材，当超高层建筑屋面雨水排水立管采用钢塑复合管时，建议采用涂塑管，因为钢管内衬的塑管也有吸瘪的事例发生。

满管压力流雨水排水系统在立管上半部、悬吊干管、悬吊支管、连接管均处于负压状态，仅在立管下半部位至排出管是处于正压状态。故满管压力流雨水排水系统应选抗负压性能的管材。

5.3 小 区 雨 水

5.3.1 地表排水应具备详细的地质勘察资料：小区滞水层分布、土壤种类和相应的渗透系数、地下水动态等。给排水专业要向建筑(总图)、景观园林等专业提出技术要求，并加强协调配合。

5.3.2 小区改造按照雨水控制及利用要求进行改造，排水管道的雨水排水口设在设施的终端形成溢流出口。

5.3.4 线性排水沟的设置应根据设置场所的汇水雨水量、地面铺设材料、荷载等因素选用成品线性排水沟的型号和规格尺寸。渗水沟的设计应符合现行国家标准《建筑与小区雨水控制及利用工程技术规范》GB 50400 的规定。

5.3.6 寒冷地区，冬季下雪，埋地雨水管道为空管，只有在冬春转换季节气温在0℃以上时才会出现融雪水，此时节结冻土也逐渐消融解冻，不存在雨水管道结冻损害或塞流。当雨水管道埋设在冰冻层内时，应注意采用耐冻的管材及连接方式。

5.3.7 小区雨水管道由于管径不大，为便于计算均以管顶平接，小区雨水管排入天然水体宜采用水面平接。雨水管道向河道排水时，应有主管部门的认可。

5.3.8 建筑小区埋地雨水管道，由塑料排水管替代混凝土管。埋地塑料管中有内径系列和外径系列之分。检查井之间最大间距系摘自现行国家标准《室外排水设计规范》GB 50014 的有关条文。

5.3.11 降雨历时计算公式摘自现行国家标准《室外排水设计规范》GB 50014。

5.3.12 本条规定根据市政雨水管渠设计重现期普遍提高，而对小区、车站、码头和机场的基地雨水管渠设计重现期作相应调整。大城市的小区或重要基地则取上限值，城市中心城区的小区或重要基地则取上限值。下沉式广场设计重现期应由广场的构造、重要程度、短期积水即能引起较严重后果等因素确定。

5.3.15 由于超高层建筑屋面并不大，但墙面面积大，降雨受风力影响在迎风墙面形成水幕流，必须在超高层建筑周围设置排水沟接纳这部分雨水。在小区雨水管道计算时可以不计入超高层外墙面面积。

5.3.19 集水池有效容积计算给出了满足最大一台排水泵 30s 的出水量要求，这是最小值，下沉式广场汇水面积大小不一，重要程度不同，设计重现期要求不同，其排水量会不同。当下沉式广场汇水面积大，设计重现期高，排水量大时，集水池的有效容积计算宜取最大一台排水泵出水量的小值；当下沉式广场汇水面积小，设计重现期低，排水量小时，集水池的有效容积计算可取最大一台排水泵出水量的大值；当下沉式广场与地铁、建筑物的出入口相连接时，集水池有效容积宜按最大一台排水泵 5min 的出水量计算，并可配置一台小泵，用于小水量时排水。

排水泵需要不间断动力供应，可以采用双电源或双回路供电。

5.3.20～5.3.22 这三条是针对近年来城市暴雨灾害频发，造成人民生命财产重大损失而做出的规定。城市排水基础工程建设滞后，管渠泄洪能力设计偏小而导致严重积水。现行国家标准《室外排水设计规范》GB 50014 明确规定：小区开发基地的规划控制综合径流系数控制在 0.7，进行源头控制，综合径流系数大于 0.7 时，要采取雨水调蓄等措施。而小区中雨水利用设施、景观水池、绿化和雨水泵站等计划建造设施的调蓄雨水量的潜力应充分发挥。如经核算综合径流系数仍大于 0.7 时，就要考虑建造下凹式绿地，设置植草沟、渗透池等，人行道、停车场、广场和小区道路等可采用渗透性路面，促进雨水下渗。在上述降低综合径流系数的措施无条件实施时，才应建造雨水调蓄池。以削减雨水洪峰为目的的调蓄池的有效容积，可按现行国家标准《建筑与小区雨水控制及利用工程技术规范》GB 50400 和《城镇雨水调蓄工程技术规范》GB 51174 的相关规定计算确定。

6 热水及饮水供应

6.2 用水定额、水温和水质

6.2.1 我国是一个缺水的国家，尤其是北方地区严重缺水，因此在考虑人民生活水平提高的同时，在满足基本使用要求的前提下，本标准热水用水定额编制中体现了“节水”这个重大原则。由于热水用水定额的取值范围较大，可以根据地区水资源情况，酌情选值，一般缺水地区应选定额的低值。表 6.2.1-1 与给水部分相对应增补了平均日热水用水定额。此定额值系参照现行国家标准《民用建筑节水设计标准》GB 50555—2010 中的热水平均日节水用水定额编制，专供太阳能热水系统和节水用水量计算。

在表 6.2.1-2 的注中增加了学生宿舍等建筑淋浴间采用 IC 卡计费用水时的热水用水定额修正值。该值系参照一些大学的实测数据而编写的。

6.2.4 本条系根据现行国家标准《城镇给水排水技术规范》GB 50788—2012 第 3.7.2 条“建筑热水供应应保证用水终端的水质符合现行国家生活饮用水水质标准的要求”而编制，其中集中热水供应系统包括集中集热、集中供热太阳能热水系统、直接太阳能热水系统和热泵集中热水供应系统，条文编制依据如下：国内有关科研设计单位对 14 个包含住宅小区、高级宾馆、医院及高校的采样点进行样品采集检测的结果显示，有 85.71%的热水系统末端出水水温低于 45℃，同时调查结果显示，热水系统中的细菌总数和异养菌高于现行国家标准《生活饮用水卫生标准》GB 5749 规定的指标。灭致病菌的设施有：①紫外光催化二氧化钛(AOT)消毒装置；②银离子消毒器。灭致病菌的措施有：系统内热水定期升温灭菌。

6.2.6 热水供水水温涉及供水安全、卫生、节能、设备管道使用寿命等诸多因素，本条第 2 款与本标准第 6.2.4 条相对应，当系统设有效灭菌设施时，水加热设备出水温度宜比不设有效灭菌消毒设施时低 5℃，有利于降低系统热损失能耗，用水安全和缓蚀阻垢，延长系统使用寿命。

6.3 热水供应系统选择

6.3.1 本条第 1 款对集中热水供应系统的热源首先利用余热、废热、地热，并规定了“稳定、可靠”的前提条件。因为生活热水要求每天稳定供应，如果余热、废热热源不稳定、不可靠，势必要做两套水加热系统，不经济，系统控制、运行管理复杂，很难达到应有的节能效果。

地热在我国分布较广，是一项极有价值的资源，有条件时应优先考虑。但地热水按其生成条件不同，其水温、水质、水量和水压有很大区别，应采取相应的技术措施进行处理：

(1)当地热水的水质不符合生活热水原水质要求时应进行水质处理；

(2)当水质对钢材有腐蚀时，水泵、管道和贮水装置等应采用耐腐蚀材料或采取防腐措施；

(3)当水量不能满足设计秒流量相应的耗热量要求时，应采用贮存调节设施；

(4)当地热水不能满足用水点水压要求时，应采用水泵将地热水抽吸提升或加压输送至各用水点。

地热水的热质应充分利用，有条件时应考虑综合利用，如先将地热水用于发电再用于采暖空调，或先用于理疗和生活用水再做养殖业和农田灌溉等。

太阳能日照时数、年太阳辐射量参数摘自国家标准《民用建筑太阳能热水系统应用技术规范》GB 50364—2005 中第三等级的"资源一般"区域。

选用水源、空气源为热源时，应注意其适用条件及配备质量可靠的热泵机组。

热力管网和区域性锅炉房适宜新规划区供热。

燃油、燃气常压热水锅炉（又称燃油燃气热水机组）替代燃煤锅炉，能降低烟尘对大气的污染，改善司炉工的操作环境，提高设备效率。

用电能制备生活热水，除个别电力供应充沛的地方用于集中生活热水系统的热水制备外，一般用作分散集热、分散供热太阳能等热水供应系统的辅助能源。

6.3.5 蒸汽直接通入水中的加热方式，会产生较大的噪声，采用消声混合器等措施降低加热时的噪声，能将噪声控制在允许范围内。

采用汽—水混合设备的加热方式，将管网供给的蒸汽与冷水混合直接供给生活热水，较好地解决了系统回收凝结水的难题，但采用这种水加热方式，必须保证稳定的蒸汽压力和供水压力，保证安全可靠的温度控制，否则，应在其后加贮热设施，以保证安全供水。

另外，蒸汽直接通入水中时，开口的蒸汽管直接插在水中，在加热时，蒸汽压力大于开式加热水箱的水头；在不加热时，蒸汽管内压力骤降，为防止加热水箱内的水倒流至蒸汽管，应采取防止热水倒流的措施，如提高蒸汽管标高、设置止回装置等。

6.3.6 本条是对热水系统选择的规定。

1 使用方，即业主或建设方有设集中热水供应系统的要求，主要是针对居住小区；使用方无此要求时，宜按本条第 3 款、第 4 款处理。宾馆、公寓、医院、养老院等建筑一般对舒适和安全使用热水的要求较高，且管理容易到位，因此此类建筑推荐采用全日集中热水供应系统。

2 本款对小区设集中热水供应系统的规模作了限制，主要是从减少管道热损失、节能要求考虑。据广州亚运城的太阳能—热泵热水系统的外网计算，当室外热水管道管长 $L\approx1000$m 时，其每日的外管网热损失与整个系统的集取太阳能的有效热量相等。可见室外管道太长的集中热水供应系统的热循环能耗是设计这种系统不可忽视的问题。

3 本款对普通住宅等建筑作了宜采用局部热水供应系统的规定，其理由是：①对于普通住宅，一般只在晚上洗浴使用热水，厨房可采用小型快速电热水器供给热水，如设集中热水供应系统，则一次投资大、能耗大、维修管理工作量大。②对于无集中沐浴设施的办公楼，一般只有洗手用热水，其用量少，时间短，如用干、立管循环的集中热水供应系统，用水时很可能洗完手热水还未到位，或放掉部分冷水才出热水，这样又耗能又费水，使用也不方便。对这种建筑如需供热水时，可采用就地安装小型快速电热水器供应热水。③对于日用热水量（按 60℃计）小于 5m³ 且用水点分散的建筑，因设集中热水供应系统，相应热损失占比更大，因此也宜采用局部热水供应系统。

4 对于普通住宅等用热水标准不高的建筑，如果使用方要求设置集中热水供应系统时，宜采用定时系统，以减少能耗。

5 本款规定，在全日集中热水供应系统中的公共浴室、洗衣房、厨房等用热量较大且用水时段固定的用水部位宜设与系统循环管道分开的单独热水管网，定时循环供热水。另外，洗衣房要求热水水质硬度较低，厨房要求热水温度高，这些用水部位也可另设局部热水供应系统。这样可以大大减少系统的能耗，并有利于系统供水的稳定。

6.3.7 本条对集中热水供应系统的分区、供水压力等做了原则性规定。

1 要求应与给水系统的分区一致。

1)因为生活热水主要用于盥洗、淋浴，而这二者均是通过冷、热水混合后调到所需使用温度。因此，热水供水系统应与冷水系统竖向分区一致，保证系统内冷、热水的压力平衡，达到节水、节能、用水舒适的目的。

2)高层、多层建筑设集中热水供应系统时应分区设水加热器，其进水均应由相应分区的给水系统设专管供应，以保证热水系统压力的相对稳定。确有困难时，如有的单幢高层、多层住宅的集中热水供应系统，只能采用一个或一组水加热器供整幢楼热水时，应在满足本标准第 3.4.3 条分区供水压力的范围内，采用质量可靠的减压阀等管道附件来解决系统冷热水压力平衡的问题。

3)对于采用集热、贮热水箱经热水加压泵供水的热水供应系统（较大型的太阳能、热泵热水系统大都采用这种系统），因其冷热水供水系统分设，为了满足用水点处冷热水压力的平衡，热水加压泵的扬程应按给水系统在其相同位置的压力值选择，如有困难也应通过设置减压阀等措施予以保证。

2 因倒流防止器在系统为设计流量时的最小阻力也有 2m～4m，因此对于由城镇给水管直接补水经水加热设备供热水的系统，其相应的给水系统也宜经倒流防止器后引出，以保证该系统的冷热水压力平衡。

3 本款规定开式热水供应系统即带高位热水箱的供水系统。系统的水压由高位热水箱的水位决定，不受市政给水管网压力变化及水加热设备阻力变化等的影响，可保证系统水压的相对稳定和供水安全可靠。

4 本款对热水配水点处冷、热水水压平稳作出了规定。工程实际中，由于冷水热水管径不一致，管长不同，尤其是当用高位冷水箱通过设在地下室的水加热器再返上供给高区热水时，热水管路要比冷水管长得多，这样相应的阻力损失也就要比冷水管大。另外，热水还需附加通过水加热设备的阻力。因此，要做到冷水热水在同一点压力相同是不可能的，只能达到冷热水水压相近。

"相近"绝不意味着降低要求。因为供水系统内水压的不稳定，将使冷热水混合器或混合龙头的出水温度波动很大，不仅浪费水，使用不方便，有时还会造成烫伤事故。从国内一些工程实践看，本条中"相近"的含义一般以冷热水供水压差小于或等于 0.01MPa 为宜。在集中热水供应系统的设计中要特别注意两点：一是热水供水管的阻力损失要与冷水供水管的阻力损失平衡；二是水加热设备的阻力损失宜小于或等于 0.01MPa。

5 本款是为了保证公共浴室中淋浴器的水温水压稳定而作出的规定。

1)此项规定推荐采用开式热水供应系统，水压稳定，不受给水管网水压变化影响；便于调节冷热水混合装置的出水温度，避免水压高，造成淋浴器实际出水量大于设计水量，既浪费水量，又造成贮热水罐容积不够用而影响使用。

2)此项规定是为了避免因浴盆、浴池、洗涤池等用水量大的卫生器具间断使用时，引起淋浴器管网的压力变化过大，以致造成淋浴器出水温度不稳定。

3)此项规定是为了在较多的淋浴器之间启闭阀门变化时减少相互影响，要求配水管布置成环状。

4)此项规定是为了使淋浴器在使用调节时不致造成管道内水头有明显的变化，影响淋浴器的使用。

5)此项规定主要是为了从根本上解决淋浴器出水温度忽高忽低难于调节的问题，达到方便使用、节约用水的目的。由于单管热水供应系统出水温度不能随使用者的习惯自行调节，故不宜用于淋浴时间较长的公共浴室。而对于工业企业生活间的淋浴室，由于工作人员下班后淋浴的目的是冲洗汗水、灰尘，淋浴时间较短，采用这种单管供水方式较适宜。对于桑拿间、健身房等公共浴室，一般使用者对水温要求差别大，用水时间较分散，宜采用带定温混合阀的双管热水供应系统，它比单管系统使用灵活、舒适。

6.3.8 本条规定了水加热设备机房的设置要点，以利于减少管道，经济、节能和冷热水压力的平衡。

6.3.9 本条为强制性条文，必须严格执行。老年人照料设施（包括老年人全日照料设施和老年人日间照料设施)、安定医院、幼儿园等均以弱势群体为主体的建筑,沐浴者自行调节控制冷热水混合水温的能力差,为保证沐浴者不被热水烫伤,热水供应系统应采取防烫伤措施。监狱的热水供应亦需采取此措施是为了防止犯人自残、自杀。

6.3.10 本条对采用干管和立管循环的集中供应系统的建筑做出规定。

1 本款系根据现行国家标准《民用建筑节水设计标准》GB 50555 的相应条文编制,其中热水配水点水温系指单开热水龙头时的出水温度。

3 本款集中热水供应系统中对使用水温要求不高的非淋浴用水点指洗手盆、厨房洗涤池等。

6.3.13 本条第 2 款设分户水表计量的居住建筑,包括住宅、别墅及酒店式公寓不宜设支管循环,其理由:一是支管进、出口要分设水表,容易产生计量误差,并引起计费纠纷;二是循环管道及阀件太多难以维护管理,循环效果难以保证;三是住宅相对公建,易采取节水措施;四是能耗大;五是当支管敷设在垫层时,施工安装困难。另外,经设支管电伴热的工程测算:采用支管自调控电伴热与采用支管循环比较,虽然前者一次投资大,但节能效果显著,如居住建筑的支管采用定时自调控电伴热,每天伴热按 6h 计比支管循环节能约 70%,运行 2 年~3 年节能节省的能源费可抵消增加的一次性投资费用,并且还基本解决了以上支管循环的各种问题,但采用支管自调控电伴热,支管宜走吊顶,如敷设在垫层时,垫层需增加厚度。

6.3.14 本条对热水循环系统做出规定。

1、2 这两款对如何保证小区和单栋建筑内的热水循环系统的循环效果作了具体规定。依据是"集中热水供应系统循环效果的保证措施—热水循环系统的测试与研究"课题,通过对温控循环阀、流量平衡阀、导流三通、大阻力短管在多种热水循环系统工况下的测试研究成果。

3 本款对减压阀在热水循环系统的应用提出了要求。当减压阀用于热水系统分区时,除满足本标准第 3.5.10 条、第 3.5.11 条要求之外,其密封部分材质应按热水温度要求选择,尤其要注意保证各区热水的循环效果。图 5 为减压阀安装在热水系统的三个不同图示。

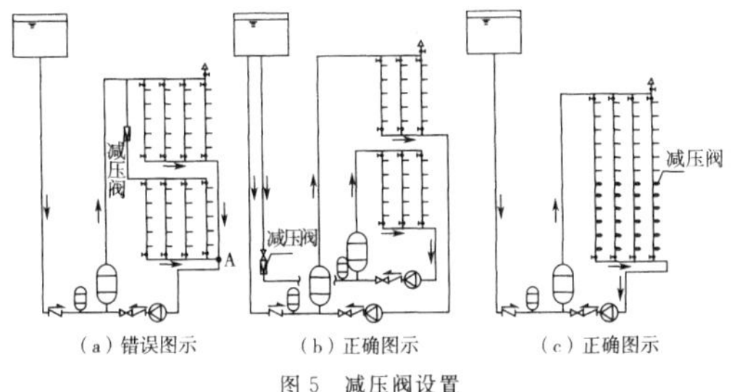

(a)错误图示　(b)正确图示　(c)正确图示

图 5 减压阀设置

图 5(a)为高低两区共用一加热供热系统,是一错误系统图示,因分区减压阀设在低区的热水供水立管上,这样高低区热水回水汇合至图中"A"点时,由于低区系统经过了减压其压力将低于高区,即低区管网中的热水就循环不了。

图 5(b)为高低区分设水加热器的系统,两区水加热器均由高区冷水高位水箱供水,低区热水供水系统的减压阀设在低区水加热器的冷水供水管上。这种系统布置与减压阀设置形式是比较合适的。

图 5(c)为高低区共用一集中热水供应系统,减压阀均设在分户支管上,不影响立管和干管的循环。与图 5(a)、图 5(b)相比,其优点是系统不需要另外采取措施就能保证循环系统正常工作。缺点是低区一家一户均需设减压阀,减压阀数量多,要求质量可靠。此系统应控制最低用水点处支管减压阀前的静压小于 0.55MPa。

5 本款规定设有 3 个或 3 个以上卫生间的住宅、酒店式公寓、别墅因热水管道长,需设循环管道,机械循环或自然循环,也可采取热水供水管设自调控(定时)电伴热措施,其适用范围:①卫生间非竖向同位置布置者可用带智能控制的小热水循环泵机械循环;②卫生间竖向同位置布置者可采用专用回水配件自然循环;③室内热水管道采用非埋垫层敷设时,可采用自调控定时电伴热措施。

6.4 耗热量、热水量和加热设备供热量的计算

6.4.1 本条中 K_h 的计算示例:

某医院设公用盥洗室、淋浴室采用全日集中热水供应系统,设有病床 800 张,60℃热水用水定额取 110L/(床·d),试计算热水系统的 K_h 值。

计算步骤:

(1)查表 6.4.1,医院的 $K_h=3.63\sim2.56$;

(2)按 800 床位和 110L/(床·d)的乘积作为变量采用内插法计算系统的 K_h 值:

$$
\begin{aligned}
K_h &= K_h^{max} - \frac{m \cdot q_r - m^{min} \cdot q_r^{min}}{m^{max} \cdot q_r^{max} - m^{min} \cdot q_r^{min}} \times (K_h^{max} - k_h^{min}) \\
&= 3.63 - \frac{800 \times 110 - 50 \times 70}{1000 \times 130 - 50 \times 70} \times (3.63 - 2.56) \\
&= 2.92
\end{aligned}
$$

或:

$$
\begin{aligned}
K_h &= K_h^{min} + \left[1 - \frac{m \cdot q_r - m^{min} \cdot q_r^{min}}{m^{max} \cdot q_r^{max} - m^{min} \cdot q_r^{min}}\right] \times (K_h^{max} - k_h^{min}) \\
&= 2.56 + \left[1 - \frac{800 \times 110 - 50 \times 70}{1000 \times 130 - 50 \times 70}\right] \times (3.63 - 2.56) \\
&= 2.92
\end{aligned}
$$

6.4.3 本条对热源设备、水加热设备的小时供热量作了原则性规定。

1 本款删除了传统的容积式水加热器,其理由详见本标准第 6.5.10 条的条文说明。

2 本款对水加热设备的供热量(间接加热时所需热媒的供热量)作了如下具体规定:

(1)导流型容积式水加热器或贮热容积相当的水加热器、燃油(气)热水机组的供热量按式 6.4.3-1 计算。该式是参照《美国 1989 年管道工程资料手册》、《Aspe DataBook》的相关公式改写而成的。

原公式为:

$$
Q_t = R + \frac{MS_t}{d} \tag{3}
$$

式中:Q_t——可提供的热水流量(L/s);

R——水加热器加热的流量(L/s);

M——可以使用的热水占罐体容积之比;

S_t——总贮水容积(L);

d——高峰用水持续时间(h)。

对照美国公式,式(6.4.3-1)中的 Q_g、Q_h、T_1 分别相当于美国公式的 R、Q_t 和 d,而 η、V_r 则相当于美国公式的 M、S_t。但美国公式是热水量平衡,忽略了水温的因素,式(6.4.3-1)为热量平衡更为准确。

在式(6.4.3-1)中,带有相当量贮热容积的水加热设备供热时,提供系统的设计小时耗热量由两部分组成:一部分是设计小时耗热量时间段内热媒的供热量 Q_g;另一部分是供给设计小时耗热量前水加热设备内已贮存好的热量。即式(6.4.3-1)的后半部分:$\frac{\eta \cdot V_r}{T_1}(t_{r2} - t_l)C \cdot \rho_r$。

采用这个公式比较合理地解决了热媒供热量,即热源设备容量与水加热贮热设备之间的搭配关系。即前者大后者可小,或前者小后者可大。避免了以往设计中不管水加热设备的贮热容积多大,热源设备均按设计小时耗热量来选择,从而引起热源设备和水加热设备两者均偏大,利用率低,不合理不经济的现象。但当 Q_g 计算值小于平均小时耗热量时,Q_g 应按平均小时耗热量取值。

（2）半容积式水加热器或贮热容积相当的水加热器、热水机组的供热量按设计小时耗热量计算。由于半容积式水加热器的贮热容积只有导流型容积式水加热器的1/2～1/3，甚至更小些，主要起调节稳定温度的作用，防止设备出水时冷时热。在调节供热量方面，只能调节设计小时耗热量与设计秒流量耗热量之间的差值，即保证在2min～5min高峰秒流量时不断热水。而这部分贮热水容积对于设计小时耗热量本身的调节作用很小，可以忽略不计。因此，半容积式水加热器的热媒供热量或贮热容积与其相当的热水机组的供热量即按设计小时耗热量计算。由于半容积式水加热器具有无冷温水区保证热水水质的优点，其贮热容积部分可根据使用要求加大，此时相应的 Q_g 也可按式(6.4.3-1)计算。

（3）半即热式、快速式水加热器的供热量按设计秒流量的耗热量计算。半即热式等水加热设备的贮热容积一般不足2min的设计小时耗热量所需的贮热容积，对进入设备内的被加热水的温度与热量基本上起不到调节平衡作用。因此，其供热量应按设计秒流量所需的耗热量供给。当半即热式、快速式水加热器配贮热水罐（箱）供热水时，其设计小时供热量可按导流型容积式或半容积式水加热器的设计小时供热量计算。

6.5 水的加热和贮存

7

6.5.1 本条对水加热设备提出三点基本要求：

1 本款是对水加热设备的主要性能——热工性能提出一个总的要求。作为一个水加热换热设备，其首要条件当然应该是热效率高，换热效果好，节能。具体来说，对于热水机组其燃烧效率一般应在85%以上，烟气出口温度应小于200℃，烟气黑度等应满足消烟除尘的有关要求。对于间接加热的水加热器在保证被加热水温度及设计流量工况下，当汽—水换热，在饱和蒸汽压力为0.2MPa～0.6MPa时，凝结水出水温度为50℃～70℃的条件下，传热系数 K=5400kJ/(m²·℃·h)～10800kJ/(m²·℃·h)；当水—水换热时，且热媒为80℃～95℃的热水时，热媒温降约为20℃～30℃，传热系数 K=2160kJ/(m²·℃·h)～4320kJ/(m²·℃·h)。

另外，提出水加热设备还必须体型小，节省设备用房。

2 本款规定生活热水侧阻力损失小。生活热水大部分用于沐浴与盥洗，而沐浴与盥洗都是通过冷热水混合器或混合龙头来实施的。其冷、热水压力需平衡、稳定的问题已在本标准第6.3.7条的条文说明中作了详细说明。以往有不少工程因采用不合适的水加热设备出现过系统冷热水压力波动大的问题，耗水耗能使用不舒适；个别工程出现了顶层热水上不去的问题。因此，建议水加热设备热水侧的阻力损失宜小于或等于0.01MPa。

3 本款对水加热器的安全检修作了规定。水加热设备的安全可靠性能包括两方面的内容，一是设备本身的安全，如不能承压的热水机组，承压后就成了锅炉；间接加热设备应按压力容器设计和加工，并有相应的安全装置。二是被加热水的温度必须得到有效可靠的控制，否则容易发生烫伤的事故。

构造简单、操作维修方便、生活热水侧阻力损失小是生活用热水加热设备区别其他型式的换热设备的主要特点。

因为生活热水的源水一般是不经处理的自来水，具有一定硬度，近年来虽有各种物理、化学简易阻垢处理方法，但均不能保证其真正的使用效果。体量大的水加热设备安装就位后，很难有检修的余地，更有甚者，有的水加热设备的换热盘管根本无法拆卸更换，设备不留检修人孔这些都将给使用者带来极大的麻烦，因此，本款特提出此要求。

6.5.2 本条对水加热设备的选用作了规定。

1 燃油（气）热水机组除应满足本标准第6.5.1条的要求之外，还应具备燃料燃烧完全、消烟除尘、机组水套通大气、自动控制水温、火焰传感、自动报警等功能，机组还应设防爆装置。

2 以蒸汽、高温水为热媒时，可按下列原则选择水加热器：①热媒供应能力小于设计小时耗热量时，选用导流型容积式水加热器或加大贮热容积的半容积式水加热器；②热媒供应能力大于或等于设计小时供热量时，选用半容积式水加热器；③热媒供应能力大于或等于设计秒流量所需耗热量且系统对冷热水压力平衡稳定要求不高时选用半即热式水加热器。

3 本款规定了采用电作热源的水加热设备应该设阴极保护等防止结垢的措施保护电热元件。理由是电热元件工作时温度很高，极易将水中钙、镁离子吸附环绕，既降低了电热效率，又易烧坏。采取阴极保护措施后能大大延长电热元件的使用寿命。

6.5.3 本条规定医院的热水供应系统热源机组及水加热设备不得少于2台，当一台检修时，其余各台的总供应能力不得小于设计小时耗热量的60%。

由于医院手术室、产房、器械洗涤等部门要求经常有热水供应，不能有意外的中断，否则有可能造成医疗事故。因此，医院集中热水供应系统的热源机组及水加热设备不得少于2台，以保证一台设备检修或故障时，还有一台继续运行，不中断热水供应。

6.5.4 医院建筑不得采用有冷温水滞水区的水加热设备，因为医院是各种致病细菌滋生繁殖最适宜的地方，带有冷温水滞水区的水加热器，其滞水区的水温一般在20℃～30℃之间，是细菌繁殖生长最适宜的环境，国外早已有从这种带滞水区的容积式水加热器中发现致人体生命危险的军团菌的报道。因此，医院等病菌滋生繁殖较严重的地方，不得采用带冷温水滞水区的水加热器。国内近十多年来研发成功的半容积水加热器，运行时无冷温水滞水区是医院等建筑集中热水系统的合理选用设备。

6.5.5 本条对局部热水供应设备作了规定。

1 本款为选择局部加热设备的总原则。首先要因地制宜按太阳能、燃气、电能等热源来选择局部加热设备，另外还要结合建筑物的性质、使用对象、操作管理条件、安装位置、采用燃气与电热水器时的安全装置等因素综合考虑。

2 需同时供给2个及2个以上卫生器具或设备热水时，宜选用带贮热容积的加热设备；选用电热水器时应带贮热容积以减少热源的瞬时负荷。如果完全按即热即用没有贮热容积调节选用设备时，则供一个 q=0.15L/s 的标准淋浴器当冷水温度为10℃时的电热水器连续使用时其功率约为18kW，显然，作为局部热水器供多个器具同时用，没有调贮容积是很不合适的。

6.5.6 本条为强制性条文，必须严格执行。特别强调采用燃气热水器和电热水器的安全问题。国内发生过多起燃气热水器漏气中毒致人身亡的事故，因此，选用这些局部加热设备时一定要按其产品标准，相关的安全技术通则，安装及验收规程等中的有关要求进行设计。住宅的燃气热水器应设置在厨房或厨房相连的阳台内。

6.5.7 本条规定水加热器的加热面积的计算公式，该公式是计算水加热器的加热面积的通用公式。

式(6.5.7)中 ε 是考虑由于水垢等因素影响传热系数 K 值的附加系数。从调查资料看，水加热器结垢现象比较严重，在无简单、行之有效的水处理方法的情况下，加热管束要避免水垢的产生是很困难的，结垢的多少取决于水质及运行情况。由于水垢的导热性能很差[水垢的导热系数为2.2kJ/(m²·℃·h)～9.3kJ/(m²·℃·h)]，因而水加热器往往受水垢的影响导致其传热效率的降低。因此，在计算水加热器的传热系数时应附加一个系数。

ε 取值为0.6～0.8是引用国外的资料。

6.5.8 本条规定了热媒与被加热水的计算温度差的计算公式。

1 导流型容积式水加热器、半容积式水加热器的计算温度差是采用算术平均温度差计算的。因导流型容积式水加热器和半容积式水加热器中的水温是逐渐、均匀地升高，即加热盘管设置在加热器的底部，冷水自下部受热上升，经传导、对流循环使水加热器内的水全部加热，同时这两种水加热器均有一定的调节容积，计算温度差粗略一点影响不大。

2 快速式水加热器、半即热式水加热器的计算温度差是采用平均对数温度差的计算公式。因快速式水加热器主要是靠对流换热，换热时水在加热器内是不停留的、无调节容积，因此，加热器的计算温差应较精确计算。

对快速水加热器计算式(6.5.8-2)的说明：快速水加热器有逆流式和顺流式两种换热工况，前者比后者换热效果好，因此生活热水采用的快速水加热器或半即热式水加热器基本上均采用如图6所示的逆流式换热。

式(6.5.8-2)中的Δt_{max}(热媒与被加热水在水加热器一端的最大温度差)与Δt_{min}(热媒与被加热水在水加热器另一端的最小温度差)如图6所示。

$\Delta t_{max}=t_{mc}-t_z$ 或 $\Delta t_{max}=t_{mz}-t_c$；$\Delta t_{min}=t_{mz}-t_c$ 或 $\Delta t_{min}=t_{mc}-t_z$。

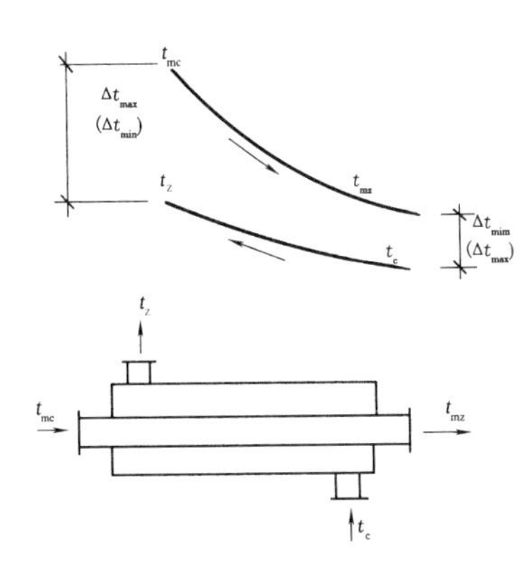

图6 快速水加热器水加热工况示意

当采用低温热媒水换热时，有可能式(6.5.8-2)中的$\Delta t_{max}\approx\Delta t_{min}$，此时$\Delta t_j\approx 0$，即$F_{jr}$为无限大，显然不合理，可按式(6.5.8-1)计算Δt_j，最终计算的F_{jr}值才能基本满足要求。

6.5.9 本条规定了热媒的计算温度。热媒的初温和终温是决定水加热器加热面积大小的主要因素之一，从热工理论上讲，饱和蒸汽温度随蒸汽压力不同而相应改变。

当蒸汽压力(相对压力)小于或等于70kPa时，蒸汽压力和蒸汽温度变化情况见表6。

表6 蒸汽压力和蒸汽温度变化表

[蒸汽压力(相对压力)≤70kPa时]

蒸汽压力(kPa)	10	20	30	40	50	60	70
饱和蒸汽温度(℃)	101.7	104.25	106.56	108.74	110.79	112.73	114.57

当蒸汽压力大于70kPa时，蒸汽压力(相对压力)和蒸汽温度变化情况见表7。

表7 蒸汽压力和蒸汽温度变化表

[蒸汽压力(相对压力)>70kPa时]

蒸汽压力(kPa)	80	90	100	120	140	160	180	200
饱和蒸汽温度(℃)	116.33	118.01	119.62	122.65	125.46	128.08	130.55	132.88

从以上数据可知，当蒸汽压力小于70kPa时，其温度变化差值不大，而且在实际应用时，为了克服系统阻力将蒸汽送至用汽点并保证一定的压力，一般蒸汽压力都要保持在30kPa～40kPa，这时的温度为106.56℃和108.74℃，与100℃的差值仅为6℃～8℃，对水加热器的影响不大。为了简化计算，统一按100℃计算。

当蒸汽压力大于70kPa时，蒸汽温度应按饱和蒸汽温度计算，因高压蒸汽热焓值高，若也取100℃为计算蒸汽温度，则计算加热面积偏大造成浪费。

当热媒为热力管网的热水，应按热力管网供、回水的最低温度计算的规定，是考虑最不利的情况，如北京市的热力网的供水温度冬季为70℃～130℃；夏季为40℃～70℃。

本条对热媒初温、终温的计算作出了较具体的规定。本条中推荐的热媒为饱和蒸汽与热水时的热媒初温、终温的参数，来源于RV系列导流型容积式水加热器、HRV系列半容积式水加热器、SW和WW系列浮动盘管半即热式水加热器等产品经热工性能测定的实测数据，可在设计计算中采用。

6.5.10 水加热设备设置贮存调节容积是为了保证系统达到设计小时流量与设计秒流量用水时均能平稳供给所需温度的热水。即系统的设计小时流量与设计秒流量是由热媒在这段时间内加热的热水量与贮热容器已贮存的热水量两者联合供给的。不同结构型式和加热工艺的水加热设备，其有效贮热容积部分大致可以分为下列两种情况：

(1)U型管式导流型容积式水加热器(如图7所示)，在U型盘管外有一组导流装置，初始加热时，冷水进入水加热器的导流筒内被加热成热水上升，继而迫使水加热器上部的冷水返下形成自然循环，逐渐将水加热器内的水加热。随着升温时间的延续，当水加热器上部充满所需温度的热水时，自然循环即终止。此时，位于U型管下部的水虽然经循环已被加热，但达不到所需要的温度，按热量计算，容器的有效贮热容积约为80%～90%。

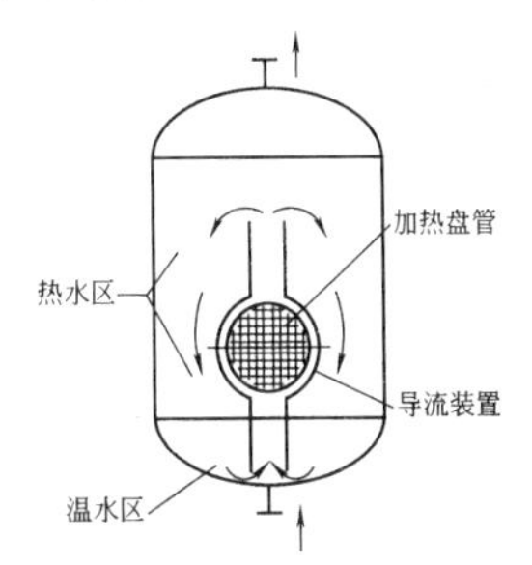

图7 导流装置的容积式水加热器工作原理示意图

(2)半容积式水加热器实质上是一个经改进的快速式水加热器插入一个贮热容器内组成的设备。它与容积式水加热器构造上最大的区别就是：前者的加热与贮热两部分是完全分开的，而后者的加热与贮热连在一起。半容积式水加热器的工作过程是：水加热器加热好的水经连通管输送至贮热容器底部，贮热容器内贮存的全是高于系统回水温度的热水，计算水加热器容积时不需要考虑附加容积。没有冷温滞水区能有效保证热水水质，这是半容积式水加热器的核心点，经调查国内有的名为"半容积式水加热器"的产品达不到此要求。因此设计应经调研选用。

浮动盘管为换热元件的立式导流型容积式水加热器的盘管靠底布置时，有效贮热容积约为90%～95%。

6.5.11 本条规定了水加热设施的贮热量。

1 水加热设施的贮热量，理应根据日热水用水量小时变化曲线设计计算确定。由于目前很难取得这种曲线，所以设计计算时应根据热源品种，热源充沛程度、水加热设备的加热能力，以及用水均匀性、管理情况等因素综合考虑确定。

2 本标准表6.5.11划分为以蒸汽和95℃以上的热水为热媒及以小于或等于95℃热水为热媒两种换热工况，分别计算贮热量。

(1)汽—水换热的效果要比水—水换热效果优越得多，相同换热面积的条件下，其换热量前者可为后者的3倍～9倍。当热媒水温度高时与汽—水换热差距小一点，当热媒水温度低时(如有的热网水夏天供70℃左右的水)，则与汽—水换热差距大于10倍。在这种热媒条件差的条件下，本标准表6.5.11中导流型容积式水加热器、半容积式水加热器的贮热量值已为最低值。

(2)从传统型容积式水加热器的升温时间及国内导流型容积式水加热器、半容积式水加热器实测升温时间来看(见表8)，本标准表6.5.11中"小于或等于95℃"热水为热媒时贮热量参数是合理的。

表 8　水加热器升温时间

加热设备	热媒水温度(℃)	升温时间(13℃升至55℃)
容积式水加热器	70～80	>2h
导流型容积式水加热器	70～80	≈40min
U型管式半容积式水加热器	70～80	20min～25min
浮动盘管式半容积式水加热器	70～80	≈20min

此外，从表8可看出，传统的容积式水加热器(采用两行程U形管为换热元件的容积式水加热器)的换热能力远低于其他三种设备，由于它传热效果差，耗能、耗材、占地大，因此此次本标准全面修编时将其删除。

3　本款为非传统热源(太阳能、水源热泵、空气源热泵)热水供应系统的贮热量计算方法。

6.5.14　该条对热水箱配件的设置作了规定。热水箱加盖板是防止空气中的尘土、杂物污染水体，并避免热气四溢。泄水管是为了在清洗、检修时泄空，将通气管引至室外是避免热气溢在室内。

6.5.15　水加热设备、贮热设备贮存有一定温度的热水，水中溶解氧析出较多，当其采用钢板制作时，氧腐蚀比较严重，易恶化水质和污染卫生器具。这种情况在我国以水质较软的地面水为水源的南方地区更为突出。因此，水加热设备和贮热设备宜根据水质条件采用耐腐蚀材料(如不锈钢、铁素体不锈钢、不锈钢复合板)等制作或衬不锈钢、铜等防腐面层。当水中氯离子含量较高时宜采用钢板衬铜，或采用316L不锈钢、444铁素体不锈钢。衬面层时应注意两点，一是面层材质应符合现行有关卫生标准的要求，二是衬面层工艺必须符合相关规定，保证面层与母体结合密实牢固。

6.5.19　本条对膨胀管的设置作了具体规定。

设有高位冷水箱供水的热水系统设膨胀管时，不得将膨胀管返至高位冷水箱上空，目的是防止热水系统中的水体超温膨胀时，将膨胀的水量返至生活用冷水箱，引起该水箱内水体的热污染。解决的办法是将膨胀管引至其他非生活饮用水箱的上空。因一般多层、高层建筑大多有消防专用高位水箱，有的还有中水水箱等，这些非生活饮用水箱的上空都可接纳膨胀管的泄水。

为防止热水箱的水因受热膨胀而流失，规定热水箱溢流水位超出冷水补给水箱的水位高度 h_1 应按式(6.5.19)计算，其设置如图8所示。

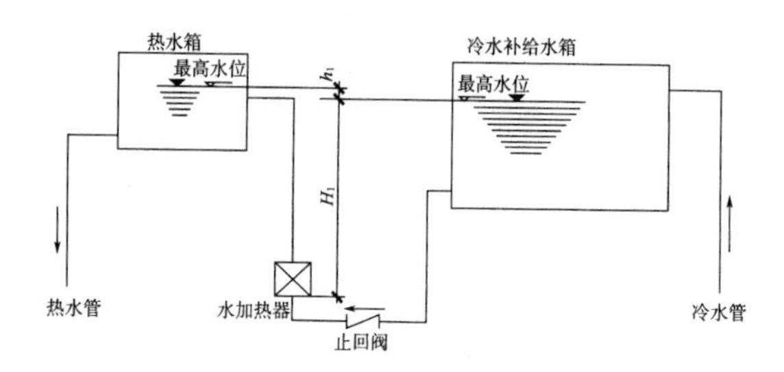

图8　热水箱与冷水补给水箱布置

6.5.20　本条为强制性条文，必须严格执行。膨胀管上严禁设置阀门是确保热水供应系统的安全措施。

6.5.21　本条式(6.5.21)中水加热器属于压力容器，它的各部件均是按压力容器的设计压力来设计计算的，其设计压力等级为0.6MPa、1.0MPa、1.6MPa、2.5MPa。按式(6.5.21)计算 V_e 时，P_2 值应小于水加热器的设计压力，如 $P_2=0.60$MPa 时应选设计压力为1.0MPa的水加热器。

V_s 指系统内热水总容积包括水加热设备的贮热水容积。

6.6　太阳能、热泵热水供应系统

6.6.1　本条编制的总原则为：太阳能热水系统应适用，规模宜小。

旅馆、医院等公建因使用要求较高，且管理水平较好宜采用集中集热、集中供热太阳能热水系统。而普通住宅因存在管理困难，收费矛盾等众多难题宜采用集中集热、分散供热太阳能热水系统或分散集热、分散供热太阳能热水系统。

根据奥运村、亚运城等国内大、中型集中太阳能热水系统的设计、运行经验，采用闭式太阳能集热系统、系统承压高温运行是引起系统爆管、集热失效、气堵低效、运行能耗大、故障多的原因。

5　本款新增了"开式太阳能热水系统宜采用集热、贮热、换热一体间接预热承压冷水供应热水的组合系统"的规定。这是国内有关科研设计企业经过多年的科研、设计、研发的一种新系统，其核心部件是集热、贮热、换热一体的贮筒式组合集热器，这种新型集热系统因不需采用机械循环而使系统大大简化，较好地解决了上述现有太阳能集热系统存在的问题。其系统图示如图9、图10所示，图9为不设循环系统的图式，图10为设干管和立管循环的图式。

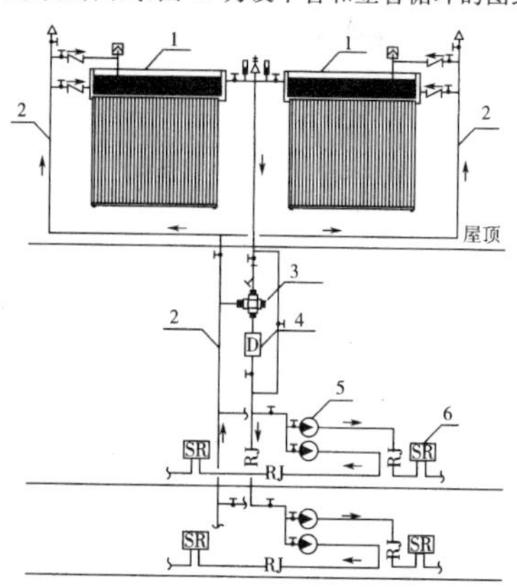

图9　不设循环系统的集中集热分散供热太阳能热水系统示意图
1—集热、贮热、换热组合集热器；2—冷水管；3—恒温混合阀；4—灭菌消毒装置；5—水表；6—带温控的热水器

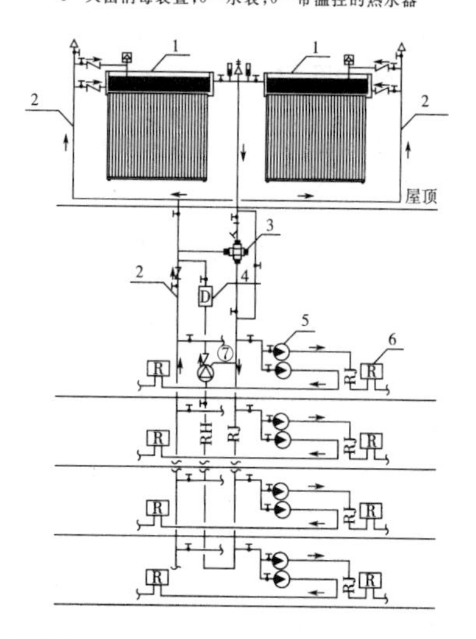

图10　带干管和立管循环的集中集热分散供热太阳能热水系统示意图
1—集热、贮热、换热组合集热器；2—冷水管；3—恒温混合阀；4—灭菌消毒装置；5—水表；6—带温控的热水器；7—循环水泵

6　本款规定了集中集热、分散供热太阳能热水系统，在满足条款规定的条件下，供热水管道部分可不设循环管道。理由是用户终端均设有带温控的热水器辅热供水，用水时先由热水器加热供水，由于太阳能热水箱(图9中组合集热器)至辅热设施连管短，随着供热水管中的冷水放尽后，太阳能热水立即补水。这样不浪费水，又节能，且系统大大简化，有利于解决目前住宅集中太阳能热水系统的设计、施工和使用存在的问题。当不满足以上条件时，宜按图10设干管和立管循环系统。

6.6.3　太阳能是一种低密度、不稳定、不可控的热源，其热水系统

不能按常规热源热水系统设计。因此，太阳能热水系统尤其是集中太阳能热水系统的集热器总面积计算等参数的合理选择是整个系统是否节能、经济，是否能正常运行的重要因素。

平均日耗热量 Q_{md} 的计算公式中引入了常规热源热水系统不同或没有的参数，平均日热水用水定额 q_{mr}、同日使用率 b_1 是反映实际用热水量的参数，因为在常规热源热水系统的设计计算时，往往是按满负荷即按设计用水人数计算，如住宅 100 户，每户 3.5 人，则设计用水人数为 350 人。而住宅实际入住率按相关统计资料得知 $b_1 \approx 0.7$，实际用水人数只有 245 人，这样仅此一项，集热器总面积的计算就相差约 30%。同理，冷水温度选用年平均值也是为了合理选用集热器总面积。尤其是以地表水为源水的冷水年平均温度与表 6.2.5 所列冷水计算温度相差较大，如南京市二者相差约 15℃，相应计算所得的集热器总面积相差约 26%。按上两例计算的集热器总面积即可少选约 60%。

年平均冷水温度可向当地自来水公司查询，也可按相关设计手册中提供的水温月平均最高值和最低值的平均值计算，如当地无此参数时，可参照临近城市的参数取值。

太阳能保证率 f 取值表源于《民用建筑太阳能热水系统工程技术手册》。设计时可按表 6.6.3-2 及注选值。

集热器总面积补偿系数 b_j 是考虑集热器布置偏离正南方向和安装角度偏离太阳光直射角度较大，即集热器得到的实际太阳光热能小于太阳能辐照量较大时，应增加集热器总面积。其具体计算参见现行国家标准《民用建筑太阳能热水系统应用技术规范》GB 50364 或《民用建筑太阳能热水系统工程技术手册》。

集热器总面积的平均集热效率 η_j，分散集热、分散供热系统因集热器只有单组或几组组成，连接简单，引起集热系统短路循环、气堵等运行故障概率少，因此其 η_j 可按单组集热器经正规实测并经计算确定，也可按条文的经验数据取值。集中集热系统因集热器多组串、并联布置，连接管路复杂，尤其是采用真空管集热器的闭式承压系统，存在短路循环、气堵、集热效率衰退等多种运行不利因素，因此 η_j 是很难用计算得出，只有通过参照已有的集中集热系统的实测数据选取。

条文中给出经验值 30%～45%，源于北京奥运村、广州亚运城的集中集热、集中供热太阳能热水系统，其实测平均值分别为：$\eta_j = 0.40 \sim 0.48$，$\eta_j = 0.32 \sim 0.36$。

此外，式中 J_t 取年平均日太阳能辐照量，设计宜按当地 7 月（最热月）的月平均日太阳能辐照量、地表水冷水温度复核太阳能集热系统的热量，以防系统过热。

6.6.5 本条是集热系统附属设施的设计规定。

6 本款选用板式快速水加热器配集热水罐或导流型容积式水加热器、半容积式水加热器集热时可利用系统冷水压力，不需另加热水增压供水泵，且有利于系统冷热水压力平衡。但当系统较大时，设备占地大，一次投资大，宜采用板式快速水加热器配集热水箱集热。因此，提出以 $A_j \approx 500m^2$ 为界分别选取。

9 本款对集热系统选用管材，按开式系统、闭式系统分别作了规定。因开式系统不承压、集热温度小于或等于 100℃。闭式系统根据工程实测，最高集热温度约为 200℃，因此对其管材及附件等分别提出了耐温要求。

6.6.7 本条是热泵机组供热的规定。

1 本款计算水源热泵的设计小时供热量的式(6.6.7-1)中 T_5 取 8h～16h，设计时，可根据系统是否设置辅助热源来取值。不设辅助热源时，T_5 宜取 8h～12h；设辅助热源的空气源热泵系统 T_5 宜取 16h，这样既可使无辅助热源系统通过延长热泵工作时间保证高峰日用水，又可使设辅助热源系统选择热泵机组经济合理。

3 本款系根据现有采用水源热泵制备生活热水的工程常用系统形式作出的规定，由于热泵制热的冷凝器的换热管束管径很小，如用直接加热供水系统，易受热水水质影响结垢腐蚀热泵效率衰减，使用寿命缩短，因此宜采用间接换热供水系统。另外，热泵热媒水温度一般小于或等于 60℃，经一次换热很难交换出大于或等于 50℃的热水，工程中一般采用板式水加热器配贮热水箱（罐）循环换热，获得大于或等于 50℃的热水。

最冷月平均气温小于 0℃的地区，空气源热泵冬季运行 COP 值一般低于 1.5，达不到商用空气源热泵 COP≥1.8 的要求，使用不经济、不合理，故此类地区不推荐采用空气源热泵系统。

6.7 管网计算

6.7.1 设有集中热水供应系统的小区室外热水干管管径设计流量计算，与小区给水的水力计算一致。而单幢建筑物的引入管需保证其系统的设计秒流量，即引入管应按该建筑物热水供水系统总干管的设计秒流量计算选择管径。

6.7.5 循环流量一般应经计算确定。式(6.7.5)中 Q_s、Δt_s 的取值范围可供设计参考，并宜控制 $q_x = (0.1 \sim 0.15) q_{rh}$。

6.7.10 热水循环系统循环水泵的流量与系统所采取的保证循环效果的措施有密切关系。根据工程循环流量的计算，循环流量 $q_x = (0.1 \sim 0.15) q_{rh}$，即 $q_{xh} = (0.15 \sim 0.38) q_{rh}$，因此，设计中可参考下列参数选择 q_{xh} 值。

(1)采用温控循环阀、流量平衡阀等具有自控和调节功能的阀件作循环元件时，$q_{xh} = 0.15 q_{rh}$。

(2)采用同程布管系统、设导流三通的异程布管系统，$q_{xh} = (0.20 \sim 0.25) q_{rh}$。

(3)采用大阻力短管的异程布管系统，$q_{xh} \geq 0.3 q_{rh}$。

(4)供给两个或多个使用部门的单栋建筑集中热水供应系统、小区集中热水供应系统 q_{xh} 的选值：

①各部门或单栋建筑热水子系统的回水分干管上设温控平衡阀、流量平衡阀时，相应子系统的 $q_{xhi} = 0.15 q_{rhi}$，母系统总回水干管上的总循环泵 $q_{xh} = \sum q_{xhi}$。

②子系统的回水分干管上设分循环泵时，其水泵流量均按子系统的 q_{xhi} 的最大值选用，各泵同一型号。总循环泵的 q_{xh} 按母系统的 q_{rh} 选择，即 $q_{xh} = 0.15 q_{rh}$。

6.7.11 近年来，随着太阳能、热泵热水系统的推广应用，采用高、低位热水箱配热水供水泵供水的系统日益增多。为了规范这种系统热水供水泵、热水循环水泵的设计计算而规定了本条款。

1 本款规定宜二泵合一，只按供水泵设计计算流量和扬程即可。热水回水流量可按非秒流量时段的一个出流量考虑。

3 本款规定水泵台数配置宜大于或等于 3 台，以利于用水量小时段内，需启泵运行满足管网循环流量要求时低功率水泵能高效工作，节约能源。

6.8 管材、附件和管道敷设

6.8.2 本条对热水系统选用管材作了规定。根据国家有关部门关于"在城镇新建住宅中，禁止使用冷镀锌钢管用于室内给水管道，并根据当地实际情况逐步限制禁止使用热镀锌钢管，推广应用铝塑复合管、交联聚乙烯(PE-X)管、三型无规共聚聚丙烯(PP-R)管、耐热聚乙烯管(PERT)等新型管材，有条件的地方也可推广应用铜管"的规定，本条推荐作为热水管道的管材排列顺序为薄壁不锈钢管、薄壁铜管、塑料热水管、塑料和金属复合热水管等。

当选用塑料热水管或塑料和金属复合热水管材时，本条还作了下述规定：

1 管道的工作压力应按相应温度下的许用工作压力选择。塑料管材不同于钢管，能承受的压力受温度的影响很大。管内介质温度升高则其承受的压力骤降，因此，必须按相应介质温度下所需承受的工作压力来选择管材。

2 设备机房内的管道不应采用塑料热水管。设备机房内的管道安装维修时，可能要经常碰撞，有时可能还要站人，一般塑料管材质脆怕撞击，所以不应用作机房的连接管道。

6.8.3 热水管道因受热膨胀会产生伸长，如管道无自由伸缩的余地，则使管道内承受超过管道所许可的内应力，致使管道弯曲甚至破裂，并对管道两端固定支架产生很大推力。为了减释管道在膨胀时的内应力，设计时应尽量利用管道的自然转弯，当直线管段较长不能依靠自然补偿来解决膨胀伸长量时，应设置伸缩器。铜管、不锈钢管及塑料管的膨胀系数均不相同，设计计算中应分别按不同管材在管道上合理布置伸缩器。

6.8.4 在热水系统中，由于热水在管道内不断析出气体(溶解氧及二氧化碳)，会使管内积气，如不及时排除，不但阻碍管道内的水流还加速管道内壁的腐蚀。为了使热水供应系统能正常运行，应在热水管道积聚空气的地方装自动放气阀。

在热水系统的最低点设泄水装置是为了放空系统中的水，以便维修。如在系统的最低处有配水点时，则可利用最低配水点泄水而不另设泄水装置。

6.8.8 本条对止回阀在热水系统中的设置位置作了规定。

2 本款规定是为了防止冷水进入热水系统，以保证配水点的供水温度。

3 本款规定是为了防止冷、热水通过冷热水混合器、恒温混合阀等相互串水而影响其他设备的正常使用。如设计成组混合器时，则止回阀可装在冷、热水的干管上。

6.8.9 本条对水加热器设置温度自动控制装置作了规定。

本条规定了所有水加热器均应设自动温度控制装置来控制调节出水温度。理由是节能节水，安全供水。人工控制温度，由于人工控制受人员素质、热媒、用水变化等多种因素影响，水加热器出水水温得不到有效控制，尤其是汽—水换热设备，有的水加热器内水温由于控制不到位长期达80℃以上，设备用不到一年就报废。因此，本条规定凡水加热器均应装自动温度控制装置。

自动温度控制阀的温度探测部分(一般为温包)设置部位应视水加热器本身结构确定。对于导流型容积式、半容积式水加热器，将温包放在出水口处是不合适的，因为当温包反应此处温度的变化时，罐体内的水温早已变了，自动温度控制阀再动作为时已晚，宜将温包放在靠近换热管束的上部位置。

自动温度控制阀应根据水加热器的类型，即有无贮存调节容积及容积的相对大小来确定相应的温度控制范围。根据半即热式水加热器产品标准等的规定，不同水加热器对自动温度控制阀的温度控制级别范围如表9。

表9 水加热器温度控制级别范围(℃)

水加热设备	自动温度控制阀温级范围
导流型容积式水加热器	±5
半容积式水加热器	±4
半即热式水加热器	±3

半即热式水加热器除装自动温度控制阀外，还需有配套的其他温度调节与安全装置。

6.8.10 水加热设备的上部，热媒进出水(汽)管、贮热水罐和冷热水混合器上装温度计、压力表等，是便于操作人员观察设备及系统运行情况，做好运行记录，并可以减少、避免不安全事故。

承压容器上装设安全阀是劳动部门和压力容器有关规定的要求，也是闭式热水系统上一项必要的安全措施。用于热水系统的安全阀可按泄掉系统温升膨胀产生的压力来计算，其开启压力根据“压力容器”有关规定设定为容器设计压力的1.05倍。安全阀的型式一般可选用微启式弹簧安全阀。

6.8.12 据调查，在上行下给式的系统中管道的腐蚀较严重。管道的腐蚀与系统中不及时排除空气有关。因此，上行下给式系统供、回水横干管的坡度宜大于或等于0.005，下行上给式系统的最高配水点有可能长时间不用，气体就由回水立管串到横干管中而引起管道腐蚀，故下行上给式系统供回水横干管也宜设大于或等于0.003的坡度。

6.8.13 为适应建筑装修的要求，“塑料热水管宜暗设”。塑料热水管材材质较脆，怕撞击、怕紫外线照射，且其刚度(硬度)较差，因此不宜明装。对于外径小于或等于25mm的聚丁烯管、改性聚丙烯管、交联聚乙烯管等柔性管一般可以将管道直埋在建筑垫层内，但不允许将管道直接埋在钢筋混凝土结构墙板内。埋在垫层内的管道不应有接头。外径大于或等于32mm的塑料热水管可敷设在管井或吊顶内。

6.8.15 近年来，国内不少小区集中热水供应系统，室外热水干管大都采用埋地敷设，但其设计、施工均存在较大问题，以致使用中给物业及用户带来很大麻烦。因此，本条对室外热水管道敷设根据工程经验提出了具体要求。另外，为保证保温质量，宜采用工厂定制的保温成型制品作保温层。

6.8.16 热水管道穿越楼板时应加套管是为了防止管道膨胀伸缩移动造成管外壁四周出现缝隙，引起上层漏水至下层的事故。一般套管内径应比通过热水管的外径大2号～3号，中间填不燃烧材料再用沥青油膏之类的软密封防水填料灌平。套管高出地面应大于或等于50mm。

6.8.18 本条规定了用蒸汽作热媒的间接式水加热设备的凝结水回水管上应设疏水器。目的是保证热媒管道汽水分离，蒸汽畅通，不产生汽水撞击，延长设备使用寿命。

生活用水很不均匀，绝大部分时间，水加热器不在设计工况下工作，尤其是在水加热器初始升温或在很少用水的情况下升温时，由于一般温控装置难以根据水加热器内热水温升情况或被加热水流量大小来调节阀门开启度，因而此时的凝结水出水温度可能很高。对于这种用水不均匀又无灵敏可靠温控装置的水加热设备，当以饱和蒸汽为热媒时，均应在凝结水出水管上装疏水器。

每台设备各自装疏水器是为了防止水加热器热媒阻力不同(即背压不同)相互影响疏水器工作的效果。

6.8.19 本条规定了疏水器的口径不能直接按凝结水管管径选择，应按其最大排水量，进、出口最大压差，附加系数三个因素计算确定。

为了保证疏水器的使用效果，应在其前加过滤器。不宜附设旁通管，目的是杜绝疏水器该维修时不维修，开启旁通，疏水器形同虚设。但对于只有偶尔情况下才出现大于或等于80℃高温凝结水(正常工况时低于80℃)的管路亦可设旁通，即正常运行时凝结水从旁通管路走，特殊情况下凝结水经疏水器走。

6.9 饮水供应

6.9.2 饮水主要用于人员饮用，也可用于煮饭、淘米、洗涤瓜果蔬菜及冲洗餐具等。

6.9.3 本条对直饮水系统的水质、水嘴流率、供水系统方式、循环管网的设置及设计秒流量计算等分别作了规定。

1 直饮水一般均以市政给水为原水，经过深度处理方法制备而成，其水质应符合现行行业标准《饮用净水水质标准》CJ/T 94的规定。

管道直饮水系统水量小、水质要求高，目前常采用膜技术对其进行深度处理。膜处理又分成微滤(MF)、超滤(UF)、纳滤(NF)和反渗透膜(RO)四种方法。可视原水水质条件、工作压力、产品水的回收率及出水水质要求等因素进行选择。膜处理前设机械过滤器等前处理，膜处理后应进行消毒灭菌等后处理。

2 管道直饮水的用水量小，且其价格比一般生活给水贵得多，为了尽量避免直饮水的浪费，直饮水不能采用一般额定流量大的水嘴，而宜采用额定流量为0.04L/s左右的专用水嘴，其最低工作压力不得小于0.03MPa。专用水嘴的流量、压力值是“建筑和居住小区优质饮水供应技术”课题组实测市场上一种不锈钢鹅颈水嘴后推荐的参数。

4 本款推荐管道直饮水系统采用变频机组直接供水的方式。其目的是避免采用高位水箱贮水难以保证循环效果和直饮水水质的问题，同时，采用变频机组供水，还可使所有设备均集中在设备间，便于管理控制。

5 高层建筑管道直饮水系统竖向分区，基本同生活给水分区。有条件时分区的范围宜比生活给水分区小一点，这样更有利于节水。

分区的方法可采用减压阀，因饮水水质好，减压阀前可不加截污器。

6 管道直饮水必须设循环管道，并应保证干管和立管中饮水的有效循环。其目的是防止管网中长时间滞流的饮水在管道接头、阀门等局部不光滑处，由于细菌繁殖或微粒集聚等因素而产生水质污染和恶化的后果。循环回水系统一方面把系统中各种污染物及时去掉，控制水质的下降，同时又缩短了水在配水管网中的停留时间，借以抑制水中微生物的繁殖。本条规定"循环管网内水的停留不应超过12h"是根据现行行业标准《建筑与小区管道直饮水系统技术规程》CJJ 110—2017的条文编写的。

循环管网应同程布置，保证整个系统的循环效果。

由于循环系统很难实现支管循环，因此，从立管接至配水龙头的支管管段长度应尽量短，一般不宜超过6m。

8 饮用净水系统配水管的设计秒流量公式 $q_g = m \cdot q_o$ 是现行行业标准《管道直饮水系统技术规程》CJJ 110—2017所推荐的公式。式中 m 为计算管段上同时使用水嘴的数量，当水嘴数量在24个及24个以下时，m 值可按本标准附录J表J.0.1直接取值；当水嘴数量大于24个时，在按式(J.0.3)计算取得水嘴使用概率 p_o 值后查附录J表J.0.2取值。

6.9.6 本条对饮水管的材质提出了具体要求，并首推薄壁不锈钢管作为饮水管管材。其理由是薄壁不锈钢管具有下列优点：①强度高且受温度变化的影响很小；②热传导率低，只有镀锌钢管的1/4，铜管的1/25；③耐腐蚀性能强；④管壁光滑卫生性能好，且阻力小。

中华人民共和国行业标准

二次供水工程技术规程

Technical specification for secondary water supply engineering

CJJ 140—2010

批准部门：中华人民共和国住房和城乡建设部
施行日期：2 0 1 0 年 1 0 月 1 日

8

目　次

8

1 总 则

1.0.1 为保障城镇供水安全、卫生和社会公众利益，提高二次供水工程的建设质量和管理水平，制定本规程。

1.0.2 本规程适用于城镇新建、扩建和改建的民用与工业建筑生活饮用水二次供水工程的设计、施工、安装调试、验收、设施维护与安全运行管理。

1.0.3 二次供水工程的建设和管理除应符合本规程的规定外，尚应符合国家现行有关标准的规定。

2 术 语

2.0.1 二次供水 secondary water supply

当民用与工业建筑生活饮用水对水压、水量的要求超过城镇公共供水或自建设施供水管网能力时，通过储存、加压等设施经管道供给用户或自用的供水方式。

2.0.2 二次供水设施 secondary water supply installation

为二次供水设置的泵房、水池（箱）、水泵、阀门、电控装置、消毒设备、压力水容器、供水管道等设施。

2.0.3 叠压供水 additive pressure water supply

利用城镇供水管网压力直接增压的二次供水方式。

2.0.4 引入管 service pipe，inlet pipe

由城镇供水管网引入二次供水设施的管段。

3 基 本 规 定

3.0.1 当民用与工业建筑生活饮用水用户对水压、水量要求超过供水管网的供水能力时，必须建设二次供水设施。

3.0.2 二次供水不得影响城镇供水管网正常供水。

3.0.3 新建二次供水设施应与主体工程同时设计、同时施工、同时投入使用。

3.0.4 二次供水工程的设计、施工应由具有相应资质的单位承担。

3.0.5 二次供水设施应独立设置，并应有建筑围护结构。

3.0.6 二次供水设施应具有防污染措施。

3.0.7 二次供水设施应有运行安全保障措施。

3.0.8 二次供水设施中的涉水产品应符合现行国家标准《生活饮用水输配水设备及防护材料的安全性评价标准》GB/T 17219 的规定。

3.0.9 二次供水设备应有铭牌标识和产品质量相关资料。

4 水质、水量、水压

4.0.1 二次供水水质应符合现行国家标准《生活饮用水卫生标准》GB 5749 的规定。

4.0.2 二次供水水量应根据小区及建筑物使用性质、规模、用水范围、用水器具及设备用水量进行计算确定。用水定额及计算方法，应符合现行国家标准《建筑给水排水设计规范》GB 50015、《室外给水设计规范》GB 50013、《城市居民生活用水量标准》GB/T 50331 及有关标准的规定。

4.0.3 二次供水系统的供水压力应根据最不利用水点的工作压力确定。

5 系 统 设 计

5.1 一 般 规 定

5.1.1 二次供水系统的设计应与城镇供水管网的供水能力和用户的用水需求相匹配。

5.1.2 二次供水系统的设计应满足安全使用和节能、节地、节水、节材的要求，并应符合环境保护、施工安装、操作管理、维修检测等要求。

5.1.3 不同用水性质的用户应分别独立计量，新建住宅应计量到户，水表宜出户。

5.2 系 统 选 择

5.2.1 二次供水应充分利用城镇供水管网压力，并依据城镇供水管网条件，综合考虑小区或建筑物类别、高度、使用标准等因素，经技术经济比较后合理选择二次供水系统。

5.2.2 二次供水系统可采用下列供水方式：

1 增压设备和高位水池（箱）联合供水；

2 变频调速供水；

3 叠压供水；

4 气压供水。

5.2.3 给水系统的竖向分区应符合现行国家标准《建筑给水排水设计规范》GB 50015 的规定。

5.2.4 叠压供水方式应有条件使用。采用叠压供水方式时，不得造成该地区城镇供水管网的水压低于本地规定的最低供水服务压力。

5.3 流量与压力

5.3.1 二次供水系统设计用水量计算应包括管网漏失水量和未预见水量，管网漏失水量和未预见水量之和应按最高日用水量的8%～12%计算。

5.3.2 二次供水系统的设计流量和管道水力计算应符合现行国家标准《建筑给水排水设计规范》GB 50015 的规定。

5.3.3 叠压供水系统的设计压力应考虑城镇供水管网可利用水压。

5.3.4 高层建筑采用减压阀供水方式的系统，阀后配水件处的最大压力应按减压阀失效情况下进行校核，其压力不应大于配水件的产品标准规定的水压试验压力。

5.3.5 高位水池（箱）与最不利用水点的高差应满足用水点水压要求，当不能满足时，应采取增压措施。

5.4 管道布置

5.4.1 当使用二次供水的居住小区规模在7000人以上时，小区二次供水管网宜布置成环状，与小区二次供水管网连接的加压泵出水管不宜少于两条，环状管网应设置阀门分段。

5.4.2 二次供水泵房引入管宜从居住小区给水管网或条件许可的城镇供水管网单独引入。

5.4.3 室外二次供水管道的布置不得污染生活用水，当达不到要求时，应采取相应的保护措施，并应符合现行国家标准《室外给水设计规范》GB 50013 的规定。

5.4.4 小区和室内二次供水管道的布置应符合现行国家标准《建筑给水排水设计规范》GB 50015 的规定。

5.4.5 二次供水的室内生活给水管道宜布置成枝状管网，单向供水。

5.4.6 二次供水管道的伸缩补偿装置应按现行国家标准《建筑给水排水设计规范》GB 50015 执行。

5.4.7 叠压供水设备应预留消毒设施接口。

6 设备与设施

6.1 水池（箱）

6.1.1 当水箱选用不锈钢材料时，焊接材料应与水箱材质相匹配，焊缝应进行抗氧化处理。

6.1.2 水池（箱）宜独立设置，且结构合理、内壁光洁、内拉筋无毛刺、不渗漏。

6.1.3 水池（箱）距污染源、污染物的距离应符合现行国家标准《建筑给水排水设计规范》GB 50015 的规定。

6.1.4 水池（箱）应设置在维护方便、通风良好、不结冰的房间内。室外设置的水池（箱）及管道应有防冻、隔热措施。

6.1.5 当水池（箱）容积大于50m³时，宜分为容积基本相等的两格，并能独立工作。

6.1.6 水池高度不宜超过3.5m，水箱高度不宜超过3m。当水池（箱）高度大于1.5m时，水池（箱）内外应设置爬梯。

6.1.7 建筑物内水池（箱）侧壁与墙面间距不宜小于0.7m，安装有管道的侧面，净距不宜小于1.0m；水池（箱）与室内建筑凸出部分间距不宜小于0.5m；水池（箱）顶部与楼板间距不宜小于0.8m；水池（箱）底部应架空，距地面不宜小于0.5m，并应具有排水条件。

6.1.8 水池（箱）应设进水管、出水管、溢流管、泄水管、通气管、人孔，并应符合下列规定：

1 进水管的设置应符合现行国家标准《建筑给水排水设计规范》GB 50015 的规定；

2 出水管管底应高于水池（箱）内底，高差不小于0.1m；

3 进、出水管的布置不得产生水流短路，必要时应设导流装置；

4 进、出水管上必须安装阀门，水池（箱）宜设置水位监控和溢流报警装置；

5 溢流管管径应大于进水管管径，宜采用水平喇叭口集水，溢流管出口末端应设置耐腐蚀材料防护网，与排水系统不得直接连接并应有不小于0.2m的空气间隙；

6 泄水管应设在水池（箱）底部，管径不应小于*DN*50。水池（箱）底部宜有坡度，并坡向泄水管或集水坑。泄水管与排水系统不得直接连接并应有不小于0.2m的空气间隙；

7 通气管管径不应小于*DN*25，通气管口应采取防护措施；

8 水池（箱）人孔必须加盖、带锁、封闭严密，人孔高出水池（箱）外顶不应小于0.1m。圆形人孔直径不应小于0.7m，方形人孔每边长不应小于0.6m。

6.2 压力水容器

6.2.1 压力水容器应符合现行国家标准《钢制压力容器》GB 150 及有关标准的规定。

6.2.2 压力水容器宜选用不锈钢材料，焊接材料应与压力水容器材质相匹配，焊缝应进行抗氧化处理。

6.2.3 二次供水宜采用隔膜式气压给水设备。当采用补气式气压给水设备时，宜安装空气处理装置。

6.2.4 气压罐的有效容积应与水泵允许启停次数相匹配。

6.3 水泵

6.3.1 居住建筑二次供水设施选用的水泵，噪声应符合行业标准《泵的噪声测量与评价方法》JB/T 8098－1999 中的B级要求；振动应符合行业标准《泵的振动测量与评价方法》JB/T 8097－1999 中的B级要求。

6.3.2 公共建筑二次供水设施选用的水泵，噪声应符合行业标准《泵的噪声测量与评价方法》JB/T

8098－1999 中的 C 级要求；振动应符合行业标准《泵的振动测量与评价方法》JB/T 8097－1999 中的 C 级要求。

6.3.3 二次供水设施中的水泵选择应符合下列规定：

1 低噪声、节能、维修方便；

2 采用变频调速控制时，水泵额定转速时的工作点应位于水泵高效区的末端；

3 用水量变化较大的用户，宜采用多台水泵组合供水；

4 应设置备用水泵，备用泵的供水能力不应小于最大一台运行水泵的供水能力。

6.3.4 电机额定功率在 11kW 以下的水泵，宜采用成套水泵机组。水泵机组应采取减振措施。

6.3.5 每台水泵的出水管上，应装设压力表、止回阀和阀门，必要时应设置水锤消除装置。

6.3.6 每台水泵宜设置单独的吸水管。

6.3.7 水泵吸水口处变径宜采用偏心管件，水泵出水口处变径应采用同心管件。

6.3.8 水泵应采用自灌式吸水，当因条件所限不能自灌吸水时应采取可靠的引水措施。

6.4 管道与附件

6.4.1 二次供水给水管道及附件应采用耐腐蚀、寿命长、水头损失小、安装方便、便于维护、卫生环保的产品，并应符合相应的压力等级。严禁使用国家明令淘汰的产品。

6.4.2 管道、附件及连接方式应根据不同管材，按相应技术要求确定。

6.4.3 二次供水管道应有标识，标识宜为蓝色。

6.4.4 严禁二次供水管道与非饮用水管道连接。

6.4.5 根据当地的气候条件，二次供水管道应采取隔热或防冻措施，室外明设的非金属管道应防止曝晒和紫外线的侵害。

6.4.6 应根据管径、承受压力及安装环境等条件，采用水力条件好、关闭灵活、耐腐蚀、寿命长的阀门。

6.4.7 阀门应设置在易操作和方便检修的位置。

6.4.8 室外阀门宜设置在阀门井内或采用阀门套筒。

6.4.9 二次供水管道的下列部位应设置阀门：

1 环状管段分段处；

2 从干管上接出的支管起始端；

3 水表前、后处；

4 自动排气阀、泄压阀、压力表等附件前端，减压阀与倒流防止器前、后端。

6.4.10 当二次供水管道的压力高于配水点允许的最高使用压力时，应设置减压装置。

6.4.11 二次供水管道的下列部位应设置自动排气装置：

1 间歇式使用的给水管网的末端和最高点；

2 管网有明显起伏管段的峰点；

3 采用补气式气压给水设备供水的配水管网最高点；

4 减压阀出口端管道上升坡度的最高点和设有减压阀的供水系统立管顶端。

6.4.12 浮球阀的浮球、连接杆应采用耐腐蚀材质。

6.4.13 倒流防止器的设置应符合现行国家标准《建筑给水排水设计规范》GB 50015 的规定，宜选用低阻力倒流防止器。

6.4.14 供水管道的过滤器滤网应采用耐腐蚀材料，滤网目数应为 20 目～40 目，下列部位应设置供水管道过滤器：

1 减压阀、自动水位控制阀等阀件前；

2 叠压供水设备的进水管处。

6.4.15 减压阀的设置应符合现行国家标准《建筑给水排水设计规范》GB 50015 的规定。

6.5 消毒设备

6.5.1 二次供水设施的水池（箱）应设置消毒设备。

6.5.2 消毒设备可选择臭氧发生器、紫外线消毒器和水箱自洁消毒器等，其设计、安装和使用应符合国家现行有关标准的规定。

6.5.3 臭氧发生器应设置尾气消除装置。

6.5.4 紫外线消毒器应具备对紫外线照射强度的在线检测，并宜有自动清洗功能。

6.5.5 水箱自洁消毒器宜外置。

7 泵　　房

7.0.1 室外设置的泵房应符合现行国家标准《泵站设计规范》GB/T 50265 的规定。

7.0.2 居住建筑的泵房应符合下列规定：

1 不应毗邻起居室或卧室。宜设置在居住建筑之外或居住建筑的地下二层，当居住建筑首层为公建时，可设置在地下一层；

2 泵房应独立设置，泵房出入口应从公共通道直接进入；

3 泵房应有可贸易结算的独立用电计量装置；

4 泵房应安装防火防盗门，其尺寸应满足搬运最大设备的需要，窗户及通风孔应设防护格栅式网罩。

7.0.3 泵房应采取减振防噪措施，并应符合现行国家标准《建筑给水排水设计规范》GB 50015 的规定。

7.0.4 泵房环境噪声应符合现行国家标准《声环境质量标准》GB 3096 和《民用建筑隔声设计规范》GBJ 118 的要求。

7.0.5 泵房内电控系统宜与水泵机组、水箱、管道等输配水设备隔离设置，并应采取防水、防潮和消防措施。

7.0.6 泵房的内墙、地面应选用符合环保要求、易清洁的材料铺砌或涂覆。

7.0.7 泵房应设置排水设施，泵房内地面应有不小于0.01的坡度坡向排水设施。

7.0.8 泵房应设置通风装置，保证房间内通风良好。

7.0.9 水泵基础高出地面的距离不应小于0.1m。

7.0.10 水泵机组的布置应符合现行国家标准《建筑给水排水设计规范》GB 50015的规定，当电机额定功率小于11kW或水泵吸水口直径小于65mm时，多台水泵可设在同一基础上；基础周围应有宽度大于0.8m的通道；不留通道的机组的突出部分与墙壁间的净距或相邻两台机组突出部分的净距应大于0.4m。

7.0.11 泵房内应有设备维修的场地，宜有设备备件储存的空间。

7.0.12 泵房宜采用远程监控系统。

8 控制与保护

8.1 控　　制

8.1.1 控制设备应符合下列规定：

1 应按现行国家标准《通用用电设备配电设计规范》GB 50055执行；

2 应设定就地自动和手动控制方式，可采用远程控制；

3 应具有必要的参数、状态和信号显示功能；

4 备用泵可设定为故障自投和轮换互投。

8.1.2 变频调速控制时，设备应能自动进行小流量运行控制。

8.1.3 设备应有水压、液位、电压、频率等实时检测仪表。

8.1.4 叠压供水设备应能进行压力、流量控制。

8.1.5 检测仪表的量程应为工作点测量值的1.5倍～2倍。

8.1.6 二次供水设备宜有人机对话功能，界面应汉化、图标明显、显示清晰、便于操作。

8.1.7 变频调速供水电控柜（箱）应符合现行行业标准《微机控制变频调速给水设备》JG/T 3009的规定。

8.1.8 二次供水控制设备应提供标准的通信协议和接口。

8.2 保　　护

8.2.1 控制设备应有过载、短路、过压、缺相、欠压、过热和缺水等故障报警及自动保护功能。对可恢复的故障应能自动或手动消除，恢复正常运行。

8.2.2 设备的电控柜（箱）应符合现行国家标准《电气控制设备》GB/T 3797的规定。

8.2.3 电源应满足设备的安全运行，宜采用双电源或双回路供电方式。

8.2.4 水池（箱）应有液位控制装置，当遇超高液位和超低液位时，应自动报警。

9 施　　工

9.1 一般规定

9.1.1 施工单位应按批准的二次供水工程设计文件和审查合格的施工组织设计进行施工安装，不得擅自修改工程设计。

9.1.2 施工力量、施工场地及施工机具，应具备安全施工条件。

9.2 设备安装

9.2.1 设备的安装应按工艺要求进行，压力、液位、电压、频率等监控仪表的安装位置和方向应正确，精度等级应符合国家现行有关标准的规定，不得少装、漏装。

9.2.2 材料和设备在安装前应核对、复验，并做好卫生清洁及防护工作。阀门安装前应进行强度和严密性试验。

9.2.3 设备基础尺寸、强度和地脚螺栓孔位置应符合设计和产品要求。

9.2.4 设备安装位置应满足安全运行、清洁消毒、维护检修要求。

9.2.5 水泵安装应符合现行国家标准《压缩机、风机、泵安装工程施工及验收规范》GB 50275的规定。

9.2.6 电控柜(箱)的安装应符合现行国家标准《建筑电气工程施工质量验收规范》GB 50303的规定。

9.3 管道敷设

9.3.1 管道敷设应符合现行国家标准《建筑给水排水及采暖工程施工质量验收规范》GB 50242及有关标准的规定。

9.3.2 二次供水的建筑物引入管与污水排出管的管外壁水平净距不宜小于1.0m，引入管应有不小于0.003的坡度，坡向室外管网或阀门井、水表井；引入管的拐弯处宜设支墩；当穿越承重墙或基础时，应预留洞口或钢套管；穿越地下室外墙处应预埋防水套管。

9.3.3 二次供水室外管道与建筑物外墙平行敷设的净距不宜小于1.0m，且不得影响建筑物基础；供水管与污水管的最小水平净距应为0.8m，交叉时供水管应在污水管上方，且接口不应重叠，最小垂直净距应为0.1m，达不到要求的应采取保护措施。

9.3.4 埋地金属管应做防腐处理。

9.3.5 埋地钢塑复合管不宜采用沟槽式连接方式。

9.3.6 管道安装时管道内和接口处应清洁无污物，

安装过程中应严防施工碎屑落入管中，施工中断和结束后应对敞口部位采取临时封堵措施。

9.3.7 钢塑复合管套丝时应采取水溶性润滑油，螺纹连接时，宜采取聚四氟乙烯生料带等材料，不得使用对水质产生污染的材料。

10 调试与验收

10.1 调 试

10.1.1 设施完工后应按原设计要求进行系统的通电、通水调试。

10.1.2 管道安装完成后应分别对立管、连接管及室外管段进行水压试验。系统中不同材质的管道应分别试压。水压试验必须符合设计要求，不得用气压试验代替水压试验。

10.1.3 暗装管道必须在隐蔽前试压及验收。热熔连接管道水压试验应在连接完成24h后进行。

10.1.4 金属管、复合管及塑料管管道系统的试验压力应符合现行国家标准《建筑给水排水及采暖工程施工质量验收规范》GB 50242的规定。各种材质的管道系统试验压力应为管道工作压力的1.5倍，且不得小于0.60MPa。

10.1.5 对不能参与试压的设备、仪表、阀门及附件应拆除或采取隔离措施。

10.1.6 贮水容器应做满水试验。

10.1.7 消毒设备应按照产品说明书进行单体调试。

10.1.8 系统调试前应将阀门置于相应的通、断位置，并将电控装置逐级通电，工作电压应符合要求。

10.1.9 水泵应进行点动及连续运转试验，当泵后压力达到设定值时，对压力、流量、液位等自动控制环节应进行人工扰动试验，且均应达到设计要求。

10.1.10 系统调试模拟运转不应少于30min。

10.1.11 调试后必须对供水设备、管道进行冲洗和消毒。

10.1.12 冲洗前对系统内易损部件应进行保护或临时拆除，冲洗流速不应小于1.5m/s。消毒时，应根据二次供水设施类型和材质选择相应的消毒剂，可采用20mg/L～30mg/L的游离氯消毒液浸泡24h。

10.1.13 冲洗、消毒后，系统出水水质应符合现行国家标准《生活饮用水卫生标准》GB 5749的规定。

10.2 验 收

10.2.1 二次供水工程安装及调试完成后应按下列规定组织竣工验收：

1 工程质量验收应按现行国家标准《建筑给水排水及采暖工程施工质量验收规范》GB 50242和《建筑工程施工质量验收统一标准》GB 50300执行；

2 设备安装验收应按现行国家标准《机械设备安装工程施工及验收通用规范》GB 50231执行；

3 电气安装验收应按现行国家标准《建筑电气工程施工质量验收规范》GB 50303执行。

10.2.2 竣工验收时应提供下列文件资料：

1 施工图、设计变更文件、竣工图；

2 隐蔽工程验收资料；

3 工程所包括设备、材料的合格证、质保卡、说明书等相关资料；

4 涉水产品的卫生许可；

5 系统试压、冲洗、消毒、调试检查记录；

6 水质检测报告；

7 环境噪声监测报告；

8 工程质量评定表。

10.2.3 竣工验收时应检查下列项目：

1 电源的可靠性；

2 水泵机组运行状况和扬程、流量等参数；

3 供水管网水压达到设定值时，系统的可靠性；

4 管道、管件、设备的材质与设计要求的一致性；

5 设备显示仪表的准确度；

6 设备控制与数据传输的功能；

7 设备接地、防雷等保护功能；

8 水池（箱）的材质与设置；

9 供水设备的排水、通风、保温等环境状况。

10.2.4 竣工验收时应重点检查下列项目：

1 防回流污染设施的安全性；

2 供水设备的减振措施及环境噪声的控制；

3 消毒设备的安全运行。

10.2.5 验收合格后应将有关设计、施工及验收的文件立卷归档。

11 设施维护与安全运行管理

11.1 一 般 规 定

11.1.1 二次供水设施的运行、维护与管理应有专门的机构和人员。

11.1.2 管理机构应制定二次供水的管理制度和应急预案。

11.1.3 运行管理人员应具备相应的专业技能，熟悉二次供水设施、设备的技术性能和运行要求，并应持有健康证明。

11.1.4 管理机构应制定设备运行的操作规程，包括操作要求、操作程序、故障处理、安全生产和日常保养维护要求等。

11.1.5 管理机构应建立健全各项报表制度，包括设备运行、水质、维修、服务和收费的月报、年报。

11.1.6 采用叠压供水的用户变更用水性质时，应经供水企业同意。

11.1.7 管理机构应建立健全室外管道与设备、设施的运行、维修维护档案管理制度。

11.2 设施维护

11.2.1 管理机构应建立日常保养、定期维护和大修理的分级维护检修制度，运行管理人员应按规定对设施进行定期维修保养。

11.2.2 运行管理人员必须严格按照操作规程进行操作，对设备的运行情况及相关仪表、阀门应按制度规定进行经常性检查，并做好运行和维修记录。记录内容包括：交接班记录、设备运行记录、设备维护保养记录、管网维护维修记录；应有故障或事故处理记录。

11.2.3 运行管理人员不得随意更改已设定的运行控制参数。

11.2.4 二次供水设施出现故障应及时抢修，尽快恢复供水。

11.2.5 泵房内应整洁，严禁存放易燃、易爆、易腐蚀及可能造成环境污染的物品。泵房应保持清洁、通风，确保设备运行环境处于符合规定的湿度和温度范围。

8

11.3 安全运行管理

11.3.1 管理机构应采取安全防范措施，加强对泵房、水池（箱）等二次供水设施重要部位的安全管理。

11.3.2 运行管理人员应定期巡检设施运行及室外埋地管网，严禁在泵房、水池（箱）周围堆放杂物，不得在管线上压、埋、围、占，及时制止和消除影响供水安全的因素。

11.3.3 运行管理人员应定期检查泵房内的排水设施、水池（箱）的液位控制系统、消毒设施、各类仪表、阀门井等，以保证阀门井盖不缺失、阀门不漏水；自动排气阀、倒流防止器运行正常。

11.3.4 运行管理人员应定期分析供水情况，经常进行二次供水设备安全检查，及时排除影响供水安全的各种故障隐患。

11.3.5 运行管理人员应定期检查并及时维护室内管道，保持室内管道无漏水和渗水。及时调整并记录减压阀工作情况，包括水压、流量以及管道的承压情况。

11.3.6 水池（箱）的清洗消毒应符合下列规定：

1 水池（箱）必须定期清洗消毒，每半年不得少于一次；

2 应根据水池（箱）的材质选择相应的消毒剂，不得采用单纯依靠投放消毒剂的清洗消毒方式；

3 水池（箱）清洗消毒后应对水质进行检测，检测结果应符合现行国家标准《生活饮用水卫生标准》GB 5749 的规定；

4 水池（箱）清洗消毒后的水质检测项目至少应包括：色度、浑浊度、臭和味、肉眼可见物 、pH、总大肠菌群、菌落总数、余氯。

11.3.7 水质检测取水点宜设在水池（箱）出水口，水质检测记录应存档备案。

中华人民共和国行业标准

二次供水工程技术规程

CJJ 140—2010

条 文 说 明

8

目　次

8

1 总　　则

1.0.1 二次供水是整个城镇供水的组成部分，是最终保障供水水质和供水安全的重要环节。近年来，随着城镇建设的快速发展和高层建筑数量的不断增多，二次供水的安全稳定特别是水质安全已经成为当前城镇供水安全中的薄弱环节。为适应形势发展，提高二次供水工程的建设质量和管理水平，保障二次供水的安全稳定，科学合理地设计、施工、维护和管理二次供水设施，制定了本规程。

1.0.2 规定了本规程的适用范围，明确提出本规程仅适用于民用建筑（包括居住小区、公共建筑区等）与工业建筑生活饮用水二次供水工程的设计、施工、安装、调试、验收、设施维护和安全运行管理。不适用于再生水、直饮水、消防供水和其他二次供水工程。新建、扩建工程应严格遵守本规程，改建工程应严格执行本规程的强制性条文，对其他条文可根据改建工程的具体条件执行。

3 基 本 规 定

3.0.1 如果公共建筑、居住建筑、工业建筑用户对水压、水量的要求超过城镇公共供水或自建设施供水管网的供水服务压力标准和水量时，就必须采用二次加压的供水方式供水，以保证用户对水压、水量的需求：

1 当城镇供水管网不能满足建筑物的设计流量供水要求时，或引入管仅一根，而用户供水又不允许停水时，应设置带调节水池（箱）的二次供水设施进行水量调节；

2 当城镇供水管网不能满足建筑物最不利配水点的最低工作压力时，应设置二次供水设施加压供水。

由于各地的供水服务压力标准不同，应当根据当地的供水服务压力标准确定是否需要建设二次供水设施和二次供水的起始点。

3.0.2 城镇供水安全涉及全社会的公众利益、社会稳定与城镇安全，作为城镇供水局部组成部分的二次供水不能影响城镇整体供水管网的运行安全。由于二次供水系统选择不合理、设备质量不合格、工程施工质量不符合要求、验收不严格、运行管理不善等情况都可能对城镇供水管网水质、水量和水压造成影响。因此，涉及二次供水工程建设与管理的各个环节必须严格执行国家有关法规与技术标准的规定，以确保城镇整体供水安全。本条文为强制性条文，必须严格执行。

3.0.3 如果在公共建筑、居住建筑、工业建筑工程竣工投入使用后，发现用户对水压、水量的要求超过城镇公共供水或自建设施供水管网的供水服务压力标准和水量时，再补建或改造二次供水设施，不仅非常困难，而且难以做到，甚至会影响二次供水用户的正常用水，因此，应当建设二次供水设施的必须建设二次供水设施，并应做到三同时。

3.0.4 根据《建设工程勘察设计企业资质管理规定》（建设部令第93号）和《建筑业企业资质管理规定》（建设部令第159号），为确保二次供水工程建设质量，设计和施工单位必须具有相应资质。

3.0.5 为了确保二次供水水质和设施安全，本条强调二次供水设施要单独设置，要求有独立结构形式的水箱和独立的二次供水系统，不得与再生水、消防供水、供热空调等系统直接连接；建筑围护结构是指围合建筑空间四周的墙体、门、窗等，二次供水设施的建筑围护结构能够起到保温隔热、防雨防冻防破坏、防投毒等安全防护作用，因此二次供水设施应有建筑围护结构。

3.0.6 二次供水系统易受污染的环节较多，应采取防污染措施，具体措施可参照《建筑给水排水设计规范》GB 50015－2003第3.2.9条的规定。

3.0.7 二次供水的运行安全保障措施主要包括：防水、防火、防冻、防潮、防曝晒、防雷击、防破坏、可靠供电等措施。

3.0.8 凡是涉及与生活饮用水接触的输配水设备、配件、水质处理剂（器）、防护涂料和胶粘剂等设备、材料都统称为涉水产品。涉水产品的卫生质量直接关系到二次供水的水质安全、人民群众的身体健康和生命安全，因此，所有涉水产品均应符合现行国家卫生标准的规定。本条文为强制性条文，必须严格执行。

3.0.9 二次供水设备的铭牌标识包括：生产单位、注册商标、生产日期、出厂编号、执行标准、主要技术参数等主要内容；产品质量资料包括：质量技术监督部门的产品质量检测报告、出厂合格证及其他能证明产品质量的各种证书。

4 水质、水量、水压

4.0.1 二次供水的水质直接关系到人民群众的身体健康和生命安全，因此二次供水水质必须符合现行国家标准《生活饮用水卫生标准》GB 5749的规定，且增加二次供水设施后不能改变城镇供水管网及二次供水管网的水质。本条文为强制性条文，必须严格执行。

4.0.2 二次供水系统的水量计算，应为其供水范围内各种用水需求量之和。由于我国各地的用水需求差异很大，因此选用用水定额除应符合现行国家标准《建筑给水排水设计规范》GB 50015、《城市居民生活用水量标准》GB/T 50331的有关规定外，还应结合所在地的用水定额现状进行核算。水量的计算应符合现行国家标准《建筑给水排水设计规范》GB 50015等的有关规定。

4.0.3 二次供水系统的最不利点只有一处，二次供水系统的水压应满足最不利点的用水器具或用水设备的正常使用，能够达到最低工作压力的要求。

最低工作压力是指：在此压力下卫生器具基本可以满足使用要求，它与额定流量无对应关系。国家标准《建筑给水排水设计规范》GB 50015－2003表3.1.14中数据是对国产洗脸盆、浴盆、洗涤盆和洗衣机等陶瓷芯水嘴进行测试基础上经分析确定的推荐值，与传统的螺旋升降式水嘴相比，其出流率小，需要最低工作压力较高。

5 系 统 设 计

5.1 一 般 规 定

5.1.3 大部分地区不同用水性质的用户其水价是不相同的，对不同用水性质的用户进行独立计量主要的目的是计量收费的需要，也是节约水资源的需要。

住宅按户设置用水计量装置是推进建筑节能工作的重要配套措施之一，因此要求新建住宅应计量到户。计量水表的选择和安装方式，应符合安全可靠、便于计量和减少扰民的原则。住宅的分户水表宜相对集中读数，因此宜设置在户外；对确需设置在户内的水表，宜采用智能化水表。户外水表通常安装在用户楼层管道井内，但因建筑平面布局、地区习惯及各地的具体要求而有所差别。如：采用底层集中设置，静水压力计算仍应以各用水单元户楼层高度为基准。

5.2 系 统 选 择

5.2.1 当城镇供水管网供水水压能够满足用户要求时，应充分利用城镇供水管网压力供水，不需要建设二次供水设施，以节约能源，避免浪费。当必须建设二次供水设施时，应根据小区（建筑）规划指标、场地竖向设计、用水安全要求等因素，合理确定二次供水方式和规模。

5.2.4 叠压供水是近些年来出现的新的二次加压供水方式，目前，这种叠压供水设备的名称很多，如管网叠压供水设备、无负压给水设备、接力加压供水设备、直接加压供水设备等等，这种供水方式和设备具有两大特征：①设备吸水管与城镇供水管道直接连接；②能充分利用城镇供水管道的原有压力，在此基础上叠加尚需的压力供水。叠压供水具有不影响水质、节能、节材、节地、节水等优点，同时也存在倒流污染、影响城镇供水管网水压、没有储备水量等隐患。由于叠压供水方式的特殊性，必须综合考虑城镇供水管网供水能力、用户用水性质和叠压供水设备条件，在确保城市整体供水安全的基础上，有条件地推广应用这种叠压供水方式：

1 用户所在区域的供水管网压力低于当地规定可采用叠压供水方式区域的最低供水压力标准时，不应采用叠压供水方式，以避免对周边地区城镇供水管网直接供水的用户正常稳定供水造成影响。

2 城镇供水管网压力不稳定、波动过大的地区，不应采用叠压供水方式。因设备直接从供水管网吸水加压进行二次供水，势必加剧城镇管网压力的不稳定性，同时也会造成叠压供水设备经常停机，有悖于城镇供水管网供水和二次供水持续、稳定供水的原则。

3 特大型居住小区、宾馆、洗浴中心等用水量大、用水高峰集中的用户，不应采用叠压供水方式。避免叠压供水设备短时间、大量直接吸水造成对周边地区正常用水及城镇供水管网直接供水系统供水压力产生影响。

4 叠压供水方式大部分没有储水设施或储水量很小，因此，要求确保不间断供水的用户不应采用叠压供水方式，避免一旦因城镇供水管网维修、故障抢修停水时因为二次供水没有备用储水造成停水，或因城镇供水管网压力降低造成叠压供水设备停机，造成停止供水。

5 医疗、医药、造纸、印染、化工行业和其他可能对公共供水造成污染危害的相关行业与用户，不应采用叠压供水方式。虽然叠压供水设备采取了防倒流污染措施，但是一旦防污染措施失灵，发生倒流污染的状况，将对公共用水安全将造成不堪设想的后果，我们必须做到防患于未然。

6 在采用叠压供水方式时，选用的叠压供水设备应当具备对压力、流量和防倒流污染的控制能力，以确保城镇供水安全。

5.3 流量与压力

5.3.1 管网漏失水量为水在输配过程中漏失的水量；未预见水量为给水系统设计中，对难以预测的各项因素而准备的水量。

为了加强城市供水管网漏损控制，建设部制定了行业标准《城市供水管网漏损控制及评定标准》CJJ 92－2002，规定了城市供水漏损率不应大于12%，同时规定了可按用户抄表百分比、单位供水量管长及年平均出厂压力进行修正；而未预见水量对特定的小区或建筑难预见的因素（如规划的变化及流动人口用水等）非常少，本条文参照以上规定作了相应规定。

5.3.2 本条文具体规定如下：

1 居住小区二次供水设施引入管设计流量应符合下列要求：

1）二次供水系统当采用不设水量调节的水（池）箱，仅设置断流水（池）箱的方式供水时，应按其负担的卫生器具的给水当量数算得的设计秒流量为引入管的设计流量；

2）有水量调节要求的加压给水系统，引入管设计流量按贮水池（箱）的设计补水量确定，设计补水量不小于小区相应加压部分的高日平均时用水量，且不宜大于小区相应加压部分的最高日最大时生活用水量；

3）当小区内设水塔或高地水池时，向其供水的水泵流量按各用水项目的最大用水时段的最大小时用水量确定。

向水塔或高地水池供水的水泵流量，根据计算出各项的最大小时用水量后确定，一般可叠加计算出小区的最大小时用水量，但应考虑各用水项目的最大用水时段是否一致。

小区内的住宅、公建按最大小时用水量计入。

浇洒道路、广场、绿化，汽车冲洗，冷却塔补水均按平均小时流量计入；游泳池、水景按相关要求；对于非 24h 用水的项目，若用水时段完全错开，可只计入其中最大一项用水量。

2 单栋建筑物引入管设计流量应符合下列要求：

1）无水量调节要求的加压给水系统，应按设计秒流量为引入管设计流量；

2）当建筑物内全部用水均经贮水池（箱）调节的加压给水系统，引入管设计流量按贮水池（箱）的设计补水量确定，设计补水量不得小于最高日平均时用水量，不宜大于最大时用水量；

3）当采用单设水池（箱）（夜间贮水）供水时，其引入管的设计流量应按如下计算：

$$Q_L = Q_{dl}/T$$

式中：Q_L——引入管的设计流量（m^3/h）；

Q_{dl}——各类用水项目的最高日用水量的设计流量（m^3/d）；

T——晚间水池（箱）进水时间（h）。

此种供水方式的可靠性较差，一般不推荐采用，但部分地区有采用的可能性，当采用此种供水方式时应考虑检修、清洗方便和消毒措施。

4）当建筑物内生活用水既有室外管网直供，又有二次加压供水，且二次加压部分的供水是经贮水池（箱）调节的，则需分别计算。

3 二次供水系统设计流量应根据不同的供水方式，采用相应的流量计算方法确定：

1）采用叠压直接供水的引入管，按设计秒流量确定；

2）采用泵、水池（箱）联合供水时，应符合下列要求：

①整个建筑物均由水池（箱）供水时，其泵流量和由泵至水池（箱）的输水管按不小于整个建筑物的最大小时用水量计；

②建筑物内部分用水由水池（箱）供水时，其泵流量和由泵至水池（箱）的输水管按相应部分的最大小时用水量计；

③由水池（箱）至生活用水点的给水管按设计秒流量计；

④当采用水池（箱）串联供水时，各区按本区所负担供水的最大小时用水量，确定本区提升泵流量。

4 未设置高位水池（箱）的二次供水系统加压水泵的扬程由下式确定：

$$H \geqslant H_1 + H_2 + 0.01H_3$$

式中：H——水泵的扬程（m）；

H_1——最不利点与贮水池（箱）最低水位的高程差（m）；

H_2——管道的水头损失（m）；

H_3——最不利配水点所需的最低工作压力（MPa）。

5 设置高位水池（箱）的二次供水系统加压水泵的扬程由下式确定：

$$H \geqslant H_{11} + H_{22} + v_2/2g$$

式中：H——水泵的扬程（m）；

H_{11}——贮水池（箱）最低水位与高位水池（箱）入口处的高程差（m）；

H_{22}——吸水管口至高位水池（箱）入口处管道的水头损失（m）；

v——水池（箱）入口流速（m/s）；

g——重力加速度（m/s^2）。

6 高位水池（箱）的设置高度由下式确定：

$$Z_x \geqslant Z_b + H_x + 0.01H_3$$

式中：Z_x——水池（箱）最低水位的标高（m）；

Z_b——最不利配水点的标高（m）；

H_x——由水池（箱）出口至最不利配水点的管路水头损失（m）；

H_3——最不利配水点所需的最低工作压力（MPa）。

5.3.3 叠压供水系统节能优势就体现在能充分利用城镇供水管网的水压。

5.3.4 高层建筑给水系统供水干管的压力一般比较大，应防止减压阀失效后，造成阀后供水系统中的管道及附件、设备、卫生器具及配件等受到损坏。减压阀失效后，系统的最大压力不应大于产品标准规定的水压试验压力，否则应调整分区或采用减压阀串联使用，减压阀串联使用时，只考虑一个减压阀失效的情况。

5.3.5 当由高位水池（箱）重力供水时，如建筑物最不利点水压偏低，可采用增加水泵局部增压等措施。

5.4 管 道 布 置

5.4.1 根据《城市居住区规划设计规范》GB 50180－

93的规定，居住人口在7000人～15000人属于居住小区的规模，2002年修订版的《城市居住区规划设计规范》GB 50180已将居住小区的规模定为10000人～15000人，但考虑7000人以上的小区规模已经很大，一旦供水系统发生问题，生活受到影响的人数比较多，为体现以人为本的理念，保证居住小区二次供水的安全性，本规程仍以居住规模在7000人以上视为居住小区。

5.4.3、5.4.4 二次供水室内外管道位置应根据管线综合确定，其平面与竖向布置在满足现行国家标准《建筑给水排水设计规范》GB 50015、《室外给水设计规范》GB 50013、《城市工程管线综合规划规范》GB 50289及不同管材行业标准要求的同时，尚应满足安全、安装与维修的要求。

5.4.7 未设置水箱的叠压供水设备应预留消毒设施接口；当叠压供水设备设有水箱，就应设置消毒设备。

6 设备与设施

6.1 水池（箱）

6.1.1 为确保二次供水水质不被污染，二次供水水箱宜优先选用符合国家生活饮用水卫生标准的不锈钢材质。要求对不锈钢水箱焊缝进行抗氧化处理是为了确保不锈钢水箱的质量。

6.1.5 对容积大于50m³进行分格是为了当水池（箱）清洗消毒或维修时，保证不间断供水；对容积不大于50m³且须保证不间断供水的水池（箱），可进行分格或设置备用水池（箱）。

6.1.6 本条文的规定主要考虑水池（箱）的储水安全和便于水池（箱）的检修、清洗消毒。组装式水箱的板块尺寸一般都是1.0m×1.0m和1.0m×0.5m，故条文中有1.5m的高度规定。

6.1.7 本条文的规定是为便于水池（箱）的安装、维护和修复。底部架空有利于泄水管的设计与安装，架空的高度应满足检修的要求。对于钢筋混凝土结构的水池（箱）底部可以不架空。

6.1.8 本条文的规定均考虑了水质安全和供水可靠性，其中第4款是为了保证水池（箱）检修方便、储水稳定、泵房安全与节水；第5款对溢流管管径的规定可保证排泄水池（箱）的最大入流量，在溢流管出口末端设置耐腐蚀材料滤网是为了防止昆虫、蚊蝇等小动物进入，造成水质污染，应有不小于0.2m的空气间隙是为了防止造成虹吸回流污染；第7款的防护措施包括安装滤网、空气过滤装置等。

6.2 压力水容器

6.2.2 本条规定压力水容器宜选用材质，是为保证二次供水的储水不受污染。对不锈钢焊缝进行抗氧化处理，是为了确保压力水容器的质量。

6.2.3 气压给水设备采用气水隔离，一是可以避免储水被空气污染；二是可以杜绝气体溶解和溢出。空气处理可采用防尘过滤和消毒装置等。

6.3 水 泵

6.3.3 本条文规定了二次供水设施中水泵选择的事项，其中第2、3款是为了满足系统节能要求，第3款适用于变频调速供水。

6.3.4 二次供水使用的水泵规格一般都较小，而且泵房规模都受限制，采用多台水泵组成的成套机组，可以使设施更紧凑，节省泵房空间。具体要求在本规程中第7.0.10条中有规定。

6.3.5 装设压力表、止回阀和阀门是为了便于检查每一台水泵的运行状况和故障时检修；防水锤的措施可以使用微阻缓闭止回阀等。

6.3.6 本条文规定是为了避免水泵相互间的吸水干扰。

6.3.7 本条文规定是为了改善水泵进、出水管的水力条件；水泵吸水口的偏心管件应顶平安装。

6.3.8 非自灌吸水的水泵要实现自动控制比较困难，整个系统的供水安全性得不到保证，所以不宜采用。

6.4 管道与附件

6.4.1 本条文的规定是为了确保二次供水安全。二次供水的埋地给水管道为泵后加压给水管道，材质应比城镇供水管网耐压强度高，其承压能力应与二次供水水泵相匹配，并有可靠的连接性能，同时要考虑管道所埋设位置的地面荷载。给水管道的材质与管道的使用寿命和二次供水水质密切相关，因此，应选用环保、管内壁耐水腐蚀、不结垢，管外壁耐地下水和土壤腐蚀的管材与管件。二次供水的室内明敷给水管道应选择外观整洁、便于布置的管材，室外挂墙或屋面明装管道宜采用金属管。为安装方便、便于维护，要尽量选择同一种管材。

6.4.3 采用蓝色标识是为了与再生水等其他管线加以区别，便于管理与维护，防止误接、误饮造成供水安全事故。标识可以制作二次供水字样以区别于城镇供水管网。蓝色标识宜做成色环，也可以根据管道明敷和埋地的不同情况制作相应的标识。

6.4.4 本条文规定是为了确保二次供水水质安全，防止水质污染。二次供水管道的连接不仅要符合本条的要求，尚应符合现行的国家标准《建筑给水排水设计规范》GB 50015的相关规定。本条文为强制性条文，必须严格执行。

6.4.5 由于我国地域宽广，气候差异较大，可根据各地气候具体情况及管道周边环境，采取有效的隔热和防冻措施。由于非金属管道受曝晒和紫外线侵害容易变形，加速老化，造成损坏或漏水，因此，室外明设的非金属管道应采取相应的防护措施。

6.4.6 按照本条文的要求宜优先选用铜、不锈钢或阀体为球墨铸铁、阀杆、阀芯为不锈钢或铜材质的阀门，阀板宜为软橡胶密封。

6.4.9 本条文规定的第3款是为了在结算水表产权划分时，水表后的阀门一般归用户所有，以方便用户使用。

6.4.11 设置自动排气装置是为了确保二次供水系统的供水安全和设施安全，自动排气装置应安装在具备排水条件的共用位置，不能安装在不具备排水条件的用户室内，以防止自动排气装置故障造成的损失。

6.4.12 二次供水设施经常出现因浮球连接杆折断、浮球阀失控的情况，致使水池（箱）里的水大量溢出，造成水资源大量浪费，泵房设备被浸泡损坏，使正常供水受到影响。究其原因主要是浮球、连接杆的材质大多在水池（箱）中浸泡后锈蚀，不仅容易损坏，而且污染水质。因此本条规定必须采用耐腐蚀材质的浮球、连接杆，确保长期稳定使用。

6.5 消毒设备

6.5.1 在二次供水系统中大量使用水池（箱），对于城镇供水安全十分必要。但水池（箱）中的储水直接与空气接触，最易受污染。为确保二次供水水质符合国家生活饮用水卫生标 准，应从严要求，设置消毒设备。

6.5.2 根据目前消毒设备的使用情况，本条文中提到的三种消毒设备使用安全、消毒效果好；随着消毒技术的发展，将会出现新的安全可靠的消毒设备。

7 泵 房

7.0.2 本条文规定的第1款是为了避免噪声扰民问题的出现，合理设置居住建筑的泵房位置；第2、3款规定住宅二次供水泵房独立设置、有独立电源，并应从公共通道直接进入，其目的是为了便于二次供水接收管理。

7.0.3 建筑物内的泵房应采取下列减振防噪措施：

1 应选用低噪声水泵机组；

2 吸水管和出水管上应设置减振装置；

3 水泵机组的基础应设置减振装置；

4 管道支吊架和管道穿墙、楼板处应采取防止固体传声措施；

5 泵房的墙壁、顶棚应采取隔声、吸声处理。

7.0.7 地下泵房，特别是设在建筑地下室的泵房，必须有可靠排水系统，是为了保证泵房的运行安全。

7.0.8 泵房内要求设置通风装置，是为了满足二次供水设备，尤其是电控系统、消毒设备对通风的要求，同时也为了改善操作人员的工作环境。

7.0.10 电机额定功率较小的水泵其运行和检修空间也较小，故多台水泵可设在同一基础上，可以较好的利用有限的空间。

7.0.11 本条文要求泵房内宜有设备备件储存的空间，是为了在泵房内能存有一定数量的设备备件，关键时刻能及时对二次供水设施进行抢修，提高二次供水设施正常运行的保障系数。泵房维修场地的尺寸应符合现行国家标准《建筑给水排水设计规范》GB 50015的相关规定。

7.0.12 本条文的目的是在保证二次供水设备运行可靠的基础上，采用远程监控方式实现设备自动运行和泵房的无人值守，为二次供水设施统一管理创造条件。

8 控制与保护

8.1 控 制

8.1.1 控制设备应显示运行状态信号：电源、水源、水泵、消毒设备等；应显示运行参数：电压、电流、液位、频率（变频控制设备）、进水压力（设定值及实际值）、供水压力（设定值及实际值）等；应显示故障信号：过压、欠压、过流、缺相、消毒设备和倒流防止器故障等。

二次供水远程控制界面可参考实现如下功能：

1 控制操作：能够对被控设备进行控制（如启动或停止泵、电机和变频器等）对现场控制设备的参数进行设定和修改，具有良好的人机界面，可方便地进行图形间的切换和各种功能的调用。设立不同的安全操作等级，针对不同的操作者，设置相应的密码等级，记录操作人员及其操作信息。

2 显示功能：实时显示系统重要的运行参数值和设备的运行状态，有效地监测参数的变化过程。

3 报警功能：当某一参数异常或设备故障时，可根据不同的报警类别，发出声光报警、屏幕报警或语言报警，同时显示相应的提示信息。

8.1.2 为了防止水泵低效运行，宜设置气压罐、小流量泵、高位水箱等小流量运行控制，以达到节能的目的。

8.1.3 对设备的重要运行参数进行实时检测，是为了解掌握系统的运行状态，有效的实现自动调节控制。同时，对一些重要数据进行科学分析，制定出更好的调控运行方案。

8.1.4 叠压供水设备进行压力控制是指：设备应当具备对吸水口压力、出水口压力的可靠控制功能，保证当设备吸水口压力值反映设备所接城镇供水管网压力值低于当地规定的应用叠压供水设备的最低压力值时，叠压供水设备能停止运行，确保不对城镇供水管网压力产生影响，维护周边地区其他用水户的利益。

当设备吸水口压力值反映城镇供水管网压力值符合设备叠压运行条件时，设备能自动恢复正常运行。叠压供水设备应具备对设备出水口压力的严格控制，既要保证二次供水系统最不利点的供水压力需求，又要能做到超压保护。

叠压供水设备进行流量控制是指：设备总出水干管的流量不应大于设计的最大流量值，当超过设计最大流量值时，设备应报警并自动减小供水流量运行，或采用水量调节装置供水方式运行。

8.1.8 本条文的目的是为实现二次供水设施远程监控的互联互通，提供必需的软件和硬件条件。

9 施　工

9.1 一 般 规 定

9.1.1 根据《建设工程质量管理条例》（国务院令第279号）对施工单位的要求，规定了二次供水工程应由具有相应资质的施工单位，有组织、按程序、安全施工。施工单位不得擅自修改工程设计，发现设计问题确需要修改的，应由原设计单位出具设计变更通知单。

9.1.2 根据《建筑业企业资质管理规定》（建设部令第159号）和《建筑施工企业安全生产许可证管理规定》（建设部令第128号），施工单位要有相应的资质，施工场地要有安全措施，施工机具要有安全防护，施工人员要经过培训持证上岗。建筑施工企业未取得安全生产许可证的，不得从事建筑施工活动，不具备安全施工条件的项目不准开工。

9.2 设 备 安 装

9.2.1 为了保证二次供水工程的安装质量，根据现行国家标准《给水排水管道工程施工及验收规范》GB 50268、《机械设备安装工程施工及验收通用规范》GB 50231及《建筑电气工程施工质量验收规范》GB 50303等的规定，二次供水工程的安装施工即要符合相应的规范，又要满足生活供水的工艺要求，才能做到安全、卫生供水。同时，压力、液位、电压、频率等监控仪表是二次供水的神经元，其质量和精度是供水安全的关键。建议各地在采用不同类型的供水设备时，都不要忽视监控仪表的作用。

9.2.2 二次供水工程所使用的材料和设备要符合现行国家标准《生活饮用水输配水设备及防护材料的安全性评价标准》GB/T 17219的规定，在运输、保管和施工过程中要做好卫生防护，尤其进行地埋施工时，管口一定要有保护措施。

因为供水系统中的阀门是造成供水故障的频发点，在安装前的严格检查非常必要。阀门安装前，应做强度和严密性试验。试验应在每批（同型号、同规格、同牌号）数量中抽查10%，且不少于一个。对于安装在主干管上起切断作用的阀门，应逐个做强度和严密性试验。阀门的强度试验压力为公称压力的1.5倍，严密型试验压力为公称压力的1.1倍；试验压力在试验持续时间内应保持不变，且壳体填料及阀瓣密封面无渗漏，阀门试压的持续时间不少于表1的规定。

表1　阀门严密性和强度试验时间

公称直径 DN（mm）	最短试验持续时间（s）		
	严密性试验		强度试验
	金属密封	非金属密封	
≤50	15	15	15
65～200	30	15	60
250～450	60	30	180

9.2.3 为了保证施工质量，按照现行国家标准《压缩机、风机、泵安装工程施工及验收规范》GB 50275的具体要求，对设备的安装方式、安装尺寸要认真查看产品说明。同时采取减振防噪等措施。

9.2.4 二次供水设施中的水箱、水泵等主要设备的安装要求在本规程第6章中已经有明确的规定，在施工前应对机房的整体空间再作详细策划，比如水箱人孔的位置、水泵的检修空间、阀门的安装高度、紫外线灭菌灯管的抽换长度、电控柜（箱）的水电隔离、安全防护等。

9.2.6 随着二次供水技术的不断进步，供水电控柜（箱）已成为供水设备的主导设备。电控设备安全运行是安全供水的先决条件。因此电控柜（箱）的安装质量应符合国家标准的规定，同时，一定要考虑到供水设备的特殊性，在有条件的地方，尽量做到水电分离，以提高供水安全可靠性。

9.3 管 道 敷 设

9.3.1 建筑给水管道材料种类很多，我国已颁布了可应用于二次供水工程的多种管道的工程技术规程，可以选用，如：《建筑给水钢塑复合管管道工程技术规程》CECS 125：2001、《建筑给水薄壁不锈钢管管道工程技术规程》CECS 153：2003、《建筑给水铜管管道工程技术规程》CECS 171：2004、《建筑给水硬聚氯乙烯管管道工程技术规程》CECS 41：2004、《建筑给水氯化聚氯乙烯（PVC-C）管管道工程技术规程》CECS 136：2007等等。

9.3.2 二次供水的引入管是二次供水的总进水管道，经验证实其易受地基沉 降、气候变化、污水管道的破损等外部条件影响，造成停水或水质污染，因此本条对引入管的施工提出要求。

9.3.3 本条文规定一是为了防止水质污染；二是保证系统安全运行；三是便于检修维护。

9.3.4 各地的土质、地下水成分不同，一般情况采用三油两布的防腐处理方式，也有一些自带防腐涂层的材料可酌情选用。

9.3.5 埋地钢塑复合管采用沟槽式连接虽然可以加快施工速度，但存在锈蚀漏水事故的隐患。如必须使用，对金属卡箍件应做防腐处理。

9.3.6 涉水产品必须保证卫生清洁，严密的施工措施才能保证二次供水的安全、卫生。

9.3.7 钢塑管螺纹连接时，不得使用厚白漆、麻丝等会对水质产生污染的材料。套丝时使用不合格的润滑剂也易造成水质污染。

10 调试与验收

10.1 调 试

10.1.2 完善的施工设计对二次供水系统的工作压力、试验压力有具体要求。在试压时，需要对不同材质的管道分别试压，以符合各自的安装规程。在试压时决不允许用气压试验代替水压试验，以免损坏供水设备。

10.1.5 在水压试验前，要了解系统中各台设备、仪表的耐压能力，必要时要提前拆除或采用隔离措施，用封堵或盲板处理好，再进行水压试验。

10.1.6 对水池（箱）等贮水容器做满水试验，不但可以检查渗漏，还可以检验其安装质量、抗水压强度及附件的质量标准。

10.1.9 供水设备进入调试阶段，为水泵的启动要做好一切准备。根据各地二次供水运行的经验和教训，在调试时，由于缺水、断水、气蚀或水中杂质影响，造成水泵损坏事故时有发生，当水泵点动正常，进入模拟运转状态后再对压力、流量、液位、频率等参量进行调节试验，可以相应减少设备损失。

10.1.11 二次供水系统在调试后、验收前，必须对供水设备和管道进行冲洗和消毒，是为了防止施工过程中，可能存在的污染物影响用户安全用水。供水设备和管道的清洗消毒是否充分，方法是否得当，关系到水质检测能否准确反映水质状况，竣工项目能否按时供水。本条文为强制性条文，必须严格执行。

10.1.12、10.1.13 这两条规定是为了保证二次供水的水质。供水设备、管道按照规定进行冲洗消毒后，应当由具有相应资质的水质检测单位取样检测，水质符合现行国家标准《生活饮用水卫生标准》GB 5749的规定，方可进行设备验收。

10.2 验 收

10.2.2 竣工验收应先验文件资料，资料的完整性、真实性可以反映出施工的全过程。因此，规程中要求文件资料应齐全。

10.2.5 竣工资料的管理对以后设备运行、维护至关重要。二次供水设施管理单位应妥善保存竣工资料，充分发挥竣工资料的作用。

11 设施维护与安全运行管理

11.1 一 般 规 定

11.1.2 二次供水直接关系到人民群众的身体健康和生命安全，因此本条文强调了管理单位应制定管理制度和应急预案，以保证二次供水的安全稳定。

11.1.3 为使二次供水系统可靠运转，运行管理人员应熟悉系统的工艺和所有设施、设备的技术指标和运行要求，也包括对本规程的熟悉与理解，并熟练掌握；另外为保障二次供水的安全卫生，运行管理人员应持有健康证。

11.1.4 操作规程是设备安全运行的可靠保证，需要管理单位对操作人员提出严格要求。

11.1.5 生产报表的主要数据包括水量、水压、水质和服务等，不仅能真实反映系统的运行情况，也是准确提供可靠有效的服务以及二次供水设施进行日常维护和更新改造的依据；收费报表还可直接反映经济收益情况；因此，要规范二次供水设施的运行维护和管理就应该建立健全正常的报表制度（含电子报表）。

11.1.6 采用叠压供水方式有严格的使用条件，如果采用叠压供水的用户变更用水性质，特别是变更为用于医疗、医药、造纸、印染、化工等可能对公共供水造成污染危害的用途，应该在变更前先征得供水企业的同意。

11.1.7 建立室外管道与设备、设施的维修维护档案是保证二次供水设备、设施和居住小区管网正常、安全供水和服务的基础，是今后进行设备、设施及地下管网更新改造的依据和基础资料。

11.2 设 施 维 护

11.2.1 二次供水设施的维护检修是保证二次供水设施持续正常运行的基础，也是一项重要的经常性工作，因此本条文规定了管理维护单位应建立日常保养、定期维护和大修理的分级维护检修制度。

11.2.2～11.2.4 这三个条文主要是对二次供水设备操作人员在操作、运行维护方面提出了具体的工作要求。

11.2.5 本条文主要是对设备运行环境提出了基本要求。泵房作为二次供水设备运行的主要工作环境，必须保持其安全性、可靠性和方便性。尤其要严禁存放易燃、易爆、易腐蚀及可能造成环境污染的物品，确保设备运行在一个符合规定湿度和温度范围的良好环境中。

11.3 安全运行管理

11.3.1 为保障人民群众身体健康和生命财产安全，必须对二次供水设施采取必要的安全防范措施，要有相应的应对突发事件的具体措施和办法，应在泵房、水池（箱）等重点部位采取电子监控、加锁、加防护罩等安全防范措施，防止投毒等破坏行为。

11.3.2 要求派人定期巡视检查二次供水设备、设施运行及室外庭院埋地管网线路沿线情况。如发现有设施运行异常或施工危及管网时，应及时检修设备设施或及时提醒有关方注意保护供水管网，禁止在泵房周围及管线上压、埋、围、占。及时制止和消除有可能危及供水安全的各种因素。供水情况出现异常，如短时间内供水量突然增大并且不回落，应及时对室外管网进行查漏检查，并采取措施排除故障，保证安全供水。埋地管网爆管时，管网中会进入大量泥沙、污水等，污染管网水质。应立即停止供水并关断受损管段所涉及楼栋进水阀门，避免泥沙、污水进入管内。并在爆管处挖好检修坑，用水泵将泥水排掉，在保证泥水不会流入管网的情况下，从室内或室外管网泄水口将管网排空，然后进行维修。修复后，宜对管道进行冲洗，至水质达标后再恢复供水。

11.3.3 泵房内的排水设施、生活水池（箱）的液位控制系统、消毒设施以及各类仪表也需要定期检查，以保证二次供水系统安全正常运行。阀门漏水、生锈应及时检修、更换，以免影响管网水质；阀门井盖出现破损、丢失应及时更换，以防发生安全事故。在管网检修排空再通水时，会有空气聚在管网最高处，如果自动排气阀出现故障，空气将会在顶层用户用水时由用户水嘴排出，而由于二次供水相对自来水成本较高，出现以上问题会引起用户不满，所以应经常检查排气阀工作情况。为了保证二次供水的水质安全，应经常检查倒流防止器的运行情况。

11.3.4 本条文要求各管理单位应根据实际供水情况，通过分析，经常对二次供水设备进行有针对性的安全检查，及时排除影响供水安全的各种故障隐患。

11.3.5 本条文要求应定期检查并及时维护的室内管道，主要包括泵房及进入用户的公共建筑部分的室内管道，需保持其无漏水和渗水现象，因室内管道渗漏会直接影响用户的用水安全甚至居住安全，因此提出应定期检查并及时维护；减压阀的工作情况关系到用户家中水压、流量大小以及管网承压，所以应经常记录压力参数，并及时调整。

定期巡检周期可根据各地情况不同设置。如果管理单位的专业化程度较高，检查周期可以适当长；如果二次供水设备设施的质量以及管材的等级比较高，则检查周期就可以适当长。如果管理维护单位是物业公司或产权单位则检查周期可以缩短。

11.3.6 本条文规定的第1款是因为水池（箱）内壁易产生细菌或致病性微生物，会对水质造成二次污染，所以必须进行清洗消毒。根据《城市供水水质管理规定》（建设部令第156号）对水池（箱）的清洗消毒每半年不得少于一次并对水质进行检测；第2款是因为采用只投放消毒剂的消毒方式，会使水池（箱）的清洗消毒不彻底，容易造成水质的二次污染，清洗消毒的具体操作应按本规程中第10.1.12条规定执行；第4款提出的水质检测项目，主要是针对二次供水储存输送过程中易发生变化的常规项目，根据各地的需要也可适当增加检测项目。本条文为强制性条文，必须严格执行。

11.3.7 为真实反映水池（箱）清洗消毒效果，且便于取水样，一般将取水点设在水池（箱）出水口。水质检测应委托有资质的检测机构进行，检测报告应存档备案。

中华人民共和国国家标准

民用建筑节水设计标准

standard for water saving design in civil building

GB 50555—2010

主编部门：中华人民共和国住房和城乡建设部
批准部门：中华人民共和国住房和城乡建设部
实施日期：2 0 1 0 年 1 2 月 1 日

9

目　次

9

1 总 则

1.0.1 为贯彻国家有关法律法规和方针政策，统一民用建筑节水设计标准，提高水资源的利用率，在满足用户对水质、水量、水压和水温的要求下，使节水设计做到安全适用、技术先进、经济合理、确保质量、管理方便，制定本标准。

1.0.2 本标准适用于新建、改建和扩建的居住小区、公共建筑区等民用建筑节水设计，亦适用于工业建筑生活给水的节水设计。

1.0.3 民用建筑节水设计，在满足使用要求的同时，还应为施工安装、操作管理、维修检测以及安全保护等提供便利条件。

1.0.4 本标准规定了民用建筑节水设计的基本要求。当本标准与国家法律、行政法规的规定相抵触时，应按国家法律、行政法规的规定执行。

1.0.5 民用建筑节水设计除应执行本标准外，尚应符合国家现行有关标准的规定。

2 术语和符号

2.1 术 语

2.1.1 节水用水定额 rated water consumption for water saving

采用节水型生活用水器具后的平均日用水量。

2.1.2 节水用水量 water consumption for water saving

采用节水用水定额计算的用水量。

2.1.3 同程布置 reversed return layout

对应每个配水点的供水与回水管路长度之和基本相等的热水管道布置。

2.1.4 导流三通 diversion of tee-union

引导接入循环回水管中的回水同向流动的TY型或内带导流片的顺水三通。

2.1.5 回水配件 return pipe fittings

利用水在不同温度下密度不同的原理，使温度低的水向管道底部运动，温度高的水向管道上部运动，达到水循环的配件。

2.1.6 总循环泵 master circulating pump

小区集中热水供应系统中设置在热水回水总干管上的热水循环泵。

2.1.7 分循环泵 unit circulating pump

小区集中热水供应系统中设置在单体建筑热水回水管上的热水循环泵。

2.1.8 产水率 water productivity

原水（一般为自来水）经深度净化处理产出的直饮水量与原水量的比值。

2.1.9 浓水 rejected water

原水（一般为自来水）在深度净化处理中排除的高浓度废水。

2.1.10 喷灌 sprinkling irrigation

是利用管道将有压水送到灌溉地段，并通过喷头分散成细小水滴，均匀地喷洒到绿地、树木灌溉的方法。

2.1.11 微喷灌 micro irrigation

微喷灌是微水灌溉的简称，是将水和营养物质以较小的流量输送到草坪、树木根部附近的土壤表面或土层中的灌溉方法。

2.1.12 地下渗灌 underground micro irrigation (permeate irrigation)

地下渗灌是一种地下微灌形式，在低压条件下，通过埋于草坪、树木根系活动层的灌水器（微孔渗灌管），根据作物的生长需水量定时定量地向土壤中渗水供给的灌溉方法。

2.1.13 滴灌 drip irrigation

通过管道系统和滴头（灌水器），把水和溶于水中的养分，以较小的流量均匀地输送到植物根部附近的土壤表面或土层中的一种灌水方法。

2.1.14 非传统水源 nontraditional water source

不同于传统地表水供水和地下水供水的水源，包括再生水、雨水、海水等。

2.1.15 非传统水源利用率 utilization ratio of non-traditional water source

非传统水源年供水量和年总用水量之比。

2.1.16 建筑节水系统 water saving system in building

采用节水用水定额、节水器具及相应的节水措施的建筑给水系统。

2.2 符 号

2.2.1 流量、水量

Q_{za}——住宅生活用水年节水用水量；

Q_{ga}——宿舍、旅馆等公共建筑的生活用水年节水用水量；

Q_{ra}——生活热水年节水用水量；

W_{jd}——景观水体平均日补水量；

W_{ld}——绿化喷灌平均日喷灌水量；

W_{td}——冷却塔平均日补水量；

W_{zd}——景观水体日均蒸发量；

W_{sd}——景观水体渗透量；

W_{fd}——处理站机房自用水量等；

W_{ja}——景观水体年用水量；

W_{ta}——冷却塔补水年用水量；

W_{ca}——年冲厕用水量；

$\sum Q_a$——年总用水量；

$\sum W_a$——非传统水源年使用量；

W_{ya}——雨水的年用雨水量；

9

W_{ma}——中水的年回用量；

Q_{hd}——雨水回用系统的平均日用水量；

Q_{cd}——中水处理设施的日处理水量；

Q_{sa}——中水原水的年收集量；

Q_{xa}——中水供应管网系统的年需水量；

q_z——住宅节水用水定额；

q_g——公共建筑节水用水定额；

q_r——生活热水节水用水定额；

q_l——绿化灌溉浇水定额；

q_q——冷却循环水补水定额；

q_c——冲厕日均用水定额。

2.2.2 时间

D_z——住宅生活用水的年用水天数；

D_g——公共建筑生活用水的年用水天数；

D_r——生活热水年用水天数；

D_j——景观水体的年平均运行天数；

D_t——冷却塔每年运行天数；

D_c——冲厕用水年平均使用天数；

T——冷却塔每天运行时间。

2.2.3 几何特征及其他

n_z——住宅建筑居住人数；

n_g——公共建筑使用人数或单位数；

n_r——生活热水使用人数或单位数；

n_c——冲厕用水年平均使用人数；

F_l——绿地面积；

F——计算汇水面积；

R——非传统水源利用率；

R_y——雨水利用率；

Ψ_c——雨量径流系数；

h_a——常年降雨厚度；

h_d——常年最大日降雨厚度；

V——蓄水池有效容积。

3 节水设计计算

3.1 节水用水定额

3.1.1 住宅平均日生活用水的节水用水定额，可根据住宅类型、卫生器具设置标准和区域条件因素按表3.1.1的规定确定。

表 3.1.1 住宅平均日生活用水节水用水定额 q_z

住宅类型		卫生器具设置标准	节水用水定额 q_z（L/(人·d)）								
			一区			二区			三区		
			特大城市	大城市	中、小城市	特大城市	大城市	中、小城市	特大城市	大城市	中、小城市
普通住宅	Ⅰ	有大便器、洗涤盆	100～140	90～110	80～100	70～110	60～80	50～70	60～100	50～70	45～65
	Ⅱ	有大便器、洗脸盆、洗涤盆和洗衣机、热水器和沐浴设备	120～200	100～150	90～140	80～140	70～110	60～100	70～120	60～90	50～80
	Ⅲ	有大便器、洗脸盆、洗涤盆、洗衣机、集中供应或家用热水机组和沐浴设备	140～230	130～180	100～160	90～170	80～130	70～120	80～140	70～100	60～90
别墅		有大便器、洗脸盆、洗涤盆、洗衣机及其他设备(净身器等)、家用热水机组或集中热水供应和沐浴设备、洒水栓	150～250	140～200	110～180	100～190	90～150	80～140	90～160	80～110	70～100

注：1 特大城市指市区和近郊区非农业人口100万及以上的城市；
大城市指市区和近郊区非农业人口50万及以上，不满100万的城市；
中、小城市指市区和近郊区非农业人口不满50万的城市。

2 一区包括：湖北、湖南、江西、浙江、福建、广东、广西、海南、上海、江苏、安徽、重庆；
二区包括：四川、贵州、云南、黑龙江、吉林、辽宁、北京、天津、河北、山西、河南、山东、宁夏、陕西、内蒙古河套以东和甘肃黄河以东的地区；
三区包括：新疆、青海、西藏、内蒙古河套以西和甘肃黄河以西的地区。

3 当地主管部门对住宅生活用水节水用水标准有规定的，按当地规定执行。

4 别墅用水定额中含庭院绿化用水，汽车抹车水。

5 表中用水量为全部用水量，当采用分质供水时，有直饮水系统的，应扣除直饮水用水定额；有杂用水系统的，应扣除杂用水定额。

3.1.2 宿舍、旅馆和其他公共建筑的平均日生活用水的节水用水定额，可根据建筑物类型和卫生器具设置标准按表 3.1.2 的规定确定。

表 3.1.2 宿舍、旅馆和其他公共建筑的平均日生活用水节水用水定额 q_g

序号	建筑物类型及卫生器具设置标准	节水用水定额 q_g	单　位
1	宿舍 Ⅰ类、Ⅱ类 Ⅲ类、Ⅳ类	 130～160 90～120	 L/人·d L/人·d
2	招待所、培训中心、普通旅馆 设公用厕所、盥洗室 设公用厕所、盥洗室和淋浴室 设公用厕所、盥洗室、淋浴室、洗衣室 设单独卫生间、公用洗衣室	 40～80 70～100 90～120 110～160	 L/人·d L/人·d L/人·d L/人·d
3	酒店式公寓	180～240	L/人·d
4	宾馆客房 旅客 员工	 220～320 70～80	 L/床位·d L/人·d
5	医院住院部 设公用厕所、盥洗室 设公用厕所、盥洗室和淋浴室 病房设单独卫生间 医务人员 门诊部、诊疗所 疗养院、休养所住院部	 90～160 130～200 220～320 130～200 6～12 180～240	 L/床位·d L/床位·d L/床位·d L/人·班 L/人·次 L/床位·d
6	养老院托老所 全托 日托	 90～120 40～60	 L/人·d L/人·d
7	幼儿园、托儿所 有住宿 无住宿	 40～80 25～40	 L/儿童·d L/儿童·d
8	公共浴室 淋浴 淋浴、浴盆 桑拿浴（淋浴、按摩池）	 70～90 120～150 130～160	 L/人·次 L/人·次 L/人·次
9	理发室、美容院	35～80	L/人·次
10	洗衣房	40～80	L/kg 干衣
11	餐饮业 中餐酒楼 快餐店、职工及学生食堂 酒吧、咖啡厅、茶座、卡拉 OK 房	 35～50 15～20 5～10	 L/人·次 L/人·次 L/人·次
12	商场 员工及顾客	 4～6	 L/m²营业厅面积·d
13	图书馆	5～8	L/人·次
14	书店 员工 营业厅	 27～40 3～5	 L/人·班 L/m²营业厅面积·d
15	办公楼	25～40	L/人·班

续表 3.1.2

序号	建筑物类型及卫生器具设置标准	节水用水定额 q_g	单　位
16	教学实验楼 中小学校 高等学校	 15～35 35～40	 L/学生・d L/学生・d
17	电影院、剧院	3～5	L/观众．场
18	会展中心（博物馆、展览馆） 员工 展厅	 27～40 3～5	 L/人・班 L/m^2展厅面积・d
19	健身中心	25～40	L/人・次
20	体育场、体育馆 运动员淋浴 观众	 25～40 3	 L/人・次 L/人・场
21	会议厅	6～8	L/座位・次
22	客运站旅客、展览中心观众	3～6	L/人・次
23	菜市场冲洗地面及保鲜用水	8～15	L/ m^2・d
24	停车库地面冲洗用水	2～3	L/m^2・次

注：1　除养老院、托儿所、幼儿园的用水定额中含食堂用水，其他均不含食堂用水。
　　2　除注明外均不含员工用水，员工用水定额每人每班 30L～45L。
　　3　医疗建筑用水中不含医疗用水。
　　4　表中用水量包括热水用量在内，空调用水应另计。
　　5　选择用水定额时，可依据当地气候条件、水资源状况等确定，缺水地区应选择低值。
　　6　用水人数或单位数应以年平均值计算。
　　7　每年用水天数应根据使用情况确定。

3.1.3　汽车冲洗用水定额应根据冲洗方式按表3.1.3的规定选用，并应考虑车辆用途、道路路面等级和污染程度等因素后综合确定。附设在民用建筑中停车库抹车用水可按10%～15%轿车车位计。

表 3.1.3　汽车冲洗用水定额（L/辆・次）

冲洗方式	高压水枪冲洗	循环用水冲洗补水	抹　车
轿　车	40～60	20～30	10～15
公共汽车 载重汽车	80～120	40～60	15～30

注：1　同时冲洗汽车数量按洗车台数量确定。
　　2　在水泥和沥青路面行驶的汽车，宜选用下限值；路面等级较低时，宜选用上限值。
　　3　冲洗一辆车可按 10min 考虑。
　　4　软管冲洗时耗水量大，不推荐采用。

3.1.4　空调循环冷却水系统的补充水量，应根据气象条件、冷却塔形式、供水水质、水质处理及空调设计运行负荷、运行天数等确定，可按平均日循环水量的1.0%～2.0%计算。

3.1.5　浇洒道路用水定额可根据路面性质按表3.1.5的规定选用，并应考虑气象条件因素后综合确定。

表 3.1.5　浇洒道路用水定额（L/m^2・次）

路面性质	用水定额
碎石路面	0.40～0.70
土路面	1.00～1.50
水泥或沥青路面	0.20～0.50

注：1　广场浇洒用水定额亦可参照本表选用。
　　2　每年浇洒天数按当地情况确定。

3.1.6　浇洒草坪、绿化年均灌水定额可按表3.1.6的规定确定。

表 3.1.6　浇洒草坪、绿化年均灌水定额（m^3/m^2・a）

草坪种类	灌　水　定　额		
	特级养护	一级养护	二级养护
冷季型	0.66	0.50	0.28
暖季型	—	0.28	0.12

3.1.7　住宅和公共建筑的生活热水平均日节水用水定额可按表3.1.7的规定确定，并应根据水温、卫生设备完善程度、热水供应时间、当地气候条件、生活习惯和水资源情况综合确定。

表 3.1.7　热水平均日节水用水定额 q_r

序号	建筑物名称	节水用水定额 q_r	单位
1	住宅 有自备热水供应和淋浴设备 有集中热水供应和淋浴设备	 20～60 25～70	 L/人·d L/人·d
2	别墅	30～80	L/人·d
3	酒店式公寓	65～80	L/人·d
4	宿舍 Ⅰ类、Ⅱ类 Ⅲ类、Ⅳ类	 40～55 35～45	 L/人·d L/人·d
5	招待所、培训中心、普通旅馆 设公用厕所、盥洗室 设公用厕所、盥洗室和淋浴室 设公用厕所、盥洗室、淋浴室、洗衣室 设单独卫生间、公用洗衣室	 20～30 35～45 45～55 50～70	 L/人·d L/人·d L/人·d L/人·d
6	宾馆客房 旅客 员工	 110～140 35～40	 L/床位·d L/人·d
7	医院住院部 设公用厕所、盥洗室 设公用厕所、盥洗室和淋浴室 病房设单独卫生间 医务人员 门诊部、诊疗所 疗养院、休养所住院部	 45～70 65～90 110～140 65～90 3～5 90～110	 L/床位·d L/床位·d L/床位·d L/人·班 L/人·次 L/床位·d
8	养老院托老所 全托 日托	 45～55 15～20	 L/床位·d L/人·d
9	幼儿园、托儿所 有住宿 无住宿	 20～40 15～20	 L/儿童·d L/儿童·d
10	公共浴室 淋浴 淋浴、浴盆 桑拿浴（淋浴、按摩池）	 35～40 55～70 60～70	 L/人·次 L/人·次 L/人·次
11	理发室、美容院	20～35	L/人·次
12	洗衣房	15～30	L/kg 干衣
13	餐饮业 中餐酒楼 快餐店、职工及学生食堂 酒吧、咖啡厅、茶座、卡拉 OK 房	 15～25 7～10 3～5	 L/人·次 L/人·次 L/人·次
14	办公楼	5～10	L/人·班
15	健身中心	10～20	L/人·次
16	体育场、体育馆 运动员淋浴 观众	 15～20 1～2	 L/人·次 L/人·场
17	会议厅	2	L/座位·次

注：1　热水温度按 60℃计。
2　本表中所列节水用水定额均已包括在表 3.1.1 和表 3.1.2 的用水定额中。
3　选用居住建筑热水节水用水定额时，应参照表 3.1.1 中相应地区、城市规模以及住宅类型的生活用水节水用水定额取值，即三区中小城市宜取低值，一区特大城市宜取高值。

3.1.8 民用建筑中水节水用水定额可按本标准第3.1.1、第3.1.2条和表3.1.8所规定的各类建筑物分项给水百分率确定。

表3.1.8 各类建筑物分项给水百分率（%）

项目	住宅	宾馆、饭店	办公楼、教学楼	公共浴室	餐饮业、营业餐厅	宿舍
冲厕	21	10～14	60～66	2～5	6.7～5	30
厨房	20～19	12.5～14	—	—	93.3～95	—
沐浴	29.3～32	50～40	—	98～95	—	40～42
盥洗	6.7～6.0	12.5～14	40～34	—	—	12.5～14
洗衣	22.7～22	15～18	—	—	—	17.5～14
总计	100	100	100	100	100	100

3.2 年节水用水量计算

3.2.1 生活用水年节水用水量的计算应符合下列规定：

1 住宅的生活用水年节水用水量应按下式计算：

$$Q_{za}=\frac{q_z n_z D_z}{1000} \qquad (3.2.1\text{-}1)$$

式中：Q_{za}——住宅生活用水年节水用水量（m^3/a）；

q_z——节水用水定额，按表3.1.1的规定选用（L/人·d）；

n_z——居住人数，按3～5人/户，入住率60%～80%计算；

D_z——年用水天数（d/a），可取$D_z=365$d/a。

2 宿舍、旅馆等公共建筑的生活用水年节水用水量应按下式计算：

$$Q_{ga}=\sum\frac{q_g n_g D_g}{1000} \qquad (3.2.1\text{-}2)$$

式中：Q_{ga}——宿舍、旅馆等公共建筑的生活用水年节水用水量（m^3/a）；

q_g——节水用水定额，按表3.1.2的规定选用（L/人·d或L/单位数·d），表中未直接给出定额者，可通过人、次/d等进行换算；

n_g——使用人数或单位数，以年平均值计算；

D_g——年用水天数（d/a），根据使用情况确定。

3 浇洒草坪、绿化用水、空调循环冷却水系统补水等的年节水用水量应分别按本标准表3.1.6、式（5.1.8）和式（5.1.11-2）的规定确定。

3.2.2 生活热水年节水用水量应按下式计算：

$$Q_{ra}=\sum\frac{q_r n_r D_r}{1000} \qquad (3.2.2)$$

式中：Q_{ra}——生活热水年节水用水量（m^3/a）；

q_r——热水节水用水定额，按表3.1.7的规定选用（L/人·d或L/单位数·d），表中未直接给出定额者，可通过人、次/d等进行换算；

n_r——使用人数或单位数，以年平均值计算，住宅可按本标准式（3.2.1-1）中的n_z计算；

D_r——年用水天数（d/a），根据使用情况确定。

4 节水系统设计

4.1 一般规定

4.1.1 建筑物在初步设计阶段应编制“节水设计专篇”，编写格式应符合附录A的规定，其中节水用水量的计算中缺水城市的平均日用水定额应采用本标准中较低值。

4.1.2 建筑节水系统应根据节能、卫生、安全及当地政府规定等要求，并结合非传统水源综合利用的内容进行设计。

4.1.3 市政管网供水压力不能满足供水要求的多层、高层建筑的给水、中水、热水系统应竖向分区，各分区最低卫生器具配水点处的静水压不宜大于0.45MPa，且分区内低层部分应设减压设施保证各用水点处供水压力不大于0.2MPa。

4.1.4 绿化浇洒系统应依据水量平衡和技术经济比较，优化配置、合理利用各种水资源。

4.1.5 景观用水水源不得采用市政自来水和地下井水。

4.2 供水系统

4.2.1 设有市政或小区给水、中水供水管网的建筑，生活给水系统应充分利用城镇供水管网的水压直接供水。

4.2.2 给水调节水池或水箱、消防水池或水箱应设溢流信号管和溢流报警装置，设有中水、雨水回用给水系统的建筑，给水调节水池或水箱清洗时排出的废水、溢水宜排至中水、雨水调节池回收利用。

4.2.3 热水供应系统应有保证用水点处冷、热水供水压力平衡的措施。用水点处冷、热水供水压力差不宜大于0.02MPa，并应符合下列规定：

1 冷水、热水供应系统应分区一致；

2 当冷、热水系统分区一致有困难时，宜采用配水支管设可调式减压阀减压等措施，保证系统冷、热水压力的平衡；

3 在用水点处宜设带调节压差功能的混合器、混合阀。

4.2.4 热水供应系统应按下列要求设置循环系统：

1 集中热水供应系统，应采用机械循环，保证干管、立管或干管、立管和支管中的热水循环；

2 设有3个以上卫生间的公寓、住宅、别墅共用水加热设备的局部热水供应系统，应设回水配件自然循环或设循环泵机械循环；

3 全日集中供应热水的循环系统，应保证配水点出水温度不低于45℃的时间，对于住宅不得大于15s，医院和旅馆等公共建筑不得大于10s。

4.2.5 循环管道的布置应保证循环效果，并应符合下列规定：

1 单体建筑的循环管道宜采用同程布置，热水回水干、立管采用导流三通连接和在回水立管上设限流调节阀、温控阀等保证循环效果的措施；

2 当热水配水支管布置较长不能满足本标准4.2.4条第3款的要求时，宜设支管循环，或采取支管自控电伴热措施；

3 当采用减压阀分区供水时，应保证各分区的热水循环；

4 小区集中热水供应系统应设热水回水总干管并设总循环泵，单体建筑连接小区总回水管的回水管处宜设导流三通、限流调节阀、温控阀或分循环泵保证循环效果；

5 当采用热水贮水箱经热水加压泵供水的集中热水供应系统时，循环泵可与热水加压泵合用，采用调速泵组供水和循环。回水干管设温控阀或流量控制阀控制回水流量。

4.2.6 公共浴室的集中热水供应系统应满足下列要求：

1 大型公共浴室宜采用高位冷、热水箱重力流供水。当无条件设高位冷、热水箱时，可设带贮热调节容积的水加热设备经混合恒温罐、恒温阀供给热水。由热水箱经加压泵直接供水时，应有保证系统冷热水压力平衡和稳定的措施；

2 采用集中热水供应系统的建筑内设有3个及3个以上淋浴器的小公共浴室、淋浴间，其热水供水支管上不宜分支再供其他用水；

3 浴室内的管道应按下列要求设置：

1）当淋浴器出水温度能保证控制在使用温度范围时，宜采用单管供水；当不能满足时，宜采用双管供水；

2）多于3个淋浴器的配水管道宜布置成环形；

3）环形供水管上不宜接管供其他器具用水；

4）公共浴室的热水管网应设循环回水管，循环管道应采用机械循环；

4 淋浴器宜采用即时启、闭的脚踏、手动控制或感应式自动控制装置。

4.2.7 建筑管道直饮水系统应满足下列要求：

1 管道直饮水系统的竖向分区、循环管道的设置以及从供水立管至用水点的支管长度等设计要求应按国家现行行业标准《管道直饮水系统技术规程》CJJ 110执行；

2 管道直饮水系统的净化水设备产水率不得低于原水的70%，浓水应回收利用。

4.2.8 采用蒸汽制备开水时，应采用间接加热的方式，凝结水应回收利用。

4.3 循环水系统

4.3.1 冷却塔水循环系统设计应满足下列要求：

1 循环冷却水的水源应满足系统的水质和水量要求，宜优先使用雨水等非传统水源；

2 冷却水应循环使用；

3 多台冷却塔同时使用时宜设置集水盘连通管等水量平衡设施；

4 建筑空调系统的循环冷却水的水质稳定处理应结合水质情况，合理选择处理方法及设备，并应保证冷却水循环率不低于98%；

5 旁流处理水量可根据去除悬浮物或溶解固体分别计算。当采用过滤处理去除悬浮物时，过滤水量宜为冷却水循环水量的1%～5%；

6 冷却塔补充水总管上应设阀门及计量等装置；

7 集水池、集水盘或补水池宜设溢流信号，并将信号送入机房。

4.3.2 游泳池、水上娱乐池等水循环系统设计应满足下列要求：

1 游泳池、水上娱乐池等应采用循环给水系统；

2 游泳池、水上娱乐池等水循环系统的排水应重复利用。

4.3.3 蒸汽凝结水应回收再利用或循环使用，不得直接排放。

4.3.4 洗车场宜采用无水洗车、微水洗车技术，当采用微水洗车时，洗车水系统设计应满足下列要求：

1 营业性洗车场或洗车点应优先使用非传统水源；

2 当以自来水洗车时，洗车水应循环使用；

3 机动车清洗设备应符合国家有关标准的规定。

4.3.5 空调冷凝水的收集及回用应符合下列要求：

1 设有中水、雨水回用供水系统的建筑，其集中空调部分的冷凝水宜回收汇集至中水、雨水清水池，作为杂用水；

2 设有集中空调系统的建筑，当无中水、雨水回用供水系统时，可设置单独的空调冷凝水回收系统，将其用于水景、绿化等用水。

4.3.6 水源热泵用水应循环使用，并应符合下列要求：

1 当采用地下水、地表水做水源热泵热源时，应进行建设项目水资源论证；

2 采用地下水为热源的水源热泵换热后的地下水应全部回灌至同一含水层，抽、灌井的水量应能在线监测。

4.4 浇洒系统

4.4.1 浇洒系统水源应满足下列要求：

1 应优先选择雨水、中水等非传统水源；

2 水质应符合现行国家标准《城市污水再生利用 景观环境用水水质》GB/T 18921 和《城市污水再生利用 城市杂用水水质》GB/T 18920 的规定。

4.4.2 绿化浇洒应采用喷灌、微灌等高效节水灌溉方式。应根据喷灌区域的浇洒管理形式、地形地貌、当地气象条件、水源条件、绿地面积大小、土壤渗透率、植物类型和水压等因素，选择不同类型的喷灌系统，并应符合下列要求：

1 绿地浇洒采用中水时，宜采用以微灌为主的浇洒方式；

2 人员活动频繁的绿地，宜采用以微喷灌为主的浇洒方式；

3 土壤易板结的绿地，不宜采用地下渗灌的浇洒方式；

4 乔、灌木和花卉宜采用以滴灌、微喷灌等为主的浇洒方式；

5 带有绿化的停车场，其灌水方式宜按表 4.4.2-1 的规定选用；

6 平台绿化的灌水方式宜按表 4.4.2-2 的规定选用。

表 4.4.2-1 停车场灌水方式

绿化部位	种植品种及布置	灌水方式
周界绿化	较密集	滴灌
车位间绿化	不宜种植花卉，绿化带一般宽位 1.5m～2m，乔木沿绿带排列，间距应不小于 2.5m	滴灌或微喷灌
地面绿化	种植耐碾压草种	微喷灌

表 4.4.2-2 平台绿化灌水方式

植物类别	种植土最小厚度（mm）			灌水方式
	南方地区	中部地区	北方地区	
花卉草坪地	200	400	500	微喷灌
灌木	500	600	800	滴灌或微喷灌
乔木、藤本植物	600	800	1000	滴灌或微喷灌
中高乔木	800	1000	1500	滴灌

4.4.3 浇洒系统宜采用湿度传感器等自动控制其启停。

4.4.4 浇洒系统的支管上任意两个喷头处的压力差不应超过喷头设计工作压力的 20%。

5 非传统水源利用

5.1 一般规定

5.1.1 节水设计应因地制宜采取措施综合利用雨水、中水、海水等非传统水源，合理确定供水水质指标，并应符合国家现行有关标准的规定。

5.1.2 民用建筑采用非传统水源时，处理出水必须保障用水终端的日常供水水质安全可靠，严禁对人体健康和室内卫生环境产生负面影响。

5.1.3 非传统水源的水质处理工艺应根据源水特征、污染物和出水水质要求确定。

5.1.4 雨水和中水利用工程应根据现行国家标准《建筑与小区雨水利用工程技术规范》GB 50400 和《建筑中水设计规范》GB 50336 的有关规定进行设计。

5.1.5 雨水和中水等非传统水源可用于景观用水、绿化用水、汽车冲洗用水、路面地面冲洗用水、冲厕用水、消防用水等非与人身接触的生活用水，雨水，还可用于建筑空调循环冷却系统的补水。

5.1.6 中水、雨水不得用于生活饮用水及游泳池等用水。与人身接触的景观娱乐用水不宜使用中水或城市污水再生水。

5.1.7 景观水体的平均日补水量 W_{jd} 和年用水量 W_{ja} 应分别按下列公式进行计算：

$$W_{jd}=W_{zd}+W_{sd}+W_{fd} \qquad (5.1.7\text{-}1)$$

$$W_{ja}=W_{jd}\times D_j \qquad (5.1.7\text{-}2)$$

式中：W_{jd}——平均日补水量（m^3/d）；

W_{zd}——日均蒸发量（m^3/d），根据当地水面日均蒸发厚度乘以水面面积计算；

W_{sd}——渗透量（m^3/d），为水体渗透面积与入渗速率的乘积；

W_{fd}——处理站机房自用水量等（m^3/d）；

W_{ja}——景观水体年用水量（m^3/a）；

D_j——年平均运行天数（d/a）。

5.1.8 绿化灌溉的年用水量应按本标准表 3.1.6 的规定确定，平均日喷灌水量 W_{ld} 应按下式计算：

$$W_{ld}=0.001q_lF_l \qquad (5.1.8)$$

式中：W_{ld}——日喷灌水量（m^3/d）；

q_l——浇水定额($L/m^2\cdot d$)，可取 2 $L/m^2\cdot d$；

F_l——绿地面积（m^2）。

5.1.9 冲洗路面、地面等用水量应按本标准表

3.1.5 的规定确定，年浇洒次数可按 30 次计。

5.1.10 洗车场洗车用水可按本标准表 3.1.3 的规定和日均洗车数量及年洗车数量计算确定。

5.1.11 冷却塔补水的日均补水量 W_{td} 和补水年用水量 W_{ta} 应分别按下列公式进行计算：

$$W_{td} = (0.5 \sim 0.6) q_q T \quad (5.1.11\text{-}1)$$

$$W_{ta} = W_{td} \times D_t \quad (5.1.11\text{-}2)$$

式中：W_{td}——冷却塔日均补水量（m^3/d）；

q_q——补水定额，可按冷却循环水量的 1%～2%计算，（m^3/h），使用雨水时宜取高限；

T——冷却塔每天运行时间（h/d）；

D_t——冷却塔每年运行天数（d/a）；

W_{ta}——冷却塔补水年用水量（m^3/a）。

5.1.12 冲厕用水年用水量应按下式计算：

$$W_{ca} = \frac{q_c n_c D_c}{1000} \quad (5.1.12)$$

式中：W_{ca}——年冲厕用水量（m^3/a）；

q_c——日均用水定额，可按本标准第 3.1.1、3.1.2 条和表 3.1.8 的规定采用（L/人・d）；

n_c——年平均使用人数（人）。对于酒店客房，应考虑年入住率；对于住宅，应按本标准 3.2.1-1 式中的 n_z 值计算；

D_c——年平均使用天数（d/a）。

5.1.13 当具有城市污水再生水供应管网时，建筑中水应优先采用城市再生水。

5.1.14 观赏性景观环境用水应优先采用雨水、中水、城市再生水及天然水源等。

5.1.15 建筑或小区中设有雨水回用和中水合用系统时，原水应分别调蓄和净化处理，出水可在清水池混合。

5.1.16 建筑或小区中设有雨水回用和中水合用系统时，在雨季应优先利用雨水，需要排放原水时应优先排放中水原水。

5.1.17 非传统水源利用率应按下式计算：

$$R = \frac{\sum W_a}{\sum Q_a} \times 100\% \quad (5.1.17)$$

式中：R——非传统水源利用率；

$\sum Q_a$——年总用水量，包含自来水用量和非传统水源用量，可根据本标准第 3 章和本节的规定计算；

$\sum W_a$——非传统水源年使用量。

5.2 雨水利用

5.2.1 建筑与小区应采取雨水入渗收集、收集回用等雨水利用措施。

5.2.2 收集回用系统宜用于年降雨量大于 400mm 的地区，常年降雨量超过 800mm 的城市应优先采用屋面雨水收集回用方式。

5.2.3 建设用地内设置了雨水利用设施后，仍应设置雨水外排设施。

5.2.4 雨水回用系统的年用雨水量应按下式计算：

$$W_{ya} = (0.6 \sim 0.7) \times 10 \Psi_c h_a F \quad (5.2.4)$$

式中：W_{ya}——年用雨水量（m^3）；

Ψ_c——雨量径流系数；

h_a——常年降雨厚度（mm）；

F——计算汇水面积（hm^2），按本标准第 5.2.5 条的规定确定；

0.6～0.7——除去不能形成径流的降雨、弃流雨水等外的可回用系数。

5.2.5 计算汇水面积 F 可按下列公式进行计算，并可与雨水蓄水池汇水面积相比较后取三者中最小值：

$$F = \frac{V}{10 \Psi_c h_d} \quad (5.2.5\text{-}1)$$

$$F = \frac{3Q_{hd}}{10 \Psi_c h_d} \quad (5.2.5\text{-}2)$$

式中：h_d——常年最大日降雨厚度（mm）；

V——蓄水池有效容积（m^3）；

Q_{hd}——雨水回用系统的平均日用水量（m^3）。

5.2.6 雨水入渗面积的计算应包括透水铺砌面积、地面和屋面绿地面积、室外埋地入渗设施的有效渗透面积，室外下凹绿地面积可按 2 倍透水地面面积计算。

5.2.7 不透水地面的雨水径流采用回用或入渗方式利用时，配置的雨水储存设施应使设计日雨水径流量溢流外排的量小于 20%，并且储存的雨水能在 3d 之内入渗完毕或使用完毕。

5.2.8 雨水回用系统的自来水替代率或雨水利用率 R_y 应按下式计算：

$$R_y = W_{ya} / \sum Q_a \quad (5.2.8)$$

式中：R_y——自来水替代率或雨水利用率。

5.3 中水利用

5.3.1 水源型缺水且无城市再生水供应的地区，新建和扩建的下列建筑宜设置中水处理设施：

1 建筑面积大于 3 万 m^2 的宾馆、饭店；

2 建筑面积大于 5 万 m^2 且可回收水量大于 $100m^3/d$ 的办公、公寓等其他公共建筑；

3 建筑面积大于 5 万 m^2 且可回收水量大于 $150m^3/d$ 的住宅建筑。

注：1 若地方有相关规定，则按地方规定执行。

2 不包括传染病医院、结核病医院建筑。

5.3.2 中水源水的可回收利用水量宜按优质杂排水或杂排水量计算。

5.3.3 当建筑污、废水没有市政污水管网接纳时，应进行处理并宜再生回用。

5.3.4 当中水由建筑中水处理站供应时，建筑中水系统的年回用中水量应按下列公式进行计算，并应选取三个水量中的最小数值：

$$W_{ma}=0.8\times Q_{sa} \quad (5.3.4\text{-}1)$$

$$W_{ma}=0.8\times 365Q_{cd} \quad (5.3.4\text{-}2)$$

$$W_{ma}=0.9\times Q_{xa} \quad (5.3.4\text{-}3)$$

式中：W_{ma}——中水的年回用量（m^3）；

Q_{sa}——中水原水的年收集量（m^3）；应根据本标准第3章的年用水量乘0.9计算。

Q_{cd}——中水处理设施的日处理水量，应按经过水量平衡计算后的中水原水量取值（m^3/d）；

Q_{xa}——中水供应管网系统的年需水量（m^3），应根据本标准第5.1节的规定计算。

6 节水设备、计量仪表、器材及管材、管件

6.1 卫生器具、器材

6.1.1 建筑给水排水系统中采用的卫生器具、水嘴、淋浴器等应根据使用对象、设置场所、建筑标准等因素确定，且均应符合现行行业标准《节水型生活用水器具》CJ 164的规定。

6.1.2 坐式大便器宜采用设有大、小便分档的冲洗水箱。

6.1.3 居住建筑中不得使用一次冲洗水量大于6L的坐便器。

6.1.4 小便器、蹲式大便器应配套采用延时自闭式冲洗阀、感应式冲洗阀、脚踏冲洗阀。

6.1.5 公共场所的卫生间洗手盆应采用感应式或延时自闭式水嘴。

6.1.6 洗脸盆等卫生器具应采用陶瓷片等密封性能良好耐用的水嘴。

6.1.7 水嘴、淋浴喷头内部宜设置限流配件。

6.1.8 采用双管供水的公共浴室宜采用带恒温控制与温度显示功能的冷热水混合淋浴器。

6.1.9 民用建筑的给水、热水、中水以及直饮水等给水管道设置计量水表应符合下列规定：

1 住宅入户管上应设计量水表；

2 公共建筑应根据不同使用性质及计费标准分类分别设计量水表；

3 住宅小区及单体建筑引入管上应设计量水表；

4 加压分区供水的贮水池或水箱前的补水管上宜设计量水表；

5 采用高位水箱供水系统的水箱出水管上宜设计量水表；

6 冷却塔、游泳池、水景、公共建筑中的厨房、洗衣房、游乐设施、公共浴池、中水贮水池或水箱补水等的补水管上应设计量水表；

7 机动车清洗用水管上应安装水表计量；

8 采用地下水水源热泵为热源时，抽、回灌管道应分别设计量水表；

9 满足水量平衡测试及合理用水分析要求的管段上应设计量水表。

6.1.10 民用建筑所采用的计量水表应符合下列规定：

1 产品应符合国家现行标准《封闭满管道中水流量的测量　饮用冷水水表和热水水表》GB/T 778.1～3、《IC卡冷水水表》CJ/T 133、《电子远传水表》CJ/T 224、《冷水水表检定规程》JJG 162和《饮用水冷水水表安全规则》CJ 266的规定；

2 口径*DN*15～*DN*25的水表，使用期限不得超过6a；口径大于*DN*25的水表，使用期限不得超过4a。

6.1.11 学校、学生公寓、集体宿舍公共浴室等集中用水部位宜采用智能流量控制装置。

6.1.12 减压阀的设置应满足下列要求：

1 不宜采用共用供水立管串联减压分区供水；

2 热水系统采用减压阀分区时，减压阀的设置不得影响循环系统的运行效果；

3 用水点处水压大于0.2MPa的配水支管应设置减压阀，但应满足给水配件最低工作压力的要求；

4 减压阀的设置还应满足现行国家标准《建筑给水排水设计规范》GB 50015的有关规定。

6.2 节 水 设 备

6.2.1 加压水泵的Q-H特性曲线应为随流量的增大，扬程逐渐下降的曲线。

6.2.2 市政条件许可的地区，宜采用叠压供水设备，但需取得当地供水行政主管部门的批准。

6.2.3 水加热设备应根据使用特点、耗热量、热源、维护管理及卫生防菌等因素选择，并应符合下列规定：

1 容积利用率高，换热效果好，节能、节水；

2 被加热水侧阻力损失小。直接供给生活热水的水加热设备的被加热水侧阻力损失不宜大于0.01MPa；

3 安全可靠、构造简单、操作维修方便。

6.2.4 水加热器的热媒入口管上应装自动温控装置，自动温控装置应能根据壳程内水温的变化，通过水温传感器可靠灵活地调节或启闭热媒的流量，并应使被加热水的温度与设定温度的差值满足下列规定：

1 导流型容积式水加热器：±5℃；

2 半容积式水加热器：±5℃；

3 半即热式水加热器：±3℃。

6.2.5 中水、雨水、循环水以及给水深度处理的水处理宜采用自用水量较少的处理设备。

6.2.6 冷却塔的选用和设置应符合下列规定：

1 成品冷却塔应选用冷效高、飘水少、噪声低的产品；

2 成品冷却塔应按生产厂家提供的热力特性曲线选定。设计循环水量不宜超过冷却塔的额定水量；当循环水量达不到额定水量的80%时，应对冷却塔的配水系统进行校核；

3 冷却塔数量宜与冷却水用水设备的数量、控制运行相匹配；

4 冷却塔设计计算所选用的空气干球温度和湿球温度，应与所服务的空调等系统的设计空气干球温度和湿球温度相吻合，应采用历年平均不保证50h的干球温度和湿球温度；

5 冷却塔宜设置在气流通畅，湿热空气回流影响小的场所，且宜布置在建筑物的最小频率风向的上风侧。

6.2.7 洗衣房、厨房应选用高效、节水的设备。

6.3 管材、管件

6.3.1 给水、热水、再生水、管道直饮水、循环水等供水系统应按下列要求选用管材、管件：

1 供水系统采用的管材和管件，应符合国家现行有关标准的规定。管道和管件的工作压力不得大于产品标准标称的允许工作压力；

2 热水系统所使用管材、管件的设计温度不应低于80℃；

3 管材和管件宜为同一材质，管件宜与管道同径；

4 管材与管件连接的密封材料应卫生、严密、防腐、耐压、耐久。

6.3.2 管道敷设应采取严密的防漏措施，杜绝和减少漏水量。

1 敷设在垫层、墙体管槽内的给水管管材宜采用塑料、金属与塑料复合管材或耐腐蚀的金属管材，并应符合现行国家标准《建筑给水排水设计规范》GB 50015的相关规定；

2 敷设在有可能结冻区域的供水管应采取可靠的防冻措施；

3 埋地给水管应根据土壤条件选用耐腐蚀、接口严密耐久的管材和管件，做好相应的管道基础和回填土夯实工作；

4 室外直埋热水管，应根据土壤条件、地下水位高低、选用管材材质、管内外温差采取耐久可靠的防水、防潮、防止管道伸缩破坏的措施。室外直埋热水管直埋敷设还应符合国家现行标准《建筑给水排水及采暖工程验收规范》GB 50242及《城镇直埋供热管道工程技术规程》CJJ/T 81的相关规定。

中华人民共和国国家标准

民用建筑节水设计标准

GB 50555—2010

条　文　说　明

9

目　次

9

1 总　　则

1.0.1 在工程建设中贯彻节能、节地、节水、节材和环境保护是一项长久的国策，节水设计的前提是在满足使用者对水质、水量、水压和水温要求的前提下来提高水资源的利用率，节水设计的系统应是经济上合理，有实施的可能，同时在使用时应便于管理维护。

1.0.4 建筑节水设计，除满足本标准外，还应符合国家其他的相关标准，如《节水型生活用水器具》CJ 164的要求。在节水方面，许多省市也出台了相应的地方规定，尤其在中水利用与雨水利用方面的规定，设计中应根据工程所在地的情况分别执行。

3 节水设计计算

3.1 节水用水定额

本节制定的节水用水定额是专供编写“节水设计专篇”中计算节水用水量和进行节水设计评价用。

工程设计时，建筑给水排水的设计中有关“用水定额”计算仍按《建筑给水排水设计规范》GB 50015等标准执行。

3.1.1

1 表3.1.1所列节水用水定额是在使用节水器具后的参数，根据北京市节约用水管理中心提供的住宅用水量定额数据统计分析，使用节水器具可比不使用节水器具者节水约10%～20%。

2 表3.1.1所列参数系以北京市节约用水管理中心和深圳市节约用水管理办公室所提供的平均日用水定额为依据，参照《建筑给水排水设计规范》GB 50015－2003与《室外给水设计规范》GB 50013－2006中相关用水定额条款的编制内容与分类进行编制。

3 表3.1.1中各项数据的编制：

1）以北京市节约用水管理中心提供的二区、三区中Ⅰ、Ⅱ、Ⅲ类住宅的节水用水定额为基础，稍加调整后列为表中“大城市”的用水定额，二、三区特大城市与中小城市的用水定额则以此为基准，按深圳市节约用水管理办公室提供的一区中大城市与特大城市、中小城市的用水定额比例分别计算取值。

2）以深圳市节约用水管理办公室提供的广东地区（即一区）Ⅱ类住宅的用水定额（非全部使用节水器具后的用水定额）乘以0.9～0.8取整后作为一区特大城市、大城市、中小城市的Ⅱ类住宅的用水定额；Ⅰ、Ⅲ类住宅则按照二、三区的相应用水定额比例取值。

主要编制过程及结果见表1。

表1 节约用水定额取值

住宅类型		卫生器具设置标准	节水用水定额 q_z								
			一区			二区			三区		
			特大城市	大城市	中小城市	特大城市	大城市	中小城市	特大城市	大城市	中小城市
普通住宅	Ⅰ	有大便器、洗涤盆	A×(120～200)=100～140	A×(110～150)=90～110	A×(90～140)=80～100	C×(60～80)=70～110	60～80	D×(60～80)=50～70	C×(50～70)=60～100	50～70	D×(50～70)=45～65
	Ⅱ	有大便器、洗脸盆、洗涤盆和洗衣机、热水器和沐浴设备	120～200	100～150	90～140	C×(70～110)=80～140	70～110	D×(70～110)=60～100	C×(60～90)=70～120	60～90	D×(60～90)=50～80
	Ⅲ	有大便器、洗脸盆、洗涤盆、洗衣机、家用热水机组或集中热水供应和沐浴设备	B×(120～200)=140～230	B×(110～150)=130～180	B×(90～140)=100～160	C×(80～130)=90～170	80～130	D×(80～130)=70～120	C×(70～100)=80～140	70～100	D×(70～100)=60～90

注：1 表中带阴影的数据，如“120～200”分别为北京市节约用水管理中心和深圳市节约用水办公室提供的经整理后的参数；
2 表中A为二区大城市中Ⅰ、Ⅱ类住宅的用水定额的比值；
B为二区大城市中Ⅲ、Ⅱ类住宅的用水定额的比值；
3 表中C为一区中特大城市与大城市住宅用水定额的比值；
D为一区中中小城市与大城市住宅用水定额的比值。

4 本标准表 3.1.1 中别墅的节水用水定额系以《建筑给水排水设计规范》GB 50015－2003 表 3.1.9 中，别墅用水定额/Ⅲ类住宅用水定额＝1.11～1.094 作为取值依据，即一、二、三区不同规模城市中别墅的节水定额＝1.1×相应的Ⅲ类住宅节水用水定额。

3.1.2 公共建筑生活用水节水用水定额的编制说明：

公共建筑对比住宅类建筑节水用水定额的确定要复杂得多，主要体现在：

1 公共建筑类别多，使用人员多而变化，难以统计分析；

2 使用人数不如住宅稳定，难以得到较准确的用水定额资料；

3 公共建筑中一般使用者与用水费用不挂钩，节水意识远不如住宅中的居民；

4 虽然有一些个别类型建筑某段时间的用水量统计资料，但很难以此作为依据。

针对上述情况，表 3.1.2 是以《建筑给水排水设计规范》GB 50015（2009 年版）表 3.1.10 中的宿舍、旅馆和公共建筑生活用水定额为基准，乘以 0.9～0.8 的使用节水器具后的折减系数作为相应各类建筑的生活用水节水用水定额。

3.1.3 汽车冲洗用水定额参考《建筑给水排水设计规范》GB 50015－2003 相关条文确定，由于软管冲洗时耗水量大，因此本规范不推荐使用。随着汽车技术的进步，无水洗车、微水洗车技术得到推广，无水洗车被称为"快捷手喷蜡"，不用水；微水洗车采用气、水分隔，合并采用高技术转换成微水状态，15min 用水量只有 1.5L 左右。但采用上述技术时，应按相应产品样本确定实际洗车用水量。电脑洗车技术已成为城市洗车技术的主流，采用循环水处理技术，每辆车耗水 0.7L 左右。当采用电脑机械等高技术洗车设备时，用水量应按产品说明书确定。每日洗车数量可按车辆保有量 10%～15%计算。

3.1.4 空调循环冷却水补水量的数据采用《建筑给水排水设计规范》GB 50015－2003 数据。

3.1.5 表中数据给出每次浇洒用水量，每日按早晚各 1 次设计。

3.1.6 绿化用水定额参照北京市地方标准《草坪节水灌溉技术规定》DB11/T 349－2006 制定，采用平水年份数据。冷季型草坪草的最适生长温度为 15℃～25℃，受季节性炎热的温度和持续期及干旱环境影响较大。暖季型草坪草的最适生长温度为 26℃～32℃，受低温的强度和持续时间影响较大。冷季型草坪草平水年份灌水次数、灌水定额和灌水周期见表 2。暖季型草坪草平水年份灌水次数、灌水定额和灌水周期见表 3。

9

表 2 冷季型草坪草平水年份灌水次数、灌水定额和灌水周期

时段	灌水定额		特级养护		一级养护		二级养护	
	m^3/m^2	mm	灌水次数	灌水周期（d）	灌水次数	灌水周期（d）	灌水次数	灌水周期（d）
3 月	0.015～0.025	15～25	2	10～15	1	15～20	1	15～20
4 月	0.015～0.025	15～25	4	6～8	4	6～8	2	10～15
5 月	0.015～0.025	15～25	8	3～4	6	4～5	4	6～8
6 月	0.015～0.025	15～25	6	4～5	5	5～6	2	10～15
7 月	0.015～0.025	15～25	3	8～10	2	10～15	1	15～20
8 月	0.015～0.025	15～25	3	8～10	2	10～15	1	15～20
9 月	0.015～0.025	15～25	3	8～10	3	8～10	1	15～20
10 月	0.015～0.025	15～25	2	10～15	1	15～20	1	15～20
11 月	0.015～0.025	15～25	2	10～15	1	15～20	1	15～20

表 3 暖季型草坪草平水年份灌水次数、灌水定额和灌水周期

时段	灌水定额		一级养护		二级养护	
	m^3/m^2	mm	灌水次数	灌水周期（d）	灌水次数	灌水周期（d）
4 月	0.015～0.025	15～25	1	15～20	1	15～20
5 月	0.015～0.025	15～25	3	8～10	2	10～15
6 月	0.015～0.025	15～25	2	10～15	2	10～15
7 月	0.015～0.025	15～25	2	10～15	1	15～20
8 月	0.015～0.025	15～25	2	10～15	1	15～20
9 月	0.015～0.025	15～25	2	10～15	1	15～20
10 月	0.015～0.025	15～25	1	15～20	1	15～20
11 月	0.015～0.025	15～25	1	15～20	1	15～20

3.1.7 住宅、公共建筑生活热水节水用水定额的编制说明。

住宅、公共建筑的生活热水用水量包含在给水用水定额中，根据《建筑给水排水设计规范》GB 50015－2003 中 5.1.1 条条文说明的推理分析，各类建筑生活热水量与给水量有一定比例关系。本标准表 3.1.7 即依据此比例关系将本标准表 3.1.1、表 3.1.2 中的给水节水用水定额推算整理为相应的热水节水用水定额。

1　各类建筑生活热水用水量占给水用水量的比例，见表 4。

表 4　各类建筑生活热水用水量占给水用水量的比例(%)

类　别	生活热水用水量占给水用水量的比例
住宅、别墅	0.33～0.38
旅馆、宾馆	0.44～0.56
医院	0.44～0.50
餐饮业	0.48～0.51
办公楼	0.18～0.20

注：表中没有列出的建筑参照类似建筑的比例。

2　按照《建筑给水排水设计规范》GB 50015－2003 表 5.1.1 的编制方法，住宅类建筑未按本标准表 3.1.1 分区分住宅类型编写，只编制了局部热水供应系统(即“自备热水供应和淋浴设备”)和集中热水供应两项用水定额，其取值的方法如表 5 所示。

表 5　住宅类建筑热水节水用水定额推求

住宅类型	给水节水用水定额 q_z	$b=\frac{热水量}{冷水量}$	热水节水用水定额 q_r (L/人·d)
有自备热水供应和淋浴设备	三区Ⅱ类住宅中最低值 50	0.38	0.38×50 =19.0 取 20
	一区Ⅱ类住宅中最大值 200	0.33	0.33×200 =66 取 60
有集中热水供应和淋浴设备	三区Ⅱ类住宅中最低值 60	0.38	0.38×60 =22.8 取 25
	一区Ⅱ类住宅中最大值 230	0.33	0.33×230 =76 取 70

3　计算热水节水用水量时按照本标准表 3.1.7 中注 3 选值。

4　节水系统设计

4.1　一般规定

4.1.1　初步设计阶段应编写节水设计内容即“节水设计专篇”，包括节水用水量、中水或再生水、雨水回用水量的计算。这些用水量计算的目的，一是可为市政自来水与排水管理部门提供较准确的用水量、排水量依据；二是通过计算可以框算出该建筑物一年的节约水量。

为了统一“节水设计专篇”的编写格式和编写内容，标准编制组通过对不同省市的节水设计专篇的归纳、总结，给出一个完整的“节水设计专篇”，供在全国范围内工程设计人员参考，其内容见本标准附录 A。

4.1.2　节水设计除合理选用节水用水定额、采用节水的给水系统、采用好的节水设备、设施和采取必要的节水措施外，还应在兼顾保证供水安全、卫生条件下，根据当地的要求合理设计利用污、废水、雨水，开源节流，完善节水设计。

4.1.3　本条规定的竖向分区及分区的标准与《建筑给水排水设计规范》GB 50015 完全一致，只是规定了各配水点处供水压力(动压)不大于 0.2MPa 的要求。

控制配水点处的供水压力是给水系统节水设计中最为关键的一个环节。控压节水从理论到实践都得到充分的证明：

北京建筑工程学院曾在该校两栋楼做过实测，其结果如下：

(1)普通水嘴半开和全开时最大流量分别为：0.42L/s 和 0.72L/s，对应的实测动压值为 0.24MPa 和 0.5MPa，静压值均为 0.37MPa。节水水嘴半开和全开时最大流量为 0.29L/s 和 0.46L/s，对应的实测动压值为 0.17MPa 和 0.22MPa，静压值为 0.3MPa，按照水嘴的额定流量 $q=0.15$L/s 为标准比较，节水水嘴在半开、全开时其流量分别为额定流量的 2 倍和 3 倍。

(2)对 67 个水嘴实测，其中 47 个测点流量超标，超标率达 61%。

(3)根据实测得出的陶瓷阀芯和螺旋升降式水嘴流量 Q 与压力 P 关系曲线(见图 1、图 2)，可知 Q 与 P 成正比关系。

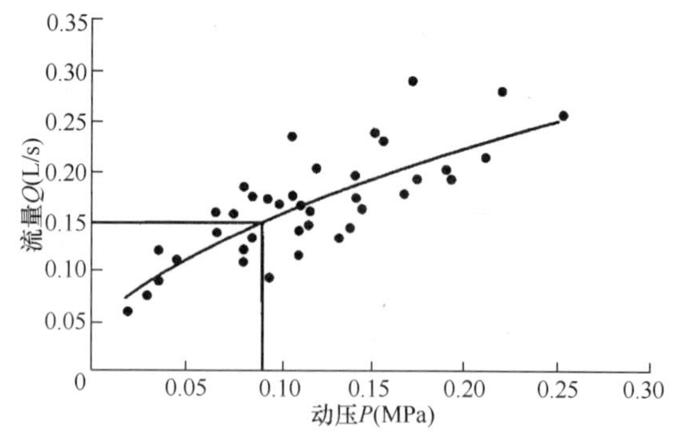

图 1　陶瓷阀芯水嘴半开 Q-P 曲线

另外，据生产小型支管减压阀的厂家介绍，可调

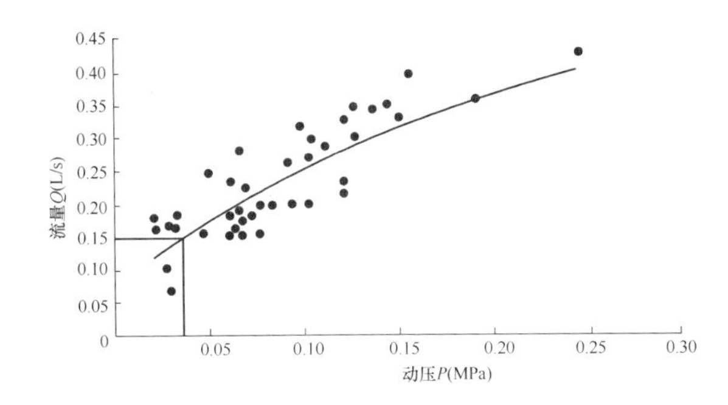

图2 螺旋升降式水嘴
半开 Q-P 曲线

试减压阀最小减压差即阀前压力 P_1 与阀后压力 P_2 的最小差值为 $P_1-P_2\geqslant0.1$MPa。因此，当给水系统中配水点压力大于0.2MPa时，其配水支管配上减压阀，配水点处的实际供水压力仍大于0.1MPa，满足除自闭式冲洗阀件外的配水水嘴与阀件的要求。设有自闭式冲洗阀的配水支管，设置减压阀的最小供水压力宜为0.25MPa，即经减压后，冲洗阀前的供水压力不小于0.15MPa，满足使用要求。

4.1.5 我国水资源严重匮乏，人均水资源是世界平均水平的1/4，目前全国年缺水量约为400亿 m^3，用水形势相当严峻，为贯彻"节水"政策及避免不切实际地大量采用自来水补水的人工水景的不良行为，规定"景观用水水源不得采用市政自来水和地下井水"，应利用中水(优先利用市政中水)、雨水收集回用等措施，解决人工景观用水水源和补水等问题。景观用水包括人造水景的湖、水湾、瀑布及喷泉等，但属体育活动的游泳池、瀑布等不属此列。

4.2 供水系统

4.2.1 为节约能源，减少居民生活饮用水水质污染，建筑物底部的楼层应充分利用市政或小区给水管网的水压直接供水。设有市政中水供水管网的建筑，也应充分利用市政供水管网的水压，节能节水。

4.2.2 本条强调给水调节水池或水箱（含消防用水池、水箱）设置溢流信号管和报警装置的重要性，据调查，有不少水池、水箱出现过溢水事故，不仅浪费水，而且易损害建筑物、设施和财产。因此，水池、水箱不仅要设溢流管，还应设置溢流信号管和溢流报警装置，并将其引至有人正常值班的地方。

当建筑物内设有中水、雨水回用给水系统时，水池（箱）溢水和废水均宜排至中水、雨水原水调节池，加以利用。

4.2.3 带有冷水混合器或混水水嘴的卫生器具，从节水节能出发，其冷、热水供水压力应尽可能相同。但实际工程中，由于冷水、热水管径不一致，管长不同，尤其是当采用高位水箱通过设在地下室的水加热器再返上供给高区热水时，热水管路要比冷水管长得多，热水加热设备的阻力也是影响冷水、热水压力平衡的因素。要做到冷水、热水在同一点压力相同是不可能的。本条提出不宜大于0.02MPa在实际中是可行的，控制热水供水管路的阻力损失与冷水供水阻力损失平衡，选用阻力损失小于或等于0.01MPa的水加热设备。在用水点采用带调压功能的混合器、混合阀，可保证用水点的压力平衡，保证出水水温的稳定。目前市场上此类产品已应用很多，使用效果良好，调压的范围冷、热水系统的压力差可在0.15MPa内。

4.2.4 本条第1款规定的热水系统设循环管道的设置原则，与《建筑给水排水设计规范》GB 50015的要求一致，增写第2款和第3款的理由是：

1 近年来全国各大、中城市都兴建了不少高档别墅、公寓，其中大部分均采用自成小系统的局部热水供应系统，从加热器到卫生间管道长达十几米到几十米，如不设回水循环系统，则既不方便使用，更会造成水资源的浪费。因此第2款提出了大于3个卫生间的居住建筑，根据热水供回水管道布置情况设置回水配件自然循环或设小循环泵机械循环。值得注意的是，靠回水配件自然循环应看管网布置是否满足其能形成自然循环条件的要求。

2 第3款提出了全日集中热水供应系统循环系统应达到的标准。根据一些设有集中热水供应系统的工程反馈，打开放水水嘴要放数十秒钟或更长时间的冷水后才出热水，循环效果差。因此，对循环系统循环的好坏应有一个标准。国外有类似的标准，如美国规定医院的集中热水供应系统要求放冷水时间不得超过5s；本款提出：保证配水点出水水温不低于45℃的时间为：住宅15s；医院和旅馆等公共建筑不得超过10s。

住宅建筑因每户均设水表，而水表宜设户外，这样从立管接出入户支管一般均较长，而住宅热水采用支管循环或电伴热等措施，难度较大也不经济、不节能，因此将允许放冷水的时间为15s，即允许入户支管长度为10m～12m。

医院、旅馆等公共建筑，一般热水立管靠近卫生间或立管设在卫生间内，配水支管短，因此，允许放冷水时间为不超过10s，即配水支管长度7m左右。当其配水支管长时，亦可采用支管循环。

4.2.5 本条提出了单体建筑、小区集中热水供应系统保证循环效果的措施。

1 单体建筑的循环管道首选为同程布置，因为采用同程布置能保证良好的循环效果已为三十多年来的工程实践所证明。

其次是热水回水干、立管采用导流三通连接，如图3所示。鉴于导流三通尚无详细的性能测试及适用条件的研究成果报告，因此一般只宜用于各供水立管管径及长度均一致的工程，紫铜导流三通接头规格尺寸见表6。

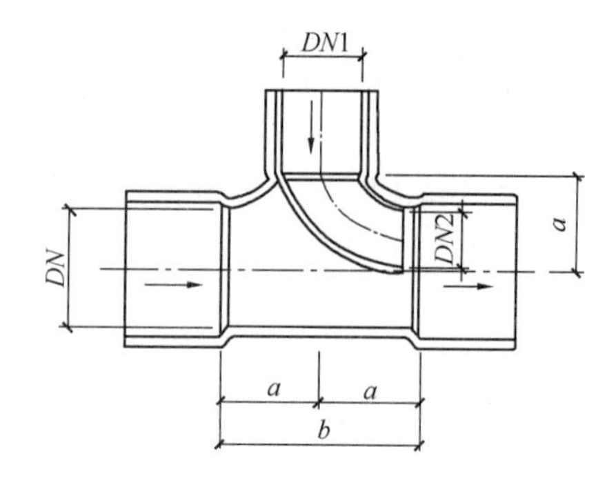

图3　导流三通

表6　紫铜导流三通接头规格尺寸表

DN×DN1	DN2	a	b
20×15	8	20	40
25×15	8	25	50
25×20	10	25	50
32×15	8	30	60
32×20	10	30	60
32×25	15	30	60
40×15	8	35	70
40×20	10	35	70
40×25	15	35	70
40×32	20	35	70
50×15	8	40	80
50×20	10	40	80
50×25	15	40	80
50×32	20	40	80
50×40	25	40	80
65×15	8	45	90
65×20	10	45	90
65×25	15	45	90
65×32	20	45	90
65×40	25	45	90
65×50	32	45	90
80×15	8	50	100
80×20	10	50	100
80×25	15	50	100
80×32	20	50	100
80×40	25	50	100
80×50	32	50	100
80×65	40	50	100

再次是在回水立管上设置限流调节阀、温控阀来调节平衡各立管的循环水量。限流调节阀一般适用于开式供水系统，通过限流调节阀设定各立管的循环流量，由总回水管回至开式热水系统，如图4所示。

在回水立管上装温控阀或热水平衡阀是近年来国外引进的一项新技术。阀件由温度传感装置和一个小电动阀门组成，可以根据回水立管中的温度高低调节阀门开启度，使之达到全系统循环的动态平衡。可用于难以布置同程管路的热水系统。

2　第2款是引用《建筑给水排水设计规范》GB 50015－2003中的5.2.13条。

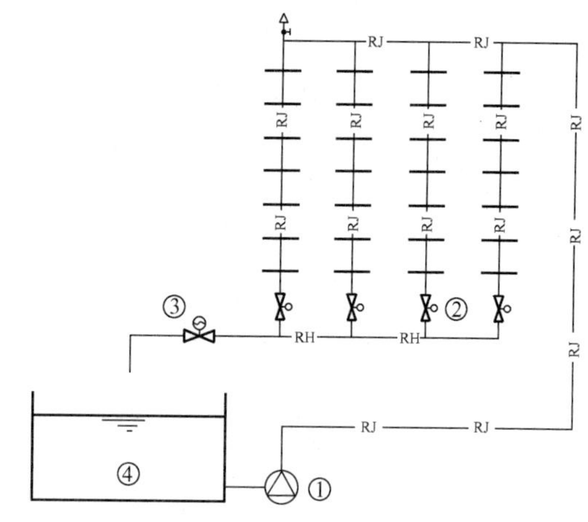

图4　限流调节阀在热水系统中的应用

①—供水泵兼循环泵；②—限流调节阀；
③—电动阀；④—热水箱

3　小区设集中热水供应系统时，保证循环系统循环效果的措施为：

1）一般分设小区供、回水干管的总循环与单体建筑内热水供、回水管的分循环二个相互关联的循环系统；

2）总循环系统设总循环泵，其流量应满足补充全部供水管网热损失的要求；

3）各单体建筑的分循环系统供、回水管与总循环系统总供、回水管不要求同程布置。

4）各单体建筑连接小区总回水管可采用如下方式：

①当各单体建筑内的热水供、回水管布置及管径全同时，可采用导流三通的连接方式；

②当各单体建筑内的热水供、回水管布置及管径不同时宜采用设分循环泵或温控阀方式；

③当小区采用开式热水供应系统时，可参照图4的做法，在各单体建筑连接总回水管处设限流调节阀或温控阀。

4.2.7　第2款规定管道直饮水系统的净化水设备产水率不应小于70%，系引自北京市、哈尔滨市等颁布的有关节水条例。据工程运行实践证明：深度净化处理中只有反渗透膜处理时达不到上述产水率的要求，因此，设计管道直饮水水质深度处理时应按节水、节能要求合理设计水处理流程。

4.2.8　本条规定采用蒸汽制备开水应采用间接加热的方式，主要是有的蒸汽中含有油等不符合饮水水质要求的成分；但采用间接加热制备开水，凝结水应回收至蒸汽锅炉的进水水箱，这样既回收了水量又回收了热量，同时还节省了这部分凝结水的软化处理费用。

4.3　循环水系统

4.3.1　采用江、河、湖泊等地表水作为冷却水的水源直接使用时，需在扩初设计前完成“江河取水评估报告”、“江河排水评估报告”、“江河给水排水的环境影响评估报告”，并通过相关部门组织的审批通过。

为节约水资源，冷却循环水可以采用一水多用的措施，如冷却循环水系统的余热利用，可经板式热交换器换热预热需要加热的冷水；冷却循环水系统的排水、空调系统的凝结水可以作为中水的水源。吉林省等省市的城市节约用水管理条例提出，用水单位的设备冷却水、空调冷却水、锅炉冷凝水必须循环使用。

“北京市节约用水办法”规定：间接冷却水应当循环使用，循环使用率不得低于95%。其他的很多省市也作出规定，用水户在用水过程中，应当采取循环用水、一水多用等节水措施，降低水的消耗量，鼓励单位之间串联使用回用水，提高水的重复利用率，不得直接排放间接冷却水。

《中国节水技术大纲》(2005-4-11发布)中提出要大力发展循环用水系统、串联用水系统和回用水系统，鼓励发展高效环保节水型冷却塔和其他冷却构筑物。优化循环冷却水系统，加快淘汰冷却效率低、用水量大的冷却池、喷水池等冷却设备。推广新型旁滤器，淘汰低效反冲洗水量大的旁滤设施。发展高效循环冷却水技术。在敞开式循环间接冷却水系统，推广浓缩倍数大于4的水处理运行技术；逐步淘汰浓缩倍数小于3的水处理运行技术；限制使用高磷锌水处理技术；开发应用环保型水处理药剂和配方。

4.3.2 游泳池、水上娱乐设施等补水水源来自城市市政给水，在其循环处理过程中排出废水量大，而这些废水水质较好，所以应充分重复利用，也可以作为中水水源之一。游泳池、水上娱乐池等循环周期和循环方式必须符合《游泳池给水排水工程技术规程》CJJ 122的有关规定。

4.3.3 《中国节水技术大纲》(2005-4-11)提出要发展和推广蒸汽冷凝水回收再利用技术。优化企业蒸汽冷凝水回收网络，发展闭式回收系统。推广使用蒸汽冷凝水的回收设备和装置，推广漏汽率小、背压度大的节水型疏水器。优化蒸汽冷凝水除铁、除油技术。

4.3.4 无水洗车是节水的新方向，采用物理清洗和化学清洗相结合的方法，对车辆进行清洗的现代清洗工艺。其主要特点是不用清洗水，没有污水排放，操作简便，成本较低。无水洗车使用的清洗剂有：车身清洗上光剂、轮胎清洗增黑剂、玻璃清洗防雾剂、皮塑清洗光亮剂等。清洗剂不含溶剂，环保、安全可靠。据北京市节约用水管理中心介绍，按每人每月生活用水3.5吨的标准计算，北京市一年洗车用水足够18万人一年生活用水。上海正在兴起一种无水洗车技术，通过喷洒洗车液化解粘在车身上污染物的新型洗车方式，用水量仅相当于传统洗车方式的三十分之一，符合环保，节水等要求。

微水洗车可使气、水分离，泵压和水压的和谐匹配，可以使其在清洗污垢时达到较好效果。清洗车外污垢可单用水，清洗车内部分可单用气，采用这种方式洗车若在15min内连续使用，用水量小于1.5L。

天津市节约用水条例规定，用水冲洗车辆的营业性洗车场（点），必须建设循环用水设施，经节水办公室验收合格后方可运行。

循环水洗车设备采用全自动控制系统洗车，循环水设备选用加药和膜分离技术等使水净化循环再用，可以节约用水90%，具有运行费用低、全部回用、操作简单、占地面积小等特点。上海市节约用水管理办法规定：拥有50辆以上机动车且集中停放的单位，应安装使用循环用水的节水洗车设备。上海市国家节水标志使用管理办法（试行）（沪水务［2002］568号）上海市节水型机动车清洗设备使用管理暂行办法规定：实行推广机动车清洗设备先进技术、采取循环用水等节水措施、提倡使用再生水资源，提高水的重复利用率。并规定了如下用水标准：

机动车清洗用水标准按照以下机动车类型规定：

1 客车

1） 小型客车（载重量1吨以下），每次30升；

2） 中型客车（载重量2吨以下），每次50升；

3） 大型客车（载重量4吨以下），每次100升。

2 货车

1） 小型货车（载重量1吨以下），每次45升；

2） 中型货车（载重量2吨以下），每次75升；

3） 大型货车（载重量4吨以下），每次120升；

4） 特大型货车（载重量4吨以上），每次150升。

3 特种车辆

特种车辆清洗用水标准参照其相应载重量标准规定。

4.3.6 水源热泵技术成为建筑节能重要技术措施之一，由于对地下水回灌不重视，已经出现抽取的地下水不能等量地回灌到地下，造成严重的地下水资源的浪费，对北方地区造成的地下水下降等问题尤其严重。根据北京市《关于发展热泵系统指导意见的通知》、《建设项目水资源论证管理办法》（水利部、国家发改委第15号）的规定，特制定本条。水源热泵用水量较大，如果不能很好地等量回灌地下，将造成严重的水资源浪费，水源热泵节水是建筑节水的重要组成部分，应引起给水排水专业人士的高度重视。

4.4 浇洒系统

4.4.1 我国是一个水资源短缺的国家，人均水资源量约为世界平均水平的四分之一。据预测，到 2030 年全国城市绿地灌溉年需水量为 82.7 亿 m^3，约占城市总需水量的 6%左右，因此，利用雨水、中水等非传统水源代替自来水等传统水源，已成为最重要的节水措施之一。

采用非传统水源作为浇洒系统水源时，其水质应达到相应的水质标准，且不应对公共卫生造成威胁。

4.4.2 传统的浇洒系统一般采用大水漫灌或人工洒水，不但造成水的浪费，而且会产生不能及时浇洒、过量浇洒或浇洒不足等一系列问题，而且对植物的正常生长也极为不利。随着水资源危机的日益严重，传统的地面大水漫灌已不能适应节水技术的要求，采用高效的节水灌溉方式势在必行。

有资料显示，喷灌比地面漫灌要省水约 30%～50%，微灌（包括滴灌、微喷灌、涌流灌和地下渗灌）比地面漫灌省水约 50%～70%。

浇洒方式应根据水源、气候、地形、植物种类等各种因素综合确定，其中喷灌适用于植物集中连片的场所，微灌系统适用于植物小块或零碎的场所。

采用中水浇洒时，因水中微生物在空气中易传播，故应避免喷灌方式，宜采用微灌方式。

采用滴灌系统时，由于滴灌管一般敷设于地面上，对人员的活动有一定影响。

4.4.3 鼓励采用湿度传感器或根据气候变化的调节控制器，根据土壤的湿度或气候的变化，自动控制浇洒系统的启停，从而提高浇洒效率，节约用水。

4.4.4 本条的目的是为确保浇洒系统配水的均匀性。

5 非传统水源利用

5.1 一 般 规 定

5.1.1 本条规定了非传统水源的利用原则。

非传统水源的利用需要因地制宜。缺水城市需要积极开发利用非传统水源；雨洪控制迫切的城市需要积极回用雨水；建设人工景观水体需要优先利用非传统水源等等。

利用雨水、中水替代自来水供水时一般用于杂用水和景观环境用水等，目前尚没有同时对雨水和中水适用的水质标准，即使建筑中水有城市再生污水的水质标准可资借鉴，但中水进入建筑室内特别是居民家庭时，也需要对水质指标的安全风险予以充分的考虑，要留有余地。

5.1.2 民用建筑采用非传统水源时，处理出水的水质应按不同的用途，满足不同的国家现行水质标准。采用中水时，如用于冲厕、道路清扫、消防、城市绿化、车辆冲洗、建筑施工等杂用，其水质应符合国家标准《城市污水再生利用　城市杂用水水质标准》GB/T 18920 的规定；用于景观环境用水，其水质应符合国家标准《城市污水再生利用　景观环境用水水质标准》GB/T 18921 的规定。雨水回用于上述用途时，应符合国家标准《建筑与小区雨水利用工程技术规范》GB 50400 的相关要求。严禁中水、雨水进入生活饮用水给水系统。采用非传统水源中水、雨水时，应有严格的防止误饮、误用的措施。中水处理必须设有消毒设施。公共场所及绿化的中水取水口应设带锁装置等。

5.1.3 本条规定了非传统水源利用的基本水质要求。

非传统水源一般含有污染物，且污染物质因水源而异，比如中水水源的典型污染物有 BOD_5、SS 等，雨水径流的典型污染物有 COD、SS 等，苦咸水的典型污染物有无机盐等。利用这些非传统水源时，应采取相应的水质净化工艺去除这些典型污染物。

5.1.5 本条规定了非传统水源的用途。

本条规定的用途主要引自《建筑与小区雨水利用工程技术规范》GB 50400 和《建筑中水设计规范》GB 50336。建筑空调系统的循环冷却水是指用冷却塔降温的循环水，水流经过冷却塔时会产生飘水，有可能经呼吸进入居民体内，故中水的用途中不包括用于冷却水补水。

5.1.6 条文中的再生水指非传统水源再生水。

5.1.7～5.1.12 条文规定了非传统水源日用量和年用量的计算方法。

水体的平静水面蒸发量各地互不相同，同一个地区每月的蒸发量也不相同，可查阅当地的水文气象资料获取；水体中有水面跌落时，还应计算跌落水面的风吹损失量。水面的风吹损失量和水体的渗透量可参考 5.1.7 条计算。处理站机房自用水量可按日处理量的 5%计。

5.1.13 市政再生水管网的供水一般有政策优惠，价格比自建中水站制备中水便宜，且方便管理，故推荐优先采用。

5.1.14 观赏性景观环境用水的水质要求不太高，应优先采用雨水、中水、市政再生水等非传统水源。

5.1.15 雨水和中水原水分开处理不宜混合的主要原因如下：

第一，雨水的水量波动太大。降雨间隔的波动和降雨量的波动和中水原水的波动相比不是同一个数量级的。中水原水几乎是每天都有的，围绕着年均日水量上下波动，高低峰水量的时间间隔为几小时。而雨水来水的时间间隔分布范围是几小时、几天、甚至几个月，雨量波动需要的调节容积比中水要大几倍甚至十多倍，且池内的雨水量时有时无。这对水处理设备的运行和水池的选址都带来了不可调和的矛盾。

第二，水质相差太大。中水原水的最重要污染指标是 BOD_5，而雨水污染物中 BOD_5 几乎可以忽略不计，因此处理工艺的选择大不相同。

5.1.16 雨水和中水合用的系统，在雨季，尤其刚降雨后，雨水蓄水池和中水调节池中都有水源可用，这时应先利用雨水，把雨水蓄水池尽快空出容积，收集后续雨水或下一场降雨雨水，同时中水原水可能会无处储存，可进行排放，进入市政污水管网。

条文的指导思想是优先截留雨水回用，在利用雨水替代自来水的同时，还降低了外排雨水量和流量峰值，实现雨洪控制的目标。

5.1.17 本条规定了非传统水源利用率的计算方法。

非传统水源利用率是非传统水源年用量在年总用水量中所占比例。非传统水源年用量是雨水、中水等各项用水的年用量之和，年总用水量根据第3章规定的年用水定额计算，其中包括了传统水源水和非传统水源水。

5.2 雨 水 利 用

5.2.1 新建、改建和扩建的建筑与小区，都对原来的自然地面特性有了人为的改变，使硬化面积增加，外排雨水量或峰值加大，因此需要截流这些人为加大的外排雨水，进行入渗或收集回用。

5.2.2 年降雨量低于400mm的地区，雨水收集回用设施的利用效率太低，不予推荐。常年降雨量超过800mm的城市，雨水收集回用设施可以实现较高的利用效率，使回用雨水的经济成本降低。数据800mm的来源主要参考了国标《绿色建筑评价标准》GB/T 50378－2005。

5.2.4 本条公式是在国家标准《建筑与小区雨水利用工程技术规范》GB 50400－2006中（4.2.1-1）式的基础上增加了系数0.6～0.7，主要是扣除全年降雨中那些形不成径流的小雨和初期雨水径流弃流量。公式中的常年降雨厚度参见当地水温气象资料，雨量径流系数可参考《建筑与小区雨水利用工程技术规范》GB 50400。

5.2.5 本条规定了计算汇水面积的计算方法。

一个既定汇水面的全年雨水回用量受诸多工程设计参数的影响，比如实际的汇水面积、雨水蓄水池容积、回用管网的用水规模等。这些参数中，只要有一个匹配得不好，设计取值相对偏小，则全年雨水回用量就随其减少。比如一个项目的汇水面积和蓄水池都修建得很大，但雨水用户的用水量相对偏小，在雨季，收集的雨水不能及时耗用，蓄水池无法蓄集后续的降雨径流，则雨水回用量就会因雨水用户（管网）的规模偏小而减少。故全年的雨水回用量计算中的计算面积应按这三个因素中的相对偏小者折算。

公式（5.2.5-1）式反映蓄水池容积因素，该公式参考《建筑与小区雨水利用工程技术规范》GB 50400－2006中7.1.3条“雨水储存设施的有效储水容积不宜小于集水面重现期1～2年的日雨水设计径流总量扣除设计初期径流弃流量”整理而得。当有效容积V取值偏小，则计算面积F就会偏小，从而使年回用雨水量W_{ya}减少。当然，当仅有V取值偏大，也不会增加计算面积和雨水年回用量。

公式（5.2.5-2）式反应雨水管网用水规模因素，该公式参考《建筑与小区雨水利用工程技术规范》GB 50400－2006中7.1.2条“回用系统的最高日设计用水量不宜小于集水面日雨水设计径流总量的40%”整理而得。其中假设2.5倍的最高日用水量等于3倍的平均日用水量。

当然制约年回用量的因素还有雨水处理设施的处理能力，设计中应注意执行《建筑与小区雨水利用工程技术规范》GB 50400。

5.3 中 水 利 用

5.3.1 本条推荐中水设置的场所。

条文中的建筑面积参数是在北京市建筑中水设置规定的基础上修改的。其中宾馆饭店从2万m^2扩大到3万m^2，办公等公共建筑从3万m^2扩大到5万m^2。扩大的主要原因是一般水源型缺水城市的水源紧张程度不如北京那样紧张，同时自来水价也比北京低。

建筑中水的必要性一直存在争议。其实，建筑中水的存在，是有其客观需求的。需求如下：

1 不可替代的使用需求

在建筑区中营造景观水体，是房地产开发商越来越追逐的热点之一。2006年实施的国家标准《住宅建筑规范》GB 50368中，禁止在住宅区的水景中使用城市自来水。本标准也禁止在所有民用建筑小区中使用自来水营造水景。这样，建筑中水就成了景观水体的首要水源。雨水虽然更干净、卫生，但降雨季节性强，无法全年保障，仍需要中水做补水水源。

2 无市政排水出路时的需求

在城市的外围，建筑与小区的周边没有市政排水管道，建筑排水无法向市政管网排水，生活污水需要就地进行处理，达到向地面水体的排放标准后才能向建筑区外排放。然而对于这样的出水，再进行一下深度处理就可达到中水水质标准回用于建筑与小区杂用，并且增加的深度处理相对于上游的处理相对比较简单，经济上是划算的。目前有一大批未配套市政排水管网的建筑与小区，生活污水净化处理成中水回用，很受业主的欢迎。

3 特殊建筑需求

有些建筑，业主出于某些方面的考虑，提出一些特殊要求，这时必须采用中水技术才能满足业主需要。比如有些重要建筑和一些奥运会体育场馆工程，业主要求用水零排放，这时就必须采用建筑中水技术实现业主的要求。

4 经济利益吸引的需求

随着自来水价格的逐年走高，用建筑中水替代一部分自来水能减少水费，带来经济效益，吸引了一些用户自发地采用中水。比如中国建筑设计研究院的设计项目中，有的项目规模没有达到北京市政府要求上中水的标准，可以不建中水系统，但业主自己要求设置，因为业主从已运行的中水系统，获得了经济效益，尝到了甜头。

5.3.2 建筑排水中的优质杂排水和杂排水的处理工艺较简单，成本较低，是中水的首选水源。在非传统水源的利用中，应作为可利用水量计算。其余品质更低的排水比如污水等可视具体情况自行选择，故不计入可利用水量。

5.3.3 在城市外围新开发的建筑区，有时没有市政排水管网。建筑排水需要处理到地面水体排放标准后再行排放。这时，再增加一级深度处理，就可达到中水标准，实现中水利用。故推荐中水利用。

5.3.4 一个既定工程中制约中水年回用量的主要因素有：原水的年收集量、中水处理设施的年处理水量、中水管网的年需水量。这三个水量的最小者才是能够实现的年中水利用量。条文中的三个公式分别计算这三个水量。公式中的系数0.8主要折扣机房自用水和溢流水量，系数0.9主要折扣进入管网的补水量，因为中水供水管网的水池或水箱一般设有自来水补水或其他水源补水，管网的用水中或多或少会补充进这种补水。0.9的取值应该是偏大的，即折扣的补水量偏少，但目前缺少更精确的资料，有待积累更多的经验数据进行修正。

6 节水设备、计量仪表、器材及管材、管件

6.1 卫生器具、器材

6.1.1 本条规定选用卫生器具、水嘴、淋浴器等产品时不仅要根据使用对象、设置场所和建筑标准等因素确定，还应考虑节水的要求，即无论选用上述产品的档次多高、多低，均要满足城镇建设行业标准《节水型生活用水器具》CJ 164的要求。

6.1.2、6.1.3 条文是根据城镇建设行业标准《节水型生活用水器具》CJ 164及建设部2007年第659号公告《建设事业“十一五”推广应用和限制禁止使用技术（第一批）》第79项“在住宅建设中大力推广6L冲洗水量的坐便器”的要求编写的。住宅采用节水型卫生器具和配件是节水的重要措施。节水型便器系统包括：总冲洗用水量不大于6L的坐便器系统，两档式便器水箱及配件，小便器冲洗水量不大于4.5L。

6.1.4 6.1.5 洗手盆感应式水嘴和小便器感应式冲洗阀在离开使用状态后，定时会自动断水，用于公共场所的卫生间时不仅节水，而且卫生。洗手盆自闭式水嘴和大、小便器延时自闭式冲洗阀具有限定每次给水量和给水时间的功能，具有较好的节水性能。

6.2 节水设备

6.2.1 选择生活给水系统的加压水泵时，必须对水泵的$Q-H$特性曲线进行分析，应选择特性曲线为随流量增大其扬程逐渐下降的水泵，这样的水泵工作稳定，并联使用时可靠。$Q-H$特性曲线存在有上升段（即零流量时的扬程不是最高扬程，随流量的增大扬程也升高，扬程升至峰值后，流量再增大扬程又开始下降，$Q-H$特性曲线的前段就出现一个向上拱起的弓形上升段的水泵）。这种水泵单泵工作，且工作点扬程低于零流量扬程时，水泵可稳定工作。若工作点在上升段范围内，水泵工作就不稳定。这种水泵并联时，先启动的水泵工作正常，后启动的水泵往往出现有压无流量的空转。水压的不稳定，用水终端的用水器具的用水量就会发生变化，不利于节水。

6.2.2 采用叠压、无负压供水设计设备，可以直接从市政管网吸水，不需要设置二次供水的低位水池（箱），减少清洗水池（箱）带来的水量的浪费，同时可以利用市政管网的水压，节能。

6.2.3 水加热设备主要有容积式、半容积式、半即热式或快速式水加热器，工程中宜采用换热效率高的导流型容积式水加热器，浮动盘管型、大波节管型半容积式水加热器等。导流型水加热器的容积利用率一般为85%～90%，半容积水加热器的容积利用率可为95%以上，而普通容积式水加热器的容积利用率为75%～80%，不能利用的冷水区大。水加热设备的被加热水侧阻力损失不宜大于0.01MP的目的是为了保证冷热水用水点处的压力易于平衡，不因用水点处冷热水压力的波动而浪费水。

6.2.5 雨水、游泳池、水景水池、给水深度处理的水处理过程中均需部分自用水量，如管道直饮水等的处理工艺运行一定时间后均需要反冲洗，反冲洗的水量一般较大；游泳池采用砂滤时，石英砂的反冲洗强度在12L/s·m^2～15L/s·m^2，如将反冲洗的水排掉，浪费的水量是很大的。因此，设计中应采用反冲洗用水量较少的处理工艺，如气—水反冲洗工艺，冲洗强度可降低到8L/s·m^2～10L/s·m^2，采用硅藻土过滤工艺，反冲洗的强度仅为0.83 L/s·m^2～3L/s·m^2，用水量可大幅度地减少。

6.2.6 民用建筑空调系统的冷却塔设计计算时所选用的空气干球温度和湿求温度，应与所服务的空调系统的设计空气干球温度和湿球温度相吻合。当选用的冷却塔产品热力性能参数采用的空气干球温度、湿球温度与空调系统的相应参数不符时，应由生产厂家进行热力性能校核。设计中，通常采用冷却塔、循环水泵的台数与冷冻机组数量相匹配。当采用多台塔双排布置时，不仅需要考虑湿热空气回流对冷效的影响，还应考虑多台塔及塔排之间的干扰影响。必须对选用的成品冷却塔的热力性能进行校核，并采取相应的技

术措施，如提高气水比等。

6.2.7 节水型洗衣机是指以水为介质，能根据衣物量、脏净程度自动或手动调整用水量，满足洗净功能且耗水量低的洗衣机产品。产品的额定洗涤水量与额定洗涤容量之比应符合《家用电动洗衣机》GB/T 4288-1992 中第 5.4 节的规定。洗衣机在最大负荷洗涤容量、高水位、一个标准洗涤过程，洗净比 0.8 以上，单位容量用水量不大于下列数值：

1 滚筒式洗衣机有加热装置 14L/kg，无加热装置 16L/kg；

2 波轮式洗衣机为 22L/kg。

6.3 管材、管件

6.3.1 工程建设中，不得使用假冒伪劣产品，给水系统中使用的管材、管件，必须符合国家现行产品标准的要求。管件的允许工作压力，除取决于管材、管件的承压能力外，还与管道接口能承受的拉力有关。这三个允许工作压力中的最低者，为管道系统的允许工作压力。管材与管件采用同一材质，以降低不同材质之间的腐蚀，减少连接处的漏水的几率。管材与管件连接采用同径的管件，以减少管道的局部水头损失。

6.3.2 直接敷设在楼板垫层、墙体管槽内的给水管材，除管内壁要求具有优良的防腐性能外，其外壁应具有抗水泥腐蚀的能力，以确保管道使用的耐久性。为避免直埋管因接口渗漏而维修困难，故要求直埋管段不应中途接驳或用三通分水配水。室外埋地的给水管道，既要承受管内的水压力，又要承受地面荷载的压力。管内壁要耐水的腐蚀，管外壁要耐地下水及土壤的腐蚀。目前使用较多的管材有塑料给水管、球墨铸铁给水管、内外衬塑的钢管等，应引起注意的是，镀锌层不是防腐层，而是防锈层，所以内衬塑的钢管外壁亦必须做防腐处理。管内壁的衬、涂防腐材料，必须符合现行的国家有关卫生标准的要求。

室外热水管道采用直埋敷设是近年来发展应用的新技术。与采用管沟敷设相比，具有省地、省材、经济等优点。但热水管道直埋敷设要比冷水管埋设复杂得多，必须解决好保温、防水、防潮、伸缩和使用寿命等直埋冷水管所没有的问题，因此，热水管道直埋敷设须由具有热力管道（压力管道）安装资质的单位承担施工安装，并符合国家现行标准《建筑给水排水及采暖工程验收规范》GB 50242 及《城镇直埋供热管道工程技术规程》CJJ/T 81 的相关规定。

中华人民共和国行业标准

游泳池给水排水工程技术规程

Technical specification for water supply and drainage engineering of swimming pool

CJJ 122—2017

批准部门：中华人民共和国住房和城乡建设部
施行日期：2 0 1 7 年 1 2 月 1 日

10

目　次

10

1 总　　则

1.0.1 为使游泳池的给水排水工程的设计、施工、检测、调试、验收、运行、维护和管理，做到技术先进、节能节水、经济合理，保证公众安全和健康卫生，制定本规程。

1.0.2 本规程适用于新建、扩建、改建的游泳池及类似水环境水池的给水排水工程的设计、施工、检测、调试、验收、运行、维护和管理。

1.0.3 游泳池的给水排水工程设计应与体育工艺、水上游乐设施工艺、舞台工艺，以及建筑、结构、暖通空调、电气等专业设计配合。

1.0.4 游泳池给水排水工程设计中所选用的设备、仪器仪表、化学药品、管材管件及附件等，均应符合国家现行有关产品标准的规定。

1.0.5 游泳池给水排水工程的设计、施工、调试、验收、运行、维护和管理，除应符合本规程外，尚应符合国家现行有关标准的规定。

2 术语和符号

2.1 术　　语

2.1.1 游泳池　swimming pool

人工建造的供人们在水中进行游泳、健身、戏水、休闲等各种活动的不同形状、不同水深的水池，是竞赛游泳池、热身游泳池、公共游泳池、专用游泳池、健身池、私人游泳池、休闲游泳池、文艺演出池、放松池和水上游乐池的总称。

2.1.2 竞赛游泳池　competition swimming pool

用于竞技比赛的游泳池。其池子的尺寸、深度及设施均符合相应级别赛事的标准要求，并获得相应赛事体育主管部门或赛事组织者的认可。

2.1.3 热身游泳池　warmup swimming pool

设置在竞赛用游泳池附近的、供参加游泳竞赛的运动员赛前进行适应性准备活动的水池。其池子的尺寸、深度应符合相应级别赛事的标准要求，并获得赛事组织者的认可。亦称热身池。

2.1.4 跳水池　diving pool

人工建造的供人们从规定高度的跳台、跳板向下跳时，并在空中完成各种规定造型动作姿态而安全入水的水池。

2.1.5 放松池　relax pool

现场建造或成品制造、利用一定压力的喷射水流和温度对跳水运动员身体不同部位进行冲击作局部肌肉放松的水池。通常设置在跳水池附近。

2.1.6 公共游泳池　public swimming pool

设置在社区、企业、学校、宾馆、会所、俱乐部等处的游泳池，以满足该区域、该单位人员使用，也可对社会其他公众有偿开放使用，或为业余比赛、游泳训练和教学服务。

2.1.7 专用游泳池　special swimming pool

供给运动员训练、专业教学、潜水员训练和特殊用途等行业内部使用，或不向社会公众开放的游泳池。该类游泳池的平面尺寸、深度及形状均根据使用要求确定。

2.1.8 私人游泳池　private swimming pool

建造在别墅、住宅内非商业用途的水池。只供家庭成员及受邀客人使用，其水池较小，形状多样。

2.1.9 健身池　leisure swimming pool

在池内安装有各种形式的健身器械，供人们在水中进行健身锻炼的水池。

2.1.10 多用途游泳池　multiple purpose swimming pool

在同一座水池内既能满足游泳、水球、花样游泳、跳水竞赛和训练要求，且这些项目又不能同时进行使用的游泳池。

2.1.11 多功能游泳池　multiple function swimming pool

指设有移动分隔墙和可升降池底板，通过该设施可将游泳池调整为具有不同大小及不同水深的游泳区域。

2.1.12 室外游泳池　outdoor swimming pool

设在室外露天，供人们游泳、跳水的水池，分为竞赛级别和非竞赛级别用游泳池，并设有循环水处理设施。

2.1.13 移动分隔池岸　mobile separate pond shore

采用机械或气动方式，将设有符合规定宽度的隔板池岸沿游泳池侧岸自由移动，将一座游泳池分隔成两座不同使用要求的游泳池的装置。亦称浮桥。

2.1.14 可升降池底板　adjustable floor

采用机械或电动、气动方式驱动，将成品拼装的游泳池底板自由的升降，实现准确调节池内水深以满足不同使用要求的活动平台。

2.1.15 拆装型游泳池　removable pool

由面板、结构支撑、溢流回水槽、专用连接件等部件按相应尺寸在混凝土基础上组成不同规格尺寸的游泳池池体和池岸，池体内表面粘有防水胶膜内衬，不使用时可以拆除的游泳池。

2.1.16 水上游乐池　recreational pool

以戏水、休闲、娱乐为主要目的而建造并安装有各种水上娱乐设施和不同形状及水深的水池。如幼儿及成人戏水池、滑道跌落池、造浪池、环流河等。

2.1.17 戏水池　paddling pool

在池内或池岸设置有水枪、水吊桶、水伞及卡通动物型的形态各异且逼真的喷水、戏水装置，具有较高趣味性和吸引力的娱乐水池。

2.1.18 滑道跌落池 waterslide splashdown (entry pool)

保证人们安全地从高台通过各种类型滑道表面下滑到滑道板终端而建造的，为游乐的人们提供跌落缓冲和安全入水的水池。

2.1.19 滑道 waterslides

一种供人们从高处通过板槽、圆筒或半圆筒等形状的滑梯滑落到滑道终端跌入水池的娱乐设施，包括直滑道、敞开型螺旋滑道、封闭型螺旋滑道、儿童滑梯和家庭滑梯等。

2.1.20 滑道润滑水 ride's water (lubricating-water)

为防止游乐的人们从滑道向下滑行时因人体或衬垫与滑道板面直接接触摩擦对人体造成伤害，而在滑道表面保持有一定厚度和连续不断的水流。

2.1.21 造浪池 wave pool

人工建造的能在深水端产生类似江海连续循环波浪不断向水池浅端涌去，并使水浪消散在浅滩区供人们娱乐的水池。池子由深端按规定长度和坡度向另一端升高，直至池底与地面相平，深水端设有安装造浪设施的机房。

2.1.22 环流河 rapids lazy river

人工建造的不规则环行弯曲闭合的河道。利用设在不同河道段的水泵连续不断地在环形河道内产生向前的水流，通过专用娱乐设施使漂流者沿河道漂流娱乐、休闲。亦称漂流河、动感河。

2.1.23 文艺演出池 theatrical performances pool

在池内设有自动升降舞台，为文艺演出单位进行水中和水上舞台进行文艺表演的专用水池。它由舞台表演水池、缓冲水池和备用储水池等组成一体式水池。它可建造在建筑内，亦可建在室外，该池属于水上游乐池范畴。亦称水舞台、水秀间。

2.1.24 池水循环净化处理系统 circulation water treatment system

将使用过的池水通过管道用水泵按规定的流量从池内或与池子相连通的均（平）衡水池内抽出，利用泵的压力依次送入过滤、加药、加热和消毒等工艺工序设备单元，使池水得到澄清、消毒、温度调节达到卫生标准要求后，再送回相应的池内重复使用的水净化处理系统。亦称循环净化水系统。

2.1.25 功能性循环给水系统 sub-cycle water system

为满足水上游乐池游乐设施的运行，需要以所在水池池水作为水源而设置的相应的循环给水系统。如漂流河推动水流和保证滑道戏水者安全设置的润滑水等。

2.1.26 水景循环给水系统 waterscape water system

为增加水上游乐池和文艺演出池演出背景效果的趣味性和景观环境，如瀑布、喷泉、水帘、水伞、水蘑菇、水刺猬等，它们是利用池水作为水源而设置的给水系统。

2.1.27 游泳负荷 bathing load

在保证水质标准和游泳者舒适、安全的前提下，游泳池内允许同时容纳的人数。

2.1.28 池水循环方式 pool water circulation patterns

为保证池水水流均匀分布在池内，并在池内不产生急流、涡流、短流和死水区，使池内各部位的水质水温和消毒剂均匀一致而设计的池子进水与回水的水流组织方式。

2.1.29 顺流式池水循环方式 pool water series flow circulation

游泳池的全部循环水量，经设在池子端壁或侧壁水面以下的给水口送入池内，由设在池底的回水口取回，经净化处理后再送回池内继续使用的水流组织方式。亦称顺流式循环方式。

2.1.30 逆流式池水循环方式 pool water reverse circulation

游泳池的全部循环水量，经设在池底的给水口或给水槽送入池内，再经设在沿池壁外侧的溢流回水槽取回，进行净化系统处理后再经池底给水口送回池内继续使用的水流组织方式。

2.1.31 混合流式池水循环方式 pool water combined circulation

游泳池全部循环水水量由池底给水口送入池内，而将循环水量的60%～70%，经设在沿池壁外侧的溢流回水槽取回；另外30%～40%的水量，经设在池底的回水口取回。将这两部分循环水量合并进行净化系统处理后，再经池底给水口送回池内继续使用的水流组织方式。亦称混合流式循环方式。

2.1.32 平衡水池 balancing tank

对采用顺流式循环给水系统的游泳池，为保证池水有效循环和减小循环水泵阻力损失、平衡水池水面、调节水量和间接向池内补水而设置的与游泳池水面相平供循环水泵吸水的水池。

2.1.33 均衡水池 balance pool

对采用逆流式、混合流式循环给水系统的游泳池，为保证循环水泵有效工作而设置的低于池水水面的供循环水泵吸水的水池，其作用是收集池岸溢流回水槽中的循环回水，调节系统水量平衡和储存过滤器反冲洗时的用水，以及间接向池内补水。

2.1.34 补水水箱 supplement tank

不设置平衡水池、循环水泵直接从游泳池池底回水吸水的顺流式池水循环系统，为防止游泳池的池水回流污染补充水水管内的水质而设置的使补充水间接注入游泳池具有隔断作用的水箱。

2.1.35 给水口 inlet

安装在游泳池、水上游乐池及文艺演出池池壁或池底向池内送水的专用配件。给水口由格栅盖、流量调节装置、扩散喇叭口及连接短管组成。

2.1.36 回水口 outlet

安装在游泳池、水上游乐池及文艺演出池池底或池岸溢流回水槽内的设有格栅进水盖板的专用配件。亦称主回水口。

2.1.37 泄水口 main drain

安装在游泳池池底最低处能将游泳池、水上游乐池及文艺演出池的池水彻底泄空的专用配件。

2.1.38 溢水沟 overflow gutter

设在顺流式游泳池岸上，并紧邻池壁外侧的水槽。以溢流方式收集池内表面溢流水和吸收游泳和游乐时的水波溢流水。槽内设有回水口，槽顶设有组合式格栅盖板。亦称溢水槽。

2.1.39 溢流回水沟 overflow channel

设在逆流式、混合流式游泳池岸上，并紧邻游泳池池壁外侧的水槽。槽的尺寸和槽内回水口的数量按游泳池及水上游乐池的全部循环水量计算确定。亦称溢流回水槽。

2.1.40 齐沿游泳池 deck level swimming pool

游泳池和水上游乐池的水面与游泳池和水上游乐池四周池岸的周边边沿相齐平的游泳池。该型游泳池能很快平息池内水面水波和排除池水表面污染。

2.1.41 高沿游泳池 free board swimming pool

池子水面低于池岸边沿的游泳池和游乐池。

2.1.42 预净化 pre-filtration

将使用过的游泳池、水上游乐池及文艺演出池等池水经过专用的工序装置，除去池水中的固体杂质和毛发、树叶、纤维等杂物，使池水循环净化系统的循环水泵、过滤设备能够正常工作的过程。

2.1.43 过滤净化 filtration

将使用过的游泳池、水上游乐池及文艺演出池的池水，通过装在专用设备内的过滤介质除去水中不溶解的悬浮物及胶体颗粒等杂质，使水得到澄清，并达到洁净透明的过程。

2.1.44 循环过滤 recirculating filtration

用循环水泵将使用过的池水送入过滤器内，去除池水中微粒杂物，再经过其他后续工艺设备净化处理后送回游泳池内，如此反复循环，始终保持池水的清洁卫生的过程。

2.1.45 过滤介质 filtration medium

用于截流游泳池、水上游乐池及文艺演出池循环水中不溶解的悬浮物及胶体颗粒等的多孔、比表面积大的材料。常见的有石英砂、无烟煤、硅藻土、塑料纤维等。

2.1.46 硅藻土 diatomite

以蛋白石为主要矿物组分的硅质生物沉积岩，即单细胞水生植物硅藻的遗骸沉积物质经过科学加工成具有多孔、比表面积大及化学稳定性好的用作过滤介质的白色粉末物质。

2.1.47 预涂膜 pre-coat film

在池水每次循环过滤开始前，利用循环水泵将混有硅藻土的混合溶液，通过过滤器内的滤元，在其表面上积聚一层厚度均匀的硅藻土薄膜的操作过程，利用该薄膜对池水进行过滤。

2.1.48 硅藻土压力过滤器 diatomite pressure filter

利用预涂在滤元上的硅藻土作为过滤介质的密闭的过滤容器。

2.1.49 烛式硅藻土压力过滤器 candle diatomite pressure filter

将硅藻土涂在内设置有多根刚性或柔性骨架外敷纤维布组成的滤元上作为过滤池水的密闭容器。

2.1.50 可逆式硅藻土压力过滤器 reversible diatomaceous earth filter

由多个具有分配水流的过滤板及带有密封条的过滤滤元组成，过滤器的两端带有封头和拉紧杆。需要净化的水由板框组一侧通过预涂在板框纤维布上的硅藻土膜去除水中的杂质；并可由板框组另一侧通水冲洗掉板框纤维布上已脏污的硅藻土膜，同时在该侧能预涂新的硅藻土膜，通过去除水中杂质，如此可往复运行的设备。亦称板框式过滤机。

2.1.51 压力式颗粒过滤器 pressure particulate filter

在设计压力下使被处理的水通过装有单层或多层颗粒过滤器介质去除水中悬浮杂质达到净化水的密闭容器。

2.1.52 负压颗粒过滤器 negative pressure particulate filter

将需要处理的水自流送入装有颗粒过滤介质的容器，通过设在过滤介质底部的集配水系统将过滤介质表面需要净化的水经水泵抽吸使其经过过滤介质达到去除水中杂质的水过滤器。亦称真空过滤器。

2.1.53 有机物降解器 organic matter degradation device

将需要处理的池水送入以活性炭、石英砂（或陶粒）作为载体，对池水中的尿素等有机物进行生物降解并予以去除的密闭容器。

2.1.54 滤元 filter septum

支撑硅藻土滤料的板框或骨架、滤布。

2.1.55 反应罐 reaction tank

为确保臭氧能有效氧化杀灭经过滤后水中的微生物、细菌及病毒而设置的具有耐臭氧腐蚀，且水与臭氧能充分接触相互扩散反应的密闭容器。

2.1.56 尾气处理系统 exhaust gas treatment system

能自动将未溶解的臭氧从池水净化处理设备、反应罐及活性炭吸附器中的残余臭氧予以消除或减少到允许范围内，并能从安全区排放到大气中的脱除臭氧的装置。

2.1.57 水质平衡 water balance

为使池水水质符合标准规定而向池中投加一定浓度的化学药品溶液，使池水保持既不析出沉淀结垢，又不产生腐蚀性和溶解水垢的中间状态。

2.1.58 中压紫外线消毒 medium pressure UV disinfection

水银蒸气灯在 0.013MPa～1.330MPa 的内压下工作，波长在不低于 200nm 多频谱波段对水进行消毒的过程。

2.1.59 除湿热泵 multifunctional air source heat pump

将游泳池、水上及文艺演出池等游乐池室内湿热的空气吸入机组，经过滤、蒸发使温度下降、水汽凝结成冷凝水从空气中分离出来，使空气干爽、水汽凝结过程释放的热能被制冷剂吸收后经热交换器对池水和空气进行加热，实现空气除湿、恒温、加热三种功能达到平衡的设备。亦称“三集一体热泵”及“热回收热泵”等。

2.2 符　　号

2.2.1 流量、流速、水量

C_{O_3}——臭氧投加量；

Q——溢流回水槽的计算回水量；

V_a——最大游泳及戏水负荷时每位游泳及戏水者入池后所排出的水量；

V_d——单个过滤器反冲洗时所需的水量；

V_c——充满循环净化处理系统管道和设备所需的水量；

V_s——池水循环净化处理系统运行时所需水量；

V_b——新鲜水的补充量；

q_c——水池的循环水流量；

q_d——单个回水口的流量；

q_r——通过水加热设备的循环水量；

q_0——进入反应罐的池水循环流量；

v_w——池水表面上的风速。

2.2.2 压力

B'——当地的大气压力；

B——标准大气压力；

P_b——与池水温度相等时的饱和空气的水蒸气分压力。

P_q——池水的环境空气的水蒸气分压力。

2.2.3 热量、温度、时间、比热及密度

C——水的比热；

G_x——每人所需的新风量；

I_x——新风含湿量；

I_{sn}——室内空气含湿量；

Q_s——池水表面蒸发损失的热量；

Q_b——补充新鲜水加热所需的热量；

Q_t——池内水面、池底、池壁、管道和设备传导损失的热量；

T——池水循环周期；

T_d——游泳池的池水设计温度；

T_f——游泳池补充新鲜水的温度；

ΔT_h——加热设备进水管口与出水管口的水温差；

W_1——人体散湿量；

W_2——池边散湿量；

W_3——池水面产生的水蒸气量；

W_4——新风含湿量；

g——单个人小时散湿量；

t——臭氧与水接触反应所需要的时间；

t_g——室内空调计算干球温度；

t_h——加热时间；

t_q——室内空调计算湿球温度；

ρ——水的密度；

γ——与游泳池池水温度相等的饱和蒸汽的蒸发汽化潜热；

δ_x——新风密度；

δ_n——室内空气密度。

2.2.4 几何特征

A_s——水池的池水水表面面积；

F——池岸面积；

V——池水的池水容积；

V_f——反应器（罐）的有效容积；

V_j——均衡水池的有效容积；

V_p——平衡水池的容积；

h_s——水池溢流回水时的溢流水层厚度。

2.2.5 计算系数

N——溢流回水槽内回水口数量；

n——池岸总人数；

n_q——群体系数；

n_s——湿润系数；

α_p——游泳池的管道和设备的水容积附加系数；

β——压力换算系数。

3 池 水 特 性

3.1 原 水 水 质

3.1.1 游泳池的初次充水、换水和运行过程中补充水的水质应符合现行国家标准《生活饮用水卫生标准》GB 5749 的规定。

3.1.2 当采用地下水（含地热水）、泉水或河（江）水、水库水作为游泳池的初次充水、换水和正常使用过程中的补充水时，其水质应符合现行国家标准《生活饮用水卫生标准》GB 5749 的规定。

3.2 池 水 水 质

3.2.1 游泳池的池水水质应符合现行行业标准《游泳池水质标准》CJ/T 244 的规定。

3.2.2 举办重要国际游泳竞赛和有特殊要求的游泳池池水水质，应符合国际游泳联合会及相关专业部门的要求。

3.3 池 水 水 温

3.3.1 室内游泳池的池水设计温度，应根据其用途和类型，按表 3.3.1 选用。

表 3.3.1 室内游泳池的池水设计温度

序号	游泳池的用途及类型		池水设计温度（℃）	备注
1	竞赛类	游泳池	26～28	含标准 50m 长池和 25m 短池
2		花样游泳池		
3		水球池		
4		热身池		
5		跳水池	27～29	—
6		放松池	36～40	与跳水池配套
7	专用类	训练池	26～28	—
8		健身池		
9		教学池		
10		潜水池		
11		俱乐部		
12		冷水池	≤16	室内冬泳池
13		文艺演出池	30～32	以文艺演出要求选定
14	公共类	成人池	26～28	含社区游泳池
15		儿童池	28～30	—
16		残疾人池	28～30	—
17	水上游乐类	成人戏水池	26～28	含水中健身池
18		儿童戏水池	28～30	含青少年活动池
19		幼儿戏水池	30	—
20		造浪池	26～30	—
21		环流河		—
22		滑道跌落池		—
23	其他类	多用途池	26～30	—
24		多功能池		—
25		私人泳池		—

3.3.2 室外游泳池的池水设计温度，应符合表 3.3.2 的规定。

表 3.3.2 室外游泳池的池水设计温度

序号	类型	池水设计温度（℃）
1	有加热装置	≥26
2	无加热装置	≥23

3.4 充水和补水

3.4.1 游泳池初次向池内充满水所需要的持续时间应符合下列规定：

1 竞赛类和专用类游泳池不宜超过 48h；

2 休闲类游泳池不宜超过 72h。

3.4.2 游泳池在运行过程中每日需要补充的水量，应根据池水的表面蒸发、池水排污、游泳和戏水者带出池外和过滤设备反冲洗（如用池水反冲洗时）等所消耗的水量确定。当资料不完备时，宜按表 3.4.2 的规定确定。

表 3.4.2 游泳池的每日补充水量

序号	游泳池的用途及类型	游泳池的环境	补水量（%）（按水池容积的百分数计）	备注
1	竞赛类和专用类	室内	3～5	含多用途、多功能和文艺演出池
		室外	5～10	
2	公共类和水上游乐类	室内	5～10	—
		室外	10～15	—
3	儿童幼儿类	室内	不小于 15	—
		室外	不小于 20	—
4	私人类	室内	3	—
		室外	5	—

3.4.3 游泳池的充水和补水方式应符合下列规定：

1 应通过平（均）衡水池及缓冲池间接向池内充水和补水；

2 当未设置均（平）衡水池时，宜设置补水水箱向池内充水和补水；

3 充水管、补水管的管口设置应符合现行国家标准《建筑给水排水设计规范》GB 50015 的规定；

4 充水管、补水管应设水量计量仪表。

3.4.4 当私人游泳池及小型游泳池利用生活饮用水管道直接向池内补水、充水时，应采取防止生活饮用水管道回流污染措施。

4 池 水 循 环

4.1 一 般 规 定

4.1.1 游泳池必须采用循环给水的供水方式，并应

设置池水循环净化处理系统。

4.1.2 池水循环应保证经过净化处理过的水能均匀地被分配到游泳池、水上游乐池及文艺演出池的各个部位，并使池内尚未净化的水能均匀被排出，回到池水净化处理系统。

4.1.3 不同使用要求的游泳池应设置各自独立的池水循环净化处理系统。

4.1.4 水上游乐池的池水循环应符合下列规定：

1 池水循环净化处理系统、游乐设施的功能循环水系统和水景循环水系统均应分开设置；

2 功能循环和水景循环水系统的水源宜取自该游乐设施和水景所在的水池；

3 水景小品应根据数量、分布位置、水量、水压等情况适当组合成一个或若干个水景功能循环水系统。

4.1.5 多座水上游乐池共用一套池水循环净化处理系统时，应符合下列规定：

1 水池不宜超过3个，且每个水池的容积不应大于150m^3；

2 各水上游乐池不应相互连通；

3 净化处理后的池水应经过分水器分别设置管道送至不同用途的水上游乐池；

4 应有确保每座水上游乐池循环水量、水温的措施。

4.2 设计负荷

4.2.1 游泳池的设计负荷应按表4.2.1的规定确定。

表4.2.1 游泳池的设计负荷

游泳池水深（m）	<1.0	1.0～1.5	1.5～2.0	>2.0
人均池水面积(m^2/人)	2.0	2.5	3.5	4.0

注：1 游泳池包含比赛类、专用类和公共类等；
2 本表各项参数不适用于跳水池。

4.2.2 水上游乐池的设计负荷应按表4.2.2的规定确定。

表4.2.2 水上游乐池的设计负荷

游乐池类型	健身池	戏水池	造浪池	环流河	滑道跌落池
人均游泳面积（m^2/人）	3.0	2.5	4.0	4.0	按滑道形式、高度、坡度计算确定

4.2.3 文艺演出池的设计负荷应根据文艺表演工艺确定，且人均水面面积不应小于4.0m^2。

4.3 循环方式

4.3.1 池水循环水流组织应符合下列规定：

1 经净化处理后的池水与池内待净化处理的池水应能有序更新、交换和混合；

2 水池的给水口和回水口的布置应使被净化后的水流在池内不同水深区域内分布均匀，不应出现短流、涡流和死水区；

3 应有利于保持水池周围环境卫生；

4 应满足池水循环水泵自灌式吸水；

5 应方便循环给水、回水管道及附件、设施或装置的施工安装、维修。

4.3.2 池水的循环方式应符合下列规定：

1 竞赛类游泳池、专用类游泳池和文艺演出用水池，应采用逆流式或混合流的池水循环方式；

2 公共类游泳池宜采用逆流式或混合流的池水循环方式；

3 季节性室外游泳池宜采用顺流式池水循环方式；

4 水上游乐池宜采用顺流式或混流式池水循环方式。

4.3.3 混合流池水循环方式应符合下列规定：

1 从池水表面溢流回水的水量不应小于池水循环流量的60%，从池底流回的回水量不应大于池水循环流量的40%；

2 从池底回水口回流的循环回水管不得接入均衡水池，应设置独立的循环水泵。

4.3.4 当池水采用顺流式池水循环方式，应在位于安全救护员座位的附近墙壁上安装带有玻璃保护罩的紧急停止循环水泵的装置。其供电电压不应超过36V。

4.3.5 造浪池的池水循环和功能循环的方式应符合下列规定：

1 池水应采用混合流式池水循环方式，并应符合下列规定：

1）深水区、中深水区应采用在池岸水面位置处设置撇沫器回水口；

2）室内造浪池在浅水区末端应设置带格栅盖板的回水排水沟；

3）室外造浪池的浅水区应在末端设置带格栅盖板和填有小粒径卵石的回水排水沟；

4）室外造浪池距浅水区末端回水排水沟之外不小于1.0m处应设置地面雨水截流沟。

2 造浪机房制浪水池应采取防止池水回流淹没机房的措施，并应设置供电、照明、通风及给水排水设施。

4.3.6 滑道跌落池的池水循环应符合下列规定：

1 滑道跌落池应采用高沿水池，池水应采用顺流式循环方式；

2 滑道润滑水的水源应采用滑道跌落池池水。

4.3.7 环流河的池水循环和功能循环应符合下列规定：

1 环流河应采用高沿水池和顺流式池水循环方式。

2 吸水口和出水口应设置格栅，出水口位置应远离上、下河道的扶梯。

3 环流河功能循环的推流水泵设计应符合下列规定：

1）推流水泵的吸水口应设在河道底，吸水口应设格栅盖板且缝隙水流速度不应大于 0.5m/s；

2）推流水泵出水口应设在河道侧壁靠近河道底部位，其出水口流速不宜小于 3.0m/s；

3）推流水泵房宜设在河道侧壁外的地下，且泵房应设置配电、照明、通风和排水设施。

4.4 循 环 周 期

4.4.1 池水循环净化周期，应根据水池类型、使用对象、游泳负荷、池水容积、消毒剂品种、池水净化设备的效率和设备运行时间等因素，按表 4.4.1 的规定采用。

表 4.4.1 游泳池池水循环净化周期

游泳池和水上游乐池分类			使用有效池水深度（m）	循环次数（次/d）	循环周期（h）
竞赛类	竞赛游泳池		2.0	8～6	3～4
			3.0	6～4.8	4～5
	水球、热身游泳池		1.8～2.0	8～6	3～4
	跳水池		5.5～6.0	4～3	6～8
	放松池		0.9～1.0	80～48	0.3～0.5
专用类	训练池、健身池、教学池		1.35～2.0	6～4.8	4～5
	潜水池		8.0～12.0	2.4～2	10～12
	残疾人池、社团池		1.35～2.0	6～4.5	4～5
	冷水池		1.8～2.0	6～4	4～6
	私人泳池		1.2～1.4	4～3	6～8
公共类	成人泳池（含休闲池、学校泳池）		1.35～2.0	8～6	3～4
	成人初学池、中小学校泳池		1.2～1.6	8～6	3～4
	儿童泳池		0.6～1.0	24～12	1～2
	多用途池、多功能池		2.0～3.0	8～6	3～4
水上游乐类	成人戏水休闲池		1.0～1.2	6	4
	儿童戏水池		0.6～0.9	48～24	0.5～1.0
	幼儿戏水池		0.3～0.4	>48	<0.5
	造浪池	深水区	>2.0	6	4
		中深水区	2.0～1.0	8	3
		浅水区	1.0～0	24～12	1～2
	滑道跌落池		1.0	12～8	2～3
	环流河（漂流河）		0.9～1.0	12～6	2～4
文艺演出池				6	4

注：1 池水的循环次数按游泳池和水上游乐池每日循环运行时间与循环周期的比值确定；

2 多功能游泳池宜按最小使用水深确定池水循环周期。

4.4.2 同一游泳池和水上游乐池有两种及两种以上使用水深区域时，池水循环周期应根据不同水深区域按本规程表 4.4.1 确定。

4.5 循 环 流 量

4.5.1 池水循环净化处理系统的循环水流量应按下式计算：

$$q_c = \frac{V \times \alpha_p}{T} \tag{4.5.1}$$

式中：q_c——水池的循环水流量（m^3/h）；

V——水池等的池水容积（m^3）；

α_p——水池等的管道和设备的水容积附加系数，一般取 1.05～1.10；

T——水池等的池水循环周期（h），按本规程表 4.4.1 的规定选用。

4.5.2 当不设滑道跌落池而设置滑道跌落延伸水道时，其池水循环净化的循环水量按每条滑道不应小于 $30m^3/h$ 计算确定。

4.5.3 滑道润滑水量应按滑道设施专业公司根据滑道形式、长度和数量计算确定。

4.5.4 当水上游乐池设置水景小品时，其功能供水量应根据水景小品形式、数量及相应的技术参数计算确定。

4.6 循 环 水 泵

4.6.1 池水循环净化处理系统的循环水泵、水上游乐设施的功能循环水泵和水景系统的循环水泵应分开设置。

4.6.2 池水循环净化处理系统循环工作水泵的选择应符合下列规定：

1 水泵组的额定流量不应小于按本规程第 4.5.1 条计算出的保证该池池水循环周期所需要的流量。

2 水泵的扬程不应小于吸水池最低水位至泳池出水口的几何高差、循环净化处理系统设备和管道系统阻力损失及水池进水口所需流出水头之和。当采用并联水泵运行时，宜乘以 1.05～1.10 的安全系数。

3 水泵应为高效节能、耐腐蚀、低噪声的泳池离心水泵，并宜采用变频调速水泵。

4 颗粒过滤器的循环水泵的工作泵不宜少于 2 台，且应设置备用泵，并应能与工作泵交替运行。

4.6.3 颗粒过滤器的反冲洗水泵，宜采用池水循环水泵工作泵与备用泵并联运行工况设计，并应按单个过滤器反冲洗时所需要的流量和扬程校核调整循环水泵的工况参数。

4.6.4 水上游乐池游乐设施的功能循环水泵的设置应符合下列规定：

1 供应滑道润滑水的水泵应设置备用水泵，并应能交替运行；

2 环流河的推流水泵按多处设置，并应同时联动运行。

4.6.5 水景给水水泵应按多台泵并联运行工况设计，可不设置备用水泵。

4.6.6 池水净化循环水泵、游乐设施功能循环水泵及水景循环水泵的设计应符合下列规定：

1 池水为逆流式循环时应靠近均衡水池；池水顺流式循环方式时应靠近游泳池的回水口处或平衡水池。

2 应采用自灌式吸水，当设有均（平）衡水池时，每台水泵应设置独立的吸水管。

3 每台水泵应配置下列附件：

1）吸水管上应装设可曲挠软接头、阀门、毛发聚集器和真空压力表；

2）出水管上应装设可曲挠软接头、止回阀、阀门和压力表；

3）水泵吸水、出水管上应先安装变径管再安装其他附件；

4）从池底直接吸水的水泵吸水管上应设置专用的防吸附装置；

5）水泵机组和管道应设置减振和降低噪声的装置。

4.7 循 环 管 道

4.7.1 池水循环系统的供水和回收管道、阀门和附件的材质应符合下列规定：

1 管道、阀门和附件的材质应卫生无毒、不滋生细菌、耐腐蚀、抗老化、内壁光滑、不易结垢、不二次污染水质、强度高、耐久性好；

2 管材应与管件应相匹配，连接应采用管材专用胶粘剂；

3 当管径大于150mm时，宜选用带齿轮操作的蝶形阀门；

4 循环给水管、循环回水管和阀门、附件等的公称压力应经计算确定，且不宜小于1.0MPa；

5 管材、管件、阀门、附件等均应符合现行国家标准《生活饮用水输配水设备及防护材料的安全性评价标准》GB/T 17219 的规定。

4.7.2 循环水管道内的水流速度应符合下列规定：

1 循环给水管道内的水流速度应为1.5m/s～2.5m/s；

2 循环回水管道内的水流速度应为1.0m/s～1.5m/s；

3 循环水泵吸水管内的水流速度应为0.7m/s～1.2m/s。

4.7.3 循环水管道的敷设应符合下列规定：

1 室内的游泳池应沿池体周边设置专用的管廊或管沟，并应设置下列设施：

1）吊装运输管道、阀门及附件的吊装孔或通道、人孔或检修门；

2）检修用的低压照明和排水装置；

3）通风换气装置。

2 当室外游泳池设管廊或管沟有困难时，循环管道宜埋地敷设，并应采取下列措施：

1）应采取防止管道受重压损坏、防止产生不均匀沉降损坏及防冰冻的措施；

2）金属管道应采取防腐蚀措施；

3）阀门处应设置套筒。

4.7.4 当采用池底给水时，池底配水管的敷设应符合下列规定：

1 配水管敷设在架空池底板下面时，池底板与所在层建筑地面应预留有效高度不小于1.20m的管道安装空间。

2 配水管埋设在池底垫层内或沟槽内时，其垫层厚度或沟槽尺寸应符合下列规定：

1）池长度不大于25m时，垫层厚度不宜小于300mm；沟槽不宜小于300mm×300mm。

2）池长度大于25m时，垫层厚度不宜小于500mm；沟槽不宜小于500mm×500mm。

3）应采取措施保证配水管在浇筑垫层时不移位、不被损坏。

4.7.5 逆流式和混合流式的池水循环净化处理系统溢流回水槽、回水管的设计应符合下列规定：

1 当溢流回水槽设有多个回水口时，应采用分路等流程布管方式设置溢流回水管；连接溢流回水口的管道应以不小于0.5%的坡度坡向均衡水池。

2 溢流回水槽的回水管管径应经计算确定。

3 接入均衡水池的溢流回水管管底应预留高出均衡水池最高水位不小于300mm的空间。

4.8 均衡水池和平衡水池

4.8.1 池水采用逆流式或混合流循环时，应设置均衡水池，并应符合下列规定：

1 均衡水池的有效容积应按下列公式计算：

$$V_j = V_a + V_d + V_c + V_s \quad (4.8.1\text{-}1)$$

$$V_s = A_s \cdot h_s \quad (4.8.1\text{-}2)$$

式中：V_j——均衡水池的有效容积（m^3）；

V_a——最大游泳及戏水负荷时每位游泳者入池后所排出水量（m^3），取0.06m^3/人；

V_d——单个过滤器反冲洗时所需水量（m^3）；

V_c——充满池水循环净化处理系统管道和设备所需的水量（m^3）；当补水量充足时，可不计此容积；

V_s——池水循环净化处理系统运行时所需的水量（m^3）；

A_s——水池的池水水表面面积（m^2）；

h_s——水池溢流回水时溢流水层厚度（m），可取0.005m～0.010m。

2 均衡水池的构造应符合下列规定：

1）均衡水池应为封闭形，且池内最高水位应低于溢流回水管管底300mm以上；

2）均衡水池应设多水位程序显示和控制装置；

3）当补水管管底与池内最高水位的间距不满足现行国家标准《建筑给水排水设计规范》GB 50015的规定时，接入均衡水池的补水管上应装设真空破坏器；

4）水池应设检修人孔、水泵吸水坑及有防虫网的溢流管、泄水管、通气管、液位管和超高水位报警装置。

4.8.2 平衡水池的设置应符合下列规定：

1 顺流式池水循环水泵从池底直接吸水时，吸水管过长影响循环水泵汽蚀余量时。

2 多座水上游乐池共用一组池水循环净化设备系统时。

3 循环水泵采用自吸式水泵吸水时。

4 平衡水池的有效容积应按下式计算：

$$V_p = V_d + 0.08q_c \quad (4.8.2)$$

式中：V_p——平衡水池的有效容积（m^3）；

V_d——单个过滤器反冲洗所需水量（m^3）；

q_c——水池的循环水量（m^3/h）。

5 平衡水池的构造应符合下列规定：

1）平衡水池应为封闭形，且池内最高水位应与游泳池及水上游乐池的最高水面相平；

2）平衡水池内底表面应低于游泳池及水上游乐池回水管底标高不少于700mm；

3）游泳池、游乐池补水管应接入该池，补水管口与池内最高水位的间距应符合现行国家标准《建筑给水排水设计规范》GB 50015的规定；

4）平衡水池应设有检修人孔、水泵吸水坑及有防虫网的溢水管、泄水管和通气管；

5）平衡水池的有效尺寸应满足施工安装和检修要求。

4.8.3 均衡水池、平衡水池的材质应符合下列规定：

1 采用钢筋混凝土材质时，内壁应衬贴或涂刷不污染水质的材质或耐腐涂料。

2 采用金属或玻璃纤维材质时，应符合下列规定：

1）不变形、不透水、耐腐蚀、寿命长；

2）表面涂料不应污染水质，应光滑，易于清洁；

3）外表面宜设绝热防结露措施。

3 与池水接触的材料应符合现行国家标准《生活饮用水输配水设备及防护材料的安全性评价标准》GB/T 17219的规定。

4.9 给 水 口

4.9.1 池水给水口的设置应符合下列规定：

1 给水口的数量应按水池的全部循环水流量计算确定；

2 给水口的设置位置应保证池内水流均匀；

3 给水口应具有调节出水量的功能。

4.9.2 池底型给水口的布置应符合下列规定：

1 矩形池应布置在每条泳道分隔线在池底的垂直投影线上，间距不应大于3.0m；

2 不规则形状的水池，给水口的布置应按每个给水口最大服务面积不超过8.0m^2确定。

4.9.3 池壁型给水口的布置应符合下列规定：

1 矩形池给水口的布置应符合下列规定：

1）两端壁进水时，给水口应设在泳道线在端壁固定点下的池壁上；

2）两侧壁进水时，给水口在侧壁的间距不应大于3.0m；

3）端壁与侧壁交界处的给水口距无给水口池壁的距离不应大于1.5m。

2 不规则形状的水池的给水口按间距不应大于3.0m在池壁上布置。当池壁曲率半径不大于1.5m时，给水口应布置在曲率线的中间。

3 池壁给水口标高的确定应符合下列规定：

1）当池水深度不大于2.0m时，应设在池水面以下0.5m～1.0m处。

2）当池水深度大于2.5m时，应至少在池壁上设置两层给水口，上下层给水口在池上应错开布置。两层给水口的间距不宜大于1.5m，且最低层给水口应高于池底表面0.5m。

3）同一池内同一层给水口在池壁的标高应在同一水平线上。

4.9.4 儿童游泳池、戏水池及池水深度小于0.6m的游乐池、休闲池，宜采用池底给水方式。

4.9.5 设有自动升降池底板、自动移动分隔池岸及可拆装池底板的游泳池、水上游乐池的给水口布置，应符合下列规定：

1 采用池底给水口给水时，应符合本规程第4.9.2条的规定，且升降池底板应均匀开凿过水口。开口宽度不应超过8mm。

2 采用池壁给水口给水时，应在池底板升降设计标高处的上层及下层各设一层给水口。

3 可移动分隔池岸的隔墙上应开凿均匀的过水孔，孔口尺寸不应超过ϕ8mm或8mm×8mm；

4 可升降池底板应采用池底设置给水口的布水方式。

4.9.6 给水口应设置格栅护盖，格栅空隙的水流速度及安装应符合下列规定：

1 池壁给水口的出水流速不宜大于1.0m/s。儿童池、进入水池的台阶处、教学区等部位附近的给水口出水流速不宜大于0.5m/s。

2　水深不大于3.0m的池底给水口出水流速不宜大于0.5m/s；水深超过3.0m时，池底给水口的出水流速不宜大于1.0m/s。

3　给水口的安装应与池底或池壁内表面相平。

4　当水上游乐池、文艺演出水池设置高水流速度的给水口时，应采取保障演出人员及工作人员安全的措施。

4.9.7　给水口的构造和材质，应符合下列规定：

1　形状应为喇叭口形，且喇叭口的面积不应小于给水口连接管截面积的2倍；

2　喇叭口内应配备出水流量调节装置；

3　喇叭口应设格栅护盖，格栅的孔隙宽度不应大于8mm，且表面应光洁、无毛刺；

4　材质应与配水管材质相一致，且不变形、耐冲击、坚固牢靠。

4.10　回水口和泄水口

4.10.1　溢流回水槽内溢流回水口的设置应符合下列规定：

1　溢流回水槽回水口数量应按下式计算：

$$N = 1.5Q/q_{d} \qquad (4.10.1)$$

式中：N——溢流回水槽内回水口数量（个）；

Q——溢流回水槽计算回水量（m^3/h），逆流式池水循环净化系统按池子的全部循环水量计算，混合流式池水循环净化系统按本规程第4.3.3条的规定计算；

q_{d}——单个回水口流量（m^3/h）。

2　设有多个溢流回水口时，单个溢流回水口的接管直径不应小于50mm，设置间距不宜大于3.0m。

3　设有安全气浪设施的跳水池溢流回水槽内溢流回水口的总流量应按循环流量的2倍计算。

4　应采用有消声措施的溢流回水口。

4.10.2　池底回水口的设置及安装应符合下列规定：

1　应具有防旋流、防吸入、防卡入功能；

2　每座水池的池底回水口数量不应少于2个，间距不应小于1.0m，且回水流量不应小于池子的循环水流量；

3　设置位置应使水池各给水口的水流至回水口的行程一致；

4　应配置水流通过的顶盖板，盖板的水流孔（缝）隙尺寸不应大于8mm，孔（缝）隙的水流速度不应大于0.2m/s。

4.10.3　回水口与回水管的连接应符合下列规定：

1　溢流回水沟内溢流回水口与回水管的连接应符合本规程第4.7.5条的规定；

2　池底回水口应以并联形式与回水总管连接。

4.10.4　泄水口的设置应符合下列规定：

1　逆流式池水循环系统应独立设置池底泄水口；

2　顺流式和混流式池水循环系统宜采用池底回水口兼作泄水口；

3　重力式泄水时，泄水管不应与其他排水管道直接连接；

4　泄水口数量宜按泄空时间不宜超过6h计算确定，且不应少于2个；

5　应设在水池的最低位置处；

6　格栅表面应与池底最低处表面相平。

4.10.5　回水口及泄水口的构造和材质应符合下列规定：

1　池底成品回水口和泄水口应为喇叭口形式，回收口顶盖应设表面光洁、无毛刺的过水格栅。

2　池底回水口和泄水口的格栅表面积不应小于接管截面积的6倍。格栅开孔面积不宜超过格栅表面积的30%。

3　池底成品回水口和泄水口的格栅盖板材质应与主体材质一致；坑槽式回水口及泄水口格栅盖板、盖座应采用耐冲击、耐腐蚀、耐老化、不污染水质、不变形和高强度的材料制造。

4.11　溢流回水沟和溢水沟

4.11.1　溢流回水沟的设置及过水断面的确定应符合下列规定：

1　沿池岸四周或两侧应紧贴池壁设置，且溢水沟顶应与池岸相平；

2　标准游泳池及跳水池回水沟断面的宽度不应小于300mm，沟深不应小于300mm；

3　溢流回水沟底应有不小于1%的坡度坡向溢流回水口。

4.11.2　顺流式池水循环净化系统的游泳池、水上游乐池及文艺演出池应沿池壁四周或两侧壁池岸设置溢水沟，并应符合下列规定：

1　溢水沟的最小尺寸不宜小于300mm×300mm；

2　溢水沟内应设溢水排水口，且接管管径不应小于50mm，间距不宜大于3.0m，并应均匀布置；

3　溢水沟底应以1%的坡度坡向溢水排水口。

4.11.3　溢流回水沟和溢水沟的构造应符合下列规定：

1　游泳池向溢流回水沟及溢水沟溢水的溢流水堰应保持水平，其标高误差应为2.0mm；

2　溢流水沟内与游泳池相邻的沟壁与铅垂线由上至下向回水沟内应有10°～12°的倾斜夹角；

3　沟内表面应衬贴耐腐蚀、不污染水质、表面光滑、易清洗、不变形、坚固耐用的材料；

4　沟顶应设可拆卸组合格栅盖板，并应与池岸相平。

4.12　补水水箱

4.12.1　游泳池、水上游乐池采用顺流式池水循环净化处理系统且不设平衡水池时，应设置补水水箱，且补水水箱的出水管应与循环水泵吸水管相连接。

4.12.2 补水水箱的有效容积应按下列规定确定：

1 单纯作补水用途时，应按计算补水量确定，且不应小于 2.0m^3；

2 同时兼做回收溢流水用途时，宜按 10%的池水循环流量计算确定。

4.12.3 补水水箱的设计应符合下列规定：

1 补水水箱进水管管径应按计算的补水量、溢流水流量确定，并应符合下列规定：

1）进水管管底与水箱内最高水位的间距应符合现行国家标准《建筑给水排水设计规范》GB 50015 的规定。

2）补水箱进水管应装设阀门、水表。

3）补水箱进水管与溢流水进水管宜分开设置。

2 补水水箱出水管应按下列规定确定：

1）仅用于补水用途时，应按游泳池、水上游乐池的小时补水量确定。

2）兼做溢流水回收用途时，应按游泳池、水上游乐池等小时补水量与小时溢流水量之和确定。

3）出水管应装置阀门。当补水水箱水面低于游泳池、水上游乐池水面时，出水管还应装设止回阀。

3 当补水水箱兼做初次和再次充水隔断水箱时，宜另行配置进水管和出水管。补水进水管和出水管管径应按本规程第 3.4.2 条规定计算确定。

4 补水箱应设置人孔、通气管、溢流管、泄水管及水位计。当水箱有效水深大于 1.5m 时，应设内外扶梯。

4.12.4 补水水箱应采用不污染水质、耐腐蚀、不变形和高强度材料，并应符合现行国家标准《生活饮用水输配水设备及防护材料的安全性评价标准》GB/T 17219 的规定。

5 池 水 净 化

5.1 净 化 工 艺

5.1.1 游泳池池水循环净化处理工艺流程应根据游泳池用途、设计负荷、过滤器类型、消毒剂种类等因素，并在符合本规程第 3.2 节规定的前提下经技术经济比较确定。

5.1.2 不同用途的游泳池的池水净化处理系统应分开设置。

5.1.3 池水循环净化处理工艺流程应按下列规定选用：

1 采用颗粒过滤介质时，应包括循环水泵、颗粒过滤器、加热和消毒等水净化处理工序。

2 采用硅藻土过滤介质时，应包括硅藻土过滤机组、加热和消毒池水净化处理工序。

3 小型游泳池，宜采用一体化过滤设备的池水净化处理设施。

4 加热工序单元和消毒工序单元配置的设施、设备应按本规程第 6～8 章的规定选用。

5.1.4 池水宜采用最大余氯量消除水藻，不宜采用硫酸铜等重金属盐类化学药品除藻剂。

5.1.5 对池水过滤设备，应设置过滤参数实时在线监测控制装置，并应采用运行高效、节能、节水、安全可靠、材质耐腐蚀的产品。

5.2 池 水 过 滤

5.2.1 池水过滤设备的选用应符合下列规定：

1 过滤效率应高效，过滤精度应确保滤后出水水质应稳定；

2 内部配水、布水应均匀，不产生短流；

3 应选用体积小、安装方便、操作简单、反冲洗水量小的设备。

5.2.2 过滤器可不设备用，每座大、中型游泳池的过滤设备不应少于 2 台，其总过滤能力不应小于 1.10 倍的池水循环水量。

5.2.3 重力式过滤器应配置突然停电防止水溢流淹没设备机房的防护措施。

5.3 毛发聚集器

5.3.1 池水在进入净化过滤设备之前，应经毛发聚集器对池水进行预过滤，并应符合下列规定：

1 毛发聚集器应安装在每台循环水泵的吸水管上；

2 当循环水泵与毛发聚集器为一体化设备时，不应重复安装；

3 当循环水泵无备用泵时，宜设置备用过滤筒（网框）。

5.3.2 毛发聚集器的构造和材质应符合下列规定：

1 内部过滤筒（网框）孔眼（网眼）的总面积不应小于进水管接管道截面面积的 2 倍，并应符合下列规定：

1）采用过滤筒时，孔眼直径不应大于 3.0mm；

2）采用网框时，网眼不应大于 15 目；

3）过滤筒（网框）的材质应耐腐蚀、不变形。

2 毛发聚集器外壳构造应简单，并符合下列规定：

1）采用碳钢、铸铁材质时，内外表面应进行防锈蚀处理；

2）顶盖应开启、关闭灵活方便，并宜设透明观察窗；

3）应设有排气装置，并宜装真空压力表。

3 毛发聚集器的耐压不应小于 0.40MPa。

5.3.3 与池水循环水泵构造为一体式的毛发聚集器的材质应与泵体材料相同，其内部构造应符合本规程第 5.3.2 条的规定。

5.4 压力颗粒过滤设备

5.4.1 压力式颗粒过滤器的滤料应符合下列规定：

1 应选用机械强度高、耐磨损、抗压性能好、使用周期长、比表面积大、孔隙率高、截污能力强的滤料；

2 滤料化学性能应稳定、不应污染恶化水质、不应含有危害游泳和戏水者健康的有毒有害物质；

3 滤料不应含杂物和污泥；

5.4.2 压力式颗粒过滤器的滤层和承托层的组成、技术参数及反冲洗应符合下列规定：

1 滤料层组成、有效厚度和过滤速度应经试验确定，当试验有困难时，可按表 5.4.2-1 选用。

2 压力式颗粒过滤器的承托层组成和厚度应根据配水形式经试验确定。试验有困难时，可按表 5.4.2-2 选用。

表 5.4.2-1 滤料层组成、有效厚度和过滤速度

滤料层组成	滤料层材质及特征	滤料直径 (mm)	不均匀系数 (K_{80})	有效厚度 (mm)	过滤速度 (m/h)
单层颗粒过滤器	均质石英砂	$d_{min}=0.45$	<1.6	≥700	15～25
		$d_{max}=0.55$			
		$d_{min}=0.40$	<1.4		
		$d_{max}=0.60$			
		$d_{min}=0.60$			
		$d_{max}=0.80$			
双层颗粒过滤器	无烟煤	$d_{max}=1.60$	<2.0	>350	14～18
		$d_{min}=0.85$			
	石英砂	$d_{max}=1.00$			
		$d_{min}=0.50$			
多层颗粒过滤器	无烟煤	$d_{max}=1.60$	<1.7	>350	20～30
		$d_{min}=0.85$			
	石英砂	$d_{max}=0.85$		>600	
		$d_{min}=0.50$			
	重质矿石	$d_{max}=1.20$		>400	
		$d_{min}=0.80$			

注：1 滤料堆积密度：石英砂 1.7～1.8；无烟煤 1.4～1.6；重质矿石 4.2～4.6；

2 其他滤料按生产厂商提供并经有关部门认证的数据选用。

表 5.4.2-2 承托层组成和厚度

集配水形式	层次（自上而下）	材料	粒径（mm）	厚度（mm）
大阻力集配水系统	1	卵石	2.0～4.0	100
	2		4.0～8.0	100
	3		8.0～16.0	100
	4		16.0～32.0	100（从配水管顶算起）
中阻力集配水	单层	卵石	2.0～3.0	150（从配水管顶算起）
小阻力集配水		粗砂	1.0～2.0	>100（从滤帽顶算起）

3 压力式颗粒过滤器应采用池水进行反冲洗，并应符合下列规定：

1）采用池水冲洗时，应在游泳池、水上游乐池及文艺演出池每日停用时段进行，应对单个过滤器逐一进行反冲洗；

2）采用水反冲洗时的反冲洗强度和持续时间，宜按表 5.4.2-3 采用。

表 5.4.2-3 颗粒过滤器水反冲洗强度和持续时间

滤料层组成	水反冲洗强度 [L/（s·m²）]	膨胀率 C（%）	反冲洗持续时间（min）
单层石英砂	12～15	<40	6～7
双层滤料	13～17	<40	8～10
多层滤料	16～17	30	5～7

注：膨胀率数值仅供设计压力式颗粒过滤器高度用。

3）采用气-水组合反冲洗时、气源应洁净、无杂质、无油污；并应按先气冲洗、后水冲洗的顺序进行；气-水冲洗强度及持续时间，宜按表 5.4.2-4 采用。

表 5.4.2-4 颗粒过滤器气-水冲洗强度和持续时间

滤层组成	先气洗		后水洗	
	气洗强度 [L/（s·m²）]	持续时间（min）	水洗强度 [L/（s·m²）]	持续时间（min）
单层滤料	15～20	3～1	8～10	7～5
双层滤料	15～20	3～2	6.5～10	6～5

注：气洗时的供气压力为 0.1MPa。

5.4.3 压力式颗粒过滤器的反冲洗排水管与过滤器

的接管处应设可观察反冲洗排水清澈度的透明短管或装置，且反冲洗排水管不应与其他排水管直接连接。

5.4.4 压力式颗粒过滤器的选用应符合下列规定：

1 立式过滤器的直径不应超过 2.40m；卧式过滤器的直径不应小于 2.20m，且过滤面积不应超过 10.0m²。

2 过滤器的工作压力不应小于池水循环净化系统工作压力的 1.5 倍；非金属过滤器的耐热温度不应小于 50℃。

3 过滤器的外壳材质、内部和外部的配套附件的材质应耐腐蚀、不透水、不变形和不污染水质，并符合现行行业标准《游泳池用压力式过滤器》CJ/T 405 的规定。

4 过滤器内的支承层底部不应产生死水区。

5.4.5 重力式颗粒过滤器的选用应符合下列规定：

1 单介质或多介质的滤料层厚度（不含承托层）均不应小于 700mm；

2 过滤速度应符合下列规定：

1）单层单介质滤料时不宜大于 10m/h；

2）多层多介质滤料时不宜大于 12m/h。

3 过滤器的材质应不变形、不二次污染水质并耐腐蚀；

4 池水循环水泵设在过滤器之前还是之后，应经技术经济比较后确定。

5.5 压力颗粒过滤器辅助装置

5.5.1 颗粒过滤器应配套设置辅助混凝剂投加装置。

5.5.2 混凝剂应根据原水水质和当地化学药品供应情况选用，且不应危害人体健康。

5.5.3 混凝剂应采用湿式投加方式，并应符合下列规定：

1 混凝剂应配制成浓度不超过 5% 的溶液，应通过可调式计量泵连续、均匀、自动地投加到循环水管内；

2 混凝剂的投加量应按实验资料确定，当缺乏实验资料时，投加量宜按有效含量 1.0mg/L～3.0mg/L 确定；

3 重力式过滤器混凝剂应投加在循环水泵的吸水管内；

4 混凝剂溶液应投加在循环水泵吸水管内或泵后进入过滤之前的管道内，应确保水流速度不超过 1.5m/s，应预留不少于 10s 的混合反应时间，且宜设置反应器；

5 投加点应远离余氯和 pH 值的采样点。

5.5.4 混凝剂投加装置及材质应符合下列规定：

1 压力式投加的计量泵应选用具有调节功能的隔膜加药泵，投加计量泵应与池水循环系统联锁控制运行；

2 混凝剂应采用带有搅拌装置的溶解槽，并应在槽内水力溶解，溶解槽的容积应按不小于一个开放场次的用量确定；

3 混凝剂溶液投加计量泵的吸水口宜配置过滤装置；

4 计量泵、配套管道、阀门、附件等均应能耐腐蚀和满足投加系统工作压力的要求。

5.6 硅藻土过滤器

5.6.1 硅藻土过滤器的过滤介质硅藻土应符合国家现行标准《食品安全国家标准 硅藻土》GB 14936 和《食品工业用助滤剂硅藻土》QB/T 2088 的规定。

5.6.2 硅藻土过滤器的预涂膜应符合下列规定：

1 硅藻土宜采用现行行业标准《食品工业用助滤剂硅藻土》QB/T 2088 中的 700 号硅藻土助滤剂；

2 烛式硅藻土过滤器硅藻土涂膜应符合下列规定：

1）预涂膜厚度不应小于 2.0mm，且涂膜厚度应均匀一致；

2）单位过滤面积硅藻土用量宜为 0.5kg/m²～1.0kg/m²；

3 烛式硅藻土过滤器应设有有效可靠的再生硅藻土装置；

4 可逆式硅藻土过滤器单位过滤面积硅藻土用量宜为 0.2 kg/m²～0.3 kg/m²。

5.6.3 硅藻土过滤器的过滤速度宜为 5m/h～10m/h。

5.6.4 采用硅藻土过滤器的游泳池的池水循环净化处理系统中配置的硅藻土过滤器不应少于 2 组，总过滤能力宜为 1.05～1.10 倍循环流量。

5.6.5 硅藻土过滤器的反冲洗应符合下列规定：

1 当烛式压力式硅藻土过滤器的进水口压力与出水口的压力差达到 0.07MPa 时，应用水或气-水进行反冲洗，并应符合下列规定：

1）水反冲洗强度不应小于 0.3L/(s·m²)；

2）冲洗持续时间应为 2min～3min。

2 可逆式硅藻土过滤器宜每日用池水进行反冲洗，并应符合下列规定：

1）反冲洗强度不应小于 1.4L/(s·m²)；

2）冲洗持续时间宜为 1min～2min。

5.6.6 硅藻土过滤器的壳体应能承受 1.5 倍的系统工作压力，其外壳及附件的材质应符合下列规定：

1 烛式硅藻土过滤器壳体应采用牌号不低于 30408 的奥氏体不锈钢材质或其他耐腐蚀材料；

2 可逆式硅藻土过滤器的板框应采用高强度耐压、耐腐、不污染水质的聚乙烯塑料材质；

3 过滤器内部及外部组件的材质应符合现行行业标准《游泳池用压力式过滤器》CJ/T 405 的规定；

4 过滤器的滤元在 1.5 倍工作压力的压差下不应出现变形。

5.7 负压颗粒过滤器

5.7.1 负压颗粒过滤器的滤料应采用均质石英砂，并应符合下列规定：

1 滤料质量应符合本规程第5.4.1条的规定；

2 石英砂粒径不均匀系数$K80$应小于1.4；

3 过滤层厚度不应小于500mm。

5.7.2 负压颗粒过滤器应采用中阻力配水系统，并应符合下列规定：

1 过滤速度不宜超过20m/s；

2 过滤层表面的过滤水厚度不应小于350mm；

3 承托层厚度及构造应符合本规程表5.4.2-2中中阻力集配水形式的规定；

4 过滤器进水管应高于过滤器内水面200mm，且流速不应大于0.8m/s。

5.7.3 负压过滤器的循环水泵吸水高度不应小于0.06MPa。

5.7.4 负压过滤器的反冲洗应符合下列规定：

1 循环水泵吸水管的阻力损失等于及大于0.03MPa时，应进行反冲洗；

2 反冲洗应为气-水冲洗，并应符合下列规定：

1）气洗强度应为10L/(s·m^2)～12L/(s·m^2)，气洗历时应大于5min；

2）水洗强度应为6L/(s·m^2)～8 L/(s·m^2)，水洗历时应大于5min。

5.7.5 负压颗粒过滤器的外壳应采用牌号不低于S30408的不锈钢材质。

5.8 有机物降解器

5.8.1 游泳池有机物降解器在池水循环净化系统中，应设置在过滤器之后加热设备之前，生物降解器的出水应回流至过滤器之前。

5.8.2 有机物降解器按旁流量设计，旁流量应根据游泳负荷按池水容积的2%～10%计算确定。

5.8.3 有机物降解过滤器采用活性炭-石英砂组合过滤层，并应符合下列规定：

1 池水在生物降解器中的停留时间不应少于3min；

2 活性炭应符合现行国家标准《煤质颗粒活性炭 净化水用煤质颗粒活性炭》GB/T 7701.2或《木质净水用活性炭》GB/T 13803.2的规定；

3 活性炭滤层的有效厚度不宜小于1000mm，石英砂层的厚度不宜小于150mm；

4 水流速度应控制在5m/h～10m/h范围内；

5 采用水冲洗，每90d～180d反冲洗一次，冲洗强度应符合本规程第6.2.7条第3款的规定，冲洗持续时间宜为3min～5min。

5.8.4 生物降解器的构造和材质应符合本规程第6.2.7条第2款的规定。

6 池水消毒

6.1 一般规定

6.1.1 游泳池的循环水净化处理系统必须设置池水消毒工艺工序。

6.1.2 消毒剂的选择应符合下列规定：

1 应能有效快速杀灭水中的各种致病微生物，具有持续消毒功能，并与原水相兼容；

2 应对人体、设备和建筑危害性小，不会产生不良气味；

3 应具有合理的经济性；

4 应取得《消毒产品卫生安全评价报告》。

6.1.3 消毒设备的选择应符合下列规定：

1 设备应简单、安全可靠，便于操作和检修；

2 计量装置应准确，且灵活可调；

3 设备应能实现投加系统自动监测和控制；

4 设备的建设费和运行费用应经济合理。

6.2 臭氧消毒

6.2.1 臭氧的消毒方式、工艺工序及设备、装置配置应符合下列规定：

1 臭氧消毒系统应辅以长效消毒剂系统；

2 竞赛类游泳池及公共类游泳池的消毒工艺应在池水过滤工序之后加热工序之前设置，宜采用全流量半程式臭氧消毒工艺；

3 游泳负荷稳定的游泳池和原有游泳池增设臭氧消毒时，消毒工艺流程宜在池水过滤净化工序之后加热工序之前设置，宜采用分流量全程式臭氧消毒工艺。

6.2.2 臭氧投加量应按游泳池、水上游乐池的全部循环流量计算确定，并应符合下列规定：

1 全流量半程式臭氧消毒系统的臭氧投加量应按0.8mg/L～1.2mg/L计算确定；

2 分流量全程式臭氧消毒系统的臭氧投加量应按全部循环水量0.4mg/L～0.6mg/L计算确定，且分流量不应小于池子全部循环流量的25%；

3 循环水进入池内时，池水中的臭氧余量不应大于0.05mg/L。

6.2.3 臭氧消毒系统应符合下列规定：

1 游泳池水面上0.20m处的空气中的臭氧含量不应超过0.20mg/m^3；

2 应辅以长效消毒单元。

6.2.4 臭氧的投加应符合下列规定：

1 应采用负压方式投加在水过滤器滤后的循环水中；

2 应采用全自动控制投加系统，并应与循环水泵联锁。

6.2.5 臭氧与水接触的反应器（罐）的容积应按下列公式计算：

$$V_f = \frac{q_0}{60} t \qquad (6.2.5\text{-}1)$$

$$t \geqslant \frac{1.6}{C_{O_3}} \qquad (6.2.5\text{-}2)$$

式中：V_f——反应器（罐）的有效容积（m^3）；

q_0——进入反应罐的池水循环流量（m^3/h），按本规程第6.2.2条第2款的规定取值；

t——臭氧与水接触反应所需要的时间（min），但不应少于2min；

C_{O_3}——臭氧的投加量（mg/L），按本规程第6.2.2条的规定取值。

6.2.6 臭氧接触反应器（罐）的构造应符合下列规定：

1 确保臭氧与水的充分接触反应时间不应小于本规程公式（6.2.5-2）的计算所需时间，且罐内应设一定数量导流板，以保证水与臭氧的流动不出现短流，传质系数不应小于90%；

2 臭氧反应器（罐）应为全密闭的立式压力容器，且罐体应设进水管、出水管、观察窗和检修人孔；

3 罐顶部应配套设置尾气自动释放阀、尾气排气管及尾气消除或回收装置；

4 罐体应采用牌号为S31603的奥氏体不锈钢或其他抗臭氧腐蚀的材料制造，并应能承受1.5倍系统的工作压力。

6.2.7 全流量半程式臭氧消毒系统，应设置多余臭氧吸附过滤器（罐），并应符合下列规定：

1 吸附介质应采用吸附性好、机械强度高，化学性能稳定、再生能力强的颗粒活性炭，并应符合下列规定：

1）活性炭的粒径宜为0.9mm～1.6mm，比表面积不应小于1000m^2/g；

2）活性炭介质层的有效厚度不应小于500mm；

3）吸附过滤器的过滤速度不应大于35m/h；

4）承托层的组成应符合本规程5.4.2第2款的规定。

2 多余臭氧吸附过滤器（罐）的构造，应符合下列规定：

1）采用牌号为S31603或S31608的奥氏体不锈钢或其他抗臭氧腐蚀的材料制造，且耐压不应小于系统工作压力的1.5倍；

2）内部集配水宜采用大、中阻力配水系统。

3 活性炭吸附过滤器（罐）宜采用先气后水组合进行反冲洗，并应符合下列规定：

1）进水压力与出水压力的压力差达到0.05MPa时应进行反冲洗，每个月应至少反冲洗一次；

2）气-水反冲强度应为9L/(s·m^2)～12L/(s·m^2)。气反冲时间宜为3min～5min；水反冲洗历时应为5min～8min；反冲洗介质的膨胀率应按25%～35%计；

3）反冲洗水源宜采用游泳池池水，反冲洗时应关闭臭氧发生器；

4）反冲洗管的阀门应采用隔膜阀。

6.2.8 臭氧发生器的设置应符合下列规定：

1 臭氧的产量应满足设计最大需求量的要求，且生产量可调幅度应为40%～100%。

2 臭氧发生器生产的臭氧浓度应符合下列规定：

1）采用氧气源和富氧化处理的空气为气源时，生产的臭氧浓度不应低于80mg/Nm^3；

2）直接采用空气气源时，生产的臭氧浓度不应低于20mg/Nm^3。

3 标准型游泳池及超标准大型规模的游泳池，宜按2台各60%需要量的臭氧发生器同时工作进行配置。

4 臭氧发生器应具有设备出现异常时自动关机的实时监控装置。

5 臭氧发生器工作时，应有连续不断的冷却水供应，且冷却水应予以回收利用。

6 臭氧发生器宜配置露点检测仪。

7 机房设在地下室时，臭氧发生器宜采用负压发生器。

6.2.9 输送臭氧气体和臭氧溶液的管道应采用牌号不低于S31603和公称压力不小于1.0MPa奥氏体的不锈钢或其他耐臭氧腐蚀的管道、阀门及附件，使用前应进行脱脂处理，并应设置区别于其他管道的标志。

6.3 氯 消 毒

6.3.1 氯消毒应选用有效氯含量高、杂质少、对健康危害小的氯消毒剂。

6.3.2 氯消毒剂应投加在过滤器过滤后的循环水中，其氯消毒剂的消耗量应按下列规定计算确定：

1 当以臭氧消毒为主时，池水中余氯量应按0.3mg/L～0.5mg/L（有效氯计）计算；

2 当以氯消毒为主时，池水中余氯量应按0.5mg/L～1.0mg/L（有效氯计）计算；

3 池水中的余氯含量应符合本规程第3.2.1条的规定。

6.3.3 严禁采用将氯消毒剂直接注入游泳池内的投加方式。

6.3.4 采用氯制品消毒剂时应符合下列规定：

1 液体及粒状氯制品消毒剂应将其稀释或溶解配制成有效氯含量为5%的氯消毒液，采用计量泵连续投加到水加热器后的循环给水管内，并应在循环水进入水池之前应完全混合；

2 缓释型片状氯制品消毒剂应置于专用的投加器内自动投加；

3 不同的氯制品消毒剂投加系统应分开设置；

4 消毒剂投加设备应与池水循环净化处理系统的循环水泵联锁。

6.4 紫外线消毒

6.4.1 游泳池采用紫外线消毒时，消毒工艺流程应在过滤净化工序之后加热工序之前设置，并应采用全流量工序设备。

6.4.2 游泳池采用紫外线消毒时，宜采用中压紫外灯消毒器，并应符合下列规定：

1 室内池紫外线剂量不应小于 60mJ/cm²；

2 露天池紫外线剂量不应小于 40mJ/cm²。

6.4.3 紫外线消毒器的设置应符合下列规定：

1 应设在水过滤单元之后水加热单元之前，紫外线消毒器应设置旁通管；

2 紫外线消毒器的安装应保证水流方向与紫外灯管长度方向平行，使水流被紫外线充分照射，并应预留更换灯管和检修空间；

3 采用多个紫外线消毒器时应并联连接。

6.4.4 紫外线消毒器的选型应符合下列规定：

1 紫外线灯外过水室内壁应光洁，紫外线的反射率不应小于 85%。

2 紫外灯管的石英玻璃套管应符合下列规定：

1）透光率不宜小于 90%；

2）耐压不应小于 0.6MPa。

3 被消毒的水温超过 25℃时应留有富余量。

4 应配有完整的紫外线运行工况电气自动监控和紫外线强度监控装置及可靠安全措施。

5 紫外线消毒器应具有自动清洗、灯管照射功率与水质或紫外光强度联锁功能。

6.4.5 紫外线消毒器的出水口应设置安全过滤器。

6.5 氰尿酸消毒剂

6.5.1 氰尿酸消毒剂宜用于室外露天游泳池、水上游乐池和室内阳光游泳池。当地采购其他消毒剂有困难时，也可用于室内无阳光游泳池池水的消毒，但其投加浓度不应超过本规程第 6.5.2 条第 2 款的规定。

6.5.2 采用氰尿酸消毒剂时，应符合下列规定：

1 室外池的投加浓度不应超过 80mg/L；

2 室内阳光池的投加浓度不应超过 30mg/L；

3 池水的 pH 值应保持在 7.2～7.8 范围内；

4 应将其溶解成液体用加压泵湿式投加。

6.6 无氯消毒剂

6.6.1 游泳池采用过氧化氢消毒时，应在循环水泵之后池水过滤净化之前，设置无氯消毒设备工序的旁流消毒工艺。旁流量不应小于池水循环流量的 18%。

6.6.2 无氯消毒器应由过氧化氢与臭氧混合反应器、吸附装置、自动投加过氧化氢装置、检测装置、远程监控等组成，并应具有下列功能：

1 全自动水质检测和自动投药；

2 自带三台抽药泵；

3 自带臭氧检测报警和断电保护；

4 自带缺水保护防止臭氧泄漏；

5 自带漏电、过流保护；

6 可远程监控。

6.6.3 过氧化氢应与臭氧配套同时使用，并应符合下列规定：

1 过氧化氢应符合现行国家标准《食品添加剂 过氧化氢》GB 22216 的规定；

2 过氧化氢消耗量宜按每 50m³ 池水每小时 20g～30g 和浓度不应低于 35%计算确定，且池水中过氧化氢剩余浓度应维持在 60mg/L～150mg/L 范围内；

3 臭氧消耗量宜按每 50m³ 池水每小时 1g 计算确定，且池水剩余臭氧浓度不应超过 0.02mg/L；

4 臭氧发生器应独立设置；

5 池水的氧化还原电位应控制在 200mV～300mV。

6.6.4 无氯消毒器的配套臭氧发生器应采用负压制取臭氧发生器，且可与无氯消毒器设置在同一房间，并应符合下列规定：

1 房间应有每小时不少于 6 次～8 次的通风设施；

2 应有不间断的电力供应和照明；

3 应有给水、排水条件；

4 臭氧发生器应有超浓度报警装置。

6.6.5 无氯消毒器及配套设施、管道、阀门及附件，均应采用高强度、耐腐蚀、不产生二次污染的材质。

6.6.6 无氯消毒剂用于竞赛类游泳池时，应与相应竞赛级别的组委会协商确定。

6.7 盐氯发生器

6.7.1 盐氯发生器制取氯消毒剂应采用分流量循环系统，并应符合下列规定：

1 盐氯发生器循环管道流量不应小于 1m³/h～2m³/h；

2 盐氯发生器应设流量控制装置；

3 对池水进行消毒时，应在过滤设备之后加热工序之前设置盐氯发生器及其配套的水质监测等设备。

6.7.2 盐氯发生器应由盐氯发生控制器和极板模块组成，并应符合下列规定：

1 应能根据游泳戏水负荷、气候条件自动监测和控制盐氯发生器工作状态；

2 应能在线监控和自动投加所需盐量，制氯量输出应可调；高、低盐浓度应能够指示及报警；pH值和氧化还原电位（ORP）应能够显示，并高、低限值应能报警；电极钝化应能够报警，电极板应能够自动清洗，并应能记录运行情况及远程控制等；

3 应能极性自动反转消除电解所产生的结垢；

4 设备应为钛金属材质，且结构模块设计易于更换极板；

5 盐氯发生器与控制器的距离不应超过2m。

6.7.3 盐氯发生器采用的盐质量应符合现行国家标准《食品安全国家标准 食用盐》GB 2721的规定且为不含碘的高浓度盐。盐的投加量应确保池水的盐浓度不应小于1500mg/L。

6.7.4 盐氯发生器制取氯消毒剂适用于私人游泳池、中小型会所（俱乐部）游泳池及中小型成人游泳池。

6.7.5 室外池使用盐氯发生器制取消毒剂消毒池水时，应投加氰尿酸稳定剂，浓度宜控制在30mg/L～60mg/L范围内。

6.7.6 每座游泳池、水上游乐池设置的盐氯发生器不应少于2台。

6.8 次氯酸钠发生器

6.8.1 次氯酸钠发生器应选用符合现行国家标准《次氯酸钠发生器安全与卫生标准》GB 28233的规定。

6.8.2 次氯酸钠发生器宜选用以电解食盐水直接生成次氯酸钠的发生器，且所产生的次氯酸钠浓度不宜超过3%，pH值不应大于9.5，液体应清澈透明、无可见杂质。

6.8.3 制备次氯酸钠消毒剂中盐的氯化钠含量不应小于97.0%（质量分数）。卫生质量应符合现行国家标准《食品安全国家标准食用盐》GB 2721的规定，且每生成1kg有效氯的盐耗量不宜超过2.5kg。

6.8.4 次氯酸钠发生器的容量应按池水所需最大次氯酸钠量确定，且每座水池配置次氯酸钠发生器不宜少于2台。

6.8.5 次氯酸钠发生器应设有自动监控装置，并应符合下列规定：

1 应能自动监测和控制发生器的工作状况；

2 应具有在线监控实现次氯酸钠按需投加的功能；

3 发生器配套储液桶中的加药泵应与池水循环水泵联锁控制运行。

6.8.6 次氯酸钠发生器制备次氯酸钠过程中所产生的氢气应用管道引至屋面外排放至大气。

7 池 水 加 热

7.1 一 般 规 定

7.1.1 池水加热的热源应符合下列规定：

1 有条件的地区应优先选用太阳能、热泵、工业余热、废热作为热源；

2 应选用城镇热力网或区域锅炉房的高温水、蒸汽或建筑内锅炉房的高温水、蒸汽、空调余热作热源；

3 当无条件采用上述热源时，可设燃气或电热水机组提供热源。

7.1.2 游泳池的加热方式应根据使用要求和热源条件按下列规定确定：

1 采用太阳能为热源，且集热器为非光滑材质时，应采用直接式池水加热方式；

2 采用本规程第7.1.1条第2款和第3款规定的热源时，应采用间接加热方式。

7.1.3 池水温度应根据游泳池的用途、使用对象，按本规程第3.3.1条的规定确定。

7.1.4 池水初次加热所需的持续时间应根据用途、池体结构和衬贴材料特点、热源条件按下列规定确定：

1 游泳池宜采用24h～48h；

2 多座水上游乐池宜根据池水容积分批次进行加热，且不宜超过72h；

3 钢筋混凝土材质的游泳池应按每小时池水温度升高不大于0.5℃计算确定。

7.1.5 池水加热设备的配置应符合下列规定：

1 加热设备的容量宜按计算负荷的1.1～1.2倍选定，且不同用途游泳池的池水加热设备应分开设置；

2 共用一组池水循环净化处理系统的多座水上游乐池可共用一组池水加热设备，其管道设置应符合本规程第4.1.5条的规定；

3 每座游泳池和符合本条第2款规定的水上游乐池的池水加热设备应按不少于2台加热设备同时工作选定；

4 加热设备均应装设温度自动控制装置。

7.1.6 游泳池等室内环境温度宜比设定池水温度高2℃，且不宜高于30℃。

7.2 耗热量计算

7.2.1 池水加热所需的热量应为池水表面蒸发损失的热量、池壁和池底传导损失的热量、管道和设备损失的热量以及补充新鲜水加热所需的热量的总和。

7.2.2 池水表面蒸发损失的热量应按下式计算：

$$Q_s = \frac{1}{\beta}\rho \cdot \gamma(0.0174v_w + 0.0229)(P_b - P_q)A_s\frac{B}{B'} \tag{7.2.2}$$

式中：Q_s——池水表面蒸发损失的热量（kJ/h）；

β——压力换算系数，取133.32Pa；

ρ——水的密度（kg/L）；

γ——与池水温度相等的饱和蒸汽的蒸发汽化

潜热（kJ/kg）；

v_w——池水表面上的风速（m/s），室内池为0.2m/s～0.5m/s，室外池为2m/s～3m/s；

P_b——与池水温度相等时的饱和空气的水蒸气分压力（Pa）；

P_q——水池的环境空气的水蒸气分压力（Pa）；

A_s——水池的水表面面积（m^2）；

B——标准大气压力（Pa）；

B'——当地的大气压力（Pa）。

7.2.3 游泳池、水上游乐池及文艺演出水池的池底、池壁、管道和设备等传导所损失的热量应按池水表面蒸发损失热量的20%计算。

7.2.4 游泳池、水上游乐池及文艺演出水池补充新鲜水加热所需的热量应按下式计算：

$$Q_b = \frac{\rho V_b C(T_d - T_f)}{t_h} \quad (7.2.4)$$

式中：Q_b——补充新鲜水加热所需的热量（kJ/h）；

ρ——水的密度（kg/L）；

V_b——新鲜水的补充量（L/d）；

C——水的比热［kJ/（℃·kg）］；

T_d——池水设计温度（℃），按本规程第3.3.1条和第3.3.2条的规定确定；

T_f——补充新鲜水的温度（℃）；

t_h——加热时间（h）。

7.3 加热设备

7.3.1 池水加热设备应根据热源条件、耗热量、使用条件、卫生及运行管理等因素选择，并应符合下列规定：

1 应选用换热效率高、效果好、节能、水流阻力小、密封性能好、使用寿命长的设备；

2 设备应满足结构紧凑、安全可靠、灵活可调、操作维修方便的要求；

3 设备材质应耐氯等化学药剂的腐蚀。

7.3.2 池水加热设备的容量、数量应根据本规程第7.2.2条～第7.2.4条和第7.1.5条的规定计算确定。

7.3.3 池水加热设备的形式、材质应根据下列规定选用：

1 热源为高温热水或蒸汽时，应选用材质为不锈钢的换热器；

2 电力供应充沛的地区可采用材质为不锈钢的电力热水器；

3 无热力网的地区宜选用材质为不锈钢的燃气热水机组；

4 高温热水为废热及地下热水时，应采用钛金属材质的换热器。

7.3.4 池水采用分流量加热时应符合下列规定：

1 被加热水的水量不应小于全部池水循环水量的25%，并应设置被加热与未加热水的混合装置；

2 被加热水经换热器后的出水温度不宜超过40℃；

3 换热或加热设备的被加热水阻力损失超过0.02MPa时，被加热水应设加压水泵；

4 换热或加热设备出水侧应设可调幅度不超过±1.0℃的自动温控阀。

7.3.5 池水加热设备进水口与出水口的水温差应按下式计算：

$$\Delta T_h = \frac{Q_s + Q_t + Q_b}{1000\rho \cdot C \cdot q_r} \quad (7.3.5)$$

式中：ΔT_h——加热设备进水管口与出水管口的水温差（℃）；

Q_s——池水表面蒸发损失的热量（kJ/h），按本规程第7.2.2条的规定计算确定；

Q_t——池底、池壁、管道和设备传导损失的热量（kJ/h），按本规程第7.2.3条的规定确定；

Q_b——补充新鲜水加热所需的热量（kJ/h）；

C——水的比热［kJ/（℃·kg）］；

ρ——池水的密度（kg/L）；

q_r——通过水加热设备的循环水量（m^3/h），采用分流量加热时按本规程第7.3.4条第1款的规定计算确定。

8 水质平衡

8.1 一般规定

8.1.1 游泳池应进行水质平衡设计。

8.1.2 水质平衡设计应符合下列规定：

1 池水的pH值应控制在7.2～7.8；

2 池水的总碱度应控制在60mg/L～200mg/L；

3 池水的钙硬度应控制在200mg/L～450mg/L；

4 池水的溶解性总固体不应超过原水的溶解性总固体+1000mg/L。

8.1.3 池水水质平衡使用的化学药品应符合下列规定：

1 应对人体健康无害，且不应对池水产生二次污染；

2 应能快速溶解，且方便检测；

3 应符合当地卫生监督部门的规定。

8.2 化学药品的选用和配置

8.2.1 水质平衡化学药品的选用应符合下列规定：

1 池水pH值偏低时，应选用碳酸钠、碳酸氢钠等化学药品进行调节；

2 池水pH偏高时，应选用盐酸、硫酸氢钠、二氧化碳等化学药品进行调节。

8.2.2 化学药品的投加方式应符合下列规定：

1 应采用湿式自动投加在池水循环净化处理系统池水加热工序单元之后的循环给水管道内；

2 不同化学药品的投加系统应分开设置，且投加点应设置化学药品溶液与循环水充分混合和防止池水进入化学药品投加系统的装置；

3 水质平衡化学药品溶液投加点与消毒剂溶液投加点的间距不应小于循环给水管道10倍管径的距离；

4 化学药品的投加系统应与池水循环净化系统的循环水泵工序单元联锁。

8.2.3 化学药品溶液的配制浓度应符合下列规定：

1 使用盐酸或硫酸时，溶液的浓度不应超过3%（以有效酸计）；

2 使用碳酸钠或碳酸氢钠、氯化钙时，溶液浓度不应超过5%（以有效钠或钙计）。

8.3 化学药品投加设备

8.3.1 化学药品的溶液桶应符合下列规定：

1 溶液桶根据第8.2.3条规定的溶液浓度、化学药品的纯度应按游泳池不少于一个开放场次的消耗量及化学药品的沉渣量经计算确定，所需溶液应一次配制完成；

2 溶液桶宜配置溶液电动搅拌器、液位计、超低液报警、给水管、加药泵吸液管、投加管和排渣管。

8.3.2 加药计量泵的选用应符合下列规定：

1 加药泵的容量应按最大投加量计算确定，并应满足最小投加量的要求，且应计量准确；

2 加药泵宜具有根据水质探测仪参数自动调节投加量的功能，并应准确投加；

3 加药泵应选用电驱动隔膜式加药泵，且防护等级不应低于IP65。

8.3.3 加药计量泵、溶药溶液桶（槽）、输送药液的管道、阀门和附件等，应采用在相应温度和工作压力下耐腐蚀材质的制品，且不同化学药品的装置应有相应标志。

9 节能技术

9.1 一般规定

9.1.1 游泳池池水循环净化处理系统的设计，在技术合理、经济可行的条件下，应采用节能技术。

9.1.2 池水加热系统应优先采用洁净能源和可再生能源。

9.1.3 洁净能源和可再生能源的采用应结合工程所在地区的气候、能源资源、生态环境、经济和人文等因素进行选择。

9.1.4 采用洁净能源和可再生能源时应与建筑、结构、空调、电气专业和专业生产企业配合，做到技术先进、经济实用。

9.1.5 国家级及国家级以上级别游泳竞赛用游泳池和专用游泳池的池水初次加热时，应按太阳能或热泵与辅助热源同时运行进行设计。

9.1.6 游泳池使用的热泵冷凝热交换器的材质应选用钛金属。

9.2 太阳能加热系统

9.2.1 利用太阳能作为池水加热热源时，应符合下列规定：

1 太阳年日照时数不应小于1400h；

2 太阳年辐射量不应小于4200MJ/(m^2·a)。

9.2.2 太阳能集热面积，应根据当地区的纬度、太阳能年辐射总量、年日照小时数、年晴天光照时间等参数按下列规定计算确定：

1 集热器集热效率应以实际产品实测数据确定，且不宜小于50%；

2 太阳能的保证率宜为40%～80%；

3 太阳辐射热量应按春、秋两个季节平均太阳辐射量为依据；

4 集热水箱热水温度宜按不小于50℃计，当采用直接式加热方式时，不应设集热水箱；

5 系统热损失宜按20%计。

9.2.3 太阳能集热系统设计应采用承压式循环系统，并应符合下列规定：

1 宜综合利用热能对池水加热和淋浴热水进行制备；

2 冷水进水及热水流出应配水均匀，无死水区，无气阻区；

3 储热水池应有足够的容积，且系统不应结垢、不发生冰冻；

4 间接式池水加热方式宜采用低温升大流量换热器；

5 系统应有水温、水位、水压、水泵开启及关闭、自动或手动排空等控制，并应满足自动化、智能化、远距离和按季节可调设定的控制要求；

6 系统应有漏电保护；

7 系统管道应有抗紫外线的措施或采用抗紫外线的管材。

9.2.4 太阳能集热器应根据当地太阳能资源、气候环境，因地制宜地选用光滑材质或非光滑材质集热器，并应符合下列规定：

1 应选用集热效率高、产热快、承压高、长期连续运行性能稳定的集热器；

2 集热器应具有防渗漏水、防爆裂、防冻裂、防雷、防漏电、防强风及抗雪载、防冰雹等性能；

3 集热器材质应耐腐蚀且应符合卫生及环保要

求和对被加热水不应产生二次污染。

9.2.5 光滑材质太阳能集热器的布置和安装，应符合下列规定：

1 集热器的布置应与土建专业密切配合及协调，做到既满足加热系统要求，又不影响建筑外观和结构安全；

2 集热器的朝向应保证集热面最大限度能够获得太阳光的照射，且不被自身建筑、周围建筑和设施、树木遮挡，集热器冬至日的日照时数不应小于4h，多排布置时，前排集热器不应遮挡后排集热器的阳光；

3 集热器的布置不应跨越建筑变形缝；

4 集热器的安装倾角应与当地纬度相同。

9.2.6 非光滑材质太阳能集热器的布置和安装应符合下列规定：

1 材质应具有抗紫外线、耐氯及化学药品腐蚀和不污染游泳池池水水质的特性。

2 集热器宜沿屋面分组设置。如架空设置时，应加设垫板。

3 每组集热器单元应设置泄水装置。

4 集热器配水管、集水管的最高部位应设排气阀。

9.2.7 太阳能加热系统应按池水初次加热设计总热负荷配置辅助热源或加热设备。

9.2.8 太阳能集热器的设计，应符合现行国家标准《民用建筑太阳能热水系统应用技术规范》GB 50364和《太阳热水系统设计、安装及工程验收技术规范》GB/T 18713的规定。

9.3 空气源热泵加热系统

9.3.1 采用空气源热泵对池水进行加热时，宜符合下列规定：

1 普通型空气源热泵的使用环境温度范围宜为0℃～43℃；

2 低温型空气源热泵的使用环境温度范围宜为−7℃～38℃。

9.3.2 空气源热泵辅助热源的设置应符合下列规定：

1 当地最冷月平均气温不低于0℃时，可不设辅助热源；

2 当地最冷月平均气温低于0℃，应设辅助热源。

9.3.3 空气源热泵的产热量计算，应符合下列规定：

1 不设置辅助热源时，应按当地最冷月平均气温和水温计算；

2 设置辅助热源时，应按当地年平均气温和水温计算。

9.3.4 空气源热泵的选型应符合下列规定：

1 机组能效比（COP）值不应低于现行行业标准《游泳池用空气源热泵热水机》JB/T 11969的规定；

2 应具有水温控制、水流保护、过电流保护、冷媒高低压保护和压缩机延时启动等功能；

3 机组冷媒工质应采用符合国际环保要求的制冷剂；

4 热泵冷凝热交换器应选用钛金属材质的热交换器。

9.4 水（地）源热泵加热系统

9.4.1 水（地）源热泵系统的选择应符合下列规定：

1 地表水、地下水或废水充沛的地区应采用水源热泵；

2 地埋管空间区域充足的地区应采用地埋管地源热泵。

9.4.2 水（地）源热泵热源选择应符合下列规定：

1 当采用地表水地源热泵时，地表水水温不应低于10℃；

2 当采用地下水地源热泵时，地下水水温不应低于10℃；

3 当采用地埋管地源热泵时，回管内水温不应低于7℃。

9.4.3 水（地）源热泵的产热量计算，应符合下列规定：

1 气温应按当地最冷月的平均气温计算；

2 水温应按本规程第9.4.2条的规定计算。

9.4.4 水（地）源热泵辅助热源的设置应符合下列规定：

1 当地地表水水温及水量满足需求时，可不设辅助热源；

2 当地地下水水温及水量满足要求时，可不设辅助热源；

3 当地有充足空间进行地埋管时，可不设辅助热源；

4 当地地表水和地下水的水温及水量不满足需求时，可设辅助热源，所占比例不应大于70%；

5 当地没有充足空间进行地埋管时，可设辅助热源，所占比例不应大于70%。

9.4.5 水（地）源热泵冷凝热交换器应选用钛金属材质的热交换器。

9.4.6 水（地）源热泵的选型应符合下列规定：

1 机组效能比（COP）不应低于现行国家标准《水（地）源热泵机组》GB/T 19409的规定，且应适合当地的地理条件和使用要求；

2 机组应具有水温控制、水流保护、过电流保护、冷媒高低压保护、进水温度保护和压缩机延时启动等功能；

3 水（地）源热泵换热系统的设计应符合现行国家标准《地源热泵系统工程技术规范》GB 50366的规定。

9.5 除湿热泵余热利用系统

9.5.1 采用除湿热泵对室内进行除湿并利用余热对池水进行加热时应符合下列规定：

1 除湿热泵机组应带热回收功能，回收的热能可用于室内空气或池水加热，也可直接向室外排放；

2 除湿热泵机组应带新风与排风功能，新风量不应低于机组回风量的10%；

3 室内空间相对湿度宜控制在55%～65%之间，温度宜控制在28℃～30℃之间。

9.5.2 游泳池除湿量应由室内人体散湿量、池边散湿量、敞开水面的散湿量、新风含湿等组成，除湿量的计算应符合下列规定：

1 室内人体散湿量应按下式计算：

$$W_1 = 0.001 \cdot n \cdot n_q \cdot g \qquad (9.5.2\text{-}1)$$

式中：W_1——人体散湿量（kg/h）；

g——单个人小时散湿量，取120g/(h·人)；

n——池岸总人数（人），按游泳负荷的1/3计，不计观众人数；

n_q——群体系数，取n_q=0.92。

2 池边散湿量应按下式计算：

$$W_2 = 0.0171(t_g - t_q)F \cdot n_s \qquad (9.5.2\text{-}2)$$

式中：W_2——池边散湿量（kg/h）；

t_g——室内空调计算干球温度（℃）；

t_q——室内空调计算湿球温度（℃）；

F——池岸面积（m²），不含看台非潮湿区域面积；

n_s——润湿系数，按不同使用条件取用，取n_s=0.2～0.4。

3 敞开水面的散湿量应按下式计算：

$$W_3 = 0.0075 \cdot (0.0178 + 0.0125 v_w) \cdot (P_b - P_q) \cdot A_s \cdot (B/B') \qquad (9.5.2\text{-}3)$$

式中：W_3——池水面产生的水蒸气量（kg/h）；

v_w——游泳池水面上的风速，取0.2m/s～0.3m/s；

P_b——与池水温度相等时的饱和空气水蒸气分压力（Pa）；

P_q——与池子室内空气相等的空气水蒸气分压力（Pa）；

A_s——游泳池水面的面积（m²）；

B——标准大气压（Pa）；

B'——当地大气压（Pa）。

4 新风含湿量应按下式计算：

$$W_4 = G_x(I_x \cdot \delta_x - I_{sn} \cdot \delta_n) \div 1000 \qquad (9.5.2\text{-}4)$$

式中：W_4——新风含湿量（kg/h）；

G_x——每人所需的新风量（m³/h）按30m³/h计；

I_x——新风含湿量（g/kg）；

I_{sn}——室内空气含湿量（g/kg）；

δ_x——新风密度（kg/m³）；

δ_n——室内空气密度（kg/m³）。

9.5.3 除湿热泵的选型应符合下列规定：

1 池水加热耗热量应由给水排水专业计算提供。当除湿热泵不能满足所需耗热量时，应设辅助热源。

2 机组应效能较高，且适合当地的气候条件和使用要求。

3 应具有水温控制、水电流保护、过流保护、冷媒高低压保护和压缩机延时启动等功能。

4 机组冷媒工质应安全洁净，并应符合环境保护要求。

9.5.4 除湿热泵机组的池水侧冷凝器应采用钛金属材质。除湿用翅片式蒸发器与再热翅片式冷凝器应采用铜翅片或铝翅片加防腐处理。

10 监控和检测

10.1 一 般 规 定

10.1.1 池水净化处理系统的监控系统应具备自动监测、自动启停、自动调节、自动报警和安全保护功能，并应符合现行行业标准《建筑设备监控系统工程技术规范》JGJ/T 334的规定。

10.1.2 池水循环净化系统应设置在线监测和控制系统，并应符合下列规定：

1 池水水质应设置在线实时监控系统。

2 池水循环净化处理设备的监控系统按下列规定确定：

1）竞赛池、训练池、专用池、文艺演出池等宜采用全自动监控系统或智能监控系统；

2）季节性室外游泳池宜采用半自动监控系统；

3）私人游泳池应按业主要求确定。

3 综合游泳池馆、大型水上游乐池宜设中央监控系统、单一游泳池应设就地集中监控系统。

10.1.3 中央监控系统的设置宜符合下列规定：

1 管理分散在不同地块的游泳池、水上游乐池应设置中央监控制室；

2 应能实现监控系统运行中的参数传输、状态显示、趋势显示、控制设定调节；

3 动力设备应能实现联动、联锁，远距离自动控制与就地手动控制转换、联动、联锁以及转换参数和状态显示；

4 应能实现参数趋势报警、事故报警、故障诊断和处理及数据记录表格制作等；

5 应设有系统集成接口。

10.1.4 池水循环净化处理系统除应实行在线实时监测外，尚应配备人工检测池水水质的仪器设备。

10.1.5 监控与检测的仪表设施选用应符合下列规定：

1 监控仪器仪表的设置位置、数量、测量精度和量程应符合设计要求；

2 监测仪表和控制设施应保证系统运行参数准确安全可靠、方便操作和维修；

3 监控系统的施工安装、调试、检测、验收、运行和维护应符合现行行业标准《建筑设备监控系统工程技术规范》JGJ/T 334 的规定。

10.2 监测、检测项目

10.2.1 池水循环净化处理系统应对池水水质的下列参数进行在线监测：

1 采用氯消毒时，应对下列参数进行在线监测：

1）pH 值；

2）氧化还原电位（ORP）；

3）游离性余氯；

4）浑浊度；

5）水温；

6）加氯间、次氯酸钠制备间环境中氯气的浓度及超限报警信号。

2 采用臭氧消毒时，应增加下列监测参数：

1）泳池进水中的臭氧浓度；

2）臭氧发生器的工作参数：电压、电流、气体通过能力等；

3）臭氧发生器设备间环境臭氧浓度及超限报警信号。

3 采用无氯消毒剂时，应增加下列监测参数：

1）池水中的臭氧浓度；

2）池水中的过氧化氢浓度。

4 竞赛游泳池和文艺演出池，应在循环给水或循环回水管上均应设置本条第 1 款和第 2 款所规定监测参数的仪器设备。

5 取样点位置应符合下列规定：

1）循环给水管上应设在循环水泵之后过滤设备工艺之前；

2）循环回水管上应设在絮凝剂投加点之前。

10.2.2 池水循环净化处理系统各工艺工序单元设备，应对下列参数进行在线监测：

1 均衡水池、平衡水池、潜水泵集水坑等的水位状态及开关状态；

2 循环水泵、水过滤器（罐）、臭氧一水反应器、活性炭吸附器、臭氧加压水泵、水加热器增压泵、水加热器等设备进出水口的水压力，以及水加热器热媒的进、出口压力和温度等工作状态；

3 循环给水总管、过滤器和分流量臭氧消毒的循环水流量；

4 水加热器进、出水口和热媒的温度；

5 设备机房内全部转动设备工作状态的信号。

10.2.3 游泳池、水上游乐池、文艺演出水池等除应设置在线监测外，尚应对池水进行人工检测，人工检测水质的项目应符合下列规定：

1 采用氯消毒时，应检测池水的 pH 值、游离性余氯、化合性余氯、尿素、浑浊度、水温氧化还原电位、碱度、钙硬度和溶解性总固体等水质参数；

2 采用三氯异氰尿酸消毒时，应增加检测氰尿酸；

3 采用臭氧消毒剂时，应增加检测池水表面上方空气中的臭氧浓度。

10.2.4 人工检测池水水质的水样采集位置应符合下列规定：

1 25m×50m 和 21m×50m 的标准游泳池的水样采集点不应少于 6 处，并应沿泳池长边均匀布置；

2 25m 长及以下的游泳池水样采集点不应少于 4 处，并应沿泳池长边均匀布置；

3 非标准游泳池应按每 $100m^2$～$200m^2$ 的水面采集一个水样，且采集点不应少于 4 处；

4 水样应取自水面下 0.3m～0.5m 处。

10.3 监控功能

10.3.1 池水循环净化处理系统的监控功能应具备监测、安全保护、远程自动调节、自动启动和故障报警功能。

10.3.2 池水水质监控系统应由传感器、控制器或变送器组成，其监控应符合下列规定：

1 根据 pH 值传感器的信号应连续显示出 pH 值，并应能通过控制器使 pH 值调整剂投加泵按设定值调整投加量；

2 根据余氯量传感器信号应连续显示池水的余氯浓度，并应能通过控制器调整消毒剂投加泵按设定值调整投加量；

3 根据臭氧浓度传感器信号应连续显示出池子进水中的臭氧浓度，并应能通过控制器按设定值调整臭氧的投加量；

4 根据浊度传感器信号应连续显示出池水回水中的浑浊度，并应能通过控制器按设定值调整混凝剂的投加量；

5 根据温度传感器信号应连续显示出池水进水的温度，并应能通过控制器调节水加热器被加热水管道上的流量。

10.3.3 池水循环净化处理系统的设备控制应符合下列规定：

1 循环水泵和其他转动设备应有运行状态显示，并应能远距离开启、关闭及与备用泵自动互换互投运行；

2 循环水泵与各种化学品药剂投加泵应设置联锁装置；

3 循环水系统发生故障时，监控系统应具有自动停止设备、设施运行和报警功能；

4 均衡水池、平衡水池应具有过程水位显示及补水位、最高水位显示，自动开启或关闭进水管阀门和超低水位及超高水位报警装置；

5 过滤器进出水口压差高于设定值时，应自动进行反冲洗程序或向控制中心发出报警信号，并关闭进出水管上的阀门，停止该设备运行。

10.3.4 不同用途的游泳池的池水水质监控系统应分开设置。

11 特殊设施

11.1 一般规定

11.1.1 跳水池必须设置池底喷气水面制波和池岸喷水水面制波装置。

11.1.2 教学和训练用跳水池的 3.0m 跳板和 5.0m、7.5m 及 10.0m 跳台，宜设置安全保护气浪设施。

11.1.3 跳水池喷气制波和安全保护气浪所供给的压缩空气的气体质量应洁净、无色、无异味、无油污和不含杂质。

11.1.4 游泳池设有移动分隔墙及自动升降池底时，其移动墙的水下部分和升降池底板上应设置过水孔口，孔径不应大于 8mm。

11.1.5 水上游乐池无条件设置池岸溢流水槽时，宜设置撇沫器。

11.1.6 设有安全保护气浪的跳水池池岸宜高于跳水池溢流回水槽表面 150mm～200mm。

11.2 跳水池水面制波

11.2.1 池底喷气起泡制波的喷气嘴应以跳板、跳台在池底水平投影为基准按下列规定布置：

1 1.0m 和 3.0m 高度跳板应以跳板在池底的水平投影中心正前方 1.5m 处为圆心，1.5m 为半径和以 45°角与圆弧交点处的每侧布置 2 个喷气嘴；

2 5.0m 和 7.5m 高度跳台应以跳台在池底水平投影中心正前方 2.0m 处为圆心、1.5m 为半径和与跳台中心线以 45°角与圆弧交点处的每侧布置 2 个喷气嘴；

3 10.0m 高度跳台应以跳台在池底的水平投影中心正前方 2.0m 处为圆心及 1.5m 为半径画圆，再以圆心画水平和垂线，在两线与圆弧的交点处各布置一个喷气嘴。

11.2.2 跳水池池底喷气起泡制波的气体压力和供气量应按下列规定计算确定：

1 气体压力宜为 0.1MPa～0.2MPa；

2 喷气嘴喷气孔直径宜采用 1.5mm～3.0mm，每个喷气嘴的喷气量宜按 0.019m^3/(mm^2 · min)～0.024m^3/(mm^2 · min)计；

3 总供气量应按同时开启使用的跳板、跳台所配喷气嘴同时开启计算确定。

11.2.3 池底喷气嘴和供气管的材质和安装应符合下列规定：

1 喷气嘴、供气管、阀门及附件应采用耐腐蚀、不污染所供气体的不锈钢、铜等材质制造，且耐压不应低于 1.0MPa；

2 供气管应埋设在跳水池底板与瓷砖面层之间的垫层内，不应在垫层内采用机械管件接口，且喷嘴喷气口表面应与池底表面相齐平。

11.2.4 池岸喷水水面制波应采用独立的加压供水系统，并应符合下列规定：

1 应设置独立的加压水泵和备用泵，且应与池水循环水泵设在同一房间；

2 水源宜采用跳水池池水。

11.2.5 池岸制波喷水嘴的设置及材料应符合下列规定：

1 水力升降式喷水嘴应设在跳板、跳台侧的池岸溢流回水槽内，每个跳板、跳台的两侧应各设一只喷水嘴；

2 普通喷水嘴应设在跳板、跳台下支撑结构上；

3 喷水嘴管径不宜小于 20mm，出水口水压不应小于 0.15MPa；

4 喷水嘴供水管应为耐腐蚀不污染水质的不锈钢或铜等材质，耐压不应小于 1.0MPa。

11.3 安全保护气浪

11.3.1 跳水池安全保护气浪的设置应符合下列规定：

1 安全保护气浪应采用环形管供气方式；

2 环形管的平面尺寸（宽度×长度）应按下列规定确定：

1）跳板高度为 3.0m 时，应采用 1.0m×3.5m；

2）跳台高度为 5.0m 和 7.5m 时，应采用 1.0m×4.5m；

3）跳台高度为 10.0m 时，应采用 2.5m×5.0m。

3 安全保护气浪的供气环管，应在跳板、跳台在池底水平投影顶端正前方 0.5m 处开始布置。

11.3.2 安全保护气浪供气环管的构造和材质应符合下列规定：

1 供气环管应为网格形状；

2 供气环管上应均匀设置内径为 8mm 的喷气管嘴，数量不应少于 40 只，喷嘴间距宜为 300mm；

3 供气环管应采用耐压不小于 1.6MPa 的耐腐蚀、不污染气体的不锈钢管或铜管。

11.3.3 敷设安全供气环管的跳水池池底垫层厚度不应小于 300mm。

11.3.4 安全保护气浪与池底喷气制波系统宜各设一套供气设备，并应符合下列规定：

1 安全保护气浪供气与池底制波供气的制气设备容量应按一个跳台制波与安全气浪用气量之和确定，但两者应分别设置供气管道；

2 每套安全保护气浪应设置独立供气流量调节装置和控制器；

3 安全保护气浪的供气压力宜为1.0MPa；

4 每组供气管道应有防止池水倒流至供气系统的措施。

11.3.5 安全保护气浪供气系统的控制应符合下列规定：

1 控制屏应分别控制每套安全保护气浪的启闭；

2 控制屏应具有就地控制和池岸无线控制功能，且两者应有互锁装置；

3 安全保护气浪系统设备机房应设就地手动开关装置。

11.3.6 安全保护气浪系统一经启动，应确保气浪形成时间不超过3s，气浪持续时间不宜少于12s。

11.4 跳水池配套设施

11.4.1 跳水池应在邻近池岸附近一侧设置土建型或成品型放松池，并应符合下列规定：

1 直径不应小于2.0m，水温应符合本规程表3.3.1条的规定；

2 水质、池水循环周期应符合本规程第3.2节和第4.4节的规定；

3 应设水力按摩喷嘴；

4 应设独立的池水循环净化处理系统。

11.4.2 水力放松池的水力按摩喷嘴设置应符合下列规定：

1 喷嘴应沿放松池池壁布置，间距不应小于0.8m；

2 喷嘴应设在高出放松池坐板（台）面0.2m的池壁上；

3 应采用自然进气方式的气-水合用喷嘴，进供气管口应设可调进气量管帽，且管帽应高出放松池内最高水面不应小于0.10m。

11.4.3 跳水池应在设有放松池的池岸一侧设置淋浴喷头，其数量不应少于2只，供水温度不应低于36℃，水质应符合现行国家标准《生活饮用水卫生标准》GB 5749的规定。

11.5 吸污接口和撇沫器

11.5.1 利用人工移动池底吸污盘和池水过滤器清除池底、池壁积污的游泳池，可设置吸污接口及管道系统，并应符合下列规定：

1 应设置独立的管道系统；

2 应接至池水循环净化处理系统的循环水泵吸水管上，并应设置控制阀门；

3 管径应与吸污接口直径相匹配。

11.5.2 吸污接口的设置应符合下列规定：

1 应沿游泳池侧壁布置，且位于池水面以下0.30m处。同一池子的吸污接口标高应一致。

2 形状不规则的游泳池，吸污接口应按间距不超过20m，在池水面以下0.30m处等距离设置。

11.5.3 池水水面面积不大于200m^{2}的游泳池、水上游乐池及文艺演出池无条件设置池岸溢流水槽时，宜设置撇沫器溢流排水系统，并应符合下列规定：

1 撇沫器收水率应以生产供货商提供的数据为准；

2 撇沫器应沿池壁布置，数量应满足15%的循环流量；

3 不规则形状水池应在池壁弯转凹进处增设一个撇沫器。

11.5.4 撇沫器的设置应符合下列规定：

1 受水口无浮板时，受水口中心应与池水设计水面相平；受水口有浮板时，受水口板顶沿应与池水设计水面相平；

2 露天水池设置撇沫器时，撇沫器受水口宜面向主导风向；

3 撇沫器安装时不应突出池壁。

11.5.5 撇沫器应为独立的收水系统，并宜与池水循环净化处理系统相连接。

11.6 移动分隔池岸和可升降池底

11.6.1 游泳池设置移动分隔池岸时应符合下列规定：

1 移动分隔池岸在水面下的隔板墙应有保证池水循环水流的过水孔口；

2 移动分隔池岸宜采用自动移动方式。

11.6.2 设有可升降池底板的游泳池宜采用混合流池水循环方式，并应符合下列规定：

1 给水口、回水口、泄水口的布置不应与可升降池底的池底支撑相重叠；

2 可升降池底板上应设有池水循环水流的过水孔口，并应能保证水流均匀无死水区、不影响池水循环效果；

3 可升降池底板、支撑件、升降装置等材质应耐腐蚀，不对池水造成二次污染。

11.6.3 升降池底的安装、运行不应损坏池底安全和防水设施。

11.6.4 活动升降池的升降运行及荷载应符合下列规定：

1 池底的升降应在池内无人的条件下进行。

2 池底应能整体升降，且能分单元升降。升降到位后应有可靠的锁紧安全防护措施。

3 池底板应设有检修孔。池底板面应设有救生用紧急停止升降按钮。

4 池底板空运荷载不应小于60kg/m^2，工作荷载不应小于200kg/m²，升降速度宜为0.6m/min～1.0m/min。

11.7 拆装型游泳池

11.7.1 拆装型游泳池宜设置池水循环净化处理系统，池水循环周期、池水温度、池水净化工艺流程等应根据水池的使用性质，按本规程第3～5章规定确定。

11.7.2 拆装型游泳池的给水口、溢流回水口、池底回水口、泄水口的设置应符合本规程第4.9节～第4.11节的规定。

11.7.3 拆装型游泳池面板宜采用食品级不锈钢材质，当采用碳钢钢板及塑料板等材质，面板内衬材质应耐腐蚀、抗老化、不渗水、不对池水产生二次污染、色泽一致和稳定、防滑、易清洁，并应与面板粘接平整、牢固。

11.7.4 采用塑料板拆装型游泳池的面板时，应符合现行国家标准《拆装式游泳池》GB/T 28935的规定。

11.8 游泳池池盖

11.8.1 室外游泳池、夜间停止空调系统运行的室内游泳池及私家游泳池宜设置游泳池池盖。

11.8.2 游泳池池盖宜设有自动开启和自动覆盖游泳池的开关。

11.8.3 游泳池池盖的材质和构造应符合下列规定：

1 池盖应为耐腐蚀和具有保温性能的材质；

2 池盖应由模块板组成；

3 池盖应能承受不低于100kg/m²的外力冲击。

11.9 水上游乐设施

11.9.1 水上游乐设施的规划、游乐池种类、形式、布局、规格尺寸、有效水深和数量，应由游乐设施专业公司确定。

11.9.2 水上游乐池游乐设施功能循环水系统的加压水泵、风机及相关技术参数应由游乐设施专业公司提供。

12 洗净设施

12.1 浸脚消毒池

12.1.1 公共游泳池应在更衣室进入水池的通道入口处设置浸脚消毒池，并应符合下列规定：

1 池长不应小于2.0m，池宽应与入口通道相同，池两端地面应以不小于1%坡度坡向浸脚消毒池；

2 池深不应小于0.2m，池内消毒液有效深度不应小于0.15m；

3 池内消毒液的含氯浓度应保持在5mg/L～10mg/L；

4 浸脚消毒池应设置冷热水补水管及排水设施。

12.1.2 浸脚消毒池的消毒液应每一个开放场次更换一次。

12.1.3 当进入游泳池的通道设有强制淋浴时，浸脚消毒池宜设在强制淋浴之后。

12.1.4 浸脚消毒池的饰面材质和给水排水配管、附件等应为耐腐蚀材质，且底面应防滑。

12.2 强制淋浴

12.2.1 公共游泳池宜在更衣室进入水池的通道入口处设置强制淋浴。强制淋浴通道的尺寸应符合本规程第12.1.1条第1款的规定。

12.2.2 强制淋浴的设置应符合下列规定：

1 喷水装置应为顶喷和侧喷形式，且不应少于3排，每排间距不应大于0.8m；

2 采用淋浴喷头喷水时，喷头数按通道宽度确定，顶喷喷头不宜少于3只，侧喷每侧不应少于1只；

3 采用多孔管喷水时，喷水孔孔径宜为0.8mm，喷水孔间距不应大于0.4m；

4 顶喷喷头或喷水管的安装高度不应小于2.2m；

5 喷头下地面应有集水排水设施，收集长度不小于2.0m；

6 应有避免强制淋浴排水进入浸脚池的措施。

12.2.3 喷头或喷水管的开启，应采用光电感应自动开启，开启反应时间不应超过0.5s，喷水持续时间不应少于6s。

12.2.4 强制淋浴给水设计应符合下列规定：

1 水源水质应符合现行国家标准《生活饮用水卫生标准》GB 5749的规定；

2 水温不宜超过38℃，给水压力不宜小于0.15MPa；

3 水量应按全数喷头或喷水孔径数同时开启计算确定。

12.3 池岸清洗

12.3.1 游泳池应在池岸两侧各设置不少于2只的冲洗池岸用快速取水阀，并应符合下列规定：

1 室内游泳池应设在看台墙或建筑墙底部的墙笼内；

2 当室外游泳池无看台时，应设在池岸外侧的取水井内；

3 快速取水阀直径不应小于25mm，间距不应大于25m。

12.3.2 池岸冲洗水宜采用生活饮用水或游泳池等池水，并应符合下列规定：

1 冲洗水量应以1.5L/(m²·次)计算确定，每次冲洗时间不宜少于30min；

2 每个开放场次结束后应冲洗一次，且每天冲洗地面不宜少于两次；

3 当采用生活饮用水进行池岸冲洗时，冲洗管道应设置计量装置和倒流防止器或真空破坏器。

12.4 池底清洗

12.4.1 游泳池应设置消除池底积污的装置。

12.4.2 游泳池池底清污装置应根据池体规模和水池使用性质按下列原则确定：

1 竞赛游泳池及大型公共游泳池宜采用全自动控制池底清污器清除池底沉积污物；

2 中、小型游泳池宜采用池岸型人工移动吸污器或设置池壁真空吸污口清污方式。

13 排水及回收利用

13.1 一般规定

13.1.1 游泳池的下列排水宜回收作为建筑中水系统的原水：

1 池岸冲洗排水；

2 过滤设备反冲洗排水；

3 过滤器初滤水；

4 顺流式池水循环系统的池水溢流水；

5 游泳池强制淋浴排水和跳水池池岸淋浴排水。

13.1.2 臭氧发生器的冷却水宜回收作为游泳池的补充水。

13.2 池岸清洗排水

13.2.1 游泳池，水上游乐池及文艺演出水池应设清洁池岸排水设施，并应符合下列规定：

1 清洗池岸的排水不得排入逆流和混流式游泳池的溢流回水槽。

2 逆流和混流式游泳池池岸清洗排水应在池岸外侧另设独立的排水系统。设有观众看台的游泳池应沿看台墙设置排水沟；无观众看台的游泳池应沿建筑墙设置排水沟，且不应与其他排水系统直接连接。

3 排水沟宜选用线性排水沟，且池岸应以不小于0.5%的坡度坡向排水沟或排水收集装置。

13.2.2 露天游泳池及水上游乐池的池岸排水应沿围护栏设置排水沟，并应符合下列规定：

1 排水沟的断面尺寸应考虑受水面积内的雨水量；

2 雨水量应按工程总图设计重现期计算；

3 排水沟排水应接入工程地块内的雨水管道或雨水回用系统。当接入雨水排水系统时，应采取防止雨水系统回流污染的措施。

13.3 水池泄水

13.3.1 游泳池等应设置紧急泄水系统，泄水时间不应超过6h。

13.3.2 设在地面层以上的游泳池，当池水换水或池体检修泄水时，可采用重力泄水方式排至雨水排水管道，并应设置防止雨水倒灌的措施。

13.3.3 利用循环水泵压力泄水时，循环水泵应设置不经过水处理设备的超越管接至室外雨水排水系统。

13.3.4 当池水排放至天然水体时，应按当地卫生监督部门、环境保护部门的规定排放标准进行处理后排放。经无害化处理后的池水可排至小区或城市雨水管道。

13.3.5 当因池水出现传染性病毒、致病微生物而泄水时，应按当地卫生监督部门的要求，对池水进行无害化处理后方可排放。

13.4 其他排水

13.4.1 硅藻土的反冲洗排水宜将硅藻土回收后的排水作为中水原水予以回收利用。

13.4.2 供游泳者泳前及泳后的淋浴废水宜作为中水原水进行回收利用。

13.4.3 清洗化学药品、设备等的废水，应与其他排水进行中和、稀释或处理后，再排入排水管道。

14 水处理设备机房

14.1 一般规定

14.1.1 池水循环净化处理设备机房的位置应符合下列规定：

1 不同用途的游泳池应靠近相应游泳池周边设置；室外水上游乐池根据池子规模可分散设置。

2 应靠近室外热力管道、排水主管和道路一侧，并应设置独立的出入口和通道。

3 应远离办公、客房、病房、教室等对噪声和振动有严格要求的房间。

4 当多个小型水上游乐池共用一组水处理设备时，应靠近负荷中心区。

14.1.2 池水循环净化处理设备机房设计应符合下列规定：

1 设备机房应由循环水泵区、过滤设备区、消毒设备与加药间、化学药品库、加热（换热）设备区、配电和控制间、特殊设施检修区等各独立工艺工序单元组成。

2 消毒设备与加药间、化学药品库、配电和控制间应有独立的分隔和进排风系统。

3 机房各设备单元设备布置和管道连接，应符合池水循环净化处理工艺流程的要求。

4 机房应满足设备及配套设施的布置、安装、运行、检修的要求，并应符合下列规定：

1）设在地下层及地面以上楼层时，应设置运输设备、管道、辅助设施和化学药品的通道和垂直吊装孔，并应靠近安全通道，其尺寸和承重能力应满足最大设备的运输需求；

2）设在地面层时应设直接通向室外的出入口；

3）应设通向游泳池池水循环管道的管廊或管沟；

4）机房内应设置维修通道，维修通道的宽度应为最大设备尺寸的1.2倍。

5 设备机房应满足防火、防噪声、节能、环保及卫生要求。

6 泳池设备机房应与其他用房有明确的分隔，设在楼板上的设备应向结构专业提出设备荷载资料。

14.1.3 设备机房内的所有设备、设施、装置、容器及管道支座，均设置在高出机房地面不应小于0.10m的混凝土基础上。

14.1.4 池水循环净化处理设备机房的环境设计应符合下列规定：

1 设备机房的环境温度不应低于5℃，最高温度不宜高于35℃。除另有规定的消毒设备间、加药间、化学药品库等房间外，每小时通风换气次数不应少于4次。

2 设备机房应有电话及事故照明装置，照度不应低于100lx，仪表集中处应设局部照明。

3 设备机房内转动设备的基础和与转动设备连接的管道应设置隔振和降噪措施。

4 设备机房内各种管道应排列整齐且保证水流顺畅。

5 设备机房内排水设施应通畅。设在地下设备机房内的排水泵的流量应大于均衡水池补水管的流量。

14.1.5 臭氧发生器间、次氯酸钠发生器和盐氯发生器间应有下列安全装置：

1 臭氧发生器房间应在位于该设备水平距离1.0m内，不低于地面上0.3m且不超过设备高度的墙壁上设置臭氧气体浓度检测传感报警器1个；

2 次氯酸钠发生器房间应设置下列安全报警装置；

1）每20m² 应在位于设备水平距离1.0m内、不应低于顶板下0.5m高度的墙壁上设置氢气浓度检测传感报警器1个，且发生器产生的氢气应以独立的管道引至室外排入大气，并采取防止风压倒灌入室内的措施；

2）每20m² 应在位于设备水平距离1.0m内、不低于地面上0.3m且不超过地面之上0.5m高度的墙壁上设置氯气浓度监测传感报警器1个；

3 无氯消毒剂制取机和盐氯发生器的产氯量超过50g/h时，两种设备所产生的氢气应以独立的氢气管道引到室外排入大气，并采取防止风压倒灌入室内的措施。

14.1.6 室外游泳池采用逆流或混流式循环时，应有防止暴雨时雨水灌入机房的措施。

14.2 循环水泵、均衡水池及平衡水池

14.2.1 均衡水池或平衡水池应靠近游泳池，并应符合下列规定：

1 均衡水池和平衡水池的有效容积和构造应符合本规程第4.8.1条和第4.8.2条的规定；

2 均衡水池和平衡水池的构造和材质应符合本规程第4.8.3条的规定；

3 均衡水池和平衡水池的顶板板面距建筑结构最低点的高度不应小于0.80m。

14.2.2 池水循环水泵机组应贴近均衡水池或平衡水池布置。当循环水泵直接从游泳池吸水时，循环水泵机组宜靠近游泳池池底回水口。

14.2.3 采用压力式颗粒过滤器、重力式颗粒过滤器时，应设备用泵。

14.2.4 设在地面楼层上的循环水泵机组应有良好的隔振和减噪措施。

14.2.5 水泵机组的布置应符合现行国家标准《建筑给水排水设计规范》GB 50015的规定。

14.2.6 水泵的控制设计除应符合现行国家标准《通用用电设备配电设计规范》GB 50055的规定外，尚应符合下列规定：

1 水泵电气控制柜应设在设备机房内干燥的区域或专用的房间内。

2 水泵电动机应设置下列控制方式：

1）泵房内应设开启水泵和停止水泵运行的手动按钮；

2）自动控制应符合本规程第10.3节的要求，并有就地控制和解除自动控制的措施；

3）远程控制应符合本规程第10.3节的要求，并有就地控制和解除远程控制的措施。

14.3 过滤设备

14.3.1 池水过滤设备应邻近循环水泵。

14.3.2 压力式过滤器设备的布置应符合下列规定：

1 设备外表面距建筑墙面的净距不应小于0.70m；

2 相邻过滤器设备外表面之间的净距不应小于0.80m；

3 设备的操作面应面向通道布置；

4 过滤设备上方距建筑结构最低点的净间距不应小于0.60m。

14.3.3 重力式过滤器的布置应符合下列规定：

1 成品型重力式过滤器布置应符合本规程第14.3.2条的规定；

2 土建型重力式过滤器应为独立的隔间。

14.4 消毒设备与加药间

14.4.1 消毒剂制取设备与加药间应分别单独设置，并应符合下列规定：

1 应设置独立的每小时不小于12次换气次数的通风系统；

2 房间内地面、墙面及门窗等均应采用耐腐蚀、易清洗的材料；

3 应有安全的供电照明设施；

4 房间内应具有冲洗地面、货架的给水和排水条件；

5 房间门口应设置紧急清洗装置。

14.4.2 臭氧发生器房间的设计应符合下列规定：

1 设备及配套设备距墙、设备上空距结构最低点的距离不应小于0.80m；

2 温度不应超过30℃，湿度不应大于60%，换气次数每小时不应少于12次；

3 冷却水应不间断供应，水质应符合现行国家标准《生活饮用水卫生标准》GB 5749的规定。

14.4.3 采用氯制品消毒剂的加药间设计应符合下列规定：

1 不同化学药品加药设备投加系统应以不同颜色或醒目标志加以区别。

2 加药设备的布置应符合下列规定：

1）不同加药设备的有效净间距不应小于1.0m；

2）房间的操作通道宽度不应小于1.20m。

3 加药间应符合下列规定：

1）房间净高不宜小于3.0m；

2）房间地面、墙面、门窗和通风系统均应为耐腐蚀材料；

3）房间应设换气次数不少于12次/h的独立机械通风，且与其他进风口的间距不应小于10.0m；

4）房间应设给水与排水设施，且电气设施应防腐蚀。

14.4.4 次氯酸钠和盐氯发生器间设计应符合下列规定：

1 次氯酸钠发生器设备有效氯产量超过1000g/h时，应设在独立无阳光直射的独立房间内。整流配电装置应与发生器分室设置，且距离不应超过3.0m。

2 发生器与墙面、发生器与发生器之间的距离不应小于0.80m，操作与运输通道宽度不应小于1.20m。

3 发生器生产次氯酸钠溶液应经计量泵投加到池水循环水给水的管道内。

4 发生器间应有良好的通风，湿度不超过85%，并应设置与大气相通的通风设施，通风换气次数每小时不应少于12次；排放口应高于建筑屋面1.0m，给水和排水设施的设置应符合现行国家标准《建筑给水排水设计规范》GB 50015的规定。

5 发生器间地面、墙面、门窗和通风系统均应为耐腐蚀材料。

6 房间的供电、防爆、防火及环境应符合现行国家标准《次氯酸钠发生器安全与卫生标准》GB 28233的规定。

14.5 化学药品储存间

14.5.1 化学药品储存间应独立设置，并应靠近建筑物内的次要通道和设备机房内的加药间。

14.5.2 消毒剂和化学药品所需房间面积应根据当地化学药品的供应情况和运输条件按下列规定确定：

1 成品次氯酸钠应按7d使用量计算确定；

2 其他化学药品应按不少于15d使用量计算确定。

14.5.3 化学药品的存放应符合下列规定：

1 化学药品应分品种采用间隔式货架分层存放，不得在地面上堆放；

2 液体化学药品的容器不应倒置存放，且不应存放在固体化学药品之上；

3 化学药品包装容器外表面的名称、生产日期、标志应面向取用通道；

4 不同化学药品的容器和用具不允许混用。

14.5.4 化学药品储存间的设计应符合下列规定：

1 应有通风次数不少于12次/h的独立的通风系统，其材质应耐腐蚀；

2 房间高度不宜低于3.0m，且墙面、地面、门窗和设施应采用耐腐蚀、易清洗和耐火材料；

3 根据化学药品性质应采取相应的防热、防冻措施；

4 房间应设给水和排水设施，电气设备应防水、防潮。

14.6 加热换热设备区

14.6.1 热源型池水加热设备区的设计应符合下列规定：

1 应采用高温热水热源型加热设备，并应设在有通风、采光（照明）、给水排水条件的独立区域；

2 区域位置应贴邻在游泳池、水上游乐池等建筑物外墙部位的地面层或地下一层，并应远离人员出入口；

3 热源型池水加热设备和配套辅机的布置、安全设施的配置等应符合国家现行有关标准的规定。

14.6.2 换热型池水加热设备区的设计应符合下列

规定：

1 换热设备区应远离加药间、消毒设备间；

2 换热设备距墙面、柱面的净距和换热设备之间的净距不应小于0.70m；

3 换热设备及配套设施应面向设备机房通道。

14.6.3 池水换热设备与生活用热水的换热设备应分开设置。

14.7 特殊设施间

14.7.1 跳水池制波设备机房的设计应符合下列规定：

1 水面喷水制波的水泵应设置在循环水泵区域内；

2 池底起泡制波的空气压缩机或气泵应在设备机房内独立成为一个区域，并宜靠近跳水池。

14.7.2 跳水池安全保护气浪设备设施应设置在紧邻水池的独立区域。

14.7.3 自动升降池底设备机房应符合下列规定：

1 机房位置宜紧邻游泳池两侧壁；

2 控制设备距游泳池外壁不应超过5.0m，且应为独立的专用房间；

3 控制间的环境应符合本规程第14.8节的规定。

14.8 配电、控制间

14.8.1 设备机房配电设施的设计应符合下列规定：

1 配电箱（柜）前面的通道不宜小于1.5m，配电柜应设置在高出机房地面不小于0.10m的基座上；

2 竞赛类游泳池、文艺演出池的池水循环净化处理设备机房内的用电设备应有不间断的电力供应，且电压波动范围不应超过±10%；

3 各种输水管道不应在配电设备的上方穿越。

14.8.2 池水循环净化处理系统的系统控制间应符合下列规定：

1 集中监控设备和系统控制设备均应设在独立的房间内；

2 设备间室内温度不宜低于16℃，不宜高于30℃，湿度不宜大于60%；

3 设备间室内的照明照度不应低于200lx；

4 就地监控设备和系统应设置在无尘土、无腐蚀气体、无直接振动、无强磁场及辐射的部位，并应设置不小于1.50m宽的操作和观察通道。

14.9 热泵机房

14.9.1 地源热泵机房的位置和设施应符合下列规定：

1 热泵机组的房间应靠近池水净化处理机房，其安装运输通道、吊装孔应与水处理机房综合设计。

2 热泵机房应有良好的通风。机房位于地下层时应设机械通风。

3 控制室、维修间宜设空气调节装置。

4 机房内照明照度不宜小于100lx，测量仪表集中处应设局部照明；机房内温度不宜低于10℃。

5 机房内应设有给水排水设施，应设有满足系统冲洗、排污用的给水排水条件。

14.9.2 地源热泵机组的布置应符合下列规定：

1 机组与机组之间、机组与其他设备之间的净距不应小于1.20m。

2 机组与墙面之间净距不应小于1.0m；机组与配电柜的净距不应小于1.50m。

3 机房内主要通道的宽度应能满足蒸发器、冷凝器检修空间要求，且不应小于1.20m。

4 机组上方的管道、烟道、电缆桥架最低点距机组最高点的垂直净距离不应小于1.0m。

5 机组和水泵均应安装在高出室内地面0.1m的混凝土基础上，且机组应采取隔振措施。

14.9.3 空气源热泵机组的安装位置应符合下列规定：

1 应满足机组运行气流组织的需要；

2 机组运行产生的噪声不应影响周围环境；

3 应远离人流密集处；

4 机组周围只允许一侧设有墙体，且高度应高于机组高度。

14.9.4 空气源热泵机组的布置应符合下列规定：

1 机组进风面与建筑墙体距离不宜小于1.50m距离；

2 机组与电气控制柜之间的净距离不应小于1.20m；

3 两台机组进风面相对布置时，两机组间的距离不应小于3.00m；

4 顶部出风机组的上部净空空间不应小于4.50m；

5 机组基础高度应高出安装处地面300mm，并应大于当地积雪厚度。

14.9.5 整体式除湿热泵机组机房设置应符合下列规定：

1 机房应邻近游泳池大厅和池水净化处理设备机房设置；

2 机组新风管及排风管应能接至建筑物的不同方向或高度。

14.9.6 分体式除湿热泵机组机房设置应符合下列规定：

1 除湿风柜应邻近游泳池大厅和池水净化处理设备机房设置；

2 室外机的位置应符合下列规定：

1）应满足机组运行气流组织的需要；

2）设在地面时，应远离人员密集处和人行道路处；

3）设在建筑屋面时，不应对邻近建筑和环境产生影响。

14.10 游乐设施设备机房

14.10.1 造浪池造浪机房的设置应符合下列规定：

1 造浪机房的面积、造浪方式及造浪设备耗电量等应由造浪设施专业公司提供；

2 造浪机房应位于造浪池的深水端；

3 造浪机房宜与造浪池循环水处理机房设在同一机房内，并应设有建筑分隔。

14.10.2 环流河的推流水泵房的设置应符合下列规定：

1 推流水泵房的位置、数量、推流水泵的性能参数及面积等，应由游乐设施专业公司提供；

2 环流河的河水循环净化处理机房，宜与环流河推流水泵房中的任一个合并建设。

14.10.3 滑道池滑道用润滑水功能水泵的设计，应符合下列规定：

1 润滑水功能循环水泵机房宜设在滑道平台下部附近；

2 润滑水供水水泵的性能参数、机房面积等应由滑道专业公司提供；

3 跌落池的池水循环净化处理机房宜与附近其他水上游乐水池池水净化处理系统合建在同一房间；

4 润滑水水源宜采用滑道跌落池的池水。

中华人民共和国行业标准

游泳池给水排水工程技术规程

CJJ 122—2017

条 文 说 明

目　次

10

1 总　　则

1.0.1 游泳是一种全民喜好的健康运动。水上游乐是一种集健身、休闲、娱乐的全民崇尚大自然的亲水活动。自2008年北京奥运会获得成功之后，我国各地区建设了相当数量、不同规模、不同功能的游泳池（馆）和水上游乐池，为广大爱好水上运动的人民群众在水中及水上进行竞技、健身、休闲娱乐提供了多种可供选择的场所。

由于游泳和水上娱乐活动、文艺演出所建造的水池中的水是与人们身体直接接触的，因此从事游泳池、水上游乐池和文艺演出池给水排水工程的设计、施工和建成后的经营者应在我国经济和科技快速发展的形势下，在满足游泳池、水上游乐池、文艺演出池使用功能和建筑等功能的基础上，实现建筑全寿命期内的节约资源和环境保护，为游泳者、戏水者、表演者和观众提供卫生、健康、舒适的环境是必须坚持的可持续发展的理念。为此游泳池、水上游乐池和文艺演出池的设计、施工、运营和管理，应坚持如下原则：

1　坚持技术创新，采用和推广节能环保的新技术、新工艺、新材料、新设备和智能技术的应用；

2　在保证工程质量和健康安全的前提下，因地制宜，实现节能、节水、节地、节材和环境保护，降低系统运营成本；

3　确保系统操作简单、运行稳定和维护管理方便，具有较好的经济效益和社会效益。

1.0.2 明确了本规程的适用范围是新建、扩建、改建的人工建造的土建型和可拆装型与人体直接接触游泳、水上游乐和文艺表演的水池的池水循环净化处理工程的相关内容。扩大了适用范围，本条所说的“类似水环境”包括水上游乐池、文艺演出池等内容。

游泳池涵盖的内容包括：①土建型和可拆装型的竞赛和训练泳池、公共泳池（含成人、儿童等池）、专用泳池（指教学、初学、特殊群体等）、私人游泳池等；②水上游乐池；③文艺演出池，在具体工程中也称“水舞秀”或“水舞间”或“汉秀”（武汉地区）、“傣秀”（云南西双版纳地区）。

1.0.3 游泳池和水上游乐池及文艺演出池是一个综合性很强的工程，不同类型的水池对池体的尺寸、水深、水温及池内设施均有不同的要求。为了满足不同使用功能的要求，不仅水质要卫生健康、洁净透明，而且还要营造一个安全可靠、极具吸引观众的动感水上水下设施和优美环境的空间。因此，在设计中应与体育工艺、水上游乐设施工艺、舞台工艺以及土建、空调、电气等专业工种的设计密切配合，以确保满足各方面的使用要求，以最大限度地发挥其社会效益和经济效益。

1.0.4 游泳池、水上游乐池和文艺演出池的池水均与人体直接接触，选用符合国家现行产品标准或行业产品标准的设备、装置及化学药品是游泳池给水排水设计人员必须遵守的原则，只有这样才能保证系统正常稳定的运行和提供卫生健康的池水。

自2008年北京奥运会之后，我国陆续颁布了用于游泳池、水上游乐池循环水净化处理的设备及配套的附件的产品标准，如：《游泳池用压力式过滤器》CJ/T 405、《生活饮用水输配水设备及防护材料的安全性评价标准》GB/T 17219、《给水用硬聚氯乙烯（PVC-U）管材》GB/T 10002.1、《冷热水用氯化聚氯乙烯(PVC-C)管道系统　第2部分：管材》GB/T-18993.2等。

由于科技发展很快，对于近年来开发的一些新的设备，其节能、节水、小型化效果显著，由于无相应的产品标准，故未纳入本规程。如设计选用时，一定要有工程实践的验证和相应的技术评审意见，以确保产品质量可靠、安全实用。

1.0.5 本规程主要针对游泳池、水上游乐池和文艺演出池等池水净化处理系统设计、施工及验收、运行维护等方面的技术参数、设备的配置、系统检测和控制、施工质量和验收要求等方面作了规定。而对游泳池和水上游乐池的配套设施，如办公、器材存储、物业管理、公众服务、为游泳者、游乐戏水者配套的更衣间、卫生间、淋浴间、救护医疗，以及大型比赛用游泳馆为观众服务的卫生间、商品店；为运动员、工作人员服务的休息室、卫生淋浴和整个建筑的消防灭火等给水排水专业的内容未作规定，这些内容都是游泳水上游乐建筑不可缺少的内容，对这些内容的设计国家和行业都有相应的规范，如《建筑给水排水设计规范》GB 50015、《建筑设计防火规范》GB 50016、《自动喷水灭火系统设计规范》GB 50084、《建筑中水设计规范》GB 50336、《民用建筑节水设计标准》GB 50555、《消防给水及消火栓系统技术规范》GB 50974、《建筑机电工程抗震设计规范》GB 50981和《公共浴场给水排水工程技术规程》CJJ 160等等，不在此一一列举。该条在于提醒设计人员，对于一个公共建筑在设计中还应关注和执行与本工程有关的标准规范，才能确保工程质量。

2　术语和符号

2.1　术　　语

为使设计、施工和系统运行操作、系统维护管理工作者更好地理解并很好地执行本规程，防止不同专业公司及不同规范对同一概念用词因其称谓不同造成对条文理解上的分歧。为此，本规程将在条文中出现的一些术语进行了定义，并在相关术语最后给出不同称谓。

游泳池、水上游乐池和文艺演出池所涉及的术语较多，涉及体育工艺、舞台工艺、游乐设施、建筑、结构、采暖空调、电气和安全警示等方方面面。本规程根据工程特点、使用对象、对相关规范已列出的与本规程相同的术语，本规程原则上不再列入。

本规程将《中国土木工程大辞典·建筑设备》中关于游泳池的相关词条，并参考美国《游泳池设计规范》(2010年版)、英国《游泳池水处理和质量标准》(1999年版)中的相关内容，结合我国多年来工程实践和习惯整合而成。本次修订原则上保留了上一版规程中术语32条、改写了10条、删除了13条；新增了跳水池、有机物降解器、负压颗粒过滤器、文艺演出池、反应罐、中压紫外线消毒、室外游泳池、游泳负荷、硅藻土压力过滤器、烛式硅藻土压力过滤器、可逆式硅藻土压力过滤器、压力式颗粒过滤器、水景循环给水系统、移动分隔池岸、可升降池底板、拆装型游泳池、健身池等新术语17条，共有术语59条。

术语的编排顺序是按其类型和在本规程条文中出现的先后依次顺序排列。

2.2 符　　号

本节是将本规程相关条文的计算公式中所出现各个符号全部列入本节，并说明其在相应公式中所代表的含义。

本规程采用的计算公式中的符号、量纲，原则上是按照现行国家标准《有关量、单位和符号的一般原则》GB 3101的规定采用。

本节是将本规程各计算公式中的符号按其所表征的类别汇总后分条排列。

3 池水特性

3.1 原水水质

原水水质：指用于游泳池、水上游乐池和文艺演出池的初次充水、泄空后重新充水和补充水水源的品质。这对给水排水专业的设计人来讲至关重要，并将直接影响到池水净化处理工艺流程和工艺设备的选择。

3.1.1 本条规定了游泳池、水上游乐池和文艺演出用水池初次充水、重新换水和池水在使用过程中的补充水应优先采用城镇自来水。因为我国的城镇自来水的水质均是符合现行国家标准《生活饮用水卫生标准》GB 5749的规定，这样不但可保证水质卫生安全，而且可以简化游泳池水循环净化处理工艺流程和设施配置，节约投资和方便管理。

3.1.2 本条对游泳池和水上游乐池及文艺演出池的所建地无城镇自来水供应，需要自行钻深井取水，或利用泉水、河（江）水、水库水、溪水等作为水源时，由于这些未经净化处理的水中含有的一些微生物、矿物质、盐类等物质不能直接用于游泳池、水上游乐池及文艺演出池，这就要对其进行一定的净化处理，使其符合现行国家标准《生活饮用水卫生标准》GB 5749的规定。这些水的净化处理工艺流程和处理工艺设施的配备，应视其所取水源的水质情况，由设计人员确定。

3.2 池水水质

3.2.1 本条是前一版条文的改写，将强制性条文改为一般性条文。

1 游泳池、水上游乐池和文艺演出池的主体是水。它是为游泳运动员进行竞赛、训练的场所；是为广大游泳爱好者学习游泳、健身的场所；是为戏水爱好者进行戏水、娱乐、休闲的场所；是为文艺演出工作者在水中进行文艺表演的场所。上述这些活动均是在水中进行的，人体皮肤和水是直接紧密接触的。因此，正确、恰当、合理地选用水质标准是各类池水净化处理系统设计的重要依据。池水的水质应满足以下三个条件：

1） 池水不能成为传播疾病的场所；池水中化学药品的残留量应不对游泳者、休闲健身者、戏水娱乐者、文艺演出者的健康等产生危害；

2） 池水应有良好的透明度是为竞赛时水下摄像、电视转播提高清晰度，反映游泳者、戏水者在水中动作、姿态是否符合竞赛要求和判别、游泳和戏水者有否溺水嫌疑动作的必要条件；

3） 池水应有最佳的舒适度，包括恰当的温度和酸碱度，目的是不对人体产生刺激，以及过度体温下降和升高带来的不适。

2 表3.3.1中的冷水池的水温是指设有室内冬泳池的要求。文艺演出池是针对文艺演出节目的不同而作的规定。这两个水池的水温规定不受现行行业标准《游泳池水质标准》CJ/T 244关于水温规定的限制。

3 文艺演出池水质要求：现将某剧场水舞台设计参数摘录于下，供参考。

1） 浑浊度：≤1NTU（水中能见度25m以上）；

2） pH=7.4～7.6；

3） 总碱度：80mg/L～100mg/L；

4） 钙硬度：200mg/L～400mg/L；

5） 二氧化碳气体钙硬度：350mg/L～800mg/L；

6） 氰尿酸：≤20mg/L；

7） 余氯：≤1.0mg/L；

8）ORP：700mV～780mV；

9）化合性余氯：0；

10）水温：30℃～32℃。

从以上各项水质指标看出，文艺演出池除对化合性余氯要求比较严格，其他项目指标基本与我国现行行业标准《游泳池水质标准》CJ/T 244 相接近。

3.2.2 本条是前一版规程第 3.2.2 条的保留。

国际游泳联合会（FINA）（简称国际泳联）对举办国际性游泳竞赛如奥运会、世界锦标赛等游泳池的水质标准有更高的要求，即应满足卫生、健康、安全的要求。只有在此条件下，游泳竞赛的成绩方可被认可。所以，本条提出凡遇到此类游泳池的设计应与国际泳联沟通。

本条文中的“有特殊要求的游泳池”是指高档次的俱乐部游泳池、潜水员培训游泳池及航天员进行失重训练的浮力水池等。

3.3 池水水温

3.3.1 池水的温度与人们在池内的活动量、安全性、舒适度及运行成本有关。池水的温度是反映水的舒适度的重要因素之一。但不同用途的游泳池、水上游乐池和文艺演出水池，因其使用的对象和用途不同，对池水的温度要求也不一样。因为不同的人员群体对水温的敏感度不同，幼儿和儿童的皮肤娇嫩，对水的温度比较敏感；成人对水温的适应性较强；老年人则对水温的适应性较差；运动员由于在水中的运动量较大，为了发挥出好的竞技状态，取得骄人的竞赛成绩，对水温的要求较为严格。

池水温度不能太低，如果池水温度低于 23℃时，人会有冷的感觉，容易出现不适的肌肉痉挛（俗称“抽筋”），对运动员来讲会影响他们的竞技状态。但对冬泳爱好者该温度不适用。

池水温度过高，如高于 30℃时会产生如下弊病：①加快游泳、戏水者的汗液和脂肪的分泌，造成池水污染加快；②增高室内气温和湿度，氯胺等有害气味不易发挥，环境质量变差，闷热缺氧，人感到不适；③使池水中的病原微生物繁殖加快，发生交叉感染；④增加能源消耗，造成运行成本加大；⑤含有化学物质的湿热空气，加快建筑结构及设备设施的腐蚀。

为克服上述两种弊端，使池水温度与气温达到平衡，减少池水的蒸发损失，满足游泳、戏水者所需要的最佳舒适度要求。本条根据多年的工程实践，针对不同用途、不同适用对象的室内游泳池、水上游乐池的使用池水温度做了修改。文艺演出池水温是新增项目，变化幅度较大是为适应演出节目是否着装入水或半着装入水而定，故设计时应与演艺公司协商确定。

条文中使用池水温度的下限参数是最低水温要求，上限参数是不允许超过的最高水温要求，幅度范围是要求池水温度是可调节的。

3.3.2 室外露天游泳池、水上游乐池及文艺演出池等一般都在炎热的夏季对公众开放使用或进行竞技比赛用，如世界锦标赛、国际泳联就规定在室外进行，我国 2012 年在上海举行的世界游泳锦标赛就专门建造了室外跳水池。

过低过高的池水温度都可能给游泳和戏水者带来不良的后果。本条规定不加热室外游泳池、水上游乐池的温度限值是引自国家标准《游泳场所卫生规范》GB 9667－1996 中针对普通公众的限值，对于冬泳爱好者目前尚无具体限值规定。

室外露天游泳池、水上游乐池由于水面面积大，因受太阳辐射的加热会使池水温度上升，特别是较浅的游泳池会出现池水温度太高的情况，游泳者入池后会有灼热、烫的感觉。在 20 世纪末由于尚无地面覆盖膜产品，我国广州地区曾采用向池内投冰块的方式降温。然而由于冰块浮在水面上，真正向池水中释放的冷量较少，而且池内降温不均匀，故此后只能在下午 4 时之后方可开放使用。根据这一现象，管理者应在炎热夏季中午时段采取隔热措施，防止池水温度超过 30℃，并停止向公众开放，防止出现安全事故。

3.4 充水和补水

3.4.1 游泳池、水上游乐池及文艺演出池的充水时间是指池子建成拟投入使用向池内灌满水或池水泄空清洁后重新向池内注入新鲜水的持续时间，是根据池子的用途和当地水源条件确定的。竞赛类和专用类池子因其使用性质重要，为不影响竞赛时间，多年的实践经验证明，充水时间不超过 48h 能满足要求也是可行的。对于公共休闲类游泳池、游乐池等因其使用重要程度次于竞赛类游泳池，故可适当延长一些充水时间。不管哪一类池子在进行充水时不能影响周围其他建筑的正常用水。

3.4.2 补水的目的：①游泳池、水上游乐池及文艺演出池在正常开放期间为保证池子的水面在使用过程中经常处于正常的水位而将损失掉的水补充进去；②防止池水老化给游泳和戏水者带来健康危害。

补水量的多少由以下因素确定：①池水表面蒸发掉的水量；②游泳和戏水者从池内出来带出的水量；③游泳池水反冲洗过滤设备时损失的水量；④清洁池底，池壁排污流失的水量；⑤尿素和总溶解固体超标需要进行稀释的水量；⑥卫生防疫要求应向池内补充的水量。

补水量的计算目前尚无统一的方法。世界卫生组织（WHO）2006 年版的《环境娱乐用水安全指导准则》建议按每位游泳者每日不少于 30L 计算确定。德国保健法规定：每日补水量不少于池水容积的 5%；法国资料介绍卫生部门要求：补水量按一个月将全部池水更新一次计算确定；澳大利亚新南威尔士州规定：幼儿、儿童泳池及幼儿戏水池应采用直流式给水系统，以保证不断地向池内补充新鲜水，但未给出量化指标。

经过对上述各国相关标准规定的分析，结合我国水资源和每日游泳、戏水人数不易控制的情况，本条采用按德国的池水总容积百分数方法确定游泳池、水上游乐池及文艺演出池的每日补水量，经过多年实际工程实践证明此种计算方法是可行和安全的。

3.4.3 本条规定了游泳池、水上游乐池及文艺演出池的补水方式。

1 推荐间接补水方式，其优点为：①可以防止回流污染城镇给水管内的生活饮用水；②保证池内水温的均匀性；③防止城镇供水管网水压变化带来补水的不均衡。

2 设置充水补水计量仪表，对节约水资源、合理补水，方便成本核算是行之有效的方法。

3.4.4 对利用城镇生活给水管补水时，应采取防污染城市给水的措施，包括：①在补水、充水管上设倒流防止器；②利用池岸清洗给水管定期向池内补水，该池岸冲洗管应设真空破坏器。

4 池 水 循 环

4.1 一 般 规 定

4.1.1 本条为强制性条文。游泳池、水上游乐池一般由数个不同用途的水池组成。最小的公共游泳池的池水容积约为 $1250m^3$，最大水上游乐造浪池池水容积约 $6500m^3$，文艺演出池池水总容积高达 $9300m^3$。为保证正常使用中的水质要求，需要不断地向池内注入新水，则所需水量相当大。这在我国水资源不充足的条件下，采取一边排放被污染的水，一边向池内补充符合使用要求的水，其水的消耗量难以承受。所以，游泳池、水上游乐池及文艺演出池采用循环净化处理给水的供水方式，符合国家节约水资源的方针、政策要求。

池水循环净化处理系统应由以下三个要素组成：

1 池水循环：以水力学技术确保全部池水都要得到净化处理，并将经过净化处理后的水均匀送入到水池的各个部位。该部分包括循环水泵、循环流量、循环周期、管道、水池给水口、回水口、溢流集水沟及池水净化处理设备机房等。

2 池水过滤净化：利用不同形式的过滤设备，通过该设备内的过滤介质较为彻底地去除池水中悬浮的和胶状的颗粒物质，使水得到澄清，为后续的消毒工艺工序所用消毒剂减少消毒副产物创造良好的条件。池水过滤净化是保证池水洁净、透明、清澈的关键因素，过滤设备效率与过滤介质、过滤速度密切相关。

3 池水消毒：消毒工艺是保证池水水质卫生、健康、防止交叉感染的最后一道工序。池水消毒的方法很多，选择比较复杂，它与原水水质、池水的使用类型和规模、游泳及戏水负荷、运行管理、碱度检测、运行成本等因素密切相关。

这三个要素是密切关联、相互影响、相互制约的关系。游泳、戏水负荷影响池水过滤速度；过滤速度和池水体积决定了池水循环周期；循环周期又决定了循环流量；循环流量和过滤速度则决定了过滤设备的规模；过滤效率和精度又影响了消毒剂、消毒工艺和整个池水净化处理系统的选择。

实施与检查控制。

1 实施：游泳池、水上游乐池及文艺演出池为了节约水资源，减少水质污染，保证水质卫生、健康，不会发生交叉感染，均应设置包括池水循环、池水过滤和消毒等主要工序的池水循环净化处理系统。如为室内“恒温”水池还应增设池水加热工序，提高游泳者、戏水者、表演者的舒适感。

2 检查：

1）审查设计图纸所示池水净化处理系统工艺流程图：是否配置了池水循环设施和装置工序单元、池水过滤工序单元、池水加热工序单元、池水消毒工艺工序单元。

2）审查设备招标完成后，由中标工程公司提供的二次池水循环净化处理系统工艺流程图各工序单元所配置的设备、设施或装置与设计要求的一致性、完整性。

4.1.2 游泳池、水上游乐池和文艺演出池的池水循环净化是建立在稀释理论基础上，而且是一个渐进的过程。即把一部分池水经过净化，使其得到澄清并送入池内将未被净化的水交替出来，经过一定时间（一个循环周期）使整个池水都净化一次，将净化后的水有效地分配到池内的每个部位并保证池内的水质保持在规定的洁净度内。因此池内的均匀配水至关重要。这还涉及保证循环水泵所提供动力要满足系统水量、水压、循环周期，减少管道阻力和运行成本等诸多方面。故称之谓池水净化处理系统的第一个关键要素。所以设计时应关注下列各项问题的处理：

1 经过净化处理后洁净的水能被均匀分配到池子的各个部位，使未被净化的池水很好地被替换，并做到池内水流不出现涡流和死水区，池水表面平稳无波动，使池水水质始终保持在规定的洁净度内；

2 设计好池子的配水和回水、溢水的水力分配，有效地排除池子水表面污染较重的表面水和池底表面沉积的污染，水流组织不产生短流；

3 如遇池水水质有异常严重污染应能快速排空池内全部水量；

4 保证循环水泵能自灌式运行。

4.1.3 在举办各种国家级、洲际级和世界级游泳竞赛期间，赛时安排紧凑，各种池子不仅要同时使用，而且负荷饱满，为保证每个池子有效循环、水质有保证，并方便管理，这就要求，将游泳池、热身训练池、水球池、跳水池等分别设置各自独立的池水循环净化处理系统，相互不影响，对保证赛事顺利进行是必要的。

儿童游泳戏水池因其水质污染快，为保证水质，国外要求直流式供水系统，但我国实情难以这样做，故规程要求的池水循环周期短，为确保池水水质符合要求，应设置独立的池水净化处理系统，不应与成人池相连通。

水上游乐池因其池子种类和规模较多，每个池子的水容积相差较大，且负荷不同，原则上每个池子均应单独设置池水净化处理系统，既能适应不同水质、循环周期要求，又方便运行维修管理要求。即当一个池子出现故障停止使用时，不会对其他池子使用产生影响。

4.1.4 水上游乐池从给水排水专业讲主要解决池水净化问题，但其还有许多用水的游乐设施，为了保证戏水者的安全和戏水要求而需要单独设有水力驱动的娱乐设施，如滑道润滑水、造浪水、河道水的推流等需设水泵给水或增加动力。另外，有些娱乐水池为吸引游乐者而增设别具趣味性和文艺演出池为了演出而配置的背景、所需要的水景、水幕、水雾等，其运行和使用要求与池水净化系统完全不同，但水质相同。故将其称之为功能水循环，故必须各自独立设置。

功能水循环系统的水源可取自相应的水上游乐池。水景小品是指在休闲池的周围或池内设置吸引游客的水帘、水伞、水蘑菇、水刺猬、水轮、卡通水动物、吊桶泼水等。儿童戏水池一般池子较小，池内所谓水滑梯比较低矮。室内儿童戏水池因其水温因素，允许采用池水循环净化处理与水滑梯合用系统，但供水滑梯的管道应独立设置，以保证有足够的润滑水量。在此情况下，儿童戏水池中水滑梯的供水管应设置独立的控制阀门。

4.1.5 水上游乐池的种类繁多，池子大小不等，因其使用对象、安全设施不同，水循环周期和水压、水温也不一致，且布局比较分散、总体占地面积大，如果都分开设置各自独立的池水净化处理系统，会造成设备机房较多，增加首次投资，而且给运行后的管理造成不方便和增加运行成本。因此，适当地将一些技术参数要求相同或相近的小型游乐池合并设置一套池水循环净化处理系统是必要的。实际工程证明也是可行的。本条针对合并设置一套池水循环净化处理的条件和保证相应游乐池的正常使用提出具体要求。

4.2 设计负荷

4.2.1 游泳负荷是指在游泳池中允许同时容纳的最多游泳和戏水的人数。本条规定这个限值的目的是：①保证游泳者的安全，防止碰撞发生不必要的纠纷；②保证游泳者在池内具有最低限度舒适度，即活动空间，达到健身目的；③保证池水水质能随时达到规定的卫生标准。本条规定的限值是根据《上海市游泳场所开放服务规定》、《北京市体育运动项目经营单位安全生产管理的规定》，并参照美国、英国、澳大利亚等国家的规定和世界卫生组织（WHO）的建议数值综合评估后提出的每位游泳者应具有的最小游泳水面面积限值。

4.2.2 水上游乐池的种类繁多，不同的游乐池由于娱乐设施不同，人们在池内的活动也是各不相同。有一些游乐池如滑道跌落池，因其滑道倾角、高度不同，其惊险程度有差别；又如造浪池，因其不同水深处的浪高不同，其惊险程度也不相同。为确保每位游乐者的安全，其每位戏水者所需最小水面面积不同。本条规定的各项参数是根据现行国家标准《水上游乐设施通用技术条件》GB 18168 和世界卫生组织的建议值规定了部分水上游乐池人均最小水面面积的限值。滑道跌落池条文规定按滑道形式、高度、坡度计算确定，就是保证滑落时不能在跌落池内相互碰撞。即第一个戏水者滑落出了池子或远离滑道落水点，方允许下一个戏水者进行滑落。

4.3 循环方式

4.3.1 水流组织就是从水力学的角度仔细设计，保证游泳池、水上游乐池及文艺体育综艺演出用水池整个水池内的池水都能得到有效的净化处理，并将净化处理后的洁净水均匀地送到池内的每个部位，置换出池内被污染的水，防止池内出现一部分水循环水流较快，另一部分水循环水流较慢的现象出现，造成池内水质不均匀。如果达不到这个要求，即使采用最好的水净化设备也得不到洁净、透明的优良水质。为此，本条从5个方面对池内的水流组织提出具体要求。

4.3.2 本条规定了确定池水循环方式的要求。

1 池水循环方式的基本要求：被净化后的水与池内未净化的水能均匀替换；有效地清除池内表面污染较严重的水；异常情况下能尽快排泄完池内全部池水；保证循环水泵能自灌吸水。

2 不同池水循环方式的特点及适用范围：

逆流式池水循环方式的特点是：①将相当数量的池子进水口均匀地布置在池底，水流垂直向上，能防止涡流产生；②由于是池底均匀向上给水，能有效做到被净化水与未净化的水替换更新，并能尽快使池表面较脏的水快速溢流到池岸溢流回水沟，并送至池水净化设备；不会出现死水区；③池水水位稳定，能做到循环水泵自灌式吸水；如果给水口布置不当，可调节流量范围较小，会在两个给水口水流交界处产生微量积污。

混合流池水循环方式：①具有逆流式池水循环的全部优点；②利用水流将池底微量积污冲刷带至池底

回水口，最终送至池水净化系统。

露天游泳池大部分为季节性开放使用，水上游乐池大部分为高沿水池，实现逆流式池水循环有一定困难。为节省建设费用，所以本条推荐顺流式池水循环方式。竞赛类游泳池和专用类游泳池等对池水水质等要求较高，故本条规定应采用上述逆流式或混合流式池水循环方式。公共游泳池在用词上为宜，这是因为我国地区经济发展不平衡而作出的规定。

4.3.3 游泳池和水上游乐池池水中的有机污染物微粒大部分悬浮在池水表面层内的水中，这些悬浮污染物中含有人们看不见的有害微生物、细菌，而游泳者的面部均处在池水表面，如不及时予以排除，对广大游泳者是一个潜在的交叉感染的来源，所以应及时予以排除。根据世界卫生组织（WHO）的要求，池水表面排除的水量应占池水循环流量的75%～80%。前一版规程规定混合式池水循环从池表面排除的回水量不应小于池水循环流量的60%，从池底排放的回水量不应大于池水循环流量的40%，经过8年多的工程实践证明对保证池水卫生是可行的。

4.3.4 本条为强制性条文。游泳池及水上游乐池采用由循环水泵直接从池底回水口抽吸送入池水净化系统的顺流式池水循环方式时，循环水泵的抽吸会在池底回水口处形成一定的负压抽吸力。在以往的实际使用中出现初学游泳人群和戏水人群在回水口被吸附脱肛，甚至溺水等伤害，特别在当前一些地区普及中小学生学游泳的情况。为防止上述弊病的发生，顺流式池水循环方式当采用循环水泵直接从池底回水口抽水的设计方式时，应在游泳池安全救护员座位附近的墙壁上设置有安全电压的紧急停止水泵运行的按钮以及按钮保护的措施，应引起设计人员的重视。

实施与检查控制。

1 实施：对于采用由循环水泵直接从池底回水口抽水的顺流式池水循环方式的游泳池、水上游乐池，应在池岸安全救护员观察座椅临近的墙壁或休息亭柱上设置带有玻璃护罩的紧急停止水泵运转的按钮和击碎玻璃的小锤，以备安全救护员发现险情能立即操作。

2 检查：审查工程设计图纸，了解池水回水方式，对于由循环水泵直接从池底回水口抽水的池水回水方式是否在图纸上标明紧急停止水泵运转的按钮和位置。

4.3.5 造浪池是水上游乐池用水量最大的池子，娱乐性和趣味性较强，所以它的人员负荷非常大，并且无法控制。它所带来的污染不言而喻。由于造浪池分深水区、中深水区和浅水区。后两个水区人数更密集。池底又是斜坡至0坡度，水深范围2.0m～0m。这就使其循环方式比较特殊，难以用逆流、顺流及混合流来表述。根据国内多个造浪池工程实践证明：深水区、中深水区和浅水区均采用逆流式池水循环。由于两侧池岸高出水面，则采用在池壁设撇沫器回水口，池壁设回水槽和池子的0m扩散水端部设回水槽等综合回水的方式。

4.3.6 滑道跌落池为高沿水池。池子尺寸与滑道形式有关。坡度大、高度高的直滑道不仅要考虑戏水者的跌落水深，还要考虑跌落减速缓冲所需要的水池长度。与此同时为了保证戏水者滑落的过程能顺利下滑且不被滑道擦伤，滑道所需要的润滑水应由专用水泵从滑道跌落池中取用。水泵就地设置在滑道架之下，水泵性能参数由滑道专业公司确定。

4.3.7 环流河的长度大部分具有超过200m的环形河道，也是一个大体量的循环水系。游人坐或半卧在皮筏上进行漂流、戏水，人流比较密集。此河为高沿水池，河道弯曲而且较长，只能采用顺流式循环方式。但池壁给水口并非均匀设在河道壁上，而是分段设置，其分段数量应与游乐专业公司协商确定。

为了保证戏水者能有效地漂流，水流应具有必需的流速，为此应在一定河道长度处设置功能性推流水泵以保证河内水流速度。

功能循环的推流水泵站数量、位置由游乐设施专业公司确定，本专业与其密切配合即可。

4.4 循环周期

4.4.1 池水循环周期是指将整个池子的体积水量，通过池水净化系统进行净化处理后再返回到池内的时间，亦称周转期、循环速率。池水循环净化周期的长短影响着池水的洁净透明度，当然它也取决于游泳负荷的多少、池水体积的大小、水流分配恰当与否和过滤设备的效率。原则上讲，池水循环净化周期是随着不同的水深而变化的。池水循环周期越短，其水净化处理就频繁，水质越有保证。

根据2008年北京奥运会后我国新建和改建的游泳池、水上游乐池的运行实践证明：大部分游泳池、水上游乐池都在超负荷运行，特别是节假日超负荷更为严重。根据世界卫生组织的要求，并结合北京工业大学相关课题研究及我国实际情况，本条对池水循环净化周期进行了细化和部分参数的修改。编制组认为，为了保证广大游泳者和戏水爱好者的卫生和健康，在有条件的情况下，设计应尽量按表4.4.1中的下限取值。

表4.4.1中多用途游泳池是指该池既做游泳用还兼作花样游泳、水球及跳水用途的游泳池。表中多功能游泳池是指设有可升降池底和端边设有移动分隔池岸，可将游泳池分隔不同游泳区域、不同水深的区域供不同的游泳群众同时使用的游泳池。

4.4.2 多功能和多用途游泳池是指在同一座池内有两种甚至两种以上用途的池水设计深度，因其有效水深不同、用途不同、游泳负荷不同，浅水区域游泳人数较多，且初学游泳的人大都集中在该区域活动，池水容易被弄脏的快。为保证池水水质卫生，则应对此类游泳池的水流分配进行分区，不同的水深应采用不同的池水循环净化的循环周期，浅水区一般游泳人数较多，水被污染的快，故宜取本规程表 4.4.1 中的下限值；深水区的游泳人数相对较少，水容积大，对水的污染较慢，故宜取本规程表 4.4.1 中的上限值。

设有可升降活动池底板的游泳池，池底板升高之后，供游泳者的池水体积减少，池水受污染的情况就比较严重，这就要缩短池水的循环周期。根据世界卫生组织（WHO）《环境娱乐用水安全准则》（2006年）中特别提出："有升降活动底板的游泳池，池水循环净化的周期应按泳池最浅深度进行计算。"为此，本条规定对设有此装置的游泳池应按此要求执行。

4.5 循环流量

4.5.1 池水的循环流量与池水的循环周期有密切关联，并应适应相应的游泳池及水上游乐池的类型。它们一起构成计算循环水泵、循环管道、过滤净化设备、相关配套设施或装置规模的依据。本条采用的公式是一个经验公式。国内外工程实践证明，只要在本规程表 4.4.1 的规定范围内选用相应游泳池及水上游乐池的池水循环周期，是能够保证池水水质要求的，实践证明该公式是有效、可行的。故本次修订予以保留。

4.5.2 本条是参照英国《游泳池水处理和质量标准》（1999 年版）提出的。它适用于高度高、坡度大的滑道不仅设跌落池而且还应设能缓解高速下滑戏水者的惯性冲力的滑道跌落延伸池，以确保下滑戏水者安全地落入水中。这种滑道一般高度超过 20m，坡度超过 45°，且为敞开型直滑道，所以在具体工程中还应该与滑道专业公司配合并确认。

4.5.3 滑道游乐为确保戏水者的安全，在滑道表面要保持一定厚度和连续不断的润滑水层，以保证滑水者能安全顺利地按一定的速度下滑至终点的跌落池或跌落延伸池内，不会影响后续者的下滑戏水。该润滑水量由专业公司计算提供。

4.5.4 为了增加水上游乐池的趣味性和吸引力，在休闲池内或池岸边设置一些卡通喷水动物，如水刺猬、青蛙、孔雀、飞雁、水蘑菇、儿童水滑梯、家庭水滑梯、水伞、水帘、瀑布、海豚、水枪等，以及不同高度台阶的跌水、不同形式的喷泉甚至大型瀑布等。这些水景、戏水装置，应根据不同水量要求进行组合或单独设置独立的若干组造景循环水系统，以保证优美的环境效果。其循环水量和系统分组可依据位置、数量及相应产品的技术参数确定。

4.6 循环水泵

4.6.1 池水循环净化系统的循环水泵是为池水净化系统提供动力的设备，其作用是：①保证为实现池水净化功能满足循环水量、循环周期，克服工艺设备阻力，提供进入池内所需压力而配备的水泵；②水上游乐设施循环水泵是保证游乐设施安全或正常运行而配置的水泵，如为滑道提供润滑水、为环流河提供水流动力的水泵；③水景系统循环水泵为各种不同的水景造型提供动力的水泵。这三类循环水泵的功能不同，流量、扬程、运行工况、服务对象、专业分工均不相同，故应分开设置。

4.6.2 本条规定了池水净化处理系统中循环水泵的选择原则：

1 池水净化处理系统的循环水泵应满足本规程第 4.5.1 条所计算出的循环水流量的要求。其主要目的是要保证将池水中增加的污染杂质及时地让过滤器予以清除，从而使池水的浑浊度持续保持在标准规定允许的范围内。

2 水泵扬程是选泵的主要依据之一。它是确保在过滤设备变脏时所产生的最大阻力情况下，仍能维持系统循环流量的必要条件。故设计中应仔细对系统中的管道、附配件、设备的阻力进行计算。本款规定并联水泵以计算所需总阻力再乘以 1.05～1.10 的系数作为选泵依据的主要理由：①多台泵并联工作时效率会受影响；②水泵长期运行叶轮会受影响。但应注意泵组不应有过大的富余扬程，过大的富余扬程会对设备造成冲击损伤、产生噪声，而且浪费能源。③过滤流量增加、超载运行影响过滤效果；④流量增大之后可能出现汽化汽蚀，影响系统正常运行。因此，要仔细校核泵组的工作点，使其在高效区间运行。

3 本款推荐采用变频调速水泵的主要理由：①节能，软启动降低对供电系统的冲击和在低游泳负荷或夜间泳池不开放使用时水泵自动降低频率运行，在确保水质的情况下，达到节能效果。②控制出水水质，即在系统中加装流量和浊度仪表。浊度分析仪数值变化时控制系统给出信号，变频器自动调节水泵出水量达到保证水质又能节能之效果。③确保设备安全运行。④变频水泵为全变频水泵，当水泵电机发生过流、过压、缺相、漏电等情况时则变频自动断开进行保护。

为使水净化处理系统适应游泳池的负荷变化，灵活工作和不造成单泵性能参数过大，浪费能源，故本款规定采用颗粒压力过滤器的池水净化处理系统的工作水泵不应少于 2 台。多台工作泵和备用泵均宜为变频调速水泵。

4 对于采用颗粒过滤器的水净化处理系统，由于设计大多采用 2 台～4 台水泵同时供多个过滤器工作，为使系统不间断运行，确保各类水池正常开放不影响使用时的水质卫生。本款要求应设置备用水泵。对于私用泳池及水上游乐池允许个别池子在短时间内停止开放，故可不设备用。

4.6.3 压力颗粒过滤器是多台水泵供应多个过滤器

同时工作的运行模式。压力颗粒过滤器反冲洗时，其流量和扬程可能会出现大于单台泵运行的流量。可以采用一台工作泵和一台备用泵联合运行的方式适应石英砂过滤器反冲洗的要求，但扬程会小于水泵工作扬程。因此，应仔细校核水泵的实际有效工作点，并与本规程第4.6.2条第2款的规定相结合综合考虑，保持水泵工作时不产生过多的富余扬程。

硅藻土过滤器与反冲洗水泵与工作泵性能相一致，不设备用泵。

4.6.4 水滑道除安装高度、坡度应保证戏水游乐者下滑需要之外，为保证戏水游乐者从滑道下滑时中途不发生停滞擦伤皮肤的安全事故，确保滑道在开放使用期间不出现滑道润滑水断流，故应设置备用泵。备用泵的启动时间不应超过戏水游乐者从高处至跌落池和跌落延伸池的时间。润滑水泵的流量、扬程由滑道设施专业公司提供。

4.6.5 水景是为了营造优美的环境，以便吸引更多的游客参加这一休闲游乐活动而设置的。一旦发生一台水泵有故障时，虽减少了水景的景观效果，但其短时停止运行不影响游泳池、水上游乐池的开放使用，故采用设置多台水泵并联同时运行时可不设备用水泵。

4.6.6 本条是对池水净化循环水泵和游乐设施循环水泵、水景循环水泵等从保证水泵随时能启动、减少吸水管阻力损失和管道总体阻力损失、延长水泵工作寿命、降低水泵运行噪声等因素考虑，对水泵装置从设计的方面提出具体要求和规定。

4.7 循环管道

4.7.1 游泳池、水上游乐池及文艺演出池等池水均含一定的消毒剂，如氯或氰尿酸、溴、臭氧等余量，以及水质平衡所用的酸、碱、二氧化碳中的亚氯酸盐等化学药品余量。这些都对管道具有一定的腐蚀作用。故本条推荐了循环水管道采用给水用塑料管道和管件及附件，给水用塑料管的品种较多，如硬聚氯乙烯管(PVC-U)、氯化聚氯乙烯（PVC-C)、聚乙烯（PE)、丙烯腈-丁二烯-苯乙烯共聚（ABS）管等。本规程不一一列出，具体由设计人员视工程实际选用。同时本条还对其耐压等级作出了具体规定。

根据一些工程运行实践证明，丙烯腈-丁二烯-苯乙烯共聚（ABS）塑料管耐臭氧性能较差，池水如采用臭氧消毒时，不宜采用此种材质的管道。

本条推荐管径大于150mm的阀门采用齿轮操纵，目的是防止阀门的开启和关闭时的速度过快，减少水锤现象的产生。

4.7.2 本条规定循环管道水流速度的限值。目的是：①减少管道摩擦引起的水头损失，延长管道阀门、附件的寿命；②降低循环水泵的能耗；③特别是减少循环水泵吸水管的水头损失，保证循环水泵的正常运行。

4.7.3 本条规定了池水循环管道敷设的要求。

1 常年开放的大型室内游泳池、水上游乐池、文艺演出池等设置管廊或管沟，目的是为施工安装、系统调试和建成后的管理和维修提供方便。并对管廊、管沟内应设置的配套设施作出了具体规定。

2 露天室外游泳池、水上游乐池、文艺演出池，因其为季节性对公众开放使用，而且池子类型种类多、分布面积较大、使用功能不同，为节省投资，本规程允许循环水管道埋地敷设，并对埋地管道敷设提出了具体要求。

4.7.4 本条是针对游泳池采用逆流式和混合流池水循环方式时对池底两种配水方式作出的规定：

1 游泳池架空建造（详见国家标准图《游泳池设计及附件安装》10S605中第79页所示)：配水管在池底外敷设，为保证施工安装方便和工程质量，架空游泳池的地面距架空游泳池底外表面的有效空间高度不宜小于1.2m，因为池底给水口的连接管要穿池底板，防水要求高，施工难度大，建造方式工程投资大，游泳池底至地面之间的大面积空间不能有效利用。

2 游泳池内垫层敷设，有两种形式：

预留垫层式（详见国家标准图《游泳池设计及附件安装》10S605中第78页所示)：将池子的设计深度按标准短游泳池和标准长游泳池分别加深0.3m或0.5m，池子配水管就敷设在这个加深的空间内。池底给水口连接管不穿游泳底板，不仅施工方便，而且不会出现池底漏水的危险，并减少结构专业的基础深度，降低了工程造价。

预留沟槽式：在设有池底配水管的位置处将池底设计成多条敷设配水管的沟槽，配水管敷设在该配水沟槽内。池底配水口从该管接出，如图1所示。待安装完成后用轻质混凝土填实。这种管道敷设方式池底不需要架空，但与本条第一款所述敷设方法相比较，其结构工程设计和施工难度较大，在国内尚无此类工程案例。

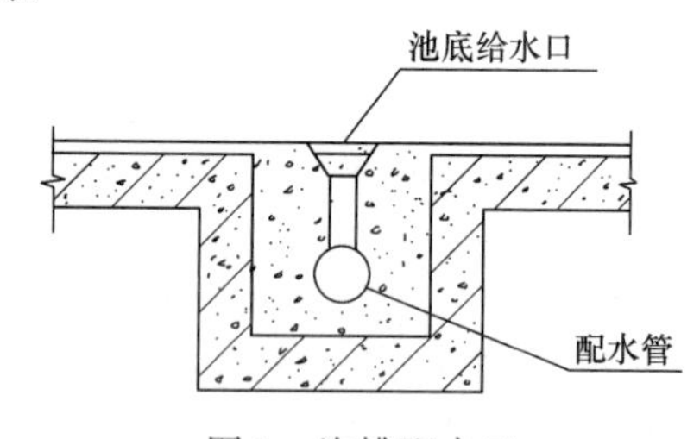

图1 沟槽配水口

4.7.5 逆流式池水循环系统的回水口设在溢流回水槽内，该回水口与大气相通。其回水管会因游泳负荷不同，槽内回水口因距回水干管的末端距离短会出现不均匀的汽水混合流。当回水管低于均衡水池水面以下时，回水管内的气体不能及时释放，实际工程中出现靠近回水总管末端的溢流回水口出现向外喷水及较大排气声响，给游泳者造成惊吓感。为防止此种现象的发生，本条对逆流式池水循环系统的回水管道的坡度及与均衡水池水面的连接方式作了具体规定。

4.8 均衡水池和平衡水池

4.8.1 在逆流式池水循环净化系统和混合流式池水净化系统（亦有称齐沿流系统）中，设置均衡水池的作用：保持游泳池、游乐池最佳水位和有效溢流；方便溢流水槽的清洗；使池水净化系统实现自动化；调节游泳负荷不均匀的浮动溢流回水量。

1 均衡水池的容积计算公式中的 V_d 所指过滤器反冲洗所需水量，是按单个过滤器计算的，目的是为了减少均衡池容积，如系统设有多个过滤器时，宜按每天反冲洗一个进行。

均衡水池的容积是随游泳人数及其活动量而变化的，很难准确进行计算。在进行方案设计时，据有关资料介绍，其最小容积可按循环水量的 10%～20% 进行粗略估算。大型池取下限值，中小型池取上限值。

公式中所给每个游泳者入池后所排出的水量，是参照国外资料人均体积 $56.25cm^3$～$65.00cm^3$ 这一数据，结合我国人体实际情况取 $0.06m^3$，其值略小于其国外平均值 $60.6cm^3$。

2 本款规定均衡水池构造的目的是确保溢流回水管是非满流状态；原因是：避免溢流回水槽个别回水口出现吸气所产生的噪声；避免因个别溢流回水口因管内气体释放产生向外喷气水所产生的噪声。

为满足上述两项要求，均衡水池应低于游泳池、游乐池和文艺演出池水面和满足溢流回水管有足够的坡度。

4.8.2 本条规定了平衡水池的设置条件和要求：

1 减少水泵吸水管阻力，保证水泵在高效区运行；防止幼儿池、儿童池循环水泵直接从池底吸水口吸水时负压过大造成对幼儿、儿童产生吸附危害；

2 多个小型戏水池共用一套池水净化设备节约投资。

3 本条对平衡水池的容积计算、构造要求、适用条件均作了具体规定。

由于该循环系统的回水管与平衡水池是连通的，故两者在静止时其水面是相平的。条文中要求回水管高出平衡水池底 700mm 是保证水泵吸水口的安装。

4.8.3 本条规定了均衡水池、平衡水池采用不同材质时的具体做法要求。室内游泳池、水上游乐池一般为温水池，为了减少热损失，节约能源和保证水质卫生，本条对采用金属材质及玻璃纤维材质的均衡水池、平衡水池作出了要做隔热防结露的要求；对混凝土材质提出了耐腐要求。

4.9 给 水 口

4.9.1 给水口是向游泳池、水上游乐池、文艺演出池等供水的配件，它是专用配件。本条对其设置条件作出了具体规定。

1 对于不同类型的水池，为保证经过净化后的池水能按要求送入池内，则池子应设置足够数量的给水口，以满足循环水量要求。这是保证池水水质的重要措施之一。

2 由于各种水池的面积较大，这就要求在同一座水池内均布相当数量的给水口，才能保证经净化后的池水均匀地送到池内的各个部位，以推动水流向上或向前有序流动，不出现急流、涡流、死水区，使池内水质卫生也能保持均匀性。

3 由于池内给水口与回水口的位置不同，为防止距回水口较近的给水口产生短流，则该处给水口的出水量要予以限制，这就要求给水口具有调节出水量的装置。

4.9.2 本条规定了池底型给水口的布置原则应根据池子平面形状确定。

1 间距要求是针对竞赛类游泳池，平面规整、较平坦的池底有组织布置而言。但同一座水池有 2 种或 2 种以上深度时，则应根据池底给水口的出水量，按本规程第 4.4.2 条的规定，对池底给水口的间距作相应调整，浅水区间距可以缩小一些，深水区间距可以放大一些，以满足相应循环周期、循环水量的要求。

2 对于不规则形状的泳池，其平面形状变化较大，难以做到有规矩的布置，只能按满天星的形式布置，根据现有池底给水口出水量，该款规定按不超过最大服务面积进行布置。

4.9.3 本条规定池壁型给水口的布置是以下列因素为出发点：

池壁型给水口布置分两种情况：对竞赛、训练类游泳池，给水口布置在池端壁泳道线下是为了不影响竞赛和训练用触板的安装；池侧壁布置给水口一般用于公共游泳池、水上游乐池；泳池四个角规定给水口间距是为了防止水流碰撞产生溢流。

池壁型给水口因其对应的回水口在池底，故要求给水口至回水的水流行程基本相等，满足不短流。

较深水池多层布置给水口是要保证水质均匀和不产生死水区。给水口要求设在水面以下时为了保证余氯在池内有一定的停留时间，不致使氯过快挥发。

4.9.4 戏水池、儿童池的水深较浅，而池子平面均为异形，在池壁布置给水口困难较大。池水深度小于 0.6m 的休闲池、游乐池从工程使用实践证明，使用者大部分为初学游泳者及全家成员，由于池体较小，加之目前国内尚无游泳池、游乐池专用循环水泵，造成顺流式池水循环系统池底回水口产生的负压抽吸力较强，容易对儿童造成安全事故。所以本规程对儿童池、浅水休闲池等推荐采用池底给水方式。

4.9.5 本条规定可升降池底板和移动分隔池岸墙板应均匀开凿直径或宽度不应大于8mm的过水孔或过水缝隙以降低方便池底板的升降、移动的水阻力。池壁给水时，应在可降池底板设计停留标高处上、下各设一层给水口的目的是保证池水能均匀流动，不出现急流、漩涡流及死水区，确保池内水质均匀。

可移动隔池岸墙板开孔还有一个目的是减少移动时水的阻力，方便快速移动，将游泳池分隔成两个池子以满足不同使用要求。移动分隔池岸墙板在国内亦称浮桥、移动池岸。

4.9.6 本条规定不同形式给水口的水流速度的目的如下：①方便设计人计算每座水池所需要的给水口数，以保证满足本规程第4.9.1条的规定；②保持池子水面不出现波浪相对平稳，为提高游泳速度创造条件；③保证儿童、老年人及残疾人不受给水口出水水流冲击出现滑倒、摔伤、溺水等安全事故。

本条第3款的规定是为了保证游泳者、戏水者在相应水池内的安全，其给水口安装不得突出池子底表面及池壁内表面，更不能有突出的尖锐附件，以防止擦伤、卡伤人体任何部位而作出的规定。

4.9.7 本条规定给水口采用渐扩式喇叭口形状，是为了给水进入池内后能很好地向纵深较大范围扩散均匀，实现与池内水的快速混合，防止直射水流产生涡流。

给水口的布置比较分散，距回水口或溢流回水槽的距离不一致，为防止短流应设置流量调节装置，以调节不同位置给水口的出流量，使池内水流均匀。

给水口材质及格栅空隙的规定，除满足前述水流扩散均匀要求之外，其空隙间距不能卡住游泳者、戏水者的手指、脚趾，以保证人身安全。人们在游泳或戏水中，可能会触及给水口，为防止冲击损坏给水口格栅，故对材质强度提出要求。

4.10 回水口和泄水口

4.10.1 游泳池、水上游乐池及文艺演出池的回水分两种类型：溢流回水沟内溢流回水口及池底回水口，两者构造不同。

目前国内尚无溢流回水沟设置一个回水口的回水口产品，应由设计人员根据溢流水流计算，并绘制加工制造图纸或按生产企业提供的产品参数计算确定。

跳水池设置有安全气浪保护设施时，一旦安全气浪设施开启运行，其溢流水量增加较多且水流急，工程实践证明，按循环流量2倍计算是可行的。工程实践证明，为不使溢流水淹没池岸，设有安全气浪保护设施的跳水池宜在溢流回水沟外设高出溢流回水沟上表面150mm～200mm的跳水池池岸。

4.10.2 本条为强制性条文。游泳池、水上游乐池级文艺演出池等池子的回水口的过流量应满足池水的循环流量的要求是保证池水净化处理的基本要求。如回水口数量偏少，则会使池水循环流量减少，其净化处理后的流量变小，这样无法保证净化处理后的水进入游泳池或娱乐池能有效更新替换池内未被净化的池水，达不到在设计规定的池水循环周期内对池水浑浊度的要求，造成池水浊度增加，这是不允许的。如果回水口数量偏多，则会使池水的循环流量增加，这就增加了水过滤器的负荷，造成水过滤器积污较快，增加其反冲洗次数，浪费水资源和增加系统的运行成本。

对每座池子规定回水口不应少于2个是防止一旦其中一个回水口被杂物堵塞或意外被遮盖不产生以下后果，而作出的规定。回水口过流量减小甚至断流，造成池水不能及时得到净化处理，影响池水的水质。池水回水口减少后，在顺流式池水循环系统中，因循环水泵吸水管与其直接连接，因其水泵的抽吸作用，会在剩余的回水口处产生负压吸附式的旋流、涡流出现，这会对游泳者、戏水者，特别是儿童池和幼儿池发生儿童、幼儿被负压吸附住不能活动，致使肠道被吸出的事故发生，成人则会因池底坡度大、池底表面积污光滑不能及时走出，也会发生溺水事故。间距不应小于1.0m的要求，是防止其中一个被游泳者遮盖或出现故障，池水回水不会产生断流及减少另一个为堵塞回水口的虹吸旋流带来的安全隐患。

本规程要求池底回水口的位置与池子给水口水流流程相一致，是防止水流产生短流，造成部分回水口过流量过大，并在该回水口处出现涡流。另一部分回水口过流量偏小，并在该回水口处形成死水区，致使该处池水不能得到及时净化处理而使污染增加、水质恶化。

规定回水口应配置缝隙宽度不应大于8mm的格栅盖板是为了保证游泳者和戏水者的安全，即不能将他们的脚趾被卡住造成伤害。

对格栅盖板孔隙水流速度不超过0.2m/s的规定是为了回水水流平稳，防止出现负压抽吸漩涡水流现象的产生造成安全事故，这是保证游泳者、戏水者的安全的有效措施。

实施与检查控制。

1 实施：在采用顺流式和混合流的池水循环方式的游泳池、水上游乐池等工程设计中，应严格按照本规程规定执行。顺流式和混合流的池水循环方式的游泳池、水上游乐池工程中，允许池底回水口与池底泄水口合用。其位置应设在池底的最低标高处。其数量应能保证池子的循环流量要求，又能满足池子规定时间内将池水全部泄空的要求。回水口在池内的位置、数量、规格、做法应作为设计配合资料提供给建筑及结构专业。回水口和泄水口目前尚无国家及行业产品标准，市场上的此类产品均为各生产厂的企业标准。因此在设计选用和采购时应按以下两方面对其进行验算：每个回水口（泄水口）格栅孔的开孔面积不应超过回水口（泄水口）平面尺寸面积的50%，以确保具有足够的强度；按池水的循环流量，在满足本条第3款规定的条件，计算确定回水口（泄水口）的数量。

2 检查：根据设计图纸或设计说明所示游泳池、娱乐池的平、剖面尺寸，池子的循环流量、回水口（泄水口）规格、数量和设置位置进行核对是否符合本条条文之各项规定；核对所选用回水口（泄水口）开孔孔隙尺寸是否符合本条第4款之规定；根据设计图布置的回水口（泄水口）的位置、数量、规格，按设计说明中要求的池水循环流量校核其开孔孔隙的水流速度是否符合本条第4款的规定。

4.10.3 本条款规定了游泳池等回水口与回水管的接管要求。

在进行游泳池投入使用前的池水循环净化系统的调试过程中，对采用多个池底回水口串联接管系统中及游泳池采用设置池底回水沟仅一端设接管的系统中，出现接管最起端回水口及回水沟最起端无水流（表现水面无任何扰动），而末端回水口及回水沟末端的池水表面出现较大漩涡流现象，这反映出了池水回水水流不均衡，最起端的回水口或回水沟无回水或极少回水水流，成为死水区，这对保证池内水质均匀极为不利。为防止此现象的再次发生，本条规定了顺流式池水循环时，设有多个池底回水口应该并联接管的要求。

4.10.4 由于逆流式循环，池底仅有给水口，故应单独设置池底泄水口。顺流式循环的回水口可兼作泄水口，但在设备机房应设泄水管。池底回水口、泄水口及坑槽回水口的格栅顶盖均有成套产品。但由于国内尚无该产品的国家及行业标准，这些产品均按企业标准生产制造，不同生产厂的产品其设计参数不完全一致。设计选用时应按本规程第4.10.2条第2款的规定并结合本条第2款的规定，对其进行核算后再行选用。

池底为重力流泄水时应通过机房集水坑间泄水，以保证不与排水管道的连接。

泄水口与回水口可以共用，但为满足泄空池水要求，则应设在池底最低标高处。

成品回（泄）水口是埋设在池底。坑槽式回水口为土建型，仅配格栅盖板和座盖（详见国家标准图集《游泳池设计及附件安装》10S605中第85、86页）。要求施工中固定应牢靠，防止盖板移位和紧固件松动高出池底表面，给游泳、戏水者造成擦伤危险。

4.10.5 本条规定回水口应为喇叭口形式是指成品型回水口，其目的是扩大进水面积，满足开孔孔隙水流速度不大于0.2m/s的要求。工程实践证明当回水口、泄水口过水总面积达到连接的回水管、泄水管截面积6倍～10倍，亦可满足要求。

如有条件，坑槽式土建型回水口的接管宜为渐缩式喇叭口为好。

成品回水口、泄水口及坑槽式土建回水口、泄水口的格栅盖板，因其长期浸泡在有化学药剂残留的池水中，为保证不被冲击、不被破损和耐化学药品残留腐蚀不变形，则应采用高强度的塑料制品或不锈钢等材质。

4.11 溢流回水沟和溢水沟

4.11.1 本条对溢流回水沟的设置位置及断面尺寸作了规定。

逆流式池水循环净化系统和混合流式池水循环净化系统应设溢流回水槽，其断面尺寸应符合本规程第4.3.4条和第4.5.1条的规定。

1 溢流回水沟亦称溢流回水槽，并沿池岸四周或两侧壁相贴设置，且上沿与池壁顶相齐平。它具有以下优点：能有效平息池水表面在游泳过程中所产生的水波，减少水波对游泳产生的阻力；及时排除池水表面上漂浮的污物；方便清除沟内的积污，防止污物腐败产生的不良气体；施工方便；能给游泳者、戏水者提供适当的扶手。

2 规定溢流回水沟最小断面尺寸的目的是方便清洗和施工。该尺寸为有效尺寸。

4.11.2 本条规定了顺流式池水循环应设溢水沟（亦称溢水槽）及其确定断面尺寸的原则。由于它适用于顺流式池水循环净化处理系统的游泳池、游乐池，不做回水之用，仅作为平息游泳、戏水时所产生的水波之用。所以溢流水量比回水量小。其他规定的原因与本规程第4.11.1条条文说明相同。

4.11.3 本条对溢流回水沟及溢水沟的构造作了规定，目的是减少和防止溢流水跌落所产生的噪声对游泳者的干扰。

淹没式溢流回水沟和溢水沟。因为游泳池、水上游乐池等池水水面与溢流回水沟、溢流水沟的沟上口相齐平，如图2所示。这种形式被用在正式竞赛用的游泳池。国外称这种形式为淹没式溢流水沟或齐沿游泳池。溢流回水沟进水侧的池岸称溢流堰，并宜有10mm～30mm的坡度差坡向游泳池及水上游乐池；沟的外沿的另一侧应以不小于0.5%的坡度坡向看台

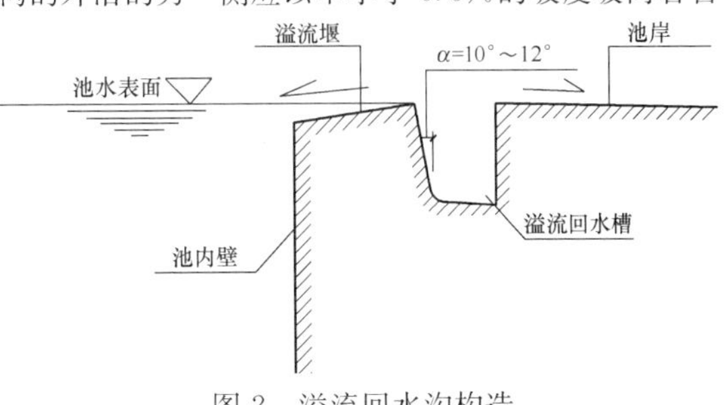

图2 溢流回水沟构造

侧或池岸边界侧的排水沟，以防池岸污物进入溢流回水沟。

本条第1款要求溢流回水沟和溢水沟溢水堰水平度的规定是防止溢水短流，以防溢流回水沟内满水时因槽沿坡度不均匀造成溢水不均匀而淹没池岸，这在实际工程中是有教训的，所以应引起设计者的注意。

本条第2款的要求如图2所示，目的是为了溢流回水沟和溢流水沟的进水侧沟的壁应向沟内要求做成与铅垂线夹角10°～12°斜坡形，是为了让溢流水沿斜壁或膜下流，以减少溢水流垂直跌落的噪声，特别是利用回水沟兼做通风回风口，由于沟较深，溢流落差较大，跌水噪声大。工程实践证明此角度的斜壁使池水沿壁跌流可消除跌水噪声。

文艺演出池因其池深达8.0m～10.0m，为了防止回水接管因水垂直下落高度较高可能产生的负压吸气带来的噪声，则回水口短管采取弯曲形连接。如图3所示。

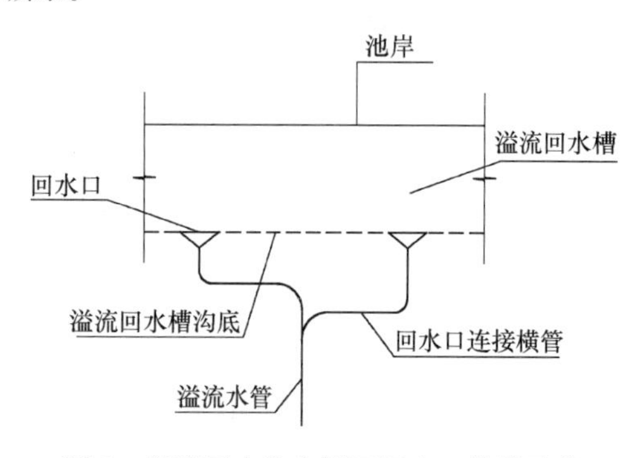

图3 溢流回水沟立侧面回水口接管示意

4.12 补水水箱

4.12.1 本条规定补水水箱的设置范围及出水管的连接方式，其作用是推荐游泳池、水上游乐池采用间接式补水。对于温水游泳池、游乐池来讲，此种做法对于保证池水水温均匀有重要意义。

4.12.2 补水水箱有两种形式，本条规定不同用途补水水箱的有效容积计算方法。本条第1款中单纯作为补水时最小容积2.0m^3的规定是适用于私人家庭游泳池。

4.12.3 为保证游泳池、水上游乐池的有效水位和不间断供水。本条对补水水箱的进水管和出水管管径、距最高水面间距及管道上配置的阀门、附件作出规定。

4.12.4 游泳池、水上游乐池的池水与人体直接接触，其材质应符合现行国家标准《生活饮用水输配水设备及防护材料的安全性评价标准》GB/T 17219的规定。

5 池水净化

5.1 净化工艺

5.1.1 池水过滤器是池水循环净化处理系统中的核心工艺设备单元之一。降低池水浑浊度，提高池水透明度是对过滤器的基本要求，也至关重要。因为：过滤就是滤去池水中颗粒污染物，提高水的透明度、降低浑浊度，使池岸安全救护人员能清楚地鉴别游泳和戏水者在池内的人体活动状况，以防安全事故的发生；减少后工序消毒单元消毒剂使用量和副产物的数量，使池水卫生健康。所以，水处理工作者将其称为核心工序单元或池水处理系统第二关键要素是恰当的。

现行行业标准《游泳池水质标准》CJ/T 244、国际游泳联合（FIFA）和世界卫生组织（WHO）对池水的浑浊度均有明确的规定，而用于游泳池及类似水环境的水过滤设备种类繁多，其过滤效果、过滤效率、工作环境、适应条件、设备造价等方面各不相同。因此，在具体工程设计中应根据游泳池的用途，游泳负荷（水上游乐池还应按水体水量）、水质卫生、消毒方式及过滤设备特点（过滤介质、过滤速度、出水水质、反冲洗水量、设备材质、管理水平要求等）进行技术经济比较是不可缺少的程序，只有如此，才能使池水循环净化处理系统高效、节能的运行，达到经济效益和社会效益最大化。

5.1.2 不同用途的游泳池、游乐池及文艺演出池等由于它们的使用对象不同、池水的循环周期不同、循环水量不同，使用要求、使用时间段不同，所以为保证池子不中断使用、方便维护检修、保证水质卫生、互不干扰正常使用，故条款要求各个池子的池水净化处理系统应分开设置。

5.1.3 本条给出了游泳池，水上游乐池和文艺演出池的池水循环净化处理的工艺流程中过滤器时的基本工艺工序单元组成内容。

1 采用颗粒过滤器时，池水净化处理的工艺流程，可按照图4所示流程。

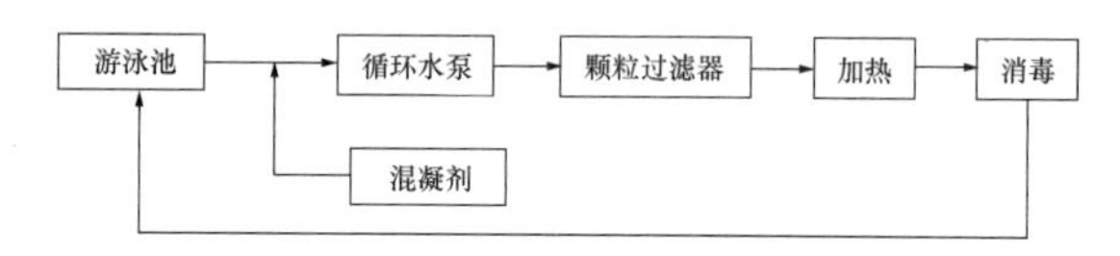

图4 颗粒过滤器池水净化工艺流程

1）循环水泵工序单元包括均（平）衡水池（详见本规程第4.8.1条条文说明）、预净化装置（毛发聚集器）及水泵等设备及配套设施，功能是为整个循环水净化处理系统提供动力保持系统连续运行。它要满足：保证全部循环水量均能经过过滤、消毒、加热后，将符合卫生要求的水能送入游泳池、游乐池及文艺演出池内；保证将净化后的水能均匀分布到池内的各个部位。

2）过滤器工序单元的功能是去除循环水中的杂质，提高水的透明度，即降低水的浑浊度，是保证游泳、戏水、健身安全的关键工序单元。过滤器的类型较多，本条只列出了压力式颗粒过滤器。而颗粒过滤器分为压力式和负压式两种形式。

3）加热工序单元包括常规加热器，太阳能加热及热泵加热等形式，一般室内游泳池、文艺演出池、健身池、戏水池有此工序单元，室外露天池无此工序单元。

2 硅藻土过滤器是循环水泵与过滤器组成的一体型配套机组，所以它的池水净化处理工艺流程采用如图5流程。该系统中的加热和消毒工序单元所包括内容与本条第1款说明相同。

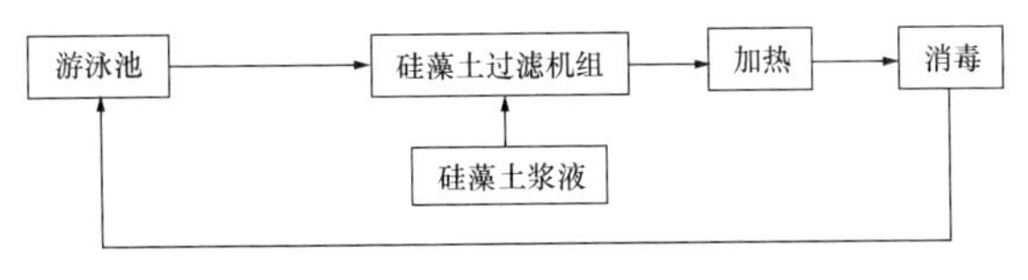

图5 硅藻土过滤器池水净化工艺流程

3 一体化过滤器是由过滤器、循环水泵及自动投药（消毒剂）三部分组成的设备，其形式分为壁挂式和埋地式等两种类型。

消毒工序单元因所采用的消毒剂品种不同而不同，其功能是杀灭过滤后循环水中的细菌、病毒等致病微生物，防止交叉感染，保证游泳、健身、戏水者的卫生健康。

总之，设计无论采用何种组合池水循环净化处理工艺流程，其目的均达到去除水中的各种微生物和被溶解在水中的以及环境中掉落在水中的尘埃等不洁净的物质，使池水持续达到现行行业标准《游泳池水质标准》CJ/T 244 规定各项指标。同时还应认识到，游泳池、水上游乐池及文艺演出水池等的池水净化处理是一个渐进的过程，即在一个循环周期内才能完全清除池水中的杂质。

5.1.4 池水产生水藻的原因：①日照、阴雨、闷热；②池水循环不好，如循环周期过长。

露天和室内阳光游泳池、水上游乐池由于受阳光照射易滋生水藻，并生长很快，使池水变得浑浊，以往采用投加硫酸铜予以消除。但铜离子是重金属，投加过多对人体有害，当池水 pH 值大于 7.4 时，使头发变色、池面变色，所以不推荐采用。出现藻类最常见的原因是池水中没有保持有足够的残留氯所致，所以保持池水中有足够的游离性余氯不可忽视。

5.1.5 池水循环净化处理工艺流程中各工序单元所包含的内容都由若干个设备设施组成，不是单一设备，为贯彻绿色低碳可持续发展国策，各工序单元的设备、设施应选用高效、节能、节水、安全可靠、运行平稳、经久耐用的产品，使社会效益经济效益最大化是选用设备的基本要求。

大中型游泳池、游乐池及文艺演出池等为保证系统稳定和连续不间断运行，且水质符合卫生要求，则水净化处理系统要设置必要的监测监控仪器仪表，以实现实时在线监测，随时反映出系统运行状况，并能及时调整不同设备、设施的运行参数。具体运行参数的设置，详见本规程第10章的相关规定。

5.2 池水过滤

5.2.2 每座大、中型游泳池配置多个过滤器的目的是保证循环水系统运行的安全性和不间断性，增强机动性，也就是说当一个过滤器发生故障，可不影响池子的开放使用。为此，条文对设有多个过滤器的游泳池单个过滤器面积作出了应大于池水循环流量的参数要求，以满足其中一台过滤器出现故障，还可以不影响泳池的开放使用，特别是竞赛池赛时与赛后的游泳负荷相差较大，对水质洁净度影响也大。所以，选用多台过滤器有利于适应上述变化，并能给游泳池、水上游乐池等的开放使用带来极大的经济效益和社会效益。本条文的大、中型游泳池指池水的总水容积等于或大于 200m^3 的游泳池。

5.2.3 目前用于游泳池、游乐池的重力式颗粒过滤器是无阀滤池的成品化。在游泳池水处理系统中有滤前加压循环供水和滤后加压循环供水两种形式。滤后加压循环水易出现突然停电加压泵不能运行，池内回水溢出淹没设备机房的可能，这在设计中应予以关注。

5.3 毛发聚集器

5.3.1 本条要求每台循环水泵均要装设毛发聚集器（亦有称毛发捕捉器、筛盒及预净化装置），其目的是防止毛发、杂物（如胶布、泳衣脱落的纤维）、游泳者和戏水者脱落的珠宝（如戒指、耳环）、室外池中的树叶和尘沙等进入到水泵，对水泵叶轮造成损伤和进入过滤设备破坏或堵塞了过滤介质层，影响过滤设备的效率和出水水质。因此，它亦是水净化系统中过滤工序中不可缺少的专用附件（亦可称装置）。

如系统无备用泵或只有一台水泵时，要求设置备用过滤筒（网框）的目的，是为了在清洗过滤筒（网框）时，能立即将其备用品换上，减少循环水泵的停用时间。

5.3.2 本条规定了毛发聚集器的构造和材质要求。

1 随着池水循环净化系统的连续运行，池水中的上述杂物被吸附在毛发聚集器中过滤筒或网框的表面，使用过水面积逐渐减小，造成循环水泵的流量减少，从而影响水处理系统的整体的过流水量和池水的水质卫生标准。为最大限度减少此弊病的影响，本条分三项对该设备的构造、材质等作出了具体规定。

2 该设备或称装置目前尚无国家产品标准，因此设计选用时应按条文中各款规定在设计说明中或设备材料表中提出具体要求。

设置排气装置的目的是方便开启更换筛网（桶）。设置真空压力表的目的是及时了解筛网（桶）堵塞程度，以方便了解是否需要清洗或更换。

5.3.3 毛发聚集器与循环水泵一体式结构的池水循环水泵，是游泳池、游乐池的专用水泵。国内目前尚无此型水泵的产品标准，设计选用及设备采购时应仔细核对产品的综合性能，并符合设计参数的要求。

5.4 压力颗粒过滤设备

5.4.1 颗粒过滤设备分压力式颗粒过滤器、负压式颗粒过滤器和重力式颗粒过滤器等三种类型，但其所采用的颗粒过滤介质是相同的。本条对用于游泳池、水上游乐池、文艺演出池等采用压力颗粒过滤设备时滤料质量提出了具体要求。

池水过滤设备是要求清除水中因游泳者、戏水者在池水中的活动而析出的悬浮微粒物、胶体污染物及部分细菌等，保持设计规定的池水清澈、洁净的透明度，提高池水的舒适度和消毒效果，降低消毒剂的用量和发生安全事故的概率。

颗粒过滤介质可分为：①重质过滤介质：如石英砂、无烟煤、沸石、铁矿砂及活性炭等；②轻质滤料：如聚苯乙烯塑料球、纤维球、硅藻土等。这些不同过滤介质在国内均有产品标准对质量的要求，并有专业生产厂商提供成品过滤介质可供选择。

5.4.2 根据2008年奥运会及此后各省（市）运动会对游泳池采用石英砂过滤器的调研证实：压力式颗粒过滤器的过滤介质采用单层均质石英砂滤料，不仅纳污能力强，再生简单（通过反冲洗松动过滤层，能迅速清除掉滤料表面及表层中所截留的污染杂质，能较快恢复过滤介质石英砂的过滤功能）。在有辅助混凝剂投加的条件下，能达到有效去除池水中的悬浮胶体污染物杂物，提高过滤精度。在中速过滤速度的运行下，能适应现行行业标准《游泳池水质标准》CJ/T 244的各项指标要求。如果要提高过滤速度，应增加过滤介质层的厚度。

随着经济快速发展，人民生活水平不断提高，行业标准《游泳池水质标准》CJ/T 244－2016中对过滤后出水的浑浊度指标作出了不大于0.5NTU的新要求，以满足人民对卫生健康水质的要求。为此，本规程为适应这一要求，对滤料组成和厚度及相关参数作出了相应的修订。设计中，私人泳池、放松池、跳水池、冷水池等池的池水过滤速度宜采用上限值；其他池的池水过滤速度宜采用下限值。

集配水是保证过滤时能达到均匀集水；反冲洗时能达到均匀配水，以利于对过滤层的冲洗。承托层（亦称支承层）是为支承滤料、放置集配水装置、防止泄漏过滤介质，保证集水和配水均匀之用。本条款针对不同的集配水形式对其承托层的组成及最小厚度作出了规定。

根据多年工程实践，本次对单层石英砂过滤器用水进行反冲洗时的反冲洗持续时间进行了修改，由原10min～8min改为7min～5min，这样的时间能够实现对滤料层的冲洗效果，又能节约冲洗水量。

5.4.3 本条规定过滤器反冲洗排水管不应与其他排水管直接连接之目的是防止过滤停止工作时，其他排水管内排水进入过滤器造成池水污染；特别是设备机房设在地下层时，故宜采取如下措施：对于游泳池过滤设备机房设在地面层以上时，其过滤器反冲洗排水应设独立的反冲洗水排水管道。对于游泳池过滤设备机房设在地下层，可采取如下隔断措施：①反冲洗排水管直接排出室外，在与室外排水管连接处设水封隔断井；②反冲洗排水先排入机房内集水坑，再由集水坑内潜水排污泵提升排入室外排水管道。反冲洗管安装一段透明管的要求，是为管理人员提供观察反冲洗排水清澈度和为管理者验证反冲洗强度和持续时间的正确性，为更好的清洁过滤介质，调整出符合实际的反冲洗强度和最恰当持续时间之用。

5.4.4 本条规定压力式颗粒过滤器的选用原则。

1 单个立式压力过滤器的直径超过2.40m时会给其集配水系统带来不均匀配水的弊病，特别是采用辐射型配水管时更是如此；其次直径过大会给设备运输、机房设备安装带来困难。

单个卧式压力式颗粒过滤器直径小于2.20m时，难以满足有效滤料层厚度不宜小于700mm的要求。目前国内卧式压力颗粒过滤器成品的直径为2.40m～2.60m范围内，符合现行行业标准《游泳池用压力式过滤器》CJ/T 405的要求。如果单个卧式压力式颗粒过滤器的过滤面积超过10.0m^2时，则存在以下弊病：①在满足国家产品标准游泳池用压力式过滤器直径规定条件下，会增加过滤器的长度。而目前市场上的产品均采用单向进水布水方式而造成布水不均匀。②在狭小封闭的空间很难做到滤料层及承托层铺设的均匀平整度。③体型长会使加工制造难度增加，且给运输、施工安装带来困难，故该条款作出此限定。

2 压力式颗粒过滤器属于压力容器，目前市场产品有碳钢、不锈钢、玻璃纤维及塑料等多种材质，各自加工制造工艺不同，为确保在水处理系统连续运行中的安全、不变形、不漏水、耐腐蚀、不产生二次水污染等，在国家行业标准中均有规定，故该条款对其耐压提出要求。

3 游泳池、水上游乐池、健身池、文艺演出池等所用水过滤器的出水均与人体直接接触，且池水中均含有一定量的为水质平衡和防止交叉感染投加的化学药品和消毒剂剩余物，这些剩余物对设备、管道具有一定的腐蚀性，为保证池水的水质卫生和设备持续安全运行，该条款对过滤器的材质及内部相关附件的材质作出规定。

4 支承层指支撑滤料和放置集配水装置用的装

置，压力式过滤器采用大阻力集配水及中阻力集配水系统时，以往的设计采用填充卵石或在内部焊接钢板作为该管系的支撑。工程实践证明：①采用钢板在焊缝处易出现渗透水；②采用填铺卵石，则卵石层内的集水难以更新。这两种情况均可能使滞留在钢板下及卵石层中的水成为死水，极易滋生、繁殖细菌微生物，从而会影响过滤器的出水水质卫生，故该条款作出此规定。

5.4.5 本条规定了重力式颗粒过滤器相关参数和设计选用时应注意的问题。

重力式颗粒过滤器是生活饮用水水过滤技术的第一代技术，在20世纪初期被广泛应用。其过滤占地面积较大，出水水质有保证，但效率低。在20世纪70年代由于我国经济水平不高，为了适应人们对游泳运动的需求，在南方一些地面水充沛的城市将饮用水过滤技术中的快滤池、水力澄清池等用于游泳池的水过滤系统中。到20世纪90年代又将无阀滤池用于游泳池的水过滤。此后对混凝土结构进行改造，用塑料加工制造出成品型重力式颗粒过滤器，并在水上游乐池的水处理工程有所应用。

1 条文中的单层单介质滤料指该过滤器为单层一种石英砂滤料层，规定了最小厚度的要求，其目的是保证滤后的水质能满足卫生要求。

2 本款规定了不同滤料层的过滤速度的限值是为保证出水水质。

3 本款规定过滤器材质的目的是保证水质不受污染。

4 目前市场上的成品过滤机组，在工程应用中出现将循环水泵设在过滤器之后及过滤器之前两种工艺，其水力条件不完全相同。前者可能成为虹吸式供水，后者则可能成为压力式供水。所以，设计中应仔细进行技术经济比较。

5.5 压力颗粒过滤器辅助装置

5.5.1 压力颗粒过滤器是较为传统的水过滤设备，而它只能滤除掉15μm～20μm的污物颗粒。过滤精度偏低，但向水中投加一定量的混凝剂，可以将水中悬浮的杂质及胶质微粒甚至细菌失去稳定性而被聚合并被吸附在药剂的絮凝体上，凝聚成较大的块状污物，这就很容易将7μm以上的杂质被过滤器内的滤料层从水中截留。根据实验和工程实践证明，在配有混凝剂辅助装置和滤速不大于25m/h的条件下，可以去除7μm以上的杂质。由于隐孢子虫和贾第鞭毛虫比细菌大，容易被凝聚，所以这也有利于这两种虫卵的去除。为了保证颗粒过滤器的滤后出水水质，本条规定采用颗粒压力过滤器作为游泳池，游乐池的水过滤设备时，均应配套设置混凝剂投加装置，以提高过滤器的过滤精度。

5.5.2 混凝剂的品种较多，如粗制硫酸铝、精制硫酸铝、明矾、绿矾、聚合氯化铝及聚合硫酸铝等。我国幅员辽阔，原水水质差别较大，混凝剂品种及供应情况不尽相同，设计采用选购应因地制宜选用混凝效果好的混凝剂。经调研了解，国内采用石英砂压力过滤器的游泳池（馆）大都采用精致硫酸铝或聚合氯化铝。这些药剂通过水解送入池水循环水系统，能使池水中的悬浮胶体污物较快产生块状沉淀物而被石英砂滤层予以截留，使滤后出水水质达到满意效果。

绿矾（硫酸亚铁）对设备、管道、建材均具有腐蚀性，故在游泳池水处理中不推荐采用。

5.5.3 本条规定了颗粒过滤器混凝剂的投加方式和投加要求。

1 混凝剂一般为固体颗粒或粉状，为了使其与池水很好地混合、反应及絮凝，则应将药品溶解成液体，再向循环水中投加，根据工程实践一般将其配置成5%浓度的溶液。

2 混凝投加量是一个变量，它与游泳和戏水人数、药剂品种、环境等有关，很难确定一个通用的数值。如果过量投加会造成混凝剂的积累，使池水具有滑腻感，人在水中的活动比较费力。实际投加量应在使用过程中探索出其规律，本款规定的投加量是作为选用投加设备容量之用。

3 本款规定了不同颗粒过滤器投加混凝剂方式的投加点，重力式过滤器投加时将药剂投加在循环水泵吸水管内，目的是使混凝剂与水经过水泵后能得到充分混合。压力式过滤器投加混凝剂也允许投加在水泵吸水管，但也允许投加在水泵压水管内，并且应连续而均匀的投加。

4 由于絮凝是一个较慢的过程，混凝剂溶液在投加点要保证与循环水的充分混合，投加装置很重要，投加在水泵出水管上时应采用水射器投加，除保证药与水的充分混合之外，还应有保证药与水有足够的反应絮凝时间，否则，药与水会在游泳池内絮凝使池水呈灰白色（这种情况在国内有所发生）。根据德国DIN19463标准规定和英国资料介绍，投加点水流速度在不超过1.5m/s的条件下，至少保持不少于10s的混合反应时间，才能保证药剂与水在进入过滤器之前形成絮凝体，这就要求增加循环水泵出水管至过滤器之间的管道长度方能实现，设计时应予以重视。但如果从管道的长度上有困难难以实现时，宜在过滤器之前增设一个反应器。国内也有学者在20世纪60年代初期提出，在循环水泵与过滤器之间设置混凝剂与水接触的一个反应罐达到水与混凝剂的混合反应，这与德国标准规定10s混合反应时间有异曲同工之处。为此，本条增加了这一款规定。

5 余氯和pH值采样点远离混凝剂投加点，是因为局部高浓度会造成水质参数的错误，从而影响混凝剂的投加。

5.5.4 本条规定了混凝剂投加装置及材质要求。

1 自动投药泵应能提供传感器、测量控制器与计量泵实时在线监测，达到计量泵的变量投加。计量泵一般选用电力驱动的隔膜泵，为了实现过滤效果均匀，计量泵应能以低速率连续投加。计量泵的选择应满足以下要求：①能准确提供要求的最小功率，能均匀连续投加，防止絮凝体堵塞过滤层，以改进过滤效果。据国外资料介绍，采用铝盐混凝剂时，最小流量宜为0.05mg/L。国内尚无此数据，故该数据仅供选泵参考。②能提供要求的最大流率并能应对高游泳负荷时污染杂质的絮凝。③能根据游泳负荷的变化自动调整投加量。

2 混凝剂应采用搅拌在专用的溶解槽内进行水力溶解，要彻底使混凝剂溶解和浓度均匀。溶解槽与溶液槽合二为一时，其容积应附加混凝剂沉渣所占容积，并应每日清除沉渣一次。

3 混凝剂具有一定的腐蚀性，为保证安全运行，所有设备、设施、阀门附件等均应为耐腐蚀材质。管道、阀门、附件等应按计量泵工作压力的1.5倍选定耐压等级。

5.6 硅藻土过滤器

5.6.1 硅藻土助滤剂是粉状产品，由于其具有独特的微结构和化学稳定性，故它能滤除被过滤液体中0.1μm～1.0μm的杂质粒子。它被广泛用于食品工业（啤酒、饮料、医药、油脂等）和净水工业（工业用水、游泳池水、造纸和油井废水等过滤等）。

由于游泳池、水上游乐池及文艺演出池的池水与人体紧密接触，且游泳者和戏水者有吞食池水的现象，为保证他们的健康不受危害，故条文规定用于游泳池、水上游乐池及文艺演出用水池的硅藻土过滤介质应为符合国家现行标准的食品级产品。

5.6.2 硅藻土过滤器分为压力式和真空式两种。我国常用的为压力式硅藻土过滤器，而压力式硅藻土过滤器又分为烛式和可逆式两种形式的设备。

1 为保证水质，本款对用水池水过滤的硅藻土质量作了规定。

2 本款规定了两种硅藻土压力过滤机预涂膜的厚度并折合成每平方米过滤面积硅藻土用量，以方便操作。

硅藻土过滤器的过滤机理是机械筛滤作用和吸附截留作用，它不需要投加混凝剂，就可获取到清澈、透明、浑浊度可接近零的池水。研究实验和工程实践证明它对细菌、大肠杆菌的滤除率可达到95%以上；对病毒的滤除率可达85%以上。这些过滤效果与硅藻土的预涂膜厚度和均匀性密切相关。由于硅藻土过滤器的构造不同，采用的滤网（布）不同，则涂膜厚度与硅藻土的用量也不一致。根据多年工程运行实践总结，证明前一版规程第5.5.2条规定的相关参数是有效可行的，并有提高的可能。本次除了修订前一版规程用烛式硅藻土过滤器的相关参数外，还增加了板框式硅藻土过滤的技术参数。

5.6.3 硅藻土过滤器的过滤速度与滤元纤维布的织密度和光洁度、硅藻土牌号和涂膜厚度有关，由于2008年制定本规程时，国内才开始应用，未取得实验数据，故前一版规程未对其进行规定。多年来国内该设备生产厂商在实际工程以此参数进行设计、运行，均取得了良好的效果。并在国家“节能、节水、节材，节地和环保”政策的指导下，这些专业生产厂不断对该设备滤元配件进行改造、革新，在保证出水水质的前提下，提高烛式硅藻土压力过滤器的过滤速度到5m/h～10m/h，并对现有工程中的此类设备进行改造更新，均取得了满意的效果，受到业主的欢迎。为此，本次修订增加了对过滤速度的要求。设计时，专用类游泳池因其游泳负荷相对稳定，过滤速度宜取上限值；公共游泳池因其游泳负荷变化较大，过滤速度宜取下限值。

5.6.4 硅藻土过滤器是由单台循环水泵、硅藻土过滤器、硅藻土助凝剂混合浆液罐、阀门、仪表及连接管组合成的成套产品。它不像压力式颗粒过滤器可以用一组水泵匹配若干个颗粒式压力式过滤器，如循环水泵因故障停止运行，不会改变过滤介质的构成。但硅藻土压力过滤器的循环水泵一旦因故障停止运行，则过滤器内滤元上的过滤介质就会脱落，造成池水过滤中断，会影响池水水质。如再次运行时需要重新涂膜，故它不能多个过滤器共用水泵。所以池水循环净化处理系统采用硅藻土过滤器机组时，应不少于2组。当一组检修时，不会影响游泳池的继续开放使用。一般每组硅藻土过滤器机组可按池水循环流量的60%配置。如超过2组则应按3组或4组总容量不小于（1.05～1.10）倍的总池水循环流量配置。这样可以保证其中一组出现故障，其他组过滤器仍能继续运行，而不影响游泳池的开放使用。

5.6.6 游泳池、水上游乐池、文艺演出池的池水为防止交叉感染病均应投加一定量的消毒剂和相应的化学药品。故池水中含有这些药品的残余量。它们对设备具有一定的腐蚀性，为保持良好的水质量，延长设备的使用寿命，条文对这种硅藻土过滤器的材质和壳体耐压强度作了规定。

5.7 负压颗粒过滤器

5.7.1 本条规定了负压颗粒过滤器过滤介质颗粒均匀度的要求。

负压颗粒过滤器的机理与压力式过滤器和重力式颗粒过滤器相同，其特点是将过滤和机房的集成化，它与压力式颗粒过滤器比较，只是出水方式不同。负压式颗粒过滤器是利用安装在过滤器内的循环水泵从集配水管抽吸滤层上的水，达到过滤水的目的。它是地埋型，特别适合社区游泳池和室外水上游乐池等不设机房的场合应用，实现一座水池设一组过滤器，节约了土建工程成本。如用于逆流式池水循环系统，可不设均衡水池。

本条对该设备过滤介质层的粒径、厚度等技术参数是根据工程实践总结作的规定。

5.7.2 本条规定了负压颗粒过滤器的集配水系统的形式及构造要求。

1 规定了过滤速度。负压过滤器的过滤速度与过滤层的阻力、循环水泵的吸水高度密切相关。

2 要求过滤层上表面水层厚度不应小于350mm，是为了保证过滤设备停止运行，再次运行时循环水泵不吸入空气的最低限值，以适应该设备临近水池设置的要求。

3 要求进入设备进水管标高规定，是为防止进水冲击过滤层，造成滤层厚度的不均匀，使净化后水质受影响。

5.7.3 由于负压颗粒过滤器是利用循环水泵从集配水装置抽水进行工作，为保证循环水泵能克服过滤层和吸水管的阻力，故对循环水泵的吸水扬程作了规定。

5.8 有机物降解器

5.8.1 游泳池及类似水环境的水中，除存在本规程第6.1.1条条文说明的污染外，还有一些化学药品的副产物和人体的代谢物，如氯胺、三卤甲烷及大量的尿素等溶解性有机物。这些溶解性有机物是池水过滤设备无法滤除的，如加大消毒剂投加量，不仅增加运行成本，它与消毒剂发生反应会产生有害的消毒副产物。为消除这些污染物质，本条规定了在游泳池池水净化处理工艺流程中应增设有机物降解器，其设置位置可按照如图6所示。

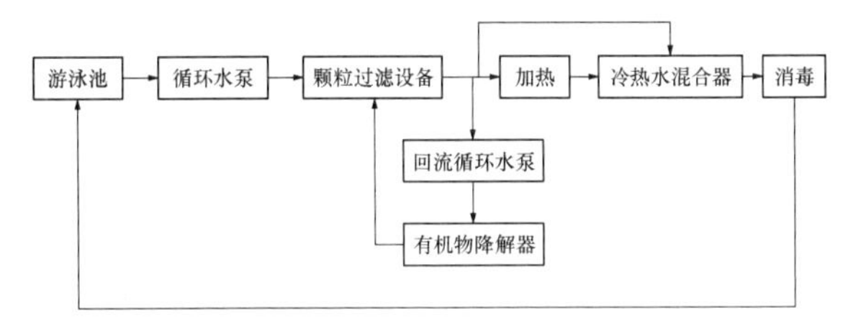

图6 有机物降解器工艺流程

5.8.3 本条中的各项技术参数来源于北京工业大学、北京建筑大学等单位相关课题研究的测试结果。在国家游泳中心水立方夏季平均每日游泳负荷2000人次时，池水的尿素不超过2mg/L，远小于现行行业标准《游泳池水质标准》CJ/T 244 3.5mg/L的规定，效果明显。

6 池 水 消 毒

6.1 一 般 规 定

6.1.1 本条为强制性条文。游泳池的室内环境比较温暖和潮湿，是细菌、藻类和其他微生物滋生的理想场所，加之游泳池、水上游乐池及文艺演出池等是为人们提供在水中进行游泳、健身、休闲娱乐、戏水和文艺表演的公共场所及专业活动场所，池水与人体各部位紧密接触。游泳和戏水者进入水池前虽经过卫生淋浴，但它只能将人体表面所携带的尘埃被去除掉，而对来自人体的汗液、鼻腔及口腔的黏液和唾液、尿液、皮屑、头发、泳衣的脱落纤维和颜料、人体化妆品、未被冲洗干净的沐浴液以及排泄物等杂质在人们游泳、戏水、游乐过程产生的污染杂质难以绝对杀除，而且这些污染物可以使池水水质变坏和产生不良气味，并含有细菌，甚至病毒；另外，空气中微粒尘埃、池岸上的污染物等都会被带入池水中。上述这些污染物质，水过滤设备只能去除较大颗粒杂质，而溶解的盐和微生物不能彻底去除。如果不对过滤后的池水中的细菌、病毒和污染物质予以杀灭，则游泳、戏水者不仅会从口中吞咽少量池水，而且皮肤与水接触也会使水中某微生物进入到人体内。所以池水就会成为疾病的传播介质，极易产生交叉感染疾病，如皮疹、瘙痒、耳炎、红眼病、腹泻、脚气、咽炎、军团肺炎、气喘等。为防止此类现象的发生，在池水循环净化工艺系统中设置消毒工艺工序是必不可少的，是保护游泳者、游乐者、艺术表演者的身体健康的必备手段和措施。

消毒就是利用一种或多种组合的化学品，或利用一种物理方式，投加于池水内，能有效杀死水中的细菌、病毒等有害物质，消除池水可能引起的交叉感染风险。目的就是将进入泳池水中的有害微生物能迅速杀灭及抑制，并维持它们的数量处于最少，消毒不可能做到池水无菌，只能做到池水不能感染游泳和戏水者。

消毒是池水循环净化处理系统中的不可缺少的工序单元。消毒的目的就是通过化学方法或物理方法来杀灭池水中病原微生物，进行无害化的处理方法。达到池水中无致病微生物、高浓度有毒物、不良味觉和气味、可见颜色等存在，以保证池水无疾病传染源和藻类的生长，为游泳者、戏水者及文艺演出者提供洁净、舒适、安全、愉快的池水。所以，它被称为池水净化处理核心的第三个关键要素，与池水循环净化处理的水体同时进行。

池水消毒是池水净化处理工艺流程中不可缺少的一个工序单元，池水消毒包含消毒工艺流程和相应的配套工序设备，如消毒剂品种、消毒剂溶解装置、消毒剂浓度控制投加设备及投加量的控制系统等。

实施与检查控制。

1 实施：在设计池水循环净化处理工艺流程内应设置池水消毒工序工艺。池水消毒工艺工序中的设备配置与所选用的消毒剂品种与杀菌功能、杀菌持续性及所产生的副产物密切相关，如气体消毒剂（臭氧)、液体消毒剂(次氯酸钠)、固体消毒剂(氯片、氯粉精、氰尿酸盐)及射线杀菌剂(紫外线)等，它们本身的工艺流程及所配置的设备均不相同。因此，设计中应注意如下几点：

1) 除紫外线消毒外，其他消毒剂均应采取湿式投加消毒方式，即将消毒剂利用专门的设施或装置将其配置成一定浓度的消毒剂溶液，再通过专用计量泵连续均匀地投加到池水循环净化处理系统经过滤净化后的水中，并能根据池水水质变化自动调整消毒剂液投加量；
2) 投加点应有消毒剂液与水充分混合的装置；
3) 不同消毒剂或化学药剂不能合用一个投加系统，以防发生安全事故；
4) 臭氧和紫外线无持续消毒功能。采用此种消毒剂时，还应配置长效消毒剂的消毒工艺工序。

2 检查：

1) 核查池水循环净化处理系统工艺流程图中是否含有池水消毒工序；
2) 根据设计选用消毒剂品种，核查消毒工序的工艺程序、设备配置及容量、投加量是否满足本规程相关条文的规定。

6.1.2 池水水质是动态变化的。消毒剂应能有效、快速杀灭水池中的各种致病微生物，并具有持续消毒功能，以抑制游泳者带入池中的新污染，防止游泳者、戏水者在池内发生交叉感染是池水消毒剂的最基本要求。原水指池水的水源，它的 pH 值对消毒剂的功效有影响，如达不到相容，则应对其调整。

人们在游泳、戏水及演出过程中，会从口腔吸入少量池水，皮肤也会吸入水中的消毒剂的残余物质，加之消毒剂都是化学物质，都具有较强的氧化性，要求对游泳者人体不产生刺激，对设备、建筑不产生腐蚀，不产生不良气味，选择时这一点应注意。

为了消除本条第 1 款所述致病微生物可能产生的疾病感染，能实现消毒剂的浓度能够快速检测，投加量实现可控可调和连续记录是不可忽视的考虑因素。

合理的经济性即初次投资费用与运行费用较低。

我国地域辽阔，用于游泳池、水上游乐池及文艺演出池池水的消毒剂品种较多，如氯消毒剂(氯气、次氯酸钠、次氯酸钙、氯片、氯粉精等)、有机消毒剂(二氯异氰尿酸、三氯异氰尿酸、溴氯海因等)、臭氧(含臭氧粉)、紫外线等，可供选择的范围宽广。因此，设计时应根据泳池等的使用对象及其对消毒剂承受能力，结合当地消毒剂的供应状况等综合比较后确定。国家卫生计生委已经取消了消毒剂的行政审批，而改为《消毒产品卫生安全评价规定》。因此，选用时应根据游泳池、水上游乐池及文艺演出池的使用条件、特点、当地可供应的消毒剂品种，坚决按《消毒管理办法》(卫生部令 27 号)和《消毒产品卫生安全评价规定》的要求，确认其合法性，以确保群众健康和安全。

6.1.3 消毒剂的品种较多，投加设备及配套装置各不相同，在选型上要为设备、装置的操作、维修者提供安全、便于操作的设备，这就要根据游泳池的服务对象、用途，并结合当地的管理水平进行选型。

消毒剂的投加量是随着游泳负荷、污染程度的变化而改变的，而且它们的变化幅度也是不固定的，所以，消毒设备要配套计量准确并可调的计量装置。

消毒设备应配套提供消毒剂溶液配制、自动投加、自动调节投加量等在线控制设施以及与水充分混合的装置。

消毒设备既要先进、安全、可靠，运行稳定，又要节省初次建设费用和经常性运行成本也是必不可少的考虑因素。

6.2 臭氧消毒

6.2.1 **1** 臭氧在常温下在水中的半衰期为 5min～30min，并随着 pH 值得提高而加快，故其无持续杀菌消毒功能，所以臭氧消毒应辅以长效消毒装置。

影响臭氧杀菌的因素较多：如水温、有机物含量、水的 pH 值、水的浊度和色度等。所以，在臭氧消毒工艺流程中，为确保臭氧的消毒杀菌效果，应将其投加在经水过滤设备过滤之后的水中。

2 本款是公共游泳池、水上游乐池及竞赛用游泳池赛后对公众公共开放的游泳池，采用全流量半程式臭氧消毒工序在水净化处理流程中的位置、工序单元应包括的内容如图 7 流程所示。

对公众开放的游泳池、水上游乐池因其人员受工作日和非工作日的安排限制，其游泳、戏水负荷的变化较大，而且游泳、戏水人员构成复杂：老年人、中年人、青年人、儿童均有，泳前卫生淋浴程序也不相同，防止在池内的交叉感染不容忽视。对此类游泳池、戏水池条文规定应采用臭氧全流程半程式臭氧池水消毒工艺系统，因臭氧是有毒气体，为不使未溶解的臭氧进入池内，所以增加了多余臭氧吸附工序，以确保池水的卫生、健康。

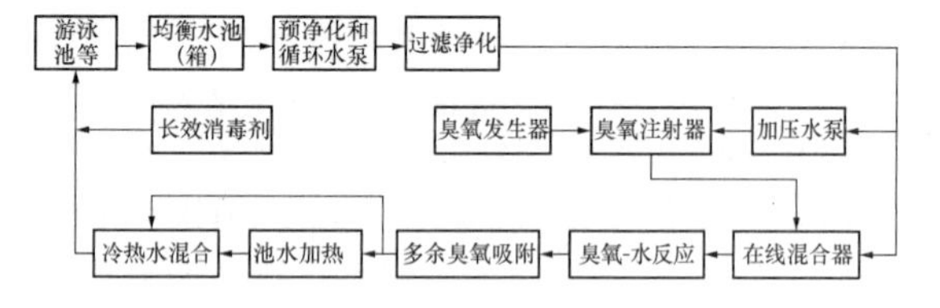

图 7 全流量半程式臭氧消毒工艺流程

3 本款规定是随着喜爱游泳和戏水的人们健康意识的不断加强和对生活品质的要求越来越高的情形下，对原有游泳池、游乐池池水增加臭氧消毒工艺的呼声不断提高，但由于原有建筑场地的限制，在工程实践中出现分流量全程式臭氧消毒工艺系统，这在国内外均取得了良好的消毒效果。这种臭氧消毒工艺流程不仅适用于旧游泳池池水消毒工艺的改造，也适用于一些新建的专用性游泳池。但在使用时应注意游泳、戏水负荷要相对稳定。同样还应配置长效消毒剂系统，其目的是对系统进行冲击处理及水质异常时的处理之用。

此消毒工艺流程可按图8所示。

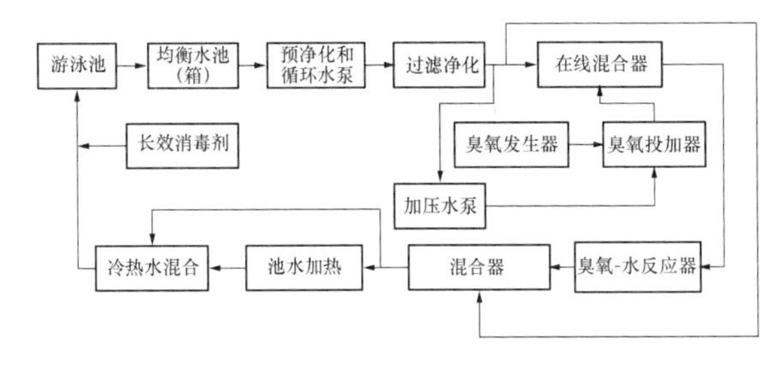

图8 分流量全程式臭氧消毒工艺流程

分流量臭氧消毒系统是将臭氧投加在游泳池循环流量的25%的水中，通过文丘里管在线混合器、反应罐对其进行消毒，而不再设置多余臭氧吸附过滤器。这种方法就使水处于超臭氧剂量之中（约4倍），并在反应器（罐）中快速发生反应，此后超臭氧剂量的水再与未被投加臭氧的75%的池水循环流量进行混合稀释，在送入游泳池之前继续发生反应，使溶解的臭氧逐渐减少到可接受的最低水平。据德国规范介绍，这种分流量全程式臭氧消毒系统的工艺工序中无多余臭氧吸附器（罐）这一工序，说明允许微量的臭氧进入游泳池，但其限值为0.05mg/L，超出此限值的臭氧在池内不仅会降低池内水的透明度，而且会在池水表面形成一个臭氧气体层，游泳者和戏水者吸入后会出现中毒现象。为此，必须在系统的末端进入泳池前的管道上安装臭氧浓度监测仪。此点应引起高度重视。

6.2.2 **1** 本款规定的全流量半程式臭氧消毒工艺系统是指对大型游泳池、水上游乐池等池水的全部循环流量进行消毒，因游泳负荷高而且负荷变化大，水质污染较重，由于臭氧的分解速度在任何时候都与臭氧的浓度成正比，故规定了臭氧投加量的取值范围。为保证游泳者的安全，在池水进入泳池或游乐池前经过除臭氧工序将水中未完全与微生物氧化的剩余臭氧量予以去除，使进入池内的循环水中不含臭氧。由于水温对臭氧的消毒有影响，不仅有游泳负荷的高低，还有池水温度，水温高，消耗量大，水温低，消耗量低，故当池水温度低于28℃时，应取下限值；池水温度为29℃～30℃（残疾人用池），应取上限值。

经过臭氧消毒后的池水，在进入池前投加池水允许游离氯余量稍高的长效消毒剂氯，以防止交叉感染。实践证明，只要管理好，则池内一般不会有氯气味。

2 分流量全程式臭氧消毒工艺系统是指对池水循环流量中的一部分流量进行臭氧消毒，然后将被消毒的水与未被消毒的水进行混合，以达到池水水质标准。经工程实践证明此种消毒方式是可行的。它不仅在工程建设上降低了费用，在运行管理降低了成本，对原有游泳池、水上游乐池的改造具有重要推动作用，设计中对于专用类游泳池可取下限值，公用类游泳池应取上限值。

3 一种物质的毒性与它的浓度有关。资料介绍臭氧在空气中的浓度大于0.1mg/L时会对人体呼吸器官产生刺激，只要池水中的臭氧浓度不超过该值，不会对人体有危害。因此，对分流量全程式臭氧消毒工艺系统中，取消了占地面积大的多余臭氧吸附消除器还可以降低造价。故对进入游泳池和水上游乐池水中的臭氧残余量加以限值，对游泳者不会产生危害，国内多个工程实践证明也是可行的。该款规定的参数是引用德国游泳池标准的规定。

6.2.3 本条规定了臭氧消毒系统还应注意的问题。

1 由于臭氧是一种有毒气体，其相对密度为1.685，比空气大。如果不对水中臭氧含量严格控制，它会从水中析出，并在游泳池水面上形成一个臭氧层，极容易被游泳者吸入到体内，造成中毒。因此，本条作出了水表面上20cm处空气中的臭氧含量不得超过0.2mg/m^{3}的规定。该数值引自现行国家标准《室内空气质量标准》GB/T 18883中的规定，该参数值是指1h的均值。

2 臭氧虽是高效消毒剂，具有瞬间杀灭各类细菌、病毒的功能。但它无持续消毒功能，不能防止游泳池水中游泳者的交叉感染的发生。因此，游泳池的臭氧消毒系统还应辅以长效消毒剂（氯、溴、过氧化氢等）工艺工序组合在一起使用，只不过长效消毒剂的投加量大为减少。

6.2.4 本条为强制性条文。臭氧在化学上是由三个氧原子（O_3）组成，与氧分子中的两个原子（O_2）不同。臭氧会在电气设备的周围自然出现。由于池水消毒的臭氧是通过在干燥的空气中无声放电产生的，空气中的氧只有一部分能转化臭氧。臭氧在常温条件下为淡蓝色气体，有气味。它的相对密度为1.685，体积密度为1.71。臭氧稳定性差，在常温下可自行分解为氧分子，在1%浓度溶液时的衰减期为16min。

臭氧是一种强氧化剂，具有非常强的广谱杀菌功能。它能杀灭氯所不能杀灭的病毒和孢囊（如隐孢子虫、贾第鞭毛虫）；它还具有除铁、除锰、除嗅、脱色和通过氧化将水中一些微小的杂质凝聚成颗粒的凝聚作用，在正常流量下可以不投加混凝剂；增加水中溶解氧、分解水中一定的尿素、抑制藻类生长、改善水的pH值、提高水的透明度使呈湛蓝色等功能。所以，被广泛用于游泳池、游乐池等池水的消毒。为保证消毒效果，减少臭氧投加量、降低运行成本，将臭氧投加在滤后水中是一种有效方式。

臭氧是一种有毒气体，且半衰期短，不宜储存，只能现场制备和应用，一旦发生泄漏，其空气中的浓度超过 0.25mg/m³ 时，对人会产生强烈的刺激性，造成呼吸困难；在空气中的浓度达到 25%时，遇热会发生爆炸。故在游泳池、游乐池中采用臭氧消毒时一定要采用负压系统，即负压制备臭氧、负压投加臭氧。

臭氧投加系统由水射器（文丘里管）、加压水泵和在线管道混合器组成。负压投加臭氧就是通过文丘里管造成负压将臭氧送入并与水混合防止臭氧的外泄漏，然后将混合后水送入紊流较高的管道混合器充分混合，并达到 90%以上的臭氧溶解率，确保设备系统的操作者健康、安全。

由于臭氧是一种有毒气体，投加系统实现全自动控制：即臭氧发生器的产量应是可调的形式以适应随游泳负荷的变化投加量随之改变的要求；投加控制装置应设在线监测监控运行，确保安全可靠；为防止臭氧过量进入泳池池水中，当循环水泵停止运行时，臭氧投加系统应同时停止运行，不再向系统投加臭氧，以防止出现安全事故，故臭氧投加装置与循环水泵的联锁，必须予以实现。

本条所说的臭氧是包括纯氧气、富氧化处理的空气和采用压缩空气等各种不同气源制备的臭氧。

实施与检查控制。

1 实施：

1）游泳池、水上游乐池等采用臭氧消毒时，在池水循环净化处理系统中，臭氧消毒工艺一定要组合在该池水循环净化工艺流程之内。臭氧投加装置包括设置独立的加压水泵将过滤净化后的水加压送到臭氧投加装置即文丘里水射器（即 6.2.1 条文说明中图 7、图 8 中的臭氧投加器）与池水混合后进入混合器（一般为在线混合器），水与臭氧在混合器内紧密而充分的混合使臭氧的迁移率不小于 90%。混合之后的臭氧与水接触进入臭氧-水反应器（罐）内，其接触时间不应少于本规程第 6.2.5 条规定的时间，使臭氧与水中的污染杂质尽量的发生反应，以达到杀灭细菌消毒目的。

2）臭氧消毒工艺应包括的工艺工序设备，按工程所采用的臭氧消毒方式，对应本规程第 6.2.1 条规定的工艺工序进行配置相应的设备、装置、管道、阀门和控制仪表等。

3）由于大部分游泳池的机房均设在地下或楼层内，达到自然通风条件困难，因此，防止臭氧泄漏的唯一方式只有负压投加，才能保证人的安全。

2 检查：

1）检查游泳池、水上游乐池池水循环净化处理系统设计中臭氧消毒的工艺工序方式，并按设计选用的臭氧消毒方式，检查设计说明或材料设备表是否明确要求臭氧发生器及投加装置为负压式，并根据消毒方式核查工艺工序设备、附件、仪表是否恰当和齐全。

2）根据设计说明中的技术参数要求，核查各工艺工序中设备或装置的大小容量是否满足设计参数要求。

3）检查加压水泵与臭氧投加装置（文丘里水射器）的接管有无防止水倒流装置和观察水射器工况的仪表是否齐全。水射器及配管等材质是否为不低于 S31603 牌号的不锈钢材质。

6.2.5 混合之后的臭氧与水还应有充分的接触反应时间，以达到在规定的臭氧浓度下臭氧对水中的污染微生物进行充分的氧化，从而杀灭各种细菌微生物，两者接触反应的时间越长杀菌效果越好。从减小臭氧-水反应器（罐）体积又满足杀菌效果出发，本规程采用了等效的“美国环保局（EPA）和安全卫生管理局（OSHA）”的经验公式：$CT \geqslant 1.6$ 计算反应器（罐）的体积来反映臭氧消毒的有效性。在此特别提醒设计人员及供货商，不要将活性炭吸附器内水停留时间作为反应接触时间而减小反应罐体积，这种做法是错误的。

影响臭氧接触和反应的主要因素为：①投加臭氧的浓度；②池水温度；③过滤后的水的洁净度。

6.2.6 本条规定了臭氧与水接触反应器（罐）的构造和材质要求。

1 为保证臭氧与水充分接触反应，除了有效容积应保证之外，还需在内部增设一定的导流板，防止出现短流，增加扩散接触条件，使臭氧最大限度的高效溶解于水，以满足其迁移率不少于 90%。

2 臭氧反应器（罐）应是一个密闭的立式压力容器，并有一定的高度，使水与臭氧能充分的接触反应。其外部应设进水管、出水管、泄水管、观察窗和检修人孔，罐顶部设接自动开启的阀门和尾气管的接管口。

3 臭氧是有毒气体，在反应器（罐）内还存在少量未被溶解于水的残余臭氧气体和其他气体会在罐体顶部。被分离出来的尾气应经过处理达到排放标准要求后，方允许排到室外大气中。臭氧尾气也可以引入均衡水池回收再利用。

臭氧尾气消除装置应包括尾气输送管、尾气臭氧浓度检测仪、尾气除湿、剩余臭氧消除、排放气体中臭氧浓度检测仪和超浓度报警等装置、仪器等组成。

4 反应器（罐）是压力容器，臭氧又是强氧化剂，它和水混合之后的混合液具有强烈的腐蚀性，所以本条对所用的材质和耐压作了规定，目的是确保运行过程的耐久、安全。本条中的其他材料指聚四氟乙烯、高密度聚乙烯及聚丙烯等。

6.2.7 本条规定了多余臭氧吸附过滤器（罐）的吸附介质及容器构造和过滤速度等方面的要求。

1 全流量半程式臭氧消毒系统，由本规程条文说明中的图7可知，经过净化水处理的水经过了臭氧氧化之后，在进入加热工序之前将循环水中的一切有毒的臭氧残余量予以彻底清除，以保证进入游泳池的水中不含任何残余臭氧。

1）吸附臭氧的介质有两种：①颗粒活性炭；②经热处理未活化的无烟煤和煤炭。前者的吸附表面大、效率高、强度高，是有效的吸附介质。所以，本规程予以推荐。

2）吸附介质层过厚和流过介质的水流速度偏低，则容易在介质层中繁殖细菌，为防止弊病的发生，本条对介质层的厚度、粒径、水流速度作了具体规定。

2 多余臭氧吸附过滤器（罐）属压力容器，其作用是吸附经过臭氧-水反应罐之后水中的多余臭氧，其进入该设备中水中的臭氧浓度比较低。故条文要求材质比反应罐降低了一个档次，即采用牌号为S31603或S31608的奥氏体不锈钢或具有抗臭氧腐蚀的玻璃纤维制造，并对耐压等级提出了具体要求。

3 臭氧除了消毒和氧化作用之外，它还具有微絮凝作用。所以活性炭介质层不仅能吸附水中残余的臭氧，还能去除水中的味、色、钙、铁，以及过滤器尚未完全滤除的细微杂质，进一步提高了水的清澈度。但由于滤除了一些水中杂质，会降低其吸附效果，这样对它的反洗就尤为必要。本款对其反冲洗水源，反冲洗强度，反冲洗历时作了具体规定。条文中规定反冲洗时关闭臭氧发生器是为了防止进入游泳池。反冲洗水进水管安装隔膜阀是防止活性炭倒灌入循环水系统。

6.2.8 本条规定了臭氧发生器的设置要求。

1 臭氧发生器的臭氧产生量应按设计所需要的最大小时用量选定，这是保证消毒效果的需要。为了适应游泳负荷的变化带来的臭氧投加量的变化，本条规定臭氧发生的生产量是可调的规定。

臭氧发生器分为两类：①紫外线臭氧发生器；②电晕放电法臭氧发生器。前者产生的臭氧浓度低，适用于小型游泳池；后者产生的臭氧浓度高，产量也高，适用于大、中型游泳池。

2 游泳池一般均建造在地下层或楼层中，负压型制备臭氧的设备能有效防止臭氧的泄漏，能保护操作人的安全。推荐富氧气体作为制备臭氧的气源，目的是为了提高臭氧的浓度，保证它在水中的吸收率。

臭氧在水中的溶解度符合亨利定律，即臭氧的浓度越高则溶解度越高，臭氧的溶解量越多，这相应地就提高了水的处理效果。故本款作出了不同气体制臭氧设备能制备的臭氧浓度不低于80mg/Nm³和20mg/Nm³的规定。

3 标准型及超标准型的大型游泳池，因其非工作日同时容纳的游泳人数较多，但在工作日期间的游泳人数会大幅减少的情况下，这样可开启一台臭氧设备工作，不仅能节约能源，也为设备检修提供了时间。所以，本款推荐此类泳池宜按每台各60%的设计量选用2台臭氧发生器。

4 臭氧发生器是一个比较贵重的设备，它对环境条件敏感，如环境条件变化可能影响臭氧的产量，对设备的寿命也会产生不利影响，故本款规定要设置自动实时监控。

本款中的异常情况指：①供气系统失效，且压力不够；②电压过低；③设备环境湿度超过规定；④活性炭吸附过滤器进行反冲洗；⑤池水进水中臭氧浓度超标；⑥池水循环水泵停止运行；⑦臭氧消除器堵塞；⑧机房内环境臭氧浓度超标；⑨设备冷却水温度过高或中断等。

5 为了保证臭氧发生器的正常工作，应有连续不断的冷却水供应，其水温不应超过35℃，水质应符合饮用水水质标准要求。

6.2.9 臭氧是强氧化剂，对某些材料具有腐蚀性，会使钢出现色斑，橡胶老化、变色、弹性降低。所以输送臭氧气体的管道、阀门及附件应采用牌号不低于S31603能抗正压和负压不变形、耐腐蚀的不锈钢材质或氯化聚氯乙烯（CPVC）材质。

6.3 氯 消 毒

6.3.1 氯消毒剂是国内外目前广泛用于游泳池、水上游乐池，杀菌效果好，且经济的池水消毒方法。因为臭氧和紫外线这一类消毒剂虽然可以快速有效杀死病原微生物，但无持续消毒能力和作用，应用时还应辅以氯消毒剂，向池水中提供“游离性余氯”来保持其持续消毒的作用。

氯消毒剂的品种较多，如氯气、次氯酸钠、次氯酸钙、氯粉精、漂粉精、二氧化氯以及氯化异氰尿酸盐等。它们分别以气态、液态、固态（含粉状）形式出现，而且不同形态的有效成分均不相同，但其消毒杀菌机理基本相似。所以，将它们通称为“氯”消毒剂。

设计选用除了应注意有效氯含量高、杂质少因素之外，还应考虑其带来的副产物，如氯胺带来的氯臭气味和三卤甲烷（THMs）致癌物质对人们健康的影响，以及不同氯消毒剂品种最佳适用环境等。

6.3.2 氯消毒剂投加量由下列四个因素构成：①杀死细菌和藻类所需要的量；②与池水中氨氮发生反应形成氯胺所需要的量；③分解氯胺所需要的量；④防止新的交叉感染需要在池水中存在的量，即余氯（游离性氯)。

本条中对氯消毒剂投加量的数值是作为设计人员计算加氯消毒设备容量之用。真正投加量需要在实践过程中，根据池水水质变化和监测的池水中的余氯量是否满足《游泳池水质标准》CJ/T 244 的规定进行调整。

6.3.3 本条为强制性条文。

游泳池、水上游乐池、文艺演出池等池内的水与人体紧密接触，池内剩余氯的量仅能防止池内活动的人们不发生交叉感染，对人体不会造成健康危害。氯消毒剂制品直接倒入池内，会造成消毒剂局部浓度偏高，以及部分氯消毒剂遇湿热气体后急速扩散，严重时发生爆炸。国内曾发生将“强氯精(粉状)”，在游泳者尚未撤完的情况下，管理人员将“强氯精”容器打开后向池内倒入，药剂与湿空气和水急速接触氧化，致使尚未撤离的游泳者不停地咳嗽、呼吸困难，发生呼吸道焦灼和恶心呕吐、眼睛刺痛、四肢无力及窒息等中毒症状，被送医院急救。故本条规定不允许氯消毒剂直接倒入池内的消毒方式。

实施与检查控制。

1 实施：

1)游泳池、水上游乐池和文艺演出池的池水中采用氯制品消毒剂时，应采用湿式投加方式：即将片状、粉状消毒剂先溶解成液体，再用计量泵抽吸将其送入池水净化设备加热工艺工序后的循环水管道内与水充分混合后送入游泳池内；

2)氯制品消毒剂的投加应采用全自动投加，加氯所用管道、阀门和附件均应为耐氯腐蚀材质；

3)氯制品消毒剂的投加房间应有良好的通风、照明及急救防护装置。

2 检查：

1)检查在游泳池、水上游乐池等池水采用氯消毒剂的品种及投加方法是否为湿式自动投加，以及不同品种氯消毒剂的投加方式是否满足本规程第 6.3.4 条的规定；

2)检查设计图纸中所选加氯设备及配套装置(含溶药桶，加药泵，探测器等)是否齐全；

3)检查设计图纸中所示加氯是否设有消毒剂投加间，以及设备、装置的布置是否安全、合理。

6.3.4 氯制品消毒剂指氯气之外的氯基(系)消毒剂，如次氯酸钠、次氯酸钙、氯化异氰尿酸盐等，而且它们的形式也不尽相同。如次氯酸钠可分成品型(即化工厂的副产品)和现场制备型，但均为液体形状，有效含氯量较低，约 8%～12%，属碱性消毒剂；次氯酸钙为片状或粒状形式，有效氯含量较高，约为 65%～70%，也是碱性消毒剂。

1 为了与水充分混合，延长投加系统维修周期，保证连续投加，防止结晶出现，方便计量等，使用时应将其稀释或溶解成有效氯含量为 3mg/L 的氯消毒剂溶液。

任何消毒剂溶液应均匀投加到池水循环净化系统中过滤器之后(或加热器)之后的循环水管道内，投加点应采取有效混合措施，使进入池子之前消毒剂液与循环水完全混合均匀。

2 片状消毒剂(氯片)分缓释型和速溶性。缓释型氯片应置于专用的投加器内，该设备能根据水量变化按比例自动将片剂水解后送入到循环水管道内。由于该装置的容量有限，故适宜中小型游泳池休闲池应用。

3 由于不同品种的氯制品消毒的成分不完全一致，对环境要求不同，其安全要求也不同，为不发生事故，本款规定不同消毒剂的投加系统应分开设置。

4 为了防止池水循环净化处理系统之循环水因故障停止运行，消毒剂继续向系统投加，造成池内消毒剂含量超过规定，给游泳者造成伤害。故本款规定消毒剂投加泵与池水循环水泵联锁，做到两者能同时停止和同时运转。

6.4 紫外线消毒

6.4.1 紫外线消毒主要是通过紫外光射线照射破坏各种细菌、病毒的核结构，使其失去自身繁殖能力达到杀灭病原微生物的效果。它能杀灭隐孢子虫和贾第鞭毛虫，不产生副产物，而且还能分解水中的氯胺，减少氯臭气味和化学药品的使用量、尿素的累积，从而改善池子周围环境质量。紫外线消毒必须是全流量进行消毒，其工艺流程如图 9 所示。

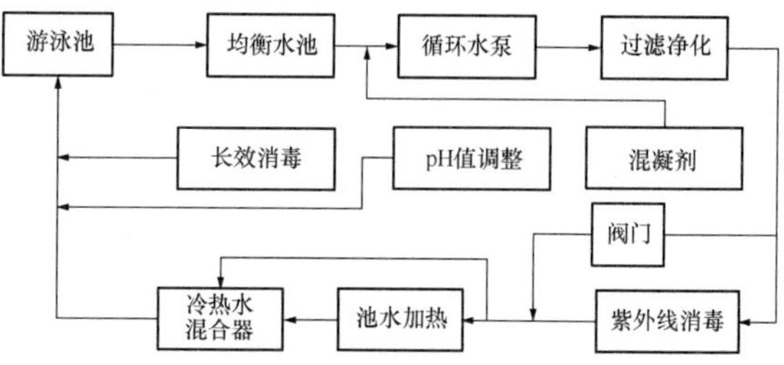

图 9　紫外线消毒工艺流程

紫外线消毒是一种物理消毒方法，对池水不产生二次污染，不改变池水的物理化学性质，不产生副产品和任何气味，但紫外线消毒是瞬时性的，无持续杀菌消毒功能，紫外线消毒后其微生物能复活和再繁殖，所以它不能作为游泳池、水上游乐池、文艺演出池等独立消毒单元，而必须配合长效消毒单元同时使用。

紫外线消毒用于公共游泳池的实例不断增加，特别是用于婴幼儿亲水池的实例较多。为了保护婴儿的皮肤，婴儿亲水池不再增设其他长效消毒单元。

对于文艺演出水系统的消毒宜采用紫外线消毒，这因为：①为演出空间创造没有消毒剂气味的空气质量；②减少对演员及潜水员眼睛、呼吸道及皮肤的刺激；③减少对水池中布景设备、水景设备、加氧设备、烟火设备的腐蚀。但为了保证水质卫生还应辅以氯制品消毒系统。

6.4.2 紫外线消毒器由组装在封闭容器内的紫外灯管组成，紫外灯管按其输出的波长可分为低压紫外线和中压紫外线。

低压紫外灯管输出的波长为253.7nm，是单一波谱，对杀灭细菌、大肠杆菌极为有效，一般被用于生活饮用水的消毒。

中压紫外灯输出的波长范围较宽，一般在230nm～360nm之间，具有杀菌杀病毒、分解有机物、降解氯胺、尿素、三卤甲烷浓度等高效、广谱的灭菌功能，而游泳池等池水除细菌病毒之外，还存在一些化学消毒药品和水质平衡所用化学药品的副产物。单一波长的低压紫外线就不能一一对其破坏。而具有广谱的中压紫外线则具有此种功能，所以条文要求在游泳池等水池采用紫外线消毒时宜采用中压紫外线。

紫外线消毒效果与紫外线照射剂量、被消毒水的水质和水温有关，而游泳池等水的水质比较优良，有利于紫外线消毒器的应用。室内游泳池、水上游乐池等采用中压紫外线消毒时，其照射剂量不小于60mJ/cm^2，除了考虑到了消毒杀菌之外还考虑了分解氯氨气味的作用；用于室外游泳池时，其照射剂量宜为40mJ/cm^2，因为室外有日光照射氯易挥发，且大气的稀释能力强，池周围不含生成氯气味，故只考虑紫外线的消毒作用。对水的穿透厚度不宜超过10cm。该参数引自英国《游泳池水处理和质量标准》（1999年版）。紫外灯随着时间的增长不断老化，输出功率不断衰减，设计选用时应注意这一因素。

6.4.3 本条规定了紫外线消毒时对紫外线消毒设备设置的要求。

1 紫外线消毒是通过紫外灯输出射线照射水层而杀灭水中的细菌、病毒的。如果水中的有机物、无机物质存在量较大时会吸收紫外线的光强，而且会在灯管上形成积污，从而降低紫外线的穿透率影响其杀菌消毒效果。所以，本条规定紫外线消毒器设在池水循环净化处理系统水过滤单元之后，就是经过滤后的池水其水中的杂质基本被去除，水的透明度、洁净度大为提高，给紫外线穿透创造了条件，极有利紫外线的杀菌消毒。设置旁通管的目的是方便紫外线消毒器的维护和检修。

2 要求被消毒水的水流方向与紫外灯管的长度方向平行，是要增加紫外线对水的照射时间，因为紫外线剂量除了与其紫外线照射强度有关外，与照射时间也有关。如水流方向与灯管相垂直时，应有水与紫外线充分的接触时间的措施。

6.4.4 紫外线消毒器由紫外灯管（单根或多根）、过水室（反应器）、清洗系统和电控装置组成。

1 安装紫外灯管的容器称为过水室（亦有称反应器或腔体）的内壁要求有很高的光洁度，这就要求对其内表面进行抛光以保证紫外光的反射率不低于85%，才能最大限度发挥紫外光的杀菌功能。

2 紫外灯管应装在石英玻璃套管内并与水体隔开。由于该套管与灯管间隙小，不能被灯管发热所损坏，同时也不能被套管的有压水损坏，更重要的是套管要有极好的透光率。

3 紫外线的发射强度受温度影响，据英国资料介绍，温度超过25℃时，则选型要留有富余量。

4 完整的电气运行监控装置：①电源开关；②工况指示灯；③准确的紫外灯工作时间计时器；④紫外灯强度检测显示及低于设定水平报警；⑤水温感测器；⑥不停机在线自动清洗石英玻璃套管装置；⑦更换紫外灯管提示；⑧单支灯管的故障报警；⑨整机远控及报警；⑩供电安全装置等。

5 紫外线消毒依靠紫外光的照射，池水会对灯管产生污染，影响透光，故本款要求具有自动清洗功能，以及照射功率与水质或紫外光强度的联锁功能，确保消毒效果。

6.4.5 石英玻璃套管容易破裂，为了防止破碎后的碎片进入游泳池、休闲池内对游泳者、休闲戏水者造成伤害，本条规定应在其出水口安装过滤器，过滤器内的网眼不大于250μm。

由于过滤网眼较小，其阻力损失较大，所以在计算循环水泵扬程时，此项阻力不可忽视。

6.5 氰尿酸消毒剂

6.5.1 氰尿酸是稳定剂，它能控制次氯酸一次生成一定的数量，使药剂中的氯慢慢释放出来，即使在阳光的照射下，每次也只有很少一部分次氯酸流失。所以在较长时间内能保持消毒作用。但氰尿酸在池水中会不断地积累，由于氰尿酸浓度与次氯酸浓度之间存在对应关系，如果池水中的氰尿酸含量过高，就会失去对氯的缓解作用。根据工程使用实践总结，本条对室内游泳池和室外游泳池使用氰尿酸消毒剂池水中的浓度作出了规定。

氯化异氰尿酸盐消毒剂是一种白色的结晶（片状、粒状）化合物，是二氯异氰尿酸钠和三氯异氰尿酸盐的总称。氰尿酸是一种稳定氯的化合物，适用于室外游泳池、水上游乐池及低游泳负荷的室内池。但据资料介绍，在浓度不超过100mg/L的条件下，它不干扰游离性余氯的释放，它能使药剂中的氯逐渐释放出来，故能在较长时间内保持消毒作用。

该型消毒剂在水中分解成氯和具有稳定功能的氰尿酸，而制剂中的氯是缓慢地释放出来，在较强的阳

10

光下对游离氯具有稳定作用，抵抗紫外线的影响，防止氯的快速挥发，保证了对池水的杀菌消毒效果。适宜用于室外露天游泳池的池水消毒。

室内非阳光游泳池使用氰尿酸消毒剂，如果浓度过高，则它所分解释放出的氯离子形成次氯酸，会使池水中的氰尿酸富集化，降低游离氯的数量，达不到消毒作用。将这种高浓度氰尿酸引起的这种现象称"氯的锁定"状态，也称池水过稳定。为了防止这种情况的出现，就要严格的控制氰尿酸浓度所对应的氯的剩余量。根据国内采用这种消毒剂的工程实践总结，本条规定了氰尿酸用于室内池水消毒剂的最高限值。

如果用于室内无阳光照射游泳池、游乐池时，要进行严格的监测，使其游离氯和氰尿酸保持平衡状态，否则会使池中的氰尿酸富集化。氰尿酸浓度过高，则游离氯消毒和氧化功能不断下降，使池水过稳定，甚至完全达不到消毒功能，造成水质不达标准。此时池水中的杂质就不能通过池水净化水处理所能去除的，我们称此现象为池水老化。如果出现此种现象只能通过放水和补充较多的新鲜水进行稀释。因此，保持水中的氰尿酸浓度符合现行行业标准《游泳池水质标准》CJ/T 244 的规定是有严格的监测予以保证。

据英国《游泳池水处理和质量标准》（1999 年版）建议氰尿酸和游离氯按表 1 参数控制。

表 1 氰尿酸与游离氯关系表

池水氰尿酸浓度（mg/L）	池水游离氯浓度（mg/L）
25	1.5
50	2.0
100	2.5
200	3.0

注：本表引自英国《游泳池水处理和质量标准》（1999 年版）。

6.5.2 根据国内一些使用氰尿酸消毒剂的室内室外游泳池的经验总结，由于氰尿酸在池水中的速度缓慢，不应过高的投加，故本条提出了室内、室外游泳池、水上游乐池使用氰尿酸消毒剂的最低和最高投加浓度。如果低于 30mg/L，它会因阳光照射下过度消耗，达不到稳定氯的效果；如果高于 80mg/L，氯将会几乎没有消毒作用。

亦有资料介绍，由于室内游泳池不受阳光照射，使用异氰尿酸消毒剂会降低氯的消毒效率，故室内非阳光池不宜使用。

由于每一种复合性消毒剂的消毒效力都受水的 pH 值的影响，所以，为了能有效地消毒杀菌，控制水的 pH 值很重要，本条对此作了规定。

6.6 无氯消毒剂

6.6.1 本条规定了无氯消毒剂消毒工艺设置位置和技术要求。

无氯消毒剂是将臭氧加入含有过氧化氢（H_2O_2）的水中，以促进臭氧分解成具有强氧化性能的羟基自由基，增加氧化率，对池水进行消毒。池水中剩余的过氧化氢可继续进行消毒，使池水中完全不含氯，也不会产生危害人体的衍生物，即氯胺、三卤甲烷等副产有机物。在国内一些专用游泳池、酒店游泳池、会所游泳池和幼儿园游泳池的使用中取得了很好效果，受到了游客的欢迎和高度评价。实践证明，使用这种无氯消毒剂给有氯过敏症状和哮喘病的游泳者、戏水者带来了福音。

当采用无氯消毒剂过氧化氢时，其工艺流程如图 10所示。

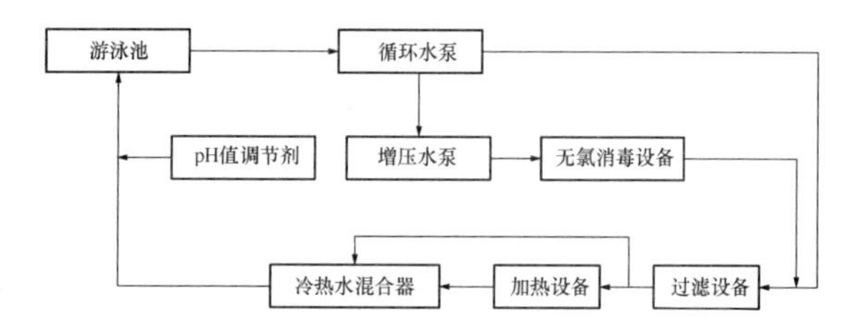

图 10 过氧化氢消毒工艺流程

无氯消毒剂适用于各类室内外游泳池和文艺演出池的池水消毒。

6.7 盐氯发生器

本节是新增内容。盐氯发生器是一种新型的制取氯消毒剂的设备。它是将盐加在池水中，再将含盐池水按一定比例的水量通过电解食盐产生氯及副产品氢，产量与盐的浓度相关，生产出的氯会快速溶解形成"游离氯"与一般氯制品消毒剂相似，但氯离子可以重组并可再次用于电解转换。

6.7.1 本条规定了盐氯发生器产生氯的基本参数。

1 本款规定了盐氯发生器制取氯消毒剂应该保持的最小产氯池水的流量和耗盐量。

2 本款规定盐氯发生器要有监控设备水流量的装置，即安装水流量探头，确保设备的正常运行。

3 本款规定池水采用盐氯发生器制取氯对池水进行水消毒的工艺流程（图 11）。

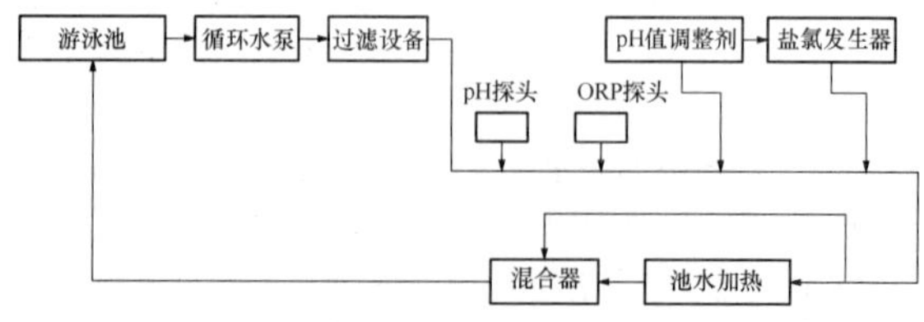

图 11 盐氯发生器消毒系统工艺流程

6.7.3 盐氯发生器制取氯消毒剂的主要原料是盐水，而盐的质量和品种对制取氯消毒剂的产量和质量至关重要。应选用高纯度晒制盐，而不能使用含碘盐，因为电解出的碘会给池水带来染色，这是不允许的。

6.7.5 盐氯发生器制取氯消毒剂用于室外游泳池消毒时，由于室外池水受阳光照射，游离氯很容易挥发，氰尿酸是一种稳定剂，可以保持池水的余氯浓度，达到消毒杀菌的长效作用。为此，本条对氰尿酸的投加浓度作了具体规定。

6.7.6 本条规定每座池子应有2台盐氯发生器的目的是保证其中一台发生故障或检修，另一台可以继续工作，从而保证对池水的消毒不会中断，保障池水水质不受影响。

6.8 次氯酸钠发生器

本节是新增内容。次氯酸钠是液体消毒剂，被广泛用于卫生器具类消毒和环境类消毒。次氯酸钠消毒液分外购成品型和现场制备型。具有如下特点：

1 次氯酸钠消毒的特点：①杀菌效果好，并具有持续消毒杀菌功能；②价格便宜，易于采购或制备；③适用于各类游泳池、水上游乐池和文艺演出池的池水消毒；④有效氯含量较低，仅为8%～12%，pH值为9.3～10；⑤不稳定，受日光、温度影响会分解降低有效氯含量；⑥易于池水中某些有机物发生反应产生不受欢迎的刺激气味。尽管它有缺点目前仍被广泛用于游泳池、水上游乐池等池水的消毒。

2 现场制备的次氯酸钠溶液杂质少，经验成熟，次氯酸钠溶液浓度比较稳定，不存在日光、温度降解有效氯影响，故已被广泛采用。

6.8.1 现行国家标准《次氯酸钠发生器安全与卫生标准》GB 28233中规定：次氯酸钠发生器所产生的次氯酸钠消毒液可进行预防性消毒和传染病污染消毒两种类型。

由于游泳池水与人体直接接触，为防止交叉感染，保护游泳者的健康、卫生，故本条规定游泳池、水上游乐池及文艺演出池采用的次氯酸钠发生器应符合该标准的各项规定。

选用次氯酸钠发生器应与生产企业配合，弄清该产品是否包括储液桶和计量投加泵，如果只提供发生器，则设计应另配储液桶和计量投加泵。

6.8.2 次氯酸钠发生器的类型较多，生产的消毒剂有氯气型、气液混合型及液体型。游泳池的设备机房一般都设在地下层（当然也有例外），从安全角度出发，本条推荐优先选用直接生成次氯酸钠型。

与酸洗成本相比不仅不会增加成本，而且没有安全隐患，故本条予以推荐。

6.8.3 规定盐耗量的目的是减少盐在池水中的含量，不使池水产生咸味的感觉，以免对游泳运动员的竞技状态产生影响。

6.8.4 目的是保证消毒剂的不间断供应及其中一台出现故障检修时，不影响游泳池内的池水消毒和泳池的正常开放使用。

6.8.6 由于次氯酸钠发生器在制备次氯酸钠消毒剂的过程中会产生氢气和氯气，而氢气易燃烧甚至爆炸。为防止此种情况发生，本条规定应将氢气用管道引至屋面外排放至大气中。

7 池 水 加 热

7.1 一 般 规 定

7.1.1 节约能源推广绿色能源是我国的基本国策。太阳能虽不稳定，但无污染；高温工业余热、废热、地热都是热能稳定、热量大、费用低的能源，所以设计应对工程项目所在地块周围热源情况和当地主管部门的能源政策进行全面调查研究和了解，按条文规定的顺序进行热源选择。

7.1.2 游泳池、水上游乐池和文艺演出池的水温相对恒定，而其每一个循环周期内的温降不超过2℃。对比赛用游泳池要求温差不超过±1℃。实践证明采用直接加热不仅设备容量太大，而且水温不宜控制，而间接加热方式可采用只加热一部分水与未被加热的水相混合是比较能有效控制池水温度的方法。

7.1.3 本规程第3.3.1条对池水进行加热的各种类型的露天和室内游泳池、水上游乐池和文艺演出池的池水设计温度作了具体规定，设计应按此规定计算不同水池加热时所需的热量。

7.1.4 本条规定了池水初次加热所持续的时间。池子初次加热的持续时间与池子的用途、热源供应丰沛程度有关。

本条对初次池水加热所持续的时间作出了具体规定。其他类钢筋混凝土材质的游泳池、水上游乐池、文艺演出水池等针对池子内表面所衬贴的材料不会因温度升高太快而加速衬贴材料过快膨胀产生裂缝损坏池子内表面饰面的平整性，参照英国《游泳池水处理和质量标准》（1999年版）作出的规定。水上游乐池的池子种类较多，且其池子容积各不相同，但所有游乐池的总水容积较大，为均衡能源利用而作出的规定。

7.1.5 本条规定了池水加热设备配置原则。

1 游泳池、水上游乐池等池水加热设备考虑到设备效能降低，但又要保证池子不同使用对象对水温的要求不一样而具有调节余地，故本款规定加热设备的容量应按设计负荷的1.1倍进行选定。

不同的游泳池、水上游乐池、休闲池等因其使用对象不同，对水温的要求不一样。为方便适应不同群体要求，方便调节温度，故本款规定不同用途的游泳池、水上游乐池、休闲池的加热设备应分开各自独自设置。

2 共用一组池水循环过滤净化系统的游泳池或水上游乐池应共用一组加热设备。

3 由于游泳池、水上游乐池、休闲池、文艺演出水池等初次加热所需要的热量与这些池子在正常使用过程中维温所需的热量相差较大。从已建成的游泳池的实践耗热统计证明两者耗热量相差约一半。从合理配备加热设备考虑，每座游泳池、游乐池、文艺演出池按配2台加热设备初次加热时同时工作选定。正常维温过程中开启一台工作，另一台作为备用，两者互相交换使用。工程实践证明这种工况条件下不设备用加热设备是可行的，也是合理的。

4 为方便每台加热设备均能独立工作，故本款规定每台加热设备均应装设温度控制装置。

7.2 耗热量计算

7.2.1 本条规定游泳池、水上游乐池及文艺演出池池水加热所需耗热量应包括的内容，这也是向相关专业提供的热量时必需的资料，也是选择热源和计算加热设备必备的资料。

7.2.3 池水表面、池面、池壁、管道和设备等传导损失的热量都有相应的计算公式，在具体工程设计计算所取得的数值累加后，经比较发现本规程第7.2.1条中第2项和第3项计算所得出的传导的热损失约占池水表面蒸发损失的热量约20%。为简化计算，本条规定这两款所造成的热损失按池水表面蒸发损失热量的20%计，不再列出相应计算公式。

7.2.4 游泳池、游乐池和文艺演出池的补充水因工程所在地区的给水水温相差较大，难以用一个比例确定。故本条给出了补充水加热到设计温度所需要热量的计算公式，以确保总耗热量的需要。

7.3 加 热 设 备

7.3.1 本条规定了池水加热设备选型应关注的基本要素。

1 本款是对加热设备热性能的总要求，热效率高、节能这是选择加热设备的首要条件。对换热设备要求温降不高于被加热水温度10.0℃；对热水机组要求燃烧率高于85%，而且水的阻力小，有利于系统的被加热水与未加热水的平衡。

2 加热设备结构紧凑象征着体积小，可以节约设备占地面积，安全可靠、灵活可调这是应具备的基本条件。

3 池水为了水质平衡，向水中投加了各种化学药品，这些化学药品的残余量对设备具有一定的腐蚀性。因此，加热设备所用材料应具有耐腐蚀性能也是不可忽视的条件。

7.3.2 池水加热设备的容量应根据池水的需热量进行计算和选择。本条规定了按本规程第7.2.2条、第7.2.4条规定公式计算总需热量，并按本规程第7.1.5条的规定确定加热设备的台数，并应满足不同需热负荷的使用要求。

7.3.3 换热设备的类型较多，如板式换热器、列管式快速换热器、半容积和容积式换热设备。对于游泳池、水上游乐池、文艺演出池等此类相对流量稳定的闭式换热系统，在建成并已使用多年的工程实践中，证明板式换热设备是池水加热的有效换热设备。它体积小，传热效率高，操作维修简便。但该设备的阻力大，难以适应池水流量大、温差小这一特点。设计选用时应予以注意。

由于池水中含有消毒剂、化学药品的残余量，高温热水为废热及地下热水的成分复杂，故对加热设备的材质作了规定。

7.3.4 由于游泳池、水上游乐池、文艺演出池的循环水流量大、温差小，难以选到合适的换热设备。设计中常采用对部分循环水量进行加热，将加热后的热水与未被加热的那一部分循环水量予以混合，以达到不同池子的水温要求，称为分流量池水加热方式。采用此种加热方式应符合下列规定：

1 本款规定被加热的水量要求不小于整个池子循环水量的25%是防止被加热水的温度过高，而采用简便的管道混合器，这是因为由于与未被加热的循环水温差较大，不易混合均匀而作出的规定。

2 本款规定被加热水在换热器出水后的水温不超40℃。在工程实践中证明两者能在短时间内得到有效混合，且混合后能满足水温均匀一致的要求。

3 由于池水采用的是分流量加热，经过换热器被加热的这部分循环水因通过换热器特别是板式换热器增加水头损失较大，它与另一部分未被加热的循环水进行混合时，因其水压力不同会使水流量不匹配而造成混合后水温不均匀，为克服此现象，本款对换热器阻力大于0.20MPa时，对被加热水设置增压水泵克服这部分阻力，使被加热水与未被加热的水的压力基本平衡，以达到两者的均匀混合。

8 水 质 平 衡

8.1 一 般 规 定

8.1.1 在以往的游泳池、水上游乐池等池水循环净化处理系统中，设计人员很重视过滤、消毒等工艺工序单元，对池水的水质平衡比较容易忽略。通过2008年北京奥运会之后，工程设计、运营部门认识到要想取得符合竞赛和卫生要求的池水，池水的水质平衡是池水循环净化处理工艺中不可忽视的工序单元。水质平衡就是要使池水既不具腐蚀性也不会形成水垢，即不会出现沉淀或溶解硬度盐的趋势。也就是要使池水的物理性质和化学性质保持在既不析出沉淀和溶解水垢保证消毒效果，又不腐蚀设备、管道和建筑物，从而达到提高池水的舒适度（这点对文艺表演演员来讲特别重要）、延长池水循环净化处理系统的设备、管道、附件等使用寿命。水质平衡的内容为：池水的pH值、总碱度、钙硬度、水温和溶解性总固体，这些因素随着环境条件的变化而变化。水质平衡设计就是在恒定的池水温度条件下，向池水中投加相应的化学药品，调整上述各项指标使其达到最佳范围。

因此，合理地调节池水水质不仅能使池水水质保证卫生、健康、安全，还能有效地节约化学药剂的使用量，降低游泳池等池的经营成本。因此，池水的水质平衡设计是设计者和经营管理者应该重视的问题。

8.1.2 本条规定了水质平衡应重点关注的内容和其相应参数范围。

1 pH值是水质平衡的主要参数，现行行业标准《游泳池水质标准》CJ/T 244中规定的pH值的最佳范围为7.2～7.8，只有在此范围内，一般情况下池水才会平衡，如超出该范围，会出现下列弊病：

pH值大于7.8时：①降低氯消毒剂的消毒效果，资料介绍，pH值大于或等于7.8时次氯酸盐的氯为37.8%，比pH值小于7.2时的70.7%减少了将近一半，这就使得消毒的有效性降低；②池水出现沉淀物使池水浑浊，引起设备、管道、池壁等结垢，缩短过滤器的过滤周期并使滤料层固化；③对人体健康造成伤害，眼睛受刺激，皮肤出现红斑、瘙痒等。pH值大于7.8说明了原水硬度较高和使用了碱性消毒剂所致。因此，需要向池水中投加酸（盐酸、硫酸等）降低pH值。

pH值小于7.2时：①消毒过稳，降低消毒效果，并会带来藻类的繁殖；②对设备、管道、池壁水泥等造成腐蚀；③出现人体皮肤干燥脱皮、嘴唇发麻等轻微化学灼伤。pH值小于7.2说明使用了酸性消毒剂及原水硬度较小所致。因此，需要向池水中投加碱（碳酸钠、二氧化碳等）提高池水的pH值。

为了提高池水舒适度和消毒效果，保持pH值在7.2～7.8这一最佳范围，就能基本保持水质的平衡，达到既不刺激游泳者的眼睛和皮肤，同时也不会对设备、管道、建筑结构带来危害，而且有利于游泳池设施的维护。

据资料介绍：对于文艺演出池的pH值应控制在7.4～7.6的范围内，设计此类水池应特别注意这一点。

2 碱度表示池水中可溶解性化学物质的量度。控制池水碱度的目的是稳定池水的pH值。而pH=7.2是保持池水采用铝盐类混凝剂效果的最高限值。

池水总碱度是表示池水抗pH值变化的度量。如果总碱度大于200mg/L会引起如下问题：①池水pH会增高，而且不容易调节；②会增加池水的浑浊度，给过滤设备增加负荷，会影响过滤效率；③对有机物（如唾液、皮肤代谢物等）的氧化带来困难，池周围会产生氯气味等。

池水总碱度小于60mg/L会引起下列问题：①pH值波动大且不易调节；②pH值低会给设备、管件、管道、池体材料带来腐蚀；③降低混凝剂的混凝效果，该值是产生有效混凝的最低值。

资料介绍，文艺演出池的总碱度为80mg/L～100mg/L。

3 钙硬度是表示池水中可溶性钙化物质量的量度。控制钙硬度的目的是保证池水处于中性的一个参数。钙硬度指池水中所有钙化物中所含钙离子的总和。在游泳池、水上游乐池的水净化处理中钙硬度往往被忽视。

钙硬度超过450mg/L时：①如池水pH值或总碱度值偏高时，池水容易浑浊并出现沉淀、结垢、阻塞过滤器并滋生藻类和细菌；②减少循环水量和降低加热器的换热效率；③使池体表面出现钙沉淀，表现出粗糙。

钙硬度小于200mg/L时：①池水具有腐蚀性和保护性水锈；②池体表面出现斑蚀。

资料介绍，文艺演出池的钙硬度应为200mg/L～400mg/L

4 溶解性总固体（TDS）是指溶解在池水中所有金属、盐类、有机物和无机物的量的总和。所有投加到池内的化学药剂，都会增加池水中的溶解性总固体，控制它的目的是为了经营管理者判别游泳池的游泳人数超标太多和需及时对池水进行稀释预警指标。即它是一个判定池水是否要更新的指标。

溶解性总固体（TDS）超过1500mg/L时：①使水溶解物质的容纳能力降低，池水中悬浮物会聚集在细菌和藻类周围，阻碍氯的接近，使氯失去杀菌消毒能力；②池水变色并产生异味；③水变浑浊，缩短过滤器的过滤周期。

溶解性总固体（TDS）低于1500mg/L时：①池水变成轻微的绿色而缺乏反应动力；②降低过滤器的过滤效果。

8.1.3 游泳池、水上游乐池及文艺演出池等池水与人体长时间紧密接触，化学药品从下面三个方面会进入人体内：①口腔直接吞咽；②皮肤表面吸收；③从空气中吸入。据有关资料介绍："人体表面吸收的水量约占人体总吸收水量的2/3。而口腔吸收的水量仅为人体总吸收水量的1/3。"因此，选用化学药品时，除了考虑水处理的效果之外，应对其卫生健康危险进行仔细了解和评估。

用于水处理的化学药品与水接触后，与水中的有机物、无机物发生反应后或多或少都会产生一些副产物，如氯消毒剂所产生的二氯胺（$NHCl_2$）和三氯胺（NCl_3）等，这些都是对健康有害，应力争用量越少越好。

为了维持池水永远处于卫生标准规定的范围内，各种化学药品应连续均匀地向池水中投加，这就要求采用湿式投加方式方能达到，因此对一些粒状、片状的化学药品进行溶解，并配置成恰当的浓度后再用加药泵向循环水中投加。这就要求化学药品能在最短时间内能在水中得到彻底溶解。

游泳池、水上游乐池的池水与人体长时间紧密接触，为了消除化学药品对人体的健康危害，在我国目前尚无用于游泳池及类似水体使用化学药品目录和市场繁多的水处理药剂的情况下，对用于游泳池及类似水体的化学药品应取得当地卫生主管部门的生产许可证或销售许可证。

8.2 化学药品的选用和配置

8.2.1 水质平衡所用的酸性化学药品及碱性化学药品统称为pH值调整剂。影响池水pH值的因素有：

1 消毒剂本身的酸碱性。

1）异氰尿酸盐是酸性消毒剂，它投加到池水中时会降低池水的pH值。虽能提高消毒效果，但会带来本规程第8.1.2条条文说明中阐述的弊病。要克服此弊病，就要提高pH值。

2）次氯酸钠、次氯酸钙是碱性消毒剂，它们投加到水中时会提高池水的pH值，会降低消毒效果。也会带来本规程第8.1.2条条文说明中所述的弊病。要克服此弊病，就要降低pH值。

2 原水pH值的高低。

8.2.2 本条规定了水质平衡用的各种化学药品的投加方式。

1 水质平衡化学药品与消毒剂品种关系密切，消毒剂除消毒杀菌之外，还要在池水中保持一定的游离性余氯以防止交叉感染和突然游泳人数的增加的污染。本规程第6.3.4条规定消毒剂要连续投加。而池水pH值调整剂与消毒剂消毒效果密切相关，湿式投加有利于药品溶液与水的混合，因此，本款规定水质平衡化学药品应连续自动投加，并投加在池水加热工序单元之后消毒剂投加点之前的池水循环水管内。

2 不同化学药品不应共用一个投加系统，是为了防止不同化学药品性能不同互相发生化学反应，以及各自投加点太近会造成不同化学药品聚集发生化学反应带来安全隐患。投加系统包括药液桶、加药泵、探测器、控制器、管道、阀门等。

3 为防止氯消毒剂与水质平衡化学药剂发生化学反应产生氯气并进入游泳池及游乐池带来安全危害而作出的间距规定。

4 为防止化学药品过多的进入游泳池内，给游泳者造成伤害，故本款规定加药系统应与池水循环系统联锁。

8.2.3 高浓度化学药品溶液有如下弊病：

1 投加量不容易控制，不易与水均匀混合和目前尚无极小容量的投加泵，所以应对其进行稀释。

2 对设备（计量泵）、管道、阀门及附件容易造成严重腐蚀或堵塞，使投加系统容易出现故障，影响池水循环净化系统的正常运行，使池水水质不易保证。而且增加了系统的维护，检修工作量。

3 增加系统操作人员的难度，容易对其造成安全伤害。

8.3 化学药品投加设备

8.3.1 本条对化学药品溶液桶的容积、配备装置作出了规定。

1 规定为了保证化学药品的浓度均匀性和投加的连续性作出的，主要针对固体化学药剂。

2 规定是为了有效地控制每日的化学药品的用量，减轻操作人员的体力劳动，并能及时观察溶液使用状况作出的规定。

本款中的化学药品包括本章所述各种pH值调整剂和本规程第5.5.2条、第6.3.1条所用消毒剂、混凝剂等化学药品。

8.3.2 本条对加药计量泵的选型作了规定。

1 要求在游泳、戏水、休闲等池水高负荷人数情况下能满足投加化学药品量的要求，并能满足池水循环净化处理系统最大反压下的最大和最小投加量要求。这种反压力指池水循环水系统的总压力。因此，加药泵的扬程应高于水净化处理系统循环水泵的扬程，防止加药系统出现倒流。

2 规定是因游泳负荷的变化，水质也随之变化，各种化学药品也应有相应的变化，这就要加药泵的输送能力要适应这种变化而进行不断地调整，以保证池水的水质标准符合要求。

3 规定为保护加药泵安全运行，条款对其防护等级作了规定。

本条也适用于本规程第5.5.4条、第6.3.4条、第6.5.2条和第8.3.2条关于混凝剂、消毒剂等化学药品的投加泵的要求。

8.3.3 本条规定了计量泵、溶液桶及输送化学药品溶液管道等材质作出了规定。

游泳池、水上游乐池、文艺演出池所采用的消毒剂、化学药品本身都具不同程度的腐蚀性，为保证系统安全运行，不发生爆裂、腐蚀泄露，则要求溶药溶液桶（槽）为不改变药剂性能的无毒塑料类材质，管道、阀门、附件等应能承受1.5倍系统工作压力的不改变药剂性能的耐化学腐蚀的塑料产品。

输送不同化学药品、消毒剂的系统应有清晰的不同标志或以不同颜色的管材予以区别，防止出现接管错误。

本条也适用于本规程第5.5.4条、第6.5节和第6.8节所用的混凝剂、消毒剂等化学药品的溶液桶、输送药品管道和计量泵等材质要求。

9 节能技术

9.1 一般规定

9.1.1 节约能源是我国经济发展、环境保护、降低污染、持续友好发展的基本国策。游泳池、水上游乐池和文艺演出池既是用水大户，又是能源消耗大户。积极采用清洁、高效的节能技术是设计人员应认真贯彻的设计理念。

9.1.2 本条规定池水加热应优先采用洁净能源和可再生能源，目的是降低池水循环净化处理系统日常运行能耗。

本条中的洁净能源和可再生能源包括：太阳能和地热能等。热泵是地源热泵（含水源热泵）、空气源热泵、除湿热泵的总称。其中地源热泵又是地表水热泵、地下水热泵、埋地管热泵的总称。设计应根据当地条件选择其中的一种或两种进行组合应用。

9.1.3 在进行游泳池、水上游乐池和文艺演出池的池水循环净化处理工程中，应积极稳妥地推广和采用技术成熟的太阳能、热泵加热技术，对降低运行成本，减少排污是有积极意义。

9.1.4 采用洁净能源、可再生能源，涉及专业比较多，需要与相关专业密切配合、协调，才能做到技术先进、经济实用、生态平衡。

9.1.5 国家级及国家级以上竞赛用游泳池、专用游泳池的使用特点是确保系统连续不断运行而不允许中断的，设计时合理的考虑系统正常运行“维温”及初次加热所需供热设备的综合利用，是达到既满足初次加热所需热量需要又不增加初次投资应认真进行比较的工作。

9.1.6 游泳池、水上游乐池和文艺演出池的池水为防止交叉感染均在池水中投加消毒剂和水质平衡所需化学药剂，对设备有一定的腐蚀作用，为保证设备的耐久性，本条要求热交换器应采用耐腐性能较好的钛金属。

9.2 太阳能加热系统

9.2.1 太阳能是洁净、安全的永久性能源。我国地处北半球欧亚大陆的东部，幅员辽阔，有着十分丰富的太阳能资源。据资料介绍：我国大部分地区全年日照的小时数在2200h～3300h，为利用太阳能具备了有利的天然条件。

自2000年以来，太阳能作为热能源已被广泛应用。技术和产品也已完全成熟，一些地方政府以文件的形式要求在新建的建筑工程中采用太阳能供热。太阳能用游泳池池水加热的能源已被利用，并取得了很好的节能效果，也为不同地区如何选用符合当地气候条件的产品提供一定的经验。由于我国地域气候条件差异较大，为了提高太阳能的利用率，提高综合经济效益，本条规定了应用太阳能供热的基本条件。

在年极端温度低于零下45℃的严寒地区。①由于集热器产品不具备抗冰冻功能，且尚未有解决防冻的有效措施；②管道系统热损失大，成本高。因此，本条对此种气候条件下的地区利用太阳能予以限制。

9.2.2 太阳能具有使用方便、清洁和永久性特点，对环境不产生污染和长年运行成本低的显著社会效益和经济效益，但太阳能供热系统初期成本较高。为发挥它的优势，并能在短期内回收初期投资成本，本条规定了利用太阳能应进行经济技术比较，认真进行热平衡计算，规定了供热计算时的相关参数和要求。

1 规定是对选用集热器产品提出的最低要求。

2 太阳能保证率是指在太阳能供热系统中，由太阳能提供的热能量占系统总热负荷的百分数，它的取值与工程所在地区的气候条件、太阳能的丰富程度、集热器的形式、用户的使用要求等综合因素综合确定的一个经济性参数。室内游泳池、水上游乐池，一般具有全年开放使用的特点，本条对其保证率作了规定。我国地域辽阔，太阳能资源不同，具体取值可参考表2选用。

表2 不同太阳能资源区太阳能保证率

太阳能资源区划分编号	太阳能资源条件	太阳能年辐射量[MJ/（m²·a）]	太阳能保证率（%）
Ⅰ	资源丰富区	≥6700	≥90
Ⅱ	资源较丰富区	5400～6700	50～60
Ⅲ	资源一般区	4200～5400	40～50
Ⅳ	资源贫乏区	＜4200	≤40

注：本表引自《全国民用建筑工程设计技术措施·给水排水》（2009年版）。

3 太阳能虽然是永久性清洁能源，但它的热能供应是不稳定的，受季节、阴雨天气影响较大，为保证池水加热不受影响，故本条第3款规定计算供热量应按春、秋两季的气候条件计算，如不能满足用热要求时，应设备用或辅助供热设备。

4 本款规定含有两个含义：

1）集热水箱的热水温度不应低于50℃，指采用光滑材质的太阳能集热器时将太阳能制备的热水作为热媒使用的规定，目的是提高换热设备的效率。

2）对于利用太阳能直接对池水进行加热的供热系统，可不设集热水箱，但不宜采用光滑材质的太阳能集热器。

5 规定了太阳能供热系统热损失的取值参数。

9.2.3 本条主要规定太阳能利用要综合考虑。游泳池、水上游乐池、文艺演出池，除池水加热、维温需要热能之外，游泳者、戏水者、文艺表演者的洗浴也需要热水。设计时宜将两者结合在一起设计，充分发挥和利用太阳能的热能，工程实践证明这是经济合理的供热方式。

本条对太阳能集热系统集热、储热、供热、安全保护、系统控制、管材作出了具体规定。

9.2.4 太阳能集热器有两种材质之分，本条规定了两种材质太阳能集热器选型时应该具备的基本条件。

本条中的光滑材质集热器是指：①全玻璃真空管太阳能集热器；②金属玻璃管（U形管式）真空管太阳能集热器；③热管式真空管型太阳能集热器；④平板型太阳能集热器。

本条中非光滑材质集热器是指由塑料（PP）和塑胶材质制造具有抗紫外线、抗腐蚀、抗风性能强、重量轻、无光污染和无安全隐患的排管型太阳能集热器，是专门对池水进行直接加热的产品，在国内已被广泛采用。实践证明可用于池水直接加热，节能效果良好，受到用户好评。

9.2.5 由于池水加热所需要的太阳能集热器的面积较大。为使集热器的布置较合理，既满足日照要求，又不影响建筑屋面造型，所以，它与建筑专业的屋面设计关系密切，这就需要与建筑专业仔细配合协调达到集热器每日的日照时间不小于4h，才能确保太阳能的经济效益。

集热器的集热量与它的安装倾角即集热器与水平面之间的夹角有关，因此规定集热器的安装倾角应与当地的纬度相同，这是针对春、秋、冬三个季节确保集热器能获得游泳池等池水维温所需要的最大热量而对太阳能集热器安装倾角的要求。

为了防止建筑物变形缝变化对集热器造成不必要损坏，本条规定集热器不应布置在建筑物的变形缝上。

9.2.6 非光滑材质集热器为由塑料管或橡胶管等材质制造的太阳能集热器。它是用于直接对池水或其他用水可进行加热而研制的一种集热器产品。它可直接敷设在屋面，在我国云南地区应用较多。为保证集热效果，本条对其应用中应注意的问题作出了规定。

太阳能供热系统的管道是露天敷设在屋面上或上空支架上，直接与大气相接触，受气候条件变化影响较大。因此，管道与配件应为同一生产商的配套产品，以保证温度变化时变形相一致，特别是与集热器相连接处还应设置保证管道变形胀缩时不对集热器造成损坏的措施。

9.2.7 太阳能供热因受气候条件变化而获取的热量出现不均衡，特别在阴天、雨天因日照不足，供热就不能满足使用要求。但为了满足游泳池、水上游乐池、文艺演出池的正常使用，本条规定了太阳能供热系统应设置辅助热源。

辅助热源应根据当地的能源结构确定。辅助热源容量不应小于池水“维温”所需要的热量确定。

9.3 空气源热泵加热系统

空气源热泵热水机是采用电驱动将空气中的热量从低温热源转到高温热源的设备。根据逆卡诺循环原理，采用少量的电驱动压缩机运行，高压的液态工质经过膨胀阀后，在蒸发器内蒸发为气态，大量吸收空气中的热能，气态的工质被压缩机压缩成高温、高压的液态，随着后进入冷凝器放热，把池水加热。如此往复循环加热，它可以用一份电能，从环境空气中获取4份热能到池水中，所以它是节能设备。

9.3.1 以空气为热源而制取热水的空气源热水机组的应用在目前已经比较普遍，而且也是比较成熟的节能技术。但空气源热泵的类型较多，本条根据工程实践调研，从保证设备的耐久性和取热效能方面规定了不同类型空气源热泵的使用气候条件。

9.3.4 本条规定了空气源热泵选型应遵守的原则。行业标准《游泳池用空气源热泵热水机》JB/T 11969－2014第5.3.2条第3款规定：“性能参数（COP）：普通型不低于4.3；低温型不低于3.6”。

9.4 水（地）源热泵加热系统

9.4.1 地源热泵是一种采用循环流动于共同管路中的水（江河水、湖泊水、水库水、海水、污水），或在地下盘管中循环流动的水为冷（热）源，制取冷（热）风或冷（热）水的设备。这就说明在无水源或水源不足的地方不能采用此种设备来制取热水。水的比热容大，传热性能好，传递一定热量所需要的水量少。因此，水是一种比较理想的热源，所以，本条规定在有条件的地区应尽量利用没有人为因素改变水温变化的地源热泵供热。

9.4.2 本条规定了地源热泵以水作为热源和采用埋地管获取热源时，要确保能获足够的热量时的水源温度和埋地管内水温的条件。

9.5 除湿热泵余热利用系统

9.5.1 除湿热泵是指具有除湿、恒温和加热池水等三种功能集于一体的一种高效、节能的热泵机组。它有多种名称，这在本规程第2.1.59条已有具体说明。它非常适合用于宾馆、会所、社区、度假村等中小型游泳池、水上游乐池工程中。我国珠三角地区已广泛应用了此项热泵技术，并取得了良好的经济效益和社会效益。本条规定了除湿热泵机组用于室内游泳池除湿与池水加热时对热泵机组的几个功能进行审查是否具备，以确保满足设计要求。

9.5.2 本条规定了选用除湿热泵机组关于总湿量应

由：①人体散湿量；②泳池边散湿量；③池水面散湿量；④新风含湿量等四部分组成及其相应的计算公式。

除湿热泵除湿量计算方法有两种：①生产企业有相应的计算软件；②人工计算。人工计算时应按本规程本条规定的公式进行计算。

9.5.3 除湿热泵机组具有除湿、恒温和池水加热等三种功能，但它以除湿为主，供热为辅。本条对将空调与给水排水专业分开组建的设计院（公司）各自专业工作的内容作了明确规定。同时要求两个专业应密切配合协作：①池水加热耗热量的初次加热热量与使用中“维温”加热的热量由给排水专业计算提供；②除湿量、风量、空调所需地冷（热）量由空调专业计算提供；③以上两种热量由空调专业进行平衡后，不能满足池水加热所需热量时。由给水排水专业设辅助热源满足池水加热，并宜优先采用空气源热泵作为辅助热源，并按池水初次加热所需热量配置辅助热源的容量。同时还应与设备生产专业公司合作，一起共同做好工程设计。

9.5.4 由于游泳池、游乐池的池水中含有一些化学药品的残留物，因水的蒸发会使空气中有一定化学药品的含量。这些化学药品残留对设备具有一定的腐蚀性。所以，本条对热泵机组冷凝热交换器及蒸发器部件的材质作了具体要求。

10 监控和检测

10.1 一 般 规 定

10.1.1 游泳池等池水水质关系到人们游泳、戏水、演出的卫生健康，至关重要。影响池水水质的因素很多，如：原水的水质、泳客自身污染物、使用药剂的副产物及维护管理是否到位等。但是通过对池水水质进行全过程的在线监测，科学合理控制药品的投加，动态的、综合的对池水水质进行调节，是保证池水卫生、安全的有效措施。为此，本条规定了池水净化处理系统水质、设备监控系统应具备的功能和应执行的规范。

10.1.2 本条规定了池水净化处理系统应设置水质和设备监测控制系统。

1 游泳池、水上游乐池及文艺演出池的池水均与游泳者、戏水休闲者、文艺表演者的身体是紧密接触的，水质的好坏不仅影响到入水者的身体健康、竞技者和训练者竞技及训练成绩，还影响到观众观察他们在水中的姿态的清晰度。为了保证在不变化的环境条件下，始终保持最佳的池水净化处理效果，就必须对池水的重要参数进行快速、在线、连续的日常监测，其目的：①使用最少的处理化学药品来保证有良好的消毒、水质平衡和池水的清澈度；②一旦出现异常能立即纠正消除，避免危害健康。水质在线监测的项目内容详见本规程第10.2.1条地规定。

水质在线监测可分以下两种类型：

1） 运营性监测监控：一般推荐全自动在线实时就地监控与远程监控，它能及时发现问题并能及时进行纠正。

2） 监督性监测：即卫生监督部门远程检测监控，设计预留接口。

2 游泳池、水上游乐池及文艺演出池的监测和控制就是对池水循环净化处理系统工艺工序单元中的设备、装置的工作运行过程进行在线操作、监测和控制，使系统能在无人或少人直接参与的条件下，按照预先设计程序自动顺畅地运行。它是保证池水净化处理系统安全可靠、经济高效运行、提高管理水平和改善劳动条件的不可缺少的技术手段。为此，本款规定：

1） 竞技池、训练池、专用池和文艺演出池等使用性质重要，并多为全天候使用，为了合理地利用能源和节约能源，对池水净化处理系统中的各项动力设备应采用全自动监控系统是提高管理水平的重要措施。工艺设备在线监测的内容详见本规程第10.2.2条的规定。本条款中的自动监控系统和智能监控系统的要求为：

① 全自动监控系统：指水质监控和设备运行系统能够通过传感器实时监测并显示各个传感器的检测数据、设备的工作状态及故障状态，当系统发出启停命令后，所有执行设备能够根据相关传感器的实时检测值、设备间的工作状态、定时设置等条件进行自动联动启停；当有设备出现故障时，相应设备或整个系统能够停止运行，同时系统进行报警提示。

② 智能监控系统：指系统除了具有全自动监控系统的功能外，还能定期自动生成各种数据报表；除了检测执行设备故障外，还能够分析各个传感器的故障状态，当传感器出现故障或检测值异常时，系统能够进行提示，对于关键传感器故障时还会自动停止系统，避免因读数有误导致误报或漏报；系统能够根据设备运行状态及参数检测值，对设备或系统的整体运行状况进行分析，并给出分析结果和完善建议。此外，智能监控系统还应具有异地远程监控的功能。

2） 室外的季节性游泳池、水上游乐池及文艺演出池等因受气候条件影响一年中对外开放时间有限，故应根据不同地区的气候特点，每年的开放时间不一致，如北方地区一般为7月～9月对外开放；南方一般6月～10月对外开放，为节省建设费用，可采用半自动监测和监控。半自动监控系统：指水质监测实行在线实时监控，而池水净化处理设备运行状况实行在线监测，而部分设备如过滤设备的反冲洗、循环水泵的切换运行等工作实行人工操作。

3 防止监测仪表分散所造成的人机联系困难和无法统一管理的弊病，本条规定了不同监测与控制系统的设置条件。

10.1.3 本条规定了中央监控系统的适用条件和监控要求。

1 现代化的大型游泳馆除了为竞赛而设有游泳池、跳水池、热身池之外，为了赛后对广大群众开放，都还设置了一定规模的水上游乐池，为了保证池水水质、提高管理水平，及时了解和掌握每座池子的池水净化设备系统的运行情况，都设置了中央检测和控制系统。中央集中监控具有通信、显示、点对点的联动、联锁、人机互动、故障排除和数据打印等丰富功能，避免了常规仪表控制分散所造成的人机联系困难和无法统一管理的缺点。由于该系统设有控制柜、计算机等设备，故应设在一个专用的房间内。

2 监测监控每座水池水质、设备等运行参数、运行状态显示、自动调节与控制相关参数使其保持在设定范围变化，并按规定程序开启、关闭及参数打印等是制定中央监控和控制的必备功能。

3 设备机房的动力设备根据节能和参数运行要求，能实现从一种工况转换到另一种工况，及相关设备指定程序开启、转换、关闭的联动、联锁、远距离控制与就地手动控制。

4 各控制系统出现参数超过允许范围、设备运行出现异常时能发出报警信号并能使相应设备和系统自动停止工作。

中央监控和管理是一种包括管理功能、监视功能，既考虑局部更着重于总体节能、环保原则，使各类设备在能耗低、效率高的状态下运行的系统。监控的具体内容将在后续条文中规定。

10.1.4 对池水水质进行在线实时监测代替不了现场人工对池内不同部位水质的检测，水质自动检测系统可以减少人工检测的频率。但人工检测能直观地了解现场池水的水质状况，将两者检测结果有机结合起来进行综合相互验证分析，以便改进实时在线检测的参数，达到有效地保证池水的水质卫生符合相关标准的规定。

人工检测水质的套件内容应根据池水消毒剂品种确定。

10.1.5 对池水循环净化处理系统的监测、控制与检测仪器、仪表及相关设备设施的选用应保证系统出水水质符合标准要求、系统运行符合节能和安全可靠，测量参数要求准确以及能提高科学管理水平。

10.2 监测、检测项目

10.2.1 在工程设计中应根据游泳池、水上游乐池及文艺演出池的用途、规模、使用要求，对本条中的监测项目和内容进行适当的增减。

10.2.3 本条规定池水采用不同品种消毒剂时，人工检测池水水质的基本参数，运营单位应根据本条规定的相关参数，配置相应的人工检测仪器仪表套件。

10.2.4 本条规定取自现行行业标准《游泳、跳水、水球和花样游泳场馆使用要求和检验方法》TY/T 1003 的规定。具体规定如图 12 所示：

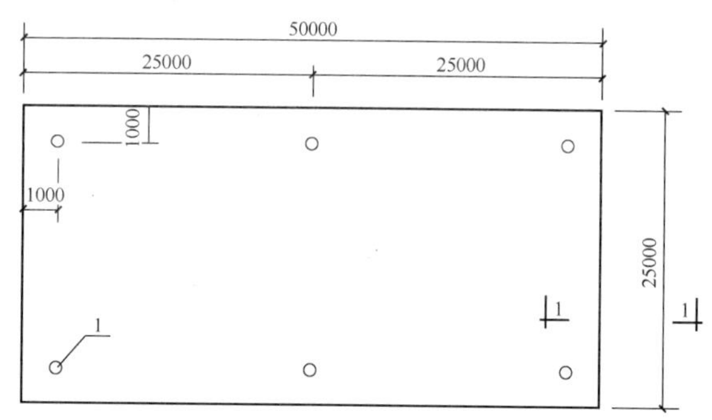

(a) 50m 泳池水样取样点位置

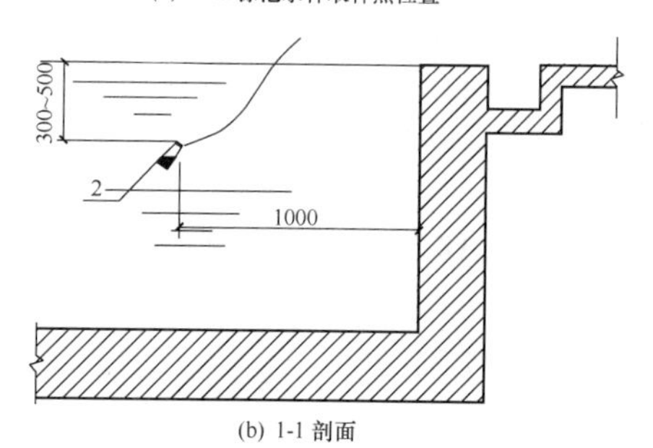

(b) 1-1 剖面

图 12 泳池水样取样点

1—取样点位置；2—取样点水深

异形水池应以图 10.2.4 中采样点距池边不小于 1.0m 并按本条第 3 款规定自行确定池内水样采集点位置。但要特别注意，如为池侧壁设有给水口时，则采集水样品点应远离给水口，且水流速度较低的地方，并报卫生监督部门备案。有水上游乐设施的水池，除按本条第 3 款规定外，应在易产生旋流的地方增加取样点，以便能全面反映池水的水质。

10.3 监 控 功 能

10.3.1 及时了解和掌握系统各项设备、设施或装置运行中出现的故障并能及时得到维修，保持系统正常运行，各监测点设置超限报警是必要的。

10.3.2 本条规定了池水监测和控制系统的组成以及它们之间的工作控制联动的关系，其目的是要求该系统能根据游泳池、水上游乐池、文艺演出池的负荷变化，使用最少量的化学药品，使经池水循环净化处理系统净化后的水具有洁净清澈的透明度；池水的物理化学性质和成分稳定在既不析出水垢，也不溶解水垢的水质平衡的状态；池水中的细菌微生物处于无害的水平上，为广大游泳者、戏水者、艺术表演者提供舒适的水环境。

10.3.3 池水循环水泵与各种加药泵联锁就是要求循环水泵开启运行后，各种加药泵方能开启运行；当循环水泵停止运行后，各种加药泵也应立即停止运行。循环水系统不区分由何种原因造成池水循环中断，都应立即自动停止各种加药泵的运行，防止化学品药剂在管道中积累。因为这种积累会造成高浓度化学药品会在池水循环重新开始时进入泳池、水上游乐池会对游泳者、戏水者造成伤害。

10.3.4 不同的游泳池、水上游乐池因其服务对象不同，使用人员组成不一致，池水的污染程度不同，一个监测点的参数不能代表不同池子的水质参数，如设多个监测点，则参数如何整合在目前条件下难做到，这就给化学药品的投加量确定带来困难，也就不能做到满足不同游泳池、水上游乐池的水质要求。因此，本条规定不同用途的泳池、游乐池等的水质监控应分开设置。

11 特殊设施

11.1 一般规定

11.1.1 本条为强制性条文。为使跳水运动员和跳水爱好者从跳台、跳板向池水下跳时，能准确清晰判断出水面位置，以便能有效控制空中造型动作的节奏，并完美地予以完成，不使跳水运动员及爱好者在空中过早完成造型动作或尚未完成空中造型动作就落入池水中而设置的池水面起波装置。这种要求是国际游泳联合会规定的，所以将其作为强制条文。

池水表面起波方法由两种形式组成并同时工作：①从池底通过专用的喷气嘴向池内送入气体在池水表面形成波浪；②利用压力水通过设在池岸上的升降或固定水嘴向池内水面喷水形成波浪，两种方式均为破坏池水表面张力，使池水表面形成连续不断和具有一定高度的破坏池水表面眩光的波纹式小水浪。

正式训练跳水池及竞赛跳水池兼用训练用跳水池应同时设置池底喷气制波和池水面上喷水制波相结合的制波方式，这是跳水竞赛规则的要求。对于池水面上喷水制波有两种形式可供选用：①在跳台和跳板支架上设置固定喷水嘴向池面喷水。其水源可为建筑内的生活给水管供水；②在靠近跳台和跳板一侧的池岸溢流回水槽内设置自动升降式喷水嘴向池面喷水，其水源可设专用加压水泵从池内取水供给。以上两种形式在具体工程中均有采用。

实施与检查控制。

1 实施：

1）池面水波应满足下列要求：池水表面应造出高度不超过 40mm 的水纹型小波浪，不应出现翻滚的大浪；水纹波浪应在池内均匀连续不断，且分布范围广；

2）池水表面制波应池岸喷水制波与池底喷气制波同时设置；

3）池底喷气制波的气体质量应无色、无味、无油污和不含任何污染杂质的洁净压缩空气。

2 检查：

1）审查设计图纸水面喷水制波、池底喷气制波等喷嘴布置是否符合本规程第 11.2.2 条和第 11.2.5 条的规定；

2）审查设计图纸所示压缩空气机及配套设施能否满足供气量、气体质量等是否符合本规程第 11.1.3 条和第 11.2.2 条的规定；

3）审查设计安装图纸或安装说明中是否符合本规程第 11.2.3 条和第 11.2.5 条的规定；

4）施工验收时应检查是否已按设计要求安装和调试该系统的工程安装及相关资料。

11.1.2 安全保护气浪就是在跳台和跳板正前方的池底设置一个向池水中喷射空气的装置，向池水中喷射高压空气使其在跳水池的水面上迅速制造出一个使水体变软，并具有一定弹性的气-水混合的类似柔软的草垫型的泡沫垫，这个气-水混合的泡沫垫称为“安全保护气浪”，亦称“安全保护气垫”。

安全保护气浪的作用：①防止跳水运动员因空中造型动作失误或不熟练落入池水时起一个承托作用，降低落入水中的速度，防止水面摔伤和入水过快触及池底造成伤害的措施；②减少跳水运动员练习创新动作和技巧姿态落入池水带来的伤害；③克服初学跳水的人员和运动员从高空中下跳的恐惧心理的保护措施。

本条推荐宜在教学和训练用的跳水池中设置。

11.1.3 池水与跳水人员、运动员的皮肤是紧密接触的，为保证池水不被送入的空气产生二次污染，条文对供气质量提出了要求。为了保证供气不含杂质和异味，应采用下列措施：①制气设备应为无油空气压缩机；②对所制备的气体进行净化处理，设置空气过滤器和活性炭对制备的气体进行吸附净化，以去除杂质和异味，这是保证供气洁净的有效措施。

11.1.5 水上游乐池的一些池型为了配合其游乐设施的设置，相当一部分采用高沿水池。如造浪池、健身按摩池、水中运动池、滑道跌落池等。这些池子一般都采用顺流式池水循环，但为了能尽快排除池水表面漂浮的污染物质及满足循环回水量的要求而宜设置撇沫器或者格栅溢流回水口（如造浪池）。

11.2 跳水池水面制波

11.2.1 池底喷气形成水面波的喷气嘴在池底设置位置与跳台、跳板的高度有关。本条针对不同高度跳台、跳板应按其在池底投影布置的尺寸和喷嘴设置数量，位置作出了具体规定，即喷气嘴不允许设在跳水运动员的入水处的池底，以防止错误布置对运动员入水触底造成伤害。

11.2.3 池底喷气水面制波的供气管、喷嘴等都埋设在池底板的混凝土垫层内，为了保证经久耐用，满足不发生漏气、不二次污染水质和不锈腐等要求，所以本条规定采用具有一定耐压耐腐蚀的材质和不容许采用机械管件连接。

另外，由于喷气嘴的孔径小，为了防止池水中的杂质堵塞喷气嘴的喷气孔，当不使用水面制波功能时，应采用喷嘴帽盖将喷嘴气孔封堵。

11.3 安全保护气浪

11.3.2 本条规定了安全保护气浪供气环管的构造形式、环管管径及喷气管嘴的数量及耐压和材质要求。供气环管是埋入池底混凝土垫层内，采用金属管道时其防腐不可忽视，其防腐材料应与混凝土兼容。

11.3.3 本条规定了埋设在池底混凝土垫层的垫层厚度，目的：①保证管道安全稳定；②该厚度也是本专业向结构专业提供配合的资料要求。

11.3.4 本条规定了跳水池安全保护气浪和池底喷气制波的制气设备可以合用，但要满足如下要求：①制气设备的容量按喷气制波和10.0m跳台安全保护气浪的需气量之和确定；②两者的供气管道应分开设置；③由于不同高度跳台、跳板一般不会同时使用，故每个跳台的安全保护气浪的开启应分别设置。

11.3.5 池底喷气制波和安全保护气浪制气设备、池岸喷水制波设备或装置，在跳水池使用时间段内应连续运行；

安全气浪的控制：①安全保护气浪控制屏应设在跳水池观众厅或大厅的看台墙壁上，设备机房设手动及远程控制装置；②跳水池观众厅或大厅的控制屏由跳水教练员根据跳水运动员、跳水爱好者空中动作状况由遥控器控制安全保护气浪的开启；③池岸控制与设备机房均设就地手动控制；④设在大厅内的控制屏不仅可以控制不同跳台供气环管喷气，还可以控制机房制气设备。

11.3.6 设计人应根据气浪持续时间供气压力确定储气设备的容积。

跳水运动员或跳水爱好者从跳台是自由落下进入水池的，安全保护气浪应在人们入水之前就要形成，只有如此才能起到保护作用。根据经验这个下降时间一般不超过3s，为保证在3s之前形成气浪则设计应有足够的气体压力将气体送入池内。

本条中规定的供气持续时间不少于12s是一个建议值，设计时应与跳水教练员、运动员进行协商后确定。其目的是保证人的安全，使其储气罐有足够的储气量。

11.4 跳水池配套设施

11.4.1 本条规定了配合跳水池应设置一个为运动员服务的放松池。由于跳水竞赛对运动员来讲是多名运动员一轮一轮以不同的空中动作进行的，当他们完成一轮动作比赛从池中出来，为平静紧张心情、缓和紧张情绪和消除疲劳而设置的一个较高水温的水池，称放松池。

放松池由循环水泵、水过滤器、消毒装置、加热器、喷嘴和管道等组成一个独立的池水循环净化处理系统。放松池可以是土建永久固定型，也可以是成品移动型的。究竟采用何种形式，设计时应与业主、体育工艺协商确定。具体做法参见现行行业标准《公共浴场给水排水工程技术规程》CJJ 160中的水力按摩池进行设计或选用。

11.4.2 本条规定放松池设置水力按摩喷嘴位置、间距的要求。喷嘴应为气水合一的喷嘴。为保证使用者的舒适宽敞，喷嘴在池内不应相对布置，避免多人使用时的互相干扰。

放松池的使用频率较低，本条推荐采用自然进气方式，但进气管口的进气帽应高出池内水面100mm以上，防止池水倒流淹没送气管。

11.4.3 由于跳水池内的水中含有消毒剂及水质平衡用化学药品的剩余量，运动员从池中出来应尽快将残留在身体上带有化学药剂的残余池水尽快用淡水冲洗干净，防止这些残余池水被皮肤吸收或蒸发后致使水中所含有化学药剂还留在人的身上，给运动员造成不适，因此，本条要求设淋浴喷头。

11.5 吸污接口和撇沫器

11.5.3 本条规定了池水面积不大于200m^{2}的游泳池和水上游乐池无法设置或不需要设池岸溢流水槽的高沿池子应设置撇沫器的数量、位置的要求。

11.5.4 撇沫器是清扫游泳池等水表面漂浮物和表面水进入池水过滤器的专用配件。本条对其设置等作出了规定。

11.5.5 本条规定设置撇沫器的水池，其撇沫器吸水应为单独的管道系统，并宜与池水循环净化处理系统相连的要求。目的是将该回水净化后重复利用，以节约水资源。

11.6 移动分隔池岸和可升降池底

11.6.1 对竞赛用游泳池为了提高赛后的使用率和能适应不同人群的使用要求，建设单位提出设置移动分隔池岸的要求。移动分隔池岸亦称浮桥及移动池岸，它可以将游泳池分隔成两个不同大小的游泳池。作为池水净化处理系统的本专业来讲，应该关注如下几点：①分隔池岸隔板上过水孔或空隙的过水面积能否保证池水循环流量的要求，特别是顺流式池水循环系统；②移动分隔池岸宽度，将会影响到池水循环流量的大小。

11.8 游泳池池盖

11.8.1 池盖的作用：①拦截树叶、杂物、垃圾落入游泳池；②减少池水的蒸发损失和热量，达到节水、节能；③夏天防止池水暴晒池水温度升高；④防止人或宠物不慎落入池水；⑤降低游泳池的运行费用。

11.8.2 游泳池盖有电动和手动两种类型，本条规定了游泳池池盖应设置自动开启和关闭的开关。但对私人泳池及小型游泳池可采用手动开启和关闭类型。

11.9 水上游乐设施

11.9.1、11.9.2 水上游乐池与水上乐园是同一个概念的两个层面。因为水上乐园或叫水上游乐中心，它们由带有水的游乐设施和配套的水池组成。如不同高度、不同形状的滑道应配套设置滑道跌落池，以保证滑道戏水者从滑道下滑时能安全落入水中。如造浪池利用一定的设备将池内的水产生波浪，让戏水者能随波浪上、下漂流；如环流河是利用水泵将其人造河道内的水向前推流，能让戏水者沿河道向前漂流，使人们充分享受水的欢乐。但这些配套水池、河道的性状、大小规格、有效水深和各种水泵、制浪风机等设备的参数等，都由水上游乐设备专业公司规划、设计和确定，给水排水专业按他们提供的技术参数加以配合即可。

12 洗 净 设 施

12.1 浸脚消毒池

12.1.1 本条内容引自现行国家标准《游泳场所卫生标准》GB 9667，规定了人工建造的游泳池、水上游乐池在游泳者和戏水者完成更衣进入游泳池的通道上应设置浸脚消毒池，以及浸脚消毒池的尺寸要求。文艺演出池是否设置浸脚消毒池，以舞台工艺确定为准。

设置浸脚消毒池的目的是保证游泳者、戏水者不把更衣间、卫生间地面上的尘埃、细菌带入池内水中，这就要求每一个游泳者、戏水者必须强制通过此浸脚消毒池浸泡洗净脚上所带的杂质、细菌，保证池水不被二次污染。为此，对浸脚消毒池的尺寸、消毒液深度和浓度作出了具体规定。

本条中规定浸脚消毒池的尺寸要求，是保证每一位进入泳池的游泳者、戏水者均应一一从池中消毒液中通过，而不允许出现绕行或跳越通过。

家庭私用游泳池可不受此条规定限制。

12.1.2 浸脚消毒池中的消毒液在使用过程中，因人员频繁进、出游泳池，通过使用会使该池内消毒液的浓度降低，甚至失效，所以本条规定，游泳池每个开放场次更换一次。

12.1.3 根据国内一些工程实践证明如设置了强制淋浴不一定再设置浸脚消毒池。原因是：①强制淋浴的水温与池水温度相近，能清洁脚部细菌杂质；②实践中未出现因未设浸脚消毒池给池水造成新污染。因此，本规程在用词上给了选择的灵活性。

12.1.4 浸脚消毒池中的消毒液浓度较高，腐蚀性较强，而且停留时间长，所以池子的饰面材质要具有耐腐蚀性和防滑功能，防止将游泳者、戏水者通过时不慎滑倒造成安全事故而作出地要求，管材亦如此。

12.2 强 制 淋 浴

12.2.1 公共游泳池、水上游乐池的使用人群构成多样，有游泳戏水爱好者，也有初学游泳者，有成年人、老年人、儿童及幼儿等，人员数量较多。他们每个人对泳前卫生的重视程度不一样，为防止将人体尘埃、汗液带入池内，保证池水卫生和每位游泳者、戏水者及健身者健康，在进入池子的入口的通道上宜设置强制淋浴装置。工程实践证明它是清除人体上汗液、化妆品和防晒油等护肤品残留及尘埃等污染物的有效措施。

12.2.2 规定强制淋浴喷头或喷水管的排数、间距及每排应设置的喷水头或喷水孔数量或孔径，目的是保证每位游泳者、戏水者通过时有连续不断的足够的冲洗水量和冲洗时间，才能达到冲洗效果。同时，应向建筑专业提供强制淋浴通道的长度，并与之密切配合收集强制淋浴排水做法，确保排水不进入浸脚消毒池和游泳池。这样才能保证浸脚消毒池消毒液浓度不被稀释和淋浴后的脏水进入游泳池污染泳池水质。

12.2.3 人体感应光电感应器是比较成熟的技术，将其用于开启强制淋浴供水阀门是可行和有效的。本条中的开启和持续时间是国内实践中经验总结所得。

12.3 池 岸 清 洗

12.3.1 游泳池、水上游乐池等池岸是供游泳者、戏水者短暂休息和转换至另一座游乐池人行通道之用，也是工作人员、安全保护人员经常行走巡视的通道。因此，保持池岸洁净卫生对保持池水水质不受污染至关重要。这就要求：①池岸要经常洒水保持湿润，防止尘埃飞扬；②每个开放场次结束后，应对池岸进行冲洗及冲刷，以保持池岸的清洁。为此在池岸四周设置冲洗用取水阀不可缺少。

12.4 池 底 清 洗

12.4.1 游泳池在夜间不对公众开放使用和每个开放

场次结束后的停留时段内，池水中的一些微粒杂质会沉积在池底和池壁，如不予以清除不仅影响水质透明度，还会因其池底积污产生滑腻会给下一个开放场次及次日游泳者带来安全隐患，故本条作出设置池底清洗装置。

12.4.2 本条规定了池底清污装置类型和设置原则。

1 竞赛池（含专用池）和公共游泳池，因其竞赛要求和游泳人数多，污染杂质较多。特别是竞赛池因其赛场安排紧凑，需要在短时间内尽快将池底沉积污物清除。故宜采用全自动无线遥控型吸污机这一专用清污器，能快速有序清除池底和池壁沉淀污物。

2 中、小型游泳池采用全自动清污器有困难时，可采用人工移动式半自动吸污机。该型清污器又分：①清污器仅起清污作用，清除污物依靠池水过滤器予以滤除，但该清污器的出水管应与本规程第 11.5.1 条和第 11.5.2 条的池壁吸污接口相连接，通过池水循环水泵将池底污物吸走，经池水过滤设备去除污物。将滤后水送入游泳池持续使用。这种清污方法目前已经极少采用；②清污器在池岸人工移动，清污器地吸污盘在池内人工移动。

13 排水及回收利用

13.1 一 般 规 定

13.1.1 本条中列举的游泳池 5 种废水排水，其排水量较大、水质污染程度较轻，在我国缺水地区将其回收是比较好的中水原水，对节约水资源有积极作用。

13.1.2 臭氧发生器为了提高臭氧产量和设备稳定运行，均设有冷却水系统，而这种使用后的冷却水仅是温度升高，水质未受影响，应予以回收作为游泳池、水上游乐池的补充水，对节约水资源和能源极为有利。

13.2 池岸清洗排水

13.2.1 游泳池一般均为池水面与池岸相平的齐沿泳池，仅沿池壁外侧设有溢流回水槽（沟）或溢流水槽（沟）。为保证清洗池岸的废水不流入该槽（沟），应在远离该槽（沟）的观众看墙或建筑墙处另设一条回收冲洗池岸排水的沟。以往建筑专业为保持池岸宽敞以地漏代之。实际工程中业主认为此方法排水不够通畅，目前线性排水沟技术成熟，并已有多种成品可供选用，且格栅盖板材质多样，能适应不同场所装修要求，故本条推荐采用线性排水沟。

13.3 水 池 泄 水

13.3.1 紧急泄水是指池水突然受到污染时，为不使污染扩大而应迅速排空池水以便对池子进行刷洗消毒。该时间是参照国外资料确定的。

游泳池、水上游乐池的泄水分三种：①定期更新换水时的泄水；②池子漏水需泄空池水补修；③池水受到了污染泄水。

文艺表演池由于水量较大，并因表演需要对池中的各种布景道具进行更换，需要将水排空方能进行。因此由表演水池、缓冲水池及后备水池等三个水池组成。

13.3.3 设在地面层或地面下楼层的游泳池、游乐池一般可采用压力式泄水方式。采用循环水泵泄水时可采用：①设不经过水处理设备的超越管；②利用水净化设备管道延伸方式，但应关闭水净化设备上全部进水阀门；③利用设备机房内集水坑潜水泵同时参与池子泄水排水时，应从均（平）衡水池最低部位增设有控制阀门的泄水管接至机房内集水泵坑。

13.3.4 尽管这种泄水时池水水质未受污染，但池内水中含有消毒剂及化学药品的残留，对自然水体中的生物及鱼类是否有伤害，应由当地的环境保护部门和卫生监督部门经检测后确定能否直接排入。

13.3.5 池水出现了传染性病毒、致病微生物时，需要泄空池水并对池体进行消毒刷洗后再换新水，但受污染的池水应按本规程第 18.4.2 条的规定进行无害处理，达到当地卫生监督部门同意后再行排放。

13.4 其 他 排 水

13.4.1 硅藻土过滤器反冲洗水中含有硅藻土，其浓度较高，并具有一定的沉淀性。因此，应将其硅藻土予以回收作为花木的肥料之用，其水可作为中水原水予以回收。回收硅藻土的方法是过滤沉淀和经压滤机压榨。

13.4.2 游泳池均为游泳者设有泳前淋浴和泳后淋浴，这种淋浴废水污染较轻，而且水量较大，是很好的中水原水，具有极高的回收价值。

13.4.3 清洗化学药品容器，如溶液桶、药品储存间地面冲洗排水等，其水中含有化学药品的残留药剂、酸、碱等，对管道有一定腐蚀。如达不到排放标准时应与其他废水混合稀释或中和处理，达到排放标准后，再行排放。

14 水处理设备机房

14.1 一 般 规 定

14.1.1 本条规定了池水净化处理设备机房位置确定原则。

1 池水循环管道的管径较大，靠近池子周边目的是减少池子与水净化处理设备间的管道往返长度，改善水力条件，节约投资。本条中池周边指紧邻游泳池、文艺演出水池。为方便维修管理，要求不同游泳池等池的机房应分开或分区设置。室外露天水上游乐池如大型造浪池、环流河、游泳池宜独立设置机房。小型家庭戏水池、健身池、幼儿池、儿童池等可合用设备机房，并设在负荷中心。其形式可为地下式，也可为地上式。如为地上式，则宜与水上游乐设施的形式和外部环境相协调。

2 本款规定是为了方便热源的引入、机房排水的距离短方便机房内设备和化学药品的运输，规定设独立的出入口和通道，是为了不影响游泳者、戏水者、观众的出入。

3 由于水处理设备机房有各种水泵及通风等转动设备，运行时会发出不同噪声及振动。故规定在公共建筑内的游泳池设备机房为不给办公、客房、病房、教学带来影响，除设备本体采取必要的防噪、隔振措施之外，其位置应远离这些房间（含相邻、上下层）也是设计确定机房位置应关注的因素。

4 本款所指多个小型游泳池、游乐池、健身池共用一组池水净化处理设备时，要求设备机房位于负荷中心，可减少管道长度和阻力损失，有利于水力分配。

14.1.2 本条规定了设备机房应包括的基本组成内容。

1 本条中循环水泵区包括均衡水池（或平衡水池）；消毒设备指次氯酸钠发生器、臭氧发生器、氯消毒剂投加配套设施、装置；加药间包括氯制品消毒设施，pH值水质平衡调整（酸或碱）投加设施及除藻剂投加设施；化学药品库包括成品消毒剂、酸碱及硅藻土储存；控制间指系统运行操作控制和水质监测控制；特殊设施指跳水池水面制波和水下池底制波设施、安全气浪设施等。

3 池水循环净化处理设备较多，它们之间管道管径较大，往返较多，本条要求设备按工艺流程布置目的是：①各工艺工序单元区分明确；②设备布置应整齐紧凑；③设备设施布置和其管道连接符合池水净化工艺流程，减少管道往返；④方便系统运行操作和维护管理。

4 池水净化设备机房是游泳场馆、水上游乐池及水上文艺表演的主体用房之一，是保证其水质符合卫生标准的核心用房，是本专业设计必须关注的重点。设备布置整齐及为施工安装、检修、运行与管理提供方便是机房设计的关键。狭小的机房面积，低矮的空间必将给设备的安装、运输、运行操作、维护管理带来困难，也会使室内环境恶化，从而增加设备的故障率，缩短设备使用寿命，给系统的运行带来安全隐患。本规程将在第14.2节～14.6节针对不同工艺工序单元设备及配套设施等用房作出具体规定。

1）竞赛类和大型游乐池（含文艺演出池）所用的水过滤设备体型较大，加之设备投入运行后所需要的化学药品运输频繁，因此，位于地下层或地面上楼层中的设备机房应从设计上必须为其提供垂直和水平运输通道；同时必须仔细与建筑专业密切配合合理协商，做到避让开建筑内人员出入主通道，又能方便设备及相关设备、物资的运输。设计应将单件设备空载及运行负荷等资料提供给建筑、结构专业。

2）位于地面层的设备机房应设置直接通向室外的出入口，该出入口宜与建筑物的主通道相分离，满足设备、设施及化学药品的运输。

3）机房设有通向游泳池、水上游乐池、文艺演出池等池的循环水回水管和经过净化后的循环给水管送到各水池。由于管道直径较大，为方便检修维护，均宜设有管廊或管沟与设备机房相连，并在与机房连接处应该设有维修人员进出的出入口。

4）为保证设备机房设备运输安装和替换、运行、操作、维护、检修、化学药品的运输等互不干扰影响，其通道应以机房内最大设备即池水净化处理机房的最大设备为水过滤器，可按其尺寸的1.2倍确定通道机房门的宽度，以满足设备安装、检修、更新之用。

6 设备机房应与其他用房有明确分割，以防干扰。同时机房内各设备单元也应分区或分隔明确，以方便管理、维修和操作。

14.1.3 游泳池、水上游乐池及文艺演出水池的设备机房内的相关设备、设施大部分为储水设备，并定期进行反冲洗排水，为确保设备和相应配套设施不被水淹没及浸泡造成设备或支座锈蚀，本条为此作出机房内所有设备及相关配套设施包括非金属材质的设备和设施均应设在高出机房地面至少100mm的混凝土基础上。

14.1.4 本条规定了池水净化设备机房的环境要求。

1 池水循环净化处理机房的各项设备、设施及配套装置，大多数为输水设备和容器为保证冬季不冰冻，夏季传动设备电机不过热。本条对设备机房环境温度，通风换气次数作出了定量规定。良好的通风是保证设备机房内清洁、干燥和无有害物质基本要求。如一些化学药品遇到高温、低温和潮湿，可能与其他物质发生化学反应或药品失效。对一些特殊隔间内的设备，如臭氧发生器间，次氯酸钠发生器间等，应在设计提供互相配合资料时将环境条件要求应给以明确。

2 本款规定的良好采光照明是为方便操作人员观察各种仪表运行指示值的需要。

3 设在地下层及楼层内的设备机房，机房内的转动设备及与其连接管道应设隔振基础及软接管，降低振动及噪声对周围房间环境的干扰。

4 机房内各工艺工序单元的设备及配套设施的布置不仅要符合工艺流程要求，而且设备排列要整齐并保证水力条件优良。

5 在本规程第14.1.3条已说明机房内的设备、设施均为储水设备，并要定期反冲洗。地面也要不断清洗以保持洁净。一般设带格栅盖板排水沟，以保证排水通畅。如机房为地下层还应设排水提升泵坑。

14.1.5 本条为强制性条文。臭氧是有毒气体，如果臭氧发生器发生泄漏，在空气中的浓度超过0.25mg/L会对人产生强烈的刺激性，造成呼吸困难。臭氧有一种特殊的气味，但靠人嗅觉难以判断，也不可靠，除了设备本身设有故障报警外，房间也要安装臭氧浓度监测传感器，才能检测出房间内的臭氧浓度不会超出现行国家标准《室内空气中臭氧卫生标准》GB/T 18202的规定限值。

次氯酸钠发生器在制备次氯酸钠的过程中会产生氯气和氢气。氢气遇到高温会发生爆炸，且氢气相对密度小于空气，所以本条规定了监测氢气浓度探测传感报警器的安装位置，是易于监测到氢气是否发生泄漏，以及要求该设备应以独立的管道引至室外排入大气，并采取防止风压倒灌入室内的措施。根据现行国家职业卫生标准《职业性接触毒物危害程度分级》GBZ 230规定，氯属于Ⅱ级（高度危险）物质，且氯气的相对密度大于空气，本条规定在房间安装氯气浓度监测传感报警器的位置要求，是易于监测氯气是否发生泄漏。

10

实施与检查控制：

1 实施：

1）次氯酸钠发生器房间应在房间内每20m²设置氢气浓度传感报警器和氯气浓度传感报警器各一个。当这两种气体浓度超过规定值时，应能发出声光报警并能切断设备供电电源。

2）臭氧发生器房间应设置臭氧浓度传感报警器，当臭氧浓度超过规定限值时，应能发生声光报警并能切断设备供电电源。

3）传感器设在房间内，指示器设在房间门外出入口处。

2 检查：

1）审查设计图纸和设计说明是否按本规程相关条文规定设有相应气体浓度传感器，其数量是否符合要求。

2）审查设计图纸和设计说明将次氯酸钠发生器是否明确要求将氢气直接排至屋面外大气中。

14.1.6 室外游泳池采用逆流或混流式池水循环时，因其回水要流至均衡水池，而均衡水池均低于泳池水面，且池容积未考虑暴雨时的水量。为防止暴雨时雨水过多流入均衡水池造成均衡水池溢水管超负荷流入机房地面而淹没机房，设计应采取防止雨水灌入机房的措施：①在均衡水池溢水管上设置常开电动阀门，当暴雨时均衡水池设超高水位控制阀，关闭溢水管上电动阀门，切断溢流回水槽的回水；②溢流回水槽增设超越排水管，使其雨水通过该管道直接排入室外雨水管道。

14.2 循环水泵、均衡水池及平衡水池

14.2.1 本条规定了均衡水池（平衡水池）的位置及设置要求。本条第3款是保证施工人员和检修人员能够进入到池内进行管道安装及检测更换管道、附件之最小尺寸，建筑结构最低点指结构梁的梁底。

14.2.2 为减少循环水泵吸水管长度和吸水管阻力损失，保证循环水泵能够在高效率区域工作以降低能耗和延长泵的使用寿命，循环水泵直接与池底回水口连接时，应尽量靠近池底回水口，并要严格核算回水口格栅孔隙的水流速度，确保游泳者、戏水者、休闲者不受真空抽吸力的影响。

14.2.3 本条规定了设置备用泵的条件。压力式颗粒过滤器和重力式过滤器，由于一组水泵对应每个过滤器，因此应设备用泵，以保证池水的循环流不受水泵故障的影响。

14.2.4 水泵隔振和减噪做法应根据所在楼层位置的相邻房间及上、下层房间对工作环境的要求确定。

水泵降噪做法：①选用低噪声水泵机组；②水泵吸水管扣和出水管口设置柔性短管；③管道采用弹性支吊架；④管道穿墙，穿楼板加设套管，管道与套管间用柔性材料填充；⑤泵房墙面、吊顶等由建筑专业按现行国家标准《民用建筑隔声设计规范》GB 50118的规定进行隔声处理。

14.2.5 为方便设计实施，将现行国家标准《建筑给水排水设计规范》GB 50015的规定摘录见表3所示，

表3 水泵机组外轮廓面与相邻机组间和建筑墙面间距表

序号	电动机额定功率（kW）	水泵机组外轮廓面与墙面之间的最小距离（m）	相邻机组外轮廓面之间的最小距离（m）
1	≤22	0.8	0.4
2	>22～<55	1.0	0.8
3	≥55～≤160	1.2	1.2

注：1 水泵侧面有管道时，外轮廓面计至管道外壁面；
2 水泵机组是指水泵与电动机的联合体，或已安装在金属座架上的复合水泵组合体。

14.3 过滤设备

14.3.1 在工程设计中，压力式颗粒过滤器与循环水

泵是分开布置的，而池水过滤设备是池水循环净化处理工艺流程中的第二道工序单元。为减少管道阻力损失，确保系统高效运行和方便管理，则过滤设备应尽量靠近循环水泵。

14.3.2 压力式过滤器包括颗粒式压力过滤器和硅藻土压力过滤器。

条文对压力式颗粒过滤器在机房内的布置作出了具体要求，其目的是：①保证设备安装、检修（零部件拆卸、堆放及设备更换）互不干扰；②满足设备运行操作工作状况巡视、检测等的最小空间；③满足设备顺利吊装和安装的最小空间及管道安装的最小空间。条文中建筑结构最低点指结构梁的梁底，并以此计算确定房间高度。

由循环水泵、硅藻土溶液桶及硅藻土过滤器等三部分组成的只有工作水泵无备用水泵的一体式硅藻过滤器机组，应以整体机组为单元按条文规定布置。由于该设备是成套组合设备组，为保证每组设备流量平衡，应尽量靠近均（平）衡水池。

14.3.3 重力式颗粒过滤器类型较多，适用的场合不同。本条仅对其应关注的问题作了原则规定，具体工程中采用时，以产品供应商要求确定。

14.4 消毒设备与加药间

14.4.1 本条规定了消毒设备与加药间的设置原则。

本条中的消毒设备是指：①臭氧发生器及相关配套设备；②次氯酸钠发生器及配套设备。

本条中的加药间指：①混凝剂投加系统；②pH值调整系统；③池水除藻剂投加系统；④氯制品消毒剂及配套设备。

这些设备所制备或配置出来的消毒剂均有其较强的刺激性，一定的毒性和腐蚀性，为了防止有害气体扩散和保证安全，则将其限定在独立的房间内是必要的，为此本条对房间内的建筑构造作出了具体规定，这些具体规定可作为工程设计过程的配合资料提供给相关工种。

本条第4款中要求设置的紧急清洗装置指紧急淋浴冲洗器，其目的是当操作人员将药剂不慎触及眼睛、皮肤及面部时，可利用该冲眼装置快速将药剂冲洗干净以防造成安全事故。

14.4.2 本条对臭氧发生器房间内相关设施提出了要求。

1 用于游泳池等池水消毒的臭氧发生器一般为两类：①设置空气压缩机及配套的空气过滤器提供洁净的气源给发生器内的制氧机产生氧制备臭氧；②利用高效分子筛变压吸入空气进行处理（即分子筛将空气中的氮及其他杂质予以吸附），能够提供85%～95%富氧空气，可制备出浓度达到80mg/L的臭氧。它们的主设备和配套设备按本规程第14.4.1条规定布置。如果用空气压缩机提供气源，因该设备的噪声较大，应对其采取降低噪声的措施。另外，臭氧投加装置（加压水泵）和臭氧水射器（文丘里水射器）亦属臭氧发生器的配套设备。

2 用于游泳池的臭氧发生器的气源均来自房间的自然空气，臭氧发生器制备臭氧的浓度、产量与气体干燥度成正比，与电源频率成正比，与气体中的氧浓度成正比。所以臭氧对气源的质量要求较为严格，要将自然空气变为富氧空气，其房间环境的温度，湿度和洁净程度对设备的臭氧的产生量、臭氧浓度、电源频率、耗电量及安全运行关系密切。为了保证臭氧的产量，制备臭氧的房间必须有良好的通风设备，如果不能够满足温度不超过35℃，湿度不大于60%的要求时，可设置独立的空调设备，即安装室内空调器以保证制备臭氧的空气是干燥的。

为了保证臭氧发生系统在安全的环境中正常运行，除房间内供电设备、装置为防爆型产品外，还应在房间入口处设置一个紧急电气开关。

3 游泳池、娱乐池池水采用臭氧消毒时大多数采用电晕放电式臭氧发生器，该设备在将氧气转换为臭氧的过程中产生大量的热，为了防止臭氧设备的损坏，就必须用水对其进行冷却，冷却水对设备应无腐蚀，不形成水垢和颗粒杂质，一般采用城镇自来水即可。其供水量应向设备制造商或供应商获取。

14.4.3 本条对采用氯制品消毒剂的加药间等房间的设计提出了要求。

1 成品氯制品消毒剂指成品次氯酸钠溶液、次氯酸钙、氰尿酸盐等。加药间使用的化学药品有混凝剂、pH调整剂及除藻剂，不同地区的游泳池、游乐池因使用对象不同，药品供应状况不同，但一般消毒剂仅为其中的一种，化学药品也不会超过三种，应以明确的标志或颜色予以区分。在现实工程中，这些设备均设在同一房间内，未发生安全事故。

2 消毒剂及各种化学药品都具有不同程度的腐蚀性，为防止发生安全事故，方便操作，本条对其设备（溶液桶、投加计量泵等）的间距、操作和运输通道的尺寸作出具体规定。

3 加药间的药品均为化学药品，为防止产生的有害气体对其他区域内的设备产生不良影响，应设独立的机械通风，门窗、地面、墙面应为耐腐蚀材料，以方便房间定期的清洗。上述规定应作为设计配合资料提供给相关工种，房间应设置给水和排水设施，以方便消毒剂、化学药品溶液配制和地面、墙面冲洗之需。

14.4.4 本条规定现场制备次氯酸钠和盐氯发生器时，其发生器应为独立房间及对房间内设施的要求。

由于次氯酸钠具有腐蚀性，为防止对配电装置的腐蚀，故本条第1款规定与配电装置不能同室安装；

本条第2款对具体布置相关的规定是保证安装、操作及不影响设备运输的要求作出的规定。

本条第4款是为保证设备正常运行，以及保护操作人员的安全作的规定，良好通风指工作室为独立通风系统，且应注意工作室的门下部应设百叶窗，保证室内有良好的通风。

14.5 化学药品储存间

14.5.1 游泳池、游乐池、文艺演出池所使用的消毒剂和化学药品都具有腐蚀性和一定的毒性，为防止发生安全事故和非工作人员出入，不仅应设置专用的储存房间，而且该房间宜远离建筑物内的主要通道。为了取用方便，化学药品储存房间应靠近加药间，以减少运输距离和取用化学药品可能带来的隐患。

14.5.2 本条规定了不同的化学药品及消毒剂的房间面积计算方法。

1 成品次氯酸钠是液体，且化学性能不稳定，有效氯的含量受日光照射或较高的温度影响会分解和衰减而降低，这就要求在运输过程中防止日光照射，储存时远离热源。其储存时间不应超过7d。

2 其他化学药品多数为固体状态（片状、粉状、颗粒状），具有较强的耐受性，为节省建筑面积和运输次数，均可按15d的用量进行储存。

14.5.3 本条规定了化学药品的存放要求。

1 本条规定不同化学药品应分品种并采用分隔存放是为了：①防止不同化学药品在取用或运输过程中不慎泄漏造成两种化学药品发生化学反应而带来不良的后果。如次氯酸钠与盐酸及硫酸氢钠接触之后会释放有毒的氯气；氯化异氰尿酸如与酸性或碱性物质接触会发生反应，会释放二氧化氯，从而产生爆炸条件。②方便运输、储存和取用，防止误存、误取和误用。分隔应采用不同货架分隔，但可采用共用通道方式。

2 液体化学药品是指：①成品次氯酸钠；②硫酸；③盐酸；④清洁剂等。这些化学药品一般用塑料桶装，如倒置或水平放置，则桶内液体有可能从灌装口渗漏或溢出，如与其他化学药品相遇会发生反应，产生对人体有害的其他化学物质。故本条规定此类液体化学品不应倒置存放。

3 不同化学药品其包装方式不同，液体化学药品均采用桶装或瓶装，固体药品则包装方式多样，有瓶装也有塑料袋装，外用纸箱封包，储存时应将药品名称、标志、生产日期等面向存放和取用通道是为了防止误存、误取、误用。

4 为了管理人员不发生安全事故，本条规定不同化学药品包装容器、用具不得混用。

14.5.4 本条规定了化学药品储存房间的设计要求。

1 库房应为独立的通风系统，不能与其他区域（如水泵区、过滤器区、通道区等）合用并远离出入口、门窗等处，防止有害气体对其他区域产生不良影响。

2 化学药品都具有不同程度的腐蚀性，为防止泄漏减少危害范围，本条对墙面、地面、门窗及库房内设施（通风设备、电气设备、货架等）要求采用耐腐蚀、耐火及易清洗等材料。

3 不同的化学药品对储存的环境温度要求不一致，设计要予以关注，以便向相关专业提供设计配合资料。

4 库房每个隔间设取水龙头和排水沟，以方便储药房间的清洗及尽快将废水排走的条件。电气设施应具有防水、防腐蚀性能。

14.6 加热换热设备区

14.6.1 热源型池水加热设备是指专为新建游泳池、水上游乐池加热池水设置的燃气、燃电锅炉或用商用型热水器（炉）制备高温热水作为池水换热器的热源。

1 由于池水温差较小，为了方便温度控制，本条规定设备制备的热源为高温热水，燃气锅炉或热水器的燃料具有安全隐患，因此应设在专用的房间内予以隔离。为了设备的安全运行、维修，房间应有良好的采光或照明、通风、排水是必备的环境条件。

2 为减少热源制备热损失提出的要求。如采用燃气锅炉应由暖通专业负责，如采用商用燃气热水器，应采用低压燃气热水器（炉）；如为多台并联使用燃气热水器时，其燃气管道和烟道的管径计算，烟道敷设、安全设施及烟囱处理等应由供货商提供细化设计，并获得当地主管部门的认可，并向相关工种提供相应配合资料。

3 该条款中的现行国家有关标准指《锅炉房设计规范》GB 50041、《建筑给水排水设计规范》GB 50015、《建筑设计防火规范》GB 50016等。

14.6.2 换热设备是指在由城市热网或建筑小区、建筑物内设有集中锅炉房，并能为池水加热提供热源，仅设置板式换热器或半容积加热器、列管式换热器时池水进行加热的设备。

池水加热是池水循环净化处理的最后一道工艺工序单元，为防止高温给化学药品带来安全隐患，将换热设备远离消毒间、加药间、化学药品库是有条件做到的。

本条第2款和第3款规定换热设备的各种布置间距是为了工作人员的巡视检测和故障检修方便提供最基本的条件。

14.6.3 池水换热设备与为游泳者、戏水者提供的淋浴用热水换热设备，其使用性质和用热量稳定性不同，如池水换热是恒量定温闭式系统，而生活淋浴用水不仅温度要求不同，而且量的变化波动较大，加之使用位置不在同一位置，物业管理也不是同一管理单元。所以，本条规定两者应分开设置。

14.7 特殊设施间

14.7.1 本条规定了跳水池水面制波设备所在房间的要求。

1 跳水池水面喷水制波的加压水泵的水源取自均衡水池或平衡水池，与池水循环水泵并列设置，以减少水泵的吸水管长度和阻力损失。

2 池底起泡制波的无油空气压缩机、储气罐或专用气泵，为方便设置降低噪声和减振装置，应适当予以隔断，故宜靠近跳水池独立成为一个区域。

14.7.2 跳水池安全保护气浪（垫）的设备及配套设施较多，如无油压缩空气机、高效冷却器、冷冻干燥机、过滤器、油水分离器、活性炭吸附器及储气罐等，而且它的运行与池水循环净化处理的运行无直接关联，加之无油压缩空气机运行噪声较大，为减少对池水净化处理机房的干扰，所以本条规定应为独立房间。

14.8 配电、控制间

14.8.1 本条规定了设备机房配电设施的要求。

1 规定配电设施操作面的宽度是方便工作人员的操作和设备检修，规定配电柜应设高度不小于0.10m的基座是为了防止水淹没设备带来的安全隐患。

2 竞赛用游泳池由于日程和场次安排紧凑，文艺演出池因在该场演出过程中不允许中断。所以，为保证竞赛、演出正常进行，则供电不间断是基本要求。

3 由于输水管道在高温高湿的设备机房内表面会产生结雾滴漏在配电设施表面，会使电气配件及导线绝缘破坏而降低电压，甚至跳闸短路等，造成安全事故，故规定输水管道不得通过配电箱（柜）的上面。

14.8.2 池水循环净化处理系统自动控制包括：①水质监测与控制；②池水净化设备运行状况监测与控制。游泳池、游乐池、文艺演出池与人体紧密接触的池水的水质卫生，转动设备的节能运行、减排、环保等实行智能化管理已经成为提高设备与系统管理水平的必然方向。经调研，国内一些综合型游泳馆均在这方面实施了“无人值班”模式的中央微机控制系统，并取得了很好的效益。一般将值班室与控制室合并设置，由于室内设有控制柜及末端设备系统微机，为保证系统正常运行，条款对中控室的环境等做出了具体的要求。

中华人民共和国行业标准

建筑与小区管道直饮水系统技术规程

Technical specification of pipe system for fine drinking water in building and sub-district

CJJ/T 110—2017

批准部门：中华人民共和国住房和城乡建设部
施行日期：2 0 1 7 年 1 1 月 1 日

11

目　次

1 总 则

1.0.1 为规范建筑与小区管道直饮水系统工程的设计、施工、验收、运行维护和管理，确保系统安全卫生、技术先进、经济合理，制定本规程。

1.0.2 本规程适用于民用建筑与小区管道直饮水系统设计、施工、验收、运行维护和管理。

1.0.3 建筑与小区管道直饮水系统采用的管材、管件、设备、辅助材料等应符合国家现行标准的规定，卫生性能应符合现行国家标准《生活饮用水输配水设备及防护材料的安全性评价标准》GB/T 17219 的规定。

1.0.4 建筑与小区管道直饮水系统的设计、施工、验收、运行维护和管理，除应符合本规程外，尚应符合国家现行有关标准的规定。

2 术语和符号

2.1 术 语

2.1.1 管道直饮水系统 pipe system for fine drinking water

原水经过深度净化处理达到标准后，通过管道供给人们直接饮用的供水系统。

2.1.2 原水 raw water

未经深度净化处理的城镇自来水或符合生活饮用水水源标准的其他水源。

2.1.3 产品水 product water

原水经深度净化、消毒等集中处理后供给用户的直接饮用水。

2.1.4 瞬时高峰用水量（或流量） instantaneous peak flow rate

用水量最集中的某一时段内，在规定的时间间隔内的平均流量。

2.1.5 水嘴使用概率 tab use probability

用水高峰时段，水嘴相邻两次用水期间，从第一次放水开始到第二次放水结束的时间间隔内放水时间所占的比率。

2.1.6 循环流量 circulating flow

循环系统中周而复始流动的水量。其值根据系统工作制度、系统容积与循环时间确定。

2.1.7 深度净化处理 advanced water treatment

对原水进行的进一步处理过程。去除有机污染物（包括“三致”物质和消毒副产物）、重金属、微生物等。

2.1.8 KDF 处理 kinetic degradation fluxion process

采用高纯度铜、锌合金滤料，通过与水接触后发生电化学氧化-还原反应，有效去除水中氯和重金属，抑制水中微生物生长繁殖的处理方法。

2.1.9 膜污染密度指标（SDI） silt density index

用来表示进水中悬浮物、胶体物质的浓度和过滤特性的数值。

2.1.10 水质在线监测系统 water quality on-line monitoring system

运用水质在线分析仪、自动控制技术、计算机技术并配以专业软件，组成一个从取样、预处理、分析到数据处理及存储的完整系统，从而实现对水质样品的在线自动监测。

2.2 符 号

2.2.1 流量

Q_b——水泵设计流量；

Q_d——系统最高日直饮水量；

Q_j——净水设备产水量；

q_d——最高日直饮水定额；

q_0——水嘴额定流量；

q_s——瞬时高峰用水量；

q_x——循环流量。

2.2.2 水压、水头损失

$\sum h$——最不利水嘴到净水箱（槽）的管路总水头损失；

h_0——最低工作压力；

H_b——水泵设计扬程。

2.2.3 几何特征

V——闭式循环回路上供回水系统的总容积；

V_j——净水箱（槽）有效容积；

V_y——原水调节水箱（槽）容积；

Z——最不利水嘴与净水箱（槽）最低水位的几何高差。

2.2.4 计算系数

k——中间变量；

k_j——容积经验系数；

m——瞬时高峰用水时水嘴使用数量；

N——系统服务的人数；

n——水嘴数量；

n_e——水嘴折算数量；

p——水嘴使用概率；

p_e——新的计算概率值；

P_n——不多于 m 个水嘴同时用水的概率；

T_1——循环时间；

T_2——最高日设计净水设备累计工作时间；

α——经验系数。

3 水质、水量和水压

3.0.1 建筑与小区管道直饮水系统用户端的水质应符合现行行业标准《饮用净水水质标准》CJ 94 的

规定。

3.0.2 最高日直饮水定额可按表3.0.2采用。

表3.0.2 最高日直饮水定额（q_d）

用水场所	单　　位	最高日直饮水定额
住宅楼、公寓	L/(人·d)	2.0～2.5
办公楼	L/(人·班)	1.0～2.0
教学楼	L/(人·d)	1.0～2.0
旅馆	L/(床·d)	2.0～3.0
医院	L/(床·d)	2.0～3.0
体育场馆	L/(观众·场)	0.2
会展中心(博物馆、展览馆)	L/(人·d)	0.4
航站楼、火车站、客运站	L/(人·d)	0.2～0.4

注：1 本表中定额仅为饮用水量；

2 经济发达地区的居民住宅楼可提高至4 L/(人·d)～5L/(人·d)；

3 最高日直饮水定额亦可根据用户要求确定。

3.0.3 直饮水专用水嘴额定流量宜为0.04L/s～0.06L/s。

3.0.4 直饮水专用水嘴最低工作压力不宜小于0.03MPa。

4 水 处 理

4.0.1 建筑与小区管道直饮水系统应对原水进行深度净化处理。

4.0.2 水处理工艺流程的选择应依据原水水质，经技术经济比较确定。处理后的出水应符合现行行业标准《饮用净水水质标准》CJ 94的规定。

4.0.3 水处理工艺流程应合理，并应满足处理设备节能、自动化程度高、布置紧凑、管理操作简便、运行安全可靠等要求。

4.0.4 深度净化处理应根据处理后的水质标准和原水水质进行选择，宜采用膜处理技术。

4.0.5 不同的膜处理应相应配套预处理、后处理和膜的清洗设施，并应符合下列规定：

1 预处理可采用多介质过滤器、活性炭过滤器、精密过滤器、钠离子交换器、微滤、KDF处理、化学处理或膜过滤等；

2 后处理可采用消毒灭菌或水质调整处理；

3 膜的清洗可采用物理清洗或化学清洗，可根据不同的膜组件及膜污染类型进行系统配套设计。

4.0.6 水处理消毒灭菌可采用紫外线、臭氧、氯、二氧化氯、光催化氧化技术等，并应符合下列规定：

1 选用紫外线消毒时，紫外线有效剂量不应低于40mJ/cm²。紫外线消毒设备应符合现行国家标准《城市给排水紫外线消毒设备》GB/T 19837的规定。

2 采用臭氧消毒时，管网末梢水中臭氧残留浓度不应小于0.01mg/L。

3 采用二氧化氯消毒时，管网末梢水中二氧化氯残留浓度不应小于0.01mg/L。

4 采用氯消毒时，管网末梢水中氯残留浓度不应小于0.01mg/L。

5 采用光催化氧化技术时，应能产生羟基自由基。

6 消毒方法可组合使用。

7 消毒灭菌设备应安全可靠，投加量精准，并应有报警功能。

4.0.7 深度净化处理系统排出的浓水宜回收利用。

5 系 统 设 计

5.0.1 建筑与小区管道直饮水系统必须独立设置。

5.0.2 建筑物内部和外部供回水系统的形式应根据小区总体规划和建筑物性质、规模、高度以及系统维护管理和安全运行等条件确定。

5.0.3 建筑与小区管道直饮水系统供水宜采用下列方式：

1 调速泵供水系统，调速泵可兼作循环泵；

2 处理设备置于屋顶的水箱重力式供水系统，系统应设循环泵。

5.0.4 净水机房应单独设置，且宜靠近集中用水点。

5.0.5 高层建筑管道直饮水供水应竖向分区，分区压力应符合下列规定：

1 住宅各分区最低饮水嘴处的静水压力不宜大于0.35MPa；

2 公共建筑各分区最低饮水嘴处的静水压力不宜大于0.40MPa；

3 各分区最不利饮水嘴的水压，应满足用水水压的要求。

5.0.6 居住小区集中供水系统可在净水机房内设分区供水泵或设不同性质建筑物的供水泵，或在建筑物内设减压阀竖向分区供水。

5.0.7 建筑与小区管道直饮水系统设计应设循环管道，供回水管网应设计为同程式。

5.0.8 建筑物内高区和低区供水管网的回水管连接至同一循环回水干管时，高区回水管上应设置减压稳压阀，并应保证各区管网的循环。

5.0.9 建筑与小区管道直饮水系统宜采用定时循环，供配水系统中的直饮水停留时间不应超过12h。

5.0.10 配水管网循环立管上端和下端应设阀门，供水管网应设检修阀门。在管网最低端应设排水阀，管道最高处应设排气阀。排气阀处应有滤菌、防尘装置。排水阀和排气阀设置处不得有死水存留现象，排水口应有防污染措施。

5.0.11 建筑与小区管道直饮水系统回水宜回流至净水箱或原水水箱。回流到净水箱时，应在消毒设施前接入。采用供水泵兼作循环泵使用的系统时，循环回水管上应设置循环回水流量控制阀。

5.0.12 居住小区集中供水系统中，每幢建筑的循环回水管接至室外回水管之前宜采用安装流量平衡阀等措施。

5.0.13 不循环的支管长度不宜大于 6m。

5.0.14 管道不应靠近热源敷设。除敷设在建筑垫层内的管道外均应做隔热保温处理。

5.0.15 管材、管件和计量水表的选择应符合下列规定：

1 管材应选用不锈钢管、铜管等符合食品级要求的优质管材；

2 室内分户计量水表应采用直饮水水表，宜采用 IC 卡式、远传式等类型的直饮水水表；

3 应采用直饮水专用水嘴；

4 系统中宜采用与管道同种材质的管件及附配件。

5.0.16 建筑与小区管道直饮水系统供水末端为三个及以上水嘴串联供水时，宜采用局部环状管路，双向供水。

6 系统计算与设备选择

6.0.1 系统最高日直饮水量应按下式计算：

$$Q_d = Nq_d \tag{6.0.1}$$

式中：Q_d——系统最高日直饮水量（L/d）；

N——系统服务的人数（人）；

q_d——最高日直饮水定额［L/（d·人）］。

6.0.2 体育场馆、会展中心、航站楼、火车站、客运站等类型建筑的瞬时高峰用水量的计算应符合现行国家标准《建筑给水排水设计规范》GB 50015 的规定；居住类及办公类建筑瞬时高峰用水量，应按下式计算：

$$q_s = mq_0 \tag{6.0.2}$$

式中：q_s——瞬时高峰用水量（L/s）；

q_0——水嘴额定流量（L/s）；

m——瞬时高峰用水时水嘴使用数量。

6.0.3 瞬时高峰用水时水嘴使用数量应按下式计算：

$$P_n = \sum_{k=0}^{m} \binom{n}{k} p^k (1-p)^{n-k} \geqslant 0.99 \tag{6.0.3}$$

式中：P_n——不多于 m 个水嘴同时用水的概率；

p——水嘴使用概率；

k——中间变量；

n——水嘴数量。

瞬时高峰用水时水嘴使用数量 m 计算应符合下列要求：

1） 当水嘴数量 $n \leqslant 12$ 个时，应按表 6.0.3-1 选取；

2） 当水嘴数量 $n > 12$ 个时，可按表 6.0.3-2 选取；

表 6.0.3-1 水嘴数量不大于 12 个时瞬时高峰用水水嘴使用数量

水嘴数量 n（个）	1	2	3～8	9～12
使用数量 m（个）	1	2	3	4

表 6.0.3-2 水嘴数量大于 12 个时瞬时高峰用水水嘴使用数量 单位：个

n \ m \ p	0.010	0.015	0.020	0.025	0.030	0.035	0.040	0.045	0.050	0.055	0.060	0.065	0.070	0.075	0.080	0.085	0.090	0.095	0.10
25	—	—	—	—	—	4	4	4	4	5	5	5	5	5	6	6	6	6	6
50	—	—	4	4	5	5	6	6	7	7	7	8	8	9	9	9	10	10	10
75	—	4	5	6	6	7	8	8	9	9	10	10	11	11	12	13	13	14	14
100	4	5	6	7	8	8	9	10	11	11	12	13	13	14	15	16	16	17	18
125	4	6	7	8	9	10	11	12	13	13	14	15	16	17	18	18	19	20	21
150	5	6	8	9	10	11	12	13	14	15	16	17	18	19	20	21	22	23	24
175	5	7	8	10	11	12	14	15	16	17	18	20	21	22	23	24	25	26	27
200	6	8	9	11	12	14	15	16	18	19	20	22	23	24	25	27	28	29	30
225	6	8	10	12	13	15	16	18	19	21	22	24	25	27	28	29	31	32	34
250	7	9	11	13	14	16	18	19	21	23	24	26	27	29	31	32	34	35	37
275	7	9	12	14	15	17	19	21	23	25	26	28	30	31	33	35	36	38	40
300	8	10	12	14	16	18	21	22	24	25	28	30	32	34	36	37	39	41	43
325	8	11	13	15	18	20	22	24	26	28	30	32	34	36	38	40	42	44	46

续表 6.0.3-2

p / m / n	0.010	0.015	0.020	0.025	0.030	0.035	0.040	0.045	0.050	0.055	0.060	0.065	0.070	0.075	0.080	0.085	0.090	0.095	0.10
350	8	11	14	16	19	21	23	25	28	30	32	34	36	38	40	42	45	47	49
375	9	12	14	17	20	22	24	27	29	32	34	36	38	41	43	45	47	49	52
400	9	12	15	18	21	23	26	28	31	33	36	38	40	43	45	48	50	52	55
425	10	13	16	19	22	24	27	30	32	35	37	40	43	45	48	50	53	55	57
450	10	13	17	20	23	25	28	31	34	37	39	42	45	47	50	53	55	58	60
475	10	14	17	20	24	27	30	33	35	38	41	44	47	50	52	55	58	61	63
500	11	14	18	21	25	28	31	34	37	40	43	46	49	52	55	58	60	63	66

注：用插值法求得 m。

3）当 $np \geqslant 5$ 并且满足 $n(1-p) \geqslant 5$ 时，可按简化计算：$m = np + 2.33\sqrt{np(1-p)}$。

6.0.4 水嘴使用概率应按下式计算：

$$p = \frac{\alpha Q_{\mathrm{d}}}{1800nq_0} \quad (6.0.4)$$

式中：α——经验系数，住宅楼、公寓取 0.22，办公楼、会展中心、航站楼、火车站、客运站取 0.27，教学楼、体育场馆取 0.45，旅馆、医院取 0.15。

6.0.5 定时循环时，循环流量可按下式计算：

$$q_{\mathrm{x}} = \frac{V}{T_1} \quad (6.0.5)$$

式中：q_{x}——循环流量（L/h）；

V——循环系统的总容积（L），包括供回水管网和净水水箱容积；

T_1——循环时间（h），不宜超过 4h。

6.0.6 供回水管道内水流速度宜符合表 6.0.6 的规定。

表 6.0.6 供回水管道内水流速度

管道公称直径（mm）	水流速度（m/s）
≥32	1.0～1.5
＜32	0.6～1.0

注：循环回水管道内的流速宜取高限。

6.0.7 流出节点的管道有 2 个及以上水嘴且使用概率不一致时，可按其中的一个概率值计算，其他概率值不同的管道，其负担的水嘴数量需经过折算再计入节点上游管段负担的水嘴数量之和。折算数量应按下式计算：

$$n_{\mathrm{e}} = \frac{np}{p_{\mathrm{e}}} \quad (6.0.7)$$

式中：n_{e}——水嘴折算数量；

p_{e}——新的计算概率值。

6.0.8 净水设备产水量可按下式计算：

$$Q_{\mathrm{j}} = \frac{1.2Q_{\mathrm{d}}}{T_2} \quad (6.0.8)$$

式中：Q_{j}——净水设备产水量（L/h）；

T_2——最高日设计净水设备累计工作时间，可取 10h～16h。

6.0.9 变频调速供水系统水泵应符合下列规定：

1 水泵设计流量应按下式计算：

$$Q_{\mathrm{b}} = q_{\mathrm{s}} \quad (6.0.9\text{-}1)$$

式中：Q_{b}——水泵设计流量（L/s）。

2 水泵设计扬程应按下式计算：

$$H_{\mathrm{b}} = h_0 + Z + \sum h \quad (6.0.9\text{-}2)$$

式中：H_{b}——水泵设计扬程（m）；

h_0——最低工作压力（m）；

Z——最不利水嘴与净水箱（槽）最低水位的几何高差（m）；

$\sum h$——最不利水嘴到净水箱（槽）的管路总水头损失（m）。其计算应符合现行国家标准《建筑给水排水设计规范》GB 50015 的规定。

6.0.10 净水箱（槽）有效容积可按下式计算：

$$V_{\mathrm{j}} = k_{\mathrm{j}} Q_{\mathrm{d}} \quad (6.0.10)$$

式中：V_{j}——净水箱（槽）有效容积（L）；

k_{j}——容积经验系数，一般取 0.3～0.4。

6.0.11 原水调节水箱（槽）容积可按下式计算：

$$V_{\mathrm{y}} = 0.2Q_{\mathrm{d}} \quad (6.0.11)$$

式中：V_{y}——原水调节水箱（槽）容积（L）。

6.0.12 原水水箱（槽）的进水管管径宜按净水设备产水量设计，并应根据反洗要求确定水量。当进水管的供水能力满足预处理的流量和压力要求时，原水水箱（槽）可不设置。

7 净水机房

7.0.1 净水机房应保证通风良好。通风换气次数不应小于 8 次/h，进风口应远离污染源。

7.0.2 净水机房应有良好的采光或照明，工作面混合照度不应小于200 lx，检验工作场所照度不应小于540 lx，其他场所照度不应小于100 lx。

7.0.3 净水设备宜按工艺流程进行布置，同类设备应相对集中布置。机房上方不应设置卫生间、浴室、盥洗室、厨房、污水处理间等。除生活饮用水以外的其他管道不得进入净水机房。

7.0.4 净水机房的隔振防噪设计，应符合现行国家标准《民用建筑隔声设计规范》GB 50118的规定。

7.0.5 净水机房应满足生产工艺的卫生要求，并应符合下列规定：

1 应有更换材料的清洗、消毒设施和场所；

2 地面、墙壁、吊顶应采用防水、防腐、防霉、易消毒、易清洗的材料铺设；

3 地面应设间接排水设施；

4 门窗应采用不变形、耐腐蚀材料制成，应有锁闭装置，并应设有防蚊蝇、防尘、防鼠等措施。

7.0.6 净水机房应配备空气消毒装置。当采用紫外线空气消毒时，紫外线灯应按1.5W/m^3吊装设置，距地面宜为2m。

7.0.7 净水机房宜设置更衣室，室内宜设有衣帽柜、鞋柜等更衣设施及洗手盆。

7.0.8 净水机房应配备主要检测项目的检测设备，宜设置化验室；宜安装水质在线监测系统，设置水质监测点。

7.0.9 净水箱（罐）的设置应符合下列规定：

1 不应设置溢流管；

2 应设置空气呼吸阀。

7.0.10 饮用净水化学处理剂应符合现行国家标准《饮用水化学处理剂卫生安全性评价》GB/T 17218的规定。

7.0.11 净水处理设备的启停应由水箱中的水位自动控制。

7.0.12 净水机房内消毒设备采用臭氧消毒时，应设置臭氧尾气处理装置。

8 水质检验

8.0.1 建筑与小区管道直饮水系统应进行日常供水水质检验。水质检验项目及频率应符合表8.0.1的规定。

表8.0.1 水质检验项目及频率

检验频率	日检	周检	年检	备注
检验项目	浑浊度； pH值； 耗氧量（未采用纳滤、反渗透技术）； 余氯； 臭氧（适用于臭氧消毒）； 二氧化氯（适用于二氧化氯消毒）	细菌总数； 总大肠菌群； 粪大肠菌群； 耗氧量（采用纳滤、反渗透技术）	现行行业标准《饮用净水水质标准》CJ 94全部项目	必要时另增加检验项目

注：日常检查中可使用在线监测设备，实时监控水质变化，对水质的突然变化作出预警。

8.0.2 水样采集点设置及数量应符合下列规定：

1 日、周检验项目的水样采样点应设置在建筑与小区管道直饮水供水系统原水入口处、处理后的产品水总出水点、用户点和净水机房内的循环回水点；

2 系统总水嘴数不大于500个时应设2个采样点；500个～2000个时，每500个应增加1个采样点；大于2000个时，每增加1000个应增加1个采样点。

8.0.3 当遇到下列四种情况之一时，应分别按现行行业标准《饮用净水水质标准》CJ 94的全部项目进行检验：

1 新建、扩建、改建的建筑与小区管道直饮水工程；

2 原水水质发生变化；

3 改变水处理工艺；

4 停产30d后重新恢复生产。

8.0.4 检验报告应全面、准确、清晰，并应存档。

9 控制系统

9.0.1 建筑与小区管道直饮水制水和供水系统宜设手动和自动控制系统。控制系统运行应安全可靠，应设置故障停机、故障报警装置，并宜实现无人值守、自动运行。

9.0.2 水处理系统配备的检测仪表应符合下列规定：

1 应配备水量、水压、液位等实时检测仪表；

2 根据水处理工艺流程的特点，宜配置水温、pH值、余氯、余臭氧、余二氧化氯等检测仪表；

3 宜设有SDI仪测量口及SDI仪。

9.0.3 宜选择配置水质在线监测系统，并监测浑浊度、pH值、总有机碳、余氯、二氧化氯、重金属等指标。

9.0.4 净水机房监控系统中应有各设备运行状态和系统运行状态指示或显示，应依照工艺要求按设定的程序进行自动运行。

9.0.5 监控系统宜能显示各运行参数，并宜设水质实时检测网络分析系统。

9.0.6 净水机房电控系统中应对缺水、过压、过流、过热、不合格水排放等问题有保护功能，并应根据反馈信号进行相应控制、协调系统的运行。

10 施工安装

10.1 一般规定

10.1.1 施工安装前应具备下列条件：

1 施工图及其他设计文件应齐全，并已进行设计交底；

2 施工方案或施工组织设计已批准；

3 施工力量、施工场地及施工机具等能保证正常施工；

4 施工人员应经过相应的安装技术培训。

10.1.2 管道敷设应符合国家现行标准《薄壁不锈钢管道技术规范》GB/T 29038 和《建筑给水金属管道工程技术规程》CJJ/T 154 的相关规定。

10.1.3 当管道或设备质量有异常时，应在安装前进行技术鉴定或复检。

10.1.4 施工安装应符合图纸要求，并应符合国家现行标准《薄壁不锈钢管道技术规范》GB/T 29038 和《建筑给水金属管道工程技术规程》CJJ/T 154 的施工要求，不得擅自修改工程设计。

10.1.5 同一工程应安装同类型的设施或管道配件，除有特殊要求外，应采用相同的安装方法。

10.1.6 不同的管材、管件或阀门连接时，应使用专用的转换连接件。

10.1.7 管道安装前，管内外和接头处应清洁，受污染的管材和管件应清理干净；安装过程中严禁杂物及施工碎屑落入管内；施工后应及时对敞口管道采取临时封堵措施。

10.1.8 丝扣连接时，宜采用聚四氟乙烯生料带等材料，不得使用厚白漆、麻丝等可能对水质产生污染的材料。

10.1.9 系统控制阀门应安装在易于操作的明显部位，不得安装在住户内。

10.2 管道敷设

10.2.1 室外埋地管道的覆土深度，应根据各地区土壤冰冻深度、车辆荷载、管道材质及管道交叉等因素确定，管道最小覆土深度不得小于土壤冰冻线以下 0.15m，行车道下的管道覆土深度不宜小于 0.7m。

10.2.2 室外埋地管道管沟的沟底应为原土层，或为夯实的回填土，沟底应平整，不得有突出的尖硬物体。沟底土壤的颗粒径大于 12mm 时宜铺 100mm 厚的砂垫层。管周回填土不得夹杂硬物直接与管壁接触。应先用砂土或颗粒径不大于 12mm 的土壤回填至管顶上侧 300mm 处，经夯实后方可回填原土。

10.2.3 埋地金属管道应做防腐处理。

10.2.4 建筑物内埋地敷设的直饮水管道与排水管之间平行埋设时净距不应小于 1m；交叉埋设时净距不应小于 0.15m，且直饮水管应在排水管的上方。

10.2.5 建筑物内埋地敷设的直饮水管道埋深不宜小于 300mm。

10.2.6 架空管道绝热保温应采用橡塑泡棉、离心玻璃棉、硬聚氨酯、复合硅酸镁等材料。

10.2.7 室内明装管道宜在建筑装修完成后进行。

10.2.8 室内直饮水管道与热水管上下平行敷设时应在热水管下方。

10.2.9 直饮水管道不得敷设在烟道、风道、电梯井、排水沟、卫生间内。直饮水管道不宜穿越橱窗、壁柜。

10.2.10 直埋暗管封闭后，应在墙面或地面标明暗管的位置和走向。

10.2.11 减压阀组的安装应符合下列规定：

1 减压阀组应先组装、试压，在系统试压合格后安装到管道上；

2 可调式减压阀组安装前应进行调压，并调至设计要求压力。

10.2.12 水表安装应符合现行国家标准《封闭满管道中水流量的测量 饮用冷水水表和热水水表 第 2 部分：安装要求》GB/T 778.2 的规定，外壳距墙壁净距不宜小于 10mm，距上方障碍物不宜小于 150mm。

10.2.13 管道支、吊架的安装应符合下列规定：

1 管道支、吊架的安装应符合国家现行标准《薄壁不锈钢管道技术规范》GB/T29038 和《建筑给水金属管道工程技术规程》CJJ/T 154 的相关规定；

2 管道安装时应按不同管径和要求设置管卡或吊架，位置应准确，埋设应平整，管卡与管道接触应紧密，且不得损伤管道表面；

3 同一工程中同层的管卡安装高度应在同一平面。

10.3 设备安装

10.3.1 净水设备的安装应按工艺要求进行。在线仪表安装位置和方向应正确，不得少装、漏装。

10.3.2 筒体、水箱、滤器及膜的安装方向应正确，位置应合理，并应满足正常运行、换料、清洗和维修要求。

10.3.3 设备与管道的连接及可能需要拆换的部分应采用活接头连接方式。

10.3.4 设备排水应采取间接排水方式，不应与排水管道直接连接，出口处应设防护网罩。

11

10.3.5 设备、水泵等应采取可靠的减振装置，其噪声应符合现行国家标准《民用建筑隔声设计规范》GB 50118 的规定。

10.3.6 设备中的阀门、取样口等应排列整齐，间隔均匀，不得渗漏。

10.4 施 工 安 全

10.4.1 使用电动切割工具连接管道时应符合现行行业标准《施工现场临时用电安全技术规范》JGJ 46 的规定。

10.4.2 已安装的管道不得作为拉攀、吊架等使用。

10.4.3 净水设备的电气安全应符合现行国家标准《电气装置安装工程 低压电器施工及验收规范》GB 50254 和《建筑电气工程施工质量验收规范》GB 50303 的规定。

11 工 程 验 收

11.1 管 道 试 压

11.1.1 管道安装完成后，应分别对室内及室外管段进行水压试验。水压试验必须符合设计要求。不得用气压试验代替水压试验。

11.1.2 当设计未注明时，各种材质的管道系统试验压力应为管道工作压力的 1.5 倍，且不得小于 0.60MPa。暗装管道应在隐蔽前进行试压及验收。

11.1.3 金属管道系统在试验压力下观察 10min，压力降不应大于 0.02MPa。降到工作压力后进行检查，管道及各连接处不得渗漏。

11.1.4 水罐（箱）应做满水试验。

11.2 清洗和消毒

11.2.1 建筑与小区管道直饮水系统试压合格后应对整个系统进行清洗和消毒。

11.2.2 直饮水系统冲洗前，应对系统内的仪表、水嘴等加以保护，并应将有碍冲洗工作的减压阀等部件拆除，用临时短管代替，待冲洗后复位。

11.2.3 直饮水系统应采用自来水进行冲洗。冲洗水流速宜大于 2m/s，冲洗时应保证系统中每个环节均能被冲洗到。系统最低点应设排水口，以保证系统中的冲洗水能完全排出。清洗后，冲洗出口处（循环管出口）的水质应与进水水质相同。

11.2.4 直饮水系统较大时，应利用管网中设置的阀门分区、分幢、分单元进行冲洗。

11.2.5 用户支管部分的管道使用前应再进行冲洗。

11.2.6 直饮水系统经冲洗后，应采用消毒液对管网灌洗消毒。消毒液可采用含 20mg/L～30mg/L 的游离氯溶液，或其他合适的消毒液。

11.2.7 循环管出水口处的消毒液浓度应与进水口相同，消毒液在管网中应滞留 24h 以上。

11.2.8 管网消毒后，应使用直饮水进行冲洗，直至各用水点出水水质与进水口相同为止。

11.2.9 净水设备的调试应根据设计要求进行。净水设备应经清洗后才能正式通水运行；设备连接管道等正式使用前应进行清洗消毒。

11.3 验 收

11.3.1 建筑与小区管道直饮水系统安装及调试完成后，应进行验收。系统验收应符合下列规定：

1 工程施工质量应按现行国家标准《建筑给水排水及采暖工程施工质量验收规范》GB 50242 及《建筑工程施工质量验收统一标准》GB 50300 的规定进行验收。

2 机电设备安装质量应按照国家现行标准《施工现场临时用电安全技术规范》JGJ 46、《电气装置安装工程 低压电器施工及验收规范》GB 50254 和《建筑电气工程施工质量验收规范》GB 50303 的规定进行验收。

3 水质验收应经卫生监督管理部门检验，水质应符合现行行业标准《饮用净水水质标准》CJ 94 的规定。水质采样点应符合本规程第 8.0.2 条的规定。

11.3.2 竣工验收应包括下列内容：

1 系统的通水能力检验，按设计要求同时开放的最大数量的配水点应全部达到额定流量；

2 循环系统的循环水应顺利回至机房水箱内，并应达到设计循环流量；

3 系统各类阀门的启闭应灵活，仪表指示应灵敏；

4 系统工作压力应正确；

5 管道支、吊架安装位置应正确和牢固；

6 连接点或接口的整洁、牢固和密封性；

7 控制设备中各按钮的灵活性，显示屏显示字符清晰度；

8 净水设备的产水量应达到设计要求；

9 当采用臭氧消毒时，净水机房内空气的臭氧浓度应符合现行国家标准《室内空气质量标准》GB/T 18883 的规定。

11.3.3 系统竣工验收合格后施工单位应提供下列文件资料：

1 施工图、竣工图及设计变更资料；

2 管材、管件及主要管道附件的产品质量保证书；

3 管材、管件及设备的省、直辖市级及以上的卫生许可批件；

4 隐蔽工程验收和中间试验记录；

5 水压试验和通水能力检验记录；

6 管道清洗和消毒记录；

7 工程质量事故处理记录；

8 工程质量检验评定记录；

9 卫生监督部门出具的水质检验合格报告。

11.3.4 验收合格后应将有关设计、施工及验收的文件立卷归档。

12 运行维护和管理

12.1 一 般 规 定

12.1.1 净水站应制定管理制度，岗位操作人员应具备健康证明，并应经专业培训合格后才能上岗。

12.1.2 运行管理人员应熟悉直饮水系统的水处理工艺和所有设施、设备的技术指标和运行要求。

12.1.3 化验人员应了解直饮水系统的水处理工艺，熟悉水质指标要求和水质项目化验方法。

12.1.4 生产运行、水质检测应制定操作规程。操作规程应包括操作要求、操作程序、故障处理、安全生产和日常保养维护要求等。

12.1.5 生产运行应有运行记录，宜包括交接班记录、设备运行记录、设备维护保养记录、管网维护维修记录和用户维修服务记录。

12.1.6 水质检测应有检测记录，宜包括日检记录、周检记录和年检记录等。

12.1.7 故障事故时应有故障事故记录。

12.1.8 生产运行应有生产报表，水质监测应有监测报表，服务应有服务报表和收费报表，包括月报表和年报表。

12.2 室外管网和设施维护

12.2.1 应定期巡视室外埋地管网及架空管网线路，管网沿线应无异常情况，应及时消除影响输水安全的因素。

12.2.2 应定期检查阀门井，井盖不得缺失，阀门不得漏水，并应及时补充、更换。

12.2.3 应定期检测平衡阀工况，出现变化应及时调整。

12.2.4 应定期分析供水情况，发现异常时应及时检查管网及附件，并排除故障。

12.2.5 当发生埋地管网及架空管网爆管情况时，应迅速停止供水并关闭所有楼栋供回水阀门，从室外管网泄水口将水排空，然后进行维修。维修完毕后，应对室外管道进行试压、冲洗和消毒，并应符合本规程第11.1节和第11.2节的规定后，才能继续供水。

12.3 室内管道维护

12.3.1 应定期检查室内管网，供水立管、上下环管不得有漏水或渗水现象，发现问题应及时处理。

12.3.2 应定期检查减压阀工作情况，记录压力参数，发现压力异常时应及时查明原因并调整。

12.3.3 应定期检查自动排气阀工作情况，出现问题应及时处理。

12.3.4 室内管道、阀门、水表和水嘴等，严禁遭受高温或污染，避免碰撞和坚硬物品的撞击。

12.4 运 行 管 理

12.4.1 操作人员应严格按操作规程要求进行操作。

12.4.2 运行人员应对设备的运行情况及相关仪表、阀门进行经常性检查，并应做好设备运行记录和设备维修记录。

12.4.3 应按照设备维护保养规程定期对设备进行维护保养。

12.4.4 设备的易损配件应齐全，并应有规定量的库存。

12.4.5 设备档案、资料应齐全。

12.4.6 应根据原水水质、环境温度、湿度等实际情况，经常调整消毒设备参数。

12.4.7 当采用定时循环工艺时，循环时间宜设置在用水量低峰时段。

12.4.8 在保证细菌学指标的前提下，宜降低消毒剂投加量。

12.4.9 每半年应对系统的管路和水箱进行一次清洗和浸泡，并应符合本规程第11.1节和第11.2节的规定。

中华人民共和国行业标准

建筑与小区管道直饮水系统技术规程

CJJ/T 110—2017

条 文 说 明

11

目　次

11

1 总 则

1.0.1 我国建筑与小区管道直饮水的出现，是国民经济发展到一定水平的必然产物。随着物质文化生活水平的提高，人们对饮水质量提出了更高的要求。虽然，目前供水（自来水）水质符合国家生活饮用水的标准要求，但与国外先进水平尚有一定差距。在水源受到污染情况下，由于传统净水工艺的局限，饮用水水质安全性难以保证。为规范建筑与小区管道直饮水工程的设计、施工、验收、运行维护和管理，加强饮用净水的卫生安全性，制定本规程。

2 术语和符号

英文部分参考了国外有关出版物的相关词条，由于国际标准中没有这方面的统一规定，各个国家的英文使用词汇也不尽相同，故英文部分仅作为推荐英文对应词。

3 水质、水量和水压

3.0.1 本条规定了建筑与小区管道直饮水需符合的水质标准。随着生活环境的不断改善，生活水平的不断提高，人们对饮用净水提出了更高的要求。为此，住房和城乡建设部在1999年颁布了行业标准《饮用净水水质标准》CJ 94，并于2005年对其进行了修订。该标准适用于以城市自来水或符合生活饮用水卫生标准的其他水源水为原水，在建筑或小区内经再净化后可供给用户直接饮用的管道直饮水。本规程条文中明确提出以该标准作为本规程规定的水质标准。

3.0.2 本条规定最高日直饮水定额，主要用于人员饮用、煮饭烹饪。个人日直饮水定额的多少随经济水平、生活习惯、水费、水嘴水流特性、当地气温等因素的变化而不同。在条文中住宅规定的值参照了国内已建工程的设计值。并根据日本的优(上)质水系统的用量，用于饮用的为1L/(人·d)～3L/(人·d)，饮用和烹饪做饭用量为3L(人·d)～6L/(人·d)；德国居民平均日用水量约为128L，用于饮用和做饭4%，约合5.12L。本次修订新增加的航站楼、火车站、客运站的直饮水定额参考国家标准《铁路旅客车站建筑设计规范》GB 50226-2007(2011年版)第8.1.3节取值。其他数值根据国家标准《建筑给水排水设计规范》GB 50015-2003(2009年版)第5.7节取值。

3.0.3、3.0.4 为了获得建筑与小区管道直饮水水嘴额定流量，中国建筑设计院有限公司在进行《建筑和居住小区优质水供应技术》的课题研究时，做了ϕ10mm不锈钢压启式长颈水嘴（样品）压力和流量的特性曲线，与国外的两种专用饮水水嘴（标准型和液压型）做了对比（图1），以此作为本条所规定值的依据。

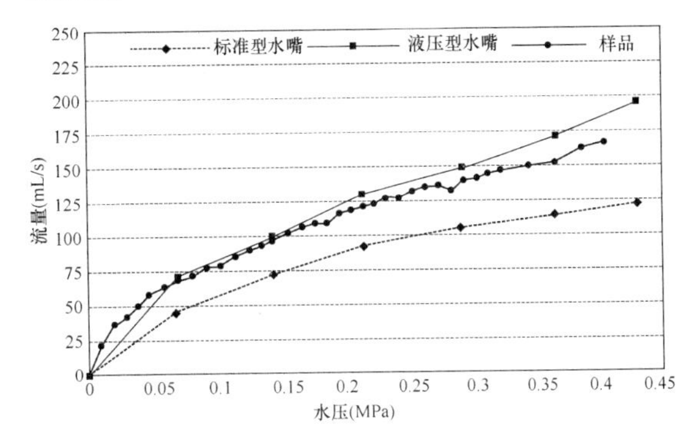

图1 不同水嘴流量与水压关系比较

4 水 处 理

4.0.1～4.0.3 饮用水常规处理工艺（如混凝、沉淀、过滤、消毒）对水中的悬浮物（浊度）、胶体物和病原微生物有很好的去除效果，对水中的一些无机污染物，如某些重金属离子和少量的有机物有一定的去除效果。然而，目前饮用水处理面临的问题，除了原有的泥砂、胶体物质和病原微生物外，主要有：有机污染物、氨氮、消毒副产物、水质稳定性等。对于微污染水源，常规处理工艺对总有机碳和病毒的去除率分别约为30%和55%，滤后水中贾第虫和隐孢子虫检出率分别为20%和29.3%，加上消毒副产物THMs（一般为40μg/L～70μg/L）及供输配系统二次污染，严重地威胁着人们的饮水安全，所以，在条文中提出原水应深度净化处理的要求。同时，不同水源经常规处理工艺的水厂处理后出水又不相同，所以居住小区和建筑饮用净水的处理工艺流程的选择，一定要根据原水的水质情况来确定。不同的处理技术有不同的水质适用条件，而且不同处理技术的造价、能耗、水的利用率、运行管理要求等也是不相同的。采用不同的净化处理工艺流程将会影响工程投资和制水成本，并且相差的数额较大，所以选择工艺、处理单元和工艺参数一定要有实用性和针对性。如果原水受到严重污染，水质很差，则应根据水质检测资料，通过试验确定工艺流程。

确定工艺流程前，应进行原水水质的收集和校对，原水水质分析资料是决定饮用水制备工艺流程的一项重要资料。应视水质情况和用户对水质要求，针对性地选择工艺流程，以满足直饮水卫生安全的要求。

选择合理工艺，经济高效地去除不同污染是工艺选择的目的。处理后的建筑与小区管道直饮水水质应达到健康的要求，即去除水中有害物质，亦应保留对人体有益的成分和微量元素。所以，优化选择饮水深度净化工艺，是生产安全且有益健康的直饮水的重要保障。技术经济综合评价则是水处理方案实施可行的依据。

通过工程实践，国内取得较好效果的直饮水工程及其工艺流程有：

1 深圳某小区管道直饮水系统采用工艺，如图2所示。

经臭氧-生物活性炭与膜组合工艺处理，将自来水浊度从0.3NTU～0.8NTU降至0.1NTU以下，高锰酸钾指数由1.5mg/L～4mg/L降至0.5mg/L～1.5mg/L，去除率达68.0%；UV254由0.07cm^{-1}～0.12cm^{-1}降为0.009cm^{-1}～0.023cm^{-1}，去除率为83%；总有机碳由2400μg/L～2900μg/L降为700μg/L～1600μg/L；Ames试验由阳性转变为阴性；将0.1mg/L～0.45mg/L的亚硝酸盐氮和0.03mg/L～0.35mg/L的氨氮降至检测限以下，同时出水硝酸盐浓度≤10mg/L，说明该系统具有安全的运行效能。但本流程无脱盐工艺，因此仅适用于含盐量、硬度等金属离子含量小于饮用净水水质要求的原水的处理。

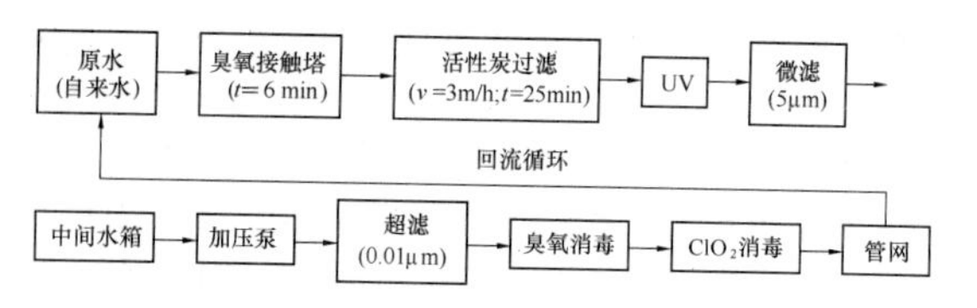

图2 建筑与小区管道直饮水系统工艺流程（一）

2 东北某市管网有机物微污染水作为建筑与小区管道直饮水原水的处理工艺流程，如图3所示。

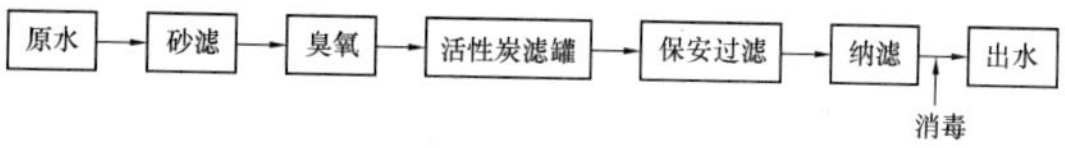

原水 → 砂滤 → 臭氧 → 活性炭滤罐 → 保安过滤 → 纳滤 → 出水（消毒）

图3 建筑与小区管道直饮水系统工艺流程（二）

处理效果见表1。

表1 直饮水纳滤膜净化效果

序号	检测项目	原水	砂滤出水	活性炭出水	纳滤出水	去除率(%)	国家标准	
							88项指标	2005版饮用净水标准
1	色度(度)	12	5	5	5	—	≤15	≤5
2	浊度(NTU)	4.5	1.0	0.2	0.2	95.5	≤3	≤0.5
3	pH值	7.72	7.91	7.87	7.73	—	6.5～8.5	6.0～8.5
4	三氯甲烷(μg/L)	48.5	40.3	0.5	0.3	99.4	≤60	≤30
5	四氯化碳(μg/L)	0.02	0.02	0.005	0.004	80	≤3	≤2
6	1，1，2-三氯乙烷(μg/L)	36.6	35.2	未检出	未检出	100	总量≤1	—
7	耗氧量(mg/L)	1.7	1.7	0.8	0.6	64.7	≤5	≤2
8	总有机碳(mg/L)	4.3	4.020	3.910	0.6	86.0	—	—
9	钒(mg/L)	0.004	0.002	<0.002	<0.002	—	≤0.1	—
10	油(mg/L)	0.05	0.08	0.03	<0.03	—	≤0.01	—
11	铁离子(mg/L)	0.12	0.05	0.05	0.05	58.3	≤0.3	≤0.2
12	钠离子(mg/L)	35.115	37.244	35.200	20.477	41.7	≤200	—
13	钾离子(mg/L)	1.675	1.641	1.700	1.012	39.6	—	—
14	钙离子(mg/L)	26.052	32.064	25.651	12.425	52.3	≤100	—
15	镁离子(mg/L)	7.296	4.864	6.08	2.189	70.0	≤50	—
16	碱度(以$CaCO_3$计)(mg/L)	57.546	57.546	55.044	32.526	43.5	>30	—
17	总硬度(以$CaCO_3$计)(mg/L)	95.076	85.068	89.071	40.032	57.9	≤450	≤300
18	电导率(μS/cm)	316	316	316	146	53.8	≤400	—
19	氯化物(mg/L)	—	—	15.143	12.891	14.9	≤250	—
20	硫酸盐(mg/L)	—	—	6.393	3.12	51.2	≤250	—
21	可吸附有机卤素(μg/L)	198.075	199.087	54.407	24.243	87.8	—	—
22	HCO_3^-(mg/L)	—	—	73.224	57.969	20.8	—	—

该项目通过工艺试验选定适用于饮用水的纳滤膜（出水中有益健康的离子含量要高），满足直饮水的水质目标。试验证明：臭氧活性炭、纳滤处理工艺对微污染水的处理是行之有效的，完全可以达到直饮水的水质目标。

3 宁波某小区直饮水工艺流程，如图4所示。

水源水质好的经超越管处理，水源水质差（水厂水源为≥3级地面水，即三类以上水体）的经全工艺过程处理，处理后的水质完全符合和优于现行行业标准《饮用净水水质标准》CJ 94 的规定，水样经 Ames 试验，出水均为阴性。该系统采用二级活性炭吸附过滤，适用于取自多水源的水厂出厂水（自来水）饮用净水工程借鉴。

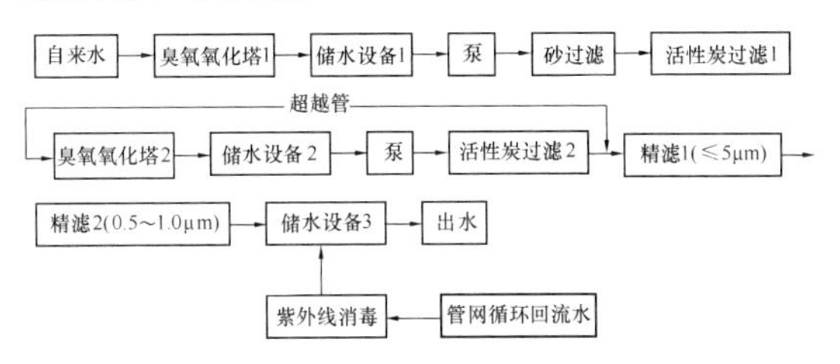

图4 建筑与小区管道直饮水系统工艺流程（三）

4 上海某星级饭店饮用净水系统工艺流程，如图5所示。

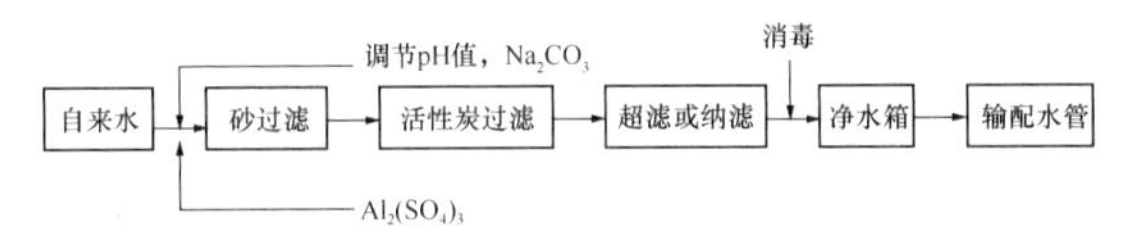

图5 建筑与小区管道直饮水系统工艺流程（四）

这种经深度处理后的管道直饮净水，保留了水中对人体有益的钙、镁、钠等元素，可直接饮用，有利于人体健康，符合现代社会新的健康概念。该系统的出水经医学卫生检测和监督等有关单位跟踪采样检测及评审，达到了欧盟水质要求和建设部城市供水2000年一类水质目标。

5 北京、广州地区常用的纯净水处理工艺流程，如图6所示。

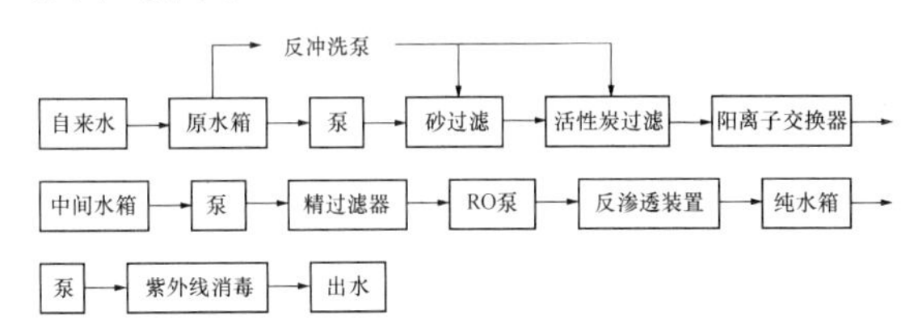

图6 建筑与小区管道直饮水系统工艺流程（五）

注：广州地区自来水水质属软水，未设阳离子交换器。

处理工艺系统实际上由三个部分组成。第一部分预处理，由砂滤和活性炭吸附过滤组成，对纯净水来说属预处理，对自来水来说属深度处理。第二部分（中间）是阳离子交换器、中间水箱、微滤器所组成，阳离子树脂可以是 RNa 型，一般采用 RNa（钠型）。主要去除水中的 Ca^{2+}、Mg^{2+} 离子，使水软化。因水中存在的主要是 Ca^{2+}、Mg^{2+} 的组合物，去除后大大减轻 RO 装置的负担，同时不使 Ca^{2+}、Mg^{2+} 在 RO 膜面结垢。第三部分是由反渗透（RO）装置及后续装置组成，RO 装置是去除水中所有阳离子和阴离子，使出水成为纯净水。"精过滤器"主要起"保安"作用，滤去前置的破碎活性炭和破碎的离子交换树脂。

从反渗透和超滤两种不同工艺来看，二者的最大差别就是对水中离子的处理效果不同。反渗透几乎去除了水中全部的离子，电导率测定值在 12μS/cm 左右；而超滤出水的电导率基本不变，与原水保持一致，一般在 200μS/cm 左右。从各种离子的检测结果也可以看出，经过反渗透工艺后，离子浓度大幅度下降，接近于零。而采用超滤工艺深圳某村净水站出水中，各种离子的浓度基本保持不变，尤其是对人体健康有益的离子，如钾、钙、硅等。反渗透工艺去除了几乎全部的离子成分，而超滤出水保留了水中的绝大部分离子。对水中的重金属指标，二者都可以很好地去除。经反渗透工艺的总有机碳几乎全部去除。COD_{Mn} 的去除两者均达到，反渗透工艺效果稍好于超滤工艺。

6 宁波某集团臭氧型系统工艺特点

1) 独特臭氧氧化：采用某大学研制的独特的高浓度臭氧技术（该技术采用特殊膜电极电解纯水方法制取臭氧，浓度可达 16%～20%）对水进行氧化，可有效地将一些难于被生物降解和活性炭吸收的大分子有机物氧化分解为易于降解和吸附的小分子有机物或 H_2O、CO_2 等，增强后续活性炭吸附和生物降解的效果。在臭氧氧化的同时，还可大大降低水的浊度、色度和臭味，达到净化水的功能，并使水的含氧量提高。

2) 电子活化：水通过变频电磁场时，水分子作为偶极子不断反复极化，改变水的物理结构和物理性质，使水中 $(H_2O)_6$ 增多，增强水的活性，促进人体吸收。

7 某公司的一体化中央净水机组（超滤或纳滤处理工艺）MHW-II-J（C）超滤中央净水机机组特点：

1) 采用超滤技术，将有机污染不太严重、含盐量较低的原水转化为直接饮用的净水，使处理后的水达到现行行业标准《饮用净水水质标准》CJ 94 的水质要求；

2) 经济性：设备采用超滤膜分离技术，其成本比采用纳滤和反渗透膜的中央净水机成本低，产水率高，对小区实现分质供水，投资少；

3）耐久性：活性炭1年左右更换一次，滤芯每6个月左右更换一次，超滤膜寿命为1年～2年，机械部分寿命20年以上；

4）设有液位开关和故障报警装置，采用PLC控制，运行稳定、可靠；

5）设备采用变频循环供水，可实现恒压控制，且连续运行水为活水，确保净水箱和管道中水洁净无菌，避免桶装水、家庭小饮水机长期使用细菌超标的缺陷；

6）多功能一体机，集制水、储水、供水、清洗于一体，砂滤、炭滤、膜再生全部自动控制；

7）既可以降低水的浊度、色度，去除细菌、病毒、有机物等有害物质，同时又可保留对人体有益的矿物质和微量元素；

8）整机设备拆装、维修方便。

MHW-II-J纳滤中央净水机组特点：

1）利用过滤、吸附、纳滤膜分离、紫外线杀菌、电磁活化等现代工艺，采用微电脑自动控制，将地下水、自来水转化为优质饮用净水；

2）采用模块化、系列化设计，将制水、储水、供水、清洗有机设计成一体，安装运输方便，用户仅需将其出入水口接入管网即可实现分质供水；

3）采用进口纳滤膜元件，不同于传统的反渗透，既可以将水中的细菌、病毒及过高的硬度等有害物质去除，同时又可保留对人体有益的矿物质；

4）供水时采用特殊波长的紫外线消毒装置杀灭细菌，并采用先进的电磁活化技术；

5）具有加药清洗功能，对纳滤膜进行周期性全自动清洗再生，使纳滤膜保持高生产能力；

6）过水零部件采用食品级不锈钢，储水设备采用不锈钢全密封设备，不仅抗腐蚀耐用，而且干净卫生，不易产生污染；

7）管网用不了的净水流回净水箱后，要再次进行活化、消毒处理才会供给用户，杜绝死水；

8）采用进口电控器件，具有紫外灯、滤芯、TDS等报警功能，可以实时监控，全自动化控制，使用简便，运行无噪声，安全可靠。

4.0.4 对于建筑与小区管道直饮水系统因水量小、水质要求高，通常使用膜处理技术。

目前膜处理技术包括超滤、纳滤和反渗透。

1 超滤（UF）

超滤膜介于微滤与纳滤之间，且三者之间无明显的分界线。一般来说，超滤膜的截留分子量在500D～1000000D，而相应的孔径在0.01μm～0.1μm之间，这时的渗透压很小，可以忽略。因而超滤膜的操作压力较小，一般为0.2MPa～0.4MPa，主要用于截留去除水中的悬浮物、胶体、微粒、细菌和病毒等大分子物质。因此超滤过程除了物理筛分作用以外，还应考虑这些物质与膜材料之间的相互作用所产生的物化影响。

2 纳滤（NF）

纳滤膜是20世纪80年代末发展起来的新型膜技术。纳滤的特性包括以下6个方面：

1）介于反渗透与超滤之间；

2）孔径在1nm左右，一般1nm～2nm；

3）截留分子量在200D～1000D；

4）膜材料可采用多种材质，如醋酸纤维素、醋酸-三醋酸纤维素、磺化聚砜、磺化聚醚砜、芳香聚酰胺复合材料和无机材料等；

5）一般膜表面带负电；

6）对氯化钠的截留率小于90%。

3 反渗透（RO）

反渗透膜孔径小于1nm，具有高脱盐率（对NaCl去除达95%～99.9%）和对低分子量有机物的较高去除率，使出水Ames致突活性试验呈阴性。目前膜工业上把反渗透过程分成三类：高压反渗透（5.6MPa～10.5MPa，如海水淡化），低压反渗透（1.4MPa～4.2MPa，如苦咸水的脱盐），和超低压反渗透（0.5 MPa～1.4MPa，如自来水脱盐）。反渗透膜用作饮用水净化的缺点是将水中有益于健康的无机离子全部去除，工作压力高（能耗大），水的回收率较低。因此，对于反渗透技术，除了海水淡化、苦咸水脱盐和工程需要之外，一般不推荐用于饮水净化。另外反渗透膜出水pH值呈弱酸性，不宜使用铜质管材，应优先选用不锈钢等耐腐蚀材料作为管材。

其他的水处理技术如电吸附（EST）处理、卡提斯（CARTIS）水处理设备（核心技术为碳化银）以及活性炭分子筛等，其应用应视原水水质情况，在满足饮用净水水质标准，经技术经济分析后，合理选择优化组合工艺。

4.0.5 各种膜净化技术都有明确的适用范围，因此在深度净化工艺设计中，应根据各地直饮水水源的水质特点，并结合用户对直饮水产品水的要求等具体情况有针对性地选用，同时考虑膜处理的特殊要求，在工艺设计中还应设置一定的预处理、后处理单元和膜的清洗设施。

1 预处理的目的是为了减轻后续膜的结垢、堵塞和污染，以保证膜工艺系统的长期稳定运行。一般而言，过滤（如多介质、活性炭、精密过滤、微滤、KDF等方法）、软化（主要为钠离子交换器）和化学处理（如pH值调节、阻垢剂投加、氧化等）是最常见的预处理方法。

预处理是将不同的原水处理成符合膜进水要求的水，以免膜在短期内损坏。其中，反渗透膜和纳滤膜对进水水质的要求见表2。

表2 反渗透膜和纳滤膜对进水水质的要求

项　　目	卷式醋酸纤维素膜	卷式复合膜	中空纤维聚酰胺膜
SDI15	<4(4)	<4(5)	<3(3)
浊度(NTU)	<0.2(1)	<0.2(1)	<0.2(0.5)
铁(mg/L)	<0.1(0.1)	<0.1(0.1)	<0.1(0.1)
游离氯(mg/L)	0.2～1(1)	0(0.1)	0(0.1)
水温(℃)	25(40)	25(45)	25(40)
操作压力(MPa)	2.5～3.0(4.1)	1.3～1.6(4.1)	2.4～2.8(2.8)
pH值	5～6(6.5)	2～11(11)	4～11(11)

注：括号内为最大值。

2 后处理是指膜处理后的保质或水质调整处理。为了保证建筑与小区管道直饮水水质的长期稳定性，通常需要采用一定的方法进行保质，常用方法有：臭氧、紫外线、二氧化氯或氯等。

此外，在一些建筑与小区管道直饮水工程中需要对膜产品水进行水质调整处理，以获得饮水的某些特殊附加功能（如健康美味、活化等，其中某些功能尚有待进一步研究论证），常用方法有：pH值调节、温度调节、矿化（如麦饭石、木鱼石等）过滤、（电）磁化等。

3 膜污染是造成膜组件运行失常的主要影响因素。膜污染可定义为：当截留的污染物质没有从膜表面传质回主体液流（进水）中，膜面上污染物质的沉淀与积累，使水透过膜的阻力增加，妨碍了膜面上的溶解扩散，从而导致膜产水量和水质的下降。同时，由于沉积物占据了水流通道空间，限制了组件中的水流流动，增加了水头损失。这些沉积物可通过物理、化学及物理化学方法去除，因而膜产水量是可恢复的。然而，膜产水量的下降将影响膜的运行和投资费用，这是因为产水量决定了膜的清洗频率与膜更换的频率（当产生大量不可去除的污染时）。

膜的污染物可分为六大类：①悬浮固体或颗粒；②胶体；③难溶性盐；④金属氧化物；⑤生物污染物；⑥有机污染物。

膜的清洗包括物理清洗（如冲洗、反冲洗等）和化学清洗，可根据不同的膜形式及膜污染类型进行系统配套设计。

常用的化学清洗剂见表3所示。

表3 常用的化学清洗剂

化学药剂	污染物类型					
	碳酸盐垢	SiO_2	硫酸盐垢	金属胶体	有机物	微生物
0.2%HCl(pH值2.0) a)	√	—	—	√	—	—
2%柠檬酸+氨水(pH值4.0)	√	—	√	√	—	—
2%柠檬酸+氨水(pH值8.0)	—	√	—	—	—	—
1.5%Na_2EDTA+NaOH(pH值7-8)或1.5%Na_4EDTA+HCl(pH值7-8)	—	√	—	—	—	—
1.0%$Na_2S_2O_4$	—	—	√	√	—	—
NaOH(pH值11.9) a)	—	√	—	√	√	—
0.1%EDTA+NaOH(pH值11.9)	—	√	—	—	√	√
0.5%十二烷基硫酸酯钠+NaOH(pH值11.0) a)	—	√	—	√	√	√
三磷酸钠，磷酸三钠和EDTA	—	—	—	—	√	√

注："√"表示清洗效果良好；a)指不能用于醋酸纤维素膜的清洗。

通常，纳滤和反渗透膜一般用化学清洗；对于超滤系统，一般为中空纤维膜，所以多用水反冲洗或气水反冲。有关膜的特性以及诸如清洗方法、药剂选择、膜污染判断、清洗设备和系统、清洗有关注意事项、清洗效果评价和膜停机保护，均可向膜公司或专业清洗公司咨询。

根据国内有关单位完成的建筑与小区管道直饮水系统的试验研究以及国内外直饮水系统工程经验总结，考察了不同情况下采用的各种不同的工艺，结果表明，处理工艺需根据原水水质特点和出水水质要求，有针对性地优化组合预处理、膜处理和后处理。

对于以城市自来水为水源的直饮水深度处理工艺，本着经济、实用的原则，采用臭氧活性炭或活性炭再辅以微滤或超滤过滤和消毒工艺，充分发挥各自的处理优势，是可以满足直饮水水质要求的。只有在某些城市水源污染较严重、含盐量较高、水中低分子极性有机物较多的自来水深度净化中，才考虑采用纳滤。至于反渗透技术用于直饮水深度净化，除要求达到纯净水水质外，一般宜少用。反渗透出水的 pH 值一般均小于 6，需调节 pH 值后才能满足直饮水水质标准的要求。

通过试验表明，以城市自来水为水源，配以合理的预处理，根据原水水质不同，可采用不同处理单元的组合：

1）原水为微污染水，硬度和含盐量适中或稍低，采用“活性炭＋超滤”；

2）原水为微污染水，硬度和含盐量偏高，采用“活性炭＋纳滤”或“活性炭＋反渗透”；

3）原水有机物污染严重，采用“臭氧＋纳滤”或“臭氧氧化＋活性炭＋反渗透”。

4.0.6 本条是根据现行行业标准《饮用净水水质标准》CJ 94 提出的消毒剂残留浓度要求。为了确保管网末梢水在使用过程中不滋生细菌，游离性余氯的浓度一般控制在≥0.01mg/L。从口感考虑，游离性余氯含量越低越好，消毒系统应能做到调节控制，一般控制供水 0.05mg/L～0.08mg/L；回水 0.03mg/L～0.05mg/L。本次修订列举了几种消毒方式，其中的光催化氧化技术利用特定光源激发光催化材料，产生具有极强氧化性的羟基自由基，羟基自由基可夺取细菌、病毒、微生物等组织中的氢，直接破坏并摧毁其细胞组织，将水中的细菌、病毒、微生物、有机物等迅速分解成 CO_2 和 H_2O，使微生物细胞失去复活、繁殖的物质基础，从而达到彻底分解水中细菌、病毒、微生物、有机物等。光催化氧化技术在杀菌消毒过程中无需添加任何化学药剂，无副产物，无有害残留物。

4.0.7 本条规定是根据节水、节能要求所提出，考虑到实际回用情况，本次修订将“应回收利用”改为“宜回收利用”。

5 系 统 设 计

5.0.1 为了卫生安全和防止污染，本条强调建筑与小区管道直饮水系统应单独设置，不得与市政或建筑供水系统直接相连。

5.0.2 为了保证供水和循环回水的合理和安全性，工程建设中建筑与小区管道直饮水系统应根据建设规模，分期建设、建筑物性质和楼层高度，经技术经济综合比较来确定采取集中供水系统或分片区供水系统，或在一幢建筑物中设一个或多个供水系统。

5.0.3 本条所规定的两种供水方式，特别适合于建筑与小区管道直饮水供水系统。小区集中供水时，为有利于保持水质卫生，应优先选用无高位水罐（箱）的供水系统，并宜采用变频调速泵供水系统（图 7、图 8）。

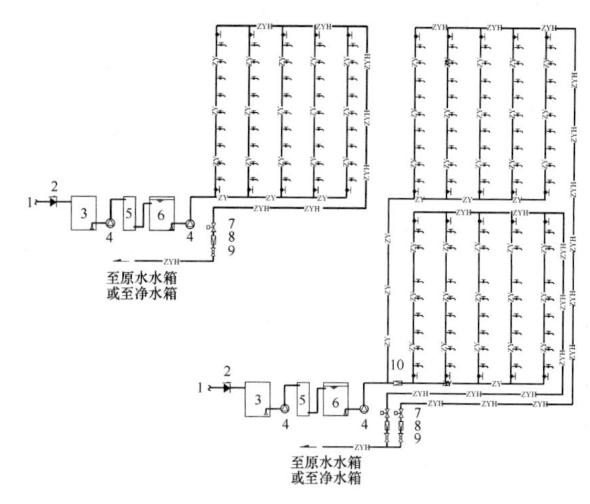

图 7　变频调速供水泵系统示意

1—城市供水；2—倒流防止器；3—预处理；4—水泵；5—膜过滤；6—净水箱（消毒）；7—电磁阀；8—可调式减压阀；9—流量调节阀（限流阀）；10—减压阀

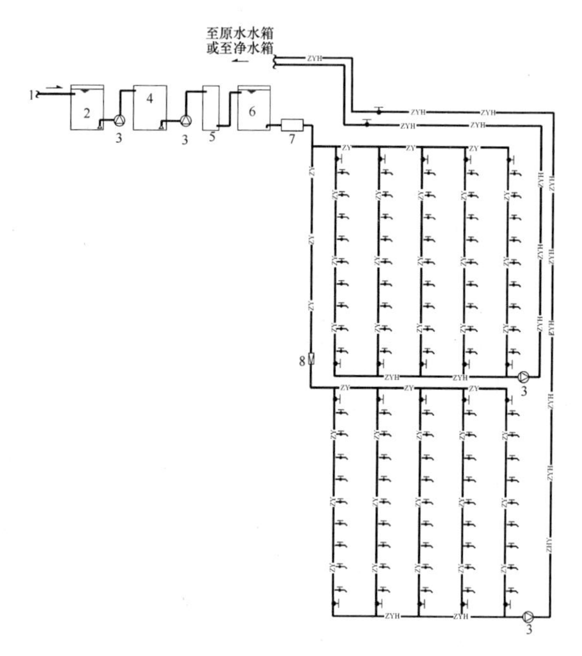

图 8　屋顶水箱重力供水系统

1—城市供水；2—原水水箱；3—水泵；4—预处理；5—膜过滤；6—净水箱；7—消毒器；8—减压阀

5.0.4 用水量小、供回水系统少的建筑与小区管道直饮水处理设备和供水系统的净水机房，可利用地下室的空间，宜设于建筑物内。根据工程经验，处理水量 $15m^3/d$～$20m^3/d$，面积约占 $20m^2$～$50m^2$；大型的净水机房，日处理水量大，系统多，机房内设有净化处理设备、化验、控制室、仓库和办公、维护等辅助用房，所需面积大，机房净高要求高，如某工程设计的规模约 $200m^3/d$，净水站总面积约为 $300m^2$，所以宜设独立净水机房。单建净水站时，其建筑形式

（跨度、开间、层高等）应根据机房内设备尺寸、设备布置、设备安装及使用、检修要求等而定。

为了小区供水系统的均衡性，应将净水机房设在距用水点较近的地点或在小区居中位置，有利于实现系统的全循环，减少水质降低的程度和缩短输水的距离，有利于卫生安全运行，便于维护管理。

规模大的建筑小区，机房可分别建立，实现分区供水。

5.0.5 建筑与小区管道直饮水供水系统运行使用时，各楼层饮水嘴的流量差异越小越好，所以直饮水系统的分区压力宜小于建筑给水系统的取值。

5.0.6 本条说明了小区内或建筑物内可设一个集中供水系统，亦可分系统供应，或根据建筑物高度分区供应。除应满足分区压力要求外，设计中应采取可靠的减压措施，可设可调式减压阀以保证回水管的压力平衡（图9）。

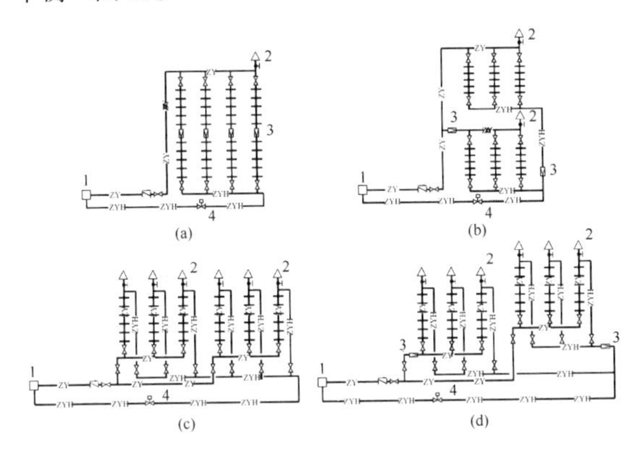

图9 建筑与小区管道直饮水管网几种布置

1—水箱；2—自动排气阀；3—可调式减压阀；4—电磁阀或控制回流装置

（a）适用于高度＜50m、立管数较少的建筑物（低区亦可用支管可调试减压阀）；

（b）适用于高度＞50m、立管数较多的高层建筑；

（c）适用于多幢多层的小区建筑；

（d）适用于高、多层的群体建筑。

5.0.7 本条针对小区建筑物较多，供水范围大以及单体建筑内立管多，规定了室内外供水管网采用“全循环同程系统”（图10）。这种循环方式能使室内外管网中各个进出水管的阻力损失之和基本保持相当，便于室内外管网的供水平衡，达到全循环要求。所以对同一小区的不同栋号而言（即不同供水单元），无论建筑单元的多少，其室内阻力基本达到平衡，室外管网保持同程，整个循环系统实现水力平衡，基本上不会出现死水现象。

5.0.9 在正常情况下，水在管网系统中（包括管、水箱等）停留的时间越长，水质下降越大。反之，水质下降越小。也就是说，循环越快，停留时间越短，则用水点的水质越接近水处理装置出口水质，即水质越好，但循环加快会使循环设施费及运转费用增大。据有关文献和试验得知，经消毒的水，保持一定的游离性余氯，持续杀菌时间≥48h，即保证两天之内水不会变质。也有文章认为饮用净水在封闭管网中的保质期为≤12h。本条规定停留时间不超过12h，主要考虑管网极少用水时段（凌晨0点至凌晨4点～6点）应在12h内至少完成一次循环，全天循环次数不少于2次，以保持水的新鲜。

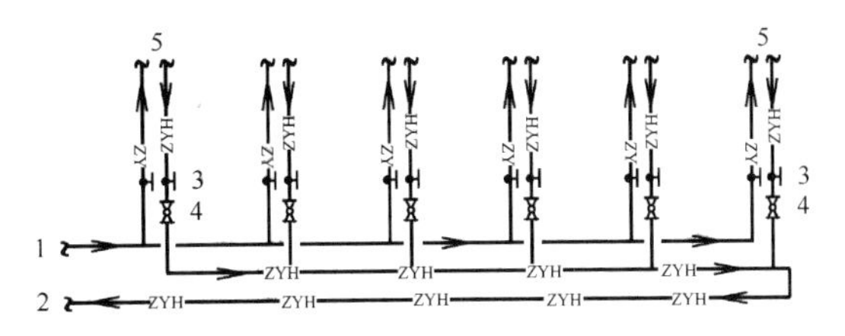

图10 全循环同程系统示意

1—自净水机房；2—至净水机房；3—流量调节阀；4—流量平衡阀；5—单元建筑

5.0.10 为使管网正常运行和便于维护管理，应在配水管网和立管装有必需的配件（图11）。

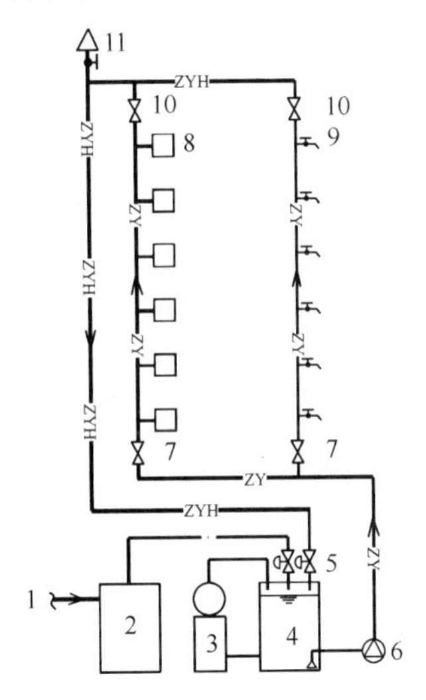

图11 日本的高质水系统示意

1—给水；2—处理装置；3—消毒装置；4—净水槽；5—控制阀；6—水泵；7—截止阀；8—饮水器；9—用水水嘴；10—调节阀；11—排气阀

5.0.11 净水设备出水被输送到用水点时，仍存在水质下降。出于安全考虑，本条中规定了循环回水须经过消毒处理后方可进入净水箱。

为确保循环回水正常工作，可达到循环流量的自动调节。设循环泵和不设循环泵（由变速泵调节）均宜设此阀组来控制循环流量（图7）。

5.0.12 为了控制各建筑内和各管段的循环回流量并实现水力平衡，规定了宜装流量平衡阀，便于直观进行流量调节。

5.0.13 支管过长，易形成滞水。管道过长可考虑在支管上安装带止水器的直饮水水表。采用臭氧等会产生浓度扩散的消毒方式时，可延长支管长度。根据上海管道纯净水股份有限公司所做实验，支管长度在15m时，其水质在2d内不变质。本次修订通过深圳深水海纳水务集团有限公司所做实验，并结合工程实际，将支管长度不宜大于3m改为6m，可保证水质在2d内菌落总数及总有机碳（TOC）指标不明显升高，当用户长期未用水时，建议提醒用户使用前应采取放水措施。

5.0.14 饮用水水温适宜保持在25℃以下，可有效地抑制细菌的繁殖。故架空敷设管道均应做隔热保温处理。寒冷地区室外明露管道需进行防冻保温。保温一方面为了防止寒冷地区管道内的水结冰，影响用户用水及冻坏管道；另一方面也防止南方地区管道内的水在高温下导致细菌繁殖。

5.0.15 影响建筑与小区管道直饮水水质的因素是多方面的，为了严格保证水质要求，除了采用先进的制水工艺流程及设备并辅以严格的操作管理外，还要有合理的循环管道设计和选择优质管材，所以对管材和管件制定本条规定。

铜管选用时，应注意处理后水的pH值变化。若水处理采用了RO膜工艺，出水水质可能偏低（pH值<7），则不宜采用铜管。

无论是不锈钢管还是铜管，均应达到现行国家标准《生活饮用水输配水设备及防护材料的安全的评价标准》GB/T 17219的要求。

5.0.16 本条为新增条款。公共建筑饮水区域多为末端支管多龙头串联供水（一根支管上龙头数大于3个），不利于水质保障和系统循环，此处规定多龙头串联供水应采用局部环状管路供水（双向供水或采用专用循环管配件）。

6 系统计算与设备选择

6.0.2～6.0.4 这三条是用概率法计算管网瞬时高峰流量的一套公式。概率法公式的关键参数是水嘴的用水概率（一般用频率替代），它是水嘴用水最繁忙的时段，连续两次放水的时间间隔内放水时间所占的比例，这个数据需要实地观测得到。本规程编制组委托北京建筑大学进行了实地观测。观测结果如下：

某住宅小区集中直饮水系统开通用户541户，561个水嘴，用超声波流量计连续测量并自动记录系统瞬时总流量21d（2004年8月3日～24日），测量期间循环回路关闭。数据整理时以30s为最小时间单位，以30s平均流量代替瞬时流量。在21d中的最高用水日中，日用水量1047.97L、最大时用水量133.78L、瞬时高峰流量为0.455L/s。在另外一天还出现了一个更高的瞬时流量0.836L/s，此值出现的概率太小，不予采用。水嘴额定流量为0.0589L/s。根据公式（6.0.2），求得瞬时高峰用水时水嘴开启数量m：

$$m = 0.455\text{L/s} \div 0.0589\text{L/s} = 7.72(\text{个})$$

使用公式（6.0.3-2）近似计算，得水嘴的测试使用频率p：

$$7.72 = 561p + 2.33[561p(1-p)]^{1/2}$$

$$p = 0.00601$$

系统的测试组建议该系统按每户3人、每人每日1L用水定额计。

公式（6.0.4）的依据如下：

第一，公式中的参数关系符合用水规律。当水嘴数量n和额定流量q_0即定，服务的人数越多，或用水定额越大，则Q_d越大，从而水嘴使用概率p越大；当人数和用水定额即定，水嘴的数量越多，额定流量越大，则水嘴使用概率p越小。

第二，当公式中的参数取值接近测试小区的条件时，计算的水嘴概率与测试值0.00601接近。即

$$p = 0.22 \times 1L/\text{人} \times 3\text{人}/\text{户} \times 541\text{户}/(1800 \times 561 \times 0.0589) = 0.0060$$

水嘴使用概率公式（6.0.4）中各种类型建筑的经验系数主要根据工程经验。其意义是，日用水量的22%、27%、45%和15%将在最高峰用水的半小时内耗用。

公式（6.0.3-1）表述的含义是：对于有n个水嘴（用水概率为p）的管段或管网，不超过m个水嘴同时用水这一事件发生的概率P大于等于99%。通过该式，可计算出管段或系统的同时用水水嘴数量m。该式计算较麻烦，可按表6.0.3-2直接查得m。

水嘴数量较少时，概率法计算不准确，应按表6.0.3-1中的经验值确定m。

管段负荷的水嘴数量很多时，概率二项式分布趋近于正态分布，可用公式（6.0.3-2）简化计算m，计算出的小数保留，不取整。

6.0.5 根据工程经验、节能要求和管网内水质的保质能力可采用定时循环，以保持水的新鲜，也可满足管网系统的停留时间不超过本条所规定的时间，同时要求循环流量在管网中均匀流动，不形成短路和滞水。

6.0.6 管道流速受技术和经济两个条件的约束。在技术上，为减少管网的水锤现象，需有最高流速限制，为避免管壁上有杂质积累聚集，需有最低流速限制。技术上的最低流速和最高流速区间范围很大，因此应从经济角度考虑以进一步限定流速。直饮水管道内壁光滑，其技术流速低限应可降低。另外，直饮水管道管径普遍较小，经济流速也应渐小。但是另一方面，直饮水管道内壁光滑，压能损失小，另外优质管材较贵，故流速可大些，因此在本条中推荐了流速常规值。

6.0.7 小区直饮水系统的输水管，当取瞬时高峰流量计算，往往会出现相汇合管段所负担的水嘴使用概率 P 不相等，使上游管段水嘴使用数量 m 的计算出现困难。使用概率不相同可由下列因素引起：住宅每户设计人数不同或者住宅档次有高有低、要求用水量标准不同或不同性质建筑物的组合。这些因素的变化会使单位水嘴负担的用水量出现差异，为解决此困难，本条提出在相汇管道的各 P 值中取主管路的值作为上游管段的计算值。根据此值，用公式（6.0.7）折算出支管的相当水嘴总数量 n_e，参与到上游管段的计算中。水嘴数量与概率的乘积较大者为主管路。

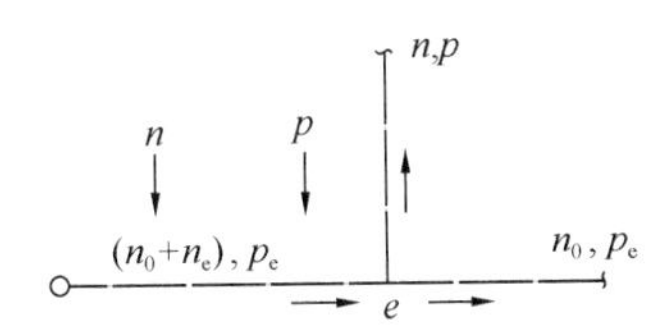

图 12 管段流量计算示意

如图 12 所示，节点 e 有 2 路支管汇合，一路支管负担 n 个水嘴，概率为 p；一路支管负担 n_0 个水嘴，概率为 p_e。在计算 e 点上游的管段时，只能取两路支管的其中一路概率为计算值，设定取 p_e。这样把 e 点下游的所有水嘴包括 n 个水嘴的概率都用 p_e 替代。但其中 n 个水嘴的概率实际上是 p，这就出现了偏差。为了纠正此偏差，对水嘴个数 n 进行调整，即把 n 调整为 n_e，$n_e=np/p_e$。这样，e 点（上游管段）负担的水嘴个数就变成了 n_0+n_e 个，而不是 n_0+n 个。相应地，水嘴概率都统一成了 p_e。如此，便可以对 e 点上游管段进行流量计算了。

6.0.8 根据目前净水设备供应商的经验，设备容量按日用水量 Q_d 的 1/10～1/16 选取，即每日运行 10h～16h。此设备不按最大时间用水量选取，主要是考虑净水设备昂贵，所以要尽量缩小其规模。

按本条计算方法确定净水设备规模，与国外的差别极大。比如美国某公司的直饮水系统设备，设备容量按系统中全部饮水水嘴总流量的 60%计算，几乎是最高峰用水量。

6.0.9 根据变频调速供水系统中选泵的要求而规定了水泵的流量。

6.0.10、6.0.11 在满足工程的储存和调节时，应尽量减少容积，防止二次污染。

7 净 水 机 房

7.0.3 机房上方不应有排水管道和卫生间，防止这些污水管道一旦泄漏影响净水机房的水质安全。

7.0.6 为防止交叉污染，净水机房不宜与其他功能的房间串行，并需有空气消毒设施。空气消毒现多用紫外线灯。紫外线消毒与照射距离有关，根据经验距地面 2m 吊装比较适宜，过高过低会影响操作和消毒效果。本次修订将电量预留按照空间体积考虑，替代原按照面积预留电量的方式。

7.0.7 为防止净水机房操作人员带入污染物，净水机房应设更衣室，操作人员进入机房时应穿工作服，戴工作帽，换鞋，洗手消毒，所以在机房外宜有这些设施。洗手用流动水。

7.0.8 为保证净水机房的出水水质，需对出水水质进行严密监控。监控指标应能反映水质主要指标和易发生的问题。监控最好有在线实时检测仪表，能及时、简便地掌握水质关键问题。人工采样检验也是可以的，净水机房内应有相应的监测仪器和设备，并要定时采样化验。不论采用何种监控方法，均应做好检验记录。记录应真实、及时、字迹清晰并妥善保存。在线检测仪表应通过有相关资质机构定期的标定，以保证检测数据的准确性。

7.0.10 根据现行规定，国家对涉水产品实行许可制度，包括水化学处理剂在内的涉水产品应经过卫生许可审查并批准之后才可以生产和销售。这类涉水产品是指与饮用水直接接触的管材、管件、防护涂料、内衬、消毒设备、化学处理剂、水处理材料（活性炭、树脂、膜组件等）和储水容器等。“卫生安全证明文件”是指由省级以上卫生行政部门经检验、评审、批准后发给的卫生许可批件。另一类证明文件是由通过“计量认证”资格的检验单位出具的检验报告（检验项目必须符合相关规定要求）。

可能影响净水机房出水水质的涉水产品的选择应予重视。防护涂料、内衬可能会受有机物污染，不锈钢管（镍）、铜管（铜）、铜管件（铅、锌、铜）等可能会因锈蚀污染，需多加关注。

8 水 质 检 验

8.0.1 为保证供水质量和安全，供水单位应对供水进行日常水质检验。检验项目和频率是以能保证供水水质和供水安全为出发，并考虑所需费用。

建筑与小区管道直饮水供水可能发生的问题有以下几类：

1 细菌滋长，为了防止微生物生长，在供水系统中需持续添加消毒剂。

2 在每日一次的检测项目中，设有浑浊度、pH 值、耗氧量（未采用纳滤、反渗透技术）、余氯、臭氧（适用于臭氧消毒）、二氧化氯（适用于二氧化氯消毒），这些项目能够反映总体水质状况，检验操作比较简易，也可以用在线仪表检测。

3 在每周一次的检验项目中，设有菌落总数、总大肠菌群、粪大肠菌群、耗氧量（采用纳滤、反渗透技术），用以分别说明肠道致病菌和有机污染物总量。

4　每年检测一次全部检测项目是有必要的，用以说明供水的安全可靠。检验项目按供水执行的标准进行选择，如供水是饮用净水，则按现行行业标准《饮用净水水质标准》CJ 94 规定的项目检验；如供水是纯水，则按现行国家标准《食品安全国家标准　包装饮用水》GB 19298 规定的项目检验。

5　企业标准所设的检验项目和频率大于本规程所规定的可按企业标准执行，但不应少于本规程所规定检验项目及频率要求。

6　供水种类除饮用净水和饮用纯净水两类外还可能供应其他种类的饮水等，则检验项目应按各自标准设定。

8.0.2　本条所规定的四处采样点是必要的。水嘴数量过大的供水系统，用户点的采样数相应增加也是必要的。设定的采样点及增加的采样点数量不会增加供水单位太多的负担 。

8.0.3　当供水水质发生重大变化时应对供水进行全面检验。可能造成水质发生重大变化的情形有：供水原水发生变化，水处理工艺改变，供水系统进行改扩建工程，停产多日后重新启用以及发生其他重大事故。

9　控制系统

9.0.1　本条对控制系统提出了原则性规定。净水机房制水、供水过程宜设自动化监控系统，自控系统根据系统工程的规模和要求可分为三种操作模式：

1　遥控模式（即通过中心计算机进行控制）；

2　现场自动模式（系统按预先编制的程序和设置的参数自动运行）；

3　现场手动模式（操作人员根据现场情况开启或停止某个设备）。

具体选择那种操作模式也可根据客户需求而定。在遥控模式和现场自动模式的设计中，同时要求具有现场手动控制功能。一般在正常运行时使用遥控和现场自动功能；在调试和检修情况下，使用手动功能。

9.0.2　按工艺流程的特点，在有关环节安装水质在线实时检测仪表，可直观了解净水系统水质处理情况；或通过 PLC 集中采集到上位机监控系统，在上位机上显示各运行参数和水质处理状况等，以利于操作管理和进行事故分析。

可在系统相应管路中安装进水流量计、浓水流量计和产水流量计。

可在各过滤器进出口、膜装置进出口、产水口、浓水口、高压泵出水口安装压力表。

可在系统相应管路中安装进水电导率仪和产水电导率仪。

另外，可根据客户要求和实际情况增设其他相关的测量和监控仪表。

9.0.3　水质在线监测系统，可根据监测探头的功能对监测指标进行选择，也可同时选择多个探头。基础监测指标为浑浊度、pH 值，可选择监测指标：*TOC*、余氯、二氧化氯、重金属等。

9.0.4、9.0.5　净水机房监控系统中应有各设备运行状态（待机、故障、运行、反洗等）和系统运行状态（制水、供水、设备清洗等）指示或显示。对大型系统工程，一般选用远程遥控模式，设有中心控制室，在中心控制室设有中心计算机，并通过上位机或 PLC 采集现场运行数据，在上位机上显示相应的工艺流程和系统参数。对所有电气设备的运行状态和在线仪表数据进行实时监控，根据采集的数据自动调整运行参数、开关阀门、启停机泵，在显示屏上显示动态流程，自动生成水质参数实时、历史趋势分析图表、报表并具备实时打印报警、报表、历史曲线等功能，实现高效实时反馈的水质变化、生产动态管理全自动控制。大型的净水机房控制系统也可设计为能通过有线或无线网络系统在异地进行远程监控，能自动通过有线或无线网络系统间断地发送运行状况、故障信息给操作人员或管理人员。根据客户的需要或资金等情况也可设计成非全自动控制，如在设备监控、远程监控、水质分析、自动清洗功能等方面根据实际情况取舍。

9.0.6　净水机房控制系统的自动控制还可根据需求设置以下功能：

1　各泵的连锁控制和液位控制；

2　各机电设备的过流、过热保护功能；

3　高压泵进出口的高低压保护功能；

4　软化装置的自动再生装置；

5　反渗透装置的自动快洗功能；

6　供水及循环水系统的自动控制功能；

7　故障报警功能。

10　施工安装

10.1　一般规定

10.1.1　直饮水管道需比常规的自来水管道施工更加严格。施工过程是保证水质的一个关键环节，施工时是否按图施工、是否采用正确的材料、是否注意管内清洁等都可能对水质产生重要影响，因此施工时需要严格把关，确保水质。

编制施工方案或施工组织设计有利于指导工程施工，提高工程质量，明确质量验收标准；同时便于监理或建设单位审查，以便于互相遵守。

由于设计可能采用不同材质的管道，如不锈钢管、铜管等，每种管道有其各自的材料特点，因此施工人员均应经过相应管道的施工安装技术培训，以确保施工质量。

10.1.4 施工过程中如需修改设计，必须经过设计单位的签字认可。饮用水对水质的要求比较严格，循环系统是饮用水管网的特色之一，循环是否充分对水质起着关键的作用，擅自修改设计极有可能使循环不充分而影响水质；随意变更放气阀等的设置位置也可能影响通水调试效果。

10.1.6 不同材质的管道、阀门应采用专用的转换管件或法兰连接。

10.1.7 施工时的管道清洁工作对水质有着相当重要的影响。如施工时不注意管内清洁，将灰尘、水泥块等粘结在管内，一方面可能使通水量降低，另一方面可能会使水质难以达标。

10.1.8 厚白漆、麻丝等填充材料极易在丝扣对接时脱落或在通水后逐渐脱落，影响水质，因此不得使用。在采用聚四氟乙烯材料时也应注意不要遮挡管口，减小水流量。

10.2 管道敷设

10.2.1 南方地区及北方地区温度差别较大，冻土层深度不一。一般情况下室外埋地管道均需敷设在冻土层以下。当条件限制必须敷设在冻土层内时，需采取可靠的防冻措施。

10.2.3 一般情况埋地金属管道均采用三油两布的防腐处理，具有腐蚀性的土壤应加强防腐措施，现在有一些新的自带防腐材料的管材也出现在市场上，这些管材在取得国家相关许可证后也可采用。

10.2.4 本条规定参照给水管与排水管的净距，同时考虑了现场的施工条件确定。在现场有条件时可以适当加大间距，避免交叉污染。

10.2.9 直饮水管道敷设在水管井时，有条件的情况下应与污水管分管井敷设。

10.2.10 当管道暗管敷设时，由于用户在进户后装修时不知道暗管的位置，经常有管道遭冲击而损坏。因此在墙体上或地坪上标明暗管的位置或将标有管道走向的图纸交给用户，可以很好地避免这一情况发生。

10.3 设备安装

10.3.1 制水设备的安装应按照工艺流程要求进行，任何安装顺序、安装方向的错误均会导致出水不合格。检测仪表的安装位置也对检测精度产生影响，应严格按照说明书进行安装。

10.3.4 与设备连接的排水管应有防止废水倒灌、虫类进入的措施，以免污染设备，影响水质。

11 工程验收

11.2 清洗和消毒

11.2.1 管道直饮水系统经冲洗后，应采用消毒液对管网灌洗消毒。采用的消毒液应安全卫生，易于冲洗干净。净水机房宜配置原位消毒（CIP）清洗系统，定期对直饮水管道系统及滤膜进行清洗消毒 。

11.2.3 管道清洗的过程同时也是调试的过程。管道的清洗是否充分，关系到通水时水质能否通过验收。同时清洗时对出口水质的检验也能判断系统设置是否合理，系统能否充分循环。如不能充分循环，应及时对系统进行重新调试或调整，以确保水质。

11.3 验　收

11.3.2 管网、设备安装完毕后，除了外观的验收外，功能性的验收必不可少。管道是否畅通、流量是否满足设计要求、水质是否满足标准等均进行验收。不满足要求的部分施工整改后需重新验收，直至验收合格。

11.3.3、11.3.4 竣工资料的收集对工程质量的验收以及日后系统的维护、维修有着重要的指导作用，这一程序必不可少。

12 运行维护和管理

12.1 一般规定

12.1.1、12.1.2 为管好建筑与小区管道直饮水的工艺和系统，使其合理、有效、可靠地运转，运行管理人员应熟悉直饮水系统的水处理工艺和所有设施、设备的技术指标和运行要求，并熟练掌握。

12.1.5 生产运行参数记录是分析设备故障原因的关键原始记录；交接班记录是明确责任、提高运行员工责任心的重要手段；设备维护保养记录和管网维护维修记录可以详细地记录设备和管网的使用情况；用户维修服务记录可以更好地为用户服务提供有力的数据资料。操作运行人员应及时准确地填写各类记录，要求记录字迹清晰、内容完整，不得随意涂改、遗漏和编造。技术人员应定期检查原始记录的准确性和真实性，做好收集、整理、汇总和分析工作。

12.1.8 生产报表的主要数据是生产量和原材料消耗量，能反映单位时间内直饮水水站的经济效益情况；水质监测报表是反映一段时间以来总的水质情况；服务报表能对一段时间以来的服务情况做一个总结，以便在以后的服务工作中继续有针对地提高服务水平；收费报表直接反映直饮水水站的经济情况。

12.2 室外管网和设施维护

12.2.1 要求经常巡视检查管路沿线地面情况，如发现有施工活动危及管网时，应及时提醒有关方注意保护直饮水管网。

12.2.2 管网阀门漏水、生锈应及时检修、更换，以免影响管网水质；阀门井盖出现破损、丢失应及时更换，以防出现意外。

12.2.3 管网中设置平衡阀，主要是用于当管网循环回流时，调节各节点回流量和压力的平衡，以确保管网中的水能充分回流，从而确保供水水质的安全性。所以应定期检测平衡阀的工况，出现变化时对其设定参数及时进行调整。

12.2.4 在相同的时段和季节有一定的规律性，如果供水情况出现异常，如短时间内供水量突然增大并且不回落，应及时对室外管网进行渗漏检查，并采取措施排除故障，保证安全供水。

12.2.5 埋地管网爆管时，管网中会进入大量泥砂等杂质，污染管网水质，应迅速采取抢修措施，立即停止供水并关断所有楼栋供、回水阀门，避免杂质进入室内管网，进而损坏水表。并在爆管处挖好检修坑，用水泵将泥水排掉，在保证泥水不会流入管网的情况下，从室外管网泄水口将管网排空，然后进行维修。维修完毕后，对室外管网进行大量冲洗，直至水质检测达标后方可恢复供水。

12.3 室内管道维护

12.3.2 减压阀的工作情况关系到用户家中水压和流量大小以及管网的承压情况，且减压阀内弹簧长时间使用后会出现疲劳，导致出水压力变化，所以应经常记录压力参数，并及时调整。

12.3.3 在管网检修排空再通水时，必然会有空气聚在管网最高处，如果自动排气阀故障，空气将会在顶层用户用水时由用户水嘴排出，由于直饮水相对自来水价格较高，出现以上问题会引起用户不满，所以应经常检查排气阀工作情况。

12.4 运行管理

12.4.6 臭氧机的臭氧发生量受外界条件的影响较大，温度、湿度等都可能影响生产量，为了不因臭氧生产量降低影响水质或臭氧量太高而影响成品水口感和味觉，应经常根据监测数据来调整臭氧机运行参数。

12.4.7 循环时间最好设置在用水量低峰时段，如凌晨0点以后，是为了保证管网压力稳定，以免影响用户用水。

12.4.8 在直饮水中消毒剂投加过多会影响口感。

12.4.9 本条为新增条款。规定了直饮水管路系统和水箱的清洗时间间隔。

中华人民共和国国家标准

建筑中水设计标准

Standard for design of building reclaimed water system

GB 50336—2018

主编部门：中华人民共和国住房和城乡建设部
批准部门：中华人民共和国住房和城乡建设部
施行日期：2 0 1 8 年 1 2 月 1 日

12

目　次

1 总　则

1.0.1 为节约水资源，实现污水、废水资源化利用，保护环境，使建筑中水工程设计做到安全可靠、经济适用、技术先进，制定本标准。

1.0.2 本标准适用于民用建筑和建筑小区的新建、改建和扩建的建筑中水设计，工业建筑中水设计，也可按本标准执行。

1.0.3 各种污水、废水资源，应根据项目具体情况、当地水资源情况和经济发展水平充分利用。

1.0.4 各类建筑物和建筑小区建设时，其总体规划应包括污水、废水、雨水资源的综合利用和中水设施建设的内容。

1.0.5 建筑中水工程应按照国家、地方有关规定配套建设。中水设施必须与主体工程同时设计，同时施工，同时使用。

1.0.6 建筑中水设计，应根据可利用原水的水质、水量和中水用途，进行水量平衡和技术经济分析，合理确定中水原水、系统形式、处理工艺和规模。

1.0.7 建筑中水各阶段的设计深度应符合国家有关工程设计文件编制深度的规定。

1.0.8 建筑中水设计必须有确保使用、维修的安全措施，严禁中水进入生活饮用水给水系统。

1.0.9 建筑中水设计除应执行本标准外，尚应符合国家现行有关标准的规定。

2 术语和符号

2.1 术　语

2.1.1 中水　reclaimed water

各种排水经处理后，达到规定的水质标准，可在生活、市政、环境等范围内利用的非饮用水。

2.1.2 中水系统　reclaimed water system

由中水原水的收集、贮存、处理和中水供给等工程设施组成的有机结合体，是建筑物或建筑小区的功能配套设施之一。

2.1.3 建筑中水　building reclaimed water system

建筑物中水和建筑小区中水的总称。

2.1.4 建筑小区中水　reclaimed water system for sub-district

在建筑小区内建立的中水系统。建筑小区主要指居住小区和公共建筑区，统称建筑小区。

2.1.5 建筑物中水　reclaimed water system for building

在建筑物内建立的中水系统或设施。

2.1.6 中水原水　raw-water of reclaimed water

被选作为中水水源的水。

2.1.7 中水设施　equipments and facilities of reclaimed water

中水原水的收集、处理，中水的供给、使用及其配套的检测、计量等全套构筑物、设备和器材的统称。

2.1.8 水量平衡　water balance

对原水水量、处理水量与中水用量和自来水补水量进行计算、调整，使其达到供水量与用水量的平衡和一致。

2.1.9 杂排水　gray water

建筑中除粪便污水外的各种排水，如冷却水排水、游泳池排水、沐浴排水、盥洗排水、洗衣排水、厨房排水等，也称为生活废水。

2.1.10 优质杂排水　high grade gray water

杂排水中污染程度较低的排水，如冷却排水、游泳池排水、沐浴排水、盥洗排水、洗衣排水等。

2.1.11 生活污水　domestic sewage

人们日常生活中排泄的粪便污水。

2.1.12 建筑中水利用率　utilization ratio of reclaimed water source

项目建筑中水年总供水量和年总用水量之比。

2.2 符　号

2.2.1 流量、水量

Q_{pj}——建筑物平均日生活给水量；

Q_{PY}——经水量平衡后的中水原水量；

Q_Y——中水原水量；

Q_Z——最高日中水用水量；

Q_C——最高日冲厕中水用水量；

Q_{js}——浇洒道路或绿化中水用水量；

Q_{cx}——车辆冲洗中水用水量；

Q_j——景观水体补充中水用水量；

Q_n——供暖系统补充中水用水量；

Q_x——循环冷却水补充中水用水量；

Q_t——其他用途中水用水量；

Q_h——处理系统设计处理能力；

Q_d——中水日处理量；

Q_{yc}——原水调贮量；

Q_{zc}——中水调贮量；

Q_{zt}——日最大连续运行时间内的中水用水量；

$\sum Q_P$——中水系统回收排水项目的回收水量之和；

$\sum Q_J$——中水系统回收排水项目的给水量之和；

Q_{za}——项目中水年总供水量；

Q_{Ja}——项目年总用水量；

q_L——给水用水定额。

2.2.2 计算系数及其他

b——建筑物分项给水百分率；

F——冲厕用水占生活用水的比例；

N——使用人数；

12

n_1——处理设施自耗水系数；

η_1——建筑中水利用率；

η_2——原水收集率；

β——建筑物按给水量计算排水量的折减系数。

2.2.3 时间

T——设备日最大连续运行时间；

t——处理系统每日设计运行时间。

3 中 水 原 水

3.1 建筑物中水原水

3.1.1 建筑物中水原水可取自建筑的生活排水和其他可以利用的水源。

3.1.2 建筑物中水原水应根据排水的水质、水量、排水状况和中水回用的水质、水量选定。

3.1.3 建筑物中水原水可选择的种类和选取顺序应为：

1 卫生间、公共浴室的盆浴和淋浴等的排水；

2 盥洗排水；

3 空调循环冷却水系统排水；

4 冷凝水；

5 游泳池排水；

6 洗衣排水；

7 厨房排水；

8 冲厕排水。

3.1.4 建筑物中水原水量应按下式计算：

$$Q_Y = \sum \beta \cdot Q_{pj} \cdot b \tag{3.1.4}$$

式中：Q_Y——中水原水量（m^3/d）；

β——建筑物按给水量计算排水量的折减系数，一般取 0.85～0.95；

Q_{pj}——建筑物平均日生活给水量，按现行国家标准《民用建筑节水设计标准》GB 50555 中的节水用水定额计算确定（m^3/d）；

b——建筑物分项给水百分率，建筑物的分项给水百分率应以实测资料为准，在无实测资料时，可按表 3.1.4 选取。

表 3.1.4 建筑物分项给水百分率（单位：%）

项目	住宅	宾馆、饭店	办公楼、教学楼	公共浴室	职工及学生食堂	宿舍
冲厕	21.3～21	10～14	60～66	2～5	6.7～5	30
厨房	20～19	12.5～14	—	—	93.3～95	—
沐浴	29.3～32	50～40	—	98～95	—	40～42
盥洗	6.7～6.0	12.5～14	40～34	—	—	12.5～14
洗衣	22.7～22	15～18	—	—	—	17.5～14
总计	100	100	100	100	100	100

注：沐浴包括盆浴和淋浴。

3.1.5 用作中水原水的水量宜为中水回用水量的110%～115%。

3.1.6 下列排水严禁作为中水原水：

1 医疗污水；

2 放射性废水；

3 生物污染废水；

4 重金属及其他有毒有害物质超标的排水。

3.1.7 中水原水水质应以类似建筑的实测资料为准；当无实测资料时，建筑物排水的污染浓度可按表 3.1.7 确定。

表 3.1.7 建筑物排水污染物浓度（单位：mg/L）

类别	住宅			宾馆、饭店			办公楼、教学楼			公共浴室			职工及学生食堂		
	BOD_5	COD_{Cr}	SS	BOD_5	COD_{Cr}	SS	BOD_5	COD_{Cr}	SS	BOD_5	COD_{Cr}	SS	BOD_5	COD_{Cr}	SS
冲厕	300～450	800～1100	350～450	250～300	700～1000	300～400	260～340	350～450	260～340	260～340	350～450	260～340	260～340	350～450	260～340
厨房	500～650	900～1200	220～280	400～550	800～1100	180～220	—	—	—	—	—	—	500～600	900～1100	250～280
沐浴	50～60	120～135	40～60	40～50	100～110	30～50	—	—	—	45～55	110～120	35～55	—	—	—
盥洗	60～70	90～120	100～150	50～60	80～100	80～100	90～110	100～140	90～110	—	—	—	—	—	—

续表 3.1.7

类别	住宅			宾馆、饭店			办公楼、教学楼			公共浴室			职工及学生食堂		
	BOD_5	COD_{Cr}	SS	BOD_5	COD_{Cr}	SS	BOD_5	COD_{Cr}	SS	BOD_5	COD_{Cr}	SS	BOD_5	COD_{Cr}	SS
洗衣	220～250	310～390	60～70	180～220	270～330	50～60	—	—	—	—	—	—	—	—	—
综合	230～300	455～600	155～180	140～175	295～380	95～120	195～260	260～340	195～260	50～65	115～135	40～65	490～590	890～1075	255～285

注：综合是对包括以上五项生活排水的统称。

3.2 建筑小区中水原水

3.2.1 建筑小区中水原水的选择应依据水量平衡和技术经济比较确定，并应优先选择水量充裕稳定，污染物浓度低，水质处理难度小的水源。

3.2.2 建筑小区中水可选择的原水应包括：

1 小区内建筑物杂排水；

2 小区或城镇污水处理站（厂）出水；

3 小区附近污染较轻的工业排水；

4 小区生活污水。

3.2.3 建筑小区中水原水量应根据小区中水用量和可回收排水项目水量的平衡计算确定。

3.2.4 建筑小区中水原水量可按下列方法计算：

1 小区建筑物分项排水原水量可按本标准公式（3.1.4）计算确定；

2 小区综合排水量，应按现行国家标准《民用建筑节水设计标准》GB 50555 的规定计算小区平均日给水量，再乘以排水折减系数的方法计算确定，折减系数取值同本标准第 3.1.4 条。

3.2.5 建筑小区中水原水的设计水质应以类似建筑小区实测资料为准。当无实测资料时，生活排水可按本标准表 3.1.7 中综合水质指标取值；当采用城镇污水处理厂出水为原水时，可按城镇污水处理厂实际出水水质或相应标准执行。其他种类的原水水质则应实测。

4 中水利用及水质标准

4.1 中 水 利 用

4.1.1 建筑中水设计应合理确定中水用户，充分提高中水设施的中水利用率。建筑中水利用率可按下式计算：

$$\eta_1 = \frac{Q_{za}}{Q_{Ja}} \times 100\% \qquad (4.1.1)$$

式中：η_1——建筑中水利用率；

Q_{za}——项目中水年总供水量（m^3/年）；

Q_{Ja}——项目年总用水量（m^3/年）。

4.1.2 建筑中水应主要用于城市污水再生利用分类中的城市杂用水和景观环境用水等。

4.1.3 当建筑物或小区附近有可利用的市政再生水管道时，可直接接入使用。

4.2 中水水质标准

4.2.1 中水用作建筑杂用水和城市杂用水，如冲厕、道路清扫、消防、绿化、车辆冲洗、建筑施工等，其水质应符合现行国家标准《城市污水再生利用　城市杂用水水质》GB/T 18920 的规定。

4.2.2 中水用于建筑小区景观环境用水时，其水质应符合现行国家标准《城市污水再生利用　景观环境用水水质》GB/T 18921 的规定。

4.2.3 中水用于供暖、空调系统补充水时，其水质应符合现行国家标准《采暖空调系统水质》GB/T 29044 的规定。

4.2.4 中水用于冷却、洗涤、锅炉补给等工业用水时，其水质应符合现行国家标准《城市污水再生利用　工业用水水质》GB/T 19923 的规定。

4.2.5 中水用于食用作物、蔬菜浇灌用水时，其水质应符合现行国家标准《城市污水再生利用　农田灌溉用水水质》GB 20922 的规定。

4.2.6 中水用于多种用途时，应按不同用途水质标准进行分质处理；当中水同时用于多种用途时，其水质应按最高水质标准确定。

5 中 水 系 统

5.1 中水系统形式

5.1.1 中水系统宜包括原水、处理和供水三个系统。

5.1.2 建筑物中水宜采用原水污废分流、中水专供的完全分流系统。

5.1.3 建筑小区中水可采用下列系统形式：

1 完全分流系统；

2 半完全分流系统；

3 无分流系统。

5.1.4 建筑中水系统形式的选择，应根据工程的实际情况、原水和中水用量的平衡和稳定、系统的技术经济合理性等因素综合考虑确定。

5.2 原水系统

5.2.1 原水管道宜按重力流设计，当靠重力流不能直接接入时，可采取局部提升等措施接入。

5.2.2 室内外原水收集管道及附属构筑物均应采取防渗、防漏措施，并应有防止不符合水质要求的排水接入的措施。

5.2.3 原水系统应计算原水收集率，收集率不应低于回收排水项目给水量的75%。原水收集率可按下式计算：

$$\eta_2 = \frac{\sum Q_P}{\sum Q_J} \times 100\% \tag{5.2.3}$$

式中：η_2——原水收集率；

$\sum Q_P$——中水系统回收排水项目的回收水量之和（m^3/d）；

$\sum Q_J$——中水系统回收排水项目的给水量之和（m^3/d）。

5.2.4 原水系统应设分流、溢流设施和超越管，宜在流入处理站之前满足重力排放要求。

5.2.5 职工食堂和营业餐厅的含油脂污水进入原水收集系统时，应经除油装置处理后，方可进入原水收集系统。

5.2.6 原水宜进行计量，可设置具有瞬时和累计流量功能的计量装置。

5.3 处理系统

5.3.1 中水处理系统应由原水调节池（箱）、中水处理工艺构筑物、消毒设施、中水贮存池（箱）、相关设备、管道等组成。

5.3.2 处理系统设计处理能力应根据中水用水量和可回收排水项目的中水原水量，经平衡计算后确定。中水原水量应符合本标准第3.1.5条的规定。

5.3.3 处理系统设计处理能力应按下式计算：

$$Q_h = (1 + n_1)\frac{Q_z}{t} \tag{5.3.3}$$

式中：Q_h——处理系统设计处理能力（m^3/h）；

Q_z——最高日中水用水量（m^3/d）；

t——处理系统每日设计运行时间（h/d）；

n_1——处理设施自耗水系数，一般取值为5%～10%。

5.4 供水系统

5.4.1 中水供水系统与生活饮用水给水系统应分别独立设置。

5.4.2 中水系统供水量应按照现行国家标准《建筑给水排水设计规范》GB 50015中的用水定额及本标准表3.1.4中规定的百分率计算确定。

5.4.3 中水供水系统的设计秒流量和管道水力计算、供水方式及水泵的选择等应按照现行国家标准《建筑给水排水设计规范》GB 50015中给水部分执行。

5.4.4 中水供水管道宜采用塑料给水管、钢塑复合管或其他具有可靠防腐性能的给水管材，不得采用非镀锌钢管。

5.4.5 中水贮存池（箱）宜采用耐腐蚀、易清垢的材料制作。钢板池（箱）内、外壁及其附配件均应采取可靠的防腐蚀措施。

5.4.6 中水供水系统应安装计量装置。

5.4.7 中水管道上不得装设取水龙头。当装有取水接口时，必须采取严格的误饮、误用的防护措施。

5.4.8 绿化、浇洒、汽车冲洗宜采用有防护功能的壁式或地下式给水栓。

5.4.9 中水贮存池（箱）上应设自动补水管，其管径按中水最大时供水量计算确定，并应符合下列规定：

1 补水的水质应满足中水供水系统的水质要求；

2 补水应采取最低报警水位控制的自动补给方式；

3 补水能力应满足中水中断时系统的用水量要求。

5.4.10 利用市政再生水的中水贮存池（箱）可不设自来水补水管。

5.4.11 自动补水管上应安装水表或其他计量装置。

5.5 水量平衡

5.5.1 中水系统设计应进行水量平衡计算，宜绘制水量平衡图。通过调整中水原水量和用水量，达到系统供用平衡。

5.5.2 中水原水量计算应按本标准第3.1.4条、第3.2.4条规定执行。

5.5.3 建筑中水用水量应根据不同用途用水量累加确定，并应按下式计算：

$$Q_z = Q_C + Q_{js} + Q_{cx} + Q_j + Q_n + Q_x + Q_t \tag{5.5.3}$$

式中：Q_z——最高日中水用水量（m^3/d）；

Q_C——最高日冲厕中水用水量（m^3/d）；

Q_{js}——浇洒道路或绿化中水用水量（m^3/d）；

Q_{cx}——车辆冲洗中水用水量（m^3/d）；

Q_j——景观水体补充中水用水量（m^3/d）；

Q_n——供暖系统补充中水用水量（m^3/d）；

Q_x——循环冷却水补充中水用水量（m^3/d）；

Q_t——其他用途中水用水量（m^3/d）。

5.5.4 最高日冲厕中水用水量按照现行国家标准《建筑给水排水设计规范》GB 50015中的最高日用水定额及本标准表3.1.4中规定的百分率计算确定。最高日冲厕中水用水量可按下式计算：

$$Q_C = \sum q_L \cdot F \cdot N/1000 \tag{5.5.4}$$

式中：Q_C——最高日冲厕中水用水量（m^3/d）；

q_L——给水用水定额[L/(人·d)]；

F——冲厕用水占生活用水的比例（%），按本标准表3.1.4取值；

N——使用人数（人）。

5.5.5 绿化、道路及广场浇洒、车库地面冲洗、车辆冲洗等各项最高日用水量应按现行国家标准《建筑给水排水设计规范》GB 50015中的有关规定执行。

5.5.6 景观水体补水量可根据当地水面蒸发量和水体渗透量综合确定。

5.5.7 供暖、空调系统补充水及其他用途中水用水量，应结合实际情况，按国家或行业现行相关用水量标准确定。

5.5.8 中水系统的调蓄设施容积应符合下列规定：

1 原水调节池（箱）调节容积可按下列公式计算：

1）连续运行时：

$$Q_{yc}=(0.35\sim0.50)Q_d \qquad (5.5.8\text{-}1)$$

2）间歇运行时：

$$Q_{yc}=1.2\,Q_h\cdot T \qquad (5.5.8\text{-}2)$$

式中：Q_{yc}——原水调贮量（m^3）；

Q_d——中水日处理量（m^3）；

Q_h——处理系统设计处理能力（m^3/h）；

T——设备日最大连续运行时间（h）。

2 中水贮存池（箱）容积可按下列公式计算：

1）连续运行时：

$$Q_{zc}=(0.25\sim0.35)Q_z \qquad (5.5.8\text{-}3)$$

2）间歇运行时：

$$Q_{zc}=1.2(Q_h\cdot T-Q_{zt}) \qquad (5.5.8\text{-}4)$$

式中：Q_{zc}——中水调贮量（m^3）；

Q_z——最高日中水用水量（m^3/d）；

Q_{zt}——日最大连续运行时间内的中水用水量（m^3）；

Q_h、T符号意义同前。

3）当中水供水系统采用水泵-水箱联合供水时，其水箱的调节容积不得小于中水系统最大小时用水量的50%。

3 中水系统的总调节容积，包括原水调节池（箱）、中水处理工艺构筑物、中水贮存池（箱）及高位水箱等调节容积之和，不宜小于中水日处理量的100%。

6 处理工艺及设施

6.1 处理工艺

6.1.1 中水处理工艺流程应根据中水原水的水质、水量和中水的水质、水量、使用要求及场地条件等因素，经技术经济比较后确定。

6.1.2 当以盥洗排水、污水处理厂（站）二级处理出水或其他较为清洁的排水作为中水原水时，可采用以物化处理为主的工艺流程。工艺流程应符合下列规定：

1 絮凝沉淀或气浮工艺流程应为：

原水→格栅→调节池→絮凝沉淀或气浮→过滤→消毒→中水

2 微絮凝过滤工艺流程应为：

原水→格栅→调节池→微絮凝过滤→消毒→中水

3 膜分离工艺流程应为：

原水→格栅→调节池→预处理→膜分离→消毒→中水

6.1.3 当以含有洗浴排水的优质杂排水、杂排水或生活排水作为中水原水时，宜采用以生物处理为主的工艺流程，在有可供利用的土地和适宜的场地条件时，也可以采用生物处理与生态处理相结合或者以生态处理为主的工艺流程。工艺流程应符合下列规定：

1 生物处理和物化处理相结合的工艺流程应为：

原水→格栅→调节池→生物接触氧化池→沉淀→过滤→消毒→中水

原水→格栅→调节池→曝气生物滤池→过滤→消毒→中水

原水→格栅→调节池→CASS池→混凝沉淀→过滤→消毒→中水

原水→格栅→调节池→流离生化池→过滤→消毒→中水

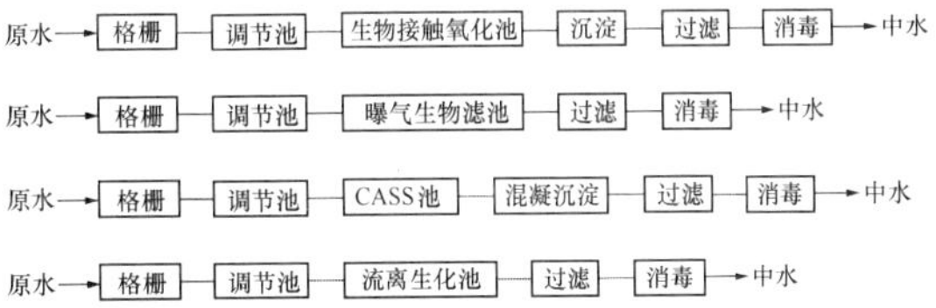

2 膜生物反应器（MBR）工艺流程应为：

原水→格栅→调节池→膜生物反应器→消毒→中水

3 生物处理与生态处理相结合的工艺流程应为：

原水→格栅→调节池→生物处理→生态处理→消毒→中水

4 以生态处理为主的工艺流程应为：

原水→格栅→调节池→预处理→生态处理→消毒→中水

6.1.4 当中水用于供暖、空调系统补充水等其他用途时，应根据水质需要增加相应的深度处理措施。

6.1.5 当采用膜处理工艺时，应有保障其可靠进水水质的预处理工艺和易于膜的清洗、更换的技术措施。

6.1.6 在确保中水水质的前提下，可采用耗能低、效率高、经过实验或实践检验的新工艺流程。

6.1.7 对于中水处理产生的初沉污泥、活性污泥和化学污泥，当污泥量较小时，可排至化粪池处理；当污泥量较大时，可采用机械脱水装置或其他方法进行妥善处理。

6.2 处理设施

6.2.1 以生活污水为原水的中水处理工程，宜在建筑物粪便排水系统中设置化粪池。

6.2.2 中水处理系统应设置格栅，格栅设计应符合下列规定：

1 格栅宜采用机械格栅；

2 当设置一道格栅时，格栅条空隙宽度宜小于10mm；当设置粗细两道格栅时，粗格栅条空隙宽度应为10mm～20mm，细格栅条空隙宽度应为2.5mm；

格栅流速宜取 0.6m/s～1.0m/s；

3 当设在格栅井内时，其倾角不小于 60°；格栅井应设置工作台，其位置应高出格栅前设计最高水位 0.5m，其宽度不宜小于 0.7m，格栅井应设置活动盖板。

6.2.3 对于以洗浴（涤）排水为原水的中水系统，污水泵吸水管上应设置毛发聚集器。毛发聚集器设计应符合下列规定：

1 过滤筒（网）的有效过水面积应大于连接管截面积的 2 倍；

2 过滤筒（网）的孔径宜采用 3mm；

3 应具有反洗功能和便于清污的快开结构；

4 过滤筒（网）应采用耐腐蚀材料制造。

6.2.4 调节池设计应符合下列规定：

1 调节池内宜设置预曝气管，曝气量不宜小于 $0.6m^3/(m^3 \cdot h)$；

2 调节池底部应设有集水坑和泄水管，池底应有不小于 0.02 坡度坡向集水坑，池壁应设置爬梯和溢水管。当采用地埋式时，顶部应设置人孔和直通地面的排气管。

注：中、小型工程调节池可兼作提升泵的集水井。

6.2.5 初次沉淀池的设置应根据原水水质和处理工艺等因素确定。当原水为优质杂排水或杂排水时，设置调节池后可不再设置初次沉淀池。

6.2.6 对于生物处理后的二次沉淀池和物化处理的混凝沉淀池，当其规模较小时，宜采用斜板（管）沉淀池或竖流式沉淀池。规模较大时，应按现行国家标准《室外排水设计规范》GB 50014 中有关部分设计。

6.2.7 沉淀池设计应符合下列规定：

1 斜板（管）沉淀池宜采用矩形，沉淀池表面水力负荷宜采用 $1m^3/(m^2 \cdot h)$～$3m^3/(m^2 \cdot h)$，斜板（管）间距（孔径）宜大于 80mm，板（管）斜长宜取 1000mm，倾角宜为 60°；斜板（管）上部清水深不宜小于 0.5m，下部缓冲层不宜小于 0.8m；

2 竖流式沉淀池的设计表面水力负荷宜采用 $0.8m^3/(m^2 \cdot h)$～$1.2m^3/(m^2 \cdot h)$，中心管流速不宜大于 30mm/s，中心管下部应设喇叭口和反射板，板底面距泥面不宜小于 0.3m，排泥斗坡度应大于 45°；

3 沉淀池宜采用静水压力排泥，静水头不应小于 1500mm，排泥管直径不宜小于 80mm；

4 沉淀池集水应设出水堰，其出水负荷不应大于 1.70L/(s·m)。

6.2.8 采用接触氧化处理工艺，应符合下列规定：

1 当接触氧化池处理优质杂排水时，水力停留时间不应小于 2h；处理杂排水或生活排水时，应根据原水水质情况和出水水质要求确定水力停留时间，但不宜小于 3h；

2 接触氧化池宜采用易挂膜、耐用、比表面积较大、维护方便的固定填料或悬浮填料；填料的体积可按填料容积负荷和平均日污水量计算，容积负荷宜为 $1000gBOD_5/(m^3 \cdot d)$～$1800gBOD_5/(m^3 \cdot d)$，当采用悬浮填料时，装填体积不应小于有效池容积的 25%；

3 接触氧化池曝气量可按 BOD_5 的去除负荷计算，宜为 $40m^3/kgBOD_5$～$80m^3/kgBOD_5$；

4 接触氧化池宜连续运行，当采用间歇运行时，在停止进水时要考虑采用间断曝气的方法来维持生物活性。

6.2.9 采用曝气生物滤池处理工艺，应按现行国家标准《城镇污水再生利用工程设计规范》GB 50335 的有关规定执行。

6.2.10 采用周期循环活性污泥法（CASS）处理工艺，应按国家现行相关标准执行。

6.2.11 采用流离生化处理工艺，应符合下列规定：

1 当流离生化池处理优质杂排水时，水力停留时间不应小于 3h；处理杂排水或生活排水时，应根据原水水质情况和出水水质要求确定水力停留时间，但不宜小于 6h；原水在流离生化池中流动距离不小于 9m；

2 流离生化池曝气量可按 BOD_5 的去除负荷计算，宜为 $40m^3/kgBOD_5$～$80m^3/kgBOD_5$；

3 流离生化池内流离生化球的安装高度不小于 2.0m，且不大于 5.0m。

6.2.12 采用膜生物反应器处理工艺，应符合下列规定：

1 处理优质杂排水时，水力停留时间不应小于 2h；处理杂排水或生活排水时，应根据原水水质情况和出水水质要求确定水力停留时间，但不宜小于 3h；

2 容积负荷取值宜为 $0.2kgBOD_5/(m^3 \cdot d)$～$0.8kgBOD_5/(m^3 \cdot d)$，污泥负荷取值宜为 $0.05kgBOD_5/(kgMLSS \cdot d)$～$0.1kgBOD_5/(kgMLSS \cdot d)$；污泥浓度宜为 5g/L～8g/L；

3 膜分离装置的总有效膜面积应根据处理系统设计处理能力和膜制造商建议的膜通量计算确定；当采用中空纤维膜或平板膜时，设计膜通量不宜大于 $30L/(m^2 \cdot h)$；当采用管式膜时，设计膜通量不宜大于 $50L/(m^2 \cdot h)$；

4 中水处理站内应设置膜清洗装置，膜清洗装置应同时具备对膜组件实施反向化学清洗和浸泡化学清洗的功能，并宜实现在线清洗。

6.2.13 当采用生态处理工艺时，主要设计参数应通过试验或按相似条件下的运行经验确定，当无上述资料时，可按现行行业标准《污水自然处理工程技术规程》CJJ/T 54 执行。

6.2.14 当采用混凝气浮法、活性污泥法、厌氧处理法等其他处理工艺时，应按国家现行相关标准执行。

6.2.15 中水过滤处理宜采用过滤器。当采用新型滤器、滤料和新工艺时，可按实验资料设计。

6.2.16 选用中水处理一体化装置或组合装置，应具有可靠的设备处理效果参数和组合设备中主要处理环节处理效果参数，其出水水质应符合使用用途要求的水质标准。

6.2.17 中水处理必须设有消毒设施。

6.2.18 中水消毒应符合下列规定：

1 消毒剂宜采用次氯酸钠、二氧化氯、二氯异氰尿酸钠或其他消毒剂；

2 投加消毒剂宜采用自动定比投加，与被消毒水充分混合接触；

3 采用氯消毒时，加氯量宜为有效氯 5mg/L～8mg/L，消毒接触时间应大于 30min；

4 当中水原水为生活污水时，应适当增加加氯量。

6.2.19 污泥的处理和处置，应按现行国家标准《室外排水设计规范》GB 50014 以及其他国家现行相关标准执行。

7 中水处理站

7.1 站址选择

7.1.1 中水处理站位置应根据建筑的总体规划、中水原水的来源、中水用水的位置、环境卫生和管理维护要求等因素综合确定。

7.1.2 建筑物内的中水处理站宜设在建筑物的最底层，或主要排水汇水管道的设备层。

7.1.3 建筑小区中水处理站和以生活污水为原水的中水处理站宜在建筑物外部按规划要求独立设置，且与公共建筑和住宅的距离不宜小于 15m。

7.2 设置要求

7.2.1 中水处理站面积应根据工程规模、站址位置、处理工艺、建设标准等因素，并结合主体建筑实际情况综合确定。

7.2.2 中水处理站应根据站内各建、构筑物的功能和工艺流程要求合理布置，满足构筑物的施工、设备安装、管道敷设、运行调试及设备更换等维护管理要求，并宜留有适当发展余地，还应考虑最大设备的进出要求。

7.2.3 中水处理站的工艺流程、竖向设计宜充分利用场地条件，符合水流通畅、降低能耗的要求。

7.2.4 中水处理站宜设有值班、化验、药剂贮存等房间。对于采用现场制备二氧化氯、次氯酸钠等消毒剂的中水处理站，加药间应与其他房间隔开，并有直接通向室外的门。

7.2.5 中水处理站设计应满足主要处理环节运行观察、水量计量、水质取样化验监（检）测和进行中水处理成本核算的条件。

7.2.6 中水处理站内各处理构筑物的个（格）数不宜少于 2 个（格），并宜按并联方式设计。

7.2.7 处理设备的选型应确保其功能、效果、质量要求。

7.2.8 设于建筑物内部的中水处理站的层高不宜小于 4.5m，各处理构筑物上部人员活动区域的净空不宜小于 1.2m。

7.2.9 中水处理构筑物上面的通道，应设置安全防护栏杆，地面应有防滑措施。

7.2.10 独立设置的中水处理站围护结构应根据所在地区的气候条件采取保温、隔热措施，并应符合国家现行相关法规和标准的规定。

7.2.11 建筑物内中水处理站的盛水构筑物，应采用独立的结构形式，不得利用建筑物的本体结构作为各池体的壁板、底板及顶盖。

注：不包括为中水处理站设置的集水井。

7.2.12 中水处理站内的盛水构筑物应采用防水混凝土整体浇筑，内侧宜设防水层。

7.2.13 中水处理站内自耗用水应优先采用中水。

7.2.14 中水处理站地面应设有可靠的排水设施，当机房地面低于室外地坪时，应设置集水设施用污水泵排出。

7.2.15 中水处理站的消防设计应符合现行国家标准《建筑设计防火规范》GB 50016 的有关规定，易燃易爆的房间应按消防部门要求设置消防设施。

7.2.16 中水处理站应有良好的通风设施。当中水处理站设在建筑物内部或室外地下空间时，处理设施房间应设机械通风系统，并应符合下列规定：

1 当处理构筑物为敞开式时，每小时换气次数不宜小于 12 次；

2 当处理构筑物为有盖板时，每小时换气次数不宜小于 8 次。

7.2.17 在北方寒冷地区，中水处理站应有防冻措施。当供暖时，处理间内温度可按 5℃设计，值班室、化验室和加药间等室内温度可按 18℃设计。

7.2.18 中水处理站应设有适应处理工艺要求的配电、照明、通信等设施。

7.2.19 中水处理站内用电设备、控制装置、灯具形式的选择，应与处理站的环境条件相适应。

7.2.20 配电系统设计应符合现行国家标准《供配电系统设计规范》GB 50052 和《低压配电设计规范》GB 50054 的规定。

7.2.21 对中水处理中产生的气味应采取有效的净化措施。

7.2.22 对中水处理站中机电设备所产生的噪声和振动应采取有效的降噪和减振措施，中水处理站产生的噪声值应符合现行国家标准《声环境质量标准》GB

3096的规定。

8 安全防护和监（检）测控制

8.1 安全防护

8.1.1 中水管道严禁与生活饮用水给水管道连接。

8.1.2 中水贮存池（箱）内的自来水补水管应采取防污染措施，自来水补水管应从水箱上部或顶部接入，补水管口最低点高出溢流边缘的空气间隙不应小于150mm。

8.1.3 室外中水管道与生活饮用水给水管道、排水管道平行埋设时，其水平净距不得小于0.5m；交叉埋设时，中水管道应位于生活饮用水给水管道下面，排水管道的上面，其净距均不得小于0.15m。中水管道与其他专业管道的间距按现行国家标准《建筑给水排水设计规范》GB 50015中给水管道要求执行。

8.1.4 中水贮存池（箱）设置的溢流管、泄水管，均应采用间接排水方式。溢流管应设隔网，溢流管管径比补水管大一号。

8.1.5 中水管道应采取下列防止误接、误用、误饮的措施：

1 中水管网中所有组件和附属设施的显著位置应配置“中水”耐久标识，中水管道应涂浅绿色，埋地、暗敷中水管道应设置连续耐久标志带；

2 中水管道取水接口处应配置“中水禁止饮用”的耐久标识；

3 公共场所及绿化、道路喷洒等杂用的中水用水口应设带锁装置；

4 中水管道设计时，应进行检查防止错接；工程验收时应逐段进行检查，防止误接。

8.1.6 对中水处理站采用药剂可能产生的危害应采取有效的防护措施。

8.1.7 采用电解法现场制备二氧化氯，或处理工艺可能产生有害气体的中水处理站，应设置事故通风系统。事故通风量应根据放散物的种类、安全及卫生浓度要求，按全面排风计算确定，且每小时换气次数不应小于12次。

8.1.8 电气装置的外露可导电部分，应与保护导体相连接；钢结构、金属排气管和铁栏杆等金属物应采用等电位联结后作保护接地。

8.1.9 中水处理站应具备日常维护、保养与检修、突发性故障时的应急处理能力。

8.1.10 中水处理站应具备应对公共卫生突发事件或其他特殊情况的应急处置条件，并应符合下列规定：

1 应有对调节池内的污水直接进行消毒的条件；

2 应为相关工作人员做好安全防范措施。

8.2 监（检）测控制

8.2.1 中水处理站的处理系统和供水系统应采用自动控制，并应同时设置手动控制。

8.2.2 中水水质应按现行的国家有关水质检验法进行定期监测。常用控制指标（pH值、浊度、余氯等）实现现场监测，有条件的可实现在线监测。

8.2.3 中水系统应在中水贮存池（箱）处设置最低水位和溢流水位报警装置。

8.2.4 中水处理站应根据处理工艺要求和管理要求设置水量计量、水位观察、水质观测、取样监（检）测、药品计量的仪器、仪表。

8.2.5 中水处理站应对耗用的水、电进行单独计量。

8.2.6 中水处理站宜设置远程监控设施或预留条件。

8.2.7 中水处理站应建立明确的岗位责任制，各工种、岗位应按工艺特征要求制订相应的安全操作规程，管理操作人员应经专门培训。

中华人民共和国国家标准

建筑中水设计标准

GB 50336—2018

条 文 说 明

目　次

12

1 总 则

1.0.1 本条是说明编制本标准的原则、目的和意义。国发［2000］36号关于加强城市供水节水和水污染防治工作的通知中指出：必须坚持开源节流并重、节流优先、治污为本、科学开源、综合利用的原则，做好城市供水、节水和水污染防治工作，保障城市经济社会的可持续发展。随着城市建设和社会经济的发展，城市用水量和排水量不断增长，造成水资源日益不足，水质日趋污劣，环境恶化。据统计，全国668个城市中，400个城市常年供水不足，其中有110个城市严重缺水，日缺水量达1600万m^3，年缺水量60亿m^3，由于缺水每年影响工业产值2000多亿元。北方13个省（区、市）有318个县级以上的城市缺水，许多城市被迫限时限量供水。城市缺水问题已经到了非解决不可的地步。另一方面我国污水排放量逐年增加，从2000年的415.2亿m^3增到2008年的571.7亿m^3，监测表明，有63.8%的城市河段受到中度或严重污染。据查全国118座大城市的浅层地下水有97.5%的城市受到不同程度的污染，2011年，我国城镇化率首次突破50%，水污染事件呈高发态势，水质型缺水已经成为我国水资源短缺的主要原因。缺水和水污染的加剧使生态环境恶化，因此实现污废水、雨水资源化，经处理后回用，既可节省水资源，又使污水无害化，是保护环境、防治水污染、搞好环境建设、缓解水资源不足的重要途径。从我国设有中水系统的旅馆、住区等民用建筑统计来看，利用中水冲洗厕所便器等杂用，可节水30%～40%，并缓解了城市下水道的超负荷运行。2011年3月28日，第七届国际绿色建筑大会在北京国际会议中心隆重召开，会议主题报告为《我国绿色建筑行动纲要（草案）》，报告中明确要求要积极推进绿色建筑的单项技术的创新，其中包括雨水收集和中水循环利用与建筑的一体化。根据《中华人民共和国水污染防治法》，采取综合防治，提高水的重复利用率，在我国缺水地区开展建筑中水设计，势在必行。为推动和指导建筑中水设计，通过本标准的实施，统一设计中带有普遍性的技术问题，使建筑中水做到安全可靠、经济适用、技术先进。

1.0.2 规定了本标准的适用范围。

建筑中水是指民用建筑或建筑小区使用后的各种排水（生活污水、盥洗排水等），经适当处理后回用于建筑和建筑小区作为杂用的供水系统。因此工业建筑的生产废水和工艺排水的回用不属此范围，但工业建筑内生活污水的回用亦属建筑中水，如纺织厂内所设的公共盥洗间、淋浴间排出的轻度污染的优质杂排水，可作为中水原水，处理后可作为厕所冲洗用水和其他杂用，其有关技术规定可按本标准执行。

各类民用建筑是指不同使用性质的建筑，如旅馆、公寓、科研楼、办公楼、住宅、教学楼等，尤其是大中型的旅馆、宾馆、公寓等公共建筑，具有优质杂排水水量大，需要杂用水水量亦大，水量易平衡，处理工艺简易，投资少等特点，最适合建设建筑中水；建筑小区是指新（改、扩）建的校园、机关办公区、商住区、居住小区等，用水量较大，环境用水量也大，易于形成规模效益，易于设计不同形式中水系统，实现污、废水资源化和小区生态环境的建设。

1.0.3 把充分利用各种污水、废水资源作为建设中水设施的基本原则要求提出。我国是一个水资源贫乏的国家，又是一个水污染严重的国家，不论南方、北方，东部地区、西部地区，缺水和污染的问题都到了非解决不可的地步。要解决就得从源头抓起，建筑物和建筑小区是生活用水的终端用户，又是点污染、面污染的源头，比起工农业用水大户，小而分散，但总量很大。节水和治污也必须从端头抓起。凡不符合有关国家排放标准要求的污废水，特别是在那些还没有完整下水道和污水处理厂的城镇和地区决不允许乱排滥放，必须对不符合环境排放标准的排水进行处理，这是环保和水污染防治的要求。再生利用是污水资源化和节水的要求。长期以来我们虽一直抓节水、抓治污，但随着用水量的增长，污水的排放量仍在不断增加，而污水处理率、重复使用率却一直上不去，缺水的情况也在不断加剧，如果把造成点污染、面污染的污水作为一种资源，进行处理利用，既治了污又节省了水资源，变害为利，岂不是一举两得。因此在建设一项工程时，首先要考虑的应是各种资源的配置和利用，污水、废水既然是一种资源，就应该考虑它的处理和利用。污水处理不仅是污染防治的必须，也是污水资源化和污水、废水处理效益的体现。因此将充分利用建筑和建筑小区的所有污水、废水资源作为中水设施建设的基本原则要求，是基于节水和治污两条基本原则的综合认识提出的，是节水优先，治污为本原则的具体体现。当然，贯彻这一要求还要根据当地的水资源情况和经济发展水平确定其具体实施方案。

1.0.4 对规划设计提出要求。在建筑和建筑小区建设时，各种污水、废水、雨水资源的综合利用和配套中水设施的建设与建筑和建筑小区的水景观和生态环境建设紧密相关，是总体规划设计的重要内容，应引起主体工程设计单位和规划建筑师的足够重视和相关专业的紧密配合。只有在总体规划设计的指导下，才能使这些设施建设的合理可行、成功有效，才能把环境建设好，使效益（节水、环境、经济）得以充分发挥。比如在缺水地区的雨水利用如何与区内的水体景观、绿化和生态环境建设相结合，污水的再生利用如何与绿色生态环境建设相结合，一些典型试点小区如“亚太村”的成功经验已经表明了这一点。

1.0.5 本条为强制性条文。提出建设中水设施的基本原则，强调要结合各地区的不同特点和当地政府部门的有关规定建设中水设施，并与主体工程“三同时”。将污水处理后进行回用，是保护环境、节约用水、开发水资源的一项具体措施。《水污染防治行动计划》（国发〔2015〕17号）明确要求自2018年起，单体建筑面积超过2万m^2的新建公共建筑，北京市2万m^2、天津市5万m^2、河北省10万m^2以上集中新建的保障性住房，应安装建筑中水设施。积极推动其他新建住房安装建筑中水设施。到2020年，缺水城市再生水利用率达到20%以上，京津冀区域达到30%以上。中水设施必须与主体工程同时设计、同时施工、同时使用的“三同时”要求，是国家有关环境工程建设的成功经验，也是国家对城市节水的具体要求。

在缺水城市和缺水地区，当政府有关部门有建设中水设施的规定和要求时，对于适合建设中水设施要求的工程项目，设计时设计人员应根据规定向建设单位和相关专业人员提出要求，并应与该工程项目同时设计。适合建设中水设施的工程项目，就是指具有水量较大，水量集中，就地处理利用的技术经济效益较好的工程。为便于理解和施行，结合开展中水设施建设较早城市的经验及其相关规定、办法、科研成果，提出适宜配套建设中水设施的工程举例仅供参考，见表1。

表1 配套建设中水设施工程举例

类 别	规 模
区域中水设施： 集中建筑区（院校、机关大院、产业开发区） 居住小区（包括别墅区、公寓区等）	建筑面积＞5万m^2或综合污水量＞750m^3/d或分流回收水量＞150m^3/d 建筑面积＞5万m^2或综合污水量＞750m^3/d或分流回收水量＞150m^3/d
建筑物中水： 宾馆、饭店、公寓、高级住宅等 机关、科研单位、大专院校、大型文体建筑等	建筑面积＞2万m^2或回收水量＞100m^3/d 建筑面积＞3万m^2或回收水量＞100m^3/d

这里强调了“应按照国家、地方有关规定”。我国尽管是缺水国家，但还有地区性、季节性和缺水类型（资源、水质、工程）的不同，应结合具体情况和当地有关规定施行，北方地区（华北、东北、西北）比南方地区面临严重的资源性缺水和生态型缺水，污水、废水的再生利用应以节水型和环境建设利用为重点；南方地区一些城市的缺水，多为水质污染型缺水，污水、废水的再生利用，应以治污型的再利用为重点；其他类型的缺水如功能型、设施型则应以增强水资源综合利用的功能和设施建设为重点，总之要结合各地区的不同特点和当地的有关规定施行。这就为充分调动地方的积极性，使建筑中水建设既能吸取别人的经验，又能结合自己的实际情况留下了余地。

1.0.6 本条提出建筑中水设计的基本依据和要求，是建筑中水设计中的关键问题。确定中水处理工艺和处理规模的基本依据是，中水原水的水质、水量和中水回用的水质、水量要求。通过水量平衡计算确定处理规模（m^3/d）和处理水量（m^3/h），通过不同方案的技术经济分析、比选合理确定中水原水、系统形式，选择中水处理工艺是建筑中水设计的基本要求。主要步骤是：（1）掌握建筑物原排水水质、水量和中水水质、水量情况，一般可通过实际水质、水量检测以及调查资料的分析和计算确定，也可按可靠的类似工程资料确定，中水的水质、水量要求，则按使用目标、用途确定；（2）合理选择中水原水，首先应考虑采用优质杂排水为中水原水，必要时可考虑部分或全部回收其他排水，甚至厕所排水，对原排水应尽量回收，提高水的重复使用率，避免原水的溢流，扩大中水使用范围，最大限度地节省水资源，提高效益；（3）进行水量平衡计算，尽力做到处理后的中水水量与回用量的平衡；（4）对不同方案进行技术经济分析、比选，合理确定系统形式，即按照技术经济合理、效益好的要求进行系统形式优化；（5）合理确定处理工艺和规模，严格按水质、水量情况选择处理工艺，力求简单有效，避免照搬照套；（6）按要求完成各阶段工程图纸设计。

1.0.7 本条提出了建筑中水各阶段设计深度的要求。

设计阶段与主体工程设计阶段相一致。就是说主体工程包括方案设计、扩大初步设计、施工图设计三个阶段，建筑中水也应按三个阶段做相应的工作；如果主体工程包括方案设计、施工图设计两个阶段，那就将方案的设计工作做得深入一些，按两阶段设计。设计深度则应符合国家有关建筑工程设计文件编制深度规定中相应设计阶段的技术内容和设计深度要求。

本标准是对建筑中水设计的技术要求，那么为什么还要对设计工作和设计的深度提出要求呢？因为，以前的经验教训，一是有的建筑设计单位对这一项设计工作内容不重视，不设计，甩出去；二是即使设计了也不到位，不合理，大大降低了中水设施建设的经济技术合理性和成功率。有的因水量计算、水量平衡不好，工艺选择不合理，各系统相互配置不当，致使整套设施不能运行，给工程造成较大的经济损失，设计则是主要原因之一。那种认为此项内容不包括在建筑或建筑小区的设计内容之内，不该设计的认识是错误的，中水设施既然是建筑或建筑小区的配套设施，就应由承担主体工程的设计单位进行统一规划、设计，这是责无旁贷的。当然，符合《建设工程勘察设计市场管理规定》（建设部令第65号）要求，经委托方同意的分包也是可以的，但承担工程设计的主委托方仍应对工程的完整性、整体功能和设计质量负责。

1.0.8 强制性条文。对中水工程的使用和维修的安全问题提出要求。中水作为建筑配套设施进入建筑或建筑小区内，安全性十分重要。(1) 中水设施使用和维修的安全，特别是埋地式或地下式设施的使用和维修；(2) 中水用水安全，因中水是非饮用水，必须严格限制其使用范围，设计中采取严格的安全防护措施，确保使用安全，严禁中水管道与生活饮用水管道任何方式的直接连接，避免发生误接、误用。

对于埋地式或设于地下的中水设施，设计中应将设施使用和维修的安全性放在首位，应同其他专业的设计人员密切合作，按相关标准和条文的规定，采取人员疏散、通风换气等技术措施，以免发生人员中毒等事故。严禁中水管道与生活饮用水管道直接连接，而使中水进入生活饮用水给水系统，避免发生误接、误用。

1.0.9 本标准涉及室内外给水排水和水处理的内容，本标准内凡未述及的有关技术规定、计算方法、技术措施及处理设备或构筑物的设计参数等，还应按有关的国家标准执行。关系较密切的标准如《室外给水设计规范》GB 50013、《室外排水设计规范》GB 50014、《建筑给水排水设计规范》GB 50015、《城镇污水再生利用工程设计规范》GB 50335 等。

2 术语和符号

2.1 术 语

2.1.1 本标准的中水主要针对建筑物和建筑小区，是相对于“给水（或上水）”和“排水（或下水）”而产生的。

2.1.2 中水系统的释义中“有机结合体”强调了各组成部分功能上的有机结合，与第5章中“系统”的含义是一致的。

2.1.4 建筑小区中水的提出，必然牵涉到“建筑小区”一词的涵义，本标准使用该词是与《城市居住区规划设计规范》GB 50180－93（2016年版）的用词涵义保持了一致。为便于理解，引入该规范这一用词的释义：“居住小区，一般称小区，是被城市道路或自然分界线所围合，并与居住人口规模（10000人～15000人）相对应，配建有一套能满足该区居民基本的物质与文化生活所需的公共服务设施的居住生活聚居地。”

居住区按居住户数或人口规模可分为居住区、小区、组团三级。各级标准控制规模为：居住区：户数10000户～16000户，人口30000人～50000人；小区：户数3000户～5000户，人口10000人～15000人；组团：户数300户～1000户，人口1000人～3000人。随着我国诸如会展区、金融区、高新技术开发区、大学城等兴建，形成以展馆、办公楼、教学楼等为主体，以为其配套的服务行业建筑为辅的公建区。我们把此类公建建筑区与居住小区统称为建筑小区，在本词条的释义中也做了明确说明。

2.1.5 建筑物中水主要指在单体建筑内建立的中水系统。近年来，随着节水技术的不断发展，出现了在住宅本层套内卫生间将优质杂排水收集、处理回用系统与同层排水系统集成为一体的分户中水设施，该类设施也属于建筑物中水的一种形式，具体可参见《模块化户内中水集成系统技术规程》JGJ/T 409－2017。

3 中 水 原 水

3.1 建筑物中水原水

3.1.1 建筑物的排水，及其他一切可以利用的水源，如空调循环冷却水系统排污水、游泳池排污水、供暖系统排水等，均可作为建筑物中水的原水。

3.1.2 选用中水原水是建筑中水设计中的一个首要问题。应根据标准规定的中水回用的水质和实际需要的水量以及原排水的水质、水量、排水状况选定中水原水，并应充分考虑水量的平衡。

3.1.3 为了简化中水处理流程，节约工程造价，降低运转费用，建筑物中水原水应尽可能选用污染浓度低、水量稳定的优质杂排水、杂排水，按此原则综合排列顺序见本条，可按此推荐的顺序取舍。

3.1.4 中水原水量的计算，是建筑中水设计中的一个关键问题。本条公式中各参数主要是按下列方法计算得出的。

在建筑中水设计中，原水量的计算应按照平均日水量计算。由于《民用建筑节水设计标准》GB 50555－2010 给出了各类建筑物平均日用水定额，本次修订取消了 α（最高日给水量折算成平均日给水量的折减系数）。

β（建筑物按给水量计算排水量的折减系数）：建筑物的给水量与排水量是两个完全不同的概念。给水量可以由标准、文献资料或实测取得，但排水量的资料取得则较为困难，目前一般按给水量的80%～90%折算，按用水项目自耗水量多少取值。

b（建筑物分项给水百分率）：表3.1.4系以国内实测资料并参考国外资料编制而成。同时引用《民用建筑节水设计标准》GB 50555－2010，增加了宿舍类建筑的分项给水百分率。

根据对北京某单位三户家庭连续六个月的用水调查，统计出住宅的人均日用水量为150L/(d·人)～190L/(d·人)之间，其中冲厕、厨房、沐浴（包括浴盆和淋浴）、洗衣等分项用水则是依据对日常用水过程中的实际测算和对耗水设备（如洗衣机等的）的资料调查而获得的，再根据上述数据计算出分项给水百分率。宾馆、饭店、办公楼、教学楼、公共浴室及营业餐厅的用水量及分项给水百分率是参考国内外资料综合得出的。综合结果详见表2，其中宾馆、饭店包括招待所、度假村等。

由于我国地域辽阔，各地用水标准差异较大，考虑到这一因素，并使标准能够与《建筑给水排水设计规范》GB 50015－2003（2009年版）接轨，便于设计人员方便使用，因此，在表3.1.4中仅保留了分项给水百分率。为表明百分率之由来，将各类建筑物生活用水量及百分率表列出供参考。

3.1.5 为了保证中水处理设备安全稳定运转，并考虑处理过程中的自耗水因素，设计中水原水应有10%～15%的安全系数。

3.1.6 强制性条文。考虑到安全因素，规定以下几种排水不得作为中水原水。

《综合医院建筑设计规范》GB 51039－2014已明确规定医疗污水不得作为中水水源。放射性废水、生物污染废水、重金属及其他有毒有害物质超标的排水对人体造成的危害程度更大。考虑到安全因素，因此规定这几种排水不得作为中水水源。

设计中严禁将这几种排水作为中水水源。含有放射性的污水应进行特殊的处理（一般是经过衰变处置）后，再根据相关标准的规定，接入市政排水管道或医院污水处理站。生物污染废水应根据相关要求进行专门处理后方可排出。重金属及其他有毒有害物质超标的排水应根据其水质条件依据相关要求进行处理后排出或处置。

本条规定的各类原水同样适用于建筑小区中水原水。

3.1.7 生活污水的分项水质相差很大，且国内资料较少，表3.1.7系依据国外有关资料编制而成。在不同的地区，人们的生活习惯不同，污水中的污染物成分也不尽相同，相差较大，但人均排出的污染浓度比较稳定。建筑物排水的污染浓度与用水量有关，用水量越大，其污染浓度越低，反之则越高。选用表3.1.7中的数值时应注意按此原则取值。综合污水水质按表内最后一行综合值取用。

表2 各类建筑物生活用水量及百分率

类别	住宅		宾馆、饭店		办公楼、教学楼		公共浴室		职工及学生食堂		宿舍	
	水量[L/(人·d)]	(%)	水量[L/(人·d)]	(%)	水量[L/(人·d)]	(%)	水量(L/人次)	(%)	水量(L/人次)	(%)	水量(L/人次)	(%)
冲厕	32～40	21.3～21	40～70	10～14	15～20	60～66	2～5	2～5	2	6.7～5	30～60	30
厨房	30～36	20～19	50～70	12.5～14	—	—	—	—	28～38	93.3～95	—	—
沐浴	44～60	29.3～32	200	50～40	—	—	98～95	98～95	—	—	40～84	40～42
盥洗	10～12	6.7～6.0	50～70	12.5～14	10	40～34	—	—	—	—	12.5～28	12.5～14
洗衣	34～42	22.6～22	60～90	15～18	—	—	—	—	—	—	17.5～28	17.5～14
总计	150～190	100	400～500	100	25～30	100	100	100	30～40	100	100～200	100

3.2 建筑小区中水原水

3.2.1 建筑小区中水原水的合理选用，对处理工艺、处理成本及用户接受程度，都会产生重要影响，选用的主要原则是：优先考虑水量充裕稳定、污染物浓度低、水质处理难度小、安全且居民易接受的中水原水。因此需通过水量计算、水量平衡和技术经济比较，慎重考虑确定。

3.2.2 建筑小区中水与建筑物中水相比，其用水量大，即对水资源的需求量大，因此开展中水回用的意义较大，为此本条规定扩大了其原水可选择的范围，使小区中水原水的选择呈现出多样性。建筑小区可选用的中水原水有：

1 小区内建筑物杂排水

小区内建筑物杂排水同样是指冲便器污水以外的生活排水，包括居民的盥洗和沐浴排水、洗衣排水以及厨房排水。

优质杂排水是指居民洗浴排水，水质相对干净，水量大，可作为小区中水的优选原水。随着生活水平提高，洗浴用水量增长较快，采用优质杂排水的优点是水质好，处理要求简单，处理后水质的可靠性较高，用户在心理上比较容易接受。其缺点是需要增加一套单独的废水收集系统。由于小区的楼群较之宾馆饭店分散，废水收集系统的造价相对较高，因此，有可能会增加废水处理的成本。但其水质在居民心理上比较易接受，故在小区中水建设的起步阶段，比较倾向采用优质杂排水作为中水原水。

与优质杂排水相比，杂排水的水质污染浓度要高一些，给处理增加了些难度，但由于增加了洗衣废水和厨房废水，使中水原水水量增加，变化幅度减小。究竟采用优质杂排水还是杂排水，应根据当地缺水程度和水量平衡情况比较选用。

2 小区或城镇污水处理厂出水

城镇污水量大，水源稳定，大规模处理厂的管理水平高，供水的水质水量保障程度高，而且由于城镇污水处理厂的规模大，处理成本远低于小区处理中水。即使城镇污水处理厂的出水未达到中水标准，在小区内作进一步的处理也是经济的。对于小区来讲，还可省去废水收集系统的一大笔费用。据分析，城镇污水集中处理回供，比远距离引水便宜，处理到作杂用水程度的基建投资，只相当于从30km外引水。

要想将城镇污水处理厂出水作中水原水，前提是要由地方政府来规划实施。这要求决策者重视，并通过城镇规划和建设部门来付诸实施。目前一些城镇缺乏这方面的预见，单纯追求处理厂的规模效益，而忽视了污水的回用效益，两者未能兼顾。由于城镇污水处理厂规模过大和往往过分集中在城市的下游，回用管路铺设困难重重，使一些城镇污水处理只能以排放作为主要目标，很难兼顾回用。这是当前迫切需要关注，并引以为戒的一个大问题，因此合理布局，规划建设区域（居住区、小区）污水处理厂，将其出水就近利用将是解决处理规模效益和利用效益矛盾的出路。

3 小区附近污染较轻的工业排水

在许多工业区或大型工厂外排废水中，有些是污染较轻的废水，如工业冷却水、矿井废水等，其水质水量相对稳定，保障程度高，并且水中不含有毒有害物质，经过适当处理可以达到中水标准，甚至可达到生活用水标准。如某市某小区建筑中水就是利用小区附近的彩色显像管厂的废水作为中水原水，工程已经建成，出水水质很好，但由于缺乏利用经验，显像管厂担心废水处理后在居民的使用中出现问题会责怪到厂家的身上，居民也有种种担心，害怕使用废水冲厕会带来一些不良后果。结果，使业已建成的设施被长期废弃不用，并可能最终被拆除，是很可惜的。

可见，工业污染较轻的排水，可作为中水的原水，但水质水量必须稳定，并要有较高的使用安全性，才易为工厂和居民双方所接受。

4 小区生活污水

如果小区远离市政管道，排水需要处理达到当地的排放标准方可排放，这时在将全部污水集中处理的同时，对所需回用的水量适当地提高处理程度，在小区内就近回用，其余按排放标准处理后外排，既达到了环境保护的目的，又实现水资源的充分利用。

以全部生活污水作为中水原水，其缺点是，污水浓度较高、杂物多，处理设备复杂，管理要求高，处理费用也高。它的优点是，小区生活污水水质相对比较单纯稳定，水量充裕，是很好的再生水源，以此为中水原水，可省去一套单独的中水原水收集系统，降低管网投资和管网设计的难度。对于环境部门要求生活污水排放前必须处理或处理程度要求较高的小区，采用生活污水作为中水原水也是比较合理的。

市政污水的特点是水量稳定，如果小区附近有城镇污水下水道干管经过，水量又较充裕，或是该市政污水内含污染较轻的工业废水较多，比小区污水浓度要低，处理难度小，也可比较选用。

3.2.3、3.2.4 建筑小区中水原水量应进行计算和平衡，计算方法见本标准第3.1.4条。

3.2.5 实际工程中，建筑小区中水原水组合方式不尽相同，所以建筑中水原水水质应以实测资料为准。建筑中水发展已有十余年，通过对已建中水工程的数据统计分析，当无实测资料时，可按表3取值。

表3 建筑小区中水原水水质（单位：mg/L）

类别	优质杂排水	杂排水	初步处理后小区污水（合流污水）	小区/城镇污水处理厂出水		
				一级标准		二级标准
				A标准	B标准	
BOD_5	50～80	80～150	150～200	10	20	30
COD_{Cr}	90～150	100～250	250～400	50	60	100
SS	80～130	60～150	200～300	10	20	30

初步处理后的小区污水是指按《建筑给水排水设计规范》GB 50015－2003（2009年版）中“小型污水处理”章节相关措施处理后的污水。

4 中水利用及水质标准

4.1 中 水 利 用

4.1.1 建设中水设施，给中水派上合理的用场，提高中水的利用率是中水设施建设效益的体现。效益情况是设计、业主、用户和节水管理部门都关心的问题，建筑中水设计是否合理，规模是否恰当，使用单位节约了多少水费，管理部门节约了多少水资源……中水利用率提供了具体的量化指标。《绿色建筑评价标准》GB/T 50378－2014给出了非传统水源利用评价分值和评分规则，是绿色建筑星级等级划分的重要依据。

4.1.2 建筑中水是建筑物和建筑小区内的污废水再生利用，是城市污水再生利用的组成部分，其用途分类按《城市污水再生利用　分类》GB/T 18919－2002标准执行。城市污水再生利用分类见表4。

表 4 城市污水再生利用分类

序号	分类名称	项目名称	范　围
1	补充水源	补充地表水	河流、湖泊
		补充地下水	水源补给、防止海水入侵、防止地面沉降
2	工业用水	冷却用水	直流式、循环式
		洗涤用水	冲渣、冲灰、消烟除尘、清洗
		锅炉用水	高压、中压、低压锅炉
		工艺用水	溶料、水浴、蒸煮、漂洗、水力开采、水力输送、增湿、稀释、搅拌、选矿
		产品用水	—
3	农、林、牧、渔业用水	农田灌溉	种子与育种、粮食与饲料作物、经济作物
		造林育苗	种子、苗木、苗圃、观赏植物
		农、牧场	兽药与畜牧、家畜、家禽
		水产养殖	淡水养殖
4	城镇杂用水	园林绿化	公共绿地、居住小区绿化
		冲厕、街道清扫	厕所便器冲洗、城市道路冲洗及喷洒
		车辆冲洗	各种车辆冲洗
		建筑施工	施工场地清扫、浇洒、灰尘抑制、混凝土养护与制备、施工中混凝土构件及建筑物冲洗
		消防	消火栓、泡沫、消火炮
5	景观环境用水	娱乐性景观环境用水	娱乐性景观河道、景观湖泊及水景
		观赏性景观环境用水	观赏性景观河道、景观湖泊
		湿地环境用水	恢复自然湿地、营造人工湿地

4.1.3 随着城镇污水资源化的发展和再生水厂的建设，这种水源的利用会逐渐增多。城镇污水处理厂出水达到中水水质标准，并有管网送到小区，可直接接入使用。

4.2 中水水质标准

4.2.1 中水用于冲厕、道路清扫、消防、城市绿化、车辆冲洗、建筑施工等杂用的水质按《城市污水再生利用分类》GB/T 18919－2002 中城镇杂用水类标准执行。为便于应用，列出《城市污水再生利用　城市杂用水水质》GB/T 18920－2002 标准中城市杂用水水质标准，见表 5。

表 5 城市杂用水水质标准

序号	项目 指标		冲厕	道路清扫、消防	城市绿化	车辆冲洗	建筑施工
1	pH 值		6.0～9.0				
2	色（度）	≤	30				
3	嗅		无不快感				
4	浊度（NTU）	≤	5	10	10	5	20
5	溶解性总固体（mg/L）	≤	1500	1500	1000	1000	—
6	五日生化需氧量 BOD_5（mg/L）	≤	10	15	20	10	15
7	氨氮（mg/L）	≤	10	10	20	10	20
8	阴离子表面活性剂（mg/L）	≤	1.0	1.0	1.0	0.5	1.0
9	铁（mg/L）	≤	0.3	—	—	0.3	—
10	锰（mg/L）	≤	0.1	—	—	0.1	—
11	溶解氧（mg/L）	≥	1.0				
12	总余氯（mg/L）		接触 30min 后≥1.0，管网末端≥0.2				
13	总大肠菌群（个/L）	≤	3				

注：混凝土拌合用水还应符合现行行业标准《混凝土用水标准》JGJ 63 的有关规定。

4.2.2 中水用于景观环境用水，其水质应符合国家标准《城市污水再生利用　景观环境用水水质》GB/T 18921－2002的规定。为便于应用，将《城市污水再生利用　景观环境用水水质》GB/T 18921－2002标准中的景观环境用水的再生水水质指标列出，见表6。其他有关内容见该标准。

表6　景观环境用水的再生水水质指标（单位：mg/L）

序号	项目		观赏性景观环境用水			娱乐性景观环境用水		
			河道类	湖泊类	水景类	河道类	湖泊类	水景类
1	基本要求		无漂浮物，无令人不愉快的嗅和味					
2	pH值（无量纲）		6～9					
3	五日生化需氧量（BOD_5）	≤	10	6		6		
4	悬浮物（SS）	≤	20	10		—[a]		
5	浊度（NTU）	≤	—[a]		5.0			
6	溶解氧	≥	1.5		2.0			
7	总磷（以P计）	≤	1.0	0.5		1.0	0.5	
8	总氮	≤	15					
9	氨氮（以N计）	≤	5					
10	粪大肠菌群（个/L）	≤	10000	2000	500		不得检出	
11	余氯[b]	≥	0.05					
12	色度（度）	≤	30					
13	石油类	≤	1.0					
14	阴离子表面活性剂	≤	0.5					

注　1. 对于需要通过管道输送再生水的非现场回用情况必须加氯消毒；而对于现场回用情况不限制消毒方式。

2. 若使用未经过除磷脱氮的再生水作为景观环境用水，鼓励使用本标准的各方在回用地点积极探索通过人工培养具有观赏价值水生植物的方法，使景观水的氮满足表中的要求，使再生水中的水生植物有经济合理的出路。

a—对此项无要求。

b—氯接触时间不应低于30min的余氯。对于非加氯方式无此项要求。

4.2.3 供暖、空调系统补水水质标准可参考表7～表11，资料来源于《采暖空调系统水质》GB/T 29044－2012。

表7　集中空调间接供冷开式循环冷却水系统水质要求

检测项	单位	补充水	循环水
pH值（25℃）	—	6.5～8.5	7.5～9.5
浊度	NTU	≤10	≤20
			≤10 （当换热设备为板式、翅片管式、螺旋板式）
电导率（25℃）	μS/cm	≤600	≤2300
钙硬度（以$CaCO_3$计）	mg/L	≤120	—
总硬度（以$CaCO_3$计）	mg/L	≤200	≤600
钙硬度＋总碱度（以$CaCO_3$计）	mg/L	—	≤1100
Cl^-	mg/L	≤100	≤500
总铁	mg/L	≤0.3	≤1.0
NH_3-N[a]	mg/L	≤5	≤10
游离氯	mg/L	0.05～0.2 （管网末梢）	0.05～1.0（循环水总管处）

续表 7

检测项	单位	补充水	循环水
CODcr	mg/L	≤30	≤100
异养菌总数	个/mL	—	$\leqslant 1\times 10^5$
有机磷（以 P 计）	mg/L	—	≤0.5

[a] 当补充水水源为地表水、地下水或再生水回用时，应对本指标项进行检测与控制。

表 8　集中空调循环冷却水系统水质要求

检测项	单位	补充水	循环水
pH 值（25℃）	—	7.5～9.5	7.5～10
浊度	NTU	≤5	≤10
电导率（25℃）	μS/cm	≤600	≤2000
钙硬度（以 $CaCO_3$ 计）	mg/L	≤300	≤300
总碱度（以 $CaCO_3$ 计）	mg/L	≤200	≤500
Cl^-	mg/L	≤250	≤250
总铁	mg/L	≤0.3	≤1.0
溶解氧	mg/L	—	≤0.1
有机磷（以 P 计）	mg/L	—	≤0.5

表 9　蒸发式循环冷却水系统水质要求

检测项	单位	直接蒸发式		间接蒸发式	
		补充水	循环水	补充水	循环水
pH 值（25℃）	—	6.5～8.5	7.0～9.5	6.5～8.5	7.0～9.5
浊度	NTU	≤3	≤3	≤3	≤3
电导率（25℃）	μS/cm	≤400	≤800	≤400	≤800
钙硬度（以 $CaCO_3$ 计）	mg/L	≤80	≤160	≤100	≤200
总碱度（以 $CaCO_3$ 计）	mg/L	≤150	≤300	≤200	≤400
Cl^-	mg/L	≤100	≤200	≤150	≤300
总铁	mg/L	≤0.3	≤1.0	≤0.3	≤1.0
硫酸根离子（以 SO_4^{2-} 计）	mg/L	≤250	≤500	≤250	≤500
NH_3-N[a]	mg/L	≤0.5	≤1.0	≤5	≤10
CODcr[a]	mg/L	≤3	≤5	≤30	≤60
菌落总数	CFU/mL	≤100	≤100	—	—
异养菌总数	个/mL	—	—	—	$\leqslant 1\times 10^5$
有机磷（以 P 计）	mg/L	—	—	—	≤0.5

[a] 当补充水水源为地表水、地下水或再生水回用时，应对本指标项进行检测与控制。

表 10　采用散热器的集中供暖系统水质要求

检测项	单位	补充水	循环水	
pH 值（25℃）	—	7.0～12.0	钢制散热器	9.5～12.0
		8.0～10.0	铜制散热器	8.0～10.0
		6.5～8.5	铝制散热器	6.5～8.5

续表 10

检测项	单位	补充水	循环水	
浊度	NTU	≤3	≤10	
电导率（25℃）	μS/cm	≤600	≤800	
Cl^-	mg/L	≤250	钢制散热器	≤250
		≤80（≤40[a]）	AISI304 不锈钢散热器	≤80（≤40[a]）
		≤250	AISI316 不锈钢散热器	≤250
		≤100	铜制散热器	≤100
		≤30	铝制散热器	≤30
总铁	mg/L	≤0.3	≤1.0	
总铜	mg/L	—	≤0.1	
钙硬度（以 $CaCO_3$ 计）	mg/L	≤80	≤80	
溶解氧	mg/L	—	≤0.1（钢制散热器）	
有机磷（以 P 计）	mg/L	—	≤0.5	

注：当水温大于 80℃时，AISI304 不锈钢材质散热器系统的循环水及补充水氯离子浓度不宜大于 40mg/L。

表 11　采用风机盘管的集中供暖水质要求

检测项	单位	补充水	循环水
pH 值（25℃）		7.5～9.5	7.5～10
浊度	NTU	≤5	≤10
电导率（25℃）	μS/cm	≤600	≤2000
Cl^-	mg/L	≤250	≤250
总铁	mg/L	≤0.3	≤1.0
钙硬度（以 $CaCO_3$ 计）	mg/L	≤80	≤80
钙硬度（以 $CaCO_3$ 计）	mg/L	≤300	≤300
总碱度（以 $CaCO_3$ 计）	mg/L	≤200	≤500
溶解氧	mg/L	—	≤0.1
有机磷（以 P 计）	mg/L	—	≤0.5

4.2.4　工业循环冷却水补水的水质标准可参考表 12，资料来源于《城市污水再生利用　工业用水水质》GB/T 19923－2005。

表 12　工业循环冷却水水质标准

控制项目	pH 值	SS（mg/L）	浊度（NTU）	色度	COD_{Cr}	BOD_5
循环冷却水补充水	6.5～8.5	—	≤5	≤30	≤60	≤10
直流冷却水	6.5～9.0	≤30	—	≤30	—	≤30

4.2.5　《城市污水再生利用　农田灌溉用水水质》GB 20922－2007 规定的农田灌溉用基本控制项目及水质指标最大限值见表 13，选择控制项目及水质指标最大限值见表 14。我国利用污水灌溉历史悠久，但使用未经处理的污水灌溉会造成土壤板结、农作物受污染等问题，污水经一定程度处理后灌溉，才能保证农业生产安全和卫生安全。

表 13　再生水用于农田灌溉用水基本控制项目及水质指标最大限值（单位：mg/L）

序号	基本控制项目	灌溉作物类型			
		纤维作物	旱地作物 油料作物	水田谷物	露地蔬菜
1	生化需氧量（BOD_5）	100	80	60	40
2	化学需氧量（COD_{cr}）	200	180	150	100
3	悬浮物（SS）	100	90	80	60
4	溶解氧（DO）≥			0.5	
5	pH 值（无量纲）	5.5～8.5			
6	溶解性总固体（TDS）	非盐碱地地区 1000，盐碱地地区 2000			1000

续表 13

序号	基本控制项目	灌溉作物类型			
		纤维作物	旱地作物 油料作物	水田谷物	露地蔬菜
7	氯化物	350			
8	硫化物	1.0			
9	余氯	1.5		1.0	
10	石油类	10		5.0	1.0
11	挥发酚	1.0			
12	阴离子表面活性剂（LAS）	8.0		5.0	
13	汞	0.001			
14	镉	0.01			
15	砷	0.1		0.05	
16	铬（六价）	0.1			
17	铅	0.2			
18	粪大肠菌群数（个/L）	40000			20000
19	蛔虫卵数（个/L）	2			

表 14　再生水用于农田灌溉用水选择控制项目及水质指标最大限值（单位：mg/L）

序号	选择控制项目	限值	序号	选择控制项目	限值
1	铍	0.002	10	锌	2.0
2	钴	1.0	11	硼	1.0
3	铜	1.0	12	钒	0.1
4	氟化物	2.0	13	氰化物	0.5
5	铁	1.5	14	三氯乙醛	0.5
6	锰	0.3	15	丙烯醛	0.5
7	钼	0.5	16	甲醛	1.0
8	镍	0.1	17	苯	2.5
9	硒	0.02	—	—	—

4.2.6　当中水用于多种用途时，应按不同用途水质标准进行分质处理供水。中水同时用于多种用途时，供水水质可按最高水质标准要求确定或分质供水；也可按用水量最大用户的水质标准要求确定，个别水质要求更高的用户，可通过深度处理措施达到其水质要求。

5　中 水 系 统

5.1　中水系统形式

5.1.1　本条指出建筑中水系统的组成和设计应按系统工程特性考虑的要求。

系统组成，主要包括原水系统、处理系统和供水系统三个部分，三个部分是以系统的特性组成为一体的系统工程，因此提出建筑中水设计要按系统工程考虑的要求。要理解这条要求，首先必须了解“系统”和“系统工程”的概念和含义。

所谓“系统”就是指由若干既有区别又相互联系、相互影响制约的要素所组成，处在一定的环境中，为实现其预定功能，达到规定目的而存在的有机集合体。它具备系统的四个特征：(1) 集合性，是多要素的集合；(2) 相关性，各要素是相互联系相互作用的，整个系统性质和功能并不等于其各要素的简单总和，即具有非加和性；(3) 目的性，构成的系统达到预定的目的；(4) 环境适应性。任何系统都存在一定的环境之中，又必须适应外部的环境。中水系统完全具备上述“系统”的基本特征。

所谓“系统工程”凡从系统的思想出发，把对象作为系统去研究、开发、设计、制作，使对象的运作技术经济合理、效果好、效率高的工程都称之为系统工程。建筑中水是一个系统工程。它是通过给水、排水、水处理和环境工程技术的综合应用，实现建筑或建筑小区的使用功能、节水功能和建筑环境功能的统一。它既不是污水处理场的小型化搬家，也不是给水排水工程和水处理设备的简单连接，而是要在工程上形成一个有机的系统。以往建筑中水失败的根本原因就在于对这一点缺乏深刻认识。因此在本章首条即提出这一基本要求。

5.1.2 建筑物中水的系统形式宜采用完全分流系统，所谓“完全分流系统”就是中水原水的收集系统和建筑物的生活污水系统是完全分开，即为污、废分流，而建筑物的生活给水与中水供水也是完全分开的系统称为“完全系统”，也就是有粪便污水和杂排水两套排水管，给水和中水两套供水管的系统。中水系统形式的选择主要根据原水量、水质及中水用量的平衡情况及中水处理情况确定。建筑物中水系统形式宜采用完全系统，其理由：（1）水量可以平衡，一般情况下，有洗浴设备的建筑的优质杂排水或杂排水的水量，经处理后可满足杂用水水量；（2）处理流程可以简化，由于原水水质较好，可不需两段生物处理，减少占地面积，降低造价；（3）减少污泥处理困难以及产生臭气对建筑环境的影响；（4）处理设备容易实现设备化，管理方便；（5）中水用户容易接受。条文也不排除特殊条件下生活污水处理回用的合理性，如在水源奇缺、难于分流、污水无处排放、有充裕的处理场地的条件下，需经技术经济比较确定。

5.1.3 建筑小区中水基于其管路系统的特点，可分为如下多种系统：

1 完全分流系统。包括全部完全分流系统和部分完全分流系统。全部完全分流系统是指原水分流管系和中水供水管系覆盖全区建筑物并在建筑小区内的主要建筑物都建有废水、污水分流管系（两套排水管）和中水自来水供水管系（两套供水管）的系统。“全部”是指分流管道的覆盖面，是全部建筑还是部分建筑，“分流”是指系统管道的敷设形式，是污废分流、合流还是无管道，无管道是指直接排入市政排水管网或化粪池。部分完全分流系统是指原水分流管系和中水供水管系均为区内部分建筑的系统。

采用杂排水作中水原水，必须配置两套上水系统（自来水系统和中水供水管系）和两套下水系统（杂排水收集系统和其他排水收集系统），因此属于完全分流系统。但在管线上比较复杂，给设计施工增加了难度，也增加了管线投资。这种方式在缺水比较严重、水价较高的地区，或者是高档住宅区内采用是可行的，尤其在中水建设的起步阶段，居民对优质杂排水处理后的中水比较容易接受。如果这种分流系统覆盖小区全部建筑物，称为全部完全分流系统，如果只覆盖小区部分建筑物，称为部分完全分流系统。

2 半完全分流系统。就是无原水分流管系（原水为综合污水或外接水源），只有中水供水管系或只有废水、污水分流管系而无中水供水管系的系统。

当采用生活污水为中水原水时，或原水为外接水源，可省去一套污水收集系统，但中水仍然要有单独的供水系统，成为三套管路系统，称为半完全分流系统。当只将建筑内的杂排水分流出来，处理后用于室外杂用的系统也是半完全分流系统。

3 无分流系统。是指地面以上建筑物内无废水、污水分流管系和中水供水管系的系统。无原水分流管系，中水用于河道景观、绿化及室外其他杂用的中水不进居民的住房内，中水只用在地面绿化、喷洒道路、水景观和人工河湖补水、地下车库地面冲洗和汽车清洗等使用的简易系统。由于中水不上楼，使楼内的管路设计更为简化，投资也比较低，居民又易于接受。但限制了中水的使用范围，降低了中水的使用效益。中水的原水是全部生活污水或是外接的，在住宅内的管线仍维持原状，因此，对于已建小区的建筑中水较为合适。

5.1.4 本条提出建筑中水系统形式的选择原则。独立建筑和少数几栋大型公共建筑的中水，其系统形式的可选择性较小，往往只能是一种全覆盖的完全分流系统，在管路建设上因有上下直通的管井可供两种上水和两种下水管路敷设条件，这样的建筑或建筑群的档次一般都比较高，建筑中水的投资相对于建筑总投资而言，比例较小，对于开发商并不成为一种负担，是较经济和可行的。

本标准为建筑中水系统推出多种可供选择形式，不同类型的住宅，不同的环境条件，可以选择不同类型的中水系统形式。由于形式的多样性，就为建筑中水设施的建设提供了较大的灵活性，为方案的技术经济合理性，提供了较大的可比性，也就增加了本标准的可操作性。开发商和设计单位可以从规划布局、建筑形式、档次和建筑环境条件等的现实可能性，以及用户的可接受程度和开发商的经济承受能力等多方面因素考虑、选择。多种系统形式为建筑中水的推广和应用，提供更大的现实可能性和更广阔的前景。我国城镇小区建设中水处理系统的条件已基本具备，并日趋完善。首先，具备有利于中水系统设计和平稳运行的水量水质特点（排水量大，杂用水需求也大，水量容易平衡）。其次，城镇小区的不断规模化，以及水处理技术的发展，使中水工程的初始投资和运行费用大幅度降低。再次，住房的商品化，小区物业管理的兴起和完善，为中水工程的投资回报奠定了基础。

建筑中水系统形式的选用，主要依据考虑系统的安全可靠、经济适用和技术先进等原则。具体来讲建筑中水系统形式的选择应该是分几个步骤来进行：

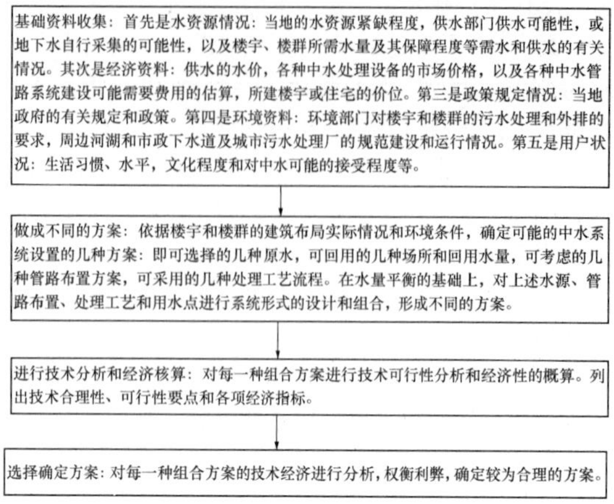

基础资料收集：首先是水资源情况：当地的水资源紧缺程度，供水部门供水可能性，或地下水自行采集的可能性，以及楼宇、楼群所需水量及其保障程度等需水和供水的有关情况。其次是经济资料：供水的水价，各种中水处理设备的市场价格，以及各种中水管路系统建设可能需要费用的估算，所建楼宇或住宅的价位。第三是政策规定情况：当地政府的有关规定和政策。第四是环境资料：环境部门对楼宇和楼群的污水处理和外排的要求，周边河湖和市政下水道及城市污水处理厂的规范建设和运行情况。第五是用户状况：生活习惯、水平，文化程度和对中水可能的接受程度等。

↓

做成不同的方案：依据楼宇和楼群的建筑布局实际情况和环境条件，确定可能的中水系统设置的几种方案：即可选择的几种原水，可回用的几种场所和回用水量，可考虑的几种管路布置方案，可采用的几种处理工艺流程。在水量平衡的基础上，对上述水源、管路布置、处理工艺和用水点进行系统形式的设计和组合，形成不同的方案。

↓

进行技术分析和经济核算：对每一种组合方案进行技术可行性分析和经济性的概算。列出技术合理性、可行性要点和各项经济指标。

↓

选择确定方案：对每一种组合方案的技术经济进行分析，权衡利弊，确定较为合理的方案。

5.2 原水系统

5.2.2 关于中水原水管道及其附属构筑物的设计要求，做法与建筑物的排水管道设计要求大同小异，本条文强调了管道的防渗漏要求，为的是能够确保中水原水的水量和水质，如渗漏则不能保障本标准第5.2.3条的收集率要求，如有污水渗入则会影响中水原水的水质。中水原水管道是既不能污染建筑给水，又不能被不符合原水水质要求的污水污染，实践中污染的事故已有发生，主要是把它当成一般的排水管，不予重视而造成的后果。

5.2.3 提出收集率的要求，为的是把可利用的排水都尽量收回。所谓可利用的排水就是经水平衡计算和技术经济分析，需要与可能回收利用的排水。凡能够回收处理利用的，就应尽量收回，这样才能提高水的综合利用率，提高效益。以往的经验表明，因设计人员怕麻烦，该回收的不回收，大大降低了废水回收利用率和设备能力利用率，更有甚者是为了应付要求，做不求效益的样子工程。比如有的饭店职工浴室、公共盥洗间的排水都不回收，一套设施上去了，钱花了，但因水量少，设备效能不能发挥，造成成本高、效益差。要上中水，就不能装样子、要图实效，因此提出收集率的要求。这个要求并不高，也是能够做到的。在生活用水中，设可回收排水项目的给水量为100%，扣除15%的损耗，其排水为85%，要求收集率不低于75%，还是有充分余量的。

收集率计算公式，即本标准式（5.2.3）中“回收排水项目”为经水平衡计算和可行性技术经济分析，决定利用的排水项目。

5.2.4 中水原水系统应设分流、溢流设施和超越管，这是对中水原水系统功能的要求，是由中水系统的特点决定的。在建筑内，中水系统是介于给水系统和排水系统间的设施，既独立又有联系。原水系统的水取自于排水，多余水量和事故时的原水又需排至排水系统，不能造成水患，所以分流井（管）的构造应具有如下功能：既能把排水引入处理系统又能把多余水量或事故停运时的原水排入排水系统而不影响原建筑的使用。可以采用隔板、网板倒换方式或水位平衡溢流方式，或分流管、阀，最好与格栅井相结合。

5.2.5 职工食堂和营业餐厅的含油脂污水处理难度大，普通隔油池处理很难达标，原则上不建议引入此类排水。如确需引入此类排水，则必须经处理达标后方可进入原水系统。

5.2.6 中水原水如不能计量，整个系统就无法进行量化管理，因此提出要求。超声波流量计和沟槽流量计可满足此要求，但为了节省，可采用容量法计算的土法。

5.3 处理系统

5.3.1 中水处理系统是建筑中水的重要组成部分，是原水转为中水的中间环节，其主要设施包括调节池（箱）、中水处理工艺构筑物、消毒设施、中水贮存池（箱）、相关设备、管道等。

5.3.2 本条提出处理系统设计处理能力的确定原则。处理系统设计处理能力是确定建筑中水工程规模和投资水平的重要指标，应在综合考虑“需求”（中水用水量）和“供给”（中水原水量）两方面因素，在确保供需平衡即水量平衡的条件下进行合理确定。

5.3.3 规定处理系统设计处理能力的计算公式。

本条规定处理系统设计处理能力，原标准是根据水量平衡后的原水量计算，编制组调研中发现有的设计单位为了省事，不做水量平衡，直接用原水量来定系统设计处理能力。对于合流制排水系统，除了建筑及小区内部景观环境用水量较大或者建筑及小区外部存在较大的中水用水点（如补充城市河湖、补充工业循环冷却水等）这样的特殊情况之外，在绝大部分情况下中水原水量肯定大于中水用水量，处理好的建筑中水用不完。以最高日中水用水量确定系统设计处理能力，体现了“按需定产”的原则，以防止中水处理站规模过大造成不必要的浪费。

当然，对于分流制排水系统，由于中水原水量与中水用水量很可能存在不一致的情况，此时会出现“以供定产”和“按需定产”两种情况：

1 以供定产：若 $Q_{PY} \leqslant Q_Z$ 即中水原水量小于等于中水用水量，则仍应以中水原水量来确定处理系统设计处理能力，此时 $Q_h = \frac{Q_{PY}}{t}$。

2 按需定产：若 $Q_{PY} > Q_Z$ 即中水原水量大于中水用水量，则应以中水用水量来确定处理系统设计处理能力 Q_h。为了提高建筑中水处理工程的标准化水平，便于相关工艺设备或者成套设备的定型开发，更好地保障工程建设质量，降低设施运行维护成本，在实际的工程设计中，建筑中水处理系统的设计处理能力宜按照本条提供的计算公式计算后再按表15提供的典型值进行确定。

表 15　建筑中水处理系统设计处理能力的典型值

设计处理能力（m^3/h）	1	2	3	5	7.5	10	12.5	15	20	25	30	40	50
设计日处理水量（m^3/d）	25	50	80	120	180	250	300	400	500	600	800	1000	1200

处理系统调节池（箱）及其前端的设备及管道的设计流量应按照中水系统回收排水项目的最高日最大时排水量 Q_{max} 进行计算。Q_{max} 可以由下式计算：

$$Q_{max} = K_z \times Q_h \tag{1}$$

式中：Q_{max} ——中水系统回收排水项目最高日最大时排水量（m^3/h）；

K_z ——总变化系数，一般取值为 1.5～3。

中水处理工艺流程中在调节池（箱）和中水贮存池（箱）之间的中水处理工艺构筑物、设备和管道可以按照处理系统设计处理能力 Q_h 进行计算。考虑到实际工程污水流量变化的复杂性，在按照表 15 提供的典型值进行标准化建筑中水处理工程设计以及相关工艺设备或者成套设备的定型开发时，上述中水处理工艺构筑物、设备和管道的设计流量应考虑一定的冗余度。

5.4　供 水 系 统

5.4.1　强制性条文。强调中水供水系统的独立性，首先是为了防止对生活给水系统的污染，中水供水系统不能以任何形式与自来水系统连接，单流阀、双阀加泄水等连接都是不允许的。同时也是在强调中水系统的独立性功能，中水系统一经建立，就应保障其使用功能，生活给水系统只能是应急补给，并应有确保不污染生活给水系统的措施。

5.4.3　本条规定了中水供水系统的设计秒流量和管道水力计算、供水方式及水泵的选择等的要求。中水供水方式的选择应根据现行国家标准《建筑给水排水设计规范》GB 50015 中给水部分规定的原则，一般采用调速泵组供水方式、水泵-水箱联合供水方式、气压供水设备供水方式等，当采用水泵-水箱联合供水方式和气压供水设备供水方式时，水泵的出水管上应安装多功能水泵控制阀，防止水锤发生。

5.4.4、5.4.5　这两条的提出是基于中水具有一定的腐蚀性危害而提出的。中水对管道和设备究竟有无危害，国内也有较多人员做过研究。北京市环保研究所所做挂片试验结果详见表 16。

表 16　挂片结垢、腐蚀试验结果

类型 \ 指标材质	腐蚀速度（mm/年）		结垢速度［mg/（cm^2・月）］			
	钢 A3	紫铜	镀锌管	钢 A3	紫铜	镀锌管
滤池出水	0.27	0.008	0.097	11.75	0.12	3.98
消毒后中水	0.134	0.0084	0.05	0	0	0.04
中水加温循环试验	0.136	0.041	0.064	19.3	4.33	12.78

从表 16 中可看出：(1) 根据腐蚀判断标准（金属腐蚀速度＜0.13mm/年时接近于不腐蚀；腐蚀速度 0.13mm/年～1.3mm/年时，腐蚀逐渐加重）判断中水对钢材有轻微腐蚀，对镀锌钢管和铜几乎不腐蚀；(2) 中水系统基本无结垢产生，而对钢材产生的垢成分分析多为腐蚀垢。北京市政设计研究院的试验装置测得中水年平均腐蚀率为 3.1185mpy（1mpy＝2.54×10^{-2}mm/年），即 0.08mm/年，而同一地区自来水年平均腐蚀率为 0.6563mpy，即 0.017mm/年，虽比自来水腐蚀率增加将近 4 倍，但均在标准以内。该所的建筑中水使用两年后，卫生器具、管道及配件使用状况良好，无明显变色、结垢现象，管道内壁紧密地附着一层分布均匀的白黄色垢，无生物粘泥，配件内部无明显腐蚀和结垢。

中水与自来水相比，残余有机物和溶解性固体增多，余氯的增多虽有效地防止了生物垢的形成，但氯离子对金属，尤其是钢材具有腐蚀性，实践工程中还必须加以防护和注意选材。

5.4.6　为了实现量化管理，中水的计费和成本核算，应该装表计量。

5.4.7　强制性条文。为保证中水或其他非饮用水的使用安全，防止中水的误饮、误用而提出的使用要求。中水管道上不得装设取水龙头，指的是在人员出入较多的公共场所安装易开式水龙头。当根据使用要求需要装设取水接口（或短管）时，如在处理站内安装的供工作人员使用的取水龙头，在其他地方安装浇洒道路、冲车、绿化等用途的取水接口等，应采取严格的技术管理措施，措施包括：明显标示不得饮用（必要时采用中、英文共同标示），安装供专人使用的带锁龙头等。

设计时应注意，在公共场所禁止安装无防护措施的易开式水龙头，当需要设置取水接口时，应在设计图中注明采取的防护措施。

5.4.8　为了保证中水的使用安全而提出的要求。

5.4.9　规定了中水供水系统设置自动补水及其要求。

自动补水管设在中水贮存池或中水供水箱处皆可，但要求只能在系统缺水时补水，避免水位浮球阀式的常补水，这就需要将补水控制水位设在低水位启泵水位之下，或称缺水报警水位。中水供水系统自动补水图示如图1所示：

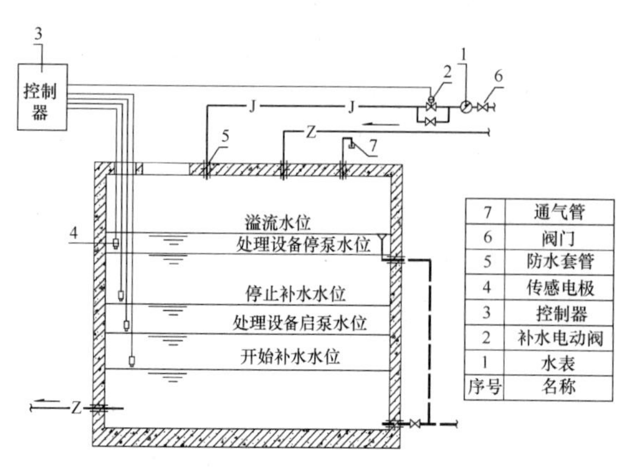

图1 中水池（箱）自动补水图示

5.5 水量平衡

5.5.1 水量平衡计算是中水设计的重要步骤，它是合理用水的需要，也是中水系统合理运行的需要。建筑中水的原水取于建筑排水，中水用于建筑杂用，上水补其不足，要使其互相协调，必须对各种水量进行计算和调整。要使集水、处理、供水集于一体的中水系统协调地运行，也需要各种水量间保持合理的关系。水量平衡就是将设计的建筑或建筑群的给水量、污水排量、废水排量、中水原水量、贮存调节量、处理量、处理设备耗水量、中水调节贮存量、中水用量、自来水补给量等进行计算和协调，使其达到平衡，并把计算和协调的结果用图线和数字表示出来即水量平衡图，水量平衡图虽无定式，但从中应能明显看出设计范围内各种水量的来龙去脉，水量多少及其相互关系，水的合理分配及综合利用情况，是系统工程设计及量化管理所必须做的工作和必备的资料。实践表明，建筑中水不能坚持有效运行的一个重要原因，就是水量不平衡，因此应充分重视这一工作。

5.5.3 给出建筑中水最高日用水量计算公式。建筑中水最高日用水量是确定处理系统设计处理能力的重要参数，以需求确定建筑中水设计规模，体现按需定产原则。

5.5.4 公式（5.5.4）是利用《建筑给水排水设计规范》GB 50015－2003（2009年版）表3.1.10中的最高日生活用水定额与本条表格中的百分数相乘，即得每人最高日冲厕用水定额。冲厕用水定额是对中水供水设施提出的要求，表17列出了各类建筑的冲厕用水资料，在计算冲厕用水中水量时可作为校核参考。资料主要来源于日本《雨水利用系统设计与实务》。

表17 建筑物冲厕用水量定额及小时变化系数

类别	建筑种类	冲厕用水量[L/(人·d)]	使用时间(h/d)	小时变化系数	备注
1	别墅住宅	40～50	24	2.3～1.8	—
	单元住宅	20～40	24	2.5～2.0	—
	单身公寓	30～50	16	3.0～2.5	—
2	综合医院	20～40	24	2.0～1.5	有住宿
3	宾馆	20～40	24	2.5～2.0	客房部
4	办公	20～30	8～10	1.5～1.2	—
5	营业性餐饮、酒吧场所	5～10	12	1.5～1.2	工作人员按办公楼设计
6	商场	1～3	12	1.5～1.2	工作人员按办公楼设计
7	小学、中学	15～20	8～9	1.5～1.2	非住宿类学校
8	普通高校	30～40	8～9	1.5～1.2	住宿类学校，包括大中专及类似院校
9	剧院、电影院	3～5	3	1.5～1.2	工作人员按办公楼设计
10	展览馆、博物馆	1～2	8～16	1.5～1.2	工作人员按办公楼设计
11	车站、码头、机场	1～2	8～16	1.5～1.2	工作人员按办公楼设计
12	图书馆	2～3	8～10	1.5～1.2	工作人员按办公楼设计
13	体育馆类	1～2	4	1.5～1.2	工作人员按办公楼设计

注：表中未涉及的建筑物冲厕用水量按实测数值或相关资料确定。

5.5.5 规定绿化、浇洒、冲洗等各项最高日用水定额。

1 按洒水强度计算：

$$Q_s = 0.001 \cdot h \cdot s \cdot n_2 \tag{2}$$

式中：Q_s——浇洒道路或绿化用水量（m^3/d）；

h——洒水强度（mm），水泥路面 h=1mm～5mm；土路面 h=3mm～10mm；绿化 h=10mm～50mm；

s——道路或绿化面积（m^2）；

n_2——每日浇洒次数，浇洒道路 n_2=2～3，绿化 n_2=1～2。

2 按洒水喷水数计算：

$$Q_s = 3.6 \cdot q_{js} \cdot n_3 \cdot T_1 \tag{3}$$

式中：q_{js}——洒水栓或喷水头出流量（L/s）；

n_3——洒水栓或喷水头个数；

T_1——洒水历时（h/d）。

本条的用水定额是按满足最高峰用水日的水量制定的，是对建筑中水设施规模提出的要求。需要注意的是：系统的平日用水量要比本条给出的最高日用水量小，不可用本条文的水量替代，应参考相关资料确定。下面给出草地用水的参考资料，资料来源于郑守林编著的《人工草地灌溉与排水》。

城市中，绿地上的年耗水量在 1500L/m^2 左右。人居工程、道路两侧等的小面积环保区绿地，年需水量约在 800mm～1200mm，如果天然降水量为 600mm，则补充灌水量为 400mm 左右。冷温带人工绿地植物在春季的灌溉是十分必要的，植物需水量主要是在夏季生长期，高耗水量时间为 2800h～3800h，这一阶段的耗水量是全年的 75%以上。需水量是一个正态分布曲线，夏季为高峰期，冬季为低谷期，高峰期的需水量为 600mm，低谷期为 150mm，春季和秋季共为 200mm。

足球场全年需水为 2400mm～3000mm，经常运行的场地每天地面耗水量为 8mm～10mm，赛马场绿地耗水约 3000mm/年，高尔夫球场绿地耗水约 2000mm/年。

汽车冲洗用水量按《建筑给水排水设计规范》GB 50015－2003（2009 年版）中表 3.1.13 计算。

5.5.6 规定景观水体的补水量计算资料。

景观水体的水量损失主要有水面蒸发和水体底面积侧面的土壤渗透。当中水用于水体补水或水体作为蓄水设施时，水面蒸发量是计算水量平衡时的重要参数。水面蒸发量与降水、维度等气象因素有关，应根据水文气象部门整理的资料选用。表 18 列出了北京城近郊区 1990 年～1992 年陆面、水面的试验研究成果。

表 18 北京城近郊区 1990 年～1992 年陆面蒸发量、水面蒸发量

名称	陆面蒸发量（mm）	水面蒸发量（mm）
1月	1.4	29.9
2月	5.5	32.1
3月	19.9	57.1
4月	27.4	125.0
5月	63.1	133.2
6月	67.8	132.7
7月	106.7	99.0
8月	95.4	98.4
9月	56.2	85.8
10月	15.7	78.2
11月	6.5	45.1
12月	1.4	29.3
合计	466.7	946.9

5.5.7 中水作供暖系统补充水量计算可按下式进行：

$$Q_n = (0.02 \sim 0.03) \cdot Q_{nx} \tag{4}$$

式中：Q_n——采暖系统补充中水用水量（m^3/h）；

Q_{nx}——采暖系统循环水量（m^3/h）。

5.5.8 水量平衡计算

1 处理前的调节。中水的原水取自建筑排水，建筑物的排水量随着季节、昼夜、节假日及使用情况变化，每天每小时的排水量是很不均匀的。处理设备则需要在均匀水量的负荷下运行，才能保障其处理效果和经济效果。这就需要在处理设施前设置中水原水调节池。调节池容积应按原水量逐时变化曲线及处理量逐时变化曲线所围面积之中的最大部分计算。一般认为原水变化曲线不易作出，其实只要认真的根据原排水建筑的性质、使用情况以及耗水量统计资料或按同地区类似建筑的资料即可拟定出来。即使拟定的不十分准确，也比简单的估算符合实际得多。处理曲线可根据原水曲线、工作制度的要求画出。标准条文中提出应该这样做的要求，是为了逐渐积累丰富我国这方面的资料。当确无资料难以计算时亦可按百分比计算。在计算方法上，国内现有资料也不太一致。有的按最大小时水量的几倍计算或连续几个最大小时的水量估算。对于洗浴废水或其他杂排水，确实存在着高峰排量，但很难准确确定，如估计时变化系数还不如直接按日处理水量的百分数计算。

1）连续运行时，原水调节池容量按日处理水量的 35%～50%计算，即相当于 8.4 倍～12.0 倍平均时水量。根据国内外资料及医院污水处理的经验，认为这个计算是合理的、安全的。中国环境科学研究院的研究也认为，该调节储量是充分而又可靠的，设计中不应片面追求调节池容积的加大，而应合理调整来水量、处理量及中水用量和其发生时间之间的关系。执行时可根据具体工程原水小时变化情况取其高限或低限值。

2）间歇运行时，原水贮存池按处理设备运行周期计算。

当采用批量处理法时，原水调贮量应按需要确定。中水处理构筑物连续处理的水量和中水供应量之间的不平衡，需设中水贮存池进行调节。

2 处理后的调节。由于中水处理站的出水量与中水用水量的不一致。在处理设施后还必须设中水贮存池。中水贮存池的容积既能满足处理设备运行时的出水有处存放，又能满足中水在任何用量时均能有水供给。这个调节容积的确定如前条所述理由一样，应按中水处理量曲线和中水用量逐时变化曲线求算。计算时分以下几种情况：

1）连续运行时，中水贮存池按日中水用量的25%～35%计算，是参考以市政水为水源的水池、水塔调节贮量的调查结果的上限值确定的。中水贮存池的水源是由处理设备提供的，不如市政水源稳定可靠。这个估算贮量，相当于6.0倍～8.4倍平均时中水用量。中水使用变化大，若按时变化系数$k=2.5$估算，也相当2.4倍～3.4倍最大小时的用量。

2）间歇运行时，中水贮存池按处理设备运行周期计算。

3）由处理设备余压直接送至中水供水箱或中水供水系统需要设置中水供水箱时，中水供水箱的调节容积，条文要求不得小于最大小时用水量的50%。通常说的中水供水箱，指的是设于系统高处的供水调节水箱，一般与中水贮存池组成水位自控的补给关系，它的调节贮量和地面中水贮存池的调节容积，都是调节中水处理出水量与中水用量之间不平衡的调节容积。

6 处理工艺及设施

6.1 处理工艺

6.1.1 本条提出中水处理工艺确定的依据。处理工艺主要是根据中水原水的水量、水质和要求的中水水量、水质与当地的自然环境条件适应情况，经过技术经济比较确定。

中水处理工艺按组成段可分为预处理、主处理及后处理部分。预处理包括格栅、调节池；主处理包括混凝、沉淀、气浮、活性污泥曝气、生物膜法处理、二次沉淀、过滤、生物活性炭以及土地处理等主要处理工艺单元；后处理为膜滤、活性炭、消毒等深度处理单元；也有将其处理工艺方法分为以物理化学处理方法为主的物化工艺，以生物化学处理为主的生化处理工艺，生化与物化处理相结合的处理工艺以及土地处理（如有天然或人工土地生物处理和人工土壤毛管渗滤法等）四类。由于中水回用对有机物、洗涤剂去除要求较高，而去除有机物、洗涤剂有效的方法是生物处理，因而中水的处理常用生物处理作为主体工艺。

中水处理工艺，对原水浓度较高的水宜采用较为复杂的人工处理法，如二段生物法或多种物化法的组合，如原水浓度较低，宜采用较简单的人工处理法。不同浓度的污水均可采用土壤毛管渗滤等自然处理法。

处理工艺的确定除依据上面提到的基本条件和要求外，通常还要参考已经应用成功的处理工艺流程，原《建筑中水设计规范》GB 50336－2002按原水种类给出的10种工艺流程应用中仍可参考，但技术总是不断发展的，此次修订的工艺流程也是在此基础上的新发展。下面介绍北京城市节约用水办公室组织编写的《北京市中水工程实例选编与评析》中的流程总结，如表19所示。提出此表一方面供确定流程时参考，另一方面也说明本标准第6.1.2条、第6.1.3条提出的10个流程是有实践依据的。

表19 实践应用中水处理流程

水质类型	处理流程
以优质杂排水为原水的中水工艺流程	（1）以生物接触氧化为主的工艺流程 原水→格栅→调节池→生物接触氧化→沉淀→过滤→消毒→中水 （2）以生物转盘为主的工艺流程 原水→格栅→调节池→生物转盘→沉淀→过滤→消毒→中水 （3）以混凝沉淀为主的工艺流程 原水→格栅→调节池→混凝沉淀→过滤→活性炭→消毒→中水 （4）以混凝气浮为主的工艺流程 原水→格栅→调节池→混凝气浮→过滤→消毒→中水 （5）以微絮凝过滤为主的工艺流程 原水→格栅→调节池→微絮凝过滤→活性炭→消毒→中水 （6）以过滤-臭氧为主的工艺流程 原水→格栅→调节池→过滤→臭氧→消毒→中水 （7）以物化处理-膜分离为主的工艺流程 原水→格栅→调节池→絮凝沉淀过滤（或微絮凝过滤）→精密过滤→膜分离→消毒→中水

续表 19

水质类型	处 理 流 程
以综合生活污水为原水的中水工艺流程	(1) 以生物接触氧化为主的工艺流程 原水→格栅→调节池→两段生物接触氧化→沉淀→过滤→消毒→中水 (2) 以水解-生物接触氧化为主的工艺流程 原水→格栅→水解酸化调节池→两段生物接触氧化→沉淀→过滤→消毒→中水 (3) 以厌氧-土地处理为主的工艺流程 原水→水解池或化粪池→土地处理→消毒→植物吸收利用
以粪便水为主要原水的中水工艺流程	(1) 以多级沉淀分离-生物接触氧化为主的工艺流程 原水→沉淀 1→沉淀 2→接触氧化 1→接触氧化 2→沉淀 3→接触氧化 3→沉淀 4→过滤→活性炭→消毒→中水 (2) 以膜生物反应器为主的工艺流程 原水→化粪池→膜生物反应器→中水
以城镇污水处理厂出水为原水的中水工艺流程	城镇再生水厂的基本处理工艺为: 城镇污水→一级处理→二级处理→混凝、沉淀(澄清)→过滤→消毒→中水 二级处理厂出水→混凝、沉淀(澄清)→过滤→消毒→中水

6.1.2 当以盥洗排水、污水处理厂(站)二级处理出水或其他较为清洁的污水作为中水原水时，可采用较简易的处理工艺。

1 絮凝沉淀或气浮工艺流程。原水中有机物浓度较低和 LAS 较低时可采用物化方法，如混凝沉淀(气浮)加过滤或微絮凝过滤。物化处理工艺虽对溶解性有机物去除能力较差，但消毒剂的化学氧化作用对水中耗氧物质的去除有一定的作用，混凝气浮对洗涤剂也有去除作用。因此，对于有机物浓度和 LAS 较低的原水可采用物化工艺，该工艺具有可间歇运行的特点，适用于客房使用率波动较大，原水水量变化较大，或间歇性使用的建筑物。

2 微滤或超滤膜分离工艺流程。膜滤法是当今世界上发展较快的一种污水处理的先进技术，日本应用较多，国内也在开始推广应用。但膜滤法是深度处理工艺，必须有可靠水质保障的预处理和方便的膜的清洗更换为保障。

微滤是一种与常规过滤十分相似的过程。不同的是被处理的水不是通过由分散滤料形成的空隙而是通过具有微孔结构的滤膜实现净化的，微滤膜具有比较整齐、均匀的多孔结构。微滤的基本原理属于筛网过滤，在静压差作用下，小于微滤膜孔径的物质通过微滤膜，而大于微滤膜孔径的物质则被截留到微滤膜上，使大小不同的组分得以分离。

微滤工艺在国内外许多污水回用工程中得到了实际的应用，例如：澳大利亚悉尼亚运村污水再生回用、新加坡务德区污水厂污水再生回用、日本索尼显示屏污水再生回用、美国 West Basin 市污水再生回用以及我国天津开发区污水厂污水再生回用等工程都是如此。

由于微滤技术属于高科技集成技术，因此，宜采用经过验证的微滤系统，设备生产商需有不少于 3 年制作运行系统经验。

采用微滤处理工艺设计时应符合下列要求：

1) 微滤膜孔径应选择 0.2μm 或 0.2μm 以下；

2) 微滤膜前应根据需要考虑是否采用预处理措施；

3) 微滤出水仍然需要经过杀灭细菌处理；

4) 在二级处理出水进入微滤装置前，应投加少量抑菌剂；

5) 微滤系统宜设置自动气水反冲系统，空气反冲压力宜为 600kPa，同时用二级处理出水辅助表面冲洗。

6.1.3 当以含有洗浴排水的优质杂排水、杂排水或生活污水作为中水原水时，由于其浓度高，水质成分也相应要复杂些，因此在处理工艺的选用上要采用较复杂或流程较长的人工处理方法，以便承受较高的冲击负荷，保证处理出水水质，增强工程的可靠性。处理工艺如：

1 生物处理和物化处理相结合的工艺流程

当洗浴废水含有较低的有机污染浓度(BOD_5 在 60mg/L 以下)，宜采用生物接触氧化法，生物膜的培养和操作管理方便，但需要较为稳定的连续的运行，当采用一班制或二班制运行时，在停止进水时要采用间断曝气的方法来维持生物活性。当前在北京地区最常采用的是，快速一段法生物处理即反应时间在 2h 以内的生物接触氧化法加过滤、消毒等物化法或加微絮凝过滤、活性炭和消毒的工艺。对于杂排水因包括厨房及清洗污水，水质含油，应单独设置有效的隔油装置，然后与优质杂排水混合进入中水处理设备，一般也采用一段生物处理流程，但在生物反应时间上比优质杂排水应适当延长。

曝气生物滤池是一项好氧生物处理新工艺，该工艺同传统的生物滤池相比，采用了人工曝气供氧，与生物接触氧化工艺具有更多的共同点，但比传统的生物接触氧化池填料的尺寸更小，具有处理能力强、处理效果好、占地少等特点。该工艺在国外发展较快，近年来在我国已开始应用，安徽华骐环保科技股份有限公司等单位在曝气生物滤池处理工艺方面业绩较为突出。

CASS是间歇式活性污泥法的改进工艺，连续进水，间断排水，在一个池内完成水质均化、初次沉淀、生物降解、二次沉淀。污水中有机物好氧、兼氧、厌氧不断交替运行。本工艺不单设调节池，将调节池与CASS合建在一起，统称CASS池。

流离生化技术在生活污水处理中的应用起源于日本，由于其具有投入成本低、易实施、运行稳、效果佳等特点，至今在日本一直受到水处理行业的追捧。流离生化技术是将流体力学中的“流离”原理与微生物处理技术结合在一起，形成的一种新型污水处理技术，利用特殊的固-液-气三相运动，使污水中的悬浮固体颗粒聚集在载体-流离生化球外部，而流离生化球内外部繁殖形成完整生物链及反复进行的好氧-厌氧-好氧的生物处理系统。其核心是“速分生化球”，是采用加入诱导材料的特殊矿石装在塑料壳体内组成的球体。流离生化球填充在流离生化池内，作为生物载体，可正常使用30年而无需更换，比传统的生物填料节约了大量的更换、维护费用。通过与传统生化处理工艺流程的比较，可以总结出速分生化技术的优势如下：

1）不设初沉池和二沉池，节约了基建投资；
2）不设污泥处理系统，节约了基建投资和运行费用；
3）流程简单，运行管理方便，占地面积小；
4）不设污泥回流系统，使得运行费用大大降低。

该项技术对于优质杂排水、杂排水、生活污水、粪便污水等各种原水均具有很好的适应性，实践表明，经本技术处理后的出水水质优良，COD_{cr}去除率达70%～98%，BOD_5去除率达到85%以上，效果达到《污水综合排放标准》GB 8978－1996一级标准，而且污水处理站可以长期不排除剩余污泥，省去污泥脱水设备，避免污泥处理的二次污染。北京禹辉净化技术有限公司等单位在流离生化工艺方面业绩较为突出。

采用生活污水为原水时，或来水的水质变化较大时，用简单的处理方法是很难到达要求的，因此通常说的三级处理是需要的。规模愈小则水质水量的变化愈大，因而，必须有比较大的调节池进行水质水量的平衡，以保证后续处理工序有较稳定的处理效果；或在生化处理时采用较长的反应时间，对污水负荷的变化有较大的缓冲能力；或采用较长的工艺流程来提高处理设施的缓冲能力，如两段生物处理的A/O法加过滤、消毒，或一段生化后加混凝气浮（或沉淀）、过滤（微滤、超滤）和消毒的工艺流程。生化处理可以是活性污泥法，也可以是接触氧化法。当前已经普及的宾馆饭店小型污水处理采用生物接触氧化法的居多数，因为生物接触氧化法的操作比较简单。对于小区中水日处理规模达到万吨以上的，接触氧化法就不一定适用。

另外要提醒一点的是，在生物处理工艺中尽量少采用生物转盘，因为有部分盘面暴露在空气中，对周围的环境带来较大的气味。如北京某饭店的生物转盘因此而停用，北京另两个宾馆的中水已由生物转盘改为生物接触氧化。

2　膜生物反应器工艺流程

膜生物反应器是一种将膜分离技术与生物技术有机结合的新型水处理技术，它利用膜分离设备将生化反应池中的活性污泥和大分子有机物截留住，省掉二沉池。膜一生物反应器工艺通过膜的分离技术大大强化了生物反应器的功能，使活性污泥浓度大大提高，其水力停留时间（HRT）和污泥龄（SRT）可以分别控制。

在传统的污水生物处理技术中，泥水分离是在二沉池中靠重力作用完成的，其分离效率依赖于活性污泥的沉降性能，沉降性越好，泥水分离效率越高。而污泥的沉降性取决于曝气池的运行状况，改善污泥沉降性必须严格控制曝气池的操作条件，这限制了该方法的适用范围。由于二沉池固液分离的要求，曝气池的污泥不能维持较高浓度，一般为1.5g/L～3.5g/L，从而限制了生化反应速率。水力停留时间（HRT）与污泥龄（SRT）相互依赖，提高容积负荷与降低污泥负荷往往形成矛盾。系统在运行过程中还产生了大量的剩余污泥，其处置费用占污水处理厂运行费用的25%～40%。传统活性污泥处理系统还容易出现污泥膨胀现象，出水中含有悬浮固体，出水水质恶化。MBR工艺通过将分离工程中的膜分离技术与传统废水生物处理技术有机结合，不仅省去了二沉池的建设，而且大大提高了固液分离效率，并且由于曝气池中活性污泥浓度的增大和污泥中特效菌（特别是优势菌群）的出现，提高了生化反应速率。同时，通过降低F/M比减少剩余污泥产生量（甚至为零），从而基本解决了传统活性污泥法存在的许多突出问题。

MBR工艺对于优质杂排水、杂排水、生活污水、粪便污水等各种原水均具有很好的适应性，出水水质优良稳定，可以用于城市杂用水、景观环境用水、工业循环冷却水等多种用途，而且中水处理站可以长期不排除剩余污泥，省去污泥脱水设备，避免污泥处理带来臭味等二次污染。北京汉青天朗水处理科技有限公司等单位在膜生物反应器工艺中业绩较为突出。

3、4　生物处理与生态处理相结合的工艺流程或以生态处理为主的工艺流程

氧化塘、土地处理等比较合适小区中水的处理系统。土地处理系统有自然土地处理和人工土地处理之分，人工土地处理中有毛细管渗透土壤净化系统（简称毛管渗滤系统）。它是充分利用在地表下的土壤中栖息的土壤动物、土壤微生物、植物根系，以及土壤所具有的物理、化学特性将污水净化的工程方法。毛管渗滤系统充分利用了大自然的天然净化能力，因而具有基建费用低、运行费用低、操作简单的优点。该系统不仅能够处理污水减轻污染，而且还能够充分利用其水肥资源，将污水处理与绿化相结合，美化和改造生态环境，在北方缺水地区该系统具有特别的推广意义。毛管渗滤系统同其他污水处理系统相比，具有以下优点：

1）整个系统装置在地表下，不与人直接接触，对环境、景观、卫生安全，不仅不会造成影响，而且在冬天可使草木长青，延长绿化期；

2）不受外界气温影响，或影响很小，净化出水水质良好，稳定；

3）在去除生物需氧量的同时能去除氮磷；

4）建设容易，维护简单，基建投资少，运行费低；

5）将污水处理同绿化和污水资源化相结合，在处理污水的同时绿化了环境，节约了水资源。

毛管渗滤系统在国外应用相当普遍。在 20 世纪 60 年代日本开始采用地下土壤净化污水的技术，最后开发了土壤毛管浸润沟污水净化工艺。该系统的处理出水优于二级处理，甚至达到三级处理的效果。在日本已获专利，迄今已建有 20000 多套。在美国约有 36%的农村及零星分散建造的家庭住宅采用了毛管渗透系统。在我国则刚起步，北京市环科院在交通部公路交通工程综合试验场建造了一个日处理 100t 规模的污水毛管渗滤系统，已取得了满意的效果。

一个典型的毛管渗滤系统可以由预处理、提升输送、渗滤场几部分组成。以绿地为回用目标时，就把污水处理和利用结合在一起。其工艺流程如下：

原水 → 格栅 → 预处理 → 提升泵房 → 渗滤场 → 消毒 → 中水

如与绿化结合，流程到渗滤场为止。其中预处理是比较重要的工艺。污水中含有较多的固态粪便、废渣之类，易堵塞管道，影响运行。有几种预处理工艺是：沉淀池、化粪池、水解池、发酵池等，可供选用。此外，在渗滤场的布水管系要有清洗措施，以防堵塞。

渗滤场由单个或多个地下渗滤沟组成。一般情况下，渗滤沟的上部宽度为 1m，沟深为 0.6m，沟与沟的中心间距为 1.5m。沟组成由下向上为：塑料或黏土防渗层、设有布水管的砂砾层、无纺布的隔离层、用当地土壤和泥炭及炉渣按一定比例掺和的特殊土壤层、由较肥沃的耕作土壤组成的草坪和植物生长的表层。

渗滤场的水力负荷一般为 $0.03m^3/(m^2 \cdot d)$～$0.04m^3/(m^2 \cdot d)$，而 BOD_5 负荷为 $1g/(m^2 \cdot d)$～$10g/(m^2 \cdot d)$。按日本的资料，设在绿地下，也可按 $3m^2$/(人·d)～$6m^2$/(人·d)设置。

6.1.4 循环冷却水、供暖系统补水等对水质的主要指标为含盐量，上述处理工艺产出中水达不到要求，为确保此类用水，应对中水进一步深度处理。常用的软化除盐工艺为离子交换树脂。

6.1.5 膜处理工艺在工程应用中面临的最大难题就是因膜污染而导致的膜通量迅速下降。膜污染不但会降低产水速率，而且由于膜组件需要频繁的停止运行，通过反冲洗、化学清洗等措施以恢复膜通量而使操作程序变得异常复杂，中水处理站的实际处理能力随之下降，维护与运行费用也相应地提高。所以本条要求有保障其进水水质的可靠预处理工艺，而且要有保障膜滤法能正常运行的膜清洗工艺。膜的清洗、再生工艺也应尽量在操作上简便可行。

6.1.6 随着环保技术的发展，近年来，污水处理工艺出现了经实践检验的处理效果好的新工艺流程。

移动床生物膜反应器（Moving-Bed-Biofilm-Reactor，简称 MBBR）吸取了传统的活性污泥法和生物接触氧化法两者的优点而成为一种新型、高效的复合工艺处理方法。其核心部分就是以比重接近水的悬浮填料直接投加到曝气池中作为微生物的活性载体，依靠曝气池内的曝气和水流的提升作用而处于流化状态，当微生物附着在载体上，漂浮的载体在反应器内随着混合液的回旋翻转作用而自由移动，从而达到污水处理的目的。作为悬浮生长的活性污泥法和附着生长的生物膜法相结合的一种工艺，MBBR 法兼具两者的优点：占地少——在相同的负荷条件下它只需要普通氧化池 20%的容积；微生物附着在载体上随水流流动所以不需活性污泥回流或循环反冲洗；载体生物不断脱落，避免堵塞；有机负荷高、耐冲击负荷能力强，所以出水水质稳定；水头损失小、动力消耗低，运行简单，操作管理容易；同时适用于改造工程等。

6.1.7 污泥脱水前应经过污泥浓缩池，然后再进行机械脱水。小型处理站可将污泥直接排入化粪池处理。

6.2 处理设施

6.2.1 本条强调生活污水作为中水原水应经过化粪池处理。当以生活污水作为中水原水时，化粪池可以看作是中水处理的前处理设施。为使含有较多的固体悬浮物质的水不致堵塞原水收集管道，并把它们带入中水处理系统，仍需利用原有或新建化粪池。

6.2.2 《室外排水设计规范》GB 50014－2006

（2016年版）中规定：人工清除格栅，格栅条间空隙宽度为25mm～40mm，机械清除时为16mm～25mm。建筑中水采用的格栅与污水处理厂用的格栅不同，建筑中水一般只采用中、细两种格栅，并且将空隙宽度改小，本标准取中格栅10mm～20mm，细格栅2.5mm。当以生活污水为中水原水时，一般应设计中、细两道格栅；当以杂排水为中水原水时，由于原水中所含的固形颗粒物较小，可只采用一道格栅。工程中多采用不锈钢机械格栅。

6.2.3 洗浴排水中含有较多的毛发纤维，在一些中水工程的调试中发现，仅设有格栅时会有毛发穿过，进入后续处理设施。考虑到设备运行的安全性，因此规定在水泵吸水管上设置毛发聚集器。

6.2.4 调节池内设置预曝气管，不仅可以防止污水在贮存时腐化发臭，池内不产生沉淀，还对后面的生物处理有利。这里特别强调调节池应设置溢水管，它是确保系统能够安全运行的措施。

6.2.5 一般中、小型污水处理站，设置调节池后而不再设初次沉淀池。较大的污水处理厂则设置一级泵站、沉砂池和初次沉淀池。

6.2.6 采用斜板（管）沉淀池或竖流式沉淀池的目的是为了提高固液分离效率，减少占地。

6.2.7 本条对沉淀池相关参数提出要求。

1 斜板（管）沉淀池设计数据系参照《室外排水设计规范》GB 50014－2006（2016年版）并考虑建筑内部地下室的通常高度而确定的；

2 《室外排水设计规范》GB 50014－2006（2016年版）中规定，活性污泥法处理后的沉淀池表面水力负荷为$1m^3/(m^2 \cdot h)$～$1.5m^3/(m^2 \cdot h)$，为保证出水水质并方便设计取值，本条取低限数值，并有一定的取值范围；

3 采用静水压力排泥时，在保证排泥管静水头的情况下，小型沉淀池的排泥管管径可适当减小；

4 强调沉淀池应设置出水堰，以保证沉淀池中的水流稳定。

6.2.8 本条对采用接触氧化处理工艺时提出具体要求。

1 中水出水水质标准较一般污水处理厂二级出水要严，所以必须保证生化处理设备有足够的停留时间。根据国内中水处理实践经验，如处理洗浴污水，接触氧化池的设计停留时间为2h以上，处理生活污水，停留时间都在3h以上。

2 本条规定的设计数值系根据国内中水处理实践经验而确定的。

3 接触氧化池曝气量按所需去除的BOD负荷计算，即进出水BOD的差值。

6.2.9 曝气生物滤池的主要设计参数，宜根据试验资料确定，无试验资料时，可采用经验数据或按表20规定取值。

表20 曝气生物滤池处理城镇污水主要设计参数

类型	功能	参数	取值
碳氧化/部分硝化曝气生物滤池	降解污水中含碳有机物并对氨氮进行部分硝化	滤池表面水力负荷（滤速）$[m^3/(m^2 \cdot h)]$	2.5～4.0
		BOD负荷$[kgBOD/(m^3 \cdot d)]$	1.2～2.0
		硝化负荷$[kgNH_3\text{-}N/(m^3 \cdot d)]$	0.4～0.6
		空床水力停留时间（min）	70～80
前置反硝化生物滤池	利用污水中的碳源对硝态氮进行反硝化	滤池表面水力负荷（滤速）$[m^3/(m^2 \cdot h)]$	8.0～10.0（含回流）
		反硝化负荷$[kgNO_3^-\text{-}N/(m^3 \cdot d)]$	0.8～1.2
		空床水力停留时间（min）	20～30

（1）生物滤池宜采用气-水联合反冲洗，依次按气洗、气-水联合洗、清水漂洗进行。气洗时间宜为3min～5min；气-水联合冲洗时间宜为4min～6min；单独水漂洗时间宜为8min～10min。空气冲洗强度宜为$12L/(m^2 \cdot s)$～$16L/(m^2 \cdot s)$；水洗强度宜为$4L/(m^2 \cdot s)$～$6L/(m^2 \cdot s)$。

（2）曝气生物滤池宜采用球形轻质多孔陶粒滤料。陶粒滤料的平均粒径的选择宜根据进、出水水质和滤池功能确定。硝化、碳氧化滤池宜为3mm～5mm或4mm～6mm，前置反硝化滤池宜为4mm～6mm或6mm～9mm。

（3）滤料填装高度宜结合占地面积、处理负荷、风机选型和滤层阻力等因素综合考虑确定，陶粒滤料宜为2.5m～4.5m。

（4）曝气系统宜采用氧转移效率高、安装方便、不宜堵塞、可冲洗、运行稳定的单孔膜空气扩散器。单孔膜空气扩散器布置密度应根据需氧量要求通过计算确定。单个曝气器设计额定通气量宜为$0.2m^3/h$～$0.3m^3/h$，每平方米滤池截面积的曝气器布置数量不宜少于36个。

（5）安装在滤板上的滤头布置密度，硝化、碳氧化滤池不宜小于36个/m^2，反硝化生物滤池不宜小于49个/m^2。

（6）承托层宜选用天然鹅卵石，填装时宜自下而上按级配从大到小设置。一般按两级设置，下层第一级平均粒径宜为16mm～32mm，高度不宜低于

200mm；上层第二级平均粒径宜为8mm～16mm，高度不宜低于100mm。

6.2.10 周期循环活性污泥法（CASS）处理工艺是序批式活性污泥法（SBR）工艺的变形工艺，其主要设计参数宜根据试验资料确定，无试验资料时，可采用经验数据或按下列规定取值：

1 处理生活污水并仅要求脱氮时，反应池一般分为缺氧生物选择区和好氧区两个反应区，反应池总水力停留时间宜为15h～30h，其中缺氧区有效容积占反应池总有效容积的比例宜为20%，反应池内好氧区混合液回流至缺氧区，回流比不宜小于20%，反应池有机物污泥负荷宜为0.04kgBOD_5/(kgMLSS·d)～0.13kgBOD_5/(kgMLSS·d)，总氮污泥负荷宜小于0.05kgTN/(kgMLSS·d)，污泥浓度宜为3g/L～5g/L，充水比宜为0.30～0.35。

2 处理生活污水并要求脱氮除磷时，反应池一般分为厌氧生物选择区、缺氧区和好氧区三个反应区，反应池总水力停留时间宜为20h～30h，其中厌氧生物选择区有效容积占反应池总有效容积的比例宜为5%～10%，缺氧区有效容积占反应池总有效容积的比例宜为20%，反应池内好氧区混合液回流至厌氧生物选择区，回流比不宜小于20%，反应池有机物污泥负荷宜为0.07kgBOD_5/(kgMLSS·d)～0.15kgBOD_5/(kgMLSS·d)，总氮污泥负荷宜小于0.06kgTN/(kgMLSS·d)，污泥浓度宜为2.5g/L～4.5g/L，充水比宜为0.30～0.35。

3 运行周期宜为4h～8h，其中沉淀时间宜为1h，排水时间宜为1.0h～1.5h。

4 排水设备宜采用滗水器，包括旋转式滗水器、虹吸式滗水器和无动力浮堰虹吸式滗水器等。滗水器性能应符合相应产品标准的规定。滗水器的堰口负荷宜为20L/(m·s)～35L/(m·s)，最大上清液滗除速率宜取30mm/min。

6.2.11 关于流离生化处理工艺的规定：

1 流离生化处理洗浴废水时，水力停留时间不应小于3h；处理生活污水时，应根据原水水质情况和出水水质要求确定水力停留时间，但不宜小于6h；根据实验研究及工程实践，流离生化池长度不宜小于9m；

2 给出流离生化池曝气量计算依据；

3 根据流离生化技术工艺特性及流离生化球的物理特性，规定流离生化池内流离生化球的安装高度不小于2.0m，且不大于5.0m。

6.2.12 关于膜生物反应器处理工艺的规定。

1 对MBR处理工艺中的核心处理单元，即MBR生物反应池（MBR池）的水力停留时间进行了限定。考虑到建筑中水处理工程原水水质具有一定的波动性，处理盥洗排水和（或）雨水时，MBR池水力停留时间可取为2h；处理洗浴排水或包括洗浴排水在内的优质杂排水时，可取为4h；处理杂排水时，可取为6h；处理生活排水时，可取为8h。

2 给出MBR池容积负荷、污泥负荷、污泥浓度的建议取值范围。

3 关于如何确定膜分离装置数量的规定。膜分离装置通常以其内部集成的全部膜组件的总有效膜面积来确定其规格，工程所需膜分离装置的数量可由下式计算：

$$N_m = 1000 \times (1+m) \cdot Q_h / (S_m \cdot J) \quad (5)$$

式中：N_m——工程所需膜分离装置的数量（套）；

Q_h——处理系统设计处理能力（m^3/h）；

S_m——单套膜分离装置有效膜面积（m^2）；

J——设计膜通量[L/(m^2·h)]；

m——膜面积富余系数（%），一般取5%～10%。

膜通量是指膜分离装置在单位时间内、单位膜面积上的渗透液净产量（应扣除膜分离装置停歇时间和反洗水量）。膜通量是表征膜分离装置产水能力的重要技术指标，膜通量设计值的选取对于MBR工程造价以及膜分离装置实际产水流量的稳定性和膜清洗频率均具有重要影响。设计膜通量的取值较高，可以节省工程造价，但有可能加大膜清洗尤其是膜化学清洗的频率，缩短膜组件的实际使用寿命；设计膜通量的取值较低，可以延长膜清洗尤其是膜化学清洗的周期，适当延长膜组件的实际使用寿命，但工程造价却有所提高。

目前市场上的膜分离装置有各种形式和规格，不同膜制造商的产品在膜材质以及膜元件、膜组件和膜分离装置结构等方面可能均不尽相同，选用时要求设计人员应对设备选型及其设计膜通量的选取进行认真论证，以达到最佳的工程效果。设计人员应仔细校核膜制造商提供的技术资料，尤其是对于膜制造商建议的膜通量取值范围应核实其适用条件，立足于工程的实际情况，并尽量参考同类或者类似实际工程的有关运行数据，最终确定设计膜通量的合理取值。

根据以往的MBR实际工程经验总结和市场上主要膜制造商的产品性能评估，建议中空纤维膜或平板膜的设计膜通量不宜超过30L/(m^2·h)，管式膜的设计膜通量不宜超过50L/(m^2·h)。

4 膜清洗装置是维护膜分离装置，使其过滤性能保持良好状态的必要配套设备。膜清洗方式包括物理清洗和化学清洗两种类型。物理清洗包括空气擦洗、水力清洗（有正洗和反洗）和气水联合清洗等。膜分离装置在产品设计时一般均集成了物理清洗措施和相关部件，因此本条所述膜清洗装置通常主要履行化学清洗功能。化学清洗包括反向化学清洗（维护性清洗）和浸泡化学清洗（恢复性清洗），为了更好地维持膜分离装置的过滤性能，建议膜清洗装置同时具备对膜组件实施反向化学清洗和浸泡化学清洗的功能。

物理清洗和反向化学清洗通常情况下均可以在线执行，既可由人工完成，也可由自动控制系统程控完成，清洗过程中不需要将膜组件从膜分离装置中或者将整个膜分离装置从系统中拆卸下来。内置式膜分离装置在浸泡化学清洗过程中则需要将膜分离装置从生物反应池中吊出，以对其实施离线清洗。考虑到建筑中水处理工程通常缺乏专业的运行维护人员，建议选用可以全部实现在线清洗的膜分离装置，以减轻膜清洗过程的劳动强度，并更好地维持膜分离装置的过滤性能。

膜清洗装置在对膜分离装置执行反向化学清洗时通常不产生需要外排的废液，但执行浸泡化学清洗时将产生一定量的废液。膜清洗药剂的消耗量和废液的产生量与膜分离装置和膜清洗装置的选型设计有关，考虑到膜清洗药剂通常是具有一定氧化性或腐蚀性的化学品，建议膜清洗装置应尽量减少化学清洗过程中对膜清洗药剂的消耗量，并应对清洗后形成的废液进行妥善处置，处置后的废液可以排入调节池（箱）与污水一起进行处理。

另外，为保证膜生物反应器的处理效果，选用该工艺时，还应注意以下因素：

1 当中水用于城市杂用水或其他无总氮、总磷控制要求的用途时，中水处理系统要去除的目标污染物主要是悬浮物、碳源污染物和氨氮等，此时采用好氧膜生物反应器工艺就可以确保出水水质稳定达标；当中水用于景观环境用水或其他有总氮、总磷控制要求的用途时，中水处理系统要去除的目标污染物除了悬浮物、碳源污染物和氨氮之外，还包括总氮、总磷，此时可采用缺氧/好氧（A/O）膜生物反应器或厌氧/缺氧/好氧（A^2/O）膜生物反应器工艺。由于MBR是生物处理工艺和膜分离技术的有机结合，因此，各种生物营养物去除工艺（BNR）均可以应用于MBR系统。

考虑到生物除磷工艺难以稳定将出水总磷控制在0.5mg/L以下的水平，需要设有化学除磷装置以强化除磷效果。

有关MBR系统生物处理工艺和化学除磷的设计可按《室外排水设计规范》GB 50014－2006（2016年版）和专业从事MBR技术研究及应用的企业的工程经验进行。

2 根据膜分离装置与生物反应池的位置关系，膜生物反应器分为内置式和外置式两种基本构型。内置式膜生物反应器将膜分离装置浸没安装于生物反应池内，当需要对膜分离装置进行浸泡化学清洗或者检修时，必须要将膜分离装置从生物反应池中吊出，因此中水处理站内宜设置起吊设施，以便于膜分离装置的维护管理。

3 膜分离装置由若干膜组件及其配套部件（如固定支架、产水收集管路等）所组成，膜组件是由一定数量的膜元件以某种形式组装成的膜分离器件，膜元件有平板膜、中空纤维膜、管式膜等几种基本类型，由于膜元件种类以及膜组件规格、数量的不同，导致实际工程中应用的膜分离装置在膜面积、产水能力、外形尺寸、接口、安装要求等技术条件方面往往存在较大的差异，设计时应根据膜制造商提供的技术资料进行合理选型。

由于工程实际运行过程中有可能需要将膜组件从膜分离装置内部拆卸下来，以及对膜组件进行适当的清洗，因此要求膜分离装置的设计应充分考虑便于膜组件的安装、拆卸和清洗，并宜实现单支（片）膜组件可以相互独立地进行检修和更换，以减轻膜分离装置检修的劳动强度，并保护膜组件在拆装过程中免受机械损伤。

相比于平板膜和管式膜，中空纤维膜组件比表面积大、装填密度高、材料利用率高，在占地、能耗和性能价格比方面更具有优势，但中空纤维膜组件容易出现端部积泥现象并导致膜污染快速发展，因此要求采用中空纤维膜组件的膜分离装置宜具有抑制膜组件端部积泥的有效措施。

6.2.14 除本标准列举的工艺外，中水处理还可采用其他一些处理方法，本条规定主要是为了不限制其他处理工艺在中水处理中的应用。

6.2.15 机械过滤可采用过滤器或过滤池。滤料除采用无烟煤和石英砂外，也可采用轻质滤料及其他新型滤料。过滤器（池）可按下列要求设计：

进水浊度宜小于20度。当采用无烟煤和石英砂作滤料时，过滤器（池）过滤速度宜采用8m/h～10m/h；当采用其他新型滤料时，滤器（池）的过滤速度应根据实验数据确定。

6.2.16 中水处理组合装置，包括各厂家生产的中水处理成套设备、定型装置等，选用时要求设计人员应认真校核其工艺参数、适用范围、设备质量等，以保证用户使用要求。

6.2.17 强制性条文。中水是由各种排水经处理后，达到规定的水质标准，并在一定范围内使用的非饮用水，中水的卫生指标是保障中水安全使用的重要指标，而消毒则是保障中水卫生指标的重要环节，因此，中水处理必须设有消毒设施，并作为强制性要求。在进行中水工程设计时，处理单元中必须设置消毒设施。

6.2.18 液氯作为消毒剂，由于其价格低廉，在城镇自来水厂、污水处理厂、医院污水处理站等被广泛使用。出于安全考虑，对于建在建筑物内部的小型中水处理站，采用液氯消毒隐患较多，故不推荐使用，此次修订将液氯消毒删除。

在已建成的一些中水处理站，次氯酸钠和二氧化氯作为消毒剂应用较多。在一些城市，次氯酸钠成品溶液购置较为方便，将其与计量泵配合使用，具有占地少、投加计量准确、使用安全等优点。

6.2.19 对于较大规模的中水处理站，当运行中有污泥产生时，应按《室外排水设计规范》GB 50014－2006（2016年版）中的有关内容进行设计。

7 中水处理站

7.1 站址选择

7.1.1 中水处理过程中产生的不良气味和机电设备噪声会对建筑环境造成危害，如何避免这一危害，是确定处理站位置时应认真考虑的因素。

7.1.2 设在建筑内的处理站要尽量靠近主要排水点。一般设于建筑物的最底层。处理站设在最底层有如下优点：站内水池、设备等荷载较重，给建筑结构专业增加的处理难度可降低；设备的运行不会影响下层房间；中水原水容易实现靠重力进入站内或事故排放。但对于一些超高层建筑，亦有将中水处理站设于避难层的，处理后的中水重力供下部建筑使用，具体位置应由设计人员根据排水汇水管道具体设置情况等因素综合确定。

7.1.3 通常地面式处理站要与公共建筑和住宅保持一定的防护距离或采用地下式处理站使其影响降到最低程度。

7.2 设置要求

7.2.1、7.2.2 规定中水处理站的布置原则。中水处理站各处理构筑物有不同的处理功能和操作、维护、管理要求。合理的布置可保证施工安装、操作运行、管理维护安全方便，并减少占地面积。

7.2.3 规定中水处理站工艺流程竖向设计的主要考虑因素。

7.2.4 值班、化验、药剂贮存等房间根据具体处理工艺按需要设置。考虑安全，对加药间设置提出具体要求。

7.2.6 根据对已有中水处理站的调研，考虑设备检修，中水处理站的主要处理构筑物宜按并联设计。

7.2.7 市场上的处理设备其功能、效果、质量有的名不符实，设计人员对所选择或认可的产品一定要了解，对是否确保满足工程设计需要负责。

7.2.8 对建筑物内部的中水处理站层高提出要求，对建筑物内部的结构梁，各主要构筑物上人检修孔可避开布置。

7.2.9 处理构筑物的栏杆、处理站地面防滑等安全措施应根据处理工艺运行维护需要设置，确保人员安全。

7.2.11 从建筑物结构安全角度出发，应将建筑物内的中水处理站盛水构筑物池体结构要求与建筑本体结构完全脱开。生活污水成分复杂，防止因渗入建筑本体结构后对本体结构强度造成损害。

7.2.13 为提高中水利用率，规定此条。

7.2.14 中水处理站内会产生地面排水、构筑物溢流排水、反冲洗排水、沉淀构筑物排污、事故排水等，所以要求处理站应有可靠的排水措施。出于卫生考虑，这些水尽量不要明沟流出处理站，而是在站内收集。并规定当中水站地面低于室外地坪时，应设排水泵排水，排水泵一般设置两台，一用一备。排水能力不应小于最大小时来水量。

7.2.15 对中水处理站的消防设计提出要求。

7.2.16 本条强调的是要设置适应处理工艺要求的辅助设施，比如处理工艺中有臭气产生，除对臭气源采取防护和处理措施外，还应对某些房间进行通风换气，对于建筑物内的中水处理站，其设施房间要求设置机械通风系统，以改善室内环境。规定当处理构筑物为敞开式时，每小时换气次数不宜小于12次，当处理设施有盖板时，每小时换气次数不宜小于8次。

7.2.17 对北方寒冷与严寒地区的中水处理站的供暖设计提出要求。处理间内主要为处理设备，考虑不冻即可，可按5℃设计，加药间、检验室和值班室等属经常有人停留场所，考虑舒适性，结合处理站的实际运行情况，可按供暖温度下限18℃设计。

7.2.19 中水处理站运行时，存在可能产生易燃易爆气体的场所，例如由于厌氧处理产生可燃气体、液氯消毒可能产生氯气溢散、次氯酸钠发生器产氢，此类场所选用的电机和电气设备，均应与各个不同环境条件相适应。

7.2.21 对中水处理站散发的臭气应采取有效的防护措施，以防止对环境造成危害。中水处理站臭气处理设计可按现行行业标准《城镇污水处理厂臭气处理技术规程》CJJ/T 243的有关规定确定。设计中尽量选择产生臭气较少的工艺和封闭性较好的处理设备，并对产生臭气的处理构筑物和设备加做密封盖板，从而尽少地产生和逸散臭气，对于不可避免产生的臭气，工程中一般采用下列方法进行处置：

（1）稀释法：属于物理方法，把收集的臭气高空排放，在大气中稀释。设计时要注意对周围环境的影响。

（2）天然植物提取液法：将天然植物提取液雾化，让雾化后的分子均匀地分散在空气中，吸附并与异味分子发生分解、聚合、取代、置换和加成等化学反应，促使异味分子改变其原有的分子结构而失去臭味。反应的最后产物为无害的分子，如水、氧、氮等。

另外，还有活性炭吸附法、化学洗涤法、化学吸附法、燃烧法、催化法等除臭措施，设计中可根据具体情况采用不同方法。

7.2.22 有效的降噪和减振措施主要有：一方面通过

采用低噪声的工艺、设备，比如水下曝气、低噪声的曝气鼓风机、消声止回阀等，降低机房内的噪声；另一方面，对产生的噪声要采取综合防护措施，如隔声门窗防止空气传声，对机电设备及接出的管道采取减振措施如设备基础减振、管道设减振接头、减振垫等，防止固体传声，以减小机房内噪声源对周围空间的影响。

8 安全防护和监（检）测控制

8.1 安全防护

8.1.1 强制性条文。中水的应用，其首要问题是卫生安全问题，防止对生活供水系统造成污染。严禁中水供水系统以任何形式与生活饮用水给水管道进行直接连接，包括采用止回阀、倒流防止器等措施的连接。另外，当饮用水管道单独设置时，中水管道亦不得与其他生活给水管道进行直接连接。在进行中水工程设计时，设计人员应当注意，当中水进入建筑物内部用于冲厕等用途时，中水供水管道应是完全独立的供水系统；当中水用于室外绿化等用途时，中水供水管道亦应是独立的供水系统。无论是室内还是室外，严禁中水管道与生活饮用水给水管道以任何形式进行直接连接。

8.1.2 强制性条文。防止中水对生活给水系统造成回流污染的技术措施。防止回流污染是建筑给水排水设计的重点内容，它是防止病菌传播，保障人民身体健康的重大问题，因回流污染而造成饮水卫生事故或引发传染病的事件，在国内外均有报导，因此对于防止回流污染，设计人员应引起高度重视。

为满足此条文的要求，同时尽可能大地保证中水贮存池（箱）的贮存容积，设计时应将中水贮存池（箱）的补水管设置在顶部；或采用在中水贮存池（箱）的顶部另设小补水箱的做法，将补水管设在小补水箱内，小补水箱与中水贮存池（箱）之间采用连通管连接，补水控制水位由设在中水贮存池（箱）的水位信号控制。补水管出水口必须高于最高溢流水位，且间距不得小于150mm。

8.1.3 本条提出中水管道和饮用水管道平行或交叉敷设时的距离要求，为的是防止污染饮用水，除满足条文规定距离要求，也要求饮用水管在交叉处不要有接口或做特殊的防护处理。

8.1.4 本条文是为了保证中水不受到二次污染而需要采取的技术措施，从而保证中水的出水水质。

8.1.5 强制性条文。防止中水误接、误饮、误用，保证中水的使用安全是建筑中水设计中必须特殊考虑的问题，也是采取安全防护措施的主要内容，设计时必须给予高度的重视。

关于中水管道外壁颜色和标志，由于我国目前对于给水排水管道的外壁尚未作出统一的涂色和标志要求，中水管道外壁的颜色采用浅绿色是多年来已约定成俗的。当中水管道采用外壁为金属的管材时，其外壁的颜色应涂浅绿色；当采用外壁为塑料的管材时，应采用浅绿色的管道，并应在其外壁模印或打印明显、耐久的“中水”标志，避免与其他管道混淆。国家制订出给水排水管道外壁涂色的相关标准后，可按其有关规定涂色和标志。中水管道埋地后，为防止后期维护误接，增加了埋地管道应作连续标志的要求。目前建筑采用的管材种类较多，设计中应注意此条款的规定。对于第2款～第4款，设计时可在图上标明，或采用设计说明提出要求。对于设在公共场所及绿化的中水取水口，设置带锁装置，主要考虑防止不识字人群（如儿童）的误用。车库中用于冲洗地面和洗车用的中水龙头也应上锁或明示不得饮用，以防停车人误用。

国内已有用户装修误接建筑中水的案例，主要原因在于主体工程与精装修往往为两个阶段，有可能还不是同一施工单位，而装修人员缺乏专业判断能力，这就要求工程交接时不仅要做好必要的标记，还应有明确的交付使用安全须知。

8.1.6 条文内所说由采用药剂所产生的危害主要指药剂对设备及房屋五金配件的腐蚀，以及生成的有害气体的扩散而产生的污染、毒害、爆炸等。比如混凝剂（尤其是铁盐）的腐蚀、液氯投加的溢散氯气、次氯酸钠发生器产氢的排放以及臭氧发生器尾气的排放等。中水处理站多设在地下室，对这些问题尤应注意。

8.1.7 强制性条文。对可能产生有害气体中水处理站设施房间的事故通风要求作了明确规定。根据现行国家标准《工业建筑供暖通风与空气调节设计规范》GB 50019的规定，对可能突然产生大量有害气体或爆炸危险气体的生产厂房，应设置事故排风装置。事故排风的风量，应根据工艺设计提供的资料通过计算确定。当工艺设计不能提供有关计算资料时，应按每小时不小于房间全部容积的12次换气量计算。通风装置应考虑防爆。

在设计中水处理站时，应掌握中水处理工艺特点，并及时与暖通专业沟通，当采用电解法现场制备二氧化氯，或处理工艺可能产生有害气体时，对可能产生有害气体房间应设置事故通风系统。暖通专业设计事故通风系统时，还应符合其他相关标准的规定要求。

8.1.8 本条对接地保护作了明确规定。用电安全是人们一直关注的问题，电击是指电流通过人体或动物体内部，直接造成对内部组织的伤害，是危险性触电伤害。电击又分为直接接触电击和间接接触电击。为了防止间接接触电击，必须将条文规定的电气装置的外露可导电部分和固定式设备的所有能同时触及外露可导电部分和外界可导电部分做接地或接零保护。

8.1.9 本条对中水处理站日常维护、保养与检修和应对突发性故障作了规定。建筑中水的推广应用在“建”，更在后期的运行和监管。

建设方面，随着各地对绿色建筑设计要求和建设节约型社会的需要，中水设施的推广建设不成问题，制约中水进一步发展的瓶颈在于运行和监管。

运行方面，中水设施设计能力利用效率普遍不高，不少中水设施投产不久后便处于停运状态，一项对京、津两地正在运行的48个中水设施（其中宾馆饭店、大专院校和居住小区各16个）进行的调研显示，设计处理能力利用率低于50%的中水设施分别占到宾馆饭店、大专院校和居住小区中水设施总数的62.5%、25%和81.25%。究其原因，一是处理能力利用不足，“大马拉小车”，使得运行成本高；二是缺少专业的运行管理人员；三是设备频繁出现故障，设备维修成本增加。

监管方面，中水设施的运行监管缺位，存在一定的水质安全隐患，很多单位的中水设施在日常运行中对部分水质和运行指标没有监测和记录，管理单位“三无”现象（无水质监测场所，无水质监测仪器，无合格上岗人员）相比早年没有明显改观。在缺乏现场例行监测和管理部门监测的情况下，大部分建筑中水设施的运行实际上处于失控状态，既无法保证用户用水要求，也无法根据出水水质优化运行参数。

8.1.10 本条对中水处理站应对公共卫生突发事件或其他特殊情况作了规定，要求调节池污水应具备直接进行消毒和应急检测的条件。突发事件是相对人类生活中正常的社会关系、秩序而言的导致社会偏离正常轨道的危急的非均衡状态，对社会安全稳定会造成较大影响。应对公共卫生突发事件更多的是构建长效的应急处理机制。本条规定主要从技术层面加以要求，提高应急处理突发情况的意识。

8.2 监（检）测控制

8.2.1 中水处理系统自动运行，有利于运行和处理质量的稳定、可靠，同时也减少了夜间的管理工作量。

中水处理设备应由中水贮存池和调节池的液位共同控制自动运行。当中水池的水位达到满水位，处理设备应自动停止；当中水池中的水位下降，水量减少了，到达设定水位，设备应自动启动。

调节池中的满水位也应自动启动处理设备，其最低水位也应自动停止处理设备。这样，处理设备自动停止的控制水位有两个：中水池的满水位和调节池的最低水位；自动启动的控制水位有两个：中水池中的启动水位和调节池的满水位。

中水池的自来水补水能力是按中水系统的最大时用水量设计的，比中水处理设备的产水率大得多。为了控制中水池的容积尽可能多地存放设备处理出水，而不被自来水补水占用，补水管的自动开启控制水位应设在处理设备启动水位之下，约为下方水量的1/3处；自动关闭的控制水位应在下方水量的1/2处。这样，可确保总有上方1/2以上的池容积用于存放设备处理出水。

8.2.2 使用对象要求的常用本质指标包括：pH值、浊度、余氯等。中水处理站运行维护中存在的主要问题是国家没有相关标准对中水水质检测提出具体要求，为确保中水处理站的安全稳定运行，可由当地管理部门出台具体措施，建议浊度、色度、pH、余氯等项目的监测要经常进行，一般每日一次；SS、BOD、COD、大肠菌群等必须每月测定一次，其他项目也应定期检测。

8.2.6 近年来，由于自动化水平的提高，许多小区中水站实现了无人值守，这就要求在设计时充分考虑预留实现这些功能的条件。

8.2.7 《建筑中水设计规范》自2002年颁布实施以来，中水处理站后期的运行维护就是薄弱环节，是制约建筑中水发展的瓶颈。

一方面是建成的中水处理设施，对操作人员和技术条件的要求较高；另一方面设施管理单位又恰恰缺乏相应的专业技术人员，而目前中水运行所产生和带给物业部门的效益远远不足以促使他们投入更多的人员和经费在运行管理，人员培训和设备购置上，造成中水设施运行容易出现问题。

带来的另外一个问题就是为了保障中水系统的正常，有些物业公司或者使用自来水进行补充，无形中增大了运营成本；或者，干脆停运中水，背离了中水建设的初衷，也使广大用户对中水产生一些负面的看法。出现问题的中水系统或影响了人民的身体健康，产生公共卫生事件；或影响正常的生产生活秩序和质量，挫伤了居民的使用积极性，妨碍了中水的推广，也给管理部门的工作带来消极的影响。

本标准作为设计标准，主要作用是为指导设计，后期的运行维护需要健全的法规和配套的政策作保障，各地应根据现行国家标准《民用建筑节水设计标准》GB 50555和《绿色建筑评价标准》GB/T50378的相关要求，推动建筑中水又好又快发展。

中华人民共和国国家标准

建筑与小区雨水控制及利用工程技术规范

Technical code for rainwater management and utilization of building and sub-district

GB 50400—2016

主编部门：中华人民共和国住房和城乡建设部
批准部门：中华人民共和国住房和城乡建设部
施行日期：2 0 1 7 年 7 月 1 日

13

目　次

1 总　则

1.0.1 为构建城镇源头雨水低影响开发系统，建设或修复水环境与生态环境，实现源头雨水的径流总量控制、径流峰值控制和径流污染控制，使建筑、小区与厂区的低影响开发雨水系统工程做到技术先进、经济合理、安全可靠，制定本规范。

1.0.2 本规范适用于海绵型民用建筑与小区、工业建筑与厂区雨水控制及利用工程的规划、设计、施工、验收和运行管理。本规范不适用于雨水作为生活饮用水水源的雨水利用工程。

1.0.3 雨水控制及利用工程应根据项目的具体情况、当地的水资源状况和经济发展水平合理采用低影响开发雨水系统的各项技术。

1.0.4 雨水控制及利用工程可采用渗、滞、蓄、净、用、排等技术措施。

1.0.5 规划和设计阶段文件应包括雨水控制及利用内容。雨水控制及利用设施应与项目主体工程同时规划设计，同时施工，同时使用。

1.0.6 雨水控制及利用工程应采取确保人身安全、使用及维修安全的措施。

1.0.7 雨水控制及利用工程应结合室外总平面、园林景观、建筑、给水排水等专业相互配合设计。

1.0.8 建筑与小区雨水控制及利用工程的规划、设计、施工、验收和运行管理，除应符合本规范外，尚应符合国家现行有关标准的规定。

2 术语和符号

2.1 术　语

2.1.1 雨水控制及利用　rainwater management and utilization

径流总量、径流峰值、径流污染控制设施的总称，包括雨水入渗（渗透）、收集回用、调蓄排放等。

2.1.2 年径流总量控制率　volume capture ratio of annual rainfall

根据多年日降雨量统计分析计算，场地内累计全年得到控制的雨量占全年总降雨量的百分比。

2.1.3 需控制及利用的雨水径流总量　volume capture to manage

地面硬化后常年最大24h降雨产生的径流增量。

2.1.4 下垫面　underlying surface

降雨受水面的总称。包括屋面、地面、水面等。

2.1.5 土壤渗透系数　permeability coefficient of soil

单位水力坡度下水的稳定渗透速度。

2.1.6 雨量径流系数　pluviometric runoff coefficient

设定时间内降雨产生的径流总量与总雨量之比。

2.1.7 硬化地面　impervious surface

通过人工行为使自然地面硬化形成的不透水地面。

2.1.8 初期径流　initial runoff

一场降雨初期产生一定厚度的降雨径流。

2.1.9 弃流设施　initial rainwater removal equipment

利用降雨量、雨水径流厚度控制初期径流排放量的设施。有自控弃流装置、渗透弃流装置、弃流池等。

2.1.10 渗透弃流装置　infiltration-removal well

具有一定储存容积和截污功能，将初期径流渗透至地下的装置。

2.1.11 渗透设施　infiltration equipment

储存雨水径流量并进行渗透的设施，包括渗透沟渠、入渗池、入渗井、透水铺装等。

2.1.12 入渗池　infiltration pool

雨水通过侧壁和池底进行入渗的埋地水池。

2.1.13 入渗井　infiltration well

雨水通过侧壁和井底进行入渗的设施。

2.1.14 渗透管－排放系统　infiltration-drainage pipe system

采用渗透检查井、渗透管将雨水有组织的渗入地下，超过渗透设计标准的雨水由管沟排放的系统。

2.1.15 透水铺装　pervious pavement

由透水面层、基层、底基层等构成的地面铺装结构，能储存、渗透自身承接的降雨。

2.1.16 植被浅沟　grass swale

在地表浅沟中种植植被，可以截留雨水并入渗，或转输雨水并利用植被净化雨水的设施。

2.1.17 渗透管沟　infiltration trench

具有渗透功能的雨水管或沟。

2.1.18 渗透检查井　infiltration manhole

具有渗透功能和一定沉砂容积的管道检查维护装置。

2.1.19 集水渗透检查井　collect-infiltration manhole

顶盖收集地面雨水且具有渗透功能和一定沉砂容积的管道检查维护装置。

2.1.20 雨水储存设施　rainwater storage equipment

储存未经处理的雨水的设施。

2.1.21 湿塘　wet pond

以雨水作为主要补水水源的具有雨水调蓄和净化功能的景观水体。

2.1.22 调蓄排放设施　detention and controlled drainage equipment

储存一定时间的雨水，削减向下游排放的雨水洪峰径流量、延长排放时间的设施。

2.1.23 生物滞留设施　bioretention system,

bioretention cell

通过植物、土壤和微生物系统滞蓄、渗滤、净化径流雨水的设施。

2.2 符　　号

2.2.1 流量、水量

Q——调蓄池进水流量；

Q'——出水管设计流量；

Q_y——设施处理能力；

V_h——收集回用系统雨水储存设施的储水量；

V_L——雨水控制及利用设施截留雨量；

V_{L1}——渗透设施的截留雨量；

V_{L2}——收集回用设施的截留雨量；

V_{L3}——调蓄排放设施的截留雨量；

V_s——入渗系统的储存水量；

V_t——调蓄排放系统雨水储存设施的储水量；

W——需控制及利用的雨水径流总量；

W_1——入渗设施汇水面上的雨水设计径流量；

W_2——收集回用系统汇水面上的雨水设计径流量；

W_c——渗透设施进水量；

W_s——渗透量；

W_i——初期径流弃流量；

W_p——建设场地外排雨水总量；

W_{x1}——入渗设施内累积的雨水量达到最大值过程中渗透的雨水量；

W_y——回用系统的最高日用水量；

q——设计暴雨强度；

q_c——渗透设施设计产流历时对应的暴雨强度；

q_i——某类用水户的最高日用水定额。

2.2.2 水头损失、几何特征

A_s——有效渗透面积；

F——硬化汇水面面积；

F_0——渗透设施的直接受水面积；

F_y——渗透设施受纳的汇水面积；

F_z——建设场地总面积；

h_y——设计日降雨量；

h_p——日降雨量；

δ——初期径流弃流厚度。

2.2.3 计算系数及其他

A、b、c、n——当地降雨参数；

J——水力坡降；

K——土壤渗透系数；

f_k——建设场地日降雨控制及利用率；

n_i——某类用水户的户数；

α——综合安全系数；

ψ_0——控制径流峰值所对应的径流系数；

ψ_c——雨量径流系数；

ψ_z——建设场地综合雨量径流系数。

2.2.4 时间

P——设计重现期；

T——雨水处理设施的日运行时间；

t——降雨历时；

t_1——汇水面汇水时间；

t_2——管渠内雨水流行时间；

t_c——渗透设施设计产流历时；

t_m——调蓄池设计蓄水历时；

t_s——渗透时间；

t_y——用水时间。

3 水量与水质

3.1 降雨量和雨水水质

3.1.1 降雨量应根据当地近期20年以上降雨量资料确定。当缺乏资料时可采用本规范附录A的数值。

3.1.2 建设用地内应对年雨水径流总量进行控制，控制率及相应的设计降雨量应符合当地海绵城市规划控制指标要求。

3.1.3 建设用地内应对雨水径流峰值进行控制，需控制利用的雨水径流总量应按下式计算。当水文及降雨资料具备时，也可按多年降雨资料分析确定。

$$W = 10(\psi_c - \psi_0)h_y F \qquad (3.1.3)$$

式中：W——需控制及利用的雨水径流总量（m^3）；

ψ_c——雨量径流系数；

ψ_0——控制径流峰值所对应的径流系数，应符合当地规划控制要求；

h_y——设计日降雨量（mm）；

F——硬化汇水面面积（hm^2），应按硬化汇水面水平投影面积计算。

3.1.4 雨量径流系数宜按表3.1.4采用，汇水面积的综合径流系数应按下垫面种类加权平均计算。

表3.1.4　雨量径流系数

下垫面类型	雨量径流系数 ψ_c
硬屋面、未铺石子的平屋面、沥青屋面	0.80～0.90
铺石子的平屋面	0.60～0.70
绿化屋面	0.30～0.40
混凝土和沥青路面	0.80～0.90
块石等铺砌路面	0.50～0.60
干砌砖、石及碎石路面	0.40
非铺砌的土路面	0.30

续表 3.1.4

下垫面类型	雨量径流系数 ψ_c
绿地	0.15
水面	1.00
地下建筑覆土绿地（覆土厚度≥500mm）	0.15
地下建筑覆土绿地（覆土厚度＜500mm）	0.30～0.40
透水铺装地面	0.29～0.36

3.1.5 设计日降雨量应按常年最大24h降雨量确定，可按本规范第3.1.1条的规定或按当地降雨资料确定，且不应小于当地年径流总量控制率所对应的设计降雨量。

3.1.6 硬化汇水面面积应按硬化地面、非绿化屋面、水面的面积之和计算，并应扣减透水铺装地面面积。

3.1.7 屋面雨水经初期径流弃流后的水质，宜根据当地实测资料确定。当无实测资料时，可采用下列经验值：COD_{Cr} 70mg/L～100mg/L；SS 20mg/L～40mg/L；色度10度～40度。

3.1.8 排入市政雨水管道的污染物总量宜进行控制。排入城市地表水体的雨水水质应满足该水体的水质要求。

3.2 雨水资源化利用量和水质

3.2.1 绿化、道路及广场浇洒、车库地面冲洗、车辆冲洗、循环冷却水补水等的最高日用水量应按现行国家标准《建筑给水排水设计规范》GB 50015的规定执行，平均日用水量应按现行国家标准《民用建筑节水设计标准》GB 50555的规定执行。

3.2.2 各类建筑物最高日冲厕用水量应按现行国家标准《建筑中水设计规范》GB 50336的规定执行。

3.2.3 景观水体补水量应根据当地水面蒸发量和水体渗透量、水处理自用水量等因素综合确定。

3.2.4 回用雨水集中供应系统的水质应根据用途确定，COD_{Cr}和SS指标应符合表3.2.4的规定，其余指标应符合国家现行相关标准的规定。

表 3.2.4 回用雨水 COD_{Cr} 和 SS 指标

项目指标	循环冷却系统补水	观赏性水景	娱乐性水景	绿化	车辆冲洗	道路浇洒	冲厕
COD_{Cr} (mg/L)	≤30	≤30	≤20	—	≤30	—	≤30
SS (mg/L)	≤5	≤10	≤5	≤10	≤5	≤10	≤10

3.2.5 当雨水同时用于多种用途时，其水质应按最高水质标准确定。

3.2.6 渗透设施的日雨水渗透（利用）量应按下式计算：

$$W_s = \alpha K J A_s t_s \tag{3.2.6}$$

式中：W_s——渗透量（m^3）；

α——综合安全系数，一般可取0.5～0.8；

K——土壤渗透系数（m/s）；

J——水力坡降，一般可取$J=1.0$；

A_s——有效渗透面积（m^2）；

t_s——渗透时间（s），按24h计。

3.2.7 土壤渗透系数应根据实测资料确定。当无实测资料时，可按表3.2.7选用。

表 3.2.7 土壤渗透系数

地层	地层粒径		渗透系数 K	
	粒径 (mm)	所占重量 (%)	(m/s)	(m/h)
黏土			$<5.70\times10^{-8}$	—
粉质黏土			5.70×10^{-8}～1.16×10^{-6}	—
粉土			1.16×10^{-6}～5.79×10^{-6}	0.0042～0.0208
粉砂	＞0.075	＞50	5.79×10^{-6}～1.16×10^{-5}	0.0208～0.0420
细砂	＞0.075	＞85	1.16×10^{-5}～5.79×10^{-5}	0.0420～0.2080
中砂	＞0.25	＞50	5.79×10^{-5}～2.31×10^{-4}	0.2080～0.8320
均质中砂			4.05×10^{-4}～5.79×10^{-4}	—
粗砂	＞0.50	＞50	2.31×10^{-4}～5.79×10^{-4}	—

3.2.8 渗透设施的有效渗透面积应按下列要求确定：

1 水平渗透面按投影面积计算；

2 竖直渗透面按有效水位高度所对应的垂直面积的1/2计算；

3 斜渗透面按有效水位高度的1/2所对应的斜面实际面积计算；

4 埋入地下的渗透设施的顶面积不计。

4 雨水控制及利用系统设置

4.1 一 般 规 定

4.1.1 雨水控制及利用系统应使场地在建设或改建后，对于常年降雨的年径流总量和外排径流峰值的控制达到建设开发前的水平，并应符合本规范第 3.1.2 条和第 3.1.3 条的规定。

4.1.2 雨水控制及利用应采用雨水入渗系统、收集回用系统、调蓄排放系统中的单一系统或多种系统组合，并应符合下列规定：

1 雨水入渗系统应由雨水收集、储存、入渗设施组成；

2 收集回用系统应设雨水收集、储存、处理和回用水管网等设施；

3 调蓄排放系统应设雨水收集、调蓄设施和排放管道等设施。

4.1.3 雨水控制及利用系统的选用应符合下列规定：

1 入渗系统的土壤渗透系数应为 10^{-6} m/s～10^{-3}m/s 之间，且渗透面距地下水位应大于 1.0m，渗透面应从最低处计；

2 收集回用系统宜用于年均降雨量大于 400mm 的地区；

3 调蓄排放系统宜用于有防洪排涝要求的场所或雨水资源化受条件限制的场所。

4.1.4 雨水控制及利用设施的布置应符合下列规定：

1 应结合现状地形地貌进行场地设计与建筑布局，保护并合理利用场地内原有的水体、湿地、坑塘、沟渠等；

2 应优化不透水硬化面与绿地空间布局，建筑、广场、道路周边宜布置可消纳径流雨水的绿地；

3 建筑、道路、绿地等竖向设计应有利于径流汇入雨水控制及利用设施。

4.1.5 雨水入渗场所应有详细的地质勘察资料，地质勘察资料应包括区域滞水层分布、土壤种类和相应的渗透系数、地下水动态等。

4.1.6 雨水入渗不应引起地质灾害及损害建筑物。下列场所不得采用雨水入渗系统：

1 可能造成坍塌、滑坡灾害的场所；

2 对居住环境以及自然环境造成危害的场所；

3 自重湿陷性黄土、膨胀土和高含盐土等特殊土壤地质场所。

4.1.7 传染病医院的雨水、含有重金属污染和化学污染等地表污染严重的场地雨水不得采用雨水收集回用系统。有特殊污染源的建筑与小区，雨水控制及利用工程应经专题论证。

4.1.8 设有雨水控制及利用系统的建设用地，应设有超标雨水外排措施，并应进行地面标高控制，防止区域外雨水流入用地，城市用地的竖向规划设计应符合国家行业标准《城乡建设用地竖向规划规范》CJJ 83 的要求。

4.1.9 雨水控制及利用系统不应对土壤环境、地下含水层水质、公众健康和环境卫生等造成危害，并应便于维护管理。园林景观的植物选择应适应雨水控制及利用需求。

4.1.10 回用供水管网中，低水质标准水不得进入高水质标准水系统。

4.1.11 雨水构筑物及管道设置应符合现行国家标准《给水排水工程构筑物结构设计规范》GB 50069 和《建筑给水排水设计规范》GB 50015 的规定。

4.2 系 统 选 型

4.2.1 雨水控制及利用系统的形式和各系统控制及利用的雨水量，应根据工程项目特点经技术经济比较后确定。

4.2.2 雨水控制及利用应优先采用入渗系统或（和）收集回用系统，当受条件限制或条件不具备时，应增设调蓄排放系统。

4.2.3 硬化地面、屋面、水面上的雨水径流应控制及利用，并应符合下列规定：

1 硬化地面雨水宜采用雨水入渗或排入水体；

2 屋面雨水宜采用雨水入渗、收集回用，或二者相结合的方式；

3 降落在水体上的雨水应就地储存。

4.2.4 屋面雨水利用方式的选择应根据下列因素综合确定：

1 当地水资源情况；

2 室外土壤的入渗能力；

3 雨水的需求量和用水水质要求；

4 杂用水量和降雨量季节变化的吻合程度；

5 经济合理性。

4.2.5 符合下列条件之一时，屋面雨水应优先采用收集回用系统：

1 降雨量分布较均匀的地区；

2 用水量与降雨量季节变化较吻合的建筑区或厂区；

3 降雨量充沛地区；

4 屋面面积相对较大的建筑。

4.2.6 雨水回用用途应根据收集量、回用量、随时间的变化规律以及卫生要求等因素综合考虑确定。雨水可用于景观用水、绿化用水、循环冷却系统补水、路面和地面冲洗用水、冲厕用水、汽车冲洗用水、消防用水等。

4.2.7 同时设有收集回用系统和调蓄排放系统时，宜合用雨水储存设施。

4.2.8 同时设有雨水回用和中水系统时，原水不应混合，出水可在清水池混合。

4.3 系统设施计算

4.3.1 单一系统渗透设施的渗透能力不应小于汇水面需控制及利用的雨水径流总量，当不满足时，应增加入渗面积或加设其他雨水控制及利用系统。下凹绿地面积大于接纳的硬化汇水面面积时，可不进行渗透能力计算。有效渗透面积应按下式计算：

$$A_s = W/(\alpha KJt_s) \quad (4.3.1)$$

4.3.2 渗透设施的渗透时间 t_s应按 24h 计，其中入渗池、井的渗透时间宜按 3d 计。

4.3.3 入渗系统应设置雨水储存设施，单一系统储存容积应能蓄存入渗设施内产流历时的最大蓄积雨水量，并应按下式计算：

$$V_s = \max(W_c - \alpha KJA_s t_c) \quad (4.3.3)$$

式中：V_s——入渗系统的储存水量（m^3）；

W_c——渗透设施进水量（m^3）。

4.3.4 渗透设施进水量应按下式计算，且不宜大于按本规范式（3.1.3）计算的日雨水设计径流总量：

$$W_c = \left[60 \times \frac{q_c}{1000} \times (F_y \psi_c + F_0)\right] t_c \quad (4.3.4)$$

式中：F_y——渗透设施受纳的汇水面积（hm^2）；

F_0——渗透设施的直接受水面积（hm^2），埋地渗透设施取为 0；

t_c——渗透设施设计产流历时（min），不宜大于 120min；

q_c——渗透设施设计产流历时对应的暴雨强度[$L/(s \cdot hm^2)$]，按 2 年重现期计算。

4.3.5 单一雨水回用系统的平均日设计用水量不应小于汇水面需控制及利用雨水径流总量的 30%。当不满足时，应在储存设施中设置排水泵，其排水能力应在 12h 内排空雨水。

4.3.6 雨水收集回用系统应设置储存设施，其储水量应按下式计算。当具有逐日用水量变化曲线资料时，也可根据逐日降雨量和逐日用水量经模拟计算确定。

$$V_h = W - W_i \quad (4.3.6)$$

式中：V_h——收集回用系统雨水储存设施的储水量（m^3）；

W_i——初期径流弃流量（m^3），应根据本规范式（5.3.5）计算。

4.3.7 雨水调蓄排放系统的储存设施出水管设计流量应符合下列规定：

1 当降雨过程中排水时，应按下式计算：

$$Q' = \Psi_0 \, q \, F \quad (4.3.7)$$

式中：Q'——出水管设计流量（L/s）；

Ψ_0——控制径流峰值所对应的径流系数，宜取 0.2；

q——暴雨强度[$L/(s \cdot hm^2)$]，按 2 年重现期计算。

2 当降雨过后才外排时，宜按 6h～12h 排空调蓄池计算。

4.3.8 雨水调蓄排放系统的储存设施容积应符合下列规定：

1 降雨过程中排水时，宜根据设计降雨过程变化曲线和设计出流量变化曲线经模拟计算确定，资料不足时可按下式计算：

$$V_t = \max\left[\frac{60}{1000}(Q - Q')t_m\right] \quad (4.3.8)$$

式中：V_t——调蓄排放系统雨水储存设施的储水量（m^3）；

t_m——调蓄池设计蓄水历时（min），不大于 120min；

Q——调蓄池进水流量（L/s）；

Q'——出水管设计流量（L/s），按本规范式（4.3.7）确定。

2 当雨后才排空时，应按汇水面雨水设计径流总量 W 取值。

4.3.9 当雨水控制及利用采用入渗系统和收集回用系统的组合时，入渗量和雨水设计用量应按下列公式计算：

$$\alpha KJA_s t_s + \sum q_i n_i t_y = W \quad (4.3.9\text{-}1)$$

$$\alpha KJA_s t_s = W_1 \quad (4.3.9\text{-}2)$$

$$\sum q_i n_i t_y = W_2 \quad (4.3.9\text{-}3)$$

式中：t_s——渗透时间（s），按 24h 计；对于渗透池和渗透井，宜按 3d 计；

q_i——第 i 种用水户的日用水定额（m^3/d），根据现行国家标准《建筑给水排水设计规范》GB 50015 和《建筑中水设计规范》GB 50336 计算；

n_i——第 i 种用水户的用户数量；

t_y——用水时间，宜取 2.5d；当雨水主要用于小区景观水体，并且作为该水体主要水源时，可取 7d 甚至更长时间，但需同时加大蓄水容积；

W_1——入渗设施汇水面上的雨水设计径流量（m^3）；

W_2——收集回用系统汇水面上的雨水设计径流量（m^3）。

4.3.10 当雨水控制及利用采用多系统组合时，各系统的有效储水量应按下式计算：

$$(V_s + W_{xl}) + V_h + V_t = W \quad (4.3.10)$$

式中：W_{xl}——入渗设施内累积的雨水量达到最大值过程中渗透的雨水量（m^3）。

4.3.11 建设场地日降雨控制及利用率应按下式计算：

$$f_k = 1 - W_p/(10 h_p F_z) \quad (4.3.11)$$

13

式中：f_k——建设场地日降雨控制及利用率；

W_p——建设场地外排雨水总量（m^3）；

h_p——日降雨量（mm），因重现期而异；

F_z——建设场地总面积（m^2）。

4.3.12 建设场地外排雨水总量应按下式计算：

$$W_p = 10\psi_z h_p F_z - V_L \quad (4.3.12)$$

式中：ψ_z——建设场地综合雨量径流系数，应按本规范第3.1.4条确定；

V_L——雨水控制及利用设施截留雨量（m^3）。

4.3.13 雨水控制及利用系统的有效截留雨量应为各系统的截留雨量之和，并应按下式计算：

$$V_L = V_{L1} + V_{L2} + V_{L3} \quad (4.3.13)$$

式中：V_{L1}——渗透设施的截留雨量（m^3）；

V_{L2}——收集回用系统的截留雨量（m^3）；

V_{L3}——调蓄排放设施的截留雨量（m^3）。

4.3.14 各雨水控制及利用系统或设施的有效截留雨量应通过水量平衡计算，并应根据下列影响因素为确定：

1 渗透系统或设施的主要影响因素应包括：有效储水容积、汇水面日径流量、日渗透量。当透水铺装按本规范表3.1.4取径流系数时，可不计算截留雨量。

2 收集回用系统的主要影响因素应包括：雨水蓄存设施的有效储水容积、汇水面日径流量、雨水用户的用水能力。

3 调蓄排放系统的主要影响因素应包括：调蓄设施的有效储水容积、汇水面日径流量。

5 雨水收集与排除

5.1 屋面雨水收集

5.1.1 屋面应采用对雨水无污染或污染较小的材料，有条件时宜采用种植屋面。种植屋面应符合现行行业标准《种植屋面工程技术规程》JGJ 155的规定。

5.1.2 屋面雨水系统中设有弃流设施时，弃流设施服务的各雨水斗至该装置的管道长度宜相同。

5.1.3 屋面雨水宜采用断接方式排至地面雨水资源化利用生态设施。当排向建筑散水面进入下凹绿地时，散水面宜采取消能防冲刷措施。

5.1.4 屋面雨水收集系统应独立设置，严禁与建筑生活污水、废水排水连接。严禁在民用建筑室内设置敞开式检查口或检查井。

5.1.5 屋面雨水收集系统的布置应符合国家现行标准《建筑给水排水设计规范》GB 50015和《建筑屋面雨水排水系统技术规程》CJJ 142的规定。

5.1.6 屋面雨水收集管道汇入地下室内的雨水蓄水池、蓄水罐或弃流池时，应设置紧急关闭阀门和超越管向室外重力排水，紧急关闭阀门应由蓄水池水位控制，并能手动关闭。

5.1.7 屋面雨水收集系统和雨水储存设施之间的室外输水管道，当设计重现期比上游管道的重现期小时，应在连接点设检查井或溢流设施。埋地输水管上应设检查口或检查井，间距宜为25m～40m。

5.1.8 雨水收集回用系统均应设置弃流设施，雨水入渗收集系统宜设弃流设施。

5.1.9 种植屋面上设置雨水斗时，雨水斗宜设置在屋面结构板上，斗上方设置带雨水箅子的雨水口，并应有防止种植土进入雨水斗的措施。

5.2 硬化地面雨水收集

5.2.1 建设用地内平面及竖向设计应考虑地面雨水收集要求，硬化地面雨水应有组织地重力排向收集设施。

5.2.2 雨水口宜设在汇水面的低洼处，顶面标高宜低于地面10mm～20mm。

5.2.3 雨水口担负的汇水面积不应超过其集水能力，且最大间距不宜超过40m。

5.2.4 雨水收集宜采用具有拦污截污功能的雨水口或雨水沟，且污物应便于清理。

5.2.5 雨水收集系统中设有集中式雨水弃流时，各雨水口至容积式弃流装置的管道长度宜相同。

5.3 雨 水 弃 流

5.3.1 屋面雨水收集系统的弃流装置宜设于室外，当设在室内时，应为密闭形式。雨水弃流池宜靠近雨水蓄水池，当雨水蓄水池设在室外时，弃流池不应设在室内。

5.3.2 屋面雨水收集系统宜采用容积式弃流装置。当弃流装置埋于地下时，宜采用渗透弃流装置。

5.3.3 地面雨水收集系统宜采用渗透弃流井或弃流池。分散设置的弃流设施，其汇水面积应根据弃流能力确定。

5.3.4 初期径流弃流量应按下垫面实测收集雨水的COD_{Cr}、SS、色度等污染物浓度确定。当无资料时，屋面弃流径流厚度可采用2mm～3mm，地面弃流可采用3mm～5mm。

5.3.5 初期径流弃流量应按下式计算：

$$W_i = 10 \times \delta \times F \quad (5.3.5)$$

式中：W_i——初期径流弃流量（m^3）；

δ——初期径流弃流厚度（mm）。

5.3.6 弃流装置及其设置应便于清洗和运行管理。弃流装置应能自动控制弃流。

5.3.7 截流的初期径流宜排入绿地等地表生态入渗设施，也可就地入渗。当雨水弃流排入污水管道时，应确保污水不倒灌至弃流装置内和后续雨水不进入污水管道。

5.3.8 当采用初期径流弃流池时，应符合下列规定：

1 截流的初期径流雨水宜通过自流排除；

2 当弃流雨水采用水泵排水时，池内应设置将弃流雨水与后期雨水隔离的分隔装置；

3 应具有不小于0.10的底坡，并坡向集泥坑；

4 雨水进水口应设置格栅，格栅的设置应便于清理并不得影响雨水进水口通水能力；

5 排除初期径流水泵的阀门应设置在弃流池外；

6 宜在入口处设置可调节监测连续两场降雨间隔时间的雨停监测装置，并与自动控制系统联动；

7 应设有水位监测措施；

8 采用水泵排水的弃流池内应设置搅拌冲洗系统。

5.3.9 渗透弃流井应符合下列规定：

1 井体和填料层有效容积之和不应小于初期径流弃流量；

2 井外壁距建筑物基础净距不宜小于3m；

3 渗透排空时间不宜超过24h。

5.4 雨水排除

5.4.1 排水系统应对雨水控制及利用设施的溢流雨水进行收集、排除。

5.4.2 当绿地标高低于道路标高时，路面雨水应引入绿地，雨水口宜设在道路两边的绿地内，其顶面标高应高于绿地20mm～50mm，且不应高于路面。

5.4.3 雨水口宜采用平箅式，设置间距应根据汇水面积确定，且不宜大于40m。

5.4.4 透水铺装地面的雨水排水设施宜采用排水沟。

5.4.5 渗透管—排放系统应满足排除雨水流量的要求，管道水力计算可采用有压流。

5.4.6 雨水排除系统的出水口不宜采用淹没出流。

5.4.7 室外下沉式广场、局部下沉式庭院，当与建筑连通时，其雨水排水系统应采用加压提升排放系统；当与建筑物不连通且下沉深度小于1m时，可采用重力排放系统，并应确保排水出口为自由出流。处于山地或坡地且不会雨水倒灌时，可采用重力排放系统。

5.4.8 与市政管网连接的雨水检查井应满足雨水流量测试要求。

5.4.9 外排雨水管道的水力计算应符合现行国家标准《建筑给水排水设计规范》GB 50015和《室外排水设计规范》GB 50014的规定。

6 雨水入渗

6.1 一般规定

6.1.1 雨水入渗方式可采用下凹绿地入渗、透水铺装地面入渗、植被浅沟与洼地入渗、生物滞留设施（浅沟渗渠组合）入渗、渗透管沟、入渗井、入渗池、渗透管—排放系统等。

6.1.2 雨水入渗宜优先采用下凹绿地、透水铺装、浅沟洼地入渗等地表面入渗方式，并应符合下列规定：

1 人行道、非机动车道、庭院、广场等硬化地面宜采用透水铺装，硬化地面中透水铺装的面积比例不宜低于40%；

2 小区内路面宜高于路边绿地50mm～100mm，并应确保雨水顺畅流入绿地；

3 绿地宜设置为下凹绿地。涉及绿地指标率要求的建设工程，下凹绿地面积占绿地面积的比例不宜低于50%；

4 非种植屋面雨水的入渗方式应根据现场条件，经技术经济和环境效益比较确定。

6.1.3 雨水入渗设施埋地设置时宜设在绿地下，也可设于非机动车路面下。渗透管沟间的最小净间距不宜小于2m，入渗井间的最小间距不宜小于储水深度的4倍。

6.1.4 地下建筑顶面覆土层设置透水铺装、下凹绿地等入渗设施时，应符合下列规定：

1 地下建筑顶面与覆土之间应设疏水片材或疏水管等排水层；

2 土壤渗透面至渗排设施间的土壤厚度不应小于300mm；

3 当覆土层土壤厚度超过1.0m时，可设置下凹绿地或在土壤层内埋设入渗设施。

6.1.5 雨水渗透设施应保证其周围建（构）筑物的安全使用。埋在地下的雨水渗透设施距建筑物基础边缘不应小于5m，且不应对其他构筑物、管道基础产生影响。

6.1.6 雨水渗透系统不应对居民生活造成不便，不应对小区卫生环境产生危害。地面入渗场地上的植物配置应与入渗系统相协调。渗透管沟、入渗井、入渗池、渗透管—排放系统、生物滞留设施与生活饮用水储水池的间距不应小于10m。

非自重湿陷性黄土场地，渗透设施应设置于建筑物防护距离以外，且不应影响小区道路路基。

6.1.7 雨水入渗系统宜设置溢流设施；雨水进入埋在地下的雨水渗透设施之前应经沉沙和漂浮物拦截处理。

6.1.8 渗透设施的有效渗透面积应按本规范第3.2.8条的规定计算。

6.2 渗透设施

6.2.1 下凹绿地应接纳硬化面的径流雨水，并应符合下列规定：

1 周边雨水宜分散进入下凹绿地，当集中进入时应在入口处设置缓冲措施；

2 下凹式绿地植物应选用耐淹品种；

3 下凹绿地的有效储水容积应按溢水排水口标高以下的实际储水容积计算。

6.2.2 透水铺装地面的透水性能应满足1h降雨45mm条件下，表面不产生径流，并应符合下列规定：

1 透水铺装地面宜在土基上建造，自上而下设置透水面层、找平层、基层和底基层；

2 透水面层的渗透系数应大于1×10^{-4}m/s；可采用硅砂透水砖等透水砖、透水混凝土、草坪砖等；透水面砖的有效孔隙率不应小于8%，透水混凝土的有效孔隙率不应小于10%；当面层采用透水砖和硅砂透水砖时，其抗压强度、抗折强度、抗磨长度及透水性能等应符合国家现行有关标准的规定；

3 找平层的渗透系数和有效孔隙率不应小于面层，宜采用细石透水混凝土、干砂、碎石或石屑等；

4 基层和底基层的渗透系数应大于面层；底基层宜采用级配碎石、中、粗砂或天然级配砂砾料等，基层宜采用级配碎石或透水混凝土；透水混凝土的有效孔隙率应大于10%，砂砾料和砾石的有效孔隙率应大于20%；

5 铺装地面应满足承载力要求，严寒、寒冷地区尚应满足抗冻要求。

6.2.3 植被浅沟与洼地入渗应符合下列规定：

1 地面绿化在满足地面景观要求的前提下，宜设置浅沟或洼地；

2 积水深度不宜超过300mm；

3 积水区的进水宜沿沟长多点分散布置；

4 浅沟宜采用平沟，并能储存雨水。有效储水容积应按积水深度内的容积计算。

6.2.4 生物滞留设施应符合下列规定：

1 生物滞留设施从上至下应敷设种植土壤层、砂层，也可增加设置砾石层；

2 生物滞留设施的浅沟应能储存雨水，蓄水深度不宜大于300mm；

3 浅沟沟底表面的土壤厚度不应小于100mm，渗透系数不应小于1×10^{-5}m/s；

4 生物滞留设施设有渗渠时，渗渠中的砂层厚度不应小于100mm，渗透系数不应小于1×10^{-4}m/s；

5 渗渠中的砾石层厚度不应小于100mm；

6 砂层砾石层周边和土壤接触部位应包覆透水土工布，土壤渗透系数不应小于1×10^{-6}m/s；

7 生物滞留设施应按需设计底层排水设施；

8 有效储水容积应根据浅沟的蓄水深度计算。

6.2.5 渗透管沟设置应符合下列规定：

1 渗透管沟宜采用塑料模块，也可采用穿孔塑料管、无砂混凝土管或排疏管等材料，并外敷渗透层，渗透层宜采用砾石；渗透层外或塑料模块外应采用透水土工布包覆；

2 塑料管的开孔率宜取1.0%～3.0%，无砂混凝土管的孔隙率不应小于20%。渗透管沟应能疏通，疏通内径不应小于150mm，检查井之间的管沟敷设坡度宜采用0.01～0.02；

3 渗透管沟应设检查井或渗透检查井，井间距不应大于渗透管管径的150倍。井的出水管口标高应高于入水管口标高，但不应高于上游相邻井的出水管口标高。渗透检查井应设0.3m沉沙室；

4 渗透管沟不应设在行车路面下；

5 地面雨水进入渗透管前宜设泥沙分离井渗透检查井或集水渗透检查井；

6 地面雨水集水宜采用渗透雨水口；

7 在适当的位置设置测试段，长度宜为2m～3m，两端设置止水壁，测试段应设注水孔和水位观察孔；

8 渗透管沟的储水空间应按积水深度内土工布包覆的容积计，有效储水容积应为储水空间容积与孔隙率的乘积。

6.2.6 渗透管—排放系统设置除应符合第6.2.5条规定外，还应符合下列规定：

1 设施的末端必须设置检查井和排水管，排水管连接到雨水排水管网；

2 渗透管的管径和敷设坡度应满足地面雨水排放流量的要求，且渗透管直径不应小于200mm；

3 检查井出水管口的标高应高于进水管口标高，并应确保上游管沟的有效蓄水。

6.2.7 埋地入渗池宜采用塑料模块或硅砂砌块拼装组合，并符合下列规定：

1 池的入水口上游应设泥沙分离设施；

2 底部及周边的土壤渗透系数应大于5×10^{-6}m/s；

3 池体强度应满足相应地面荷载及土壤承载力的要求；

4 池体的周边、顶部应采用透水土工布或性能相同的材料全部包覆；

5 池内构造应便于清除沉积泥沙，并应设检修维护人孔，人孔应采用双层井盖；

6 设于绿地内时，池顶覆土应高于周围200mm及以上；

7 应设透水混凝土底板，当底板低于地下水位时，水池应满足抗浮要求；

8 有效储水容积应根据入水口或溢流口以下的积水深度计算。

6.2.8 入渗井应符合下列规定：

1 井壁外应配置砾石层，井底渗透面距地下水位的距离不应小于1.5m；硅砂砌块井壁外可不敷砾石；

2 底部及周边的土壤渗透系数应大于5×10^{-6}m/s；

3 入渗井砾石层外应采用透水土工布或性能相同的材料包覆；

4 有效储水容积应为入水口以下的井容积。

6.2.9 入渗池（塘）应符合下列规定：

1 上游应设置沉沙或前置塘等预处理设施，并应能去除大颗粒污染物和减缓流速；

2 边坡坡度不宜大于 1∶3，表面宽度和深度的比例应大于 6∶1；

3 底部应为种植土，植物应在接纳径流之前成型，植物应既能抗涝又能抗旱，适应洼地内水位变化；

4 宜能排空，排空时间不应大于 24h；

5 应设有确保人身安全的措施；

6 有效储水容积应按设计水位和溢流水位之间的容积计。

6.2.10 透水土工布宜选用无纺土工织物，质量宜为 $100g/m^2$～$300g/m^2$，渗透性能应大于所包覆渗透设施的最大渗水要求，应满足保土性、透水性和防堵性的要求。

7 雨水储存与回用

7.1 一 般 规 定

7.1.1 雨水收集回用系统应优先收集屋面雨水，不宜收集机动车道路等污染严重的下垫面上的雨水。

7.1.2 雨水收集回用系统的雨水储存设施应采用景观水体、旱塘、湿塘、蓄水池、蓄水罐等。景观水体、湿塘应优先用作雨水储存。

7.1.3 雨水进入蓄水池、蓄水罐前，应进行泥沙分离或粗过滤。景观水体和湿塘宜设前置区，并能沉淀径流中大颗粒污染物。

7.1.4 当蓄水池具有沉淀或过滤处理功能且出水水质满足要求时，可不另设清水池。当雨水回用系统设有清水池时，其有效容积应根据产水曲线、供水曲线确定。当设有消毒设施时，应满足消毒的接触时间要求。当缺乏上述资料时，可按雨水回用系统最高日设计用水量的 25%～35%计算。

7.1.5 当采用中水清水池接纳处理后的雨水时，中水清水池应有容纳雨水的容积。

7.1.6 蓄水池、清水池应设溢流管和通气管，并应设防虫措施。

7.2 储 存 设 施

7.2.1 雨水蓄水池、蓄水罐、弃流池应在室外设置。埋地拼装蓄水池外壁与建筑物外墙的净距不应小于 3m。

7.2.2 蓄水池应设检查口或人孔，附近宜设给水栓和排水泵电源。室外地下蓄水池（罐）的人孔、检查口应设置防止人员落入水中的双层井盖或带有防坠网的井盖。

7.2.3 雨水储存设施应设有溢流排水措施，溢流排水宜采用重力溢流排放。室内蓄水池的重力溢流管排水能力应大于 50 年雨水设计重现期设计流量。

7.2.4 蓄水池设于机动车行道下方时，宜采用钢筋混凝土池。设于非机动车行道下方时，可采用塑料模块或硅砂砌块等型材拼装组合，且应采取防止机动车误入池上行驶的措施。

7.2.5 当蓄水池因条件限制必须设在室内且溢流口低于室外地面时，应符合下列规定：

1 应设置自动提升设备排除溢流雨水，溢流提升设备的排水标准应按 50 年降雨重现期 5min 降雨强度设计，且不得小于集雨屋面设计重现期降雨强度；

2 自动提升设备应采用双路电源；

3 进蓄水池的雨水管应设超越管，且应重力排水；

4 雨水蓄水池应设溢流水位报警装置，报警信号引至物业管理中心。

7.2.6 蓄水池宜兼具沉淀功能。兼作沉淀作用时，其构造和进、出水管等的设置应符合下列规定：

1 应防止进、出水流短路；

2 避免扰动沉积物，设计沉淀区高度不宜小于 0.5m，缓冲区高度不宜小于 0.3m；

3 进水端宜均匀布水；

4 应具有排除池底沉淀物的条件或设施。

7.2.7 钢筋混凝土蓄水池应符合下列规定：

1 池底应设集泥坑和吸水坑；当蓄水池分格时，每格应设检查口和集泥坑；

2 池底应设不小于 5%的坡度坡向集泥坑；

3 池底应设排泥设施；当不具备设置排泥设施或排泥确有困难时，应设置冲洗设施，冲洗水源宜采用池水，并应与自动控制系统联动。

7.2.8 塑料模块和硅砂砌块组合蓄水池应符合下列规定：

1 池体强度应满足地面及土壤承载力的要求；

2 外层应采用不透水土工膜或性能相同的材料包覆；

3 池内构造应便于清除沉积泥沙；

4 兼具过滤功能时应能进行过滤沉积物的清除；

5 水池应设混凝土底板；当底板低于地下水位时，水池应满足抗浮要求。

7.2.9 景观水体和湿塘用于储存雨水时，应符合下列规定：

1 储存雨水的有效容积应为景观设计水位或湿塘常水位与溢流水位之间的容积；

2 雨水储存设有排空设施时，宜按 24h 排空设置，排空最低水位宜设于景观设计水位和湿塘的常水位处；

3 前置区和主水区之间宜设水生植物种植区；

4 湿塘的常水位水深不宜小于0.5m；

5 湿塘应设置护栏、警示牌等安全防护与警示措施。

7.2.10 当蓄水池的有效容积大于雨水回用系统最高日用水量的3倍时，应设能12h排空雨水的装置。

7.3 雨水回用供水系统

7.3.1 雨水供水管道应与生活饮用水管道分开设置，严禁回用雨水进入生活饮用水给水系统。

7.3.2 供水管网的服务范围应覆盖水量计算的用水部位。

7.3.3 雨水供水系统应设自动补水，并应符合下列要求：

1 补水的水质应满足雨水供水系统的水质要求；

2 补水应在净化雨水供量不足时进行；

3 补水能力应满足雨水中断时系统用水量要求。

7.3.4 当采用生活饮用水补水时，应采取防止生活饮用水被污染的措施，并符合下列规定：

1 清水池（箱）内的自来水补水管出水口应高于清水池（箱）内溢流水位，其间距不得小于2.5倍补水管管径，且不应小于150mm；

2 向蓄水池（箱）补水时，补水管口应设在池外，且应高于室外地面。

7.3.5 供水系统供应不同水质要求的用水时，应综合考虑水质处理、管网敷设等因素，经技术经济比较后确定采用集中管网系统或局部供水系统。

7.3.6 供水方式及水泵选择、管道水力计算等应符合现行国家标准《建筑给水排水设计规范》GB 50015的规定。

7.3.7 供水管道和补水管道上应设水表计量装置。

7.3.8 供水管道可采用塑料和金属复合管、塑料给水管或其他给水管，但不得采用非镀锌钢管。

7.3.9 雨水供水管道上不得装设取水龙头，并应采取下列防止误接、误用、误饮的措施：

1 雨水供水管外壁应按设计规定涂色或标识；

2 当设有取水口时，应设锁具或专门开启工具；

3 水池（箱）、阀门、水表、给水栓、取水口均应有明显的"雨水"标识。

7.4 系统控制

7.4.1 雨水收集、处理设施和回用系统宜设置下列方式控制：

1 自动控制；

2 远程控制；

3 就地手动控制。

7.4.2 对雨水处理设施、回用系统内的设备运行状态宜进行监控。

7.4.3 雨水处理设施运行宜自动控制。

7.4.4 水量、主要水位、pH值、浊度等常用控制指标应实现现场监测，有条件的可实现在线监测。

7.4.5 补水应由水池水位自动控制。

8 水质处理

8.1 处理工艺

8.1.1 雨水处理工艺流程应根据收集雨水的水量、水质，以及雨水回用水质要求等因素，经技术经济比较后确定。

8.1.2 雨水进入蓄水储存设施之前宜利用植草沟、卵石沟、绿地等生态净化设施进行预处理。

8.1.3 生态净化设施预处理满足下列要求时，雨水收集回用系统可不设初期径流弃流设施：

1 雨水在植草沟或绿地的停留时间内，入渗的雨量不小于初期径流弃流量；

2 卵石沟储存雨水的有效储水容积不小于初期径流弃流量。

8.1.4 收集回用系统处理工艺宜采用物理法、化学法或多种工艺组合等。

8.1.5 雨水用于景观水体时，宜采用下列工艺流程：

雨水 → 初期径流弃流 → 景观水体或湿塘。景观水体或湿塘宜配置水生植物净化水质。

8.1.6 屋面雨水用于绿地和道路浇洒时，可采用下列处理工艺：

雨水 → 初期径流弃流 → 雨水蓄水池沉淀 → 管道过滤器 → 浇洒。

8.1.7 屋面雨水与路面混合的雨水用于绿地和道路浇洒时，宜采用下列处理工艺：

雨水 → 初期径流弃流 → 沉沙 → 雨水蓄水池沉淀 → 过滤 → 消毒 → 浇洒。

8.1.8 屋面雨水或其与路面混合的雨水用于空调冷却塔补水、运动草坪浇洒、冲厕或相似用途时，宜采用下列处理工艺：

雨水 → 初期径流弃流 → 沉沙 → 雨水蓄水池沉淀 → 絮凝过滤或气浮过滤 → 消毒 → 雨水清水池。

8.1.9 设有雨水用户对水质有较高要求时，应增加相应的深度处理措施。

8.1.10 回用雨水的水质应根据雨水回用用途确定，当有细菌学指标要求时，应进行消毒。绿地浇洒和水体宜采用紫外线消毒。当采用氯消毒时，宜符合下列规定：

1 雨水处理规模不大于100m^3/d时，消毒剂可采用氯片；

2 雨水处理规模大于100m^3/d时，可采用次氯酸钠或其他氯消毒剂消毒。

8.1.11 雨水处理设施产生的污泥宜进行处理。

8.2 处理设施

8.2.1 雨水过滤及深度处理设施的处理能力应符合下列规定：

1 当设有雨水清水池时，应按下式计算：

$$Q_y = \frac{W_y}{T} \qquad (8.2.1)$$

式中：Q_y——设施处理能力（m^3/h）；

W_y——回用系统的最高日用水量（m^3）；

T——雨水处理设施的日运行时间（h）。

2 当无雨水清水池和高位水箱时，应按回用雨水的设计秒流量计算。

8.2.2 雨水蓄水池可兼作沉淀池和清水池，并应符合下列规定：

1 水泵从水池吸水应吸上清液；

2 设置独立的水泵吸水井时，应使上清液流入吸水井，吸水井的有效容积不应低于设计流量的20%，且不应小于5m^3。

8.2.3 雨水回收利用过滤处理采用石英砂、无烟煤、重质矿石、硅藻土等滤料或其他新型滤料和新工艺时，应根据出水水质要求和技术经济比较确定。

8.3 雨水处理站

8.3.1 雨水处理站位置应根据建筑总体规划，综合考虑与中水处理站的关系确定，并应有利于雨水的收集、储存和处理。

8.3.2 雨水处理构筑物及处理设备应布置合理、紧凑，满足构筑物的施工、设备安装检修、运行调试、管道敷设及维护管理的要求，应留有发展及设备更换余地，并应考虑最大设备的进出要求。

8.3.3 雨水处理站设计应满足主要处理环节运行观察、水量计量、水质取样化验监（检）测的条件。

8.3.4 雨水处理站内应设给水、排水等设施；通风良好，不得结冻；应有良好的采光及照明。

8.3.5 雨水处理站设计中，对采用药剂所产生的污染危害应采取有效的防护措施。

8.3.6 对雨水处理站中机电设备运行噪声和振动应采取有效的降噪和减振措施，并应符合现行国家标准《民用建筑隔声设计规范》GB 50118的规定。

9 调蓄排放

9.0.1 调蓄排放系统的雨水调蓄设施宜布置在汇水区下游，且应设置在室外。

9.0.2 自然水体和坑塘应进行保护。景观水体、池（湿）塘、洼地，宜作为雨水调蓄设施，当条件不满足时，可建造调蓄池。

9.0.3 雨水调蓄容积应能排空，且应优先采用重力排空。

9.0.4 雨水调蓄设施采用重力排空时，应控制出水管渠流量，可采用设置流量控制井或利用出水管管径控制。

9.0.5 雨水调蓄设施采用机械排空时，宜在雨后启泵排空。设于埋地调蓄池内的潜水泵应采用自动耦合式。

9.0.6 雨水汇水管道或沟渠应接入调蓄设施。当调蓄设施为埋地调蓄池时，应符合下列规定：

1 雨水进入埋地调蓄池之前应进行沉沙和漂浮物拦截处理；

2 水池进水口处和出水口处应设检修维护人孔，附近宜设给水栓；

3 池内构造应保证具备泥沙清洗条件；

4 宜设溢流设施，溢流雨水宜重力排除。

9.0.7 调蓄池设于机动车行道下方时，宜采用钢筋混凝土池；设于非机动车行道下方时，宜采用装配式模块拼装组合水池，并采取防止机动车误入池上行驶的措施。

9.0.8 模块拼装组合调蓄水池应符合下列规定：

1 池体强度应满足地面及土壤承载力的要求；

2 外层应采用不透水土工膜或性能相同的材料包覆；

3 池内构造应便于清除沉积泥沙；

4 水池应设混凝土底板；当底板低于地下水位时，水池应满足抗浮要求。

9.0.9 景观水体和湿塘用于调蓄雨水时，应符合下列规定：

1 在景观设计水位和湿塘常水位的上方应设置调蓄雨水的空间；

2 雨水调蓄空间的雨水应能够排空，排空最低水位宜设于景观设计水位和湿塘的常水位处；

3 景观水体宜设前置区，并能沉淀径流中大颗粒污染物；前置区和水体之间宜设水生植物种植区；

4 湿塘的常水位水深不宜小于0.5m；

5 湿塘应设置护栏、警示牌等安全防护与警示措施。

9.0.10 调蓄排放设施和收集回用系统的储水设施合用时，应采用机械排空，且不应在降雨过程中排水。

附录 A　全国各大城市降雨量资料

表 A　全国各大城市降雨量资料

序号	站名	年均降雨量（mm）	年均最大月降雨量（mm）	一年一遇日降雨量（mm）	两年一遇日降雨量（mm）
1	北京	571.9	185.2（7月）	45.0	70.9
2	天津	544.3	170.6（7月）	45.7	76.6
3	哈尔滨	524.3	142.7（7月）	32.6	50.6
4	呼玛	471.2	114.0（7月）	26.2	39.2
5	嫩江	491.9	143.6（7月）	31.1	45.6
6	孙吴	522.8	144.0（7月）	31.5	46.0
7	克山	491.4	156.9（7月）	26.8	50.2
8	齐齐哈尔	415.3	128.8（7月）	28.6	46.6
9	海伦	534.9	141.4（7月）	30.2	47.3
10	富锦	517.8	116.9（8月）	30.6	46.6
11	安达	421.1	135.5（7月）	29.2	42.8
12	通河	585.0	160.3（7月）	31.2	47.5
13	尚志	648.5	178.3（7月）	32.0	55.3
14	鸡西	515.9	121.2（7月）	27.5	42.3
15	牡丹江	537.0	121.4（7月）	26.4	44.1
16	绥芬河	541.4	120.6（8月）	24.2	46.4
17	长春	570.4	161.1（7月）	31.5	61.8
18	前郭尔罗斯	422.3	126.5（7月）	27.8	46.4
19	四平	632.7	176.9（7月）	34.0	57.6
20	延吉	528.2	121.9（8月）	30.4	45.6
21	临江	784.8	204.0（7月）	41.6	58.9
22	沈阳	690.3	165.5（7月）	34.9	74.0
23	营口	646.5	173.2（7月）	43.0	78.0
24	丹东	925.6	251.6（7月）	63.1	104.6
25	彰武	499.1	148.9（7月）	37.7	56.5
26	朝阳	476.5	153.9（7月）	27.5	56.8
27	锦州	567.7	165.3（7月）	38.5	66.6
28	本溪	763.1	210.2（7月）	42.7	72.2
29	大连	601.9	140.1（7月）	34.3	81.8
30	呼和浩特	397.9	109.1（8月）	22.2	48.4
31	阿尔山	418.7	120.9（7月）	22.9	36.2
32	图里河	426.5	125.1（7月）	22.4	36.3
33	海拉尔	367.2	101.8（7月）	20.6	32.5
34	博克图	489.4	153.4（7月）	31.6	39.2
35	朱日和	210.7	62.0（7月）	—	—
36	锡林浩特	286.6	89.0（7月）	—	—

续表 A

序号	站名	年均降雨量（mm）	年均最大月降雨量（mm）	一年一遇日降雨量（mm）	两年一遇日降雨量（mm）
37	化德	312.5	93.1（7月）	18.7	31.7
38	西乌珠穆沁旗	329.5	104.1（7月）	18.2	34.7
39	扎鲁特旗	377.4	129.6（7月）	27.1	52.8
40	巴林左旗	378.8	137.2（7月）	26.5	52.5
41	多伦	369.5	104.8（7月）	26.0	37.4
42	赤峰	371.0	109.3（7月）	24.2	41.5
43	林西	374.8	128.5（7月）	22.9	44.1
44	通辽	373.6	103.9（7月）	26.5	50.0
45	西宁	373.6	88.2（7月）	16.8	29.2
46	刚察	356.8	86.7（8月）	15.5	24.1
47	同德	401.3	94.2（7月）	19.3	25.4
48	托托河	253.0	80.9（7月）	13.2	19.4
49	曲麻莱	351.8	91.0（7月）	14.5	21.6
50	玉树	453.6	99.6（6月）	16.1	22.2
51	大柴旦	82.7	21.8（7月）	—	—
52	格尔木	42.1	13.5（7月）	—	—
53	玛多	275.5	68.7（7月）	13.6	18.2
54	达日	495.4	110.4（7月）	18.9	24.8
55	乌鲁木齐	286.3	38.9（5月）	15.2	24.2
56	哈密	39.1	7.3（7月）	—	—
57	伊宁	268.9	28.5（6月）	—	—
58	库车	74.5	18.1（6月）	—	—
59	和田	36.4	8.2（6月）	—	—
60	喀什	64.0	9.1（7月）	—	—
61	阿勒泰	191.3	25.8（7月）	—	—
62	拉萨	426.4	120.6（8月）	18.0	27.3
63	兰州	311.7	73.8（8月）	20.6	30.2
64	乌鞘岭	368.6	91.5（8月）	17.3	25.7
65	平凉	482.1	109.2（7月）	34.1	43.9
66	合作	531.6	104.7（8月）	22.0	29.2
67	武都	471.9	86.7（7月）	23.3	35.9
68	敦煌	42.2	15.2（7月）	—	—
69	酒泉	87.7	20.5（7月）	—	—
70	天水	491.6	84.6（7月）	27.2	40.2
71	银川	186.3	51.5（8月）	—	—

续表 A

序号	站名	年均降雨量（mm）	年均最大月降雨量（mm）	一年一遇日降雨量（mm）	两年一遇日降雨量（mm）
72	石家庄	517.0	148.3（8月）	33.8	59.7
73	怀来	384.3	110.3（7月）	21.9	41.5
74	承德	512.0	144.7（7月）	31.7	52.0
75	乐亭	581.6	194.7（7月）	42.6	74.7
76	泊头	461.9	153.1（7月）	15.4	66.7
77	济南	672.7	201.3（7月）	43.6	72.1
78	惠民县	563.4	184.3（7月）	37.8	70.4
79	成山头	664.4	147.3（8月）	70.8	81.2
80	潍坊	588.3	155.2（7月）	34.9	71.9
81	定陶	564.4	157.0（7月）	44.9	69.3
82	兖州	675.2	202.3（7月）	51.2	78.9
83	太原	431.2	107.0（8月）	26.4	50.7
84	大同	371.4	100.6（7月）	24.0	40.0
85	原平	423.4	117.7（8月）	25.5	47.5
86	运城	530.1	109.9（7月）	32.2	52.7
87	介休	452.1	112.3（7月）	27.8	49.6
88	郑州	632.4	155.5（7月）	44.7	71.2
89	卢氏	622.1	133.3（7月）	33.9	49.5
90	驻马店	979.2	194.4（7月）	64.0	78.3
91	信阳	1083.6	199.7（7月）	45.7	105.0
92	安阳	567.1	175.6（7月）	42.9	74.0
93	西安	553.3	98.6（7月）	29.2	45.5
94	汉中	852.6	175.2（7月）	39.1	63.4
95	榆林	365.6	91.2（8月）	25.6	45.2
96	延安	510.7	117.5（8月）	34.9	51.4
97	重庆市	1118.5	178.1（7月）	—	—
98	酉阳	1352.2	229.4（6月）	52.2	82.6
99	重庆沙坪坝	1092.8	174.3（6月）	52.6	79.7
100	成都	870.1	224.5（7月）	54.5	87.6
101	甘孜	643.5	132.8（6月）	21.1	26.3
102	马尔康	786.4	155.0（6月）	23.0	32.2
103	松潘	718.0	115.2（6月）	22.1	28.4
104	理塘	717.3	178.0（7月）	25.9	33.3
105	九龙	904.5	200.0（6月）	27.5	35.8
106	宜宾	1063.1	228.7（7月）	57.7	95.5

续表 A

序号	站名	年均降雨量（mm）	年均最大月降雨量（mm）	一年一遇日降雨量（mm）	两年一遇日降雨量（mm）
107	西昌	1013.5	240.0（7月）	43.1	64.4
108	会理	1152.8	275.1（7月）	55.2	77.0
109	万源	1193.2	244.5（7月）	67.1	101.9
110	南充	987.2	188.3（7月）	51.8	85.4
111	昆明	1011.3	204.0（8月）	53.6	66.3
112	德钦	592.0	132.8（7月）	22.9	31.5
113	丽江	968.0	242.2（7月）	34.9	50.8
114	腾冲	1527.1	300.5（7月）	45.2	63.5
115	楚雄	847.9	184.0（7月）	42.2	56.1
116	临沧	1163.0	235.3（7月）	40.6	54.5
117	澜沧	1596.1	343.2（7月）	51.5	75.7
118	思茅	1497.1	324.3（7月）	51.2	80.1
119	蒙自	857.7	175.0（7月）	33.9	55.5
120	贵阳	1117.7	225.2（6月）	44.8	74.1
121	毕节	899.4	160.8（7月）	41.8	58.7
122	遵义	1074.2	199.4（6月）	46.7	74.9
123	兴义	1321.3	257.2（6月）	52.4	81.4
124	长沙	1331.3	207.2（4月）	78.5	81.9
125	常德	1323.3	208.9（6月）	47.8	90.3
126	芷江	1230.1	209.0（6月）	48.7	84.1
127	零陵	1425.7	229.2（5月）	51.7	79.6
128	武汉	1269.0	225.0（6月）	61.3	102.6
129	老河口	813.9	135.9（8月）	44.9	65.6
130	鄂西	1438.5	241.7（7月）	55.3	98.4
131	恩施	1470.2	257.5（7月）	—	—
132	宜昌	1138.0	216.3（7月）	49.8	81.6
133	合肥	995.3	161.8（7月）	45.3	82.1
134	安庆	1474.9	280.3（6月）	63.7	104.2
135	亳州	785.8	213.3（7月）	50.6	83.3
136	蚌埠	919.6	198.7（7月）	57.2	85.4
137	霍山	1350.7	197.2（7月）	52.6	82.8
138	上海市	1164.5	169.6（6月）	—	—
139	上海龙华	1134.6	225.3（8月）	55.7	86.8
140	南京	1062.4	193.4（6月）	45.6	85.6
141	东台	1062.5	210.0（7月）	67.7	89.6

续表 A

序号	站名	年均降雨量(mm)	年均最大月降雨量(mm)	一年一遇日降雨量(mm)	两年一遇日降雨量(mm)
142	徐州	831.7	241.0（7月）	65.8	87.1
143	赣榆	910.3	247.4（7月）	57.0	106.1
144	杭州	1454.6	231.1（6月）	57.5	83.2
145	定海	1442.5	197.2（8月）	53.7	84.8
146	衢州	1705.0	316.3（6月）	58.9	93.7
147	温州	1742.4	250.1（8月）	77.4	107.8
148	南昌	1624.4	306.7（6月）	65.6	101.0
149	景德镇	1826.6	325.1（6月）	67.6	109.8
150	赣州	1461.2	233.3（5月）	57.3	78.1
151	吉安	1518.8	234.0（6月）	57.9	86.5
152	南城	1691.3	297.2（6月）	56.8	95.5
153	福州	1393.6	208.9（6月）	52.1	97.8
154	南平	1652.4	277.6（5月）	58.8	87.2
155	永安	1484.6	246.8（5月）	60.3	75.3
156	厦门	1349.0	209.0（8月）	49.1	109.3
157	广州	1736.1	283.7（5月）	51.8	106.8
158	河源	1954.9	372.7（6月）	88.2	117.1
159	汕头	1631.1	286.9（6月）	72.8	137.5
160	韶关	1583.5	253.2（5月）	58.2	85.9
161	阳江	2442.7	464.3（5月）	92.6	189.2
162	深圳	1966.5	368.0（8月）	—	—
163	汕尾	1947.4	350.1（6月）	76.0	144.2
164	南宁	1309.7	218.8（7月）	62.6	90.3
165	百色	1070.5	204.5（7月）	58.3	87.3
166	桂平	1739.8	287.9（5月）	74.7	103.8
167	梧州	1450.9	279.5（5月）	57.2	101.1
168	河池	1509.8	293.7（6月）	63.8	91.9
169	钦州	2141.3	426.4（7月）	98.7	164.2
170	桂林	1921.2	351.7（5月）	66.7	121.2
171	龙州	1331.3	228.9（8月）	68.7	91.6
172	海口	1651.9	244.1（9月）	79.1	144.8
173	东方	961.2	176.2（8月）	44.1	128.9
174	琼海	2055.1	374.1（9月）	102.6	155.6

注：1 表中给出的“一年一遇日降雨量”和“两年一遇日降雨量”是根据实测降雨资料系列，经拟合而成的“年最大值法降雨量与重现期公式”计算而得，与实测统计数据稍有出入，供使用过程中参考；

2 表中给出的测量站，不包括平均年降雨量小于300mm的站点；

3 表中“上海龙华”，由于实测数据仅为8年，故本表给出的一系列统计数据，仅供使用过程中参考。

中华人民共和国国家标准

建筑与小区雨水控制及利用工程技术规范

GB 50400—2016

条 文 说 明

13

目　次

13

1 总 则

1.0.1 城市雨水控制及利用的必要性包括：(1) 维护自然界水循环环境的需要。城市化造成的地面硬化（如建筑屋面、路面、广场、停车场等）改变了原地面的水文特性。地面硬化之前正常降雨形成的地面径流量与雨水入渗量之比约为 2∶8，地面硬化后二者比例变为 8∶2。地面硬化干扰了自然的水文循环，大量雨水流失，城市地下水从降水中获得的补给量逐年减少。以北京为例，20 世纪 80 年代地下水年均补给量比 20 世纪六七十年代减少了约 2.6 亿 m^3。使得地下水位下降现象加剧。(2) 节水的需要。我国城市缺水问题却越来越严重，全国 600 多个城市中，有 300 多个缺水，严重缺水的城市有 100 多个，且均呈递增趋势，以至国家花费巨资搞城市调水工程。(3) 修复城市生态环境的需要。城市化造成的地面硬化还使土壤含水量减少，热岛效应加剧，水分蒸发量下降，空气干燥。这造成了城市生态环境的恶化。比如，北京城区年平均气温比郊区偏高 1.1 度～1.4 度，空气明显比郊区干燥。6 月～9 月的降雨量城区比郊区偏大 7%～13%。(4) 抑制城市洪涝的需要。城市化使原有植被和土壤被不透水地面替代，加速了雨水向城市各条河道的汇集，使洪峰流量迅速形成。呈现出城市越大、给水排水设施越完备、水涝灾害越严重的怪象。降雨量和降雨类型相似的条件下，20 世纪 80 年代北京城区的径流洪峰流量是 50 年代的 2 倍。70 年代前，市降雨量大于 60mm 时，乐家园水文站测得的洪峰流量才 $100m^3/s$，而近年来城区平均降雨量近 30mm 时，洪峰流量即高达 $100m^3/s$ 以上。雨洪径流量加大还使交通路面频繁积水，影响正常生活。发达国家城市化导致的水文生态失衡、洪涝灾害频发问题在 20 世纪 50 年代就明显化。德国政府有意用各种就地处理雨水的措施取代传统排水系统概念。日本建设省倡议，要求开发区中引入就地雨水处理系统。通过滞留雨水，减少峰值流量与延缓汇流时间达到减少水涝灾害目的，并利用雨水作为中水的水源。

雨水控制及利用的作用：城市雨水控制及利用，是通过雨水入渗调控和地表（包括屋面）径流调控，实现雨水的资源化，使水文循环向着有利于城市生活的方向发展。城市雨水控制及利用有几个方面的功能：一为节水功能。用雨水冲洗厕所、浇洒路面、浇灌草坪、水景补水，甚至用于循环冷却水和消防水，可节省城市自来水；二为水及生态环境修复功能。强化雨水的雨水入渗增加土壤的含水量，甚至利用雨水回灌提升地下水的水位，可改善水环境乃至生态环境；三为雨洪调节功能。土壤的雨水入渗量增加和雨水径流的存储，都会减少进入雨水排除系统的流量，从而提高城市排洪系统的可靠性，减少城市洪涝。

建筑与小区雨水控制及利用是建筑水综合利用中的一种新的系统工程，具有良好的节水效能和环境生态效益。目前我国城市水荒日益严重，与此同时，健康住宅、生态住区正迅猛发展，建筑与小区雨水控制及利用系统，以其良好的节水效益和环境生态效益适应了城市的现状与需求，具有广阔的应用前景。

城市雨水控制及利用技术向全国推广后，第一，将推动我国城市雨水控制及利用技术及其产业的发展，使我国的雨水控制及利用从农业生产供水步入生态供水的高级阶段；第二，将为我国的城市节水行业开辟出一个新的领域；第三，将实现我国给水排水领域的一个重要转变，把快速排除城市雨洪变为降雨地下渗透、储存调节，修复城市雨水循环途径；第四，将促进健康住宅、生态住区的发展，促进我国城市向生态城市转化，增强我国建筑业在世界范围的竞争力。

雨水控制及利用的可行性：建筑与小区占据着城区近 70%的面积，并且是城市雨水排水系统的起始端。建筑与小区雨水控制及利用是城市雨洪利用工程的重要组成部分，对城市雨水控制及利用的贡献效果明显，并且相对经济。城市雨洪利用需要首先解决好建筑与小区的雨水控制及利用。对于一个多年平均降雨量 600mm 的城市来说，建筑与小区拥有约 300mm 左右的降水可以利用，而以往这部分资源被排走浪费掉了。

雨水控制及利用首先是一项环境工程，城市开发建设的同时需要投资把受损的环境给以修复，这如同任何一个大型建设工程的上马需要同时投资治理环境一样，城市开发需要关注的环境包括水文循环环境。

雨水控制及利用工程中的收集回用系统还能获取直接的经济效益。据测算，回用雨水的运行成本要低于再生污水-中水，总成本低于异地调水的成本。因此，雨水收集回用在经济上是可行的。特别是自来水价高的缺水城市，雨水回用的经济效益比较明显。

城市雨洪利用技术在一些发达国家已开展几十年，如日本、德国、美国等。日本建设省在 1980 年起就开始在城市中推行储留渗透计划，并于 1992 年颁布“第二代城市下水总体规划”，规定新建和改建的大型公共建筑群必须设置雨水就地下渗设施。美国的一些州在 20 世纪 70 年代就制定了雨水控制及利用方面的条例，规定新开发区必须就地滞洪蓄水，外排的暴雨洪峰流量不能超过开发前的水平。德国 1989 年出台了雨水控制及利用设施标准（DIN1989），规定新建或改建开发区必须考虑雨水控制及利用系统。国外城市雨水控制及利用的开展充分证明了该技术的必要性和有效性。

1.0.2 建筑与小区是指根据用地性质和使用权属确定的建设工程项目使用场地和场地内的建筑，包括民用项目和工业厂区。新建、扩建和改建的工程，其下垫面都存在着不同程度的人为硬化，加重了雨水流失，因此均要求按本规范的规定建设和管理雨水控制及利用系统。

本规范中的雨水回用不包括生活饮用用途，因此不适用于把雨水用于生活饮用水的情况。

1.0.3 任何一个城市，几乎都会造成不透水地面的增加和雨水的流失。从维护自然水文循环环境的角度出发，所有城市都有必要对因不透水面增加而产生的流失雨水进行拦蓄，加以间接或直接利用。然而，我国的城市雨水控制及利用是在起步阶段，且经济水平尚处于“发展是硬道理”的时期，现实的方法应该是部分城市或区域首先开展雨水控制及利用。这部分城市或区域应具备以下条件：水文循环环境受损较为突出或具有经济实力。具体表现特征如下：

1）水资源缺乏城市。城市水资源缺乏特别是水量缺乏，是水文循环环境受损的突出表现。这类城市雨水控制及利用的需求强烈，且较高的自来水水价使雨水控制及利用的经济优势凸显。

2）地下水位呈现下降趋势的城市。城市地下水位下降表明水文循环环境已受到明显损害，且现有水源已经处于过度开采，尽管这类城市有时尚未表现出缺水。

3）城市洪涝和排洪负担加剧的城市。城市洪涝和排洪负担加剧，是由于城区雨水的大量流失而致。在这里，水循环受到严重干扰的表现为给城市居民的正常生活带来不便甚至损害。

4）新建经济开发区或厂区。这类区域是以发展经济、追逐经济利润为目标而开发的。经济活动获取利润不应以牺牲包括雨水自然循环的环境为代价。因此，新建经济开发区，不论是处于缺水地区还是非缺水地区，其经济活动都有必要、有责任维护雨水自然循环的环境不被破坏，通过设置雨水控制及利用工程把开发区内的雨水排放径流量维持在开发前的水平。新建经济开发区或厂区，建设项目是通过招商引资程序进入的，投资商完全有经济实力建设雨水控制及利用工程。即使对投资商给予优惠，也不应优惠在免除雨水控制及利用设施的建设上。

1.0.4 所列技术引自住房和城乡建设部印发的《海绵城市建设技术指南》。“渗”的技术，在第6章（雨水入渗）中具体落实。“滞”的技术，在第9章（调蓄排放）章中具体落实：不透水硬化面的雨水收集到调蓄设施中，缓慢的排放或者雨后再排放；另外在第6章中也有落实：雨水先在入渗设施中储存，然后慢慢入渗。“蓄”的技术在第6章、第7章（雨水储存与回用）、第9章中具体落实，并在第4.3节作了量化规定，入渗、收集回用、调蓄排放都需要首先蓄存雨水；“净、用”的技术在第7章和第8章中具体落实；“排”的技术在第5.4节（雨水排除）中具体落实。

1.0.5 本条为强制性条文。雨水控制及利用设施与项目用地建设密不可分，甚至其本身就是场地建设的组成部分。比如，景观水体的雨水储存、绿地洼地渗透设施、透水地面、渗透管沟、入渗井、入渗池（塘）以及地面雨水径流的竖向组织等，因此，建设用地内的雨水控制及利用系统在项目建设的规划和设计阶段就需要考虑和包括进去，这样才能保证雨水控制及利用系统的合理和经济，奠定雨水控制及利用系统安全有效运行的基础。同时，该规划和设计也更接近实际，容易落实。

1.0.6 对雨水控制及利用系统设计涉及的人身安全和设施维修、使用的安全提出了要求。第一，人身安全。室外雨水池、入渗井、入渗池塘等雨水控制及利用设施都是在建筑区内，经常有人员活动，必须有足够的安全措施，防止造成人身意外伤害。第二，设施维修、使用的安全，特别是埋地式或地下式设施的使用和维护。

1.0.7 雨水控制及利用系统是一个新生的建设内容，需要各专业分别设计和配合才能完成。比如，雨水的水质处理和输配，需要给水排水专业配合；雨水的地面入渗等，需要总图和园林景观专业配合；集雨面的水质控制和收集效率，需要建筑专业配合等。

1.0.8 雨水控制及利用工程涉及的相关标准范围较广，包括给水排水、绿化、材料、总图、建筑等。

2 术语和符号

2.1 术 语

本章术语英文部分参照了国外有关出版物的相关词条，由于国际标准中没有这方面的统一规定，各个国家的英文使用词汇也不尽相同，故英文部分仅作为推荐英文对应词。

2.1.1 雨水控制与利用包括3个方面的内容：入渗利用，增加土壤含水量，有时又称间接利用；收集后净化回用，替代自来水，有时又称直接利用；先蓄存后排放，单纯削减雨水高峰流量。雨水控制及利用使雨水通过渗、滞、蓄、净、用、排等技术措施实现雨水的良性循环。

2.1.5 稳定渗透速率可通俗地理解为土壤饱和状态下的渗透速率，此时土壤的分子力对入渗已不起作用，渗透完全是由于水的重力作用而进行。土壤渗透系数表征水通过土壤的难易程度。

3 水量与水质

3.1 降雨量和雨水水质

3.1.1 在本规范的计算中涉及的降雨资料主要有：

当地多年平均（频率为50%）最大24h降雨量，近似于2年一遇24h降雨量；当地1年一遇24h降雨量；当地降雨强度公式。前者可在各省（区）《水文手册》中查到，后者为目前各地正在使用的雨水排除计算公式，1年一遇降雨量需要收集当地文献报道的数据加工整理得到。需要参考的降雨资料有：年均降雨量；年均最大3d、7d降雨量；年均最大月降雨量。各地年均降雨量可在各地气象部门收集取得。

各雨量数据或公式参数通过近10年以上的降雨量资料整理才更具代表性，据此设计的雨水控制及利用工程才更接近实际。附录A的降雨资料来源于：《中国主要城市降雨雨强分布和 K_u 波段的降雨衰减》（孙修贵主编，气象出版社出版）、《中国暴雨》（王家祁主编，中国水利水电出版社）和《建筑与小区雨水利用工程技术规范实施指南》（中国建筑工业出版社，2008年）。

3.1.2 对我国近200个城市1983年～2012年日降雨量统计分析，分别得到各城市年径流总量控制率及其对应的设计降雨量值关系。基于上述数据分析，《海绵城市建设技术指南》将我国大陆地区大致分为五个区，并给出了各区年径流总量控制率 α 的最低和最高限值，即Ⅰ区（$85\%\leqslant\alpha\leqslant90\%$）、Ⅱ区（$80\%\leqslant\alpha\leqslant85\%$）、Ⅲ区（$75\%\leqslant\alpha\leqslant85\%$）、Ⅳ区（$70\%\leqslant\alpha\leqslant85\%$）、Ⅴ区（$60\%\leqslant\alpha\leqslant85\%$）。各地应参照此限值，因地制宜地确定本地区径流总量控制目标。

《海绵城市建设技术指南》还给出了与年径流总量控制率相对应的控制降雨量，见表1，作为雨水控制及利用工程设置的技术参数。

表1 我国部分城市年径流总量控制率对应的设计降雨量值一览表

城市	不同年径流总量控制率对应的设计降雨量（mm）				
	60%	70%	75%	80%	85%
清泉	4.1	5.4	6.3	7.4	8.9
拉萨	6.2	8.1	9.2	10.6	12.3
西宁	6.1	8.0	9.2	10.7	12.7
乌鲁木齐	5.8	7.8	9.1	10.8	13.0
银川	7.5	10.3	12.1	14.4	17.7
呼和浩特	9.5	13.0	15.2	18.2	22.0
哈尔滨	9.1	12.7	15.1	18.2	22.2
太原	9.7	13.5	16.1	19.4	23.6
长春	10.6	14.9	17.8	21.4	26.6
昆明	11.5	15.7	18.5	22.0	26.8
汉中	11.7	16.0	18.8	22.3	27.0
石家庄	12.3	17.1	20.3	24.1	28.9

续表1

城市	不同年径流总量控制率对应的设计降雨量（mm）				
	60%	70%	75%	80%	85%
沈阳	12.8	17.5	20.8	25.0	30.3
杭州	13.1	17.8	21.0	24.9	30.3
合肥	13.1	18.0	21.3	25.6	31.3
长沙	13.7	18.5	21.8	26.0	31.6
重庆	12.2	17.4	20.9	25.5	31.9
贵阳	13.2	18.4	21.9	26.3	32.0
上海	13.4	18.7	22.2	26.7	33.0
北京	14.0	19.4	22.8	27.3	33.6
郑州	14.0	19.5	23.1	27.8	34.3
福州	14.8	20.4	24.1	28.9	35.7
南京	14.7	20.5	24.6	29.7	36.6
宜宾	12.9	19.0	23.4	29.1	36.7
天津	14.9	20.9	25.0	30.4	37.8
南昌	16.7	22.8	26.8	32.0	38.9
南宁	17.0	23.5	27.9	33.4	40.4
济南	16.7	23.2	27.7	33.5	41.3
武汉	17.6	24.5	29.2	35.2	43.3
广州	18.4	25.2	29.7	35.5	43.4
海口	23.5	33.1	40.0	49.5	63.4

3.1.3 雨水控制利用工程除了控制年径流总量之外，还需要对径流峰值进行控制。公式（3.1.3）用于计算为控制常年最高日降雨径流峰值所需要的雨水径流控制量，它是地面硬化后所产生的径流增量。

需控制的径流量 W 是确定雨水控制利用工程规模的基础数据。工程中需要配置的雨水蓄存设施容积、入渗面积、雨水用户数量等都以此数据为依据。另外，W 是设计重现期内的最大日降雨径流总量，不是年、月降雨量。

式（3.1.3）中的数字10为单位换算系数。外排径流系数限定值 ψ_0 一般由区域规划确定，建筑项目设计中执行，其值因具体工程而异；当规划没有给出这个限值时，可取0.2～0.4。

雨水控制利用系统首先要对雨水进行收集，其收集对象应是硬化面上的雨水。非硬化面如草地上降落的雨水不属于收集对象，主要理由是：一、草地上降落的雨水，其产生的径流接近于自然下垫面雨水径流，没有必要进行控制；二、把草地作为雨水收集面，其收集效率很低。当然，硬化面上的雨水可汇入植草沟、下凹绿地甚至普通绿地等，利用植物对水质进行净化，然后再收集净化后的雨水进入收集回用系统。

3.1.4 此处的径流系数是指日降雨。计算不同时段的降雨径流，径流系数是不同的。计算高峰流量时径流系数最大，采用流量径流系数。计算日降雨径流，采用场次降雨径流系数，即表3.1.4中的雨量径流系数。计算年降雨径流，则采用年径流系数，下垫面上所有不能形成径流的降雨量都需要扣除，所以径流系数值会更小，应经研究确定。

根据流量径流系数和雨量径流系数的定义，两个径流系数之间存在差异，后者比前者小，主要原因是降雨的初期损失对雨水量的折损相对较大。同济大学邓培德、西安空军工程学院岑国平对此都有论述。鉴于此，本规范采用两个径流系数。

径流系数同降雨强度或降雨重现期关系密切，随降雨重现期的增加（降雨频率的减小）而增大，见表2。表中$F_{汇}$是入渗绿地接纳的客地硬化面汇流面积，$F_{绿}$是入渗绿地面积。

表2 不同频率降雨条件下不同绿地径流系数

降雨频率	草地与地面等高径流系数		草地比地面低50mm径流系数		草地比地面低100mm径流系数	
	$F_{汇}/F_{绿}=0$	$F_{汇}/F_{绿}=1$	$F_{汇}/F_{绿}=0$	$F_{汇}/F_{绿}=1$	$F_{汇}/F_{绿}=0$	$F_{汇}/F_{绿}=1$
$P=20\%$	0.23	0.40	0.00	0.22	0.00	0.03
$P=10\%$	0.27	0.47	0.02	0.33	0.00	0.20
$P=5\%$	0.34	0.55	0.15	0.45	0.00	0.35

本条文表3.1.4中的径流系数对应的重现期为2年左右。

表3.1.4中雨量径流系数的来源主要来自于：现有相关规范、国内实测资料报道、德国雨水规范（DIN 1989.01：2002.04和ATV-DVWK-A138）。表2中流量径流系数比给水排水专业目前使用的数值大，邓培德"论雨水道设计中的误点"一文中认为目前使用的数值是借用的雨量径流系数，偏小。

屋面雨量径流系数取0.80～0.90的根据：(1)清华大学张思聪、惠士博等在"北京市雨水控制及利用"中指出建筑物、道路等不透水面的次暴雨径流系数（即雨量径流系数）可达0.85～0.90；(2)北京市水利科学研究所种玉麒等在"北京城区雨洪利用的研究报告"中指出：通过几个汛期的观测，取有代表性的降水与相应的屋顶径流进行相关分析，大于30mm的降水平均径流系数为0.94，10mm～30mm的降水平均径流系数为0.84；(3)西安空军工程学院岑国平在"城市地面产流的试验研究"中表明径流系数特别是次暴雨径流系数是降雨强度的增函数，由此考虑到雨水控制及利用工程的降雨只取1、2年一遇，故径流系数偏低取值；(4)德国规范《雨水控制及利用设施》（DIN 1989.01：2002.04）取值0.80。

屋面流量径流系数取1的根据：(1)建筑给水排水规范一直取1，新规范改为0.9没提供依据；(2)"城市地面产流的试验研究"证明暴雨（流量）径流系数比次暴雨（雨量）径流系数大，另外根据暴雨径流系数和次暴雨径流系数的定义亦知，前者比后者要大；(3)屋面排水的降雨强度取值大（因重现期很大），故流量径流系数应取高值。

其他种类屋面雨量径流系数均参考德国规范《雨水控制及利用设施》DIN 1989.01：2002.04。

表3、表4列出德国相关规范中的径流系数，供参考。

表3 德国《雨水控制及利用设施》DIN 1989.01：2002.04集雨量径流系数

汇水面性质	径流系数
硬屋面	0.80
未铺石子的平屋面	0.80
铺石子的平屋面	0.60
绿化屋面（紧凑型）	0.30
绿化屋面（粗放型）	0.50
铺石面	0.50
沥青面	0.80

表4 德国《雨水入渗规范》ATV-DVWK-A138 雨水流量径流系数

表面类型	表面处理形式	径流系数
坡屋面	金属，玻璃，石板瓦，纤维混凝土 砖，油毛毡	0.90～1.00 0.80～1.00
平屋面 坡度小于3°，或5%	金属，玻璃，纤维混凝土 油毛毡 石子	0.90～1.00 0.90 0.70
绿化屋面 坡度小于15°，或25%	种植层<100mm 种植层≥100mm	0.50 0.30
路面，广场	沥青，无缝混凝土 紧密缝隙的铺石路面 固定石子铺面 有缝隙的沥青 有缝隙的沥青铺面，碎石草地 叠层砌石不勾缝，渗水石 草坪方格石	0.90 0.75 0.60 0.50 0.30 0.25 0.15
斜坡，护坡，公墓（带有雨水排水系统）	陶土 砂质黏土 卵石及砂土	0.50 0.40 0.30
花园，草地及农田	平地 坡地	0.00～0.10 0.10～0.30

透水铺装地面的径流系数引自北京市《雨水控制与利用工程设计规范》DB11-685—2013，0.29对应3年重现期降雨，0.36对应5年重现期降雨。

3.1.5 本条规定了需控制利用的雨水量 W 按常年（约重现期2年）最大24h降雨量 h_y 计。重现期取值越高，则日降雨量越大，计算出的雨水控制量越大，从而工程规模越大。反之，重现期越小，则工程规模越小。常年最大24h降雨是表征水文特征的重要参数，针对该雨量控制径流峰值得到的效果，也具有典型性和代表性。

雨水控制利用工程，是对径流总量和径流峰值都要控制。年径流总量控制率所对应的设计降雨量见表1。一般而言，h_y 不会小于表1中的值。这样，针对 h_y 控制径流量，既满足径流峰值控制要求，又达到年径流总量控制率的要求。

3.1.6 硬化汇水面面积 F 含工程范围内所有的非绿化屋面、不透水地（表）面、水面等，不含绿地、透水铺装地面或常年径流系数约小于0.30或小于 ψ_0 的下垫面，也不含地下室顶板上的绿地、透水铺装。

3.1.7 确定雨水径流的水质，需要考虑下列因素：

1 天然雨水

在降落到下垫面前，天然雨水的水质良好，其 COD_{Cr} 平均为（20～60）mg/L，SS 平均小于20mg/L。但在酸雨地区雨水pH值常小于5.6。

雨水在降落过程中受大气中污染物的污染，一般称pH值小于5.60的降水为酸雨，年均降水pH值小于5.60的地区为酸雨地区。目前，我国年均降水pH值小于5.60的地区已达全国面积的40%左右。长江以南大部分地区酸雨全年出现几率大于50%。降水酸度有明显的季节性，一般冬季pH值低，夏季pH值高。

2 建筑与小区雨水径流

建筑与小区的雨水径流水质受城市地理位置、下垫面性质及所用建筑材料、下垫面的管理水平、降雨量、降雨强度、降雨时间间隔、气温、日照等诸多因素的综合影响，径流水质波动范围大。

我国地域广阔，不同地区的气候、降雨类型、降雨量和强度、降雨时间间隔等均有较大差异，因此不同地区的径流水质也不相同。如北京市平屋面（坡度<2.5%）雨水径流的 COD_{Cr} 和 SS 变化范围分别为(20～2000)mg/L和(0～800)mg/L；而上海市平屋面雨水径流的 COD_{Cr} 和 SS 仅为(4～90)mg/L和(0～50)mg/L。即便是同一地区，下垫面材料、形式、气温、日照等的差异也会影响径流水质。如上海市坡屋面雨水径流的 COD_{Cr} 和 SS 变化范围分别为(5～280)mg/L和(0～80)mg/L，与平屋面有较大差别。

目前某些城市的平屋面使用沥青油毡类防水材料。受日照、气温及材料老化等因素的影响，表面离析分解释放出有机物，是径流中 COD_{Cr} 的主要来源。而瓦质屋面因所使用建筑材料稳定，其径流水质较好。据北京市实测资料，在降雨初期，瓦质屋面径流的 COD_{Cr} 仅为沥青平屋面的30%～80%。

3 径流水质的污染物

影响径流水质的污染源主要是表面沉积物及表面建筑材料的分解析出物，主要污染物指标为 COD_{Cr}、BOD_5、SS、NH_3-N、重金属、磷、石油类物质等。虽然某些城市已对雨水径流进行了一些测试分析并积累了一些数据，但一般历时较短且所研究的径流类型也有限。至今还未建成可供我国各地城市使用并包含各种类型径流的径流水质数据库。

4 水质随降雨历时的变化

建筑物屋面、小区内道路径流的水质随着降雨过程的延续逐渐改善并趋向稳定。可靠的水质指标需做雨水径流的现场测试，并根据当地情况确定所需测定的指标及取样频率。在无测试资料时，可参照经验值选取污染物的浓度。

降雨初期，因径流对下垫面表面污染物的冲刷作用，初期径流水质较差。随着降雨过程延续，表面污染物逐渐减少，后期径流水质得以改善。北京统计资料表明，若降雨量小于10mm，屋面径流污染物总量的70%以上包含于初期降雨所形成的2mm径流中。北京和上海的统计资料均表明，降雨量达2mm径流后水质基本趋向稳定，故建议以初期2mm～3mm降雨径流为界，将径流区分为初期径流和持续期径流。

初期雨水径流弃流后的雨水水质：

根据北京建筑工程学院针对北京市降雨的研究成果，屋面雨水水质经初期径流弃流后可达到：COD_{Cr} 含量100mg/L左右；SS 含量(20～40)mg/L；色度(10～40)度；并且提出北京城区雨水水质分析结果具有一定的代表性。另外根据试验分析得到，雨水径流的可生化性差，BOD_5/COD_{Cr} 平均范围为0.1～0.2。

不同城市雨水水质参考资料见表5～表7。

表5 北京城区不同汇水面雨水径流污染物平均浓度

汇水面 / 污染物	天然雨水	屋面雨水			路面雨水	
	平均值	平均值		变化系数	平均值	变化系数
		沥青油毡屋面	瓦屋面			
COD(mg/L)	43	328	123	0.5～2	582	0.5～2
SS(mg/L)	<8	136	136	0.5～2	734	0.5～2

续表 5

汇水面 / 污染物	天然雨水	屋面雨水			路面雨水	
	平均值	平均值		变化系数	平均值	变化系数
		沥青油毡屋面	瓦屋面			
NH_3-N(mg/L)	—	—	—	—	2.4	0.5～1.5
Pb(mg/L)	<0.05	0.09	0.08	0.5～1	0.1	0.5～2
Zn(mg/L)	—	0.93	1.11	0.5～1	1.23	0.5～2
TP(mg/L)	—	0.94	—	0.8～1	1.74	0.5～2
TN(mg/L)	—	9.8	—	0.8～1.5	11.2	0.5～2

表 6 上海地区各种径流水质主要指标的参考值（mg/L）

下垫面 / 指标	屋面	小区内道路	城市街道
COD_{Cr}	4～280	20～530	270～1420
SS	0～80	10～560	440～2340
NH_3-N	0～14	0～2	0～2
pH 值	6.1～6.6		

表 7 青岛地区径流水质主要指标的参考值（mg/L）

下垫面 / 指标	屋面	小区内道路	城市街道
COD_{Cr}	5～94	6～520	95～988
SS	4～85	4～416	296～1136
氨氮	—	0～17	—
pH 值	6.5～8.5		

南京某居住小区以瓦屋面为主，屋面径流和小区内道路 COD_{Cr} 分别为(30～550)mg/L 和(200～900)mg/L。而在夏初梅雨时，因连续降雨，径流水质较好，屋面径流 COD_{Cr} 仅为(30～70)mg/L。

3.1.8 本条是对雨水排放水质的原则规定。目前我国对雨水的排放还没有专门的水质标准，特别是排入城市雨水道的雨水。对于排放到地面水体的雨水，则应按水体的类别控制雨水的水质。目前雨水排放的水质控制方法主要是对前期雨水的截流，并尽量入渗在小区土壤中，这样就减少了雨水中大部分的污染物排放。另外，控制雨水减少外排量的同时也实现了污染物减量外排。

3.2 雨水资源化利用量和水质

雨水控制利用工程把应控制的雨水消耗在小区内，最为接近于土地开发之前的雨水循环自然状况。小区内消耗雨水分为回用和入渗两类。本节第 3.2.1～3.2.5 条规定了雨水回用的水量计算和水质，第 3.2.6～3.2.8 条规定了雨水入渗量的计算。

3.2.1 本条的用水定额按满足最高峰用水日的水量制定，是对雨水供水设施规模提出的要求。需要注意的是：系统的平日用水量要比本条给出的最高日用水量小，不可用本条文的水量替代，应参考相关资料确定。下面给出草地用水的参考资料，资料来源于郑守林编著的《人工草地灌溉与排水》。

城市中，绿地上的年耗水量在 1500L/m^2 左右。人居工程、道路两侧等的小面积环保区绿地，年需水量约在 800mm～1200mm，如果天然降水量 600mm，则补充灌水量 400mm 左右。冷温带人工绿地植物在春季的灌溉是十分必要的，植物需水主要是在夏季生长期，高耗水量时间大约是 2800h～3800h，这一阶段的耗水量是全年需水量的 75%以上。需水量是一个正态分布曲线，夏季为高峰期，冬季为低谷期，高峰期的需水量为 600mm，低谷期为 150mm，春季和秋季各为 100mm。

足球场全年需水约 2400mm～3000mm，经常运行的场地每天地面耗水量约 8mm～10mm，赛马场绿地耗水约 3000mm/年。高尔夫球场绿地耗水约 2000mm/年。

3.2.2 现行国家标准《建筑给水排水设计规范》GB 50015 没有规定冲厕用水定额，但利用该规范表 3.1.10 中的最高日生活用水定额与现行国家标准《民用建筑节水设计标准》GB 50555－2010 表 3.1.8 中的百分数相乘，即得每人最高日冲厕用水定额。

同本规范 3.2.1 条一样，冲厕用水定额是对雨水供水设施提出的要求，不能逐日累计用作多日的用水量。

表 8 列出各类建筑的冲厕用水资料，资料主要来源于日本《雨水控制及利用系统设计与实务》。

表 8　各种建筑物冲厕用水量定额及小时变化系数

类别	建筑种类	冲厕用水量 [L/(人·d)]	使用时间 (h/d)	小时变化系数 K_h	备注
1	别墅住宅	40～50	24	2.3～1.8	—
	单元住宅	20～40	24	2.5～2.0	—
	单身公寓	30～50	16	3.0～2.5	—
2	综合医院	20～40	24	2.0～1.5	有住宿
3	宾馆	20～40	24	2.5～2.0	客房部
4	办公	20～30	10	1.5～1.2	—
5	营业性餐饮、酒吧场所	5～10	12	1.5～1.2	工作人员按办公楼计
6	百货商店、超市	1～3	12	1.5～1.2	工作人员按办公楼计
7	小学、中学	15～20	8	1.5～1.2	非住宿类学校
8	普通高校	30～40	16	1.5～1.2	住宿类学校，包括大中专及类似学校
9	剧院、电影院	3～5	3	1.5～1.2	工作人员按办公楼计
10	展览馆、博物馆类	1～2	2	1.5～1.2	工作人员按办公楼计
11	车站、码头、机场	1～2	4	1.5～1.2	工作人员按办公楼计
12	图书馆	2～3	6	1.5～1.2	工作人员按办公楼计
13	体育馆类	1～2	2	1.5～1.2	工作人员按办公楼计

注：表中未涉及的建筑物冲厕用水量按实测数值或相关资料确定。

3.2.3　景观水体的水量损失主要有水面蒸发和水体底面及侧面的土壤渗透。

当雨水用于水体补水或水体作为蓄水设施时，水面蒸发量是计算水量平衡时的重要参数。水面蒸发量与降水、纬度等气象因素有关，应根据水文气象部门整理的资料选用。表 9 列出北京城近郊区 1990 年～1992 年陆面、水面的试验研究成果（见《北京水利》1995 年第五期“北京市城近郊区蒸发研究分析”）。

表 9　北京城近郊区 1990 年～1992 年陆面蒸发量、水面蒸发量

名称	陆面蒸发量 (mm)	水面蒸发量 (mm)	备注
1 月	1.4	29.9	
2 月	5.5	32.1	
3 月	19.9	57.1	
4 月	27.4	125.0	
5 月	63.1	133.2	
6 月	67.8	132.7	
7 月	106.7	99.0	
8 月	95.4	98.4	
9 月	56.2	85.8	

续表 9

名称	陆面蒸发量 (mm)	水面蒸发量 (mm)	备注
10 月	15.7	78.2	
11 月	6.5	45.1	
12 月	1.4	29.3	
合计	466.7	946.9	

日平均水面蒸发量应依据实测数据确定，缺乏资料时可按下式计算：

$$Q_{zh} = 52.0F(P_m - P)(1 + 0.135V_{m \cdot d}) \quad (1)$$

式中：Q_{zh}——水池的水面蒸发量（L/d）；

F——水池的表面积（m^2）；

P_m——水面温度下的饱和蒸汽压（Pa）；

P——空气的蒸汽分压（Pa）；

$V_{m \cdot d}$——日平均风速（m/s）。

水体日渗漏量可根据下式计算：

$$Q_s = S_m \cdot A_s / 1000 \quad (2)$$

式中：Q_s——水体的日渗透漏失量（m^3/d）；

S_m——单位面积日渗透量[L/(m^2·d)]，不大于 1L/(m^2·d)；

A_s——有效渗透面积，指水体常水位水面面积及常水位以下侧面渗水面积之和（m^2）。

雨水处理系统采用物化及生化处理设施时自用水量为总处理水量的5%～10%；当采用自然净化方法处理时可不考虑自用水量。

3.2.4 本条表3.2.4中的COD_{Cr}限定在30mg/L主要引用了现行国家标准《地表水环境质量标准》GB 3838的Ⅳ类水质，其中娱乐水景引用了Ⅲ类水质；*SS*的限定值主要参考了现行国家标准《城市污水再生利用景观环境用水水质》GB/T 18921水景类的指标（10mg/L），并对水质综合要求较高的车辆冲洗和娱乐水景的限额减小到5mg/L。表3.2.4中循环冷却水补水指民用建筑的冷却水。

我国于2013年首次发布了《采暖空调系统水质》GB/T 29044，雨水用于空调冷却水补水时应执行其中的指标。表10给出日本的标准，供设计中参考。

表10 日本冷却水、冷水、温水及补给水水质标准（JRA-GL-02-1994）

	项目[1,6]	冷却水系统[4]			冷水系统[5]		温水系统[3]				倾向[2]	
		循环式		单线式			低中温温水系统		高温水系统			
		循环水	补给水	单线水	循环水（20℃以下）	补给水	循环水（20℃～60℃）	补给水	循环水（60℃～90℃）	补给水	腐蚀	生成结垢水锈
标准项目	pH(25℃)	6.5～8.2	6.0～8.0	6.8～8.0	6.8～8.0	6.8～8.0	7.0～8.0	7.0～8.0	7.0～8.0	7.0～8.0	○	○
	电导率(25℃)[mS/m] (25℃){μS/cm}	80≥ {800≥}	30≥ {300≥}	40≥ {400≥}	40≥ {400≥}	30≥ {300≥}	30≥ {300≥}	30≥ {300≥}	30≥ {300≥}	30≥ {300≥}	○	○
	氯化物[mgCl^-/L]	200≥	50≥	50≥	50≥	50≥	50≥	50≥	30≥	30≥	○	
	硫酸根离子[mgSO_4^{2-}/L]	200≥	50≥	50≥	50≥	50≥	50≥	50≥	30≥	30≥	○	
	酸消耗量(pH4.8)[mg$CaCO_3$/L]	100≥	50≥	50≥	50≥	50≥	50≥	50≥	50≥	50≥		○
	总硬度[mg$CaCO_3$/L]	200≥	70≥	70≥	70≥	70≥	70≥	70≥	70≥	70≥		○
	硬度[mg$CaCO_3$/L]	150≥	50≥	50≥	50≥	50≥	50≥	50≥	50≥	50≥		○
	离子状硅[mgSiO_2/L]	50≥	30≥	30≥	30≥	30≥	30≥	30≥	30≥	30≥		○
参考项目	铁[mgFe/L]	1.0≥	0.3≥	1.0≥	1.0≥	0.3≥	1.0≥	0.3≥	1.0≥	0.3≥	○	○
	铜[mgCu/L]	0.3≥	0.1≥	1.0≥	1.0≥	0.1≥	1.0≥	0.1≥	1.0≥	0.1≥	○	
	硫化物[mgS^{2-}/L]	不得检出	不得检出	不得检出	不得检出	不得检出	不得检出	不得检出	不得检出	不得检出	○	
	氨离子[mgNH_4^+/L]	1.0≥	0.1≥	1.0≥	1.0≥	0.1≥	0.3≥	0.1≥	0.1≥	0.1≥	○	
	余氯[mgCl/L]	0.3≥	0.3≥	0.3≥	0.3≥	0.3≥	0.25≥	0.3≥	0.1≥	0.3≥	○	
	游离碳酸[mgCO_2/L]	4.0≥	4.0≥	4.0≥	4.0≥	4.0≥	0.4≥	4.0≥	0.4≥	4.0≥	○	
	稳定度指数	6.0～7.0	—	—	—	—	—	—	—	—	○	○

注：1 项目的名称用语定义以及单位参照JIS K 0101，{}内的单位和数值是参考了以前的单位一并罗列。

2 表中的"○"，是表示有腐蚀或者生成结垢水锈倾向的相关因子。

3 温度较高(40℃以上)时，一般来说腐蚀较为显著，特别是被任何保护膜保护的钢铁只要和水直接接触时，就需要进行添加防腐药剂、脱气处理等防腐措施。

4 密封式冷却塔使用的冷却水系统中，封闭循环回水以及补给水是温水系统，布水以及补给水是循环式冷却水系统，应该采用各种各样的水质标准。

5 供水、补水所用的源水，可以采用自来水、工业用水以及地下水，但不包括纯水，中水、软化处理水等。

6 上述15个项目，可以用来表示腐蚀以及结垢水锈危害的影响因子。

工业循环冷却水补水的水质标准可参考表11，资料来源于现行国家标准《城市污水再生利用工业用水水质》GB/T 19923。

表11 工业循环冷却水补水的水质标准

控制项目	pH值	*SS*(mg/L)	浊度(NTU)	色度	COD_{Cr}(mg/L)	BOD_5(mg/L)
循环冷却水补充水	6.5～8.5	—	≤5	≤30	≤60	≤10
直流冷却水	6.5～9.0	≤30	—	≤30	—	≤30

国家现行相关标准主要有：《地表水环境质量标准》GB 3838、《城市污水再生利用 城市杂用水水质》GB/T 18920、《城市污水再生利用 景观环境用水水质》GB/T 18921等。

雨水径流的污染物质及含量同城市污水有很大不同，借用再生污水的标准是不合适的。比如雨水的主要污染物是COD_{Cr}和*SS*，是雨水处理的主要控制指标，而再生污水水质标准中对COD_{Cr}均未作要求，杂用水质标准甚至对这两个指标都不控制。因此，再生污水的水质标准对雨水的意义不大，雨水控制及利用需要配套相应的水质要求。

3.2.6 本条采用的公式为地下水层流运动的线性渗

透定律，又称达西定律。

式中α为安全系数，主要考虑渗透设施会逐渐积淀尘土颗粒，使渗透效率降低。北方尘土多，应取低值，南方较洁净，可取高值。

水力坡降J是渗透途径长度上的水头损失与渗透途径长度之比，其计算式为：

$$J=\frac{J_s+Z}{J_s+\frac{Z}{2}} \tag{3}$$

式中：J_s——渗透面到地下水位的距离(m)；

Z——渗透面上的存水深度(m)。

当渗透面上的存水深Z与该面到地下水位的距离J_s相比很小时，则$J\approx1$。为安全计；当存水深Z较大时，一般仍采用$J=1$。

本条公式用于计算渗透设施的日(24h)渗透雨量，此外，也可根据需要渗透的雨水设计量计算所需要的有效渗透面积。

3.2.7 土壤渗透系数K由土壤性质决定。在现场原位实测K值时可采用立管注水法、圆环注水法，也可采用简易的土槽注水法等。城区土壤多为受扰动后的回填土，均匀性差，需取大量样土测定才能得到代表性结果。实测中需要注意应取入渗稳定后的数据，开始时快速渗透的水量数据应剔除。

土壤渗透系数表格中的数据取自刘兆昌等主编的《供水水文地质》。

当渗透厚度50cm内有多层土壤性质不同、渗透系数不一致时，宜按最小者取值。

对于地下室顶部的覆土层，其渗透系数按覆土土壤的渗透系数计。

3.2.8 规定各种形式的渗透面有效渗透面积折算方法。

1 水平渗透面是笼统地指平缓面，投影面积指水平投影面积；

2 有效水位指设计水位；

3 实际面积指1/2高度下方的部分。

4 雨水控制及利用系统设置

本章的规定适用于规划设计、施工图设计、施工安装、验收各阶段。

4.1 一般规定

4.1.1 本规范规定以径流峰值作为小区控制指标。小区建设应充分体现海绵城市建设理念，除应执行规划控制的综合径流系数指标外，还应执行径流流量控制指标。规定小区应采取措施确保建设后的径流流量不超过原有径流流量。

建设用地开发前是指城市化之前的自然状态，一般为自然地面，产生的地面径流很小，径流系数基本不超过0.2～0.3。建设用地外排的雨水设计流量应维持在这一水平。对外排雨水设计流量提出控制要求的主要原因如下：

工程用地经建设后地面会硬化，被硬化的受水面不易透水，雨水绝大部分形成地面径流流失，致使雨水排放总量和高峰流量都大幅度增加。如果设置了雨水控制及利用设施，则该设施的储存容积能够吸纳硬化地面上的大量雨水，使整个工程用地向外排放的雨水高峰流量得到削减。土地渗透设施和储存回用设施能够把储存的雨水入渗到土壤和回用到杂用和景观等供水系统中，从而又能削减雨水外排的总水量。削减雨水外排的高峰流量从而削减雨水外排的总水量，可保持建设用地内原有的自然雨水径流特征，避免雨水流失，节约自来水或改善水与生态环境，减轻城市排洪的压力和受水河道的洪峰负荷。

建设用地内雨水控制及利用工程的规模或标准按降雨重现期(1～2)年设置的主要根据如下：

1 建设用地内雨水控制及利用工程的规模应与雨水资源的潜力相协调，雨水资源潜力一般按多年平均降雨量计算。

2 建设用地内通过雨水入渗和回用能够把可资源化的雨水都耗用掉，因而用地内雨水消耗能力不对雨水控制及利用规模具有制约作用。

3 城市雨水控制及利用作为节水和环保工程，应尽量维持自然的水文循环环境。

4 规模标准定得过高，会浪费投资；定得过低，又会使雨水资源得不到充分利用。参照农业雨水收集利用工程，降雨重现期一般取(1～2)年。

5 德国和日本的雨水控制及利用工程，收集回用系统基本按多年平均降雨计。

需要指出的是，雨水入渗系统和收集回用系统不仅削减外排雨水总流量，也削减外排雨水总量，而雨水蓄存排放系统并无削减外排雨水总量的功能，它的作用单一，只是快速排干场地地面的雨水，减少地面积水，并削减外排雨水的高峰流量。因此，这种系统一般仅用于一些特定场合。

4.1.2 雨水控制利用从机理上可分为三种：(1)间接利用或称雨水入渗；(2)直接利用或称收集回用；(3)只控制不利用或称调蓄排放。

雨水入渗系统或技术是把雨水转化为土壤水，主要有地面入渗、埋地管渠入渗、渗水池井入渗等。除地面雨水就地入渗不需要配置雨水收集设施外，其他渗透设施一般都需要通过雨水收集设施把雨水收集起来并引流到渗透设施中。透水铺装作为雨水入渗系统较特殊的一种，其直接受水面即是集水面，集水和储存合为一体。

收集回用系统或技术是对雨水进行收集、储存、水质净化，把雨水转化为产品水，替代自来水或用于观赏水景等。

调蓄排放系统或技术是把雨水排放的流量峰值减缓、排放时间延长，其手段是储存调节。

一个建设项目中，雨水控制及利用系统的可能形式可以是以上三种系统中的一种，也可以是两种系统的组合，组合形式为：(1)雨水入渗；(2)收集回用；(3)调蓄排放；(4)雨水入渗＋收集回用；(5)雨水入渗＋调蓄排放。

4.1.3 雨水控制利用技术的应用首先需要考虑其条件适应性和对区域生态环境的影响。雨水控制利用作为一门科学技术，必然有其成立与应用的限定前提和条件。只有在能够获得较好效益的条件下，该技术的应用才是适宜的。城市化过程中自然地面被人为硬化，雨水的自然循环过程受到负面干扰。对这种干扰进行修复，是我们力争的效益和追求的目标，雨水控制利用技术是实现这一效益和目标的主要手段，因此，该技术对于各种城市的建筑小区是适用的。

1 雨水渗透设施对涵养地下水、抑制暴雨径流的作用十分显著，日本十多年的运行经验已证明这点。同时，对地下水的连续监测未发现对地下水构成污染。可见，只要科学的运用，雨水入渗技术在我国是可以推广应用的。

雨水自然入渗时，地下水会受到土壤的保护，其水质不会受到影响。土壤的保护作用主要体现在多重的物理、化学、生物的截留与转化，以及输送过程与水文地质因素的影响。在地下水上方的土壤主要提供的作用有：过滤、吸附、离子交换、沉淀及生化作用，这些作用主要发生在表层土壤中。含水层中所发生的溶解、稀释作用也不能低估。这些反应过程会自动调节以适应自然的变化。但这种适应性是有限度的，它会由于水量负荷以及水质负荷长时间的超载而受到影响，表层土壤会由于截留大量固体物而降低其渗透性能，部分溶解物质会进入地下水。

建设雨水渗透设施需要考虑上述因素和经济效益，土壤渗透系数的限定是这种需要的重要体现。雨水入渗技术对土壤的依赖性大。渗透系数小，雨水入渗的效益低，并且当入渗太慢时，在渗透区内会出现厌氧，对于污染物的截留和转化是不利的。在渗透系数大于 10^{-3}m/s 时，入渗太快，雨水在到达地下水时没有足够的停留时间净化水质。本条限定雨水入渗技术在渗透系数 10^{-6}m/s～10^{-3}m/s 范围，主要是参考了德国的污水行业标准 ATV-DVWK-A138。

地下水位距渗透面大于 1.0m(见图 1)，是指最高地下水位以上的渗水区厚度应保持在 1m 以上，以保证有足够的净化效果。这是参考德国和日本的资料制定的。污染物生物净化的效果与入渗水在地下的停留时间有关，通过地下水位以上的渗透区时，停留时间长或入渗速度小，则净化效果好，因此渗透区的厚度应尽可能大。

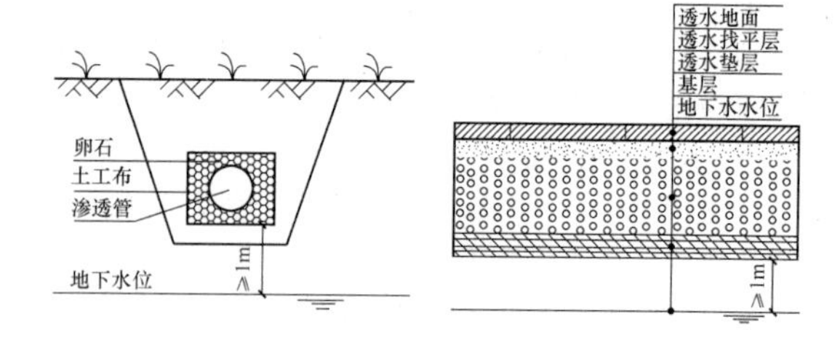

图 1 入渗面距地下水位应大于 1m

渗透区厚度小于 1m 时只能截留一些颗粒状物质，当渗透区厚度小于 0.5m 时雨水会直接进入地下水。

雨水入渗技术对土壤的影响性大，湿陷性黄土、膨胀土遇水会毁坏地面。因此，雨水入渗系统不适用于这些土壤。

2 雨水控制及利用中的收集回用系统的应用，宜用于年均降雨量 400mm 以上的地区，主要原因如下：

就雨水收集回用技术本身而言，只要有天然降雨的城市，这种技术都可以应用，但需要权衡的是技术带来的效益与其所投的资金相比是否合理。如果投资很大，而单方水的造价很高，显然不合理；或者投资不大，而汇集的雨水水量很少，所产生的效益很低，这种技术也没有其存在的生命力。

对于年均降雨量小于 400mm 的城市，不提倡采用雨水收集回用系统，这主要参照了我国农业雨水控制及利用的经验。在农业雨水控制及利用中，对年均降雨量小于 300mm 的地区，不提倡发展人工汇集雨水灌溉农业，而注重发展强化降水就地入渗技术与配套农艺高效用水技术。在城市雨水控制及利用中，雨水只是辅助性供水源，对它的依赖程度远不如农业领域那么强，故可对降雨量的要求提高一些，取为 400mm。

年均降雨量小于 400mm 的城市，雨水控制及利用可采用雨水入渗。

城市中雨水资源的开发回用，会同时减少雨水入渗量和径流雨水量，这是否会减少江河或地下水的原有自然径流，是否会对下游区域的生态环境产生影响，也是一个令人关注的、存有争议的问题。比如，有的地方已经对上游城市开展雨水回用表示出了担心。但雨水资源开发对区域生态环境的影响问题，属于雨水控制及利用基础研究探索中的课题，尚无定论。另外，国外的城市雨水控制及利用经验也没有暴露出这方面的环境问题。

3 洪峰调节系统需要先储存雨水，再缓慢排放，对于缺水城市，小区内储存起来的雨水与其白白排放掉，倒不如进行处理后回用节省自来水来得经济，从这个意义上说，洪峰调节系统不适用于缺水城市。

4.1.4 场地土壤中存在不透水层时可产生上层滞水，

详细的水文地质勘察可以判别不透水层是否存在。另外，地质勘察报告资料要求不许人为增加土壤水的场所也不应进行雨水入渗。

4.1.6 本条为强制性条文。

自重湿陷性黄土受水浸湿并在一定压力下土体结构迅速破坏，产生显著附加下沉；高含盐量土壤当土壤水增多时会产生盐结晶；建设用地中发生上层滞水可使地下水位上升，造成管沟进水、墙体裂缝等危害。

4.1.7 传染病医院是专科医院，治疗国家法定的30余种传染病。含有传染科的综合医院不在本条的传染病医院之列。危险废物和化学品的储存和处置地点、污染严重的重工业场地、加油站、修车厂等，不得采用雨水收集系统，以免污染物危害人身健康。

某些化工厂、制药厂区的雨水容易受人工合成化合物的污染，一些金属冶炼和加工的厂区雨水易受重金属的污染，传染病医院建筑区的雨水易受病菌病毒等有害微生物的污染。这些有特殊污染源的建筑与小区内若建设雨水控制及利用包括渗透设施，都要进行特殊处置，仅按本规范的规定建设是不够的，需要专题论证。

4.1.8 建设用地均需要考虑雨水外排措施，在设置了雨水控制及利用设施后，仍需要设置。遇到较大的降雨，超出其蓄水能力时，多余的雨水会形成径流或溢流，需要排放到用地之外。排放措施有管道排放和地面排放两类方式，方式选择与传统雨水排除时相同。

4.1.9 雨水控制及利用应该是修复、改善环境，而不应恶化环境。然而，雨水控制及利用系统若不仔细处理，很容易对环境造成明显伤害：比如停车场的雨水径流往往含油，若进行雨水入渗会污染土壤；绿地蓄水入渗要与植物的品种进行协调，否则会伤害甚至毁坏植物；向渗透设施的集水口内倾倒生活污物会污染土壤；雨水直接向地下含水层回灌可能会污染地下水；冲厕水质标准远低于自来水，居民使用雨水冲厕不配套相应的使用措施，就会污染室内卫生环境。雨水控制及利用设施应避免带来这些损害环境的后果。

对于水质较差的雨水不能采用渗井直接入渗，这样会对地下水带来污染。

在设计、建造和运行雨水渗透设施时，应充分重视对土壤及水源的保护。通常采用的保护措施有：减少污染物质的产生；减少硬化面上的污染物量；入渗前对雨水进行处理；限制进入渗透设施的流量等。

填方区采用雨水入渗应避免造成局部塌陷。

4.1.10 雨水的用途有多种：城市杂用水、环境用水、工业与民用冷却用水等。另外，城市雨水不排除用作生活饮用水，我国水利行业在农村的雨水控制及利用工程已经积累了供应生活饮用水的经验。收集回用系统净化雨水目前没有专用的水质标准，借用的水质标准不止一种，互有差异，因此要求低水质系统中的雨水不得进入高水质的回用系统，此外，回用系统的雨水更不得进入生活自来水系统。

4.1.11 雨水控制利用工程中的很多设施都需要比较严格的结构计算，比如应用较普遍的各类拼装水池、管渠等，故提出本条要求。

4.2 系统选型

4.2.1 要实现本规范第4.1.1条所规定的雨水控制，可以通过第4.1.2条中规定的一种或两种系统形式实现，并且雨水控制及利用由两种系统组合而成时，各系统雨水控制及利用量的比例分配，又有多种选择。不管各利用系统如何组合，其总体的雨水控制及利用规模应达到第4.1.1条的要求。

技术经济比较中各影响因素的定性描述如下：

雨量：雨量充沛而且降雨时间分布较均匀的城市，搞雨水收集回用的效益相对较好。雨量太少的城市，则雨水收集回用的效益差。

下垫面：下垫面的类型有绿地、水面、路面、屋面等，绿地及路面雨水入渗、水面雨水收集回用来得经济，屋面雨水在室外绿地很少、渗透能力不够的情况下，则需要回用，否则可能达不到雨水控制及利用总量的控制目标。

供用水条件：城市供水紧张、水价高，则雨水收集回用的效益提升。用水系统中若杂用水用量小，则雨水回用的规模就受到限制。

4.2.2 入渗和收集回用在实现控制雨水的同时，又把雨水资源化利用，具有双重功效，因此是雨水控制利用的首选措施。有些场所由于条件限制雨水入渗量和雨水回用量少，当设置了入渗系统和收集回用系统两种控制利用方式后，仍无法完成应控制雨水径流量的目标，达不到本规范第3.1.3条的需控制雨量要求，这时应该设置调蓄排放系统。调蓄排放系统能够削减雨水峰值流量，但不利用雨水，因此选择次序应排在入渗和收集回用系统之后。

4.2.3 硬化地面(含路面、广场、庭院地面等)、屋面隔阻雨水下渗，其径流系数都比自然地面的大，属于硬化面。水面上的降雨若流失，其径流系数也大于自然地面的，所以与地面和屋面并列，构成雨水控制利用的汇水对象。

1 地面雨水优先采用入渗的原因如下：(1)绿地雨水入渗利用几乎不用附加额外投资，若收集回用则收集效率非常低，不经济；(2)路面雨水污染程度高，若收集回用则水质处理工艺较复杂，不经济，进行入渗可充分利用土壤的净化能力；(3)根据德国的雨水入渗规范，雨水入渗适用于居住区的屋面、道路和停车场等雨水；(4)入渗可保持土壤湿度，对改善环境有积极意义。小区中设有景观水体时，地面雨水流经草地、卵石沟等简单净化设施排入景观水体，是较常用的方式。水体中一般设有维持水质的处理设施，收集的雨水可直接进入水体，可不另设处理设施。

2 屋面雨水的利用方式有三种选择：雨水入渗、收集回用、入渗和收集回用的组合。入渗和收集回用相组合是指一部分雨水入渗，一部分处理回用。组合方式的雨水收集有以下两种形式：(1)屋面的雨水收集系统设置一套，收集雨量全部进入雨水储罐或雨水蓄水池，多出的雨水经重力溢流进入雨水渗透设施；(2)屋面雨水收集系统分开设置，分别与收集回用设施和雨水渗透设施相对应。第一种形式对收集回用设施的利用率较高，有条件时宜优先采用。

当屋面收集雨水量多、回用系统用水量少时，选用收集回用和入渗相结合的利用方式。也有工程虽然雨水需用量大，但由于建筑物条件限制蓄水池建不大。在这些情况下，屋面收集来的雨水相对较多。这时可通过蓄水池溢流使多余雨水进入渗透设施。这种方式比把屋面雨水收集分设为两套系统、分别服务于入渗和回用来得划算，平时较小些的降雨都优先进入了蓄水池，供雨水管网使用，这相对扩大了平时雨水的回用量，并提升蓄水池、处理设备的利用率，使回用水的单方综合造价降低。

3 景观水体的水面一般较大，降雨量大时，应考虑利用。水面上的雨水受下垫面的污染最小，水质较好，并且收集容易、成本低，无需另建收集设施，一般只需在水面之上、溢流水位之下预留一定空间即可。雨水用途可作为水体补水，也可用于绿地浇洒等。

4.2.4 对于一个具体项目，屋面雨水采用入渗还是收集回用，或是入渗与收集回用相组合，以及组合双方相互间的规模比例，比较科学的决策方法是通过对下列因素的技术经济比较确定：

1 城市缺水，雨水收集回用的社会和经济效益增大。

2 渗水面积和渗透系数决定雨水入渗能力。雨水入渗能力大，则利于雨水入渗方式。屋面绿化是很好的渗透设施，有条件时应尽量采用。覆土层小于100mm的绿化屋面径流系数仍较大，收集的雨水需要回用或在室外空地入渗。

3 净化雨水的需求量大且水质要求不高时，则利于收集回用方式。净化雨水的用途按本规范第4.2.6条确定。

4 杂用水量和降雨量季节变化相吻合，是指杂用水在雨季用量大，非雨季用量小，比如空调冷却用水。二者相吻合时，雨水池等回用设施的周转率高，单方雨水的成本降低，有利于收集回用方式。

5 经济性涉及自来水价、当地政府的雨水控制及利用优惠政策、项目建设条件等因素。

需要注意的是，有些项目不具备选择比较的条件。比如，绿地面积很小，屋面面积很大，土壤的入渗能力无法负担来自于屋面的雨水，这就只能进行收集回用。

屋面雨水收集回用的主要优势是雨水的水质较好和集水效率高，收集回用的总成本低于城市调水供水的成本。所以，屋面雨水收集回用有技术经济上的合理性。

4.2.5 推荐屋面雨水优先选择收集回用方式的条件。

1 当雨水充沛，且时间上分布均匀，则收集回用设施的利用率高，单方回用雨水的投资少，利于收集回用方式；

2 见本规范第4.2.4条第4款说明；

3 我国南方降雨量充沛，特别是年降雨量大于800mm地区，采用收集回用系统比较经济；

4 屋面较大的工业和民用建筑收集雨水量大，因而回用雨水的单方造价低。同时，屋面大的公共建筑室外空地一般较少，可入渗的土壤面积少。故推荐采用收集回用方式。

4.2.6 循环冷却水系统包括工业和民用，工业用冷却补水的水质要求不高，水质处理简单，比较经济；民用空调冷却塔补水虽然水质要求高，但用水季节和雨季非常吻合且用量大，可提高蓄水池蓄水的周转率。

雨水用于绿化和路面冲洗从水质角度考虑较为理想，但应考虑降雨后绿地或路面的浇洒用水量会减少，使雨水蓄水池里的水积压在池中，设计重现期内的后续(3日内或7日内)雨水进不来，导致减少雨水的利用量。

4.2.7 雨水收集回用和调蓄排放系统的汇水面上的雨水流入同一储存池，首先用于回用，节省自来水。当暴雨到来之前再排空未回用完的池水，这样可增加雨水的回用量。需要注意的是汇水面的雨水径流需要做初期雨水弃流。

4.2.8 雨水和中水原水分开处理不宜混合的主要原因如下：

1 雨水的水量波动太大。降雨间隔的波动、降雨量的波动和中水原水的波动相比不是同一个数量级的。中水原水几乎是每天都有，围绕着年均日水量上下波动，高低峰水量的时间间隔为几小时。而雨水来水的时间间隔分布范围是几小时、几天，甚至几个月，雨量波动需要的调节容积比中水要大几倍甚至十多倍，且池内的雨水量时有时无。这对水处理设备的运行和水池的选址都带来了不可调和的矛盾。

2 水质相差太大。中水原水的最重要污染指标是BOD_5，而雨水污染物中BOD_5几乎可以忽略不计，因此处理工艺的选择大不相同。

另外，日本的资料《雨水控制及利用系统设计与实务》中雨水储存和处理也是和中水分开，见图2。

雨水控制利用和建筑中水需要同时设置的情况往往源自于：当地政府的规定、绿色建筑高星级要求、

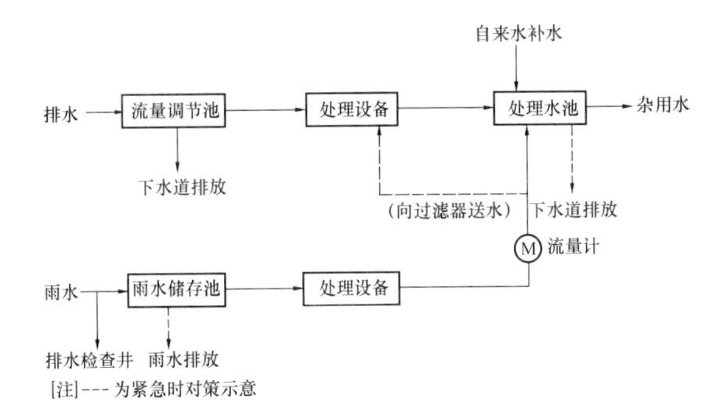

图 2　雨水、中水结合的工艺流程图

节水设计要求等。在降雨天，当雨水和中水原水的总量较多需要溢流时，应优先溢流中水原水，溢流的中水进入城市污水管网和污水处理厂。

4.3　系统设施计算

4.3.1　把本规范公式(3.1.3)计算的雨水需控制径流量 W 代入本规范公式(3.2.6)的 W_s，整理得到本条公式(4.3.1)，用于确定入渗设施规模中的重要参数之一——入渗面积。当设施的入渗面积小于该值时，表明渗透设施的渗透能力不足，需控制利用的径流总量不能实现全部入渗。

根据本规范表 2 可以看出，绿地径流系数随降雨频率的升高而减小，当设计频率大于 20%，即设计重现期小于 5 年时，受纳等量面积($F_{汇}/F_{绿}=1$)客地雨水的下凹绿地的径流系数应小于 0.22，所以，只要下凹绿地受纳的雨水汇水面积(包括绿地本身面积)不超过该绿地面积的 2 倍，相当于绿地受纳的客地汇水面积不超过该绿地的 1 倍，则绿地的径流系数和汇水面积的综合径流系数就小于 0.22，实现了控制雨水的要求。

4.3.2　渗透设施的日渗透能力依据日雨水量当日渗透完的原则而定，故渗透时间取 24h。入渗池、入渗井的储水容积大，渗透面积及渗透能力相对较小，故其渗透时间可以延长。渗透能力参考美国的资料减小到 1/3，即：日雨水量可延长为 3 日内渗完(参见汪慧贞等“浅议城市雨水渗透”一文)。各种渗透设施所需要的渗透面积设计值根据本条的规定经计算确定。

4.3.3　公式中 Max 的含义是取函数的最大值。

进入渗透设施的雨水包括客地雨水和直接的降雨，埋地渗透设施接受不到直接降雨。当雨水流量小于渗透设施的入渗流量时，渗透设施内不产流、无积水。随着雨水入流量的增大，一旦超过入渗流量，便开始产流、积水。之后又随着降雨的渐小，雨水入流量又会变为小于入渗流量，产流终止。产流期间(又称产流历时)累积的雨水量不应流失，需要储存起来延时渗透掉。所以，渗透设施需要储存容积，储存产流历时内累积的雨水量，该雨水量指设计标准内的降雨。

渗透设施(或系统)的产流历时概念：一场降雨中，进入渗透设施的雨水径流流量呈现为从小变大再逐渐变小直至结束，过程中间存在一个时间段，在该时间段内进入设施的径流流量大于渗透设施的总入渗量。这个时间段即为产流历时。

本条公式中最大值 $\mathrm{Max}(W_c-\alpha KJA_st_c)$ 可按如下步骤计算：

步骤 1：对 $W_c-\alpha KJA_st_c$ 求时间(降雨历时)导数；

步骤 2：令导数等于 0，求解时间 t，t 若大于 120min 则取 120；

步骤 3：把 t 值代入 $W_c-\alpha KJA_st_c$ 中计算即得最大值。

降雨历时 t 高限值取 120min 是因为降雨强度公式的推导资料采用 120min 以内的降雨。

如上计算出的最大值如果大于按本规范(3.1.3)式计算的应控制利用雨水径流总量，则取小者。根据降雨强度计算的降雨量与日降雨量数据并不完全吻合，所以需作比较。

求解 $\mathrm{Max}(W_c-\alpha KJA_st_c)$ 还可按如下步骤计算：

步骤 1：以 10min 为间隔，列表计算(30、40、…、120)min 的 $W_c-\alpha KJA_st_c$ 值；

步骤 2：判断最大值发生的时间区间；

步骤 3：在最大值发生区间细分时间间隔计算 $W_c-\alpha KJA_st_c$，即可求出 $\mathrm{Max}(W_c-\alpha KJA_st_c)$。

本条还可简化计算，步骤如下：首先计算 120min 时的进水流量 $\left[60\times\frac{q_c}{1000}\times(F_y\psi_m+F_0)\right]$，如果大于 αKJA_s，则取定值 120min 计算即可。

入渗池、入渗井的渗透能力低，只有日雨水设计量的 1/3，在计算储存容积时，可忽略雨水入流期间的渗透量，用日雨水设计量近似替代设施内的产流累计量，以简化计算。

4.3.4　集水面积指客地汇水面积，需注意集水面积 F_y 的计算中不附加高出集雨面的侧墙面积。

原规范公式中的系数 1.25 在本次修订中取消，其依据是流量与历时的乘积为雨水量，无需再乘校正系数(参见赵世明等“雨水渗透工程降雨过程中雨水流入量的计算”一文)。

4.3.5　规定收集回用系统中配置雨水用户(量)的规模。

本条规定可用下式表述：

$$\sum q_i\cdot n_i\geqslant 0.3W \quad (4)$$

式中：q_i——某类用水户的平均日用水定额(m^3/d)；

n_i——某类用水户的户数。

回用系统的平均日用水量根据本规范第 3.2 节的定额计算，计算方法见现行国家标准《民用建筑节水设计标准》GB 50555。集水面需控制利用雨水径流总量 W 根据本规范公式(3.1.3)计算。雨水用户有能力把日收集雨水量约 3 日内或更短时间用完。对回用管网耗用雨水的能力提出如此高的要求主要基于以下理由：

1 条件具备。建设用地内雨水的需用量很大，比如公共建筑项目中的水体景观补水、空调冷却补水、绿地和地面浇洒、冲厕等用水，都可利用雨水，而汇集的雨水很有限，上千平方米汇水面的日集雨量一般只几十立方米。只要尽量把可用雨水的部位都用雨水供应，则雨水回用管网的设计用水量很容易达到不小于日雨水设计总量 30％的要求。

2 提高蓄水池的利用效率。管网耗用雨水的能力越大，则蓄水池排空得越快，在不增加池容积的情况下，后续的降雨(比如连续 3 日、7 日等)都可收集蓄存进来，提高了水池的周转利用率或雨水的收集效率，即所需的储存容积相对较小，使回用雨水相对经济。

雨水控制及利用还有其他的水量平衡方法，比如月平衡法、年平衡法。

当上述公式不满足时，说明用户的用水能力偏小，而雨水量 W 又需要拦蓄控制、储存在蓄水池中，水池雨水无法及时(3 日或 72h)被用户用完，这种情况需要增设排水泵。排水泵按 12h 排空水池确定，该时间参考调蓄排放水池的 6h～12h，取上限 12h。

4.3.6 本条规定了两种方法确定雨水储存设施的有效容积。式中 W 见本规范公式(3.1.3)。

用本条公式计算简单，需要的数据也少。要求雨水储存设施能够把设计日雨水收集量全部储存起来，进行回用。这里未折算雨水池蓄水过程中会有一部分雨水进入处理设施，故池容积偏大偏保守些。

当仅以替代自来水为目标而无雨水控制要求时，储存设施的储水量可取集水面需控制利用的雨水径流总量和 3 倍最高日用水量中的较小值。

计算机模拟计算需要一年中逐日的降雨量和逐日的管网用水量资料。此方法首先设定大小不同的几个雨水蓄水池容积 V，并分别计算每个容积的年雨水控制及利用率和自来水替代率，然后根据费用数学模型进行经济分析比较，确定其中的一个容积。年雨水控制及利用率和自来水替代率的计算机流程见图 3。

计算机计算中，各符号与本规范的符号对应关系为：R—W，A—F，a—h_y

流程图的计算步骤如下：

1 已知某日降雨资料 a(mm/d)，可以推求雨水设计量 R(m³/d)：

R＝汇水面积 A(m²)×a×径流系数×10^{-3}

2 已知雨水设计量 R、雨水蓄水池 V(m³)和雨水蓄水池储水量 b(m³)＝0，可以推求雨水蓄水池溢流量 S(m³/d)：

当 $R+b>V$ 时　　$S=R+b-V$

当 $R+b<V$ 时　　$S=0$

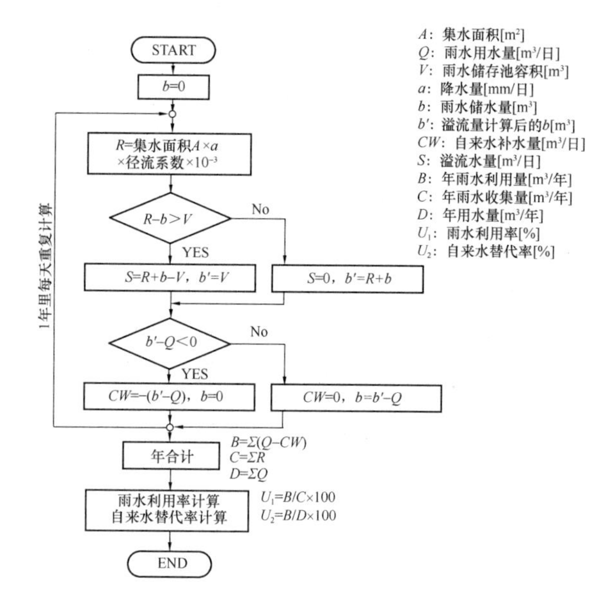

图 3　年雨水控制及利用率和自来水替代率计算流程图

3 此时的雨水储存量 b'(m³)求解为：

当 $R+b>V$ 时　　$b'=V$

当 $R+b<V$ 时　　$b'=R+b$

4 根据蓄水池储水量 b' 和使用水量 Q，可以求出自来水补给量 CW(m³)：

当 $b'-Q<0$ 时　$CW=-(b'-Q)$

当 $b'-Q>0$ 时　$CW=0$

5 此时的雨水蓄水池储水量 b''(m³)求解为：

当 $b'-Q<0$ 时　$b''=0$

当 $b'-Q>0$ 时　$b''=b'-Q$

6 根据 b'' 和 b'，可以进行第二天的计算。

7 由一整年的降雨资料，进行 1～6 重复计算。

8 由以上计算结果，可以根据下式算出年雨水控制及利用量 B(m³/年)、年雨水收集量 C(m³/年)和年使用量 D(m³/年)：

$$B=\sum(Q-CW)\qquad C=\sum R\qquad D=\sum Q$$

下面求解雨水控制及利用率(％)和自来水替代率(％)，见下式：

雨水控制及利用率(％)＝$B\div C\times100$
＝雨水控制及利用量÷雨水收集量×100

自来水替代率(％)＝$B\div D\times100$
＝雨水控制及利用量÷使用水量×100
＝雨水控制及利用率×雨水收集量÷使用水量

其中，使用水量＝雨水控制及利用量＋自来水补给量。

模拟计算中水量均衡概念见图 4。

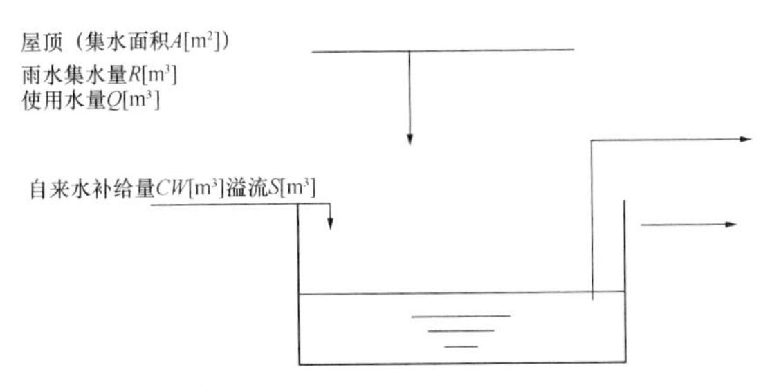

图 4　雨水储存池的水量均衡概念图

上述模拟计算方法的基础数据是逐日降雨量和逐日用水量，而工程设计中，管网中的逐日用水量如何变化是未知的（本规范第 3.2 节的用水定额不可作为逐日用水量），这使得计算几乎无法完成，正如给水系统、热水系统中的储存容积计算一样。用最高日用水量或平均日用水量代替逐日用水量都会使计算结果失真。

4.3.7　调蓄排放系统的排水可设计为降雨过程中就开始外排或降雨结束后再外排。降雨过程中外排水的流量径流系数取 0.20，近似于地面硬化前的值。降雨结束后再外排的排水时间控制在 6h～12h 内，可确保在下一次暴雨到来之前排空水池。

计算排水流量用于确定调蓄排放水池的排水管径。

4.3.8　公式（4.3.8）类似于渗透设施的蓄积雨水量计算式（4.3.3），两式的主要差别是本条公式中用排放水量 $Q't_{\mathrm{m}}$ 取代了渗透量，另外进水量 Qt_{m} 相当于 W_{c}。

本公式是伴随雨水控制及利用技术的发展而提出的，适用于建筑与小区内。

4.3.9　采用入渗系统（间接利用）和收集回用系统（直接利用）组合方式时雨水耗用规模的确定。

公式中的 W、W_1、W_2 均根据本规范公式（3.1.3）计算。

公式（4.3.9-3）的意义是收集回用系统 2.5 个最高日（约为平均日 3 天）的雨水用量要不少于该系统的设计日收集雨量（应控制利用量）；公式（4.3.9-2）的意义是入渗系统的日入渗量要不小于该系统的设计日收集雨量，对于入渗池（井），则 3 天入渗量要不小于该系统的设计日收集雨量；公式（4.3.9-1）的意义是入渗系统和收集回用系统的耗雨量之和要不小于建设场地的应控制雨水径流总量 W。

4.3.10　各系统的储水量分别根据本规范第 4.3.3、4.3.6、4.3.8 条计算。

公式（4.3.10）的含义是组合系统中各个系统截留的雨量之和不小于建设场地的应控制利用总雨量。工程中要尽量趋近于等式，截留水量过大会浪费投资。W_{x1} 在用公式（4.3.3）计算储存水量的过程中得到。

4.3.11　本规范规定了径流总量控制和径流峰值控制的要求。若控制径流峰值，至少应对最大 24h 降雨（常年或 3、5 年一遇）进行控制，本条公式即是计算控制效果。公式中的分数项是雨水的流失率（或外排比率），其中分母是场地上日总降雨量，分子是外排雨水总量或流失量。控制利用率用于判断工程中的雨水控制利用设施控制雨水的效果。

4.3.12　公式右侧第一项是整个建设场地下垫面上的总径流量，该径流量随降雨重现期的增大而增加。

4.3.13　雨水控制利用系统截留的雨水总量为入渗、收集回用、调蓄排放三种系统分别截留的雨量之和。当其中某一类系统没有采用时，该类系统的截留雨量取零。

4.3.14　各系统的截留雨量由多个影响因素综合平衡决定。对于入渗和收集回用系统，截留雨量主要由三个因素决定：汇水面上的汇集水量、储水容积、资源化利用雨量。三个参数相互匹配得好时截留雨量最多，匹配的不好时截留雨量少。比如一个收集回用系统，如果雨水蓄水池很小，尽管该系统汇水量很大以及雨水用户的用水量也很大，但截留雨量也很小。对于调蓄排放系统，截留雨量主要由两个因素决定：汇水面上的汇集水量和储水容积。

各设施的有效储水容积按实设的设施容积计算。比如，景观水体的有效储水容积是设计水位和溢流水位之间的容积；有坡度的渗透沟渠的有效储水容积是下游挡坎能截留住的水量，如果无挡坎，则无法截留雨水。如图 5 中，存储空间中高于排水水位的那部分容积不计入存储容积。

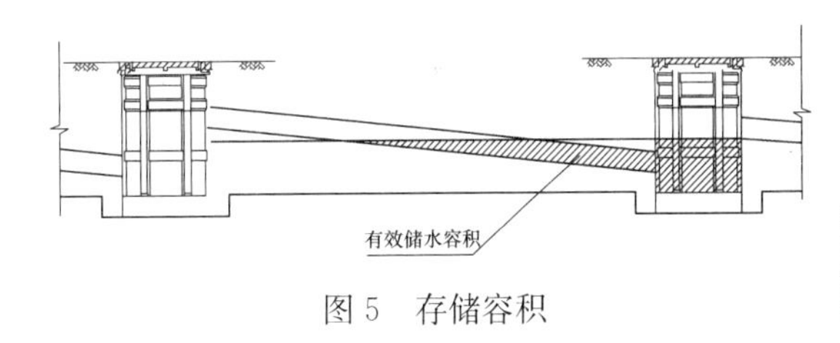

图 5　存储容积

5　雨水收集与排除

5.1　屋面雨水收集

5.1.1　屋面是雨水的集水面，其做法对雨水的水质有很大影响。雨水水质的恶化，会增加雨水入渗和净化处理的难度或造价。因此屋面的雨水污染需要控制。

屋面做法有普通屋面和倒置式屋面。普通屋面的面层以往多采用沥青或沥青油毡，这类防水材料暴露于最上层，风吹日晒加速其老化，污染雨水。北京建筑大学的监测表明，这类屋面初期径流雨水中的

COD_{Cr}浓度可高达上千。

倒置式屋面就是"将憎水性保温材料设置在防水层上的屋面"。倒置式屋面与普通保温屋面相比较，具有如下优点：防水层受到保护，避免热应力、紫外线以及其他因素对防水层的破坏，并减少了防水材料对雨水的水质的影响。

新型防水材料对雨水的污染亦有减小。新型防水材料主要有高聚物改性沥青卷材、合成高分子片材、防水涂料和密封材料以及刚性防水材料和堵漏止水材料等。新型防水材料具有强度高、延性大、高弹性、轻质、耐老化等良好性能，在建筑防水工程中的应用日益广泛。根据工程实践，屋面防水重点推广中高档的SBS、APP高聚物改性沥青防水卷材、氯化聚乙烯—橡胶共混防水卷材、三元乙丙橡胶防水卷材。

种植屋面可减小雨水径流、提高城市的绿化覆盖率、改善生态环境、美化城市景观。由于各类建筑的屋面、墙体以及道路等均属于性能良好的"大型蓄热器"，它们白天吸收太阳光的辐射能量，夜晚放出热量，造成市区夜间的气温居高不下，导致市区气温比郊区气温升高2℃～3℃。如能将屋面建造成种植屋面，在屋面上广泛种植花、草、树木，通过屋顶绿化，实现"平改绿"，可以缓解城市的"热岛效应"。据报道，种植屋面顶层室内的气温将比非种植屋面顶层室内的气温要低3℃～5℃，优于目前国内的任何一种屋面的隔热措施，故应大力提倡和推广。

5.1.2 本条主要指在布置立管和雨水斗连向立管的管道时，尽量创造条件使连接管长接近，这是雨水收集的特殊要求。这样做可使各雨水斗来的雨水到达弃流装置的时间相近，提高弃流效率。

5.1.3 建筑雨水管的断接指排水口将径流连接到绿地等透水区域。断接时无论雨水立管外落或室内设置都应把出水管口暴露于大气中，保证雨水管的水自由出流。散水面防冲刷措施一般由建筑师设置。

5.1.4 本条为强制性条文。

屋面雨水系统独立设置、不与建筑污废水排水连接的意义有：第一，避免雨水被污废水污染；第二，避免雨水通过污废水排水口向建筑内倒灌雨水。

屋面排水系统存在流态转换，会形成有压排水，在室内管道上设置敞开式开口会造成雨水外溢，淹损室内，必须禁止。

5.1.5 采用65型、87型雨水斗屋面排水系统时须注意该系统在运行中会产生不可忽视的压力，因此在设计时需要考虑压力的作用，以避免安全隐患。采用87型雨水斗系统时，应注意按半有压系统设计，不可按重力（无压）流设计，且应符合下列规定：

1 系统布置、管材选择、设计参数等应考虑应对正、负压力的措施；

2 屋面处于溢流水位、系统转入有压流时，管网系统不得被破坏；

3 单斗系统和对称布置的双斗系统宜采用有压流。

5.1.7 屋面雨水汇入雨水储存设施时，会出现设计降雨重现期的不一致。雨水储存设施的重现期按雨水控制及利用的要求设计，一般1年～2年；而屋面雨水的设计重现期按排水安全的要求设计，一般大于前者。当屋面雨水管道出户到室外后，室外输水管道的重现期可按雨水储存设施的值设计。由于其重现期比屋面雨水的小，所以屋面雨水管道出建筑外墙处应设雨水检查井或溢流井，并以该井为输水管道的起点。溢流井可用检查井替代，但井盖应采用格栅形式，以实现溢水。格栅井盖应与井体或井座固定。

允许用检查口代替检查井的主要原因是：第一，检查口不会使室外地面的脏雨水进入输水管道；第二，屋面雨水较为清洁，清掏维护简单。检查口、井的设置距离参考了室外雨水排水管道的检查井距离。

5.1.8 初期径流雨水污染物浓度高，通过设置雨水弃流设施可有效地降低收集雨水的污染物浓度。雨水收集回用系统包括收集屋面雨水的系统应设初期径流雨水弃流设施，减小净化工艺的负荷。根据北京建筑大学的研究结果，北京屋面的径流经初期2mm左右厚度的弃流后，收集的雨水COD_{Cr}浓度可基本控制在100mg/L以内（详见本规范第3.1.7条条文说明）。植物和土壤对初期径流雨水中的污染物有一定的吸纳作用，在雨水入渗系统中设置初期径流雨水弃流设施可减少堵塞，延长渗透设施的使用寿命。

5.2 硬化地面雨水收集

5.2.1 地面雨水收集主要是收集硬化地面上的雨水和屋面排到地面的雨水。排向下凹绿地、浅沟洼地等地面雨水渗透设施的雨水通过地面组织径流或明沟收集和输送；排向渗透管渠、浅沟渗渠组合入渗等地下渗透设施的雨水通过雨水口、埋地管道收集和输送。这些功能的顺利实现依赖地面平面设计和竖向设计的配合。

5.2.2、5.2.3 雨水口设置要求基本上沿用现行国家标准《室外排水设计规范》GB 50014的规定。其中顶面标高与地面高差缩小到10mm～20mm，主要原因是考虑人员活动方便，因小区中硬地面为人员活动场所。同时小区的地面施工一般比市政道路精细，小标高差能够实现。另外，有的小区广场设置的雨水口类似于无水封地漏，密集且精致，其间距仅十几米。成品雨水口的集水能力由生产商提供。

5.2.4 地面雨水一般污染较重、杂质多，为减少雨水渗透设施和蓄存排放设施的堵塞或杂质沉积，需要雨水口具有拦污截污功能。传统雨水口的雨箅可拦截一些较大的固体，但对于雨水控制及利用设施不理想。雨水口的拦污截污功能主要指拦截雨水径流中的绝大部分固体物甚至部分污染物SS，这类雨水口应是车间成型的制成品，井体可采用合成树脂等塑料，构造应便于清掏、维护，并应有固体物、SS等污染物去除率的试验参数。

5.2.5 本条的目的是使不同雨水口收集的初期径流雨水尽量能够同步到达弃流设施，使弃流的雨水浓度高，提高弃流效率。弃流装置布置如图6所示。

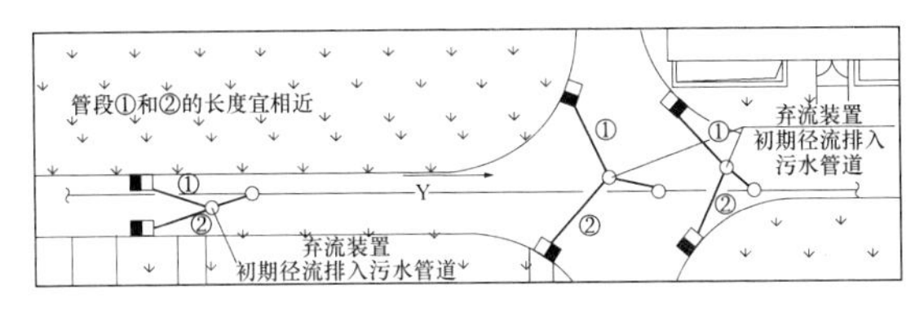

图6 地面雨水收集弃流装置布置

5.3 雨 水 弃 流

5.3.1 屋面雨水收集系统的弃流装置目前有成品和非成品两类，成品装置按照安装方式分为管道安装式、屋顶安装式和埋地式。管道安装式弃流装置主要分为累计雨量控制式、流量控制式等，屋顶安装式弃流装置有雨量计式等，埋地式弃流装置有弃流井、渗透弃流装置等。按控制方式又分为自控弃流装置和非自控弃流装置。

小型弃流装置便于分散安装在立管或出户管上，并可实现弃流量集中控制。当相对集中设置在雨水蓄水池进水口前端时，虽然弃流装置安装量减少，但由于通常需要采用较大规格的产品，在一定程度上将提高事故风险度。

弃流装置设于室外便于清理维护，当不具备条件必须设置在室内时，为防止弃流装置发生堵塞向室内溢水，应采用密闭装置。

当采用雨水弃流池时，其设置位置宜与雨水储水池靠近建设，便于操作维护。

5.3.2 屋面雨水属于水质条件较好的收集雨水水源，弃流量较小，一般选用成品弃流装置。弃流装置可设于地面之上，也可埋地设置。设于地面上的弃流装置可把雨水排至绿地等入渗设施。埋地装置被弃流的初期径流雨水可通过渗透方式处置，渗透弃流装置对排水管道内流量、流速的控制要求不高，适用范围较广。

5.3.3 降落到硬化地面的雨水通常受到下垫面不同污染物甚至不同材料的影响，水质条件稍差，通常需要去除的初期径流雨水量也较大，弃流池造价低廉，一般埋地设置，地面雨水收集系统管道汇合后干管管径通常较大，不利于采用成品装置，因此建议以渗透弃流井或弃流池作为地面雨水收集系统的弃流方式。

5.3.4 地面弃流中的地面指硬化地面，径流厚度建议值主要根据北京市雨水径流的污染研究资料。我国北方初期径流雨水比南方污染重，故弃流厚度在南方应小些。

5.3.6 在管道上安装的初期径流雨水弃流装置在截留雨水过程中，有可能因雨水中携带杂物而堵塞管道，从而影响雨水系统正常排水。这些情况涉及排水系统安全问题，因此在设计中应特别注意系统维护清理的措施，在施工、管理维护中还应建立执行对系统及时维护清理的措施、规章制度。

安装在立管或出户管上的小型初期径流雨水弃流装置由于数量较多，调试、清理维护的工作量较大，且国内企业提供的产品已经可以实现对雨水弃流装置单个或编组进行自动控制，因此推荐采用自动控制方式。

5.3.7 从大量工程的市政条件来看，向项目用地范围以外排水有雨水、污水两套系统。截留的初期径流雨水是一场降雨中污染物浓度最高的部分，平均水质通常优于污水，劣于雨水。将截留的初期径流雨水排入雨水管道，则不符合污染控制目标要求。

小区内的绿地等生态入渗设施的植物品种一般能耐受弃流雨水的污染物，弃流雨水排入其中是最经济的处置方式。入渗弃流设施的初期雨水一般就地入渗到周边土壤。

弃流雨水排入污水管道时，建议从化粪池下游接入，但污水管道的排水能力应以合流制计算方法复核，并应采取防止污水管道积水时向弃流装置倒灌的措施。同时应设置防止污水管道内的气体向雨水收集系统返逸的措施。

5.3.8 当弃流雨水采用水泵排水时，通常采用延时启泵的方式对水泵加以控制，为避免后期雨水与初期雨水掺混，应设置将弃流雨水与后期雨水隔离开的分隔装置。

弃流雨水在弃流池内有一定的停留时间产生沉淀，为使沉泥容易向排水口集中，池底应具有足够的底坡。考虑到建筑物与小区建设的具体情况和便于进人检修维护，底坡不宜过大。因此建议池底坡度不小于0.1。

弃流池排水泵应在降雨停止后启动排水，在自控系统中需要检测降雨停止、管道不再向蓄水池内进水的装置，即雨停监测装置。两场降雨时间间隔很小时，在水质条件方面可以视同为一场降雨，因此雨停监测装置应能调节两场降雨的间隔时间，以便控制排水泵启动。

埋地建设的初期径流雨水弃流池（见图7），不便于设置人工观测水位的装置，因此要求设置自动水位监测措施，并在自动监测系统中显示。

应在弃流雨水排放前自动冲洗水池池壁并将弃流池内的沉淀物与水搅匀后排放，以免过量沉淀。

5.3.9 填料层有效容积指级配石部分的孔隙容积。

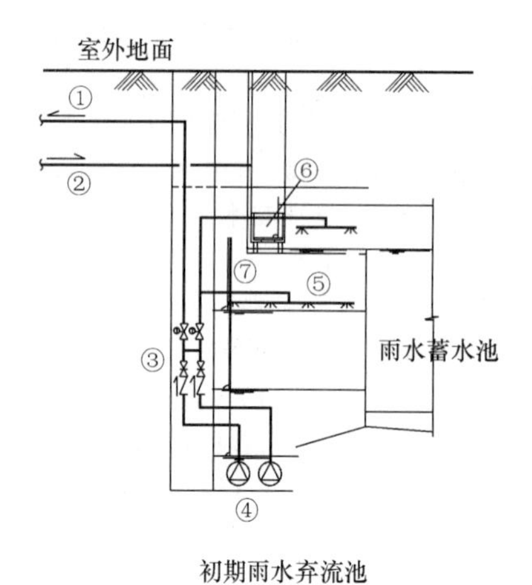

图7 初期雨水弃流池

5.4 雨水排除

5.4.1 雨水排水系统排除的是雨水控制利用场地上或汇水面上的溢流雨水，而不是需要控制利用的雨水。

5.4.2 绿地低于路面，故推荐雨水口设于路边的绿地内，而不设于路面。低于路面的绿地或下凹绿地一般担负对客地来的雨水进行入渗的功能，因此应有一定容积储存客地雨水。雨水排水口高于绿地面，可防止客地来的雨水流失，在绿地上储存。条文中的20mm～50mm，与本规范第6.1.2条要求的路面比绿地高50mm～100mm相对应，这样保证了雨水口的表面高度比路面低。

5.4.3 建设用地内的道路宽度一般远小于市政道路，道路作法也不同。设有雨水控制及利用设施后雨水径流量较小，一般采用平箅式雨水口均可满足要求。雨水口间距随雨水口的大小变化很大，比如有的成品雨水口很小，间距可减小到10多米。

5.4.4 透水铺装地面雨水径流量较小，可尽量沿地面自然坡降在低洼处收集雨水，采用明渠方便管理、节约投资。

5.4.5 根据日本资料《雨水渗透设施技术指南(案)》(构造、施工、维护管理篇）介绍，在设有雨水控制及利用的建设用地内，应设雨水排水干管，即传统的雨水排水管道，但设有雨水控制及利用设施的局部场所不再重复设置雨水排水管道，见图8。设有雨水控制及利用设施场所的地面雨水排水可通过地面溢流或渗透（管）-排放一体系统排入建设用地内的雨水排水管道，这种做法符合技术先进、经济合理的设计理念。

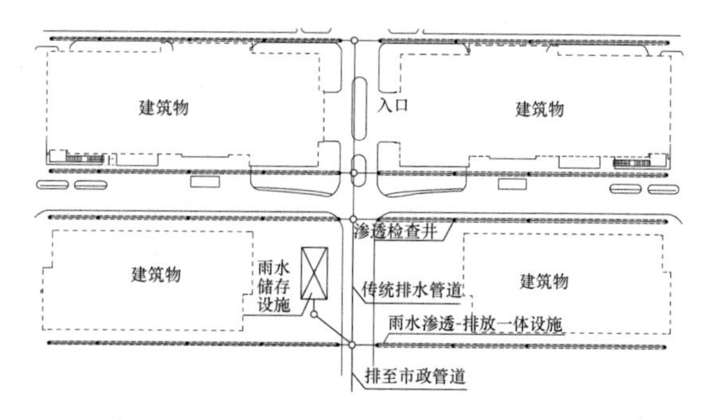

图8 局部场所渗排一体

渗透（管）-排水一体设施的排水能力宜按整体坡度及相应的管道直径满流工况计算，渗透（管）-排水一体设施构造断面见图9。图9(a)地面为平面，图9(b)地面坡度与排水方向一致，有利于系统排水，推荐采用这种布置形式，需要总图专业与水专业密切配合，有条件时尽量使地面坡度与排水方向一致。

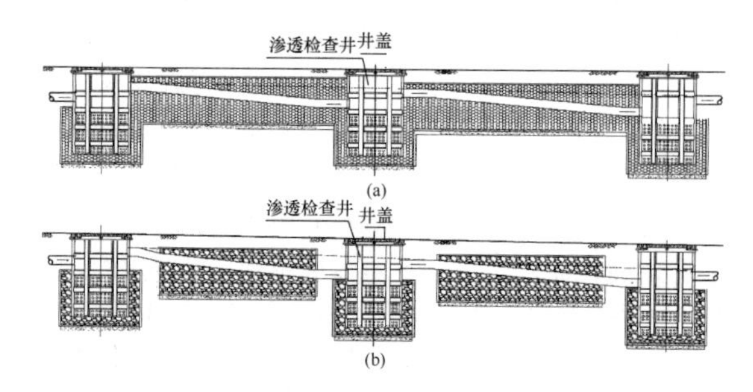

图9 渗透(管)-排水一体设施构造断面

5.4.6 淹没出流会造成排水管道内淤积沉积物，向市政雨水管或雨水沟排水、向小区内的水体排水都不宜采用淹没出流。淹没是针对受水体的设计水位。

5.4.7 室外下沉式广场、局部下沉式庭院的地面比小区地面低，若采用重力排水，小区地面积水可通过雨水管倒灌回这类广场或庭院，并进而进入建筑内，因此应采用水泵提升排水。与建筑不连通的下沉广场，倒灌的雨水不会进入建筑内，故可以采用重力排除。

6 雨水入渗

6.1 一般规定

6.1.1 绿地和铺砌的透水地面适用范围广，宜优先采用；当地面入渗所需要的面积不足时采用浅沟入渗；浅沟渗渠组合入渗适用于土壤渗透系数不小于5×10^{-6}m/s的场所。

6.1.2 透水铺装和下凹绿地等地面入渗设施的造价比较低，故推荐优先采用，特别是下凹绿地的造价最低。采用这些入渗设施时，须注意入渗面与地下水位的距离不应小于1m。

本条第1款中的硬化地面是指把地面承载力提高便于人类活动的地面，其径流系数比自然地面高。

小区内路面高于路边绿地50mm～100mm是北京雨水入渗的经验。低于路面的绿地又称下凹绿地，可形成储存容积，截留储存较多的雨水。特别是绿地周围或上游硬化面上的雨水需要进入绿地入渗时，绿地必须下凹才能把这些雨水截留住入渗。当路面和绿地之间有凸起的隔离物时，应留有水道使雨水排向绿地。

6.1.4 地下建筑顶上往往设有一定厚度的覆土做绿化甚至透水铺装，绿化植物的正常生长需要在建筑顶面设渗排管或渗排片材，把多余的水引流走。这类渗排设施同样也能把入渗下来的雨水引流走，使雨水能源源不断地入渗下来，从而不影响覆土层土壤的渗透能力。

根据中国科学院地理科学与资源研究所李裕元的实验研究报告，质地为粉质壤土的黄绵土试验土槽，初始含水量7%左右，在试验雨强（0.77mm/min～1.48mm/min）条件下，60min历时降雨入渗深度在200mm左右，90min历时降雨入渗深度在250mm～300mm左右。这意味着，对于300mm厚的地下室覆土层，某时刻的降雨需要90min钟后才能进入土壤下面的渗排系统，明显会延迟雨水径流高峰的时间，同时，土壤层也会存留一部分雨水，使渗排引流的雨水流量小于降雨流量，由此实现控制雨水的目的。

覆土层做绿地、下凹绿地、透水铺装，甚至埋设透水管沟，都需要至少300mm厚的土壤层位于入渗面和疏水设施之间。

6.1.5 雨水渗透设施特别是地面下的入渗使深层土壤的含水量人为增加，土壤的受力性能改变，甚至会影响建筑物、构筑物的基础。建设雨水渗透设施时，需要对场地的土壤条件进行调查研究，以便正确设置雨水渗透设施，避免对建筑物、构筑物产生不利影响。

室外排水检查井与建筑的间距一般要求3m，入渗设施的间距应该更大，故规定5m。

德国的相关规范要求：雨水渗透设施不应造成周围建筑物的损坏，距建筑物基础应根据情况设定最小间距。雨水渗透设施不应建在建筑物回填土区域内，比如分散雨水渗透设施要求距建筑物基础的最小距离不小于建筑物基础深度的1.5倍（非防水基础），距建筑物基础回填区域的距离不小于0.5m。

6.1.6 非自重湿陷性黄土场地，由于湿陷量小，且基本不受上覆土自重压力的影响，可以采用雨水入渗的方式。采用下凹绿地入渗须注意水有一定的自重，会引起湿陷性黄土产生沉陷。而对于其他管道入渗等形式，不会有大面积积水，因此影响会小些。

6.1.7 入渗系统的汇水面上遇到超过入渗设计标准的降雨时会积水，设置溢流设施可把这些积水排走。当渗透设施为渗透管时宜在下游终端设排水管。

6.2 渗透设施

6.2.1 绿地雨水渗透设施应与景观设计结合，边界应低于周围硬化面。在绿地植物品种选择上，根据有关试验，在淹没深度150mm的情况下，大羊胡子、早熟禾能够耐受长达6天的浸泡。

6.2.2 透水铺装地面应符合现行行业标准《透水砖路面技术规程》CJJ/T 188的规定。图10为透水铺装地面结构示意图。根据垫层材料的不同，透水地面的结构分为3层（表12），应根据地面的功能、地基基础、投资规模等因素综合考虑进行选择。

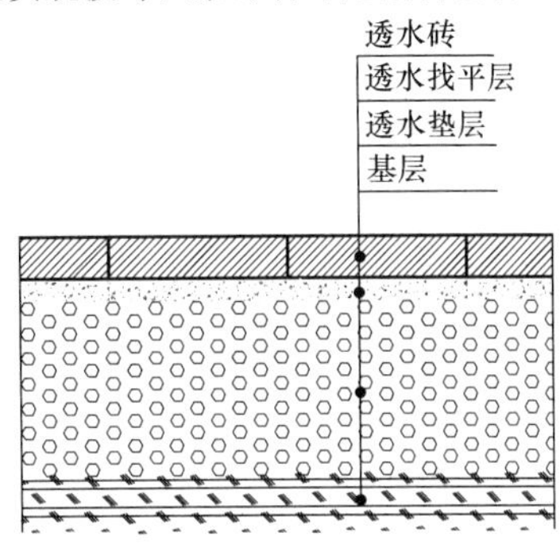

图10 透水铺装地面结构示意图

表12 透水铺装地面的结构形式

编号	垫层结构	找平层	面层	适用范围
1	100mm～300mm透水混凝土	1）细石透水混凝土 2）干硬性砂浆 3）粗砂、细石 厚度20mm～50mm	透水性水泥混凝土 透水性沥青混凝土 透水性混凝土路面砖 透水性陶瓷路面砖 硅砂透水砖	人行道、轻交通流量路面、停车场
2	150mm～300mm砂砾料			
3	100mm～200mm砂砾料+50mm～100mm透水混凝土			

透水路面砖厚度为60mm，孔隙率20%，垫层厚度按200mm，孔隙率按30%计算，则垫层与透水砖可以容纳72mm的降雨量，即使垫层以下的基础为黏土，雨水渗入地下速度忽略不计，透水地面结构可以满足大雨的降雨量要求，而实际工程应用效果和现场试验也证明了这一点。

硅砂透水砖是以硅砂为主要骨料或面层骨料，以胶粘剂为主要粘结材料，经免烧结成型工艺制成，具有透水性能的路面砖。

水质试验结果表明，污染雨水通过透水路面砖渗透后，主要检测指标如NH_3-N、COD_{Cr}、SS都有不同程度的降低，其中NH_3-N降低4.3%～34.4%，COD_{Cr}降低35.4%～53.9%，SS降低44.9%～87.9%，使水质得到不同程度的改善。

另外，根据试验观测，透水路面砖的近地表温度比普通混凝土路面稍低，平均低0.3℃左右，透水路面砖的近地表湿度比普通混凝土路面的近地表湿度稍高1.12%。

6.2.3 浅沟与洼地入渗系统是利用天然或人工洼地蓄水入渗。通常在绿地入渗面积不足，或雨水入渗性太小时采用洼地入渗措施。洼地的积水时间应尽可能短，因为长时间的积水会增加土壤表面的阻塞与淤积，最大积水深度不宜超过300mm。进水应沿积水区多点进入，对于较长及具有坡度的积水区应将地面做成梯田形，将积水区分割成多个独立的区域。积水区的进水应尽量采用明渠，多点均匀分散进水。洼地入渗系统如图11所示。

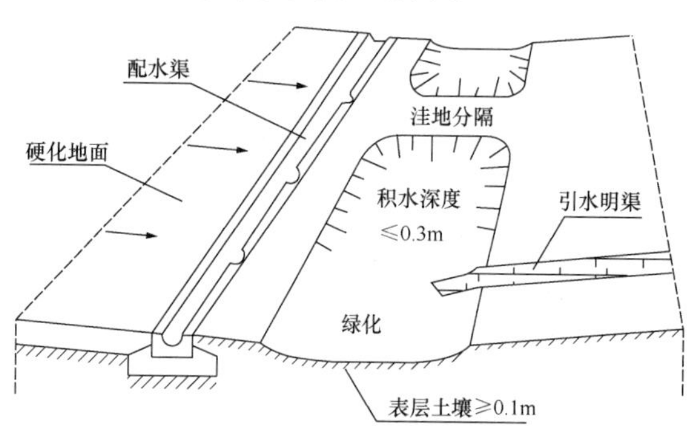

图11 洼地入渗系统

6.2.4 一般在土壤的渗透系数 $K \leqslant 5\times10^{-6}$ m/s 时采用这种浅沟渗渠组合。浅沟渗渠单元由洼地及下部的渗渠组成，这种设施具有两部分独立的蓄水容积，即洼地蓄水容积与渗渠蓄水容积。其渗水速率受洼地及底部渗渠的双重影响。由于地面洼地及底部渗渠双重蓄水容积的叠加，增大了实际蓄水的容积，因而这种设施也可用在土壤渗透系数 $K \geqslant 1\times10^{-6}$ m/s 的土壤。与其他渗透设施相比，这种系统具有更长的雨水滞留及渗透排空时间。渗水洼地的进水应尽可能利用明渠与来水相连，避免直接将水注入渗渠，以防止洼地中的植物受到伤害。洼地中的积水深度应小于300mm。洼地表层至少100mm的土壤的透水性应保持在 $K \geqslant 1\times10^{-5}$ m/s，以便使雨水尽可能快地渗透到下部的渗渠中去。构造形式见图12。

当底部渗渠的渗透排空时间较长，不能满足浅沟积水渗透排空要求时，应在浅沟及渗渠之间增设泄流措施。

场地设生物滞留设施时，其设置应符合下列要求：

1 对于污染严重的汇水区应选用植被浅沟、浅池等对雨水径流进行预处理，去除大颗粒的沉淀并减缓流速；

2 屋面雨水径流应由管道接入滞留设施，场地及人行道径流可通过路牙豁口分散流入；

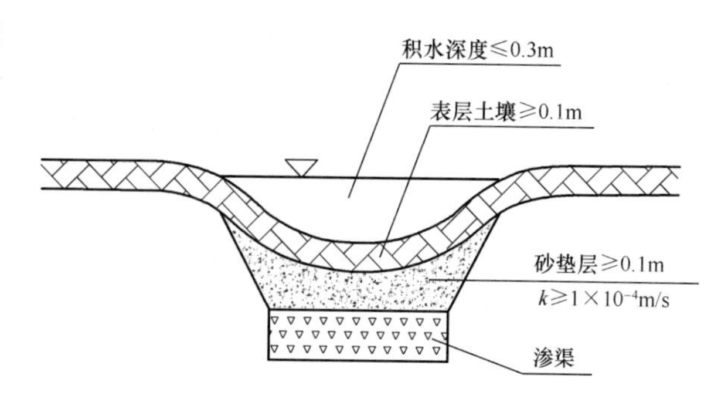

图12 浅沟—渗渠组合

3 生物滞留设施应设溢流装置，可采用溢流管、箅子等装置，并设100mm的超高；

4 生物滞留设施自上而下设置蓄水层、植被及种植土层、砂层、砾石排水层及调蓄层等，各层设置应满足下列要求：(1) 蓄水层深度根据径流控制目标确定，一般为200mm～300mm，最高不超过400mm，并应设100mm的超高；(2) 种植土层厚度视植物类型确定，当种植草本植物时一般为250mm，种植木本植物厚度一般为1000mm；(3) 砂层一般由100mm的细砂和粗砂组成；(4) 砾石排水层一般为200mm～300mm，可根据具体要求适当加深，并可在其中埋置直径为100mm的PVC穿孔管；(5) 在穿孔管底部可设置不小于300mm的砾石调蓄层。

6.2.5 建筑小区中的绿地入渗面积不足以承担硬化面上的雨水时，可采用渗水管沟入渗或渗水井入渗。图13为渗透管沟断面示意图。

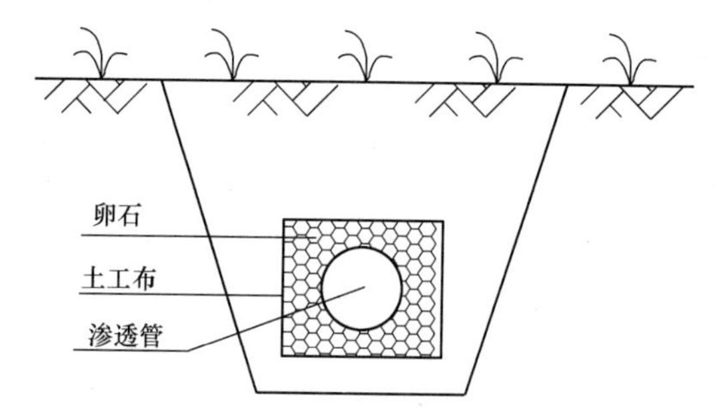

图13 渗透管沟断面

汇集的雨水通过渗透管进入四周的砾石层，砾石层具有一定的储水调节作用，然后再进一步向四周土壤渗透。相对渗透池而言，渗透管沟占地较少，便于在城区及生活小区设置。它可以与雨水管道、入渗池、入渗井等综合使用，也可以单独使用。

渗透管外用砾石填充，具有较大的蓄水空间。在管沟内雨水被储存并向周围土壤渗透。这种系统的蓄水能力取决于渗沟及渗管的断面大小及长度，以及填充物孔隙的大小。对于进入渗沟及渗管的雨水宜在入口处的检查井内进行沉淀处理。

渗透管沟的纵断面形状见图9。

6.2.7 塑料模块拼装组合式水池的构成如图14所

示。此种水池具有90%以上储水率，四周以渗水土工布包裹作为入渗设施使用。

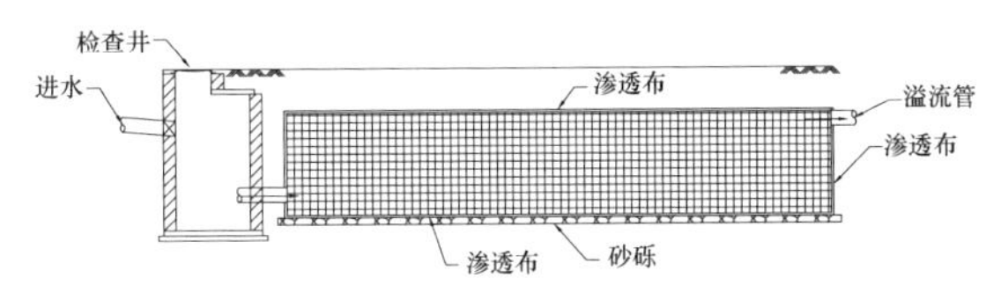

图14　塑料模块拼装组合式水池

6.2.8　入渗井一般用成品或混凝土建造，其直径小于1m，井深根据地质条件确定。井底距地下水位的距离不能小于1.5m。渗井一般有两种形式，渗井A如图15所示。渗井由砂过滤层包裹，井壁周边开孔。雨水经砂层过滤后渗入地下，雨水中的杂质大部被砂滤层截留。

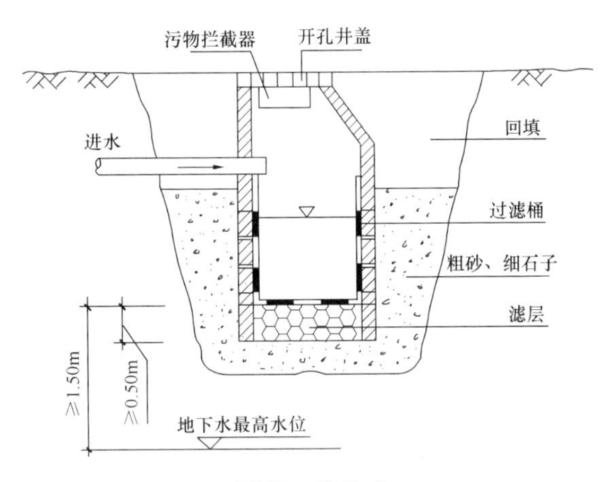

图15　渗井A

渗井B如图16所示，这种渗井在井内设过滤层，在过滤层以下的井壁上开孔，雨水只能通过井内过滤层后才能渗入地下，雨水中的杂质大部被井内滤层截留。过滤层的滤料可采用0.25mm～4mm的石英砂，其透水性应满足$K \leqslant 1 \times 10^{-3}$ m/s。与渗井A相比，渗井B中的滤料容易更换，更易长期保持良好的渗透性。

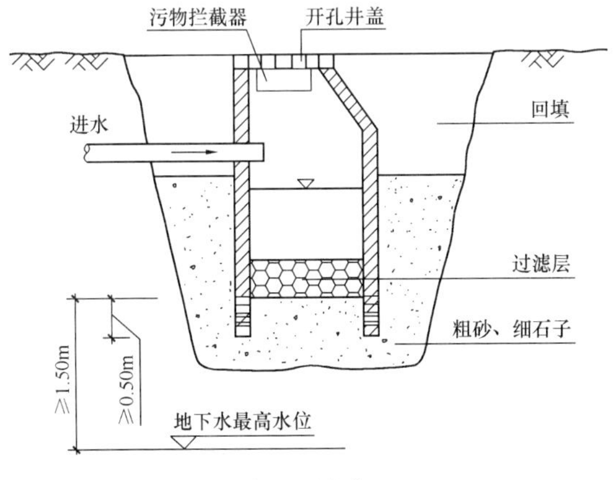

图16　渗井B

6.2.9　当不透水面的面积与有效渗水面积的比值大于15时可采用渗水池塘。这就要求池底部的渗透性能良好，一般要求其渗透系数$K \geqslant 1 \times 10^{-5}$ m/s，当渗透系数太小时会延长渗水时间与存水时间。应该估计到在使用过程中池（塘）的沉积问题，形成池（塘）沉积的主要原因为雨水中携带的可沉物质，这种沉积效应会影响池子的渗透性，在池子的首端产生的沉积尤其严重。因而在池的进水段设置沉淀区是很有必要的，同时还应通过设置挡板的方法拦截水中的漂浮物。对于不设沉淀区的池（塘）在设计时应考虑1.2的安全系数，以应对由于沉积造成的池底透水性的降低，但池壁不受影响。

保护人身安全的措施包括护栏、警示牌等。平时无水、降雨时才蓄水入渗的池（塘）尤其需要采取比常有水水体更为严格的安全防护措施，防止人员按平时活动习惯误入蓄水时的池（塘）。

6.2.10　本条主要参考了国家现行标准《土工合成材料应用技术规范》GB/T 50290、《公路土工合成材料应用技术规范》JTG/T D32的规定，详细的技术参数应根据雨水控制及利用的技术特点进一步测试确定。

土工布的水力学性能同样是土壤和土工布互相作用的重要性能，主要指土工布的有效孔径和渗透系数。土工布的有效孔径（EOS）或表观孔径（AOS）表示能有效通过的最大颗粒直径。目前具体试验方法有两种：干筛法和湿筛法。干筛法相对较简便但振筛时易产生静电，颗粒容易集结。湿筛法是在理论上可消除静电的影响，但因喷水后产生表面张力，集结现象并不能完全消除。两个标准的颗粒准备也不一样，干筛法标准颗粒制备是分档颗粒（从0.05mm～0.07mm至0.35mm～0.4mm分成9挡），逐挡放于振筛上（以土工布作为筛布）得出一系列不同粒径的筛余率，当某一粒径的筛余率等于总量的90%或95%时，该粒径即为该土工布的表观孔径或有效孔径，相应用O90或O95表示。湿筛法则采用混合颗粒（按一定的分布）经筛分后再测粒径，并求出有效孔径。目前国内应用的仍以干筛法为主。

短纤维针刺土工布是目前应用广泛的非织造土工布之一。纤维经过开松混合、梳理（或气流）成网、铺网、牵伸及针刺固结，最后形成成品，针刺形成的缠结强度足以满足铺放时的抗张应力，不会造成撕破、顶破。由于其厚度较大、结构蓬松，且纤维通道呈三维结构，过滤效率高，排水性能好。其渗透系数达10^{-1}～10^{-2}m/s，与砂粒滤料的渗透系数相当，但铺起来更方便，价格也不贵，因此用作反滤和排水最为合适。还具有一定增强和隔离功能，也可以和其他土工合成材料复合，具有防护等多种功能。由于非织造土工布具有反滤和排水的特点，因此在水力学性能方面要特别予以重视，一是有效孔径，二是渗透系数。要利用非织造布多孔的性质，使孔隙分布有利于截留细小颗粒泥土又不至于淤堵，这必须结合工程的具体要求，予以满足。

机织布材料有长丝机织布和扁丝机织布两种，材料以聚丙烯为主，单位重量一般为 $100g/m^2$～$300g/m^2$，多应用于制作反滤布的土工模袋。机织土工布具有强度高、延伸率低的特点，广泛使用在水利工程中，用作防汛抢险、土坡地基加固、坝体加筋、各种防冲工程及堤坝的软基处理等。其缺点是过滤性和水平渗透性差，孔隙易变形，孔隙率低，最小孔径在0.05mm～0.08mm，难以阻隔0.05mm以下的微细土壤颗粒；当机织布局部破损或纤维断裂时，易造成纱线绽开或脱落，出现的孔洞难以补救，因而应用受到一定的限制。

7　雨水储存与回用

7.1　一般规定

7.1.1　屋面雨水水质污染较少，并且集水效率高，是雨水收集的首选。广场、路面特别是机动车道雨水相对较脏，不宜收集。绿地上的雨水收集效率非常低，不经济。

图17表明了雨水集水面的污染程度与雨水收集回用系统的建设费及维护管理费之间的关系。要特别注意，雨水收集部位不同会给整个系统造成影响。也就是说，从污染较小的地方收集雨水，进行简单的沉淀和过滤就能利用，从高污染地点收集雨水，要设置深度处理系统，这是不经济的。

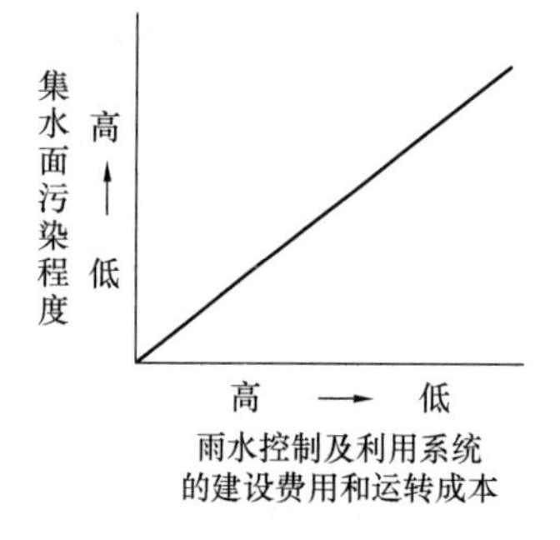

图17　雨水收集回用系统的费用示意

7.1.2　推荐景观水体和湿塘的理由是：水面景观水体和湿塘的面积一般较大，在设计水位上方可以储蓄大量雨水，做法是水面的平时水位和溢流水位之间预留一定空间，如100mm～300mm高度或更大。

当景观水体只采用雨水补水时，建议设置为雨季有水、旱季无水的旱塘形式。这样，旱塘的全部容积都可用于储存雨水。

7.1.3　雨水特别是地面雨水中含有的泥沙较多，经过泥沙分离，可减少蓄水池（罐）中的清淤工作。泥沙分离可采用成品设备，也可建造，类似于初沉池。

7.1.4　管网的供水曲线在设计阶段无法确定，水池容积一般按经验确定。条文中的数字25%～35%，是参考现行国家标准《建筑中水设计规范》GB 50336。

7.2　储存设施

7.2.1　雨水蓄水池（罐）设在室外而非室内能避免雨水淹入室内，保障排水安全。

蓄水池（罐）的设置位置首先考虑埋在室外地下，这样环境温度低、水质易保持。蓄水池（罐）也可以设在其他位置，参见表13。

表13　雨水蓄水池设置位置

设置地点	图　示	主要特点
设置在屋面上		1）节省能量，不需要给水加压 2）维护管理较方便 3）多余雨水由排水系统排除
设置在地面		维护管理较方便
设置于地下室内，能重力溢流排水		1）适合于大规模建筑 2）充分利用地下空间和基础
设置于地下室内，不能重力溢流排水		必须设置安全的溢流措施

7.2.2　检查口或人孔一般设在集泥坑的上方，以便于用移动式水泵排泥。检查口附近的给水栓用于接管冲洗池底。水池人孔或检查孔设双层井盖的目的是保护人身安全。

7.2.3　雨水收集系统的蓄水构筑物在发生超过设计能力降雨、连续降雨或在某种故障状态时，池内水位可能超过溢流水位发生溢流。重力溢流指靠重力作用能把溢流雨水排放到室外，且溢流口高于室外地面。屋面雨水管道特别是87型雨水斗系统一般能排除50年重现期暴雨，把雨水引入储存池，故储存池的溢流管应有能力排除这些雨水。

7.2.4　机动车道下方时，需要进行严格的结构受力计算。鉴于建筑小区工程中结构计算力量薄弱，故推荐型材拼装水池应用于非行车场地。池顶的覆土高出周围地面几十厘米，可防止机动车误上。

7.2.5 本条规定的目的是保证建筑物地下室不因降雨受淹。

1 室内蓄水池的溢流口低于室外路面时，可采用两种方式排除溢流雨水，自然溢流或设自动提升设备。当采用自动提升设备排溢流雨水时，可采用图18所示方式设置溢流排水泵。溢流提升设备的排水标准取50年重现期，参照现行行业标准《建筑屋面雨水排水系统技术规程》CJJ 142有关屋面溢流的规定。德国雨水规范中取的是100年重现期。

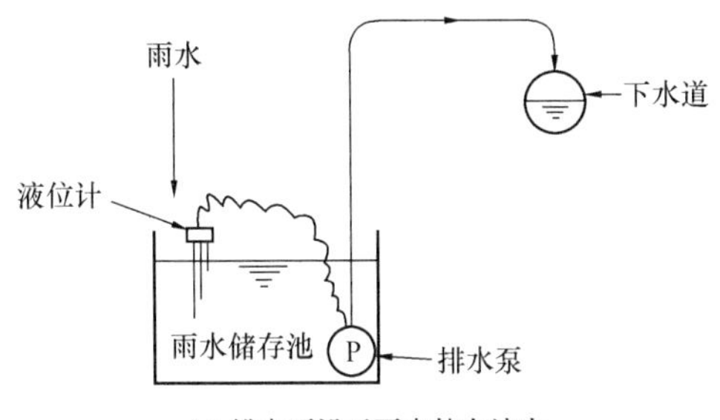

(a) 排水泵设于雨水储存池内

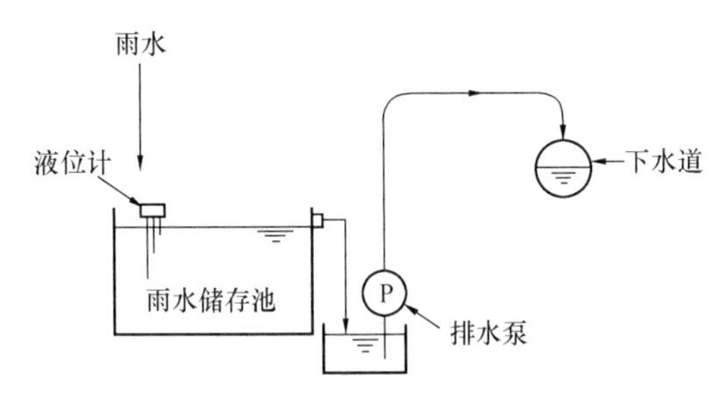

(b) 排水泵设于雨水储存池外

图18 溢流排水方式示意

2 当不设溢流提升设备时，可采用雨水自然溢流。但由于溢流口低于室外路面，则路面发生积水时会使雨水溢流不出去，甚至室外雨水倒灌进室内蓄水池。采用这种方式处理溢流雨水时，应采取防止雨水进入室内的措施。可采取的措施有多种，最安全的措施是蓄水池、弃流池与室内地下室空间隔开，使雨水进不到地下室内。另一种措施是地下雨水蓄水池和弃流池密闭设置，当溢流发生时不使溢流雨水进入室内，检查口标高应高于室外自然地面。由于蓄水构筑物可能被全部充满，必须设置的开口、孔洞不可通往室内，这些开口包括人孔、液位控制器或供电电缆的开口等，采用连通器原理观察液位的液位计亦不可设在建筑物室内。

3 地下室内雨水蓄水池发生的溢流水量有难于预测的特点，出现溢流特别是需设备提升溢流雨水时，人员应到位应付不测情况，这是设置溢流报警信号的主要目的。

7.2.6 出水和进水都需要避免扰动沉积物。出水的做法有：设浮动式吸水口，保持在水面下几十厘米处吸水；或者在池底吸水，但吸水口端设矮堰与积泥区隔开等。进水的做法是淹没式进水且进水口向上、斜向上或水平。图19中表示了浮动式吸水口和上向进水口。

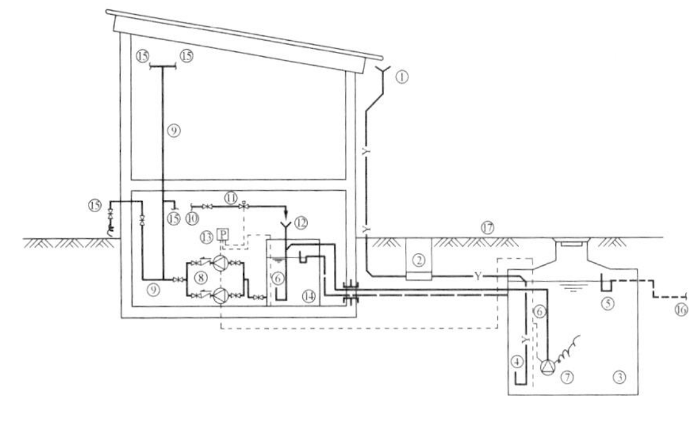

图19 雨水蓄存利用系统示意

①屋面集水与落水管；②滤网；③雨水蓄水池；④稳流进水管；⑤带水封的溢流管；⑥水位计；⑦吸水管与水泵；⑧泵组；⑨回用水供水管；⑩自来水管；⑪电磁阀；⑫自由出流补水口；⑬控制器；⑭补水混合水池；⑮回用水用水点；⑯渗透设施或下水道；⑰室外地面

进水端均匀进水方式包括沿进水边设溢流堰进水或多点分散进水。

7.2.8 塑料模块组合水池通过拼装塑料为原材料的单位模块构成具有90%以上储水率的整体水池，四周再以不透水土工膜包裹作为储水设施使用，如图20所示。

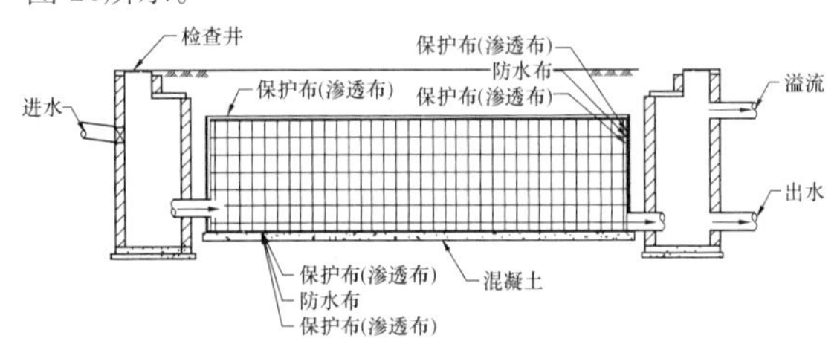

图20 塑料模块蓄水池

硅砂砌块组合水池由多个硅砂雨水井室有序排列组成地下水池，如图21所示。池底混凝土底板上局

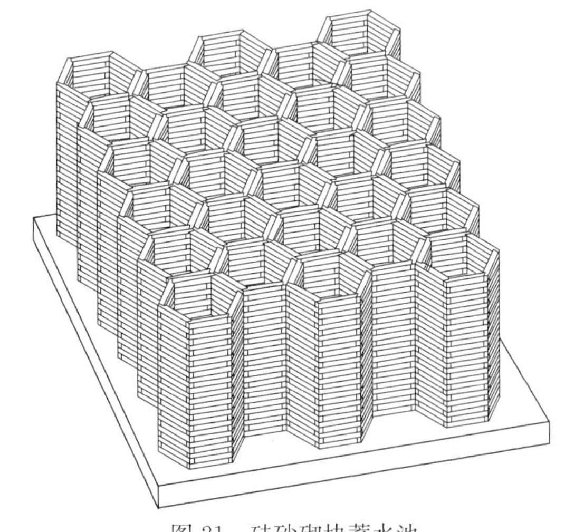

图21 硅砂砌块蓄水池

部采用透气防渗砂层，具有净化、储存雨水功能，能较好保持水池中的水质，且具有不受容积、场地大小限制，组合形状可因地制宜，施工周期短，硅砂可回收等优点。

7.2.9 用湿塘储存雨水既造价低又创造景观，有条件时应优先考虑。湿塘的构造示意见图22。图中的常水位为景观设计水位，进水管处的沉泥区为前置区。常水位上方的容积用于储存雨水，供雨水用户使用。图中的进水管应从近旁的检查井接出，该检查井的进水管或进水沟渠的内底不宜低于图中最上方的调节水位。

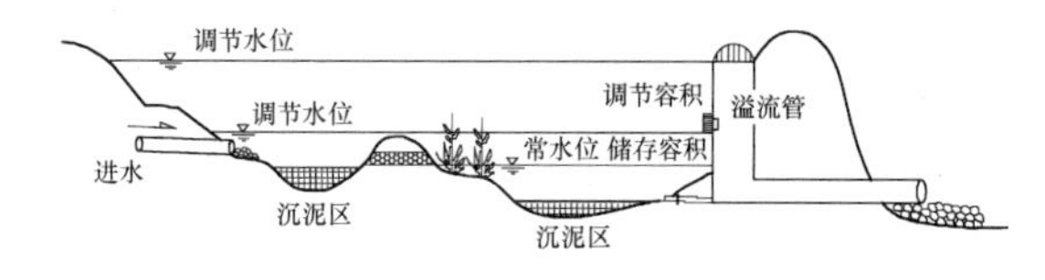

图22 湿塘

湿塘还适宜作调蓄排放设施。用作调蓄排放设施时，应在下方的调节水位处设置排水口，该口的排水能力应小于设计峰值流量控制值。

7.2.10 排空装置包括重力排空管道（有条件时）或水泵。12h排空能力可保障为即将到来的暴雨清空蓄水容积，减小外排流量。水池容积大于回用系统3倍的最高日用水量，表明水池偏大，雨水容易在池内积存，不易及时耗用掉。

7.3 雨水回用供水系统

7.3.1 本条为强制性条文。

管道分开设置指两类管道系统从水源到用水点都是独立的，之间没有任何形式的连接，包括通过倒流防止器等连接。雨水的来源是不稳定的，因此雨水供水系统都设补充水。当采用生活饮用水补水时，补水管道出口和雨水的水面之间应有空气隔断。

雨水控制及利用系统作为项目配套设施进入建筑小区和室内，安全措施十分重要。回用雨水执行的水质标准是杂用水、景观用水等，属非饮用水，因此严禁回用雨水进入生活饮用水系统。

要求采用生活饮用水水质标准供水补水的系统都属于生活饮用水系统。游泳池、与人体密切接触的水景、戏水等设施都要求采用生活饮用水补水，因此不可采用回用雨水补水。

建筑与小区中的回用雨水存在意外进入生活饮用水系统的风险，因此需要采取严格措施防范。

条文的实施与检查如下：

1 实施：在设计及施工安装中，雨水清水池、雨水供水泵和雨水供水管道系统应和生活饮用水管道完全分开。生活饮用水作为补水时，补水管道包括市政来水补水管道不得向雨水供水管道中补水。有的工程为了利用生活饮用水补水管道的水压、节省雨水供水泵的运行电耗，通过倒流防止器使两类管道连接在一起，这是不允许的。

2 检查：应审核设计图中和检查工程中雨水供水管道系统的补水管接入点，当补水为生活饮用水时，补水点应在雨水池（箱）；审核和检查雨水管道上连接的其他类管道不得是生活饮用水管道；当雨水作为补水向其他管道系统补水时，比如消防灭火水系统、循环冷却水系统、景观水系统，绿地浇洒系统等，也要同样审核和检查雨水管没有通过被补水的系统连接到生活饮用水管道。工程安装过程往往出现两种管道连通的事故，虽然在连通管上设置常闭阀门、止回阀、倒流防止器，但仍属于两种管道没有分开，存在安全隐患。

7.3.2 收集回用系统的雨水用量计算中所包括的用水部位，雨水回用管网应延伸到这些部位，这样才能使收集的雨水及时供应出去，保证雨水控制及利用设施发挥作用。工程中有条件时，雨水供水管网的供水范围应尽量比水量计算的范围扩大一些，以消除计算与实际用水的误差，确保雨水能及时耗用掉，使雨水蓄水池周转出空余容积收集可能的后续雨水。

工程实践中时常发现，回用管网并未向全部雨水用户供水。比如，雨水用量计算中含有冲厕、冲洗车库地面，但雨水供应管网并未入户冲厕或未冲洗车库。

7.3.3 雨水回用系统很难做到连续有雨水可用，因此须设置稳定可靠的补水水源，并应在雨水储罐、雨水清水池或雨水供水箱上设置自动补水装置，对于只设雨水蓄水池的情况，应在蓄水池上设置补水。在非雨季，可采用补水方式，也可关闭雨水设施，转换成其他系统供水。

1 补水可能是生活饮用水，也可能是再生水，要特别注意补充的再生水水质不得低于雨水的水质。

2 雨水供应不足应在如下情况下进行补水：

1）雨水蓄水池里没有了雨水；

2）雨水清水池里的雨水已经用完。

发生任何一种情况补水便应启动补水。

补水水位应满足如下要求：补水结束时的最高水位之上应留有容积，用于储存处理装置的出水，使雨水处理装置的运行不会因补水而被迫中断。

3 补水流量一般不应小于管网系统的最大时水量。

7.3.4 本条为强制性条文。

生活饮用水管道向雨水供水系统补水时，因不能和雨水管道连接，故只能向雨水池（箱）内补水。当向雨水池（箱）补水时，存在多种被污染的可能性，如：雨水在虹吸作用下从补水口倒流入补水管道；补水口被浸没，污染物沿补水管道扩散；水池内环境差，污染补水口从而污染补水管道内的水质。本条规定是为了避免这些污染的发生。

溢流水位是指溢流管喇叭口的沿口面。当溢流管口从水池（箱）的侧壁水平引出时，溢流水位应从管口的内顶计。当补水管的管口从水池（箱）的侧壁引入时，补水口与溢流水位的间距应从补水口的内底计。淹没式浮球阀补水违反空气隔断要求，应严格禁止。

向雨水蓄水池补水的补水管口应设在池外，池外补水方式可参见图19。池外补水口也应设空气隔断，且隔断间距满足本条第1款的规定。雨水蓄水池的补水口设在池内存在污染危险，污染因素之一是池水水质较差，会污染补水口；污染因素之二是雨水入流量随机变化，不可控制，有充满水池的可能。

条文的实施与检查如下：

1 实施：设计图纸中应画出雨水清水池（箱）、补水管、雨水进水管、溢流管。当补水为生活饮用水时，应标注空气隔断间距尺寸以及补水管的管径、雨水进水管的管径、溢流管的管径，画出溢流水位线。雨水蓄水池的生活补水管口应在池外，且应标注空气隔断距离尺寸。

工程安装中应核实图纸设计符合本条要求，当不符合时，应要求设计人员进行修改并且按本条文要求安装。

2 检查：应审核设计图中和检查工程中的雨水清水池（箱）、雨水蓄水池。清水池应有补水管，无清水池时蓄水池应有补水管；补水管口应有空气隔断，且隔断间距符合要求；清水池（箱）应有溢流管，且溢流管的管径应比雨水进水管的管径大一号。雨水蓄水池的补水口应在池外。

7.3.5 这是一种比较特殊的情况。雨水一般可有多种用途，有不同的水质标准，大多采用同一个管网供水，同一套水质处理装置，水质取其中的最高要求标准。但是有这样一种情况：标准要求最高的那种用水的水量很小，这时再采用上述做法可能不经济，宜分开处理和分设管网。

7.3.6 供水方式包括水泵水箱的设置、系统选择、管网压力分区等。

水泵选择和管道水力计算包括用水点的水量水压确定、设计秒流量计算公式的选用、管道的压力损失计算和管径选择、水泵和水箱水罐的参数计算与选择等。

7.3.7 设置水表的主要作用是核查雨水回用量以及经济核算。

7.3.8 雨水和自来水相比腐蚀性要大，宜优先选用管道内表面为非金属的管材。

7.3.9 本条为强制性条文。

雨水回用系统在使用过程中存在误接、误用、误饮的危险。误接往往发生在住宅装修过程、埋地管道维修过程，所以雨水管道外壁必须涂色或标识，以便防止雨水管道误认为生活饮用水管道并与之连接。“雨水”标识虽然能防止认识且能看到文字的人误饮误用，但无光线时，以及儿童、盲人、文盲人群无法辨认，所以应在取水口上设锁具或专门开启工具。

条文的实施与检查如下：

1 实施：在设计中应在施工设计说明图纸中规定管道外壁的涂色和标识，管道系统图及平面图中雨水管道上的取水口（比如冲洗车库地面取水口）应表示出带锁或专门开启工具。施工安装中应对条文逐条执行。

2 检查：应审核施工设计图纸中的设计说明和雨水回用系统的系统图、平面图，图纸中应有雨水管道的涂色或标识说明，雨水管道上的取水口应采用图例或文字表明设锁具或专门开启工具。工程检查中应按条文要求逐项检查。

7.4 系统控制

7.4.1 降雨属于自然现象，降雨的时间、雨量的大小都具有不确定性，雨水收集、处理设施和回用系统应考虑自动运行，采用先进的控制系统降低人工劳动强度，提高雨水控制及利用率，控制回用水水质，保证人民健康。给出的三种控制方式是电气专业的常规作法。

7.4.2 对水处理设施的自动监控内容包括各个工艺段的出水水质、净化工艺的工作状态等。回用水系统内设备的运行状态包括蓄水池液位状态、回用水系统的供水状态、雨水系统的可供水状态、设备在非雨季时段内的可用状态等。并能通过液位信号对系统设备运行实施控制。

7.4.3 降雨具有季节性，雨季内的降雨也并非连续均匀。由于雨水回用系统不具备稳定持续的水源，因此雨水净化设备不能连续运转。净化设备启停等应由雨水蓄水池和清水池的水位进行自动控制。

7.4.4 水量计量可采用水表，水表应在两个部位设置，一个部位是补水管，另一个部位是净化设备的出水管或向回用管网供水的干管上。

7.4.5 雨水收集、处理系统作为回用水系统供水水源的一个组成部分，本身具有水量不稳定的缺点，回用水系统应具有如生活给水、中水给水等其他供水水源。当采用其他供水水源向雨水清水池补水的方式时，补水系统应由雨水清水池的水位自动控制。清水池在其他水源补水的满水位之上应预留雨水处理系统工作所需要的调节容积。

8 水质处理

8.1 处理工艺

8.1.1 影响雨水回用处理工艺的主要因素有：雨水

能回收的水量，雨水原水水质，雨水的回用部位的水质要求。三者相互联系，影响雨水回用水处理成本和运行费用。在工艺流程选择中还应充分考虑其他因素，如降雨的随意性很大，雨水回收水源不稳定，雨水储蓄和设备时常闲置期等，目前一般雨水控制及利用尽可能简化处理工艺，以便满足雨水控制及利用的季节性，节省投资和运行费用。

8.1.4 雨水的可生化性很差（详见本规范第3.1.7条条文说明），因此推荐采用物理、化学处理等便于适应季节间断运行的雨水处理技术。

雨水处理是将雨水收集到蓄水池中，再集中进行物理、化学处理，去除雨水中的污染物。目前给水与污水处理中的许多工艺可以应用于雨水处理中。

8.1.5 此工艺的出水当达不到景观水体的水质要求时，可考虑利用景观水体的自然净化能力和水体的水质维持净化设施对混有雨水的水体进行净化。景观水体有确切的水质指标要求时，一般设有水体净化设施。对于地面雨水散流方式进入水体时，可设法使雨水流经草地或者流经岸边砾石沟使之初步净化，再进入水体，这样可省略初期雨水弃流设施。当景观水体设计为雨季有水、旱季无水的形式时，水体可不进行水循环过滤处理。

景观水体是最经济的雨水储存设施，当水体有条件设置雨水储存容积时，应利用水体储存雨水，而不应再另建雨水储存池。

8.1.6、8.1.7 沉砂处理可采用沉砂井，蓄水池沉淀指雨水储存期间的自然沉淀，过滤采用筛网快速过滤器时，其孔径宜为100μm～500μm。

8.1.8 这类用水的水质较绿地浇洒类的水质要求较高，故需要采用絮凝过滤或气浮。特别是对于北方的雨水，普通砂滤很难把雨水中的COD_{Cr}降到30mg/L以内，故需要投加絮凝剂，同时严格做好初期雨水弃流。絮凝过滤宜采用砂滤料，粒径$d \leqslant 1.0$mm，滤层厚度H=800mm～1000mm。混凝剂宜采用聚合氯化铝，投入量宜10mg/L。当过滤水量≥50m^3/h时可选用纤维球过滤器，反冲洗采用水气结合方式。

8.1.9 用户对水质有较高的要求时，应增加相应的深度处理措施，这一条主要是针对用户对水质要求较高的场所，其用水水质应满足国家有关标准的规定，比如空调循环冷却水补水、生活用水和其他工业用水等，其水处理工艺应根据用水水质进行深度处理，如混凝、沉淀、过滤后加活性炭过滤或膜过滤等处理单元等。

8.1.10 本条是根据经验推荐雨水回用水的消毒方式，一般雨水回用水的加氯量可参考给水处理厂的加氯量。依据国外运行经验，加氯量在2mg/L～4mg/L左右，出水即可满足城市杂用水水质要求。

当绿地和路面浇洒限于夜间时，可不消毒。滴灌雨水不宜消毒。

8.1.11 雨水处理过程中产生的沉淀污泥多是无机物，且污泥量较少，污泥脱水速度快，简单处置即可，可采用堆积脱水后外运等方法，一般不需要单独设置污泥处理构筑物。

8.2 处理设施

8.2.1 处理设备采用雨水回用系统的最高日用水量的目的是把蓄水池中的雨水尽快转移到清水池中，使蓄水池能够承接后续的雨水。雨水处理的日运行时间宜采用20h～24h。绿地和道路浇洒等往往不再设清水池或高位水箱，需要按设计秒流量配置处理设备。

8.2.2 雨水在蓄水池中的停留时间较长，一般为1d～3d或更长，具有较好的沉淀去除效率，蓄水池的设置应充分发挥其沉淀功能。雨水供水泵从蓄水池吸水应尽量吸取上清液。

8.2.3 石英砂、无烟煤、重质矿石等滤料构成的快速过滤装置，都是建筑给水处理中一些较成熟的处理设备和技术，在雨水处理中可借鉴使用。雨水过滤设备采用新型滤料和新工艺时，设计参数应按实验数据确定。当雨水回用于循环冷却水时，应进行深度处理。深度处理设备可以采用膜过滤和反渗透装置等。

8.3 雨水处理站

8.3.5 雨水处理站的设计中，对采用药剂所产生的污染危害应采取有效的防护措施。

根据本规范8.1.10条，回用雨水宜作消毒处理。本条目的在于提出对消毒药剂用量的控制和浓度处置要求。

氯离子和臭氧是水处理中最常见的消毒剂，其中余氯被很多国家作为各类管网抑制微生物的主要水质指标，两类消毒剂的主要作用原理都是强氧化。

近年来有研究发现，水中的余氯通过如人体皮肤、鼻孔、口腔、肺部、毛发、眼睛等，很容易快速吸收，过量余氯可能导致头发产生干涩、断裂、分叉，或引发皮肤过敏症，也有研究声明过量余氯与癌症有相关性。另有研究认为臭氧吸入体内后，通过-超氧基（O2-）自由基作用，造成细胞损伤，可使人的呼吸道炎症病变，引发呼吸道刺激症状、咳嗽、头疼。可见，消毒剂过量投加的副作用是可能的潜在污染危害。

从处理后雨水的用途看，无论是冷却塔补水还是通过喷灌、微灌方式浇洒，均不能排除与操作人员、附近路人等皮肤接触的可能性，特别是对于少年儿童。

从雨水水质看，不同季节的污染物浓度变化剧烈。相关研究表明，相对洁净的天落水*BOD*/*COD*比值很低，而另一些雨水可能微生物含量很高，这就造成消毒剂投加量控制的困难。本条提出的原则，意在要求雨水处理站设计中，关注这一问题。针对不同消毒工艺，应控制好消毒剂用量，必要情况下，应采取吸收工艺等防护措施，杜绝药剂所产生的污染危害。

9 调 蓄 排 放

9.0.1 调蓄设施设室外而不设室内是为了避免雨水倒灌进室内。对于和建筑连通的下沉广场，雨水调蓄池设在室外确有困难时，可设置在室内。

9.0.2 在雨水管道设计中利用一些天然洼地、池塘、景观水体等作为调蓄池，对降低工程造价和提高系统排水的可靠性很有意义。若没有可供利用的天然洼地、池塘或景观水体作调蓄池，亦可采用人工修建的调蓄池。人工调蓄池的布置，既要考虑充分发挥工程效益，又要考虑降低工程造价。

此外，当需要设置雨水泵站时，若配套设置调蓄池，则可降低装机容量，减少泵站的造价。

9.0.3 调蓄设施能够排空是基本要素，如此才能实现调蓄功能。

9.0.4 调蓄设施重力排空为自动进行，不需人工操作，其排放流量应该进行控制。流量控制方式可采用流量控制井（成品），也可用排水管管径控制。

9.0.5 排空水泵的流量应按本规范第 4.3.7 条确定。

9.0.6 雨水从池上游管道或水渠流入调蓄池，待池满后，进入水池的雨水经溢流管流入下游管道。水池截留的雨水待雨后经排水泵排入下游管道。排水泵也可在降雨过程中排水，但水泵的流量需要控制，不应超过汇水面按径流系数约 0.2 汇流的峰值流量。调蓄池构造如图 23 所示。

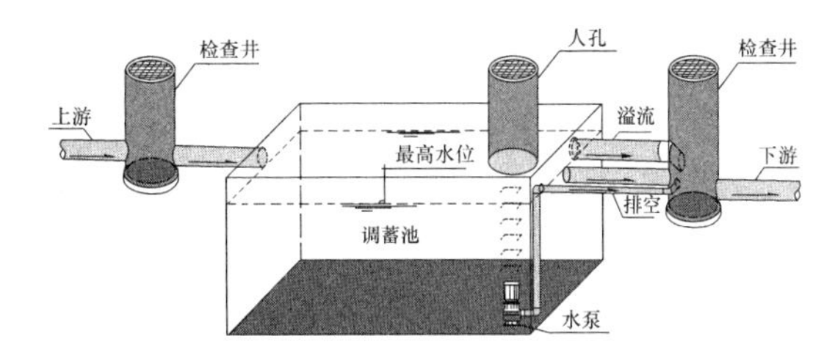

图 23 调蓄池示意

当蓄水池有条件采用重力排水时，则水池边进水边排水。进水量小于出水量时，雨水全部流入下游干管而排走。当进水量大于出水量时，池内逐渐累积多余的水量，池内水位逐渐上升，直到进水量减少至小于池下游干管的通过能力时，池内水位才逐渐下降，至排空为止。

9.0.9 水体和湿塘用于调蓄排放设施的构造类似于用作收集回用系统的雨水储存池，最主要的不同点在于作调蓄排放设施使用时，应在设计正常水位上方处设置雨水排放口且控制流量，而用于收集回用系统时不需要。参见本规范第 7.2.9 条条文说明。

9.0.10 当建设场地的应控制雨水量较大而雨水用户的用水量较小时，应设置收集回用和调蓄排放合用的储水设施。储存的雨水应先回用，待下次大雨到来前仍未回用完时再排放。

中华人民共和国国家标准

民用建筑太阳能热水系统应用技术标准

Technical standard for solar water heating system of civil buildings

GB 50364—2018

主编部门：中华人民共和国住房和城乡建设部

批准部门：中华人民共和国住房和城乡建设部

施行日期：2 0 1 8 年 1 2 月 1 日

14

目　次

14

1 总 则

1.0.1 为规范太阳能热水系统的设计、安装、工程验收和日常维护，使民用建筑太阳能热水系统安全可靠、性能稳定、节能高效、与建筑协调统一，保证工程质量，制定本标准。

1.0.2 本标准适用于新建、扩建和改建的民用建筑，以及既有建筑增设和改造的太阳能热水系统的设计、安装、验收和运行维护。

1.0.3 太阳能热水系统应纳入建筑工程管理，统一规划、同步设计、同步施工，与建筑工程同时投入使用。

1.0.4 民用建筑应用太阳能热水系统，除应符合本标准外，尚应符合国家现行有关标准的规定。

2 术 语

2.0.1 民用建筑 civil building

供人们居住和进行公共活动的建筑总称。

2.0.2 太阳能热水系统 solar water heating system

将太阳能转换成热能以加热水的系统装置。包括太阳能集热器、贮热水箱、泵、连接管路、支架、控制系统和必要时配合使用的辅助能源。

2.0.3 集中-集中供热水系统 collective-collective hot water supply system

采用集中的太阳能集热器和集中的贮热水箱供给一幢或几幢建筑物所需热水的系统。

2.0.4 集中-分散供热水系统 collective-individual hot water supply system

采用集中的太阳能集热器和分散的贮热水箱供给一幢建筑物所需热水的系统。

2.0.5 分散-分散供热水系统 individual-individual hot water supply system

采用分散的太阳能集热器和分散的贮热水箱供给各个用户所需热水的小型系统。

2.0.6 太阳能直接系统 solar direct system

在太阳能集热器中直接加热水给用户的太阳能热水系统。

2.0.7 太阳能间接系统 solar indirect system

在太阳能集热器中加热某种传热工质，再使该传热工质通过换热器加热水给用户的太阳能热水系统。

2.0.8 自然循环系统 natural circulation system

仅利用传热工质内部的密度变化来实现集热器和贮热水箱之间或集热器与换热器之间进行循环的太阳能热水系统。

2.0.9 强制循环系统 forced circulation system, mechanical circulation system

利用泵迫使传热工质通过集热器（或换热器）进行循环的太阳能热水系统。

2.0.10 直流式系统 series-connected system

传热工质一次流过集热器加热后，进入贮热水箱或用热水处的非循环太阳能热水系统。

2.0.11 真空管集热器 evacuated tube collector

采用透明管（通常为玻璃管）并在管壁与吸热体之间有真空空间的太阳能集热器。

2.0.12 平板型集热器 flat plate collector

吸热体表面基本为平板形状的非聚光型太阳能集热器。

2.0.13 集热器总面积 gross collector area

整个集热器最大的投影面积（m^2），不包括那些固定和连接传热工质管路组成部分。

2.0.14 集热器倾角 tilt angle of collector

太阳能集热器与水平面的夹角。

2.0.15 贮热水箱 heat storage tank

太阳能热水系统中储存热水的装置。

2.0.16 缓冲水箱 buffer tank

在集中-分散供热水系统中，设置在集中的太阳能集热器和分散的贮热水箱之间的储存装置。

2.0.17 系统费效比 cost / benefit ratio of the system

太阳能热水系统的增投资与系统在正常使用寿命内的总节能量的比值，表示利用太阳能节省常规能源热量的投资成本（元/kWh）。

2.0.18 太阳辐照量 solar irradiation

接收到太阳辐射能的面密度（kWh/m^2）。

2.0.19 太阳能保证率 solar fraction

系统中由太阳能部分提供的热量占系统总负荷的百分率。

2.0.20 太阳能热水系统与建筑一体化 integration of building with solar water heating system

将太阳能热水系统纳入建筑设计中，使太阳能热水系统成为建筑的一部分，保持建筑外观和内部功能和谐统一。

2.0.21 日照标准 sunlight standards

根据建筑物所处的气候区，城市大小和建筑物的使用性质决定的，在规定的日照标准日（冬至日或大寒日）有效日照时间范围内，以底层窗台面为计算起点的建筑外窗获得的日照时间。

2.0.22 日照时数 hours of sunshine

太阳中心从出现在一地的东方地平线到进入西方地平线，其直射光线在无地物、云、雾等任何遮蔽的条件下，照射到地面所经历的小时数。

2.0.23 平屋面 flat roof

坡度小于3%的屋面。

2.0.24 坡屋面 slope roof

坡度大于或等于3%的屋面。

3 基 本 规 定

3.0.1 太阳能热水系统设计和建筑设计应适应使用

者的生活规律，结合日照和管理要求，创造安全、卫生、方便、舒适的生活环境。

3.0.2 太阳能热水系统应与建筑一体化设计，并应充分考虑使用、施工安装和维护等要求。

3.0.3 太阳能热水系统类型的选择，应根据建筑物类型、使用功能、安装条件、使用者要求、地理位置、气候条件、太阳能资源等因素综合确定。

3.0.4 在既有建筑上增设或改造太阳能热水系统，必须经建筑结构安全复核，并应满足建筑结构的安全性要求。

3.0.5 建筑物上安装太阳能热水系统，不得降低相邻建筑的日照标准。

3.0.6 建筑的主体结构或结构构件应能承受太阳能热水系统传递的荷载和作用。

3.0.7 太阳能集热器的支撑结构应满足太阳能集热器运行状态的最大荷载和作用。

3.0.8 太阳能热水系统的连接件与主体结构的锚固承载力设计值应大于连接件本身的承载力设计值。

3.0.9 安装在屋面、阳台、墙面的集热器与建筑主体结构通过预埋件连接，预埋件应在主体结构施工时埋入，位置应准确；当没有条件采用预埋件连接时，应采用其他可靠的连接措施，并通过试验确定承载力。

3.0.10 太阳能热水系统应配置辅助能源加热设备，且辅助能源加热设备应结合运行控制方式配置。

3.0.11 安装在建筑上的太阳能集热器应规则有序、排列整齐。太阳能热水系统配备的输水管和电气管线应安全、隐蔽、集中布置，并应与建筑物其他管线统筹安排、同步设计、同步施工，便于安装维护。

3.0.12 太阳能热水系统应安装计量装置。

3.0.13 安装太阳能热水系统建筑的主体结构，应符合国家现行建筑施工质量验收标准的规定。

3.0.14 太阳能热水系统设计应进行系统节能、环保效益预评估，并宜在系统运行后，进行能耗的定期监测。

4 建 筑 设 计

4.1 一 般 规 定

4.1.1 应用太阳能热水系统的民用建筑规划、设计，应综合考虑场地条件、建筑功能、周围环境等因素；在确定建筑布局、朝向、间距、全体组合和空间环境时，应结合建设地点的地理位置、气候条件，满足太阳能热水系统设计和安装的技术要求。安装太阳能热水系统的建筑单体或建筑全体，主朝向宜为南向。建筑群体和空间组合应与太阳能热水系统紧密结合，并应为接收较多的太阳能创造条件。

4.1.2 应用太阳能热水系统的民用建筑，太阳能热水系统类型的选择，应根据建筑物的使用功能、热水供应方式、集热器安装位置和系统运行等因素，经综合比较确定。

4.1.3 太阳能热水系统安装在建筑屋面、阳台、墙面或其他部位，不得影响该部位的建筑功能，并应与建筑一体化，保持建筑统一和谐的外观。

4.1.4 建筑设计应为太阳能热水系统的安装、使用、维护等提供必要的条件。

4.1.5 太阳能热水系统的管线不得穿越其他用户的室内空间。

4.1.6 建筑物周围的环境景观与绿化种植，应避免对投射到太阳能集热器上的阳光造成遮挡。

4.2 建 筑 设 计

4.2.1 应合理确定太阳能热水系统各组成部件在建筑中的位置，并应满足所在部位的防水、排水和系统检修的要求。

4.2.2 建筑的体形和空间组合应避免安装太阳能集热器部位受建筑自身及周围设施和绿化树木的遮挡，并应满足太阳能集热器有不少于4h日照时数的要求。

4.2.3 安装太阳能集热器的建筑部位，应设置防止集热器损坏后部件坠落伤人的安全设施。

4.2.4 当直接以太阳能集热器构成建筑围护结构时，集热器应与建筑牢固连接，与周围环境协调，并应满足所在部位的结构安全和建筑防护功能要求。

4.2.5 设置太阳能集热器的平屋面应符合下列规定：

1 太阳能集热器支架应与屋面固定牢固，当使用地脚螺栓连接时，应在地脚螺栓周围做防水和密封处理；

2 当在屋面防水层上放置集热器时，屋面防水层应上翻至基座上部，并应在基座下部增设附加防水层；

3 集热器周围屋面、检修通道、屋面出入口和集热器之间的人行通道上部应铺设保护层；

4 当集热器设置在屋面构架或屋面飘板上时，构架和飘板下的净空高度应满足系统检修和使用功能要求。

4.2.6 设置太阳能集热器的坡屋面应符合下列规定：

1 屋面的坡度宜结合集热器接收阳光的最佳倾角确定，即当地纬度$\pm10^{\circ}$；

2 集热器宜采用顺坡镶嵌或顺坡架空设置；

3 集热器支架应与埋设在屋面板上预埋件固定牢固，并应采取防水措施；

4 集热器与屋面结合处雨水排放应通畅；

5 顺坡镶嵌的集热器与周围屋面连接部位应做好防水构造处理；

6 集热器顺坡镶嵌在屋面上，不得降低屋面整体的保温、隔热、防水等性能；

7 顺坡架空在坡屋面上的集热器与屋面间空隙

不宜大于100mm。

4.2.7 在阳台设置太阳能集热器应符合下列规定：

1 设置在阳台栏板上的集热器支架应与阳台栏板上的预埋件牢固连接；

2 当集热器构成阳台栏板时，应满足阳台栏板的刚度、强度及防护功能要求。

4.2.8 设置太阳能集热器的墙面应符合下列规定：

1 低纬度地区设置在墙面的集热器宜有适当倾角；

2 设置集热器的墙面除应承受集热器荷载外，还应采取必要的技术措施避免安装部位可能造成的墙面变形、裂缝等；

3 集热器支架应与墙面上的预埋件应连接牢固，必要时在预埋件处增设混凝土构造柱；

4 当集热器与贮热水箱相连的管线穿墙面时，应在墙面预埋防水套管，并应对其与墙面相接处进行防水密封处理，防水套管应在墙面施工时埋设完毕，穿墙管线不宜设在结构柱处；

5 集热器镶嵌在墙面时，墙面装饰材料的色彩、分格宜与集热器协调一致。

4.2.9 贮热水箱的设置应符合下列规定：

1 贮热水箱宜靠近用水部位；

2 贮热水箱宜设置在室内；

3 贮热水箱设置在阳台时，不应影响建筑外观；

4 设置贮热水箱的位置应采取相应的排水、防水措施；

5 贮热水箱上方及周围应留有安装、检修空间，净空不宜小于700mm。

4.2.10 集热器与贮热水箱相连的管线穿屋面、墙面、阳台或其他建筑部位时，应在相应部位预埋防水套管，并应对接触处进行防水密封处理。防水套管应在屋面防水层施工前埋设完毕。

5 太阳能热水系统设计

5.1 一般规定

5.1.1 太阳能热水系统设计应纳入建筑给水排水设计，除应符合本标准以外，还应符合现行国家标准《建筑给水排水设计规范》GB 50015的相关规定。

5.1.2 太阳能热水系统设计应遵循节水节能、安全简便、耐久可靠、经济实用、便于计量的原则。

5.1.3 太阳能热水系统设计应合理选择其类型、色泽和安装位置，并应与建筑物整体及周围环境相协调。

5.2 系统分类与选择

5.2.1 太阳能热水系统可由太阳能集热系统、供热水系统、辅助能源系统、电气与控制系统等构成。其中，太阳能集热系统可包括太阳能集热器、储热装置、水泵、支架和连接管路等。

5.2.2 按系统的集热与供热水方式，太阳能热水系统可分为下列三类：

1 集中-集中供热水系统；

2 集中-分散供热水系统；

3 分散-分散供热水系统。

5.2.3 按集热系统的运行方式，太阳能热水系统可分为下列三类：

1 自然循环系统；

2 强制循环系统；

3 直流式系统。

5.2.4 按生活热水与集热系统内传热工质的关系，太阳能热水系统可分为下列两类：

1 直接系统；

2 间接系统。

5.2.5 按辅助能源的加热方式，太阳能热水系统可分为下列两类：

1 集中辅助加热系统；

2 分散辅助加热系统。

5.2.6 民用建筑中太阳能热水系统的类型应结合工程实际情况进行选择，类型选择应符合下列规定：

1 有集中热水要求的民用建筑宜采用集中-集中太阳能热水系统。

2 普通住宅建筑宜每单元采用集中-分散供热太阳能热水系统或分散-分散太阳能热水系统。

3 集热系统宜按分栋建筑或每单元建筑设置；当需合建系统时，太阳能集热器阵列总出口至贮热水箱的距离不宜大于300m。

4 太阳能热水系统应根据集热器类型及其承压能力、集热器布置方式、运行管理条件等因素，采用闭式集热系统或开式集热系统。

5.3 技术要求

5.3.1 太阳能热水系统及其主要部件的技术指标，应符合相关太阳能产品国家现行标准的规定。

5.3.2 太阳能热水系统应采取防冻、防结露、防过热、防电击、防雷、抗雹、抗风、抗震等技术措施。

5.3.3 太阳能热水系统应有良好的耐久性能，系统中集热器、贮热水箱、支架等主要部件的正常使用寿命不应少于10年。

5.3.4 太阳能热水系统的供水水温、水压和水质应符合现行国家标准《建筑给水排水设计规范》GB 50015的有关规定。

5.3.5 太阳能热水系统中的辅助能源加热设备种类应根据建筑物使用特点、热水用量、能源供应、维护管理及卫生防菌等因素选择，并应符合现行国家标准《建筑给水排水设计规范》GB 50015的有关规定。

5.4 太阳能集热系统

5.4.1 太阳能集热系统设计应符合下列规定：

1 建筑物上安装太阳能集热器，每天有效日照时间不得小于4h，且不得降低相邻建筑的日照标准；

2 安装在建筑物屋面、阳台、墙面和其他部位的太阳能集热器、支架和连接管路，均应与建筑功能和造型一体化设计；

3 太阳能集热器不应跨越建筑变形缝设置；

4 太阳能集热器的尺寸规格宜与建筑模数相协调。

5.4.2 太阳能集热器总面积确定应符合下列规定：

1 直接系统的集热器总面积可按下列公式计算：

$$A_C = \frac{Q_w \rho_w C_w (t_{end} - t_o) f}{J_T \eta_{cd} (1 - \eta_L)} \quad (5.4.2\text{-}1)$$

$$Q_w = q_r m b_1 \quad (5.4.2\text{-}2)$$

式中：A_C——直接系统的集热器总面积（m^2）；

Q_w——日均用热水量（L）；

C_w——水的定压比热容［kJ/(kg·℃)］；

ρ_w——水的密度（kg/L）；

t_{end}——贮热水箱内热水的终止设计温度（℃）；

t_o——贮热水箱内冷水的初始设计温度，通常取当地年平均冷水温度（℃）；

J_T——当地集热器采光面上的年平均日太阳辐照量（kJ/m^2），可按本标准附录A确定；

f——太阳能保证率（%），太阳能热水系统在不同太阳能资源区的太阳能保证率f可按表5.4.2-3的推荐范围选取；

η_{cd}——基于总面积的集热器年平均集热效率（%），应根据集热器产品基于集热器总面积的瞬时效率方程（瞬时效率曲线）的实际测试结果，按本标准附录B规定的方法进行计算；

η_L——太阳能集热系统中贮热水箱和管路的热损失率，根据经验取值宜为0.20～0.30；

q_r——平均日热水用水定额［L/(人·d)，L/(床·d)］，应符合现行国家标准《建筑给水排水设计规范》GB 50015的相关规定，并应按表5.4.2-1确定；在计算太阳能集热器总面积时，应选用表5.4.2-1中的平均日热水用水定额；

m——计算用水的人数或床数；

b_1——同日使用率，平均值应按实际使用工况确定，当无条件时，可按表5.4.2-2取值。

表5.4.2-1 热水用水定额

序号	建筑物类型			单位	用水定额（L）		使用时间（h）
					最高日	平均日	
1	住宅	Ⅱ	有自备热水供应和沐浴设备	每人每日	40～80	20～60	24
		Ⅲ	有集中热水供应和沐浴设备		60～100	25～70	24
2	别墅			每人每日	70～110	30～80	24
3	酒店式公寓			每人每日	80～100	65～80	24
4	宿舍	Ⅰ类、Ⅱ类		每人每日	70～100	40～55	24或定时供应
		Ⅲ类、Ⅳ类		每人每日	40～80	35～45	
5	招待所 培训中心 普通旅馆	设公用盥洗室		每人每日	25～40	20～30	24或定时供应
		设公用盥洗室、淋浴室		每人每日	40～60	35～45	
		设公用盥洗室、淋浴室、洗衣室		每人每日	50～80	45～55	
		设单独卫生间、公用洗衣室		每人每日	60～100	50～70	
6	宾馆客房	旅客		每床位每日	120～160	110～140	24
		员工		每人每日	40～50	35～40	

续表 5.4.2-1

序号	建筑物类型		单位	用水定额（L）		使用时间（h）
				最高日	平均日	
7	医院住院部	设公用盥洗室	每床位每日	60～100	40～70	24
		设公用盥洗室、淋浴室	每床位每日	70～130	65～90	
		设单独卫生间	每床位每日	110～200	110～140	
		医务人员	每人每班	70～130	65～90	8
		门诊部、诊疗所	每病人每次	7～13	3～5	
		疗养院、休养所住房部	每床位每日	100～160	90～110	24
8	养老院、托老所	全托	每床位每日	50～70	45～55	24
		日托		25～40	15～20	
9	幼儿园、托儿所	有住宿	每儿童每日	25～50	20～40	24
		无住宿	每儿童每日	20～30	15～20	10
10	公共浴室	淋浴	每顾客每次	40～60	35～40	12
		淋浴、浴盆	每顾客每次	60～80	55～70	
		桑拿浴(淋浴、按摩池)	每顾客每次	70～100	60～70	
11	理发室、美容院		每顾客每次	20～45	20～35	12
12	洗衣房		每公斤干衣	15～30	15～30	8
13	餐饮业	中餐酒楼	每顾客每次	15～20	8～12	10～12
		快餐店、职工及学生食堂	每顾客每次	10～12	7～10	12～16
		酒吧、咖啡厅、茶座、卡拉 OK 厅	每顾客每次	3～8	3～5	8～18
14	办公楼	坐班制办公	每人每班	5～10	4～8	8～10
		公寓式办公	每人每日	60～100	25～70	10～24
		酒店式办公	每人每日	120～160	55～140	24
15	健身中心		每人每次	15～25	10～20	12
16	体育场(馆)	运动员淋浴	每人每次	17～26	15～20	4
17	会议厅		每座位每次	2～3	2	4

注：1 本表以 60℃ 热水水温为计算温度；
2 学生宿舍使用 IC 卡计费用热水时，可按每人每日用热水定额 25L～30L；
3 表中平均日用水定额仅用于计算太阳能热水系统的集热器总面积。平均日用水定额应根据实际统计数据选用；当缺乏实测数据时，可采用本表中的低限值。

表 5.4.2-2 不同类型建筑物的 b_1 推荐取值范围

建筑物类型	b_1
住宅	0.5～0.9
宾馆、旅馆	0.3～0.7
宿舍	0.7～1.0
医院、疗养院	0.8～1.0
幼儿园、托儿所、养老院	0.8～1.0

表 5.4.2-3 不同资源区的太阳能保证率 f 推荐取值范围

太阳能资源区划	水平面上年太阳辐照量（MJ/(m^2·a)）	太阳能保证率 f
Ⅰ 资源极富区	≥6700	60%～80%
Ⅱ 资源丰富区	5400～6700	50%～60%
Ⅲ 资源较富区	4200～5400	40%～50%
Ⅳ 资源一般区	≤4200	30%～40%

2 间接系统的集热器总面积可按下式计算：

$$A_{IN}=A_C\cdot\left(1+\frac{U\cdot A_C}{U_{hx}\cdot A_{hx}}\right) \quad (5.4.2\text{-}3)$$

式中：A_{IN}——间接系统集热器总面积（m^2）；

A_C——直接系统集热器总面积（m^2）；

U——集热器总热损系数[$W/(m^2\cdot ℃)$]，对平板型集热器，U 宜取（4～6）$W/(m^2\cdot ℃)$，对真空管集热器，U 宜取（1～2）$W/(m^2\cdot ℃)$，具体数值应根据集热器产品实际测试结果而定；

U_{hx}——换热器传热系数[$W/(m^2\cdot ℃)$]，查产品样本得出；

A_{hx}——换热器换热面积(m^2)，查产品样本得出。

5.4.3 当按本标准第 5.4.2 条计算得到的系统集热器总面积大于建筑围护结构表面时，可按围护结构表面最大容许的安装面积确定集热器总面积。

5.4.4 有下列情况之一时，集热器总面积可采用增加集热器面积的方式进行补偿，其面积补偿比应按本标准附录 C 选取，但补偿面积不得超过本标准第 5.4.2 条计算结果的一倍：

1 集热器在坡屋面上受条件限制，倾角与本标准第 5.4.7 条规定偏差较大时；

2 集热器朝向受条件限制，方位角与本标准第 5.4.8 条规定偏差较大时。

5.4.5 太阳能集热系统储热装置有效容积的计算应符合下列规定：

1 集中集热、集中供热太阳能热水系统的贮热水箱宜与供热水箱分开设置，串联连接，贮热水箱的有效容积可按下式计算：

$$V_{rx}=q_{rjd}\cdot A_j \quad (5.4.5)$$

式中：V_{rx}——贮热水箱的有效容积（L）；

A_j——集热器总面积（m^2），$A_j=A_C$ 或 $A_j=A_{IN}$；

q_{rjd}——单位面积集热器平均日产温升 30℃热水量的容积［$L/(m^2\cdot d)$］，根据集热器产品参数确定，无条件时，可按表 5.4.5选用。

表 5.4.5 单位集热器总面积日产热水量推荐取值范围［$L/(m^2\cdot d)$］

太阳能资源区划	直接系统	间接系统
Ⅰ 资源极富区	70～80	50～55
Ⅱ 资源丰富区	60～70	40～50
Ⅲ 资源较富区	50～60	35～40
Ⅳ 资源一般区	40～50	30～35

注：1 当室外环境最低温度高于 5℃时，可以根据实际工程情况采用日产热水量的高限值；

2 本表是按照系统全年每天提供温升 30℃热水，集热系统年平均效率为 35%，系统总热损失率为 20%的工况下估算的。

2 当贮热水箱与供热水箱分开设置时，供热水箱的有效容积应符合现行国家标准《建筑给水排水设计规范》GB 50015 的规定。

3 集中集热、分散供热太阳能热水系统宜设有缓冲水箱，其有效容积一般不宜小于 10%V_{rx}。

5.4.6 强制循环的太阳能集热系统应设循环泵，其流量和扬程的计算应符合下列规定：

1 循环泵的流量可按下式计算：

$$q_x=q_{gz}\cdot A_j \quad (5.4.6\text{-}1)$$

式中：q_x——集热系统循环流量（m^3/h）；

q_{gz}——单位面积集热器对应的工质流量[$m^3/(h\cdot m^2)$]，应按集热器产品实测数据确定；无实测数据时，可取 $0.054m^3/(h\cdot m^2)$～$0.072m^3/(h\cdot m^2)$，相当于 $0.015L/(s\cdot m^2)$～$0.020L/(s\cdot m^2)$；

A_j——集热器总面积(m^2)。

2 开式系统循环泵的扬程应按下式计算：

$$H_x=h_{jx}+h_j+h_z+h_f \quad (5.4.6\text{-}2)$$

式中：H_x——循环泵扬程（kPa）；

h_{jx}——集热系统循环管路的沿程与局部阻力损失（kPa）；

h_j——循环流量流经集热器的阻力损失（kPa）；

h_z——集热器顶部与贮热水箱最低水位之间的几何高差造成的阻力损失（kPa）；

h_f——附加压力（kPa），取 20kPa～50kPa。

3 闭式系统循环泵的扬程应按下式计算：

$$H_x=h_{jx}+h_j+h_e+h_f \quad (5.4.6\text{-}3)$$

式中：h_e——循环流经换热器的阻力损失（kPa）。

5.4.7 系统全年使用的太阳能集热器倾角应与当地纬度一致。如系统侧重在夏季使用，其倾角宜为当地纬度减 10°；如系统侧重在冬季使用，其倾角宜为当地纬度加 10°。主要城市纬度可按本标准附录 A 采用。

5.4.8 太阳能集热器设置在平屋面上，应符合下列规定：

1 对朝向为正南、南偏东或南偏西不大于 30°的建筑，集热器可朝南设置，或与建筑同向设置；

2 对朝向南偏东或南偏西大于 30°的建筑，集热器宜朝南设置或南偏东、南偏西小于 30°设置；

3 对受条件限制，集热器不能朝南设置的建筑，集热器可朝南偏东、南偏西或朝东、朝西设置；

4 水平安装的集热器可不受朝向的限制；但当真空管集热器水平安装时，真空管应东西向放置；

5 在平屋面上宜设置集热器检修通道；

6 集热器与前方遮光物或集热器前后排之间的最小距离可按下式计算：

$$D=H\times\cot\alpha_s\times\cos\gamma \quad (5.4.8)$$

式中：D——集热器与前方遮光物或集热器前后排之

间的最小距离（m）；

H——集热器最高点与集热器最低点的垂直距离（m）；

α_s——太阳高度角（°），对季节性使用的系统，宜取当地春秋分正午 12 时的太阳高度角；对全年性使用的系统，宜取当地冬至日正午 12 时的太阳高度角；

γ——集热器安装方位角（°）。

5.4.9 太阳能集热器设置在坡屋面上，应符合下列规定：

1 集热器可设置在南向、南偏东、南偏西或朝东、朝西建筑坡屋面上；

2 坡屋面上集热器应采用顺坡嵌入设置或顺坡架空设置；

3 作为屋面板的集热器应安装在建筑承重结构上；

4 作为屋面板的集热器所构成的建筑坡屋面在刚度、强度、热工、锚固、防护功能上应按建筑围护结构设计。

5.4.10 太阳能集热器设置在阳台上，应符合下列规定：

1 对朝南、南偏东、南偏西或朝东、朝西的阳台，集热器可设置在阳台栏板上或构成阳台栏板；

2 北纬 30°以南地区设置在阳台栏板上的集热器及构成阳台栏板的集热器应有适当的倾角；

3 构成阳台栏板的集热器，在刚度、强度、高度、锚固和防护功能上应满足建筑设计要求。

5.4.11 太阳能集热器设置在墙面上，应符合下列规定：

1 在高纬度地区，集热器可设置在建筑的朝南、南偏东、南偏西或朝东、朝西的墙面上，或直接构成建筑墙面；

2 在低纬度地区，集热器可设置在建筑南偏东、南偏西或朝东、朝西墙面上，或直接构成建筑墙面；

3 构成建筑墙面的集热器，其刚度、强度、热工、锚固、防护功能应满足建筑围护结构设计要求。

5.4.12 安装在建筑上或直接构成建筑围护结构的太阳能集热器，应有防止热水渗漏的安全保障措施。

5.4.13 嵌入建筑屋面、阳台、墙面或建筑其他部位的太阳能集热器，应满足建筑围护结构的承载、保温、隔热、隔声、防水、防护等功能。

5.4.14 架空在建筑屋面和附着在阳台或墙面上的太阳能集热器，应具有相应的承载能力、刚度、稳定性和相对于主体结构的位移能力。必要时，太阳能集热器应按本标准附录 D 进行结构设计。

5.4.15 太阳能集热器之间可通过并联、串联、串并联、并串联等方式连接成集热器组，系统设计应符合下列规定：

1 平板型集热器或横排真空管集热器之间的连接宜采用并联，但单排并联的集热器总面积不宜超过 32m²；竖排真空管集热器之间的连接宜采用串联，但单排串联的集热器总面积不宜超过 32m²。

2 对自然循环系统，每个系统的集热器总面积不宜超过 50m²；对大型自然循环系统，可分成若干个子系统，每个子系统的集热器总面积不宜超过 50m²。

3 对强制循环系统，每个系统的集热器总面积不宜超过 500m²；对大型强制循环系统，可分成若干个子系统，每个子系统的集热器总面积不宜超过 500m²。

4 当全玻璃真空管东西向放置的集热器在同一斜面上多层布置时，串联的集热器不宜超过 3 个，每个集热器联箱长度不宜大于 2m。

5.4.16 太阳能集热器耐压要求应与系统的设计工作压力相匹配。

5.4.17 在太阳能间接系统中，换热器的设置应符合下列规定：

1 当采用开式储热装置时，宜采用外置双循环换热器；

2 当采用闭式储热装置时，宜采用内置单循环换热器。

5.4.18 集热器组之间连接的设计应遵循“同程原则”，使每个集热器传热工质的流入路径与回流路径的长度相同。

5.4.19 在冬季环境温度可能低于 0℃地区使用的太阳能集热系统，应进行防冻设计，并应符合下列规定：

1 对于直接系统，可采用回流方法或排空方法防冻；对于集热器有防冻功能的直接系统，也可采用定温循环方法防冻。

2 对于间接系统，可采用防冻传热工质进行防冻；传热工质的凝固点应低于当地近 30 年的最低环境温度，其沸点应高于集热器的最高闷晒温度。

3 当采用其他方法防冻时，应保证其技术经济的合理性。

5.4.20 太阳能集热系统的循环管路设计应符合下列规定：

1 循环管路应短而少弯；

2 绕行的管路宜是冷水管或低温水管；

3 循环管路应有 0.3%～0.5%的坡度；

4 在自然循环系统中，应使循环管路朝贮热水箱方向有向上坡度，不允许有反坡；

5 在使用平板型集热器的自然循环系统中，贮热水箱的下循环管口应比集热器的上循环管口高 0.3m 以上；

6 在有水回流的防冻系统中，管路的坡度应使系统中的水自动回流，不应积存；

7 在循环管路易发生气塞的位置应设有排气阀；

8 在间接系统的循环管路上应设膨胀箱；在闭式间接系统的循环管路上同时还应设有压力安全阀，但不应有单向阀和其他可关闭的阀门；

9 当集热器阵列为多排或多层集热器组并联时，每排或每层集热器组的进出口管路，应设有辅助阀门；

10 在系统中宜设流量计、温度计和压力表；

11 管路的通径面积应与并联集热器组管路的通径面积之总和相适应。

5.4.21 太阳能集热系统的管路应有组织布置，做到安全、隐蔽、易于检修。新建太阳能热水系统竖向管路宜布置在竖向管路井中；在既有建筑上增设太阳能热水系统或改造太阳能热水系统，管路应做到走向合理，不影响建筑使用功能及外观。

5.4.22 太阳能集热系统的管路、配件应采用不锈钢管、铜管、镀锌钢管等金属材质，开式系统的耐温不应小于100℃，闭式系统的耐温不应小于200℃。

5.4.23 太阳能集热系统的管路保温设计应按照现行国家标准《设备及管道绝热技术通则》GB/T 4272和《设备及管道绝热设计导则》GB/T 8175执行。

5.4.24 太阳能集热器支架的刚度、强度、防腐蚀性能应满足安全要求，并应与建筑牢固连接。

5.4.25 太阳能集热系统中泵、阀的安装均应采取减振和隔声措施。

5.4.26 在太阳能集热器阵列附近宜设置用于清洁集热器的给水点。

5.5 供热水系统

5.5.1 太阳能产生的热能宜作为预热热媒间接使用，与辅助热源宜串联使用；生活热水宜作为被加热水直接供应到用户末端，生活热水应与生活冷水用一个压力源，给水总流量可按设计秒流量计算，并应符合现行国家标准《建筑给水排水设计规范》GB 50015的规定。

5.5.2 太阳能热水系统的给水应对超过有关标准的原水进行水质软化处理。当冷水水质总硬度超过75mg/L时，生活热水不应直接采用过流式流经真空管及U型管等集热元器件；当冷水水质总硬度超过120mg/L时，宜进行水质软化或阻垢缓蚀处理，并应符合现行国家标准《建筑给水排水设计规范》GB 50015的规定。

5.5.3 直接供热水系统应设置恒温混水阀；间接供热水系统宜设置温度控制装置。两种系统均应保证用户末端出水温度低于60℃。

5.5.4 直接供应生活热水的管路、配件宜采用不锈钢管、铜管等保证水质的金属管材；其他过水设备材质，应与建筑给水管路材质相容。

5.5.5 供热水系统的管路应做保温，保温设计应按现行国家标准《设备及管道绝热设计导则》GB/T 8175和《建筑给水排水设计规范》GB 50015的规定执行，并应符合下列规定：

1 室外埋地管路保温宜采用直埋双层保温构造，内层应采用岩棉、玻璃棉等无机材料，外层可采用HDPE保护管壳，并应符合现行行业标准《城镇供热直埋热水管道技术规程》CJJ/T 81的规定；

2 室外露明管路保温宜采用双层保温构造，内层应采用岩棉、玻璃棉等无机材料，外层可采用镀锌板、铝板保护壳；

3 室内管路保温宜采用40mm～50mm厚橡塑或岩棉保温，外缠防护布，橡塑保温适用温度范围为－40℃～120℃，橡塑保温材料耐火等级为B1级。

5.6 辅助能源系统

5.6.1 辅助能源设备与太阳能储热装置不宜设在同一容器内，太阳能宜作为预热热媒与辅助热源串联使用。

5.6.2 辅助能源的供热量应按无太阳能时确定，并应符合现行国家标准《建筑给水排水设计规范》GB 50015的规定。

5.6.3 辅助能源宜因地制宜进行选择，集中-分散供热水系统、分散-分散供热水系统宜采用电、燃气，集中-集中供热水系统应充分利用暖通动力的热源，当没有暖通动力的热源或不足时，宜采用城市热力管网、燃气、燃油、热泵等。

5.6.4 辅助能源的控制应在保证充分利用太阳能集热量的条件下，根据不同的供热水方式，选择采用全日自动控制、定时自动控制或手动控制。

5.6.5 辅助能源的水加热设备应根据热源种类及其供水水质、冷热水系统型式，选择采用直接加热或间接加热设备。

5.7 电气与控制系统

5.7.1 太阳能热水系统的电气设计应满足太阳能热水系统用电可靠性和运行安全要求。

5.7.2 太阳能热水系统中所使用的电气设备应装设短路保护和接地故障保护装置。

5.7.3 系统应由专用回路供电，内置加热系统回路应设置剩余电流动作保护器，其额定动作电流值不应大于30mA。

5.7.4 太阳能热水系统的电气控制线路应与建筑物的电气管线同步设计。

5.7.5 安装在建筑物上的太阳能集热器、支架和连接管路，应符合现行国家标准《建筑物防雷设计规范》GB 50057的规定。

5.7.6 控制系统设计应遵循安全可靠、经济实用、地区与季节差别的原则，根据不同的太阳能热水系统特点确定相应的功能，实现在最小的常规能源消耗条件下获得最大限度太阳能的总体目标。

5.7.7 控制系统设计应依据太阳能热水系统设计要求，实现对太阳能集热系统、辅助能源系统以及供热水系统等的功能控制与切换。控制系统功能应包含运行控制功能与安全保护功能。运行控制功能应包含手动控制与自动控制功能。

5.7.8 控制系统的技术指标应满足国家现行相关标准的要求。

5.7.9 控制系统设计中的传感器、核心控制单元、显示器件、执行机构应符合国家现行相关产品标准的要求。

5.7.10 太阳能热水系统的运行控制功能设计应符合下列规定：

1 采用温差循环运行控制设计的集热系统，温差循环的启动值与停止值应可调；

2 在开式集热系统及开式贮热水箱的非满水位运行控制设计中，宜在温差循环使得水箱水温高于设定温度后，采用定温出水，然后自动补水，在水箱水满后再转换为温差循环；

3 温差循环控制的水箱测温点应在水箱的下部；

4 当集热系统循环为变流量运行时，应根据集热器温差改变流量，实现稳定运行；

5 在较大面积集热系统的情况下，代表集热器温度的高温点或低温点宜设置一个以上温度传感器；

6 在开式贮热水箱和开式供热水箱的系统中，供热水箱的水源宜由贮热水箱供应。

5.7.11 太阳能热水系统的安全保护功能设计应符合下列规定：

1 太阳能集热系统的集热循环控制应采取防过热措施。

2 当贮热水箱高于设定温度时，应停止继续从集热系统与辅助能源系统获得能量。

3 当在冬季有冻结可能地区运行的以水为工质的集热循环系统，不宜采用排空方法防冻运行时，宜采用定温防冻循环优先于电辅助防冻措施；在电辅助防冻措施中，宜采用管路或水箱内设置电加热器且循环水泵防冻的措施优先于管路电伴热辅助防冻措施；当防冻运行时，管路温度宜控制在5℃～10℃之间。

4 采用主动排空防冻的太阳能集热系统中，排空的持续时间应可调。

5 在太阳能集热系统和供热水系统中，水泵的运行控制应设置缺液保护。

5.7.12 控制系统的电气设计应满足系统用电负荷要求，器件选择应保证用电安全。

5.7.13 控制系统中的电气设备应设置短路保护和接地故障保护装置及等电位连接等安全措施。

5.7.14 控制系统设计宜预留通信接口。

5.7.15 远程控制时，应有就地控制和解除远程控制的措施。

5.7.16 控制系统设计应考虑使用环境的温度与湿度等要求。

7 太阳能热水系统调试与验收

7.1 一般规定

7.1.1 太阳能热水工程安装完毕投入使用前，应进行系统调试。系统调试应在竣工验收阶段进行。

7.1.2 太阳能热水工程的系统调试，应由施工单位负责、监理单位监督、建设单位参与和配合。系统调试的实施单位可是施工企业本身或委托给有调试能力的其他单位。

7.1.3 太阳能热水系统工程的验收应分为分项工程验收和竣工验收。分项工程验收应由监理工程师（建设单位技术负责人）组织施工单位项目专业质量（技术）负责人等进行；竣工验收应由建设单位（项目）负责人组织施工、设计、监理等单位（项目）负责人进行。

7.1.4 分项工程验收宜根据工程施工特点分期进行，对于影响工程安全和系统性能的工序，必须在本工序验收合格后才能进入下一道工序的施工。

7.1.5 竣工验收应在工程移交用户前、分项工程验收合格后进行。

7.1.6 太阳能热水工程施工质量的保修期限，自竣工验收合格日起计算为二年。在保修期内发生施工质量问题的，施工企业应履行保修职责，责任方承担相应的经济责任。

7.2 分项工程验收

7.2.1 太阳能热水工程的分部、分项工程可按表7.2.1划分。

表7.2.1 太阳能热水工程的分部、分项工程划分

序号	分部工程	分项工程
1	太阳能集热系统	预埋件及后置锚栓安装和封堵，基座、支架安装，太阳能集热器安装，其他能源辅助加热/换热设备安装，水泵等设备及部件安装，管道及配件安装，系统水压试验及调试，防腐、绝热
2	蓄热系统	贮热水箱及配件安装，地下水池施工，管道及配件安装，辅助设备安装，防腐、绝热
3	热水供应系统	管道及配件安装，水泵等设备及部件安装，辅助设备安装，系统水压试验及调试，防腐、绝热
4	控制系统	传感器及安全附件安装，计量仪表安装，电线、电缆施工敷设，接地装置安装

7.2.2 太阳能热水系统中的隐蔽工程，在隐蔽前应由施工单位通知监理单位进行验收，并应形成验收文件，验收合格后方可继续施工。

7.2.3 太阳能热水系统中的土建工程验收前，应在安装施工中完成下列隐蔽项目的现场验收：

1 安装基础螺栓和预埋件；

2 基座、支架、集热器四周与主体结构的连接节点；

3 基座、支架、集热器四周与主体结构之间的封堵及防水；

4 太阳能热水系统与建筑物避雷系统的防雷连接节点或系统自身的接地装置安装。

7.2.4 太阳能集热器的安装方位角和倾角应满足设计要求，安装允许误差应在±3°以内。

7.2.5 太阳能热水工程的检验、检测应包括下列主要内容：

1 压力管道、系统、设备及阀门的水压试验；

2 系统的冲洗及水质检测；

3 系统的热性能检测。

7.2.6 太阳能热水系统管道的水压试验压力应为工作压力的1.5倍，工作压力应按设计要求。设计未注明时，开式太阳能集热系统应以系统顶点工作压力加0.1MPa进行水压试验；闭式太阳能集热系统和供热水系统应按现行国家标准《建筑给水排水及采暖工程施工质量验收规范》GB 50242的规定执行。

7.3 系 统 调 试

7.3.1 系统调试应包括设备单机、部件调试和系统联动调试。系统联动调试应按照设计要求的实际运行工况进行。联动调试完成后，应进行连续三天试运行，其中至少有一天为晴天。

7.3.2 系统联动调试，应在设备单机、部件调试和试运转合格后进行。

7.3.3 设备单机、部件调试应包括下列内容：

1 检查水泵安装方向；

2 检查电磁阀安装方向；

3 温度、温差、水位、流量等仪表显示正常；

4 电气控制系统应达到设计要求功能，动作准确；

5 剩余电流保护装置动作准确可靠；

6 防冻、防过热保护装置工作正常；

7 各种阀门开启灵活，密封严密；

8 辅助能源加热设备工作正常，加热能力达到设计要求。

7.3.4 系统联动调试应包括下列内容：

1 调整水泵控制阀门；

2 调整系统各个分支回路的调节阀门，使各回路流量平衡，达到设计流量；

3 温度、温差、水位、时间等控制仪的控制区域或控制点应符合设计要求；

4 调试辅助热源加热设备与太阳能集热系统的工作切换，达到设计要求；

5 调整电磁阀初始参数，使其动作符合设计要求。

7.3.5 系统联动调试后的运行参数应符合下列规定：

1 设计工况下太阳能集热系统的流量与设计值的偏差不应大于10%；

2 设计工况下热水的流量、温度应符合设计要求；

3 设计工况下系统的工作压力应符合设计要求。

7.4 竣 工 验 收

7.4.1 应建立太阳能热水系统的竣工验收责任制，组织竣工验收的建设单位（项目）负责人、承担竣工验收的施工、设计、监理单位（项目）负责人，对系统完成竣工验收交付用户使用后的正常运行负有相应的责任。

7.4.2 竣工验收应提交下列验收资料：

1 设计变更证明文件和竣工图；

2 主要材料、设备、成品、半成品、仪表的出厂合格证明或检验资料；

3 屋面防水检漏记录；

4 隐蔽工程验收记录和中间验收记录；

5 系统水压试验记录；

6 系统生活热水水质检验记录；

7 系统调试及试运行记录；

8 系统热工性能检验记录。

7.4.3 竣工验收时，系统热工性能检验的测试方法应符合现行国家标准《可再生能源建筑应用工程评价标准》GB/T 50801的规定，质检机构应出具检测报告，并应作为工程通过竣工验收的必要条件。

7.4.4 竣工验收时，太阳能集热系统效率和太阳能热水系统的太阳能保证率应满足设计要求，当设计无明确规定时，应满足表7.4.4的要求。

表7.4.4 不同地区的集热系统效率和热水系统太阳能保证率

太阳能资源区划	太阳能集热系统效率	太阳能热水系统太阳能保证率
资源极富区	$\eta \geqslant 42\%$	$f \geqslant 60\%$
资源丰富区	$\eta \geqslant 42\%$	$f \geqslant 50\%$
资源较富区	$\eta \geqslant 42\%$	$f \geqslant 40\%$
资源一般区	$\eta \geqslant 42\%$	$f \geqslant 30\%$

7.4.5 竣工验收时，太阳能供热水系统的供热水温度应满足设计要求；当设计无明确规定时，供热水温度不应小于45℃，且不应大于60℃。

8 太阳能热水系统的运行与维护

8.1 一 般 规 定

8.1.1 太阳能热水系统初次运行之前，应确认太阳能热水系统安装符合设计要求和国家现行相关标准的规定。

8.1.2 太阳能热水系统初次运行之前的准备工作应符合下列规定：

1 运行前应先冲洗贮热水箱、太阳能集热器及系统管路的内部，然后向系统内填充传热工质；

2 在系统处于运行的条件下，对受控设备、控制器和计量装置等应进行调试，保证各组件的运行达到设计要求，并应保证系统的整体运行符合设计要求。

8.2 集热系统的运行与维护

8.2.1 太阳能集热器的运行应符合下列规定：

1 应避免太阳能集热器在运行过程中发生长期空晒和闷晒现象；

2 应避免太阳能集热器在运行过程中发生液态传热工质冻结现象。

8.2.2 太阳能集热器的维护应符合下列规定：

1 应定期清扫或冲洗集热器表面的灰尘；

2 应定期除去真空管中的水垢；

3 应定期检查真空管集热器不被坏损，并应避免硬物冲击；

4 应定期检查真空管集热器不发生泄漏，并应避免漏水现象发生；

5 如果发生空晒现象，真空管不应立即上冷水。

8.3 储热系统的运行与维护

8.3.1 应定期检查贮热水箱的密封性；发现破损时，应及时修补。

8.3.2 应定期检查贮热水箱的保温层；发现破损时，应及时修补。

8.3.3 应定期检查贮热水箱的补水阀、安全阀、液位控制器和排气装置，确保正常工作，并应防止空气进入系统。

8.3.4 应定期检查是否有异物进入贮热水箱，防止循环管道被堵塞。

8.3.5 应定期清除贮热水箱内的水垢。

8.4 管路系统的运行与维护

8.4.1 管道的日常维护保养应符合下列规定：

1 管道保温层和表面防潮层不应破损或脱落；

2 管道内应没有空气，防止热水因为气堵而无法输送到各个配水点；

3 系统管道应通畅并应定期冲洗整个系统。

8.4.2 阀门日常维护保养应符合下列规定：

1 阀门应清洁；

2 螺杆与螺母不应磨损；

3 被动动作的阀门应定期转动手轮或者手柄，防止阀门生锈咬死；

4 自动动作的阀门应经常检查，确保其正常工作；

5 电力驱动的阀门，除阀体的维护保养外，还应特别加强对电控元器件和线路的维护保养；

6 不应站在阀门上操作或检修。

8.4.3 管路系统的支撑构件，包括支吊架和管箍等运行中出现断裂、变形、松动、脱落和锈蚀应采取更换、补加、重新加固、补刷油漆等相应的措施。

8.4.4 水泵的运行应符合下列规定：

1 启动前应做好准备工作，轴承的润滑油应充足、良好，水泵及电机应固定良好，水泵及进水管部分应全部充满水；

2 应做好启动检查工作，泵轴的旋转方向应正确，泵轴的转动应灵活；

3 应做好运行检查工作，电机不能有过高的温升，轴承温度不得超过周围环境温度35℃～40℃，轴封处、管接头均应无漏水现象，并应无异常噪声、振动、松动和异味，压力表指示应正常且稳定，无剧烈抖动。

8.4.5 水泵的维护保养应符合下列规定：

1 当发现漏水时，应压紧或更换油封。

2 每年应对水泵进行一次解体检修，内容包括清洗和检查。清洗应刮去叶轮内外表面的水垢，并应清洗泵壳的内表面以及轴承。在清洗同时，对叶轮、密封环、轴承、填料等部件应进行检查，以便确定是否需要修理或更换。

3 每年应对没有进行保温处理的水泵泵体表面进行一次除锈刷漆作业。

8.5 控制系统的运行与维护

8.5.1 控制系统的安装运行应符合下列规定：

1 交流电源进线端接线应正确；

2 应检查水位探头和温度探头，并应做好探头外部的防水；

3 控制柜安放场所应符合国家现行相关标准的规定；

4 控制柜周围应通风良好，以便于控制柜中的元器件更好的散热；

5 控制柜不应与磁性物体接触；

6 安装现场应为控制柜提供独立的电源隔离开关；

7 在强干扰场合，控制柜应接地且不应接近干扰源；

8 现场布线，强弱电应分离；

9 暂不使用的控制柜，储存时应放置于无尘垢、干燥的地方，环境温度应为0℃～40℃。

8.5.2 温度传感器的维护应符合下列规定：

1 热电阻不应受到强烈的外部冲击；

2 热电阻套管应密封良好；

3 热电阻引出线与传感器连接线的连接不应松动、腐蚀。

8.5.3 控制系统的维护应符合下列规定：

1 控制系统中的仪表指（显）示应正确，其误差应控制在允许范围内；

2 控制系统执行元件的运行应正常；

3 控制系统的供电电源应合适；

4 控制系统应正确送入设定值。

8.5.4 执行器的维护应符合下列规定：

1 执行器外壳不应破损，且与之相连的连接不应损坏、老化，连接点不应有松动、腐蚀，执行器与阀门、阀芯连接的连杆不应锈蚀、弯曲；

2 执行器的环境温度应正常。

8.6 辅助加热系统的运行与维护

8.6.1 辅助电加热器的运行应符合下列规定：

1 容器内水位应高于电加热器，低水位保护应正常工作；

2 电加热器不应有水垢；

3 所有阀门的开闭状态应正确，安全阀应正常工作。

8.6.2 辅助电加热器的维护应符合下列规定：

1 电加热器元件不应有劳损情况；

2 电加热器外表不应有结垢或淤积情况；

3 安全阀应能正常工作。

8.6.3 辅助空气源热泵的运行应符合下列规定：

1 热泵压缩机和风机，应工作正常，机组出风口，必须保证无堵塞物；

2 配线配管，应保证接线正确，接地线应保证可靠连接，应保证电源电压与机组额定电压相匹配，检查线控器，应保证各功能键正常，剩余电流保护器应保证有效动作；

3 进出水口止回阀及安全阀，应保证正确安装。

8.6.4 辅助空气源热泵的维护应符合下列规定：

1 应定期清理水垢；

2 制冷剂内不应有水分；

3 应定期检查压缩机绕组电阻，并应防止含有酸性物质烧毁电机绕组；

4 应定期对水路和阀门等管阀件进行维护保养，并应保证无泄漏。

8.6.5 辅助锅炉的运行应符合下列规定：

1 应检查锅炉本体，保证无严重变形，锅炉外表面应无严重变形，人孔、手孔应无泄漏，炉膛、炉壁的保温层必须保证保温效果良好；

2 管路、阀件，不应有漏水、漏气现象。

8.6.6 辅助锅炉的维护应符合下列规定：

1 风管、除尘设备、给水、循环水泵及水处理设备、通风设备，应保证可靠运行；

2 电路、控制盘、调节阀操作机构及一次性仪表、联锁报警保护装置性能应可靠；

3 水位计、压力表、安全阀应确保无泄漏，转动三通旋塞，压力表指针应能恢复到零，安全阀排气管应畅通；

4 锅炉水质，应严格按照国家现行水质标准要求，防止水质差锅炉结垢，降低锅炉效率。

9 节能环保效益评估

9.1 一般规定

9.1.1 太阳能热水工程的系统设计文件，应包括对该系统所做的节能和环保效益分析计算书。

9.1.2 太阳能热水系统完成竣工验收后，应根据验收所提供的系统热工性能检验记录进行系统实际运行后的节能效益和环保效益的评估验证。

9.1.3 对已实际工作运行的太阳能热水系统，宜进行系统节能效益的定期检测或长期监测。

9.1.4 设计阶段进行太阳能热水工程节能、环保效益分析的评定指标应包括：系统的年和寿命期内的总常规能源替代量、年节能费用、年二氧化碳减排量、系统的静态投资回收期和费效比。

9.1.5 太阳能热水工程实际工作运行的效益评估指标应包括太阳能集热系统的年平均效率、系统的年常规能源替代量、太阳能保证率、年二氧化碳减排量、系统的静态投资回收期和费效比。

9.2 系统节能环保效益评估

9.2.1 对太阳能热水系统节能效益进行的计算分析，应以已完成设计施工图中所提供的相关参数作为依据。

9.2.2 太阳能热水系统的年常规能源替代量 Q_{tr} 应按现行国家标准《可再生能源建筑应用工程评价标准》GB/T 50801中的公式进行计算。

9.2.3 太阳能热水系统寿命期内的总常规能源替代量可按下式计算：

$$Q_{save}=nQ_{tr} \tag{9.2.3}$$

式中：Q_{save}——太阳能热水系统寿命期内的总常规能源替代量（kgce）；

Q_{tr}——太阳能热水系统的年常规能源替代量（kgce/a）

n——系统的工作寿命（a）。

9.2.4 太阳能热水系统的年节能费用、静态投资回

14

收期和费效比可采用现行国家标准《可再生能源建筑应用工程评价标准》GB/T 50801 中的公式进行计算。

9.2.5 太阳能热水系统的年二氧化碳减排量可按现行国家标准《可再生能源建筑应用工程评价标准》GB/T 50801 中的公式进行计算。

9.3 系统实际运行的效益评估

9.3.1 太阳能热水系统实际工作运行的年常规能源替代量 Q_{tr} 应按本标准第 9.2.2 条的规定进行计算。

9.3.2 太阳能热水系统实际工作运行的太阳能保证率可按现行国家标准《可再生能源建筑应用工程评价标准》GB/T 50801 的公式进行计算。

9.3.3 太阳能集热系统实际工作运行的年平均效率可按现行国家标准《可再生能源建筑应用工程评价标准》GB/T 50801 中的公式进行计算。

9.3.4 太阳能热水系统实际工作运行的静态投资回收期、费效比和年二氧化碳减排量的计算方法与本标准第 9.2 节的规定相同。

9.4 系统效益的定期检测、长期监测和性能分级评估

9.4.1 系统效益定期检测或长期监测的方法应符合现行国家标准《可再生能源建筑应用工程评价标准》GB/T 50801 中涉及短期或长期测试的规定。

9.4.2 宜按照现行国家标准《可再生能源建筑应用工程评价标准》GB/T 50801 的规定进行太阳能热水工程的性能分级评估。

附录 A 部分主要城市太阳能资源数据表

A.0.1 部分主要城市太阳能资源数据可按表 A.0.1 选用。

表 A.0.1 部分主要城市太阳能资源数据

城市	纬度	年平均气温（℃）	水平面		斜面		斜面修正系数（K_{op}）
			年平均总太阳辐照量 [MJ/(m² · a)]	年平均日太阳辐照量 [kJ/(m² · d)]	年平均总太阳辐照量 [MJ/(m² · a)]	年平均日太阳辐照量 [kJ/(m² · d)]	
北京	39°57′	12.3	5570.32	15261.14	6582.78	18035.01	1.0976
天津	39°08′	12.7	5239.94	14356.01	6103.55	16722.05	1.0692
石家庄	38°02′	13.4	5173.60	14174.24	6336.40	17360.00	1.0521
哈尔滨	45°45′	4.2	4636.58	12702.97	5780.88	15838.03	1.1400
沈阳	41°46′	8.4	5034.46	13793.03	6045.52	16563.06	1.0671
长春	43°53′	5.7	4953.78	13572.00	6251.36	17127.02	1.1548
呼和浩特	40°49′	6.7	6049.51	16574.01	7327.37	20074.98	1.1468
太原	37°51′	10.0	5497.27	15061.02	6348.82	17394.02	1.1005
乌鲁木齐	43°47′	7.0	5279.36	14464.01	6056.82	16594.03	1.0092
西宁	36°35′	6.1	6123.64	16777.08	7160.22	19617.04	1.1360
兰州	36°01′	9.8	5462.60	14966.04	5782.36	15842.07	0.9489
银川	38°25′	9.0	6041.84	16553.00	7159.46	19614.97	1.1559
西安	34°15′	13.7	4665.06	12780.99	4727.48	12952.01	0.9275
上海	31°12′	16.1	4657.39	12759.98	4997.23	13691.05	0.9900
南京	32°04′	15.5	4781.12	13098.97	5185.55	14206.98	1.0249
合肥	31°53′	15.8	4571.64	12525.04	4854.13	13298.99	0.9988
杭州	30°15′	16.5	4258.84	11668.04	4515.77	12371.97	0.9362
南昌	28°40′	17.6	4779.32	13094.04	5005.62	13714.03	0.8640

续表 A.0.1

城市	纬度	年平均气温(℃)	水平面		斜面		斜面修正系数(K_{op})
			年平均总太阳辐照量[MJ/(m²·a)]	年平均日太阳辐照量[kJ/(m²·d)]	年平均总太阳辐照量[MJ/(m²·a)]	年平均日太阳辐照量[kJ/(m²·d)]	
福州	26°05′	19.8	4380.37	12001.02	4544.60	12450.97	0.8978
济南	36°42′	14.7	5125.72	14043.06	5837.83	15994.06	1.0630
郑州	34°43′	14.3	4866.19	13332.03	5313.67	14558.01	1.0467
武汉	30°38′	16.6	4818.35	13200.95	5003.06	13707.02	0.9039
长沙	28°11′	17.0	4152.64	11377.08	4230.00	11589.04	0.8028
广州	23°00′	22.0	4420.15	12110.01	4636.22	12701.98	0.8850
海口	20°02′	24.1	5049.79	13835.05	4931.14	13509.96	0.8761
南宁	22°48′	21.8	4567.97	12514.98	4647.92	12734.04	0.8231
重庆	29°36′	17.7	3058.81	8684.08	3066.62	8401.71	0.8021
成都	30°40°	16.1	3793.07	10391.97	3760.96	10303.99	0.7553
贵阳	26°34′	15.3	3769.38	10327.07	3735.79	10235.05	0.8135
昆明	25°02′	14.9	5180.83	14194.06	5596.56	15333.04	0.9216
拉萨	29°43′	8.0	7774.85	21300.95	8815.10	24150.97	1.0964

附录B　太阳能集热器年平均集热效率的计算方法

B.0.1　太阳能集热器的年平均集热效率应根据集热器产品的瞬时效率方程(瞬时效率曲线)的实际测试结果按下式进行计算：

$$\eta = \eta_0 - U(t_i - t_a)/G \quad \text{(B.0.1)}$$

式中：η——基于集热器总面积的集热器效率(%)；

η_0——基于集热器总面积的瞬时效率曲线截距(%)；

U——基于集热器总面积的瞬时效率曲线斜率[W/(m²·℃)]；

t_i——集热器工质进口温度(℃)；

t_a——环境空气温度(℃)；

G——总太阳辐照度(W/m²)

$(t_i - t_a)/G$——归一化温差[(℃·m²)/W]。

B.0.2　在计算太阳能集热器的年平均集热效率时，归一化温差计算的参数选择应符合下列规定：

1　年平均集热器工质进口温度应按下式计算：

$$t_i = t_0/3 + 2t_{end}/3 \quad \text{(B.0.2-1)}$$

式中：t_i——年平均集热器工质进口温度(℃)；

t_0——系统设计进水温度(贮热水箱初始温度)(℃)；

t_{end}——系统设计用水温度(贮热水箱终止温度)(℃)。

2　年平均环境空气温度应按本标准附录A查得，t_a应取当地的年平均环境空气温度。

3　年平均总太阳辐照度应按下式计算：

$$G = J_T/(S_y \times 3600) \quad \text{(B.0.2-2)}$$

式中：G——年平均总太阳辐照度(W/m²)；

J_T——当地的年平均日太阳辐照量[J/(m²·d)]，可从本标准附录A查得；

S_y——当地的年平均每天日照小时数(h)，可从本标准附录A查得。

附录C　部分代表城市不同倾角和方位角的太阳能集热器总面积补偿比

C.0.1　当太阳能集热器受条件限制，倾角和方位角与本标准第5.4.4条和第5.4.7条规定偏差较大时，可采用增加集热器面积的方式进行补偿，面积补偿后实际确定的集热器总面积应按下式进行计算：

$$A_B = A_S/R_S \quad \text{(C.0.1)}$$

式中：A_B——进行面积补偿后实际确定的集热器总面积(m²)；

A_S——按本标准公式(5.4.2-1)或(5.4.2-3)计算得出的集热器总面积(m²)；

R_S——面积补偿比（%），按表 C.0.1 选取。

C.0.2 若太阳能热水系统所在地区不是表 C.0.1 中的代表城市，可选取离所在地区最近的代表城市中的 R_S 值。

表 C.0.1 部分代表城市太阳能集热器总面积补偿比 R_S（%）

图例	范围
白色	$90\% \leqslant R_S < 95\%$
深灰	$R_S < 90\%$
浅灰	$R_S \geqslant 95\%$

北京　　纬度 39°48′

	东	−80	−70	−60	−50	−40	−30	−20	−10	南	10	20	30	40	50	60	70	80	西
90	52	55	58	61	63	65	67	68	69	69	69	68	67	65	63	61	58	55	52
80	58	61	65	68	71	73	76	77	78	78	78	77	76	73	71	68	65	61	58
70	63	67	71	75	78	81	83	85	86	86	86	85	83	81	78	75	71	67	63
60	69	73	77	81	84	87	89	91	92	92	92	91	89	87	84	81	77	73	69
50	75	78	82	86	89	92	94	96	97	97	97	96	94	92	89	86	82	78	75
40	79	83	86	89	92	95	97	98	99	99	99	98	97	95	92	89	86	83	79
30	83	86	89	92	94	96	98	99	100	100	100	99	98	96	94	92	89	86	83
20	87	89	91	93	94	96	97	98	98	99	98	98	97	96	94	93	91	89	87
10	89	90	91	92	93	94	94	95	95	95	95	95	94	94	93	92	91	90	89
水平面	90	90	90	90	90	90	90	90	90	90	90	90	90	90	90	90	90	90	90

武汉　　纬度 30°37′

	东	−80	−70	−60	−50	−40	−30	−20	−10	南	10	20	30	40	50	60	70	80	西
90	54	55	57	58	58	59	59	59	59	59	59	59	59	59	58	58	57	55	54
80	61	62	64	65	66	67	68	68	68	68	68	68	68	67	66	65	64	62	61
70	68	70	71	73	74	75	76	77	77	77	77	77	76	75	74	73	71	70	68
60	74	76	78	80	81	82	83	84	84	84	84	84	83	82	81	80	78	76	74
50	80	82	84	86	87	88	89	90	91	91	91	90	89	88	87	86	84	82	80
40	86	88	89	91	92	93	94	95	95	95	95	95	94	93	92	91	89	88	86
30	91	92	93	95	96	97	98	98	98	99	98	98	98	97	96	95	93	92	91
20	94	95	96	97	98	99	99	100	100	100	100	100	99	99	98	97	96	95	94
10	97	97	98	98	99	99	99	99	100	100	100	99	99	99	99	98	98	97	97
水平面	98	98	98	98	98	98	98	98	98	98	98	98	98	98	98	98	98	98	98

续表 C.0.1

昆明　　纬度 25°01′

	东	−80	−70	−60	−50	−40	−30	−20	−10	南	10	20	30	40	50	60	70	80	西
90	52	54	56	57	58	59	59	60	60	60	60	60	59	59	58	57	56	54	52
80	59	61	63	65	66	67	68	69	69	69	69	69	68	67	66	65	63	61	59
70	66	68	70	72	74	75	76	77	78	78	78	77	76	75	74	72	70	68	66
60	73	75	77	79	81	82	84	85	85	85	85	85	84	82	81	79	77	75	73
50	79	81	83	85	87	89	90	91	91	92	91	91	90	89	87	85	83	81	79
40	85	87	89	90	92	93	95	95	95	96	95	95	95	93	92	90	89	87	85
30	90	91	93	94	96	97	98	98	99	99	99	98	98	97	96	94	93	91	90
20	93	94	96	97	98	98	99	100	100	100	100	100	99	98	98	97	96	94	93
10	96	96	97	97	98	98	99	99	99	99	99	99	99	98	98	97	97	96	96
水平面	96	96	96	96	96	96	96	96	96	96	96	96	96	96	96	96	96	96	96

贵阳　　纬度 26°35′

	东	−80	−70	−60	−50	−40	−30	−20	−10	南	10	20	30	40	50	60	70	80	西
90	54	56	57	58	58	59	59	59	59	59	59	59	59	59	58	58	57	56	54
80	61	63	64	65	66	67	68	68	68	68	68	68	68	67	66	65	64	63	61
70	68	70	71	73	74	76	76	76	77	77	77	76	76	76	74	73	71	70	68
60	75	77	78	79	81	82	83	84	84	84	84	84	83	82	81	79	78	77	75
50	81	83	84	86	87	88	89	90	90	90	90	90	89	88	87	86	84	83	81
40	87	88	90	91	92	93	94	95	95	95	95	95	94	93	92	91	90	88	87
30	91	93	94	95	96	97	97	98	98	98	98	98	97	97	96	95	94	93	91
20	95	96	97	97	98	99	99	100	100	100	100	100	99	99	98	97	97	96	95
10	97	98	98	99	99	99	99	100	100	100	100	100	99	99	99	99	98	98	97
水平面	98	98	98	98	98	98	98	98	98	98	98	98	98	98	98	98	98	98	98

长沙　　纬度 28°12′

	东	−80	−70	−60	−50	−40	−30	−20	−10	南	10	20	30	40	50	60	70	80	西
90	54	55	56	57	57	58	58	58	58	58	58	58	58	58	57	57	56	55	54
80	61	62	63	64	65	66	67	67	67	67	67	67	67	66	65	64	63	62	61
70	67	69	71	72	73	74	75	75	76	76	76	75	75	74	73	72	71	69	67
60	74	76	78	79	80	81	82	82	83	83	83	82	82	81	80	79	78	76	74
50	81	82	84	85	87	88	89	89	90	90	90	89	89	88	87	85	84	82	81
40	86	88	89	91	92	93	94	94	95	95	95	94	94	93	92	91	89	88	86
30	91	92	94	95	96	97	97	98	98	98	98	98	97	97	96	95	94	92	91
20	95	96	97	97	98	99	99	100	100	100	100	100	99	99	98	97	97	96	95
10	97	98	98	99	99	99	100	100	100	100	100	100	100	99	99	99	98	98	97
水平面	98	98	98	98	98	98	98	98	98	98	98	98	98	98	98	98	98	98	98

续表C.0.1

广州　　纬度 23°08′

	东	−80	−70	−60	−50	−40	−30	−20	−10	南	10	20	30	40	50	60	70	80	西
90	53	54	55	56	57	57	58	58	58	59	58	58	58	57	57	56	55	54	53
80	60	61	63	64	65	66	66	67	67	68	67	67	66	66	65	64	63	61	60
70	67	69	70	72	73	74	75	75	75	75	75	75	75	74	73	72	70	69	67
60	74	75	77	79	80	81	82	83	83	83	83	83	82	81	80	79	77	75	74
50	80	82	84	85	86	88	89	89	90	90	90	89	89	88	86	85	84	82	80
40	86	87	89	90	92	93	94	94	95	95	95	94	94	93	92	90	89	87	86
30	91	92	93	95	96	97	97	98	98	98	98	98	97	97	96	95	93	92	91
20	95	95	96	97	98	99	99	100	100	100	100	100	99	99	98	97	96	95	95
10	97	97	98	98	99	99	99	100	100	100	100	100	99	99	99	98	98	97	97
水平面	98	98	98	98	98	98	98	98	98	98	98	98	98	98	98	98	98	98	98

南昌　　纬度 28°36′

	东	−80	−70	−60	−50	−40	−30	−20	−10	南	10	20	30	40	50	60	70	80	西
90	54	55	56	57	58	58	58	58	59	59	59	58	58	58	58	57	56	55	54
80	61	62	64	65	66	66	67	67	67	68	67	67	67	66	66	65	64	62	61
70	68	69	71	72	73	74	75	76	76	77	76	76	75	74	73	72	71	69	68
60	74	76	78	79	81	82	82	83	83	84	83	83	82	82	81	79	78	76	74
50	81	82	84	86	87	88	89	89	90	91	90	89	89	88	87	86	84	82	81
40	86	88	89	91	92	93	94	94	95	95	95	94	94	93	92	91	89	88	86
30	91	92	94	95	96	97	97	98	98	99	98	98	97	97	96	95	94	92	91
20	95	96	97	97	98	99	99	100	100	100	100	100	99	99	98	97	97	96	95
10	97	98	98	99	99	99	100	100	100	100	100	100	100	99	99	99	98	98	97
水平面	98	98	98	98	98	98	98	98	98	98	98	98	98	98	98	98	98	98	98

上海　　纬度 31°10′

	东	−80	−70	−60	−50	−40	−30	−20	−10	南	10	20	30	40	50	60	70	80	西
90	55	56	57	58	59	60	61	61	61	61	61	61	61	60	59	58	57	56	55
80	61	63	65	66	67	68	68	69	70	70	70	69	68	68	67	66	65	63	61
70	68	70	72	73	75	76	76	77	78	78	78	77	76	76	75	73	72	70	68
60	75	77	78	80	82	83	83	85	85	85	85	85	83	83	82	80	78	77	75
50	81	83	84	86	88	89	90	91	91	91	91	91	90	89	88	86	84	83	81
40	86	88	90	91	92	94	94	95	96	96	96	95	94	94	92	91	90	88	86
30	91	92	94	95	96	97	98	98	99	99	99	98	98	97	96	95	94	92	91
20	94	95	96	97	98	99	99	100	100	100	100	100	99	99	98	97	96	95	94
10	97	97	98	98	99	99	99	99	100	100	100	99	99	99	99	98	98	97	97
水平面	97	97	97	97	97	97	97	97	97	97	97	97	97	97	97	97	97	97	97

续表 C.0.1

西安　　纬度 34°18′

	东	−80	−70	−60	−50	−40	−30	−20	−10	南	10	20	30	40	50	60	70	80	西
90	55	57	58	60	61	62	62	62	61	61	61	62	62	62	61	60	58	57	55
80	62	64	65	67	68	69	70	71	71	71	71	71	70	69	68	67	65	64	62
70	68	71	72	74	76	77	78	79	79	79	79	79	78	77	76	74	72	71	68
60	75	77	79	81	82	84	85	86	86	86	86	86	85	84	82	81	79	77	75
50	81	83	85	86	88	89	91	91	92	92	92	91	91	89	88	86	85	83	81
40	86	88	90	91	93	94	95	96	96	96	96	96	95	94	93	91	90	88	86
30	90	92	93	95	96	97	98	99	99	99	99	99	98	97	96	95	93	92	90
20	94	95	96	97	98	99	99	100	100	100	100	100	99	99	98	97	96	95	94
10	96	97	97	98	98	98	99	99	99	99	99	99	99	98	98	98	97	97	96
水平面	97	97	97	97	97	97	97	97	97	97	97	97	97	97	97	97	97	97	97

郑州　　纬度 34°43′

	东	−80	−70	−60	−50	−40	−30	−20	−10	南	10	20	30	40	50	60	70	80	西
90	55	57	58	60	61	62	63	63	63	63	63	63	63	62	61	60	58	57	55
80	62	64	66	67	69	70	71	72	72	72	72	72	71	70	69	67	66	64	62
70	68	70	72	74	76	77	79	79	80	82	80	79	79	77	76	74	72	70	68
60	75	77	79	81	83	84	85	86	87	87	87	86	85	84	83	81	79	77	75
50	81	83	85	87	88	90	91	92	92	93	92	92	91	90	88	87	85	83	81
40	86	88	90	91	93	94	95	96	96	97	96	96	95	94	93	91	90	88	86
30	90	92	93	95	96	97	98	99	99	99	99	99	98	97	96	95	93	92	90
20	94	95	96	97	98	99	99	100	100	100	100	100	99	99	98	97	96	95	94
10	96	96	97	97	98	98	99	99	99	99	99	99	99	98	98	97	97	96	96
水平面	97	97	97	97	97	97	97	97	97	97	97	97	97	97	97	97	97	97	97

兰州　　纬度 36°03′

	东	−80	−70	−60	−50	−40	−30	−20	−10	南	10	20	30	40	50	60	70	80	西
90	54	56	58	60	61	62	63	64	64	64	64	64	63	62	61	60	58	56	54
80	60	63	65	67	69	71	72	73	73	73	73	73	72	71	69	67	65	63	60
70	66	69	72	74	76	78	80	81	81	82	81	81	80	78	76	74	72	69	66
60	72	75	78	81	83	85	86	88	88	89	88	88	86	85	83	81	78	75	72
50	78	81	84	86	89	90	92	93	94	94	94	93	92	90	89	86	84	81	78
40	83	86	88	91	93	95	96	97	98	98	98	97	96	95	93	91	88	86	83
30	88	90	92	94	96	97	98	99	100	100	100	99	98	97	96	94	92	90	88
20	91	93	94	96	97	98	99	99	100	100	100	99	99	98	97	96	94	93	91
10	94	94	95	96	97	97	98	98	98	98	98	98	98	97	97	96	95	94	94
水平面	95	95	95	95	95	95	95	95	95	95	95	95	95	95	95	95	95	95	95

续表 C.0.1

济南　　纬度 36°41′

	东	−80	−70	−60	−50	−40	−30	−20	−10	南	10	20	30	40	50	60	70	80	西
90	53	56	58	60	62	63	64	65	65	65	65	65	64	63	62	60	58	56	53
80	60	62	65	67	69	71	73	74	74	74	74	74	73	71	69	67	65	62	60
70	66	69	72	74	77	79	80	82	82	83	82	82	80	79	77	74	72	69	66
60	72	75	78	81	83	85	87	88	89	89	89	88	87	85	83	81	78	75	72
50	78	81	84	86	89	91	92	94	94	95	94	94	92	91	89	86	84	81	78
40	83	86	88	91	93	95	96	97	98	98	98	97	96	95	93	91	88	86	83
30	88	90	92	94	96	97	98	99	100	100	100	99	98	97	96	94	92	90	88
20	91	93	94	95	97	98	99	99	100	100	100	99	99	98	97	95	94	93	91
10	93	94	95	96	96	97	97	98	98	98	98	98	97	97	96	96	95	94	93
水平面	94	94	94	94	94	94	94	94	94	94	94	94	94	94	94	94	94	94	94

太原　　纬度 37°47′

	东	−80	−70	−60	−50	−40	−30	−20	−10	南	10	20	30	40	50	60	70	80	西
90	54	56	59	61	63	64	66	66	67	67	67	66	66	64	63	61	59	56	54
80	60	63	66	68	70	72	74	75	76	76	76	75	74	72	70	68	66	63	60
70	66	69	72	75	77	80	81	83	84	84	84	83	81	80	77	75	72	69	66
60	72	75	78	81	84	86	88	89	90	90	90	89	88	86	84	81	78	75	72
50	77	81	84	86	89	91	93	94	95	95	95	94	93	91	89	86	84	81	77
40	82	85	88	91	93	95	96	98	98	99	98	98	96	95	93	91	88	85	82
30	87	89	91	93	95	97	98	99	100	100	100	99	98	97	95	93	91	89	87
20	90	92	93	95	96	97	98	99	99	100	99	99	98	97	96	95	93	92	90
10	92	93	94	95	95	96	96	97	97	97	97	97	96	96	95	95	94	93	92
水平面	93	93	93	93	93	93	93	93	93	93	93	93	93	93	93	93	93	93	93

天津　　纬度 39°06′

	东	−80	−70	−60	−50	−40	−30	−20	−10	南	10	20	30	40	50	60	70	80	西
90	53	56	58	61	63	65	66	67	68	69	68	67	66	65	63	61	58	56	53
80	59	62	65	68	71	73	75	76	77	78	77	76	75	73	71	68	65	62	59
70	65	68	72	75	78	80	82	84	85	86	85	84	82	80	78	75	72	68	65
60	71	74	78	81	84	86	88	90	91	92	91	90	88	86	84	81	78	74	71
50	76	80	83	86	89	91	93	95	96	96	96	95	93	91	89	86	83	80	76
40	81	84	87	90	93	95	97	98	99	99	99	98	97	95	93	90	87	84	81
30	85	88	90	93	95	97	98	99	100	100	100	99	98	97	95	93	90	88	85
20	89	91	92	94	95	97	98	98	99	99	99	98	98	97	95	94	92	91	89
10	91	92	93	94	94	95	96	96	96	96	96	96	96	95	94	94	93	92	91
水平面	92	92	92	92	92	92	92	92	92	92	92	92	92	92	92	92	92	92	92

续表 C.0.1

长春　　纬度 43°54′

	东	−80	−70	−60	−50	−40	−30	−20	−10	南	10	20	30	40	50	60	70	80	西
90	52	56	59	63	66	69	72	74	75	75	75	74	72	69	66	63	59	56	52
80	57	61	66	70	73	77	80	82	83	84	83	82	80	77	73	70	66	61	57
70	62	67	71	76	80	83	86	89	90	90	90	89	86	83	80	76	71	67	62
60	67	72	77	81	85	88	91	94	95	96	95	94	91	88	85	81	77	72	67
50	72	76	81	85	89	92	95	97	98	99	98	97	95	92	89	85	81	76	72
40	76	80	84	88	91	94	97	98	100	100	100	98	97	94	91	88	84	80	76
30	80	83	86	89	92	95	97	98	99	99	99	98	97	95	92	89	86	83	80
20	83	85	87	89	91	93	95	96	96	96	96	96	95	93	91	89	87	85	83
10	84	86	87	88	89	90	91	91	92	92	92	91	91	90	89	88	87	86	84
水平面	85	85	85	85	85	85	85	85	85	85	85	85	85	85	85	85	85	85	85

附录 D　太阳能集热器结构计算方法

D.0.1 架空式屋顶系统的结构构件应按下列规定验算承载力：

1 无地震作用效应组合时，承载力应符合下式规定：

$$\gamma_0 S \leqslant R \tag{D.0.1-1}$$

2 有地震作用效应组合时，承载力应符合下式规定：

$$S_E \leqslant R/\gamma_{RE} \tag{D.0.1-2}$$

式中：S——荷载按基本组合的效应设计值；

S_E——地震作用和其他荷载按基本组合的效应设计值；

R——构件抗力设计值；

γ_0——结构构件重要性系数，可取 0.95；

γ_{RE}——结构构件承载力抗震调整系数，取 1.0。

D.0.2 玻璃的强度设计值及其他物理力学性能应按现行行业标准《建筑玻璃应用技术规程》JGJ 113 的规定采用，集热器所用到的 5mm 以下厚度的面板玻璃强度设计值（f_g）应符合表 D.0.2 的规定。

表 D.0.2　面板玻璃强度（N/m²）

使用部位		与水平夹角大于 75°			与水平夹角小于或等于 75°		
种类	厚度 mm	大面强度 f_{gs1}	边缘强度 f_{gs2}	端面强度 f_{gs3}	大面强度 f_{gs4}	边缘强度 f_{gs5}	端面强度 f_{gs6}
平板玻璃	3～5	28	22	20	9	7	6
钢化玻璃	3～5	84	67	59	42	34	30

注：1　夹层玻璃和中空玻璃的强度设计值可按所采用的玻璃类型确定；

2　当钢化玻璃的强度标准值达不到浮法玻璃强度标准值的 3 倍时，表中数值应根据实测结果予以调整；

3　半钢化玻璃强度设计值可取浮法玻璃强度设计值的 2 倍，当半钢化玻璃的强度标准值达不到浮法玻璃强度标准值 2 倍时，其设计值应根据实测结果予以调整；

4　端面指玻璃切割后的断面，其宽度为玻璃厚度。

D.0.3 架空式屋面太阳能热水系统的风荷载应按下式计算。

$$w_k = \beta_{gz}\mu_s\mu_z w_0 \tag{D.0.3}$$

式中：w_k——风荷载标准值（kN/m³）；

β_{gz}——阵风系数，应按照现行国家标准《建筑结构荷载规范》GB 50009 的规定采用；

μ_z——风压高度变化系数，应按照现行国家标准《建筑结构荷载规范》GB 50009 的规定采用；

μ_s——风荷载体型系数，应按本标准第 D.0.4 计算确定；

w_0——基本风压（kN/m²）（按 25 年一遇的数值采用）应按照现行国家标准《建筑结构荷载规范》GB 50009 的规定采用。

D.0.4 风荷载体型系数 μ_s 应按下式计算：

$$\mu_s = \mu_{s0} \cdot \beta$$

式中：μ_{s0}——按照现行国家标准《建筑结构荷载规范》GB 50009 中，计算围护结构构件及其连接件的风荷载局部体型系数；

β——调整系数，根据不同形式的附加式屋面光伏系统构造，可按图 D. 0. 4-1～图 D. 0. 4-3 分区域取值。

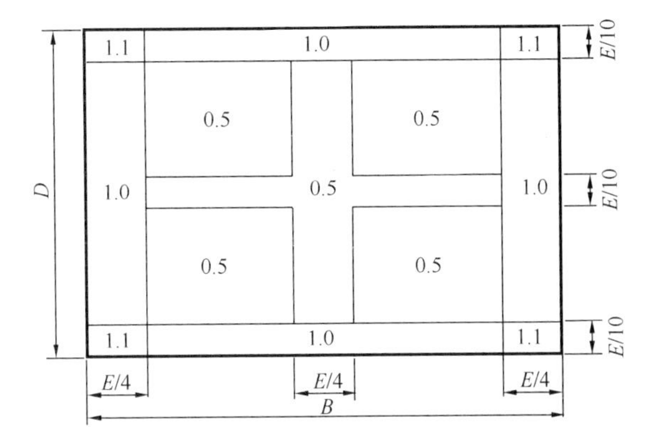

图 D. 0. 4-1　无女儿墙平屋面

H—屋顶高度，B—建筑迎风宽度

注：图中的 E 取 $2H$ 和 B 中较小值。

图 D. 0. 4-2　带 1. 5mm 高女儿墙平屋面

注：图中的 E 取 $2H$ 和 B 中较小值。

图 D. 0. 4-3　单坡屋面

注：图中的 E 取 $2H$ 和 B 中较小值。

1　对于平屋面上设置带倾角的附加式屋面太阳能热水系统，调整系数 β 可按下图分区域取值。

2　对于双坡屋面上设置平行于屋面坡度的架空式屋面太阳能热水系统，调整系数按下图分区域取值。

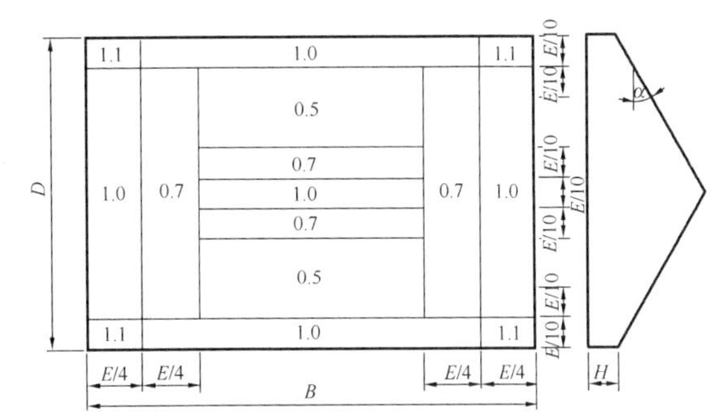

图 D. 0. 4-4　双坡屋面

注：图中的 E 取 $2H$ 和 B 中较小值。

D. 0. 5　若无法查明集热器的自重标准值，可按表 D. 0. 5 取值。

表 D. 0. 5　集热器构件自重标准值

材料种类	自重标准值（kN/m²）
平板光热构件净重（构件厚度在 35mm 到 70mm 之间）	0. 12～0. 18
平板光热构件运行重量（构件厚度在 35mm 到 70mm 之间）	0. 14～0. 21

D. 0. 6　民用建筑太阳能热水系统方阵的地震荷载计算在通常情况下，可按照等效静力法计算地震荷载，但当结构动力影响比较明显的时候，应该采用时程分析法对结构进行分析。

D. 0. 7　平板集热器面板的计算宜采用有限元法，也可按现行行业标准《玻璃幕墙工程技术规范》JGJ 102 中的简化方法计算。

D. 0. 8　平板集热器的边框挠度不应大于其计算跨度的 1/120。

D. 0. 9　支承结构由荷载标准值作用下产生的挠度应符合表 D. 0. 9 的规定。

表 D. 0. 9　支承结构由荷载标准值作用下产生的挠度

铝合金结构		$l/180$
钢结构		$l/200$
木结构	$l \leqslant 3.3$m	$l/200$
	$l > 3.3$m	$l/250$

D. 0. 10　预埋件的计算可按现行行业标准《玻璃幕墙工程技术规范》JGJ 102 中的简化方法计算。

中华人民共和国国家标准

民用建筑太阳能热水系统应用技术标准

GB 50364—2018

条 文 说 明

目　次

14

1 总 则

1.0.1 为提高资源利用效率，实现节能减排约束性目标，积极应对全球气候变化，国务院办公厅转发的国家发展改革委、住房城乡建设部《绿色建筑行动方案》中明确提出积极推动太阳能等可再生能源在建筑中的应用。

我国有丰富的太阳能资源，2/3 以上地区的年太阳能辐照量超过 5000MJ/m²，年日照时数在 2200h 以上。开发利用丰富、广阔的太阳能，是未来能源的基础。在《2025 的世界：10 大创新预测》的智库报告中，预测了未来 10 年全球科技的 10 个重大发展趋势，其中太阳能将成为地球上最大的能量来源，排在了首位。在我国太阳能资源适宜的省市和地区，均出台了太阳能热水系统与建筑一体化的强制性推广政策和技术标准，普及太阳能热水利用。在住房城乡建设部制定的《“十二五”绿色建筑与绿色生态城区发展规划》再次明确提出：建立太阳能建筑一体化强制推广制度，对太阳能资源适宜地区及具备条件的建筑强制推行太阳能光热建筑一体化系统。

我国的太阳能光热技术先进成熟，经济性好，集热面积居全球第一。近年来，我国的太阳能行业通过科技创新，使得太阳能热利用正在以工程化引领产业快速发展。在工程化过程中，太阳能与建筑一体化得到了很大发展。

太阳能工程化技术涵盖了建筑设计、机械加工、电子控制、热能工程、多能互补等多个领域，适用于建筑、结构、给水排水、采暖通风和建筑电气等专业使用。一个工程的实施需要各个方面协调配合，即做到统一规划、统一设计、统一施工、统一验收、统一管理。为规范太阳能热水系统的设计、安装、工程验收和日常维护，使民用建筑太阳能热水系统安全可靠、性能稳定、节能高效、与建筑协调统一，保证工程质量，是本标准制定的目的。

1.0.2 本条规定了本标准的适用范围。

民用建筑是供人们居住和进行各种公共活动的总称。民用建筑按使用功能可分为居住建筑和公共建筑两大类，参照《建设工程分类标准》GB/T 50841-2013，其分类和举例见表 1。参照该标准对民用建筑进行分类是为了本标准以后章节相关内容使用，表 1 中没有出现的建筑物允许在相近的建筑类别中选用。

表 1 民用建筑分类

分类	建筑类别	建筑物举例
居住建筑	住宅建筑	别墅、公寓、普通住宅、集体宿舍等
	宿舍建筑	
公共建筑	办公建筑	行政办公楼、专业办公楼、商务办公楼等
	科研建筑	科研楼、实验室、天文台（站）等
	旅馆酒店建筑	旅游饭店、旅馆、招待所等
	教育建筑	托儿所、幼儿园及中小学校、中等专科学校、职业学校、高等院校、特殊教育学校等各类学校的教学楼、图书馆、试验室、体育馆、展览馆等教育用房
	文化建筑	文化演出用房、艺术展览用房、图书馆、纪念馆、博物馆、档案馆、文化宫、展览馆、剧院、电影院（含影城）、音乐厅、海洋馆、游乐场、歌舞厅、游艺厅等
	商业建筑	百货商店、综合商厦、购物中心、会展中心、超市、菜市场、专业商店等
	居民服务建筑	餐饮用房屋、银行营业和证券营业用房屋、电信及计算机服务用房、邮政用房、居住小区会所以及洗染店、洗浴室、理发美容店、家电维修、殡仪馆等生活服务用房屋
	体育建筑	体育场（馆）、游泳馆、跳水馆、健身房等
	卫生建筑	各类医疗机构的病房、医技楼、门诊部、保健站、卫生所、化验室、药房、病案室、太平间等
	交通建筑	汽车客源站、港口客运站、铁路旅客站、机场航站楼、机场指挥塔、城市轨道客运站、停车库、交通枢纽、高速公路服务区等
	广播电影电视建筑	广播电台、电视台、发射台（站）、地球站、监测台（站）、广播电视节目监管建筑、有线电视网络中心、综合发射塔（含机房、塔座、塔楼等）等工程
	园林景观建筑	公园、动物园、植物园、旅游景点建筑、城市和居住区建筑小品等
	宗教建筑	教堂、清真寺、寺庙等

本标准从技术层面解决太阳能热水系统在民用建筑应用并与建筑结合的问题。这些技术内容适用于各类建筑，无论是在新建建筑上安装太阳能热水系统，还是在既有建筑上增设或改造已安装的太阳能热水系统。

1.0.3 太阳能热水系统在建筑上应用，正是由于建筑师的积极参与，才能使集热器与建筑浑然一体，成为建筑的一部分，做到与建筑协调统一。太阳能热水系统只有纳入建筑设计，才能为太阳能热水系统的设计、安装创造条件，使太阳能热水系统在建筑中得到有效利用，并做到太阳能与建筑一体化。为此，太阳能热水系统与建筑设计应统一规划、同步设计、同步施工，与建筑工程同时投入使用。

1.0.4 太阳能热水系统的组成部件在材料、技术要求以及系统设计、安装、验收等方面均有相关的产品标准，因此，太阳能热水系统首先应符合这些标准的要求。

太阳能热水系统在民用建筑上应用是综合技术，其设计、安装、验收、运行维护涉及太阳能和建筑两个行业，除符合现行的太阳能热水系统方面的标准外，还应符合建筑工程方面的标准规定，如《建筑给水排水设计规范》GB 50015、《屋面工程质量验收规范》GB 50207、《建筑物防雷设计规范》GB 50057 等相关标准，尤其是其中的强制性条文必须严格执行。

2 术 语

本标准中的术语包括建筑工程和太阳能热利用两方面，主要引自《民用建筑设计术语标准》GB/T 50504－2009 和《太阳能热利用术语》GB/T 12936－2007。考虑到民用建筑上利用太阳能热水系统需要建筑和太阳能行业密切配合，共同完成，并需要掌握相关知识，为方便各方更好的理解和使用本标准，规范编制组将上述标准的相关术语进行了集中归纳和整理，编入了本标准。

2.0.13 集热器总面积是指整个集热器的最大投影面积。平板集热器总面积是集热器外壳的最大投影面积，真空管集热器总面积包括所有真空管、联集管、地托架、反射板等在内的最大投影面积。在计算集热器总面积时，不包括那些突出在集热器外壳或联集管之外的连接管路。

2.0.17 费效比是评价系统经济性的重要参数，其中的常规能源是指具体工程项目中辅助能源加热设备使用的能源种类，如天然气、电等。

2.0.20 太阳能热水系统与建筑一体化，就是将太阳能的利用纳入建筑设计中，把太阳能利用技术与建筑技术和建筑美学融为一体，使太阳能系统成为建筑的一部分，相互间有机结合，实现与建筑的同步设计、同步施工、同步验收、同时投入使用和后期管理，从而降低建筑能耗，达到节能环保的目的。

太阳能热水系统与建筑一体化，体现在以下四方面：

1 外观上，合理布置集热器，实现太阳能热水系统与建筑完美结合。

2 结构上，妥善解决系统的安装，确保建筑物的承重、防水等功能不受影响。集热器有抵御强风、暴雪、冰雹等能力。

3 管路布置上，合理布置系统循环管路及冷热水管路，减少热水管路的长度，建筑预留出所有管路的接口和通道。

4 系统运行上，要求系统可靠、稳定、安全，易于安装、检修、维护。合理解决太阳能与辅助能源加热设备的匹配，实现系统智能化和自动控制。

2.0.24 建筑屋面一般分为平屋面、坡屋面和其他形式的屋面。平屋面通常是指排水坡度小于 3% 的屋面。坡屋面通常是指屋面坡度大于或等于 3% 的屋面。坡屋面的形式和坡度主要取决于建筑形式、结构形式、屋面材料、气候环境等因素。常见屋面类型和适用坡度见表 2。太阳能集热器安装在坡屋面上应根据当地纬度和屋面坡度调整集热器倾角。

表 2 屋面类型和坡度

屋面类型	沥青瓦屋面	块瓦屋面	波形瓦屋面	金属板屋面		防水卷材屋面	装配式轻型坡屋面
				压型金属板屋面	夹心板屋面		
适用坡度（%）	≥20	≥30	≥20	≥5	≥5	≥3	≥20

3 基 本 规 定

3.0.1 在进行太阳能热水系统设计时，应根据建筑类型与功能要求及对太阳能热水系统的使用要求，结合当地的太阳能资源和管理要求，为使用者提供安全、卫生、方便、舒适的高品质生活条件。这是太阳能热水系统在建筑上应用的首要条件。

3.0.2 本条提出了太阳能热水系统应满足用户的使用要求和系统安装、维护的要求。

3.0.3 太阳能热水系统按供热水方式、系统运行方式、生活热水与集热器内传热工质的关系、辅助能源设备的类型、安装位置等分为不同的类型，包括集热器的类型也不同。本条从太阳能热水系统与建筑相结合的基本要求出发，规定了在选择太阳能热水系统类型时应考虑的因素，其中强调要充分考虑建筑物类型、使用功能、安装条件、用户要求、地理位置、气候条件、太阳能资源等因素。

3.0.4 本条为强制性条文。此条的确定基于建筑结构安全考虑。既有建筑情况复杂，结构类型多样，使用年限和建筑本身承载能力以及维护情况等各不相同。在既有建筑上增设太阳能热水系统时，应考虑集热系统、管路系统、储热系统对既有建筑的结构影响，复核验算结构设计、结构材料、耐久性、安装部位的构造及强度等。为确保建筑结构安全及其他相应的安全性要求，在改造和增设太阳能热水系统时，必须经过建筑结构复核，确定是否可改造或增设太阳能热水系统。建筑结构复核可由原建筑设计单位或根据原建筑设计施工图、竣工图、计算书等由其他有资质的建筑设计单位进行，或委托法定检测机构检测，确认不存在结构安全问题，可实施后，才可进行。否则，不能在既有建筑上增设或改造。增设和改造的前提是不影响既有建筑的质量和安全，安装符合技术规范和产品标准的太阳能热水系统。

3.0.5 本条为强制性条文。

日照标准是根据建筑物所处的气候区，城市大小和建筑物的使用性质决定的，在规定的日照标准日(冬至或大寒日)有效时间范围内，以底层窗台面为计算起点的建筑外窗获得的日照时间。一般取决于建筑间距，即两栋建筑物或构筑物外墙面之间的最小垂直距离。

本标准所指的建筑间距，是以满足日照要求为基础，综合考虑采光、通风、消防、管线埋设和视觉卫生与空间干扰等要求为原则确定的。建筑间距分为正面间距和侧面间距。凡泛指的建筑间距，通常指正面间距。决定建筑间距的因素很多，本标准所指的建筑间距，是以满足日照要求为基础，综合考虑采光、通风、消防、管线埋设和视觉卫生与空间干扰等要求为原则。

相邻建筑的日照间距是以建筑高度计算的。现行国家标准《城市居住区规划设计规范》GB 50180 对于不同城市新建建筑和既有建筑有不同要求。平屋面的建筑高度指室外地面至其屋面、檐口或女儿墙的高度，坡屋面按室外地面至屋檐和屋脊的平均高度计算。下列突出物不计入建筑高度内：

1 局部突出屋面的楼梯间、电梯机房、水箱间等辅助用房占屋顶平面面积不超过 1/4 者；

2 突出屋面的通风道、烟囱、装饰构件、花架、通信设施；

3 空调冷却塔等设备。

当平屋面上安装较大面积的太阳能集热器时，无论是新建建筑，还是既有建筑均应考虑影响相邻建筑的日照标准问题。

日照标准对于不同类型的建筑要求不同，应符合相关标准的规定。

3.0.6 太阳能热水系统的组成部件与介质的总重量，应纳入建筑主体结构或围护结构计算的荷载。安装太阳能热水系统的建筑必须具备承受集热器、贮热水箱、管线等传递的各种荷载和作用，包括检修荷载等。作用效应组合的计算方法应符合现行国家标准《建筑结构荷载规范》GB 50009 的规定。

主体结构为混凝土结构时，为保证集热器、贮热水箱等与主体结构的连接可靠，连接部位主体结构混凝土强度等级不应低于 C20。

3.0.7 本条为强制性条文。轻质填充墙承载能力和变形能力低，不应作为太阳能热水系统中特别是集热器和贮热水箱的支撑结构。同样，砌体结构平面外承载能力低，难以直接进行连接，所以宜增设混凝土结构或钢结构连接构件。

3.0.8 本条为强制性条文。连接件与主体结构的锚固承载力设计值应大于连接件本身的承载力设计值，任何情况不允许发生锚固破坏。采用锚栓连接时，应有可靠的防松、防滑措施；采用挂接或插接时，应有可靠的防脱、防滑措施。

3.0.9 太阳能热水系统(主要是集热器和贮热水箱)与建筑主体连接，多数情况是通过预埋件实现。预埋件的锚固钢筋是锚固作用的主要来源，混凝土对锚固钢筋的粘结力是决定性的。因此，预埋件应在混凝土浇筑时埋入，施工时混凝土必须振捣密实。实际工程中，往往由于未采取有效措施固定预埋件，在浇筑混凝土时使预埋件偏离设计位置，影响与主体结构连接，甚至无法使用。因此预埋件的设计和施工应引起足够重视。

为保证系统与主体结构连接的可靠性，与主体结构连接的预埋件应在主体结构施工时按设计要求的位置和方法进行埋设。

3.0.10 太阳能是间歇能源，受天气影响较大。到达某一地面的太阳能辐射强度，因受地区、气候、季节和昼夜变化等因素影响，时强时弱，时有时无。因此，太阳能热水系统应配置辅助能源加热设备。

辅助能源加热设备应根据当地普遍使用的传统能源的价格、对环境的影响、使用的方便性以及节能等多项因素，进行经济技术比较后确定，并应优先考虑节能和环保因素。

辅助能源一般为电、燃气等传统能源及空气源热泵、地源热泵等。国外更多的用智能控制、带热交换和辅助加热系统，使之节约能源。对已设有集中供热、制冷系统的建筑，辅助能源宜与供热、制冷系统热源相同或匹配，特别应重视废热、余热的利用。

3.0.11 本条是对太阳能热水系统的集热器、管线的布置、安装提出的要求。太阳能热水系统与建筑一体化不仅体现在外观上，同时要合理布置集热器，也包括结构上妥善解决系统的安装问题，确保建筑物的承重、防水等功能不受影响；合理布置系统的循环管路；确保系统运行可靠、稳定、安全。对于在既有建筑上安装太阳能热水系统，在没有可能利用的管线时，通常需要另行设计、安装安全、尽可能隐蔽、集中布置的输、配水管线和配电设备及线路。对于新建建筑，则应与给水排水、电气设备管线统一设计和安装。

3.0.12 太阳能热水系统安装计量装置是为了节约用水、用电、用气和运行管理计费，满足进行累计用水量、电量、燃气等计算和节能的要求。

3.0.13 本条是为了控制每道施工工序的质量，进而保证工程质量。太阳能热水系统在建筑上安装，建筑主体结构应符合施工质量验收标准的规定。

3.0.14 太阳能热水系统设计完成后应进行系统节能、环保效益预评估，以及在系统运行后，进行能耗的定期监测是为了确定系统设计取得的节能和环保效益的量化指标，并以此作为对用户提供税收优惠或补贴的依据。有条件的工程，在系统运行后，宜进行系统节能、环保效益的定期监测。

4 建 筑 设 计

4.1 一 般 规 定

4.1.1 本条是应用太阳能热水系统的民用建筑规划设计应遵循的基本原则。

规划设计是在一定的规划用地范围内进行，对各种规划要素的考虑和确定应结合太阳能热水系统设计确定建筑物朝向、日照标准、房屋间距、建筑密度和建筑布局、道路组织、绿化和空间环境及其组成的有机整体。而这些均与建筑物所处的建筑气候分区、规划用地范围内的现状条件及社会经济发展水平密切相关。在规划设计中应充分考虑、利用和强化已有的特点和条件，为整体提高规划设计水平创造条件。

建筑朝向、布局、空间组合及太阳能集热器设置的朝向，应使集热器充分接收太阳光照，避免集热器被遮挡。

集热器设置位置应满足建筑造型、建筑使用功能和防护功能等要求，避免对周围建筑造成不良影响。

规划设计时，建筑物的朝向宜为南北向或接近南北向，以及建筑的体形或空间组合考虑太阳能热水系统，均为使集热器充分接收阳光。由于城市高楼密集，楼群之间相互遮挡，因此形成了不同的自然光照环境。可通过日照模拟软件针对冬季日照，对单栋建筑在冬至日或大寒日的日照环境进行分析。一方面从冬季去考虑日照资源的不足进行建筑的布局；另一方面则是针对夏季日照利用阴影的时间差和方位差对居住外环境进行设计，以了解集热器上接收到的太阳能辐射。

4.1.2 太阳能热水系统类型的选择，是建筑设计的重点内容。建筑设计不仅创造新颖美观的建筑外观、确定集热器的安装位置，还需结合建筑功能及其对热水供应方式的需求，综合环境、气候特征、太阳能资源、能耗、施工条件等因素，比较太阳能热水系统的性能、造价、进行技术经济分析。太阳能热水系统类型应与系统使用所在地的太阳能资源、气候特征相适应，在保证系统全年安全、稳定运行的前提下，选择的集热器性价比最高。

太阳能热水系统供应热水方式分为分散供热水和集中供热水系统。分散系统由用户自行管理，且用户之间热水用量不平衡，使得系统不能充分利用太阳能集热设施而造成浪费，并存在集热器布置分散、零乱、造价高等缺点。集中供热水系统相对分散系统，节约投资、用户间热水用量可以平衡、集热器布置易整齐有序，且集中管理维护，可分户计量，因此，建筑设计应综合比较，酌情选定。

4.1.3 太阳能集热器是系统的重要组成部分，一般可设置在建筑屋面、阳台栏板、外墙墙面或其他建筑部位，如女儿墙、建筑屋顶的披檐、遮阳板屋顶飘板等能充分接收阳光的位置。建筑设计需将集热器作为建筑元素，与建筑有机结合，保持统一和谐的外观，并与周围环境协调，包括建筑风格、色彩。当集热器作为屋面板、墙板或阳台栏板时，应具有该建筑部位的承载、保温、隔热、防水及防护能力。

4.1.4 安装在建筑上的集热器正常使用寿命一般不超过15年，而建筑的使用寿命在50年以上。集热器和系统其他部件在构造、形式上应利于在建筑围护结构上安装，便于维护、检修和局部更换。建筑设计要为系统的安装、维修、日常保养、更换提供必要的安全条件。如平屋面设置屋面出口或人孔，便于安装、检修人员出入；坡屋面屋脊的适当位置可预留金属钢架或挂钩，方便固定安装检修人员系在身上的安全带，确保人员安全。

4.1.5 太阳能热水系统管线应布置在公共空间且不得穿越用户室内空间，以免管线渗漏影响用户使用，也便于管线维修。当无法避免时，可采用竖向管井解决，以保证户界清楚。

4.1.6 在进行景观设计和绿化种植时，应避免对投射到集热器上的阳光造成遮挡，以保证集热器的集热效率。

4.2 建 筑 设 计

4.2.1 建筑设计应根据选择的系统类型和所需的集热器总面积，确定集热器的类型与规格尺寸、安装位置，明确贮热水箱容积和重量、外形尺寸、给水排水设施要求及管线走向。合理确定系统各组成部件在建筑中的空间位置，并满足其所在部位的防水、排水等技术要求。建筑设计应为系统检修提供便利条件。

4.2.2 太阳能集热器安装在建筑屋面、阳台、墙面或建筑其他部位，不应有任何障碍物遮挡阳光，满足全天有不少于4h的日照时数要求。可通过日照分析确定集热器的安装部位。

有效日照时数的时间段为中午 12 点前后各 4h，即 8：00～16：00 时段中连续 4h 为有效日照时间。

为满足建筑通风和采光要求，建筑设计时平面往往不大规整，凹凸较多，容易造成建筑自身对阳光的遮挡。此外，对于体形为 L 形、U 形的建筑平面，也要避免自身的遮挡。

4.2.3 本条为强制性条文。建筑设计应考虑太阳能集热器安装在建筑屋面、阳台、墙面或建筑其他部位，为防止集热器损坏而坠落伤人，除应将集热器在建筑物上固定牢固可靠外，应采取必要的技术措施，如设置挑檐、入口处设置雨篷，或建筑周围进行绿化种植使人不易靠近等。

4.2.4 太阳能集热器可直接构成建筑屋面、阳台栏板或墙面，在满足热水供应的同时，首先应满足该建筑部位的结构安全和建筑保温、隔热、防水、安全防护等要求。

4.2.5 本条是对太阳能集热器安装在建筑平屋面的要求。

太阳能集热器通过支架和基座固定在屋面上。集热器根据当地的纬度选择适当的方位角和倾角。除太阳能集热器的方向、安装倾角和设置间距等应符合现行国家标准《太阳能热水系统设计、安装及工程验收技术规范》GB/T 18713 的规定外，还应做好集热器支架和基座处的防水。除屋面设置防水层外，该部位应设置附加防水层。附加防水层宜空铺，空铺宽度应大于 200mm。为防止卷材防水层收头翘边，避免雨水从开口处渗入防水层下部，应按设计要求将收头处密封。卷材防水层用压条钉压固定，或用密封材料封严。

集热器周围应设置检修通道，屋面出入口和人行通道均应设置刚性防护层以保护防水层不被破坏，一般在屋面铺设水泥砖（板），按上人屋面处理。

4.2.6 本条是对太阳能集热器安装在建筑坡屋面的要求。

太阳能集热器无论是顺坡嵌入屋面还是顺坡架空在屋面上，为使与屋面统一，其坡度宜与屋面坡度一致。而屋面坡度取决于屋面材料和集热器安装倾角。

当屋面为沥青瓦、波形瓦和装配式轻型屋面时，坡度不应小于 20%，块瓦屋面坡度不应小于 30%，金属板屋面坡度不应小于 5%，防水卷材屋面，屋面坡度不应小于 3%。

现行国家标准《太阳能热水系统设计、安装及工程验收技术规范》GB/T 18713 的要求，集热器安装最佳倾角等于当地纬度，以使集热器接收到更多的阳光。如系统侧重在夏季使用，其倾角宜为当地纬度减 10°；如系统侧重在冬季使用，其倾角宜为当地纬度加 10°。太阳能热水系统多为全天候使用，集热器安装倾角为当地纬度+10°～－10°之间。这对于一般情况下的平板型集热器和真空管集热器都是适用的。

当然，对于东西向水平放置的全玻璃真空管集热器，安装倾角可适当减少；对于墙面上安装的各种太阳能集热器，更是一种特例了。

集热器安装在坡屋面时，建筑师需根据屋面材料和集热器接收阳光的最佳倾角确定屋面坡度。

集热器安装在屋面上，安装人员应为专业人员，除应严格遵守安全规则外，建筑设计还应为安装人员提供安全的工作环境，确保安装人员的安全。一般可在屋脊处设置钢架或挂钩用以支撑连接在安装人员腰部的安全带。钢架或挂钩应能承受至少 2 名安装人员、集热器和安装工具的荷载。

坡屋面在安装集热器附近的适当位置应设置出屋面人孔，作为检修出口。

架空设置的集热器宜与屋面同坡，且有一定的架空高度，以保证屋面排水通畅。架空高度一般不宜大于 100mm，太高不易与屋面形成一体。

嵌入屋面设置的集热器与四周屋面及穿出屋面管路均应做好防水，防止屋面发生渗漏。首先屋面穿管应预先埋设套管，其次四周应用密封材料封严。集热器与屋面交接处应设置挡水盖板。

设置在坡屋面的集热器采用支架与预埋在屋面结构层上的预埋件固定牢固，并应承受风荷载和雪荷载。

当集热器作为屋面板时，应满足屋面承重、保温、隔热和防水等要求。

4.2.7 本条为强制性条文。提出了太阳能集热器安装在建筑阳台的要求。

太阳能集热器可放置在阳台栏板上或直接构成阳台栏板。低纬度地区，由于太阳高度角较大，阳台栏板或集热器应有适当倾角，以便接收到较多的阳光。

作为阳台栏板的集热器应有足够的强度和防护高度，以保证使用者安全。现行国家标准《民用建筑设计通则》GB 50352 规定：栏杆应以坚固、耐久的材料制作，并能承受荷载规范规定的水平荷载。临空高度在 24m 以下时，栏杆高度不应低于 1.05m，临空高度在 24m 和 24m 以上时，栏杆高度不应低于 1.10m。《住宅设计规范》GB 50096 规定：6 层及以下的住宅，要求阳台栏杆（板）高度不应低于 1.05m，7 层及以上住宅，阳台栏杆（板）高度不应低于 1.10m。这些都是根据人体重心和心理因素而定的。

集热器固定在阳台上，为防止集热器金属支架、金属锚固件生锈对建筑造成污染，建筑设计应在该部位加强防锈技术处理或采取有效的技术措施，避免金属锈水对建筑表面造成不易清洗的污染。

4.2.8 本条提出了太阳能集热器安装在建筑墙面上的要求。

太阳能集热器安装在墙面上，在太阳能资源丰富地区，太阳能保证率高。低纬度地区设置在墙面的集热器宜有适当倾角。

集热器支架通过连接件与主体结构墙面上的预埋件连接，结构设计时，应考虑集热器和管线的荷载，防止集热器坠落伤人。

管线穿墙面时，应在墙面预埋防水套管，并应对其与墙面相接处进行防水密封和保温隔热处理。

一般以南北纬30°和60°划分，即低纬度为南北纬0°～30°，中纬度为南北纬30°～60°，高纬度为南北纬60°～90°。

4.2.9 从防冻角度，严寒和寒冷地区贮热水箱应放置在室内，其他地区贮热水箱宜放置在室内。贮热水箱可放置在地下室、储藏室、设备间、阁楼等处。当贮热水箱注满水后，其自重将超过楼板的承载能力，因此贮热水箱的基座必须设置在建筑物的承重墙（梁）上，或增加该部位楼板的承重荷载，以确保结构安全。

放置在阳台时，应注意隐蔽，如放置在阳台储藏柜中。设置在室外的贮热水箱应有防雨雪、防雷击等保护措施。

贮热水箱靠近用水部位以缩短管线，减少热损失并节约材料。

贮热水箱周围应留有安装检修的空间，以满足安装、检修要求。贮热水箱上方及周围应有能容纳至少1个人的作业空间，其中与墙面应保持不小于0.7m的距离，与顶面应保持不小于0.8m的距离以防贮热水箱或连接管线漏水，设置贮热水箱的地面应有防水和排水措施。

4.2.10 伸出屋面的管线，应在屋面结构层施工时预埋穿屋面套管，可采用钢管或PVC管材。套管四周的找平层应预留凹槽用密封材料封严，还需增设附加防水层。上翻至管壁的附加防水层应用金属箍或镀锌钢丝紧固后，再用密封材料封严。穿屋面套管应事先预埋，避免在已做好防水保温的屋面上凿孔打洞。

5 太阳能热水系统设计

5.1 一般规定

5.1.1 本条强调太阳能热水系统是由建筑给水排水专业人员设计，并符合现行国家标准《建筑给水排水设计规范》GB 50015的要求。在热源选择上是太阳能集热器加辅助能源；集热器的位置、色泽及数量要与建筑师配合设计；在承载、控制等方面要与结构专业、电气专业相配合设计，使太阳能热水系统设计真正纳入到建筑设计当中来。

5.1.2 本条规定了太阳能热水系统设计应遵循的一些原则，包括节水节能、安全简便、耐久可靠、经济实用、便于计量等。

5.1.3 本条从太阳能热水系统与建筑相结合的基本要求出发，特别考虑到对建筑物外观及环境的影响，强调太阳能热水系统设计应合理选择其类型、色泽和安装位置，并应与建筑物整体及周围环境相协调。

5.2 系统分类与选择

5.2.1 为便于进行太阳能热水系统的分类，本条阐明了太阳能热水系统的基本构成，即由太阳能集热系统、供热水系统、辅助能源系统、电气与控制系统等构成。其中还特别说明了太阳能集热系统的重要组成部件。

5.2.2 安装在民用建筑的太阳能热水系统，若按集热与供热水方式分类，可分为：集中-集中供热水系统、集中-分散供热水系统和分散-分散供热水系统等三大类。

集中-集中供热水系统，全称为集中集热、集中供热太阳能热水系统，指采用集中的太阳能集热器和集中的贮热水箱供给一幢或几幢建筑物所需热水的系统。

集中-分散供热水系统，全称为集中集热、分散供热太阳能热水系统，指采用集中的太阳能集热器和分散的贮热水箱供给一幢建筑物所需热水的系统。

分散-分散供热水系统，全称为分散集热、分散供热太阳能热水系统，指采用分散的太阳能集热器和分散的贮热水箱供给各个用户所需热水的小型系统，也就是通常所说的家用太阳能热水器。

5.2.3 根据现行国家标准《太阳能热水系统设计、安装及工程验收技术规范》GB/T 18713中的规定，太阳能热水系统若按系统运行方式分类，可分为：自然循环系统、强制循环系统和直流式系统三类。

自然循环系统是仅利用传热工质内部的温度梯度产生的密度差进行循环的太阳能热水系统。在自然循环系统中，为了保证必要的热虹吸压头，贮热水箱的下循环管口应高于集热器的上循环管口。自然循环系统也可称为热虹吸系统。

强制循环系统是利用机械设备等外部动力迫使传热工质通过集热器（或换热器）进行循环的太阳能热水系统。强制循环系统运行可采用温差控制、光电控制及定时器控制等方式。强制循环系统也可称为机械循环系统。

直流式系统是传热工质（水）一次流过集热器加热后，进入贮热水箱或用热水处的非循环太阳能热水系统。直流式系统可采用非电控的温控阀控制方式或电控的温控器控制方式。直流式系统也可称为定温放水系统。

实际上，某些太阳能热水系统有时是一种复合系统，即是上述几种运行方式组合在一起的系统，例如由强制循环与定温放水组合而成的复合系统。

5.2.4 根据现行国家标准《太阳能热水系统设计、安装及工程验收技术规范》GB/T 18713中的规定，太阳能热水系统若按生活热水与集热系统内传热工质的关系，可分为：直接系统和间接系统两大类。

直接系统，是指在太阳能集热器中直接加热水供给用户的太阳能热水系统。直接系统又称为单回路系统，或单循环系统。

间接系统，是指在太阳能集热器中加热某种传热工质，再使该传热工质通过换热器加热水供给用户的太阳能热水系统。间接系统又称为双回路系统，或双循环系统。

5.2.5 为保证民用建筑中的太阳能热水系统可以全天候运行，通常将太阳能热水系统与使用辅助能源的加热设备联合使用，共同构成带辅助能源的太阳能热水系统。

集中辅助加热系统，是指辅助能源加热设备集中安装在贮热水箱附近。

分散辅助加热系统，是指辅助能源加热设备分散安装在供热水系统中。对于居住建筑来说，通常都是分散安装在用户的贮热水箱附近。

5.2.6 太阳能热水系统类型的选择是系统设计的首要步骤。只有正确选择了太阳能热水系统的类型，才能使系统设计有可靠的基础。

5.3 技 术 要 求

5.3.1 本条规定了太阳能热水系统及其主要部件应满足相关太阳能产品现行国家标准中规定的各项技术指标。太阳能产品的现行国家标准包括：

GB/T 6424《平板型太阳能集热器》

GB/T 17049《全玻璃真空太阳集热管》

GB/T 17581《真空管型太阳能集热器》

GB/T 18713《太阳热水系统设计、安装及工程验收技术规范》

GB/T 19141《家用太阳能热水系统技术条件》

GB/T 19775《玻璃-金属封接式热管真空太阳集热管》

GB/T 20095《太阳热水系统性能评定规范》

GB/T 23888《家用太阳能热水系统控制器》

GB/T 23889《家用空气源热泵辅助型太阳能热水系统技术条件》

GB/T 25966《带电辅助能源的家用太阳能热水系统技术条件》

GB 26969《家用太阳能热水系统能效限定值及能效等级》

GB/T 26970《家用分体双回路太阳能热水系统技术条件》

GB/T 26973《空气源热泵辅助的太阳能热水系统(储水箱容积大于 0.6m³)技术规范》

GB/T 26974《平板型太阳能集热器吸热体技术要求》

GB/T 26975《全玻璃热管真空太阳集热管》

GB/T 28737《太阳能热水系统(储水箱容积大于 0.6m³)控制装置》

GB/T 28738《全玻璃真空太阳集热管内置式带翅片的金属热管》

GB/T 28745《家用太阳能热水系统储水箱试验方法》

GB/T 29158《带辅助能源的太阳能热水系统(储水箱容积大于 0.6m³)技术规范》

GB/T 30532《全玻璃热管家用太阳能热水系统》

5.3.2 本条规定了太阳能热水系统在安全可靠性能方面的技术要求，这也是太阳能热水系统各项技术要求中最重要的性能之一，强调了太阳能热水系统应有抗击各种自然条件的能力，其中包括应有可靠的防冻、防结露、防过热、防电击、防雷、抗雹、抗风、抗震等技术措施，并作为本标准的强制性条文。

5.3.3 本条规定了太阳能热水系统在耐久性能方面的技术要求。耐久性能强调了系统中主要部件的正常使用寿命不应少于 10 年。这里，系统的主要部件包括集热器、贮热水箱、支架等。当然，在正常使用寿命期间，允许有主要部件的局部更换以及易损件的更换。

5.3.5 辅助能源指太阳能热水系统中的非太阳能热源，可以为电、燃气、燃油、工业余热、生物质燃料等常规能源，也可以为空气源热泵、水源热泵、地源热泵等加热设备。对使用辅助能源加热设备的技术要求，在现行国家标准《建筑给水排水设计规范》GB 50015 中已有明确的规定，主要应根据使用特点、热水量、能源供应、维护管理及卫生防菌等因素选择辅助能源加热设备。

5.4 太阳能集热系统

5.4.1 本条强调了太阳能热水系统中集热系统设计的一些基本规定。

1 鉴于我国目前的实际情况，开发商为充分利用所购买的土地，在进行规划时确定的容积率普遍偏高，从而影响到建筑物的底层房间只能刚刚达到规范要求的日照标准，所以虽然在屋顶上安装的太阳能集热系统本身并不高，但还有可能影响到相邻建筑的底层房间不能满足日照标准要求；此外，在阳台或墙面上安装有一定倾角的太阳能集热器时，也有可能影响下层房间不能满足日照标准要求，所以在进行集热系统设计时必须予以充分重视。为保证集热系统的基本节能效率，特规定在日照标准日(冬至日)连续有效日照时间不得小于 4h。每天有效日照时间的时间段为中午 12 点前后各 4h，即 8：00～16：00 时段中连续 4h 为有效日照时间。

2 对于安装在民用建筑的太阳能热水系统，本条规定无论系统的太阳能集热器、支架等部件安装在建筑物的哪个部位，都应与建筑功能和建筑造型一并设计。

3 建筑物的主体结构在伸缩缝、沉降缝、抗震缝等的变形缝两侧会发生相对位移，跨越变形缝时容易受到破坏，所以太阳能集热器不应跨越主体结构的变形缝。

4 现有太阳能集热器产品的尺寸规格不一定满足建筑设计的要求，因而本款强调了太阳能集热器的尺寸规格最好要与建筑模数相协调。

5.4.2 太阳能集热系统设计中，集热器面积的确定是一个十分重要的问题，而集热器面积的精确计算又是一个比较复杂的问题。

在欧美等发达国家，集热器面积的精确计算一般都采用F-Chart软件、Trnsys软件或其他类似的软件来进行，它们是根据系统所选太阳能集热器的瞬时效率方程(通过试验测定)及安装位置(倾角和方位角)，再输入太阳能热水系统使用当地的地理纬度、平均太阳辐照量、平均环境温度、平均热水温度、平均热水用量、贮热水箱和管路平均热损失率、太阳能保证率等数据，按一定的计算机程序计算出来的。

然而，我国目前尚未将这种计算软件列入国家标准内容。本条在现行国家标准《太阳能热水系统设计、安装及工程验收技术规范》GB/T 18713的基础上，依据能量平衡的基本原理，规定了确定集热器总面积的计算方法，其中分别规定了在直接系统和间接系统两种情况下集热器总面积的计算方法。

集热器面积可以分为：集热器总面积、采光面积、吸热体面积等几种。集热器总面积的定义是：整个集热器的最大投影面积。本标准之所以计算集热器总面积，而不计算采光面积或吸热体面积，是因为在民用建筑安装太阳能热水系统的情况下，建筑师关心的是在有限的建筑围护结构中太阳能集热器究竟占据多大的空间。

1 在确定直接系统的集热器总面积时，日太阳辐照量 J_T 取当地集热器采光面上的年平均日太阳辐照量，本标准推荐按附录A选取日均用热水量 Q_w 与平均日热水用水定额 q_r 和同日使用率 b_1 有直接的关系，其中平均日热水用水定额 q_r 的数值，本标准推荐按表5.4.2-1选取，同日使用率 b_1 的数值，本标准推荐按表5.4.2-2选取；太阳能保证率 f 的取值，是根据系统使用期内的太阳能辐照条件、系统的经济性及用户的具体要求等因素综合考虑后确定，本标准推荐按表5.4.2-3选取；集热器年平均集热效率 η_{cd} 的取值，要根据集热器产品的实际测试结果而定，本标准推荐按附录B说明的方法进行计算；至于太阳能集热系统中贮热水箱和管路的热损失率 η_L，本标准推荐取0.20～0.30，此数值是根据我国长期使用太阳能热水系统所积累的经验而选取的，能基本满足实际系统设计的要求。

我国是一个缺水国家，尤其是北方地区严重缺水，因此在考虑提高人民生活水平且满足基本使用要求的前提下，现行国家标准《建筑给水排水设计规范》GB 50015体现了“节水”这个重大原则。由于热水定额的幅度较大，因而可以根据地区水资源情况，在本标准表5.4.2-1中酌情选值，一般缺水地区应选用定额的低值。

按照水平面上年太阳辐照量和年日照时数的大小，可将我国太阳能资源区划分为四个等级，它们分别是：资源极富区、资源丰富区、资源较富区和资源一般区。太阳能保证率 f 是确定太阳能集热器面积的一个关键参数，也是影响太阳能热水系统经济性能的重要参数。实际选用的太阳能保证率 f 与系统使用期内的太阳辐照、气候条件、产品性能、热水负荷、使用特点、系统成本和预期投资规模等诸多因素有关。本标准表5.4.2-3主要是按照不同地区的太阳能资源给出了 f 的取值范围。在具体取值时，凡太阳能资源好、预期投资大的工程，可选相对较高的太阳能保证率值；反之，则取较低值。

2 在确定间接系统的集热器总面积时，由于间接系统的换热器内外存在传热温差，使得在获得相同温度热水的情况下，间接系统比直接系统集热器的运行温度稍高，从而造成集热器效率略为降低。本标准用换热器传热系数 U_{hx}、换热器换热面积 A_{hx} 和集热器总热损系数 U 等参数来表示换热器对于集热器效率的影响。本标准虽然对平板型集热器和真空管集热器分别推荐了 U 的取值范围，但强调 U 的具体数值要根据集热器产品的实际测试结果而定。在实际计算过程中，当确定了直接系统的集热器总面积 A_C 之后，就可以根据上述这些数值，确定出间接系统的集热器总面积 A_{IN}。

通常在采用第5.4.2条所述方法计算集热器总面积之前，也就是在方案设计阶段，可以根据建筑物所在地区太阳能条件来估算集热器总面积。表3列出了每产生100L热水量所需系统集热器总面积的推荐值：

表3 每100L热水量的系统集热器总面积推荐值

等级	太阳能条件	年日照时数(h)	水平面上年太阳辐照量[MJ/(m²·a)]	地 区	集热器总面积(m²)
Ⅰ	资源极富区	3200～3300	≥6700	宁夏北、甘肃西、新疆东南、青海西、西藏西	1.2～1.4
Ⅱ	资源丰富区	3000～3200	5400～6700	冀西北、京、津、晋北、内蒙古及宁夏南、甘肃中东、青海东、西藏南、新疆南	1.4～1.6

续表 3

等级	太阳能条件	年日照时数(h)	水平面上年太阳辐照量[MJ/(m²·a)]	地　区	集热器总面积(m²)
Ⅲ	资源较富区	2200～3000	5000～5400	鲁、豫、冀东南、晋南、新疆北、吉林、辽宁、云南、陕北、甘肃东南、粤南	1.6～1.8
		1400～2200	4200～5000	湘、桂、赣、江、浙、沪、皖、鄂、闽北、粤北、陕南、黑龙江	1.8～2.0
Ⅳ	资源一般区	1000～1400	≤4200	川、黔、渝	2.0～2.2

此表是根据我国不同等级太阳能资源区有不同的年日照时数和不同的水平面上年太阳辐照量，再按每产生 100L 热水量分别估算出不同等级地区所需要的集热器总面积，其结果一般在 $1.2m^2/100L$～$2.2m^2/100L$ 之间。

5.4.3 本条特别说明，在有些情况下，当建筑围护结构表面不够安装按本标准 5.4.2 条计算所得的集热器总面积时，也可以按围护结构表面最大容许安装面积来确定集热器总面积。

5.4.4 本条还特别说明，在有些情况下，由于集热器倾角或方位角受到条件限制，按本标准 5.4.2 条所述方法计算出的集热器总面积已经不够了，这时就需要按补偿方式适当增加面积。但是本条还规定，补偿面积不得超过按本标准 5.4.2 条计算所得面积的一倍。

5.4.5 本条规定了各种条件下贮热装置有效容积的计算方法。

1 本款规定了集中集热、集中供热太阳能热水系统的贮热水箱宜与供热水箱分开设置，串联连接，辅助能源设在后者内。理由是便于自动控制，充分利用太阳能，取得较好的节能效果。此款还规定了贮热水箱的容积计算方法。

2 本款强调了供热水箱的有效容积应符合现行国家标准的规定。

3 本款规定了集中集热、分散供热太阳能热水系统宜设有缓冲水箱，并规定其数值不宜小于 $10\%V_{rx}$。

5.4.6 本条规定了集热系统设计流量的计算公式，式中的计算参数 A_j 是集热器(采光)总面积，而优化系统设计流量的关键是要合理确定集热器单位面积流量。

集热器单位面积流量与集热器的特性有关。国外生产企业的普遍做法是根据集热器产品的不同结构特点，委托相关的权威检测机构给出与产品的压力降性能相对应、在不同运行工况下单位面积流量的合理选值，并列入企业的产品样本；而我国企业目前对集热器产品流动阻力及性能优化检测的认识水平还不高，大部分企业的产品都缺乏该项检测数据。当使用防冻液时，应注意循环管路的阻力损失。

因此，在没有生产企业提供相关数值的情况下，本条推荐了集热器单位面积流量设计取值 $0.054m^3/(h·m^2)$～$0.072m^3/(h·m^2)$，相当于 $0.015L/(s·m^2)$～$0.020L/(s·m^2)$。当然，今后还应积极引导企业关注集热器产品的压力降性能检测，逐步积累我国各类集热系统的流量优化设计参数。

5.4.7 根据现行国家标准《太阳能热水系统设计、安装及工程验收技术规范》GB/T 18713 的要求，本条规定了集热器的最佳安装倾角，其数值等于当地纬度±10°。这条要求对于一般情况下的平板型集热器和真空管集热器都是适用的。

当然，对于东西向水平放置的全玻璃真空管集热器，安装倾角可适当减少；对于墙面上安装的各种太阳能集热器，更是一种特例了。

5.4.8 本条较为具体地规定了太阳能集热器设置在平屋面上的各项技术要求。

有关集热器的朝向，本条不仅提出了集热器朝向为正南，而且提出了集热器朝向可为南偏东或南偏西不大于 30°。

有关集热器前后排的间距，本条给出了较为通用的计算公式，它不仅适用于朝向为正南的集热器，而且也适用于朝向为南偏东或南偏西的集热器。

5.4.9 本条较为具体地规定了太阳能集热器设置在坡屋面上的各项技术要求。其中，强调了作为屋面板的集热器应安装在建筑承重结构上，这实际上已构成建筑集热坡屋面。

5.4.12 本条为强制性条文。为了保障太阳能热水系统的使用安全，本条特别强调了安装在建筑上或直接构成建筑围护结构的太阳能集热器，应有防止热水渗漏的安全保障设施，防止因热水渗漏到屋内或楼下而危及人身安全。

5.4.15 本条关于单排连接的集热器总面积限制是综合考虑了管路阻力、集热器温升等因素，目的是要避免集热器长时间运行过程中出现局部温度过高以及集热效率下降。关于子系统的集热器总面积限制，是要减少因实际情况下的流量分配不均匀而导致大型系统的集热不均匀现象。

本条有关集热器连接的大部分数据都是按照现行国家标准《太阳热水系统设计、安装及工程验收技术规范》GB/T 18713 的规定，并根据多年来积累的实践经验而提出的。

5.4.17 本条根据不同规模的太阳能热水系统，规定了不同形式的换热器。

1 板式换热器是最典型的双循环换热器，安装在储热装置外部，具有传热效率高、容积换热量大、换热温差小等特点。

2 管式换热器和套筒式换热器都属于单循环换热器，一般都跟储热装置结合在一起，流动阻力小，换热面积有限，计算应满足《建筑给水排水设计规范》GB 50015 的要求。

5.4.18 本条规定集热器组之间的连接应按“同程原则”并联，这实质上是规定每个集热器的传热工质流入路径应与回流路径的长度相同，其目的是要使各个集热器内的流量分配均匀，从而使太阳能集热系统的效率达到最大值。

5.4.19 本条规定了太阳能热水系统中常用的几种防冻方法。

1 对于直接系统，既可采用回流方法防冻，即在循环泵停止运行之后，使集热器和循环管路中的水自行流入贮热水箱，次日循环泵工作时，水重新泵入集热器和循环管路；也可采用排空方法防冻，即在环境温度低于 0℃之前，将集热器和循环管路中的水全部排空，使系统冬季停止使用。对于集热器有防冻功能的直接系统，也可采用定温循环方法防冻，即在循环管路中的水接近冻结温度之前，强迫集热系统进行循环。

2 对于间接系统，可采用防冻传热工质进行防冻。本款还特别强调指出，防冻传热工质的凝固点应低于当地近 30 年的最低环境温度，其沸点应高于集热器的最高闷晒温度。

根据现行国家标准《家用分体双回路太阳能热水系统技术条件》GB/T 26970，表 4 给出了几种防冻液的物理性质。

表 4 几种防冻液的物理性质

物理性质	乙二醇水溶液（浓度 50%）	丙二醇水溶液（浓度 50%）	硅油
凝固点（℃）	−35	−33	−50
沸点（℃）	110	110	甚高
闪点（℃）	无	315	315
比热容 [kJ/(kg·℃)]	3.35	3.35	1.42～2.00
运动黏度 (m^2/s)	21×10^{-6}	5×10^{-6}	5×10^{-5}～0.5
导热系数 [W/(m·℃)]	0.39	0.39	0.132
稳定性	取决于溶液 pH 值		好
毒性	取决于所加的缓蚀添加剂		低

注：防冻液的性能要求：①良好的防冻性能；②防腐、防结垢及防锈性能；③对橡胶密封导管无溶胀及侵蚀性能；④低温黏度不太大；⑤化学性质稳定。

表 5 给出了乙二醇防冻液冰点和浓度的关系。

表 5 乙二醇防冻液冰点和浓度的关系

冰点（℃）	乙二醇浓度（%）	密度（kg/L）（20℃）
−10	28.4	1.0340
−15	32.8	1.0426
−20	38.5	1.0506
−25	45.3	1.0586
−30	47.8	1.0627
−35	50.0	1.0671
−40	54.0	1.0713
−45	57.0	1.0746
−50	59.0	1.0786

注：根据环境温度条件选择防冻液的冰点，一般要选择比所在地区最低环境温度低 10℃以上的浓度为宜。

5.4.20 本条有关太阳能集热系统中循环管路设计的具体数据和各项要求，都是引自现行国家标准《太阳能热水系统设计、安装及工程验收技术规范》GB/T 18713 的规定。

其中，在使用平板型集热器的自然循环系统中，由于系统是仅利用传热工质内部的温度梯度产生的密度差进行循环的，因此为了保证系统有足够的热虹吸压头，规定贮热水箱的下循环管口比集热器的上循环管口至少高 0.3m 是必要的。

5.4.21 本条规定了太阳能热水系统与建筑一体化设计时，对新建建筑和既有建筑，热水系统管路设计应注意的问题。

5.4.24 本条强调了太阳能集热器支架的刚度、强度、防腐蚀性能等，均应满足安全要求，并与建筑牢固连接。当采用钢结构材料制作支架时，应符合现行国家标准《碳素结构钢》GB/T 700 规定的要求。在不影响支架承载力的情况下，所有钢结构支架材料（如角钢、方管、槽钢等）应选择利于排水的方式组装。当由于结构或其他原因造成不易排水时，应采取合理的排水措施，确保排水通畅。

5.4.26 集热器表面应定时清洗，否则会影响集热效率。这条主要是为清洗提供方便而作的规定。

5.5 供热水系统

5.5.1 传统直接系统贮水水箱为开式系统，水质存在二次污染、冷热水不同源造成冷热水压力失衡，降低了热水系统的品质，也不利于节能、节水，因此要求将太阳能热能作为预热热媒使用。太阳能热水受天气、使用状况影响较大，水温超过100℃，集热系统采用闭式系统将导致过热、气堵等问题，集热系统循环增加水泵耗能、增加运行管理成本。

传统系统循环管路复杂，管路长，热损失大，另外，当采用U型金属-玻璃真空管或金属平板型集热器时，集热管水流道直径一般只有6mm～8mm，集热水温有时高达100℃～200℃，管内壁极易形成结垢层；或因为水中掺杂气体形成气堵，堵塞原本就很小的管路断面，循环水流动时，将有相当部分的集热管没有流量或流量很少，也就是这些集热管集取的热量没有或极小传出。再加上每组集热器的阻力的不平衡，即便集热循环管采用同程布置，其循环效果仍然差。

太阳能集热系统的能耗包括运行动力能耗和集热循环系统散热损失引起的能耗。传统系统的动力能耗，包括集热循环泵集热运行时的能耗、防冻倒循环时的能耗和空气散热器的能耗。据一些工程初步估算，在系统正常运行的工况下，集热时循环泵的运行能耗约占太阳能有效供热量的2%～10%，（直接供水系统约2%～5%，间接换热供水系统约5%～10%），寒冷地区需做防冻倒循环时，循环泵能耗约增加5%，即循环泵的总能耗约占太阳能有效供热量的2%～15%。然而对于闭式承压系统，运行中产生气堵是难以避免的，因此循环泵实际运行能耗将比上述比例大，如果集热系统再采用空气散热器作为防过热措施，则系统运行能耗更大。另外，集热循环系统包括集热水箱（罐）与集热循环管路的散热损失约占整个有效集热量的15%～30%，当采用小区多栋楼共用太阳能集热系统时，由于集热循环管路长，其热损失占的比例更大。因此，实际运行的传统系统扣除上述能耗后利用太阳能加热冷水的有效得热系统效率按集热器总面积计算约15%～30%。

由于传统系统采用循环泵承压运行，系统管网内温度、压力常剧烈升高，温度最高可超过200℃。因此所有集热系统用到的关断阀、温控阀、安全阀、放气阀等均需要耐受超高温要求，而这正是国内太阳能市场的薄弱环节之一，国内缺乏专业制造太阳能配套阀件的企业，相关配套产品不能满足严酷室外冷热环境的要求，类似国外进口产品质量可靠、但价格较高。

另外，传统太阳能集热系统需要复杂的控制系统，以北京奥运项目为例，集中太阳能集热系统主要控制功能包括：水箱定时上水功能、自动或定时启动辅助加热功能、集热器温差强制循环功能、集热器定温出水功能、防冻循环功能、生活热水管路循环功能、电伴热带防冻功能，防过热散热器启停功能等等。上述功能的实现核心控制元素为温度控制，温度采集的精确性对系统健康运行、提高效率至关重要；温度探测部分（一般为温包）设置部位、构造形式、测温精度对太阳能系统的效率具有显著影响；目前温度计的精度一般为±（1℃～3℃），温差循环的设计温差为2℃～8℃，工程实测表明，在工程安装中温包的位置和安装质量对温度精度影响显著，综上原因，目前集中太阳能集热系统自动控制功能远不能满足正常运行的要求，故障频发，不得不依赖人工手动操作，造成维护管理成本较高，系统难以正常运行。

传统系统日常运行中需要妥善的维护管理，除集热器的清扫与维护外，还包括复杂的集热循环系统、防爆管、防过热系统、防冻系统及其相应的自动控制器件的维护管理，工作繁琐、成本昂贵，稍有疏忽，将严重影响系统的运行效果。

5.5.2 由于太阳能水温较高，更容易结垢，因此对水质提出更高的要求。

5.5.3 住宅、公寓宜分户设置温控选择旁通混水多功能阀，根据太阳能热水的出口温度，自动调节太阳能热水和冷水的比例，达到自动低温补偿，恒温出水的效果，满足太阳能热水的方便性、舒适性和安全性；居住建筑集中设置恒温混水阀的系统应增设温度控制关断阀。

5.5.4 由于太阳能水温较高，工程实践表明采用塑料或塑料复合管路存在较大的工程隐患，因此当输送热水温度超过60℃，不得采用塑料或塑料复合管路，宜采用不锈钢或紫铜管。且生活用水与人体零距离接触，水质直接影响到身体健康，采用高质量金属管路有利于保证生活品质。

5.5.5 设置太阳能热水系统目的是节能，综合成本较高，管路热损失占整个系统热损失超过20%，因此管路保温必须高效、可靠才符合节能设计要求。保温层外侧应设有防潮层和外保护层。

外保护层的材料应当化学性能稳定，耐候性好，强度高，使用寿命长，安装方便，外表整齐美观。使用镀锌钢板时，镀锌钢板其材质应符合现行国家标准《连续热镀锌钢板及钢带》GB/T 2518的规定；使用不锈钢板时，材质应符合现行国家标准《不锈钢冷轧钢板和钢带》GB/T 3280的规定；使用铝板时，材质应符合现行国家标准《一般工业用铝及铝合金板、带材》GB/T 3880的规定。

5.6 辅助能源系统

5.6.1 当辅助能源与太阳能储热装置设在同一容器

内时，两种热源互相干扰，不利于充分利用太阳能，且增加了辅助能源的控制难度。

对于太阳能分散集热-分散供热水系统一般采用末端辅助加热，为减少工程实施难度，可采用小型容积式热水器贮存太阳能热水并同时设置辅助能源。

对于太阳能集中供热水系统，推荐将太阳能优先作为预热热媒加热生活冷水，与辅助能源串联使用，保证充分利用太阳能集热量；生活热水采用闭式水加热器加热，有效保证冷热水压力平衡、避免水质受到二次污染。

5.6.2 太阳能受天气影响较大，在完全没有太阳能供热的情况下，辅助能源供热量应满足建筑物供应热水的要求。

5.6.3 太阳能集中供热水系统的辅助能源应充分利用暖通动力的热源；当没有暖通动力的热源或不足时，才考虑设置电力、燃气等传统能源的热源。一般不建议采用燃油锅炉，因为燃油锅炉运行成本较高；也不推荐设置独立热泵作为辅助能源，因为独立热泵作为热源不能充分发挥热泵的效率，且投资较高，与太阳能同时设置属于重复投资，缺乏工程技术合理性。

太阳能分散供热水系统应在末端设置电、燃气热水器，方便、可靠、经济；当采用燃气热水器时，应采用具有水控、温控双重功能的热水器。

5.6.4 本条推荐将太阳能优先作为预热热媒加热生活冷水，与辅助热源串联使用，此时辅助热源的控制可采用全日自动控制；当辅助热源与太阳能集热贮热装置设在同一容器内时，采用手动控制或定时自动控制。

5.6.5 本条推荐不同条件下采用的辅助能源水加热设备：

1 分散供热系统宜采用常规家用电热水器或燃气热水器。电热水器应为容积式热水器，燃气热水器可采用即热式热水器，燃气热水器应具有水力、水温双控功能。普通燃气热水器一般为水力控制，一般没有温度控制，如果将燃气热水器作为太阳能辅助热源时，为避免水温过热，要求热水器具有温度控制功能，当温度达到控制温度时，切断煤气。据了解，大型热水器企业具有温度、水力双控功能的产品。太阳能热水直接与热水器串联供应热水时，宜增设选择、混水、恒温组合阀门，当太阳能热水超过设定温度时，直接供应器具并保证合适温度，可充分利用太阳能热能。

2 集中热水供应系统宜采用城市热力管网、燃气、燃油、热泵等，当采用电辅热时，应经审批。辅助热源的供热量宜按无太阳能时进行设计，并满足现行国家标准《建筑给水排水设计规范》GB 50015 的要求。

3 辅助热源的控制应在保证充分利用太阳能集热量的条件下，根据不同的热水供水方式采用手动控制、全日自动控制或定时自动控制。

4 辅助热源采用电力为辅助能源受到限制时，可以采用空气源热泵；空气源热泵与太阳能投资重复，经济性较差，一般不建议采用空气源热泵作为辅助能源。

5.7 电气与控制系统

5.7.2 本条为强制性条文。有关低压线路保护和电气安全的术语详见现行国家标准《电气安全术语》GB/T 4776 和《低压配电设计规范》GB 50054 的规定。短路故障和接地故障保护是交流电动机必须设置的保护。

5.7.3 这是对太阳能热水系统中使用电器设备的安全要求。如果系统中含有电器设备，其电器安全应符合现行国家标准《家用和类似用途电器的安全》（第一部分　通用要求）GB 4706.1 和（储水式热水器的特殊要求）GB 4706.12 的要求。

5.7.4 太阳能热水系统电气控制线路应与建筑物的电气管线统一布置，集中隐蔽。可布置在电缆井或沿墙暗设。

5.7.5 太阳能集热器及其支架管路根据工程的需要可安装在建筑物屋面、阳台、墙面等，应根据现行国家标准《建筑物防雷设计规范》GB 50057 规定要求，进行防雷、接地及等电位连接保护。

5.7.6 太阳能热水系统的发展逐渐在建筑节能领域中起到重要的作用，所以无论是作为主要能源或是辅助能源的热水供应系统，都应该坚持安全可靠为第一位的原则。在目前社会的综合经济实力状态下，还需要兼顾经济实用的原则，对发展和扩大太阳能系统的应用，促进更多的领域使用太阳能具有现实意义。

我国地域广大，各地区的太阳辐照度、太阳辐照量、环境温度等差别较大，系统应用的种类和区别也较多，所以需要采用不同的控制系统设计以满足系统的多样性。对任何一个可再生能源系统，使用最少的常规能源获得最多的可再生能源是衡量系统应用水平的关键，也是系统应用不断扩大和发展的需要。

5.7.7 从总的方面看，太阳能热水系统包括太阳能集热系统和辅助能源系统两大部分，控制系统设计来源于系统设计的要求，在实现运行原理控制的同时应设计安全保护功能以保证系统长期稳定运行。

太阳能热水系统的使用环境温度变化范围较大，太阳辐照变化和用户负荷变化在通常情况下的规律也不明显，所以采用自动控制功能有利于系统稳定运行，方便用户使用。手动控制功能作为调试阶段和特殊情况下的干预也是非常必要的。

5.7.8 目前已有太阳能产品国家标准《太阳能热水系统（储水箱容积大于 0.6 m³）控制装置》GB/T 28737，所以控制系统设计应符合该国家标准的规定。

5.7.9 太阳能热利用系统的控制系统可以分为传感、核心控制、显示、执行、布线等几个主要方面，不同的太阳能热水系统设计会对不同的控制系统设计提出相应要求，其中的零件和部件，例如传感器等，也应满足相应的标准要求。

5.7.10 本条规定了不同情况下系统运行功能的要求。

1 温差循环中的温差是代表集热器高温端对应的温度值和代表贮热水箱或换热器低温端对应的温度值之间的差值。通常情况下的系统设计是温差值大于7℃的时候，启动集热循环的执行机构动作；温差值小于3℃的时候，停止集热循环的执行机构动作。在有些系统设计中，由于集热器阵列设计和管线长度的不同，或是负荷变化的需要，温差启动值和停止值是不同的，因此应将两值都设计为可调，以便现场调试，优化系统功能。

2 在开放式集热系统和开式贮热水箱系统中，温差循环运行在首先保证贮热水箱加热达到设定温度后，可以采用两种方法提高集热器集热效率。一种为定温出水，采用自来水顶出集热器的热水进入水箱，根据集热器顶部温度变化控制执行。另一种为定温补水，将自来水补入贮热水箱，根据水箱温度变化执行。在水箱水满后继续执行温差循环功能。这样做的目的是降低集热器运行的平均工作温度，以进一步提高系统的得热量。

3 低温点的正确放置位置都是为了有利于提高太阳能系统的得热量。

4 太阳能集热循环为变流量运行时，尤其是在开放式系统中，改变流量有利于提高系统出口温度和节省常规能源，实现稳定运行。

5 在较大面积的太阳能集热系统中，虽然有同程设计等要求，但考虑到有可能的遮挡、保温、风向等诸多因素，不同的集热器阵列存在高温点或低温点的差别，因此宜设置多于一个温度传感器，来优化动作的准确性。

6 通常在双水箱系统的设计中，贮热水箱用于蓄积太阳能量，供热水箱采用常规能源补充。供热水箱的设计是以系统的最大小时负荷为基本依据，便于节约常规能源。在这样的情况下，控制功能设计应优先从贮热水箱向供热水箱补水，充分利用太阳能。

5.7.11 本条规定了不同情况下系统安全保护功能的要求。

1 太阳能集热系统由于太阳辐照的变化和用户负荷的波动，可能存在系统温度过高的情况，故应设计防过热措施。如采用防冻液运行的闭式集热循环系统，虽有膨胀罐的科学设计和放置，仍宜在管路中设置并控制散热装置，辅助的保证措施还可以采用压力表控制，在压力继续高于设定值时泄压引流至储液箱以及采用机械动作的安全阀泄压引流避免停电时系统过压。对于开式真空管集热系统以水为工质的案例，在水箱超过设定温度后，如不采用散热装置的做法，目前工程实践中，大部分为停止集热循环泵运行，集热器继续升温至水沸腾。这样的系统应使控制系统在夜间或次日清晨对集热器补水，避免次日的空晒。

2 贮热水箱的温度如果超过一定的数值，可能会给用户或换热装置后的负荷造成影响，因此应在高于设定温度时停止贮热水箱继续获得能量。

3 控制系统的非排空方法的防冻保护功能宜分级优化防冻措施。以水为工质的集热系统，在可能冻结地区运行，在秋末与春初的一段时间内采用定温循环防冻即可保证系统安全；如在更冷的气候发生时，定温循环防冻管线温度继续下降低于设定温度，启动集热管路内或水箱内设置电加热器，同时循环水泵定温防冻运行，这样的措施比采用管路外置辅助伴热带的措施更为节能，将大幅度降低目前工程实践中冬季防冻带来的常规能耗，有利于太阳能系统的推广应用。即使是采用外置伴热带的做法，也应采集管线温度控制电伴热带的开启，不应长时间送电。控制设计时，防冻循环不宜使管线温度高于10℃。

4 在一些系统中，排空回流是可选的防冻方式，尤其是中小系统；若排空的时间可以调节，则非常有利于系统的现场调试。

5 由于太阳能的特点，虽然有膨胀罐的科学设计与放置，闭式太阳能系统在长时间停电时系统有可能泄压，应根据集热循环管线压力判断防冻液的缺失情况，避免可能的故障破坏水泵等设备。另外在目前大量开式贮热和供热水箱的工程现状下，应对停水等情况发生造成水箱无水时，自动控制停止供热或集热水泵的运行并报警。

5.7.14 本条是为了使太阳能热水系统可以成为集中监控系统的一部分，因为智能化和集中管理是今后的发展趋势。

5.7.15 由于太阳能系统的复杂性，在远程控制时应注意考虑现场维修及操作人员安全及气候因素对系统的影响，在系统就地控制处于手动状态时，远程管理人员不宜对系统进行远程操作。

5.7.16 在太阳能热水系统中，控制系统的使用环境存在高温和高湿的状态，有时也存在低温环境，因此设计中应考虑使用环境的温度与湿度等条件。

7 太阳能热水系统调试与验收

7.1 一般规定

7.1.1 本条根据太阳能热水工程的需求，明确规定在系统安装完毕投入使用前，应进行系统调试。系统调试是使系统功能正常发挥的调整过程，也是对工程质量进行检验的过程。根据调研，凡太阳能热水系统安装结束后进行系统调试的项目，效果较好，发现问题可进行改进，未作系统调试的工程，往往存在质量问题，使用效果不好，而且互相推诿、不予解决，影响工程效能的发挥；所以，作出本条规定，以严格施工管理。

7.1.2 本条规定了进行太阳能热水工程系统调试的相关责任方。由于施工单位可能不具备系统调试能力，所以规定可以由施工企业委托有调试能力的其他单位进行系统调试。

7.1.3 本条为现行国家标准《建筑工程施工质量验收统一标准》GB 50300 的规定要求，在此提出予以强调。

7.1.4 太阳能热水系统的安装受多种条件制约，因此，本条提出分项工程验收可根据工程施工特点分期进行，但强调对于影响工程安全和系统性能的工序，必须在本工序验收合格后才能进入下一道工序的施工。

7.1.5 本条规定了竣工验收时间应遵循的基本原则。

7.1.6 本条参照了相关国家标准对常规工程质量保修期限的规定。太阳能热水工程的技术更复杂，对施工质量的保修期限应至少与常规工程相同，负担的责任方也应相同。

7.2 分项工程验收

7.2.1 本条划分了太阳能热水工程的分部、分项工程，以及分项工程所包括的基本施工安装工序和项目，分项工程验收应能涵盖这些基本施工安装工序和项目。

7.2.2 太阳能热水系统中的隐蔽工程，一旦在隐蔽后出现问题，需要返工的涉及面广、施工难度和经济损失大；因此，在隐蔽前应经监理单位进行验收并形成文件，以明确界定出现问题后的责任。

7.2.3 本条规定了在太阳能热水系统土建工程验收前，应完成现场验收的隐蔽项目内容。进行现场验收时，按设计要求和规定的质量标准进行检验，并填写中间验收记录表。

7.2.4 本条规定了太阳能集热器的安装方位角和倾角与设计要求的允许安装误差。检验安装方位角时，应先使用罗盘仪确定正南向，再使用经纬仪测量出方位角。检验安装倾角，则可使用量角器测量。

7.2.5 为保证工程质量和达到工程的预期效果，本条规定了对太阳能热水系统工程进行检验和检测的主要内容。

7.2.6 本条规定了太阳能热水系统管道的水压试验压力取值。一般情况下，设计会提出对系统的工作压力要求，此时，可按国家标准《建筑给水排水及采暖工程施工质量验收规范》GB 50242 规定，取 1.5 倍的工作压力作为水压试验压力；而对可能出现的设计未注明的情况，则分不同系统提出了规定要求。开式太阳能集热系统虽然可以看作无压系统，但为保证系统不会因突发的压力波动造成漏水或损坏，仍要求应以系统顶点工作压力加 0.1MPa 作水压试验；闭式太阳能集热系统和供热水系统均为有压力系统，所以应按《建筑给水排水及采暖工程施工质量验收规范》GB 50242 的规定进行水压试验。

7.3 系 统 调 试

7.3.1 本条规定了系统调试需要包括的项目和连续试运行的天数，以使工程能达到预期效果。

7.3.2 本条规定了太阳能热水工程系统设备单机、部件调试和系统联动调试的执行顺序，应首先进行设备单机和部件的调试和试运转，设备单机、部件调试合格后才能进行系统联动调试。

7.3.3 本条规定了设备单机、部件调试应包括的内容，以便为系统联动调试做好准备。

7.3.4 为使工程达到预期效果，本条规定了系统联动调试应包括的内容。

7.3.5 设计工况是指：太阳能集热器采光面上的日总辐照量等于集热器安装倾角平面上的年平均日辐照量（偏差范围可为±10%）时，太阳能集热系统的流量以及供热水系统的流量和供水温度等于设计值时的系统工作状况。

7.4 竣 工 验 收

7.4.1 规定本条的原因是为杜绝各地政府实施太阳能热水系统强制安装政策后出现的一些以次充好、低价竞争和弄虚作假等现象。最极端的情况是租用太阳能集热器安装，在完成验收后拆除。因此，本条规定了相关的责任人，应对系统在完成竣工验收交付用户使用后的正常运行负责。在原保证的系统工作寿命期内，发生因产品性能、系统设计、施工质量等因素造成系统不能正常运行时，应对负责竣工验收的相关人员实施问责。

7.4.2 目前，随着工程量的越来越多，对工程质量的监督管理急需加强，尤其是在工程的验收环节；因此，规定了竣工验收应提交的资料，以明确责任。

7.4.3 太阳能热水工程的节能效果完全取决于其系统的热工性能。因此，规定测试方法应符合国家标准《可再生能源建筑应用工程评价标准》GB/T 50801－2013 第 4.2 节中进行短期测试时的规定，由具有相应太阳能热利用质检能力的机构作为系统热工性能检验的实施主体，并承担相应责任；从而有效监督太阳能热水工程的质量，保证太阳能热水工程的效益。

国家标准《可再生能源建筑应用工程评价标准》GB/T 50801－2013 第 4.2 节中规定的短期测试方法，要求系统热工性能检验记录的报告内容应包括至少 4 天（该 4 天应有不同的太阳辐照条件、日太阳辐照量的分布范围见表6)、由太阳能集热系统提供的日有用得热量和热水系统总能耗的检测结果以及集热系统效率和系统太阳能保证率的计算、分析结果。

表6 太阳能热水系统热工性能检测的日太阳辐照量分布

测试天	第1天	第2天	第3天	第4天
该测试天的日太阳辐照量	$H<8MJ/m^2$	$8MJ/m^2 \leqslant H<12MJ/m^2$	$12MJ/m^2 \leqslant H<16MJ/m^2$	$H \geqslant 16MJ/m^2$

集热系统效率和热水系统太阳能保证率的计算则使用该标准的式(4.2.5)和式(4.3.1-1)。

7.4.4、7.4.5 太阳能集热系统效率、太阳能热水系统的太阳能保证率和供热水温度是保证太阳能热水工程质量和性能的关键参数，必须达到设计时的规定要求，或国家标准《可再生能源建筑应用工程评价标准》GB/T 50801-2013规定的指标，才能真正实现太阳能热水工程的节能效益。

8 太阳能热水系统的运行与维护

8.1 一 般 规 定

8.1.2 使用真空管型太阳能集热器的热水系统应在无阳光照射的条件下填充传热工质。

8.2 集热系统的运行与维护

8.2.1 本条是对太阳能集热器的运行要求。

1 太阳能热水系统在安装完成后，经常无法立即投入使用，长期空晒和闷晒会对吸热涂层、密封材料、保温层及相关部件的性能产生影响，因此对于安装后在15天内不能投入运行的太阳能系统应采取相应的防护措施。

2 对于使用水作为传热工质的系统，集热器防冻可以采用集热器排空、管道防冻循环以及安装电伴热带等方式解决。

8.2.2 本条是对太阳能集热器的维护要求。

1 太阳能集热器的清扫或冲洗可半年至一年一次，先用肥皂水或洗衣粉水擦洗，然后用清水冲刷；

2 检查真空管集热器是否发生泄漏，可转动真空管，如果漏水，说明密封硅胶圈已老化，应在清晨或傍晚或阴雨天进行更换；

3 系统上水应待系统正常运行后，在夜间或清晨上水运行。

8.3 储热系统的运行与维护

8.3.5 某些地区水质硬易结水垢，长时间使用后会影响水质和系统运行，可根据具体情况，每半年至一年清洗一次。

8.4 管路系统的运行与维护

8.4.1 为防止热桥产生和结露滴水，管道保温层和表面防潮层不应破损和脱落。

8.4.3 管路系统的支撑构件在长期运行中会出现断裂、变形、松动、脱落和锈蚀，维护时应针对具体的原因采取更换、补加、重新加固、补刷油漆等相应的措施来解决。

8.4.4 本条是对水泵的运行要求。

1 启动检查工作是启动前停机状态检查工作的延续，因为有些问题只有在水泵工作后才能发现，例如泵轴(叶轮)的旋转方向就要通过启动电机来查看；

2 当从手动放气阀放出的水没有气时即可认为水泵已充满水，在充水过程中，要注意排放空气；

3 运行检查的内容就是水泵日常运行时需要运行值班人员经常实行的常规检查项目，是检查工作中不可缺少的一个重要环节；

4 太阳能热水系统的集热循环泵，是集热系统的关键部件，泵的正常运行是集热系统正常工作的重要保证。在天气晴好的情况下，检查泵的运行状态，如果泵正常运行，集热器出口管道的水温应正常，如果泵的运行不正常，集热系统的出口水温会升高，则需要停止系统运行，进行检修。

8.4.5 为了使水泵能安全、正常的运行，除了要做好启动前、启动以及运行中的检查工作，保证水泵有良好的工作状态，发现问题及时解决，出现故障及时排除以外，还需要定期做好水泵维护保养工作，包括更换轴封、解体检修和除锈刷漆。

8.5 控制系统的运行与维护

8.5.1 本条是对控制系统的安装运行要求。

2 采取措施防止进水影响探头的使用寿命。气候环境温度较低的地区(如北方)并做好探头的保温工作。

3 控制柜应安放于符合标准要求的场所，包括温度、湿度、信号干扰等。

5 应避免与磁性物体接触，以免产生干扰。

强电指AC220V以上的用电设备(如变频器、增压泵、循环泵、电磁阀、电加热、热泵等)系统，弱电一般指控制系统，布线应单独穿线管，并且强电线管与弱电线管两管间距50cm以上；穿金属线管时需接地；如使用PVC穿线管，则强弱电间距要加大到1m以上；如使用金属线槽，则线槽内加隔离板；金属线槽需接地；强弱电交叉时，采用十字交叉走线；关键点是强弱电不要并行长距离近距离走线。如考虑电磁屏蔽的干扰，强电线缆和弱电线缆可选用屏蔽线缆并穿金属导管保护或金属线槽加金属隔板，电缆屏蔽层、金属导管和金属线槽需接地。

8.5.2 本条是对温度传感器的维护要求。

1 因为强烈的外部冲击很容易使绕有热电阻丝的支架变形，从而导致电阻丝断裂；

2 如果套管的密封受到破坏，被测介质中的有害气体或液体就会直接与热电阻接触，造成热电阻的腐蚀，从而造成热电阻传感器的损坏或准确度下降。

8.5.3 本条是对控制系统的维护要求。

2 为保证执行元件有效，必须对控制系统中的接触器、断路器、继电器等执行元件及时地维护保养，以使它们处于可靠状态；如果电压过高、负载过大将会造成某些元器件的烧毁和断裂；

3 如果微机控制系统的供电电源发生故障，则系统将无法工作；

4 有些微机控制系统在启动微机之后实行控制之前，必须将控制参数的设定值通过键盘送入计算机，计算机才能进入控制状态。如果没有将控制参数的设定值送入计算机，微机控制系统将一直处于等待状态。如果发现运行参数发生失控时，应首先检查送入计算机的控制参数的设定值是否有误。

8.5.4 电子元器件，如电阻、电容等对温度变化有一定敏感性。它们的参数值往往随着温度的变化而稍有变化。

8.6 辅助加热系统的运行与维护

8.6.2 本条是对辅助电加热器的维护要求。

1 检查加热元件是否有裂缝或出现松动；检查元件的导电能力。

2 水垢会影响加热元件的寿命，降低元件与水之间的热交换能力，导致元件过热或烧毁。松散的粉状水垢可用钢丝刷清除，硬的水垢可用化学药水清除，清除后需进行中和。每半年进行一次详细的维护检查，拆除并清洗电加热器。

辅助电加热器一般由太阳能生产商安装或提供，维护方法可查询产品安装手册。

8.6.4 本条是对辅助空气源热泵的维护要求。

1 水垢的清理可通过清理热泵进水端的过滤器中的过滤网等方法进行；

2 若空气源热泵长时间不用，应将机组管路中的水排出；

3 使用万用表检查压缩机绕组电阻，使用兆欧表检查压缩机对地绝缘电阻；

4 辅助空气源热泵一般由热泵生产商安装或提供，维护方法可查询对应热泵产品安装手册。

8.6.6 辅助锅炉一般由锅炉生产商安装或提供，维护方法可查询对应锅炉产品安装手册。

1 辅助加热系统的使用和维护，只列举了太阳能热水系统较常用的包括电加热器、空气源热泵、锅炉设备的典型使用和维护规定，虽不能完全涵盖辅助能源类型，但对大多数系统的应用技术规范具有实际的指导意义；

2 辅助电加热器一般由太阳能生产商安装或提供，维护方法可查询产品的安装手册；

3 其他辅助加热器一般由对应生产商安装或提供，维护方法可查询对应产品的安装手册。

9 节能环保效益评估

9.1 一般规定

9.1.1 本条规定承担太阳能热水工程的设计单位，应按照完成的设计方案和施工图，以计算书的形式，给出该系统的节能和环保效益分析。从而使承担施工图审查的单位得以掌握所审查的太阳能热水工程的预期节能、环保效益，从而确定设计方案的科学性和合理性。

9.1.2 太阳能热水系统完成竣工验收后，根据验收所提供的系统热工性能检验记录、进行系统运行的节能效益和环保效益分析评估，可明确验证已竣工系统实际可能达到的效益，从而保障业主权益。

9.1.3 发达国家通常都会对太阳能热水工程进行系统效益的长期监测，以作为对使用太阳能热水工程用户提供税收优惠或补贴的依据；我国今后也有可能出台类似政策。所以，本条建议有条件的工程，宜在系统工作运行后，进行系统节能、环保效益的定期检测或长期监测。

9.1.4、9.1.5 这2条规定了在系统设计阶段和系统实际工作运行后，进行太阳能热水工程节能、环保效益分析和评估的评定指标内容。所包括的评定指标能够有效反映系统的节能、环保效益，而且计算相对简单、方便，可操作性强。

9.2 系统节能环保效益评估

该节中的各条规定了进行系统节能效益分析的依据和计算公式。

9.2.1 设计施工图中作为依据的相关参数为计算分析公式中需要使用的参数，如确定的系统太阳能集热器总面积和太阳能集热器效率方程等。

9.2.2 国家标准《可再生能源建筑应用工程评价标准》GB/T 50801－2013给出的公式（4.3.5-2），是计算包括太阳能热水在内的太阳能热利用系统的年常规能源替代量，公式中用于计算的参数——全年太阳能集热系统得热量在《可再生能源建筑应用工程评价标准》GB/T 50801－2013中是通过对系统的短期或长期测试得出的；由于设计阶段系统尚未建成，不可能进行检测，在设计阶段作效益分析评估时，该参数可按下式进行计算：

$$Q_{nj}=A_C\cdot J_T\cdot(1-\eta_c)\cdot\eta_{cd} \quad (1)$$

式中：Q_{nj}——全年太阳能集热系统得热量（MJ/a）；

A_C——系统的太阳能集热器面积（m^2）

J_T——太阳能集热器采光表面上的年总太阳辐照量［MJ/（$m^2\cdot a$）］；

η_{cd}——太阳能集热器的年平均集热效率（%），按本标准附录B方法计算；

η_c——管路、水泵、水箱等装置的系统热损失率，经验值宜取0.2～0.3。

9.3 系统实际运行的效益评估

9.3.1 其中：太阳能集热系统的全年得热量Q_{nj}，可根据太阳能热水系统验收时所提供的系统热工性能检验记录，按国家标准《可再生能源建筑应用工程评价标准》GB/T 50801-2013中的公式（4.3.5-1）计算；其他参数的确定，则与9.2.2条规定相同。

9.4 系统效益的定期检测、长期监测和性能分级评估

9.4.1 现行国家标准《可再生能源建筑应用工程评价标准》GB/T 50801对太阳能热水系统的短期、长期测试方法已有规定（定期检测为短期测试、长期监测为长期测试），故本标准直接引用，不再做另行要求。

9.4.2 家用太阳能热水器已开展了针对产品的能效标识评估，对改进产品性能质量、规范市场起到了良好的推动作用。进行太阳能热水工程的性能分级评估，同样有利于促进太阳能热水工程的技术进步，进一步提高工程的设计、施工水平。

宜按《可再生能源建筑应用工程评价标准》GB/T 50801-2013中第4.4节的规定进行判定和分级。划分为3个级别，1级最高。

中华人民共和国行业标准

建筑屋面雨水排水系统技术规程

Technical specification for raindrainage
system of building roof

CJJ 142—2014

批准部门：中华人民共和国住房和城乡建设部
施行日期：2 0 1 4 年 9 月 1 日

15

目　次

1 总 则

1.0.1 为规范建筑屋面雨水排水工程的设计、施工、验收及维护管理，做到安全可靠、经济合理、技术先进，制定本规程。

1.0.2 本规程适用于新建、扩建和改建的民用建筑、工业建筑的屋面以及与建筑相通的下沉广场、下沉庭院的雨水排水工程。

1.0.3 建筑屋面雨水排水工程设计、施工应与土建工程密切配合。

1.0.4 建筑屋面雨水排水系统应满足使用要求，并应为维护管理、维修检测以及安全保护等提供便利条件。

1.0.5 建筑屋面雨水排水工程设计、施工、验收及维护管理，除应执行本规程外，尚应符合国家现行有关标准的规定。

2 术语和符号

2.1 术 语

2.1.1 建筑屋面雨水排水工程 building roof rain drainage project

建筑屋面、雨棚、阳台、窗井、与建筑相通的下沉庭院和广场、地下室坡道等雨水排水工程的统称。

2.1.2 承雨斗 hopper

安装在侧墙的外挂式雨水集水斗。

2.1.3 87 型雨水斗 87 roof outlet

具有整流、阻气功能的雨水斗。其排水流量达到最大值之前，斗前水位变化缓慢；流量达到最大值之后，斗前水位急剧上升。

2.1.4 檐沟外排水 external drainage of gutter

采用成品檐沟或土建檐沟汇水排入雨水立管的排水方式。

2.1.5 承雨斗外排水 external drainage of rainwater hopper

屋面女儿墙上贴屋面设侧排排水口，侧墙设集水斗承接雨水的排水方式。

2.1.6 天沟排水 gutter drainage

天沟收集雨水，沟内设雨水斗的排水方式。依据雨水管道设置在室内和室外，分为天沟内排水和天沟外排水。

2.1.7 半有压屋面雨水系统 roof rainwater system of half-pressure flow

系统的设计流态处于重力输水无压流和有压流之间的屋面雨水系统，采用 87（79）型雨水斗或性能与之相当的雨水斗。

2.1.8 压力流屋面雨水系统 roof rainwater system of pressure flow

系统的设计流态为重力输水有压流的屋面雨水系统，并设置相应的专用雨水斗。当采用虹吸雨水斗时可称为虹吸式屋面雨水系统。

2.1.9 重力流屋面雨水系统 roof rainwater system of gravity storm system

系统的设计流态为重力输水无压流的屋面雨水系统。

2.1.10 密闭系统 closed system

在室内无任何敞开口的雨水排水系统。

2.1.11 内排水 internal drainage

雨水立管敷设在室内的雨水排水系统。

2.1.12 外排水 external drainage

雨水立管敷设在室外的雨水排水系统。

2.1.13 过渡段 transition zone

水流流态由虹吸满管压力流向重力流过渡的管段。过渡段设置在系统的排出管上，作为虹吸式屋面雨水排水系统水力计算的终点，在过渡段通常将系统的管径放大。

2.1.14 连接管 spigot pipe

雨水斗至悬吊管间的连接短管。

2.1.15 悬吊管 hang pipe

悬吊在屋架、楼板和梁下或架空在柱上的与连接管相连的雨水横管。

2.1.16 长沟 long gutter

集水长度大于 50 倍设计水深的屋面集水沟。

2.1.17 短沟 short gutter

集水长度等于或小于 50 倍设计水深的屋面集水沟。

2.2 符 号

2.2.1 流量、流速

Q——雨水设计流量；

q——设计暴雨强度；

Q_A——能在系统中形成虹吸的最小流量；

$Q_{A,min}$——在单斗、单立管系统（立管高度大于 4m）中形成虹吸的最小流量；

q_{cg}——水平长沟的设计排水流量；

q_{dg}——水平短沟的设计排水流量；

Q_q——溢流口服务面积内的最大溢流水量；

Q_s——被测试的虹吸雨水系统排水能力；

v——集水沟内水流速度；

v_x——计算点的流速；

W——径流总雨量。

2.2.2 时间和比重

15

P——设计重现期；

t——降雨历时；

t_1——汇水面汇水时间；

t_2——管渠内雨水流行时间；

T_s——排水时间；

ρ——4℃时水的密度。

2.2.3 水压、水头损失

h_2——悬吊管末端的最大负压；

R——水力半径；

R_1——水力坡降；

P_x——管路内任意断面 x 的压力；

ΔP——水头损失允许误差；

$\sum 9.81(lR+Z)$——雨水斗至计算点的总水头损失；

Z——管道的局部水头损失。

2.2.4 几何特征

A_z——沟的有效断面面积；

A_1——水流断面积；

b——溢流口宽度；

d_j——管道的计算直径；

F——汇水面面积；

h——溢流口高度；

h_{max}——屋面最大设计积水高度；

h_b——溢流口底部至屋面或雨水斗（平屋面时）的高差；

h_1——溢流口处的堰上水头；

I——集水沟坡度；

L——悬吊管的长度；

l——管道长度；

V_g——屋面天沟水容积；

Δh——雨水斗和悬吊管末端的几何高差；

ΔH——当计算对象为排出管时指室内地面与室外检查井处地面的高差；当计算对象为横干管时指横干管的敷设坡度；

Δh_{ver}——雨水斗顶面至排出管过渡段的几何高差；

Δh_x——雨水斗顶面至管路内任意断面 x 的几何高差；

ω——集水沟过水断面积。

2.2.5 计算系数

A、b、c、n——当地降雨参数；

g——重力加速度；

K——堰流量系数；

k——汇水系数；

K_n——绝对当量粗糙度；

k_{dg}——折减系数；

k_{df}——断面系数；

L_x——长沟容量系数；

m——折减系数；

N——溢流口宽度计算系数；

n——集水沟的粗糙系数；

Re——雷诺数；

S_x——深度系数；

X_x——形状系数；

λ——摩阻系数；

Ψ_m——径流系数；

ξ——局部阻力系数。

3 基 本 规 定

3.1 一 般 规 定

3.1.1 建筑屋面雨水排水系统应将屋面雨水排至室外非下沉地面或雨水管渠，当设有雨水利用系统的蓄存池（箱）时，可排到蓄存池（箱）内。

3.1.2 建筑屋面雨水积水深度应控制在允许的负荷水深之内，50 年设计重现期降雨时屋面积水不得超过允许的负荷水深。

3.1.3 建筑屋面雨水应有组织排放，可采用管道系统加溢流设施或管道系统无溢流设施排放。采取承雨斗排水或檐沟外排水方式的建筑宜采用管道系统无溢流设施方式排放。

3.1.4 当设有溢流设施时，溢流排水不得危及建筑设施和人员安全。

3.1.5 屋面排水的雨水管道进水口设置应符合下列规定：

1 屋面、天沟、土建檐沟的雨水系统进水口应设置雨水斗；

2 从女儿墙侧口排水的外排水管道进水口应在侧墙设置承雨斗；

3 成品檐沟雨水管道的进水口可不设雨水斗。

3.1.6 设有雨水斗的雨水排放设施的总排水能力应进行校核，并应符合下列规定：

1 校核雨水径流量应按 50 年或以上重现期计算，屋面径流系数应取 1.0；

2 压力流屋面雨水系统排水能力校核应进行水力计算，计算时雨水斗的校核径流量不得大于本规程表 3.2.4 中的数值；

3 半有压屋面雨水系统排水能力校核中，当溢流水位或允许的负荷水位对应的斗前水深大于本规程表 3.2.4 中的数值时，则雨水斗的校核径流量不得大于本规程表 3.2.4 中的数值。

3.1.7 建筑屋面雨水系统的横管或悬吊管应具有自净能力，宜设有排空坡度，且 1 年重现期 5min 降雨历时的设计管道流速不应小于自净流速。

3.1.8 屋顶供水箱溢水、泄水、冷却塔排水、消防系统检测排水以及绿化屋面的渗滤排水等较洁净的废水可排入屋面雨水排水系统。

3.1.9 建筑屋面雨水排水系统应独立设置。

3.2 雨 水 斗

3.2.1 建筑屋面雨水采用的雨水斗应符合下列规定：

1 可在雨水斗的顶端设置阻气隔板，控制隔板的高度，增强泄水能力；

2 对入流雨水应进行稳流或整流；

3 应抑制入流雨水的掺气；

4 应拦阻雨水中的固体物。

3.2.2 虹吸雨水斗应符合现行行业标准《虹吸雨水斗》CJ/T 245 的有关规定。雨水斗格栅罩应采用细槽状或孔状。

3.2.3 87 型雨水斗应符合下列规定：

1 雨水斗应由短管、导流罩（导流板和盖板）和压板（图 3.2.3）等组成；

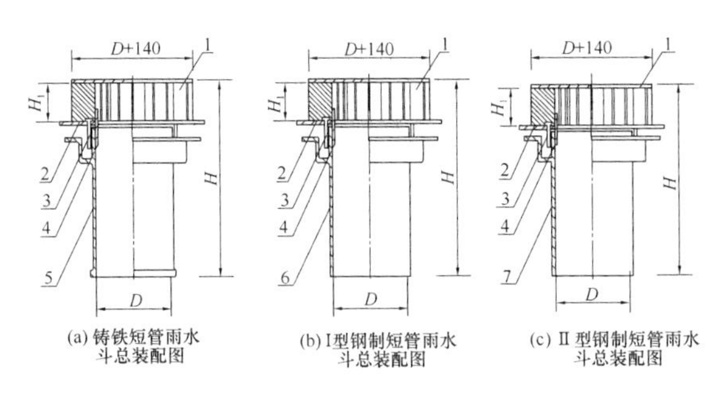

图 3.2.3 87 型雨水斗装配图

1—导流罩；2—压板；3—固定螺栓；4—定位柱；5—铸铁短管；6—钢制短管（Ⅰ型）；7—钢制短管（Ⅱ型）

2 导流板不应小于 8 片，进水孔的有效面积应为连接管横断面积的 2 倍～2.5 倍，雨水斗各部件尺寸应符合表 3.2.3 中的规定，导流板高度不宜大于表 3.2.3 中的数值；

3 盖板的直径不宜小于短管内径加 140mm；

4 雨水斗的材质宜采用碳钢、不锈钢、铸铁、铝合金、铜合金等金属材料。

表 3.2.3 87 型雨水斗各部件尺寸

序号	雨水斗规格 (mm)	D(mm)		H(mm)		导流板高度H_1 (mm)
		铸铁短管	钢制短管	铸铁短管/Ⅰ型钢制短管	Ⅱ型钢制短管	
1	75(80)	75	79	397	377	60
2	100	100	104	407	387	70
3	150	150	154	432	412	95
4	200	200	207	447	427	110

3.2.4 雨水斗的流量特性应通过标准试验取得，标准试验应按本规程附录 A 的规定进行，雨水斗最大排水流量宜符合表 3.2.4 的规定。

表 3.2.4 雨水斗最大排水流量

雨水斗规格 (mm)		50	75	100	150
87 型雨水斗	流量 (L/s)	—	21.8	39.1	72
	斗前水深 (mm) ≤	—	68	93	—
虹吸雨水斗	流量 (L/s)	12.6	18.8	40.9	89
	斗前水深 (mm) ≤	47.6	59.0	70.5	—

3.2.5 雨水斗的最大设计排水流量取值应小于雨水斗最大排水流量，雨水斗最大设计排水流量宜符合表 3.2.5 的规定。

表 3.2.5 雨水斗最大设计排水流量 (L/s)

雨水斗规格 (mm)		50	75	100	150
87 型雨水斗	半有压系统	—	8	12～16	26～36
虹吸雨水斗	压力流系统	6	12	25	70

3.3 雨水径流计算

3.3.1 汇水面雨水设计流量应按下式计算：

$$Q = k\Psi_m qF \tag{3.3.1}$$

式中：Q——雨水设计流量 (L/s)；

k——汇水系数，当采用天沟集水且沟沿在满水时会向室内渗漏水时取 1.5，其他情况取 1.0；

Ψ_m——径流系数；

q——设计暴雨强度 (L/s · hm^2)；

F——汇水面面积 (hm^2)。

3.3.2 各种汇水面的径流系数宜按表 3.3.2 的规定确定，不同汇水面的平均径流系数应按加权平均进行计算。

表 3.3.2 各种汇水面的径流系数

汇水面种类	径流系数 Ψ_m
硬屋面、未铺石子的平屋面、沥青屋面	1.0
水面	1.0
混凝土和沥青地面	0.9
铺石子的平屋面	0.8
块石等铺砌地面	0.7
干砌砖、石及碎石地面	0.5
非铺砌的土地面	0.4
地下建筑覆土绿地（覆土厚度<500mm）	0.4
绿地	0.25
地下建筑覆土绿地（覆土厚度≥500mm）	0.25

3.3.3 各汇水面积应按汇水面水平投影面积计算并应符合下列规定：

1　高出汇水面积有侧墙时，应附加侧墙的汇水面积，计算方法应符合现行国家标准《建筑给水排水设计规范》GB 50015 的有关规定；

2　球形、抛物线形或斜坡较大的汇水面，其汇水面积应附加汇水面竖向投影面积的 50%。

3.3.4　设计暴雨强度应按下式计算：

$$q=\frac{167A\ (1+c\lg P)}{(t+b)^{n}} \qquad (3.3.4)$$

式中：　P——设计重现期（a）；

t——降雨历时（min）；

A、b、c、n——当地降雨参数。

3.3.5　建筑屋面雨水系统的设计重现期应根据建筑物的重要性、汇水区域性质、气象特征、溢流造成的危害程度等因素确定。建筑降雨设计重现期宜按表 3.3.5 中的数值确定。

表 3.3.5　建筑降雨设计重现期

建　筑　类　型	设计重现期 （a）
采用外檐沟排水的建筑	1～2
一般性建筑物	3～5
重要公共建筑和工业厂房	10
窗井、地下室车库坡道	50
连接建筑出入口下沉地面、广场、庭院	10～50

注：表中设计重现期，半有压系统可取低限值，虹吸式系统宜取高限值。

3.3.6　设计降雨历时的计算应符合下列规定：

1　雨水管渠的设计降雨历时应按下式计算：

$$t=t_1+mt_2 \qquad (3.3.6)$$

式中：t_1——汇水面汇水时间（min），根据距离长短、汇水面坡度和铺盖确定，可采用 5min；

m——折减系数，取 $m=1$；

t_2——管渠内雨水流行时间（min）。

2　屋面雨水收集系统的设计降雨历时按屋面汇水时间计算，可取 5min。

3.4　系统选型与设置

3.4.1　建筑屋面雨水系统类型及适用场所可按表 3.4.1 的规定确定。

表 3.4.1　建筑屋面雨水系统类型及适用场所

分类方法	排水系统	适　用　场　所
汇水方式	檐沟外排水系统	1　屋面面积较小的单层、多层住宅或体量与之相似的一般民用建筑； 2　瓦屋面建筑或坡屋面建筑； 3　雨水管不允许进入室内的建筑
汇水方式	承雨斗外排水系统	1　屋面设有女儿墙的多层住宅或七层～九层住宅； 2　屋面设有女儿墙且雨水管不允许进入室内的建筑
汇水方式	天沟排水系统	1　大型厂房； 2　轻质屋面； 3　大型复杂屋面； 4　绿化屋面； 5　雨篷
汇水方式	阳台排水系统	敞开式阳台
设计流态	半有压排水系统	1　屋面楼板下允许设雨水管的各种建筑； 2　天沟排水； 3　无法设溢流的不规则屋面排水
设计流态	压力流排水系统	1　屋面楼板下允许设雨水管的大型复杂建筑； 2　天沟排水； 3　需要节省室内竖向空间或排水管道设置位置受限的工业和民用建筑
设计流态	重力流排水系统	1　阳台排水； 2　成品檐沟排水； 3　承雨斗排水； 4　排水高度小于 3m 的屋面排水

3.4.2　建筑屋面雨水系统应根据屋面形态进行选择。屋面雨水斗排水系统的设计流态，应根据排水安全、经济性、建筑竖向空间要求等因素综合比较确定。

3.4.3　高层建筑的裙房屋面的雨水应自成系统排放。

3.4.4　半有压屋面雨水系统宜采用 87 型雨水斗或性能类似的雨水斗，压力流屋面雨水系统应采用专用雨水斗。

3.4.5　民用建筑雨水内排水应采用密闭系统，不得在建筑内或阳台上开口，且不得在室内设非密闭检查井。

3.4.6　严寒地区宜采用内排水系统。当寒冷地区采用外排水系统时，雨水排水管道不宜设置在建筑北侧。

3.4.7　无特殊要求的工业厂房，雨水管道宜为明装。民用建筑中的雨水立管宜沿墙、柱明装，有隐蔽要求时，可暗装于管井内，并应留有检查口。

3.4.8　雨水管道敷设应符合下列规定：

1　不得敷设在遇水会引起燃烧、爆炸的原料、产品和设备的上面及住宅套内；

2　不得敷设在精密机械、设备、遇水会产生危害的产品及原料的上空，否则应采取预防措施；

3　不得敷设在对生产工艺或卫生有特殊要求的生产厂房内，以及食品和贵重商品仓库、通风小室、电气机房和电梯机房内；

4　不宜穿过沉降缝、伸缩缝、变形缝、烟道和风道，当雨水管道需穿过沉降缝、伸缩缝和变形缝时，应采取相应技术措施；

5　当埋地敷设时，不得布置在可能受重物压坏处或穿越生产设备基础；

6　塑料雨水排水管道不得布置在工业厂房的高温作业区。

3.4.9　塑料排水管道穿墙、楼板或有防火要求的部位时，应按国家现行有关标准的规定设置防火措施。

3.4.10　雨水斗位置应根据屋面汇水结构承载、管道敷设等因素确定，雨水斗的设置应符合下列规定：

1　雨水斗的汇水面积应与其排水能力相适应；

2　雨水斗位置应根据屋面汇水结构承载、管道敷设等因素确定；

3　在不能以伸缩缝或沉降缝为屋面雨水分水线时，应在缝的两侧分设雨水斗；

4　雨水斗应设于汇水面的最低处，且应水平安装；

5　雨水斗不宜布置在集水沟的转弯处；

6　严寒和寒冷地区雨水斗宜设在冬季易受室内温度影响的位置，否则宜选用带融雪装置的雨水斗。

3.4.11　绿化屋面的雨水斗可设置在雨水收集沟内或雨水收集井内。

3.4.12　一个汇水区域内雨水斗不宜少于2个，雨水立管不宜少于2根。

3.4.13　雨水立管的底部弯管处应设支墩或采取固定措施。

3.4.14　高层建筑雨水管排水至散水或裙房屋面时，应采取防冲刷措施。当大于100m的高层建筑的排水管排水至室外时，应将水排至室外检查井，并应采取消声措施。

3.4.15　当雨水横管和立管直线长度的伸缩量超过25mm时，应采取伸缩补偿措施。

3.4.16　雨水管道的连接应符合下列规定：

1　管道的交汇处应做顺水连接。当压力流系统的连接管接入悬吊管时，可按局部阻力平衡需求确定连接方式；

2　悬吊管与立管、立管与排出管的连接弯头宜采用2个45°弯头，不应使用内径直角的90°弯头；

3　连接管与悬吊管的连接应采用45°三通。

3.4.17　设雨水斗的屋面雨水排水管道系统应能承受正压和负压，正压承受能力不应小于工程验收灌水高度产生的静水压力，塑料管的负压承受能力不应小于80kPa。

3.4.18　建筑屋面雨水排水系统管材选用宜符合下列规定：

1　采用雨水斗的屋面雨水排水管道宜采用涂塑钢管、镀锌钢管、不锈钢管和承压塑料管，多层建筑外排水系统可采用排水铸铁管、非承压排水塑料管；

2　高度超过250m的雨水立管，雨水管材及配件承压能力可取2.5MPa；

3　阳台雨水管道宜采用排水塑料管或排水铸铁管，檐沟排水管道和承雨斗排水管道可采用排水管材；

4　同一系统的管材和管件宜采用相同的材质。

3.4.19　当建筑屋面雨水斗系统采用涂塑钢管时，应符合下列规定：

1　涂塑钢管应符合现行行业标准《给水涂塑复合钢管》CJ/T 120的有关规定；

2　虹吸系统负压区除外的涂塑钢管连接可采用沟槽或法兰连接方式。当采用法兰连接时，应对法兰焊缝作防腐处理。

3.4.20　当建筑屋面雨水斗系统采用镀锌钢管时，应符合下列规定：

1　镀锌钢管应符合现行国家标准《低压流体输送用焊接钢管》GB/T 3091的有关规定；

2　虹吸系统负压区除外的镀锌钢管连接应采用丝扣或沟槽连接方式。

3.4.21　当建筑屋面雨水斗系统采用不锈钢管时，应符合下列规定：

1　不锈钢管应符合现行国家标准《流体输送用不锈钢焊接钢管》GB/T 12771的有关规定；

2　不锈钢管最小壁厚应符合表3.4.21的规定；

3　不锈钢管应采用耐腐蚀性能牌号不低于S30408的材料；

4　管道宜采用沟槽式连接或对接氩弧焊连接方式；

5　当采用对接氩弧焊连接时，应有惰性气体保护。

表3.4.21　不锈钢管最小壁厚

公称尺寸(mm)	*DN*50	*DN*80	*DN*100	*DN*125	*DN*150	*DN*200	*DN*250	*DN*300	*DN*350
管外径(mm)	57	89	108	133	159	219	273	325	377
最小壁厚(mm)	2.0	2.0	2.0	3.0	3.0	4.0	4.0	4.5	4.5

3.4.22　当建筑屋面雨水斗系统采用高密度聚乙烯（HDPE）管时，应符合下列规定：

1　高密度聚乙烯（HDPE）管及管件应符合现

行行业标准《建筑排水用高密度聚乙烯（HDPE）管材及管件》CJ/T 250 的有关规定；

2 管材的规格不应低于 S12.5 管系列；

3 管道应采用对接焊连接、电熔管箍连接方式；

4 检查口管件可采用法兰连接方式。

3.4.23 采用排水铸铁管、排水塑料管时，管材及管件应符合国家现行有关标准的规定。

4 屋面集水沟设计

4.1 集水沟设置

4.1.1 当坡度大于 5%的建筑屋面采用雨水斗排水时，应设集水沟收集雨水。

4.1.2 下列情况宜设置集水沟收集雨水：

1 当需要屋面雨水径流长度和径流时间较短时；

2 当需要减少屋面的坡向距离时；

3 当需要降低屋面积水深度时；

4 当需要在坡屋面雨水流向的中途截留雨水时。

4.1.3 集水沟设计应符合下列规定：

1 多跨厂房宜采用集水沟内排水或集水沟两端外排水。当集水沟较长时，宜采用两端外排水及中间内排水；

2 当瓦屋面有组织排水时，集水沟宜采用成品檐沟；

3 集水沟不应跨越伸缩缝、沉降缝、变形缝和防火墙。

4.1.4 天沟、边沟的结构应根据建筑、结构设计要求确定，可采用钢筋混凝土、金属结构。

4.1.5 雨水斗与天沟、边沟连接处应采取防水措施，并应符合下列规定：

1 当天沟、边沟为混凝土构造时，雨水斗应设置与防水卷材或涂料衔接的止水配件，雨水斗空气挡罩、底盘与结构层之间应采取防水措施；

2 当天沟、边沟为金属材质构造，且雨水斗底座与集水沟材质相同时，可采用焊接连接或密封圈连接方式；当雨水斗底座与集水沟材质不同时，可采用密封圈连接，不应采用焊接；

3 密封圈应采用三元乙丙橡胶（EPDM）、氯丁橡胶等密封材料，不宜采用天然橡胶。

4.1.6 金属沟与屋面板连接处应采取可靠的防水措施。

4.2 集水沟计算

4.2.1 集水沟的过水断面积应根据汇水面积的设计流量按下式计算：

$$\omega=\frac{Q}{v} \qquad (4.2.1)$$

式中：ω——集水沟过水断面积（m^2）；

Q——雨水设计流量（m^3/s）；

v——集水沟水流速度（m/s）。

4.2.2 集水沟的设计水深应根据屋面的汇水面积、沟的坡度及宽度、雨水斗的斗前水深确定。排水系统的集水沟分水线处最小深度不应小于 100mm。

4.2.3 集水沟的沟宽和有效水深宜按水力最优矩形截面确定。沟的有效深度不应小于设计水深加保护高度；压力流排水系统的集水沟有效深度不宜小于 250mm。

4.2.4 集水沟的最小保护高度应符合表 4.2.4 中的规定。

表 4.2.4 集水沟的最小保护高度

含保护高度在内的沟深 h_z（mm）	最小保护高度（mm）
100～250	$0.3h_z$
>250	75

4.2.5 集水沟净宽不宜小于 300mm，纵向坡度不宜小于 0.003；金属屋面的金属集水沟可无坡度。

4.2.6 集水沟宽度应符合雨水斗安装要求，压力流排水系统应保证雨水斗空气挡罩最外端距离沟壁距离不小于 100mm，可在雨水斗处局部加宽集水沟；混凝土屋面集水沟沟底落差不应大于 200mm，金属屋面集水沟可不大于 100mm。

4.2.7 集水沟内水流速度应按下式计算：

$$v=\frac{1}{n}R^{\frac{2}{3}}I^{\frac{1}{2}} \qquad (4.2.7)$$

式中：n——集水沟的粗糙系数，各种材料的 n 值可按表 4.2.7 的规定确定；

R——水力半径（m）；

I——集水沟坡度。

表 4.2.7 各种材料的 *n* 值

壁面材料的种类	n 值
钢板	0.012
不锈钢板	0.011
水泥砂浆抹面混凝土沟	0.012～0.013
混凝土及钢筋混凝土沟	0.013～0.014

4.2.8 严寒地区不宜采用平坡集水沟。

4.2.9 水平短沟设计排水流量可按下式计算：

$$q_{dg}=k_{dg}k_{df}A_z^{1.25}S_xX_x \qquad (4.2.9)$$

式中：q_{dg}——水平短沟的设计排水流量（L/s）；

k_{dg}——折减系数，取 0.9；

k_{df}——断面系数，各种沟形的断面系数应符合表 4.2.9 的规定；

A_z——沟的有效断面面积，在屋面天沟或边沟中有固定障碍物时，有效断面面积应按沟的断面面积减去固定障碍物断面面积进行计算（mm^2）；

S_x——深度系数，应根据本规程附录 B 的规定取值，半圆形或相似形状的短檐沟 $S_x=1.0$；

X_x——形状系数，应根据本规程附录B的规定取值，半圆形或相似形状的短檐沟 $X_x=1.0$。

表 4.2.9 各种沟形的断面系数

沟形	半圆形或相似形状的檐沟	矩形、梯形或相似形状的檐沟	矩形、梯形或相似形状的天沟和边沟
k_{df}	2.78×10^{-5}	3.48×10^{-5}	3.89×10^{-5}

4.2.10 水平长沟的设计排水流量可按下式计算：

$$q_{cg}=q_{dg}L_x \quad (4.2.10)$$

式中：q_{cg}——水平长沟的设计排水流量（L/s）；

L_x——长沟容量系数，平底或有坡度坡向出水口的长沟容量系数可按表4.2.10的规定确定。

表 4.2.10 平底或有坡度坡向出水口的长沟容量系数

$\frac{L_0}{h_d}$	容量系数 L_x				
	平底 0～3‰	坡度 4‰	坡度 6‰	坡度 8‰	坡度 10‰
50	1.00	1.00	1.00	1.00	1.00
75	0.97	1.02	1.04	1.07	1.09
100	0.93	1.03	1.08	1.13	1.18
125	0.90	1.05	1.12	1.20	1.27
150	0.86	1.07	1.17	1.27	1.37
175	0.83	1.08	1.21	1.33	1.46
200	0.80	1.10	1.25	1.40	1.55
225	0.78	1.10	1.25	1.40	1.55
250	0.77	1.10	1.25	1.40	1.55
275	0.75	1.10	1.25	1.40	1.55
300	0.73	1.10	1.25	1.40	1.55
325	0.72	1.10	1.25	1.40	1.55
350	0.70	1.10	1.25	1.40	1.55
375	0.68	1.10	1.25	1.40	1.55
400	0.67	1.10	1.25	1.40	1.55
425	0.65	1.10	1.25	1.40	1.55
450	0.63	1.10	1.25	1.40	1.55
475	0.62	1.10	1.25	1.40	1.55
500	0.60	1.10	1.25	1.40	1.55

注：L_0 为排水长度（mm）；h_d 为设计水深（mm）。

4.2.11 当集水沟有大于10°的转角时，计算的排水能力折减系数应取0.85。

4.2.12 当集水沟的坡度小于等于0.003时，可按平沟设计。

4.3 溢流口计算

4.3.1 溢流口的最大溢流设计流量可按下列公式计算：

$$Q_q=385b\sqrt{2g}h^{\frac{3}{2}} \quad (4.3.1\text{-}1)$$

$$h=h_{max}-h_b \quad (4.3.1\text{-}2)$$

式中：Q_q——溢流口服务面积内的最大溢流水量(L/s)；

b——溢流口宽度（m）；

h——溢流口高度（m）；

g——重力加速度（m/s^2），取9.81；

h_{max}——屋面最大设计积水高度（m）；

h_b——溢流口底部至屋面或雨水斗（平屋面时）的高差（m）。

4.3.2 溢流口的宽度可按下式计算：

$$b=\frac{Q_q}{N}h_1^{\frac{3}{2}} \quad (4.3.2)$$

式中：h_1——溢流口处的堰上水头（m），宽顶堰宜取0.03m；

N——溢流口宽度计算系数，可取1420～1680。

4.3.3 溢流口处堰上水头之上的保护高度不宜小于50mm。

4.3.4 当溢流口采用薄壁堰时，其设计流量可按下式计算：

$$Q_q=Kb\sqrt{2g}h_1^{\frac{3}{2}} \quad (4.3.4)$$

式中：K——堰流量系数。

5 半有压屋面雨水系统设计

5.1 系统设置

5.1.1 天沟末端或屋面宜设溢流口。

5.1.2 雨水斗设置应符合下列规定：

1 雨水斗可设于天沟内或屋面上；

2 多斗雨水系统的雨水斗宜以立管为轴对称布置，且不得设置在立管顶端；

3 当一根悬吊管上连接的几个雨水斗的汇水面积相等时，靠近立管处的雨水斗连接管管径可减小一号。

5.1.3 悬吊管设置应符合下列规定：

1 同一悬吊管连接的雨水斗宜在同一高度上，且不宜超过4个，当管道同程或同阻布置时，连接的雨水斗数量可根据水力计算确定；

2 当悬吊管长度超过20m时，宜设置检查口，检查口位置宜靠近墙、柱。

5.1.4 建筑物高、低跨的悬吊管，宜分别设置各自的立管。当雨水立管的设计流量小于最大设计排水能力时，可将不同高度的雨水斗接入同一立管，且最低雨水斗应在立管底端与最高雨水斗高差的2/3以上。

5.1.5 多根立管可汇集到一个横干管中，且最低雨水斗的高度应大于横干管与最高雨水斗高差的2/3以上。

5.1.6 立管下端与横管连接时，应在立管上设检查口或横管上设水平检查口。立管排出管埋地敷设时，应在立管上设检查口。

5.2 系统参数与计算

5.2.1 雨水悬吊管和横管的最大排水能力宜按下式计算：

$$Q = vA_1 \tag{5.2.1}$$

式中：A_1——水流断面积（m^2）。

5.2.2 悬吊管的水力坡度可按下式计算：

$$I=\frac{h_2+\Delta h}{L} \tag{5.2.2}$$

式中：h_2——悬吊管末端的最大负压（mH_2O），取0.5；

Δh——雨水斗和悬吊管末端的几何高差（m）；

L——悬吊管的长度（m）。

5.2.3 雨水横干管及排出管的水力坡度可按下式计算：

$$I=\frac{\Delta H+1}{L} \tag{5.2.3}$$

式中：ΔH——当计算对象为排出管时指室内地面与室外检查井处地面的高差；当计算对象为横干管时指横干管的敷设坡度（m）。

5.2.4 悬吊管的设计充满度宜取0.8，横干管和排出管宜按满流计算。

5.2.5 悬吊管和横管的敷设坡度宜取0.005，且不应小于0.003。

5.2.6 悬吊管和横管的水流速度不应小于0.75m/s，并不宜大于3.0m/s。排出管接入室外检查井的流速不宜大于1.8m/s，大于1.8m/s时应设置消能措施。

5.2.7 雨水斗连接管的管径不宜小于75mm，悬吊管的管径不应小于雨水斗连接管的管径，且下游管径不应小于上游管的管径。

5.2.8 雨水横干管的管径不应小于所连接立管的管径。

5.2.9 立管的最大设计排水流量应符合表5.2.9的规定。

表5.2.9 立管的最大设计排水流量（L/s）

公称尺寸（mm）	*DN*75	*DN*100	*DN*150	*DN*200	*DN*250	*DN*300
建筑高度≤12m	10	19	42	75	135	220
建筑高度>12m	12	25	55	90	155	240

6 压力流屋面雨水系统设计

6.1 系 统 设 置

6.1.1 单个压力流雨水排水系统的最大设计汇水面积不宜大于2500m^2。

6.1.2 雨水斗顶面至过渡段的高差，当立管管径不大于*DN*75时，宜大于3m；当立管管径不小于*DN*90时，宜大于5m。

6.1.3 绿化屋面与非绿化屋面不应合用一套压力流雨水排水系统。当两个屋面共用排水天沟时可以合用一套系统。

6.1.4 同一系统的雨水斗宜设置在同一水平面上，且用于排除同一汇水区域的雨水。

6.1.5 压力流雨水排水系统的屋面应设溢流设施，且应设置在溢流时雨水能通畅流达的场所。当采用金属屋面、水平金属长天沟且沟檐溢水会进入室内时，宜在天沟两端设溢流口，无法设置溢流口时，可采用溢流管道系统。

6.1.6 溢流设施的最大溢水高度应低于建筑屋面允许的最大积水深度，天沟溢流口不应高于天沟有效深度。

6.1.7 当采用溢流管道系统溢流时，溢流水应排至室外地面，溢流管道系统不应直接排入市政雨水管网。

6.1.8 压力流系统排出管的雨水检查井宜采用钢筋混凝土检查井或消能井。检查井应能承受排出管水流的作用力，并宜采取排气措施。

6.1.9 雨水斗应设在天沟或集水槽内。当设于屋面时，雨水斗规格不应大于50mm。

6.1.10 雨水斗在天沟内宜均匀布置，其最大间距不应大于20m，并确保雨水能依自由水头均匀分配至各雨水斗。当天沟坡度大于0.01时，雨水斗应设在天沟的下沉小斗内，并宜在天沟末端加密布置。

6.1.11 雨水斗应设连接管和悬吊管与立管连接。多斗系统中雨水斗不得直接接在立管顶部。当悬吊管上连接多个雨水斗时，雨水斗宜对雨水立管做对称布置。

6.1.12 连接管垂直管段的内径不宜大于雨水斗出水短管内径。

6.1.13 雨水斗出水短管可采用焊接、螺纹、法兰等连接方式。当出现不同材质时，可采用法兰或卡箍连接；当采用相同材质时，可采用焊接或热熔连接。

6.1.14 压力流排水系统应设置过渡段，立管底部应设置检查口。

6.2 系统参数与计算

6.2.1 压力流排水系统的水力计算，应符合下列规定：

1 精确计算每一管路水力工况；

2 计算应包括设计暴雨强度、汇水面积、设计雨水流量；

3 应计算管段的管径、计算长度、流量、流速、节点压力等。

6.2.2 雨水斗至过渡段总水头损失与过渡段流速水头之和不得大于雨水斗顶面至过渡段的几何高差，也不得大于雨水斗顶面至室外地面的几何高差。

6.2.3 压力流排水系统管路内的压力应按下式计算：

$$P_x=\Delta h_x\rho g-\frac{v_x^2\rho}{2}-\sum 9.81\ (lR+Z)\quad(6.2.3)$$

式中：P_x——管路内任意断面 x 的压力（kPa）；

Δh_x——雨水斗顶面至管路内任意断面 x 的几何高差（m）；

v_x——计算点的流速（m/s）。

6.2.4 压力流排水管系的各雨水斗至系统过渡段的水头损失允许误差应小于雨水斗顶面与过渡段几何高差的10%，且不应大于10kPa。水头损失允许误差应按下式计算：

$$\Delta P=\Delta h_{ver}\rho g-\sum 9.81\ (lR_1+Z)\quad(6.2.4)$$

式中：ΔP——水头损失允许误差（kPa）；

Δh_{ver}——雨水斗顶面至排出管过渡段的几何高差（m）；

ρ——4℃时水的密度；

$\sum 9.81\ (lR_1+Z)$——雨水斗至计算点的总水头损失（kPa）；其中 lR_1 为沿程水头损失，Z 为局部水头损失；

l——管道长度（m）；

R_1——水力坡降；

Z——管道的局部水头损失（m）。

6.2.5 管道的水力坡降应按下列公式计算：

$$R_1=\lambda\frac{1}{d_j}\frac{v^2}{2g}\quad(6.2.5\text{-}1)$$

$$\frac{1}{\sqrt{\lambda}}=-2\lg\left[\frac{K_n}{3.71d_j}+\frac{2.51}{Re\sqrt{\lambda}}\right]\quad(6.2.5\text{-}2)$$

式中：λ——摩阻系数，按公式（6.2.5-2）计算；

d_j——管道的计算直径（m）；

Re——雷诺数；

K_n——绝对当量粗糙度。

6.2.6 管道的局部水头损失应按管道的连接方式，采用管（配）件当量长度法计算。当缺少管（配）件实验数据时，可按下式计算：

$$Z=\sum\xi\frac{v^2}{2g}\quad(6.2.6)$$

式中：ξ——局部阻力系数，管（配）件的局部阻力系数 ξ 应按表 6.2.6 的确定。

表 6.2.6 管（配）件的局部阻力系数 ξ

管件名称	15°弯头	30°弯头	45°弯头	70°弯头	90°弯头	三通	管道变径处
ξ	0.1	0.3	0.4	0.6	0.8	0.6	0.3

注：1 虹吸系统到过渡段的转换处宜按 ξ=1.8 估算。

2 雨水斗的 ξ 值应由产品供应商提供，无资料时可按 ξ=1.5 估算。

6.2.7 连接管设计流速不应小于 1.0m/s，悬吊管设计流速不宜小于 1.0m/s。

6.2.8 立管管径应经计算确定，可小于上游悬吊管管径。立管设计流速不宜小于 2.2m/s，且不宜大于 10m/s。

6.2.9 过渡段下游的管道应按重力流设计、计算，流速不宜大于 1.8m/s，否则应采取消能措施，且最大流速不应大于 3.0m/s。

6.2.10 过渡段的设置位置应通过计算确定，宜设在室外，且距检查井间距不宜小于 3m。

6.2.11 当雨水斗顶面与悬吊管中心的高差小于 1m 时，应按下列公式校核：

$$Q_A>1.1Q_{A,min}\quad(6.2.11\text{-}1)$$

$$Q_A=Q\sqrt{\frac{\Delta h}{\Delta h_{ver}}}\quad(6.2.11\text{-}2)$$

式中：Q_A——能在系统中形成虹吸的最小流量（L/s）；

$Q_{A,min}$——在单斗、单立管系统（立管高度大于 4m）中形成虹吸的最小流量（L/s）；应由产品供应商实测获得；

6.2.12 系统的最大负压计算值应根据气象资料、管道及管件的材质、管材及管件的耐负压能力和耐气蚀能力确定，但不应小于－80kPa。

6.2.13 压力流排水系统应按系统内所有雨水斗以最大实测流量运行的工况，复核计算系统的最大负压。系统最大负压值不应小于－90kPa，且不低于管材及管件的最大耐负压值，最大实测流量应按本规程附录 A 规定的测试方法测定。

6.2.14 当压力流排水系统设置场所有可能发生雨水斗堵塞时，应按任一个雨水斗失效，系统中其他雨水斗以雨水斗最大实测流量运行的工况，复核计算系统的最大负压和天沟（或屋面）积水深度。

7 重力流屋面雨水系统设计

7.1 系 统 设 置

7.1.1 重力流雨水系统的雨水进水口应符合下列规定：

1 当位于阳台时，宜采用平箅雨水斗或无水封地漏；

2 当位于成品檐沟内时，可不设雨水斗；

3 当位于女儿墙外侧时，宜采用承雨斗。

7.1.2 阳台雨水排水立管不应连接屋面排水口，且不应与屋面雨水系统相连接。

7.1.3 阳台雨水立管底部应间接排水，檐沟排水、屋面承雨斗排水的管道排水口，宜排到室外散水或排水沟。

7.1.4 阳台排水、檐沟排水可将不同高度的排水口接入同一立管。

7.1.5 单个悬吊管连接的雨水进水口数量可按水力计算确定。

7.1.6 管材选用应符合下列规定：

1 阳台、檐沟、承雨斗雨水排水管道以及多层建筑外排水可采用排水铸铁管或排水塑料管；

2 建筑内排水系统的管材应采用镀锌钢管、涂（衬）塑镀锌钢管、承压塑料管；

3 高层建筑外排水系统的管材应采用镀锌钢管、涂（衬）塑镀锌钢管、排水塑料管。

7.2 系统参数与计算

7.2.1 悬吊管和横管的水力计算应按本规程第5.2.2、5.2.3条进行，其中水力坡度采用管道的敷设坡度。

7.2.2 悬吊管和横管的充满度不宜大于0.8，排出管可按满流计算。

7.2.3 悬吊管和其他横管的最小敷设坡度应符合下列规定：

1 塑料管应为0.005；

2 金属管应为0.01。

7.2.4 悬吊管和横管的流速应大于0.75m/s。

7.2.5 立管的最大泄流量应根据排水立管的附壁膜流公式计算，过水断面应取立管断面的1/4～1/3，重力流系统雨水立管的最大设计泄流量可按表7.2.5的规定确定。

表7.2.5 重力流系统雨水立管的最大设计泄流量

铸铁管		钢管		塑料管	
公称直径（mm）	最大泄流量（L/s）	公称外径×壁厚（mm）	最大泄流量（L/s）	公称外径×壁厚（mm）	最大泄流量（L/s）
75	4.30	108×4.0	9.40	75×2.3	4.50
100	9.50	133×4.0	17.10	90×3.2	7.40
				110×3.2	12.80
125	17.00	159×4.5	27.80	125×3.2	18.30
		158×6.0	30.80	125×3.7	18.00
150	27.80	219×6.0	65.50	160×4.0	35.50
				160×4.7	34.70
200	60.00	245×6.0	89.80	200×4.9	54.60
				200×5.9	62.80
250	108.00	273×7.0	119.10	250×6.2	117.00
				250×7.3	114.10
300	176.00	325×7.0	194.00	315×7.7	217.00
				315×9.2	211.00

7.2.6 重力流雨水系统的最小管径应符合下列规定：

1 下游管的管径不得小于上游管的管径；

2 阳台雨水立管的管径不宜小于*DN*50。

8 加压提升雨水系统设计

8.1 一般规定

8.1.1 地下室车库出入口坡道、与建筑相通的室外下沉式广场、局部下沉式庭院、露天窗井等场所应设置雨水加压提升排放系统。当排水口及汇水面高于室外雨水检查井盖标高时，可直接重力排入雨水检查井。

8.1.2 加压提升雨水系统应由雨水汇集设施、集水池、加压装置和排出管道构成。

8.1.3 连接建筑出入口的下沉地面、下沉广场、下沉庭院及地下车库出入口等，应采取防止设计汇水面以外的雨水进入的措施。

8.1.4 漫坡式下凹的广场或坡道，应设置地面雨水分水线。

8.1.5 连接建筑出入口的下沉地面、下沉广场、下沉庭院等地面应比室内地面低150mm～300mm以上。

8.1.6 室外下沉地面不宜承接屋面雨水排水。

8.2 雨水汇集设施

8.2.1 地下室车库出入口的敞开式坡道雨水汇集应符合下列规定：

1 与地下室地面的交接处应设带格栅的雨水排水沟，沟内雨水宜重力排入雨水集水池；

2 当车库坡道中途设置雨水截留沟且截留沟格栅面低于室外雨水检查井盖标高时，沟内雨水应排入地下室雨水集水池。

8.2.2 地下室的露天窗井中应设平箅雨水斗或无水封地漏，雨水应重力排入地下室雨水集水池。

8.2.3 与建筑相通的室外下沉广场、室外下沉庭院或室外下沉地面应设置雨水口、雨水斗或带格栅的排水沟，雨水应重力排入雨水集水池。

8.2.4 室外下沉广场、室外下沉庭院或室外下沉地面的埋地管道管顶覆土深度应根据管材强度、外部荷载、土壤冰冻深度和土壤性质等条件，结合当地埋管经验确定。管顶最小覆土深度宜符合下列规定：

1 人行道下不宜小于600mm；

2 车行道下不宜小于700mm；

3 室内埋地管道应设在覆土层内，不宜敷设在钢筋混凝土层内。

8.2.5 雨水汇集管道宜采用塑料排水管或铸铁排水管等。

8.3 雨水集水池

8.3.1 雨水集水池宜靠近雨水收集口。

8.3.2 地下室汽车坡道和地下室窗井的雨水集水池应设在室内，也可设于窗井内。收集室外雨水的集水池宜设在室外。

8.3.3 雨水集水池不应收集生活污水。

8.3.4 雨水集水池除满足有效容积外，还应满足水泵设置、水位控制器、格栅等安装和检修要求。

8.3.5 雨水集水池设计最低水位，应满足水泵吸水要求；雨水集水池的吸水坑和吸水管的布置可按现行国家标准《建筑给水排水设计规范》GB 50015中污废水集水池的要求布置。

8.3.6 雨水集水池底坡向泵位的坡度不宜小于0.05，吸水坑的深度及平面尺寸，应按泵类型确定。

8.3.7 雨水集水池应设置水位指示装置和超警戒水位报警装置，并应将信号引至物业管理中心。

8.4 水泵设置

8.4.1 雨水提升泵应采用排水污水泵，且宜采用自动耦合式潜水泵。

8.4.2 雨水集水池泵组应设备用泵，备用泵的容量不应小于最大一台工作泵的容量。排水泵不应少于2台，不宜大于8台，紧急情况下可同时使用。

8.4.3 水泵应有不间断的动力供应，并宜设置自冲洗管道。

8.4.4 水泵应由集水池中的水位自动控制运行。

8.4.5 当设计雨水排水量较大时，宜采用多台雨水泵并联工作模式。

8.4.6 单个雨水集水池的水泵出水管可合并成一条，且宜单独排出室外。当多个集水池的水泵出水管合并时，各支路在管道交汇点的水压宜相等。

8.4.7 水泵出水管上应设止回阀和阀门，位置应易于操作。寒冷地区应采取泄空措施。

8.4.8 水泵出水管宜采用涂塑钢管、焊接钢管和承压塑料管等。

8.5 系统计算

8.5.1 当车道、窗井与其上方的侧墙相通时，汇水面积应附加1/2的侧墙面积。下沉庭院和下沉广场周围的侧墙面积，应根据屋面侧墙的折算方式计入汇水面积。

8.5.2 雨水集水池的有效容积可按下列方法确定：

1 当集水池的有效容积取降雨历时为t的总径流雨量时，水泵设计流量可取降雨历时为t时的流量；

2 当水泵的设计流量取5min降雨历时的流量时，集水池的有效容积不应小于最大一台水泵5min的出水量；

3 当露天下沉地面汇水面积允许在设计降雨历时内积水时，下沉地面上的积水容积也可计入贮水容积。

8.5.3 雨水的总径流雨量应按下式计算：

$$W = 0.06\Psi_{m}qFt \qquad (8.5.3)$$

式中：W——径流总雨量（m^3）。

附录A 雨水斗流量和斗前水深试验测试方法

A.0.1 试验装置（图A.0.1）应满足测试水槽均匀进水的要求，并应符合下列规定：

1 安装雨水斗的平板的水平安装偏差应为±4mm；

2 排水管末端设置节流阀；

3 透明管内径应与所配管内径相同，长应为1000mm；

4 雨水斗连接压板上沿与排水管末端出口之间的高度差应为3000mm；

5 应设置四个进水管，靠近测试水槽中心均布，且要求均匀分配流量；

6 斗前水深测试取压孔距测试水槽中心应为650mm。

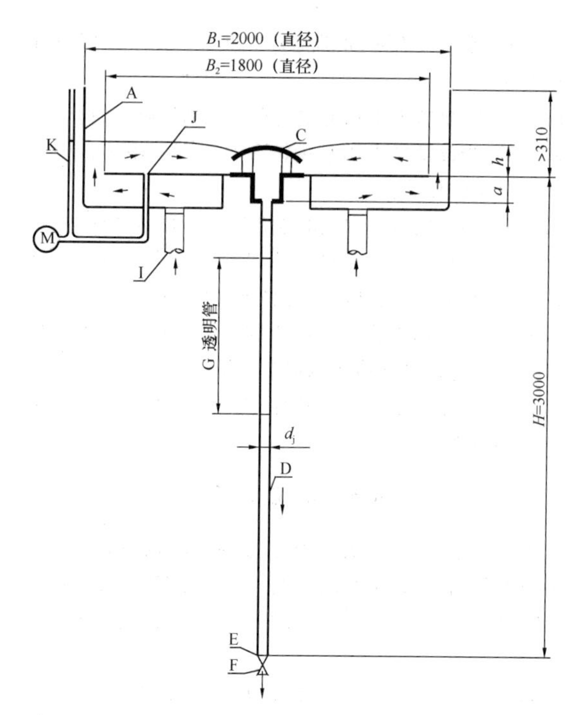

图 A.0.1 流量和斗前水深试验装置图

A—测试水槽，槽底应水平安装；B—测试水槽尺寸（图上标注尺寸为最小值）；C—雨水斗；D—排水管；E—排水管末端；F—节流阀；G—透明管；H—雨水斗连接压板上沿与排水管末端出口之间的高度差；I—进水管；J—斗前水深测试取压孔；K—玻璃水位计；M—压力传感器；d_j—排水管内径；a—雨水斗深度；h—斗前水深

A.0.2 试验装置中的排水管内径宜与雨水斗出水短管内径一致。排水管出口端安装用于调节系统阻力的节流阀，此阀门全开时应无明显阻力，且开度调整后不应自行改变。排水管上应设置一段透明管用于观察管中水流。

A.0.3 斗前水深宜采用压力传感器测量，压力传感器测量精度不应低于 0.25 级，并应采用液柱式水位计与之对比。传感器使用前应进行标定，计量误差应为±2.5mm 水柱（±25Pa）。

A.0.4 流量计应安装在试验装置的供水管上，计量精度不应低于 1.0 级。

A.0.5 相对零水位的试验方法：启动供水泵，循环供水 3min 后关闭供水泵，目测排水立管中无水流时，测试水槽内的水位为相对零水位。

A.0.6 流量与水深测量均需在流量计显示值和测试水槽水位稳定 10min 以后读取数据，测量的采样频率不应低于 100Hz，每个测点采样时间不应少于 3min，各参数应取测量时段内的平均值。

A.0.7 试验步骤：

1 测定最大流量和对应的斗前水深，应按下列步骤进行试验：

1）将节流阀开至最大，启动水泵，缓慢加大供水流量，直到雨水斗达到满管流，目测应无空气通过透明管段；

2）当继续加大流量，测试水槽内水位上升时，应逐渐减小流量，直到水位稳定且目测应无空气通过透明管段为止，此时的流量和斗前水深即为雨水斗的最大流量和对应的斗前水深；

2 测定满管流量与斗前水深关系，应按下列步骤进行试验：

1）在最大流量和设定的最小流量区间内，应预设不少于 10 个测试流量值；

2）调节供水阀门，使流量接近预设的测试流量值后，应调节排水管出口处节流阀的开度，至排水管接近满流时固定节流阀的开度；

3）应缓慢调节供水流量，直到雨水斗达到满管流，此时的流量和斗前水深即为设定条件下满流流量和对应的斗前水深；

4）应按预设的流量值从大到小依次重复本款第 2 项、第 3 项操作，并应得到最大流量到设定的最小流量间一系列满流流量与对应的斗前水深值；

5）应关闭供水阀门、停水泵，并应放空测试水槽。

A.0.8 雨水斗满流流量与斗前水深关系曲线应依据本规程第 A.0.7 条取得的满流流量与对应的斗前水深值进行绘制。

附录 B 深度系数和形状系数曲线

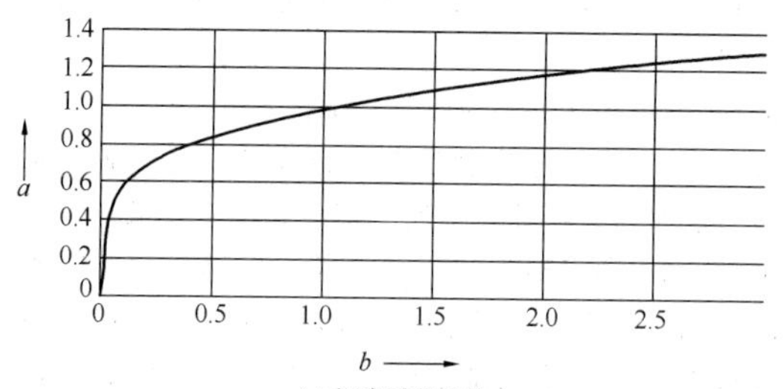

(a) 深度系数曲线

a—深度系数S_x；b—h_d/B_d；

h_d—设计水深(mm)；B_d—设计水位处的沟宽(mm)

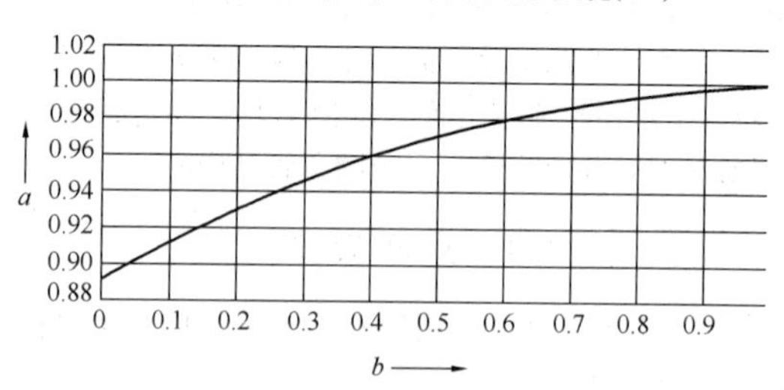

(b) 形状系数曲线

a—形状系数X_x；b—B/B_d；

B—沟底宽度(mm)；B_d—设计水位处的沟宽(mm)

图 B 深度系数和形状系数曲线

附录C 压力流屋面雨水系统容积式测试法

C.0.1 当屋面本身有较大的蓄水容积时，可根据天沟内的雨水在单位时间内容积增减，确定系统排水能力。

C.0.2 测试应按下列步骤进行：

1 应先将该系统位于地面标高 1.5m 处的检查管段暂时拆除；

2 检查管段拆除后，应在该部位安装合适规格的阀门，在阀门上方应安装注水设施；

3 关闭阀门，并应将对应的屋面排水分区其他系统的雨水斗暂时封堵，并应设立储水区；

4 应在储水区段的天沟内观测天沟高度位置，并应做好标记线，天沟测试的人数不应少于 3 人，并应校对各测试人员的秒表；

5 应从阀门上方的注水管向储水区持续加水至可测试的水深高度；

6 在测试人员就位后，应打开阀门，检测人员应记录储水区的各标记段排水时间，并应取得不少于 3 组的数值，应取其平均值作为单位时间内的排水能力，并应与该系统的设计排水量进行对比，与设计要求进行核对；

7 测试结束后，应开启其他系统的雨水斗、拆除阀门，并应将检查管段复位。

C.0.3 排水能力应按下式计算：

$$Q_s = \frac{V_g}{T_s} \quad \text{(C.0.3)}$$

式中：Q_s——被测试的压力流屋面雨水系统排水能力（m^3/h）；

V_g——屋面天沟水容积（m^3）；

T_s——排水时间（h）。

中华人民共和国行业标准

建筑屋面雨水排水系统技术规程

CJJ 142—2014

条 文 说 明

15

目　次

1 总　　则

1.0.2　与建筑相通的下沉广场与下沉庭院，发生积水时雨水会流入建筑内部，造成水患。这部分区域的排水对于建筑而言和屋面排水的重要性相似，故本规程包含了这部分内容。

1.0.4　虹吸式屋面雨水排水系统的管径按重力输水有压流的计算方法确定，管径小、固体物多，且入水口裸露，很容易出现堵塞，因此必须做好维护管理。每年雨季到来之前或雨季期间，应重点做好屋面的清洁工作。

2　术语和符号

2.1.7、2.1.8、2.1.9　三种系统的流态名称采用了常用的通俗称呼，均未采用严谨的学术名称。

3　基 本 规 定

3.1　一 般 规 定

3.1.1　有些建筑在侧边设置下沉地面，低于室外小区地面，下沉面的雨水需要提升排除。屋面雨水应避免向这种下沉地面或该地面下的雨水管道排水，以便为雨水自流排到市政雨水管道创造条件。当向雨水利用的蓄存池排水时，不论水池是否设在下沉地面，都可向池内排水。

3.1.2　本条为强制性条文。允许的负荷水深指建筑和结构专业允许的积水深度。建筑屋面的积水深度限制主要来自于结构专业的荷载限制和建筑专业的屋面防水要求。为使积水深度不超过该限制值，可采取两种方法。方法一：控制溢流口设置高度，且有足够的泄流能力。方法二，雨水斗的排水流量（50 年重现期）所需要的斗前水深小于该允许值。雨水斗泄流量所对应的斗前水深根据标准试验确定。

3.1.3　对有组织排水的两种方式做选用规定。在目前运行的工程中有许多这样的情况，在无法设置溢流口的情况下，屋面雨水全部由雨水斗排水系统排除，应优先采用雨水排水管道系统加溢流管道系统的排水方式，采用加大雨水排水系统的重现期，雨水全部由雨水排水管道系统排除，在低重现期时，虹吸雨水系统会发生不能正常工作时的情况。这里需要注意不设溢流的建筑应满足本规程 3.1.6 条排水能力的校核计算和 3.1.7 条自净流速的要求。

3.1.4　溢流设施主要指溢流口，对于虹吸排水系统有时甚至要设溢流管道系统。当建筑屋面采用管道系统加溢流设施方式排水时，溢流下落的雨水不应砸伤行人或损坏室外地面。

3.1.5　屋面范围不包括侧墙和成品檐沟。

3.1.6　规定校核方法。

第 1 款　建筑的设计使用寿命都不小于 50 年，故此处规定按 50 年重现期降雨作为校核流量。檐沟外排水、承雨斗外落水、散排水无雨水斗，不需要校核。

第 2 款　压力流雨水系统的校核计算是对管径已经确定的系统进行排水能力计算，该排水能力一般高于设计工况的雨水径流量，故各雨水斗负担的校核流量可超过本规程表 3.2.5 中规定的最大设计流量，但不应大于本规程表 3.2.4 中规定的最大流量。

第 3 款　试验已经证明 87 型雨水斗系统在斗前水深达到一定高度时形成压力流，符合伯努利方程。半有压系统的校核计算中，如果溢流水位或允许的负荷水位对应的斗前水深大于本规程表 3.2.4 中的数值，则系统有条件形成压力流，这样，校核计算可采用伯努利方程计算系统的最大排水能力，并遵循压力流计算方法。在校核工况下，系统（包括雨水斗）的排水能力可大于设计工况的，因此各雨水斗负担的校核流量可大于本规程表 3.2.5 中的最大设计流量，但不应大于本规程表 3.2.4 中规定的最大流量。

3.1.7　屋面雨水管道作为排水管道，需要达到排水管道的自净流速要求，并且这种自净流速应在常年降雨中出现。自净流速一般取 0.75L/s。推荐雨水横管设置坡度的主要原因如下：

1　给排水的压力输水管道普遍要求设置排空坡度，不推荐无坡度设置；

2　规范要求的 10 年设计重现期中，设计工况降雨平均只出现一次，其余几百次可以产生径流的降雨都只能产生重力流排水或两相流排水，这对于北方风沙大、灰尘大的地区，无坡度会产生排水不畅、甚至横管堵塞。

3.1.9　本条为强制性条文。屋面雨水和建筑生活排水各自设置独立的管道排除，即使降雨量很小的干旱地区，或者室外采用合流制管网，屋面雨水也不应和室内生活污废水管道相连。此处建筑屋面雨水也含阳台雨水，阳台设洗衣机时，其排水不得进入阳台雨水立管。有顶棚的阳台雨水地漏可接入洗衣机排水管道。

3.2　雨　水　斗

3.2.1　条文规定的雨水斗性能是对我国几十年来屋面雨水排水文献资料及产品的归纳。

第 1 款中排水能力强指雨水斗的最大排水流量越大越好，相应的斗前水深越小越好，具体值参见 3.2.4 条。通常采取的措施是在雨水斗的顶端设置阻气隔板，并控制隔板的高度。

第 2 款中的稳流或整流，其目的是抑制雨水口形成漩涡，减少掺气量。通常采取的措施是设置整流格栅或整流罩。

第3款抑制入流雨水的掺气，其目的是增加水气比，提高雨水斗的排水能力。雨水斗顶端的阻气隔板、周边的整流格栅，都能抑制、减少入流雨水的掺气。

第4款拦阻雨水中的固体物由整流格栅实现，把可堵塞管道的较大固体物拦截住，如塑料袋、树叶等。

本条是对雨水斗的性能提出要求，依据的排水理念是：屋面雨水系统排水时掺气量越小越好、排水能力越大越好，即图1中右侧的折点做对应的流量应尽量大，斗前水深应较小。这样既提高屋面排水的安全性，又节省管道系统的材料。

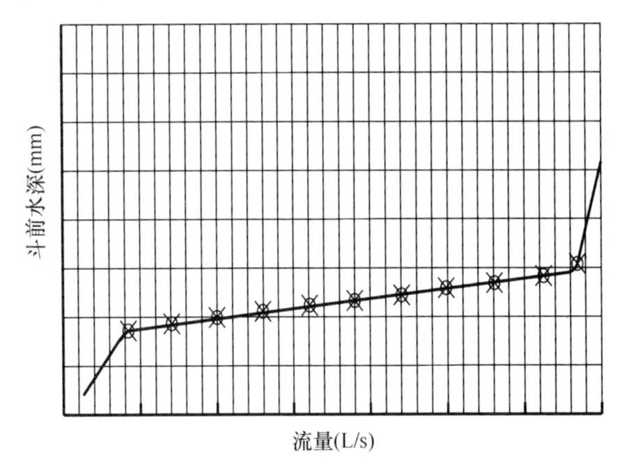

图1 雨水斗流量特性曲线

3.2.3 87（79）型雨水斗自20世纪70年代末期应用于工程，几十年来被广泛应用，是我国应用最普遍的雨水斗。但该产品一直未制定产品标准，故本规程对一些主要性能及构造做技术规定。技术内容主要参考了国家标准图和相关的设计手册。65型雨水斗的排水性能和87型雨水斗相近，但市场使用量已经较少，故不再列出。

3.2.4 雨水斗的最大排水能力指流量特性曲线(图1)中的折点流量，该曲线应根据现行行业标准《虹吸雨水斗》CJ/T 245规定的试验取得。表中的数据是试验测试结果。测试在北京建筑大学的实验装置上进行。87型雨水斗由河北徐水兴华铸造有限公司提供，虹吸雨水斗由北京泰宁科创科技有限公司提供。

3.2.5 雨水斗的最大设计排水流量取值应小于雨水斗最大排水流量，留有安全余量。按压力流设计时最大设计排水流量不宜大于雨水斗最大排水流量的80%；按半有压设计时最大设计排水流量不宜大于雨水斗最大排水流量的50%。表中的数据均分别小于80%和50%，以策安全。87型雨水斗用于排水高度（以室外地面计）小于12m的建筑，设计雨水流量不宜大于表中的低限值，用于排水高度大于12m的建筑，满足下列条件之一者可取上限值：

1 单斗系统；

2 对称布置的双斗系统；

3 系统同程布置或同阻布置的多斗系统；

4 多斗系统最靠近立管的雨水斗。

3.3 雨水径流计算

3.3.2 表中数据引自现行国家标准《建筑与小区雨水利用工程技术规范》GB 50400－2006表4.2.2中的流量径流系数参数。此外，本规程涉及地面为下沉的汇水面，设计降雨重现期较大，因此径流系数比现行国家标准《室外排水设计规范》GB 50014中的数值略高些。

3.3.3 竖向投影面积见图2所示。

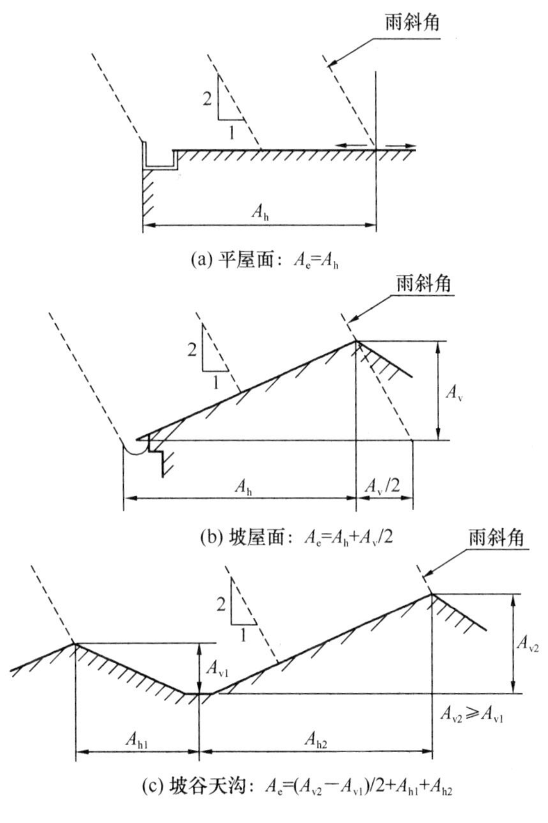

图2 屋面有效集水面积计算

A_e—计算汇水面积；A_h—汇水面水平投影面积；A_v—汇水面竖向投影面积

3.3.5 对设计重现期进行规定，重现期取值建议如下：

1 地下室坡道、窗井的雨水设计重现期不宜小于50年，当积水产生的影响较小时，可采用10年；

2 下沉广场、下沉庭院等露天下沉地面的雨水设计重现期不宜小于10年；

3 当下沉地面与室内地面相通且与室内地面的高差小于150mm时，设计重现期不宜小于50年。

连接建筑出入口的下沉地面、广场、庭院积水时可经由出入口进入建筑内，产生水患，故规定了较高的设计重现期。对于独立于建筑、积水不产生水患的下沉地面，可不执行此条而采用室外小区地面的设计重现期。

连接建筑出入口的下沉地面是指该地面比周围的地面低并且建筑设有门口供人员进出到该室外地面。该地面比相通的室内地面低一个踏步台阶时，降落到该地面的雨水有短时积水不会产生危害，重现期可取低限值。当该地面略低于室内地面甚至没有标高落差时，重现期应取高限值，当然出入门口设有挡水坎者可取低限重现期。

3.3.6 第1款的计算式在计算室外管道时需要，比如下沉广场的埋地管道。

3.4 系统选型与设置

3.4.2 排水安全包括屋面少积水、少溢流等，造价经济指系统的费用低。在建筑竖向空间允许时，应优先选用既安全、又经济的雨水系统。

3.4.4 条文中的专用雨水斗目前主要指虹吸雨水斗。

3.4.5 本条为强制性条文。条文中的非密闭检查井是指管道在检查井中开口并敞开，比如常规的污废水检查井。密闭检查井如图3所示，其中管道上的检查口用螺丝紧固，能承受管内的水压。

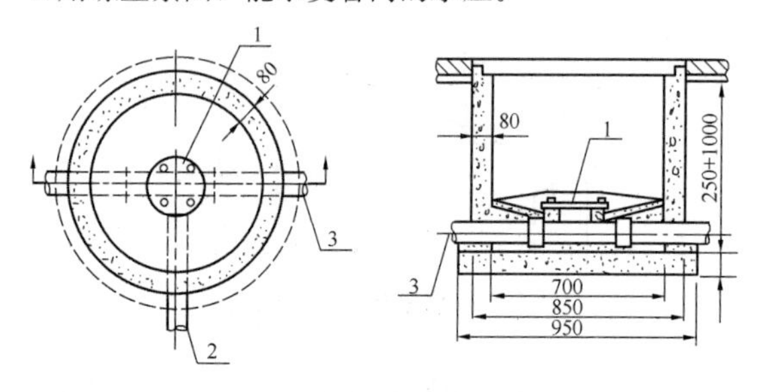

图3 密闭检查井示意

1—螺栓盖板；2—排出管；3—埋地管

屋面雨水管道系统在运行中遇到较大的降雨时会产生压力，在室内或阳台上开口会发生水患，我国已有很多这方面的经验教训。

当内排水系统向室内雨水利用收集池排水时，其设计方法应执行国家标准《建筑与小区雨水利用工程技术规范》GB 50400的规定。

3.4.8 此条第1款引自国家标准《建筑给水排水设计规范》GB 50015－2003（2009年版）3.5.8条和4.3.5条，国家标准《住宅建筑规范》GB 50368－2005中8.1.4条。

3.4.9 国家现行有关标准为：《建筑给水排水设计规范》GB 50015、《高层民用建筑设计防火规范》GB 50045等。防火措施包括阻火圈、防火胶带或防火套管等。

3.4.12 条文中一个汇水区域指在溢流水位时，雨水连通的区域。

3.4.14 散水面上的防冲刷一般采用混凝土浇筑水簸箕或水槽，雨水排入其内。超过100m的超高层建筑排入室外检查井可采取的消能措施为：采用钢筋混凝土检查井和格栅井盖，井盖与井座之间卡固在一起，使雨水不至于把井盖掀开，并通过格栅溢流至地面。

3.4.15 计算伸缩量时，内排水系统管道温差可取管道施工安装时的温度和运行时室内温度之间的差值，或取冬季排水温度和室内温度的差值。

3.4.18 高度超过250m的雨水管道系统，其承压能力限定在2.5MPa，主要考虑以下因素：第一，管道被污物堵塞时积水高度如果达到250m，堵塞物会被该水压冲走或冲开；第二，雨水管道采用的给排水配件，市场上能采购到的一般为2.5MPa公称压力及以内。

第3款中的排水管材指重力无压流排水管材，如生活排水管道等。

3.4.22 对于选用HDPE管材时，其承压一般考虑不超过0.5MPa。

3.4.23 国家现行有关标准有：《排水用柔性接口铸铁管、管件及附件》GB/T 12772、《建筑排水用柔性接口承插式铸铁管及管件》CJ/T 178（或《建筑排水用卡箍式铸铁管及管件》CJ/T 177），《建筑排水用硬聚氯乙烯（PVC-U）管材》GB/T 5836.1和《建筑排水用硬聚氯乙烯（PVC-U）管件》GB/T 5836.2等。

4 屋面集水沟设计

4.1 集水沟设置

4.1.1 屋面坡度大时，设置集水沟可增加雨水斗的排水量。集水沟包括天沟、边沟和檐沟。

4.1.2 设置天沟能减少屋面放坡的坡度，有效降低屋面技术深度。在有条件时，应考虑设置屋面天沟。

4.1.4 天沟的荷载应提供给结构专业，荷载水深不应小于溢流口上沿和沟底的高差。

4.1.6 天沟与屋面板连接处应采取防水措施，应设置卷材或涂膜附加层，附加层伸入屋面宽度不小于250mm。

4.2 集水沟计算

4.2.2 考虑天沟设置坡度时，其深度为变化值，但其分水线处的最小深度不应低于100mm。

4.2.3 水力最优矩形截面是指沟宽为二倍时的水深。

4.2.5 一般金属屋面采用金属长天沟，施工时金属钢板之间焊接连接。当建筑屋面构造有坡度时，天沟沟底顺建筑屋面的坡度可以作出坡度。当建筑屋面构造无坡度时，天沟沟底的坡度难以实施，故可无坡度，靠天沟水位差进行排水。

4.2.6 天沟宽度不足，雨水斗空气挡罩距离沟壁太近，会造成雨水斗进水阻力增大，进水不均匀等工况。空气挡罩应保持和天沟壁最小距离要求。

4.2.8 严寒地区天沟积水会结冰，影响天沟过水断面，应设置天沟坡度保证天沟内积水能迅速排尽。

5 半有压屋面雨水系统设计

5.1 系 统 设 置

5.1.1 半有压屋面雨水系统的设计最大排水流量只取最大排水能力的50%左右，预留了排除超设计重现期降雨的容量。设溢流口的作用是预防雨水斗或管道被树叶、塑料袋等杂物堵塞时紧急排水。

5.1.2 第2款为87型雨水斗的传统做法。引自国家标准《建筑与小区雨水利用工程技术规范》GB 50400。

雨水斗对立管做对称布置，含义包括了管道长度或者阻力的对称，即各斗接至立管的管道长度或阻力尽量相近。在流体力学规律支配下，距立管近的雨水斗和距立管远的雨水斗至立管的管道摩阻应保持相同，这就造成近斗与远斗泄流量差异很大。规定雨水斗宜与立管对称布置的目的是使各雨水斗的泄流量均衡，避免屋面积水。

多斗系统立管顶端不设置雨水斗的主要原因是立管顶端存在负压，立管顶端设置雨水斗，容易进入大量空气，增加立管中的掺气量，减小立管的排水能力。

多斗悬吊管靠近立管的雨水斗，到达立管的流程短，使得雨水斗泄流量大，甚至会在此处进气占据悬吊管内水流空间，从而抑制远端的雨水斗泄流量。缩小该雨水斗出水管径，可抑制其泄流量，使之与其他雨水斗的泄流量趋于均衡。

5.1.3 一个悬吊管上连接的雨水斗不超过4个是87型雨水斗的传统做法。限制雨水斗的数量主要是避免雨水斗之间的泄流量差异过大。雨水斗排水管道同程布置或同阻布置也可避免这种流量差异，并且雨水斗数量不受限制。

5.1.4、5.1.5 雨水斗的相对位置见图4。

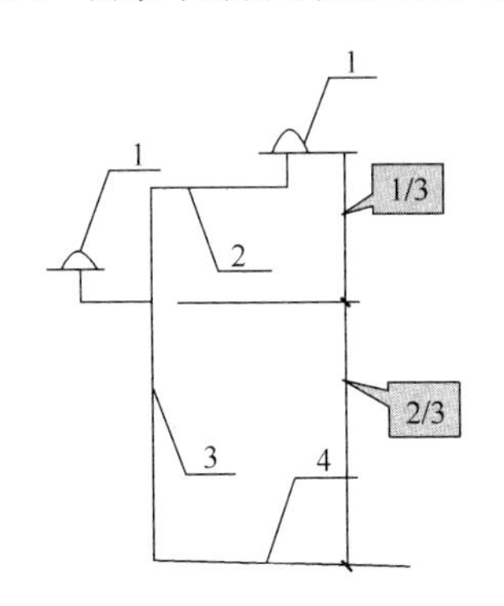

图4 雨水斗相对位置示意图

1—雨水斗；2—悬吊管；3—立管；4—排出管

5.2 系统参数与计算

5.2.1～5.2.4 我国雨水道试验研究证明，87型雨水斗排水系统在屋面溢流水位时会形成有压流，雨水斗呈淹没入流，管道内呈满流，水流遵循管道有压流公式。对于50年重现期的降雨，雨水斗被雨水淹没，系统可按有压流工况进行水力计算。当采用2年～10年重现期降雨量进行水力计算时，由于雨量计算值较小，水力计算可简化为表格法，雨水斗、悬吊管及横管、立管均按非满流计算，预留出足够的空间排超设计重现期雨水。表格法计算的系统尺寸要大于按50年重现期降雨有压流工况计算的系统尺寸，耗费的材料多些，但方便设计人员使用。本规程87型雨水斗系统的计算采用表格法。悬吊管及横管的管径可按表1选取，立管的管径可按表5.2.9选取。

悬吊管及横管的计算公式引自《全国民用建筑工程设计技术措施——给水排水》(2009版)。计算出水力坡度后，可根据表1查得管道的设计最大排水能力，表中数据根据5.2.1和4.2.7两式计算，管道坡度取水力坡度。

表1 横管和多斗悬吊管（铸铁管、钢管）**的设计最大排水能力**（L/s）

水力坡度 I	公称直径 DN（mm）			
	75	100	150	200
0.02	3.1	6.6	19.6	42.1
0.03	3.8	8.1	23.9	51.6
0.04	4.4	9.4	27.7	59.5
0.05	4.9	10.5	30.9	66.6
0.06	5.3	11.5	33.9	72.9
0.07	5.7	12.4	36.6	78.8
0.08	6.1	13.3	39.1	84.2
0.09	6.5	14.1	41.5	84.2
≥0.10	6.9	14.8	41.5	84.2

表1中的水力坡降指压力坡降，要明显大于管道敷设坡降。立管顶端的负压见试验曲线，最大负压值随流量的增加和立管高度的增加而变大（图5）。条文中偏保守取值－0.5m水柱（0.005MPa），以便流量计算安全。

5.2.5 我国雨水道研究组的试验表明，悬吊管中的压（力）降比管道的坡降大得多（图6）。图中横坐标为悬吊管上测压点距排水雨水斗的长度，纵坐标为悬吊管内的压力（mmH_2O）。悬吊管内的水流运动主要是受水力坡降的影响，而不是管道敷设坡度。条文中的敷设坡度要求主要考虑排空要求和小雨量降雨时的排水需求。

5.2.9 表中数据来源于现行国家标准《建筑与小区雨

水利用工程技术规范》GB 50400－2006 中 5.3.9 条。

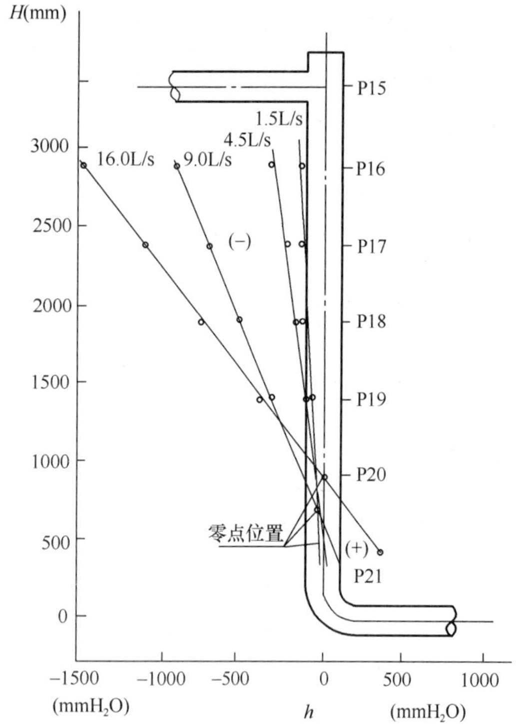

图 5　立管压力分布曲线

H—高度；*P*—测压点；*h*—压强

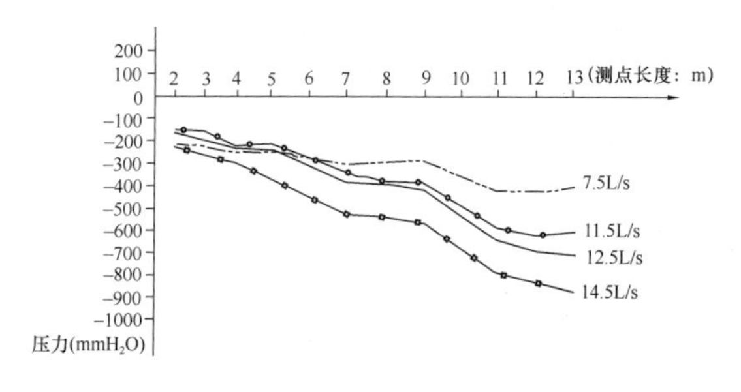

图 6　悬吊管中压降

6　压力流屋面雨水系统设计

6.1　系 统 设 置

6.1.1　对于大型屋面，单套系统的服务面积不宜过大，以提高安全度。

6.1.2　当雨水斗顶面至过渡段的高差低于本条规定时，压力流排水系统的效率很低。

6.1.5　由于压力流排水系统的水力计算充分利用了雨水水头，系统的流量负荷未预留排除超设计重现期雨水的能力。为保证超设计重现期雨水有出路，这部分雨水必须通过溢流口或溢流系统排除。

6.1.7　实验表明，当压力流排水系统的出水管淹没出流时，会导致天沟的水深提高，造成室内进水危险。

6.1.8　压力流排水系统的水流中含有大量微小气泡。当含有微小气泡水流进入检查井时，由于减压作用，水中微小气泡从水中溢出，导致检查井内气压波动，检查井井盖被顶起。设置排气措施可有效消除检查井内气压波动。

6.1.9　雨水斗设于屋面指不设在天沟内或集水槽内，直接设置在屋面。50mm 的小雨水斗形成满流时所需的积水深度较小，故允许不设在沟内。

6.1.10　雨水斗设置在天沟内，天沟坡度大于 0.01 时，天沟末端宜设 2 只雨水斗。

6.2　系统参数与计算

6.2.1　本条对压力流排水系统水力计算应包括的基本内容作了规定，系统供应商可根据其产品的设计流态、运行工况对计算内容作增补。

6.2.4　压力流排水系统的水力计算基于不可压缩流体的 Bernoulli 方程式。本规程公式 6.2.3 和公式 6.2.4 是根据 Bernoulli 方程式推导出来的。

6.2.5　管道水力坡降计算常用的公式有 Hazen-Williams 公式和 Darcy-Weisbach 公式。由于 Hazen-Williams 公式仅适用于常温下的管径大于 50mm、流速小于 3m/s 的管中水流，为了保证计算精度，建议采用 Darcy-Weisbach 公式。

6.2.6　表 6.2.6 的管（配）件局部阻力系数供缺少实验数据时估算采用。系统供应商在做系统水力计算时，应采用其所用管（配）件的实测局部阻力系数或当量长度。

6.2.7　规定连接管、悬吊管设计最小流速是为了保证悬吊管能在自清流速下工作。根据国外研究资料，当悬吊管内的流速大于 1.0m/s 时，可保证沉积在管道底部的固体颗粒被水流冲走。

6.2.10　过渡段是水流流态由虹吸满管压力流向重力流过渡的管段。过渡段设置在系统的排出管上，为虹吸式屋面雨水排水系统水力计算的终点。过渡段的设置位置应通过计算确定。过渡段管道通常按重力流流态计算，将系统的管径放大，管道设有排水坡度。当过渡段设置在室外时，可减少出户管占用的建筑竖向空间。

6.2.12　各地不同海拔的大气压力和不同水温的汽化压力可按表 2、表 3 的规定选用。

表 2　不同海拔高度的大气压力

海拔高度(m)	0	500	1000	1500	2000	3000
大气压(kPa)	100.7	94.9	90.0	84.1	82.2	71.4

表 3　不同水温的汽化压力

水温(℃)	0	5	10	15	20	25	30
大气压(kPa)	0.6	0.9	1.2	1.8	2.3	3.2	4.2

6.2.13　由于压力流雨水斗的最大设计排水流量为最大

排水流量的80%左右，当系统运行于超设计重现期工况下，雨水斗的实际排水量可达到其实测最大排水流量。为确保系统最大负压值下，系统不产生气化，且不低于管材及管件的最大耐负压值，故要求作校核计算。

6.2.14 实际工程中，会发生一个雨水斗被杂物堵住的情况。此时，该汇水面积的雨量会自动分摊到其他雨水斗，本条要求对此进行系统的最大负压和天沟（或屋面）积水深度的复核计算。

7 重力流屋面雨水系统设计

7.1 系统设置

7.1.2 在降雨量较大时，屋面雨水系统内会产生较大压力。阳台雨水口若与屋面雨水管道相连，将从阳台溢水。当有合理可靠的防反溢措施（产品）时，可不受此条限制，减少立管设置。

7.1.4、7.1.5 阳台排水和成品檐沟排水一般不会产生超量的雨水进入，基本能保持系统的重力流排水状态，故雨水立管连接的各雨水口高度、悬吊管连接的雨水斗数量均不受限制。

7.2 系统参数与计算

7.2.5 表中的数据引自现行国家标准《建筑给水排水设计规范》GB 50015。

8 加压提升雨水系统设计

8.1 一般规定

8.1.1 本条规定了需要设置加压提升雨水系统的场所，这些场所的雨水大都不能重力自流入雨水管网，当下沉场所的汇水面高于外部场地的接纳雨水管顶时，为了确保当外部接纳雨水管道发生堵塞或外部场地积水时不造成倒灌，也应采取机械加压排水。对于坡地建筑等有地形高差可利用的情形，允许重力自流排水，此时若高差不大，排出口上宜设置鸭嘴阀等低开启压力的防倒灌措施。

8.1.2 本条规定了加压提升雨水系统的主要构成，包括雨水的收集、雨水的调蓄、雨水的提升和雨水的排放等设施，对于汇水面的杂质较多的情形，宜在雨水集水池前设沉砂、格栅等物理处理措施。

8.1.3 这些场所的雨水需要局部加压提升，一旦场外的雨水进入，不仅造成雨水径流增加，而且可以重力自排的雨水进入雨水收集池，既增加造价投资，也提升了雨水事故发生的可能性。因此，设计汇水面外的雨水涌入下沉场所，可能大大超过雨水泵的负荷，发生水淹的事故，造成较大经济损失。近几年，部分地区大暴雨后这种情况屡有发生。采取的措施有：车库坡道反坡抬高后再下坡、坡道入口设置防洪闸、备砂袋、车道侧壁高出室外场地等。

8.1.4 为让雨水尽快进入集水池，应设分水线。

8.1.5 室外地面适当低于室内地面，为防止雨水进入室内提供一定的安全余量，可以避免当下沉场所排水不畅时雨水灌入室内。

8.1.6 室外下沉地面不宜接纳屋面雨水管的排水，同时屋面溢流口也不应布置在下沉场所的上方。

8.2 雨水汇集设施

8.2.2 因室外雨水含有杂质，设置水封容易堵塞，而且采用平箅雨水斗或无水封地漏的排水速度快。

8.2.3 带格栅的排水沟可以是现场建造，也可以是预制式成品线性排水沟。

8.2.4 第3款，为不影响室内结构安全和便于检修更换，要求室内埋地雨水管道应设置在覆土层、建筑垫层内。

8.3 雨水集水池

8.3.1 雨水集水池靠近雨水收集口，可以缩短雨水汇集管道路程，及早排除雨水。

8.3.2 为避免倒灌，收集室外下沉场所的雨水的集水池应设于室外。

8.3.3 雨水和污水成分差别大，污水进入雨水收集池后直接排至自然水体，容易对自然水体造成污染，同时雨水集水池为敞开式，为防止臭气散发，也不应接入污水。

8.3.4 雨水集水池的设置位置和周边净空应方便后续安装格栅、水泵等，有足够的拆卸电机空间和方便检修空间。

8.3.6 为了保证集水池内雨水尽可能的全部排走，并便于清洗，应保证池底有一定的坡度，集水池的深度和平面尺寸应首先保证便于安装和检修水泵。

8.3.7 雨水集水池内水泵受水位自动控制，将水位信号实时传送至物业管理办公室或综合控制室，可以更好地掌握集水池内水位情况，及时发现水位异常等现象并采取措施。

8.4 水泵设置

8.4.1 雨水收集至集水池过程中，容易携带一些污物、泥沙等，不应采取清水泵，采用自动耦合式潜污泵便于安装、检修和维护水泵。

8.4.2 一座泵房内的水泵，如型号规格相同，则运行管理、维修养护均较方便。其工作泵的配置宜为2台～8台。台数少于2台，如遇故障，影响太大；台数大于8台，则进出水条件可能不良，影响运行管理。当流量变化大时，可配置不同规格的水泵，大小搭配，但不宜超过两种。

8.4.3 雨水排水泵应有不间断的动力供应，可以采用双电源或双回路供电。设置自动冲洗管道可以清洗淤积在池底的泥沙、污物等，自动冲洗管应利用水泵出口的压力，返回集水池内进行冲洗；不得用生活饮用水管道接入集水池进行冲洗，否则容易造成雨水回流污染饮用水水质。

8.4.4 雨水泵的启闭，应设置自动控制装置，通过水位控制装置将水位信号转换为电信号输送至水泵控制系统，主要有启泵水位、停泵水位和超警戒水位。当集水池内设置多台水泵时，可以设置多个水位，水泵分段投入运行。

8.4.5 多台水泵并联运行，可以降低单台水泵因故障导致的雨水事故，也可以减小水泵和管路的尺寸，但多台水泵应尽可能地交替运行以保证各自的使用寿命一致和提高排水安全性。

8.4.6 各自的雨水集水池宜单独排至室外，可以减少雨水泵同时工作时相互间的影响，提高安全性，多个雨水集水池共用出水总管时，交汇点附近的水压相等或相近，可以保证各自的排水流量符合设计要求，这主要取决于交汇点前的管道路程，不符合此要求时，应提升至统一高度后，使雨水重力自流入雨水检查井。

8.4.7 为了方便检修水泵和防止雨水倒灌，出水管上应沿水流方向顺序安装止回阀和启闭阀门。有结冻可能的管路上应设泄水装置。有条件时，水泵出水管应上升至高于室外地面的高度，再下弯至室外埋深高度穿出地下室外墙。图7为干式排水泵安装图。

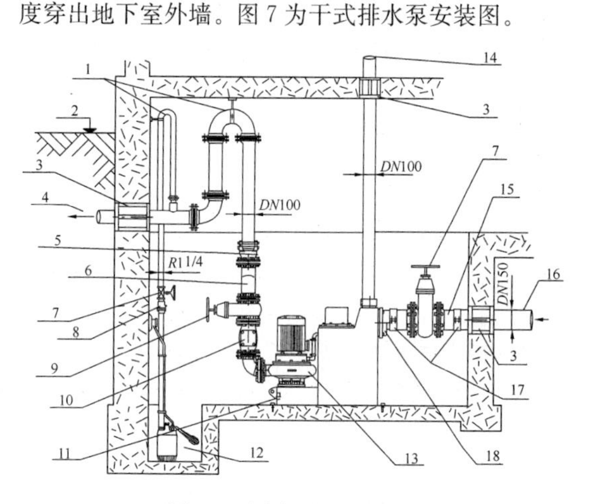

图7 干式排水泵安装图

1—高于回流水平面；2—回流水平面；3—墙密封环；4—压力管道接下水道；5—压力管道柔性接口 *DN*100；6—二通裤形连管；7—阀门（附件）；8—止回阀（附件）；9—阀门（附件）；10—2个止回阀（附件）；11—放水罗盖或手动隔膜泵的接口；12—潜水泵，泵井；13—离心泵；14—通气管道接口 *DN*100，接房顶；15—法兰接口（附件）；16—进水口；17—管道连接环；18—偏心接口

8.4.8 水泵出水管呈有压流，宜采用焊接钢管、承压塑料管。

8.5 系 统 计 算

8.5.1 本条规定雨水汇水面积的计算原则，车道出入口及窗井侧墙，由于风力吹动，造成侧墙兜水，因此，汇水面积应附加1/2的侧墙面积，下沉庭院和下沉广场周围的侧墙面积，则应附加其最大受雨面正投影的一半作为有效汇水面积计算。

8.5.2 本条规定了雨水集水池的有效容积和水泵选型的原则。

第1款为集水池容积与水泵流量的对应关系，可简单描述为：集水池大，则水泵小；集水池小，则水泵大。比如，当集水池容积能蓄存降雨历时 $t=$ 120min内的降雨总径流时，选泵流量可按 $t=120$min 的雨水流量计算；当集水池容积能蓄存降雨历时 $t=$ 60min内的降雨总径流时，选泵流量可按 $t=60$min 的雨水流量计算。

降雨历时 t 内的降雨总径流量 W 按下式计算：

$$W = Qt$$

式中 Q 为 t 对应的径流流量。

计算例题：

某工程下沉地面1000m²，径流系数为1，需要设水泵提升排水。雨水径流计算如下：

降雨历时 $t=60$min 时，降雨强度 123.9L/(s·hm²)，下沉地面汇水。

$$汇水流量 Q = 123.9\text{L}/(\text{s}\cdot\text{hm}^2 \times 0.1\text{hm}^2) = 12.4\text{L/s}$$

$$汇水径流总量 W = 12.4\text{L/s} \times 60 \times 60\text{s} = 44640\text{L} = 44.60\text{m}^3$$

降雨历时 $t=120$min 时，降雨强度 79.05L/(s·hm²)，下沉地面汇水。

$$汇水流量 Q = 79.05\text{L}/(\text{s}\cdot\text{hm}^2 \times 0.1\text{hm}^2) = 7.9\text{L/s}$$

$$汇水径流总量 W = 7.9\text{L/s} \times 120 \times 60\text{s} = 56880\text{L} = 56.88\text{m}^3$$

如果集水池有效容积取44.60m³，则雨水提升泵流量可取12.4L/s。

如果集水池有效容积取56.88m³，则雨水提升泵流量可取7.9L/s。

第2款中取5min而未取《室外排水设计规范》GB 50014－2006（2011年版）中的30s，是考虑到和建筑室内相通的下沉广场一旦积水进入室内会造成灾害，应安全取值。

第3款为确定集水池容积时，可以利用下沉面的允许积水深度以减少集水池有效容积。

附录A 雨水斗流量和斗前水深试验测试方法

A.0.5 相对零水位是斗前水深为零的水位，用于计算斗前水深。该数值在图A.0.1中的水位计K上显示。在雨水斗流量特性试验中，水位计上的读数减去相对零水位的读数即为斗前水深。

中华人民共和国国家标准

建筑机电工程抗震设计规范

Code for seismic design of mechanical and electrical equipment

GB 50981—2014

主编部门：中华人民共和国住房和城乡建设部
批准部门：中华人民共和国住房和城乡建设部
施行日期：2 0 1 5 年 8 月 1 日

16

目　　次

1 总　　则

1.0.1 为贯彻执行《中华人民共和国建筑法》和《中华人民共和国防震减灾法》，实行以"预防为主"的方针，使建筑给水排水、供暖、通风、空调、燃气、热力、电力、通讯、消防等机电工程经抗震设防后，减轻地震破坏，防止次生灾害，避免人员伤亡，减少经济损失，做到安全可靠、技术先进、经济合理、维护管理方便，制定本规范。

1.0.2 本规范适用于抗震设防烈度为6度至9度的建筑机电工程抗震设计，不适用于抗震设防烈度大于9度或有特殊要求的建筑机电工程抗震设计。

1.0.3 按本规范进行的建筑机电工程设施抗震设计应达到下列要求：

1 当遭受低于本地区抗震设防烈度的多遇地震影响时，机电工程设施一般不受损坏或不需修理可继续运行；

2 当遭受相当于本地区抗震设防烈度的地震影响时，机电工程设施可能损坏经一般修理或不需修理仍可继续运行；

3 当遭受高于本地区抗震设防烈度的罕遇地震影响时，机电工程设施不至于严重损坏，危及生命。

1.0.4 抗震设防烈度为6度及6度以上地区的建筑机电工程必须进行抗震设计。

1.0.5 对位于抗震设防烈度为6度地区且除甲类建筑以外的建筑机电工程，可不进行地震作用计算。

注：本规范以下条文中，一般略去"抗震设防烈度"表叙字样，对"抗震设防烈度为6度、7度、8度、9度"简称为"6度、7度、8度、9度"。

1.0.6 建筑机电工程抗震设计除应符合本规范外，尚应符合国家现行有关标准的规定。

2 术语和符号

2.1 术　　语

2.1.1 抗震设防烈度　seismic precautionary intensity

按国家规定的权限批准作为一个地区抗震设防依据的地震烈度。一般情况，取50年内超越概率10%的地震烈度。

2.1.2 抗震设防标准　seismic precautionary criterion

衡量抗震设防要求高低的尺度，由抗震设防烈度或设计地震动参数及建筑抗震设防类别确定。

2.1.3 地震作用　earthquake action

由地震动引起的结构动态作用，包括水平地震作用和竖向地震作用。

2.1.4 建筑机电工程设施　building mechanical and electrical equipment engineering facilities

为建筑使用功能服务的附属机械、电器构件、部件和系统。主要包括电梯，照明系统和应急电源，通信设备，管道系统，供暖和空气调节系统，火灾报警和消防系统，共用天线等。

2.1.5 抗震支承　seismic support

由锚固体、加固吊杆、斜撑和抗震连接构件组成的构件。

2.1.6 抗震支吊架　seismic bracing

与建筑结构体牢固连接，以地震力为主要荷载的抗震支撑设施。由锚固体、加固吊杆、抗震连接构件及抗震斜撑组成。

2.1.7 侧向抗震支吊架　lateral seismic bracing

斜撑与管道横截面平行的抗震支吊架。

2.1.8 纵向抗震支吊架　longitudinal seismic bracing

斜撑与管道横截面垂直的抗震支吊架。

2.1.9 单管（杆）抗震支吊架　single tube seismic bracing

由一根承重吊架和抗震斜撑组成的抗震支吊架。

2.1.10 门型抗震支吊架　door-shaped seismic bracing

由两根及以上承重吊架和横梁、抗震斜撑组成的抗震支吊架。

2.1.11 设计基本地震加速度　design basic acceleration of ground motion

50年设计基准期超越概率10%的地震加速度的设计取值。

2.1.12 设计特征周期　design characteristic period of ground motion

抗震设计用的地震影响系数曲线中，反映地震震级、震中距和场地类别等因素的下降段起始点对应的周期值。

2.2 符　　号

2.2.1 作用和作用效应

F——沿最不利方向施加于机电工程设施重心处的水平地震作用标准值；

G——非结构构件的重力；

S_{GE}——重力荷载代表值的效应；

S_{Ehk}——水平地震作用标准值的效应；

S——机电工程设施或构件内力组合的设计值。

2.2.2 抗力和材料性能

R——构件承载力设计值；

$[\theta_e]$——弹性层间位移角限值；

β_s——建筑机电工程设施或构件的楼面反应谱值。

2.2.3 几何参数

h——计算楼层层高；

l——水平管线侧向及纵向抗震支吊架间距；
l_0——抗震支吊架的最大间距；
L——距下一纵向抗震支吊架间距；
L_1——纵向抗震支吊架间距；
L_2——侧向抗震支吊架间距。

2.2.4 计算系数

γ——非结构构件功能系数；
η——非结构构件类别系数；
ζ_1——状态系数；
ζ_2——位置系数；
α_{max}——地震影响系数最大值；
γ_G——重力荷载分项系数；
γ_{Eh}——水平地震作用分项系数；
α_{Ek}——水平地震力综合系数；
k——抗震斜撑角度调整系数。

3 设计基本要求

3.1 一般规定

3.1.1 建筑机电工程设施与建筑结构的连接构件和部件的抗震措施应根据设防烈度、建筑使用功能、建筑高度、结构类型、变形特征、设备设施所处位置和运行要求及现行国家标准《建筑抗震设计规范》GB 50011的有关规定，经综合分析后确定。

3.1.2 建筑机电工程重要机房不应设置在抗震性能薄弱的部位；对于有隔振装置的设备，当发生强烈振动时不应破坏连接件，并应防止设备和建筑结构发生谐振现象。

3.1.3 建筑机电工程设施的支、吊架应具有足够的刚度和承载力，支、吊架与建筑结构应有可靠的连接和锚固。

3.1.4 建筑机电工程管道穿越结构墙体的洞口设置，应尽量避免穿越主要承重结构构件。管道和设备与建筑结构的连接，应能允许二者间有一定的相对变位。

3.1.5 建筑机电工程设施的基座或连接件应能将设备承受的地震作用全部传递到建筑结构上。建筑结构中用以固定建筑机电工程设施的预埋件、锚固件，应能承受建筑机电工程设施传给主体结构的地震作用。

3.1.6 建筑机电工程设施抗震设计应以建筑结构设计为基准，对与建筑结构的连接件应采取措施进行设防。对重力不大于1.8kN的设备或吊杆计算长度不大于300mm的吊杆悬挂管道，可不进行设防。

3.1.7 抗震支、吊架与钢筋混凝土结构应采用锚栓连接，与钢结构应采用焊接或螺栓连接。

3.1.8 穿过隔震层的建筑机电工程管道应采用柔性连接或其他方式，并应在隔震层两侧设置抗震支架。

3.1.9 建筑机电工程设施底部应与地面牢固固定。对于8度及8度以上的抗震设防，膨胀螺栓或螺栓应固定在垫层下的结构楼板上。对于无法用螺栓与地面连接的建筑机电工程设施，应用L型抗震防滑角铁进行限位。

3.2 场地影响

3.2.1 建筑场地为Ⅰ类时，甲、乙类建筑的建筑机电工程应按本地区抗震设防烈度的要求采取抗震构造措施；丙类建筑的建筑机电工程可按本地区抗震设防烈度降低一度的要求采取抗震构造措施，但6度时仍应按本地区抗震设防烈度的要求采取抗震构造措施。

3.2.2 建筑场地为Ⅲ、Ⅳ类时，对设计基本地震加速度为0.15g和0.30g的地区，各类建筑机电工程宜分别按8度（0.20g）和9度（0.40g）的要求采取抗震构造措施。

3.3 地震影响

3.3.1 建筑机电工程所在地区遭受的地震影响，其抗震设防烈度可按现行国家标准《建筑抗震设计规范》GB 50011的有关规定选用，并可采用相应于抗震设防烈度的设计基本地震加速度和设计特征周期。对已编制抗震设防区划的城市，可按批准的抗震设防烈度和对应的地震动参数进行抗震设防。

3.3.2 抗震设防烈度和设计基本地震加速度取值的对应关系，应符合表3.3.2的规定。设计基本地震加速度为0.15g和0.30g地区内的建筑机电工程，除本规范另有规定外，应分别按7度和8度的要求进行抗震设计。

表3.3.2 抗震设防烈度和设计基本地震加速度值的对应关系

抗震设防烈度	6	7	8	9
设计基本地震加速度值	0.05g	0.10 (0.15)g	0.20 (0.30)g	0.40g

注：g为重力加速度。

3.3.3 建筑结构的设计特征周期应根据其所在地的设计地震分组和场地类别确定，设计特征周期值应按表3.3.3的规定采用。

表3.3.3 设计特征周期值（s）

设计地震分组	场地类别				
	$Ⅰ_0$	$Ⅰ_1$	Ⅱ	Ⅲ	Ⅳ
第一组	0.20	0.25	0.35	0.45	0.65
第二组	0.25	0.30	0.40	0.55	0.75
第三组	0.30	0.35	0.45	0.65	0.90

3.3.4 我国主要城镇中心地区的抗震设防烈度、设计基本地震加速度值和所属的设计地震分组，可按现行国家标准《建筑抗震设计规范》GB 50011的有关规定选用。

3.3.5 建筑机电工程设备的水平地震影响系数最大值应按表 3.3.5 采用，当建筑结构采用隔震设计时，应采用隔震后的水平地震影响系数最大值。

表 3.3.5 水平地震影响系数最大值

地震影响	6 度	7 度	8 度	9 度
多遇地震	0.04	0.08 (0.12)	0.16 (0.24)	0.32
罕遇地震	0.28	0.50 (0.72)	0.90 (1.20)	1.40

注：括号中数值分别用于设计基本地震加速度为 0.15g 和 0.30g 的地区。

3.4 地震作用计算

3.4.1 建筑机电工程设备应根据所属建筑抗震要求、所属部位采用不同功能系数、类别系数进行抗震计算，建筑机电设备构件的类别系数和功能系数可按表 3.4.1 的规定确定，并应符合下列规定：

1 高要求时，外观可能损坏但不影响使用功能和防火能力，可经受相连结构构件出现 1.4 倍以上设计挠度的变形，其功能系数应大于等于 1.4；

2 中等要求时，使用功能基本正常或可很快恢复，耐火时间减少 1/4，可经受相连结构构件出现设计挠度的变形，其功能系数应取 1.0；

3 一般要求时，多数构件基本处于原位，但系统可能损坏，需修理才能恢复功能，耐火时间明显降低，只能经受相连结构构件出现 0.6 倍设计挠度的变形，其功能系数应取 0.6。

表 3.4.1 建筑机电设备构件的类别系数和功能系数

构件、部件所属系统	类别系数	功能系数		
		甲类建筑	乙类建筑	丙类建筑
消防系统、燃气及其他气体系统；应急电源的主控系统、发电机，冷冻机等	1.0	2.0	1.4	1.4
电梯的支承结构，导轨、支架，轿箱导向构件等	1.0	1.4	1.0	1.0
悬挂式或摇摆式灯具，给排水管道、通风空调管道及电缆桥架	0.9	1.4	1.0	0.6
其他灯具	0.6	1.4	1.0	0.6
柜式设备支座	0.6	1.4	1.0	0.6
水箱、冷却塔支座	1.2	1.4	1.0	1.0
锅炉、压力容器支座	1.0	1.4	1.0	1.0
公用天线支座	1.2	1.4	1.0	1.0

3.4.2 当计算两个连接在一起、抗震措施要求不同的建筑机电设备时，应按较高要求进行抗震设计。建筑机电设备连接损坏时，不应引起与之相连的有较高要求的机电设备失效。

3.4.3 下列建筑机电设备应进行抗震验算：

1 7 度～9 度时，电梯提升设备的锚固件、高层建筑上的电梯构件及其锚固；

2 7 度～9 度时，建筑机电设备自重大于 1.8kN 或其体系自振周期大于 0.1s 的设备支架、基座及其锚固。

3.4.4 建筑机电工程的地震作用计算方法，应符合下列规定：

1 各构件和部件的地震力应施加于其重心，水平地震力应沿任一水平方向；

2 建筑机电工程自身重力产生的地震作用可采用等效侧力法计算；对支承于不同楼层或防震缝两侧的建筑机电工程，除自身重力产生的地震作用外，尚应同时计算地震时支承点之间相对位移产生的作用效应；

3 建筑机电设备（含支架）的体系自振周期大于 0.1s，且其重力大于所在楼层重力的 1%，或建筑机电设备的重力大于所在楼层重力的 10%时，宜进入整体结构模型进行抗震计算，也可采用楼面反应谱方法计算。其中，与楼盖非弹性连接的设备，可直接将设备与楼盖作为一个质点计入整个结构的分析中得到设备所受的地震作用。

3.4.5 当采用等效侧力法时，水平地震作用标准值宜按下式计算：

$$F = \gamma\eta\zeta_1\zeta_2\alpha_{\max}G \tag{3.4.5}$$

式中：F——沿最不利方向施加于机电工程设施重心处的水平地震作用标准值；

γ——非结构构件功能系数，按本规范第 3.4.1 条执行；

η——非结构构件类别系数，按本规范第 3.4.1 条执行；

ζ_1——状态系数；对支承点低于质心的任何设备和柔性体系宜取 2.0，其余情况可取 1.0；

ζ_2——位置系数，建筑的顶点宜取 2.0，底部宜取 1.0，沿高度线性分布；对结构要求采用时程分析法补充计算的建筑，应按其计算结果调整；

$\alpha_{\max}$——地震影响系数最大值；可按本规范第 3.3.5 条中多遇地震的规定采用；

G——非结构构件的重力，应包括运行时有关的人员、容器和管道中的介质及储物柜中物品的重力。

3.4.6 建筑机电工程设施或构件因支承点相对水平位移产生的内力，可按该构件在位移方向的刚度乘以规定的支承点相对弹性水平位移计算，并应符合下列规定：

1 建筑机电工程设施或构件在位移方向的刚度，应根据其端部的实际连接状态，分别采用刚性连接、铰接、弹性连接或滑动连接等简化的力学模型；

2 分段防震缝两侧的相对水平位移，宜根据使用要求确定；相邻楼层的相对弹性水平位移 Δu，应按下式计算：

$$\Delta u = [\theta_e]h \quad (3.4.6)$$

式中：$[\theta_e]$——弹性层间位移角限值，宜按表 3.4.6 采用；

h——计算楼层层高（m）。

表 3.4.6 弹性层间位移角限值

结构类型	$[\theta_e]$
钢筋混凝土框架	1/550
钢筋混凝土框架-抗震墙、板柱-抗震墙、框架-核心筒	1/800
钢筋混凝土抗震墙、筒中筒	1/1000
钢筋混凝土框支层	1/1000
多、高层钢结构	1/250

3.4.7 当采用楼面反应谱法时，建筑机电工程设施或构件的水平地震作用标准值宜按下式计算：

$$F = \gamma\eta\beta_s G \quad (3.4.7)$$

式中：β_s——建筑机电工程设施或构件的楼面反应谱值。

3.5 建筑机电工程设施和支吊架抗震要求

3.5.1 建筑机电工程设施的地震作用效应（包括自身重力产生的效应和支座相对位移产生的效应）和其他荷载效应的基本组合，应按下式计算：

$$S = \gamma_G S_{GE} + \gamma_{Eh} S_{Ehk} \quad (3.5.1)$$

式中：S——机电工程设施或构件内力组合的设计值，包括组合的弯矩、轴向力和剪力设计值；

γ_G——重力荷载分项系数，一般情况取 1.2；

γ_{Eh}——水平地震作用分项系数，取 1.3；

S_{GE}——重力荷载代表值的效应；

S_{Ehk}——水平地震作用标准值的效应。

3.5.2 建筑机电工程设施构件抗震验算时，摩擦力不得作为抵抗地震作用的抗力；承载力抗震调整系数，可采用 1.0，并应满足下式要求：

$$S \leqslant R \quad (3.5.2)$$

式中：R——构件承载力设计值。

3.5.3 建筑物内的高位水箱应与所在结构可靠连接，8 度及 8 度以上时，结构设计应考虑高位水箱对结构体系产生的附加地震作用效应。

3.5.4 在设防烈度地震作用下需要连续工作的建筑机电工程设施，其支吊架应能保证设施正常工作，重量较大的设备宜设置在结构地震反应较小的部位；相关部位的结构构件应采取相应的加强措施。

3.5.5 需要设防的建筑机电工程设施所承受的不同方向的地震作用应由不同方向的抗震支承来承担，水平方向的地震作用应由两个不同方向的抗震支承来承担。

4 给 水 排 水

4.1 室内给水排水

4.1.1 给水排水管道的选用应符合下列规定：

1 生活给水管、热水管的选用应符合下列规定：

1）8 度及 8 度以下地区的多层建筑应按现行国家标准《建筑给水排水设计规范》GB 50015 规定的材质选用；

2）高层建筑及 9 度地区建筑的干管、立管应采用铜管、不锈钢管、金属复合管等强度高且具有较好延性的管道，连接方式可采用管件连接或焊接；

2 高层建筑及 9 度地区建筑的入户管阀门之后应设软接头；

3 消防给水管、气体灭火输送管道的管材和连接方式应根据系统工作压力，按国家现行标准中有关消防的规定选用；

4 重力流排水的污、废水管的选用应符合下列规定：

1）8 度及 8 度以下地区的多层建筑应按现行国家标准《建筑给水排水设计规范》GB 50015 规定的管材选用；

2）高层建筑及 9 度地区建筑宜采用柔性接口的机制排水铸铁管。

4.1.2 管道的布置与敷设应符合下列规定：

1 8 度、9 度地区的高层建筑的给水、排水立管直线长度大于 50m 时，宜采取抗震动措施；直线长度大于 100m 时，应采取抗震动措施；

2 8 度、9 度地区的高层建筑的生活给水系统，不宜采用同一供水立管串联两组或多组减压阀分区供水的方式；

3 需要设防的室内给水、热水以及消防管道管径大于或等于 *DN*65 的水平管道，当其采用吊架、支架或托架固定时，应按本规范第 8 章的要求设置抗震支承。室内自动喷水灭火系统和气体灭火系统等消防系统还应按相关施工及验收规范的要求设置防晃支架；管段设置抗震支架与防晃支架重合处，可只设抗震支承；

4 管道不应穿过抗震缝。当给水管道必须穿越抗震缝时宜靠近建筑物的下部穿越，且应在抗震缝两边各装一个柔性管接头或在通过抗震缝处安装门形弯头或设置伸缩节；

5 管道穿过内墙或楼板时，应设置套管；套管与管道间的缝隙，应采用柔性防火材料封堵；

6 当8度、9度地区建筑物给水引入管和排水出户管穿越地下室外墙时，应设防水套管。穿越基础时，基础与管道间应留有一定空隙，并宜在管道穿越地下室外墙或基础处的室外部位设置波纹管伸缩节。

4.1.3 室内设备、构筑物、设施的选型、布置与固定应符合下列规定：

1 生活、消防用金属水箱、玻璃钢水箱宜采用应力分布均匀的圆形或方形水箱；

2 建筑物内的生活用低位贮水池（箱）、消防贮水池及相应的低区给水泵房、高区转输泵房，低区热交换间等宜布置在建筑结构地震反应较小的地下室或底层；

3 高层建筑的中间水箱（池）、高位水箱（池）应靠建筑物中心部位布置，水泵房、热交换间等宜靠近建筑物中心部位布置；

4 应保证设备、设施、构筑物有足够的检修空间；

5 运行时不产生振动的给水水箱、水加热器、太阳能集热设备、冷却塔、开水炉等设备、设施应与主体结构牢固连接，与其连接的管道应采用金属管道；8度、9度地区建筑物的生活、消防给水箱（池）的配水管、水泵吸水管应设软管接头；

6 8度、9度地区建筑物中的给水泵等设备应设防振基础，且应在基础四周设限位器固定，限位器应经计算确定。

4.2 建筑小区、单体建筑室外给水排水

4.2.1 建筑小区、单体建筑的室外给水排水的抗震设计除应满足本节的要求外，尚应符合现行国家标准《室外给水排水和燃气热力工程抗震设计规范》GB 50032的有关规定。

4.2.2 给水排水管材的选用应符合下列规定：

1 生活给水管宜采用球墨铸铁管、双面防腐钢管、塑料和金属复合管、PE管等具有延性的管道；当采用球墨铸铁管时，应采用柔性接口连接；

2 热水管宜采用不锈钢管、双面防腐钢管、塑料和金属复合管；

3 消防给水管宜采用球墨铸铁管、焊接钢管、热浸镀锌钢管；

4 排水管材宜采用PVC和PE双壁波纹管、钢筋混凝土管或其他类型的化学管材，排水管的接口应采用柔性接口；不得采用陶土管、石棉水泥管；8度的Ⅲ类、Ⅳ类场地或9度的地区，管材应采用承插式连接，其接口处填料应采用柔性材料；

5 7度、8度且地基土为可液化地段或9度的地区，室外埋地给水、排水管道均不得采用塑料管。管网上的闸门、检查井等附属构筑物不宜采用砖砌体结构和塑料制品。

4.2.3 管道的布置与敷设应符合下列规定：

1 生活给水、消防给水管道的布置与敷设应符合下列规定：

1）管道宜埋地敷设或管沟敷设；

2）管道应避免敷设在高坎、深坑、崩塌、滑坡地段；

3）采用市政供水管网供水的建筑、建筑小区宜采用两路供水，不能断水的重要建筑应采用两路供水，或设两条引入管；

4）干管应成环状布置，并应在环管上合理设置阀门井。

2 热水管道的布置与敷设应符合下列规定：

1）管道宜采用直埋敷设或管沟敷设，9度地区宜采用管沟敷设；

2）管道应避免敷设在高坎、深坑、崩塌、滑坡地段；

3）应结合防止热水管道的伸缩变形采取抗震防变形措施；

4）保温材料应具有良好的柔性。

3 排水管道的布置与敷设应符合下列规定：

1）大型建筑小区的排水管道宜采用分段布置，就近处理和分散排出，有条件时应适当增设连通管或设置事故排出口；

2）接入城市市政排水管网时宜设有一定防止水流倒灌的跌水高度；

3）排水管道应避免敷设在高坎、深坑、崩塌、滑坡地段。

4.2.4 水池的设置应符合下列规定：

1 生活、消防贮水水池宜采用地下式，平面形状宜为圆形或方形，并应采用钢筋混凝土结构；

2 水池的进、出水管道应分设，管材宜采用双面防腐钢管，进、出水管道上均应设置控制阀门；

3 穿越水池池体的配管宜预埋柔性套管，在水池壁（底）外应设置柔性接口。

4.2.5 水塔的设置应符合下列规定：

1 水塔宜用钢筋混凝土倒锥壳水塔的构造形式；

2 水塔的进、出水管，溢水及泄水均应采用双面防腐钢管，进、出水管道上均应设置控制阀门，托架或支架应牢固，弯头、三通、阀门等配件前后应设柔性接头，埋地管道宜采用柔性接口的给水铸铁管或PE管；

3 水塔距其他建筑物的距离不应小于水塔高度的1.5倍。

4.2.6 水泵房的设置应符合下列规定：

1 室外给水排水泵房宜毗邻水池设在地下室内；

2 泵房内的管道应有牢靠的侧向抗震支撑，沿墙敷设管道应设支架和托架。

中华人民共和国国家标准

建筑机电工程抗震设计规范

GB 50981—2014

条 文 说 明

16

目　次

16

1 总　　则

1.0.2 为了保证消防系统、应急通信系统、电力保障系统、燃气供应系统等重要机电工程的震害可控制在局部范围内，避免造成次生灾害。

1.0.4 本条文为强制性条文。根据现行国家标准《建筑抗震设计规范》GB 50011—2010 中的第 1.0.2 条“抗震设防烈度为 6 度及以上地区的建筑，必须进行抗震设计。”以及第 3.7.1 条“非结构构件，包括建筑非结构构件和建筑附属机电设备，自身及其与结构主体的连接，应进行抗震设计。”此两条内容均为强制性条文。为了使建筑机电工程与建筑相协调一致，故作为强制性要求执行。

建筑机电工程抗震设计内容应包括地震作用计算和建筑机电设备支架、连接件或锚固件的截面承载力抗震验算，同时也包括按本规范采取相应的抗震措施，但不包括设备自身的抗震设计。

1.0.5 根据现行国家标准《建筑抗震设防分类标准》GB 50223 整理，列出了常见的抗震设防类别为甲类和乙类的建筑，除此之外，基本上可以按抗震设防类别为丙类的建筑进行抗震设防。建筑应根据其使用功能的重要性分为甲类、乙类、丙类、丁类四个抗震设防类别。

甲类建筑应属于重大建筑工程和地震时可能发生严重次生灾害的建筑，乙类建筑应属于地震时使用功能不能中断或需尽快恢复的建筑，丙类建筑应属于除甲、乙、丁类建筑以外的建筑，丁类建筑应属于抗震次要建筑。甲类建筑在地震破坏后会产生巨大社会影响或造成巨大经济损失。严重次生灾害指地震破坏后可能引发水灾、火灾、爆炸、剧毒或强腐蚀性物质大量泄漏和其他严重次生灾害。乙类建筑属于地震破坏后会产生较大社会影响或造成相当大的经济损失，包括城市的重要生命线工程和人流密集的多层的大型公共建筑等。丁类建筑，其地震破坏不致影响甲、乙、丙类建筑，且社会影响和经济损失轻微。一般为储存物品价值低、人员活动少、无次生灾害的单层仓库等。

6 度甲类及 7 度～9 度的地区的建筑机电工程必须采取所有抗震措施并进行抗震验算，6 度地区甲类以下的建筑机电工程也应按相应章节采取抗震措施，但可不进行抗震验算。

2 术语和符号

2.1 术　　语

2.1.6 抗震支吊架是对机电设备及管线进行有效保护的重要抗震措施，其构成（如图 1）由锚固件、加固吊杆、抗震连接构件（如图 2）及抗震斜撑组成。

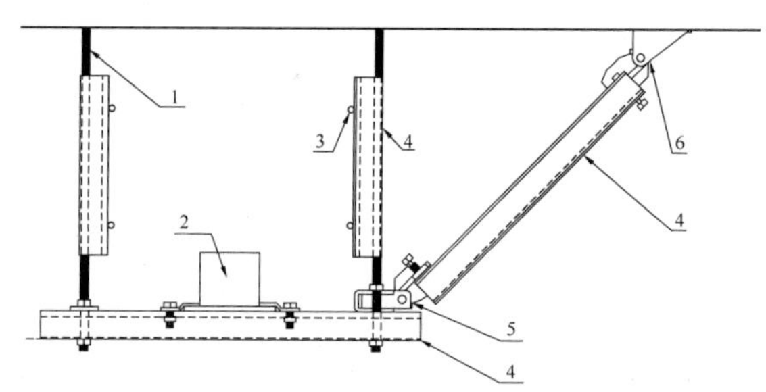

图 1　抗震支吊架示意图

1—长螺杆；2—设备或管道等；3—螺杆紧固件；4—C 形槽钢；5—快速抗震连接构件；6—抗震连接构件

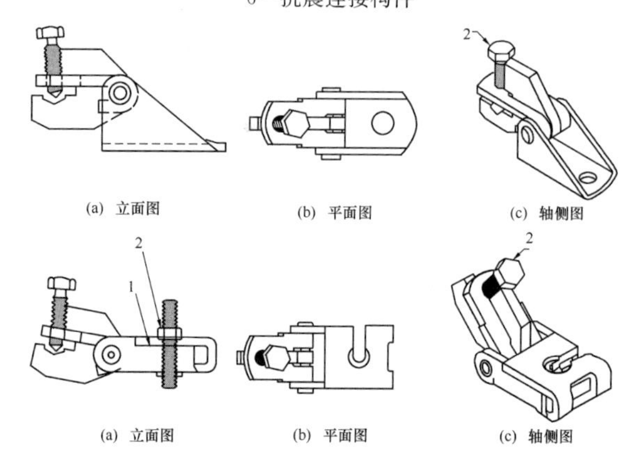

图 2　抗震连接构件示意图

1—缝隙；2—螺栓

2.1.7 侧向抗震支吊架（如图 3）用以抵御侧向水平地震力作用。

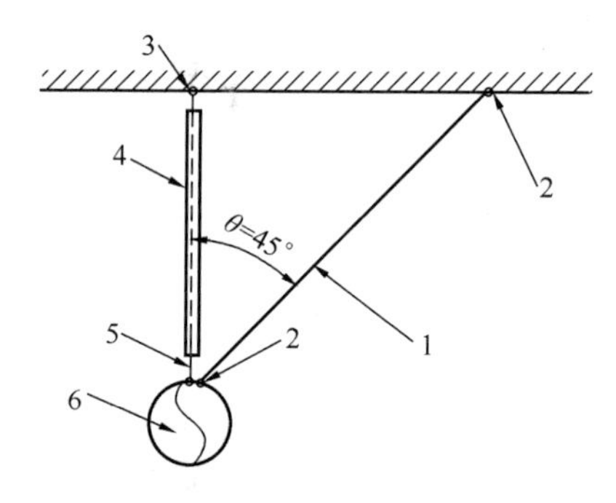

图 3　侧向抗震支吊架示意图

1—斜撑；2—抗震连接构件；3—锚固件；4—螺杆紧固件；5—承重吊杆；6—管道

2.1.8 纵向抗震支吊架（如图 4）用以抵御纵向水平地震力作用。

2.1.9 单管（杆）抗震支吊架（如图 5）是由一根承重吊架和抗震斜撑组成的抗震支吊架。

2.1.10 门型抗震支吊架（如图 6）由两根及以上承重吊架和横梁、抗震斜撑组成的抗震支吊架。

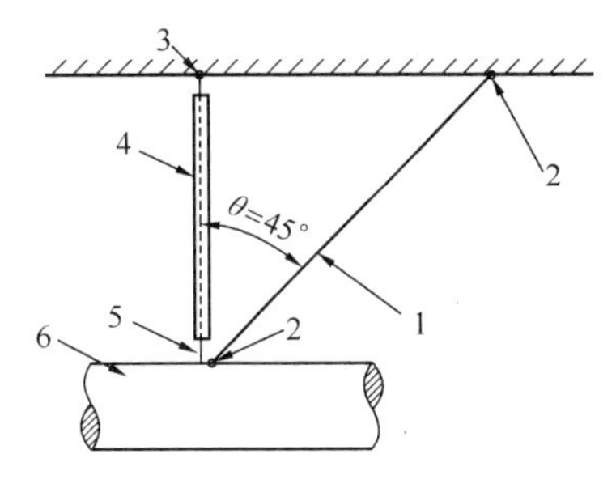

图4 纵向抗震支吊架示意图

1—斜撑；2—抗震连接构件；3—锚固件；4—螺杆紧固件；5—承重吊杆；6—管道

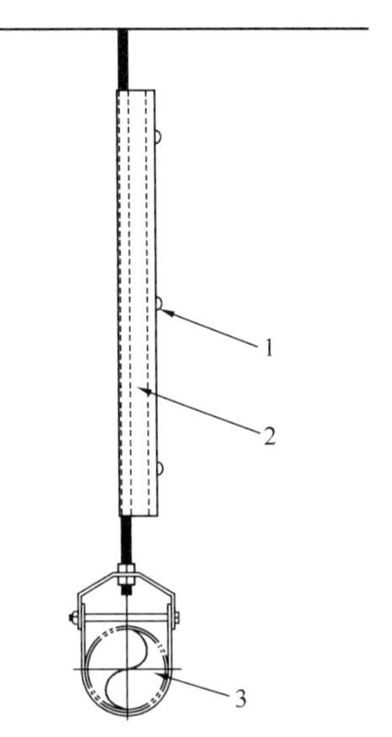

图5 单管（杆）抗震支吊架示意图

1—螺杆紧固件；2—专用槽钢；3—管道或设备

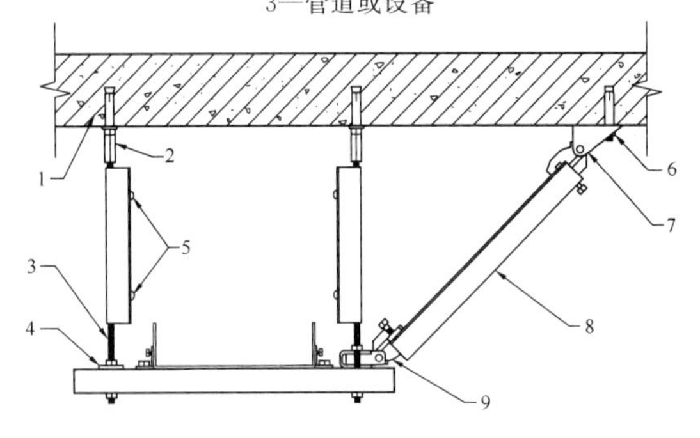

图6 门型侧向抗震支吊架示意图

1—结构体；2—长螺母；3—长螺杆；4—方垫片；5—槽钢紧固件；6—膨胀螺栓；7—抗震连接构件；8—槽钢；9—快速抗震连接构件

3 设计基本要求

3.1 一 般 规 定

3.1.2 本条对机电工程重要机房的设置要求作出了规定。所谓机电工程重要机房，如消防水泵房、生活水泵房、锅炉房、制冷机房、热交换站、配变电所、柴油发电机房、通信机房、消防控制室、安防监控室等。

3.1.6 本条对不需抗震设防的设备作出了规定，对于需进行抗震设防的大于1.8kN的设备应主要包含以下内容：

1 悬吊管道中重力大于1.8kN的设备；

2 *DN*65以上的生活给水、消防管道系统；

3 矩形截面面积大于等于0.38m² 和圆形直径大于等于0.7m的风管系统；

4 对于内径大于等于60mm的电气配管及重力大于等于150N/m的电缆梯架、电缆槽盒、母线槽。

3.1.7 抗震支吊架与钢筋混凝土结构和钢结构的根部构造如图7～图13所示：

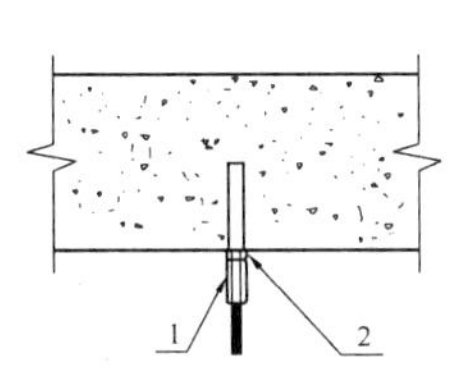

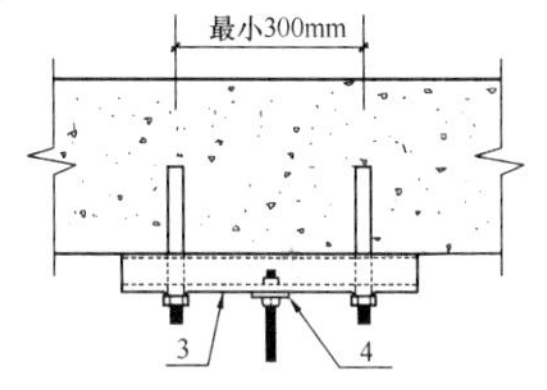

图7 吊杆根部构造示意图（钢筋混凝土结构）

1—螺杆连接件；2—锚栓；3—C形槽钢；4—方垫片

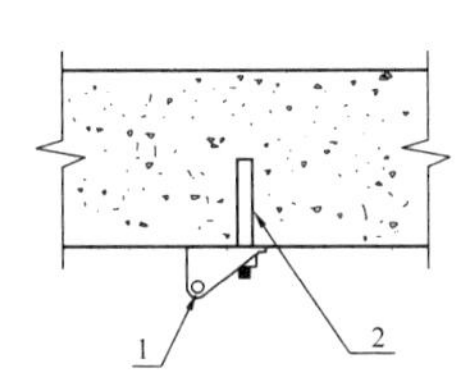

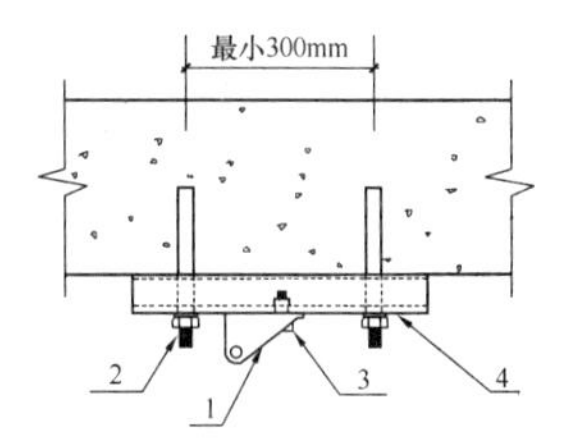

图8 抗震连接构件根部构造示意图（钢筋混凝土结构）

1—抗震连接件；2—锚栓；3—螺栓；4—C形槽钢

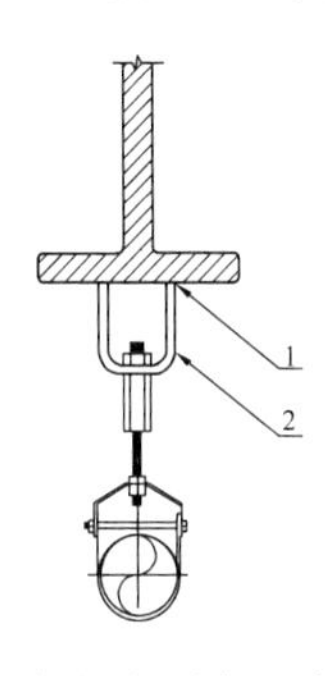

图9 作用于钢梁的吊杆根部构造示意图（钢结构）

1—满焊连接；2—U形连接构件

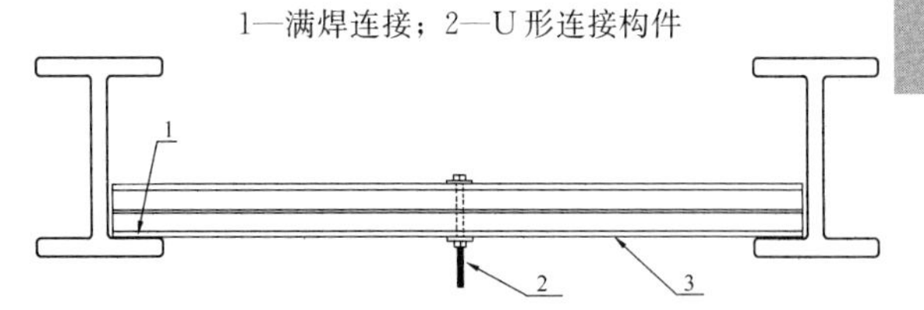

图10 作用C形槽钢的吊杆根部构造示意图(钢结构)

1—焊接连接；2—螺杆；3—加强型C形槽钢

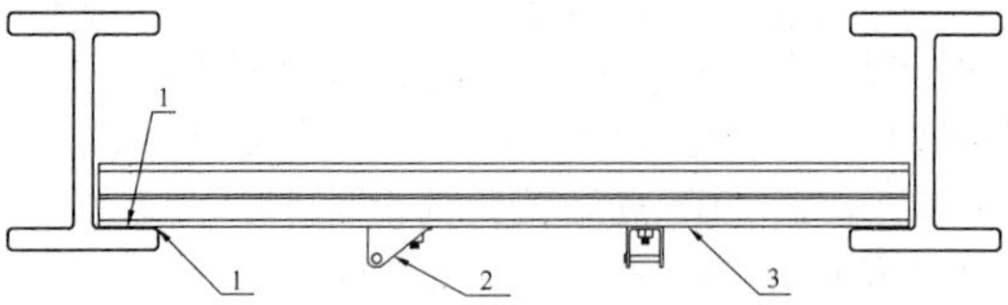

图 11　作用 C 形槽钢抗震连接构件根部构造示意图（钢结构）

1—焊接连接；2—抗震连接构件；3—加强型 C 形槽钢

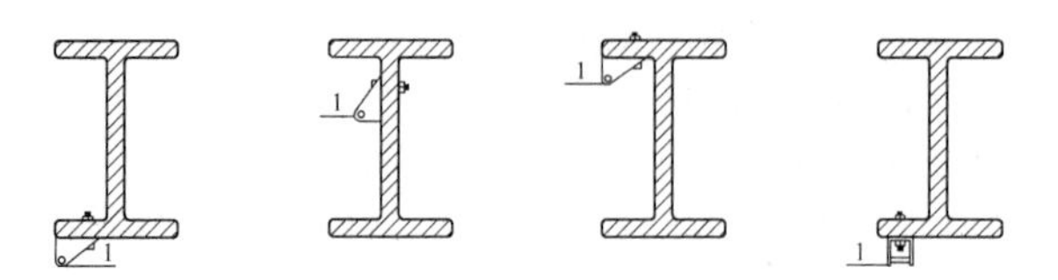

图 12　作用于钢梁的抗震连接构件根部锚固连接构造示意图（钢结构）

1—抗震连接构件

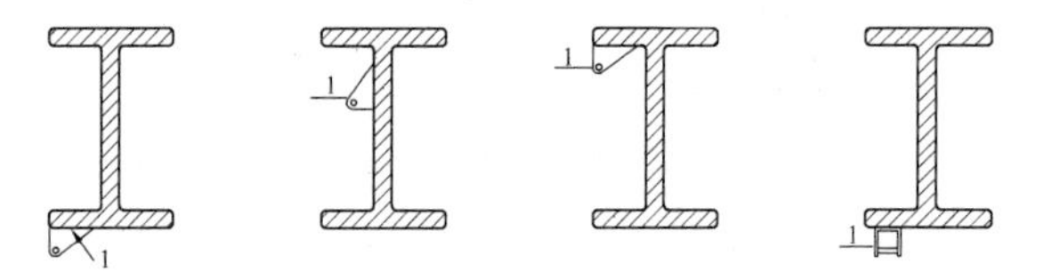

图 13　作用于钢梁的抗震连接构件根部焊接连接构造示意图（钢结构）

1—抗震连接构件

3.1.8　穿过隔震层的建筑机电工程管道，应采用柔性连接或其他方式（如燃气管道穿越隔震层时应在室外设置阀门和切断阀并应设置地震感应器），以适应隔震层在地震作用下的水平位移，并应在隔震层两侧设置抗震支架。

3.1.9　建筑机电工程设施底部采用膨胀螺栓或螺栓固定结构楼板上时，地脚螺栓的规格尺寸应根据其所承受的拉力和剪力计算确定，计算简图如图 14。

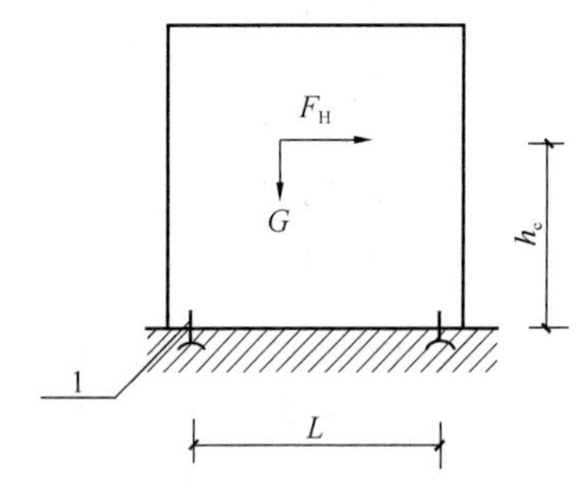

图 14　设备顶部无连接结构件支撑加固的地脚螺栓计算简图

1—地脚螺栓

1　地脚螺栓的拉力，应按下式计算：

$$N_t = \frac{\gamma_{Eh} \cdot F_H \cdot h_G - 0.5Gl}{n_t \cdot L} \leqslant N_t^b \tag{1}$$

式中：N_t——地脚螺栓的拉力（N）；

γ_{Eh}——地震作用分项系数，取 1.3；

F_H——水平地震作用标准值（N）；

h_G——设备重心高度（mm）；

G——非结构构件的重力（N）；

n_t——设备倾倒时，承受拉力一侧的锚固螺栓总数；

L——螺栓间距（mm）；

N_t^b——每个螺栓的受拉承载力设计值（N/mm²）。

2　地脚螺栓的剪力，应按下式计算：

$$N_v = \frac{F_H}{n} \tag{2}$$

式中：N_v——地脚螺栓的剪力（N）；

n——地脚螺栓的数量。

根据上式计算出的 N_v 和 N_t 值，还应满足下列公式的要求：

$$N_v \leqslant N_v^b \tag{3}$$

$$N_v \leqslant N_c^b \tag{4}$$

$$\sqrt{\left(\frac{N_v}{N_v^b}\right)^2 + \left(\frac{N_t}{N_t^b}\right)^2} \leqslant 1 \tag{5}$$

式中：N_v^b——每个螺栓的受剪承载力设计值(N/mm²)；

N_c^b——每个螺栓的承压承载力设计值(N/mm²)。

对于无法用螺栓与地面连接的建筑机电工程设施，应用 L 形抗震防滑角铁进行限位。防滑铁件板厚和螺栓直径的计算简图如图 15 所示。

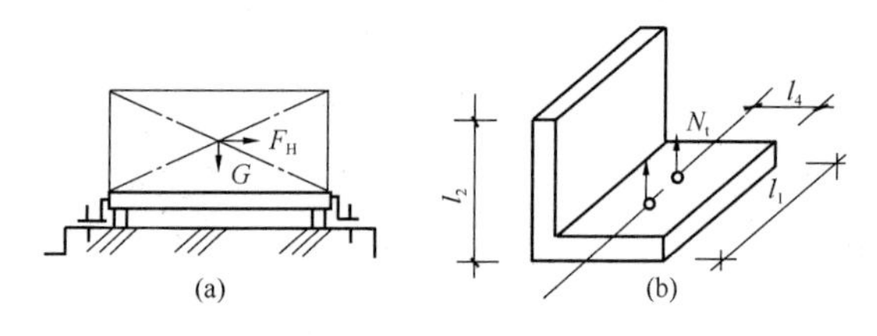

图 15　L 形抗震防滑铁件计算简图

1） 防滑铁件的板厚，应按下式计算：

$$t \geqslant \sqrt{\frac{6\gamma_{Eh} \cdot F_H \cdot l_2}{f \cdot (l_1 - md_0) N_s}} \tag{6}$$

式中：t——防滑铁件的板厚（mm）；

l_1——防滑铁件的长度（mm）；

l_2——防滑铁件受力点到底面的高度（mm），在设备底部以下的部位有线形（指轮廓线）的突出部分时，l_2 可从突出部分的底部算起；

d_0——螺栓孔直径（mm）；

N_s——设备一侧的防滑铁件的数量；

f ——钢材的抗弯强度设计值（N/mm^2）；

m ——每个防滑铁件上的锚固螺栓数量。

2）螺栓的剪力应按下式计算：

$$N_v = \gamma_{Eh} \cdot F_H / (m \cdot N_s) \tag{7}$$

3）螺栓的拉力应按下式计算：

$$N_t = \gamma_{Eh} \cdot F_H \cdot l_2 / (l_4 \cdot m \cdot N_s) \tag{8}$$

式中：l_4 ——防滑铁件螺栓孔中心至外边的距离。

根据上式计算出的 N_v 和 N_t 值，还应满足公式（3）～（5）的要求。

3.2 场 地 影 响

3.2.1、3.2.2 建筑的场地类别，应该根据土层等效剪切波速和场地覆盖层厚度划分为四类，具体由岩土工程勘察单位进行工程勘察后确定。

抗震构造措施不同于抗震措施，二者的区别见现行国家标准《建筑抗震设计规范》GB 50011—2010 第 2.1.10 条和第 2.1.11 条。本规范对Ⅰ类场地，仅降低抗震构造措施，不降低抗震措施中的其他要求。对Ⅲ类、Ⅳ类场地仅提高抗震构造措施，不提高抗震措施中的其他要求。

历次大地震的经验表明，同样或相近的建筑，建造于Ⅰ类场地时震害相对较轻，建造于Ⅲ类、Ⅳ类场地震害较重。Ⅱ类场地不用调整。

关于场地分类可参照现行国家标准《建筑抗震设计规范》GB 50011—2010 第 4.1.6 条的规定。

3.3 地 震 影 响

3.3.3 建筑设备支架（或连接件）的基本自震周期可按下式计算：

$$T = 2\pi\sqrt{\frac{G_{eq}}{g}K} \tag{9}$$

式中：T——体系（结构）自震周期；

G_{eq}——等效总重力荷载代表值（包括质点处的重力荷载代表值和折算的支架或连接件结构的自重）；

g——重力加速度；

K——支架（连接件）结构的侧移刚度，取施加于质点上的水平力与它产生的侧移之比。除考虑自身材料性质外，应根据其支承点的实际连接状态，分别采用刚接、铰接、弹性连接或滑动连接等简化的力学模型计算。

3.4 地震作用计算

3.4.1 建筑附属机电设备进行抗震验算时采用的功能系数可按表 1 和表 2 选用：

表 1 建筑非结构构件的功能系数

构件、部件名称	功能系数	
	乙类	丙类
非承重外墙：		
围护墙	1.4	1.0
玻璃幕墙等	1.4	1.4
连接：		
墙体连接件	1.4	1.0
饰面连接件	1.0	0.6
防火顶棚连接件	1.0	1.0
非防火顶棚连接件	1.0	0.6
附属构件：		
标志或广告牌等	1.0	1.0
高于 2.4m 储物柜支架：		
货架（柜）文件柜	1.0	0.6
文物柜	1.4	1.0

表 2 不同性能状况下建筑非结构构件功能系数选取建议

性能水准	功能描述	变形指标
高要求	外观可能损坏，不影响使用和防火能力，安全玻璃开裂；使用、应急系统可照常运行	可经受相连结构构件出现 1.4 倍的建筑构件、设备支架设计挠度。功能系数≥1.4
中等要求	可基本正常使用或很快恢复，耐火时间减少 1/4，强化玻璃破碎；使用系统检修后运行，应急系统可照常运行	可经受相连结构构件出现 1.0 倍的建筑构件、设备支架设计挠度。功能系数取 1.0
一般要求	耐火时间明显减少，玻璃掉落，出口受碎片阻碍；使用系统明显损坏，需要修理才能恢复功能，应急系统仍可基本运行	只能经受相连结构构件出现 0.6 倍的建筑构件、设备支架设计挠度。功能系数取 0.6

3.4.3 本条对于大于 1.8kN 的设备参照本规范第 3.1.6 条的规定执行。

3.4.4 计算建筑附属机电设备自振周期时，一般采用单质点模型。对于支承条件复杂的机电设备，其计算模型应符合相关设备标准的要求。条文中建筑机电设备的重力大于所在楼层重力的10%时一般是指高位水箱、出屋面的大型塔架等。

3.4.5 位置系数：凡采用时程分析法补充计算的建筑，应按时程分析法计算结果调整顶点的取值（取顶部与底部地震绝对加速度反应的比值）。

对特别不规则的建筑、甲类建筑和表3所列高度范围的高层建筑，结构的抗震设计应采用时程分析法进行多遇地震下的补充计算。

表3 采用时程分析法的房屋高度范围

烈度、场地类别	房屋高度范围（m）
8度Ⅰ类、Ⅱ类场地和7度	>100
8度Ⅲ类、Ⅳ类场地	>80
9度	>60

3.4.7 楼面反应谱计算的基本方法是随机振动法和时程分析法，当非结构构件的材料与主体结构体系相同时，可直接利用一般的时程分析软件得到；当非结构构件的重力很大，或其材料阻尼特性与主体结构明显不同，或在不同楼层上有支点，需采用能考虑这些因素的技术软件进行计算。通常将建筑机电工程设施或构件简化为支承于结构的单质点体系，对支座间有相对位移的建筑机电工程设施或构件则采用多支点体系，按相应方法计算。

建筑机电工程设施或构件的楼面反应谱值，取决于设防烈度、场地条件、建筑机电工程设施或构件与结构体系之间的周期比、质量比和阻尼，以及建筑机电工程设施或构件在结构的支承位置、数量和连接性质。

3.5 建筑机电工程设施和支吊架抗震要求

建筑机电工程设施与结构体系的连接构件和部件，在地震时造成破坏的原因主要是：①电梯配重脱离导轨；②支架间相对位移导致管道接头损坏；③后浇基础与主体结构连接不牢或固定螺栓强度不足造成设备移位或从支架上脱落；④悬挂构件强度不足导致电气灯具坠落；⑤不必要的隔振装置，加大了设备的振动或发生共振，反而降低了抗震性能等。

3.5.4 在设防烈度地震下需要连续工作的建筑机电工程设施包括应急配电系统、消防报警及控制系统、防排烟系统、消防灭火系统、通信系统等。

3.5.5 侧向支撑保护管线不会产生侧向位移，纵向支撑则保护管线不会产生纵向位移。

4 给水排水

4.1 室内给水排水

4.1.1 本条对多层、高层建筑及不同设防烈度的建筑的室内给水、排水用管材及其连接方式的选择分别作出了规定。除高层建筑及设防烈度为9度的建筑的给水、热水、污废水排水干管、立管的管材有特殊要求外，其他建筑的所有给水、排水用管材均按现行国家标准《建筑给水排水设计标准》GB 50015的要求选用。

高层建筑及9度地区建筑采用的排水管是适用于建筑排水柔性抗震接口铸铁管及管件，其产品标准为国家现行标准《建筑排水柔性接口承插式铸铁管及管件》CJ/T 178—2013。

4.1.2 本条的第1款、第4款、第5款、第6款规定了给水、排水立管，穿越抗震缝、内墙、楼板、地下室外墙、基础的管段应采取相应的抗震措施，这些措施中的大部分内容在常规设计中也需采用。

第1款中抗震动措施可采用设波纹管伸缩节等方式。

第2款规定8度、9度的高层建筑给水系统不宜采用减压阀串联分区供水的方式，以免供水总立管故障时同时影响几个分区的供水。

第3款明确了给水、热水和消防管道设置抗震支承的条件及设置要求。对于要求设置防晃支架的高压消防管道，由于抗震支承与防晃支架功能类似，为了避免重复设置又保证使用安全，本款规定了在重复处可只设抗震支承。

第6款规定管道穿地下室外墙或基础处的室外部位宜设置波纹管伸缩节，是为防止地震时管道断裂。但埋地的波纹管伸缩节应加设套管保护或采用直埋地专用产品。

4.1.3 本条对室内给水排水设备、构筑物、设施的选型及抗震固定作了下列规定：

第1款规定金属、玻璃钢制品的生活、消防给水箱宜用圆形或方形水箱，这两种水箱应力分布较均匀，整体性好，即抗震性能较好。

第2款规定低位生活贮水池（箱）、消防水池、低区水泵房等设施、构筑物及设备间等宜布置在地下室或底层。即有地下室时宜布置在地下室，无地下室时宜布置在底层，这样，地震时，对其造成的破坏相对轻，次生灾害小，且易于修复。

第3款规定了高层建筑的中间水箱（池）、高位水箱（池）及机房应（或宜）靠建筑物中心布置。目的是地震时减少水箱等偏离中心造成的偏心力矩，减少水箱等的位移，以及减少因此造成的次生灾害。

第4款规定设备、设施、构筑物周围应有足够的检修空间，尤其是与其连接的进、出水管等部位应有一定的空间，以保证地震时连接管件等破坏能及时修复。

第5款规定给水水箱、水加热器等运行时不产生振动的设备、设施的基础底座或本体应与结构底板、楼板牢固固定，以防地震时倾斜、倾倒，做法参见图 16、图 17。

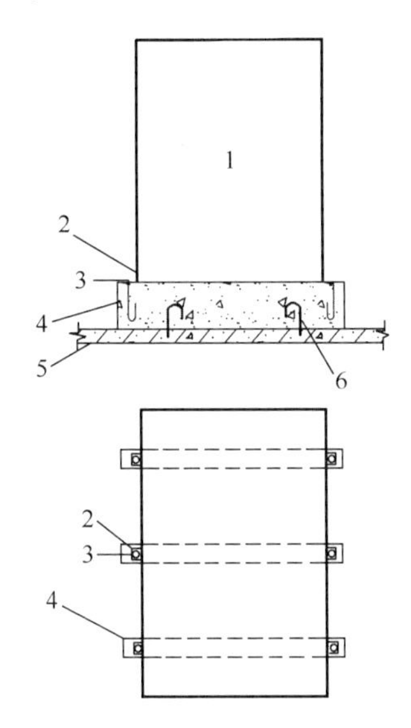

图 16　给水水箱、水箱基础与楼板或底板连接示意

1—给水水箱；2—固定角钢；3—地脚螺栓；4—基础；5—底板或楼板；6—连接钢筋

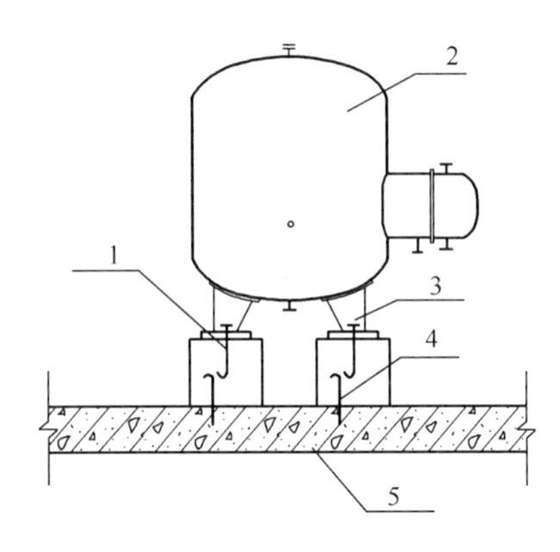

图 17　水加热器、基础与楼板或地板连接示意

1—地脚螺栓；2—水加热器；3—设备基础；4—连接钢筋；5—底板或楼板

第 6 款规定了设防烈度为 8 度、9 度时，水泵等运行中有振动的设备应设防振基础及限位器固定，如图 18 所示。

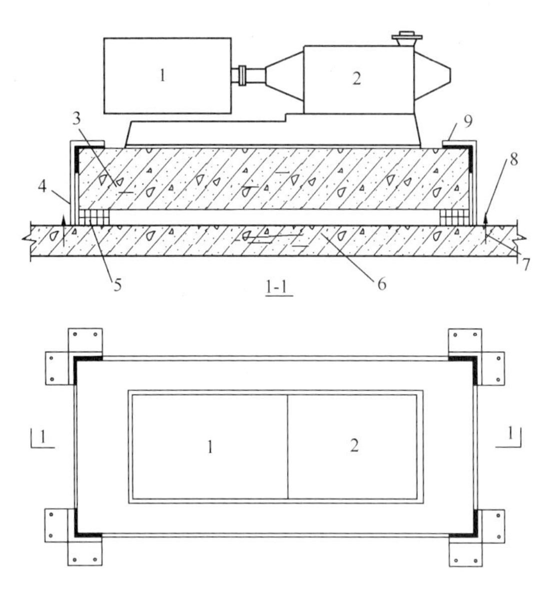

图 18　水泵限位器布置

1—电机；2—水泵；3—钢筋混凝土基座；4—限位器；5—橡胶隔振垫；6—楼（地）板；7—固定螺栓；8—底钢板（焊于角钢上）；9—顶钢板（焊于角钢上）

4.2　建筑小区、单体建筑室外给水排水

4.2.1　现行国家标准《室外给水排水和燃气热力工程抗震设计规范》GB 50032 中对室外给排水管道构筑物等的抗震设计有详细规定，建筑小区及单体建筑的室外给排水管道的管道系统、敷设方式及室外水池、水塔、水泵房等设置与市政室外给水排水系统基本一致，因此，除本节另有规定的条款外，其他抗震设计内容均可按该规范执行。

4.2.2　本条对室外给水排水管材作出了规定。其中第 1 款～第 3 款分别规定给水、热水、消防给水管管材，选材的原则一是选择强度高、防腐并具有一定延性的金属管或塑料与金属复合管，二是当给水管选用球墨铸铁管时，因其延性较差，应该采用橡胶圈密封之类的柔性接口连接。

第 4 款规定了排水管用管材及应采用柔性接口的连接方式，禁止采用陶土管、石棉水泥管等刚度差、延性差的管材。

第 5 款规定了 7 度、8 度且地基土为可液化地段的室外埋地给水、排水管道不得采用塑料管，因这种地段地震时饱和水可能液化，温度很高，塑料管易熔化或破坏。9 度的地区，因其地震时破坏力大也作同类规定。

4.2.3　本条对管道的布置与敷设作出了具体规定：

第 1 款规定室外生活给水、消防给水管宜采用埋地敷设或管沟敷设，并应避开高坎、深坑和崩塌滑坡地段，这样可以减少地震力引起的管道破坏。本款还对建筑小区、建筑室外给水干管的环状布置及引入管的根数等提出了具体要求，以尽量保证地震时的生活与消防供水。

第 2 款规定室外热水管的敷设与布置除有部分同室外给水管外，还规定了当设防烈度为 9 度时，宜采取管沟敷设，结合管道防伸缩采取抗震防变形措施（如设伸缩节）、保温材料应具有柔性等，这些特殊要求都是依据热水管自身的特点而提出的。

第3款规定大型建筑小区，即建筑面积大、占地面大的建筑小区的排出管宜采用两条或多条，并在有条件时，（如具有两条排出管相距不远，且管底标高相近等条件）应增设连通管。对于雨水排水管，如出口处有小河或水体时亦应设置事故排出口。

4.2.4～4.2.6 对建筑小区室外设置的水池、水塔、水泵房等主要构筑物的形式、布置及配管作出了规定。

规定了水池、水塔应采用钢筋混凝土结构和相应的几何形状，水池、水塔的进、出水不应共管，所有连接管不应采用塑料管材，配管与水池、水塔之连接均应采用柔性连接管件。还规定了水塔距其他建筑物的最小距离，以防其倒塌时破坏附近建筑物及人身安全。

对室外水泵房作了毗邻水池、缩短连接管道的规定，并要求泵房内的管道应有牢靠的横向支撑，沿墙敷设管道应作支架和托架，避免晃动。

中华人民共和国国家标准

公共建筑节能设计标准

Design standard for energy efficiency of public buildings

GB 50189—2015

主编部门：中华人民共和国住房和城乡建设部
批准部门：中华人民共和国住房和城乡建设部
施行日期：2 0 1 5 年 1 0 月 1 日

17

目　次

1 总 则

1.0.1 为贯彻国家有关法律法规和方针政策，改善公共建筑的室内环境，提高能源利用效率，促进可再生能源的建筑应用，降低建筑能耗，制定本标准。

1.0.2 本标准适用于新建、扩建和改建的公共建筑节能设计。

1.0.3 公共建筑节能设计应根据当地的气候条件，在保证室内环境参数条件下，改善围护结构保温隔热性能，提高建筑设备及系统的能源利用效率，利用可再生能源，降低建筑暖通空调、给水排水及电气系统的能耗。

1.0.4 当建筑高度超过150m或单栋建筑地上建筑面积大于200000m^2时，除应符合本标准的各项规定外，还应组织专家对其节能设计进行专项论证。

1.0.5 施工图设计文件中应说明该工程项目采取的节能措施，并宜说明其使用要求。

1.0.6 公共建筑节能设计除应符合本标准的规定外，尚应符合国家现行有关标准的规定。

2 术 语

2.0.1 透光幕墙 transparent curtain wall

可见光可直接透射入室内的幕墙。

2.0.2 建筑体形系数 shape factor

建筑物与室外空气直接接触的外表面积与其所包围的体积的比值，外表面积不包括地面和不供暖楼梯间内墙的面积。

2.0.3 单一立面窗墙面积比 single facade window to wall ratio

建筑某一个立面的窗户洞口面积与该立面的总面积之比，简称窗墙面积比。

2.0.4 太阳得热系数（*SHGC*） solar heat gain coefficient

通过透光围护结构（门窗或透光幕墙）的太阳辐射室内得热量与投射到透光围护结构（门窗或透光幕墙）外表面上的太阳辐射量的比值。太阳辐射室内得热量包括太阳辐射通过辐射透射的得热量和太阳辐射被构件吸收再传入室内的得热量两部分。

2.0.5 可见光透射比 visible transmittance

透过透光材料的可见光光通量与投射在其表面上的可见光光通量之比。

2.0.6 围护结构热工性能权衡判断 building envelope thermal performance trade-off

当建筑设计不能完全满足围护结构热工设计规定指标要求时，计算并比较参照建筑和设计建筑的全年供暖和空气调节能耗，判定围护结构的总体热工性能是否符合节能设计要求的方法，简称权衡判断。

2.0.7 参照建筑 reference building

进行围护结构热工性能权衡判断时，作为计算满足标准要求的全年供暖和空气调节能耗用的基准建筑。

2.0.8 综合部分负荷性能系数（*IPLV*） integrated part load value

基于机组部分负荷时的性能系数值，按机组在各种负荷条件下的累积负荷百分比进行加权计算获得的表示空气调节用冷水机组部分负荷效率的单一数值。

2.0.9 集中供暖系统耗电输热比（*EHR-h*） electricity consumption to transferred heat quantity ratio

设计工况下，集中供暖系统循环水泵总功耗（kW）与设计热负荷（kW）的比值。

2.0.10 空调冷（热）水系统耗电输冷（热）比［*EC(H)R-a*］ electricity consumption to transferred cooling (heat) quantity ratio

设计工况下，空调冷（热）水系统循环水泵总功耗（kW）与设计冷（热）负荷（kW）的比值。

2.0.11 电冷源综合制冷性能系数（*SCOP*） system coefficient of refrigeration performance

设计工况下，电驱动的制冷系统的制冷量与制冷机、冷却水泵及冷却塔净输入能量之比。

2.0.12 风道系统单位风量耗功率（W_s） energy consumption per unit air volume of air duct system

设计工况下，空调、通风的风道系统输送单位风量（m^3/h）所消耗的电功率（W）。

5 给 水 排 水

5.1 一 般 规 定

5.1.1 给水排水系统的节水设计应符合现行国家标准《建筑给水排水设计规范》GB 50015和《民用建筑节水设计标准》GB 50555有关规定。

5.1.2 计量水表应根据建筑类型、用水部门和管理要求等因素进行设置，并应符合现行国家标准《民用建筑节水设计标准》GB 50555的有关规定。

5.1.3 有计量要求的水加热、换热站室，应安装热水表、热量表、蒸汽流量计或能源计量表。

5.1.4 给水泵应根据给水管网水力计算结果选型，并应保证设计工况下水泵效率处在高效区。给水泵的效率不宜低于现行国家标准《清水离心泵能效限定值及节能评价值》GB 19762规定的泵节能评价值。

5.1.5 卫生间的卫生器具和配件应符合现行行业标准《节水型生活用水器具》CJ/T 164的有关规定。

5.2 给水与排水系统设计

5.2.1 给水系统应充分利用城镇给水管网或小区给水管网的水压直接供水。经批准可采用叠压供水系统。

5.2.2 二次加压泵站的数量、规模、位置和泵组供水水压应根据城镇给水条件、小区规模、建筑高度、建筑的分布、使用标准、安全供水和降低能耗等因素合理确定。

5.2.3 给水系统的供水方式及竖向分区应根据建筑的用途、层数、使用要求、材料设备性能、维护管理和能耗等因素综合确定。分区压力要求应符合现行国家标准《建筑给水排水设计规范》GB 50015和《民用建筑节水设计标准》GB 50555的有关规定。

5.2.4 变频调速泵组应根据用水量和用水均匀性等因素合理选择搭配水泵及调节设施，宜按供水需求自动控制水泵启动的台数，保证在高效区运行。

5.2.5 地面以上的生活污、废水排水宜采用重力流系统直接排至室外管网。

5.3 生活热水

5.3.1 集中热水供应系统的热源，宜利用余热、废热、可再生能源或空气源热泵作为热水供应热源。当最高日生活热水量大于5m³时，除电力需求侧管理鼓励用电，且利用谷电加热的情况外，不应采用直接电加热热源作为集中热水供应系统的热源。

5.3.2 以燃气或燃油作为热源时，宜采用燃气或燃油机组直接制备热水。当采用锅炉制备生活热水或开水时，锅炉额定工况下热效率不应低于本标准表4.2.5中的限定值。

5.3.3 当采用空气源热泵热水机组制备生活热水时，制热量大于10kW的热泵热水机在名义制热工况和规定条件下，性能系数（*COP*）不宜低于表5.3.3的规定，并应有保证水质的有效措施。

表5.3.3 热泵热水机性能系数（*COP*）（W/W）

制热量 H (kW)	热水机型式		普通型	低温型
$H \geqslant 10$	一次加热式		4.40	3.70
	循环加热	不提供水泵	4.40	3.70
		提供水泵	4.30	3.60

5.3.4 小区内设有集中热水供应系统的热水循环管网服务半径不宜大于300m且不应大于500m。水加热、热交换站室宜设置在小区的中心位置。

5.3.5 仅设有洗手盆的建筑不宜设计集中生活热水供应系统。设有集中热水供应系统的建筑中，日热水用量设计值大于等于5m³或定时供应热水的用户宜设置单独的热水循环系统。

5.3.6 集中热水供应系统的供水分区宜与用水点处的冷水分区同区，并应采取保证用水点处冷、热水供水压力平衡和保证循环管网有效循环的措施。

5.3.7 集中热水供应系统的管网及设备应采取保温措施，保温层厚度应按现行国家标准《设备及管道绝热设计导则》GB/T 8175中经济厚度计算方法确定，也可按本标准附录D的规定选用。

5.3.8 集中热水供应系统的监测和控制宜符合下列规定：

1 对系统热水耗量和系统总供热量宜进行监测；

2 对设备运行状态宜进行检测及故障报警；

3 对每日用水量、供水温度宜进行监测；

4 装机数量大于等于3台的工程，宜采用机组群控方式。

7 可再生能源应用

7.1 一般规定

7.1.1 公共建筑的用能应通过对当地环境资源条件和技术经济的分析，结合国家相关政策，优先应用可再生能源。

7.1.2 公共建筑可再生能源利用设施应与主体工程同步设计。

7.1.3 当环境条件允许且经济技术合理时，宜采用太阳能、风能等可再生能源直接并网供电。

7.1.4 当公共电网无法提供照明电源时，应采用太阳能、风能等发电并配置蓄电池的方式作为照明电源。

7.1.5 可再生能源应用系统宜设置监测系统节能效益的计量装置。

7.2 太阳能利用

7.2.1 太阳能利用应遵循被动优先的原则。公共建筑设计宜充分利用太阳能。

7.2.2 公共建筑宜采用光热或光伏与建筑一体化系统；光热或光伏与建筑一体化系统不应影响建筑外围护结构的建筑功能，并应符合国家现行标准的有关规定。

7.2.3 公共建筑利用太阳能同时供热供电时，宜采用太阳能光伏光热一体化系统。

7.2.4 公共建筑设置太阳能热利用系统时，太阳能保证率应符合表7.2.4的规定。

表7.2.4 太阳能保证率 *f*（%）

太阳能资源区划	太阳能热水系统	太阳能供暖系统	太阳能空气调节系统
Ⅰ资源丰富区	≥60	≥50	≥45
Ⅱ资源较富区	≥50	≥35	≥30
Ⅲ资源一般区	≥40	≥30	≥25
Ⅳ资源贫乏区	≥30	≥25	≥20

7.2.5 太阳能热利用系统的辅助热源应根据建筑使

用特点、用热量、能源供应、维护管理及卫生防菌等因素选择，并宜利用废热、余热等低品位能源和生物质、地热等其他可再生能源。

7.2.6 太阳能集热器和光伏组件的设置应避免受自身或建筑本体的遮挡。在冬至日采光面上的日照时数，太阳能集热器不应少于4h，光伏组件不宜少于3h。

7.3 地源热泵系统

7.3.1 公共建筑地源热泵系统设计时，应进行全年动态负荷与系统取热量、释热量计算分析，确定地热能交换系统，并宜采用复合热交换系统。

7.3.2 地源热泵系统设计应选用高能效水源热泵机组，并宜采取降低循环水泵输送能耗等节能措施，提高地源热泵系统的能效。

7.3.3 水源热泵机组性能应满足地热能交换系统运行参数的要求，末端供暖供冷设备选择应与水源热泵机组运行参数相匹配。

7.3.4 有稳定热水需求的公共建筑，宜根据负荷特点，采用部分或全部热回收型水源热泵机组。全年供热水时，应选用全部热回收型水源热泵机组或水源热水机组。

中华人民共和国国家标准

公共建筑节能设计标准

GB 50189—2015

条 文 说 明

17

目　　次

1 总　　则

1.0.1 我国建筑用能约占全国能源消费总量的27.5%，并将随着人民生活水平的提高逐步增加到30%以上。公共建筑用能数量巨大，浪费严重。制定并实施公共建筑节能设计标准，有利于改善公共建筑的室内环境，提高建筑用能系统的能源利用效率，合理利用可再生能源，降低公共建筑的能耗水平，为实现国家节约能源和保护环境的战略，贯彻有关政策和法规作出贡献。

1.0.2 建筑分为民用建筑和工业建筑。民用建筑又分为居住建筑和公共建筑。公共建筑则包括办公建筑（如写字楼、政府办公楼等），商业建筑（如商场、超市、金融建筑等），酒店建筑（如宾馆、饭店、娱乐场所等），科教文卫建筑（如文化、教育、科研、医疗、卫生、体育建筑等），通信建筑（如邮电、通讯、广播用房等）以及交通运输建筑（如机场、车站等）。目前中国每年建筑竣工面积约为25亿m^2，其中公共建筑约有5亿m^2。在公共建筑中，办公建筑、商场建筑，酒店建筑、医疗卫生建筑、教育建筑等几类建筑存在许多共性，而且其能耗较高，节能潜力大。

在公共建筑的全年能耗中，供暖空调系统的能耗约占40%～50%，照明能耗约占30%～40%，其他用能设备约占10%～20%。而在供暖空调能耗中，外围护结构传热所导致的能耗约占20%～50%（夏热冬暖地区大约20%，夏热冬冷地区大约35%，寒冷地区大约40%，严寒地区大约50%）。从目前情况分析，这些建筑在围护结构、供暖空调系统、照明、给水排水以及电气等方面，有较大的节能潜力。

对全国新建、扩建和改建的公共建筑，本标准从建筑与建筑热工、供暖通风与空气调节、给水排水、电气和可再生能源应用等方面提出了节能设计要求。其中，扩建是指保留原有建筑，在其基础上增加另外的功能、形式、规模，使得新建部分成为与原有建筑相关的新建建筑；改建是指对原有建筑的功能或者形式进行改变，而建筑的规模和建筑的占地面积均不改变的新建建筑。不包括既有建筑节能改造。新建、扩建和改建的公共建筑的装修工程设计也应执行本标准。不设置供暖供冷设施的建筑的围护结构热工参数可不强制执行本标准，如：不设置供暖空调设施的自行车库和汽车库、城镇农贸市场、材料市场等。

宗教建筑、独立公共卫生间和使用年限在5年以下的临时建筑的围护结构热工参数可不强制执行本标准。

1.0.3 公共建筑的节能设计，必须结合当地的气候条件，在保证室内环境质量，满足人们对室内舒适度要求的前提下，提高围护结构保温隔热能力，提高供暖、通风、空调和照明等系统的能源利用效率；在保证经济合理、技术可行的同时实现国家的可持续发展和能源发展战略，完成公共建筑承担的节能任务。

本次标准的修订参考了发达国家建筑节能标准编制的经验，根据我国实际情况，通过技术经济综合分析，确定我国不同气候区典型城市不同类型公共建筑的最优建筑节能设计方案，进而确定在我国现有条件下公共建筑技术经济合理的节能目标，并将节能目标逐项分解到建筑围护结构、供暖空调、照明等系统，最终确定本次标准修订的相关节能指标要求。

本次修订建立了代表我国公共建筑使用特点和分布特征的典型公共建筑模型数据库。数据库中典型建筑模型通过向国内主要设计院、科研院所等单位征集分析确定，由大型办公建筑、小型办公建筑、大型酒店建筑、小型酒店建筑、大型商场建筑、医院建筑及学校建筑等七类模型组成，各类建筑的分布特征是在国家统计局提供数据的基础上研究确定。

以满足国家标准《公共建筑节能设计标准》GB 50189－2005要求的典型公共建筑模型作为能耗分析的"基准建筑模型"，"基准建筑模型"的围护结构、供暖空调系统、照明设备的参数均按国家标准《公共建筑节能设计标准》GB 50189－2005规定值选取。通过建立建筑能耗分析模型及节能技术经济分析模型，采用年收益投资比组合优化筛选法对基准建筑模型进行优化设计。根据各项节能措施的技术可行性，以单一节能措施的年收益投资比（简称*SIR*值）为分析指标，确定不同节能措施选用的优先级，将不同节能措施组合成多种节能方案；以节能方案的全寿命周期净现值（*NPV*）大于零为指标对节能方案进行筛选分析，进而确定各类公共建筑模型在既定条件下的最优投资与收益关系曲线，在此基础上，确定最优节能方案。根据最优节能方案中的各项节能措施的*SIR*值，确定本标准对围护结构、供暖空调系统以及照明系统各相关指标的要求。年收益投资比*SIR*值为使用某项建筑节能措施后产生的年节能量（单位：kgce/a）与采用该项节能措施所增加的初投资（单位：元）的比值，即单位投资所获得的年节能量（单位：kgce/（年·元））。

基于典型公共建筑模型数据库进行计算和分析，本标准修订后，与2005版相比，由于围护结构热工性能的改善，供暖空调设备和照明设备能效的提高，全年供暖、通风、空气调节和照明的总能耗减少约20%～23%。其中从北方至南方，围护结构分担节能率约6%～4%；供暖空调系统分担节能率约7%～10%；照明设备分担节能率约7%～9%。该节能率仅体现了围护结构热工性能、供暖空调设备及照明设备能效的提升，不包含热回收、全新风供冷、冷却塔供冷、可再生能源等节能措施所产生的节能效益。由于给水排水、电气和可再生能源应用的相关内容为本次修订新增内容，没有比较基准，无法计算此部分所产生的节能率，所以未包括在内。该节能率是考虑不同气候区、不同建筑类型加权后的计算值，反映的是本标准修订并执行后全国公共建筑的整体节能水平，并不代表某单体建筑的节能率。

1.0.4 随着建筑技术的发展和建设规模的不断扩大，超高超大的公共建筑在我国各地日益增多。1990年，国内高度超过200m的建筑物仅有5栋。截至2013年，国内超高层建筑约有2600栋，数量远远超过了世界上其他任何一个国家，其中，在全球建筑高度排名前20的超高层建筑中，国内就占有10栋。特大型建筑中，城市综合体发展较快，截至2011年，我国重点城市的城市综合体存量已突破8000万m^2，其中北京就达到1684万m^2。超高超大类建筑多以商业用途为主，在建筑形式上追求特异，不同于常规建筑类型，且是耗能大户，如何加强对此类建筑能耗的控制，提高能源系统应用方案的合理性，选取最优方案，对建筑节能工作尤其重要。

因而要求除满足本标准的要求外，超高超大建筑的节能设计还应通过国家建设行政主管部门组织的专家论证，复核其建筑节能设计特别是能源系统设计方案的合理性，设计单位应依据论证会的意见完成本项目的节能设计。

此类建筑的节能设计论证，除满足本规范要求外，还需对以下内容进行论证，并提交分析计算书等支撑材料：

1 外窗有效通风面积及有组织的自然通风设计；

2 自然通风的节能潜力计算；

3 暖通空调负荷计算；

4 暖通空调系统的冷热源选型与配置方案优化；

5 暖通空调系统的节能措施，如新风量调节、热回收装置设置、水泵与风机变频、计量等；

6 可再生能源利用计算；

7 建筑物全年能耗计算。

此外，这类建筑通常存在着多种使用功能，如商业、办公、酒店、居住、餐饮等，建筑的业态比例、作息时间等参数会对空调能耗产生较大影响，因而此类建筑的节能设计论证材料中应提供建筑的业态比例、作息时间等基本参数信息。

1.0.5 设计达到节能要求并不能保证建筑做到真正的节能。实际的节能效益，必须依靠合理运行才能实现。

就目前我国的实际情况而言，在使用和运行管理上，不同地区、不同建筑存在较大的差异，相当多的建筑实际运行管理水平不高、实际运行能耗远远大于设计时对运行能耗的评估值，这一现象是严重阻碍了我国建筑节能工作的正常进行。设计文件应为工程运行管理方提供一个合理的、符合设计思想的节能措施使用要求。这既是各专业的设计师在建筑节能方面应尽的义务，也是保证工程按照设计思想来取得最优节能效果的必要措施之一。

节能措施及其使用要求包括以下内容：

1 建筑设备及被动节能措施（如遮阳、自然通风等）的使用方法，建筑围护结构采取的节能措施及做法；

2 机电系统（暖通空调、给排水、电气系统等）的使用方法和采取的节能措施及其运行管理方式，如：

（1）暖通空调系统冷源配置及其运行策略；

（2）季节性（包括气候季节以及商业方面的“旺季”与“淡季”）使用要求与管理措施；

（3）新（回）风风量调节方法，热回收装置在不同季节使用方法，旁通阀使用方法，水量调节方法，过滤器的使用方法等；

（4）设定参数（如：空调系统的最大及最小新（回）风风量表）；

（5）对能源的计量监测及系统日常维护管理的要求等。

需要特别说明的是：尽管许多大型公建的机电系统设置了比较完善的楼宇自动控制系统，在一定程度上为合理使用提供了相应的支持。但从目前实际使用情况来看，自动控制系统尚不能完全替代人工管理。因此，充分发挥管理人员的主动性依然是非常重要的节能措施。

1.0.6 本标准对公共建筑的建筑、热工以及暖通空调、给水排水、电气以及可再生能源应用设计中应该控制的、与能耗有关的指标和应采取的节能措施作出了规定。但公共建筑节能涉及的专业较多，相关专业均制定了相应的标准，并作出了节能规定。在进行公共建筑节能设计时，除应符合本标准外，尚应符合国家现行的有关标准的规定。

2 术　　语

2.0.3 本标准中窗墙面积比均是以单一立面为对象，同一朝向不同立面不能合并计算窗墙面积比。

2.0.4 通过透光围护结构（门窗或透光幕墙）成为室内得热量的太阳辐射部分是影响建筑能耗的重要因素。目前ASHARE 90.1等标准均以太阳得热系数（*SHGC*）作为衡量透光围护结构性能的参数。主流建筑能耗模拟软件中也以太阳得热系数（*SHGC*）作为衡量外窗的热工性能的参数。为便于工程设计人员使用并与国际接轨，本次标准修订将太阳得热系数作为衡量透光围护结构（门窗或透光幕墙）性能的参数。人们最关心的也是太阳辐射进入室内的部分，而不是被构件遮挡的部分。

太阳得热系数（*SHGC*）不同于本标准2005版中的遮阳系数（*SC*）值。2005版标准中遮阳系数（*SC*）的定义为通过透光围护结构（门窗或透光幕墙）的太阳辐射室内得热量，与相同条件下通过相同面积的标准玻璃（3mm厚的透明玻璃）的太阳辐射室内得热量的比值。标准玻璃太阳得热系数理论值为0.87。因此可按 *SHGC* 等于 *SC* 乘以0.87进行换算。

随着太阳照射时间的不同，建筑实际的太阳得热系数也不同。但本标准中透光围护结构的太阳得热系数是指根据相关国家标准规定的方法测试、计算确定的产品固有属性。新修订的《民用建筑热工设计规范》GB 50176给出了 *SHGC* 的计算公式，如式（1）所示，其中外表面对流换热系数 α_e 按夏季条件确定。

$$SHGC = \frac{\sum g \cdot A_g + \sum \rho \cdot \frac{K}{\alpha_e} A_f}{A_w} \tag{1}$$

式中：*SHGC*——门窗、幕墙的太阳得热系数；

g——门窗、幕墙中透光部分的太阳辐射总透射比，按照国家标准GB/T 2680的规定计算；

ρ——门窗、幕墙中非透光部分的太阳辐射吸收系数；

K——门窗、幕墙中非透光部分的传热系数［W/（m^2·K）］；

α_e——外表面对流换热系数［W/（m^2·K）］；

A_g——门窗、幕墙中透光部分的面积（m^2）；

A_f——门窗、幕墙中非透光部分的面积（m^2）；

A_w——门窗、幕墙的面积（m^2）；

2.0.6 围护结构热工性能权衡判断是一种性能化的设计方法。为了降低空气调节和供暖能耗，本标准对围护结构的热工性能提出了规定性指标。当设计建筑无法满足规定性指标时，可以通过调整设计参数并计算能耗，最终达到设计建筑全年的空气调节和供暖能耗之和不大于参照建筑能耗的目的。这种方法在本标准中称之为权衡判断。

2.0.7 参照建筑是一个达到本标准要求的节能建筑，进行围护结构热工性能权衡判断时，用其全年供暖和空调能耗作为标准来判断设计建筑的能耗是否满足本标准的要求。

参照建筑的形状、大小、朝向以及内部的空间划分和使用功能与设计建筑完全一致，但其围护结构热工性能等主要参数应符合本标准的规定性指标。

2.0.11 电冷源综合制冷性能系数（*SCOP*）是电驱动的冷源系统单位耗电量所能产出的冷量，反映了冷源系统效率的高低。

电冷源综合制冷性能系数（*SCOP*）可按下列方法计算：

$$SCOP = \frac{Q_c}{E_e} \tag{2}$$

式中：Q_c——冷源设计供冷量（kW）；

E_e——冷源设计耗电功率（kW）。

对于离心式、螺杆式、涡旋/活塞式水冷式机组，E_e包括冷水机组、冷却水泵及冷却塔的耗电功率。

对于风冷式机组，E_e包括放热侧冷却风机消耗的电功率；对于蒸发冷却式机组 E_e包括水泵和风机消耗的电功率。

5 给水排水

5.1 一般规定

5.1.1 节水与节能是密切相关的，为节约能耗、减少水泵输送的能耗，应合理设计给水、热水、排水系统、计算用水量及水泵等设备，通过节约用水达到节能的目的。

工程设计时，建筑给水排水的设计中有关“用水定额”计算仍按现行国家标准《建筑给水排水设计规范》GB 50015的有关规定执行。公共建筑的平均日生活用水定额、全年用水量计算、非传统水源利用率计算等按国家现行标准《民用建筑节水设计标准》GB 50555有关规定执行。

5.1.2 现行国家标准《民用建筑节水设计标准》GB 50555对设置用水计量水表的位置作了明确要求。冷却塔循环冷却水、游泳池和游乐设施、空调冷（热）水系统等补水管上需要设置用水计量表；公共建筑中的厨房、公共浴室、洗衣房、锅炉房、建筑物引入管等有冷水、热水量计量要求的水管上都需要设置计量水表，控制用水量，达到节水、节能要求。

5.1.3 安装热媒或热源计量表以便控制热媒或热源的消耗，落实到节约用能。

水加热、热交换站室的热媒水仅需要计量用量时，在热媒管道上安装热水表，计量热媒水的使用量。

水加热、热交换站室的热媒水需要计量热媒水耗热量时，在热媒管道上需要安装热量表。热量表是一种适用于测量在热交换环路中，载热液体所吸收或转换热能的仪器。热量表是通过测量热媒流量和焓差值来计算出热量损耗，热量损耗一般以“kJ或MJ”表示，也有采用“kWh”表示。在水加热、换热器的热媒进水管和热媒回水管上安装温度传感器，进行热量消耗计量。热水表可以计量热水使用量，但是不能计量热量的消耗量，故热水表不能替代热量表。

热媒为蒸汽时，在蒸汽管道上需要安装蒸汽流量计进行计量。水加热的热源为燃气或燃油时，需要设燃气计量表或燃油计量表进行计量。

5.1.4 水泵是耗能设备，应该通过计算确定水泵的流量和扬程，合理选择通过节能认证的水泵产品，减少能耗。水泵节能产品认证书由中国节能产品认证中心颁发。

给水泵节能评价值是按现行国家标准《清水离心泵能效限定值及节能评价值》GB 19762 的规定进行计算、查表确定的。泵节能评价值是指在标准规定测试条件下，满足节能认证要求应达到的泵规定点的最低效率。为方便设计人员选用给水泵时了解泵的节能评价值，参照《建筑给水排水设计手册》中 IS 型单级单吸水泵、TSWA 型多级单吸水泵和 DL 型多级单吸水泵的流量、扬程、转速数据，通过计算和查表，得出给水泵节能评价值，见表 6～表 8。通过计算发现，同样的流量、扬程情况下，2900r/min 的水泵比 1450r/min 的水泵效率要高 2%～4%，建议除对噪声有要求的场合，宜选用转速 2900r/min 的水泵。

表 6　IS 型单级单吸给水泵节能评价值

流量（m³/h）	扬程（m）	转速（r/min）	节能评价值（%）
12.5	20	2900	62
	32	2900	56
15	21.8	2900	63
	35	2900	57
	53	2900	51
25	20	2900	71
	32	2900	67
	50	2900	61
	80	2900	55
30	22.5	2900	72
	36	2900	68
	53	2900	63
	84	2900	57
	128	2900	52
50	20	2900	77
	32	2900	75
	50	2900	71
	80	2900	65
	125	2900	59
60	24	2900	78
	36	2900	76
	54	2900	73
	87	2900	67
	133	2900	60
100	20	2900	80
	32	2900	80
	50	2900	78
	80	2900	74

续表 6

流量（m³/h）	扬程（m）	转速（r/min）	节能评价值（%）
100	125	2900	68
120	57.5	2900	79
	87	2900	75
	132.5	2900	70
200	50	2900	82
	80	2900	81
	125	2900	76
240	44.5	2900	83
	72	2900	82
	120	2900	79

注：表中列出节能评价值大于 50%的水泵规格。

表 7　TSWA 型多级单吸离心给水泵节能评价值

流量（m³/h）	单级扬程（m）	转速（r/min）	节能评价值（%）
15	9	1450	56
18	9	1450	58
22	9	1450	60
30	11.5	1450	62
36	11.5	1450	64
42	11.5	1450	65
62	15.6	1450	67
69	15.6	1450	68
72	21.6	1450	66
80	15.6	1450	70
90	21.6	1450	69
108	21.6	1450	70
115	30	1480	72
119	30	1480	68
191	30	1480	74

表 8　DL 多级离心给水泵节能评价值

流量（m³/h）	单级扬程（m）	转速（r/min）	节能评价值（%）
9	12	1450	43
12.6	12	1450	49
15	12	1450	52
18	12	1450	54
30	12	1450	61
32.4	12	1450	62

续表 8

流量 (m^3/h)	单级扬程 (m)	转速 (r/min)	节能评价值 (%)
35	12	1450	63
50.4	12	1450	67
65.16	12	1450	69
72	12	1450	70
100	12	1450	71
126	12	1450	71

泵节能评价值计算与水泵的流量、扬程、比转速有关，故当采用其他类型的水泵时，应按现行国家标准《清水离心泵能效限定值及节能评价值》GB 19762 的规定进行计算、查表确定泵节能评价值。

水泵比转速按下式计算：

$$n_s = \frac{3.65n\sqrt{Q}}{H^{3/4}} \tag{9}$$

式中：Q——流量（m^3/s）（双吸泵计算流量时取 $Q/2$）；

H——扬程（m）（多级泵计算取单级扬程）；

n——转速（r/min）；

n_s——比转速，无量纲。

按现行国家标准《清水离心泵能效限定值及节能评价值》GB 19762 的有关规定，计算泵规定点效率值、泵能效限定值和节能评价值。

工程项目中所应用的给水泵节能评价值应由给水泵供应商提供，并不能小于现行国家标准《清水离心泵能效限定值及节能评价值》GB 19762 的限定值。

5.2 给水与排水系统设计

5.2.1 为节约能源，减少生活饮用水水质污染，除了有特殊供水安全要求的建筑以外，建筑物底部的楼层应充分利用城镇给水管网或小区给水管网的水压直接供水。当城镇给水管网或小区给水管网的水压和（或）水量不足时，应根据卫生安全、经济节能的原则选用储水调节和（或）加压供水方案。在征得当地供水行政主管部门及供水部门批准认可时，可采用直接从城镇给水管网吸水的叠压供水系统。

5.2.2 本条依据国家标准《建筑给水排水设计规范》GB 50015－2003（2009 年版）第 3.3.2 条的规定。加压站位置与能耗也有很大的关系，如果位置设置不合理，会造成浪费能耗。

5.2.3 为避免因水压过高引起的用水浪费，给水系统应竖向合理分区，每区供水压力不大于 0.45MPa，合理采取减压限流的节水措施。

5.2.4 当给水流量大于 $10m^3/h$ 时，变频组工作水泵由 2 台以上水泵组成比较合理，可以根据公共建筑的用水量、用水均匀性合理选择大泵、小泵搭配，泵组也可以配置气压罐，供小流量用水，避免水泵频繁启动，以降低能耗。

5.2.5 除在地下室的厨房含油废水隔油器（池）排水、中水源水、间接排水以外，地面以上的生活污、废水排水采用重力流系统直接排至室外管网，不需要动力，不需要能耗。

5.3 生活热水

5.3.1 余热包括工业余热、集中空调系统制冷机组排放的冷凝热、蒸汽凝结水热等。

当采用太阳能热水系统时，为保证热水温度恒定和保证水质，可优先考虑采用集热与辅热设备分开设置的系统。

由于集中热水供应系统采用直接电加热会耗费大量电能；若当地供电部门鼓励采用低谷时段电力，并给予较大的优惠政策时，允许采用利用谷电加热的蓄热式电热水炉，但必须保证在峰时段与平时段不使用，并设有足够热容量的蓄热装置。以最高日生活热水量 $5m^3$ 作为限定值，是以酒店生活热水用量进行了测算，酒店一般最少 15 套客房，以每套客房 2 床计算，取最高日用水定额 160L/(床·日)，则最高日热水量为 $4.8m^3$，故当最高日生活热水量大于 $5m^3$ 时，尽可能避免采用直接电加热作为主热源或集中太阳能热水系统的辅助热源，除非当地电力供应富裕、电力需求侧管理从发电系统整体效率角度，有明确的供电政策支持时，允许适当采用直接电热。

根据当地电力供应状况，小型集中热水系统宜采用夜间低谷电直接电加热作为集中热水供应系统的热源。

5.3.2 集中热水供应系统除有其他用蒸汽要求外，不宜采用燃气或燃油锅炉制备高温、高压蒸汽再进行热交换后供应生活热水的热源方式，是因为蒸汽的热焓比热水要高得多，将水由低温状态加热至高温、高压蒸汽再通过热交换转化为生活热水是能量的高质低用，造成能源浪费，应避免采用。医院的中心供应中心（室）、酒店的洗衣房等有需要用蒸汽的要求，需要设蒸汽锅炉，制备生活热水可以采用汽—水热交换器。其他没有用蒸汽要求的公共建筑可以利用工业余热、废热、太阳能、燃气热水炉等方式制备生活热水。

5.3.3 为了有效地规范国内热泵热水机（器）市场，加快设备制造厂家的技术进步，现行国家标准《热泵热水机（器）能效限定值及能效等级》GB 29541 将热泵热水机能源效率分为 1、2、3、4、5 五个等级，1 级表示能源效率最高，2 级表示达到节能认证的最小值，3、4 级代表了我国多联机的平均能效水平，5 级为标准实施后市场准入值。表 5.3.3 中能效等级数据是依据现行国家标准《热泵热水机（器）能效限定值及能效等级》GB 29541 中能效等级 2 级编制，在设计和选用空气源热泵热水机组时，推荐采用达到节能认证的产品。摘录自现行国家标准《热泵热水机（器）能效限定值及能效等级》GB 29541 中热泵热水机（器）能源效率等级见表 9。

表 9　热泵热水机（器）能源效率等级指标

制热量（kW）	形式	加热方式		能效等级 *COP*（W/W）				
				1	2	3	4	5
H＜10kW	普通型	一次加热式、循环加热式		4.60	4.40	4.10	3.90	3.70
		静态加热式		4.20	4.00	3.80	3.60	3.40
	低温型	一次加热式、循环加热式		3.80	3.60	3.40	3.20	3.00
H≥10kW	普通型	一次加热式		4.60	4.40	4.10	3.90	3.70
		循环加热	不提供水泵	4.60	4.40	4.10	3.90	3.70
			提供水泵	4.50	4.30	4.00	3.80	3.60
	低温型	一次加热式		3.90	3.70	3.50	3.30	3.10
		循环加热	不提供水泵	3.90	3.70	3.50	3.30	3.10
			提供水泵	3.80	3.60	3.40	3.20	3.00

空气源热泵热水机组较适用于夏季和过渡季节总时间长地区；寒冷地区使用时需要考虑机组的经济性与可靠性，在室外温度较低的工况下运行，致使机组制热 *COP* 太低，失去热泵机组节能优势时就不宜采用。

一般用于公共建筑生活热水的空气源热泵热水机型大于 10kW，故规定制热量大于 10kW 的热泵热水机在名义制热工况和规定条件下，应满足性能系数（*COP*）限定值的要求。

选用空气源热泵热水机组制备生活热水时应注意热水出水温度，在节能设计的同时还要满足现行国家标准对生活热水的卫生要求。一般空气源热泵热水机组热水出水温度低于 60℃，为避免热水管网中滋生军团菌，需要采取措施抑制细菌繁殖。如定期每隔 1 周～2 周采用 65℃的热水供水一天，抑制细菌繁殖生长，但必须有用水时防止烫伤的措施，如设置混水阀等，或采取其他安全有效的消毒杀菌措施。

5.3.4　本条对水加热、热交换站室至最远建筑或用水点的服务半径作了规定，限制热水循环管网服务半径，一是减少管路上热量损失和输送动力损失；二是避免管线过长，管网末端温度降低，管网内容易滋生军团菌。

要求水加热、热交换站室位置尽可能靠近热水用水量较大的建筑或部位，以及设置在小区的中心位置，可以减少热水管线的敷设长度，以降低热损耗，达到节能目的。

5.3.5《建筑给水排水设计规范》GB 50015 中规定，办公楼集中盥洗室仅设有洗手盆时，每人每日热水用水定额为 5L ～10L，热水用量较少，如设置集中热水供应系统，管道长，热损失大，为保证热水出水温度还需要设热水循环泵，能耗较大，故限定仅设有洗手盆的建筑，不宜设计集中生活热水供应系统。办公建筑内仅有集中盥洗室的洗手盆供应热水时，可采用小型储热容积式电加热热水器供应热水。

对于管网输送距离较远、用水量较小的个别热水用户（如需要供应热水的洗手盆），当距离集中热水站室较远时，可以采用局部、分散加热方式，不需要为个别的热水用户敷设较长的热水管道，避免造成热水在管道输送过程中的热损失。

热水用量较大的用户，如浴室、洗衣房、厨房等，宜设计单独的热水回路，有利于管理与计量。

5.3.6　使用生活热水需要通过冷、热水混合后调整到所需要的使用温度。故热水供应系统需要与冷水系统分区一致，保证系统内冷水、热水压力平衡，达到节水、节能和用水舒适的目的，要求按照现行国家标准《建筑给水排水设计规范》GB 50015 和《民用建筑节水设计标准》GB 50555 有关规定执行。

集中热水供应系统要求采用机械循环，保证干管、立管的热水循环，支管可以不循环，采用多设立管的形式，减少支管的长度，在保证用水点使用温度的同时也需要注意节能。

5.3.7　本条规定了热水管道绝热计算的基本原则，生活热水管的保温设计应从节能角度出发减少散热损失。

5.3.8　控制的基本原则是：（1）让设备尽可能高效运行；（2）让相同型号的设备的运行时间尽量接近以保持其同样的运行寿命（通常优先启动累计运行小时数最少的设备）；（3）满足用户侧低负荷运行的需求。

设备运行状态的监测及故障报警是系统监控的一个基本内容。

集中热水系统采用风冷或水源热泵作为热源时，当装机数量多于 3 台时采用机组群控方式，有一定的优化运行效果，可以提高系统的综合能效。

由于工程的情况不同，本条内容可能无法完全包含一个具体工程中的监控内容，因此设计人还需要根据项目具体情况确定一些应监控的参数和设备。

7 可再生能源应用

7.1 一 般 规 定

7.1.1 《中华人民共和国可再生能源法》规定，可再生能源是指风能、太阳能、水能、生物质能、地热能、海洋能等非化石能源。目前，可在建筑中规模化使用的可再生能源主要包括浅层地热能和太阳能。《民用建筑节能条例》规定：国家鼓励和扶持在新建建筑和既有建筑节能改造中采用太阳能、地热能等可再生能源。在具备太阳能利用条件的地区，应当采取有效措施，鼓励和扶持单位、个人安装使用太阳能热水系统、照明系统、供热系统、供暖制冷系统等太阳能利用系统。

在进行公共建筑设计时，应根据《中华人民共和国可再生能源法》和《民用建筑节能条例》等法律法规，在对当地环境资源条件的分析与技术经济比较的基础上，结合国家与地方的引导与优惠政策，优先采用可再生能源利用措施。

7.1.2 《民用建筑节能条例》规定：对具备可再生能源利用条件的建筑，建设单位应当选择合适的可再生能源，用于供暖、制冷、照明和热水供应等；设计单位应当按照有关可再生能源利用的标准进行设计。建设可再生能源利用设施，应当与建筑主体工程同步设计、同步施工、同步验收。

目前，公共建筑的可再生能源利用的系统设计（例如太阳能热水系统设计），与建筑主体设计脱节严重，因此要求在进行公共建筑设计时，其可再生能源利用设施也应与主体工程设计同步，从建筑及规划开始即应涵盖有关内容，并贯穿各专业设计全过程。供热、供冷、生活热水、照明等系统中应用可再生能源时，应与相应各专业节能设计协调一致，避免出现因节能技术的应用而浪费其他资源的现象。

7.1.3 利用可再生能源应本着“自发自用，余量上网，电网调节”的原则。要根据当地日照条件考虑设置光伏发电装置。直接并网供电是指无蓄电池，太阳能光电并网直接供给负荷，并不送至上级电网。

7.1.5 提出计量装置设置要求，适应节能管理与评估工作要求。现行国家标准《可再生能源建筑应用工程评价标准》GB/T 50801 对可再生能源建筑应用的评价指标及评价方法均作出了规定，设计时宜设置相应计量装置，为节能效益评估提供条件。

7.2 太阳能利用

7.2.2 太阳能利用与建筑一体化是太阳能应用的发展方向，应合理选择太阳能应用一体化系统类型、色泽、矩阵形式等，在保证光热、光伏效率的前提下，应尽可能做到与建筑物的外围护结构从建筑功能、外观形式、建筑风格、立面色调等协调一致，使之成为建筑的有机组成部分。

太阳能应用一体化系统安装在建筑屋面、建筑立面、阳台或建筑其他部位，不得影响该部位的建筑功能。太阳能应用一体化构件作为建筑围护结构时，其传热系数、气密性、遮阳系数等热工性能应满足相关标准的规定；建筑光热或光伏系统组件安装在建筑透光部位时，应满足建筑物室内采光的最低要求；建筑物之间的距离应符合系统有效吸收太阳光的要求，并降低二次辐射对周边环境的影响；系统组件的安装不应影响建筑通风换气的要求。

太阳能与建筑一体化系统设计时除做好光热、光伏部件与建筑结合外，还应符合国家现行相关标准的规定，保证系统应用的安全性、可靠性和节能效益。目前，国家现行相关标准主要有：《民用建筑太阳能热水系统应用技术规范》GB 50364、《太阳能供热采暖工程技术规范》GB 50495、《民用建筑太阳能空调工程技术规范》GB 50787、《民用建筑太阳能光伏系统应用技术规范》JGJ 203。

7.2.3 太阳能光伏光热系统可以同时为建筑物提供电力和热能，具有较高的效率。太阳能光伏光热一体化不仅能够有效降低光伏组件的温度，提高光伏发电效率，而且能够产生热能，从而大大提高了太阳能光伏的转换效率，但会导致供热能力下降，对热负荷大的建筑并不一定能满足用户的用热需求，因而在具体工程应用中应结合实际情况加以分析。另一方面，光伏光热建筑减少了墙体得热，一定程度上减少了室内空调负荷。

光伏光热建筑一体化（BIPV/T）系统的两种主要模式：水冷却型和空气冷却型系统。

7.2.4 太阳能保证率是衡量太阳能在供热空调系统所能提供能量比例的一个关键参数，也是影响太阳能供热采暖系统经济性能的重要指标。实际选用的太阳能保证率与系统使用期内的太阳辐照、气候条件、产品与系统的热性能、供热采暖负荷、末端设备特点、系统成本和开发商的预期投资规模等因素有关。太阳能保证率影响常规能源替代量，进而影响造价、节能、环保和社会效益。本条规定的保证率取值参考现行国家标准《可再生能源建筑应用工程评价标准》GB/T 50801 的有关规定。

7.2.5 太阳能是间歇性能源，在系统中设置其他能源辅助加热/换热设备，其目的是保证太阳能供热系统稳定可靠运行的同时，降低系统的规模和投资。

辅助热源应根据当地条件，尽可能利用工业余热、废热等低品位能源或生物质燃料等可再生能源。

7.2.6 太阳能集热器和光伏组件的位置设置不当，受到前方障碍物的遮挡，不能保证采光面上的太阳光照时，系统的实际运行效果和经济性会受到影响，因而对放置在建筑外围护结构上太阳能集热器和光伏组件采光面上的日照时间作出规定。冬至日太阳高度角最低，接收太阳光照的条件最不利，因此规定冬至日日照时间为最低要求。此时采光面上的日照时数，是综合考虑系统运行效果和围护结构实际条件而提出的。

7.3 地源热泵系统

7.3.1 全年冷、热负荷不平衡，将导致地埋管区域岩土体温度持续升高或降低，从而影响地埋管换热器的换热性能，降低运行效率。因此，地埋管换热系统设计应考虑全年冷热负荷的影响。当两者相差较大时，宜通过技术经济比较，采用辅助散热（增加冷却塔）或辅助供热的方式来解决，一方面经济性较好，另一方面也可避免因吸热与释热不平衡导致的系统运行效率降低。

带辅助冷热源的混合式系统可有效减少埋管数量或地下（表）水流量或地表水换热盘管的数量，同时也是保障地埋管系统吸释热量平衡的主要手段，已成为地源热泵系统应用的主要形式。

7.3.2 地源热泵系统的能效除与水源热泵机组能效密切相关外，受地源侧及用户侧循环水泵的输送能耗影响很大，设计时应优化地源侧环路设计，宜采用根据负荷变化调节流量等技术措施。

对于地埋管系统，配合变流量措施，可采用分区轮换间歇运行的方式，使岩土体温度得到有效恢复，提高系统换热效率，降低水泵系统的输送能耗。对于地下水系统，设计时应以提高系统综合性能为目标，考虑抽水泵与水源热泵机组能耗间的平衡，确定地下水的取水量。地下水流量增加，水源热泵机组性能系数提高，但抽水泵能耗明显增加；相反地下水流量较少，水源热泵机组性能系数较低，但抽水泵能耗明显减少。因此地下水系统设计应在两者之间寻找平衡点，同时考虑部分负荷下两者的综合性能，计算不同工况下系统的综合性能系数，优化确定地下水流量。该项工作能有效降低地下水系统运行费用。

表10摘自现行国家标准《可再生能源建筑应用工程评价标准》GB/T 50801对地源热泵系统能效比的规定，设计时可参考。

表10 地源热泵系统性能级别划分

工况	1级	2级	3级
制热性能系数 *COP*	$COP \geqslant 3.5$	$3.0 \leqslant COP < 3.5$	$2.6 \leqslant COP < 3.0$
制冷能效比 *EER*	$EER \geqslant 3.9$	$3.4 \leqslant EER < 3.9$	$3.0 \leqslant EER < 3.4$

7.3.3 不同地区岩土体、地下水或地表水水温差别较大，设计时应按实际水温参数进行设备选型。末端设备应采用适合水源热泵机组供、回水温度的特点的低温辐射末端，保证地源热泵系统的应用效果，提高系统能源利用率。

中华人民共和国国家标准

建筑设计防火规范

Code for fire protection design of buildings

GB 50016—2014

（2018 年版）

主编部门：中 华 人 民 共 和 国 公 安 部

批准部门：中华人民共和国住房和城乡建设部

施行日期：2 0 1 5 年 5 月 1 日

18

目　次

1 总 则

1.0.1 为了预防建筑火灾，减少火灾危害，保护人身和财产安全，制定本规范。

1.0.2 本规范适用于下列新建、扩建和改建的建筑：

1 厂房；

2 仓库；

3 民用建筑；

4 甲、乙、丙类液体储罐（区）；

5 可燃、助燃气体储罐（区）；

6 可燃材料堆场；

7 城市交通隧道。

人民防空工程、石油和天然气工程、石油化工工程和火力发电厂与变电站等的建筑防火设计，当有专门的国家标准时，宜从其规定。

1.0.3 本规范不适用于火药、炸药及其制品厂房（仓库）、花炮厂房（仓库）的建筑防火设计。

1.0.4 同一建筑内设置多种使用功能场所时，不同使用功能场所之间应进行防火分隔，该建筑及其各功能场所的防火设计应根据本规范的相关规定确定。

1.0.5 建筑防火设计应遵循国家的有关方针政策，针对建筑及其火灾特点，从全局出发，统筹兼顾，做到安全适用、技术先进、经济合理。

1.0.6 建筑高度大于250m的建筑，除应符合本规范的要求外，尚应结合实际情况采取更加严格的防火措施，其防火设计应提交国家消防主管部门组织专题研究、论证。

1.0.7 建筑防火设计除应符合本规范的规定外，尚应符合国家现行有关标准的规定。

2 术语、符号

2.1 术 语

2.1.1 高层建筑 high-rise building

建筑高度大于27m的住宅建筑和建筑高度大于24m的非单层厂房、仓库和其他民用建筑。

注：建筑高度的计算应符合本规范附录A的规定。

2.1.2 裙房 podium

在高层建筑主体投影范围外，与建筑主体相连且建筑高度不大于24m的附属建筑。

2.1.3 重要公共建筑 important public building

发生火灾可能造成重大人员伤亡、财产损失和严重社会影响的公共建筑。

2.1.4 商业服务网点 commercial facilities

设置在住宅建筑的首层或首层及二层，每个分隔单元建筑面积不大于300m^{2}的商店、邮政所、储蓄所、理发店等小型营业性用房。

2.1.5 高架仓库 high rack storage

货架高度大于7m且采用机械化操作或自动化控制的货架仓库。

2.1.6 半地下室 semi-basement

房间地面低于室外设计地面的平均高度大于该房间平均净高1/3，且不大于1/2者。

2.1.7 地下室 basement

房间地面低于室外设计地面的平均高度大于该房间平均净高1/2者。

2.1.8 明火地点 open flame location

室内外有外露火焰或赤热表面的固定地点（民用建筑内的灶具、电磁炉等除外）。

2.1.9 散发火花地点 sparking site

有飞火的烟囱或进行室外砂轮、电焊、气焊、气割等作业的固定地点。

2.1.10 耐火极限 fire resistance rating

在标准耐火试验条件下，建筑构件、配件或结构从受到火的作用时起，至失去承载能力、完整性或隔热性时止所用时间，用小时表示。

2.1.11 防火隔墙 fire partition wall

建筑内防止火灾蔓延至相邻区域且耐火极限不低于规定要求的不燃性墙体。

2.1.12 防火墙 fire wall

防止火灾蔓延至相邻建筑或相邻水平防火分区且耐火极限不低于3.00h的不燃性墙体。

2.1.13 避难层（间） refuge floor (room)

建筑内用于人员暂时躲避火灾及其烟气危害的楼层（房间）。

2.1.14 安全出口 safety exit

供人员安全疏散用的楼梯间和室外楼梯的出入口或直通室内外安全区域的出口。

2.1.15 封闭楼梯间 enclosed staircase

在楼梯间入口处设置门，以防止火灾的烟和热气进入的楼梯间。

2.1.16 防烟楼梯间 smoke-proof staircase

在楼梯间入口处设置防烟的前室、开敞式阳台或凹廊（统称前室）等设施，且通向前室和楼梯间的门均为防火门，以防止火灾的烟和热气进入的楼梯间。

2.1.17 避难走道 exit passageway

采取防烟措施且两侧设置耐火极限不低于3.00h的防火隔墙，用于人员安全通行至室外的走道。

2.1.18 闪点 flash point

在规定的试验条件下，可燃性液体或固体表面产生的蒸气与空气形成的混合物，遇火源能够闪燃的液体或固体的最低温度（采用闭杯法测定）。

2.1.19 爆炸下限 lower explosion limit

可燃的蒸气、气体或粉尘与空气组成的混合物，遇火源即能发生爆炸的最低浓度。

2.1.20 沸溢性油品 boil-over oil

含水并在燃烧时可产生热波作用的油品。

2.1.21 防火间距 fire separation distance

防止着火建筑在一定时间内引燃相邻建筑，便于消防扑救的间隔距离。

注：防火间距的计算方法应符合本规范附录B的规定。

2.1.22 防火分区 fire compartment

在建筑内部采用防火墙、楼板及其他防火分隔设施分隔而成，能在一定时间内防止火灾向同一建筑的其余部分蔓延的局部空间。

2.1.23 充实水柱 full water spout

从水枪喷嘴起至射流90%的水柱水量穿过直径380mm圆孔处的一段射流长度。

2.2 符 号

A——泄压面积；

C——泄压比；

D——储罐的直径；

DN——管道的公称直径；

ΔH——建筑高差；

L——隧道的封闭段长度；

N——人数；

n——座位数；

K——爆炸特征指数；

V——建筑物、堆场的体积，储罐、瓶组的容积或容量；

W——可燃材料堆场或粮食筒仓、席穴囤、土圆仓的储量。

3 厂房和仓库

3.1 火灾危险性分类

3.1.1 生产的火灾危险性应根据生产中使用或产生的物质性质及其数量等因素划分，可分为甲、乙、丙、丁、戊类，并应符合表3.1.1的规定。

表3.1.1 生产的火灾危险性分类

生产的火灾危险性类别	使用或产生下列物质生产的火灾危险性特征
甲	1. 闪点小于28℃的液体； 2. 爆炸下限小于10%的气体； 3. 常温下能自行分解或在空气中氧化能导致迅速自燃或爆炸的物质； 4. 常温下受到水或空气中水蒸气的作用，能产生可燃气体并引起燃烧或爆炸的物质； 5. 遇酸、受热、撞击、摩擦、催化以及遇有机物或硫黄等易燃的无机物，极易引起燃烧或爆炸的强氧化剂； 6. 受撞击、摩擦或与氧化剂、有机物接触时能引起燃烧或爆炸的物质； 7. 在密闭设备内操作温度不小于物质本身自燃点的生产
乙	1. 闪点不小于28℃，但小于60℃的液体； 2. 爆炸下限不小于10%的气体； 3. 不属于甲类的氧化剂； 4. 不属于甲类的易燃固体； 5. 助燃气体； 6. 能与空气形成爆炸性混合物的浮游状态的粉尘、纤维、闪点不小于60℃的液体雾滴
丙	1. 闪点不小于60℃的液体； 2. 可燃固体
丁	1. 对不燃烧物质进行加工，并在高温或熔化状态下经常产生强辐射热、火花或火焰的生产； 2. 利用气体、液体、固体作为燃料或将气体、液体进行燃烧作其他用的各种生产； 3. 常温下使用或加工难燃烧物质的生产
戊	常温下使用或加工不燃烧物质的生产

3.1.2 同一座厂房或厂房的任一防火分区内有不同火灾危险性生产时，厂房或防火分区内的生产火灾危险性类别应按火灾危险性较大的部分确定；当生产过程中使用或产生易燃、可燃物的量较少，不足以构成爆炸或火灾危险时，可按实际情况确定；当符合下述条件之一时，可按火灾危险性较小的部分确定：

1 火灾危险性较大的生产部分占本层或本防火分区建筑面积的比例小于5%或丁、戊类厂房内的油漆工段小于10%，且发生火灾事故时不足以蔓延至其他部位或火灾危险性较大的生产部分采取了有效的防火措施；

2 丁、戊类厂房内的油漆工段，当采用封闭喷漆工艺，封闭喷漆空间内保持负压、油漆工段设置可燃气体探测报警系统或自动抑爆系统，且油漆工段占所在防火分区建筑面积的比例不大于20%。

3.1.3 储存物品的火灾危险性应根据储存物品的性质和储存物品中的可燃物数量等因素划分，可分为甲、乙、丙、丁、戊类，并应符合表3.1.3的规定。

表3.1.3 储存物品的火灾危险性分类

储存物品的火灾危险性类别	储存物品的火灾危险性特征
甲	1. 闪点小于28℃的液体； 2. 爆炸下限小于10%的气体，受到水或空气中水蒸气的作用能产生爆炸下限小于10%气体的固体物质； 3. 常温下能自行分解或在空气中氧化能导致迅速自燃或爆炸的物质；

续表 3.1.3

储存物品的火灾危险性类别	储存物品的火灾危险性特征
甲	4. 常温下受到水或空气中水蒸气的作用，能产生可燃气体并引起燃烧或爆炸的物质； 5. 遇酸、受热、撞击、摩擦以及遇有机物或硫黄等易燃的无机物，极易引起燃烧或爆炸的强氧化剂； 6. 受撞击、摩擦或与氧化剂、有机物接触时能引起燃烧或爆炸的物质
乙	1. 闪点不小于28℃，但小于60℃的液体； 2. 爆炸下限不小于10%的气体； 3. 不属于甲类的氧化剂； 4. 不属于甲类的易燃固体； 5. 助燃气体； 6. 常温下与空气接触能缓慢氧化，积热不散引起自燃的物品
丙	1. 闪点不小于60℃的液体； 2. 可燃固体
丁	难燃烧物品
戊	不燃烧物品

3.1.4 同一座仓库或仓库的任一防火分区内储存不同火灾危险性物品时，仓库或防火分区的火灾危险性应按火灾危险性最大的物品确定。

3.1.5 丁、戊类储存物品仓库的火灾危险性，当可燃包装重量大于物品本身重量1/4或可燃包装体积大于物品本身体积的1/2时，应按丙类确定。

3.2 厂房和仓库的耐火等级

3.2.1 厂房和仓库的耐火等级可分为一、二、三、四级，相应建筑构件的燃烧性能和耐火极限，除本规范另有规定外，不应低于表3.2.1的规定。

表 3.2.1 不同耐火等级厂房和仓库建筑构件的燃烧性能和耐火极限（h）

构件名称		耐火等级			
		一级	二级	三级	四级
墙	防火墙	不燃性 3.00	不燃性 3.00	不燃性 3.00	不燃性 3.00
墙	承重墙	不燃性 3.00	不燃性 2.50	不燃性 2.00	难燃性 0.50
墙	楼梯间和前室的墙电梯井的墙	不燃性 2.00	不燃性 2.00	不燃性 1.50	难燃性 0.50
墙	疏散走道两侧的隔墙	不燃性 1.00	不燃性 1.00	不燃性 0.50	难燃性 0.25

续表 3.2.1

构件名称		耐火等级			
		一级	二级	三级	四级
墙	非承重外墙 房间隔墙	不燃性 0.75	不燃性 0.50	难燃性 0.50	难燃性 0.25
柱		不燃性 3.00	不燃性 2.50	不燃性 2.00	难燃性 0.50
梁		不燃性 2.00	不燃性 1.50	不燃性 1.00	难燃性 0.50
楼板		不燃性 1.50	不燃性 1.00	不燃性 0.75	难燃性 0.50
屋顶承重构件		不燃性 1.50	不燃性 1.00	难燃性 0.50	可燃性
疏散楼梯		不燃性 1.50	不燃性 1.00	不燃性 0.75	可燃性
吊顶（包括吊顶搁栅）		不燃性 0.25	难燃性 0.25	难燃性 0.15	可燃性

注：二级耐火等级建筑内采用不燃材料的吊顶，其耐火极限不限。

3.2.2 高层厂房，甲、乙类厂房的耐火等级不应低于二级，建筑面积不大于300m² 的独立甲、乙类单层厂房可采用三级耐火等级的建筑。

3.2.3 单、多层丙类厂房和多层丁、戊类厂房的耐火等级不应低于三级。

使用或产生丙类液体的厂房和有火花、赤热表面、明火的丁类厂房，其耐火等级均不应低于二级，当为建筑面积不大于500m² 的单层丙类厂房或建筑面积不大于1000m² 的单层丁类厂房时，可采用三级耐火等级的建筑。

3.2.4 使用或储存特殊贵重的机器、仪表、仪器等设备或物品的建筑，其耐火等级不应低于二级。

3.2.5 锅炉房的耐火等级不应低于二级，当为燃煤锅炉房且锅炉的总蒸发量不大于4t/h时，可采用三级耐火等级的建筑。

3.2.6 油浸变压器室、高压配电装置室的耐火等级不应低于二级，其他防火设计应符合现行国家标准《火力发电厂与变电站设计防火规范》GB 50229等标准的规定。

3.2.7 高架仓库、高层仓库、甲类仓库、多层乙类仓库和储存可燃液体的多层丙类仓库，其耐火等级不应低于二级。

单层乙类仓库，单层丙类仓库，储存可燃固体的多层丙类仓库和多层丁、戊类仓库，其耐火等级不应低于三级。

3.2.8 粮食筒仓的耐火等级不应低于二级；二级耐火等级的粮食筒仓可采用钢板仓。

粮食平房仓的耐火等级不应低于三级；二级耐火等级的散装粮食平房仓可采用无防火保护的金属承重构件。

3.2.9 甲、乙类厂房和甲、乙、丙类仓库内的防火墙，其耐火极限不应低于4.00h。

3.2.10 一、二级耐火等级单层厂房（仓库）的柱，其耐火极限分别不应低于2.50h和2.00h。

3.2.11 采用自动喷水灭火系统全保护的一级耐火等级单、多层厂房（仓库）的屋顶承重构件，其耐火极限不应低于1.00h。

3.2.12 除甲、乙类仓库和高层仓库外，一、二级耐火等级建筑的非承重外墙，当采用不燃性墙体时，其耐火极限不应低于0.25h；当采用难燃性墙体时，不应低于0.50h。

4层及4层以下的一、二级耐火等级丁、戊类地上厂房（仓库）的非承重外墙，当采用不燃性墙体时，其耐火极限不限。

3.2.13 二级耐火等级厂房（仓库）内的房间隔墙，当采用难燃性墙体时，其耐火极限应提高0.25h。

3.2.14 二级耐火等级多层厂房和多层仓库内采用预应力钢筋混凝土的楼板，其耐火极限不应低于0.75h。

3.2.15 一、二级耐火等级厂房（仓库）的上人平屋顶，其屋面板的耐火极限分别不应低于1.50h和1.00h。

3.2.16 一、二级耐火等级厂房（仓库）的屋面板应采用不燃材料。

屋面防水层宜采用不燃、难燃材料，当采用可燃防水材料且铺设在可燃、难燃保温材料上时，防水材料或可燃、难燃保温材料应采用不燃材料作防护层。

3.2.17 建筑中的非承重外墙、房间隔墙和屋面板，当确需采用金属夹芯板材时，其芯材应为不燃材料，且耐火极限应符合本规范有关规定。

3.2.18 除本规范另有规定外，以木柱承重且墙体采用不燃材料的厂房（仓库），其耐火等级可按四级确定。

3.2.19 预制钢筋混凝土构件的节点外露部位，应采取防火保护措施，且节点的耐火极限不应低于相应构件的耐火极限。

3.3 厂房和仓库的层数、面积和平面布置

3.3.1 除本规范另有规定外，厂房的层数和每个防火分区的最大允许建筑面积应符合表3.3.1的规定。

表3.3.1 厂房的层数和每个防火分区的最大允许建筑面积

生产的火灾危险性类别	厂房的耐火等级	最多允许层数	每个防火分区的最大允许建筑面积（m²）			
			单层厂房	多层厂房	高层厂房	地下或半地下厂房（包括地下或半地下室）
甲	一级 二级	宜采用单层	4000 3000	3000 2000	— —	— —
乙	一级 二级	不限 6	5000 4000	4000 3000	2000 1500	— —
丙	一级 二级 三级	不限 不限 2	不限 8000 3000	6000 4000 2000	3000 2000 —	500 500 —
丁	一、二级 三级 四级	不限 3 1	不限 4000 1000	不限 2000 —	4000 — —	1000 — —
戊	一、二级 三级 四级	不限 3 1	不限 5000 1500	不限 3000 —	6000 — —	1000 — —

注：1 防火分区之间应采用防火墙分隔。除甲类厂房外的一、二级耐火等级厂房，当其防火分区的建筑面积大于本表规定，且设置防火墙确有困难时，可采用防火卷帘或防火分隔水幕分隔。采用防火卷帘时，应符合本规范第6.5.3条的规定；采用防火分隔水幕时，应符合现行国家标准《自动喷水灭火系统设计规范》GB 50084的规定。

2 除麻纺厂房外，一级耐火等级的多层纺织厂房和二级耐火等级的单、多层纺织厂房，其每个防火分区的最大允许建筑面积可按本表的规定增加0.5倍，但厂房内的原棉开包、清花车间与厂房内其他部位之间均应采用耐火极限不低于2.50h的防火隔墙分隔，需要开设门、窗、洞口时，应设置甲级防火门、窗。

3 一、二级耐火等级的单、多层造纸生产联合厂房，其每个防火分区的最大允许建筑面积可按本表的规定增加1.5倍。一、二级耐火等级的湿式造纸联合厂房，当纸机烘缸罩内设置自动灭火系统，完成工段设置有效灭火设施保护时，其每个防火分区的最大允许建筑面积可按工艺要求确定。

4 一、二级耐火等级的谷物筒仓工作塔，当每层工作人数不超过2人时，其层数不限。

5 一、二级耐火等级卷烟生产联合厂房内的原料、备料及成组配方、制丝、储丝和卷接包、辅料周转、成品暂存、二氧化碳膨胀烟丝等生产用房应划分独立的防火分隔单元，当工艺条件许可时，应采用防火墙进行分隔。其中制丝、储丝和卷接包车间可划分为一个防火分区，且每个防火分区的最大允许建筑面积可按工艺要求确定，但制丝、储丝及卷接包车间之间应采用耐火极限不低于2.00h的防火隔墙和1.00h的楼板进行分隔。厂房内各水平和竖向防火分隔之间的开口应采取防止火灾蔓延的措施。

6 厂房内的操作平台、检修平台，当使用人数少于10人时，平台的面积可不计入所在防火分区的建筑面积内。

7 “—”表示不允许。

3.3.2 除本规范另有规定外，仓库的层数和面积应符合表3.3.2的规定。

表3.3.2 仓库的层数和面积

储存物品的火灾危险性类别		仓库的耐火等级	最多允许层数	每座仓库的最大允许占地面积和每个防火分区的最大允许建筑面积（m^2）						
				单层仓库		多层仓库		高层仓库		地下或半地下仓库（包括地下或半地下室）
				每座仓库	防火分区	每座仓库	防火分区	每座仓库	防火分区	防火分区
甲	3、4项	一级	1	180	60	—	—	—	—	—
	1、2、5、6项	一、二级	1	750	250	—	—	—	—	—
乙	1、3、4项	一、二级	3	2000	500	900	300	—	—	—
		三级	1	500	250	—	—	—	—	—
	2、5、6项	一、二级	5	2800	700	1500	500	—	—	—
		三级	1	900	300	—	—	—	—	—
丙	1项	一、二级	5	4000	1000	2800	700	—	—	150
		三级	1	1200	400	—	—	—	—	—
	2项	一、二级	不限	6000	1500	4800	1200	4000	1000	300
		三级	3	2100	700	1200	400	—	—	—
丁		一、二级	不限	不限	3000	不限	1500	4800	1200	500
		三级	3	3000	1000	1500	500	—	—	—
		四级	1	2100	700	—	—	—	—	—
戊		一、二级	不限	不限	不限	不限	2000	6000	1500	1000
		三级	3	3000	1000	2100	700	—	—	—
		四级	1	2100	700	—	—	—	—	—

注：1 仓库内的防火分区之间必须采用防火墙分隔，甲、乙类仓库内防火分区之间的防火墙不应开设门、窗、洞口；地下或半地下仓库（包括地下或半地下室）的最大允许占地面积，不应大于相应类别地上仓库的最大允许占地面积。

2 石油库区内的桶装油品仓库应符合现行国家标准《石油库设计规范》GB 50074的规定。

3 一、二级耐火等级的煤均化库，每个防火分区的最大允许建筑面积不应大于12000m^2。

4 独立建造的硝酸铵仓库、电石仓库、聚乙烯等高分子制品仓库、尿素仓库、配煤仓库、造纸厂的独立成品仓库，当建筑的耐火等级不低于二级时，每座仓库的最大允许占地面积和每个防火分区的最大允许建筑面积可按本表的规定增加1.0倍。

5 一、二级耐火等级粮食平房仓的最大允许占地面积不应大于12000m^2，每个防火分区的最大允许建筑面积不应大于3000m^2；三级耐火等级粮食平房仓的最大允许占地面积不应大于3000m^2，每个防火分区的最大允许建筑面积不应大于1000m^2。

6 一、二级耐火等级且占地面积不大于2000m^2的单层棉花库房，其防火分区的最大允许建筑面积不应大于2000m^2。

7 一、二级耐火等级冷库的最大允许占地面积和防火分区的最大允许建筑面积，应符合现行国家标准《冷库设计规范》GB 50072的规定。

8 "—"表示不允许。

3.3.3 厂房内设置自动灭火系统时，每个防火分区的最大允许建筑面积可按本规范第3.3.1条的规定增加1.0倍。当丁、戊类的地上厂房内设置自动灭火系统时，每个防火分区的最大允许建筑面积不限。厂房内局部设置自动灭火系统时，其防火分区的增加面积可按该局部面积的1.0倍计算。

仓库内设置自动灭火系统时，除冷库的防火分区外，每座仓库的最大允许占地面积和每个防火分区的最大允许建筑面积可按本规范第 3.3.2 条的规定增加 1.0 倍。

3.3.4 甲、乙类生产场所（仓库）不应设置在地下或半地下。

3.3.5 员工宿舍严禁设置在厂房内。

办公室、休息室等不应设置在甲、乙类厂房内，确需贴邻本厂房时，其耐火等级不应低于二级，并应采用耐火极限不低于 3.00h 的防爆墙与厂房分隔，且应设置独立的安全出口。

办公室、休息室设置在丙类厂房内时，应采用耐火极限不低于 2.50h 的防火隔墙和 1.00h 的楼板与其他部位分隔，并应至少设置 1 个独立的安全出口。如隔墙上需开设相互连通的门时，应采用乙级防火门。

3.3.6 厂房内设置中间仓库时，应符合下列规定：

1 甲、乙类中间仓库应靠外墙布置，其储量不宜超过 1 昼夜的需要量；

2 甲、乙、丙类中间仓库应采用防火墙和耐火极限不低于 1.50h 的不燃性楼板与其他部位分隔；

3 丁、戊类中间仓库应采用耐火极限不低于 2.00h 的防火隔墙和 1.00h 的楼板与其他部位分隔；

4 仓库的耐火等级和面积应符合本规范第 3.3.2 条和第 3.3.3 条的规定。

3.3.7 厂房内的丙类液体中间储罐应设置在单独房间内，其容量不应大于 5m³。设置中间储罐的房间，应采用耐火极限不低于 3.00h 的防火隔墙和 1.50h 的楼板与其他部位分隔，房间门应采用甲级防火门。

3.3.8 变、配电站不应设置在甲、乙类厂房内或贴邻，且不应设置在爆炸性气体、粉尘环境的危险区域内。供甲、乙类厂房专用的 10kV 及以下的变、配电站，当采用无门、窗、洞口的防火墙分隔时，可一面贴邻，并应符合现行国家标准《爆炸危险环境电力装置设计规范》GB 50058 等标准的规定。

乙类厂房的配电站确需在防火墙上开窗时，应采用甲级防火窗。

3.3.9 员工宿舍严禁设置在仓库内。

办公室、休息室等严禁设置在甲、乙类仓库内，也不应贴邻。

办公室、休息室设置在丙、丁类仓库内时，应采用耐火极限不低于 2.50h 的防火隔墙和 1.00h 的楼板与其他部位分隔，并应设置独立的安全出口。隔墙上需开设相互连通的门时，应采用乙级防火门。

3.3.10 物流建筑的防火设计应符合下列规定：

1 当建筑功能以分拣、加工等作业为主时，应按本规范有关厂房的规定确定，其中仓储部分应按中间仓库确定。

2 当建筑功能以仓储为主或建筑难以区分主要功能时，应按本规范有关仓库的规定确定，但当分拣等作业区采用防火墙与储存区完全分隔时，作业区和储存区的防火要求可分别按本规范有关厂房和仓库的规定确定。其中，当分拣等作业区采用防火墙与储存区完全分隔且符合下列条件时，除自动化控制的丙类高架仓库外，储存区的防火分区最大允许建筑面积和储存区部分建筑的最大允许占地面积，可按本规范表 3.3.2（不含注）的规定增加 3.0 倍：

1）储存除可燃液体、棉、麻、丝、毛及其他纺织品、泡沫塑料等物品外的丙类物品且建筑的耐火等级不低于一级；

2）储存丁、戊类物品且建筑的耐火等级不低于二级；

3）建筑内全部设置自动水灭火系统和火灾自动报警系统。

3.3.11 甲、乙类厂房（仓库）内不应设置铁路线。

需要出入蒸汽机车和内燃机车的丙、丁、戊类厂房（仓库），其屋顶应采用不燃材料或采取其他防火措施。

3.4 厂房的防火间距

3.4.1 除本规范另有规定外，厂房之间及与乙、丙、丁、戊类仓库、民用建筑等的防火间距不应小于表 3.4.1 的规定，与甲类仓库的防火间距应符合本规范第 3.5.1 条的规定。

表 3.4.1 厂房之间及与乙、丙、丁、戊类仓库、民用建筑等的防火间距（m）

<table>
<tr><td colspan="3" rowspan="3">名　称</td><td>甲类厂房</td><td colspan="3">乙类厂房（仓库）</td><td colspan="4">丙、丁、戊类厂房（仓库）</td><td colspan="5">民用建筑</td></tr>
<tr><td>单、多层</td><td colspan="2">单、多层</td><td>高层</td><td colspan="3">单、多层</td><td>高层</td><td colspan="3">裙房，单、多层</td><td colspan="2">高层</td></tr>
<tr><td>一、二级</td><td>一、二级</td><td>三级</td><td>一、二级</td><td>一、二级</td><td>三级</td><td>四级</td><td>一、二级</td><td>一、二级</td><td>三级</td><td>四级</td><td>一类</td><td>二类</td></tr>
<tr><td>甲类厂房</td><td>单、多层</td><td>一、二级</td><td>12</td><td>12</td><td>14</td><td>13</td><td>12</td><td>14</td><td>16</td><td>13</td><td colspan="3" rowspan="4">25</td><td colspan="2" rowspan="4">50</td></tr>
<tr><td rowspan="3">乙类厂房</td><td rowspan="2">单、多层</td><td>一、二级</td><td>12</td><td>10</td><td>12</td><td>13</td><td>10</td><td>12</td><td>14</td><td>13</td></tr>
<tr><td>三级</td><td>14</td><td>12</td><td>14</td><td>15</td><td>12</td><td>14</td><td>16</td><td>15</td></tr>
<tr><td>高层</td><td>一、二级</td><td>13</td><td>13</td><td>15</td><td>13</td><td>13</td><td>15</td><td>17</td><td>13</td></tr>
</table>

续表 3.4.1

<table>
<tr><td colspan="3" rowspan="3">名　　称</td><td>甲类厂房</td><td colspan="3">乙类厂房（仓库）</td><td colspan="4">丙、丁、戊类厂房（仓库）</td><td colspan="5">民用建筑</td></tr>
<tr><td>单、多层</td><td colspan="2">单、多层</td><td>高层</td><td colspan="3">单、多层</td><td>高层</td><td colspan="3">裙房，单、多层</td><td colspan="2">高层</td></tr>
<tr><td>一、二级</td><td>一、二级</td><td>三级</td><td>一、二级</td><td>一、二级</td><td>三级</td><td>四级</td><td>一、二级</td><td>一、二级</td><td>三级</td><td>四级</td><td>一类</td><td>二类</td></tr>
<tr><td rowspan="4">丙类厂房</td><td rowspan="3">单、多层</td><td>一、二级</td><td>12</td><td>10</td><td>12</td><td>13</td><td>10</td><td>12</td><td>14</td><td>13</td><td>10</td><td>12</td><td>14</td><td>20</td><td>15</td></tr>
<tr><td>三级</td><td>14</td><td>12</td><td>14</td><td>15</td><td>12</td><td>14</td><td>16</td><td>15</td><td>12</td><td>14</td><td>16</td><td rowspan="2">25</td><td rowspan="2">20</td></tr>
<tr><td>四级</td><td>16</td><td>14</td><td>16</td><td>17</td><td>14</td><td>16</td><td>18</td><td>17</td><td>14</td><td>16</td><td>18</td></tr>
<tr><td>高层</td><td>一、二级</td><td>13</td><td>13</td><td>15</td><td>13</td><td>13</td><td>15</td><td>17</td><td>13</td><td>13</td><td>15</td><td>17</td><td>20</td><td>15</td></tr>
<tr><td rowspan="4">丁、戊类厂房</td><td rowspan="3">单、多层</td><td>一、二级</td><td>12</td><td>10</td><td>12</td><td>13</td><td>10</td><td>12</td><td>14</td><td>13</td><td>10</td><td>12</td><td>14</td><td>15</td><td>13</td></tr>
<tr><td>三级</td><td>14</td><td>12</td><td>14</td><td>15</td><td>12</td><td>14</td><td>16</td><td>15</td><td>12</td><td>14</td><td>16</td><td rowspan="2">18</td><td rowspan="2">15</td></tr>
<tr><td>四级</td><td>16</td><td>14</td><td>16</td><td>17</td><td>14</td><td>16</td><td>18</td><td>17</td><td>14</td><td>16</td><td>18</td></tr>
<tr><td>高层</td><td>一、二级</td><td>13</td><td>13</td><td>15</td><td>13</td><td>13</td><td>15</td><td>17</td><td>13</td><td>13</td><td>15</td><td>17</td><td>15</td><td>13</td></tr>
<tr><td rowspan="3">室外变、配电站</td><td rowspan="3">变压器总油量（t）</td><td>≥5，≤10</td><td rowspan="3">25</td><td rowspan="3">25</td><td rowspan="3">25</td><td rowspan="3">25</td><td>12</td><td>15</td><td>20</td><td>12</td><td>15</td><td>20</td><td>25</td><td colspan="2">20</td></tr>
<tr><td>>10，≤50</td><td>15</td><td>20</td><td>25</td><td>15</td><td>20</td><td>25</td><td>30</td><td colspan="2">25</td></tr>
<tr><td>>50</td><td>20</td><td>25</td><td>30</td><td>20</td><td>25</td><td>30</td><td>35</td><td colspan="2">30</td></tr>
</table>

注：1　乙类厂房与重要公共建筑的防火间距不宜小于50m；与明火或散发火花地点，不宜小于30m。单、多层戊类厂房之间及与戊类仓库的防火间距可按本表的规定减少2m，与民用建筑的防火间距可将戊类厂房等同民用建筑按本规范第5.2.2条的规定执行。为丙、丁、戊类厂房服务而单独设置的生活用房应按民用建筑确定，与所属厂房的防火间距不应小于6m。确需相邻布置时，应符合本表注2、3的规定。

2　两座厂房相邻较高一面外墙为防火墙，或相邻两座高度相同的一、二级耐火等级建筑中相邻任一侧外墙为防火墙且屋顶的耐火极限不低于1.00h时，其防火间距不限，但甲类厂房之间不应小于4m。两座丙、丁、戊类厂房相邻两面外墙均为不燃性墙体，当无外露的可燃性屋檐，每面外墙上的门、窗、洞口面积之和各不大于外墙面积的5%，且门、窗、洞口不正对开设时，其防火间距可按本表的规定减少25%。甲、乙类厂房（仓库）不应与本规范第3.3.5条规定外的其他建筑贴邻。

3　两座一、二级耐火等级的厂房，当相邻较低一面外墙为防火墙且较低一座厂房的屋顶无天窗，屋顶的耐火极限不低于1.00h，或相邻较高一面外墙的门、窗等开口部位设置甲级防火门、窗或防火分隔水幕或按本规范第6.5.3条的规定设置防火卷帘时，甲、乙类厂房之间的防火间距不应小于6m；丙、丁、戊类厂房之间的防火间距不应小于4m。

4　发电厂内的主变压器，其油量可按单台确定。

5　耐火等级低于四级的既有厂房，其耐火等级可按四级确定。

6　当丙、丁、戊类厂房与丙、丁、戊类仓库相邻时，应符合本表注2、3的规定。

3.4.2　甲类厂房与重要公共建筑的防火间距不应小于50m，与明火或散发火花地点的防火间距不应小于30m。

3.4.3　散发可燃气体、可燃蒸气的甲类厂房与铁路、道路等的防火间距不应小于表3.4.3的规定，但甲类厂房所属厂内铁路装卸线当有安全措施时，防火间距不受表3.4.3规定的限制。

表3.4.3　散发可燃气体、可燃蒸气的甲类厂房与铁路、道路等的防火间距（m）

名称	厂外铁路线中心线	厂内铁路线中心线	厂外道路路边	厂内道路路边	
				主要	次要
甲类厂房	30	20	15	10	5

3.4.4　高层厂房与甲、乙、丙类液体储罐，可燃、助燃气体储罐，液化石油气储罐，可燃材料堆场（除煤和焦炭场外）的防火间距，应符合本规范第4章的规定，且不应小于13m。

3.4.5　丙、丁、戊类厂房与民用建筑的耐火等级均为一、二级时，丙、丁、戊类厂房与民用建筑的防火间距可适当减小，但应符合下列规定：

1　当较高一面外墙为无门、窗、洞口的防火墙，或比相邻较低一座建筑屋面高15m及以下范围内的外墙为无门、窗、洞口的防火墙时，其防火间距不限；

2　相邻较低一面外墙为防火墙，且屋顶无天窗或洞口、屋顶的耐火极限不低于1.00h，或相邻较高一面外墙为防火墙，且墙上开口部位采取了防火措施，其防火间距可适当减小，但不应小于4m。

3.4.6 厂房外附设化学易燃物品的设备，其外壁与相邻厂房室外附设设备的外壁或相邻厂房外墙的防火间距，不应小于本规范第3.4.1条的规定。用不燃材料制作的室外设备，可按一、二级耐火等级建筑确定。

总容量不大于15m³的丙类液体储罐，当直埋于厂房外墙外，且面向储罐一面4.0m范围内的外墙为防火墙时，其防火间距不限。

3.4.7 同一座“U”形或“山”形厂房中相邻两翼之间的防火间距，不宜小于本规范第3.4.1条的规定，但当厂房的占地面积小于本规范第3.3.1条规定的每个防火分区最大允许建筑面积时，其防火间距可为6m。

3.4.8 除高层厂房和甲类厂房外，其他类别的数座厂房占地面积之和小于本规范第3.3.1条规定的防火分区最大允许建筑面积（按其中较小者确定，但防火分区的最大允许建筑面积不限者，不应大于10000m²）时，可成组布置。当厂房建筑高度不大于7m时，组内厂房之间的防火间距不应小于4m；当厂房建筑高度大于7m时，组内厂房之间的防火间距不应小于6m。

组与组或组与相邻建筑的防火间距，应根据相邻两座中耐火等级较低的建筑，按本规范第3.4.1条的规定确定。

3.4.9 一级汽车加油站、一级汽车加气站和一级汽车加油加气合建站不应布置在城市建成区内。

3.4.10 汽车加油、加气站和加油加气合建站的分级，汽车加油、加气站和加油加气合建站及其加油（气）机、储油（气）罐等与站外明火或散发火花地点、建筑、铁路、道路的防火间距以及站内各建筑或设施之间的防火间距，应符合现行国家标准《汽车加油加气站设计与施工规范》GB 50156的规定。

3.4.11 电力系统电压为35kV～500kV且每台变压器容量不小于10MV·A的室外变、配电站以及工业企业的变压器总油量大于5t的室外降压变电站，与其他建筑的防火间距不应小于本规范第3.4.1条和第3.5.1条的规定。

3.4.12 厂区围墙与厂区内建筑的间距不宜小于5m，围墙两侧建筑的间距应满足相应建筑的防火间距要求。

3.5 仓库的防火间距

3.5.1 甲类仓库之间及与其他建筑、明火或散发火花地点、铁路、道路等的防火间距不应小于表3.5.1的规定。

3.5.2 除本规范另有规定外，乙、丙、丁、戊类仓库之间及与民用建筑的防火间距，不应小于表3.5.2的规定。

表3.5.1 甲类仓库之间及与其他建筑、明火或散发火花地点、铁路、道路等的防火间距（m）

名称		甲类仓库（储量，t）			
		甲类储存物品第3、4项		甲类储存物品第1、2、5、6项	
		≤5	>5	≤10	>10
高层民用建筑、重要公共建筑		50			
裙房、其他民用建筑、明火或散发火花地点		30	40	25	30
甲类仓库		20	20	20	20
厂房和乙、丙、丁、戊类仓库	一、二级	15	20	12	15
	三级	20	25	15	20
	四级	25	30	20	25
电力系统电压为35kV～500kV且每台变压器容量不小于10MV·A的室外变、配电站，工业企业的变压器总油量大于5t的室外降压变电站		30	40	25	30
厂外铁路线中心线		40			
厂内铁路线中心线		30			
厂外道路路边		20			
厂内道路路边	主要	10			
	次要	5			

注：甲类仓库之间的防火间距，当第3、4项物品储量不大于2t，第1、2、5、6项物品储量不大于5t时，不应小于12m。甲类仓库与高层仓库的防火间距不应小于13m。

表3.5.2 乙、丙、丁、戊类仓库之间及与民用建筑的防火间距（m）

名称			乙类仓库			丙类仓库				丁、戊类仓库			
			单、多层		高层	单、多层			高层	单、多层			高层
			一、二级	三级	一、二级	一、二级	三级	四级	一、二级	一、二级	三级	四级	一、二级
乙、丙、丁、戊类仓库	单、多层	一、二级	10	12	13	10	12	14	13	10	12	14	13
		三级	12	14	15	12	14	16	15	12	14	16	15
		四级	14	16	17	14	16	18	17	14	16	18	17
	高层	一、二级	13	15	13	13	15	17	13	13	15	17	13

续表 3.5.2

名称			乙类仓库			丙类仓库				丁、戊类仓库			
			单、多层		高层	单、多层			高层	单、多层			高层
			一、二级	三级	一、二级	一、二级	三级	四级	一、二级	一、二级	三级	四级	一、二级
民用建筑	裙房，单、多层	一、二级	25			10	12	14	13	10	12	14	13
		三级				12	14	16	15	12	14	16	15
		四级				14	16	18	17	14	16	18	17
	高层	一类	50			20	25	25	20	15	18	18	15
		二类				15	20	20	15	13	15	15	13

注：1 单、多层戊类仓库之间的防火间距，可按本表的规定减少 2m。

2 两座仓库的相邻外墙均为防火墙时，防火间距可以减小，但丙类仓库，不应小于 6m；丁、戊类仓库，不应小于 4m。两座仓库相邻较高一面外墙为防火墙，或相邻两座高度相同的一、二级耐火等级建筑中相邻任一侧外墙为防火墙且屋顶的耐火极限不低于 1.00h，且总占地面积不大于本规范第 3.3.2 条一座仓库的最大允许占地面积规定时，其防火间距不限。

3 除乙类第 6 项物品外的乙类仓库，与民用建筑的防火间距不宜小于 25m，与重要公共建筑的防火间距不应小于 50m，与铁路、道路等的防火间距不宜小于表 3.5.1 中甲类仓库与铁路、道路等的防火间距。

3.5.3 丁、戊类仓库与民用建筑的耐火等级均为一、二级时，仓库与民用建筑的防火间距可适当减小，但应符合下列规定：

1 当较高一面外墙为无门、窗、洞口的防火墙，或比相邻较低一座建筑屋面高 15m 及以下范围内的外墙为无门、窗、洞口的防火墙时，其防火间距不限；

2 相邻较低一面外墙为防火墙，且屋顶无天窗或洞口、屋顶耐火极限不低于 1.00h，或相邻较高一面外墙为防火墙，且墙上开口部位采取了防火措施，其防火间距可适当减小，但不应小于 4m。

3.5.4 粮食筒仓与其他建筑、粮食筒仓组之间的防火间距，不应小于表 3.5.4 的规定。

表 3.5.4 粮食筒仓与其他建筑、粮食筒仓组之间的防火间距（m）

名称	粮食总储量 W（t）	粮食立筒仓			粮食浅圆仓		其他建筑		
		W≤40000	40000<W≤50000	W>50000	W≤50000	W>50000	一、二级	三级	四级
粮食立筒仓	500<W≤10000	15	20	25	20	25	10	15	20
	10000<W≤40000						15	20	25
	40000<W≤50000	20					20	25	30
	W>50000	25					25	30	—
粮食浅圆仓	W≤50000	20	20	25	20	25	20	25	—
	W>50000	25					25	30	—

注：1 当粮食立筒仓、粮食浅圆仓与工作塔、接收塔、发放站为一个完整工艺单元的组群时，组内各建筑之间的防火间距不受本表限制。

2 粮食浅圆仓组内每个独立仓的储量不应大于 10000t。

3.5.5 库区围墙与库区内建筑的间距不宜小于 5m，围墙两侧建筑的间距应满足相应建筑的防火间距要求。

3.6 厂房和仓库的防爆

3.6.1 有爆炸危险的甲、乙类厂房宜独立设置，并宜采用敞开或半敞开式。其承重结构宜采用钢筋混凝土或钢框架、排架结构。

3.6.2 有爆炸危险的厂房或厂房内有爆炸危险的部位应设置泄压设施。

3.6.3 泄压设施宜采用轻质屋面板、轻质墙体和易于泄压的门、窗等，应采用安全玻璃等在爆炸时不产生尖锐碎片的材料。

泄压设施的设置应避开人员密集场所和主要交通道路，并宜靠近有爆炸危险的部位。

作为泄压设施的轻质屋面板和墙体的质量不宜大

于 $60kg/m^2$。

屋顶上的泄压设施应采取防冰雪积聚措施。

3.6.4 厂房的泄压面积宜按下式计算，但当厂房的长径比大于3时，宜将建筑划分为长径比不大于3的多个计算段，各计算段中的公共截面不得作为泄压面积：

$$A=10CV^{\frac{2}{3}} \quad (3.6.4)$$

式中：A——泄压面积（m^2）；

V——厂房的容积（m^3）；

C——泄压比，可按表3.6.4选取（m^2/m^3）。

表3.6.4 厂房内爆炸性危险物质的类别与泄压比规定值（m^2/m^3）

厂房内爆炸性危险物质的类别	C值
氨、粮食、纸、皮革、铅、铬、铜等 $K_{尘}<10MPa \cdot m \cdot s^{-1}$的粉尘	≥0.030
木屑、炭屑、煤粉、锑、锡等 $10MPa \cdot m \cdot s^{-1} \leqslant K_{尘} \leqslant 30MPa \cdot m \cdot s^{-1}$的粉尘	≥0.055
丙酮、汽油、甲醇、液化石油气、甲烷、喷漆间或干燥室，苯酚树脂、铝、镁、锆等 $K_{尘}>30MPa \cdot m \cdot s^{-1}$的粉尘	≥0.110
乙烯	≥0.160
乙炔	≥0.200
氢	≥0.250

注：1 长径比为建筑平面几何外形尺寸中的最长尺寸与其横截面周长的积和4.0倍的建筑横截面积之比。

2 $K_{尘}$是指粉尘爆炸指数。

3.6.5 散发较空气轻的可燃气体、可燃蒸气的甲类厂房，宜采用轻质屋面板作为泄压面积。顶棚应尽量平整、无死角，厂房上部空间应通风良好。

3.6.6 散发较空气重的可燃气体、可燃蒸气的甲类厂房和有粉尘、纤维爆炸危险的乙类厂房，应符合下列规定：

1 应采用不发火花的地面。采用绝缘材料作整体面层时，应采取防静电措施。

2 散发可燃粉尘、纤维的厂房，其内表面应平整、光滑，并易于清扫。

3 厂房内不宜设置地沟，确需设置时，其盖板应严密，地沟应采取防止可燃气体、可燃蒸气和粉尘、纤维在地沟积聚的有效措施，且应在与相邻厂房连通处采用防火材料密封。

3.6.7 有爆炸危险的甲、乙类生产部位，宜布置在单层厂房靠外墙的泄压设施或多层厂房顶层靠外墙的泄压设施附近。

有爆炸危险的设备宜避开厂房的梁、柱等主要承重构件布置。

3.6.8 有爆炸危险的甲、乙类厂房的总控制室应独立设置。

3.6.9 有爆炸危险的甲、乙类厂房的分控制室宜独立设置，当贴邻外墙设置时，应采用耐火极限不低于3.00h的防火隔墙与其他部位分隔。

3.6.10 有爆炸危险区域内的楼梯间、室外楼梯或有爆炸危险的区域与相邻区域连通处，应设置门斗等防护措施。门斗的隔墙应为耐火极限不应低于2.00h的防火隔墙，门应采用甲级防火门并应与楼梯间的门错位设置。

3.6.11 使用和生产甲、乙、丙类液体的厂房，其管、沟不应与相邻厂房的管、沟相通，下水道应设置隔油设施。

3.6.12 甲、乙、丙类液体仓库应设置防止液体流散的设施。遇湿会发生燃烧爆炸的物品仓库应采取防止水浸渍的措施。

3.6.13 有粉尘爆炸危险的筒仓，其顶部盖板应设置必要的泄压设施。

粮食筒仓工作塔和上通廊的泄压面积应按本规范第3.6.4条的规定计算确定。有粉尘爆炸危险的其他粮食储存设施应采取防爆措施。

3.6.14 有爆炸危险的仓库或仓库内有爆炸危险的部位，宜按本节规定采取防爆措施、设置泄压设施。

3.7 厂房的安全疏散

3.7.1 厂房的安全出口应分散布置。每个防火分区或一个防火分区的每个楼层，其相邻2个安全出口最近边缘之间的水平距离不应小于5m。

3.7.2 厂房内每个防火分区或一个防火分区内的每个楼层，其安全出口的数量应经计算确定，且不应少于2个；当符合下列条件时，可设置1个安全出口：

1 甲类厂房，每层建筑面积不大于 $100m^2$，且同一时间的作业人数不超过5人；

2 乙类厂房，每层建筑面积不大于 $150m^2$，且同一时间的作业人数不超过10人；

3 丙类厂房，每层建筑面积不大于 $250m^2$，且同一时间的作业人数不超过20人；

4 丁、戊类厂房，每层建筑面积不大于 $400m^2$，且同一时间的作业人数不超过30人；

5 地下或半地下厂房（包括地下或半地下室），每层建筑面积不大于 $50m^2$，且同一时间的作业人数不超过15人。

3.7.3 地下或半地下厂房（包括地下或半地下室），当有多个防火分区相邻布置，并采用防火墙分隔时，每个防火分区可利用防火墙上通向相邻防火分区的甲级防火门作为第二安全出口，但每个防火分区必须至少有1个直通室外的独立安全出口。

3.7.4 厂房内任一点至最近安全出口的直线距离不应大于表3.7.4的规定。

表 3.7.4 厂房内任一点至最近安全出口的直线距离（m）

生产的火灾危险性类别	耐火等级	单层厂房	多层厂房	高层厂房	地下或半地下厂房（包括地下或半地下室）
甲	一、二级	30	25	—	—
乙	一、二级	75	50	30	—
丙	一、二级 三级	80 60	60 40	40 —	30 —
丁	一、二级 三级 四级	不限 60 50	不限 50 —	50 — —	45 — —
戊	一、二级 三级 四级	不限 100 60	不限 75 —	75 — —	60 — —

3.7.5 厂房内疏散楼梯、走道、门的各自总净宽度，应根据疏散人数按每100人的最小疏散净宽度不小于表3.7.5的规定计算确定。但疏散楼梯的最小净宽度不宜小于1.10m，疏散走道的最小净宽度不宜小于1.40m，门的最小净宽度不宜小于0.90m。当每层疏散人数不相等时，疏散楼梯的总净宽度应分层计算，下层楼梯总净宽度应按该层及以上疏散人数最多一层的疏散人数计算。

表 3.7.5 厂房内疏散楼梯、走道和门的每100人最小疏散净宽度

厂房层数（层）	1～2	3	≥4
最小疏散净宽度（m/百人）	0.60	0.80	1.00

首层外门的总净宽度应按该层及以上疏散人数最多一层的疏散人数计算，且该门的最小净宽度不应小于1.20m。

3.7.6 高层厂房和甲、乙、丙类多层厂房的疏散楼梯应采用封闭楼梯间或室外楼梯。建筑高度大于32m且任一层人数超过10人的厂房，应采用防烟楼梯间或室外楼梯。

3.8 仓库的安全疏散

3.8.1 仓库的安全出口应分散布置。每个防火分区或一个防火分区的每个楼层，其相邻2个安全出口最近边缘之间的水平距离不应小于5m。

3.8.2 每座仓库的安全出口不应少于2个，当一座仓库的占地面积不大于300m² 时，可设置1个安全出口。仓库内每个防火分区通向疏散走道、楼梯或室外的出口不宜少于2个，当防火分区的建筑面积不大于100m² 时，可设置1个出口。通向疏散走道或楼梯的门应为乙级防火门。

3.8.3 地下或半地下仓库（包括地下或半地下室）的安全出口不应少于2个；当建筑面积不大于100m² 时，可设置1个安全出口。

地下或半地下仓库（包括地下或半地下室），当有多个防火分区相邻布置并采用防火墙分隔时，每个防火分区可利用防火墙上通向相邻防火分区的甲级防火门作为第二安全出口，但每个防火分区必须至少有1个直通室外的安全出口。

3.8.4 冷库、粮食筒仓、金库的安全疏散设计应分别符合现行国家标准《冷库设计规范》GB 50072和《粮食钢板筒仓设计规范》GB 50322等标准的规定。

3.8.5 粮食筒仓上层面积小于1000m²，且作业人数不超过2人时，可设置1个安全出口。

3.8.6 仓库、筒仓中符合本规范第6.4.5条规定的室外金属梯，可作为疏散楼梯，但筒仓室外楼梯平台的耐火极限不应低于0.25h。

3.8.7 高层仓库的疏散楼梯应采用封闭楼梯间。

3.8.8 除一、二级耐火等级的多层戊类仓库外，其他仓库内供垂直运输物品的提升设施宜设置在仓库外，确需设置在仓库内时，应设置在井壁的耐火极限不低于2.00h的井筒内。室内外提升设施通向仓库的入口应设置乙级防火门或符合本规范第6.5.3条规定的防火卷帘。

4 甲、乙、丙类液体、气体储罐（区）和可燃材料堆场

4.1 一般规定

4.1.1 甲、乙、丙类液体储罐区，液化石油气储罐区，可燃、助燃气体储罐区和可燃材料堆场等，应布置在城市（区域）的边缘或相对独立的安全地带，并宜布置在城市（区域）全年最小频率风向的上风侧。

甲、乙、丙类液体储罐（区）宜布置在地势较低的地带。当布置在地势较高的地带时，应采取安全防护设施。

液化石油气储罐（区）宜布置在地势平坦、开阔等不易积存液化石油气的地带。

4.1.2 桶装、瓶装甲类液体不应露天存放。

4.1.3 液化石油气储罐组或储罐区的四周应设置高度不小于1.0m的不燃性实体防护墙。

4.1.4 甲、乙、丙类液体储罐区，液化石油气储罐区，可燃、助燃气体储罐区和可燃材料堆场，应与装卸区、辅助生产区及办公区分开布置。

4.1.5 甲、乙、丙类液体储罐，液化石油气储罐，可燃、助燃气体储罐和可燃材料堆垛，与架空电力线的最近水平距离应符合本规范第10.2.1条的规定。

4.2 甲、乙、丙类液体储罐（区）的防火间距

4.2.1 甲、乙、丙类液体储罐（区）和乙、丙类液体桶装堆场与其他建筑的防火间距，不应小于表4.2.1的规定。

表 4.2.1　甲、乙、丙类液体储罐（区）和乙、丙烯液体桶装堆场与其他建筑的防火间距（m）

类别	一个罐区或堆场的总容量 V（m^3）	建筑物				室外变、配电站
		一、二级		三级	四级	
		高层民用建筑	裙房，其他建筑			
甲、乙类液体储罐（区）	1≤V＜50	40	12	15	20	30
	50≤V＜200	50	15	20	25	35
	200≤V＜1000	60	20	25	30	40
	1000≤V＜5000	70	25	30	40	50
丙类液体储罐（区）	5≤V＜250	40	12	15	20	24
	250≤V＜1000	50	15	20	25	28
	1000≤V＜5000	60	20	25	30	32
	5000≤V＜25000	70	25	30	40	40

注：1　当甲、乙类液体储罐和丙类液体储罐布置在同一储罐区时，罐区的总容量可按 1m^3 甲、乙类液体相当于 5m^3 丙类液体折算。

2　储罐防火堤外侧基脚线至相邻建筑的距离不应小于 10m。

3　甲、乙、丙类液体的固定顶储罐区或半露天堆场，乙、丙类液体桶装堆场与甲类厂房（仓库）、民用建筑的防火间距，应按本表的规定增加 25%，且甲、乙类液体的固定顶储罐区或半露天堆场，乙、丙类液体桶装堆场与甲类厂房（仓库）、裙房、单、多层民用建筑的防火间距不应小于 25m，与明火或散发火花地点的防火间距应按本表有关四级耐火等级建筑物的规定增加 25%。

4　浮顶储罐区或闪点大于 120℃ 的液体储罐区与其他建筑的防火间距，可按本表的规定减少 25%。

5　当数个储罐区布置在同一库区内时，储罐区之间的防火间距不应小于本表相应容量的储罐区与四级耐火等级建筑物防火间距的较大值。

6　直埋地下的甲、乙、丙类液体卧式罐，当单罐容量不大于 50m^3，总容量不大于 200m^3 时，与建筑物的防火间距可按本表规定减少 50%。

7　室外变、配电站指电力系统电压为 35kV～500kV 且每台变压器容量不小于 10MV·A 的室外变、配电站和工业企业的变压器总油量大于 5t 的室外降压变电站。

4.2.2　甲、乙、丙类液体储罐之间的防火间距不应小于表 4.2.2 的规定。

表 4.2.2　甲、乙、丙类液体储罐之间的防火间距（m）

<table>
<tr><th colspan="3" rowspan="2">类别</th><th colspan="3">固定顶储罐</th><th rowspan="2">浮顶储罐或设置充氮保护设备的储罐</th><th rowspan="2">卧式储罐</th></tr>
<tr><th>地上式</th><th>半地下式</th><th>地下式</th></tr>
<tr><td rowspan="2">甲、乙类液体储罐</td><td rowspan="3">单罐容量 V（m^3）</td><td>V≤1000</td><td>0.75D</td><td rowspan="2">0.5D</td><td rowspan="2">0.4D</td><td rowspan="2">0.4D</td><td rowspan="3">≥0.8m</td></tr>
<tr><td>V＞1000</td><td>0.6D</td></tr>
<tr><td>丙类液体储罐</td><td>不限</td><td>0.4D</td><td>不限</td><td>不限</td><td>—</td></tr>
</table>

注：1　D 为相邻较大立式储罐的直径（m），矩形储罐的直径为长边与短边之和的一半。

2　不同液体、不同形式储罐之间的防火间距不应小于本表规定的较大值。

3　两排卧式储罐之间的防火间距不应小于 3m。

4　当单罐容量不大于 1000m^3 且采用固定冷却系统时，甲、乙类液体的地上式固定顶储罐之间的防火间距不应小于 0.6D。

5　地上式储罐同时设置液下喷射泡沫灭火系统、固定冷却水系统和扑救防火堤内液体火灾的泡沫灭火设施时，储罐之间的防火间距可适当减小，但不宜小于 0.4D。

6　闪点大于 120℃ 的液体，当单罐容量大于 1000m^3 时，储罐之间的防火间距不应小于 5m；当单罐容量不大于 1000m^3 时，储罐之间的防火间距不应小于 2m。

4.2.3　甲、乙、丙类液体储罐成组布置时，应符合下列规定：

1　组内储罐的单罐容量和总容量不应大于表 4.2.3 的规定。

表 4.2.3　甲、乙、丙类液体储罐分组布置的最大容量

类别	单罐最大容量（m^3）	一组罐最大容量（m^3）
甲、乙类液体	200	1000
丙类液体	500	3000

2 组内储罐的布置不应超过两排。甲、乙类液体立式储罐之间的防火间距不应小于2m，卧式储罐之间的防火间距不应小于0.8m；丙类液体储罐之间的防火间距不限。

3 储罐组之间的防火间距应根据组内储罐的形式和总容量折算为相同类别的标准单罐，按本规范第4.2.2条的规定确定。

4.2.4 甲、乙、丙类液体的地上式、半地下式储罐区，其每个防火堤内宜布置火灾危险性类别相同或相近的储罐。沸溢性油品储罐不应与非沸溢性油品储罐布置在同一防火堤内。地上式、半地下式储罐不应与地下式储罐布置在同一防火堤内。

4.2.5 甲、乙、丙类液体的地上式、半地下式储罐或储罐组，其四周应设置不燃性防火堤。防火堤的设置应符合下列规定：

1 防火堤内的储罐布置不宜超过2排，单罐容量不大于1000m³且闪点大于120℃的液体储罐不宜超过4排。

2 防火堤的有效容量不应小于其中最大储罐的容量。对于浮顶罐，防火堤的有效容量可为其中最大储罐容量的一半。

3 防火堤内侧基脚线至立式储罐外壁的水平距离不应小于罐壁高度的一半。防火堤内侧基脚线至卧式储罐的水平距离不应小于3m。

4 防火堤的设计高度应比计算高度高出0.2m，且应为1.0m～2.2m，在防火堤的适当位置应设置便于灭火救援人员进出防火堤的踏步。

5 沸溢性油品的地上式、半地下式储罐，每个储罐均应设置一个防火堤或防火隔堤。

6 含油污水排水管应在防火堤的出口处设置水封设施，雨水排水管应设置阀门等封闭、隔离装置。

4.2.6 甲类液体半露天堆场，乙、丙类液体桶装堆场和闪点大于120℃的液体储罐（区），当采取了防止液体流散的设施时，可不设置防火堤。

4.2.7 甲、乙、丙类液体储罐与其泵房、装卸鹤管的防火间距不应小于表4.2.7的规定。

表4.2.7 甲、乙、丙类液体储罐与其泵房、装卸鹤管的防火间距（m）

液体类别和储罐形式		泵房	铁路或汽车装卸鹤管
甲、乙类液体储罐	拱顶罐	15	20
	浮顶罐	12	15
丙类液体储罐		10	12

注：1 总容量不大于1000m³的甲、乙类液体储罐和总容量不大于5000m³的丙类液体储罐，其防火间距可按本表的规定减少25%。

2 泵房、装卸鹤管与储罐防火堤外侧基脚线的距离不应小于5m。

4.2.8 甲、乙、丙类液体装卸鹤管与建筑物、厂内铁路线的防火间距不应小于表4.2.8的规定。

表4.2.8 甲、乙、丙类液体装卸鹤管与建筑物、厂内铁路线的防火间距（m）

名称	建筑物			厂内铁路线	泵房
	一、二级	三级	四级		
甲、乙类液体装卸鹤管	14	16	18	20	8
丙类液体装卸鹤管	10	12	14	10	

注：装卸鹤管与其直接装卸用的甲、乙、丙类液体装卸铁路线的防火间距不限。

4.2.9 甲、乙、丙类液体储罐与铁路、道路的防火间距不应小于表4.2.9的规定。

表4.2.9 甲、乙、丙类液体储罐与铁路、道路的防火间距（m）

名称	厂外铁路线中心线	厂内铁路线中心线	厂外道路路边	厂内道路路边	
				主要	次要
甲、乙类液体储罐	35	25	20	15	10
丙类液体储罐	30	20	15	10	5

4.2.10 零位罐与所属铁路装卸线的距离不应小于6m。

4.2.11 石油库的储罐（区）与建筑的防火间距，石油库内的储罐布置和防火间距以及储罐与泵房、装卸鹤管等库内建筑的防火间距，应符合现行国家标准《石油库设计规范》GB 50074的规定。

4.3 可燃、助燃气体储罐（区）的防火间距

4.3.1 可燃气体储罐与建筑物、储罐、堆场等的防火间距应符合下列规定：

1 湿式可燃气体储罐与建筑物、储罐、堆场等的防火间距不应小于表4.3.1的规定。

表4.3.1 湿式可燃气体储罐与建筑物、储罐、堆场等的防火间距（m）

名称	湿式可燃气体储罐（总容积V，m³）				
	V＜1000	1000≤V＜10000	10000≤V＜50000	50000≤V＜100000	100000≤V＜300000
甲类仓库 甲、乙、丙类液体储罐 可燃材料堆场 室外变、配电站 明火或散发火花的地点	20	25	30	35	40

续表 4.3.1

名称		湿式可燃气体储罐（总容积 V，m^3）				
		V＜1000	1000≤V＜10000	1000≤V＜50000	50000≤V＜100000	100000≤V＜300000
高层民用建筑		25	30	35	40	45
裙房，单、多层民用建筑		18	20	25	30	35
其他建筑	一、二级	12	15	20	25	30
	三级	15	20	25	30	35
	四级	20	25	30	35	40

注：固定容积可燃气体储罐的总容积按储罐几何容积（m^3）和设计储存压力（绝对压力，10^5Pa）的乘积计算。

2　固定容积的可燃气体储罐与建筑物、储罐、堆场等的防火间距不应小于表 4.3.1 的规定。

3　干式可燃气体储罐与建筑物、储罐、堆场等的防火间距：当可燃气体的密度比空气大时，应按表 4.3.1 的规定增加 25%；当可燃气体的密度比空气小时，可按表 4.3.1 的规定确定。

4　湿式或干式可燃气体储罐的水封井、油泵房和电梯间等附属设施与该储罐的防火间距，可按工艺要求布置。

5　容积不大于 $20m^3$ 的可燃气体储罐与其使用厂房的防火间距不限。

4.3.2　可燃气体储罐（区）之间的防火间距应符合下列规定：

1　湿式可燃气体储罐或干式可燃气体储罐之间及湿式与干式可燃气体储罐的防火间距，不应小于相邻较大罐直径的 1/2。

2　固定容积的可燃气体储罐之间的防火间距不应小于相邻较大罐直径的 2/3。

3　固定容积的可燃气体储罐与湿式或干式可燃气体储罐的防火间距，不应小于相邻较大罐直径的 1/2。

4　数个固定容积的可燃气体储罐的总容积大于 $200000m^3$ 时，应分组布置。卧式储罐组之间的防火间距不应小于相邻较大罐长度的一半；球形储罐组之间的防火间距不应小于相邻较大罐直径，且不应小于 20m。

4.3.3　氧气储罐与建筑物、储罐、堆场等的防火间距应符合下列规定：

1　湿式氧气储罐与建筑物、储罐、堆场等的防火间距不应小于表 4.3.3 的规定。

2　氧气储罐之间的防火间距不应小于相邻较大罐直径的 1/2。

3　氧气储罐与可燃气体储罐的防火间距不应小于相邻较大罐的直径。

4　固定容积的氧气储罐与建筑物、储罐、堆场等的防火间距不应小于表 4.3.3 的规定。

表 4.3.3　湿式氧气储罐与建筑物、储罐、堆场等的防火间距（m）

名称		湿式氧气储罐（总容积 V，m^3）		
		V≤1000	1000＜V≤50000	V＞50000
明火或散发火花地点		25	30	35
甲、乙、丙类液体储罐，可燃材料堆场，甲类仓库，室外变、配电站		20	25	30
民用建筑		18	20	25
其他建筑	一、二级	10	12	14
	三级	12	14	16
	四级	14	16	18

注：固定容积氧气储罐的总容积按储罐几何容积（m^3）和设计储存压力（绝对压力，10^5Pa）的乘积计算。

5　氧气储罐与其制氧厂房的防火间距可按工艺布置要求确定。

6　容积不大于 $50m^3$ 的氧气储罐与其使用厂房的防火间距不限。

注：$1m^3$ 液氧折合标准状态下 $800m^3$ 气态氧。

4.3.4　液氧储罐与建筑物、储罐、堆场等的防火间距应符合本规范第 4.3.3 条相应容积湿式氧气储罐防火间距的规定。液氧储罐与其泵房的间距不宜小于 3m。总容积小于或等于 $3m^3$ 的液氧储罐与其使用建筑的防火间距应符合下列规定：

1　当设置在独立的一、二级耐火等级的专用建筑物内时，其防火间距不应小于 10m；

2　当设置在独立的一、二级耐火等级的专用建筑物内，且面向使用建筑物一侧采用无门窗洞口的防火墙隔开时，其防火间距不限；

3　当低温储存的液氧储罐采取了防火措施时，其防火间距不应小于 5m。

医疗卫生机构中的医用液氧储罐气源站的液氧储罐应符合下列规定：

1　单罐容积不应大于 $5m^3$，总容积不宜大于 $20m^3$；

2　相邻储罐之间的距离不应小于最大储罐直径的 0.75 倍；

3　医用液氧储罐与医疗卫生机构外建筑的防火间距应符合本规范第 4.3.3 条的规定，与医疗卫生机构内的建筑的防火间距应符合现行国家标准《医用气体工程技术规范》GB 50751 的规定。

4.3.5　液氧储罐周围 5m 范围内不应有可燃物和沥青路面。

4.3.6　可燃、助燃气体储罐与铁路、道路的防火间距不应小于表 4.3.6 的规定。

表 4.3.6 可燃、助燃气体储罐与铁路、道路的防火间距（m）

名称	厂外铁路线中心线	厂内铁路线中心线	厂外道路路边	厂内道路路边	
				主要	次要
可燃、助燃气体储罐	25	20	5	10	5

4.3.7 液氢、液氨储罐与建筑物、储罐、堆场等的防火间距可按本规范第 4.4.1 条相应容积液化石油气储罐防火间距的规定减少 25%确定。

4.3.8 液化天然气气化站的液化天然气储罐（区）与站外建筑等的防火间距不应小于表 4.3.8 的规定，与表 4.3.8 未规定的其他建筑的防火间距，应符合现行国家标准《城镇燃气设计规范》GB 50028 的规定。

表 4.3.8 液化天然气气化站的液化天然气储罐（区）与站外建筑等的防火间距（m）

<table>
<tr><th colspan="2" rowspan="2">名称</th><th colspan="7">液化天然气储罐（区）（总容积 V，m³）</th><th rowspan="3">集中放散装置的天然气放散总管</th></tr>
<tr><th>V≤10</th><th>10<V≤30</th><th>30<V≤50</th><th>50<V≤200</th><th>200<V≤500</th><th>500<V≤1000</th><th>1000<V≤2000</th></tr>
<tr><td colspan="2">单罐容积 V（m³）</td><td>V≤10</td><td>V≤30</td><td>V≤50</td><td>V≤200</td><td>V≤500</td><td>V≤1000</td><td>V≤2000</td></tr>
<tr><td colspan="2">居住区、村镇和重要公共建筑（最外侧建筑物的外墙）</td><td>30</td><td>35</td><td>45</td><td>50</td><td>70</td><td>90</td><td>110</td><td>45</td></tr>
<tr><td colspan="2">工业企业（最外侧建筑物的外墙）</td><td>22</td><td>25</td><td>27</td><td>30</td><td>35</td><td>40</td><td>50</td><td>20</td></tr>
<tr><td colspan="2">明火或散发火花地点，室外变、配电站</td><td>30</td><td>35</td><td>45</td><td>50</td><td>55</td><td>60</td><td>70</td><td>30</td></tr>
<tr><td colspan="2">其他民用建筑，甲、乙类液体储罐，甲、乙类仓库，甲、乙类厂房，秸秆、芦苇、打包废纸等材料堆场</td><td>27</td><td>32</td><td>40</td><td>45</td><td>50</td><td>55</td><td>65</td><td>25</td></tr>
<tr><td colspan="2">丙类液体储罐，可燃气体储罐，丙、丁类厂房，丙、丁类仓库</td><td>25</td><td>27</td><td>32</td><td>35</td><td>40</td><td>45</td><td>55</td><td>20</td></tr>
<tr><td rowspan="2">公路（路边）</td><td>高速，Ⅰ、Ⅱ级，城市快速</td><td colspan="3">20</td><td colspan="4">25</td><td>15</td></tr>
<tr><td>其他</td><td colspan="3">15</td><td colspan="4">20</td><td>10</td></tr>
<tr><td colspan="2">架空电力线（中心线）</td><td colspan="5">1.5 倍杆高</td><td colspan="2">1.5 倍杆高，但 35kV 及以上架空电力线不应小于 40m</td><td>2.0 倍杆高</td></tr>
<tr><td rowspan="2">架空通信线（中心线）</td><td>Ⅰ、Ⅱ级</td><td colspan="2">1.5 倍标高</td><td colspan="2">30</td><td colspan="3">40</td><td>1.5 倍杆高</td></tr>
<tr><td>其他</td><td colspan="8">1.5 倍标高</td></tr>
<tr><td rowspan="2">铁路（中心线）</td><td>国家线</td><td>40</td><td>50</td><td>60</td><td colspan="2">70</td><td colspan="2">80</td><td>40</td></tr>
<tr><td>企业专用线</td><td colspan="3">25</td><td colspan="2">30</td><td colspan="2">35</td><td>30</td></tr>
</table>

注：居住区、村镇指 1000 人或 300 户及以上者；当少于 1000 人或 300 户时，相应防火间距应按本表有关其他民用建筑的要求确定。

4.4 液化石油气储罐（区）的防火间距

4.4.1 液化石油气供应基地的全压式和半冷冻式储罐（区），与明火或散发火花地点和基地外建筑等的防火间距不应小于表 4.4.1 的规定，与表 4.4.1 未规定的其他建筑的防火间距应符合现行国家标准《城镇燃气设计规范》GB 50028 的规定。

表 4.4.1　液化石油气供应基地的全压式和半冷冻式储罐（区）与明火或散发火花地点和基地外建筑等的防火间距（m）

<table>
<tr><td colspan="2" rowspan="2">名称</td><td colspan="7">液化石油气储罐（区）（总容积V，m^3）</td></tr>
<tr><td>30＜V≤50</td><td>50＜V≤200</td><td>200＜V≤500</td><td>500＜V≤1000</td><td>1000＜V≤2500</td><td>2500＜V≤5000</td><td>5000＜V≤10000</td></tr>
<tr><td colspan="2">单罐容积V（m^3）</td><td>V≤20</td><td>V≤50</td><td>V≤100</td><td>V≤200</td><td>V≤400</td><td>V≤1000</td><td>V＞1000</td></tr>
<tr><td colspan="2">居住区、村镇和重要公共建筑（最外侧建筑物的外墙）</td><td>45</td><td>50</td><td>70</td><td>90</td><td>110</td><td>130</td><td>150</td></tr>
<tr><td colspan="2">工业企业（最外侧建筑物的外墙）</td><td>27</td><td>30</td><td>35</td><td>40</td><td>50</td><td>60</td><td>75</td></tr>
<tr><td colspan="2">明火或散发火花地点，室外变、配电站</td><td>45</td><td>50</td><td>55</td><td>60</td><td>70</td><td>80</td><td>120</td></tr>
<tr><td colspan="2">其他民用建筑，甲、乙类液体储罐，甲、乙类仓库，甲、乙类厂房，秸秆、芦苇、打包废纸等材料堆场</td><td>40</td><td>45</td><td>50</td><td>55</td><td>65</td><td>75</td><td>100</td></tr>
<tr><td colspan="2">丙类液体储罐，可燃气体储罐、丙、丁类厂房，丙、丁类仓库</td><td>32</td><td>35</td><td>40</td><td>45</td><td>55</td><td>65</td><td>80</td></tr>
<tr><td colspan="2">助燃气体储罐，木材等材料堆场</td><td>27</td><td>30</td><td>35</td><td>40</td><td>50</td><td>60</td><td>75</td></tr>
<tr><td rowspan="3">其他建筑</td><td>一、二级</td><td>18</td><td>20</td><td>22</td><td>25</td><td>30</td><td>40</td><td>50</td></tr>
<tr><td>三级</td><td>22</td><td>25</td><td>27</td><td>30</td><td>40</td><td>50</td><td>60</td></tr>
<tr><td>四级</td><td>27</td><td>30</td><td>35</td><td>40</td><td>50</td><td>60</td><td>75</td></tr>
<tr><td rowspan="2">公路（路边）</td><td>高速，Ⅰ、Ⅱ级</td><td>20</td><td colspan="5">25</td><td>30</td></tr>
<tr><td>Ⅲ、Ⅳ级</td><td>15</td><td colspan="5">20</td><td>25</td></tr>
<tr><td colspan="2">架空电力线（中心线）</td><td colspan="7">应符合本规范第10.2.1条的规定</td></tr>
<tr><td rowspan="2">架空通信线（中心线）</td><td>Ⅰ、Ⅱ级</td><td colspan="2">30</td><td colspan="5">40</td></tr>
<tr><td>Ⅲ、Ⅳ级</td><td colspan="7">1.5倍杆高</td></tr>
<tr><td rowspan="2">铁路（中心线）</td><td>国家线</td><td>60</td><td colspan="2">70</td><td colspan="2">80</td><td colspan="2">100</td></tr>
<tr><td>企业专用线</td><td>25</td><td colspan="2">30</td><td colspan="2">35</td><td colspan="2">40</td></tr>
</table>

注：1　防火间距应按本表储罐区的总容积或单罐容积的较大者确定。

2　当地下液化石油气储罐的单罐容积不大于50m^3，总容积不大于400m^3时，其防火间距可按本表的规定减少50%。

3　居住区、村镇指1000人或300户及以上者；当少于1000人或300户时，相应防火间距应按本表有关其他民用建筑的要求确定。

4.4.2　液化石油气储罐之间的防火间距不应小于相邻较大罐的直径。

数个储罐的总容积大于3000m^3时，应分组布置，组内储罐宜采用单排布置。组与组相邻储罐之间的防火间距不应小于20m。

4.4.3　液化石油气储罐与所属泵房的防火间距不应小于15m。当泵房面向储罐一侧的外墙采用无门、窗、洞口的防火墙时，防火间距可减至6m。液化石油气泵露天设置在储罐区内时，储罐与泵的防火间距不限。

4.4.4　全冷冻式液化石油气储罐、液化石油气气化站、混气站的储罐与周围建筑的防火间距，应符合现行国家标准《城镇燃气设计规范》GB 50028的规定。

工业企业内总容积不大于10m^3的液化石油气气化站、混气站的储罐，当设置在专用的独立建筑内时，建筑外墙与相邻厂房及其附属设备的防火间距可按甲类厂房有关防火间距的规定确定。当露天设置时，与建筑物、储罐、堆场等的防火间距应符合现行国家标准《城镇燃气设计规范》GB 50028的规定。

4.4.5　Ⅰ、Ⅱ级瓶装液化石油气供应站瓶库与站外建筑等的防火间距不应小于表4.4.5的规定。瓶装液化石油气供应站的分级及总存瓶容积不大于1m^3的

瓶装供应站瓶库的设置，应符合现行国家标准《城镇燃气设计规范》GB 50028 的规定。

表 4.4.5 Ⅰ、Ⅱ级瓶装液化石油气供应站瓶库与站外建筑等的防火间距（m）

名称	Ⅰ级		Ⅱ级	
瓶库的总存瓶容积 V（m^3）	6＜V≤10	10＜V≤20	1＜V≤3	3＜V≤6
明火或散发火花地点	30	35	20	25
重要公共建筑	20	25	12	15
其他民用建筑	10	15	6	8
主要道路路边	10	10	8	8
次要道路路边	5	5	5	5

注：总存瓶容积应按实瓶个数与单瓶几何容积的乘积计算。

4.4.6 Ⅰ级瓶装液化石油气供应站的四周宜设置不燃性实体围墙，但面向出入口一侧可设置不燃性非实体围墙。

Ⅱ级瓶装液化石油气供应站的四周宜设置不燃性实体围墙，或下部实体部分高度不低于 0.6m 的围墙。

4.5 可燃材料堆场的防火间距

4.5.1 露天、半露天可燃材料堆场与建筑物的防火间距不应小于表 4.5.1 的规定。

表 4.5.1 露天、半露天可燃材料堆场与建筑物的防火间距（m）

名称	一个堆场的总储量	建筑物		
		一、二级	三级	四级
粮食席穴囤 W（t）	10≤W＜5000	15	20	25
	5000≤W＜20000	20	25	30
粮食土圆仓 W（t）	500≤W＜10000	10	15	20
	10000≤W＜20000	15	20	25
棉、麻、毛、化纤、百货 W（t）	10≤W＜500	10	15	20
	500≤W＜1000	15	20	25
	1000≤W＜5000	20	25	30
秸秆、芦苇、打包废纸等 W（t）	10≤W＜5000	15	20	25
	5000≤W＜10000	20	25	30
	W≥10000	25	30	40
木材等 V（m^3）	50≤V＜1000	10	15	20
	1000≤V＜10000	15	20	25
	V≥10000	20	25	30
煤和焦炭 W（t）	100≤W＜5000	6	8	10
	W≥5000	8	10	12

注：露天、半露天秸秆、芦苇、打包废纸等材料堆场，与甲类厂房（仓库）、民用建筑的防火间距应根据建筑物的耐火等级分别按本表的规定增加 25%且不应小于 25m，与室外变、配电站的防火间距不应小于 50m，与明火或散发火花地点的防火间距应按本表四级耐火等级建筑物的相应规定增加 25%。

当一个木材堆场的总储量大于 25000m^3 或一个秸秆、芦苇、打包废纸等材料堆场的总储量大于 20000t 时，宜分设堆场。各堆场之间的防火间距不应小于相邻较大堆场与四级耐火等级建筑物的防火间距。

不同性质物品堆场之间的防火间距，不应小于本表相应储量堆场与四级耐火等级建筑物防火间距的较大值。

4.5.2 露天、半露天可燃材料堆场与甲、乙、丙类液体储罐的防火间距，不应小于本规范表 4.2.1 和表 4.5.1 中相应储量堆场与四级耐火等级建筑物防火间距的较大值。

4.5.3 露天、半露天秸秆、芦苇、打包废纸等材料堆场与铁路、道路的防火间距不应小于表 4.5.3 的规定，其他可燃材料堆场与铁路、道路的防火间距可根据材料的火灾危险性按类比原则确定。

表 4.5.3 露天、半露天可燃材料堆场与铁路、道路的防火间距（m）

名称	厂外铁路线中心线	厂内铁路线中心线	厂外道路路边	厂内道路路边	
				主要	次要
秸秆、芦苇、打包废纸等材料堆场	30	20	15	10	5

5 民用建筑

5.1 建筑分类和耐火等级

5.1.1 民用建筑根据其建筑高度和层数可分为单、多层民用建筑和高层民用建筑。高层民用建筑根据其建筑高度、使用功能和楼层的建筑面积可分为一类和二类。民用建筑的分类应符合表 5.1.1 的规定。

表 5.1.1 民用建筑的分类

名称	高层民用建筑		单、多层民用建筑
	一类	二类	
住宅建筑	建筑高度大于 54m 的住宅建筑（包括设置商业服务网点的住宅建筑）	建筑高度大于 27m，但不大于 54m 的住宅建筑（包括设置商业服务网点的住宅建筑）	建筑高度不大于 27m 的住宅建筑（包括设置商业服务网点的住宅建筑）
公共建筑	1. 建筑高度大于 50m 的公共建筑； 2. 建筑高度 24m 以上部分任一楼层建筑面积大于 1000m² 的商店、展览、电信、邮政、财贸金融建筑和其他多种功能组合的建筑； 3. 医疗建筑、重要公共建筑、独立建造的老年人照料设施； 4. 省级及以上的广播电视和防灾指挥调度建筑、网局级和省级电力调度建筑； 5. 藏书超过 100 万册的图书馆、书库	除一类高层公共建筑外的其他高层公共建筑	1. 建筑高度大于 24m 的单层公共建筑； 2. 建筑高度不大于 24m 的其他公共建筑

注：1 表中未列入的建筑，其类别应根据本表类比确定。
2 除本规范另有规定外，宿舍、公寓等非住宅类居住建筑的防火要求，应符合本规范有关公共建筑的规定。
3 除本规范另有规定外，裙房的防火要求应符合本规范有关高层民用建筑的规定。

5.1.2 民用建筑的耐火等级可分为一、二、三、四级。除本规范另有规定外，不同耐火等级建筑相应构件的燃烧性能和耐火极限不应低于表 5.1.2 的规定。

表 5.1.2 不同耐火等级建筑相应构件的燃烧性能和耐火极限（h）

构件名称		耐火等级			
		一级	二级	三级	四级
墙	防火墙	不燃性 3.00	不燃性 3.00	不燃性 3.00	不燃性 3.00
墙	承重墙	不燃性 3.00	不燃性 2.50	不燃性 2.00	难燃性 0.50
墙	非承重外墙	不燃性 1.00	不燃性 1.00	不燃性 0.50	可燃性
墙	楼梯间和前室的墙电梯井的墙住宅建筑单元之间的墙和分户墙	不燃性 2.00	不燃性 2.00	不燃性 1.50	难燃性 0.50
墙	疏散走道两侧的隔墙	不燃性 1.00	不燃性 1.00	不燃性 0.50	难燃性 0.25
墙	房间隔墙	不燃性 0.75	不燃性 0.50	难燃性 0.50	难燃性 0.25
柱		不燃性 3.00	不燃性 2.50	不燃性 2.00	难燃性 0.50
梁		不燃性 2.00	不燃性 1.50	不燃性 1.00	难燃性 0.50
楼板		不燃性 1.50	不燃性 1.00	不燃性 0.50	可燃性
屋顶承重构件		不燃性 1.50	不燃性 1.00	可燃性 0.50	可燃性
疏散楼梯		不燃性 1.50	不燃性 1.00	不燃性 0.50	可燃性
吊顶（包括吊顶搁栅）		不燃性 0.25	难燃性 0.25	难燃性 0.15	可燃性

注：1 除本规范另有规定外，以木柱承重且墙体采用不燃材料的建筑，其耐火等级应按四级确定。
2 住宅建筑构件的耐火极限和燃烧性能可按现行国家标准《住宅建筑规范》GB 50368 的规定执行。

5.1.3 民用建筑的耐火等级应根据其建筑高度、使用功能、重要性和火灾扑救难度等确定，并应符合下列规定：

1 地下或半地下建筑（室）和一类高层建筑的耐火等级不应低于一级；

2 单、多层重要公共建筑和二类高层建筑的耐火等级不应低于二级。

5.1.3A 除木结构建筑外，老年人照料设施的耐火等级不应低于三级。

5.1.4 建筑高度大于 100m 的民用建筑，其楼板的耐火极限不应低于 2.00h。

一、二级耐火等级建筑的上人平屋顶，其屋面板的耐火极限分别不应低于 1.50h 和 1.00h。

5.1.5 一、二级耐火等级建筑的屋面板应采用不燃材料。

屋面防水层宜采用不燃、难燃材料，当采用可燃防水材料且铺设在可燃、难燃保温材料上时，防水材料或可燃、难燃保温材料应采用不燃材料作防护层。

5.1.6 二级耐火等级建筑内采用难燃性墙体的房间隔墙，其耐火极限不应低于0.75h；当房间的建筑面积不大于$100m^2$时，房间隔墙可采用耐火极限不低于0.50h的难燃性墙体或耐火极限不低于0.30h的不燃性墙体。

二级耐火等级多层住宅建筑内采用预应力钢筋混凝土的楼板，其耐火极限不应低于0.75h。

5.1.7 建筑中的非承重外墙、房间隔墙和屋面板，当确需采用金属夹芯板材时，其芯材应为不燃材料，且耐火极限应符合本规范有关规定。

5.1.8 二级耐火等级建筑内采用不燃材料的吊顶，其耐火极限不限。

三级耐火等级的医疗建筑、中小学校的教学建筑、老年人照料设施及托儿所、幼儿园的儿童用房和儿童游乐厅等儿童活动场所的吊顶，应采用不燃材料；当采用难燃材料时，其耐火极限不应低于0.25h。

二、三级耐火等级建筑内门厅、走道的吊顶应采用不燃材料。

5.1.9 建筑内预制钢筋混凝土构件的节点外露部位，应采取防火保护措施，且节点的耐火极限不应低于相应构件的耐火极限。

5.2 总平面布局

5.2.1 在总平面布局中，应合理确定建筑的位置、防火间距、消防车道和消防水源等，不宜将民用建筑布置在甲、乙类厂（库）房，甲、乙、丙类液体储罐，可燃气体储罐和可燃材料堆场的附近。

5.2.2 民用建筑之间的防火间距不应小于表5.2.2的规定，与其他建筑的防火间距，除应符合本节规定外，尚应符合本规范其他章的有关规定。

表5.2.2 民用建筑之间的防火间距（m）

建筑类别		高层民用建筑	裙房和其他民用建筑		
		一、二级	一、二级	三级	四级
高层民用建筑	一、二级	13	9	11	14
裙房和其他民用建筑	一、二级	9	6	7	9
	三级	11	7	8	10
	四级	14	9	10	12

注：1 相邻两座单、多层建筑，当相邻外墙为不燃性墙体且无外露的可燃性屋檐，每面外墙上无防火保护的门、窗、洞口不正对开设且该门、窗、洞口的面积之和不大于外墙面积的5%时，其防火间距可按本表的规定减少25%。

2 两座建筑相邻较高一面外墙为防火墙，或高出相邻较低一座一、二级耐火等级建筑的屋面15m及以下范围内的外墙为防火墙时，其防火间距不限。

3 相邻两座高度相同的一、二级耐火等级建筑中相邻任一侧外墙为防火墙，屋顶的耐火极限不低于1.00h时，其防火间距不限。

4 相邻两座建筑中较低一座建筑的耐火等级不低于二级，相邻较低一面外墙为防火墙且屋顶无天窗，屋顶的耐火极限不低于1.00h时，其防火间距不应小于3.5m；对于高层建筑，不应小于4m。

5 相邻两座建筑中较低一座建筑的耐火等级不低于二级且屋顶无天窗，相邻较高一面外墙高出较低一座建筑的屋面15m及以下范围内的开口部位设置甲级防火门、窗，或设置符合现行国家标准《自动喷水灭火系统设计规范》GB 50084规定的防火分隔水幕或本规范第6.5.3条规定的防火卷帘时，其防火间距不应小于3.5m；对于高层建筑，不应小于4m。

6 相邻建筑通过连廊、天桥或底部的建筑物等连接时，其间距不应小于本表的规定。

7 耐火等级低于四级的既有建筑，其耐火等级可按四级确定。

5.2.3 民用建筑与单独建造的变电站的防火间距应符合本规范第3.4.1条有关室外变、配电站的规定，但与单独建造的终端变电站的防火间距，可根据变电站的耐火等级按本规范第5.2.2条有关民用建筑的规定确定。

民用建筑与10kV及以下的预装式变电站的防火间距不应小于3m。

民用建筑与燃油、燃气或燃煤锅炉房的防火间距应符合本规范第3.4.1条有关丁类厂房的规定，但与单台蒸汽锅炉的蒸发量不大于4t/h或单台热水锅炉的额定热功率不大于2.8MW的燃煤锅炉房的防火间距，可根据锅炉房的耐火等级按本规范第5.2.2条有关民用建筑的规定确定。

5.2.4 除高层民用建筑外，数座一、二级耐火等级的住宅建筑或办公建筑，当建筑物的占地面积总和不大于$2500m^2$时，可成组布置，但组内建筑物之间的间距不宜小于4m。组与组或组与相邻建筑物的防火间距不应小于本规范第5.2.2条的规定。

5.2.5 民用建筑与燃气调压站、液化石油气气化站或混气站、城市液化石油气供应站瓶库等的防火间距，应符合现行国家标准《城镇燃气设计规范》GB 50028的规定。

5.2.6 建筑高度大于100m的民用建筑与相邻建筑的防火间距，当符合本规范第3.4.5条、第3.5.3条、第4.2.1条和第5.2.2条允许减小的条件时，仍不应减小。

5.3 防火分区和层数

5.3.1 除本规范另有规定外，不同耐火等级建筑的允许建筑高度或层数、防火分区最大允许建筑面积应

符合表 5.3.1 的规定。

表 5.3.1　不同耐火等级建筑的允许建筑高度或层数、防火分区最大允许建筑面积

名称	耐火等级	允许建筑高度或层数	防火分区的最大允许建筑面积（m^2）	备注
高层民用建筑	一、二级	按本规范第 5.1.1 条确定	1500	对于体育馆、剧场的观众厅，防火分区的最大允许建筑面积可适当增加
单、多层民用建筑	一、二级	按本规范第 5.1.1 条确定	2500	
	三级	5 层	1200	
	四级	2 层	600	
地下或半地下建筑（室）	一级	—	500	设备用房的防火分区最大允许建筑面积不应大于 $1000m^2$

注：1　表中规定的防火分区最大允许建筑面积，当建筑内设置自动灭火系统时，可按本表的规定增加 1.0 倍；局部设置时，防火分区的增加面积可按该局部面积的 1.0 倍计算。

2　裙房与高层建筑主体之间设置防火墙时，裙房的防火分区可按单、多层建筑的要求确定。

5.3.1A　独立建造的一、二级耐火等级老年人照料设施的建筑高度不宜大于 32m，不应大于 54m；独立建造的三级耐火等级老年人照料设施，不应超过 2 层。

5.3.2　建筑内设置自动扶梯、敞开楼梯等上、下层相连通的开口时，其防火分区的建筑面积应按上、下层相连通的建筑面积叠加计算；当叠加计算后的建筑面积大于本规范第 5.3.1 条的规定时，应划分防火分区。

建筑内设置中庭时，其防火分区的建筑面积应按上、下层相连通的建筑面积叠加计算；当叠加计算后的建筑面积大于本规范第 5.3.1 条的规定时，应符合下列规定：

1　与周围连通空间应进行防火分隔：采用防火隔墙时，其耐火极限不应低于 1.00h；采用防火玻璃墙时，其耐火隔热性和耐火完整性不应低于 1.00h，采用耐火完整性不低于 1.00h 的非隔热性防火玻璃墙时，应设置自动喷水灭火系统进行保护；采用防火卷帘时，其耐火极限不应低于 3.00h，并应符合本规范第 6.5.3 条的规定；与中庭相连通的门、窗，应采用火灾时能自行关闭的甲级防火门、窗；

2　高层建筑内的中庭回廊应设置自动喷水灭火系统和火灾自动报警系统；

3　中庭应设置排烟设施；

4　中庭内不应布置可燃物。

5.3.3　防火分区之间应采用防火墙分隔，确有困难时，可采用防火卷帘等防火分隔设施分隔。采用防火卷帘分隔时，应符合本规范第 6.5.3 条的规定。

5.3.4　一、二级耐火等级建筑内的商店营业厅、展览厅，当设置自动灭火系统和火灾自动报警系统并采用不燃或难燃装修材料时，其每个防火分区的最大允许建筑面积应符合下列规定：

1　设置在高层建筑内时，不应大于 $4000m^2$；

2　设置在单层建筑或仅设置在多层建筑的首层内时，不应大于 $10000m^2$；

3　设置在地下或半地下时，不应大于 $2000m^2$。

5.3.5　总建筑面积大于 $20000m^2$ 的地下或半地下商店，应采用无门、窗、洞口的防火墙、耐火极限不低于 2.00h 的楼板分隔为多个建筑面积不大于 $20000m^2$ 的区域。相邻区域确需局部连通时，应采用下沉式广场等室外开敞空间、防火隔间、避难走道、防烟楼梯间等方式进行连通，并应符合下列规定：

1　下沉式广场等室外开敞空间应能防止相邻区域的火灾蔓延和便于安全疏散，并应符合本规范第 6.4.12 条的规定；

2　防火隔间的墙应为耐火极限不低于 3.00h 的防火隔墙，并应符合本规范第 6.4.13 条的规定；

3　避难走道应符合本规范第 6.4.14 条的规定；

4　防烟楼梯间的门应采用甲级防火门。

5.3.6　餐饮、商店等商业设施通过有顶棚的步行街连接，且步行街两侧的建筑需利用步行街进行安全疏散时，应符合下列规定：

1　步行街两侧建筑的耐火等级不应低于二级。

2　步行街两侧建筑相对面的最近距离均不应小于本规范对相应高度建筑的防火间距要求且不应小于 9m。步行街的端部在各层均不宜封闭，确需封闭时，应在外墙上设置可开启的门窗，且可开启门窗的面积不应小于该部位外墙面积的一半。步行街的长度不宜大于 300m。

3　步行街两侧建筑的商铺之间应设置耐火极限不低于 2.00h 的防火隔墙，每间商铺的建筑面积不宜大于 $300m^2$。

4　步行街两侧建筑的商铺，其面向步行街一侧的围护构件的耐火极限不应低于 1.00h，并宜采用实体墙，其门、窗应采用乙级防火门、窗；当采用防火玻璃墙（包括门、窗）时，其耐火隔热性和耐火完整性不应低于 1.00h；当采用耐火完整性不低于 1.00h 的非隔热性防火玻璃墙（包括门、窗）时，应设置闭式自动喷水灭火系统进行保护。相邻商铺之间面向步行街一侧应设置宽度不小于 1.0m、耐火极限不低于 1.00h 的实体墙。

当步行街两侧的建筑为多个楼层时，每层面向步行街一侧的商铺均应设置防止火灾竖向蔓延的措施，并应符合本规范第6.2.5条的规定；设置回廊或挑檐时，其出挑宽度不应小于1.2m；步行街两侧的商铺在上部各层需设置回廊和连接天桥时，应保证步行街上部各层楼板的开口面积不应小于步行街地面面积的37%，且开口宜均匀布置。

5 步行街两侧建筑内的疏散楼梯应靠外墙设置并宜直通室外，确有困难时，可在首层直接通至步行街；首层商铺的疏散门可直接通至步行街，步行街内任一点到达最近室外安全地点的步行距离不应大于60m。步行街两侧建筑二层及以上各层商铺的疏散门至该层最近疏散楼梯口或其他安全出口的直线距离不应大于37.5m。

6 步行街的顶棚材料应采用不燃或难燃材料，其承重结构的耐火极限不应低于1.00h。步行街内不应布置可燃物。

7 步行街的顶棚下檐距地面的高度不应小于6.0m，顶棚应设置自然排烟设施并宜采用常开式的排烟口，且自然排烟口的有效面积不应小于步行街地面面积的25%。常闭式自然排烟设施应能在火灾时手动和自动开启。

8 步行街两侧建筑的商铺外应每隔30m设置*DN*65的消火栓，并应配备消防软管卷盘或消防水龙，商铺内应设置自动喷水灭火系统和火灾自动报警系统；每层回廊均应设置自动喷水灭火系统。步行街内宜设置自动跟踪定位射流灭火系统。

9 步行街两侧建筑的商铺内外均应设置疏散照明、灯光疏散指示标志和消防应急广播系统。

5.4 平 面 布 置

5.4.1 民用建筑的平面布置应结合建筑的耐火等级、火灾危险性、使用功能和安全疏散等因素合理布置。

5.4.2 除为满足民用建筑使用功能所设置的附属库房外，民用建筑内不应设置生产车间和其他库房。

经营、存放和使用甲、乙类火灾危险性物品的商店、作坊和储藏间，严禁附设在民用建筑内。

5.4.3 商店建筑、展览建筑采用三级耐火等级建筑时，不应超过2层；采用四级耐火等级建筑时，应为单层。营业厅、展览厅设置在三级耐火等级的建筑内时，应布置在首层或二层；设置在四级耐火等级的建筑内时，应布置在首层。

营业厅、展览厅不应设置在地下三层及以下楼层。地下或半地下营业厅、展览厅不应经营、储存和展示甲、乙类火灾危险性物品。

5.4.4 托儿所、幼儿园的儿童用房和儿童游乐厅等儿童活动场所宜设置在独立的建筑内，且不应设置在地下或半地下；当采用一、二级耐火等级的建筑时，不应超过3层；采用三级耐火等级的建筑时，不应超过2层；采用四级耐火等级的建筑时，应为单层；确需设置在其他民用建筑内时，应符合下列规定：

1 设置在一、二级耐火等级的建筑内时，应布置在首层、二层或三层；

2 设置在三级耐火等级的建筑内时，应布置在首层或二层；

3 设置在四级耐火等级的建筑内时，应布置在首层；

4 设置在高层建筑内时，应设置独立的安全出口和疏散楼梯；

5 设置在单、多层建筑内时，宜设置独立的安全出口和疏散楼梯。

5.4.4A 老年人照料设施宜独立设置。当老年人照料设施与其他建筑上、下组合时，老年人照料设施宜设置在建筑的下部，并应符合下列规定：

1 老年人照料设施部分的建筑层数、建设高度或所在楼层位置的高度应符合本规范第5.3.1A条的规定；

2 老年人照料设施部分应与其他场所进行防火分隔，防火分隔应符合本规范第6.2.2条的规定。

5.4.4B 当老年人照料设施中的老年人公共活动用房、康复与医疗用房设置在地下、半地下时，应设置在地下一层，每间用房的建筑面积不应大于200m² 且使用人数不应大于30人。

老年人照料设施中的老年人公共活动用房、康复与医疗用房设置在地上四层及以上时，每间用房的建筑面积不应大于200m² 且使用人数不应大于30人。

5.4.5 医院和疗养院的住院部分不应设置在地下或半地下。

医院和疗养院的住院部分采用三级耐火等级建筑时，不应超过2层；采用四级耐火等级建筑时，应为单层；设置在三级耐火等级的建筑内时，应布置在首层或二层；设置在四级耐火等级的建筑内时，应布置在首层。

医院和疗养院的病房楼内相邻护理单元之间应采用耐火极限不低于2.00h的防火隔墙分隔，隔墙上的门应采用乙级防火门，设置在走道上的防火门应采用常开防火门。

5.4.6 教学建筑、食堂、菜市场采用三级耐火等级建筑时，不应超过2层；采用四级耐火等级建筑时，应为单层；设置在三级耐火等级的建筑内时，应布置在首层或二层；设置在四级耐火等级的建筑内时，应布置在首层。

5.4.7 剧场、电影院、礼堂宜设置在独立的建筑内；采用三级耐火等级建筑时，不应超过2层；确需设置在其他民用建筑内时，至少应设置1个独立的安全出口和疏散楼梯，并应符合下列规定：

1 应采用耐火极限不低于2.00h的防火隔墙和甲级防火门与其他区域分隔。

2　设置在一、二级耐火等级的建筑内时，观众厅宜布置在首层、二层或三层；确需布置在四层及以上楼层时，一个厅、室的疏散门不应少于2个，且每个观众厅的建筑面积不宜大于400m²。

3　设置在三级耐火等级的建筑内时，不应布置在三层及以上楼层。

4　设置在地下或半地下时，宜设置在地下一层，不应设置在地下三层及以下楼层。

5　设置在高层建筑内时，应设置火灾自动报警系统及自动喷水灭火系统等自动灭火系统。

5.4.8　建筑内的会议厅、多功能厅等人员密集的场所，宜布置在首层、二层或三层。设置在三级耐火等级的建筑内时，不应布置在三层及以上楼层。确需布置在一、二级耐火等级建筑的其他楼层时，应符合下列规定：

1　一个厅、室的疏散门不应少于2个，且建筑面积不宜大于400m²；

2　设置在地下或半地下时，宜设置在地下一层，不应设置在地下三层及以下楼层；

3　设置在高层建筑内时，应设置火灾自动报警系统和自动喷水灭火系统等自动灭火系统。

5.4.9　歌舞厅、录像厅、夜总会、卡拉OK厅（含具有卡拉OK功能的餐厅）、游艺厅（含电子游艺厅）、桑拿浴室（不包括洗浴部分）、网吧等歌舞娱乐放映游艺场所（不含剧场、电影院）的布置应符合下列规定：

1　不应布置在地下二层及以下楼层；

2　宜布置在一、二级耐火等级建筑内的首层、二层或三层的靠外墙部位；

3　不宜布置在袋形走道的两侧或尽端；

4　确需布置在地下一层时，地下一层的地面与室外出入口地坪的高差不应大于10m；

5　确需布置在地下或四层及以上楼层时，一个厅、室的建筑面积不应大于200m²；

6　厅、室之间及与建筑的其他部位之间，应采用耐火极限不低于2.00h的防火隔墙和1.00h的不燃性楼板分隔，设置在厅、室墙上的门和该场所与建筑内其他部位相通的门均应采用乙级防火门。

5.4.10　除商业服务网点外，住宅建筑与其他使用功能的建筑合建时，应符合下列规定：

1　住宅部分与非住宅部分之间，应采用耐火极限不低于2.00h且无门、窗、洞口的防火隔墙和1.50h的不燃性楼板完全分隔；当为高层建筑时，应采用无门、窗、洞口的防火墙和耐火极限不低于2.00h的不燃性楼板完全分隔。建筑外墙上、下层开口之间的防火措施应符合本规范第6.2.5条的规定。

2　住宅部分与非住宅部分的安全出口和疏散楼梯应分别独立设置；为住宅部分服务的地上车库应设置独立的疏散楼梯或安全出口，地下车库的疏散楼梯应按本规范第6.4.4条的规定进行分隔。

3　住宅部分和非住宅部分的安全疏散、防火分区和室内消防设施配置，可根据各自的建筑高度分别按照本规范有关住宅建筑和公共建筑的规定执行；该建筑的其他防火设计应根据建筑的总高度和建筑规模按本规范有关公共建筑的规定执行。

5.4.11　设置商业服务网点的住宅建筑，其居住部分与商业服务网点之间应采用耐火极限不低于2.00h且无门、窗、洞口的防火隔墙和1.50h的不燃性楼板完全分隔，住宅部分和商业服务网点部分的安全出口和疏散楼梯应分别独立设置。

商业服务网点中每个分隔单元之间应采用耐火极限不低于2.00h且无门、窗、洞口的防火隔墙相互分隔，当每个分隔单元任一层建筑面积大于200m²时，该层应设置2个安全出口或疏散门。每个分隔单元内的任一点至最近直通室外的出口的直线距离不应大于本规范表5.5.17中有关多层其他建筑位于袋形走道两侧或尽端的疏散门至最近安全出口的最大直线距离。

注：室内楼梯的距离可按其水平投影长度的1.50倍计算。

5.4.12　燃油或燃气锅炉、油浸变压器、充有可燃油的高压电容器和多油开关等，宜设置在建筑外的专用房间内；确需贴邻民用建筑布置时，应采用防火墙与所贴邻的建筑分隔，且不应贴邻人员密集场所，该专用房间的耐火等级不应低于二级；确需布置在民用建筑内时，不应布置在人员密集场所的上一层、下一层或贴邻，并应符合下列规定：

1　燃油或燃气锅炉房、变压器室应设置在首层或地下一层的靠外墙部位，但常（负）压燃油或燃气锅炉可设置在地下二层或屋顶上。设置在屋顶上的常（负）压燃气锅炉，距离通向屋面的安全出口不应小于6m。

采用相对密度（与空气密度的比值）不小于0.75的可燃气体为燃料的锅炉，不得设置在地下或半地下。

2　锅炉房、变压器室的疏散门均应直通室外或安全出口。

3　锅炉房、变压器室等与其他部位之间应采用耐火极限不低于2.00h的防火隔墙和1.50h的不燃性楼板分隔。在隔墙和楼板上不应开设洞口，确需在隔墙上设置门、窗时，应采用甲级防火门、窗。

4　锅炉房内设置储油间时，其总储存量不应大于1m³，且储油间应采用耐火极限不低于3.00h的防火隔墙与锅炉间分隔；确需在防火隔墙上设置门时，应采用甲级防火门。

5　变压器室之间、变压器室与配电室之间，应设置耐火极限不低于2.00h的防火隔墙。

6　油浸变压器、多油开关室、高压电容器室，

应设置防止油品流散的设施。油浸变压器下面应设置能储存变压器全部油量的事故储油设施。

7 应设置火灾报警装置。

8 应设置与锅炉、变压器、电容器和多油开关等的容量及建筑规模相适应的灭火设施，当建筑内其他部位设置自动喷水灭火系统时，应设置自动喷水灭火系统。

9 锅炉的容量应符合现行国家标准《锅炉房设计规范》GB 50041 的规定。油浸变压器的总容量不应大于1260kV·A，单台容量不应大于630kV·A。

10 燃气锅炉房应设置爆炸泄压设施。燃油或燃气锅炉房应设置独立的通风系统，并应符合本规范第9章的规定。

5.4.13 布置在民用建筑内的柴油发电机房应符合下列规定：

1 宜布置在首层或地下一、二层。

2 不应布置在人员密集场所的上一层、下一层或贴邻。

3 应采用耐火极限不低于2.00h的防火隔墙和1.50h的不燃性楼板与其他部位分隔，门应采用甲级防火门。

4 机房内设置储油间时，其总储存量不应大于1m³，储油间应采用耐火极限不低于3.00h的防火隔墙与发电机间分隔；确需在防火隔墙上开门时，应设置甲级防火门。

5 应设置火灾报警装置。

6 应设置与柴油发电机容量和建筑规模相适应的灭火设施，当建筑内其他部位设置自动喷水灭火系统时，机房内应设置自动喷水灭火系统。

5.4.14 供建筑内使用的丙类液体燃料，其储罐应布置在建筑外，并应符合下列规定：

1 当总容量不大于15m³，且直埋于建筑附近、面向油罐一面4.0m范围内的建筑外墙为防火墙时，储罐与建筑的防火间距不限；

2 当总容量大于15m³时，储罐的布置应符合本规范第4.2节的规定；

3 当设置中间罐时，中间罐的容量不应大于1m³，并应设置在一、二级耐火等级的单独房间内，房间门应采用甲级防火门。

5.4.15 设置在建筑内的锅炉、柴油发电机，其燃料供给管道应符合下列规定：

1 在进入建筑物前和设备间内的管道上均应设置自动和手动切断阀；

2 储油间的油箱应密闭且应设置通向室外的通气管，通气管应设置带阻火器的呼吸阀，油箱的下部应设置防止油品流散的设施；

3 燃气供给管道的敷设应符合现行国家标准《城镇燃气设计规范》GB 50028 的规定。

5.4.16 高层民用建筑内使用可燃气体燃料时，应采用管道供气。使用可燃气体的房间或部位宜靠外墙设置，并应符合现行国家标准《城镇燃气设计规范》GB 50028 的规定。

5.4.17 建筑采用瓶装液化石油气瓶组供气时，应符合下列规定：

1 应设置独立的瓶组间；

2 瓶组间不应与住宅建筑、重要公共建筑和其他高层公共建筑贴邻，液化石油气气瓶的总容积不大于1m³的瓶组间与所服务的其他建筑贴邻时，应采用自然气化方式供气；

3 液化石油气气瓶的总容积大于1m³、不大于4m³的独立瓶组间，与所服务建筑的防火间距应符合本规范表5.4.17的规定；

表5.4.17 液化石油气气瓶的独立瓶组间与所服务建筑的防火间距（m）

名称		液化石油气气瓶的独立瓶组间的总容积V（m³）	
		V≤2	2<V≤4
明火或散发火花地点		25	30
重要公共建筑、一类高层民用建筑		15	20
裙房和其他民用建筑		8	10
道路（路边）	主要	10	
	次要	5	

注：气瓶总容积应按配置气瓶个数与单瓶几何容积的乘积计算。

4 在瓶组间的总出气管道上应设置紧急事故自动切断阀；

5 瓶组间应设置可燃气体浓度报警装置；

6 其他防火要求应符合现行国家标准《城镇燃气设计规范》GB 50028 的规定。

5.5 安全疏散和避难

Ⅰ 一般要求

5.5.1 民用建筑应根据其建筑高度、规模、使用功能和耐火等级等因素合理设置安全疏散和避难设施。安全出口和疏散门的位置、数量、宽度及疏散楼梯间的形式，应满足人员安全疏散的要求。

5.5.2 建筑内的安全出口和疏散门应分散布置，且建筑内每个防火分区或一个防火分区的每个楼层、每个住宅单元每层相邻两个安全出口以及每个房间相邻两个疏散门最近边缘之间的水平距离不应小于5m。

5.5.3 建筑的楼梯间宜通至屋面，通向屋面的门或窗应向外开启。

5.5.4 自动扶梯和电梯不应计作安全疏散设施。

5.5.5 除人员密集场所外，建筑面积不大于500m²、使用人数不超过30人且埋深不大于10m的地下或半地下建筑（室），当需要设置2个安全出口时，其中一个安全出口可利用直通室外的金属竖向梯。

除歌舞娱乐放映游艺场所外，防火分区建筑面积不大于200m²的地下或半地下设备间、防火分区建筑面积不大于50m²且经常停留人数不超过15人的其他地下或半地下建筑（室），可设置1个安全出口或1部疏散楼梯。

除本规范另有规定外，建筑面积不大于200m²的地下或半地下设备间、建筑面积不大于50m²且经常停留人数不超过15人的其他地下或半地下房间，可设置1个疏散门。

5.5.6 直通建筑内附设汽车库的电梯，应在汽车库部分设置电梯候梯厅，并应采用耐火极限不低于2.00h的防火隔墙和乙级防火门与汽车库分隔。

5.5.7 高层建筑直通室外的安全出口上方，应设置挑出宽度不小于1.0m的防护挑檐。

Ⅱ 公 共 建 筑

5.5.8 公共建筑内每个防火分区或一个防火分区的每个楼层，其安全出口的数量应经计算确定，且不应少于2个。设置1个安全出口或1部疏散楼梯的公共建筑应符合下列条件之一：

1 除托儿所、幼儿园外，建筑面积不大于200m²且人数不超过50人的单层公共建筑或多层公共建筑的首层；

2 除医疗建筑，老年人照料设施，托儿所、幼儿园的儿童用房，儿童游乐厅等儿童活动场所和歌舞娱乐放映游艺场所等外，符合表5.5.8规定的公共建筑。

表5.5.8 设置1部疏散楼梯的公共建筑

耐火等级	最多层数	每层最大建筑面积（m²）	人　数
一、二级	3层	200	第二、三层的人数之和不超过50人
三级	3层	200	第二、三层的人数之和不超过25人
四级	2层	200	第二层人数不超过15人

5.5.9 一、二级耐火等级公共建筑内的安全出口全部直通室外确有困难的防火分区，可利用通向相邻防火分区的甲级防火门作为安全出口，但应符合下列要求：

1 利用通向相邻防火分区的甲级防火门作为安全出口时，应采用防火墙与相邻防火分区进行分隔；

2 建筑面积大于1000m²的防火分区，直通室外的安全出口不应少于2个；建筑面积不大于1000m²的防火分区，直通室外的安全出口不应少于1个；

3 该防火分区通向相邻防火分区的疏散净宽度不应大于其按本规范第5.5.21条规定计算所需疏散总净宽度的30%，建筑各层直通室外的安全出口总净宽度不应小于按照本规范第5.5.21条规定计算所需疏散总净宽度。

5.5.10 高层公共建筑的疏散楼梯，当分散设置确有困难且从任一疏散门至最近疏散楼梯间入口的距离不大于10m时，可采用剪刀楼梯间，但应符合下列规定：

1 楼梯间应为防烟楼梯间；

2 梯段之间应设置耐火极限不低于1.00h的防火隔墙；

3 楼梯间的前室应分别设置。

5.5.11 设置不少于2部疏散楼梯的一、二级耐火等级多层公共建筑，如顶层局部升高，当高出部分的层数不超过2层、人数之和不超过50人且每层建筑面积不大于200m²时，高出部分可设置1部疏散楼梯，但至少应另外设置1个直通建筑主体上人平屋面的安全出口，且上人屋面应符合人员安全疏散的要求。

5.5.12 一类高层公共建筑和建筑高度大于32m的二类高层公共建筑，其疏散楼梯应采用防烟楼梯间。

裙房和建筑高度不大于32m的二类高层公共建筑，其疏散楼梯应采用封闭楼梯间。

注：当裙房与高层建筑主体之间设置防火墙时，裙房的疏散楼梯可按本规范有关单、多层建筑的要求确定。

5.5.13 下列多层公共建筑的疏散楼梯，除与敞开式外廊直接相连的楼梯间外，均应采用封闭楼梯间：

1 医疗建筑、旅馆及类似使用功能的建筑；

2 设置歌舞娱乐放映游艺场所的建筑；

3 商店、图书馆、展览建筑、会议中心及类似使用功能的建筑；

4 6层及以上的其他建筑。

5.5.13A 老年人照料设施的疏散楼梯或疏散楼梯间宜与敞开式外廊直接连通，不能与敞开式外廊直接连通的室内疏散楼梯应采用封闭楼梯间。建筑高度大于24m的老年人照料设施，其室内疏散楼梯应采用防烟楼梯间。

建筑高度大于32m的老年人照料设施，宜在32m以上部分增设能连通老年人居室和公共活动场所的连廊，各层连廊应直接与疏散楼梯、安全出口或室外避难场地连通。

5.5.14 公共建筑内的客、货电梯宜设置电梯候梯厅，不宜直接设置在营业厅、展览厅、多功能厅等场所内。老年人照料设施内的非消防电梯应采取防烟措施，当火灾情况下需用于辅助人员疏散时，该电梯及其设置应符合本规范有关消防电梯及其设置要求。

5.5.15 公共建筑内房间的疏散门数量应经计算确定且不应少于2个。除托儿所、幼儿园、老年人照料设施、医疗建筑、教学建筑内位于走道尽端的房间外，符合下列条件之一的房间可设置1个疏散门：

1 位于两个安全出口之间或袋形走道两侧的房间，对于托儿所、幼儿园、老年人照料设施，建筑面积不大于50m²；对于医疗建筑、教学建筑，建筑面积不大于75m²；对于其他建筑或场所，建筑面积不大于120m²。

2 位于走道尽端的房间，建筑面积小于50m²且疏散门的净宽度不小于0.90m，或由房间内任一点至疏散门的直线距离不大于15m、建筑面积不大于200m²且疏散门的净宽度不小于1.40m。

3 歌舞娱乐放映游艺场所内建筑面积不大于50m²且经常停留人数不超过15人的厅、室。

5.5.16 剧场、电影院、礼堂和体育馆的观众厅或多功能厅，其疏散门的数量应经计算确定且不应少于2个，并应符合下列规定：

1 对于剧场、电影院、礼堂的观众厅或多功能厅，每个疏散门的平均疏散人数不应超过250人；当容纳人数超过2000人时，其超过2000人的部分，每个疏散门的平均疏散人数不应超过400人。

2 对于体育馆的观众厅，每个疏散门的平均疏散人数不宜超过400人～700人。

5.5.17 公共建筑的安全疏散距离应符合下列规定：

1 直通疏散走道的房间疏散门至最近安全出口的直线距离不应大于表5.5.17的规定。

表5.5.17 直通疏散走道的房间疏散门至最近安全出口的直线距离（m）

名称			位于两个安全出口之间的疏散门			位于袋形走道两侧或尽端的疏散门		
			一、二级	三级	四级	一、二级	三级	四级
托儿所、幼儿园老年人照料设施			25	20	15	20	15	10
歌舞娱乐放映游艺场所			25	20	15	9	—	—
医疗建筑	单、多层		35	30	25	20	15	10
	高层	病房部分	24	—	—	12	—	—
		其他部分	30	—	—	15	—	—
教学建筑	单、多层		35	30	25	22	20	10
	高层		30	—	—	15	—	—
高层旅馆、展览建筑			30	—	—	15	—	—
其他建筑	单、多层		40	35	25	22	20	15
	高层		40	—	—	20	—	—

注：1 建筑内开向敞开式外廊的房间疏散门至最近安全出口的直线距离可按本表的规定增加5m。

2 直通疏散走道的房间疏散门至最近敞开楼梯间的直线距离，当房间位于两个楼梯间之间时，应按本表的规定减少5m；当房间位于袋形走道两侧或尽端时，应按本表的规定减少2m。

3 建筑物内全部设置自动喷水灭火系统时，其安全疏散距离可按本表的规定增加25%。

2 楼梯间应在首层直通室外，确有困难时，可在首层采用扩大的封闭楼梯间或防烟楼梯间前室。当层数不超过4层且未采用扩大的封闭楼梯间或防烟楼梯间前室时，可将直通室外的门设置在离楼梯间不大于15m处。

3 房间内任一点至房间直通疏散走道的疏散门的直线距离，不应大于表5.5.17规定的袋形走道两侧或尽端的疏散门至最近安全出口的直线距离。

4 一、二级耐火等级建筑内疏散门或安全出口不少于2个的观众厅、展览厅、多功能厅、餐厅、营业厅等，其室内任一点至最近疏散门或安全出口的直线距离不应大于30m；当疏散门不能直通室外地面或疏散楼梯间时，应采用长度不大于10m的疏散走道通至最近的安全出口。当该场所设置自动喷水灭火系统时，室内任一点至最近安全出口的安全疏散距离可分别增加25%。

5.5.18 除本规范另有规定外，公共建筑内疏散门和安全出口的净宽度不应小于0.90m，疏散走道和疏散楼梯的净宽度不应小于1.10m。

高层公共建筑内楼梯间的首层疏散门、首层疏散外门、疏散走道和疏散楼梯的最小净宽度应符合表5.5.18的规定。

表5.5.18 高层公共建筑内楼梯间的首层疏散门、首层疏散外门、疏散走道和疏散楼梯的最小净宽度（m）

建筑类别	楼梯间的首层疏散门、首层疏散外门	走道		疏散楼梯
		单面布房	双面布房	
高层医疗建筑	1.30	1.40	1.50	1.30
其他高层公共建筑	1.20	1.30	1.40	1.20

5.5.19 人员密集的公共场所、观众厅的疏散门不应设置门槛，其净宽度不应小于1.40m，且紧靠门口内外各1.40m范围内不应设置踏步。

人员密集的公共场所的室外疏散通道的净宽度不应小于3.00m，并应直接通向宽敞地带。

5.5.20 剧场、电影院、礼堂、体育馆等场所的疏散走道、疏散楼梯、疏散门、安全出口的各自总净宽度，应符合下列规定：

1 观众厅内疏散走道的净宽度应按每100人不小于0.60m计算，且不应小于1.00m；边走道的净宽度不宜小于0.80m。

布置疏散走道时，横走道之间的座位排数不宜超过20排；纵走道之间的座位数：剧场、电影院、礼堂等，每排不宜超过22个；体育馆，每排不宜超过26个；前后排座椅的排距不小于0.90m时，可增加1.0倍，但不得超过50个；仅一侧有纵走道时，座位数应减少一半。

2 剧场、电影院、礼堂等场所供观众疏散的所有内门、外门、楼梯和走道的各自总净宽度，应根据疏散人数按每100人的最小疏散净宽度不小于表5.5.20-1的规定计算确定。

表5.5.20-1 剧场、电影院、礼堂等场所每100人所需最小疏散净宽度（m/百人）

观众厅座位数（座）			≤2500	≤1200
耐火等级			一、二级	三级
疏散部位	门和走道	平坡地面	0.65	0.85
		阶梯地面	0.75	1.00
	楼梯		0.75	1.00

3 体育馆供观众疏散的所有内门、外门、楼梯和走道的各自总净宽度，应根据疏散人数按每100人的最小疏散净宽度不小于表5.5.20-2的规定计算确定。

表5.5.20-2 体育馆每100人所需最小疏散净宽度（m/百人）

观众厅座位数范围（座）			3000～5000	5001～10000	10001～20000
疏散部位	门和走道	平坡地面	0.43	0.37	0.32
		阶梯地面	0.50	0.43	0.37
	楼梯		0.50	0.43	0.37

注：本表中对应较大座位数范围按规定计算的疏散总净宽度，不应小于对应相邻较小座位数范围按其最多座位数计算的疏散总净宽度。对于观众厅座位数少于3000个的体育馆，计算供观众疏散的所有内门、外门、楼梯和走道的各自总净宽度时，每100人的最小疏散净宽度不应小于表5.5.20-1的规定。

4 有等场需要的入场门不应作为观众厅的疏散门。

5.5.21 除剧场、电影院、礼堂、体育馆外的其他公共建筑，其房间疏散门、安全出口、疏散走道和疏散楼梯的各自总净宽度，应符合下列规定：

1 每层的房间疏散门、安全出口、疏散走道和疏散楼梯的各自总净宽度，应根据疏散人数按每100人的最小疏散净宽度不小于表5.5.21-1的规定计算确定。当每层疏散人数不等时，疏散楼梯的总净宽度可分层计算，地上建筑内下层楼梯的总净宽度应按该层及以上疏散人数最多一层的人数计算；地下建筑内上层楼梯的总净宽度应按该层及以下疏散人数最多一层的人数计算。

表5.5.21-1 每层的房间疏散门、安全出口、疏散走道和疏散楼梯的每100人最小疏散净宽度（m/百人）

建筑层数		建筑的耐火等级		
		一、二级	三级	四级
地上楼层	1层～2层	0.65	0.75	1.00
	3层	0.75	1.00	—
	≥4层	1.00	1.25	—
地下楼层	与地面出入口地面的高差$\Delta H \leqslant 10m$	0.75	—	—
	与地面出入口地面的高差$\Delta H > 10m$	1.00	—	—

2 地下或半地下人员密集的厅、室和歌舞娱乐放映游艺场所，其房间疏散门、安全出口、疏散走道和疏散楼梯的各自总净宽度，应根据疏散人数按每100人不小于1.00m计算确定。

3 首层外门的总净宽度应按该建筑疏散人数最多一层的人数计算确定，不供其他楼层人员疏散的外门，可按本层的疏散人数计算确定。

4 歌舞娱乐放映游艺场所中录像厅的疏散人数，应根据厅、室的建筑面积按不小于1.0人/m² 计算；其他歌舞娱乐放映游艺场所的疏散人数，应根据厅、室的建筑面积按不小于0.5人/m² 计算。

5 有固定座位的场所，其疏散人数可按实际座位数的1.1倍计算。

6 展览厅的疏散人数应根据展览厅的建筑面积和人员密度计算，展览厅内的人员密度不宜小于0.75人/m²。

7 商店的疏散人数应按每层营业厅的建筑面积乘以表5.5.21-2规定的人员密度计算。对于建材商店、家具和灯饰展示建筑，其人员密度可按表5.5.21-2规定值的30%确定。

表5.5.21-2 商店营业厅内的人员密度（人/m²）

楼层位置	地下第二层	地下第一层	地上第一、二层	地上第三层	地上第四层及以上各层
人员密度	0.56	0.60	0.43～0.60	0.39～0.54	0.30～0.42

5.5.22 人员密集的公共建筑不宜在窗口、阳台等部位设置封闭的金属栅栏，确需设置时，应能从内部易于开启；窗口、阳台等部位宜根据其高度设置适用的辅助疏散逃生设施。

5.5.23 建筑高度大于100m的公共建筑，应设置避难层（间）。避难层（间）应符合下列规定：

1 第一个避难层（间）的楼地面至灭火救援场地地面的高度不应大于50m，两个避难层（间）之间的高度不宜大于50m。

2 通向避难层（间）的疏散楼梯应在避难层分隔、同层错位或上下层断开。

3 避难层（间）的净面积应能满足设计避难人数避难的要求，并宜按5.0人/m²计算。

4 避难层可兼作设备层。设备管道宜集中布置，其中的易燃、可燃液体或气体管道应集中布置，设备管道区应采用耐火极限不低于3.00h的防火隔墙与避难区分隔。管道井和设备间应采用耐火极限不低于2.00h的防火隔墙与避难区分隔，管道井和设备间的门不应直接开向避难区；确需直接开向避难区时，与避难层区出入口的距离不应小于5m，且应采用甲级防火门。

避难间内不应设置易燃、可燃液体或气体管道，不应开设除外窗、疏散门之外的其他开口。

5 避难层应设置消防电梯出口。

6 应设置消火栓和消防软管卷盘。

7 应设置消防专线电话和应急广播。

8 在避难层（间）进入楼梯间的入口处和疏散楼梯通向避难层（间）的出口处，应设置明显的指示标志。

9 应设置直接对外的可开启窗口或独立的机械防烟设施，外窗应采用乙级防火窗。

5.5.24 高层病房楼应在二层及以上的病房楼层和洁净手术部设置避难间。避难间应符合下列规定：

1 避难间服务的护理单元不应超过2个，其净面积应按每个护理单元不小于25.0m²确定。

2 避难间兼作其他用途时，应保证人员的避难安全，且不得减少可供避难的净面积。

3 应靠近楼梯间，并应采用耐火极限不低于2.00h的防火隔墙和甲级防火门与其他部位分隔。

4 应设置消防专线电话和消防应急广播。

5 避难间的入口处应设置明显的指示标志。

6 应设置直接对外的可开启窗口或独立的机械防烟设施，外窗应采用乙级防火窗。

5.5.24A 3层及3层以上总建筑面积大于3000m²（包括设置在其他建筑内三层及以上楼层）的老年人照料设施，应在二层及以上各层老年人照料设施部分的每座疏散楼梯间的相邻部位设置1间避难间；当老年人照料设施设置与疏散楼梯或安全出口直接连通的开敞式外廊、与疏散走道直接连通且符合人员避难要求的室外平台等时，可不设置避难间。避难间内可供避难的净面积不应小于12m²，避难间可利用疏散楼梯间的前室或消防电梯的前室，其他要求应符合本规范第5.5.24条的规定。

供失能老年人使用且层数大于2层的老年人照料设施，应按核定使用人数配备简易防毒面具。

Ⅲ 住 宅 建 筑

5.5.25 住宅建筑安全出口的设置应符合下列规定：

1 建筑高度不大于27m的建筑，当每个单元任一层的建筑面积大于650m²，或任一户门至最近安全出口的距离大于15m时，每个单元每层的安全出口不应少于2个；

2 建筑高度大于27m、不大于54m的建筑，当每个单元任一层的建筑面积大于650m²，或任一户门至最近安全出口的距离大于10m时，每个单元每层的安全出口不应少于2个；

3 建筑高度大于54m的建筑，每个单元每层的安全出口不应少于2个。

5.5.26 建筑高度大于27m，但不大于54m的住宅建筑，每个单元设置一座疏散楼梯时，疏散楼梯应通至屋面，且单元之间的疏散楼梯应能通过屋面连通，户门应采用乙级防火门。当不能通至屋面或不能通过屋面连通时，应设置2个安全出口。

5.5.27 住宅建筑的疏散楼梯设置应符合下列规定：

1 建筑高度不大于21m的住宅建筑可采用敞开楼梯间；与电梯井相邻布置的疏散楼梯应采用封闭楼梯间，当户门采用乙级防火门时，仍可采用敞开楼梯间。

2 建筑高度大于21m、不大于33m的住宅建筑应采用封闭楼梯间；当户门采用乙级防火门时，可采用敞开楼梯间。

3 建筑高度大于33m的住宅建筑应采用防烟楼梯间。户门不宜直接开向前室，确有困难时，每层开向同一前室的户门不应大于3樘且应采用乙级防火门。

5.5.28 住宅单元的疏散楼梯，当分散设置确有困难且任一户门至最近疏散楼梯间入口的距离不大于10m时，可采用剪刀楼梯间，但应符合下列规定：

1 应采用防烟楼梯间。

2 梯段之间应设置耐火极限不低于1.00h的防火隔墙。

3 楼梯间的前室不宜共用；共用时，前室的使用面积不应小于6.0m²。

4 楼梯间的前室或共用前室不宜与消防电梯的前室合用；楼梯间的共用前室与消防电梯的前室合用时，合用前室的使用面积不应小于12.0m²，且短边不应小于2.4m。

5.5.29 住宅建筑的安全疏散距离应符合下列规定：

1 直通疏散走道的户门至最近安全出口的直线距离不应大于表5.5.29的规定。

表5.5.29 住宅建筑直通疏散走道的户门至最近安全出口的直线距离（m）

住宅建筑类别	位于两个安全出口之间的户门			位于袋形走道两侧或尽端的户门		
	一、二级	三级	四级	一、二级	三级	四级
单、多层	40	35	25	22	20	15
高层	40	—	—	20	—	—

注：1 开向敞开式外廊的户门至最近安全出口的最大直线距离可按本表的规定增加5m。
2 直通疏散走道的户门至最近敞开楼梯间的直线距离，当户门位于两个楼梯间之间时，应按本表的规定减少5m；当户门位于袋形走道两侧或尽端时，应按本表的规定减少2m。
3 住宅建筑内全部设置自动喷水灭火系统时，其安全疏散距离可按本表的规定增加25%。
4 跃廊式住宅的户门至最近安全出口的距离，应从户门算起，小楼梯的一段距离可按其水平投影长度的1.50倍计算。

2 楼梯间应在首层直通室外，或在首层采用扩大的封闭楼梯间或防烟楼梯间前室。层数不超过4层时，可将直通室外的门设置在离楼梯间不大于15m处。

3 户内任一点至直通疏散走道的户门的直线距离不应大于表5.5.29规定的袋形走道两侧或尽端的疏散门至最近安全出口的最大直线距离。

注：跃层式住宅，户内楼梯的距离可按其梯段水平投影长度的1.50倍计算。

5.5.30 住宅建筑的户门、安全出口、疏散走道和疏散楼梯的各自总净宽度应经计算确定，且户门和安全出口的净宽度不应小于0.90m，疏散走道、疏散楼梯和首层疏散外门的净宽度不应小于1.10m。建筑高度不大于18m的住宅中一边设置栏杆的疏散楼梯，其净宽度不应小于1.0m。

5.5.31 建筑高度大于100m的住宅建筑应设置避难层，避难层的设置应符合本规范第5.5.23条有关避难层的要求。

5.5.32 建筑高度大于54m的住宅建筑，每户应有一间房间符合下列规定：

1 应靠外墙设置，并应设置可开启外窗；

2 内、外墙体的耐火极限不应低于1.00h，该房间的门宜采用乙级防火门，外窗的耐火完整性不宜低于1.00h。

6 建筑构造

6.1 防火墙

6.1.1 防火墙应直接设置在建筑的基础或框架、梁等承重结构上，框架、梁等承重结构的耐火极限不应低于防火墙的耐火极限。

防火墙应从楼地面基层隔断至梁、楼板或屋面板的底面基层。当高层厂房（仓库）屋顶承重结构和屋面板的耐火极限低于1.00h，其他建筑屋顶承重结构和屋面板的耐火极限低于0.50h时，防火墙应高出屋面0.5m以上。

6.1.2 防火墙横截面中心线水平距离天窗端面小于4.0m，且天窗端面为可燃性墙体时，应采取防止火势蔓延的措施。

6.1.3 建筑外墙为难燃性或可燃性墙体时，防火墙应凸出墙的外表面0.4m以上，且防火墙两侧的外墙均应为宽度均不小于2.0m的不燃性墙体，其耐火极限不应低于外墙的耐火极限。

建筑外墙为不燃性墙体时，防火墙可不凸出墙的外表面，紧靠防火墙两侧的门、窗、洞口之间最近边缘的水平距离不应小于2.0m；采取设置乙级防火窗等防止火灾水平蔓延的措施时，该距离不限。

6.1.4 建筑内的防火墙不宜设置在转角处，确需设置时，内转角两侧墙上的门、窗、洞口之间最近边缘的水平距离不应小于4.0m；采取设置乙级防火窗等防止火灾水平蔓延的措施时，该距离不限。

6.1.5 防火墙上不应开设门、窗、洞口，确需开设时，应设置不可开启或火灾时能自动关闭的甲级防火门、窗。

可燃气体和甲、乙、丙类液体的管道严禁穿过防火墙。防火墙内不应设置排气道。

6.1.6 除本规范第6.1.5条规定外的其他管道不宜穿过防火墙，确需穿过时，应采用防火封堵材料将墙与管道之间的空隙紧密填实，穿过防火墙处的管道保温材料，应采用不燃材料；当管道为难燃及可燃材料时，应在防火墙两侧的管道上采取防火措施。

6.1.7 防火墙的构造应能在防火墙任意一侧的屋架、梁、楼板等受到火灾的影响而破坏时，不会导致防火墙倒塌。

6.2 建筑构件和管道井

6.2.1 剧场等建筑的舞台与观众厅之间的隔墙应采用耐火极限不低于3.00h的防火隔墙。

舞台上部与观众厅闷顶之间的隔墙可采用耐火极限不低于1.50h的防火隔墙，隔墙上的门应采用乙级防火门。

舞台下部的灯光操作室和可燃物储藏室应采用耐火极限不低于2.00h的防火隔墙与其他部位分隔。

电影放映室、卷片室应采用耐火极限不低于1.50h的防火隔墙与其他部位分隔，观察孔和放映孔应采取防火分隔措施。

6.2.2 医疗建筑内的手术室或手术部、产房、重症监护室、贵重精密医疗装备用房、储藏间、实验室、胶片室等，附设在建筑内的托儿所、幼儿园的儿童用房和儿童游乐厅等儿童活动场所、老年人照料设施，应采用耐火极限不低于 2.00h 的防火隔墙和 1.00h 的楼板与其他场所或部位分隔，墙上必须设置的门、窗应采用乙级防火门、窗。

6.2.3 建筑内的下列部位应采用耐火极限不低于 2.00h 的防火隔墙与其他部位分隔，墙上的门、窗应采用乙级防火门、窗，确有困难时，可采用防火卷帘，但应符合本规范第 6.5.3 条的规定：

1 甲、乙类生产部位和建筑内使用丙类液体的部位；

2 厂房内有明火和高温的部位；

3 甲、乙、丙类厂房（仓库）内布置有不同火灾危险性类别的房间；

4 民用建筑内的附属库房，剧场后台的辅助用房；

5 除居住建筑中套内的厨房外，宿舍、公寓建筑中的公共厨房和其他建筑内的厨房；

6 附设在住宅建筑内的机动车库。

6.2.4 建筑内的防火隔墙应从楼地面基层隔断至梁、楼板或屋面板的底面基层。住宅分户墙和单元之间的墙应隔断至梁、楼板或屋面板的底面基层，屋面板的耐火极限不应低于 0.50h。

6.2.5 除本规范另有规定外，建筑外墙上、下层开口之间应设置高度不小于 1.2m 的实体墙或挑出宽度不小于 1.0m、长度不小于开口宽度的防火挑檐；当室内设置自动喷水灭火系统时，上、下层开口之间的实体墙高度不应小于 0.8m。当上、下层开口之间设置实体墙确有困难时，可设置防火玻璃墙，但高层建筑的防火玻璃墙的耐火完整性不应低于 1.00h，多层建筑的防火玻璃墙的耐火完整性不应低于 0.50h。外窗的耐火完整性不应低于防火玻璃墙的耐火完整性要求。

住宅建筑外墙上相邻户开口之间的墙体宽度不应小于 1.0m；小于 1.0m 时，应在开口之间设置突出外墙不小于 0.6m 的隔板。

实体墙、防火挑檐和隔板的耐火极限和燃烧性能，均不应低于相应耐火等级建筑外墙的要求。

6.2.6 建筑幕墙应在每层楼板外沿处采取符合本规范第 6.2.5 条规定的防火措施，幕墙与每层楼板、隔墙处的缝隙应采用防火封堵材料封堵。

6.2.7 附设在建筑内的消防控制室、灭火设备室、消防水泵房和通风空气调节机房、变配电室等，应采用耐火极限不低于 2.00h 的防火隔墙和 1.50h 的楼板与其他部位分隔。

设置在丁、戊类厂房内的通风机房，应采用耐火极限不低于 1.00h 的防火隔墙和 0.50h 的楼板与其他部位分隔。

通风、空气调节机房和变配电室开向建筑内的门应采用甲级防火门，消防控制室和其他设备房开向建筑内的门应采用乙级防火门。

6.2.8 冷库、低温环境生产场所采用泡沫塑料等可燃材料作墙体内的绝热层时，宜采用不燃绝热材料在每层楼板处做水平防火分隔。防火分隔部位的耐火极限不应低于楼板的耐火极限。冷库阁楼层和墙体的可燃绝热层宜采用不燃性墙体分隔。

冷库、低温环境生产场所采用泡沫塑料作内绝热层时，绝热层的燃烧性能不应低于 B_1 级，且绝热层的表面应采用不燃材料做防护层。

冷库的库房与加工车间贴邻建造时，应采用防火墙分隔，当确需开设相互连通的开口时，应采取防火隔间等措施进行分隔，隔间两侧的门应为甲级防火门。当冷库的氨压缩机房与加工车间贴邻时，应采用不开门窗洞口的防火墙分隔。

6.2.9 建筑内的电梯井等竖井应符合下列规定：

1 电梯井应独立设置，井内严禁敷设可燃气体和甲、乙、丙类液体管道，不应敷设与电梯无关的电缆、电线等。电梯井的井壁除设置电梯门、安全逃生门和通气孔洞外，不应设置其他开口。

2 电缆井、管道井、排烟道、排气道、垃圾道等竖向井道，应分别独立设置。井壁的耐火极限不应低于 1.00h，井壁上的检查门应采用丙级防火门。

3 建筑内的电缆井、管道井应在每层楼板处采用不低于楼板耐火极限的不燃材料或防火封堵材料封堵。

建筑内的电缆井、管道井与房间、走道等相连通的孔隙应采用防火封堵材料封堵。

4 建筑内的垃圾道宜靠外墙设置，垃圾道的排气口应直接开向室外，垃圾斗应采用不燃材料制作，并应能自行关闭；

5 电梯层门的耐火极限不应低于 1.00h，并应符合现行国家标准《电梯层门耐火试验 完整性、隔热性和热通量测定法》GB/T 27903 规定的完整性和隔热性要求。

6.2.10 户外电致发光广告牌不应直接设置在有可燃、难燃材料的墙体上。

户外广告牌的设置不应遮挡建筑的外窗，不应影响外部灭火救援行动。

6.3 屋顶、闷顶和建筑缝隙

6.3.1 在三、四级耐火等级建筑的闷顶内采用可燃材料作绝热层时，屋顶不应采用冷摊瓦。

闷顶内的非金属烟囱周围 0.5m、金属烟囱 0.7m 范围内，应采用不燃材料作绝热层。

6.3.2 层数超过 2 层的三级耐火等级建筑内的闷顶，应在每个防火隔断范围内设置老虎窗，且老虎窗的间距不宜大于 50m。

6.3.3 内有可燃物的闷顶，应在每个防火隔断范围内设置净宽度和净高度均不小于0.7m的闷顶入口；对于公共建筑，每个防火隔断范围内的闷顶入口不宜少于2个。闷顶入口宜布置在走廊中靠近楼梯间的部位。

6.3.4 变形缝内的填充材料和变形缝的构造基层应采用不燃材料。

电线、电缆、可燃气体和甲、乙、丙类液体的管道不宜穿过建筑内的变形缝，确需穿过时，应在穿过处加设不燃材料制作的套管或采取其他防变形措施，并应采用防火封堵材料封堵。

6.3.5 防烟、排烟、供暖、通风和空气调节系统中的管道及建筑内的其他管道，在穿越防火隔墙、楼板和防火墙处的孔隙应采用防火封堵材料封堵。

风管穿过防火隔墙、楼板和防火墙时，穿越处风管上的防火阀、排烟防火阀两侧各2.0m范围内的风管应采用耐火风管或风管外壁应采取防火保护措施，且耐火极限不应低于该防火分隔体的耐火极限。

6.3.6 建筑内受高温或火焰作用易变形的管道，在贯穿楼板部位和穿越防火隔墙的两侧宜采取阻火措施。

6.3.7 建筑屋顶上的开口与邻近建筑或设施之间，应采取防止火灾蔓延的措施。

6.4 疏散楼梯间和疏散楼梯等

6.4.1 疏散楼梯间应符合下列规定：

1 楼梯间应能天然采光和自然通风，并宜靠外墙设置。靠外墙设置时，楼梯间、前室及合用前室外墙上的窗口与两侧门、窗、洞口最近边缘的水平距离不应小于1.0m。

2 楼梯间内不应设置烧水间、可燃材料储藏室、垃圾道。

3 楼梯间内不应有影响疏散的凸出物或其他障碍物。

4 封闭楼梯间、防烟楼梯间及其前室，不应设置卷帘。

5 楼梯间内不应设置甲、乙、丙类液体管道。

6 封闭楼梯间、防烟楼梯间及其前室内禁止穿过或设置可燃气体管道。敞开楼梯间内不应设置可燃气体管道，当住宅建筑的敞开楼梯间内确需设置可燃气体管道和可燃气体计量表时，应采用金属管和设置切断气源的阀门。

6.4.2 封闭楼梯间除应符合本规范第6.4.1条的规定外，尚应符合下列规定：

1 不能自然通风或自然通风不能满足要求时，应设置机械加压送风系统或采用防烟楼梯间。

2 除楼梯间的出入口和外窗外，楼梯间的墙上不应开设其他门、窗、洞口。

3 高层建筑、人员密集的公共建筑、人员密集的多层丙类厂房、甲、乙类厂房，其封闭楼梯间的门应采用乙级防火门，并应向疏散方向开启；其他建筑，可采用双向弹簧门。

4 楼梯间的首层可将走道和门厅等包括在楼梯间内形成扩大的封闭楼梯间，但应采用乙级防火门等与其他走道和房间分隔。

6.4.3 防烟楼梯间除应符合本规范第6.4.1条的规定外，尚应符合下列规定：

1 应设置防烟设施。

2 前室可与消防电梯间前室合用。

3 前室的使用面积：公共建筑、高层厂房（仓库），不应小于6.0m²；住宅建筑，不应小于4.5m²。

与消防电梯间前室合用时，合用前室的使用面积：公共建筑、高层厂房（仓库），不应小于10.0m²；住宅建筑，不应小于6.0m²。

4 疏散走道通向前室以及前室通向楼梯间的门应采用乙级防火门。

5 除住宅建筑的楼梯间前室外，防烟楼梯间和前室内的墙上不应开设除疏散门和送风口外的其他门、窗、洞口。

6 楼梯间的首层可将走道和门厅等包括在楼梯间前室内形成扩大的前室，但应采用乙级防火门等与其他走道和房间分隔。

6.4.4 除通向避难层错位的疏散楼梯外，建筑内的疏散楼梯间在各层的平面位置不应改变。

除住宅建筑套内的自用楼梯外，地下或半地下建筑（室）的疏散楼梯间，应符合下列规定：

1 室内地面与室外出入口地坪高差大于10m或3层及以上的地下、半地下建筑（室），其疏散楼梯应采用防烟楼梯间；其他地下或半地下建筑（室），其疏散楼梯应采用封闭楼梯间。

2 应在首层采用耐火极限不低于2.00h的防火隔墙与其他部位分隔并应直通室外，确需在隔墙上开门时，应采用乙级防火门。

3 建筑的地下或半地下部分与地上部分不应共用楼梯间，确需共用楼梯间时，应在首层采用耐火极限不低于2.00h的防火隔墙和乙级防火门将地下或半地下部分与地上部分的连通部位完全分隔，并应设置明显的标志。

6.4.5 室外疏散楼梯应符合下列规定：

1 栏杆扶手的高度不应小于1.10m，楼梯的净宽度不应小于0.90m。

2 倾斜角度不应大于45°。

3 梯段和平台均应采用不燃材料制作。平台的耐火极限不应低于1.00h，梯段的耐火极限不应低于0.25h。

4 通向室外楼梯的门应采用乙级防火门，并应向外开启。

5 除疏散门外，楼梯周围2m内的墙面上不应设置门、窗、洞口。疏散门不应正对梯段。

6.4.6 用作丁、戊类厂房内第二安全出口的楼梯可采用金属梯，但其净宽度不应小于0.90m，倾斜角度不应大于45°。

丁、戊类高层厂房，当每层工作平台上的人数不超过2人且各层工作平台上同时工作的人数总和不超过10人时，其疏散楼梯可采用敞开楼梯或利用净宽度不小于0.90m、倾斜角度不大于60°的金属梯。

6.4.7 疏散用楼梯和疏散通道上的阶梯不宜采用螺旋楼梯和扇形踏步；确需采用时，踏步上、下两级所形成的平面角度不应大于10°，且每级离扶手250mm处的踏步深度不应小于220mm。

6.4.8 建筑内的公共疏散楼梯，其两梯段及扶手间的水平净距不宜小于150mm。

6.4.9 高度大于10m的三级耐火等级建筑应设置通至屋顶的室外消防梯。室外消防梯不应面对老虎窗，宽度不应小于0.6m，且宜从离地面3.0m高处设置。

6.4.10 疏散走道在防火分区处应设置常开甲级防火门。

6.4.11 建筑内的疏散门应符合下列规定：

1 民用建筑和厂房的疏散门，应采用向疏散方向开启的平开门，不应采用推拉门、卷帘门、吊门、转门和折叠门。除甲、乙类生产车间外，人数不超过60人且每樘门的平均疏散人数不超过30人的房间，其疏散门的开启方向不限。

2 仓库的疏散门应采用向疏散方向开启的平开门，但丙、丁、戊类仓库首层靠墙的外侧可采用推拉门或卷帘门。

3 开向疏散楼梯或疏散楼梯间的门，当其完全开启时，不应减少楼梯平台的有效宽度。

4 人员密集场所内平时需要控制人员随意出入的疏散门和设置门禁系统的住宅、宿舍、公寓建筑的外门，应保证火灾时不需使用钥匙等任何工具即能从内部易于打开，并应在显著位置设置具有使用提示的标识。

6.4.12 用于防火分隔的下沉式广场等室外开敞空间，应符合下列规定：

1 分隔后的不同区域通向下沉式广场等室外开敞空间的开口最近边缘之间的水平距离不应小于13m。室外开敞空间除用于人员疏散外不得用于其他商业或可能导致火灾蔓延的用途，其中用于疏散的净面积不应小于169m^2。

2 下沉式广场等室外开敞空间内应设置不少于1部直通地面的疏散楼梯。当连接下沉广场的防火分区需利用下沉广场进行疏散时，疏散楼梯的总净宽度不应小于任一防火分区通向室外开敞空间的设计疏散总净宽度。

3 确需设置防风雨篷时，防风雨篷不应完全封闭，四周开口部位应均匀布置，开口的面积不应小于该空间地面面积的25%，开口高度不应小于1.0m；开口设置百叶时，百叶的有效排烟面积可按百叶通风口面积的60%计算。

6.4.13 防火隔间的设置应符合下列规定：

1 防火隔间的建筑面积不应小于6.0m^2；

2 防火隔间的门应采用甲级防火门；

3 不同防火分区通向防火隔间的门不应计入安全出口，门的最小间距不应小于4m；

4 防火隔间内部装修材料的燃烧性能应为A级；

5 不应用于除人员通行外的其他用途。

6.4.14 避难走道的设置应符合下列规定：

1 避难走道防火隔墙的耐火极限不应低于3.00h，楼板的耐火极限不应低于1.50h。

2 避难走道直通地面的出口不应少于2个，并应设置在不同方向；当避难走道仅与一个防火分区相通且该防火分区至少有1个直通室外的安全出口时，可设置1个直通地面的出口。任一防火分区通向避难走道的门至该避难走道最近直通地面的出口的距离不应大于60m。

3 避难走道的净宽度不应小于任一防火分区通向该避难走道的设计疏散总净宽度。

4 避难走道内部装修材料的燃烧性能应为A级。

5 防火分区至避难走道入口处应设置防烟前室，前室的使用面积不应小于6.0m^2，开向前室的门应采用甲级防火门，前室开向避难走道的门应采用乙级防火门。

6 避难走道内应设置消火栓、消防应急照明、应急广播和消防专线电话。

6.5 防火门、窗和防火卷帘

6.5.1 防火门的设置应符合下列规定：

1 设置在建筑内经常有人通行处的防火门宜采用常开防火门。常开防火门应能在火灾时自行关闭，并应具有信号反馈的功能。

2 除允许设置常开防火门的位置外，其他位置的防火门均应采用常闭防火门。常闭防火门应在其明显位置设置“保持防火门关闭”等提示标识。

3 除管井检修门和住宅的户门外，防火门应具有自行关闭功能。双扇防火门应具有按顺序自行关闭的功能。

4 除本规范第6.4.11条第4款的规定外，防火门应能在其内外两侧手动开启。

5 设置在建筑变形缝附近时，防火门应设置在楼层较多的一侧，并应保证防火门开启时门扇不跨越变形缝。

6 防火门关闭后应具有防烟性能。

7 甲、乙、丙级防火门应符合现行国家标准《防火门》GB 12955的规定。

6.5.2 设置在防火墙、防火隔墙上的防火窗，应采用不可开启的窗扇或具有火灾时能自行关闭的功能。

防火窗应符合现行国家标准《防火窗》GB 16809 的有关规定。

6.5.3 防火分隔部位设置防火卷帘时，应符合下列规定：

1 除中庭外，当防火分隔部位的宽度不大于30m时，防火卷帘的宽度不应大于10m；当防火分隔部位的宽度大于30m时，防火卷帘的宽度不应大于该部位宽度的1/3，且不应大于20m。

2 防火卷帘应具有火灾时靠自重自动关闭功能。

3 除本规范另有规定外，防火卷帘的耐火极限不应低于本规范对所设置部位墙体的耐火极限要求。

当防火卷帘的耐火极限符合现行国家标准《门和卷帘的耐火试验方法》GB/T 7633 有关耐火完整性和耐火隔热性的判定条件时，可不设置自动喷水灭火系统保护。

当防火卷帘的耐火极限仅符合现行国家标准《门和卷帘的耐火试验方法》GB/T 7633 有关耐火完整性的判定条件时，应设置自动喷水灭火系统保护。自动喷水灭火系统的设计应符合现行国家标准《自动喷水灭火系统设计规范》GB 50084 的规定，但火灾延续时间不应小于该防火卷帘的耐火极限。

4 防火卷帘应具有防烟性能，与楼板、梁、墙、柱之间的空隙应采用防火封堵材料封堵。

5 需在火灾时自动降落的防火卷帘，应具有信号反馈的功能。

6 其他要求，应符合现行国家标准《防火卷帘》GB 14102 的规定。

6.6 天桥、栈桥和管沟

6.6.1 天桥、跨越房屋的栈桥以及供输送可燃材料、可燃气体和甲、乙、丙类液体的栈桥，均应采用不燃材料。

6.6.2 输送有火灾、爆炸危险物质的栈桥不应兼作疏散通道。

6.6.3 封闭天桥、栈桥与建筑物连接处的门洞以及敷设甲、乙、丙类液体管道的封闭管沟（廊），均宜采取防止火灾蔓延的措施。

6.6.4 连接两座建筑物的天桥、连廊，应采取防止火灾在两座建筑间蔓延的措施。当仅供通行的天桥、连廊采用不燃材料，且建筑物通向天桥、连廊的出口符合安全出口的要求时，该出口可作为安全出口。

6.7 建筑保温和外墙装饰

6.7.1 建筑的内、外保温系统，宜采用燃烧性能为A级的保温材料，不宜采用B_2级保温材料，严禁采用B_3级保温材料；设置保温系统的基层墙体或屋面板的耐火极限应符合本规范的有关规定。

6.7.2 建筑外墙采用内保温系统时，保温系统应符合下列规定：

1 对于人员密集场所，用火、燃油、燃气等具有火灾危险性的场所以及各类建筑内的疏散楼梯间、避难走道、避难间、避难层等场所或部位，应采用燃烧性能为A级的保温材料。

2 对于其他场所，应采用低烟、低毒且燃烧性能不低于B_1级的保温材料。

3 保温系统应采用不燃材料做防护层。采用燃烧性能为B_1级的保温材料时，防护层的厚度不应小于10mm。

6.7.3 建筑外墙采用保温材料与两侧墙体构成无空腔复合保温结构体时，该结构体的耐火极限应符合本规范的有关规定；当保温材料的燃烧性能为B_1、B_2级时，保温材料两侧的墙体应采用不燃材料且厚度均不应小于50mm。

6.7.4 设置人员密集场所的建筑，其外墙外保温材料的燃烧性能应为A级。

6.7.4A 除本规范第6.7.3条规定的情况外，下列老年人照料设施的内、外墙体和屋面保温材料应采用燃烧性能为A级的保温材料：

1 独立建造的老年人照料设施；

2 与其他建筑组合建造且老年人照料设施部分的总建筑面积大于$500m^2$的老年人照料设施。

6.7.5 与基层墙体、装饰层之间无空腔的建筑外墙外保温系统，其保温材料应符合下列规定：

1 住宅建筑：

1）建筑高度大于100m时，保温材料的燃烧性能应为A级；

2）建筑高度大于27m，但不大于100m时，保温材料的燃烧性能不应低于B_1级；

3）建筑高度不大于27m时，保温材料的燃烧性能不应低于B_2级。

2 除住宅建筑和设置人员密集场所的建筑外，其他建筑：

1）建筑高度大于50m时，保温材料的燃烧性能应为A级；

2）建筑高度大于24m，但不大于50m时，保温材料的燃烧性能不应低于B_1级；

3）建筑高度不大于24m时，保温材料的燃烧性能不应低于B_2级。

6.7.6 除设置人员密集场所的建筑外，与基层墙体、装饰层之间有空腔的建筑外墙外保温系统，其保温材料应符合下列规定：

1 建筑高度大于24m时，保温材料的燃烧性能应为A级；

2 建筑高度不大于24m时，保温材料的燃烧性能不应低于B_1级。

6.7.7 除本规范第6.7.3条规定的情况外，当建筑的外墙外保温系统按本节规定采用燃烧性能为 B_1、B_2 级的保温材料时，应符合下列规定：

1 除采用 B_1 级保温材料且建筑高度不大于 24m 的公共建筑或采用 B_1 级保温材料且建筑高度不大于 27m 的住宅建筑外，建筑外墙上门、窗的耐火完整性不应低于 0.50h。

2 应在保温系统中每层设置水平防火隔离带。防火隔离带应采用燃烧性能为 A 级的材料，防火隔离带的高度不应小于 300mm。

6.7.8 建筑的外墙外保温系统应采用不燃材料在其表面设置防护层，防护层应将保温材料完全包覆。除本规范第 6.7.3 条规定的情况外，当按本节规定采用 B_1、B_2 级保温材料时，防护层厚度首层不应小于 15mm，其他层不应小于 5mm。

6.7.9 建筑外墙外保温系统与基层墙体、装饰层之间的空腔，应在每层楼板处采用防火封堵材料封堵。

6.7.10 建筑的屋面外保温系统，当屋面板的耐火极限不低于 1.00h 时，保温材料的燃烧性能不应低于 B_2 级；当屋面板的耐火极限低于 1.00h 时，不应低于 B_1 级。采用 B_1、B_2 级保温材料的外保温系统应采用不燃材料作防护层，防护层的厚度不应小于 10mm。

当建筑的屋面和外墙外保温系统均采用 B_1、B_2 级保温材料时，屋面与外墙之间应采用宽度不小于 500mm 的不燃材料设置防火隔离带进行分隔。

6.7.11 电气线路不应穿越或敷设在燃烧性能为 B_1 或 B_2 级的保温材料中；确需穿越或敷设时，应采取穿金属管并在金属管周围采用不燃隔热材料进行防火隔离等防火保护措施。设置开关、插座等电器配件的部位周围应采取不燃隔热材料进行防火隔离等防火保护措施。

6.7.12 建筑外墙的装饰层应采用燃烧性能为 A 级的材料，但建筑高度不大于 50m 时，可采用 B_1 级材料。

7 灭火救援设施

7.1 消防车道

7.1.1 街区内的道路应考虑消防车的通行，道路中心线间的距离不宜大于 160m。

当建筑物沿街道部分的长度大于 150m 或总长度大于 220m 时，应设置穿过建筑物的消防车道。确有困难时，应设置环形消防车道。

7.1.2 高层民用建筑，超过 3000 个座位的体育馆，超过 2000 个座位的会堂，占地面积大于 3000m² 的商店建筑、展览建筑等单、多层公共建筑应设置环形消防车道，确有困难时，可沿建筑的两个长边设置消防车道；对于高层住宅建筑和山坡地或河道边临空建造的高层民用建筑，可沿建筑的一个长边设置消防车道，但该长边所在建筑立面应为消防车登高操作面。

7.1.3 工厂、仓库区内应设置消防车道。

高层厂房，占地面积大于 3000m² 的甲、乙、丙类厂房和占地面积大于 1500m² 的乙、丙类仓库，应设置环形消防车道，确有困难时，应沿建筑物的两个长边设置消防车道。

7.1.4 有封闭内院或天井的建筑物，当内院或天井的短边长度大于 24m 时，宜设置进入内院或天井的消防车道；当该建筑物沿街时，应设置连通街道和内院的人行通道（可利用楼梯间），其间距不宜大于 80m。

7.1.5 在穿过建筑物或进入建筑物内院的消防车道两侧，不应设置影响消防车通行或人员安全疏散的设施。

7.1.6 可燃材料露天堆场区，液化石油气储罐区，甲、乙、丙类液体储罐区和可燃气体储罐区，应设置消防车道。消防车道的设置应符合下列规定：

1 储量大于表 7.1.6 规定的堆场、储罐区，宜设置环形消防车道。

表 7.1.6 堆场或储罐区的储量

名称	棉、麻、毛、化纤（t）	秸秆、芦苇（t）	木材（m³）	甲、乙、丙类液体储罐（m³）	液化石油气储罐（m³）	可燃气体储罐（m³）
储量	1000	5000	5000	1500	500	30000

2 占地面积大于 30000m² 的可燃材料堆场，应设置与环形消防车道相通的中间消防车道，消防车道的间距不宜大于 150m。液化石油气储罐区，甲、乙、丙类液体储罐区和可燃气体储罐区内的环形消防车道之间宜设置连通的消防车道；

3 消防车道的边缘距离可燃材料堆垛不应小于 5m。

7.1.7 供消防车取水的天然水源和消防水池应设置消防车道。消防车道的边缘距离取水点不宜大于 2m。

7.1.8 消防车道应符合下列要求：

1 车道的净宽度和净空高度均不应小于 4.0m；

2 转弯半径应满足消防车转弯的要求；

3 消防车道与建筑之间不应设置妨碍消防车操作的树木、架空管线等障碍物；

4 消防车道靠建筑外墙一侧的边缘距离建筑外墙不宜小于 5m；

5 消防车道的坡度不宜大于 8%。

7.1.9 环形消防车道至少应有两处与其他车道连通。尽头式消防车道应设置回车道或回车场，回车场的面积不应小于 12m×12m；对于高层建筑，不宜小于 15m×15m；供重型消防车使用时，不宜小于 18m×18m。

消防车道的路面、救援操作场地、消防车道和救援操作场地下面的管道和暗沟等，应能承受重型消防车的压力。

消防车道可利用城乡、厂区道路等，但该道路应满足消防车通行、转弯和停靠的要求。

7.1.10 消防车道不宜与铁路正线平交，确需平交时，应设置备用车道，且两车道的间距不应小于一列火车的长度。

7.2 救援场地和入口

7.2.1 高层建筑应至少沿一个长边或周边长度的1/4且不小于一个长边长度的底边连续布置消防车登高操作场地，该范围内的裙房进深不应大于4m。

建筑高度不大于50m的建筑，连续布置消防车登高操作场地确有困难时，可间隔布置，但间隔距离不宜大于30m，且消防车登高操作场地的总长度仍应符合上述规定。

7.2.2 消防车登高操作场地应符合下列规定：

1 场地与厂房、仓库、民用建筑之间不应设置妨碍消防车操作的树木、架空管线等障碍物和车库出入口。

2 场地的长度和宽度分别不应小于15m和10m。对于建筑高度大于50m的建筑，场地的长度和宽度分别不应小于20m和10m。

3 场地及其下面的建筑结构、管道和暗沟等，应能承受重型消防车的压力。

4 场地应与消防车道连通，场地靠建筑外墙一侧的边缘距离建筑外墙不宜小于5m，且不应大于10m，场地的坡度不宜大于3%。

7.2.3 建筑物与消防车登高操作场地相对应的范围内，应设置直通室外的楼梯或直通楼梯间的入口。

7.2.4 厂房、仓库、公共建筑的外墙应在每层的适当位置设置可供消防救援人员进入的窗口。

7.2.5 供消防救援人员进入的窗口的净高度和净宽度均不应小于1.0m，下沿距室内地面不宜大于1.2m，间距不宜大于20m且每个防火分区不应少于2个，设置位置应与消防车登高操作场地相对应。窗口的玻璃应易于破碎，并应设置可在室外易于识别的明显标志。

7.3 消防电梯

7.3.1 下列建筑应设置消防电梯：

1 建筑高度大于33m的住宅建筑；

2 一类高层公共建筑和建筑高度大于32m的二类高层公共建筑、5层及以上且总建筑面积大于3000m² (包括设置在其他建筑内五层及以上楼层)的老年人照料设施；

3 设置消防电梯的建筑的地下或半地下室，埋深大于10m且总建筑面积大于3000m²的其他地下或半地下建筑（室）。

7.3.2 消防电梯应分别设置在不同防火分区内，且每个防火分区不应少于1台。

7.3.3 建筑高度大于32m且设置电梯的高层厂房(仓库)，每个防火分区内宜设置1台消防电梯，但符合下列条件的建筑可不设置消防电梯：

1 建筑高度大于32m且设置电梯，任一层工作平台上的人数不超过2人的高层塔架；

2 局部建筑高度大于32m，且局部高出部分的每层建筑面积不大于50m²的丁、戊类厂房。

7.3.4 符合消防电梯要求的客梯或货梯可兼作消防电梯。

7.3.5 除设置在仓库连廊、冷库穿堂或谷物筒仓工作塔内的消防电梯外，消防电梯应设置前室，并应符合下列规定：

1 前室宜靠外墙设置，并应在首层直通室外或经过长度不大于30m的通道通向室外；

2 前室的使用面积不应小于6.0m²，前室的短边不应小于2.4m；与防烟楼梯间合用的前室，其使用面积尚应符合本规范第5.5.28条和第6.4.3条的规定；

3 除前室的出入口、前室内设置的正压送风口和本规范第5.5.27条规定的户门外，前室内不应开设其他门、窗、洞口；

4 前室或合用前室的门应采用乙级防火门，不应设置卷帘。

7.3.6 消防电梯井、机房与相邻电梯井、机房之间应设置耐火极限不低于2.00h的防火隔墙，隔墙上的门应采用甲级防火门。

7.3.7 消防电梯的井底应设置排水设施，排水井的容量不应小于2m³，排水泵的排水量不应小于10L/s。消防电梯间前室的门口宜设置挡水设施。

7.3.8 消防电梯应符合下列规定：

1 应能每层停靠；

2 电梯的载重量不应小于800kg；

3 电梯从首层至顶层的运行时间不宜大于60s；

4 电梯的动力与控制电缆、电线、控制面板应采取防水措施；

5 在首层的消防电梯入口处应设置供消防队员专用的操作按钮；

6 电梯轿厢的内部装修应采用不燃材料；

7 电梯轿厢内部应设置专用消防对讲电话。

7.4 直升机停机坪

7.4.1 建筑高度大于100m且标准层建筑面积大于2000m²的公共建筑，宜在屋顶设置直升机停机坪或供直升机救助的设施。

7.4.2 直升机停机坪应符合下列规定：

1 设置在屋顶平台上时，距离设备机房、电梯机房、水箱间、共用天线等突出物不应小于5m；

2 建筑通向停机坪的出口不应少于2个，每个出口的宽度不宜小于0.90m；

3 四周应设置航空障碍灯，并应设置应急照明；

4 在停机坪的适当位置应设置消火栓；

5 其他要求应符合国家现行航空管理有关标准的规定。

8 消防设施的设置

8.1 一 般 规 定

8.1.1 消防给水和消防设施的设置应根据建筑的用途及其重要性、火灾危险性、火灾特性和环境条件等因素综合确定。

8.1.2 **城镇（包括居住区、商业区、开发区、工业区等）应沿可通行消防车的街道设置市政消火栓系统。**

民用建筑、厂房、仓库、储罐（区）和堆场周围应设置室外消火栓系统。

用于消防救援和消防车停靠的屋面上，应设置室外消火栓系统。

注：耐火等级不低于二级且建筑体积不大于3000m³的戊类厂房，居住区人数不超过500人且建筑层数不超过两层的居住区，可不设置室外消火栓系统。

8.1.3 **自动喷水灭火系统、水喷雾灭火系统、泡沫灭火系统和固定消防炮灭火系统等系统以及下列建筑的室内消火栓给水系统应设置消防水泵接合器：**

1 超过5层的公共建筑；

2 超过4层的厂房或仓库；

3 其他高层建筑；

4 超过2层或建筑面积大于10000m² 的地下建筑（室）。

8.1.4 甲、乙、丙类液体储罐（区）内的储罐应设置移动水枪或固定水冷却设施。高度大于15m或单罐容积大于2000m³ 的甲、乙、丙类液体地上储罐，宜采用固定水冷却设施。

8.1.5 总容积大于50m³ 或单罐容积大于20m³ 的液化石油气储罐（区）应设置固定水冷却设施，埋地的液化石油气储罐可不设置固定喷水冷却装置。总容积不大于50m³ 或单罐容积不大于20m³ 的液化石油气储罐（区），应设置移动式水枪。

8.1.6 **消防水泵房的设置应符合下列规定：**

1 单独建造的消防水泵房，其耐火等级不应低于二级；

2 附设在建筑内的消防水泵房，不应设置在地下三层及以下或室内地面与室外出入口地坪高差大于10m的地下楼层；

3 疏散门应直通室外或安全出口。

8.1.7 设置火灾自动报警系统和需要联动控制的消防设备的建筑（群）应设置消防控制室。消防控制室的设置应符合下列规定：

1 单独建造的消防控制室，其耐火等级不应低于二级；

2 附设在建筑内的消防控制室，宜设置在建筑内首层或地下一层，并宜布置在靠外墙部位；

3 不应设置在电磁场干扰较强及其他可能影响消防控制设备正常工作的房间附近；

4 疏散门应直通室外或安全出口。

5 消防控制室内的设备构成及其对建筑消防设施的控制与显示功能以及向远程监控系统传输相关信息的功能，应符合现行国家标准《火灾自动报警系统设计规范》GB 50116和《消防控制室通用技术要求》GB 25506的规定。

8.1.8 **消防水泵房和消防控制室应采取防水淹的技术措施。**

8.1.9 设置在建筑内的防排烟风机应设置在不同的专用机房内，有关防火分隔措施应符合本规范第6.2.7条的规定。

8.1.10 高层住宅建筑的公共部位和公共建筑内应设置灭火器，其他住宅建筑的公共部位宜设置灭火器。

厂房、仓库、储罐（区）和堆场，应设置灭火器。

8.1.11 建筑外墙设置有玻璃幕墙或采用火灾时可能脱落的墙体装饰材料或构造时，供灭火救援用的水泵接合器、室外消火栓等室外消防设施，应设置在距离建筑外墙相对安全的位置或采取安全防护措施。

8.1.12 设置在建筑室内外供人员操作或使用的消防设施，均应设置区别于环境的明显标志。

8.1.13 有关消防系统及设施的设计，应符合现行国家标准《消防给水及消火栓系统技术规范》GB 50974、《自动喷水灭火系统设计规范》GB 50084、《火灾自动报警系统设计规范》GB 50116等标准的规定。

8.2 室内消火栓系统

8.2.1 **下列建筑或场所应设置室内消火栓系统：**

1 建筑占地面积大于300m²的厂房和仓库；

2 高层公共建筑和建筑高度大于21m的住宅建筑；

注：建筑高度不大于27m的住宅建筑，设置室内消火栓系统确有困难时，可只设置干式消防竖管和不带消火栓箱的*DN*65的室内消火栓。

3 体积大于5000m³的车站、码头、机场的候车（船、机）建筑、展览建筑、商店建筑、旅馆建筑、医疗建筑、老年人照料设施和图书馆建筑等单、多层建筑；

4 特等、甲等剧场，超过800个座位的其他等

级的剧场和电影院等以及超过1200个座位的礼堂、体育馆等单、多层建筑；

5 建筑高度大于15m或体积大于10000m³的办公建筑、教学建筑和其他单、多层民用建筑。

8.2.2 本规范第8.2.1条未规定的建筑或场所和符合本规范第8.2.1条规定的下列建筑或场所，可不设置室内消火栓系统，但宜设置消防软管卷盘或轻便消防水龙：

1 耐火等级为一、二级且可燃物较少的单、多层丁、戊类厂房（仓库）。

2 耐火等级为三、四级且建筑体积不大于3000m³的丁类厂房；耐火等级为三、四级且建筑体积不大于5000m³的戊类厂房（仓库）。

3 粮食仓库、金库、远离城镇且无人值班的独立建筑。

4 存有与水接触能引起燃烧爆炸的物品的建筑。

5 室内无生产、生活给水管道，室外消防用水取自储水池且建筑体积不大于5000m³的其他建筑。

8.2.3 国家级文物保护单位的重点砖木或木结构的古建筑，宜设置室内消火栓系统。

8.2.4 人员密集的公共建筑、建筑高度大于100m的建筑和建筑面积大于200m²的商业服务网点内应设置消防软管卷盘或轻便消防水龙。高层住宅建筑的户内宜配置轻便消防水龙。

老年人照料设施内应设置与室内供水系统直接连接的消防软管卷盘，消防软管卷盘的设置间距不应大于30.0m。

8.3 自动灭火系统

8.3.1 除本规范另有规定和不宜用水保护或灭火的场所外，下列厂房或生产部位应设置自动灭火系统，并宜采用自动喷水灭火系统：

1 不小于50000纱锭的棉纺厂的开包、清花车间，不小于5000锭的麻纺厂的分级、梳麻车间，火柴厂的烤梗、筛选部位；

2 占地面积大于1500m²或总建筑面积大于3000m²的单、多层制鞋、制衣、玩具及电子等类似生产的厂房；

3 占地面积大于1500m²的木器厂房；

4 泡沫塑料厂的预发、成型、切片、压花部位；

5 高层乙、丙类厂房；

6 建筑面积大于500m²的地下或半地下丙类厂房。

8.3.2 除本规范另有规定和不宜用水保护或灭火的仓库外，下列仓库应设置自动灭火系统，并宜采用自动喷水灭火系统：

1 每座占地面积大于1000m²的棉、毛、丝、麻、化纤、毛皮及其制品的仓库；

注：单层占地面积不大于2000m²的棉花库房，可不设置自动喷水灭火系统。

2 每座占地面积大于600m²的火柴仓库；

3 邮政建筑内建筑面积大于500m²的空邮袋库；

4 可燃、难燃物品的高架仓库和高层仓库；

5 设计温度高于0℃的高架冷库，设计温度高于0℃且每个防火分区建筑面积大于1500m²的非高架冷库；

6 总建筑面积大于500m²的可燃物品地下仓库；

7 每座占地面积大于1500m²或总建筑面积大于3000m²的其他单层或多层丙类物品仓库。

8.3.3 除本规范另有规定和不宜用水保护或灭火的场所外，下列高层民用建筑或场所应设置自动灭火系统，并宜采用自动喷水灭火系统：

1 一类高层公共建筑（除游泳池、溜冰场外）及其地下、半地下室；

2 二类高层公共建筑及其地下、半地下室的公共活动用房、走道、办公室和旅馆的客房、可燃物品库房、自动扶梯底部；

3 高层民用建筑内的歌舞娱乐放映游艺场所；

4 建筑高度大于100m的住宅建筑。

8.3.4 除本规范另有规定和不适用水保护或灭火的场所外，下列单、多层民用建筑或场所应设置自动灭火系统，并宜采用自动喷水灭火系统：

1 特等、甲等剧场，超过1500个座位的其他等级的剧场，超过2000个座位的会堂或礼堂，超过3000个座位的体育馆，超过5000人的体育场的室内人员休息室与器材间等；

2 任一层建筑面积大于1500m²或总建筑面积大于3000m²的展览、商店、餐饮和旅馆建筑以及医院中同样建筑规模的病房楼、门诊楼和手术部；

3 设置送回风道（管）的集中空气调节系统且总建筑面积大于3000m²的办公建筑等；

4 藏书量超过50万册的图书馆；

5 大、中型幼儿园，老年人照料设施；

6 总建筑面积大于500m²的地下或半地下商店；

7 设置在地下或半地下或地上四层及以上楼层的歌舞娱乐放映游艺场所（除游泳场所外），设置在首层、二层和三层且任一层建筑面积大于300m²的地上歌舞娱乐放映游艺场所（除游泳场所外）。

8.3.5 根据本规范要求难以设置自动喷水灭火系统的展览厅、观众厅等人员密集的场所和丙类生产车间、库房等高大空间场所，应设置其他自动灭火系统，并宜采用固定消防炮等灭火系统。

8.3.6 下列部位宜设置水幕系统：

1 特等、甲等剧场、超过1500个座位的其他等级的剧场、超过2000个座位的会堂或礼堂和高层民用建筑内超过800个座位的剧场或礼堂的舞台口及上述场所内与舞台相连的侧台、后台的洞口；

2 应设置防火墙等防火分隔物而无法设置的局部开口部位；

3 需要防护冷却的防火卷帘或防火幕的上部。

注：舞台口也可采用防火幕进行分隔，侧台、后台的较小洞口宜设置乙级防火门、窗。

8.3.7 下列建筑或部位应设置雨淋自动喷水灭火系统：

1 火柴厂的氯酸钾压碾厂房，建筑面积大于 $100m^2$ 且生产或使用硝化棉、喷漆棉、火胶棉、赛璐珞胶片、硝化纤维的厂房；

2 乒乓球厂的轧坯、切片、磨球、分球检验部位；

3 建筑面积大于 $60m^2$ 或储存量大于2t的硝化棉、喷漆棉、火胶棉、赛璐珞胶片、硝化纤维的仓库；

4 日装瓶数量大于3000瓶的液化石油气储配站的灌瓶间、实瓶库；

5 特等、甲等剧场、超过1500个座位的其他等级剧场和超过2000个座位的会堂或礼堂的舞台葡萄架下部；

6 建筑面积不小于 $400m^2$ 的演播室，建筑面积不小于 $500m^2$ 的电影摄影棚。

8.3.8 下列场所应设置自动灭火系统，并宜采用水喷雾灭火系统：

1 单台容量在40MV·A及以上的厂矿企业油浸变压器，单台容量在90MV·A及以上的电厂油浸变压器，单台容量在125MV·A及以上的独立变电站油浸变压器；

2 飞机发动机试验台的试车部位；

3 充可燃油并设置在高层民用建筑内的高压电容器和多油开关室。

注：设置在室内的油浸变压器、充可燃油的高压电容器和多油开关室，可采用细水雾灭火系统。

8.3.9 下列场所应设置自动灭火系统，并宜采用气体灭火系统：

1 国家、省级或人口超过100万的城市广播电视发射塔内的微波机房、分米波机房、米波机房、变配电室和不间断电源（UPS）室；

2 国际电信局、大区中心、省中心和一万路以上的地区中心内的长途程控交换机房、控制室和信令转接点室；

3 两万线以上的市话汇接局和六万门以上的市话端局内的程控交换机房、控制室和信令转接点室；

4 中央及省级公安、防灾和网局级及以上的电力等调度指挥中心内的通信机房和控制室；

5 A、B级电子信息系统机房内的主机房和基本工作间的已记录磁（纸）介质库；

6 中央和省级广播电视中心内建筑面积不小于 $120m^2$ 的音像制品库房；

7 国家、省级或藏书量超过100万册的图书馆内的特藏库；中央和省级档案馆内的珍藏库和非纸质档案库；大、中型博物馆内的珍品库房；一级纸绢质文物的陈列室；

8 其他特殊重要设备室。

注：1 本条第1、4、5、8款规定的部位，可采用细水雾灭火系统。

2 当有备用主机和备用已记录磁（纸）介质，且设置在不同建筑内或同一建筑内的不同防火分区内时，本条第5款规定的部位可采用预作用自动喷水灭火系统。

8.3.10 甲、乙、丙类液体储罐的灭火系统设置应符合下列规定：

1 单罐容量大于 $1000m^3$ 的固定顶罐应设置固定式泡沫灭火系统；

2 罐壁高度小于7m或容量不大于 $200m^3$ 的储罐可采用移动式泡沫灭火系统；

3 其他储罐宜采用半固定式泡沫灭火系统；

4 石油库、石油化工、石油天然气工程中甲、乙、丙类液体储罐的灭火系统设置，应符合现行国家标准《石油库设计规范》GB 50074等标准的规定。

8.3.11 餐厅建筑面积大于 $1000m^2$ 的餐馆或食堂，其烹饪操作间的排油烟罩及烹饪部位应设置自动灭火装置，并应在燃气或燃油管道上设置与自动灭火装置联动的自动切断装置。

食品工业加工场所内有明火作业或高温食用油的食品加工部位宜设置自动灭火装置。

8.4 火灾自动报警系统

8.4.1 下列建筑或场所应设置火灾自动报警系统：

1 任一层建筑面积大于 $1500m^2$ 或总建筑面积大于 $3000m^2$ 的制鞋、制衣、玩具、电子等类似用途的厂房；

2 每座占地面积大于 $1000m^2$ 的棉、毛、丝、麻、化纤及其制品的仓库，占地面积大于 $500m^2$ 或总建筑面积大于 $1000m^2$ 的卷烟仓库；

3 任一层建筑面积大于 $1500m^2$ 或总建筑面积大于 $3000m^2$ 的商店、展览、财贸金融、客运和货运等类似用途的建筑，总建筑面积大于 $500m^2$ 的地下或半地下商店；

4 图书或文物的珍藏库，每座藏书超过50万册的图书馆，重要的档案馆；

5 地市级及以上广播电视建筑、邮政建筑、电信建筑，城市或区域性电力、交通和防灾等指挥调度建筑；

6 特等、甲等剧场，座位数超过1500个的其他等级的剧场或电影院，座位数超过2000个的会堂或礼堂，座位数超过3000个的体育馆；

7　大、中型幼儿园的儿童用房等场所，老年人照料设施，任一层建筑面积大于1500m²或总建筑面积大于3000m²的疗养院的病房楼、旅馆建筑和其他儿童活动场所，不少于200床位的医院门诊楼、病房楼和手术部等；

8　歌舞娱乐放映游艺场所；

9　净高大于2.6m且可燃物较多的技术夹层，净高大于0.8m且有可燃物的闷顶或吊顶内；

10　电子信息系统的主机房及其控制室、记录介质库，特殊贵重或火灾危险性大的机器、仪表、仪器设备室、贵重物品库房；

11　二类高层公共建筑内建筑面积大于50m²的可燃物品库房和建筑面积大于500m²的营业厅；

12　其他一类高层公共建筑；

13　设置机械排烟、防烟系统，雨淋或预作用自动喷水灭火系统，固定消防水炮灭火系统、气体灭火系统等需与火灾自动报警系统联锁动作的场所或部位。

注：老年人照料设施中的老年人用房及其公共走道，均应设置火灾探测器和声警报装置或消防广播。

8.4.2　建筑高度大于100m的住宅建筑，应设置火灾自动报警系统。

建筑高度大于54m但不大于100m的住宅建筑，其公共部位应设置火灾自动报警系统，套内宜设置火灾探测器。

建筑高度不大于54m的高层住宅建筑，其公共部位宜设置火灾自动报警系统。当设置需联动控制的消防设施时，公共部位应设置火灾自动报警系统。

高层住宅建筑的公共部位应设置具有语音功能的火灾声警报装置或应急广播。

8.4.3　建筑内可能散发可燃气体、可燃蒸气的场所应设置可燃气体报警装置。

8.5　防烟和排烟设施

8.5.1　建筑的下列场所或部位应设置防烟设施：

1　防烟楼梯间及其前室；

2　消防电梯间前室或合用前室；

3　避难走道的前室、避难层（间）。

建筑高度不大于50m的公共建筑、厂房、仓库和建筑高度不大于100m的住宅建筑，当其防烟楼梯间的前室或合用前室符合下列条件之一时，楼梯间可不设置防烟系统：

1　前室或合用前室采用敞开的阳台、凹廊；

2　前室或合用前室具有不同朝向的可开启外窗，且可开启外窗的面积满足自然排烟口的面积要求。

8.5.2　厂房或仓库的下列场所或部位应设置排烟设施：

1　人员或可燃物较多的丙类生产场所，丙类厂房内建筑面积大于300m²且经常有人停留或可燃物较多的地上房间；

2　建筑面积大于5000m²的丁类生产车间；

3　占地面积大于1000m²的丙类仓库；

4　高度大于32m的高层厂房（仓库）内长度大于20m的疏散走道，其他厂房（仓库）内长度大于40m的疏散走道。

8.5.3　民用建筑的下列场所或部位应设置排烟设施：

1　设置在一、二、三层且房间建筑面积大于100m²的歌舞娱乐放映游艺场所，设置在四层及以上楼层、地下或半地下的歌舞娱乐放映游艺场所；

2　中庭；

3　公共建筑内建筑面积大于100m²且经常有人停留的地上房间；

4　公共建筑内建筑面积大于300m²且可燃物较多的地上房间；

5　建筑内长度大于20m的疏散走道。

8.5.4　地下或半地下建筑（室）、地上建筑内的无窗房间，当总建筑面积大于200m²或一个房间建筑面积大于50m²，且经常有人停留或可燃物较多时，应设置排烟设施。

12　城市交通隧道

12.1　一般规定

12.1.1　城市交通隧道（以下简称隧道）的防火设计应综合考虑隧道内的交通组成、隧道的用途、自然条件、长度等因素。

12.1.2　单孔和双孔隧道应按其封闭段长度和交通情况分为一、二、三、四类，并应符合表12.1.2的规定。

表12.1.2　单孔和双孔隧道分类

用途	一类	二类	三类	四类
	隧道封闭段长度 L（m）			
可通行危险化学品等机动车	$L>1500$	$500<L\leqslant1500$	$L\leqslant500$	—
仅限通行非危险化学品等机动车	$L>3000$	$1500<L\leqslant3000$	$500<L\leqslant1500$	$L\leqslant500$
仅限人行或通行非机动车	—	—	$L>1500$	$L\leqslant1500$

12.1.3　隧道承重结构体的耐火极限应符合下列规定：

1　一、二类隧道和通行机动车的三类隧道，其承重结构体耐火极限的测定应符合本规范附录C的规定；对于一、二类隧道，火灾升温曲线应采用本规范附录C第C.0.1条规定的RABT标准升温曲线，耐火极限分别不应低于2.00h和1.50h；对于通行机动车的三类隧道，火灾升温曲线应采用本规范附录C第C.0.1条规定的HC标准升温曲线，耐火极限不应低于2.00h。

2 其他类别隧道承重结构体耐火极限的测定应符合现行国家标准《建筑构件耐火试验方法 第1部分：通用要求》GB/T 9978.1的规定；对于三类隧道，耐火极限不应低于2.00h；对于四类隧道，耐火极限不限。

12.1.4 隧道内的地下设备用房、风井和消防救援出入口的耐火等级应为一级，地面的重要设备用房、运营管理中心及其他地面附属用房的耐火等级不应低于二级。

12.1.5 除嵌缝材料外，隧道的内部装修应采用不燃材料。

12.1.6 通行机动车的双孔隧道，其车行横通道或车行疏散通道的设置应符合下列规定：

1 水底隧道宜设置车行横通道或车行疏散通道。车行横通道的间隔和隧道通向车行疏散通道入口的间隔宜为1000m～1500m。

2 非水底隧道应设置车行横通道或车行疏散通道。车行横通道的间隔和隧道通向车行疏散通道入口的间隔不宜大于1000m。

3 车行横通道应沿垂直隧道长度方向布置，并应通向相邻隧道；车行疏散通道应沿隧道长度方向布置在双孔中间，并应直通隧道外。

4 车行横通道和车行疏散通道的净宽度不应小于4.0m，净高度不应小于4.5m。

5 隧道与车行横通道或车行疏散通道的连通处，应采取防火分隔措施。

12.1.7 双孔隧道应设置人行横通道或人行疏散通道，并应符合下列规定：

1 人行横通道的间隔和隧道通向人行疏散通道入口的间隔，宜为250m～300m。

2 人行疏散横通道应沿垂直双孔隧道长度方向布置，并应通向相邻隧道。人行疏散通道应沿隧道长度方向布置在双孔中间，并应直通隧道外。

3 人行横通道可利用车行横通道。

4 人行横通道或人行疏散通道的净宽度不应小于1.2m，净高度不应小于2.1m。

5 隧道与人行横通道或人行疏散通道的连通处，应采取防火分隔措施，门应采用乙级防火门。

12.1.8 单孔隧道宜设置直通室外的人员疏散出口或独立避难所等避难设施。

12.1.9 隧道内的变电站、管廊、专用疏散通道、通风机房及其他辅助用房等，应采取耐火极限不低于2.00h的防火隔墙和乙级防火门等分隔措施与车行隧道分隔。

12.1.10 隧道内地下设备用房的每个防火分区的最大允许建筑面积不应大于1500m²，每个防火分区的安全出口数量不应少于2个，与车道或其他防火分区相通的出口可作为第二安全出口，但必须至少设置1个直通室外的安全出口；建筑面积不大于500m²且无人值守的设备用房可设置1个直通室外的安全出口。

12.2 消防给水和灭火设施

12.2.1 在进行城市交通的规划和设计时，应同时设计消防给水系统。四类隧道和行人或通行非机动车辆的三类隧道，可不设置消防给水系统。

12.2.2 消防给水系统的设置应符合下列规定：

1 消防水源和供水管网应符合国家现行有关标准的规定。

2 消防用水量应按隧道的火灾延续时间和隧道全线同一时间发生一次火灾计算确定。一、二类隧道的火灾延续时间不应小于3.0h；三类隧道，不应小于2.0h。

3 隧道内的消防用水量应按同时开启所有灭火设施的用水量之和计算。

4 隧道内宜设置独立的消防给水系统。严寒和寒冷地区的消防给水管道及室外消火栓应采取防冻措施；当采用干式给水系统时，应在管网的最高部位设置自动排气阀，管道的充水时间不宜大于90s。

5 隧道内的消火栓用水量不应小于20L/s，隧道外的消火栓用水量不应小于30L/s。对于长度小于1000m的三类隧道，隧道内、外的消火栓用水量可分别为10L/s和20L/s。

6 管道内的消防供水压力应保证用水量达到最大时，最不利点处的水枪充实水柱不小于10.0m。消火栓栓口处的出水压力大于0.5MPa时，应设置减压设施。

7 在隧道出入口处应设置消防水泵接合器和室外消火栓。

8 隧道内消火栓的间距不应大于50m，消火栓的栓口距地面高度宜为1.1m。

9 设置消防水泵供水设施的隧道，应在消火栓箱内设置消防水泵启动按钮。

10 应在隧道单侧设置室内消火栓箱，消火栓箱内应配置1支喷嘴口径19mm的水枪、1盘长25m、直径65mm的水带，并宜配置消防软管卷盘。

12.2.3 隧道内应设置排水设施。排水设施应考虑排除渗水、雨水、隧道清洗等水量和灭火时的消防用水量，并应采取防止事故时可燃液体或有害液体沿隧道漫流的措施。

12.2.4 隧道内应设置ABC类灭火器，并应符合下列规定：

1 通行机动车的一、二类隧道和通行机动车并设置3条及以上车道的三类隧道，在隧道两侧均应设置灭火器，每个设置点不应少于4具；

2 其他隧道，可在隧道一侧设置灭火器，每个设置点不应少于2具；

3 灭火器设置点的间距不应大于100m。

附录A 建筑高度和建筑层数的计算方法

A.0.1 建筑高度的计算应符合下列规定：

1 建筑屋面为坡屋面时，建筑高度应为建筑室外设计地面至其檐口与屋脊的平均高度。

2 建筑屋面为平屋面（包括有女儿墙的平屋面）时，建筑高度应为建筑室外设计地面至其屋面面层的高度。

3 同一座建筑有多种形式的屋面时，建筑高度应按上述方法分别计算后，取其中最大值。

4 对于台阶式地坪，当位于不同高程地坪上的同一建筑之间有防火墙分隔，各自有符合规范规定的安全出口，且可沿建筑的两个长边设置贯通式或尽头式消防车道时，可分别计算各自的建筑高度。否则，应按其中建筑高度最大者确定该建筑的建筑高度。

5 局部突出屋顶的瞭望塔、冷却塔、水箱间、微波天线间或设施、电梯机房、排风和排烟机房以及楼梯出口小间等辅助用房占屋面面积不大于1/4者，可不计入建筑高度。

6 对于住宅建筑，设置在底部且室内高度不大于2.2m的自行车库、储藏室、敞开空间，室内外高差或建筑的地下或半地下室的顶板面高出室外设计地面的高度不大于1.5m的部分，可不计入建筑高度。

A.0.2 建筑层数应按建筑的自然层数计算，下列空间可不计入建筑层数：

1 室内顶板面高出室外设计地面的高度不大于1.5m的地下或半地下室；

2 设置在建筑底部且室内高度不大于2.2m的自行车库、储藏室、敞开空间；

3 建筑屋顶上突出的局部设备用房、出屋面的楼梯间等。

附录B 防火间距的计算方法

B.0.1 建筑物之间的防火间距应按相邻建筑外墙的最近水平距离计算，当外墙有凸出的可燃或难燃构件时，应从其凸出部分外缘算起。

建筑物与储罐、堆场的防火间距，应为建筑外墙至储罐外壁或堆场中相邻堆垛外缘的最近水平距离。

B.0.2 储罐之间的防火间距应为相邻两储罐外壁的最近水平距离。

储罐与堆场的防火间距应为储罐外壁至堆场中相邻堆垛外缘的最近水平距离。

B.0.3 堆场之间的防火间距应为两堆场中相邻堆垛外缘的最近水平距离。

B.0.4 变压器之间的防火间距应为相邻变压器外壁的最近水平距离。

变压器与建筑物、储罐或堆场的防火间距，应为变压器外壁至建筑外墙、储罐外壁或相邻堆垛外缘的最近水平距离。

B.0.5 建筑物、储罐或堆场与道路、铁路的防火间距，应为建筑外墙、储罐外壁或相邻堆垛外缘距道路最近一侧路边或铁路中心线的最小水平距离。

中华人民共和国国家标准

建筑设计防火规范

GB 50016－2014

（2018年版）

条 文 说 明

目　　次

1 总 则

1.0.1 本条规定了制定本规范的目的。

在建筑设计中，采用必要的技术措施和方法来预防建筑火灾和减少建筑火灾危害、保护人身和财产安全，是建筑设计的基本消防安全目标。在设计中，设计师既要根据建筑物的使用功能、空间与平面特征和使用人员的特点，采取提高本质安全的工艺防火措施和控制火源的措施，防止发生火灾，也要合理确定建筑物的平面布局、耐火等级和构件的耐火极限，进行必要的防火分隔，设置合理的安全疏散设施与有效的灭火、报警与防排烟等设施，以控制和扑灭火灾，实现保护人身安全，减少火灾危害的目的。

1.0.2 本规范所规定的建筑设计的防火技术要求，适用于各类厂房、仓库及其辅助设施等工业建筑，公共建筑、居住建筑等民用建筑，储罐或储罐区、各类可燃材料堆场和城市交通隧道工程。

其中，城市交通隧道工程是指在城市建成区内建设的机动车和非机动车交通隧道及其辅助建筑。根据国家标准《城市规划基本术语标准》GB/T 50280—1998，城市建成区简称"建成区"，是指城市行政区内实际已成片开发建设、市政公用设施和公共设施基本具备的地区。

对于人民防空、石油和天然气、石油化工、酒厂、纺织、钢铁、冶金、煤化工和电力等工程，专业性较强、有些要求比较特殊，特别是其中的工艺防火和生产过程中的本质安全要求部分与一般工业或民用建筑有所不同。本规范只对上述建筑或工程的普遍性防火设计作了原则要求，但难以更详尽地确定这些工程的某些特殊防火要求，因此设计中的相关防火要求可以按照这些工程的专项防火规范执行。

1.0.3 对于火药、炸药及其制品厂房（仓库）、花炮厂房（仓库），由于这些建筑内的物质可以引起剧烈的化学爆炸，防火要求特殊，有关建筑设计中的防火要求在现行国家标准《民用爆破器材工程设计安全规范》GB 50089、《烟花爆竹工厂设计安全规范》GB 50161 等规范中有专门规定，本规范的适用范围不包括这些建筑或工程。

1.0.4 本条规定了在同一建筑内设置多种使用功能场所时的防火设计原则。

当在同一建筑物内设置两种或两种以上使用功能的场所时，如住宅与商店的上下组合建造，幼儿园、托儿所与办公建筑或电影院、剧场与商业设施合建等，不同使用功能区或场所之间需要进行防火分隔，以保证火灾不会相互蔓延，相关防火分隔要求要符合本规范及国家其他有关标准的规定。当同一建筑内，可能会存在多种用途的房间或场所，如办公建筑内设置的会议室、餐厅、锅炉房等，属于同一使用功能。

1.0.5 本条规定要求设计师在确定建筑设计的防火要求时，须遵循国家有关安全、环保、节能、节地、节水、节材等经济技术政策和工程建设的基本要求，贯彻"预防为主，防消结合"的消防工作方针，从全局出发，针对不同建筑及其使用功能的特点和防火、灭火需要，结合具体工程及当地的地理环境等自然条件、人文背景、经济技术发展水平和消防救援力量等实际情况进行综合考虑。在设计中，不仅要积极采用先进、成熟的防火技术和措施，更要正确处理好生产或建筑功能要求与消防安全的关系。

1.0.6 高层建筑火灾具有火势蔓延快、疏散困难、扑救难度大的特点，高层建筑的设计，在防火上应立足于自防、自救，建筑高度超过 250m 的建筑更是如此。我国近年来建筑高度超过 250m 的建筑越来越多，尽管本规范对高层建筑以及超高层建筑作了相关规定，但为了进一步增强建筑高度超过 250m 的高层建筑的防火性能，本条规定要通过专题论证的方式，在本规范现有规定的基础上提出更严格的防火措施，有关论证的程序和组织要符合国家有关规定。有关更严格的防火措施，可以考虑提高建筑主要构件的耐火性能、加强防火分隔、增加疏散设施、提高消防设施的可靠性和有效性、配置适应超高层建筑的消防救援装备，设置适用于满足超高层建筑的灭火救援场地、消防站等。

1.0.7 本规范虽涉及面广，但也很难把各类建筑、设备的防火内容和性能要求、试验方法等全部包括其中，仅对普遍性的建筑防火问题和建筑的基本消防安全需求作了规定。设计采用的产品、材料要符合国家有关产品和材料标准的规定，采取的防火技术和措施还要符合国家其他有关工程建设技术标准的规定。

2 术语、符号

2.1 术 语

2.1.1 明确了高层建筑的含义，确定了高层民用建筑和高层工业建筑的划分标准。建筑的高度、体积和占地面积等直接影响到建筑内的人员疏散、灭火救援的难易程度和火灾的后果。本规范在确定高层及单、多层建筑的高度划分标准时，既考虑到上述因素和实际工程情况，也与现行国家标准保持一致。

本规范以建筑高度为 27m 作为划分单、多层住宅建筑与高层住宅建筑的标准，便于对不同建筑高度的住宅建筑区别对待，有利于处理好消防安全和消防投入的关系。

对于除住宅外的其他民用建筑（包括宿舍、公寓、公共建筑）以及厂房、仓库等工业建筑，高层与单、多层建筑的划分标准是 24m。但对于有些单层建筑，如体育馆、高大的单层厂房等，由于具有相对方便的疏散和扑救条件，虽建筑高度大于 24m，仍不划分为高层建筑。

有关建筑高度的确定方法，本规范附录A作了详细规定，涉及本规范有关建筑高度的计算，应按照该附录的规定进行。

2.1.2 裙房的特点是其结构与高层建筑主体直接相连，作为高层建筑主体的附属建筑而构成同一座建筑。为便于规定，本规范规定裙房为建筑中建筑高度小于或等于24m且位于与其相连的高层建筑主体对地面的正投影之外的这部分建筑；其他情况的高层建筑的附属建筑，不能按裙房考虑。

2.1.3 对于重要公共建筑，不同地区的情况不尽相同，难以定量规定。本条根据我国的国情和多年的火灾情况，从发生火灾可能产生的后果和影响作了定性规定。一般包括党政机关办公楼，人员密集的大型公共建筑或集会场所，较大规模的中小学校教学楼、宿舍楼，重要的通信、调度和指挥建筑，广播电视建筑，医院等以及城市集中供水设施、主要的电力设施等涉及城市或区域生命线的支持性建筑或工程。

2.1.4 本条术语解释中的“建筑面积”是指设置在住宅建筑首层或一层及二层，且相互完全分隔后的每个小型商业用房的总建筑面积。比如，一个上、下两层室内直接相通的商业服务网点，该“建筑面积”为该商业服务网点一层和二层商业用房的建筑面积之和。

商业服务网点包括百货店、副食店、粮店、邮政所、储蓄所、理发店、洗衣店、药店、洗车店、餐饮店等小型营业性用房。

2.1.8 本条术语解释中将民用建筑内的灶具、电磁炉等与其他室内外外露火焰或赤热表面区别对待，主要是因其使用时间相对集中、短暂，并具有间隔性，同时又易于封闭或切断。

2.1.10 本条术语解释中的“标准耐火试验条件”是指符合国家标准规定的耐火试验条件。对于升温条件，不同使用性质和功能的建筑，火灾类型可能不同，因而在建筑构配件的标准耐火性能测定过程中，受火条件也有所不同，需要根据实际的火灾类型确定不同标准的升温条件。目前，我国对于以纤维类火灾为主的建筑构件耐火试验主要参照ISO 834标准规定的时间—温度标准曲线进行试验；对于石油化工建筑、通行大型车辆的隧道等以烃类为主的场所，结构的耐火极限需采用碳氢时间—温度曲线等相适应的升温曲线进行试验测定。对于不同类型的建筑构件，耐火极限的判定标准也不一样，比如非承重墙体，其耐火极限测定主要考察该墙体在试验条件下的完整性能和隔热性能；而柱的耐火极限测定则主要考察其在试验条件下的承载力和稳定性能。因此，对于不同的建筑结构或构、配件，耐火极限的判定标准和所代表的含义也不完全一致，详见现行国家标准《建筑构件耐火试验方法》系列GB/T 9978.1～GB/T 9978.9。

2.1.14 本条术语解释中的“室内安全区域”包括符合规范规定的避难层、避难走道等，“室外安全区域”包括室外地面、符合疏散要求并具有直接到达地面设施的上人屋面、平台以及符合本规范第6.6.4条要求的天桥、连廊等。尽管本规范将避难走道视为室内安全区，但其安全性能仍有别于室外地面，因此设计的安全出口要直接通向室外，尽量避免通过避难走道再疏散到室外地面。

2.1.18 本条术语解释中的“规定的试验条件”为按照现行国家有关闪点测试方法标准，如现行国家标准《闪点的测定 宾斯基－马丁闭口杯法》GB/T 261等标准中规定的试验条件。

2.1.19 可燃蒸气和可燃气体的爆炸下限为可燃蒸气或可燃气体与其和空气混合气体的体积百分比。

2.1.20 对于沸溢性油品，不仅油品要具有一定含水率，且必须具有热波作用，才能使油品液面燃烧产生的热量从液面逐渐向液下传递。当液下的温度高于100℃时，热量传递过程中遇油品所含水后便可引起水的汽化，使水的体积膨胀，从而引起油品沸溢。常见的沸溢性油品有原油、渣油和重油等。

2.1.21 防火间距是不同建筑间的空间间隔，既是防止火灾在建筑之间发生蔓延的间隔，也是保证灭火救援行动既方便又安全的空间。有关防火间距的计算方法，见本规范附录B。

3 厂房和仓库

3.1 火灾危险性分类

本规范根据物质的火灾危险特性，定性或定量地规定了生产和储存建筑的火灾危险性分类原则，石油化工、石油天然气、医药等有关行业还可根据实际情况进一步细化。

3.1.1 本条规定了生产的火灾危险性分类原则。

（1）表3.1.1中生产中使用的物质主要指所用物质为生产的主要组成部分或原材料，用量相对较多或需对其进行加工等。

（2）划分甲、乙、丙类液体闪点的基准。

为了比较切合实际地确定划分液体物质的闪点标准，本规范1987年版编制组曾对596种易燃、可燃液体的闪点进行了统计和分析，情况如下：

1）常见易燃液体的闪点多数小于28℃；

2）国产煤油的闪点在28℃～40℃之间；

3）国产16种规格的柴油闪点大多数为60℃～90℃（其中仅“－35#”柴油为50℃）；

4）闪点在60℃～120℃的73个品种的可燃液体，绝大多数火灾危险性不大；

5）常见的煤焦油闪点为65℃～100℃。

据此认为：凡是在常温环境下遇火源能引起闪燃

的液体属于易燃液体，可列入甲类火灾危险性范围。我国南方城市的最热月平均气温在28℃左右，而厂房的设计温度在冬季一般采用12℃～25℃。

根据上述情况，将甲类火灾危险性的液体闪点标准确定为小于28℃；乙类，为大于或等于28℃至小于60℃；丙类，为大于或等于60℃。

(3) 火灾危险性分类中可燃气体爆炸下限的确定基准。

由于绝大多数可燃气体的爆炸下限均小于10%，一旦设备泄漏，在空气中很容易达到爆炸浓度，所以将爆炸下限小于10%的气体划为甲类；少数气体的爆炸下限大于10%，在空气中较难达到爆炸浓度，所以将爆炸下限大于或等于10%的气体划为乙类。但任何一种可燃气体的火灾危险性，不仅与其爆炸下限有关，而且与其爆炸极限范围值、点火能量、混合气体的相对湿度等有关，在实际设计时要加注意。

(4) 火灾危险性分类中应注意的几个问题。

1) 生产的火灾危险性分类，一般要分析整个生产过程中的每个环节是否有引起火灾的可能性。生产的火灾危险性分类一般要按其中最危险的物质确定，通常可根据生产中使用的全部原材料的性质、生产中操作条件的变化是否会改变物质的性质、生产中产生的全部中间产物的性质、生产的最终产品及其副产品的性质和生产过程中的自然通风、气温、湿度等环境条件等因素分析确定。当然，要同时兼顾生产的实际使用量或产出量。

在实际中，一些产品可能有若干种不同工艺的生产方法，其中使用的原材料和生产条件也可能不尽相同，因而不同生产方法所具有的火灾危险性也可能有所差异，分类时要注意区别对待。

2) 甲类火灾危险性的生产特性。

“甲类”第1项和第2项参见前述说明。

“甲类”第3项：生产中的物质在常温下可以逐渐分解，释放出大量的可燃气体并且迅速放热引起燃烧，或者物质与空气接触后能发生猛烈的氧化作用，同时放出大量的热。温度越高，氧化反应速度越快，产生的热越多，使温度升高越快，如此互为因果而引起燃烧或爆炸，如硝化棉、赛璐珞、黄磷等的生产。

“甲类”第4项：生产中的物质遇水或空气中的水蒸气会发生剧烈的反应，产生氢气或其他可燃气体，同时产生热量引起燃烧或爆炸。该类物质遇酸或氧化剂也能发生剧烈反应，发生燃烧爆炸的火灾危险性比遇水或水蒸气时更大，如金属钾、钠、氧化钠、氢化钙、碳化钙、磷化钙等的生产。

“甲类”第5项：生产中的物质有较强的氧化性。有些过氧化物中含有过氧基（—O—O—），性质极不稳定，易放出氧原子，具有强烈的氧化性，促使其他物质迅速氧化，放出大量的热量而发生燃烧爆炸。该类物质对于酸、碱、热，撞击、摩擦、催化或与易燃品、还原剂等接触后能迅速分解，极易发生燃烧或爆炸，如氯酸钠、氯酸钾、过氧化氢、过氧化钠等的生产。

“甲类”第6项：生产中的物质燃点较低、易燃烧，受热、撞击、摩擦或与氧化剂接触能引起剧烈燃烧或爆炸，燃烧速度快，燃烧产物毒性大，如赤磷、三硫化二磷等的生产。

“甲类”第7项：生产中操作温度较高，物质被加热到自燃点以上。此类生产必须是在密闭设备内进行，因设备内没有助燃气体，所以设备内的物质不能燃烧。但是，一旦设备或管道泄漏，即使没有其他火源，该类物质也会在空气中立即着火燃烧。这类生产在化工、炼油、生物制药等企业中常见，火灾的事故也不少，应引起重视。

3) 乙类火灾危险性的生产特性。

“乙类”第1项和第2项参见前述说明。

“乙类”第3项中所指的不属于甲类的氧化剂是二级氧化剂，即非强氧化剂。特性是：比甲类第5项的性质稳定些，生产过程中的物质遇热、还原剂、酸、碱等也能分解产生高热，遇其他氧化剂也能分解发生燃烧甚至爆炸，如过二硫酸钠、高碘酸、重铬酸钠、过醋酸等的生产。

“乙类”第4项：生产中的物质燃点较低、较易燃烧或爆炸，燃烧性能比甲类易燃固体差，燃烧速度较慢，但可能放出有毒气体，如硫黄、樟脑或松香等的生产。

“乙类”第5项：生产中的助燃气体本身不能燃烧（如氧气），但在有火源的情况下，如遇可燃物会加速燃烧，甚至有些含碳的难燃或不燃固体也会迅速燃烧。

“乙类”第6项：生产中可燃物质的粉尘、纤维、雾滴悬浮在空气中与空气混合，当达到一定浓度时，遇火源立即引起爆炸。这些细小的可燃物质表面吸附包围了氧气，当温度升高时，便加速了它的氧化反应，反应中放出的热促使其燃烧。这些细小的可燃物质比原来块状固体或较大量的液体具有较低的自燃点，在适当的条件下，着火后以爆炸的速度燃烧。另外，铝、锌等有些金属在块状时并不燃烧，但在粉尘状态时则能够爆炸燃烧。

研究表明，可燃液体的雾滴也可以引起爆炸。因而，将“丙类液体的雾滴”的火灾危险性列入乙类。有关信息可参见《石油化工生产防火手册》、《可燃性气体和蒸汽的安全技术参数手册》和《爆炸事故分析》等资料。

4) 丙类火灾危险性的生产特性。

“丙类”第1项参见前述说明。可熔化的可燃固体应视为丙类液体，如石蜡、沥青等。

“丙类”第2项：生产中物质的燃点较高，在空气中受到火焰或高温作用时能够着火或微燃，当火源移走后仍能持续燃烧或微燃，如对木料、棉花加工、橡胶等的加工和生产。

5）丁类火灾危险性的生产特性。

“丁类”第1项：生产中被加工的物质不燃烧，且建筑物内可燃物很少，或生产中虽有赤热表面、火花、火焰也不易引起火灾，如炼钢、炼铁、热轧或制造玻璃制品等的生产。

“丁类”第2项：虽然利用气体、液体或固体为原料进行燃烧，是明火生产，但均在固定设备内燃烧，不易造成事故。虽然也有一些爆炸事故，但一般多属于物理性爆炸，如锅炉、石灰焙烧、高炉车间等的生产。

“丁类”第3项：生产中使用或加工的物质（原料、成品）在空气中受到火焰或高温作用时难着火、难微燃、难碳化，当火源移走后燃烧或微燃立即停止。厂房内为常温环境，设备通常处于敞开状态。这类生产一般为热压成型的生产，如难燃的铝塑材料、酚醛泡沫塑料加工等的生产。

6）戊类火灾危险性的生产特性。

生产中使用或加工的液体或固体物质在空气中受到火烧时，不着火、不微燃、不碳化，不会因使用的原料或成品引起火灾，且厂房内为常温环境，如制砖、石棉加工、机械装配等的生产。

（5）生产的火灾危险性分类受众多因素的影响，设计还需要根据生产工艺、生产过程中使用的原材料以及产品及其副产品的火灾危险性以及生产时的实际环境条件等情况确定。为便于使用，表1列举了部分常见生产的火灾危险性分类。

表1　生产的火灾危险性分类举例

生产的火灾危险性类别	举　例
甲类	1. 闪点小于28℃的油品和有机溶剂的提炼、回收或洗涤部位及其泵房，橡胶制品的涂胶和胶浆部位，二硫化碳的粗馏、精馏工段及其应用部位，青霉素提炼部位，原料药厂的非纳西汀车间的烃化、回收及电感精馏部位，皂素车间的抽提、结晶及过滤部位，冰片精制部位，农药厂乐果厂房，敌敌畏的合成厂房、磺化法糖精厂房，氯乙醇厂房，环氧乙烷、环氧丙烷工段，苯酚厂房的磺化、蒸馏部位，焦化厂吡啶工段，胶片厂片基车间，汽油加铅室，甲醇、乙醇、丙酮、丁酮异丙醇、醋酸乙酯、苯等的合成或精制厂房，集成电路工厂的化学清洗间（使用闪点小于28℃的液体），植物油加工厂的浸出车间；白酒液态法酿酒车间、酒精蒸馏塔，酒精度为38度及以上的勾兑车间、灌装车间、酒泵房；白兰地蒸馏车间、勾兑车间、灌装车间、酒泵房； 2. 乙炔站，氢气站，石油气体分馏（或分离）厂房，氯乙烯厂房，乙烯聚合厂房，天然气、石油伴生气、矿井气、水煤气或焦炉煤气的净化（如脱硫）厂房压缩机室及鼓风机室，液化石油气灌瓶间，丁二烯及其聚合厂房，醋酸乙烯厂房，电解水或电解食盐厂房，环己酮厂房，乙基苯和苯乙烯厂房，化肥厂的氢氮气压缩厂房，半导体材料厂使用氢气的拉晶间，硅烷热分解室； 3. 硝化棉厂房及其应用部位，赛璐珞厂房，黄磷制备厂房及其应用部位，三乙基铝厂房，染化厂某些能自行分解的重氮化合物生产，甲胺厂房，丙烯腈厂房； 4. 金属钠、钾加工厂房及其应用部位，聚乙烯厂房的一氧二乙基铝部位，三氯化磷厂房，多晶硅车间三氯氢硅部位，五氧化二磷厂房； 5. 氯酸钠、氯酸钾厂房及其应用部位，过氧化氢厂房，过氧化钠、过氧化钾厂房，次氯酸钙厂房； 6. 赤磷制备厂房及其应用部位，五硫化二磷厂房及其应用部位； 7. 洗涤剂厂房石蜡裂解部位，冰醋酸裂解厂房
乙类	1. 闪点大于或等于28℃至小于60℃的油品和有机溶剂的提炼、回收、洗涤部位及其泵房，松节油或松香蒸馏厂房及其应用部位，醋酸酐精馏厂房，己内酰胺厂房，甲酚厂房，氯丙醇厂房，樟脑油提取部位，环氧氯丙烷厂房，松针油精制部位，煤油灌桶间； 2. 一氧化碳压缩机室及净化部位，发生炉煤气或鼓风炉煤气净化部位，氨压缩机房； 3. 发烟硫酸或发烟硝酸浓缩部位，高锰酸钾厂房，重铬酸钠（红钒钠）厂房； 4. 樟脑或松香提炼厂房，硫黄回收厂房，焦化厂精萘厂房； 5. 氧气站，空分厂房； 6. 铝粉或镁粉厂房，金属制品抛光部位，煤粉厂房、面粉厂的碾磨部位、活性炭制造及再生厂房，谷物筒仓的工作塔，亚麻厂的除尘器和过滤器室

续表 1

生产的火灾危险性类别	举 例
丙类	1. 闪点大于或等于 60℃的油品和有机液体的提炼、回收工段及其抽送泵房，香料厂的松油醇部位和乙酸松油脂部位，苯甲酸厂房，苯乙酮厂房，焦化厂焦油厂房，甘油、桐油的制备厂房，油浸变压器室，机器油或变压油罐桶间，润滑油再生部位，配电室（每台装油量大于 60kg 的设备），沥青加工厂房，植物油加工厂的精炼部位； 2. 煤、焦炭、油母页岩的筛分、转运工段和栈桥或储仓，木工厂房，竹、藤加工厂房，橡胶制品的压延、成型和硫化厂房，针织品厂房，纺织、印染、化纤生产的干燥部位，服装加工厂房，棉花加工和打包厂房，造纸厂备料、干燥车间，印染厂成品厂房，麻纺厂粗加工车间，谷物加工房，卷烟厂的切丝、卷制、包装车间，印刷厂的印刷车间，毛涤厂选毛车间，电视机、收音机装配厂房，显像管厂装配工段烧枪间，磁带装配厂房，集成电路工厂的氧化扩散间、光刻间，泡沫塑料厂的发泡、成型、印片压花部位，饲料加工厂房，畜（禽）屠宰、分割及加工车间、鱼加工车间
丁类	1. 金属冶炼、锻造、铆焊、热轧、铸造、热处理厂房； 2. 锅炉房，玻璃原料熔化厂房，灯丝烧拉部位，保温瓶胆厂房，陶瓷制品的烘干、烧成厂房，蒸汽机车库，石灰焙烧厂房，电石炉部位，耐火材料烧成部位，转炉厂房，硫酸车间焙烧部位，电极煅烧工段，配电室（每台装油量小于等于 60kg 的设备）； 3. 难燃铝塑料材料的加工厂房，酚醛泡沫塑料的加工厂房，印染厂的漂炼部位，化纤厂后加工润湿部位
戊类	制砖车间，石棉加工车间，卷扬机室，不燃液体的泵房和阀门室，不燃液体的净化处理工段，除镁合金外的金属冷加工车间，电动车库，钙镁磷肥车间（焙烧炉除外），造纸厂或化学纤维厂的浆粕蒸煮工段，仪表、器械或车辆装配车间，氟利昂厂房，水泥厂的轮窑厂房，加气混凝土厂的材料准备、构件制作厂房

3.1.2 本条规定了同一座厂房或厂房中同一个防火分区内存在不同火灾危险性的生产时，该建筑或区域火灾危险性的确定原则。

（1）在一座厂房中或一个防火分区内存在甲、乙类等多种火灾危险性生产时，如果甲类生产着火后，可燃物质足以构成爆炸或燃烧危险，则该建筑物中的生产类别应按甲类划分；如果该厂房面积很大，其中甲类生产所占用的面积比例小，并采取了相应的工艺保护和防火防爆分隔措施将甲类生产部位与其他区域完全隔开，即使发生火灾也不会蔓延到其他区域时，该厂房可按火灾危险性较小者确定。如：在一座汽车总装厂房中，喷漆工段占总装厂房的面积比例不足10%，并将喷漆工段采用防火分隔和自动灭火设施保护时，厂房的生产火灾危险性仍可划分为戊类。近年来，喷漆工艺有了很大的改进和提高，并采取了一些行之有效的防护措施，生产过程中的火灾危害减少。本条同时考虑了国内现有工业建筑中同类厂房喷漆工段所占面积的比例，规定了在同时满足本文规定的三个条件时，其面积比例最大可为 20%。

另外，有的生产过程中虽然使用或产生易燃、可燃物质，但是数量少，当气体全部逸出或可燃液体全部气化也不会在同一时间内使厂房内任何部位的混合气体处于爆炸极限范围内，或即使局部存在爆炸危险、可燃物全部燃烧也不可能使建筑物着火而造成灾害。如：机械修配厂或修理车间，虽然使用少量的汽油等甲类溶剂清洗零件，但不会因此而发生爆炸。所以，该厂房的火灾危险性仍可划分为戊类。又如，某场所内同时具有甲、乙类和丙、丁类火灾危险性的生产或物质，当其中产生或使用的甲、乙类物质的量很小，不足以导致爆炸时，该场所的火灾危险性类别可以按照其他占主要部分的丙类或丁类火灾危险性确定。

（2）一般情况下可不按物质危险特性确定生产火灾危险性类别的最大允许量，参见表 2。

表 2 可不按物质危险特性确定生产火灾危险性类别的最大允许量

火灾危险性类别		火灾危险性的特性	物质名称举例	最大允许量	
				与房间容积的比值	总量
甲类	1	闪点小于 28℃的液体	汽油、丙酮、乙醚	0.004L/m^3	100L
	2	爆炸下限小于 10%的气体	乙炔、氢、甲烷、乙烯、硫化氢	1L/m^3（标准状态）	25m^3（标准状态）

续表 2

火灾危险性类别	火灾危险性的特性		物质名称举例	最大允许量	
				与房间容积的比值	总量
甲类	3	常温下能自行分解导致迅速自燃爆炸的物质	硝化棉、硝化纤维胶片、喷漆棉、火胶棉、赛璐珞棉	0.003kg/m³	10kg
		在空气中氧化即导致迅速自燃的物质	黄磷	0.006kg/m³	20kg
	4	常温下受到水和空气中水蒸气的作用能产生可燃气体并能燃烧或爆炸的物质	金属钾、钠、锂	0.002kg/m³	5kg
	5	遇酸、受热、撞击、摩擦、催化以及遇有机物或硫黄等易燃的无机物能引起爆炸的强氧化剂	硝酸胍、高氯酸铵	0.006kg/m³	20kg
		遇酸、受热、撞击、摩擦、催化以及遇有机物或硫黄等极易分解引起燃烧的强氧化剂	氯酸钾、氯酸钠、过氧化钠	0.015kg/m³	50kg
	6	与氧化剂、有机物接触时能引起燃烧或爆炸的物质	赤磷、五硫化磷	0.015kg/m³	50kg
	7	受到水或空气中水蒸气的作用能产生爆炸下限小于10%的气体的固体物质	电石	0.075kg/m³	100kg
乙类	1	闪点大于或等于28℃至60℃的液体	煤油、松节油	0.02L/m³	200L
	2	爆炸下限大于等于10%的气体	氨	5L/m³（标准状态）	50m³（标准状态）
	3	助燃气体	氧、氟	5L/m³（标准状态）	50m³（标准状态）
		不属于甲类的氧化剂	硝酸、硝酸铜、铬酸、发烟硫酸、铬酸钾	0.025kg/m³	80kg
	4	不属于甲类的化学易燃危险固体	赛璐珞板、硝化纤维色片、镁粉、铝粉	0.015kg/m³	50kg
			硫黄、生松香	0.075kg/m³	100kg

表 2 列出了部分生产中常见的甲、乙类火灾危险性物品的最大允许量。本表仅供使用本条文时参考。现将其计算方法和数值确定的原则及应用本表应注意的事项说明如下：

1）厂房或实验室内单位容积的最大允许量。

单位容积的最大允许量是实验室或非甲、乙类厂房内使用甲、乙类火灾危险性物品的两个控制指标之一。实验室或非甲、乙类厂房内使用甲、乙类火灾危险性物品的总量同其室内容积之比应小于此值。即：

$$\frac{\text{甲、乙类物品的总量（kg）}}{\text{厂房或实验室的容积（}m^3\text{）}} < \text{单位容积的最大允许量} \quad (1)$$

下面按气、液、固态甲、乙类危险物品分别说明该数值的确定。

① 气态甲、乙类火灾危险性物品。

一般，可燃气体浓度探测报警装置的报警控制值采用该可燃气体爆炸下限的 25%。因此，当室内使用的可燃气体同空气所形成的混合性气体不大于爆炸下限的 5%时，可不按甲、乙类火灾危险性划分。本条采用 5%这个数值还考虑到，在一个面积或容积较大的场所内，可能存在可燃气体扩散不均匀，会形成局部高浓度而引发爆炸的危险。

由于实际生产中使用或产生的甲、乙类可燃气体的种类较多，在本表中不可能一一列出。对于爆炸下限小于10%的甲类可燃气体，空间内单位容积的最大允许量采用几种甲类可燃气体计算结果的平均值（如乙炔的计算结果是0.75L/m³，甲烷的计算结果为2.5L/m³），取1L/m³。对于爆炸下限大于或等于10%的乙类可燃气体，空间内单位容积的最大允许量取5L/m³。

② 液态甲、乙类火灾危险性物品。

在室内少量使用易燃、易爆甲、乙类火灾危险性物品，要考虑这些物品全部挥发并弥漫在整个室内空间后，同空气的混合比是否低于其爆炸下限的5%。如低于该值，可以不确定为甲、乙类火灾危险性。某种甲、乙类火灾危险性液体单位体积（L）全部挥发后的气体体积，参考美国消防协会《美国防火手册》（Fire Protection Handbook，NFPA），可以按下式进行计算：

$$V = 830.93\frac{B}{M} \tag{2}$$

式中：V——气体体积（L）；

B——液体的相对密度；

M——挥发性气体的相对密度。

③ 固态（包括粉状）甲、乙类火灾危险性物品。

对于金属钾、金属钠，黄磷、赤磷、赛璐珞板等固态甲、乙类火灾危险性物品和镁粉、铝粉等乙类火灾危险性物品的单位容积的最大允许量，参照了国外有关消防法规的规定。

2）厂房或实验室等室内空间最多允许存放的总量。

对于容积较大的空间，单凭空间内“单位容积的最大允许量”一个指标来控制是不够的。有时，尽管这些空间内单位容积的最大允许量不大于规定，也可能会相对集中放置较大量的甲、乙类火灾危险性物品，而这些物品着火后常难以控制。

3）在应用本条进行计算时，如空间内存在两种或两种以上火灾危险性的物品，原则上要以其中火灾危险性较大、两项控制指标要求较严格的物品为基础进行计算。

3.1.3 本条规定了储存物品的火灾危险性分类原则。

（1）本规范将生产和储存物品的火灾危险性分类分别列出，是因为生产和储存物品的火灾危险性既有相同之处，又有所区别。如甲、乙、丙类液体在高温、高压生产过程中，实际使用时的温度往往高于液体本身的自燃点，当设备或管道损坏时，液体喷出就会着火。有些生产的原料、成品的火灾危险性较低，但当生产条件发生变化或经化学反应后产生了中间产物，则可能增加火灾危险性。例如，可燃粉尘静止时的火灾危险性较小，但在生产过程中，粉尘悬浮在空气中并与空气形成爆炸性混合物，遇火源则可能爆炸着火，而这类物品在储存时就不存在这种情况。与此相反，桐油织物及其制品，如堆放在通风不良地点，受到一定温度作用时，则会缓慢氧化、积热不散而自燃着火，因而在储存时其火灾危险性较大，而在生产过程中则不存在此种情形。

储存物品的分类方法主要依据物品本身的火灾危险性，参照本规范生产的火灾危险性分类，并吸取仓库储存管理经验和参考我国的《危险货物运输规则》。

1）甲类储存物品的划分，主要依据我国《危险货物运输规则》中确定的Ⅰ级易燃固体、Ⅰ级易燃液体、Ⅰ级氧化剂、Ⅰ级自燃物品、Ⅰ级遇水燃烧物品和可燃气体的特性。这类物品易燃、易爆，燃烧时会产生大量有害气体。有的遇水发生剧烈反应，产生氢气或其他可燃气体，遇火燃烧爆炸；有的具有强烈的氧化性能，遇有机物或无机物极易燃烧爆炸；有的因受热、撞击、催化或气体膨胀而可能发生爆炸，或与空气混合容易达到爆炸浓度，遇火而发生爆炸。

2）乙类储存物品的划分，主要依据我国《危险货物运输规则》中确定的Ⅱ级易燃固体、Ⅱ级易燃烧物质、Ⅱ级氧化剂、助燃气体、Ⅱ级自燃物品的特性。

3）丙、丁、戊类储存物品的划分，主要依据有关仓库调查和储存管理情况。

丙类储存物品包括可燃固体物质和闪点大于或等于60℃的可燃液体，特性是液体闪点较高、不易挥发。可燃固体在空气中受到火焰和高温作用时能发生燃烧，即使移走火源，仍能继续燃烧。

对于粒径大于或等于2mm的工业成型硫黄（如球状、颗粒状、团状、锭状或片状），根据公安部天津消防研究所与中国石化工程建设公司等单位共同开展的“散装硫黄储存与消防关键技术研究”成果，其火灾危险性为丙类固体。

丁类储存物品指难燃烧物品，其特性是在空气中受到火焰或高温作用时，难着火、难燃或微燃，移走火源，燃烧即可停止。

戊类储存物品指不会燃烧的物品，其特性是在空气中受到火焰或高温作用时，不着火、不微燃、不碳化。

（2）表3列举了一些常见储存物品的火灾危险性分类，供设计参考。

表3 储存物品的火灾危险性分类举例

火灾危险性类别	举　例
甲类	1. 己烷，戊烷，环戊烷，石脑油，二硫化碳，苯、甲苯，甲醇、乙醇，乙醚，蚁酸甲酯、醋酸甲酯、硝酸乙酯，汽油，丙酮，丙烯，酒精度为38度及以上的白酒； 2. 乙炔，氢，甲烷，环氧乙烷，水煤气，液化石油气，乙烯、丙烯、丁二烯，硫化氢，氯乙烯，电石，碳化铝； 3. 硝化棉，硝化纤维胶片，喷漆棉，火胶棉，赛璐珞棉，黄磷；

续表 3

火灾危险性类别	举 例
甲类	4. 金属钾、钠、锂、钙、锶，氢化锂、氢化钠，四氢化锂铝； 5. 氯酸钾、氯酸钠，过氧化钾、过氧化钠，硝酸铵； 6. 赤磷，五硫化二磷，三硫化二磷
乙类	1. 煤油，松节油，丁烯醇、异戊醇，丁醚，醋酸丁酯、硝酸戊酯，乙酰丙酮，环已胺，溶剂油，冰醋酸，樟脑油，蚁酸； 2. 氨气、一氧化碳； 3. 硝酸铜，铬酸，亚硝酸钾，重铬酸钠，铬酸钾，硝酸，硝酸汞、硝酸钴，发烟硫酸，漂白粉； 4. 硫黄，镁粉，铝粉，赛璐珞板（片），樟脑，萘，生松香，硝化纤维漆布，硝化纤维色片； 5. 氧气，氟气，液氯； 6. 漆布及其制品，油布及其制品，油纸及其制品，油绸及其制品
丙类	1. 动物油、植物油，沥青，蜡，润滑油、机油、重油，闪点大于等于 60℃ 的柴油，糖醛，白兰地成品库； 2. 化学、人造纤维及其织物，纸张，棉、毛、丝、麻及其织物，谷物，面粉，粒径大于或等于 2mm 的工业成型硫黄，天然橡胶及其制品，竹、木及其制品，中药材，电视机、收录机等电子产品，计算机房已录数据的磁盘储存间，冷库中的鱼、肉间
丁类	自熄性塑料及其制品，酚醛泡沫塑料及其制品，水泥刨花板
戊类	钢材、铝材、玻璃及其制品，搪瓷制品、陶瓷制品，不燃气体，玻璃棉、岩棉、陶瓷棉、硅酸铝纤维、矿棉，石膏及其无纸制品，水泥、石、膨胀珍珠岩

3.1.4 本条规定了同一座仓库或其中同一防火分区内存在多种火灾危险性的物质时，确定该建筑或区域火灾危险性的原则。

一个防火分区内存放多种可燃物时，火灾危险性分类原则应按其中火灾危险性大的确定。当数种火灾危险性不同的物品存放在一起时，建筑的耐火等级、允许层数和允许面积均要求按最危险者的要求确定。如：同一座仓库存放有甲、乙、丙三类物品，仓库就需要按甲类储存物品仓库的要求设计。

此外，甲、乙类物品和一般物品以及容易相互发生化学反应或者灭火方法不同的物品，必须分间、分库储存，并在醒目处标明储存物品的名称，性质和灭火方法。因此，为了有利于安全和便于管理，同一座仓库或其中同一个防火分区内，要尽量储存一种物品。如有困难需将数种物品存放在一座仓库或同一个防火分区内时，存储过程中要采取分区域布置，但性质相互抵触或灭火方法不同的物品不允许存放在一起。

3.1.5 丁、戊类物品本身虽属难燃烧或不燃烧物质，但有很多物品的包装是可燃的木箱、纸盒、泡沫塑料等。据调查，有些仓库内的可燃包装物，多者在 100kg/m² ～300kg/m²，少者也有 30kg/m² ～50kg/m²。因此，这两类仓库，除考虑物品本身的燃烧性能外，还要考虑可燃包装的数量，在防火要求上应较丁、戊类仓库严格。

在执行本条时，要注意有些包装物与被包装物品的重量比虽然小于 1/4，但包装物（如泡沫塑料等）的单位体积重量较小，极易燃烧且初期燃烧速率较快、释热量大，如果仍然按照丁、戊类仓库来确定则可能出现与实际火灾危险性不符的情况。因此，针对这种情况，当可燃包装体积大于物品本身体积的 1/2 时，要相应提高该库房的火灾危险性类别。

3.2 厂房和仓库的耐火等级

3.2.1 本条规定了厂房和仓库的耐火等级分级及相应建筑构件的燃烧性能和耐火极限。

（1）本规范第 3.2.1 条表 3.2.1 中有关建筑构件的燃烧性能和耐火极限的确定，参考了苏联、日本、美国等国建筑规范和相关消防标准的规定，详见表 4～表 6。

表 4 苏联建筑物的耐火等级分类及其构件的燃烧性能和耐火极限

建筑的耐火等级	建筑构件耐火极限（h）和沿该构件火焰传播的最大极限（h/cm）								
	墙壁				支柱	楼梯平台、楼梯梁、踏步、梁和梯段	平板、铺面（其中包括有保温层的）和其他楼板自承重结构	屋顶构件	
	自承重楼梯间	自承重	外部非承重的（其中包括由悬吊板构成）	内部非承重的（隔离的）				平板、铺面（其中包括有保温层的）和大梁	梁、门式刚架、横梁、框架
I	2.5/0	1.25/0	0.5/0	0.5/0	2.5/0	1/0	1/0	0.5/0	0.5/0

续表 4

建筑的耐火等级	建筑构件耐火极限（h）和沿该构件火焰传播的最大极限（h/cm）								
	墙壁				支柱	楼梯平台、楼梯梁、踏步、梁和梯段	平板、铺面（其中包括有保温层的）和其他楼板自承重结构	屋顶构件	
	自承重楼梯间	自承重	外部非承重的（其中包括由悬吊板构成）	内部非承重的（隔离的）				平板、铺面（其中包括有保温层的）和大梁	梁、门式刚架、横梁、框架
Ⅱ	2/0	1/0	0.25/0	0.25/0	2/0	1/0	0.75/0	0.25/0	0.25/0
Ⅲ	2/0	1/0	0.25/0；0.5/40	0.25/40	2/0	1/0	0.75/25	H. H/H. H	H. H/H. H
Ⅲ a	1/0	0.5/0	0.25/40	0.25/40	0.25/0	1/0	0.25/0	0.25/25	0.25/0
Ⅲ б	1/40	0.5/40	0.25/0；0.5/40	0.25/40	1/40	0.25/0	0.75/25	0.25/0；0.5/25（40）	0.75/25（40）
Ⅳ	0.5/40	0.25/40	0.25/40	0.25/40	0.5/40	0.25/40	0.25/40	H. H/H. H	H. H/H. H
Ⅳ a	0.5/40	0.25/40	0.25/H. H	0.25/40	0.25/0	0.25/0	0.25/0	0.25/H. H	0.25/0
Ⅴ	没有标准化								

注：1 译自 1985 年苏联《防火标准》CHиП2.01.02。

2 在括号中给出了竖直结构段和倾斜结构段的火焰传播极限。

3 缩写“H. H”表示指标没有标准化。

表 5 日本建筑标准法规中有关建筑构件耐火结构方面的规定（h）

建筑的层数（从上部层数开始）	房盖	梁	楼板	柱	承重外墙	承重间隔墙
（2～4）层以内	0.5	1	1	1	1	1
（5～14）层	0.5	2	2	2	2	2
15 层以上	0.5	3	2	3	2	2

注：译自 2001 年版日本《建筑基准法施行令》第 107 条。

表 6 美国消防协会标准《建筑结构类型标准》NFPA220（1996 年版）中关于 Ⅰ型～Ⅴ型结构的耐火极限（h）

名　称	Ⅰ型		Ⅱ型			Ⅲ型		Ⅳ型	Ⅴ型	
	443	332	222	111	000	211	200	2HH	111	000
外承重墙：										
支撑多于一层、柱或其他承重墙	4	3	2	1	0	2	2	2	1	0
只支撑一层	4	3	2	1	0	2	2	2	1	0
只支撑一个屋顶	4	3	2	1	0	2	2	2	1	0
内承重墙										
支撑多于一层、柱或其他承重墙	4	3	2	1	0	1	0	2	1	0
只支撑一层	3	2	2	1	0	1	0	1	1	0
只支撑一个屋顶	3	2	1	1	0	1	0	1	1	0

续表 6

名称	Ⅰ型		Ⅱ型			Ⅲ型		Ⅳ型	Ⅴ型	
	443	332	222	111	000	211	200	2HH	111	000
柱										
支撑多于一层、柱或其他承重墙	4	3	2	1	0	1	0	H	1	0
只支撑一层	3	2	2	1	0	1	0	H	1	0
只支撑一个屋顶	3	2	1	1	0	1	0	H	1	0
梁、梁构桁架的腹杆、拱顶和桁架										
支撑多于一层、柱或其他承重墙	4	3	2	1	0	1	0	H	1	0
只支撑一层	3	2	2	1	0	1	0	H	1	0
只支撑屋顶	3	2	1	1	0	1	0	H	1	0
楼面结构	3	2	2	1	0	1	0	H	1	0
屋顶结构	2	1.5	1	1	0	1	0	H	1	0
非承重外墙	0	0	0	0	0	0	0	0	0	0

注：1 ▒表示这些构件允许采用经批准的可燃材料。

2 “H”表示大型木构件。

（2）柱的受力和受火条件更苛刻，耐火极限至少不应低于承重墙的要求。但这种规定未充分考虑设计区域内的火灾荷载情况和空间的通风条件等因素，设计需以此规定为最低要求，根据工程的具体情况确定合理的耐火极限，而不能仅为片面满足规范规定。

（3）由于同一类构件在不同施工工艺和不同截面、不同组分、不同受力条件以及不同升温曲线等情况下的耐火极限是不一样的。本条文说明附录中给出了一些构件的耐火极限试验数据，设计时，对于与表中所列情况完全一样的构件可以直接采用。但实际构件的构造、截面尺寸和构成材料等往往与附录中所列试验数据不同，对于该构件的耐火极限需要通过试验测定，当难以通过试验确定时，一般应根据理论计算和试验测试验证相结合的方法进行确定。

3.2.2 本条为强制性条文。由于高层厂房和甲、乙类厂房的火灾危险性大，火灾后果严重，应有较高的耐火等级，故确定为强制性条文。但是，发生火灾后对周围建筑的危害较小且建筑面积小于或等于 300m² 的甲、乙类厂房，可以采用三级耐火等级建筑。

3.2.3 本条为强制性条文。使用或产生丙类液体的厂房及丁类生产中的某些工段，如炼钢炉出钢水喷出钢火花，从加热炉内取出赤热的钢件进行锻打，钢件在热处理油池中进行淬火处理，使油池内油温升高，都容易发生火灾。对于三级耐火等级建筑，如屋顶承重构件采用木构件或钢构件，难以承受经常的高温烘烤。这些厂房虽属丙、丁类生产，也要严格控制，除建筑面积较小并采取了防火分隔措施外，均需采用一、二级耐火等级的建筑。

对于使用或产生丙类液体、建筑面积小于或等于 500m² 的单层丙类厂房和生产过程中有火花、赤热表面或明火，但建筑面积小于或等于 1000m² 的单层丁类厂房，仍可以采用三级耐火等级的建筑。

3.2.4 本条为强制性条文。特殊贵重的设备或物品，为价格昂贵、稀缺设备、物品或影响生产全局或正常生活秩序的重要设施、设备，其所在建筑应具有较高的耐火性能，故确定为强制性条文。特殊贵重的设备或物品主要有：

（1）价格昂贵、损失大的设备。

（2）影响工厂或地区生产全局或影响城市生命线供给的关键设施，如热电厂、燃气供给站、水厂、发电厂、化工厂等的主控室，失火后影响大、损失大、修复时间长，也应认为是“特殊贵重”的设备。

（3）特殊贵重物品，如货币、金银、邮票、重要文物、资料、档案库以及价值较高的其他物品。

3.2.5 锅炉房属于使用明火的丁类厂房。燃油、燃气锅炉房的火灾危险性大于燃煤锅炉房，火灾事故也比燃煤的多，且损失严重的火灾中绝大多数是三级耐火等级的建筑，故本条规定锅炉房应采用一、二级耐火等级建筑。

每小时总蒸发量不大于 4t 的燃煤锅炉房，一般为规模不大的企业或非采暖地区的工厂，专为厂房生产用汽而设置的、规模较小的锅炉房，建筑面积一般为 350m²～400m²，故这些建筑可采用三级耐火等级。

3.2.6 油浸变压器是一种多油电器设备。油浸变压器易因油温过高而着火或产生电弧使油剧烈气化，使变压器外壳爆裂酿成火灾事故。实际运行中的变压器存在燃烧或爆裂的可能，需提高其建筑的防火要求。对于干式或非燃液体的变压器，因其火灾危险性小，不易发生爆炸，故未作限制。

3.2.7 本条为强制性条文。高层仓库具有储存物资集中、价值高、火灾危险性大、灭火和物资抢救困难等特点。甲、乙类物品仓库起火后，燃速快、火势猛烈，其中有不少物品还会发生爆炸，危险性高、危害大。因此，对高层仓库、甲类仓库和乙类仓库的耐火等级要求高。

高架仓库是货架高度超过7m的机械化操作或自动化控制的货架仓库，其共同特点是货架密集、货架间距小、货物存放高度高、储存物品数量大和疏散扑救困难。为了保障火灾时不会很快倒塌，并为扑救赢得时间，尽量减少火灾损失，故要求其耐火等级不低于二级。

3.2.8 粮食库中储存的粮食属于丙类储存物品，火灾的表现以阴燃和产生大量热量为主。对于大型粮食储备库和筒仓，目前主要采用钢结构和钢筋混凝土结构，而粮食库的高度较低，粮食火灾对结构的危害作用与其他物质的作用有所区别，因此，规定二级耐火等级的粮食库可采用全钢或半钢结构。其他有关防火设计要求，除本规范规定外，更详细的要求执行现行国家标准《粮食平房仓设计规范》GB 50320和《粮食钢板筒仓设计规范》GB 50322。

3.2.9 本条为强制性条文。甲、乙类厂房和甲、乙、丙类仓库，一旦着火，其燃烧时间较长和（或）燃烧过程中释放的热量巨大，有必要适当提高防火墙的耐火极限。

3.2.11 钢结构在高温条件下存在强度降低和蠕变现象。对建筑用钢而言，在260℃以下强度不变，260℃～280℃开始下降；达到400℃时，屈服现象消失，强度明显降低；达到450℃～500℃时，钢材内部再结晶使强度快速下降；随着温度的进一步升高，钢结构的承载力将会丧失。蠕变在较低温度时也会发生，但温度越高蠕变越明显。近年来，未采取有效防火保护措施的钢结构建筑在火灾中，出现大面积垮塌，造成建筑使用人员和消防救援人员伤亡的事故时有发生。这些火灾事故教训表明，钢结构若不采取有效的防火保护措施，耐火性能较差，因此，在规范修订时取消了钢结构等金属结构构件可以不采取防火保护措施的有关规定。

钢结构或其他金属结构的防火保护措施，一般包括无机耐火材料包覆和防火涂料喷涂等方式，考虑到砖石、砂浆、防火板等无机耐火材料包覆的可靠性更好，应优先采用。对这些部位的金属结构的防火保护，要求能够达到本规范第3.2.1条规定的相应耐火等级建筑对该结构的耐火极限要求。

3.2.12 本条规定了非承重外墙采用不同燃烧性能材料时的要求。

近年来，采用聚苯乙烯、聚氨酯材料作为芯材的金属夹芯板材的建筑发生火灾时，极易蔓延且难以扑救，为了吸取火灾事故教训，此次修订了非承重外墙采用难燃性轻质复合墙体的要求，其中，金属夹芯板材的规定见第3.2.17条，其他难燃性轻质复合墙体，如砂浆面钢丝夹芯板、钢龙骨水泥刨花板、钢龙骨石棉水泥板等，仍按本条执行。

采用金属板、砂浆面钢丝夹芯板、钢龙骨水泥刨花板、钢龙骨石棉水泥板等板材作非承重外墙，具有投资较省、施工期限短的优点，工程应用较多。该类板材难以达到本规范第3.2.1条表3.2.1中相应构件的要求，如金属板的耐火极限约为15min；夹芯材料为非泡沫塑料的难燃性墙体，耐火极限约为30min，考虑到该类板材的耐火性能相对较高且多用于工业建筑中主要起保温隔热和防风、防雨作用，本条对该类板材的使用范围及燃烧性能分别作了规定。

3.2.13 目前，国内外均开发了大量新型建筑材料，且已用于各类建筑中。为规范这些材料的使用，同时又满足人员疏散与扑救的需要，本着燃烧性能与耐火极限协调平衡的原则，在降低构件燃烧性能的同时适当提高其耐火极限，但一级耐火等级的建筑，多为性质重要或火灾危险性较大或为了满足其他某些要求（如防火分区建筑面积）的建筑，因此本条仅允许适当调整二级耐火等级建筑的房间隔墙的耐火极限。

3.2.15 本条为强制性条文。建筑物的上人平屋顶，可用于火灾时的临时避难场所，符合要求的上人平屋面可作为建筑的室外安全地点。为确保安全，参照相应耐火等级楼板的耐火极限，对一、二级耐火等级建筑物上人平屋顶的屋面板耐火极限作了规定。在此情况下，相应屋顶承重构件的耐火极限也不能低于屋面板的耐火极限。

3.2.16 本条对一、二级耐火等级建筑的屋面板要求采用不燃材料，如钢筋混凝土屋面板或其他不燃屋面板；对于三、四级耐火等级建筑的屋面板的耐火性能未作规定，但要尽量采用不燃、难燃材料，以防止火灾通过屋顶蔓延。当采用金属夹芯板材时，有关要求见第3.2.17条。

为降低屋顶的火灾荷载，其防水材料要尽量采用不燃、难燃材料，但考虑到现有防水材料多为沥青、高分子等可燃材料，有必要根据防水材料铺设的构造做法采取相应的防火保护措施。该类防水材料厚度一般为3mm～5mm，火灾荷载相对较小，如果铺设在不燃材料表面，可不做防护层。当铺设在难燃、可燃保温材料上时，需采用不燃材料作防护层，防护层可位于防水材料上部或防水材料与可燃、难燃保温材料之间，从而使得可燃、难燃保温材料不裸露。

3.2.17 近年来，采用聚苯乙烯、聚氨酯作为芯材的金属夹芯板材的建筑火灾多发，短时间内即造成大面积蔓延，产生大量有毒烟气，导致金属夹芯板材的垮塌和掉落，不仅影响人员安全疏散，不利于灭火救援，而且造成了使用人员及消防救援人员的伤亡。为了吸取火灾事故教训，此次修订提高了金属夹芯板材芯材燃烧性能的要求，即对于按本规范允许采用的难燃性和可燃性非承重外墙、房间隔墙及屋面板，当采用金属夹芯板材时，要采用不燃夹芯材料。

按本规范的有关规定，建筑构件需要满足相应的燃烧性能和耐火极限要求，因此，当采用金属夹芯板材时，要注意以下几点：

(1) 建筑中的防火墙、承重墙、楼梯间的墙、疏散走道隔墙、电梯井的墙以及楼板等构件，本规范均要求具有较高的燃烧性能和耐火极限，而不燃金属夹芯板材的耐火极限受其夹芯材料的容重、填塞的密实度、金属板的厚度及其构造等影响，不同生产商的金属夹芯板材的耐火极限差异较大且通常均较低，难以满足相应建筑构件的耐火性能、结构承载力及其自身稳定性能的要求，因此不能采用金属夹芯板材。

(2) 对于非承重外墙、房间隔墙，当建筑的耐火等级为一、二级时，按本规范要求，其燃烧性能为不燃，且耐火极限分别为不低于 0.75h 和 0.50h，因此也不宜采用金属夹芯板材。当确需采用时，夹芯材料应为 A 级，且要符合本规范对相应构件的耐火极限要求；当建筑的耐火等级为三、四级时，金属夹芯板材的芯材也要 A 级，并符合本规范对相应构件的耐火极限要求。

(3) 对于屋面板，当确需采用金属夹芯板材时，其夹芯材料的燃烧性能等级也要为 A 级；对于上人屋面板，由于夹芯板材受其自身构造和承载力的限制，无法达到本规范相应耐火极限要求，因此，此类屋面也不能采用金属夹芯板材。

3.2.19 预制钢筋混凝土结构构件的节点和明露的钢支承构件部位，一般是构件的防火薄弱环节和结构的重要受力点，要求采取防火保护措施，使该节点的耐火极限不低于本规范第 3.2.1 条表 3.2.1 中相应构件的规定，如对于梁柱的节点，其耐火极限就要与柱的耐火极限一致。

3.3 厂房和仓库的层数、面积和平面布置

3.3.1 本条为强制性条文。根据不同的生产火灾危险性类别，正确选择厂房的耐火等级，合理确定厂房的层数和建筑面积，可以有效防止火灾蔓延扩大，减少损失。在设计厂房时，要综合考虑安全与节约的关系，合理确定其层数和建筑面积。

甲类生产具有易燃、易爆的特性，容易发生火灾和爆炸，疏散和救援困难，如层数多则更难扑救，严重者对结构有严重破坏。因此，本条对甲类厂房层数及防火分区面积提出了较严格的规定。

为适应生产发展需要建设大面积厂房和布置连续生产线工艺时，防火分区采用防火墙分隔有时比较困难。对此，除甲类厂房外，规范允许采用防火分隔水幕或防火卷帘等进行分隔，有关要求参见本规范第 6 章和现行国家标准《自动喷水灭火系统设计规范》GB 50084 的规定。

对于传统的干式造纸厂房，其火灾危险性较大，仍需符合本规范表 3.3.1 的规定，不能按本条表 3.3.1 注 3 的规定调整。

厂房内的操作平台、检修平台主要布置在高大的生产装置周围，在车间内多为局部或全部镂空，面积较小、操作人员或检修人员较少，且主要为生产服务的工艺设备而设置，这些平台可不计入防火分区的建筑面积。

3.3.2 本条为强制性条文。仓库物资储存比较集中，可燃物数量多，灭火救援难度大，一旦着火，往往整个仓库或防火分区就被全部烧毁，造成严重经济损失，因此要严格控制其防火分区的大小。本条根据不同储存物品的火灾危险性类别，确定了仓库的耐火等级、层数和建筑面积的相互关系。

本条强调仓库内防火分区之间的水平分隔必须采用防火墙进行分隔，不能用其他分隔方式替代，这是根据仓库内可能的火灾强度和火灾延续时间，为提高防火墙分隔的可靠性确定的。特别是甲、乙类物品，着火后蔓延快、火势猛烈，其中有不少物品还会发生爆炸，危害大。要求甲、乙类仓库内的防火分区之间采用不开设门窗洞口的防火墙分隔，且甲类仓库应采用单层结构。这样做有利于控制火势蔓延，便于扑救，减少灾害。对于丙、丁、戊类仓库，在实际使用中确因物流等使用需要开口的部位，需采用与防火墙等效的措施进行分隔，如甲级防火门、防火卷帘，开口部位的宽度一般控制在不大于 6.0m，高度最好控制在 4.0m 以下，以保证该部位分隔的有效性。

设置在地下、半地下的仓库，火灾时室内气温高，烟气浓度比较高和热分解产物成分复杂、毒性大，而且威胁上部仓库的安全，所以要求相对较严。本条规定甲、乙类仓库不应附设在建筑物的地下室和半地下室内；对于单独建设的甲、乙类仓库，甲、乙类物品也不应储存在该建筑的地下、半地下。随着地下空间的开发利用，地下仓库的规模也越来越大，火灾危险性及灭火救援难度随之增加。针对该种情况，本次修订明确了地下、半地下仓库或仓库的地下、半地下室的占地面积要求。

根据国家建设粮食储备库的需要以及仓房式粮食仓库发生火灾的概率确实很小这一实际情况，对粮食平房仓的最大允许占地面积和防火分区的最大允许建筑面积及建筑的耐火等级确定均作了一定扩大。对于粮食中转库以及袋装粮库，由于操作频繁、可燃因素较多、火灾危险性较大等，仍应按规范第 3.3.2 条表 3.3.2 的规定执行。

对于冷库，根据现行国家标准《冷库设计规范》

GB 50072—2010的规定，每座冷库面积要求见表7。

表7 冷库建筑的耐火等级、层数和面积（m^2）

冷藏间耐火等级	最多允许层数	冷藏间的最大允许占地面积和防火分区的最大允许建筑面积			
		单层、多层冷库		高层冷库	
		冷藏间占地	防火分区	冷藏间占地	防火分区
一、二级	不限	7000	3500	5000	2500
三级	3	1200	400	—	—

注：1 当设置地下室时，只允许设置一层地下室，且地下冷藏间占地面积不应大于地上冷藏间的最大允许占地面积，防火分区不应大于1500m^2。

2 本表中"—"表示不允许建高层建筑。

此次修订还根据公安部消防局和原建设部标准定额司针对中央直属棉花储备库库房建筑设计防火问题的有关论证会议纪要，补充了棉花库房防火分区建筑面积的有关要求。

3.3.3 自动灭火系统能及时控制和扑灭防火分区内的初起火，有效地控制火势蔓延。运行维护良好的自动灭火设施，能较大地提高厂房和仓库的消防安全性。因此，本条规定厂房和仓库内设置自动灭火系统后，防火分区的建筑面积及仓库的占地面积可以按表3.3.1和表3.3.2的规定增加。但对于冷库，由于冷库内每个防火分区的建筑面积已根据本规范的要求进行了较大调整，故在防火分区内设置了自动灭火系统后，其建筑面积不能再按本规范的有关要求增加。

一般，在防火分区内设置自动灭火系统时，需要整个防火分区全部设置。但有时在一个防火分区内，有些部位的火灾危险性较低，可以不需要设置自动灭火设施，而有些部位的火灾危险性较高，需要局部设置。对于这种情况，防火分区内所增加的面积只能按该设置自动灭火系统的局部区域建筑面积的一倍计入防火分区的总建筑面积内，但局部区域包括所增加的面积均要同时设置自动灭火系统。为防止系统失效导致火灾的蔓延，还需在该防火分区内采用防火隔墙与未设置自动灭火系统的部分分隔。

3.3.4 本条为强制性条文。本条规定的目的在于减少爆炸的危害和便于救援。

3.3.5 本条为强制性条文。住宿与生产、储存、经营合用场所（俗称"三合一"建筑）在我国造成过多起重特大火灾，教训深刻。甲、乙类生产过程中发生的爆炸，冲击波有很大的摧毁力，用普通的砖墙很难抗御，即使原来墙体耐火极限很高，也会因墙体破坏失去防护作用。为保证人身安全，要求有爆炸危险的厂房内不应设置休息室、办公室等，确因条件限制需要设置时，应采用能够抵御相应爆炸作用的墙体分隔。

防爆墙为在墙体任意一侧受到爆炸冲击波作用并达到设计压力时，能够保持设计所要求的防护性能的实体墙体。防爆墙的通常做法有：钢筋混凝土墙、砖墙配筋和夹砂钢木板。防爆墙的设计，应根据生产部位可能产生的爆炸超压值、泄压面积大小、爆炸的概率，结合工艺和建筑中采取的其他防爆措施与建造成本等情况综合考虑进行。

在丙类厂房内设置用于管理、控制或调度生产的办公房间以及工人的中间临时休息室，要采用规定的耐火构件与生产部分隔开，并设置不经过生产区域的疏散楼梯、疏散门等直通厂房外，为方便沟通而设置的、与生产区域相通的门要采用乙级防火门。

3.3.6 本条第2款为强制性条款。甲、乙、丙类仓库的火灾危险性和危害性大，故厂房内的这类中间仓库要采用防火墙进行分隔，甲、乙类仓库还需考虑墙体的防爆要求，保证发生火灾或爆炸时，不会危及生产区。

条文中的"中间仓库"是指为满足日常连续生产需要，在厂房内存放从仓库或上道工序的厂房（或车间）取得的原材料、半成品、辅助材料的场所。中间仓库不仅要求靠外墙设置，有条件时，中间仓库还要尽量设置直通室外的出口。

对于甲、乙类物品中间仓库，由于工厂规模、产品不同，一昼夜需用量的绝对值有大有小，难以规定一个具体的限量数据，本条规定中间仓库的储量要尽量控制在一昼夜的需用量内。当需用量较少的厂房，如有的手表厂用于清洗的汽油，每昼夜需用量只有20kg，可适当调整到存放（1～2）昼夜的用量；如一昼夜需用量较大，则要严格控制为一昼夜用量。

对于丙、丁、戊类物品中间仓库，为减小库房火灾对建筑的危害，火灾危险性较大的物品库房要尽量设置在建筑的上部。在厂房内设置的仓库，耐火等级和面积应符合本规范第3.3.2条表3.3.2的规定，且中间仓库与所服务车间的建筑面积之和不应大于该类厂房有关一个防火分区的最大允许建筑面积。例如：在一级耐火等级的丙类多层厂房内设置丙类2项物品库房，厂房每个防火分区的最大允许建筑面积为6000m^2，每座仓库的最大允许占地面积为4800m^2，每个防火分区的最大允许建筑面积为1200m^2，则该中间仓库与所服务车间的防火分区最大允许建筑面积之和不应大于6000m^2，但对厂房占地面积不作限制，其中，用于中间库房的最大允许建筑面积一般不能大于1200m^2；当设置自动灭火系统时，仓库的占地面积和防火分区的建筑面积可按本规范第3.3.3条的规定增加。

在厂房内设置中间仓库时，生产车间和中间仓库的耐火等级应当一致，且该耐火等级要按仓库和厂房两者中要求较高者确定。对于丙类仓库，需要采用防火墙和耐火极限不低于1.50h的不燃性楼板与生产作业部位隔开。

3.3.7 本条要求主要为防止液体流散或储存丙类液体的储罐受外部火的影响。条文中的“容量不应大于5m³”是指每个设置丙类液体储罐的单独房间内储罐的容量。

3.3.8 本条为强制性条文。本条规定了变、配电站与甲、乙类厂房之间的防火分隔要求。

（1）运行中的变压器存在燃烧或爆裂的可能，易导致相邻的甲、乙类厂房发生更大的次生灾害，故需考虑采用独立的建筑并在相互间保持足够的防火间距。如果生产上确有需要，可以设置一个专为甲类或乙类厂房服务的10kV及10kV以下的变电站、配电站，在厂房的一面外墙贴邻建造，并用无门窗洞口的防火墙隔开。条文中的“专用”，是指该变电站、配电站仅向与其贴邻的厂房供电，而不向其他厂房供电。

对于乙类厂房的配电站，如氨压缩机房的配电站，为观察设备、仪表运转情况而需要设观察窗时，允许在配电站的防火墙上设置采用不燃材料制作并且不能开启的防火窗。

（2）除执行本条的规定外，其他防爆、防火要求，见本规范第3.6节、第9、10章和现行国家标准《爆炸危险环境电力装置设计规范》GB 50058的相关规定。

3.3.9 本条为强制性条文。从使用功能上，办公、休息等类似场所应属民用建筑范畴，但为生产和管理方便，直接为仓库服务的办公管理用房、工作人员临时休息用房、控制室等可以根据所服务场所的火灾危险性类别设置。相关说明参见第3.3.5条的条文说明。

3.3.10 本条规定了同一座建筑内同时具有物品储存与物品装卸、分拣、包装等生产性功能或其中某种功能为主时的防火技术要求。物流建筑的类型主要有作业型、存储型和综合型，不同类型物流建筑的防火要求也要有所区别。

对于作业型的物流建筑，由于其主要功能为分拣、加工等生产性质的活动，故其防火分区要根据其生产加工的火灾危险性按本规范对相应的火灾危险性类别厂房的规定进行划分。其中的仓储部分要根据本规范第3.3.6条有关中间仓库的要求确定其防火分区大小。

对于以仓储为主或分拣加工作业与仓储难以分清哪个功能为主的物流建筑，则可以将加工作业部分采用防火墙分隔后分别按照加工和仓储的要求确定。其中仓储部分可以按本条第2款的要求和条件确定其防火分区。由于这类建筑处理的货物主要为可燃、难燃固体，且因流转和功能需要，所需装卸、分拣、储存等作业面积大，且多为机械化操作，与传统的仓库相比，在存储周期、运行和管理等方面均存在一定差异，故对丙类2项可燃物品和丁、戊类物品储存区相关建筑面积进行了部分调整。但对于甲、乙类物品，棉、麻、丝、毛及其他纺织品、泡沫塑料和自动化控制的高架仓库等，考虑到其火灾危险性和灭火救援难度等，有关建筑面积仍应按照本规范第3.3.2条的规定执行。

本条中的“泡沫塑料”是指泡沫塑料制品或单纯的泡沫塑料成品，不包括用作包装的泡沫塑料。采用泡沫塑料包装时，仓库的火灾危险性按本规范第3.1.5条规定确定。

3.4 厂房的防火间距

本规范第3.4节和第3.5节中规定的有关防火间距均为建筑间的最小间距要求，有条件时，设计师要根据建筑的体量、火灾危险性和实际条件等因素，尽可能加大建筑间的防火间距。

影响防火间距的因素较多，条件各异。在确定建筑间的防火间距时，综合考虑了灭火救援需要、防止火势向邻近建筑蔓延扩大、节约用地等因素以及灭火救援力量、火灾实例和灭火救援的经验教训。

在确定防火间距时，主要考虑飞火、热对流和热辐射等的作用。其中，火灾的热辐射作用是主要方式。热辐射强度与灭火救援力量、火灾延续时间、可燃物的性质和数量、相对外墙开口面积的大小、建筑物的长度和高度以及气象条件等有关。对于周围存在露天可燃物堆放场所时，还应考虑飞火的影响。飞火与风力、火焰高度有关，在大风情况下，从火场飞出的“火团”可达数十米至数百米。

3.4.1 本条为强制性条文。建筑间的防火间距是重要的建筑防火措施，本条确定了厂房之间，厂房与乙、丙、丁、戊类仓库，厂房与民用建筑及其他建筑物的基本防火间距。各类火灾危险性的厂房与甲类仓库的防火间距，在本规范第3.5.1条中作了规定，本条不再重复。

（1）由于厂房生产类别、高度不同，不同火灾危险性类别的厂房之间的防火间距也有所区别。对于受用地限制，在执行本条有关防火间距的规定有困难时，允许采取可以有效防止火灾在建筑物之间蔓延的等效措施后减小其间距。

（2）本规范第3.4.1条及其注1中所指“民用建筑”，包括设置在厂区内独立建造的办公、实验研究、食堂、浴室等不具有生产或仓储功能的建筑。为厂房生产服务而专设的辅助生活用房，有的与厂房组合建造在同一座建筑内，有的为满足通风采光需要，将生活用房与厂房分开布置。为方便生产工作联系和节约用地，丙、丁、戊类厂房与所属的辅助生活用房的防火间距可减小为6m。生活用房是指车间办公室、工人更衣休息室、浴室（不包括锅炉房）、就餐室（不包括厨房）等。

考虑到戊类厂房的火灾危险性较小，对戊类厂房之间及其与戊类仓库的防火间距作了调整，但戊类厂房与其他生产类别的厂房或仓库的防火间距，仍需执行本规范第 3.4.1 条、第 3.5.1 条和第 3.5.2 条的规定。

(3) 在本规范第 3.4.1 条表 3.4.1 中，按变压器总油量将防火间距分为三档。每台额定容量为 5MV·A 的 35kV 铝线电力变压器，存油量为 2.52t，2 台的总油量为 5.04t；每台额定容量为 10MV·A 时，油量为 4.3t，2 台的总油量为 8.6t。每台额定容量为 10MV·A 的 110kV 双卷铝线电力变压器，存油量为 5.05t，两台的总油量为 10.1t。表中第一档总油量定为 5t～10t，基本相当于设置 2 台 5MV·A～10MV·A 变压器的规模。但由于变压器的电压、制造厂家、外形尺寸的不同，同样容量的变压器，油量也不尽相同，故分档仍以总油量多少来区分。

3.4.2 本条为强制性条文。甲类厂房的火灾危险性大，且以爆炸火灾为主，破坏性大，故将其与重要公共建筑和明火或散发火花地点的防火间距作为强制性要求。

尽管本条规定了甲类厂房与重要公共建筑、明火或散发火花地点的防火间距，但甲类厂房涉及行业较多，凡有专门规范且规定的间距大于本规定的，要按这些专项标准的规定执行，如乙炔站、氧气站和氢氧站等与其他建筑的防火间距，还应符合现行国家标准《氧气站设计规范》GB 50030、《乙炔站设计规范》GB 50031和《氢气站设计规范》GB 50177 等的规定。

有关甲类厂房与架空电力线的最小水平距离要求，执行本规范第 10.2.1 条的规定，与甲、乙、丙类液体储罐、可燃气体和助燃气体储罐、液化石油气储罐和可燃材料堆场的防火间距，执行本规范第 4 章的有关规定。

3.4.3 明火或散发火花地点以及会散发火星等火源的铁路、公路，位于散发可燃气体、可燃蒸气的甲类厂房附近时，均存在引发爆炸的危险，因此二者要保持足够的距离。综合各类明火或散发火花地点的火源情况，规定明火或散发火花地点与散发可燃气体、可燃蒸气的甲类厂房防火间距不小于 30m。

甲类厂房与铁路的防火间距，主要考虑机车飞火对厂房的影响和发生火灾或爆炸时，对铁路正常运行的影响。内燃机车当燃油雾化不好时，排气管仍会喷火星，因此应与蒸汽机车一样要求，不能减小其间距。当厂外铁路与国家铁路干线相邻时，防火间距除执行本条规定外，尚应符合有关专业规范的规定，如《铁路工程设计防火规范》TB 10063 等。

专为某一甲类厂房运送物料而设计的铁路装卸线，当有安全措施时，此装卸线与厂房的间距可不受 20m 间距的限制。如机车进入装卸线时，关闭机车灰箱、设置阻火罩、车厢顶进并在装甲类物品的车辆之间停放隔离车辆等阻止机车火星散发和防止影响厂房安全的措施，均可认为是安全措施。

厂外道路，如道路已成型不会再扩宽，则按现有道路的最近路边算起；如有扩宽计划，则要按其规划路的路边算起。厂内主要道路，一般为连接厂内主要建筑或功能区的道路，车流量较大。次要道路，则反之。

3.4.4 本条为强制性条文。本条规定了高层厂房与各类储罐、堆场的防火间距。

高层厂房与甲、乙、丙类液体储罐的防火间距应按本规范第 4.2.1 条的规定执行，与甲、乙、丙类液体装卸鹤管的防火间距应按本规范第 4.2.8 条的规定执行，与湿式可燃气体储罐或罐区的防火间距应按本规范表 4.3.1 的规定执行，与湿式氧气储罐或罐区的防火间距应按本规范表 4.3.3 的规定执行，与液化天然气储罐的防火间距应按本规范表 4.3.8 的规定执行，与液化石油气储罐的间距按本规范表 4.4.1 的规定执行，与可燃材料堆场的防火间距应按本规范表 4.5.1 的规定执行。高层厂房、仓库与上述储罐、堆场的防火间距，凡小于 13m 者，仍应按 13m 确定。

3.4.5 本条根据上面几条说明的情况和本规范第 3.4.1 条、第 5.2.2 条规定的防火间距，考虑建筑及其灭火救援需要，规定了厂房与民用建筑物的防火间距可适当减小的条件。

3.4.6 本条主要规定了厂房外设置化学易燃物品的设备时，与相邻厂房、设备的防火间距确定方法，如图 1。装有化学易燃物品的室外设备，当采用不燃材料制作的设备时，设备本身可按相当于一、二级耐火等级的建筑考虑。室外设备的外壁与相邻厂房室外设备的防火间距，不应小于 10m；与相邻厂房外墙的防火间距，不应小于本规范第 3.4.1 条～第 3.4.4 条的规定，即室外设备内装有甲类物品时，与相邻厂房的间距不小于 12m；装有乙类物品时，与相邻厂房的间距不小于 10m。

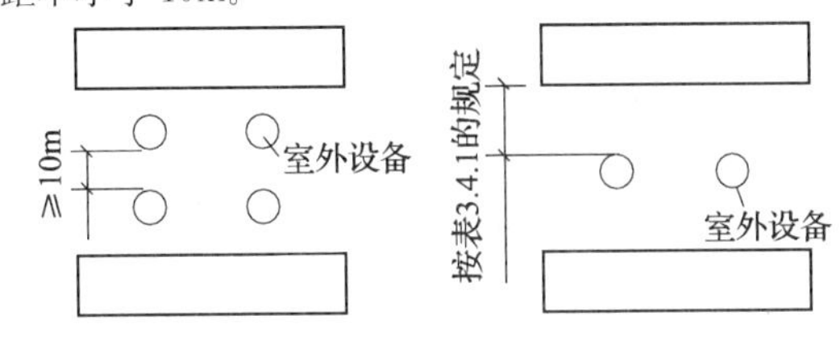

图 1　有室外设备时的防火间距

化学易燃物品的室外设备与所属厂房的间距，主要按工艺要求确定，本规范不作要求。

小型可燃液体中间罐常放在厂房外墙附近，为安全起见，要求可能受到火灾作用的部分外墙采用防火墙，并提倡将储罐直接埋地设置。条文“面向储罐一面 4.0m 范围内的外墙为防火墙”中“4.0m 范围”的含义是指储罐两端和上下部各 4m 范围，见图 2。

3.4.7 对于图 3 所示的“山形”、“凵形”等类似形状的厂房，建筑的两翼相当于两座厂房。本条规定了

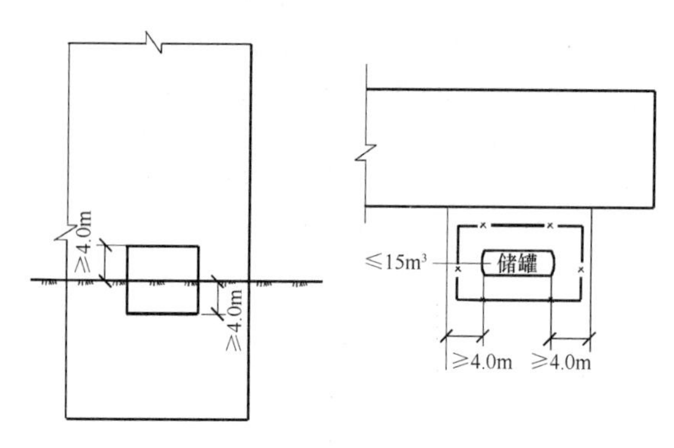

图 2　油罐面 4m 范围外墙设防火墙示意图

建筑两翼之间的防火间距（L），主要为便于灭火救援和控制火势蔓延。但整个厂房的占地面积不大于本规范第 3.3.1 条规定的一个防火分区允许最大建筑面积时，该间距 L 可以减小到 6m。

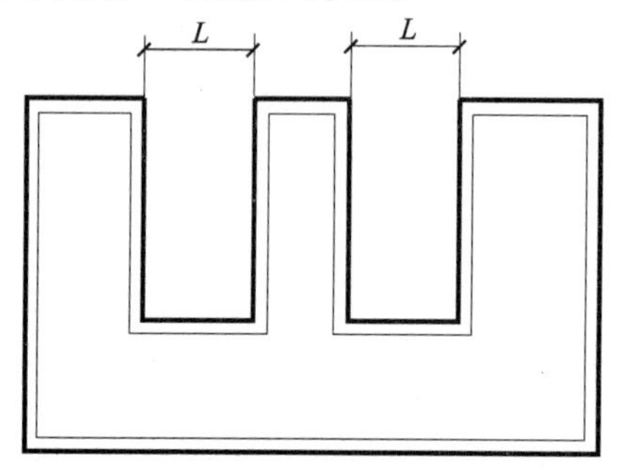

图 3　山形厂房

3.4.8　对于成组布置的厂房，组与组或组与相邻厂房的防火间距，应符合本规范第 3.4.1 条的有关规定。而高层厂房扑救困难，甲类厂房火灾危险性大，不允许成组布置。

（1）厂房建设过程中有时受场地限制或因建设用地紧张，当数座厂房占地面积之和不大于第 3.3.1 条规定的防火分区最大允许建筑面积时，可以成组布置；面积不限者，按不大于 10000m² 考虑。

如图 4 所示：假设有 3 座二级耐火等级的单层丙、丁、戊厂房，其中丙类火灾危险性最高，二级耐火等级的单层丙类厂房的防火分区最大允许建筑面积为 8000m²，则 3 座厂房面积之和应控制在 8000m² 以内；若丁类厂房高度大于 7m，则丁类厂房与丙、戊类厂房间距不应小于 6m；若丙、戊类厂房高度均不

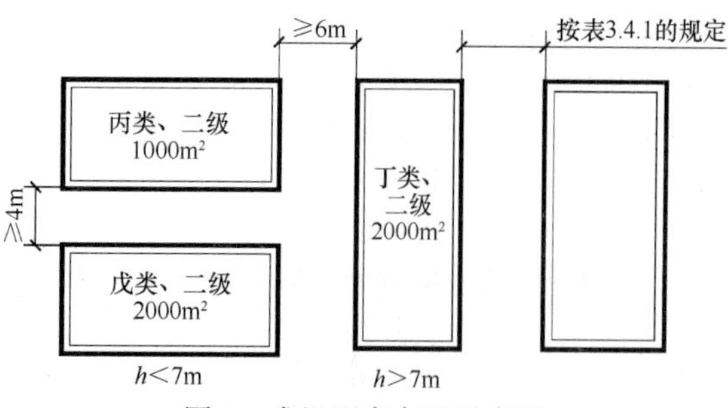

图 4　成组厂房布置示意图

大于 7m，则丙、戊类厂房间距不应小于 4m。

（2）组内厂房之间规定 4m 的最小间距，主要考虑消防车通行需要，也是考虑灭火救援的需要。当厂房高度为 7m 时，假定消防员手提水枪往上成 60°角，就需要 4m 的水平间距才能喷射到 7m 的高度，故以高度 7m 为划分的界线，当大于 7m 时，则应至少需要 6m 的水平间距。

3.4.9　本条为强制性条文。汽油、液化石油气和天然气均属甲类物品，火灾或爆炸危险性较大，而城市建成区建筑物和人员均较密集，为保证安全，减少损失，本规范对在城市建成区建设的加油站和加气站的规模作了必要的限制。

3.4.10　现行国家标准《汽车加油加气站设计与施工规范》GB 50156 对加气站、加油站及其附属建筑物之间和加气站、加油站与其他建筑物的防火间距，均有详细要求。考虑到规范本身的体系和方便执行，为避免重复和矛盾，本规范未再规定。

3.4.11　室外变、配电站是各类企业、工厂的动力中心，电气设备在运行中可能产生电火花，存在燃烧或爆裂的危险。一旦发生燃烧或爆炸，不但本身遭到破坏，而且会使一个企业或由变、配电站供电的所有企业、工厂的生产停顿。为保护保证生产的重点设施，室外变、配电站与其他建筑、堆场、储罐的防火间距要求比一般厂房严格些。

室外变、配电站区域内的变压器与主控室、配电室、值班室的防火间距主要根据工艺要求确定，与变、配电站内其他附属建筑（不包括产生明火或散发火花的建筑）的防火间距，执行本规范第 3.4.1 条及其他有关规定。变压器可以按一、二级耐火等级建筑考虑。

3.4.12　厂房与本厂区围墙的间距不宜小于 5m，是考虑本厂区与相邻地块建筑物之间的最小防火间距要求。厂房之间的最小防火间距是 10m，每方各留出一半即为 5m，也符合一条消防车道的通行宽度要求。具体执行时，尚应结合工程实际情况合理确定，故条文中用了“不宜”的措辞。

如靠近相邻单位，本厂拟建甲类厂房和仓库，甲、乙、丙类液体储罐，可燃气体储罐、液体石油气储罐等火灾危险性较大的建构筑物时，应使两相邻单位的建构筑物之间的防火间距符合本规范相关条文的规定。故本条文又规定了在不宜小于 5m 的前提下，还应满足围墙两侧建筑物之间的防火间距要求。

当围墙外是空地，相邻地块拟建建筑物类别尚不明了时，可按上述建构筑物与一、二级厂房应有防火间距的一半确定与本厂围墙的距离，其余部分由相邻地块的产权方考虑。例如，甲类厂房与一、二级厂房的防火间距为 12m，则与本厂区围墙的间距需预先留足 6m。

工厂建设如因用地紧张，在满足与相邻不同产权

的建筑物之间的防火间距或设置了防火墙等防止火灾蔓延的措施时，丙、丁、戊类厂房可不受距围墙5m间距的限制。例如，厂区围墙外隔有城市道路，街区的建筑红线宽度已能满足防火间距的需要，厂房与本厂区围墙的间距可以不限。甲、乙类厂房和仓库及火灾危险性较大的储罐、堆场不能沿围墙建设，仍要执行5m间距的规定。

3.5 仓库的防火间距

3.5.1 本条为强制性条文。甲类仓库火灾危险性大，发生火灾后对周边建筑的影响范围广，有关防火间距要严格控制。本条规定除要考虑在确定厂房的防火间距时的因素外，还考虑了以下情况：

（1）硝化棉、硝化纤维胶片、喷漆棉、火胶棉、赛璐珞和金属钾、钠、锂、氢化锂、氢化钠等甲类物品，发生爆炸或火灾后，燃速快、燃烧猛烈、危害范围广。甲类物品仓库着火时的影响范围取决于所存放物品数量、性质和仓库规模等，其中储存量大小是决定其危害性的主要因素。如某座存放硝酸纤维废影片仓库，共存放影片约10t，爆炸着火后，周围30m～70m范围内的建筑物和其他可燃物均被引燃。

（2）对于高层民用建筑、重要公共建筑，由于建筑受到火灾或爆炸作用的后果较严重，相关要求应比对其他建筑的防火间距要求要严些。

（3）甲类仓库与铁路线的防火间距，主要考虑蒸汽机车飞火对仓库的影响。甲类仓库与道路的防火间距，主要考虑道路的通行情况、汽车和拖拉机排气管飞火的影响等因素。一般汽车和拖拉机的排气管飞火距离远者为8m～10m，近者为3m～4m。考虑到车辆流量大且不便管理等因素，与厂外道路的间距要求较厂内道路要大些。根据表3.5.1，储存甲类物品第1、2、5、6项的甲类仓库与一、二级耐火等级乙、丙、丁、戊类仓库的防火间距最小为12m。但考虑到高层仓库的火灾危险性较大，表3.5.1的注将该甲类仓库与乙、丙、丁、戊类高层仓库的防火间距从12m增加到13m。

3.5.2 本条为强制性条文。本条规定了除甲类仓库外的其他单层、多层和高层仓库之间的防火间距，明确了乙、丙、丁、戊类仓库与民用建筑的防火间距。主要考虑了满足灭火救援、防止初期火灾（一般为20min内）向邻近建筑蔓延扩大以及节约用地等因素：

（1）防止初期火灾蔓延扩大，主要考虑“热辐射”强度的影响。

（2）考虑在二、三级风情况下仓库火灾的影响。

（3）不少乙类物品不仅火灾危险性大，燃速快、燃烧猛烈，而且有爆炸危险，乙类储存物品的火灾危险性虽较甲类的低，但发生爆炸时的影响仍很大。为有所区别，故规定与民用建筑和重要公共建筑的防火间距分别不小于25m、50m。实际上，乙类火灾危险性的物品发生火灾后的危害与甲类物品相差不大，因此设计应尽可能与甲类仓库的要求一致，并在规范规定的基础上通过合理布局等来确保和增大相关间距。

乙类6项物品，主要是桐油漆布及其制品、油纸油绸及其制品、浸油的豆饼、浸油金属屑等。这些物品在常温下与空气接触能够缓慢氧化，如果积蓄的热量不能散发出来，就会引起自燃，但燃速不快，也不爆燃，故这些仓库与民用建筑的防火间距可不增大。

本条注2中的“总占地面积”为相邻两座仓库的占地面积之和。

3.5.3 本条为满足工程建设需要，除本规范第3.5.2条的注外，还规定了其他可以减少建筑间防火间距的条件，这些条件应能有效减小火灾的作用或防止火灾的相互蔓延。

3.5.4 本条规定的粮食筒仓与其他建筑的防火间距，为单个粮食筒仓与除表3.5.4注1以外的建筑的防火间距。粮食筒仓组与组的防火间距为粮食仓群与仓群，即多个且成组布置的筒仓群之间的防火间距。每个筒仓组应只共用一套粮食收发放系统或工作塔。

3.5.5 对于库区围墙与库区内各类建筑的间距，据调查，一些地方为了解决两个相邻不同业主用地合理留出空地问题，通常做到了仓库与本用地的围墙距离不小于5m，并且要满足围墙两侧建筑物之间的防火间距要求。后者的要求是，如相邻不同业主的用地上的建筑物距围墙为5m，而要求围墙两侧建筑物之间的防火间距为15m时，则另一侧建筑距围墙的距离还必须保证10m，其余类推。

3.6 厂房和仓库的防爆

3.6.1 有爆炸危险的厂房设置足够的泄压面积，可大大减轻爆炸时的破坏强度，避免因主体结构遭受破坏而造成人员重大伤亡和经济损失。因此，要求有爆炸危险的厂房的围护结构有相适应的泄压面积，厂房的承重结构和重要部位的分隔墙体应具备足够的抗爆性能。

采用框架或排架结构形式的建筑，便于在外墙面开设大面积的门窗洞口或采用轻质墙体作为泄压面积，能为厂房设计成敞开或半敞开式的建筑形式提供有利条件。此外，框架和排架的结构整体性强，较之砖墙承重结构的抗爆性能好。规定有爆炸危险的厂房尽量采用敞开、半敞开式厂房，并且采用钢筋混凝土柱、钢柱承重的框架和排架结构，能够起到良好的泄压和抗爆效果。

3.6.2 本条为强制性条文。一般，等量的同一爆炸介质在密闭的小空间内和在开敞的空间爆炸，爆炸压强差别较大。在密闭的空间内，爆炸破坏力将大很多，因此相对封闭的有爆炸危险性厂房需要考虑设置必要的泄压设施。

3.6.3 为在发生爆炸后快速泄压和避免爆炸产生二次危害，泄压设施的设计应考虑以下主要因素：

（1）泄压设施需采用轻质屋盖、轻质墙体和易于泄压的门窗，设计尽量采用轻质屋盖。

易于泄压的门窗、轻质墙体、轻质屋盖，是指门窗的单位质量轻、玻璃受压易破碎、墙体屋盖材料容重较小、门窗选用的小五金断面较小、构造节点连接受到爆炸力作用易断裂或脱落等。比如，用于泄压的门窗可采用楔形木块固定，门窗上用的金属百页、插销等的断面可稍小，门窗向外开启。这样，一旦发生爆炸，因室内压力大，原关着的门窗上的小五金可能因冲击波而被破坏，门窗则可自动打开或自行脱落，达到泄压的目的。

降低泄压面积构配件的单位质量，也可减小承重结构和不作为泄压面积的围护构件所承受的超压，从而减小爆炸所引起的破坏。本条参照美国消防协会《防爆泄压指南》NFPA68 和德国工程师协会标准的要求，结合我国不同地区的气候条件差异较大等实际情况，规定泄压面积构配件的单位质量不应大于 60kg/m^2，但这一规定仍比《防爆泄压指南》NFPA68 要求的 12.5kg/m^2，最大为 39.0kg/m^2 和德国工程师协会要求的 10.0kg/m^2 高很多。因此，设计要尽可能采用容重更轻的材料作为泄压面积的构配件。

（2）在选择泄压面积的构配件材料时，除要求容重轻外，最好具有在爆炸时易破裂成非尖锐碎片的特性，便于泄压和减少对人的危害。同时，泄压面设置最好靠近易发生爆炸的部位，保证迅速泄压。对于爆炸时易形成尖锐碎片而四面喷射的材料，不能布置在公共走道或贵重设备的正面或附近，以减小对人员和设备的伤害。

有爆炸危险的甲、乙类厂房爆炸后，用于泄压的门窗、轻质墙体、轻质屋盖将被摧毁，高压气流夹杂大量的爆炸物碎片从泄压面喷出，对周围的人员、车辆和设备等均具有一定破坏性，因此泄压面积应避免面向人员密集场所和主要交通道路。

（3）对于我国北方和西北、东北等严寒或寒冷地区，由于积雪和冰冻时间长，易增加屋面上泄压面积的单位面积荷载而使其产生较大静力惯性，导致泄压受到影响，因而设计要考虑采取适当措施防止积雪。

总之，设计应采取措施，尽量减少泄压面积的单位质量（即重力惯性）和连接强度。

3.6.4 本条规定参照了美国消防协会标准《爆炸泄压指南》NFPA 68 的相关规定和公安部天津消防研究所的有关研究试验成果。在过去的工程设计中，存在依照规范设计并满足规范要求，而可能不能有效泄压的情况，本条规定的计算方法能在一定程度上解决该问题。有关爆炸危险等级的分级参照了美国和日本的相关规定，见表 8 和表 9；表中未规定的，需通过试验测定。

表 8 厂房爆炸危险等级与泄压比值表（美国）

厂房爆炸危险等级	泄压比值（m^2/m^3）
弱级（颗粒粉尘）	0.0332
中级（煤粉、合成树脂、锌粉）	0.0650
强级（在干燥室内漆料、溶剂的蒸气、铝粉、镁粉等）	0.2200
特级（丙酮、天然汽油、甲醇、乙炔、氢）	尽可能大

表 9 厂房爆炸危险等级与泄压比值表（日本）

厂房爆炸危险等级	泄压比值（m^2/m^3）
弱级（谷物、纸、皮革、铅、铬、铜等粉末醋酸蒸气）	0.0334
中级（木屑，炭屑，煤粉，锑、锡等粉尘，乙烯树脂，尿素，合成树脂粉尘）	0.0667
强级（油漆干燥或热处理室，醋酸纤维，苯酚树脂粉尘，铝、镁、锆等粉尘）	0.2000
特级（丙酮、汽油、甲醇、乙炔、氢）	>0.2

长径比过大的空间，会因爆炸压力在传递过程中不断叠加而产生较高的压力。以粉尘为例，如空间过长，则在爆炸后期，未燃烧的粉尘－空气混合物受到压缩，初始压力上升，燃气泄放流动会产生紊流，使燃速增大，产生较高的爆炸压力。因此，有可燃气体或可燃粉尘爆炸危险性的建筑物的长径比要避免过大，以防止爆炸时产生较大超压，保证所设计的泄压面积能有效作用。

3.6.5 在生产过程中，散发比空气轻的可燃气体、可燃蒸气的甲类厂房上部容易积聚可燃气体，条件合适时可能引发爆炸，故在厂房上部采取泄压措施较合适，并以采用轻质屋盖效果较好。采用轻质屋盖泄压，具有爆炸时屋盖被掀掉而不影响房屋的梁、柱承重构件，可设置较大泄压面积等优点。

当爆炸介质比空气轻时，为防止气流向上在死角处积聚而不易排除，导致气体达到爆炸浓度，规定顶棚应尽量平整，避免死角，厂房上部空间要求通风良好。

3.6.6 本条为强制性条文。生产过程中，甲、乙类厂房内散发的较空气重的可燃气体、可燃蒸气、可燃粉尘或纤维等可燃物质，会在建筑的下部空间靠近地面或地沟、洼地等处积聚。为防止地面因摩擦打出火花引发爆炸，要避免车间地面、墙面因为凹凸不平积聚粉尘。本条规定主要为防止在建筑内形成引发爆炸的条件。

3.6.7 本条规定主要为尽量减小爆炸产生的破坏性作用。单层厂房中如某一部分为有爆炸危险的甲、乙类生产，为防止或减少爆炸对其他生产部分的破坏、减少人员伤亡，要求甲、乙类生产部位靠建筑的外墙布置，以便直接向外泄压。多层厂房中某一部分或某一层为有爆炸危险的甲、乙类生产时，为避免因该生产设置在建筑的下部及其中间楼层，爆炸时导致结构破坏严重而影响上层建筑结构的安全，要求这些甲、乙类生产部位尽量设置在建筑的最上一层靠外墙的部位。

3.6.8 本条为强制性条文。总控制室设备仪表较多、价值较高，是某一工厂或生产过程的重要指挥、控制、调度与数据交换、储存场所。为了保障人员、设备仪表的安全和生产的连续性，要求这些场所与有爆炸危险的甲、乙类厂房分开，单独建造。

3.6.9 本条规定基于工程实际，考虑有些分控制室常常和其厂房紧邻，甚至设在其中，有的要求能直接观察厂房中的设备运行情况，如分开设则要增加控制系统，增加建筑用地和造价，还给生产管理带来不便。因此，当分控制室在受条件限制需与厂房贴邻建造时，须靠外墙设置，以尽可能减少其所受危害。

对于不同生产工艺或不同生产车间，甲、乙类厂房内各部位的实际火灾危险性均可能存在较大差异。对于贴邻建造且可能受到爆炸作用的分控制室，除分隔墙体的耐火性能要求外，还需要考虑其抗爆要求，即墙体还需采用抗爆墙。

3.6.10 在有爆炸危险的甲、乙类厂房或场所中，有爆炸危险的区域与相邻的其他有爆炸危险或无爆炸危险的生产区域因生产工艺需要连通时，要尽量在外墙上开门，利用外廊或阳台联系或在防火墙上做门斗，门斗的两个门错开设置。考虑到对疏散楼梯的保护，设置在有爆炸危险场所内的疏散楼梯也要考虑设置门斗，以此缓冲爆炸冲击波的作用，降低爆炸对疏散楼梯间的影响。此外，门斗还可以限制爆炸性可燃气体、可燃蒸气混合物的扩散。

3.6.11 本条为强制性条文。使用和生产甲、乙、丙类液体的厂房，发生事故时易造成液体在地面流淌或滴漏至地下管沟里，若遇火源即会引起燃烧或爆炸，可能影响地下管沟行经的区域，危害范围大。甲、乙、丙类液体流入下水道也易造成火灾或爆炸。为避免殃及相邻厂房，规定管、沟不应与相邻厂房相通，下水道需设隔油设施。

但是，对于水溶性可燃、易燃液体，采用常规的隔油设施不能有效防止可燃液体蔓延与流散，而应根据具体生产情况采取相应的排放处理措施。

3.6.12 本条为强制性条文。甲、乙、丙类液体，如汽油、苯、甲苯、甲醇、乙醇、丙酮、煤油、柴油、重油等，一般采用桶装存放在仓库内。此类库房一旦着火，特别是上述桶装液体发生爆炸，容易在库内地面流淌，设置防止液体流散的设施，能防止其流散到仓库外，避免造成火势扩大蔓延。防止液体流散的基本做法有两种：一是在桶装仓库门洞处修筑漫坡，一般高为150mm～300mm；二是在仓库门口砌筑高度为150mm～300mm的门槛，再在门槛两边填沙土形成漫坡，便于装卸。

金属钾、钠、锂、钙、锶，氢化锂等遇水会发生燃烧爆炸的物品的仓库，要求设置防止水浸渍的设施，如使室内地面高出室外地面、仓库屋面严密遮盖，防止渗漏雨水，装卸这类物品的仓库栈台有防雨水的遮挡等措施。

3.6.13 谷物粉尘爆炸事故屡有发生，破坏严重，损失很大。谷物粉尘爆炸必须具备一定浓度、助燃剂（如氧气）和火源三个条件。表10列举了一些谷物粉尘的爆炸特性。

表10 粮食粉尘爆炸特性

物质名称	最低着火温度（℃）	最低爆炸浓度（g/m³）	最大爆炸压力（kg/cm³）
谷物粉尘	430	55	6.68
面粉粉尘	380	50	6.68
小麦粉尘	380	70	7.38
大豆粉尘	520	35	7.03
咖啡粉尘	360	85	2.66
麦芽粉尘	400	55	6.75
米粉尘	440	45	6.68

粮食筒仓在作业过程中，特别是在卸料期间易发生爆炸，由于筒壁设计通常较牢固，并且一旦受到破坏对周围建筑的危害也大，故在筒仓的顶部设置泄压面积，十分必要。本条未规定泄压面积与粮食筒仓容积比值的具体数值，主要由于国内这方面的试验研究尚不充分，还未获得成熟可靠的设计数据。根据筒仓爆炸案例分析和国内某些粮食筒仓设计的实例，推荐采用0.008～0.010。

3.6.14 在生产、运输和储存可燃气体的场所，经常由于泄漏和其他事故，在建筑物或装置中产生可燃气体或液体蒸气与空气的混合物。当场所内存在点火源且混合物的浓度合适时，则可能引发灾难性爆炸事故。为尽量减少事故的破坏程度，在建筑物或装置上预先开设具有一定面积且采用低强度材料做成的爆炸泄压设施是有效措施之一。在发生爆炸时，这些泄压设施可使建筑物或装置内由于可燃气体在密闭空间中燃烧而产生的压力能够迅速泄放，从而避免建筑物或储存装置受到严重损害。

在实际生产和储存过程中，还有许多因素影响到燃烧爆炸的发生与强度，这些很难在本规范中一一明确，特别是仓库的防爆与泄压，还有赖于专门标准进行专项研究确定。为此，本条对存在爆炸危险的仓库作了原则规定，设计需根据其实际情况考虑防爆措施和相应的泄压措施。

3.7 厂房的安全疏散

3.7.1 本条规定了厂房安全出口布置的原则要求。

建筑物内的任一楼层或任一防火分区着火时，其中一个或多个安全出口被烟火阻挡，仍要保证有其他出口可供安全疏散和救援使用。在有的国家还要求同一房间或防火分区内的出口布置的位置，应能使同一房间或同一防火分区内最远点与其相邻2个出口中心点连线的夹角不应小于45°，以确保相邻出口用于疏散时安全可靠。本条规定了5m这一最小水平间距，设计应根据具体情况和保证人员有不同方向的疏散路径这一原则合理布置。

3.7.2 本条为强制性条文。本条规定了厂房地上部分安全出口设置数量的一般要求，所规定的安全出口数量既是对一座厂房而言，也是对厂房内任一个防火分区或某一使用房间的安全出口数量要求。

要求厂房每个防火分区至少应有2个安全出口，可提高火灾时人员疏散通道和出口的可靠性。但对所有建筑，不论面积大小、人数多少均要求设置2个出口，有时会有一定困难，也不符合实际情况。因此，对面积小、人员少的厂房分别按其火灾危险性分档，规定了允许设置1个安全出口的条件：对火灾危险性大的厂房，可燃物多、火势蔓延较快，要求严格些；对火灾危险性小的，要求低些。

3.7.3 本条为强制性条文。本条规定的地下、半地下厂房为独立建造的地下、半地下厂房和布置在其他建筑的地下、半地下生产场所以及生产性建筑的地下、半地下室。

地下、半地下生产场所难以直接天然采光和自然通风，排烟困难，疏散只能通过楼梯间进行。为保证安全，避免出现出口被堵住无法疏散的情况，要求至少需设置2个安全出口。考虑到建筑面积较大的地下、半地下生产场所，如果要求每个防火分区均需设置至少2个直通室外的出口，可能有很大困难，所以规定至少要有1个直通室外的独立安全出口，另一个可通向相邻防火分区，但是该防火分区须采用防火墙与相邻防火分区分隔，以保证人员进入另一个防火分区内后有足够安全的条件进行疏散。

3.7.4 本条规定了不同火灾危险性类别厂房内的最大疏散距离。本条规定的疏散距离均为直线距离，即室内最远点至最近安全出口的直线距离，未考虑因布置设备而产生的阻挡，但有通道连接或墙体遮挡时，要按其中的折线距离计算。

通常，在火灾条件下人员能安全走出安全出口，即可认为到达安全地点。考虑单层、多层、高层厂房的疏散难易程度不同，不同火灾危险性类别厂房发生火灾的可能性及火灾后的蔓延和危害不同，分别作了不同的规定。将甲类厂房的最大疏散距离定为30m、25m，是以人的正常水平疏散速度为1m/s确定的。乙、丙类厂房较甲类厂房火灾危险性小，火灾蔓延速度也慢些，故乙类厂房的最大疏散距离参照国外规范定为75m。丙类厂房中工作人员较多，人员密度一般为2人/m^2，疏散速度取办公室内的水平疏散速度（60m/min）和学校教学楼的水平疏散速度（22m/min）的平均速度（60m/min+22m/min）÷2=41m/min。当疏散距离为80m时，疏散时间需要2min。丁、戊类厂房一般面积大、空间大，火灾危险性小，人员的可用安全疏散时间较长。因此，对一、二级耐火等级的丁、戊类厂房的安全疏散距离未作规定；三级耐火等级的戊类厂房，因建筑耐火等级低，安全疏散距离限在100m。四级耐火等级的戊类厂房耐火等级更低，可和丙、丁类生产的三级耐火等级厂房相同，将其安全疏散距离定在60m。

实际火灾环境往往比较复杂，厂房内的物品和设备布置以及人在火灾条件下的心理和生理因素都对疏散有直接影响，设计师应根据不同的生产工艺和环境，充分考虑人员的疏散需要来确定疏散距离以及厂房的布置与选型，尽量均匀布置安全出口，缩短疏散距离，特别是实际步行距离。

3.7.5 本条规定了厂房的百人疏散宽度计算指标、疏散总净宽度和最小净宽度要求。

厂房的疏散走道、楼梯、门的总净宽度计算，参照了国外有关规范的要求，结合我国有关门窗的模数规定，将门洞的最小宽度定为1.0m，则门的净宽在0.9m左右，故规定门的最小净宽度不小于0.9m。走道的最小净宽度与人员密集的场所疏散门的最小净宽度相同，取不小于1.4m。

为保证建筑中下部楼层的楼梯宽度不小于上部楼层的楼梯宽度，下层楼梯、楼梯出口和入口的宽度要按照这一层上部各层中设计疏散人数最多一层的人数计算；上层的楼梯和楼梯出入口的宽度可以分别计算。存在地下室时，则地下部分上一层楼梯、楼梯出口和入口的宽度要按照这一层下部各层中设计疏散人数最多一层的人数计算。

3.7.6 本条为强制性条文。本条规定了各类厂房疏散楼梯的设置形式。

高层厂房和甲、乙、丙类厂房火灾危险性较大，高层建筑发生火灾时，普通客（货）用电梯无防烟、防火等措施，火灾时不能用于人员疏散使用，楼梯是人员的主要疏散通道，要保证疏散楼梯在火灾时的安全，不能被烟或火侵袭。对于高度较高的建筑，敞开式楼梯间具有烟囱效应，会使烟气很快通过楼梯间向上扩散蔓延，危及人员的疏散安全。同时，高温烟气的流动也大大加快了火势蔓延，故作本条规定。

厂房与民用建筑相比，一般层高较高，四、五层的厂房，建筑高度即可达24m，而楼梯的习惯做法是敞开式。同时考虑到有的厂房虽高，但人员不多，厂房建筑可燃装修少，故对设置防烟楼梯间的条件作了调整，即如果厂房的建筑高度低于32m，人数不足10人或只有10人时，可以采用封闭楼梯间。

3.8 仓库的安全疏散

3.8.1 本条的有关说明见第3.7.1条条文说明。

3.8.2 本条为强制性条文。本条规定为地上仓库安全出口设置的基本要求，所规定的安全出口数量既是对一座仓库而言，也是对仓库内任一个防火分区或某一使用房间的安全出口数量要求。

要求仓库每个防火分区至少应有2个安全出口，可提高火灾时人员疏散通道和出口的可靠性。考虑到仓库本身人员数量较少，若不论面积大小均要求设置2个出口，有时会有一定困难，也不符合实际情况。因此，对面积小的仓库规定了允许设置1个安全出口的条件。

3.8.3 本条为强制性条文。本条规定为地下、半地下仓库安全出口设置的基本要求。本条规定的地下、半地下仓库，包括独立建造的地下、半地下仓库和布置在其他建筑的地下、半地下仓库。

地下、半地下仓库难以直接天然采光和自然通风，排烟困难，疏散只能通过楼梯间进行。为保证安全，避免出现出口被堵无法疏散的情况，要求至少需设置2个安全出口。考虑到建筑面积较大的地下、半地下仓库，如果要求每个防火分区均需设置至少2个直通室外的出口，可能有很大困难，所以规定至少要有1个直通室外的独立安全出口，另一个可通向相邻防火分区，但是该防火分区须采用防火墙与相邻防火分区分隔，以保证人员进入另一个防火分区内后有足够安全的条件进行疏散。

3.8.4 对于粮食钢板筒仓、冷库、金库等场所，平时库内无人，需要进入的人员也很少，且均为熟悉环境的工作人员，粮库、金库还有严格的保安管理措施与要求，因此这些场所可以按照国家相应标准或规定的要求设置安全出口。

3.8.7 本条为强制性条文。高层仓库内虽经常停留人数不多，但垂直疏散距离较长，如采用敞开式楼梯间不利于疏散和救援，也不利于控制烟火向上蔓延。

3.8.8 本条规定了垂直运输物品的提升设施的防火要求，以防止火势向上蔓延。

多层仓库内供垂直运输物品的升降机（包括货梯），有些紧贴仓库外墙设置在仓库外，这样设置既利于平时使用，又有利于安全疏散；也有些将升降机（货梯）设置在仓库内，但未设置在升降机竖井内，是敞开的。这样的设置很容易使火焰通过升降机的楼板孔洞向上蔓延，设计中应避免这样的不安全做法。但戊类仓库的可燃物少、火灾危险性小，升降机可以设在仓库内。

其他类别仓库内的火灾荷载相对较大，强度大、火灾延续时间可能较长，为避免因门的破坏而导致火灾蔓延扩大，井筒防火分隔处的洞口应采用乙级防火门或其他防火分隔物。

4 甲、乙、丙类液体、气体储罐（区）和可燃材料堆场

4.1 一般规定

4.1.1 本条结合我国城市的发展需要，规定了甲、乙、丙类液体储罐区，液化石油气储罐区，可燃、助燃气体储罐区，可燃材料堆场等的平面布局要求，以有利于保障城市、居住区的安全。

本规范中的可燃材料露天堆场，包括秸秆、芦苇、烟叶、草药、麻、甘蔗渣、木材、纸浆原料、煤炭等的堆场。这些场所一旦发生火灾，灭火难度大、危害范围大。在实际选址时，应尽量将这些场所布置在城市全年最小频率风向的上风侧；确有困难时，也要尽量选择在本地区或本单位全年最小频率风向的上风侧，以便防止飞火殃及其他建筑物或可燃物堆垛等。

甲、乙、丙类液体储罐或储罐区要尽量布置在地势较低的地带，当受条件限制不得不布置在地势较高的地带时，需采取加强防火堤或另外增设防护墙等可靠的防护措施；液化石油气储罐区因液化石油气的相对密度较大、气化体积大、爆炸极限低等特性，要尽量远离居住区、工业企业和建有剧场、电影院、体育馆、学校、医院等重要公共建筑的区域，单独布置在通风良好的区域。

本条规定的这些场所，着火后燃烧速度快、辐射热强、难以扑救，火灾延续时间往往较长，有的还存在爆炸危险，危及范围较大，扑救和冷却用水量较大。因而，在选址时还要充分考虑消防水源的来源和保障程度。

4.1.2 本条为强制性条文。本条规定主要针对闪点较低的甲类液体，这类液体对温度敏感，特别要预防夏季高温炎热气候条件下因露天存放而发生超压爆炸、着火。

4.1.3 本条为强制性条文。液化石油气泄漏时的气化体积大、扩散范围大，并易积聚引发较严重的灾害。除在选址要综合考虑外，还需考虑采取尽量避免和减少储罐爆炸或泄漏对周围建筑物产生危害的措施。

设置防护墙可以防止储罐漏液外流危及其他建筑物。防护墙高度不大于1.0m，对通风影响较小，不会窝气。美国，苏联的有关规范均对罐区设置防护墙有相应要求。日本各液化石油气罐区以及每个储罐也均设置防火堤。因此，本条要求液化石油气罐区设置不小于1.0m高的防护墙，但储罐距防护墙的距离，卧式储罐按其长度的一半，球形储罐按其直径的一半考虑为宜。

液化石油气储罐与周围建筑物的防火间距，应符合本规范第4.4节和现行国家标准《城镇燃气设计规

范》GB 50028 的有关规定。

4.1.4 装卸设施设置在储罐区内或距离储罐区较近，当储罐发生泄漏、有汽车出入或进行装卸作业时，存在爆燃引发火灾的危险。这些场所在设计时应首先考虑按功能进行分区，储罐与其装卸设施及辅助管理设施分开布置，以便采取隔离措施和实施管理。

4.2 甲、乙、丙类液体储罐（区）的防火间距

本节规定主要针对工业企业内以及独立建设的甲、乙、丙类液体储罐（区）。为便于规范执行和标准间的协调，有关专业石油库的储罐布置及储罐与库内外建筑物的防火间距，应执行现行国家标准《石油库设计规范》GB 50074 的有关规定。

4.2.1 本条为强制性条文。本条规定了甲、乙、丙类液体储罐和乙、丙类液体桶装堆场与建筑物的防火间距。

（1）甲、乙、丙类液体储罐和乙、丙类液体桶装堆场的最大总容量，是根据工厂企业附属可燃液体库和其他甲、乙、丙类液体储罐及仓库等的容量确定的。

本规范中表 4.2.1 规定的防火间距主要根据火灾实例、基本满足灭火扑救要求和现行的一些实际做法提出的。一个 30m^3 的地上卧式油罐爆炸着火，能震碎相距 15m 范围的门窗玻璃，辐射热可引燃相距 12m 的可燃物。根据扑救油罐实践经验，油罐（池）着火时燃烧猛烈、辐射热强，小罐着火至少应有 12m～15m 的距离，较大罐着火至少应有 15m～20m 的距离，才能满足灭火需要。

（2）对于可能同时存放甲、乙、丙类液体的一个储罐区，在确定储罐区之间的防火间距时，要先将不同类别的可燃液体折算成同一类液体的容量（可折算成甲、乙类液体，也可折算成丙类液体）后，按本规范表 4.2.1 的规定确定。

（3）关于表 4.2.1 注的说明。

注 3：因甲、乙、丙类液体的固定顶储罐区、半露天堆场和乙、丙类液体桶装堆场与甲类厂房和仓库以及民用建筑发生火灾时，相互影响较大，相应的防火间距应分别按表 4.2.1 中规定的数值增加 25%。上述储罐、堆场发生沸溢或破裂使油品外泄时，遇到点火源会引发火灾，故增加了与明火或散发火花地点的防火间距，即在本表对四级耐火等级建筑要求的基础上增加 25%。

注 4：浮顶储罐的罐区或闪点大于 120℃的液体储罐区火灾危险性相对较小，故规定可按表 4.2.1 中规定的数值减少 25%，对于高层建筑及其裙房尽量不减少。

注 5：数个储罐区布置在同一库区内时，罐区与罐区应视为两座不同的建、构筑物，防火间距原则上应按两个不同库区对待。但为节约土地资源，并考虑到灭火救援需要及同一库区的管理等因素，规定按不小于表 4.2.1 中相应容量的储罐区与四级耐火等级建筑的防火间距之较大值考虑。

注 6：直埋式地下甲、乙、丙类液体储罐较地上式储罐安全，故规定相应的防火间距可按表 4.2.1 中规定的数值减少 50%。但为保证安全，单罐容积不应大于 50m^3，总容积不应大于 200m^3。

4.2.2 本条为强制性条文。甲、乙、丙类液体储罐之间的防火间距，除考虑安装、检修的间距外，还要考虑避免火灾相互蔓延和便于灭火救援。

目前国内大多数专业油库和工业企业内油库的地上储罐之间的距离多为相邻储罐的一个 D（D—储罐的直径）或大于一个 D，也有些小于一个 D（$0.7D$～$0.9D$）。当其中一个储罐着火时，该距离能在一定程度上减少对相邻储罐的威胁。当采用水枪冷却油罐时，水枪喷水的仰角通常为 45°～60°，$0.60D$～$0.75D$ 的距离基本可行。当油罐上的固定或半固定泡沫管线被破坏时，消防员需向着火罐上挂泡沫钩管，该距离能满足其操作要求。考虑到设置充氮保护设备的液体储罐比较安全，故规定其间距与浮顶储罐一样。

关于表 4.2.2 注的说明：

注 2：主要明确不同火灾危险性的液体（甲类、乙类、丙类）、不同形式的储罐（立式罐、卧式罐；地上罐、半地下罐、地下罐等）布置在一起时，防火间距应按其中较大者确定，以利安全。对于矩形储罐，其当量直径为长边 A 与短边 B 之和的一半。设当量直径为 D，则：

$$D=\frac{A+B}{2} \tag{3}$$

注 3：主要考虑一排卧式储罐中的某个罐着火，不会导致火灾很快蔓延到另一排卧式储罐，并为灭火操作创造条件。

注 4：单罐容积小于 1000m^3 的甲、乙类液体地上固定顶油罐，罐容相对较小，采用固定冷却水设备后，可有效地降低燃烧辐射热对相邻罐的影响；同时，消防员还在火场采用水枪进行冷却，故油罐之间的防火间距可适当减少。

注 5：储罐设置液下喷射泡沫灭火设备后，不需用泡沫钩管（枪）；如设置固定消防冷却水设备，通常不需用水枪进行冷却。在防火堤内如设置泡沫灭火设备（如固定泡沫产生器等），能及时扑灭流散液体火。故这些储罐间的防火间距可适当减小，但尽量不小于 $0.4D$。

4.2.3 本条为强制性条文。本条是对小型甲、乙、丙类液体储罐成组布置时的规定，目的在于既保证一定消防安全，又节约用地、节约输油管线，方便操作管理。当容量大于本条规定时，应执行本规范的其他规定。

据调查，有的专业油库和企业内的小型甲、乙、

丙类液体库，将容量较小油罐成组布置。实践证明，小容量的储罐发生火灾时，一般情况下易于控制和扑救，不像大罐那样需要较大的操作场地。

为防止火势蔓延扩大、有利灭火救援、减少火灾损失，组内储罐的布置不应多于两排。组内储罐之间的距离主要考虑安装、检修的需要。储罐组与组之间的距离可按储罐的形式（地上式、半地下式、地下式等）和总容量相同的标准单罐确定。如：一组甲、乙类液体固定顶地上式储罐总容量为 $950m^3$，其中 $100m^3$ 单罐 2 个，$150m^3$ 单罐 5 个，则组与组的防火间距按小于或等于 $1000m^3$ 的单罐 $0.75D$ 确定。

4.2.4 把火灾危险性相同或接近的甲、乙、丙类液体地上、半地下储罐布置在一个防火堤分隔范围内，既有利于统一考虑消防设计，储罐之间也能互相调配管线布置，又可节省输送管线和消防管线，便于管理。

将沸溢性油品与非沸溢性油品，地上液体储罐与地下、半地下液体储罐分别布置在不同防火堤内，可有效防止沸溢性油品储罐着火后因突沸现象导致火灾蔓延，或者地下储罐发生火灾威胁地上、半地下储罐，避免危及非沸溢性油品储罐，从而减小扑灭难度和损失。本条规定遵循了不同火灾危险性的储罐分别分区布置的原则。

4.2.5 本条第 3、4、5、6 款为强制性条文。实践证明，防火堤能将燃烧的流散液体限制在防火堤内，给灭火救援创造有利条件。在甲、乙、丙类液体储罐区设置防火堤，是防止储罐内的液体因罐体破坏或突沸导致外溢流散而使火灾蔓延扩大，减少火灾损失的有效措施。苏联、美国、英国、日本等国家有关规范都明确规定，甲、乙、丙类液体储罐区应设置防火堤，并规定了防火堤内的储罐布置、总容量和具体做法。本条规定既总结了国内的成功经验，也参考了国外的类似规定与做法。有关防火堤的其他技术要求，还可参见国家标准《储罐区防火堤设计规范》GB 50351—2005。

1 防火堤内的储罐布置不宜大于两排，主要考虑储罐失火时便于扑救，如布置大于两排，当中间一排储罐发生火灾时，将对两边储罐造成威胁，必然会给扑救带来较大困难。

对于单罐容量不大于 $1000m^3$ 且闪点大于 120℃ 的液体储罐，储罐体形较小、高度较低，若中间一行储罐发生火灾是可以进行扑救的，同时还可节省用地，故规定可不大于 4 排。

2 防火堤内的储罐发生爆炸时，储罐内的油品常不会全部流出，规定防火堤的有效容积不应小于其中较大储罐的容积。浮顶储罐发生爆炸的概率较低，故取其中最大储罐容量的一半。

3、4 这两款规定主要考虑储罐爆炸着火后，油品因罐体破裂而大量外流时，能防止流散到防火堤外，并要能避免液体静压力冲击防火堤。

5 沸溢性油品储罐要求每个储罐设置一个防火堤或防火隔堤，以防止发生因液体沸溢，四处流散而威胁相邻储罐。

6 含油污水管道应设置水封装置以防止油品流至污水管道而造成安全隐患。雨水管道应设置阀门等隔离装置，主要为防止储罐破裂时液体流向防火堤之外。

4.2.6 闪点大于 120℃ 的液体储罐或储罐区以及桶装、瓶装的乙、丙类液体堆场，甲类液体半露天堆场（有盖无墙的棚房），由于液体储罐爆裂可能性小，或即使桶装液体爆裂，外溢的液体量也较少，因此当采取了有效防止液体流散的设施时，可以不设置防火堤。实际工程中，一般采用设置黏土、砖石等不燃材料的简易围堤和事故油池等方法来防止液体流散。

4.2.7 据调查，目前国内一些甲、乙类液体储罐与泵房的距离一般在 14m～20m 之间，与铁路装卸栈桥一般在 18m～23m 之间。

发生火灾时，储罐对泵房等的影响与罐容和所存可燃液体的量有关，泵房等对储罐的影响相对较小。但从引发的火灾情况看，往往是两者相互作用的结果。因此，从保障安全、便于灭火救援出发，储罐与泵房和铁路、汽车装卸设备要求保持一定的防火间距，前者宜为 10m～15m。无论是铁路还是汽车的装卸鹤管，其火灾危险性基本一致，故将有关防火间距统一，将后者定为 12m～20m。

4.2.8 本条规定主要为减小装卸鹤管与建筑物、铁路线之间的相互影响。根据对国内一些储罐区的调查，装卸鹤管与建筑物的距离一般为 14m～18m。对丙类液体鹤管与建筑的距离，则据其火灾危险性作了一定调整。

4.2.9 甲、乙、丙类液体储罐与铁路走行线的距离，主要考虑蒸汽机车飞火对储罐的威胁，而飞火的控制距离难以准确确定，但机车的飞火通常能量较小，一定距离后即会快速衰减，故将最小间距控制在 20m，对甲、乙类储罐与厂外铁路走行线的间距，考虑到这些物质的可燃蒸气的点火能相对较低，故规定大一些。

与道路的距离是据汽车和拖拉机排气管飞火对储罐的威胁确定的。据调查，机动车辆的飞火的影响范围远者为 8m～10m，近者为 3m～4m，故与厂内次要道路定为 5m 和 10m，与主要道路和厂外道路的间距则需适当增大些。

4.2.10 零位储罐罐容较小，是铁路槽车向储罐卸油作业时的缓冲罐。零位罐置于低处，铁路槽车内的油品借助液位高程自流进零位罐，然后利用油泵送入储罐。

4.3 可燃、助燃气体储罐（区）的防火间距

4.3.1 本条为强制性条文。本条是对可燃气体储罐

与其他建筑防火间距的基本规定。可燃气储罐指盛装氢气、甲烷、乙烷、乙烯、氨气、天然气、油田伴生气、水煤气、半水煤气、发生炉煤气、高炉煤气、焦炉煤气、伍德炉煤气、矿井煤气等可燃气体的储罐。

可燃气体储罐分低压和高压两种。低压可燃气体储罐的几何容积是可变的，分湿式和干式两种。湿式可燃气体储罐的设计压力通常小于 4kPa，干式可燃气体储罐的设计压力通常小于 8kPa。高压可燃气体储罐的几何容积是固定的，外形有卧式圆筒形和球形两种。卧式储气罐容积较小，通常不大于 120m³。球型储气罐罐容积较大，最大容积可达 10000m³。这类储罐的设计压力通常为 1.0MPa～1.6MPa。目前国内湿式可燃气储罐单罐容积档次有：小于 1000m³、1000m³、5000m³、10000m³、20000m³、30000m³、50000m³、100000m³、150000m³、200000m³；干式可燃气体储罐单罐容积档次有：小于 1000m³、1000m³、5000m³、10000m³、20000m³、30000m³、50000m³、80000m³、170000m³、300000m³。

表中储罐总容积小于或等于 1000m³ 者，一般为小氮肥厂、小化工厂和其他小型工业企业的可燃气体储罐。储罐总容积为 1000m³～10000m³ 者，多是小城市的煤气储配站、中型氮肥厂、化工厂和其他中小型工业企业的可燃气体储罐。储罐总容积大于或等于 10000m³ 至小于 50000m³ 者，为中小城市的煤气储配站、大型氮肥厂、化工厂和其他大中型工业企业的可燃气体储罐。储罐总容积大于或等于 50000m³ 至小于 100000m³ 者，为大中城市的煤气储配站、焦化厂、钢铁厂和其他大型工业企业的可燃气体储罐。

近 10 年，国内各钢铁企业为节能减排，对钢厂产生的副产煤气进行了回收利用。为充分利用钢厂的副产煤气，调节煤气发生与消耗间的不平衡性，保证煤气的稳定供给，钢铁企业均设置了煤气储罐。由于产能增加，国内多家钢铁企业的煤气储罐容量已大于 100000m³，部分钢铁企业大型煤气储罐现状见表 11。

表 11　国内部分钢铁企业大型煤气储罐现状

序号	储存介质	柜型	容积（$\times 10^4 m^3$）	座数	规格（高×直径）（m×m）	储气压力（kPa）
宝山钢铁股份公司宝钢分公司						
1	高炉煤气	可隆型	15	2		8.0
2	焦炉煤气	POC 型	30	1	121×64.6	6.3
3	焦炉煤气	POP 型	12	1		6.3
4	转炉煤气	POC 型	8	4	41×58	3.0
鞍山钢铁股份有限公司鞍山工厂						
1	高炉煤气	POC 型	30	2	121×64.6	10
2	焦炉煤气	POP 型	16.5	1		6.3
3	转炉煤气	POC 型	8	2	41×58	3
武汉钢铁公司						
1	高炉煤气	POC 型	15	2	99×51.2	9.5
2	高炉煤气	POC 型	30			10
3	焦炉煤气	POP 型	12	1		6.3
4	转炉煤气	PRC 型	8	2	41×58	3
5	转炉煤气	PRC 型	5	1		3

据调查，国内目前最大的煤气储罐容积为 300000m³，最高压力为 10kPa。为适应我国储气罐单罐容积趋向大型化的需要，本次修订增加了第五档，即 100000m³～300000m³，明确了该档储罐与建筑物、储罐、堆场的防火间距要求。

表 4.3.1 注：固定容积的可燃气体储罐设计压力较高，易漏气，火灾危险性较大，防火间距要先按其实际几何容积（m³）与设计压力（绝对压力，10^5 Pa）乘积折算出总容积，再按表 4.3.1 的规定确定。

本条有关间距的主要确定依据：

（1）湿式储气罐内可燃气体的密度多数比空气轻，泄漏时易向上扩散，发生火灾时易扑救。根据有关分析，湿式可燃气体储罐一般不会发生爆炸，即使发生爆炸一般也不会发生二次或连续爆炸。爆炸原因大多为在检修时因处理不当或违章焊接引起。湿式储气罐或堆场等发生爆炸时，相互危及范围一般在 20m～40m，近者约 10m，远者 100m～200m。碎片飞出可能伤人或砸坏建筑物。

（2）考虑施工安装的需要，大、中型可燃气体储罐施工安装所需的距离一般为 20m～25m。根据储气罐扑救实践，人员与罐体之间至少要保持 15m～20m 的间距。

（3）现行国家标准《城镇燃气设计规范》GB 50028、《钢铁冶金企业设计防火规范》GB 50414 对不同容积可燃气体储罐与建筑物、储罐、堆场的防火间距也均有要求。《城镇燃气设计规范》中表格第五档为“大于 200000m³”，没有规定储罐容积上限，这主要是因为考虑到安全性、经济性等方面的因素，城镇中的燃气储罐容积不会太大，一般不大于 200000m³。大型的可燃气体储罐主要集中在钢铁等企业中。本规范在确定 100000m³～300000m³ 可燃气体储罐与建筑物、储罐、堆场的防火间距要求时，主要是基于辐射热计算、国内部分钢铁企业现状与需求和此类储罐的实际火灾危险性。

（4）干式储气罐的活塞和罐体间靠油或橡胶夹布密封，当密封部分漏气时，可燃气体泄漏到活塞上部空间，经排气孔排至大气中。当可燃气体密度大于空气时，不易向罐顶外部扩散，比空气小时，则易扩散，故前者防火间距应按表4.3.1增加25%，后者可按表4.3.1的规定执行。

(5) 小于$20m^3$的储罐，可燃气体总量及其火灾危险性较小，与其使用燃气厂房的防火间距可不限。

(6) 湿式可燃气体储罐的燃气进出口阀门室、水封井和干式可燃气体储罐的阀门室、水封井、密封油循环泵和电梯间，均是储罐不宜分离的附属设施。为节省用地，便于运行管理，这些设施间可按工艺要求布置，防火间距不限。

4.3.2 本条为强制性条文。可燃气体储罐或储罐区之间的防火间距，是发生火灾时减少相互间的影响和便于灭火救援和施工、安装、检修所需的距离。鉴于干式可燃气体储罐与湿式可燃气体储罐火灾危险性基本相同且罐体高度均较高，故储罐之间的距离均规定不应小于相邻较大罐直径的一半。固定容积的可燃气体储罐设计压力较高、火灾危险性较湿式和干式可燃气体储罐大，卧式和球形储罐虽形式不同，但其火灾危险性基本相同。故均规定为不应小于相邻较大罐的2/3。

固定容积的可燃气体储罐与湿式或干式可燃气体储罐的防火间距，不应小于相邻较大罐的半径，主要考虑在一般情况下后者的直径大于前者，本条规定可以满足灭火救援和施工安装、检修需要。

我国在实施天然气“西气东输”工程中，已建成一批大型天然气球形储罐，当设计压力为1.0MPa～1.6MPa时，容积相当于$50000m^3$～$80000m^3$、$100000m^3$～$160000m^3$。据此，与燃气管理和燃气规范归口单位共同调研，并对其实际火灾危险性进行研究后，将储罐分组布置的规定调整为“数个固定容积的可燃气体储罐总容积大于$200000m^3$（相当于设计压力为1.0MPa时的$10000m^3$球形储罐2台）时，应分组布置。”。由于本规范只涉及储罐平面布置的规定，未全面、系统地规定其他相关消防安全技术要求。设计时，不能片面考虑储罐区的总容量与间距的关系，而需根据现行国家标准《城镇燃气设计规范》GB 50028等标准的规定进行综合分析，确定合理和安全可靠的技术措施。

4.3.3 本条为强制性条文。氧气为助燃气体，其火灾危险性属乙类，通常储存于钢罐内。氧气储罐与民用建筑，甲、乙、丙类液体储罐，可燃材料堆场的防火间距，主要考虑这些建筑在火灾时的相互影响和灭火救援的需要；与制氧厂房的防火间距可按现行国家标准《氧气站设计规范》GB 50030的有关规定，根据工艺要求确定。确定防火间距时，将氧气罐视为一、二级耐火等级建筑，与储罐外的其他建筑物的防火间距原则按厂房之间的防火间距考虑。

氧气储罐之间的防火间距不小于相邻较大储罐的半径，则是灭火救援和施工、检修的需要；与可燃气体储罐之间的防火间距不应小于相邻较大罐的直径，主要考虑可燃气体储罐发生爆炸时对相邻氧气储罐的影响和灭火救援的需要。

本条表4.3.3中总容积小于或等于$1000m^3$的湿式氧气储罐，一般为小型企业和一些使用氧气的事业单位的氧气储罐；总容积为$1000m^3$～$50000m^3$者，主要为大型机械工厂和中、小型钢铁企业的氧气储罐；总容积大于$50000m^3$者，为大型钢铁企业的氧气储罐。

4.3.4 确定液氧储罐与其他建筑物、储罐或堆场的防火间距时，要将液氧的储罐容积按$1m^3$液氧折算成$800m^3$标准状态的氧气后进行。如某厂有1个$100m^3$的液氧储罐，则先将其折算成$800\times100=80000$（m^3）的氧气，再按本规范第4.3.3条第三档（$V>50000m^3$）的规定确定液氧储罐的防火间距。

液氧储罐与泵房的间隔不宜小于3m的规定，与国外有关规范规定和国内有关工程的实际做法一致。根据分析医用液氧储罐的火灾危险性及其多年运行经验，为适应医用标准调整要求和医院建设需求，将医用液氧储罐的单罐容积和总容积分别调整为$5m^3$和$20m^3$。医用液氧储罐与医疗卫生机构内建筑的防火间距，国家标准《医用气体工程技术规范》GB 50751—2012已有明确规定。医用液氧储罐与医疗卫生机构外建筑的防火间距，仍要符合本规范第4.3.3条的规定。

4.3.5 当液氧储罐泄漏的液氧气化后，与稻草、木材、刨花、纸屑等可燃物以及溶化的沥青接触时，遇到火源容易引起猛烈的燃烧，致使火势扩大和蔓延，故规定其周围一定范围内不应存在可燃物。

4.3.6 可燃、助燃气体储罐发生火灾时，对铁路、道路威胁较甲、乙、丙类液体储罐小，故防火间距的规定较本规范表4.2.9的要求小些。

4.3.7 液氢的闪点为－50℃，爆炸极限范围为4.0%～75.0%，密度比水轻（沸点时$0.07g/cm^3$）。液氢发生泄漏后会因其密度比空气重（在－25℃时，相对密度1.04）而使气化的气体沉积在地面上，当温度升高后才扩散，并在空气中形成爆炸性混合气体，遇到点火源即会发生爆炸而产生火球。氢气是最轻的气体，燃烧速度最快（测试管的管径$D=25.4mm$，引燃温度400℃，火焰传播速度为4.85m/s，在化学反应浓度下着火能量为$1.5\times10^{-5}J$）。

液氢为甲类火灾危险性物质，燃烧、爆炸的猛烈程度和破坏力等均较气态氢大。参考国外规范，本条规定液氢储罐与建筑物及甲、乙、丙类液体储罐和堆场等的防火间距，按本规范对液化石油气储罐的有关防火间距，即表4.4.1规定的防火间距减小25%。

液氨为乙类火灾危险性物质，与氟、氯等能发生剧烈反应。氨与空气混合到一定比例时，遇明火能引起爆炸，其爆炸极限范围为15.5%～25%。氨具有较高的体积膨胀系数，超装的液氨气瓶极易发生爆炸。为适应工程建设需要，对比液氨和液氢的火灾危险性，参照液氢的有关规定，明确了液氨储罐与建筑物、储罐、堆场的防火间距。

4.3.8 本条为强制性条文。液化天然气是以甲烷为主要组分的烃类混合物，液化天然气的自燃点、爆炸极限均比液化石油气的高。当液化天然气的温度高于-112℃时，液化天然气的蒸气比空气轻，易向高处扩散，而液化石油气蒸气比空气重，易在低处聚集而引发火灾或爆炸，以上特点使液化天然气在运输、储存和使用上比液化石油气要安全。

表4.3.8中规定的液化天然气储罐和集中放散装置的天然气放散总管与站外建、构筑物的防火间距，总结了我国液化天然气气化站的建设与运行管理经验。

4.4 液化石油气储罐（区）的防火间距

4.4.1 本条为强制性条文。液化石油气是以丙烷、丙烯、丁烷、丁烯等低碳氢化合物为主要成分的混合物，闪点低于-45℃，爆炸极限范围为2%～9%，为火灾和爆炸危险性高的甲类火灾危险性物质。液化石油气通常以液态形式常温储存，饱和蒸气压随环境温度变化而变化，一般在0.2MPa～1.2MPa。1m^3液态液化石油气可气化成250m^3～300m^3的气态液化石油气，与空气混合形成3000m^3～15000m^3的爆炸性混合气体。

液化石油气着火能量很低（3×10^{-4}J～4×10^{-4}J），电话、步话机、手电筒开关时产生的火花即可成为爆炸、燃烧的点火源，火焰扑灭后易复燃。液态液化石油气的密度为水的一半（0.5t/m^3～0.6t/m^3），发生火灾后用水难以扑灭；气态液化石油气的比重比空气重一倍（2.0kg/m^3～2.5kg/m^3），泄漏后易在低洼或通风不良处窝存而形成爆炸性混合气体。此外，液化石油气储罐破裂时，罐内压力急剧下降，罐内液态液化石油气会立即气化成大量气体，并向上空喷出形成蘑菇云，继而降至地面向四周扩散，与空气混合形成爆炸性气体。一旦被引燃即发生爆炸，继之大火以火球形式返回罐区形成火海，致使储罐发生连续性爆炸。因此，一旦液化石油气储罐发生泄漏，危险性高，危害极大。

表4.4.1将液化石油气储罐和储罐区分为7档，按单罐和罐区不同容积规定了防火间距。第一档主要为工业企业、事业等单位和居住小区内的气化站、混气站和小型灌装站的容积规模。第二档为中小城市调峰气源厂和大中型工业企业的气化站和混气站的容积规模。第三、四、五档为大中型灌瓶站，大、中城市调峰气源厂的容积规模。第六、七档主要为特大型灌瓶站，大、中型储配站、储存站和石油化工厂的储罐区。为更好地控制液化石油气储罐的火灾危害，本次修订时，经与国家标准《液化石油气厂站设计规范》编制组协商，将其最大总容积限制在10000m^3。

表4.4.1注2的说明：埋地液化石油气储罐运行压力较低，且压力稳定，通常不大于0.6MPa，比地上储罐安全，故参考国内外有关规范其防火间距减一半。为了安全起见，限制了单罐容积和储罐区的总容积。

有关防火间距规定的主要确定依据：

（1）根据液化石油气爆炸实例，当储罐发生液化石油气泄漏后，与空气混合并遇到点火源发生爆炸形成后，危及范围与单罐和罐区的总容积、破坏程度、泄漏量大小、地理位置、气象、风速以及消防设施和扑救情况等因素有关。当储罐和罐区容积较小，泄漏量不大时，爆炸和火灾的波及范围，近者20m～30m，远者50m～60m。当储罐和罐区容积较大，泄漏量很大时，爆炸和火灾的波及范围通常在100m～300m，有资料记载，最远可达1500m。

（2）参考了美国消防协会《国家燃气规范》NFPA 59－2008规定的非冷冻液化石油气储罐与建筑物的防火间距（见表12）、英国石油学会《液化石油气安全规范》规定的炼油厂及大型企业的压力储罐与其他建筑物的防火间距（见表13）和日本液化石油气设备协会《一般标准》JLPA 001：2002的规定（见表14）。

表12 非冷冻液化石油气储罐与建筑物的防火间距

储罐充水容积（美加仑）（m^3）	储罐距重要建筑物，或不与液化气体装置相连的建筑，或可用于建筑的相邻地界红线（ft）（m）
2001～30000（7.6～114）	50（15）
30001～70000（114～265）	75（23）
70001～90000（265～341）	100（30）
90001～120000（341～454）	125（38）
120001～200000（454～757）	200（61）
200001～1000000（747～3785）	300（91）
≥1000001（≥3785）	400（122）

注：储罐与用气厂房的间距可按上表减少50%，但不得低于50ft（15m）。表中数字后括号内的数值为按公制单位换算值。1美加仑$=3.79\times10^{-3}m^3$。

表13　炼油厂和大型企业压力储罐与其他建筑物的防火间距

名称（英加仑）(m^3)	间距（ft）(m)	备注
至其他企业的厂界或固定火源，当储罐水容积<30000（136.2） 30000～125000（136.2～567.50） >125000（>567.5） 有火灾危险性的建筑物，如灌装间、仓库等	50（15.24） 75（22.86） 100（30.48） 50（15.24）	
甲、乙级储罐	50（15.24）	自甲、乙类油品的储罐的围堤顶部算起
至低温冷冻液化石油气储罐	最大低温罐直径，但不小于100（30.48）	
压力液化石油气储罐之间	相邻储罐直径之和的1/4	

注：1英加仑$=4.5\times10^{-3}m^3$。表中括号内的数值为按公制单位换算值。

表14　日本不同区域储罐储量的限制

用地区域	一般居住区	商业区	准工业区	工业区或工业专用区
储存量（t）	3.5	7.0	35	不限

日本液化石油气设备协会《一般标准》JLPA001：2002的规定：第一种居住用地范围内，不允许设置液化石油气储罐；其他用地区域，设置储罐容量有严格限制。在此基础上，规定了地上储罐与第一种保护对象（学校、医院、托幼院、文物古迹、博物馆、车站候车室、百货大楼、酒店、旅馆等）的距离按下式计算确定：

$$L=0.12\sqrt{X+10000} \tag{4}$$

式中：L——储罐与保护对象的防火间距（m）

X——液化石油气的总储量（kg）。

在日本，液化石油气站储罐的平均容积很小，当按上式计算大于30m时，可取不小于30m。当采用地下储罐或采取水喷淋、防火墙等安全措施时、其防火间距可以按该规范的有关规定减小距离。对于液化石油气储罐与站内建筑物的防火间距，日本的规定也很小：与明火、耐火等级较低的建筑物的间距不应小于8m，与非明火建筑、站内围墙的间距不应小于3.0m。

（3）总结了原规范执行情况，考虑了当前我国液化石油气行业设备制造安装、安全设施装备和管理的水平等现状。液化石油气单罐容积大于$1000m^3$和罐区总容积大于$5000m^3$的储存站，属特大型储存站，万一发生火灾或爆炸，其危及的范围也大，故有必要加大其防火间距要求。

4.4.2　本条为强制性条文。对于液化石油气储罐之间的防火间距，要考虑当一个储罐发生火灾时，能减少对相邻储罐的威胁，同时要便于施工安装、检修和运行管理。多个储罐的布置要求，主要考虑要减少发生火灾时的相互影响，并便于灭火救援，保证至少有一只消防水枪的充实水柱能达到任一储罐的任何部位。

4.4.3　对于液化石油气储罐与所属泵房的距离要求，主要考虑泵房的火灾不要引发储罐爆炸着火，也是扑灭泵房火灾所需的最小安全距离。为满足液化石油气泵房正常运行，当泵房面向储罐一侧的外墙采用无门窗洞口的防火墙时，防火间距可适当调整。液化石油气泵露天设置时，对防火是有利的，为更好地满足工艺需要，对其与储罐的距离可不限。

4.4.4　有关全冷冻式液化石油气储罐和液化石油气气化站、混气站的储罐与重要公共建筑和其他民用建筑、道路等的防火间距，为保证安全，便于使用，与现行国家标准《城镇燃气设计规范》GB 50028管理组协商后，将有关防火间距在《城镇燃气设计规范》中作详细规定，本规范不再规定。

总容积不大于$10m^3$的储罐，当设置在专用的独立建筑物内时，通常设置2个。单罐容积小，又设置在建筑物内，火灾危险性较小。故规定该建筑外墙与相邻厂房及其附属设备的防火间距，可以按甲类厂房的防火间距执行。

4.4.5　本条为强制性条文。本条规定了液化石油气瓶装供应站的基本防火间距。

目前，我国各城市液化石油气瓶装供应站的供应规模大都在5000户～7000户，少数在10000户左右，个别站也有大于10000户的。根据各地运行经验，考虑方便用户、维修服务等因素，供气规模以5000户～10000户为主。该供气规模日售瓶量按15kg钢瓶计，为170瓶～350瓶左右。瓶库通常应按1.5天～2天的售瓶量存瓶，才能保证正常供应，需储存250瓶～700瓶，相当于容积为$4m^3$～$20m^3$的液化石油气。

表4.4.5对液化石油气站的瓶库与站外建、构筑物的防火间距，按总存储容积分四档规定了不同的防火间距。与站外建、构筑物防火间距，考虑了液化石油气钢瓶单瓶容量较小，总存瓶量也严格限制最多不大于$20m^3$，火灾危险性较液化石油气储罐小等因素。

表4.4.5注中的总存瓶容积按实瓶个数与单瓶几何容积的乘积计算，具体计算可按下式进行：

$$V=N\cdot V\cdot 10^{-3} \tag{5}$$

式中：V——总存瓶容积，(m^3)；

N——实瓶个数；

V——单瓶几何容积，15kg 钢瓶为 35.5L，50kg 钢瓶为 112L。

4.4.6 液化石油气瓶装供应站的四周，要尽量采用不燃材料构筑实体围墙，即无孔洞、花格的墙体。这不但有利于安全，而且可减少和防止瓶库发生爆炸时对周围区域的破坏。液化石油气瓶装供应站通常设置在居民区内，考虑与环境协调，面向出入口（一般为居民区道路）一侧可采用不燃材料构筑非实体的围墙，如装饰型花格围墙，但面向该侧的瓶装供应站建筑外墙不能设置泄压口。

4.5 可燃材料堆场的防火间距

4.5.1 据调查，粮食囤垛堆场目前仍在使用，总储量较大且多利用稻草、竹竿等可燃物材料建造，容易引发火灾。本条根据过去粮食囤垛的火灾情况，对粮食囤垛的防火间距作了规定，并将粮食囤垛堆场的最大储量定为 20000t。根据我国部分地区粮食收储情况和火灾形势，2013 年国家有关部门和单位也组织对粮食席穴囤、简易罩棚等粮食存放场所的防火，制定了更详细的规定。

对于棉花堆场，尽管国家近几年建设了大量棉花储备库，但仍有不少地区采用露天或半露天堆放的方式储存，且储量较大，每个棉花堆场储量大都在 5000t 左右。麻、毛、化纤和百货等火灾危险性类同，故将每个堆场最大储量限制在 5000t 以内。棉、麻、毛、百货等露天或半露天堆场与建筑物的防火间距，主要根据案例和现有堆场管理实际情况，并考虑避免和减少火灾时的损失。秸秆、芦苇、亚麻等的总储量较大，且在一些行业，如造纸厂或纸浆厂，储量更大。

从这些材料堆场发生火灾的情况看，火灾具有延续时间长、辐射热大、扑救难度较大、灭火时间长、用水量大的特点，往往损失巨大。根据以上情况，为了有效地防止火灾蔓延扩大，有利于灭火救援，将可燃材料堆场至建筑物的最小间距定为 15m～40m。

对于木材堆场，采用统堆方式较多，往往堆垛高、储量大，有必要对每个堆垛储量和防火间距加以限制。但为节约用地，规定当一个木材堆场的总储量如大于 25000m^3 或一个秸秆可燃材料堆场的总储量大于 20000t 时，宜分设堆场，且各堆场之间的防火间距按不小于相邻较大堆场与四级建筑的间距确定。

关于表 4.5.1 注的说明：

(1) 甲类厂房、甲类仓库发生火灾时，较其他类别建筑的火灾对可燃材料堆场的威胁大，故规定其防火间距按表 4.5.1 的规定增加 25%且不应小于 25m。

电力系统电压为 35kV～500kV 且每台变压器容量在 10MV·A 以上的室外变、配电站，以及工业企业的变压器总油量大于 5t 的室外总降压变电站对堆场威胁也较大，故规定有关防火间距不应小于 50m。

(2) 为防止明火或散发火花地点的飞火引发可燃材料堆场火灾，露天、半露天可燃材料堆场与明火或散发火花地点的防火间距，应按本表四级建筑的规定增加 25%。

4.5.2 甲、乙、丙类液体储罐一旦发生火灾，威胁较大、辐射强度大，故规定有关防火间距不应小于表 4.2.1 和表 4.5.1 中相应储量与四级建筑防火间距的较大值。

4.5.3 可燃材料堆场着火时影响范围较大，一般在 20m～40m 之间。汽车和拖拉机的排气管飞火距离远者一般为 8m～10m，近者为 3m～4m。露天、半露天堆场与铁路线的防火间距，主要考虑蒸汽机车飞火对堆场的影响；与道路的防火间距，主要考虑道路的通行情况、汽车和拖拉机排气管飞火的影响以及堆场的火灾危险性。

5 民用建筑

5.1 建筑分类和耐火等级

5.1.1 本条对民用建筑根据其建筑高度、功能、火灾危险性和扑救难易程度等进行了分类。以该分类为基础，本规范分别在耐火等级、防火间距、防火分区、安全疏散、灭火设施等方面对民用建筑的防火设计提出了不同的要求，以实现保障建筑消防安全与保证工程建设和提高投资效益的统一。

(1) 对民用建筑进行分类是一个较为复杂的问题，现行国家标准《民用建筑设计通则》GB 50352 将民用建筑分为居住建筑和公共建筑两大类，其中居住建筑包括住宅建筑、宿舍建筑等。在防火方面，除住宅建筑外，其他类型居住建筑的火灾危险性与公共建筑接近，其防火要求需按公共建筑的有关规定执行。因此，本规范将民用建筑分为住宅建筑和公共建筑两大类，并进一步按照建筑高度分为高层民用建筑和单层、多层民用建筑。

(2) 对于住宅建筑，本规范以 27m 作为区分多层和高层住宅建筑的标准；对于高层住宅建筑，以 54m 划分为一类和二类。该划分方式主要为了与原国家标准《建筑设计防火规范》GB 50016－2006 和《高层民用建筑设计防火规范》GB 50045－1995 中按 9 层及 18 层的划分标准相一致。

对于公共建筑，本规范以 24m 作为区分多层和高层公共建筑的标准。在高层建筑中将性质重要、火灾危险性大、疏散和扑救难度大的建筑定为一类。例如，将高层医疗建筑、高层老年人照料设施划为一类，主要考虑了建筑中有不少人员行动不便、疏散困难，建筑内发生火灾易致人员伤亡。

本规范条文中的“老年人照料设施”是指现行行业标准《老年人照料设施建筑设计标准》JGJ 450—2018中床位总数（可容纳老年人总数）大于或等于20床（人），为老年人提供集中照料服务的公共建筑，包括老年人全日照料设施和老年人日间照料设施。其他专供老年人使用的、非集中照料的设施或场所，如老年大学、老年活动中心等不属于老年人照料设施。

本规范条文中的“老年人照料设施”包括3种形式，即独立建造的、与其他建筑组合建造的和设置在其他建筑内的老年人照料设施。

本条表5.1.1中的“独立建造的老年人照料设施”，包括与其他建筑贴邻建造的老年人照料设施；对于与其他建筑上下组合建造或设置在其他建筑内的老年人照料设施，其防火设计要求应根据该建筑的主要用途确定其建筑分类。其他专供老年人使用的、非集中照料的设施或场所，其防火设计要求按本规范有关公共建筑的规定确定；对于非住宅类老年人居住建筑，按本规范有关老年人照料设施的规定确定。

表中“一类”第2项中的“其他多种功能组合”，指公共建筑中具有两种或两种以上的公共使用功能，不包括住宅与公共建筑组合建造的情况。比如，住宅建筑的下部设置商业服务网点时，该建筑仍为住宅建筑；住宅建筑下部设置有商业或其他功能的裙房时，该建筑不同部分的防火设计可按本规范第5.4.10条的规定进行。条文中“建筑高度24m以上部分任一楼层建筑面积大于1000m^2”的“建筑高度24m以上部分任一楼层”是指该层楼板的标高大于24m。

（3）本条中建筑高度大于24m的单层公共建筑，在实际工程中情况往往比较复杂，可能存在单层和多层组合建造的情况，难以确定是按单、多层建筑还是高层建筑进行防火设计。在防火设计时要根据建筑各使用功能的层数和建筑高度综合确定。如某体育馆建筑主体为单层，建筑高度30.6m，座位区下部设置4层辅助用房，第四层顶板标高22.7m，该体育馆可不按高层建筑进行防火设计。

（4）由于实际建筑的功能和用途千差万别，称呼也多种多样，在实际工作中，对于未明确列入表5.1.1中的建筑，可以比照其功能和火灾危险性进行分类。

（5）由于裙房与高层建筑主体是一个整体，为保证安全，除规范对裙房另有规定外，裙房的防火设计要求应与高层建筑主体的一致，如高层建筑主体的耐火等级为一级时，裙房的耐火等级也不应低于一级，防火分区划分、消防设施设置等也要与高层建筑主体一致等。表5.1.1注3“除本规范另有规定外”是指，当裙房与高层建筑主体之间采用防火墙分隔时，可以按本规范第5.3.1条、第5.5.12的规定确定裙房的防火分区及安全疏散要求等。

宿舍、公寓不同于住宅建筑，其防火设计要按照公共建筑的要求确定。具体设计时，要根据建筑的实际用途来确定其是按照本规范有关公共建筑的一般要求，还是按照有关旅馆建筑的要求进行防火设计。比如，用作宿舍的学生公寓或职工公寓，就可以按照公共建筑的一般要求确定其防火设计要求；而酒店式公寓的用途及其火灾危险性与旅馆建筑类似，其防火要求就需要根据本规范有关旅馆建筑的要求确定。

5.1.2 民用建筑的耐火等级分级是为了便于根据建筑自身结构的防火性能来确定该建筑的其他防火要求。相反，根据这个分级及其对应建筑构件的耐火性能，也可以用于确定既有建筑的耐火等级。

（1）据统计，我国住宅建筑在全部建筑中所占比例较高，住宅内的火灾荷载及引发火灾的因素也在不断变化，并呈增加趋势。住宅建筑的公共消防设施管理比较困难，如能将火灾控制在住宅建筑中的套内，则可有效减少火灾的危害和损失。因此，本规范在适当提高住宅建筑的套与套之间或单元与单元之间的防火分隔性能基础上，确定了建筑内的消防设施配置等其他相关设防要求。表5.1.2有关住宅建筑单元之间和套之间墙体的耐火极限的规定，是在房间隔墙耐火极限要求的基础上提高到重要设备间隔墙的耐火极限。

（2）建筑整体的耐火性能是保证建筑结构在火灾时不发生较大破坏的根本，而单一建筑结构构件的燃烧性能和耐火极限是确定建筑整体耐火性能的基础。故表5.1.2规定了各构件的燃烧性能和耐火极限。

（3）表5.1.2中有关构件燃烧性能和耐火极限的规定是对构件耐火性能的基本要求。建筑的形式多样、功能不一，火灾荷载及其分布与火灾类型等在不同的建筑中均有较大差异。对此，本章有关条款作了一定调整，但仍不一定能完全满足某些特殊建筑的设计要求。因此，对一些特殊建筑，还需根据建筑的空间高度、室内的火灾荷载和火灾类型、结构承载情况和室内外灭火设施设置等，经理论分析和实验验证后按照国家有关规定经论证后确定。

（4）表5.1.2中的注2主要为与现行国家标准《住宅建筑规范》GB 50368有关三、四级耐火等级住宅建筑构件的耐火极限的规定协调。根据注2的规定，按照本规范和《住宅建筑规范》GB 50368进行防火设计均可。《住宅建筑规范》GB 50368规定：四级耐火等级的住宅建筑允许建造3层，三级耐火等级的住宅建筑允许建造9层，但其构件的燃烧性能和耐火极限比本规范的相应耐火等级的要求有所提高。

5.1.3 本条为强制性条文。本条规定了一些性质重要、火灾扑救难度大、火灾危险性大的民用建筑的最低耐火等级要求。

1 地下、半地下建筑（室）发生火灾后，热量不易散失，温度高、烟雾大，燃烧时间长，疏散和扑救难度大，故对其耐火等级要求高。一类高层民用建筑发生火灾，疏散和扑救都很困难，容易造成人员伤亡或财产损失。因此，要求达到一级耐火等级。

本条及本规范所指“地下、半地下建筑”，包括附建在建筑中的地下室、半地下室和单独建造的地下、半地下建筑。

2 重要公共建筑对某一地区的政治、经济和生产活动以及居民的正常生活有重大影响，需尽量减小火灾对建筑结构的危害，以便灾后尽快恢复使用功能，故规定重要公共建筑应采用一、二级耐火等级。

5.1.3A 新增条文。本条为强制性条文。老年人照料设施中的大部分人员年老体弱，行动不便，要求老年人照料设施具有较高的耐火等级，有利于火灾扑救和人员疏散。但考虑到我国各地实际和利用既有建筑改造等情况，当采用三级耐火等级的建筑时，要根据本规范第5.3.1A条的要求控制其建筑总层数。

5.1.4 本条为强制性条文。近年来，高层民用建筑在我国呈快速发展之势，建筑高度大于100m的建筑越来越多，火灾也呈多发态势，火灾后果严重。各国对高层建筑的防火要求不同，建筑高度分段也不同。如我国规范按24m、32m、50m、100m和250m，新加坡规范按24m和60m，英国规范按18m、30m和60m，美国规范按23m、37m、49m和128m等分别进行规定。

构件耐火性能、安全疏散和消防救援等均与建筑高度有关。对于建筑高度大于100m的建筑，其主要承重构件的耐火极限要求对比情况见表15。从表15可以看出，我国规范中有关柱、梁、承重墙等承重构件的耐火极限要求与其他国家的规定比较接近，但楼板的耐火极限相对偏低。由于此类高层建筑火灾的扑救难度巨大，火灾延续时间可能较长，为保证超高层建筑的防火安全，将其楼板的耐火极限从1.50h提高到2.00h。

表15 各国对建筑高度大于100m的建筑主要承重构件耐火极限的要求（h）

名称	中国	美国	英国	法国
柱	3.00	3.00	2.00	2.00
承重	3.00	3.00	2.00	2.00
梁	2.00	2.00	2.00	2.00
楼板	1.50	2.00	2.00	2.00

上人屋面的耐火极限除应考虑其整体性外，还应考虑应急避难人员在屋面上停留时的实际需要。对于一、二级耐火等级建筑物的上人屋面板，耐火极限应与相应耐火等级建筑楼板的耐火极限一致。

5.1.5 对屋顶要求一、二级耐火等级建筑的屋面板采用不燃材料，以防止火灾蔓延。考虑到防水层材料本身的性能和安全要求，结合防水层、保温层的构造情况，对防水层的燃烧性能及防火保护做法作了规定，有关说明见本规范第3.2.16条条文说明。

5.1.6 为使一些新材料、新型建筑构件能得到推广应用，同时又能不降低建筑的整体防火性能，保障人员疏散安全和控制火灾蔓延，本条规定当降低房间隔墙的燃烧性能要求时，耐火极限应相应提高。

设计应注意尽量采用发烟量低、烟气毒性低的材料，对于人员密集场所以及重要的公共建筑，需严格控制使用。

5.1.7 本条对民用建筑内采用金属夹芯板的芯材燃烧性能和耐火极限作了规定，有关说明见本规范第3.2.17条的条文说明。

5.1.8 本条规定主要为防止吊顶因受火作用塌落而影响人员疏散，同时避免火灾通过吊顶蔓延。

5.1.9 对于装配式钢筋混凝土结构，其节点缝隙和明露钢支承构件部位一般是构件的防火薄弱环节，容易被忽视，而这些部位却是保证结构整体承载力的关键部位，要求采取防火保护措施。在经过防火保护处理后，该节点的耐火极限要不低于本章对该节点部位连接构件中要求耐火极限最高者。

5.2 总平面布局

5.2.1 为确保建筑总平面布局的消防安全，本条提出了在建筑设计阶段要合理进行总平面布置，要避免在甲、乙类厂房和仓库，可燃液体和可燃气体储罐以及可燃材料堆场的附近布置民用建筑，以从根本上防止和减少火灾危险性大的建筑发生火灾时对民用建筑的影响。

5.2.2 本条为强制性条文。本条综合考虑灭火救援需要，防止火势向邻近建筑蔓延以及节约用地等因素，规定了民用建筑之间的防火间距要求。

（1）根据建筑的实际情形，将一、二级耐火等级多层建筑之间的防火间距定为6m。考虑到扑救高层建筑需要使用曲臂车、云梯登高消防车等车辆，为满足消防车辆通行、停靠、操作的需要，结合实践经验，规定一、二级耐火等级高层建筑之间的防火间距不应小于13m。其他三、四级耐火等级的民用建筑之间的防火间距，因耐火等级低，受热辐射作用易着火而致火势蔓延，其防火间距在一、二级耐火等级建筑的要求基础上有所增加。

（2）表5.2.2注1：主要考虑了有的建筑物防火间距不足，而全部不开设门窗洞口又有困难的情况。因此，允许每一面外墙开设门窗洞口面积之和不大于该外墙全部面积的5%时，防火间距可缩小25%。考虑到门窗洞口的面积仍然较大，故要求门窗洞口应错开、不应正对，以防止火灾通过开口蔓延至对面建筑。

（3）表5.2.2注2～注5：考虑到建筑在改建和扩建过程中，不可避免地会遇到一些诸如用地限制等具体困难，对两座建筑物之间的防火间距作了有条件的调整。当两座建筑，较高一面的外墙为防火墙，或超出高度较高时，应主要考虑较低一面对较高一面的影响。当两座建筑高度相同时，如果贴邻建造，防火墙的构造应符合本规范第6.1.1条的规定。当较低一座建筑的耐火等级不低于二级，较低一面的外墙为防火墙，且屋顶承重构件和屋面板的耐火极限不低于1.00h，防火间距允许减少到3.5m，但如果相邻建筑中有一座为高层建筑或两座均为高层建筑时，该间距允许减少到4m。火灾通常都是从下向上蔓延，考虑较低的建筑物着火时，火势容易蔓延到较高的建筑物，有必要采取防火墙和耐火屋盖，故规定屋顶承重构件和屋面板的耐火极限不应低于1.00h。

两座相邻建筑，当较高建筑高出较低建筑的部位着火时，对较低建筑的影响较小。而相邻建筑正对部位着火时，则容易相互影响。故要求较高建筑物在一定高度范围内通过设置防火门、窗或卷帘和水幕等防火分隔设施，来满足防火间距调整的要求。有关防火分隔水幕和防护冷却水幕的设计要求应符合现行国家标准《自动喷水灭火系统设计规范》GB 50084的规定。

最小防火间距确定为3.5m，主要为保证消防车通行的最小宽度；对于相邻建筑中存在高层建筑的情况，则要增加到4m。

本条注4和注5中的“高层建筑”，是指在相邻的两座建筑中有一座为高层民用建筑或相邻两座建筑均为高层民用建筑。

(4) 表5.2.2注6：对于通过裙房、连廊或天桥连接的建筑物，需将该相邻建筑视为不同的建筑来确定防火间距。对于回字形、U型、L型建筑等，两个不同防火分区的相对外墙之间也要有一定的间距，一般不小于6m，以防止火灾蔓延到不同分区内。本注中的“底部的建筑物”，主要指如高层建筑通过裙房连成一体的多座高层建筑主体的情形，在这种情况下，尽管在下部的建筑是一体的，但上部建筑之间的防火间距，仍需按两座不同建筑的要求确定。

(5) 表5.2.2注7：当确定新建建筑与耐火等级低于四级的既有建筑的防火间距时，可将该既有建筑的耐火等级视为四级后确定防火间距。

5.2.3 民用建筑所属单独建造的终端变电站，通常是指10kV降压至380V的最末一级变电站。这些变电站的变压器大致在630kV·A～1000kV·A之间，可以按照民用建筑的有关防火间距执行。但单独建造的其他变电站，则应将其视为丙类厂房来确定有关防火间距。对于预装式变电站，有干式和湿式两种，其电压一般在10kV或10kV以下。这种装置内部结构紧凑、用金属外壳罩住，使用过程中的安全性能较高。因此，此类型的变压器与邻近建筑的防火间距，比照一、二级耐火等级建筑间的防火间距减少一半，确定为3m。规模较大的油浸式箱式变压器的火灾危险性较大，仍应按本规范第3.4节的有关规定执行。

锅炉房可视为丁类厂房。在民用建筑中使用的单台蒸发量在4t/h以下或额定功率小于或等于2.8MW的燃煤锅炉房，由于火灾危险性较小，将这样的锅炉房视为民用建筑确定相应的防火间距。大于上述规模时，与工业用锅炉基本相当，要求将锅炉房按照丁类厂房的有关防火间距执行。至于燃油、燃气锅炉房，因火灾危险性较燃煤锅炉房大，还涉及燃料储罐等问题，故也要提高要求，将其视为厂房来确定有关防火间距。

5.2.4 本条主要为了解决城市用地紧张，方便小型多层建筑的布局与建设问题。

除住宅建筑成组布置外，占地面积不大的其他类型的多层民用建筑，如办公楼、教学楼等成组布置的也不少。本条主要针对住宅建筑、办公楼等使用功能单一的建筑，当数座建筑占地面积总和不大于防火分区最大允许建筑面积时，可以把它视为一座建筑。允许占地面积在2500m^{2}内的建筑成组布置时，考虑到必要的消防车通行和防止火灾蔓延等，要求组内建筑之间的间距尽量不小于4m，组与组、组与周围相邻建筑的间距，仍应按本规范第5.2.2条等有关民用建筑防火间距的要求确定。

5.2.5 对于民用建筑与燃气调压站、液化石油气气化站、混气站和城市液化石油气供应站瓶库等的防火间距，经协商，在现行国家标准《城镇燃气设计规范》GB 50028中进行规定，本规范未再作要求。

5.2.6 本条为强制性条文。对于建筑高度大于100m的民用建筑，由于灭火救援和人员疏散均需要建筑周边有相对开阔的场地，因此，建筑高度大于100m的民用建筑与相邻建筑的防火间距，即使按照本规范有关要求可以减小，但也不能减小。

5.3 防火分区和层数

5.3.1 本条为强制性条文。防火分区的作用在于发生火灾时，将火势控制在一定的范围内。建筑设计中应合理划分防火分区，以有利于灭火救援、减少火灾损失。

国外有关标准均对建筑的防火分区最大允许建筑面积有相应规定。例如法国高层建筑防火规范规定，Ⅰ类高层办公建筑每个防火分区的最大允许建筑面积为750m^2；德国标准规定高层住宅每隔30m应设置一道防火墙，其他高层建筑每隔40m应设置一道防火墙；日本建筑规范规定每个防火分区的最大允许建筑面积：十层以下部分1500m^2，十一层以上部分，根据吊顶、墙体材料的燃烧性能及防火门情况，分别规定为100m^2、200m^2、500m^2；美国规范规定每个防火分区的最大建筑面积为1400m^2；苏联的防火标准规定，非单元式住宅的每个防火分区的最大建筑面积为 500m²（地下室与此相同）。虽然各国划定防火分区的建筑面积各异，但都是要求在设计中将建筑物的平面和空间以防火墙和防火门、窗等以及楼板分成若干防火区域，以便控制火灾蔓延。

（1）表 5.3.1 参照国外有关标准、规范资料，根据我国目前的经济水平以及灭火救援能力和建筑防火实际情况，规定了防火分区的最大允许建筑面积。

当裙房与高层建筑主体之间设置了防火墙，且相互间的疏散和灭火设施设置均相对独立时，裙房与高层建筑主体之间的火灾相互影响能受到较好的控制，故裙房的防火分区可以按照建筑高度不大于 24m 的建筑的要求确定。如果裙房与高层建筑主体间未采取上述措施时，裙房的防火分区要按照高层建筑主体的要求确定。

（2）对于住宅建筑，一般每个住宅单元每层的建筑面积不大于一个防火分区的允许建筑面积。当超过时，仍需要按照本规范要求划分防火分区。塔式和通廊式住宅建筑，当每层的建筑面积大于一个防火分区的允许建筑面积时，也需要按照本规范要求划分防火分区。

（3）设置在地下的设备用房主要为水、暖、电等保障用房，火灾危险性相对较小，且平时只有巡检人员，故将其防火分区允许建筑面积规定为 1000m²。

（4）表 5.3.1 注 1 中有关设置自动灭火系统的防火分区建筑面积可以增加的规定，参考了美国、英国、澳大利亚、加拿大等国家的有关规范规定，也考虑了主动防火与被动防火之间的平衡。注 1 中所指局部设置自动灭火系统时，防火分区的增加面积可按该局部面积的一倍计算，应为建筑内某一局部位置与其他部位有防火分隔又需增加防火分区的面积时，可通过设置自动灭火系统的方式提高其消防安全水平的方式来实现，但局部区域包括所增加的面积，均要同时设置自动灭火系统。

（5）体育馆、剧场的观众厅等由于使用需要，往往要求较大面积和较高的空间，建筑也多以单层或 2 层为主，防火分区的建筑面积可适当增加。但这涉及建筑的综合防火设计问题，设计不能单纯考虑防火分区。因此，为确保这类建筑的防火安全最大限度地提高建筑的消防安全水平，当此类建筑内防火分区的建筑面积为满足功能要求而需要扩大时，要采取相关防火措施，按照国家相关规定和程序进行充分论证。

（6）表 5.3.1 中“防火分区的最大允许建筑面积”，为每个楼层采用防火墙和楼板分隔的建筑面积，当有未封闭的开口连接多个楼层时，防火分区的建筑面积需将这些相连通的面积叠加计算。防火分区的建筑面积包括各类楼梯间的建筑面积。

5.3.1A 新增条文。本条规定是针对独立建造的老年人照料设施。对于设置在其他建筑内的老年人照料设施或与其他建筑上下组合建造的老年人照料设施，其设置高度和层数也应符合本条的规定，即老年人照料设施部分所在位置的建筑高度或楼层要符合本条的规定。

有关老年人照料设施的建筑高度或层数的要求，既考虑了我国救援能力的有效救援高度，也考虑了老年人照料设施中大部分使用人员行为能力弱的特点。当前，我国消防救援能力的有效救援高度主要为 32m 和 52m，这种状况短时间内难以改变。老年人照料设施中的大部分人员不仅在疏散时需要他人协助，而且随着建筑高度的增加，竖向疏散人数增加，人员疏散更加困难，疏散时间延长等，不利于确保老年人及时安全逃生。当确需建设建筑高度大于 54m 的建筑时，要在本规范规定的基础上采取更严格的针对性防火技术措施，按照国家有关规定经专项论证确定。

耐火等级低的建筑，其火灾蔓延至整座建筑较快，人员的有效疏散时间和火灾扑救时间短，而老年人行动又较迟缓，故要求此类建筑不应超过 2 层。

5.3.2 本条为强制性条文。建筑内连通上下楼层的开口破坏了防火分区的完整性，会导致火灾在多个区域和楼层蔓延发展。这样的开口主要有：自动扶梯、中庭、敞开楼梯等。中庭等共享空间，贯通数个楼层，甚至从首层直通到顶层，四周与建筑物各楼层的廊道、营业厅、展览厅或窗口直接连通；自动扶梯、敞开楼梯也是连通上下两层或数个楼层。火灾时，这些开口是火势竖向蔓延的主要通道，火势和烟气会从开口部位侵入上下楼层，对人员疏散和火灾控制带来困难。因此，应对这些相连通的空间采取可靠的防火分隔措施，以防止火灾通过连通空间迅速向上蔓延。

对于本规范允许采用敞开楼梯间的建筑，如 5 层或 5 层以下的教学建筑、普通办公建筑等，该敞开楼梯间可以不按上、下层相连通的开口考虑。

对于中庭，考虑到建筑内部形态多样，结合建筑功能需求和防火安全要求，本条对几种不同的防火分隔物提出了一些具体要求。在采取了能防止火灾和烟气蔓延的措施后，一般将中庭单独作为一个独立的防火单元。对于中庭部分的防火分隔物，推荐采用实体墙，有困难时可采用防火玻璃墙，但防火玻璃墙的耐火完整性和耐火隔热性要达到 1.00h。当仅采用耐火完整性达到要求的防火玻璃隔时，要设置自动喷水灭火系统对防火玻璃进行保护。自动喷水灭火系统可采用闭式系统，也可采用冷却水幕系统。尽管规范未排除采取防火卷帘的方式，但考虑到防火卷帘在实际应用中存在可靠性不够高等问题，故规范对其耐火极限提出了更高要求。

本条同时要求有耐火完整性和耐火隔热性的防火玻璃墙，其耐火性能采用国家标准《镶玻璃构件耐火试验方法》GB/T 12513 中对隔热性镶玻璃构件的试验方法和判定标准进行测定。只有耐火完整性要求的防火玻璃墙，其耐火性能可采用国家标准《镶玻璃构件耐火试验方法》GB/T 12513 中对非隔热性镶玻璃构件的试验方法和判定标准进行测定。

设计时应注意，与中庭相通的过厅、通道等处应设置防火门，对于平时需保持开启状态的防火门，应设置自动释放装置使门在火灾时可自行关闭。

本条中，中庭与周围相连通空间的分隔方式，可以多样，部位也可以根据实际情况确定，但要确保能防止中庭周围空间的火灾和烟气通过中庭迅速蔓延。

5.3.3 防火分区之间的分隔是建筑内防止火灾在分区之间蔓延的关键防线，因此要采用防火墙进行分隔。如果因使用功能需要不能采用防火墙分隔时，可以采用防火卷帘、防火分隔水幕、防火玻璃或防火门进行分隔，但要认真研究其与防火墙的等效性。因此，要严格控制采用非防火墙进行分隔的开口大小。对此，加拿大建筑规范规定不应大于 $20m^2$。我国目前在建筑中大量采用大面积、大跨度的防火卷帘替代防火墙进行水平防火分隔的做法，存在较大消防安全隐患，需引起重视。有关采用防火卷帘进行分隔时的开口宽度要求，见本规范第 6.5.3 条。

5.3.4 本条为强制性条文。本条本身是根据现实情况对商店营业厅、展览建筑的展览厅的防火分区大小所做调整。

当营业厅、展览厅仅设置在多层建筑（包括与高层建筑主体采用防火墙分隔的裙房）的首层，其他楼层用于火灾危险性较营业厅或展览厅小的其他用途，或所在建筑本身为单层建筑时，考虑到人员安全疏散和灭火救援均具有较好的条件，且营业厅和展览厅需与其他功能区域划分为不同的防火分区，分开设置各自的疏散设施，将防火分区的建筑面积调整为 $10000m^2$。需要注意的是，这些场所的防火分区的面积尽管增大了，但疏散距离仍应满足本规范第 5.5.17 条的规定。

当营业厅、展览厅同时设置在多层建筑的首层及其他楼层时，考虑到涉及多个楼层的疏散和火灾蔓延危险，防火分区仍应按照本规范第 5.3.1 条的规定确定。

当营业厅内设置餐饮场所时，防火分区的建筑面积需要按照民用建筑的其他功能的防火分区要求划分，并要与其他商业营业厅进行防火分隔。

本条规定了允许营业厅、展览厅防火分区可以扩大的条件，即设置自动灭火系统、火灾自动报警系统，采用不燃或难燃装修材料。该条件与本规范第 8 章的规定和国家标准《建筑内部装修设计防火规范》GB 50222 有关降低装修材料燃烧性能的要求无关，即当按本条要求进行设计时，这些场所不仅要设置自动灭火系统和火灾自动报警系统，装修材料要求采用不燃或难燃材料，且不能低于《建筑内部装修设计防火规范》GB 50222 的要求，而且不能再按照该规范的规定降低材料的燃烧性能。

5.3.5 本条为强制性条文。为最大限度地减少火灾的危害，并参照国外有关标准，结合我国商场内的人员密度和管理等多方面实际情况，对地下商店总建筑面积大于 $20000m^2$ 时，提出了比较严格的防火分隔规定，以解决目前实际工程中存在地下商店规模越建越大，并大量采用防火卷帘作防火分隔，以致数万平方米的地下商店连成一片，不利于安全疏散和扑救的问题。本条所指的总建筑面积包括营业面积、储存面积及其他配套服务面积。

同时，考虑到使用的需要，可以采取规范提出的措施进行局部连通。当然，实际中不限于这些措施，也可采用其他等效方式。

5.3.6 本条确定的有顶棚的商业步行街，其主要特征为：零售、餐饮和娱乐等中小型商业设施或商铺通过有顶棚的步行街连接，步行街两端均有开放的出入口并具有良好的自然通风或排烟条件，步行街两侧均为建筑面积较小的商铺，一般不大于 $300m^2$。有顶棚的商业步行街与商业建筑内中庭的主要区别在于，步行街如果没有顶棚，则步行街两侧的建筑就成为相对独立的多座不同建筑，而中庭则不能。此外，步行街两侧的建筑不会因步行街上部设置了顶棚而明显增大火灾蔓延的危险，也不会导致火灾烟气在该空间内明显积聚。因此，其防火设计有别于建筑内的中庭。

为阻止步行街两侧商铺发生的火灾在步行街内沿水平方向或竖直方向蔓延，预防步行街自身空间内发生火灾，确保步行街的顶棚在人员疏散过程中不会垮塌，本条参照两座相邻建筑的要求规定了步行街两侧建筑的耐火等级、两侧商铺之间的距离和商铺围护结构的耐火极限、步行街端部的开口宽度、步行街顶棚材料的燃烧性能以及防止火灾竖向蔓延的要求等。

规范要求步行街的端部各层要尽量不封闭；如需要封闭，则每层均要设置开口或窗口与外界直接连通，不能设置商铺或采用其他方式封闭。因此，要使在端部外墙上开设的门窗洞口的开口面积不小于这一楼层外墙面积的一半，确保其具有良好的自然通风条件。至于要求步行街的长度尽量控制在 300m 以内，主要为防止火灾一旦失控导致过火面积过大；另外，灭火救援时，消防人员必须进入建筑内，但火灾中的烟气大、能见度低，敷设水带距离长也不利于有效供水和消防人员安全进出，故控制这一长度有利于火灾扑救和保证救援人员安全。

与步行街相连的商业设施内一旦发生火灾，要采取措施尽量把火灾控制在着火房间内，限制火势向步行街蔓延。主要措施有：商业设施面向步行街一侧的墙体和门要具有一定的耐火极限，商业设施相互之间采用防火隔墙或防火墙分隔，设置火灾自动报警系统和自动喷水灭火系统。

本条规定的同时要求有耐火完整性和耐火隔热性的防火玻璃墙（包括门、窗），其耐火性能采用国家标准《镶玻璃构件耐火试验方法》GB/T 12513 中对隔热性镶玻璃构件的试验方法和判定标准进行测定。只有耐火完整性要求的防火玻璃墙（包括门、窗），其耐火性能可采用国家标准《镶玻璃构件耐火试验方法》GB/T 12513 中对非隔热性镶玻璃构件的试验方法和判定标准进行测定。

为确保室内步行街可以作为安全疏散区，该区域内的排烟十分重要。这首先要确保步行街各层楼板上的开口要尽量大，除设置必要的廊道和步行街两侧的连接天桥外，不可以设置其他设施或楼板。本规范总结实际工程建设情况，并为满足防止烟气在各层积聚蔓延的需要，确定了步行街上部各层楼板上的开口率不小于 37%。此外，为确保排烟的可靠性，要求该步行街上部采用自然排烟方式进行排烟；为保证有效排烟，要求在顶棚上设置的自然排烟设施，要尽量采用常开的排烟口，当采用平时需要关闭的常闭式排烟口时，既要设置能在火灾时与火灾自动报警系统联动自动开启的装置，还要设置能人工手动开启的装置。本条确定的自然排烟口的有效开口面积与本规范第 6.4.12 条的规定是一致的。当顶棚上采用自然排烟，而回廊区域采用机械排烟时，要合理设计排烟设施的控制顺序，以保证排烟效果。同时，要尽量加大步行街上部可开启的自然排烟口的面积，如高侧窗或自动开启排烟窗等。

尽管步行街满足规定条件时，步行街两侧商业设施内的人员可以通至步行街进行疏散，但步行街毕竟不是室外的安全区域。因此，比照位于两个安全出口之间的房间的疏散距离，并考虑步行街的空间高度相对较高的特点，规定了通过步行街到达室外安全区域的步行距离。同时，设计时要尽可能将两侧建筑中的安全出口设置在靠外墙部位，使人员不必经过步行街而直接疏散至室外。

5.4 平面布置

5.4.1 民用建筑的功能多样，往往有多种用途或功能的空间布置在同一座建筑内。不同使用功能空间的火灾危险性及人员疏散要求也各不相同，通常要按照本规范第 1.0.4 条的原则进行分隔；当相互间的火灾危险性差别较大时，各自的疏散设施也需尽量分开设置，如商业经营与居住部分。即使一座单一功能的建筑内也可能存在多种用途的场所，这些用途间的火灾危险性也可能各不一样。通过合理组合布置建筑内不同用途的房间以及疏散走道、疏散楼梯间等，可以将火灾危险性大的空间相对集中并方便划分为不同的防火分区，或将这样的空间布置在对建筑结构、人员疏散影响较小的部位等，以尽量降低火灾的危害。设计需结合本规范的防火要求、建筑的功能需要等因素，科学布置不同功能或用途的空间。

5.4.2 本条为强制性条文。民用建筑功能复杂，人员密集，如果内部布置生产车间及库房，一旦发生火灾，极易造成重大人员伤亡和财产损失。因此，本条规定不应在民用建筑内布置生产车间、库房。

民用建筑由于使用功能要求，可以布置部分附属库房。此类附属库房是指直接为民用建筑使用功能服务，在整座建筑中所占面积比例较小，且内部采取了一定防火分隔措施的库房，如建筑中的自用物品暂存库房、档案室和资料室等。

如在民用建筑中存放或销售易燃、易爆物品，发生火灾或爆炸时，后果较严重。因此，对存放或销售这些物品的建筑的设置位置要严格控制，一般要采用独立的单层建筑。本条主要规定这些用途的场所不应与其他用途的民用建筑合建，如设置在商业服务网点内、办公楼的下部等，不包括独立设置并经营、存放或使用此类物品的建筑。

5.4.3 本条为强制性条文。本条规定主要为保证人员疏散安全和便于火灾扑救。甲、乙类火灾危险性物品，极易燃烧、难以扑救，故严格规定营业厅、展览厅不得经营、展示，仓库不得储存此类物品。

5.4.4 本条第 1～4 款为强制性条文。

儿童的行为能力均较弱，需要其他人协助进行疏散，故将本条规定作为强制性条文。本条中有关布置楼层和安全出口或疏散楼梯的设置要求，均为便于火灾时快速疏散人员。

有关儿童活动场所的防火设计要求在我国现行行业标准《托儿所、幼儿园建筑设计规范》JGJ 39 中也有部分规定。

本条规定中的“儿童活动场所”主要指设置在建筑内的儿童游乐厅、儿童乐园、儿童培训班、早教中心等类似用途的场所。这些场所与其他功能的场所混合建造时，不利于火灾时儿童疏散和灭火救援，应严格控制。托儿所、幼儿园或老年人活动场所等设置在高层建筑内时，一旦发生火灾，疏散更加困难，要进一步提高疏散的可靠性，避免与其他楼层和场所的疏散人员混合，故规范要求这些场所的安全出口和疏散楼梯要完全独立于其他场所，不与其他场所内的疏散人员共用，而仅供托儿所、幼儿园等的人员疏散用。

5.4.4A 新增条文。为有利于火灾时老年人的安全疏散，降低因多种不同功能的场所混合设置所增加的火灾危险，老年人照料设施要尽量独立建造。

与其他建筑组合建造时，不仅要求符合本规范第 1.0.4 条、第 5.4.2 条的规定，而且要相同功能集中布置。对于与其他建筑贴邻建造的老年人照料设施，应按独立建造的老年人照料设施考虑，因此要采用防火墙相互分隔，并要满足消防车道和救援场地的相关设置要求。对于与其他建筑上、下组合的老年人照料设施，除要按规定进行分隔外，对于新建和扩建建筑，应该有条件将安全出口全部独立设置；对于部分改建建筑，受建筑内上、下使用功能和平面布置等条件的限制时，要尽量将老年人照料设施部分的疏散楼梯或安全出口独立设置。

5.4.4B 新增条文。本条为强制性条文。本条老年人照料设施中的老年人公共活动用房指用于老年人集中休闲、娱乐、健身等用途的房间，如公共休息室、阅览或网络室、棋牌室、书画室、健身房、教室、公共餐厅等，老年人生活用房指用于老年人起居、住宿、洗漱等用途的房间，康复与医疗用房指用于老年人诊疗与护理、康复治疗等用途的房间或场所。

要求建筑面积大于 200m² 或使用人数大于 30 人的老年人公共活动用房设置在建筑的一、二、三层，可以方便聚集的人员在火灾时快速疏散，且不影响其他楼层的人员向地面进行疏散。

5.4.5 本条为强制性条文。病房楼内的大多数人员行为能力受限，比办公楼等公共建筑的火灾危险性高。根据近些年的医院火灾情况，在按照规范要求划分防火分区后，病房楼的每个防火分区还需结合护理单元根据面积大小和疏散路线做进一步的防火分隔，以便将火灾控制在更小的区域内，并有效地减小烟气的危害，为人员疏散与灭火救援提供更好的条件。

病房楼内每个护理单元的建筑面积，不同地区、不同类型的医院差别较大，一般每个护理单元的护理床位数为 40 床～60 床，建筑面积约 1200m²～1500m²，个别达 2000m²，包括护士站、重症监护室和活动间等。因此，本条要求按护理单元再做防火分隔，没有按建筑面积进行规定。

5.4.6 本条为强制性条文。学校、食堂、菜市场等建筑，均系人员密集场所、人员组成较复杂，故建筑耐火等级较低时，其层数不宜过多，以利人员安全疏散。这些建筑原则上不应采用四级耐火等级的建筑。但我国地域广大，部分经济欠发达地区以及建筑面积小的此类建筑，允许采用四级耐火等级的单层建筑。

5.4.7 剧院、电影院和礼堂均为人员密集的场所，人群组成复杂，安全疏散需要重点考虑。当设置在其他建筑内时，考虑到这些场所在使用时，人员通常集中精力于观演等某件事情中，对周围火灾可能难以及时知情，在疏散时与其他场所的人员也可能混合。因此，要采用防火隔墙将这些场所与其他场所分隔，疏散楼梯尽量独立设置，不能完全独立设置时，也至少要保证一部疏散楼梯，仅供该场所使用，不与其他用途的场所或楼层共用。

5.4.8 在民用建筑内设置的会议厅（包括宴会厅）等人员密集的厅、室，有的设在接近建筑的首层或较低的楼层，有的设在建筑的上部或顶层。设置在上部或顶层的，会给灭火救援和人员安全疏散带来很大困难。因此，本条规定会议厅等人员密集的厅、室尽可能布置在建筑的首层、二层或三层，使人员能在短时间内安全疏散完毕，尽量不与其他疏散人群交叉。

5.4.9 本条第 1、4、5、6 款为强制性条款。本规范所指歌舞娱乐放映游艺场所为歌厅、舞厅、录像厅、夜总会、卡拉 OK 厅和具有卡拉 OK 功能的餐厅或包房、各类游艺厅、桑拿浴室的休息室和具有桑拿服务功能的客房、网吧等场所，不包括电影院和剧场的观众厅。

本条中的"厅、室"，是指歌舞娱乐放映游艺场所中相互分隔的独立房间，如卡拉 OK 的每间包房、桑拿浴的每间按摩房或休息室，这些房间是独立的防火分隔单元，即需采用耐火极限不低于 2.00h 的墙体和 1.00h 的楼板与其他单元或场所分隔，疏散门为耐火极限不低于乙级的防火门。单元之间或与其他场所之间的分隔构件上无任何门窗洞口，每个厅室的最大建筑面积限定在 200m²，即使设置自动喷水灭火系统，面积也不能增加，以便将火灾限制在该房间内。

当前，有些采用上述分隔方式将多个小面积房间组合在一起且建筑面积小于 200m²，并看作一个厅室的做法，不符合本条规定的要求。

5.4.10 本条第 1、2 款为强制性条款。本条规定为防止其他部分的火灾和烟气蔓延至住宅部分。

住宅建筑的火灾危险性与其他功能的建筑有较大差别，一般需独立建造。当将住宅与其他功能场所空间组合在同一座建筑内时，需在水平与竖向采取防火分隔措施与住宅部分分隔，并使各自的疏散设施相互独立，互不连通。在水平方向，一般应采用无门窗洞口的防火墙分隔；在竖向，一般采用楼板分隔并在建筑立面开口位置的上下楼层分隔处采用防火挑檐、窗间墙等防止火灾蔓延。

防火挑檐是防止火灾通过建筑外部在建筑的上、下层间蔓延的构造，需要满足一定的耐火性能要求。有关建筑的防火挑檐和上下层窗间墙的要求，见本规范第 6.2.5 条。

本条中的"建筑的总高度"，为建筑中住宅部分与住宅外的其他使用功能部分组合后的最大高度。"各自的建筑高度"，对于建筑中其他使用功能部分，其高度为室外设计地面至其最上一层顶板或屋面面层的高度；住宅部分的高度为可供住宅部分的人员疏散和满足消防车停靠与灭火救援的室外设计地面（包括屋面、平台）至住宅部分屋面面层的高度。有关建筑高度的具体计算方法见本规范的附录 A。

本条第 3 款确定的设计原则为：住宅部分的安全疏散楼梯、安全出口和疏散门的布置与设置要求，室内消火栓系统、火灾自动报警系统等的设置，可以根据住宅部分的建筑高度，按照本规范有关住宅建筑的要求确定，但住宅部分疏散楼梯间内防烟与排烟系统的设置应根据该建筑的总高度确定；非住宅部分的安全疏散楼梯、安全出口和疏散门的布置与设置要求，防火分区划分，室内消火栓系统、自动灭火系统、火灾自动报警系统和防排烟系统等的设置，可以根据非住宅部分的建筑高度，按照本规范有关公共建筑的要求确定。该建筑与邻近建筑的防火间距、消防车道和救援场地的布置、室外消防给水系统设置、室外消防用水量计算、消防电源的负荷等级确定等，需要根据该建筑的总高度和本规范第5.1.1条有关建筑的分类要求，按照公共建筑的要求确定。

5.4.11 本条为强制性条文。本条结合商业服务网点的火灾危险性，确定了设置商业服务网点的住宅建筑中各自部分的防火要求，有关防火分隔的做法参见第5.4.10条的说明。设有商业服务网点的住宅建筑仍可按照住宅建筑定性来进行防火设计，住宅部分的设计要求要根据该建筑的总高度来确定。

对于单层的商业服务网点，当建筑面积大于200m^2时，需设置2个安全出口。对于2层的商业服务网点，当首层的建筑面积大于200m^2时，首层需设置2个安全出口，二层可通过1部楼梯到达首层。当二层的建筑面积大于200m^2时，二层需设置2部楼梯，首层需设置2个安全出口；当二层设置1部楼梯时，二层需增设1个通向公共疏散走道的疏散门且疏散走道可通过公共楼梯到达室外，首层可设置1个安全出口。

商业服务网点每个分隔单元的建筑面积不大于300m^2，为避免进深过大，不利于人员安全疏散，本条规定了单元内的疏散距离，如对于一、二级耐火等级的情况，单元内的疏散距离不大于22m。当商业服务网点为2层时，该疏散距离为二层任一点到达室内楼梯，经楼梯到达首层，然后到室外的距离之和，其中室内楼梯的距离按其水平投影长度的1.50倍计算。

5.4.12 本条为强制性条文。本条规定了民用燃油、燃气锅炉房，油浸变压器室，充有可燃油的高压电容器，多油开关等的平面布置要求。

（1）我国目前生产的锅炉，其工作压力较高（一般为1kg/cm^2～13kg/cm^2），蒸发量较大（1t/h～30t/h），如安全保护设备失灵或操作不慎等原因都有导致发生爆炸的可能，特别是燃油、燃气的锅炉，容易发生燃烧爆炸，设计时要尽量单独设置。

由于建筑所需锅炉的蒸发量越来越大，而锅炉在运行过程中又存在较大火灾危险、发生火灾后的危害也较大，因而应严格控制。对此，原国家劳动部制定的《蒸汽锅炉安全技术监察规程》和《热水锅炉安全技术监察规程》对锅炉的蒸发量和蒸汽压力规定：设在多层或高层建筑的半地下室或首层的锅炉房，每台蒸汽锅炉的额定蒸发量必须小于10t/h，额定蒸汽压力必须小于1.6MPa；设在多层或高层建筑的地下室、中间楼层或顶层的锅炉房，每台蒸汽锅炉的额定蒸发量不应大于4t/h，额定蒸汽压力不应大于1.6MPa，必须采用油或气体做燃料或电加热的锅炉；设在多层或高层建筑的地下室、半地下室、首层或顶层的锅炉房，热水锅炉的额定出口热水温度不应大于95℃并有超温报警装置，用时必须装设可靠的点火程序控制和熄火保护装置。在现行国家标准《锅炉房设计规范》GB 50041中也有较详细的规定。

充有可燃油的高压电容器、多油开关等，具有较大的火灾危险性，但干式或其他无可燃液体的变压器火灾危险性小，不易发生爆炸，故本条文未作限制。但干式变压器工作时易升温，温度升高易着火，故应在专用房间内做好室内通风排烟，并应有可靠的降温散热措施。

（2）燃油、燃气锅炉房、油浸变压器室，充有可燃油的高压电容器、多油开关等受条件限制不得不布置在其他建筑内时，需采取相应的防火安全措施。锅炉具有爆炸危险，不允许设置在居住建筑和公共建筑中人员密集场所的上面、下面或相邻。

目前，多数手烧锅炉已被快装锅炉代替，并且逐步被燃气锅炉替代。在实际中，快装锅炉的火灾后果更严重，不应布置在地下室、半地下室等对建筑危害严重且不易扑救的部位。对于燃气锅炉，由于燃气的火灾危险性大，为防止燃气积聚在室内而产生火灾或爆炸隐患，故规定相对密度（与空气密度的比值）大于或等于0.75的燃气不得设置在地下及半地下建筑（室）内。

油浸变压器由于存有大量可燃油品，发生故障产生电弧时，将使变压器内的绝缘油迅速发生热分解，析出氢气、甲烷、乙烯等可燃气体，压力骤增，造成外壳爆裂而大量喷油，或者析出的可燃气体与空气混合形成爆炸性混合物，在电弧或火花的作用下极易引起燃烧爆炸。变压器爆裂后，火势将随高温变压器油的流淌而蔓延，容易形成大范围的火灾。

（3）本条第8款规定了锅炉、变压器、电容器和多油开关等房间设置灭火设施的要求，对于容量大、规模大的多层建筑以及高层建筑，需设置自动灭火系统。对于按照规范要求设置自动喷水灭火系统的建筑，建筑内设置的燃油、燃气锅炉房等房间也要相应地设置自动喷水灭火系统。对于未设置自动喷水灭火系统的建筑，可以设置推车式ABC干粉灭火器或气体灭火器，如规模较大，则可设置水喷雾、细水雾或气体灭火系统等。

本条中的“直通室外”，是指疏散门不经过其他用途的房间或空间直接开向室外或疏散门靠近室外出口，只经过一条距离较短的疏散走道直接到达室外。

（4）本条中的“人员密集场所”，既包括我国《消防法》定义的人员密集场所，也包括会议厅等人员密集的场所。

5.4.13 本条第2、3、4、5、6款为强制性条文。柴油发电机是建筑内的备用电源，柴油发电机房需要具有较高的防火性能，使之能在应急情况下保证发电。同时，柴油发电机本身及其储油设施也具有一定的火灾危险性。因此，应将柴油发电机房与其他部位进行良好的防火分隔，还要设置必要的灭火和报警设施。

对于柴油发电机房内的灭火设施，应根据发电机组的大小、数量、用途等实际情况确定，有关灭火设施选型参见第5.4.12条的说明。

柴油储油间和室外储油罐的进出油路管道的防火设计应符合本规范第5.4.14条、第5.4.15条的规定。由于部分柴油的闪点可能低于60°，因此，需要设置在建筑内的柴油设备或柴油储罐，柴油的闪点不应低于60°。

5.4.14 目前，民用建筑中使用柴油等可燃液体的用量越来越大，且设置此类燃料的锅炉、直燃机、发电机的建筑也越来越多。因此，有必要在规范中予以明确。为满足使用需要，规定允许储存量小于等于15m³的储罐靠建筑外墙就近布置。否则，应按照本规范第4.2节的有关规定进行设计。

5.4.15 本条第1、2款为强制性条文。建筑内的可燃液体、可燃气体发生火灾时应首先切断其燃料供给，才能有效防止火势扩大，控制油品流散和可燃气体扩散。

5.4.16 鉴于可燃气体的火灾危险性大和高层建筑运输不便，运输中也会导致危险因素增加，如用电梯运输气瓶，一旦可燃气体漏入电梯井，容易发生爆炸等事故，故要求高层民用建筑内使用可燃气体作燃料的部位，应采用管道集中供气。

燃气灶、开水器等燃气设备或其他使用可燃气体的房间，当设备管道损坏或操作有误时，往往漏出大量可燃气体，达到爆炸浓度时，遇到明火就会引起燃烧爆炸，为了便于泄压和降低爆炸对建筑其他部位的影响，这些房间宜靠外墙设置。

燃气供给管道的敷设及应急切断阀的设置，在国家标准《城镇燃气设计规范》GB 50028中已有规定，设计应执行该规范的要求。

5.4.17 本条第1、2、3、4、5款为强制性条文。本条规定主要针对建筑或单位自用，如宾馆、饭店等建筑设置的集中瓶装液化石油气储瓶间，其容量一般在10瓶以上，有的达30瓶～40瓶（50kg/瓶）。本条是在总结各地实践经验和参考国外资料、规定的基础上，与现行国家标准《城镇燃气设计规范》GB 50028协商后确定的。对于本条未做规定的其他要求，应符合现行国家标准《城镇燃气设计规范》GB 50028的规定。

在总出气管上设置紧急事故自动切断阀，有利于防止发生更大的事故。在液化石油气储瓶间内设置可燃气体浓度报警装置，采用防爆型电器，可有效预防因接头或阀门密封不严漏气而发生爆炸。

5.5 安全疏散和避难

Ⅰ 一般要求

5.5.1 建筑的安全疏散和避难设施主要包括疏散门、疏散走道、安全出口或疏散楼梯（包括室外楼梯）、避难走道、避难间或避难层、疏散指示标志和应急照明，有时还要考虑疏散诱导广播等。

安全出口和疏散门的位置、数量、宽度，疏散楼梯的形式和疏散距离，避难区域的防火保护措施，对于满足人员安全疏散至关重要。而这些与建筑的高度、楼层或一个防火分区、房间的大小及内部布置、室内空间高度和可燃物的数量、类型等关系密切。设计时应区别对待，充分考虑区域内使用人员的特性，结合上述因素合理确定相应的疏散和避难设施，为人员疏散和避难提供安全的条件。

5.5.2 对于安全出口和疏散门的布置，一般要使人员在建筑着火后能有多个不同方向的疏散路线可供选择和疏散，要尽量将疏散出口均匀分散布置在平面上的不同方位。如果两个疏散出口之间距离太近，在火灾中实际上只能起到1个出口的作用，因此，国外有关标准还规定同一房间最近2个疏散出口与室内最远点的夹角不应小于45°。这在工程设计时要注意把握。对于面积较小的房间或防火分区，符合一定条件时，可以设置1个出口，有关要求见本规范第5.5.8条和5.5.15条等条文的规定。

相邻出口的间距是根据我国实际情况并参考国外有关标准确定的。目前，在一些建筑设计中存在安全出口不合理的现象，降低了火灾时出口的有效疏散能力。英国、新加坡、澳大利亚等国家的建筑规范对相邻出口的间距均有较严格的规定。如法国《公共建筑物安全防火规范》规定：2个疏散门之间相距不应小于5m；澳大利亚《澳大利亚建筑规范》规定：公众聚集场所内2个疏散门之间的距离不应小于9m。

5.5.3 将建筑的疏散楼梯通至屋顶，可使人员多一条疏散路径，有利于人员及时避难和逃生。因此，有条件时，如屋面为平屋面或具有连通相邻两楼梯间的屋面通道，均要尽量将楼梯间通至屋面。楼梯间通屋面的门要易于开启，同时门也要向外开启，以利于人员的安全疏散。特别是住宅建筑，当只有1部疏散楼梯时，如楼梯间未通至屋面，人员在火灾时一般就只有竖向一个方向的疏散路径，这会对人员的疏散安全造成较大危害。

5.5.4 本条规定要求在计算民用建筑的安全出口数量和疏散宽度时，不能将建筑中设置的自动扶梯和电梯的数量和宽度计算在内。

建筑内的自动扶梯处于敞开空间，火灾时容易受到烟气的侵袭，且梯段坡度和踏步高度与疏散楼梯的要求有较大差异，难以满足人员安全疏散的需要，故设计不能考虑其疏散能力。对此，美国《生命安全规范》NFPA 101也规定：自动扶梯与自动人行道不应视作规范中规定的安全疏散通道。

对于普通电梯，火灾时动力将被切断，且普通电梯不防烟、不防火、不防水，若火灾时作为人员的安全疏散设施是不安全的。世界上大多数国家，在电梯的警示牌中几乎都规定电梯在火灾情况下不能使用，火灾时人员疏散只能使用楼梯，电梯不能用作疏散设施。另外，从国内外已有的研究成果看，利用电梯进行应急疏散是一个十分复杂的问题，不仅涉及建筑和设备本身的设计问题，而且涉及火灾时的应急管理和电梯的安全使用问题，不同应用场所之间有很大差异，必须分别进行专门考虑和处理。

消防电梯在火灾时如供人员疏散使用，需要配套多种管理措施，目前只能由专业消防救援人员控制使用，且一旦进入应急控制程序，电梯的楼层呼唤按钮将不起作用，因此消防电梯也不能计入建筑的安全出口。

5.5.5 本条是对地下、半地下建筑或建筑内的地下、半地下室可设置一个安全出口或疏散门的通用条文。除本条规定外的其他情况，地下、半地下建筑或地下、半地下室的安全出口或疏散楼梯、其中一个防火分区的安全出口以及一个房间的疏散门，均不应少于2个。

考虑到设置在地下、半地下的设备间使用人员较少，平常只有检修、巡查人员，因此本条规定，当其建筑面积不大于200m^{2}时，可设置1个安全出口或疏散门。

5.5.6 受用地限制，在建筑内布置汽车库的情况越来越普遍，但设置在汽车库内与建筑其他部分相连通的电梯、楼梯间等竖井也为火灾和烟气的竖向蔓延提供了条件。因此，需采取设置带防火门的电梯侯梯厅、封闭楼梯间或防烟楼梯间等措施将汽车库与楼梯间和电梯竖井进行分隔，以阻止火灾和烟气蔓延。对于地下部分疏散楼梯间的形式，本规范第6.4.4条已有规定，但设置在建筑的地上或地下汽车库内、与其他部分相通且不用作疏散用的楼梯间，也要按照防止火灾上下蔓延的要求，采用封闭楼梯间或防烟楼梯间。

5.5.7 本条规定的防护挑檐，主要为防止建筑上部坠落物对人体产生伤害，保护从首层出口疏散出来的人员安全。防护挑檐可利用防火挑檐，与防火挑檐不同的是，防护挑檐只需满足人员在疏散和灭火救援过程中的人身防护要求，一般设置在建筑首层出入口门的上方，不需具备与防火挑檐一样的耐火性能。

Ⅱ 公共建筑

5.5.8 本条为强制性条文。本条规定了公共建筑设置安全出口的基本要求，包括地下建筑和半地下建筑或建筑的地下室。

由于在实际执行规范时，普遍认为安全出口和疏散门不易分清楚。为此，本规范在不同条文做了区分。疏散门是房间直接通向疏散走道的房门、直接开向疏散楼梯间的门（如住宅的户门）或室外的门，不包括套间内的隔间门或住宅套内的房间门；安全出口是直接通向室外的房门或直接通向室外疏散楼梯、室内的疏散楼梯间及其他安全区的出口，是疏散门的一个特例。

本条中的医疗建筑不包括无治疗功能的休养性质的疗养院，这类疗养院要按照旅馆建筑的要求确定。

根据本规范在执行过程中的反馈意见，此次修订将可设置一部疏散楼梯的公共建筑的每层最大建筑面积和第二、三层的人数之和，比照可设置一个安全出口的单层建筑和可设置一个疏散门的房间的条件进行了调整。

5.5.9 本条规定了建筑内的防火分区利用相邻防火分区进行疏散时的基本要求。

（1）建筑内划分防火分区后，提高了建筑的防火性能。当其中一个防火分区发生火灾时，不致快速蔓延至更大的区域，使得非着火的防火分区在某种程度上能起到临时安全区的作用。因此，当人员需要通过相邻防火分区疏散时，相邻两个防火分区之间要严格采用防火墙分隔，不能采用防火卷帘、防火分隔水幕等措施替代。

（2）本条要求是针对某一楼层内中少数防火分区内的部分安全出口，因平面布置受限不能直接通向室外的情形。某一楼层内个别防火分区直通室外的安全出口的疏散宽度不足或其中局部区域的安全疏散距离过长时，可将通向相邻防火分区的甲级防火门作为安全出口，但不能大于该防火分区所需总疏散净宽度的30%。显然，当人员从着火区进入非着火的防火分区后，将会增加该区域的人员疏散时间，因此，设计除需保证相邻防火分区的疏散宽度符合规范要求外，还需要增加该防火分区的疏散宽度以满足增加人员的安全疏散需要，使整个楼层的总疏散宽度不减少。

此外，为保证安全出口的布置和疏散宽度的分布更加合理，规定了一定面积的防火分区最少应具备的直通室外的安全出口数量。计算时，不能将利用通向相邻防火分区的安全出口宽度计算在楼层的总疏散宽度内。

（3）考虑到三、四级耐火等级的建筑，不仅建筑规模小、建筑耐火性能低，而且火灾蔓延更快，故本规范不允许三、四级耐火等级的建筑借用相邻防火分区进行疏散。

5.5.10 本条规定是对于楼层面积比较小的高层公共建筑，在难以按本规范要求间隔5m设置2个安全出口时的变通措施。本条规定房间疏散门到安全出口的距离小于10m，主要为限制楼层的面积。

由于剪刀楼梯是垂直方向的两个疏散通道，两梯段之间如没有隔墙，则两条通道处在同一空间内。如果其中一个楼梯间进烟，会使这两个楼梯间的安全受到影响。为此，不同楼梯之间应设置分隔墙，且分别设置前室，使之成为各自独立的空间。

5.5.11 本条规定是参照公共建筑设置一个疏散楼梯的条件确定的。据调查，有些办公、教学或科研等公共建筑，往往要在屋顶部分局部高出1层～2层，用作会议室、报告厅等。

5.5.12 本条为强制性条文。本规定是要保障人员疏散的安全，使疏散楼梯能在火灾时防火，不积聚烟气。高层建筑中的疏散楼梯如果不能可靠封闭，火灾时存在烟囱效应，使烟气在短时间里就能经过楼梯向上部扩散，并蔓延至整幢建筑物，威胁疏散人员的安全。随着烟气的流动也大大地加快了火势的蔓延。因此，高层建筑内疏散楼梯间的安全性要求较多层建筑高。

5.5.13 本条为强制性条文。对于多层建筑，在我国华东、华南和西南部分地区，采用敞开式外廊的集体宿舍、教学、办公等建筑，当其中与敞开式外廊相连通的楼梯间，由于具有较好的防止烟气进入的条件，可以不设置封闭楼梯间。

本条规定需要设置封闭楼梯间的建筑，无论其楼层面积多大均要考虑采用封闭楼梯间，而与该建筑通过楼梯间连通的楼层的总建筑面积是否大于一个防火分区的最大允许建筑面积无关。

对应设置封闭楼梯间的建筑，其底层楼梯间可以适当扩大封闭范围。所谓扩大封闭楼梯间，就是将楼梯间的封闭范围扩大，如图5所示。因为一般公共建筑首层入口处的楼梯往往比较宽大开敞，而且和门厅的空间合为一体，使得楼梯间的封闭范围变大。对于不需采用封闭楼梯间的公共建筑，其首层门厅内的主楼梯如不计入疏散设计需要总宽度之内，可不设置楼梯间。

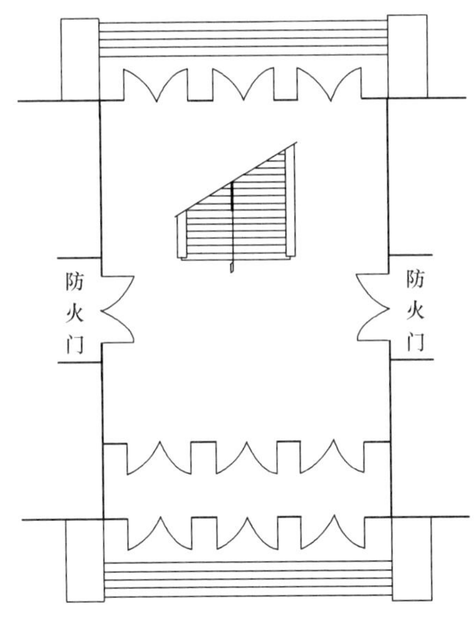

图5 扩大封闭楼梯间示意图

由于剧场、电影院、礼堂、体育馆属于人员密集场所，楼梯间的人流量较大，使用者大都不熟悉内部环境，且这类建筑多为单层，因此规定中未规定剧场、电影院、礼堂、体育馆的室内疏散楼梯应采用封闭楼梯间。但当这些场所与其他功能空间组合在同一座建筑内时，则其疏散楼梯的设置形式应按其中要求最高者确定，或按该建筑的主要功能确定。如电影院设置在多层商店建筑内，则需要按多层商店建筑的要求设置封闭楼梯间。

本条第1、3款中的"类似使用功能的建筑"是指设置有本款前述用途场所的建筑或建筑的使用功能与前述建筑或场所类似。

5.5.13A 新增条文。疏散楼梯或疏散楼梯间与敞开式外廊相连通，具有较好的防止烟气进入的条件，有利于老年人的安全疏散。封闭楼梯间或防烟楼梯间可为人员疏散提供较安全的疏散环境，有更长的时间可供老年人安全疏散。老年人照料设施要尽量设置与疏散或避难场所直接连通的室外走廊，为老年人在火灾时提供更多的安全疏散路径。对于需要封闭的外走廊，则要具备在火灾时可以与火灾报警系统或其他方式联动自动开启外窗的功能。

当老年人照料设施设置在其他建筑内或与其他建筑组合建造时，本条中"建筑高度大于24m的老年人照料设施"，包括老年人照料设施部分的全部或部分楼层的楼地面距离该建筑室外设计地面大于24m的老年人照料设施。

建筑高度的增加会显著影响老年人照料设施内人员的疏散和外部的消防救援，对于建筑高度大于32m的老年人照料设施，要求在室内疏散走道满足人员安全疏散要求的情况下，在外墙部位再增设能连通老年人居室和公共活动场所的连廊，以提供更好的疏散、救援条件。

5.5.14 建筑内的客货电梯一般不具备防烟、防火、防水性能，电梯井在火灾时可能会成为加速火势蔓延扩大的通道，而营业厅、展览厅、多功能厅等场所是人员密集、可燃物质较多的空间，火势蔓延、烟气填充速度较快。因此，应尽量避免将电梯井直接设置在这些空间内，要尽量设置电梯间或设置在公共走道内，并设置侯梯厅，以减小火灾和烟气的影响。

5.5.15 本条为强制性条文。疏散门的设置原则与安全出口的设置原则基本一致，但由于房间大小与防火分区的大小差别较大，因而具体的设置要求有所区别。

本条第1款规定可设置1个疏散门的房间的建筑面积，是根据托儿所、幼儿园的活动室和中小学校的教室等场所的面积要求确定的。袋形走道，是只有一个疏散方向的走道，因而位于袋形走道两侧的房间，不利于人员的安全疏散，但与位于走道尽端的房间仍有所区别。

对于歌舞娱乐放映游艺场所，无论位于袋形走道或两个安全出口之间还是位于走道尽端，不符合本条规定条件的房间均需设置 2 个及以上的疏散门。对于托儿所、幼儿园、老年人照料设施、医疗建筑、教学建筑内位于走道尽端的房间，需要设置 2 个及以上的疏散门；当不能满足此要求时，不能将此类用途的房间布置在走道的尽端。

5.5.16 本条第 1 款为强制性条款。

本条有关疏散门数量的规定，是以人员从一、二级耐火等级建筑的观众厅疏散出去的时间不大于 2min，从三级耐火等级建筑的观众厅疏散出去的时间不大于 1.5min 为原则确定的。根据这一原则，规范规定了每个疏散门的疏散人数。据调查，剧场、电影院等观众厅的疏散门宽度多在 1.65m 以上，即可通过 3 股疏散人流。这样，一座容纳人数不大于 2000 人的剧场或电影院，如果池座和楼座的每股人流通过能力按 40 人/min 计算（池座平坡地面按 43 人/min，楼座阶梯地面按 37 人/min），则 250 人需要的疏散时间为 250/（3×40）＝2.08（min），与规定的控制疏散时间基本吻合。同理，如果剧场或电影院的容纳人数大于 2000 人，则大于 2000 人的部分，每个疏散门的平均人数按不大于 400 人考虑。这样，对于整个观众厅，每个疏散门的平均疏散人数就大于 250 人，此时如果按照疏散门的通行能力。计算出的疏散时间超过 2min，则要增加每个疏散门的宽度。在这里，设计仍要注意掌握和合理确定每个疏散门的人流通行股数和控制疏散时间的协调关系。如一座容纳人数为 2400 人的剧场，按规定需要的疏散门数量为：2000/250＋400/400＝9（个），则每个疏散门的平均疏散人数约为：2400/9≈267（人），按 2min 控制疏散时间计算出每个疏散门所需通过的人流股数为：267/（2×40）≈3.3（股）。此时，一般宜按 4 股通行能力来考虑设计疏散门的宽度，即采用 4×0.55＝2.2（m）较为合适。

实际工程设计可根据每个疏散门平均负担的疏散人数，按上述办法对每个疏散门的宽度进行必要的校核和调整。

体育馆建筑的耐火等级均为一、二级，观众厅内人员的疏散时间依据不同容量按 3min～4min 控制，观众厅每个疏散门的平均疏散人数要求一般不能大于 400 人～700 人。如一座一、二级耐火等级、容量为 8600 人的体育馆，如果观众厅设计 14 个疏散门，则每个疏散门的平均疏散人数为 8600/14≈614（人）。假设每个疏散门的宽度为 2.2m（即 4 股人流所需宽度），则通过每个疏散门需要的疏散时间为 614/（4×37）≈4.15（min），大于 3.5min，不符合规范要求。因此，应考虑增加疏散门的数量或加大疏散门的宽度。如果采取增加出口的数量的办法，将疏散门增加到 18 个，则每个疏散门的平均疏散人数为 8600/18≈478（人）。通过每个疏散门需要的疏散时间则缩短为 478/（4×37）≈3.23（min），不大于 3.5min，符合要求。

体育馆的疏散设计，要注意将观众厅疏散门的数量与观众席位的连续排数和每排的连续座位数联系起来综合考虑。如图 6 所示，一个观众席位区，观众通过两侧的 2 个出口进行疏散，其中共有可供 4 股人流通行的疏散走道。若规定出观众厅的疏散时间为 3.5min，则该席位区最多容纳的观众席位数为 4×37×3.5＝518（人）。在这种情况下，疏散门的宽度就不应小于 2.2m；而观众席位区的连续排数如定为 20 排，则每一排的连续座位就不宜大于 518/20≈26（个）。如果一定要增加连续座位数，就必须相应加大疏散走道和疏散门的宽度。否则，就会违反“来去相等”的设计原则。

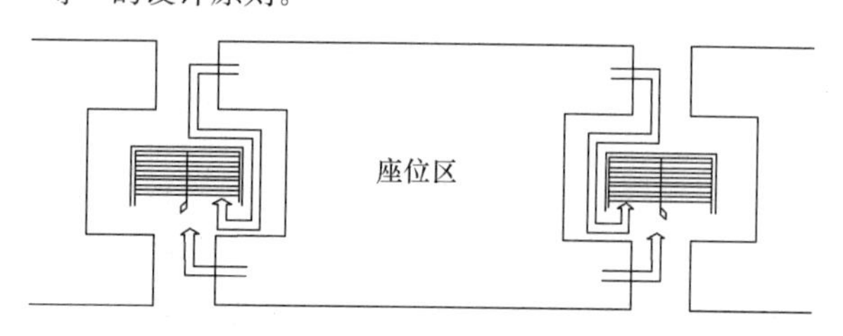

图 6 席位区示意图

体育馆的室内空间体积比较大，火灾时的火场温度上升速度和烟雾浓度增加速度，要比在剧场、电影院、礼堂等的观众厅内的发展速度慢。因此，可供人员安全疏散的时间也较长。此外，体育馆观众厅内部装修用的可燃材料较剧场、电影院、礼堂的观众厅少，其火灾危险性也较这些场所小。但体育馆观众厅内的容纳人数较剧场、电影院、礼堂的观众厅要多很多，往往是后者的几倍，甚至十几倍。在疏散设计上，由于受座位排列和走道布置等技术和经济因素的制约，使得体育馆观众厅每个疏散门平均负担的疏散人数要比剧场和电影院的多。此外，体育馆观众厅的面积比较大，观众厅内最远处的座位至最近疏散门的距离，一般也都比剧场、电影院的要大。体育馆观众厅的地面形式多为阶梯地面，导致人员行走速度也较慢，这些必然会增加人员所需的安全疏散时间。因此，体育馆如果按剧场、电影院、礼堂的规定进行设计，困难会比较大，并且容纳人数越多、规模越大越困难，这在本规范确定相应的疏散设计要求时，做了区别。其他防火要求还应符合国家现行行业标准《体育建筑设计规范》JGJ 31 的规定。

5.5.17 本条为强制性条文。本条规定了公共建筑内安全疏散距离的基本要求。安全疏散距离是控制安全疏散设计的基本要素，疏散距离越短，人员的疏散过程越安全。该距离的确定既要考虑人员疏散的安全，也要兼顾建筑功能和平面布置的要求，对不同火灾危险性场所和不同耐火等级建筑有所区别。

（1）建筑的外廊敞开时，其通风排烟、采光、降温等方面的情况较好，对安全疏散有利。本条表

5.5.17 注 1 对设有敞开式外廊的建筑的有关疏散距离要求作了调整。

注 3 考虑到设置自动喷水灭火系统的建筑，其安全性能有所提高，也对这些建筑或场所内的疏散距离作了调整，可按规定增加 25%。

本表的注是针对各种情况对表中规定值的调整，对于一座全部设置自动喷水灭火系统的建筑，且符合注 1 或注 2 的要求时，其疏散距离是按照注 3 的规定增加后，再进行增减。如一设有敞开式外廊的多层办公楼，当未设置自动喷水灭火系统时，其位于两个安全出口之间的房间疏散门至最近安全出口的疏散距离为 40+5=45（m）；当设有自动喷水灭火系统时，该疏散距离可为 40×（1+25%）+5=55（m）。

（2）对于建筑首层为火灾危险性小的大厅，该大厅与周围办公、辅助商业等其他区域进行了防火分隔时，可以在首层将该大厅扩大为楼梯间的一部分。考虑到建筑层数不大于 4 层的建筑内部垂直疏散距离相对较短，当楼层数不大于 4 层时，楼梯间到达首层后可通过 15m 的疏散走道到达直通室外的安全出口。

（3）有关建筑内观众厅、营业厅、展览厅等的内部最大疏散距离要求，参照了国外有关标准规定，并考虑了我国的实际情况。如美国相关建筑规范规定，在集会场所的大空间中从房间最远点至安全出口的步行距离为 61m，设置自动喷水灭火系统后可增加 25%。英国建筑规范规定，在开敞办公室、商店和商业用房中，如有多个疏散方向时，从最远点至安全出口的直线距离不应大于 30m，直线行走距离不应大于 45m。我国台湾地区的建筑技术规则规定：戏院、电影院、演艺场、歌厅、集会堂、观览场以及其他类似用途的建筑物，自楼面居室之任一点至楼梯口之步行距离不应大于 30m。

本条中的“观众厅、展览厅、多功能厅、餐厅、营业厅等”场所，包括开敞式办公区、会议报告厅、宴会厅、观演建筑的序厅、体育建筑的入场等候与休息厅等，不包括用作舞厅和娱乐场所的多功能厅。

本条第 4 款中有关设置自动灭火系统时的疏散距离，当需采用疏散走道连接营业厅等场所的安全出口时，可以按室内最远点至最近疏散门的距离、该疏散走道的长度分别增加 25%。条文中的“该场所”包括连接的疏散走道。如：当某营业厅需采用疏散走道连接至安全出口，且该疏散走道的长度为 10m 时，该场所内任一点至最近安全出口的疏散距离可为 30×（1+25%）+10×（1+25%）=50（m），即营业厅内任一点至其最近出口的距离可为 37.5m，连接走道的长度可以为 12.5m，但不可以将连接走道上增加的长度用到营业厅内。

5.5.18 本条为强制性条文。本条根据人员疏散的基本需要，确定了民用建筑中疏散门、安全出口与疏散走道和疏散楼梯的最小净宽度。按本规范其他条文规定计算出的总疏散宽度，在确定不同位置的门洞宽度或梯段宽度时，需要仔细分配其宽度并根据通过的人流股数进行校核和调整，尽量均匀设置并满足本条的要求。

设计应注意门宽与走道、楼梯宽度的匹配。一般，走道的宽度均较宽，因此，当以门宽为计算宽度时，楼梯的宽度不应小于门的宽度；当以楼梯的宽度为计算宽度时，门的宽度不应小于楼梯的宽度。此外，下层的楼梯或门的宽度不应小于上层的宽度；对于地下、半地下，则上层的楼梯或门的宽度不应小于下层的宽度。

5.5.19 观众厅等人员比较集中且数量多的场所，疏散时在门口附近往往会发生拥堵现象，如果设计采用带门槛的疏散门等，紧急情况下人流往外拥挤时很容易被绊倒，影响人员安全疏散，甚至造成伤亡。本条中“人员密集的公共场所”主要指营业厅、观众厅，礼堂、电影院、剧院和体育场馆的观众厅，公共娱乐场所中出入大厅、舞厅，候机（车、船）厅及医院的门诊大厅等面积较大、同一时间聚集人数较多的场所。本条规定的疏散门为进出上述这些场所的门，包括直接对外的安全出口或通向楼梯间的门。

本条规定的紧靠门口内外各 1.40m 范围内不应设置踏步，主要指正对门的内外 1.40m 范围，门两侧 1.40m 范围内尽量不要设置台阶，对于剧场、电影院等的观众厅，尽量采用坡道。

人员密集的公共场所的室外疏散小巷，主要针对礼堂、体育馆、电影院、剧场、学校教学楼、大中型商场等同一时间有大量人员需要疏散的建筑或场所。一旦大量人员离开建筑物后，如没有一个较开阔的地带，人员还是不能尽快疏散，可能会导致后续人流更加集中和恐慌而发生意外。因此，规定该小巷的宽度不应小于 3.00m，但这是规定的最小宽度，设计要因地制宜地，尽量加大。为保证人流快速疏散、不发生阻滞现象，该疏散小巷应直接通向更宽阔的地带。对于那些主要出入口临街的剧场、电影院和体育馆等公共建筑，其主体建筑应后退红线一定的距离，以保证有较大的疏散缓冲及消防救援场地。

5.5.20 为便于人员快速疏散，不会在走道上发生拥挤，本条规定了剧场、电影院、礼堂、体育馆等观众厅内座位的布置和疏散通道、疏散门的布置基本要求。

（1）关于剧场、电影院、礼堂、体育馆等观众厅内疏散走道及座位的布置。

观众厅内疏散走道的宽度按疏散 1 股人流需要 0.55m 考虑，同时并排行走 2 股人流需要 1.1m 的宽度，但观众厅内座椅的高度均在行人的身体下部，座椅不妨碍人体最宽处的通过，故 1.00m 宽度基本能保证 2 股人流通行需要。观众厅内设置边走道不但对疏散有利，并且还能起到协调安全出口或疏散门和疏散走道通行能力的作用，从而充分发挥安全出口或疏散门的作用。

对于剧场、电影院、礼堂等观众厅中两条纵走道之间的最大连续排数和连续座位数，在工程设计中应与疏散走道和安全出口或疏散门的设计宽度联系起来考虑，合理确定。

对于体育馆观众厅中纵走道之间的座位数可增加到26个，主要是因为体育馆观众厅内的总容纳人数和每个席位分区内所包容的座位数都比剧场、电影院的多，发生火灾后的危险性也较影剧院的观众厅要小些，采用与剧场等相同的规定数据既不现实也不客观，但也不能因此而任意加大每个席位分区中的连续排数、连续座位数，而要与观众厅内的疏散走道和安全出口或疏散门的设计相呼应、相协调。

本条规定的连续20排和每排连续26个座位，是基于人员出观众厅的控制疏散时间按不大于3.5min和每个安全出口或疏散门的宽度按2.2m考虑的。疏散走道之间布置座位连续20排、每排连续26个作为一个席位分区的包容座位数为20×26=520（人），通过能容4股人流宽度的走道和2.20m宽的安全（疏散）出口出去所需要的时间为520/（4×37）≈3.51（min），基本符合规范的要求。对于体育馆观众厅平面中呈梯形或扇形布置的席位区，其纵走道之间的座位数，按最多一排和最少一排的平均座位数计算。

另外，在本条中“前后排座椅的排距不小于0.9m时，可增加1.0倍，但不得大于50个”的规定，设计也应按上述原理妥善处理。本条限制观众席位仅一侧布置有纵走道时的座位数，是为防止延误疏散时间。

（2）关于剧场、电影院、礼堂等公共建筑的安全疏散宽度。

本条第2款规定的疏散宽度指标是根据人员疏散出观众厅的疏散时间，按一、二级耐火等级建筑控制为2min、三级耐火等级建筑控制为1.5min这一原则确定的。

$$百人指标=\frac{单股人流宽度\times 100}{疏散时间\times 每分钟每股人流通过人数} \quad (6)$$

据此，按照疏散净宽度指标公式计算出一、二级耐火等级建筑的观众厅中每100人所需疏散宽度为：

门和平坡地面：$B=100\times 0.55/(2\times 43)$

≈ 0.64（m）

取0.65m；

阶梯地面和楼梯：$B=100\times 0.55/(2\times 37)$

≈ 0.74（m）

取0.75m。

三级耐火等级建筑的观众厅中每100人所需要的疏散宽度为：

门和平坡地面：$B=100\times 0.55/(1.5\times 43)$

≈ 0.85（m）

取0.85m；

阶梯地面和楼梯：$B=100\times 0.55/(1.5\times 37)$

≈ 0.99（m）

取1.00m。

根据本条第2款规定的疏散宽度指标计算所得安全出口或疏散门的总宽度，为实际需要设计的最小宽度。在确定安全出口或疏散门的设计宽度时，还应按每个安全出口或疏散门的疏散时间进行校核和调整，其理由参见第5.5.16条的条文说明。本款的适用规模为：对于一、二级耐火等级的建筑，容纳人数不大于2500人；对于三级耐火等级的建筑，容纳人数不大于1200人。

此外，对于容量较大的会堂等，其观众厅内部会设置多层楼座，且楼座部分的观众人数往往占整个观众厅容纳总人数的一半多，这和一般剧场、电影院、礼堂的池座人数比例相反，而楼座部分又都以阶梯式地面为主，其疏散情况与体育馆的情况有些类似。尽管本条对此没有明确规定，设计也可以根据工程的具体情况，按照体育馆的相应规定确定。

（3）关于体育馆的安全疏散宽度。

国内各大、中城市已建成的体育馆，其容量多在3000人以上。考虑到剧场、电影院的观众厅与体育馆的观众厅之间在容量和室内空间方面的差异，在规范中分别规定了其疏散宽度指标，并在规定容量的适用范围时拉开档次，防止出现交叉或不一致现象，故将体育馆观众厅的最小人数容量定为3000人。

对于体育馆观众厅的人数容量，表5.5.20-2中规定的疏散宽度指标，按照观众厅容量的大小分为三档：（3000～5000）人、（5001～10000）人和（10001～20000）人。每个档次中所规定的百人疏散宽度指标（m），是根据人员出观众厅的疏散时间分别控制在3min、3.5min、4min来确定的。根据计算公式：

计算出一、二级耐火等级建筑观众厅中每100人所需要的疏散宽度分别为：

平坡地面：$B_1=0.55\times 100/(3\times 43)$

≈ 0.426（m）

取0.43m；

$B_2=0.55\times 100/(3.4\times 43)$

≈ 0.365（m）

取0.37m；

$B_3=0.55\times 100/(4\times 43)$

≈ 0.320（m）

取0.32m。

阶梯地面：$B_1=0.55\times 100/(3\times 37)$

≈ 0.495（m）

取0.50m；

B_2 =0.55×100/（3.5×37）

≈0.425（m）

取 0.43m；

B_3 =0.55×100/（4×37）

≈0.372（m）

取 0.37m。

本款将观众厅的最高容纳人数规定为 20000 人，当实际工程大于该规模时，需要按照疏散时间确定其座位数、疏散门和走道宽度的布置，但每个座位区的座位数仍应符合本规范要求。根据规定的疏散宽度指标计算得到的安全出口或疏散门总宽度，为实际需要设计的概算宽度，确定安全出口或疏散门的设计宽度时，还需对每个安全出口或疏散门的宽度进行核算和调整。如，一座二级耐火等级、容量为 10000 人的体育馆，按上述规定疏散宽度指标计算的安全出口或疏散门总宽度为 10000×0.43/100=43（m）。如果设计 16 个安全出口或疏散门，则每个出口的平均疏散人数为 625 人，每个出口的平均宽度为 43/16≈2.68（m）。如果每个出口的宽度采用 2.68m，则能通过 4 股人流，核算其疏散时间为 625/（4×37）≈4.22（min）>3.5min，不符合规范要求。如果将每个出口的设计宽度调整为 2.75m，则能够通过 5 股人流，疏散时间为：625/（5×37）≈3.38（min）<3.5min，符合规范要求。但推算出的每百人宽度指标为 16×2.75×100/10000=0.44（m），比原百人疏散宽度指标高 2%。

本条表 5.5.20-2 的“注”，明确了采用指标进行计算和选定疏散宽度时的原则：即容量大的观众厅，计算出的需要宽度不应小于根据容量小的观众厅计算出的需要宽度。否则，应采用较大宽度。如：一座容量为 5400 人的体育馆，按规定指标计算出来的疏散宽度为 54×0.43=23.22（m），而一座容量为 5000 人的体育馆，按规定指标计算出来的疏散宽度则为 50×0.50=25（m），在这种情况下就应采用 25m 作为疏散宽度。另外，考虑到容量小于 3000 人的体育馆，其疏散宽度计算方法原规范未在条文中明确，此次修订时在表 5.5.20-2 中做了补充。

（4）体育馆观众厅内纵横走道的布置是疏散设计中的一个重要内容，在工程设计中应注意：

1）观众席位中的纵走道担负着把全部观众疏散到安全出口或疏散门的重要功能。在观众席位中不设置横走道时，观众厅内通向安全出口或疏散门的纵走道的设计总宽度应与观众厅安全出口或疏散门的设计总宽度相等。观众席位中的横走道可以起到调剂安全出口或疏散门人流密度和加大出口疏散流通能力的作用。一般容量大于 6000 人或每个安全出口或疏散门设计的通过人流股数大于 4 股时，在观众席位中要尽量设置横走道。

2）经过观众席中的纵、横走道通向安全出口或疏散门的设计人流股数与安全出口或疏散门设计的通行股数，应符合“来去相等”的原则。如安全出口或疏散门设计的宽度为 2.2m，则经过纵、横走道通向安全出口或疏散门的人流股数不能大于 4 股；否则，就会造成出口处堵塞，延误疏散时间。反之，如果经纵、横走道通向安全出口或疏散门的人流股数少于安全出口或疏散门的设计通行人流股数，则不能充分发挥安全出口或疏散门的作用，在一定程度上造成浪费。

（5）设计还要注意以下两个方面：

1）安全出口或疏散门的数量应密切联系控制疏散时间。

疏散设计确定的安全出口或疏散门的总宽度，要大于根据控制疏散时间而规定出的宽度指标，即计算得到的所需疏散总宽度。同时，安全出口或疏散门的数量，要满足每个安全出口或疏散门平均疏散人数的规定要求，并且根据此疏散人数计算得到的疏散时间要小于控制疏散时间（建筑中可用的疏散时间）的规定要求。

2）安全出口或疏散门的数量应与安全出口或疏散门的设计宽度协调。

安全出口或疏散门的数量与安全出口或疏散门的宽度之间有着相互协调、相互配合的密切关系，并且也是严格控制疏散时间，合理执行疏散宽度指标需充分注意和精心设计的一个重要环节。在确定观众厅安全出口或疏散门的宽度时，要认真考虑通过人流股数的多少，如单股人流的宽度为 0.55m，2 股人流的宽度为 1.1m，3 股人流的宽度为 1.65m，以更好地发挥安全出口或疏散门的疏散功能。

5.5.21 本条第 1、2、3、4 款为强制性条文。疏散人数的确定是建筑疏散设计的基础参数之一，不能准确计算建筑内的疏散人数，就无法合理确定建筑中各区域疏散门或安全出口和建筑内疏散楼梯所需要的有效宽度，更不能确定设计的疏散设施是否满足建筑内的人员安全疏散需要。

1 在实际中，建筑各层的用途可能各不相同，即使相同用途在每层上的使用人数也可能有所差异。如果整栋建筑物的楼梯按人数最多的一层计算，除非人数最多的一层是在顶层，否则不尽合理，也不经济。对此，各层楼梯的总宽度可按该层或该层以上人数最多的一层分段计算确定，下层楼梯的总宽度按该层以上各层疏散人数最多一层的疏散人数计算。如：一座二级耐火等级的 6 层民用建筑，第四层的使用人数最多为 400 人，第五层、第六层每层的人数均为 200 人。计算该建筑的疏散楼梯总宽度时，根据楼梯宽度指标 1.00m/百人的规定，第四层和第四层以下每层楼梯的总宽度为 4.0m；第五层和第六层每层楼梯的总宽度可为 2.0m。

2 本款中的人员密集的厅、室和歌舞娱乐放映游艺场所，由于设置在地下、半地下，考虑到其疏散条件较差，火灾烟气发展较快的特点，提高了百人疏散宽度指标要求。本款中“人员密集的厅、室”，包括商店营业厅、证券营业厅等。

4 对于歌舞娱乐放映游艺场所，在计算疏散人数时，可以不计算该场所内疏散走道、卫生间等辅助用房的建筑面积，而可以只根据该场所内具有娱乐功能的各厅、室的建筑面积确定，内部服务和管理人员的数量可根据核定人数确定。

6 对于展览厅内的疏散人数，本规定为最小人员密度设计值，设计要根据当地实际情况，采用更大的密度。

7 对于商店建筑的疏散人数，国家行业标准《商店建筑设计规范》JGJ 48 中有关条文的规定还不甚明确，导致出现多种计算方法，有的甚至是错误的。本规范在研究国内外有关资料和规范，并广泛征求意见的基础上，明确了确定商店营业厅疏散人数时的计算面积与其建筑面积的定量关系为（0.5～0.7）：1，据此确定了商店营业厅的人员密度设计值。从国内大量建筑工程实例的计算统计看，均在该比例范围内。但商店建筑内经营的商品类别差异较大，且不同地区或同一地区的不同地段，地上与地下商店等在实际使用过程中的人流和人员密度相差较大，因此执行过程中应对工程所处位置的情况作充分分析，再依据本条规定选取合理的数值进行设计。

本条所指“营业厅的建筑面积”，既包括营业厅内展示货架、柜台、走道等顾客参与购物的场所，也包括营业厅内的卫生间、楼梯间、自动扶梯等的建筑面积。对于进行了严格的防火分隔，并且疏散时无需进入营业厅内的仓储、设备房、工具间、办公室等，可不计入营业厅的建筑面积。

有关家具、建材商店和灯饰展示建筑的人员密度调查表明，该类建筑与百货商店、超市等相比，人员密度较小，高峰时刻的人员密度在 0.01 人/m^2～0.034 人/m^2 之间。考虑到地区差异及开业庆典和节假日等因素，确定家具、建材商店和灯饰展示建筑的人员密度为表 5.5.21-2 规定值的 30%。

据表 5.5.21-2 确定人员密度值时，应考虑商店的建筑规模，当建筑规模较小（比如营业厅的建筑面积小于 3000m^2）时宜取上限值，当建筑规模较大时，可取下限值。当一座商店建筑内设置有多种商业用途时，考虑到不同用途区域可能会随经营状况或经营者的变化而变化，尽管部分区域可能用于家具、建材经销等类似用途，但人员密度仍需要按照该建筑的主要商业用途来确定，不能再按照上述方法折减。

5.5.22 本条规定是在吸取有关火灾教训的基础上，为方便灭火救援和人员逃生的要求确定的，主要针对多层建筑或高层建筑的下部楼层。

本条要求设置的辅助疏散设施包括逃生袋、救生绳、缓降绳、折叠式人孔梯、滑梯等，设置位置要便于人员使用且安全可靠，但并不一定要在每一个窗口或阳台设置。

5.5.23 本条为强制性条文。建筑高度大于 100m 的建筑，使用人员多、竖向疏散距离长，因而人员的疏散时间长。

根据目前国内主战举高消防车——50m 高云梯车的操作要求，规定从首层到第一个避难层之间的高度不应大于 50m，以便火灾时不能经楼梯疏散而要停留在避难层的人员可采用云梯车救援下来。根据普通人爬楼梯的体力消耗情况，结合各种机电设备及管道等的布置和使用管理要求，将两个避难层之间的高度确定为不大于 50m 较为适宜。

火灾时需要集聚在避难层的人员密度较大，为不至于过分拥挤，结合我国的人体特征，规定避难层的使用面积按平均每平方米容纳不大于 5 人确定。

第 2 款对通向避难层楼梯间的设置方式作出了规定，“疏散楼梯应在避难层分隔、同层错位或上下层断开”的做法，是为了使需要避难的人员不错过避难层（间）。其中，“同层错位和上下层断开”的方式是强制避难的做法，此时人员均须经避难层方能上下；“疏散楼梯在避难层分隔”的方式，可以使人员选择继续通过疏散楼梯疏散还是前往避难区域避难。当建筑内的避难人数较少而不需将整个楼层用作避难层时，除火灾危险性小的设备用房外，不能用于其他使用功能，并应采用防火墙将该楼层分隔成不同的区域。从非避难区进入避难区的部位，要采取措施防止非避难区的火灾和烟气进入避难区，如设置防烟前室。

一座建筑是设置避难层还是避难间，主要根据该建筑的不同高度段内需要避难的人数及其所需避难面积确定，避难间的分隔及疏散等要求同避难层。

5.5.24 本条为强制性条文。本条规定是为了满足高层病房楼和手术室中难以在火灾时及时疏散的人员的避难需要和保证其避难安全。本条是参考美国、英国等国对医疗建筑避难区域或使用轮椅等行动不便人员避难的规定，结合我国相关实际情况确定的。

每个护理单元的床位数一般是 40 床～60 床，建筑面积为 1200m^2～1500m^2，按 3 人间病房、疏散着火房间和相邻房间的患者共 9 人，每个床位按 2m^2 计算，共需要 18m^2，加上消防员和医护人员、家属所占用面积，规定避难间面积不小于 25m^2。

避难间可以利用平时使用的房间，如每层的监护室，也可以利用电梯前室。病房楼按最少 3 部病床梯对面布置，其电梯前室面积一般为 24m^2～30m^2。但合用前室不适合用作避难间，以防止病床影响人员通过楼梯疏散。

5.5.24A 新增条文。为满足老年人照料设施中难以在火灾时及时疏散的老年人的避难需要，根据我国老年人照料设施中人员及其管理的实际情况，对照医疗建筑避难间设置的要求，做了本条规定。

对于老年人照料设施只设置在其他建筑内三层及以上楼层，而一、二层没有老年人照料设施的情况，避难间可以只设置在有老年人照料设施的楼层上相应疏散楼梯间附近。

避难间可以利用平时使用的公共就餐室或休息室等房间，一般从该房间要能避免再经过走道等火灾时的非安全区进入疏散楼梯间或楼梯间的前室；避难间的门可直接开向前室或疏散楼梯间。当避难间利用疏散楼梯间的前室或消防电梯的前室时，该前室的使用面积不应小于 12m^2，不需另外增加 12m^2 避难面积。但考虑到救援与上下疏散的人流交织情况，疏散楼梯间与消防电梯的合用前室不适合兼作避难间。避难间的净宽度要能满足方便救援中移动担架（床）等的要求，净面积大小还要根据该房间所服务区域的老年人实际身体状况等确定。美国相关标准对避难面积的要求为：一般健康人员，0.28m^2/人；一般病人或体弱者，0.6m^2/人；带轮椅的人员的避难面积为 1.4m^2/人；利用活动床转送的人员的避难面积为 2.8m^2/人。考虑到火灾的随机性，要求每座楼梯间附近均应设置避难间。建筑的首层人员由于能方便地直接到达室外地面，故可以不要求设置避难间。

本条中老年人照料设施的总建筑面积，当老年人照料设施独立建造时，为该老年人照料设施单体的总建筑面积；当老年人照料设施设置在其他建筑或与其他建筑组合建造时，为其中老年人照料设施部分的总建筑面积。

考虑到失能老年人的自身条件，供该类人员使用的超过 2 层的老年人照料设施要按核定使用人数配备简易防毒面具，以提供必要的个人防护措施，降低火灾产生的烟气对失能老年人的危害。

Ⅲ 住 宅 建 筑

5.5.25 本条为强制性条文。本条规定为住宅建筑安全出口设置的基本要求。考虑到当前住宅建筑形式趋于多样化，条文未明确住宅建筑的具体类型，只根据住宅建筑单元每层的建筑面积和户门到安全出口的距离，分别规定了不同建筑高度住宅建筑安全出口的设置要求。

54m 以上的住宅建筑，由于建筑高度高，人员相对较多，一旦发生火灾，烟和火易竖向蔓延，且蔓延速度快，而人员疏散路径长，疏散困难。故同时要求此类建筑每个单元每层设置不少于两个安全出口，以利人员安全疏散。

5.5.26 本条为强制性条文。将建筑的疏散楼梯通至屋顶，可使人员通过相邻单元的楼梯进行疏散，使之多一条疏散路径，以利于人员能及时逃生。由于本规范已强制要求建筑高度大于 54m 的住宅建筑，每个单元应设置 2 个安全出口，而建筑高度大于 27m，但小于等于 54m 的住宅建筑，当每个单元任一层的建筑面积不大于 650m^2，且任一户门至最近安全出口的距离不大于 10m，每个单元可以设置 1 个安全出口时，可以通过将楼梯间通至屋面并在屋面将各单元连通来满足 2 个不同疏散方向的要求，便于人员疏散；对于只有 1 个单元的住宅建筑，可将疏散楼梯仅通至屋顶。此外，由于此类建筑高度较高，即使疏散楼梯能通至屋顶，也不等同于 2 部疏散楼梯。为提高疏散楼梯的安全性，本条还对户门的防火性能提出了要求。

5.5.27 电梯井是烟火竖向蔓延的通道，火灾和高温烟气可借助该竖井蔓延到建筑中的其他楼层，会给人员安全疏散和火灾的控制与扑救带来更大困难。因此，疏散楼梯的位置要尽量远离电梯井或将疏散楼梯设置为封闭楼梯间。

对于建筑高度低于 33m 的住宅建筑，考虑到其竖向疏散距离较短，如每层每户通向楼梯间的门具有一定的耐火性能，能一定程度降低烟火进入楼梯间的危险，因此，可以不设封闭楼梯间。

楼梯间是火灾时人员在建筑内竖向疏散的唯一通道，不具备防火性能的户门不应直接开向楼梯间，特别是高层住宅建筑的户门不应直接开向楼梯间的前室。

5.5.28 有关说明参见本规范第 5.5.10 条的说明。楼梯间的防烟前室，要尽可能分别设置，以提高其防火安全性。

防烟前室不共用时，其面积等要求还需符合本规范第 6.4.3 条的规定。当剪刀楼梯间共用前室时，进入剪刀楼梯间前室的入口应该位于不同方位，不能通过同一个入口进入共用前室，入口之间的距离仍要不小于 5m；在首层的对外出口，要尽量分开设置在不同方向。当首层的公共区无可燃物且首层的户门不直接开向前室时，剪刀梯在首层的对外出口可以共用，但宽度需满足人员疏散的要求。

5.5.29 本条为强制性条文。本条规定了住宅建筑安全疏散距离的基本要求，有关说明参见本规范第 5.5.17 条的条文说明。

跃廊式住宅用与楼梯、电梯连接的户外走廊将多个住户组合在一起，而跃层式住宅则在套内有多个楼层，户与户之间主要通过本单元的楼梯或电梯组合在一起。跃层式住宅建筑的户外疏散路径较跃廊式住宅短，但套内的疏散距离则要长。因此，在考虑疏散距离时，跃廊式住宅要将人员在此楼梯上的行走时间折算到水平走道上的时间，故采用小楼梯水平投影的 1.5 倍计算。为简化规定，对于跃层式住宅户内的小楼梯，户内楼梯的距离由原来规定按楼梯梯段总长度的水平投影尺寸计算修改为按其梯段水平投影长度的 1.5 倍计算。

5.5.30 本条为强制性条文。本条说明参见本规范第5.5.18条的条文说明。住宅建筑相对于公共建筑，同一空间内或楼层的使用人数较少，一般情况下1.1m的最小净宽可以满足大多数住宅建筑的使用功能需要，但在设计疏散走道、安全出口和疏散楼梯以及户门时仍应进行核算。

5.5.31 本条为强制性条文。有关说明参见本规范第5.5.23条的条文说明。

5.5.32 对于大于54m但不大于100m的住宅建筑，尽管规范不强制要求设置避难层（间），但此类建筑较高，为增强此类建筑户内的安全性能，规范对户内的一个房间提出了要求。

本条规定有耐火完整性要求的外窗，其耐火性能可按照现行国家标准《镶玻璃构件耐火试验方法》GB/T 12513中对非隔热性镶玻璃构件的试验方法和判定标准进行测定。

6 建筑构造

6.1 防火墙

6.1.1 本条为强制性条文。防火墙是分隔水平防火分区或防止建筑间火灾蔓延的重要分隔构件，对于减少火灾损失发挥着重要作用。

防火墙能在火灾初期和灭火过程中，将火灾有效地限制在一定空间内，阻断火灾在防火墙一侧而不蔓延到另一侧。国外相关建筑规范对于建筑内部及建筑物之间的防火墙设置十分重视，均有较严格的规定。如美国消防协会标准《防火墙与防火隔墙标准》NFPA 221对此有专门规定，并被美国有关建筑规范引用为强制性要求。

实际上，防火墙应从建筑基础部分就应与建筑物完全断开，独立建造。但目前在各类建筑物中设置的防火墙，大部分是建造在建筑框架上或与建筑框架相连接。要保证防火墙在火灾时真正发挥作用，就应保证防火墙的结构安全且从上至下均应处在同一轴线位置，相应框架的耐火极限要与防火墙的耐火极限相适应。由于过去没有明确设置防火墙的框架或承重结构的耐火极限要求，使得实际工程中建筑框架的耐火极限可能低于防火墙的耐火极限，从而难以很好地实现防止火灾蔓延扩大的目标。

为阻止火势通过屋面蔓延，要求防火墙截断屋顶承重结构，并根据实际情况确定突出屋面与否。对于不同用途、建筑高度以及建筑的屋顶耐火极限的建筑，应有所区别。当高层厂房和高层仓库屋顶承重结构和屋面板的耐火极限大于或等于1.00h，其他建筑屋顶承重结构和屋面板的耐火极限大于或等于0.50h时，由于屋顶具有较好的耐火性能，其防火墙可不高出屋面。

本条中的数值是根据我国有关火灾的实际调查和参考国外有关标准确定的。不同国家有关防火墙高出屋面高度的要求，见表16。设计应结合工程具体情况，尽可能采用比本规范规定较大的数值。

表16 不同国家有关防火墙高出屋面高度的要求

屋面构造	防火墙高出屋面的尺寸（mm）			
	中国	日本	美国	苏联
不燃性屋面	500	500	450～900	300
可燃性屋面	500	500	450～900	600

6.1.2 本条为强制性条文。设置防火墙就是为了防止火灾不能从防火墙任意一侧蔓延至另外一侧。通常屋顶是不开口的，一旦开口则有可能成为火灾蔓延的通道，因而也需要进行有效的防护。否则，防火墙的作用将被削弱，甚至失效。防火墙横截面中心线水平距离天窗端面不小于4.0m，能在一定程度上阻止火势蔓延，但设计还是要尽可能加大该距离，或设置不可开启窗扇的乙级防火窗或火灾时可自动关闭的乙级防火窗等，以防止火灾蔓延。

6.1.3 对于难燃或可燃外墙，为阻止火势通过外墙横向蔓延，要求防火墙凸出外墙一定宽度，且应在防火墙两侧每侧各不小于2.0m范围内的外墙和屋面采用不燃性的墙体，并不得开设孔洞。不燃性外墙具有一定耐火极限且不会被引燃，允许防火墙不凸出外墙。

防火墙两侧的门窗洞口最近的水平距离规定不应小于2.0m。根据火场调查，2.0m的间距能在一定程度上阻止火势蔓延，但也存在个别蔓延现象。

6.1.4 火灾事故表明，防火墙设在建筑物的转角处且防火墙两侧开设门窗等洞口时，如门窗洞口采取防火措施，则能有效防止火势蔓延。设置不可开启窗扇的乙级防火窗、火灾时可自动关闭的乙级防火窗、防火卷帘或防火分隔水幕等，均可视为能防止火灾水平蔓延的措施。

6.1.5 本条为强制性条文。

（1）对于因防火间距不足而需设置的防火墙，不应开设门窗洞口。必须设置的开口要符合本规范有关防火间距的规定。用于防火分区或建筑内其他防火分隔用途的防火墙，如因工艺或使用等要求必须在防火墙上开口时，须严格控制开口大小并采取在开口部位设置防火门窗等能有效防止火灾蔓延的防火措施。根据国外有关标准，在防火墙上设置的防火门，耐火极限一般都应与相应防火墙的耐火极限一致，但各国有关防火门的标准略有差异，因此我国要求采用甲级防火门。其他洞口，包括观察窗、工艺口等，由于大小不一，所设置的防火设施也各异，如防火窗、防火卷帘、防火阀、防火分隔水幕等。但无论何种设施，均应能在火灾时封闭开口，有效阻止火势蔓延。

（2）本条规定在于保证防火墙防火分隔的可靠性。可燃气体和可燃液体管道穿越防火墙，很容易将火灾从防火墙的一侧引到另外一侧。排气管道内的气体一般为燃烧的余气，温度较高，将排气管道设置在防火墙内不仅对防火墙本身的稳定性有影响，而且排气时长时间聚集的热量有可能引燃防火墙两侧的可燃物。此外，在布置输送氧气、煤气、乙炔等可燃气体和汽油、苯、甲醇、乙醇、煤油、柴油等甲、乙、丙类液体的管道时，还要充分考虑这些管道发生可燃气体或蒸气逸漏对防火墙本身安全以及防火墙两侧空间的危害。

6.1.6 本条规定在于防止建筑物内的高温烟气和火势穿过防火墙上的开口和孔隙等蔓延扩散，以保证防火分区的防火安全。如水管、输送无火灾危险的液体管道等因条件限制必须穿过防火墙时，要用弹性较好的不燃材料或防火封堵材料将管道周围的缝隙紧密填塞。对于采用塑料等遇高温或火焰易收缩变形或烧蚀的材质的管道，要采取措施使该类管道在受火后能被封闭，如设置热膨胀型阻火圈或者设置在具有耐火性能的管道井内等，以防止火势和烟气穿过防火分隔体。有关防火封堵措施，在中国工程建设标准化协会标准《建筑防火封堵应用技术规程》CECS 154：2003中有详细要求。

6.1.7 本条为强制性条文。本条规定了防火墙构造的本质要求，是确保防火墙自身结构安全的基本规定。防火墙的构造应该使其能在火灾中保持足够的稳定性能，以发挥隔烟阻火作用，不会因高温或邻近结构破坏而引起防火墙的倒塌，致使火势蔓延。耐火等级较低一侧的建筑结构或其中燃烧性能和耐火极限较低的结构，在火灾中易发生垮塌，从而可能以侧向力或下拉力作用于防火墙，设计应考虑这一因素。此外，在建筑物室内外建造的独立防火墙，也要考虑其高度与厚度的关系以及墙体的内部加固构造，使防火墙具有足够的稳固性与抗力。

6.2 建筑构件和管道井

6.2.1 本条规定了剧场、影院等建筑的舞台与观众厅的防火分隔要求。

剧场等建筑的舞台及后台部分，常使用或存放着大量幕布、布景、道具，可燃装修和用电设备多。另外，由于演出需要，人为着火因素也较多，如烟火效果及演员在台上吸烟表演等，也容易引发火灾。着火后，舞台部位的火势往往发展迅速，难以及时控制。剧场等建筑舞台下面的灯光操纵室和存放道具、布景的储藏室，可燃物较多，也是该场所防火设计的重点控制部位。

电影放映室主要放映以硝酸纤维片等易燃材料的影片，极易发生燃烧，或断片时使用易燃液体丙酮接片子而导致火灾，且室内电气设备又比较多。因此，该部位要与其他部位进行有效分隔。对于放映数字电影的放映室，当室内可燃物较少时，其观察孔和放映孔也可不采取防火分隔措施。

剧场、电影院内的其他建筑防火构造措施与规定，还应符合国家现行标准《剧场建筑设计规范》JGJ 57和《电影院建筑设计规范》JGJ 58的要求。

6.2.2 本条为强制性标准条文。本条规定为对建筑内一些需要重点防火保护的特殊场所的防火分隔要求。本条中规定的防火分隔墙体和楼板的耐火极限是根据二级耐火等级建筑的相应要求确定的。

（1）医疗建筑内存在一些性质重要或发生火灾时不能马上撤离的部位，如产房、手术室、重症病房、贵重的精密医疗装备用房等，以及可燃物多或火灾危险性较大，容易发生火灾的场所，如药房、储藏间、实验室、胶片室等。因此，需要加强对这些房间的防火分隔，以减小火灾危害。对于医院洁净手术部，还应符合国家现行有关标准《医院洁净手术部建筑技术规范》GB 50333和《综合医院建筑设计规范》GB 51039的有关要求。

（2）托儿所、幼儿园的婴幼儿、老年人照料设施内的老弱者等人员行为能力较弱，容易在火灾时造成伤亡，当设置在其他建筑内时，要与其他部位分隔。其他防火要求还应符合国家现行有关标准的要求，如《托儿所、幼儿园建筑设计规范》JGJ 39等。

6.2.3 本条规定了属于易燃、易爆且容易发生火灾或高温、明火生产部位的防火分隔要求。

厨房火灾危险性较大，主要原因有电气设备过载老化、燃气泄漏或油烟机、排油烟管道着火等。因此，本条对厨房的防火分隔提出了要求。本条中的“厨房”包括公共建筑和工厂中的厨房、宿舍和公寓等居住建筑中的公共厨房，不包括住宅、宿舍、公寓等居住建筑中套内设置的供家庭或住宿人员自用的厨房。

当厂房或仓库内有工艺要求必须将不同火灾危险性的生产布置在一起时，除属丁、戊类火灾危险性的生产与储存场所外，厂房或仓库中甲、乙、丙类火灾危险性的生产或储存物品一般要分开设置，并应采用具有一定耐火极限的墙体分隔，以降低不同火灾危险性场所之间的相互影响。如车间内的变电所、变压器、可燃或易燃液体或气体储存房间、人员休息室或车间管理与调度室、仓库内不同火灾危险性的物品存放区等，有的在本规范第3.3.5条～第3.3.8条和第6.2.7条等条文中也有规定。

6.2.4 本条为强制性条文。本条为保证防火隔墙的有效性，对其构造做法作了规定。为有效控制火势和烟气蔓延，特别是烟气对人员安全的威胁，旅馆、公共娱乐场所等人员密集场所内的防火隔墙，应注意将隔墙从地面或楼面砌至上一层楼板或屋面板底部。楼板与隔墙之间的缝隙、穿越墙体的管道及其缝隙、开口等应按照本规范有关规定采取防火措施。

在单元式住宅中，分户墙是主要的防火分隔墙体，户与户之间进行较严格的分隔，保证火灾不相互蔓延，也是确保住宅建筑防火安全的重要措施。要求单元之间的墙应无门窗洞口，单元之间的墙砌至屋面板底部，可使该隔墙真正起到防火隔断作用，从而把火灾限制在着火的一户内或一个单元之内。

6.2.5 本条为强制性条文。建筑外立面开口之间如未采取必要的防火分隔措施，易导致火灾通过开口部位相互蔓延，为此，本条规定了外立面开口之间的防火措施。

目前，建筑中采用落地窗，上、下层之间不设置实体墙的现象比较普遍，一旦发生火灾，易导致火灾通过外墙上的开口在水平和竖直方向上蔓延。本条结合有关火灾案例，规定了建筑外墙上在上、下层开口之间的墙体高度或防火挑檐的挑出宽度，以及住宅建筑相邻套在外墙上的开口之间的墙体的水平宽度，以防止火势通过建筑外窗蔓延。关于上下层开口之间实体墙的高度计算，当下部外窗的上沿以上为上一层的梁时，该梁的高度可计入上、下层开口间的墙体高度。

当上、下层开口之间的墙体采用实体墙确有困难时，允许采用防火玻璃墙，但防火玻璃墙和外窗的耐火完整性都要能达到规范规定的耐火完整性要求，其耐火完整性按照现行国家标准《镶玻璃构件耐火试验方法》GB/T 12513 中对非隔热性镶玻璃构件的试验方法和判定标准进行测定。

国家标准《建筑用安全玻璃　第1部分：防火玻璃》GB 15763.1—2009 将防火玻璃按照耐火性能分为A、C两类，其中A类防火玻璃能够同时满足标准有关耐火完整性和耐火隔热性的要求，C类防火玻璃仅能满足耐火完整性的要求。火势通过窗口蔓延时需经过外部卷吸后作用到窗玻璃上，且火焰需突破着火房间的窗户经室外再蔓延到其他房间，满足耐火完整性的C类防火玻璃，可基本防止火势通过窗口蔓延。

住宅内着火后，在窗户开启或窗户玻璃破碎的情况下，火焰将从窗户蔓出并向上卷吸，因此着火房间的同层相邻房间受火的影响要小于着火房间的上一层房间。此外，当火焰在环境风的作用下偏向一侧时，住宅户与户之间突出外墙的隔板可以起到很好的阻火隔热作用，效果要优于外窗之间设置的墙体。根据火灾模拟分析，当住宅户与户之间设置突出外墙不小于0.6m的隔板或在外窗之间设置宽度不小于1.0m的不燃性墙体时，能够阻止火势向相邻住户蔓延。

6.2.6 本条为强制性条文。采用幕墙的建筑，主要因大部分幕墙存在空腔结构，这些空腔上下贯通，在火灾时会产生烟囱效应，如不采取一定分隔措施，会加剧火势在水平和竖向的迅速蔓延，导致建筑整体着火，难以实施扑救。幕墙与周边防火分隔构件之间的缝隙、与楼板或者隔墙外沿之间的缝隙、与相邻的实体墙洞口之间的缝隙等的填充材料常用玻璃棉、硅酸铝棉等不燃材料。实际工程中，存在受震动和温差影响易脱落、开裂等问题，故规定幕墙与每层楼板、隔墙处的缝隙，要采用具有一定弹性和防火性能的材料填塞密实。这种材料可以是不燃材料，也可以是难燃材料。如采用难燃材料，应保证其在火焰或高温作用下能发生膨胀变形，并具有一定的耐火性能。

设置幕墙的建筑，其上、下层外墙上开口之间的墙体或防火挑檐仍要符合本规范第6.2.5条的要求。

6.2.7 本条为强制性条文。本条规定了建筑内设置的消防控制室、消防设备房等重要设备房的防火分隔要求。

设置在其他建筑内的消防控制室、固定灭火系统的设备室等要保证该建筑发生火灾时，不会受到火灾的威胁，确保消防设施正常工作。通风、空调机房是通风管道汇集的地方，是火势蔓延的主要部位之一。基于上述考虑，本条规定这些房间要与其他部位进行防火分隔，但考虑到丁、戊类生产的火灾危险性较小，对这两类厂房中的通风机房分隔构件的耐火极限要求有所降低。

6.2.8 冷库的墙体保温采用难燃或可燃材料较多，面积大、数量多，且冷库内所存物品有些还是可燃的，包装材料也多是可燃的。冷库火灾主要由聚苯乙烯硬泡沫、软木易燃物质等隔热材料和可燃制冷剂等引起。因此，有些国家对冷库采用可燃塑料作隔热材料有较严格的限制，在规范中确定小于150m^{2}的冷库才允许用可燃材料隔热层。为了防止隔热层造成火势蔓延扩大，规定应作水平防火分隔，且该水平分隔体应具备与分隔部位相应构件相当的耐火极限。其他有关分隔和构造要求还应符合国家现行国家标准《冷库设计规范》GB 50072 的规定。

近年来冷库及低温环境生产场所已发生多起火灾，火灾案例表明，当建筑采用泡沫塑料作内绝热层时，裸露的泡沫材料易被引燃，火灾时蔓延速度快且产生大量的有毒烟气，因此，吸取火灾事故教训，加强冷库及人工制冷降温厂房的防火措施很有必要。本条不仅对泡沫材料的燃烧性能作了限制，而且要求采用不燃材料做防护层。

氨压缩机房属于乙类火灾危险性场所，当冷库的氨压缩机房确需与加工车间贴邻时，要采用不开门窗洞口的防火墙分隔，以降低氨压缩机房发生事故时对加工车间的影响。同时，冷库也要与加工车间采取可靠的防火分隔措施。

6.2.9 本条第1、2、3款为强制性条文。由于建筑内的竖井上下贯通一旦发生火灾，易沿竖井竖向蔓延，因此，要求采取防火措施。

电梯井的耐火极限要求，见本规范第3.2.1条和第5.1.2条的规定。电梯层门是设置在电梯层站入口的封闭门，即梯井门。电梯层门的耐火极限应按照现行国家标准《电梯层门耐火试验》GB/T 27903 的规定进行测试，并符合相应的判定标准。

建筑中的管道井、电缆井等竖向管井是烟火竖向蔓延的通道，需采取在每层楼板处用相当于楼板耐火极限的不燃材料等防火措施分隔。实际工程中，每层分隔对于检修影响不大，却能提高建筑的消防安全性。因此，要求这些竖井要在每层进行防火分隔。

本条中的“安全逃生门”是指根据电梯相关标准要求，对于电梯不停靠的楼层，每隔 11m 需要设置的可开启的电梯安全逃生门。

6.2.10 直接设置在有可燃、难燃材料的墙体上的户外电致发光广告牌，容易因供电线路和电器原因使墙体或可燃广告牌着火而引发火灾，并能导致火势沿建筑外立面蔓延。户外广告牌遮挡建筑外窗，也不利于火灾时建筑的排烟和人员的应急逃生以及外部灭火救援。

本条中的“可燃、难燃材料的墙体”，主要指设置广告牌所在部位的墙体本身是由可燃或难燃材料构成，或该部位的墙体表面设置有由难燃或可燃的保温材料构成的外保温层或外装饰层。

6.3 屋顶、闷顶和建筑缝隙

6.3.1～6.3.3 冷摊瓦屋顶具有较好的透气性，瓦片间相互重叠而有缝隙，可直接铺在挂瓦条上，也可铺在处理后的屋面上起装饰作用，我国南方和西南地区的坡屋顶建筑应用较多。第 6.3.1 条规定主要为防止火星通过冷摊瓦的缝隙落在闷顶内引燃可燃物而酿成火灾。

闷顶着火后，闷顶内温度比较高、烟气弥漫，消防员进入闷顶侦察火情、灭火救援相当困难。为尽早发现火情、避免发展成为较大火灾，有必要设置老虎窗。设置老虎窗的闷顶着火后，火焰、烟和热空气可以从老虎窗排出，不至于向两旁扩散到整个闷顶，有助于把火势局限在老虎窗附近范围内，并便于消防员侦察火情和灭火。楼梯是消防员进入建筑进行灭火的主要通道，闷顶入口设在楼梯间附近，便于消防员快速侦察火情和灭火。

闷顶为屋盖与吊顶之间的封闭空间，一般起隔热作用，常见于坡屋顶建筑。闷顶火灾一般阴燃时间较长，因空间相对封闭且不上人，火灾不易被发现，待发现之后火已着大，难以扑救。阴燃开始后，由于闷顶内空气供应不充足，燃烧不完全，如果让未完全燃烧的气体积热、积聚在闷顶内，一旦吊顶突然局部塌落，氧气充分供应就会引起局部轰燃。因此，这些建筑要设置必要的闷顶入口。但有的建筑物，其屋架、吊顶和其他屋顶构件为不燃材料，闷顶内又无可燃物，像这样的闷顶，可以不设置闷顶入口。

第 6.3.3 条中的“每个防火隔断范围”，主要指住宅单元或其他采用防火隔墙分隔成较小空间（墙体隔断闷顶）的建筑区域。教学、办公、旅馆等公共建筑，每个防火隔断范围面积较大，一般为 $1000m^2$，最大可达 $2000m^2$ 以上，因此要求设置不小于 2 个闷顶入口。

6.3.4 建筑变形缝是在建筑长度较长的建筑中或建筑中有较大高差部分之间，为防止温度变化、沉降不均匀或地震等引起的建筑变形而影响建筑结构安全和使用功能，将建筑结构断开为若干部分所形成的缝隙。特别是高层建筑的变形缝，因抗震等需要留得较宽，在火灾中具有很强的拔火作用，会使火灾通过变形缝内的可燃填充材料蔓延，烟气也会通过变形缝等竖向结构缝隙扩散到全楼。因此，要求变形缝内的填充材料、变形缝在外墙上的连接与封堵构造处理和在楼层位置的连接与封盖的构造基层采用不燃烧材料。有关构造参见图 7。该构造由铝合金型材、铝合金板（或不锈钢板）、橡胶嵌条及各种专用胶条组成。配合止水带、阻火带，还可以满足防水、防火、保温等要求。

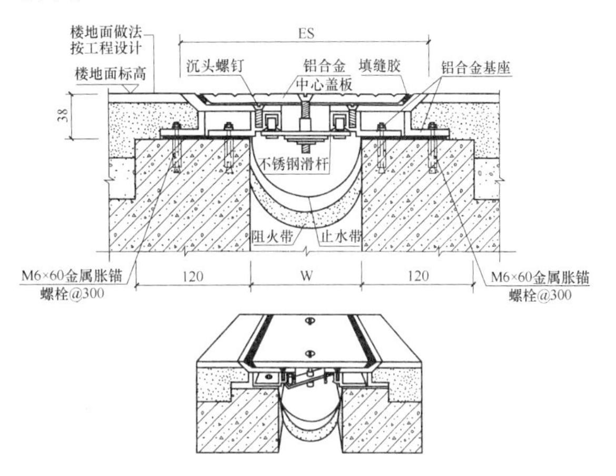

图 7　变形缝构造示意图

据调查，有些高层建筑的变形缝内还敷设电缆或填充泡沫塑料等，这是不妥当的。为了消除变形缝的火灾危险因素，保证建筑物的安全，本条规定变形缝内不应敷设电缆、可燃气体管道和甲、乙、丙类液体管道等。在建筑使用过程中，变形缝两侧的建筑可能发生位移等现象，故应避免将一些易引发火灾或爆炸的管线布置其中。当需要穿越变形缝时，应采用穿刚性管等方法，管线与套管之间的缝隙应采用不燃材料、防火材料或耐火材料紧密填塞。本条规定主要为防止因建筑变形破坏管线而引发火灾并使烟气通过变形缝扩散。

因建筑内的孔洞或防火分隔处的缝隙未封堵或封堵不当导致人员死亡的火灾，在国内外均发生过。国际标准化组织标准及欧美等国家的建筑规范均对此有明确的要求。这方面的防火处理容易被忽视，但却是建筑消防安全体系中的有机组成部分，设计中应予重视。

6.3.5 本条为强制性条文。穿越墙体、楼板的风管或排烟管道设置防火阀、排烟防火阀，就是要防止烟气和火势蔓延到不同的区域。在阀门之间的管道采取防火保护措施，可保证管道不会因受热变形而破坏整个分隔的有效性和完整性。

6.3.6 目前，在一些建筑，特别是民用建筑中，越来越多地采用硬聚氯乙烯管道。这类管道遇高温和火焰容易导致楼板或墙体出现孔洞。为防止烟气或火势蔓延，要求采取一定的防火措施，如在管道的贯穿部位采用防火套箍和防火封堵等。本条和本规范第6.1.6条、第6.2.6条、第6.2.9条所述防火封堵材料，均要符合国家现行标准《防火膨胀密封件》GB 16807和《防火封堵材料》GB 23864等的要求。

6.3.7 本条规定主要是为防止通过屋顶开口造成火灾蔓延。当建筑的辅助建筑屋顶有开口时，如果该开口与主体之间距离过小，火灾就能通过该开口蔓延至上部建筑。因此，要采取一定的防火保护措施，如将开口布置在距离建筑高度较高部分较远的地方，一般不宜小于6m，或采取设置防火采光顶、邻近开口一侧的建筑外墙采用防火墙等措施。

6.4 疏散楼梯间和疏散楼梯等

6.4.1 本条第2～6款为强制性条款。本条规定为疏散楼梯间的通用防火要求。

1 疏散楼梯间是人员竖向疏散的安全通道，也是消防员进入建筑进行灭火救援的主要路径。因此，疏散楼梯间应保证人员在楼梯间内疏散时能有较好的光线，有天然采光条件的要首先采用天然采光，以尽量提高楼梯间内照明的可靠性。当然，即使采用天然采光的楼梯间，仍需要设置疏散照明。

建筑发生火灾后，楼梯间任一侧的火灾及其烟气可能会通过楼梯间外墙上的开口蔓延至楼梯间内。本款要求楼梯间窗口（包括楼梯间的前室或合用前室外墙上的开口）与两侧的门窗洞口之间要保持必要的距离，主要为确保疏散楼梯间内不被烟火侵袭。无论楼梯间与门窗洞口是处于同一立面位置还是处于转角处等不同立面位置，该距离都是外墙上的开口与楼梯间开口之间的最近距离，含折线距离。

疏散楼梯间要尽量采用自然通风，以提高排除进入楼梯间内烟气的可靠性，确保楼梯间的安全。楼梯间靠外墙设置，有利于楼梯间直接天然采光和自然通风。不能利用天然采光和自然通风的疏散楼梯间，需按本规范第6.4.2条、第6.4.3条的要求设置封闭楼梯间或防烟楼梯间，并采取防烟措施。

2 为避免楼梯间内发生火灾或防止火灾通过楼梯间蔓延，规定楼梯间内不应附设烧水间、可燃材料储藏室、非封闭的电梯井、可燃气体管道，甲、乙、丙类液体管道等。

3 人员在紧急疏散时容易在楼梯出入口及楼梯间内发生拥挤现象，楼梯间的设计要尽量减少布置凸出墙体的物体，以保证不会减少楼梯间的有效疏散宽度。楼梯间的宽度设计还需考虑采取措施，以保证人行宽度不宜过宽，防止人群疏散时失稳跌倒而导致踩踏等意外。澳大利亚建筑规范规定：当阶梯式走道的宽度大于4m时，应在每2m宽度处设置栏杆扶手。

4 虽然防火卷帘在耐火极限上可达到防火要求，但卷帘密闭性不好，防烟效果不理想，加之联动设施、固定槽或卷轴电机等部件如果不能正常发挥作用，防烟楼梯间或封闭楼梯间的防烟措施将形同虚设。此外，卷帘在关闭时也不利于人员逃生。因此，封闭楼梯间、防烟楼梯间及其前室不应设置卷帘。

5 楼梯间是保证人员安全疏散的重要通道，输送甲、乙、丙液体等物质的管道不应设置在楼梯间内。

6 布置在楼梯间内的天然气、液化石油气等燃气管道，因楼梯间相对封闭，容易因管道维护管理不到位或碰撞等其他原因发生泄漏而导致严重后果。因此，燃气管道及其相关控制阀门等不能布置在楼梯间内。但为方便管理，各地正在推行住宅建筑中的水表、电表、气表等出户设置。为适应这一要求，本条规定允许可燃气体管道进入住宅建筑未封闭的楼梯间，但为防止管道意外损伤发生泄漏，要求采用金属管。为防止燃气因该部分管道破坏而引发较大火灾，应在计量表前或管道进入建筑物前安装紧急切断阀，并且该阀门应具备可手动操作关断气源的装置，有条件时可设置自动切断管路的装置。另外，管道的布置与安装位置，应注意避免人员通过楼梯间时与管道发生碰撞。有关设计还应符合现行国家标准《城镇燃气设计规范》GB 50028的规定。其他建筑的楼梯间内，不允许敷设可燃气体管道或设置可燃气体计量表。

6.4.2 本条为强制性条文。本条规定为封闭楼梯间的专门防火要求，除本条规定外的其他要求，要符合本规范第6.4.1条的通用要求。

通向封闭楼梯间的门，正常情况下需采用乙级防火门。在实际使用过程中，楼梯间出入口的门常因采用常闭防火门而致闭门器经常损坏，使门无法在火灾时自动关闭。因此，对于有人员经常出入的楼梯间门，要尽量采用常开防火门。对于自然通风或自然排烟口不能符合现行国家相关防排烟系统设计标准的封闭楼梯间，可以采用设置防烟前室或直接在楼梯间内加压送风的方式实现防烟目的。

有些建筑，在首层设置有大堂，楼梯间在首层的出口难以直接对外，往往需要将大堂或首层的一部分包括在楼梯间内而形成扩大的封闭楼梯间。在采用扩大封闭楼梯间时，要注意扩大区域与周围空间采取防火措施分隔。垃圾道、管道井等的检查门等，不能直接开向楼梯间内。

6.4.3 本条第1、3、4、5、6款为强制性条款。本条规定为防烟楼梯间的专门防火要求，除本条规定外的其他要求，要符合本规范第6.4.1条的通用要求。

防烟楼梯间是具有防烟前室等防烟设施的楼梯间。前室应具有可靠的防烟性能，使防烟楼梯间具有比封闭楼梯间更好的防烟、防火能力，防火可靠性更高。前室不仅起防烟作用，而且可作为疏散人群进入楼梯间的缓冲空间，同时也可以供灭火救援人员进行进攻前的整装和灭火准备工作。设计要注意使前室的大小与楼层中疏散进入楼梯间的人数相适应。条文中的前室或合用前室的面积，为可供人员使用的净面积。

本条及本规范中的"前室"，包括开敞式的阳台、凹廊等类似空间。当采用开敞式阳台或凹廊等防烟空间作为前室时，阳台或凹廊等的使用面积也要满足前室的有关要求。防烟楼梯间在首层直通室外时，其首层可不设置前室。对于防烟楼梯间在首层难以直通室外，可以采用在首层将火灾危险性低的门厅扩大到楼梯间的前室内，形成扩大的防烟楼梯间前室。对于住宅建筑，由于平面布置难以将电缆井和管道井的检查门开设在其他位置时，可以设置在前室或合用前室内，但检查门应采用丙级防火门。其他建筑的防烟楼梯间的前室或合用前室内，不允许开设除疏散门以外的其他开口和管道井的检查门。

6.4.4 本条为强制性条文。为保证人员疏散畅通、快捷、安全，除通向避难层且需错位的疏散楼梯和建筑的地下室与地上楼层的疏散楼梯外，其他疏散楼梯在各层不能改变平面位置或断开。相应的规定在国外有关标准中也有类似要求，如美国《统一建筑规范》规定：地下室的出口楼梯应直通建筑外部，不应经过首层；法国《公共建筑物安全防火规范》规定：地上与地下疏散楼梯应断开。

对于楼梯间在地下层与地上层连接处，如不进行有效分隔，容易造成地下楼层的火灾蔓延到建筑的地上部分。因此，为防止烟气和火焰蔓延到建筑的上部楼层，同时避免建筑上部的疏散人员误入地下楼层，要求在首层楼梯间通向地下室、半地下室的入口处采用防火分隔构件将地上部分的疏散楼梯与地下、半地下部分的疏散楼梯分隔开，并设置明显的疏散指示标志。当地上、地下楼梯间确因条件限制难以直通室外时，可以在首层通过与地上疏散楼梯共用的门厅直通室外。

对于地上建筑，当疏散设施不能使用时，紧急情况下还可以通过阳台以及其他的外墙开口逃生，而地下建筑只能通过疏散楼梯垂直向上疏散。因此，设计要确保人员进入疏散楼梯间后的安全，要采用封闭楼梯间或防烟楼梯间。

根据执行规范过程中出现的问题和火灾时的照明条件，设计要采用灯光疏散指示标志。

6.4.5 本条为强制性条文。本条规定主要为防止因楼梯倾斜度过大、楼梯过窄或栏杆扶手过低导致不安全，同时防止火焰从门内窜出而将楼梯烧坏，影响人员疏散。室外楼梯可作为防烟楼梯间或封闭楼梯间使用，但主要还是辅助用于人员的应急逃生和消防员直接从室外进入建筑物，到达着火层进行灭火救援。对于某些建筑，由于楼层使用面积紧张，也可采用室外疏散楼梯进行疏散。

在布置室外楼梯平台时，要避免疏散门开启后，因门扇占用楼梯平台而减少其有效疏散宽度。也不应将疏散门正对梯段开设，以避免疏散时人员发生意外，影响疏散。同时，要避免建筑外墙在疏散楼梯的平台、梯段的附近开设外窗。

6.4.6 丁、戊类厂房的火灾危险性较小，即使发生火灾，也比较容易控制，危害也小，故对相应疏散楼梯的防火要求作了适当调整。金属梯同样要考虑防滑、防跌落等措施。室外疏散楼梯的栏杆高度、楼梯宽度和坡度等设计均要考虑人员应急疏散的安全。

6.4.7 疏散楼梯或可作疏散用的楼梯和疏散通道上的阶梯踏步，其深度、高度和形式均要有利于人员快速、安全疏散，能较好地防止人员在紧急情况下出现摔倒等意外。弧形楼梯、螺旋梯及楼梯斜踏步在内侧坡度陡、每级扇步深度小，不利于快速疏散。美国《生命安全规范》NFPA 101对于采用螺旋梯进行疏散有较严格的规定：使用人数不大于5人，楼梯宽度不小于660mm，阶梯高度不大于241mm，最小净空高度为1980mm，距最窄边305mm处的踏步深度不小于191mm且所有踏步均一致。

6.4.8 本条规定主要考虑火灾时消防员进入建筑后，能利用楼梯间内两梯段及扶手之间的空隙向上吊挂水带，快速展开救援作业，减少水头损失。根据实际操作和平时使用安全需要，规定公共疏散楼梯梯段之间空隙的宽度不小于150mm。对于住宅建筑，也要尽可能满足此要求。

6.4.9 由于三、四级耐火等级的建筑屋顶可采用难燃性或可燃性屋顶承重构件和屋面，设置室外消防梯可方便消防员直接上到屋顶采取截断火势、开展有效灭火等行动。本条主要是根据这些建筑的特性及其灭火需要确定的。实际上，建筑设计要尽可能为方便消防员灭火救援提供一些设施，如室外消防梯、进入建筑的专门通道或路径，特别是地下、半地下建筑（室）和一些消防装备还相对落后的地区。

为尽量减小消防员进入建筑时与建筑内疏散人群的冲突，设计应充分考虑消防员进入建筑物内的需要。室外消防梯可以方便消防员登上屋顶或由窗口进入楼层，以接近火源、控制火势、及时灭火。在英国和我国香港地区的相关建筑规范中，要求为消防员进入建筑物设置有防火保护的专门通道或入口。

消防员赴火场进行灭火救援时均会配备单杠梯或

挂钩梯。本条规定主要为避免闷顶着火时因老虎窗向外喷烟火而妨碍消防员登上屋顶，同时防止闲杂人员攀爬，又能满足灭火救援需要。

6.4.10 本条为强制性条文。在火灾时，建筑内可供人员安全进入楼梯间的时间比较短，一般为几分钟。而疏散走道是人员在楼层疏散过程中的一个重要环节，且也是人员汇集的场所，要尽量使人员的疏散行动通畅不受阻。因此，在疏散走道上不应设置卷帘、门等其他设施，但在防火分区处设置的防火门，则需要采用常开的方式以满足人员快速疏散、火灾时自动关闭起到阻火挡烟的作用。

6.4.11 本条为强制性条文。本条规定了安全出口和疏散出口上的门的设置形式、开启方向等基本要求，要求在人员疏散过程中不会因为疏散门而出现阻滞或无法疏散的情况。

疏散楼梯间、电梯间或防烟楼梯间的前室或合用前室的门，应采用平开门。侧拉门、卷帘门、旋转门或电动门，包括帘中门，在人群紧急疏散情况下无法保证安全、快速疏散，不允许作为疏散门。防火分区处的疏散门要求能够防火、防烟并能便于人员疏散通行，满足较高的防火性能，要采用甲级防火门。

疏散门为设置在建筑内各房间直接通向疏散走道的门或安全出口上的门。为避免在着火时由于人群惊慌、拥挤而压紧内开门扇，使门无法开启，要求疏散门应向疏散方向开启。对于使用人员较少且人员对环境及门的开启形式熟悉的场所，疏散门的开启方向可以不限。公共建筑中一些平时很少使用的疏散门，可能需要处于锁闭状态，但无论如何，设计均要考虑采取措施使疏散门能在火灾时从内部方便打开，且在打开后能自行关闭。

本条规定参照了美、英等国的相关规定，如美国消防协会标准《生命安全规范》NFPA 101 规定：距楼梯或电动扶梯的底部或顶部 3m 范围内不应设置旋转门。设置旋转门的墙上应设侧铰式双向弹簧门，且两扇门的间距应小于 3m。通向室外的电控门和感应门均应设计成一旦断电，即能自动开启或手动开启。英国建筑规范规定：门厅或出口处的门，如果着火时使用该门疏散的人数大于 60 人，则疏散门合理、实用、可行的开启方向应朝向疏散方向。对火灾危险性高的工业建筑，人数低于 60 人时，也应要求门朝疏散方向开启。

考虑到仓库内的人员一般较少且门洞较大，故规定门设置在墙体的外侧时允许采用推拉门或卷帘门，但不允许设置在仓库外墙的内侧，以防止因货物翻倒等原因压住或阻碍而无法开启。对于甲、乙类仓库，因火灾时的火焰温度高、火灾蔓延迅速，甚至会引起爆炸，故强调甲、乙类仓库不应采用侧拉门或卷帘门。

6.4.12～6.4.14 这 3 条规定了本规范第 5.3.5 条规定的防火分隔方式的技术要求。

（1）下沉式广场等室外开敞空间能有效防止烟气积聚；足够宽度的室外空间，可以有效阻止火灾的蔓延。根据本规范第 5.3.5 条的规定，下沉式广场主要用于将大型地下商店分隔为多个相互相对独立的区域，一旦某个区域着火且不能有效控制时，该空间要能防止火灾蔓延至采用该下沉式广场分隔的其他区域。故该区域内不能布置任何经营性商业设施或其他可能导致火灾蔓延的设施或物体。在下沉式广场等开敞空间上部设置防风雨篷等设施，不利于烟气迅速排出。但考虑到国内不同地区的气候差异，确需设置防风雨篷时，应能保证火灾烟气快速地自然排放，有条件时要尽可能根据本规定加大雨篷的敞口面积或自动排烟窗的开口面积，并均匀布置开口或排烟窗。

为保证人员逃生需要，下沉广场等区域内需设置至少 1 部疏散楼梯直达地面。当该开敞空间兼作人员疏散用途时，该区域通向地面的疏散楼梯要均匀布置，使人员的疏散距离尽量短，疏散楼梯的总净宽度，原则上不能小于各防火分区通向该区域的所有安全出口的净宽度之和。但考虑到该区域内可用于人员停留的面积较大，具有较好的人员缓冲条件，故规定疏散楼梯的总净宽度不应小于通向该区域的疏散总净宽度最大一个防火分区的疏散宽度。条文规定的“$169m^2$”，是有效分隔火灾的开敞区域的最小面积，即最小长度×宽度，13m×13m。对于兼作人员疏散用的开敞空间，是该区域内可用于人员行走、停留并直接通向地面的面积，不包括水池等景观所占用的面积。

按本规范第 5.3.5 条要求设置的下沉式广场等室外开敞空间，为确保 $20000m^2$ 防火分隔的安全性，不大于 $20000m^2$ 的不同区域通向该开敞空间的开口之间的最小水平间距不能小于 13m；不大于 $20000m^2$ 的同一区域中不同防火分区外墙上开口之间的最小水平间距，可以按照本规范第 6.1.3 条、第 6.1.4 条的有关规定确定。

（2）防火隔间只能用于相邻两个独立使用场所的人员相互通行，内部不应布置任何经营性商业设施。防火隔间的面积参照防烟楼梯间前室的面积作了规定。该防火隔间上设置的甲级防火门，在计算防火分区的安全出口数量和疏散宽度时，不能计入数量和宽度。

（3）避难走道主要用于解决大型建筑中疏散距离过长，或难以按照规范要求设置直通室外的安全出口等问题。避难走道和防烟楼梯间的作用类似，疏散时人员只要进入避难走道，就可视为进入相对安全的区域。为确保人员疏散的安全，当避难走道服务于多个防火分区时，规定避难走道直通地面的出口不少于 2 个，并设置在不同的方向；当避难走道只与一个防火分区相连时，直通地面的出口虽然不强制要求设置 2

个，但有条件时应尽量在不同方向设置出口。避难走道的宽度要求，参见本条下沉式广场的有关说明。

6.5 防火门、窗和防火卷帘

6.5.1 本条为对建筑内防火门的通用设置要求，其他要求见本规范的有关条文的规定，有关防火门的性能要求还应符合国家标准《防火门》GB 12955 的要求。

（1）为便于针对不同情况采取不同的防火措施，规定了防火门的耐火极限和开启方式等。建筑内设置的防火门，既要能保持建筑防火分隔的完整性，又要能方便人员疏散和开启，应保证门的防火、防烟性能符合现行国家标准《防火门》GB 12955 的有关规定和人员的疏散需要。

建筑内设置防火门的部位，一般为火灾危险性大或性质重要房间的门以及防火墙、楼梯间及前室上的门等。因此，防火门的开启方式、开启方向等均要保证在紧急情况下人员能快捷开启，不会导致阻塞。

（2）为避免烟气或火势通过门洞窜入疏散通道内，保证疏散通道在一定时间内的相对安全，防火门在平时要尽量保持关闭状态；为方便平时经常有人通行而需要保持常开的防火门，要采取措施使之能在着火时以及人员疏散后能自行关闭，如设置与报警系统联动的控制装置和闭门器等。

（3）建筑变形缝处防火门的设置要求，主要为保证分区间的相互独立。

（4）在现实中，防火门因密封条在未达到规定的温度时不会膨胀，不能有效阻止烟气侵入，这对宾馆、住宅、公寓、医院住院部等场所在发生火灾后的人员安全带来隐患。故本条要求防火门在正常使用状态下关闭后具备防烟性能。

6.5.2 防火窗一般均设置在防火间距不足部位的建筑外墙上的开口处或屋顶天窗部位、建筑内的防火墙或防火隔墙上需要进行观察和监控活动等的开口部位、需要防止火灾竖向蔓延的外墙开口部位。因此，应将防火窗的窗扇设计成不能开启的窗扇，否则，防火窗应在火灾时能自行关闭。

6.5.3 本条为对设置在防火墙、防火隔墙以及建筑外墙开口上的防火卷帘的通用要求。

（1）防火卷帘主要用于需要进行防火分隔的墙体，特别是防火墙、防火隔墙上因生产、使用等需要开设较大开口而又无法设置防火门时的防火分隔。在实际使用过程中，防火卷帘存在着防烟效果差、可靠性低等问题以及在部分工程中存在大面积使用防火卷帘的现象，导致建筑内的防火分隔可靠性差，易造成火灾蔓延扩大。因此，设计中不仅要尽量减少防火卷帘的使用，而且要仔细研究不同类型防火卷帘在工程中运行的可靠性。本条所指防火分隔部位的宽度是指某一防火分隔区域与相邻防火分隔区域两两之间需要进行分隔的部位的总宽度。如某防火分隔区域为 B，与相邻的防火分隔区域 A 有 1 条边 L1 相邻，则 B 区的防火分隔部位的总宽度为 L1；与相邻的防火分隔区域 A 有 2 条边 L1、L2 相邻，则 B 区的防火分隔部位的总宽度为 L1 与 L2 之和；与相邻的防火分隔区域 A 和 C 分别有 1 条边 L1、L2 相邻，则 B 区的防火分隔部位的总宽度可以分别按 L1 和 L2 计算，而不需要叠加。

（2）根据国家标准《门和卷帘的耐火试验方法》GB 7633 的规定，防火卷帘的耐火极限判定条件有按卷帘的背火面温升和背火面辐射热两种。为避免使用混乱，按不同试验测试判定条件，规定了卷帘在用于防火分隔时的不同耐火要求。在采用防火卷帘进行防火分隔时，应认真考虑分隔空间的宽度、高度及其在火灾情况下高温烟气对卷帘面、卷轴及电机的影响。采用多樘防火卷帘分隔一处开口时，还要考虑采取必要的控制措施，保证这些卷帘能同时动作和同步下落。

（3）由于有关标准未规定防火卷帘的烟密闭性能，故根据防火卷帘在实际建筑中的使用情况，本条还规定了防火卷帘周围的缝隙应做好严格的防火防烟封堵，防止烟气和火势通过卷帘周围的空隙传播蔓延。

（4）有关防火卷帘的耐火时间，由于设置部位不同，所处防火分隔部位的耐火极限要求不同，如在防火墙上设置或需设置防火墙的部位设置防火卷帘，则卷帘的耐火极限就需要至少达到 3.00h；如是在耐火极限要求为 2.00h 的防火隔墙处设置，则卷帘的耐火极限就不能低于 2.00h。如采用防火冷却水幕保护防火卷帘时，水幕系统的火灾延续时间也需按上述方法确定。

6.6 天桥、栈桥和管沟

6.6.1 天桥系指连接不同建筑物、主要供人员通行的架空桥。栈桥系指主要供输送物料的架空桥。天桥、越过建筑物的栈桥以及供输送煤粉、粮食、石油、各种可燃气体（如煤气、氢气、乙炔气、甲烷气、天然气等）的栈桥，应考虑采用钢筋混凝土结构、钢结构或其他不燃材料制作的结构，栈桥不允许采用木质结构等可燃、难燃结构。

6.6.2 本条为强制性条文。栈桥一般距地面较高，长度较长，如本身就具有较大火灾危险，人员利用栈桥进行疏散，一旦遇险很难避险和施救，存在很大安全隐患。

6.6.3 要求在天桥、栈桥与建筑物的连接处设置防火隔断的措施，主要为防止火势经由建筑物之间的天桥、栈桥蔓延。特别是甲、乙、丙类液体管道的封闭管沟（廊），如果没有防止液体流散的设施，一旦管道破裂着火，可能造成严重后果。这些管沟要尽量采用干净的沙子填塞或分段封堵等措施。

6.6.4 实际工程中，有些建筑采用天桥、连廊将几座建筑物连接起来，以方便使用。采用这种方式连接的建筑，一般仍需分别按独立的建筑考虑，有关要求见本规范第5.2.2注6。这种连接方式虽方便了相邻建筑间的联系和交通，但也可能成为火灾蔓延的通道，因此需要采取必要的防火措施，以防止火灾蔓延和保证用于疏散时的安全。此外，用于安全疏散的天桥、连廊等，不应用于其他使用用途，也不应设置可燃物，只能用于人员通行等。

设计需注意研究天桥、连廊周围是否有危及其安全的情况，如位于天桥、连廊下方相邻部位开设的门窗洞口，应积极采取相应的防护措施，同时应考虑天桥两端门的开启方向和能够计入疏散总宽度的门宽。

6.7 建筑保温和外墙装饰

6.7.1 本条规定了建筑内外保温系统中保温材料的燃烧性能的基本要求。不同建筑，其燃烧性能要求有所差别。

A级材料属于不燃材料，火灾危险性很低，不会导致火焰蔓延。因此，在建筑的内、外保温系统中，要尽量选用A级保温材料。

B_2级保温材料属于普通可燃材料，在点火源功率较大或有较强热辐射时，容易燃烧且火焰传播速度较快，有较大的火灾危险。如果必须要采用B_2级保温材料，需采取严格的构造措施进行保护。同时，在施工过程中也要注意采取相应的防火措施，如分别堆放、远离焊接区域、上墙后立即做构造保护等等。

B_3级保温材料属于易燃材料，很容易被低能量的火源或电焊渣等点燃，而且火焰传播速度极为迅速，无论是在施工，还是在使用过程中，其火灾危险性都非常高。因此，在建筑的内、外保温系统中严禁采用B_3级保温材料。

具有必要耐火性能的建筑外围护结构，是防止火势蔓延的重要屏障。耐火性能差的屋顶和墙体，容易被外部高温作用而受到破坏或引燃建筑内部的可燃物，导致火势扩大。本条规定的基层墙体或屋面板的耐火极限，即为本规范第3.2节和第5.1节对建筑外墙和屋面板的耐火极限要求，不考虑外保温系统的影响。

6.7.2 本条为强制性条文。对于建筑外墙的内保温系统，保温材料设置在建筑外墙的室内侧，如果采用可燃、难燃保温材料，遇热或燃烧分解产生的烟气和毒性较大，对于人员安全带来较大威胁。因此，本规范规定在人员密集场所，不能采用这种材料做保温材料；其他场所，要严格控制使用，要尽量采用低烟、低毒的材料。

6.7.3 建筑外墙采用保温材料与两侧墙体无空腔的复合保温结构体系时，由两侧保护层和中间保温层共同组成的墙体的耐火极限应符合本规范的有关规定。当采用B_1、B_2级保温材料时，保温材料两侧的保护层需采用不燃材料，保护层厚度要等于或大于50mm。

本条所规定的保温体系主要指夹芯保温等系统，保温层处于结构构件内部，与保温层两侧的墙体和结构受力体系共同作为建筑外墙使用，但要求保温层与两侧的墙体及结构受力体系之间不存在空隙或空腔。该类保温体系的墙体同时兼有墙体保温和建筑外墙体的功能。

本条中的“结构体”，指保温层及其两侧的保护层和结构受力体系一体所构成的外墙。

6.7.4 本条为强制性条文。有机保温材料在我国建筑外保温应用中占据主导地位，但由于有机保温材料的可燃性，使得外墙外保温系统火灾屡屡发生，并造成了严重后果。国外一些国家对外保温系统使用的有机保温材料的燃烧性能进行了较严格的规定。对于人员密集场所，火灾容易导致人员群死群伤，故本条要求设有人员密集场所的建筑，其外墙外保温材料应采用A级材料。

6.7.4A 新增条文，本条为强制性条文。我国已有不少建筑外保温火灾造成了严重后果，且此类火灾呈多发态势。燃烧性能为A级的材料属于不燃材料，火灾危险性低，不会导致火焰蔓延，能较好地防止火灾通过建筑的外立面和屋面蔓延。其他燃烧性能的保温材料不仅易燃烧、易蔓延，且烟气毒性大。因此，老年人照料设施的内、外保温系统要选用A级保温材料。

当老年人照料设施部分的建筑面积较小时，考虑到其规模较小及其对建筑其他部位的影响，仍可以按本节的规定采用相应的保温材料。

6.7.5 本条为强制性条文。本条规定的外墙外保温系统，主要指类似薄抹灰外保温系统，即保温材料与基层墙体及保护层、装饰层之间均无空腔的保温系统，该空腔不包括采用粘贴方式施工时在保温材料与墙体找平层之间形成的空隙。结合我国现状，本规范对此保温系统的保温材料进行了必要的限制。

与住宅建筑相比，公共建筑等往往具有更高的火灾危险性，因此结合我国现状，对于除人员密集场所外的其他非住宅类建筑或场所，根据其建筑高度，对外墙外保温系统保温材料的燃烧性能等级做出了更为严格的限制和要求。

6.7.6 本条为强制性条文。本条规定的保温体系，主要指在类似建筑幕墙与建筑基层墙体间存在空腔的外墙外保温系统。这类系统一旦被引燃，因烟囱效应而造成火势快速发展，迅速蔓延，且难以从外部进行扑救。因此要严格限制其保温材料的燃烧性能，同时，在空腔处要采取相应的防火封堵措施。

6.7.7～6.7.9 这三条文主要针对采用难燃或可燃保

温材料的外保温系统以及有保温材料的幕墙系统，对其防火构造措施提出相应要求，以增强外保温系统整体的防火性能。

第6.7.7条第1款是指采用B_2级保温材料的建筑，以及采用B_1级保温材料且建筑高度大于24m的公共建筑或采用B_1级保温材料且建筑高度大于27m的住宅建筑。有耐火完整性要求的窗，其耐火完整性按照现行国家标准《镶玻璃构件耐火试验方法》GB/T 12513中对非隔热性镶玻璃构件的试验方法和判定标准进行测定。有耐火完整性要求的门，其耐火完整性按照国家标准《门和卷帘耐火试验方法》GB/T 7633的有关规定进行测定。

6.7.10 由于屋面保温材料的火灾危害较建筑外墙的要小，且当保温层覆盖在具有较高耐火极限的屋面板上，对建筑内部的影响不大，故对其保温材料的燃烧性能要求较外墙的要求要低些。但为限制火势通过外墙向下蔓延，要求屋面与建筑外墙的交接部位应做好防火隔离处理，具体分隔位置可以根据实际情况确定。

6.7.11 电线因使用年限长、绝缘老化或过负荷运行发热等均能引发火灾，因此不应在可燃保温材料中直接敷设，而需采取穿金属导管保护等防火措施。同时，开关、插座等电器配件也可能会因为过载、短路等发热引发火灾，因此，规定安装开关、插座等电器配件的周围应采取可靠的防火措施，不应直接安装在难燃或可燃的保温材料中。

6.7.12 近些年，由于在建筑外墙上采用可燃性装饰材料导致外墙面发生火灾的事故屡次发生，这类火灾往往会从外立面蔓延至多个楼层，造成了严重的火灾危害。因此，本条根据不同的建筑高度及外墙外保温系统的构造情况，对建筑外墙使用的装饰材料的燃烧性能作了必要限制，但该装饰材料不包括建筑外墙表面的饰面涂料。

7 灭火救援设施

7.1 消防车道

7.1.1 对于总长度和沿街的长度过长的沿街建筑，特别是U形或L形的建筑，如果不对其长度进行限制，会给灭火救援和内部人员的疏散带来不便，延误灭火时机。为满足灭火救援和人员疏散要求，本条对这些建筑的总长度作了必要的限制，而未限制U形、L形建筑物的两翼长度。由于我国市政消火栓的保护半径在150m左右，按规定一般设在城市道路两旁，故将消防车道的间距定为160m。本条规定对于区域规划也具有一定指导作用。

在住宅小区的建设和管理中，存在小区内道路宽度、承载能力或净空不能满足消防车通行需要的情况，给灭火救援带来不便。为此，小区的道路设计要考虑消防车的通行需要。

计算建筑长度时，其内折线或内凹曲线，可按突出点间的直线距离确定；外折线或突出曲线，应按实际长度确定。

7.1.2 本条为强制性条文。沿建筑物设置环形消防车道或沿建筑物的两个长边设置消防车道，有利于在不同风向条件下快速调整灭火救援场地和实施灭火。对于大型建筑，更有利于众多消防车辆到场后展开救援行动和调度。本条规定要求建筑物周围具有能满足基本灭火需要的消防车道。

对于一些超大体量或超长建筑物，一般均有较大的间距和开阔地带。这些建筑只要在平面布局上能保证灭火救援需要，在设置穿过建筑物的消防车道的确困难时，也可设置环行消防车道。但根据灭火救援实际，建筑物的进深最好控制在50m以内。少数高层建筑，受山地或河道等地理条件限制时，允许沿建筑的一个长边设置消防车道，但需结合消防车登高操作场地设置。

7.1.3 本条为强制性条文。工厂或仓库区内不同功能的建筑通常采用道路连接，但有些道路并不能满足消防车的通行和停靠要求，故要求设置专门的消防车道以便灭火救援。这些消防车道可以结合厂区或库区内的其他道路设置，或利用厂区、库区内的机动车通行道路。

高层建筑、较大型的工厂和仓库往往一次火灾延续时间较长，在实际灭火中用水量大、消防车辆投入多，如果没有环形车道或平坦空地等，会造成消防车辆堵塞，难以靠近灭火救援现场。因此，该类建筑的平面布局和消防车道设计要考虑保证消防车通行、灭火展开和调度的需要。

7.1.4 本条规定主要为满足消防车在火灾时方便进入内院展开救援操作及回车需要。

本条所指“街道”为城市中可通行机动车、行人和非机动车，一般设置有路灯、供水和供气、供电管网等其他市政公用设施的道路，在道路两侧一般建有建筑物。天井为由建筑或围墙四面围合的露天空地，与内院类似，只是面积大小有所区别。

7.1.5 本条规定旨在保证消防车快速通行和疏散人员的安全，防止建筑物在通道两侧的外墙上设置影响消防车通行的设施或开设出口，导致人员在火灾时大量进入该通道，影响消防车通行。在穿过建筑物或进入建筑物内院的消防车道两侧、影响人员安全疏散或消防车通行的设施主要有：与车道连接的车辆进出口、栅栏、开向车道的窗扇、疏散门、货物装卸口等。

7.1.6 在甲、乙、丙液体储罐区和可燃气体储罐区内设置的消防车道，如设置位置合理、道路宽阔、路面坡度小，具有足够的车辆转弯或回转场地，则可大大方便消防车的通行和灭火救援行动。

将露天、半露天可燃物堆场通过设置道路进行分区并使车道与堆垛间保持一定距离，既可较好地防止火灾蔓延，又可较好地减小高强辐射热对消防车和消防员的作用，便于车辆调度，有利于展开灭火行动。

7.1.7 由于消防车的吸水高度一般不大于6m，吸水管长度也有一定限制，而多数天然水源与市政道路的距离难以满足消防车快速就近取水的要求，消防水池的设置有时也受地形限制难以在建筑物附近就近设置或难以设置在可通行消防车的道路附近。因此，对于这些情况，均要设置可接近水源的专门消防车道，方便消防车应急取水供应火场。

7.1.8 本条第1、2、3款为强制性条款。本条为保证消防车道满足消防车通行和扑救建筑火灾的需要，根据目前国内在役各种消防车辆的外形尺寸，按照单车道并考虑消防车快速通行的需要，确定了消防车道的最小净宽度、净空高度，并对转弯半径提出了要求。对于需要通行特种消防车辆的建筑物、道路桥梁，还应根据消防车的实际情况增加消防车道的净宽度与净空高度。由于当前在城市或某些区域内的消防车道，大多数需要利用城市道路或居住小区内的公共道路，而消防车的转弯半径一般均较大，通常为9m～12m。因此，无论是专用消防车道还是兼作消防车道的其他道路或公路，均应满足消防车的转弯半径要求，该转弯半径可以结合当地消防车的配置情况和区域内的建筑物建设与规划情况综合考虑确定。

本条确定的道路坡度是满足消防车安全行驶的坡度，不是供消防车停靠和展开灭火行动的场地坡度。

根据实际灭火情况，除高层建筑需要设置灭火救援操作场地外，一般建筑均可直接利用消防车道展开灭火救援行动，因此，消防车道与建筑间要保持足够的距离和净空，避免高大树木、架空高压电力线、架空管廊等影响灭火救援作业。

7.1.9 目前，我国普通消防车的转弯半径为9m，登高车的转弯半径为12m，一些特种车辆的转弯半径为16m～20m。本条规定回车场地不应小于12m×12m，是根据一般消防车的最小转弯半径而确定的，对于重型消防车的回车场则还要根据实际情况增大。如，有些重型消防车和特种消防车，由于车身长度和最小转弯半径已有12m左右，就需设置更大面积的回车场才能满足使用要求；少数消防车的车身全长为15.7m，而15m×15m的回车场可能也满足不了使用要求。因此，设计还需根据当地的具体建设情况确定回车场的大小，但最小不应小于12m×12m，供重型消防车使用时不宜小于18m×18m。

在设置消防车道和灭火救援操作场地时，如果考虑不周，也会发生路面或场地的设计承受荷载过小，道路下面管道埋深过浅，沟渠选用轻型盖板等情况，从而不能承受重型消防车的通行荷载。特别是，有些情况需要利用裙房屋顶或高架桥等作为灭火救援场地或消防车通行时，更要认真核算相应的设计承载力。表17为各种消防车的满载（不包括消防员）总重，可供设计消防车道时参考。

表17 各种消防车的满载总重量（kg）

名称	型号	满载重量
水罐车	SG65、SG65A	17286
	SHX5350、GXFSG160	35300
	CG60	17000
	SG120	26000
	SG40	13320
泡沫车	CPP181	2900
	PM35GP	11000
	PM50ZD	12500
供水车	GS140ZP	26325
	GS150ZP	31500
水罐车	SG55	14500
	SG60	14100
	SG170	31200
	SG35ZP	9365
	SG80	19000
	SG85	18525
	SG70	13260
	SP30	9210
	EQ144	5000
	SG36	9700
	EQ153A-F	5500
	SG110	26450
	SG35GD	11000
	SH5140GXFSG55GD	4000
泡沫车	PM40ZP	11500
	PM55	14100
	PM60ZP	1900
	PM80、PM85	18525
	PM120	26000
	PM35ZP	9210
	PM55GD	14500
	PP30	9410
	EQ140	3000
供水车	GS150P	14100
	东风144	5500
	GS70	13315

续表 17

名称	型号	满载重量
干粉车	GF30	1800
	GF60	2600
干粉-泡沫联用消防车	PF45	17286
	PF110	2600
登高平台车 举高喷射 消防车 抢险救援车	CDZ53	33000
	CDZ40	2630
	CDZ32	2700
	CDZ20	9600
	CJQ25	11095
	SHX5110TTXFQJ73	14500
消防通讯指挥车	CX10	3230
	FXZ25	2160
火场供给消防车	FXZ25A	2470
	FXZ10	2200
	XXFZM10	3864
	XXFZM12	5300
	TQXZ20	5020
	QXZ16	4095
供水车	GS1802P	31500

7.1.10 建筑灭火有效与否，与报警时间、专业消防队的第一出动和到场时间关系较大。本条规定主要为避免延误消防车奔赴火场的时间。据成都铁路局提供的数据，目前一列火车的长度一般不大于 900m，新型 16 车编组的和谐号动车，长度不超过 402m。对于存在通行特殊超长火车的地方，需根据铁路部门提供的数据确定。

7.2 救援场地和入口

7.2.1 本条为强制性条文。本条规定是为满足扑救建筑火灾和救助高层建筑中遇困人员需要的基本要求。对于高层建筑，特别是布置有裙房的高层建筑，要认真考虑合理布置，确保登高消防车能够靠近高层建筑主体，便于登高消防车开展灭火救援。

由于建筑场地受多方面因素限制，设计要在本条确定的基本要求的基础上，尽量利用建筑周围地面，使建筑周边具有更多的救援场地，特别是在建筑物的长边方向。

7.2.2 本条第 1、2、3 款为强制性条文。本条总结和吸取了相关实战的经验、教训，根据实战需要规定了消防车登高操作场地的基本要求。实践中，有的建筑没有设计供消防车停靠、消防员登高操作和灭火救援的场地，从而延误战机。

对于建筑高度超过 100m 的建筑，需考虑大型消防车辆灭火救援作业的需求。如对于举升高度 112m、车长 19m、展开支腿跨度 8m、车重 75t 的消防车，一般情况下，灭火救援场地的平面尺寸不小于 20m×10m，场地的承载力不小于 $10kg/cm^2$，转弯半径不小于 18m。

一般举高消防车停留、展开操作的场地的坡度不宜大于 3%，坡地等特殊情况，允许采用 5%的坡度。当建筑屋顶或高架桥等兼做消防车登高操作场地时，屋顶或高架桥等的承载能力要符合消防车满载时的停靠要求。

7.2.3 本条为强制性条文。为使消防员能尽快安全到达着火层，在建筑与消防车登高操作场地相对应的范围内设置直通室外的楼梯或直通楼梯间的入口十分必要，特别是高层建筑和地下建筑。

灭火救援时，消防员一般要通过建筑物直通室外的楼梯间或出入口，从楼梯间进入着火层对该层及其上、下部楼层进行内攻灭火和搜索救人。对于埋深较深或地下面积大的地下建筑，还有必要结合消防电梯的设置，在设计中考虑设置供专业消防人员出入火场的专用出入口。

7.2.4 本条为强制性条文。本条是根据近些年我国建筑发展和实际灭火中总结的经验教训确定的。

过去，绝大部分建筑均开设有外窗。而现在，不仅仓库、洁净厂房无外窗或外窗开设少，而且一些大型公共建筑，如商场、商业综合体、设置玻璃幕墙或金属幕墙的建筑等，在外墙上均很少设置可直接开向室外并可供人员进入的外窗。而在实际火灾事故中，大部分建筑的火灾在消防队到达时均已发展到比较大的规模，从楼梯间进入有时难以直接接近火源，但灭火时只有将灭火剂直接作用于火源或燃烧的可燃物，才能有效灭火。因此，在建筑的外墙设置可供专业消防人员使用的入口，对于方便消防员灭火救援十分必要。救援窗口的设置既要结合楼层走道在外墙上的开口、还要结合避难层、避难间以及救援场地，在外墙上选择合适的位置进行设置。

7.2.5 本条确定的救援口大小是满足一个消防员背负基本救援装备进入建筑的基本尺寸。为方便实际使用，不仅该开口的大小要在本条规定的基础上适当增大，而且其位置、标识设置也要便于消防员快速识别和利用。

7.3 消 防 电 梯

7.3.1 本条为强制性条文。本条确定了应设置消防电梯的建筑范围。

对于高层建筑，消防电梯能节省消防员的体力，使消防员能快速接近着火区域，提高战斗力和灭火效果。根据在正常情况下对消防员的测试结果，消防员从楼梯攀登的有利登高高度一般不大于 23m，否则，人体的体力消耗很大。对于地下建筑，由于排烟、通风条件很差，受当前装备的限制，消防员通过楼梯进入地下的困难较大，设置消防电梯，有利于满足灭火作战和火场救援的需要。

本条第3款中“设置消防电梯的建筑的地下或半地下室”应设置消防电梯，主要指当建筑的上部设置了消防电梯且建筑有地下室时，该消防电梯应延伸到地下部分；除此之外，地下部分是否设置消防电梯应根据其埋深和总建筑面积来确定。

老年人照料设施设置消防电梯，有利于快速组织灭火行动和对行动不便的老年人展开救援。本条中老年人照料设施的总建筑面积，见本规范第5.5.24A条的条文说明。本条设置消防电梯层数的确定，主要根据消防员负荷登高与救援的体力需求以及老年人照料设施中使用人员的特性确定的。

7.3.2 本条为强制性条文。建筑内的防火分区具有较高的防火性能。一般，在火灾初期，较易将火灾控制在着火的一个防火分区内，消防员利用着火区内的消防电梯就可以进入着火区直接接近火源实施灭火和搜索等其他行动。对于有多个防火分区的楼层，即使一个防火分区的消防电梯受阻难以安全使用时，还可利用相邻防火分区的消防电梯。因此，每个防火分区应至少设置一部消防电梯。

7.3.3 本条规定建筑高度大于32m且设置电梯的高层厂房（仓库）应设消防电梯，且尽量每个防火分区均设置。对于高层塔架或局部区域较高的厂房，由于面积和火灾危险性小，也可以考虑不设置消防电梯。

7.3.5 本条第2～4款为强制性条款。在消防电梯间（井）前设置具有防烟性能的前室，对于保证消防电梯的安全运行和消防员的行动安全十分重要。

消防电梯为火灾时相对安全的竖向通道，其前室靠外墙设置既安全，又便于天然采光和自然排烟，电梯出口在首层也可直接通向室外。一些受平面布置限制不能直接通向室外的电梯出口，可以采用受防火保护的通道，不经过任何其他房间通向室外。该通道要具有防烟性能。

本条根据为满足一个消防战斗班配备装备后使用电梯以及救助老年人、病人等人员的需要，规定了消防电梯前室的面积及尺寸。

7.3.6 本条为强制性条文。本条规定为确保消防电梯的可靠运行和防火安全。

在实际工程中，为有效利用建筑面积，方便建筑布置及电梯的管理和维护，往往多台电梯设置在同一部位，电梯梯井相互毗邻。一旦其中某部电梯或电梯井出现火情，可能因相互间的分隔不充分而影响其他电梯特别是消防电梯的安全使用。因此，参照本规范对消防电梯井井壁的耐火性能要求，规定消防电梯的梯井、机房要采用耐火极限不低于2.00h的防火隔墙与其他电梯的梯井、机房进行分隔。在机房上必须开设的开口部位应设置甲级防火门。

7.3.7 火灾时，应确保消防电梯能够可靠、正常运行。建筑内发生火灾后，一旦自动喷水灭火系统动作或消防队进入建筑展开灭火行动，均会有大量水在楼层上积聚、流散。因此，要确保消防电梯在灭火过程中能保持正常运行，消防电梯井内外就要考虑设置排水和挡水设施，并设置可靠的电源和供电线路。

7.3.8 本条是为满足一个消防战斗班配备装备后使用电梯的需要所作的规定。消防电梯每层停靠，包括地下室各层，着火时，要首先停靠在首层，以便于展开消防救援。对于医院建筑等类似功能的建筑，消防电梯轿厢内的净面积尚需考虑病人、残障人员等的救援以及方便对外联络的需要。

7.4 直升机停机坪

7.4.1 对于高层建筑，特别是建筑高度超过100m的高层建筑，人员疏散及消防救援难度大，设置屋顶直升机停机坪，可为消防救援提供条件。屋顶直升机停机坪的设置要尽量结合城市消防站建设和规划布局。当设置屋顶直升机停机坪确有困难时，可设置能保证直升机安全悬停与救援的设施。

7.4.2 为确保直升机安全起降，本条规定了设置屋顶停机坪时对屋顶的基本要求。有关直升机停机坪和屋顶承重等其他技术要求，见行业标准《民用直升机场飞行场地技术标准》MH 5013－2008和《军用永备直升机机场场道工程建设标准》GJB 3502－1998。

8 消防设施的设置

本章规定了建筑设置消防给水、灭火、火灾自动报警、防烟与排烟系统和配置灭火器的基本范围。由于我国幅员辽阔、各地经济发展水平差异较大，气候、地理、人文等自然环境和文化背景各异、建筑的用途也千差万别，难以在本章中一一规定相应的设施配置要求。因此，除本规范规定外，设计时还应从保障建筑及其使用人员的安全、减少火灾损失出发，根据有关专业建筑设计标准或专项防火标准的规定以及建筑的实际火灾危险性，综合确定配置适用的灭火、火灾报警和防排烟设施等消防设施与灭火器材。

8.1 一 般 规 定

8.1.1 本条规定为建筑消防给水设计和消防设施配置设计的基本原则。

建筑的消防给水和其他主动消防设施设计，应充分考虑建筑的类型及火灾危险性、建筑高度、使用人员的数量与特性、发生火灾可能产生的危害和影响、建筑的周边环境条件和需配置的消防设施的适用性，使之早报警、快速灭火，及时排烟，从而保障人员及建筑的消防安全。本规范对有些场所设置主动消防设施的类别虽有规定，但并不限制应用更好、更有效或更经济合理的其他消防设施。对于某些新技术、新设备的应用，应根据国家有关规定在使用前提出相应的使用和设计方案与报告并进行必要的论证或试验，以切实保证这些技术、方法、设备或材料在消防安全方面的可行性与应用的可靠性。

8.1.2 本条为强制性条文。建筑室外消火栓系统包括水源、水泵接合器、室外消火栓、供水管网和相应的控制阀门等。室外消火栓是设置在建筑物外消防给水管网上的供水设施，也是消防队到场后需要使用的基本消防设施之一，主要供消防车从市政给水管网或室外消防给水管网取水向建筑室内消防给水系统供水，也可以经加压后直接连接水带、水枪出水灭火。本条规定了应设置室外消火栓系统的建筑。当建筑物的耐火等级为一、二级且建筑体积较小，或建筑物内无可燃物或可燃物较少时，灭火用水量较小，可直接依靠消防车所带水量实施灭火，而不需设置室外消火栓系统。

为保证消防车在灭火时能便于从市政管网中取水，要沿城镇中可供消防车通行的街道设置市政消火栓系统，以保证市政基础消防设施能满足灭火需要。这里的街道是在城市或镇范围内，全路或大部分地段两侧建有或规划有建筑物，一般设有人行道和各种市政公用设施的道路，不包括城市快速路、高架路、隧道等。

8.1.3 本条为强制性条文。水泵接合器是建筑室外消防给水系统的组成部分，主要用于连接消防车，向室内消火栓给水系统、自动喷水或水喷雾等水灭火系统或设施供水。在建筑外墙上或建筑外墙附近设置水泵接合器，能更有效地利用建筑内的消防设施，节省消防员登高扑救、铺设水带的时间。因此，原则上，设置室内消防给水系统或设置自动喷水、水喷雾灭火系统、泡沫雨淋灭火系统等系统的建筑，都需要设置水泵接合器。但考虑到一些层数不多的建筑，如小型公共建筑和多层住宅建筑，也可在灭火时在建筑内铺设水带采用消防车直接供水，而不需设置水泵接合器。

8.1.4、8.1.5 这两条规定了可燃液体储罐或罐区和可燃气体储罐或罐区设置冷却水系统的范围，有关要求还要符合相应专项标准的规定。

8.1.6 本条为强制性条文。消防水泵房需保证泵房内部设备在火灾情况下仍能正常工作，设备和需进入房间进行操作的人员不会受到火灾的威胁。本条规定是为了便于操作人员在火灾时进入泵房，并保证泵房不会受到外部火灾的影响。

本条规定中“疏散门应直通室外”，要求进出泵房的人员不需要经过其他房间或使用空间而可以直接到达建筑外，开设在建筑首层门厅大门附近的疏散门可以视为直通室外；“疏散门应直通安全出口”，要求泵房的门通过疏散走道直接连通到进入疏散楼梯（间）或直通室外的门，不需要经过其他空间。

有关消防水泵房的防火分隔要求，见本规范第6.2.7条。

8.1.7 本条第1、3、4款为强制性条款。消防控制室是建筑物内防火、灭火设施的显示、控制中心，必须确保控制室具有足够的防火性能，设置的位置能便于安全进出。

对于自动消防设施设置较多的建筑，设置消防控制室可以方便采用集中控制方式管理、监视和控制建筑内自动消防设施的运行状况，确保建筑消防设施的可靠运行。消防控制室的疏散门设置说明，见本规范第8.1.6条的条文说明。有关消防控制室内应具备的显示、控制和远程监控功能，在国家标准《消防控制室通用技术要求》GB 25506中有详细规定，有关消防控制室内相关消防控制设备的构成和功能、电源要求、联动控制功能等的要求，在国家标准《火灾自动报警系统设计规范》GB 50116中也有详细规定，设计应符合这些标准的相应要求。

8.1.8 本条为强制性条文。本条是根据近年来一些重特大火灾事故的教训确定的。在实际火灾中，有不少消防水泵房和消防控制室被淹或因进水而无法使用，严重影响自动消防设施的灭火、控火效果，影响灭火救援行动。因此，既要通过合理确定这些房间的布置楼层和位置，也要采取门槛、排水措施等方法阻止灭火或自动喷水等灭火设施动作后的水积聚而致消防控制设备或消防水泵、消防电源与配电装置等被淹。

8.1.9 设置在建筑内的防烟风机和排烟风机的机房要与通风空气调节系统风机的机房分别设置，且防烟风机和排烟风机的机房应独立设置。当确有困难时，排烟风机可与其他通风空气调节系统风机的机房合用，但用于排烟补风的送风风机不应与排烟风机机房合用，并应符合相关国家标准的要求。防烟风机和排烟风机的机房均需采用耐火极限不小于2.00h的隔墙和耐火极限不小于1.50h的楼板与其他部位隔开。

8.1.10 灭火器是扑救建筑初起火较方便、经济、有效的消防器材。人员发现火情后，首先应考虑采用灭火器等器材进行处置与扑救。灭火器的配置要根据建筑物内可燃物的燃烧特性和火灾危险性、不同场所中工作人员的特点、建筑的内外环境条件等因素，按照现行国家标准《建筑灭火器配置设计规范》GB 50140和其他有关专项标准的规定进行设计。

8.1.11 本条是根据近年来的一些火灾事故，特别是高层建筑火灾的教训确定的。本条规定主要为防止建筑幕墙在火灾时可能因墙体材料脱落而危及消防员的安全。

建筑幕墙常采用玻璃、石材和金属等材料。当幕墙受到火烧或受热时，易破碎或变形、爆裂，甚至造成大面积的破碎、脱落。供消防员使用的水泵接合器、消火栓等室外消防设施的设置位置，要根据建筑幕墙的位置、高度确定。当需离开建筑外墙一定距离时，一般不小于5m，当受平面布置条件限制时，可采取设置防护挑檐、防护棚等其他防坠落物砸伤的防护措施。

8.1.12 本条规定的消防设施包括室外消火栓、阀门和消防水泵接合器等室外消防设施、室内消火栓箱、消防设施中的操作与控制阀门、灭火器配置箱、消防给水管道、自动灭火系统的手动按钮、报警按钮、排烟设施的手动按钮、消防设备室、消防控制室等。

8.1.13 本章对于建筑室内外消火栓系统、自动喷水灭火系统、水喷雾灭火系统、气体灭火系统、泡沫灭火系统、细水雾灭火系统、火灾自动报警系统和防烟与排烟系统以及建筑灭火器等系统、设施的设置场所和部位作了规定，这些消防系统及设施的具体设计，还要按照国家现行有关标准的要求进行，有关系统标准主要包括《消防给水及消火栓系统技术规范》GB 50974、《自动喷水灭火系统设计规范》GB 50084、《气体灭火系统设计规范》GB 50370、《泡沫灭火系统设计规范》GB 50151、《水喷雾灭火系统设计规范》GB 50219、《细水雾灭火系统设计规范》GB 50898、《火灾自动报警系统设计规范》GB 50116、《建筑灭火器配置设计规范》GB 50140等。

8.2 室内消火栓系统

8.2.1 本条为强制性条文。室内消火栓是控制建筑内初期火灾的主要灭火、控火设备，一般需要专业人员或受过训练的人员才能较好地使用和发挥作用。

本条所规定的室内消火栓系统的设置范围，在实际设计中不应仅限于这些建筑或场所，还应按照有关专项标准的要求确定。对于在本条规定规模以下的建筑或场所，可根据各地实际情况确定设置与否。

对于27m以下的住宅建筑，主要通过加强被动防火措施和依靠外部扑救来防止火势扩大和灭火。住宅建筑的室内消火栓可以根据地区气候、水源等情况设置干式消防竖管或湿式室内消火栓系统。干式消防竖管平时无水，着火后由消防车通过设置在首层外墙上的接口向室内干式消防竖管输水，消防员自带水龙带驳接室内消防给水竖管的消火栓口进行取水灭火。如能设置湿式室内消火栓系统，则要尽量采用湿式系统。当住宅建筑中的楼梯间位置不靠外墙时，应采用管道与干式消防竖管连接。干式竖管的管径宜采用80mm，消火栓口径应采用65mm。

8.2.2 一、二级耐火等级的单层、多层丁、戊类厂房（仓库）内，可燃物较少，即使着火，发展蔓延较慢，不易造成较大面积的火灾，一般可以依靠灭火器、消防软管卷盘等灭火器材或外部消防救援进行灭火。但由于丁、戊类厂房的范围较大，有些丁类厂房内也可能有较多可燃物，例如有淬火槽；丁、戊类仓库内也可能有较多可燃物，例如有较多的可燃包装材料，木箱包装机器、纸箱包装灯泡等，这些场所需要设置室内消火栓系统。

对于粮食仓库，库房内通常被粮食充满，将室内消火栓系统设置在建筑内往往难以发挥作用，一般需设置在建筑外。因此，其室内消火栓系统可与建筑的室外消火栓系统合用，而不设置室内消火栓系统。

建筑物内存有与水接触能引起爆炸的物质，即与水能起强烈化学反应发生爆炸燃烧的物质（例如：电石、钾、钠等物质）时，不应在该部位设置消防给水设备，而应采取其他灭火设施或防火保护措施。但实验楼、科研楼内存有少数该类物质时，仍应设置室内消火栓。

远离城镇且无人值班的独立建筑，如卫星接收基站、变电站等可不设置室内消火栓系统。

8.2.3 国家级文物保护单位的重点砖木或木结构古建筑，可以根据具体情况尽量考虑设置室内消火栓系统。对于不能设置室内消火栓的，可采取防火喷涂保护、严格控制用电、用火等其他防火措施。

8.2.4 消防软管卷盘和轻便消防水龙是控制建筑物内固体可燃物初起火的有效器材，用水量小、配备和使用方便，适用于非专业人员使用。本条结合建筑的规模和使用功能，确定了设置消防软管卷盘和轻便消防水龙的范围，以方便建筑内的人员扑灭初起火时使用。

轻便消防水龙为在自来水供水管路上使用的由专用消防接口、水带及水枪组成的一种小型简便的喷水灭火设备，有关要求见公共安全标准《轻便消防水龙》GA 180。

8.3 自动灭火系统

自动喷水、水喷雾、七氟丙烷、二氧化碳、泡沫、干粉、细水雾、固定水炮灭火系统等及其他自动灭火装置，对于扑救和控制建筑物内的初起火，减少损失、保障人身安全，具有十分明显的作用，在各类建筑内应用广泛。但由于建筑功能及其内部空间用途千差万别，本规范难以对各类建筑及其内部的各类场所一一作出规定。设计应按照有关专项标准的要求，或根据不同灭火系统的特点及其适用范围、系统选型和设置场所的相关要求，经技术、经济等多方面比较后确定。

本节中各条的规定均有三个层次，一是这些场所应设置自动灭火系统；二是推荐了一种较适合该类场所的灭火系统类型，正常情况下应采用该类系统，但并不排斥采用其他适用的系统类型或灭火装置。如在有的场所空间很大，只有部分设备是主要的火灾危险源并需要灭火保护，或建筑内只有少数面积较小的场所内的设备需要保护时，可对该局部火灾危险性大的设备采用火探管、气溶胶、超细干粉等小型自动灭火装置进行局部保护，而不必采用大型自动灭火系统保护整个空间的方法。三是在选用某一系统的何种灭火方式时，应根据该场所的特点和条件、系统的特性以及国家相关政策确定。在选择灭火系统时，应考虑在一座建筑物内尽量采用同一种或同一类型的灭火系统，以便维护管理，简化系统设计。

此外，本规范未规定设置自动灭火系统的场所，并不排斥或限制根据工程实际情况以及建筑的整体消防安全需要而设置相应的自动灭火系统或设施。

8.3.1～8.3.4 这 4 条均为强制性条文。自动喷水灭火系统适用于扑救绝大多数建筑内的初起火，应用广泛。根据我国当前的条件，条文规定了应设置自动灭火系统，并宜采用自动喷水灭火系统的建筑或场所，规定中有的明确了具体的设置部位，有的是规定了建筑。对于按建筑规定的，要求该建筑内凡具有可燃物且适用设置自动喷水灭火系统的部位或场所，均需设置自动喷水灭火系统。

这四条所规定的这些建筑或场所具有火灾危险性大、发生火灾可能导致经济损失大、社会影响大或人员伤亡大的特点。自动灭火系统的设置原则是重点部位、重点场所，重点防护；不同分区，措施可以不同；总体上要能保证整座建筑物的消防安全，特别要考虑所设置的部位或场所在设置灭火系统后应能防止一个防火分区内的火灾蔓延到另一个防火分区中去。

（1）邮政建筑既有办公，也有邮件处理和邮袋存放功能，在设计中一般按丙类厂房考虑，并按照不同功能实行较严格的防火分区或分隔。对于邮件处理车间，可在处理好竖向连通部位的防火分隔条件下，不设置自动喷水灭火系统，但其中的重要部位仍要尽量采用其他对邮件及邮件处理设备无较大损害的灭火剂及其灭火系统保护。

（2）木器厂房主要指以木材为原料生产、加工各类木质板材、家具、构配件、工艺品、模具等成品、半成品的车间。

（3）高层建筑的火灾危险性较高、扑救难度大，设置自动灭火系统可提高其自防、自救能力。

对于建筑高度大于 100m 的住宅建筑，需要在住宅建筑的公共部位、套内各房间设置自动喷水灭火系统。

对于医院内手术部的自动喷水灭火系统设置，可以根据国家标准《医院洁净手术部建筑技术规范》GB 50333 的规定，不在手术室内设置洒水喷头。

（4）建筑内采用送回风管道的集中空气调节系统具有较大的火灾蔓延传播危险。旅馆、商店、展览建筑使用人员较多，有的室内装修还采用了较多难燃或可燃材料，大多设置有集中空气调节系统。这些场所人员的流动性大、对环境不太熟悉且功能复杂，有的建筑内的使用人员还可能较长时间处于休息、睡眠状态。可燃装修材料的烟生成量及其毒性分解物较多、火源控制较复杂或易传播火灾及其烟气。有固定座位的场所，人员疏散相对较困难，所需疏散时间可能较长。

（5）第 8.3.4 条第 7 款中的"建筑面积"是指歌舞娱乐放映游艺场所任一层的建筑面积。每个厅、室的防火要求应符合本规范第 5 章的有关规定。

（6）老年人照料设施设置自动喷水灭火系统，可以有效降低该类场所的火灾危害。根据现行国家标准《自动喷水灭火系统设计规范》GB 50084，室内最大净空高度不超过 8m、保护区域总建筑面积不超过 $1000m^2$ 及火灾危险等级不超过中危险级Ⅰ级的民用建筑，可以采用局部应用自动喷水灭火系统。因此，当受条件限制难以设置普通自动喷水灭火系统，又符合上述规范要求的老年人照料设施，可以采用局部应用自动喷水灭火系统。

8.3.5 本条为强制性条文。对于以可燃固体燃烧物为主的高大空间，根据本规范第 8.3.1 条～第 8.3.4 条的规定需要设置自动灭火系统，但采用自动喷水灭火系统、气体灭火系统、泡沫灭火系统等都不合适，此类场所可以采用固定消防炮或自动跟踪定位射流等类型的灭火系统进行保护。

固定消防炮灭火系统可以远程控制并自动搜索火源、对准着火点、自动喷洒水或其他灭火剂进行灭火，可与火灾自动报警系统联动，既可手动控制，也可实现自动操作，适用于扑救大空间内的早期火灾。对于设置自动喷水灭火系统不能有效发挥早期响应和灭火作用的场所，采用与火灾探测器联动的固定消防炮或自动跟踪定位射流灭火系统比快速响应喷头更能及时扑救早期火灾。

消防炮水量集中，流速快、冲量大，水流可以直接接触燃烧物而作用到火焰根部，将火焰剥离燃烧物使燃烧中止，能有效扑救高大空间内蔓延较快或火灾荷载大的火灾。固定消防炮灭火系统的设计应符合现行国家标准《固定消防炮灭火系统设计规范》GB 50338 的有关规定。

8.3.6 水幕系统是现行国家标准《自动喷水灭火系统设计规范》GB 50084 规定的系统之一。根据水幕系统的工作特性，该系统可以用于防止火灾通过建筑开口部位蔓延，或辅助其他防火分隔物实施有效分隔。水幕系统主要用于因生产工艺需要或使用功能需要而无法设置防火墙等的开口部位，也可用于辅助防火卷帘和防火幕作防火分隔。

本条第 1、2 款规定的开口部位所设置的水幕系统主要用于防火分隔，第 3 款规定部位设置的水幕系统主要用于防护冷却。水幕系统的火灾延续时间需要根据不同部位设置防火隔墙或防火墙时所需耐火极限确定，系统设计应符合现行国家标准《自动喷水灭火系统设计规范》GB 50084 的规定。

8.3.7 本条为强制性条文。雨淋系统是自动喷水灭火系统之一，主要用于扑救燃烧猛烈、蔓延快的大面积火灾。雨淋系统应有足够的供水速度，保证灭火效果，其设计应符合现行国家标准《自动喷水灭火系统设计规范》GB 50084 的规定。

本条规定应设置雨淋系统的场所均为发生火灾蔓延快，需尽快控制的高火灾危险场所：

（1）火灾危险性大、着火后燃烧速度快或可能发生爆炸性燃烧的厂房或部位。

（2）易燃物品仓库，当面积较大或储存量较大时，发生火灾后影响面较大，如面积大于 60m² 硝化棉等仓库。

（3）可燃物较多且空间较大、火灾易迅速蔓延扩大的演播室、电影摄影棚等场所。

（4）乒乓球的主要原料是赛璐珞，在生产过程中还采用甲类液体溶剂，乒乓球厂的轧坯、切片、磨球、分球检验部位具有火灾危险性大且着火后燃烧强烈、蔓延快等特点。

8.3.8 本条为强制性条文。水喷雾灭火系统喷出的水滴粒径一般在 1mm 以下，喷出的水雾能吸收大量的热量，具有良好的降温作用，同时水在热作用下会迅速变成水蒸气，并包裹保护对象，起到部分窒息灭火的作用。水喷雾灭火系统对于重质油品具有良好的灭火效果。

1 变压器油的闪点一般都在 120℃以上，适用采用水喷雾灭火系统保护。对于缺水或严寒、寒冷地区、无法采用水喷雾灭火系统的电力变压器和设置在室内的电力变压器，可以采用二氧化碳等气体灭火系统。另外，对于变压器，目前还有一些有效的其他灭火系统可以采用，如自动喷水-泡沫联用系统、细水雾灭火系统等。

2 飞机发动机试验台的火灾危险源为燃料油和润滑油，设置自动灭火系统主要用于保护飞机发动机和试车台架。该部位的灭火系统设计应全面考虑，一般可采用水喷雾灭火系统，也可以采用气体灭火系统、泡沫灭火系统、细水雾灭火系统等。

8.3.9 本条为强制性条文。本条规定的气体灭火系统主要包括高低压二氧化碳、七氟丙烷、三氟甲烷、氮气、IG541、IG55 等灭火系统。气体灭火剂不导电、一般不造成二次污染，是扑救电子设备、精密仪器设备、贵重仪器和档案图书等纸质、绢质或磁介质材料信息载体的良好灭火剂。气体灭火系统在密闭的空间里有良好的灭火效果，但系统投资较高，故本规范只要求在一些重要的机房、贵重设备室、珍藏室、档案库内设置。

（1）电子信息系统机房的主机房，按照现行国家标准《电子信息系统机房设计规范》GB 50174 的规定确定。根据《电子信息系统机房设计规范》GB 50174—2008 的规定，A、B 级电子信息系统机房的分级为：电子信息系统运行中断将造成重大的经济损失或公共场所秩序严重混乱的机房为 A 级机房，电子信息系统运行中断将造成较大的经济损失或公共场所秩序混乱的机房为 B 级机房。图书馆的特藏库，按照国家现行标准《图书馆建筑设计规范》JGJ 38 的规定确定。档案馆的珍藏库，按照国家现行标准《档案馆建筑设计规范》JGJ 25 的规定确定。大、中型博物馆按照国家现行标准《博物馆建筑设计规范》JGJ 66 的规定确定。

（2）特殊重要设备，主要指设置在重要部位和场所中，发生火灾后将严重影响生产和生活的关键设备。如化工厂中的中央控制室和单台容量 300MW 机组及以上容量的发电厂的电子设备间、控制室、计算机房及继电器室等。高层民用建筑内火灾危险性大，发生火灾后对生产、生活产生严重影响的配电室等，也属于特殊重要设备室。

（3）从近几年二氧化碳灭火系统的使用情况看，该系统应设置在不经常有人停留的场所。

8.3.10 本条为强制性条文。可燃液体储罐火灾事故较多，且一旦初起火未得到有效控制，往往后期灭火效果不佳。设置固定或半固定式灭火系统，可对储罐火灾起到较好的控火和灭火作用。

低倍数泡沫主要通过泡沫的遮断作用，将燃烧液体与空气隔离实现灭火。中倍数泡沫灭火取决于泡沫的发泡倍数和使用方式，当以较低的倍数用于扑救甲、乙、丙类液体流淌火时，灭火机理与低倍数泡沫相同；当以较高的倍数用于全淹没方式灭火时，其灭火机理与高倍数泡沫相同。高倍数泡沫主要通过密集状态的大量高倍数泡沫封闭区域，阻断新空气的流入实现窒息灭火。

低倍数泡沫灭火系统被广泛用于生产、加工、储存、运输和使用甲、乙、丙类液体的场所。甲、乙、丙类可燃液体储罐主要采用泡沫灭火系统保护。中倍数泡沫灭火系统可用于保护小型油罐和其他一些类似场所。高倍数泡沫可用于大空间和人员进入有危险以及用水难以灭火或灭火后水渍损失大的场所，如大型易燃液体仓库、橡胶轮胎库、纸张和卷烟仓库、电缆沟及地下建筑（汽车库）等。有关泡沫灭火系统的设计与选型应执行现行国家标准《泡沫灭火系统设计规范》GB 50151 等的有关规定。

8.3.11 据统计，厨房火灾是常见的建筑火灾之一。厨房火灾主要发生在灶台操作部位及其排烟道。从试验情况看，厨房的炉灶或排烟道部位一旦着火，发展迅速且常规灭火设施扑救易发生复燃；烟道内的火扑救又比较困难。根据国外近 40 年的应用历史，在该部位采用自动灭火装置灭火，效果理想。

目前，国内外相关产品在国内市场均有销售，不同产品之间的性能差异较大。因此，设计应注意选用能自动探测与自动灭火动作且灭火前能自动切断燃料供应、具有防复燃功能且灭火效能（一般应以保护面积为参考指标）较高的产品，且必须在排烟管道内设置喷头。有关装置的设计、安装可执行中国工程建设标准化协会标准《厨房设备灭火装置技术规程》CECS 233 的规定。

本条规定的餐馆根据国家现行标准《饮食建筑设计规范》JGJ 64 的规定确定，餐厅为餐馆、食堂中的就餐部分，“建筑面积大于 1000m²”为餐厅总的营业面积。

8.4 火灾自动报警系统

8.4.1 本条为强制性条文。火灾自动报警系统能起到早期发现和通报火警信息，及时通知人员进行疏散、灭火的作用，应用广泛。本条规定的设置范围，主要为同一时间停留人数较多，发生火灾容易造成人员伤亡需及时疏散的场所或建筑；可燃物较多，火灾蔓延迅速，扑救困难的场所或建筑；以及不易及时发现火灾且性质重要的场所或建筑。该规定是对国内火灾自动报警系统工程实践经验的总结，并考虑了我国经济发展水平。本条所规定的场所，如未明确具体部位的，除个别火灾危险性小的部位，如卫生间、泳池、水泵房等外，需要在该建筑内全部设置火灾自动报警系统。

1 制鞋、制衣、玩具、电子等类似火灾危险性的厂房主要考虑了该类建筑面积大、同一时间内人员密度较大、可燃物多。

3 商店和展览建筑中的营业、展览厅和娱乐场所等场所，为人员较密集、可燃物较多、容易发生火灾，需要早报警、早疏散、早扑救的场所。

4 重要的档案馆，主要指国家现行标准《档案馆设计规范》JGJ 25 规定的国家档案馆。其他专业档案馆，可视具体情况比照本规定确定。

5 对于地市级以下的电力、交通和防灾调度指挥、广播电视、电信和邮政建筑，可视建筑的规模、高度和重要性等具体情况确定。

6 剧场和电影院的级别，按国家现行标准《剧场建筑设计规范》JGJ 57 和《电影院建筑设计规范》JGJ 58 确定。

10 根据现行国家标准《电子信息系统机房设计规范》GB 50174 的规定，电子信息系统的主机房为主要用于电子信息处理、存储、交换和传输设备的安装和运行的建筑空间，包括服务器机房、网络机房、存储机房等功能区域。

13 建筑中有需要与火灾自动报警系统联动的设施主要有：机械排烟系统、机械防烟系统、水幕系统、雨淋系统、预作用系统、水喷雾灭火系统、气体灭火系统、防火卷帘、常开防火门、自动排烟窗等。

为使老年人照料设施中的人员能及时获知火灾信息，及早探测火情，要求在老年人照料设施中的老年人居室、公共活动用房等老年人用房中设置相应的火灾报警和警报装置。当老年人照料设施单体的总建筑面积小于 500m²时，也可以采用独立式烟感火灾探测报警器。独立式烟感探测器适用于受条件限制难以按标准设置火灾自动报警系统的场所，如规模较小的建筑或既有建筑改造等。独立式烟感探测器可通过电池或者生活用电直接供电，安装使用方便，能够探测火灾时产生的烟雾，及时发出报警，可以实现独立探测、独立报警。本条中的“老年人照料设施中的老年人用房”，是指现行行业标准《老年人照料设施建筑设计标准》JGJ 450—2018 规定的老年人生活用房、老年人公共活动用房、康复与医疗用房。

8.4.2 为使住宅建筑中的住户能够尽早知晓火灾发生情况，及时疏散，按照安全可靠、经济适用的原则，本条对不同建筑高度的住宅建筑如何设置火灾自动报警系统作出了具体规定。

8.4.3 本条为强制性条文。本条规定应设置可燃气体探测报警装置的场所，包括工业生产、储存，公共建筑中可能散发可燃蒸气或气体，并存在爆炸危险的场所与部位，也包括丙、丁类厂房、仓库中存储或使用燃气加工的部位，以及公共建筑中的燃气锅炉房等场所，不包括住宅建筑内的厨房。

8.5 防烟和排烟设施

火灾烟气中所含一氧化碳、二氧化碳、氟化氢、氯化氢等多种有毒成分，以及高温缺氧等都会对人体造成极大的危害。及时排除烟气，对保证人员安全疏散，控制烟气蔓延，便于扑救火灾具有重要作用。对于一座建筑，当其中某部位着火时，应采取有效的排烟措施排除可燃物燃烧产生的烟气和热量，使该局部空间形成相对负压区；对非着火部位及疏散通道等应采取防烟措施，以阻止烟气侵入，以利人员的疏散和灭火救援。因此，在建筑内设置排烟设施十分必要。

8.5.1 本条为强制性条文。建筑物内的防烟楼梯间、消防电梯间前室或合用前室、避难区域等，都是建筑物着火时的安全疏散、救援通道。火灾时，可通过开启外窗等自然排烟设施将烟气排出，亦可采用机械加压送风的防烟设施，使烟气不致侵入疏散通道或疏散安全区内。

对于建筑高度小于等于 50m 的公共建筑、工业建筑和建筑高度小于或等于 100m 的住宅建筑，由于这些建筑受风压作用影响较小，可利用建筑本身的采光通风，基本起到防止烟气进一步进入安全区域的作用。

当采用凹廊、阳台作为防烟楼梯间的前室或合用前室，或者防烟楼梯间前室或合用前室具有两个不同朝向的可开启外窗且有满足需要的可开启窗面积时，可以认为该前室或合用前室的自然通风能及时排出漏入前室或合用前室的烟气，并可防止烟气进入防烟楼梯间。

8.5.2 本条为强制性条文。事实证明，丙类仓库和丙类厂房的火灾往往会产生大量浓烟，不仅加速了火灾的蔓延，而且增加了灭火救援和人员疏散的难度。在建筑内采取排烟措施，尽快排除火灾过程中产生的烟气和热量，对于提高灭火救援的效果、保证人员疏散安全具有十分重要的作用。

厂房和仓库内的排烟设施可结合自然通风、天然采光等要求设置，并在车间内火灾危险性相对较高部位局部考虑加强排烟措施。尽管丁类生产车间的火灾危险性较小，但建筑面积较大的车间仍可能存在火灾危险性大的局部区域，如空调生产与组装车间、汽车部件加工和组装车间等，且车间进深大、烟气难以依靠外墙的开口进行排除，因此应考虑设置机械排烟设施或在厂房中间适当部位设置自然排烟口。

有爆炸危险的甲、乙类厂房（仓库），主要考虑加强正常通风和事故通风等预防发生爆炸的技术措施。因此，本规范未明确要求该类建筑设置排烟设施。

8.5.3 本条为强制性条文。为吸取娱乐场所的火灾教训，本条规定建筑中的歌舞娱乐放映游艺场所应当设置排烟设施。

中庭在建筑中往往贯通数层，在火灾时会产生一定的烟囱效应，能使火势和烟气迅速蔓延，易在较短时间内使烟气充填或弥散到整个中庭，并通过中庭扩散到相连通的邻近空间。设计需结合中庭和相连通空间的特点、火灾荷载的大小和火灾的燃烧特性等，采取有效的防烟、排烟措施。中庭烟控的基本方法包括减少烟气产生和控制烟气运动两方面。设置机械排烟设施，能使烟气有序运动和排出建筑物，使各楼层的烟气层维持在一定的高度以上，为人员赢得必要的逃生时间。

根据试验观测，人在浓烟中低头掩鼻的最大行走距离为20m～30m。为此，本条规定建筑内长度大于20m的疏散走道应设排烟设施。

8.5.4 本条为强制性条文。地下、半地下建筑（室）不同于地上建筑，地下空间的对流条件、自然采光和自然通风条件差，可燃物在燃烧过程中缺乏充足的空气补充，可燃物燃烧慢、产烟量大、温升快、能见度降低很快，不仅增加人员的恐慌心理，而且对安全疏散和灭火救援十分不利。因此，地下空间的防排烟设置要求比地上空间严格。

地上建筑中无窗房间的通风与自然排烟条件与地下建筑类似，因此其相关要求也与地下建筑的要求一致。

12 城市交通隧道

国内外发生的隧道火灾均表明，隧道特殊的火灾环境对人员逃生和灭火救援是一个严重的挑战，而且火灾在短时间内就能对隧道设施造成很大的破坏。由于隧道设置逃生出口困难，救援条件恶劣，要求对隧道采取与地面建筑不同的防火措施。

由于国家对地下铁道的防火设计要求已有标准，而管线隧道、电缆隧道的情况与城市交通隧道有一定差异，本章主要根据国内外隧道情况和相关标准，确定了城市交通隧道的通用防火技术要求。

12.1 一 般 规 定

12.1.1 隧道的用途及交通组成、通风情况决定了隧道可燃物数量与种类、火灾的可能规模及其增长过程和火灾延续时间，影响隧道发生火灾时可能逃生的人员数量及其疏散设施的布置；隧道的环境条件和隧道长度等决定了消防救援和人员的逃生难易程度及隧道的防烟、排烟和通风方案；隧道的通风与排烟等因素又对隧道中的人员逃生和灭火救援影响很大。因此，隧道设计应综合考虑各种因素和条件后，合理确定防火要求。

12.1.2 交通隧道的火灾危险性主要在于：①现代隧道的长度日益增加，导致排烟和逃生、救援困难；②不仅车载量更大，而且需通行运输危险材料的车辆，有时受条件限制还需采用单孔双向行车道，导致火灾规模增大，对隧道结构的破坏作用大；③车流量日益增长，导致发生火灾的可能性增加。本规范在进行隧道分类时，参考了日本《道路隧道紧急情况用设施设置基准及说明》和我国行业标准《公路隧道交通工程设计规范》JTG/T D71 等标准，并适当做了简化，考虑的主要因素为隧道长度和通行车辆类型。

12.1.3 本条为强制性条文。隧道结构一旦受到破坏，特别是发生坍塌时，其修复难度非常大，花费也大。同时，火灾条件下的隧道结构安全，是保证火灾时灭火救援和火灾后隧道尽快修复使用的重要条件。不同隧道可能的火灾规模与持续时间有所差异。目前，各国以建筑构件为对象的标准耐火试验，均以《建筑构件耐火试验》ISO 834 的标准升温曲线（纤维质类）为基础，如《建筑材料及构件耐火试验　第20部分　建筑构件耐火性能试验方法一般规定》BS 476：Part 20、《建筑材料及构件耐火性能》DIN 4102、《建筑材料及构件耐火试验方法》AS 1530 和《建筑构件耐火试验方法》GB 9978 等。该标准升温曲线以常规工业与民用建筑物内可燃物的燃烧特性为基础，模拟了地面开放空间火灾的发展状况，但这一模型不适用于石油化工工程中的有些火灾，也不适用于常见的隧道火灾。

隧道火灾是以碳氢火灾为主的混合火灾。碳氢（HC）标准升温曲线的特点是所模拟的火灾在发展初期带有爆燃一热冲击现象，温度在最初5min之内可达到930℃左右，20min后稳定在1080℃左右。这种升温曲线模拟了火灾在特定环境或高潜热值燃料燃烧的发展过程，在国际石化工业领域和隧道工程防火中得到了普遍应用。过去，国内外开展了大量研究来确定可能发生在隧道以及其他地下建筑中的火灾类型，特别是1990年前后欧洲开展的Eureka研究计划。根据这些研究的成果，发展了一系列不同火灾类型的升温曲线。其中，法国提出了改进的碳氢标准升温曲线、德国提出了RABT曲线、荷兰交通部与TNO实验室提出了RWS标准升温曲线，我国则以碳氢升温曲线为主。在RABT曲线中，温度在5min之内就能快速升高到1200℃，在1200℃处持续90min，随后的30min内温度快速下降。这种升温曲线能比较真实地模拟隧道内大型车辆火灾的发展过程：在相对封闭的隧道空间内因热量难以扩散而导致火灾初期升温快、有较强的热冲击，随后由于缺氧状态和灭火作用而快速降温。

此外，试验研究表明，混凝土结构受热后会由于内部产生高压水蒸气而导致表层受压，使混凝土发生爆裂。结构荷载压力和混凝土含水率越高，发生爆裂的可能性也越大。当混凝土的质量含水率大于3%时，受高温作用后肯定会发生爆裂现象。当充分干燥的混凝土长时间暴露在高温下时，混凝土内各种材料的结合水将会蒸发，从而使混凝土失去结合力而发生爆裂，最终会一层一层地穿透整个隧道的混凝土拱顶结构。这种爆裂破坏会影响人员逃生，使增强钢筋因暴露于高温中失去强度而致结构破坏，甚至导致结构垮塌。

为满足隧道防火设计需要，在本规范附录C中增加了有关隧道结构耐火试验方法的有关要求。

12.1.4 本条为强制性条文。服务于隧道的重要设备用房，主要包括隧道的通风与排烟机房、变电站、消防设备房。其他地面附属用房，主要包括收费站、道口检查亭、管理用房等。隧道内及地面保障隧道日常运行的各类设备用房、管理用房等基础设施以及消防救援专用口、临时避难间，在火灾情况下担负着灭火救援的重要作用，需确保这些用房的防火安全。

12.1.5 隧道内发生火灾时的烟气控制和减小火灾烟气对人的毒性作用是隧道防火面临的主要问题，要严格控制装修材料的燃烧性能及其发烟量，特别是可能产生大量毒性气体的材料。

12.1.6 本条主要规定了不同隧道车行横通道或车行疏散通道的设置要求。

(1) 当隧道发生火灾时，下风向的车辆可继续向前方出口行驶，上风向的车辆则需要利用隧道辅助设施进行疏散。隧道内的车辆疏散一般可采用两种方式，一是在双孔隧道之间设置车行横通道，另一种是在双孔中间设置专用车行疏散通道。前者工程量小、造价较低，在工程中得到普遍应用；后者可靠性更好、安全性高，但因造价高，在工程中应用不多。双孔隧道之间的车行横通道、专用车行疏散通道不仅可用于隧道内车辆疏散，还可用于巡查、维修、救援及车辆转换行驶方向。

车行横通道间隔及隧道通向车行疏散通道的入口间隔，在本次修订时进行了适当调整，水底隧道由原规定的500m～1500m调整为1000m～1500m，非水底隧道由原规定的200m～500m调整为不宜大于1000m。主要考虑到两方面因素：一方面，受地质条件多样性的影响，城市隧道的施工方法较多，而穿越江、河、湖泊等水底隧道常采用盾构法、沉管法施工，在隧道两管间设置车行横通道的工程风险非常大，可实施性不强；另一方面，城市隧道灭火救援响应快、隧道内消防设施齐全，而且越来越多的城市隧道设计有多处进、出口匝道，事故时，车辆可利用匝道进行疏散。

此外，本条规定还参考了国内、外相关规范，如国家行业标准《公路隧道设计规范》JTG D70—2004和《欧洲道路隧道安全》(European Commission Directorate General for Energy and Transport）等标准或技术文件。《公路隧道设计规范》JTG D70—2004规定，山岭公路隧道的车行横通道间隔：车行横通道的设置间距可取750m，并不得大于1000m；长1000m～1500m的隧道宜设置1处，中、短隧道可不设；《欧洲道路隧道安全》规定，双管隧道之间车行横通道的间距为1500m；奥地利RVS 9.281/9.282规定，车行横向连接通道的间距为1000m。综上所述，本次修订适当加大了车行横通道的间隔。

(2)《公路隧道设计规范》JTG D70—2004对山岭公路隧道车行横通道的断面建筑限界规定，如图13所示。城市交通隧道对通行车辆种类有严格的规定，如有些隧道只允许通行小型机动车、有些隧道禁止通行大、中型货车、有些是客货混用隧道。横通道的断面建筑限界应与隧道通行车辆种类相适应，仅通行小型机动车或禁止通行大型货车的隧道横通道的断面建筑限界可适当降低。

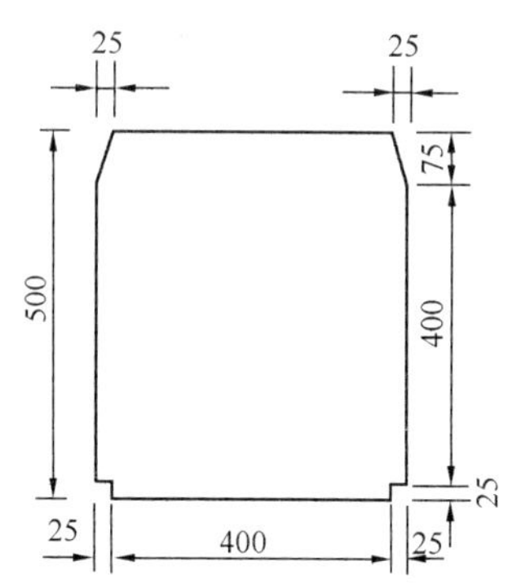

图13 车行横通道的断面建筑限界(cm)

(3) 隧道与车行横通道或车行疏散通道的连通处采取防火分隔措施，是为防止火灾向相邻隧道或车行疏散通道蔓延。防火分隔措施可采用耐火极限与相应结构耐火极限一致的防火门，防火门还要具有良好的密闭防烟性能。

12.1.7 本条规定了双孔隧道设置人行横通道或人行疏散通道的要求。

在隧道设计中，可以采用多种逃生避难形式，如横通道、地下管廊、疏散专用道等。采用人行横通道和人行疏散通道进行疏散与逃生，是目前隧道中应用较为普遍的形式。人行横通道是垂直于两孔隧道长度方向设置、连接相邻两孔隧道的通道，当两孔隧道中某一条隧道发生火灾时，该隧道内的人员可以通过人行横通道疏散至相邻隧道。人行疏散通道是设在两孔隧道中间或隧道路面下方、直通隧道外的通道，当隧道发生火灾时，隧道内的人员进入该通道进行逃生。人行横通道与人行疏散通道相比，造价相对较低，且可以利用隧道内车行横通道。设置人行横通道和人行疏散通道时，需符合以下原则：

（1）人行横通道的间隔和隧道通向人行疏散通道的入口间隔，要能有效保证隧道内的人员在较短时间内进入人行横通道或人行疏散通道。

根据荷兰及欧洲的一系列模拟实验，250m为隧道内的人员在初期火灾烟雾浓度未造成更大影响情况下的最大逃生距离。行业标准《公路隧道设计规范》JTG D70—2004规定了山岭公路隧道的人行横通道间隔：人行横通道的设置间距可取250m，并不大于500m。美国消防协会《公路隧道、桥梁及其他限行公路标准》NFPA 502（2011年版）规定：隧道应有应急出口，且间距不应大于300m；当隧道采用耐火极限为2.00h以上的结构分隔，或隧道为双孔时，两孔间的横通道可以替代应急出口，且间距不应大于200m。其他一些国家对人行横通道的规定见表22。

表22 国外有关设计准则中道路隧道横向人行通道间距推荐值

国家	出版物/号	年份	横向人行通道间距（m）	备注
奥地利	RVS 9.281/9.282	1989	500	通道间距最大允许至1km 未设通风的隧道或隧道纵坡大于3%的隧道内，通道间距250m
德国	RABT	1984	350	根据最新的RABT曲线，通道间距将调整至300m
挪威	Road Tunnels		250	—
瑞士	Tunnel Task Force	2000	300	—

（2）人行横通道或人行疏散通道的尺寸要能保证人员的应急通行。

本次修订对人行横通道的净尺寸进行了适当调整，由原来的净宽度不应小于2.0m、净高度不应小于2.2m分别调整为净宽度不应小于1.2m、净高度不应小于2.1m。原规定主要参照行业标准《公路隧道设计规范》JTG D70—2004对山岭公路人行隧道横通道的断面建筑限界规定。城市隧道由于地质条件的复杂性和施工方法的多样性，相当多的城市隧道采用盾构法施工，设置宽度不小于2.0m的人行横通道难度很大、工程风险高。本次修订的人行横通道宽度，参考了美国消防协会《公路隧道、桥梁及其他限行公路标准》NFPA 502（2011年版）的相关规定（人行横通道的净宽不小于1.12m），同时，结合我国人体特征，考虑了满足2股人流通行及消防员带装备通行的需求。

另外，人行横通道的宽度加大后也不利于对疏散通道实施正压送风。

综合以上因素，本次修订时适当调整了人行横通道的尺寸，使之既满足人员疏散和消防员通行的要求，又能降低施工风险。

（3）隧道与人行横通道或人行疏散通道的连通处所进行的防火分隔，应能防止火灾和烟气影响人员安全疏散。

目前较为普遍的做法是，在隧道与人行横通道或人行疏散通道的连通处设置防火门。美国消防协会《公路隧道、桥梁及其他限行公路标准》NFPA 502（2011年版）规定，人行横通道与隧道连通处门的耐火极限应达到1.5h。

12.1.8 避难设施不仅可为逃生人员提供保护，还可用作消防员暂时躲避烟雾和热气的场所。在中、长隧道设计中，设置人员的安全避难场所是一项重要内容。避难场所的设置要充分考虑通道的设置、隔间及空间的分配以及相应的辅助设施的要求。对于较长的单孔隧道和水底隧道，采用人行疏散通道或人行横通道存在一定难度时，可以考虑其他形式的人员疏散或避难，如设置直通室外的疏散出口、独立的避难场所、路面下的专用疏散通道等。

12.1.9 隧道内的变电站、管廊、专用疏散通道、通风机房等是保障隧道日常运行和应急救援的重要设施，有的本身还具有一定的火灾危险性。因此，在设计中要采取一定的防火分隔措施与车行隧道分隔。其分隔要求可参照本规范第6章有关建筑物内重要房间的分隔要求确定。

12.1.10 本条规定了地下设备用房的防火分区划分和安全出口设置要求。考虑到隧道的一些专用设备，如风机房、风道等占地面积较大、安全出口难以开设，且机房无人值守，只有少数人员巡检的实际情况，规定了单个防火分区的最大允许建筑面积不大于

$1500m^2$，以及无人值守的设备用房可设1个安全出口的条件。

12.2 消防给水和灭火设施

12.2.1、12.2.2 这两条条文参照国内外相关标准的要求，规定了隧道的消防给水及其管道、设备等的一般设计要求。四类隧道和通行人员或非机动车辆的三类隧道，通常隧道长度较短或火灾危险性较小，可以利用城市公共消防系统或者灭火器进行灭火、控火，而不需单独设置消防给水系统。

隧道的火灾延续时间，与隧道内的通风情况和实际的交通状况关系密切，有时延续较长时间。本条尽管规定了一个基本的火灾延续时间，但有条件的，还是要根据隧道通行车辆及其长度，特别是一类隧道，尽量采用更长的设计火灾延续时间，以保证有较充分的灭火用水储备量。

在洞口附近设置的水泵接合器，对于城市隧道的灭火救援而言，十分重要。水泵接合器的设置位置，既要便于消防车向隧道内的管网供水，还要不影响附近的其他救援行动。

12.2.3 本条规定的隧道排水，其目的在于排除灭火过程中产生的大量积水，避免隧道内因积聚雨水、渗水、灭火产生的废水而导致可燃液体流散、增加疏散与救援的困难，防止运输可燃液体或有害液体车辆逸漏但未燃烧的液体，因缺乏有组织的排水措施而漫流进入其他设备沟、疏散通道、重要设备房等区域内而引发火灾事故。

12.2.4 引发隧道内火灾的主要部位有：行驶车辆的油箱、驾驶室、行李或货物和客车的旅客座位等，火灾类型一般为A、B类混合，部分火灾可能因隧道内的电器设备、配电线路引起。因此，在隧道内要合理配置能扑灭ABC类火灾的灭火器。

本条有关数值的确定，参考了国家标准《建筑灭火器配置设计规范》GB 50140－2005、美国消防协会、日本建设省的有关标准和国外有关隧道的研究报告。对于交通量大或者车道较多的隧道，为保证人身安全和快速处置初起火，有必要在隧道两侧设置灭火器。四类隧道一般为火灾危险性较小或长度较短的隧道，即使发生火灾，人员疏散和扑救也较容易。因此，消防设施的设置以配备适用的灭火器为主。

中华人民共和国国家标准

自动喷水灭火系统设计规范

Code for design of sprinkler systems

GB 50084—2017

主编部门：中 华 人 民 共 和 国 公 安 部
批准部门：中华人民共和国住房和城乡建设部
施行日期：2 0 1 8 年 1 月 1 日

19

目　次

19

1 总 则

1.0.1 为了正确、合理地设计自动喷水灭火系统，保护人身和财产安全，制定本规范。

1.0.2 本规范适用于新建、扩建、改建的民用与工业建筑中自动喷水灭火系统的设计。

本规范不适用于火药、炸药、弹药、火工品工厂、核电站及飞机库等特殊功能建筑中自动喷水灭火系统的设计。

1.0.3 自动喷水灭火系统的设计，应密切结合保护对象的功能和火灾特点，积极采用新技术、新设备、新材料，做到安全可靠、技术先进、经济合理。

1.0.4 设计采用的系统组件，必须符合国家现行的相关标准，并应符合消防产品市场准入制度的要求。

1.0.5 当设置自动喷水灭火系统的建筑或建筑内场所变更用途时，应校核原有系统的适用性。当不适用时，应按本规范重新设计。

1.0.6 自动喷水灭火系统的设计，除应符合本规范的规定外，尚应符合国家现行有关标准的规定。

2 术语和符号

2.1 术 语

2.1.1 自动喷水灭火系统 sprinkler systems

由洒水喷头、报警阀组、水流报警装置（水流指示器或压力开关）等组件，以及管道、供水设施等组成，能在发生火灾时喷水的自动灭火系统。

2.1.2 闭式系统 close-type sprinkler system

采用闭式洒水喷头的自动喷水灭火系统。

2.1.3 开式系统 open-type sprinkler system

采用开式洒水喷头的自动喷水灭火系统。

2.1.4 湿式系统 wet pipe sprinkler system

准工作状态时配水管道内充满用于启动系统的有压水的闭式系统。

2.1.5 干式系统 dry pipe sprinkler system

准工作状态时配水管道内充满用于启动系统的有压气体的闭式系统。

2.1.6 预作用系统 preaction sprinkler system

准工作状态时配水管道内不充水，发生火灾时由火灾自动报警系统、充气管道上的压力开关联锁控制预作用装置和启动消防水泵，向配水管道供水的闭式系统。

2.1.7 重复启闭预作用系统 recycling preaction sprinkler system

能在扑灭火灾后自动关阀、复燃时再次开阀喷水的预作用系统。

2.1.8 雨淋系统 deluge sprinkler system

由开式洒水喷头、雨淋报警阀组等组成，发生火灾时由火灾自动报警系统或传动管控制，自动开启雨淋报警阀组和启动消防水泵，用于灭火的开式系统。

2.1.9 水幕系统 drencher sprinkler system

由开式洒水喷头或水幕喷头、雨淋报警阀组或感温雨淋报警阀等组成，用于防火分隔或防护冷却的开式系统。

2.1.10 防火分隔水幕 fire compartment drencher sprinkler system

由开式洒水喷头或水幕喷头、雨淋报警阀组或感温雨淋报警阀等组成，发生火灾时密集喷洒形成水墙或水帘的水幕系统。

2.1.11 防护冷却水幕 cooling protection drencher sprinkler system

由水幕喷头、雨淋报警阀组或感温雨淋报警阀等组成，发生火灾时用于冷却防火卷帘、防火玻璃墙等防火分隔设施的水幕系统。

2.1.12 防护冷却系统 cooling protection sprinkler system

由闭式洒水喷头、湿式报警阀组等组成，发生火灾时用于冷却防火卷帘、防火玻璃墙等防火分隔设施的闭式系统。

2.1.13 作用面积 operation area of sprinkler system

一次火灾中系统按喷水强度保护的最大面积。

2.1.14 响应时间指数 response time index (RTI)

闭式洒水喷头的热敏性能指标。

2.1.15 快速响应洒水喷头 fast response sprinkler

响应时间指数 $RTI \leqslant 50(m \cdot s)^{0.5}$ 的闭式洒水喷头。

2.1.16 特殊响应洒水喷头 special response sprinkler

响应时间指数 $50 < RTI \leqslant 80(m \cdot s)^{0.5}$ 的闭式洒水喷头。

2.1.17 标准响应洒水喷头 standard response sprinkler

响应时间指数 $80 < RTI \leqslant 350(m \cdot s)^{0.5}$ 的闭式洒水喷头。

2.1.18 一只喷头的保护面积 protection area of the sprinkler

同一根配水支管上相邻洒水喷头的距离与相邻配水支管之间距离的乘积。

2.1.19 标准覆盖面积洒水喷头 standard coverage sprinkler

流量系数 $K \geqslant 80$，一只喷头的最大保护面积不超过 $20m^2$ 的直立型、下垂型洒水喷头及一只喷头的最大保护面积不超过 $18m^2$ 的边墙型洒水喷头。

2.1.20 扩大覆盖面积洒水喷头 extended coverage (EC) sprinkler

流量系数 $K \geqslant 80$，一只喷头的最大保护面积大于标准覆盖面积洒水喷头的保护面积，且不超过 $36m^2$ 的洒水喷头，包括直立型、下垂型和边墙型扩大覆盖面积洒水喷头。

2.1.21 标准流量洒水喷头 standard orifice sprinkler

流量系数 $K=80$ 的标准覆盖面积洒水喷头。

2.1.22 早期抑制快速响应喷头 early suppression fast response (ESFR) sprinkler

流量系数 $K\geqslant161$，响应时间指数 $RTI\leqslant28\pm8(m\cdot s)^{0.5}$，用于保护堆垛与高架仓库的标准覆盖面积洒水喷头。

2.1.23 特殊应用喷头 specific application sprinkler

流量系数 $K\geqslant161$，具有较大水滴粒径，在通过标准试验验证后，可用于民用建筑和厂房高大空间场所以及仓库的标准覆盖面积洒水喷头，包括非仓库型特殊应用喷头和仓库型特殊应用喷头。

2.1.24 家用喷头 residential sprinkler

适用于住宅建筑和非住宅类居住建筑的一种快速响应洒水喷头。

2.1.25 配水干管 feed mains

报警阀后向配水管供水的管道。

2.1.26 配水管 cross mains

向配水支管供水的管道。

2.1.27 配水支管 branch lines

直接或通过短立管向洒水喷头供水的管道。

2.1.28 配水管道 system pipes

配水干管、配水管及配水支管的总称。

2.1.29 短立管 sprig

连接洒水喷头与配水支管的立管。

2.1.30 消防洒水软管 flexible sprinkler hose fittings

连接洒水喷头与配水管道的挠性金属软管及洒水喷头调整固定装置。

2.1.31 信号阀 signal valve

具有输出启闭状态信号功能的阀门。

2.2 符　　号

a——喷头与障碍物的水平距离；

b——喷头溅水盘与障碍物底面的垂直距离；

c——障碍物横截面的一个边长；

C_h——海澄—威廉系数；

d——管道外径；

d_g——节流管的计算内径；

d_j——管道的计算内径；

d_k——减压孔板的孔口直径；

e——障碍物横截面的另一个边长；

f——喷头溅水盘与不到顶隔墙顶面的垂直间距；

g——重力加速度；

H——水泵扬程或系统入口的供水压力；

H_c——从城市市政管网直接抽水时城市管网的最低水压；

H_g——节流管的水头损失；

H_k——减压孔板的水头损失；

h——最大净空高度；

h_s——最大储物高度；

i——管道单位长度的水头损失；

K——喷头流量系数；

L——节流管的长度；

n——最不利点处作用面积内的洒水喷头数；

P——喷头工作压力；

P_0——最不利点处喷头的工作压力；

P_p——系统管道沿程和局部的水头损失；

Q——系统设计流量；

q——喷头流量；

q_i——最不利点处作用面积内各喷头节点的流量；

q_g——管道设计流量；

S——喷头间距；

S_L——喷头溅水盘与顶板的距离；

S_w——喷头溅水盘与背墙的距离；

V——管道内水的平均流速；

V_g——节流管内水的平均流速；

V_k——减压孔板后管道内水的平均流速；

Z——最不利点处喷头与消防水池最低水位或系统入口管水平中心线之间的高程差；

ζ——节流管中渐缩管与渐扩管的局部阻力系数之和；

ξ——减压孔板的局部阻力系数。

3 设置场所火灾危险等级

3.0.1 设置场所的火灾危险等级应划分为轻危险级、中危险级（Ⅰ级、Ⅱ级）、严重危险级（Ⅰ级、Ⅱ级）和仓库危险级（Ⅰ级、Ⅱ级、Ⅲ级）。

3.0.2 设置场所的火灾危险等级，应根据其用途、容纳物品的火灾荷载及室内空间条件等因素，在分析火灾特点和热气流驱动洒水喷头开放及喷水到位的难易程度后确定，设置场所应按本规范附录A进行分类。

3.0.3 当建筑物内各场所的火灾危险性及灭火难度存在较大差异时，宜按各场所的实际情况确定系统选型与火灾危险等级。

4 系统基本要求

4.1 一 般 规 定

4.1.1 自动喷水灭火系统的设置场所应符合国家现行相关标准的规定。

4.1.2 自动喷水灭火系统不适用于存在较多下列物品的场所：

1 遇水发生爆炸或加速燃烧的物品；

2 遇水发生剧烈化学反应或产生有毒有害物质的物品；

3 洒水将导致喷溅或沸溢的液体。

4.1.3 自动喷水灭火系统的设计原则应符合下列规定：

1 闭式洒水喷头或启动系统的火灾探测器，应能有效探测初期火灾；

2 湿式系统、干式系统应在开放一只洒水喷头后自动启动，预作用系统、雨淋系统和水幕系统应根据其类型由火灾探测器、闭式洒水喷头作为探测元件，报警后自动启动；

3 作用面积内开放的洒水喷头，应在规定时间内按设计选定的喷水强度持续喷水；

4 喷头洒水时，应均匀分布，且不应受阻挡。

4.2 系统选型

4.2.1 自动喷水灭火系统选型应根据设置场所的建筑特征、环境条件和火灾特点等选择相应的开式或闭式系统。露天场所不宜采用闭式系统。

4.2.2 环境温度不低于4℃且不高于70℃的场所，应采用湿式系统。

4.2.3 环境温度低于4℃或高于70℃的场所，应采用干式系统。

4.2.4 具有下列要求之一的场所，应采用预作用系统：

1 系统处于准工作状态时严禁误喷的场所；

2 系统处于准工作状态时严禁管道充水的场所；

3 用于替代干式系统的场所。

4.2.5 灭火后必须及时停止喷水的场所，应采用重复启闭预作用系统。

4.2.6 具有下列条件之一的场所，应采用雨淋系统：

1 火灾的水平蔓延速度快、闭式洒水喷头的开放不能及时使喷水有效覆盖着火区域的场所；

2 设置场所的净空高度超过本规范第6.1.1条的规定，且必须迅速扑救初期火灾的场所；

3 火灾危险等级为严重危险级Ⅱ级的场所。

4.2.7 符合下列条件之一的场所，宜采用设置早期抑制快速响应喷头的自动喷水灭火系统。当采用早期抑制快速响应喷头时，系统应为湿式系统，且系统设计基本参数应符合本规范第5.0.5条的规定。

1 最大净空高度不超过13.5m且最大储物高度不超过12.0m，储物类别为仓库危险级Ⅰ、Ⅱ级或沥青制品、箱装不发泡塑料的仓库及类似场所；

2 最大净空高度不超过12.0m且最大储物高度不超过10.5m，储物类别为袋装不发泡塑料、箱装发泡塑料和袋装发泡塑料的仓库及类似场所。

4.2.8 符合下列条件之一的场所，宜采用设置仓库型特殊应用喷头的自动喷水灭火系统，系统设计基本参数应符合本规范第5.0.6条的规定。

1 最大净空高度不超过12.0m且最大储物高度不超过10.5m，储物类别为仓库危险级Ⅰ、Ⅱ级或箱装不发泡塑料的仓库及类似场所；

2 最大净空高度不超过7.5m且最大储物高度不超过6.0m，储物类别为袋装不发泡塑料和箱装发泡塑料的仓库及类似场所。

4.3 其 他

4.3.1 建筑物中保护局部场所的干式系统、预作用系统、雨淋系统、自动喷水—泡沫联用系统，可串联接入同一建筑物内的湿式系统，并应与其配水干管连接。

4.3.2 自动喷水灭火系统应有下列组件、配件和设施：

1 应设有洒水喷头、报警阀组、水流报警装置等组件和末端试水装置，以及管道、供水设施等；

2 控制管道静压的区段宜分区供水或设减压阀，控制管道动压的区段宜设减压孔板或节流管；

3 应设有泄水阀（或泄水口）、排气阀（或排气口）和排污口；

4 干式系统和预作用系统的配水管道应设快速排气阀。有压充气管道的快速排气阀入口前应设电动阀。

4.3.3 防护冷却水幕应直接将水喷向被保护对象；防火分隔水幕不宜用于尺寸超过1.5m(宽)×8m(高)的开口（舞台口除外）。

5 设计基本参数

5.0.1 民用建筑和厂房采用湿式系统时的设计基本参数不应低于表5.0.1的规定。

表5.0.1 民用建筑和厂房采用湿式系统的设计基本参数

火灾危险等级		最大净空高度 h (m)	喷水强度 [L/(min·m²)]	作用面积 (m²)
轻危险级		$h \leq 8$	4	160
中危险级	Ⅰ级		6	
	Ⅱ级		8	
严重危险级	Ⅰ级		12	260
	Ⅱ级		16	

注：系统最不利点处洒水喷头的工作压力不应低于0.05MPa。

5.0.2 民用建筑和厂房高大空间场所采用湿式系统的设计基本参数不应低于表5.0.2的规定。

表 5.0.2 民用建筑和厂房高大空间场所采用湿式系统的设计基本参数

适用场所		最大净空高度 h（m）	喷水强度［L/(min·m²)］	作用面积（m²）	喷头间距 S（m）
民用建筑	中庭、体育馆、航站楼等	$8<h\leqslant12$	12	160	$1.8\leqslant S\leqslant3.0$
		$12<h\leqslant18$	15		
	影剧院、音乐厅、会展中心等	$8<h\leqslant12$	15		
		$12<h\leqslant18$	20		
厂房	制衣制鞋、玩具、木器、电子生产车间等	$8<h\leqslant12$	15		
	棉纺厂、麻纺厂、泡沫塑料生产车间等		20		

注：1 表中未列入的场所，应根据本表规定场所的火灾危险性类比确定。

2 当民用建筑高大空间场所的最大净空高度为 $12m<h\leqslant18m$ 时，应采用非仓库型特殊应用喷头。

5.0.3 最大净空高度超过 8m 的超级市场采用湿式系统的设计基本参数应按本规范第 5.0.4 条和第 5.0.5 条的规定执行。

5.0.4 仓库及类似场所采用湿式系统的设计基本参数应符合下列要求：

1 当设置场所的火灾危险等级为仓库危险级Ⅰ级～Ⅲ级时，系统设计基本参数不应低于表 5.0.4-1～表 5.0.4-4 的规定；

表 5.0.4-1 仓库危险级Ⅰ级场所的系统设计基本参数

储存方式	最大净空高度 h（m）	最大储物高度 h_s（m）	喷水强度［L/(min·m²)］	作用面积（m²）	持续喷水时间（h）
堆垛、托盘	9.0	$h_s\leqslant3.5$	8.0	160	1.0
		$3.5<h_s\leqslant6.0$	10.0	200	1.5
		$6.0<h_s\leqslant7.5$	14.0		
单、双、多排货架		$h_s\leqslant3.0$	6.0	160	
		$3.0<h_s\leqslant3.5$	8.0		
单、双排货架		$3.5<h_s\leqslant6.0$	18.0	200	
		$6.0<h_s\leqslant7.5$	14.0+1J		
多排货架		$3.5<h_s\leqslant4.5$	12.0		
		$4.5<h_s\leqslant6.0$	18.0		
		$6.0<h_s\leqslant7.5$	18.0+1J		

注：1 货架储物高度大于 7.5m 时，应设置货架内置洒水喷头。顶板下洒水喷头的喷水强度不应低于 18L/(min·m²)，作用面积不应小于 200m²，持续喷水时间不应小于 2h。

2 本表及表 5.0.4-2、5.0.4-5 中字母“J”表示货架内置洒水喷头，“J”前的数字表示货架内置洒水喷头的层数。

表 5.0.4-2 仓库危险级Ⅱ级场所的系统设计基本参数

储存方式	最大净空高度 h（m）	最大储物高度 h_s（m）	喷水强度［L/(min·m²)］	作用面积（m²）	持续喷水时间（h）
堆垛、托盘	9.0	$h_s\leqslant3.5$	8.0	160	1.5
		$3.5<h_s\leqslant6.0$	16.0	200	2.0
		$6.0<h_s\leqslant7.5$	22.0		
单、双、多排货架		$h_s\leqslant3.0$	8.0	160	1.5
		$3.0<h_s\leqslant3.5$	12.0	200	
单、双排货架		$3.5<h_s\leqslant6.0$	24.0	280	2.0
		$6.0<h_s\leqslant7.5$	22.0+1J	200	
多排货架		$3.5<h_s\leqslant4.5$	18.0		
		$4.5<h_s\leqslant6.0$	18.0+1J		
		$6.0<h_s\leqslant7.5$	18.0+2J		

注：货架储物高度大于 7.5m 时，应设置货架内置洒水喷头。顶板下洒水喷头的喷水强度不应低于 20L/(min·m²)，作用面积不应小于 200m²，持续喷水时间不应小于 2h。

表 5.0.4-3 货架储存时仓库危险级Ⅲ级场所的系统设计基本参数

序号	最大净空高度 h（m）	最大储物高度 h_s（m）	货架类型	喷水强度［L/(min·m²)］	货架内置洒水喷头		
					层数	高度（m）	流量系数 K
1	4.5	$1.5<h_s\leqslant3.0$	单、双、多	12.0	—	—	—
2	6.0	$1.5<h_s\leqslant3.0$	单、双、多	18.0	—	—	—
3	7.5	$3.0<h_s\leqslant4.5$	单、双、多	24.5	—	—	—
4	7.5	$3.0<h_s\leqslant4.5$	单、双、多	12.0	1	3.0	80
5	7.5	$4.5<h_s\leqslant6.0$	单、双	24.5	—	—	—
6	7.5	$4.5<h_s\leqslant6.0$	单、双、多	12.0	1	4.5	115
7	9.0	$4.5<h_s\leqslant6.0$	单、双、多	18.0	1	3.0	80
8	8.0	$4.5<h_s\leqslant6.0$	单、双、多	24.5	—	—	—

续表 5.0.4-3

序号	最大净空高度 h (m)	最大储物高度 h_s (m)	货架类型	喷水强度 [L/(min·m²)]	货架内置洒水喷头		
					层数	高度(m)	流量系数 K
9	9.0	$6.0<h_s\leqslant7.5$	单、双、多	18.5	1	4.5	115
10	9.0	$6.0<h_s\leqslant7.5$	单、双、多	32.5	—	—	—
11	9.0	$6.0<h_s\leqslant7.5$	单、双、多	12.0	2	3.0, 6.0	80

注：1 作用面积不应小于 200m²，持续喷水时间不应低于 2h。
2 序号 4,6,7,11：货架内设置一排货架内置洒水喷头时，喷头的间距不应大于 3.0m；设置两排或多排货架内置洒水喷头时，喷头的间距不应大于 3.0×2.4（m）。
3 序号 9：货架内设置一排货架内置洒水喷头时，喷头的间距不应大于 2.4m，设置两排或多排货架内置洒水喷头时，喷头的间距不应大于 2.4×2.4（m）。
4 序号 8：应采用流量系数 K 等于 161,202,242,363 的洒水喷头。
5 序号 10：应采用流量系数 K 等于 242,363 的洒水喷头。
6 货架储物高度大于 7.5m 时，应设置货架内置洒水喷头，顶板下洒水喷头的喷水强度不应低于 22.0L/(min·m²)，作用面积不应小于 200m²，持续喷水时间不应小于 2h。

表 5.0.4-4 堆垛储存时仓库危险级Ⅲ级场所的系统设计基本参数

最大净空高度 h (m)	最大储物高度 h_s (m)	喷水强度 [L/(min·m²)]			
		A	B	C	D
7.5	1.5	8.0			
4.5	3.5	16.0	16.0	12.0	12.0
6.0		24.5	22.0	20.5	16.5
9.0		32.5	28.5	24.5	18.5
6.0	4.5	24.5	22.0	20.5	16.5
7.5	6.0	32.5	28.5	24.5	18.5
9.0	7.5	36.5	34.5	28.5	22.5

注：1 A—袋装与无包装的发泡塑料橡胶；B—箱装的发泡塑料橡胶；
C—袋装与无包装的不发泡塑料橡胶；D—箱装的不发泡塑料橡胶。
2 作用面积不应小于 240m²，持续喷水时间不应低于 2h。

2 当仓库危险级Ⅰ级、仓库危险级Ⅱ级场所中混杂储存仓库危险级Ⅲ级物品时，系统设计基本参数不应低于表 5.0.4-5 的规定。

5.0.5 仓库及类似场所采用早期抑制快速响应喷头时，系统的设计基本参数不应低于表 5.0.5 的规定。

5.0.6 仓库及类似场所采用仓库型特殊应用喷头时，湿式系统的设计基本参数不应低于表 5.0.6 的规定。

表 5.0.4-5 仓库危险级Ⅰ级、Ⅱ级场所中混杂储存仓库危险级Ⅲ级场所物品时的系统设计基本参数

储物类别	储存方式	最大净空高度 h (m)	最大储物高度 h_s (m)	喷水强度 [L/(min·m²)]	作用面积 (m²)	持续喷水时间 (h)
储物中包括沥青制品或箱装 A 组塑料橡胶	堆垛与货架	9.0	$h_s\leqslant1.5$	8	160	1.5
		4.5	$1.5<h_s\leqslant3.0$	12	240	2.0
		6.0	$1.5<h_s\leqslant3.0$	16	240	2.0
		5.0	$3.0<h_s\leqslant3.5$			
	堆垛	8.0	$3.0<h_s\leqslant3.5$	16	240	2.0
	货架	9.0	$1.5<h_s\leqslant3.5$	8+1J	160	2.0
储物中包括袋装 A 组塑料橡胶	堆垛与货架	9.0	$h_s\leqslant1.5$	8	160	1.5
		4.5	$1.5<h_s\leqslant3.0$	16	240	2.0
		5.0	$3.0<h_s\leqslant3.5$			
	堆垛	9.0	$1.5<h_s\leqslant2.5$	16	240	2.0
储物中包括袋装不发泡 A 组塑料橡胶	堆垛与货架	6.0	$1.5<h_s\leqslant3.0$	16	240	2.0

续表 5.0.4-5

储物类别	储存方式	最大净空高度 h（m）	最大储物高度 h_s（m）	喷水强度［L/(min·m²)］	作用面积（m²）	持续喷水时间（h）
储物中包括袋装发泡A组塑料橡胶	货架	6.0	$1.5<h_s\leq3.0$	8+1J	160	2.0
储物中包括轮胎或纸卷	堆垛与货架	9.0	$1.5<h_s\leq3.5$	12	240	2.0

注：1 无包装的塑料橡胶视同纸袋、塑料袋包装。

2 货架内置洒水喷头应采用与顶板下洒水喷头相同的喷水强度，用水量应按开放6只洒水喷头确定。

表 5.0.5 采用早期抑制快速响应喷头的系统设计基本参数

储物类别	最大净空高度（m）	最大储物高度（m）	喷头流量系数 K	喷头设置方式	喷头最低工作压力（MPa）	喷头最大间距（m）	喷头最小间距（m）	作用面积内开放的喷头数
Ⅰ、Ⅱ级、沥青制品、箱装不发泡塑料	9.0	7.5	202	直立型	0.35	3.7	2.4	12
				下垂型				
			242	直立型	0.25			
				下垂型				
			320	下垂型	0.20			
			363	下垂型	0.15			
	10.5	9.0	202	直立型	0.50	3.0		
				下垂型				
			242	直立型	0.35			
				下垂型				
			320	下垂型	0.25			
			363	下垂型	0.20			
	12.0	10.5	202	下垂型	0.50			
			242	下垂型	0.35			
			363	下垂型	0.30			
	13.5	12.0	363	下垂型	0.35			
袋装不发泡塑料	9.0	7.5	202	下垂型	0.50	3.7		
			242	下垂型	0.35			
			363	下垂型	0.25			
	10.5	9.0	363	下垂型	0.35	3.0		
	12.0	10.5	363	下垂型	0.40			
箱装发泡塑料	9.0	7.5	202	直立型	0.35	3.7		
				下垂型				
			242	直立型	0.25			
				下垂型				
			320	下垂型	0.25			
			363	下垂型	0.15			
	12.0	10.5	363	下垂型	0.40	3.0		

续表 5.0.5

<table>
<tr><th>储物类别</th><th>最大净空高度(m)</th><th>最大储物高度(m)</th><th>喷头流量系数K</th><th>喷头设置方式</th><th>喷头最低工作压力(MPa)</th><th>喷头最大间距(m)</th><th>喷头最小间距(m)</th><th>作用面积内开放的喷头数</th></tr>
<tr><td rowspan="7">袋装发泡塑料</td><td rowspan="3">7.5</td><td rowspan="3">6.0</td><td>202</td><td>下垂型</td><td>0.50</td><td rowspan="6">3.7</td><td rowspan="7">2.4</td><td rowspan="6">12</td></tr>
<tr><td>242</td><td>下垂型</td><td>0.35</td></tr>
<tr><td>363</td><td>下垂型</td><td>0.20</td></tr>
<tr><td rowspan="3">9.0</td><td rowspan="3">7.5</td><td>202</td><td>下垂型</td><td>0.70</td></tr>
<tr><td>242</td><td>下垂型</td><td>0.50</td></tr>
<tr><td>363</td><td>下垂型</td><td>0.30</td></tr>
<tr><td>12.0</td><td>10.5</td><td>363</td><td>下垂型</td><td>0.50</td><td>3.0</td><td>20</td></tr>
</table>

表 5.0.6　采用仓库型特殊应用喷头的湿式系统设计基本参数

<table>
<tr><th>储物类别</th><th>最大净空高度(m)</th><th>最大储物高度(m)</th><th>喷头流量系数K</th><th>喷头设置方式</th><th>喷头最低工作压力(MPa)</th><th>喷头最大间距(m)</th><th>喷头最小间距(m)</th><th>作用面积内开放的喷头数</th><th>持续喷水时间(h)</th></tr>
<tr><td rowspan="14">Ⅰ级、Ⅱ级</td><td rowspan="6">7.5</td><td rowspan="6">6.0</td><td rowspan="2">161</td><td>直立型</td><td rowspan="2">0.20</td><td rowspan="12">3.7</td><td rowspan="29">2.4</td><td rowspan="3">15</td><td rowspan="29">1.0</td></tr>
<tr><td>下垂型</td></tr>
<tr><td>200</td><td>下垂型</td><td>0.15</td></tr>
<tr><td>242</td><td>直立型</td><td>0.10</td><td rowspan="3">12</td></tr>
<tr><td rowspan="2">363</td><td>下垂型</td><td>0.07</td></tr>
<tr><td>直立型</td><td>0.15</td></tr>
<tr><td rowspan="6">9.0</td><td rowspan="6">7.5</td><td rowspan="2">161</td><td>直立型</td><td rowspan="2">0.35</td><td rowspan="4">20</td></tr>
<tr><td>下垂型</td></tr>
<tr><td>200</td><td>下垂型</td><td>0.25</td></tr>
<tr><td>242</td><td>直立型</td><td>0.15</td></tr>
<tr><td rowspan="2">363</td><td>直立型</td><td>0.15</td><td rowspan="2">12</td></tr>
<tr><td>下垂型</td><td>0.07</td></tr>
<tr><td rowspan="2">12.0</td><td rowspan="2">10.5</td><td rowspan="2">363</td><td>直立型</td><td>0.10</td><td rowspan="2">3.0</td><td>24</td></tr>
<tr><td>下垂型</td><td>0.20</td><td>12</td></tr>
<tr><td rowspan="9">箱装不发泡塑料</td><td rowspan="6">7.5</td><td rowspan="6">6.0</td><td rowspan="2">161</td><td>直立型</td><td rowspan="2">0.35</td><td rowspan="8">3.7</td><td rowspan="4">15</td></tr>
<tr><td>下垂型</td></tr>
<tr><td>200</td><td>下垂型</td><td>0.25</td></tr>
<tr><td>242</td><td>直立型</td><td>0.15</td></tr>
<tr><td rowspan="2">363</td><td>直立型</td><td>0.15</td><td rowspan="5">12</td></tr>
<tr><td>下垂型</td><td>0.07</td></tr>
<tr><td rowspan="2">9.0</td><td rowspan="2">7.5</td><td rowspan="2">363</td><td>直立型</td><td>0.15</td></tr>
<tr><td>下垂型</td><td>0.07</td></tr>
<tr><td>12.0</td><td>10.5</td><td>363</td><td>下垂型</td><td>0.20</td><td>3.0</td></tr>
<tr><td rowspan="6">箱装发泡塑料</td><td rowspan="6">7.5</td><td rowspan="6">6.0</td><td rowspan="2">161</td><td>直立型</td><td rowspan="2">0.35</td><td rowspan="6">3.7</td><td rowspan="6">15</td></tr>
<tr><td>下垂型</td></tr>
<tr><td>200</td><td>下垂型</td><td>0.25</td></tr>
<tr><td>242</td><td>直立型</td><td>0.15</td></tr>
<tr><td rowspan="2">363</td><td>直立型</td><td rowspan="2">0.07</td></tr>
<tr><td>下垂型</td></tr>
</table>

19

5.0.7 设置自动喷水灭火系统的仓库及类似场所，当采用货架储存时应采用钢制货架，并应采用通透层板，且层板中通透部分的面积不应小于层板总面积的50%。当采用木制货架或采用封闭层板货架时，其系统设置应按堆垛储物仓库确定。

5.0.8 货架仓库的最大净空高度或最大储物高度超过本规范第5.0.5条的规定时，应设货架内置洒水喷头，且货架内置洒水喷头上方的层间隔板应为实层板。货架内置洒水喷头的设置应符合下列规定：

1 仓库危险级Ⅰ级、Ⅱ级场所应在自地面起每3.0m设置一层货架内置洒水喷头，仓库危险级Ⅲ级场所应在自地面起每1.5m～3.0m设置一层货架内置洒水喷头，且最高层货架内置洒水喷头与储物顶部的距离不应超过3.0m；

2 当采用流量系数等于80的标准覆盖面积洒水喷头时，工作压力不应小于0.20MPa；当采用流量系数等于115的标准覆盖面积洒水喷头时，工作压力不应小于0.10MPa；

3 洒水喷头间距不应大于3m，且不应小于2m。计算货架内开放洒水喷头数量不应小于表5.0.8的规定；

4 设置2层及以上货架内置洒水喷头时，洒水喷头应交错布置。

表5.0.8 货架内开放洒水喷头数量

仓库危险级	货架内置洒水喷头的层数		
	1	2	>2
Ⅰ级	6	12	14
Ⅱ级	8	14	
Ⅲ级	10		

注：货架内置洒水喷头超过2层时，计算流量应按最顶层2层，且每层开放洒水喷头数按本表规定值的1/2确定。

5.0.9 仓库内设置自动喷水灭火系统时，宜设消防排水设施。

5.0.10 干式系统和雨淋系统的设计要求应符合下列规定：

1 干式系统的喷水强度应按本规范表5.0.1、表5.0.4-1～表5.0.4-5的规定值确定，系统作用面积应按对应值的1.3倍确定；

2 雨淋系统的喷水强度和作用面积应按本规范表5.0.1的规定值确定，且每个雨淋报警阀控制的喷水面积不宜大于表5.0.1中的作用面积。

5.0.11 预作用系统的设计要求应符合下列规定：

1 系统的喷水强度应按本规范表5.0.1、表5.0.4-1～表5.0.4-5的规定值确定；

2 当系统采用仅由火灾自动报警系统直接控制预作用装置时，系统的作用面积应按本规范表5.0.1、表5.0.4-1～表5.0.4-5的规定值确定；

3 当系统采用由火灾自动报警系统和充气管道上设置的压力开关控制预作用装置时，系统的作用面积应按本规范表5.0.1、表5.0.4-1～表5.0.4-5规定值的1.3倍确定。

5.0.12 仅在走道设置洒水喷头的闭式系统，其作用面积应按最大疏散距离所对应的走道面积确定。

5.0.13 装设网格、栅板类通透性吊顶的场所，系统的喷水强度应按本规范表5.0.1、表5.0.4-1～表5.0.4-5规定值的1.3倍确定，且喷头布置应按本规范第7.1.13条的规定执行。

5.0.14 水幕系统的设计基本参数应符合表5.0.14的规定：

表5.0.14 水幕系统的设计基本参数

水幕系统类别	喷水点高度 h（m）	喷水强度［L/(s·m)］	喷头工作压力（MPa）
防火分隔水幕	$h\leqslant12$	2.0	0.1
防护冷却水幕	$h\leqslant4$	0.5	

注：1 防护冷却水幕的喷水点高度每增加1m，喷水强度应增加0.1L/(s·m)，但超过9m时喷水强度仍采用1.0L/(s·m)。

2 系统持续喷水时间不应小于系统设置部位的耐火极限要求。

3 喷头布置应符合本规范第7.1.16条的规定。

5.0.15 当采用防护冷却系统保护防火卷帘、防火玻璃墙等防火分隔设施时，系统应独立设置，且应符合下列要求：

1 喷头设置高度不应超过8m；当设置高度为4m～8m时，应采用快速响应洒水喷头；

2 喷头设置高度不超过4m时，喷水强度不应小于0.5L/(s·m)；当超过4m时，每增加1m，喷水强度应增加0.1L/(s·m)；

3 喷头的设置应确保喷洒到被保护对象后布水均匀，喷头间距应为1.8m～2.4m；喷头溅水盘与防火分隔设施的水平距离不应大于0.3m，与顶板的距离应符合本规范第7.1.15条的规定；

4 持续喷水时间不应小于系统设置部位的耐火极限要求。

5.0.16 除本规范另有规定外，自动喷水灭火系统的持续喷水时间应按火灾延续时间不小于1h确定。

5.0.17 利用有压气体作为系统启动介质的干式系统和预作用系统，其配水管道内的气压值应根据报警阀的技术性能确定；利用有压气体检测管道是否严密的预作用系统，配水管道内的气压值不宜小于0.03MPa，且不宜大于0.05MPa。

6 系 统 组 件

6.1 喷　　头

6.1.1 设置闭式系统的场所，洒水喷头类型和场所的最大净空高度应符合表 6.1.1 的规定；仅用于保护室内钢屋架等建筑构件的洒水喷头和设置货架内置洒水喷头的场所，可不受此表规定的限制。

表 6.1.1 洒水喷头类型和场所净空高度

<table>
<tr><th rowspan="2" colspan="2">设置场所</th><th colspan="3">喷头类型</th><th rowspan="2">场所净空高度 h（m）</th></tr>
<tr><th>一只喷头的保护面积</th><th>响应时间性能</th><th>流量系数 K</th></tr>
<tr><td rowspan="5">民用建筑</td><td rowspan="2">普通场所</td><td>标准覆盖面积洒水喷头</td><td>快速响应喷头
特殊响应喷头
标准响应喷头</td><td>$K \geq 80$</td><td rowspan="2">$h \leq 8$</td></tr>
<tr><td>扩大覆盖面积洒水喷头</td><td>快速响应喷头</td><td>$K \geq 80$</td></tr>
<tr><td rowspan="3">高大空间场所</td><td>标准覆盖面积洒水喷头</td><td>快速响应喷头</td><td>$K \geq 115$</td><td rowspan="2">$8 \lt h \leq 12$</td></tr>
<tr><td colspan="3">非仓库型特殊应用喷头</td></tr>
<tr><td colspan="3">非仓库型特殊应用喷头</td><td>$12 \lt h \leq 18$</td></tr>
<tr><td rowspan="5" colspan="2">厂房</td><td>标准覆盖面积洒水喷头</td><td>特殊响应喷头
标准响应喷头</td><td>$K \geq 80$</td><td rowspan="2">$h \leq 8$</td></tr>
<tr><td>扩大覆盖面积洒水喷头</td><td>标准响应喷头</td><td>$K \geq 80$</td></tr>
<tr><td>标准覆盖面积洒水喷头</td><td>特殊响应喷头
标准响应喷头</td><td>$K \geq 115$</td><td rowspan="2">$8 \lt h \leq 12$</td></tr>
<tr><td colspan="3">非仓库型特殊应用喷头</td></tr>
<tr><td rowspan="3" colspan="2">仓库</td><td>标准覆盖面积洒水喷头</td><td>特殊响应喷头
标准响应喷头</td><td>$K \geq 80$</td><td>$h \leq 9$</td></tr>
<tr><td colspan="3">仓库型特殊应用喷头</td><td>$h \leq 12$</td></tr>
<tr><td colspan="3">早期抑制快速响应喷头</td><td>$h \leq 13.5$</td></tr>
</table>

6.1.2 闭式系统的洒水喷头，其公称动作温度宜高于环境最高温度 30℃。

6.1.3 湿式系统的洒水喷头选型应符合下列规定：

1 不做吊顶的场所，当配水支管布置在梁下时，应采用直立型洒水喷头；

2 吊顶下布置的洒水喷头，应采用下垂型洒水喷头或吊顶型洒水喷头；

3 顶板为水平面的轻危险级、中危险级Ⅰ级住宅建筑、宿舍、旅馆建筑客房、医疗建筑病房和办公室，可采用边墙型洒水喷头；

4 易受碰撞的部位，应采用带保护罩的洒水喷头或吊顶型洒水喷头；

5 顶板为水平面，且无梁、通风管道等障碍物影响喷头洒水的场所，可采用扩大覆盖面积洒水喷头；

6 住宅建筑和宿舍、公寓等非住宅类居住建筑宜采用家用喷头；

7 不宜选用隐蔽式洒水喷头；确需采用时，应仅适用于轻危险级和中危险级Ⅰ级场所。

6.1.4 干式系统、预作用系统应采用直立型洒水喷头或干式下垂型洒水喷头。

6.1.5 水幕系统的喷头选型应符合下列规定：

1 防火分隔水幕应采用开式洒水喷头或水幕喷头；

2 防护冷却水幕应采用水幕喷头。

6.1.6 自动喷水防护冷却系统可采用边墙型洒水喷头。

6.1.7 下列场所宜采用快速响应洒水喷头。当采用快速响应洒水喷头时，系统应为湿式系统。

1 公共娱乐场所、中庭环廊；

2 医院、疗养院的病房及治疗区域，老年、少儿、残疾人的集体活动场所；

3 超出消防水泵接合器供水高度的楼层；

4 地下商业场所。

6.1.8 同一隔间内应采用相同热敏性能的洒水喷头。

6.1.9 雨淋系统的防护区内应采用相同的洒水喷头。

6.1.10 自动喷水灭火系统应有备用洒水喷头，其数量不应少于总数的 1%，且每种型号均不得少于 10 只。

6.2 报 警 阀 组

6.2.1 自动喷水灭火系统应设报警阀组。保护室内钢屋架等建筑构件的闭式系统，应设独立的报警阀组。水幕系统应设独立的报警阀组或感温雨淋报警阀。

6.2.2 串联接入湿式系统配水干管的其他自动喷水灭火系统，应分别设置独立的报警阀组，其控制的洒水喷头数计入湿式报警阀组控制的洒水喷头总数。

6.2.3 一个报警阀组控制的洒水喷头数应符合下列规定：

1 湿式系统、预作用系统不宜超过 800 只；干式系统不宜超过 500 只；

2 当配水支管同时设置保护吊顶下方和上方空间的洒水喷头时，应只将数量较多一侧的洒水喷头计入报警阀组控制的洒水喷头总数。

6.2.4 每个报警阀组供水的最高与最低位置洒水喷头，其高程差不宜大于 50m。

6.2.5 雨淋报警阀组的电磁阀，其入口应设过滤器。并联设置雨淋报警阀组的雨淋系统，其雨淋报警阀控制腔的入口应设止回阀。

6.2.6 报警阀组宜设在安全及易于操作的地点，报警阀距地面的高度宜为1.2m。设置报警阀组的部位应设有排水设施。

6.2.7 连接报警阀进出口的控制阀应采用信号阀。当不采用信号阀时，控制阀应设锁定阀位的锁具。

6.2.8 水力警铃的工作压力不应小于0.05MPa，并应符合下列规定：

1 应设在有人值班的地点附近或公共通道的外墙上；

2 与报警阀连接的管道，其管径应为20mm，总长不宜大于20m。

6.3 水流指示器

6.3.1 除报警阀组控制的洒水喷头只保护不超过防火分区面积的同层场所外，每个防火分区、每个楼层均应设水流指示器。

6.3.2 仓库内顶板下洒水喷头与货架内置洒水喷头应分别设置水流指示器。

6.3.3 当水流指示器入口前设置控制阀时，应采用信号阀。

6.4 压力开关

6.4.1 雨淋系统和防火分隔水幕，其水流报警装置应采用压力开关。

6.4.2 自动喷水灭火系统应采用压力开关控制稳压泵，并应能调节启停压力。

6.5 末端试水装置

6.5.1 每个报警阀组控制的最不利点洒水喷头处应设末端试水装置，其他防火分区、楼层均应设直径为25mm的试水阀。

6.5.2 末端试水装置应由试水阀、压力表以及试水接头组成。试水接头出水口的流量系数，应等同于同楼层或防火分区内的最小流量系数洒水喷头。末端试水装置的出水，应采取孔口出流的方式排入排水管道，排水立管宜设伸顶通气管，且管径不应小于75mm。

6.5.3 末端试水装置和试水阀应有标识，距地面的高度宜为1.5m，并应采取不被他用的措施。

7 喷头布置

7.1 一般规定

7.1.1 喷头应布置在顶板或吊顶下易于接触到火灾热气流并有利于均匀布水的位置。当喷头附近有障碍物时，应符合本规范第7.2节的规定或增设补偿喷水强度的喷头。

7.1.2 直立型、下垂型标准覆盖面积洒水喷头的布置，包括同一根配水支管上喷头的间距及相邻配水支管的间距，应根据设置场所的火灾危险等级、洒水喷头类型和工作压力确定，并不应大于表7.1.2的规定，且不应小于1.8m。

表7.1.2 直立型、下垂型标准覆盖面积洒水喷头的布置

火灾危险等级	正方形布置的边长(m)	矩形或平行四边形布置的长边边长(m)	一只喷头的最大保护面积(m^2)	喷头与端墙的距离(m)	
				最大	最小
轻危险级	4.4	4.5	20.0	2.2	0.1
中危险级Ⅰ级	3.6	4.0	12.5	1.8	
中危险级Ⅱ级	3.4	3.6	11.5	1.7	
严重危险级、仓库危险级	3.0	3.6	9.0	1.5	

注：1 设置单排洒水喷头的闭式系统，其洒水喷头间距应按地面不留漏喷空白点确定。

2 严重危险级或仓库危险级场所宜采用流量系数大于80的洒水喷头。

7.1.3 边墙型标准覆盖面积洒水喷头的最大保护跨度与间距，应符合表7.1.3的规定：

表7.1.3 边墙型标准覆盖面积洒水喷头的最大保护跨度与间距

火灾危险等级	配水支管上喷头的最大间距(m)	单排喷头的最大保护跨度(m)	两排相对喷头的最大保护跨度(m)
轻危险级	3.6	3.6	7.2
中危险级Ⅰ级	3.0	3.0	6.0

注：1 两排相对洒水喷头应交错布置；

2 室内跨度大于两排相对喷头的最大保护跨度时，应在两排相对喷头中间增设一排喷头。

7.1.4 直立型、下垂型扩大覆盖面积洒水喷头应采用正方形布置，其布置间距不应大于表7.1.4的规定，且不应小于2.4m。

表7.1.4 直立型、下垂型扩大覆盖面积洒水喷头的布置间距

火灾危险等级	正方形布置的边长(m)	一只喷头的最大保护面积(m^2)	喷头与端墙的距离(m)	
			最大	最小
轻危险级	5.4	29.0	2.7	0.1
中危险级Ⅰ级	4.8	23.0	2.4	
中危险级Ⅱ级	4.2	17.5	2.1	
严重危险级	3.6	13.0	1.8	

7.1.5 边墙型扩大覆盖面积洒水喷头的最大保护跨度和配水支管上的洒水喷头间距，应按洒水喷头工作压力下能够喷湿对面墙和邻近端墙距溅水盘1.2m高度以下的墙面确定，且保护面积内的喷水强度应符合本规范表5.0.1的规定。

7.1.6 除吊顶型洒水喷头及吊顶下设置的洒水喷头外，直立型、下垂型标准覆盖面积洒水喷头和扩大覆盖面积洒水喷头溅水盘与顶板的距离应为75mm～150mm，并应符合下列规定：

1 当在梁或其他障碍物底面下方的平面上布置洒水喷头时，溅水盘与顶板的距离不应大于300mm，同时溅水盘与梁等障碍物底面的垂直距离应为25mm～100mm。

2 当在梁间布置洒水喷头时，洒水喷头与梁的距离应符合本规范第7.2.1条的规定。确有困难时，溅水盘与顶板的距离不应大于550mm。梁间布置的洒水喷头，溅水盘与顶板距离达到550mm仍不能符合本规范第7.2.1条的规定时，应在梁底面的下方增设洒水喷头。

3 密肋梁板下方的洒水喷头，溅水盘与密肋梁板底面的垂直距离应为25mm～100mm。

4 无吊顶的梁间洒水喷头布置可采用不等距方式，但喷水强度仍应符合本规范表5.0.1、表5.0.2和表5.0.4-1～表5.0.4-5的要求。

7.1.7 除吊顶型洒水喷头及吊顶下设置的洒水喷头外，直立型、下垂型早期抑制快速响应喷头、特殊应用喷头和家用喷头溅水盘与顶板的距离应符合表7.1.7的规定。

表7.1.7 喷头溅水盘与顶板的距离（mm）

喷头类型		喷头溅水盘与顶板的距离 S_L
早期抑制快速响应喷头	直立型	$100 \leqslant S_L \leqslant 150$
	下垂型	$150 \leqslant S_L \leqslant 360$
特殊应用喷头		$150 \leqslant S_L \leqslant 200$
家用喷头		$25 \leqslant S_L \leqslant 100$

7.1.8 图书馆、档案馆、商场、仓库中的通道上方宜设有喷头。喷头与被保护对象的水平距离不应小于0.30m，喷头溅水盘与保护对象的最小垂直距离不应小于表7.1.8的规定。

表7.1.8 喷头溅水盘与保护对象的最小垂直距离（mm）

喷头类型	最小垂直距离
标准覆盖面积洒水喷头、扩大覆盖面积洒水喷头	450
特殊应用喷头、早期抑制快速响应喷头	900

7.1.9 货架内置洒水喷头宜与顶板下洒水喷头交错布置，其溅水盘与上方层板的距离应符合本规范第7.1.6条的规定，与其下部储物顶面的垂直距离不应小于150mm。

7.1.10 挡水板应为正方形或圆形金属板，其平面面积不宜小于0.12m²，周围弯边的下沿宜与洒水喷头的溅水盘平齐。除下列情况和相关规范另有规定外，其他场所或部位不应采用挡水板：

1 设置货架内置洒水喷头的仓库，当货架内置洒水喷头上方有孔洞、缝隙时，可在洒水喷头的上方设置挡水板；

2 宽度大于本规范第7.2.3条规定的障碍物，增设的洒水喷头上方有孔洞、缝隙时，可在洒水喷头的上方设置挡水板。

7.1.11 净空高度大于800mm的闷顶和技术夹层内应设置洒水喷头，当同时满足下列情况时，可不设置洒水喷头：

1 闷顶内敷设的配电线路采用不燃材料套管或封闭式金属线槽保护；

2 风管保温材料等采用不燃、难燃材料制作；

3 无其他可燃物。

7.1.12 当局部场所设置自动喷水灭火系统时，局部场所与相邻不设自动喷水灭火系统场所连通的走道和连通门窗的外侧，应设洒水喷头。

7.1.13 装设网格、栅板类通透性吊顶的场所，当通透面积占吊顶总面积的比例大于70%时，喷头应设置在吊顶上方，并应符合下列规定：

1 通透性吊顶开口部位的净宽度不应小于10mm，且开口部位的厚度不应大于开口的最小宽度；

2 喷头间距及溅水盘与吊顶上表面的距离应符合表7.1.13的规定。

表7.1.13 通透性吊顶场所喷头布置要求

火灾危险等级	喷头间距S（m）	喷头溅水盘与吊顶上表面的最小距离（mm）
轻危险级、中危险级Ⅰ级	$S \leqslant 3.0$	450
	$3.0 < S \leqslant 3.6$	600
	$S > 3.6$	900
中危险级Ⅱ级	$S \leqslant 3.0$	600
	$S > 3.0$	900

7.1.14 顶板或吊顶为斜面时，喷头的布置应符合下列要求：

1 喷头应垂直于斜面，并应按斜面距离确定喷头间距；

2 坡屋顶的屋脊处应设一排喷头，当屋顶坡度不小于1/3时，喷头溅水盘至屋脊的垂直距离不应大于 800mm；当屋顶坡度小于 1/3 时，喷头溅水盘至屋脊的垂直距离不应大于 600mm。

7.1.15 边墙型洒水喷头溅水盘与顶板和背墙的距离应符合表 7.1.15 的规定。

表 7.1.15 边墙型洒水喷头溅水盘与顶板和背墙的距离（mm）

喷头类型		喷头溅水盘与顶板的距离 S_L（mm）	喷头溅水盘与背墙的距离 S_w（mm）
边墙型标准覆盖面积洒水喷头	直立式	$100 \leqslant S_L \leqslant 150$	$50 \leqslant S_w \leqslant 100$
	水平式	$150 \leqslant S_L \leqslant 300$	—
边墙型扩大覆盖面积洒水喷头	直立式	$100 \leqslant S_L \leqslant 150$	$100 \leqslant S_w \leqslant 150$
	水平式	$150 \leqslant S_L \leqslant 300$	—
边墙型家用喷头		$100 \leqslant S_L \leqslant 150$	—

7.1.16 防火分隔水幕的喷头布置，应保证水幕的宽度不小于 6m。采用水幕喷头时，喷头不应少于 3 排；采用开式洒水喷头时，喷头不应少于 2 排。防护冷却水幕的喷头宜布置成单排。

7.1.17 当防火卷帘、防火玻璃墙等防火分隔设施需采用防护冷却系统保护时，喷头应根据可燃物的情况一侧或两侧布置；外墙可只在需要保护的一侧布置。

7.2 喷头与障碍物的距离

7.2.1 直立型、下垂型喷头与梁、通风管道等障碍物的距离（图 7.2.1）宜符合表 7.2.1 的规定。

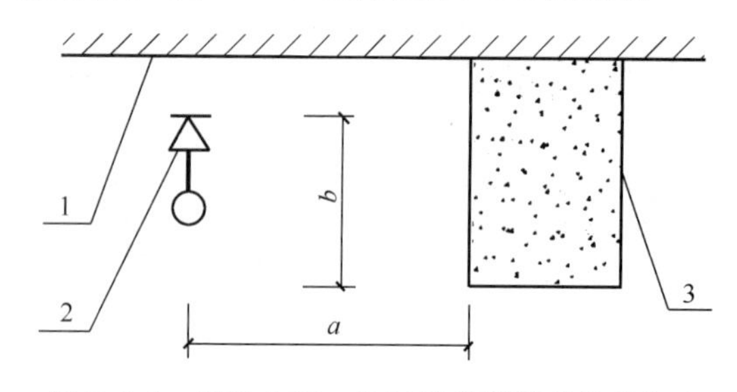

图 7.2.1 喷头与梁、通风管道等障碍物的距离
1—顶板；2—直立型喷头；3—梁（或通风管道）

表 7.2.1 喷头与梁、通风管道等障碍物的距离（mm）

喷头与梁、通风管道的水平距离 a	喷头溅水盘与梁或通风管道的底面的垂直距离 b		
	标准覆盖面积洒水喷头	扩大覆盖面积洒水喷头、家用喷头	早期抑制快速响应喷头、特殊应用喷头
$a<300$	0	0	0
$300 \leqslant a<600$	$b \leqslant 60$	0	$b \leqslant 40$
$600 \leqslant a<900$	$b \leqslant 140$	$b \leqslant 30$	$b \leqslant 140$
$900 \leqslant a<1200$	$b \leqslant 240$	$b \leqslant 80$	$b \leqslant 250$
$1200 \leqslant a<1500$	$b \leqslant 350$	$b \leqslant 130$	$b \leqslant 380$
$1500 \leqslant a<1800$	$b \leqslant 450$	$b \leqslant 180$	$b \leqslant 550$
$1800 \leqslant a<2100$	$b \leqslant 600$	$b \leqslant 230$	$b \leqslant 780$
$a \geqslant 2100$	$b \leqslant 880$	$b \leqslant 350$	$b \leqslant 780$

7.2.2 特殊应用喷头溅水盘以下 900mm 范围内，其他类型喷头溅水盘以下 450mm 范围内，当有屋架等间断障碍物或管道时，喷头与邻近障碍物的最小水平距离（图 7.2.2）应符合表 7.2.2 的规定。

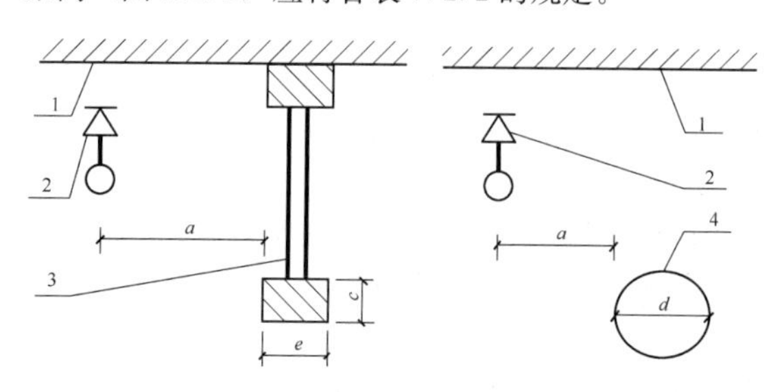

图 7.2.2 喷头与邻近障碍物的最小水平距离
1—顶板；2—直立型喷头；3—屋架等间断障碍物；4—管道

表 7.2.2 喷头与邻近障碍物的最小水平距离（mm）

喷头类型	喷头与邻近障碍物的最小水平距离 a	
标准覆盖面积洒水喷头特殊应用喷头	c、e 或 $d \leqslant 200$	$3c$ 或 $3e$（c 与 e 取大值）或 $3d$
	c、e 或 $d>200$	600
扩大覆盖面积洒水喷头、家用喷头	c、e 或 $d \leqslant 225$	$4c$ 或 $4e$（c 与 e 取大值）或 $4d$
	c、e 或 $d>225$	900

7.2.3 当梁、通风管道、成排布置的管道、桥架等障碍物的宽度大于 1.2m 时，其下方应增设喷头（图 7.2.3）；采用早期抑制快速响应喷头和特殊应用喷头的场所，当障碍物宽度大于 0.6m 时，其下方应增设喷头。

7.2.4 标准覆盖面积洒水喷头、扩大覆盖面积洒水喷头和家用喷头与不到顶隔墙的水平距离和垂直距离（图 7.2.4）应符合表 7.2.4 的规定。

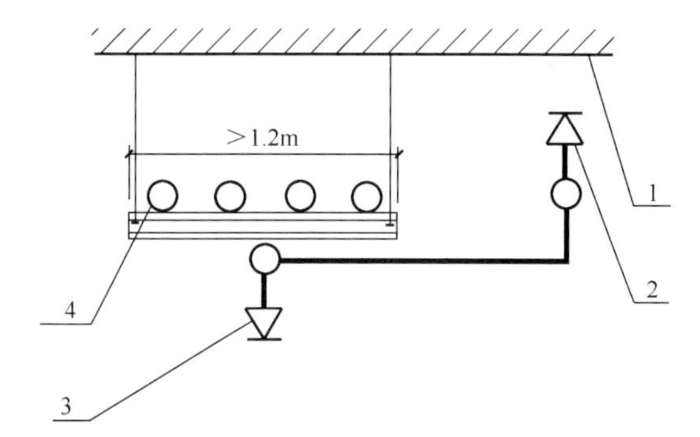

图 7.2.3 障碍物下方增设喷头
1—顶板；2—直立型喷头；3—下垂型喷头；4—成排布置的管道（或梁、通风管道、桥架等）

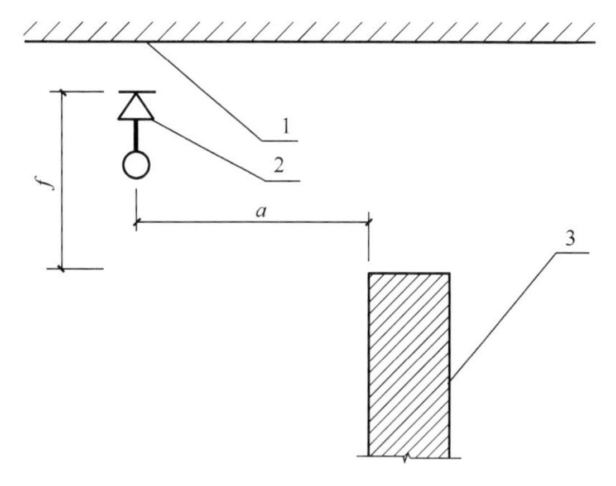

图 7.2.4 喷头与不到顶隔墙的水平距离
1—顶板；2—喷头；3—不到顶隔墙

表 7.2.4 喷头与不到顶隔墙的水平距离和垂直距离（mm）

喷头与不到顶隔墙的水平距离 a	喷头溅水盘与不到顶隔墙的垂直距离 f
$a<150$	$f\geqslant80$
$150\leqslant a<300$	$f\geqslant150$
$300\leqslant a<450$	$f\geqslant240$
$450\leqslant a<600$	$f\geqslant310$
$600\leqslant a<750$	$f\geqslant390$
$a\geqslant750$	$f\geqslant450$

7.2.5 直立型、下垂型喷头与靠墙障碍物的距离（图 7.2.5）应符合下列规定：

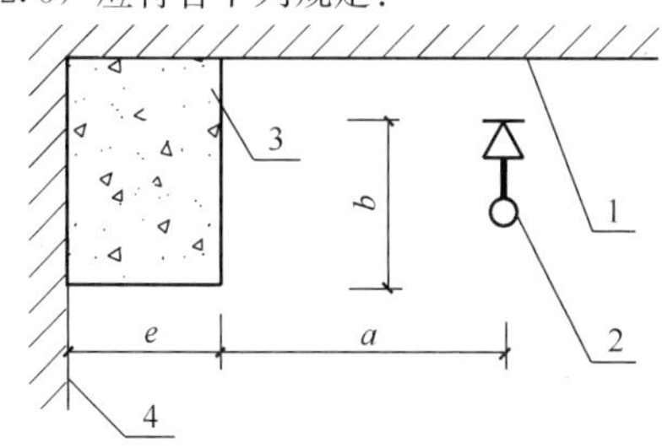

图 7.2.5 喷头与靠墙障碍物的距离
1—顶板；2—直立型喷头；3—靠墙障碍物；4—墙面

1 障碍物横截面边长小于 750mm 时，喷头与障碍物的距离应按下式确定：

$$a\geqslant(e-200)+b \tag{7.2.5}$$

式中：a——喷头与障碍物的水平距离（mm）；

b——喷头溅水盘与障碍物底面的垂直距离（mm）；

e——障碍物横截面的边长（mm），$e<750$。

2 障碍物横截面边长等于或大于 750mm 或 a 的计算值大于本规范表 7.1.2 中喷头与端墙距离的规定时，应在靠墙障碍物下增设喷头。

7.2.6 边墙型标准覆盖面积洒水喷头正前方 1.2m 范围内，边墙型扩大覆盖面积洒水喷头和边墙型家用喷头正前方 2.4m 范围（图 7.2.6）内，顶板或吊顶下不应有阻挡喷水的障碍物，其布置要求应符合表 7.2.6-1 和表 7.2.6-2 的规定。

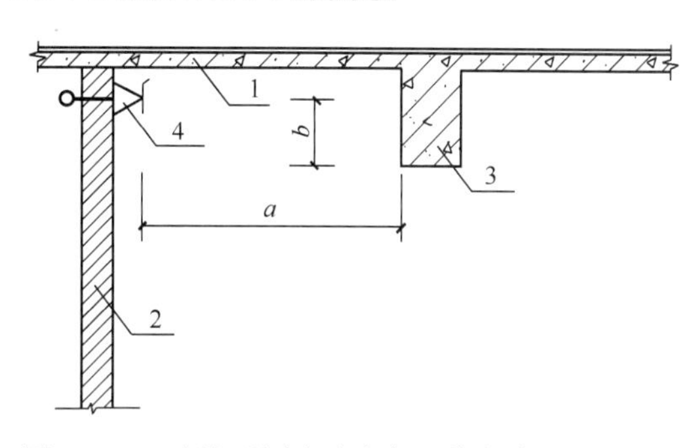

图 7.2.6 边墙型洒水喷头与正前方障碍物的距离
1—顶板；2—背墙；3—梁（或通风管道）；4—边墙型喷头

表 7.2.6-1 边墙型标准覆盖面积洒水喷头与正前方障碍物的垂直距离（mm）

喷头与障碍物的水平距离 a	喷头溅水盘与障碍物底面的垂直距离 b
$a<1200$	不允许
$1200\leqslant a<1500$	$b\leqslant25$
$1500\leqslant a<1800$	$b\leqslant50$
$1800\leqslant a<2100$	$b\leqslant100$
$2100\leqslant a<2400$	$b\leqslant175$
$a\geqslant2400$	$b\leqslant280$

表 7.2.6-2 边墙型扩大覆盖面积洒水喷头和边墙型家用喷头与正前方障碍物的垂直距离（mm）

喷头与障碍物的水平距离 a	喷头溅水盘与障碍物底面的垂直距离 b
$a<2400$	不允许
$2400\leqslant a<3000$	$b\leqslant25$
$3000\leqslant a<3300$	$b\leqslant50$
$3300\leqslant a<3600$	$b\leqslant75$
$3600\leqslant a<3900$	$b\leqslant100$

续表 7.2.6-2

喷头与障碍物的水平距离 a	喷头溅水盘与障碍物底面的垂直距离 b
$3900 \leqslant a < 4200$	$b \leqslant 150$
$4200 \leqslant a < 4500$	$b \leqslant 175$
$4500 \leqslant a < 4800$	$b \leqslant 225$
$4800 \leqslant a < 5100$	$a \leqslant 280$
$a \geqslant 5100$	$b \leqslant 350$

7.2.7 边墙型洒水喷头两侧与顶板或吊顶下梁、通风管道等障碍物的距离（图 7.2.7），应符合表 7.2.7-1 和表 7.2.7-2 的规定。

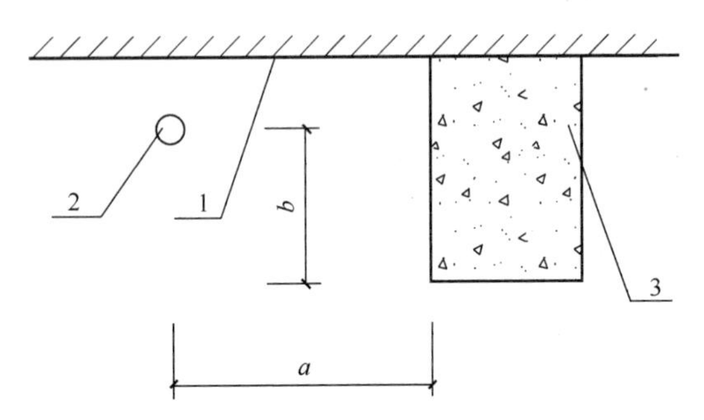

图 7.2.7 边墙型洒水喷头与沿墙障碍物的距离

1—顶板；2—边墙型洒水喷头；3—梁（或通风管道）

表 7.2.7-1 边墙型标准覆盖面积洒水喷头与沿墙障碍物底面的垂直距离（mm）

喷头与沿墙障碍物的水平距离 a	喷头溅水盘与沿墙障碍物底面的垂直距离 b
$a < 300$	$b \leqslant 25$
$300 \leqslant a < 600$	$b \leqslant 75$
$600 \leqslant a < 900$	$b \leqslant 140$
$900 \leqslant a < 1200$	$b \leqslant 200$
$1200 \leqslant a < 1500$	$b \leqslant 250$
$1500 \leqslant a < 1800$	$b \leqslant 320$
$1800 \leqslant a < 2100$	$b \leqslant 380$
$2100 \leqslant a < 2250$	$b \leqslant 440$

表 7.2.7-2 边墙型扩大覆盖面积洒水喷头和边墙型家用喷头与沿墙障碍物底面的垂直距离（mm）

喷头与沿墙障碍物的水平距离 a	喷头溅水盘与沿墙障碍物底面的垂直距离 b
$a \leqslant 450$	0
$450 < a \leqslant 900$	$b \leqslant 25$
$900 < a \leqslant 1200$	$b \leqslant 75$

续表 7.2.7-2

喷头与沿墙障碍物的水平距离 a	喷头溅水盘与沿墙障碍物底面的垂直距离 b
$1200 < a \leqslant 1350$	$b \leqslant 125$
$1350 < a \leqslant 1800$	$b \leqslant 175$
$1800 < a \leqslant 1950$	$b \leqslant 225$
$1950 < a \leqslant 2100$	$b \leqslant 275$
$2100 < a \leqslant 2250$	$b \leqslant 350$

8 管 道

8.0.1 配水管道的工作压力不应大于 1.20MPa，并不应设置其他用水设施。

8.0.2 配水管道可采用内外壁热镀锌钢管、涂覆钢管、铜管、不锈钢管和氯化聚氯乙烯（PVC-C）管。当报警阀入口前管道采用不防腐的钢管时，应在报警阀前设置过滤器。

8.0.3 自动喷水灭火系统采用氯化聚氯乙烯（PVC-C）管材及管件时，设置场所的火灾危险等级应为轻危险级或中危险级Ⅰ级，系统应为湿式系统，并采用快速响应洒水喷头，且氯化聚氯乙烯（PVC-C）管材及管件应符合下列要求：

1 应符合现行国家标准《自动喷水灭火系统 第19部分 塑料管道及管件》GB/T 5135.19 的规定；

2 应用于公称直径不超过 $DN80$ 的配水管及配水支管，且不应穿越防火分区；

3 当设置在有吊顶场所时，吊顶内应无其他可燃物，吊顶材料应为不燃或难燃装修材料；

4 当设置在无吊顶场所时，该场所应为轻危险级场所，顶板应为水平、光滑顶板，且喷头溅水盘与顶板的距离不应大于 100mm。

8.0.4 洒水喷头与配水管道采用消防洒水软管连接时，应符合下列规定：

1 消防洒水软管仅适用于轻危险级或中危险级Ⅰ级场所，且系统应为湿式系统；

2 消防洒水软管应设置在吊顶内；

3 消防洒水软管的长度不应超过 1.8m。

8.0.5 配水管道的连接方式应符合下列要求：

1 镀锌钢管、涂覆钢管可采用沟槽式连接件（卡箍）、螺纹或法兰连接，当报警阀前采用内壁不防腐钢管时，可焊接连接；

2 铜管可采用钎焊、沟槽式连接件（卡箍）、法兰和卡压等连接方式；

3 不锈钢管可采用沟槽式连接件（卡箍）、法兰、卡压等连接方式，不宜采用焊接；

4 氯化聚氯乙烯（PVC-C）管材、管件可采用粘接连接，氯化聚氯乙烯（PVC-C）管材、管件与其他材质管材、管件之间可采用螺纹、法兰或沟槽式连接件（卡箍）连接；

5 铜管、不锈钢管、氯化聚氯乙烯（PVC-C）管应采用配套的支架、吊架。

8.0.6 系统中直径等于或大于100mm的管道，应分段采用法兰或沟槽式连接件（卡箍）连接。水平管道上法兰间的管道长度不宜大于20m；立管上法兰间的距离，不应跨越3个及以上楼层。净空高度大于8m的场所内，立管上应有法兰。

8.0.7 管道的直径应经水力计算确定。配水管道的布置，应使配水管入口的压力均衡。轻危险级、中危险级场所中各配水管入口的压力均不宜大于0.40MPa。

8.0.8 配水管两侧每根配水支管控制的标准流量洒水喷头数量，轻危险级、中危险级场所不应超过8只，同时在吊顶上下设置喷头的配水支管，上下侧均不应超过8只。严重危险级及仓库危险级场所均不应超过6只。

8.0.9 轻危险级、中危险级场所中配水支管、配水管控制的标准流量洒水喷头数量，不宜超过表8.0.9的规定。

表8.0.9 轻、中危险级场所中配水支管、配水管控制的标准流量洒水喷头数量

公称管径（mm）	控制的喷头数（只）	
	轻危险级	中危险级
25	1	1
32	3	3
40	5	4
50	10	8
65	18	12
80	48	32
100	—	64

8.0.10 短立管及末端试水装置的连接管，其管径不应小于25mm。

8.0.11 干式系统、由火灾自动报警系统和充气管道上设置的压力开关开启预作用装置的预作用系统，其配水管道充水时间不宜大于1min；雨淋系统和仅由火灾自动报警系统联动开启预作用装置的预作用系统，其配水管道充水时间不宜大于2min。

8.0.12 干式系统、预作用系统的供气管道，采用钢管时，管径不宜小于15mm；采用铜管时，管径不宜小于10mm。

8.0.13 水平设置的管道宜有坡度，并应坡向泄水阀。充水管道的坡度不宜小于2‰，准工作状态不充水管道的坡度不宜小于4‰。

9 水力计算

9.1 系统的设计流量

9.1.1 系统最不利点处喷头的工作压力应计算确定，喷头的流量应按下式计算：

$$q = K\sqrt{10P} \qquad (9.1.1)$$

式中：q——喷头流量（L/min）；

P——喷头工作压力（MPa）；

K——喷头流量系数。

9.1.2 水力计算选定的最不利点处作用面积宜为矩形，其长边应平行于配水支管，其长度不宜小于作用面积平方根的1.2倍。

9.1.3 系统的设计流量，应按最不利点处作用面积内喷头同时喷水的总流量确定，且应按下式计算：

$$Q = \frac{1}{60}\sum_{i=1}^{n} q_i \qquad (9.1.3)$$

式中：Q——系统设计流量（L/s）；

q_i——最不利点处作用面积内各喷头节点的流量（L/min）；

n——最不利点处作用面积内的洒水喷头数。

9.1.4 保护防火卷帘、防火玻璃墙等防火分隔设施的防护冷却系统，系统的设计流量应按计算长度内喷头同时喷水的总流量确定。计算长度应符合下列要求：

1 当设置场所设有自动喷水灭火系统时，计算长度不应小于本规范第9.1.2条确定的长边长度；

2 当设置场所未设置自动喷水灭火系统时，计算长度不应小于任意一个防火分区内所有需保护的防火分隔设施总长度之和。

9.1.5 系统设计流量的计算，应保证任意作用面积内的平均喷水强度不低于本规范表5.0.1、表5.0.2和表5.0.4-1～表5.0.4-5的规定值。最不利点处作用面积内任意4只喷头围合范围内的平均喷水强度，轻危险、中危险级不应低于本规范表5.0.1规定值的85%；严重危险级和仓库危险级不应低于本规范表5.0.1和表5.0.4-1～表5.0.4-5的规定值。

9.1.6 设置货架内置洒水喷头的仓库，顶板下洒水喷头与货架内置洒水喷头应分别计算设计流量，并应按其设计流量之和确定系统的设计流量。

9.1.7 建筑内设有不同类型的系统或有不同危险等级的场所时，系统的设计流量应按其设计流量的最大值确定。

9.1.8 当建筑物内同时设有自动喷水灭火系统和水幕系统时，系统的设计流量应按同时启用的自动喷水灭火系统和水幕系统的用水量计算，并应按二者之和中的最大值确定。

9.1.9 雨淋系统和水幕系统的设计流量，应按雨淋报警阀控制的洒水喷头的流量之和确定。多个雨淋报警阀并联的雨淋系统，系统设计流量应按同时启用雨淋报警阀的流量之和的最大值确定。

9.1.10 当原有系统延伸管道、扩展保护范围时，应对增设洒水喷头后的系统重新进行水力计算。

9.2 管道水力计算

9.2.1 管道内的水流速度宜采用经济流速，必要时可超过5m/s，但不应大于10m/s。

9.2.2 管道单位长度的沿程阻力损失应按下式计算：

$$i = 6.05\left(\frac{q_g^{1.85}}{C_h^{1.85} d_j^{4.87}}\right) \times 10^7 \quad (9.2.2)$$

式中：i——管道单位长度的水头损失（kPa/m）；

d_j——管道计算内径（mm）；

q_g——管道设计流量（L/min）；

C_h——海澄—威廉系数，见表9.2.2。

表9.2.2 不同类型管道的海澄—威廉系数

管道类型	C_h 值
镀锌钢管	120
铜管、不锈钢管	140
涂覆钢管、氯化聚氯乙烯（PVC-C）管	150

9.2.3 管道的局部水头损失宜采用当量长度法计算，且应符合本规范附录C的规定。

9.2.4 水泵扬程或系统入口的供水压力应按下式计算：

$$H = (1.20 \sim 1.40)\sum P_p + P_0 + Z - h_c \quad (9.2.4)$$

式中：H——水泵扬程或系统入口的供水压力（MPa）；

$\sum P_p$——管道沿程和局部水头损失的累计值（MPa），报警阀的局部水头损失应按照产品样本或检测数据确定。当无上述数据时，湿式报警阀取值0.04MPa、干式报警阀取值0.02MPa、预作用装置取值0.08MPa、雨淋报警阀取值0.07MPa、水流指示器取值0.02MPa；

P_0——最不利点处喷头的工作压力（MPa）；

Z——最不利点处喷头与消防水池的最低水位或系统入口管水平中心线之间的高程差，当系统入口管或消防水池最低水位高于最不利点处喷头时，Z应取负值（MPa）；

h_c——从城市市政管网直接抽水时城市管网的最低水压（MPa）；当从消防水池吸水时，h_c取0。

9.3 减压设施

9.3.1 减压孔板应符合下列规定：

1 应设在直径不小于50mm的水平直管段上，前后管段的长度均不宜小于该管段直径的5倍；

2 孔口直径不应小于设置管段直径的30%，且不应小于20mm；

3 应采用不锈钢板材制作。

9.3.2 节流管应符合下列规定：

1 直径宜按上游管段直径的1/2确定；

2 长度不宜小于1m；

3 节流管内水的平均流速不应大于20m/s。

9.3.3 减压孔板的水头损失，应按下式计算：

$$H_k = \xi \frac{V_k^2}{2g} \quad (9.3.3)$$

式中：H_k——减压孔板的水头损失（10^{-2}MPa）；

V_k——减压孔板后管道内水的平均流速（m/s）；

ξ——减压孔板的局部阻力系数，取值应按本规范附录D确定。

9.3.4 节流管的水头损失，应按下式计算：

$$H_g = \zeta \frac{V_g^2}{2g} + 0.00107 \cdot L \cdot \frac{V_g^2}{d_g^{1.3}} \quad (9.3.4)$$

式中：H_g——节流管的水头损失（10^{-2}MPa）；

ζ——节流管中渐缩管与渐扩管的局部阻力系数之和，取值0.7；

V_g——节流管内水的平均流速（m/s）；

d_g——节流管的计算内径（m），取值应按节流管内径减1mm确定；

L——节流管的长度（m）。

9.3.5 减压阀的设置应符合下列规定：

1 应设在报警阀组入口前；

2 入口前应设过滤器，且便于排污；

3 当连接两个及以上报警阀组时，应设置备用减压阀；

4 垂直设置的减压阀，水流方向宜向下；

5 比例式减压阀宜垂直设置，可调式减压阀宜水平设置；

6 减压阀前后应设控制阀和压力表，当减压阀主阀体自身带有压力表时，可不设置压力表；

7 减压阀和前后的阀门宜有保护或锁定调节配件的装置。

10 供　水

10.1 一般规定

10.1.1 系统用水应无污染、无腐蚀、无悬浮物。可由市政或企业的生产、消防给水管道供给，也可由消防水池或天然水源供给，并应确保持续喷水时间内的用水量。

10.1.2 与生活用水合用的消防水箱和消防水池，其储水的水质应符合饮用水标准。

10.1.3 严寒与寒冷地区，对系统中遭受冰冻影响的部分，应采取防冻措施。

10.1.4 当自动喷水灭火系统中设有2个及以上报警阀组时，报警阀组前应设环状供水管道。环状供水管道上设置的控制阀应采用信号阀；当不采用信号阀时，应设锁定阀位的锁具。

10.2 消防水泵

10.2.1 采用临时高压给水系统的自动喷水灭火系统，宜设置独立的消防水泵，并应按一用一备或二用一备，及最大一台消防水泵的工作性能设置备用泵。当与消火栓系统合用消防水泵时，系统管道应在报警阀前分开。

10.2.2 按二级负荷供电的建筑，宜采用柴油机泵作备用泵。

10.2.3 系统的消防水泵、稳压泵，应采用自灌式吸水方式。采用天然水源时，消防水泵的吸水口应采取防止杂物堵塞的措施。

10.2.4 每组消防水泵的吸水管不应少于2根。报警阀入口前设置环状管道的系统，每组消防水泵的出水管不应少于2根。消防水泵的吸水管应设控制阀和压力表；出水管应设控制阀、止回阀和压力表，出水管上还应设置流量和压力检测装置或预留可供连接流量和压力检测装置的接口。必要时，应采取控制消防水泵出口压力的措施。

10.3 高位消防水箱

10.3.1 采用临时高压给水系统的自动喷水灭火系统，应设高位消防水箱。自动喷水灭火系统可与消火栓系统合用高位消防水箱，其设置应符合现行国家标准《消防给水及消火栓系统技术规范》GB 50974的要求。

10.3.2 高位消防水箱的设置高度不能满足系统最不利点处喷头的工作压力时，系统应设置增压稳压设施，增压稳压设施的设置应符合现行国家标准《消防给水及消火栓系统技术规范》GB 50974的规定。

10.3.3 采用临时高压给水系统的自动喷水灭火系统，当按现行国家标准《消防给水及消火栓系统技术规范》GB 50974的规定可不设置高位消防水箱时，系统应设气压供水设备。气压供水设备的有效水容积，应按系统最不利处4只喷头在最低工作压力下的5min用水量确定。干式系统、预作用系统设置的气压供水设备，应同时满足配水管道的充水要求。

10.3.4 高位消防水箱的出水管应符合下列规定：

1 应设止回阀，并应与报警阀入口前管道连接；

2 出水管管径应经计算确定，且不应小于100mm。

10.4 消防水泵接合器

10.4.1 系统应设消防水泵接合器，其数量应按系统的设计流量确定，每个消防水泵接合器的流量宜按10L/s～15L/s计算。

10.4.2 当消防水泵接合器的供水能力不能满足最不利点处作用面积的流量和压力要求时，应采取增压措施。

11 操作与控制

11.0.1 湿式系统、干式系统应由消防水泵出水干管上设置的压力开关、高位消防水箱出水管上的流量开关和报警阀组压力开关直接自动启动消防水泵。

11.0.2 预作用系统应由火灾自动报警系统、消防水泵出水干管上设置的压力开关、高位消防水箱出水管上的流量开关和报警阀组压力开关直接自动启动消防水泵。

11.0.3 雨淋系统和自动控制的水幕系统，消防水泵的自动启动方式应符合下列要求：

1 当采用火灾自动报警系统控制雨淋报警阀时，消防水泵应由火灾自动报警系统、消防水泵出水干管上设置的压力开关、高位消防水箱出水管上的流量开关和报警阀组压力开关直接自动启动；

2 当采用充液（水）传动管控制雨淋报警阀时，消防水泵应由消防水泵出水干管上设置的压力开关、高位消防水箱出水管上的流量开关和报警阀组压力开关直接启动。

11.0.4 消防水泵除具有自动控制启动方式外，还应具备下列启动方式：

1 消防控制室（盘）远程控制；

2 消防水泵房现场应急操作。

11.0.5 预作用装置的自动控制方式可采用仅有火灾自动报警系统直接控制，或由火灾自动报警系统和充气管道上设置的压力开关控制，并应符合下列要求：

1 处于准工作状态时严禁误喷的场所，宜采用仅有火灾自动报警系统直接控制的预作用系统；

2 处于准工作状态时严禁管道充水的场所和用于替代干式系统的场所，宜由火灾自动报警系统和充气管道上设置的压力开关控制的预作用系统。

11.0.6 雨淋报警阀的自动控制方式可采用电动、液（水）动或气动。当雨淋报警阀采用充液（水）传动管自动控制时，闭式喷头与雨淋报警阀之间的高程差，应根据雨淋报警阀的性能确定。

11.0.7 预作用系统、雨淋系统和自动控制的水幕系统，应同时具备下列三种开启报警阀组的控制方式：

1 自动控制；

2 消防控制室（盘）远程控制；

3 预作用装置或雨淋报警阀处现场手动应急操作。

11.0.8 当建筑物整体采用湿式系统，局部场所采用预作用系统保护且预作用系统串联接入湿式系统时，除应符合本规范第11.0.1条的规定外，预作用装置的控制方式还应符合本规范第11.0.7条的规定。

11.0.9 快速排气阀入口前的电动阀应在启动消防水泵的同时开启。

11.0.10 消防控制室（盘）应能显示水流指示器、压力开关、信号阀、消防水泵、消防水池及水箱水位、有压气体管道气压，以及电源和备用动力等是否处于正常状态的反馈信号，并应能控制消防水泵、电磁阀、电动阀等的操作。

12 局部应用系统

12.0.1 局部应用系统应用于室内最大净空高度不超过8m的民用建筑中，为局部设置且保护区域总建筑面积不超过1000m² 的湿式系统。设置局部应用系统的场所应为轻危险级或中危险级Ⅰ级场所。

12.0.2 局部应用系统应采用快速响应洒水喷头，喷水强度应符合本规范第5.0.1条的规定，持续喷水时间不应低于0.5h。

12.0.3 局部应用系统保护区域内的房间和走道均应布置喷头。喷头的选型、布置和按开放喷头数确定的作用面积应符合下列规定：

1 采用标准覆盖面积洒水喷头的系统，喷头布置应符合轻危险级或中危险级Ⅰ级场所的有关规定，作用面积内开放的喷头数量应符合表12.0.3的规定。

表12.0.3 采用标准覆盖面积洒水喷头时作用面积内开放喷头数量

保护区域总建筑面积和最大厅室建筑面积	开放喷头数量
保护区域总建筑面积超过300m²或最大厅室建筑面积超过200m²	10
保护区域总建筑面积不超过300m²	最大厅室喷头数+2 当少于5只时，取5只； 当多于8只时，取8只

2 采用扩大覆盖面积洒水喷头的系统，喷头布置应符合本规范第7.1.4条的规定。作用面积内开放喷头数量应按不少于6只确定。

12.0.4 当室内消火栓系统的设计流量能满足局部应用系统设计流量时，局部应用系统可与室内消火栓合用室内消防用水量、稳压设施、消防水泵及供水管道等。当不满足时应按本规范第12.0.9条执行。

12.0.5 采用标准覆盖面积洒水喷头且喷头总数不超过20只，或采用扩大覆盖面积洒水喷头且喷头总数不超过12只的局部应用系统，可不设报警阀组。

12.0.6 不设报警阀组的局部应用系统，配水管可与室内消防竖管连接，其配水管的入口处应设过滤器和带有锁定装置的控制阀。

12.0.7 局部应用系统应设报警控制装置。报警控制装置应具有显示水流指示器、压力开关及消防水泵、信号阀等组件状态和输出启动消防水泵控制信号的功能。

12.0.8 不设报警阀组或采用消防水泵直接从市政供水管吸水的局部应用系统，应采取压力开关联动消防水泵的控制方式。不设报警阀组的系统可采用电动警铃报警。

12.0.9 无室内消火栓的建筑或室内消火栓系统的设计流量不能满足局部应用系统要求时，局部应用系统的供水应符合下列规定：

1 市政供水能够同时保证最大生活用水量和系统的流量与压力时，城市供水管可直接向系统供水；

2 市政供水不能同时保证最大生活用水量和系统的流量与压力，但允许消防水泵从城市供水管直接吸水时，系统可设直接从城市供水管吸水的消防水泵；

3 市政供水不能同时保证最大生活用水量和系统的流量与压力，也不允许从市政供水管直接吸水时，系统应设储水池（罐）和消防水泵，储水池（罐）的有效容积应按系统用水量确定，并可扣除系统持续喷水时间内仍能连续补水的补水量；

4 可按三级负荷供电，且可不设备用泵；

5 应设置倒流防止器或采取其他有效防止污染生活用水的措施。

附录A 设置场所火灾危险等级分类

表A 设置场所火灾危险等级分类

火灾危险等级		设置场所分类
轻危险级		住宅建筑、幼儿园、老年人建筑、建筑高度为24m及以下的旅馆、办公楼；仅在走道设置闭式系统的建筑等
中危险级	Ⅰ级	1）高层民用建筑：旅馆，办公楼、综合楼、邮政楼、金融电信楼、指挥调度楼、广播电视楼（塔）等； 2）公共建筑（含单多高层）：医院、疗养院；图书馆（书库除外）、档案馆、展览馆（厅）；影剧院、音乐厅和礼堂（舞台除外）及其他娱乐场所；火车站、机场及码头的建筑；总建筑面积小于5000m² 的商场、总建筑面积小于1000m² 的地下商场等； 3）文化遗产建筑：木结构古建筑、国家文物保护单位等； 4）工业建筑：食品、家用电器、玻璃制品等工厂的备料与生产车间等；冷藏库、钢屋架等建筑构件

续表 A

火灾危险等级		设置场所分类
中危险级	Ⅱ级	1）民用建筑：书库、舞台（葡萄架除外）、汽车停车场（库）、总建筑面积 5000m² 及以上的商场、总建筑面积 1000m² 及以上的地下商场、净空高度不超过 8m、物品高度不超过 3.5m 的超级市场等； 2）工业建筑：棉毛麻丝及化纤的纺织、织物及制品、木材木器及胶合板、谷物加工、烟草及制品、饮用酒（啤酒除外）、皮革及制品、造纸及纸制品、制药等工厂的备料与生产车间等
严重危险级	Ⅰ级	印刷厂、酒精制品、可燃液体制品等工厂的备料与车间、净空高度不超过 8m、物品高度超过 3.5m 的超级市场等
	Ⅱ级	易燃液体喷雾操作区域、固体易燃物品、可燃的气溶胶制品、溶剂清洗、喷涂油漆、沥青制品等工厂的备料及生产车间、摄影棚、舞台葡萄架下部等
仓库危险级	Ⅰ级	食品、烟酒；木箱、纸箱包装的不燃、难燃物品等
	Ⅱ级	木材、纸、皮革、谷物及制品、棉毛麻丝化纤及制品、家用电器、电缆、B 组塑料与橡胶及其制品、钢塑混合材料制品、各种塑料瓶盒包装的不燃、难燃物品及各类物品混杂储存的仓库等
	Ⅲ级	A 组塑料与橡胶及其制品；沥青制品等

注：表中的 A 组、B 组塑料橡胶的分类见本规范附录 B。

附录 B 塑料、橡胶的分类

A 组：丙烯腈—丁二烯—苯乙烯共聚物（ABS）、缩醛（聚甲醛）、聚甲基丙烯酸甲酯、玻璃纤维增强聚酯（FRP）、热塑性聚酯（PET）、聚丁二烯、聚碳酸酯、聚乙烯、聚丙烯、聚苯乙烯、聚氨基甲酸酯、高增塑聚氯乙烯（PVC，如人造革、胶片等）、苯乙烯—丙烯腈（SAN）等。

丁基橡胶、乙丙橡胶（EPDM）、发泡类天然橡胶、腈橡胶（丁腈橡胶）、聚酯合成橡胶、丁苯橡胶（SBR）等。

B 组：醋酸纤维素、醋酸丁酸纤维素、乙基纤维素、氟塑料、锦纶（锦纶 6、锦纶 6/6）、三聚氰胺甲醛、酚醛塑料、硬聚氯乙烯（PVC，如管道、管件等）、聚偏二氟乙烯（PVDC）、聚偏氟乙烯（PVDF）、聚氟乙烯（PVF）、脲甲醛等。

氯丁橡胶、不发泡类天然橡胶、硅橡胶等。

粉末、颗粒、压片状的 A 组塑料。

附录 C 当量长度表

表 C 镀锌钢管件和阀门的当量长度表（m）

管件和阀门	公称直径（mm）								
	25	32	40	50	65	80	100	125	150
45°弯头	0.3	0.3	0.6	0.6	0.9	0.9	1.2	1.5	2.1
90°弯头	0.6	0.9	1.2	1.5	1.8	2.1	3	3.7	4.3
90°长弯管	0.6	0.6	0.6	0.9	1.2	1.5	1.8	2.4	2.7
三通或四通（侧向）	1.5	1.8	2.4	3	3.7	4.6	6.1	7.6	9.1
蝶阀	—	—	—	1.8	2.1	3.1	3.7	2.7	3.1
闸阀	—	—	—	0.3	0.3	0.3	0.6	0.6	0.9
止回阀	1.5	2.1	2.7	3.4	4.3	4.9	6.7	8.2	9.3
异径接头	32/25	40/32	50/40	65/50	80/65	100/80	125/100	150/125	200/150
	0.2	0.3	0.3	0.5	0.6	0.8	1.1	1.3	1.6

注：1 过滤器当量长度的取值，由生产厂提供；
2 当异径接头的出口直径不变而入口直径提高 1 级时，其当量长度应增大 0.5 倍；提高 2 级或 2 级以上时，其当量长度增大 1.0 倍；
3 当采用铜管或不锈钢管时，当量长度应乘以系数 1.33；当采用涂覆钢管、氯化聚氯乙烯（PVC-C）管时，当量长度应乘以系数 1.51。

附录 D 减压孔板的局部阻力系数

减压孔板的局部阻力系数，取值应按下式计算或按表 D 确定：

$$\xi=\left(1.75\frac{d_j^2}{d_k^2}\cdot\frac{1.1-\frac{d_k^2}{d_j^2}}{1.75-\frac{d_k^2}{d_j^2}}-1\right)^2$$

式中：d_k——减压孔板的孔口直径（m）。

表 D 减压孔板的局部阻力系数

d_k/d_j	0.3	0.4	0.5	0.6	0.7	0.8
ξ	292	83.3	29.5	11.7	4.75	1.83

19

中华人民共和国国家标准

自动喷水灭火系统设计规范

GB 50084—2017

条 文 说 明

19

目　次

1 总 则

1.0.1 本条规定了制定本规范的目的。

自动喷水灭火系统是当今世界上公认的最为有效的自动灭火设施之一，是应用最广泛、用量最大的自动灭火系统。国内外应用实践证明，该系统具有安全可靠、经济实用、灭火成功率高等优点。

国外应用自动喷水灭火系统已有200多年的历史。在这长达两个多世纪的时间内，一些经济发达的国家，从研究到应用，从局部应用到普遍推广使用，有过许许多多成功的经验和失败的教训。在总结经验教训的基础上，制定了本国的自动喷水灭火系统设计安装规范或标准，而且进行了一次又一次的修订(如美国消防协会标准《自动喷水灭火系统安装标准》NFPA 13、英国标准《固定式灭火系统－自动喷水灭火系统－设计，安装和维护》BS EN12845等)。自动喷水灭火系统不仅已经在公共建筑、厂房和仓库中推广应用，而且发达国家已在住宅建筑中开始安装使用。

在建筑防火设计中推广应用自动喷水灭火系统，能够获得巨大的社会与经济效益。表1为美国1965年统计资料，数据表明，早在技术远不如目前发达的1925～1964年间，在安装自动喷水灭火系统的建筑物中，共发生火灾75290次，控、灭火的成功率高达96.2%，其中厂房和仓库占有的比例高达87.46%。

表1 自动喷水灭火系统灭火效率统计表

成功次数，概率 / 建筑类型	灭火成功		灭火不成功		累计数	
	次数	%	次数	%	次数	%
学校	204	91.9	18	8.1	222	0.3
公共建筑	259	95.6	12	4.4	211	0.4
办公建筑	403	97.1	12	2.9	415	0.6
住宅	943	95.6	43	4.4	988	1.3
公共集会场所	1321	96.6	47	3.4	1368	1.8
仓库	2957	89.9	334	10.1	3291	4.4
百货小卖市场	5642	97.1	167	2.9	5809	7.7
厂房	60383	95.6	2156	3.4	62539	83.0
其他	307	78.9	82	21.1	389	0.15
合计	72419	96.2	2781	3.3	75290	100.0

注：本表根据NFPA"Fire Journal"VOL 59. No. 4—July 1965编制。

美国纽约对1969～1978年10年中1648起高层建筑自动喷水灭火系统案例的统计表明，高层办公楼的控、灭火成功率为98.4%，其他高层建筑97.7%。又如澳大利亚和新西兰，从1886年到1968年的几十年中，安装这一灭火系统的建筑物，共发生火灾5734次，灭火成功率达99.8%。有些国家和地区，近几年安装这一灭火系统的，有的灭火成功率达100%。

国外安装自动喷水灭火系统的建筑物，将在投保时享受一定的优惠条件，一般在该系统安装后的几年时间内，因优惠而少缴的保险费就够安装系统的费用了。一般在一年半到三年的时间内，就可以抵消建设资金。

推广应用自动喷水灭火系统，不仅可从减少火灾损失中受益，而且可减少消防总开支。如美国加利福尼亚州的费雷斯诺城，在市区制定的建筑条例中，要求在非居住区安装自动喷水灭火系统，结果使这个城市的火灾损失大大减小，从1955年到1975年的20年间，非居住区的火灾损失占该全市火灾总损失从61.6%下降至43.5%。

我国从20世纪30年代开始应用自动喷水灭火系统，至今已有80多年的历史。首先在外国人开办的纺织厂、烟厂以及高层民用建筑中应用。如上海第十七毛纺厂是1926年由英国人所建，在厂房、库房和办公室装设了自动喷水灭火系统。1979年，该厂从日本和联邦德国引进生产设备，在新建的厂房内也设计安装了国产的湿式系统。又如上海国际饭店是1934年建成投入使用的，该建筑中所有客房、厨房、餐厅、走道、电梯间等部位均装设了喷头，并扑灭过数起初期火灾。50年代，苏联援建的一些纺织厂和我国自行设计的一些工厂中也装设了自动喷水灭火系统。1956年兴建的上海乒乓球厂，我国自行设计安装了自动喷水灭火系统，并于1978年10月成功地扑救了由于赛璐珞丝缠绕马达引起的火灾。又如1958年建的厦门纺织厂，至80年代曾4次发生火灾，均成功地将火扑灭。时至今日，该系统已经成为国际上公认的最为有效的自动扑救室内火灾的消防设施，在我国的应用范围和使用量也在不断扩展与增长。

《自动喷水灭火系统设计规范》自1985年颁布实施以来，对指导系统的设计发挥了积极、良好的作用。几十年来，国民经济持续快速发展，新技术不断涌现，使该规范面临着不断适应新情况、解决新问题、推广新技术的社会需求。此次修订该规范的目的，是为了总结几十年来自动喷水灭火系统技术发展和工程设计积累的宝贵经验，推广科技成果，借鉴发达国家先进技术，使之更加充实与完善。

1.0.2 本条规定了本规范的适用范围与不适用范围。新建、扩建及改建的民用与工业建筑，当设置自动喷水灭火系统时，均要求按本规范的规定设计，但火药、炸药、弹药、火工品工厂，以及核电站、飞机库等性质上超出常规的特殊建筑，不属于本规范的适用范围。上述各类性质特殊的建筑设计自动喷水灭火系统时，按其所属行业的规范设计。

1.0.3 本条要求按本规范设计自动喷水灭火系统时，必须同时遵循国家基本建设和消防工作的有关法律法规、方针政策，并在设计中密切结合保护对象的使用功能、内部物品燃烧时的发热发烟规律，以及建筑物内部空间条件对火灾热烟气流流动规律的影响，做到使系统的设计，既能为保证安全而可靠地启动操作，又要力求技术上的先进性和经济上的合理性。

自动喷水灭火系统的200多年的历史，一直在不断研究开发新技术、新设备与新材料，并获得持续发展和水平的不断提高。改革开放以来，我国建筑业迅速发展，兴建了一大批高层建筑、大空间建筑及地下建筑等内部空间条件复杂和功能多样的建筑物，使系统的设计不断遇到新情况、新问题。只有积极合理地吸收新技术、新设备与新材料，才能使系统的设计技术适应社会进步与发展的需求。系统采用的新技术、新设备与新材料，不仅要具备足够的成熟程度，同时还要符合可靠适用、经济合理，并与系统相配套、与规范合理衔接等条件，以避免出现偏差或错误。

1.0.4 本条是对原条文的修改。本次修改根据《中华人民共和国消防法》的规定。

本条对自动喷水灭火系统采用的组件提出了要求。自动喷水灭火系统组件属消防专用产品，质量把关至关重要，因此要求设计中采用符合现行的国家或公共安全行业标准，并经过国家级消防产品质量监督检验机构检验的产品。未经检测或检测不合格的不能采用。根据《中华人民共和国消防法》第二十四条的规定，我国对消防产品实行强制性产品认证制度，依法实行强制性产品认证的消防产品，由具有法定资质的认证机构按照国家标准、行业标准的强制性要求认证合格后，方可生产、销售、使用。对新研制的尚未制定国家标准、行业标准的消防产品，应经过技术鉴定，符合消防安全要求的，方可生产、销售、使用。为此，本条规定了系统采用的组件应符合消防产品市场准入制度的要求。

1.0.5 经过改建后变更使用功能的建筑或建筑内某一场所，当其重要性、房间的空间条件、内部容纳物品的性质或数量以及人员密集程度发生较大变化时，要求根据改造后建筑或建筑内场所的功能和条件，按本规范对原来已有的系统进行校核。当发现原有系统已经不再适用改造后建筑时，要求按本规范和改造后建筑的条件重新设计。

1.0.6 本规范属于强制性国家标准。本规范的制定，将针对建筑物的具体条件和防火要求，提出合理设计自动喷水灭火系统的有关规定。另外，设置自动喷水灭火系统的场所及系统设计基本要求，还要求同时执行现行国家标准《建筑设计防火规范》GB 50016、《汽车库、修车库、停车场设计防火规范》GB 50067、《人民防空工程设计防火规范》GB 50098 等规范的相关规定。

2 术语和符号

2.1.1 自动喷水灭火系统具有自动探火报警和自动喷水控、灭火的优良性能，是当今国际上应用范围最广、用量最多且造价低廉的自动灭火系统。自动喷水灭火系统的类型较多，从广义上分，可分为闭式系统和开式系统；从使用功能上分，其基本类型又包括湿式系统、干式系统、预作用系统及雨淋系统和水幕系统等（表 2），其中用量最多的是湿式系统，在已安装的自动喷水灭火系统中，70%以上为湿式系统。

表 2 国内外常用的系统类型

国家	常用的系统类型
英国	湿式系统、干式系统、干湿式系统、尾端干湿式或尾端干式系统、预作用系统、雨淋系统等
美国	湿式系统、干式系统、预作用系统、干式一预作用联合系统、闭路循环系统（与非消防用水设施连接，平时利用共用管道供给采暖或冷却用水，水不排出，循环使用）、防冻系统（用防冻液充满系统管网，火灾时，防冻液喷出后，随即喷水）、雨淋系统等
日本	湿式系统、干式系统、预作用系统、干式一预作用联合系统、雨淋系统、限量供水系统（由高压水罐供水的湿式系统）等
德国	湿式系统、干式系统、干湿式系统、预作用系统等
苏联	湿式系统、干式系统、干湿式系统、雨淋系统、水幕系统等
中国	湿式系统、干式系统、预作用系统、雨淋系统、水幕系统等

2.1.4 湿式系统由闭式洒水喷头、水流指示器、湿式报警阀组以及管道和供水设施等组成，管道内始终充满有压水。湿式系统必须安装在全年不结冰及不会出现过热危险的场所内，该系统在喷头动作后立即喷水，其灭火成功率高于干式系统。

2.1.5 干式系统在准工作状态时配水管道内充有压气体，因此使用场所不受环境温度的限制。与湿式系统的区别在于，干式系统采用干式报警阀组，并设置保持配水管道内气压的充气设施。该系统适用于有冰冻危险或环境温度有可能超过 70℃、使管道内的充水汽化升压的场所。干式系统的缺点是发生火灾时，配水管道必须经过排气充水过程，因此延迟了开始喷水的时间，对于可能发生蔓延速度较快火灾的场所，不适合采用此种系统。

2.1.6 本条是对原条文的修改和补充。预作用系统由闭式喷头、预作用装置、管道、充气设备和供水设施等组成，在准工作状态时配水管道内不充水。根据预作用系统的使用场所不同，预作用装置有两种控制方式，一是仅有火灾自动报警系统一组信号联动开启，二是由火灾自动报警系统和自动喷水灭火系统闭式洒水喷头两组信号联动开启。

2.1.7 重复启闭预作用系统与常规预作用系统的不同之处，在于其采用了一种既可输出火警信号又可在环境恢复常温时输出灭火信号的感温探测器。当其感应到环境温度超出预定值时，报警并启动消防水泵和打开具有复位功能的雨淋报警阀，为配水管道充水，并在喷头动作后喷水灭火。喷水过程中，当火场温度恢复至常温时，探测器发出关停系统的信号，在按设定条件延迟喷水一段时间后，关闭雨淋报警阀停止喷水。若火灾复燃、温度再次升高时，系统则再次启动，直至彻底灭火。

2.1.8 雨淋系统采用开式洒水喷头和雨淋报警阀组，由火灾自动报警系统或传动管联动雨淋报警阀和消防水泵，使与雨淋报警阀连接的开式喷头同时喷水。雨淋系统通常安装在发生火灾时火势发展迅猛、蔓延迅速的场所，如舞台等。

2.1.9 水幕系统用于挡烟阻火和冷却分隔物。系统组成的特点是采用开式洒水喷头或水幕喷头，控制供水通断的阀门可根据防火需要采用雨淋报警阀组或人工操作的通用阀门，小型水幕可用感温雨淋报警阀控制。

水幕系统包括防火分隔水幕和防护冷却水幕两种类型。防火分隔水幕利用密集喷洒形成的水墙或水帘阻火挡烟而起到防火分隔作用，防护冷却水幕则利用水的冷却作用，配合防火卷帘等分隔物进行防火分隔。

2.1.12 本条为新增术语。本条提出了自动喷水系统的一项新技术——防护冷却系统，该系统在系统组成上与湿式系统基本一致，但其主要与防火卷帘、防火玻璃墙等防火分隔设施配合使用，通过对防火分隔设施的防护冷却，起到防火分隔功能。

2.1.23 本条为新增术语。

特殊应用喷头是指在通过试验验证的情况下，能够对一些特殊场所或部位进行有效保护的洒水喷头。考核指标主要有：特定的灭火试验、喷头的洒水分布性能试验以及喷头的热敏感性能试验等。

非仓库型特殊应用喷头用于民用建筑和厂房高大空间场所，国内外的试验研究表明，在民用建筑和厂房高大空间场所内设置合理的自动喷水灭火系统，能提供可靠、有效的保护，但并非所有喷头均适用于此类场所，只有在给定的火灾试验模型下能够有效控、灭火的喷头才能应用。试验表明，适用于该类场所的喷头应具有流量系数大和工作压力低等特点，且喷洒的水滴粒径较大。

仓库型特殊应用喷头是用于高堆垛或高货架仓库的大流量特种洒水喷头，与 ESFR 喷头相比，其以控制火灾蔓延为目的，喷头最低工作压力较 ESFR 喷头低，且障碍物对喷头洒水的影响较小。

2.1.24 本条为新增术语。

家用喷头是适用于住宅建筑和宿舍、公寓等非住宅类居住建筑内的一种快速响应喷头，其作用是在火灾初期迅速启动喷洒，降低起火部位周围的火场温度及烟密度，并控制居所内火灾的扩大及蔓延。与其他类型喷头相比，家用喷头更有利于保护人员疏散。美国消防协会标准《自动喷水灭火系统安装标准》NFPA 13 规定，家用喷头可用于住宅单元及相邻的走道内，并规定住宅单元除普通住宅外，还包括宾馆客房、宿舍、用于寄宿和出租的房间、护理房（供需要有人照顾的体弱人员居住，有医疗设施）及类似的居住单元等。并且规定，家用喷头具有 3 个特征：(1)适用于居住场所；(2)用于保护人员逃生；(3)具有快速响应功能。

3 设置场所火灾危险等级

3.0.1、3.0.2 根据火灾荷载（由可燃物的性质、数量及分布状况决定）、室内空间条件（面积、高度）、人员密集程度、采用自动喷水灭火系统扑救初期火灾的难易程度，以及疏散及外部增援条件等因素，划分设置场所的火灾危险等级。

建筑物内存在物品的性质、数量以及其结构的疏密、包装和分布状况，将决定火灾荷载及发生火灾时的燃烧速度与放热量，是划分自动喷水灭火系统设置场所火灾危险等级的重要依据。

(1)可燃物性质对燃烧速度的影响因素，包括材料的燃烧性能、结构的疏密程度以及堆积摆放的形式等。不同性质的可燃物发生火灾时表现的燃烧性能及扑救难度不同，例如纸制品和发泡塑料制品，就具有不同的燃烧性能，造纸及纸制品厂被划归中危险级，发泡塑料及制品按固体易燃物品被划归严重危险级。火灾荷载大，燃烧时蔓延速度快、放热量大、有害气体生成量大的保护对象，需要设置反应速度快、喷水强度大以及作用面积大的系统。火灾荷载的大小，对确定设置场所火灾危险等级是十分重要的依据。表3给出了不同火灾荷载密度情况下的火灾放热量数据。

（2）物品的摆放形式，包括密集程度及堆积高度，是划分设置场所火灾危险等级的另一个重要依据。松散堆放的可燃物，因与空气的接触面积大，燃烧时的供氧条件比紧密堆放时好，所以燃烧速度快，放热速率高，因此需求的灭火能力强。可燃物的堆积高度越大，火焰的竖向蔓延速度越快，另外由于高堆物品的遮挡作用，使喷水不易直接送达位于可燃物底部的起火部位，导致灭火难度增大，容易使火灾得以水平蔓延。为了避免这种情况的发生，要求以较大的喷水强度或具有较强穿透力的喷水，以及开放较多喷头、形成较大的喷水面积控制火势。

表3　火灾荷载密度与燃烧特性

可燃物数量(lb/ft^2)kg/m^2	热量(MJ/m^2)	燃烧时间—相当标准温度曲线的时间(h)
5(24)	454	0.5
10(49)	909	1.0
15(73)	1363	1.5
20(98)	1819	2.0
30(147)	2727	3.0
40(195)	3636	4.5
50(244)	4545	7.0
60(288)	5454	8.0
70(342)	6363	9.0

（3）建筑物的室内空间条件也会影响闭式喷头受热开放时间和喷水灭火效果。小面积场所，火灾烟气流因受墙壁阻挡而很快在顶板或吊顶下积聚并淹没喷头，而使喷头热敏元件迅速升温动作；而大面积场所，火灾烟气流则可在顶板或吊顶下不受阻挡的自由流散，喷头热敏元件只受对流传热的影响，升温较慢，动作较迟钝。室内净空高度的增大，使火灾烟气流在上升过程中，与被卷吸的空气混合而逐渐降低温度和流速的作用增大，流经喷头热气流温度与速度的降低将造成喷头推迟动作。喷头开放时间的推迟，将为火灾继续蔓延提供时间，喷头开放时将面临放热速率更大，更难扑救的火势，使系统喷水控灭火的难度增大。对于喷头的洒水，则因与上升热烟气流接触的时间和距离的加大，使被热气流吹离布水轨迹和汽化的水量增大，导致送达到位的灭火水量减少，同样会加大灭火的难度。有些建筑构造，还会影响喷头的布置和均匀布水。上述影响喷头开放和喷水送达灭火的因素，由于影响系统控灭火的效果，将导致设置场所火灾危险等级的改变。

国外标准规范大多将自动喷水灭火系统的设置场所划分为三个或四个火灾危险等级。如英国将设置场所划分为三个危险等级，即轻危险级、中轻危险级（其中又分为4组，OH1～OH4）和高危险级（其中又分为生产加工级和贮存级，每个级别又划分为4类，分别是HHP1～HHP4和HHS1～HHS4）。德国划分为四个危险等级，即Ⅰ、Ⅱ、Ⅲ、Ⅳ级，分别为轻、中、严重（其中又分为生产级和储存级）危险级。美国和日本则划分为轻、中和严重危险级。

本规范参考了发达国家规范，又结合我国目前实际情况，将设置场所划分为四级，分别为轻、中（其中又分为Ⅰ级和Ⅱ级）、严重（其中又分为Ⅰ级和Ⅱ级）及仓库（其中又分为Ⅰ级、Ⅱ级和Ⅲ级）危险级。

轻危险级，一般是指可燃物品较少、可燃性低和火灾发热量较低、外部增援和疏散人员较容易的场所。

中危险级，一般是指内部可燃物数量为中等，可燃性也为中等，火灾初期不会引起剧烈燃烧的场所。大部分民用建筑和厂房划归为中危险级。根据此类场所种类多、范围广的特点，划分中Ⅰ级和中Ⅱ级，并在本规范附录A中分类予以说明。商场内物品密集、人员密集，发生火灾的频率较高，容易酿成大火造成群死群伤和高额财产损失的严重后果，因此将大规模商场列入中Ⅱ级。

严重危险级，一般是指火灾危险性大、可燃物品数量多、火灾时容易引起猛烈燃烧并可能迅速蔓延的场所。除摄影棚、舞台葡萄架下部外，包括存在较多数量易燃固体、液体物品工厂的备料和生产车间。

仓库火灾危险等级的划分，参考了美国消防协会标准《自动喷水灭火系统安装标准》NFPA 13并结合我国国情，将上述标准中的1、2、3、4类和塑料橡胶类储存货品综合归纳并简化为Ⅰ、Ⅱ、Ⅲ级仓库。其中，仓库危险级Ⅰ级与NFPA 13的1、2类货品相一致，仓库危险级Ⅱ级与3、4类货品一致，仓库危险级Ⅲ级为A组塑料、橡胶制品等。

NFPA 13《自动喷水灭火系统安装标准》中关于仓储物品的分类如下：

1类货品，指纸箱包装的不燃货品，例如：

不燃食品和饮料：不燃容器包装的食品；冷冻食品、肉类；非塑料制托盘或容器盛装的新鲜水果和蔬菜；无涂蜡层或塑料覆膜的纸容器包装牛奶；不燃容器盛装，但容器外有纸箱包装的酒精含量≤20%的啤酒或葡萄酒；玻璃制品。

金属制品：包括塑料覆面或装饰的桌椅；金属外壳家电；电动机、干电池、空铁罐、金属柜。

其他：包括变压器、袋装水泥、电子绝缘材料、石膏板、惰性颜料、固体农药等。

2类货品，包括木箱及多层纸箱或类似可燃材料包装的1类货品，例如：

纸箱包装的漆包线线圈，日光灯泡，木桶包装的酒精含量不超过20%的啤酒和葡萄酒等。

3类货品，木材、纸张、天然纤维纺织品或C组塑料及制品，含有少量A组或B组塑料的制品，例如：

皮革制品如鞋、皮衣、手套、旅行袋等；

纸制品如书报杂志、有塑料覆膜的纸制容器等；

纺织品如天然与合成纤维及制品，不含发泡类塑料橡胶的床垫；

木制品如门窗及家具、可燃纤维板等；

其他如纸箱包装的烟草制品及可燃食品，塑料容器包装的不燃液体。

4类货品，纸箱包装的含有一定量A组塑料的1、2、3类货品，小包装采用A组塑料、大包装采用纸箱包装的1、2、3类货品，B组塑料和粉状、颗粒状A组塑料，例如：

照相机、电话、塑料家具，含发泡类塑料填充物的床垫，含有一定量塑料的建材、电缆，塑料容器包装的物品等。

塑料橡胶类，分为A组、B组和C组。

A组：ABS（丙烯腈—丁二烯—苯乙烯共聚物）、缩醛（聚甲醛）、丙烯酸类（聚甲基丙烯酸甲酯）、丁基橡胶、EPDM（乙丙橡胶）、FRP（玻璃纤维增强聚酯）、发泡类天然橡胶、腈橡胶（丁腈橡胶）、PET（热塑性聚酯）、聚碳酸酯、聚酯合成橡胶、聚乙烯、聚丙烯、聚苯乙烯、聚氨基甲酸酯、PVC（高增塑聚氯乙烯，如人造革、胶片等）、SAN（苯乙烯—丙烯腈）、SBR（丁苯橡胶）。

B组：纤维素类（醋酸纤维素、醋酸丁酸纤维素、乙基纤维素）、氯丁橡胶、氟塑料（ECTFE——乙烯—三氟氯乙烯共聚物、ETFE——乙烯—四氟乙烯共聚物、FEP——四氟乙烯—六氟丙烯共聚物）、不发泡类天然橡胶、锦纶（锦纶6、锦纶6/6）、硅橡胶。

C组：氟塑料（PCTFE——聚三氟氯乙烯、PTFE——聚四氟乙烯）、三聚氰胺（三聚氰胺甲醛）、酚醛类、PVC（硬聚氯乙烯，如：管道、管件）、PVDC（聚偏二氯乙烯）、PVDF（聚偏氟乙烯）、PVF（聚氟乙烯）、尿素（脲甲醛）。

本规范附录A的分类参考了国内外相关规范标准的有关规定。由于建筑物的使用功能、内部容纳物品和空间条件千差万别，不可能全部列举，设计时可根据设置场所的具体情况类比判断。现将美、英、日、德等国规范的火灾危险等级分类列出（见表4、表5、表6），供相关人员参考。

表4 轻危险级场所分类

国家	分　类
德国	办公室，教育机构，旅馆（无食堂），幼儿园，托儿所，医院，监狱，住宅等
美国	教堂，俱乐部，学校，医院，图书馆（大型书库除外），博物馆，疗养院，办公楼，住宅，饭店的餐厅，剧院及礼堂（舞台及前后台口除外），不住人的阁楼等
日本	办事处，医院，住宅，旅馆，图书馆，体育馆，公共集合场所等
英国	医院，旅馆，社会福利机构，图书馆，博物馆，托儿所，办公楼，监狱，学校等

表5 中危险级场所分类

国家	分　类
德国	废油加工厂，废纸加工厂，铝材厂，制药厂，石棉制品厂，汽车车辆装配厂，汽车厂，烧制食品厂，酒吧间，白铁制品加工厂，酿酒厂，书刊装订厂，书库，数据处理室，舞厅，拉丝厂，印刷厂，宝石加工厂，无线电仪器厂，电机厂，电子元件厂，酿醋厂，印染厂，自行车厂，门窗厂（包括铝制结构、木结构、合成材料结构），胶片保管处，光学试验室，照相器材厂，胶合板厂，汽车库，气体制品厂，橡胶制品厂，木材加工厂，电缆厂，咖啡加工厂，可可加工厂，纸板厂，陶瓷厂，电影院，教室，服装厂，罐头食品厂，音乐厅，家用冷却器厂，化肥厂，塑料制品厂，干菜食品厂，皮革厂，轻金属制品厂，机床厂，橡胶气垫厂（无泡沫塑料），交易大厅，奶粉厂，家具厂，摩托车厂，面粉厂，造纸厂，皮革制品厂，衬垫厂（无多孔塑料），瓷器厂，信封厂，饭馆，唱片厂，屠宰场，首饰厂（无合成材料），巧克力制造厂，制鞋厂，丝绸厂（天然和合成丝绸），肥皂厂，苏打厂，木屑板制造厂，纺织厂，加压浇铸厂（合成材料），洗衣机厂，钢制家具厂，烟草厂，面包厂，地毯厂（无橡胶和泡沫塑料），毛巾厂，变压器制造厂，钟表厂，绷带材料厂，制蜡厂，洗涤厂，洗衣房，武器制造厂，车厢制造厂，百货商店，洗涤剂厂，砖瓦厂，制糖厂等
美国	面包房，饮料生产厂，罐头厂，奶制品厂，电子设备厂，玻璃及制品厂，洗衣房，饭店服务区，谷物加工厂，一般危险的化学品工厂，机加工车间，皮革制品厂，糖果厂，酿酒厂，图书馆大型书库区，商店，印刷及出版社，纺织厂，烟草制品厂，木材及制品厂，饲料厂，造纸及纸制品加工厂，码头及栈桥，机动车停车房与修理车间，轮胎生产厂，舞台等
日本	饮食店，公共游艺场，百货商店（超级市场），酒吧间，电影电视制片厂，电影院，剧场，停车场，仓库（严重级的除外），发电所，锅炉房，金属机械器具制造厂（包括油漆部分），面粉厂，造纸厂，纺织厂（包括棉、毛、绢、化纤），织布厂，染色整理工厂，化纤厂（纺纱以后的工序），橡胶制品厂，合成树脂厂（普通的），普通化工厂，木材加工厂（在湿润状态下加工的工厂）
英国	砂轮及粉磨制造厂，屠宰场，酿酒厂，水泥厂，奶制品厂，宝石加工厂，饭馆及咖啡馆，面包房，饼干厂，一般危险的化学品工厂，食品厂，机械加工厂（包括轻金属加工厂），洗染房，汽车库，机动车制造及修理厂，陶瓷厂，零售商店，调料、腌菜及罐头食品厂，小五金制造厂，烟草厂，飞机制造厂（不包括飞机库），印染厂，制鞋厂，播音室及发射台，制刷厂，制毯厂，谷物、面粉及饲料加工厂，纺织厂（不包括准备工序），玻璃厂，针织厂，花边厂，造纸及纸制品厂，塑料及制品厂（不包括泡沫塑料），印刷及有关行业，橡胶及制品厂（不包括泡沫塑料），木材及制品厂，服装厂，肥皂厂，蜡烛厂，糖厂，制革厂，壁纸厂，毛料及毛线厂，剧院，电影电视制片厂

表6 严重危险级场所分类

国家	分　类
德国	酒精蒸馏厂，棉纱厂，沥青加工厂，陶瓷窑炉，赛璐珞厂，沥青油纸厂，颜料厂，油漆厂，电视摄影棚，亚麻加工厂，饲料厂，木刨花板厂，麻加工厂，炼焦厂，合成橡胶厂，露酒厂，漆布厂，橡胶气垫厂（有泡沫塑料），粮食、饲料、油料加工厂，衬垫厂（有多孔塑料），化学净化剂厂，米制品加工厂，泡沫橡胶厂，多孔塑料制品厂，绳索厂，茶叶加工厂，地毯厂（有橡胶和泡沫塑料），鞋油厂，火柴厂
美国	可燃液体使用区，压铸成型及热挤压作业区，胶合板及木屑板生产车间，印刷车间（油墨闪点低于37.9℃），橡胶的再生、混合、干燥、破碎、硫化车间，锯木厂，纺织厂中棉花、合成纤维、再生花纤维、麻等的粗选、松解、配料、梳理前纤维回收、梳理及并纱等车间（工段），泡沫塑料制品装修的场所，沥青制品加工区，低闪点易燃液体的喷雾作业区，浇淋涂层作业区，拖车住房或预制构件房屋的组装区，清漆及油漆浸涂作业区，塑料加工厂
日本	木材加工厂，胶合板厂，赛璐珞厂，海绵橡胶厂，合成树脂厂（使用或制造普通产品的除外），合成树脂成型加工厂（使用普通产品的除外），化学工厂（使用或制造普通产品的除外），仓库（贮存赛璐珞、海绵橡胶及其他类似物品的仓库）
英国	刨花板加工厂，焰火制造厂，发泡塑料与橡胶及其制品厂，地毯及油毡厂，油漆、颜料及清漆厂，树脂、油墨及松节油厂，橡胶代用品厂，焦油蒸馏厂，硝酸纤维加工厂，火工品工厂，以及贮存以下物品的仓库：地毯、布匹、电气设备、纤维板、玻璃器皿及陶瓷（纸箱装）、食品、金属制品（纸箱装）、纺织品、纸张与成卷纸张、软木、纸箱包装的听装或瓶装的酒精、纸箱包装的听装油漆、木屑板、毛毡制品、涂沥青或蜡的纸张、发泡塑料与橡胶及其制品、橡胶制品、木材堆、木板等

注：德国将生产和贮存类场所（或堆场）列入Ⅲ级和Ⅳ级火灾危险级，本表将其一并列入严重危险级场所分类中，英国的严重危险级分为生产工艺和贮存两组，本表也将其一并列入严重危险级场所分类中。

3.0.3 当建筑物内各场所的使用功能、火灾危险性或灭火难度存在较大差异时，要求遵循"实事求是"和"有的放矢"的原则，按各自的实际情况选择适宜的系统和确定其火灾危险等级。

4 系统基本要求

4.1 一般规定

4.1.1 设置自动喷水灭火系统的场所，应按现行国家标准《建筑设计防火规范》GB 50016、《汽车库、修车库、停车场设计防火规范》GB 50067、《人民防空工程设计防火规范》GB 50098等现行国家相关标准的规定执行。

近年来，自动喷水灭火系统在我国消防界及建筑防火设计领域中的可信赖程度不断提高。尽管如此，该系统在我国的应用范围仍与发达国家存在明显差距。是否需要设置自动喷水灭火系统，决定性的因素是火灾危险性和自动扑救初期火灾的必要性，而不是建筑规模。因此，大力提倡和推广应用自动喷水灭火系统是很有必要的。

4.1.2 本条规定了自动喷水灭火系统不适用的范围。凡发生火灾时可以用水灭火的场所，均可采用自动喷水灭火系统。而不能用水灭火的场所，包括遇水产生可燃气体或氧气，并导致加剧燃烧或引起爆炸后果的对象，以及遇水产生有毒有害物质的对象，例如存在较多金属钾、钠、锂、钙、锶、氯化锂、氧化钠、氧化钙、碳化钙、磷化钙等的场所，则不适合采用自动喷水灭火系统。再如存放一定量原油、渣油、重油等的敞口容器（罐、槽、池），洒水将导致喷溅或沸溢事故。

4.1.3 本条是对原条文的修改和补充。

本条提出了对设计系统的原则性要求。设置自动喷水灭火系统的目的是为了有效扑救初期火灾。大量的应用和试验证明，为了保证和提高自动喷水灭火系统的可靠性，离不开四个方面的因素。首先，闭式系统的洒水喷头或与预作用、雨淋系统和水幕系统配套使用的火灾自动报警系统，要能有效地探测初期火灾。二是对于湿式、干式系统，要在开放一只喷头后立即启动系统；预作用系统则应根据其类型由火灾探测器、闭式洒水喷头作为探测元件，报警后自动启动；雨淋系统和水幕系统则是通过火灾探测器报警或传动管控制后自动启动。三是整个灭火进程中，要保证喷水范围不超出作用面积，以及按设计确定的喷水强度持续喷水。四是要求开放喷头的出水均匀喷洒、覆盖起火范围，并不受严重阻挡。以上四个方面的因素缺一不可，系统的设计只有满足了这四个方面的技术要求，才能确保系统的可靠性。

4.2 系统选型

4.2.1 设置场所的建筑特征、环境条件和火灾特点，是合理选择系统类型和确定火灾危险等级的依据。例如：环境温度是确定选择湿式或干式系统的依据；综合考虑火灾蔓延速度、人员密集程度及疏散条件是确定是否采用快速系统的因素等。对于室外场所，由于系统受风、雨等气候条件的影响，难以使闭式喷头及时感温动作，势必难以保证灭火和控火效果，所以露天场所不适合采用闭式系统。

4.2.2 湿式系统（图1）由闭式喷头、水流指示器、湿式报警阀组，以及管道和供水设施等组成，准工作状态时管道内始终充满水并保持一定压力。

湿式系统具有以下特点与功能：

（1）与其他自动喷水灭火系统相比，结构相对简单，系统平时由消防水箱、稳压泵或气压给水设备等稳压设施维持管道内水的压力。发生火灾时，由闭式喷头探测火灾，水流指示器报告起火区域，消防水箱出水管上的流量开关、消防水泵出水管上的压力开关或报警阀组的压力开关输出启动消防水泵信号，完成系统的启动。系统启动后，由消防水泵向开放的喷头供水，开放的喷头将供水按不低于设计规定的喷水强度均匀喷洒，实施灭

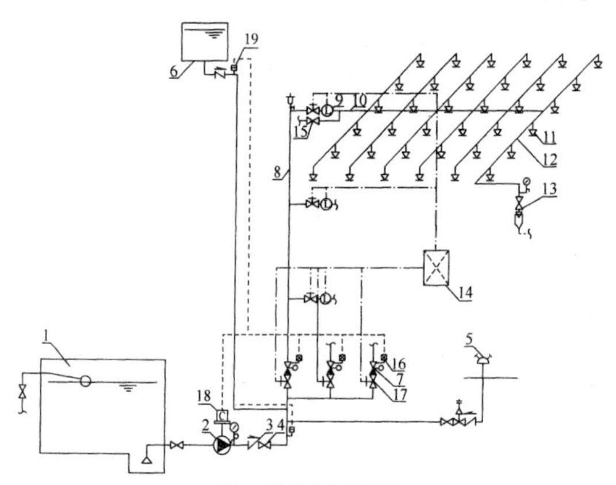

图1 湿式系统示意图

1—消防水池；2—消防水泵；3—止回阀；4—闸阀；5—消防水泵接合器；6—高位消防水箱；7—湿式报警阀组；8—配水干管；9—水流指示器；10—配水管；11—闭式洒水喷头；12—配水支管；13—末端试水装置；14—报警控制器；15—泄水阀；16—压力开关；17—信号阀；18—水泵控制柜；19—流量开关

火。为了保证扑救初期火灾的效果，喷头开放后要求在持续喷水时间内连续喷水。

（2）湿式系统适合在温度不低于4℃且不高于70℃的环境中使用，因此绝大多数的常温场所采用此类系统。经常低于4℃的场所有使管内充水冰冻的危险，高于70℃的场所管内充水汽化的加剧有破坏管道的危险。

4.2.3 环境温度不适合采用湿式系统的场所，可以采用能够避免充水结冰和高温加剧汽化的干式系统或预作用系统。

干式系统由闭式洒水喷头、管道、充气设备、干式报警阀、报警装置和供水设施等组成（图2），在准工作状态时，干式报警阀前（水源侧）的管道内充以压力水，干式报警阀后（系统侧）的管道内充以有压气体，报警阀处于关闭状态。发生火灾时，闭式喷头受热动作，喷头开启，管道中的有压气体从喷头喷出，干式报警阀系统侧压力下降，造成干式报警阀水源侧压力大于系统侧压力，干式报警阀被自动打开，压力水进入供水管道，将剩余压缩空气从系统立管顶端或横干管最高处的排气阀或已打开的喷头处喷出，然后喷水灭火。在干式报警阀被打开的同时，通向水力警铃和压力开关的通道也被打开，水流冲击水力警铃和压力开关，压力开关直接自动启动系统消防水泵供水。

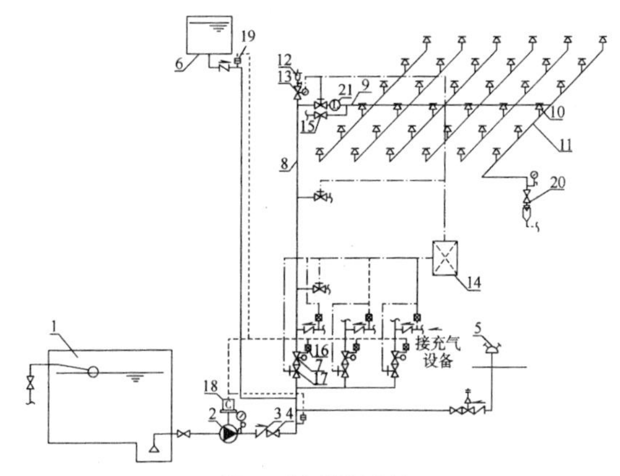

图2 干式系统示意图

1—消防水池；2—消防水泵；3—止回阀；4—闸阀；5—消防水泵接合器；6—高位消防水箱；7—干式报警阀组；8—配水干管；9—配水管；10—闭式洒水喷头；11—配水支管；12—排气阀；13—电动阀；14—报警控制器；15—泄水阀；16—压力开关；17—信号阀；18—水泵控制柜 19—流量开关；20—末端试水装置；21—水流指示器

干式系统与湿式系统的区别在于干式系统采用干式报警阀组，准工作状态时配水管道内充以压缩空气等有压气体。为保持气压，需要配套设置补气设施。干式系统配水管道中维持的气压，根据干式报警阀入口前管道需要维持的水压、结合干式报警阀的工作性能确定。

闭式喷头开放后，配水管道有一个排气充水过程。系统开始喷水的时间将因排气充水过程而产生滞后，因此削弱了系统的灭火能力，这一点是干式系统的固有缺陷。

4.2.4 本条对适合采用预作用系统（见图3）的场所提出了规定：

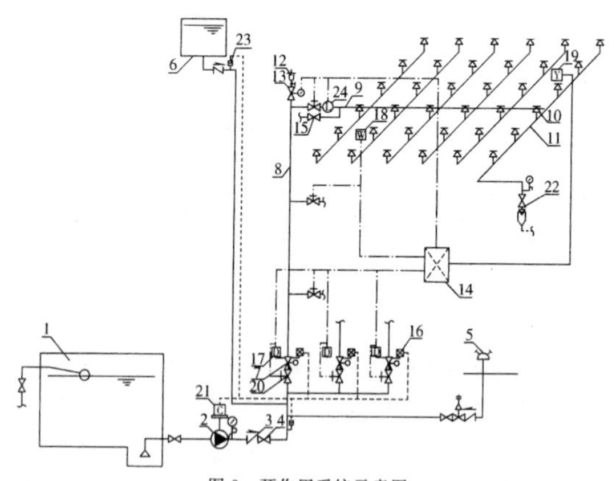

图3 预作用系统示意图

1—消防水池；2—消防水泵；3—止回阀；4—闸阀；5—消防水泵接合器；6—高位消防水箱；7—预作用装置；8—配水干管；9—配水管；10—闭式洒水喷头；11—配水支管；12—排气阀；13—电动阀；14—报警控制器；15—泄水阀；16—压力开关；17—电磁阀；18—感温探测器；19—感烟探测器；20—信号阀；21—水泵控制柜；22—末端试水装置；23—流量开关；24—水流指示器

预作用适用于准工作状态时不允许误喷而造成水渍损失的一些性质重要的建筑物内（如档案库等），以及在准工作状态时严禁管道充水的场所（如冷库等），也可用于替代干式系统。

预作用系统既兼有湿式、干式系统的优点，又避免了湿式、干式系统的缺点，在不允许出现误喷或管道漏水的重要场所，可替代湿式系统使用；在低温或高温场所中替代干式系统使用，可避免喷头开启后延迟喷水的缺点。

4.2.5 重复启闭预作用系统能在扑灭火灾后自动关闭报警阀、发生复燃时又能再次开启报警阀恢复喷水，适用于灭火后必须及时停止喷水，要求减少不必要水渍损失的场所。

4.2.6 本条对适合采用雨淋系统的场所作了规定，包括火灾水平蔓延速度快的场所和室内净空高度超过本规范第6.1.1条规定、不适合采用闭式系统的场所。室内物品顶面与顶板或吊顶的距离加大，将使闭式喷头在火场中的开放时间推迟，喷头动作时间的滞后使火灾得以继续蔓延，而使开放喷头的喷水难以有效覆盖火灾范围。上述情况使闭式系统的控火能力下降，而采用雨淋系统则可消除上述不利影响。雨淋系统启动后立即大面积喷水，遏制和扑救火灾的效果更好，但水渍损失大于闭式系统，适用场所包括舞台葡萄架下部和电影摄影棚等。

雨淋系统采用开式洒水喷头、雨淋报警阀组，由配套使用的火灾自动报警系统或传动管联动雨淋报警阀，由雨淋报警阀控制其配水管道上的全部喷头同时喷水（见图4、图5，注：可以做冷喷试验的雨淋系统，应设末端试水装置）。

4.2.7 本条是对原条文的修改和补充。

本条借鉴发达国家标准，规定了采用早期抑制快速响应喷头的自动喷水灭火系统的适用范围。自动喷水灭火系统经过长期的实践和不断的改进与创新，其灭火效能已为许多统计资料所证实。但是，也逐渐暴露出常规类型的系统不能有效扑救高堆垛仓库火灾的难点问题。自20世纪70年代中期开始，美国工厂联合保险

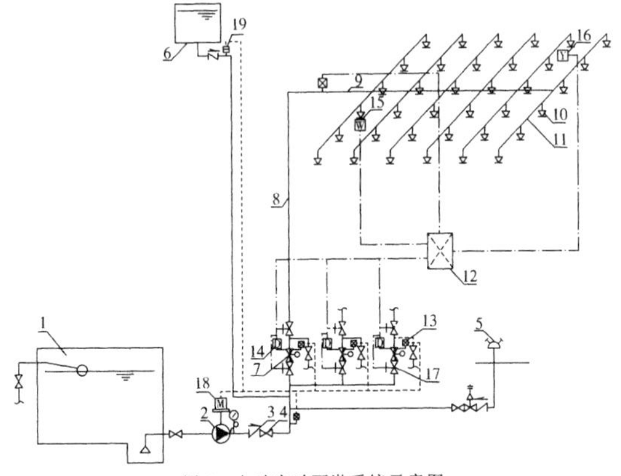

图4 电动启动雨淋系统示意图

1—消防水池；2—消防水泵；3—止回阀；4—闸阀；5—消防水泵接合器；6—高位消防水箱；7—雨淋报警阀组；8—配水干管；9—配水管；10—开式洒水喷头；11—配水支管；12—报警控制器；13—压力开关；14—电磁阀；15—感温探测器；16—感烟探测器；17—信号阀；18—水泵控制柜；19—流量开关

研究所（FM Global）为扑灭和控制高堆垛仓库火灾做了大量的试验和研究工作。从理论上确定了“早期抑制、快速响应”火灾的三要素：一是喷头感应火灾的灵敏程度；二是喷头动作时刻燃烧物表面需要的灭火喷水强度；三是实际送达燃烧物表面的喷水强度。

早期抑制快速响应喷头是专为仓库开发的一种仓库专用型喷头，对保护高堆垛和高货架仓库具有特殊的优势，试验表明，对净空高度不超过13.5m的仓库，采用ESFR喷头时可不需再装设货架内置喷头。与标准流量洒水喷头相比，该喷头在火灾初期能快速反应，且水滴产生的冲量能穿透上升的火羽流，直至燃烧物表面。

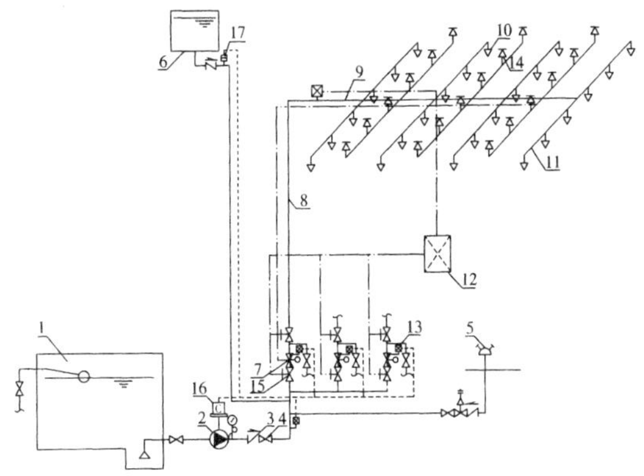

图5 充液（水）传动管启动雨淋系统示意图

1—消防水池；2—消防水泵；3—止回阀；4—闸阀；5—消防水泵接合器；6—高位消防水箱；7—雨淋报警阀组；8—配水干管；9—配水管；10—开式喷头；11—配水支管；12—报警控制器；13—压力开关；14—闭式洒水喷头；15—信号阀；16—水泵控制柜；17—流量开关

早期抑制快速响应喷头仅适用于湿式系统，因为如果用于干式系统或预作用系统，由于报警阀打开后因管道排气充水需要一定的时间，导致喷水延迟，从而达不到快速喷水灭火的目的。

4.2.8 本条为新增条文。

本条参照美国消防协会标准《自动喷水灭火系统安装标准》NFPA 13的规定，规定了仓库型特殊应用喷头自动喷水灭火系统的适用范围。

根据国外试验情况，对于净空高度不超过12m的仓库，该喷头能够起到很好的保护作用，动作喷头数在可控制范围。本次修订新增了该类喷头及系统的设置要求，为设计人员提供了除ESFR喷头外的另一种选择，并有利于促进自动喷水灭火系统新技术和新产品的发展和应用。

4.3 其 他

4.3.1 当建筑物内设置多种类型的系统时，按此条规定设计，允许其他系统串联接入湿式系统的配水干管。使各个其他系统从属于湿式系统，既不相互干扰，又简化系统的构成、减少投资（见图6）。

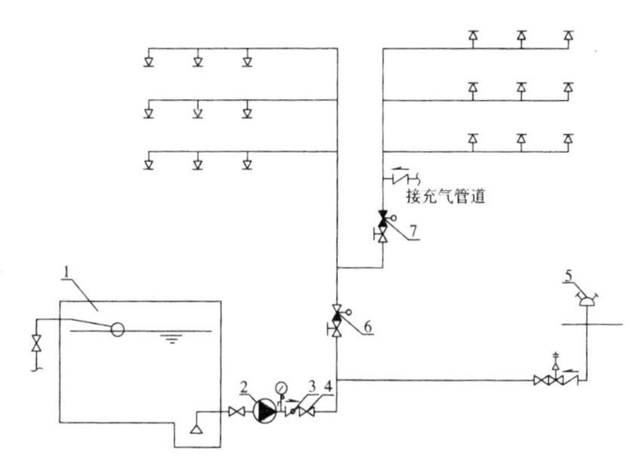

图6 其他系统接入湿式系统示意图

1—消防水池；2—消防水泵；3—止回阀；4—闸阀；5—消防水泵接合器；6—湿式报警阀组；7—其他报警阀组

4.3.2 本条规定了系统中包括的组件和必要的配件。

1 提出了自动喷水灭火系统的基本组成。

2 提出了设置减压孔板、节流管降低水流动压，分区供水或采用减压阀降低管道静压等控制管道压力的规定。

3 设置排气阀是为了使系统的管道充水时不存留空气，设置泄水阀是为了便于检修。排气阀设在其负责区段管道的最高点，泄水阀则设在其负责区段管道的最低点。泄水阀及其连接管的管径可参考表7。

4 干式系统与预作用系统设置快速排气阀，是为了使配水管道尽快排气充水。干式系统和配水管道充有压缩空气的预作用系统中为快速排气阀设置的电动阀，平时常闭，系统开始充水时打开。

表 7 泄水管管径(mm)

供水干管管径	泄水管管径
≥100	≤50
65～80	≤40
＜65	25

4.3.3 本条规定了防火分隔水幕的适用范围。本条提出了限制民用建筑中防火分隔水幕规模的规定，目的是不推荐采用防火分隔水幕作防火分区内的防火分隔设施。

近年各地在新建大型会展中心、商业建筑、高架仓库及条件类似的高大空间建筑时，常采用防火分隔水幕代替防火墙作为防火分区的分隔设施，以解决单层或连通层面积超出防火分区规定的问题。为了达到上述目的，防火分隔水幕长度动辄几十米，甚至上百米，造成防火分隔水幕系统的用水量很大，室内消防用水量猛增。

此外，储存的大量消防用水不用于主动灭火而用于被动防火的做法，不符合火灾中应积极主动灭火的原则，也是一种浪费。

5 设计基本参数

5.0.1 本条规定了不同危险等级场所设置自动喷水灭火系统时的设计基本参数。表 5.0.1 为湿式系统设计的基本参数，其他类型系统的设计参数均是以此表为基础进行确定。

本条依据国外标准并结合我国试验情况确定，图 7 为美国消防协会标准《自动喷水灭火系统安装标准》NFPA 13 中规定的自动喷水灭火系统设计数据，根据 NFPA 13 的规定，每个火灾危险等级对应的曲线上的任一点均是可取的，通常情况下，为求得经济效果，多选择喷水强度大而作用面积小的一点，这也符合“大强度喷水有利于迅速控灭火和有利于缩小喷水作用面积”的试验与经验的总结，本条在制定时选取该曲线中喷水强度的上限数据，并适当加大作用面积后确定为本规范的设计基本参数。这样的技术处理，既便于设计人员操作，又提高了规范的应变能力和系统的经济性能，同时又能保证系统可靠地发挥作用。表 8 为英国、美国、德国和日本等国的设计基本数据。

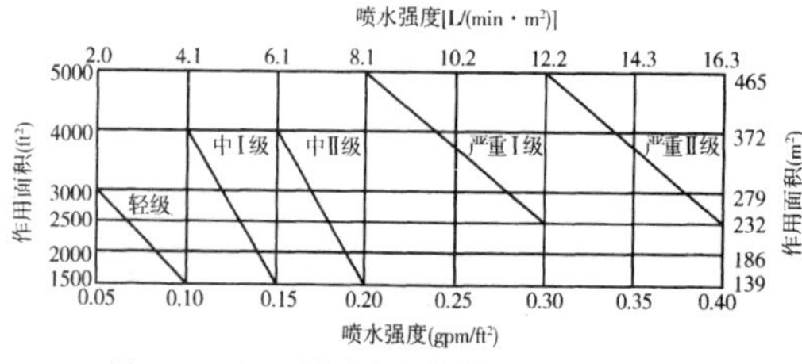

图 7 NFPA 13 中规定的自动喷水灭火系统设计参数

对于系统最不利点处的喷头工作压力，通常情况下，当发生火灾时，自动喷水灭火系统在消防水泵启动之前由高位消防水箱或其他辅助供水设施提供初期的用水量和水压。目前国内采用较多的是高位消防水箱，这样就产生了一个矛盾：如果顶层最不利点处喷头的水压要求为 0.1MPa，则屋顶水箱必须比顶层的喷头高出 10m 以上，将会给建筑造型和结构处理上带来很大困难，根据上述情况和参考国外有关规范，将最不利点处喷头的工作压力确定为 0.05MPa，英国、德国、美国等国的规范也规定最不利点处喷头的最低工作压力为 0.05MPa。

系统的喷水强度、作用面积、喷头工作压力是相互关联的，系统中喷头的工作压力应通过计算确定，降低最不利点喷头最低工作压力而产生的问题，可通过其他途径解决。

表 8 国外自动喷水灭火系统基本设计数据

国家	危险等级		设置场所	喷水强度[L/(min·m²)]	作用面积(m²)	动作喷头数(个)	每只喷头保护面积(m²)	最不利点处喷头压力(MPa)
美国	轻危险级		俱乐部、教堂、博物馆、餐厅、办公室、住宅、疗养院	2.8～4.1	279～139	—	20.9	0.05
	中危险级	Ⅰ类	面包房、电子设备工厂、洗衣房、饮料厂、餐厅服务区	4.1～6.1	372～139	—	12.1	0.05
		Ⅱ类	谷物加工厂、一般危险的化学品工厂、糖果厂、酿酒厂、机加工厂	6.1～8.1	372～139	—	12.1	0.05
	严重危险级	Ⅰ类	可燃液体使用区域、印刷厂、锯木厂、泡沫塑料的制造与装修场所	8.1～12.2	465～232	—	9.3	0.05
		Ⅱ类	沥青浸渍加工厂、易燃液体喷雾作业区、塑料加工厂	12.2～16.3	465～232	—	9.3	0.05
英国	轻危险级		医院、旅馆、图书馆、博物馆、托儿所、办公室、大专院校、监狱	2.25	84	4	21	0.05
	中危险级	Ⅰ组	饭店、宝石加工厂	5.0	72	6	12	0.05
		Ⅱ组	一般危险的化学品工厂	5.0	144	12	12	0.05
		Ⅲ组	玻璃加工厂、肥皂蜡烛加工厂、纸制品厂、百货商店	5.0	216	18	12	0.05
	Ⅲ组特型		剧院、电影电视制片厂	5.0	360	30	12	0.05
	严重危险级	生产	刨花板加工厂、橡胶加工厂	7.5	260	—	9	0.05
			发泡塑料、橡胶及其制品厂、焦油蒸馏厂	7.5	260	—	9	0.05
			酸纤维加工厂	7.5	260	—	9	0.05
			火工品工厂	7.5	260	—	9	0.05
		贮存Ⅰ类	地毯、布匹、纤维板、纺织品、电器设备	7.5～12.5	260	—	9	0.05
		贮存Ⅱ类	毛毡制品、胶合板、软木包、打包纸、纸箱包装的听装酒精	7.5～17.5	260	—	9	0.05
		贮存Ⅲ类	硝酸纤维、泡沫塑料和泡沫橡胶制品、可燃物包装的易燃液体	7.5～27.5	260～300	—	9	0.05
		贮存Ⅳ类	散装或成卷包装的发泡塑料与橡胶及制品	7.5～30.0	260～300	—	9	0.05
德国	轻危险级		办公楼、住宅、托儿所、医院、学校、旅馆	2.5	150	7～8	21	0.05
	中危险级	1组	汽车房、酒吧、电影院、音乐厅、剧院礼堂	5.0	150	12～13	12	0.05
		2组	百货商店、烟厂、胶合板厂	5.0	260	—	12	0.05
		3组	印刷厂、服装厂、交易会大厅、纺织厂、木材加工厂	5.0	375	—	12	—
	严重危险级	生产1组	摄影棚、亚麻加工厂、刨花板厂、火柴厂	7.5	260	29～30	9.0	＞0.05
		生产2组	泡沫橡胶厂	10.0	260	30	9.0	＞0.05
		生产3组	赛璐珞厂	12.5	260	30	9.0	＞0.05
		贮存1～3组		7.5～17.5	260	—	9.0	—

19

续表 8

国家	危险等级		设置场所	喷水强度[L/(min·m^2)]	作用面积(m^2)	动作喷头数(个)	每只喷头保护面积(m^2)	最不利点处喷头压力(MPa)
日本	轻危险级		办公室、医院、体育馆、博物馆、学校	5.0	150	10	15	0.1
	中危险级	1组	礼堂、剧院、电影院、停车场、旅馆	6.5	240	20	12	0.1
		2组	商店、摄影棚、电视演播室、纺织车间、印刷车间、一般仓库	6.5	360	30	12	0.1
	严重危险级	生产	赛璐珞制品加工车间、合成板制造车间、发泡塑料与橡胶及制品加工车间	10	360	40	9.0	0.1
		贮存Ⅰ类	纤维制品、木制品、橡胶制品	15	260	40	6.5	0.1
		贮存Ⅱ类	发泡塑料与橡胶及制品	25	300	46	6.5	0.1

5.0.2 本条是对原规范第 5.0.1A 条的修改和补充。本条依据国内实际试验结果并结合国外标准提出。

目前，我国一些高大空间场所逐渐兴起，而国内对于此类场所自动灭火设施的设置不尽相同。国内外相关研究机构也开展了模拟类似场所的实体灭火试验及数值模拟试验研究，目的在于解决"以往没有闭式系统保护高大空间场所的设计准则，少数未经试验、缺乏足够认识的保护方案被广泛应用"的问题，说明了此类问题具有普遍意义和试验的必要性。

公安部天津消防研究所分别在净空高度为 12m、16m 和 18m 条件下，通过建立不同类型场所的火灾试验模型，开展了自动喷水灭火系统作用下的全尺寸灭火试验。试验采用 1.5m 左右高度的可燃物品(塑料、木材、纸质混合)和流量系数 K 等于 161 和 K 等于 363 的喷头，试验结果显示，第一只喷头的开放时间至关重要，如果火不能被开始动作的少数喷头熄灭的话，那么将不能被控制住。因此，对于高大空间场所来说，应在首批喷头开启后立即进行大流量喷水，而用增加喷头开启数量的方法来对付高大空间场所火灾不是解决问题的办法。

需要说明的是，当现场火灾荷载小于试验火灾荷载时，存在闭式喷头开放时间滞后于火灾水平蔓延的可能性。本条适用于净空高度 8m～18m 民用建筑和净空高度 8m～12m 厂房高大空间场所自动喷水灭火系统的设计。当确定采用湿式系统后，应严格按本条规定确定系统设计参数。

5.0.3 本条为新增条文。

超级市场大多是带有仓储式的大空间的购物场所，既有商场的使用功能，又有仓库的储存特点，既是营业区又是仓储区。根据《商店建筑设计规范》JGJ 48—2014 对商店建筑的分类，商店建筑包括购物中心、百货商场、超级市场、菜市场和步行商业街等。超级商场是指采取自选销售方式，以销售食品和日常生活用品为主，向顾客提供日常生活必需品为主要目的的零售商店。本次修订提出了超级市场应根据室内净高、储存方式以及储存物品的种类与高度等因素按本规范第 5.0.4 条和第 5.0.5 条的规定确定设计基本参数。

5.0.4 本条是对原规范第 5.0.5 条的修改和补充。

本条是对国外标准中仓库及类似场所的系统设计基本参数进行分类、归纳、合并后，充实我国规范对仓库的系统设计基本参数的规定，设计时应按喷水强度与作用面积选用喷头。

从国外有关标准提供的数据分析，影响仓库设计参数的因素很多，包括货品的性质、堆放形式、堆积高度及室内净空高度等，各因素的变化，均影响设计参数的改变。例如，货品堆高越大，火灾竖向蔓延速度迅速越快的规律，不仅使灭火难度增大，而且使喷水因货品的阻挡而难以直接送达燃烧面，只能沿货品表面流淌后最终到达燃烧面，造成送达到位直接灭火的水量锐减。因此，货品堆高增大时，相应采用提高喷水强度的措施是必要的。

随着我国经济的迅速发展，面对不同火灾危险性的各种仓库，本条参照美国消防协会标准《自动喷水灭火系统安装标准》NFPA 13，在归纳简化的基础上，提出了仓库危险级场所的系统设计基本参数。既借鉴了发达国家标准的先进技术，又使我国规范中保护仓库的系统设计参数得到了充实，符合我国现阶段的具体国情。

单排货架的宽度应不超过 1.8m，且间隔不应小于 1.1m；双排货架为单个货架或两个背靠背放置的单排货架，货架总宽为 1.8m～3.6m，且间隔不小于 1.1m；多排货架为货架宽度超过 3.6m，或间距小于 1.1m 且总宽度大于 3.6m 的单、双排货架混合放置；可移动式货架应视为多排货架。最大净空高度是指室内地面到屋面板的垂直距离，顶板为斜面时，应为室内地面到屋脊处的垂直距离。

5.0.5 本条是对原规范第 5.0.6 条的修改和补充。

仓库火灾蔓延迅速、不易扑救，容易造成重大财产损失，因此是自动喷水灭火系统的重要应用对象。而扑救高堆垛和高架仓库火灾，又一直是自动喷水灭火系统的技术难点。美国耗巨资试验研究，成功开发出"特殊应用喷头"、"早期抑制快速响应喷头"等可有效扑救高堆垛、高货架仓库火灾的新技术。本条规定参考美国消防协会标准《自动喷水灭火系统安装标准》NFPA 13 的数据，并经归纳简化后，提出了采用早期抑制快速响应喷头的系统设计参数。

本次修订时增加了 ESFR 喷头的安装方式，因为安装方式对系统的灭火效果影响很大。例如国外某研究机构在一次试验中，一个直立安装于 50mm(2in)支管上的喷头由于受到管道的障碍而未能控制下方的火，造成灭火失败。

5.0.6 本条为新增条文。

本条参照国外标准，提出了仓库型特殊应用喷头的设计基本参数。仓库型特殊应用喷头用于保护火灾危险等级不超过箱装发泡塑料储物的仓库，根据 FM Global 的试验情况，在最大净空高度不超过 12m、最大储物高度不超过 10.5m 的情况下，不需安装货架内置喷头。

2007～2009 年，FM Global 分别在 12.0m 和 9.0m 的最大净空高度下，采用不同的点火位置开展了数次实体火试验。试验结果显示，喷头在 1min～2min 内相继动作，开放喷头数为 1 只～8 只，顶板温度为 40℃～120℃。喷头动作后，能够很快扑灭可燃物，仅有主堆垛储物参与燃烧，辅助堆垛燃烧有限，几乎没有参与燃烧。

5.0.7 通透性层板是指水或烟气能穿透或通过的货架层板，如网格或格栅型层板。本条规定除安装货架内置喷头的上方层板为实层隔板外，其余层板均应为通透性层板。

5.0.8 本条是对原规范第 5.0.7 条的修改和补充。

本条是针对我国目前货架内置喷头的应用现状，充实了货架仓库中采用货架内置喷头的设置要求。对最大净空高度或最大储物高度超过本规范第 5.0.5 条规定的货架仓库，仅在顶板下设置喷头，将不能满足有效控灭火的需要，而在货架内增设洒水喷头，是对顶板下布置喷头灭火能力的补充，补偿超出顶板下喷头保护范围部位的灭火能力。

本次修订删除了 ESFR 自动喷水灭火系统采用货架内置洒水喷头的布置方式，原因是 ESFR 喷头在其允许最大净空高度内，可不设置货架内置喷头。规范不推荐采用顶板下布置 ESFR 喷头＋货架内置喷头的布置方式。当最大净空高度或最大储物高度超过表 5.0.5 的规定时，应按照本规范第 5.0.4 条和本条的规定布置。本表中的"注"是用于计算货架内置洒水喷头的流量，如对于仓库危险级Ⅲ级场所，安装了 5 层货架内置洒水喷头，货架内开放喷头数为 14 个，则应按最顶层和次顶层各开放 7 只喷头确定流量。

5.0.9 仓库内系统的喷水强度大，持续喷水时间长，为避免不必要的水渍损失和增加建筑荷载，对于系统喷水强度大的仓库，有必要设置消防排水。

5.0.10、5.0.11 这两条是对原规范第5.0.4条的修改和补充。

干式系统的配水管道内平时维持一定气压，因此系统启动后将滞后喷水，而滞后喷水无疑将增大灭火难度，等于相对削弱了系统的灭火能力，因此本条提出采用扩大作用面积的办法来补偿滞后喷水对灭火能力的影响。

雨淋系统由雨淋报警阀控制其连接的开式洒水喷头同时喷水，有利于扑救水平蔓延速度快的火灾。但是，如果一个雨淋报警阀控制的面积过大，将会使系统的流量过大，总用水量过大，并带来较大的水渍损失，影响系统的经济性能。本规范编制组出于适当控制系统流量与总用水量的考虑，提出了雨淋系统中一个雨淋报警阀控制的喷水面积按不大于本规范规定的作用面积为宜。对大面积场所，可设多套雨淋报警阀组合控制一次灭火的保护范围。

对于采用由火灾自动报警系统和压力开关联动控制的预作用系统，由于其不能保证在闭式喷头动作前完成为管道充满水的预作用过程，即不能保证喷头开放后立即喷水，所以不是真正意义上的预作用系统，应视为干式系统，因此其作用面积、充水时间等应按干式系统确定。

5.0.12 仅在走道设置闭式系统时，系统的作用主要是防止火灾蔓延和保护疏散通道。对此类系统的作用面积，本条提出了按各楼层走道中最大疏散距离所对应的走道面积确定。

美国消防协会标准《自动喷水灭火系统安装标准》NFPA 13规定，当系统的保护范围为单排喷头时，系统作用面积为此管道上的所有喷头的保护面积，但最多不应超过7只。

当走道的宽度为1.4m、长度为15m，喷水覆盖全部走道面积时的喷头布置及开放喷头数设置见图8。图中R为喷头有效保护半径。

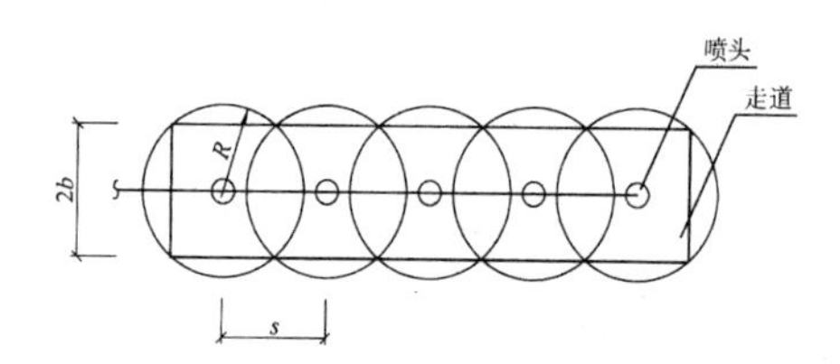

图8 仅在走廊布置喷头的示意图

例1：当喷头最低工作压力为0.05MPa时，喷水量为56.57L/min。为达到6.0L/(min·m²)平均喷水强度时，圆形保护面积为9.43m²，故$R=1.73$m。则喷头间距S为：

$$S = 2\sqrt{R^2 - b^2} = 2\sqrt{1.73^2 - 0.7^2} = 3.16\text{m}$$

袋形走道内布置并开放的喷头数为：$\frac{15}{3.16} = 4.8$，确定为5只。

例2：当袋形疏散走道按现行国家标准《建筑设计防火规范》GB 50016规定的最长疏散距离为22×1.25=27.5(m)确定时，若走道宽度仍为1.4m，则喷水覆盖全部走道面积时的开放喷头数为：$\frac{27.5}{3.16} = 8.7$，按本条规定确定为9只。

5.0.13 商场等公共建筑，由于内装修的需要，往往装设网格状、条栅状等不挡烟的通透性吊顶，此类吊顶会严重阻碍喷头的洒水分布性能和动作性能，进而影响系统的控、灭火性能。因此本条提出应适当增大系统的喷水强度，并且喷头的布置仍应遵循一定的要求。

5.0.14 防护冷却水幕用于配合防火卷帘、防火玻璃墙等防火分隔设施使用，以保证该分隔设施的完整性与隔热性。某厂曾于1995年在"国家固定灭火系统和耐火构件质量监督检验测试中心"进行过洒水防火卷帘抽检测试，90min耐火试验后，得出"未失去完整性和隔热性"的结论。本条"喷水高度为4m，喷水强度为0.5L/(m·s)"的规定，折算成对卷帘面积的平均喷水强度为7.5L/(min·m²)，可以形成水膜并有效保护钢结构不受火灾损害。喷水点的提高，将使卷帘面积的平均喷水强度下降，致使防护冷却的能力下降。所以，本条提出了喷水点高度每提高1m，喷水强度相应增加0.1L/(s·m)的规定，以补充冷却水沿分隔物下淌时受热汽化的水量损失，但喷水点高度超过9m时喷水强度仍按1.0L/(s·m)执行。对于尺寸不超过15m×8m的开口，防火分隔水幕的喷水强度仍按2L/(s·m)确定。

5.0.15 本条为新增条文。

我国现行国家标准《建筑设计防火规范》GB 50016、《人民防空工程设计防火规范》GB 50098均规定，防火分区间可采用防火卷帘分隔，当防火卷帘的耐火极限不符合要求时，可采用设置自动喷水灭火系统保护。《建筑设计防火规范》GB 50016—2014中还规定，建筑内中庭与周围连通空间，以及步行街两侧建筑商铺面向步行街一侧的围护构件采用耐火完整性不低于1.00h的非隔热性防火玻璃墙时，应设置闭式自动喷水灭火系统保护，并规定自动喷水灭火系统的设计应符合现行国家标准《自动喷水灭火系统设计规范》GB 50084的有关规定。

原规范中没有规定闭式自动喷水灭火系统保护防火卷帘的设计基本参数，本次修订依据上述要求，参照国外标准及国内试验情况，提出了防护冷却系统保护防火卷帘以及非隔热性防火玻璃墙等防火分隔设施的设计基本参数。美国消防协会标准《自动喷水灭火系统安装标准》NFPA 13规定，当采用玻璃墙体代替防火墙时，应在玻璃墙体的两侧布置喷头，除非经过特别认证，喷头布置间距不应超过2.4m(8ft)，与玻璃的距离不超过0.3m(1ft)。并应确保喷头的布置能使喷头在动作后能淋湿所有玻璃墙体的表面，所采用的玻璃应为钢化玻璃、嵌丝玻璃或夹层玻璃等。

6 系统组件

6.1 喷 头

6.1.1 本条是对原条文的修改和补充。

设置闭式系统的场所，喷头最大允许设置高度应遵循"使喷头及时受热开放、并使开放喷头的洒水有效覆盖起火范围"这一原则，超过上述高度，喷头将不能及时受热开放，而且喷头开放后的洒水可能达不到覆盖起火范围的预期目的，出现火灾在喷水范围之外蔓延的现象，使系统不能有效发挥控灭火的作用。因此，喷头的最大允许设置高度由喷头类型、建筑使用功能等因素综合确定。

本条参考国内外有关标准的规定及试验研究成果，分别规定了民用建筑、厂房及仓库采用闭式系统时的喷头选型以及场所的最大净空高度，并提出了用于保护钢屋架等建筑构件的闭式系统和设有货架内置洒水喷头仓库的闭式系统，最大净空高度不受限制。

6.1.3 本条是对原条文的修改和补充。

本条提出了不同使用条件下对喷头选型的规定。实际工程中，由于喷头的选型不当而造成失误的现象比较突出。不同用途和型号的喷头，分别具有不同的使用条件和安装方式。喷头的选型、安装方式、方位合理与否，将直接影响喷头的动作时间和布水效果。

第1款是指当设置场所不设吊顶，且配水管道沿梁下布置时，火灾热气流将在上升至顶板后水平蔓延。此时只有向上安装直立型喷头，才能使热气流尽早接触和加热喷头热敏元件。

第2款是指室内设有吊顶时，喷头将紧贴在吊顶下布置，或埋设在吊顶内，因此适合采用下垂型或吊顶型喷头，否则吊顶将阻挡洒水分布。吊顶型喷头作为一种类型，在现行国家标准《自动喷水灭火系统　第1部分　洒水喷头》GB 5135.1中有明确规定，即为“隐蔽安装在吊顶内，分为齐平式、嵌入式和隐蔽式三种型式。”不同安装方式的喷头，其洒水分布不同，选型时要予以充分重视。

第3款对边墙型洒水喷头的设置提出了要求。边墙型喷头的配水管道易于布置，非常受国内设计、施工及使用单位欢迎。但国外对采用边墙型喷头有严格规定，如保护场所应为轻危险级，中危险级系统采用时须经特许；顶板必须为水平面，喷头附近不得有阻挡喷水的障碍物；洒水应喷湿一定范围墙面等。

本款根据国内需求，按本规范对设置场所火灾危险等级的分类，以及边墙型喷头性能特点等实际情况，提出了既允许使用此种喷头，又严格使用条件的规定。

第7款提出了隐蔽式洒水喷头的设置要求。隐蔽式洒水喷头由于具有美观性的优点，越来越受到业主的青睐。目前，该类喷头广泛地应用在一些装饰豪华、外观要求美化的场所，如商场、高级宾馆、酒店、娱乐中心等。但是，根据目前的应用现状，隐蔽式喷头存在巨大的安全隐患，主要表现在：(1)发生火灾时喷头的装饰盖板不能及时脱落；(2)装饰盖板脱落后滑竿无法下落，导致喷头溅水盘无法滑落到吊顶平面下部，喷头无法形成有效的布水；(3)喷头装饰盖板被油漆、涂料喷涂等。

针对这一情况，规范在本次修订时提出了严格限制该类喷头的使用，规定火灾危险等级超过中危险级Ⅰ级的场所不应采用该喷头。

6.1.4　为便于系统在灭火或维修后恢复准工作状态之前排尽管道中的积水，同时有利于在系统启动时排气，要求干式、预作用系统的喷头采用直立型喷头或干式下垂型喷头。

6.1.5　本条提出了水幕系统的喷头选型要求。防火分隔水幕的作用是阻断烟和火的蔓延，当使水幕形成密集喷洒的水墙时，要求采用洒水喷头；当使水幕形成密集喷洒的水帘时，要求采用开口向下的水幕喷头。防火分隔水幕也可以同时采用上述两种喷头并分排布置。防护冷却水幕则要求采用将水喷向保护对象的水幕喷头。

6.1.6　本条为新增条文。防护冷却系统主要与防火卷帘、防火玻璃墙等防火分隔设施配合使用，其喷头布置时应将水直接喷向保护对象，因此可采用边墙型洒水喷头。目前，国内外还有一种专门用于保护防火分隔设施的窗式喷头等特殊类型喷头，该喷头具有较好的洒水分布性能，但目前尚无国家产品标准。

6.1.7　本条规定了快速响应洒水喷头的使用条件。大量装饰材料、家电等现代化日用品和办公用品的使用，使火灾出现蔓延速度快、有害气体生成量大和财产损失大等新特点，对自动喷水灭火系统的工作效能提出了更高的要求。国外于20世纪80年代开始生产并推广使用快速响应喷头。快速响应洒水喷头的优势在于：热敏性能明显高于标准响应喷头，可在火场中提前动作，在初起小火阶段开始喷水，使灭火的难度降低，可以做到灭火迅速、灭火用水量少，可最大限度地减少人员伤亡和火灾烧损与水渍污染造成的经济损失。现行国家标准《自动喷水灭火系统　第1部分　洒水喷头》GB 5135.1规定，响应时间指数(RTI)$\leqslant 50(m\cdot s)^{0.5}$为快速响应喷头，喷头的响应时间指数可通过标准“插入实验”判定。在“插入实验”给定的标准热环境中，快速响应洒水喷头的动作时间较$\phi 8$玻璃球喷头快5倍。为此，本规范提出了在一些场所推荐采用快速响应洒水喷头的规定。

与标准响应洒水喷头、特殊响应洒水喷头相比，快速响应洒水喷头仅用于湿式系统，该喷头动作灵敏，如果用于干式系统和预作用系统，会因为喷水时间延迟造成过多的喷头开放，更为严重的可能会超过系统的设计作用面积，造成设计用水量的不足。

6.1.8　同一隔间内采用热敏性能、规格及安装方式一致的喷头，是为了防止混装不同喷头对系统的启动与操作造成不良影响。曾经发现某一面积达几千平方米的大型餐厅内混装$\phi 8$和$\phi 5$玻璃球喷头及某些高层建筑同一场所内混装下垂型、普通型喷头等错误做法。

6.1.10　设计自动喷水灭火系统时，要求在设计资料中提出喷头备品的数量，以便在系统投入使用后，因火灾或其他原因损伤喷头时能够及时更换，缩短系统恢复准工作状态的时间。当在一个建筑工程的设计中采用了不同型号的喷头时，除了对备用喷头总量的要求外，不同型号的喷头要有各自的备品。各国规范对备用喷头的规定不尽一致，例如美国消防协会标准《自动喷水灭火系统安装标准》NFPA 13规定，喷头总数不超过300只时，备品数为6只；总数为300只～1000只时，备品数不少于12只；超过1000只时备品数少于24只。英国标准《固定式灭火系统－自动喷水灭火系统－设计、安装和维护》BS EN 12845规定，对每套自动喷水灭火系统，轻危险级不应少于6只，普通危险级不应少于24只，高危险级(生产和储存)场所不应少于36只。

6.2　报警阀组

6.2.1　报警阀组在自动喷水灭火系统中有下列作用：

(1)湿式与干式报警阀：接通或关断报警水流，喷头动作后报警水流将驱动水力警铃和压力开关报警；防止水倒流。

(2)雨淋报警阀：接通或关断向配水管道的供水。

报警阀组中的试验阀，用于检验报警阀、水力警铃和压力开关的可靠性。由于报警阀和水力警铃及压力开关均采用水力驱动的工作原理，因此具有良好的可靠性和稳定性。

为钢屋架等建筑构件建立的闭式系统，功能与用于扑救地面火灾的闭式系统不同，为便于分别管理，规定单独设置报警阀组。水幕系统与上述情况类似，也规定单独设置报警阀组或感温雨淋报警阀。

6.2.2　根据本规范第4.3.1条的规定，串联接入湿式系统的干式、预作用、雨淋等其他系统，本条规定单独设置报警阀组，以便在共用配水干管的情况下独立报警。

串联接入湿式系统的其他系统，其供水将通过湿式报警阀。湿式系统检修时，将影响串联接入的其他系统，因此规定其他系统所控制的喷头数也应计入湿式报警阀组控制喷头的总数内。

6.2.3　第一款规定了一个报警阀组控制的喷头数。一是为了保证维修时，系统的关停部分不致过大；二是为了提高系统的可靠性。

美国消防协会的统计资料表明，同样的灭火成功率，干式系统的喷头动作数要大于湿式系统，即前者的控火、灭火率要低一些，其原因主要是喷水滞后造成的。鉴于本规范已提出“干式系统配水管道应设快速排气阀”的规定，故干式报警阀组控制的喷头总数规定为不宜超过500只。

当配水支管同时安装保护吊顶下方空间和吊顶上方空间的喷头时，由于吊顶材料的耐火性能要求执行相关规范的规定，因此吊顶一侧发生火灾时，在系统的保护下火势将不会蔓延到吊顶的另一侧。因此，对同时安装保护吊顶两侧空间喷头的共用配水支管，规定只将数量较多一侧的喷头计入报警阀组控制的喷头总数。

6.2.4　本条参考英国标准《固定式灭火系统－自动喷水灭火系统－设计、安装和维护》BS EN 12845，规定了每个报警阀组供水的最高与最低位置喷头之间的最大位差。规定本条的目的是为了控制高、低位置喷头间的工作压力，防止其压差过大。当满足最不利点处喷头的工作压力时，同一报警阀组向较低有利位置的喷头供水时，系统流量将因喷头的工作压力上升而增大。限制同一报警阀组供水的高、低位置喷头之间的位差，是均衡流量的措施。

6.2.5　雨淋报警阀配置的电磁阀，其流道的通径很小。在电磁阀入口设置过滤器，是为了防止其流道被堵塞，保证电磁阀的可靠性。

并联设置雨淋报警阀组的系统启动时,将根据火情开启一部分雨淋报警阀。当开阀供水时,雨淋报警阀的入口水压将产生波动,有可能引起其他雨淋报警阀的误动作。为了稳定控制腔的压力,保证雨淋报警阀的可靠性,本条规定并联设置雨淋报警阀组的雨淋系统,雨淋报警阀控制腔的入口要求设有止回阀。

6.2.6 本条规定报警阀的安装高度,是为了方便施工、测试与维修工作。系统启动和功能试验时,报警阀组将排放出一定量的水,故要求在设计时相应设置足够能力的排水设施。

6.2.7 本条对连接报警阀进出口的控制阀作了规定,目的是为了防止误操作造成供水中断。我国曾发生过因阀门关闭导致灭火失败的案例,例如2000年7月某大厦26层的办公室发生火灾,办公室内的4只喷头和走道内的6只喷头爆破,但由于该楼层的自动喷水灭火系统阀门被关闭,致使自动喷水灭火系统未能发挥作用,最后由消防人员扑灭了火灾。

本条并非强调报警阀进出口均应设置信号阀,而是强调当设置控制阀时,应采用信号阀或配置能够锁定阀板位置的锁具。一般情况下,对于系统调试时不允许水进入管网的系统,如干式系统、预作用系统和雨淋系统,需要在报警阀的出口设置信号阀。

6.2.8 本条是对原条文的修改和补充。

规定水力警铃工作压力、安装位置和与报警阀组连接管的直径及长度,目的是为了保证水力警铃发出警报的位置和声强。要求安装在有人值班的地点附近或公共通道的外墙上,是保证其报警能及时被值班人员或保护场所内其他人员发现。

6.3 水流指示器

6.3.1 水流指示器的功能是及时报告发生火灾的部位,本条对系统中要求设置水流指示器的部位提出了规定,即每个防火分区和每个楼层均要求设有水流指示器。同时规定当一个湿式报警阀组仅控制一个防火分区或一个楼层的喷头时,由于报警阀组的水力警铃和压力开关已能发挥报告火灾部位的作用,故此种情况允许不设水流指示器。

6.3.2 设置货架内置喷头的仓库,顶板下喷头与货架内置喷头分别设置水流指示器,有利于判断喷头的状况,故有此条规定。

6.3.3 为使系统维修时关停的范围不致过大而在水流指示器入口前设置阀门时,要求该阀门采用信号阀,以便显示阀门的状态,其目的是为防止因误操作而造成配水管道断水的故障。

6.4 压力开关

6.4.1 雨淋系统和水幕系统采用开式喷头,平时报警阀出口后的管道内(系统侧)没有水,系统启动后的管道充水阶段,管内水的流速较快,容易损伤水流指示器,因此采用压力开关较好。

6.4.2 稳压泵的启停,要求可靠地自动控制,因此规定采用消防压力开关,并要求其能够根据最不利点处喷头的工作压力调节稳压泵的启停压力。

6.5 末端试水装置

6.5.1 本条是对原条文的修改和补充。

本条提出了设置末端试水装置的规定。为检验系统的可靠性、测试系统能否在开放一只喷头的最不利条件下可靠报警并正常启动,要求在每个报警阀组的供水最不利点处设置末端试水装置。末端试水装置测试的内容包括水流指示器、报警阀、压力开关、水力警铃的动作是否正常,配水管道是否畅通,以及最不利点处的喷头工作压力等。其他的防火分区与楼层,则要求装设直径25mm的试水阀,试水阀宜安装在最不利点附近或次不利点处,以便在必要时连接末端试水装置。

本条所指的报警阀组,系指设置在闭式系统上的报警阀组。

6.5.2 本条是对原条文的修改和补充。

本条规定了末端试水装置的组成、试水接头出水口的流量系数,以及其出水的排放方式(见图9)。为了使末端试水装置能够模拟实际情况,进行开放一只喷头启动系统等试验,其试水接头出水口的流量系数,要求与同楼层或所在防火分区内采用的最小流量系数的喷头一致。例如:某酒店在客房中安装流量系数为 K 等于115的边墙型扩大覆盖面积洒水喷头,走廊安装下垂型标准流量洒水喷头,其所在楼层如设置末端试水装置,试水接头出水口的流量系数,要求为流量系数 K 等于80。当末端试水装置的出水口直接与管道或软管连接时,将改变试水接头出水口的水力状态,影响测试结果。因此本条对末端试水装置的出水提出采取孔口出流的方式排入排水管道的要求。

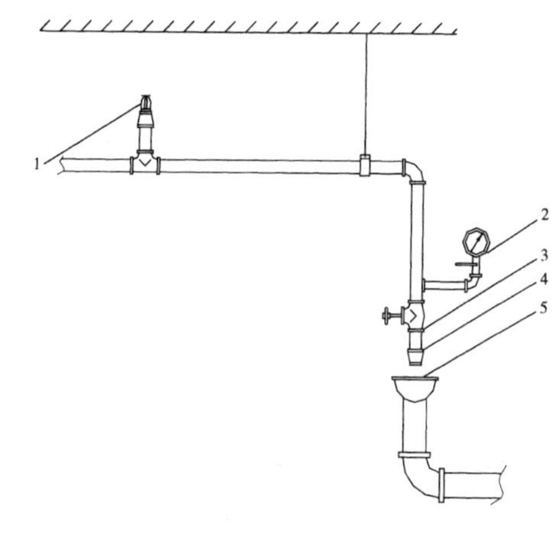

图9 末端试水装置图

1—最不利点处喷头;2—压力表;3—球阀;4—试水接头;5—排水漏斗

对于排水立管的管径,本次修订参照国家标准《建筑给水排水设计规范》GB 50015的要求,提出排水立管的设置要求。不通气排水立管随工作高度增加排水能力减少,以 $DN75$ 为例,高度3m时排水能力1.35L/s;高度5m时排水能力0.7L/s;高度超过6m时排水能力0.5L/s;故应设伸顶通气管。设有伸顶通气管的立管,以铸铁管为例,$DN50$ 的最大排水能力1.0L/s,$DN75$ 的最大排水能力2.5L/s。排水立管的管径应根据末端试水装置试水接头的流量确定,当试水接头流量系数为 K 等于80时,其在工作压力为0.1MPa时的流量为1.33L/s,因此提出管径不应小于75mm的规定。

6.5.3 本条为新增条文。本条规定了末端试水装置的设置位置,是为了保证末端试水装置的可操作性和可维护性。调研中发现有些工程的末端试水装置安装在吊顶内部,不便操作,还发现有的把末端试水装置的试水接头误作为生活用水接口使用,造成系统频繁动作等,这些都是不合理的现象。

7 喷头布置

7.1 一般规定

7.1.1 闭式洒水喷头是自动喷水灭火系统的关键组件,受火灾热气流加热开放后喷水并启动系统。能否合理地布置喷头,将决定喷头能否及时动作和按规定强度喷水。本条规定了布置喷头所应遵循的原则。

(1)将喷头布置在顶板或吊顶下易于接触到火灾热气流的部位,有利于喷头热敏元件的及时受热;

(2)使喷头的洒水能够均匀分布。当喷头附近有不可避免的障碍物时，应按本规范 7.2 节的要求布置喷头或者增设喷头，补偿因喷头的洒水受阻而不能到位灭火的水量。

7.1.2 喷头的布置间距是自动喷水灭火系统设计的重要参数，其中设置场所的火灾危险等级对喷头布置起决定性因素。喷头间距过大会影响喷头的开放时间及系统的控、灭火效果，间距过小会造成作用面积内喷头布置过多，系统设计用水量偏大。为控制喷头与起火点之间的距离，保证喷头开放时间，又不致引起喷头开放数过多，本条提出了标准覆盖面积喷头的布置间距及喷头最大保护面积，其目的是确保喷头既能适时开放，又能使系统按设计选定的强度喷水。

美国消防协会标准《自动喷水灭火系统安装标准》NFPA 13 规定，对于轻危险级场所，当采用水力计算法设计时，一只喷头的最大保护面积为 $20m^2$，喷头最大间距为 4.6m；对于普通危险级场所，喷头的最大保护面积和最大间距分别为 $12m^2$ 和 4.6m；对于严重危险级场所和堆垛仓库，当设计喷水强度大于 $10L/(min \cdot m^2)$ 时，分别为 $9m^2$ 和 3.7m，当设计喷水强度小于 $10L/(min \cdot m^2)$ 时，其值分别为 $12m^2$ 和 4.6m。

喷头的布置间距可根据设计选定的喷水强度、喷头的流量系数和工作压力计算。以喷头 A、B、C、D 为顶点的围合范围为正方形（见图 10），每只喷头的 25% 水量喷洒在正方形 ABCD 内。根据喷头的流量系数、工作压力以及喷水强度，可以求出正方形 ABCD的面积和喷头之间的距离。

例如中危险级Ⅰ级场所，当选定喷水强度为 $6L/(min \cdot m^2)$，喷头工作压力为 0.1MPa 时，每只 K 等于 80 喷头的出水量为：

$$q = K\sqrt{10P} = 80L/min$$

其面积 $S_{ABCD} = \frac{80}{6} = 13.33m^2$

正方形的边长为：$l_{AB} = \sqrt{13.33} = 3.65m$

以此类推，当喷头工作压力不同时，喷头的出水量不同，因此，要达到同样的喷水强度，喷头间距也不同，例如：若喷头工作压力为 0.05MPa，喷头的出水量 q 为：

$$q = 56.57L/min$$

此时正方形保护面积为：

面积 $S_{ABCD} = \frac{56.57}{6} = 9.43m^2$

边长为：$l_{AB} = \sqrt{9.43} = 3.07m$

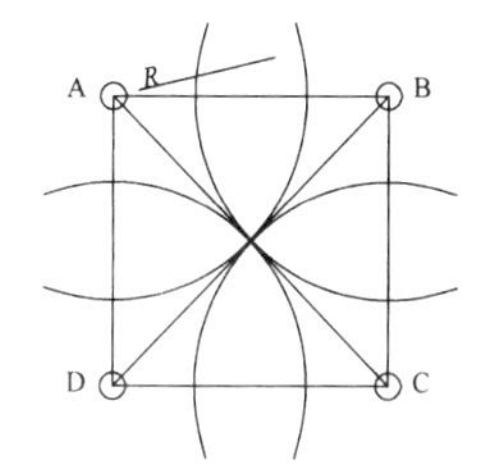

图 10　正方形布置喷头示意图

规定喷头与端墙的最大距离，是为了使喷头的洒水能够喷湿墙根地面并不留漏喷的空白点，而且能够喷湿一定范围的墙面，防止火灾沿墙面的可燃物蔓延。规定喷头与端墙的最小距离，是为了防止喷头洒水时受到墙面的遮挡。

本条中的"注 1"，对仅布置设置单排喷头的闭式系统，提出确定喷头间距的规定，其喷头间距的举例见本规范第 5.0.12 条条文说明；"注 2"对喷水强度较大的系统，采用较大流量系数的喷头有利于降低系统的供水压力。

7.1.3 本条参考国外标准，并根据边墙型标准覆盖面积洒水喷头与室内最不利点处火源的距离远、喷头受热条件较差等实际情况，规定了配水支管上喷头间的最大距离和侧喷水量跨越空间的最大保护距离。

美国消防协会标准《自动喷水灭火系统安装标准》NFPA 13 规定，边墙型标准覆盖面积洒水喷头仅能在轻危险级场所中使用，只有在经过特别认证后，才允许在中危险级场所按经过特别认证的条件使用。本规范表 7.1.3 中的规定，按边墙型标准覆盖面积喷头的前喷水量占流量的 70%～80%，喷向背墙的水量占 20%～30%流量的原则作了调整。中危险级Ⅰ级场所，喷头在配水支管上的最大间距确定为 3m，单排布置边墙型喷头时，喷头至对面墙的最大距离为 3m，一只喷头保护的最大地面面积为 $9m^2$，并要求符合喷水强度要求。

7.1.4 本条为新增条文。直立型、下垂型扩大覆盖面积洒水喷头目前在我国的应用较少，其优点是布置间距大、喷头用量少，缺点是顶板要求采用水平、光滑顶板，且不应有障碍物。同标准覆盖面积洒水喷头一样，扩大覆盖面积洒水喷头的布置间距也是由火灾危险等级确定，为此，本条参照美国消防协会标准《自动喷水灭火系统安装标准》NFPA 13 的要求，提出了直立型、下垂型扩大覆盖面积洒水喷头的布置间距，并强调应采用正方形布置形式。

7.1.5 边墙型扩大覆盖面积洒水喷头在我国的应用较为普及，其优点是保护面积大，安装简便；其缺点与边墙型标准覆盖面积洒水喷头相同，即喷头与室内最不利处起火点的最大距离更远，影响喷头的受热和灭火效果，所以国外规范对此种喷头的使用条件要求很严，如喷头洒水范围内不能受到障碍物的遮挡，顶板必须是光滑且坡度不能超过 1/6 等。

我国现行国家标准《自动喷水灭火系统　第 12 部分　扩大覆盖面洒水喷头》GB 5135.12—2006 也规定了该喷头的布水性能、湿墙性能及灭火性能，其中湿墙性能要求该喷头打湿实验室四周墙面距吊顶的距离不大于 1.5m。

在布置要求上，本条要求该喷头应根据生产厂提供的喷头流量特性、洒水分布和喷湿墙面范围等资料，确定喷水强度和喷头的布置。图 11 为边墙型扩大覆盖面积洒水喷头布水及喷湿墙面示意图。

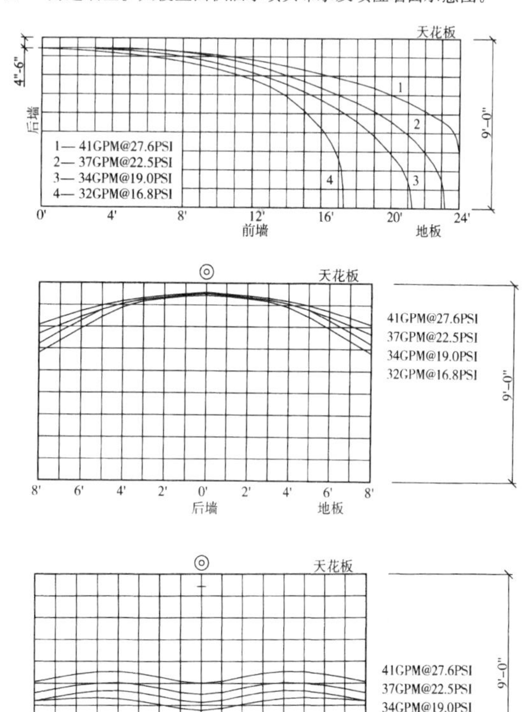

图 11　边墙型扩大覆盖面积洒水喷头布水及喷湿墙面示意图

注：图中英制单位换算：1GPM＝0.0758L/s；1PSI＝0.0069MPa

7.1.6、7.1.7 这两条是对原条文的修改和补充。

这两条参考美国消防协会标准《自动喷水灭火系统安装标准》NFPA 13的规定，提出了相应的要求。规定喷头溅水盘与顶板的距离，目的是使喷头热敏元件处于"易于接触热气流"的最佳位置。溅水盘距离顶板太近不易安装维护，且洒水易受影响；太远则升温较慢，甚至不能接触到热烟气流，使喷头不能及时开放。吊顶型喷头和吊顶下安装的喷头，其安装位置不存在远离热烟气流的现象，故不受此项规定的限制（见图12、图13）。

梁的高度大或间距小，使顶板下布置喷头的困难增大。然而，由于梁同时具有挡烟蓄热作用，有利于位于梁间的喷头受热，为此对复杂情况提出布置喷头的补充规定。

本条第1款是指当梁或其他障碍物的高度不超过300mm时，喷头可直接布置在障碍物底面的下方，但应保证溅水盘与顶板的距离不大于300mm。当梁的高度超过300mm时，应在梁间布置喷头，并符合第2款的规定。

执行第2款时，喷头溅水盘不能低于梁的底面。

第4款是指对于一些不设吊顶的场所，为避免喷头受梁、障碍物等的影响，喷头间距可按照第7.1.2条的规定采用不等距布置方式，但喷水强度应符合规范规定。

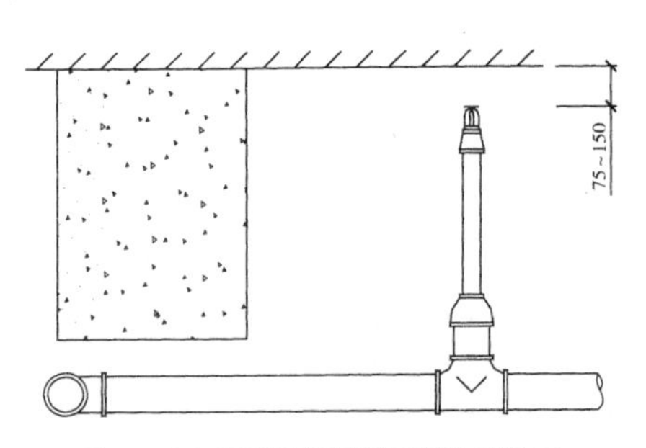

图12 直立或下垂型标准覆盖面积洒水喷头和扩大覆盖面积洒水喷头溅水盘与顶板的距离

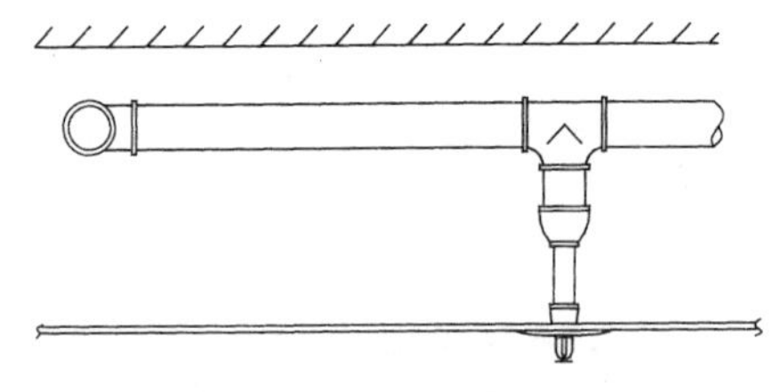

图13 吊顶下喷头安装示意图

7.1.8 本条规定的适用对象由仓库扩展到包括图书馆、档案馆、商场等堆物较高的场所；规定喷头溅水盘与保护对象的最小垂直距离，是保证喷头的布水在其保护范围内能完全覆盖（见图14）。

7.1.9 货架内布置的喷头，如果其溅水盘与储物顶部的间距太小，喷头的洒水将因储物的阻挡而不能达到均匀分布的目的。

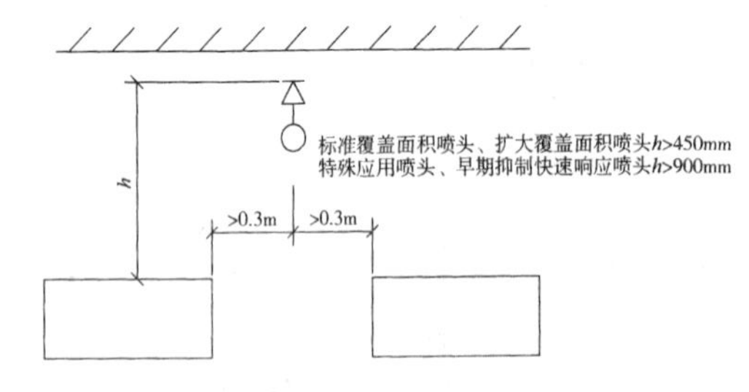

图14 堆物较高场所通道上方喷头的设置

7.1.10 本条是对原条文的修改和补充。

本条规定了挡水板的适用范围和不适用范围。喷头动作所需的热量主要来自热对流，需要热的烟气流经喷头才能实现。调研中发现，有的商场、超市等采用增设挡水板的方式使喷头悬空布置，喷头与顶板的距离过大，这种布置方式使得喷头的动作大大滞后。美国消防协会标准《自动喷水灭火系统安装标准》NFPA 13也规定，不应采用挡水板作为辅助喷头启动的方式。

对于货架内置喷头和障碍物下方设置的喷头，如果恰好在喷头的上方有孔洞、缝隙，为防止上部的喷头动作后淋湿下方的喷头而影响喷头动作，规定可在其上方设置挡水板。英国标准《固定式灭火系统－自动喷水灭火系统－设计、安装和维护》BS EN 12845规定，安装在货架内，或者有孔洞的隔板、平台、楼板或类似位置下的喷头，当较高的喷头动作时有可能淋湿下层喷头的感温元件，喷头应设有金属挡水板，并规定该挡水板的直径为75mm～150mm。

对挡水板的具体规定是：要求采用金属板制作，形状为圆形或正方形，其平面面积不小于0.12m²，并要求挡水板的周边向下弯边，弯边的高度要与喷头溅水盘平齐（见图15）。

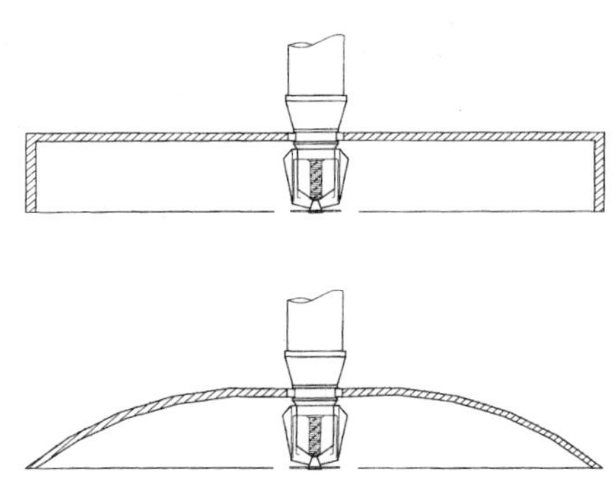

图15 挡水板示意图

7.1.11 本条是对原条文的修改和补充。

当吊顶上方闷顶或技术夹层的净空高度超过800mm，且其内部有可燃物时，人员不易发现内部情况，要求设置喷头。如果该空间内部无可燃物，或有可燃物但采用防火措施加以保护，且顶板与吊顶均为非燃烧体或风管的保温材料和吊顶等采用不燃、难燃材料制作时，可不设置喷头。

1983年冬某宾馆礼堂火灾，就是因为吊顶内电线故障起火，引燃吊顶内的可燃物，致使钢屋架很快坍塌，造成很大损失。又如1980年，美国拉斯维加斯市米高梅大饭店（20层2000个床位）的底层游乐场，由于吊顶内电气线路超负荷运转，开始是阴燃，约三四小时后火焰冒出吊顶外，长140多米的大厅在15min内成为一片火海。当时在场数千人四处奔跑。事后州消防局长感叹地说：这样的蔓延速度，即使当时有几百名消防队员在场，也是无能为力的。据介绍该建筑在设计时，大厅的上下楼层均装有自动喷水灭火系统，只有游乐大厅未装。设计人员的理由是该厅全天24h不断人，如发生火灾能及时扑救。由于起火部位在吊顶上方，而闷顶内又未设喷头，结果未能及时扑救，造成了超过1亿美元的火灾损失。

7.1.12 本条强调当在建筑物的局部场所设置喷头时，其门、窗、孔洞等开口的外侧及与相邻不设喷头场所连通的走道，要求设置防止火灾从开口处蔓延的喷头。

此种做法可起很大作用。例如1976年5月上海第一百货公司八层的火灾：同在八层的服装厂与手工艺制品厂植绒车间仅一墙之隔，服装厂装有闭式系统，而植绒车间则未装。植绒车间发生火灾后，火势经隔墙上的连通窗口向服装厂蔓延。服装厂外侧喷头受热动作后，阻断了火灾向服装厂的扩展（见图16）。

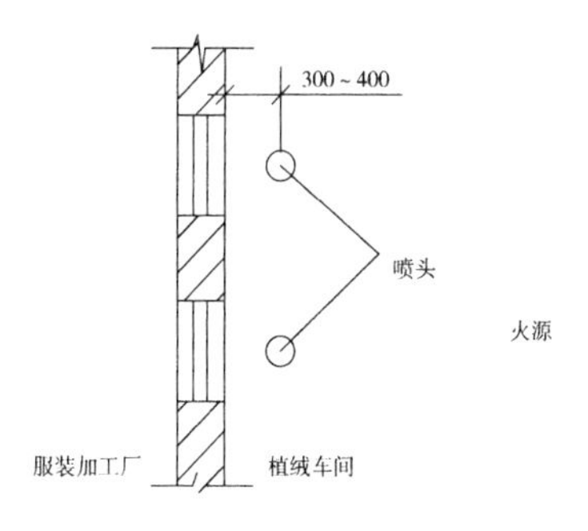

图 16　服装加工厂外侧设置喷头示意图

7.1.13　本条是对原条文的修改和补充。

通透性吊顶的形式、规格、种类多种多样，其设置在给建筑空间带来美观的同时，也会削弱喷头的动作性能、布水性能和灭火性能。本条从镂空率和开口形式等方面规定了不同类型吊顶下喷头的布置要求。

对于诸如垂片、挂板等纵向布置形成的格栅吊顶，本条要求其纵深厚度不应超过吊顶内镂空开口的最小宽度，以便即使通透率满足要求，吊顶自身的厚度也会改变喷头的洒水分布形式及水滴的冲击性能(图 17)。

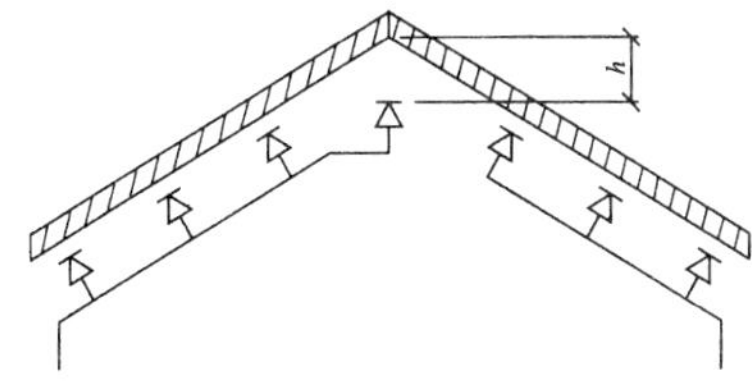

图 17　通透性吊顶的设置要求
技术要求：$b \leqslant a$

7.1.14　本条要求在倾斜的屋面板、吊顶下布置的喷头，垂直于斜面安装，喷头的间距按斜面的距离确定。当房间为坡屋顶时，要求屋脊处布置一排喷头。为利于系统尽快启动和便于安装，按屋顶坡度规定了喷头溅水盘与屋脊的垂直距离：屋顶坡度≥1/3 时，h 不应大于 0.8m；屋顶坡度＜1/3 时，h 不应大于 0.6m(图 18)。

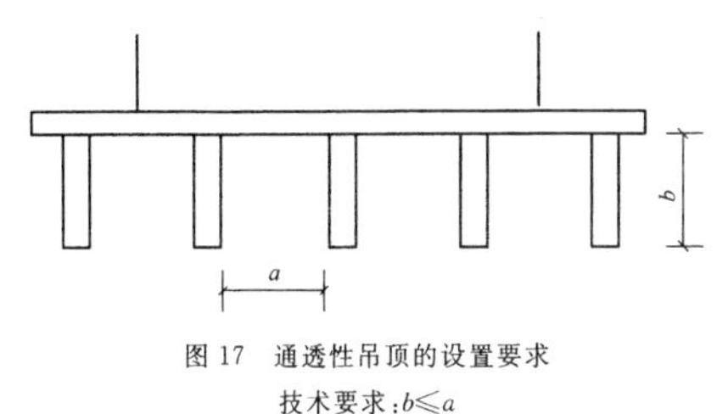

图 18　屋脊处设置喷头示意图

7.1.15　本条规定了边墙型洒水喷头与顶板及背墙的距离，目的是为了使喷头在受热时及时动作。图 19 为直立式边墙型标准覆盖面积洒水喷头安装示意图。

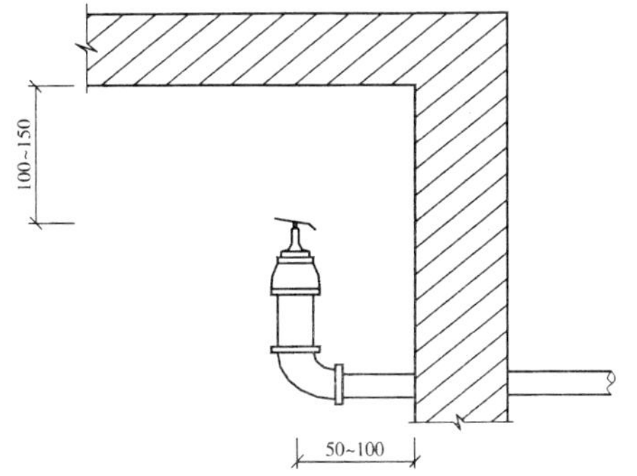

图 19　直立式边墙型喷头的安装示意图

7.1.16　本条按防火分隔水幕和防护冷却水幕，分别规定了布置喷头的排数及排间距。水幕喷头的布置应当符合喷水强度和均匀布水的要求。本规范规定水幕的喷水强度按直线分布衡量，并不能出现空白点。

(1)防火分隔水幕采用开式洒水喷头时按不少于 2 排布置，采用水幕喷头时按不少于 3 排布置。多排布置喷头的目的是为了形成具有一定厚度的水墙或多层水帘。

(2)防护冷却水幕与防火卷帘或防火幕等防火分隔设施配套使用时，要求喷头单排布置，并将水喷向防火卷帘或防火幕等保护对象。

7.2　喷头与障碍物的距离

7.2.1　本条是对原条文的修改和补充，细化了不同类型喷头与障碍物的距离要求。

当顶板下有梁、通风管道或类似障碍物，且在其附近布置喷头时，为避免梁、通风管道等障碍物对喷头洒水分布的影响，本条提出了喷头与障碍物的距离要求(见本规范图 7.2.1)。喷头的布置应当同时满足本规范 7.1 节中喷头溅水盘与顶板距离的规定，喷头与障碍物的水平间距不小于本规范表 7.2.1 的规定。如有困难，则要求增设喷头。

7.2.2　本条是对原条文的修改和补充。

喷头附近如有屋架等间断障碍物或管道时，为使障碍物对喷头洒水的影响降至最小，规定喷头与上述障碍物保持一个最小的水平距离。这一水平距离，是由障碍物的最大截面尺寸或管道直径决定的(见本规范图 7.2.2)。需要说明的是，本条适用于直立型、下垂型以及边墙型喷头。

7.2.3　本条是对原条文的修改和补充。

本条针对宽度大于 1.2m 的通风管道、成排布置的管道等水平障碍物对喷头洒水的遮挡作用，提出了增设喷头的规定，以补偿受阻部位的喷水强度，对早期抑制快速响应喷头和特殊应用喷头，提出当障碍物宽度大于 0.6m 时，就要求增设喷头(见本规范图 7.2.3)。

7.2.4　本条是对原条文的修改和补充。

喷头附近的不到顶隔墙，将可能阻挡喷头的洒水。为了保证喷头的洒水能到达隔墙的另一侧，本条提出了不同类型喷头其溅水盘与不到顶隔墙顶面的垂直距离与水平距离的规定(见本规范图 7.2.4)。需要说明的是，本条适用于直立型、下垂型以及边墙型喷头。

7.2.5　顶板下靠墙处有障碍物时，将可能影响其邻近喷头的洒水。本条提出了保证洒水免受阻挡的规定。同时，还应保证障碍物下方喷头的洒水没有漏喷空白点(见本规范图 7.2.5)。

7.2.6、7.2.7　这两条是对原条文的修改和补充。

这两条提出了边墙型喷头与正前方障碍物及两侧障碍物的关系。规定这两条的目的，是为了防止障碍物影响边墙型喷头的洒水分布(见本规范图 7.2.6 和图 7.2.7)。

本节中各种障碍物对喷水形成的阻挡，将削弱系统的灭火能力。根据喷头洒水不留空白点的要求，要求对因遮挡而形成空白点的部位增设喷头。

8　管　　道

8.0.1　为保证系统的用水量，报警阀出口后的管道上不能设置其他用水设施。

8.0.2　本条是对原条文的修改和补充。

本条规定了自动喷水灭火系统报警阀后的管道选型及设置要求。对于报警阀入口前的管道，当采用内壁未经防腐涂覆处理的

钢管时，要求在这段管道的末端，即报警阀的入口前设置过滤器，过滤器的规格应符合国家有关标准规范的规定，以保证配水管道的质量，避免不必要的检修。

涂覆钢管具内部光滑、摩擦阻力小等优点，但同时也存在附着力差、涂层易脱落、易堵塞喷头等。因此，应加强该管道在进场、安装方面的要求，如严禁剧烈撞击和与尖锐物品碰触，不得抛、摔、滚、拖，不得在现场进行切割、焊接、压槽等操作等。在设计方面，涂覆钢管除水力计算与其他材质的管道不同外，其余内容基本一致。

8.0.3 本条为新增条文。

本条结合国内外的相关标准的规定、试验情况以及应用现状，规定了自动喷水灭火系统采用氯化聚氯乙烯（PVC-C）管材及管件的技术要求。氯化聚氯乙烯（PVC-C）管由特殊的氯化聚氯乙烯热塑料制成，具有重量轻，连接方法快速、可靠以及表面光滑、摩擦阻力小等优点。20 世纪 80 年代初，欧美等国家开始在一些改造系统中采用该管材，并逐步应用成熟。

英国、美国等国的标准中均有自动喷水灭火系统的配水管道可采用氯化聚氯乙烯（PVC-C）管的选型要求。如美国消防协会标准《自动喷水灭火系统安装标准》NFPA 13 规定，自动喷水灭火系统采用氯化聚氯乙烯（PVC-C）管道时，可用于轻危险级和房间面积不超过 $37m^2$ 的中危险级场所，配水管道的公称直径不应超过 80mm；对于轻危险级场所，氯化聚氯乙烯（PVC-C）管道可直接设置在被保护的房间内；对于中危险级场所，氯化聚氯乙烯（PVC-C）管道必须有绝缘体保护，或者敷设于墙里，或者是墙的另一侧等。英国标准《固定式灭火系统－自动喷水灭火系统－设计、安装和维护》BS EN 12845 规定，氯化聚氯乙烯（PVC-C）管道用于自动喷水灭火系统时，适用于其规定的轻危险级和中危险级，如办公楼、零售商店、百货公司等，不能应用于严重危险级，并规定只能用于湿式系统。另外还规定，当系统采用快速响应喷头时，允许暴露安装，但管道应紧贴水平结构楼板，并且规定禁止在室外暴露安装等。

我国也针对"自动喷水灭火系统用氯化聚氯乙烯（PVC-C）管材及管件"开展了试验研究，研究内容包括水压试验、灭火试验和环境试验等。其中在灭火试验中，在 30min 的灭火试验后，对整个管网进行水压试验，加压至 1.2MPa，保持 5min 试件无破裂漏水现象，直至加压到 7.71MPa，*DN*50 管道才破裂。

在管网敷设方面，考虑到氯化聚氯乙烯（PVC-C）管材及管件的低温脆性以及承压能力受温差的影响较大等不利因素，应避免将氯化聚氯乙烯（PVC-C）管材及管件设置在阳光直射的区域，并远离供暖管道、蒸汽管道等热源，当确需设置在该场所时，应采取保护措施。

8.0.4 本条为新增条文。

消防洒水软管是自动喷水灭火系统中用于连接喷头与配水支管或短立管之间的管道，具有安装快速、简易以及具有防震防错位功能等优点，可方便调整喷头的高度和布置间距，以及防止由于建筑物等受到强大振动或冲击时使消防系统管道开裂或造成消防系统的崩溃等，目前，消防洒水软管在我国的应用较多，主要用于办公楼以及洁净室无尘车间等。本次修订增加了消防洒水软管的设置要求，包括设置场所的火灾危险等级、系统类型以及管道长度等。

8.0.5 本条对不同材质配水管网的连接方式作出了规定。对于热镀锌钢管和涂覆钢管，采用沟槽式管道连接件（卡箍）、螺纹或法兰连接，不允许管段之间焊接。报警阀入口前的管道，因没有强制规定采用镀锌钢管，故管道的连接允许焊接。

对于"沟槽式管道连接件（卡箍）、螺纹或法兰连接"方式，本规范并列推荐，无先后之分。

8.0.6 为了便于检修，本条提出了要求管道分段采用法兰连接的规定，并对水平、垂直管道中法兰间的管段长度提出了要求。

8.0.7 本条规定要求经水力计算确定管径，管道布置力求均衡配水管入口压力的规定。只有经过水力计算确定的管径，才能做到既合理又经济。在此基础上，提出了在保证喷头工作压力的前提下，限制轻、中危险级场所系统配水管入口压力不宜超过 0.40MPa 的规定。

8.0.8、8.0.9 这两条是对原条文的修改和补充。

控制配水管道上设置的喷头数以及限制各种直径管道控制的喷头数，目的是为了控制配水支管的长度，保证系统的可靠性和尽量均衡系统管道的水力性能，避免水头损失过大，国外标准也有类似规定（表 9）。需要说明的是，这两条仅适用于标准流量洒水喷头，当采用其他类型喷头时，管道的直径仍应通过水力计算确定。

表 9 国外标准中管道估算汇总表

名称	原英国标准(BS 5306)《自动喷水灭火系统安装规则》			美国标准 NFPA 13《自动喷水灭火系统安装标准》			日本（损保协会）标准《自动消防灭火设备规则》				苏联标准《自动消防设计规范》
计算公式	海澄—威廉公式 $\Delta P=\frac{6.05\times Q^{1.85}\times 10^8}{C^{1.85}\times d^{4.87}}$ (mbar/m)										曼宁公式 $i=0.001029\times\frac{Q^2}{d^{5.33}}$ (mH_2O/m)
危险等级	轻级	中级	严重级	轻级	中级	严重级	轻级	中级	严重级		—
喷水强度($L/min\ m^2$)	2.25	5.0	7.5～30	2.8～4.1	4.1～8.1	8.1～16.3	5	6.5	10	15～25	—
作用面(m^2)	84	72～360	260～300	279～139	372～139	465～132	150	240～360	360	260～300	—
最不利点处喷头压力(MPa)	0.05			0.1			0.1				0.05
管道直径(mm)	控制喷头数(只)			控制喷头数(只)			控制喷头数(只)				控制喷头数(只)
20	1	—	—	—	—	水力计算	—	—	—	—	—
25	3	—	—	2	2		2	2	1		2
32	—	2 或 3	2	3	3		4	3	2	1	3
40	—	4 或 6	4	4	5		7	6	4	2	5
50	—	8 或 9	8	10	10		10	8	6	4	10
65	—	16 或 18	12	30	20		20	16	12	8	20
80	—	—	18	60	40		32	24	18	12	36
100	—	—	48	100	100		>32	48	48	16	75
150	—	—	—	—	275		—	>48	>48	48	140
200	—	—	—	—	—		—	—	—	>48	—

8.0.10 为控制小管径管道的水头损失和防止杂物堵塞管道，本条提出了短立管及末端试水装置的连接管的最小管径不小于 25mm 的规定。

8.0.11 本条参考美国消防协会标准《自动喷水灭火系统安装标准》NFPA 13 的有关规定，对干式、预作用及雨淋系统报警阀出口后配水管道的充水时间提出了新的要求，其目的是为了达到系统启动后立即喷水的要求。

8.0.13 自动喷水灭火系统的管道要求有坡度，并坡向泄水管。规定此条的目的在于充水时易于排气，维修时易于排尽管内积水。

9 水力计算

9.1 系统的设计流量

9.1.1 喷头流量的计算公式：

$$q=K\sqrt{\frac{P}{9.8\times 10^4}} \tag{1}$$

此公式国际通用，当 P 采用 MPa 时约为：

$$q = K\sqrt{10P} \qquad (2)$$

式中：P——喷头工作压力[公式(1)单位取 Pa，公式(2)单位取 MPa]；

K——喷头流量系数；

q——喷头流量(L/min)。

喷头最不利点处最低工作压力本规范已作出明确规定，设计中按本公式计算最不利点处作用面积内各个喷头的流量，使系统设计符合本规范要求。

9.1.2 本条参照国外标准，提出了确定作用面积的方法。

(1)英国标准《固定式灭火系统－自动喷水灭火系统－设计、安装和维护》BS EN 12845 规定的计算方法为：应由水力计算确定系统最不利点处作用面积的位置。此作用面积的形状应尽可能接近矩形，并以一根配水支管为长边，其长度应大于或等于作用面积平方根的 1.2 倍。

(2)美国消防协会标准《自动喷水灭火系统安装标准》NFPA 13 规定：对于所有按水力计算要求确定的设计面积应是矩形面积，其长边应平行于配水支管，边长等于或大于作用面积平方根的 1.2 倍，喷头数若有小数就进位成整数。当配水支管的实际长度小于边长的计算值，即实际边长＜ $1.2\sqrt{A}$ 时，作用面积要扩展到该配水管邻近配水支管上的喷头。

举例(见图 20)：

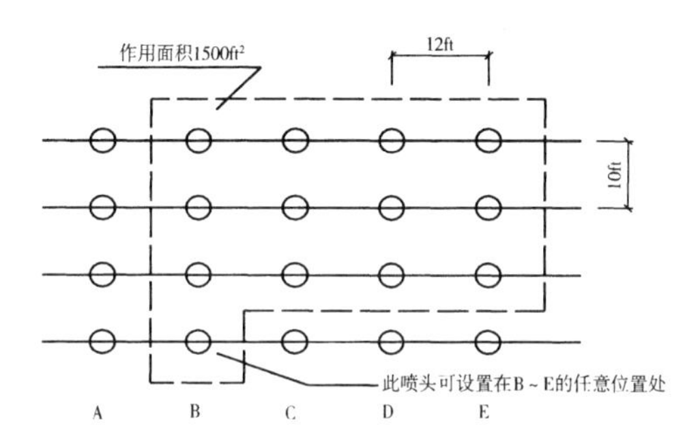

图 20 NFPA-13 标准中作用面积的举例

已知：作用面积为 1500ft²

每个喷头保护面积 10×12＝120(ft²)

求得：喷头数 $n = \frac{1500}{120} = 12.5 \approx 13$

矩形面积的长边尺寸：$L = 1.2\sqrt{1500} = 46.48$(ft)

每根配水支管的动作喷头数

$$n' = \frac{46.48}{12} = 3.87 \approx 4 \text{(只)}$$

注：1ft² = 0.0929m²；1ft = 0.3048m。

(3)德国标准《喷水装置规范》(1980 年版)规定：首先确定作用面积的位置，再求出作用面积内的喷头数。要求各单独喷头的保护面积与作用面积内所有喷头的平均保护面积的误差不超过 20%。这里相邻四个喷头之间的围合范围为一个喷头的保护面积。

举例：当 300m² 的作用面积内有 40 个喷头时，其平均保护面积为 300/40＝7.5(m²)。当布置喷头时(见图 21)，一只喷头的最大保护面积为 8.75m²，其偏差为 17%，小于 20%，因此允许喷头的间距不做调整。

9.1.3 本条规定提出了系统的设计流量应按最不利点处作用面积内的喷头全部开放喷水时，所有喷头的流量之和确定，并用本规范公式 9.1.3 表述上述含义。

英国标准《固定式灭火系统－自动喷水灭火系统－设计、安装和维护》BS EN 12845 规定：应保证最不利点处作用面积内的最小

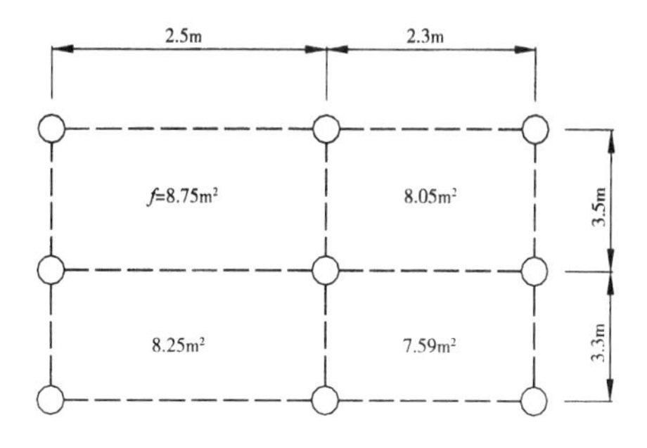

图 21 德国规范中作用面积的举例

喷水强度符合规定。当喷头按正方形、长方形或平行四边形布置时，喷水强度的计算，取上述四边形顶点上四个喷头的总喷水量并除以 4，再除以四边形的面积求得。

美国消防协会标准《自动喷水灭火系统安装标准》NFPA 13 规定：作用面积内每只喷头在工作压力下的流量，应能保证不小于最小喷水强度与一个喷头保护面积的乘积。水力计算应从最不利点处喷头开始，每个喷头开放时的工作压力不应小于该点的计算压力。

9.1.4 本条为新增条文。

本条规定了采用防护冷却系统保护防火分隔设施时的系统用水量计算要求。设置场所设有自动喷水灭火系统时，发生火灾时可认为火灾不会蔓延出设定的作用面积之外，因此其保护长度也不会超出系统设计作用面积的长边长度。当该场所没有设置常规的自动喷水灭火系统时，则按照一个防火分区整体考虑。

9.1.5 本条规定对任意作用面积内的平均喷水强度及最不利点处作用面积内任意 4 只喷头围合范围内的平均喷水强度提出了要求。

9.1.6 本条规定了设有货架内置喷头自动喷水灭火系统的设计流量计算方法。对设有货架内置喷头的仓库，要求分别计算顶板下开放喷头和货架内开放喷头的设计流量后，再取二者之和，确定为系统的设计流量。

9.1.7 本条是针对建筑物内设有多种类型系统，或按不同危险等级场所分别选取设计基本参数的系统，提出了出现此种复杂情况时确定系统设计流量的方法。

9.1.8 当建筑物内同时设置自动喷水灭火系统和水幕系统时，与自动喷水灭火系统作用面积交叉或连接的水幕，将可能在火灾中同时动作，因此系统的设计流量，要求按包括与自动喷水灭火系统同时工作的水幕系统的用水量计算，并取二者之和中的最大值确定。

9.1.9 采用多套雨淋报警阀并分区逻辑组合控制保护面积的系统，其设计流量的确定，要求首先分别计算每套雨淋报警阀的流量，然后将需要同时开启的各雨淋报警阀的流量叠加，计算总流量，并选取不同条件下计算获得的各总流量中的最大值，确定为系统的设计流量。

9.1.10 本条提出了建筑物因扩建、改建或改变使用功能等原因，需要对原有的自动喷水灭火系统延伸管道、扩展保护范围或增设喷头时，要求重新进行水力计算的规定，以便保证系统变化后的水力特性符合本规范的规定。

9.2 管道水力计算

9.2.1 采用经济流速是给水系统设计的基础要素，本条规定宜采用经济流速，必要时可采用较高流速。采用较高的管道流速，不利于均衡系统管道的水力特性并加大能耗；为降低管道摩阻而放大管径、采用低流速，将导致管道重量的增加，使设计的经济性能降低。

我国《给排水设计手册》(第三册)建议，钢管内水的平均流速

允许不大于 5m/s，铸铁管的允许值为 3m/s；

德国规范规定，必须保证在报警阀与喷头之间的管道内，水流速度不超过 10m/s，在组件配件内不超过 5m/s。

9.2.2 本条是对原条文的修改。

管道沿程水头损失的计算，国内外采用的公式有以下几种：

我国现行国家标准《建筑给水排水设计规范》GB 50015 和《室外给水设计规范》GB 50013 采用 Hazen-Williams（海澄—威廉）公式，即公式(3)：

$$i = 105 \times C_h^{-1.85} \times d_j^{-4.87} \times q_g^{1.85} \quad (3)$$

式中：i——管道单位长度水头损失(kPa/m)；

d_j——管道计算内径(m)；

q_g——设计流量(m^3/s)；

C_h——海澄—威廉系数。

英、美、日、德等国的自动喷水灭火系统规范，也采用海澄—威廉公式，即公式(4)：

$$p_m = 6.05\left(\frac{Q_m^{1.85}}{C^{1.85} d_m^{4.87}}\right)10^5 \quad (4)$$

式中：p_m——管道每米阻力损失(bar)；

Q_m——流量(L/min)；

C——管道材质系数；

d_m——管道实际内径(mm)。

原规范采用舍维列夫公式，即公式(5)。1953 年，舍维列夫根据其对旧铸铁管和旧钢管所进行的试验，提出了该经验公式，因此该公式主要适用于旧铸铁管和旧钢管。

$$i = 0.0000107 \frac{V^2}{d_j^{1.3}} \quad (5)$$

式中：i——管道的单位长度水头损失(MPa/m)；

V——管道内水或泡沫混合液的平均流速(m/s)；

d_j——管道的计算内径(m)。

为便于比较两计算式计算结果的差异，将公式(5)除以公式(3)得公式(6)：

$$k = 0.0001593 \frac{C^{1.85} V^{0.15}}{d^{0.13}} \quad (6)$$

对于镀锌钢管，取 $C=100$，此时公式(7)如下：

$$k_1 = 0.7984 \frac{V^{0.15}}{d^{0.13}} \quad (7)$$

对于铜管和不锈钢管，取 $C=130$，此时公式(8)如下：

$$k_2 = 1.2972 \frac{V^{0.15}}{d^{0.13}} \quad (8)$$

结合本规范规定，对管径为 25mm～200mm，流速为 2.5m/s～10m/s 的情况，计算得：对于普通钢管，k_1 介于 1.1292～1.8217 之间；对于铜管和不锈钢管，k_2 介于 2.1233～2.9600 之间。

当系统采用镀锌钢管时，两个公式的计算结果相差不是很大。当系统采用铜管和不锈钢管时，公式(3)的计算结果要远大于公式(4)，若此时还用公式(3)进行计算，势必会造成不必要的经济浪费。而且，对于不锈钢管和铜管，在使用过程中内壁粗糙度增大的情况并不十分明显。因此，宜用公式(4)进行计算。

9.2.3 局部水头损失的计算，英、美、日、德等国规范均采用当量长度法。为与国际惯例保持一致，本规范规定采用当量长度法计算。由于我国缺乏实验数据，故仍采用原规范条文说明中推荐的数据。美国消防协会《自动喷水灭火系统安装标准》的规定见表 10。

日本、德国规范的当量长度表与表 10 相同。表 10 中的数据是按管道材质系数 $C=120$ 计算，当 $C=100$ 时，需乘以修正系数 0.713。

表 10 美国规范当量长度表(m)

管件名称		45°弯管	90°弯管	90°长弯管	三通或四通管	蝶阀	闸阀	止回阀
管件直径(mm)	25	0.3	0.6	0.6	1.5	—	—	1.5
	32	0.3	0.9	0.6	1.8	—	—	2.1
	40	0.6	1.2	0.6	2.4	—	—	2.7
	50	0.6	1.5	0.6	3.1	1.8	0.3	3.4
	65	0.9	1.8	1.2	3.7	2.1	0.3	4.3
	80	0.9	2.1	1.5	4.6	3.1	0.3	4.9
	100	1.2	3.1	1.8	6.1	3.7	0.6	6.7
	125	1.5	3.7	2.4	7.6	2.7	0.6	8.2
	150	2.1	4.3	2.7	9.2	3.1	0.9	9.8
	200	2.7	5.5	4.0	10.7	3.7	1.2	13.7
	250	3.3	6.7	4.9	15.3	5.8	1.5	16.8

9.2.4 本条是对原条文的修改和补充。

本条规定了水泵扬程或系统入口供水压力的计算方法。计算中对报警阀、水流指示器局部水头损失的取值，按照相关的现行标准作了规定，其中湿式报警阀局部水头损失的取值，随产品标准修订后的要求进行了修改。要求生产厂在产品样本中说明此项指标是否符合现行标准的规定，当不符合时，要求提出相应的数据。

报警阀的局部水头损失，系参照国家标准《自动喷水灭火系统 第 4 部分 干式报警阀》GB 5135.4—2003 和《自动喷水灭火系统 第 14 部分 预作用装置》GB 5135.14—2011 的规定。

9.3 减压设施

9.3.1 本条规定了对设置减压孔板管段的要求。要求减压孔板采用不锈钢板制作，按常规确定的孔板厚度：Φ50mm～80mm 时，$\delta=3$mm；Φ100mm～150mm 时，$\delta=6$mm；Φ200mm 时，$\delta=9$mm。减压孔板的结构示意图见图 22。

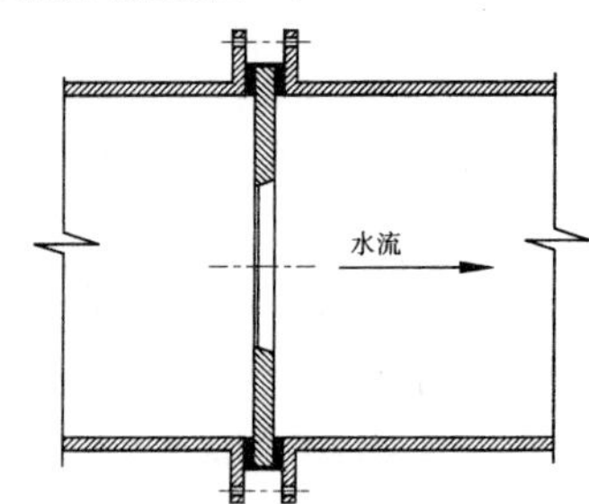

图 22 减压孔板结构示意图

9.3.2 节流管的结构示意图见图 23，$L_1=D_1$，$L_3=D_3$。

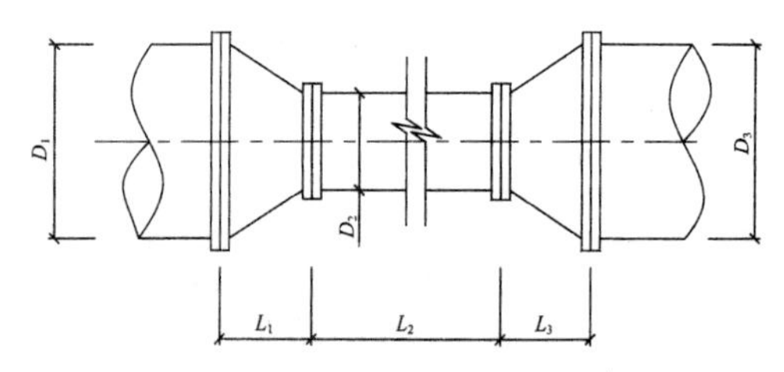

图 23 节流管结构示意图

9.3.3 本条规定了减压孔板水头损失的计算公式。标准孔板水头损失的计算，有各种不同的计算公式。经过反复比较，本规范选用 1985 年版《给水排水设计手册》第二册中介绍的公式，此公式与《工程流体力学》（东北工学院李诗久主编）、《流体力学及流体机械》（东北工学院李富成主编）、《供暖通风设计手册》及 1985 年版《给水排水设计手册》中介绍的公式计算结果相近。

9.3.4 本条规定了节流管水头损失的计算公式。节流管的水头损失包括渐缩管、中间管段与渐扩管的水头损失。即：

$$H_j = H_{j1} + H_{j2} \quad (9)$$

式中：H_j——节流管的水头损失（10^{-2}MPa）；

H_{j1}——渐缩管与渐扩管水头损失之和（10^{-2}MPa）；

H_{j2}——中间管段水头损失（10^{-2}MPa）。

渐缩管与渐扩管水头损失之和的计算公式为：

$$H_{j1} = \zeta \cdot \frac{V_j^2}{2g} \tag{10}$$

中间管段水头损失的计算公式为：

$$H_{j2} = 0.00107 \cdot L \cdot \frac{V_j^2}{d_j^{1.3}} \tag{11}$$

式中：V_j——节流管中间管段内水的平均流速（m/s）；

ζ——渐缩管与渐扩管的局部阻力系数之和；

d_j——节流管中间管段的计算内径（m）；

L——节流管中间管段的长度（m）。

节流管管径为系统配水管道管径的1/2，渐缩角与渐扩角取$\alpha=30°$。由《建筑给水排水设计手册》（1992年版）查表得出渐缩管与渐扩管的局部阻力系数分别为0.24和0.46。取二者之和$\zeta=0.7$。

9.3.5 本条是对原条文的修改和补充。

本条提出了系统中设置减压阀的规定。近年来，在设计中采用减压阀作为减压措施的已经较为普遍。本条规定：

第1款是为了保证系统可靠动作，除水流指示器入口允许安装信号阀外，报警阀出口管道上不得随意安装其他阀件，因此要求减压阀应设置在报警阀入口前；

第2款是为了防止堵塞，要求减压阀入口前设过滤器；

第3款是强调为检修时不关停系统，与并联安装的报警阀连接的减压阀应设有备用的减压阀（见图24）；

第4款的目的是为了保证减压阀稳定正常的工作，当垂直安装时，要求按水流方向向下安装；

第6款规定当减压阀主阀体自身带有压力表时，可不设置压力表。

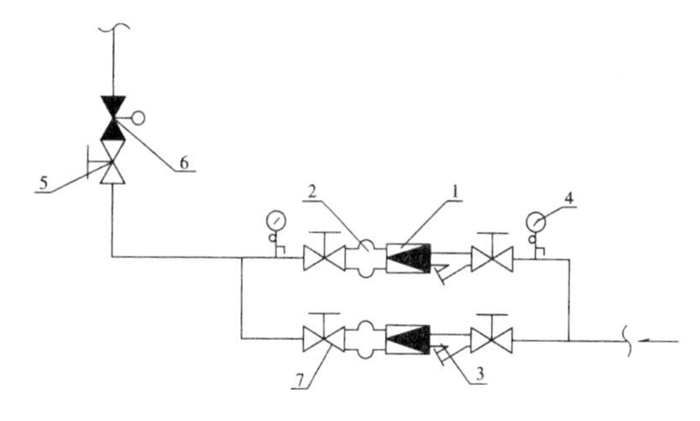

图24　减压阀安装示意图

1—减压阀；2—橡胶软接头；3—过滤器；4—压力表；5—信号阀；6—报警阀；7—蝶阀或闸阀（带信号）

10　供　　水

10.1　一般规定

10.1.1 本条在相关规范规定的基础上，对水源提出了"无污染、无腐蚀、无悬浮物"的水质要求，以及保证持续供水时间内用水量的补充规定。

目前我国自动喷水灭火系统采用的水源及其供水方式有：由市政给水管网供水、采用消防水池和采用天然水源。

国外自动喷水灭火系统规范中也有类似的规定，例如：苏联《自动消防设计规范》中自动喷水灭火系统的供水可以是能够经常保证供给系统所需用水量的区域供水管、城市给水管和工业供水管道，河流、湖泊和池塘，井和自流井。英国《自动喷水灭火系统安装规则》规定可采用的水源有城市给水干管、高位专用水池、重力水箱、自动水泵、压力水罐。

上面所列举水源水量不足时，必须设消防水池。除上述规定外，还要求系统的用水中不能含有可堵塞管道的纤维物或其他悬浮物。

10.1.2 对与生活用水合用的消防水池和消防水箱，要求其储水的水质符合饮用水标准，以防止污染生活用水。

10.1.3 为保证供水可靠性，本条提出了在严寒与寒冷地区，要求采取必要的防冻措施，避免因冰冻而造成供水不足或供水中断的现象发生。

我国近年的火灾案例中，仍存在因缺水或供水中断而使系统失效、造成严重事故的现象，因此要高度重视供水的可靠性。国外同样存在因缺水或供水中断，而使系统不能成功灭火的现象（见表11）。

表11　自动喷水灭火系统不成功案例的统计表

原因＼行业	学校	公共建筑	办事机构	住宅	公共会场	仓库	百货店小卖部	工厂	其他	合计件数		
										件数	百分比（%）	累计（%）
供水中断	4	3	4	13	23	122	83	791	67	1110	35.4	35.4
作业危险	0	1	1	1	0	38	12	366	5	424	13.5	48.9
供水量不足	1	2	1	5	3	43	4	259	0	311	10.1	59.0
喷水故障	1	0	1	2	4	40	4	207	3	262	8.4	67.4
保护面积不当	0	0	0	3	1	57	11	183	1	256	8.1	75.6
设备不完善	8	3	2	9	10	24	11	187	0	254	8.1	83.7
结构不合防火标准	5	3	2	11	9	10	35	112	2	187	6.0	89.7
装置陈旧	1	1	1	2	0	3	1	56	1	65	2.1	91.8
干式阀不合格	0	0	0	0	1	6	4	45	0	56	1.8	93.6
动作滞后	0	0	1	0	0	0	5	38	0	44	1.4	95.0
火灾蔓延	0	0	0	0	1	11	1	36	3	52	1.7	96.7
管道装置冻结	0	0	0	1	0	5	4	32	2	44	1.4	98.1
其他	0	0	0	1	0	7	1	46	3	60	1.9	100
合计	20	12	13	48	52	375	176	2351	87	3134	100	100

注：本表摘自"NFPA"Fire Journal VOL 64 NO.4——July 1970.

10.1.4 本条是对原条文的修改和补充。

自动喷水灭火系统是有效的自救灭火设施，将在无人操纵的条件下自动启动喷水灭火，扑救初期火灾的功效优于消火栓系统。由于该系统的灭火成功率与供水的可靠性密切相关，因此要求供水的可靠性不低于消火栓系统。出于上述考虑，对于设置两个及以上报警阀组的系统，按室内消火栓供水管道的设置标准，提出"报警阀组前应设环状供水管道"的规定（见图25）。

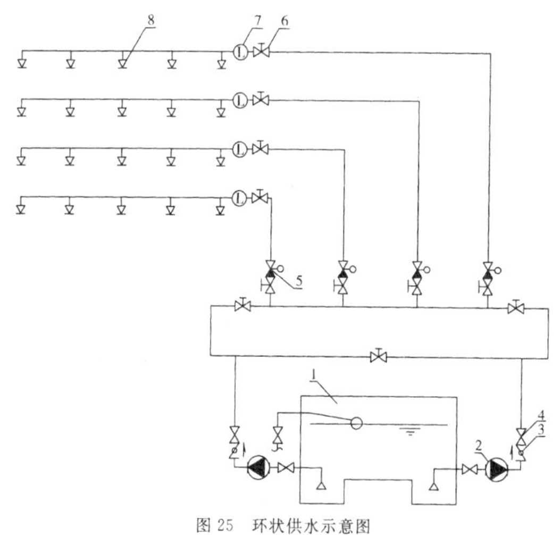

图25　环状供水示意图

1—消防水池；2—水泵；3—止回阀；4—闸阀（信号阀）；5—报警阀组；6—信号阀；7—水流指示器；8—闭式喷头

本条强调在报警阀前的控制阀应采用信号阀或设置锁定阀位的锁具，目的是防止阀门误关闭，导致系统供水中断。因为环状供水管道上设置的阀门，既是报警阀的水源控制阀，又是管网检修控制阀，对于确保系统正常供水至关重要。根据美国消防协会1925年～1959年的统计资料，在自动喷水灭火系统灭火失败的2554次案例中，由阀门关闭引起的有909次，占总数的36%。

10.2 消防水泵

10.2.1 本条是对原条文的修改。

本条提出了采用临时高压给水系统的自动喷水灭火系统宜设置独立消防水泵的规定。规定此条的目的，是为了保证系统供水的可靠性与防止干扰。按一用一备或二用一备的要求设置备用泵，比例较合理而且便于管理。

对系统独立设置消防水泵确有困难的场所，本条规定自动喷水灭火系统可与消火栓系统合用消防水泵，但当合用消防水泵时，系统管道应在报警阀前分开，并采取措施确保消火栓系统用水不会影响自动喷水灭火系统用水。

10.2.2 可靠的动力保障，也是保证可靠供水的重要措施。因此，提出了按二级负荷供电的系统，要求采用柴油机泵组做备用泵的规定。

10.2.3 在本规范中重申了系统的消防水泵、稳压泵，应采取自灌式吸水方式，以及水泵吸水口要求采取防止杂物堵塞措施的规定。

10.2.4 本条是对原条文的修改。

本条对系统消防水泵进出口管道及其阀门等附件的配置提出了要求。对有必要控制消防水泵出口压力的系统，提出了要求采取相应措施的规定。

在消防水泵出水管上设置流量和压力检测装置或预留可供连接流量压力检测装置的接口，是用于消防水泵启动运行试验时检测水泵能否满足设计所需的流量和压力要求。

10.3 高位消防水箱

10.3.1 本条规定了采用临时高压给水系统的自动喷水灭火系统，要求设置高位消防水箱，且允许高位消防水箱合用。设置高位消防水箱的目的在于：

(1)利用位差为系统提供准工作状态下所需要的水压，达到使管道内的充水保持一定压力的目的；

(2)提供系统启动初期的用水量和水压，在消防水泵出现故障的紧急情况下应急供水，确保喷头开放后立即喷水，控制初期火灾和为外援灭火争取时间。

10.3.2 本条为新增条文。

自动喷水灭火系统中，高位消防水箱由于受到位差的限制，在向建筑物的顶层或距离较远部位供水时会出现水压不足现象，使在高位消防水箱供水期间系统的喷水强度不足，将削弱系统的控灭火能力。为此，本条提出系统高位消防水箱在不能满足最不利点处喷头的最低工作压力时，要求设置增压稳压设施。增压稳压设施一般由稳压泵和气压罐组成，稳压泵的作用是保证管网处于充满水的状态，并保证管网内的压力。因此，稳压泵的扬程应满足最不利点处喷头的最低工作压力要求。设置气压罐的目的是防止稳压泵频繁启停，并提供一定的初期水量。

10.3.3 本条是对原条文的修改和补充。

对于一些建筑高度不高的民用建筑，或者屋顶无法设置高位消防水箱的工业建筑，本条提出允许采用气压供水设备代替高位消防水箱。现行国家标准《消防给水及消火栓系统技术规范》GB 50974—2014规定，消防水泵在机械应急情况下应确保在报警后5min内正常工作。本条参照上述要求，规定气压给水设备的有效容积按最不利处4只喷头在最低工作压力下的5min用水量计算。

10.3.4 本条对高位消防水箱的出水管提出了要求。要求出水管设有止回阀，是为了防止水泵及消防水泵接合器的供水倒流入水箱；要求在报警阀前接入系统管道，是为了保证及时报警；规定采用较大直径的管道，是为了减少水头损失。

10.4 消防水泵接合器

10.4.1 本条提出了设置消防水泵接合器的规定。消防水泵接合器是用于外部增援供水的措施，当系统消防水泵不能正常供水时，由消防车连接消防水泵接合器向系统的管道供水。美国巴格斯城的K商业中心仓库1981年6月21日发生火灾，由于没有设置消防水泵接合器，在缺水和过早断电的情况下，消防车无法向自动喷水灭火系统供水。上述案例说明了设置消防水泵接合器的必要性。消防水泵接合器的设置数量，要求按系统的流量与消防水泵接合器的选型确定。

10.4.2 受消防车供水压力的限制，超过一定高度的建筑，通过消防水泵接合器由消防车向建筑物的较高部位供水，将难以实现一步到位。为解决这个问题，根据某些省市消防局的经验，规定在当地消防车供水能力接近极限的部位，设置接力供水设施。接力供水设施由接力水箱和固定的电力泵或柴油机泵、手抬泵等接力泵，以及消防水泵接合器或其他形式的接口组成。

接力供水设施示意图见图26。

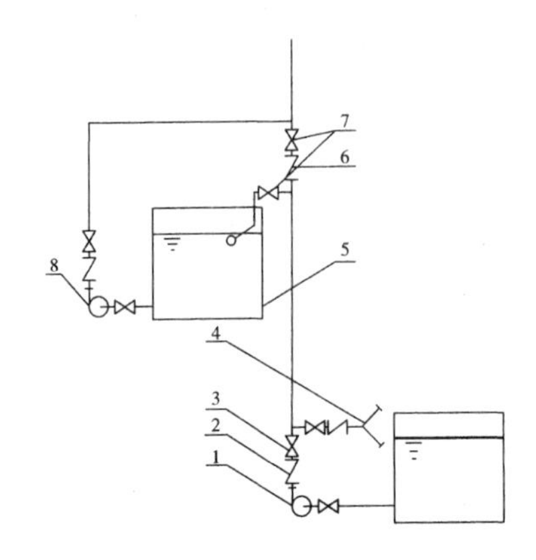

图26 接力供水设施示意图

1—水泵；2—止回阀；3—闸阀；4—消防水泵接合器；5—接力水箱；6—止回阀；7—闸阀（常开）；8—接力水泵（固定或移动）

11 操作与控制

11.0.1～11.0.3 这三条是对原条文的修改和补充。

这三条是根据目前国内外自动喷水灭火系统消防水泵启泵方式的应用现状，分别规定了不同类型自动喷水灭火系统消防水泵的启动方式，并与国家标准《消防给水及消火栓系统技术规范》GB 50974协调一致。需要说明的是，规定不同的启泵方式，并不是要求系统均应设置这几种启泵方式，而是指任意一种方式均应能直接启动消防水泵。

对湿式与干式系统，原规范规定仅采用报警阀压力开关信号直接联锁启泵这一种启泵方式，但根据目前应用现状，压力开关存在易堵塞、启泵时间长等缺点。因此，第11.0.1条在维持原有启泵方式的基础上，新增了采用消防水泵出水干管上设置的压力开关、高位消防水箱出水管上的流量开关直接启泵方式。

对于预作用系统，除上述启泵方式外，国内也采用火灾自动报警系统直接自动启动消防水泵的做法，即火灾自动报警系统除控制预作用装置外，另有一组信号启动消防水泵。

对雨淋系统及自动控制的水幕系统，由于其有火灾自动报警系统控制和充液（水）传动管控制两种类型，第11.0.3条分别规定了这两种类型系统的启泵方式。

11.0.4 本条规定了消防水泵的启泵方式，要求具有自动、远程启动和现场手动应急操作三种启动消防水泵的方式。

11.0.5 本条为新增条文。本条规定了不同类型场所设置预作用系统时，预作用装置推荐采用的自动控制方式。

1 准工作状态时严禁误喷的场所，采用火灾探测器一组探测信号，只有火灾探测器动作后才开启预作用装置，能有效防止喷头误动作时开启供水，造成水渍污染。

2 准工作状态时严禁管道充水的场所和用于替代干式系统的场所，采用火灾探测器和闭式洒水喷头（充气管道上设置的压力开关）两组探测信号，组成"与"门，在两组信号都动作之后才打开预作用装置，能够防止其中一组探测元件误动作时启动系统。

11.0.6 本条提出了雨淋系统和自动控制的水幕系统中雨淋报警阀的自动控制方式，允许采用电动、液（水）动或气动控制。

控制充液（水）传动管上闭式喷头与雨淋报警阀之间的高程差，是为了控制与雨淋报警阀连接的充液（水）传动管内的静压，保证传动管上闭式喷头动作后能可靠地开启雨淋报警阀。

11.0.7 本条是对原条文的修改和补充。

对预作用系统、雨淋系统及自动控制的水幕系统，本条提出了要具有自动、远程启动和现场手动应急操作三种开启报警阀组的规定。手动是指现场手动启动报警阀组，控制室手动操作属远控启动。对于一些设置报警阀组数量多且布置分散的场所，可在报警阀组处设就地手动开阀设施，并设手动报警按钮。

11.0.8 本条为新增条文。本条提出对于建筑物局部场所采用预作用系统，且该系统串接在湿式系统上时，预作用装置也应具备第11.0.7条规定的三种控制方式。

11.0.9 本条规定了与快速排气阀连接的电动阀的控制要求，是保证干式、预作用系统有压充气管道迅速排气的措施之一。

11.0.10 自动喷水灭火系统灭火失败的教训，很多是由于维护不当和误操作等原因造成的。加强对系统状态的监视与控制，能有效消除事故隐患。对系统的监视与控制要求，包括：

(1)监视电源及备用动力的状态；

(2)监视系统的水源、水箱（罐）及信号阀的状态；

(3)可靠控制水泵的启动并显示反馈信号；

(4)可靠控制雨淋报警阀、电磁阀、电动阀的开启并显示反馈信号。

(5)监视水流指示器、压力开关的动作和复位状态。

(6)可靠控制补气装置，并显示气压。

12 局部应用系统

12.0.1 本条是对原条文的修改和补充。本条规定了局部应用系统的适用范围。

近年来，随着人们对消防意识的不断加强，自动喷水灭火系统的使用日益受到人们的重视，其使用范围也得到了不同程度的增加，一些中小型商店、超市等都增设了自动喷水灭火系统。这些场所大多数是由其他用途的建筑改造或扩建而成，大多未设置自动喷水灭火系统，若按标准配置追加设置自动喷水灭火系统较为困难。

局部应用系统与标准配置的自动喷水灭火系统相比，具有结构简单、安装方便和维护管理容易等优点，但同时存在供水可靠度低等缺点，因此在推广应用局部应用系统的同时，还应严格限制该系统的规模。

12.0.2 本条是对原条文的修改和补充。

本条规定了局部应用系统的设计基本参数要求。建筑物中局部设置自动喷水灭火系统时，按现行规范原规定条文设置供水设施往往比较困难，为此参照国内外相关规范的最低限度要求，按"保证足够喷水强度，在消防队投入增援灭火之前保证足够喷水面积和持续喷水时间"的原则，提出设计局部应用系统的具体指标，包括：喷水强度、作用面积和持续喷水时间等。

娱乐性场所内陈设、装修装饰及悬挂的物品较多，而且多数为木材、塑料、纺织品、皮革等易燃材料制作，点燃时容易酿成火灾，且发生火灾时蔓延速度较快、放热速率的增长较快。对于一些中小型商店、超市等，此类场所可燃物品较多，且用电设施较多，因此发生火灾的可能性较大。此外，这些场所多属于人员密集场所，火灾时极易造成拥挤现象。

规定采用快速响应喷头，是为了控制系统投入喷水、开始灭火的时间，有利于保护现场人员疏散、控制火灾及弥补作用面积的不足。局部应用系统的主要目的是扑救初期火灾，并防止火灾的大范围扩散，为人员疏散赢得时间，因此只要求持续喷水时间为0.5h，因为0.5h可以得到人员疏散和请求消防队员支援的时间。

12.0.3 本条是对原条文的修改和补充。

本章根据"在消防队投入增援灭火之前保证足够喷水面积和持续喷水时间"的原则，确定了局部应用系统的作用面积和持续喷水时间。由于局部应用系统的作用面积小于本规范表5.0.1的规定值，所以按本章规定设计的系统，控制火灾的能力偏低于按本规范第5.0.1条规定数据设计的系统。

局部应用系统保护区域内的最大厅室，指由符合相关规范规定的隔墙围护的区域。

采用标准覆盖面积洒水喷头可减少洒水受阻的可能性。采用扩大覆盖洒水喷头时要求严格执行本规范第1.0.4条的规定。任何不符合现行国家标准的其他喷头，本规范都不允许使用。

美国消防协会标准《自动喷水灭火系统安装标准》NFPA 13规定，局部应用系统的作用面积按100m²确定，当小于100m²时，按房间实际面积计算，当采用扩大覆盖面积洒水喷头时，计算喷头数不应小于4只，当采用标准覆盖面积洒水喷头时，计算喷头数不小于5只。面积较小房间布置的喷头较少，应将房间外2只喷头计入作用面积，此要求在NFPA中是必须的、基本的要求。

12.0.4 本条允许局部应用系统与室内消火栓合用消防用水量和稳压设施、消防水泵及供水管道，有利于降低造价，便于推广。

举例说明：按室内消防用水量10L/s、火灾延续时间2h确定室内消防用水量的建筑物，其消防水池除了供给10只开放喷头的用水量外，尚可供2支水枪工作约1.5h。

按室内消防用水量5L/s、火灾延续时间2h确定室内消防用水量的建筑物，其消防水池除了供给10只开放喷头的流量外，尚可供1支水枪工作约1h。

12.0.5 本条参考美国消防协会标准《自动喷水灭火系统安装标准》NFPA 13中"喷头数量少于20只的系统可不设报警阀组"的规定，提出小规模系统可省略报警阀组、简化系统构成的规定。

12.0.9 本条是对原条文的修改和补充。

本条提出了局部应用系统的供水要求，规定系统可结合自身特点和使用场所以及工程实际情况，选择市政管网供水或生活管网供水等方式。

本条第5款参照现行国家标准《建筑给水排水设计规范》GB 50015的要求，提出了从城市供水管网上接出消防用水管道时，应设置管道倒流防止器或其他有效防止倒流污染的措施。

中华人民共和国国家标准

消防给水及消火栓系统技术规范

Technical code for fire protection water supply and hydrant systems

GB 50974—2014

主编部门：中 华 人 民 共 和 国 公 安 部
批准部门：中华人民共和国住房和城乡建设部
施行日期：2 0 1 4 年 1 0 月 1 日

20

目　次

20

1 总　　则

1.0.1 为了合理设计消防给水及消火栓系统，保障施工质量，规范验收和维护管理，减少火灾危害，保护人身和财产安全，制定本规范。

1.0.2 本规范适用于新建、扩建、改建的工业、民用、市政等建设工程的消防给水及消火栓系统的设计、施工、验收和维护管理。

1.0.3 消防给水及消火栓系统的设计、施工、验收和维护管理应遵循国家的有关方针政策，结合工程特点，采取有效的技术措施，做到安全可靠、技术先进、经济适用、保护环境。

1.0.4 工程中采用的消防给水及消火栓系统的组件和设备等应为符合国家现行有关标准和准入制度要求的产品。

1.0.5 消防给水及消火栓系统的设计、施工、验收和维护管理，除应符合本规范外，尚应符合国家现行有关标准的规定。

2 术语和符号

2.1 术　　语

2.1.1 消防水源　fire water

向水灭火设施、车载或手抬等移动消防水泵、固定消防水泵等提供消防用水的水源，包括市政给水、消防水池、高位消防水池和天然水源等。

2.1.2 高压消防给水系统　constant high pressure fire protection water supply system

能始终保持满足水灭火设施所需的工作压力和流量，火灾时无须消防水泵直接加压的供水系统。

2.1.3 临时高压消防给水系统　temporary high pressure fire protection water supply system

平时不能满足水灭火设施所需的工作压力和流量，火灾时能自动启动消防水泵以满足水灭火设施所需的工作压力和流量的供水系统。

2.1.4 低压消防给水系统　low pressure fire protection water supply system

能满足车载或手抬移动消防水泵等取水所需的工作压力和流量的供水系统。

2.1.5 消防水池　fire reservoir

人工建造的供固定或移动消防水泵吸水的储水设施。

2.1.6 高位消防水池　gravity fire reservoir

设置在高处直接向水灭火设施重力供水的储水设施。

2.1.7 高位消防水箱　elevated/gravity fire tank

设置在高处直接向水灭火设施重力供应初期火灾消防用水量的储水设施。

2.1.8 消火栓系统　hydrant systems/standpipe and hose systems

由供水设施、消火栓、配水管网和阀门等组成的系统。

2.1.9 湿式消火栓系统　wet hydrant system/wet standpipe system

平时配水管网内充满水的消火栓系统。

2.1.10 干式消火栓系统　dry hydrant system/ dry standpipe system

平时配水管网内不充水，火灾时向配水管网充水的消火栓系统。

2.1.11 静水压力　static pressure

消防给水系统管网内水在静止时管道某一点的压力，简称静压。

2.1.12 动水压力　residual/running pressure

消防给水系统管网内水在流动时管道某一点的总压力与速度压力之差，简称动压。

2.2 符　　号

A——消防水池进水管断面面积；

B_{max}——最大船宽度；

C——海澄—威廉系数；

C_v——流速系数；

c——水击波的传播速度；

c_0——水中声波的传播速度；

d_g——节流管计算内径；

d_k——减压孔板孔口的计算内径；

d_i——管道计算内径；

E——管道材料的弹性模量；

F——着火油船冷却面积；

f_{max}——最大船的最大舱面积；

g——重力加速度；

H——消防水池最低有效水位至最不利点处水灭火设施的几何高差；

H_g——节流管的水头损失；

H_k——减压孔板的水头损失；

i——单位长度管道沿程水头损失；

K——水的体积弹性模量；

k_1——管件和阀门当量长度换算系数；

k_2——安全系数；

k_3——消防水带弯曲折减系数；

L——管道直线段长度；

L_d——消防水带长度；

L_j——节流管长度；

L_{max}——最大船的最大舱纵向长度；

L_p——管件和阀门等当量长度；

L_s——水枪充实水柱长度在平面上的投影长度；

m——建筑同时作用的室内水灭火系统数量；

n——建筑同时作用的室外水灭火系统数量；

n_ϵ——管道粗糙系数；

P——消防给水泵或消防给水系统所需要的设计扬程或设计压力；

P_0——最不利点处水灭火设施所需的设计压力；

P_f——管道沿程水头损失；

P_n——管道某一点处的压力；

P_p——管件和阀门等局部水头损失；

P_t——管道某一点处的总压力；

P_v——管道速度压力；

Δp——水锤最大压力；

q——管段消防给水设计流量；

q_f——火灾时消防水池的补水流量；

q_{1i}——室外第 i 种水灭火设施的设计流量；

q_{2i}——室内第 i 种水灭火设施的设计流量；

R——管道水力半径；

R_0——消火栓保护半径；

Re——管道雷诺数；

S_k——水枪充实水柱长度；

T——水的温度；

t_{1i}——室外第 i 种水灭火系统的火灾延续时间；

20

t_{2i}——室内第 i 种水灭火系统的火灾延续时间；
v——管道内水的平均流速；
V——建筑物消防给水一起火灾灭火用水总量；
V_1——室外消防给水一起火灾灭火用水量；
V_2——室内消防给水一起火灾灭火用水量；
V_g——节流管内水的平均流速；
V_k——减压孔板后管道内水的平均流速；
y——系数；
λ——水头损失沿程阻力系数；
ρ——水的密度；
μ——水的动力黏滞系数；
ν——水的运动黏滞系数；
ε——当量粗糙度；
ζ_1——减压孔板的局部阻力系数；
ζ_2——节流管中渐缩管与渐扩管的局部阻力系数之和；
δ——管道壁厚。

3 基本参数

3.1 一般规定

3.1.1 工厂、仓库、堆场、储罐区或民用建筑的室外消防用水量，应按同一时间内的火灾起数和一起火灾灭火所需室外消防用水量确定。同一时间内的火灾起数应符合下列规定：

1 工厂、堆场和储罐区等，当占地面积小于等于 $100hm^2$，且附有居住区人数小于或等于1.5万人时，同一时间内的火灾起数应按1起确定；当占地面积小于或等于 $100hm^2$，且附有居住区人数大于1.5万人时，同一时间内的火灾起数应按2起确定，居住区应计1起，工厂、堆场或储罐区应计1起；

2 工厂、堆场和储罐区等，当占地面积大于 $100hm^2$，同一时间内的火灾起数应按2起确定，工厂、堆场和储罐区应按需水量最大的两座建筑(或堆场、储罐)各计1起；

3 仓库和民用建筑同一时间内的火灾起数应按1起确定。

3.1.2 一起火灾灭火所需消防用水的设计流量应由建筑的室外消火栓系统、室内消火栓系统、自动喷水灭火系统、泡沫灭火系统、水喷雾灭火系统、固定消防炮灭火系统、固定冷却水系统等需要同时作用的各种水灭火系统的设计流量组成，并应符合下列规定：

1 应按需要同时作用的各种水灭火系统最大设计流量之和确定；

2 两座及以上建筑合用消防给水系统时，应按其中一座设计流量最大者确定；

3 当消防给水与生活、生产给水合用时，合用系统的给水设计流量应为消防给水设计流量与生活、生产用水最大小时流量之和。计算生活用水最大小时流量时，淋浴用水量宜按15%计，浇洒及洗刷等火灾时能停用的用水量可不计。

3.1.3 自动喷水灭火系统、泡沫灭火系统、水喷雾灭火系统、固定消防炮灭火系统等水灭火系统的消防给水设计流量，应分别按现行国家标准《自动喷水灭火系统设计规范》GB 50084、《泡沫灭火系统设计规范》GB 50151、《水喷雾灭火系统设计规范》GB 50219和《固定消防炮灭火系统设计规范》GB 50338等的有关规定执行。

3.1.4 本规范未规定的建筑室内外消火栓设计流量，应根据其火灾危险性、建筑功能性质、耐火等级和建筑体积等相似建筑确定。

3.2 市政消防给水设计流量

3.2.1 市政消防给水设计流量，应根据当地火灾统计资料、火灾扑救用水量统计资料、灭火用水量保证率、建筑的组成和市政给水管网运行合理性等因素综合分析计算确定。

3.2.2 城镇市政消防给水设计流量，应按同一时间内的火灾起数和一起火灾灭火设计流量经计算确定。同一时间内的火灾起数和一起火灾灭火设计流量不应小于表3.2.2的规定。

表3.2.2 城镇同一时间内的火灾起数和一起火灾灭火设计流量

人数(万人)	同一时间内的火灾起数(起)	一起火灾灭火设计流量(L/s)
$N \leq 1.0$	1	15
$1.0 < N \leq 2.5$		20
$2.5 < N \leq 5.0$	2	30
$5.0 < N \leq 10.0$		35
$10.0 < N \leq 20.0$		45
$20.0 < N \leq 30.0$		60
$30.0 < N \leq 40.0$		75
$40.0 < N \leq 50.0$	3	
$50.0 < N \leq 70.0$		90
$N > 70.0$		100

3.2.3 工业园区、商务区、居住区等市政消防给水设计流量，宜根据其规划区域的规模和同一时间的火灾起数，以及规划中的各类建筑室内外同时作用的水灭火系统设计流量之和经计算分析确定。

3.3 建筑物室外消火栓设计流量

3.3.1 建筑物室外消火栓设计流量，应根据建筑物的用途功能、体积、耐火等级、火灾危险性等因素综合分析确定。

3.3.2 建筑物室外消火栓设计流量不应小于表3.3.2的规定。

表3.3.2 建筑物室外消火栓设计流量(L/s)

耐火等级	建筑物名称及类别			建筑体积(m^3) $V \leq 1500$	$1500 < V \leq 3000$	$3000 < V \leq 5000$	$5000 < V \leq 20000$	$20000 < V \leq 50000$	$V > 50000$
一、二级	工业建筑	厂房	甲、乙	15		20	25	30	35
			丙	15		20	25	30	40
			丁、戊	15					20
		仓库	甲、乙	15		25		—	
			丙	15		25		35	45
			丁、戊	15					20
	民用建筑	住宅		15					
		公共建筑	单层及多层	15			25	30	40
			高层	—			25	30	40
	地下建筑(包括地铁)、平战结合的人防工程			15			20	25	30
三级	工业建筑	乙、丙		15	20	30	40	45	—
		丁、戊		15			20	25	35
	单层及多层民用建筑			15		20	25	30	—
四级	丁、戊类工业建筑			15		20	25	—	
	单层及多层民用建筑			15		20	25	—	

注：1 成组布置的建筑物应按消火栓设计流量较大的相邻两座建筑物的体积之和确定；

2 火车站、码头和机场的中转库房，其室外消火栓设计流量应按相应耐火等级的丙类物品库房确定；

3 国家级文物保护单位的重点砖木、木结构的建筑物室外消火栓设计流量，按三级耐火等级民用建筑物消火栓设计流量确定；

4 当单座建筑的总建筑面积大于 $500000m^2$ 时，建筑物室外消火栓设计流量应按本表规定的最大值增加一倍。

3.3.3 宿舍、公寓等非住宅类居住建筑的室外消火栓设计流量，应按本规范表3.3.2中的公共建筑确定。

3.4 构筑物消防给水设计流量

3.4.1 以煤、天然气、石油及其产品等为原料的工艺生产装置的消防给水设计流量，应根据其规模、火灾危险性等因素综合确定，且应为室外消火栓设计流量、泡沫灭火系统和固定冷却水系统等水灭火系统的设计流量之和，并应符合下列规定：

1 石油化工厂工艺生产装置的消防给水设计流量，应符合现行国家标准《石油化工企业设计防火规范》GB 50160 的有关规定；

2 石油天然气工程工艺生产装置的消防给水设计流量，应符合现行国家标准《石油天然气工程设计防火规范》GB 50183 的有关规定。

3.4.2 甲、乙、丙类可燃液体储罐的消防给水设计流量应按最大罐组确定，并应按泡沫灭火系统设计流量、固定冷却水系统设计流量与室外消火栓设计流量之和确定，同时应符合下列规定：

1 泡沫灭火系统设计流量应按系统扑救储罐区一起火灾的固定式、半固定式或移动式泡沫混合液量及泡沫液混合比经计算确定，并应符合现行国家标准《泡沫灭火系统设计规范》GB 50151 的有关规定；

2 固定冷却水系统设计流量应按着火罐与邻近罐最大设计流量经计算确定，固定式冷却水系统设计流量应按表 3.4.2-1 或表 3.4.2-2 规定的设计参数经计算确定。

表 3.4.2-1 地上立式储罐冷却水系统的保护范围和喷水强度

项目	储罐型式		保护范围	喷水强度
移动式冷却	着火罐	固定顶罐	罐周全长	0.80L/(s·m)
		浮顶罐、内浮顶罐	罐周全长	0.60L/(s·m)
	邻近罐		罐周半长	0.70L/(s·m)
固定式冷却	着火罐	固定顶罐	罐壁表面积	2.5L/(min·m²)
		浮顶罐、内浮顶罐	罐壁表面积	2.0L/(min·m²)
	邻近罐		不应小于罐壁表面积的 1/2	与着火罐相同

注：1 当浮顶、内浮顶罐的浮盘采用易熔材料制作时，内浮顶罐的喷水强度应按固定顶罐计算；

2 当浮顶、内浮顶罐的浮盘为浅盘式时，内浮顶罐的喷水强度应按固定顶罐计算；

3 固定冷却水系统邻近罐应按实际冷却面积计算，但不应小于罐壁表面积的 1/2；

4 距着火固定罐罐壁 1.5 倍着火罐直径范围内的邻近罐应设置冷却水系统，当邻近罐超过 3 个时，冷却水系统可按 3 个罐的设计流量计算；

5 除浮盘采用易熔材料制作的储罐外，当着火罐为浮顶、内浮顶罐时，距着火罐壁的净距离大于或等于 0.4D 的邻近罐可不设冷却水系统，D 为着火油罐与相邻油罐两者中较大油罐的直径；距着火罐壁的净距离小于 0.4D 范围内的相邻油罐受火焰辐射热影响比较大的局部应设置冷却水系统，且所有相邻油罐的冷却水系统设计流量之和不应小于 45L/s；

6 移动式冷却宜为室外消火栓或消防炮。

表 3.4.2-2 卧式储罐、无覆土地下及半地下立式储罐冷却水系统的保护范围和喷水强度

项目	储罐	保护范围	喷水强度
移动式冷却	着火罐	罐壁表面积	0.10L/(s·m²)
	邻近罐	罐壁表面积的一半	0.10L/(s·m²)
固定式冷却	着火罐	罐壁表面积	6.0L/(min·m²)
	邻近罐	罐壁表面积的一半	6.0L/(min·m²)

注：1 当计算出的着火罐冷却水系统设计流量小于 15L/s 时，应采用 15L/s；

2 着火罐直径与长度之和的一半范围内的邻近卧式罐应进行冷却；着火罐直径 1.5 倍范围内的邻近地下、半地下立式罐应冷却；

3 当邻近储罐超过 4 个时，冷却水系统可按 4 个罐的设计流量计算；

4 当邻近罐采用不燃材料作绝热层时，其冷却水系统喷水强度可按本表减少 50%，但设计流量不应小于 7.5L/s；

5 无覆土半地下、地下卧式罐冷却水系统的保护范围和喷水强度应按本表地上卧式罐确定。

3 当储罐采用固定式冷却水系统时室外消火栓设计流量不应小于表 3.4.2-3 的规定，当采用移动式冷却水系统时室外消火栓设计流量应按表 3.4.2-1 或表 3.4.2-2 规定的设计参数经计算确定，且不应小于 15L/s。

表 3.4.2-3 甲、乙、丙类可燃液体地上立式储罐区的室外消火栓设计流量

单罐储存容积（m³）	室外消火栓设计流量（L/s）
$W \leqslant 5000$	15
$5000 < W \leqslant 30000$	30
$30000 < W \leqslant 100000$	45
$W > 100000$	60

3.4.3 甲、乙、丙类可燃液体地上立式储罐冷却水系统保护范围和喷水强度不应小于本规范表 3.4.2-1 的规定；卧式储罐、无覆土地下及半地下立式储罐冷却水系统保护范围和喷水强度不应小于本规范表 3.4.2-2 的规定；室外消火栓设计流量应按本规范第 3.4.2 条第 3 款的规定确定。

3.4.4 覆土油罐的室外消火栓设计流量应按最大单罐周长和喷水强度计算确定，喷水强度不应小于 0.30L/(s·m)；当计算设计流量小于 15L/s 时，应采用 15L/s。

3.4.5 液化烃罐区的消防给水设计流量应按最大罐组确定，并应按固定冷却水系统设计流量与室外消火栓设计流量之和确定，同时应符合下列规定：

1 固定冷却水系统设计流量应按表 3.4.5-1 规定的设计参数经计算确定；室外消火栓设计流量不应小于表 3.4.5-2 的规定值；

2 当企业设有独立消防站，且单罐容积小于或等于 100m³ 时，可采用室外消火栓等移动式冷却水系统，其罐区消防给水设计流量应按表 3.4.5-1 的规定经计算确定，但不应低于 100L/s。

表 3.4.5-1 液化烃储罐固定冷却水系统设计流量

项目	储罐型式		保护范围	喷水强度[L/(min·m²)]
全冷冻式	着火罐	单防罐外壁为钢制	罐壁表面积	2.5
			罐顶表面积	4.0
		双防罐、全防罐外壁为钢筋混凝土结构	—	—
	邻近罐		罐壁表面积的 1/2	2.5
全压力式及半冷冻式	着火罐		罐体表面积	9.0
	邻近罐		罐体表面积的 1/2	9.0

注：1 固定冷却水系统当采用水喷雾系统冷却时喷水强度应符合本规范要求，且系统设置应符合现行国家标准《水喷雾灭火系统设计规范》GB 50219 的有关规定；

2 全冷冻式液化烃储罐，当双防罐、全防罐外壁为钢筋混凝土结构时，罐顶和罐壁的冷却水量可不计，但管道进出口等局部危险处应设置水喷雾系统冷却，供水强度不应小于 20.0L/(min·m²)；

3 距着火罐罐壁 1.5 倍着火罐直径范围内的邻近罐应计算冷却水系统，当邻近罐超过 3 个时，冷却水系统可按 3 个罐的设计流量计算；

4 当储罐采用固定消防水炮作为固定冷却设施时，其设计流量不宜小于水喷雾系统计算流量的 1.3 倍。

表 3.4.5-2 液化烃罐区的室外消火栓设计流量

单罐储存容积（m³）	室外消火栓设计流量（L/s）
$W \leqslant 100$	15
$100 < W \leqslant 400$	30
$400 < W \leqslant 650$	45
$650 < W \leqslant 1000$	60
$W > 1000$	80

注：1 罐区的室外消火栓设计流量应按罐组内最大单罐计；

2 当储罐区四周设固定消防水炮作为辅助冷却设施时，辅助冷却水设计流量不应小于室外消火栓设计流量。

3.4.6 沸点低于 45℃ 甲类液体压力球罐的消防给水设计流量，应按本规范第 3.4.5 条中全压力式储罐的要求经计算确定。

3.4.7 全压力式、半冷冻式和全冷冻式液氨储罐的消防给水设计流量，应按本规范第 3.4.5 条中全压力式及半冷冻式储罐的要求经计算确定，但喷水强度应按不小于 6.0L/(min·m²) 计算，全冷冻式液氨储罐的冷却水系统设计流量应按全冷冻式液化烃储罐外壁为钢制单防罐的要求计算。

3.4.8 空分站，可燃液体、液化烃的火车和汽车装卸栈台，变电站等室外消火栓设计流量不应小于表 3.4.8 的规定。当室外变压器采用水喷雾灭火系统全保护时，其室外消火栓给水设计流量可按表 3.4.8 规定值的 50%计算，但不应小于 15L/s。

表 3.4.8 空分站，可燃液体、液化烃的火车和汽车装卸栈台，变电站室外消火栓设计流量

名　称		室外消火栓设计流量(L/s)
空分站产氧气能力 (Nm^3/h)	3000<Q≤10000	15
	10000<Q≤30000	30
	30000<Q≤50000	45
	Q>50000	60
专用可燃液体、液化烃的火车和汽车装卸栈台		60
变电站单台油浸变压器含油量(t)	5<W≤10	15
	10<W≤50	20
	W>50	30

注：当室外油浸变压器单台功率小于 300MV·A，且周围无其他建筑物和生产生活给水时，可不设置室外消火栓。

3.4.9 装卸油品码头的消防给水设计流量，应按着火油船泡沫灭火设计流量、冷却水系统设计流量、隔离水幕系统设计流量和码头室外消火栓设计流量之和确定，并应符合下列规定：

1 泡沫灭火系统设计流量应按系统扑救着火油船一起火灾的泡沫混合液量及泡沫液混合比经计算确定，泡沫混合液供给强度、保护范围和连续供给时间不应小于表 3.4.9-1 的规定，并应符合现行国家标准《泡沫灭火系统设计规范》GB 50151 的有关规定；

表 3.4.9-1 油船泡沫灭火系统混合液量的供给强度、保护范围和连续供给时间

项　目	船型	保护范围	供给强度 [L/(min·m^2)]	连续供给时间 (min)
甲、乙类可燃液体油品码头	着火油船	设计船型最大油仓面积	8.0	40
丙类可燃液体油品码头				30

2 油船冷却水系统设计流量应按火灾时着火油舱冷却水保护范围内的油舱甲板面冷却用水量计算确定，冷却水系统保护范围、喷水强度和火灾延续时间不应小于表 3.4.9-2 的规定；

表 3.4.9-2 油船冷却水系统的保护范围、喷水强度和火灾延续时间

项目	船型	保护范围	喷水强度 [L/(min·m^2)]	火灾延续时间 (h)
甲、乙类可燃液体油品一级码头	着火油船	着火油舱冷却范围内的油舱甲板面	2.5	6.0注2
甲、乙类可燃液体油品二、三级码头 丙类可燃液体油品码头				4.0

注：1 当油船发生火灾时，陆上消防设备所提供的冷却油舱甲板面的冷却设计流量不应小于全部冷却水用量的 50%；
2 当配备水上消防设施进行监护时，陆上消防设备冷却水供给时间可缩短至 4h。

3 着火油船冷却范围应按下式计算：

$$F=3L_{max}B_{max}-f_{max} \quad (3.4.9)$$

式中：F——着火油船冷却面积(m^2)；

B_{max}——最大船宽(m)；

L_{max}——最大船的最大舱纵向长度(m)；

f_{max}——最大船的最大舱面积(m^2)。

4 隔离水幕系统的设计流量应符合下列规定：

1)喷水强度宜为 1.0L/(s·m)～2.0L/(s·m)；

2)保护范围宜为装卸设备的两端各延伸 5m，水幕喷射高度宜高于被保护对象 1.50m；

3)火灾延续时间不应小于 1.0h，并应满足现行国家标准《自动喷水灭火系统设计规范》GB 50084 的有关规定。

5 油品码头的室外消火栓设计流量不应小于表 3.4.9-3 的规定。

表 3.4.9-3 油品码头的室外消火栓设计流量

名　称	室外消火栓设计流量(L/s)	火灾延续时间(h)
海港油品码头	45	6.0
河港油品码头	30	4.0
码头装卸区	20	2.0

3.4.10 液化石油气船的消防给水设计流量应按着火罐与距着火罐 1.5 倍着火罐直径范围内罐组的冷却水系统设计流量与室外消火栓设计流量之和确定；着火罐和邻近罐的冷却面积均应取设计船型最大储罐甲板以上部分的表面积，并不应小于储罐总表面积的 1/2，着火罐冷却水喷水强度应为 10.0L/(min·m^2)，邻近罐冷却水喷水强度应为 5.0L/(min·m^2)；室外消火栓设计流量不应小于本规范表 3.4.9-3 的规定。

3.4.11 液化石油气加气站的消防给水设计流量，应按固定冷却水系统设计流量与室外消火栓设计流量之和确定，固定冷却水系统设计流量应按表 3.4.11-1 规定的设计参数经计算确定，室外消火栓设计流量不应小于表 3.4.11-2 的规定；当仅采用移动式冷却系统时，室外消火栓的设计流量应按表 3.4.11-1 规定的设计参数计算，且不应小于 15L/s。

表 3.4.11-1 液化石油气加气站地上储罐冷却系统保护范围和喷水强度

项目	储罐	保护范围	喷水强度
移动式冷却	着火罐	罐壁表面积	0.15L/(s·m^2)
	邻近罐	罐壁表面积的 1/2	0.15L/(s·m^2)
固定式冷却	着火罐	罐壁表面积	9.0L/(min·m^2)
	邻近罐	罐壁表面积的 1/2	9.0L/(min·m^2)

注：着火罐的直径与长度之和 0.75 倍范围内的邻近地上罐应进行冷却。

表 3.4.11-2 液化石油气加气站室外消火栓设计流量

名　称	室外消火栓设计流量(L/s)
地上储罐加气站	20
埋地储罐加气站	15
加油和液化石油气加气合建站	

3.4.12 易燃、可燃材料露天、半露天堆场，可燃气体罐区的室外消火栓设计流量，不应小于表 3.4.12 的规定。

表 3.4.12 易燃、可燃材料露天、半露天堆场，可燃气体罐区的室外消火栓设计流量

名　称		总储量或总容量	室外消火栓设计流量(L/s)
粮食(t)	土圆囤	30<W≤500	15
		500<W≤5000	25
		5000<W≤20000	40
		W>20000	45
	席穴囤	30<W≤500	20
		500<W≤5000	35
		5000<W≤20000	50
棉、麻、毛、化纤百货(t)		10<W≤500	20
		500<W≤1000	35
		1000<W≤5000	50
稻草、麦秸、芦苇等易燃材料(t)		50<W≤500	20
		500<W≤5000	35
		5000<W≤10000	50
		W>10000	60

续表 3.4.12

名　　称		总储量或总容量	室外消火栓设计流量(L/s)
木材等可燃材料(m³)		50<V≤1000	20
		1000<V≤5000	30
		5000<V≤10000	45
		V>10000	55
煤和焦炭(t)	露天或半露天堆放	100<W≤5000	15
		W>5000	20
可燃气体储罐或储罐区(m³)		500<V≤10000	15
		10000<V≤50000	20
		50000<V≤100000	25
		100000<V≤200000	30
		V>200000	35

注:1　固定容积的可燃气体储罐的总容积按其几何容积(m³)和设计工作压力(绝对压力,10⁵Pa)的乘积计算;

2　当稻草、麦秸、芦苇等易燃材料堆垛单垛重量大于5000t或总重量大于50000t、木材等可燃材料堆垛单垛容量大于5000m³或总容量大于50000m³时,室外消火栓设计流量应按本表规定的最大值增加一倍。

3.4.13　城市交通隧道洞口外室外消火栓设计流量不应小于表3.4.13的规定。

表 3.4.13　城市交通隧道洞口外室外消火栓设计流量

名称	类别	长度(m)	室外消火栓设计流量(L/s)
可通行危险化学品等机动车	一、二	L>500	30
	三	L≤500	20
仅限通行非危险化学品等机动车	一、二、三	L≥1000	30
	三	L<1000	20

3.5　室内消火栓设计流量

3.5.1　建筑物室内消火栓设计流量,应根据建筑物的用途功能、体积、高度、耐火等级、火灾危险性等因素综合确定。

3.5.2　建筑物室内消火栓设计流量不应小于表3.5.2的规定。

表 3.5.2　建筑物室内消火栓设计流量

建筑物名称			高度h(m)、体积V(m³)、座位数n(个)、火灾危险性		消火栓设计流量(L/s)	同时使用消防水枪数(支)	每根竖管最小流量(L/s)
工业建筑	厂房		h≤24	甲、乙、丁、戊	10	2	10
				丙 V≤5000	10	2	10
				丙 V>5000	20	4	15
			24<h≤50	乙、丁、戊	25	5	15
				丙	30	6	15
			h>50	乙、丁、戊	30	6	15
				丙	40	8	15
	仓库		h≤24	甲、乙、丁、戊	10	2	10
				丙 V≤5000	15	3	15
				丙 V>5000	25	5	15
			h>24	丁、戊	30	6	15
				丙	40	8	15
民用建筑	单层及多层	科研楼、试验楼	V≤10000		10	2	10
			V>10000		15	3	10
		车站、码头、机场的候车(船、机)楼和展览建筑(包括博物馆)等	5000<V≤25000		10	2	10
			25000<V≤50000		15	3	10
			V>50000		20	4	15
		剧场、电影院、会堂、礼堂、体育馆等	800<n≤1200		10	2	10
			1200<n≤5000		15	3	10
			5000<n≤10000		20	4	15
			n>10000		30	6	15
		旅馆	5000<V≤10000		10	2	10
			10000<V≤25000		15	3	10
			V>25000		20	4	15

续表 3.5.2

建筑物名称			高度h(m)、体积V(m³)、座位数n(个)、火灾危险性	消火栓设计流量(L/s)	同时使用消防水枪数(支)	每根竖管最小流量(L/s)
民用建筑	单层及多层	商店、图书馆、档案馆等	5000<V≤10000	15	3	10
			10000<V≤25000	25	5	15
			V>25000	40	8	15
		病房楼、门诊楼等	5000<V≤25000	10	2	10
			V>25000	15	3	10
		办公楼、教学楼、公寓、宿舍等其他建筑	h>15m 或 V>10000	15	3	10
		住宅	21<h≤27	5	2	5
	高层	住宅	27<h≤54	10	2	10
			h>54	20	4	10
		二类公共建筑	h≤50	20	4	10
		一类公共建筑	h≤50	30	6	15
			h>50	40	8	15
国家级文物保护单位的重点砖木或木结构的古建筑			V≤10000	20	4	10
			V>10000	25	5	15
地下建筑			V≤5000	10	2	10
			5000<V≤10000	20	4	15
			10000<V≤25000	30	6	15
			V>25000	40	8	20
人防工程	展览厅、影院、剧场、礼堂、健身体育场所等		V≤1000	5	1	5
			1000<V≤2500	10	2	10
			V>2500	15	3	10
	商场、餐厅、旅馆、医院等		V≤5000	5	1	5
			5000<V≤10000	10	2	10
			10000<V≤25000	15	3	10
			V>25000	20	4	10
	丙、丁、戊类生产车间、自行车库		V≤2500	5	1	5
			V>2500	10	2	10
	丙、丁、戊类物品库房、图书资料档案库		V≤3000	5	1	5
			V>3000	10	2	10

注:1　丁、戊类高层厂房(仓库)室内消火栓的设计流量可按本表减少10L/s,同时使用消防水枪数量可按本表减少2支;

2　消防软管卷盘、轻便消防水龙及多层住宅楼梯间中的干式消防竖管,其消火栓设计流量可不计入室内消防给水设计流量;

3　当一座多层建筑有多种使用功能时,室内消火栓设计流量应分别按本表中不同功能计算,且应取最大值。

3.5.3　当建筑物室内设有自动喷水灭火系统、水喷雾灭火系统、泡沫灭火系统或固定消防炮灭火系统等一种及以上自动水灭火系统全保护时,高层建筑当高度不超过50m且室内消火栓设计流量超过20L/s时,其室内消火栓设计流量可按本规范表3.5.2减少5L/s;多层建筑室内消火栓设计流量可减少50%,但不应小于10L/s。

3.5.4　宿舍、公寓等非住宅类居住建筑的室内消火栓设计流量,当为多层建筑时,应按本规范表3.5.2中的宿舍、公寓确定,当为高层建筑时,应按本规范表3.5.2中的公共建筑确定。

3.5.5　城市交通隧道内室内消火栓设计流量不应小于表3.5.5的规定。

表 3.5.5　城市交通隧道内室内消火栓设计流量

用途	类别	长度(m)	设计流量(L/s)
可通行危险化学品等机动车	一、二	L>500	20
	三	L≤500	10
仅限通行非危险化学品等机动车	一、二、三	L≥1000	20
	三	L<1000	10

3.5.6　地铁地下车站室内消火栓设计流量不应小于20L/s,区间隧道不应小于10L/s。

3.6　消防用水量

3.6.1　消防给水一起火灾灭火用水量应按需要同时作用的室内

外消防给水用水量之和计算，两座及以上建筑合用时，应取最大者，并应按下列公式计算：

$$V=V_1+V_2 \tag{3.6.1-1}$$

$$V_1=3.6\sum_{i=1}^{i=n}q_{1i}t_{1i} \tag{3.6.1-2}$$

$$V_2=3.6\sum_{i=1}^{i=m}q_{2i}t_{2i} \tag{3.6.1-3}$$

式中：V——建筑消防给水一起火灾灭火用水总量（m^3）；

V_1——室外消防给水一起火灾灭火用水量（m^3）；

V_2——室内消防给水一起火灾灭火用水量（m^3）；

q_{1i}——室外第 i 种水灭火系统的设计流量（L/s）；

t_{1i}——室外第 i 种水灭火系统的火灾延续时间（h）；

n——建筑需要同时作用的室外水灭火系统数量；

q_{2i}——室内第 i 种水灭火系统的设计流量（L/s）；

t_{2i}——室内第 i 种水灭火系统的火灾延续时间（h）；

m——建筑需要同时作用的室内水灭火系统数量。

3.6.2 不同场所消火栓系统和固定冷却水系统的火灾延续时间不应小于表3.6.2的规定。

表3.6.2 不同场所的火灾延续时间

<table>
<tr><th colspan="3">建筑</th><th>场所与火灾危险性</th><th>火灾延续时间（h）</th></tr>
<tr><td rowspan="10">建筑物</td><td rowspan="4">工业建筑</td><td rowspan="2">仓库</td><td>甲、乙、丙类仓库</td><td>3.0</td></tr>
<tr><td>丁、戊类仓库</td><td>2.0</td></tr>
<tr><td rowspan="2">厂房</td><td>甲、乙、丙类厂房</td><td>3.0</td></tr>
<tr><td>丁、戊类厂房</td><td>2.0</td></tr>
<tr><td rowspan="3">民用建筑</td><td rowspan="2">公共建筑</td><td>高层建筑中的商业楼、展览楼、综合楼，建筑高度大于50m的财贸金融楼、图书馆、书库、重要的档案楼、科研楼和高级宾馆等</td><td>3.0</td></tr>
<tr><td>其他公共建筑</td><td rowspan="2">2.0</td></tr>
<tr><td colspan="2">住宅</td></tr>
<tr><td colspan="2" rowspan="2">人防工程</td><td>建筑面积小于3000m²</td><td>1.0</td></tr>
<tr><td>建筑面积大于或等于3000m²</td><td rowspan="2">2.0</td></tr>
<tr><td colspan="3">地下建筑、地铁车站</td></tr>
<tr><td colspan="2" rowspan="16">构筑物</td><td>煤、天然气、石油及其产品的工艺装置</td><td>—</td><td>3.0</td></tr>
<tr><td rowspan="3">甲、乙、丙类可燃液体储罐</td><td>直径大于20m的固定顶罐和直径大于20m浮盘用易熔材料制作的内浮顶罐</td><td>6.0</td></tr>
<tr><td>其他储罐</td><td rowspan="2">4.0</td></tr>
<tr><td>覆土油罐</td></tr>
<tr><td colspan="2">液化烃储罐、沸点低于45℃甲类液体、液氨储罐</td><td>6.0</td></tr>
<tr><td colspan="2">空分站，可燃液体、液化烃的火车和汽车装卸栈台</td><td>3.0</td></tr>
<tr><td colspan="2">变电站</td><td>2.0</td></tr>
<tr><td rowspan="5">装卸油品码头</td><td>甲、乙类可燃液体油品一级码头</td><td>6.0</td></tr>
<tr><td>甲、乙类可燃液体油品二、三级码头
丙类可燃液体油品码头</td><td>4.0</td></tr>
<tr><td>海港油品码头</td><td>6.0</td></tr>
<tr><td>河港油品码头</td><td>4.0</td></tr>
<tr><td>码头装卸区</td><td>2.0</td></tr>
<tr><td colspan="2">装卸液化石油气船码头</td><td>6.0</td></tr>
<tr><td rowspan="3">液化石油气加气站</td><td>地上储气罐加气站</td><td>3.0</td></tr>
<tr><td>埋地储气罐加气站</td><td rowspan="2">1.0</td></tr>
<tr><td>加油和液化石油气加合建站</td></tr>
<tr><td rowspan="6">构筑物</td><td colspan="2" rowspan="6">易燃、可燃材料露天、半露天堆场，可燃气体罐区</td><td>粮食土圆囤、席穴囤</td><td rowspan="4">6.0</td></tr>
<tr><td>棉、麻、毛、化纤百货</td></tr>
<tr><td>稻草、麦秸、芦苇等</td></tr>
<tr><td>木材等</td></tr>
<tr><td>露天或半露天堆放煤和焦炭</td><td rowspan="2">3.0</td></tr>
<tr><td>可燃气体储罐</td></tr>
</table>

3.6.3 自动喷水灭火系统、泡沫灭火系统、水喷雾灭火系统、固定消防炮灭火系统、自动跟踪定位射流灭火系统等水灭火系统的火灾延续时间，应分别按现行国家标准《自动喷水灭火系统设计规范》GB 50084、《泡沫灭火系统设计规范》GB 50151、《水喷雾灭火系统设计规范》GB 50219和《固定消防炮灭火系统设计规范》GB 50338的有关规定执行。

3.6.4 建筑内用于防火分隔的防火分隔水幕和防护冷却水幕的火灾延续时间，不应小于防火分隔水幕或防护冷却火幕设置部位墙体的耐火极限。

3.6.5 城市交通隧道的火灾延续时间不应小于表3.6.5的规定，一类城市交通隧道的火灾延续时间应根据火灾危险性分析确定，确有困难时，可按不小于3.0h计。

表3.6.5 城市交通隧道的火灾延续时间

<table>
<tr><th>用途</th><th>类别</th><th>长度（m）</th><th>火灾延续时间（h）</th></tr>
<tr><td rowspan="2">可通行危险化学品等机动车</td><td>二</td><td>500<L≤1500</td><td>3.0</td></tr>
<tr><td>三</td><td>L≤500</td><td>2.0</td></tr>
<tr><td rowspan="2">仅限通行非危险化学品等机动车</td><td>二</td><td>1500<L≤3000</td><td>3.0</td></tr>
<tr><td>三</td><td>500<L≤1500</td><td>2.0</td></tr>
</table>

4 消 防 水 源

4.1 一 般 规 定

4.1.1 在城乡规划区域范围内，市政消防给水应与市政给水管网同步规划、设计与实施。

4.1.2 消防水源水质应满足水灭火设施的功能要求。

4.1.3 消防水源应符合下列规定：

1 市政给水、消防水池、天然水源等可作为消防水源，并宜采用市政给水；

2 雨水清水池、中水清水池、水景和游泳池可作为备用消防水源。

4.1.4 消防给水管道内平时所充水的pH值应为6.0～9.0。

4.1.5 严寒、寒冷等冬季结冰地区的消防水池、水塔和高位消防水池等应采取防冻措施。

4.1.6 雨水清水池、中水清水池、水景和游泳池必须作为消防水源时，应有保证在任何情况下均能满足消防给水系统所需的水量和水质的技术措施。

4.2 市 政 给 水

4.2.1 当市政给水管网连续供水时，消防给水系统可采用市政给水管网直接供水。

4.2.2 用作两路消防供水的市政给水管网应符合下列要求：

1 市政给水厂应至少有两条输水干管向市政给水管网输水；

2 市政给水管网应为环状管网；

3 应至少有两条不同的市政给水干管上不少于两条引入管向消防给水系统供水。

4.3 消 防 水 池

4.3.1 符合下列规定之一时，应设置消防水池：

1 当生产、生活用水量达到最大时，市政给水管网或入户引入管不能满足室内、室外消防给水设计流量；

2 当采用一路消防供水或只有一条入户引入管，且室外消火栓设计流量大于20L/s或建筑高度大于50m；

3 市政消防给水设计流量小于建筑室内外消防给水设计流量。

4.3.2 消防水池有效容积的计算应符合下列规定：

1 当市政给水管网能保证室外消防给水设计流量时，消防水池的有效容积应满足在火灾延续时间内室内消防用水量的要求；

2 当市政给水管网不能保证室外消防给水设计流量时，消防水池的有效容积应满足火灾延续时间内室内消防用水量和室外消防用水量不足部分之和的要求。

4.3.3 消防水池进水管应根据其有效容积和补水时间确定，补水时间不宜大于48h，但当消防水池有效总容积大于2000m³时，不应大于96h。消防水池进水管管径应经计算确定，且不应小于DN100。

4.3.4 当消防水池采用两路消防供水且在火灾情况下连续补水能满足消防要求时，消防水池的有效容积应根据计算确定，但不应小于100m³，当仅设有消火栓系统时不应小于50m³。

4.3.5 火灾时消防水池连续补水应符合下列规定：

1 消防水池应采用两路消防给水；

2 火灾延续时间内的连续补水流量应按消防水池最不利进水管供水量计算，并可按下式计算：

$$q_f = 3600Av \quad (4.3.5)$$

式中：q_f——火灾时消防水池的补水流量（m³/h）；

A——消防水池进水管断面面积（m²）；

v——管道内水的平均流速（m/s）。

3 消防水池进水管管径和流量应根据市政给水管网或其他给水管网的压力、入户引入管管径、消防水池进水管管径，以及火灾时其他用水量等经水力计算确定，当计算条件不具备时，给水管的平均流速不宜大于1.5m/s。

4.3.6 消防水池的总蓄水有效容积大于500m³时，宜设两格能独立使用的消防水池；当大于1000m³时，应设置能独立使用的两座消防水池。每格（或座）消防水池应设置独立的出水管，并应设置满足最低有效水位的连通管，且其管径应能满足消防给水设计流量的要求。

4.3.7 储存室外消防用水的消防水池或供消防车取水的消防水池，应符合下列规定：

1 消防水池应设置取水口（井），且吸水高度不应大于6.0m；

2 取水口（井）与建筑物（水泵房除外）的距离不宜小于15m；

3 取水口（井）与甲、乙、丙类液体储罐等构筑物的距离不宜小于40m；

4 取水口（井）与液化石油气储罐的距离不宜小于60m，当采取防止辐射热保护措施时，可为40m。

4.3.8 消防用水与其他用水共用的水池，应采取确保消防用水量不作他用的技术措施。

4.3.9 消防水池的出水、排水和水位应符合下列规定：

1 消防水池的出水管应保证消防水池的有效容积能被全部利用；

2 消防水池应设置就地水位显示装置，并应在消防控制中心或值班室等地点设置显示消防水池水位的装置，同时应有最高和最低报警水位；

3 消防水池应设置溢流水管和排水设施，并应采用间接排水。

4.3.10 消防水池的通气管和呼吸管等应符合下列规定：

1 消防水池应设置通气管；

2 消防水池通气管、呼吸管和溢流水管等应采取防止虫鼠等进入消防水池的技术措施。

4.3.11 高位消防水池的最低有效水位应能满足其所服务的水灭火设施所需的工作压力和流量，且其有效容积应满足火灾延续时间内所需消防用水量，并应符合下列规定：

1 高位消防水池的有效容积、出水、排水和水位，应符合本规范第4.3.8条和第4.3.9条的规定；

2 高位消防水池的通气管和呼吸管等应符合本规范第4.3.10条的规定；

3 除可一路消防供水的建筑物外，向高位消防水池供水的给水管不应少于两条；

4 当高层民用建筑采用高位消防水池供水的高压消防给水系统时，高位消防水池储存室内消防用水量确有困难，但火灾时补水可靠，其总有效容积不应小于室内消防用水量的50%；

5 高层民用建筑高压消防给水系统的高位消防水池总有效容积大于200m³时，宜设置蓄水有效容积相等且可独立使用的两格；当建筑高度大于100m时应设置独立的两座。每格或座应有一条独立的出水管向消防给水系统供水；

6 高位消防水池设置在建筑物内时，应采用耐火极限不低于2.00h的隔墙和1.50h的楼板与其他部位隔开，并应设甲级防火门；且消防水池及其支承框架与建筑构件应连接牢固。

4.4 天然水源及其他

4.4.1 井水等地下水源可作为消防水源。

4.4.2 井水作为消防水源向消防给水系统直接供水时，其最不利水位应满足水泵吸水要求，其最小出流量和水泵扬程应满足消防要求，且当需要两路消防供水时，水井不应少于两眼，每眼井的深井泵的供电均应采用一级供电负荷。

4.4.3 江、河、湖、海、水库等天然水源的设计枯水流量保证率应根据城乡规模和工业项目的重要性、火灾危险性和经济合理性等综合因素确定，宜为90%～97%。但村镇的室外消防给水水源的设计枯水流量保证率可根据当地水源情况适当降低。

4.4.4 当室外消防水源采用天然水源时，应采取防止冰凌、漂浮物、悬浮物等物质堵塞消防水泵的技术措施，并应采取确保安全取水的措施。

4.4.5 当天然水源等作为消防水源时，应符合下列规定：

1 当地表水作为室外消防水源时，应采取确保消防车、固定和移动消防水泵在枯水位取水的技术措施；当消防车取水时，最大吸水高度不应超过6.0m；

2 当井水作为消防水源时，还应设置探测水井水位的水位测试装置。

4.4.6 天然水源消防车取水口的设置位置和设施，应符合现行国家标准《室外给水设计规范》GB 50013中有关地表水取水的规定，且取水头部宜设置格栅，其栅条间距不宜小于50mm，也可采用过滤管。

4.4.7 设有消防车取水口的天然水源，应设置消防车到达取水口的消防车道和消防车回车场或回车道。

5 供 水 设 施

5.1 消 防 水 泵

5.1.1 消防水泵宜根据可靠性、安装场所、消防水源、消防给水设计流量和扬程等综合因素确定水泵的型式，水泵驱动器宜采用电动机或柴油机直接传动，消防水泵不应采用双电动机或基于柴油机等组成的双动力驱动水泵。

5.1.2 消防水泵机组应由水泵、驱动器和专用控制柜等组成；一组消防水泵可由同一消防给水系统的工作泵和备用泵组成。

5.1.3 消防水泵生产厂商应提供完整的水泵流量扬程性能曲线，并应标示流量、扬程、气蚀余量、功率和效率等参数。

5.1.4 单台消防水泵的最小额定流量不应小于10L/s，最大额定流量不宜大于320L/s。

5.1.5 当消防水泵采用离心泵时，泵的型式宜根据流量、扬程、气蚀余量、功率和效率、转速、噪声，以及安装场所的环境要求等因素综合确定。

5.1.6 消防水泵的选择和应用应符合下列规定：

1 消防水泵的性能应满足消防给水系统所需流量和压力的要求；

2 消防水泵所配驱动器的功率应满足所选水泵流量扬程性能曲线上任何一点运行所需功率的要求；

3 当采用电动机驱动的消防水泵时，应选择电动机干式安装的消防水泵；

4 流量扬程性能曲线应为无驼峰、无拐点的光滑曲线，零流量时的压力不应大于设计工作压力的140%，且宜大于设计工作压力的120%；

5 当出流量为设计流量的150%时，其出口压力不应低于设计工作压力的65%；

6 泵轴的密封方式和材料应满足消防水泵在低流量时运转的要求；

7 消防给水同一泵组的消防水泵型号宜一致，且工作泵不宜超过3台；

8 多台消防水泵并联时，应校核流量叠加对消防水泵出口压力的影响。

5.1.7 消防水泵的主要材质应符合下列规定：

1 水泵外壳宜为球墨铸铁；

2 叶轮宜为青铜或不锈钢。

5.1.8 当采用柴油机消防水泵时应符合下列规定：

1 柴油机消防水泵应采用压缩式点火型柴油机；

2 柴油机的额定功率应校核海拔高度和环境温度对柴油机功率的影响；

3 柴油机消防水泵应具备连续工作的性能，试验运行时间不应小于24h；

4 柴油机消防水泵的蓄电池应保证消防水泵随时自动启泵的要求；

5 柴油机消防水泵的供油箱应根据火灾延续时间确定，且油箱最小有效容积应按1.5L/kW配置，柴油机消防水泵油箱内储存的燃料不应小于50%的储量。

5.1.9 轴流深井泵宜安装于水井、消防水池和其他消防水源上，并应符合下列规定：

1 轴流深井泵安装于水井时，其淹没深度应满足其可靠运行的要求，在水泵出流量为150%设计流量时，其最低淹没深度应是第一个水泵叶轮底部水位线以上不少于3.20m，且海拔高度每增加300m，深井泵的最低淹没深度应至少增加0.30m；

2 轴流深井泵安装在消防水池等消防水源上时，其第一个水泵叶轮底部应低于消防水池的最低有效水位线，且淹没深度应根据水力条件经计算确定，并应满足消防水池等消防水源有效储水量或有效水位能全部被利用的要求；当水泵设计流量大于125L/s时，应根据水泵性能确定淹没深度，并应满足水泵气蚀余量的要求；

3 轴流深井泵的出水管与消防给水管网连接应符合本规范第5.1.13条第3款的规定；

4 轴流深井泵出水管的阀门设置应符合本规范第5.1.13条第5款和第6款的规定；

5 当消防水池最低水位低于离心水泵出水管中心线或水源水位不能保证离心水泵吸水时，可采用轴流深井泵，并应采用湿式深坑的安装方式安装于消防水池等消防水源上；

6 当轴流深井泵的电动机露天设置时，应有防雨功能；

7 其他应符合现行国家标准《室外给水设计规范》GB 50013的有关规定。

5.1.10 消防水泵应设置备用泵，其性能应与工作泵性能一致，但下列建筑除外：

1 建筑高度小于54m的住宅和室外消防给水设计流量小于等于25L/s的建筑；

2 室内消防给水设计流量小于等于10L/s的建筑。

5.1.11 一组消防水泵应在消防水泵房内设置流量和压力测试装置，并应符合下列规定：

1 单台消防水泵的流量不大于20L/s、设计工作压力不大于0.50MPa时，泵组应预留测量用流量计和压力计接口，其他泵组宜设置泵组流量和压力测试装置；

2 消防水泵流量检测装置的计量精度应为0.4级，最大量程的75%应大于最大一台消防水泵设计流量值的175%；

3 消防水泵压力检测装置的计量精度应为0.5级，最大量程的75%应大于最大一台消防水泵设计压力值的165%；

4 每台消防水泵出水管上应设置DN65的试水管，并应采取排水措施。

5.1.12 消防水泵吸水应符合下列规定：

1 消防水泵应采取自灌式吸水；

2 消防水泵从市政管网直接抽水时，应在消防水泵出水管上设置有空气隔断的倒流防止器；

3 当吸水口处无吸水井时，吸水口处应设置旋流防止器。

5.1.13 离心式消防水泵吸水管、出水管和阀门等，应符合下列规定：

1 一组消防水泵，吸水管不应少于两条，当其中一条损坏或检修时，其余吸水管应仍能通过全部消防给水设计流量；

2 消防水泵吸水管布置应避免形成气囊；

3 一组消防水泵应设不少于两条的输水干管与消防给水环状管网连接，当其中一条输水管检修时，其余输水管应仍能供应全部消防给水设计流量；

4 消防水泵吸水口的淹没深度应满足消防水泵在最低水位运行安全的要求，吸水管喇叭口在消防水池最低有效水位下的淹没深度应根据吸水管喇叭口的水流速度和水力条件确定，但不应小于600mm，当采用旋流防止器时，淹没深度不应小于200mm；

5 消防水泵的吸水管上应设置明杆闸阀或带自锁装置的蝶阀，但当设置暗杆阀门时应设有开启刻度和标志；当管径超过DN300时，宜设置电动阀门；

6 消防水泵的出水管上应设止回阀、明杆闸阀；当采用蝶阀时，应带有自锁装置；当管径大于DN300时，宜设置电动阀门；

7 消防水泵吸水管的直径小于DN250时，其流速宜为1.0m/s～1.2m/s；直径大于DN250时，宜为1.2m/s～1.6m/s；

8 消防水泵出水管的直径小于DN250时，其流速宜为1.5m/s～2.0m/s；直径大于DN250时，宜为2.0m/s～2.5m/s；

9 吸水井的布置应满足井内水流顺畅、流速均匀、不产生涡漩的要求，并应便于安装施工；

10 消防水泵的吸水管、出水管道穿越外墙时，应采用防水套管；当穿越墙体和楼板时，应符合本规范第12.3.19条第5款的要求；

11 消防水泵的吸水管穿越消防水池时，应采用柔性套管；采用刚性防水套管时应在水泵吸水管上设置柔性接头，且管径不应大于DN150。

5.1.14 当有两路消防供水且允许消防水泵直接吸水时，应符合下列规定：

1 每一路消防供水应满足消防给水设计流量和火灾时必须保证的其他用水；

2 火灾时室外给水管网的压力从地面算起不应小于0.10MPa；

3 消防水泵扬程应按室外给水管网的最低水压计算，并应以室外给水的最高水压校核消防水泵的工作工况。

5.1.15 消防水泵吸水管可设置管道过滤器，管道过滤器的过水面积应大于管道过水面积的4倍，且孔径不宜小于3mm。

5.1.16 临时高压消防给水系统应采取防止消防水泵低流量空转过热的技术措施。

5.1.17 消防水泵吸水管和出水管上应设置压力表，并应符合下列规定：

1 消防水泵出水管压力表的最大量程不应低于其设计工作压力的2倍，且不应低于1.60MPa；

2 消防水泵吸水管宜设置真空表、压力表或真空压力表，压力表的最大量程应根据工程具体情况确定，但不应低于0.70MPa，真空表的最大量程宜为－0.10MPa；

3 压力表的直径不应小于100mm，应采用直径不小于6mm的管道与消防水泵进出口管相接，并应设置关断阀门。

5.2 高位消防水箱

5.2.1 临时高压消防给水系统的高位消防水箱的有效容积应满足初期火灾消防用水量的要求，并应符合下列规定：

1 一类高层公共建筑，不应小于36m^3，但当建筑高度大于100m时，不应小于50m^3，当建筑高度大于150m时，不应小于100m^3；

2 多层公共建筑、二类高层公共建筑和一类高层住宅，不应小于18m^3，当一类高层住宅建筑高度超过100m时，不应小于36m^3；

3 二类高层住宅，不应小于12m^3；

4 建筑高度大于21m的多层住宅，不应小于6m^3；

5 工业建筑室内消防给水设计流量当小于或等于25L/s时，不应小于12m^3，大于25L/s时，不应小于18m^3；

6 总建筑面积大于10000m^2且小于30000m^2的商店建筑，不应小于36m^3，总建筑面积大于30000m^2的商店，不应小于50m^3，当与本条第1款规定不一致时应取其较大值。

5.2.2 高位消防水箱的设置位置应高于其所服务的水灭火设施，且最低有效水位应满足水灭火设施最不利点处的静水压力，并应按下列规定确定：

1 一类高层公共建筑，不应低于0.10MPa，但当建筑高度超过100m时，不应低于0.15MPa；

2 高层住宅、二类高层公共建筑、多层公共建筑，不应低于0.07MPa，多层住宅不宜低于0.07MPa；

3 工业建筑不应低于0.10MPa，当建筑体积小于20000m^3时，不宜低于0.07MPa；

4 自动喷水灭火系统等自动水灭火系统应根据喷头灭火需求压力确定，但最小不应小于0.10MPa；

5 当高位消防水箱不能满足本条第1款～第4款的静压要求时，应设稳压泵。

5.2.3 高位消防水箱可采用热浸锌镀锌钢板、钢筋混凝土、不锈钢板等建造。

5.2.4 高位消防水箱的设置应符合下列规定：

1 当高位消防水箱在屋顶露天设置时，水箱的人孔以及进出水管的阀门等应采取锁具或阀门箱等保护措施；

2 严寒、寒冷等冬季冰冻地区的消防水箱应设置在消防水箱间内，其他地区宜设置在室内，当必须在屋顶露天设置时，应采取防冻隔热等安全措施；

3 高位消防水箱与基础应牢固连接。

5.2.5 高位消防水箱间应通风良好，不应结冰，当必须设置在严寒、寒冷等冬季结冰地区的非采暖房间时，应采取防冻措施，环境温度或水温不应低于5℃。

5.2.6 高位消防水箱应符合下列规定：

1 高位消防水箱的有效容积、出水、排水和水位等，应符合本规范第4.3.8条和第4.3.9条的规定；

2 高位消防水箱的最低有效水位应根据出水管喇叭口和防止旋流器的淹没深度确定，当采用出水管喇叭口时，应符合本规范第5.1.13条第4款的规定；当采用防止旋流器时应根据产品确定，且不应小于150mm的保护高度；

3 高位消防水箱的通气管、呼吸管等应符合本规范第4.3.10条的规定；

4 高位消防水箱外壁与建筑本体结构墙面或其他池壁之间的净距，应满足施工或装配的需要，无管道的侧面，净距不宜小于0.7m；安装有管道的侧面，净距不宜小于1.0m，且管道外壁与建筑本体墙面之间的通道宽度不宜小于0.6m，设有人孔的水箱顶，其顶面与其上面的建筑物本体板底的净空不应小于0.8m；

5 进水管的管径应满足消防水箱8h充满水的要求，但管径不应小于DN32，进水管宜设置液位阀或浮球阀；

6 进水管应在溢流水位以上接入，进水管口的最低点高出溢流边缘的高度应等于进水管管径，但最小不应小于100mm，最大不应大于150mm；

7 当进水管为淹没出流时，应在进水管上设置防止倒流的措施或在管道上设置虹吸破坏孔和真空破坏器，虹吸破坏孔的孔径不宜小于管径的1/5，且不应小于25mm。但当采用生活给水系统补水时，进水管不应淹没出流；

8 溢流管的直径不应小于进水管直径的2倍，且不应小于DN100，溢流管的喇叭口直径不应小于溢流管直径的1.5倍～2.5倍；

9 高位消防水箱出水管管径应满足消防给水设计流量的出水要求，且不应小于DN100；

10 高位消防水箱出水管应位于高位消防水箱最低水位以下，并应设置防止消防用水进入高位消防水箱的止回阀；

11 高位消防水箱的进、出水管应设置带有指示启闭装置的阀门。

5.3 稳 压 泵

5.3.1 稳压泵宜采用离心泵，并宜符合下列规定：

1 宜采用单吸单级或单吸多级离心泵；

2 泵外壳和叶轮等主要部件的材质宜采用不锈钢。

5.3.2 稳压泵的设计流量应符合下列规定：

1 稳压泵的设计流量不应小于消防给水系统管网的正常泄漏量和系统自动启动流量；

2 消防给水系统管网的正常泄漏量应根据管道材质、接口形式等确定，当没有管网泄漏量数据时，稳压泵的设计流量宜按消防给水设计流量的1%～3%计，且不宜小于1L/s；

3 消防给水系统所采用报警阀压力开关等自动启动流量应根据产品确定。

5.3.3 稳压泵的设计压力应符合下列要求：

1 稳压泵的设计压力应满足系统自动启动和管网充满水的要求；

2 稳压泵的设计压力应保持系统自动启泵压力设置点处的压力在准工作状态时大于系统设置自动启泵压力值，且增加值宜为0.07MPa～0.10MPa；

3 稳压泵的设计压力应保持系统最不利点处水灭火设施在准工作状态时的静水压力应大于0.15MPa。

5.3.4 设置稳压泵的临时高压消防给水系统应设置防止稳压泵频繁启停的技术措施，当采用气压水罐时，其调节容积应根据稳压泵启泵次数不大于15次/h计算确定，但有效储水容积不宜小于150L。

5.3.5 稳压泵吸水管应设置明杆闸阀，稳压泵出水管应设置消声止回阀和明杆闸阀。

5.3.6 稳压泵应设置备用泵。

5.4 消防水泵接合器

5.4.1 下列场所的室内消火栓给水系统应设置消防水泵接合器：

1 高层民用建筑；

2 设有消防给水的住宅、超过五层的其他多层民用建筑；

3 超过2层或建筑面积大于10000m² 的地下或半地下建筑（室）、室内消火栓设计流量大于10L/s平战结合的人防工程；

4 高层工业建筑和超过四层的多层工业建筑；

5 城市交通隧道。

5.4.2 自动喷水灭火系统、水喷雾灭火系统、泡沫灭火系统和固定消防炮灭火系统等水灭火系统，均应设置消防水泵接合器。

5.4.3 消防水泵接合器的给水流量宜按每个10L/s～15L/s计算。每种水灭火系统的消防水泵接合器设置的数量应按系统设计流量经计算确定，但当计算数量超过3个时，可根据供水可靠性适当减少。

5.4.4 临时高压消防给水系统向多栋建筑供水时，消防水泵接合器应在每座建筑附近就近设置。

5.4.5 消防水泵接合器的供水范围，应根据当地消防车的供水流量和压力确定。

5.4.6 消防给水为竖向分区供水时，在消防车供水压力范围内的分区，应分别设置水泵接合器；当建筑高度超过消防车供水高度时，消防给水应在设备层等方便操作的地点设置手抬泵或移动泵接力供水的吸水和加压接口。

5.4.7 水泵接合器应设在室外便于消防车使用的地点，且距室外消火栓或消防水池的距离不宜小于15m，并不宜大于40m。

5.4.8 墙壁消防水泵接合器的安装高度距地面宜为0.70m；与墙面上的门、窗、孔、洞的净距离不应小于2.0m，且不应安装在玻璃幕墙下方；地下消防水泵接合器的安装，应使进水口与井盖底面的距离不大于0.40m，且不应小于井盖的半径。

5.4.9 水泵接合器处应设置永久性标志铭牌，并应标明供水系统、供水范围和额定压力。

5.5 消防水泵房

5.5.1 消防水泵房应设置起重设施，并应符合下列规定：

1 消防水泵的重量小于0.5t时，宜设置固定吊钩或移动吊架；

2 消防水泵的重量为0.5t～3t时，宜设置手动起重设备；

3 消防水泵的重量大于3t时，应设置电动起重设备。

5.5.2 消防水泵机组的布置应符合下列规定：

1 相邻两个机组及机组至墙壁间的净距，当电机容量小于22kW时，不宜小于0.60m；当电动机容量不小于22kW，且不大于55kW时，不宜小于0.8m；当电动机容量大于55kW且小于255kW时，不宜小于1.2m；当电动机容量大于255kW时，不宜小于1.5m；

2 当消防水泵就地检修时，应至少在每个机组一侧设消防水泵机组宽度加0.5m的通道，并应保证消防水泵轴和电动机转子在检修时能拆卸；

3 消防水泵房的主要通道宽度不应小于1.2m。

5.5.3 当采用柴油机消防水泵时，机组间的净距宜按本规范第5.5.2条规定值增加0.2m，但不应小于1.2m。

5.5.4 当消防水泵房内设有集中检修场地时，其面积应根据水泵或电动机外形尺寸确定，并应在周围留有宽度不小于0.7m的通道。地下式泵房宜利用空间设集中检修场地。对于装有深井水泵的湿式竖井泵房，还应设堆放泵管的场地。

5.5.5 消防水泵房内的架空水管道，不应阻碍通道和跨越电气设备，当必须跨越时，应采取保证通道畅通和保护电气设备的措施。

5.5.6 独立的消防水泵房地面层的地坪至屋盖或天花板等的突出构件底部间的净高，除应按通风采光等条件确定外，且应符合下列规定：

1 当采用固定吊钩或移动吊架时，其值不应小于3.0m；

2 当采用单轨起重机时，应保持吊起物底部与吊运所越过物体顶部之间有0.50m以上的净距；

3 当采用桁架式起重机时，除应符合本条第2款的规定外，还应另外增加起重机安装和检修空间的高度。

5.5.7 当采用轴流深井水泵时，水泵房净高应按消防水泵吊装和维修的要求确定，当高度过高时，应根据水泵传动轴长度产品规格选择较短规格的产品。

5.5.8 消防水泵房应至少有一个可以搬运最大设备的门。

5.5.9 消防水泵房的设计应根据具体情况设计相应的采暖、通风和排水设施，并应符合下列规定：

1 严寒、寒冷等冬季结冰地区采暖温度不应低于10℃，但当无人值守时不应低于5℃；

2 消防水泵房的通风宜按6次/h设计；

3 消防水泵房应设置排水设施。

5.5.10 消防水泵不宜设在有防振或有安静要求房间的上一层、下一层和毗邻位置，当必须时，应采取下列降噪减振措施：

1 消防水泵应采用低噪声水泵；

2 消防水泵机组应设隔振装置；

3 消防水泵吸水管和出水管上应设隔振装置；

4 消防水泵房内管道支架和管道穿墙和穿楼板处，应采取防止固体传声的措施；

5 在消防水泵房内墙应采取隔声吸音的技术措施。

5.5.11 消防水泵出水管应进行停泵水锤压力计算，并宜按下列公式计算，当计算所得的水锤压力值超过管道试验压力值时，应采取消除停泵水锤的技术措施。停泵水锤消除装置应装设在消防水泵出水总管上，以及消防给水系统管网其他适当的位置：

$$\Delta p=\rho c v \tag{5.5.11-1}$$

$$c=\frac{c_0}{\sqrt{1+\frac{K}{E}\frac{d_i}{\delta}}} \tag{5.5.11-2}$$

式中：Δp——水锤最大压力（Pa）；

ρ——水的密度（kg/m³）；

c——水击波的传播速度（m/s）；

v——管道中水流速度（m/s）；

c_0——水中声波的传播速度，宜取 $c_0=1435$m/s（压强0.10MPa～2.50MPa，水温10℃）；

K——水的体积弹性模量，宜取 $K=2.1\times10^9$Pa；

E——管道的材料弹性模量，钢管 $E=20.6\times10^{10}$Pa，铸铁管 $E=9.8\times10^{10}$Pa，钢丝网骨架塑料（PE）复合管 $E=6.5\times10^{10}$Pa；

d_i——管道的公称直径（mm）；

δ——管道壁厚（mm）。

5.5.12 消防水泵房应符合下列规定：

1 独立建造的消防水泵房耐火等级不应低于二级；

2 附设在建筑物内的消防水泵房，不应设置在地下三层及以下，或室内地面与室外出入口地坪高差大于10m的地下楼层；

3 附设在建筑物内的消防水泵房，应采用耐火极限不低于2.0h的隔墙和1.50h的楼板与其他部位隔开，其疏散门应直通安全出口，且开向疏散走道的门应采用甲级防火门。

5.5.13 当采用柴油机消防水泵时宜设置独立消防水泵房，并应设置满足柴油机运行的通风、排烟和阻火设施。

5.5.14 消防水泵房应采取防水淹没的技术措施。

5.5.15 独立消防水泵房的抗震应满足当地地震要求，且宜按本地区抗震设防烈度提高1度采取抗震措施，但不宜做提高1度抗震计算，并应符合现行国家标准《室外给水排水和燃气热力工程抗震设计规范》GB 50032的有关规定。

5.5.16 消防水泵和控制柜应采取安全保护措施。

6 给 水 形 式

6.1 一 般 规 定

6.1.1 消防给水系统应根据建筑的用途功能、体积、高度、耐火等级、火灾危险性、重要性、次生灾害、商务连续性、水源条件等因素综合确定其可靠性和供水方式，并应满足水灭火系统所需流量和压力的要求。

6.1.2 城镇消防给水宜采用城镇市政给水管网供应，并应符合下列规定：

1 城镇市政给水管网及输水干管应符合现行国家标准《室外给水设计规范》GB 50013的有关规定。

2 工业园区、商务区和居住区宜采用两路消防供水。

3 当采用天然水源作为消防水源时，每个天然水源消防取水口宜按一个市政消火栓计算或根据消防车停放数量确定。

4 当市政给水为间歇供水或供水能力不足时，宜建设市政消防水池，且建筑消防水池宜有作为市政消防给水的技术措施。

5 城市避难场所宜设置独立的城市消防水池，且每座容量不宜小于200m³。

6.1.3 建筑物室外宜采用低压消防给水系统，当采用市政给水管网供水时，应符合下列规定：

1 应采用两路消防供水，除建筑高度超过54m的住宅外，室外消火栓设计流量小于等于20L/s时可采用一路消防供水；

2 室外消火栓应由市政给水管网直接供水。

6.1.4 工艺装置区、储罐区、堆场等构筑物室外消防给水，应符合下列规定：

1 工艺装置区、储罐区等场所应采用高压或临时高压消防给水系统，但当无泡沫灭火系统、固定冷却水系统和消防炮，室外消防给水设计流量不大于30L/s，且在城镇消防站保护范围内时，可采用低压消防给水系统；

2 堆场等场所宜采用低压消防给水系统，但当可燃物堆场规模大、堆垛高、易起火、扑救难度大，应采用高压或临时高压消防给水系统。

6.1.5 市政消火栓或消防车从消防水池吸水向建筑供应室外消防给水时，应符合下列规定：

供消防车吸水的室外消防水池的每个取水口宜按一个室外消火栓计算，且其保护半径不应大于150m。

距建筑外缘5m～150m的市政消火栓可计入建筑室外消火栓的数量，但当为消防水泵接合器供水时，距建筑外缘5m～40m的市政消火栓可计入建筑室外消火栓的数量。

当市政给水管网为环状时，符合本条上述内容的室外消火栓出流量宜计入建筑室外消火栓设计流量；但当市政给水管网为枝状时，计入建筑的室外消火栓设计流量不宜超过一个市政消火栓的出流量。

6.1.6 当室外采用高压或临时高压消防给水系统时，宜与室内消防给水系统合用。

6.1.7 独立的室外临时高压消防给水系统宜采用稳压泵维持系统的充水和压力。

6.1.8 室内应采用高压或临时高压消防给水系统，且不应与生产生活给水系统合用；但自动喷水灭火系统局部应用系统和仅设有消防软管卷盘或轻便水龙的室内消防给水系统，可与生产生活给水系统合用。

6.1.9 室内采用临时高压消防给水系统时，高位消防水箱的设置应符合下列规定：

1 高层民用建筑、总建筑面积大于10000m²且层数超过2层的公共建筑和其他重要建筑，必须设置高位消防水箱；

2 其他建筑应设置高位消防水箱，但当设置高位消防水箱确有困难，且采用安全可靠的消防给水形式时，可不设高位消防水箱，但应设稳压泵；

3 当市政供水管网的供水能力在满足生产、生活最大小时用水量后，仍能满足初期火灾所需的消防流量和压力时，市政直接供水可替代高位消防水箱。

6.1.10 当室内临时高压消防给水系统仅采用稳压泵稳压，且为室外消火栓设计流量大于20L/s的建筑和建筑高度大于54m的住宅时，消防水泵的供电或备用动力应符合下列要求：

1 消防水泵应按一级负荷要求供电，当不能满足一级负荷要求供电时应采用柴油发电机组作备用动力；

2 工业建筑备用泵宜采用柴油机消防水泵。

6.1.11 建筑群共用临时高压消防给水系统时，应符合下列规定：

1 工矿企业消防供水的最大保护半径不宜超过1200m，且占地面积不宜大于200hm²；

2 居住小区消防供水的最大保护建筑面积不宜超过500000m²；

3 公共建筑宜为同一产权或物业管理单位。

6.1.12 当市政给水管网能满足生产生活和消防给水设计流量，且市政允许消防水泵直接吸水时，临时高压消防给水系统的消防水泵宜直接从市政给水管网吸水，但城镇市政消防给水设计流量宜大于建筑的室内外消防给水设计流量之和。

6.1.13 当建筑物高度超过100m时，室内消防给水系统应分析比较多种系统的可靠性，采用安全可靠的消防给水形式；当采用常高压消防给水系统，但高位消防水池无法满足上部楼层所需的压力和流量时，上部楼层应采用临时高压消防给水系统，该系统的高位消防水箱的有效容积应按本规范第5.2.1条的规定根据该系统供水高度确定，且不应小于18m³。

6.2 分 区 供 水

6.2.1 符合下列条件时，消防给水系统应分区供水：

1 系统工作压力大于2.40MPa；

2 消火栓栓口处静压大于1.0MPa；

3 自动水灭火系统报警阀处的工作压力大于1.60MPa或喷头处的工作压力大于1.20MPa。

6.2.2 分区供水形式应根据系统压力、建筑特征，经技术经济和安全可靠性等综合因素确定，可采用消防水泵并行或串联、减压水箱和减压阀减压的形式，但当系统的工作压力大于2.40MPa时，应采用消防水泵串联或减压水箱分区供水形式。

6.2.3 采用消防水泵串联分区供水时，宜采用消防水泵转输水箱串联供水方式，并应符合下列规定：

1 当采用消防水泵转输水箱串联时，转输水箱的有效储水容积不应小于60m³，转输水箱可作为高位消防水箱；

2 串联转输水箱的溢流管宜连接到消防水池；

3 当采用消防水泵直接串联时，应采取确保供水可靠性的措施，且消防水泵从低区到高区应能依次顺序启动；

4 当采用消防水泵直接串联时，应校核系统供水压力，并应在串联消防水泵出水管上设置减压型倒流防止器。

6.2.4 采用减压阀减压分区供水时应符合下列规定：

1 消防给水所采用的减压阀性能应安全可靠，并应满足消防给水的要求；

2 减压阀应根据消防给水设计流量和压力选择，且设计流量应在减压阀流量压力特性曲线的有效段内，并校核在150%设计流量时，减压阀的出口动压不应小于设计值的65%；

3 每一供水分区应设不少于两组减压阀组，每组减压阀组宜设置备用减压阀；

4 减压阀仅应设置在单向流动的供水管上，不应设置在有双向流动的输水干管上；

5 减压阀宜采用比例式减压阀，当超过1.20MPa时，宜采用先导式减压阀；

6 减压阀的阀前阀后压力比值不宜大于3：1，当一级减压阀减压不能满足要求时，可采用减压阀串联减压，但串联减压不应大于两级，第二级减压阀宜采用先导式减压阀，阀前后压力差不宜超过0.40MPa；

7 减压阀后应设置安全阀，安全阀的开启压力应能满足系统安全，且不应影响系统的供水安全性。

6.2.5 采用减压水箱减压分区供水时应符合下列规定：

1 减压水箱的有效容积、出水、排水、水位和设置场所，应符合本规范第4.3.8条、第4.3.9条、第5.2.5条和第5.2.6条第2款的规定；

2 减压水箱的布置和通气管、呼吸管等，应符合本规范第5.2.6条第3款～第11款的规定；

3 减压水箱的有效容积不应小于18m³，且宜分为两格；

4 减压水箱应有两条进、出水管，且每条进、出水管应满足消防给水系统所需消防用水量的要求；

5 减压水箱进水管的水位控制应可靠，宜采用水位控制阀；

6 减压水箱进水管应设置防冲击和溢水的技术措施，并宜在进水管上设置紧急关闭阀门，溢流水宜回流到消防水池。

7 消火栓系统

7.1 系统选择

7.1.1 市政消火栓和建筑室外消火栓应采用湿式消火栓系统。

7.1.2 室内环境温度不低于4℃，且不高于70℃的场所，应采用湿式室内消火栓系统。

7.1.3 室内环境温度低于4℃或高于70℃的场所，宜采用干式消火栓系统。

7.1.4 建筑高度不大于27m的多层住宅建筑设置室内湿式消火栓系统确有困难时，可设置干式消防竖管。

7.1.5 严寒、寒冷等冬季结冰地区城市隧道及其他构筑物的消火栓系统，应采取防冻措施，并宜采用干式消火栓系统和干式室外消火栓。

7.1.6 干式消火栓系统的充水时间不应大于5min，并应符合下列规定：

1 在供水干管上宜设干式报警阀、雨淋阀或电磁阀、电动阀等快速启闭装置；当采用电动阀时开启时间不应超过30s；

2 当采用雨淋阀、电磁阀和电动阀时，在消火栓箱处应设置直接开启快速启闭装置的手动按钮；

3 在系统管道的最高处应设置快速排气阀。

7.2 市政消火栓

7.2.1 市政消火栓宜采用地上式室外消火栓；在严寒、寒冷等冬季结冰地区宜采用干式地上式室外消火栓，严寒地区宜增设消防水鹤。当采用地下式室外消火栓，地下消火栓井的直径不宜小于1.5m，且当地下式室外消火栓的取水口在冰冻线以上时，应采取保温措施。

7.2.2 市政消火栓宜采用直径DN150的室外消火栓，并应符合下列要求：

1 室外地上式消火栓应有一个直径为150mm或100mm和两个直径为65mm的栓口；

2 室外地下式消火栓应有直径为100mm和65mm的栓口各一个。

7.2.3 市政消火栓宜在道路的一侧设置，并宜靠近十字路口，但当市政道路宽度超过60m时，应在道路的两侧交叉错落设置市政消火栓。

7.2.4 市政桥桥头和城市交通隧道出入口等市政公用设施处，应设置市政消火栓。

7.2.5 市政消火栓的保护半径不应超过150m，间距不应大于120m。

7.2.6 市政消火栓应布置在消防车易于接近的人行道和绿地等地点，且不应妨碍交通，并应符合下列规定：

1 市政消火栓距路边不宜小于0.5m，并不应大于2.0m；

2 市政消火栓距建筑外墙或外墙边缘不宜小于5.0m；

3 市政消火栓应避免设置在机械易撞击的地点，确有困难时，应采取防撞措施。

7.2.7 市政给水管网的阀门设置应便于市政消火栓的使用和维护，并应符合现行国家标准《室外给水设计规范》GB 50013的有关规定。

7.2.8 当市政给水管网设有市政消火栓时，其平时运行工作压力不应小于0.14MPa，火灾时水力最不利市政消火栓的出流量不应小于15L/s，且供水压力从地面算起不应小于0.10MPa。

7.2.9 严寒地区在城市主要干道上设置消防水鹤的布置间距宜为1000m，连接消防水鹤的市政给水管的管径不宜小于DN200。

7.2.10 火灾时消防水鹤的出流量不宜低于30L/s，且供水压力从地面算起不应小于0.10MPa。

7.2.11 地下式市政消火栓应有明显的永久性标志。

7.3 室外消火栓

7.3.1 建筑室外消火栓的布置除应符合本节的规定外，还应符合本规范第7.2节的有关规定。

7.3.2 建筑室外消火栓的数量应根据室外消火栓设计流量和保护半径经计算确定，保护半径不应大于150.0m，每个室外消火栓的出流量宜按10L/s～15L/s计算。

7.3.3 室外消火栓宜沿建筑周围均匀布置，且不宜集中布置在建筑一侧；建筑消防扑救面一侧的室外消火栓数量不宜少于2个。

7.3.4 人防工程、地下工程等建筑应在出入口附近设置室外消火栓，且距出入口的距离不宜小于5m，并不宜大于40m。

7.3.5 停车场的室外消火栓宜沿停车场周边设置，且与最近一排汽车的距离不宜小于7m，距加油站或油库不宜小于15m。

7.3.6 甲、乙、丙类液体储罐区和液化烃罐罐区等构筑物的室外消火栓，应设在防火堤或防护墙外，数量应根据每个罐的设计流量经计算确定，但距罐壁15m范围内的消火栓，不应计算在该罐可使用的数量内。

7.3.7 工艺装置区等采用高压或临时高压消防给水系统的场所，其周围应设置室外消火栓，数量应根据设计流量经计算确定，且间距不应大于60.0m。当工艺装置区宽度大于120.0m时，宜在该装置区内的路边设置室外消火栓。

7.3.8 当工艺装置区、罐区、堆场、可燃气体和液体码头等构筑物的面积较大或高度较高，室外消火栓的充实水柱无法完全覆盖时，宜在适当部位设置室外固定消防炮。

7.3.9 当工艺装置区、储罐区、堆场等构筑物采用高压或临时高压消防给水系统时，消火栓的设置应符合下列规定：

1 室外消火栓处宜配置消防水带和消防水枪；

2 工艺装置休息平台等处需要设置的消火栓的场所应采用室内消火栓，并应符合本规范第7.4节的有关规定。

7.3.10 室外消防给水引入管当设有倒流防止器，且火灾时因其

水头损失导致室外消火栓不能满足本规范第 7.2.8 条的要求时，应在该倒流防止器前设置一个室外消火栓。

7.4 室内消火栓

7.4.1 室内消火栓的选型应根据使用者、火灾危险性、火灾类型和不同灭火功能等因素综合确定。

7.4.2 室内消火栓的配置应符合下列要求：

1 应采用 DN65 室内消火栓，并可与消防软管卷盘或轻便水龙设置在同一箱体内；

2 应配置公称直径 65 有内衬里的消防水带，长度不宜超过 25.0m；消防软管卷盘应配置内径不小于 $\phi 19$ 的消防软管，其长度宜为 30.0m；轻便水龙应配置公称直径 25 有内衬里的消防水带，长度宜为 30.0m；

3 宜配置当量喷嘴直径 16mm 或 19mm 的消防水枪，但当消火栓设计流量为 2.5L/s 时宜配置当量喷嘴直径 11mm 或 13mm 的消防水枪；消防软管卷盘和轻便水龙应配置当量喷嘴直径 6mm 的消防水枪。

7.4.3 设置室内消火栓的建筑，包括设备层在内的各层均应设置消火栓。

7.4.4 屋顶设有直升机停机坪的建筑，应在停机坪出入口处或非电器设备机房处设置消火栓，且距停机坪机位边缘的距离不应小于 5.0m。

7.4.5 消防电梯前室应设置室内消火栓，并应计入消火栓使用数量。

7.4.6 室内消火栓的布置应满足同一平面有 2 支消防水枪的 2 股充实水柱同时达到任何部位的要求，但建筑高度小于或等于 24.0m 且体积小于或等于 5000m^3 的多层仓库、建筑高度小于或等于 54m 且每单元设置一部疏散楼梯的住宅，以及本规范表 3.5.2 中规定可采用 1 支消防水枪的场所，可采用 1 支消防水枪的 1 股充实水柱到达室内任何部位。

7.4.7 建筑室内消火栓的设置位置应满足火灾扑救要求，并应符合下列规定：

1 室内消火栓应设置在楼梯间及其休息平台和前室、走道等明显易于取用，以及便于火灾扑救的位置；

2 住宅的室内消火栓宜设置在楼梯间及其休息平台；

3 汽车库内消火栓的设置不应影响汽车的通行和车位的设置，并应确保消火栓的开启；

4 同一楼梯间及其附近不同层设置的消火栓，其平面位置宜相同；

5 冷库的室内消火栓应设置在常温穿堂或楼梯间内。

7.4.8 建筑室内消火栓栓口的安装高度应便于消防水龙带的连接和使用，其距地面高度宜为 1.1m；其出水方向应便于消防水带的敷设，并宜与设置消火栓的墙面成 90°角或向下。

7.4.9 设有室内消火栓的建筑应设置带有压力表的试验消火栓，其设置位置应符合下列规定：

1 多层和高层建筑应在其屋顶设置，严寒、寒冷等冬季结冰地区可设置在顶层出口处或水箱间内等便于操作和防冻的位置；

2 单层建筑宜设置在水力最不利处，且应靠近出入口。

7.4.10 室内消火栓宜按直线距离计算其布置间距，并应符合下列规定：

1 消火栓按 2 支消防水枪的 2 股充实水柱布置的建筑物，消火栓的布置间距不应大于 30.0m；

2 消火栓按 1 支消防水枪的 1 股充实水柱布置的建筑物，消火栓的布置间距不应大于 50.0m。

7.4.11 消防软管卷盘和轻便水龙的用水量可不计入消防用水总量。

7.4.12 室内消火栓栓口压力和消防水枪充实水柱，应符合下列规定：

1 消火栓栓口动压力不应大于 0.50MPa；当大于 0.70MPa 时必须设置减压装置；

2 高层建筑、厂房、库房和室内净空高度超过 8m 的民用建筑等场所，消火栓栓口动压不应小于 0.35MPa，且消防水枪充实水柱应按 13m 计算；其他场所，消火栓栓口动压不应小于 0.25MPa，且消防水枪充实水柱应按 10m 计算。

7.4.13 建筑高度不大于 27m 的住宅，当设置消火栓时，可采用干式消防竖管，并应符合下列规定：

1 干式消防竖管宜设置在楼梯间休息平台，且仅应配置消火栓栓口；

2 干式消防竖管应设置消防车供水接口；

3 消防车供水接口应设置在首层便于消防车接近和安全的地点；

4 竖管顶端应设置自动排气阀。

7.4.14 住宅户内宜在生活给水管道上预留一个接 DN15 消防软管或轻便水龙的接口。

7.4.15 跃层住宅和商业网点的室内消火栓应至少满足一股充实水柱到达室内任何部位，并宜设置在户门附近。

7.4.16 城市交通隧道室内消火栓系统的设置应符合下列规定：

1 隧道内宜设置独立的消防给水系统；

2 管道内的消防供水压力应保证用水量达到最大时，最低压力不应小于 0.30MPa，但当消火栓栓口处的出水压力超过 0.70MPa 时，应设置减压设施；

3 在隧道出入口处应设置消防水泵接合器和室外消火栓；

4 消火栓的间距不应大于 50m，双向同行车道或单行通行但大于 3 车道时，应双面间隔设置；

5 隧道内允许通行危险化学品的机动车，且隧道长度超过 3000m 时，应配置水雾或泡沫消防水枪。

8 管　　网

8.1 一般规定

8.1.1 当市政给水管网设有市政消火栓时，应符合下列规定：

1 设有市政消火栓的市政给水管网宜为环状管网，但当城镇人口小于 2.5 万人时，可为枝状管网；

2 接市政消火栓的环状给水管网的管径不应小于 DN150，枝状管网的管径不宜小于 DN200。当城镇人口小于 2.5 万人时，接市政消火栓的给水管网的管径可适当减少，环状管网时不应小于 DN100，枝状管网时不宜小于 DN150；

3 工业园区、商务区和居住区等区域采用两路消防供水，当其中一条引入管发生故障时，其余引入管在保证满足 70%生产生活给水的最大小时设计流量条件下，应仍能满足本规范规定的消防给水设计流量。

8.1.2 下列消防给水应采用环状给水管网：

1 向两栋或两座及以上建筑供水时；

2 向两种及以上水灭火系统供水时；

3 采用设有高位消防水箱的临时高压消防给水系统时；

4 向两个及以上报警阀控制的自动水灭火系统供水时。

8.1.3 向室外、室内环状消防给水管网供水的输水干管不应少于两条，当其中一条发生故障时，其余的输水干管应仍能满足消防给水设计流量。

8.1.4 室外消防给水管网应符合下列规定：

1 室外消防给水采用两路消防供水时应采用环状管网，但当采用一路消防供水时可采用枝状管网；

2 管道的直径应根据流量、流速和压力要求经计算确定，但不应小于DN100；

3 消防给水管道应采用阀门分成若干独立段，每段内室外消火栓的数量不宜超过5个；

4 管道设计的其他要求应符合现行国家标准《室外给水设计规范》GB 50013的有关规定。

8.1.5 室内消防给水管网应符合下列规定：

1 室内消火栓系统管网应布置成环状，当室外消火栓设计流量不大于20L/s，且室内消火栓不超过10个时，除本规范第8.1.2条情况外，可布置成枝状；

2 当由室外生产生活消防合用系统直接供水时，合用系统除应满足室外消防给水设计流量以及生产和生活最大小时设计流量的要求外，还应满足室内消防给水系统的设计流量和压力要求；

3 室内消防管道管径应根据系统设计流量、流速和压力要求经计算确定；室内消火栓竖管管径应根据竖管最低流量经计算确定，但不应小于DN100。

8.1.6 室内消火栓环状给水管道检修时应符合下列规定：

1 室内消火栓竖管应保证检修管道时关闭停用的竖管不超过1根，当竖管超过4根时，可关闭不相邻的2根；

2 每根竖管与供水横干管相接处应设置阀门。

8.1.7 室内消火栓给水管网宜与自动喷水等其他水灭火系统的管网分开设置；当合用消防泵时，供水管路沿水流方向应在报警阀前分开设置。

8.1.8 消防给水管道的设计流速不宜大于2.5m/s，自动水灭火系统管道设计流速，应符合现行国家标准《自动喷水灭火系统设计规范》GB 50084、《泡沫灭火系统设计规范》GB 50151、《水喷雾灭火系统设计规范》GB 50219和《固定消防炮灭火系统设计规范》GB 50338的有关规定，但任何消防管道的给水流速不应大于7m/s。

8.2 管道设计

8.2.1 消防给水系统中采用的设备、器材、管材管件、阀门和配件等系统组件的产品工作压力等级，应大于消防给水系统的系统工作压力，且应保证系统在可能最大运行压力时安全可靠。

8.2.2 低压消防给水系统的系统工作压力应根据市政给水管网和其他给水管网等的系统工作压力确定，且不应小于0.60MPa。

8.2.3 高压和临时高压消防给水系统的系统工作压力应根据系统在供水时，可能的最大运行压力确定，并应符合下列规定：

1 高位消防水池、水塔供水的高压消防给水系统的系统工作压力，应为高位消防水池、水塔最大静压；

2 市政给水管网直接供水的高压消防给水系统的系统工作压力，应根据市政给水管网的工作压力确定；

3 采用高位消防水箱稳压的临时高压消防给水系统的系统工作压力，应为消防水泵零流量时的压力与水泵吸水口最大静水压力之和；

4 采用稳压泵稳压的临时高压消防给水系统的系统工作压力，应取消防水泵零流量时的压力、消防水泵吸水口最大静压二者之和与稳压泵维持系统压力时两者其中的较大值。

8.2.4 埋地管道宜采用球墨铸铁管、钢丝网骨架塑料复合管和加强防腐的钢管等管材，室内外架空管道应采用热浸锌镀锌钢管等金属管材，并应按下列因素对管道的综合影响选择管材和设计管道：

1 系统工作压力；

2 覆土深度；

3 土壤的性质；

4 管道的耐腐蚀能力；

5 可能受到土壤、建筑基础、机动车和铁路等其他附加荷载的影响；

6 管道穿越伸缩缝和沉降缝。

8.2.5 埋地管道当系统工作压力不大于1.20MPa时，宜采用球墨铸铁管或钢丝网骨架塑料复合管给水管道；当系统工作压力大于1.20MPa小于1.60MPa时，宜采用钢丝网骨架塑料复合管、加厚钢管和无缝钢管；当系统工作压力大于1.60MPa时，宜采用无缝钢管。钢管连接宜采用沟槽连接件（卡箍）和法兰，当采用沟槽连接件连接时，公称直径小于等于DN250的沟槽式管接头系统工作压力不应大于2.50MPa，公称直径大于或等于DN300的沟槽式管接头系统工作压力不应大于1.60MPa。

8.2.6 埋地金属管道的管顶覆土应符合下列规定：

1 管道最小管顶覆土应按地面荷载、埋深荷载和冰冻线对管道的综合影响确定；

2 管道最小管顶覆土不应小于0.70m；但当在机动车道下时管道最小管顶覆土应经计算确定，并不宜小于0.90m；

3 管道最小管顶覆土应至少在冰冻线以下0.30m。

8.2.7 埋地管道采用钢丝网骨架塑料复合管时应符合下列规定：

1 钢丝网骨架塑料复合管的聚乙烯（PE）原材料不应低于PE80；

2 钢丝网骨架塑料复合管的内环向应力不应低于8.0MPa；

3 钢丝网骨架塑料复合管的复合层应满足静压稳定性和剥离强度的要求；

4 钢丝网骨架塑料复合管及配套管件的熔体质量流动速率（MFR），应按现行国家标准《热塑性塑料熔体质量流动速率和熔体体积流动速率的测定》GB/T 3682规定的试验方法进行试验时，加工前后MFR变化不应超过±20%；

5 管材及连接管件应采用同一品牌产品，连接方式应采用可靠的电熔连接或机械连接；

6 管材耐静压强度应符合现行行业标准《埋地聚乙烯给水管道工程技术规程》CJJ 101的有关规定和设计要求；

7 钢丝网骨架塑料复合管道最小管顶覆土深度，在人行道下不宜小于0.80m，在轻型车行道下不应小于1.0m，且应在冰冻线下0.30m；在重型汽车道路或铁路、高速公路下应设置保护套管，套管与钢丝网骨架塑料复合管的净距不应小于100mm；

8 钢丝网骨架塑料复合管道与热力管道间的距离，应在保证聚乙烯管道表面温度不超过40℃的条件下计算确定，但最小净距不应小于1.50m。

8.2.8 架空管道当系统工作压力小于等于1.20MPa时，可采用热浸锌镀锌钢管；当系统工作压力大于1.20MPa时，应采用热浸镀锌加厚钢管或热浸镀锌无缝钢管；当系统工作压力大于1.60MPa时，应采用热浸镀锌无缝钢管。

8.2.9 架空管道的连接宜采用沟槽连接件（卡箍）、螺纹、法兰、卡压等方式，不宜采用焊接连接。当管径小于或等于DN50时，应采用螺纹和卡压连接，当管径大于DN50时，应采用沟槽连接件连接、法兰连接，当安装空间较小时应采用沟槽连接件连接。

8.2.10 架空充水管道应设置在环境温度不低于5℃的区域，当环境温度低于5℃时，应采取防冻措施；室外架空管道当温差变化较大时应校核管道系统的膨胀和收缩，并应采取相应的技术措施。

8.2.11 埋地管道的地基、基础、垫层、回填土压实密度等的要求，应根据刚性管或柔性管管材的性质，结合管道埋设处的具体情况，按现行国家标准《给水排水管道工程施工及验收标准》GB 50268和《给水排水工程管道结构设计规范》GB 50332的有关规定执行。当埋地管直径不小于DN100时，应在管道弯头、三通和堵头等位置设置钢筋混凝土支墩。

8.2.12 消防给水管道不宜穿越建筑基础，当必须穿越时，应采取防护套管等保护措施。

8.2.13 埋地钢管和铸铁管，应根据土壤和地下水腐蚀性等因素确定管外壁防腐措施；海边、空气潮湿等空气中含有腐蚀性介质的场所的架空管道外壁，应采取相应的防腐措施。

8.3 阀门及其他

8.3.1 消防给水系统的阀门选择应符合下列规定：

1 埋地管道的阀门宜采用带启闭刻度的暗杆闸阀，当设置在阀门井内时可采用耐腐蚀的明杆闸阀；

2 室内架空管道的阀门宜采用蝶阀、明杆闸阀或带启闭刻度的暗杆闸阀等；

3 室外架空管道宜采用带启闭刻度的暗杆闸阀或耐腐蚀的明杆闸阀；

4 埋地管道的阀门应采用球墨铸铁阀门，室内架空管道的阀门应采用球墨铸铁或不锈钢阀门，室外架空管道的阀门应采用球墨铸铁阀门或不锈钢阀门。

8.3.2 消防给水系统管道的最高点处宜设置自动排气阀。

8.3.3 消防水泵出水管上的止回阀宜采用水锤消除止回阀，当消防水泵供水高度超过24m时，应采用水锤消除器。当消防水泵出水管上设有囊式气压水罐时，可不设水锤消除设施。

8.3.4 减压阀的设置应符合下列规定：

1 减压阀应设置在报警阀组入口前，当连接两个及以上报警阀组时，应设置备用减压阀；

2 减压阀的进口处应设置过滤器，过滤器的孔网直径不宜小于4目/cm²～5目/cm²，过流面积不应小于管道截面积的4倍；

3 过滤器和减压阀前后应设压力表，压力表的表盘直径不应小于100mm，最大量程宜为设计压力的2倍；

4 过滤器前和减压阀后应设置控制阀门；

5 减压阀后应设置压力试验排水阀；

6 减压阀应设置流量检测测试接口或流量计；

7 垂直安装的减压阀，水流方向宜向下；

8 比例式减压阀宜垂直安装，可调式减压阀宜水平安装；

9 减压阀和控制阀门宜有保护或锁定调节配件的装置；

10 接减压阀的管段不应有气堵、气阻。

8.3.5 室内消防给水系统由生活、生产给水系统管网直接供水时，应在引入管处设置倒流防止器。当消防给水系统采用有空气隔断的倒流防止器时，该倒流防止器应设置在清洁卫生的场所，其排水口应采取防止被水淹没的技术措施。

8.3.6 在寒冷、严寒地区，室外阀门井应采取防冻措施。

8.3.7 消防给水系统的室内外消火栓、阀门等设置位置，应设置永久性固定标识。

9 消防排水

9.1 一般规定

9.1.1 设有消防给水系统的建设工程宜采取消防排水措施。

9.1.2 排水措施应满足财产和消防设施安全，以及系统调试和日常维护管理等安全和功能的需要。

9.2 消防排水

9.2.1 下列建筑物和场所应采取消防排水措施：

1 消防水泵房；

2 设有消防给水系统的地下室；

3 消防电梯的井底；

4 仓库。

9.2.2 室内消防排水应符合下列规定：

1 室内消防排水宜排入室外雨水管道；

2 当存有少量可燃液体时，排水管道应设置水封，并宜间接排入室外污水管道；

3 地下室的消防排水设施宜与地下室其他地面废水排水设施共用。

9.2.3 消防电梯的井底排水设施应符合下列规定：

1 排水泵集水井的有效容量不应小于2.00m³；

2 排水泵的排水量不应小于10L/s。

9.2.4 室内消防排水设施应采取防止倒灌的技术措施。

9.3 测试排水

9.3.1 消防给水系统试验装置处应设置专用排水设施，排水管径应符合下列规定：

1 自动喷水灭火系统等自动水灭火系统末端试水装置处的排水立管管径，应根据末端试水装置的泄流量确定，并不宜小于DN75；

2 报警阀处的排水立管宜为DN100；

3 减压阀处的压力试验排水管道直径应根据减压阀流量确定，但不应小于DN100。

9.3.2 试验排水可回收部分宜排入专用消防水池循环再利用。

10 水力计算

10.1 水力计算

10.1.1 消防给水的设计压力应满足所服务的各种水灭火系统最不利点处水灭火设施的压力要求。

10.1.2 消防给水管道单位长度管道沿程水头损失应根据管材、水力条件等因素选择，可按下列公式计算：

1 消防给水管道或室外塑料管可采用下列公式计算：

$$i=10^{-6}\frac{\lambda}{d_i}\frac{\rho v^2}{2} \tag{10.1.2-1}$$

$$\frac{1}{\sqrt{\lambda}}=-2.0\log\left(\frac{2.51}{Re\sqrt{\lambda}}+\frac{\varepsilon}{3.71d_i}\right) \tag{10.1.2-2}$$

$$Re=\frac{vd_i\rho}{\mu} \tag{10.1.2-3}$$

$$\mu=\rho\nu \tag{10.1.2-4}$$

$$\nu=\frac{1.775\times10^{-6}}{1+0.0337T+0.000221T^2} \tag{10.1.2-5}$$

式中：i——单位长度管道沿程水头损失(MPa/m)；

d_i——管道的内径(m)；

v——管道内水的平均流速(m/s)；

ρ——水的密度(kg/m³)；

λ——沿程损失阻力系数；

ε——当量粗糙度，可按表10.1.2取值(m)；

Re——雷诺数，无量纲；

μ——水的动力黏滞系数(Pa/s)；

ν——水的运动黏滞系数(m²/s)；

T——水的温度，宜取10℃。

2 内衬水泥砂浆球墨铸铁管可按下列公式计算：

$$i=10^{-2}\frac{v^2}{C_v^2R} \tag{10.1.2-6}$$

$$C_v=\frac{1}{n_\varepsilon}R^y \tag{10.1.2-7}$$

$0.1\leqslant R\leqslant3.0$ 且 $0.011\leqslant n_\varepsilon\leqslant0.040$ 时，

$$y=2.5\sqrt{n_\varepsilon}-0.13-0.75\sqrt{R}(\sqrt{n_\varepsilon}-0.1) \tag{10.1.2-8}$$

式中：R——水力半径(m)；

C_v——流速系数；

n_ε——管道粗糙系数，可按表10.1.2取值；

y——系数，管道计算时可取$\frac{1}{6}$。

3 室内外输配水管道可按下式计算：

$$i=2.9660\times10^{-7}\left[\frac{q^{1.852}}{C^{1.852}d_i^{4.87}}\right] \quad (10.1.2\text{-}9)$$

式中：C——海澄-威廉系数，可按表 10.1.2 取值；

q——管段消防给水设计流量(L/s)。

表 10.1.2 各种管道水头损失计算参数 ε、n_ε、C

管材名称	当量粗糙度 ε(m)	管道粗糙系数 n_ε	海澄-威廉系数 C
球墨铸铁管(内衬水泥)	0.0001	0.011～0.012	130
钢管(旧)	0.0005～0.001	0.014～0.018	100
镀锌钢管	0.00015	0.014	120
铜管/不锈钢管	0.00001	—	140
钢丝网骨架 PE 塑料管	0.000010～0.00003	—	140

10.1.3 管道速度压力可按下式计算：

$$P_v = 8.11\times10^{-10}\frac{q^2}{d_i^4} \quad (10.1.3)$$

式中：P_v——管道速度压力(MPa)。

10.1.4 管道压力可按下式计算：

$$P_n = P_t - P_v \quad (10.1.4)$$

式中：P_n——管道某一点处压力(MPa)；

P_t——管道某一点处总压力(MPa)。

10.1.5 管道沿程水头损失宜按下式计算：

$$P_f = iL \quad (10.1.5)$$

式中：P_f——管道沿程水头损失(MPa)；

L——管道直线段的长度(m)。

10.1.6 管道局部水头损失宜按下式计算。当资料不全时，局部水头损失可按根据管道沿程水头损失的 10%～30%估算，消防给水干管和室内消火栓可按 10%～20%计，自动喷水等支管较多时可按 30%计。

$$P_p = iL_p \quad (10.1.6)$$

式中：P_p——管件和阀门等局部水头损失(MPa)；

L_p——管件和阀门等当量长度，可按表 10.1.6-1 取值(m)。

表 10.1.6-1 管件和阀门当量长度(m)

管件名称	管件直径 DN(mm)											
	25	32	40	50	70	80	100	125	150	200	250	300
45°弯头	0.3	0.3	0.6	0.6	0.9	0.9	1.2	1.5	2.1	2.7	3.3	4.0
90°弯头	0.6	0.9	1.2	1.5	1.8	2.1	3.1	3.7	4.3	5.5	5.5	8.2
三通四通	1.5	1.8	2.4	3.1	3.7	4.6	6.1	7.6	9.2	10.7	15.3	18.3
蝶阀	—	—	—	1.8	2.1	3.1	3.7	2.7	3.1	3.7	5.8	6.4
闸阀	—	—	—	0.3	0.3	0.3	0.6	0.6	0.9	1.2	1.5	1.8
止回阀	1.5	2.1	2.7	3.4	4.3	4.9	6.7	8.3	9.8	13.7	16.8	19.8
异径弯头	32	40	50	70	80	100	125	150	200	—	—	—
	25	32	40	50	70	80	100	125	150	—	—	—
	0.2	0.3	0.3	0.5	0.6	0.8	1.1	1.3	1.6	—	—	—
U型过滤器	12.3	15.4	18.5	24.5	30.8	36.8	49	61.2	73.5	98	122.5	—
Y型过滤器	11.2	14	16.8	22.4	28	33.6	46.2	57.4	68.6	91	113.4	—

注：1 当异径接头的出口直径不变而入口直径提高Ⅰ级时，其当量长度应增大 0.5 倍；提高 2 级或 2 级以上时，其当量长度应增加 1.0 倍；

2 表中当量长度是在海澄威廉系数 $C=120$ 的条件下测得，当选择的管材不同时，当量长度应根据下列系数作调整：$C=100$，$k_1=0.713$；$C=120$，$k_1=1.0$；$C=130$，$k_1=1.16$；$C=140$，$k_1=1.33$；$C=150$，$k_1=1.51$；

3 表中没有提供管件和阀门当量长度时，可按表 10.1.6-2 提供的参数经计算确定。

表 10.1.6-2 各种管件和阀门的当量长度折算系数

管件或阀门名称	折算系数(L_p/d_i)
45°弯头	16
90°弯头	30
三通四通	60
蝶阀	30
闸阀	13
止回阀	70～140
异径弯头	10
U 型过滤器	500
Y 型过滤器	410

10.1.7 消防水泵或消防给水所需要的设计扬程或设计压力，宜按下式计算：

$$P=k_2(\sum P_f+\sum P_p)+0.01H+P_0 \quad (10.1.7)$$

式中：P——消防水泵或消防给水系统所需要的设计扬程或设计压力(MPa)；

k_2——安全系数，可取 1.20～1.40；宜根据管道的复杂程度和不可预见发生的管道变更所带来的不确定性；

H——当消防水泵从消防水池吸水时，H 为最低有效水位至最不利水灭火设施的几何高差；当消防水泵从市政给水管网直接吸水时，H 为火灾时市政给水管网在消防水泵入口处的设计压力值的高程至最不利水灭火设施的几何高差(m)；

P_0——最不利点水灭火设施所需的设计压力(MPa)。

10.1.8 市政给水管网直接向消防给水系统供水时，消防给水入户引入管的工作压力应根据市政供水公司确定值进行复核计算。

10.1.9 消火栓系统管网的水力计算应符合下列规定：

1 室外消火栓系统的管网在水力计算时不应简化，应根据枝状或事故状态下环状管网进行水力计算；

2 室内消火栓系统管网在水力计算时，可简化为枝状管网。

室内消火栓系统的竖管流量应按本规范第 8.1.6 条第 1 款规定可关闭竖管数量最大时，剩余一组最不利的竖管确定该组竖管中每根竖管平均分摊室内消火栓设计流量，且不应小于本规范表 3.5.2 规定的竖管流量。

室内消火栓系统供水横干管的流量应为室内消火栓设计流量。

10.2 消 火 栓

10.2.1 室内消火栓的保护半径可按下式计算：

$$R_0=k_3L_d+L_s \quad (10.2.1)$$

式中：R_0——消火栓保护半径(m)；

k_3——消防水带弯曲折减系数，宜根据消防水带转弯数量取 0.8～0.9；

L_d——消防水带长度(m)；

L_s——水枪充实水柱长度在平面上的投影长度。按水枪倾角为 45°时计算，取 $0.71S_k$(m)；

S_k——水枪充实水柱长度，按本规范第 7.4.12 条第 2 款和第 7.4.16 条第 2 款的规定取值(m)。

10.3 减 压 计 算

10.3.1 减压孔板应符合下列规定：

1 应设在直径不小于 50mm 的水平直管段上，前后管段的长度均不宜小于该管段直径的 5 倍；

2 孔口直径不应小于设置管段直径的 30%，且不应小于 20mm；

3 应采用不锈钢板材制作。

10.3.2 节流管应符合下列规定：

1 直径宜按上游管段直径的1/2确定；

2 长度不宜小于1m；

3 节流管内水的平均流速不应大于20m/s。

10.3.3 减压孔板的水头损失，应按下列公式计算：

$$H_k = 0.01\zeta_1 \frac{V_k^2}{2g} \tag{10.3.3-1}$$

$$\zeta_1 = \left[1.75\frac{d_i^2}{d_k^2}\cdot\frac{1.1-\frac{d_k^2}{d_i^2}}{1.175-\frac{d_k^2}{d_i^2}}-1\right]^2 \tag{10.3.3-2}$$

式中：H_k——减压孔板的水头损失(MPa)；

V_k——减压孔板后管道内水的平均流速(m/s)；

g——重力加速度(m/s^2)；

ζ_1——减压孔板的局部阻力系数，也可按表10.3.3取值；

d_k——减压孔板孔口的计算内径；取值应按减压孔板孔口直径减1mm确定(m)；

d_i——管道的内径(m)。

表10.3.3 减压孔板局部阻力系数

d_k/d_i	0.3	0.4	0.5	0.6	0.7	0.8
ζ_1	292	83.3	29.5	11.7	4.75	1.83

10.3.4 节流管的水头损失，应按下式计算：

$$H_g = 0.01\zeta_2 \frac{V_g^2}{2g} + 0.0000107\frac{V_g^2}{d_g^{1.3}}L_j \tag{10.3.4}$$

式中：H_g——节流管的水头损失(MPa)；

ζ_2——节流管中渐缩管与渐扩管的局部阻力系数之和，取值0.7；

V_g——节流管内水的平均流速(m/s)；

d_g——节流管的计算内径，取值应按节流管内径减1mm确定(m)；

L_j——节流管的长度(m)。

10.3.5 减压阀的水头损失计算应符合下列规定：

1 应根据产品技术参数确定；当无资料时，减压阀阀前后静压与动压差应按不小于0.10MPa计算；

2 减压阀串联减压时，应计算第一级减压阀的水头损失对第二级减压阀出水动压的影响。

11 控制与操作

11.0.1 消防水泵控制柜应设置在消防水泵房或专用消防水泵控制室内，并应符合下列要求：

1 消防水泵控制柜在平时应使消防水泵处于自动启泵状态；

2 当自动水灭火系统为开式系统，且设置自动启动确有困难时，经论证后消防水泵可设置在手动启动状态，并应确保24h有人工值班。

11.0.2 消防水泵不应设置自动停泵的控制功能，停泵应由具有管理权限的工作人员根据火灾扑救情况确定。

11.0.3 消防水泵应确保从接到启泵信号到水泵正常运转的自动启动时间不应大于2min。

11.0.4 消防水泵应由消防水泵出水干管上设置的压力开关、高位消防水箱出水管上的流量开关，或报警阀压力开关等开关信号直接自动启动消防水泵。消防水泵房内的压力开关宜引入消防水泵控制柜内。

11.0.5 消防水泵应能手动启停和自动启动。

11.0.6 稳压泵应由消防给水管网或气压水罐上设置的稳压泵自动启停泵压力开关或压力变送器控制。

11.0.7 消防控制室或值班室，应具有下列控制和显示功能：

1 消防控制柜或控制盘应设置专用线路连接的手动直接启泵按钮；

2 消防控制柜或控制盘应能显示消防水泵和稳压泵的运行状态；

3 消防控制柜或控制盘应能显示消防水池、高位消防水箱等水源的高水位、低水位报警信号，以及正常水位。

11.0.8 消防水泵、稳压泵应设置就地强制启停泵按钮，并应有保护装置。

11.0.9 消防水泵控制柜设置在专用消防水泵控制室时，其防护等级不应低于IP30；与消防水泵设置在同一空间时，其防护等级不应低于IP55。

11.0.10 消防水泵控制柜应采取防止被水淹没的措施。在高温潮湿环境下，消防水泵控制柜内应设置自动防潮除湿的装置。

11.0.11 当消防给水分区供水采用转输消防水泵时，转输泵宜在消防水泵启动后再启动；当消防给水分区供水采用串联消防水泵时，上区消防水泵宜在下区消防水泵启动后再启动。

11.0.12 消防水泵控制柜应设置机械应急启泵功能，并应保证在控制柜内的控制线路发生故障时由有管理权限的人员在紧急时启动消防水泵。机械应急启动时，应确保消防水泵在报警后5.0min内正常工作。

11.0.13 消防水泵控制柜前面板的明显部位应设置紧急时打开柜门的装置。

11.0.14 火灾时消防水泵应工频运行，消防水泵应工频直接启泵；当功率较大时，宜采用星三角和自耦降压变压器启动，不宜采用有源器件启动。

消防水泵准工作状态的自动巡检应采用变频运行，定期人工巡检应工频满负荷运行并出流。

11.0.15 当工频启动消防水泵时，从接通电路到水泵达到额定转速的时间不宜大于表11.0.15的规定值。

表11.0.15 工频泵启动时间

配用电机功率(kW)	≤132	>132
消防水泵直接启动时间(s)	<30	<55

11.0.16 电动驱动消防水泵自动巡检时，巡检功能应符合下列规定：

1 巡检周期不宜大于7d，且应能按需要任意设定；

2 以低频交流电源逐台驱动消防水泵，使每台消防水泵低速转动的时间不应少于2min；

3 对消防水泵控制柜一次回路中的主要低压器件宜有巡检功能，并应检查器件的动作状态；

4 当有启泵信号时，应立即退出巡检，进入工作状态；

5 发现故障时，应有声光报警，并应有记录和储存功能；

6 自动巡检时，应设置电源自动切换功能的检查。

11.0.17 消防水泵的双电源切换应符合下列规定：

1 双路电源自动切换时间不应大于2s；

2 当一路电源与内燃机动力的切换时间不应大于15s。

11.0.18 消防水泵控制柜应有显示消防水泵工作状态和故障状态的输出端子及远程控制消防水泵启动的输入端子。控制柜应具有自动巡检可调、显示巡检状态和信号等功能，且对话界面应有汉语语言，图标应便于识别和操作。

11.0.19 消火栓按钮不宜作为直接启动消防水泵的开关，但可作为发出报警信号的开关或启动干式消火栓系统的快速启闭装置等。

12 施　　工

12.1 一般规定

12.1.1 消防给水及消火栓系统的施工必须由具有相应等级资质的施工队伍承担。

12.1.2 消防给水及消火栓系统分部工程、子分部工程、分项工程，宜按本规范附录A划分。

12.1.3 系统施工应按设计要求编制施工方案或施工组织设计。施工现场应具有相应的施工技术标准、施工质量管理体系和工程质量检验制度，并应按本规范附录B的要求填写有关记录。

12.1.4 消防给水及消火栓系统施工前应具备下列条件：

1 施工图应经国家相关机构审查审核批准或备案后再施工；

2 平面图、系统图（展开系统原理图）、详图等图纸及说明书、设备表、材料表等技术文件应齐全；

3 设计单位应向施工、建设、监理单位进行技术交底；

4 系统主要设备、组件、管材管件及其他设备、材料，应能保证正常施工；

5 施工现场及施工中使用的水、电、气应满足施工要求。

12.1.5 消防给水及消火栓系统工程的施工，应按批准的工程设计文件和施工技术标准进行施工。

12.1.6 消防给水及消火栓系统工程的施工过程质量控制，应按下列规定进行：

1 应校对审核图纸复核是否同施工现场一致；

2 各工序应按施工技术标准进行质量控制，每道工序完成后，应进行检查，并应检查合格后再进行下道工序；

3 相关各专业工种之间应进行交接检验，并应经监理工程师签证后再进行下道工序；

4 安装工程完工后，施工单位应按相关专业调试规定进行调试；

5 调试完工后，施工单位应向建设单位提供质量控制资料和各类施工过程质量检查记录；

6 施工过程质量检查组织应由监理工程师组织施工单位人员组成；

7 施工过程质量检查记录应按本规范表C.0.1的要求填写。

12.1.7 消防给水及消火栓系统质量控制资料应按本规范附录D的要求填写。

12.1.8 分部工程质量验收应由建设单位组织施工、监理和设计等单位相关人员进行，并应按本规范附录E的要求填写消防给水及消火栓系统工程验收记录。

12.1.9 当建筑物仅设有消防软管卷盘或轻便水龙和DN25消火栓时，其施工验收维护管理等应符合现行国家标准《建筑给水排水及采暖工程施工质量验收规范》GB 50242的有关规定。

12.2 进场检验

12.2.1 消防给水及消火栓系统施工前应对采用的主要设备、系统组件、管材管件及其他设备、材料进行进场检查，并应符合下列要求：

1 主要设备、系统组件、管材管件及其他设备、材料，应符合国家现行相关产品标准的规定，并应具有出厂合格证或质量认证书；

2 消防水泵、消火栓、消防水带、消防水枪、消防软管卷盘或轻便水龙、报警阀组、电动（磁）阀、压力开关、流量开关、消防水泵接合器、沟槽连接件等系统主要设备和组件，应经国家消防产品质量监督检验中心检测合格；

3 稳压泵、气压水罐、消防水箱、自动排气阀、信号阀、止回阀、安全阀、减压阀、倒流防止器、蝶阀、闸阀、流量计、压力表、水位计等，应经相应国家产品质量监督检验中心检测合格；

4 气压水罐、组合式消防水池、屋顶消防水箱、地下水取水和地表水取水设施，以及其附件等，应符合国家现行相关产品标准的规定。

检查数量：全数检查。

检查方法：检查相关资料。

12.2.2 消防水泵和稳压泵的检验应符合下列要求：

1 消防水泵和稳压泵的流量、压力和电机功率应满足设计要求；

2 消防水泵产品质量应符合现行国家标准《消防泵》GB 6245、《离心泵技术条件（Ⅰ类）》GB/T 16907或《离心泵技术条件（Ⅱ类）》GB/T 5656的有关规定；

3 稳压泵产品质量应符合现行国家标准《离心泵技术条件（Ⅱ类）》GB/T 5656的有关规定；

4 消防水泵和稳压泵的电机功率应满足水泵全性能曲线运行的要求；

5 泵及电机的外观表面不应有碰损，轴心不应有偏心。

检查数量：全数检查。

检查方法：直观检查和查验认证文件。

12.2.3 消火栓的现场检验应符合下列要求：

1 室外消火栓应符合现行国家标准《室外消火栓》GB 4452的性能和质量要求；

2 室内消火栓应符合现行国家标准《室内消火栓》GB 3445的性能和质量要求；

3 消防水带应符合现行国家标准《消防水带》GB 6246的性能和质量要求；

4 消防水枪应符合现行国家标准《消防水枪》GB 8181的性能和质量要求；

5 消火栓、消防水带、消防水枪的商标、制造厂等标志应齐全；

6 消火栓、消防水带、消防水枪的型号、规格等技术参数应符合设计要求；

7 消火栓外观应无加工缺陷和机械损伤；铸件表面应无结疤、毛刺、裂纹和缩孔等缺陷；铸铁阀体外部应涂红色油漆，内表面应涂防锈漆，手轮应涂黑色油漆；外部漆膜应光滑、平整、色泽一致，应无气泡、流痕、皱纹等缺陷，并应无明显碰、划等现象；

8 消火栓螺纹密封面应无伤痕、毛刺、缺丝或断丝现象；

9 消火栓的螺纹出水口和快速连接卡扣应无缺陷和机械损伤，并应能满足使用功能的要求；

10 消火栓阀杆升降或开启应平稳、灵活，不应有卡涩和松动现象；

11 旋转型消火栓其内部构造应合理，转动部件应为铜或不锈钢，并应保证旋转可靠、无卡涩和漏水现象；

12 减压稳压消火栓应保证可靠、无堵塞现象；

13 活动部件应转动灵活，材料应耐腐蚀，不应卡涩或脱扣；

14 消火栓固定接口应进行密封性能试验，应以无渗漏、无损伤为合格。试验数量宜从每批中抽查1%，但不应少于5个，应缓慢而均匀地升压1.6MPa，应保压2min。当两个及两个以上不合格时，不应使用该批消火栓。当仅有1个不合格时，应再抽查2%，但不应少于10个，并应重新进行密封性能试验；当仍有不合格时，亦不应使用该批消火栓；

15 消防水带的织物层应编织得均匀，表面应整洁；应无跳双经、断双经、跳纬及划伤，衬里（或覆盖层）的厚度应均匀，表面应光滑平整、无折皱或其他缺陷；

16 消防水枪的外观质量应符合本条第4款的有关规定，消防水枪的进出口口径应满足设计要求；

17 消火栓箱应符合现行国家标准《消火栓箱》GB 14561的性能和质量要求；

18　消防软管卷盘和轻便水龙应符合现行国家标准《消防软管卷盘》GB 15090和现行行业标准《轻便消防水龙》GA 180的性能和质量要求。

外观和一般检查数量：全数检查。

检查方法：直观和尺量检查。

性能检查数量：抽查符合本条第14款的规定。

检查方法：直观检查及在专用试验装置上测试，主要测试设备有试压泵、压力表、秒表。

12.2.4　消防炮、洒水喷头、泡沫产生装置、泡沫比例混合装置、泡沫液压力储罐和泡沫喷头等水灭火系统的专用组件的进场检查，应符合现行国家标准《自动喷水灭火系统施工及验收规范》GB 50261、《泡沫灭火系统施工及验收规范》GB 50281等的有关规定。

12.2.5　管材、管件应进行现场外观检查，并应符合下列要求：

1　镀锌钢管应为内外壁热镀锌钢管，钢管内外表面的镀锌层不应有脱落、锈蚀等现象，球墨铸铁管球墨铸铁内涂水泥层和外涂防腐涂层不应脱落，不应有锈蚀等现象，钢丝网骨架塑料复合管管道壁厚度均匀、内外壁应无划痕，各种管材管件应符合表12.2.5所列相应标准；

表12.2.5　消防给水管材及管件标准

序号	国家现行标准	管材及管件
1	《低压流体输送用焊接钢管》GB/T 3091	低压流体输送用镀锌焊接钢管
2	《输送流体用无缝钢管》GB/T 8163	输送流体用无缝钢管
3	《柔性机械接口灰口铸铁管》GB/T 6483	柔性机械接口铸铁管和管件
4	《水及燃气管道用球墨铸铁管、管件和附件》GB/T 13295	离心铸造球墨铸铁管和管件
5	《流体输送用不锈钢无缝钢管》GB/T 14976	流体输送用不锈钢无缝钢管
6	《自动喷水灭火系统　第11部分：沟槽式管接件》GB 5135.11	沟槽式管接件
7	《钢丝网骨架塑料(聚乙烯)复合管》CJ/T 189	钢丝网骨架塑料(PE)复合管

2　表面应无裂纹、缩孔、夹渣、折叠和重皮；

3　管材管件不应有妨碍使用的凹凸不平的缺陷，其尺寸公差应符合本规范表12.2.5的规定；

4　螺纹密封面应完整、无损伤、无毛刺；

5　非金属密封垫片应质地柔韧、无老化变质或分层现象，表面应无折损、皱纹等缺陷；

6　法兰密封面应完整光洁，不应有毛刺及径向沟槽；螺纹法兰的螺纹应完整、无损伤；

7　不圆度应符合本规范表12.2.5的规定；

8　球墨铸铁管承口的内工作面和插口的外工作面应光滑、轮廓清晰，不应有影响接口密封性的缺陷；

9　钢丝网骨架塑料(PE)复合管内外壁应光滑、无划痕，钢丝骨料与塑料应黏结牢固等。

检查数量：全数检查。

检查方法：直观和尺量检查。

12.2.6　阀门及其附件的现场检验应符合下列要求：

1　阀门的商标、型号、规格等标志应齐全，阀门的型号、规格应符合设计要求；

2　阀门及其附件应配备齐全，不应有加工缺陷和机械损伤；

3　报警阀和水力警铃的现场检验，应符合现行国家标准《自动喷水灭火系统施工及验收规范》GB 50261的有关规定；

4　闸阀、截止阀、球阀、蝶阀和信号阀等通用阀门，应符合现行国家标准《通用阀门　压力试验》GB/T 13927和《自动喷水灭火系统　第6部分：通用阀门》GB 5135.6等的有关规定；

5　消防水泵接合器应符合现行国家标准《消防水泵接合器》GB 3446的性能和质量要求；

6　自动排气阀、减压阀、泄压阀、止回阀等阀门性能，应符合现行国家标准《通用阀门　压力试验》GB/T 13927、《自动喷水灭火系统　第6部分：通用阀门》GB 5135.6、《压力释放装置　性能试验规范》GB/T 12242、《减压阀　性能试验方法》GB/T 12245、《安全阀　一般要求》GB/T 12241、《阀门的检验与试验》JB/T9092等的有关规定；

7　阀门应有清晰的铭牌、安全操作指示标志、产品说明书和水流方向的永久性标志。

检查数量：全数检查。

检查方法：直观检查及在专用试验装置上测试，主要测试设备有试压泵、压力表、秒表。

12.2.7　消防水泵控制柜的检验应符合下列要求：

1　消防水泵控制柜的控制功能应符合本规范第11章和设计要求，并应经国家批准的质量监督检验中心检测合格的产品；

2　控制柜体应端正，表面应平整，涂层颜色应均匀一致，应无眩光，并应符合现行国家标准《高度进制为20mm的面板、架和柜的基本尺寸系列》GB/T 3047.1的有关规定，且控制柜外表面不应有明显的磕碰伤痕和变形掉漆；

3　控制柜面板应设有电源电压、电流、水泵(启)停状况、巡检状况、火警及故障的声光报警等显示；

4　控制柜导线的颜色应符合现行国家标准《电工成套装置中的导线颜色》GB/T 2681的有关规定；

5　面板上的按钮、开关、指示灯应易于操作和观察且有功能标示，并应符合现行国家标准《电工成套装置中的导线颜色》GB/T 2681和《电工成套装置中的指示灯和按钮的颜色》GB/T 2682的有关规定；

6　控制柜内的电器元件及材料的选用，应符合现行国家标准《控制用电磁继电器可靠性试验通则》GB/T 15510等的有关规定，并应安装合理，其工作位置应符合产品使用说明书的规定；

7　控制柜应按现行国家标准《电工电子产品基本环境试验　第2部分：试验方法　试验A：低温》GB/T 2423.1的有关规定进行低温实验检测，检测结果不应产生影响正常工作的故障；

8　控制柜应按现行国家标准《电工电子产品基本环境试验　第2部分：试验方法　试验B：高温》GB/T 2423.2的有关规定进行高温试验检测，检测结果不应产生影响正常工作的故障；

9　控制柜应按现行行业标准《固定消防给水设备的性能要求和试验方法　第2部分：消防自动恒压给水设备》GA 30.2的有关规定进行湿热试验检测，检测结果不应产生影响工作的故障；

10　控制柜应按现行行业标准《固定消防给水设备的性能要求和试验方法　第2部分：消防自动恒压给水设备》GA 30.2的有关规定进行振动试验检测，检测结果柜体结构及内部零部件应完好无损，并不应产生影响正常工作的故障；

11　控制柜温升值应按现行国家标准《低压成套开关设备和控制设备　第1部分：型式试验和部分型式试验成套设备》GB/T 7251.1的有关规定进行试验检测，检测结果不应产生影响正常工作的故障；

12　控制柜中各带电回路之间及带电间隙和爬电距离，应按现行行业标准《固定消防给水设备的性能要求和试验方法　第2部分：消防自动恒压给水设备》GA 30.2的有关规定进行试验检测，检测结果不应产生影响正常工作的故障；

13　金属柜体上应有接地点，且其标志、线号标记、线径应按现行行业标准《固定消防给水设备的性能要求和试验方法　第2部分：消防自动恒压给水设备》GA 30.2的有关规定检测绝缘电阻；控制柜中带电端子与机壳之间的绝缘电阻应大于20MΩ，电源接线端子与地之间的绝缘电阻应大于50MΩ；

14　控制柜的介电强度试验应按现行国家标准《电气控制设备》GB/T 3797的有关规定进行介电强度测试，测试结果应无击穿、无闪络；

15　在控制柜的明显部位应设置标志牌和控制原理图等；

16　设备型号、规格、数量、标牌、线路图纸及说明书、设备表、材料表等技术文件应齐全，并应符合设计要求。

检查数量：全数检查。

检查方法：直观检查和查验认证文件。

12.2.8 压力开关、流量开关、水位显示与控制开关等仪表的进场检验，应符合下列要求：

1 性能规格应满足设计要求；

2 压力开关应符合现行国家标准《自动喷水灭火系统 第10部分：压力开关》GB 5135.10的性能和质量要求；

3 水位显示与控制开关应符合现行国家标准《水位测量仪器》GB/T 11828等的有关规定；

4 流量开关应能在管道流速为0.1m/s～10m/s时可靠启动，其他性能宜符合现行国家标准《自动喷水灭火系统 第7部分：水流指示器》GB 5135.7的有关规定；

5 外观完整不应有损伤。

检查数量：全数检查。

检查方法：直观检查和查验认证文件。

12.3 施　　工

12.3.1 消防给水及消火栓系统的安装应符合下列要求：

1 消防水泵、消防水箱、消防水池、消防气压给水设备、消防水泵接合器等供水设施及其附属管道安装前，应清除其内部污垢和杂物；

2 消防供水设施应采取安全可靠的防护措施，其安装位置应便于日常操作和维护管理；

3 管道的安装应采用符合管材的施工工艺，管道安装中断时，其敞口处应封闭。

12.3.2 消防水泵的安装应符合下列要求：

1 消防水泵安装前应校核产品合格证，以及其规格、型号和性能与设计要求应一致，并应根据安装使用说明书安装；

2 消防水泵安装前应复核水泵基础混凝土强度、隔振装置、坐标、标高、尺寸和螺栓孔位置；

3 消防水泵的安装应符合现行国家标准《机械设备安装工程施工及验收通用规范》GB 50231和《风机、压缩机、泵安装工程施工及验收规范》GB 50275的有关规定；

4 消防水泵安装前应复核消防水泵之间，以及消防水泵与墙或其他设备之间的间距，并应满足安装、运行和维护管理的要求；

5 消防水泵吸水管上的控制阀应在消防水泵固定于基础上后再进行安装，其直径不应小于消防水泵吸水口直径，且不应采用没有可靠锁定装置的控制阀，控制阀应采用沟漕式或法兰式阀门；

6 当消防水泵和消防水池位于独立的两个基础上且相互为刚性连接时，吸水管上应加设柔性连接管；

7 吸水管水平管段上不应有气囊和漏气现象。变径连接时，应采用偏心异径管件并应采用管顶平接；

8 消防水泵出水管上应安装消声止回阀、控制阀和压力表；系统的总出水管上还应安装压力表和压力开关；安装压力表时应加设缓冲装置。压力表和缓冲装置之间应安装旋塞；压力表量程在没有设计要求时，应为系统工作压力的2倍～2.5倍；

9 消防水泵的隔振装置、进出水管柔性接头的安装应符合设计要求，并应有产品说明和安装使用说明。

检查数量：全数检查。

检查方法：核实设计图、核对产品的性能检验报告、直观检查。

12.3.3 天然水源取水口、地下水井、消防水池和消防水箱安装施工，应符合下列要求：

1 天然水源取水口、地下水井、消防水池和消防水箱的水位、出水量、有效容积、安装位置，应符合设计要求；

2 天然水源取水口、地下水井、消防水池、消防水箱的施工和安装，应符合现行国家标准《给水排水构筑物工程施工及验收规范》GB 50141、《供水管井技术规范》GB 50296和《建筑给水排水及采暖工程施工质量验收规范》GB 50242的有关规定；

3 消防水池和消防水箱出水管或水泵吸水管应满足最低有效水位出水不掺气的技术要求；

4 安装时池外壁与建筑本体结构墙面或其他池壁之间的净距，应满足施工、装配和检修的需要；

5 钢筋混凝土制作的消防水池和消防水箱的进出水等管道应加设防水套管，钢板等制作的消防水池和消防水箱的进出水等管道宜采用法兰连接，对有振动的管道应加设柔性接头。组合式消防水池或消防水箱的进水管、出水管接头宜采用法兰连接，采用其他连接时应做防锈处理；

6 消防水池、消防水箱的溢流管、泄水管不应与生产或生活用水的排水系统直接相连，应采用间接排水方式。

检查数量：全数检查。

检查方法：核实设计图、直观检查。

12.3.4 气压水罐安装应符合下列要求：

1 气压水罐有效容积、气压、水位及设计压力应符合设计要求；

2 气压水罐安装位置和间距、进水管及出水管方向应符合设计要求；出水管上应设止回阀；

3 气压水罐宜有有效水容积指示器。

检查数量：全数检查。

检查方法：核实设计图、核对产品的性能检验报告、直观检查。

12.3.5 稳压泵的安装应符合下列要求：

1 规格、型号、流量和扬程应符合设计要求，并应有产品合格证和安装使用说明书；

2 稳压泵的安装应符合现行国家标准《机械设备安装工程施工及验收通用规范》GB 50231和《风机、压缩机、泵安装工程施工及验收规范》GB 50275的有关规定。

检查数量：全数检查。

检查方法：尺量和直观检查。

12.3.6 消防水泵接合器的安装应符合下列规定：

1 消防水泵接合器的安装，应按接口、本体、连接管、止回阀、安全阀、放空管、控制阀的顺序进行，止回阀的安装方向应使消防用水能从消防水泵接合器进入系统，整体式消防水泵接合器的安装，应按其使用安装说明书进行；

2 消防水泵接合器的设置位置应符合设计要求；

3 消防水泵接合器永久性固定标志应能识别其所对应的消防给水系统或水灭火系统，当有分区时应有分区标识；

4 地下消防水泵接合器应采用铸有"消防水泵接合器"标志的铸铁井盖，并应在其附近设置指示其位置的永久性固定标志；

5 墙壁消防水泵接合器的安装应符合设计要求。设计无要求时，其安装高度距地面宜为0.7m；与墙面上的门、窗、孔、洞的净距离不应小于2.0m，且不应安装在玻璃幕墙下方；

6 地下消防水泵接合器的安装，应使进水口与井盖底面的距离不大于0.4m，且不应小于井盖的半径；

7 消火栓水泵接合器与消防通道之间不应设有妨碍消防车加压供水的障碍物；

8 地下消防水泵接合器井的砌筑应有防水和排水措施。

检查数量：全数检查。

检查方法：核实设计图、核对产品的性能检验报告、直观检查。

12.3.7 市政和室外消火栓的安装应符合下列规定：

1 市政和室外消火栓的选型、规格应符合设计要求；

2 管道和阀门的施工和安装，应符合现行国家标准《给水排水管道工程施工及验收规范》GB 50268、《建筑给水排水及采暖工程施工质量验收规范》GB 50242的有关规定；

3 地下式消火栓顶部进水口或顶部出水口应正对井口。顶部进水口或顶部出水口与消防井盖底面的距离不应大于0.4m，井内应有足够的操作空间，并应做好防水措施；

4 地下式室外消火栓应设置永久性固定标志；

5 当室外消火栓安装部位火灾时存在可能落物危险时，上方应采取防坠落物撞击的措施；

6 市政和室外消火栓安装位置应符合设计要求，且不应妨碍交通，在易碰撞的地点应设置防撞设施。

检查数量：按数量抽查30%，但不应小于10个。

检查方法：核实设计图、核对产品的性能检验报告、直观检查。

12.3.8 市政消防水鹤的安装应符合下列规定：

1 市政消防水鹤的选型、规格应符合设计要求；

2 管道和阀门的施工和安装，应符合现行国家标准《给水排水管道工程施工及验收规范》GB 50268、《建筑给水排水及采暖工程施工质量验收规范》GB 50242的有关规定；

3 市政消防水鹤的安装空间应满足使用要求，并不应妨碍市政道路和人行道的畅通。

检查数量：全数检查。

检查方法：核实设计图、核对产品的性能检验报告、直观检查。

12.3.9 室内消火栓及消防软管卷盘或轻便水龙的安装应符合下列规定：

1 室内消火栓及消防软管卷盘和轻便水龙的选型、规格应符合设计要求；

2 同一建筑物内设置的消火栓、消防软管卷盘和轻便水龙应采用统一规格的栓口、消防水枪和水带及配件；

3 试验用消火栓栓口处应设置压力表；

4 当消火栓设置减压装置时，应检查减压装置符合设计要求，且安装时应有防止砂石等杂物进入栓口的措施；

5 室内消火栓及消防软管卷盘和轻便水龙应设置明显的永久性固定标志，当室内消火栓因美观要求需要隐蔽安装时，应有明显的标志，并应便于开启使用；

6 消火栓栓口出水方向宜向下或与设置消火栓的墙面成90°角，栓口不应安装在门轴侧；

7 消火栓栓口中心距地面应为1.1m，特殊地点的高度可特殊对待，允许偏差±20mm。

检查数量：按数量抽查30%，但不应小于10个。

检验方法：核实设计图、核对产品的性能检验报告、直观检查。

12.3.10 消火栓箱的安装应符合下列规定：

1 消火栓的启闭阀门设置位置应便于操作使用，阀门的中心距箱侧面应为140mm，距箱后内表面应为100mm，允许偏差±5mm；

2 室内消火栓箱的安装应平正、牢固，暗装的消火栓箱不应破坏隔墙的耐火性能；

3 箱体安装的垂直度允许偏差为±3mm；

4 消火栓箱门的开启不应小于120°；

5 安装消火栓水龙带，水龙带与消防水枪和快速接头绑扎好后，应根据箱内构造将水龙带放置；

6 双向开门消火栓箱应有耐火等级应符合设计要求，当设计没有要求时应至少满足1h耐火极限的要求；

7 消火栓箱门上应用红色字体注明“消火栓”字样。

检查数量：按数量抽查30%，但不应小于10个。

检验方法：直观和尺量检查。

12.3.11 当管道采用螺纹、法兰、承插、卡压等方式连接时，应符合下列要求：

1 采用螺纹连接时，热浸镀锌钢管的管件宜采用现行国家标准《可锻铸铁管路连接件》GB 3287、《可锻铸铁管路连接件验收规则》GB 3288、《可锻铸铁管路连接件型式尺寸》GB 3289的有关规定，热浸镀锌无缝钢管的管件宜采用现行国家标准《锻钢制螺纹管件》GB/T 14626的有关规定；

2 螺纹连接时螺纹应符合现行国家标准《55°密封管螺纹 第2部分：圆锥内螺纹与圆锥外螺纹》GB 7306.2的有关规定，宜采用密封胶带作为螺纹接口的密封，密封带应在阳螺纹上施加；

3 法兰连接时法兰的密封面形式和压力等级应与消防给水系统技术要求相符合；法兰类型宜根据连接形式采用平焊法兰、对焊法兰和螺纹法兰等，法兰选择应符合现行国家标准《钢制管法兰类型与参数》GB 9112、《整体钢制管法兰》GB/T 9113、《钢制对焊无缝管件》GB/T 12459和《管法兰用聚四氟乙烯包覆垫片》GB/T 13404的有关规定；

4 当热浸镀锌钢管采用法兰连接时应选用螺纹法兰，当必须焊接连接时，法兰焊接应符合现行国家标准《现场设备、工业管道焊接工程施工规范》GB 50236和《工业金属管道工程施工规范》GB 50235的有关规定；

5 球墨铸铁管承插连接时，应符合现行国家标准《给水排水管道工程施工及验收规范》GB 50268的有关规定；

6 钢丝网骨架塑料复合管施工安装时除应符合本规范的有关规定外，还应符合现行行业标准《埋地聚乙烯给水管道工程技术规程》CJJ101的有关规定；

7 管径大于DN50的管道不应使用螺纹活接头，在管道变径处应采用单体异径接头。

检查数量：按数量抽查30%，但不应小于10个。

检验方法：直观和尺量检查。

12.3.12 沟槽连接件（卡箍）连接应符合下列规定：

1 沟槽式连接件（管接头）、钢管沟槽深度和钢管壁厚等，应符合现行国家标准《自动喷水灭火系统 第11部分：沟槽式管接件》GB 5135.11的有关规定；

2 有振动的场所和埋地管道应采用柔性接头，其他场所宜采用刚性接头，当采用刚性接头时，每隔4个～5个刚性接头应设置一个挠性接头，埋地连接时螺栓和螺母应采用不锈钢件；

3 沟槽式管件连接时，其管道连接沟槽和开孔应用专用滚槽机和开孔机加工，并应做防腐处理；连接前应检查沟槽和孔洞尺寸，加工质量应符合技术要求；沟槽、孔洞处不应有毛刺、破损性裂纹和脏物；

4 沟槽式管件的凸边应卡进沟槽后再紧固螺栓，两边应同时紧固，紧固时发现橡胶圈起皱应更换新橡胶圈；

5 机械三通连接时，应检查机械三通与孔洞的间隙，各部位应均匀，然后再紧固到位；机械三通开孔间距不应小于1m，机械四通开孔间距不应小于2m；机械三通、机械四通连接时支管的直径应满足表12.3.12的规定，当主管与支管连接不符合表12.3.12时应采用沟槽式三通、四通管件连接；

表12.3.12 机械三通、机械四通连接时支管直径

主管直径 *DN*		65	80	100	125	150	200	250	300
支管直径 *DN*	机械三通	40	40	65	80	100	100	100	100
	机械四通	32	32	50	65	80	100	100	100

6 配水干管（立管）与配水管（水平管）连接，应采用沟槽式管件，不应采用机械三通；

7 埋地的沟槽式管件的螺栓、螺帽应做防腐处理。水泵房内的埋地管道连接应采用挠性接头；

8 采用沟槽连接件连接管道变径和转弯时，宜采用沟槽式异径管件和弯头；当需要采用补芯时，三通上可用一个，四通上不应超过二个；公称直径大于50mm的管道不宜采用活接头；

9 沟槽连接件应采用三元乙丙橡胶（EDPM）C型密封胶圈，弹性应良好，应无破损和变形，安装压紧后C型密封胶圈中间应有空隙。

检查数量：按数量抽查30%，不应少于10件。

检验方法：直观和尺量检查。

12.3.13 钢丝网骨架塑料复合管材、管件以及管道附件的连接，应符合下列要求：

1 钢丝网骨架塑料复合管材、管件以及管道附件，应采用同一品牌的产品；管道连接宜采用同种牌号级别，且压力等级相同的管材、管件以及管道附件。不同牌号的管材以及管道附件之间的连接，应经过试验，并应判定连接质量能得到保证后再连接；

2 连接应采用电熔连接或机械连接，电熔连接宜采用电熔承插连接和电熔鞍形连接；机械连接宜采用锁紧型和非锁紧型承插式连接、法兰连接、钢塑过渡连接；

3 钢丝网骨架塑料复合管给水管道与金属管道或金属管道附件的连接，应采用法兰或钢塑过渡接头连接，与直径小于或等于DN50的镀锌管道或内衬塑镀锌管的连接，宜采用锁紧型承插式连接；

4 管道各种连接应采用相应的专用连接工具；

5 钢丝网骨架塑料复合管材、管件与金属管、管道附件的连接，当采用钢制喷塑或球墨铸铁过渡管件时，其过渡管件的压力等级不应低于管材公称压力；

6 在－5℃以下或大风环境条件下进行热熔或电熔连接操作时，应采取保护措施，或调整连接机具的工艺参数；

7 管材、管件以及管道附件存放处与施工现场温差较大时，连接前应将钢丝网骨架塑料复合管管材、管件以及管道附件在施工现场放置一段时间，并应使管材的温度与施工现场的温度相当；

8 管道连接时，管材切割应采用专用割刀或切管工具，切割断面应平整、光滑、无毛刺，且应垂直于管轴线；

9 管道合拢连接的时间宜为常年平均温度，且宜为第二天上午的8时～10时；

10 管道连接后，应及时检查接头外观质量。

检查数量：按数量抽查30%，不应少于10件。

检验方法：直观检查。

12.3.14 钢丝网骨架塑料复合管材、管件电熔连接，应符合下列要求：

1 电熔连接机具输出电流、电压应稳定，并应符合电熔连接工艺要求；

2 电熔连接机具与电熔管件应正确连通，连接时，通电加热的电压和加热时间应符合电熔连接机具和电熔管件生产企业的规定；

3 电熔连接冷却期间，不应移动连接件或在连接件上施加任何外力；

4 电熔承插连接应符合下列规定：

1)测量管件承口长度，并在管材插入端标出插入长度标记，用专用工具刮除插入段表皮；

2)用洁净棉布擦净管材、管件连接面上的污物；

3)将管材插入管件承口内，直至长度标记位置；

4)通电前，应校直两对应的待连接件，使其在同一轴线上，用整圆工具保持管材插入端的圆度。

5 电熔鞍形连接应符合下列规定：

1)电熔鞍形连接应采用机械装置固定干管连接部位的管段，并确保管道的直线度和圆度；

2)干管连接部位上的污物应使用洁净棉布擦净，并用专用工具刮除干管连接部位表皮；

3)通电前，应将电熔鞍形连接管件用机械装置固定在干管连接部位。

检查数量：按数量抽查30%，不应少于10件。

检验方法：直观检查。

12.3.15 钢丝网骨架塑料复合管管材、管件法兰连接应符合下列要求：

1 钢丝网骨架塑料复合管管端法兰盘（背压松套法兰）连接，应先将法兰盘（背压松套法兰）套入待连接的聚乙烯法兰连接件（跟形管端）的端部，再将法兰连接件（跟形管端）平口端与管道按本规范第12.3.13条第2款电熔连接的要求进行连接；

2 两法兰盘上螺孔应对中，法兰面应相互平行，螺孔与螺栓直径应配套，螺栓长短应一致，螺帽应在同一侧；紧固法兰盘上螺栓时应按对称顺序分次均匀紧固，螺栓拧紧后宜伸出螺帽1丝扣～3丝扣；

3 法兰垫片材质应符合现行国家标准《钢制管法兰 类型与参数》GB 9112和《整体钢制管法兰》GB/T 9113的有关规定，松套法兰表面宜采用喷塑防腐处理；

4 法兰盘应采用钢质法兰盘且应采用磷化镀铬防腐处理。

检查数量：按数量抽查30%，不应少于10件。

检验方法：直观检查。

12.3.16 钢丝网骨架塑料复合管道钢塑过渡接头连接应符合下列要求：

1 钢塑过渡接头的钢丝网骨架塑料复合管管端与聚乙烯管道连接，应符合热熔连接或电熔连接的规定；

2 钢塑过渡接头钢管端与金属管道连接应符合相应的钢管焊接、法兰连接或机械连接的规定；

3 钢塑过渡接头钢管端与钢管应采用法兰连接，不得采用焊接连接，当必须焊接时，应采取降温措施；

4 公称外径大于或等于dn110的钢丝网骨架塑料复合管与管径大于或等于DN100的金属管连接时，可采用人字形柔性接口配件，配件两端的密封胶圈应分别与聚乙烯管和金属管相配套；

5 钢丝网骨架塑料复合管和金属管、阀门相连接时，规格尺寸应相互配套。

检查数量：按数量抽查30%，不应少于10件。

检验方法：直观检查。

12.3.17 埋地管道的连接方式和基础支墩应符合下列要求：

1 地震烈度在7度及7度以上时宜采用柔性连接的金属管道或钢丝网骨架塑料复合管等；

2 当采用球墨铸铁时宜采用承插连接；

3 当采用焊接钢管时宜采用法兰和沟槽连接件连接；

4 当采用钢丝网骨架塑料复合管时应采用电熔连接；

5 埋地管道的施工时除符合本规范的有关规定外，还应符合现行国家标准《给水排水管道工程施工及验收规范》GB 50268的有关规定；

6 埋地消防给水管道的基础和支墩应符合设计要求，当设计对支墩没有要求时，应在管道三通或转弯处设置混凝土支墩。

检查数量：全部检查。

检验方法：直观检查。

12.3.18 架空管道应采用热浸镀锌钢管，并宜采用沟槽连接件、螺纹、法兰和卡压等方式连接；架空管道不应安装使用钢丝网骨架塑料复合管等非金属管道。

检查数量：全部检查。

检验方法：直观检查。

12.3.19 架空管道的安装位置应符合设计要求，并应符合下列规定：

1 架空管道的安装不应影响建筑功能的正常使用，不应影响和妨碍通行以及门窗等开启；

2 当设计无要求时，管道的中心线与梁、柱、楼板等的最小距离应符合表12.3.19的规定；

表12.3.19 管道的中心线与梁、柱、楼板等的最小距离

公称直径(mm)	25	32	40	50	70	80	100	125	150	200
距离(mm)	40	40	50	60	70	80	100	125	150	200

3 消防给水管穿过地下室外墙、构筑物墙壁以及屋面等有防水要求处时，应设防水套管；

4 消防给水管穿过建筑物承重墙或基础时，应预留洞口，洞口高度应保证管顶上部净空不小于建筑物的沉降量，不宜小于0.1m，并应填充不透水的弹性材料；

5 消防给水管穿过墙体或楼板时应加设套管，套管长度不应小于墙体厚度，或应高出楼面或地面50mm；套管与管道的间隙应采用不燃材料填塞，管道的接口不应位于套管内；

6 消防给水管必须穿过伸缩缝及沉降缝时，应采用波纹管和补偿器等技术措施；

7 消防给水管可能发生冰冻时，应采取防冻技术措施；

8 通过及敷设在有腐蚀性气体的房间内时，管外壁应刷防腐漆或缠绕防腐材料。

检查数量：按数量抽查30%，不应少于10件。

检验方法：尺量检查。

12.3.20 架空管道的支吊架应符合下列规定：

1 架空管道支架、吊架、防晃或固定支架的安装应固定牢固，其型式、材质及施工应符合设计要求；

2 设计的吊架在管道的每一支撑点处应能承受5倍于充满水的管重，且管道系统支撑点应支撑整个消防给水系统；

3 管道支架的支撑点宜设在建筑物的结构上，其结构在管道悬吊点应能承受充满水管道重量另加至少114kg的阀门、法兰和接头等附加荷载，充水管道的参考重量可按表12.3.20-1选取；

表12.3.20-1 充水管道的参考重量

公称直径(mm)	25	32	40	50	70	80	100	125	150	200
保温管道(kg/m)	15	18	19	22	27	32	41	54	66	103
不保温管道(kg/m)	5	7	7	9	13	17	22	33	42	73

注：1 计算管重量按10kg化整，不足20kg按20kg计算；

2 表中管重不包括阀门重量。

4 管道支架或吊架的设置间距不应大于表12.3.20-2的要求；

表12.3.20-2 管道支架或吊架的设置间距

管径(mm)	25	32	40	50	70	80
间距(m)	3.5	4.0	4.5	5.0	6.0	6.0
管径(mm)	100	125	150	200	250	300
间距(m)	6.5	7.0	8.0	9.5	11.0	12.0

5 当管道穿梁安装时，穿梁处宜作为一个吊架；

6 下列部位应设置固定支架或防晃支架：

1)配水管宜在中点设一个防晃支架，但当管径小于DN50时可不设；

2)配水干管及配水管，配水支管的长度超过15m，每15m长度内应至少设1个防晃支架，但当管径不大于DN40可不设；

3)管径大于DN50的管道拐弯、三通及四通位置处应设1个防晃支架；

4)防晃支架的强度，应满足管道、配件及管内水的重量再加50%的水平方向推力时不损坏或不产生永久变形；当管道穿梁安装时，管道再用紧固件固定于混凝土结构上，宜可作为1个防晃支架处理。

检查数量：按数量抽查30%，不应少于10件。

检验方法：尺量检查。

12.3.21 架空管道每段管道设置的防晃支架不应少于1个；当管道改变方向时，应增设防晃支架；立管应在其始端和终端设防晃支架或采用管卡固定。

检查数量：按数量抽查30%，不应少于10件。

检验方法：直观检查。

12.3.22 埋地钢管应做防腐处理，防腐层材质和结构应符合设计要求，并应按现行国家标准《给水排水管道工程施工及验收规范》GB 50268的有关规定施工；室外埋地球墨铸铁给水管要求外壁应刷沥青漆防腐；埋地管道连接用的螺栓、螺母以及垫片等附件应采用防腐蚀材料，或涂覆沥青涂层等防腐涂层；埋地钢丝网骨架塑料复合管不应做防腐处理。

检查数量：按数量抽查30%，不应少于10件。

检验方法：放水试验、观察、核对隐蔽工程记录，必要时局部解剖检查。

12.3.23 地震烈度在7度及7度以上时，架空管道保护应符合下列要求：

1 地震区的消防给水管道宜采用沟槽连接件的柔性接头或间隙保护系统的安全可靠性；

2 应用支架将管道牢固地固定在建筑上；

3 管道应有固定部分和活动部分组成；

4 当系统管道穿越连接地面以上部分建筑物的地震接缝时，无论管径大小，均应设带柔性配件的管道地震保护装置；

5 所有穿越墙、楼板、平台以及基础的管道，包括泄水管，水泵接合器连接管及其他辅助管道的周围应留有间隙；

6 管道周围的间隙，DN25～DN80管径的管道，不应小于25mm，DN100及以上管径的管道，不应小于50mm；间隙内应填充防火柔性材料；

7 竖向支撑应符合下列规定：

1)系统管道应有承受横向和纵向水平载荷的支撑；

2)竖向支撑应牢固且同心，支撑的所有部件和配件应在同一直线上；

3)对供水主管，竖向支撑的间距不应大于24m；

4)立管的顶部应采用四个方向的支撑固定；

5)供水主管上的横向固定支架，其间距不应大于12m。

检查数量：按数量抽查30%，不应少于10件。

检验方法：直观检查。

12.3.24 架空管道外应刷红色油漆或涂红色环圈标志，并应注明管道名称和水流方向标识。红色环圈标志，宽度不应小于20mm，间隔不宜大于4m，在一个独立的单元内环圈不宜少于2处。

检查数量：按数量抽查30%，不应少于10件。

检验方法：直观检查。

12.3.25 消防给水系统阀门的安装应符合下列要求：

1 各类阀门型号、规格及公称压力应符合设计要求；

2 阀门的设置应便于安装维修和操作，且安装空间应能满足阀门完全启闭的要求，并应作出标志；

3 阀门应有明显的启闭标志；

4 消防给水系统干管与水灭火系统连接处应设置独立阀门，并应保证各系统独立使用。

检查数量：全部检查。

检查方法：直观检查。

12.3.26 消防给水系统减压阀的安装应符合下列要求：

1 安装位置处的减压阀的型号、规格、压力、流量应符合设计要求；

2 减压阀安装应在供水管网试压、冲洗合格后进行；

3 减压阀水流方向应与供水管网水流方向一致；

4 减压阀前应有过滤器；

5 减压阀前后应安装压力表；

6 减压阀处应有压力试验用排水设施。

检查数量：全数检查。

检验方法：核实设计图、核对产品的性能检验报告、直观检查。

12.3.27 控制柜的安装应符合下列要求：

1 控制柜的基座其水平度误差不大于±2mm，并应做防腐处理及防水措施；

2 控制柜与基座应采用不小于ϕ12mm的螺栓固定，每只柜不应少于4只螺栓；

3 做控制柜的上下进出线口时，不应破坏控制柜的防护等级。

检查数量：全部检查。

检查方法：直观检查。

12.4 试压和冲洗

12.4.1 消防给水及消火栓系统试压和冲洗应符合下列要求：

1 管网安装完毕后，应对其进行强度试验、冲洗和严密性

试验；

2 强度试验和严密性试验宜用水进行。干式消火栓系统应做水压试验和气压试验；

3 系统试压完成后，应及时拆除所有临时盲板及试验用的管道，并应与记录核对无误，且应按本规范表C.0.2的格式填写记录；

4 管网冲洗应在试压合格后分段进行。冲洗顺序应先室外，后室内；先地下，后地上；室内部分的冲洗应按供水干管、水平管和立管的顺序进行；

5 系统试压前应具备下列条件：

1)埋地管道的位置及管道基础、支墩等经复查应符合设计要求；

2)试压用的压力表不应少于2只；精度不应低于1.5级，量程应为试验压力值的1.5倍～2倍；

3)试压冲洗方案已经批准；

4)对不能参与试压的设备、仪表、阀门及附件应加以隔离或拆除；加设的临时盲板应具有突出于法兰的边耳，且应做明显标志，并记录临时盲板的数量。

6 系统试压过程中，当出现泄漏时，应停止试压，并应放空管网中的试验介质，消除缺陷后，应重新再试；

7 管网冲洗宜用水进行。冲洗前，应对系统的仪表采取保护措施；

8 冲洗前，应对管道防晃支架、支吊架等进行检查，必要时应采取加固措施；

9 对不能经受冲洗的设备和冲洗后可能存留脏物、杂物的管段，应进行清理；

10 冲洗管道直径大于DN100时，应对其死角和底部进行振动，但不应损伤管道；

11 管网冲洗合格后，应按本规范表C.0.3的要求填写记录；

12 水压试验和水冲洗宜采用生活用水进行，不应使用海水或含有腐蚀性化学物质的水。

检查数量：全数检查。

检查方法：直观检查。

12.4.2 压力管道水压强度试验的试验压力应符合表12.4.2的规定。

检查数量：全数检查。

检查方法：直观检查。

表12.4.2 压力管道水压强度试验的试验压力

管材类型	系统工作压力 P(MPa)	试验压力(MPa)
钢管	≤1.0	1.5P，且不应小于1.4
	>1.0	P+0.4
球墨铸铁管	≤0.5	2P
	>0.5	P+0.5
钢丝网骨架塑料管	P	1.5P，且不应小于0.8

12.4.3 水压强度试验的测试点应设在系统管网的最低点。对管网注水时，应将管网内的空气排净，并应缓慢升压，达到试验压力后，稳压30min后，管网应无泄漏、无变形，且压力降不应大于0.05MPa。

检查数量：全数检查。

检查方法：直观检查。

12.4.4 水压严密性试验应在水压强度试验和管网冲洗合格后进行。试验压力应为系统工作压力，稳压24h，应无泄漏。

检查数量：全数检查。

检查方法：直观检查。

12.4.5 水压试验时环境温度不宜低于5℃，当低于5℃时，水压试验应采取防冻措施。

检查数量：全数检查。

检查方法：用温度计检查。

12.4.6 消防给水系统的水源干管、进户管和室内埋地管道应在回填前单独或与系统同时进行水压强度试验和水压严密性试验。

检查数量：全数检查。

检查方法：观察和检查水压强度试验和水压严密性试验记录。

12.4.7 气压严密性试验的介质宜采用空气或氮气，试验压力应为0.28MPa，且稳压24h，压力降不应大于0.01MPa。

检查数量：全数检查。

检查方法：直观检查。

12.4.8 管网冲洗的水流流速、流量不应小于系统设计的水流流速、流量；管网冲洗宜分区、分段进行；水平管网冲洗时，其排水管位置应低于冲洗管网。

检查数量：全数检查。

检查方法：使用流量计和直观检查。

12.4.9 管网冲洗的水流方向应与灭火时管网的水流方向一致。

检查数量：全数检查。

检查方法：直观检查。

12.4.10 管网冲洗应连续进行。当出口处水的颜色、透明度与入口处水的颜色、透明度基本一致时，冲洗可结束。

检查数量：全数检查。

检查方法：直观检查。

12.4.11 管网冲洗宜设临时专用排水管道，其排放应畅通和安全。排水管道的截面面积不应小于被冲洗管道截面面积的60%。

检查数量：全数检查。

检查方法：直观和尺量、试水检查。

12.4.12 管网的地上管道与地下管道连接前，应在管道连接处加设堵头后，对地下管道进行冲洗。

检查数量：全数检查。

检查方法：直观检查。

12.4.13 管网冲洗结束后，应将管网内的水排除干净。

检查数量：全数检查。

检查方法：直观检查。

12.4.14 干式消火栓系统管网冲洗结束，管网内水排除干净后，宜采用压缩空气吹干。

检查数量：全数检查。

检查方法：直观检查。

13 系统调试与验收

13.1 系统调试

13.1.1 消防给水及消火栓系统调试应在系统施工完成后进行，并应具备下列条件：

1 天然水源取水口、地下水井、消防水池、高位消防水池、高位消防水箱等蓄水和供水设施水位、出水量、已储水量等符合设计要求；

2 消防水泵、稳压泵和稳压设施等处于准工作状态；

3 系统供电正常，若柴油机泵油箱应充满油并能正常工作；

4 消防给水系统管网内已经充满水；

5 湿式消火栓系统管网内已充满水，手动干式、干式消火栓系统管网内的气压符合设计要求；

6 系统自动控制处于准工作状态；

7 减压阀和阀门等处于正常工作位置。

13.1.2 系统调试应包括下列内容：

1 水源调试和测试；

2 消防水泵调试；

3 稳压泵或稳压设施调试；

4 减压阀调试；

5 消火栓调试；

6 自动控制探测器调试；

7 干式消火栓系统的报警阀等快速启闭装置调试，并应包含报警阀的附件电动或电磁阀等阀门的调试；

8 排水设施调试；

9 联锁控制试验。

13.1.3 水源调试和测试应符合下列要求：

1 按设计要求核实高位消防水箱、高位消防水池、消防水池的容积，高位消防水池、高位消防水箱设置高度应符合设计要求；消防储水应有不作他用的技术措施。当有江河湖海、水库和水塘等天然水源作为消防水源时应验证其枯水位、洪水位和常水位的流量符合设计要求。地下水井的常水位、出水量等应符合设计要求；

2 消防水泵直接从市政管网吸水时，应测试市政供水的压力和流量能否满足设计要求的流量；

3 应按设计要求核实消防水泵接合器的数量和供水能力，并应通过消防车车载移动泵供水进行试验验证；

4 应核实地下水井的常水位和设计抽升流量时的水位。

检查数量：全数检查。

检查方法：直观检查和进行通水试验。

13.1.4 消防水泵调试应符合下列要求：

1 以自动直接启动或手动直接启动消防水泵时，消防水泵应在55s内投入正常运行，且应无不良噪声和振动；

2 以备用电源切换方式或备用泵切换启动消防水泵时，消防水泵应分别在1min或2min内投入正常运行；

3 消防水泵安装后应进行现场性能测试，其性能应与生产厂商提供的数据相符，并应满足消防给水设计流量和压力的要求；

4 消防水泵零流量时的压力不应超过设计工作压力的140%；当出流量为设计工作流量的150%时，其出口压力不应低于设计工作压力的65%。

检查数量：全数检查。

检查方法：用秒表检查。

13.1.5 稳压泵应按设计要求进行调试，并应符合下列规定：

1 当达到设计启动压力时，稳压泵应立即启动；当达到系统停泵压力时，稳压泵应自动停止运行；稳压泵启停应达到设计压力要求；

2 能满足系统自动启动要求，且当消防主泵启动时，稳压泵应停止运行；

3 稳压泵在正常工作时每小时的启停次数应符合设计要求，且不应大于15次/h；

4 稳压泵启停时系统压力应平稳，且稳压泵不应频繁启停。

检查数量：全数检查。

检查方法：直观检查。

13.1.6 干式消火栓系统快速启闭装置调试应符合下列要求：

1 干式消火栓系统调试时，开启系统试验阀或按下消火栓按钮，干式消火栓系统快速启闭装置的启动时间、系统启动压力、水流到试验装置出口所需时间，均应符合设计要求；

2 快速启闭装置后的管道容积应符合设计要求，并应满足充水时间的要求；

3 干式报警阀在充气压力下降到设定值时应能及时启动；

4 干式报警阀充气系统在设定低压点时应启动，在设定高压点时应停止充气，当压力低于设定低压点时应报警；

5 干式报警阀当设有加速排气器时，应验证其可靠工作。

检查数量：全数检查。

检查方法：使用压力表、秒表、声强计和直观检查。

13.1.7 减压阀调试应符合下列要求：

1 减压阀的阀前阀后动静压力应满足设计要求；

2 减压阀的出流量应满足设计要求，当出流量为设计流量的150%时，阀后动压不应小于额定设计工作压力的65%；

3 减压阀在小流量、设计流量和设计流量的150%时不应出现噪声明显增加；

4 测试减压阀的阀后动静压差应符合设计要求。

检查数量：全数检查。

检查方法：使用压力表、流量计、声强计和直观检查。

13.1.8 消火栓的调试和测试应符合下列规定：

1 试验消火栓动作时，应检测消防水泵是否在本规范规定的时间内自动启动；

2 试验消火栓动作时，应测试其出流量、压力和充实水柱的长度；并应根据消防水泵的性能曲线核实消防水泵供水能力；

3 应检查旋转型消火栓的性能能否满足其性能要求；

4 应采用专用检测工具，测试减压稳压型消火栓的阀后动静压是否满足设计要求。

检查数量：全数检查。

检查方法：使用压力表、流量计和直观检查。

13.1.9 调试过程中，系统排出的水应通过排水设施全部排走，并应符合下列规定：

1 消防电梯排水设施的自动控制和排水能力应进行测试；

2 报警阀排水试验管处和末端试水装置处排水设施的排水能力应进行测试，且在地面不应有积水；

3 试验消火栓处的排水能力应满足试验要求；

4 消防水泵房排水设施的排水能力应进行测试，并应符合设计要求。

检查数量：全数检查。

检查方法：使用压力表、流量计、专用测试工具和直观检查。

13.1.10 控制柜调试和测试应符合下列要求：

1 应首先空载调试控制柜的控制功能，并应对各个控制程序进行试验验证；

2 当空载调试合格后，应加负载调试控制柜的控制功能，并应对各个负载电流的状况进行试验检测和验证；

3 应检查显示功能，并应对电压、电流、故障、声光报警等功能进行试验检测和验证；

4 应调试自动巡检功能，并应对各泵的巡检动作、时间、周期、频率和转速等进行试验检测和验证；

5 应试验消防水泵的各种强制启泵功能。

检查数量：全数检查。

检查方法：使用电压表、电流表、秒表等仪表和直观检查。

13.1.11 联锁试验应符合下列要求，并应按本规范表C.0.4的要求进行记录：

1 干式消火栓系统联锁试验，当打开1个消火栓或模拟1个消火栓的排气量排气时，干式报警阀(电动阀/电磁阀)应及时启动，压力开关应发出信号或联锁启动消防防水泵，水力警铃动作应发出机械报警信号；

2 消防给水系统的试验管放水时，管网压力应持续降低，消防水泵出水干管上压力开关应能自动启动消防水泵；消防给水系统的试验管放水或高位消防水箱排水管放水时，高位消防水箱出水管上的流量开关应动作，且应能自动启动消防水泵；

3 自动启动时间应符合设计要求和本规范第11.0.3条的有关规定。

检查数量：全数检查。

检查方法：直观检查。

13.2 系统验收

13.2.1 系统竣工后，必须进行工程验收，验收应由建设单位组织

质检、设计、施工、监理参加，验收不合格不应投入使用。

13.2.2 消防给水及消火栓系统工程验收应按本规范附录E的要求填写。

13.2.3 系统验收时，施工单位应提供下列资料：

1 竣工验收申请报告、设计文件、竣工资料；

2 消防给水及消火栓系统的调试报告；

3 工程质量事故处理报告；

4 施工现场质量管理检查记录；

5 消防给水及消火栓系统施工过程质量管理检查记录；

6 消防给水及消火栓系统质量控制检查资料。

13.2.4 水源的检查验收应符合下列要求：

1 应检查室外给水管网的进水管管径及供水能力，并应检查高位消防水箱、高位消防水池和消防水池等的有效容积和水位测量装置等应符合设计要求；

2 当采用地表天然水源作为消防水源时，其水位、水量、水质等应符合设计要求；

3 应根据有效水文资料检查天然水源枯水期最低水位、常水位和洪水位时确保消防用水应符合设计要求；

4 应根据地下水井抽水试验资料确定常水位、最低水位、出水量和水位测量装置等技术参数和装备应符合设计要求。

检查数量：全数检查。

检查方法：对照设计资料直观检查。

13.2.5 消防水泵房的验收应符合下列要求：

1 消防水泵房的建筑防火要求应符合设计要求和现行国家标准《建筑设计防火规范》GB 50016的有关规定；

2 消防水泵房设置的应急照明、安全出口应符合设计要求；

3 消防水泵房的采暖通风、排水和防洪等应符合设计要求；

4 消防水泵房的设备进出和维修安装空间应满足设备要求；

5 消防水泵控制柜的安装位置和防护等级应符合设计要求。

检查数量：全数检查。

检查方法：对照图纸直观检查。

13.2.6 消防水泵验收应符合下列要求：

1 消防水泵运转应平稳，应无不良噪声的振动；

2 工作泵、备用泵、吸水管、出水管及出水管上的泄压阀、水锤消除设施、止回阀、信号阀等的规格、型号、数量，应符合设计要求；吸水管、出水管上的控制阀应锁定在常开位置，并应有明显标记；

3 消防水泵应采用自灌式引水方式，并应保证全部有效储水被有效利用；

4 分别开启系统中的每一个末端试水装置、试水阀和试验消火栓，水流指示器、压力开关、压力开关(管网)、高位消防水箱流量开关等信号的功能，均应符合设计要求；

5 打开消防水泵出水管上试水阀，当采用主电源启动消防水泵时，消防水泵应启动正常；关掉主电源，主、备电源应能正常切换；备用泵启动和相互切换正常；消防水泵就地和远程启停功能应正常；

6 消防水泵停泵时，水锤消除设施后的压力不应超过水泵出口设计工作压力的1.4倍；

7 消防水泵启动控制应置于自动启动挡；

8 采用固定和移动式流量计和压力表测试消防水泵的性能，水泵性能应满足设计要求。

检查数量：全数检查。

检查方法：直观检查和采用仪表检测。

13.2.7 稳压泵验收应符合下列要求：

1 稳压泵的型号性能等应符合设计要求；

2 稳压泵的控制应符合设计要求，并应有防止稳压泵频繁启动的技术措施；

3 稳压泵在1h内的启停次数应符合设计要求，并不宜大于15次/h；

4 稳压泵供电应正常，自动手动启停应正常；关掉主电源，主、备电源应能正常切换；

5 气压水罐的有效容积以及调节容积应符合设计要求，并应满足稳压泵的启停要求。

检查数量：全数检查。

检查方法：直观检查。

13.2.8 减压阀验收应符合下列要求：

1 减压阀的型号、规格、设计压力和设计流量应符合设计要求；

2 减压阀阀前应有过滤器，过滤器的过滤面积和孔径应符合设计要求和本规范第8.3.4条第2款的规定；

3 减压阀阀前阀后动静压力应符合设计要求；

4 减压阀处应有试验用压力排水管道；

5 减压阀在小流量、设计流量和设计流量的150%时不应出现噪声明显增加或管道出现喘振；

6 减压阀的水头损失应小于设计阀后静压和动压差。

检查数量：全数检查。

检查方法：使用压力表、流量计和直观检查。

13.2.9 消防水池、高位消防水池和高位消防水箱验收应符合下列要求：

1 设置位置应符合设计要求；

2 消防水池、高位消防水池和高位消防水箱的有效容积、水位、报警水位等，应符合设计要求；

3 进出水管、溢流管、排水管等应符合设计要求，且溢流管应采用间接排水；

4 管道、阀门和进水浮球阀等应便于检修，人孔和爬梯位置应合理；

5 消防水池吸水井、吸(出)水管喇叭口等设置位置应符合设计要求。

检查数量：全数检查。

检查方法：直观检查。

13.2.10 气压水罐验收应符合下列要求：

1 气压水罐的有效容积、调节容积和稳压泵启泵次数应符合设计要求；

2 气压水罐气侧压力应符合设计要求。

检查数量：全数检查。

检查方法：直观检查。

13.2.11 干式消火栓系统报警阀组的验收应符合下列要求：

1 报警阀组的各组件应符合产品标准要求；

2 打开系统流量压力检测装置放水阀，测试的流量、压力应符合设计要求；

3 水力警铃的设置位置应正确。测试时，水力警铃喷嘴处压力不应小于0.05MPa，且距水力警铃3m远处警铃声声强不应小于70dB；

4 打开手动试水阀动作应可靠；

5 控制阀均应锁定在常开位置；

6 与空气压缩机或火灾自动报警系统的联锁控制，应符合设计要求。

检查数量：全数检查。

检查方法：直观检查。

13.2.12 管网验收应符合下列要求：

1 管道的材质、管径、接头、连接方式及采取的防腐、防冻措施，应符合设计要求，管道标识应符合设计要求；

2 管网排水坡度及辅助排水设施，应符合设计要求；

3 系统中的试验消火栓、自动排气阀应符合设计要求；

4 管网不同部位安装的报警阀组、闸阀、止回阀、电磁阀、信号阀、水流指示器、减压孔板、节流管、减压阀、柔性接头、排水管、排气阀、泄压阀等，均应符合设计要求；

5 干式消火栓系统允许的最大充水时间不应大于 5min；

6 干式消火栓系统报警阀后的管道仅应设置消火栓和有信号显示的阀门；

7 架空管道的立管、配水支管、配水管、配水干管设置的支架，应符合本规范第 12.3.19 条～第 12.3.23 条的规定；

8 室外埋地管道应符合本规范第 12.3.17 条和第 12.3.22 条等的规定。

检查数量：本条第 7 款抽查 20%，且不应少于 5 处；本条第 1 款～第 6 款、第 8 款全数抽查。

检查方法：直观和尺量检查、秒表测量。

13.2.13 消火栓验收应符合下列要求：

1 消火栓的设置场所、位置、规格、型号应符合设计要求和本规范第 7.2 节～第 7.4 节的有关规定；

2 室内消火栓的安装高度应符合设计要求；

3 消火栓的设置位置应符合设计要求和本规范第 7 章的有关规定，并应符合消防救援和火灾扑救工艺的要求；

4 消火栓的减压装置和活动部件应灵活可靠，栓后压力应符合设计要求。

检查数量：抽查消火栓数量 10%，且总数每个供水分区不应少于 10 个，合格率应为 100%。

检查方法：对照图纸尺量检查。

13.2.14 消防水泵接合器数量及进水管位置应符合设计要求，消防水泵接合器应采用消防车车载消防水泵进行充水试验，且供水最不利点的压力、流量应符合设计要求；当有分区供水时应确定消防车的最大供水高度和接力泵的设置位置的合理性。

检查数量：全数检查。

检查方法：使用流量计、压力表和直观检查。

13.2.15 消防给水系统流量、压力的验收，应通过系统流量、压力检测装置和末端试水装置进行放水试验，系统流量、压力和消火栓充实水柱等应符合设计要求。

检查数量：全数检查。

检查方法：直观检查。

13.2.16 控制柜的验收应符合下列要求：

1 控制柜的规格、型号、数量应符合设计要求；

2 控制柜的图纸塑封后应牢固粘贴于柜门内侧；

3 控制柜的动作应符合设计要求和本规范第 11 章的有关规定；

4 控制柜的质量应符合产品标准和本规范第 12.2.7 条的要求；

5 主、备用电源自动切换装置的设置应符合设计要求。

检查数量：全数检查。

检查方法：直观检查。

13.2.17 应进行系统模拟灭火功能试验，且应符合下列要求：

1 干式消火栓报警阀动作，水力警铃应鸣响压力开关动作；

2 流量开关、压力开关和报警阀压力开关等动作，应能自动启动消防水泵及与其联锁的相关设备，并应有反馈信号显示；

3 消防水泵启动后，应有反馈信号显示；

4 干式消火栓系统的干式报警阀的加速排气器动作后，应有反馈信号显示；

5 其他消防联动控制设备启动后，应有反馈信号显示。

检查数量：全数检查。

检查方法：直观检查。

13.2.18 系统工程质量验收判定条件应符合下列规定：

1 系统工程质量缺陷应按本规范附录 F 要求划分；

2 系统验收合格判定应为 $A=0$，且 $B\leqslant 2$，且 $B+C\leqslant 6$ 为合格；

3 系统验收不符合本条第 2 款要求时，应为不合格。

14 维护管理

14.0.1 消防给水及消火栓系统应有管理、检查检测、维护保养的操作规程；并应保证系统处于准工作状态。维护管理应按本规范附录 G 的要求进行。

14.0.2 维护管理人员应掌握和熟悉消防给水系统的原理、性能和操作规程。

14.0.3 水源的维护管理应符合下列规定：

1 每季度应监测市政给水管网的压力和供水能力；

2 每年应对天然河湖等地表水消防水源的常水位、枯水位、洪水位，以及枯水位流量或蓄水量等进行一次检测；

3 每年应对水井等地下水消防水源的常水位、最低水位、最高水位和出水量等进行一次测定；

4 每月应对消防水池、高位消防水池、高位消防水箱等消防水源设施的水位等进行一次检测；消防水池（箱）玻璃水位计两端的角阀在不进行水位观察时应关闭；

5 在冬季每天应对消防储水设施进行室内温度和水温检测，当结冰或室内温度低于 5℃时，应采取确保不结冰和室温不低于低于 5℃的措施。

14.0.4 消防水泵和稳压泵等供水设施的维护管理应符合下列规定：

1 每月应手动启动消防水泵运转一次，并应检查供电电源的情况；

2 每周应模拟消防水泵自动控制的条件自动启动消防水泵运转一次，且应自动记录自动巡检情况，每月应检测记录；

3 每日应对稳压泵的停泵启泵压力和启泵次数等进行检查和记录运行情况；

4 每日应对柴油机消防水泵的启动电池的电量进行检测，每周应检查储油箱的储油量，每月应手动启动柴油机消防水泵运行一次；

5 每季度应对消防水泵的出流量和压力进行一次试验；

6 每月应对气压水罐的压力和有效容积等进行一次检测。

14.0.5 减压阀的维护管理应符合下列规定：

1 每月应对减压阀组进行一次放水试验，并应检测和记录减压阀前后的压力，当不符合设计值时应采取满足系统要求的调试和维修等措施；

2 每年应对减压阀的流量和压力进行一次试验。

14.0.6 阀门的维护管理应符合下列规定：

1 雨林阀的附属电磁阀应每月检查并应作启动试验，动作失常时应及时更换；

2 每月应对电动阀和电磁阀的供电和启闭性能进行检测；

3 系统上所有的控制阀门均应采用铅封或锁链固定在开启或规定的状态，每月应对铅封、锁链进行一次检查，当有破坏或损坏时应及时修理更换；

4 每季度应对室外阀门井中，进水管上的控制阀门进行一次检查，并应核实其处于全开启状态；

5 每天应对水源控制阀、报警阀组进行外观检查，并应保证系统处于无故障状态；

6 每季度应对系统所有的末端试水阀和报警阀的放水试验阀进行一次放水试验，并应检查系统启动、报警功能以及出水情况是否正常；

7 在市政供水阀门处于完全开启状态时，每月应对倒流防止器的压差进行检测，并应符合国家现行标准《减压型倒流防止器》

GB/T 25178、《低阻力倒流防止器》JB/T 11151 和《双止回阀倒流防止器》CJ/T 160 等的有关规定。

14.0.7 每季度应对消火栓进行一次外观和漏水检查，发现有不正常的消火栓应及时更换。

14.0.8 每季度应对消防水泵接合器的接口及附件进行一次检查，并应保证接口完好、无渗漏、闷盖齐全。

14.0.9 每年应对系统过滤器进行至少一次排渣，并应检查过滤器是否处于完好状态，当堵塞或损坏时应及时检修。

14.0.10 每年应检查消防水池、消防水箱等蓄水设施的结构材料是否完好，发现问题时应及时处理。

14.0.11 建筑的使用性质功能或障碍物的改变，影响到消防给水及消火栓系统功能而需要进行修改时，应重新进行设计。

14.0.12 消火栓、消防水泵接合器、消防水泵房、消防水泵、减压阀、报警阀和阀门等，应有明确的标识。

14.0.13 消防给水及消火栓系统应有产权单位负责管理，并应使系统处于随时满足消防的需求和安全状态。

14.0.14 永久性地表水天然水源消防取水口应有防止水生生物繁殖的管理技术措施。

14.0.15 消防给水及消火栓系统发生故障，需停水进行修理前，应向主管值班人员报告，并应取得维护负责人的同意，同时应临场监督，应在采取防范措施后再动工。

中华人民共和国国家标准

消防给水及消火栓系统技术规范

GB 50974—2014

条 文 说 明

20

目　次

1 总 则

1.0.1 本条规定了本规范的编制目的。

建国60年来我国消防给水及消火栓系统设计、施工及验收规范从无到有，至今已建立了完整的体系。特别是改革开放30年来，快速的工业化和城市化使我国工程建设有了巨大地发展，消防给水及消火栓系统伴随着工程建设的大规模开展也快速发展，与此同时与国际交流更加频繁，使我们更加认识消防给水及消火栓系统在工程建设中的重要性，以及安全可靠性与经济性的关系，首先是安全可靠性，其次是经济合理性。

水作为火灾扑救过程中的主要灭火剂，其供应量的多少直接影响着灭火的成效。根据统计，成功扑救火灾的案例中，有93%的火场消防给水条件较好；而扑救火灾不利的案例中，有81.5%的火场缺乏消防用水。例如，1998年5月5日，发生在北京市丰台区玉泉营环岛家具城的火灾，就是因为家具城及其周边地区消防水源严重缺乏，市政消防给水严重不足，消防人员不得不从离火场550m、600m的地方接力供水，从距离火场1400m的地方运水灭火，延误了战机，以至于两万平方米的家具城及其展销家具均被化为一片灰烬，直接经济损失达2087余万元。又如2000年1月11日晨，安徽省合肥市城隍庙市场庐阳宫发生特大火灾，火灾过火面积10523m²，庐阳宫及四周126间门面房内的服装、布料、五金和塑料制品等烧损殆尽，1人被烧死，619家经营户受灾，烧毁各类商品损失折款1763万元，庐阳宫主体建筑火烧损失416万元，两项合计，庐阳宫火灾直接经济损失2179万元，这场火灾的主要原因是没有设置室内消防给水设施，以致火灾发生后蔓延迅速，直至造成重大损失。火灾控制和扑救所需的消防用水主要由消防给水系统供应，因此消防给水的供水能力和安全可靠性决定了灭火的成效。同时消防给水的设计要考虑我国经济发展的现状，建筑的特点及现有的技术水平和管理水平，保证其经济合理性。本规范的制订对于减少火灾危害、促进改革开放、保卫我国经济社会建设和公民的生命财产安全是十分必要的。本规范在制订过程中规范组研究了大量文献、发达国家的标准规范，并在全国进行了调研，同时参考了公安部天津消防研究所"十一五"国家科技支撑计划专题"城市消防给水系统设置方法"的研究成果。

消防给水是水灭火系统的心脏，只有心脏安全可靠，水灭火系统才能可靠。消防给水系统平时不用，无法因使用而检测其可靠性，因此必须从设计、施工、日常维护管理等各个方面加强其安全可靠性的管理。

消火栓是消防队员和建筑物内人员进行灭火的重要消防设施，本规范以人为本，更加重视消火栓的设置位置与消防队员扑救火灾的战术和工艺要求相结合，以满足消防部队第一出动灭火的要求。

1.0.2 本条规定了本规范的适用范围。

本规范适用于新建、扩建及改建的工业、民用、市政等建设工程的消防给水及消火栓系统。

新建建筑是指从无到有的全新建筑，扩建是指在原有建筑轮廓基础上的向外扩建，改建是指建筑变更使用功能和用途，或全面改造，如厂房改为餐厅、住宅改为宾馆、办公改为宾馆或办公改为商场等。

1.0.3 本条规定了采用新技术的原则规定。

本条规定根据工程的特点，为满足工程消防需求和技术进步的要求，在安全可靠、技术先进、经济适用、保护环境的情况下选择新工艺、新技术、新设备、新材料，采用四新的原则是促进消防给水及消火栓系统技术进步，使消防给水及消火栓系统走"科学—技术—应用"的工程技术科学的发展道路，使消防给水及消火栓系统更加具有安全可靠性和经济合理性。四新技术的应用应符合国家有关部门的规定。

1.0.4 本条规定了消防给水及消火栓系统的专用组件、材料和设备等产品的质量要求。

消防给水及消火栓系统平时不用，仅在火灾时使用，其特点是系统的好坏很难在日常使用中确保系统的安全可靠性，这是在建设工程中唯一独特的系统，因为其他的机电系统在建筑使用过程中就能鉴别好坏。尽管本规范给出了消防给水及消火栓系统的设计、施工验收和日常维护管理的规定，但系统还是应从产品质量抓起。如美国统计自动喷水灭火系统失败有3%～5%，英国则有8%左右。因此一方面要加强系统维护管理，另一方面要提高产品质量，消防给水及消火栓系统组件的安全可靠性是系统可靠性的基础，所以要求设计中采用符合现行的国家或行业技术标准的产品，这些产品必须经国家认可的专门认证机构认证以确保产品质量，这也是国际惯例。所以专用组件必须具备符合国家市场准入制度要求的有效证件和产品出厂合格证等。

我国2008年颁布的《消防法》第二十四条规定：消防产品必须符合国家标准；没有国家标准的，必须符合行业标准。禁止生产、销售或者使用不合格的消防产品以及国家明令淘汰的消防产品。依法实行强制性产品认证的消防产品，由具有法定资质的认证机构按照国家标准、行业标准的强制性要求认证合格后，方可生产、销售、使用。实行强制性产品认证的消防产品目录，由国务院产品质量监督部门会同国务院公安部门制定并公布。新研制的尚未制定国家标准、行业标准的消防产品，应当按照国务院产品质量监督部门会同国务院公安部门规定的办法，经技术鉴定符合消防安全要求的，方可生产、销售、使用。依照本条规定经强制性产品认证合格或者技术鉴定合格的消防产品，国务院公安部门消防机构应当予以公布。

我国《产品质量法》第十四条规定：国家根据国际通用的质量管理标准，推行企业质量体系认证制度。企业根据自愿原则可以向国务院产品质量监督管理部门认可的或者国务院产品质量监督部门授权的部门认可的认证机构申请企业质量体系认证。经认证合格的，由认证机构颁发企业质量体系认证证书。国家参照国际先进的产品标准和技术要求，推行产品质量认证制度。企业根据自愿原则可以向国务院产品质量监督管理部门认可的或者国务院产品质量监督管理部门授权的部门认可的认证机构申请产品质量认证。经认证合格的，由认证机构颁发产品质量认证证书，准许企业在产品或者其包装上使用产品质量认证标志。

消防产品强制性认证产品目录可查询公安部消防产品合格评定中心每年颁布的《强制性认证消防产品目录》。

3 基 本 参 数

3.1 一 般 规 定

3.1.1 本条规定了工厂、仓库等工业建筑和民用建筑室外消防给水用水量的计算方法。

本条工厂、堆场和罐区是现行国家标准《建筑防火设计规范》

GB 50016—2006第8.2.2条的有关内容。

3.1.2 本条规定了消防给水设计流量的组成和一起火灾灭火消防给水设计流量的计算方法。

本条规定了建筑消防给水设计流量的组成，通常有室外消火栓设计流量、室内消火栓设计流量以及自动喷水系统的设计流量，有时可能还有水喷雾、泡沫、消防炮等，其设计流量是根据每个保护区同时作用的各种系统设计流量的叠加。如一室外油罐区有室外消火栓、固定冷却系统、泡沫灭火系统等3种水灭火设施，其消防给水的设计流量为这3种灭火设施的设计流量之和。如一民用建筑，有办公、商场、机械车库，其自动喷水的设计流量应根据办公、商场和机械车库3个不同消防对象分别计算，取其中的最大值作为消防给水设计流量的自动喷水子项的设计流量。

3.2 市政消防给水设计流量

3.2.2 本条给出城镇的市政消防给水设计流量，以及同时火灾起数，以确定市政消防给水设计流量。本条是在现行国家标准《建筑防火设计规范》GB 50016—2006的基础上制订。

1 同一时间内的火灾起数同国家标准《建筑防火设计规范》GB 50016—2006；

2 一起火灾灭火消防给水设计流量。

城镇的一起火灾灭火消防给水设计流量，按同时使用的水枪数量与每支水枪平均用水量的乘积计算。

我国大多数城市消防队第一出动力量到达火场时，常出2支口径19mm的水枪扑救建筑火灾，每支水枪的平均出水量为7.5L/s。因此，室外消防用水量的基础设计流量以15L/s为基准进行调整。

美国、日本和前苏联均按城市人口数的增加而相应增加消防用水量。例如，在美国，人口不超过20万的城市消防用水量为44L/s～63L/s，人口超过30万的城市消防用水量为170.3L/s～568L/s；日本也基本如此。本规范根据火场用水量是以水枪数量递增的规律，以2支水枪的消防用水量(即15L/s)作为下限值，以100L/s作为消防用水量的上限值，确定了城镇消防用水量。本规范与美国、日本和前苏联的城镇消防用水量比较，见表1。

表1 本规范与美国、日本和前苏联的城市消防给水设计流量

人口数(万人) \ 消防用水量(L/s) \ 国名	美国	日本	前苏联	国家标准GB 50016—2006	本规范
≤0.5	44～63	75	10	—	—
≤1.0	44～63	88	15	10	15
≤2.5	44～63	112	15	15	20
≤5.0	44～63	128	25	25	30
≤10.0	44～63	128	35	35	35
≤20.0	44～63	128	40	45	45
≤30.0	3～568	250～325	55	55	60
≤40.0	170.3～568	250～325	70	65	75
≤50.0	170.3～568	250～325	80	75	90
≤60.0	170.3～568	250～325	85	85	90
≤70.0	170.3～568	3～568	90	90	90
≤80.0	170.3～568	170.3～568	95	95	100
≤100.0	170.3～568	170.3～568	100	100	100

根据我国统计数据，城市灭火的平均灭火用水量为89L/s。近10年特大型火灾消防流量150L/s～450L/s，大型石油化工厂、液化石油气储罐区等的消防用水量则更大。若采用管网来保证这些建、构筑物的消防用水量有困难时，可采用蓄水池补充或市政给水管网协调供水保证。

3.3 建筑物室外消火栓设计流量

3.3.2 本条规定了工厂、仓库和民用建筑的室外消火栓设计流量。

该条依据国家标准《建筑防火设计规范》GB 50016—2006和《高层民用建筑防火设计规范》GB 50045—95(2005年版)等规范的室外消防用水量，根据常用的建筑物室外消防用水量主要依据建筑物的体积、危险类别和耐火等级计算确定，并统一修正。当单座建筑面积大于500000m² 时，根据火灾实战数据和供水可靠性，室外消火栓设计流量增加1倍。

3.4 构筑物消防给水设计流量

3.4.1 本条规定石油化工、石油天然气工程和煤化工工程的消防给水设计流量按现行国家标准《石油化工企业设计防火规范》GB 50160和《石油天然气工程设计防火规范》GB 50183等的规定实施。

3.4.2、3.4.3 规定了甲、乙、丙类液体储罐消防给水设计流量的计算原则，以及固定和移动冷却系统设计参数、室外消火栓设计流量。

移动冷却系统就是室外消火栓系统或消防炮系统，当仅设移动冷却系统其设计流量应根据规范表3.4.2-1或表3.4.2-2规定的设计参数经计算确定，但不应小于15L/s。

本条设计参数引用现行国家标准《建筑设计防火规范》GB 50016—2006第8.2.4条、《石油化工企业设计防火规范》GB 50160—2008第8.4.5条及《石油库设计规范》GB 50074—2002第12.2.6条相关内容，对立式储罐强调了室外消火栓用量和移动冷却用水量的区别，统一了名词，同时也符合实际灭火需要，协调相关规范中"甲、乙、丙类可燃液体地上立式储罐的消防用水量"的计算方法，提高本规范的可操作性。

另外为了与现行国家标准《自动喷水灭火系统设计规范》GB 50084和《水喷雾灭火系统设计规范》GB 50219等统一，把供给范围改为保护范围，供给强度统一改为喷水强度。

着火储罐的罐壁直接受到火焰威胁，对于地上的钢储罐火灾，一般情况下5min内可以使罐壁温度达到500℃，使钢板强度降低一半，8min～10min以后钢板会失去支持能力。为控制火灾蔓延、降低火焰辐射热，保证邻近罐的安全，应对着火罐及邻近罐进行冷却。

浮顶罐着火，火势较小，如某石油化工企业发生的两起浮顶罐火灾，其中10000m³ 轻柴油浮顶罐着火，15min后扑灭，而密封圈只着了3处，最大处仅为7m长，因此不需要考虑对邻近罐冷却。浮盘用易熔材料(铝、玻璃钢等)制作的内浮顶罐消防冷却按固定顶罐考虑。甲、乙、丙类液体储罐火灾危险性较大，火灾的火焰高、辐射热大，还可能出现油品流散。对于原油、重油、渣油、燃料油等，若含水在0.4%～4%之间且可产生热波作用时，发生火灾后还易发生沸溢现象。为防止油罐发生火灾，油罐变形、破裂或发生突沸，需要采用大量的水对甲、乙、丙类液体储罐进行冷却，并及时实施扑救工作。

现行国家标准《石油化工企业设计防火规范》GB 50160—2008第8.4.5条、第8.4.6条及《建筑设计防火规范》GB 50016—2006第8.2.4条、《石油库设计规范》GB 50074—2007第12.2.8条、第12.2.10条相关内容。现行国家标准《建筑设计防火规范》GB 50016—2006第8.2.4条中规定的移动式水枪冷却的供水强度适用于单罐容量较小的储罐，近年来大型石油化工企业相继建成投产，工艺装置、储罐也向大型化发展，要求消防用水量加大，引用现行国家标准《石油化工企业设计防火规范》GB 50160及《石油库设计规范》GB 50074的相关条文符合国情；其二，对于固定式冷却，现行国家标准《建筑设计防火规范》GB 50016 规定的冷却水强度以周长计算为 0.5L/(s·m)，此时单位罐壁表面积的冷却水强为：0.5×60÷13＝2.3L/(min·m²)，条文中取现行国家标准《石油化工企业设计防火规范》GB 50160—2008 中规定的 2.5L/(min·m²)也是合适的；对邻罐计算出的冷却水强度为：0.2×60÷13＝0.92L/(min·m²)，但用此值冷却系统无法操作，故按实际固定式冷却系统进行校核后，现行国家标准《石油化工企业设计防火规范》GB 50160—2008 规定为2L/(min·m²)是合理可行的。甲、乙、丙类可燃液体地上储罐区室外消火栓用水量的提出主要是调研消防部门的实战案例并参照石化企业安全管理经验确定的，增加了规范的操作性。

卧式罐冷却面积采用现行国家标准《石油化工企业设计防火规范》GB 50160—2008，由于卧式罐单罐罐容较小，以 100m³ 罐为例，其表面积小于 900m²，计算水量小于 15L/s，因而卧式罐冷却面积按罐表面积计算是合理的，解决了各规范间的协调性，同时加强了规范的可操作性。

3.4.4 本条引用现行国家标准《石油库设计规范》GB 50074—2007 第 12.2.7 条、第 12.2.8 条及《建筑设计防火规范》GB 50016—2006 第 8.2.4 条相关内容。该水量主要是保护用水量，是指人身掩护和冷却地面及油罐附件的消防用水量。

3.4.5 液化烃在 15℃时，蒸气压大于 0.10MPa 的烃类液体及其他类似的液体，不包括液化天然气。单防罐为带隔热层的单壁储罐或由内罐和外罐组成的储罐，其内罐能适应储存低温冷冻液体的要求，外罐主要是支撑和保护隔热层，并能承受气体吹扫的压力，但不能储存内罐泄漏出的低温冷冻液体；双防罐为由内罐和外罐组成的储罐，其内罐和外罐都能适应储存低温冷冻液体，在正常操作条件下，内罐储存低温冷冻液体，外罐能够储存内罐泄漏出来的冷冻液体，但不能限制内罐泄漏的冷冻液体所产生的气体排放；全防罐为由内罐和外罐组成的储罐，其内罐和外罐都能适应储存低温冷冻液体，内外罐壁之间的间距为 1m～2m，罐顶由外罐支撑，在正常操作条件下内罐储存低温冷冻液体，外罐既能储存冷冻液体，又能限制内罐泄漏液体所产生的气体排放。

本条引用现行国家标准《石油化工企业设计防火规范》GB 50160—2008 第 8.4.5 条，天然气凝液也称混合轻烃，是指从天然气中回收的且未经稳定处理的液体烃类混合物的总称，一般包括乙烷、液化石油气和稳定轻烃成分；液化石油气专指以 C3、C4 或由其为主所组成的混合物。而本规范所涉及的不仅是天然气凝液、液化石油气，还涉及乙烯、乙烷、丙烯等单组分液化烃类，故统称为"液化烃"。液化烃罐室外消火栓用水量根据现行国家标准《石油化工企业设计防火规范》GB 50160—2008 第 8.10.5 条及《石油天然气工程设计防火规范》GB 50183—2004 第 8.5.6 条确定。

液化烃罐区和天然气凝液罐发生火灾，燃烧猛烈、波及范围广、辐射热大。罐体受强火焰辐射热影响，罐温升高，使得其内部压力急剧增大，极易造成严重后果。由于此类火灾在灭火时消防人员很难靠近，为及时冷却液化石油气罐，应在罐体上设置固定冷却设备，提高其自身防护能力。此外，在燃烧区周围亦需用水枪加强保护。因此，液化石油气罐应考虑固定冷却用水量和移动式水枪用水量。

液化烃罐区和天然气凝液罐包括全压力式、半冷冻式、全冷冻式储罐。

(1)消防是冷却作用。液化烃储罐火灾的根本灭火措施是切断气源。在气源无法切断时，要维持其稳定燃烧，同时对储罐进行水冷却，确保罐壁温度不致过高，从而使罐壁强度不降低，罐内压力也不升高，可使事故不扩大。

(2)国内对液化烃储罐火灾受热喷水保护试验的结论。

1)储罐火灾喷水冷却，对应喷水强度 5.5L/(min·m²)～10L/(min·m²)湿壁热通量比不喷水降低约 70%～85%。

2)储罐被火焰包围，喷水冷却干壁强度在 6L/(min·m²)时，可以控制壁温不超过 100℃。

3)喷水强度取 10L/(min·m²)较为稳妥可靠。

(3)国外有关标准的规定。

国外液化烃储罐固定消防冷却水的设置情况一般为：冷却水供给强度除法国标准规定较低外，其余均在 6L/(min·m²)～10L/(min·m²)。美国某工程公司规定，有辅助水枪供水，其强度可降低到 4.07L/(min·m²)。

关于连续供水时间。美国规定要持续几小时，日本规定至少 20min，其他无明确规定。日本之所以规定 20min，是考虑 20min 后消防队已到火场，有消防供水可用。对着火邻罐的冷却及冷却范围除法国有所规定外，其他国家多未述及。

(4)单防罐罐顶部的安全阀及进出罐管道易泄漏发生火灾，同时考虑罐顶受到的辐射热较大，参考 API 2510A 标准，冷却水强度取 4L/(min·m²)。罐壁冷却主要是为了保护罐外壁在着火时不被破坏，保护隔热材料，使罐内的介质稳定气化，不至于引起更大的破坏。按照单防罐着火的情形，罐壁的消防冷却水供给强度按一般立式罐考虑。

对于双防罐、全防罐由于外部为混凝土结构，一般不需设置固定消防喷水冷却水系统，只是在易发生火灾的安全阀及沿进出罐管道处设置水喷雾系统进行冷却保护。在罐组周围设置消火栓和消防炮，既可用于加强保护管架及罐顶部的阀组，又可根据需要对罐壁进行冷却。

美国《石油化工厂防火手册》曾介绍一例储罐火灾：A 罐装丙烷 8000m³，B 罐装丙烷 8900m³，C 罐装丁烷 4400m³，A 罐超压，顶壁结合处开裂 180°，大量蒸气外溢，5s 后遇火点燃。A 罐烧了 35.5h后损坏；B、C 罐顶部阀件烧坏，造成气体泄漏燃烧，B 罐切断阀无法关闭烧 6 天，C 罐充 N_2 并抽料，3 天后关闭切断阀火灭。B、C 罐罐壁损坏较小，隔热层损坏大。该案例中仅由消防车供水冷却即控制了火灾，推算供水量小于 200L/s。

本次修订在根据我国工程实践和有关国家现行标准、国外技术等有关数据综合的基础上给出了固定和移动冷却系统设计参数。

3.4.6 本条参考现行国家标准《石油化工企业设计防火规范》GB 50160—2008第 8.10.12 条的规定沸点低于 45℃甲 B 类液体压力球罐的消防给水设计流量的确定原则同液化烃。

3.4.7 本条参考现行国家标准《石油化工企业设计防火规范》GB 50160—2008第 8.10.13 条的液氨储罐的消防给水设计流量确定原则。

3.4.8 本条规定了空分站，可燃液体、液化烃的火车和汽车装卸栈台，变电站的室外消火栓设计流量。

(1)空分站。空分站主要是指大型氧气站，随着我国重化工行业的发展，大型氧气站的规模越来越大，最大机组的氧气产量为 50000Nm³/h。随着科学技术、生产技术的发展，低温法空分设备的单机容量已达 10 万 Nm³/h～12 万 Nm³/h。我国的低温法空分设备制造厂家已可生产制氧量 60000Nm³/h 的大型空分设备。常温变压吸附空分设备是利用分子筛对氧、氮组分的选择吸附和分子筛的吸附容量随压力变化而变化的特性，实现空气中氧、氮的分离，并已具备 10000Nm³/h 制氧装置的制造能力(包括吸附剂，程控阀和控制系统的设计制造)。常温变压吸附法制取的氧气纯度为 90%～95%(其余组分主要是氩气)，制取的氮气纯度可达 99.99%。

在石化和煤化工工程中高压氧气用量较大，火灾危险性大，根据我国工程实践和经验，特别是近几年石化和煤化工工程的实践确定空分站的室外消火栓设计流量。

(2)根据现行国家标准《石油化工企业设计防火规范》GB 50160—2008第 8.4.3 条确定可燃液体、液化烃的火车和汽车装卸栈台的室外消火栓设计流量。

(3)变压器。关于变压器的室外消火栓设计流量，现行国家标准《火力发电厂与变电站设计防火规范》GB 50229 规定单机功率200MW的火电厂其变压器应设置室外消火栓，其设计流量在设有水喷雾保护时为10L/s，美国规范规定设置水喷雾时是31.5L/s。国家标准《建筑设计防火规范》GB 50016—2006 第3.4.1条规定了变压器按含油量多少与建筑物的防火距离的3个等级，本规范参考现行国家标准《建筑设计防火规范》GB 50016 的等级划分，考虑我国工程实践和实际情况确定了变压器的室外消火栓设计流量，见表2。现行国家标准《火力发电厂与变电站设计防火规范》GB 50229 规定不小于300MW发电机组的变压器应设置水喷雾灭火系统，小于300MW发电机组的变压器可不设置水喷雾灭火系统，变压器灭火主要依靠水喷雾系统，室外消火栓只是辅助，因此规定当室外油浸变压器单台功率小于300MV·A时，且周围无其他建筑物和生产生活给水时，可不设置室外消火栓，这样可与现行国家标准《火力发电厂与变电站设计防火规范》GB 50229 协调一致。

表2 变电站室外消火栓设计流量

变电站单台油浸变压器含油量(t)	室外消火栓设计流量(L/s)	火灾延续时间(h)
$5<W\leqslant10$	15	2
$10<W\leqslant50$	20	
$W>50$	30	

3.4.9 本条参照交通部行业标准《装卸油品码头防火设计规范》TJT 237—99 第6.2.6条、第6.2.7条、第6.2.8条、第6.2.10条及国家标准《石油化工企业设计防火规范》GB 50160—1999 第7.10.3条确定。

3.4.10 本条引用交通部行业标准《装卸油品码头防火设计规范》TJT 237—99 第6.2.6条、第6.2.7条、第6.2.8条、第6.2.10条。

3.4.11 本条根据国家标准《汽车加油加气站设计与施工规范》GB 50156—2002 第9.0.5条进行修改，统一将埋地储罐加气站室外消火栓用水量由10L/s提高至15L/s，是考虑室外消防水枪的出流量为每支7.5L/s，这样符合实际情况。

3.4.12 本条根据国家标准《建筑设计防火规范》GB 50016—2006 规定了室外可燃材料堆场和可燃气体储或罐(区)等的室外消火栓设计流量。

据统计，可燃材料堆场火灾的消防用水量一般为50L/s～55L/s，平均用水量为58.7L/s。本条规定其消防用水量以15L/s为基数(最小值)，以5L/s为递增单位，以60L/s为最大值，确定可燃材料堆场的消防用水量。

对于可燃气体储罐，由于储罐的类型较多，消防保护范围也不尽相同，本表中规定的消防用水量系指消火栓的用水量。

随着我国循环经济和可再生能源的大力推行，农作物秸秆被用于发电、甲烷制气、造纸，以及废旧纸的回收利用等，易燃材料单垛体积大，堆场总容量大，有的多达35个7000m³的堆垛，一旦起火损失和影响大。近几年山东、河北等地相继发生了易燃材料堆场大火，为此本规范制订了注2的技术规定。

3.4.13 城市隧道消防用水量引用国家标准《建筑设计防火规范》GB 50016—2006 第12.2.2条的规定值。

3.5 室内消火栓设计流量

3.5.1 本条给出了消防用水量相关的因素。

3.5.2 本条规定了民用和工业、市政等建设工程的室内消火栓设计流量。

根据现行国家标准《建筑设计防火规范》GB 50016—2006 和《高层民用建筑设计防火规范》GB 50045—95(2005年版)等有关规范的原设计参数，并根据我国近年火灾统计数据，考虑到商店、丙类厂房和仓库等可燃物多火灾荷载大的场所，实战灭火救援用水量较大，经分析研究适当加大了其室内消火栓设计流量。

3.5.5 现行国家标准《建筑设计防火规范》GB 50016—2006 第12.2.2条的规定值。

3.6 消防用水量

3.6.1 规定消防给水一起火灾灭火总用水量的计算方法。当为2次火灾时，应根据本规范第3.1.1条的要求分别计算确定。

一个建筑或构筑物的室外用水同时与室内用水开启使用，消防用水量为二者之和。当一个系统防护多个建筑或构筑物时，需要以各建筑或构筑物为单位分别计算消防用水量，取其中的最大者为消防系统的用水量。注意这不等同于室内最大用水量和室外最大用水量的叠加。

室内一个防护对象或防护区的消防用水量为消火栓用水、自动灭火用水、水幕或冷却分隔用水之和(三者同时开启)。当室内有多个防护对象或防护区时，需要以各防护对象或防护区为单位分别计算消防用水量，取其中的最大者为建筑物的室内消防用水量。注意这不等同于室内消火栓最大用水量、自动灭火最大用水量、防火分隔或冷却最大用水量的叠加。

自动灭火系统包括自动喷水灭火、水喷雾灭火、自动消防水炮灭火等系统，一个防护对象或防护区的自动灭火系统的用水量按其中用水量最大的一个系统确定。

3.6.2 火灾延续时间是水灭火设施达到设计流量的供水时间。以前认为火灾延续时间是为消防车到达火场开始出水时起，至火灾被基本扑灭止的这段时间，这一般是指室外消火栓的火灾延续时间，随着各种水灭火设施的普及，其概念也在发展，主要为设计流量的供水时间。

火灾延续时间是根据火灾统计资料、国民经济水平以及消防力量等情况综合权衡确定的。根据火灾统计，城市、居住区、工厂、丁戊类仓库的火灾延续时间较短，绝大部分在2.0h之内(如在统计数据中，北京市占95.1%；上海市占92.9%；沈阳市占97.2%)。因此，民用建筑、城市、居住区、工厂、丁戊类厂房、仓库的火灾连续时间，本规范采用2h。

甲、乙、丙类仓库内大多储存着易燃易爆物品或大量可燃物品，其火灾燃烧时间一般均较长，消防用水量较大，且扑救也较困难。因此，甲、乙、丙类仓库、可燃气体储罐的火灾延续时间采用3.0h；直径小于20m的甲、乙、丙类液体储罐火灾延续时间采用4.0h，而直径大于20m的甲、乙、丙类液体储罐和发生火灾后难以扑救的液化石油气罐的火灾延续时间采用6.0h。易燃、可燃材料的露天堆场起火，有的可延续灭火数天之久。经综合考虑，规定其火灾延续时间为6.0h。自动喷水灭火设备是扑救中初期火灾效果很好的灭火设备，考虑到二级建筑物的楼板耐火极限为1.0h，因此灭火延续时间采用1.0h。如果在1.0h内还未扑灭火灾，自动喷水灭火设备将可能因建筑物的倒坍而损坏，失去灭火作用。

据统计，液体储罐发生火灾燃烧时间均较长，长者达数昼夜。显然，按这样长的时间设计消防用水量是不经济的。规范所确定的火灾延续时间主要考虑在灭火组织过程中需要立即投入灭火和冷却的用水量。一般浮顶罐、掩蔽室和半地下固定顶立式罐，其冷却水延续时间按4.0h计算；直径超过20m的地上固定顶立式罐冷却水延续时间按6.0h计算。液化石油气火灾，一般按6.0h计算。设计时，应以这一基本要求为基础，根据各种因素综合考虑确定。相关专项标准也宜在此基础上进一步明确。

3.6.4 等效替代原则是消防性能化设计的基本原则，因此当采用防火分隔水幕和防护冷却水幕保护时，应采用等效替代原则，其火灾延续时间与防火墙或分隔墙耐火极限的时间一致。

3.6.5 城市隧道的火灾延续时间引用现行国家标准《建筑设计防火规范》GB 50016—2006 第12.2.2条的规定值。

4 消防水源

4.1 一般规定

4.1.1 本条规定了市政消防给水应与市政道路同时实施的原则。

本规范编制过程调研时，发现我国较多的城市市政消火栓欠账，比按国家标准《建筑设计防火规范》GB 50016—2006 的规定要少 20%～50%，尽管近几年在快速地建设，但仍有一定的差距。目前我国正在快速城市化过程，为保障城市消防供水的安全性，本规范规定市政消防给水要与市政道路同时规划、设计和实施。这源于我国的“三同时”制度。

4.1.2 本条规定了消防水源水质应满足水灭火设施本身，及其灭火、控火、抑制、降温和冷却等功能的要求。室外消防给水其水质可以差一些，如河水、海水、池塘等，并允许一定的颗粒物存在，但室内消防给水如消火栓、自动喷水等对水质要求较严，颗粒物不能堵塞喷头和消火栓水枪等，平时水质不能有腐蚀性，要保护管道。

4.1.3 本条规定了消防水源的来源。消防水源可取自市政给水管网、消防水池、天然水源等，天然水源为河流、海洋、地下水等，也包括游泳池、池塘等，但首先应取之于最方便的市政给水管网。池塘、游泳池等还受其他因素，如季节和维修等的影响，间歇供水的可能性大，为此规定为可作为备用水源。

4.1.5 本条为强制性条文，必须严格执行。我国有很多工程案例水池水箱没有保温而被冻，消防水池、水箱因平时水不流动，且补充水极少，更容易被冻，为防止设备冻坏和水结冰不流动，有些建筑管理者采取放空措施，从而导致国内有火灾案例因水池和高位消防水箱无水导致灭火失败，如东北某汽配城火灾，因此本条强调应采取防冻措施。

防冻措施通常是根据消防水池和水箱、水塔的具体情况，采取保温、采暖或深埋在冰冻线以下等措施，在工业企业有些室外钢结构水池也有采用蒸汽余热伴热防冻措施。

4.1.6 本条为强制性条文，必须严格执行。本条规定了一些有可能是间歇性或有其他用途的水池当必须作为消防水池时，应保证其可靠性。如雨水清水池一般仅在雨季充满水，而在非雨季可能没有水，水景池、游泳池在检修和清洗期可能无水，而增加了消防给水系统无水的风险，因此有本条的规定，目的是提高消防给水的可靠性。

4.2 市政给水

4.2.1 因火灾发生是随机的，并没有固定的时间，因此要求市政供水是连续的才能直接向消防给水系统供水。

在本规范编制过程调研中发现有的小城镇或工矿企业为节能或节水而采用间歇式定时供水，在这种情况下有可能发生在非供水时间的火灾，其扑救就会因缺水而造成扑救困难，因此强调直接给水灭火系统供水的市政给水应连续供水。

4.3 消防水池

4.3.3 消防水池的补水时间主要考虑第二次火灾扑救需要，以及火灾时潜在的补水能力。

4.3.4 本条为强制性条文，必须严格执行。本条的目的是保证消防给水的安全可靠性。参考发达国家的有关规范，规定了消防水池在火灾时能有效补水的最小有效储水容积，仅设有消火栓系统时不应小于 $50m^3$，其他情况消防水池的有效容积不应小于 $100m^3$，目的是提高消防给水的靠性。

4.3.6 消防水池容量过大时应分成 2 个，以便水池检修、清洗时仍能保证消防用水的供给。

4.3.8 本条为强制性条文，必须严格执行。消防用水与生产、生活用水合并时，为防止消防用水被生产、生活用水所占用，因此要求有可靠的技术设施（例如生产、生活用水的出水管设在消防水面之上）保证消防用水不作他用。参见图 1。

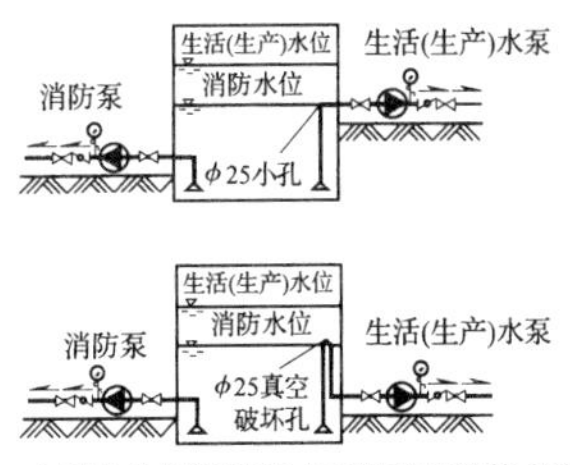

图 1 合用水池保证消防水不被动用的技术措施

4.3.9 本条为强制性条文，必须严格执行。消防水池的技术要求。

1 消防水池出水管的设计能满足有效容积被全部利用是提高消防水池有效利用率，减少死水区，实现节地的要求；

消防水池（箱）的有效水深是设计最高水位至消防水池（箱）最低有效水位之间的距离。消防水池（箱）最低有效水位是消防水泵吸水喇叭口或出水管喇叭口以上 0.6m 水位，当消防水泵吸水管或消防水箱出水管上设置防止旋流器时，最低有效水位为防止旋流器顶部以上 0.20m，见图 2。

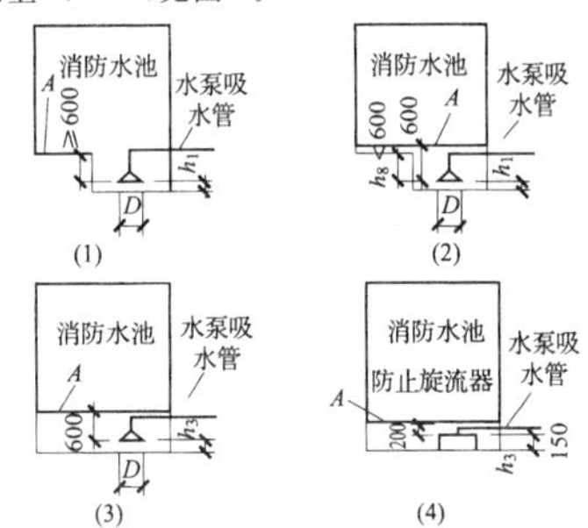

图 2 消防水池最低水位

A—消防水池最低水位线；D—吸水管喇叭口直径；

h_1—喇叭口底到吸水井底的距离；h_3—喇叭口底到池底的距离

2 消防水池设置各种水位的目的是保证消防水池不因放空或各种因素漏水而造成有效灭火水源不足的技术措施；

3 消防水池溢流和排水采用间接排水的目的是防止污水倒灌污染消防水池内的水。

4.3.11 本条第 1 款为强制性条文，必须严格执行。高位消防水池（塔）是常高压消防给水系统的重要代表形式，本节规定了高位消防水池（塔）的有关可靠性的内容。本条各款的内容都是以安全可靠性为原则。

4.4 天然水源及其他

4.4.4 本条为强制性条文，必须严格执行。因天然水源可能有冰凌、漂浮物、悬浮物等易堵塞取水口，为此要求设置格栅或过滤等措施来保证取水口的可靠性。同时应考虑采取措施可能产生的水头损失等对消防水泵造成的吸水影响。

4.4.5 本条为强制性条文，必须严格执行。本条规定了天然水源作为消防水源的技术要求。

1 本款规定了天然地表水源作为室外消防水源供消防车、固定泵和移动泵取水的原则性技术要求，目的是确保消防取水的可靠性；

2 水井安装水位检测装置，以便观察水位是否合理。因地下水的水位经常发生变化，为保证消防供水的可靠性，设置地下水水位检测装置，以便能随着地下水水位的下降，适当调整轴流泵第一叶轮的有效淹没深度。水位测试装置可为固定连续检测，也可设置检测孔，定期人工检测。

4.4.7 本条为强制性条文，必须严格执行。本条规定了消防车取水口处要求的停放消防车场地的一般规定，一般消防车的停放场地应根据消防车的类型确定，当无资料时可按下列技术参数设计，单台车停放面积不应小于 15.0m×15.0m，使用大型消防车时，不应小于 18.0m×18.0m。

5 供水设施

5.1 消防水泵

5.1.6 本条第1款～第3款为强制性条文，必须严格执行。本条规定了消防水泵选择的技术规定。

1 消防水泵的选择应满足消防给水系统的流量和压力需求，是消防水泵选择的最基本规定；

2 消防水泵在运行时可能在曲线上任何一个点，因此要求电机功率能满足流量扬程性能曲线上任何一个点运行要求；

3 电机湿式安装维修时困难，有时要排空消防水池才能维修，造成消防给水的可靠性降低。电机在水中，电缆漏电会给操作人员和系统带来危险，因此从安全可靠性和可维修性来讲本规范规定采用干式电机安装；

4 消防水泵的运行可能在水泵性能曲线的任何一点，因此要求其流量扬程性能曲线应平缓无驼峰，这样可能避免水泵喘振运行。消防水泵零流量时的压力不应超过额定设计压力的140%是防止系统在小流量运行时压力过高，造成系统管网投资过大，或者系统超压过大。零流量时的压力不宜小于额定压力的120%是因为消防给水系统的控制和防止超压等都是通过压力来实现的，如果消防水泵的性能曲线没有一定的坡度，实现压力和水力控制有一定难度，因此规定了消防水泵零流量时压力的上限和下限。

5.1.8 本条第1款～第4款为强制性条文，必须严格执行。本条规定当临时高压消防给水系统采用柴油机泵时的原则性技术规定。

1 规定柴油机消防水泵配备的柴油机应采用压缩点火型的目的是热备，能随时自动启动，确保消防给水的可靠性；

2 海拔高度越高空气中的绝对氧量减少，而造成内燃机出力减少；进入内燃机的温度高将影响内燃机出力，为此本条规定了不同环境条件下柴油机的出力不同，要满足水泵全性能曲线供水时应根据环境条件适当调整柴油机的功率；

3 在工程实践中，有些柴油机泵运行1h～2h就出现喘振等不良现象，造成不能连续工作，致使不能满足消防灭火需求，为此规定柴油机消防泵的可靠性，且应能连续运行24h的要求；

4 柴油机消防泵是由蓄电池自动启动的，本条规定了柴油机泵的蓄电池的可靠性，要求能随时自动启动柴油机泵。

5.1.9 本条第1款～第3款为强制性条文，必须严格执行。本条规定了轴流深井泵应用的技术条件。

轴流深井泵在我国常称为深井泵，是一种电机干式安装的水泵，在国际上称为轴流泵，因其出水管内含有水泵的轴而得名。有电动驱动，也有柴油机驱动两种型式。可在水井和在消防水池上面安装。

1 深井泵安装在水井时的技术规定；

水井在水泵抽水时而产生漏斗效应，为保证消防水泵在150%的额定出流量时，深井泵的第一个叶轮仍然在水面下，规定轴流深井泵安装于水井时，其淹没深度应满足其可靠运行的要求，在水泵出流量为150%额定流量时其最低淹没深度应是第一个水泵叶轮底部水位线以上不少于3.2m。

海拔高度高，水泵的吸上高度就相应减少，水泵发生气蚀的可能增加，为此规定且海拔高度每增加305m，深井泵的最低淹没深度应至少增加0.3m。

2 本条规定了轴流泵湿式深坑安装的技术条件。轴流深井泵吸水口外缘与深坑周边之间断面的水流速度不应大于0.30m/s，当深坑采用引水渠供水时，引水渠的设计流速不应大于0.70m/s。轴流泵吸水口的淹没深度应根据吸水口直径、水泵吸上高度和流速等水力条件经计算确定，但不应小于0.60m；

3 本款规定了采用湿式深坑安装轴流泵的原则性规定，在工程设计当采用离心水泵不能满足自灌式吸水的技术要求，即消防水池最低水位低于离心水泵出水管中心线或水源水位不能被离心水泵吸水时，消防水泵应采用轴流深井泵，湿式深坑安装方式。

5.1.11 本条规定了消防水泵组应设置流量和压力检测装置的原则性规定。

工程中所安装的消防水泵能否满足该工程的消防需要，要通过检测认定。在某地有一五星级酒店工程，消防水泵从生产厂运到工地，工人按照图纸安装到位，消防验收时发现该泵的流量和压力不能满足该工程的需要，追查的结果是该泵是澳门一项目的消防水泵，因运输问题而错误的发送到该项目。另外随着时间的推移，由于动力原因或者是水泵的叶轮磨损、堵塞等原因使水泵的性能降低而不能满足水消防设施所需的压力和流量，因此消防水泵应定期监测其性能。

当水泵流量小或压力不高时可采用消防水泵试验管试验或临时设施试验，但当水泵流量和压力大时不便采用试验管或临时设置测试，因此规定采用固定仪表测试。

5.1.12 本条第1款和第2款为强制性条文，必须严格执行。为保证消防水泵的及时正确启动，本条对消防水泵的吸水、吸水口，以及从市政给水管网直接吸水作了技术规定。

火灾的发生是不定时的，为保证消防水泵随时启动并可靠供水，消防水泵应经常充满水，以保证及时启动供水，所以消防水泵应自灌吸水。

消防水泵从市政管网直接吸水时为防止消防给水系统的水因背压高而倒灌，系统应设置倒流防止器。倒流防止器因构造原因致使水流紊乱，如果安装在水泵吸水管上，其紊乱的水流进入水泵后会增加水泵的气蚀以及局部真空度，对水泵的寿命和性能有极大的影响，为此本规范规定倒流防止器应安装在水泵出水管上。

当消防水泵从消防水箱吸水时，因消防水箱无法设置吸水井，为减少吸水管的保护高度要求吸水管上设置防止旋流器，以提高消防水箱的储水有效量。

5.1.13 本条第1款～第4款为强制性条文，必须严格执行。本条从可靠性出发规定了消防水泵吸水管和出水管的技术要求。

1 本款是依据可靠性的冗余原则，一组消防水泵吸水管应有100%备用；

2 吸水管若气囊，将导致过流面积减少，减少水的过流量，导致灭火用水量减少；

3 本款是从可靠性的冗余原则出发，一组消防水泵的出水管应有100%备用；

4 火灾时水是最宝贵的，为了能使消防水池内的水能最大限度的有效用于灭火，做出了这些规定；

5 本条的其他款都是对消防水泵能有效可靠工作而做出的相关规定。

5.2 高位消防水箱

5.2.2 本条对高位消防水箱的有效高度或至最不利水灭火设施的静水压力作了技术规定。

国家标准《建筑设计防火规范》TJ 16—74规定屋顶消防水箱压力不能满足最不利消火栓的压力，应设置固定消防水泵，国家标准《高层民用建筑设计防火规范》GBJ 45—82提出临时高压消防给水系统，屋顶消防水箱应满足最不利消火栓和自动喷水等灭火设备的压力0.1MPa要求；国家标准《高层民用建筑设计防火规范》GB 50045—95规定当建筑高度不超过100m时，高层建筑最不利点消火栓静水压力不应低于0.07MPa；当建筑高度超过100m时，高层建筑最不利点消火栓静水压力不应低于0.15MPa。

消防水箱的主要作用是供给建筑初期火灾时的消防用水水量，并保证相应的水压要求。水箱压力的高低对于扑救建筑物顶层或附近几层的火灾关系也很大，压力低可能出不了水或达不到要求的充实水柱，也不能启动自动喷水系统报警阀压力开关，影响灭火效率，为此高位消防水箱应规定其最低有效压力或者高度。

5.2.4 本条第1款为强制性条文，必须严格执行。本条规定了高位消防水箱的设置位置，对于露天设置的高位消防水箱，因可触及的人员较多，为此提出了阀门和人孔的安全措施，通常应采用阀门箱和人孔锁等安全措施。

5.2.5 本条为强制性条文，必须严格执行。规定了高位消防水箱防冻的要求，在东北某大城市有一汽配城因为高位消防水箱没有采暖，冬季把高位消防水箱内的水给放空，恰在冬季该建筑物起火没有水灭火，自动喷水系统没有水扑灭初期火灾，致使火灾进一步蔓延，建筑物整体被烧毁，因此高位消防水箱一则重要，二则既然设置了就应保证其安全可靠性。

5.2.6 本条第1款和第2款为强制性条文，必须严格执行。

5.3 稳 压 泵

5.3.1 本条规定稳压泵的型式和主要部件的材质。

5.3.2 本条第1款为强制性条文，必须严格执行。本条规定了稳压泵设计流量的设计原则和技术规定。

稳压泵的设计流量是根据其功能确定，满足系统维持压力的功能要求，就要使其流量大于系统的泄漏量，否则无法满足。因此规定稳压泵的设计流量应大于系统的管网的漏水量；另外在消防给水系统中，有些报警阀等压力开关等需要一定的流量才能启动，通常稳压泵的流量应大于这一流量。通常室外管网比室内管网漏水量大，大管网比小管网漏水量大，工程中应根据具体情况，经相关计算比较确定，当无数据时，可参考给定值进行初步设计。

5.3.3 本条第1款为强制性条文，必须严格执行。本条规定了稳压泵设计压力的设计原则和技术规定。

稳压泵要满足其设定功能，就需要有一定的压力，压力过大，管网压力等级高带来造价提高，压力过低不能满足其系统充水和启泵功能的要求，因此第1款作了原则性规定，第2款和3款作了相应的技术规定。

5.4 消防水泵接合器

5.4.1、5.4.2 本条为强制性条文，必须严格执行。室内消防给水系统设置消防水泵接合器的目的是便于消防队员现场扑救火灾能充分利用建筑物内已经建成的水消防设施，一则可以充分利用建筑物内的自动水灭火设施，提高灭火效率，减少不必要的消防队员体力消耗；二则不必敷设水龙带，利用室内消火栓管网输送消火栓灭火用水，可以节省大量的时间，另外还可以减少水力阻力提高输水效率，以提高灭火效率；三则是北方寒冷地区冬季可有效减少消防车供水结冰的可能性。消防水泵接合器是水灭火系统的第三供水水源。

5.4.3 消防车能长期正常运转且能发挥消防车较大效能时的流量一般为10L/s～15L/s。因此，每个水泵接合器的流量亦应按10L/s～15L/s计算确定。当计算消防水泵接合器的数量大于3个时，消防车的停放场地可能存在困难，故可根据具体情况适当减少。

5.4.5 对于高层建筑消防水车的接力供水应根据当地消防车的型号确定，应根据当地消防队提供的资料确定消防水泵接合器接力供水的方案。

5.4.6 本条规定了消防车通过消防水泵接合器供水的接力供水措施是采用手抬泵或移动泵。并要求在设计消防给水系统时应考虑手抬泵或移动泵的吸水口和加压水接口。

5.5 消防水泵房

5.5.1 此条是关于泵房内起重设施操作水平的规定。

关于消防水泵房内起重设施的操作水平，一般认为在独立消防水泵房内应设施起重设施，目的是方便安装、检修和减轻工人劳动强度，泵房内起重的操作水平宜适当提高，特别是大型消防水泵房。

目前我国民用建筑内的消防水泵房内设置起重设施的少，但考虑安装和检修宜逐步设置。

5.5.3 柴油机动力驱动的消防水泵因柴油机发热量比较大，在运行期间对人有一定的空间要求，所以在电动泵的基础上加0.2m，并要求不小于1.2m。

5.5.5 此条是消防水泵房内架空水管道布置的规定。

消防给水及给排水等管道有可能漏水，而导致电气设备的停运，因此考虑安全运行的要求，架空水管道不得跨越电气设备。另外为方便操作，架空管道不得妨碍通道交通。

5.5.8 规定设计消防水泵房门的宽度、高度应满足设备进出的要求，特别是大型消防水泵房和柴油机消防水泵，因其设备大而应考虑设备进出的方式。

5.5.9 本条第1款为强制性条文，必须严格执行。本条给出关于消防水泵房采暖、通风和排水设施的技术规定。在严寒和寒冷泵房采暖是为了防止水被冻，而导致消防水泵无法运行，影响灭火。通常水不结冰的工程设计最低温度是5℃，而经常有人的场所最低温度是10℃；综合考虑节能，给出了本条第1款的消防水泵房的室内温度要求。

5.5.10 本条给出了消防水泵房关于设置位置和降噪减振措施的规定。

5.5.11 本条给出了消防水泵停泵水锤的计算方法，以及停泵水锤消除的原则性技术规定。

5.5.12 本条为强制性条文，必须严格执行。本条对消防水泵在火灾时的可靠性和适用性做了规定。

独立建造的消防水泵房一般在工业企业内，对于石油化工厂而言，消防水泵房要远离各种易燃液体储罐，并应保证其在火灾和爆炸时消防水泵房的安全，通常应根据火灾的辐射热和爆炸的冲击波计算其最小间距。工程经验值最小为远离储罐外壁15m。

火灾时为便于消防人员及时到达，规定了消防水泵房不应设置在地下三层及以下，或室内地面与室外出入口地坪高差大于10m的地下楼层。

消防水泵是消防给水系统的心脏。在火灾延续时间内人员和水泵机组都需要坚持工作。因此，独立设置的消防水泵房的耐火等级不应低于二级；设在高层建筑物内的消防水泵房层应用耐火极限不低于2.00h的隔墙和1.50h的楼板与其他部位隔开。

为保证在火灾延续时间内，人员的进出安全，消防水泵的正常运行，对消防水泵房的出口作了规定。

规定消防水泵房当设在首层时，出口宜直通室外；设在楼层和地下室时，宜直通安全出口，以便于火灾时消防队员安全接近。

5.5.15 地震期间往往伴随火灾，其原因是现代城市各种可燃物较多，特别是可燃气体进楼，一般在地震中管道被扭曲而造成可燃气体泄露，在静电或火花的作用下而发生火灾，如果此时没有水火灾将无法扑救，为此要求独立建造的消防水泵房提高1度采取抗震措施，但抗震计算仍然按规范规定，一般工业企业采用独立建造消防水泵房，石油化工企业更是如此，为此应加强独立消防水泵房的抗震能力。

6 给 水 形 式

6.1 一 般 规 定

6.1.2 本条规定了市政消防给水。

2008年国家颁布的《防灾减灾法》第四十一条规定：城乡规划应当根据地震应急避难的需要，合理确定应急疏散通道和应急避难场所，统筹安排地震应急避难所必需的交通、供水、供电、排污等基础设施建设。因此本条规定城市避难场所宜设置独立的消防水池，且每座容量不宜小于 200m³。

6.1.3 本条规定了建筑物室外消防给水的设置原则。

本条第 1 款规定了建筑物室外消防给水 2 路供水和 1 路供水的条件，其判断条件是建筑物室外消火栓设计流量是否大于 20L/s。现行国家标准《建筑设计防火规范》GB 50016—2006 第 8.2.7 条第 1 款室外消防给水管网应布置成环状，当室外消防用水量小于等于 15L/s 时，可布置成枝状；现行国家标准《高层民用建筑设计防火规范(2005 年版)》GB 50045—95 第 7.3.1 条 室外消防给水管道应布置成环状，其进水管不宜少于两条，并宜从两条市政给水管道引入，当其中一条进水管发生故障时，其余进水管应仍能保证全部用水量。

本次修订根据我国城市供水可靠性的提高，把 2 路供水的标准由原 15L/s 适当提高到 20L/s，我国城市自来水供水可靠性近来已大有提高，调研得出城市供水的保证率大于 99%，故适当调整。

但当建筑高度超过 50m 的住宅室外消火栓设计流量为 15L/s，考虑到高层建筑自救原则，为提高供水可靠性，供水还应 2 路进水。

6.1.4 工艺装置区、储罐区、堆场等构筑物的室外消防给水相当于建筑物的室内消防给水系统，对于火灾蔓延速度快的可燃液体、气体等应采用应高压或临时高压消防给水系统，但当无泡沫灭火系统、固定冷却水系统和消防炮时，储罐区的规模一般比较小，当消防设计流量不大于 30L/s，且在城镇消防站保护范围内，其火灾危险性可以控制，因此可采用低压消防给水系统。对于火灾蔓延速度慢的固体可燃物在充分利用城镇消防队扑救时，因此可采用低压消防给水系统，但当可燃物堆垛高、易起火、扑救难度大，且远离城镇消防站时应采用高压或临时高压消防给水系统。

我国火力发电厂的可燃煤在室外堆放，造纸厂的原料、粮库的室外粮食、其他农副产品收购站等有大量的可燃物在室外堆放，码头有大量的物品在室外堆放。造纸厂的原料堆场的可燃秸秆和芦苇等起火次数较多，火电厂可燃煤因蓄热而自燃等。近年我国在推广节能和秸秆发电的生物质能源，各地建设了不少秸秆发电厂，其堆垛高度较高，火灾扑救困难。通常堆垛可燃物可采用低压消防给水系统，主要由消防队来灭火。但当易燃、可燃物堆垛高、易起火、扑救难度大，应采用高压或临时高压消防给水系统，在这种情况下主要考虑自救，因此消防给水系统应采用高压或临时高压消防给水系统，水消防设施可采用消防水炮等灭火设施。

6.1.5 本条规定了当建筑物室外消防给水直接采用市政消火栓或室外消防水池供水的原则性规定。

1 消防水池要供消防车取水时，根据消防车的保护半径(即一般消防车发挥最大供水能力时的供水距离为 150m)规定消防水池的保护半径为 150m；

2 当建筑物不设消防水泵接合器时，在建筑物外墙 5m～150m 市政消火栓保护半径范围内可计入建筑物室外消火栓的数量。当建筑物设有消防水泵接合器时，其建筑物外墙 5m～40m 范围内的市政消火栓可计入建筑物的室外消火栓内；

消火栓周围应留有消防队员的操作场地，故距建筑外墙不宜小于 5.00m。同时，为便于使用，规定了消火栓距被保护建筑物，不宜超过 40m，是考虑减少管道水力损失。为节约投资，同时也不影响灭火战斗，规定在上述范围内的市政消火栓可以计入建筑物室外需要设置消火栓的总数内。

3 本条规定了当市政为环状管网时，市政消火栓按实际数量计算，但当市政为枝状管网时仅有 1 个消火栓计入室外消火栓的数量，主要考虑供水的可靠性。

6.1.8 本条规定了室内消防给水系统的选型，室内消防给水系统，由于水压与生活、生产给水系统有较大差别，消防给水系统中水体长期滞留变质，对生活、生产给水系统也有不利影响，因此要求室内消防给水系统与生活、生产给水系统宜分开设置。但自动喷水局部应用系统和仅设有消防软管卷盘的室内消防给水系统因系统较小，对生产生活给水系统影响小，建设独立的消防给水系统投资大，经济上不合理，故规定可与生产生活给水系统合用，这也是工程原则和国际通用原则。

6.1.9 本条第 1 款为强制性条文，必须严格执行。本条规定了室内采用临时高压消防给水系统时设置高位消防水箱的原则。

高层民用建筑、总面积大于 10000m² 且层数超过 2 层的公共建筑和其他重要建筑因其性质重要，火灾发生将产生巨大的经济和社会影响，近年特大型火灾案例表明屋顶消防水箱的重要作用，为此强调必须设置屋顶消防水箱。高位消防水箱是临时高压消防给水系统消防水池消防水泵以外的另一个不满足一起火灾灭火用水量的重要消防水源，其目的是增加消防供水的可靠性；且是以最小的成本得到最大的消防安全效益。高层民用建筑强调自救，因此必须设置高位消防水箱，实际是消防给水水源的冗余，是消防给水可靠性的重要体现，并且随着建筑高度的增加，屋顶消防水箱的有效容积逐步增加，见本规范第 5.2.1 条的有关规定。

日本、美国以及 FM 公司对于高层建筑等都有关于高位消防水箱的设置要求。规范组在调研中获知有几次火灾是由屋顶消防水箱供水灭火的，如 2007 年济南雨季洪水，某建筑地下室被淹没，消防水泵不能启动，此间发生火灾，屋顶消防水箱供水扑灭火灾等。

6.1.11 在工业厂区、居住区等建筑群采用一套临时高压消防给水系投向多栋建筑的水灭火系统供水是一种经济合理消防给水方法。工业厂区和同一物业管理的居住小区采用一套临时高压消防给水系统向多栋建筑供应消防给水，经济合理，但对于不同物业管理单位的建筑可能出现责任不明等不良现象，导致消防管理出现安全漏洞，因此在工程设计中应考虑消防给水管理的合理性，杜绝安全漏洞。

1 根据我国工业企业最大厂区面积的调研，大多数在 100hm² 内，仅有极小部分的石油化工、钢铁等重化工企业超过，考虑到我国已经进入重化工阶段，企业规模越来越大，占地面积迅速扩大，本次规范从发展和安全可靠性出发，规范确定了工厂消防供水的最大保护半径不宜超过 1200m，占地面积不宜大于 200hm²；

2 我国目前同一建筑群采用同一消防给水向多栋建筑物供水的项目逐渐增加，但考虑建筑群的分区和分期建设，以及可靠性，在本规范的制订过程中经规范组研究讨论，规定居住小区的最大保护面积不宜大于 500000m²；

3 因建筑管理单位不同可能造成消防给水管理的混乱，给消防给水的可靠性带来麻烦，而且已经有不少的项目出现因管理费用和资金、产权等问题，出现一些不和谐的问题，为此本规范规定，管理单位不同时，建筑宜独立设置消防给水系统。

6.1.13 我国城市高层建筑据统计有 22 万栋，但高度超过 100m 的高层民用建筑较少，不完全统计既有约为 1700 栋，在建 1254 栋，这些建筑消防车扑救火灾已经无能为力，消防队员登临起火地点的时间比较长，为此高层民用建筑确定高层民用建筑火灾扑救应完全立足于自救，自救主要依靠室内消防给水系统，特别是自动喷水灭火系统，但消防水源的可靠性是核心，没有水，火灾是无法扑救的。为提高这些高层民用建筑物的自救可靠性，本规范规定了建筑高度超过 100m 的民用建筑应采用可靠的消防给水，消防给水可靠性应经可靠度计算分析比较确定。

6.2 分区供水

6.2.1 本条从产品承压能力、阀门开启、管道承压、施工和系统安全可靠性，以及经济合理性等因素出发规定了消防给水的分区原则，并给出了参数。

6.2.2 本条是消防给水分区方式的原则性规定，分区时应考虑的因素是系统压力、建筑特征，可靠性和技术经济等。

6.2.4 本条规定了减压阀减压分区的技术规定。

减压阀的结构形式导致水中杂质和水质的原因可能会造成故障，如水中杂质堵塞先导式减压阀的针阀和卡瑟活塞式减压阀的阀芯，导致减压阀出现故障，因此减压阀应采用安全可靠的过滤装置。另外减压阀是一个消能装置，其本身的能耗相当大，为保证火灾时能满足消防给水的要求，对减压阀的能耗和出流量做了明确要求。

6.2.5 本条第1款为强制性条文，必须严格执行。本条规定了减压水箱减压分区的技术规定。

减压水箱减压分区在我国20世纪80年代和90年代中期的超高层建筑曾大量采用，其特点是安全、可靠，但占地面积大，对进水阀的安全可靠性要求高等，本条规定了减压水箱的有关技术要求。

7 消火栓系统

7.1 系 统 选 择

7.1.1 湿式消火栓系统管道是充满有压水的系统，高压或临时高压湿式消火栓系统可用来对火场直接灭火，低压系统能够对消防车供水，通过消防车装备对火场进行扑救。湿式消火栓系统同干式系统相比没有充水时间，能够迅速出水，有利于扑灭火灾。在寒冷或严寒地区采用湿式消火栓系统应采取防冻措施，如干式地上式室外消火栓或消防水鹤等。

7.1.2、7.1.3 第7.1.2条为强制性条文，必须严格执行。室内环境温度经常低于4℃的场所会使管内充水出现冰冻的危险，高于70℃的场所会使管内充水汽化加剧，有破坏管道及附件的危险，另外结冰和汽化都会降低管道的供水能力，导致灭火能力的降低或消失，故以此温度作为选择湿式消火栓系统或干式消火栓系统的环境温度条件。

7.1.5 严寒、寒冷等冬季结冰地区城市隧道、桥梁以及其他室外构筑物要求设置消火栓时，在室外极端温度低于4℃时，因系统管道可能结冰，故宜采用干式消火栓系统，当直接接市政给水管道时可采用室外干式消火栓。

7.1.6 干式消火栓系统因为其内充满空气，打开消火栓后先要排气，然后才能出水，因出水滞后而影响灭火，所以本次规范规定了充水时间。现行国家标准《建筑设计防火规范》GB 50016—2006和《高层民用建筑设计防火规范》GB 50045—95等规范对于干式系统没有充水时间的规定，但现行国家标准《建筑设计防火规范》GB 50016—2006第12.2.2条第3款干式系统充水时间不应大于90s，该参数过小，致使隧道内的干式系统要分成若干子系统，造成管道系统复杂，投资增加。发达国家的标准有10min和3min的充水规定，本次规范综合考虑确定为5min。

当干式消火栓系统采用干式报警阀时如同干式自动喷水灭火系统，当采用雨淋阀时为半自动系统，采用雨淋阀和干式报警阀的目的是为了接通或切断向消火栓管道系统的供水，并通过压力开关向消防控制室报警。为使干式系统快速充水转换成湿式系统，在系统管道的最高处设置自动快速排气阀。有时干式系统也采用电磁阀和电动阀，电磁阀的启动及时，应采用弹簧非浸泡在水中型式，失电开启型，且应有紧急断电启动按钮；电动阀启动时间长，并与配置电机相关，本条规定启动时间不应超过30s，以提高可靠性。

7.2 市政消火栓

7.2.1 消火栓的设置应方便消防队员使用，地下式消火栓因室外消火栓井口小，特别是冬季消防队员着装较厚，下井操作困难，而且地下消火栓锈蚀严重，要打开很费力，因此本次规范制订推荐采用地上式室外消火栓，在严寒和寒冷地区采用干式地上式室外消火栓。我国严寒地区开发了消防水鹤，目前在黑龙江、辽宁、吉林和内蒙古等省市自治区推广使用，消防水鹤设置在地面上，产品类似于火车加水器，便于操作，供水量大。

消防水鹤是一种快速加水的消防产品，适用于大、中型城市消防使用，能为迅速扑救特大火灾及时提供水源。消防水鹤能在各种天气条件下，尤其在北方寒冷或严寒地区有效地为消防车补水，其设置数量和保护范围可根据需要确定，但只是市政消火栓的补充。

7.2.2 市政消火栓是城乡消防水源的供水点，除提供其保护范围内灭火用的消防水源外，还要担负消防车加压接力供水对其保护范围外的火灾扑救提供水源支持，故规定市政消火栓宜采用DN150的室外消火栓。

设置消防车固定吸水管除符合水泵吸水管一般要求外，还应注意下列几点：

(1)消防车车载水泵带有排气引水、水环引水装置，固定吸水管不设底阀。但应保证天然消防水源处于设计最低水位时，消防车水泵的吸水高度不大于6.0m。

(2)消防车车载水泵带有吸水管，通过它将固定吸水管与消防车车载水泵进水口连接起来，消防车车载水泵车吸水管口径有100mm、125mm和150mm三种，连接型式为螺纹式。固定吸水管直径应根据当地主要消防车车载水泵吸水管口径决定，端部应设置相应的螺纹接口并以螺纹拧盖进行保护，接口距地高度不宜大于450mm。

(3)消防车固定吸水管距路边不宜小于0.5m，也不宜大于2.0m。室外消火栓的出水口(栓口)100mm、150mm为螺纹式连接，是为消防车提供水源，可通过消防车自携的吸水管直接与消防车泵进水口连接，或与消防水罐连接供水。65mm栓口为内扣式连接，是为高压、临时高压系统连接消防水带进行灭火用，或向消防车水罐供水用。

7.2.6 本条规定了市政消火栓的布置原则和技术参数，目的是保护市政消火栓的自身安全，以及使用时的人员安全，且平时不妨碍公共交通等。

为便于消防车从消火栓取水和保证市政消火栓自身和使用时人身安全，规定距路边在0.5m～2m范围内设置，距建筑物外墙不宜小于5m。

地上式市政消火栓被机动车撞坏的事故时有发生，简便易行的防撞措施是在消火栓的两边设置金属防撞桩。

7.2.8 本条为强制性条文，必须严格执行。本条规定了接市政消火栓的给水管网的平时运行压力和火灾时的压力，因火灾时用水量大增，管网水头损失增加，为保证火灾时管网的有效水压，故规定平时管网的运行压力。规范组在调研时获知有的城市水压很低，不能满足火灾时用水的压力要求，为此本次规范修订时要求平时管网运行压力为0.14MPa，该压力值也是现行行业标准《城镇供水厂运行、维护及安全技术规程》CJJ 58对自来水公司的基本要求。并规定火灾时压力从地面算起不应低于0.10MPa。

7.2.9 本条规定了消防水鹤的间距和市政给水管道的直径，消防水鹤的布置间距是借鉴吉林省地方规范的有关数据，因消防水鹤的出水量为30L/s，为此规定接消防水鹤的市政给水管道的直径不应小于DN200。

7.2.11 本条规定当采用地下式市政消火栓时应有明显的永久性标志，以便于消防队员查找使用。

7.3 室外消火栓

7.3.2 建筑室外消火栓的布置数量应根据室外消火栓设计流量、保护半径和每个室外消火栓的给水量经计算确定。

室外消火栓是供消防车使用的，其用水量应是每辆消防车的用水量。按一辆消防车出 2 支喷嘴 19mm 的水枪考虑，当水枪的充实水柱长度为 10m～17m 时，每支水枪用水量 4.6L/s～7.5L/s，2 支水枪的用水量 9.2L/s～15L/s。故每个室外消火栓的出流量按 10L/s～15L/s 计算。

如一建筑物室外消火栓设计流量为 40L/s，则该建筑物室外消火栓的数量为 40/(10～15)＝3 个～4 个室外消火栓，此时如果按保护半径 150m 布置是 2 个，但设计应按 4 个进行布置，这时消火栓的间距可能远小于规范规定的 120m。

如一工厂有多栋建筑，其建筑物室外消火栓设计流量为 15L/s，则该建筑物室外消火栓的数量为 15/(10～15)＝1 个～1.5 个室外消火栓。但该工程占地面积很大，其消火栓布置应仍然要遵循消火栓的保护半径 150m 和最大间距 120m 的原则，若按保护半径计算的数量是 4 个，则应按 4 个进行布置。

7.3.3 为便于消防车使用室外消火栓供水灭火，同时考虑消防队火灾扑救作业面展开的工艺要求，规定沿建筑周围均匀布置室外消火栓。因高层建筑裙房的原因，高层部分均设有便于消防车操作的扑救面，为利于消防队火灾扑救，规定扑救面一侧室外消火栓不宜少于 2 个。

7.3.4 人防工程、地下工程等建筑为便于消防队火灾扑救，规定应在出入口附近设置室外消火栓，且距出入口的距离不宜小于 5m，也不宜大于 40m。这个室外消火栓相当于建筑物消防电梯前室的消火栓，消防队员来时作为首先进攻、火灾侦查和自我保护用的。

7.3.5 我国汽车普及迅速，室外停车场的规模越来越大，考虑到停车场火灾扑救工艺的要求，消防车到达的方便性和接近性，以及室外消火栓不妨碍停车场的交通等因素，规定室外消火栓宜沿停车场周边设置，且与最近一排汽车的距离不宜小于 7m，距加油站或油库不宜小于 15m。

7.3.6 甲、乙、丙类液体和液化石油气等罐区发生火灾，火场温度高，人员很难接近，同时还有可能发生泄漏和爆炸。因此，要求室外消火栓设置在防火堤或防护墙外的安全地点。距罐壁 15m 范围内的室外消火栓火灾发生时因辐射热而难以使用，故不应计算在该罐可使用的数量内。

7.3.8 随着我国进入重化工时代，工艺装置、储罐的规越来越大，目前国内最大的油罐是 10 万立方米，乙烯工程已经到达 80 万吨～120 万吨，消防水枪已经难以覆盖工艺装置和储罐，为此移动冷却的室外箱式消火栓改为固定消防炮。

7.3.9 本条规定了工艺装置区和储罐区的室外消火栓，相当于建筑物的室内消火栓，当采用高压或临时高压消防给水系统时，工艺装置区和储罐区的室外消火栓为室外箱式消火栓，布置间距根据水带长度和充实水柱有效长度确定。

7.3.10 本条为强制性条文，必须严格执行。倒流防止器的水头损失较大，如减压型倒流防止器在正常设计流量时的水头损失在 0.04MPa～0.10MPa 之间，火灾时因流量大增，水头损失会剧增，可能导致使室外消火栓的供水压力不能满足 0.10MPa 的要求，为此应进行水力计算。为保证消防给水的可靠性，规定从市政给水管网接引的入户引入管在倒流防止器前应设置一个室外消火栓。

7.4 室内消火栓

7.4.1 本条对室内消火栓选型提出性能化的要求。不同火灾危险性、火灾荷载和火灾类型等对消火栓的选择是有影响的。如 B 类火灾不宜采用直流水枪，火灾荷载大火灾规模可能大，其辐射热大，消火栓充实水柱应长，如室外储罐、堆场等当消火栓水枪充实水柱不能满足时，应采用消防炮等。

7.4.3 本条为强制性条文，必须严格执行。设置消火栓的建筑物应每层均设置。因工程的不确定性，设备层是否有可燃物难以判断，另外设备层设置消火栓对扑救建筑物火灾有利，且增加投资也很有限，故本条规定设备层应设置消火栓。

7.4.4 公共建筑屋顶直升机停机坪目的是消防救援，在直升机停机坪出入口处设置消火栓便于火灾时对于火灾扑救自我保护，考虑到安全因素规定距停机坪距离不小于 5m 是为了使用安全。

7.4.5 消防电梯前室是消防队员进入室内扑救火灾的进攻桥头堡，为方便消防队员向火场发起进攻或开辟通路，消防电梯前室应设置室内消火栓。消防电梯前室消火栓与室内其他消火栓一样，没有特殊要求，且应作为 1 股充实水柱与其他室内消火栓一样同等地计入消火栓使用数量。

7.4.6 现行国家标准《建筑设计防火规范》GB 50016—2006 条文说明解析根据扑救初期火灾使用水枪数量与灭火效果统计，在火场出 1 支水枪时的灭火控制率为 40%，同时出 2 支水枪时的灭火控制率可达 65%，本次规范制订，规范组最新调查消防部队加强第一出动，第一出动灭火成功率在 95% 以上，说明我国目前消防部队作战能力有极大的提高，第一出动一般使用水枪数量为 2 支，为此规定 2 股水柱同时到达。并规定了小规模建筑可适当放宽的要求。

本规范允许室内 DN65 消火栓设置在楼梯间或楼梯间休息平台，目的是保护消防队员，火灾时楼梯间是半室外安全空间，消防队员在此接消防水龙带和水枪的时候是安全的，另外在楼梯间设置消火栓的位置不变，便于消防队员在火灾时找到。国际上大部分国家允许室内消火栓设置在楼梯间或楼梯间休息平台，美国等国家 SN65 的消火栓仅设置在楼梯间内，而且不配置水龙带和水枪，目的是给消防队员使用。

设置在楼梯间及其休息平台等安全区域的消火栓仅应与一层视为同一平面。

7.4.7 本条规定了室内消火栓的设置位置。

室内 DN65 消火栓的设置位置应根据消防队员火灾扑救工艺确定，一般消防队员在接到火警后 10min 后到达现场，从大量的统计数据看，此时大部分火灾还被封闭在火灾发生的房间内，这也是为什么消防队员第一出动就能扑救 95% 以上的火灾的原因。如果此时火灾已经蔓延扩散，就像很多灾害性大火一样，如沈阳汽配城火灾、北京玉泉营家具城火灾、洛阳大火等，消防队赶到时，火灾已经蔓延，此时能自己疏散的人员已经疏散，不能疏散的要等待消防队救援，消防队到达后首先救人，其次是进行火灾扑救。此时消防队的火灾扑灭工艺是在一个相对较安全的地点设立水枪阵，向火灾发生地喷水灭火，为了便于补给和消防队员的轮换及安全，消火栓应首先设置在楼梯间或其休息平台。其次消火栓可以设置在走道等便于消防队员接近的地点。

7.4.8 规定室内消火栓栓口距地面高度宜为 1.1m，是为了连接水龙带时操作以及取用方便。发达国家规范规定的安装高度为 0.9m～1.5m。

为了更好地敷设水带，减少局部水头损失，要求消火栓出水方向宜与设置消火栓的墙面成 90°角或向下。

7.4.10 室内消火栓不仅给消防队员使用，也给建筑物内的人员使用，因建筑物内的人员没有自备消防水带，所以消防水带宜按行走距离计算，其原因是消防水带在设计水压下转弯半径可观，如 65mm 的水带转弯半径为 1m，转弯角度 100°，因此转弯的数量越多，水带的实际到达距离就短，所以本规范规定要按行走距离计算。

7.4.11 本条规定设置 DN25（消防卷盘或轻便水龙）是建筑内员工等非职业消防人员利用消防卷盘或轻便水龙扑灭初起小火，避免蔓延发展成为大火。因考虑到 DN25 等和 DN65 的消火栓同时使用达到消火栓设计流量的可能性不大，为此规定DN25（消防卷盘或轻便水龙）用水量可以不计入消防用水总量，只要求室内地面任何部位有一股水流能够到达就可以了。

7.4.12 本条规定了消火栓栓口压力技术参数。

1 室内消火栓一般配置直流水枪，水枪反作用力如果超过200N，一名消防队员难以掌握进行扑救。DN65消火栓口水压如大于0.50MPa，水枪反作用力将超过220N，故本款提出消火栓口动压不应大于0.50MPa，如果栓口压力大于0.70MPa，水枪反作用力将大于350N，两名消防队员也难以掌握进行灭火。因此，消火栓栓口水压若大于0.70MPa必须采取减压措施，一般采用减压阀、减压稳压消火栓、减压孔板等；

2 目前国际上大部分国家仅规定消火栓栓口压力，一般不计算充实水柱长度，本规范制订时考虑国际惯例与我国工程实践相结合，给出相关的参数。日本规定1号消火栓（公称直径50相当于我国DN50）栓口压力为0.17MPa～0.70MPa，2号消火栓（公称直径32）栓口压力为0.25MPa～0.70MPa；美国规定65mm消火栓栓口压力为0.70MPa，25mm消火栓栓口压力为0.45MPa；南非规定消火栓的栓口压力为0.25MPa。

消火栓栓口所需水压按下式计算：

$$H_{xh} = H_g + h_d + H_k \tag{1}$$

式中：H_{xh}——消火栓栓口的压力（MPa）；

H_g——水枪喷嘴处的压力（MPa）；

h_d——水带的水头损失（MPa）；

H_k——消火栓栓口水头损失，可按0.02MPa计算。

高层建筑、高架库房、厂房和室内净空高度超过8m的民用建筑，配置DN65消火栓、65mm衬胶水带25m长、19mm喷嘴水枪充实水柱按13m时，水枪喷嘴流量5.4L/s，H_g为0.185MPa；水带水头损失h_d为0.046MPa；计算得到消火栓栓口压力H_{xh}为0.251MPa，考虑到其他因素规定消火栓栓口动压不得低于0.35MPa。

室内消火栓出水量不应小于5L/s，充实水柱应为11.5m。当配置条件与上款相同时，计算得到消火栓栓口压力H_{xh}为0.21MPa。故规定其他建筑消火栓栓口动压不得低于0.25MPa。

7.4.13 7层～10层的各类住宅可以根据地区气候、水源等情况设置干式消防竖管或湿式室内消火栓给水系统。干式消防竖管平时无水，火灾发生后由消防车通过首层外墙接口向室内干式消防竖管供水，消防队员用自携水龙带接驳竖管上的消火栓口投入火灾扑救。为尽快供水灭火，干式消防竖管顶端应设自动排气阀。

7.4.14 住宅建筑如果在生活给水管道上预留一个接驳DN15消防软管或轻便水龙的接口，对于住户扑救初起状态火灾减少财产损失是有好处的。

7.4.15 住宅户内跃层或商业网点的一个防火隔间内是两层的建筑均可视为是一层平面。

7.4.16 本条规定了城市交通隧道室内消火栓设置的技术规定。

1 隧道内消防给水应设置独立的高压或临时高压消防给水系统，目的是随时都能取水灭火，因隧道内狭窄，消防车救援困难。如果允许运输石油化工类物品时，应采用水雾或泡沫消防枪，有利于B、C类火灾扑救；

2 规定最低压力不应小于0.30MPa是为保证消防水枪充实水柱不小于13m，消火栓口出水压力超过0.70MPa时水枪反作用力过大不利于消防队员操作，故应设置减压设施；

3 隧道入口处应设水泵接合器，其数量按3.5.2条规定的设计流量计算确定。为了给水泵接合器供水，应在15m～40m范围内设置相应的室外或市政消火栓；

4 为确保两支水枪的两股充实水柱到达隧道任何部位，规定消火栓的间距不应大于50.0m；

5 允许通行运输石油和化学危险品的隧道内发生火灾类型一般为A、B类混合火灾或A、C类混合火灾，隧道长度超过3000m时，应配置水雾或泡沫消防水枪便于有针对性采取扑救措施。

8 管　　网

8.1 一般规定

8.1.2 为实现消防给水的可靠性，本条规定了采用环状给水管网的4种情况。

8.1.4 本条规定了低压室外消防给水管网的设置要求。

1 为确保消防供水的可靠性，本条规定两路消防供水时应采用环状管网，一路消防供水时可采用枝状管网，本规范6.1.3条规定了建筑物室外消防给水采用两路或一路供水；

2 以保证火灾时供应必要的用水量，室外消防给水管道的直径应通过计算决定。当计算出来的管道直径小于DN100时，仍应采用DN100。实践证明，DN100的管道只能勉强供应一辆消防车用水，因此规定最小管径为DN100。

8.1.5 本条规定了室内消防给水管网的设置要求。

1 室内消防给水管网是室内消防给水系统的主要组成部分，采用环状管网供水可靠性高，当其中某段管道损坏时，仍能通过其他管段供应消防用水。室外消火栓设计流量不大于20L/s且室内消火栓不超过10个时，表明建筑物的体量不大、火灾危险性相对较低，此时消防给水管网可以布置成支状。建筑高度大于54m的住宅，超过10层的住宅室内消火栓数量超过10个，因高层建筑的自救原因，也应是环状管网；

2 当室内消防给水由室外消防用水与其他用水合用的管道供给时，要求合用系统的流量在其他用水达到最大小时流量时，应仍能保证供应全部室内外消防用水量，消防用水量按最大秒流量计算；

3 室内消防给水管道的直径应通过计算决定。当计算出来的竖管直径小于100mm时，仍应采用100mm。

8.1.6 环状管网上的阀门布置应保证管网检修时，仍有必要的消防用水。

8.2 管道设计

8.2.1 本条要求消防给水系统中管件、配件等的产品工作压力不应小于管网的系统工作压力，以防火灾时这些部位出现渗漏或损坏，影响消防供水的可靠性。

8.2.2 本条规定了低压给水系统的系统工作压力要求。低压给水系统灭火时所需水压和流量要由消防车或其他移动式消防水泵加压提供。一般是生产、生活和消防合用给水系统。阀门的最低产品等级是0.60MPa或1.0MPa，而普通管道的压力等级通常是1.2MPa，因此规定低压给水系统的系统工作压力不应低于0.60MPa。

8.2.3 本条规定了高压和临时高压给水系统的系统工作压力要求，并给出了不同情况下系统工作压力的计算方法。

8.2.4 本条规定了消防给水系统的管道材质选择要求。对于埋地管道采用的管材，应具有耐腐蚀和承受相应地面荷载的能力，可采用球墨铸铁管、钢丝网骨架塑料复合管和经可靠防腐处理的钢管等。对于室内外架空管道，应选用耐腐蚀、有一定耐火性能且安装连接方便可靠的管材，可采用热浸镀锌钢管、无缝钢管等。

8.2.5 本条规定了不同系统工作压力下消防给水系统埋地管道的管材和连接方式选择要求。

8.2.6 本条规定了室外金属管道埋地时的管顶覆土深度要求。管顶覆土应考虑埋深荷载以及机动车荷载对管道的影响，在严寒、寒冷地区还应考虑冰冻线的位置，以保证管道防冻。因消防给水管道平时不流动，所以与冰冻线的净距比自来水管线要求大。

8.2.7 本条规定了钢丝网骨架塑料复合管作为埋地消防给水管时的要求，包括对其强度、连接方式、工作压力、覆土深度、与热力管道间距等。钢丝网骨架塑料复合管的复合层应符合以下要求：

静压稳定性：随机取两端长度为600mm±20mm的管材，在管端下封口的情况下用电熔管件连接，且在连接组合试样两端距管件端口150mm处，沿管材外表面圆周切一宽为1.5mm±0.5mm，深度至钢丝缠绕层表面的环形槽。试样试验在20℃，公称压力乘以1.5，时间为165h条件下进行，切割环形槽不破裂、不渗漏。

剥离强度：管材按现行国家标准《胶粘剂 T剥离强度试验方法 挠性材料对挠性材料》GB/T 2791规定的试验方法进行试验时，剥离强度值大于或等于100N/cm。

静液压强度：应符合表3和表4的规定。80℃静液压强度165h，试验只考虑脆性破坏；在要求的时间(165h)内发生韧性破坏时，则应按表4选择较低的破坏应力和相应的最小破坏时间重新试验。

表3 管材耐静液压强度

序号	项　目	环向应力(MPa)		要求
		PE80	PE100	
1	20°C 静压强度(100h)	9.0	12.4	不破裂、不渗漏
2	80°C 静压强度(165h)	4.6	5.5	不破裂、不渗漏
3	80°C 静压强度(1000h)	4.0	5.0	不破裂、不渗漏

表4 80°C时静液压强度(165h)再试验要求

PE80		PE100	
应力(MPa)	最小破坏时间(h)	应用(MPa)	最小破坏时间(h)
4.5	219	5.4	233
4.4	283	5.3	332
4.3	394	5.2	476
4.2	533	5.1	688
4.1	727	5.0	1000
4.0	1000	—	—

8.2.8 本条规定了不同系统工作压力下的室内外架空管道管材的选择要求。

8.2.9 本条规定了室内外架空管道的连接方式，包括沟槽连接、螺纹连接和法兰、卡压连接等。这四种连接方式都不用明火，不会产生施工火灾；且螺纹连接、沟槽连接(卡箍)和卡压占用空间少，法兰连接占用空间大。焊接连接施工要求空间大，不便于维修，且存在产生施工火灾的隐患，为减少施工时火灾，在室内架空管道的连接中不宜使用。

8.2.10 室外架空管道因不同季节和昼夜温差的影响，会发生膨胀和收缩，从而影响室外架空管道的稳定性，因此应校核管道系统的膨胀和收缩长度，并采取相应的安装方式和技术膨胀节等。

8.3 阀门及其他

8.3.2 为了使系统管道充水时不存留空气，保证火灾时消火栓及自动水灭火系统能及时出水，规定在进水管道最高处设置自动排气阀。因管道内的空气阻碍水流量的通过，为提高水流过流能力，应排尽管道内的空气，所以系统要求设置自动排气阀。

8.3.5 本条为强制性条文，必须严格执行。消防给水系统与生产、生活给水系统合用时，在消防给水管网进水管处应设置倒流防止器，以防消防水回流至合用管网，对生产、生活水造成污染。无论是小区、厂区引入管，以及建筑物的引入管当设置有空气隔断的倒流防止器时，因该倒流防止器有开口与大气相通，为保护水源，该倒流防止器应安装在清洁卫生的场所，不应安装在地下阀门井内等能被水淹没的场所。

8.3.6 在调研时发现有不少冬季结冰地区的阀门井内管道冻坏，而消防给水系统因管道内的水平时不流动，更容易冻结，为此规定在结冰地区的阀门井应采用防冻阀门井。

9 消防排水

9.1 一般规定

9.1.1、9.1.2 规定了消防排水的基本原则。

工业、民用及市政等建设工程当设有消防给水系统时，为保护财产和消防设备在火灾时能正常运行等安全需要设置消防排水。因系统调试和日常维护管理的需要应设置消防排水，如实验消火栓处，自动喷水末端试水装置处，报警阀试水装置处等。

9.2 消防排水

9.2.1 本条文规定了火灾时建筑或部位应设置消防排水设施。

仓库火灾除考虑火灾扑灭外，还应考虑储藏物品的水渍损失，另外有些物品具有吸水性，一旦吸收大量的水后，造成荷载增加，对于建筑结构的安全构成威胁，为此从保护物品和减少荷载，仓库地面应考虑排水设施。某市一两层棉花仓库起火后，因无排水设施，造成灭火后因荷载加大，楼板开裂。

9.2.3 本条为强制性条文，必须严格执行。灭火过程中有大量的水流出。以一支水枪流量5L/s计算，10min就有3t水流出。一般灭火过程，大多要用两支水枪同时出水。随着灭火时间增加，水流量不断地增大。在起火楼层要控制水的流量和流向，使梯井不进水是不可能的。这么多的水，使之不进入前室或是由前室内部全部排掉，在技术上也不容易实现。因此，在消防电梯井底设排水口非常必要，对此作了明确规定。将流入梯井底部的水直接排向室外，有两种方法：消防电梯不到地下层，有条件的可将井底的水直接排向室外。为防雨季的倒灌，排水管在外墙位置可设单流阀。不能直接将井底的水排出室外时，参考国外做法，井底下部或旁边设容量不小于$2.00m^3$的水池，排水量不小于10L/s的水泵，将流入水池的水抽向室外。

消防电梯是火灾已发生就自动降到首层，目的是为消防队赶到时提供快速达到着火地点而设置的消防捷运设施，消防队到达以前建筑物能使用的水枪是最大2股水柱，为此消防排水考虑火灾初期的灭火用水量，另外95%的火灾是2股水柱就能扑灭，鉴于上述两种原因，在考虑投资和经济的因素，规定消防电梯井的排水量不应小于10L/s。

9.3 测试排水

9.3.1 本条为强制性条文，必须严格执行。本条规定自动喷水末端试水、报警阀排水、减压阀等试验排水的要求。

消防给水系统减压阀因不经常使用，因为渗漏往往经过一段时间后导致阀前后压力差减少，为保证减压阀前后压差与设计基本一致，减压阀应经常试验排水；另外减压阀为测试其性能而排水，故减压阀应设置排水管道。

10 水力计算

10.1 水力计算

10.1.2 本条文给出了消防给水管道的沿程水头损失的计算公式。

我国在21世纪以前给水系统水力计算通常采用前苏联舍维列夫公式，随着2003年版的国家标准《建筑给水排水设计规范》GB 50015—2003采用欧美常用的海澄威廉公式，2006年版国家标准《室外给水设计规范》GB 50013—2006采用达西等欧美公式后，我国给水排水已经基本不采用前苏联舍维列夫公式，本规范综合我国现行规范，采用达西等水力计算公式。沿程水头损失的计算公式很多，基本是前苏联的舍维列夫公式和欧美公式。

（1）前苏联舍维列夫公式如下：

1）当流速≥1.2m/s，

$$i = 0.00107\frac{v^2}{D^{1.3}} \tag{2}$$

2）当流速<1.2m/s，

$$i = 0.000912\frac{v^2}{D^{1.3}}\left(1+\frac{0.867}{v}\right)^{0.3} \tag{3}$$

式中：i——水力坡度，单位管道的损失（m/m）；

v——流速（m/s）；

D——管道内径（m）。

（2）欧美公式

1）达西公式。达西公式计算水力坡度，而阻力系数由柯列布鲁克-怀特公式计算。

达西公式：

$$i = \lambda\frac{1}{D}\frac{v^2}{2g} \tag{4}$$

柯列布鲁克-怀特公式：

$$\frac{1}{\sqrt{\lambda}} = -2.0\log\left(\frac{2.51}{Re\sqrt{\lambda}}+\frac{\varepsilon}{3.71D}\right) \tag{5}$$

式中：i——水力坡度，单位管道的损失（m/m）；

λ——阻力系数；

D——管道内径（m）；

v——流速（m/s）；

g——重力加速度（m/s^2）；

$Re=vD/\mu$（雷诺数）；

μ——在一定温度下的液体的运动黏滞系数（m^2/s）；

ε——绝对管道粗糙度（m）。

在水力计算时，其他的参数很容易就可以确定，但管道粗糙度k的取值尤为关键。球墨铸铁管采用旋转喷涂的工艺，得到一个光滑的、均匀的水泥砂浆内衬。圣戈班穆松桥进行了一系列的试验，已经得出了内衬的粗糙度k值。其平均值为0.03mm，当和绝对光滑的管道$\varepsilon=0$比较时（计算流速为1m/s），对应的额外水头损失为5%～7%。不管怎样，管道的相关表面粗糙度不仅依赖于管道表面的均匀性，而且特别依赖于弯头、三通和其他连接形式的数量，如管线纵剖面的不规则性。经验显示$\varepsilon=0.1$对于配水管线来说是一个合理的数值。对于每千米只有几个管件的长距离的管线来说，ε的取值可以稍微地降低（可取系数0.6～0.8）。当然，ε的取值还应当包括其他因素的影响，如水质的不同等。圣戈班穆松桥进行ε值试验时的部分管道数据见表5。

表5 圣戈班穆松桥试验ε值

管径 DN	安装年代	估算年龄（年）	ε值（柯列布鲁克-怀特公式）
150	1941	0	0.025
		12	0.019
		16	0.060
250	1925	16	0.148
		32	0.135
		39	0.098
300	1928	13	0.160
		29	0.119
		36	0.030
300	1928	13	0.054
		29	0.075
		36	0.075
700	1939	19	0.027
		25	0.046
700	1944	13	0.027
		20	0.046

2）

$$i=10^{-2}\frac{v^2}{C_v^2R} \tag{6}$$

该公式是现行国家标准《室外给水设计规范》GB 50013—2006中给出的。

3）海澄-威廉公式：

$$i = 2.9660\times10^{-7}\left(\frac{q^{1.852}}{C^{1.852}d_i^{4.87}}\right) \tag{7}$$

10.1.6 本条文给出了管道局部水头损失的计算公式。管道局部水头损失按局部管道当量长度进行计算。

发达国家给出的管道管件和阀门等管道附件的局部管道当量长度，见表6。

表6 阀门和管件的同等管道当量长度表（英尺）

配件与阀门	管件与阀门直径（英寸）													
	3/4	1	1 1/4	1 1/2	2	2 1/2	3	3 1/2	4	5	6	8	10	12
45°管道弯头	1	1	1	2	2	3	3	3	4	5	7	9	11	13
90°标准管道弯头	2	2	3	4	5	6	7	8	10	12	14	18	22	27
90°长转折管道弯头	1	2	2	2	3	4	5	5	6	8	9	13	16	18
三通管或者四通管（水流转向90°）	3	5	6	8	10	12	15	17	20	25	30	35	50	60
蝶形阀	—	—	—	—	6	7	10	—	12	9	10	12	19	21
闸门阀	—	—	—	—	1	1	1	1	2	2	3	4	5	6
旋启式阀门	—	5	7	9	11	14	16	19	22	27	32	45	55	65
球心阀	—	—	—	46	—	70	—	—	—	—	—	—	—	—
角阀	—	—	—	20	—	31	—	—	—	—	—	—	—	—

注：由于旋启式止逆阀在设计方面的差异，需参考表中所给出的管道当量。

表6是基于海澄威廉系数为$C=120$时测试的数据，当海澄威廉系数变化时，其当量长度适当变化，则有$C=100$，$k_3=0.713$；$C=120$，$k_3=1.0$；$C=130$，$k_3=1.16$；$C=140$，$k_3=1.33$；$C=150$，

$k_3=1.51$，例如直径 4 英寸的侧向三通在 $C=150$ 管道的当量长度为 20/1.51=13.25 英尺。

规范表 10.1.6-1 中关于 U 形过滤器和 V 形过滤器的数据来源《自动喷水灭火系统设计手册》。

表 10.1.6-2 数据来源于美国出版的《Fluid Flow Handbook》中的有关数据。

10.1.7 本条规定了水泵扬程或系统人口供水压力的计算方法。

本次规范制订考虑水泵扬程有 1.20～1.40 的安全系数是基于以下几个原因：一是工程施工时管道的折弯可能增加不少，二是工程设计时其他安全因素的考虑，如管道施工某种原因造成的局部截面缩小等。

10.1.8 本条规定了消防给水系统由市政直接供水时的压力确定原则。

10.1.9 本条规定了消防给水水力计算的原则。

我国以前规范和手册中对消火给水系统没有提供有关室内消火栓系统计算原则，规范组根据工程实践总结提出了室内消火栓系统环状管网简化为枝状管网的计算原则，其原因是国内消火栓系统均存在最小立管流量和转输流量的问题，故采用常规的给水管网的计算方法不合适，因此综合简化为枝状管网。

10.2 消 火 栓

10.2.1 消火栓的计算涉及栓口压力、充实水柱等有关数据计算，基本数据基本固定，所以目前国际上发达国家基本都简化为栓口压力，见本规范第 7.4.12 条条文说明，因此规范仅提供消火栓保护半径的计算。

65mm 直径的水龙带转弯半径为 1m，火灾时从消火栓到起火地点，建筑物可能有很多转弯，造成水龙带无法按直线敷设，而是波浪式敷设，于是水龙带的有效敷设距离会降低，转弯越多，造成的降低越多，因此规定宜根据转弯数量来确定系数，规定可取 0.8～0.9。

10.3 减 压 计 算

10.3.1 本条规定了对设置减压孔板管道前后直线管段的要求，减压孔板的最小尺寸和孔板的材质等。要求减压孔板采用不锈钢板制作，按常规确定的孔板厚度 ϕ50mm～ϕ80mm 时 $\delta=3$mm；ϕ100mm～ϕ150mm 时，$\delta=6$mm；$\phi=200$mm 时，$\delta=9$mm。

10.3.2 本条规定了节流管的有关技术参数，其结构示意图见图 3。

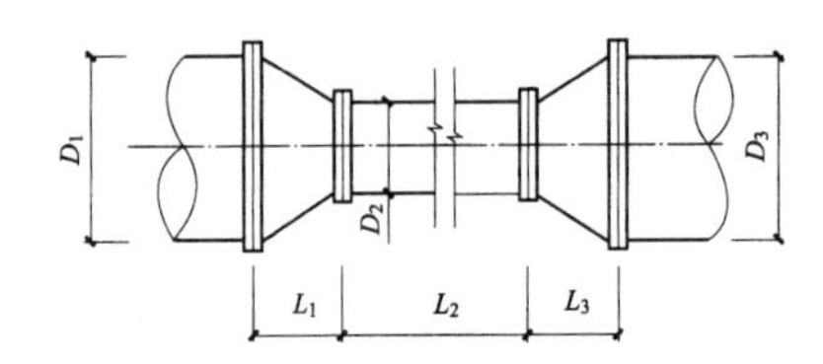

图 3 节流管结构示意

技术要求：$L_1=D_1$ $L_3=D_3$

11 控制与操作

11.0.1 本条第 1 款为强制性条文，必须严格执行。本条规定了临时高压消防给水系统应在消防水泵房内设置控制柜或专用消防水泵控制室，并规定消防水泵控制柜在准工作状态时消防水泵应处于自动启泵状态。在我国大型社会活动工程调研和检查中，往往发现消防水泵处于手动启动状态，消防水泵无法自动启动，特别是对于自动喷水系统等自动水灭火系统，这会造成火灾扑救的延误和失败，为此本规范制订时规定临时高压消防给水系统必须能自动启动消防水泵，控制柜在准工作状态时消防水泵应处于自动启泵状态，目的是提高消防给水的可靠性和灭火的成功率，因此规定消防水泵平时应处于自动启泵状态。

有些自动水灭火系统的开式系统一旦误动作，其经济损失或社会影响很大时，应采用手动控制，但应保证有 24h 人工值班。如剧院的舞台，演出时灯光和焰火较多，火灾自动报警系统误动作发生的概率高，此时可采用人工值班手动启动。

11.0.2 本条为强制性条文，必须严格执行。在以往的工程实践中发现有的工程往往设置自动停泵控制要求，这样可能造成火灾扑救的失败或挫折，因火场消防水源的供给有很多补水措施，并不是设计 1h～6h 火灾延续时间的供水后就没有水了，如果突然自动关闭水泵也会给在现场火灾扑救的消防队员造成一定的危险，因此不允许消防自动停泵，只有有管理权限的人员根据火灾扑救情况确定消防水泵的停泵。

具有管理权限的概念来自美国等发达国家的规范要求，我国现行国家标准《消防联动控制系统》GB 16806—2006 第 4.1 节提出了消防联动控制分为四级的要求，并由相关人员执行，这一概念与本规范具有管理权限的人员基本一致，只是表述不同。

11.0.3 本条规定了消防水泵的启动时间。国家标准《建筑设计防火规范》GBJ 16—87 规定 8.2.8 条注规定：低压消防给水系统，如不引起生产事故，生产用水可作为消防用水。但生产用水转为消防用水的阀门不应超过两个，开启阀门的时间不应超过 5min。这被认为是消防水泵的启泵时间。现行国家标准《建筑设计防火规范》GB 50016—2006 第 8.6.9 条规定消防水泵应保证在火警后 30s 内启动，这一数据是水泵供电正常的情况下的启动时间。发达国家的规范规定接到火警后 5min 内启动消防水泵。5min 一般指是人工启动，自动启动通常是信号发出到泵达到正常转速后的时间在 1min 内，这包括最大泵的启动时间 55s，但如果工作泵启动到一定转速后因各种原因不能投入，备用泵要启动还需要 1min 的时间，因此本规范规定自动启泵时间不应大于 2min 是合理的，因电源的转换时间为 2s，因此水泵自动启动的时间应以备用泵的启动时间计。

11.0.4 本条规定了消防水泵自动启动信号的采集原则性技术规定。

国际上发达国家常用的启泵信号是压力和流量，其原因是可靠性高，水流指示器可靠性稍差，误动作概率稍高，我国在工程实践中也经常采用高位消防水箱的水位信号，但因高位消防水箱的水位信号有滞后现象，目前在工程中已经很少采用，但该信号可以作为报警信号。为此本次规范制订时规定采用压力开关和流量开关作为水泵启泵的信号。压力开关一般可采用电接点压力表、压力传感器等。

压力开关通常设置在消防水泵房的主干管道上或报警阀上，流量开关通常设置在高位消防水箱出水管上。

11.0.5 本条为强制性条文，必须严格执行。本条规定了消防水泵应具有手动和自动启动控制的基本功能要求，以确保消防水泵的可靠控制和适应消防水泵灭火和灾后控制，以及维修的要求。

11.0.7 本条第 1 款为强制性条文，必须严格执行。在消防控制室和值班室设置消防给水的控制和水源信号的目的是提高消防给水的可靠性。

1 为保证消防控制室启泵的可靠性，规定采用硬拉线直接启动消防水泵，以最大可能的减少干扰和风险。而采用弱电信号总线制的方式控制，有可能软件受病毒侵害等危险而导致无法动作；

2 显示消防水泵和稳压泵运行状态是监视其运行，以确保消防给水的可靠性；

3 消防水源是灭火必需的，有些火灾导致成灾主要原因是没有水，如某东北省会城市汽配城屋顶消防水箱没有水而烧毁，北京某家具城消防水池没有水而烧毁，因此规范制订时要求对消防水源的水位进行检测。当水位下降或溢流时能及时采取补水和维修进水阀等。

11.0.8 消防水泵和稳压泵设置就地启停泵按钮是便于维修时控制和应急控制。

11.0.9 本条为强制性条文，必须严格执行。消防水泵房内有压水管道多，一旦因压力过高如水锤等原因而泄漏，当喷泄到消防水泵控制柜时有可能影响控制柜的运行，导致供水可靠性降低，因此要求控制柜的防护等级不应低于IP55，IP55是防尘防射水。当控制柜设置在专用的控制室，根据国家现行标准，控制室不允许有管道穿越，因此消防水泵控制柜的防护等级可适当降低，IP30能满足防尘要求。

11.0.10 消防水泵控制柜在泵房内给水管道漏水或室外雨水等原因而被淹没导致不能启泵供水，降低系统给水可靠性；另外因消防水泵经常不运行，在高温潮湿环境中，空气中的水蒸气在电器元器件上结露，从而影响控制系统的可靠性，因此要求采取防潮的技术措施。

11.0.12 本条为强制性条文，必须严格执行。压力开关、流量开关等弱电信号和硬拉线是通过继电器来自动启动消防泵的，如果弱电信号因故障或继电器等故障不能自动或手动启动消防泵时，应依靠消防泵房设置的机械应急启动装置启动消防泵。

当消防水泵控制柜内的控制线路发生故障而不能使消防水泵自动启动时，若立即进行排除线路故障的修理会受到人员素质、时间上的限制，所以在消防发生的紧急情况下是不可能进行的。为此本条的规定使得消防水泵只要供电正常的条件下，无论控制线路如何都能强制启动，以保证火灾扑救的及时性。

该机械应急启动装置在操作时必须由被授权的人员来进行，且此时从报警到消防水泵的正常运转的时间不应大于5min，这个时间可包含了管理人员从控制室至消防泵房的时间，以及水泵从启动到正常工作的时间。

11.0.13 消防水泵控制柜出现故障，而管理人员不在将影响火灾扑救，为此规定消防水泵控制柜的前面板的明显部位应设置紧急时打开柜门的钥匙装置，由有管理权限的人员在紧急时使用。

该钥匙装置在柜门的明显位置，且有透明的玻璃能看见钥匙。在紧急情况需要打开柜门时，必须由被授权的人员打碎玻璃，取出钥匙。

11.0.14 消防水泵直接启动可靠，因水泵电机功率大时在平时流量检测等工频运行，启动电流大而影响电网的稳定性，因此要求功率较大的采用星三角或自耦降压变压器启动。有源电器元件可能因电源的原因而增加故障率，因此规定不宜采用。

11.0.15 本条是根据试验数据和工程实践，提出了消防水泵启动时间。

11.0.19 本规范对临时高压消防给水系统的定义是能自动启动消防水泵，因此消火栓箱报警按钮启动消防水泵的必要性降低，另外消火栓箱报警按钮启泵投资大；目前我国居住小区、工厂企业等消防水泵是向多栋建筑给水，消火栓箱报警按钮的报警系统经常因弱电信号的损耗而影响系统的可靠性。因此本条如此规定。

12 施　工

12.1 一般规定

12.1.1 本条为强制性条文，必须严格执行。本条对施工企业的资质要求作出了规定。

改革开放30多年来，消防工程施工企业发展很快，消防工程施工企业由无到有，并专业化发展至今，但我国近年来城市化和重化工的发展，对消防技术要求越来越高，消防工程施工安装必须由专业施工企业施工，并与其施工资质相符合。

施工队伍的素质是确保工程施工质量的关键，强调专业培训、考核合格是资质审查的基本条件，要求从事消防给水和消火栓系统工程施工的技术人员、上岗技术工人必须经过培训，掌握系统的结构、作用原理、关键组件的性能和结构特点、施工程序及施工中应注意的问题等专业知识，以确保系统的安装、调试质量，保证系统正常可靠地运行。

12.1.2 按消防给水系统的特点，对分部、分项工程进行划分。

12.1.3 施工方案和施工组织设计对指导工程施工和提高施工质量，明确质量验收标准很有效，同时监理或建设单位审查利于互相遵守，故提出要求。

按照《建设工程质量管理条例》精神，结合现行国家标准《建筑工程施工质量验收统一标准》GB 50300，抓好施工企业对项目质量的管理，所以施工单位应有技术标准和工程质量检测仪器、设备，实现过程控制。

12.1.4 本条规定了系统施工前应具备的技术、物质条件。

12.1.5 工程质量是由设计、施工、监理和业主等多方面组织管理实施的，施工单位的职责是按图施工，并保证施工质量，为保证工程质量，强调施工单位无权任意修改设计图纸，应按批准的工程设计文件和施工技术标准施工。

12.1.6 本条较具体规定了系统施工过程质量控制要求。

一是校对复核设计图纸是否同施工现场一致；二是按施工技术标准控制每道工序的质量；三是施工单位每道工序完成后除了自检、专职质量检查员检查外，还强调了工序交接检查，上道工序还应满足下道工序的施工条件和要求；同样相关专业工序之间也应进行中间交接检验，使各工序和各相关专业之间形成一个有机的整体；四是工程完工后应进行调试，调试应按消防给水及消火栓系统的调试规定进行；五是规定了调试后的质量记录和处理过程；六是施工质量检查的组织原则；七是施工过程的记录要求。

12.1.8 对分部工程质量验收的人员加以明确，便于操作。同时提出了填写工程验收记录要求。

12.1.9 本条规定了仅设置DN25消火栓的施工验收原则。因其系统性差较为简单，为简化程序减少环节规定施工验收，按照现行国家标准《建筑给水排水及采暖工程施工质量验收规范》GB 50242。

12.2 进场检验

12.2.1 本条规定了进场检验的内容，如主要设备、组件、管材管件和材料等。消防给水及消火栓系统的产品涉及消防专用产品、通用产品和市政专用产品3类。为保证产品质量，应有产品合格证和产品认证，且要求产品符合国家有关产品标准的规定。

1 本条第1款规定了施工前应对消防给水系统采用的主要设备、系统组件、管材管件及其他设备、材料等进行现场检查的基本内容。现场应检查其产品是否与设计选用的规格、型号及生产厂家相符，各种技术资料、出厂合格证、产品认证书等是否齐全；

2 消防水泵、消火栓、消防水带、消防水枪、消防软管卷盘、报警阀组、电动(磁)阀、压力开关、流量开关、消防水泵接合器、沟槽连接件等系统主要设备和组件是消防专用产品，应经国家消防产品质量监督检验中心检测合格；

3 稳压泵、气压水罐、消防水箱、自动排气阀、信号阀、止回阀、安全阀、减压阀、倒流防止器、蝶阀、闸阀、流量计、压力表、水位计等是通用产品，应经相应国家产品质量监督检验中心检测合格；

随着我国对消防给水和消火栓系统可靠性的要求提高，有些通用产品会逐步转化为消防专用产品，因此要求经过消防产品质量认证。

4 气压水罐、组合式消防水池、屋顶消防水箱、地下水取水和地表水取水设施，以及其附件等是市政给水专用设施，符合国家相关产品标准。

12.2.2 消防水泵和稳压泵的进场检验除符合现行国家标准《消防泵》GB 6245外，还应符合现行国家标准《离心泵技术条件（Ⅰ类）》GB/T 16907或《离心泵技术条件（Ⅱ类）》GB/T 5656等技术标准。

12.2.3 本条规定了消火栓箱、消火栓、水龙带、水枪和消防软管卷盘的产品质量检验标准和要求。

12.2.4 本条规定了自动喷水喷头、泡沫喷头、消防炮等专用消防产品的检验应符合现行的国家规范的要求。

12.3 施 工

12.3.1 本条主要对消防水泵、水箱、水池、气压给水设备、水泵接合器等几类供水设施的安装作出了具体的要求和规定。

由于施工现场的复杂性，浮土、麻绳、水泥块、铁块、钢丝等杂物非常容易进入管道和设备中。因此消防给水系统的施工要求更高，更应注意清洁施工，杜绝杂物进入系统。例如1985年，某设计研究院曾在某厂做雨淋系统灭火强度试验，试验现场管道发生严重堵塞，使用了150t水冲洗，都冲洗不净。最后只好重新拆装，发现石块、焊渣等物卡在管道拐弯处、变径处，造成水流明显不畅。另一项目发现消防水池充水前根本没有清扫和冲洗，致使消防水泵的吸水口被堵塞。因此本条强调安装中断时敞口处应做临时封闭，以防杂物进入未安装完毕的管道与设备中。

12.3.2 规定了消防水泵的安装技术规则。

1 本条对消防水泵安装前的要求作出了规定。为确保施工单位和建设单位正确选用设计中选用的产品，避免不合格产品进入消防给水系统，设备安装和验收时注意检验产品合格证和安装使用说明书及其产品质量是非常必要的。如某工地安装的水泵是另一工地的配套产品，造成施工返工，延误工期，带来不必要的经济损失；

2 安装前应对基础等技术参数进行校核，避免安装出现问题重新安装；

3 消防水泵是通用机械产品，其安装要求直接采用现行国家标准《机械设备安装工程施工及验收通用规范》GB 50231和《风机、压缩机、泵安装工程施工及验收规范》GB 50275的有关规定；

4 安装前校核设备之间及与墙壁等的间距，为安装运行和维修创造条件；

5 吸水管上安装控制阀是便于消防水泵的维修。先固定消防水泵，然后再安装控制阀门，以避免消防水泵承受应力；

6 当消防水泵和消防水池位于独立基础上时，由于沉降不均匀，可能造成消防水泵吸水管受内应力，最终应力加在消防水泵上，将会造成消防水泵损坏。最简单的解决方法是加一段柔性连接管；

7 消防水泵吸水管安装若有倒坡现象则会产生气囊，采用大小头与消防水泵吸水口连接，如果是同心大小头，则在吸水管上部有倒坡现象存在。异径管的大小头上部会存留从水中析出的气体，因此应采用偏心异径管，且要求吸水管的上部保持平接见图4；

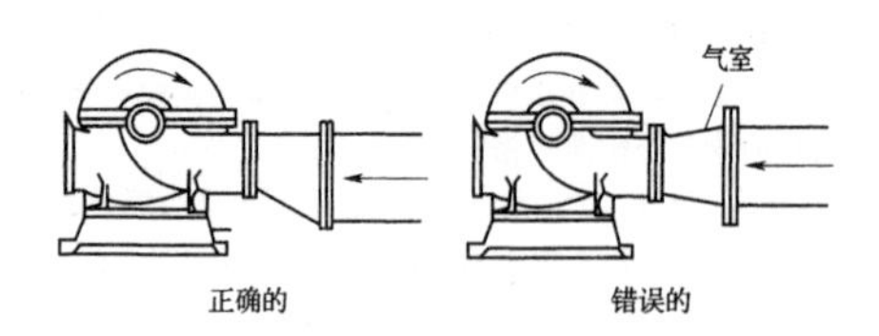

图4 正确和错误的水泵吸水管安装示意

8 压力表的缓冲装置可以是缓冲弯管，或者是微孔缓冲水囊等方式，既可保护压力表，也可使压力表指针稳定；

9 对消防水泵隔振和柔性接头提出性能要求。

12.3.3 本条对天然水源取水口、地下水井、消防水池和消防水箱安装施工作了技术规定。

12.3.4、12.3.5 对消防气压水罐和稳压泵的安装要求作了技术规定。

气压水罐和稳压泵都是消防给水系统的稳压设施，不是供水设施。

稳压泵和气压水罐的安装主要为确保施工单位和建设单位正确选用设计中选用的产品，避免不合格产品进入消防给水系统，设备安装和验收时注意检验产品合格证和安装使用说明书及其产品质量是非常必要的。而且要求稳压泵安装直接采用现行国家标准《机械设备安装工程施工及验收通用规范》GB 50231、《风机、压缩机、泵安装工程施工及验收规范》GB 50275的有关规定。

12.3.6 本条给出了消防水泵接合器的安装技术要求。

消防水泵接合器是除消防水池、高位消防水箱外的第三个向水灭火设施供水的消防水源，是消防队的消防车车载移动泵供水接口。

1 本款规定了消防水泵接合器的组成和安装程序；

2 规定了消防水泵接合器的位置应符合设计要求；

3、4 消防水泵接合器主要是消防队在火灾发生时向系统补充水用的。火灾发生后，十万火急，由于没有明显的类别和区域标志，关键时刻找不到或消防车无法靠近消防水泵接合器，不能及时准确补水，造成不必要的损失，这种实际教训是很多的，失去了设置消防水泵接合器的作用；

5 墙壁消防水泵接合器安装位置不宜低于0.7m是考虑消防队员将水龙带对接消防水泵接合器口时便于操作提出的，位置过低，不利于紧急情况下的对接。国家标准图集《消防水泵接合器安装》99S203中，墙壁式消防水泵接合器离地距离为0.7m，设计中多按此预留孔洞，本次修订将原来规定的1.1m改为0.7m是为了协调统一；

6 为与现行国家标准《建筑设计防火规范》GB 50016相关条文适应，消防水泵接合器与门、窗、孔、洞保持不小于2.0m的距离。主要从两点考虑：一是火灾发生时消防队员能靠近对接，避免火舌从洞孔处燎伤队员；二是避免消防水龙带被烧坏而失去作用；

7 规定了消防水泵接合器的可到达性，并应在施工中进一步确认；

8 对消防水泵接合器井的排水设施的规定。

12.3.7 本条规定了市政和室外消火栓的安装技术要求。

12.3.8 本条规定了市政消防水鹤的安装技术要求。

12.3.9 本条规定了室内消火栓及消防软管卷盘或轻便水龙的安装技术要求。

消火栓栓口的安装高度，国家标准《建筑设计防火规范》GB 50016—2006第8.4.3条规定室内消火栓应设置在位置明显且易于操作的部位。栓口离地面或操作基面高度宜为1.1m。国家标准《高层民用建筑设计防火规范》GB 50045—95规定也是如此。美国等最新规范规定消火栓的安装高度，消火栓口距地面为0.9m～1.5m高。消火栓栓口的安装高度主要是便于火灾时快速连接消防水龙带，这个高度是消防队员站立操作的最佳高度。

12.3.10 本条规定了消火栓箱的安装技术要求。

12.3.11 本条给出了消防给水系统管道连接的方式，和相应的技术规定。

法兰连接时，如采用焊接法兰连接，焊接后要求必须重新镀锌或采用其他有效防锈蚀的措施，法兰连接采用螺纹法兰可不要二次镀锌。焊接后应重新镀锌再连接，因焊接时破坏了镀锌钢管的镀锌层，如不再镀锌或采取其他有效防腐措施进行处理，必然会造成加速焊接处的腐蚀进程，影响连接强度和寿命。螺纹法兰连接，要求预测对接位置，是因为螺纹紧固后，工程施工经验证明，一旦改变其紧固状态，其密封处，密封性将受到影响，大都在连接后，因密封性能达不到要求而返工。

12.3.12 本条规定了沟槽连接件连接的技术规定。

我国1998年成功开发了沟槽式管件，很快在工程中被采用，目前已经在生产、生活给水以及消火栓等系统中广泛应用。沟槽式管件在我国应用已经有十多年的历史，目前是成熟技术，其优点是施工、维修方便，强度密封性能好、占据空间小，美观等。

沟槽式管件连接施工时的技术要求，主要是参考生产厂家提供的技术资料和总结工程施工操作中的经验教训的基础上提出的。沟槽式管件连接施工时，管道的沟槽和开孔应用专用的滚槽机、开孔机进行加工，应按生产厂家提供的数据，检查沟槽和孔口尺寸是否符合要求，并清除加工部位的毛刺和异物，以免影响连接后的密封性能，或造成密封圈损伤等隐患。若加工部位出现破损性裂纹、应切掉重新加工沟槽，以确保管道连接质量。加工沟槽发现管内外镀锌层损伤，如开裂、掉皮等现象，这与管道材质、镀锌质量和滚槽速度有关，发现此类现象可采用冷喷锌罐进行喷锌处理。

机械三通、机械四通连接时，干管和支管的口径应有限制的规定，如不限制开孔尺寸，会影响干管强度，导致管道弯曲变形或离位。

12.3.17 本条规定了埋地消防给水管道的管材和连接方式，以及基础支墩的技术规定。

从日本和我国汶川地震的资料看，灰口铸铁管、混凝土管等抗震性能差，刚性连接的管道抗震性能差，因此强调金属管道采用柔性连接。汶川地震的一些资料表明有一定可伸缩性的塑料管抗震性能良好，因此建议采用钢丝网塑料管。

本条规定当无设计要求时管道三通或转弯处应设置混凝土支墩，目的是加强消防给水管道的可靠性，原因是在一些工程中出现管道在三通或转弯处脱开或断裂。

12.3.20 本条对管道的支架、吊架、防晃支架安装作了技术性的规定。

本条主要目的是为了确保管网的强度，使其在受外界机械冲撞和自身水力冲击时也不至于损伤。

12.3.23 本条规定了地震烈度在7度及7度以上时室内管道抗震保护的技术要求。

12.3.24 本条规定了架空消防管道的着色要求。

目的是为了便于识别消防给水系统的供水管道，着红色与消防器材色标规定相一致。在安装消防给水系统的场所，往往是各种用途的管道排在一起，且多而复杂，为便于检查、维护，做出易于辨识的规定是必要的。规定红圈的最小间距和环圈宽度是防止个别工地仅做极少的红圈，达不到标识效果。

12.3.26 本条给出了减压阀安装的技术规定。

本条对可调式减压阀、比例式减压阀的安装程序和安装技术要求作了具体规定。改革开放以来，我国基本建设发展很快，近年来，各种高层、多功能式的建筑愈来愈多，为满足这些建筑对给排水系统的需求，给排水领域的新产品开发速度很快，尤其是专用阀门，如减压阀，新型泄压阀和止回阀等。这些新产品开发成功后，很快在工程中得到推广应用。在消防给水及消火栓系统工程中也已采用，纳入规范是适应国内技术发展和工程需要。

本条规定，减压阀安装应在系统供水管网试压、冲洗合格后进行，主要是为防止冲洗时对减压阀内部结构造成损伤、同时避免管道中杂物堵塞阀门、影响其功能。对减压阀在安装前应做的主要技术准备工作提出了要求。其目的是防止把不符合设计要求和自身存在质量隐患的阀门安装在系统中，避免工程返工，消除隐患。

减压阀的性能要求水流方向是不能变的。比例式减压阀，如果水流方向改变了，则把减压变成了升压；可调式减压阀如果水流方向反了，则不能工作，减压阀变成了止回阀，因此安装时、必须严格按减压阀指示的方向安装。并要求在减压阀进水侧安装过滤网，防止管网中杂物流进减压阀内，堵塞减压阀先导阀通路，或者沉积于减压阀内活动件上，影响其动作，造成减压阀失灵。减压阀前后安装控制阀，主要是便于维修和更换减压阀，在维修、更换减压阀时，减少系统排水时间和停水影响范围。

可调式减压阀的导阀，阀门前后压力表均在阀门阀盖一侧，为便于调试、检修和观察压力情况，安装时阀盖应向上。

比例式减压阀的阀芯为柱体活塞式结构，工作时定位密封是靠阀芯外套的橡胶密封圈与阀体密封的。垂直安装时，阀芯与阀体密封接触面和受力较均匀，有利于确保其工作性能的可靠性和延长使用寿命。如水平安装，其阀芯与阀体由于重力的原因，易造成下部接触较紧，增加摩擦阻力，影响其减压效果和使用寿命。如水平安装时，单呼吸孔应向下，双呼吸孔应成水平、主要是防止外界杂物堵塞呼吸孔，影响其性能。

安装压力表，主要为了调试时能检查减压阀的减压效果，使用中可随时检查供水压力，减压阀减压后的压力是否符合设计要求，即减压阀工作状态是否正常。

12.3.27 本条给出了控制柜安装的技术规定。

12.4 试压和冲洗

12.4.1 本条第1款为强制性条文，必须严格执行。本条给出了消防给水系统和消火栓系统试压和冲洗的一般技术规定。

1 强度试验实际是对系统管网的整体结构、所有接口、管道支吊架、基础支墩等进行的一种超负荷考验。而严密性试验则是对系统管网渗漏程度的测试。实践表明，这两种试验都是必不可少的，也是评定其工程质量和系统功能的重要依据。管网冲洗，是防止系统投入使用后发生堵塞的重要技术措施之一；

2 水压试验简单易行，效果稳定可信。对于干式、干湿式和预作用系统来讲，投入实施运行后，既要长期承受带压气体的作用，火灾期间又要转换成临时高压水系统，由于水与空气或氮气的特性差异很大，所以只做一种介质的试验，不能代表另一种试验的结果；

在冰冻季节期间，对水压试验应慎重处理，这是为了防止水在管网内结冰而引起爆管事故。

3 无遗漏地拆除所有临时盲板，是确保系统能正常投入使用所必须做到的。但当前不少施工单位往往忽视这项工作，结果带来严重后患，故强调必须与原来记录的盲板数量核对无误。按本规范表C.0.2填写消防给水系统试压记录表，这是必须具备的交工验收资料内容之一；

4 系统管网的冲洗工作如能按照此合理的程序进行，即可保证已被冲洗合格的管段，不致因对后面管段的冲洗而再次被弄脏或堵塞。室内部分的冲洗顺序，实际上是使冲洗水流方向与系统灭火时水流方向一致，可确保其冲洗的可靠性；

5 如果在试压合格后又发现埋地管道的坐标、标高、坡度及管道基础、支墩不符合设计要求而需要返工，势必造成返修完成后的再次试验，这是应该避免也是可以避免的。在整个试压过程中，管道的改变方向、分出支管部位和末端处所承受的推力约为其正常工作状况时的1.5倍，故必须达到设计要求才行；

对试压用压力表的精度、量程和数量的要求，系根据现行国家标准《工业金属管道工程施工规范》GB 50235的有关规定而定。

首先编制详细周到、切实可行的试压冲洗方案.并经施工单位技术负责人审批，可以避免试压过程中的盲目性和随意性。试压应包括分段试验和系统试验，后者应在系统冲洗合格后进行。系统的冲洗应分段进行，事前的准备工作和事后的收尾工作，都必须有条不紊地进行，以防止任何疏忽大意而留下隐患。对不能参与试压的设备、仪表、阀门及附件应加以隔离或拆除，使其免遭损伤。要求在试压前记录下所加设的临时盲板数量，是为了避免在系统复位时，因遗忘而留下少数临时盲板，从而给系统的冲洗带来麻烦，一旦投入使用，其灭火效果更是无法保证。

6 带压进行修理，既无法保证返修质量，又可能造成部件损坏或发生人身安全事故及造成水害，这在任何管道工程的施工中都是绝对禁止的；

7 水冲洗简单易行，费用低、效果好。系统的仪表若参与冲洗，往往会使其密封性遭到破坏或杂物沉积影响其性能；

8　水冲洗时，冲洗水流速度可高达3m/s，对管网改变方向、引出分支管部位、管道末端等处，将会产生较大的推力，若支架、吊架的牢固性欠佳，即会使管道产生较大的位移、变形，甚至断裂；

9　若不对这些设备和管段采取有效的方法清洗，系统复位后，该部分所残存的污物便会污染整个管网，并可能在局部造成堵塞，使系统部分或完全丧失灭火功能；

10　冲洗大直径管道时，对死角和底部应进行敲打，目的是震松死角处和管道底部的杂质及沉淀物，使它们在高速水流的冲刷下呈漂浮状态而被带出管道；

11　这是对系统管网的冲洗质量进行复查，检验评定其工程质量，也是工程交工验收所必须具备资料之一，同时应避免冲洗合格后的管道再造成污染；

12　规定采用符合生活用水标准的水进行冲洗，可以保证被冲洗管道的内壁不致遭受污染和腐蚀。

12.4.3　水压试验的测试点选在系统管网的低点，与系统工作状态的压力一致，可客观地验证其承压能力；若设在系统高点，则无形中提高了试验压力值，这样往往会使系统管网局部受损，造成试压失败。检查判定方法采用目测，简单易行，也是其他国家现行规范常用的方法。

12.4.5　环境温度低于5℃时有可能结冰，如果没有防冻措施，便有可能在试压过程中发生冰冻，试验介质就会因体积膨胀而造成爆管事故，因此低于5℃时试压成本高。

12.4.6　参照发达国家规范相关条文改写而成。系统的水源干管、进户管和室内地下管道，均为系统的重要组成部分，其承压能力、严密性均应与系统的地上管网等同，而此项工作常被忽视或遗忘，故需作出明确规定。

12.4.7　本条参照美国等发达国家规范的相关规定。要求系统经历24h的气压考验，因漏气而出现的压力下降不超过0.01MPa，这样才能使系统为保持正常气压而不需要频繁地启动空气压缩机组。

12.4.8　水冲洗是消防给水系统工程施工中一个重要工序，是防止系统堵塞、确保系统灭火效率的措施之一。本规范制订过程中，对水冲洗的方法和技术条件曾多次组织专题研讨、论证。原国家规范规定的水冲洗的水流流速不宜小于3m/s及相应流量。据调查，在规范实施中，实际工程基本上没有按此要求操作，其主要原因是现场条件不允许、搞专门的冲洗供水系统难度较大；一般工程均按系统设计流量进行冲洗，按此条件冲洗清出杂物合格后的系统，是能确保系统在应用中供水管网畅通，不发生堵塞。

12.4.9　明确水冲洗的水流方向，有利于确保整个系统的冲洗效果和质量，同时对安排被冲洗管段的顺序也较为方便。

12.4.11　从系统中排出的冲洗用水，应该及时而顺畅地进入临时专用排水管道，而不应造成任何水害。临时专用排水管道可以现场临时安装，也可采用消火栓水龙带作为临时专用排水管道。本条还对排放管道的截面面积有一定要求，这种要求与目前我国工业管道冲洗的相应要求是一致的。

12.4.12　规定了埋地管与地上管连接前的冲洗技术规定。

12.4.13、12.4.14　系统冲洗合格后，及时将存水排净，有利于保护冲洗成果。如系统需经长时间才能投入使用，则应用压缩空气将其管壁吹干，并加以封闭，这样可以避免管内生锈或再次遭受污染。

13　系统调试与验收

13.1　系统调试

13.1.1　只有在系统已按照设计要求全部安装完毕、工序检验合格后，才可能全面、有效地进行各项调试工作。系统调试的基本条件，要求系统的水源、电源、气源、管网、设备等均按设计要求投入运行，这样才能使系统真正进入准工作状态，在此条件下，对系统进行调试所取得的结果，才是真正有代表性和可信度。

13.1.2　系统调试内容是根据系统正常工作条件、关键组件性能、系统性能等来确定的。本条规定系统调试的内容：水源（高位消防水池、消防水池和高位消防水箱，以及水塘、江河湖海等天然水源）的充足可靠与否，直接影响系统灭火功能；消防水泵对临时高压系统来讲，是扑灭火灾时的主要供水设施；稳压泵是维持系统充水和自动启动系统的重要保障措施；减压阀是系统的重要阀门，其可靠性直接影响系统的可靠性；消火栓的减压孔板或减压装置等调试；自动控制的压力开关、流量开关和水位仪开关等探测器的调试；干式消火栓系统的报警阀为系统的关键组成部件，其动作的准确、灵敏与否，直接关系到灭火的成功率应先调试；排水装置是保证系统运行和进行试验时不致产生水害和水渍损失的设施；联动试验实为系统与自控控制探测器的联锁动作试验，它可反映出系统各组成部件之间是否协调和配套。

另外对于天然水源的消防车取水口，宜考虑消防车取水的试验和验证。

13.1.3　本条对水源测试要求作了规定。

1　高位消防水箱、消防水池和高位消防水池为系统常备供水设施，消防水箱始终保持系统投入灭火初期10min的用水量，消防水池或高位消防水池储存系统总的用水量，三者都是十分关键和重要的。对高位消防水箱、高位消防水池还应考虑到它的容积、高度和保证消防储水量的技术措施等，故应做全面核实；

另外当有水塘、江河湖海等作为消防水源时应验证水源的枯水位和洪水位、常水位的流量，验证的方式是根据水文资料和统计数据，并宜考虑消防车取水的直接验证，并确定是否满足消防要求。

2　当消防水泵从市政管网吸水时应测试市政给水管网的供水压力和流量，以便确认是否能满足消防和生产、生活的需要；

3　消防水泵接合器是系统在火灾时供水设备发生故障，不能保证供给消防用水时的临时供水设施。特别是在室内消防水泵的电源遭到破坏或被保护建筑物已形成大面积火灾，灭火用水不足时，其作用更显得突出，故必须通过试验来验证消防水泵接合器的供水能力；

4　当采用地下水井作为消防水源时应确认常水位和出水量。

13.1.4　消防水泵启动时间是指从电源接通到消防水泵达到额定工况的时间，应为20s～55s之间。通过试验研究，水泵电机功率不大于132kW时启泵时间为30s以内，但通常大于20s，当水泵电机功率大于132kW时启泵时间为55s以内，所以启动消防水泵的时间在20s～55s之间是可行的。而柴油机泵比电动泵延长10s时间。

电源之间的转换时间，国际电工规定的时间为0s、2s和15s等不同的等级，一般涉及生命安全的供电如医院手术和重症护理等要求0s转换，消防也是涉及生命安全，但要求没有那样高，适当降低，为此本规范规定为2s转换，所以消防水泵在备用电源切换的情况下也能在60s内自动启动。

要求测试消防水泵的流量和压力性能主要是确认消防水泵能否满足系统要求，提高系统的可靠性。

13.1.5　稳压泵的功能是使系统能保持准工作状态时的正常水压。稳压泵的额定流量，应当大于系统正常的漏水量，泵的出口压力应当是维护系统所需的压力，故它应随着系统压力变化而自动开启和停车。本条规定是根据稳压泵的启停功能提出的要求，目的是保证系统合理运行，且保护稳压泵。

13.1.6　本条是对干式报警阀调试提出的要求。

干式消火栓系统是采用自动喷水系统干式报警阀或电动阀来实现系统自动控制的，其功能是接通水源、启动水力警铃报警、防止系统管网的水倒流，干式报警阀压力开关直接自动启动消防水泵。按照本条具体规定进行试验，即可有效地验证干式报警阀及其附件的功能是否符合设计和施工规范要求，同时验证干式系统充水时间是否满足本规范规定的5min充水时间。

干式报警阀后管道的容积符合设计要求，并满足充水时间的要求。

干式报警阀是比例阀，其水侧的压力是气侧压力的3倍～5倍，如果系统气侧压力设计不合理可能导致干式报警阀推迟打开，或者打不开，为此调试时应严格验证。

13.1.7 本条规定了减压阀调试的原则性技术要求。

我国已经进入城市化快速车道，为减少占地面积，高层建筑迅速发展，在高层建筑内为节省空间很多场所采用减压阀，但减压阀特别是消防给水系统所用减压阀长期不用，其可靠性必须验证，为此规定了减压阀的试验验收技术规定。

13.1.8 本条规定了消火栓调试和测试的技术规定。

13.1.9 本条规定了消防排水的验收的技术要求。

调查结果表明，在设计、安装和维护管理上，忽视消防给水系统排水装置的情况较为普遍。已投入使用的系统，有的试水装置被封闭在天棚内，根本未与排水装置接通，有的报警阀处的放水阀也未与排水系统相接，因而根本无法开展对系统的常规试验或放空。现作出明确规定，以引起有关部门充分重视。

在消防系统调试验收、日常维护管理中，消防给水系统的试验排水是很重要的，不能因消防系统的试验和调试排水影响建(构)筑物的使用。

13.1.10 本条规定了消防给水系统控制柜的调试和测试技术要求。

13.1.11 本条是对消防给水系统和消火栓系统联动试验的要求。

自动喷水系统的联动试验见现行国家标准《自动喷水灭火系统施工及验收规范》GB 50261的有关规定。消防炮灭火系统见国家相关的规范，泡沫灭火系统见现行国家标准《泡沫灭火系统施工及验收规范》GB 50281，本规范没有规定的均应见相应的国家规范。

1 干式消火栓系统联动试验时，打开试验消火栓排气，干式报警阀应打开，水力警铃发出报警铃声，压力开关动作，启动消防水泵并向消防控制中心发出火警信号；

2 在消防水泵房打开试验排水管，管网压力降低，消防水泵出水干管上低压压力开关动作，自动启动消防水泵；消防给水系统的试验管放水或高位消防水箱排水管放水，高位消防水箱出水管上的流量开关动作自动启动消防水泵。

高位消防水箱出水管上设置的流量开关的动作流量应大于系统管网的泄流量。

通过上述试验，可验证系统的可靠性是否达到设计要求。

13.2 系统验收

13.2.1 本条为强制性条文，必须严格执行。本条对消防给水系统和消火栓系统工程验收及要求作了原则性规定。

竣工验收是消防给水系统和消火栓系统工程交付使用前的一项重要技术工作。制定统一的验收标准，对促进工程质量，提高我国的消防给水系统施工有着积极的意义。为确保系统功能，把好竣工验收关，强调工程竣工后必须进行竣工验收，验收不合格不得投入使用。切实做到投资建设的系统能充分起到扑灭火灾、保护人身和财产安全的作用。消防水源是水消防设施的心脏，如果存在问题，不能及时采取措施，一旦发生火灾，无水灭火、控火，贻误战机，造成损失。所以必须进行检查试验，验收合格后才能投入使用。

13.2.2 本条对消防给水系统和消火栓系统工程施工及验收所需要的各种表格及其使用作了基本规定。

13.2.3 本条规定的系统竣工验收应提供的文件也是系统投入使用后的存档材料，以便今后对系统进行检修、改造时用，并要求有专人负责维护管理。

13.2.4 本条对系统供水水源进行检查验收的要求作了规定。因为消防给水系统灭火不成功的因素中，水源不足、供水中断是主要因素之一，所以这一条对三种水源情况既提出了要求，又要实际检查是否符合设计和施工验收规范中关于水源的规定，特别是利用天然水源作为系统水源时，除水量应符合设计要求外，水质必须无杂质、无腐蚀性，以防堵塞管道、喷头，腐蚀管道等，即水质应符合工业用水的要求。对于个别地方，用露天水池或河水作临时水源时，为防止杂质进入消防水泵和管网，影响喷头布水，需在水源进入消防水泵前的吸水口处，设有自动除渣功能的固液分离装置，而不能用格栅除渣，因格栅被杂质堵塞后，易造成水源中断。如成都某宾馆的消防水池是露天水池，池中有水草等杂质，消防水泵启动后，因水泵吸水量大，杂质很快将格栅堵死，消防水泵因进水量严重不足，而达不到灭火目的。

13.2.5 在消防给水系统工程竣工验收时，有不少系统消防水泵房设在地下室，且出口不便，又未设放水阀和排水措施，一旦安全阀损坏，泵房有被水淹没的危险。另外，对泵进行启动试验时，有些系统未设放水阀，不便于进行维修和试验，有些将试水阀和出水口均放在地下泵房内，无法进行试验，所以本条规定的主要目的是防止以上情况出现。

13.2.6 本条验收的目的是检验消防水泵的动力和自动控制等可靠程度。即通过系统动作信号装置，如压力开关按键等能否启动消防水泵，主、备电源切换及启动是否安全可靠。

13.2.11 本条提出了干式报警阀的验收技术条款。

报警阀组是干式消火栓系统的关键组件，验收中常见的问题是控制阀安装位置不符合设计要求，不便操作，有些控制阀无试水口和试水排水措施，无法检测报警阀处压力、流量及警铃动作情况。对于使用闸阀又无锁定装置，有些闸阀处于半关闭状态，这是很危险的。所以要求使用闸阀时需有锁定装置，否则应使用信号阀代替闸阀。

警铃设置位置，应靠近报警阀，使人们容易听到铃声。距警铃3m处，水力警铃喷嘴处压力不小于0.05MPa时，其警铃声强度应不小于70dB。

13.2.12 系统管网检查验收内容，是针对已安装的消防给水系统通常存在的问题而提出的。如有些系统用的管径、接头不合规定，甚至管网未支撑固定等；有的系统处于有腐蚀气体的环境中而无防腐措施；有的系统冬天最低气温低于4℃也无保温防冻措施，有些系统最末端或竖管最上部没有设排气阀，往往在试水时产生强烈晃动甚至拉坏管网支架，充水调试难以达到要求；有些系统的支架、吊架、防晃支架设置不合理、不牢固，试水时易被损坏；有的系统上接消火栓或接洗手水龙头等。这些问题，看起来不是什么严重问题，但会影响系统控火、灭火功能，严重的可能造成系统在关键时不能发挥作用，形同虚设。本条作出的7款验收内容，主要是防止以上问题发生，而特别强调要进行逐项验收。

13.2.13 本条规定了消火栓验收的技术要求。

如室外消火栓除考虑保护半径150m和间距120m外，还应考虑火灾扑救的使用方便，且在平时不妨碍交通，并考虑防撞等措施；如室内消火栓的布置不仅是2股或1股水柱同时到达任何地点，还应考虑室内火灾扑救的工艺和进攻路线，尽可能地为消防队员提高便利的火灾扑救条件。如有的消火栓布置在死角，消防队员不便使用，另外有的消火栓布置得地点影响平时的交通和通行，也是不合理的，因此工程设计时应全面兼顾消防和平时的关系；消火栓最常见的违规问题是布置，特别是进行施工设计时，没有考虑消防作战实际情况，致使不少消火栓在消防作战时不能取用，所以验收时必须检查消火栓布置情况。

13.2.14 凡设有消防水泵接合器的地方均应进行充水试验，以防止回阀方向装错。另外，通过试验，检验通过水泵接合器供水的具体技术参数，使末端试水装置测出的流量、压力达到设计要求，以确保系统在发生火灾时，需利用消防水泵接合器供水时，能达到控火、灭火目的。验收时，还应检验消防水泵接合器数量及位置是否正确，使用是否方便。

另外对消防水泵接合器验收时应考虑消防车的最大供水能力，以便在建构筑物的消防应急预案设计时能提供消防救援的合理设计，为预防火灾进一步扩大起着积极的作用。

13.2.15 消防给水系统的流量、压力的验收应采用专用仪表测试流量和压力是否符合要求。

13.2.18 本条是根据我国多年来，消防监督部门、消防工程公司、建设方在实践中总结出的经验，为满足消防监督、消防工程质量验收的需要而制定的。参照建筑工程质量验收标准、产品标准，把工程中不符合相关标准规定的项目，依据对消防给水系统和消火栓系统的主要功能“喷水灭火”影响程度划分为严重缺陷项、重缺陷项、轻缺陷项三类；根据各类缺陷项统计数量，对系统主要功能影响程度，以及国内消防给水系统和消火栓系统施工过程中的实际情况等，综合考虑几方面因素来确定工程合格判定条件。

严重缺陷不合格项不允许出现，重缺陷不合格项允许出现10%，轻缺陷不合格项允许出现20%，据此得到消防给水系统和消火栓系统合格判定条件。

14 维 护 管 理

14.0.1 维护管理是消防给水系统能否正常发挥作用的关键环节。水灭火设施必须在平时的精心维护管理下才能在火灾时发挥良好的作用。我国已有多起特大火灾事故发生在安装有消防给水系统的建筑物内，由于消防给水系统和水消防设施不符合要求或施工安装完毕投入使用后，没有进行日常维护管理和试验，以致发生火灾时，事故扩大，人员伤亡，损失严重。

14.0.2 维护管理人员掌握和熟悉消防给水系统的原理、性能和操作规程，才能确保消防给水系统的运行安全可靠。

14.0.3 消防水源包括市政给水、消防水池、高位消防水池、高位消防水箱、水塘水库以及江河湖海和地下水等，每种水源的性质不同，检测和保证措施不同。水源的水量、水压有无保证，是消防给水系统能否起到应有作用的关键。

由于市政建设的发展，单位建筑的增加，用水量变化等等，市政供水水源的供水能力也会有变化。因此，每年应对水源的供水能力测定一次，以便不能达到要求时，及时采取必要的补救措施。

地下水井因地下水位的变化而影响供水能力，因此应一定的时期内检测地下水井的水位。

天然水源因气候变化等原因而影响其枯水位、常年水位和洪水位，同时其流量也会变化，为此应定期检测，以便保证消防供水。

14.0.4 消防水泵和稳压泵是供给消防用水的关键设备，必须定期进行试运转，保证发生火灾时启动灵活、不卡壳，电源或内燃机驱动正常，自动启动或电源切换及时无故障。

14.0.5 减压阀为消防给水系统中的重要设施，其可靠性将影响系统的正常运行，因其密封又可能存在慢渗水，时间一长可能造成阀前后压力接近，为此应定期试验。

另外因减压阀的重要性，必须定期进行试验，检验其可靠性。

14.0.6 本条规定了阀门的检查和维护管理规定。

14.0.10 消防水池和水箱的维护结构可能因腐蚀或其他原因而损坏，因此应定期检查发现问题及时维修。

14.0.14 天然水源中有很多生物，如螺蛳等贝类水中生物能附着在管道内，影响过水能力，为此强调应采取措施防止水生物的繁殖。

14.0.15 消防给水系统维修期间必须通知值班人员，加强管理以防止维修期间发生火灾。

中华人民共和国国家标准

自动跟踪定位射流灭火系统技术标准

Technical standard for auto tracking and targeting jet suppression system

GB 51427—2021

主编部门：中华人民共和国应急管理部
批准部门：中华人民共和国住房和城乡建设部
施行日期：2021年10月1日

21

目　次

21

1 总　则

1.0.1 为合理设计自动跟踪定位射流灭火系统，保证施工质量，规范验收和维护管理，减少火灾损失，保护人身和财产安全，制定本标准。

1.0.2 本标准适用于新建、扩建和改建的民用与工业建筑中自动跟踪定位射流灭火系统的设计、施工、验收和维护管理。

本标准不适用于火药、炸药、弹药、火工品工厂及仓库，核电站及飞机库等特殊功能建筑中自动跟踪定位射流灭火系统的设计、施工、验收和维护管理。

1.0.3 自动跟踪定位射流灭火系统的设计、施工、验收和维护管理，应密切结合保护对象的功能、火灾特点及系统特性，做到安全可靠、技术先进、经济合理。

1.0.4 自动跟踪定位射流灭火系统的组件、材料和设备等应选用符合国家现行有关标准的产品。

1.0.5 自动跟踪定位射流灭火系统的设计、施工、验收和维护管理，除应符合本标准外，尚应符合国家现行有关标准的规定。

2 术语和符号

2.1 术　语

2.1.1 自动跟踪定位射流灭火系统　auto tracking and targeting jet suppression system

以水为射流介质，利用探测装置对初期火灾进行自动探测、跟踪、定位，并运用自动控制方式来实现射流灭火的固定灭火系统，包括灭火装置、探测装置、控制装置、水流指示器、模拟末端试水装置以及管网、供水设施等主要组件。

自动跟踪定位射流灭火系统可分为自动消防炮灭火系统、喷射型自动射流灭火系统和喷洒型自动射流灭火系统。

2.1.2 自动消防炮灭火系统　automatic fire monitor system

灭火装置的流量大于16L/s的自动跟踪定位射流灭火系统。

2.1.3 喷射型自动射流灭火系统　eject type automatic jet system

灭火装置的流量不大于16L/s且不小于5L/s、射流方式为喷射型的自动跟踪定位射流灭火系统。

2.1.4 喷洒型自动射流灭火系统　spray type automatic jet system

灭火装置的流量不大于16L/s且不小于5L/s、射流方式为喷洒型的自动跟踪定位射流灭火系统。

2.1.5 灭火装置　fire extinguishing device

以射流方式喷射水介质进行灭火的设备，包括自动消防炮、喷射型自动射流灭火装置、喷洒型自动射流灭火装置。

2.1.6 探测装置　fire detecting device

具有自动探测、定位火源，并向控制装置传送火源信号等功能的设备。

2.1.7 控制装置　control device

系统的控制和信息处理组件，具有接收并及时处理火灾探测信号，发出控制和报警信息，驱动灭火装置定点灭火，接收反馈信号，同时完成相应的显示、记录，并向火灾报警控制器或消防联动控制器传送信号等功能的装置。

2.1.8 自动控制　automatic control

在自动状态下，系统自动完成火灾探测、报警，并启动灭火装置实施灭火的一种控制方式。

2.1.9 消防控制室手动控制　manual control in fire control room

值班人员通过设置在消防控制室的系统控制主机操作面板，手动启动消防水泵，打开控制阀门，调整灭火装置瞄准火源实施灭火的一种控制方式。

2.1.10 现场手动控制　manual control on site

现场人员发现火灾后，通过现场控制箱，手动启动消防水泵、打开控制阀门，调整灭火装置瞄准火源实施灭火的一种控制方式。

2.2 符　号

C_h——海澄-威廉系数；

D——灭火装置的设计最大保护半径；

D_0——灭火装置在额定工作压力时的最大保护半径；

d——管道内径；

d_j——管道的计算内径；

h_1——沿程水头损失；

h_2——局部水头损失；

h_c——消防水泵从城市市政管网直接抽水时市政管网的最低水压；

i——单位长度管道的沿程水头损失；

L——计算管道长度；

N——灭火装置的设计同时开启数量；

P——消防水泵或消防给水系统所需要的设计压力；

P_0——灭火装置的额定工作压力；

P_e——灭火装置的设计工作压力；

Q——系统的设计流量；

q——灭火装置的设计流量；

q_0——灭火装置的额定流量；

q_g——管道设计流量；

q_n——第n个灭火装置的设计流量；

v——管道内的平均流速；

Z——最不利点处灭火装置进口与消防水池最低水位或系统供水入口管水平中心线之间的高程差；

ζ——局部阻力系数；

$\sum h$——水泵出口至最不利点处灭火装置进口管道水头总损失。

3 基本规定

3.1 适用场所

3.1.1 自动跟踪定位射流灭火系统可用于扑救民用建筑和丙类生产车间、丙类库房中，火灾类别为A类的下列场所：

1 净空高度大于12m的高大空间场所；

2 净空高度大于8m且不大于12m，难以设置自动喷水灭火系统的高大空间场所。

3.1.2 自动跟踪定位射流灭火系统不应用于下列场所：

1 经常有明火作业；

2 不适宜用水保护；

3 存在明显遮挡；

4 火灾水平蔓延速度快；

5 高架仓库的货架区域；

6 火灾危险等级为现行国家标准《自动喷水灭火系统设计规范》GB 50084规定的严重危险级。

3.2 系统选型

3.2.1 自动跟踪定位射流灭火系统的选型，应根据设置场所的火灾类别、火灾危险等级、环境条件、空间高度、保护区域特点等因素来确定。

3.2.2 自动跟踪定位射流灭火系统设置场所的火灾危险等级可按现行国家标准《自动喷水灭火系统设计规范》GB 50084的规定

划分。

3.2.3 自动跟踪定位射流灭火系统的选型宜符合下列规定：

1 轻危险级场所宜选用喷射型自动射流灭火系统或喷洒型自动射流灭火系统；

2 中危险级场所宜选用喷射型自动射流灭火系统、喷洒型自动射流灭火系统或自动消防炮灭火系统；

3 丙类库房宜选用自动消防炮灭火系统；

4 同一保护区内宜采用一种系统类型。当确有必要时，可采用两种类型系统组合设置。

4 设 计

4.1 一 般 规 定

4.1.1 自动跟踪定位射流灭火系统应由灭火装置、探测装置、控制装置、水流指示器、模拟末端试水装置等组件，以及管道与阀门、供水设施等组成。

4.1.2 灭火装置的布置应根据设置场所的净空高度、平面布局等建筑条件合理确定。

4.1.3 自动跟踪定位射流灭火系统的供水管路设计应符合下列规定：

1 自动控制阀前应采用湿式管路；

2 在可能发生冰冻的场所，应采取防冻措施；

3 自动控制阀后的干式管路长度不宜大于30m。

4.2 设 计 参 数

4.2.1 自动消防炮灭火系统和喷射型自动射流灭火系统应保证至少2台灭火装置的射流能到达被保护区域的任一部位。

4.2.2 自动消防炮灭火系统用于扑救民用建筑内火灾时，单台炮的流量不应小于20L/s；用于扑救工业建筑内火灾时，单台炮的流量不应小于30L/s。

4.2.3 喷射型自动射流灭火系统用于扑救轻危险级场所火灾时，单台灭火装置的流量不应小于5L/s；用于扑救中危险级场所火灾时，单台灭火装置的流量不应小于10L/s。

4.2.4 喷洒型自动射流灭火系统的灭火装置布置应能使射流完全覆盖被保护场所及被保护物。系统的设计参数不应低于表4.2.4的规定。

表4.2.4 喷洒型自动射流灭火系统的设计参数

保护场所的火灾危险等级		保护场所的净空高度(m)	喷水强度[L/(min·m²)]	作用面积(m²)
轻危险级		≤25	4	300
中危险级	Ⅰ级		6	
	Ⅱ级		8	

4.2.5 自动消防炮灭火系统和喷射型自动射流灭火系统灭火装置的设计同时开启数量应按2台确定。

4.2.6 喷洒型自动射流灭火系统灭火装置的设计同时开启数量，应按保护场所内任何一点着火时，可能开启射流的灭火装置的最大数量确定，且应符合表4.2.6的规定。

表4.2.6 喷洒型自动射流灭火系统灭火装置的设计同时开启数量 N(台)

保护场所的火灾危险等级		灭火装置的流量规格(L/s)	
		5	10
轻危险级		$4\leqslant N\leqslant 6$	$N=2$ 或 $N=3$
中危险级	Ⅰ级	$6\leqslant N\leqslant 9$	$3\leqslant N\leqslant 5$
	Ⅱ级	$8\leqslant N\leqslant 12$	$4\leqslant N\leqslant 6$

注：当系统最大保护区的面积不大于本标准表4.2.4中规定的作用面积时，可按最大保护区面积对应的全部灭火装置数量确定。

4.2.7 自动跟踪定位射流灭火系统的设计流量应为设计同时开启的灭火装置流量之和，且不应小于10L/s。

4.2.8 自动跟踪定位射流灭火系统的设计持续喷水时间应不小于1h。

4.2.9 灭火装置的选用应符合下列规定：

1 灭火装置的最大保护半径应按产品在额定工作压力时的指标值确定；

2 灭火装置的设计工作压力与产品额定工作压力不同时，应在产品规定的工作压力范围内选用。

4.2.10 当设计工作压力为非额定工作压力时，灭火装置的设计最大保护半径应符合下列规定：

1 自动消防炮和喷射型自动射流灭火装置应按下式计算：

$$D = D_0 \cdot \sqrt{\frac{P_e}{P_0}} \tag{4.2.10}$$

式中：D——灭火装置的设计最大保护半径(m)；

D_0——灭火装置在额定工作压力时的最大保护半径(m)；

P_e——灭火装置的设计工作压力(MPa)；

P_0——灭火装置的额定工作压力(MPa)。

2 喷洒型自动射流灭火装置应按产品性能确定。

4.2.11 灭火装置与端墙之间的距离不宜超过灭火装置同向布置间距的一半。

4.3 系 统 组 件

4.3.1 灭火装置应满足相应使用环境和介质的防腐蚀要求，并应符合下列规定：

1 自动消防炮和喷射型自动射流灭火装置的俯仰和水平回转角度应满足使用要求；

2 自动消防炮应具有直流-喷雾的转换功能。

4.3.2 自动消防炮、喷射型自动射流灭火装置、喷洒型自动射流灭火装置的性能参数应符合表4.3.2-1～表4.3.2-3的规定。

表4.3.2-1 自动消防炮的性能参数

额定流量(L/s)	额定工作压力上限(MPa)	额定工作压力时的最大保护半径(m)	定位时间(s)	最小安装高度(m)	最大安装高度(m)
20	1.0	42	≤60	8	35
30		50			
40		52			
50		55			

表4.3.2-2 喷射型自动射流灭火装置的性能参数

额定流量(L/s)	额定工作压力上限(MPa)	额定工作压力时的最大保护半径(m)	定位时间(s)	最小安装高度(m)	最大安装高度(m)
5	0.8	20	≤30	8	20
10		28			25

表4.3.2-3 喷洒型自动射流灭火装置的性能参数

额定流量(L/s)	额定工作压力上限(MPa)	额定工作压力时的最大保护半径(m)	定位时间(s)	最小安装高度(m)	最大安装高度(m)
5	0.6	6	≤30	8	25
10		7			

4.3.3 灭火装置安装的设计应符合下列规定：

1 安装位置应满足灭火装置正常使用和维护的要求；

2 固定支架或安装平台应能满足灭火装置的喷射、喷洒反作用力要求，且结构设计应能满足灭火装置正常使用的要求。

4.3.4 探测装置的设计应符合下列规定：

1 应采用复合探测方式，并应能有效探测和判定保护区域内的火源；

2 监控半径应与对应灭火装置的保护半径或保护范围相匹配；

3 探测装置的布置应保证保护区域内无探测盲区；

4 探测装置应满足相应使用环境的防尘、防水、抗现场干扰等要求。

4.3.5 控制主机应具有与火灾自动报警系统和其他联动控制设备的通信接口。

4.3.6 控制主机和现场控制箱应具有下列功能：

1 应控制自动消防炮或喷射型自动射流灭火装置的水平、俯仰回转动作、射流状态转换；

2 应控制自动控制阀的开启和关闭；

3 应远程启动消防水泵，但不应自动和远程停止消防水泵；

4 控制主机在自动控制状态下，应按设定程序控制灭火装置动作；

5 控制主机应具有消防水泵、灭火装置、自动控制阀、信号阀和水流指示器等的状态显示功能；

6 现场控制箱应具有消防水泵、自动控制阀等的状态显示功能。

4.3.7 控制主机除符合本标准4.3.6条外，尚应具有下列功能：

1 自检功能；

2 声、光报警功能；

3 故障报警功能；

4 消声复位功能；

5 报警信息显示、记忆和打印功能；

6 火灾现场视频实时监控和记录功能。

4.3.8 现场控制箱除符合本标准4.3.6条外，尚应符合下列规定：

1 应设置在灭火装置的附近，便于现场手动操作，并应能观察到灭火装置动作；

2 应具有防误操作的措施。

4.3.9 系统应设置声、光警报器，并应满足下列要求：

1 保护区内应均匀设置声、光警报器，可与火灾自动报警系统合用；

2 声、光警报器的声压级不应小于60dB；在环境噪声大于60dB的场所，其声压级应高于背景噪声15dB。

4.3.10 水流指示器应符合下列规定：

1 每台自动消防炮及喷射型自动射流灭火装置、每组喷洒型自动射流灭火装置的供水支管上应设置水流指示器，且应安装在手动控制阀的出口之后；

2 水流指示器的公称压力不应小于系统工作压力的1.2倍；

3 水流指示器应安装在便于检修的位置，当安装在吊顶内时，吊顶应预留检修孔；

4 水流指示器的公称直径应与供水支管的管径相同。

4.3.11 每个保护区的管网最不利点处应设模拟末端试水装置，并应便于排水。

4.3.12 模拟末端试水装置应由探测部件、压力表、自动控制阀、手动试水阀、试水接头及排水管组成，并应符合下列规定：

1 探测部件应与系统所采用的型号规格一致；

2 自动控制阀和手动试水阀的公称直径应与灭火装置前供水支管的管径相同；

3 试水接头的流量系数(K值)应与灭火装置相同。

4.3.13 模拟末端试水装置的出水，应采取孔口出流的方式排入排水管道。排水立管宜设伸顶通气管，管径应经计算确定，且不应小于75mm。

4.3.14 模拟末端试水装置宜安装在便于进行操作测试的地方。

4.3.15 模拟末端试水装置应设置明显的标识，试水阀距地面的高度宜为1.5m，并应采取不被他用的措施。

4.4 管道与阀门

4.4.1 自动消防炮灭火系统和喷射型自动射流灭火系统每台灭火装置、喷洒型自动射流灭火系统每组灭火装置之前的供水管路应布置成环状管网。环状管网的管道管径应按对应的设计流量确定。

4.4.2 系统的环状供水管网上应设置具有信号反馈的检修阀。检修阀的设置应确保在管路检修时，受影响的供水支管不大于5根。

4.4.3 每台自动消防炮或喷射型自动射流灭火装置、每组喷洒型自动射流灭火装置的供水支管上应设置自动控制阀和具有信号反馈的手动控制阀，自动控制阀应设置在靠近灭火装置进口的部位。

4.4.4 信号阀、自动控制阀的启、闭信号应传至消防控制室。

4.4.5 室内、室外架空管道宜采用热浸锌镀锌钢管等金属管材。架空管道的连接宜采用沟槽连接件（卡箍）、螺纹、法兰、卡压等方式，不宜采用焊接连接。

4.4.6 埋地管道宜采用球墨铸铁管、钢丝网骨架塑料复合管和加强防腐的钢管等管材。埋地金属管道应采取可靠的防腐措施。

4.4.7 阀门应密封可靠，并应有明显的启、闭标志。

4.4.8 在系统供水管道上应设泄水阀或泄水口，并应在可能滞留空气的管段顶端设自动排气阀。

4.4.9 水平安装的管道宜有不小于1‰的坡度，并应坡向泄水阀。

4.4.10 当管道穿越建筑变形缝时，应采取吸收变形的补偿措施。

4.4.11 当管道穿越承重墙时，应设金属套管；当穿越地下室外墙时，还应采取防水措施。

4.5 供　水

4.5.1 消防水源、消防水泵、消防水泵房、消防水泵接合器的设计应符合现行国家标准《消防给水及消火栓系统技术规范》GB 50974的有关规定。

4.5.2 自动消防炮灭火系统应设置独立的消防水泵和供水管网，喷射型自动射流灭火系统和喷洒型自动射流灭火系统宜设置独立的消防水泵和供水管网。

4.5.3 当喷射型自动射流灭火系统或喷洒型自动射流灭火系统与自动喷水灭火系统共用消防水泵及供水管网时，应符合下列规定：

1 两个系统同时工作时，系统设计水量、水压及一次灭火用水量应满足两个系统同时使用的要求；

2 两个系统不同时工作时，系统设计水量、水压及一次灭火用水量应满足较大一个系统使用的要求；

3 两个系统应能正常运行，互不影响。

4.5.4 消防水泵应按一用一备或两用一备的比例设置备用泵。备用泵的工作能力不应小于其中工作能力最大的一台工作泵。

4.5.5 按二级负荷供电的建筑，宜采用柴油机泵作为备用泵。

4.5.6 消防水泵和稳压泵应采用自灌式吸水方式。

4.5.7 每台消防水泵宜设独立的吸水管从消防水池吸水。当每台消防水泵单独从消防水池吸水有困难时，可采取单独从吸水总管上吸水。吸水总管伸入消防水池的引水管不应少于2根，当其中1根关闭时，其余的引水管应能通过全部的用水量。

4.5.8 每组消防水泵应有不少于2根出水管与系统供水管道连接。当其中1根出水管关闭时，其余的出水管应能通过系统的全部用水量。

4.5.9 消防水泵吸水管上应设置过滤器、真空压力表和控制阀。

4.5.10 消防水泵出水管上应设止回阀、控制阀、压力表和公称直径不小于65mm的试水阀。压力表量程应为消防水泵额定工作压力的2倍～2.5倍。当消防水泵的最大出口压力大于1.0MPa时，消防水泵出水管上应采取防止系统超压的措施。消防水泵出水管上还应设置流量和压力检测装置。

4.5.11 消防水泵吸水管和出水管上设置的控制阀应采用明杆闸阀或带自锁装置的蝶阀。

4.5.12 消防水泵房内的电气设备应采取有效的防水、防潮和防腐蚀等措施。

4.5.13 消防水泵房应根据具体情况设计相应的采暖、通风和排水设施。

4.5.14 柴油机消防水泵房应设置进气和排气的通风装置，室内环境应符合柴油机的使用要求。

4.5.15 采用临时高压给水系统的自动跟踪定位射流灭火系统，宜设高位消防水箱。自动跟踪定位射流灭火系统可与消火栓系统或自动喷水灭火系统合用高位消防水箱。

4.5.16 高位消防水箱的设置高度应高于其所服务的灭火装置，且最低有效水位高度应满足最不利点灭火装置的工作压力，其有效储水量应符合现行国家标准《消防给水及消火栓系统技术规范》GB 50974的有关规定。

4.5.17 当无法按照本标准第4.5.16条要求设置高位消防水箱时，系统应设气压稳压装置。气压稳压装置的设置应符合下列规定：

1 供水压力应保证系统最不利点灭火装置的设计工作压力；

2 稳压泵流量宜为1L/s～5L/s，并小于一个最小流量灭火装置工作时的流量；

3 稳压泵应设备用泵；

4 气压稳压装置的气压罐宜采用隔膜式气压罐，其调节水容积应根据稳压泵启动次数不大于15次/h计算确定，且不宜小于150L。

4.5.18 高位消防水箱的进水管、出水管、溢流管、通风管、放空管、阀门及就地水位显示装置等的设计应符合现行国家标准《消防给水及消火栓系统技术规范》GB 50974的有关规定。

4.5.19 系统应设消防水泵接合器，其数量应根据系统的设计流量计算确定，每个消防水泵接合器的流量宜按10L/s～15L/s计算。

4.5.20 消防水泵接合器应设置在便于消防车接近的人行道或非机动车行驶地段，距室外消火栓或消防水池取水口的距离宜为15m～40m。

4.6 水力计算

4.6.1 灭火装置的设计流量可按下式计算：

$$q = q_0 \cdot \sqrt{\frac{P_e}{P_0}} \tag{4.6.1}$$

式中：q——灭火装置的设计流量(L/s)；

q_0——灭火装置的额定流量(L/s)。

4.6.2 系统的设计流量应按下式计算：

$$Q = \sum_{n=1}^{N} q_n \tag{4.6.2}$$

式中：Q——系统的设计流量(L/s)；

N——灭火装置的设计同时开启数量(台)；

q_n——第n个灭火装置的设计流量(L/s)。

4.6.3 管道总水头损失可按下列公式计算：

$$\sum h = h_1 + h_2 \tag{4.6.3-1}$$

$$h_1 = iL \tag{4.6.3-2}$$

$$h_2 = 0.01 \sum \zeta \frac{v^2}{2g} \tag{4.6.3-3}$$

式中：$\sum h$——水泵出口至最不利点灭火装置进口的管道总水头损失(MPa)；

h_1——沿程水头损失(MPa)；

h_2——局部水头损失(MPa)；

i——单位长度管道的沿程水头损失(MPa/m)；

L——计算管道长度(m)；

ζ——局部阻力系数；

v——管道内的平均流速(m/s)；

g——重力加速度(m/s^2)。

4.6.4 管道内的平均流速可按下式计算：

$$v = 0.004 \frac{q_g}{\pi d_j^2} \tag{4.6.4}$$

式中：q_g——管道设计流量(L/s)；

π——圆周率；

d_j——管道的计算内径(m)，取值按管道内径d减少1mm确定。

4.6.5 单位长度管道的水头损失应按下式计算：

$$i = 2.966 \times 10^{-7} \left(\frac{q_g^{1.852}}{C_h^{1.852} d_j^{4.87}} \right) \tag{4.6.5}$$

式中：C_h——海澄-威廉系数，可按表4.6.5取值。

表4.6.5 不同类型管道的海澄-威廉系数

管道类型	C_h值
镀锌钢管	120
铜管、不锈钢管	140
涂覆钢管、氯化聚氯乙烯(PVC-C)管	130

4.6.6 消防水泵或消防给水的设计压力可按下式计算：

$$P = 0.01Z + \sum h + P_e - h_c \tag{4.6.6}$$

式中：P——消防水泵或消防给水系统所需要的设计压力(MPa)；

Z——最不利点处灭火装置进口与消防水池最低水位或系统供水入口管水平中心线之间的高程差(m)；

$\sum h$——水泵出口至最不利点处灭火装置进口管道水头总损失(MPa)；

h_c——消防水泵从城市市政管网直接抽水时城市管网的最低水压(MPa)。

4.6.7 系统的局部水头损失也可采用当量长度法进行计算，管件的当量长度可按本标准附录A确定。

4.6.8 管道内的流速宜采用经济流速，必要时可大于5m/s，但不应大于10m/s。

4.7 电 气

4.7.1 供电电源应采用消防电源，并应符合现行国家标准《建筑设计防火规范》GB 50016和《供配电系统设计规范》GB 50052的有关规定。

4.7.2 供电的保护不应采用漏电保护开关，但可采用具有漏电报警功能的保护装置。

4.7.3 系统的布线设计应符合现行国家标准《火灾自动报警系统设计规范》GB 50116的有关规定。

4.7.4 系统的供电电缆和控制线缆应采用耐火铜芯电线电缆，系统的报警信号线缆应采用阻燃或阻燃耐火电线电缆。

4.7.5 供电电缆敷设应符合现行国家标准《低压配电设计规范》GB 50054和《爆炸危险环境电力装置设计规范》GB 50058的有关规定。

4.7.6 视频信号传输应采用视频同轴电缆或者光缆传输。当采用视频同轴电缆传输时，电缆中间不宜有接头。

4.7.7 探测和控制信号传输距离较远时，宜采用光缆传输。

4.7.8 系统电气设备的布置应满足带电设备安全防护距离的要求，并应符合现行国家标准《电气设备安全设计导则》GB/T 25295的有关规定。

4.7.9 系统防雷设计应符合现行国家标准《建筑物电子信息系统

防雷技术规范》GB 50343 的有关规定。

4.7.10 在有爆炸危险场所，电气设备和线路的选用、管道防静电措施应符合现行国家标准《爆炸危险环境电力装置设计规范》GB 50058 的有关规定。

4.8 操作与控制

4.8.1 系统应具有自动控制、消防控制室手动控制和现场手动控制三种控制方式。消防控制室手动控制和现场手动控制相对于自动控制应具有优先权。

4.8.2 自动消防炮灭火系统和喷射型自动射流灭火系统在自动控制状态下，当探测到火源后，应至少有 2 台灭火装置对火源扫描定位，并应至少有 1 台且最多 2 台灭火装置自动开启射流，且其射流应能到达火源进行灭火。

4.8.3 喷洒型自动射流灭火系统在自动控制状态下，当探测到火源后，发现火源的探测装置对应的灭火装置应自动开启射流，且其中应至少有一组灭火装置的射流能到达火源进行灭火。

4.8.4 系统在自动控制状态下，控制主机在接到火警信号，确认火灾发生后，应能自动启动消防水泵、打开自动控制阀、启动系统射流灭火，并应同时启动声、光警报器和其他联动设备。系统在手动控制状态下，应人工确认火灾后手动启动系统射流灭火。

4.8.5 系统自动启动后应能连续射流灭火。当系统探测不到火源时，对于自动消防炮灭火系统和喷射型自动射流灭火系统应连续射流不小于 5min 后停止喷射，对于喷洒型自动射流灭火系统应连续喷射不小于 10min 后停止喷射。系统停止射流后再次探测到火源时，应能再次启动射流灭火。

4.8.6 稳压泵的启动、停止应由压力开关控制。气压稳压装置的最低稳压压力设置，应满足系统最不利点灭火装置的设计工作压力。

4.8.7 消防水泵的操作与控制除应符合本标准的规定外，尚应符合现行国家标准《消防给水及消火栓系统技术规范》GB 50974 的有关规定。

附录 A 当量长度表

表 A 镀锌钢管件和阀门的当量长度表(m)

管件和阀门	公称直径(mm)								
	25	32	40	50	65	80	100	125	150
45°弯头	0.3	0.3	0.6	0.6	0.9	0.9	1.2	1.5	2.1
90°弯头	0.6	0.9	1.2	1.5	1.8	2.1	3	3.7	4.3
90°长弯管	0.6	0.6	0.6	0.9	1.2	1.5	1.8	2.4	2.7
三通或四通(侧向)	1.5	1.8	2.4	3	3.7	4.6	6.1	7.6	9.1
蝶阀	—	—	—	1.8	2.1	3.1	3.7	2.7	3.1
闸阀	—	—	—	0.3	0.3	0.3	0.6	0.6	0.9
止回阀	1.5	2.1	2.7	3.4	4.3	4.9	6.7	8.2	9.3
异径接头	32/25	40/32	50/40	65/50	80/65	100/80	125/100	150/125	200/150
	0.2	0.3	0.3	0.5	0.6	0.8	1.1	1.3	1.6

注：1 过滤器当量长度的取值，由生产厂提供；

2 当异径接头的出口直径不变而入口直径提高 1 级时，其当量长度应增大 0.5倍；提高 2 级或 2 级以上时，其当量长度应增大 1.0 倍；

3 当采用铜管或不锈钢管时，当量长度应乘以系数 1.33；当采用涂覆钢管、氯化聚氯乙烯(PVC－C)管时，当量长度应乘以系数 1.51。

中华人民共和国国家标准

自动跟踪定位射流灭火系统技术标准

GB 51427—2021

条 文 说 明

21

目　次

21

1 总　　则

1.0.1 本条规定了本标准的编制目的，即合理地进行自动跟踪定位射流灭火系统的设计，保证施工质量，规范验收和维护管理，使其在火灾发生时能够快速、有效地扑灭火灾，最大限度地减少火灾损失。

自动跟踪定位射流灭火系统是近年来由我国自主研发的一种新型自动灭火系统。该系统以水为喷射介质，利用红外线、紫外线、数字图像或其他火灾探测装置对烟、温度、火焰等的探测，对早期火灾自动跟踪定位，并运用自动控制方式实施射流灭火。自动跟踪定位射流灭火系统全天候实时监测保护场所，对现场的火灾信号进行采集和分析。当有疑似火灾发生时，探测装置捕获相关信息并对信息进行处理，如果发现火源，则对火源进行自动跟踪定位，准备定点（或定区域）射流（或喷洒）灭火，同时发出声光警报和联动控制命令，自动启动消防水泵、开启相应的控制阀门，对应的灭火装置射流灭火。该系统是将红外、紫外传感技术，烟雾传感技术，计算机技术，机电一体化技术有机融合，实现火灾监控和自动灭火为一体的固定消防系统，尤其适用于空间高度高、容积大、火场温升较慢、难以设置闭式自动喷水灭火系统的高大空间场所。

本标准的编制和实施将可以保证自动跟踪定位射流灭火系统工程在设计、施工、安装、调试、验收、维护管理等各环节严格把关，保障工程质量，使该系统能够合理、可靠地发挥应有的灭火功能；同时使工程设计与施工单位有章可循，建设单位和消防监督部门在验收时有法可依，对更好地发挥自动跟踪定位射流灭火系统的作用，减少火灾危害，保护人身和财产安全，具有十分重要的意义。

近年来，随着自动跟踪定位射流灭火系统在我国众多的体育场馆、展览厅、剧院、机场与火车站的候车厅、带有大型中庭的商业建筑、家具城、工业厂房等各类重要场所的广泛应用，该系统产品已日趋成熟。应急管理部上海消防研究所负责编制的产品国家标准《自动跟踪定位射流灭火系统》GB 25204-2010 于 2010 年 9 月正式发布，并于 2011 年 3 月正式实施。

本标准涵盖了额定流量大于 16L/s 的自动消防炮，以及额定流量不大于 16L/s 的喷射型自动射流灭火装置和喷洒型自动射流灭火装置，这些灭火装置的设计和应用均是为了解决高大空间场所火灾防控的难点问题。需要指出的是，尽管该系统技术先进，但由于投入工程应用时间较短，尚未经过大量的灭火实践，还存在一些不足，有待于在工程实践中进一步检验、改进及完善。

1.0.2 本条规定了本标准的适用范围和不适用范围。新建、扩建和改建的民用与工业建筑，当设置自动跟踪定位射流灭火系统时，均要求按本标准的规定进行设计、施工、验收和维护管理。火药、炸药、弹药、火工品的工厂及仓库，核电站及飞机库等性质上超出常规的特殊建筑，不属于本标准的适用范围。上述各类特殊建筑中设置自动跟踪定位射流灭火系统时，按其所属行业的规范进行设计、施工、验收和维护管理。

1.0.3 本条规定在按照本标准进行自动跟踪定位射流灭火系统的设计、施工、验收和维护管理时，必须同时遵循国家基本建设和消防工作的有关法律法规、方针政策，并密切结合保护对象的空间条件、使用功能和火灾特点，使该系统的设置做到安全可靠，同时力求技术上的先进性和经济上的合理性。

1.0.5 自动跟踪定位射流灭火系统工程涉及的专业较多，本标准只对该系统特有的技术要求做了重点规定，对于其他专业性较强或者普遍遵守的一些国家标准的内容未做重复规定，所以，除应符合本标准外，还应符合现行国家标准《建筑设计防火规范》GB 50016、《自动喷水灭火系统设计规范》GB 50084、《火灾自动报警系统设计规范》GB 50116、《火灾自动报警系统施工及验收规范》GB 50166、《自动喷水灭火系统施工及验收规范》GB 50261、《固定消防炮灭火系统设计规范》GB 50338、《固定消防炮灭火系统施工与验收规范》GB 50498、《消防给水及消火栓系统技术规范》GB 50974 等的相关规定。

2 术语和符号

2.1 术　　语

2.1.1～2.1.4 自动跟踪定位射流灭火系统按灭火装置流量大小及射流方式，分为自动消防炮灭火系统、喷射型自动射流灭火系统和喷洒型自动射流灭火系统三种系统。

现行国家标准《自动跟踪定位射流灭火系统》GB 25204 中定义的定位时间、射流半径、最大保护半径等术语适用于本标准，本标准不再做重复定义。

2.1.6 自动跟踪定位射流灭火系统的探测装置可选用多种火灾探测器，如感温、光敏、图像、复合式等火灾探测器作为探测装置的主要构成部件。目前国内多个自动跟踪定位射流灭火系统厂家的产品，选用的火灾探测器主要类型为图像型和光敏型。探测装置探测到火源后，再利用图像中心点匹配法或多级扫描辐射最高强度阈值判定法，进行火源的跟踪定位。

2.1.7 系统从探测到火灾后至实施定点灭火过程中涉及信息处理和过程控制的组件都归为控制装置。控制装置包括控制主机（远程控制盘、视频信息存储器、显示器、主机电源、UPS 电源、警报装置、打印机），信号处理器（火灾信号处理单元、驱动信号处理单元、反馈信号处理单元、解码器），现场控制箱，消防水泵控制柜等。

2.2 符　　号

本节系根据本标准系统设计的需求，本着简化和必要的原则，删除简单的、常规的计算公式与符号，列出了流量、压力、保护半径、几何参数等的符号，其含义可见本节和相关章节条文及说明。

3 基本规定

3.1 适用场所

3.1.1 根据现行国家标准《建筑设计防火规范》GB 50016 的有关规定，结合自动跟踪定位射流灭火系统本身的功能和特性，以及已有的灭火实验和实践应用情况，本条规定了该系统的适用场所。

本条文中所指的 A 类火灾类别为根据国家标准《火灾分类》GB/T 4968-2008 中规定的固体物质火灾。这种物质通常具有有机物性质，一般在燃烧时能产生灼热的余烬。

自动喷水灭火系统在一定的高度范围内具有相当的灭火优势，该系统简单、可靠、经济。对于净高不大于 12m 的高大空间场所，设计应优先选用自动喷水灭火系统。对于净高大于 12m 的高大空间场所，自动跟踪定位射流系统具有一定的应用优势，可以根据实际情况选择不同的系统。

本条第 2 款中，难以设置自动喷水灭火系统的典型场所举例如下：

(1)火灾部位较明确，需要特定保护的、建筑顶棚采用膜结构或玻璃等采光材料的部位。

(2)闭式洒水喷头无法有效感知温度和无法有效喷水灭火的部位。

(3)曲面吊顶、喷头固定困难、喷水有遮挡的部位。

高大空间场所有门厅、展厅、中庭、室内步行街、旅客候机(车、船)大厅、售票大厅、宴会厅、阅览室、演讲厅、观众厅、看台等部位，涉及的建筑类型有会展中心、展览馆、交易会等展览建筑，大型商场、超级市场、购物中心、百货大楼、室内商业街等商业建筑，办公楼、写字楼、商务大厦等行政办公建筑，医院、疗养院、康复中心等医院康复建筑，酒店、宾馆等建筑，机场、火车站、汽车站、码头等客运站场的旅客候机(车、船)楼，图书馆、文化中心、博物馆、美术馆、艺术馆、市民中心等文化建筑，歌剧院、舞剧院、音乐厅、电影院、礼堂、纪念堂、剧团的排演场等演艺排演建筑，体育比赛场馆、训练场馆等体育建筑，生产、储存火灾类别为A类物品的工业建筑等。

3.1.2 本条规定了自动跟踪定位射流灭火系统的不适用场所。

1 自动跟踪定位射流灭火系统的探测装置对明火具有很强的探测能力，在正常情况下，经常有明火作业的场所不适合采用该系统，以免产生误报警和误喷。

2 自动跟踪定位射流灭火系统采用的灭火介质为水，当场所中存在较多遇水发生爆炸或加速燃烧的物品、遇水发生剧烈化学反应或产生有毒有害物质的物品、洒水将导致误溅或沸溢的液体时，不适合采用本系统。

3 对于存在明显遮挡的场所，系统的探测功能和射流灭火功能受到影响，系统无法发挥作用。

4 对于火灾水平蔓延速度快的情况，系统的火灾定位功能受到影响，系统无法及时启动灭火装置，也不适合使用。

5 高架仓库的货架区域内，自动喷水灭火系统已完全可以保护。由于货架区域内存在遮挡，故不适合采用自动跟踪定位射流灭火系统。但是，在货架区域周边的高大空间区域可以采用自动跟踪定位射流灭火系统保护。

6 关于火灾危险等级的划分，按本标准第3.2.2条执行。火灾危险等级为严重危险级的场所，火灾荷载较大，燃烧迅速，自动跟踪定位射流灭火系统的发挥受到限制，不适合使用。

3.2 系统选型

3.2.1 本条规定了自动跟踪定位射流灭火系统选型时应考虑的主要因素及条件。

3.2.2 本条规定了设置自动跟踪定位射流灭火系统场所火灾危险等级的划分方法，可与现行国家标准《自动喷水灭火系统设计规范》GB 50084一致。

3.2.3 本条规定了各类自动跟踪定位射流灭火系统的选型原则。

1～3 喷射型自动射流灭火系统和喷洒型自动射流灭火系统的灭火装置的流量相对较小，推荐在轻危险级场所、中危险级场所选用。自动消防炮灭火系统的流量相对较大、灭火能力更强，可在中危险级场所、丙类库房中选用。对于类似于候车厅、展厅等空间较大的中危险级场所，由于喷射型自动射流灭火装置的流量和保护半径相对较小，为了满足探测及射流覆盖所有保护区域，所需灭火装置的数量必然较大，这样可能会导致布置喷射型自动射流灭火装置有困难或不经济，这时可优先选用自动消防炮灭火系统。

4 因设置场所建筑布局和结构的特殊性，同一保护区采用同一种系统类型，在灭火保护设计上(设计布置、保护效果等方面)确有必要时，也可以采用两种类型系统进行组合。例如，某高大空间建筑在其主体建筑空间采用自动消防炮灭火系统，而与主体建筑空间相邻且相通的边跨建筑空间，可根据实际情况合理采用喷射型或喷洒型自动射流灭火系统。

4 设 计

4.1 一般规定

4.1.1 本条规定了自动跟踪定位射流灭火系统的组成，通常有灭火装置、探测装置、控制装置、水流指示器、模拟末端试水装置等组件，以及管道和阀门、供水设施等。

自动跟踪定位射流灭火系统的基本组成示意图如图1、图2所示。

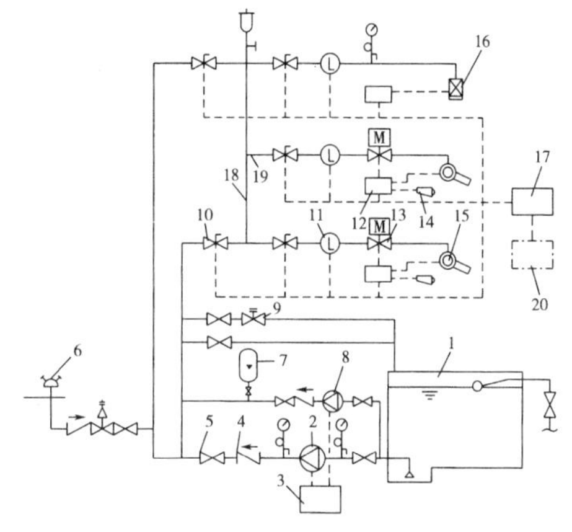

图1 自动消防炮灭火系统/喷射型自动射流灭火系统基本组成示意图

1—消防水池；2—消防水泵；3—消防水泵/稳压泵控制柜；4—止回阀；5—手动阀；6—水泵接合器；7—气压罐；8—稳压泵；9—泄压阀；10—检修阀(信号阀)；11—水流指示器；12—控制模块箱；13—自动控制阀(电磁阀或电动阀)；14—探测装置；15—自动消防炮/喷射型自动射流灭火装置；16—模拟末端试水装置；17—控制装置(控制主机、现场控制箱等)；18—供水管网；19—供水支管；20—联动控制器(或自动报警系统主机)

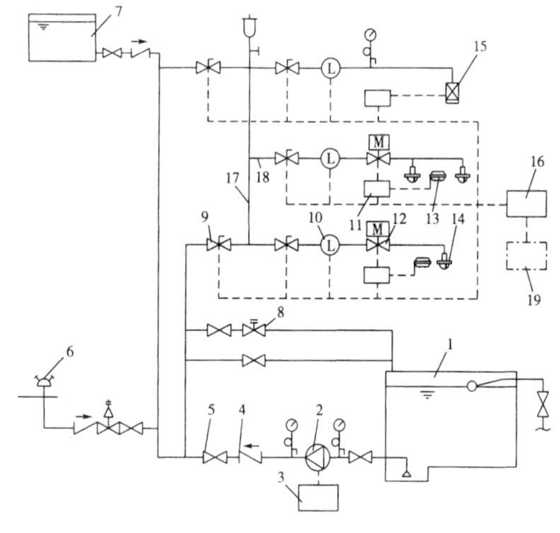

图2 喷洒型自动射流灭火系统基本组成示意图

1—消防水池；2—消防水泵；3—消防水泵控制柜；4—止回阀；5—手动阀；6—水泵接合器；7—高位消防水箱；8—泄压阀；9—检修阀(信号阀)；10—水流指示器；11—控制模块箱；12—自动控制阀(电磁阀或电动阀)；13—探测装置；14—喷洒型自动射流灭火装置；15—模拟末端试水装置；16—控制装置(控制主机、现场控制箱等)；17—供水管网；18—供水支管；19—联动控制器(或自动报警系统主机)

4.1.3 本条规定了自动跟踪定位射流灭火系统供水管路的设计要求。

1 本款明确要求自动控制阀前的供水管路应采用湿式管路，以减少管路充水时间，系统及时灭火。

2 在寒冷季节，为避免管内的水结冰，应采取防冻措施。

3 若自动控制阀至灭火装置这一段管路采取保护措施有难度时，允许这一段管路长度适当延长，但长度不宜大于30m，且应保证系统的启动时间要求。

4.2 设计参数

4.2.1 根据大量的灭火实验，对于自动消防炮和喷射型自动射流灭火装置在其保护半径范围内，1台灭火装置的射流即能在3min时间内有效扑灭1A灭火级别。如果采用2台自动消防炮或喷射型自动射流灭火装置从两个不同的方位同时射流灭火，灭火效果更好。本条规定对于自动消防炮灭火系统和喷射型自动射流灭火系统，要求至少2台灭火装置的射流同时到达被保护区域的任意部位，是为了提高灭火保护的可靠性。

4.2.2 本条为强制性条文，必须严格执行。自动消防炮灭火系统主要用于扑救建筑内高大空间场所的A类火灾(固体物质火灾)。自动消防炮的流量选择是系统设计的重要参数，对于保证系统灭火的可靠性、安全性至关重要。本条规定用于扑救民用建筑内火灾的自动消防炮灭火系统，要求单台炮的流量应不小于20L/s，以保证系统的消防水量和灭火强度。按照本标准的规定，系统的设计流量为2台消防炮同时开启射流时的总流量，即应不小于40L/s。考虑到工业建筑的火灾荷载相对较大，有必要提高单台消防炮的流量，以加大灭火强度，故规定用于扑救工业建筑内火灾的自动消防炮灭火系统，单台炮的流量应不小于30L/s，即系统的设计流量应不小于60L/s。

本条与国家标准《固定消防炮灭火系统设计规范》GB 50338-2003第4.3.4条的规定在设计原则上是相一致的。

4.2.3 本条提出了喷射型自动射流灭火系统的灭火装置流量规格的最低限制，是为了提高系统灭火的可靠性。从设计原则上讲，被保护场所的火灾危险等级越高，选用的灭火装置的流量规格也应相应提高。

4.2.4 喷洒型自动射流灭火系统通过探测装置探测到着火点，并自动开启对应的灭火装置进行喷洒灭火，具有准确定位火源、快速灭火和抑制火灾的作用。大量的灭火实验和工程实践表明，喷洒型自动射流灭火系统的设计喷水强度按表4.2.4中的要求选取是可行的。表4.2.4中的作用面积是根据综合分析比较后确定的。以目前喷洒型自动射流灭火装置的主要流量规格5L/s为例，其标准保护半径为6m，对于火灾轻危险级场所，按4L/(min·m^2)的喷水强度，灭火装置呈正方形布置，两个相邻灭火装置的间距为8.4m，如图3所示，$a=b=8.4$m。考虑在四个灭火装置的交叉覆盖点着火，这时四个灭火装置会同时打开射流灭火，其保护面积为$16.8\times16.8=282.24m^2$，为便于计算，取整数$300m^2$。对于其他火灾危险级场所，喷水强度加大，喷洒型灭火装置布置更密，数量对应增加，但$300m^2$的保护作用面积不变。作用面积的提出是为了合理确定系统灭火装置的设计同时开启数量和设计流量等主要参数。

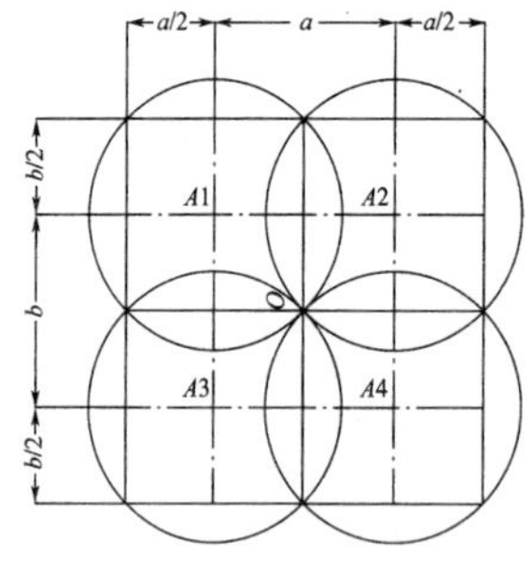

图3 喷洒型灭火装置布置示意图

a—灭火装置与灭火装置间的纵向水平间距(m)；

b—灭火装置与灭火装置间的横向水平间距(m)

4.2.5 本条规定了自动消防炮灭火系统和喷射型自动射流灭火系统，灭火装置的设计同时开启数量为2台。本标准第4.2.1条规定，对于自动消防炮灭火系统和喷射型自动射流灭火系统，保护区内的任何一点都必须要有至少2台灭火装置的射流能够到达，但在设计中只考虑最多2台灭火装置同时开启。这样规定同时也是为了使系统供水流量、消防储水容量不至于过大，经济合理地设计自动消防炮灭火系统和喷射型自动射流灭火系统。

4.2.6 喷洒型自动射流灭火系统灭火装置的设计同时开启数量，应满足保护场所内发生火灾情况下可能同时开启的灭火装置的最大数量。根据目前的产品和工程应用实际情况，喷洒型自动射流灭火系统中探测装置和灭火装置通常为分体式安装，一台探测装置可对应一台或多台灭火装置(但通常不大于4台)。当某台探测装置探测到火源，则该台探测装置对应的灭火装置将会同时开启射流喷水灭火。在设计中为了保证探测和射流全覆盖保护区域，不可避免会出现交叉覆盖区域。当探测装置的交叉覆盖区域内出现火情时，探测到火源的两个(或多个)探测装置对应的所有灭火装置会同时开启射流。为了避免造成同时开启的灭火装置数量过大，设计在原则上应优先采用探测装置与灭火装置一一对应的布置形式，以控制系统的设计流量不至于过大。本条还规定灭火装置的设计同时开启数量应为不小于按作用面积计算所包含的灭火装置数量，且不大于该数量的150%。若在设计中不能满足这一要求时，应重新选择灭火装置的流量规格、探测装置与灭火装置的对应方式等，重新进行设计布置。

4.2.7 本条规定了自动跟踪定位射流灭火系统设计流量的计算方法。本条同时规定了设计流量的下限值应不小于10L/s，主要考虑两个因素：一是若系统设计流量过小，消防供水能力太小，对于火灾扑救和控制不够可靠；二是消防水泵流量过小，其性能接近稳压泵，将导致系统配置不合理。

4.2.8 本条为强制性条文，必须严格执行。在自动喷水灭火系统中，闭式系统要等到环境温度达到一定值时喷头才开启灭火，而自动跟踪定位射流灭火系统能在火势比较小的时候就启动灭火。按国家标准《自动跟踪定位射流灭火系统》GB 25204-2010的灭火性能规定，灭火装置从自动射流开始，自动消防炮灭火装置、喷射型自动射流灭火装置3min内应扑灭1A灭火级别，喷洒型自动射流灭火装置6min内应扑灭1A灭火级别。

考虑到进一步提高系统供水可靠性的因素及确保系统在扑灭明火后具有延续喷水冷却降温的能力，同时参考现行国家标准《自动喷水灭火系统设计规范》GB 50084中的有关规定，确定本系统的设计持续喷水时间。

4.2.9 按本标准第4.2.1条及第4.2.4条关于灭火装置布置的要求，应根据灭火装置的保护半径等性能指标初步设定灭火装置的规格型号、数量和布置位置，然后再根据系统使用环境和动力配套等条件进行校核和调整。在工程设计中，由于动力配套能力、管路附件、不同高度楼层或不同保护区等各种因素的影响，灭火装置的实际工作压力可能不同于其额定工作压力。在设计中应注意，灭火装置的设计工作压力应在产品规定的工作压力范围内。

4.2.10 当灭火装置的设计工作压力不同于其额定工作压力时，灭火装置的保护半径与其额定值相比会有相应变化。对于自动消防炮和喷射型自动射流灭火装置，保护半径变化与压力变化的平方根成正比。对于喷洒型自动射流灭火装置，由于其喷洒射流过程中，存在驱动灭火装置旋转和水流撞击等能量损失，其保护半径变化与压力变化的平方根并不成正比，故应根据产品公布的性能参数确定。

4.2.11 如果灭火装置与端墙之间的距离过大，会造成灭火装置与另一方向的灭火装置间距缩小，增加灭火装置的数量，经济性较差，而且不利于端墙一侧区域的保护。

4.3 系统组件

4.3.1 考虑自动消防炮和喷射型自动射流灭火装置的俯仰和水平回转角，是为了满足使用的功能要求。自动消防炮的工作压力一般在0.6MPa以上，近距离的柱状水流会对人和财产造成一定的威胁，所以在人员密集和存有贵重物品的场所，通常使用具有柱状、雾状射流自动转换功能的消防炮。有技术较先进的自动消防炮能喷射柱状、开花和雾状水流，在15m距离内，喷射雾状水流，在大约15m～30m距离区间，喷射开花水流，在距离较远时喷射柱状水流。实验表明，消防炮喷射雾状水流或开花水流不仅大大降低了喷射水柱的冲击力，有利于保护人身和财物的安全，同时增加了水流落地时的覆盖面积，有利于火灾的扑救。

4.3.2 通过总结分析自动跟踪定位射流灭火系统的设计应用实际情况及各生产厂家产品的性能参数后提出。鉴于目前自动消防炮产品的实际生产、应用和检验认证情况，还没有流量大于50L/s的规格；此外，对于流量大于50L/s的自动消防炮，在室内建筑应用场所中的合理性和必要性尚不够明确，因此表4.3.2-1列出的自动消防炮流量规格最大为50L/s。根据现行国家标准《自动跟踪定位射流灭火系统》GB 25204，自动消防炮和喷射型自动射流灭火装置的最大保护半径为其射程的90%；同时，自动消防炮和喷射型自动射流灭火装置在系统自动状态下，只能以平射和向下方喷射进行瞄准灭火，而不能做到仰射瞄准火源；另外，仰射水流也可能会受到建筑物上部结构的阻碍。综合考虑上述因素，确定了表4.3.2-1、表4.3.2-2中的灭火装置在额定工作压力时的最大保护半径参数。为保证喷射型自动射流灭火系统的灭火可靠性，表4.3.2-2规定了喷射型射流灭火装置的最小流量规格为5L/s。

在实际的工程设计、安装中，喷射型自动射流灭火装置也可安装在高大空间建筑的侧墙上，此时，其安装高度可低于建筑内空间高度，同时为了不影响喷射型自动射流灭火装置的射程达到其射流半径，提出了最小安装高度的要求。

对于射流口为一条细缝，射流形式为水帘状，在一定角度范围内(≤180°)自动扫描射流形成一个扇形喷洒区域的灭火装置，本标准将其归为喷洒型自动射流灭火装置。该类灭火装置通常采用在侧壁上安装的方式，用来保护建筑物的中庭、门厅、大堂、过道等火灾轻、中危险级场所。

4.3.3 灭火装置工作时，会产生一定的振动和后坐力，特别是消防炮的后坐力比较大。为了避免灭火装置工作时对管道和建筑物产生破坏，需要采取可靠的固定措施。

4.3.4 本条对探测装置的设计和选用进行了规定。

1 探测装置应采用复合探测方式，如感烟和图像复合、红外和紫外复合、红外和图像复合、红外双波段或红外多波段复合等，使火灾探测更加可靠，防止系统误报、误喷发生。探测装置应能有效探测和判定保护区域内的火源，包含了两个方面的要求：一是探测装置在设计布置上，其探测范围应能覆盖到整个保护场所，并不应有遮挡或阻碍；二是探测装置本身的性能应符合火灾探测功能要求。

2 探测装置的探测范围应与相对应灭火装置的射流范围相适应。由于目前探测装置的探测方式、种类较多，难以给出统一的、具体的参数，故本条只做定性规定，在设计中应根据具体情况进行选型配置。

4 探测装置的设置场所环境条件主要应考虑以下三个方面：

(1)环境恶劣程度，如环境温度会长时间出现低温，此时应考虑采取保温措施；如系统长时间处于风沙多尘环境，此时应考虑对探测装置进行防尘处理。

(2)环境干扰源特点，如设置场所环境内有长时间强阳光照射点，加之气流扰动，容易引起系统误报，如果系统选择红外或紫外探测装置，那么应注意探测装置安装时应避免直接对准强光点，从而减少误报。如设置场所中经常存在焊接操作，焊接操作产生的电弧容易引起紫外光敏探测装置产生误报，此时系统选择时应根据具体情况与厂家技术人员进行沟通，可以通过修改软件算法、调整探测阈值的方法减少误报。

(3)环境障碍物情况，如大型机修车间，空间内可能存在跨接式行车，探测装置安装后形成的光路轴线应避免因行车移动产生的遮挡。

4.3.5 自动跟踪定位射流灭火系统的控制主机除了发现火灾时快速发出多种形式的报警信息外，还应具有与火灾自动报警系统和其他联动控制设备通信的功能，以达到信息共享，提高灭火救灾效率。设置自动跟踪定位射流灭火系统的场所，其所在的建筑内通常还设有火灾自动报警系统和其他各种消防联动控制设备。自动跟踪定位射流灭火系统兼有火灾报警和灭火功能，可作为火灾自动报警系统的一个子系统，同时将火灾报警信号及其他相关信号送至建筑内的火灾自动报警系统控制器，并通过火灾自动报警系统联动控制相关区域的消防设备。这样避免了自动跟踪定位射流灭火系统成为一个完全独立的系统，同时降低了系统的复杂性，也降低了工程造价。

4.3.7 控制主机的自检功能指实时自动检测系统数据库、讯响器、网络，以及灭火装置、探测装置、现场控制箱等设备运行状态的功能。

6 要求控制主机应具有火灾现场视频实时监控和记录功能，一方面是为了观察射流灭火的效果，以便确定是否需要根据火势情况调整灭火装置的喷射角度，另一方面，采用视频记录灭火过程，以便对火灾现场情况进行事后分析。根据现行国家标准《自动跟踪定位射流灭火系统》GB 25204的规定，系统应具备现场不小于24h档案视频记录的功能(可以和其他视频监控系统联用)。

4.3.9 本条规定系统应在保护场所现场设置声、光警报器，若保护区内同时设有火灾自动报警系统时，声、光警报器可不必重复设置。

4.3.10 设置水流指示器的目的是为了增加一套辅助的报警措施，以对发生火灾的位置进行报告。

4.3.11 为了便于测试系统自动探测火灾、自动启动功能、联动功能是否正常，检验供水管网是否通畅、供水压力和流量是否正常，要求在每个保护区的管网最不利点处设置模拟末端试水装置。

4.3.12 本条规定了模拟末端试水装置的组成及要求，图4为其组成示意图。

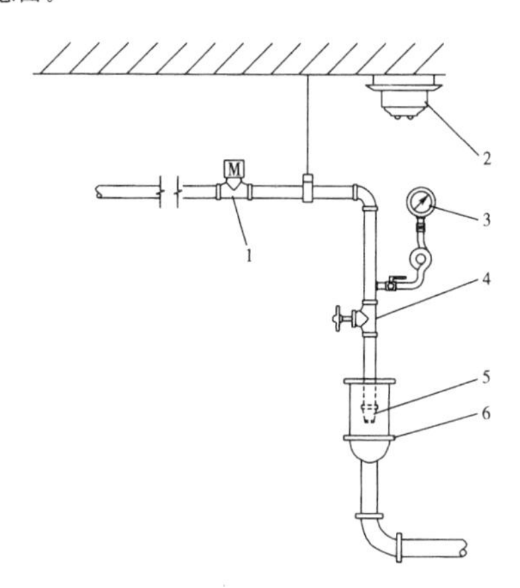

图4 模拟末端试水装置组成示意图

1—自动控制阀；2—探测部件；3—压力表；4—手动试水阀；5—试水接头；6—排水漏斗

4.3.13 当模拟末端试水装置的出水口直接与管道或软管连接时，将改变试水接头出水口的水量状态，影响测试结果，所以本条规定了模拟末端试水装置应采取孔口出流的方式排入排水管道。

4.4 管道与阀门

4.4.1 本条规定为了保证自动跟踪定位射流灭火系统的供水可靠性。

4.4.2 环状供水管网要求设置检修阀主要是考虑到供水管路的检修需求。供水支管指从环状供水管路上接至每台或每组灭火装置的供水管道。

4.4.3 自动消防炮和喷射型自动射流灭火装置的出流控制需要做到每一台，喷洒型自动射流灭火装置的出流控制需要做到每个单元组，每个单元组可能有1台或多台灭火装置，但不宜大于4台。为了便于对自动控制阀或灭火装置进行检修，同时要求在自动控制阀前安装一个具有信号反馈的手动控制阀。

4.4.5 对于室内外架空消防给水管道，应选用耐腐蚀、有一定耐火性能且安装连接方便可靠的管材，推荐采用热浸镀锌钢管。本条同时规定了室内外架空管道的连接方式，包括沟槽连接、螺纹连接、法兰连接和卡压连接等，这四种连接方式在施工时都不需动用明火，不会因此产生施工火灾。

4.4.6 对于埋地管道采用的管材，应具有耐腐蚀和承受相应地面载荷的能力，可采用球墨铸铁管、钢丝网骨架复合塑料管和经可靠防腐处理的钢管等。

4.4.7 阀门应有明显的启、闭标志，否则一旦失火，灭火人员由于心情紧张，容易发生误操作。

4.4.9 本条规定的目的是为了保证管路在充水时易于排气，在维修时易于排尽管内积水。

4.4.11 管道穿越承重墙时设金属套管，是为了保护承重墙及便于管道维修或更换；管道穿越地下室外墙时的防水措施可取设置防水套管的方式。

4.5 供　　水

4.5.2 自动消防炮灭火系统的保护场所通常比较重要，并且由于消防炮的工作压力较高，相比其他水灭火系统的设计供水压力通常也更高，因此对于自动消防炮灭火系统要求应设置独立的消防水泵和供水管网。

4.5.3 在有条件的情况下，喷射型自动射流灭火系统和喷洒型自动射流灭火系统的消防水泵和供水管网应尽可能单独设置。如果受到客观条件限制，自动跟踪定位射流灭火系统需要与自动喷水灭火系统合并设置消防供水时，两个系统可以合用消防水泵和部分供水管道，但其供水管道应在自动喷水灭火系统的报警阀前分开。

4.5.4 自动跟踪定位射流灭火系统的消防水泵按一用一备或两用一备的要求设置备用泵，较为合理且便于管理。当某一台消防水泵出现故障时，为了保证系统正常供水，且供水能力不低于设计值，故对备用泵供水能力提出要求。

4.5.5 可靠的动力保障，是保证可靠供水的重要措施。因此提出了按二级负荷供电的建筑，宜采用柴油机泵作为备用泵的规定。

4.5.6 要求消防水泵、稳压泵应采用自灌式吸水方式，是为了使水泵启动供水更为迅速、可靠。

4.5.9 为防止杂质堵塞消防水泵，要求在消防水泵吸水管上设过滤器。在消防水泵吸水管上设置真空压力表是用来指示水泵的进口压力，因水泵进口压力可能为负压，也可能为正压，故要求设置真空压力表。水泵吸水管上设置的控制阀，通常可采用手动闸阀，是为了便于设备检修。

4.5.10 在消防水泵出口管上应设有压力表用来指示系统供水压力，压力表表盘上的压力显示应有足够的量程；考虑到系统调试、测试的需要，要求在消防水泵出口管上设置试水阀以及流量和压力检测装置，必要时还应设置泄压阀，以保证供水管网安全。

4.5.12 要求消防水泵房内安装的电气设备应采取有效的防水、防潮和防腐蚀等措施，是为了防止水和水汽对电气设备造成腐蚀、破坏，避免因电气设备发生故障而影响消防水泵动力设备、控制装置的正常使用。

4.5.15 本条规定了采用临时高压给水系统的自动跟踪定位射流灭火系统，宜设置高位消防水箱，以提高系统供水的可靠性。本条提出自动跟踪定位射流灭火系统可与消火栓系统或自动喷水灭火系统共用高位消防水箱，是为了有效利用消防供水设施，节约工程造价。

4.5.16 本条规定了高位水箱的供水压力应达到本系统最不利点灭火装置的设计工作压力，以便系统启动后能够及时出水灭火。

4.5.17 当无法按规定要求设置高位消防水箱时，应设置气压稳压装置。

1　要求气压稳压装置的供水压力应保证系统最不利点灭火装置的设计工作压力，是为了满足对管路稳压压力的设计要求。

2　稳压泵流量推荐为1L/s～5L/s，并小于一个最小流量灭火装置工作时的流量，这是考虑管网的渗漏流量因素，但稳压泵的流量也不能过大，应该满足在发生火灾后及时启动消防水泵进行供水灭火。

3　设置稳压泵备用泵，是为了提高设备的可靠性。

4　气压罐推荐采用隔膜式气压罐，可以减少需要经常补气的问题。为了避免稳压泵频繁启动需要气压罐具有一定的调节水容积。

4.5.19 消防水泵接合器是用于外部增援供水的设施，当消防水泵不能正常供水或者系统用水量大于设计流量时，可由消防车连接消防水泵接合器向系统的管道供水。

4.6 水力计算

4.6.1 本条提出了灭火装置的设计流量与设计工作压力之间的关系。当设计工作压力为非额定工作压力时，设计流量可按公式(4.6.1)进行计算。

4.6.3～4.6.6 这四条给出了管道沿程水头损失和局部水头损失的计算方法，给出了消防水泵供水压力的计算公式。管道沿程水头损失的计算有多种方法，本标准推荐使用海澄-威廉(Hazen-Williams)公式。

4.7 电　　气

4.7.1 设有自动跟踪定位射流灭火系统的场所通常为重要的建筑或场所，系统供电必须可靠，故要求应采用消防电源，还应符合现行有关国家标准的规定。

4.7.2 自动跟踪定位射流灭火系统的电源不应采用漏电保护开关进行保护，主要是考虑到系统灭火功能比漏电保护功能更重要。但可采用具有报警功能的漏电保护装置，既做到系统漏电时能及时发现和检修，迅速排除故障，又不影响系统的正常供电。

4.7.4 自动跟踪定位射流灭火系统的可靠性很大程度上取决于其探测、控制系统的可靠性，本条规定是为了提高系统电线、电缆本身的防火能力，以提高系统可靠性，同时兼顾经济性。

4.7.6 视频信号传输电缆采用视频同轴电缆时，应注意其传输距离应符合相关规定。考虑到同轴电缆的接头会产生阻抗失配，造成视频信号损失，同时电缆中间有接头时，可能会产生接触不良导致的信号损失，甚至开路引起故障，所以本条规定了视频传输电缆中间不宜有接头的要求。

4.7.7 考虑到电缆传输信号会有衰减，当传输距离较远时其信号的衰减较大，建议长距离输送信号时采用光缆传输方式。当传输距离超过1500m或有较强电磁干扰时，可将探测和控制信号电缆接入到光端机，然后通过光缆传输到控制室。

4.8 操作与控制

4.8.1 本条为强制性条文，必须严格执行。系统应具有自动控制和手动控制功能，以保证系统操作与控制的可靠性。手动控制有消防控制室手动控制和现场手动控制两种方式。由于人手动控制探测装置更为可靠，手动控制相对于自动控制应具有优先权。消防控制室手动控制和现场手动控制具有同等优先权。

4.8.2 本条为强制性条文，必须严格执行。本条规定了自动消防炮灭火系统和喷射型自动射流灭火系统，在自动控制状态下灭火装置的启动要求。

本标准第4.2.1条规定了，自动消防炮灭火系统和喷射型自动射流灭火系统在设计布置中应保证至少有2台灭火装置的射流能够到达被保护区域内的任一点。本标准4.2.5条规定了，自动消防炮灭火系统和喷射型自动射流灭火系统的灭火装置设计同时开启数量为2台。作为系统的设计，还必须确保启动灭火装置的射流应能够到达火源进行灭火，这才是有效的系统。这三个方面都很重要。

对于自动消防炮灭火系统和喷射型自动射流灭火系统，当被保护区域内发生火灾时，应有至少2台灭火装置同时启动扫描、定位火源，以便实施射流灭火。系统在自动状态下，启动扫描、定位的灭火装置可以是多台，但启动射流的灭火装置应该最多为2台。系统在自动状态下，可能出现以下三种情况：

(1)有2台及以上的灭火装置同时扫描、定位到火源，能够射流到火源的2台灭火装置同时开启灭火。此时，其他灭火装置即使定位到了火源，不论其射流是否能够到达火源，也不应开启射流。

(2)有2台及以上的灭火装置开始扫描，由于灭火装置与火源的相对距离、角度不同，其中1台先定位到火源，实施射流灭火，另外1台后定位到火源，再参与射流灭火，投入射流灭火的灭火装置是2台。此时，不应再开启第3台灭火装置。

(3)有2台及以上的灭火装置开始扫描，其中1台先定位到火源，实施射流灭火，在其他灭火装置还没有定位到火源之前，火灾已经被扑灭，那么其他的灭火装置不会发生射流动作。这种情况下，实际启动的灭火装置数量为1台。

以上三种情况均为系统的正常工作状态。

值得注意的是，系统应能自动测定灭火装置与火源的距离并进行数据判断，以确保启动灭火装置的射流能够到达火源。

4.8.3 本条为强制性条文，必须严格执行。根据喷洒型自动射流灭火系统的特点，探测装置不具备对火源距离信息的反馈功能，本条规定对于喷洒型自动射流灭火系统，发现火源的探测装置应关联对应的灭火装置同时开启射流灭火。同时，有必要保证至少有一组灭火装置的射流喷洒到火源，以满足系统的有效灭火。

4.8.4 本条规定了系统分别在自动控制状态下和手动控制状态下接到火警信号、确认火警，并启动系统灭火的程序要求。自动消防炮灭火系统、喷射型自动射流灭火系统的操作与控制流程如图5所示；喷洒型自动射流灭火系统操作与控制流程如图6所示。

4.8.5 系统在射流灭火过程中，由于射流、水汽、烟雾等对火源的遮挡，对火灾是否扑灭无法做出准确判断。根据目前工程中的实际做法，自动跟踪定位射流灭火系统的自动灭火程序一般设定为灭火装置射流灭火一定时间后停止喷射，探测装置继续探测火灾是否被扑灭。若火灾未被扑灭，则系统重新再次启动灭火。大量的实验结果证明，自动消防炮灭火系统和喷射型自动射流灭火系统扑灭1A灭火级别在3min以内，喷洒型自动射流灭火系统扑灭1A灭火级别在6min以内。本条规定，系统启动射流灭火后，应连续喷射至少5min(自动消防炮灭火系统和喷射型自动射流灭火系统)和10min(喷洒型自动射流灭火系统)，以提高一次性成功灭火的可靠性。但是，如果火灾未能在设定时间内被扑灭，这时系统却停止喷射，会导致火灾再次扩大或蔓延。因此，本条对系统自动控制程序作了进一步要求，即若系统持续探测到火灾，则不应停止喷射。只有在探测不到火灾时，才设定连续喷射一定时间后，自动停止，并持续探测火灾情况。

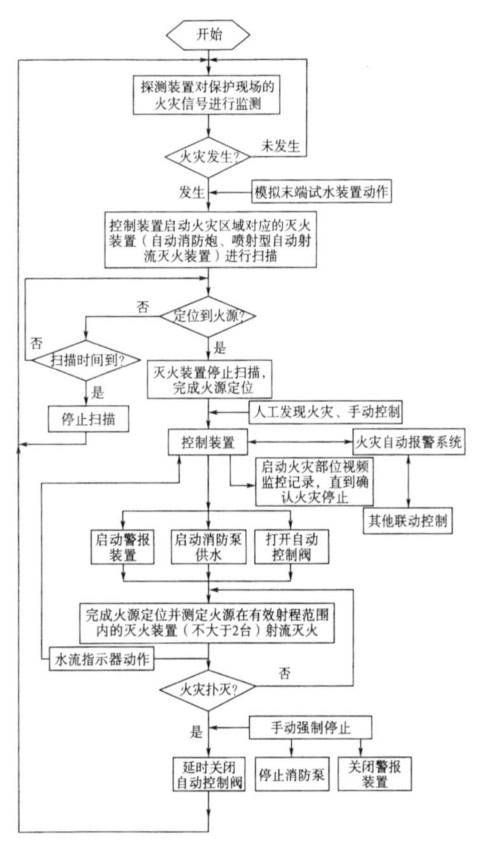

图5 自动消防炮灭火系统/喷射型自动射流灭火系统操作与控制流程

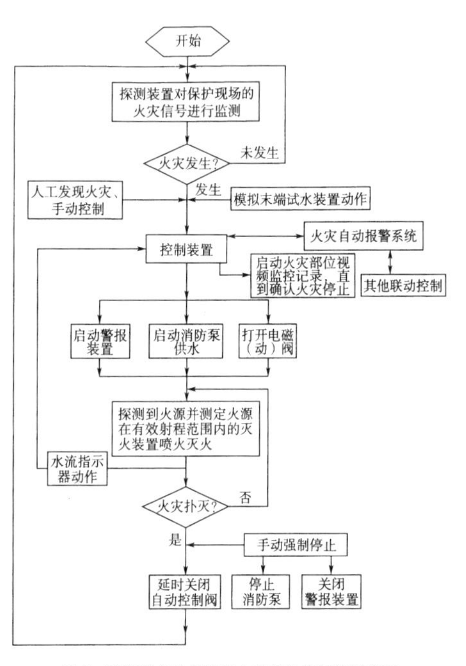

图6 喷洒型自动射流灭火系统操作与控制流程

中华人民共和国国家标准

水喷雾灭火系统技术规范

Technical code for water spray fire protection systems

GB 50219—2014

主编部门：中 华 人 民 共 和 国 公 安 部
批准部门：中华人民共和国住房和城乡建设部
施行日期：2 0 1 5 年 8 月 1 日

22

目　　次

1 总　　则

1.0.1 为了合理地设计水喷雾灭火系统(或简称系统),保障其施工质量和使用功能,减少火灾危害,保护人身和财产安全,制定本规范。

1.0.2 本规范适用于新建、扩建和改建工程中设置的水喷雾灭火系统的设计、施工、验收及维护管理。

本规范不适用于移动式水喷雾灭火装置或交通运输工具中设置的水喷雾灭火系统。

1.0.3 水喷雾灭火系统可用于扑救固体物质火灾、丙类液体火灾、饮料酒火灾和电气火灾,并可用于可燃气体和甲、乙、丙类液体的生产、储存装置或装卸设施的防护冷却。

1.0.4 水喷雾灭火系统不得用于扑救遇水能发生化学反应造成燃烧、爆炸的火灾,以及水雾会对保护对象造成明显损害的火灾。

1.0.5 水喷雾灭火系统的设计、施工、验收及维护管理除应符合本规范规定外,尚应符合国家现行有关标准的规定。

2 术语和符号

2.1 术　　语

2.1.1 水喷雾灭火系统　water spray fire protection system

由水源、供水设备、管道、雨淋报警阀(或电动控制阀、气动控制阀)、过滤器和水雾喷头等组成,向保护对象喷射水雾进行灭火或防护冷却的系统。

2.1.2 传动管　transfer pipe

利用闭式喷头探测火灾,并利用气压或水压的变化传输信号的管道。

2.1.3 供给强度　application density

系统在单位时间内向单位保护面积喷洒的水量。

2.1.4 响应时间　response time

自启动系统供水设施起,至系统中最不利点水雾喷头喷出水雾的时间。

2.1.5 水雾喷头　spray nozzle

在一定压力作用下,在设定区域内能将水流分解为直径1mm以下的水滴,并按设计的洒水形状喷出的喷头。

2.1.6 有效射程　effective range

喷头水平喷洒时,水雾达到的最高点与喷口所在垂直于喷头轴心线的平面的水平距离。

2.1.7 水雾锥　water spray cone

在水雾喷头有效射程内水雾形成的圆锥体。

2.1.8 雨淋报警阀组　deluge alarm valves unit

由雨淋报警阀、电磁阀、压力开关、水力警铃、压力表以及配套的通用阀门组成的装置。

2.2 符　　号

B——水喷雾喷头的喷口与保护对象之间的距离;

C_h——海澄-威廉系数;

d_j——管道的计算内径;

d_g——节流管的计算内径;

g——重力加速度;

H——消防水泵的扬程或系统入口的供给压力;

H_k——减压孔板的水头损失;

H_g——节流管的水头损失;

h_z——最不利点水雾喷头与系统管道入口或消防水池最低水位之间的高程差;

$\sum h$——系统管道沿程水头损失与局部水头损失之和;

i——管道的单位长度水头损失;

K——水雾喷头的流量系数;

k——安全系数;

L——节流管的长度;

N——保护对象所需水雾喷头的计算数量;

n——系统启动后同时喷雾的水雾喷头的数量;

P——水雾喷头的工作压力;

P_0——最不利点水雾喷头的工作压力;

Q——雨淋报警阀的流量;

q——水雾喷头的流量;

q_i——水雾喷头的实际流量;

q_g——管道内水的流量;

Q_j——系统的计算流量;

Q_s——系统的设计流量;

R——水雾锥底圆半径;

S——保护对象的保护面积;

V——管道内水的流速;

V_k——减压孔板后管道内水的平均流速;

V_g——节流管内水的平均流速;

W——保护对象的设计供给强度;

θ——水雾喷头的雾化角;

ξ——减压孔板的局部阻力系数;

ζ——节流管中渐缩管与渐扩管的局部阻力系数之和。

3 基本设计参数和喷头布置

3.1 基本设计参数

3.1.1 系统的基本设计参数应根据防护目的和保护对象确定。

3.1.2 系统的供给强度和持续供给时间不应小于表3.1.2的规定,响应时间不应大于表3.1.2的规定。

表3.1.2　系统的供给强度、持续供给时间和响应时间

防护目的	保护对象		供给强度[L/(min·m²)]	持续供给时间(h)	响应时间(s)
灭火	固体物质火灾		15	1	60
	输送机皮带		10	1	60
	液体火灾	闪点60℃~120℃的液体	20	0.5	60
		闪点高于120℃的液体	13		
		饮料酒	20		
	电气火灾	油浸式电力变压器、油断路器	20	0.4	60
		油浸式电力变压器的集油坑	6		
		电缆	13		

续表 3.1.2

<table>
<tr><th>防护目的</th><th colspan="4">保护对象</th><th>供给强度[L/(min·m²)]</th><th>持续供给时间(h)</th><th>响应时间(s)</th></tr>
<tr><td rowspan="13">防护冷却</td><td rowspan="3">甲$_{B}$、乙、丙类液体储罐</td><td colspan="3">固定顶罐</td><td>2.5</td><td rowspan="3">直径大于20m的固定顶罐为6h,其他为4h</td><td rowspan="3">300</td></tr>
<tr><td colspan="3">浮顶罐</td><td>2.0</td></tr>
<tr><td colspan="3">相邻罐</td><td>2.0</td></tr>
<tr><td rowspan="6">液化烃或类似液体储罐</td><td colspan="3">全压力、半冷冻式储罐</td><td>9</td><td rowspan="7">6</td><td rowspan="7">120</td></tr>
<tr><td rowspan="4">全冷冻式储罐</td><td rowspan="2">单、双容罐</td><td>罐壁</td><td>2.5</td></tr>
<tr><td>罐顶</td><td>4</td></tr>
<tr><td rowspan="2">全容罐</td><td>罐顶泵平台、管道进出口等局部危险部位</td><td>20</td></tr>
<tr><td>管带</td><td>10</td></tr>
<tr><td colspan="3">液氨储罐</td><td>6</td></tr>
<tr><td colspan="4">甲、乙类液体及可燃气体生产、输送、装卸设施</td><td>9</td><td>6</td><td>120</td></tr>
<tr><td colspan="4">液化石油气灌瓶间、瓶库</td><td>9</td><td>6</td><td>60</td></tr>
</table>

注:1 添加水系灭火剂的系统,其供给强度应由试验确定。

2 钢制单盘式、双盘式、敞口隔舱式内浮顶罐应按浮顶罐对待,其他内浮顶罐应按固定顶罐对待。

3.1.3 水雾喷头的工作压力,当用于灭火时不应小于0.35MPa;当用于防护冷却时不应小于0.2MPa,但对于甲$_{B}$、乙、丙类液体储罐不应小于0.15MPa。

3.1.4 保护对象的保护面积除本规范另有规定外,应按其外表面面积确定,并应符合下列要求:

1 当保护对象外形不规则时,应按包容保护对象的最小规则形体的外表面面积确定。

2 变压器的保护面积除应按扣除底面面积以外的变压器油箱外表面面积确定外,尚应包括散热器的外表面面积和油枕及集油坑的投影面积。

3 分层敷设的电缆的保护面积应按整体包容电缆的最小规则形体的外表面面积确定。

3.1.5 液化石油气灌瓶间的保护面积应按其使用面积确定,液化石油气瓶库、陶坛或桶装酒库的保护面积应按防火分区的建筑面积确定。

3.1.6 输送机皮带的保护面积应按上行皮带的上表面面积确定;长距离的皮带宜实施分段保护,但每段长度不宜小于100m。

3.1.7 开口容器的保护面积应按其液面面积确定。

3.1.8 甲、乙类液体泵,可燃气体压缩机及其他相关设备,其保护面积应按相应设备的投影面积确定,且水雾应包络密封面和其他关键部位。

3.1.9 系统用于冷却甲$_{B}$、乙、丙类液体储罐时,其冷却范围及保护面积应符合下列规定:

1 着火的地上固定顶储罐及距着火储罐罐壁1.5倍着火罐直径范围内的相邻地上储罐应同时冷却,当相邻地上储罐超过3座时,可按3座较大的相邻储罐计算消防冷却水用量。

2 着火的浮顶罐应冷却,其相邻储罐可不冷却。

3 着火罐的保护面积应按罐壁外表面面积计算,相邻罐的保护面积可按实际需要冷却部位的外表面面积计算,但不得小于罐壁外表面面积的1/2。

3.1.10 系统用于冷却全压力式及半冷冻式液化烃或类似液体储罐时,其冷却范围及保护面积应符合下列规定:

1 着火罐及距着火罐罐壁1.5倍着火罐直径范围内的相邻罐应同时冷却;当相邻罐超过3座时,可按3座较大的相邻罐计算消防冷却水用量。

2 着火罐保护面积应按其罐体外表面面积计算,相邻罐保护面积应按其罐体外表面面积的1/2计算。

3.1.11 系统用于冷却全冷冻式液化烃或类似液体储罐时,其冷却范围及保护面积应符合下列规定:

1 采用钢制外壁的单容罐,着火罐及距着火罐罐壁1.5倍着火罐直径范围内的相邻罐应同时冷却。着火罐保护面积应按其罐体外表面面积计算,相邻罐保护面积应按罐壁外表面面积的1/2及罐顶外表面面积之和计算。

2 混凝土外壁与储罐间无填充材料的双容罐,着火罐的罐壁与罐顶及距着火罐罐壁1.5倍着火罐直径范围内的相邻罐罐顶应同时冷却。

3 混凝土外壁与储罐间有保温材料填充的双容罐,着火罐的罐顶及距着火罐罐壁1.5倍着火罐直径范围内的相邻罐罐顶应同时冷却。

4 采用混凝土外壁的全容罐,当管道进出口在罐顶时,冷却范围应包括罐顶泵平台,且宜包括管带和钢梯。

3.2 喷头与管道布置

3.2.1 保护对象所需水雾喷头数量应根据设计供给强度、保护面积和水雾喷头特性,按本规范第7.1.1条和第7.1.2条计算确定。除本规范另有规定外,喷头的布置应使水雾直接喷向并覆盖保护对象,当不能满足要求时,应增设水雾喷头。

3.2.2 水雾喷头、管道与电气设备带电(裸露)部分的安全净距宜符合现行行业标准《高压配电装置设计技术规程》DL/T 5352的规定。

3.2.3 水雾喷头与保护对象之间的距离不得大于水雾喷头的有效射程。

3.2.4 水雾喷头的平面布置方式可为矩形或菱形。当按矩形布置时,水雾喷头之间的距离不应大于1.4倍水雾喷头的水雾锥底圆半径;当按菱形布置时,水雾喷头之间的距离不应大于1.7倍水雾喷头的水雾锥底圆半径。水雾锥底圆半径应按下式计算:

$$R=B\tan\frac{\theta}{2} \tag{3.2.4}$$

式中:R——水雾锥底圆半径(m);

B——水雾喷头的喷口与保护对象之间的距离(m);

θ——水雾喷头的雾化角(°)。

3.2.5 当保护对象为油浸式电力变压器时,水雾喷头的布置应符合下列要求:

1 变压器绝缘子升高座孔口、油枕、散热器、集油坑应设水雾喷头保护;

2 水雾喷头之间的水平距离与垂直距离应满足水雾锥相交的要求。

3.2.6 当保护对象为甲、乙、丙类液体和可燃气体储罐时,水雾喷头与保护储罐外壁之间的距离不应大于0.7m。

3.2.7 当保护对象为球罐时,水雾喷头的布置尚应符合下列规定:

1 水雾喷头的喷口应朝向球心;

2 水雾锥沿纬线方向应相交,沿经线方向应相接;

3 当球罐的容积不小于1000m³时,水雾锥沿纬线方向应相交,沿经线方向宜相接,但赤道以上环管之间的距离不应大于3.6m;

4 无防护层的球罐钢支柱和罐体液位计、阀门等处应设水雾喷头保护。

3.2.8 当保护对象为卧式储罐时,水雾喷头的布置应使水雾完全覆盖裸露表面,罐体液位计、阀门等处也应设水雾喷头保护。

3.2.9 当保护对象为电缆时,水雾喷头的布置应使水雾完全包围电缆。

3.2.10 当保护对象为输送机皮带时,水雾喷头的布置应使水雾完全包络着火输送机的机头、机尾和上行皮带上表面。

3.2.11 当保护对象为室内燃油锅炉、电液装置、氢密封油装置、发电机、油断路器、汽轮机油箱、磨煤机润滑油箱时，水雾喷头宜布置在保护对象的顶部周围，并应使水雾直接喷向并完全覆盖保护对象。

3.2.12 用于保护甲$_B$、乙、丙类液体储罐的系统，其设置应符合下列规定：

1 固定顶储罐和按固定顶储罐对待的内浮顶储罐的冷却水环管宜沿罐壁顶部单环布置，当采用多环布置时，着火罐顶层环管保护范围内的冷却水供给强度应按本规范表3.1.2规定的2倍计算。

2 储罐抗风圈或加强圈无导流设施时，其下面应设置冷却水环管。

3 当储罐上的冷却水环管分割成两个或两个以上弧形管段时，各弧形管段间不应连通，并应分别从防火堤外连接水管，且应分别在防火堤外的进水管道上设置能识别启闭状态的控制阀。

4 冷却水立管应用管卡固定在罐壁上，其间距不宜大于3m。立管下端应设置锈渣清扫口，锈渣清扫口距罐基础顶面应大于300mm，且集锈渣的管段长度不宜小于300mm。

3.2.13 用于保护液化烃或类似液体储罐和甲$_B$、乙、丙类液体储罐的系统，其立管与罐组内的水平管道之间的连接应能消除储罐沉降引起的应力。

3.2.14 液化烃储罐上环管支架之间的距离宜为3m～3.5m。

4 系统组件

4.0.1 系统所采用的产品及组件应符合国家现行相关标准的规定。依法实行强制认证的产品及组件应具有符合市场准入制度要求的有效证明文件。

4.0.2 水雾喷头的选型应符合下列要求：

1 **扑救电气火灾，应选用离心雾化型水雾喷头；**

2 室内粉尘场所设置的水雾喷头应带防尘帽，室外设置的水雾喷头宜带防尘帽；

3 离心雾化型水雾喷头应带柱状过滤网。

4.0.3 按本规范表3.1.2的规定，响应时间不大于120s的系统，应设置雨淋报警阀组，雨淋报警阀组的功能及配置应符合下列要求：

1 接收电控信号的雨淋报警阀组应能电动开启，接收传动管信号的雨淋报警阀组应能液动或气动开启；

2 应具有远程手动控制和现场应急机械启动功能；

3 在控制盘上应能显示雨淋报警阀开、闭状态；

4 宜驱动水力警铃报警；

5 雨淋报警阀进出口应设置压力表；

6 电磁阀前应设置可冲洗的过滤器。

4.0.4 当系统供水控制阀采用电动控制阀或气动控制阀时，应符合下列规定：

1 应能显示阀门的开、闭状态；

2 应具备接收控制信号开、闭阀门的功能；

3 阀门的开启时间不宜大于45s；

4 应能在阀门故障时报警，并显示故障原因；

5 应具备现场应急机械启动功能；

6 当阀门安装在阀门井内时，宜将阀门的阀杆加长，并宜使电动执行器高于井顶；

7 气动阀宜设置储备气罐，气罐的容积可按与气罐连接的所有气动阀启闭3次所需气量计算。

4.0.5 雨淋报警阀前的管道应设置可冲洗的过滤器，过滤器滤网应采用耐腐蚀金属材料，其网孔基本尺寸应为0.600mm～0.710mm。

4.0.6 给水管道应符合下列规定：

1 过滤器与雨淋报警阀之间及雨淋报警阀后的管道，应采用内外热浸镀锌钢管、不锈钢管或铜管；需要进行弯管加工的管道应采用无缝钢管；

2 管道工作压力不应大于1.6MPa；

3 系统管道采用镀锌钢管时，公称直径不应小于25mm；采用不锈钢管或铜管时，公称直径不应小于20mm；

4 系统管道应采用沟槽式管接件（卡箍）、法兰或丝扣连接，普通钢管可采用焊接；

5 沟槽式管接件（卡箍），其外壳的材料应采用牌号不低于QT 450—12的球墨铸铁；

6 防护区内的沟槽式管接件（卡箍）密封圈、非金属法兰垫片应通过本规范附录A规定的干烧试验；

7 应在管道的低处设置放水阀或排污口。

5 给 水

5.1 一般规定

5.1.1 系统用水可由消防水池（罐）、消防水箱或天然水源供给，也可由企业独立设置的稳高压消防给水系统供给；系统水源的水量应满足系统最大设计流量和供给时间的要求。

5.1.2 系统的消防泵房宜与其他水泵房合建，并应符合国家现行相关标准对消防泵房的规定。

5.1.3 在严寒与寒冷地区，系统中可能产生冰冻的部分应采取防冻措施。

5.1.4 当系统设置两个及以上雨淋报警阀时，雨淋报警阀前宜设置环状供水管道。

5.1.5 钢筋混凝土消防水池的进、出水管应增设防水套管，对有振动的管道应增设柔性接头；组合式消防水池的进、出水管接头宜采用法兰连接。

5.1.6 消防气压给水设备的设置应符合下列规定：

1 出水管上应设置止回阀；

2 四周应设置检修通道，宽度不宜小于0.7m；

3 顶部至楼板或梁底的距离不宜小于0.6m。

5.1.7 设置水喷雾灭火系统的场所应设有排水设施。

5.1.8 消防水池的溢流管、泄水管不得与生产或生活用水的排水系统直接相连，应采用间接排水方式。

5.2 水 泵

5.2.1 系统的供水泵宜自灌引水。采用天然水源供水时，水泵的吸水口应采取防止杂物堵塞的措施。系统供水压力应满足在相应设计流量范围内系统各组件的工作压力要求，且应采取防止系统超压的措施。

5.2.2 系统应设置备用泵，其工作能力不应小于最大一台泵的供水能力。

5.2.3 一组消防水泵的吸水管不应少于两条，当其中一条损坏时，其余的吸水管应能通过全部用水量；供水泵的吸水管应设置控制阀。

5.2.4 雨淋报警阀入口前设置环状管道的系统，一组供水泵的出水管不应少于两条；出水管应设置控制阀、止回阀、压力表。

5.2.5 消防水泵应设置试泵回流管道和超压回流管道，条件许可时，两者可共用一条回流管道。

5.2.6 柴油机驱动的消防水泵，柴油机排气管应通向室外。

5.3 供水控制阀

5.3.1 雨淋报警阀组宜设置在温度不低于 4℃并有排水设施的室内。设置在室内的雨淋报警阀宜距地面 1.2m，两侧与墙的距离不应小于 0.5m，正面与墙的距离不应小于 1.2m，雨淋报警阀凸出部位之间的距离不应小于 0.5m。

5.3.2 雨淋报警阀、电动控制阀、气动控制阀宜布置在靠近保护对象并便于人员安全操作的位置。

5.3.3 在严寒与寒冷地区室外设置的雨淋报警阀、电动控制阀、气动控制阀及其管道，应采取伴热保温措施。

5.3.4 不能进行喷水试验的场所，雨淋报警阀之后的供水干管上应设置排放试验检测装置，且其过水能力应与系统过水能力一致。

5.3.5 水力警铃应设置在公共通道或值班室附近的外墙上，且应设置检修、测试用的阀门。雨淋报警阀和水力警铃应采用热镀锌钢管进行连接，其公称直径不宜小于 20mm，当公称直径为 20mm 时，其长度不宜大于 20m。

5.4 水泵接合器

5.4.1 室内设置的系统宜设置水泵接合器。

5.4.2 水泵接合器的数量应按系统的设计流量确定，单台水泵接合器的流量宜按 10L/s～15L/s 计算。

5.4.3 水泵接合器应设置在便于消防车接近的人行道或非机动车行驶地段，与室外消火栓或消防水池的距离宜为 15m～40m。

5.4.4 墙壁式消防水泵接合器宜距离地面 0.7m，与墙面上的门、窗、洞口的净距离不应小于 2.0m，且不应设置在玻璃幕墙下方。

5.4.5 地下式消防水泵接合器进水口与井盖底面的距离不应大于 0.4m，并不应小于井盖的半径，且地下式消防水泵接合器井内应有防水和排水措施。

6 操作与控制

6.0.1 系统应具有自动控制、手动控制和应急机械启动三种控制方式；但当响应时间大于 120s 时，可采用手动控制和应急机械启动两种控制方式。

6.0.2 与系统联动的火灾自动报警系统的设计应符合现行国家标准《火灾自动报警系统设计规范》GB 50116 的规定。

6.0.3 当系统使用传动管探测火灾时，应符合下列规定：

1 传动管宜采用钢管，长度不宜大于 300m，公称直径宜为 15mm～25mm，传动管上闭式喷头之间的距离不宜大于 2.5m；

2 电气火灾不应采用液动传动管；

3 在严寒与寒冷地区，不应采用液动传动管；当采用压缩空气传动管时，应采取防止冷凝水积存的措施。

6.0.4 用于保护液化烃储罐的系统，在启动着火罐雨淋报警阀的同时，应能启动需要冷却的相邻储罐的雨淋报警阀。

6.0.5 用于保护甲$_B$、乙、丙类液体储罐的系统，在启动着火罐雨淋报警阀（或电动控制阀、气动控制阀）的同时，应能启动需要冷却的相邻储罐的雨淋报警阀（或电动控制阀、气动控制阀）。

6.0.6 分段保护输送机皮带的系统，在启动起火区段的雨淋报警阀的同时，应能启动起火区段下游相邻区段的雨淋报警阀，并应能同时切断皮带输送机的电源。

6.0.7 当自动水喷雾灭火系统误动作会对保护对象造成不利影响时，应采用两个独立火灾探测器的报警信号进行联锁控制；当保护油浸电力变压器的水喷雾灭火系统采用两路相同的火灾探测器时，系统宜采用火灾探测器的报警信号和变压器的断路器信号进行联锁控制。

6.0.8 水喷雾灭火系统的控制设备应具有下列功能：

1 监控消防水泵的启、停状态；

2 监控雨淋报警阀的开启状态，监视雨淋报警阀的关闭状态；

3 监控电动或气动控制阀的开、闭状态；

4 监控主、备用电源的自动切换。

6.0.9 水喷雾灭火系统供水泵的动力源应具备下列条件之一：

1 一级电力负荷的电源；

2 二级电力负荷的电源，同时设置作备用动力的柴油机；

3 主、备动力源全部采用柴油机。

7 水力计算

7.1 系统设计流量

7.1.1 水雾喷头的流量应按下式计算：

$$q=K\sqrt{10P} \tag{7.1.1}$$

式中：q——水雾喷头的流量（L/min）；

P——水雾喷头的工作压力（MPa）；

K——水雾喷头的流量系数，取值由喷头制造商提供。

7.1.2 保护对象所需水雾喷头的计算数量应按下式计算：

$$N=\frac{SW}{q} \tag{7.1.2}$$

式中：N——保护对象所需水雾喷头的计算数量（只）；

S——保护对象的保护面积（m^2）；

W——保护对象的设计供给强度[L/(min・m^2)]。

7.1.3 系统的计算流量应按下式计算：

$$Q_j=\frac{1}{60}\sum_{i=1}^{n}q_i \tag{7.1.3}$$

式中：Q_j——系统的计算流量（L/s）；

n——系统启动后同时喷雾的水雾喷头的数量（只）；

q_i——水雾喷头的实际流量（L/min），应按水雾喷头的实际工作压力计算。

7.1.4 系统的设计流量应按下式计算：

$$Q_s=kQ_j \tag{7.1.4}$$

式中：Q_s——系统的设计流量（L/s）；

k——安全系数，应不小于 1.05。

7.2 管道水力计算

7.2.1 当系统管道采用普通钢管或镀锌钢管时，其沿程水头损失应按公式（7.2.1-1）计算；当采用不锈钢管或铜管时，可按公式（7.2.1-2）计算。管道内水的平均流速不宜大于 5m/s。

$$i=0.0000107\frac{V^2}{d_j^{1.3}} \tag{7.2.1-1}$$

式中：i——管道的单位长度水头损失（MPa/m）；

V——管道内水的平均流速（m/s）；

d_j——管道的计算内径（m）。

$$i=105C_h^{-1.85}d_j^{-4.87}q_g^{1.85} \tag{7.2.1-2}$$

式中：i——管道的单位长度水头损失（kPa/m）；

q_g——管道内的水流量（m^3/s）；

C_h——海澄-威廉系数，铜管、不锈钢管取 130。

7.2.2 管道的局部水头损失宜采用当量长度法计算。

7.2.3 雨淋报警阀的局部水头损失应按 0.08MPa 计算。

7.2.4 消防水泵的扬程或系统入口的供给压力应按下式计算：

$$H=\sum h+P_0+h_z \quad (7.2.4)$$

式中：H——消防水泵的扬程或系统入口的供给压力(MPa)；

$\sum h$——管道沿程和局部水头损失的累计值(MPa)；

P_0——最不利点水雾喷头的工作压力(MPa)；

h_z——最不利点处水雾喷头与消防水池的最低水位或系统水平供水引入管中心线之间的静压差(MPa)。

7.3 管道减压措施

7.3.1 圆缺型孔板的孔应位于管道底部，孔板前水平直管段的长度不应小于该段管道公称直径的2倍。

7.3.2 管道采用节流管时，节流管内水的流速不应大于20m/s，节流管长度不宜小于1.0m，公称直径宜根据管道的公称直径按表7.3.2确定。

表7.3.2 节流管的公称直径(mm)

管道的公称直径	50	65	80	100	125	150	200	250
节流管的公称直径	40	50	65	80	100	125	150	200
	32	40	50	65	80	100	125	150
	25	32	40	50	65	80	100	125

7.3.3 圆形减压孔板应符合下列规定：

1 应设置在公称直径不小于50mm的直管段上，前后管段的长度均不宜小于该管段直径的5倍；

2 孔口面积不应小于设置管段截面积的30%，且孔板的孔径不应小于20mm；

3 应采用不锈钢板材制作。

7.3.4 减压孔板的水头损失应按下式计算：

$$H_k=\xi\frac{V_k^2}{2g} \quad (7.3.4)$$

式中：H_k——减压孔板的水头损失(10^{-2}MPa)；

V_k——减压孔板后管道内水的平均流速(m/s)；

ξ——减压孔板的局部阻力系数。

7.3.5 节流管的水头损失应按下式计算：

$$H_g=\zeta\frac{V_g^2}{2g}+0.00107L\frac{V_g^2}{d_g^{1.3}} \quad (7.3.5)$$

式中：H_g——节流管的水头损失(10^{-2}MPa)；

ζ——节流管中渐缩管与渐扩管的局部阻力系数之和；

V_g——节流管内水的平均流速(m/s)；

d_g——节流管的计算内径(m)；

L——节流管的长度(m)。

7.3.6 减压阀应符合下列要求：

1 减压阀的额定工作压力应满足系统工作压力要求；

2 入口前应设置过滤器；

3 当连接两个及两个以上报警阀组时，应设置备用减压阀；

4 垂直安装的减压阀，水流方向宜向下。

中华人民共和国国家标准

水喷雾灭火系统技术规范

GB 50219—2014

条 文 说 明

目　录

22

1 总　则

1.0.1 水喷雾灭火系统是在自动喷水灭火系统的基础上发展起来的，主要用于火灾蔓延快且适合用水但自动喷水灭火系统又难以保护的场所。该系统是利用水雾喷头在一定水压下将水流分解成细小水雾滴进行灭火或防护冷却的一种固定式灭火系统。水喷雾灭火系统不仅可扑救固体、液体和电气火灾，还可为液化烃储罐等火灾危险性大、扑救难度大的设施或设备提供防护冷却。其广泛用于石油化工、电力、冶金等行业。近年来，水喷雾灭火系统在酿酒行业得到了推广应用。本次修订增加了酒厂水喷雾灭火系统的相关设计内容。

另外，水喷雾灭火系统的保护对象涵盖了电力、石油化工等工业设施、设备，有别于自动喷水灭火系统，为此，本次修订补充了相关施工、验收的内容。

1.0.2 本规范属于固定灭火系统工程建设国家规范，其主要任务是提出解决工程建设中设计水喷雾灭火系统的技术要求。我国现行国家标准《建筑设计防火规范》GB 50016、《石油天然气工程设计防火规范》GB 50183、《石油化工企业设计防火规范》GB 50160、《火力发电厂与变电站设计防火规范》GB 50229、《钢铁冶金企业设计防火规范》GB 50414、《酒厂设计防火规范》GB 50694 等有关规范均对应设置水喷雾灭火系统的场所作了明确规定，为水喷雾灭火系统的应用提供了依据。本规范与上述国家标准配套并衔接，适用于各类新建、扩建、改建工程中设置的水喷雾灭火系统。

由于在车、船等运输工具中设置的水喷雾装置及移动式水喷雾装置均执行其本行业规范或一些相关规定，而且这些水喷雾装置通常不属于一个完整的系统。因此，对于本规范是不适用的。

1.0.3 本条是在综合国外有关规范的内容和国内多年来开展水喷雾灭火系统试验研究成果的基础上制订的。

美国、日本和欧洲的规范将水喷雾灭火系统的防护目的划分为：灭火、控制燃烧、暴露防护和预防火灾四类，其后三类的概念均可由防护冷却来表达。本规范综合国外和国内应用的具体情况将水喷雾灭火系统的防护目的划分灭火和防护冷却。另外，美国和日本等国基本是以具体的保护对象来规定适用范围的，而本规范基本采用我国消防规范标准对火灾类型的划分方式规定了水喷雾灭火系统的适用范围。

我国从 1982 年开始，由公安部天津消防研究所对水喷雾灭火系统的应用和适用范围进行了深入研究，不仅对各种固体火灾（如木材、纸张等）及液体火灾进行了各种灭火试验，取得了较好的灭火效果，而且对水喷雾的电绝缘性能进行了一系列试验。现主要对水喷雾电绝缘试验介绍如下。

(1) 试验 1。公安部天津消防研究所委托天津电力试验所对该所研制的水雾喷头进行了电绝缘性能试验。试验布置如图 1 所示。

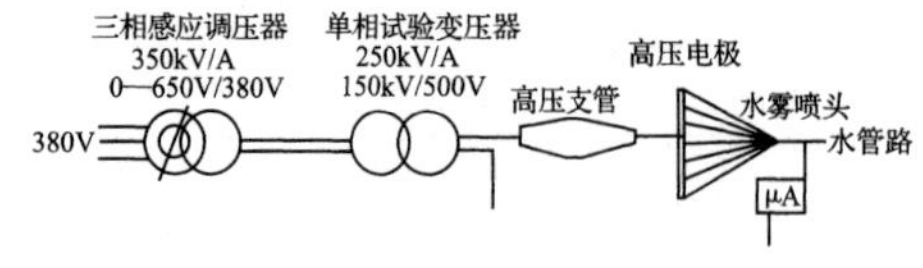

图 1　电绝缘性能试验布置图

试验条件：试验在高压雾室内进行，室温 28℃～30℃，湿度 85%，大气压 0.1MPa，试验所用水的电导率为 400μs/cm。

试验布置：高压电极为 2m×2m 的镀锌钢板，水雾喷头、管路、水泵、水箱全部用 10mm 厚的环氧布板与地面绝缘。试验时高压电极上施加交流工频电压 146kV，水雾喷头距离高压电极 1m，在不同水压下向高压电极喷射水雾，此时通过微安表测得的电流数值如表 1 所示。

试验结果：水雾喷头工作压力越高，水雾滴直径越小，泄漏电流也越小；在工作压力相同的条件下，流量规格小的水雾喷头的泄漏电流小，同时也说明研制的水雾喷头用于电气火灾的扑救是安全的。

表 1　微安表测得的电流数值

喷头种类	水压(MPa)								不喷水时分布电容感应的电流(μA)
	0.2		0.35		0.35		0.35		
	电流(μA)								
	总电流	泄露电流	总电流	泄露电流	总电流	泄露电流	总电流	泄露电流	
ZSTWA-80	227	80	208	61	197	50	190	43	147
ZSTWA-50	183	59	176	52	173	49	173	49	124
ZSTWA-30	133	18	125	10	120	5	117	2	115
ZSTWA-80	173	53	164	44	148	28	146	26	120
ZSTWA-50	193	47	174	28	176	30	178	32	146
ZSTWA-30	190	34	173	17	175	19	168	12	156

(2) 试验 2。1991 年 4 月，公安部天津消防研究所会同有关单位，在大港电厂利用大港地区深井消防用水进行了水喷雾带电喷淋时的绝缘程度试验，试验情况如下：

试验条件：试验在室外进行，东南风三级，环境温度 18℃，试验用水属盐碱性水，电导率为 1700μs/cm。

试验布置：两个报废的 110kV 绝缘子直立相连，上部顶端放置高压电极，下部底座放置接地极，瓷瓶侧面放置直立方向接地极。根据实际需要可以改变高压极与直立方向接地极的距离。两只喷头同时同向喷水，喷头距电极 2.3m，喷雾直接喷向高压电极，喷头和绝缘瓷瓶夹角为 45°及 90°，喷头处水压为 0.4MPa。喷头型号为 ZSTWB-80-120。

试验结果：试验结果见表 2。试验时雾滴直径基本为 0.2mm，供给强度为 25L/(min·m²)，带电喷淋 1min。

表 2　试验数据

喷头角度(°)	两电极水平距离(m)	试验电压(相电压)(10^4V)	空载漏电电流(mA)	漏电电流(mA)	对底座地极闪络	对水平地极闪络
45	3	240	50	50	无	无
45	2.8	240	50	50	无	无
45	2.6	240	50	50	无	无
90	2.6	240	50	50	无	无

上述两项试验表明，水喷雾具有良好的电绝缘性，直接喷向带电的高压电极时，漏电电流十分微小，且不会产生闪络现象。因此，水喷雾灭火系统用于电气火灾的扑救是安全的。

近年来，我国有关单位用水喷雾灭火系统对饮料酒火灾进行了灭火试验研究，取得了较好效果，并将水喷雾灭火系统在国内部分酒厂进行了推广应用。因此，本次修订在适用范围内增加了饮料酒火灾。

1.0.4 水喷雾灭火系统的不适用范围包括两部分内容：

第一部分是不适宜用水扑救的物质，可划分为两类。第一类为过氧化物，如：过氧化钾、过氧化钠、过氧化钡、过氧化镁，这些物质遇水后会发生剧烈分解反应。第二类为遇水燃烧物质，这类物质遇水能使水分解，夺取水中的氧与之化合，并放出热量和产生可燃气体造成燃烧或爆炸。这类物质主要有：金属钾、金属钠、碳化钙（电石）、碳化铝、碳化钠、碳化钾等。

第二部分为使用水雾会造成爆炸或破坏的场所，主要指以下几种情况：一是高温密闭的容器内或空间内，当水雾喷入时，由于水雾的急剧汽化使容器或空间内的压力急剧升高，容易造成破坏或爆炸。二是对于表面温度经常处于高温状态的可燃液体，当水雾喷射至其表面时会造成可燃液体的飞溅，致使火灾蔓延。

3 基本设计参数和喷头布置

3.1 基本设计参数

3.1.1 基本设计参数包括设计供给强度、持续喷雾时间、保护面积、水雾喷头的工作压力和系统响应时间。基本设计参数需要根据水喷雾灭火系统的防护目的与保护对象的类别来选取。

3.1.2 水喷雾灭火系统的供给强度、响应时间和持续喷雾时间是保证灭火或防护冷却效果的基本设计参数。本条按防护目的，针对不同保护对象规定了各自的供给强度、持续喷雾时间和响应时间。

(1)关于保护对象的防护目的

1)油浸变压器的水喷雾防护

变压器油是从原油中提炼出的以环烃为主的烃类液体混合物，初馏点大于300℃，闪点一般在140℃以上，变压器油经过较长时间工作后，因高压电解、局部高温裂解，会产生少量的氢和轻烃，这些气态可燃物质很容易发生爆炸。

本规范编制组针对油浸变压器火灾进行了专门研究，搜集了国内若干变压器火灾案例，由案例分析得知，变压器的火灾模式主要有三种：初期绝缘子根部爆裂火灾、油箱局部爆裂火灾、油箱整体爆裂火灾。其中以初期绝缘子根部爆裂火灾为主，油箱局部爆裂火灾多由绝缘子根部爆裂火灾发展而成。从三种火灾模式来看，固定灭火系统能够扑救的火灾为绝缘子根部爆裂火灾与变压器油沿油箱外壁流向集油池的变压器油箱局部爆裂火灾，油箱整体爆裂火灾是各种固定灭火系统无法保护的。所以，水喷雾灭火系统设计参数的确定立足于扑救绝缘子根部爆裂火灾与变压器油沿油箱外壁流向集油池的变压器油箱局部爆裂火灾。

对此，公安部天津消防研究所会同有关单位，在2009年5月～6月进行了多次变压器火灾模拟试验，变压器模型用钢板焊制而成，长2500mm、宽1600mm、高1500mm，在变压器模型的两个斜面上各开有3个ϕ460的圆孔，用来模拟变压器发生火灾时沿绝缘子开裂的情形，圆孔均匀布置。每次试验变压器模型的开孔情况如下：试验1和试验2所有孔全开；试验3为3个开孔，开孔位于变压器模型的同一侧；试验4为4个开孔，变压器一侧开3孔，另一侧中间开孔；试验5为2个开孔，一侧中间开孔，一侧边上开孔；试验6为3个开孔，一侧两边开孔，一侧中间开孔。主要试验结果见表3。

表3 试验结果

试验编号	1	2	3	4	5	6
喷头数量(个)	14	8	8	8	8	8
喷头雾化角(°)	60	90	90	90	90	90
喷头安装高度(m)	1.8	1.8	1.6	1.6	1.6	1.6
变压器开口数量(个)	6	6	3	4	2	3
变压器开口直径(mm)	460	460	460	460	460	460
油层厚度(mm)	50	50	50	50	50	50
预燃时间(min:s)	3:00	2:03	2:06	2:27	1:41	2:34
供给强度[L/(min·m²)]	18.92	27	16.22	16.22	16.22	16.22
灭火时间(min:s)	未灭火	未灭火	2:05	未灭火	1:05	1:08

试验结果表明，水喷雾灭变压器火灾时，水雾蒸发形成的水蒸气的窒息作用明显，可以较快控制火灾，在变压器开孔较少时，变压器内部和外部未形成良好通风条件，火灾规模小，水喷雾可以成功灭火；而在变压器开孔较多时，内、外部易形成良好通风条件，火灾规模大，较大的喷雾强度也难以灭火。一般情况下，变压器初期火灾规模较小，可能会只有个别绝缘套管爆裂，此时若水喷雾灭火系统及时启动，则可有效扑灭火灾，但若火灾发展到一定规模时，如多个绝缘套管同时爆裂或油箱炸裂时，则水喷雾难以灭火，但此时靠水雾的冷却、窒息作用可以有效控制火灾，可为采取其他消防措施赢得时间。

2)液化烃储罐或类似液体储罐的水喷雾防护

常温下为气态的烃类气体(C1～C4)经过加压或(和)降温呈液态后即称为液化烃，其他类似液体是指理化性能和液化烃相似的液体，如环氧乙烷、二甲醚、液氨等。对于液化烃储罐或类似液体储罐，设置水喷雾灭火系统的目的主要是对储罐进行冷却降温，防止发生沸液蒸汽爆炸。如LPG储罐发生泄漏后，过热液体会迅速汽化，形成LPG蒸汽云，蒸汽云遇火源发生爆炸后，会回火点燃泄漏源，形成喷射火，使储罐暴露于火焰中，若此时不能对储罐进行有效的冷却，罐内液体会急速膨胀、沸腾，液面以上的罐壁(干壁)温度将迅速升高，强度下降。同时，蒸汽压会出现异常的升高，一定时间后，干壁将产生热塑性破口，罐内压力急剧下降，液体处于深过热状态，迅速膨胀气化产生大量蒸汽，从而引发沸液蒸汽爆炸。发生沸液蒸汽爆炸将会导致重大人员伤亡和财产损失，其后果是灾难性的。据火灾案例及相关研究，一个9000kg的LPG储罐发生沸液蒸汽爆炸，其冲击波将致使半径115m范围内露天人员死亡或整幢建筑破坏的概率可能高达100%，影响半径达235m，如若考虑高速容器碎块抛射物造成的伤害，影响范围可达300m～600m，甚至达到800m以上。因此，这类储罐设置水喷雾灭火系统的主要目的就是对储罐进行冷却降温，防止形成沸液蒸汽爆炸。

(2)供给强度和持续喷雾时间

1)国外相关规范对喷雾强度的规定

按防护目的的规定见表4。

表4 国外规范对水喷雾灭火系统喷雾强度的规定

防护目的	供给强度[L/(min·m²)]			
	NFPA15	API2030		日本
灭火	6.1～20.4	固体	6.1～12.2	30
		液体	14.6～20.4	
控制燃烧	20.4	8.2～20.4		20
暴露防护	4.1～12.2	4.1～10.2		10

按保护对象的规定见表5。

表5 国外规范对水喷雾灭火系统喷雾强度的规定

防护对象	供给强度[L/(min·m²)]			
	NFPA15	API2030	日本	prEN14816
输送机皮带	10.2	—	30	7.5
变压器	10.2	10.2	10	灭火：15～30 控火：10
电缆托架	12.2	—	—	12.5
压力容器	10.2	10.2	7	10
泵、压缩机和相关设备	20.4	20.4	—	10

2)国外相关规范对持续喷雾时间的规定

美国NFPA15和API 2030对水喷雾灭火系统的持续喷雾时间作为一个工程判断问题处理，对防护冷却系统要求能持续喷雾数小时不中断。

日本保险协会规定水喷雾灭火系统的持续喷雾时间不应小于90min。日本消防法、日本《液化石油气保安规则》对具体保护对象的持续喷雾时间规定如下：通信机房和储存可燃物的场所，汽车库和停车场要求水源保证不小于持续喷雾20min的水量。

prEN14816 对水喷雾的各类保护对象规定了喷雾时间，最短的 30min，最长的 120min。

3）国内规范的规定

现行国家标准《自动喷水灭火系统设计规范》GB 50084 中规定严重危险级建构筑物的设计喷水强度为 12L/(min·m²)～16L/(min·m²)，消防用水量按火灾延续时间不小于 1h 计算。

现行国家标准《石油化工企业设计防火规范》GB 50160 中规定全压力式液化烃储罐的消防冷却水供给强度为 9L/(min·m²)，火灾延续时间按 6h 计算；对于甲$_B$、乙、丙类液体储罐，固定顶储罐的消防冷却水供给强度为 2.5L/(min·m²)，浮顶罐和相邻罐为 2.0L/(min·m²)，冷却水延续时间，直径不超过 20m 的按 4h 计算，直径超过 20m 的按 6h 计算。现行国家标准《石油天然气工程设计防火规范》GB 50183 的规定和现行国家标准《石油化工企业设计防火规范》GB 50160 类似。

4）国内外有关试验数据.

①英国消防研究所皮·内斯发表的论文《水喷雾应用于易燃液体火灾时的性能》中的有关试验数据如下：

高闪点油火灾：灭火要求的供给强度为 9.6L/(min·m²)～60L/(min·m²)；

水溶性易燃液体火灾：灭火要求的供给强度为 9.6L/(min·m²)～18L/(min·m²)；

变压器火灾：灭火要求的供给强度为 9.6L/(min·m²)～60L/(min·m²)；

液化石油气储罐火灾：防护冷却要求的供给强度为 9.6L/(min·m²)。

②英国消防协会 G·布雷发表的论文《液化气储罐的水喷雾保护》中指出：只有以 10L/(min·m²)的供给强度向储罐喷射水雾才能为被火焰包围的储罐提供安全保护。

③美国石油协会(API)和日本工业技术院资源技术试验所分别在 20 世纪 50 年代和 60 年代进行了液化气储罐水喷雾保护的试验，结果均表明对液化石油气储罐的供给强度大于 6L/(min·m²)即是安全的，采用 10L/(min·m²)的供给强度是可靠的。

④20 世纪 80 年代，公安部天津消防研究所对柴油、煤油、变压器油等液体进行了灭火试验，试验数据见表 6，可以看到在 12.8 L/(m²·min)的供给强度下，水喷雾可较快灭火。

表 6 试验数据表

试验油品	闪点(℃)	油盘面积(m²)	油层厚度(mm)	预燃时间(s)	喷头数量(个)	喷头间距(m)	安装高度(m)	供给强度[L/(m²·min)]	灭火时间(s)
0# 柴油	>38	1.5	10	60	4	2.5	3.5	12.8	5～34
煤油	>38	1.5	10	60	4	2.5	3.5	12.8	80～105
变压器油	140	1.5	10	60	4	2.5	3.5	12.8	3～8

⑤公安部天津消防研究所于 1982 年至 1984 年进行了液化石油气储罐受火灾加热时喷雾冷却试验，对一个被火焰包围的球面罐壁进行喷雾冷却，获得了与美、英、日等国同类试验基本一致的结论，即 6L/(min·m²)供给强度是接近控制壁温，防止储罐干壁强度下降的临界值，10L/(min·m²)供给强度可获得露天有风条件下保护储罐干壁的满意效果。

⑥公安部、石油部、商业部，1966 年在公安部天津消防研究所进行泡沫灭火试验时，对 100m³敞口汽油储罐采用固定式冷却，测得冷却水强度最低为 0.49 L/(s·m)，最高为 0.82 L/(s·m)。1000m³油罐采用固定式冷却，测得冷却水强度为 1.2 L/(s·m)～1.5 (L/s·m)。上述试验，冷却效果较好，试验油罐温度控制在 200℃～325℃之间，仅发现罐壁部分出现焦黑，罐体未发生变形。当时认为：固定式冷却水供给强度可采用 0.5 L/(s·m)，并且由于设计时不能确定哪是着火罐、哪是相邻罐，《建筑设计防火规范》TJ 16—74 与《石油库设计规范》GBJ 74—84 最先规定着火罐和相邻罐固定式冷却水最小供给强度同为 0.5 L/(s·m)。此后，国内石油库工程项目基本都采用了这一参数。

随着储罐容量、高度的不断增大，以单位周长表示的 0.5L/(s·m)冷却水供给强度对于高度大的储罐偏小；为使消防冷却水在罐壁上分布均匀，罐壁设加强圈、抗风圈的储罐需要分几圈设消防冷却水环管供水；国际上已通行采用"单位面积法"来表示冷却水供给强度。所以，现行国家标准《石油库设计规范》GB 50074 和《石油化工企业设计防火规范》GB 50160 将以单位周长表示的冷却水供给强度，按罐壁高 13m 的 5000m³ 固定顶储罐换算成单位罐壁表面积表示的冷却水供给强度，即 0.5L/(s·m)×60÷13m≈2.3L/(min·m²)，适当调整取 2.5L/(min·m²)。故规定固定顶储罐、浅盘式或浮盘由易熔材料制作的内浮顶储罐的着火罐冷却水供给强度为 2.5L/(min·m²)。浮顶、内浮顶储罐着火时，通常火势不大，且不是罐壁四周都着火，故冷却水供给强度小些。现行国家标准《石油天然气工程设计防火规范》GB 50183 也是这种思路。

相邻储罐的冷却水供给强度至今国内未开展过试验，现行国家标准《石油库设计规范》GB 50074 和《石油化工企业设计防火规范》GB 50160 对此参数是根据测定的热辐射强度进行推算确定的。思路是：甲$_B$、乙类固定顶储罐的间距为 0.6D(D 为储罐直径)，接近 0.5D。假设消防冷却水系统的水温为 20℃，冷却过程中一半冷却水达到 100℃并汽化吸收的热量为 1465kJ/L，要带走距着火油罐罐壁 0.5D 处最大值为 23.84 kW/m²(相关试验测量值)辐射热，所需的冷却水供给强度约为 1.0L/(min·m²)。《石油库设计规范》GBJ 74—84(1995 年版)和《石油化工企业设计防火规范》GB 50160—92 曾一度规定相邻储罐固定式冷却水供给强度为 1.0L/(min·m²)。后因要满足这一参数，喷头的工作压力需降至着火罐冷却水喷头工作压力的 1/6.25，在操作上难以实现。于是，《石油化工企业设计防火规范》GB 50160—92(1999 年版)率先修改，不管是固定顶储罐还是浮顶储罐，其冷却强度均调整为 2.0L/(min·m²)。《石油库设计规范》GB 50074—2002 也采纳了这一参数。

值得说明的是，100 m³试验罐高 5.4m，若将 1966 年国内试验时测得的最低冷却水强度 0.49 L/(s·m)一值进行换算，结果应大致为 6.0L/(min·m²)；相邻储罐消防冷却水供给强度的推算思路也不一定成立。与国外相关标准规范的规定相比(见表 7)，我国规范规定的消防冷却水供给强度偏低。然而，设置消防冷却水系统的储罐区大都设置了泡沫灭火系统，及时供给泡沫可快速灭火；并且着火储罐不一定为辐射热强度大的汽油、不一定处于中低液位、不一定形成全敞口。所以，规范规定的冷却水供给强度是能发挥一定作用的。

表 7 部分国外标准、规范规定的可燃液体储罐消防冷却水供给强度

序号	标准、规范名称	冷却水供给强度	
		着火罐	相邻罐
1	美国消防协会 NFPA15 固定水喷雾消防系统标准	10.2L/(min·m²)	最小 2L/(min·m²)，通常 2L/(min·m²)，最大 10.22L/(min·m²)
2	俄罗斯 СНиП2.11.03—93 石油和石油制品仓库设计标准	罐高 12m 及以上：0.75 L/(s·m)；罐高 12m 以下：0.50L/(s·m)	罐高 12m 及以上：0.30L/(s·m)；罐高 12m 以下：0.20L/(s·m)
3	英国石油学会石油工业安全规范第 19 部分	10 L/(min·m²)	大于 2L/(min·m²)

(3)有关响应时间的主要依据

水喷雾灭火系统一般用于火灾危险性大、火灾蔓延速度快、灭火难度大的保护对象。当发生火灾时如不及时灭火或进行防护冷却，将造成较大的损失。因此，水喷雾灭火系统不仅要保证足够的供给强度和持续喷雾时间，而且要保证系统能迅速启动。响应时间是评价水喷雾灭火系统启动快慢的性能指标，也是系统设计必须考虑的基本参数之一。本条根据根据保护对象的防护目的及防火特性，规定了各类对象的响应时间。

国外规范有关响应时间的规定如下：

NFPA15 规定系统应能使水进入管道并从所有开式喷头有效喷洒水雾，期间不应有延迟。对此在附录中解释为水喷雾灭火系统的即时启动需要满足设计目标，在大多数装置中，所有开式喷头应在探测系统探测到火灾后 30s 内有效喷水。另外规定探测系统应在没有延迟的情况下启动系统启动阀。对此在附录中解释为探测系统的响应时间从暴露于火灾到系统启动阀启动一般为 40s。

prEN14816 规定系统设计应满足在探测系统动作之后的 60s 内，所有喷头应能有效喷雾。此外，某些国外规范推荐水喷雾灭火系统采用与火灾自动报警系统联网自动控制，系统组成中采用雨淋报警阀控制水流，并使其能自动或手动开启的做法均是为了保证系统的响应时间。

综上所述，当水喷雾灭火系统用于灭火时，要求系统能够快速启动，以将火灾扑灭于初期阶段，因此，规定系统响应时间不大于 60s。当系统用于防护冷却时，根据保护场所的危险程度及系统的可操作性，分别规定了不同的响应时间。如对于危险性较大的液化烃储罐，发生火灾时，需要尽快冷却，以免发生沸液蒸汽爆炸，因此，规定其响应时间不大于 120s；对于危险程度相对较低的甲$_B$、乙、丙类液体储罐，发生火灾后，短时间内火灾不会对储罐造成较大危害，因此，规定响应时间不大于 300s。

(4)其他说明

当水喷雾灭火系统用于灭火时，具体设计参数基本是按照火灾类别来规定的，这样可以涵盖更多的保护对象。如对于加工和使用可燃液体的设备，其可燃物主要为液体，可根据所用液体的闪点来确定具体设计参数。举例说明，对于电厂中的汽轮机油箱、磨煤机油箱、电液装置、氢密封油装置、汽轮发电机组轴承、给水泵油箱等，这些设备所使用油品的闪点一般在 120℃ 以上，适用闪点高于 120℃ 液体的设计参数；对于锅炉燃烧器、柴油发电机室、柴油机消防泵及油箱等，适用闪点 60℃～120℃ 的液体的设计参数。对于钢铁冶金企业中的热连轧高速轧机机架(未设油雾抑制系统)、液压站、润滑油站(库)、地下油管廊、储油间、柴油发电机房等，适用闪点 60℃～120℃ 的液体的设计参数；对于配电室、油浸电抗器室、电容器室，适用闪点高于 120℃ 液体的设计参数。

表 3.1.2 中甲、乙类液体及可燃气体生产、输送、装卸设施包括泵、压缩机等相关设备。

本条规定的参数为水喷雾灭火系统的关键设计参数，设计时必须做到，否则灭火和冷却效果难以保证。因此，将本条确定为强制性条文。

3.1.3 本条规定的主要依据如下：

(1)防护目的

水雾喷头须在一定工作压力下才能使出水形成喷雾状态。一般来说，对一种水雾喷头而言，工作压力越高，其出水的雾化效果越好。此外，相同供给强度下，雾化效果好有助于提高灭火效率。灭火时，要求喷雾的动量较大，雾滴粒径较小，因此，需要向水雾喷头提供较高的水压，防护冷却时，要求喷雾的动量较小，雾滴粒径较大，需要提供给喷头的水压不宜太高。

(2)国外同类规范的规定

NFPA15 规定保护室外危险场所的喷头，其最低工作压力应为 0.14MPa，保护室内危险场所的喷头，其最低工作压力应按其注册情况确定。

API 2030 规定室外喷头的喷洒压力不应低于 0.21MPa。

日本《水喷雾灭火设备》按照不同的防护目的给出的喷头工作压力如下：

灭火：0.25MPa～0.7MPa；

防护冷却：0.15MPa～0.5MPa。

(3)国产水雾喷头的性能

目前我国生产的水雾喷头，多数在压力大于或等于 0.2MPa 时，能获得良好的水量分布和雾化要求，满足防护冷却的要求；压力大于或等于 0.35MPa 时，能获得良好的雾化效果，满足灭火的要求。另外，公安部天津消防研究所曾对 B 型和 C 型水雾喷头在不同压力下的喷雾状态进行过试验，测试最低压力为 0.15MPa，在该压力下喷头的雾化角和雾滴直径也满足其产品标准的要求。

综上所述，尤其是根据我国水雾喷头产品现状和水平，确定了喷头最低工作压力。

水雾喷头的工作压力必须满足本条规定，否则，影响灭火和冷却效果。因此，将本条确定为强制性条文。

3.1.4 不论是平面的还是立体的保护对象，在设计水喷雾灭火系统时，按设计供给强度向保护对象表面直接喷雾，并使水雾覆盖或包围保护对象是保证灭火或防护冷却效果的关键。保护对象的保护面积是直接影响水雾喷头布置、确定系统流量和系统操作的重要因素。

1 将保护对象的外表面面积确定为保护面积是本款规定的基本原则。对于外形不规则的保护对象，则规定为首先将其调整成能够包容保护对象的规则体或规则体的组合体，然后按规则体或组合体的外表面面积确定保护面积。

2 本款规定了变压器保护面积的确定方法，对此各国均有类似规定。

对变压器的防护需要考虑它的整个外表面，包括变压器和附属设备的外壳、贮油箱和散热器等。

美国 NFPA15 和欧洲标准 prEN14816 均规定：保护变压器时，需要对其所有暴露的外表面提供完全的水喷雾保护，包括特殊构造、油枕、泵等设备。

日本消防法中对变压器保护面积的确定方法(图 2)如下：

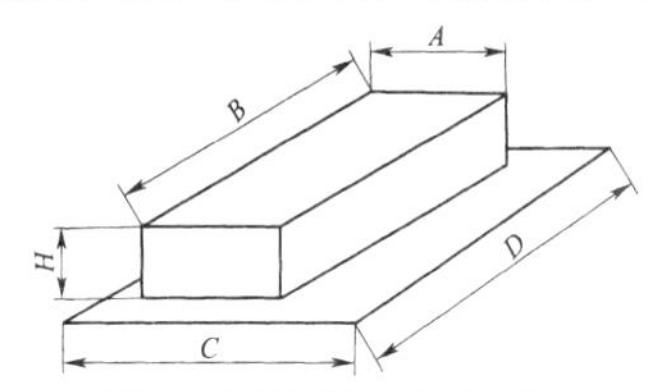

图 2 变压器保护面积的确定方法

A—变压器宽度；B—变压器长度；C—集油坑宽度；D—集油坑长度；H—变压器高度

保护面积 $S=(CD-AB)+2(A+B)H+AB$

3 本款根据第 1 款的规定，要求分层敷设的多层电缆，在计算保护面积时按包容多层电缆及其托架总体的最小规则体的外表面面积确定。

3.1.5 液化石油气灌瓶间的保护面积为整个使用面积。对于陶坛或桶装酒库，盛酒容器破裂后，火灾可能会在整个防火分区蔓延，因此保护面积按防火分区的建筑面积确定。

3.1.6 输送煤等可燃物料的皮带一般采用阻燃皮带，确定其保护面积时可按载有可燃物的上行皮带的上表面积确定，水雾对着火的输送皮带喷洒时，在向可燃物料喷水的同时，对下行皮带也有一定的淋湿作用。当输送栈桥内有多条皮带时，系统设计可考虑仅对着火皮带喷水。

对于长距离输送皮带，为使系统能够快速喷水并达到设计强度，需对其进行分段保护。参考电厂输煤栈桥的设置情况，确定了每段皮带的最小保护长度。一般电厂的输煤皮带长度不超过 400m，电厂的水量一般按照主厂房确定，经测算，全厂水量为

$600m^3/h$ 的电厂，在输送皮带着火时，其水量可同时满足 400m 左右长皮带的喷水需要。在综合考虑系统用水量、响应时间、皮带运行速度的情况下，确定每段皮带的保护长度不小于 100m。对于煤化工等其他场所，其用水量一般比电厂大，能够满足本条要求。

3.1.7 开口容器的着火面为整个液面，因此要求喷雾覆盖整个液面。

3.1.8 本条参照 NFPA15《固定水喷雾系统标准》制订。

3.1.9 本条规定了甲$_B$、乙、丙类液体储罐的冷却范围和保护面积。

1 本款规定是在综合试验和辐射热强度与距离平方成反比的热力学理论及现实工程中油罐的布置情况的基础上作出的。

为给相关规范的制订提供依据，有关单位分别于 1974 年、1976 年、1987 年，在公安部天津消防研究所试验场进行了全敞口汽油储罐泡沫灭火及其热工测试试验。现将有关辐射热测试数据摘要汇总，见表 8（表中 L 为测点至试验油罐中心的距离，D 为试验油罐直径，H 为试验油罐高度）。不过，由于试验时对储罐进行了水冷却，且燃烧时间仅有 2min～3min 左右，测得的数据可能偏小。即使这样，1974 年的试验显示，距离 $5000m^3$ 低液面着火油罐 1.5 倍直径、测点高度等于着火储罐罐壁高度处的辐射热强度，平均值为 $2.17kW/m^2$，四个方向平均最大值为 $2.39kW/m^2$，最大值为 $4.45kW/m^2$；1976 年的 5000 m^3 汽油储罐试验显示，液面高度为 11.3m、测点高度等于着火储罐罐壁高度时，距离着火储罐罐壁 1.5 倍直径处四个方向辐射热强度平均值为 $3.07kW/m^2$，平均最大值为 4.94 kW/m^2，最大值为 $5.82kW/m^2$。尽管目前国内外标准、规范并未明确将辐射热强度的大小作为消防冷却的条件，但根据试验测试，热辐射强度达到 $4kW/m^2$ 时，人员只能停留 20s；$12.5kW/m^2$ 时，木材燃烧、塑料熔化；$37.5kW/m^2$ 时，设备完全损坏。可见辐射热强度达到 $4kW/m^2$ 时，必须进行水冷却，否则，相邻储罐被引燃的可能性较大。

表 8 国内油罐灭火试验辐射热测试数据摘要汇总表

试验年份	试验油罐参数(m)			测定位置		辐射热量(kW/m^2)		
	直径	高度	液面	L/D	H	平均值	平均最大值	最大值
1974	5.4	5.4	高液面	1.5	1.0H	6.88	7.76	8.26
			低液面	1.5	0.5 H	1.62	—	2.44
				1.5	1.0H	3.88	4.77	11.62
				1.5	1.5H	8.58	9.98	17.32
	22.3	11.3	低液面	1.0	1.0H	6.30	6.80	13.41
				1.5	1.0H	2.52	2.83	4.91
				2.0	1.0H	2.17	2.39	4.45
1976	22.3	11.3	高液面	1.0	1.0H	8.84	13.57	23.84
				1.5	1.0H	4.42	5.93	9.25
				2.0	1.0H	3.07	4.94	5.82
1987	5.4	5.4	中液面	1.0	1.0H	17.10	30.70	35.90
				1.5	1.0H	9.50	17.40	18.00
				1.5	1.8m	3.95	7.20	7.80
				2.0	1.8m	2.95	4.95	6.10
	22.3	11.3	低液面	1.0	1.0H	10.53	14.30	17.90
				1.5	1.0H	4.45	5.65	6.10
				1.5	1.8m	3.15	4.30	5.20

试验证明，热辐射强度与油品种类有关，油品的轻组分越多，其热辐射强度越大。现将相关文献给出的汽油、煤油、柴油和原油的主要火灾特征参数摘录汇总成表 9，供参考。由表 9 可见，主要火灾特征参数值，汽油最高，原油最低，汽油的质量燃烧速度约为原油的 1.33 倍，火焰高度约为原油的 2.14 倍，火焰表面的热辐射强度约为原油的 1.62 倍。所以，只要满足汽油储罐的安全要求，就能满足其他油品储罐的安全要求。

表 9 汽油、煤油、柴油和原油的主要火灾特征参数

油品	燃烧速度 [$kg/(m^2 \cdot s)$]	火焰高度 D	燃烧热值 (MJ/kg)	火焰表面热辐射强度 (kW/m^2)
汽油	0.056	1.5	44	97.2
煤油	0.053	—	41	—
柴油	0.0425～0.047	0.9	41	73.0
原油	0.033～0.042	0.7	—	60.0

2 对于浮顶罐，发生全液面火灾的几率极小，更多的火灾表现为密封处的局部火灾，设防基准为浮顶罐环形密封处的局部火灾。环形密封处的局部火灾的火势较小，如某石化总厂发生的两起浮顶罐火灾，其中 $10000m^3$ 轻柴油浮顶罐着火，15min 后扑灭，而密封圈只着了 3 处，最大处仅为 7m 长，相邻油罐无需冷却。

3 对于相邻储罐，靠近着火罐的一侧接收的辐射热最大，且越靠近罐顶，辐射热越大。所以冷却的重点是靠近着火罐一侧的罐壁，保护面积可按实际需要冷却部位的面积计算。但现实中保护面积很难准确计算，并且相邻关系须考虑罐组内所有储罐。为了安全，规定设置固定式消防冷却水系统时，保护面积不得小于罐壁表面积的 1/2。为实现相邻罐的半壁冷却，设计时，可将固定冷却环管等分成 2 段或 4 段，着火时由阀门控制冷却范围，着火油罐开启整圈喷淋管，而相邻油罐仅开启靠近着火油罐的半圈。这样虽然增加了阀门，但水量可减少。

3.1.10 火灾时，着火罐直接受火作用，相邻罐受着火罐火焰热辐射作用，为防止罐体温度过高而失效，需要及时对着火罐和相邻罐进行冷却。

3.1.11 全冷冻式液化烃储罐罐顶部的安全阀及进出罐管道易泄漏发生火灾，同时考虑罐顶受到的辐射热较大，不论着火罐还是相邻罐，都需对罐顶进行冷却。为使罐内的介质稳定气化，不至于引起更大的破坏，对于钢制单容罐，还需对着火罐和相邻罐的罐壁外壁进行冷却。对于无保温绝热层的双容罐，需对着火罐的外壁进行冷却，有保温绝热层的双容罐及全容罐则不需对着火罐的外壁进行冷却。

3.2 喷头和管道布置

3.2.1 本条规定了确定喷头的布置数量和布置喷头的原则性要求。水雾喷头的布置数量按保护对象的保护面积、设计供给强度和喷头的流量特性经计算确定；水雾喷头的位置根据喷头的雾化角、有效射程，按满足喷雾直接喷射并完全覆盖保护对象表面布置。当计算确定的布置数量不能满足上述要求时，适当增设喷头直至喷雾能够满足直接喷射并完全覆盖保护对象表面的要求。对于应用于甲$_B$、乙、丙类液体储罐的水喷雾系统，不需要靠直接喷射来完全覆盖保护对象。

3.2.2 由于水雾喷头喷射的雾状水滴是不连续的间断水滴，所以具有良好的电绝缘性能。因此，水喷雾灭火系统可用于扑灭电气设备火灾。但是，水雾喷头和管道均要与带电的电器部件保持一定的距离。

鉴于上述原因，水雾喷头、管道与高压电气设备带电（裸露）部分的最小安全净距是设计中不可忽略的问题，各国相应的规范、标准均作了具体规定。

美国 NFPA15 对水喷雾灭火系统的设备与非绝缘带电电气元件的间距规定见表 10。

表 10 水喷雾设备和非绝缘带电电气元件的间距

额定系统电压 (kV)	最高系统电压 (kV)	设计 BIL(kV)	最小间距	
			in	mm
<13.8	14.5	110	7	178
23	24.3	150	10	254
34.5	36.5	200	13	330
46	48.5	250	17	432
69	72.5	350	25	635

续表 10

额定系统电压(kV)	最高系统电压(kV)	设计 BIL(kV)	最小距离	
			in	mm
115	121	550	42	1067
138	145	650	50	1270
161	169	750	58	1473
230	242	900 1050	76 84	1930 2134
345	362	1050 1300	84 104	2134 2642
500	550	1500 1800	124 144	3150 3658
765	800	2050	167	4242

表 10 中的 BIL 值以 kV 表示，该值为电气设备设计所能承受的全脉冲试验的峰值，表中未列出的 BIL 值，其对应的电气间距可通过插值得到。对于最大到 161kV 的电压，电气间距引自 NFPA 70《国家电气规范》。对于大于 230kV 的电压，电气间距引自 ANSI C2《国家电气安全规范》。

日本对水雾喷头与不同电压的带电部件的最小间距的有关规定见表 11。

表 11 水雾喷头和不同电压的带电部件的最小间距

公称电压(kV)	损保规则(mm)	东京电力标准(mm)
3	—	150
6	150	150
10	300	200
20	430	300
30	610	400
40	810	—
60	1120	700
70	—	800
80	1320	—
100	1630	1100
120	1960	—
140	2260	1500
170	2700	—
200	3150	—
250	—	2600

结合我国实际情况，喷头、管道与高压电气设备带电(裸露)部分的最小安全净距，本规范采用国家现行标准《高压配电装置设计技术规程》DL/T 5352 的有关规定。

3.2.3 本条根据水雾喷头的水力特性规定了喷头与保护对象之间的距离。在水雾喷头的有效射程内，喷雾粒径小且均匀，灭火和防护冷却的效率高，超出有效射程后喷雾性能明显下降，且可能出现漂移现象。因此，限制水雾喷头与保护对象之间的距离是十分必要的。为保证灭火和防护冷却的有效性，将该条确定为强制性条文。

3.2.4 本条依据日本《液化石油气保安规则》制订。当保护面积按平面处理时，水雾喷头的布置方式通常为矩形或菱形。为使水雾完全覆盖，不出现空白，应保证矩形布置时的喷头间距不大于 $1.4R$，菱形布置时的喷头间距不大于 $1.7R$，如图 3 所示。

对立体保护对象，其表面为平面的部分亦可按上述方法布置水雾喷头。

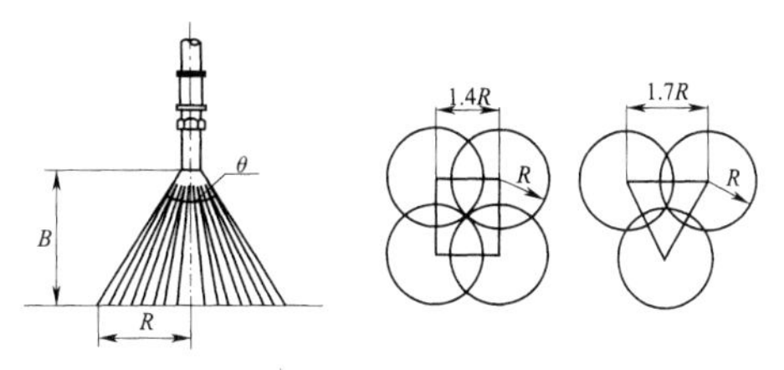

(a) 水雾喷头的喷雾半径　(b) 水雾喷头间距及布置形式

图 3 水雾喷头的平面布置方式

R—水雾锥底圆半径(m)；B—喷头与保护对象的间距(mm)；θ—喷头雾化角

3.2.5 本条规定了油浸式电力变压器水雾喷头的布置要求。

1 通过对国内变压器火灾案例进行调研，发现变压器起火后，最易从绝缘套管部位开裂。因此，进出线绝缘套管升高座孔口设置单独的喷头保护有利于灭火。关于水雾能否直接喷向高压绝缘套管的问题，美国 NFPA15 规定：仅在制造商或制造商文件批准的情况下，才允许水雾直接喷向高压绝缘套管。欧洲标准 prEN 14816 规定：为了防止对带电的绝缘套管或避雷针造成破坏，水雾不能直接喷洒至这些设备，除非得到制造商或相关文件及业主的许可。从国外标准看，得到许可时，水雾可直接喷洒至高压绝缘套管。从天津消防研究所所做的水喷雾绝缘试验来看，水喷雾直接喷向高压电极时仅存在微小漏电电流，是安全可靠的。因此，水雾直接向高压绝缘套管喷洒是安全的。另外，油枕、冷却器、集油坑均有可能发生火灾，需要设喷头保护。

2 为有利于灭火，设计要使水雾能够覆盖整个变压器被保护表面。

3.2.6 水雾对罐壁的冲击能使罐壁迅速降温，并可去除罐壁表面的含油积炭，有利于水膜的形成。在保证水雾在罐壁表面成膜效果的前提下，尽量使喷头靠近被保护表面，以减少火焰的热气流与风对水雾的影响，减少水雾在穿越被火焰加热的空间时的汽化损失。根据国内进行的喷水成膜性能试验并参照国外的有关规定，本规范要求喷头与储罐外壁之间的距离不大于 0.7m。

3.2.7 本条规定了喷头喷口的方向和水雾锥之间的相对位置，目的是使水雾在罐壁均匀分布形成完整连续的水膜。容积不小于 $1000m^3$ 的球罐的喷头布置要求放宽，主要考虑了水在罐壁沿经线方向的流淌作用。

喷头布置除考虑罐体外，对附件，尤其是液位计、阀门等容易发生泄漏的部位需要同时设置喷头保护，对有防护层的钢结构支柱不用设置喷头。

3.2.9 电缆的外形虽然是规则的，但细长比很大，由于多层布置的电缆对喷雾的阻挡作用，规定水雾喷头按完全包围电缆的要求布置。

3.2.10 输送机皮带安装喷头后，可以自动喷湿上部皮带和其输送物及下部返回皮带。喷头的排列和喷雾方式是包围式的。

3.2.11 燃油锅炉、电液装置、充油开关、汽轮机和磨煤机的油箱等装置内的可燃液体发生火灾，喷雾需要完全覆盖整个保护对象才能有利于灭火。

3.2.12 本条规定了甲$_B$、乙、丙类液体储罐水喷雾灭火系统的设置要求：

1 对于固定顶储罐，发生火灾时一般为全液面火灾，液面以上的干壁升温很快，若得不到及时有效的冷却，容易失效，造成更大火灾。冷却水环管单环布置时，喷洒到顶层干壁的冷却水量大，有利于保证干壁得到较多冷却；当设置多圈冷却水环管时，顶层环管的喷洒强度必然会减小，为保证顶层干壁的冷却用水量，顶层环管冷却水供给强度需要增大。和国外有关规范相比(见表 7)，我国规定的冷却水强度是偏小的。如英国石油学会《石油工业安全规范》规定储罐的的冷却水供给强度为 $10L/(min \cdot m^2)$，但同时规定按半个罐高进行计算，即按整个罐高计算时，冷却水供给强度为 $5L/(min \cdot m^2)$。因此，结合现有规定并参照国外相关规范，本规范规定顶层环管冷却水供给强度加倍计算，即供给强度取5L/(min·m²)。

2 油罐设有抗风圈或加强圈，并且没有设置导流设施时，上部喷放的冷却水难以有效冷却油罐抗风圈或加强圈下面的罐壁。所以应在其抗风圈或加强圈下面设冷却喷水环管。

3 本款规定是为了保证各管段间相互独立，能够安全、方便地操作。

4 本款规定旨在保障冷却水立管牢固固定在罐壁上，锈渣清扫口的设置便于冷却水管道清除锈渣。

3.2.13 储罐沉降易使立管和水平管间产生附加应力，为避免损坏管道，需要采取措施消除应力。

3.2.14 本条参照 NFPA15《固定水喷雾灭火系统标准》制订。

4 系统组件

4.0.1 水喷雾灭火系统属于消防专用给水系统，与生产、生活给水系统相比，对其组件有很多特殊的要求，例如对产品的耐压等级、工作的可靠性、自动控制操作时的动作时间等，都有更为严格的规定。因此，水喷雾灭火系统中所采用的产品和组件应为满足国家现行相关标准的合格产品。对于按相关要求，需要进行强制性认证的产品和组件，应符合相关准入制度的要求。应保证产品及组件的质量，避免因产品质量不过关而影响系统性能。

4.0.2 离心雾化型喷头喷射出的雾状水滴是不连续的间断水滴，具有良好的电绝缘性能，可有效地扑救电气火灾，适合在保护电气设施的水喷雾灭火系统中使用。撞击型水雾喷头是利用撞击原理分解水流的，水的雾化程度较差，不能保证雾状水的电绝缘性能，因此不适用于扑救电气火灾。

大多数水雾喷头内部装有雾化芯，其内部有效水流通道的截面积较小，如长期暴露在粉尘场所内，其内部水流通道很容易被堵塞，所以规定要配带防尘帽。平时防尘帽在水雾喷头的喷口上，发生火灾时防尘帽在水压作用下打开或脱落，不影响水雾喷头的正常工作。

为防止喷头堵塞，离心雾化型水雾喷头需要设置柱状过滤网。

对于电气火灾，为保证水雾的电绝缘性，需要选用离心雾化喷头，否则，可能会造成更严重的事故。为此，将第1款确定为强制性条款。

4.0.3 和电动阀、气动阀相比，雨淋报警阀具有操作方便、开启迅速、可靠性高等特点，对于要求快速响应的系统，特别是希望采用水喷雾进行灭火时，要采用雨淋报警阀。但对于大型立式常压储罐区等场所，采用雨淋报警阀有一定难度，该类场所一般允许系统具有较长的响应时间，采用电动阀或气动阀也能满足系统要求。因此，综合考虑水喷雾灭火系统各类应用场所的具体情况，规定系统的响应时间不大于120s时，应采用雨淋报警阀。当响应时间大于120s时，可根据保护场所具体情况选择雨淋报警阀、电动阀或气动阀。

雨淋报警阀是一种消防专用的水力快开阀，具有既可远程遥控、又可就地人为操作两种开启阀门的操作方式，因此，能够满足水喷雾灭火系统的自动控制、手动控制和应急操作三种控制方式的要求。此外，雨淋报警阀一旦开启，可使水流在瞬间达到额定流量。当水喷雾灭火系统远程遥控开启雨淋报警阀时，除电控开阀外，也可利用传动管液动或气动开阀。

除雨淋报警阀外，雨淋报警阀组尚要求配套设置压力表、水力警铃和压力开关、水流控制阀和检查阀等，以满足监测水喷雾灭火系统的供水压力，显示雨淋报警阀启闭状态和便于维护检查等要求。另外，为防止系统堵塞，需在电磁阀前设可冲洗的过滤器。

4.0.4 根据系统的功能要求，当系统供水控制阀采用电动阀或气动阀时，满足本条规定是最基本的要求。

4.0.5 在系统供水管道上选择适当位置设置过滤器是为了保障水流的畅通和防止杂物破坏雨淋报警阀的严密性，以及堵塞电磁阀、水雾喷头内部的水流通道。规定的滤网孔径是结合目前国产水雾喷头内部水流通道的口径确定的。网孔基本尺寸为0.600mm～0.710mm(4.0目/cm²～4.7目/cm²)的过滤网不仅可以保证水雾喷头不被堵塞，而且过滤网的局部水头损失较小。

4.0.6 水喷雾灭火系统具有工作压力高、流量大、灭火与防护冷却供给强度高、水雾喷头易堵塞等特点，因此，要合理地选择管道材料。为了保证过滤器后的管道不再有影响雨淋报警阀、水雾喷头正常工作的锈渣生成，本条规定过滤器与雨淋报警阀之间及雨淋报警阀后的管道采用内外热浸镀锌钢管、不锈钢管或铜管。甲、乙、丙类液体储罐和液化烃储罐上设置的冷却水环管需要进行弯管加工，对于焊接钢管，其焊缝一般比较粗糙，且存在应力，经弯管加工后，容易出现漏水，因此，需要弯管加工的管道要采用无缝钢管。

规定管道的最小直径主要是为了防止管道直径过小导致阻力损失加大，另外，直径太小，经长时间使用后可能会产生堵塞现象。

水喷雾灭火系统在喷水前，火灾可能对系统的干式管道造成干烧，连接件的密封若不能承受干烧，会造成大量漏水，势必影响系统的冷却效果。因此，对水喷雾管道连接件提出了抗干烧的要求。抗干烧要求参照了德国 VdS 2100－6en:2004－01《管道连接件》及《自动喷水灭火系统 第11部分:沟槽式管接件》GB 5135.11—2006的相关规定。当系统用于液化烃储罐时，使用液化烃喷射火做试验有较大危险，因此，建议采用热值基本相近的汽油火进行干烧试验。对于其他场所设置的水喷雾灭火系统，管件干烧时的受热程度要小于液化烃场所，因此，可采用甲醇火进行试验。VdS 2100－6en:2004－01《管道连接件》中的火源即采用甲醇。干烧试验方法参见附录A。

为了防止管道内因积水结冰而造成管道的损伤，在管道的最低点和容易形成积水的部位设置放水阀，使可能结冰的积水排尽。设置管道排污口的目的是为了便于清除管道内的杂物，其位置设在使杂物易于聚积且便于排出的部位。

5 给 水

5.1 一般规定

5.1.1 水喷雾灭火系统属于水消防系统范畴，其用水可由消防水池(罐)、消防水箱或天然水源供给，也可由企业独立设置的稳高压消防给水系统供给，无论采用哪种水源，均要求能够确保水喷雾灭火系统持续喷雾时间内所需的用水量。

5.1.2 水喷雾灭火系统的水泵房和其他消防水泵房合建，既便于管理又节约投资。消防泵房需要满足现行国家标准《建筑设计防火规范》GB 50016和《石油天然气工程设计防火规范》GB 50183等相关规范的要求。

5.1.3 我国南北地区的温差很大，在东北、华北和西北的严寒和寒冷地区，设置水喷雾灭火系统时，要求对给水设施和管道采取防冻措施，如保温、伴热、采暖和泄水等，具体方式要根据当地的条件确定。

5.1.4 对于设置了2个及以上雨淋报警阀的水喷雾灭火系统，为了提高系统供水的可靠性，提出了设置环状供水管道的要求。

5.1.5 本条规定是为了增加消防水池进出水管的可靠性。

5.1.6 为检修方便，作此规定。消防气压给水设备主要是为雨淋报警阀保压。

5.1.7 水喷雾灭火系统流量较大，考虑排水设施是必要的，排水设施可以和其他系统共用。

5.1.8 为确保储水不被污染，消防水池的溢流管、泄水管排出的水需间接流入排水系统。

5.2 水　　泵

5.2.1 为缩短系统启动时间，规定供水泵宜采用自灌式吸水方式。由于天然水源易含杂物，因此应采取防堵塞措施。

5.2.2 设置备用泵，且其工作能力不应低于最大一台泵的能力，是国内外通行的规定。其目的是保证在其中一台泵发生故障后，系统仍可满足设计要求。

5.2.3 设置不少于两条吸水管是为了提高系统的可靠性。

5.2.4 本规定是为了提高系统的可靠性。

5.2.5 设置回流管是为了测试水泵和避免超压。

5.3 供水控制阀

5.3.1 为防止冬季充水管道被冻坏，保护雨淋报警阀组免受日晒雨淋的损伤，以及非专业人员的误操作，要求其宜设在温度不低于4℃的室内；系统功能检查、检修需大量放水，因此，本条规定还强调了在安装设置报警阀组的室内要采取相应的排水措施，及时排水，既便于工作，也可避免报警阀组的电器或其他组件因环境潮湿而造成不必要的损害。为了便于操作和检修，规定了雨淋报警阀的安装位置。

5.3.2 雨淋报警阀、电动控制阀、气动控制阀靠近保护对象安装，可以缩短管道充水时间，有利于系统快速启动，但同时要保证火灾时人员能够方便、安全地进行操作。

5.3.3 寒冷地区设置在室外的雨淋报警阀、电动控制阀、气动控制阀及管道，需要采取伴热保温措施，以防止产生冰冻。

5.3.4 为检测系统性能，在不能喷水试验的场所需设置排放试验检测装置。

5.3.5 水力警铃的设置要便于其发出的警报能及时被人员发现。为了保证平时能够测试和检修，需要设置相应的阀门。

5.4 水泵接合器

5.4.1 水泵接合器是用于外部增援供水的设施，当系统供水泵不能正常供水时，可由消防车连接水泵接合器向系统管道供水。从实际应用考虑，设置在偏远地区，消防部门不易支援的系统和超出消防部门水泵供给能力的大容量系统可不考虑安装水泵接合器。

5.4.2 水泵接合器的设置数量，要求按照系统的流量与水泵接合器的选型确定。

5.4.3 本条规定主要是为了使消防车在火灾发生后能够方便、迅速连接至消防水泵接合器，以免延误灭火，造成不必要的损失。

5.4.4 墙壁式消防水泵接合器的位置不宜低于0.7m，是考虑消防队员将水龙带对接消防水泵接合器口时便于操作提出的，位置过低，不利于紧急情况下的对接。消防水泵接合器与门、窗、洞口保持不小于2.0m的距离，主要从两点考虑：一是火灾发生时消防队员能靠近对接，避免火舌从洞孔处燎伤队员；二是避免消防水龙带被烧坏而失去作用。

5.4.5 地下式消防水泵接合器接口在井下，太低不利于对接，太高不利于防冻。0.4m的距离适合1.65m身高的队员俯身后单臂操作对接。太低了则要到井下对接，不利于火场抢时间的要求。冰冻线低于0.4m的地区可选用双层防冻室外阀门井井盖。规定阀门井要有防水和排水设施是为了防止井内长期灌满水，致使阀体锈蚀严重，无法使用。

6 操作与控制

6.0.1 本条规定的控制要求，是根据系统应具备快速启动功能并针对凡是自动灭火系统应同时具备应急操作功能的要求规定的。

自动控制方式须设有火灾探测报警系统。由火灾报警器发出火灾信号，并将信号输入控制盘，由控制盘再将信号分别送给自动阀、加压送水设备，并自动喷洒水雾。

水喷雾灭火设备控制阀门的开闭，除自动外，还必须能手动操作。这里所说的手动操作，不是用人力，而是用机械、空气压力、水压力或电气等。

对三种控制方式解释如下：

自动控制：指水喷雾灭火系统的火灾探测、报警部分与供水设备、雨淋报警阀等部件自动联锁操作的控制方式；

手动控制：指人为远距离操纵供水设备、雨淋报警阀等系统组件的控制方式；

应急机械启动：指人为现场操纵供水设备、雨淋报警阀等系统组件的控制方式。

对第3.1.2条规定响应时间大于120s的水喷雾灭火系统，由于响应时间相对较长，可以仅采用手动控制和应急机械控制两种方式。

6.0.2 自动控制的水喷雾灭火系统，其配套设置的火灾自动报警系统按现行国家标准《火灾自动报警系统设计规范》GB 50116的规定执行。

6.0.3 本条对传动管的设置作了要求：

1 本款规定主要是为了使火灾信号能够迅速传递给控制设备，保证系统的响应时间；

2 对于电气设备，若采用液动传动管，火灾时，传动管喷头喷出的水流不具备电绝缘性，易引发其他事故，在平时发生滴漏等情况时，也可能会导致电气短路引发事故。因此，规定电气火灾不应采用液动传动管；

3 为防止寒冷地区传动管结冻，作此规定。

6.0.4、6.0.5 液化烃储罐，甲$_B$、乙、丙类液体固定顶储罐着火时，除对着火罐进行冷却外，还需对相邻罐进行冷却，需要同时冷却的相邻罐在本规范第3.1节有详细规定。

6.0.6 水喷雾灭火系统分段保护输送距离较长的皮带输送机，将有利于控制系统用水量和降低水渍损失。皮带输送机发生火灾时，起火区域的火灾自动探测装置应动作。在输送机构停机前，引燃的皮带或输送物将继续前移并可能移至起火区域下游防护区，因此，用于保护皮带输送机的水喷雾灭火系统，其控制装置要在启动系统切断输送机电源的同时，开启起火点和其下游相邻区域的雨淋报警阀，同时向两个区域喷水。

6.0.7 为了增加系统的可靠性，防止系统发生误喷，规定系统报警应采用两路独立的火灾信号进行联锁。但对于误喷不会对保护对象造成不利影响的系统，如有油罐的冷却系统，采用单独一路报警信号进行联动也是可行的。

本次修订，增加了变压器绝缘子升高座孔口设置水雾喷头的要求，水雾喷向升高座孔口时，会有部分水雾喷向高压套管，因此，为提高系统的安全性和可靠性，防止系统发生误喷，规定对于采用两路相同火灾信号系统，宜和变压器的断路器进行联锁，当系统收到火灾报警信号和断路器的信号后再开始喷雾。

6.0.8 本条规定了水喷雾灭火系统控制设备的功能要求。监控消防水泵、雨淋报警阀状态将便于操作人员判断系统工作的可靠性及系统的备用状态是否正常。

6.0.9 本条实际上是规定了系统的供水泵采用双动力源，并给出了双动力源的组配形式。在电力供应可靠的情况下，电动泵可靠性高、启动速度快，而柴油机泵启动时间较长，当系统响应时间要求较短时，全部采用柴油机不能满足响应时间的要求，因此，本条第3款主要是针对一些甲$_B$、乙、丙类液体储罐设置的水喷雾灭火系统而言的。关于供电系统的负荷分级与相应要求请参见现行国家标准《供配电系统设计规范》GB 50052。设置柴油机比设置柴油发电机经济、可靠。

7 水力计算

7.1 系统设计流量

7.1.1 本条所提供的计算公式为通用算式。不同型号的水雾喷头具有不同 K 值。设计时按喷头制造商给出的 K 值计算水雾喷头的流量。

7.1.2 本条规定了确定水雾喷头用量的计算公式，水雾喷头的流量 q 按公式(7.1.1)计算，水雾喷头工作压力取值按防护目的和水雾喷头特性确定。

7.1.3 本条规定了水喷雾灭火系统计算流量的要求。

当保护对象发生火灾时，水喷雾灭火系统通过水雾喷头实施喷雾灭火或防护冷却。因此，本规范规定系统的计算流量按系统启动后同时喷雾的水雾喷头流量之和确定，而不是按保护对象的保护面积和设计供给强度的乘积确定。

水喷雾灭火系统的计算流量，要从最不利点水雾喷头开始，沿程按同时喷雾的每个水雾喷头实际工作压力逐个计算其流量，然后累计同时喷雾的水雾喷头总流量，将其确定为系统流量。

7.1.4 为保证系统喷洒强度及喷洒时间，设计流量需考虑一定的安全裕量。

7.2 管道水力计算

7.2.1 本条规定了管道沿程损失的计算公式。其中式(7.2.1-1)为舍维列夫公式，该公式主要适用于旧铸铁管和旧钢管。式(7.2.1-2)为海澄-威廉公式。欧、美、日等国家或地区一般采用海澄-威廉公式，如英国 BS5036《自动喷水灭火系统安装规则》、美国 NFPA13《自动喷水灭火系统安装标准》、日本的《自动消防灭火设备规则》。我国现行国家标准《建筑给水排水设计规范》GB 50015和《室外给水设计规范》GB 50013 也采用该公式。

为便于比较两计算式计算结果之差异，将式(7.2.1-1)除以式(7.2.1-2)得：

$$k = 0.0001593\frac{C^{1.85}V^{0.15}}{d^{0.13}}$$

对于普通钢管和镀锌钢管，取 $C=100$，此时：

$$k_1 = 0.7984\frac{V^{0.15}}{d^{0.13}}$$

对于铜管和不锈钢管，取 $C=130$，此时：

$$k_2 = 1.2972\frac{V^{0.15}}{d^{0.13}}$$

结合本规范规定，对管径为 0.025m ～0.2m，流速为 2.5m/s～10m/s的情况，计算得：对于普通钢管，k_1 介于 1.1292～1.8217之间；对于铜管和不锈钢管，k_2 介于 1.8347～2.9600 之间。

对于普通钢管和镀锌钢管，两个公式的计算结果相差不是很大，考虑到水喷雾灭火系统的管道为干式管道，且一般设置在室外，易受环境影响，普通钢管和镀锌钢管在使用过程中容易发生锈蚀和破坏，进而会增大沿程水头损失。因此，宜采用计算结果比较保守的式(7.2.1-1)计算。对于铜管和不锈钢管，式(7.2.1-1)的计算结果要远大于式(7.2.1-2)，若此时还用式(7.2.1-1)进行计算，势必会造成浪费。而且，对于不锈钢管和铜管，在使用过程中，内壁粗糙度增大的情况并不十分明显。因此，宜用式(7.2.1-2)进行计算。

7.2.2 本条规定了水喷雾灭火系统管道局部水头损失的确定要求。本规范要求系统计算流量按同时喷雾水雾喷头的工作压力和流量计算，因此管道局部水头损失采用当量长度法较为合理。美、英、日等国规范均采用当量长度法计算。

当采用当量长度法计算时，各管件的当量长度可参考表12。

表 12 局部水头损失当量长度表(钢管管材系数 $C=120$)(m)

管件名称	管件直径(mm)											
	25	32	40	50	70	80	100	125	150	200	250	300
45°弯头	0.3	0.3	0.6	0.6	0.9	0.9	1.2	1.5	2.1	2.7	3.3	4.0
90°弯头	0.6	0.9	1.2	1.5	1.8	2.1	3.1	3.7	4.3	5.5	6.7	8.2
90°长弯头	0.6	0.6	0.6	0.9	1.2	1.5	1.8	2.4	2.7	4.0	4.9	5.5
三通、四通	1.5	1.8	2.4	3.1	3.7	4.6	6.1	7.6	9.2	10.7	15.3	18.3
蝶阀	—	—	—	1.8	2.1	3.1	3.7	2.7	3.1	3.7	5.9	6.4
闸阀	—	—	—	0.3	0.3	0.3	0.6	0.6	0.9	1.2	1.5	1.8
旋启逆止阀	1.5	2.1	2.7	3.4	4.3	4.9	6.7	8.3	9.8	13.7	16.8	19.8
U 型过滤器	12.3	15.4	18.5	24.5	30.8	36.8	49	61.2	73.5	98	122.5	—
Y 型过滤器	11.2	14	16.8	22.4	28	33.6	46.2	57.4	68.6	91	113.4	—

7.2.4 本条规定了设计水喷雾灭火系统时确定消防水泵扬程的要求和确定市政给水管网、工厂消防给水管网给水压力的要求。当按式(7.2.4)计算时，P_0 的选取要符合第 3.1.3 条的规定。

7.3 管道减压措施

7.3.1 圆缺型减压孔板按下式计算：

$$X = \frac{G}{0.01D_0\sqrt{\Delta Pr}}$$

式中：G ——质量流量(kg/h)；

D_0 ——管道内径(mm)；

ΔP——压差(mmH_2O)；

r ——操作状态下密度(kg/m^3)。

计算步骤为：先按上式算出 X 值，由 X 值查表 13 得 n；根据 $n=h/D_0$ 求出 h（圆缺高度）；由 n 在表 13 中查出 α，在表 14 中查出 m，代入下式进行验算：

$$G = 0.0125\alpha\varepsilon mD_0\sqrt{\Delta Pr}$$

式中：ε 按 1 考虑。

表 13 流量系数及函数 X 与圆缺孔板相对高度的关系

n	α	X	n	α	X
0.00	0.6100	0.00000	0.22	0.6182	0.1261
0.01	0.6100	0.00130	0.23	0.6191	0.1349
0.02	0.6101	0.00359	0.24	0.6200	0.1435
0.03	0.6101	0.00657	0.25	0.6209	0.1522
0.04	0.6102	0.01016	0.26	0.6220	0.1610
0.05	0.6104	0.01422	0.27	0.6231	0.1701
0.06	0.6106	0.01866	0.28	0.6242	0.1792
0.07	0.6108	0.02348	0.29	0.6254	0.1883
0.08	0.6110	0.02861	0.30	0.6267	0.1981
0.09	0.6113	0.03406	0.31	0.6281	0.2077
0.10	0.6116	0.03982	0.32	0.6996	0.2175
0.11	0.6119	0.04575	0.33	0.6313	0.2275
0.12	0.6122	0.05206	0.34	0.6331	0.2377
0.13	0.6127	0.05853	0.35	0.6339	0.2480
0.14	0.6131	0.06526	0.36	0.6370	0.2585
0.15	0.6136	0.07222	0.37	0.6390	0.2671
0.16	0.6140	0.07944	0.38	0.6413	0.2800
0.17	0.6147	0.08682	0.39	0.6437	0.2911
0.18	0.6153	0.09438	0.40	0.6462	0.3023
0.19	0.6159	0.10212	0.41	0.6488	0.3136
0.20	0.6166	0.11003	0.42	0.6516	0.3552
0.21	0.6174	0.1181	0.43	0.6546	0.3369

续表 13

n	α	X	n	α	X
0.44	0.6577	0.3496	0.70	0.7841	0.7340
0.45	0.6609	0.3613	0.71	0.7905	0.7515
0.46	0.6643	0.3737	0.72	0.7977	0.7698
0.47	0.6678	0.3863	0.73	0.8052	0.7886
0.48	0.6714	0.3990	0.74	0.8131	0.8075
0.49	0.6752	0.4120	0.75	0.8214	0.8273
0.50	0.6790	0.4251	0.76	0.8300	0.8473
0.51	0.6830	0.4385	0.77	0.8391	0.8679
0.52	0.6870	0.4520	0.78	0.8486	0.8891
0.53	0.6912	0.4651	0.79	0.8584	0.9106
0.54	0.6944	0.4789	0.80	0.8635	0.9325
0.55	0.7000	0.4939	0.81	0.8789	0.9549
0.56	0.7046	0.5084	0.82	0.8897	0.9776
0.57	0.7093	0.5231	0.83	0.9009	1.0009
0.58	0.7142	0.5379	0.84	0.9119	1.0239
0.59	0.7192	0.5529	0.85	0.9244	1.0488
0.60	0.7243	0.5681	0.86	0.9360	1.0725
0.61	0.7296	0.5838	0.87	0.9496	1.0983
0.62	0.7350	0.5994	0.88	0.9628	1.1237
0.63	0.7405	0.6153	0.89	0.9764	1.1495
0.64	0.7463	0.6317	0.90	0.9904	1.176
0.65	0.7522	0.6481	0.91	1.0051	1.023
0.66	0.7583	0.6648	0.92	1.0198	1.299
0.67	0.7645	0.6818	0.93	1.0357	1.257
0.68	0.7709	0.6990	0.94	1.0511	1.284
0.69	0.7774	0.7164	0.95	1.0675	1.312

表 14　圆缺相对高度与圆缺截面比的关系

n	m	n	m	n	m	n	m
0.00	0.0000	0.23	0.1740	0.46	0.4492	0.69	0.7359
0.01	0.0011	0.24	0.1848	0.47	0.4619	0.70	0.7476
0.02	0.0047	0.25	0.1957	0.48	0.4746	0.71	0.7592
0.03	0.0086	0.26	0.2067	0.49	0.4873	0.72	0.7707
0.04	0.0133	0.27	0.2179	0.50	0.5000	0.73	0.7821
0.05	0.0186	0.28	0.2293	0.51	0.5127	0.74	0.7933
0.06	0.0244	0.29	0.2408	0.52	0.5254	0.75	0.8043
0.07	0.0307	0.30	0.2524	0.53	0.5381	0.76	0.8152
0.08	0.0379	0.31	0.2641	0.54	0.5508	0.77	0.8260
0.09	0.0445	0.32	0.2751	0.55	0.5635	0.78	0.8367
0.10	0.0520	0.33	0.2818	0.56	0.5762	0.79	0.8472
0.11	0.0598	0.34	0.2998	0.57	0.5889	0.80	0.8575
0.12	0.0679	0.35	0.3119	0.58	0.6015	0.81	0.8676
0.13	0.0763	0.36	0.3241	0.59	0.6160	0.82	0.8775
0.14	0.0850	0.37	0.3364	0.60	0.6264	0.83	0.8872
0.15	0.0940	0.38	0.3488	0.61	0.6388	0.84	0.8967
0.16	0.1033	0.39	0.3612	0.62	0.6512	0.85	0.9060
0.17	0.1128	0.40	0.3736	0.63	0.6636	0.86	0.9150
0.18	0.1225	0.41	0.3860	0.64	0.6759	0.87	0.9237
0.19	0.1324	0.42	0.3985	0.65	0.6881	0.88	0.9321
0.20	0.1425	0.43	0.4111	0.66	0.7002	0.89	0.9402
0.21	0.1528	0.44	0.4238	0.67	0.7122		
0.22	0.1633	0.45	0.4365	0.68	0.7241		

7.3.2　节流管如图 4 所示，设置在水平管段上，节流管管径可比干管管径缩小 1 号～3 号规格。图 4 中要求 $L_1=D_1$，$L_3=D_3$。

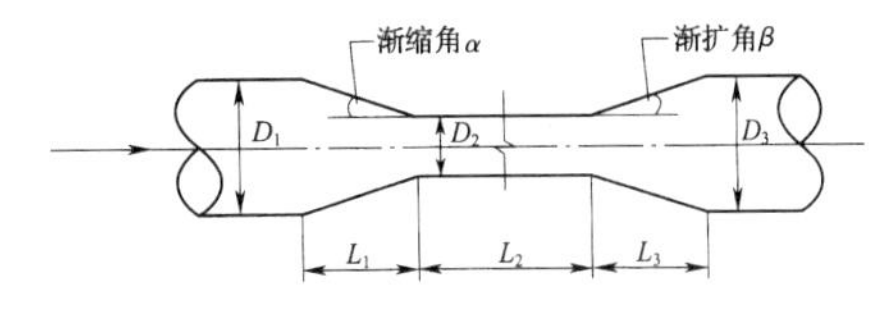

图 4　节流管示意图

7.3.3　本条参照现行国家标准《自动喷水灭火系统设计规范》GB 50084的相关规定制订。

7.3.4　本条参照现行国家标准《自动喷水灭火系统设计规范》GB 50084的相关规定制订。对于减压孔板的局部阻力系数，可按以下公式进行计算：

$$\xi=\left(1.75\frac{d_j^2}{d_k^2}\cdot\frac{1.1-\frac{d_k^2}{d_j^2}}{1.175-\frac{d_k^2}{d_j^2}}-1\right)^2$$

式中：ξ——减压孔板的局部阻力系数，见表 15；

d_k——减压孔板的孔口直径(m)；

d_j——管道的计算内径(m)。

表 15　减压孔板的局部阻力系数

d_k/d_j	0.3	0.4	0.5	0.6	0.7	0.8
ξ	292	83.3	29.5	11.7	4.75	1.83

7.3.5　式(7.3.5)中的 ζ 为节流管渐缩管和渐扩管的局部阻力系数之和，渐缩管和渐扩管的局部阻力系数分别见表 16 和表 17，两个表均摘自《给水排水设计手册　第 1 册　基础数据》(第 2 版，2002 年)。局部阻力系数 ζ 可由渐缩角 α、渐扩角 β 及管径比 D_3/D_2（见图 4），通过查表 16 和表 17 得到。如当节流管直径为上、下游管段直径的 1/2 时，通过计算可得渐缩角和渐扩角为 27°，取 30°，管径比为 2，查表得渐缩管和渐扩管的局部阻力系数分别为 0.24 和 0.46，因此 ζ 为 0.7。

表 16　渐缩管局部阻力系数表

渐缩角 α(°)	10	15	20	25	30	35	40	45	60
ζ_1	0.16	0.18	0.20	0.22	0.24	0.26	0.28	0.30	0.32

表 17　渐扩管局部阻力系数表

渐扩角 β(°)	D_3/D_2							
	1.1	1.2	1.4	1.6	1.8	2.0	2.5	3.0
	ζ_2							
2	0.01	0.02	0.02	0.03	0.03	0.03	0.03	0.03
4	0.01	0.02	0.03	0.03	0.04	0.04	0.04	0.04
6	0.01	0.02	0.03	0.04	0.04	0.04	0.04	0.04
8	0.02	0.03	0.04	0.05	0.05	0.05	0.05	0.05
10	0.03	0.04	0.06	0.07	0.07	0.07	0.08	0.08
15	0.05	0.09	0.12	0.14	0.15	0.16	0.16	0.16
20	0.10	0.16	0.23	0.26	0.28	0.29	0.30	0.31
25	0.13	0.21	0.30	0.35	0.37	0.38	0.39	0.40
30	0.16	0.25	0.36	0.42	0.44	0.46	0.48	0.48
35	0.18	0.29	0.41	0.47	0.50	0.52	0.54	0.55
40	0.19	0.31	0.44	0.51	0.54	0.56	0.58	0.59
45	0.20	0.33	0.47	0.54	0.58	0.60	0.62	0.63
50	0.21	0.35	0.50	0.57	0.61	0.63	0.65	0.66
60	0.23	0.37	0.53	0.61	0.65	0.68	0.70	0.71

7.3.6 本条提出了系统中设置减压阀的规定。

为了防止堵塞，要求减压阀入口前设过滤器，由于水喷雾灭火系统中在雨淋报警阀前的入口管道上要求安装过滤器，因此，当减压阀和雨淋报警阀距离较近时，两者可合用一个过滤器。

与并联安装的报警阀连接的减压阀，为检修时不关停系统，要求设有备用的减压阀(见图5)。

为有利于减压阀稳定正常工作，当垂直安装时，宜按水流方向向下安装。

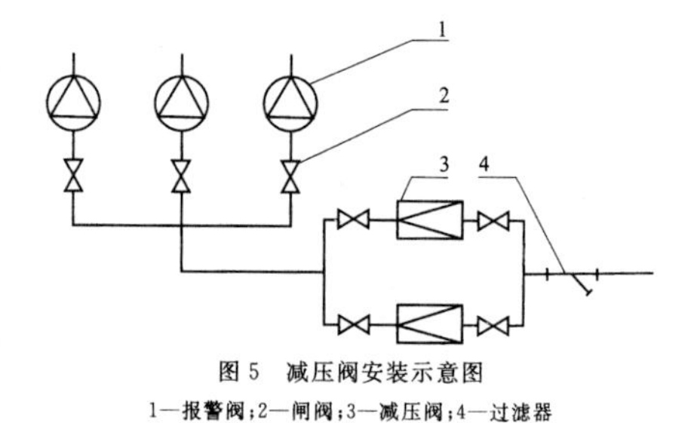

图5 减压阀安装示意图

1—报警阀；2—闸阀；3—减压阀；4—过滤器

中华人民共和国国家标准

细水雾灭火系统技术规范

Technical code for water mist fire extinguishing system

GB 50898—2013

主编部门：中 华 人 民 共 和 国 公 安 部
批准部门：中华人民共和国住房和城乡建设部
施行日期：2 0 1 3 年 1 2 月 1 日

23

目　次

23

1 总　　则

1.0.1 为合理设计细水雾灭火系统，保证其施工质量，规范其验收和维护管理，减少火灾危害，保护人身和财产安全，制定本规范。

1.0.2 本规范适用于建设工程中设置的细水雾灭火系统的设计、施工、验收及维护管理。

1.0.3 细水雾灭火系统适用于扑救相对封闭空间内的可燃固体表面火灾、可燃液体火灾和带电设备的火灾。

细水雾灭火系统不适用于扑救下列火灾：

1 可燃固体的深位火灾；

2 能与水发生剧烈反应或产生大量有害物质的活泼金属及其化合物的火灾；

3 可燃气体火灾。

1.0.4 细水雾灭火系统的设计，应密切结合保护对象的功能和火灾特点，采用有效的技术措施，做到安全可靠、技术先进、经济合理。

1.0.5 细水雾灭火系统的设计、施工、验收及维护管理，除应符合本规范外，尚应符合国家现行有关标准的规定。

2 术语和符号

2.1 术　　语

2.1.1 细水雾　water mist

水在最小设计工作压力下，经喷头喷出并在喷头轴线下方1.0m处的平面上形成的直径 $D_{v0.50}$ 小于 200μm，$D_{v0.99}$ 小于 400μm 的水雾滴。

2.1.2 细水雾灭火系统　water mist fire extinguishing system

由供水装置、过滤装置、控制阀、细水雾喷头等组件和供水管道组成，能自动和人工启动并喷放细水雾进行灭火或控火的固定灭火系统。简称系统。

2.1.3 防护区　enclosure

能满足系统应用条件的有限空间。

2.1.4 泵组系统　pump supplied system

采用泵组对系统进行加压供水的系统。

2.1.5 瓶组系统　self-contained system

采用储水容器储水、储气容器进行加压供水的系统。

2.1.6 开式系统　open-type system

采用开式细水雾喷头的系统，包括全淹没应用方式和局部应用方式的系统。

2.1.7 闭式系统　close-type system

采用闭式细水雾喷头的系统。

2.1.8 全淹没应用方式　total flooding application

向整个防护区内喷放细水雾，保护其内部所有保护对象的系统应用方式。

2.1.9 局部应用方式　local application

向保护对象直接喷放细水雾，保护空间内某具体保护对象的系统应用方式。

2.1.10 响应时间　response time

系统从火灾自动报警系统发出灭火指令起至系统中最不利点喷头喷出细水雾的时间。

2.2 符　　号

2.2.1 流量、流速

q——喷头的设计流量；

q_i——计算喷头的设计流量；

Q_s——系统的设计流量；

Q——管道的流量；

Re——雷诺数；

f——摩阻系数；

K——喷头的流量系数；

ρ——流体密度；

μ——动力黏度；

Δ——管道相对粗糙度；

ε——管道粗糙度；

C——海澄-威廉系数。

2.2.2 压力

P——喷头的设计工作压力；

P_e——最不利点处喷头与储水箱或储水容器最低水位的高程差；

P_f——管道的水头损失；

P_s——最不利点处喷头的工作压力；

P_t——系统的设计供水压力。

2.2.3 几何特征等

d——管道内径；

L——管道计算长度；

n——计算喷头数；

t——系统的设计喷雾时间；

V——储水箱或储水容器的设计所需有效容积。

3 设　　计

3.1 一 般 规 定

3.1.1 系统设计采用的产品及组件，应符合现行国家标准《细水雾灭火系统及部件通用技术条件》GB/T 26785 等的有关规定。

3.1.2 系统的选型与设计，应综合分析保护对象的火灾危险性及其火灾特性、设计防火目标、保护对象的特征和环境条件以及喷头的喷雾特性等因素确定。

3.1.3 系统选型应符合下列规定：

1 液压站，配电室、电缆隧道、电缆夹层，电子信息系统机房，文物库，以及密集柜存储的图书库、资料库和档案库，宜选择全淹没应用方式的开式系统；

2 油浸变压器室、涡轮机房、柴油发电机房、润滑油站和燃油锅炉房、厨房内烹饪设备及其排烟罩和排烟管道部位，宜采用局部应用方式的开式系统；

3 采用非密集柜储存的图书库、资料库和档案库，可选择闭式系统。

3.1.4 系统宜选用泵组系统，闭式系统不应采用瓶组系统。

3.1.5 开式系统采用全淹没应用方式时，防护区内影响灭火有效性的开口宜在系统动作时联动关闭。当防护区内的开口不能在系统启动时自动关闭时，宜在该开口部位的上方增设喷头。

3.1.6 开式系统采用局部应用方式时，保护对象周围的气流速度不宜大于 3m/s。必要时，应采取挡风措施。

3.2 喷头选择与布置

3.2.1 喷头选择应符合下列规定：

1 对于环境条件易使喷头喷孔堵塞的场所，应选用具有相应防护措施且不影响细水雾喷放效果的喷头；

2 对于电子信息系统机房的地板夹层，宜选择适用于低矮空间的喷头；

3 对于闭式系统，应选择响应时间指数（RTI）不大于 $50(m \cdot s)^{0.5}$ 的喷头，其公称动作温度宜高于环境最高温度30℃，且同一防护区内应采用相同热敏性能的喷头。

3.2.2 闭式系统的喷头布置应能保证细水雾喷放均匀、完全覆盖保护区域，并应符合下列规定：

1 喷头与墙壁的距离不应大于喷头最大布置间距的1/2；

2 喷头与其他遮挡物的距离应保证遮挡物不影响喷头正常喷放细水雾；当无法避免时，应采取补偿措施；

3 喷头的感温组件与顶棚或梁底的距离不宜小于75mm，并不宜大于150mm。当场所内设置吊顶时，喷头可贴临吊顶布置。

3.2.3 开式系统的喷头布置应能保证细水雾喷放均匀并完全覆盖保护区域，并应符合下列规定：

1 喷头与墙壁的距离不应大于喷头最大布置间距的1/2；

2 喷头与其他遮挡物的距离应保证遮挡物不影响喷头正常喷放细水雾；当无法避免时，应采取补偿措施；

3 对于电缆隧道或夹层，喷头宜布置在电缆隧道或夹层的上部，并应能使细水雾完全覆盖整个电缆或电缆桥架。

3.2.4 采用局部应用方式的开式系统，其喷头布置应能保证细水雾完全包络或覆盖保护对象或部位，喷头与保护对象的距离不宜小于0.5m。用于保护室内油浸变压器时，喷头的布置尚应符合下列规定：

1 当变压器高度超过4m时，喷头宜分层布置；

2 当冷却器距变压器本体超过0.7m时，应在其间隙内增设喷头；

3 喷头不应直接对准高压进线套管；

4 当变压器下方设置集油坑时，喷头布置应能使细水雾完全覆盖集油坑。

3.2.5 喷头与无绝缘带电设备的最小距离不应小于表3.2.5的规定。

表3.2.5 喷头与无绝缘带电设备的最小距离

带电设备额定电压等级 V(kV)	最小距离(m)
$110<V\leqslant220$	2.2
$35<V\leqslant110$	1.1
$V\leqslant35$	0.5

3.2.6 系统应按喷头的型号规格储存备用喷头，其数量不应小于相同型号规格喷头实际设计使用总数的1%，且分别不应少于5只。

3.3 系统组件和管道及其布置

3.3.1 系统的主要组件宜设置在能避免机械碰撞等损伤的位置，当不能避免时，应采取防止机械碰撞等损伤的措施。

系统组件应具有耐腐蚀性能，当系统组件处于重度腐蚀环境中时，应采取防腐蚀的保护措施。

3.3.2 开式系统应按防护区设置分区控制阀。每个分区控制阀上或阀后邻近位置，宜设置泄放试验阀。

3.3.3 闭式系统应按楼层或防火分区设置分区控制阀。分区控制阀应为带开关锁定或开关指示的阀组。

3.3.4 分区控制阀宜靠近防护区设置，并应设置在防护区外便于操作、检查和维护的位置。

分区控制阀上宜设置系统动作信号反馈装置。当分区控制阀上无系统动作信号反馈装置时，应在分区控制阀后的配水干管上设置系统动作信号反馈装置。

3.3.5 闭式系统的最高点处宜设置手动排气阀，每个分区控制阀后的管网应设置试水阀，并应符合下列规定：

1 试水阀前应设置压力表；

2 试水阀出口的流量系数应与一只喷头的流量系数等效；

3 试水阀的接口大小应与管网末端的管道一致，测试水的排放不应对人员和设备等造成危害。

3.3.6 采用全淹没应用方式的开式系统，其管网宜均衡布置。

3.3.7 系统管网的最低点处应设置泄水阀。

3.3.8 对于油浸变压器，系统管道不宜横跨变压器的顶部，且不应影响设备的正常操作。

3.3.9 系统管道应采用防晃金属支、吊架固定在建筑构件上。支、吊架应能承受管道充满水时的重量及冲击，其间距不应大于表3.3.9的规定。

支、吊架应进行防腐蚀处理，并应采取防止与管道发生电化学腐蚀的措施。

表3.3.9 系统管道支、吊架的间距

管道外径(mm)	≤16	20	24	28	32	40	48	60	≥76
最大间距(m)	1.5	1.8	2.0	2.2	2.5	2.8	2.8	3.2	3.8

3.3.10 系统管道应采用冷拔法制造的奥氏体不锈钢钢管，或其他耐腐蚀和耐压性能相当的金属管道。管道的材质和性能应符合现行国家标准《流体输送用不锈钢无缝钢管》GB/T 14976和《流体输送用不锈钢焊接钢管》GB/T 12771的有关规定。

系统最大工作压力不小于3.50MPa时，应采用符合现行国家标准《不锈钢和耐热钢 牌号及化学成分》GB/T 20878中规定牌号为022Cr17Ni12Mo2的奥氏体不锈钢无缝钢管，或其他耐腐蚀和耐压性能不低于牌号为022Cr17Ni12Mo2的金属管道。

3.3.11 系统管道连接件的材质应与管道相同。系统管道宜采用专用接头或法兰连接，也可采用氩弧焊焊接。

3.3.12 系统组件、管道和管道附件的公称压力不应小于系统的最大设计工作压力。对于泵组系统，水泵吸水口至储水箱之间的管道、管道附件、阀门的公称压力，不应小于1.0MPa。

3.3.13 设置在有爆炸危险环境中的系统，其管网和组件应采取静电导除措施。

3.4 设计参数与水力计算

Ⅰ 设计参数

3.4.1 喷头的最低设计工作压力不应小于1.20MPa。

3.4.2 闭式系统的喷雾强度、喷头的布置间距和安装高度，宜经实体火灾模拟试验确定。

当喷头的设计工作压力不小于10MPa时，闭式系统也可根据喷头的安装高度按表3.4.2的规定确定系统的最小喷雾强度和喷头的布置间距；当喷头的设计工作压力小于10MPa时，应经试验确定。

表3.4.2 闭式系统的喷雾强度、喷头的布置间距和安装高度

应用场所	喷头的安装高度(m)	系统的最小喷雾强度($L/min \cdot m^2$)	喷头的布置间距(m)
采用非密集柜储存的图书库、资料库、档案库	>3.0且≤5.0	3.0	>2.0且≤3.0
	≤3.0	2.0	

3.4.3 闭式系统的作用面积不宜小于$140m^2$。

每套泵组所带喷头数量不应超过100只。

3.4.4 采用全淹没应用方式的开式系统，其喷雾强度、喷头的布置间距、安装高度和工作压力，宜经实体火灾模拟试验确定，也可根据喷头的安装高度按表3.4.4确定系统的最小喷雾强度和喷头的布置间距。

表3.4.4 采用全淹没应用方式开式系统的喷雾强度、喷头的布置间距、安装高度和工作压力

应用场所	喷头的工作压力(MPa)	喷头的安装高度(m)	系统的最小喷雾强度($L/min \cdot m^2$)	喷头的最大布置间距(m)
油浸变压器室，液压站，润滑油站，柴油发电机房，燃油锅炉房等	>1.2且≤3.5	≤7.5	2.0	2.5
电缆隧道，电缆夹层		≤5.0	2.0	
文物库，以密集柜存储的图书库、资料库、档案库		≤3.0	0.9	

续表 3.4.4

应用场所		喷头的工作压力(MPa)	喷头的安装高度(m)	系统的最小喷雾强度(L/min·m²)	喷头的最大布置间距(m)
油浸变压器室，涡轮机房等		≥10	≤7.5	1.2	3.0
液压站，柴油发电机房，燃油锅炉房等			≤5.0	1.0	
电缆隧道，电缆夹层			>3.0 且≤5.0	2.0	
			≤3.0	1.0	
文物库，以密集柜存储的图书库、资料库、档案库			>3.0 且≤5.0	2.0	
			≤3.0	1.0	
电子信息系统机房	主机工作空间		≤3.0	0.7	
	地板夹层		≤0.5	0.3	

3.4.5 采用全淹没应用方式的开式系统，其防护区数量不应大于3个。

单个防护区的容积，对于泵组系统不宜超过 3000m³，对于瓶组系统不宜超过 260m³。当超过单个防护区最大容积时，宜将该防护区分成多个分区进行保护，并应符合下列规定：

1 各分区的容积，对于泵组系统不宜超过 3000m³，对于瓶组系统不宜超过 260m³；

2 当各分区的火灾危险性相同或相近时，系统的设计参数可根据其中容积最大分区的参数确定；

3 当各分区的火灾危险性存在较大差异时，系统的设计参数应分别按各自分区的参数确定；

4 当设计参数与本规范表 3.4.4 不相符合时，应经实体火灾模拟试验确定。

3.4.6 采用局部应用方式的开式系统，当保护具有可燃液体火灾危险的场所时，系统的设计参数应根据产品认证检验时，国家授权的认证检验机构根据现行国家标准《细水雾灭火系统及部件通用技术条件》GB/T 26785 认证检验时获得的试验数据确定，且不应超出试验限定的条件。

3.4.7 采用局部应用方式的开式系统，其保护面积应按下列规定确定：

1 对于外形规则的保护对象，应为该保护对象的外表面面积；

2 对于外形不规则的保护对象，应为包容该保护对象的最小规则形体的外表面面积；

3 对于可能发生可燃液体流淌火或喷射火的保护对象，除应符合本条第 1 或 2 款的要求外，还应包括可燃液体流淌火或喷射火可能影响到的区域的水平投影面积。

3.4.8 开式系统的设计响应时间不应大于 30s。

采用全淹没应用方式的开式系统，当采用瓶组系统且在同一防护区内使用多组瓶组时，各瓶组应能同时启动，其动作响应时差不应大于 2s。

3.4.9 系统的设计持续喷雾时间应符合下列规定：

1 用于保护电子信息系统机房、配电室等电子、电气设备间，图书库、资料库、档案库，文物库，电缆隧道和电缆夹层等场所时，系统的设计持续喷雾时间不应小于 30min；

2 用于保护油浸变压器室、涡轮机房、柴油发电机房、液压站、润滑油站、燃油锅炉房等含有可燃液体的机械设备间时，系统的设计持续喷雾时间不应小于 20min；

3 用于扑救厨房内烹饪设备及其排烟罩和排烟管道部位的火灾时，系统的设计持续喷雾时间不应小于 15s，设计冷却时间不应小于 15min；

4 对于瓶组系统，系统的设计持续喷雾时间可按其实体火灾模拟试验灭火时间的 2 倍确定，且不宜小于 10min。

3.4.10 为确定系统设计参数的实体火灾模拟试验应由国家授权的机构实施，并应符合本规范附录 A 的规定。在工程应用中采用实体模拟实验结果时，应符合下列规定：

1 系统设计喷雾强度不应小于试验所用喷雾强度；

2 喷头最低工作压力不应小于试验测得最不利点喷头的工作压力；

3 喷头布置间距和安装高度分别不应大于试验时的喷头间距和安装高度；

4 喷头的安装角度应与试验安装角度一致。

Ⅱ 水力计算

3.4.11 系统管道的水头损失应按下列公式计算：

$$P_f = 0.2252\frac{fL\rho Q^2}{d^5} \qquad (3.4.11\text{-}1)$$

$$Re = 21.22\frac{Q\rho}{d\mu} \qquad (3.4.11\text{-}2)$$

$$\Delta = \frac{\varepsilon}{d} \qquad (3.4.11\text{-}3)$$

式中：P_f——管道的水头损失，包括沿程水头损失和局部水头损失(MPa)；

Q——管道的流量(L/min)；

L——管道计算长度，包括管段的长度和该管段内管接件、阀门等的当量长度(m)；

d——管道内径(mm)；

f——摩阻系数，根据 Re 和 Δ 值按图 3.4.11 确定；

ρ——流体密度(kg/m³)，根据表 3.4.11 确定；

Re——雷诺数；

μ——动力黏度(cp)，根据表 3.4.11 确定；

Δ——管道相对粗糙度；

ε——管道粗糙度(mm)，对于不锈钢管，取 0.045mm。

表 3.4.11 水的密度及其动力黏度系数

温度(℃)	水的密度(kg/m³)	水的动力黏度系数(cp)
4.4	999.9	1.50
10.0	999.7	1.30
15.6	998.8	1.10
21.1	998.0	0.95
26.7	996.6	0.85
32.2	995.4	0.74
37.8	993.6	0.66

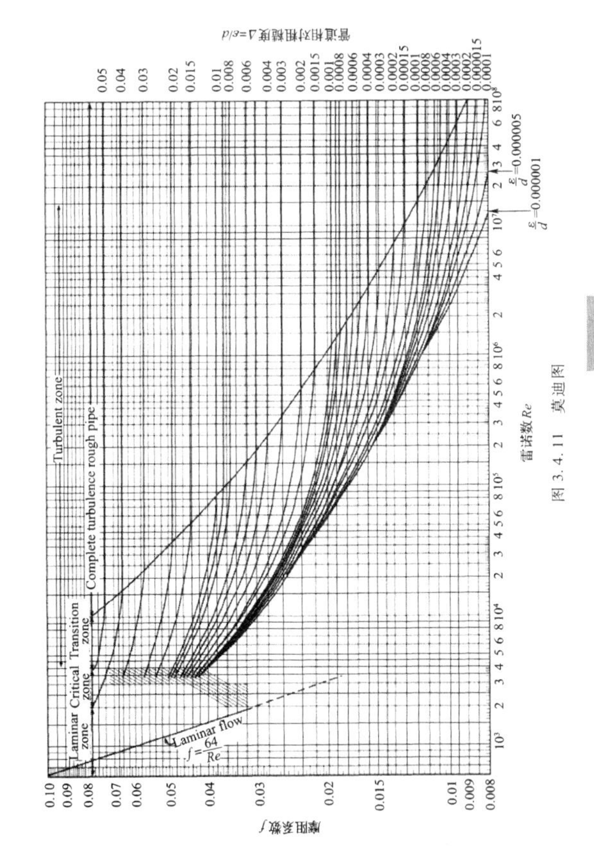

图 3.4.11 莫迪图

3.4.12 当系统的管径大于或等于 20mm 且流速小于 7.6m/s 时，其管道的水头损失也可按下式计算：

$$P_f = 6.05 \frac{LQ^{1.85}}{C^{1.85} d^{4.87}} \times 10^4 \quad (3.4.12)$$

式中：C——海澄-威廉系数；对于铜管和不锈钢管，取 130。

3.4.13 管件和阀门的局部水头损失宜根据其当量长度计算。

3.4.14 系统管道内的水流速度不宜大于 10m/s，不应超过 20m/s。

3.4.15 系统的设计供水压力应按下式计算：

$$P_t = \sum P_f + P_e + P_s \quad (3.4.15)$$

式中：P_t——系统的设计供水压力(MPa)；

P_e——最不利点处喷头与储水箱或储水容器最低水位的高程差(MPa)；

P_s——最不利点处喷头的工作压力(MPa)。

3.4.16 喷头的设计流量应按下式计算：

$$q = K\sqrt{10P} \quad (3.4.16)$$

式中：q——喷头的设计流量(L/min)；

K——喷头的流量系数[$L/min/(MPa)^{1/2}$]；

P——喷头的设计工作压力(MPa)。

3.4.17 系统的设计流量应按下式计算：

$$Q_s = \sum_{i=1}^{n} q_i \quad (3.4.17)$$

式中：Q_s——系统的设计流量(L/min)；

n——计算喷头数；

q_i——计算喷头的设计流量(L/min)。

3.4.18 闭式系统的设计流量，应为水力计算最不利的计算面积内所有喷头的流量之和。

一套采用全淹没应用方式保护多个防护区的开式系统，其设计流量应为其中最大一个防护区内喷头的流量之和。当防护区间无耐火构件分隔且相邻时，系统的设计流量应为计算防护区与相邻防护区内的喷头同时开放时的流量之和，并应取其中最大值。

采用局部应用方式的开式系统，其设计流量应为其保护面积内所有喷头的流量之和。

3.4.19 系统设计流量的计算，应确保任意计算面积内任意 4 只喷头围合范围内的平均喷雾强度不低于本规范表 3.4.2 和表 3.4.4 的规定值或实体火灾模拟试验确定的喷雾强度。

3.4.20 系统储水箱或储水容器的设计所需有效容积应按下式计算：

$$V = Q_s \cdot t \quad (3.4.20)$$

式中：V——储水箱或储水容器的设计所需有效容积(L)；

t——系统的设计喷雾时间(min)。

3.4.21 泵组系统储水箱的补水流量不应小于系统设计流量。

3.5 供 水

3.5.1 系统的水质除应符合制造商的技术要求外，尚应符合下列要求：

1 泵组系统的水质不应低于现行国家标准《生活饮用水卫生标准》GB 5749 的有关规定；

2 瓶组系统的水质不应低于现行国家标准《瓶(桶)装饮用纯净水卫生标准》GB 17324 的有关规定；

3 系统补水水源的水质应与系统的水质要求一致。

3.5.2 瓶组系统的供水装置应由储水容器、储气容器和压力显示装置等部件组成，储水容器、储气容器均应设置安全阀。

同一系统中的储水容器或储气容器，其规格、充装量和充装压力应分别一致。

储水容器组及其布置应便于检查、测试、重新灌装和维护，其操作面距墙或操作面之间的距离不宜小于 0.8m。

3.5.3 瓶组系统的储水量和驱动气体储量，应根据保护对象的重要性、维护恢复时间等设置备用量。对于恢复时间超过 48h 的瓶组系统，应按主用量的 100%设置备用量。

3.5.4 泵组系统的供水装置宜由储水箱、水泵、水泵控制柜(盘)、安全阀等部件组成，并应符合下列规定：

1 储水箱应采用密闭结构，并应采用不锈钢或其他能保证水质的材料制作；

2 储水箱应具有防尘、避光的技术措施；

3 储水箱应具有保证自动补水的装置，并应设置液位显示、高低液位报警装置和溢流、透气及放空装置；

4 水泵应具有自动和手动启动功能以及巡检功能。当巡检中接到启动指令时，应能立即退出巡检，进入正常运行状态；

5 水泵控制柜(盘)的防护等级不应低于 IP54；

6 安全阀的动作压力应为系统最大工作压力的 1.15 倍。

3.5.5 泵组系统应设置独立的水泵，并应符合下列规定：

1 水泵应设置备用泵。备用泵的工作性能应与最大一台工作泵相同，主、备用泵应具有自动切换功能，并应能手动操作停泵。主、备用泵的自动切换时间不应小于 30s；

2 水泵应采用自灌式引水或其他可靠的引水方式；

3 水泵出水总管上应设置压力显示装置、安全阀和泄放试验阀；

4 每台泵的出水口均应设置止回阀；

5 水泵的控制装置应布置在干燥、通风的部位，并应便于操作和检修；

6 水泵采用柴油机泵时，应保证其能持续运行 60min。

3.5.6 闭式系统的泵组系统应设置稳压泵，稳压泵的流量不应大于系统中水力最不利点一只喷头的流量，其工作压力应满足工作泵的启动要求。

3.5.7 水泵或其他供水设备应满足系统对流量和工作压力的要求，其工作状态及其供电状况应能在消防值班室进行监视。

3.5.8 泵组系统应至少有一路可靠的自动补水水源，补水水源的水量、水压应满足系统的设计要求。

当水源的水量不能满足设计要求时，泵组系统应设置专用的储水箱，其有效容积应符合本规范第 3.4.20 条的规定。

3.5.9 在储水箱进水口处应设置过滤器，出水口或控制阀前应设置过滤器，过滤器的设置位置应便于维护、更换和清洗等。

3.5.10 过滤器应符合下列规定：

1 过滤器的材质应为不锈钢、铜合金，或其他耐腐蚀性能不低于不锈钢、铜合金的材料；

2 过滤器的网孔孔径不应大于喷头最小喷孔孔径的 80%。

3.5.11 闭式系统的供水设施和供水管道的环境温度不得低于 4℃，且不得高于 70℃。

3.6 控 制

3.6.1 瓶组系统应具有自动、手动和机械应急操作控制方式，其机械应急操作应能在瓶组间内直接手动启动系统。

泵组系统应具有自动、手动控制方式。

3.6.2 开式系统的自动控制应能在接收到两个独立的火灾报警信号后自动启动。

闭式系统的自动控制应能在喷头动作后，由动作信号反馈装置直接联锁自动启动。

3.6.3 在消防控制室内和防护区入口处，应设置系统手动启动装置。

3.6.4 手动启动装置和机械应急操作装置应能在一处完成系统启动的全部操作，并应采取防止误操作的措施。手动启动装置和机械应急操作装置上应设置与所保护场所对应的明确标识。

设置系统的场所以及系统的手动操作位置，应在明显位置设置系统操作说明。

3.6.5 防护区或保护场所的入口处应设置声光报警装置和系统动作指示灯。

3.6.6 开式系统分区控制阀应符合下列规定：

1 应具有接收控制信号实现启动、反馈阀门启闭或故障信号的功能；

2 应具有自动、手动启动和机械应急操作启动功能，关闭阀门应采用手动操作方式；

3 应在明显位置设置对应于防护区或保护对象的永久性标识，并应标明水流方向。

3.6.7 火灾报警联动控制系统应能远程启动水泵或瓶组、开式系统分区控制阀，并应能接收水泵的工作状态、分区控制阀的启闭状态及细水雾喷放的反馈信号。

3.6.8 系统应设置备用电源。系统的主备电源应能自动和手动切换。

3.6.9 系统启动时，应联动切断带电保护对象的电源，并应同时切断或关闭防护区内或保护对象的可燃气体、液体或可燃粉体供给等影响灭火效果或因灭火可能带来次生危害的设备和设施。

3.6.10 与系统联动的火灾自动报警和控制系统的设计，应符合现行国家标准《火灾自动报警系统设计规范》GB 50116 的有关规定。

中华人民共和国国家标准

细水雾灭火系统技术规范

GB 50898—2013

条 文 说 明

23

目　　次

23

1 总　　则

1.0.1 本条规定了制定本规范的目的。

细水雾灭火系统主要以水为灭火介质，采用特殊喷头在压力作用下喷洒细水雾进行灭火或控火，是一种灭火效能较高、环保、适用范围较广的灭火系统。该系统最早于20世纪40年代用于轮船灭火。20世纪90年代，国际海事组织(IMO)要求客轮均须安装自动喷水灭火系统或者与其等效的其他灭火系统；同时，蒙特利尔议定书要求逐步停止哈龙灭火剂的生产并严格限制其使用范围，使得细水雾灭火系统的开发和应用日益受到重视。进入20世纪末，细水雾灭火系统得到了迅速发展，逐步成为国际上应用广泛的哈龙灭火系统的替代系统之一。

在细水雾灭火系统的研究与应用方面，欧美起步较早，系统广泛应用于船舶、舰艇、变电站、电信设备、图书馆、档案馆、银行、实验室等场所。我国于20世纪90年代末开始进行细水雾灭火系统的研发和试验工作，并被列为国家"九五"科技攻关项目。现在，我国的细水雾灭火系统正处于国外产品进入、国内产品跟进的发展阶段，还有很大的提升和进一步完善的空间，在洁净气体灭火系统替代场所和传统自动喷水灭火系统应用中对水量、水渍损失等要求较高的场所，有较好的应用前景，且对扑灭在有限封闭空间内发生的较大规模的可燃液体火灾有较好的效果。

在技术标准方面，美国消防协会于2000年正式出版了NFPA 750《细水雾灭火系统标准》，现已更新为2015版。该标准对细水雾的概念、系统类型、系统构成和适用范围等进行了阐述和界定。欧盟出版了CEN/TS 14972:2006《固定灭火系统—细水雾灭火系统设计安装标准》，现已更新至2011版。FM出版了FM5560《细水雾灭火系统认证标准》，现已更新为2015版。在国内，北京、广东、江苏、河南等十几个省市也先后制定了细水雾灭火系统设计、施工及验收的地方标准。

为此，需要制定一项国家标准来规范和指导细水雾灭火系统的设计、施工和验收，以保证该系统的设计、施工质量，保障其正常运行。

1.0.2 本条规定了本规范的适用范围。

作为一项自动灭火系统，细水雾灭火系统可以用于任何适用采用该系统进行灭火、控火的场所。本规范规定涉及细水雾灭火系统的设计、施工、验收及维护管理等各方面。

1.0.3 本条规定了细水雾灭火系统适用和不适用扑救的火灾类型。

细水雾灭火系统的灭火机理是依靠水雾化成细小的雾滴，充满整个防护空间或包裹并充满保护对象的空隙，通过冷却、窒息等方式进行灭火。和传统的自动喷水灭火系统相比，细水雾灭火系统用水量少、水渍损失小、传递到火焰区域以外的热量少，可用于扑救带电设备火灾和可燃液体火灾。和气体灭火系统相比，细水雾对人体无害、对环境无影响，有很好的冷却、隔热作用和烟气洗涤作用，其水源更容易获取，灭火的可持续能力强，还可以在一定的开口条件下使用。这些优点使得细水雾灭火系统有着广泛的适用范围，能够用于扑救可燃固体、可燃液体及电气火灾。

由于细水雾雾滴粒径较小，不容易润湿可燃物表面，所以细水雾对可燃固体深位火灾的灭火效果不佳。同时，对于室外场所，由于风力等环境气候条件的不确定，可能影响系统的灭火、控火效果，因此目前规范规定细水雾灭火系统适用于相对封闭的空间。

细水雾灭火系统以水为介质，因此不能用于保护遇水发生燃烧或爆炸等剧烈反应的物质，包括：锂、钾、钠、镁等活泼金属，过氧化钾、过氧化钠、过氧化镁、过氧化钡等过氧化物，碳化钠、碳化钙、碳化铝等碳化物，氨化钠等金属氨化物，氯化铝等卤化物，卤化磷等卤化物，硅烷、硫化物和氰酸盐等。同时，由于液化天然气等气体在吸收水的热量后会剧烈沸腾，细水雾灭火系统也不能直接用于保护处在低温状态下的液化气体。

1.0.4 本条规定了细水雾灭火系统设计的基本原则。

细水雾灭火系统的设计要充分考虑保护对象的实际情况，如火灾特性、空间几何特征、环境条件等，同时也要遵循国家有关方针政策，兼顾安全性与经济性。

由于细水雾灭火系统的自身特点，本规范更趋向于针对实际工程的个体特性，通过试验的方式来确定相关设计参数并完成设计的性能化设计方法。

1.0.5 细水雾灭火系统的设置，除本规范中已注明的以外，还要求同时执行下列标准的相关规定：现行国家标准《建筑设计防火规范》GB 50016等有关建筑防火标准，现行国家标准《细水雾灭火系统及部件通用技术条件》GB/T 26785等有关产品标准以及现行国家标准《工业金属管道工程施工规范》GB 50235等有关施工验收标准和管道材质等其他相关标准。

2 术语和符号

2.1 术　　语

2.1.1 雾滴直径D_V是一种以喷雾液体的体积来表示雾滴大小的方法。例如，$D_{V0.99}$表示喷雾液体总体积中，1%是由直径大于该数值的雾滴，99%是由直径小于或等于该数值的雾滴组成。

本条定义参照了美国NFPA 750《细水雾灭火系统标准》(2010版)和欧盟CEN/TS 14972《固定灭火系统—细水雾灭火系统设计安装标准》(2008版)的相关定义，但对水雾雾滴大小的规定不同。NFPA 750和CEN/TS 14972分别要求$D_{V0.99}$或$D_{V0.90}$小于1000μm。NFPA750虽然是细水雾灭火系统标准，但在其附录解释中指出"包括用于NFPA15《固定式水雾灭火系统标准》中的一些水喷雾，或高压下由标准喷头操作产生的一些水喷雾，以及适合于温室雾化和HVAC(供热、通风和空调系统)湿度系统的轻水雾"，这个范围较广泛，包含了现行国家标准《水喷雾灭火系统技术规范》GB 50219规定的部分水雾。

此外，根据国家固定灭火系统和耐火构件质量监督检验中心针对水喷雾喷头以及细水雾喷头的大量雾滴直径测试数据，细水雾喷头喷出的水雾，其$D_{V0.5}$一般在50μm～200μm，$D_{V0.99}$一般均小于400μm。而水雾喷头喷出的水雾，其$D_{V0.5}$多介于200μm～400μm，$D_{V0.99}$一般小于800μm。按照$D_{V0.99}$小于1000μm的要求，则上述规定的一些水喷雾范围内的水雾也会划入细水雾范畴。这不利于区别细水雾灭火系统和水喷雾灭火系统的工程应用。为此，为严格区分水喷雾与细水雾，本规范将细水雾的雾滴直径限定为$D_{V0.5}$小于200μm且$D_{V0.99}$小于400μm。

2.1.2 细水雾灭火系统的主要组成部分包括加压供水设备、供水管网、细水雾喷头和相关控制装置等。

2.1.3 本条参照现行国家标准《气体灭火系统设计规范》GB 50370中"防护区"的定义，即能满足全淹没灭火系统要求的有限封闭空间。与气体灭火系统相比，细水雾灭火系统对保护空间的密闭程度要求不很严格，可用于封闭或部分封闭的空间。NFPA 750也有类似的定义。

2.1.4、2.1.5 细水雾灭火系统按供水方式(主要是按照驱动源类型)可以划分为泵组、瓶组式及其他形式，目前主要有泵组和瓶组式两种形式的产品。泵组系统采用柱塞泵、高压离心泵或气动泵等泵组作为系统的驱动源，而瓶组系统采用储气容器和储水容器，分别储存高压氮气和水，系统启动后释放出高压气体来驱动水形成细水雾。

2.1.6～2.1.9 细水雾喷头可分为开式喷头和闭式喷头。闭式喷头是以其感温元件作为启动部件的细水雾喷头。开式喷头是以火灾探测器作为启动信号的开放式细水雾喷头。细水雾灭火系统根据其采用的细水雾喷头形式，可以分为开式系统和闭式系统。开式系统由火灾自动报警系统控制，自动开启分区控制阀和启动水泵后，向开式细水雾喷头供水。闭式系统，除预作用系统外，不需要火灾自动报警装置联动。

开式系统按照系统的应用方式，可以分为全淹没应用和局部应用两种方式。采用全淹没应用方式时，微小的雾滴粒径以及较高的喷放压力使得细水雾雾滴能像气体一样具有一定的流动性和弥散性，充满整个空间，并对防护区内的所有保护对象实施保护。局部应用方式是针对防护区内某一部分保护对象，如油浸变压器、燃气轮机的轴承等，直接喷放细水雾实施灭火。开式系统示意图（以泵组系统为例），见图1。

闭式系统可分为湿式系统和预作用系统，其定义与现行国家标准《自动喷水灭火系统设计规范》GB 50084 的规定相一致。本规范主要对湿式系统进行了规定，系统的示意图，见图2。

2.1.10 本条定义了细水雾灭火系统的响应时间，该时间对有效扑救初起火灾具有重要意义，是系统的重要设计参数。

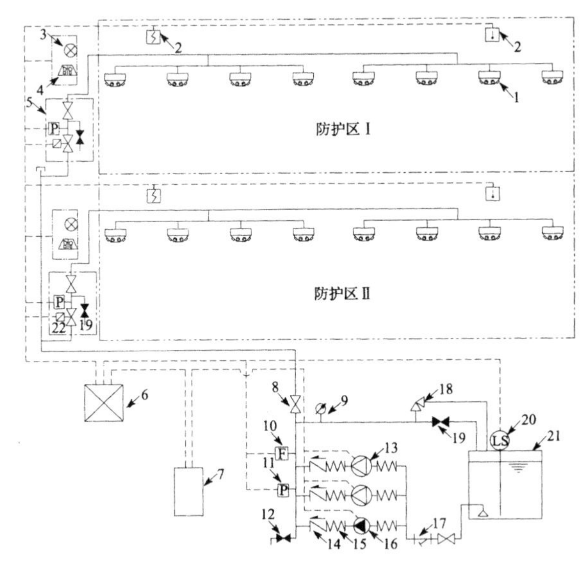

图1 开式系统示意

1—开式细水雾喷头；2—火灾探测器；3—喷雾指示灯；4—火灾声光报警器；
5—分区控制阀组；6—火灾报警控制器；7—消防泵控制柜；8—控制阀（常开）；
9—压力表；10—水流传感器；11—压力开关；12—泄水阀（常闭）；
13—消防泵；14—止回阀；15—柔性接头；16—稳压泵；17—过滤器；
18—安全阀；19—泄放试验阀；20—液位传感器；21—储水箱；
22—分区控制阀（电磁/气动/电动阀）

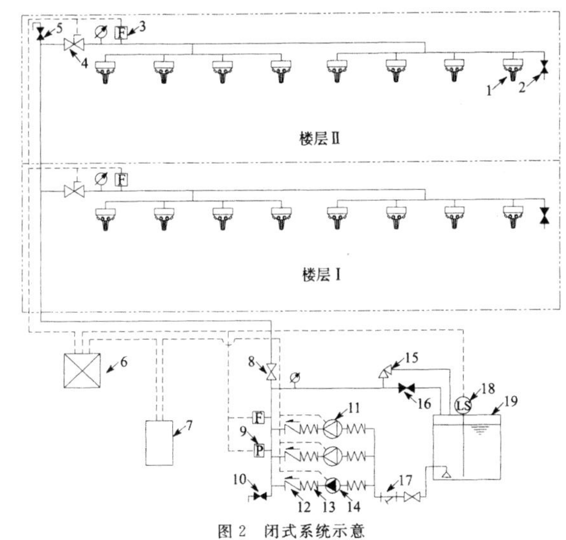

图2 闭式系统示意

1—闭式细水雾喷头；2—末端试水阀；3—水流传感器；
4—分区控制阀（常开，反馈阀门开启信号）；5—排气阀（常闭）；
6—火灾报警控制器；7—消防泵控制柜；8—控制阀（常开）；
9—压力开关；10—泄水阀（常闭）；11—消防泵；12—止回阀；
13—柔性接头；14—稳压泵；15—安全阀；16—泄放试验阀；
17—过滤器；18—液位传感器；19—储水箱

3 设　计

3.1 一般规定

3.1.1 本条要求细水雾灭火系统产品和组成部件应符合国家标准。

细水雾灭火系统及其部件属于消防专用产品，质量把关至关重要。设计不得采用未检测或检测不合格的产品。对于需要经过国家授权的质量监督检验机构检验的产品或组件，需要提供通过相应检验的合格报告；如不需要认证的产品或组件，则要提供证明其符合国家标准的相应合格检验报告或证明书。

细水雾灭火系统的灭火效果离不开火灾试验验证。规范要求供货商生产的细水雾灭火系统成套产品的技术性能应符合相关产品、试验方法等国家标准的有关规定。供货商不仅要提供细水雾灭火装置的灭火试验测试报告，而且要提供相应产品的设计性能参数。

3.1.2 本条规定了细水雾灭火系统在设计时需要考虑的主要因素。

火灾危险性与可燃物的数量、种类、位置及分布、受遮挡的情况以及空间特性和火灾蔓延扩大的可能性等因素有关。

保护对象的环境条件，主要指保护对象周围的通风或对流情况、环境温度、腐蚀度、洁净度等。

喷头的喷雾特性，主要是指喷头的雾滴直径、流量系数、雾化角、雾动量等。

3.1.3 本条规定了不同应用场所的系统选型原则。

在系统选型时，主要考虑可燃物种类、数量、摆放位置及抑制或扑灭防火的设计目标等因素。闭式系统主要用于控制火灾，保护以可燃固体火灾为主的对象，且主要用于扑救可燃固体表面的火灾。开式系统既可用于抑制火灾，也可用于扑灭火灾，可用于保护多种类型火灾的对象。

3.1.4 泵组系统种类繁多，应用范围广，可以持续灭火，适合长时间、持续工作的场所，尤其是涉及人员保护或防护冷却的场所。

由于瓶组系统储水量小，难以保证持续供水，容易导致灭火失败，故防护区内设置闭式系统时，不应采用瓶组系统。

3.1.5 为了保证开式系统采用全淹没应用方式时，系统喷放细水雾后具有良好的窒息效果，当系统启动时，要避免因空间的开口而导致细水雾流失，减少环境对流的影响。对于不能关闭的开口，要考虑在其开口处增设局部应用喷头等补偿或等效分隔措施。

3.1.6 细水雾雾滴粒径小，流动性及弥散性良好，容易受风的影响。采用局部应用方式的系统保护的对象通常为某一较大空间内的某一设备或局部空间，周围空间不受系统保护，因此，灭火时细水雾受环境对流气流的影响较大，需要结合试验情况限制环境风速，以保证系统的灭火效果。

3.2 喷头选择与布置

3.2.1 本条规定了细水雾喷头的选择原则。

系统设置在含粉尘或含油类物质等的场所时，容易造成喷头堵塞，在这些场所要考虑防尘、防油脂等防护措施，这些措施在火灾时不能影响细水雾喷头的正常工作。

闭式系统选择快速响应型喷头能提高系统控制初起火灾的能力。

3.2.2、3.2.3 规定了细水雾灭火系统喷头布置的基本要求。

细水雾喷头一般按矩形布置，也有按其他形式布置的。对于开式系统，其基本要求是要能将细水雾均匀分布并充填防护空间，完全遮蔽保护对象。对于闭式系统，喷头的覆盖面应无空白。

闭式细水雾喷头的感温元件是热敏玻璃球等，在喷头布置时需要考虑其集热效果，喷头感温元件与顶板的距离，要能使系统喷头及时开放。

位于细水雾喷头附近的遮挡物有可能对喷头喷雾效果产生不利影响，如阻止喷雾顺利到达或完全包络保护对象等，设计时要避开遮挡物体，或采取局部加强保护措施。

对于电缆隧道等狭长防护区域，可以采用线形方式布置喷头，一般将喷头布置在隧道的过道上方。无论何种方式，均需保证细水雾能够完全充满所防护的电缆隧道空间。

3.2.4 本条规定了系统采用局部应用方式时，喷头布置的基本要求。

开式系统采用局部应用方式保护时，由于产品不同且保护对象各异，其喷头布置没有固定方式，需要结合保护对象的几何形状进行设计，以保证细水雾能完全包络或覆盖保护对象或部位。细水雾喷头与保护对象间要求有最小距离的限值，以实现细水雾喷头在这个距离的良好雾化。细水雾喷头与保护对象间也要求有最大距离的限值，以保证喷雾具有足够的冲量，并到达保护对象表面。

细水雾灭火系统用于保护油浸变压器，是开式系统局部应用方式的典型应用。本条给出了更具体的喷头布置要求，但仍需要以火灾试验为依据。

3.2.5 本条参照 NFPA 750（见表1），规定了细水雾喷头、管道与电气设备带电（裸露）部分的最小安全净距。

表1　喷头与无绝缘带电设备的最小距离

额定电压(kV)	最高电压(kV)	设计基本绝缘电压(kV)	最小距离(mm)
≤13.8	14.5	110	178
23	24.3	150	254
34.5	36.5	200	330
46	48.5	250	432
69	72.5	350	635
115	121	550	1067
138	145	650	1270
161	169	750	1473
230	242	900	1930
		1050	2134
345	362	1050	2134
		1300	2642
500	550	1500	3150
		1800	3658
765	800	2050	4242

表1中未列入的设计基本绝缘电压，其对应的间距数值可以采用插入法计算确定。

表1中系统设置在海拔在1000m以上的地区时，海拔每升高100m，表中的数值需要增加1%。

3.2.6 本条要求细水雾灭火系统设置备用喷头。

设计细水雾灭火系统时，要求在设计资料中提出备用喷头的数量，以便在系统投入使用后，因火灾或其他原因损伤喷头时能够及时更换，缩短系统恢复戒备状态的时间。当在设计中采用了不同型号的喷头时，除了对备用喷头总数的要求外，不同型号的喷头也要有各自的备品。

3.3 系统组件和管道及其布置

3.3.1 本条规定了细水雾灭火系统主要组件的设置位置，以避免外力破坏，确保各组件能正常发挥作用。

另外，细水雾灭火系统由于喷头孔径小，当管道设备、阀组等锈蚀时，很容易造成喷头堵塞。同时，细水雾喷头本身也需要有良好的耐腐蚀性能，以防止喷头锈蚀影响其雾滴直径、雾化角、流量特性等，进而影响其灭火效能。为此，规定系统组件要选用防锈材质或采取防腐蚀措施。

3.3.2 本条规定了开式系统分区控制阀和泄放试验阀的设置要求。

开式系统的分区控制阀平时保持关闭，火灾时能够接收控制信号自动开启，使细水雾向对应的防护区或保护对象喷放。开式系统的分区控制阀可选用电磁阀、电动阀、气动阀、雨淋阀等自动控制阀组，有些厂家称为选择阀、分配阀，本规范统一称作分区控制阀。

开式系统的泄放试验阀与闭式系统的试水阀相对应，但不仅用于试水（冷喷试验），也具有阀门检修时的泄放功能。在开式系统每个分区控制阀上，建议尽量留出出口以连接泄放试验阀，或在控制阀后的管道上选择低点位置设置泄放试验阀。泄放试验阀出口需要设置可接泄水口和可接试水喷头的接口。

3.3.3 本条规定了闭式系统分区控制阀的设置要求。

闭式系统的分区控制阀平时保持开启，主要用于切断管网的供水水源，以便系统排空、检修管网及更换喷头等。闭式系统的分区控制阀要求采用具有明显启闭标志的阀门或专用于消防的信号阀。使用信号阀时，其开启状态要能够反馈到消防控制室；使用普通阀门时，须用锁具锁定阀板位置，防止误操作，造成配水管道断水。

3.3.4 本条规定了开式系统及闭式系统分区控制阀的共同设置要求。

分区控制阀多设置在防护区外，一般采用集中或分散设置两种方式。开式系统采用局部应用方式时，分区控制阀可设置在保护对象附近不受火灾影响且便于操作处。

规范要求分区控制阀后的主管道上设置压力开关等信号反馈装置，是为了反馈系统是否喷放细水雾的信号，并不是用于启动水泵。当系统选择雨淋阀组等本身带有压力开关的阀组作为分区控制阀时，不需增设压力开关。

3.3.5 本条规定了闭式系统中排气阀和试水阀的设置要求。

闭式系统的排气阀要求设置在所属区段管道的最高点，在系统管网充满水形成准工作状态时使用，为了可靠，多采用手动排气阀。

闭式系统的试水阀要求设置在管网末端，其口径和管网末端口径相等。

3.3.7 本条规定了细水雾灭火系统中泄水阀的设置要求。

泄水阀的设置位置要视系统管网的布置情况而定，在系统管网最低点处需要设置泄水总阀。对于泵组系统，管网最低点一般在水泵出口处。若系统管网最低点不止一处，则还要根据管网情况设置多个泄水阀。

3.3.9 本条规定了系统管道支、吊架的设置位置、间距及承重要求，以保证细水雾灭火系统的管道安装牢固，不产生径向晃动和轴向窜动。表中规定的数值参考了NFPA 750的相关规定，见表2。

表2 管道吊架最大间距(NFPA750)

管道外径(mm)	6～14	15～22	23～28	30～38	40～49	50～59	60～70	71～89	90～108
吊架的最大间距(m)	1.21	1.52	1.82	2.12	2.42	3.00	3.33	3.64	3.94

当系统工作压力较高时，系统管道固定需要采取防晃措施。防晃支架的设置可参照现行国家标准《气体灭火系统施工及验收规范》GB 50263的相关规定。

3.3.10 本条规定了系统管道的材质要求，为强制性条文。

符合要求的管道材质是确保系统正常工作的必要保证，细水雾喷头喷孔较小，为防止喷头堵塞，影响灭火效果，需要采用能防止管道锈蚀、不利于微生物滋生的管材。同时，细水雾灭火系统的工作压力高，对管道的承压能力要求高。因此，细水雾灭火系统管道材质的选择与自动喷水灭火系统、水喷雾灭火系统等有所区别。

无论欧盟标准CEN/TS 14972，还是美国消防协会标准NFPA 750，都强调细水雾灭火系统管道的耐腐蚀性能，并规定首选不锈钢管道。本规范参考国际标准的相关规定，综合考虑管道的防腐、承压等相关要求并兼顾经济性，规定细水雾灭火系统的管道材质采用冷拔法制造的奥氏体不锈钢钢管。当采用其他管材时，需要证实其耐火、耐腐蚀性能、耐压性能不低于本条规定的相应奥氏体不锈钢钢管的性能。

当系统的工作压力较高时，要提高管道的耐腐蚀性能和承压能力的要求。鉴于现有多种规格的奥氏体不锈钢管，为便于选择并确保质量，本条结合现行国家标准《不锈钢和耐热钢牌号及化学成分》GB/T 20878确定了管材的具体牌号。本条规定的牌号为022Cr17Ni12Mo2的奥氏体不锈钢，对应的统一数字代号为S31603，即原316L。S31603号不锈钢的含碳量小于0.030%，并且含有2%～3%的钼元素，与S30408和S30403号不锈钢（即原304和304L）相比，提高了对还原性盐、无机酸和有机酸、碱类的耐腐蚀性能和抗应力腐蚀性能；与S31608号不锈钢（即原316）相比，具有更好的加工性能。

管道壁厚需要根据系统的设计工作压力选取，管道的规格和壁厚等要符合相应国家标准的要求，不锈钢无缝管的规格可参考表3进行选择。表3摘录自现行国家标准《无缝钢管尺寸、外形、重量及允许偏差》GB/T 17395。

表3 不锈钢无缝管常用规格

管道外径		管道壁厚	
外径(mm)	精确度	壁厚(mm)	精确度
12	±0.2	1.0/1.2/1.5	+12.5% −10%
16		1.0/1.5/2.0	±10%
20		1.0/1.5/2.0/2.5	
24		1.5/2.0/2.5	
27		1.5/2.0/2.5/3.0	
32	±0.3	2.0/2.5/3.0	
40		3.0/3.5/4.0	
48		3.5/4.0/5.0	
60	±0.8%*D* (*D*为公称外径)	4.0/5.0	
76		4.0/5.0/5.5	
89		5.0/5.5/6.0	
102		6.0/6.0/8.0	

3.3.11 本条规定了细水雾灭火系统管道的连接方式。

焊接时强调采用氩弧焊工艺，以尽量减少焊接时因高温造成管道内的氧化。管件材质要求与管道相同，以保证管件的耐腐蚀性，不与管道发生电化学腐蚀。

3.3.12 本条规定了细水雾灭火系统各组件的压力要求。

条文中的"工作压力"，是指系统在正常工作条件下，分配管网中流动介质的压力。系统的最大工作压力，对于瓶组系统，是指储气容器充装氮气后，在最高工作温度下，储气容器的压力或减压装置的出口压力；对于泵组系统，是指水泵在额定流量条件下的最大输出压力。

3.3.13 本条为强制性条文。本规范规定的细水雾灭火系统在喷放细水雾时，流体在管道内的压力和流速均较高，容易导致管网产生静电。本条规定主要为防止这些静电在管网中积聚产生火花而引发爆炸危险。

3.4 设计参数与水力计算

Ⅰ 设计参数

3.4.2 本条规定了闭式系统的设计参数选择要求。

由于细水雾产品多种多样，影响细水雾灭火效果的因素众多、关系复杂，细水雾灭火系统的研究、设计和应用一直建立在实体火灾试验或实体火灾模拟试验的基础上。NFPA 750及CEN/TS 14972中都没有规定具体参数，而是要求进行相关的火灾试验确定。因此，本规范在编制时，经多次讨论，确定以实体火灾模拟试验的结果作为系统参数设计的依据。这一规定要求制造商提供与实际应用场景相适应的细水雾灭火系统应用参数。否则，要按照本规范附录A的要求经实体火灾模拟试验确定。

同时，考虑我国实际情况，为便于设计，在参考国内、外主要细水雾灭火系统生成商的相关试验结果和技术资料的基础上，规范组归纳总结出一些典型的系统设计参数值列于表3.4.2。细水雾灭火系统的特点和灭火机理，决定了其灭火效果与喷雾强度、雾滴动量、空间高度等参数有关。例如，同一细水雾灭火系统，如安装高度不同，其灭火效果可能会有很大差异。因此，表 3.4.2 中同时规定了在一定喷头设计工作压力范围内的系统喷雾强度、布置间距和安装高度等参数。

尽管本规范表 3.4.2 中列出了部分典型场所在一定应用条件下的设计参数取值，但由于影响细水雾灭火效果的因素较多，不同制造商生产的产品性能差异较大，设计人员在设计时，还应根据制造商提供的细水雾灭火系统性能参数确定。但是，当制造商提供的参数取值小于本规范要求时，要按规范的取值确定。

同时，由于能采用归纳法总结出来的参数有限，不能涵盖细水雾灭火系统的全部应用情况，当系统的实际设计和应用情况不符合表 3.4.2 的规定时，要进行实体火灾模拟试验并以试验结果为基础进行设计。为保证试验的客观公正和数据的可靠性，实体火灾模拟试验要由权威机构结合工程的实际情况，按照本附录第 A.1节的要求进行。

3.4.3 本条规定了闭式系统的作用面积。该规定参考了 NFPA 750“对于轻危险的公共空间和住宿空间，系统作用面积应是最大水力要求的覆盖区域，最大面积为 $140m^2$”的规定。作用面积的提法与现行国家标准《自动喷水灭火系统设计规范》GB 50084的相关术语保持一致。

3.4.4 本条规定了开式系统采用全淹没应用方式时的设计参数选择要求。

本条规定与国际标准和本规范第 3.4.2 条对于闭式系统的规定原则一致，要求系统的设计参数以实体火灾试验的结果为基础，具体问题具体分析。对于开式系统采用全淹没应用方式，当用于保护电缆隧道电缆夹层、电子信息系统机房的地板夹层空间及存在可燃液体火灾危险的设备室时，有关实体火灾模拟试验可以参考本附录第 A.2～A.5 节的规定进行；当用于保护文物库、图书库、资料库、档案库、配电房或电子信息系统机房主机工作间等场所时，要由有关火灾试验的权威机构结合实际工程的具体情况，按照本附录第 A.1 节的原则要求设计试验方案和进行模拟试验。

表 3.4.4 规定了部分典型应用场所在一定应用条件下的喷雾强度等设计参数。表中规定的喷雾强度值，是细水雾喷头在相应的最低设计工作压力、最大安装高度和相应布置间距时的最小喷雾强度。设计人员在选用本规范表 3.4.2 给出的设计参数时，需要同时参考制造商提供的细水雾灭火系统性能参数。当制造商提供的参数取值小于本规范要求时，要按规范的取值确定。

3.4.5 本条规定了开式系统采用全淹没应用方式时，可保护的防护区最多数量和单个防护区的最大容积。参考国际海事组织(IMO)等国际权威机构的试验结果，对于泵组系统，目前采用全淹没应用方式进行实体火灾模拟试验的防护区体积基本不超过 $3000m^3$。超过该体积时，系统的灭火有效性需要进一步试验验证。瓶组系统由于其持续供水能力有限，因此要求单个防护区的最大容积小于采用泵组系统保护时的容积。对单个防护区的容积进行限定也考虑到防护区容积过大时，采用全淹没应用方式不够经济。

采用开式系统全淹没应用方式保护的单个防护区，当容积过大时，可将其分成若干个小于 $3000m^3$ 或更小的防护区后按照第 3.4.4 条的要求进行设计，也可以根据实际工程情况参考表 3.4.4 确定设计参数。当这些防护区的火灾危险性相同或相近，可以按照其中最大一个防护区的要求设计。

3.4.6 本条规定了开式系统采用局部应用方式时的设计参数选择。

对于开式系统，当火灾可能发生在某一设备或设备的某一个或几个部位的危险场所，可采用局部应用方式。局部应用方式多用于保护室内油浸变压器、柴油发电机和燃油锅炉等设备。局部应用方式的喷头布置与保护对象关系密切，布置形式较复杂，系统喷雾强度的试验值差别也较大，不易统一。所以，开式系统采用局部应用方式保护存在可燃液体火灾的场所时，系统的设计参数以产品检测时测定的“局部应用细水雾灭火系统 B 类火灭火试验”数据为依据，但不能超出所测定的参数值。

3.4.7 本条规定了开式系统采用局部应用方式时的保护面积计算方法。

开式系统采用局部应用方式保护特定对象时，向其表面直接喷雾，并使足够的细水雾覆盖或包络保护对象，是保证灭火效果的关键。一般，是将保护对象的外表面面积确定为设计的保护面积，但对于外形不规则的保护对象，则较复杂。本条规定的设计保护面积计算方法，参考了现行国家标准《水喷雾灭火系统技术规范》GB 50219 的要求。

3.4.8 本条规定了开式系统的设计响应时间，以确保系统有效扑救初起火灾。同时，本规范还对一个防护区内使用多套预制瓶组系统的应用作了限制。

3.4.9 细水雾灭火系统的设计喷雾时间，是保证系统能否灭火并防止其复燃的重要参数，本条规定为强制性条文。该时间是在实体火灾模拟试验的实际灭火时间基础上，考虑安全系数确定的，也参考了国外相关标准规范的要求。

对于用于扑救厨房内烹饪设备及其排烟罩和排烟管道部位火灾的系统，其设计喷雾时间要求参考了中国工程建设标准化协会标准《厨房设备灭火装置技术规程》CECS 233 的规定。

3.4.10 本条规定了本规范第 3.4.2、3.4.4 条和 3.4.5 条中有关系统实体火灾模拟试验的原则要求，主要规定了实体火灾模拟试验的实施机构、具体试验方案及试验结果的工程应用要求等。只有满足这些规定，实体火灾模拟试验的结果才可以作为确定系统设计参数的依据。

附录 A 规定了细水雾灭火系统实体火灾模拟试验的火灾模型、试验的引燃方式和预燃时间等的要求，并规定了液压站、润滑油站、柴油发电机房、燃油锅炉房、涡轮机房等存在可燃液体火灾危险的场所，电缆隧道、电缆夹层、电子信息系统机房的地板夹层空间等场所的试验方法、试验程序及试验结果判定等，包括试验空间、设备模型、模拟火源。对于用于保护图书库、资料库、档案库或电子信息系统机房主机工作间、文物库、配电室等场所的细水雾灭火系统，目前尚无统一的试验方法。细水雾灭火系统用于保护这些场所时，需要由有关火灾试验的机构结合工程的实际情况，按照本规范第 A.1 节的要求确定火灾模型，并进行模拟试验。

Ⅱ 水 力 计 算

3.4.11、3.4.12 规范要求细水雾灭火系统采用 Darcy - Weisbach(达西-魏茨)公式进行管道水头损失计算。当系统管径大于 20mm 且流速小于 7.6m/s 时，管道水头损失可以采用 Hazen - Williams(海澄-威廉)公式计算。与海澄-威廉公式相比，达西-魏茨公式考虑了水头损失受管道的粗糙度、管道内流体的密度、动力黏度、流速等因素影响的问题，较复杂，但更精确。

3.4.13 本条规定了系统管件及阀门局部水头损失的计算方法。

区别于将沿程水头损失乘以系数作为局部水头损失的方法，当量长度计算方法较为精确，在欧美等国普遍采用。各种阀门、管接件、过滤器的等效当量长度由制造商提供。表 4 是摘录自 NFPA 750有关铜连接件和阀的等效当量长度数据。

表 4 铜管管件及阀门的当量长度(m)

标准尺寸(mm)	管件				管接头	阀门			
	标准弯管		三通			球阀	闸阀	蝶阀	止回阀
	90°	45°	旁通	直通					
9.53	0.15		0.46						0.46
12.7	0.31	0.15	0.61						0.61
15.88	0.46	0.15	0.61						0.76
19.05	0.61	0.15	0.91						0.91
25.4	0.76	0.31	1.37			0.15			1.37
31.75	0.91	0.31	1.68	0.15	0.15	0.15			1.68

续表 4

标准尺寸(mm)	管件				管接头	阀门			
	标准弯管		三通			球阀	闸阀	蝶阀	止回阀
	90°	45°	旁通	直通					
38.1	1.22	0.46	2.13	0.15	0.15	0.15			1.98
50.8	1.68	0.61	2.74	0.15	0.15	0.15	0.15	2.29	2.74
63.5	2.13	0.76	3.66	0.15	0.15		0.31	3.05	3.51
76.2	2.74	1.07	4.57	0.31	0.31		0.46	4.72	4.42
88.9	2.74	1.07	4.27	0.31	0.31		0.61		3.81
101.6	3.81	1.52	6.40	0.31	0.31		0.61	4.88	5.64

表 4 中所列的当量长度是以 K 型铜管为基准的数据，是基于 Hazen－Williams(海澄-威廉)公式中 C 值取 150 确定的。对于 C 值取 100、120、130 和 140 的情况，需将表中数值分别乘以 0.472、0.662、0.767 和 0.880 的换算系数。对于流线型的焊接连接件需要考虑一定的裕量。

3.4.17、3.4.18 规定了细水雾灭火系统的设计流量计算方法。系统的设计流量应从最不利点喷头开始，按沿程同时动作的每个细水雾喷头的实际工作压力逐个计算各喷头的流量，然后累计同时动作的喷头流量计算确定。

第 3.4.18 条规定了累积同时动作的喷头数，即公式(3.4.17)中的计算喷头数 n。"当防护区间无耐火构件分隔且相邻时"，多数对应的是本规范第 3.4.5 条规定的、因单个防护区容积较大而分成多个较小防护区的情况。此时，为避免因着火点在划分的防护区交界处等，导致仅单个防护区内喷头开启而无法控制火势蔓延的情况，除要求着火的防护区的喷头喷放细水雾外，相邻两个防护区的喷头也要能够同时喷放细水雾。

3.4.20 本条规定了计算细水雾灭火系统储水箱或储水容器容量的方法。

系统储水箱的容量要按储水箱的有效容积确定，即储水箱溢流口以下且不包括水箱底部无法取水的部分。对于泵组系统，无论外部水源能否在系统动作时保证可靠连续补水，其储水箱均需储存系统设计的全部灭火用水量。

3.5 供 水

3.5.1 本条为强制性条文。本条规定了系统水质的相关要求。

要保证系统中形成细水雾的部件正常工作，水源的水质是关键。系统对水质的要求较高，也是细水雾灭火系统与自动喷水灭火系统、水喷雾灭火系统等的重要区别之一。

对于泵组系统，其供水的水质要符合制造商的技术要求和现行国家标准《生活饮用水卫生标准》GB 5749 的有关规定，以限制水中的固体悬浮物(TTS)、浊度及自由氯离子(或氯原子)的含量，防止造成细水雾喷头的喷孔堵塞或系统管道腐蚀。对于补水水源的水质，也需要满足这些要求。

对于瓶组系统，制造商对其供水的水质一般都有自己的要求，由于更换储水容器内的水相对较困难，对水质的要求更严格。

对于可能带电并需要及时恢复工作的保护对象，系统用水要尽量采用电导率更低的蒸馏水或去离子水。

3.5.2 本条规定了瓶组系统供水装置的相关要求。

瓶组系统的供水装置主要包括储气瓶组和储水瓶组。储气瓶组包括储存的气体及储气容器、分区控制阀(容器阀)、安全泄放装置、压力显示装置等。储水瓶组包括储存的水及储水容器、安全泄放装置、瓶接头及虹吸管等。储气容器上要求有可靠的压力显示装置，以显示充压或复充气体的容器压力。

由于细水雾灭火系统的工作压力高，要求在储气容器和储水容器上设置安全泄压装置，以防止这些压力容器发生事故，造成人员伤害和财产损失。

对于使用多个储水容器或储气容器的系统，要求同一集流管下所有容器的型号、充装量和充装压力均保持一致，以确保灭火效果，便于维护、检修、管理。

3.5.3 本条参考 NFPA 750 和现行国家标准《气体灭火系统设计规范》GB 50370 的相关规定，规定了瓶组系统的备用量设置要求。

3.5.4 本条规定了对泵组系统供水装置的相关要求。

对于储水箱，要求储水箱的材质具备耐腐蚀性能，以保证水质。由于细水雾喷头的过水孔径细小，任何微小的固体颗粒都有可能堵塞喷头，因此储水箱还需要采取防尘、避光等防止水质腐败、藻类滋生的措施。储水箱至少需要具备一条自动补水管，以确保水箱的设计水位不会因蒸发等原因而降低，且在灭火时能自动补水。储水箱设置的液位显示装置，包括就地指示和远传指示。

水泵的启动方式包括自动、手动两种。自动启动是指利用压力开关连锁或接收火灾报警控制器的信号，自动启动水泵。手动启动是指在泵房现场，人工启动控制柜的按钮，启动水泵。水泵一旦启动，不应该自动停止，而要由具有管理权限的工作人员确定后再关停。

为确保系统供水的可靠性，需要对水泵进行定期人工巡检或自动巡检。巡检时，要做到使水泵定期运转，并能实现主备用泵切换，反映消防泵运行的完整工况。当巡检中遇到火灾信号时，能立即自动退出巡检，进入灭火运行状态。巡检后，需要记录巡检情况并定期检查。

规范要求水泵控制柜的防护等级不低于 IP54，以确保控制柜的防尘、防水性能，减少出现误动作和故障的概率。

3.5.5 本条规定了泵组系统水泵的设置要求。

系统的工作泵及稳压泵均需要设置备用泵，备用泵的流量和压力等要求与最大一台工作泵相同。在一组水泵的出水总管上要求设置泄放试验阀，以便巡检和检修水泵，测试后的水和泄流的水要采取措施尽量回流至储水箱。在水泵的出水总管上设置安全阀，以承受水泵所产生的压力波动，防止其超过系统的工作压力范围。

3.5.8 泵组系统需要有能不间断自动补水的可靠水源，水源的总量、水质均能够满足设计要求。当泵组系统补水水源的水质或水量不能满足设计要求时，要设置储水箱来储存系统所需消防用水量。细水雾灭火系统的水质要求高，泵组系统的储水箱要能避免与其他灭火系统的消防水箱合用。

3.5.9 本条规定了细水雾灭火系统过滤器的设置要求。过滤器是细水雾灭火系统的关键部件之一，安装过滤器可以防止水中杂质损坏设备和堵塞喷头，由于喷头一般均自带过滤网，因此，首先要在供水水源和供水管网上设置过滤器进行初级过滤。对于预制系统，可根据该系统本身的要求设置过滤器。

3.5.10 本条规定了细水雾灭火系统过滤器的材质和网孔大小要求，为强制性条文。

过滤器本身应具备耐腐蚀性能，以保证水质，避免堵塞细水雾喷头。系统的过滤器要选择不锈钢或铜合金等耐腐蚀性能较好的材质。当采用其他材质时，需要有足够材料能证明其耐腐蚀性能不低于系统允许采用的不锈钢或铜合金的耐腐蚀性能。

系统中设置的过滤器滤网，网孔太大会造成喷头堵塞，太小则影响系统流量，为此本规范规定过滤器网孔不大于喷头流水通径的 80%，同时设置过滤器时要考虑其摩擦阻力对系统供水能力的影响。对于安装在储水箱入口的过滤器，要满足系统补水时间和通过流量的要求；对于储水箱出口及控制阀前设置的过滤器，要满足系统正常工作时的压力和流量要求。

3.6 控 制

3.6.1 本条规定了瓶组系统和泵组系统的基本启动方式。

3.6.2 本条规定了细水雾灭火系统采用自动控制方式时的要求。

开式系统为了减少火灾探测器误报引起的误动作，要求设置两路独立回路的火灾探测器以确认火灾的真实性。"接到两个独立的火灾信号后才能启动"，是指只有当两种不同类型或两独立回路中同一类型的火灾探测器均检测出防护场所的火灾信号时，才能发出启动灭火系统的指令。

对于闭式系统，当发生火灾时，由闭式喷头上的感温元件自动接受火灾温度和触发喷头动作，继而使压力开关动作，自动启动水泵（含稳压泵）。

3.6.3 本条规定了对细水雾灭火系统手动控制方式的要求。

系统的手动控制方式，包括控制中心远程控制和防护区就地控制，其设置位置要避免受火灾或环境的危害或易导致误动作，且便于操作。在消防控制室和防护区入口处设置该手动操作装置，可以方便发生火灾时快速启动系统。

3.6.4 本条规定了细水雾灭火系统的手动启动装置和机械应急操作装置的设置要求。

为了快速启动灭火系统，要求以一个控制动作就能使整个系统启动。为防止手动或机械应急操作的误操作，所有手动启动和机械应急操作装置的外观要有明显的区别标识，便于辨认，且在相应的手动操作装置上要设置与被防护场所一一对应的标识和文字说明。特别是多个防护区的应急手动操作装置集中布置在一起时，更要标识明确，以保证能快捷、准确操作启动系统。

同时规范要求设置有细水雾灭火系统的场所，在显著位置设置标识系统的操作流程图或操作指示说明。在系统的每个操作位置处清楚标明操作要求与方法，利于保证操作的准确性，特别是在系统紧急启动时便于识别，不致混乱，以免操作失误。

3.6.6 本条规定了开式系统分区控制阀的设置要求。

分区控制阀的自动操作方式可采用电动、液动或气动方式。手动操作方式为防护区外（或保护对象附近）的手动按钮启动和消防控制室手动远控。

规范要求分区控制阀能够接收由火灾报警控制器发出的控制信号，启动阀组，并将阀门的启闭状态及故障情况以信号方式反馈，以保证分区控制阀安全、可靠地启动，实现对保护对象的及时供水。在分区控制阀上或其后的主管道上或分区控制阀附近的其他明显位置，要求设置对应防护区或保护对象的永久性标识并标明水流方向，以防止操作时出现差错。

3.6.7 本条规定了细水雾灭火系统报警控制器的功能要求，包括控制和监视功能。

要求报警控制器能够在接收到火灾报警信号后动作，启动水泵、瓶组或控制阀。为了防止由于维护不当或误操作等原因导致系统灭火失败，火灾报警控制器还要能够监视系统主要部件的状态，以利于操作人员确认火灾和火灾部位，对系统工作是否可靠做出正确判断，并便于手动遥控。

3.6.8 可靠的动力保障也是保证系统可靠供水的重要措施。细水雾灭火系统的电源要求采用消防电源，并符合现行国家标准《供配电系统设计规范》GB 50052 的要求。

中华人民共和国国家标准

泡沫灭火系统技术标准

Technical standard for foam extinguishing systems

GB 50151—2021

主编部门：中 华 人 民 共 和 国 应 急 管 理 部
批准部门：中华人民共和国住房和城乡建设部
施行日期：2 0 2 1 年 1 0 月 1 日

24

目　次

24

1 总　　则

1.0.1 为了合理地设计泡沫灭火系统，保障其施工质量和使用功能，减少火灾危害，保护人身和财产安全，制定本标准。

1.0.2 本标准适用于新建、改建、扩建工程中设置的泡沫灭火系统的设计、施工、验收及维护管理。

本标准不适用于船舶、海上石油平台等场所设置的泡沫灭火系统。

1.0.3 含有下列物质的场所，不应选用泡沫灭火系统：

1 硝化纤维、炸药等在无空气的环境中仍能迅速氧化的化学物质和强氧化剂；

2 钾、钠、烷基铝、五氧化二磷等遇水发生危险化学反应的活泼金属和化学物质。

1.0.4 沸点低于45℃、碳5及以下组分摩尔百分数占比不低于30%的低沸点易燃液体储罐不宜选用空气泡沫灭火系统。

1.0.5 泡沫灭火系统的设计、施工、验收及维护管理，除应执行本标准的规定外，尚应符合国家现行有关标准的规定。

2 术　　语

Ⅰ　通用术语

2.0.1 泡沫液　foam concentrate

可按适宜的混合比与水混合形成泡沫溶液的浓缩液体。

2.0.2 泡沫混合液　foam solution

泡沫液与水按特定混合比配制成的泡沫溶液。

2.0.3 泡沫预混液　premixed foam solution

泡沫液与水按特定混合比预先配置成的储存待用的泡沫溶液。

2.0.4 混合比　concentration

泡沫液在泡沫混合液中所占的体积百分数。

2.0.5 发泡倍数　foam expansion ratio

泡沫体积与形成该泡沫的泡沫混合液体积的比值。

2.0.6 低倍数泡沫　low-expansion foam

发泡倍数低于20的灭火泡沫。

2.0.7 中倍数泡沫　medium-expansion foam

发泡倍数介于20～200之间的灭火泡沫。

2.0.8 高倍数泡沫　high-expansion foam

发泡倍数高于200的灭火泡沫。

2.0.9 供给强度　application rate(density)

单位时间单位面积上泡沫混合液或水的供给量，用"$L/(min \cdot m^2)$"表示。

2.0.10 固定式系统　fixed system

由固定的泡沫消防水泵、泡沫比例混合器（装置）、泡沫产生器（或喷头）和管道等组成的灭火系统。

2.0.11 半固定式系统　semi-fixed system

由固定的泡沫产生器与部分连接管道，泡沫消防车或机动消防泵与泡沫比例混合器，用水带连接组成的灭火系统。

2.0.12 移动式系统　mobile system

由消防车、机动消防泵或有压水源，泡沫比例混合器，泡沫枪、泡沫炮或移动式泡沫产生器，用水带等连接组成的灭火系统。

2.0.13 平衡式比例混合装置　balanced pressure proportioning set

由单独的泡沫液泵按设定的压差向压力水流中注入泡沫液，并通过平衡阀、孔板或文丘里管（或孔板与文丘里管结合），能在一定的水流压力和流量范围内自动控制混合比的比例混合装置。

2.0.14 机械泵入式比例混合装置　coupled water-turbine driven pump proportioning set

由叶片式或涡轮式等水轮机通过联轴节与泡沫液泵连接成一体，经泡沫消防水泵供给的压力水驱动水轮机，使泡沫液泵向水轮机后的泡沫消防水管道按设定比例注入泡沫液的比例混合装置。

2.0.15 泵直接注入式比例混合流程　pump direct injection proportioning

泡沫液泵直接向系统水流中按设定比例注入泡沫液的比例混合流程。

2.0.16 囊式压力比例混合装置　bladder pressure proportioning tank

压力水借助于孔板或文丘里管将泡沫液从密闭储罐胶囊内排出，并按比例与水混合的装置。

2.0.17 管线式比例混合器　in-line eductor

安装在通向泡沫产生器供水管线上的文丘里管装置。

2.0.18 吸气型泡沫产生装置　air-aspirating discharge device

利用文丘里管原理，将空气吸入泡沫混合液中并混合产生泡沫，然后将泡沫以特定模式喷出的装置，如泡沫产生器、泡沫枪、泡沫炮、泡沫喷头等。

2.0.19 非吸气型喷射装置　non air-aspirating discharge device

无空气吸入口，使用水成膜等泡沫混合液，其喷射模式类似于喷水的装置，如水枪、水炮、洒水喷头等。

2.0.20 泡沫消防水泵　foam system water supply pump

为泡沫灭火系统供水的消防水泵。

2.0.21 泡沫液泵　foam concentrate supply pump

为泡沫灭火系统供给泡沫液的泵。

2.0.22 泡沫消防泵站　foam system pump station

设置泡沫消防水泵的场所。

2.0.23 泡沫站　foam station

不含泡沫消防水泵，仅设置泡沫比例混合装置、泡沫液储罐等的场所。

Ⅱ　低倍数泡沫灭火系统术语

2.0.24 液上喷射系统　surface application system

泡沫从液面上喷入被保护储罐内的灭火系统。

2.0.25 液下喷射系统　subsurface injection system

泡沫从液面下喷入被保护储罐内的灭火系统。

2.0.26 立式泡沫产生器　foam maker in standing position

在甲、乙、丙类液体立式储罐罐壁上铅垂安装的泡沫产生器。

2.0.27 横式泡沫产生器　foam maker in horizontal position

在外浮顶储罐上水平安装的泡沫产生器。

2.0.28 高背压泡沫产生器　high back-pressure foam maker

有压泡沫混合液通过时能吸入空气，产生低倍数泡沫，且出口具有一定压力（表压）的装置。

2.0.29 泡沫导流罩　foam guiding cover

安装在外浮顶储罐罐壁顶部，能使泡沫沿罐壁向下流动和防止泡沫流失的装置。

2.0.30 泡沫缓释罩　foam buffering cover

安装在固定顶或内浮顶储罐泡沫产生器出口，引导泡沫沿罐壁向下缓释放到水溶性液体表面或单盘、双盘环形密封区的装置。

Ⅲ　中倍数与高倍数泡沫灭火系统术语

2.0.31 全淹没系统　total flooding system

由固定式泡沫产生器直接或通过导泡筒将泡沫喷放到封闭或

24

被围挡的防护区内，并在规定的时间内达到一定泡沫淹没深度的灭火系统。

2.0.32 局部应用系统 local application system

由固定式泡沫产生器直接或通过导泡筒将泡沫喷放到火灾部位的灭火系统。

2.0.33 封闭空间 enclosure

由难燃烧体或不燃烧体所包容的空间。

2.0.34 泡沫供给速率 foam application rate

单位时间供给泡沫的总体积，用“m^3/min”表示。

2.0.35 导泡筒 foam distribution duct

由泡沫产生器出口向防护区输送高倍数泡沫的导筒。

Ⅳ 泡沫-水喷淋系统与泡沫喷雾系统术语

2.0.36 泡沫-水喷淋系统 foam-water sprinkler system

由喷头、报警阀组、水流报警装置（水流指示器或压力开关）等组件，以及管道、泡沫液与水供给设施组成，并能在发生火灾时按预定时间与供给强度向防护区依次喷洒泡沫与水的自动灭火系统。

2.0.37 泡沫-水雨淋系统 foam-water deluge system

使用开式喷头，由安装在与喷头同一区域的火灾自动探测系统控制开启的泡沫-水喷淋系统。

2.0.38 闭式泡沫-水喷淋系统 closed-head foam-water sprinkler system

采用闭式洒水喷头的泡沫-水喷淋系统，包括泡沫-水预作用系统、泡沫-水干式系统和泡沫-水湿式系统。

2.0.39 泡沫-水预作用系统 foam-water preaction system

发生火灾后，由安装在与喷头同一区域的火灾探测系统控制开启相关设备与组件，使灭火介质充满系统管道，并从开启的喷头依次喷洒泡沫与水的闭式泡沫-水喷淋系统。

2.0.40 泡沫-水干式系统 foam-water dry pipe system

由系统管道中充装的具有一定压力的空气或氮气控制开启的闭式泡沫-水喷淋系统。

2.0.41 泡沫-水湿式系统 foam-water wet pipe system

由系统管道中充装的有压泡沫预混液或水控制开启的闭式泡沫-水喷淋系统。

2.0.42 泡沫喷雾系统 foam spray system

采用离心雾化型水雾喷头，在发生火灾时按预定时间与供给强度向被保护设备或防护区喷洒泡沫的自动灭火系统。

2.0.43 作用面积 total design area

闭式泡沫-水喷淋系统的最大计算保护面积。

3 泡沫液和系统组件

3.1 一 般 规 定

3.1.1 泡沫液、泡沫消防水泵、泡沫液泵、泡沫比例混合器（装置）、压力容器、泡沫产生装置、火灾探测与启动控制装置、控制阀及管道等，应选用符合国家现行相关标准的产品。

3.1.2 系统主要组件宜按下列规定涂色：

1 泡沫消防水泵、泡沫液泵、泡沫液储罐、泡沫产生器、泡沫液管道、泡沫混合液管道、泡沫管道、管道过滤器等宜涂红色；

2 给水管道宜涂绿色；

3 当管道较多，泡沫系统管道与工艺管道涂色有矛盾时，可涂相应的色带或色环；

4 隐蔽工程管道可不涂色。

3.2 泡沫液的选择和储存

3.2.1 非水溶性甲、乙、丙类液体储罐固定式低倍数泡沫灭火系统泡沫液的选择应符合下列规定：

1 应选用3%型氟蛋白或水成膜泡沫液；

2 临近生态保护红线、饮用水源地、永久基本农田等环境敏感地区，应选用不含强酸强碱盐的3%型氟蛋白泡沫液；

3 当选用水成膜泡沫液时，泡沫液的抗烧水平不应低于C级。

3.2.2 保护非水溶性液体的泡沫-水喷淋系统、泡沫枪系统、泡沫炮系统泡沫液的选择应符合下列规定：

1 当采用吸气型泡沫产生装置时，可选用3%型氟蛋白、水成膜泡沫液；

2 当采用非吸气型喷射装置时，应选用3%型水成膜泡沫液。

3.2.3 对于水溶性甲、乙、丙类液体及其他对普通泡沫有破坏作用的甲、乙、丙类液体，必须选用抗溶水成膜、抗溶氟蛋白或低黏度抗溶氟蛋白泡沫液。

3.2.4 当保护场所同时存储水溶性液体和非水溶性液体时，泡沫液的选择应符合下列规定：

1 当储罐区储罐的单罐容量均小于或等于$10000m^3$时，可选用抗溶水成膜、抗溶氟蛋白或低黏度抗溶氟蛋白泡沫液；当储罐区存在单罐容量大于$10000m^3$的储罐时，应按本标准第3.2.1条和第3.2.3条的规定对水溶性液体储罐和非水溶性液体储罐分别选取相应的泡沫液。

2 当保护场所采用泡沫-水喷淋系统时，应选用抗溶水成膜、抗溶氟蛋白泡沫液。

3.2.5 固定式中倍数或高倍数泡沫灭火系统应选用3%型泡沫液。

3.2.6 当采用海水作为系统水源时，必须选择适用于海水的泡沫液。

3.2.7 泡沫液宜储存在干燥通风的房间或敞棚内；储存的环境温度应满足泡沫液使用温度的要求。

3.3 泡沫消防水泵与泡沫液泵

3.3.1 泡沫消防水泵的选择与设置应符合下列规定：

1 应选择特性曲线平缓的水泵，且其工作压力和流量应满足系统设计要求；

2 泵出口管道上应设置压力表、单向阀，泵出口总管道上应设置持压泄压阀及带手动控制阀的回流管；

3 当泡沫液泵采用不向外泄水的水轮机驱动时，其水轮机压力损失应计入泡沫消防水泵的扬程；当泡沫液泵采用向外泄水的水轮机驱动时，其水轮机消耗的水流量应计入泡沫消防水泵的额定流量。

3.3.2 泡沫液泵的选择与设置应符合下列规定：

1 泡沫液泵的工作压力和流量应满足系统设计要求，同时应保证在设计流量范围内泡沫液供给压力大于供水压力；

2 泡沫液泵的结构形式、密封或填料类型应适宜输送所选的泡沫液，其材料应耐泡沫液腐蚀且不影响泡沫液的性能；

3 当用于普通泡沫液时，泡沫液泵的允许吸上真空高度不得小于4m；当用于抗溶泡沫液时，泡沫液泵的允许吸上真空高度不得小于6m，且泡沫液储罐至泡沫液泵之间的管道长度不宜超过5m，泡沫液泵出口管道长度不宜超过10m，泡沫液泵及管道平时不得充入泡沫液；

4 除四级及以下独立石油库与油品站场、防护面积小于$200m^2$单个非重要防护区设置的泡沫系统外，应设置备用泵，且工作泵故障时应能自动与手动切换到备用泵；

5 泡沫液泵应能耐受不低于10min的空载运转。

3.3.3 泡沫液泵的动力源应符合下列规定：

1　在本标准第7.1.3条第1款～第3款规定的条件下，当泡沫灭火系统与消防冷却水系统合用一组消防给水泵时，主用泡沫液泵的动力源宜采用电动机，备用泡沫液泵的动力源应采用水轮机；当泡沫灭火系统与消防冷却水系统的消防给水泵分开设置时，主用与备用泡沫液泵的动力源应为水轮机或一组泵采用电动机、另一组泵采用水轮机；

2　其他条件下，当泡沫灭火系统需设置备用泡沫液泵时，主用与备用泡沫液泵可全部采用一级供电负荷电动机拖动；

3　当拖动泡沫液泵的动力源采用叶片式或涡轮式等不向外泄水的水轮机时，其水轮机及零部件应由耐腐蚀材料制成。

3.4　泡沫比例混合器(装置)

3.4.1　泡沫比例混合装置的选择应符合下列规定：

1　固定式系统，应选用平衡式、机械泵入式、囊式压力比例混合装置或泵直接注入式比例混合流程，混合比类型应与所选泡沫液一致，且混合比不得小于额定值；

2　单罐容量不小于5000m³的固定顶储罐、外浮顶储罐、内浮顶储罐，应选择平衡式或机械泵入式比例混合装置；

3　全淹没高倍数泡沫灭火系统或局部应用中倍数、高倍数泡沫灭火系统，应选用机械泵入式、平衡式或囊式压力比例混合装置；

4　各分区泡沫混合液流量相等或相近的泡沫-水喷淋系统宜采用泵直接注入式比例混合流程；

5　保护油浸变压器的泡沫喷雾系统，可选用囊式压力比例混合装置。

3.4.2　当采用平衡式比例混合装置时，应符合下列规定：

1　平衡阀的泡沫液进口压力应大于水进口压力，且其压差应满足产品的使用要求；

2　比例混合器的泡沫液进口管道上应设单向阀；

3　泡沫液管道上应设冲洗及放空设施。

3.4.3　当采用机械泵入式比例混合装置时，应符合下列规定：

1　泡沫液进口管道上应设单向阀；

2　泡沫液管道上应设冲洗及放空设施。

3.4.4　当采用泵直接注入式比例混合流程时，应符合下列规定：

1　泡沫液注入点的泡沫液流压力应大于水流压力0.2MPa；

2　泡沫液进口管道上应设单向阀；

3　泡沫液管道上应设冲洗及放空设施。

3.4.5　当采用囊式压力比例混合装置时，应符合下列规定：

1　泡沫液储罐的单罐容积不应大于5m³；

2　内囊应由适宜所储存泡沫液的橡胶制成，且应标明使用寿命。

3.4.6　当半固定式或移动式系统采用管线式比例混合器时，应符合下列规定：

1　比例混合器的水进口压力应在0.6MPa～1.2MPa的范围内，且出口压力应满足泡沫产生装置的进口压力要求；

2　比例混合器的压力损失可按水进口压力的35%计算。

3.5　泡沫液储罐

3.5.1　盛装泡沫液的储罐应采用耐腐蚀材料制作，且与泡沫液直接接触的内壁或衬里不应对泡沫液的性能产生不利影响。

3.5.2　常压泡沫液储罐应符合下列规定：

1　储罐内应留有泡沫液热膨胀空间和泡沫液沉降损失部分所占空间；

2　储罐出液口的设置应保障泡沫液泵进口为正压，且出液口不应高于泡沫液储罐最低液面0.5m；

3　储罐泡沫液管道吸液口应朝下，并应设置在沉降层之上，且当采用蛋白类泡沫液时，吸液口距泡沫液储罐底面不应小于0.15m；

4　储罐宜设计成锥形或拱形顶，且上部应设呼吸阀或用弯管通向大气；

5　储罐上应设出液口、液位计、进料孔、排渣孔、人孔、取样口。

3.5.3　囊式压力比例混合装置的储罐上应标明泡沫液剩余量。

3.6　泡沫产生装置

3.6.1　低倍数泡沫产生器应符合下列规定：

1　固定顶储罐、内浮顶储罐应选用立式泡沫产生器；

2　外浮顶储罐宜选用与泡沫导流罩匹配的立式泡沫产生器，并不得设置密封玻璃，当采用横式泡沫产生器时，其吸气口应为圆形；

3　泡沫产生器应根据其应用环境的腐蚀特性，采用碳钢或不锈钢材料制成；

4　立式泡沫产生器及其附件的公称压力不得低于1.6MPa，与管道应采用法兰连接；

5　泡沫产生器进口的工作压力应为其额定值±0.1MPa；

6　泡沫产生器的空气吸入口及露天的泡沫喷射口，应设置防止异物进入的金属网。

3.6.2　高背压泡沫产生器应符合下列规定：

1　进口工作压力应在标定的工作压力范围内；

2　出口工作压力应大于泡沫管道的阻力和罐内液体静压力之和；

3　发泡倍数不应小于2，且不应大于4。

3.6.3　保护液化天然气(LNG)集液池的局部应用系统和不设导泡筒的全淹没系统，应选用水力驱动型泡沫产生器，且其发泡网应为奥氏体不锈钢材料。

3.6.4　泡沫喷头、水雾喷头的工作压力应在标定的工作压力范围内，且不应小于其额定压力的80%。

3.7　控制阀门和管道

3.7.1　系统中所用的控制阀门应有明显的启闭标志。

3.7.2　当泡沫消防水泵出口管道口径大于300mm时，不宜采用手动阀门。

3.7.3　低倍数泡沫灭火系统的水与泡沫混合液及泡沫管道应采用钢管，且管道外壁应进行防腐处理。

3.7.4　中倍数、高倍数泡沫灭火系统的干式管道宜采用镀锌钢管；湿式管道宜采用不锈钢管或内部、外部进行防腐处理的钢管；中倍数、高倍数泡沫产生器与其管道过滤器的连接管道应采用奥氏体不锈钢管。

3.7.5　泡沫液管道应采用奥氏体不锈钢管。

3.7.6　在寒冷季节有冰冻的地区，泡沫灭火系统的湿式管道应采取防冻措施。

3.7.7　泡沫-水喷淋系统的管道应采用热镀锌钢管，其报警阀组、水流指示器、压力开关、末端试水装置、末端放水装置的设置，应符合现行国家标准《自动喷水灭火系统设计规范》GB 50084的相关规定。

3.7.8　防火堤或防护区内的法兰垫片应采用不燃材料或难燃材料。

3.7.9　对于设置在防爆区内的地上或管沟敷设的干式管道，应采取防静电接地措施，且法兰连接螺栓数量少于5个时应进行防静电跨接。钢制甲、乙、丙类液体储罐的防雷接地装置可兼作防静电接地装置。

4 低倍数泡沫灭火系统

4.1 一般规定

4.1.1 甲、乙、丙类液体储罐固定式、半固定式或移动式系统的选择应符合国家现行有关标准的规定，且储存温度大于100℃的高温可燃液体储罐不宜设置固定式系统。

4.1.2 储罐区低倍数泡沫灭火系统的选择应符合下列规定：

1 非水溶性甲、乙、丙类液体固定顶储罐，可选用液上喷射系统，条件适宜时也可选用液下喷射系统；

2 水溶性甲、乙、丙类液体和其他对普通泡沫有破坏作用的甲、乙、丙类液体固定顶储罐，应选用液上喷射系统；

3 外浮顶和内浮顶储罐应选用液上喷射系统；

4 非水溶性液体外浮顶储罐、内浮顶储罐、直径大于18m的固定顶储罐及水溶性甲、乙、丙类液体立式储罐，不得选用泡沫炮作为主要灭火设施；

5 高度大于7m或直径大于9m的固定顶储罐，不得选用泡沫枪作为主要灭火设施。

4.1.3 储罐区泡沫灭火系统扑救一次火灾的泡沫混合液设计用量，应按罐内用量、该罐辅助泡沫枪用量、管道剩余量三者之和最大的储罐确定。

4.1.4 当已知泡沫比例混合装置的混合比时，可按实际混合比计算泡沫液用量；当未知泡沫比例混合装置的混合比时，3%型泡沫液应按混合比3.9%计算泡沫液用量，6%型泡沫液应按混合比7%计算泡沫液用量。

4.1.5 设置固定式系统的储罐区，应配置用于扑救液体流散火灾的辅助泡沫枪，泡沫枪的数量及其泡沫混合液连续供给时间不应小于表4.1.5的规定。每支辅助泡沫枪的泡沫混合液流量不应小于240L/min。

表4.1.5 泡沫枪数量和泡沫液混合液连续供给时间

储罐直径(m)	配备泡沫枪数量(支)	泡沫液混合液连续供给时间(min)
≤10	1	10
>10且≤20	1	20
>20且≤30	2	20
>30且≤40	2	30
>40	3	30

4.1.6 当固定顶储罐区固定式系统的泡沫混合液流量大于或等于100L/s时，系统的泵、比例混合装置及其管道上的控制阀、干管控制阀应具备远程控制功能；浮顶储罐泡沫灭火系统的控制应执行现行相关国家标准的规定。

4.1.7 在固定式系统的泡沫混合液主管道上应留出泡沫混合液流量检测仪器的安装位置；在泡沫混合液管道上应设置试验检测口；在防火堤外侧最不利和最有利水力条件处的管道上宜设置供检测泡沫产生器工作压力的压力表接口。

4.1.8 石油储备库、三级及以上独立石油库与油品站场的泡沫灭火系统与消防冷却水系统的消防给水泵与管道应分开设置；当其他生产加工企业的储罐区固定式泡沫灭火系统与消防冷却水系统合用一组消防给水泵时，应有保障泡沫混合液供给强度满足设计要求的措施，且不得以火灾时临时调整的方式来保障。

4.1.9 采用固定式系统的储罐区，当邻近消防站的泡沫消防车5min内无法到达现场时，应沿防火堤外均匀布置泡沫消火栓，且泡沫消火栓的间距不应大于60m；当未设置泡沫消火栓时，应有保证满足本标准第4.1.5条要求的措施。

4.1.10 储罐区固定式系统应具备半固定式系统功能。

4.1.11 固定式系统的设计应满足自泡沫消防水泵启动至泡沫混合液或泡沫输送到保护对象的时间不大于5min的要求。

4.2 固定顶储罐

4.2.1 固定顶储罐的保护面积应按其横截面积确定。

4.2.2 泡沫混合液供给强度及连续供给时间应符合下列规定：

1 非水溶性液体储罐液上喷射系统，其泡沫混合液供给强度及连续供给时间不应小于表4.2.2-1的规定；

表4.2.2-1 泡沫混合液供给强度和连续供给时间

系统形式	泡沫液种类	供给强度[L/(min·m²)]	连续供给时间(min)		
			甲类液体	乙类液体	丙类液体
固定式、半固定式系统	氟蛋白、水成膜	6.0	60	45	30
移动式系统	氟蛋白	8.0	60	60	45
	水成膜	6.5	60	60	45

2 非水溶性液体储罐液下喷射系统，其泡沫混合液供给强度不应小于6.0L/(min·m²)、连续供给时间不应小于60min。

3 水溶性液体和其他对普通泡沫有破坏作用的甲、乙、丙类液体储罐，其泡沫混合液供给强度及连续供给时间不应小于表4.2.2-2的规定。

表4.2.2-2 抗溶泡沫混合液供给强度和连续供给时间

泡沫液种类	液体类别	供给强度[L/(min·m²)]	连续供给时间(min)
抗溶水成膜、抗溶氟蛋白	乙二醇、乙醇胺、丙三醇、二甘醇、乙酸丁酯、甲基异丁酮、苯胺、丙烯酸丁酯、乙二胺	8	30
	甲醇、乙醇、乙二醇甲醚、乙腈、正丙醇、二恶烷、甲酸、乙酸、丙酸、丙烯酸、乙二醇乙醚、丁酮、乙酸乙酯、丙烯腈、丙烯酸甲酯、丙烯酸乙酯、乙酸丙酯、丁烯醛、正丁醇、异丁醇、烯丙醇、乙二醇二甲醚、正丁醛、异丁醛、正戊醇、异丁烯酸甲酯、异丁烯酸乙酯	10	30
	异丙醇、丙酮、乙酸甲酯、丙烯醛、甲酸乙酯	12	30
	甲基叔丁基醚	12	45
	四氢呋喃、异丙醚、丙醛	16	30
	含氧添加剂含量体积比大于10%的汽油	6	40
低黏度抗溶氟蛋白	甲基叔丁基醚、丙醛、乙二醇甲醚、丁酮、丙烯酸甲酯、乙酸乙酯、甲基异丁酮	12	30

注：本表未列出的水溶性液体，其泡沫混合液供给强度和连续供给时间应由试验确定。

4.2.3 液上喷射系统泡沫产生器的设置应符合下列规定：

1 泡沫产生器的型号及数量，应根据本标准第4.2.1条和第4.2.2条计算所需的泡沫混合液流量确定，且设置数量不应小于表4.2.3的规定；

表4.2.3 泡沫产生器设置数量

储罐直径(m)	泡沫产生器设置数量(个)
≤10	1

续表 4.2.3

储罐直径(m)	泡沫产生器设置数量(个)
>10 且≤25	2
>25 且≤30	3
>30 且≤35	4

注：对于直径大于 35m 且小于 50m 的储罐，其横截面积每增加 300m² 应至少增加 1 个泡沫产生器。

2 当一个储罐所需的泡沫产生器数量大于 1 个时，宜选用同规格的泡沫产生器，且应沿罐周均匀布置；

3 水溶性液体储罐应设置泡沫缓释罩。

4.2.4 液下喷射系统高背压泡沫产生器的设置应符合下列规定：

1 高背压泡沫产生器应设置在防火堤外，设置数量及型号应根据本标准第 4.2.1 条和第 4.2.2 条计算所需的泡沫混合液流量确定；

2 当一个储罐所需的高背压泡沫产生器数量大于 1 个时，宜并联使用；

3 在高背压泡沫产生器的进口侧应设置检测压力表接口，在其出口侧应设置压力表、背压调节阀和泡沫取样口。

4.2.5 液下喷射系统泡沫喷射口的设置应符合下列规定：

1 泡沫进入甲、乙类液体的速度不应大于 3m/s，泡沫进入丙类液体的速度不应大于 6m/s；

2 泡沫喷射口宜采用向上的斜口型，其斜口角度宜为 45°，泡沫喷射管的长度不得小于喷射管直径的 20 倍。当设有一个喷射口时，喷射口宜设在储罐中心；当设有一个以上喷射口时，应沿罐周均匀设置，且各喷射口的流量宜相等；

3 泡沫喷射口应安装在高于储罐积水层 0.3m 的位置，泡沫喷射口的设置数量不应小于表 4.2.5 的规定。

表 4.2.5 泡沫喷射口设置数量

储罐直径(m)	喷射口数量(个)
≤23	1
>23 且≤33	2
>33 且≤40	3

注：对于直径大于 40m 的储罐，其横截面积每增加 400m² 应至少增加 1 个泡沫喷射口。

4.2.6 储罐上液上喷射系统泡沫混合液管道的设置应符合下列规定：

1 每个泡沫产生器应用独立的混合液管道引至防火堤外；

2 除立管外，其他泡沫混合液管道不得设置在罐壁上；

3 连接泡沫产生器的泡沫混合液立管应用管卡固定在罐壁上，管卡间距不宜大于 3m；

4 泡沫混合液的立管下端应设锈渣清扫口。

4.2.7 防火堤内泡沫混合液或泡沫管道的设置应符合下列规定：

1 地上泡沫混合液或泡沫水平管道应敷设在管墩或管架上，与罐壁上的泡沫混合液立管之间应用金属软管连接；

2 埋地泡沫混合液管道或泡沫管道距离地面的深度应大于 0.3m，与罐壁上的泡沫混合液立管之间应用金属软管连接；

3 泡沫混合液或泡沫管道应有 3‰的放空坡度；

4 在液下喷射系统靠近储罐的泡沫管线上，应设置供系统试验用的带可拆卸盲板的支管；

5 液下喷射系统的泡沫管道上应设钢质控制阀和逆止阀，并应设置不影响泡沫灭火系统正常运行的防油品渗漏设施。

4.2.8 防火堤外泡沫混合液或泡沫管道的设置应符合下列规定：

1 固定式液上喷射系统，对每个泡沫产生器应在防火堤外设置独立的控制阀；

2 半固定式液上喷射系统，对每个泡沫产生器应在防火堤外距地面 0.7m 处设置带闷盖的管牙接口；半固定式液下喷射系统的泡沫管道应引至防火堤外，并应设置相应的高背压泡沫产生器快装接口；

3 泡沫混合液管道或泡沫管道上应设置放空阀，且其管道应有 2‰的坡度坡向放空阀。

4.3 外浮顶储罐

4.3.1 钢制单盘式、双盘式外浮顶储罐的保护面积应按罐壁与泡沫堰板间的环形面积确定。

4.3.2 非水溶性液体的泡沫混合液供给强度不应小于 12.5L/(min·m²)，连续供给时间不应小于 60min，单个泡沫产生器的最大保护周长不应大于 24m。

4.3.3 外浮顶储罐的泡沫导流罩应设置在罐壁顶部，其泡沫堰板的设计应符合下列规定：

1 泡沫堰板应高出密封 0.2m；

2 泡沫堰板与罐壁的间距不应小于 0.9m；

3 泡沫堰板的最低部位应设排水孔，其开孔面积宜按每 1m² 环形面积 280mm² 确定，排水孔高度不宜大于 9mm。

4.3.4 泡沫产生器与泡沫导流罩的设置应符合下列规定：

1 泡沫产生器的型号和数量应按本标准第 4.3.2 条的规定计算确定；

2 应在罐壁顶部设置对应于泡沫产生器的泡沫导流罩。

4.3.5 储罐上泡沫混合液管道的设置应符合下列规定：

1 可每两个泡沫产生器合用一根泡沫混合液立管；

2 当 3 个或 3 个以上泡沫产生器一组在泡沫混合液立管下端合用一根管道时，宜在每个泡沫混合液立管上设常开阀门；

3 每根泡沫混合液管道应引至防火堤外，且半固定式系统的每根泡沫混合液管道所需的混合液流量不应大于一辆泡沫消防车的供给量；

4 连接泡沫产生器的泡沫混合液立管应用管卡固定在罐壁上，管卡间距不宜大于 3m，泡沫混合液的立管下端应设锈渣清扫口。

4.3.6 防火堤内泡沫混合液管道的设置应符合本标准第 4.2.7 条的规定。

4.3.7 防火堤外泡沫混合液管道的设置应符合下列规定：

1 固定式系统的每组泡沫产生器应在防火堤外设置独立的控制阀；

2 半固定式系统的每组泡沫产生器应在防火堤外距地面 0.7m处设置带闷盖的管牙接口；

3 泡沫混合液管道上应设置放空阀，且其管道应有 2‰的坡度坡向放空阀。

4.3.8 储罐各梯子平台上应设置二分水器，并应符合下列规定：

1 二分水器应由管道接至防火堤外，且管道的管径应满足所配泡沫枪的压力、流量要求；

2 应在防火堤外的连接管道上设置管牙接口，其距地面高度宜为 0.7m；

3 当与固定式系统连通时，应在防火堤外设置控制阀。

4.4 内浮顶储罐

4.4.1 钢制单盘式、双盘式内浮顶储罐的保护面积应按罐壁与泡沫堰板间的环形面积确定；直径不大于 48m 的易熔材料浮盘内浮顶储罐应按固定顶储罐对待。

4.4.2 钢制单盘式、双盘式内浮顶储罐的泡沫堰板设置、单个泡沫产生器保护周长及泡沫混合液供给强度与连续供给时间，应符合下列规定：

1 泡沫堰板距离罐壁不应小于 0.55m，其高度不应小于 0.5m；

2 单个泡沫产生器保护周长不应大于 24m；

3 非水溶性液体及加醇汽油的泡沫混合液供给强度不应小于 12.5L/(min·m²)，水溶性液体的泡沫混合液供给强度不应小于本标准第 4.2.2 条第 3 款规定的 1.5 倍；

4 泡沫混合液连续供给时间不应小于 60min。

4.4.3 按固定顶储罐对待的内浮顶储罐，其泡沫混合液供给强度和连续供给时间及泡沫产生器的设置应符合下列规定：

1 非水溶性液体应符合本标准第4.2.2条第1款的规定；

2 水溶性液体应符合本标准第4.2.2条第3款的规定；

3 泡沫产生器的设置应符合本标准第4.2.3条第1款和第2款的规定，且数量不应少于2个。

4.4.4 钢制单盘式、双盘式内浮顶储罐、按固定顶储罐对待的水溶性液体内浮顶储罐，其泡沫释放口处应设置泡沫缓释罩。

4.4.5 按固定顶储罐对待的内浮顶储罐，其泡沫混合液管道的设置应符合本标准第4.2.6条～第4.2.8条的规定；钢制单盘式、双盘式内浮顶储罐，其泡沫混合液管道的设置应符合本标准第4.2.7条、第4.3.5条、第4.3.7条的规定。

4.5 其他场所

4.5.1 当甲、乙、丙类液体槽车装卸栈台设置泡沫炮或泡沫枪系统时，应符合下列规定：

1 应能保护泵、计量仪器、车辆及与装卸产品有关的各种设备；

2 火车装卸栈台的泡沫混合液流量不应小于30L/s；

3 汽车装卸栈台的泡沫混合液流量不应小于8L/s；

4 泡沫混合液连续供给时间不应小于30min。

4.5.2 设有围堰的非水溶性液体流淌火灾场所，其保护面积应按围堰包围的地面面积与其中不燃结构占据的面积之差计算，其泡沫混合液供给强度与连续供给时间不应小于表4.5.2的规定。

表4.5.2 泡沫混合液供给强度和连续供给时间

泡沫液种类	供给强度[L/(min·m²)]	连续供给时间(min)	
		甲、乙类液体	丙类液体
氟蛋白	6.5	40	30
水成膜	6.5	30	20

4.5.3 当甲、乙、丙类液体泄漏导致的室外流淌火灾场所设置泡沫枪、泡沫炮系统时，应根据保护场所的具体情况确定最大流淌面积，其泡沫混合液供给强度和连续供给时间不应小于表4.5.3的规定。

表4.5.3 泡沫混合液供给强度和连续供给时间

泡沫液种类	供给强度[L/(min·m²)]	连续供给时间(min)	液体种类
氟蛋白	6.5	15	非水溶性液体
水成膜	5.0	15	
抗溶泡沫	12	15	水溶性液体

4.5.4 公路隧道泡沫消火栓箱的设置应符合下列规定：

1 设置间距不应大于50m；

2 应配置带开关的吸气型泡沫枪，其泡沫混合液流量不应小于30L/min，射程不应小于6m；

3 泡沫混合液连续供给时间不应小于20min，且宜配备水成膜泡沫液；

4 软管长度不应小于25m。

5 中倍数与高倍数泡沫灭火系统

5.1 一般规定

5.1.1 系统型式的选择应根据防护区的总体布局、火灾的危害程度、火灾的种类和扑救条件等因素，经综合技术经济比较后确定。

5.1.2 全淹没系统或固定式局部应用系统应设置火灾自动报警系统，并应符合下列规定：

1 全淹没系统应同时具备自动、手动和应急机械手动启动功能；

2 自动控制的固定式局部应用系统应同时具备手动和应急机械手动启动功能；手动控制的固定式局部应用系统尚应具备应急机械手动启动功能；

3 消防控制中心(室)和防护区应设置声光报警装置；

4 消防自动控制设备宜与防护区内门窗的关闭装置、排气口的开启装置以及生产、照明电源的切断装置等联动。

5.1.3 当系统以集中控制方式保护两个或两个以上的防护区时，其中一个防护区发生火灾不应危及其他防护区；泡沫液和水的储备量应按最大一个防护区的用量确定；手动与应急机械控制装置应有标明其所控制区域的标记。

5.1.4 中倍数、高倍数泡沫产生器的设置应符合下列规定：

1 高度应在泡沫淹没深度以上；

2 宜接近保护对象，但泡沫产生器整体不应设置在防护区内；

3 当泡沫产生器的进风侧不直通室外时，应设置进风口或引风管；

4 应使防护区形成比较均匀的泡沫覆盖层；

5 应便于检查、测试及维修；

6 当泡沫产生器在室外或坑道应用时，应采取防止风对泡沫产生器发泡和泡沫分布产生影响的措施。

5.1.5 当高倍数泡沫产生器的出口设置导泡筒时，应符合下列规定：

1 导泡筒的横截面积宜为泡沫产生器出口横截面积的1.05倍～1.10倍；

2 当导泡筒上设有闭合器件时，其闭合器件不得阻挡泡沫的通过；

3 应符合本标准第5.1.4条第1款、第2款、第4款的规定。

5.1.6 固定安装的中倍数、高倍数泡沫产生器前应设置管道过滤器、压力表和手动阀门。

5.1.7 固定安装的泡沫液桶(罐)和比例混合器不应设置在防护区内。

5.1.8 系统干式水平管道最低点应设排液阀，且坡向排液阀的管道坡度不宜小于3‰。

5.1.9 系统管道上的控制阀门应设在防护区以外，自动控制阀门应具有手动启闭功能。

5.2 全淹没系统

5.2.1 全淹没系统可用于下列场所：

1 封闭空间场所；

2 设有阻止泡沫流失的固定围墙或其他围挡设施的场所；

3 小型封闭空间场所与设有阻止泡沫流失的固定围墙或其他围挡设施的小场所，宜设置中倍数泡沫灭火系统。

5.2.2 全淹没系统的防护区应符合下列规定：

1 泡沫的围挡应为不燃结构，且应在系统设计灭火时间内具备围挡泡沫的能力；

2 在保证人员撤离的前提下，门、窗等位于设计淹没深度以下的开口，应在泡沫喷放前或泡沫喷放的同时自动关闭；对于不能自动关闭的开口，全淹没系统应对其泡沫损失进行相应补偿；

3 利用防护区外部空气发泡的封闭空间，应设置排气口，排气口的位置应避免燃烧产物或其他有害气体回流到泡沫产生器进气口；

4 在泡沫淹没深度以下的墙上设置窗口时，宜在窗口部位设置网孔基本尺寸不大于3.15mm的钢丝网或钢丝纱窗；

5 排气口在灭火系统工作时应自动或手动开启，其排气速度不宜超过5m/s；

6 防护区内应设置排水设施。

5.2.3 泡沫淹没深度的确定应符合下列规定：

1 当用于扑救A类火灾时，泡沫淹没深度不应小于最高保护对象高度的1.1倍，且应高于最高保护对象最高点0.6m；

2 当用于扑救B类火灾时，汽油、煤油、柴油或苯火灾的泡沫淹没深度应高于起火部位2m；其他B类火灾的泡沫淹没深度应由试验确定；

3 当用于扑救综合管廊或电缆隧道火灾时，淹没深度应按泡沫充满防护区计算，综合管廊或电缆隧道的每个防火分隔区域应作为一个防护区。

5.2.4 淹没体积应按下式计算：

$$V = S \times H - V_g \tag{5.2.4}$$

式中：V——淹没体积（m^3）；

S——防护区地面面积（m^2）；

H——泡沫淹没深度（m）；

V_g——固定的机器设备等不燃物体所占的体积（m^3）。

5.2.5 泡沫的淹没时间不应超过表5.2.5的规定。系统自接到火灾信号至开始喷放泡沫的延时不应超过1min。

表5.2.5 淹没时间(min)

可燃物	高倍数泡沫灭火系统单独使用	高倍数泡沫灭火系统与自动喷水灭火系统联合使用
闪点不超过40℃的非水溶性液体	2	3
闪点超过40℃的非水溶性液体	3	4
发泡橡胶、发泡塑料、成卷的织物或皱纹纸等低密度可燃物	3	4
成卷的纸、压制牛皮纸、涂料纸、纸板箱、纤维圆筒、橡胶轮胎等高密度可燃物	5	7
综合管廊、电缆隧道	5	—

注：水溶性液体的淹没时间应由试验确定。

5.2.6 最小泡沫供给速率应按下式计算：

$$R = \left(\frac{V}{T} + R_S\right) \times C_N \times C_L \tag{5.2.6-1}$$

$$R_S = L_S \times Q_Y \tag{5.2.6-2}$$

式中：R——最小泡沫供给速率（m^3/min）；

T——淹没时间（min）；

C_N——泡沫破裂补偿系数，宜取1.15；

C_L——泡沫泄漏补偿系数，宜取1.05～1.2；

R_S——喷水造成的泡沫破泡率（m^3/min）；

L_S——泡沫破泡率与洒水喷头排放速率之比，应取0.0748（m^3/L）；

Q_Y——预计动作最大水喷头数目时的总水流量（L/min）。

5.2.7 泡沫混合液连续供给时间应符合下列规定：

1 当用于扑救A类火灾时，不应小于25min；

2 当用于扑救B类火灾时，不应小于15min；

3 当用于扑救综合管廊或电缆隧道火灾时，不应小于15min。

5.2.8 对于A类火灾，其泡沫淹没体积的保持时间应符合下列规定：

1 单独使用高倍数泡沫灭火系统时，应大于60min；

2 与自动喷水灭火系统联合使用时，应大于30min。

5.3 局部应用系统

5.3.1 中倍数泡沫局部应用系统可用于固定位置面积不大于100m^2的流淌B类火灾场所；高倍数泡沫局部应用系统可用于四周不完全封闭的A类火灾与B类火灾场所、天然气液化站与接收站的集液池或储罐围堰区。

5.3.2 局部应用系统的保护范围应包括火灾蔓延的所有区域。

5.3.3 当高倍数泡沫用于扑救A类火灾或B类火灾时，应符合下列规定：

1 覆盖A类火灾保护对象最高点的厚度不应小于0.6m；

2 对于汽油、煤油、柴油或苯，覆盖起火部位的厚度不应小于2m；其他B类火灾的泡沫覆盖厚度应由试验确定；

3 达到规定覆盖厚度的时间不应大于2min；

4 泡沫混合液连续供给时间不应小于12min。

5.3.4 中倍数泡沫系统用于沸点高于45℃且固定位置面积不大于100m^2的非水溶性液体流淌火灾时，泡沫混合液供给强度与连续供给时间应符合下列规定：

1 泡沫混合液供给强度应大于4L/(min·m^2)；

2 室内场所的泡沫混合液连续供给时间应大于10min；

3 室外场所的泡沫混合液连续供给时间应大于15min。

5.3.5 当高倍数泡沫系统设置在液化天然气集液池或储罐围堰区时，应符合下列规定：

1 应选择固定式系统，并应设置导泡筒，发泡网距集液池的距离不应小于1m，且导泡筒出口断面距集液池设计液面的距离不应小于200mm；

2 宜采用发泡倍数为300～500的高倍数泡沫产生器；

3 泡沫混合液供给强度应根据阻止形成蒸汽云和降低热辐射强度试验确定，并应取两项试验的较大值；当缺乏试验数据时，泡沫混合液供给强度不宜小于7.2L/(min·m^2)；

4 泡沫连续供给时间应根据所需的控制时间确定，且不宜小于40min；当同时设有移动式系统时，固定式系统的泡沫供给时间可按达到稳定控火时间确定；

5 局部应用系统的设计尚应符合现行国家标准《石油天然气工程设计防火规范》GB 50183的有关规定。

5.4 移动式系统

5.4.1 移动式系统可用于下列场所：

1 发生火灾的部位难以确定或人员难以接近的场所；

2 发生火灾时需要排烟、降温或排除有害气体的封闭空间；

3 中倍数泡沫系统还可用于面积不大于100m^2的可燃液体流淌火灾场所。

5.4.2 泡沫淹没时间或覆盖保护对象时间、泡沫供给速率与连续供给时间，应根据保护对象的类型与规模确定。

5.4.3 高倍数泡沫灭火系统泡沫液和水的储备量应符合下列规定：

1 当辅助全淹没高倍数泡沫灭火系统或局部应用高倍数泡沫灭火系统使用时，泡沫液和水的储备量可在全淹没高倍数泡沫灭火系统或局部应用高倍数泡沫灭火系统中的泡沫液和水的储备量中增加5%～10%；

2 当在消防车上配备时，每套系统的泡沫液储存量不宜小于0.5t；

3 当用于扑救煤矿火灾时，每个矿山救护大队应储存大于2t的泡沫液。

5.4.4 系统的供水压力可根据中倍数或高倍数泡沫产生器和比例混合器的进口工作压力及比例混合器和水带的压力损失确定。

5.4.5 用于扑救煤矿井下火灾时，应配置导泡筒，且高倍数泡沫产生器的驱动风压、发泡倍数应满足矿井的特殊需要。

5.4.6 泡沫液与相关设备应放置在便于运送到指定防护对象的场所；当移动式中倍数或高倍数泡沫产生器预先连接到水源或泡沫混合液供给源时，应放置在易于接近的地方，且水带长度应能达到其最远的防护地。

5.4.7 当两个或两个以上移动式中倍数或高倍数泡沫产生器同时使用时，其泡沫液和水供给源应满足最大数量的泡沫产生器的使用要求。

5.4.8 当移动式中倍数泡沫系统用于沸点高于45℃且面积不大

于100m²的非水溶性液体流淌火灾时，泡沫混合液供给强度与连续供给时间应符合本标准第5.3.4条的规定。

5.4.9 应选用有衬里的消防水带，并应符合下列规定：

1 水带的口径与长度应满足系统要求；

2 水带应以能立即使用的排列形式储存，且应防潮。

5.4.10 移动式系统所用的电源与电缆应满足输送功率要求，且应满足保护接地和防水的要求。

6 泡沫-水喷淋系统与泡沫喷雾系统

6.1 一般规定

6.1.1 泡沫-水喷淋系统可用于下列场所：

1 具有非水溶性液体泄漏火灾危险的室内场所；

2 存放量不超过25L/m²或超过25L/m²但有缓冲物的水溶性液体室内场所。

6.1.2 泡沫喷雾系统可用于保护独立变电站的油浸电力变压器、面积不大于200m²的非水溶性液体室内场所。

6.1.3 泡沫-水喷淋系统泡沫混合液与水的连续供给时间应符合下列规定：

1 泡沫混合液连续供给时间不应小于10min；

2 泡沫混合液与水的连续供给时间之和不应小于60min。

6.1.4 泡沫-水雨淋系统与泡沫-水预作用系统的控制应符合下列规定：

1 系统应同时具备自动、手动和应急机械手动启动功能；

2 机械手动启动力不应超过180N；

3 系统自动或手动启动后，泡沫液供给控制装置应自动随供水主控阀的动作而动作或与之同时动作；

4 系统应设置故障监视与报警装置，且应在主控制盘上显示。

6.1.5 当选用水成膜泡沫液且泡沫液管线长度超过15m时，泡沫液应充满其管线，且泡沫液管线及其管件的温度应在泡沫液的储存温度范围内，埋地铺设时应设置检查管道密封性的设施。

6.1.6 泡沫-水喷淋系统应设置系统试验接口，其口径应分别满足系统最大流量与最小流量要求。

6.1.7 泡沫-水喷淋系统的防护区应设置安全排放或容纳设施，且排放或容纳量应按被保护液体最大泄漏量、固定式系统喷洒量以及管枪喷射量之和确定。

6.1.8 为泡沫-水雨淋系统与泡沫-水预作用系统配套设置的火灾探测与联动控制系统，除应符合现行国家标准《火灾自动报警系统设计规范》GB 50116的有关规定外，尚应符合下列规定：

1 当电控型自动探测及附属装置设置在爆炸危险环境时，应符合现行国家标准《爆炸危险环境电力装置设计规范》GB 50058的有关规定；

2 设置在腐蚀性气体环境中的探测装置，应由耐腐蚀材料制成或采取防腐蚀保护；

3 当选用带闭式喷头的传动管传递火灾信号时，传动管的长度不应大于300m，公称直径宜为15mm～25mm，传动管上的喷头应选用快速响应喷头，且布置间距不宜大于2.5m。

6.2 泡沫-水雨淋系统

6.2.1 泡沫-水雨淋系统的保护面积应按保护场所内的水平面面积或水平面投影面积确定。

6.2.2 当保护非水溶性液体时，其泡沫混合液供给强度不应小于表6.2.2的规定；当保护水溶性液体时，其泡沫混合液供给强度和连续供给时间应由试验确定。

表6.2.2 泡沫混合液供给强度

泡沫液种类	喷头设置高度(m)	泡沫混合液供给强度[L/(min·m²)]
氟蛋白	≤10	8
	>10	10
水成膜	≤10	6.5
	>10	8

6.2.3 泡沫-水雨淋系统应设置雨淋阀、水力警铃，并应在每个雨淋阀出口管路上设置压力开关，但喷头数小于10个的单区系统可不设雨淋阀和压力开关。

6.2.4 泡沫-水雨淋系统应选用泡沫喷头、水雾喷头。

6.2.5 喷头的布置应符合下列规定：

1 喷头的布置应根据系统设计供给强度、保护面积和喷头特性确定；

2 喷头周围不应有影响泡沫喷洒的障碍物。

6.2.6 泡沫-水雨淋系统设计时应进行管道水力计算，并应符合下列规定：

1 自雨淋阀开启至系统各喷头达到设计喷洒流量的时间不得超过60s；

2 任意四个相邻喷头组成的四边形保护面积内的平均泡沫混合液供给强度，不应小于设计供给强度。

6.2.7 飞机库内设置的泡沫-水雨淋系统应按现行国家标准《飞机库设计防火规范》GB 50284执行。

6.3 闭式泡沫-水喷淋系统

6.3.1 下列场所不宜选用闭式泡沫-水喷淋系统：

1 流淌面积较大，按本标准第6.3.4条规定的作用面积不足以保护的甲、乙、丙类液体场所；

2 靠泡沫混合液或水稀释不能有效灭火的水溶性液体场所；

3 净空高度大于9m的场所。

6.3.2 火灾沿水平方向蔓延较快的场所不宜选用泡沫-水干式系统。

6.3.3 下列场所不宜选用管道充水的泡沫-水湿式系统：

1 初始火灾为液体流淌火灾的甲、乙、丙类液体桶装库、泵房等场所；

2 含有甲、乙、丙类液体敞口容器的场所。

6.3.4 闭式泡沫-水喷淋系统的作用面积应符合下列规定：

1 系统的作用面积应为465m²；

2 当防护区面积小于465m²时，可按防护区实际面积确定；

3 当试验值不同于本条第1款、第2款规定时，可采用试验值。

6.3.5 闭式泡沫-水喷淋系统的供给强度不应小于6.5L/(min·m²)。

6.3.6 闭式泡沫-水喷淋系统输送的泡沫混合液应在8L/s至最大设计流量范围内达到额定的混合比。

6.3.7 喷头的选用应符合下列规定：

1 应选用闭式洒水喷头；

2 当喷头设置在屋顶时，其公称动作温度应为121℃～149℃；

3 当喷头设置在保护场所的中间层面时，其公称动作温度应为57℃～79℃；当保护场所的环境温度较高时，其公称动作温度宜高于环境最高温度30℃。

6.3.8 喷头的设置应符合下列规定：

1 任意四个相邻喷头组成的四边形保护面积内的平均供给强度不应小于设计供给强度，且不宜大于设计供给强度的1.2倍；

2 喷头周围不应有影响泡沫喷洒的障碍物；

3 每只喷头的保护面积不应大于12m²；

4 同一支管上两只相邻喷头的水平间距、两条相邻平行支管的水平间距均不应大于3.6m。

6.3.9 泡沫-水湿式系统的设置应符合下列规定：

1 当系统管道充注泡沫预混液时，其管道及管件应耐泡沫预混液腐蚀，且不应影响泡沫预混液的性能；

2 充注泡沫预混液系统的环境温度宜为5℃～40℃；

3 当系统管道充水时，在8L/s的流量下自系统启动至喷泡沫的时间不应大于2min；

4 充水系统的环境温度应为4℃～70℃。

6.3.10 泡沫-水预作用系统与泡沫-水干式系统的管道充水时间不宜大于1min。泡沫-水预作用系统每个报警阀控制喷头数不应超过800只，泡沫-水干式系统每个报警阀控制喷头数不宜超过500只。

6.3.11 本标准未做规定的，可执行现行国家标准《自动喷水灭火系统设计规范》GB 50084。

6.4 泡沫喷雾系统

6.4.1 泡沫喷雾系统用于保护独立变电站的油浸电力变压器时，其系统形式的选择应符合下列规定：

1 当单组变压器的额定容量大于600MV·A时，宜采用由泡沫消防水泵通过比例混合装置输送泡沫混合液经离心雾化型水雾喷头喷洒泡沫的形式；

2 当单组变压器的额定容量不大于600MV·A时，可采用由压缩氮气驱动储罐内的泡沫液经离心雾化型水雾喷头喷洒泡沫的形式。

6.4.2 当泡沫喷雾系统设置比例混合装置时，应选用3%型水成膜泡沫液；当系统采用由压缩氮气驱动形式时，应选用100%型水成膜泡沫液；泡沫液的抗烧水平不应低于C级。

6.4.3 当保护油浸电力变压器时，泡沫喷雾系统设计应符合下列规定：

1 保护面积应按变压器油箱的水平投影且四周外延1m计算确定；

2 系统的供给强度不应小于8L/(min·m²)；

3 对于变压器套管插入直流阀厅布置的换流站，系统应增设流量不低于48L/s可远程控制的高架泡沫炮，且系统的泡沫混合液设计流量应增加一台泡沫炮的流量；

4 喷头的设置应使泡沫覆盖变压器油箱顶面，且每个变压器进出线绝缘套管升高座孔口应设置单独的喷头保护；

5 保护绝缘套管升高座孔口喷头的雾化角宜为60°，其他喷头的雾化角不应大于90°；

6 当系统设置比例混合装置时，系统的连续供给时间不应小于30min；当采用由压缩氮气驱动形式时，系统的连续供给时间不应小于15min。

6.4.4 当保护非水溶性液体室内场所时，泡沫混合液供给强度不应小于6.5L/(min·m²)，连续供给时间不应小于10min。泡沫喷雾系统喷头的布置应符合下列规定：

1 保护面积内的泡沫混合液供给强度应均匀；

2 泡沫应直接喷洒到保护对象上；

3 喷头周围不应有影响泡沫喷洒的障碍物。

6.4.5 喷头应带过滤器，工作压力不应小于其额定压力，且不宜高于其额定压力0.1MPa。

6.4.6 泡沫喷雾系统喷头、管道与电气设备带电（裸露）部分的安全净距应符合国家现行有关标准的规定。

6.4.7 泡沫喷雾系统应具备自动、手动和应急机械手动启动方式。在自动控制状态下，灭火系统的响应时间不应大于60s。

6.4.8 与泡沫喷雾系统联动的火灾自动报警系统的设计除应符合现行国家标准《火灾自动报警系统设计规范》GB 50116的有关规定外，尚应符合下列规定：

1 当系统误动作会对保护对象造成不利影响时，应采用两个独立火灾探测器的报警信号进行联动控制；

2 当保护油浸电力变压器的系统采用两路相同的火灾探测器时，系统宜采用火灾探测器的报警信号和变压器的断路器信号进行联动控制。

6.4.9 湿式管道应选用不锈钢管，干式供液管道可选用热镀锌钢管，盛装100%型水成膜泡沫液的压力储罐应采用奥氏体不锈钢材料。

6.4.10 当动力源采用压缩氮气时，应符合下列规定：

1 系统所需动力源瓶组数量应按下式计算：

$$N = \frac{P_2 V_2}{(P_1 - P_2) V_1} \cdot k \qquad (6.4.10)$$

式中：N——所需氮气瓶组数量（只），取自然数；

P_1——氮气瓶组储存压力（MPa）；

P_2——系统储液罐出口压力（MPa）；

V_1——单个氮气瓶组容积（L）；

V_2——系统储液罐容积与氮气管路容积之和（L）；

k——裕量系数（不小于1.5）。

2 系统盛装100%型水成膜泡沫液的压力储罐、启动装置、氮气驱动装置应安装在温度高于0℃的专用设备间内。

7 泡沫消防泵站及供水

7.1 泡沫消防泵站与泡沫站

7.1.1 泡沫消防泵站的设置应符合下列规定：

1 泡沫消防泵站可与消防水泵房合建，并应符合国家现行有关标准对消防水泵房或消防泵房的规定；

2 泡沫消防泵站与甲、乙、丙类液体储罐或装置的距离不得小于30m，并应符合本标准第4.1.11条的规定；

3 当泡沫消防泵站与甲、乙、丙类液体储罐或装置的距离为30m～50m时，泡沫消防泵站的门、窗不应朝向保护对象。

7.1.2 泡沫消防水泵应采用自灌引水启动。其一组泵的吸水管不应少于2条，当其中1条损坏时，其余的吸水管应能通过全部用水量。

7.1.3 固定式系统动力源和泡沫消防水泵的设置应符合下列规定：

1 石油化工园区、大中型石化企业与煤化工企业、石油储备库，应采用一级供电负荷电机拖动的泡沫消防水泵做主用泵，采用柴油机拖动的泡沫消防水泵做备用泵；

2 其他石化企业与煤化工企业、特级和一级石油库及油品站场，应采用电机拖动的泡沫消防水泵做主用泵，采用柴油机拖动的泡沫消防水泵做备用泵；

3 二级、三级石油库和油品站场，可采用电机拖动的泡沫消防水泵做主用泵，采用柴油机拖动的泡沫消防水泵做备用泵，也可采用柴油机拖动的泡沫消防水泵做主用泵和备用泵；

4 泡沫-水喷淋系统、泡沫喷雾系统、中倍数与高倍数泡沫系统，主用与备用泡沫消防水泵可全部采用由一级供电负荷电机拖动；也可采用由二级供电负荷电机拖动的泡沫消防水泵做主用泵，采用柴油机拖动的泡沫消防水泵做备用泵；

5 除本条第4款规定的全部采用一级供电负荷电机拖动泡沫消防水泵的情况外，主用泵与备用泵扬程和流量均应满足系统的供水要求；

6 四级及以下独立石油库与油品站场、防护面积小于200m²的单个非重要防护区设置的泡沫系统，可采用由二级供电负荷电机拖动的泡沫消防水泵供水，也可采用由柴油机拖动的泡沫消防水泵供水。

7.1.4 拖动泡沫消防水泵的柴油机应符合下列规定：

1　柴油机应采用闭式循环热交换型发动机，且当热交换系统利用消防泵供水时，其设计压力应大于供水管网的最高工作压力；

2　柴油机的压缩比不应低于15，且转速达到1000rpm时可输出扭矩应能达到最大扭矩值的50%以上；

3　柴油机应采用丙类柴油，且当采用－10号丙类柴油时，其无任何辅助措施的启动极限温度不应高于－5℃；

4　柴油机应安装人工机械复位的超速空气切断阀；

5　柴油机应具备2组蓄电池并联启动功能、机械启动与手动盘车功能；

6　当海拔高度超过90m时，柴油机额定功率应按海拔高度每上升300m减少3%进行修正；当最高工作环境温度超过25℃时，柴油机额定功率应按最高工作环境温度每升高5.6℃减少1%进行修正。

7.1.5　设有柴油机的封闭式消防泵房应设置新风通风口，且最高工作环境温度不得超过50℃；柴油机的排气管应引向安全方位，且应能防止进水；当柴油机数量在2台及以上时，每台柴油机的排气管应独立设置；柴油机排气管的口径、长度、弯头的角度及数量应满足其产品的技术要求。

7.1.6　泡沫消防泵站内应设水池（罐）水位指示装置。泡沫消防泵站应设有与本单位消防站或消防保卫部门直接联络的通信设备。

7.1.7　当泡沫比例混合装置设置在泡沫消防泵站内无法满足本标准第4.1.11条的规定时，应设置泡沫站，且泡沫站的设置应符合下列规定：

1　严禁将泡沫站设置在防火堤内、围堰内、泡沫灭火系统保护区或其他爆炸危险区域内；

2　当泡沫站靠近防火堤设置时，其与各甲、乙、丙类液体储罐罐壁的间距应大于20m，且应具备远程控制功能；

3　当泡沫站设置在室内时，其建筑耐火等级不应低于二级。

7.2　系统供水

7.2.1　泡沫灭火系统水源的水质应与泡沫液的要求相适宜；水源的水温宜为4℃～35℃。当水中含有堵塞比例混合装置、泡沫产生装置或泡沫喷射装置的固体颗粒时，应设置相应的管道过滤器。

7.2.2　配制泡沫混合液用水不得含有影响泡沫性能的物质。

7.2.3　泡沫灭火系统水源的水量应满足系统最大设计流量和供给时间的要求。

7.2.4　泡沫灭火系统供水压力应满足在相应设计流量范围内系统各组件的工作压力要求，且应有防止系统超压的措施。

7.2.5　建（构）筑物内设置的泡沫-水喷淋系统宜设水泵接合器，且宜设在比例混合器的进口侧。水泵接合器的数量应按系统的设计流量确定，每个水泵接合器的流量宜按10L/s～15L/s计算。

8　水力计算

8.1　系统的设计流量

8.1.1　储罐区泡沫灭火系统的泡沫混合液设计流量，应按储罐上设置的泡沫产生器或高背压泡沫产生器与该储罐辅助泡沫枪的流量之和计算，且应按流量之和最大的储罐确定。

8.1.2　泡沫枪或泡沫炮系统的泡沫混合液设计流量，应按同时使用的泡沫枪或泡沫炮的流量之和确定。

8.1.3　泡沫-水雨淋系统的设计流量应按雨淋阀控制的喷头的流量之和确定。多个雨淋阀并联的雨淋系统的设计流量应按同时启用雨淋阀的流量之和的最大值确定。

8.1.4　采用闭式喷头的泡沫-水喷淋系统的泡沫混合液与水的设计流量应符合下列规定：

1　设计流量应按下式计算：

$$Q = \frac{1}{60}\sum_{i=1}^{n} q_i \tag{8.1.4}$$

式中：Q——泡沫-水喷淋系统设计流量（L/s）；

q_i——最有利水力条件处作用面积内各喷头节点的流量（L/min）；

n——最有利水力条件处作用面积内的喷头数。

2　水力计算选定的作用面积宜为矩形，其长边应平行于配水支管，长边长度不宜小于作用面积平方根的1.2倍；

3　最不利水力条件下，泡沫混合液或水的平均供给强度不应小于本标准的规定；

4　最有利水力条件下，系统设计流量不应超出泡沫液供给能力。

8.1.5　泡沫产生器、泡沫枪或泡沫炮、泡沫喷头等泡沫产生装置或非吸气型喷射装置的泡沫混合液流量宜按下式计算，也可按制造商提供的压力-流量特性曲线确定：

$$q = k\sqrt{10P} \tag{8.1.5}$$

式中：q——泡沫混合液流量（L/min）；

k——泡沫产生装置或非吸气型喷射装置的流量特性系数；

P——泡沫产生装置或非吸气型喷射装置的进口压力（MPa）。

8.1.6　系统泡沫混合液与水的设计流量应有不小于5%的裕度。

8.2　管道水力计算

8.2.1　系统管道输送介质的流速应符合下列规定：

1　储罐区泡沫灭火系统水和泡沫混合液流速不宜大于3m/s；

2　液下喷射泡沫喷射管前的泡沫管道内的泡沫流速宜为3m/s～9m/s；

3　泡沫-水喷淋系统、泡沫喷雾系统、中倍数与高倍数泡沫灭火系统的水和泡沫混合液在主管道内的流速不宜大于5m/s，在支管道内的流速不应大于10m/s；

4　泡沫液流速不宜大于5m/s。

8.2.2　系统水管道和泡沫混合液管道的沿程阻力损失应按下列公式计算：

1　当采用普通钢管时，应按下式计算：

$$i = 0.0000107\frac{V^2}{d_j^{1.3}} \tag{8.2.2-1}$$

式中：i——管道的单位长度水头损失（MPa/m）；

V——管道内水或泡沫混合液的平均流速（m/s）；

d_j——管道的计算内径（m）。

2　当采用不锈钢管或铜管时，应按下式计算：

$$i = 105C_h^{-1.85}d_j^{-4.87}q_g^{1.85} \tag{8.2.2-2}$$

式中：i——管道的单位长度水头损失（kPa/m）；

d_j——管道的计算内径（m）；

q_g——给水设计流量（m^3/s）；

C_h——海澄-威廉系数，铜管、不锈钢管取130。

8.2.3　水管道与泡沫混合液管道的局部水头损失宜采用当量长度法计算。

8.2.4　泡沫消防水泵的扬程或系统入口的供给压力应按下式计算：

$$H = \sum h + P_0 + h_Z \tag{8.2.4}$$

式中：H——泡沫消防水泵的扬程或系统入口的供给压力（MPa）；

$\sum h$——管道沿程和局部水头损失的累计值（MPa）；

P_0——最不利点处泡沫产生装置或泡沫喷射装置的工作压力（MPa）；

h_Z——最不利点处泡沫产生装置或泡沫喷射装置与消防水池的最低水位或系统水平供水引入管中心线之间的

静压差(MPa)。

8.2.5 液下喷射系统中泡沫管道的水力计算应符合下列规定：

1 泡沫管道的压力损失可按下式计算：

$$h = CQ_p^{1.72} \quad (8.2.5)$$

式中：h——每10m泡沫管道的压力损失(Pa/10m)；

C——管道压力损失系数；

Q_p——泡沫流量(L/s)。

2 发泡倍数宜按3计算。

3 管道压力损失系数可按表8.2.5-1取值。

表 8.2.5-1 管道压力损失系数

管径(mm)	管道压力损失系数 C
100	12.920
150	2.140
200	0.555
250	0.210
300	0.111
350	0.071

4 泡沫管道上的阀门和部分管件的当量长度可按表8.2.5-2确定。

表 8.2.5-2 泡沫管道上阀门和部分管件的当量长度(m)

管件种类	公称直径(mm)			
	150	200	250	300
闸阀	1.25	1.50	1.75	2.00
90°弯头	4.25	5.00	6.75	8.00
旋启式逆止阀	12.00	15.25	20.50	24.50

8.2.6 泡沫液管道的压力损失计算宜采用达西公式。确定雷诺数时，应采用泡沫液的实际密度；泡沫液黏度应为最低储存温度下的黏度。

8.3 减压措施

8.3.1 减压孔板应符合下列规定：

1 应设在直径不小于50mm的水平直管段上，前后管段的长度均不宜小于该管段直径的5倍；

2 孔口直径不应小于设置管段直径的30%，且不应小于20mm；

3 应采用不锈钢板材制作。

8.3.2 节流管应符合下列规定：

1 直径宜按上游管段直径的1/2确定；

2 长度不宜小于1m；

3 节流管内泡沫混合液或水的平均流速不应大于20m/s。

8.3.3 减压孔板的水头损失应按下式计算：

$$H_k = \xi \frac{V_k^2}{2g} \quad (8.3.3)$$

式中：H_k——减压孔板的水头损失(10^{-2}MPa)；

V_k——减压孔板后管道内泡沫混合液或水的平均流速(m/s)；

ξ——减压孔板的局部阻力系数。

8.3.4 节流管的水头损失应按下式计算：

$$H_g = \zeta \frac{V_g^2}{2g} + 0.00107L \frac{V_g^2}{d_g^{1.3}} \quad (8.3.4)$$

式中：H_g——节流管的水头损失(10^{-2}MPa)；

ζ——节流管中渐缩管与渐扩管的局部阻力系数之和，取值为0.7；

V_g——节流管内泡沫混合液或水的平均流速(m/s)；

d_g——节流管的计算内径(m)；

L——节流管的长度(m)。

8.3.5 减压阀应符合下列规定：

1 应设置在报警阀组入口前；

2 入口前应设置过滤器；

3 当连接两个及两个以上报警阀组时，应设置备用减压阀；

4 垂直安装的减压阀，水流方向宜向下。

中华人民共和国国家标准

泡沫灭火系统技术标准

GB 50151—2021

条　文　说　明

24

目　次

24

1 总 则

1.0.1 本条主要说明制定本标准的意义和目的。

本标准涵盖了低倍数、中倍数、高倍数泡沫灭火系统和泡沫-水喷淋系统的设计要求。

合理的设计是保证系统安全可靠、达到预期效果的前提，国内外有不少成功的灭火案例。近年来，在我国低倍数泡沫灭火系统先后成功扑灭过10000m^3凝析油内浮顶储罐全液面火灾、150000m^3原油浮顶储罐密封区火灾、100000m^3原油浮顶储罐密封区火灾等多起大型石油储罐火灾。实践证明，其规定是合理、有效的。

近年来，压缩空气泡沫灭火系统进入业界的视野。该技术最初是以消防车的形式用于扑救森林与民用建筑火灾。进入21世纪，有的单位或企业尝试用于石油、石化等领域，为此在开展相关技术研究工作。国际标准化组织ISO制定了相关的《泡沫灭火系统　第5部分：固定式压缩空气泡沫设备》ISO 7076-5和《泡沫灭火系统　第6部分：车载压缩空气泡沫系统》ISO 7076-6等产品标准，美国消防协会标准《低倍数、中倍数和高倍数泡沫灭火系统标准》NFPA 11从2010年版就写入了该技术，系统形式仅限于雨淋系统和喷雾系统，不过规定不太具体，尚不能指导工程设计。我国国家标准《泡沫灭火系统及部件通用技术条件》GB 20031并不包括该技术，使得其产品的质量检测缺乏标准依据。今后压缩空气泡沫灭火系统能否在石油、石化等领域推广应用，取决于业界对其技术可靠性与工程应用参数完整性的认可及其在此基础上产品标准的支撑。

1.0.2 本条规定了本标准适用和不适用的范围。

泡沫灭火系统是随着石油工业的发展而产生的。早在20世纪30年代，某些发达国家就开始应用泡沫灭火系统。我国从20世纪60年代开始研究并应用泡沫灭火系统。进入20世纪80年代后，随着相应技术标准的先后颁布，泡沫灭火系统得到广泛使用。应用的主要场所有：石油化工企业生产区、油库、地下工程、汽车库、仓库、煤矿、大型飞机库、船舶等。

本标准主要适用于陆上场所。有关船舶及海上石油设施的泡沫灭火系统有其相应的标准。

1.0.4 本次修订增加了空气泡沫不能扑灭的可燃液体储罐火灾。关于沸点低于45℃的非水溶性液体，2007年12月21日天津消防研究所会同有关单位，在塔里木油田（轮南消防中队）进行了凝析轻烃泡沫灭火试验。试验油罐为直径3.5m的敞口罐；试验油品中碳5及以下组分摩尔百分数占比约为30%（表1）。油层厚度大于200mm；泡沫液分别为进口6%型成膜氟蛋白泡沫液（FFFP）和6%型水成膜泡沫液（AFFF）及国产6%型水成膜泡沫液（AFFF）；发泡装置为PC2型横式泡沫产生器（共安装了2个）；沿罐周设置了冷却水环管并在试验中喷放了冷却水。试验次数共计5次，其中4次使用表1所示的油品、1次为经过1次灭火试验的残油。从试验的情况看，用1个PC2型横式泡沫产生器[泡沫混合液供给强度约为12L/(min·m^2)]2min左右基本控火。但除了用灭火试验残油的1次成功灭火外，其他4次即使用2个PC2型横式泡沫产生器[泡沫混合液供给强度约为24L/(min·m^2)]仍不能彻底灭火，而是在一侧罐壁处形成长时间的边缘火。

表1　试验油品的组分(%)

序号	组分	质量百分数	摩尔百分数	序号	组分	质量百分数	摩尔百分数
1	C2	0.00	0.00	7	C6	26.41	27.64
2	C3	0.01	0.03	8	C7	29.37	26.43
3	iC4	0.05	0.08	9	C8	15.47	12.22
4	C4	4.11	6.38	10	C9	4.56	3.21
5	iC5	7.17	8.97	11	C10	1.63	1.03
6	C5	11.22	14.02	12	C11	0.00	0.00

2009年至2010年，天津消防研究所会同有关单位开展了公安部应用创新项目“七氟丙烷气体泡沫灭火技术研究”，证实了空气泡沫不能扑灭沸点低于45℃的易燃液体储罐火灾的情况。为此本次修订增加了沸点低于45℃、碳5及以下组分摩尔百分数占比不低于30%的低沸点易燃液体储罐不宜选用空气泡沫灭火系统的规定。

针对低沸点易燃液体储罐火灾，我国独创了七氟丙烷泡沫灭火技术，先后编制了中国工程建设标准化协会标准《七氟丙烷泡沫灭火系统技术规程》CECS 394和消防行业产品标准《七氟丙烷泡沫灭火系统》XF 1288。

1.0.5 本标准是专业性的工程技术标准，除本标准不适用的场所外，只要规定设置泡沫灭火系统的工程，就应根据本标准的要求进行设计。至于哪些部位需要设置泡沫灭火系统，应按《石油库设计规范》GB 50074、《石油化工企业设计防火标准》GB 50160、《石油天然气工程设计防火规范》GB 50183、《飞机库设计防火规范》GB 50284等有关标准执行。

另外，与泡沫灭火系统设计配套的标准，如《火灾自动报警系统设计规范》GB 50116、《爆炸危险环境电力装置设计规范》GB 50058等，以及相关产品国家标准，都应遵照执行。

3 泡沫液和系统组件

3.1 一 般 规 定

3.1.1 泡沫灭火系统中采用的泡沫消防水泵、泡沫液泵、泡沫比例混合器（装置）、压力容器（盛装100%型水成膜泡沫液的压力储罐、动力瓶组、驱动气体瓶组）、泡沫产生装置（泡沫产生器、泡沫枪、泡沫炮、泡沫喷头等）、火灾探测与启动控制装置、阀门、管道等，选用符合国家现行相关标准的产品是最基本的前提。

3.1.2 泡沫消防水泵等设备与管道着色是国内外消防界的习惯做法，本条是根据国内消防界的着色习惯制订的。

工程中除了泡沫灭火系统组件、消防冷却水系统组件外，还会有较多的工艺组件。为避免因混淆而导致救火人员忙乱中误操作，涂色应有统一要求。当因管道多而与工艺管道涂色发生矛盾时，也可涂相应的色带或色环。

3.2 泡沫液的选择和储存

3.2.1 本条规定了非水溶性甲、乙、丙类液体储罐低倍数泡沫液的选择。

严格地讲，所有液体均有一定的溶水性，只是溶解度有高低之分，由于原油、成品燃料油、芳烃等由碳、氢元素组成的液体（烃类液体）溶水性极低，业内将它们称为非水溶性液体。到目前为止，国内外利用普通泡沫所做的灭火应用试验基本限于原油及其成品油。所以，本标准所述的非水溶性液体是指由碳、氢两种元素构成的烃类液体及其液体混合物，如原油、汽油、苯等。

目前市售的低倍数泡沫灭火剂按生产原料不同可分为蛋白类与水成膜类。

蛋白类泡沫的发泡剂是动物（主要是猪）毛与蹄角粒的水解蛋白。目前，蛋白泡沫的生产有火碱（NaOH）与石灰[$Ca(OH)_2$]两种水解工艺。前者因无法去除火碱，只得添加盐酸（HCl溶液）中和，使得泡沫液中含强酸强碱盐，泡沫质量稍逊，沉降物较多、有效期较短且喷放后对环境有一定污染，但工艺较简单、对原材料品质要求稍低、生产成本低、售价低，基本用于内销；而后者在水解之后添加适宜物料脱除Ca^{2+}、OH^-离子，但工艺较复杂且生产过程中有废渣排放、对原材料品质要求高、产出率低、泡沫质量较好、售价相当于前者的两倍以上，基本销往发达国家和地区。由于蛋白类泡沫的生产工艺相对复杂，生产者较少，石灰水解工艺的生产者更少。蛋白类泡沫灭火剂主要包括蛋白泡沫(P)、氟蛋白泡沫(FP)、成膜氟蛋白泡沫(FFFP)。蛋白泡沫就是在上述水解及处理后加入所需的添加剂制得，其泡沫流动性和疏油性差，灭火效能低，不能用于液下喷射系统。氟蛋白泡沫是在蛋白类泡沫基础上添加少量氟碳表面活性剂而成的，其表面与界面张力得到降低，泡沫流动性和疏油性得以提高，灭火性能也显著提高。成膜氟蛋白泡沫是在蛋白类泡沫基础上添加大量氟碳表面活性剂而成的，在油品表面有水成膜泡沫的成膜性，灭火性能高于氟蛋白泡沫，不过此泡沫的氟碳表面活性剂添加量不低于、甚至大于水成膜泡沫的添加量，有时要添加两种氟碳表面活性剂，环保性差。

水成膜泡沫(AFFF)是由氟碳表面活性剂、碳氢表面活性剂及其他添加剂与水混合搅拌制成的，其灭火快于氟蛋白泡沫，但抗烧性能不如氟蛋白泡沫。

需要指出的是，因环保问题，全氟辛烷磺酸盐类(PFOS)氟碳表面活性剂已被列入《斯德哥尔摩公约》淘汰名录，国外已全面淘汰。目前国外生产商及国内主要生产商所使用的氟碳表面活性剂大多数为用乙烯调聚法生产的含氟烷基磺酰胺基盐，如F1157(含氟烷基磺酰胺基甜菜碱)等，该类表面活性剂可替代全氟辛烷磺酸盐类(PFOS)氟碳表面活性剂。

另外，泡沫灭火剂生产企业的定型配方都是通过大量实验获得的，按其配方生产的泡沫液性能通常是较理想的，正常情况下其泡沫液流动点多为－10℃～－7.5℃。如要求泡沫液的流动点在－5℃以上就无法生产了；低于－10℃，需要多添加乙二醇等，这会影响到泡沫的稳定性和灭火性能。目前，绝大多数泡沫液是不受冻融影响的，按国家标准《泡沫灭火剂》GB 15308规定，对不受冻融影响的泡沫液在进行质量检测时需要经过四个周期的冻融过程后才进行泡沫灭火性能试验，工程中完全可以选择不受冻融影响的泡沫液。因此，即使是高寒地区也没必要对泡沫液流动点提出附加要求，以保障产品质量。泡沫液的储存温度一般在0℃～40℃，对于高寒地区，泡沫液应储存在有供热的室内。

目前，市售的氟蛋白泡沫液主要有3%型、6%型，水成膜泡沫有1%型、3%型、6%型，抗溶氟蛋白与抗溶水成膜泡沫有3%型 、6%型；中倍数与高倍数泡沫有3%型、6%型。除抗溶泡沫液(抗醇泡沫液)外，其他泡沫液用3%型完全可取代6%型的，即3%型混合比是较理想的。

为使固定式系统简单可靠，本标准第3.3.3条对泡沫液泵的动力源提出采用水轮机，如果固定式系统采用6%型的泡沫液与比例混合装置，水轮机的压力损失比采用3%型的会翻番，使部分石油化工企业、石油库等的消防水系统压力等级从1.6MPa升到2.5MPa，这是难以实现的，也无必要。而1%型仅有普通水成膜泡沫，因其额定混合比太低，稍有误差会影响固定式系统正常灭火，较难推广。

生态保护红线是由省级政府依据《生态保护红线划定指南》划定，并经国务院批准的。

综上，本条综合灭火性能、环保、方便使用及运输等因素，同时也为了减少不必要的泡沫灭火剂品种，规定选用3%型氟蛋白或水成膜泡沫液，它们既适用于液上喷射系统，也适用于液下喷射系统。这并不妨碍1%型的泡沫用于消防车。

本条规定选择的泡沫液经过数十年实际火灾扑救案例和灭火试验检验，证明是安全可靠的，且得到广泛应用。

3.2.2 水成膜泡沫施加到密度不低于环己烷的烃类燃液表面时，其泡沫析出液能在燃液表面产生一层防护膜。其灭火效力不仅与泡沫性能有关，还依赖于它的成膜性及其防护膜的坚韧性和牢固性。所以，水成膜泡沫也适用于水喷头、水枪、水炮等非吸气型喷射装置。本条第2款为强制性条文，必须严格执行。

3.2.3 水溶性可燃液体是指在水中具有一定溶解度的可燃液体，基本为烃的衍生物，分子中分别含有氧、氮、硫等元素，最常用的是氧、氮等元素的可燃液体，如醇、醛、酸、酮、酯、醚、胺、腈等类液体，这类液体分子中含有亲水基团，对普通泡沫有脱水性，可使泡沫破裂而失去灭火功效。有些产品即使在水中的溶解度很低，也难以用普通泡沫扑灭火灾。

对于在汽油中添加醚、醇等含氧添加剂的车用燃料，如果其含氧添加剂含量体积比大于10%，用普通泡沫难以灭火，需用抗溶泡沫，即这类燃料属于对普通泡沫有破坏作用的甲、乙、丙类液体。2002年，天津消防研究所承担了国家创新项目“车用乙醇汽油应用技术的研究”的子课题“车用乙醇汽油火灾危险性评估及其对策”，进行的22m^2油罐灭火试验研究也证明了这一点。抗溶泡沫液是在普通泡沫液中添加生物多糖(黄原胶)等抗醇高分子化合物制成的。传统说法抗溶泡沫用于水溶性液体火灾时，在燃液表面上能形成一层高分子胶膜，保护上面的泡沫免受水溶性液体脱水而导致的消泡，从而实现灭火。然而，2015—2017年天津消防研究所会同有关单位开展的公安部科技强警基础工作专项“水溶性可燃液体储罐泡沫灭火机理与技术研究”揭示：对于与水混溶的可燃液体，当泡沫施加到液面上时，清晰可见黄原胶膜隔离层的形成；对于与水非混溶可燃液体，当泡沫施加到液面上时，基本观察不到黄原胶膜隔离层的形成。该研究还表明与水微溶或可溶的可燃液体也不能用普通泡沫灭火，且对于经过一次灭火试验的乙酸丁酯残液进行缓释放灭火试验都无法控火。

目前，我国常用的抗溶泡沫是抗溶氟蛋白泡沫(FP/AR)与抗溶水成膜泡沫(AFFF/AR)，分6%型与3%型两种，生产商承诺的有效期均为2年。由于抗溶泡沫液中含有黄原胶，其黏度较高，且3%型的约为6%型的两倍，如某企业生产的AFFF/AR，20℃时6%型的动力黏度为550mPa・s，3%型为1000mPa・s左右。根据实际工程中反映3%型泡沫液抽吸困难的问题，上述公安部科技强警基础工作专项课题组于2016年1月12日至15日在杭州分别使用泡沫液泵和囊式压力式比例混合装置对3%型和6%型AFFF/AR及3%型低黏度FP/AR(该泡沫液未添加黄原胶)开展了混合比适应性试验。试验泡沫液温度5℃～7℃，实验用泡沫液泵为同步转子泵，抽真空能力检测值为0.08MPa、额定压力为1.3MPa、额定流量为20m^3/h。试验用的囊式压力式比例混合装置泡沫混合液流量范围为4L/s～32L/s，泡沫液储罐容积为0.5m^3。试验表明，对于6%型AFFF/AR和3%型低黏度FP/AR，无论采用平衡式比例混合装置还是囊式压力比例混合装置，混合比均能满足要求；对于3%型AFFF/AR，泡沫液泵的排量比排水约小10%(比3%型低黏度FP/AR小更多)，采用囊式压力比例混合装置时，30%低流量段混合比不满足要求。

正常情况下，抗溶水成膜泡沫液或抗溶氟蛋白泡沫液都要添加足够量的生物多糖才能保证其抗醇性能和抗醇灭火效果，一般情况下，6%型需要添加生物多糖0.5%～0.8%，而3%型则需要添加生物多糖0.8%～1.1%。还有一种以石灰水解蛋白泡沫浓缩液为基料，添加F1460等氟碳表面活性剂，制成黏度46mPa・s左右的3%型低黏度抗溶氟蛋白泡沫液。该泡沫液由于不添加黄原胶，保质期长于添加黄原胶的抗溶泡沫。本条为强制性条文，必须严格执行。

3.2.4 应用本条时需要注意，对于储罐区，当储罐区所有储罐的单罐容量均不大于10000m^3时，才可用抗溶泡沫液同时保护水溶性液体储罐和非水溶性液体储罐，否则，只要储罐区存在单罐容量大于10000m^3的储罐，就需要对水溶性可燃液体储罐和非水溶性可燃液体储罐分别选择相应的泡沫液进行保护。用抗溶泡沫液扑救非水溶性液体火灾时，其设计要求与普通泡沫液相同。

3.2.5 我国曾研制了一种用于油罐的中倍数氟蛋白泡沫液，在混合比为8%与配套设备条件下，发泡倍数在20～30范围内。该泡沫液无型式检验记录，所以本次修订予以删除。除油罐外的其他场所，高倍数泡沫液也可作为中倍数泡沫液使用，在其限定的使用范围内，灭火功效得到认可。

3.2.6 泡沫液按适用水源的不同，分为适用淡水型泡沫液和适用海水型泡沫液，适用海水型泡沫液适用于淡水和海水。试验表明，不适用于海水的泡沫液使用海水产生的泡沫稳定性很差，基本不具备灭火能力。为保证灭火剂有效发挥作用，本条定为强制性条文，必须严格执行。

3.2.7 泡沫液储存在高温潮湿的环境中，会加速其老化变质。储存温度过低，泡沫液的流动性会受到影响。另外，当泡沫混合液温度较低或过高时，发泡倍数会受到影响，析液时间会缩短，泡沫灭火性能会降低。一般泡沫液的储存温度通常为0℃～40℃。

3.3 泡沫消防水泵与泡沫液泵

3.3.1 由于本次修订删除了环泵式比例混合流程，与之对应的泡沫混合液泵的相关规定也相应删除。只要满足泡沫系统水和泡沫混合液流量与压力要求，容积泵也可用作泡沫消防水泵，故将离心泵修改为水泵。本条主要对泡沫消防水泵的选择与设置提出了要求。

1 现实工程中，泡沫消防水泵的流量都有一定范围，而所需扬程变化较小。为此，规定泡沫消防水泵选用特性曲线平缓的泵。

2 泵出口管道上设置压力表是为了监测泵的出口工作压力，设置单向阀是为了消除水锤效应对泵的影响，设置持压泄压阀是为了防止系统超压，设置带手动控制阀的回流管是为了供系统试验用。

3 本标准规定的机械泵入式与平衡式比例混合装置均需要泡沫液泵供给泡沫液。目前平衡式比例混合装置主要用水斗式水轮机驱动泡沫液泵，随着技术的改进也会用涡轮式或叶片式等水轮机驱动泡沫液泵。机械泵入式比例混合装置是用涡轮式或叶片式等水轮机驱动泡沫液泵。

涡轮式与叶片式水轮机不向外泄水，是利用泡沫消防水泵供给水的压力位能工作，于是泡沫消防水管线便产生压力损失。在泡沫混合液混合比一定的前提下，其压力损失的大小主要取决于水轮机和泡沫液泵的机构型式和制造精度，通常在3%混合比条件下，其压力损失不超过0.2MPa，压力损失太大不仅增大泡沫消防水泵扬程，也增大供水管线的压力，个别情况下可能导致系统压力提高一个等级。所以在满足混合比的条件下，水轮机压降越小越好。

水斗式水轮机要向外泄放一定比例的水驱动水轮机运转，当采用3%型泡沫液时，制造较精良的水轮机的泄水量也会在15%～20%范围内，若采用6%型泡沫液，泄水量会更大，难以被采用。如某石化公司在测试时，因没有充分考虑泄水量，导致全厂性的供水管网泄压，被迫拆除而转用其他动力源。

从发展趋势看，采用不向外泄水的涡轮式和叶片式等水轮机是发展方向，但目前国内该类水轮机尚未形成系列化产品，且水斗式水轮机尚有部分工程应用，因此，暂不具备禁用水斗式水轮机的条件。

需注意的是，当泡沫液泵的动力源采用一电机和一水斗式水轮机驱动的组合方式时，因水轮机泄水的原因，系统泡沫混合液流量会因采用电机驱动和采用水轮机驱动而不同，这一点在计算泡沫液用量和水力计算时要特别注意。

3.3.2 本条对泡沫液泵的选择和设置提出了基本要求。

1 本款是对泡沫液泵最基本的要求。

2 蛋白类泡沫液中含有某些无机盐，对碳钢等金属有腐蚀作用；合成类泡沫液含有较大比例的碳氢表面活性剂及有机溶剂，不但对金属有腐蚀作用，而且对许多非金属材料也有溶解、溶胀和渗透作用。因此，泡沫液泵的材料应能耐泡沫液腐蚀。同时，某些材料对泡沫液的性能有不利影响，尤其是碳钢对水成膜泡沫液的性能影响最大。因此，泡沫液泵的材料亦不能影响泡沫液的性能。

3 本款的规定主要是保证泡沫液泵能够顺利完成对泡沫液的输送。为此，一是对泡沫液泵的吸上真空高度提出了要求，二是对泡沫液泵前后的管道长度提出了限制。对于普通泡沫液，如水成膜泡沫液、氟蛋白泡沫液、高倍数与中倍数泡沫液，其黏度要比抗溶泡沫液小很多，因此对输送该类泡沫液的泡沫液泵仅提出了吸上真空高度的要求。对于抗溶泡沫液，由于其黏度大，尤其是3%型的黏度可达1000mPa·s左右，在管道内输送时，阻力损失较普通泡沫液大很多，泡沫液管道过长，会导致无法按要求输送。所以，在进行泡沫液管道阻力损失计算的基础上，对管道长度做了限制。另外，温度较低时，抗溶泡沫会出现结块现象，且平时会产生沉降物，因此，规定平时泡沫液不能充入管道和泵，以防影响管道输送及泵的性能。

4 本款主要是指采用机械泵入式比例混合装置的系统。对于采用平衡式比例混合装置的系统，因按产品要求该比例混合装置已将备用泡沫液泵撬装在一起，因此，当一台泡沫液泵就满足系统要求时，无须再另设备用泵。

5 本款关于泡沫液泵空载运转的规定和现行国家标准《消防泵》GB 6245的规定相一致。因泡沫液的黏度较高，在美国等国家，一般推荐采用容积式泵。

为保证系统可靠运行，将本条第1、2、4、5款定为强制性条文，必须严格执行。

3.3.3 本条为新增内容，并与本标准第7.1.3条第1、2、3款规定相呼应，按照泡沫灭火系统消防水泵是否独立设置，分为两种情况，当泡沫灭火系统与消防冷却水系统合用一组消防给水泵时，主用泡沫液泵的动力源推荐采用电动机，备用泡沫液泵的动力源应采用水轮机；当泡沫灭火系统与消防冷却水系统的消防给水泵分开设置时，主用泡沫液泵与备用泡沫液泵可全部采用水轮机拖动，也可采用电机拖动的泡沫液泵为主用泵、水轮机拖动的泡沫液泵为备用泵或相反。其中的"一组"多数情况下为单台泡沫液泵，少数情况下为多台泵。近年来，因雷击或爆炸，导致多起石油化工火灾中消防电源遭损毁，固定式系统瘫痪。为避免类似事故再次发生，做了本规定。

需要注意的是，由于原规范并未对泡沫液泵的动力源做进一步规定，目前实际工程中泡沫液泵的备用泵有不少采用柴油机作为动力源。本次修订排除了这一做法，原因是驱动泡沫液泵所需功率不大，所采用的都是小功率柴油机，由于我国对消防系统用柴油机未制定相关的国家标准，大多数选用发电用柴油机（农用柴油机），这种柴油机会受超速、机组发热等因素影响而停机，在季节温度交替变化时容易产生凝结水而导致启动困难；另外，由于小型柴油机大多数为风冷型，没有本机的预热系统，冷机的启动容易出现多次启动不成功的情况。

叶片式、涡轮式等不向外泄水的水轮机，机械制造精度较高，一旦内部结构、零部件明显锈蚀，可能导致水轮机故障，所以规定其水轮机及零部件应由耐腐蚀材料制成。

3.4 泡沫比例混合器(装置)

3.4.1 目前世界范围内，固定式系统所用的泡沫比例混合器（装置）主要有环泵式、压力式、平衡式、计量注入式、机械泵入式泡沫比例混合器（装置）等多种型式。

环泵式比例混合器是利用文丘里管原理的第一代产品，结构简单，但影响混合比精度的因素太多，设计者与调试者难以把握，难以实现自动化，且操作不慎会使泡沫液储罐进水或泡沫液流入水池。所以，自20世纪90年代起已逐步淡出固定式系统市场。

无囊式压力比例混合装置工作时，要求水必须从泡沫液面充入。因此，只适用于密度较高的蛋白类泡沫液。因泡沫液与水直接接触，一次未用完不能再用，不便于系统调试及日常试验等，也已退市。

计量注入式比例混合装置是用泡沫液泵将泡沫液直接注到水流中，利用在线流量计自动调节混合比的装置。系统运行数据传输到一台电控器上，其控制泡沫液泵输出量来保持既定的混合比。

计量注入式比例混合装置有若干种型式，图1是其中一种典型的计量注入式比例混合装置流程图。该比例混合装置由美国开发，主要用于消防车，在固定系统上应用极少。计量注入式比例混合装置结构复杂，对设计、安装、调试、维护管理人员的技术能力要求较高，在我国固定式系统中很难推广使用。

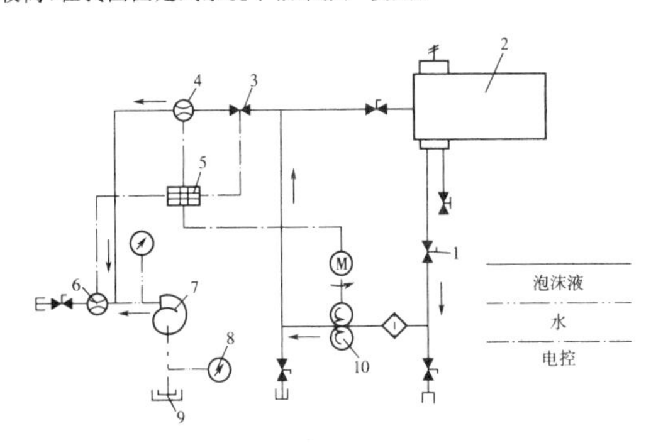

图1 典型计量注入式比例混合装置流程图

1—截止阀；2—泡沫液储罐；3—电动计量阀；4—流量计；5—电控器；6—流量计；7—水泵；8—压力表；9—水源；10—泡沫液泵

囊式压力比例混合装置因结构巧妙、使用便捷而被广泛采用。

平衡式比例混合装置的比例混合精度较高，适用的泡沫混合液流量范围较大，是目前常用的比例混合装置。

机械泵入式比例混合装置是由消防压力水驱动涡轮(水力机械称为转轮，本标准为区别向外泄水的水轮机，称其为涡轮)式水轮机或叶片式水轮机-泵将泡沫液注入水管道中，使泡沫液与水按比例混合成泡沫混合液的装置，该比例混合装置最大优势在于不向外泄水、结构简单紧凑、功耗相对较低，有广阔的应用前景，并且水轮机-泵还用于平衡式比例混合装置。目前国内采用滑片式水轮机的比例混合装置，主要从欧洲进口，有两种型式，其一是采用滑片式水轮机驱动齿轮泵的型式，该类比例混合装置压力损失比较大，难以满足工程应用，其二是使用滑片式水轮机驱动柱塞泵的型式，在采用3%的泡沫液时，该类型比例混合装置水力损失均在0.2MPa之下，可满足工程应用要求。另外，滑片式水轮机对水质要求相对较高，这一点在工程应用中需要注意。

对于城市交通隧道中的泡沫-水雨淋系统，各分区长度、面积、泡沫混合液供给强度均相等，其各分区的泡沫混合液流量是相等的。有的隧道较长，有的几十个分区，该场所受空间限制不便安装本标准规定的比例混合装置；若安装，施工难度与工程造价大幅提高。为此可选择泡沫消防供水泵与泡沫液泵的扬程、流量相匹配，泡沫液泵直接将泡沫液注入水管道中，不需比例混合器的泵直接注入式比例混合流程。

综上，本标准对固定式系统规定应选用平衡式、机械泵入式及囊式压力比例混合装置或泵直接注入式比例混合流程，删除了环泵式、无囊压力式、计量注入式等在我国已退市或无工程应用的泡沫比例混合器(装置)，使之简洁化。另外，本标准对泡沫比例混合装置的混合比只规定了下限，只要泡沫液储量足够，因无碍灭火功效，对混合比上限无要求。

储罐容量较大时，其火灾危险性也会增大，发生火灾所造成的后果亦比较严重，需要选择可靠性和精度较高的平衡式比例混合装置和机械泵入式比例混合装置。

3.4.2 本条前两款是该比例混合装置的原理性要求，第三款是保证系统使用或试验后能用水冲洗干净，不留残液。

3.4.5 工程实践中，囊式压力比例混合装置囊渗漏甚至破裂的实例均有发生。本着经济、安全可靠、使用方便的原则限制其储罐容积。从目前国内外应用情况看，限定在$5m^3$以下为宜，并要求使用适宜的橡胶内囊。另外，生产商需要给出内囊的使用期限。

3.4.6 管线式比例混合器工作流量范围小(表2)，压力损失大(约为进口压力的1/3)，用于移动式或半固定式泡沫灭火系统。本条是依据有关试验制定的。

表2 国产管线式比例混合器主要规格及其性能参数

型号	进口压力(MPa)	出口压力0.7MPa时的泡沫混合液流量(L/s)
PHF3	0.6～1.2	3
PHF4		3.75
PHF8		7.5
PHF16		15

3.5 泡沫液储罐

3.5.1 泡沫液中含有无机盐、碳氢与氟碳表面活性剂及有机溶剂，长期储存对碳钢等金属有腐蚀作用，对许多非金属材料也有溶解、溶胀和渗透作用。另一方面，某些材料或防腐涂层对泡沫液的性能有不利影响，尤其是碳钢对水成膜泡沫液的性能影响最大。所以，在选择泡沫液储罐内壁的材质或防腐涂层时，应特别注意是否与所选泡沫液相适宜。目前，囊式压力比例混合装置有泡沫液储存在囊外的情况，本条所提盛装泡沫液的储罐意在涵盖此类情况。不锈钢、聚四氟乙烯等材料可满足储存各类泡沫液的要求。

3.5.2 本条主要对常压泡沫液储罐提出了相关要求。

1 泡沫液会随着温度的升高而发生膨胀，尤其是蛋白类泡沫液长期储存会有部分沉降物积存在罐底部。因此，规定泡沫液储罐要留出上述储存空间。蛋白类泡沫液沉降物的体积按泡沫液储量(体积)的5%计算为宜；

2 保障泡沫液泵进口为正压，有利于泡沫液泵顺利抽吸泡沫液；出液口不高于泡沫液储罐最低液面0.5m是为了减少吸液口和出液口之间的垂直距离；

3 泡沫液管道吸液口朝下，设置在沉降层之上，可以避免沉降物等阻塞吸液口，吸液口可以做成斜口形，也可做成喇叭口形；另外由于蛋白类泡沫液沉降物较多，因此采用该类泡沫液时要求吸液口距泡沫液储罐底面不小于0.15m；

4 储罐设计成锥形或拱形顶，主要是为了减少泡沫液与空气的接触面积，以延缓泡沫液在储存中变质；

5 本款规定的附件是泡沫液储罐应该具备的最基本附件。

3.5.3 泡沫液剩余量是指泡沫液储罐中无法使用的部分。

3.6 泡沫产生装置

3.6.1 本条对甲、乙、丙类液体储罐低倍数泡沫产生器的选择进行了规定。

1 目前工程中使用的低倍数泡沫产生器分为横式和立式两种。两者由于安装方式及制造材料的不同，在火灾下会表现出不同的特点。横式泡沫产生器在储罐上水平安装，出口采用法兰连接不小于1m的直管段，进口和管道采用螺纹连接。横式泡沫产生器一般采用铸铁铸造而成，少数采用不锈钢。由于安装特点，在储罐受到爆炸冲击时，横式泡沫产生器会受到力矩作用，再加上其进口连接比较脆弱，采用的材料韧性较差，使得该类型的产生器极易遭到破坏，尤其是目前不少工程中将其安装到了罐壁顶以上，更经不住储罐爆炸的影响。即便是在相对安全的外浮顶储罐，横式产生器也具有被破坏的风险。如2010年3月3日，我国某国家石油储备基地一个$10×10m^4$原油储罐因雷击引起密封圈内的油气爆炸着火，泡沫堰板约80%向储罐中心倾倒(图2)，储罐上12个横式泡沫产生器有11个遭到破坏(图3)。立式泡沫产生器为钢制的，有的还采用了奥氏体不锈钢，韧性较好。其泡沫室和产生器本体有一体式的，也有分体式的。由于其在储罐上铅垂安装，和其他管道均采用法兰连接，受力形式明显比横式泡沫产生器合理。因此，考虑到固定顶储罐和内浮顶储罐的火灾模式，规定应选用立式产生器，其在固定顶储罐上的安装方式参见图4。

图 2　被破坏的泡沫堰板

图 3　被破坏的泡沫产生器

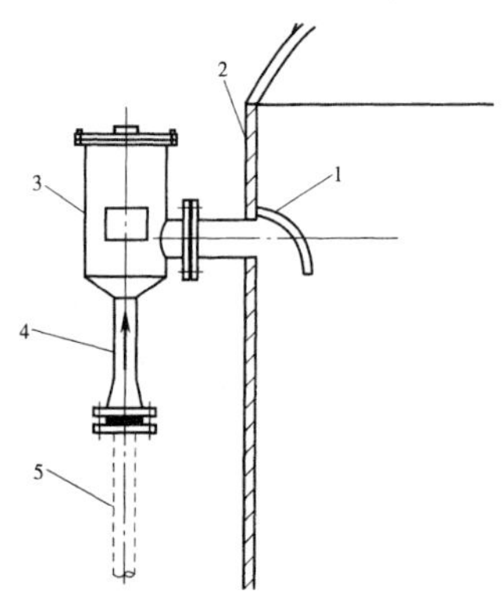

图 4　立式泡沫产生器安装示意图

1—泡沫反射板；2—罐壁；3—泡沫室；4—产生器本体；5—混合液管道

2　外浮顶储罐主要按密封圈火灾设防，由第 1 款条文说明所述火灾案例可知，密封圈内可燃气体产生的爆炸冲击波也可将目前所用的泡沫产生器损坏，因此，也建议外浮顶储罐采用立式泡沫产生器。考虑到相对于固定顶和内浮顶储罐，外浮顶储罐密封圈产生的爆炸破坏力相对较小，在对横式产生器的结构、材质及安装方式进行优化后，可在一定程度上降低被破坏的风险，同时考虑到横式泡沫产生器在外浮顶储罐的应用现状，本标准并不禁止在外浮顶储罐上使用横式泡沫产生器。要求横式泡沫产生器的吸气口采用圆形，主要是为了防止应力集中，目前所用的横式产生器采用铸造一次成型时，产生器吸气部位轭臂连接处易产生应力集中，导致强度降低。

由于对外浮顶储罐要求在罐壁顶安装泡沫导流罩，其选配的立式产生器的结构形式与固定顶、内浮顶储罐有所不同。外浮顶储罐的泡沫产生器密封玻璃无用，亦可划损储罐密封以及影响泡沫喷射，因此，要求不得设置密封玻璃。

3　本款规定了泡沫产生器要根据其使用环境的腐蚀特性，选用碳钢或不锈钢材料制造。如在海边使用时，可采用含有钼元素的不锈钢材料制作，以应对海洋大气环境的腐蚀。

4　本款规定是为了提高泡沫产生器抵御被保护储罐爆炸导致的破坏的能力。

5　本款规定有利于泡沫产生器的正常工作。

6　本款规定主要是为了防止堵塞泡沫产生器或泡沫喷射口。

3.6.2　泡沫产生器进口工作压力范围由制造商提供，通常标在其产品说明书中。对发泡倍数的规定是根据国内试验和国外相关标准制订的。

3.6.3　对于保护 LNG 集液池的局部应用系统，为防止电气线路或设备产生静电或火花引发天然气爆炸，不适宜采用电机驱动的泡沫产生器，所以建议采用水力驱动型泡沫产生器。对于未设导炮筒的全淹没系统，建议采用水轮机驱动型泡沫产生器，主要是因为该类产生器是利用有压泡沫混合液驱动水轮机带动风扇旋转，能耐受周围因火灾导致的高温；而电动机驱动型泡沫产生器，因电动机本身对工作环境温度有一定限制，不能耐受周围因火灾导致的高温。当泡沫产生器发泡网接近超低温液化天然气或火源时，发泡网会受到超低温气体或火焰的影响，所以应选用能耐受高温或超低温的奥氏体不锈钢材料。

3.6.4　泡沫喷头、水雾喷头的工作压力太低将降低发泡倍数，影响灭火效果。

3.7　控制阀门和管道

3.7.1　阀门若没有明显启闭标志，一旦失火，容易发生误操作。对于明杆阀门，其阀杆就是明显的启闭标志。对于暗杆阀门，则需设置明显的启闭标志。

3.7.2　口径较大的阀门，一个人手动开启或关闭较困难，可能导致消防泵不能迅速正常启动，甚至过载损坏。因此，选择电动、气动或液动阀门为佳。增压泵的进口阀门属上一级供水泵的出口阀门，也按出口阀门对待。

3.7.3　水与泡沫混合液管道为压力管道，一般泡沫混合液管道的最小工作压力为 0.7MPa，许多系统的泡沫混合液管道工作压力超过 1.0MPa。钢管的韧性、机械强度、抗烧性能等可以保障泡沫系统安全可靠。

3.7.6　湿式管道平时充有液体，为防止其在温度较低时冻结，影响系统使用，应采取防冻措施。为保证系统可靠运行，此条定为强制性条文，必须严格执行。

4　低倍数泡沫灭火系统

4.1　一 般 规 定

4.1.1　现行国家标准《石油化工企业设计防火标准》GB 50160、《石油库设计规范》GB 50074、《石油天然气工程设计防火规范》GB 50183 分别对各自行业设置固定式、半固定式和移动式泡沫灭火系统的场所进行了规定。现行国家标准《建筑设计防火规范》GB 50016 规定甲、乙、丙类液体储罐等泡沫灭火系统的设置场所应符合上述规范的有关规定。

本次修订增加了“储存温度大于 100℃的高温可燃液体储罐不宜设置固定式系统”的规定。

长期以来，我国石油炼化企业将常压渣油、蜡油、减压、渣油、沥青等多用固定顶常压储罐储存，随着石化工程的大型化，其储罐增多、单罐容积增大，出现了多台容积 $3\times10^4m^3$ 的大型常渣油、蜡油储罐区。常渣油、蜡油储罐的储存温度一般 140℃～160℃，减压、渣油、沥青储罐的储存温度多在 200℃以上，上述储罐大多数设置了低倍数泡沫灭火系统。尽管低强度供给泡沫对慢慢地降低燃液温度可能是有益的，但实际操作有很大的难度，需要具有丰富的经验，一旦操作不慎将导致罐内燃液的沸溢或喷溅。综合目前各方因素做了此规定，以便将风险提示给相关人员。

4.1.2　目前，泡沫灭火系统用于甲、乙、丙类液体立式储罐，有液上喷射、液下喷射、半液下喷射三种形式，而半液下喷射系统仅个别国家有少量应用，我国没有应用，今后也不大可能应用。所以，本次修订删除了半液下喷射系统。本标准将泡沫炮、泡沫枪系统划在了液上喷射系统中。关于本条的规定，综合说明如下：

1　对于甲、乙、丙类液体固定顶、外浮顶和内浮顶三种储罐，液上喷射系统均适用。

2　液下喷射泡沫灭火系统不适用于水溶性液体和其他对普通泡沫有破坏作用的甲、乙、丙类液体固定顶储罐，因为泡沫注入该类液体后，会发生脱水作用而使泡沫遭到破坏，无法浮升到液面实施灭火。

3　液下喷射系统不适用于外浮顶和内浮顶储罐，其原因是浮顶阻碍泡沫的正常分布；当只对外浮顶或内浮顶储罐的环形密封处设防时，更无法将泡沫全部输送到所需的区域。

4　对于外浮顶储罐与按外浮顶储罐对待的内浮顶储罐，其设防区域为环形密封区，泡沫炮难以将泡沫施加到该区域；对于水溶性甲、乙、丙类液体，由于泡沫炮为强施放喷射装置，喷出的泡沫会潜入其液体中，使泡沫脱水而遭到破坏，所以不适用；直径大于18m的固定顶储罐与按固定顶储罐对待的内浮顶储罐发生火灾时，罐顶一般只撕开一条口子，全掀的案例很少，泡沫炮难以将泡沫施加到储罐内。

5　灭火人员操纵泡沫枪难以对罐壁更高、直径更大的储罐实施灭火。

本条第2、3、4、5款为强制性条文，必须严格执行。

4.1.3　执行本条时，应注意泡沫混合液设计流量与泡沫混合液设计用量两个参数。对于固定顶和浮顶罐同设、非水溶性液体与水溶性液体并存的罐区，由于泡沫混合液供给强度与供给时间不一定相同，两个参数的设计最大值不一定集中到一个储罐上，应对每个储罐分别计算。按泡沫混合液设计流量最大的储罐设置泡沫消防水泵，按泡沫混合液设计用量最大的储罐储备消防水和泡沫液。

另外，本条应与本标准第8.1.1条等结合起来使用。个别工程项目曾错误地按储罐保护面积乘以标准规定的最小泡沫混合液供给强度，再加上辅助泡沫枪流量设置泡沫消防水泵，由于实际设置的泡沫产生器的能力大于其计算值，致使系统无法正常使用。另外，还需指出，若比例混合装置主用泵采用电机驱动，备用泵采用水斗式水轮机驱动，则因选泵时需要加入水轮机的泄水量，那么实际运行中，当泡沫液泵采用电机驱动运行时，系统因不需向外泄水，流量会加大，也即泡沫混合液的供给强度增大。为此，强调指出：应按系统实际设计泡沫混合液强度计算确定罐内泡沫混合液用量，而不是按本标准规定的最小值去确定。

综上所述，为保证系统设计能力满足灭火需要，将本条定为强制性条文，必须严格执行。

4.1.4　计算泡沫液用量时，若已知实际混合比则按照实际混合比计算，否则按混合比上限确定。

4.1.5　本条规定有三层含义：一是提出对设置固定式泡沫灭火系统的储罐区，设置用于扑救液体流散火灾的辅助泡沫枪要求，不限制将泡沫枪放置在其专职消防站的消防车上；二是提出设置数量及其泡沫混合液连续供给时间根据所保护储罐直径确定的要求，对应本节第4.1.3条；三是规定了可选的单支泡沫枪的最小流量。

4.1.6　大中型甲、乙、丙类液体储罐的危险程度高，火灾损失大，为了及时启动泡沫灭火系统，减少火灾损失，提出本条要求。浮顶储罐泡沫灭火系统的控制执行现行国家标准《石油化工企业设计防火标准》GB 50160、《石油天然气工程设计防火规范》GB 50183、《石油库设计规范》GB 50074、《石油储备库设计规范》GB 50737的规定。

4.1.7　为验证安装后的泡沫灭火系统是否满足标准和设计要求，需要对安装的系统依据标准要求进行检测，为此所做的设计应便于检测设备的安装和取样。

4.1.8　石油储备库、独立的石油库与油品站场，泡沫灭火系统与消防冷却水系统合用消防给水泵与管道技术上既难实现，也不经济，不便于操作，本条中的"三级及以上"指的是特级、一级、二级、三级；石油化工企业、煤化工企业等生产加工企业，其消防供水大都是全厂性的，点多、面广，如果都要求消防给水泵与管道分开设置，实施难度大，但由于两个系统的工作压力相差很大，也应有合理的措施分别保证两个系统能够可靠运行。为此提出本条规定，对此类设计加以约束。

4.1.9　泡沫消火栓的功能是连接泡沫枪扑救储罐区防火堤内流散火灾。《石油化工企业设计防火标准》GB 50160规定水消火栓的间距不宜大于60m，为使储罐区消防设施的布置更加合理，本条采纳了这一参数。如果附近有消防站，并能出相应数量的泡沫枪，也可不设泡沫消火栓。为此本条增加了应设置泡沫消火栓的条件。

4.1.10　本条规定固定式泡沫灭火系统具备半固定系统功能，灭火时多了一种战术选择，且简便易行。

4.1.11　本条规定的时间包括消防泵的启泵时间，启泵时间指消防泵一次启泵成功的时间。为保证系统及时灭火，本条为强制性条文，必须严格执行。

4.2　固定顶储罐

4.2.1　固定顶储罐的燃液暴露面为其储罐的横截面，泡沫须覆盖全部燃液表面方能灭火，所以保护面积应按其横截面积计算确定。

4.2.2　本条依据国内外泡沫灭火试验、灭火案例，并参考了国外相关标准制订。

本次修订将非水溶性甲、乙、丙类液体固定顶储罐的泡沫混合液供给强度调回原国家标准《低倍数泡沫灭火系统设计规范》GB 50151-92规定的6L/(min·m²)，将甲、乙类液体连续供给时间分拆成甲类液体60min、乙类液体不变，以应对日益增加的火灾风险。

水溶性可燃液体种类繁多，理化性能各异，其泡沫混合液供给强度也有较大差异，导致很难对各种水溶性液体的泡沫混合液供给强度与连续供给时间做出规定。国外相关标准对此采用了不同的处理方法，国外的主要标准如美国消防协会标准《低倍数、中倍数、高倍数泡沫灭火系统标准》NFPA 11和欧洲标准《固定灭火系统-泡沫系统　第2部分　设计、安装和维护》EN 13565-2规定具体设计参数咨询泡沫液生产商。日本标准《关于制造厂等场所泡沫灭火设备技术细则的告示》中按水溶性可燃液体的种类规定了泡沫混合液供给强度(见表3)，当采用Ⅰ型喷放口(设缓冲装置的喷放口)时，供给时间为20min，采用Ⅱ型喷放口(设泡沫挡板的喷放口)时，供给时间为30min。另外，我国台湾的《各类消防安全场所消防设备设置标准》(2008年版)引用了日本标准。天津消防研究所相关研究表明，日本标准中的环氧丙烷、乙醛、异丙胺、甲酸甲酯、乙醚、叔丁胺、呋喃等物质，采用空气泡沫无法灭火。

表3　各类水溶性液体的供给强度[L/(min·m²)]

第四类公共危险物品种类		供给强度
类别	详细分类	
醇类	甲醇、3-甲基-2-丁醇、乙醇、烯丙醇、1-戊醇、2-戊醇、叔戊醇(2-甲基-2-丁醇)、异戊醇、1-己醇、环己醇、糠醇、苯甲醇、丙二醇、乙二醇(甘醇)、二甘醇、二丙二醇、甘油	8
	2-丙醇、1-丙醇、异丁醇、1-丁醇、2-丁醇	10
	叔丁醇	16
醚类	异丙醚、乙二醇乙醚、乙二醇甲醚、二甘醇乙醚	10
	1-4二氧杂环己烷(二噁烷)	12
	乙醚、乙缩醛(1,1-二乙氧基乙烷)、乙基丙基醚、四氢呋喃、异丁基乙烯醚、乙基正丁基醚	16
酯类	乙酸乙酯、甲酸乙酯、甲酸甲酯、乙酸甲酯、乙酸乙烯酯、甲酸丙酯、丙烯酸甲酯、丙烯酸乙酯、异丁烯酸甲酯、异丁烯酸乙酯、乙酸丙酯、甲酸丁酯、乙酸-2-乙氧基乙酯、乙酸-2-甲氧基乙酯	8
酮类	丙酮、丁酮、甲基异丁酮、乙酰丙酮(2,4-戊二酮)、环己酮	8
醛类	丙烯醛、丁烯醛、三聚乙醛	10
	乙醛	16

24

续表 3

第四类公共危险物品种类		供给强度
类别	详 细 分 类	
胺类	乙二胺、环己胺、苯胺、乙醇胺、二乙醇胺、三乙醇胺	8
	乙胺、丙胺、烯丙胺、二乙胺、丁胺、异丁胺、三乙胺、戊胺、叔丁胺	10
	异丙胺	16
腈类	丙烯腈、乙腈、丁腈	10
有机酸	醋酸、醋酸酐、丙烯酸、丙酸、甲酸	10
其他	氧化丙烯(环氧丙烷)	16

由于缺乏系统研究,《泡沫灭火系统设计规范》GB 50151-2010仅规定了10种水溶性液体的设计参数,不便于工程应用,且供给强度均相同,对某些液体可能并不合理。本次修订,为最大限度提供水溶性可燃液体储罐的关键设计参数,天津消防研究所联合相关单位开展了公安部科技强警基础工作专项项目"水溶性可燃液体储罐泡沫灭火机理与技术研究"及中石化科研项目"水溶性可燃液体储罐泡沫灭火关键技术研究",项目选择了十余种工程中常用立式储罐储存且具有代表性的水溶性可燃液体,开展了冷态试验和灭火试验研究。根据项目的研究成果,将水溶性可燃液体按灭火难易程度及泡沫液种类,进行了分类,分别规定了各类的泡沫混合液供给强度和连续供给时间。为最大限度满足工程设计需要,根据试验研究及相关文献,在每一类中给出了工程中常用的可燃液体。

通常,抗溶泡沫液都要添加足够量的生物多糖(黄原胶)才能保证其对水溶可燃液体的灭火效果,一般6%型需要添加黄原胶0.5%~0.8%,3%型需要添加黄原胶0.8%~1.1%。表4.2.2-2中的抗溶氟蛋白和抗溶水成膜泡沫液为添加足量黄原胶的抗溶泡沫。对于不添加黄原胶的低黏度抗溶氟蛋白泡沫,在标准试验条件下表现出对某些种类的水溶性可燃液体,尤其是醇类液体灭火效果差,甚至不能灭火,但对丙醛、甲基叔丁基醚等可燃液体灭火功效较好,对其他部分水溶性可燃液体与添加黄原胶的上述抗溶泡沫灭火功效相当。

表4.2.2-2中未列出的水溶性液体的供给强度和供给时间还需通过试验确定。试验可采用1.73m²的油盘和表中的可燃液体进行对比试验。试验前,可通过理化参数分析,确定采用哪一类的对比液体进行试验,若试验液体灭火难度低于对比液体,则采用该对比液体的设计参数,若高于对比液体,则采用更高一类的液体重新进行对比试验,当其灭火难度大于供给强度为16L/(min·m²)所对应的对比液体时,则需要进行工程应用灭火试验来确定设计参数。灭火试验程序可参照现行国家标准《泡沫灭火剂》GB 15308的要求。

需要指出,某些水溶性可燃液体储罐采用目前的空气泡沫系统难以灭火,甚至无法控火。一是沸点低于45℃的水溶性液体储罐,采用空气泡沫无法灭火,这一点在本标准总则中已有说明;二是水溶性可燃液体的沸点虽然高于45℃,但由于其特殊的分子结构和化学特性,对现有的泡沫有较强的破坏作用,如二乙胺(沸点55℃)和叔丁醇(沸点82.4℃,熔点25.7℃)等,试验表明,二乙胺无法灭火,叔丁醇在有冷却水并加大供给强度的情况下虽可灭火,但因其熔点较高,实际工程中一般采用伴热保温罐储存,由于保温层的隔热作用,火灾时,储罐的冷却水系统对罐壁的冷却作用会显著降低,可能会导致灭火失败。

4.2.3 本条主要规定了泡沫产生器的设置。

1 本款是按其中一个泡沫产生器被破坏,系统仍能有效灭火的原则规定的。对于直径大于50m的固定顶储罐,靠沿罐周设置泡沫产生器,泡沫可能不能完全覆盖燃液表面,所以,规定所能保护的储罐最大直径为50m。另外,现行国家标准《石油库设计规范》GB 50074已规定固定顶储罐的直径不应大于48m,所以,今后新建固定顶储罐的直径一般不会超过48m。

2 为使各泡沫产生器的工作压力和流量均衡,以利于灭火,推荐采用相同型号的泡沫产生器并要求其均布。

3 水溶性液体固定顶储罐不设缓释装置较难灭火,本标准规定的设计参数是建立在设有缓冲装置基础上的,2010年版的美国消防协会标准《低倍数、中倍数、高倍数泡沫灭火系统标准》NFPA 11的相关说法并不准确。天津消防研究所会同有关单位开展的公安部科技强警基础工作专项"水溶性可燃液体储罐泡沫灭火机理与技术研究"及中石化科研项目"水溶性可燃液体储罐泡沫灭火关键技术研究"表明,对乙醇等水溶性液体,强释放无法控火,即便是溶解度较低的水溶性液体,使用强释放也难以完全灭火。目前,除水溶性液体外,其他对普通泡沫有破坏作用的甲、乙、丙类液体主要为添加醇、醚等物质的汽油,国内该类汽油的醇、醚含量比较低,此类储罐不设缓冲装置亦能灭火。目前我国开发的泡沫缓释罩见图5。

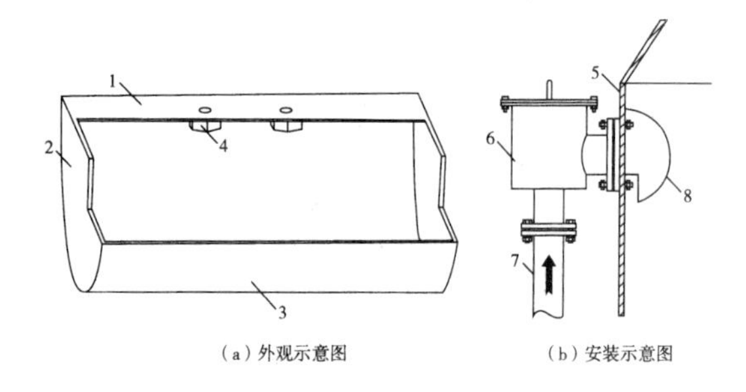

图5 泡沫缓释罩示意图

1—上部挡板;2—侧壁挡板;3—导流缓冲板;4—连接螺栓;5—罐壁;6—泡沫产生器;7—混合液管道;8—泡沫缓释罩

4.2.4 本条对液下喷射高背压泡沫产生器的设置进行了规定。

1 通常系统高背压泡沫产生器的进出口设有控制阀和背压调节阀及压力表等,试验与灭火时可能要操作其阀门。为了安全,应设置在防火堤外。

2 高背压泡沫产生器并联使用是为了保证供出的泡沫压力与倍数基本一致,同时也便于系统调试与背压调节。

3 本款的规定是为了系统的调试和调节及检测。

4.2.5 本条依据国内外泡沫灭火试验、灭火案例,并参考了国外相关标准制订。

本条需与本标准第8.2.1条规定结合起来使用。通常,从高背压泡沫产生器出口至泡沫喷射管前的泡沫管道的管径应小一些,以较大的流速输送泡沫,保持泡沫稳定与较快地输送。当其流速大于本条规定的泡沫口处的流速时,单独设置直径较大的泡沫喷射管。这样设计既经济又合理。当然,只要满足标准要求,前后两者可以等径。所以,为给设计以灵活性,提出泡沫喷射管的概念,考虑到流体力学参数的稳定,规定了其长度。

4.2.6 固定顶储罐与一些内浮顶储罐发生火灾时,部分泡沫产生器被破坏的可能性较大。为保障被破坏的泡沫产生器不影响正常的泡沫产生器使用,使系统仍能有效灭火,做此规定。另外,一些工程为了防火堤内的整齐,将本应在地面分配的泡沫混合液管道集中设置在储罐上,然后再分配到各泡沫产生器。当储罐爆炸着火时,极易将这些管道拉断,并且这样设计对储罐的承载也不利。综上所述,为保证系统在储罐发生火灾时能正常工作,将本条第1款、第2款定为强制性条文,必须严格执行。

4.2.7 本条规定了防火堤内泡沫混合液和泡沫管道的设置。

1 本款规定旨在消除泡沫混合液或泡沫管道的热胀冷缩和储罐爆炸冲击的影响。敷设的意思是不限制管道轴向与向上的位移。

2 将管道埋在地下的优点就是防火堤内整洁,便于防火堤内的日常作业。但也有不利因素:一是控制泡沫产生器的阀门通常设置在地下,不利于操作;二是埋地管道的运动受限,对地基的不均匀沉降和储罐爆炸着火时罐体的上冲力敏感;三是不利于管道的维护与更换。由于国内外均有采用埋地设置,而标准又不便限制,所以增加了此款以保护管道免遭破坏。

3 本款旨在排净管道内的积水。

4 出于工程检测与试验的需要制订本款。

5 目前液下喷射系统一个较突出的问题就是泡沫喷射管上的逆止阀密封不严,有些系统除关闭了储罐根部的闸阀外,在防火堤外又设置了一道处于关闭状态的闸阀,使该系统处于了半瘫痪状态,即使这样,还是漏油;有的系统甚至将泡沫喷射管设置成顶部高于液面的"冂"形,既给安装带来困难,又增加了泡沫管道的阻力,同时又影响美观。目前有采用爆破膜等措施的,为此增加相关要求。

4.3 外浮顶储罐

4.3.1 目前,大型外浮顶油罐普遍采用钢制单盘式或双盘式浮顶结构(见现行国家标准《立式圆筒形钢制焊接油罐设计规范》GB 50341),发生火灾通常表现为环形密封处的局部火灾。然而,这类储罐在运行过程中,也会出现因管理、操作不慎而导致的全液面敞口火灾,国内外都有浮顶下沉并伴随火灾发生,形成油罐的全液面敞口火灾的案例,目前单罐容积最大的当属 Amoco 石油公司英国南威尔士米尔福德港炼油厂一个直径 77.7m(255 英尺)(容积 10 万 m^3)的浮顶原油罐火灾,直径最大的为 2001 年美国路易斯安那州诺科市某炼油厂一座直径 82.4m(277 英尺)、高 9.8m 的外浮顶汽油储罐火灾。相关统计资料表明,外浮顶油罐发生全液面敞口火灾的概率较小,故规定按环形密封处的局部火灾设防。

4.3.2 对泡沫混合液供给强度的规定,主要依据国内的灭火试验。单个泡沫产生器的最大保护周长,参考了美国消防协会标准《低倍数、中倍数、高倍数泡沫灭火系统标准》NFPA 11 的规定。延长泡沫混合液连续供给时间是为了给登顶灭火人员以充分时间,免遭雷击。

2006 年 8 月 7 日,国内某油库一座 15 万 m^3 外浮顶油罐密封处因雷击发生火灾,供给泡沫 19min 灭火,持续供给时间 26min;另外,2007 年国内发生的多起外浮顶油罐密封处火灾,均在供给泡沫 10min 内灭火。

4.3.3 目前,泡沫喷射口有设置在罐壁顶部和设置在浮顶上两种设置形式。经多年的应用检验,将泡沫产生器与泡沫喷射口安装于浮顶上的形式逐渐暴露出以下不足:第一是系统易遭破坏,本标准第 3.6.1 条条文说明已进行了阐述,当储罐密封圈处爆炸着火时,将对泡沫喷射口造成较大破坏;当浮盘发生沉盘时,该泡沫系统将失效;第二是泡沫软管维护困难,且较易损坏,据统计,我国目前采用的软管均系法国某企业和美国某企业的产品,前者有软管本身接头或与储罐连接处损坏的案例,后者不符合《泡沫灭火系统设计规范》GB 50151-2010 的规定,且也有多起损毁案例;第三是系统设计存在困难,如对大型储罐,储罐中央一般需要两根排水管,两根泡沫软管,若软管运动轨迹设计不当,极易相互影响。为此,本次修订删除了泡沫喷射口安装于浮顶上的系统形式,规定泡沫导流罩应设置在罐壁顶部(见图 6),主要因其不存在上述缺陷,且简单、可靠、有效。

图 6 泡沫导流罩在罐壁顶上的系统泡沫冷喷照片

需要指出,目前大型油罐基本都安装了二次密封,且二次密封的高度在 0.7m 以上。这就需要泡沫堆积高度在 0.9m 以上,才能确保彻底灭火。因此,选择析液时间与抗烧时间较长的泡沫尤为重要。

本次修订,依据实际工程设计将泡沫堰板与罐壁的最小间距由 0.6m 调整为 0.9m,在 $3\times10^4m^3$ 及以上储罐,为了使泡沫落在泡沫堰板内充分覆盖密封,泡沫堰板与罐壁的间距会更大。

4.3.4 设置泡沫导流罩是行之有效的减少泡沫损失的措施。

4.3.5 外浮顶储罐环形密封区域的火灾,其辐射热很低,灭火人员能够靠近罐体;且泡沫产生器被破坏的可能性很小,故做此规定。

4.3.8 本条规定外浮顶储罐梯子平台上设置二分水器主要是为了方便登罐灭火。一方面,外浮顶储罐火灾初期多为局部密封处小火,灭火人员可站在梯子平台上或浮顶上用泡沫枪将其扑灭;另一方面,对于储存高含蜡原油的储罐,由于罐体保温不好或密封不好,罐壁上会凝固少量原油,当温度升高时,凝油熔化并可能流到罐顶,偶发火灾后,需要灭火人员站在梯子平台上用泡沫枪灭火。

住房和城乡建设部标准定额司《关于印发石油石化行业国家标准协调会会议纪要的通知》建标标函〔2016〕237 号附件 2 中建议:"容量大于或等于 50000m^3 的外浮顶储罐应在外壁设置两个盘梯,罐顶应设双平台,并增设一根泡沫竖管及一个二分水接口分水器。"按其建议,容量大于或等于 50000m^3 的外浮顶储罐需要设置双梯子平台,每个平台上均要按本条规定设置分水器。

4.4 内浮顶储罐

4.4.1 虽然钢制单盘式、双盘式内浮顶(见现行国家标准《立式圆筒形钢制焊接油罐设计规范》GB 50341)储罐有固定顶,但其浮盘与罐内液体直接接触,挥发出的可燃蒸气较少,且罐上部有排气孔,浮盘以上的罐内空间整体爆炸着火的可能性极小。由于该储罐的浮盘不宜被破坏,可燃蒸气一般存在于密封区,与本标准规定的外浮顶储罐一样,发生火灾时,其着火范围基本局限在密封处。所以,规定此类储罐的保护面积与外浮顶储罐一样,按罐壁与泡沫堰板间的环形面积确定。

对于铝合金等易熔材料浮盘,其火灾案例较多,且多表现为浮盘被破坏的全液面火灾,安全性较差。实际工程中浮盘五花八门。不锈钢材料等制作浮盘的浮筒式内浮顶储罐,并不比铝合金等易熔材料浮盘的火灾概率低,且火灾也基本为全液面火灾,但其残存浮盘不易沉没,导致泡沫难以覆盖燃烧液面而无法灭火。

近年来针对石油石化行业火灾多发的状况,国家领导人对此高度重视并先后做出批示,业内提高标准的呼声不断。为此,原公安部消防局 2016 年向住房和城乡建设部标准定额司发了《关于进一步加强石油石化行业防火防爆技术措施的意见和建议》的公函,对国家标准《石油化工企业设计防火标准》GB 50160、《石油库设计规范》GB 50074、《石油储备库设计规范》GB 50737、《石油天然气工程设计防火规范》GB 50183 和《储罐区防火堤设计规范》GB 50351 等从十二个方面提出了 29 条、67 款建议。2016 年 7 月 19 日至 20 日,住房和城乡建设部标准定额司召集原公安部消防局、原安监总局三司、国家能源局、相关国家标准主编部门等在北京就原公安部消防局的公函召开了专题协调会,并形成住房和城乡建设部标准定额司《关于印发石油石化行业国家标准协调会会议纪要的通知》(建标标函〔2016〕237 号),向有关部门和单位发文。该文件明确了储罐的选型要求:"储存闪点低于 45℃液体的储罐,当单罐容量大于 5000m^3 时,应采用单盘或双盘内浮顶或外浮顶储罐,不应采用轻质浮盘内浮顶罐(含不锈钢组合式浮盘),当单罐容量小于 5000m^3时,可采用铝制浮筒式内浮顶储罐,当单罐储量大于或等于 50000m^3时,应采用钢制双盘储罐。浮盘材质应综合强度要求和储物的腐蚀性选用碳钢、低合金钢或奥氏体不锈钢。"现行国家标准《石油库设计规范》GB 50074 规定直径大于 48m 的内浮顶储罐的浮盘应该采用钢制单盘或双盘。依据上述要求，将不会再出现直径大于 48m 的易熔材料浮盘内浮顶储罐，且容量 5000m³ 以上、直径 48m 以下该类储罐只能储存闪点大于 45℃ 的液体。综合上述要求，将采用易熔材料浮盘的内浮顶储罐的最大直径限定为 48m。

采用敞口隔舱式浮盘的储罐若按环形密封区设防，在设置泡沫堰板时，须将敞口隔舱处用钢板焊封，导致不必要的麻烦。现行国家标准《石油库设计规范》GB 50074 与《石油储备库设计规范》GB 50737 等禁止选用此种形式的储罐。

4.4.2 内浮顶储罐通常储存火灾危险性为甲、乙类的液体。由于火灾时炽热的金属罐壁和泡沫堰板及密封对泡沫的破坏，其供给强度也应大于固定顶储罐的泡沫混合液供给强度。到目前为止，按环形密封区设防的水溶性液体浮顶储罐，尚未开展过灭火试验，但无疑其泡沫混合液供给强度应大于非水溶性液体。本条规定综合了上述两方面的分析，并参照了对外浮顶储罐的相关规定。

4.4.4 本条规定是为了使泡沫能施加到环形密封区或缓释加到水溶性液体上。试验表明，采用目前泡沫产生器标配的弧形挡板，有部分泡沫明显损失在环形密封区外；另外，对水溶解度大的液体，采用目前泡沫产生器标配的弧形挡板，不能确定能否灭火。

4.5 其他场所

4.5.1 本条对泡沫混合液用量的规定，一方面考虑不超过油罐区的流量；另一方面火车装卸站台的用量要能供给 1 台泡沫炮，汽车装卸站台的用量要能供给 1 支泡沫枪。

4.5.2、4.5.3 这两条规定主要依据美国消防协会标准《低倍数、中倍数、高倍数泡沫灭火系统标准》NFPA 11 和英国标准《泡沫灭火系统标准》BS 5306 Part 6 的相关规定。对于甲、乙、丙类液体流淌火灾，有围堰限制的场所，液体会积聚一定的深度；没有围堰等限制的场所，流淌液体厚度会较浅。正常情况下，前者所需的泡沫混合液供给强度比后者要大。

4.5.4 2007 年 9 月 5 日和 6 日，本标准编制组在浙江诸暨组织了公路隧道泡沫消火栓箱灭箱式轿车火灾试验。灭火操作者为一般工作人员，每次试验燃烧的 93# 车用汽油量大于 15L，灭火时间小于 3.5min。本条规定主要依据上述试验制定。

5 中倍数与高倍数泡沫灭火系统

5.1 一般规定

5.1.1 按应用方式，中倍数与高倍数泡沫灭火系统分为全淹没系统、局部应用系统、移动式系统三种。全淹没系统为固定式自动系统；局部应用系统分为固定与半固定两种方式，其中固定式系统根据需要可设置成自动控制或手动控制。本条规定了设计选型的一般原则。设计时应综合防护区的位置、大小、形状、开口、通风及围挡或封闭状态，可燃物品的性质、数量、分布以及可能发生的火灾类型和起火源、起火部位等情况确定。

我国曾研制了一种用于油罐的中倍数氟蛋白泡沫液及泡沫产生器，泡沫液在混合比为 8% 与配套设备条件下，发泡倍数在 20～30 范围内。该系统只在早期设计的油库中存在，目前，相关的泡沫液和泡沫产生器已无厂家生产。另外，中倍数泡沫至少没有显示出高于低倍数泡沫的灭火功效，本次修订删除了《泡沫灭火系统设计规范》GB 50151-2010 第 5.2 节“油罐固定式中倍数泡沫灭火系统”，将其第 5.1 节“全淹没与局部应用系统及移动式系统”与第 6 章“高倍数泡沫灭火系统”进行整合，并对后续章序号进行调整。

5.1.2 为了对所保护的场所进行有效监控，尽快启动灭火系统，本条规定全淹没系统或固定式局部应用系统的保护场所设置火灾自动报警系统。

1 为确保系统的可靠启动，规定同时设有自动、手动、应急机械启动三种方式。应急机械启动主要是针对电动控制阀门、液压控制阀门等而言的。这类阀门通常设置手动快开机构或带手动阀门的旁路。

2 对于较为重要的固定式局部应用系统保护的场所，如 LNG 集液池，一般都设计成自动系统。对于设置火灾报警手动控制的固定式局部应用系统，如果设有电动控制阀门、液压控制阀门等，也需要有应急启动机构。

3 本规定是为了在火灾发生后立即通过声和光两种信号向防护区内工作人员报警，提示他们立即撤离，同时使控制中心人员采取相应措施。

4 一方面，为防止泡沫流失，使中倍数或高倍数泡沫灭火系统在规定的喷放时间内达到要求的泡沫淹没深度，泡沫淹没深度以下的门、窗要在系统启动的同时自动关闭；另一方面，为使泡沫顺利施放到被保护的封闭空间，其封闭空间的排气口也应在系统启动的同时自动开启；再者，泡沫具有导电性，当泡沫进入未封闭的带电电气设备时，会造成电器短路，甚至引发明火，所以相关设备等的电源也应在系统启动的同时自动切断。

为保证系统可靠运行，本条第 1、2、3 款为强制性条文，必须严格执行。

5.1.3 本条对防护区划分的原则规定，主要是避免为降低工程造价，将一个大防护区不恰当地划分成若干个小防护区。通常两个有一定防火间距的建筑物，可划分成两个防护区；一、二级耐火等级的封闭建筑物内不连通的两个同层房间，可划分成两个防护区。

5.1.4 全淹没系统和局部应用系统的泡沫产生器都需要固定在适宜的位置上，使其有效地达到系统的设计要求。

1 泡沫产生器在一定的泡沫背压下不能正常发泡。为使防护区在淹没时间内达到规定的泡沫淹没深度，泡沫产生器设在泡沫达到的最大设计高度以上是必须的。

2 为利于泡沫覆盖保护对象，泡沫产生器需要尽量接近它，但不应将泡沫产生器整体设置在防护区内，以免受到损坏，同时也有利于泡沫产生器正常工作。将泡沫产生器发泡侧设置在防护区外墙内侧或屋顶内侧，不属于将泡沫产生器整体设置于防护区内的情况。

3 1980 年，在我国某飞机洞库做普通高倍数泡沫灭火试验时，由于预燃时间长，洞内空气已经被燃烧产生的高温及汽油、柴油燃烧、裂解产生的烟气所污染，虽然选用了 6 台泡沫产生器，但由于高倍数泡沫产生器吸入的是被污染的空气，泡沫的形成很困难，较长时间泡沫堆积不起来。火灾中热解烟气量小于氧化燃烧烟气量，但热解烟气对泡沫的破坏作用却明显大于燃烧烟气。烟气中不可见化学物质是破坏泡沫的主要因素，并且高温及烟气对泡沫的破坏作用均明显地表现为泡沫的稳定性降低，即析液时间短。现行国家标准《泡沫灭火剂》GB 15308 没耐温耐烟高倍数泡沫液的相关内容，所以增加了本款要求。

4 由于中倍数与高倍数泡沫的流动性差，在被保护的整个面积上，泡沫淹没深度未必均匀，通常在距泡沫产生器最远的地方深度较浅，因此防护区内泡沫产生器的分布要使防护区域形成较均匀的泡沫覆盖层。

5 泡沫产生器的设置需考虑测试和维修要求。

6 中倍数与高倍数泡沫的泡沫群体质量很轻，如高倍数泡沫一般为 $2kg/m^3$～$3.5kg/m^3$，易受风的作用而飞散，造成堆积和流动困难，使泡沫不能尽快地覆盖和淹没着火物质，影响灭火性能，甚至导致灭火失败。故要求泡沫产生器在室外或坑道应用时采取防风措施。当在泡沫产生器的发泡网周围增设挡风装置时，其挡板应距发泡网有一定的距离，使之不影响泡沫的产生或损坏泡沫。

5.1.5 对导泡筒横截面积尺寸系数的规定，是为了避免导泡筒横截面积过小形成泡沫背压，增大破泡率；导泡筒横截面积过大，对泡沫的有效输送无实际意义。有的工程出于保持场所日常严密性的目的，在导泡筒上设置了百叶等闭合装置。为防止闭合装置对泡沫的通过形成阻挡，做此规定。

5.1.6 在泡沫产生器前设控制阀是为了系统试验和维修时将该阀关闭，平时该阀处于常开状态。设压力表是为了在系统进行调试或试验时，观察泡沫产生器的进口工作压力是否在规定的范围内。

5.1.7 本条是针对采用自带比例混合器的泡沫产生器（这是一种在其主体结构中有一微型负压比例混合器，吸液管可从附近泡沫液桶中吸泡沫液的泡沫产生器）的系统而规定的。

5.2 全淹没系统

5.2.1 根据中倍数与高倍数泡沫灭火机理并参照国外相关标准，本条规定了全淹没中倍数与高倍数泡沫灭火系统的适用场所。

全淹没中倍数与高倍数泡沫灭火系统，是将泡沫按规定的高度充满被保护区域，并将泡沫保持到控火和灭火所需的时间。全淹没高倍数泡沫灭火系统特别适用于大面积有限空间的A类和B类火灾的防护；封闭空间越大，高倍数泡沫的灭火效能高和成本低等特点越显著。有些被保护区域可能是不完全封闭空间，但只要被保护对象是用不燃烧体围挡起来，形成可阻止泡沫流失的有限空间即可。墙或围挡设施的高度应大于该保护区域所需要的高倍数泡沫淹没深度。

和高倍数泡沫相比，中倍数泡沫的发泡倍数低，在泡沫混合液供给流量相同的条件下，单位时间内产生的泡沫体积比高倍数泡沫要小。因此，全淹没中倍数泡沫灭火系统一般用于小型场所。

5.2.2 本条在本标准第5.2.1条基础上，对全淹没系统的防护区做了进一步规定。

泡沫的围挡应为不燃烧体结构，且在系统设计灭火时间内具备围挡泡沫的能力。对于一些可燃固体仓库等场所，若在火焰直接作用不到的位置设置网孔基本尺寸不大于3.15mm（6目）的钢丝网作围挡，基本可以挡住泡沫外流。

利用防护区域外部空气发泡的中倍数或高倍数泡沫产生器，向封闭防护区内输入了大量泡沫时，由于泡沫携带了大量防护区外的空气，如不采取排气措施，被泡沫置换了的气体无法排出防护区，会造成该区域内气压升高，导致泡沫产生器无法正常发泡，亦能使门、窗、玻璃等薄弱环节受破坏。如某飞机检修机库采用了全淹没高倍数泡沫灭火系统，建筑设计时未设计排气口，在机库验收时进行了冷态发泡，当发泡约3min后，高倍数泡沫已在7200m^{2}的地面上堆积了约4m以上，室内气压较高，已经关闭并用细钢丝系好的两扇门被打开。因此，应设排气口。

由于烟气对泡沫会产生不利影响，故排气口应避开泡沫产生器进气口。

排气口的结构形式视防护区的具体情况而定。排气口可以是常开的，也可以是常闭的，但当发生火灾时，应能自动或手动开启。

执行本条时应注意：排气口的设置高度要在设计的泡沫淹没深度以上，避免泡沫流失；排气口的位置不能影响泡沫的排放和泡沫的堆集，避免延长淹没时间。

本条第1、2、3款为强制性条文，必须严格执行。

5.2.3 本条是依据国外相关标准及我国灭火试验制订的。对于易燃、可燃液体火灾所需的泡沫淹没深度，我国对汽油、柴油、煤油和苯等做过的大量试验，积累的灭火试验数据见表4。表中所列试验，其油池面积、燃液种类和牌号以及试验条件不尽相同，考虑到各种因素和工程应用中全淹没高倍数泡沫灭火系统可能用于更大面积的防护区，故对汽油、煤油、柴油和苯的泡沫淹没深度规定取了表中的最大值。对于没有试验数据的其他甲、乙、丙类液体，需由试验确定。

表4 汽油、煤油、柴油、苯灭火试验数据

燃液种类	燃液用量（kg）	灭火时间（s）	油池面积（m^2）	泡沫厚度（m）	试验地点	备注
汽油	1200	41	105	1.10	天津	未复燃
汽油	1200	42.5	105	1.13	天津	未复燃
汽油	800	40	105	1.10	天津	未复燃
汽油	480	27	63	1.25	乐清	未复燃
汽油	300	18	25	0.88	常州	未复燃
航空煤油	1000	49	105	1.56	天津	未复燃
航空煤油	1000	54	105	1.71	天津	未复燃
航空煤油	1000	41	105	1.33	天津	未复燃
柴油加汽油	360+40	34	50	1.88	江都	未复燃
工业苯	300	25	36	1.71	乐清	未复燃
工业苯	540	34	55	1.23	鞍山	未复燃
工业苯	450	30	63	1.30	乐清	未复燃
工业苯	450	29	63	1.30	乐清	未复燃

采用全淹没高倍数泡沫系统保护综合管廊和电缆隧道是本次标准修订新增内容。近年来，地下综合管廊在我国得到快速发展，按现行国家标准《城市综合管廊工程技术规范》GB 50838的要求，干线综合管廊中容纳电力电缆的舱室，支线综合管廊中容纳6根及以上电力电缆的舱室需要设置自动灭火系统，同时该标准要求容纳电力电缆的舱室要每隔200m采用耐火极限不低于3.0h的不燃性墙体进行防火分隔，即每隔200m会形成一个封闭的防火分隔区域，具备设置全淹没系统的条件，每个防火分隔区域可以作为一个全淹没系统的防护区，考虑到电缆在管廊内的布置形式，需要泡沫完全充满整个防护区。为测试高倍数泡沫对综合管廊的淹没特性，标准编制组于2019年在杭州市德胜路综合管廊开展了高倍数泡沫灭火系统淹没试验，试验管廊长225m、宽2.9m、高3.5m，采用一台高倍数泡沫产生器供给泡沫，泡沫混合液流量23.3L/s，发泡网网孔尺寸2mm×2mm，产生器采用离心风机替代风扇供风，泡沫注入点位于管廊端部，排风口距泡沫注入点220m，面积为1m^2，实测泡沫充满管廊的时间为4min25s，发泡倍数为325倍。

5.2.5 本条是依据国外相关标准及我国灭火试验制订的。

（1）淹没时间是指从泡沫产生器开始喷放泡沫至泡沫充满防护区规定的淹没体积所用的时间。由于不同可燃物的燃烧特性各不相同，因此要求泡沫的淹没时间也不同。通常，B类火灾，尤其是甲、乙类液体火灾蔓延快、辐射热大，所以其淹没时间应比A类火灾短。

（2）系统开始喷放泡沫是指防护区内任何一台泡沫产生器开始喷放泡沫。泡沫的淹没时间与本标准第5.2.3条规定的泡沫淹没深度，共同成为全淹没系统的核心参数，关系到系统可靠与否和系统投资大小。

5.2.6 本条中的最小泡沫供给速率的计算公式，借鉴了国外相关标准的规定。现将式中各参数与系数的含义说明如下：

最小泡沫供给速率（R）是反映系统总的泡沫供给能力的参数，同时也是计算系统泡沫产生器数量、泡沫混合液流量等的重要参数。

V为本标准第5.2.4条规定的淹没体积。

T为本标准表5.2.5规定的最大泡沫淹没时间。

泡沫破裂补偿系数（C_N）是综合火灾影响、泡沫正常析液、防护区内表面润湿与物品吸收等因素导致泡沫损失的经验值，国外标准也推荐取1.15。

泡沫泄漏补偿系数（C_L）是补偿由于门、窗和不能关闭的开口泄漏而导致的泡沫流失的系数。对于全部开口为常闭的建筑物，此系数最高可取到1.2。具体取值，需综合泡沫倍数、喷水系统影响和泡沫淹没深度而定。

喷水造成的泡沫破泡率(R_S)是参考国外相关标准的计算公式与数据确定的。

预计动作最大水喷头数目时的总水流量(Q_Y)需依据现行国家标准《自动喷水灭火系统设计规范》GB 50084 的规定确定。

尚需指出，对于低于有效控制高度的开口，使用泡沫挡板将不可控泄漏降到最小是非常必要的。喷水会增加泡沫的流动性，从而导致泡沫损失率的增加，故应留意泡沫通过排水沟、管沟、门下部、窗户四周等处的泄漏。在泡沫泄漏不能被有效控制的地方，需要另行增加泡沫产生器补偿其泡沫流失。

5.2.7 本条是依据国外相关标准制订的。泡沫混合液连续供给时间是系统设计的关键参数之一。

5.2.8 全淹没系统按规定的淹没体积与淹没时间充满防护区后，需要将泡沫淹没体积保持足够的时间，以确保灭火或最大限度地控火。泡沫淹没体积所需的保持时间，与被保护的物质和是否设置自动喷水灭火系统有关。由于高倍数泡沫的含水量较低($2kg/m^3$～$3.5kg/m^3$)，且携带了大量的空气，对易于形成深位火灾的一般固体场所，需要较长的保持时间；当防护区内同时设有自动喷水灭火系统时，因水有较好的润湿性能，所以需要的保持时间相对较短。保持淹没体积的方法，主要采用一台、几台或全部泡沫产生器连续或断续地向防护区供给泡沫的方式。

5.3 局部应用系统

5.3.1 本条规定了局部应用系统的适用场所。

所谓四周不完全封闭，是指一面或多面无围墙或固定围挡，以及围墙或固定围挡高度不满足全淹没系统所需的高度。出于生产或其他方面的需要，某些保护场所的四周不能用围墙或固定围挡封闭起来，或封闭高度达不到全淹没系统所需的高度。在这种情况下，当供给中倍数或高倍数泡沫覆盖保护对象时，因泡沫在一面或多面没有限制，泡沫的覆盖面增大，泡沫用量随之增大，系统泡沫供给速率不能像全淹没系统那样进行精确的设计计算。所以，在系统设计时，不但要有足够的裕度，而且必要时在附近预备适宜的临时围堵设施。

普通金属窗纱制成的围栏能有效地起到屏障作用，可以把泡沫挡在防护区域内。

鉴于泡沫堆积高度的限制，当保护对象较高且不能有效阻止泡沫大量流失时，可能不适宜采用局部应用系统。为此，该系统主要适宜保护燃烧物顶面低于其周围地面的场所(如车间中的淬火油槽、凹坑、管沟等)和有限区域的液体溢流火灾场所。

液化天然气(LNG)液化站与接收站设置高倍数泡沫灭火系统，有两个目的。一是当液化天然气泄漏尚未着火时，用适宜倍数的高倍数泡沫将其盖住，可阻止蒸气云的形成；二是当着火后，覆盖高倍数泡沫控制火灾，降低辐射热，以保护其他相邻设备等。

高倍数泡沫用于天然气液化工程，其作用如下：

(1)控火。美国煤气协会(AGA)所做的试验表明，用某些高倍数泡沫，可将液化天然气溢流火的辐射热大致降低95%。一定程度上是由于泡沫的屏障作用阻止火焰对液化天然气溢流的热反馈，从而降低了液化天然气的气化。室温下，倍数低的泡沫含有大量的水，当其析液进到液化天然气内时，会增大液化天然气蒸发率。美国煤气协会的试验证明，尽管500倍左右的泡沫最为有效，但250倍以上的泡沫就能控火。不同品牌的泡沫其控制液化天然气火的能力会明显不同。泡沫喷放速率过快会增加液化天然气的蒸发率，从而加大火势。较干的泡沫并不耐热，其破泡速度更快。其他如泡沫大小、流动性及液化天然气线性燃烧速率等也会影响控火。

(2)控制下风向蒸气危险。溢流气化伊始，液化天然气的蒸气比空气重。当这些蒸气被阳光及接触空气加热时，最终会变轻而向上扩散。但在向上扩散之前，下风向地面及近地面会形成高浓度蒸气溢流。在溢流的液化天然气上释放高倍数泡沫，当液化天然气蒸气经过泡沫覆盖层时，靠泡沫中水对液化天然气蒸气的加热，可降低其蒸气浓度。因为产生浮力，所以高倍数泡沫的使用可降低下风向地表面气体浓度。已发现750倍至1000倍的泡沫控制扩散最为有效，但如此高的倍数会受到风的不利影响。正如控火一样，控制蒸气扩散能力随泡沫的不同而异，为此应该通过试验来确定。

依据上述试验结论，美国消防协会标准《液化天然气生产、储存及输送》NFPA 59A率先推荐在液化天然气生产、储存设施中使用高倍数泡沫系统，随后的欧洲标准《液化天然气装置及设备》EN 1473等也做了相似的推荐。美国消防协会标准《低倍数、中倍数、高倍数泡沫灭火系统标准》NFPA 11 对高倍数泡沫系统的设计做了简单规定。现行国家标准《石油天然气工程设计防火规范》GB 50183 也规定了在液化天然气生产、储存设施中使用高倍数泡沫系统。借鉴上述标准推荐或规定，所以本标准对其系统设计进行了规定。

目前，高倍数泡沫已广泛用于保护液化天然气设施。但为提高高倍数泡沫灭火系统可靠性，应采取有效减少泄漏蒸发面积的措施。

5.3.2 在确定系统的保护面积时，首先要考虑保护对象周围是否存在可能被引燃的可燃物，如果有，应将它们包括在保护范围内；其次应考虑保护对象着火后，是否存在因物体坍塌或液体溢流导致保护面积扩大的现象，如果存在，应将其影响范围包括在内。本条提示，局部应用系统的保护范围包括火灾蔓延的区域。

5.3.3 本条是依据国外相关标准及我国灭火试验制订的。泡沫供给速率、泡沫混合液连续供给时间是系统设计的关键参数，要保证满足要求。

5.3.4 本条有关泡沫混合液供给强度与供给时间的规定参考了英国标准《泡沫灭火系统标准》BS 5306 Part 6。在室外场所，泡沫易受风等因素的影响，供给时间要长于室内场所。

5.3.5 本条对用于液化天然气工程的集液池或储罐围堰区的高倍数泡沫系统的设计进行了规定。

1 1944年，美国俄亥俄州克利夫兰市的一个调峰站的LNG储罐发生破裂事故，发生爆炸并形成大火。在丧生的136人中既有被烧死的，也有被冻死的。所以，为了人员安全和泡沫发生器正常工作，规定应选择固定式系统并设置导泡筒。为避免泡沫产生器及导泡筒受低温影响而不能正常工作，规定了发泡网与集液池及导泡筒出口断面与集液池设计液面的距离。

2 本款有关发泡倍数的规定参考了国外相关标准及我国的相关试验。

3 关于泡沫混合液供给强度，国内外均未开展过大型试验研究，也无利用高倍数泡沫控火的事故案例。所以，即使是执行了多年的美国消防协会标准《低倍数、中倍数、高倍数泡沫灭火系统标准》NFPA 11，也未规定具体参数。对以降低辐射热为目的的，美国消防协会标准《低倍数、中倍数、高倍数泡沫灭火系统标准》NFPA 11 规定由试验确定，并在其附录H中给出了试验方法。

特别指出，泡沫的析液对液化天然气有加热作用，所以并不是供给强度越大越好，应适度选取。

5.4 移动式系统

5.4.1 移动式高倍数泡沫系统可由手提式或车载式高倍数泡沫产生器、比例混合器、泡沫液桶(罐)、水带、导泡筒、分水器、供水消防车或手抬机动消防泵等组成。使用时，应将它们临时连接起来。

地下工程、矿井等场所发生火灾后，其内充满危及人员生命的烟雾或有毒气体，人员无法靠近，火源点难以找到。用移动式高倍数泡沫灭火系统扑救这类火灾，可将泡沫通过导泡筒从远离火场的安全位置输送到火灾区域扑灭火灾。1982年10月，山西某煤矿运输大巷发生火灾，大火燃烧约30h，整个矿井充满浓烟。用移动式高倍数泡沫灭火系统，两次发泡共用70min将明火压住，控制住火势发展，在泡沫排烟降温的条件下，救护人员进入火灾区，直接灭火和封闭火区。

对于一些封闭空间的火场，其内部烟雾及有毒气体无法排出，火场温度持续上升，会造成更大的损失。如果使用移动式高倍数泡沫灭火系统，泡沫可以置换出封闭空间内的有毒气体，也会降低火场的温度，而后可用其他灭火手段扑救火灾。

移动式高倍数泡沫灭火系统还可作为固定式灭火系统的补充。全淹没、局部应用系统在使用中出现意外情况时或为了更快地扑救防护区内火灾，可利用移动式高倍数泡沫灭火装置向防护区喷放高倍数泡沫，增大高倍数泡沫供给量，达到更迅速扑救防护区内火灾的目的。

目前，我国各煤矿矿山救护队都普遍配置了移动式高倍数泡沫灭火装置，对扑救矿井火灾、抢险、降温、排烟和清除瓦斯等都起到了很大作用。

移动式中倍数泡沫灭火系统的泡沫产生器可以手提移动，所以适用于发生火灾的部位难以确定的场所。也就是说，防护区内，火灾发生前无法确定具体哪一处会发生火灾，配备的手提式中倍数泡沫产生器只有在起火部位确定后，迅速移到现场，喷射泡沫灭火。移动式中倍数泡沫灭火系统用于 B 类火灾场所，需要泡沫产生器喷射泡沫有一定射程，所以其发泡倍数不能太高。通常采用吸气型中倍数泡沫枪，发泡倍数在 50 以下，射程一般为 10m～20m。因此，移动式中倍数泡沫灭火系统只能应用于较小火灾场所，或做辅助设施使用。

采用移动式系统灭火，要进行临场战术组织；灭火成功与否，还与操作者个人能力、技巧密切相关，有关人员需要有针对性地进行灭火技术训练。

5.4.2 移动式系统作为火场一种灭火战术的选择，有着如保护对象的类型与火场规模、火灾持续时间与系统开始供给泡沫时间、同时采取其他灭火手段等许多不确定因素。淹没时间或覆盖保护对象时间、泡沫供给速率与连续供给时间，需根据保护对象的具体情况以及灭火策略而定。

5.4.3 有关移动式高倍数泡沫灭火系统泡沫液和水的储备量说明如下：

1 在全淹没系统或局部应用系统控火后，或局部有超出设计的泡沫泄漏量时，可能需要便携式泡沫产生器局部补给。本着安全、经济的原则，规定在其系统储备量的基础上增加 5%～10%。

2 一套系统是指一套高倍数泡沫产生器与一台消防车。本款规定的泡沫液储存量是按采用 3%型泡沫液，泡沫混合液流量不大于 4L/s 的高倍数泡沫产生器连续工作 60min 计算而得的。

5.4.4 在高倍数泡沫产生器的进口工作压力范围内（水轮机驱动式一般为 0.3MPa～1.0MPa），其泡沫混合液流量、泡沫倍数、发泡量随压力的增大而增大；当采用管线式比例混合器（即负压比例混合器）时，其压力损失高达进口压力的 35%。

5.4.5 在矿井使用泡沫产生器时，无论是竖井或斜井发生火灾后火风压很大，泡沫较难到达起火部位。河南省某县一个矿井发生火灾后，竖井的火风压很大，在井口安放的移动式高倍数泡沫产生器向井内发泡，泡沫被火风压吹掉而不能灌进矿井中。之后救护人员使用了用阻燃材料制作的导泡筒，将泡沫由导泡筒顺利地导入矿井中，将火扑灭。

由于矿井中巷道分布情况复杂，而且通风状况、巷道内瓦斯聚集浓度等均无法预测，因此在矿井中使用移动式高倍数泡沫灭火系统扑救火灾时，需考虑矿井的特殊性。目前煤矿使用的可拆且可以移动的电动式高倍数泡沫发生装置，可满足驱动风压和发泡倍数的要求。

5.4.10 系统电源与电缆满足输送功率、保护接地和防水要求是最基本的。同时，所用电缆要能耐受不均匀用力地扯动和火场车辆的不慎碾压。

6 泡沫-水喷淋系统与泡沫喷雾系统

6.1 一 般 规 定

6.1.1 泡沫-水喷淋系统具备灭火、冷却双功效，可有效防止灭火后因保护场所内高温物体引起可燃液体复燃，且系统造价又不会明显增加。目前，泡沫-水喷淋系统已成为液体火灾场所的重要灭火系统之一。

泡沫-水喷淋系统的工作次序通常是先喷泡沫灭火，然后喷水冷却。依据自动喷水灭火系统的分类方式，泡沫-水喷淋系统可分为雨淋系统和闭式系统两大类。其中闭式系统又可进一步细分为预作用系统、干式系统、湿式系统三种形式。

本条对泡沫-水喷淋系统适用场所的规定是根据国内试验研究、工程应用及国外相关标准制订的。尽管国内外有在室外场所安装泡沫-水喷淋系统的工程实例，但根据天津消防研究所的试验，在多风的气候条件下，其灭火功效存在着某些不确定因素。所以，本标准暂推荐其用于室内场所。

本条所述的缓冲物可以是专门设置的缓冲装置，也可以是保护场所内设置的固定设备、金属物品或其他固体不燃物。通过天津消防研究所的试验，对于水溶性液体厚度超过 25mm，但有金属板或金属桶之类的缓冲物时，灭火是切实可行的。

6.1.2 泡沫喷雾系统在变电站油浸变压器上应用，是 20 世纪 90 年代源于我国，并已少量出口到欧洲。为保证本标准规定的设计参数科学、安全、可靠，2007 年 4 月至 9 月，天津消防研究所会同有关单位成功开展了大型油浸变压器泡沫喷雾系统试验研究，取得了系统设计所需的成果。面积不大于 200m^2 的非水溶性液体室内场所，主要指燃油锅炉房、油泵房、小型车库、可燃液体阀门控制室等小型场所。

6.1.3 本条参照了美国消防协会标准《泡沫-水喷淋与泡沫-水喷雾系统安装标准》NFPA 16 等相关标准，同时兼顾了我国现行国家标准《自动喷水灭火系统设计规范》GB 50084 对持续喷水时间的规定。

6.1.4 泡沫-水雨淋系统与泡沫-水预作用系统是由火灾自动报警系统控制启动的自动灭火系统。为了保证在报警系统故障条件下能启动灭火系统，其消防泵、相关控制阀等应同时具备手动启动功能，并且报警控制阀等尚应具备应急机械手动开启功能。为尽可能避免因体力等原因而不能操作，对机械手动启动力进行了限制。

在系统启动后，为尽快向保护场所供给泡沫实施灭火，尽可能少向保护场所喷水，泡沫液供给控制装置快速响应是必须的。响应方式可能随选用的泡沫比例混合装置的不同而不同，可为随供水主控阀动作而动作的从动型，也可为与供水主控阀同时动作的主动型。

6.1.5 本条对水成膜泡沫液管道的规定旨在使泡沫液及时与水按比例混合，缩短系统响应时间；同时保证泡沫液在管道内不漏失、不变质、不堵塞。

6.1.6 本条规定是为方便泡沫-水喷淋系统的调试和检测。关于流量，泡沫-水雨淋系统按一个雨淋阀控制的全部喷头同时工作确定；闭式系统的最大流量按作用面积内的喷头全部开启确定，最小流量按 8L/s 确定。

6.1.7 本条规定的目的，一是防止火灾蔓延，二是保护环境的需要。

6.1.8 由于某些场所适宜选用带闭式喷头的传动管传递火灾信号，在工程中亦存在许多实例，为保证其可靠性制定了本条。对于独立控制系统，传动管的长度是指系统传动管的总长，对于集中控制系统，则是指一个独立防护区域的传动管的总长。规定传动管的长度不应大于 300m 是为了使系统能够快速响应。

6.2 泡沫-水雨淋系统

6.2.2 本条是在总结国内灭火试验数据的基础上，参照美国消防协会标准《泡沫-水喷淋系统与泡沫-水喷雾系统安装标准》NFPA 16、英国标准《泡沫灭火系统标准》BS 5306 Part 6，并结合我国国情制订的。

6.2.3 泡沫-水雨淋系统是自动启动灭甲、乙、丙类液体初期火灾的灭火系统，为保证其响应时间短、系统启动后能及时通知有关人员，以及满足系统控制盘监控要求，需要设置雨淋阀、水力警铃和压力开关。单区小系统保护的场所火灾荷载小，且其管道较短，响应时间易于保证，为节约投资可不设置雨淋阀和压力开关。

6.2.4 泡沫喷头和水雾喷头的性能要优于带溅水盘的开式非吸气型喷头。水雾喷头是非吸气型喷头，采用该喷头时要注意只能选择水成膜泡沫液。

6.2.5 本条是参照美国消防协会标准《泡沫-水喷淋系统与泡沫-水喷雾系统安装标准》NFPA 16 和《水喷淋灭火系统安装标准》NFPA 13 及我国现行国家标准《自动喷水灭火系统设计规范》GB 50084、《水喷雾灭火系统设计规范》GB 50219 等，结合泡沫-水雨淋系统的特性制订的。

6.2.6 系统的响应时间是参照现行国家标准《水喷雾灭火系统设计规范》GB 50219，并结合泡沫-水雨淋系统的特性制订的。为利于灭火，保护面积内的泡沫混合液供给强度要均匀且满足设计要求，这就需要任意四个相邻喷头组成的四边形保护面积内的平均泡沫混合液供给强度不小于设计强度。

6.3 闭式泡沫-水喷淋系统

6.3.1 本条规定了不宜选用闭式泡沫-水喷淋系统的场所。

1 液体火灾蔓延速度比较快，发生火灾后会很快蔓延至所有液面，若流淌面积较大，则闭式泡沫-水喷淋系统很难控火。在这种情况下，宜设置泡沫-水雨淋系统。

2 根据天津消防研究所的试验，用闭式喷头喷洒水成膜泡沫，其发泡倍数不足 2 倍。这充分说明闭式泡沫-水喷淋系统的泡沫倍数较低，靠泡沫混合液或水稀释可扑灭少量水溶性液体泄漏火灾。当水溶性液体泄漏面积较大时，闭式泡沫-水喷淋系统可能较难灭火，宜设置泡沫-水雨淋系统。

3 若净空高度过高，则烟气上升至顶棚时，温度会变得比较低，有可能会导致喷头不能及时受热开放，参照现行国家标准《自动喷水灭火系统设计规范》GB 50084 做此规定。

6.3.2 泡沫-水干式系统是靠管道内的气体来启动的，喷头开启后，需先将管道内的气体排空，才能喷放泡沫。因此，喷头喷泡沫会有较长的时间延迟，若火灾蔓延速度较快，则在喷头开始喷泡沫时，火灾已经蔓延很大区域，此时火势可能已经难以控制。

6.3.3 本条所列场所不宜选用管道充水的泡沫-水湿式系统。该系统在火灾初期需要先将管道内的水喷完后才能喷泡沫灭火。而喷水不但无助于控制本条所述场所的油类火灾，可能还会加速火灾蔓延，以至系统喷泡沫时，火灾规模可能已经很大，使得系统难以控火和灭火。

6.3.4 油品等液体火灾，不但热释放速率大，而且会产生大量高温烟气，高温烟气扩散至距火源较远处时还可能启动喷头。因此，开放的喷头数量可能较多，开启喷头的总覆盖面积比着火面积要大，甚至大很多。

1999 年，天津消防研究所曾做过泡沫喷淋系统灭油盘火试验，试验条件为：在 14m×14m 的实验室，安装 16 只国产 68℃的普通玻璃泡喷头，喷头间距 3.6m，设计喷洒强度 6.5L/(min·m^2)，油盘大小为 2120mm×1000mm，置于实验室中心，油盘距喷头 4m，试验时排烟风机启动。试验发现点火后 45s，16 只喷头几乎同时开放。开放喷头的覆盖面积为 200m^2，而着火区域面积仅为 2.12m^2。因此，对于闭式泡沫-水喷淋系统，需要将其作用面积设计大一些，才能保证发生火灾时能够满足设计喷洒强度。另外，液体火灾的蔓延速度很快，短时间内可能会形成较大面积的火灾，这也需要系统具有较大的作用面积，以覆盖着火区域。

参照美国消防协会标准《泡沫-水喷淋系统与泡沫-水喷雾系统安装标准》NFPA 16，规定作用面积为 465m^2。当防护区面积小于 465m^2时，按防护区实际面积确定是安全的。

另外，我国尚未针对闭式泡沫-水喷淋系统的作用面积开展试验研究，美国消防协会标准《泡沫-水喷淋系统与泡沫-水喷雾系统安装标准》NFPA 16(2003 版)也是借鉴了美国消防协会标准《飞机库标准》NFPA 409 的规定。而作用面积与防护区面积、高度、可燃物种类和摆放形式有关。为留有余地，规定可采用试验值。

6.3.5 本条是参照美国消防协会标准《泡沫-水喷淋系统与泡沫-水喷雾系统安装标准》NFPA 16(2003 版)并结合国内的试验制订的。

6.3.6 闭式系统的流量是随火灾时开放喷头数的变化而变化的，这就要求系统输送的泡沫混合液能在系统最低流量和最大设计流量范围内满足规定的混合比，而比例混合器也只能在一定的流量范围内满足相应的混合比，其流量范围应该和系统的设计要求相匹配。因此，需要按照系统的实际工作情况确定一个合理的流量下限。

统计资料表明，火灾时一般会开放 4 个～5 个喷头，而对油品火灾，开放的喷头数会更多。当系统开放 4 个喷头时，系统流量一般可达到 8L/s 以上。如对一个均衡泡沫-水喷淋系统进行了计算，系统采用 $K=80$ 的标准喷头，作用面积 380m^2，喷头间距 3.5m，泡沫混合液供给强度 6.5L/(min·m^2)，经计算，当系统开放 3 个喷头时，流量为 6.5L/s，开放 4 个喷头时，流量为 8.85L/s。因此，将流量下限确定为 8L/s，这样，既能保证火灾初期系统开放喷头数较少时的要求，又能使目前的比例混合器产品容易满足闭式系统的要求。

6.3.7 本条参照美国消防协会标准《泡沫-水喷淋系统与泡沫-水喷雾系统安装标准》NFPA 16 制订。由于油品火灾的热释放速率比较高，其烟气温度也会较一般火灾高，安装于顶棚的喷头周围容易聚集热量。因此，选用动作温度比较高的喷头，以避免作用面积之外的喷头开放，顶棚喷头的设置可参照现行国家标准《自动喷水灭火系统设计规范》GB 50084。当喷头离顶棚较远时，其周围的热量聚集效果会比较差，此时，采用动作温度较低的喷头。本条中的“中间层面”即是指离顶棚较远的位置，如喷头安装在距顶棚较远的某层货架内，由于货物的阻挡，顶棚的喷头可能无法完全覆盖该位置。关于货架内置喷头的设置，由于可燃液体仓库储存液体情况复杂，且缺乏相关试验支持，因此难以给出具体规定。美国消防协会标准《易燃可燃液体规范》NFPA 30 给出了使用金属桶存储的货架仓库的设计要求，要求每层货架设置喷头，和其规定类似的工程能否参考，可根据具体情况确定。

6.3.8 本条参照美国消防协会标准《泡沫-水喷淋系统与泡沫-水喷雾系统安装标准》NFPA 16 和美国消防协会标准《飞机库标准》NFPA 409 制订。

6.3.9 当系统管道充注泡沫预混液时，首先要保证预混液的性能不受管道和环境温度的影响，同时，相应的管道和管件要耐泡沫预混液腐蚀。当系统管道充水时，为保证能尽快控火和灭火，需尽量缩短系统喷水的时间。在此，应合理地设置系统管网，尽可能避免少量喷头开启的情况下，将管网内的水全部喷放出来。

6.3.10 本条参照美国消防协会标准《自动喷水灭火系统安装标准》NFPA 13 (2007 年版)及我国现行国家标准《自动喷水灭火系统设计规范》GB 50084、《自动喷水灭火系统施工及验收规范》GB 50261 制订。

本条规定系统管道的充水时间或系统控制的喷头数是为了限制系统的容积不至于过大，保证火灾时系统能够快速启动，及早控制和扑灭火灾，同时提高系统的可靠性。

6.4 泡沫喷雾系统

6.4.1 本条规定了当独立变电站的油浸电力变压器设置泡沫喷雾系统时的系统形式选择。

随着国家电网系统的快速发展，与之相配套的变电站数量也不断增多，尤其是近年来随着特高压输电线路的建设，一座座配套的特高压变电站或交-直流换流站相继建成投用。在电力建设保障国家发展经济、惠及民生的同时，变电站火灾频发也影响安全生产，教训深刻。如 2018 年 4 月 7 日，国网±800kV 天中直流（哈密到郑州）天山换流站（位于哈密市）极Ⅰ高端 B 相换流变突发故障着火，起火物为换流变压器用变压器油（约 130t）。因变压器高压母线套管直接插入阀厅，继而引发极Ⅰ高端阀厅及其他 5 台换流变压器火灾，损失巨大。变压器频发火灾，那么变压器油为何物？发生火灾的主要原因有哪些？哪种灭火措施最有效？这些都是业内应掌握或了解的问题。

变压器油是原油经一定加工工艺生产的优质石油产品。现行国家标准《电工流体　变压器和开关用的未使用过的矿物绝缘油》GB 2536 按凝点（或倾点）将变压器油分为 10#、25# 和 45#，凝点分别不高于 -10℃、-25℃、-45℃，10# 和 25# 变压器油闭口闪点不低于 140℃，45# 变压器油闭口闪点不低于 135℃。20℃时变压器油的密度不大于 895kg/m^3。25# 变压器油最常用，45# 变压器油基本上用于高寒地区。变压器油按其使用电压可分为普通变压器油和超高压变压器油，二者的区别在于电气性能和抗析气性能。以往多选用凝点低、氧化安定性较好的环烷基原油生产变压器油。由于环烷基原油储量只占世界原油储量的 4%，近年来环烷基原油产量逐年下降，随着炼油工艺技术的发展，变压器油基础油的生产从选择环烷基原油，采用的硫酸脱蜡、白土精制工艺，逐渐演变为原油采用环烷基原油和石蜡基原油并重，工艺上采用溶剂精制、溶剂脱蜡、白土补充精制和加氢补充精制，目前国外已普遍采用加氢处理工艺。根据各炼油厂所加工的原油属性、蒸馏装置及操作条件的不同，有的采用常压馏分作为变压器油馏分，有的采用减压馏分。中石化某分公司利用减压馏分经加氢裂化、常压分馏、异构化脱蜡、加氢精制、异构化分馏、减压分馏生产 25# 变压器油，其基础油馏分见表 5，其切割馏分（干点与初馏点温度之差）不足 90℃，新疆生产的用于国产 500kV 电力变压器的 45# 变压器油的切割馏分更窄，为 72℃。

表 5　变压器油基础油馏分（℃）

初馏点	280
2%回收温度	282
10%回收温度	299
50%回收温度	335
90%回收温度	359
95%回收温度	362
终馏点	369

各种烃类液体凝点由大到小的顺序为：正构烷烃＞异构烷烃＞环烷烃＞芳烃，异构烷烃的凝点比相应正构烷烃低，且随着分支程度的增大而迅速下降；带侧链的环状烃侧链分支程度越大，凝点下降也越快。反式结构比顺式结构凝点低得多。依据表 5 与凝点判定 25# 和 45# 变压器油主要为 C18～C22 带多分支侧链的链烷烃或环烷烃及少量单环和双环芳香烃的液态混合物，且反式结构占比较大。

兼绝缘（相对介电常数约为空气的 2.3 倍）、散热冷却、保护绝缘材料等功能于一身，且如此高闪点的变压器油若被点燃，通常之前有一定量的变压器油发生了热裂解，产生氢、轻烃及短碳链烃类液体，亦即变压器大多数发生了放电闪络。变压器内部一旦发生严重过载、短路，可燃的绝缘材料和变压器油就会受高温或电弧作用而裂解，并产生大量气体，使变压器爆炸起火。结合案例分析，运行中的变压器发生火灾和爆炸有如下几个方面原因：

（1）线圈绝缘老化、油质不佳或油量过少、铁芯绝缘老化损坏、检修不慎破坏绝缘等导致的绝缘损坏。

（2）螺栓松动、焊接不牢、分接开关接点损坏等致使导线接触不良。

（3）负载短路。当变压器负载发生短路时，变压器将承受相当大的短路电流，如保护系统失灵或整定值过大，就有可能烧毁变压器，这样的事故在供电系统中并不罕见。

（4）接地不良。当三相负载不平衡时，零线上就会出现电流。如这一电流过大而接地点接触电阻又较大时，接地点就会出现高温，引燃可燃物。

（5）雷击过电压。油浸电力变压器的电流大多由架空线引来，很易遭到雷击产生的过电压的侵袭，击穿变压器的绝缘，引发变压器火灾。

泡沫喷雾系统与其他固定灭火系统一样，相关条文的规定是经济性与安全性相结合的产物，主要基于扑灭初期有限规模的火灾。根据天津消防研究所会同有关单位的试验研究，结合实际火灾扑救案例分析，相似条件下泡沫喷雾系统比水喷雾系统灭火效率高。一些变压器火灾在固定水喷雾系统不能初期灭火而要靠消防队灭火救援时，通常用泡沫消防车作为灭火主攻。如 2000 年 12 月 11 日，山东某 500kV 变电站 A 相变压器发生火灾，辖区消防支队迅速调集 5 个消防队、14 台消防车、80 余名消防干警前往处置，在干粉消防车的配合下靠泡沫消防车主攻灭火。又如 2008 年 8 月 26 日，位于江苏的某核电站 1 号机组主变 B 相变压器发生爆炸并引发火灾，固定水喷雾灭火系统启动较晚，火灾扩大。辖区消防支队与电站专职消防队先后出动 14 辆消防车赶赴火灾现场灭火，同样是泡沫消防车做主攻，并且在及时有效扑灭外部明火和降温冷却的基础上，拆卸变压器上方零部件，通过孔洞向变压器内部灌注泡沫进行灭火。综上，泡沫对变压器油火灾的灭火功效是业界公认的。

对于泡沫喷雾系统的形式，原国家标准《泡沫灭火系统设计规范》GB 50151-2010 就给出了本条规定的两种形式，但现实工程中大多数采用了压缩氮气驱动的系统形式。采用泡沫消防水泵、比例混合器的系统比采用压缩氮气驱动的系统既简单经济，又安全可靠，其避开了压力容器的安全和漏气问题，也避开了泡沫液的储存期长短问题，理应取代压缩氮气驱动的系统，但考虑到压缩氮气驱动形式存量大和相关设计单位需要一定的熟悉过程，所以本次修订仍有条件地保留了该种形式的系统。需要注意的是，单组变压器的额定容量是指三相容量之和，对于三相共体的变压器，即为一台变压器的容量，对于三相分体的变压器，为 A 相、B 相、C 相三台变压器的容量之和。

6.4.2 本条对泡沫喷雾系统泡沫液的选择做了规定。目前采用氮气驱动形式的系统一个比较突出的问题就是灭火剂的使用问题，一是泡沫预混液配置不规范、有效期短，如某些工程甚至在现场直接用自来水配置泡沫预混液，导致灭火剂很快失效，二是某些工程在泡沫预混液到期后，错误地将其更换为泡沫原液，导致系统无法发挥作用。因此，本次修订，明确要求采用由压缩氮气驱动的形式时，要采用 100% 型水成膜泡沫液，该泡沫液目前已是定型产品。

6.4.3 本条规定了泡沫喷雾系统保护独立变电站的油浸电力变压器时的设计参数，主要根据实体试验制订。2007 年 4 月至 9 月，天津消防研究所会同相关单位对泡沫喷雾系统灭油浸变压器火灾进行了一系列实体试验。试验分两个阶段，第一阶段为小型模拟试验，变压器模型长 2.5m、宽 1.6m、高 1.5m，集油坑长 3.15m、宽 2m、深 0.3m。第二阶段为容量大于 180000kV·A 大型模拟油浸变压器实体火灾灭火试验，变压器模型长 7m、宽 4m、高 4m，集油坑长 8m、宽 5m、深 1m。试验油品为检修更替下的

$25^{\#}$变压器油，主要试验结果见表6。

表6 泡沫喷雾系统灭油浸变压器火灾试验结果

试验编号	1	2	3	4	5
喷头数量(个)	4	4	4	14	14
喷头雾化角(°)	60	60	60	60	60
喷头安装高度(m)	2.9	2.0	2.0	2.0	2.0
变压器开口数量(个)	6	6	6	6	6
变压器开口直径(mm)	460	460	460	800	ϕ800、ϕ600、ϕ400孔各两个
油层厚度(mm)	50	50	50	70	70
预燃时间(min)	3	3	3	3	4
泡沫液种类	抗溶水成膜	抗溶水成膜	水成膜	合成泡沫	合成泡沫
供给强度[L/(min·m²)]	5.4	5.4	5.4	7	7
90%控火时间	2min6s	1min30s	2min45s	1min20s	1min10s
灭火时间	4min42s	3min11s	4min13s	3min20s	3min4s

注：试验编号1、2、3为小型试验，试验编号4、5为大型试验。

1 变压器发生火灾时需要同时保护变压器油箱本体及其下面的集油坑，考虑到泡沫喷洒到变压器顶部后，大部分泡沫会沿变压器流到集油坑内，故规定按油箱本体水平投影且四周外延1m计算。

2 由表可知，对于大型油浸变压器，在供给强度为$7L/(min \cdot m^2)$时，可在4min之内灭火，考虑一定的安全系数，将供给强度确定为不小于$8L/(min \cdot m^2)$。

3 对于变压器套管插入直流阀厅布置的换流站，变压器着火后若不能及时控制火灾，可能波及阀厅，如本标准第6.4.1条条文说明中所述的天山换流站火灾，因此，对于该类换流站要求增设流量不小于48L/s的泡沫炮，此时系统的设计流量要求增加一台泡沫炮的流量；本条的高架泡沫炮主要是指泡沫炮的安装高度要使泡沫射流能够覆盖所保护的变压器顶部、集油坑等部位。

4 通过对国内变压器火灾案例进行调研，发现变压器起火后，最易从绝缘套管部位开裂。因此，应对进出线绝缘套管升高座孔口设置单独的喷头保护，以使喷洒的泡沫覆盖其孔口。

5 保护变压器绝缘套管升高座孔口的喷头雾化角宜为60°，以使更多泡沫能够进入变压器油箱。

6 从试验情况看，不管是小型试验还是大型试验，一般在5min内可以灭火，但考虑到当泡沫喷雾灭火系统不能有效灭火时，消防队赶到现场救援需15min，国内就曾有消防队利用泡沫消防车灭油浸变压器火灾的案例。因此，将连续供给时间确定为不应小于15min。本次修订，对于设置比例混合装置的系统，将连续供给时间增大至不应小于30min。主要基于两点考虑，一是该类系统一般用于保护大容量变压器，变压器火灾风险大；二是该类系统一般设置水泵、水池等，增大供给时间并不困难。对于采用由压缩氮气驱动形式时，考虑到其采用100%型水成膜泡沫液，受泡沫液储罐容量和动力瓶组数量限制，连续供给时间未做调整。

6.4.4 本条参照泡沫-水喷淋系统的设计参数制订。

6.4.6 水雾喷头、管道均为导体，其与高压电气设备带电(裸露)部分的最小安全净距是设计中不可忽略的问题，各国相应的规范、标准均做了具体规定。最小安全净距参见现行行业标准《高压配电装置设计技术规程》DL/T 5352的规定。

6.4.8 本条参照现行国家标准《水喷雾灭火系统技术规范》GB 50219制定。

6.4.10 瓶组数量采用波意耳-马略特定律进行计算，同时考虑裕量系数不小于1.5。

7 泡沫消防泵站及供水

7.1 泡沫消防泵站与泡沫站

7.1.1 本条对泡沫消防泵站的设置做出了具体规定。

1 泡沫消防泵站和消防水泵房都需要水源、电源，两者合建有利于集中管理和使用，同时节约投资。

2 为防止储罐或装置发生火灾后影响泡沫消防泵站的安全，规定其与相关对象的距离不小于30m。

3 泡沫消防泵站的门、窗是其建筑中最容易受到破坏的部分。尤其是泡沫消防泵站的门，它是泡沫系统操作人员进出和灭火物资输送的通道，一旦受到火灾影响，将威胁操作人员的安全和灭火物资输送。我国有泡沫消防泵站被破坏的火灾案例，因此做此规定。

7.1.2 泡沫消防水泵处于常充满水状态，是缩短启动时间、使泡沫系统及时投入灭火工作的保障，为此规定其采用自灌引水方式启动。

7.1.3 本条是原规范第8.1.3条与第8.1.4条的整合修订，说明如下：

(1)近年来发生的多起火灾案例，如2010年大连新港中石油国际储运有限公司"7·16"输油管道爆炸火灾、2011年11月22日的大连新港储油罐雷击火灾、2015年4月6日漳州古雷腾龙芳烃火灾等，其消防水系统的双电源火灾时均遭破坏，导致消防系统瘫痪，酿成重特大责任事故。本条1、2、3、5款引用了住房和城乡建设部标准定额司《关于印发石油石化行业国家标准协调会会议纪要的通知》(建标标函〔2016〕237号)文件附录2中的要求。

(2)本条其他款基本延续了原规范的规定，只是表述方式上做了调整，使各款表述形式一致。关于供电系统的负荷分级与相应要求参见现行国家标准《供配电系统设计规范》GB 50052的相关规定。

另外，大中型企业的划分参照工业和信息化部、国家统计局、国家发展和改革委员会和财政部联合印发的《关于印发中小企业划分标准规定的通知》(工信部联企业〔2011〕300号)。

为保证系统可靠运行，将本条第1、2款定为强制性条文，必须严格执行。

7.1.4 本条对拖动泡沫消防水泵的柴油机从发动机形式、性能、安全等方面提出了相关要求。

1 柴油机的冷却方式分为水冷和风冷两大类。水冷却方式是以水作为介质，将柴油机产生的热量传送出去。水冷柴油机冷却效果较好，适用于大功率柴油机，当温度或工作负载发生变化时便于调节冷却强度，使柴油机始终在规定温度范围内运行。但水冷方式具有易结垢、对缸套产生穴蚀等缺点。风冷是以空气为介质，将柴油机受热零件的热量传送出去。风冷柴油机具有结构简单、质量轻、维修方便的优点，但冷却效果差、噪声大，消防泵房必须考虑进风与排风设施而使占地面积增大，其进风设施还应有避免冬季泵房温度过低的措施，柴油机运行时尚应避免高温、有毒烟气进入泵房，在封闭式泡沫消防泵房中较难操作。

对于水冷柴油机，冷却发动机本体的系统为采用水或防冻液的闭式循环系统，和此系统进行热交换有两种方式，一是采用散热器，二是采用热交换器。考虑到采用散热器在封闭泵房较难操作，因此本标准要求采用热交换器，热交换器的水一般采用消防用水，从消防泵出口引出，首先进入水-空中冷器(如果有)，然后再进入冷却发动机本体的热交换器，最后返回泵入口或消防水池，对于这样的系统，要求热交换系统的承压要满足系统管网的承压要求。

2 本款对柴油机的压缩比和带载能力提出了要求。就柴油机的发展历程来看，20世纪70至80年代是柴油机性能与品质显著提升的十年,之前发动机的压缩比普遍较低,之后由于材料等技术的快速发展,柴油机压缩比得到较大提升。压缩比是影响柴油机性能的重要参数,压缩比越高,性能越好,这主要体现在三个方面:一是柴油机是靠压燃启动,压缩比越高,启动可靠性越高;二是同功率情况下,压缩比高的柴油机承载传动部件自重与系统惯量低,柴油机启动后提速迅速和带载能力强;三是高压缩比柴油机各零部件的选用材质承载性强、机件承载可靠安全系数高。不过随着柴油机功率的增大,提高压缩比的难度同时增大。柴油机是保证泡沫系统能够正常运行的最后一道保障,必须具有可靠的启动和运转性能,在保障消防系统能够可靠运行的基础上,综合考虑我国柴油机市场技术水平和现实工程中使用的柴油机功率等,确定柴油机压缩比不应低于15。本规定并不针对沿海建设的LNG接收站工程中拖动海水消防泵的柴油机,通常其单台柴油机功率在1000kW左右,供水量很大。但其主要用于火灾时供给消防冷却水,用于保护集液池的高倍数泡沫系统用水量通常在5L/s以下,不足柴油机泵组额定供水量的1%,因此,应由其他相关标准做出适宜规定。

3 本款规定要采用丙类柴油,主要是从安全角度考虑的。按现行国家标准《车用柴油》GB 19147-2016规定,5号、0号、-10号车用柴油的闪点不低于60℃,属于丙类液体;为增加可靠性,对柴油机低温启动性能提出了要求,-10号柴油能正常使用的最低温度为-5℃,因此,规定了柴油机的极限启动温度不应高于-5℃。

4 柴油机在满载运行的情况下,一般不会出现超速情况,但非满载运行时,有可能超速,超速运行会对柴油机造成较大损害。考虑到柴油机在日常维护管理时,存在非满载运行的情况,因此柴油机需要有超速断路保护装置,这一点在现行国家标准《消防泵》GB 6245有规定,但该标准并未明确采用何种超速断路装置。目前超速断路装置有两种形式,一是简单的断电,该方式仅对因电调或电磁阀控制回路发生故障有效,且存在故障未排除而发动机被再次启动并进入超速运行可能。二是通过切断发动机的进气来实现超速保护,该方式可实现对电控故障、调速回路故障、燃油泵电气与机械故障、可燃气体进入发动机等导致的超速与不能正常停机的保护,是内燃机行业公认有效的超速保护装置。因此,本条规定柴油机应安装人工机械复位的超速空气切断阀。

5 现行国家标准《消防泵》GB 6245虽然规定柴油机应设置两组免维护蓄电池,并能实现自动切换。但现实产品多数只设置了一对一的电源开关,没有设置可手动操作的直流电磁接触器。工程实践表明,除了燃油的问题外,95%启动失败是因蓄电池不良导致的,而且蓄电池的故障往往是不可预测的。为最大限度地增大启动成功概率,做此规定。正常情况下,经控制装置指令直流电磁接触器吸合实现电启动,多次启动时,由两台直流电磁接触器切换两组蓄电池交替投入启动。当电控回路发生故障或蓄电量不足的应急的情况下,可双手同步操作双接触器实施双蓄电池组并联供电启动,提高柴油机的启动成功率。

因为柴油机是最后一道保障,成功启动的重要性不言而喻,同时现有机械储能启动装置还配有手动盘车功能,便于维护和及时发现发动机、联轴器、水泵轴承等的隐患。

6 柴油机的功率会随环境温度及海拔高度发生改变,一般会随大气温度的升高、海拔高度的增大而降低,为使功率满足设计要求,需要根据最高工作环境温度和海拔高度对其功率进行修正,修正要求参考了美国消防协会标准《固定消防泵安装标准》NFPA 20的相关规定。

7.1.5 设置新风通风口是为了防止泵房内出现负压,影响柴油机正常运行和相关人员安全。对排气管设置的规定也是为了保障柴油机的正常运行。现实工程中有将多台柴油机排气管并联的,使排气阻力增大,影响了柴油机正常运行,故做此规定。

7.1.6 设置水位指示装置是为了及时观察水位。设置直通电话是保障发生火灾后,消防泵站的值班人员能及时与本单位消防队、消防保卫部门、消防控制室等取得联系。

7.1.7 有些储罐区较大、罐组较多,如果将泡沫供给源集中到泵站,5min内不能将泡沫混合液或泡沫输送到最远的保护对象,延误灭火。所以,遇到此类情况时,可将泡沫站与泵房分建。有的工程甚至设置了两个以上的泡沫站,以满足输送时间的要求。

在泡沫站内独立设置的泡沫比例混合装置可以是平衡式比例混合装置、机械泵入式比例混合装置和囊式压力式比例混合装置等。

泡沫站通常是无人值守的,为了在发生火灾时及时启动泡沫系统灭火,故规定应具备远程控制功能。

泡沫站是泡沫灭火系统的核心组成之一,一旦遭破坏,系统将失去灭火作用。本条为强制性条文,必须严格执行。

7.2 系统供水

7.2.1 淡水是配置各类泡沫混合液的最佳水源,某些泡沫液也适宜用海水配制混合液。一种泡沫液是否适宜用海水配置泡沫混合液,取决于其耐海水(或硬水)的性能。因此,选择水源时,应考虑其是否与泡沫液的要求相适宜。同时,为了不影响泡沫混合液的发泡性能,规定水温宜为4℃~35℃。

7.2.2 采用含油品等可燃物的水时,其泡沫的灭火性能会受到影响;使用含破乳剂等添加剂的水,对泡沫倍数和泡沫稳定性有影响。影响程度取决于上述物质的含量和泡沫液种类。要鉴别处理后的生产废水,如油田采出水等是否满足要求,可通过试验确定。天津消防研究所受某石化公司委托,曾用氯碱厂PVC母液处理水作为6%型氟蛋白泡沫液配置泡沫混合液用水,按行业标准《蛋白泡沫灭火剂及氟蛋白泡沫灭火剂》GA 219-1999对其泡沫性能进行过测试。测试结果表明,其90%火焰控制时间、灭火时间都达不到标准要求。

7.2.3 为保证系统在最不利情况下能够满足设计要求,系统的水量应满足最大设计流量和供给时间的要求。本条旨在要求设计者进行水力计算,以保证系统可靠。

7.2.4 系统超压有可能会损坏设备,因此应有防止系统超压的措施。

7.2.5 水泵接合器是用于外部增援供水的措施,当系统供水泵不能正常供水时,可由消防车连接水泵接合器向系统管道供水。系统在喷洒泡沫期间,供水泵亦可能出现不能正常供水的情况。因此,规定水泵接合器宜设置在比例混合器的进口侧。为满足系统要求,水泵接合器的设计水量要按系统的设计流量确定。

8 水力计算

8.1 系统的设计流量

8.1.1 在扑救储罐区火灾时,除了储罐上设置的泡沫产生器或高背压泡沫产生器外,可能还同时使用辅助泡沫枪(见本标准第4.1.5条)。所以,计算储罐区泡沫混合液设计流量时,应包括辅助泡沫枪的流量。为保证最不利情况下泡沫混合液流量满足设计要求,计算时应按流量之和最大的储罐确定。

需要指出,本规定的含义是按系统实际设计泡沫混合液强度计算确定罐内泡沫混合液用量。

本条为强制性条文,必须严格执行,旨在要求设计者进行系统校核计算,以保证系统可靠。

8.1.2 对于只设置泡沫枪或泡沫炮系统的场所,按同时使用的泡沫枪或泡沫炮计算确定系统设计流量是最基本要求。另外,还应保证投入战斗的每个泡沫枪或泡沫炮都满足相关设计要求。

8.1.3 当多个雨淋阀并联使用时，首先分别计算每个雨淋阀的流量，然后将需要同时开启的各雨淋阀的流量叠加，计算总流量，并选取不同条件下计算获得的各总流量中的最大值，将其作为系统的设计流量。

8.1.4 本条规定的闭式泡沫-水喷淋系统设计流量的计算式和现行国家标准《自动喷水灭火系统设计规范》GB 50084 的规定相同，但计算方法与之有别。在本规定中，系统设计流量按最有利水力条件处作用面积内的喷头全部开放，所有喷头的流量之和确定。所谓最有利水力条件是指系统管道压力损失最小，喷头的工作压力最大，亦即喷头流量最大的情况。按本规定计算得到的流量为系统可能产生的最大流量，美国消防协会标准《泡沫-水喷淋系统与泡沫-水喷雾系统安装标准》NFPA 16 也有类似规定。作用面积的计算方法与现行国家标准《自动喷水灭火系统设计规范》GB 50084 相同。

8.1.5 本条给出的流量计算公式为国际通用公式，国内外相关标准均利用此公式进行计算。对于未给定流量特性系数 k 的泡沫产生装置，其流量可以按压力-流量曲线确定。

8.1.6 本条是针对泵的选择、泡沫液与水的储量计算而规定的。

8.2 管道水力计算

8.2.1 本条参照美国消防协会标准《低倍数、中倍数、高倍数泡沫灭火系统标准》NFPA 11、英国标准《泡沫灭火系统标准》BS 5306 Part 6 及现行国家标准《自动喷水灭火系统设计规范》GB 50084 规定了泡沫灭火系统管道内的水、泡沫混合液流速和泡沫的流速。

液下喷射灭火系统管道内的泡沫是一种物理性质很不稳定的流体，某些泡沫的 25%析液时间约 2min～3min，如其在管道内的流速过小、流动时间过长，势必会造成部分液体析出，影响泡沫的灭火效果。因此，在液下喷射系统设计中，在压力损失允许的情况下应尽量提高泡沫管道内的泡沫流速。较高的泡沫流速，有利于泡沫在流动中的搅拌、混合，减少泡沫流动中的析液。

8.2.2 由于泡沫混合液中水的成分占 96%以上，有的高达 99%以上，它具有水流体特点，所以在水力计算时，泡沫混合液可按水对待。

式(8.2.2-1)为舍维列夫公式。1953 年，舍维列夫根据其对旧铸铁管和旧钢管所进行的实验提出了该经验公式。因此，该公式主要适用于旧铸铁管和旧钢管。

式(8.2.2-2)为海澄-威廉公式。欧、美、日等国家或地区一般采用海澄-威廉公式，如英国标准《自动喷水灭火系统安装规则》BS 5306、美国消防协会标准《自动喷水灭火系统安装标准》NFPA 13、日本标准《自动消防灭火设备规则》。我国现行国家标准《建筑给水排水设计规范》GB 50015、《室外给水设计规范》GB 50013 也采用该公式。

为便于比较两个计算式计算结果之差异，将式(8.2.2-1)除以式(8.2.2-2)，所得结果见式(1)。

$$k = 0.0001593\frac{C^{1.85}V^{0.15}}{d^{0.13}} \quad (1)$$

对于普通钢管，取 $C=100$，所得结果见式(2)。

$$k_1 = 0.7984\frac{V^{0.15}}{d^{0.13}} \quad (2)$$

对于铜管和不锈钢管，取 $C=130$，所得结果见式(3)。

$$k_2 = 1.2972\frac{V^{0.15}}{d^{0.13}} \quad (3)$$

结合本标准规定，对管径为 0.025m～0.2m，流速为 2.5m/s～10m/s 的情况，计算得(参见图 7)：对于普通钢管，k_1 介于 1.1292～1.8217之间；对于铜管和不锈钢管，k_2 介于 1.8347～2.9600 之间。

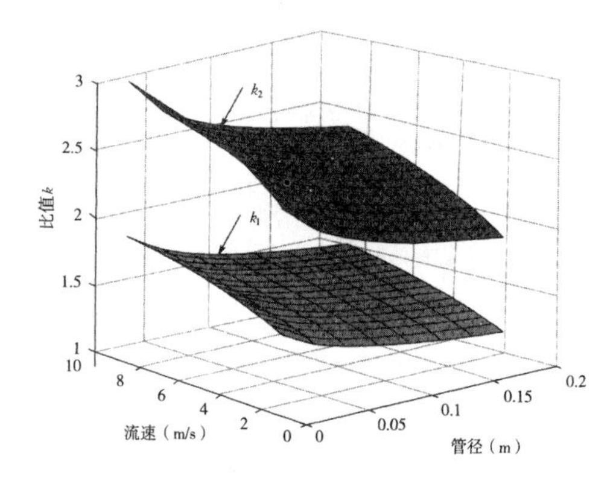

图 7　水力计算公式对比

当系统采用普通钢管时，两个公式的计算结果相差不是很大，考虑到普通钢管在使用过程中由于老化和腐蚀会使内壁的粗糙度增大，进而会增大沿程水头损失。因此，宜采用计算结果比较保守的式(8.2.2-1)计算。当系统采用铜管或不锈钢管时，式(8.2.2-1)的计算结果要远大于式(8.2.2-2)，若此时还用式(8.2.2-1)进行计算，势必会造成不必要的经济浪费，而且，对于不锈钢管和铜管，在使用过程中内壁粗糙度增大的情况并不十分明显，因此，宜用式(8.2.2-2)进行计算。

8.2.3 局部水头损失的计算，英、美、日、德等国家的标准均采用当量长度法。目前，现行国家标准《自动喷水灭火系统设计规范》GB 50084、《水喷雾灭火系统技术规范》GB 50219、《建筑给水排水设计规范》GB 50015 等亦采用当量长度法，本标准和其他标准保持一致。

有关当量长度的取值，表 7 综合了现行国家标准《自动喷水灭火系统设计规范》GB 50084 的有关规定和《水喷雾灭火系统技术规范》GB 50219 条文说明的数据。

表 7　局部水头损失当量长度表(m)

管件名称	管件直径(mm)											
	25	32	40	50	70	80	100	125	150	200	250	300
45°弯头	0.3	0.3	0.6	0.6	0.9	0.9	1.2	1.5	2.1	2.7	3.3	4.0
90°弯头	0.6	0.9	1.2	1.5	1.8	2.1	3.1	3.7	4.3	5.5	6.7	8.2
90°长弯头	0.6	0.6	0.6	0.9	1.2	1.5	1.8	2.4	2.7	4.0	4.9	5.5
三通、四通	1.5	1.8	2.4	3.1	3.7	4.6	6.1	7.6	9.2	10.7	15.3	18.3
蝶阀	—	—	—	1.8	2.1	3.1	3.7	2.7	3.1	3.7	5.8	6.4
闸阀	—	—	—	0.3	0.3	0.3	0.6	0.6	0.9	1.2	1.5	1.8
旋启逆止阀	1.5	2.1	2.7	3.4	4.3	4.9	6.7	8.3	9.8	13.7	16.8	19.8
异径接头	32/25	40/32	50/40	70/50	90/70	100/90	125/100	150/125	200/150	—	—	—
	0.2	0.3	0.3	0.5	0.6	0.9	1.1	1.3	1.6	—	—	—

注：表中过滤器当量长度的取值，由生产商提供；当异径接头的出口直径不变而入口直径提高 1 级时，其当量长度应增大 50%；提高 2 级或 2 级以上时，其当量长度应增大 1 倍。

8.2.4 本条规定了水泵的扬程或系统入口的供给压力计算方法。现行国家标准《自动喷水灭火系统设计规范》GB 50084 规定一些主要部件的局部水头损失可直接取值，其规定当报警阀的局部水头损失无相关数据时，湿式报警阀取值 0.04MPa、干式报警阀取值 0.02MPa、预作用装置取值 0.08MPa、雨淋报警阀取值 0.07MPa、水流指示器取值 0.02MPa。

8.2.5 本条对泡沫管道的水力计算做了规定，其中第 1 款的泡沫管道压力损失计算式和第 3 款的压力损失系数是根据国内的试验和美国消防协会标准《低倍数、中倍数、高倍数泡沫灭火系统标准》NFPA 11 中的泡沫管道水力计算对数曲线推导而来。液下喷射的泡沫倍数一般控制在 3 左右，为了便于计算，圆整为 3。泡沫管道上的阀门、部分管件的当量长度是参照美国的相关文献而定的。

8.2.6 达西公式是计算不可压缩液体水头损失的基本公式，因此建议采用。达西公式见式(4)。

$$\Delta P_m = 0.2252\left(\frac{fL\rho Q^2}{d^5}\right) \quad (4)$$

式中：ΔP_m——摩擦阻力损失(MPa)；

f——摩擦系数；

L——管道长度(m)；

ρ——液体密度(kg/m^3)；

Q——流量(L/min)；

d——管道直径(mm)。

摩擦系数 f 需要根据雷诺数查莫迪图得到。雷诺数可按式(5)进行计算。美国消防协会标准《泡沫-水喷淋与泡沫-水喷雾系统安装标准》NFPA 16 给出的莫迪图见图 8 和图 9。

$$Re = 21.22\left(\frac{Q\rho}{d\mu}\right) \quad (5)$$

式中：Re——雷诺数；

μ——绝对动力黏度(cP)。

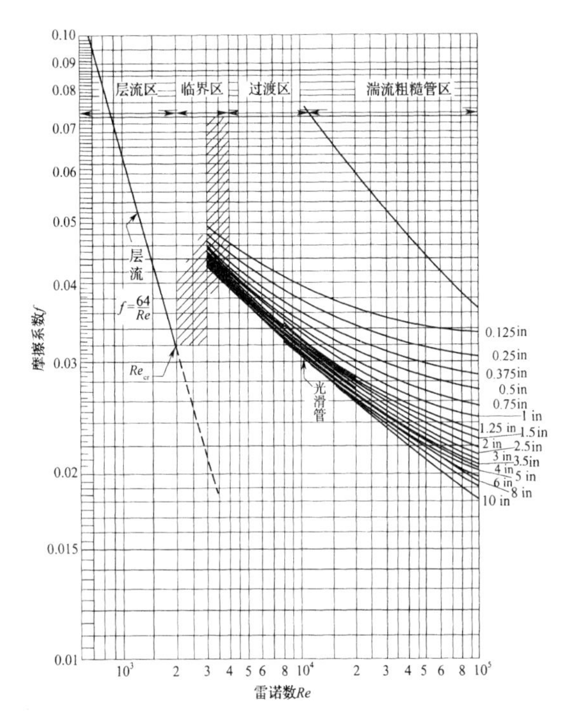

图 8　钢管莫迪图($Re \leqslant 10^5$)

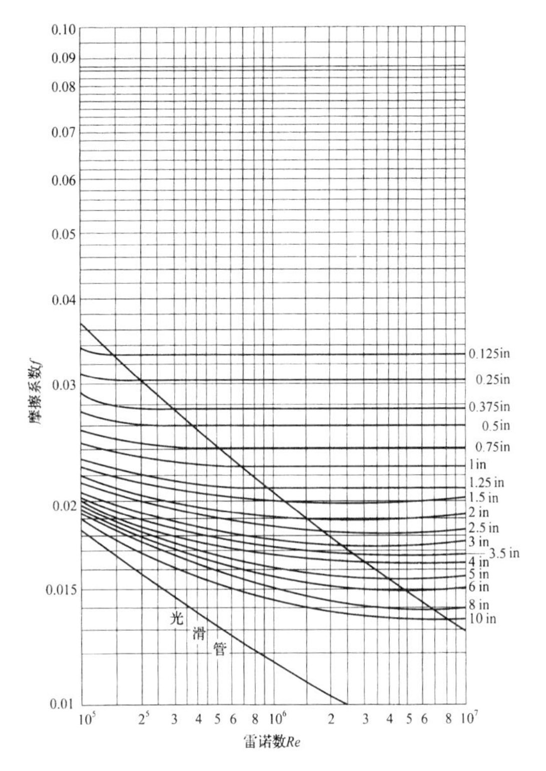

图 9　钢管莫迪图($Re \geqslant 10^5$)

8.3　减压措施

本节主要参照现行国家标准《自动喷水灭火系统设计规范》GB 50084 制订。泡沫-水喷淋系统的流动介质和结构形式与自动喷水灭火系统基本相同。因此，其减压措施采用现行国家标准《自动喷水灭火系统设计规范》GB 50084 的相关规定。

对于减压孔板的局部阻力系数，现行国家标准《自动喷水灭火系统设计规范》GB 50084 规定的计算公式见式(6)。

$$\xi = \left[1.75\frac{d_j^2}{d_k^2}\cdot\frac{1.1-\frac{d_k^2}{d_j^2}}{1.175-\frac{d_k^2}{d_j^2}}-1\right]^2 \quad (6)$$

式中：ξ——减压孔板的局部阻力系数，见表 8；

d_k——减压孔板的孔口直径(m)；

d_j——管道的计算内径(m)。

表 8　减压孔板的局部阻力系数 ε

d_k/d_j	0.3	0.4	0.5	0.6	0.7	0.8
ξ	292	83.3	29.5	11.7	4.75	1.83

中华人民共和国国家标准

气体灭火系统设计规范

Code for design of gas fire extinguishing systems

GB 50370—2005

主编部门：中华人民共和国公安部
批准部门：中华人民共和国建设部
施行日期：2 0 0 6 年 5 月 1 日

25

目　次

25

1 总　　则

1.0.1 为合理设计气体灭火系统，减少火灾危害，保护人身和财产的安全，制定本规范。

1.0.2 本规范适用于新建、改建、扩建的工业和民用建筑中设置的七氟丙烷、IG541混合气体和热气溶胶全淹没灭火系统的设计。

1.0.3 气体灭火系统的设计，应遵循国家有关方针和政策，做到安全可靠、技术先进、经济合理。

1.0.4 设计采用的系统产品及组件，必须符合国家有关标准和规定的要求。

1.0.5 气体灭火系统设计，除应符合本规范外，还应符合国家现行有关标准的规定。

2 术语和符号

2.1 术　　语

2.1.1 防护区　protected area

满足全淹没灭火系统要求的有限封闭空间。

2.1.2 全淹没灭火系统　total flooding extinguishing system

在规定的时间内，向防护区喷放设计规定用量的灭火剂，并使其均匀地充满整个防护区的灭火系统。

2.1.3 管网灭火系统　piping extinguishing system

按一定的应用条件进行设计计算，将灭火剂从储存装置经由干管支管输送至喷放组件实施喷放的灭火系统。

2.1.4 预制灭火系统　pre-engineered systems

按一定的应用条件，将灭火剂储存装置和喷放组件等预先设计、组装成套且具有联动控制功能的灭火系统。

2.1.5 组合分配系统　combined distribution systems

用一套气体灭火剂储存装置通过管网的选择分配，保护两个或两个以上防护区的灭火系统。

2.1.6 灭火浓度　flame extinguishing concentration

在101kPa大气压和规定的温度条件下，扑灭某种火灾所需气体灭火剂在空气中的最小体积百分比。

2.1.7 灭火密度　flame extinguishing density

在101kPa大气压和规定的温度条件下，扑灭单位容积内某种火灾所需固体热气溶胶发生剂的质量。

2.1.8 惰化浓度　inerting concentration

有火源引入时，在101kPa大气压和规定的温度条件下，能抑制空气中任意浓度的易燃可燃气体或易燃可燃液体蒸气的燃烧发生所需的气体灭火剂在空气中的最小体积百分比。

2.1.9 浸渍时间　soaking time

在防护区内维持设计规定的灭火剂浓度，使火灾完全熄灭所需的时间。

2.1.10 泄压口　pressure relief opening

灭火剂喷放时，防止防护区内压超过允许压强，泄放压力的开口。

2.1.11 过程中点 course middle point

喷放过程中，当灭火剂喷出量为设计用量50%时的系统状态。

2.1.12 无毒性反应浓度(NOAEL浓度)　NOAEL concentration

观察不到由灭火剂毒性影响产生生理反应的灭火剂最大浓度。

2.1.13 有毒性反应浓度(LOAEL浓度)　LOAEL concentration

能观察到由灭火剂毒性影响产生生理反应的灭火剂最小浓度。

2.1.14 热气溶胶　condensed fire extinguishing aerosol

由固体化学混合物(热气溶胶发生剂)经化学反应生成的具有灭火性质的气溶胶，包括S型热气溶胶、K型热气溶胶和其他型热气溶胶。

2.2 符　　号

C_1——灭火设计浓度或惰化设计浓度；

C_2——灭火设计密度；

D——管道内径；

F_c——喷头等效孔口面积；

F_k——减压孔板孔口面积；

F_x——泄压口面积；

g——重力加速度；

H——过程中点时，喷头高度相对储存容器内液面的位差；

K——海拔高度修正系数；

K_v——容积修正系数；

L——管道计算长度；

n——储存容器的数量；

N_d——流程中计算管段的数量；

N_g——安装在计算支管下游的喷头数量；

P_0——灭火剂储存容器充压(或增压)压力；

P_1——减压孔板前的压力；

P_2——减压孔板后的压力；

P_c——喷头工作压力；

P_f——围护结构承受内压的允许压强；

P_h——高程压头；

P_m——过程中点时储存容器内压力；

Q——管道设计流量；

Q_c——单个喷头的设计流量；

Q_g——支管平均设计流量；

Q_k——减压孔板设计流量；

Q_w——主干管平均设计流量；

Q_x——灭火剂在防护区的平均喷放速率；

q_c——等效孔口单位面积喷射率；

S——灭火剂过热蒸气或灭火剂气体在101kPa大气压和防护区最低环境温度下的质量体积；

T——防护区最低环境温度；

t——灭火剂设计喷放时间；

V——防护区净容积；

V_0——喷放前，全部储存容器内的气相总容积(对IG541系统为全部储存容器的总容积)；

V_1——减压孔板前管网管道容积；

V_2——减压孔板后管网管道容积；

V_b——储存容器的容量；

V_p——管网的管道内容积；

W——灭火设计用量或惰化设计用量；

W_0——系统灭火剂储存量；

W_s——系统灭火剂剩余量；

Y_1——计算管段始端压力系数；

Y_2——计算管段末端压力系数；

Z_1——计算管段始端密度系数；

Z_2——计算管段末端密度系数；

γ——七氟丙烷液体密度；

δ——落压比；

η——充装量；

μ_k——减压孔板流量系数；

ΔP——计算管段阻力损失；

ΔW_1——储存容器内的灭火剂剩余量；

ΔW_2——管道内的灭火剂剩余量。

3 设计要求

3.1 一般规定

3.1.1 采用气体灭火系统保护的防护区，其灭火设计用量或惰化设计用量，应根据防护区内可燃物相应的灭火设计浓度或惰化设计浓度经计算确定。

3.1.2 有爆炸危险的气体、液体类火灾的防护区，应采用惰化设计浓度；无爆炸危险的气体、液体类火灾和固体类火灾的防护区，应采用灭火设计浓度。

3.1.3 几种可燃物共存或混合时，灭火设计浓度或惰化设计浓度，应按其中最大的灭火设计浓度或惰化设计浓度确定。

3.1.4 两个或两个以上的防护区采用组合分配系统时，一个组合分配系统所保护的防护区不应超过8个。

3.1.5 组合分配系统的灭火剂储存量，应按储存量最大的防护区确定。

3.1.6 灭火系统的灭火剂储存量，应为防护区的灭火设计用量、储存容器内的灭火剂剩余量和管网内的灭火剂剩余量之和。

3.1.7 灭火系统的储存装置72小时内不能重新充装恢复工作的，应按系统原储存量的100%设置备用量。

3.1.8 灭火系统的设计温度，应采用20℃。

3.1.9 同一集流管上的储存容器，其规格、充压压力和充装量应相同。

3.1.10 同一防护区，当设计两套或三套管网时，集流管可分别设置，系统启动装置必须共用。各管网上喷头流量均应按同一灭火设计浓度、同一喷放时间进行设计。

3.1.11 管网上不应采用四通管件进行分流。

3.1.12 喷头的保护高度和保护半径，应符合下列规定：

1 最大保护高度不宜大于6.5m；

2 最小保护高度不应小于0.3m；

3 喷头安装高度小于1.5m时，保护半径不宜大于4.5m；

4 喷头安装高度不小于1.5m时，保护半径不应大于7.5m。

3.1.13 喷头宜贴近防护区顶面安装，距顶面的最大距离不宜大于0.5m。

3.1.14 一个防护区设置的预制灭火系统，其装置数量不宜超过10台。

3.1.15 同一防护区内的预制灭火系统装置多于1台时，必须能同时启动，其动作响应时差不得大于2s。

3.1.16 单台热气溶胶预制灭火系统装置的保护容积不应大于160m³；设置多台装置时，其相互间的距离不得大于10m。

3.1.17 采用热气溶胶预制灭火系统的防护区，其高度不宜大于6.0m。

3.1.18 热气溶胶预制灭火系统装置的喷口宜高于防护区地面2.0m。

3.2 系统设置

3.2.1 气体灭火系统适用于扑救下列火灾：

1 电气火灾；

2 固体表面火灾；

3 液体火灾；

4 灭火前能切断气源的气体火灾。

注：除电缆隧道（夹层、井）及自备发电机房外，K型和其他型热气溶胶预制灭火系统不得用于其他电气火灾。

3.2.2 气体灭火系统不适用于扑救下列火灾：

1 硝化纤维、硝酸钠等氧化剂或含氧化剂的化学制品火灾；

2 钾、镁、钠、钛、锆、铀等活泼金属火灾；

3 氢化钾、氢化钠等金属氢化物火灾；

4 过氧化氢、联胺等能自行分解的化学物质火灾；

5 可燃固体物质的深位火灾。

3.2.3 热气溶胶预制灭火系统不应设置在人员密集场所、有爆炸危险性的场所及有超净要求的场所。K型及其他型热气溶胶预制灭火系统不得用于电子计算机房、通讯机房等场所。

3.2.4 防护区划分应符合下列规定：

1 防护区宜以单个封闭空间划分；同一区间的吊顶层和地板下需同时保护时，可合为一个防护区；

2 采用管网灭火系统时，一个防护区的面积不宜大于800m²，且容积不宜大于3600m³；

3 采用预制灭火系统时，一个防护区的面积不宜大于500m²，且容积不宜大于1600m³。

3.2.5 防护区围护结构及门窗的耐火极限均不宜低于0.5h；吊顶的耐火极限不宜低于0.25h。

3.2.6 防护区围护结构承受内压的允许压强，不宜低于1200Pa。

3.2.7 防护区应设置泄压口，七氟丙烷灭火系统的泄压口应位于防护区净高的2/3以上。

3.2.8 防护区设置的泄压口，宜设在外墙上。泄压口面积按相应气体灭火系统设计规定计算。

3.2.9 喷放灭火剂前，防护区内除泄压口外的开口应能自行关闭。

3.2.10 防护区的最低环境温度不应低于－10℃。

3.3 七氟丙烷灭火系统

3.3.1 七氟丙烷灭火系统的灭火设计浓度不应小于灭火浓度的1.3倍，惰化设计浓度不应小于惰化浓度的1.1倍。

3.3.2 固体表面火灾的灭火浓度为5.8%，其他灭火浓度可按本规范附录A中表A-1的规定取值，惰化浓度可按本规范附录A中表A-2的规定取值。本规范附录A中未列出的，应经试验确定。

3.3.3 图书、档案、票据和文物资料库等防护区，灭火设计浓度宜采用10%。

3.3.4 油浸变压器室、带油开关的配电室和自备发电机房等防护区，灭火设计浓度宜采用9%。

3.3.5 通讯机房和电子计算机房等防护区，灭火设计浓度宜采用8%。

3.3.6 防护区实际应用的浓度不应大于灭火设计浓度的1.1倍。

3.3.7 在通讯机房和电子计算机房等防护区，设计喷放时间不应大于8s；在其他防护区，设计喷放时间不应大于10s。

3.3.8 灭火浸渍时间应符合下列规定：

1 木材、纸张、织物等固体表面火灾，宜采用20min；

2 通讯机房、电子计算机房内的电气设备火灾，应采用5min；

3 其他固体表面火灾，宜采用10min；

4 气体和液体火灾，不应小于1min。

3.3.9 七氟丙烷灭火系统应采用氮气增压输送。氮气的含水量不应大于0.006%。

储存容器的增压压力宜分为三级，并应符合下列规定：

1 一级 2.5＋0.1MPa(表压)；

2 二级 4.2＋0.1MPa(表压)；

3 三级 5.6＋0.1MPa(表压)。

3.3.10 七氟丙烷单位容积的充装量应符合下列规定：

1 一级增压储存容器，不应大于1120kg/m³；

2　二级增压焊接结构储存容器，不应大于 950kg/m³；

3　二级增压无缝结构储存容器，不应大于 1120kg/m³；

4　三级增压储存容器，不应大于 1080kg/m³。

3.3.11　管网的管道内容积，不应大于流经该管网的七氟丙烷储存量体积的 80%。

3.3.12　管网布置宜设计为均衡系统，并应符合下列规定：

1　喷头设计流量应相等；

2　管网的第 1 分流点至各喷头的管道阻力损失，其相互间的最大差值不应大于 20%。

3.3.13　防护区的泄压口面积，宜按下式计算：

$$F_x=0.15\frac{Q_x}{\sqrt{P_f}} \tag{3.3.13}$$

式中　F_x——泄压口面积（m²）；

Q_x——灭火剂在防护区的平均喷放速率（kg/s）；

P_f——围护结构承受内压的允许压强（Pa）。

3.3.14　灭火设计用量或惰化设计用量和系统灭火剂储存量，应符合下列规定：

1　防护区灭火设计用量或惰化设计用量，应按下式计算：

$$W=K\cdot\frac{V}{S}\cdot\frac{C_1}{(100-C_1)} \tag{3.3.14-1}$$

式中　W——灭火设计用量或惰化设计用量（kg）；

C_1——灭火设计浓度或惰化设计浓度（%）；

S——灭火剂过热蒸气在 101kPa 大气压和防护区最低环境温度下的质量体积（m³/kg）；

V——防护区净容积（m³）；

K——海拔高度修正系数，可按本规范附录 B 的规定取值。

2　灭火剂过热蒸气在 101kPa 大气压和防护区最低环境温度下的质量体积，应按下式计算：

$$S=0.1269+0.000513\cdot T \tag{3.3.14-2}$$

式中　T——防护区最低环境温度（℃）。

3　系统灭火剂储存量应按下式计算：

$$W_0=W+\Delta W_1+\Delta W_2 \tag{3.3.14-3}$$

式中　W_0——系统灭火剂储存量（kg）；

ΔW_1——储存容器内的灭火剂剩余量（kg）；

ΔW_2——管道内的灭火剂剩余量（kg）。

4　储存容器内的灭火剂剩余量，可按储存容器内引升管管口以下的容器容积量换算。

5　均衡管网和只含一个封闭空间的非均衡管网，其管网内的灭火剂剩余量均可不计。

防护区中含两个或两个以上封闭空间的非均衡管网，其管网内的灭火剂剩余量，可按各支管与最短支管之间长度差值的容积量计算。

3.3.15　管网计算应符合下列规定：

1　管网计算时，各管道中灭火剂的流量，宜采用平均设计流量。

2　主干管平均设计流量，应按下式计算：

$$Q_w=\frac{W}{t} \tag{3.3.15-1}$$

式中　Q_w——主干管平均设计流量（kg/s）；

t——灭火剂设计喷放时间（s）。

3　支管平均设计流量，应按下式计算：

$$Q_g=\sum_1^{N_g}Q_c \tag{3.3.15-2}$$

式中　Q_g——支管平均设计流量（kg/s）；

N_g——安装在计算支管下游的喷头数量（个）；

Q_c——单个喷头的设计流量（kg/s）。

4　管网阻力损失宜采用过程中点时储存容器内压力和平均设计流量进行计算。

5　过程中点时储存容器内压力，宜按下式计算：

$$P_m=\frac{P_0V_0}{V_0+\frac{W}{2\gamma}+V_p} \tag{3.3.15-3}$$

$$V_0=nV_b\left(1-\frac{\eta}{\gamma}\right) \tag{3.3.15-4}$$

式中　P_m——过程中点时储存容器内压力（MPa，绝对压力）；

P_0——灭火剂储存容器增压压力（MPa，绝对压力）；

V_0——喷放前，全部储存容器内的气相总容积（m³）；

γ——七氟丙烷液体密度（kg/m³），20℃时为 1407kg/m³；

V_p——管网的管道内容积（m³）；

n——储存容器的数量（个）；

V_b——储存容器的容量（m³）；

η——充装量（kg/m³）。

6　管网的阻力损失应根据管道种类确定。当采用镀锌钢管时，其阻力损失可按下式计算：

$$\frac{\Delta P}{L}=\frac{5.75\times10^5Q^2}{\left(1.74+2\times\lg\frac{D}{0.12}\right)^2D^5} \tag{3.3.15-5}$$

式中　ΔP——计算管段阻力损失（MPa）；

L——管道计算长度（m），为计算管段中沿程长度与局部损失当量长度之和；

Q——管道设计流量（kg/s）；

D——管道内径（mm）。

7　初选管径可按管道设计流量，参照下列公式计算：

当 $Q\leqslant6.0$kg/s 时，

$$D=(12\sim20)\sqrt{Q} \tag{3.3.15-6}$$

当 6.0kg/s$<Q<$160.0kg/s 时，

$$D=(8\sim16)\sqrt{Q} \tag{3.3.15-7}$$

8　喷头工作压力应按下式计算：

$$P_c=P_m-\sum_1^{N_d}\Delta P\pm P_h \tag{3.3.15-8}$$

式中　P_c——喷头工作压力（MPa，绝对压力）；

$\sum_1^{N_d}\Delta P$——系统流程阻力总损失（MPa）；

N_d——流程中计算管段的数量；

P_h——高程压头（MPa）。

9　高程压头应按下式计算：

$$P_h=10^{-6}\cdot\gamma Hg \tag{3.3.15-9}$$

式中　H——过程中点时，喷头高度相对储存容器内液面的位差（m）；

g——重力加速度（m/s²）。

3.3.16　七氟丙烷气体灭火系统的喷头工作压力的计算结果，应符合下列规定：

1　一级增压储存容器的系统 $P_c\geqslant0.6$（MPa，绝对压力）；

二级增压储存容器的系统 $P_c\geqslant0.7$（MPa，绝对压力）；

三级增压储存容器的系统 $P_c\geqslant0.8$（MPa，绝对压力）。

2　$P_c\geqslant\frac{P_m}{2}$（MPa，绝对压力）。

3.3.17　喷头等效孔口面积应按下式计算：

$$F_c=\frac{Q_c}{q_c} \tag{3.3.17}$$

式中　F_c——喷头等效孔口面积（cm²）；

q_c——等效孔口单位面积喷射率[kg/(s·cm²)]，可按本规范附录 C 采用。

3.3.18　喷头的实际孔口面积，应经试验确定，喷头规格应符合本规范附录 D 的规定。

3.4 IG541 混合气体灭火系统

3.4.1 IG541 混合气体灭火系统的灭火设计浓度不应小于灭火浓度的 1.3 倍，惰化设计浓度不应小于惰化浓度的 1.1 倍。

3.4.2 固体表面火灾的灭火浓度为 28.1%，其他灭火浓度可按本规范附录 A 中表 A-3 的规定取值，惰化浓度可按本规范附录 A 中表 A-4 的规定取值。本规范附录 A 中未列出的，应经试验确定。

3.4.3 当 IG541 混合气体灭火剂喷放至设计用量的 95%时，其喷放时间不应大于 60s，且不应小于 48s。

3.4.4 灭火浸渍时间应符合下列规定：

1 木材、纸张、织物等固体表面火灾，宜采用 20min；

2 通讯机房、电子计算机房内的电气设备火灾，宜采用 10min；

3 其他固体表面火灾，宜采用 10min。

3.4.5 储存容器充装量应符合下列规定：

1 一级充压(15.0MPa)系统，充装量应为 211.15kg/m³；

2 二级充压(20.0MPa)系统，充装量应为 281.06kg/m³。

3.4.6 防护区的泄压口面积，宜按下式计算：

$$F_x = 1.1\frac{Q_x}{\sqrt{P_f}} \tag{3.4.6}$$

式中 F_x——泄压口面积(m²)；

Q_x——灭火剂在防护区的平均喷放速率(kg/s)；

P_f——围护结构承受内压的允许压强(Pa)。

3.4.7 灭火设计用量或惰化设计用量和系统灭火剂储存量，应符合下列规定：

1 防护区灭火设计用量或惰化设计用量应按下式计算：

$$W = K\cdot\frac{V}{S}\cdot\ln\left(\frac{100}{100-C_1}\right) \tag{3.4.7-1}$$

式中 W——灭火设计用量或惰化设计用量(kg)；

C_1——灭火设计浓度或惰化设计浓度(%)；

V——防护区净容积(m³)；

S——灭火剂气体在 101kPa 大气压和防护区最低环境温度下的质量体积(m³/kg)；

K——海拔高度修正系数，可按本规范附录 B 的规定取值。

2 灭火剂气体在 101kPa 大气压和防护区最低环境温度下的质量体积，应按下式计算：

$$S = 0.6575 + 0.0024\cdot T \tag{3.4.7-2}$$

式中 T——防护区最低环境温度(℃)。

3 系统灭火剂储存量，应为防护区灭火设计用量及系统灭火剂剩余量之和，系统灭火剂剩余量应按下式计算：

$$W_s \geqslant 2.7V_0 + 2.0V_p \tag{3.4.7-3}$$

式中 W_s——系统灭火剂剩余量(kg)；

V_0——系统全部储存容器的总容积(m³)；

V_p——管网的管道内容积(m³)。

3.4.8 管网计算应符合下列规定：

1 管道流量宜采用平均设计流量。

主干管、支管的平均设计流量，应按下列公式计算：

$$Q_w = \frac{0.95W}{t} \tag{3.4.8-1}$$

$$Q_g = \sum_1^{N_g} Q_c \tag{3.4.8-2}$$

式中 Q_w——主干管平均设计流量(kg/s)；

t——灭火剂设计喷放时间(s)；

Q_g——支管平均设计流量(kg/s)；

N_g——安装在计算支管下游的喷头数量(个)；

Q_c——单个喷头的设计流量(kg/s)。

2 管道内径宜按下式计算：

$$D = (24\sim36)\sqrt{Q} \tag{3.4.8-3}$$

式中 D——管道内径(mm)；

Q——管道设计流量(kg/s)。

3 灭火剂释放时，管网应进行减压。减压装置宜采用减压孔板。减压孔板宜设在系统的源头或干管入口处。

4 减压孔板前的压力，应按下式计算：

$$P_1 = P_0\left(\frac{0.525V_0}{V_0+V_1+0.4V_2}\right)^{1.45} \tag{3.4.8-4}$$

式中 P_1——减压孔板前的压力(MPa，绝对压力)；

P_0——灭火剂储存容器充压压力(MPa，绝对压力)；

V_0——系统全部储存容器的总容积(m³)；

V_1——减压孔板前管网管道容积(m³)；

V_2——减压孔板后管网管道容积(m³)。

5 减压孔板后的压力，应按下式计算：

$$P_2 = \delta\cdot P_1 \tag{3.4.8-5}$$

式中 P_2——减压孔板后的压力(MPa，绝对压力)；

δ——落压比(临界落压比：$\delta=0.52$)。一级充压(15.0MPa)的系统，可在 $\delta=0.52\sim0.60$ 中选用；二级充压(20.0MPa)的系统，可在 $\delta=0.52\sim0.55$ 中选用。

6 减压孔板孔口面积，宜按下式计算：

$$F_k = \frac{Q_k}{0.95\mu_k P_1\sqrt{\delta^{1.38}-\delta^{1.69}}} \tag{3.4.8-6}$$

式中 F_k——减压孔板孔口面积(cm²)；

Q_k——减压孔板设计流量(kg/s)；

μ_k——减压孔板流量系数。

7 系统的阻力损失宜从减压孔板后算起，并按下式计算，压力系数和密度系数，可依据计算点压力按本规范附录 E 确定。

$$Y_2 = Y_1 + \frac{L\cdot Q^2}{0.242\times10^{-8}\cdot D^{5.25}} + \frac{1.653\times10^7}{D^4}\cdot(Z_2-Z_1)Q^2 \tag{3.4.8-7}$$

式中 Q——管道设计流量(kg/s)；

L——管道计算长度(m)；

D——管道内径(mm)；

Y_1——计算管段始端压力系数(10^{-1}MPa·kg/m³)；

Y_2——计算管段末端压力系数(10^{-1}MPa·kg/m³)；

Z_1——计算管段始端密度系数；

Z_2——计算管段末端密度系数。

3.4.9 IG541 混合气体灭火系统的喷头工作压力的计算结果，应符合下列规定：

1 一级充压(15.0MPa)系统，$P_c \geqslant 2.0$(MPa，绝对压力)；

2 二级充压(20.0MPa)系统，$P_c \geqslant 2.1$(MPa，绝对压力)。

3.4.10 喷头等效孔口面积，应按下式计算：

$$F_c = \frac{Q_c}{q_c} \tag{3.4.10}$$

式中 F_c——喷头等效孔口面积(cm²)；

q_c——等效孔口单位面积喷射率[kg/(s·cm²)]，可按本规范附录 F 采用。

3.4.11 喷头的实际孔口面积，应经试验确定，喷头规格应符合本规范附录 D 的规定。

3.5 热气溶胶预制灭火系统

3.5.1 热气溶胶预制灭火系统的灭火设计密度不应小于灭火密度的 1.3 倍。

3.5.2 S 型和 K 型热气溶胶灭固体表面火灾的灭火密度为 100g/m³。

3.5.3 通讯机房和电子计算机房等场所的电气设备火灾，S 型热气溶胶的灭火设计密度不应小于 130g/m³。

3.5.4 电缆隧道(夹层、井)及自备发电机房火灾，S型和K型热气溶胶的灭火设计密度不应小于140g/m³。

3.5.5 在通讯机房、电子计算机房等防护区，灭火剂喷放时间不应大于90s，喷口温度不应大于150℃；在其他防护区，喷放时间不应大于120s，喷口温度不应大于180℃。

3.5.6 S型和K型热气溶胶对其他可燃物的灭火密度应经试验确定。

3.5.7 其他型热气溶胶的灭火密度应经试验确定。

3.5.8 灭火浸渍时间应符合下列规定：

1 木材、纸张、织物等固体表面火灾，应采用20min；

2 通讯机房、电子计算机房等防护区火灾及其他固体表面火灾，应采用10min。

3.5.9 灭火设计用量应按下式计算：

$$W=C_2\cdot K_v\cdot V \qquad (3.5.9)$$

式中 W——灭火设计用量(kg)；

C_2——灭火设计密度(kg/m³)；

V——防护区净容积(m³)；

K_v——容积修正系数。$V<500m^3$，$K_v=1.0$；$500m^3\leqslant V<1000m^3$，$K_v=1.1$；$V\geqslant1000m^3$，$K_v=1.2$。

4 系统组件

4.1 一般规定

4.1.1 储存装置应符合下列规定：

1 管网系统的储存装置应由储存容器、容器阀和集流管等组成；七氟丙烷和IG541预制灭火系统的储存装置，应由储存容器、容器阀等组成；热气溶胶预制灭火系统的储存装置应由发生剂罐、引发器和保护箱(壳)体等组成；

2 容器阀和集流管之间应采用挠性连接。储存容器和集流管应采用支架固定；

3 储存装置上应设耐久的固定铭牌，并应标明每个容器的编号、容积、皮重、灭火剂名称、充装量、充装日期和充压压力等；

4 管网灭火系统的储存装置宜设在专用储瓶间内。储瓶间宜靠近防护区，并应符合建筑物耐火等级不低于二级的有关规定及有关压力容器存放的规定，且应有直接通向室外或疏散走道的出口。储瓶间和设置预制灭火系统的防护区的环境温度应为−10～50℃；

5 储存装置的布置，应便于操作、维修及避免阳光照射。操作面距墙面或两操作面之间的距离，不宜小于1.0m，且不应小于储存容器外径的1.5倍。

4.1.2 储存容器、驱动气体储瓶的设计与使用应符合国家现行《气瓶安全监察规程》及《压力容器安全技术监察规程》的规定。

4.1.3 储存装置的储存容器与其他组件的公称工作压力，不应小于在最高环境温度下所承受的工作压力。

4.1.4 在储存容器或容器阀上，应设安全泄压装置和压力表。组合分配系统的集流管，应设安全泄压装置。安全泄压装置的动作压力，应符合相应气体灭火系统的设计规定。

4.1.5 在通向每个防护区的灭火系统主管道上，应设压力讯号器或流量讯号器。

4.1.6 组合分配系统中的每个防护区应设置控制灭火剂流向的选择阀，其公称直径应与该防护区灭火系统的主管道公称直径相等。

选择阀的位置应靠近储存容器且便于操作。选择阀应设有标明其工作防护区的永久性铭牌。

4.1.7 喷头应有型号、规格的永久性标识。设置在有粉尘、油雾等防护区的喷头，应有防护装置。

4.1.8 喷头的布置应满足喷放后气体灭火剂在防护区内均匀分布的要求。当保护对象属可燃液体时，喷头射流方向不应朝向液体表面。

4.1.9 管道及管道附件应符合下列规定：

1 输送气体灭火剂的管道应采用无缝钢管。其质量应符合现行国家标准《输送流体用无缝钢管》GB/T 8163、《高压锅炉用无缝钢管》GB 5310等的规定。无缝钢管内外应进行防腐处理，防腐处理宜采用符合环保要求的方式；

2 输送气体灭火剂的管道安装在腐蚀性较大的环境里，宜采用不锈钢管。其质量应符合现行国家标准《流体输送用不锈钢无缝钢管》GB/T 14976的规定；

3 输送启动气体的管道，宜采用铜管，其质量应符合现行国家标准《拉制铜管》GB 1527的规定；

4 管道的连接，当公称直径小于或等于80mm时，宜采用螺纹连接；大于80mm时，宜采用法兰连接。钢制管道附件应内外防腐处理，防腐处理宜采用符合环保要求的方式。使用在腐蚀性较大的环境里，应采用不锈钢的管道附件。

4.1.10 系统组件与管道的公称工作压力，不应小于在最高环境温度下所承受的工作压力。

4.1.11 系统组件的特性参数应由国家法定检测机构验证或测定。

4.2 七氟丙烷灭火系统组件专用要求

4.2.1 储存容器或容器阀以及组合分配系统集流管上的安全泄压装置的动作压力，应符合下列规定：

1 储存容器增压压力为2.5MPa时，应为5.0±0.25MPa(表压)；

2 储存容器增压压力为4.2MPa，最大充装量为950kg/m³时，应为7.0±0.35MPa(表压)；最大充装量为1120kg/m³时，应为8.4±0.42MPa(表压)；

3 储存容器增压压力为5.6MPa时，应为10.0±0.50MPa(表压)。

4.2.2 增压压力为2.5MPa的储存容器宜采用焊接容器；增压压力为4.2MPa的储存容器，可采用焊接容器或无缝容器；增压压力为5.6MPa的储存容器，应采用无缝容器。

4.2.3 在容器阀和集流管之间的管道上应设单向阀。

4.3 IG541混合气体灭火系统组件专用要求

4.3.1 储存容器或容器阀以及组合分配系统集流管上的安全泄压装置的动作压力，应符合下列规定：

1 一级充压(15.0MPa)系统，应为20.7±1.0MPa(表压)；

2 二级充压(20.0MPa)系统，应为27.6±1.4MPa(表压)。

4.3.2 储存容器应采用无缝容器。

4.4 热气溶胶预制灭火系统组件专用要求

4.4.1 一台以上灭火装置之间的电启动线路应采用串联连接。

4.4.2 每台灭火装置均应具备启动反馈功能。

5 操作与控制

5.0.1 采用气体灭火系统的防护区，应设置火灾自动报警系统，其设计应符合现行国家标准《火灾自动报警系统设计规范》GB 50116的规定，并应选用灵敏度级别高的火灾探测器。

5.0.2 管网灭火系统应设自动控制、手动控制和机械应急操作三

种启动方式。预制灭火系统应设自动控制和手动控制两种启动方式。

5.0.3 采用自动控制启动方式时，根据人员安全撤离防护区的需要，应有不大于30s的可控延迟喷射；对于平时无人工作的防护区，可设置为无延迟的喷射。

5.0.4 灭火设计浓度或实际使用浓度大于无毒性反应浓度(NOAEL浓度)的防护区和采用热气溶胶预制灭火系统的防护区，应设手动与自动控制的转换装置。当人员进入防护区时，应能将灭火系统转换为手动控制方式；当人员离开时，应能恢复为自动控制方式。防护区内外应设手动、自动控制状态的显示装置。

5.0.5 自动控制装置应在接到两个独立的火灾信号后才能启动。手动控制装置和手动与自动转换装置应设在防护区疏散出口的门外便于操作的地方，安装高度为中心点距地面1.5m。机械应急操作装置应设在储瓶间内或防护区疏散出口门外便于操作的地方。

5.0.6 气体灭火系统的操作与控制，应包括对开口封闭装置、通风机械和防火阀等设备的联动操作与控制。

5.0.7 设有消防控制室的场所，各防护区灭火控制系统的有关信息，应传送给消防控制室。

5.0.8 气体灭火系统的电源，应符合国家现行有关消防技术标准的规定；采用气动力源时，应保证系统操作和控制需要的压力和气量。

5.0.9 组合分配系统启动时，选择阀应在容器阀开启前或同时打开。

6 安全要求

6.0.1 防护区应有保证人员在30s内疏散完毕的通道和出口。

6.0.2 防护区内的疏散通道及出口，应设应急照明与疏散指示标志。防护区内应设火灾声报警器，必要时，可增设闪光报警器。防护区的入口处应设火灾声、光报警器和灭火剂喷放指示灯，以及防护区采用的相应气体灭火系统的永久性标志牌。灭火剂喷放指示灯信号，应保持到防护区通风换气后，以手动方式解除。

6.0.3 防护区的门应向疏散方向开启，并能自行关闭；用于疏散的门必须能从防护区内打开。

6.0.4 灭火后的防护区应通风换气，地下防护区和无窗或设固定窗扇的地上防护区，应设置机械排风装置，排风口宜设在防护区的下部并应直通室外。通信机房、电子计算机房等场所的通风换气次数应不少于每小时5次。

6.0.5 储瓶间的门应向外开启，储瓶间内应设应急照明；储瓶间应有良好的通风条件，地下储瓶间应设机械排风装置，排风口应设在下部，可通过排风管排出室外。

6.0.6 经过有爆炸危险和变电、配电场所的管网，以及布设在以上场所的金属箱体等，应设防静电接地。

6.0.7 有人工作防护区的灭火设计浓度或实际使用浓度，不应大于有毒性反应浓度(LOAEL浓度)，该值应符合本规范附录G的规定。

6.0.8 防护区内设置的预制灭火系统的充压压力不应大于2.5 MPa。

6.0.9 灭火系统的手动控制与应急操作应有防止误操作的警示显示与措施。

6.0.10 热气溶胶灭火系统装置的喷口前1.0m内，装置的背面、侧面、顶部0.2m内不应设置或存放设备、器具等。

6.0.11 设有气体灭火系统的场所，宜配置空气呼吸器。

附录A 灭火浓度和惰化浓度

七氟丙烷、IG541的灭火浓度及惰化浓度见表A-1～表A-4。

表A-1 七氟丙烷灭火浓度

可燃物	灭火浓度(%)	可燃物	灭火浓度(%)
甲烷	6.2	异丙醇	7.3
乙烷	7.5	丁醇	7.1
丙烷	6.3	甲乙酮	6.7
庚烷	5.8	甲基异丁酮	6.6
正庚烷	6.5	丙酮	6.5
硝基甲烷	10.1	环戊酮	6.7
甲苯	5.1	四氢呋喃	7.2
二甲苯	5.3	吗啉	7.3
乙腈	3.7	汽油(无铅，7.8%乙醇)	6.5
乙基醋酸酯	5.6	航空燃料汽油	6.7
丁基醋酸酯	6.6	2号柴油	6.7
甲醇	9.9	喷气式发动机燃料(-4)	6.6
乙醇	7.6	喷气式发动机燃料(-5)	6.6
乙二醇	7.8	变压器油	6.9

表A-2 七氟丙烷惰化浓度

可燃物	惰化浓度(%)
甲烷	8.0
二氯甲烷	3.5
1.1-二氟乙烷	8.6
1-氯-1.1-二氟乙烷	2.6
丙烷	11.6
1-丁烷	11.3
戊烷	11.6
乙烯氧化物	13.6

表A-3 IG541混合气体灭火浓度

可燃物	灭火浓度(%)	可燃物	灭火浓度(%)
甲烷	15.4	丙酮	30.3
乙烷	29.5	丁酮	35.8
丙烷	32.3	甲基异丁酮	32.3
戊烷	37.2	环己酮	42.1
庚烷	31.1	甲醇	44.2
正庚烷	31.0	乙醇	35.0
辛烷	35.8	1-丁醇	37.2
乙烯	42.1	异丁醇	28.3
醋酸乙烯酯	34.4	普通汽油	35.8
醋酸乙酯	32.7	航空汽油100	29.5
二乙醚	34.9	Avtur(Jet A)	36.2
石油醚	35.0	2号柴油	35.8
甲苯	25.0	真空泵油	32.0
乙腈	26.7		

表A-4 IG541混合气体惰化浓度

可燃物	惰化浓度(%)
甲烷	43.0
丙烷	49.0

附录B 海拔高度修正系数

海拔高度修正系数见表B。

表B 海拔高度修正系数

海拔高度(m)	修正系数
−1000	1.130
0	1.000
1000	0.885
1500	0.830
2000	0.785
2500	0.735
3000	0.690
3500	0.650
4000	0.610
4500	0.565

附录C 七氟丙烷灭火系统喷头等效孔口单位面积喷射率

七氟丙烷灭火系统喷头等效孔口单位面积喷射率见表C-1～表C-3。

表C-1 增压压力为2.5MPa(表压)时七氟丙烷灭火系统喷头等效孔口单位面积喷射率

喷头入口压力(MPa,绝对压力)	喷射率[kg/(s·cm²)]	喷头入口压力(MPa,绝对压力)	喷射率[kg/(s·cm²)]
2.1	4.67	1.3	2.86
2.0	4.48	1.2	2.58
1.9	4.28	1.1	2.28
1.8	4.07	1.0	1.98
1.7	3.85	0.9	1.66
1.6	3.62	0.8	1.32
1.5	3.38	0.7	0.97
1.4	3.13	0.6	0.62

注:等效孔口流量系数为0.98。

表C-2 增压压力为4.2MPa(表压)时七氟丙烷灭火系统喷头等效孔口单位面积喷射率

喷头入口压力(MPa,绝对压力)	喷射率[kg/(s·cm²)]	喷头入口压力(MPa,绝对压力)	喷射率[kg/(s·cm²)]
3.4	6.04	1.6	3.50
3.2	5.83	1.4	3.05
3.0	5.61	1.3	2.80
2.8	5.37	1.2	2.50
2.6	5.12	1.1	2.20
2.4	4.85	1.0	1.93
2.2	4.55	0.9	1.62
2.0	4.25	0.8	1.27
1.8	3.90	0.7	0.90

注:等效孔口流量系数为0.98。

表C-3 增压压力为5.6MPa(表压)时七氟丙烷灭火系统喷头等效孔口单位面积喷射率

喷头入口压力(MPa,绝对压力)	喷射率[kg/(s·cm²)]	喷头入口压力(MPa,绝对压力)	喷射率[kg/(s·cm²)]
4.5	6.49	2.0	4.16
4.2	6.39	1.8	3.78
3.9	6.25	1.6	3.34
3.6	6.10	1.4	2.81
3.3	5.89	1.3	2.50
3.0	5.59	1.2	2.15
2.8	5.36	1.1	1.78
2.6	5.10	1.0	1.35
2.4	4.81	0.9	0.88
2.2	4.50	0.8	0.40

注:等效孔口流量系数为0.98。

附录D 喷头规格和等效孔口面积

喷头规格和等效孔口面积见表D。

表D 喷头规格和等效孔口面积

喷头规格代号	等效孔口面积(cm²)
8	0.3168
9	0.4006
10	0.4948
11	0.5987
12	0.7129
14	0.9697
16	1.267
18	1.603
20	1.979
22	2.395
24	2.850
26	3.345
28	3.879

注:扩充喷头规格,应以等效孔口的单孔直径0.79375mm的倍数设置。

附录E IG541混合气体灭火系统管道压力系数和密度系数

IG541混合气体灭火系统管道压力系数和密度系数见表E-1、表E-2。

表E-1 一级充压(15.0MPa)IG541混合气体灭火系统的管道压力系数和密度系数

压力(MPa,绝对压力)	Y(10^{-1}MPa·kg/m³)	Z
3.7	0	0
3.6	61	0.0366
3.5	120	0.0746
3.4	177	0.114
3.3	232	0.153
3.2	284	0.194
3.1	335	0.237
3.0	383	0.277
2.9	429	0.319
2.8	474	0.363
2.7	516	0.409
2.6	557	0.457
2.5	596	0.505
2.4	633	0.552
2.3	668	0.601
2.2	702	0.653
2.1	734	0.708
2.0	764	0.766

表E-2 二级充压(20.0MPa)IG541混合气体灭火系统的管道压力系数和密度系数

压力(MPa,绝对压力)	Y(10^{-1}MPa·kg/m³)	Z
4.6	0	0
4.5	75	0.0284
4.4	148	0.0561
4.3	219	0.0862
4.2	288	0.114
4.1	355	0.144
4.0	420	0.174
3.9	483	0.206
3.8	544	0.236
3.7	604	0.269
3.6	661	0.301
3.5	717	0.336
3.4	770	0.370
3.3	822	0.405

续表 E-2

压力(MPa,绝对压力)	Y(10^{-1}MPa・kg/m^3)	Z
3.2	872	0.439
3.08	930	0.483
2.94	995	0.539
2.8	1056	0.595
2.66	1114	0.652
2.52	1169	0.713
2.38	1221	0.778
2.24	1269	0.847
2.1	1314	0.918

附录 F　IG541 混合气体灭火系统喷头等效孔口单位面积喷射率

IG541 混合气体灭火系统喷头等效孔口单位面积喷射率见表 F-1、表 F-2。

表 F-1　一级充压(15.0MPa)IG541 混合气体灭火系统喷头等效孔口单位面积喷射率

喷头入口压力(MPa,绝对压力)	喷射率[kg/(s・cm^2)]
3.7	0.97
3.6	0.94
3.5	0.91
3.4	0.88
3.3	0.85
3.2	0.82
3.1	0.79
3.0	0.76
2.9	0.73
2.8	0.70
2.7	0.67
2.6	0.64
2.5	0.62
2.4	0.59
2.3	0.56
2.2	0.53
2.1	0.51
2.0	0.48

注:等效孔口流量系数为 0.98。

表 F-2　二级充压(20.0MPa)IG541 混合气体灭火系统喷头等效孔口单位面积喷射率

喷头入口压力(MPa,绝对压力)	喷射率[kg/(s・cm^2)]
4.6	1.21
4.5	1.18
4.4	1.15
4.3	1.12
4.2	1.09
4.1	1.06
4.0	1.03
3.9	1.00
3.8	0.97
3.7	0.95
3.6	0.92
3.5	0.89
3.4	0.86
3.3	0.83
3.2	0.80
3.08	0.77
2.94	0.73
2.8	0.69
2.66	0.65
2.52	0.62
2.38	0.58
2.24	0.54
2.1	0.50

注:等效孔口流量系数为 0.98。

附录 G　无毒性反应(NOAEL)、有毒性反应(LOAEL)浓度和灭火剂技术性能

无毒性反应(NOAEL)、有毒性反应(LOAEL)浓度和灭火剂技术性能见表 G-1～表 G-3。

表 G-1　七氟丙烷和 IG541 的 NOAEL、LOAEL 浓度

项　目	七氟丙烷	IG541
NOAEL 浓度	9.0%	43%
LOAEL 浓度	10.5%	52%

表 G-2　七氟丙烷灭火剂技术性能

项　目	技 术 指 标
纯度	≥99.6%(质量比)
酸度	≤3ppm(质量比)
水含量	≤10ppm(质量比)
不挥发残留物	≤0.01%(质量比)
悬浮或沉淀物	不可见

表 G-3　IG541 混合气体灭火剂技术性能

灭火剂名称		主要技术指标			
		纯度(体积比)	比例(%)	氧含量	水含量
IG541	Ar	>99.97%	40±4	<3ppm	<4ppm
	N_2	>99.99%	52±4	<3ppm	<5ppm
	CO_2	>99.5%	$8^{+1}_{-0.0}$	<10ppm	<10ppm

灭火剂名称		其他成分最大含量(ppm)	悬浮物或沉淀物
IG541	Ar	<10	—
	N_2		
	CO_2		

中华人民共和国国家标准

气体灭火系统设计规范

GB 50370—2005

条 文 说 明

25

目　次

25

1 总　　则

1.0.1 本条阐述了编制本规范的目的。

气体灭火系统是传统的四大固定式灭火系统(水、气体、泡沫、干粉)之一,应用广泛。近年来,为保护大气臭氧层,维护人类生态环境,国内外消防界已开发出多种替代卤代烷1201、1301的气体灭火剂及哈龙替代气体灭火系统。本规范的制定,旨在为气体灭火系统的设计工作提供技术依据,推动哈龙替代技术的发展,保护人身和财产安全。

1.0.2 本规范属于工程建设规范标准中的一个组成部分,其任务是解决工业和民用建筑中的新建、改建、扩建工程里有关设置气体全淹没灭火系统的消防设计问题。

气体灭火系统的设置部位,应根据国家标准《建筑设计防火规范》、《高层民用建筑设计防火规范》GB 50045等其他有关国家标准的规定及消防监督部门针对保护场所的火灾特点、财产价值、重要程度等所做的有关要求来确定。

当今,国际上已开发出化学合成类及惰性气体类等多种替代哈龙的气体灭火剂。其中七氟丙烷及IG541混合气体灭火剂在我国哈龙替代气体灭火系统中应用较广,且已应用多年,有较好的效果,积累了一定经验。七氟丙烷是目前替代物中效果较好的产品。其对臭氧层的耗损潜能值ODP=0,温室效应潜能值GWP=0.6,大气中存留寿命ALT=31年,灭火剂无毒性反应浓度NOAEL=9%,灭火设计基本浓度C=8%;具有良好的清洁性(在大气中完全汽化不留残渣)、良好的气相电绝缘性及良好的适用于灭火系统使用的物理性能。20世纪90年代初,工业发达国家首先选用其替代哈龙灭火系统并取得成功。IG541混合气体灭火剂由N_2、Ar、CO_2三种惰性气体按一定比例混合而成,其ODP=0,使用后以其原有成分回归自然,灭火设计浓度一般在37%～43%之间,在此浓度内人员短时间停留不会造成生理影响。系统压源高,管网可布置较远。1994年1月,美国消防学会率先制定出《洁净气体灭火剂灭火系统设计规范》NFPA 2001,2000年,国际标准化组织(ISO)发布了国际标准《气体灭火系统——物理性能和系统设计》ISO 14520。应用实践表明,七氟丙烷灭火系统和IG541混合气体灭火系统均能有效地达到预期的保护目的。

热气溶胶灭火技术是由我国消防科研人员于20世纪60年代首先提出的,自90年代中期始,热气溶胶产品作为哈龙替代技术的重要组成部分在我国得到了大量使用。基于以下考虑,将热气溶胶预制灭火系统列入本规范:

1 热气溶胶中60%以上是由N_2等气体组成,其中含有的固体微粒的平均粒径极小(小于1μm),并具有气体的特性(不易降落、可以绕过障碍物等),故在工程应用上可以把热气溶胶当做气体灭火剂使用。

2 十余年来,热气溶胶技术历经改进已趋成熟。但是,由于国内外各厂家采用的化学配方不同,气溶胶的性质也不尽相同,故一直难以进行规范。2004年6月,公安部发布了公共安全行业标准《气溶胶灭火系统　第1部分:热气溶胶灭火装置》GA 499.1—2004,在该标准中,按热气溶胶发生剂的化学配方将热气溶胶分为K型、S型、其他型三类,从而为热气溶胶设计规范的制定提供了基本条件(该标准有关专利的声明见GA 499.1—2004第1号修改单);同时,大量的研究成果,工程实践实例和一批地方设计标准的颁布实施也为国家标准的制定提供了可靠的技术依据。

3 美国环保局(EPA)哈龙替代物管理署(SNAP)已正式批准热气溶胶为重要的哈龙替代品。国际标准化组织也于2005年初将气溶胶灭火系统纳入《气体灭火系统——物理性能和系统设计》ISO 14520的修订内容中。

本规范目前将上述三种气体灭火系统列入。其他种类的气体灭火系统,如三氟甲烷、六氟丙烷等,若确实需要并待时机成熟,也可考虑分阶段列入。二氧化碳等气体灭火系统仍执行现有的国家标准,由于本规范中只规定了全淹没灭火系统的设计要求和方法,故本规范的规定不适用于局部应用灭火系统的设计,因二者有着完全不同的技术内涵,特别需要指出的是:二氧化碳灭火系统是目前唯一可进行局部应用的气体灭火系统。

1.0.3 本条规定了根据国家政策进行工程建设应遵守的基本原则。"安全可靠",是以安全为本,要求必须保证达到预期目的;"技术先进",则要求火灾报警、灭火控制及灭火系统设计科学,采用设备先进、成熟;"经济合理",则是在保证安全可靠、技术先进的前提下,做到节省工程投资费用。

2 术语和符号

2.1 术　　语

2.1.7 由于热气溶胶在实施灭火喷放前以固体的气溶胶发生剂形式存在,且热气溶胶的灭火浓度确实难以直接准确测量,故以扑灭单位容积内某种火灾所需固体热气溶胶发生剂的质量来间接表述热气溶胶的灭火浓度。

2.1.11 "过程中点"的概念,是参照《卤代烷1211灭火系统设计规范》GBJ 110—87条文说明中有关"中期状态"的概念提出的,其涵义基本一致。但由于灭火剂喷放50%的状态仅为一瞬时(时间点),而不是一个时期,故"过程中点"的概念比"中期状态"的概念更为准确。

2.1.14 依据公安部发布的公共安全行业标准《气溶胶灭火系统　第1部分:热气溶胶灭火装置》GA 499.1—2004,对S型热气溶胶、K型热气溶胶和其他型热气溶胶定义如下:

1 S型热气溶胶(Type S condensed fire extinguishing aerosol)。

由含有硝酸锶[$Sr(NO_3)_2$]和硝酸钾(KNO_3)复合氧化剂的固体气溶胶发生剂经化学反应所产生的灭火气溶胶。其中复合氧化剂的组成(按质量百分比)硝酸锶为35%～50%,硝酸钾为10%～20%。

2 K型热气溶胶(Type K condensed fire extinguishing aerosol)。

由以硝酸钾为主氧化剂的固体气溶胶发生剂经化学反应所产生的灭火气溶胶。固体气溶胶发生剂中硝酸钾的含量(按质量百分比)不小于30%。

3 其他型热气溶胶(Other types condensed fire extinguishing aerosol)。

非K型和S型热气溶胶。

3 设 计 要 求

3.1 一 般 规 定

3.1.4 我国是一个发展中国家,搞经济建设应厉行节约,故按照本规范总则中所规定的"经济合理"的原则,对两个或两个以上的防护区,可采用组合分配系统。对于特别重要的场所,在经济条件允许的情况下,可考虑采用单元独立系统。

组合分配系统能减少设备用量及设备占地面积,节省工程投资费用。但是,一个组合分配系统包含的防护区不能太多、太分散。因为各个被组合进来的防护区的灭火系统设计,都必须分别满足各自系统设计的技术要求，而这些要求必然限制了防护区分散程度和防护区的数量，并且，组合多了还应考虑火灾发生几率的问题。此外，灭火设计用量较小且与组合分配系统的设置用量相差太悬殊的防护区，不宜参加组合。

3.1.5 设置组合分配系统的设计原则：对被组合的防护区只按一次火灾考虑；不存在防护区之间火灾蔓延的条件，即可对它们实行共同防护。

共同防护的涵义，是指被组合的任一防护区里发生火灾，都能实行灭火并达到灭火要求。那么，组合分配系统灭火剂的储存量，按其中所需的系统储存量最大的一个防护区的储存量来确定。但须指出，单纯防护区面积、体积最大，或是采用灭火设计浓度最大，其系统储存量不一定最大。

3.1.7 灭火剂的泄漏以及储存容器的检修，还有喷放灭火后的善后和恢复工作，都将会中断对防护区的保护。由于气体灭火系统的防护区一般都为重要场所，由它保护而意外造成中断的时间不允许太长，故规定72小时内不能够恢复工作状态的，就应设备用储存容器和灭火剂备用量。

本条规定备用量应按系统原储存量的100%确定，是按扑救第二次火灾需要来考虑的；同时参照了德国标准《固定式卤代烷灭火剂灭火设备》DIN 14496的规定。

一般来说，依据我国现有情况，绝大多数地方3天内都能够完成重新充装和检修工作。在重新恢复工作状态前，要安排好临时保护措施。

3.1.8 在系统设计和管网计算时，必然会涉及到一些技术参数。例如与灭火剂有关的气相液相密度、蒸气压力等，与系统有关的单位容积充装量、充压压力、流动特性、喷嘴特性、阻力损失等，它们无不与温度有着直接或间接的关系。因此采用同一的温度基准是必要的，国际上大都取20℃为应用计算的基准，本规范中所列公式和数据（除另有指明者外，例如：应按防护区最低环境温度计算灭火设计用量）也是以该基准温度为前提条件的。

3.1.9 必要时，IG541混合气体灭火系统储存容器的大小（容量）允许有差别，但充装压力应相同。

3.1.10 本条所做的规定，是为了尽量避免使用或少使用管道三通的设计，因其设计计算与实际在流量上存在的误差会带来较大的影响，在某些应用情况下它们可能会酿成不良后果（如在一防护区里包含一个以上封闭空间的情况）。所以，本条规定可设计两至三套管网以减少三通的使用。同时，如一防护区采用两套管网设计，还可使本应不均衡的系统变为均衡系统。对一些大防护区、大设计用量的系统来说，采用两套或三套管网设计，可减小管网管径，有利于管道设备的选用和保证管道设备的安全。

3.1.11 在管网上采用四通管件进行分流会影响分流的准确，造成实际分流与设计计算差异较大，故规定不应采用四通进行分流。

3.1.12 本条主要根据《气体灭火系统——物理性能和系统设计》ISO 14520标准中的规定，在标准的覆盖面积灭火试验里，在设定的试验条件下，对喷头的安装高度、覆盖面积、遮挡情况等做出了各项规定；同时，也是参考了公安部天津消防研究所的气体喷头性能试验数据，以及国外知名厂家的产品性能来规定的。

在喷头喷射角一定的情况下，降低喷头安装高度，会减小喷头覆盖面积；并且，当喷头安装高度小于1.5m时，遮挡物对喷头覆盖面积影响加大，故喷头保护半径应随之减小。

3.1.14 本条规定，一个防护区设置的预制灭火系统装置数量不宜多于10台。这是考虑预制灭火系统在技术上和功能上还有不如固定式灭火系统的地方；同时，数量多了会增加失误的几率，故应在数量上对它加以限制。具体考虑到本规范对设置预制灭火系统防护区的规定和对喷头的各项性能要求等，认为限定为"不宜超过10台"为宜。

3.1.15 为确保有效地扑灭火灾，防护区内设置的多台预制灭火系统装置必须同时启动，其动作响应时间差也应有严格的要求，本条规定是经过多次相关试验所证实的。

3.1.16 实验证明，用单台灭火装置保护大于160m^{3}的防护区时，较远的区域内均有在规定时间内达不到灭火浓度的情况，所以本规范将单台灭火装置的保护容积限定在160m^{3}以内。也就是说，对一个容积大于160m^{3}的防护区即使设计一台装药量大的灭火装置能满足防护区设计灭火浓度或设计灭火密度要求，也要尽可能设计为两台装药量小一些的灭火装置，并均匀布置在防护区内。

3.2 系统设置

3.2.1、3.2.2 这两条内容等效采用《气体灭火系统——物理性能和系统设计》ISO 14520和《洁净气体灭火剂灭火系统设计规范》NFPA 2001标准的技术内涵；沿用了我国气体灭火系统国家标准，如《卤代烷1301灭火系统设计规范》GB 50163—92的表述方式。从广义上明确地规定了各类气体灭火剂可用来扑救的火灾与不能扑救的某些物质的火灾，即是对其应用范围进行了划定。

但是，从实际应用角度方面来说，人们愿意接受另外一种更实际的表述方式——气体灭火系统的典型应用场所或对象：

电器和电子设备；

通讯设备；

易燃、可燃的液体和气体；

其他高价值的财产和重要场所（部位）。

这些的确都是气体灭火系统的应用范围，而且是最适宜的。

凡固体类（含木材、纸张、塑料、电器等）火灾，本规范都指扑救表面火灾而言，所做的技术规定和给定的技术数据，都是在此前提下给出的；不仅是七氟丙烷和IG541混合气体灭火系统如此，凡卤代烷气体灭火系统，以及除二氧化碳灭火系统以外的其他混合气体灭火系统概无例外。也就是说，本规范的规定不适用于固体深位火灾。

对于IG541混合气体灭火系统，因其灭火效能较低，以及在高压喷放时可能导致可燃易燃液体飞溅及汽化，有造成火势扩大蔓延的危险，一般不提倡用于扑救主燃料为液体的火灾。

3.2.3 对于热气溶胶灭火系统，其灭火剂采用多元烟火药剂混合制得，从而有别于传统意义的气体灭火剂，特别是在灭火剂的配方选择上，各生产单位相差很大。制造工艺、配方选择不合理等因素均可导致发生严重的产品责任事故。在我国，曾先后发生过热气溶胶产品因误动作引起火灾、储存装置爆炸、喷放后损坏电器设备等多起严重事故，给人民生命财产造成了重大损失。因此，必须在科学、审慎的基础上对热气溶胶灭火技术的生产和应用进行严格的技术、生产和使用管理。多年的基础研究和应用性实验研究，特别是大量的工程实践例证证明：S型热气溶胶灭火系统用于扑救电气火灾后不会造成对电器及电子设备的二次损坏，故可用于扑救电气火灾；K型热气溶胶灭火系统喷放后的产物会对电器和电子设备造成损坏；对于其他型热气溶胶灭火系统，由于目前国内外既无相应的技术标准要求，也没有应用成熟的产品，本着"成熟一项，纳入一项"的基本原则，本规范提出了对K型和其他型热气溶胶灭火系统产品在电气火灾中应用的限制规定。今后，若确有被理论和实践证明不会对电器和电子设备造成二次损坏的其他型热气溶胶产品出现时，本条款可进行有关内容的修改。当然，对于人员密集场所、有爆炸危险性的场所及有超净要求的场所（如制药、芯片加工等处），不应使用热气溶胶产品。

3.2.4 防护区的划分，是从有利于保证全淹没灭火系统实现灭火条件的要求方面提出来的。

不宜以两个或两个以上封闭空间划分防护区，即使它们所采用的灭火设计浓度相同，甚至有部分联通，也不宜那样去做。这是因为在极短的灭火剂喷放时间里，两个及两个以上空间难于实现灭火剂浓度的均匀分布，会延误灭火时间，或造成灭火失败。

对于含吊顶层或地板下的防护区，各层面相邻，管网分配方便，在设计计算上比较容易保证灭火剂的管网流量分配，为节省设备投资和工程费用，可考虑按一个防护区来设计，但需保证在设计计算上细致、精确。

对采用管网灭火系统的防护区的面积和容积的划定，是在国家标准《卤代烷1301灭火系统设计规范》GB 50163—92相关规定的基础上，通过有关的工程应用实践验证，根据实际需求而稍有扩大；对预制灭火系统，其防护区面积和容积的确定也是通过大量的工程应用实践而得出的。

3.2.5 当防护区的相邻区域设有水喷淋或其他灭火系统时，其隔墙或外墙上的门窗的耐火极限可低于0.5h，但不应低于0.25h。当吊顶层与工作层划为同一防护区时，吊顶的耐火极限不做要求。

3.2.6 该条等同采用了我国国家标准《卤代烷1301灭火系统设计规范》GB 50163—92的规定。

热气溶胶灭火剂在实施灭火时所产生的气体量比七氟丙烷和IG541要少50%以上，再加上喷放相对缓慢，不会造成防护区内压力急速明显上升，所以，当采用热气溶胶灭火系统时可以放宽对围护结构承压的要求。

3.2.7 防护区需要开设泄压口，是因为气体灭火剂喷入防护区内，会显著地增加防护区的内压，如果没有适当的泄压口，防护区的围护结构将可能承受不起增长的压力而遭破坏。

有了泄压口，一定有灭火剂从此流失。在灭火设计用量公式中，对于喷放过程阶段内的流失量已经在设计用量中考虑；而灭火浸渍阶段内的流失量却没有包括。对于浸渍时间要求10min以上，而门、窗缝隙比较大，密封较差的防护区，其泄漏的补偿问题，可通过门风扇试验进行确定。

由于七氟丙烷灭火剂比空气重，为了减少灭火剂从泄压口流失，泄压口应开在防护区净高的2/3以上，即泄压口下沿不低于防护区净高的2/3。

3.2.8 条文中泄压口“宜设在外墙上”，可理解为：防护区存在外墙的，就应该设在外墙上；防护区不存在外墙的，可考虑设在与走廊相隔的内墙上。

3.2.9 对防护区的封闭要求是全淹没灭火的必要技术条件，因此不允许除泄压口之外的开口存在；例如自动生产线上的工艺开口，也应做到在灭火时停止生产、自动关闭开口。

3.2.10 由于固体的气溶胶发生剂在启动、产生热气溶胶速率等方面受温度和压力的影响不显著，通常对使用热气溶胶的防护区环境温度可以放宽到不低于－20℃。但温度低于0℃时会使热气溶胶在防护区的扩散速度降低，此时要对热气溶胶的设计灭火密度进行必要的修正。

3.3 七氟丙烷灭火系统

3.3.1 灭火设计浓度不应小于灭火浓度的1.3倍及惰化设计浓度不应小于惰化浓度1.1倍的规定，是等同采用《气体灭火系统——物理性能和系统设计》ISO 14520及《洁净气体灭火剂灭火系统设计规范》NFPA 2001标准的规定。

有关可燃物的灭火浓度数据及惰化浓度数据，也是采用了《气体灭火系统——物理性能和系统设计》ISO 14520及《洁净气体灭火剂灭火系统设计规范》NFPA 2001标准的数据。

采用惰化设计浓度的，只是对有爆炸危险的气体和液体类的防护区火灾而言。即是说，无爆炸危险的气体、液体类的防护区，仍采用灭火设计浓度进行消防设计。

那么，如何认定有无爆炸危险呢？

首先，应从温度方面去检查。以防护区内存放的可燃、易燃液体或气体的闪点(闭口杯法)温度为标准，检查防护区的最高环境温度及这些物料的储存(或工作)温度，不高过闪点温度的，且防护区灭火后不存在永久性火源、而防护区又经常保持通风良好的，则认为无爆炸危险，可按灭火设计浓度进行设计。还需提请注意的是：对于扑救气体火灾，灭火前应做到切断气源。

当防护区最高环境温度或可燃、易燃液体的储存(或工作)温度高过其闪点(闭口杯法)温度时，可进一步再做检查：如果在该温度下，液体挥发形成的最大蒸气浓度小于它的燃烧下限浓度值的50%时，仍可考虑按无爆炸危险的灭火设计浓度进行设计。

如何在设计时确定被保护对象(可燃、易燃液体)的最大蒸气浓度是否会小于其燃烧下限浓度值的50%呢？这可转换为计算防护区内被保护对象的允许最大储存量，并可参考下式进行计算：

$$W_m = 2.38(C_f \cdot M/K)V$$

式中 W_m——允许的最大储存量(kg)；

C_f——该液体(保护对象)蒸气在空气中燃烧的下限浓度(%，体积比)；

M——该液体的分子量；

K——防护区最高环境温度或该液体工作温度(按其中最大值，绝对温度)；

V——防护区净容积(m^3)。

3.3.3 本条规定了图书、档案、票据及文物资料等防护区的灭火设计浓度宜采用10%。首先应该说明，依据本规范第3.2.1条，七氟丙烷只适用于扑救固体表面火灾，因此上述规定的灭火设计浓度，是扑救表面火灾的灭火设计浓度，不可用该设计浓度去扑救这些防护区的深位火灾。

固体类可燃物大都有从表面火灾发展为深位火灾的危险；并且，在燃烧过程中表面火灾与深位火灾之间无明显的界面可以划分，是一个渐变的过程。为此，在灭火设计上，立足于扑救表面火灾，并顾及到浅度的深位火灾的危险；这也是制定卤代烷灭火系统设计标准时国内外一贯的做法。

如果单纯依据《气体灭火系统——物理性能和系统设计》ISO 14520标准所给出的七氟丙烷灭固体表面火灾的灭火浓度为5.8%的数据，而规定上述防护区的最低灭火设计浓度为7.5%，是不恰当的。因为那只是单纯的表面火灾灭火浓度，《气体灭火系统——物理性能和系统设计》ISO 14520标准所给出的这个数据，是以正庚烷为燃料的动态灭火试验为基础的，它当然是单纯的表面火灾，只能在热释放速率等方面某种程度上代表固体表面火灾，而对浅度的深位火灾的危险性，正庚烷火不可能准确体现。

本条规定了纸张类为主要可燃物防护区的灭火设计浓度，它们在固体类火灾中发生浅度深位火灾的危险，比之其他可能性更大。扑灭深位火灾的灭火浓度要远大于扑灭表面火灾的灭火浓度；且对于不同的灭火浸渍时间，它的灭火浓度会发生变化，浸渍时间长，则灭火浓度会低一些。

制定本条标准应以试验数据为基础，但七氟丙烷扑灭实际固体表面火灾的基本试验迄今未见国内外有相关报道，无法借鉴。所以只能借鉴以往国内外制定其他卤代烷灭火系统设计标准的有关数据，它们对上述保护对象，其灭火设计浓度约取灭火浓度的1.7～2.0倍，浸渍时间大都取10min。故本条规定七氟丙烷在上述防护区的灭火设计浓度为10%，是灭火浓度的1.72倍。

3.3.4 本条对油浸变压器室、带油开关的配电室和燃油发电机房的七氟丙烷灭火设计浓度规定宜采用9%，是依据《气体灭火系统——物理性能和系统设计》ISO 14520标准提供的相关灭火浓度数据，取安全系数约为1.3确定的。

3.3.5 通讯机房、计算机房中的陈设、存放物，主要是电子电器设备、电缆导线和磁盘、纸卡之类，以及桌椅办公器具等，它们应属固体表面火灾的保护。依据《气体灭火系统——物理性能和系统设计》ISO 14520标准的数据，固体表面火灾的七氟丙烷灭火浓度为5.8%，最低灭火设计浓度可取7.5%。但是，由于防护区内陈设、存放物多样，不能单纯按电子电器设备可燃物类考虑；即使同是电缆电线，也分塑胶与橡胶电缆电线，它们灭火难易不同。我国国家标准《卤代烷1301灭火系统设计规范》GB 50163—92，对通讯机房、电子计算机房规定的卤代烷1301的灭火设计浓度为5%，而固体表面火灾的卤代烷1301的灭火浓度为3.8%，取的安全系数是1.32；国外的情况，像美国，计算机房用卤代烷1301保护，一般都取5.5%的灭火设计浓度，安全系数为1.45。

从另外一个角度来说，七氟丙烷与卤代烷1301比较，在火场上比卤代烷1301的分解产物多，其中主要成分是HF，HF对人体与精密设备是有伤害和浸蚀影响的，但据美国Fessisa的试验报告指出，提高七氟丙烷的灭火设计浓度，可以抑制分解产物的生成量，提高20%就可减少50%的生成量。

正是考虑上述情况，本规范确定七氟丙烷对通讯机房、电子计算机房的保护，采用灭火设计浓度为8%，安全系数取的是1.38。

3.3.6 本条所做规定，目的是限制随意增加灭火使用浓度，同时也为了保证应用时的人身安全和设备安全。

3.3.7 一般来说，采用卤代烷气体灭火的地方都是比较重要的场所，迅速扑灭火灾，减少火灾造成的损失，具有重要意义。因此，卤代烷灭火都规定灭初期火灾，这也正能发挥卤代烷灭火迅速的特点；否则，就会造成卤代烷灭火的困难。对于固体表面火灾，火灾预燃时间长了才实行灭火，有发展成深位火灾的危险，显然是很不利于卤代烷灭火的；对于液体、气体火灾，火灾预燃时间长了，有可能酿成爆炸的危险，卤代烷灭火可能要从灭火设计浓度改换为惰化设计浓度。由此可见，采用卤代烷灭初期火灾，缩短灭火剂的喷放时间是非常重要的。故国际标准及国外一些工业发达国家的标准，都将卤代烷的喷放时间规定不应大于10s。

另外，七氟丙烷遇热时比卤代烷1301的分解产物要多出很多，其中主要成分是HF，它对人体是有伤害的；与空气中的水蒸气结合形成氢氟酸，还会造成对精密设备的浸蚀损害。根据美国Fessisa的试验报告，缩短卤代烷在火场的喷放时间，从10s缩短为5s，分解产物减少将近一半。

为有效防止灭火时HF对通讯机房、电子计算机房等防护区的损害，宜将七氟丙烷的喷放时间从一般的10s缩短一些，故本条中规定为8s。这样的喷放时间经试验论证，一般是可以做到的，在一些工业发达国家里也是被提倡的。当然，这会增加系统设计和产品设计上的难度，尤其是对于那些离储瓶间远的防护区和组合分配系统中的个别防护区，它们的难度会大一些。故本规范采用了5.6MPa的增压(等级)条件供选用。

3.3.8 本条是对七氟丙烷灭火时在防护区的浸渍时间所做的规定，针对不同的保护对象提出了不同要求。

对扑救木材、纸张、织物类固体表面火灾，规定灭火浸渍时间宜采用20min。这是借鉴以往卤代烷灭火试验的数据。例如，公安部天津消防研究所以小木楞垛(12mm×12mm×140mm，5排×7层)动态灭火试验，求测固体表面火灾的灭火数据(美国也曾做过这类试验)。他们的灭火数据中，以卤代烷1211为工质，达到3.5%的浓度，灭明火；欲继续将木楞垛中的阴燃火完全灭掉，需要提高到6%～8%的浓度，并保持此浓度6～7min；若以3.5%～4%的浓度完全灭掉阴燃火，保持时间要增至30min以上。

在第3.3.3条中规定本类火灾的灭火设计浓度为10%，安全系数取1.72，按惯例该安全系数取的是偏低点。鉴于七氟丙烷市场价较高，不宜将设计浓度取高，而是可以考虑将浸渍时间稍加长些，这样仍然可以达到安全应用的目的。故本条规定了扑救木材、纸张、织物类灭火的浸渍时间为20min。这样做符合本规范总则中"安全可靠"、"经济合理"的要求；在国外标准中，也有卤代烷灭火浸渍时间采用20min的规定。

至于其他类固体火灾，灭火一般要比木材、纸张类容易些(热固性塑料等除外)，故灭火浸渍时间规定为宜采用10min。

通讯机房、电子计算机房的灭火浸渍时间，在本规范里不像其他类固体火灾规定的那么长，是出于以下两方面的考虑：

第一，尽管它们同属固体表面火灾保护，但电子、电器类不像木材、纸张那样容易趋近构成深位火灾，扑救起来要容易得多；同时，国内外对电子计算机房这样的典型应用场所，专门做过一些试验，试验表明，卤代烷灭火时间都是在1min内完成的，完成后无复燃现象。

第二，通讯机房、计算机房所采用的是精密设备，通导性和清洁性都要求非常高，应考虑到七氟丙烷在火场所产生的分解物可能会对它们造成危害。所以在保证灭火安全的前提下，尽量缩短浸渍时间是必要的。这有利于灭火之后尽快将七氟丙烷及其分解产物从防护区里清除出去。

但从灭火安全考虑，也不宜将灭火浸渍时间取得过短，故本规范规定，通讯机房、计算机房等防护区的灭火浸渍时间为5min。

气体、液体火灾都是单纯的表面火灾。所有气体、液体灭火试验表明，当气体灭火剂达到灭火浓度后都能立即灭火。考虑到一般的冷却要求，本规范规定它们的灭火浸渍时间不应小于1min。如果灭火前的燃烧时间较长，冷却不容易，浸渍时间应适当加长。

3.3.9 七氟丙烷20℃时的蒸气压为0.39MPa(绝对压力)，七氟丙烷在环境温度下储存，其自身蒸气压不足以将灭火剂从灭火系统中输送喷放到防护区。为此，只有在储存容器中采用其他气体给灭火剂增压。规定采用的增压气体为氮气，并规定了它的允许含水量，以免影响灭火剂质量和保证露点要求。这都等同采用了《气体灭火系统——物理性能和系统设计》ISO 14520及《洁净气体灭火剂灭火系统设计规范》NFPA 2001标准的规定。

为什么要对增压压力做出规定，而不可随意选取呢？这其中的主要缘故是七氟丙烷储存的初始压力，是影响喷头流量的一个固有因素。喷头的流量曲线是按初始压力为条件预先决定的，这就要求初始充压压力不能随意选取。

为了设计方便，设定了三个级别：系统管网长、流损大的，可选用4.2MPa及5.6MPa增压级；管网短、流损小的，可选用2.5MPa增压级。2.5MPa及4.2MPa是等同采用了《气体灭火系统——物理性能和系统设计》ISO 14520及《洁净气体灭火剂灭火系统设计标准》NFPA 2001标准的规定；增加的5.6MPa增压级是为了满足我国通常采用的组合分配系统的设计需要，即在一些距离储瓶间较远防护区也能达到喷射时间不大于8s的设计条件。

3.3.10 对单位容积充装量上限的规定，是从储存容器使用安全考虑的。因充装量过高时，当储存容器工作温度(即环境温度)上升到某一温度之后，其内压随温度的增加会由缓增变为陡增，这会危及储存容器的使用安全，故而应对单位容积充装量上限做出恰当而又明确的规定。充装量上限由实验得出，所对应的最高设计温度为50℃，各级的储存容器的设计压力应分别不小于：一级4.0MPa；二级5.6MPa(焊接容器)和6.7MPa(无缝容器)；三级8.0MPa。

系统计算过程中初选充装量，建议采用800～900kg/m^{3}左右。

3.3.11 本条所做的规定，是为保证七氟丙烷在管网中的流动性能要求及系统管网计算方法上的要求而设定的。我国国家标准《卤代烷1301灭火系统设计规范》GB 50163—92和美国标准《卤代烷1301灭火系统标准》NFPA 12A中都有相同的规定。

3.3.12 管网设计布置为均衡系统有三点好处：一是灭火剂在防护区里容易做到喷放均匀，利于灭火；二是可不考虑灭火剂在管网中的剩余量，做到节省；三是减少设计工作的计算量，可只选用一种规格的喷头，只要计算"最不利点"这一点的阻力损失就可以了。

均衡系统本应是管网中各喷头的实际流量相等，但实际系统大都达不到这一条件。因此，按照惯例，放宽条件，符合一定要求的，仍可按均衡系统设计。这种规定，其实质在于对各喷头间工作压力最大差值容许有多大。过去，对于可液化气体的灭火系统，国内外标准一般都按流程总损失的10%确定允许最大差值。如果本规范也采用这一规定，在按本规范设计的七氟丙烷灭火系统中，按第二级增压的条件计算，可能出现的最大的流程总损失为1.5MPa(4.2MPa/2－0.6MPa)，允许的最大差值将是0.15MPa。即当“最不利点”喷头工作压力是0.6MPa时，“最利点”喷头工作压力可达0.75 MPa，由此计算得出喷头之间七氟丙烷流量差别接近20%(若按第三级增压条件计算其差别会更大)。差别这么大，对七氟丙烷灭火系统来说，要求喷射时间短、灭火快，仍将其认定是均衡系统，显然是不合理的。

上述制定允许最大差值的方法有值得商榷的地方。管网各喷头工作压力差别，是由系统管网进入防护区后的管网布置所产生的，与储存容器管网、汇流管和系统的主干管没有关系，不应该用它们来规定“允许最大差值”；更何况上述这些管网的损失占流程总损失的大部分，使最终结果误差较大。

本规范从另一个角度——相互间发生的差别用它们自身的长短去比较来考虑，故规定为：“管网的第1分流点至各喷头的管道阻力损失，其相互之间的最大差值不应大于20%”。虽然允许差值放大了，但喷头之间的流量差别却减小了。经测算，当第1分流点至各喷头的管道阻力损失最大差值为20%时，其喷头之间流量最大差别仅为10%左右。

3.3.14 灭火设计用量或惰化设计用量和系统灭火剂储存量的规定。

1 本款是等同采用了《气体灭火系统——物理性能和系统设计》ISO 14520及《洁净气体灭火剂灭火系统设计规范》NFPA 2001标准的规定。公式中C_1值的取用，取百分数中的实数(不带百分号)。公式中K(海拔高度修正系数)值，对于在海拔高度0～1000m以内的防护区灭火设计，可取$K=1$，即可以不修正。对于采用了空调或冬季取暖设施的防护区，公式中的S值，可按20℃进行计算。

2 本款是等同采用了《气体灭火系统——物理性能和系统设计》ISO 14520及《洁净气体灭火剂灭火系统设计规范》NFPA 2001标准的规定。

3 一套七氟丙烷灭火系统需要储存七氟丙烷的量，就是本条规定系统的储存量。式(3.3.14-1)计算出来的“灭火设计用量”，是必须储存起来的，并且在灭火时要全部喷放到防护区里去，否则就难以实现灭火的目的。但是要把容器中的灭火剂全部从系统中喷放出去是不可能的，总会有一些剩留在容器里及部分非均衡管网的管道中。为了保证“灭火设计用量”都能从系统中喷放出去，在系统容器中预先多充装一部分，这多装的量正好等于在喷放时剩留的，即可保证“灭火设计用量”全部喷放到防护区里去。

5 非均衡管网内剩余量的计算，参见图1说明：

从管网第一分支点计算各支管的长度，分别取各长支管与最短支管长度的差值为计算剩余量的长度；各长支管在末段的该长度管道内容积量之和，等量于灭火剂在管网内剩余量的体积量。

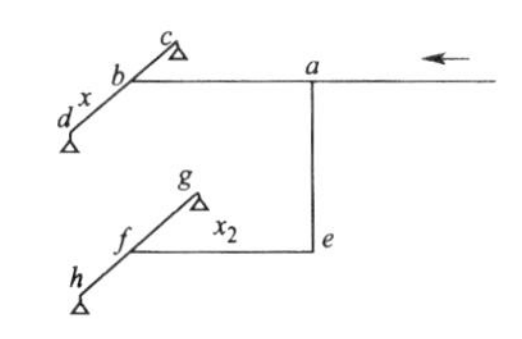

图1 非均衡管网内剩余量的计算

注：其中$bc<bd$，$bx=bc$及$ab+bc=ae+ex_2$。

系统管网里七氟丙烷剩余量(容积量)等于管道xd段、x_2f段、fg段与fh段的管道内容积之和。

3.3.15 管网计算的规定。

4 本款规定了七氟丙烷灭火系统管网的计算方法。由于七氟丙烷灭火系统是采用了氮气增压输送，而氮气增压方法是采用定容积的密封蓄压方式，在七氟丙烷喷放过程中无氮气补充增压。故七氟丙烷灭火系统喷放时，是定容积的蓄压气体在自由膨胀下输送七氟丙烷，形成不定流、不定压的随机流动过程。这样的管流计算是比较复杂的，细致的计算应采用微分的方法，但在工程应用计算上很少采用这种方法。历来的工程应用计算，都是在保证应用精度的条件下力求简单方便。卤代烷灭火系统计算也不例外，以往的卤代烷灭火系统的国际、国外标准都是这样做的(但迄今为止，国际、国外标准尚未提供洁净气体灭火剂灭火系统的管网计算方法)。

对于这类管流的简化计算，常采用的办法是以平均流量取代过程中的不定流量。已知流量还不能进行管流计算，还需知道相对应的压头。寻找简化计算方法，也就是寻找相应于平均流量的压头。在七氟丙烷喷放过程中，必然存在这样的某一瞬时，其流量会正好等于全过程的平均流量，那么该瞬时的压头即是所需寻找的压头。

对于现今工程上通常所建立的卤代烷灭火系统，经过精细计算，卤代烷喷放的流量等于平均流量的那一瞬时，是系统的卤代烷设计用量从喷头喷放出去50%的瞬时(准确地说，是非常接近50%的瞬时)；只要是在规范所设定的条件下进行系统设计，就不会因为系统的某些差异而带来该瞬时点的较大的偏移。将这一瞬时，规定为喷放全过程的“过程中点”。本规范对七氟丙烷灭火系统的管网计算就采用了这个计算方法。它不是独创，也是沿用了以往国际标准和国外标准对卤代烷灭火系统的一贯做法。

5 喷放“过程中点”储存容器内压力的含义，请见上一款的说明。这一压力的计算公式，是按定温过程依据波义耳-马略特定律推导出来的。

6 本款是提供七氟丙烷灭火系统设计进行管流阻力损失计算的方法。该计算公式可以做成图示(图2)，更便于计算使用。

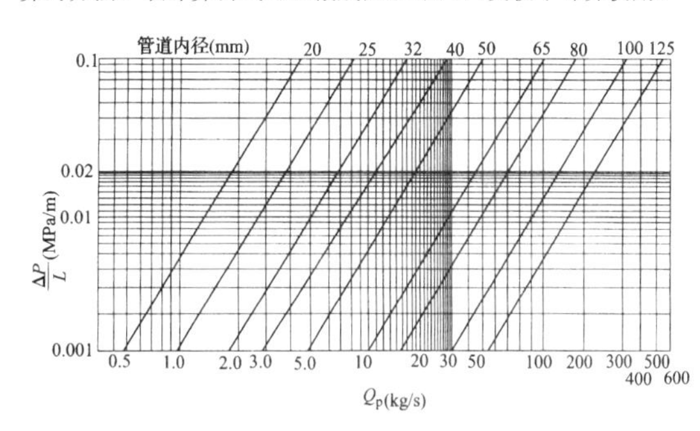

图2 镀锌钢管阻力损失与七氟丙烷流量的关系

七氟丙烷管流阻力损失的计算，现今的《气体灭火系统——物理性能和系统设计》ISO 14520及《洁净气体灭火剂灭火系统设计规范》NFPA 2001都未提供出来。为了建立这一计算方法，首先应该了解七氟丙烷在灭火系统中的管流状态。为此进行了专项实验，对七氟丙烷在20℃条件下，以不同充装率，测得它们在不同压力下七氟丙烷的密度变化，绘成曲线如图3。

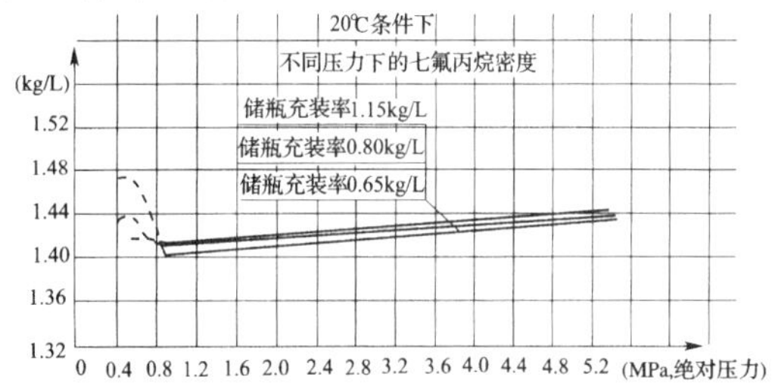

图3 不同压力下七氟丙烷的密度

从测试结果得知，七氟丙烷在管道中的流动，即使在大压力降的条件下，基本上仍是液相流。据此，依据流体力学的管流阻力损失计算基本公式和阻力平方区的尼古拉茨公式，建立了本规范中的七氟丙烷管流的计算方法。

将这一计算方法转换为对卤代烷1211的计算，与美国《卤代烷1211灭火系统标准》NFPA 12B和英国《室内灭火装置与设备实施规范》BS 5306上的计算进行校核，得到基本一致的结果。

本款中所列式(3.3.15-5)和图2用于镀锌钢管七氟丙烷管流的阻力损失计算；当系统管道采用不锈钢管时，其阻力损失计算可参考使用。

有关管件的局部阻力损失当量长度见表1～表3，可供设计参考使用。

表1 螺纹接口弯头局部损失当量长度

规格(mm)	20	25	32	40	50	65	80	法兰100	法兰125
当量长度(m)	0.67	0.85	1.13	1.31	1.68	2.01	2.50	1.70	2.10

表2 螺纹接口三通局部损失当量长度

规格(mm)	20		25		32		40		50	
当量长度(m)	直路	支路	直路	支路	直路	支路	直路	支路	直路	支路
	0.27	0.85	0.34	1.07	0.46	1.4	0.52	1.65	0.67	2.1

规格(mm)	65		80		法兰100		法兰125	
当量长度(m)	直路	支路	直路	支路	直路	支路	直路	支路
	0.82	2.5	1.01	3.11	1.40	4.1	1.76	5.1

表3 螺纹接口缩径接头局部损失当量长度

规格(mm)	25×20	32×25	32×20	40×32	40×25
当量长度(m)	0.2	0.2	0.4	0.3	0.4
规格(mm)	50×40	50×32	65×50	65×40	80×65
当量长度(m)	0.3	0.5	0.4	0.6	0.5
规格(mm)	80×50	法兰100×80	法兰100×65	法兰125×100	法兰125×80
当量长度(m)	0.7	0.6	0.9	0.8	1.1

3.3.16 本条的规定，是为了保证七氟丙烷灭火系统的设计质量，满足七氟丙烷灭火系统灭火技术要求而设定的。

最小 P_c 值是参照实验结果确定的。

$P_c \geqslant P_m/2$(MPa，绝对压力)，它是对七氟丙烷系统设计通过“简化计算”后精确性的检验；如果不符合，说明设定条件不满足，应该调整重新计算。

下面用一个实例，介绍七氟丙烷灭火系统设计的计算演算：

有一通讯机房，房高3.2m，长14m，宽7m，设七氟丙烷灭火系统进行保护(引入的部件的有关数据是取用某公司的ZYJ-100系列产品)。

1)确定灭火设计浓度。

依据本规范中规定，取 $C_1=8\%$。

2)计算保护空间实际容积。

$V=3.2\times14\times7=313.6(m^3)$。

3)计算灭火剂设计用量。

依据本规范公式(3.3.14-1)：

$$W=K\cdot\frac{V}{S}\cdot\frac{C_1}{(100-C_1)}，其中，K=1；$$

$$S=0.1269+0.000513\cdot T$$
$$=0.1269+0.000513\times20$$
$$=0.13716(m^3/kg)；$$

$$W=\frac{313.6}{0.13716}\cdot\frac{8}{(100-8)}=198.8(kg)。$$

4)设定灭火剂喷放时间。

依据本规范中规定，取 $t=7s$。

5)设定喷头布置与数量。

选用JP型喷头，其保护半径 $R=7.5m$。

故设定喷头为2只；按保护区平面均匀布置喷头。

6)选定灭火剂储存容器规格及数量。

根据 $W=198.8kg$，选用100L的JR-100/54储存容器3只。

7)绘出系统管网计算图(图4)。

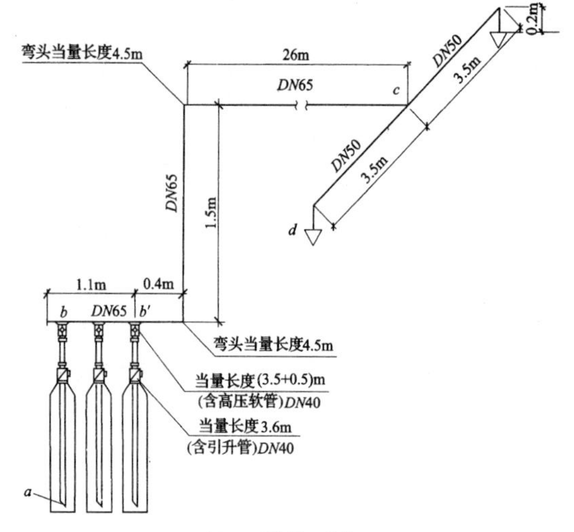

图4 系统管网计算图

8)计算管道平均设计流量。

主干管：$Q_w=\frac{W}{t}=\frac{198.8}{7}=28.4(kg/s)$；

支管：$Q_g=Q_w/2=14.2(kg/s)$；

储存容器出流管：$Q_p=\frac{W}{n\cdot t}=\frac{198.8}{3\times7}=9.47(kg/s)$。

9)选择管网管道通径。

以管道平均设计流量，依据本规范条文说明第3.3.15条第6款中图2选取，其结果，标在管网计算图上。

10)计算充装率。

系统储存量：$W_0=W+\Delta W_1+\Delta W_2$；

管网内剩余量：$\Delta W_2=0$；

储存容器内剩余量：$\Delta W_1=n\times3.5=3\times3.5=10.5(kg)$；

充装率：$\eta=W_0/(n\cdot V_b)=(198.8+10.5)/(3\times0.1)=697.7(kg/m^3)$。

11)计算管网管道内容积。

先按管道内径求出单位长度的内容积，然后依据管网计算图上管段长度求算：

$V_p=29\times3.42+7.4\times1.96=113.7(m^3)$。

12)选用额定增压压力。

依据本规范中规定，选用 $P_0=4.3MPa$(绝对压力)。

13)计算全部储存容器气相总容积。

依据本规范中公式(3.3.15-4)：

$$V_0=nV_b(1-\frac{\eta}{\gamma})=3\times0.1(1-697.7/1407)=0.1512(m^3)。$$

14)计算“过程中点”储存容器内压力。

依据本规范中公式(3.3.15-3)：

$$P_m=\frac{P_0V_0}{V_0+\frac{W}{2\gamma}+V_p}$$
$$=(4.3\times0.1512)/[0.1512+198.8/(2\times1407)+0.1137]$$
$$=1.938(MPa，绝对压力)。$$

15)计算管路损失。

(1)ab 段：

以 $Q_p=9.47kg/s$ 及 $DN=40mm$，查图2得：

$(\Delta P/L)_{ab}=0.0103MPa/m$；

计算长度 $L_{ab}=3.6+3.5+0.5=7.6(m)$；

$\Delta P_{ab}=(\Delta P/L)_{ab}\times L_{ab}=0.0103\times7.6=0.0783(MPa)$。

(2)bb' 段：

以 $0.55Q_w=15.6kg/s$ 及 $DN=65mm$，查图2得

$(\Delta P/L)_{bb'}=0.0022MPa/m$；

计算长度 $L_{bb'}=0.8\text{m}$；

$\Delta P_{bb'}=(\Delta P/L)_{bb'}\times L_{bb'}=0.0022\times0.8=0.00176(\text{MPa})$。

(3)$b'c$ 段：

以 $Q_w=28.4\text{kg/s}$ 及 $DN=65\text{mm}$，查图2得

$(\Delta P/L)_{b'c}=0.008\text{MPa/m}$；

计算长度 $L_{b'c}=0.4+4.5+1.5+4.5+26=36.9(\text{m})$；

$\Delta P_{b'c}=(\Delta P/L)_{b'c}\times L_{b'c}=0.008\times36.9=0.2952(\text{MPa})$。

(4)cd 段：

以 $Q_g=14.2\text{kg/s}$ 及 $DN=50\text{mm}$，查图2得

$(\Delta P/L)_{cd}=0.009\text{MPa/m}$；

计算长度 $L_{cd}=5+0.4+3.5+3.5+0.2=12.6(\text{m})$；

$\Delta P_{cd}=(\Delta P/L)_{cd}\times L_{cd}=0.009\times12.6=0.1134(\text{MPa})$。

(5)求得管路总损失：

$$\sum_{1}^{N_d}\Delta P=\Delta P_{ab}+\Delta P_{bb'}+\Delta P_{b'c}+\Delta P_{cd}=0.4887\ (\text{MPa})。$$

16)计算高程压头。

依据本规范中公式(3.3.15-9)：

$P_h=10^{-6}\gamma\cdot H\cdot g$

其中，$H=2.8\text{m}$（"过程中点"时，喷头高度相对储存容器内液面的位差），

则 $P_h=10^{-6}\gamma\cdot H\cdot g$

$=10^{-6}\times1407\times2.8\times9.81$

$=0.0386(\text{MPa})$。

17)计算喷头工作压力。

依据本规范中公式(3.3.15-8)：

$$P_c=P_m-\sum_{1}^{N_d}\Delta P\pm P_h$$

$=1.938-0.4887-0.0386$

$=1.411$(MPa，绝对压力)。

18)验算设计计算结果。

依据本规范的规定，应满足下列条件：

$P_c\geqslant0.7$(MPa，绝对压力)；

$P_c\geqslant\frac{P_m}{2}=1.938/2=0.969$(MPa，绝对压力)。

皆满足，合格。

19)计算喷头等效孔口面积及确定喷头规格。

以 $P_c=1.411\text{MPa}$ 从本规范附录C表C-2中查得，

喷头等效孔口单位面积喷射率：$q_c=3.1[(\text{kg/s})/\text{cm}^2]$；

又，喷头平均设计流量：$Q_c=W/2=14.2\text{kg/s}$；

由本规范中公式(3.3.17)求得喷头等效孔口面积：

$F_c=\frac{Q_c}{q_c}=14.2/3.1=4.58(\text{cm}^2)$。

由此，即可依据求得的 F_c 值，从产品规格中选用与该值相等(偏差$^{+9\%}_{-3\%}$)、性能跟设计一致的喷头为JP-30。

3.3.18 一般喷头的流量系数在工质一定的紊流状态下，只由喷头孔口结构所决定，但七氟丙烷灭火系统的喷头，由于系统采用了氮气增压输送，部分氮气会溶解在七氟丙烷里，在喷放过程中它会影响七氟丙烷流量。氮气在系统工作过程中的溶解量与析出量和储存容器增压压力及喷头工作压力有关，故七氟丙烷灭火系统喷头的流量系数，即各个喷头的实际等效孔口面积值与储存容器的增压压力及喷头孔口结构等因素有关，应经试验测定。

3.4 IG541混合气体灭火系统

3.4.6 泄压口面积是该防护区采用的灭火剂喷放速率及防护区围护结构承受内压的允许压强的函数。喷放速率小，允许压强大，则泄压口面积小；反之，则泄压口面积大。泄压口面积可通过计算得出。由于IG541灭火系统在喷放过程中，初始喷放压力高于平均流量的喷放压力约1倍，故推算结果是，初始喷放的峰值流量约是平均流量的$\sqrt{2}$倍。因此，条文中的计算公式是按平均流量的$\sqrt{2}$倍求出的。

建筑物的内压允许压强，应由建筑结构设计给出。表4的数据供参考：

表4 建筑物的内压允许压强

建筑物类型	允许压强(Pa)
轻型和高层建筑	1200
标准建筑	2400
重型和地下建筑	4800

3.4.7 第3款中，式(3.4.7-3)按系统设计用量完全释放时，以当时储瓶内温度和管网管道内平均温度计算IG541灭火剂密度而求得。

3.4.8 管网计算。

2 式(3.4.8-3)是根据1.1倍平均流量对应喷头容许最小压力下，以及释放近95%的设计用量，管网末端压力接近0.5MPa（表压）时，它们的末端流速皆小于临界流速而求得的。

计算选用时，在选用范围内，下游支管宜偏大选用；喷头接管按喷头接口尺寸选用。

4 式(3.4.8-4)是以释放95%的设计用量的一半时的系统状况，按绝热过程求出的。

5 减压孔板后的压力，应首选临界落压比进行计算，当由此计算出的喷头工作压力未能满足第3.4.9条的规定时，可改选落压比，但应在本款规定范围内选用。

6 式(3.4.8-6)是根据亚临界压差流量计算公式，即

$$Q=\mu FP_1\sqrt{2g\frac{k}{k-1}\cdot\frac{1}{RT_1}\left[\left(\frac{P_2}{P_1}\right)^{\frac{2}{k}}-\left(\frac{P_2}{P_1}\right)^{\frac{k+1}{k}}\right]}$$

其中 T_1 以初始温度代入而求得。

Q 式的推导，是设定IG541喷放的系统流程为绝热过程，得

$$C_vT+AP\nu+A\frac{\omega^2}{2g}=常量$$

求取孔口和孔口前两截面的方程式，并以 $i=C_vT+AP\nu$ 代入，得

$$i_1+A\frac{\omega_1^2}{2g}=i+A\frac{\omega_2^2}{2g}$$

$$\Delta i=i_2-i_1=\frac{A}{2g}(\omega_2^2-\omega_1^2)$$

相对于 ω_2，ω_1 相当小，从而忽略 ω_1^2 项，得

$$\omega_2=\sqrt{\frac{2g}{A}\Delta i}$$

又 $\Delta i=C_p(T_2-T_1)$

$$T_2=T_1\left(\frac{P_2}{P_1}\right)^{\frac{k-1}{k}}$$

最终即可求出 Q 式。

以上各式中，符号的含义如下：

Q——减压孔板气体流量；

μ——减压孔板流量系数；

F——减压孔板孔口面积；

P_1——气体在减压孔板前的绝对压力；

P_2——气体在减压孔板孔口处的绝对压力；

g——重力加速度；

k——绝热指数；

R——气体常数；

T_1——气体初始绝对温度；

T_2——孔口处的气体绝对温度；

C_v——比定容热容；

T——气体绝对温度；

A——功的热当量；

P——气体压力；

ν——气体比热容；

ω——气体流速，角速度；

v——气体流速，线速度；

i_1——减压孔板前的气体状态焓；

i_2——孔口处的气体状态焓；

ω_1——气体在减压孔板前的流速；

ω_2——气体在孔口处的流速；

C_p——比定压热容。

减压孔板可按图5设计。其中，d为孔口直径；D为孔口前管道内径；d/D为0.25～0.55。

当 $d/D \leqslant 0.35$，$\mu_k = 0.6$；

$0.35 < d/D \leqslant 0.45$，$\mu_k = 0.61$；

$0.45 < d/D \leqslant 0.55$，$\mu_k = 0.62$。

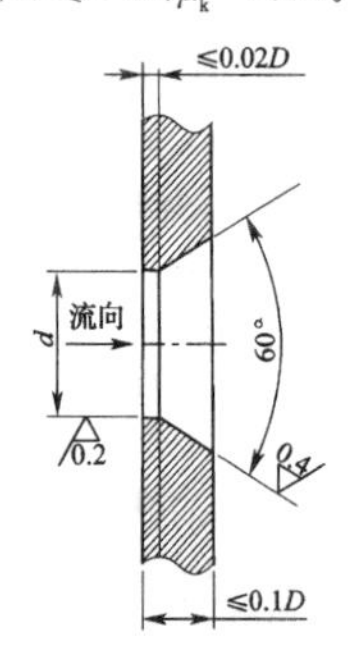

图5 减压孔板

7 系统流程损失计算，采用了可压缩流体绝热流动计入摩擦损失为计算条件，建立管流的方程式：

$$\frac{dp}{\rho}+\frac{\alpha v dv}{g}+\frac{\lambda v^2 dl}{2gD}=0$$

最后推算出：

$$Q^2=\frac{0.242\times10^{-8}D^{5.25}Y}{0.04D^{1.25}Z+L}$$

其中：$Y=-\int_{p_1}^{p_2}\rho dp$

$$Z=-\int_{p_1}^{p_2}\frac{d\rho}{\rho}$$

式中 ρ——气体密度；

α——动能修正系数；

λ——沿程阻力系数；

dl——长度函数的微分；

dp——压力函数的微分；

dv——速度函数的微分；

Y——压力系数；

Z——密度系数；

L——管道计算长度。

由于该式中，压力流量间是隐函数，不便求解，故将计算式改写为条文中形式。

下面用实例介绍IG541混合气体灭火系统设计计算：

某机房为20m×20m×3.5m，最低环境温度20℃，将管网均衡布置。

图6中：减压孔板前管道（a—b）长15m，减压孔板后主管道（b—c）长75m，管道连接件当量长度9m；一级支管（c—d）长5m，管道连接件当量长度11.9m；二级支管（d—e）长5m，管道连接件当量长度6.3m；三级支管（e—f）长2.5m，管道连接件当量长度5.4m；末端支管（f—g）长2.6m，管道连接件当量长度7.1m。

1）确定灭火设计浓度。

依据本规范，取$C_1=37.5\%$。

2）计算保护空间实际容积。

$V=20\times20\times3.5=1400(m^3)$。

3）计算灭火设计用量。

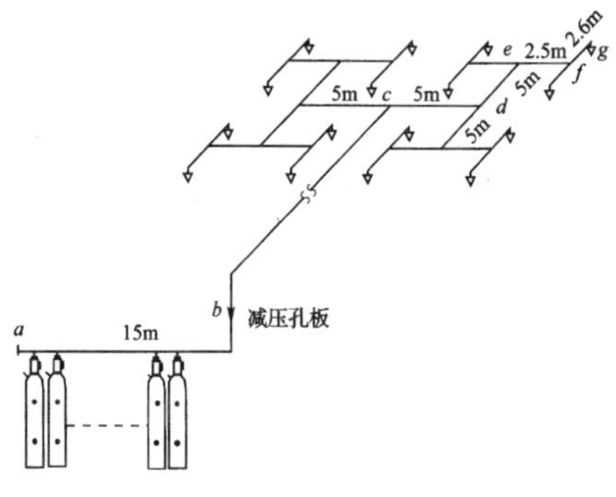

图6 系统管网计算图

依据本规范公式（3.4.7-1）：$W=K\cdot\frac{V}{S}\cdot\ln\left(\frac{100}{100-C_1}\right)$，

其中，$K=1$；

$S=0.6575+0.0024\times20(℃)=0.7055(m^3/kg)$；

$W=\frac{1400}{0.7055}\cdot\ln\left(\frac{37.5}{100-37.5}\right)=932.68(kg)$。

4）设定喷放时间。

依据本规范，取$t=55s$。

5）选定灭火剂储存容器规格及储存压力级别。

选用70L的15.0MPa存储容器，根据$W=932.68kg$，充装系数$\eta=211.15kg/m^3$，储瓶数$n=(932.68/211.15)/0.07=63.1$，取整后，$n=64$（只）。

6）计算管道平均设计流量。

主干管：$Q_w=\frac{0.95W}{t}=0.95\times932.68/55=16.110(kg/s)$；

一级支管：$Q_{g1}=Q_w/2=8.055(kg/s)$；

二级支管：$Q_{g2}=Q_{g1}/2=4.028(kg/s)$；

三级支管：$Q_{g3}=Q_{g2}/2=2.014(kg/s)$；

末端支管：$Q_{g4}=Q_{g3}/2=1.007(kg/s)$，即$Q_c=1.007kg/s$。

7）选择管网管道通径。

以管道平均设计流量，依据本规范$D=(24\sim36)\sqrt{Q}$，初选管径为：

主干管：125mm；

一级支管：80mm；

二级支管：65mm；

三级支管：50mm；

末端支管：40mm。

8）计算系统剩余量及其增加的储瓶数量。

$V_1=0.1178m^3$，$V_2=1.1287m^3$，$V_p=V_1+V_2=1.2465m^3$；$V_0=0.07\times64=4.48m^3$；

依据本规范，$W_s\geqslant2.7V_0+2.0V_p\geqslant14.589(kg)$，

计入剩余量后的储瓶数：

$n_1\geqslant[(932.68+14.589)/211.15]/0.07\geqslant64.089$

取整后，$n_1=65$（只）

9）计算减压孔板前压力。

依据本规范公式（3.4.8-4）：

$$P_1=P_0\left(\frac{0.525V_0}{V_0+V_1+0.4V_2}\right)^{1.45}=4.954(MPa)。$$

10）计算减压孔板后压力。

依据本规范，$P_2=\delta\cdot P_1=0.52\times4.954=2.576(MPa)$。

11）计算减压孔板孔口面积

依据本规范公式（3.4.8-6）：$F_k=\frac{Q_k}{0.95\mu_k P_1\sqrt{\delta^{1.38}-\delta^{1.69}}}$；并初选$\mu_k=0.61$，得出$F_k=20.570(cm^2)$，$d=51.177(mm)$。$d/D$

$=0.4094$；说明 μ_k 选择正确。

12)计算流程损失。

根据 $P_2=2.576$(MPa)，查本规范附录 E 表 E-1，得出 b 点 $Y=566.6$，$Z=0.5855$；

依据本规范公式(3.4.8-7)：

$$Y_2=Y_1+\frac{L\cdot Q^2}{0.242\times10^{-8}\cdot D^{5.25}}+\frac{1.653\times10^7}{D^4}\cdot(Z_2-Z_1)Q^2,$$

代入各管段平均流量及计算长度(含沿程长度及管道连接件当量长度)，并结合本规范附录 E 表 E-1，推算出：

c 点 $Y=656.9$，$Z=0.5855$；该点压力值 $P=2.3317$MPa；

d 点 $Y=705.0$，$Z=0.6583$；

e 点 $Y=728.6$，$Z=0.6987$；

f 点 $Y=744.8$，$Z=0.7266$；

g 点 $Y=760.8$，$Z=0.7598$。

13)计算喷头等效孔口面积。

因 g 点为喷头入口处，根据其 Y、Z 值，查本规范附录 E 表 E-1，推算出该点压力 $P_c=2.011$MPa；查本规范附录 F 表 F-1，推算出喷头等效单位面积喷射率 $q_c=0.4832\text{kg/(s}\cdot\text{cm}^2)$；

依据本规范，$F_c=\frac{Q_c}{q_c}=2.084(\text{cm}^2)$。

查本规范附录 D，可选用规格代号为 22 的喷头(16 只)。

3.5 热气溶胶预制灭火系统

3.5.9 热气溶胶灭火系统由于喷放较慢，因此存在灭火剂在防护区内扩散较慢的问题。在较大的空间内，为了使灭火剂以合理的速度进行扩散，除了合理布置灭火装置外，适当增加灭火剂浓度也是比较有效的办法，所以在设计用量计算中引入了容积修正系数 K_v，K_v 的取值是根据试验和计算得出的。

下面举例说明热气溶胶灭火系统的设计计算：

某通讯传输站作为一单独防护区，其长、宽、高分别为 5.6m、5m、3.5m，其中含建筑实体体积为 23m^3。

1) 计算防护区净容积。

$V=(5.6\times5\times3.5)-23=75(\text{m}^3)$。

2)计算灭火剂设计用量。

依据本规范，

$W=C_2\cdot K_v\cdot V$，

C_2 取 0.13kg/m^3，K_v 取 1，则：

$W=0.13\times1\times75=9.75$ (kg)。

3) 产品规格选用。

依据本规范第 3.2.1 条以及产品规格，选用 S 型气溶胶灭火装置 10kg 一台。

4)系统设计图。

依据本规范要求配置控制器、探测器等设备后的灭火系统设计图如下：

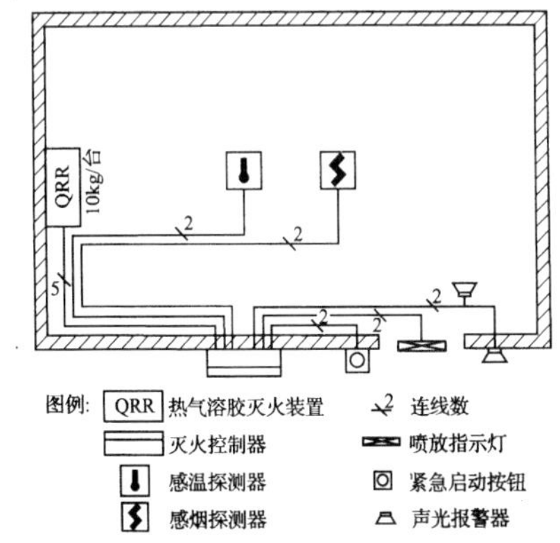

图 7 热气溶胶灭火系统

4 系统组件

4.1 一般规定

4.1.1 第 4 款中，要求气体灭火系统储存装置设在专用的储瓶间内，是考虑它是一套用于安全设施的保护设备，被保护的都是一些存放重要设备物件的场所，所以它自身的安全可靠是做好安全保护的先决条件，故宜将它设在安全的地方，专用的房间里。专用房间，即指不应是走廊里或简陋建筑物内，更不应该露天设置；同时，也不宜与消防无关的设备共同设置在同一个房间里。为了防止外部火灾蔓延进来，其耐火等级要求不应低于二级。要求有直通室外或疏散走道的出口，是考虑火灾事故时安全操作的需要。其室内环境温度的规定，是根据气体灭火剂沸点温度和设备正常工作的要求。

对于 IG541 混合气体灭火系统，其储存装置长期处于高压状态，因而其储瓶间要求(如泄爆要求等)更为严格，除满足一般储瓶间要求外，还应符合国家有关高压容器储存的规定。

4.1.5 要求在灭火系统主管道上安装压力讯号器或流量讯号器，有两个用途：一是确认本系统是否真正启动工作和灭火剂是否喷向起火的保护区；二是用其信号操作保护区的警告指示门灯，禁止人员进入已实施灭火的防护区。

4.1.8 防护区的灭火是以全淹没方式灭火。全淹没方式是以灭火浓度为条件的，所以单个喷头的流量是以单个喷头在防护区所保护的容积为核算基础。故喷头应以其喷射流量和保护半径二者兼顾为原则进行合理配置，满足灭火剂在防护区里均匀分布，达到全淹没灭火的要求。

4.1.9 尽管气体灭火剂本身没有什么腐蚀性，其灭火系统管网平时是干管，但作为安全的保护设备来讲，是“养兵千日，用在一时”。考虑环境条件对管道的腐蚀，应进行防腐处理，防腐处理宜采用符合环保要求的方式。对钢管及钢制管道附件也可考虑采用内外镀锌钝化等防腐方式。镀层应做到完满、均匀、平滑；镀锌层厚度不宜小于 $15\mu\text{m}$。

本规范没有完全限制管道连接方式，如沟槽式卡箍连接。由于目前还没有通过国家法定检测机构检测并符合要求的耐高压沟槽式卡箍类型，规范不宜列入，如将来出现符合要求的产品，本规范不限制使用。

4.1.11 系统组件的特性参数包括阀门、管件的局部阻力损失，喷嘴流量特性，减压装置减压特性等。

5 操作与控制

5.0.1 化学合成类灭火剂在火场的分解产物是比较多的，对人员和设备都有危害。例如七氟丙烷，据美国 Robin 的试验报告，七氟丙烷接触的燃烧表面积加大，分解产物会随之增加，表面积增加 1 倍，分解产物会增加 2 倍。为此，从减少分解产物的角度缩短火灾的预燃时间，也是很有必要的。对通讯机房、电子计算机房等防护区来说，要求其设置的探测器在火灾规模不大于 1kW 的水准就应该响应。

另外，从减少火灾损失，限制表面火灾向深位火灾发展，限制易燃液体火灾的爆炸危险等角度来说，也都认定它是非常必要的。

故本规范规定，应配置高灵敏度的火灾探测器，做到及早地探明火灾，及早地灭火。探测器灵敏度等级应依照国家标准《火灾自动报警系统设计规范》GB 50116—1998 的有关技术规定。

感温探测器的灵敏度应为一级；感烟探测器等其他类型的火灾探测器，应根据防护区内的火灾燃烧状况，结合具体产品的特性，选择响应时间最短、最灵敏的火灾探测器。

5.0.3 对于平时无人工作的防护区，延迟喷射的延时设置可为0s。这里所说的平时无人工作防护区，对于本灭火系统通常的保护对象来说，可包括：变压器室、开关室、泵房、地下金库、发动机试验台、电缆桥架（隧道）、微波中继站、易燃液体库房和封闭的能源系统等。

对于有人工作的防护区，一般采用手动控制方式较为安全。

5.0.5 本条中的"自动控制装置应在接到两个独立的火灾信号后才能启动"，是等同采用了我国国家标准《火灾自动报警系统设计规范》GB 50116—1998 的规定。

但是，采用哪种火灾探测器组合来提供"两个"独立的火灾信号则必须根据防护区及被保护对象的具体情况来选择。例如，对于通信机房和计算机房，一般用温控系统维持房间温度在一定范围；当发生火灾时，起初防护区温度不会迅速升高，感烟探测器会较快感应。此类防护区在火灾探测器的选择和线路设计上，除考虑采用温-烟的两个独立火灾信号的组合外，更可考虑采用烟-烟的两个独立火灾信号的组合，而提早灭火控制的启动时间。

5.0.7 应向消防控制室传送的信息包括：火灾信息、灭火动作、手动与自动转换和系统设备故障信息等。

6 安全要求

6.0.4 灭火后，防护区应及时进行通风换气，换气次数可根据防护区性质考虑，根据通信机房、计算机机房等场所的特性，本条规定了其每小时最少的换气次数。

6.0.5 排风管不能与通风循环系统相连。

6.0.7 本条规定，在通常有人的防护区所使用的灭火设计浓度限制在安全范围以内，是考虑人身安全。

6.0.8 本条的规定，是防止防护区内发生火灾时，较高充压压力的容器因升温过快而发生危险。同时参考了卤代烷 1211、1301 预制灭火系统的设计应用情况。

6.0.11 空气呼吸器不必按照防护区配置，可按建筑物（栋）或灭火剂储瓶间或楼层酌情配置，宜设两套。

中华人民共和国国家标准

汽车库、修车库、停车场设计防火规范

Code for fire protection design of garage, motor repair shop and parking area

GB 50067—2014

主编部门：中 华 人 民 共 和 国 公 安 部
批准部门：中华人民共和国住房和城乡建设部
施行日期：2 0 1 5 年 8 月 1 日

26

目　次

1 总 则

1.0.1 为了防止和减少汽车库、修车库、停车场的火灾危险和危害，保护人身和财产的安全，制定本规范。

1.0.2 本规范适用于新建、扩建和改建的汽车库、修车库、停车场的防火设计，不适用于消防站的汽车库、修车库、停车场的防火设计。

1.0.3 汽车库、修车库、停车场的防火设计，应结合汽车库、修车库、停车场的特点，采取有效的防火措施，并应做到安全可靠、技术先进、经济合理。

1.0.4 汽车库、修车库、停车场的防火设计，除应符合本规范外，尚应符合国家现行有关标准的规定。

2 术 语

2.0.1 汽车库 garage

用于停放由内燃机驱动且无轨道的客车、货车、工程车等汽车的建筑物。

2.0.2 修车库 motor repair shop

用于保养、修理由内燃机驱动且无轨道的客车、货车、工程车等汽车的建（构）筑物。

2.0.3 停车场 parking lot

专用于停放由内燃机驱动且无轨道的客车、货车、工程车等汽车的露天场地或构筑物。

2.0.4 地下汽车库 underground garage

地下室内地坪面与室外地坪面的高度之差大于该层车库净高1/2的汽车库。

2.0.5 半地下汽车库 semi-underground garage

地下室内地坪面与室外地坪面的高度之差大于该层车库净高1/3且不大于1/2的汽车库。

2.0.6 多层汽车库 multi-storey garage

建筑高度小于或等于24m的两层及以上的汽车库或设在多层建筑内地面层以上楼层的汽车库。

2.0.7 高层汽车库 high-rise garage

建筑高度大于24m的汽车库或设在高层建筑内地面层以上楼层的汽车库。

2.0.8 机械式汽车库 mechanical garage

采用机械设备进行垂直或水平移动等形式停放汽车的汽车库。

2.0.9 敞开式汽车库 open garage

任一层车库外墙敞开面积大于该层四周外墙体总面积的25%，敞开区域均匀布置在外墙上且其长度不小于车库周长的50%的汽车库。

3 分类和耐火等级

3.0.1 汽车库、修车库、停车场的分类应根据停车（车位）数量和总建筑面积确定，并应符合表3.0.1的规定。

表 3.0.1 汽车库、修车库、停车场的分类

名称		Ⅰ	Ⅱ	Ⅲ	Ⅳ
汽车库	停车数量（辆）	>300	151～300	51～150	≤50
	总建筑面积 S（m²）	S>10000	5000<S≤10000	2000<S≤5000	S≤2000
修车库	车位数（个）	>15	6～15	3～5	≤2
	总建筑面积 S（m²）	S>3000	1000<S≤3000	500<S≤1000	S≤500
停车场	停车数量（辆）	>400	251～400	101～250	≤100

注：1 当屋面露天停车场与下部汽车库共用汽车坡道时，其停车数量应计算在汽车库的车辆总数内。

2 室外坡道、屋面露天停车场的建筑面积可不计入汽车库的建筑面积之内。

3 公交汽车库的建筑面积可按本表的规定值增加2.0倍。

3.0.2 汽车库、修车库的耐火等级应分为一级、二级和三级，其构件的燃烧性能和耐火极限均不应低于表3.0.2的规定。

表 3.0.2 汽车库、修车库构件的燃烧性能和耐火极限（h）

建筑构件名称		耐火等级 一级	二级	三级
墙	防火墙	不燃性 3.00	不燃性 3.00	不燃性 3.00
	承重墙	不燃性 3.00	不燃性 2.50	不燃性 2.00
	楼梯间和前室的墙、防火隔墙	不燃性 2.00	不燃性 2.00	不燃性 2.00
	隔墙、非承重外墙	不燃性 1.00	不燃性 1.00	不燃性 0.50
柱		不燃性 3.00	不燃性 2.50	不燃性 2.00
梁		不燃性 2.00	不燃性 1.50	不燃性 1.00
楼板		不燃性 1.50	不燃性 1.00	不燃性 0.50

续表 3.0.2

建筑构件名称	耐火等级		
	一级	二级	三级
疏散楼梯、坡道	不燃性 1.50	不燃性 1.00	不燃性 1.00
屋顶承重构件	不燃性 1.50	不燃性 1.00	可燃性 0.50
吊顶(包括吊顶格栅)	不燃性 0.25	不燃性 0.25	难燃性 0.15

注：预制钢筋混凝土构件的节点缝隙或金属承重构件的外露部位应加设防火保护层，其耐火极限不应低于表中相应构件的规定。

3.0.3 汽车库和修车库的耐火等级应符合下列规定：

1 地下、半地下和高层汽车库应为一级；

2 甲、乙类物品运输车的汽车库、修车库和Ⅰ类汽车库、修车库，应为一级；

3 Ⅱ、Ⅲ类汽车库、修车库的耐火等级不应低于二级；

4 Ⅳ类汽车库、修车库的耐火等级不应低于三级。

4 总平面布局和平面布置

4.1 一 般 规 定

4.1.1 汽车库、修车库、停车场的选址和总平面设计，应根据城市规划要求，合理确定汽车库、修车库、停车场的位置、防火间距、消防车道和消防水源等。

4.1.2 汽车库、修车库、停车场不应布置在易燃、可燃液体或可燃气体的生产装置区和贮存区内。

4.1.3 汽车库不应与火灾危险性为甲、乙类的厂房、仓库贴邻或组合建造。

4.1.4 汽车库不应与托儿所、幼儿园、老年人建筑，中小学校的教学楼，病房楼等组合建造。当符合下列要求时，汽车库可设置在托儿所、幼儿园、老年人建筑，中小学校的教学楼，病房楼等的地下部分：

1 汽车库与托儿所、幼儿园、老年人建筑，中小学校的教学楼，病房楼等建筑之间，应采用耐火极限不低于2.00h的楼板完全分隔；

2 汽车库与托儿所、幼儿园、老年人建筑，中小学校的教学楼，病房楼等的安全出口和疏散楼梯应分别独立设置。

4.1.5 甲、乙类物品运输车的汽车库、修车库应为单层建筑，且应独立建造。当停车数量不大于3辆时，可与一、二级耐火等级的Ⅳ类汽车库贴邻，但应采用防火墙隔开。

4.1.6 Ⅰ类修车库应单独建造；Ⅱ、Ⅲ、Ⅳ类修车库可设置在一、二级耐火等级建筑的首层或与其贴邻，但不得与甲、乙类厂房、仓库、明火作业的车间或托儿所、幼儿园、中小学校的教学楼，老年人建筑，病房楼及人员密集场所组合建造或贴邻。

4.1.7 为汽车库、修车库服务的下列附属建筑，可与汽车库、修车库贴邻，但应采用防火墙隔开，并应设置直通室外的安全出口：

1 贮存量不大于1.0t的甲类物品库房；

2 总安装容量不大于5.0m^3/h的乙炔发生器间和贮存量不超过5个标准钢瓶的乙炔气瓶库；

3 1个车位的非封闭喷漆间或不大于2个车位的封闭喷漆间；

4 建筑面积不大于200m^2的充电间和其他甲类生产场所。

4.1.8 地下、半地下汽车库内不应设置修理车位、喷漆间、充电间、乙炔间和甲、乙类物品库房。

4.1.9 汽车库和修车库内不应设置汽油罐、加油机、液化石油气或液化天然气储罐、加气机。

4.1.10 停放易燃液体、液化石油气罐车的汽车库内，不得设置地下室和地沟。

4.1.11 燃油或燃气锅炉、油浸变压器、充有可燃油的高压电容器和多油开关等，不应设置在汽车库、修车库内。当受条件限制必须贴邻汽车库、修车库布置时，应符合现行国家标准《建筑设计防火规范》GB 50016的有关规定。

4.1.12 Ⅰ、Ⅱ类汽车库、停车场宜设置耐火等级不低于二级的灭火器材间。

4.2 防 火 间 距

4.2.1 除本规范另有规定外，汽车库、修车库、停车场之间及汽车库、修车库、停车场与除甲类物品仓库外的其他建筑物的防火间距，不应小于表4.2.1的规定。其中，高层汽车库与其他建筑物，汽车库、修车库与高层建筑的防火间距应按表4.2.1的规定值增加3m；汽车库、修车库与甲类厂房的防火间距应按表4.2.1的规定值增加2m。

表4.2.1 汽车库、修车库、停车场之间及汽车库、修车库、停车场与除甲类物品仓库外的其他建筑物的防火间距（m）

名称和耐火等级	汽车库、修车库		厂房、仓库、民用建筑		
	一、二级	三级	一、二级	三级	四级
一、二级汽车库、修车库	10	12	10	12	14
三级汽车库、修车库	12	14	12	14	16

续表 4.2.1

名称和耐火等级	汽车库、修车库		厂房、仓库、民用建筑		
	一、二级	三级	一、二级	三级	四级
停车场	6	8	6	8	10

注：1 防火间距应按相邻建筑物外墙的最近距离算起，如外墙有凸出的可燃物构件时，则应从其凸出部分外缘算起，停车场从靠近建筑物的最近停车位置边缘算起。
2 厂房、仓库的火灾危险性分类应符合现行国家标准《建筑设计防火规范》GB 50016 的有关规定。

4.2.2 汽车库、修车库之间或汽车库、修车库与其他建筑之间的防火间距可适当减少，但应符合下列规定：

1 当两座建筑相邻较高一面外墙为无门、窗、洞口的防火墙或当较高一面外墙比较低一座一、二级耐火等级建筑屋面高 15m 及以下范围内的外墙为无门、窗、洞口的防火墙时，其防火间距可不限；

2 当两座建筑相邻较高一面外墙上，同较低建筑等高的以下范围内的墙为无门、窗、洞口的防火墙时，其防火间距可按本规范表 4.2.1 的规定值减小 50%；

3 相邻的两座一、二级耐火等级建筑，当较高一面外墙的耐火极限不低于 2.00h，墙上开口部位设置甲级防火门、窗或耐火极限不低于 2.00h 的防火卷帘、水幕等防火设施时，其防火间距可减小，但不应小于 4m；

4 相邻的两座一、二级耐火等级建筑，当较低一座的屋顶无开口，屋顶的耐火极限不低于 1.00h，且较低一面外墙为防火墙时，其防火间距可减小，但不应小于 4m。

4.2.3 停车场与相邻的一、二级耐火等级建筑之间，当相邻建筑的外墙为无门、窗、洞口的防火墙，或比停车部位高 15m 范围以下的外墙均为无门、窗、洞口的防火墙时，防火间距可不限。

4.2.4 汽车库、修车库、停车场与甲类物品仓库的防火间距不应小于表 4.2.4 的规定。

表 4.2.4 汽车库、修车库、停车场与甲类物品仓库的防火间距（m）

名称		总容量（t）	汽车库、修车库		停车场
			一、二级	三级	
甲类物品仓加	3、4 项	≤5	15	20	15
		>5	20	25	20
	1、2、5、6 项	≤10	12	15	12
		>10	15	20	15

注：1 甲类物品的分项应符合现行国家标准《建筑设计防火规范》GB 50016 的有关规定。
2 甲、乙类物品运输车的汽车库、修车库、停车场与甲类物品仓库的防火间距应按本表的规定值增加 5m。

4.2.5 甲、乙类物品运输车的汽车库、修车库、停车场与民用建筑的防火间距不应小于 25m，与重要公共建筑的防火间距不应小于 50m。甲类物品运输车的汽车库、修车库、停车场与明火或散发火花地点的防火间距不应小于 30m，与厂房、仓库的防火间距应按本规范表 4.2.1 的规定值增加 2m。

4.2.6 汽车库、修车库、停车场与易燃、可燃液体储罐，可燃气体储罐，以及液化石油气储罐的防火间距，不应小于表 4.2.6 的规定。

表 4.2.6 汽车库、修车库、停车场与易燃、可燃液体储罐，可燃气体储罐，以及液化石油气储罐的防火间距（m）

名称	总容量（积）（m^3）	汽车库、修车库		停车场
		一、二级	三级	
易燃液体储罐	1～50	12	15	12
	51～200	15	20	15
	201～1000	20	25	20
	1001～5000	25	30	25
可燃液体储罐	5～250	12	15	12
	251～1000	15	20	15
	1001～5000	20	25	20
	5001～25000	25	30	25
湿式可燃气体储罐	≤1000	12	15	12
	1001～10000	15	20	15
	>10000	20	25	20
液化石油气储罐	1～30	18	20	18
	31～200	20	25	20
	201～500	25	30	25
	>500	30	40	30

注：1 防火间距应从距汽车库、修车库、停车场最近的储罐外壁算起，但设有防火堤的储罐，其防火堤外侧基脚线距汽车库、修车库、停车场的距离不应小于 10m。
2 计算易燃、可燃液体储罐区总容量时，$1m^3$ 的易燃液体按 $5m^3$ 的可燃液体计算。
3 干式可燃气体储罐与汽车库、修车库、停车场的防火间距，当可燃气体的密度比空气大时，应按本表对湿式可燃气体储罐的规定增加 25%；当可燃气体的密度比空气小时，可执行本表对湿式可燃气体储罐的规定。固定容积的可燃气体储罐与汽车库、修车库、停车场的防火间距，不应小于本表对湿式可燃气体储罐的规定。固定容积的可燃气体储罐的总容积按储罐几何容积（m^3）和设计储存压力（绝对压力，10^5Pa）的乘积计算。
4 容积小于 $1m^3$ 的易燃液体储罐或小于 $5m^3$ 的可燃液体储罐与汽车库、修车库、停车场的防火间距，当采用防火墙隔开时，其防火间距可不限。

4.2.7 汽车库、修车库、停车场与可燃材料露天、半露天堆场的防火间距不应小于表4.2.7的规定。

表4.2.7 汽车库、修车库、停车场与可燃材料露天、半露天堆场的防火间距（m）

名称		总储量	汽车库、修车库		停车场
			一、二级	三级	
稻草、麦秸、芦苇等（t）		10～5000	15	20	15
		5001～10000	20	25	20
		10001～20000	25	30	25
棉麻、毛、化纤、百货（t）		10～500	10	15	10
		501～1000	15	20	15
		1001～5000	20	25	20
煤和焦炭（t）		1000～5000	6	8	6
		>5000	8	10	8
粮食	筒仓（t）	10～5000	10	15	10
		5001～20000	15	20	15
	席穴囤（t）	10～5000	15	20	15
		5001～20000	20	25	20
木材等可燃材料（m^3）		50～1000	10	15	10
		1001～10000	15	20	15

4.2.8 汽车库、修车库、停车场与燃气调压站、液化石油气的瓶装供应站的防火间距，应符合现行国家标准《城镇燃气设计规范》GB 50028的有关规定。

4.2.9 汽车库、修车库、停车场与石油库、汽车加油加气站的防火间距，应符合现行国家标准《石油库设计规范》GB 50074和《汽车加油加气站设计与施工规范》GB 50156的有关规定。

4.2.10 停车场的汽车宜分组停放，每组的停车数量不宜大于50辆，组之间的防火间距不应小于6m。

4.2.11 屋面停车区域与建筑其他部分或相邻其他建筑物的防火间距，应按地面停车场与建筑的防火间距确定。

4.3 消 防 车 道

4.3.1 汽车库、修车库周围应设置消防车道。

4.3.2 消防车道的设置应符合下列要求：

1 除Ⅳ类汽车库和修车库以外，消防车道应为环形，当设置环形车道有困难时，可沿建筑物的一个长边和另一边设置；

2 尽头式消防车道应设置回车道或回车场，回车场的面积不应小于12m×12m；

3 消防车道的宽度不应小于4m。

4.3.3 穿过汽车库、修车库、停车场的消防车道，其净空高度和净宽度均不应小于4m；当消防车道上空遇有障碍物时，路面与障碍物之间的净空高度不应小于4m。

5 防火分隔和建筑构造

5.1 防 火 分 隔

5.1.1 汽车库防火分区的最大允许建筑面积应符合表5.1.1的规定。其中，敞开式、错层式、斜楼板式汽车库的上下连通层面积应叠加计算，每个防火分区的最大允许建筑面积不应大于表5.1.1规定的2.0倍；室内有车道且有人员停留的机械式汽车库，其防火分区最大允许建筑面积应按表5.1.1的规定减少35%。

表5.1.1 汽车库防火分区的最大允许建筑面积（m^2）

耐火等级	单层汽车库	多层汽车库、半地下汽车库	地下汽车库、高层汽车库
一、二级	**3000**	**2500**	**2000**
三级	**1000**	不允许	不允许

注：除本规范另有规定外，防火分区之间应采用符合本规范规定的防火墙、防火卷帘等分隔。

5.1.2 设置自动灭火系统的汽车库，其每个防火分区的最大允许建筑面积不应大于本规范第5.1.1条规定的2.0倍。

5.1.3 室内无车道且无人员停留的机械式汽车库，应符合下列规定：

1 当停车数量超过100辆时，应采用无门、窗、洞口的防火墙分隔为多个停车数量不大于100辆的区域，但当采用防火隔墙和耐火极限不低于1.00h的不燃性楼板分隔成多个停车单元，且停车单元内的停车数量不大于3辆时，应分隔为停车数量不大于300辆的区域；

2 汽车库内应设置火灾自动报警系统和自动喷水灭火系统，自动喷水灭火系统应选用快速响应喷头；

3 楼梯间及停车区的检修通道上应设置室内消火栓；

4 汽车库内应设置排烟设施，排烟口应设置在运输车辆的通道顶部。

5.1.4 甲、乙类物品运输车的汽车库、修车库，每个防火分区的最大允许建筑面积不应大于500m^2。

5.1.5 修车库每个防火分区的最大允许建筑面积不应大于2000m^2，当修车部位与相邻使用有机溶剂的清洗和喷漆工段采用防火墙分隔时，每个防火分区的最大允许建筑面积不应大于4000m^2。

5.1.6 汽车库、修车库与其他建筑合建时，应符合下列规定：

1 当贴邻建造时，应采用防火墙隔开；

2 设在建筑物内的汽车库（包括屋顶停车场）、修车库与其他部位之间，应采用防火墙和耐火极限不低于2.00h的不燃性楼板分隔；

3 汽车库、修车库的外墙门、洞口的上方，应设置耐火极限不低于1.00h、宽度不小于1.0m、长度不小于开口宽度的不燃性防火挑檐；

4 汽车库、修车库的外墙上、下层开口之间墙的高度，不应小于1.2m或设置耐火极限不低于1.00h、宽度不小于1.0m的不燃性防火挑檐。

5.1.7 汽车库内设置修理车位时，停车部位与修车部位之间应采用防火墙和耐火极限不低于2.00h的不燃性楼板分隔。

5.1.8 修车库内使用有机溶剂清洗和喷漆的工段，当超过3个车位时，均应采用防火隔墙等分隔措施。

5.1.9 附设在汽车库、修车库内的消防控制室、自动灭火系统的设备室、消防水泵房和排烟、通风空气调节机房等，应采用防火隔墙和耐火极限不低于1.50h的不燃性楼板相互隔开或与相邻部位分隔。

5.2 防火墙、防火隔墙和防火卷帘

5.2.1 防火墙应直接设置在建筑的基础或框架、梁等承重结构上，框架、梁等承重结构的耐火极限不应低于防火墙的耐火极限。防火墙、防火隔墙应从楼地面基层隔断至梁、楼板或屋面结构层的底面。

5.2.2 当汽车库、修车库的屋面板为不燃材料且耐火极限不低于0.50h时，防火墙、防火隔墙可砌至屋面基层的底部。

5.2.3 三级耐火等级汽车库、修车库的防火墙、防火隔墙应截断其屋顶结构，并应高出其不燃性屋面不小于0.4m；高出可燃性或难燃性屋面不小于0.5m。

5.2.4 防火墙不宜设在汽车库、修车库的内转角处。当设在转角处时，内转角处两侧墙上的门、窗、洞口之间的水平距离不应小于4m。防火墙两侧的门、窗、洞口之间最近边缘的水平距离不应小于2m。当防火墙两侧设置固定乙级防火窗时，可不受距离的限制。

5.2.5 可燃气体和甲、乙类液体管道严禁穿过防火墙，防火墙内不应设置排气道。防火墙或防火隔墙上不应设置通风孔道，也不宜穿过其他管道（线）；当管道（线）穿过防火墙或防火隔墙时，应采用防火封堵材料将孔洞周围的空隙紧密填塞。

5.2.6 防火墙或防火隔墙上不宜开设门、窗、洞口，当必须开设时，应设置甲级防火门、窗或耐火极限不低于3.00h的防火卷帘。

5.2.7 设置在车道上的防火卷帘的耐火极限，应符合现行国家标准《门和卷帘的耐火试验方法》GB/T 7633有关耐火完整性的判定标准；设置在停车区域上的防火卷帘的耐火极限，应符合现行国家标准《门和卷帘的耐火试验方法》GB/T 7633有关耐火完整性和耐火隔热性的判定标准。

5.3 电梯井、管道井和其他防火构造

5.3.1 电梯井、管道井、电缆井和楼梯间应分别独立设置。管道井、电缆井的井壁应采用不燃材料，且耐火极限不应低于1.00h；电梯井的井壁应采用不燃材料，且耐火极限不应低于2.00h。

5.3.2 电缆井、管道井应在每层楼板处采用不燃材料或防火封堵材料进行分隔，且分隔后的耐火极限不应低于楼板的耐火极限，井壁上的检查门应采用丙级防火门。

5.3.3 除敞开式汽车库、斜楼板式汽车库外，其他汽车库内的汽车坡道两侧应采用防火墙与停车区隔开，坡道的出入口应采用水幕、防火卷帘或甲级防火门等与停车区隔开；但当汽车库和汽车坡道上均设置自动灭火系统时，坡道的出入口可不设置水幕、防火卷帘或甲级防火门。

5.3.4 汽车库、修车库的内部装修，应符合现行国家标准《建筑内部装修设计防火规范》GB 50222的有关规定。

6 安全疏散和救援设施

6.0.1 汽车库、修车库的人员安全出口和汽车疏散出口应分开设置。设置在工业与民用建筑内的汽车库，其车辆疏散出口应与其他场所的人员安全出口分开设置。

6.0.2 除室内无车道且无人员停留的机械式汽车库外，汽车库、修车库内每个防火分区的人员安全出口不应少于2个，Ⅳ类汽车库和Ⅲ、Ⅳ类修车库可设置1个。

6.0.3 汽车库、修车库的疏散楼梯应符合下列规定：

1 建筑高度大于32m的高层汽车库、室内地面与室外出入口地坪的高差大于10m的地下汽车库应采用防烟楼梯间，其他汽车库、修车库应采用封闭楼梯间；

2 楼梯间和前室的门应采用乙级防火门，并应向疏散方向开启；

3 疏散楼梯的宽度不应小于1.1m。

6.0.4 除室内无车道且无人员停留的机械式汽车库外，建筑高度大于32m的汽车库应设置消防电梯。消防电梯的设置应符合现行国家标准《建筑设计防火规范》GB 50016的有关规定。

6.0.5 室外疏散楼梯可采用金属楼梯，并应符合下列规定：

1 倾斜角度不应大于45°，栏杆扶手的高度不应小于1.1m；

2 每层楼梯平台应采用耐火极限不低于1.00h的不燃材料制作；

3 在室外楼梯周围2m范围内的墙面上，不应开设除疏散门外的其他门、窗、洞口；

4 通向室外楼梯的门应采用乙级防火门。

6.0.6 汽车库室内任一点至最近人员安全出口的疏散距离不应大于45m，当设置自动灭火系统时，其距离不应大于60m。对于单层或设置在建筑首层的汽车库，室内任一点至室外最近出口的疏散距离不应大于60m。

6.0.7 与住宅地下室相连通的地下汽车库、半地下汽车库，人员疏散可借用住宅部分的疏散楼梯；当不能直接进入住宅部分的疏散楼梯间时，应在汽车库与住宅部分的疏散楼梯之间设置连通走道，走道应采用防火隔墙分隔，汽车库开向该走道的门均应采用甲级防火门。

6.0.8 室内无车道且无人员停留的机械式汽车库可不设置人员安全出口，但应按下列规定设置供灭火救援用的楼梯间：

1 每个停车区域当停车数量大于100辆时，应至少设置1个楼梯间；

2 楼梯间与停车区域之间应采用防火隔墙进行分隔，楼梯间的门应采用乙级防火门；

3 楼梯的净宽不应小于0.9m。

6.0.9 除本规范另有规定外，汽车库、修车库的汽车疏散出口总数不应少于2个，且应分散布置。

6.0.10 当符合下列条件之一时，汽车库、修车库的汽车疏散出口可设置1个：

1 Ⅳ类汽车库；

2 设置双车道汽车疏散出口的Ⅲ类地上汽车库；

3 设置双车道汽车疏散出口、停车数量小于或等于100辆且建筑面积小于4000m² 的地下或半地下汽车库；

4 Ⅱ、Ⅲ、Ⅳ类修车库。

6.0.11 Ⅰ、Ⅱ类地上汽车库和停车数量大于100辆的地下、半地下汽车库，当采用错层或斜楼板式，坡道为双车道且设置自动喷水灭火系统时，其首层或地下一层至室外的汽车疏散出口不应少于2个，汽车库内的其他楼层的汽车疏散坡道可设置1个。

6.0.12 Ⅳ类汽车库设置汽车坡道有困难时，可采用汽车专用升降机作汽车疏散出口，升降机的数量不应少于2台，停车数量少于25辆时，可设置1台。

6.0.13 汽车疏散坡道的净宽度，单车道不应小于3.0m，双车道不应小于5.5m。

6.0.14 除室内无车道且无人员停留的机械式汽车库外，相邻两个汽车疏散出口之间的水平距离不应小于10m；毗邻设置的两个汽车坡道应采用防火隔墙分隔。

6.0.15 停车场的汽车疏散出口不应少于2个；停车数量不大于50辆时，可设置1个。

6.0.16 除室内无车道且无人员停留的机械式汽车库外，汽车库内汽车之间和汽车与墙、柱之间的水平距离，不应小于表6.0.16的规定。

表6.0.16 汽车之间和汽车与墙、柱之间的水平距离（m）

项目	汽车尺寸（m）			
	车长≤6或车宽≤1.8	6<车长≤8或1.8<车宽≤2.2	8<车长≤12或2.2<车宽≤2.5	车长>12或车宽>2.5
汽车与汽车	0.5	0.7	0.8	0.9
汽车与墙	0.5	0.5	0.5	0.5
汽车与柱	0.3	0.3	0.4	0.4

注：当墙、柱外有暖气片等突出物时，汽车与墙、柱之间的水平距离应从其凸出部分外缘算起。

7 消防给水和灭火设施

7.1 消防给水

7.1.1 汽车库、修车库、停车场应设置消防给水系统。消防给水可由市政给水管道、消防水池或天然水源供给。利用天然水源时，应设置可靠的取水设施和通向天然水源的道路，并应在枯水期最低水位时，确保消防用水量。

7.1.2 符合下列条件之一的汽车库、修车库、停车场，可不设置消防给水系统：

1 耐火等级为一、二级且停车数量不大于5辆的汽车库；

2 耐火等级为一、二级的Ⅳ类修车库；

3 停车数量不大于5辆的停车场。

7.1.3 当室外消防给水采用高压或临时高压给水系统时，汽车库、修车库、停车场消防给水管道内的压力应保证在消防用水量达到最大时，最不利点水枪的充实水柱不小于10m；当室外消防给水采用低压给水系统时，消防给水管道内的压力应保证灭火时最不利点消火栓的水压不小于0.1MPa（从室外地面算起）。

7.1.4 汽车库、修车库的消防用水量应按室内、外消防用水量之和计算。其中，汽车库、修车库内设置消火栓、自动喷水、泡沫等灭火系统时，其室内消防用水量应按需要同时开启的灭火系统用水量之和计算。

7.1.5 除本规范另有规定外，汽车库、修车库、停车场应设置室外消火栓系统，其室外消防用水量应按消防用水量最大的一座计算，并应符合下列规定：

1 Ⅰ、Ⅱ类汽车库、修车库、停车场，不应小

于20L/s；

2 Ⅲ类汽车库、修车库、停车场，不应小于15L/s；

3 Ⅳ类汽车库、修车库、停车场，不应小于10L/s。

7.1.6 汽车库、修车库、停车场的室外消防给水管道、室外消火栓、消防泵房的设置，应符合现行国家标准《消防给水及消火栓系统技术规范》GB 50974的有关规定。

停车场的室外消火栓宜沿停车场周边设置，且距离最近一排汽车不宜小于7m，距加油站或油库不宜小于15m。

7.1.7 室外消火栓的保护半径不应大于150m，在市政消火栓保护半径150m范围内的汽车库、修车库、停车场，市政消火栓可计入建筑室外消火栓的数量。

7.1.8 除本规范另有规定外，汽车库、修车库应设置室内消火栓系统，其消防用水量应符合下列规定：

1 Ⅰ、Ⅱ、Ⅲ类汽车库及Ⅰ、Ⅱ类修车库的用水量不应小于10L/s，系统管道内的压力应保证相邻两个消火栓的水枪充实水柱同时到达室内任何部位；

2 Ⅳ类汽车库及Ⅲ、Ⅳ类修车库的用水量不应小于5L/s，系统管道内的压力应保证一个消火栓的水枪充实水柱到达室内任何部位。

7.1.9 室内消火栓水枪的充实水柱不应小于10m。同层相邻室内消火栓的间距不应大于50m，高层汽车库和地下汽车库、半地下汽车库室内消火栓的间距不应大于30m。

室内消火栓应设置在易于取用的明显地点，栓口距离地面宜为1.1m，其出水方向宜向下或与设置消火栓的墙面垂直。

7.1.10 汽车库、修车库的室内消火栓数量超过10个时，室内消防管道应布置成环状，并应有两条进水管与室外管道相连接。

7.1.11 室内消防管道应采用阀门分成若干独立段，每段内消火栓不应超过5个。高层汽车库内管道阀门的布置，应保证检修管道时关闭的竖管不超过1根，当竖管超过4根时，可关闭不相邻的2根。

7.1.12 4层以上的多层汽车库、高层汽车库和地下、半地下汽车库，其室内消防给水管网应设置水泵接合器。水泵接合器的数量应按室内消防用水量计算确定，每个水泵接合器的流量应按10L/s～15L/s计算。水泵接合器应设置明显的标志，并应设置在便于消防车停靠和安全使用的地点，其周围15m～40m范围内应设室外消火栓或消防水池。

7.1.13 设置高压给水系统的汽车库、修车库，当能保证最不利点消火栓和自动喷水灭火系统等的水量和水压时，可不设置消防水箱。

设置临时高压消防给水系统的汽车库、修车库，应设置屋顶消防水箱，其容量不应小于12m³，并应符合现行国家标准《消防给水及消火栓系统技术规范》GB 50974的有关规定。消防用水与其他用水合用的水箱，应采取保证消防用水不作他用的技术措施。

7.1.14 采用临时高压消防给水系统的汽车库、修车库，其消防水泵的控制应符合现行国家标准《消防给水及消火栓系统技术规范》GB 50974的有关规定。

7.1.15 采用消防水池作为消防水源时，其有效容量应满足火灾延续时间内室内、外消防用水量之和的要求。

7.1.16 火灾延续时间应按2.00h计算，但自动喷水灭火系统可按1.00h计算，泡沫灭火系统可按0.50h计算。当室外给水管网能确保连续补水时，消防水池的有效容量可减去火灾延续时间内连续补充的水量。

7.1.17 供消防车取水的消防水池应设置取水口或取水井，其水深应保证消防车的消防水泵吸水高度不大于6m。消防用水与其他用水共用的水池，应采取保证消防用水不作他用的技术措施。严寒或寒冷地区的消防水池应采取防冻措施。

7.2 自动灭火系统

7.2.1 除敞开式汽车库、屋面停车场外，下列汽车库、修车库应设置自动灭火系统：

1 Ⅰ、Ⅱ、Ⅲ类地上汽车库；

2 停车数大于10辆的地下、半地下汽车库；

3 机械式汽车库；

4 采用汽车专用升降机作汽车疏散出口的汽车库；

5 Ⅰ类修车库。

7.2.2 对于需要设置自动灭火系统的场所，除符合本规范第7.2.3条、第7.2.4条的规定可采用相应类型的灭火系统外，应采用自动喷水灭火系统。

7.2.3 下列汽车库、修车库宜采用泡沫—水喷淋系统，泡沫—水喷淋系统的设计应符合现行国家标准《泡沫灭火系统设计规范》GB 50151的有关规定：

1 Ⅰ类地下、半地下汽车库；

2 Ⅰ类修车库；

3 停车数大于100辆的室内无车道且无人员停留的机械式汽车库。

7.2.4 地下、半地下汽车库可采用高倍数泡沫灭火系统。停车数量不大于50辆的室内无车道且无人员停留的机械式汽车库，可采用二氧化碳等气体灭火系统。高倍数泡沫灭火系统、二氧化碳等气体灭火系统的设计，应符合现行国家标准《泡沫灭火系统设计规范》GB 50151、《二氧化碳灭火系统设计规范》GB 50193和《气体灭火系统设计规范》GB 50370的有关规定。

7.2.5 环境温度低于4℃时间较短的非严寒或寒冷地区，可采用湿式自动喷水灭火系统，但应采取防冻措施。

7.2.6 设置在汽车库、修车库内的自动喷水灭火系统，其设计除应符合现行国家标准《自动喷水灭火系统设计规范》GB 50084的有关规定外，喷头布置还应符合下列规定：

1 应设置在汽车库停车位的上方或侧上方，对于机械式汽车库，尚应按停车的载车板分层布置，且应在喷头的上方设置集热板；

2 错层式、斜楼板式汽车库的车道、坡道上方均应设置喷头。

7.2.7 除室内无车道且无人员停留的机械式汽车库外，汽车库、修车库、停车场均应配置灭火器。灭火器的配置设计应符合现行国家标准《建筑灭火器配置设计规范》GB 50140的有关规定。

中华人民共和国国家标准

汽车库、修车库、停车场设计防火规范

GB 50067—2014

条 文 说 明

26

目　次

1 总　　则

1.0.1 本条阐明了制定规范的目的和意义。

本规范是我国工程防火设计规范的一个组成部分，其目的是为我国汽车库建设的建筑防火设计提供依据，减少和防止火灾对汽车库、修车库、停车场的危害，保障社会主义经济建设的顺利进行和人民生命财产的安全。

停车问题是城市发展中出现的静态交通问题。静态交通是相对于动态交通而存在的一种交通形态，二者互相关联，互相影响。对城市中的车辆来说，行驶时为动态，停放时为静态。停车设施是城市静态交通的主要内容，包括露天停车场，各类汽车库、修车库等。因此，随着城市中各种车辆的增多，对停车设施的需求量不断增加。近几年来，大型汽车库的建设也在成倍增长，许多城市的政府部门都把建设配套汽车库作为工程项目审批的必备条件，并制订了相应的地方性行政法规予以保证。特别是近几年随着房地产开发经营的增多，在新建大楼中都配套建设了与大楼停车要求相适应的汽车库，由于城市用地紧张、地价昂贵，近几年来新的汽车库均向高层和地下空间发展。

我国许多大城市，近年来车辆增长速度都比较快，一些特大城市，如北京、天津、上海、广州、武汉、沈阳、重庆等，虽然机动车的绝对数量与经济发达国家比仍有差距，但由于增长速度快，使原本已很落后的城市基础设施不能适应，加上对静态交通问题认识不足，停车设施的建设远远不能满足需要，致使城市停车问题日益尖锐，不仅停车困难，由于占用道路停车，使已经拥堵的城市动态交通进一步恶化。

根据国家统计局2014年统计公告，2014年年末全国民用汽车保有量达到1.54亿辆，是2005年保有量的近5倍，从2005年的3100多万辆，10年间增长了1.23亿辆，年均增加1200多万辆。根据最新的统计，全国现有汽车保有量超过百万的城市已有35个，其中天津、上海、苏州、广州、杭州、郑州等10个城市超过200万辆，重庆、成都、深圳超过300万辆，北京超过500万辆。

1.0.2 本规范适用于新建、扩建和改建的汽车库、修车库、停车场的防火设计，其内容包括了民用建筑所属的汽车库和人防地下车库，这是因为现行国家标准《人民防空工程设计防火规范》GB 50098等规范中已明确规定，其汽车库防火设计按现行国家标准《汽车库、修车库、停车场设计防火规范》GB 50067的有关规定执行。由于国内目前新建的人防地下车库基本上都是平战两用的汽车库，这类车库除了应满足战时防护的要求，其他要求均与一般汽车库一样。

近年来，随着人民生活水平的提高，住宅、别墅的（半）地下室，底层设置供每个户型专用、不与其他户室共用疏散出口的停车位的情况越来越多。对于每户车位与每户车位之间、每户车位与住宅其他部位之间不能完全分隔的或不同住户的车位要共用室内汽车通道的情况，仍适用于本规范。

对于消防站的汽车库，由于在平面布置和建筑构造等要求上都有一些特殊要求，所以列入了本规范不适用的范围。

1.0.3 本条主要规定了汽车库、修车库、停车场建筑防火设计必须遵循的基本原则。

随着改革开放的不断深入，城市大量新建了与大楼配套的汽车库，且大都为地下汽车库，而北方内陆地区大都为地上汽车库，因此在汽车库、修车库、停车场的防火设计中，应从国家经济建设的全局出发，结合汽车库、修车库、停车场的实际情况，积极采用先进的防火与灭火技术，做到确保安全、方便使用、技术先进、经济合理。

1.0.4 汽车库、修车库、停车场建筑的防火设计，涉及的面较广，与现行国家标准《建筑设计防火规范》GB 50016、《乙炔站设计规范》GB 50031、《人民防空工程设计防火规范》GB 50098和《城镇燃气设计规范》GB 50028等规范均有联系。本规范不可能，也没有必要把它们全部包括进来，为全面做好汽车库、修车库、停车场的防火设计，制订了本条文。

2 术　　语

2.0.4～2.0.9 这几条主要是指按各种分类标准确定的汽车库，由于分析角度不同，汽车库的分类有很多，通常主要有以下几种方法：

（1）按照数量划分，本规范第3章对汽车库的分类即按照其数量划分的。

（2）按照高度划分，一般可划分为：

1）地下汽车库（即第2.0.4条）。

汽车库与建筑物组合建造在地面以下的以及独立在地面以下建造的汽车库都称为地下汽车库，并按照地下汽车库的有关防火设计要求予以考虑。

2）半地下汽车库（即第2.0.5条）。

本次修订增加了“半地下汽车库”的概念。第2.0.4条和第2.0.5条条文中的净高一般是指层高和楼板厚度的差值。根据现行国家标准《民用建筑设计通则》GB 50352的规定，室内净高应按地面至吊顶或楼板底面之间的垂直高度计算；楼板或屋盖的下悬构件影响有效使用空间者，应按地面至结构下缘之间的垂直高度计算。

3）单层汽车库。

4）多层汽车库（即第2.0.6条）。

多层汽车库的定义包括两种类型：一种是汽车库自身高度小于或等于24m的两层及以上的汽车库；另一种是汽车库设在多层建筑内地面层以及地面层以

上楼层的。这两种类型在防火设计上的要求基本相同，故定义在同一术语上。

5）高层汽车库（即第 2.0.7 条）。

高层汽车库的定义包括两种类型：一种是汽车库自身高度已大于 24m 的；另一种是汽车库自身高度虽未到 24m，但与高层工业或民用建筑在地面以上组合建造的。这两种类型在防火设计上的要求基本相同，故定义在同一术语上。

（3）按照停车方式的机械化程度可划分为：

1）机械式立体汽车库；

2）复式汽车库；

3）普通车道式汽车库。

机械式立体汽车库与复式汽车库都属于机械式汽车库。因此，为了概念更清晰，这次修订取消了“机械式立体汽车库”和“复式汽车库”的术语，统一为“机械式汽车库”（即第 2.0.8 条）。机械式汽车库是近年来新发展起来的一种利用机械设备提高单位面积停车数量的停车形式，主要分为两大类：一类是室内无车道且无人员停留的机械式立体汽车库，类似高架仓库，根据机械设备运转方式又可分为垂直循环式（汽车上、下移动）、电梯提升式（汽车上、下、左、右移动）、高架仓储式（汽车上、下、左、右、前、后移动）等；另一类是室内有车道且有人员停留的复式汽车库，机械设备只是类似于普通仓库的货架，根据机械设备的不同又可分为二层杠杆式、三层升降式、二/三层升降横移式等。

（4）按照汽车坡道可划分为：

1）楼层式汽车库；

2）斜楼板式汽车库（即汽车坡道与停车区同在一个斜面）；

3）错层式汽车库（即汽车坡道只跨越半层车库）；

4）交错式汽车库（即汽车坡道跨越两层车库）；

5）采用垂直升降机作为汽车疏散的汽车库。

（5）按照围封形式可划分为：

1）敞开式汽车库（即第 2.0.9 条）。

原国家标准《汽车库、修车库、停车场设计防火规范》GB 50067 定义的敞开式汽车库，外墙敞开面积占四周墙体总面积的比例为 25%，大于美国 NFPA 88A（98 版）的定义（按净高 3m 计算，约为 15%），小于德国《汽车库建筑与运行规范》（97 版）的定义（约为 33%）。国外规范中均考虑开敞面布置的均匀性，以保持良好的自然通风与排烟条件。

美国 NFPA 88A《停车建筑消防标准》（2002 版）中规定，敞开式停车建筑是满足下列条件的停车建筑：①任一停车楼层上，外墙的对外开敞比例沿建筑外沿周长每延米不少于 0.4m²；②这种类型的开敞至少沿建筑外沿在 40%的周长上存在或至少平均分布在两面相对的外墙上；③任一道内隔墙或沿任一柱轴线，能起通风作用的开敞面积比例不低于 20%。

德国《汽车库建筑与运行规范》（MGarVO）中规定，敞开式汽车库是指车库直接通往外部的开口部分的面积占该车库四周围墙总面积至少三分之一，而且车库至少应有两面围墙是相对的，围墙与开口部分的距离不得大于 70m。车库应有持续的横向通风。敞开式小型汽车库是指车库直接与外部相连的开口的面积占该车库四周围墙总面积至少三分之一的小型汽车库。

本次修订时，参照以上规范加入开口布置的均匀性的要求。对不同类型、不同构造的汽车库，其汽车疏散、火灾扑救、经济价值的情况是不一样的，在进行设计时，既要满足其自身停车功能的要求，也要合适地提出防火设计要求。

2）封闭式汽车库，即除敞开式汽车库之外的汽车库。

3 分类和耐火等级

3.0.1 汽车库的分类参照了苏联《汽车库设计标准和技术规范》H113－54 的有关条文以及我国汽车库的实际情况。

与原国家标准《汽车库、修车库、停车场设计防火规范》GB 50067 相比，汽车库、修车库、停车场的分类还是四类，而且每类汽车库、修车库、停车场的泊位数控制值也一样。汽车库、修车库、停车场的分类按停车数量的多少划分是符合我国国情的，这是因为汽车库、修车库、停车场建筑发生火灾后确定火灾损失的大小，主要是按烧毁车库中车辆的多少来确定的。按停车数量划分车库类别，可便于按类别提出车库的耐火等级、防火间距、防火分隔、消防给水、火灾报警等要求。

据统计，一般汽车库每个停车泊位约占建筑面积 30m²～40m²，50 辆（含）以下的车库一般 40m²/辆，50 辆以上的车库一般 33.3m²/辆，故此次修订增加了建筑面积的控制值，目的是为了使得停车数量与停车面积相匹配，合理地进行分类。泊位数控制值及建筑面积控制值两项限值应从严执行，即先到哪项就按该项执行。

注 1 与原国家标准《汽车库、修车库、停车场设计防火规范》GB 50067 基本相同，是指一些楼层的汽车库，为了充分利用停车面积，在停车库的屋面露天停放车辆，当屋面停车场与室内停车库共用疏散坡道时，车库分类按泊位数量的限值应将屋面停车数计入总泊位数内，但面积可以不计入车库的建筑面积内。这是因为屋顶车辆与车库内的车辆是共用一个上下的车道，屋顶车辆发生火灾对汽车库同样也会有影响，应作为汽车库的整体来考虑。如在其建筑的屋顶上单独设置汽车坡道停车，可按露天停车场考虑。

3.0.2 原国家标准《汽车库、修车库、停车场设计防火规范》GB 50067 对汽车库和修车库耐火等级的规定是符合国情的。本条的耐火等级以现行国家标准《建筑设计防火规范》GB 50016 的规定为基准，结合汽车库的特点，增加了“防火隔墙”一项，防火隔墙比防火墙的耐火时间短，比一般分隔墙的耐火时间要长，且不必按防火墙的要求必须砌筑在梁或基础上，只需从楼板砌筑至顶板，这样分隔也较自由。这些都是鉴于汽车库内的火灾负载较少而提出的防火分隔措施，具体实践证明还是可行的。

本次修订参照现行国家标准《建筑设计防火规范》GB 50016 的规定，将“支承多层的柱”和“支承单层的柱”统一成“柱”。

建筑物的耐火等级决定着建筑抗御火灾的能力，耐火等级是由相应建筑构件的耐火极限和燃烧性能决定的，必须明确汽车库、修车库的耐火等级分类以及构件的燃烧性能和耐火极限，所以将此条确定为强制性条文。

3.0.3 本条对各类汽车库、修车库的耐火等级分别作了相应的规定。

1 地下、半地下汽车库发生火灾时，因缺乏自然通风和采光，扑救难度大，火势易蔓延，同时由于结构、防火等的需要，此类汽车库通常为钢筋混凝土结构，可达一级耐火等级要求，所以不论其停车数量多少，其耐火等级不应低于一级是可行的。

高层汽车库的耐火等级也应为一级，主要考虑到高层汽车库发生火灾时，扑救难度大，火势易蔓延，同时由于结构、防火等的需要，通常为钢筋混凝土结构，可达到一级耐火等级要求。

2 甲、乙类物品运输车由于槽罐内有残存物品，危险性高，本次修订将甲、乙类物品运输车的汽车库、修车库的耐火等级由二级提升为一级。

3 Ⅱ、Ⅲ类汽车库停车数量较多，一旦遭受火灾，损失较大；Ⅱ、Ⅲ类修车库有修理车位 3 个以上，并配设各种辅助工间，起火因素较多，如耐火等级偏低，一旦起火，火势容易延烧扩大，导致大面积火灾，因此这些汽车库、修车库均应采用不低于二级耐火等级的建筑。

近年来在北京、深圳、上海等地发展了机械式立体停车库，这类汽车库占地面积小，采用机械化升降停放车辆，充分利用空间面积。汽车库建筑的结构多为钢筋混凝土，内部的停车支架、托架均为钢结构。国外的一些资料介绍，这类汽车库的结构采用全钢结构的较多，但由于停车数量少，内部的消防设施全，火灾危险性较小。为了适应新型汽车库的发展，对这类汽车库的耐火等级未作特殊要求，但如采用全钢结构，其梁、柱等承重构件均应进行防火处理，满足三级耐火等级的要求。同时我们也希望生产厂家能对设备主要承受支撑力的构件作防火处理，提高自身的耐火性能。

本条根据不同的汽车库、修车库的重要程度，明确了相对应的耐火等级要求，也就保证了建筑抗御火灾的能力，否则，汽车库、修车库一旦发生火灾，不仅难以扑救，而且可能造成重大的人员伤亡和财产损失，所以将此条确定为强制性条文。

确定汽车库、修车库的耐火等级应该坚持从严原则。比如，一个停车数量为 160 辆的汽车库，按照第 3.0.1 条规定属于Ⅱ类汽车库；同时，该汽车库设置在一幢高层建筑内，又属于高层汽车库，按照从严原则，该汽车库的耐火等级应为一级。

4 总平面布局和平面布置

4.1 一般规定

4.1.2 本条规定不应将汽车库、修车库、停车场布置在易燃、可燃液体或可燃气体的生产装置区和贮存区内，这对保证防火安全是非常必要的。国内外石油装置的火灾是不少的，如某市化工厂丁二烯气体泄漏，汽车驶入该区域引起爆燃，造成了重大伤亡事故。据原化工部设计院对 10 个大型石油化工厂的调查，他们的汽车库都是设在生产辅助区或生活区内。

4.1.3 本条对汽车库与一般工业建筑的组合或贴邻不作严格限制规定，只对与甲、乙类易燃易爆危险品生产车间，甲、乙类仓库等较特殊建筑的组合建造作了严格限制。这是由于此类车间、仓库在生产和储存过程中产生易燃易爆物质，遇明火或电气火花将燃烧、爆炸，所以规定不应贴邻或组合建造。

汽车库具有人员流动大、致灾因素多等特点，一旦与火灾危险性大的甲、乙类厂房及仓库贴邻或组合建造，极易发生火灾事故，必须严格限制，所以将此条确定为强制性条文。

4.1.4 幼儿、老人、中小学生、病人疏散能力差，汽车库不应与托儿所、幼儿园，老年人建筑，中小学校的教学楼，病房楼等组合建造。但是考虑到地下汽车库是城市建设的发展方向，为增强安全性，规范对此类情况作出了相关的要求。设置在托儿所、幼儿园，老年人建筑，中小学校的教学楼，病房楼等的地下部分，主要是指设置在室外地平面±0.000 以下部分的汽车库。

4.1.5 甲、乙类物品运输车在停放或修理时有时有残留的易燃液体和可燃气体，漂浮在地面上或散发在室内，遇到明火就会燃烧、爆炸。其汽车库、修车库如与其他建筑组合建造或附建在其他建筑物底层，一旦发生爆燃，就会威胁上层结构安全，扩大灾情。所以，对甲、乙类物品运输车的汽车库、修车库强调单层独立建造。但对停车数不大于 3 辆的甲、乙类物品运输车的汽车库、修车库，在有防火墙隔开的条件下，允许与一、二级耐火等级的Ⅳ类汽车库贴邻建造。

4.1.6 Ⅰ类修车库的特点是车位多、维修任务量大，为了保养和修理车辆方便，在一幢建筑内往往包括很多工种，并经常需要进行明火作业和使用易燃物品，如用汽油清洗零件、喷漆时使用有机溶剂等，火灾危险性大。为保障安全，本条规定Ⅰ类修车库应单独建造。

目前国内已有的大中型修车库一般都是单独建造的。但如不考虑修车库类别，不加区别地一律要求单独建造也不符合节约用地、节省投资的精神，故本条对Ⅱ、Ⅲ、Ⅳ类修车库允许有所机动，可与没有明火作业的丙、丁、戊类危险性生产厂房、仓库及一、二级耐火等级的一般民用建筑（除托儿所、幼儿园、中小学校的教学楼，老年人建筑，病房楼及人员密集场所，如商场，展览、餐饮、娱乐场所等）贴邻建造或附设在建筑底层，但必须用防火墙、楼板、防火挑檐等结构进行分隔，以保证安全。

4.1.7 根据甲类危险品库及乙炔发生间、喷漆间、充电间以及其他甲类生产场所的火灾危险性的特点，这类房间应该与其他建筑保持一定的防火间距。调查中发现有不少汽车库为了适应汽车保养、修理、生产工艺的需要，将上述生产场所贴邻建造在汽车库的一侧。为了保障安全，有利生产，并考虑节约用地，根据《建筑设计防火规范》GB 50016有关条文的规定，对为修理、保养车辆服务，且规模较小的生产工间，作了可以贴邻建造的规定。

根据目前国内乙炔发生器逐步淘汰而以瓶装乙炔气代替的状况，条文中对乙炔气瓶库进行了规定。每标准钢瓶乙炔气贮量相当于0.9m^3的乙炔气，故按5瓶相当于5m^3计算，对一些地区目前仍用乙炔发生器的，短期内还要予以照顾，故仍保留“乙炔发生器间”一词。

超过1个车位的非封闭喷漆间或超过2个车位的封闭喷漆间，应独立建造，并保持一定的防火间距。

根据调查，原国家标准《汽车库、修车库、停车场设计防火规范》GB 50067规定的充电间及其他甲类生产场所的面积已不适应现实需求，故此次修订适当扩大到200m^2。其他甲类生产场所主要是指与汽车修理有关的甲类修理工段。

4.1.8 汽车的修理车位不可避免的要有明火作业和使用易燃物品，火灾危险性较大。而地下汽车库、半地下汽车库一般通风条件较差，散发的可燃气体或蒸气不易排除，遇火源极易引起燃烧爆炸，一旦失火，难于疏散扑救。喷漆间容易产生有机溶剂的挥发蒸气，电瓶充电时容易产生氢气，乙炔气是很危险的可燃气体，它的爆炸下限（体积比）为2.5%，上限为81%，汽油的爆炸下限为1.2%～1.4%，上限为6%，喷漆中的二甲苯爆炸下限（体积比）为0.9%，上限为7%，上述均为易燃易爆的气体。为了确保地下、半地下汽车库的消防安全，进行限制是必须的。

4.1.9 汽油罐、加油机、液化石油气或液化天然气储罐、加气机容易挥发出可燃蒸气和达到爆炸浓度而引发火灾、爆炸事故，如某市出租汽车公司有一个遗留下来的加油站，该站设在一个汽车库内，职工反映平时加油时要采取紧急措施，实行三停，即停止库内用电，停止库内食堂用火，停止库内汽车出入。该站曾经因为加油时大量可燃蒸气扩散在室内，遇到明火、电气火花发生燃烧事故。因此，从安全角度考虑，本条规定汽油罐、加油机、液化石油气或液化天然气储罐、加气机不应设在汽车库和修车库内是合适的。

4.1.10 易燃液体，比重大于空气的可燃气体、可燃蒸气，一旦泄漏，极易在地面流淌，或浮沉在地面等低洼处，如果设置地下室或地沟，则容易形成积聚，一旦达到爆炸极限，遇明火将会导致燃烧爆炸。

4.1.11 燃油或燃气锅炉、油浸变压器、充有可燃油的高压电容器和多油开关等设备失灵或操作不慎时，将有可能发生爆炸，故不应在汽车库、修车库内安装使用，如受条件限制必须设置时，应符合现行国家标准《建筑设计防火规范》GB 50016的有关规定。这样规定是为了尽量减小发生火灾爆炸带来的危险性和发生事故的几率。可燃油油浸变压器发生故障产生电弧时，将使变压器内的绝缘油迅速发生热分解，析出氢气、甲烷、乙烯等可燃气体，压力剧增，造成外壳爆炸、大量喷油或者析出的可燃气体与空气混合形成爆炸混合物，在电弧或火花的作用下引起燃烧爆炸。变压器爆炸后，高温的变压器油流到哪里就会燃烧到哪里。充有可燃油的高压电容器、多油开关等，也有较大火灾危险性，故对可燃油油浸变压器等也作了相应的限制。对干式的或不燃液体的变压器，因其火灾危险性小，不易发生火灾，故本条未作限制。

4.1.12 在汽车库、修车库、停车场内，一般都配备各种消防器材，对预防和扑救火灾起到了很好的作用。我们在调查中发现，有不少大型汽车库、停车场内的消防器材没有专门的存放、管理和维护房间，不但平时维护保养困难，更新用的消防器材也无处存放，一旦发生火灾，将贻误灭火时机。因此本条根据消防安全需要，规定了停车数量较多的Ⅰ、Ⅱ类汽车库、停车场要设置专门的消防器材间，此消防器材间是消防员的工作室和对灭火器等消防器材进行定期保养、换药、检修的场所。

4.2 防火间距

4.2.1 造成火灾蔓延的因素很多，如飞火、热对流、热辐射等。确定防火间距，主要以防热辐射为主，即在着火后，不应由于间距过小，火从一幢建筑物向另一幢建筑物蔓延，并且不应影响消防人员正常的扑救活动。

根据汽车使用易燃、可燃液体为燃料容易引起火灾的特点，结合多年贯彻实施国家标准《建筑设计防火规范》GB 50016和消防灭火战斗的实际经验，汽车库、修车库按一般厂房的防火要求考虑，汽车库、修车库与一、二级耐火等级建筑物之间，在火灾初期有10m左右的间距，一般能满足扑救的需要和防止火势的蔓延。高度大于24m的汽车库发生火灾时需使用登高车灭火抢救，间距需大些。露天停车场由于自然条件好，汽油蒸气不易积聚，遇明火发生事故的机会要少一些，发生火灾时进行扑救和车辆疏散条件较室内有利，对建筑物的威胁亦较小。所以，停车场与其他建筑物的防火间距作了相应减少。

与现行国家标准《建筑设计防火规范》GB 50016相对应，将本条中的"库房"改为"仓库"。

本条注1规定，防火间距应按相邻建筑物外墙的最近距离算起，如外墙有凸出的可燃物构件时，则应从其凸出部分外缘算起。

防火间距是在火灾情况下减少火势向不同建筑蔓延的有效措施，防火间距的要求是总平面布局上最重要的防火设计内容之一，如果相邻建筑之间不能保证足够的防火间距，火势难以得到有效的控制，所以将本条确定为强制性条文。

4.2.2 本条将原国家标准《汽车库、修车库、停车场设计防火规范》GB 50067的第4.2.2条～第4.2.4条合并成一条，并参照现行国家标准《建筑设计防火规范》GB 50016的规定。

4.2.3 本条是此次修订的新增条款，目的是规定停车场与一、二级耐火等级建筑贴邻时，防火间距在满足条件的情况下可以不限。对于无围护结构的机械式停车装置，可以视作停车场。需要说明的是，对于地面停车场，汽车都是停在地面，停车部位比较容易理解，对于机械式停车装置，停车部位应该从停留在最高处的车辆部位算起。

4.2.4 本条是参照现行国家标准《建筑设计防火规范》GB 50016的有关规定提出的。在汽车发动和行驶过程中，都可能产生火花，过去由于这些火花引起的甲、乙类物品仓库等发生火灾事故是不少的。例如，某市在一次扑救火灾事故中，由于一辆消防车误入生产装置泄漏出的丁二烯气体区域，引起爆炸，当场烧伤10名消防员，烧死1名驾驶员。因此，规定车库与火灾危险性较大的甲类物品仓库之间留出一定的防火间距是很有必要的。

汽车库、修车库、停车场人员流动大、致灾因素多，甲类物品仓库火灾危险性大，二者必须留有足够的防火间距，所以将本条确定为强制性条文。

4.2.5 确定甲、乙类物品运输车的汽车库、修车库、停车场与相邻厂房、库房的防火间距，主要是因为这类汽车库、修车库、停车场一旦发生火灾，燃烧、爆炸的危险性较大，因此，适当加大防火间距是必要的。修订组研究了一些火灾实例后认为，甲、乙类物品运输车的汽车库、修车库、停车场与民用建筑和有明火或散发火花地点的防火间距采用25m～30m，与重要公共建筑的防火间距采用50m是适当的，这与现行国家标准《建筑设计防火规范》GB 50016也是相吻合的。

甲、乙类物品火灾危险性大，一旦遇明火或火花极易发生爆炸事故，造成重大人员伤亡和财产损失，必须对甲、乙类物品运输车的汽车库、修车库、停车场与周围建筑的防火间距，尤其是对与民用建筑及重要公共建筑的防火间距严格规定，以免互相影响；同时必须对明火或散发火花地点等部位严格规定，以免由明火或火花引燃甲、乙类物品造成危险，所以将本条确定为强制性条文。

4.2.6 本条根据现行国家标准《建筑设计防火规范》GB 50016有关易燃液体储罐、可燃液体储罐、可燃气体储罐、液化石油气储罐与建筑物的防火间距作出相应规定。

4.2.7 本条主要规定了汽车库、修车库、停车场与可燃材料堆场的防火间距。由于可燃材料是露天堆放的，火灾危险性大，汽车使用的燃料也有较大危险，因此，本条对汽车库、修车库、停车场与可燃材料堆场的防火间距参照现行国家标准《建筑设计防火规范》GB 50016的有关内容作了相应规定。

4.2.8 由于燃气调压站、液化石油气的瓶装供应站有其特殊的要求，在现行国家标准《城镇燃气设计规范》GB 50028中已作了明确的规定，该规定也适合汽车库、修车库的情况，因此不另行规定。汽车库、停车场参照现行国家标准《城镇燃气设计规范》GB 50028中民用建筑的标准要求防火间距，修车库参照明火或散发火花的地点要求。

4.2.9 对于石油库、汽车加油加气站与建筑物的防火间距，在现行国家标准《石油库设计规范》GB 50074和《汽车加油加气站设计与施工规范》GB 50156中都明确了这些规定也适用于汽车库，所以本条不另作规定。汽车库、停车库参照现行国家标准《石油库设计规范》GB 50074和《汽车加油加气站设计与施工规范》GB 50156中民用建筑的标准要求防火间距，修车库参照明火或散发火花的地点要求。

4.2.10 国内大、中城市公交运输部门和工矿企业都新建了规模不等的露天停车场，但很少考虑消防扑救、车辆疏散等安全因素。修订组在调查中了解到，绝大部分停车场停放车辆混乱，既不分组也不分区，车与车前后间距很小，甚至有些在行车道上也停满了车辆，如果发生火灾，车辆疏散和扑救火灾十分困难。本条本着既保障安全生产又便于扑救火灾的精神，对停车场的停车要求作了规定。

4.2.11 由于用地紧张，现在很多建筑在屋面设置停车区域，有些停车位紧挨着周边的建筑，一旦汽车着火，必定对周边建筑产生威胁。因此，规定这些停车区域与建筑其他部分或相邻其他建筑物之间保持一定的防火间距是有必要的。

4.3 消 防 车 道

4.3.1 在设计中对消防车道考虑不周，发生火灾时消防车无法靠近建筑物往往延误灭火时机，造成重大损失。为了给消防扑救工作创造方便，保障建筑物的安全，本条规定了汽车库和修车库周围应设置消防车道。

消防车道是保证火灾时消防车靠近建筑物施以灭火救援的通道，是保证生命和财产安全的基本要求，所以将本条确定为强制性条文。

4.3.2 本条是根据现行国家标准《建筑设计防火规范》GB 50016 关于消防车通道的有关规定制订的。

1 考虑到Ⅳ类汽车库和Ⅳ类修车库相对规模比较小，按照规范规定设置消防车道即可，可沿建筑物的一个长边和另一边设置。

2 本条对回车道或回车场的规定是根据消防车回转需要而规定的，各地也可根据当地消防车的实际需要确定回转的半径和回车场的面积。

3 目前我国消防车的宽度大都不超过 2.5m，消防车道的宽度不小于 4m 是按单行线考虑的，许多火灾实践证明，设置宽度不小于 4m 的消防车道，对消防车能够顺利迅速到达火场扑救起着十分重要的作用。

4.3.3 国内现有消防车的外形尺寸，一般高度不超过 4.0m，宽度不超过 2.5m，因此本条对消防车道穿过建筑物和上空遇其他障碍物时规定的所需净高、净宽尺寸是符合消防车行驶实际需要的，但各地可根据本地消防车的实际情况予以确定。

5 防火分隔和建筑构造

5.1 防 火 分 隔

5.1.1 本条是根据目前国内汽车库建造的情况和发展趋势以及参照日本、美国的有关规定，并参照现行国家标准《建筑设计防火规范》GB 50016 丁类库房防火隔间的规定制订的。目前国内新建的汽车库一般耐火等级均为一、二级，且安装了自动喷水灭火系统，这类汽车库发生大火的事故较少。本条文制订立足于提高汽车库的耐火等级，增强自救能力，根据不同汽车库的形式、不同的耐火等级分别作了防火分区面积的规定。单层的一、二级耐火等级的汽车库，其疏散条件和火灾扑救都比其他形式的汽车库有利，其防火分区的面积大些，而三级耐火等级的汽车库，由于建筑物燃烧容易蔓延扩大火灾，其防火分区控制得小些。多层汽车库、半地下汽车库较单层汽车库疏散和扑救困难些，其防火分区的面积相应减小些；地下和高层汽车库疏散和扑救条件更困难些，其防火分区的面积要再减小些。这都是根据汽车库火灾的特点规定的。这样规定既确保了消防安全的有关要求，又能适应汽车库建设的要求。一般一辆小汽车的停车面积为 $30m^2$ 左右，一般大汽车的停车面积为 $40m^2$ 左右。根据这一停车面积计算，一个防火分区内最多停车数为 80 辆～100 辆，最少停车数为 30 辆。这样的分区在使用上较为经济合理。

半地下汽车库即室内地坪低于室外地坪面高度大于该层车库净高 1/3 且不大于 1/2 的汽车库，由于半地下汽车库通风条件相对较好，将半地下汽车库的防火分区面积与多层汽车库的防火分区面积保持一致。此次修订调整了设置在建筑物首层的汽车库的防火分区，当汽车库设置在多层建筑物的首层时，应按照多层汽车库划分防火分区；当汽车库设置在高层建筑物的首层时，应按照高层汽车库划分防火分区。其中对于设置在高层建筑物首层的汽车库，提高了要求。之所以调整设置在首层汽车库的防火分区面积，一方面是为了与本规范对多层汽车库和高层汽车库的定义相一致，另一方面是为了与建筑的火灾危险性相匹配。

复式汽车库即室内有车道且有人员停留的机械式汽车库，与一般的汽车库相比，由于其设备能叠放停车，相同的面积内可多停 30%～50%的小汽车，故其防火分区面积应适当减小，以保证安全。

对于室内无车道且无人员停留的机械式汽车库的防火分隔是以停车数量为指标的防火分区划分原则，因此，对于室内无车道且无人员停留的机械式汽车库的防火分隔应按照本规范第 5.1.3 条执行。

防火分区是在火灾情况下将火势控制在建筑物一定空间范围内的有效的防火分隔，防火分区的面积划定是建筑防火设计最重要的内容之一，所以将本条确定为强制性条文。

5.1.2 本条关于设置自动灭火系统的汽车库防火分区建筑面积可以增加的规定，主要是参考了现行国家标准《建筑设计防火规范》GB 50016 的有关规定，考虑了主动防火与被动防火之间的平衡。

5.1.3 机械式立体汽车库最早开发、应用于欧美国家，20 世纪 60 年代初被引入日本，由于其节省用地的优点在日本得到广泛的采用，并逐渐成为日本的主流停车库形式，截至 2013 年，日本机械式停车泊位已经超过 291 万个，占到各类注册停车泊位总量的 50%以上。

我国机械式立体汽车库的发展始于 1984 年，1989 年在北京建成了首个机械式立体汽车库。进入 21 世纪以来，随着我国经济的快速发展，出现了城市轿车数量急剧膨胀而城市用地日渐减少、停车需求难以满足的局面。这种情况下，机械式立体汽车库开始在国内大中城市有了较快发展。目前中国的机械式立体汽车库数量仅次于日本居于世界第二，并且每年还以近30%的速度增长。

据不完全统计，截止2014年末，不包括港澳台地区，全国除西藏外，30个省、市、自治区的450个城市兴建了机械式停车库，共建机械式停车库（项目）12300多个，泊位总数达到274.3万余个。其中，全封闭的自动化汽车库1000余座，约占机械式汽车库总数的9%左右，泊位19.5万余个，约占总数的7.1%。

已建设机械式停车库的城市，除西藏外，覆盖了国内所有直辖市、省会城市及计划单列城市，以及83%左右的地级城市和200多个县级及以下城市。

以上海为例，截至2014年底，机械式立体停车库的数量约为1200个，机械式停车泊位约为17.97万个。其中，100个停车泊位以内的停车库（场）约占56.8%，100个～200个停车泊位的停车库（场）约占23.4%，200个～300个停车泊位的停车库（场）约占8.4%，300个～500个停车泊位的停车库（场）约占8.6%，500个～1000个停车泊位的停车库（场）约占3.3%，1000个停车泊位以上的停车库（场）约占0.7%。

根据《机械式停车设备　分类》GB/T 26559，机械式停车设备的类别按其工作原理区分，主要包括：①升降横移类；②简易升降类；③垂直升降类；④垂直循环类；⑤平面移动类；⑥水平循环类；⑦多层循环类；⑧巷道堆垛类；⑨汽车专用升降机。截至2014年末，全国已建机械式汽车库泊位升降横移类约占86.7%，简易升降类约占6.0%，垂直升降类约占1.4%，垂直循环类约占0.2%，平面移动类约占4.0%，多层循环类约占0.1%，巷道堆垛类约占1.5%。

经调研发现，原条文限定防火分区内最大停车数量为50辆，对机械式立体汽车库的建设和运行产生了较大影响：

（1）影响运行效率。

一个汽车库防火分区过多，必然会使汽车库内运载车辆的机械装置得不到有效的行程空间而影响运行速度。举例来说，日本一个平面移动汽车库的搬运小车速度最高可以达到5m/s，而在我国，速度通常达不到1.2m/s，其主要原因就是防火分区或库内设置的防火卷帘限制了搬运小车运行巷道的长度。

（2）增加建设成本。

汽车库如果分区过多，会增加防火墙或防火卷帘的设置数量，从而大大增加建设成本；同时，防火分区过小也会造成更多地采用搬运设备和控制设备，增加设备成本。

（3）结构难以优化。

机械式立体汽车库的最大优点是能够根据地理环境条件，因地制宜地设计出既能最大量地提供停车泊位，又能保证运行效率的停车库，但如果防火分区太小，将会使设计方案难以优化，使有限的土地资源不能有效利用，造成资源浪费。

2003年～2007年间，中国建筑科学研究院建筑防火研究所、清华大学公共安全研究中心、中国科学技术大学火灾科学国家重点实验室等科研单位，对机械式立体汽车库进行了一系列的理论及实验研究。通过实验获得了地下汽车库火灾特性的第一手资料，包括地下全自动化车库内火灾的发展与蔓延特性、温度场的变化趋势、烟气流动及烟气浓度变化规律等，实验研究结论如下：

（1）车体密封性对车厢内着火的火灾有着非常重要的影响，在车窗关闭的情况下，由车厢燃起的火灾实验均出现了因供氧不足而自动熄灭的情况。

（2）汽车发生火灾时，车内最高温度可达1000℃左右。

（3）钢筋混凝土结构的自动化车库结构对于防止火灾蔓延有如下表现：

1）由于无需预留人员上下车的空间，同层相邻汽车距离小，在喷淋失效的情况下，火灾初期即发生辐射蔓延，在消防救援展开之前（按15min计），整个停车单元的车辆均有可能被引燃。

2）实验表明，汽车火灾产生的火焰会贴壁上卷，但因为着火部位一般距楼板边缘有一定距离且楼板厚度较小，卷至上层的火焰高度及温度在很大程度上得到削减。即使消防设施失效，在消防队员到来之前（按15min计），火灾也很难在上下相邻停车单元之间蔓延。

3）相对单元间不会蔓延。由于相对单元被运车巷道隔开，相对单元接受到的辐射热通量远小于临界辐射热通量，故不会被辐射引燃。实验中曾出现过飞火及物件爆裂的情况，但由于单元净高较低，影响范围较小。所以，机械式立体汽车库内发生火灾时，火灾在相对单元间蔓延的可能性非常小。

（4）汽车火灾的大部分情况是线路短路引起的自燃，且多在组件杂乱的发动机舱内发生，由于发动机舱直接连通大气，供氧充足，可燃物多，由发动机舱开始蔓延的火势发展及蔓延非常快。

（5）阴燃实验的结果显示，车厢内遗留烟头引起的火灾发展极其缓慢，自熄的可能性很大。

基于以上因素，普通机械式立体汽车库单个防火分区停车数放宽至100辆，混凝土结构的机械式立体汽车库在进行条文中的限定后，放宽至300辆，这样才能在保证消防安全的基础上，与我国机械式立体汽车库行业的发展相适应。同时，机械式立体汽车库应设置自动灭火系统、火灾自动报警系统、排烟设施等消防设施；检修通道应留有一定的宽度且尽量到达每个停车位，以便消防队员可以在火灾时通过检修通道进行灭火，在楼梯间和检修通道上相应设置室内消火栓。

机械式立体汽车库是一种特殊的汽车库形式，由于人员不能进入里面，与普通汽车库有所不同。不仅车辆疏散难度很大，而且灭火难度也很大，有必要通过对车辆数、防火分隔措施及消防设施设置等的规定，来保证此类汽车库的安全性，所以将本条确定为强制性条文。

5.1.4 甲、乙类物品运输车的汽车库、修车库，其火灾危险性较一般的汽车库大，若不控制防火分区的面积，一旦发生火灾事故，造成的火灾损失和危害都较大。如首都机场和上海虹桥国际机场的油槽车库、氧气瓶车库，都按3辆～6辆车进行分隔，面积都在300m²～500m²。参照现行国家标准《建筑设计防火规范》GB 50016中对乙类危险品库防火隔间的面积为500m²的规定，本条规定此类汽车库的防火分区为500m²。

防火分区是在火灾情况下将火势控制在建筑物一定空间之内的有效的防火分隔措施，甲、乙类物品火灾危险性大，必须对其严格限制，甲、乙类物品运输车库防火分区的面积划定是甲、乙类物品运输车库防火设计最重要的内容之一，所以将本条确定为强制性条文。

5.1.5 修车库是类似厂房的建筑，由于其工艺上需使用有机溶剂，如汽油等清洗和喷漆工段，火灾危险性可按甲类危险性对待。参照现行国家标准《建筑设计防火规范》GB 50016中对甲类厂房的要求，防火分区面积控制在2000m²以内是合适的，对于危险性较大的工段已进行完全分隔的修车库，参照乙类厂房的防火分区面积和实际情况的需要适当调整至4000m²。

由于修车库火灾危险性按照甲类厂房对待，故需要对修车库防火分区面积严格限制，修车库防火分区的面积划定是修车库防火设计最重要的内容之一，所以将本条确定为强制性条文。

5.1.6 由于汽车的燃料为汽油，一辆高级小汽车的价值又较高，为确保汽车库、修车库的安全，当汽车库、修车库与其他建筑贴邻建造时，其相邻的墙应为防火墙。当汽车库、修车库与办公楼、宾馆、电信大楼及其他公共建筑物组合建造时，其竖向分隔主要靠楼板，而一般预应力楼板的耐火极限较低，火灾后容易被破坏，将影响上、下层人员和物资的安全。由于上述原因，本条对汽车库与其他建筑组合在一起的建筑楼板和隔墙提出了较高的耐火极限要求。如楼板的耐火极限比一级耐火等级的建筑物提高了0.5h，隔墙需3.00h耐火时间。这一规定与国外一些规范的规定也是相类同的，如美国国家防火协会NFPA《停车构筑物标准》第3.1.2条规定的设于其他用途的建筑物中，或与之相连的地下停车构筑物，应用耐火极限2.00h以上的墙、隔墙、楼板或带平顶的楼板隔开。

为了防止火灾通过门、窗、洞口蔓延扩大，本条还规定汽车库门、窗、洞口上方应挑出宽度不小于1.0m的防火挑檐，作为阻止火焰从门、窗、洞口向上蔓延的措施。对一些多层、高层建筑，若采用防火挑檐可能会影响建筑物外立面的美观，亦可采用提高上、下层窗槛墙的高度达到阻止火焰蔓延的目的。窗槛墙的高度规定为1.2m在建筑上是能够做到的。英国《防火建筑物指南》论述墙壁的防火功能时用实物作了火灾从一层扩散至另一层的实验，结果证明，当上、下层窗槛墙高度为0.9m（其在楼板以上的部分墙高不小于0.6m）时，可延缓上层结构和家具的着火时间达15min。突出墙0.6m的防火挑板不足以防止火灾向上、下扩散，因此本条规定窗槛墙的高度为1.2m，防火挑檐的宽度为1.0m是能达到阻止火灾蔓延作用的。

5.1.7 因为修车的火灾危险性比较大，停车部位与修车部位之间如不设防火墙，在修理时一旦失火容易引燃停放的汽车，造成重大损失。如某市医院汽车库，司机在汽车库内检修摩托车，不慎将油箱汽油点着，很快引燃了附近一辆价值很高的进口医用车；又如某市造船厂，司机在停车库内的一辆汽车底下用行灯检修车辆，由于行灯碰碎，冒出火花遇到汽油着火，烧毁了其他3台车。因此，本条规定汽车库内停车与修车车位之间，必须设置防火墙和耐火极限较高的楼板，以确保汽车库的安全。

5.1.8 使用有机溶剂清洗和喷涂的工段，其火灾危险性较大，为防止发生火灾时向相邻的危险场所蔓延，采取防火分隔措施是十分必要的，也是符合实际情况的。

5.1.9 消防控制室、自动灭火系统的设备室、消防水泵房和排烟、通风空气调节机房等，是灭火系统的“心脏”，汽车库发生火灾时，必须保证上述房间不受火势威胁，确保灭火工作的顺利进行。因此本条规定，应采用防火隔墙和楼板将其与相邻部位分隔开。附设在汽车库、修车库内的且为汽车库、修车库服务的变配电室、柴油发电机房等常见的设备用房也应按照本条的规定采取相应的防火分隔措施。

5.2 防火墙、防火隔墙和防火卷帘

5.2.1 本条沿用现行国家标准《建筑设计防火规范》GB 50016的规定，对防火墙及防火隔墙的砌筑作了较为明确的规定。

防火墙及防火隔墙是保证防火分隔有效性的重要手段。防火墙必须从基础及框架砌筑，且应从上至下均处在同一轴线位置，相应框架的耐火极限也要与防火墙的耐火极限相适应。防火隔墙应从楼地面基层隔断至梁、楼板底面基层。如果防火墙及防火隔墙砌筑不当，一是无法保证自身耐火极限要求，二是无法起到阻止烟火蔓延的作用，所以将本条确定为强制性

条文。

5.2.2 因为防火墙的耐火极限为3.00h，防火隔墙的耐火极限为2.00h，故防火墙和防火隔墙上部的屋面板也应有一定的耐火极限要求，当屋面板耐火极限达到0.5h时，防火墙和防火隔墙砌至屋面基层的底部就可以了，不高出屋面也能满足防火分隔的要求。

5.2.3 本条对三级耐火等级的汽车库、修车库的防火墙、屋顶结构应高出屋面0.4m和0.5m的规定，是沿用现行国家标准《建筑设计防火规范》GB 50016的规定。

5.2.4 火灾实例说明，防火墙设在转角处不能阻止火势蔓延，如确有困难需设在转角附近时，转角两侧门、窗、洞口之间最近的水平距离不应小于4m。不在转角处的防火墙两侧门、窗、洞口的最近水平距离可为2m，这一间距就能控制一定的火势蔓延。在防火墙两侧设置固定乙级防火窗，其间距不受限制。

5.2.5 为了确保防火墙、防火隔墙的耐火极限，防止火灾时火势从孔洞的缝隙中蔓延，制订本条规定。本条往往在施工中被人们忽视，特别在管道敷设结束后，必须用不燃烧材料将孔洞周围的缝隙紧密填塞，应引起设计、施工单位和公安消防部门高度重视。同时，为了保证管道不会因受热变形而破坏整个分隔的有效性和完整性，根据现行国家标准《建筑设计防火规范》GB 50016的规定，穿越处两侧各2.0m范围内的风管应采用耐火风管或风管外壁应采取防火保护措施，且耐火极限不应低于该防火分隔体的耐火极限。

5.2.6 本条对防火墙或防火隔墙开设门、窗、洞口提出了严格要求。在建筑物内发生火灾，烟火必然穿过孔洞向另一处扩散，墙上洞口多了，就会失去防火墙、防火隔墙应有的作用。为此，规定了这些墙上不宜开设门、窗、洞口，如必须开设时，应在开口部位设置甲级防火门、窗。实践证明，这样处理基本上能满足控制或扑救一般火灾所需的时间。

5.2.7 本条为新增条款。考虑到车道两侧没有汽车停放，停车区域两侧一般均停有汽车，因此，对设置在不同部位的防火卷帘分别提出要求。

5.3 电梯井、管道井和其他防火构造

5.3.1 建筑物内各种竖向管井是火灾蔓延的途径之一。为了防止火势向上蔓延，要求电梯井、管道井、电缆井以及楼梯间应各自独立分开设置。为防止火灾时竖向管井烧毁并扩大灾情，规定了管道井井壁耐火极限不低于1.00h，电梯井井壁耐火极限不低于2.00h的不燃性结构。

建筑内的竖向管井在没有采取防火措施的情况下将形成强烈的烟囱效应，而烟囱效应是火灾时火势扩大蔓延的重要因素。如果电梯井、管道井及电缆井未分开设置且未达到一定的耐火极限，一旦发生火灾，将导致烟火沿竖向井道向其他楼层蔓延，所以将本条确定为强制性条文。

5.3.2 电缆井、管道井应做竖向防火分隔，在每层楼板处用相当于楼板耐火极限的不燃烧材料封堵。

建筑物内的竖向管井如果未分隔将形成强烈的烟囱效应，从而导致烟火沿竖向管井向建筑物的其他楼层蔓延，因此保证各类竖井的构造要求是非常必要的，所以将本条确定为强制性条文。

5.3.3 非敞开式的汽车库的自然通风条件较差，一旦发生火灾，火焰和烟气很快地向上、下、左、右蔓延扩散，若汽车库与汽车疏散坡道无防火分隔设施，对车辆疏散和扑救是很不利的。为保证车辆疏散坡道的安全，本条规定，汽车库的汽车坡道与停车区之间用防火墙分隔，开口的部位设甲级防火门、防火卷帘、防火水幕进行分隔。如果汽车库的汽车坡道采用顶棚，顶棚要采用不燃材料。

汽车库内和坡道上均设有自动灭火设备的汽车库的消防安全度较高。敞开式的多层停车库，通风条件较好，另外不少非敞开式的汽车库采用斜楼板式停车的设计，车道和停车区之间不易分隔，故条文对于设有自动灭火设备的汽车库和敞开式汽车库、斜楼板式汽车库作了另行处理的规定，这也是与国外规范相一致的。美国防火协会《停车构筑物标准》规定，封闭式停车的构筑物、贮存汽车库以及地下室和地下停车构筑物中的斜楼板不需要封闭，但需要具备下述安全措施：第一，经认可的自动灭火系统；第二，经认可的监视性自动火警探测系统；第三，一种能够排烟的机械通风系统。汽车坡道的顶部不应设置非不燃性材料制作的顶棚。

5.3.4 本条为新增内容。汽车库、修车库的内部装修需求不高，如果采用一定的装修材料进行内部装修，应符合现行国家标准《建筑内部装修设计防火规范》GB 50222的有关规定。

6 安全疏散和救援设施

6.0.1 制定本条的目的，主要是为了确保人员的安全，不管平时还是在火灾情况下，都应做到人车分流、各行其道，发生火灾时不影响人员的安全疏散。某地卫生局的一个汽车库和宿舍合建在一起，宿舍内人员的进出没有单独的出口，进出都要经过汽车库，有一次车辆失火后，宿舍的出口被烟火封死，宿舍内3人因无路可逃而被烟熏死在房间内。所以汽车库、修车库与办公、宿舍、休息用房等组合的建筑，其人员出口和车辆出口应分开设置。

条文中“设置在工业与民用建筑内的汽车库”是指汽车库与其他建筑平面贴邻或上下组合的建筑，如上海南泰大楼下面一至七层为停车库，八至二十层为办公和电话机房；又如深圳发展中心前侧为超高层建筑，后侧为六层停车库；也有单层建筑，前面为停

车，后面为办公、休息用房。国内外也有一些高层建筑，如上海海仑宾馆，底层为汽车库，二层以上为宾馆的大堂、客房；新加坡的不少高层住宅底层均为汽车库，二层以上为住宅。此类汽车库应做到车辆的疏散出口和人员的安全出口分开设置，这样设置既方便平时的使用管理，又有确保火灾时安全疏散的可靠性。

将人员疏散出口与车辆出口分开设置，是火灾情况下确保人员安全的必要措施，所以将本条确定为强制性条文。

6.0.2 汽车库、修车库人员疏散出口的数量，一般都应设置2个，目的是可以进行双向疏散，一旦一个出口被火封死，另一个出口还可进行疏散。但多设出口会增加建筑面积和投资，不加区别地一律要求设置2个出口，在实际执行中有困难，因此，Ⅳ类汽车库和Ⅲ、Ⅳ类修车库作了适当调整处理的规定。

本次修订，考虑由于汽车库、修车库同一时间的人数无法确定，其可操作性不强，故取消人数的规定，明确Ⅳ类汽车库和Ⅲ、Ⅳ类修车库可设一个安全出口的规定。

人员安全出口的设置是按照防火分区考虑的，即每个防火分区应设置2个人员安全出口。安全出口的定义，按照现行国家标准《建筑设计防火规范》GB 50016的规定，是指供人员安全疏散用的楼梯间、室外楼梯的出入口或直通室内外安全区域的出口。鉴于汽车库的防火分区面积、疏散距离等指标均比现行国家标准《建筑设计防火规范》GB 50016相应的防火分区面积、疏散距离等指标放大，故对于汽车库来讲，防火墙上通向相邻防火分区的甲级防火门，不得作为第二安全出口。

6.0.3 汽车库、修车库内的人员疏散主要依靠楼梯进行，因此要求室内的楼梯必须安全可靠。为了确保楼梯间在火灾情况下不被烟气侵入，避免因“烟囱效应”而使火灾蔓延，所以在楼梯间入口处应设置乙级防火门使之形成封闭楼梯间。

如今建筑的开发在高度和深度上都有很大的突破，建筑高度越高，地下深度越深，其疏散要求也越高，故将地下深度大于10m的地下汽车库与高度大于32m的高层汽车库的疏散楼梯间要求进一步提高，要求设置防烟楼梯间。

火灾情况下，安全出口是保证人员能够安全疏散到室外的关键设施，所以将本条确定为强制性条文。汽车库、修车库内设置的疏散楼梯间应该按照有关国家消防技术标准设置防烟设施。

6.0.4 原国家标准《汽车库、修车库、停车场设计防火规范》GB 50067未对汽车库内消防电梯的设置作出规定。由于建设用地的紧张，而汽车库的停车数量有较大的上升，在城市中，汽车库有向上和向深发展的趋势，与现行国家标准《建筑设计防火规范》GB 50016一致，增加消防电梯设置的要求。

6.0.5 室外楼梯烟气的扩散效果好，所以在设计时尽可能把楼梯布置在室外，这对人员疏散和灭火扑救都有利。室外楼梯大都采用钢扶梯，由于钢楼梯耐火性能较差，所以条文中对设置室外楼梯作了较为详细的规定，当满足条文规定的室外钢楼梯技术要求时，可代替室内的封闭疏散楼梯或防烟楼梯间。

6.0.6 汽车库的火灾危险性按照现行国家标准《建筑设计防火规范》GB 50016划分为丁类，但毕竟汽车还有许多可燃物，如车内的坐垫、轮胎和汽油均为可燃和易燃材料，一旦发生火灾燃烧比较迅速，因此在确定安全疏散距离时，参考了国外资料的规定和现行国家标准《建筑设计防火规范》GB 50016对丁类生产厂房的规定，定为45m。装有自动喷水灭火系统的汽车库安全性较高，所以疏散距离也可适当放大，定为60m。对底层汽车库和单层汽车库因都能直接疏散到室外，要比楼层停车库疏散方便，所以在楼层汽车库的基础上又作了相应的调整规定。这是因为汽车库的特点是空间大、人员少、按照自由疏散的速度1m/s计算，一般在1min左右都能到达安全出口。

火灾情况下，为了保证尽快地疏散至安全区域，疏散距离的控制是非常重要的一个指标，较短的疏散距离，能够保证人员不受或者少受烟火的影响，所以将本条确定为强制性条文。

6.0.7 在大型住宅小区中，建筑间的独立大型地下、半地下汽车库均有地下通道与住宅相通，如按地下汽车库的防火分区内设置疏散楼梯，将使小区内地面的道路和绿化受到较大影响。所以，允许利用地下汽车库通向住宅的楼梯间作为汽车库的疏散楼梯是符合实际的，这样，既可以节省投资，同时，在火灾情况下，人员的疏散路径也与人们平时的行走路径相一致。

该走道的设置类似于楼梯间的扩大前室，同时，考虑到汽车库与住宅地下室之间分别属于不同防火分区，所以，连通门采用甲级防火门。

6.0.8 考虑到室内无车道且无人员停留的机械式汽车库平时除检修人员以外，没有其他人员进入，因此，规定该类机械式汽车库可不设置人员安全出口，但考虑到在火灾情况下，仍然要对该类机械式汽车库进行灭火救援，因此规定应设置供灭火救援用的楼梯间。

6.0.9 确定车辆疏散出口的主要原则是，在满足汽车库平时使用要求的基础上，适当考虑火灾时车辆的安全疏散要求。对大型的汽车库，平时使用也需要设置2个以上的出口，所以规定出口不应少于2个。同时，规定2个汽车疏散出口应分散布置，分散布置的原则主要是指水平方向。比如，当每个楼层设有2个及2个以上防火分区时，汽车疏散出口应分设在不同的防火分区，当每个楼层只有1个防火分区时，2个汽车疏散出口应分散布置。

两个汽车疏散出口，是保证火灾情况下车辆安全疏散的基本要求，所以将本条确定为强制性条文。

本条所指的汽车库疏散出口，主要是指室内有车道且有人员停留的汽车库的疏散出口；对于室内无车道且无人员停留的机械式汽车库，可以不考虑火灾情况下汽车疏散，这类汽车库进出口的设置应按照其专业规范进行设计。

6.0.10 对于地下、半地下汽车库，设置出口不仅占用的面积大，而且难度大，100 辆以下双车道的地下、半地下汽车库也可设一个出口。这些汽车库按要求设置自动喷水灭火系统，最大的防火分区可为 $4000m^2$，按每辆车平均需建筑面积 $30m^2$～$40m^2$ 计，差不多是一个防火分区。在平时，对于地下多层汽车库，在计算每层设置汽车疏散出口数量时，应尽量按总数量予以考虑，即总数在 100 辆以上的应不少于两个，总数在 100 辆以下的可为一个双车道出口，但在确有困难，车道上设有自动喷水灭火系统时，可按本层地下汽车库所担负的车辆疏散数量是否大于 50 辆或 100 辆，来确定汽车出口数。例如 3 层汽车库，地下一层为 54 辆，地下二层为 38 辆，地下三层为 34 辆，在设置汽车出口有困难时，地下三层至地下二层因汽车疏散数小于 50 辆，可设一个单车道的出口，地下二层至地下一层，因汽车疏散数为 38＋34＝72 辆，大于 50 辆，小于 100 辆，可设一个双车道的出口，地下一层至室外，因汽车疏散数为 54＋38＋34＝126 辆，大于 100 辆，应设两个汽车疏散出口。

在执行本条时，汽车疏散出口的设置是按照整个汽车库考虑的，不是按照每个防火分区考虑的。

6.0.11 错层式、斜楼板式汽车库内，一般汽车疏散是螺旋单相式、同一时针方向行驶的，楼层内难以设置两个疏散车道，但一般都为双车道，当车道上设置自动喷水灭火系统时，楼层内可允许只设一个出口，但到了地面及地下至室外时，Ⅰ、Ⅱ类地上汽车库和大于 100 辆的地下、半地下汽车库应设两个出口，这样也便于平时汽车的出入管理。

6.0.12 在一些城市的闹市中心，由于基地面积小，汽车库的周围毗邻马路，使楼层或地下、半地下汽车库的汽车坡道无法设置，为了解决数量不多的停车需要，可设汽车专用升降机作为汽车疏散出口。目前国内上海、北京等地已有类似的停车库，但停车的数量都比较少。因此条文规定了Ⅳ类汽车库方能适用。控制 50 辆以下，主要是根据目前国内已建的使用汽车专用升降机的汽车库和正在发展使用的机械式立体汽车库的停车数提出的。汽车专用升降机应尽量做到分开布置。对停车数量少于 25 辆的，可只设一台汽车专用升降机。

此次修订，将原“垂直升降梯”改为“汽车专用升降机”，这是与现行机械行业标准《汽车专用升降机》JB/T 10546 相统一的。根据现行机械行业标准《汽车专用升降机》JB/T 10546 的有关规定，汽车专用升降机是指用于停车库出入口至不同停车楼层间升降搬运车辆的机械设备，它相当于自走式停车库中代替车道（斜坡道）的作用。升降机按人与停车设备关系可分为：准无人方式和人车共乘方式；搬运器按运行方式可分为升降式、升降回转式和升降横移式。

6.0.13 本条规定的车道宽度主要是依据交通管理部门的规定制订的。同时，汽车疏散坡道的宽度与现行行业标准《汽车库建筑设计规范》JGJ 100 保持统一。本条的规定与现行行业标准《汽车库建筑设计规范》JGJ 100 中单车道和双车道的最小值一致，同时，汽车库车道的设计还应满足使用需求。

6.0.14 为了确保坡道出口的安全，对两个出口之间的距离作了限制，10m 的间距是考虑平时确保车辆安全转弯进出的需要，一旦发生火灾也为消防灭火双向扑救创造基本的条件。但两个车道相毗邻时，如剪刀式等，为保证车道的安全，要求车道之间应设防火隔墙予以分隔。

6.0.15 停车场的疏散出口实际是指停车场开设的大门，据对许多大型停车场的调查，基本都设有 2 个以上的大门，但也有一些停车数量少，受到周围环境的限制，设置两个出口有困难，本条规定不大于 50 辆的停车场允许设置 1 个出口。

本条规定主要是指室内有车道的汽车库内汽车之间和汽车与墙、柱之间的水平距离；对于室内无车道且无人员停留的机械式汽车库内汽车之间的距离应参照其他专业规范执行。

6.0.16 汽车之间以及汽车与墙、柱之间的水平距离应考虑消防安全要求。有些单位只考虑停车，不顾安全，如某大学在一幢 $2000m^2$ 的大礼堂内杂乱地停放了 39 辆汽车；某市公交汽车一场，停放车辆数比原来增加了 3 倍多，车辆停放拥挤，大型铰接车之间的间距仅为 0.4m。在这种情况下，中间的汽车失火时，人员无法进入抢救。国外有的资料提到英国通常采用的停车距离为 0.5～1.0m；苏联《汽车库设计标准的技术规范》，根据汽车不同宽度和长度分别规定了汽车之间的距离为 0.5m～0.7m，汽车与墙、柱之间的距离为 0.3m～0.5m。本条综合研究了各方面的意见，考虑到中间车辆起火，在未疏散前，人员难侧身携带灭火器进入扑救，所以汽车之间以及汽车与墙、柱之间的距离作了不小于 0.3m～0.9m 的规定。

7 消防给水和灭火设施

7.1 消 防 给 水

7.1.1 汽车库、修车库、停车场发生火灾，开始时大多是由汽车着火引起的，但当汽车库着火后，往往汽油燃烧很快结束，接着是汽车本身的可燃材料，如木材、皮革、塑料、棉布、橡胶等继续燃烧。从目前的情况来看，扑灭这些可燃材料的火灾最有效、最经济、最方便的灭火剂，还是用水比较适宜。

在调查国内 15 次汽车库重大火灾案例中，有些汽车库发生火灾初期，群众虽然使用了各种小型灭火器，但当汽车库火烧大了以后，都是消防队利用消防车出水扑救的。在国外汽车库设计中，不少国家在汽车库内设置消防给水系统，将其作为重要的灭火手段。

根据上述情况，本规范对汽车库、修车库、停车场消防给水作了必要的规定。

7.1.2 本条规定耐火等级为一、二级的Ⅳ类修车库和停放车辆不大于 5 辆的一、二级耐火等级的汽车库、停车场，可不设室内、外消防用水，配备一些灭火器即可。

7.1.3 本条按现行国家标准《消防给水及消火栓系统技术规范》GB 50974 的规定，汽车库、修车库、停车场区域内的室外消防给水，采用高压、低压两种给水方式，多数是能够办到的。在城市消防力量较强或企业设有专职消防队时，一般消防队能及时到达火灾现场，故采用低压给水系统是比较经济合理的，只要敷设一些消防给水管道和根据需要安装一些室外消火栓即可；高压制消防给水系统主要是在一些距离城市消防队较远和市政给水管网供水压力不足的情况下才采用的。高压制时，还要增加一套加压设施，以满足灭火所需的压力要求，这样，相应地要增加一些投资，所以在一般情况下是很少采用的。本条对汽车库、修车库、停车场区域室外消防给水系统，规定低压制或高压制均可采用，这样可以根据每个汽车库、修车库、停车场的具体要求和条件灵活选用。

7.1.4 本条对汽车库、修车库的消防用水量作了规定。要求消防用水总量按室内消防给水系统（包括室内消火栓系统和与其同时开放的其他灭火系统，如喷淋或泡沫等）的消防用水量和室外消防给水系统用水量之和计算。在Ⅰ、Ⅱ类多层、地下汽车库内，由于建筑体积大，停车数量多，扑救火灾困难，有时要同时设置室内消火栓和室内自动喷水等几种灭火设备。在计算消防用水量时，一般应将上述几种需要同时开启的设备按水量最大一处叠加计算。这与联合扑救的实际火场情况是相符合的。自动喷水灭火设备无需人员操作，一遇火灾，首先是它起到灭火作用。室内消防给水主要是供本单位职工扑救火灾的；室外消防给水是为公安消防队扑救火灾提供必需的水源，所以它们各有需求，缺一不可。

消防给水是扑救汽车库、修车库火灾的有效保证。火灾时，室内、外消防设备需要同时启动，满足室内、外消防用水量是必须的。如果水量不足，将无法有效控制烟火的蔓延，所以将本条确定为强制性条文。

7.1.5 汽车库、修车库、停车场的室外消防用水量，主要是参照原国家标准《建筑设计防火规范》GB 50016 对丁类仓库的室外消防用水量的有关要求确定的。规定建筑物体积小于 5000m^3 的为 10L/s，5000m^3 相当于Ⅳ类汽车库；建筑物体积大于 5000m^3 但小于 50000m^3 的为 15L/s，相当于Ⅲ类汽车库；建筑物体积大于 50000m^3 的为 20L/s，50000m^3 相当于Ⅰ、Ⅱ类汽车库。

在调查 15 次汽车库重大火灾案例中，消防队一般出车是 2 辆～4 辆，使用水枪 3 支～6 支，某市招待所三级耐火等级的汽车库着火，市消防支队出动消防车 4 辆，使用 4 支水枪（每支水枪出水量约为 5L/s）就将火扑灭。某造船厂一座四级耐火等级的汽车库着火，火场面积 237m^2，当时有 3 辆消防车参加了灭火，用 4 支水枪扑救汽车库火灾，用 2 支水枪保护汽车库附近的总变电所，扑救 20min 就将火灾扑灭，这次用水量约为 30L/s。根据汽车库的规模大小，对汽车库室外用水量确定为 10L/s～20L/s，这与实际情况比较接近。

室外消火栓系统是在火灾情况下，消防队员用来扑救火灾的有效手段，明确汽车库、修车库、停车场必须设置室外消火栓系统及相应的要求是必须的，所以将本条确定为强制性条文。

7.1.6 对汽车库、修车库、停车场室外消防管道、消火栓、消防水泵房的设置没有特殊要求，可按照现行国家标准《消防给水及消火栓系统技术规范》GB 50974 的有关规定执行。对于停车场室外消火栓的位置，本规范规定要沿停车场周边设置，这是因为在停车场中间设置地上式消火栓，容易被汽车撞坏。

本条还根据实践经验，规定了室外消火栓距最近一排汽车不宜小于 7m，是考虑到一旦遇有火情，消防车靠消火栓吸水时，还能留出 3m～4m 的通道，可以供其他车辆通行，不至影响场内车辆的出入。消火栓距离油库或加油站不小于 15m 是考虑油库火灾产生的辐射，不至于影响到消防车的安全。

7.1.7 本条是参照现行国家标准《消防给水及消火栓系统技术规范》GB 50974 的有关规定制订的。在市政消火栓保护半径 150m 以内，距建筑外缘 5m～150m 的市政消火栓可计入建筑室外消火栓的数量，但当为消防水泵接合器供水时，距建筑外缘 5m～40m 的市政消火栓可计入建筑室外消火栓的数量。因为在这个范围内一旦发生火灾，消防车可以利用市政消火栓进行扑救。

7.1.8 汽车库、修车库的室内消防用水量是参照原国家标准《建筑设计防火规范》GB 50016 对性质相类似的工业厂房、仓库消防用水量的规定而确定的，这与目前国内的汽车库实际情况基本相符。

室内消火栓系统是在火灾情况下，扑救初起火灾以及消防队员进入建筑物内部扑救火灾的有效手段，明确汽车库、修车库设置室内消火栓系统及相应的要求是必须的，所以将本条确定为强制性条文。

7.1.9 本条对室内消火栓设计的技术要求作了一些规定，如室内消火栓间距、充实水柱等，这些要求是长期灭火实践形成的经验总结，对有效补救汽车库火灾是必要的。

规定室内消火栓应设置在明显易于取用的地方，以便于用户和消防队及时找到和使用。

室内消火栓的出水方向应便于操作，并创造较好的水力条件，故规定室内消火栓宜与设置消火栓的墙成90°角，栓口离地面高度宜为1.1m。

7.1.10 本条是对汽车库、修车库室内消防管道的设计提出的技术要求，是保障火灾时消防用水正常供给不可缺少的措施。有超过10个室内消火栓的汽车库、修车库，一般规模都比较大，消防用水量也大，采用环状给水管道供水安全性高。因此，要求室内采用环状管道，并有两条进水管与室外管道相连接，以保证供水的可靠性。

7.1.11 为了确保室内消火栓的正常使用，提出了设置阀门的具体要求，以保证在管道检修时仍有部分消火栓能正常使用。

7.1.12 本条规定了4层以上的多层汽车库、高层汽车库及地下汽车库、半地下汽车库要设置水泵接合器的要求，包括室内消火栓系统的水泵接合器和自动喷水灭火系统的水泵接合器。水泵接合器的主要作用是：①一旦火场断电，消防泵不能工作时，由消防车向室内消防管道加压，代替固定泵工作；②万一出现大面积火灾，利用消防车抽吸室外管道或水池的水，补充室内消防用水量。增加这种设备投资不大，但对扑灭汽车库火灾却很有利，具体要求是按照现行国家标准《消防给水及消火栓系统技术规范》GB 50974的有关规定制订的。目前国内公安消防队配备的车辆的供水能力完全可以直接扑救4层以下多层汽车库的火灾。因此，规定4层以下汽车库可不设置消防水泵接合器。

7.1.13 室内消防给水，有时由于市政管网压力和水量不足，需要设置加压设施，并在汽车库屋顶上设置消防水箱，储存一部分消防用水，供扑救初期火灾时使用。考虑到水箱容量太大，在建筑设计中有时处理比较困难，但若太小又势必影响初期火灾的扑救，因此本条对水箱容积作了必要的规定。

7.1.14 为及时启动消防水泵，在水箱内的消防用水尚未用完以前，消防水泵应正常运行。故本条规定在汽车库、修车库内的消防水泵的控制应符合现行国家标准《消防给水及消火栓系统技术规范》GB 50974的有关规定。

7.1.15 在缺少市政给水管网和其他天然水源的情况下，可采用消防水池作为消防水源。消防水池的有效容积应满足火灾延续时间内室内消防给水系统（包括室内消火栓系统和与其同时开放的其他灭火系统，如喷淋或泡沫等）的消防用水量和室外消防用水量之和的要求。

部分地区由于没有市政给水管网和其他天然水源，一旦发生火灾，消防队往往面临无水可用的困境，缺水地区必须建设消防水池，从而保证消防供水，所以，将本条确定为强制性条文。

7.1.16 水池的容量与一次灭火的时间有关，在调查的15次汽车库重大火灾中，绝大部分灭火时间都是2.00h。本条规定消防水池的容量为2.00h之内，与现行国家标准《消防给水及消火栓系统技术规范》GB 50974的规定和实际灭火需要是相符的。

为了减少消防水池的容量，节省投资造价，在不影响消防供水的情况下，水池的容量可以考虑减去火灾延续时间内补充的水量。

7.1.17 消防水池贮水可供固定消防水泵或供消防车水泵取用，为便于消防车取水灭火，消防水池应设取水口或取水井，取水口或取水井的尺寸应满足吸水管的布置、安装、检修和水泵正常工作的要求，为使消防车消防水泵能吸上水，消防水池的水深应保证水泵的吸水高度不大于6m。

消防水池有独立设置的或与其他用水共用水池的，当共用时，为保证消防用水量，消防水池内的消防用水在平时应不作他用，因此，消防用水与其他用水合用的消防水池应采取措施，防止消防用水移作他用，一般可采用下列办法：

（1）其他用水的出水管置于共用水池的消防用水量的最高水位上；

（2）消防用水和其他用水在共用水池隔开，分别设置出水管；

（3）其他用水出水管采用虹吸管形式，在消防用水量的最高水位处留进气孔。

寒冷地区的消防水池应有防冻措施，如在水池上覆土保温，人孔和取水口设双层保温井盖等。

7.2 自动灭火系统

7.2.1 本条规定，除敞开式汽车库、屋面停车场外，Ⅰ、Ⅱ、Ⅲ类地上汽车库，停车数大于10辆的地下、半地下汽车库，机械式汽车库，采用汽车专用升降机作汽车疏散出口的汽车库，Ⅰ类修车库均要设置自动灭火系统。这几种类型的汽车库、修车库的规模大，停车数量多，有的没有车行道，车辆进出靠机械传送，有的设在地下层，疏散和灭火救援极为困难，所以应设置自动灭火系统。

此类汽车库、修车库一旦发生火灾，疏散和扑救困难，易造成重大人身伤亡和财产损失，必须依靠自动灭火系统将初起火灾进行有效控制，所以将本条确定为强制性条文。

7.2.2 对于设置自动灭火系统的汽车库、修车库，除本规范另有规定外，应设置自动喷水灭火系统。根据调查，设置自动喷水灭火系统是及时扑灭火灾、防止火灾蔓延扩大、减少财产损失的有效措施。在进行汽车库、修车库自动喷水灭火系统设计时，火灾危险等级按中危险等级确定。

7.2.3 泡沫-水喷淋系统对于扑救汽车库、修车库火灾具有比自动喷水灭火系统更好的效果，对于Ⅰ类地下、半地下汽车库、Ⅰ类修车库、停车数大于100辆的室内无车道且无人员停留的机械式汽车库等一旦发生火灾扑救难度大的场所，可采用泡沫-水喷淋系统，以提高灭火效力。泡沫-水喷淋系统的设计在现行国家标准《泡沫灭火系统设计规范》GB 50151中已有要求，可以按照执行。

7.2.4 地下汽车库由于是封闭空间，所以可以采用高倍数泡沫灭火系统；对于机械式立体汽车库，由于是一个无人的封闭空间，采取二氧化碳灭火系统灭火效果很好，故本条文对此作了一些规定，在具体设计时，应按照现行国家标准《泡沫灭火系统设计规范》GB 50151、《二氧化碳灭火系统设计规范》GB 50193和《气体灭火系统设计规范》GB 50370中的有关规定执行。

7.2.5 环境温度低于4℃的严寒或寒冷地区，应按照现行国家标准《自动喷水灭火系统设计规范》GB 50084的要求设置干式或预作用系统。但对于环境温度低于4℃时间较短的一些非严寒或寒冷地区，可考虑采用湿式自动喷水灭火系统，但应采用加热保暖等防冻措施，以保证湿式自动喷水灭火系统内不被冻结。

7.2.6 自动喷水灭火系统的设计在现行国家标准《自动喷水灭火系统设计规范》GB 50084中已有具体规定，在设计汽车库、修车库的自动喷水灭火系统时，对喷水强度、作用面积、喷头的工作压力、最大保护面积、最大水平距离等以及自动喷水的用水量都应按《自动喷水灭火系统设计规范》GB 50084的有关规定执行。

除此之外，根据汽车库自身的特点，本条制定了喷头布置的一些特殊要求。绝大多数汽车库的停车位置是固定的，在调查中发现绝大部分的汽车库设置的喷头是按照一般常规做法，根据面积大小和喷头之间的距离均匀布置，结果汽车停放部位不在喷头的直接保护下部，汽车发生火灾，喷头保护不到，灭火效果差。所以本条规定应将喷头布置在停车位上。

机械式汽车库的停车位置既固定又是上、下、左、右、前、后移动的，而且层高比较高，所以本条规定了既要有下喷头又要有侧喷头的布置要求，这是保证机械式汽车库自动喷水灭火系统有效灭火所必须做到的。

错层式、斜楼板式的汽车库，由于防火分区较难分隔，停车区与车道之间也难分隔，在防火分区作了一些适当调整处理，但为了保证这些汽车库的安全，防止火灾的蔓延扩大，在车道、坡道上方加设喷头是一种十分必要的补救措施。

7.2.7 此条是新增条款。规定除室内无车道且无人员停留的机械式汽车库外，汽车库、修车库、停车场应配置灭火器。灭火器的配置设计应符合现行国家标准《建筑灭火器配置设计规范》GB 50140中有关工业建筑灭火器配置场所的危险等级。

中华人民共和国国家标准

人民防空工程设计防火规范

Code for fire protection design of civil air defence works

GB 50098—2009

主编部门：国 家 人 民 防 空 办 公 室
中 华 人 民 共 和 国 公 安 部
批准部门：中华人民共和国住房和城乡建设部
施行日期：2 0 0 9 年 1 0 月 1 日

27

目　次

27

1 总　　则

1.0.1 为了防止和减少人民防空工程（以下简称人防工程）的火灾危害，保护人身和财产的安全，制定本规范。

1.0.2 本规范适用于新建、扩建和改建供下列平时使用的人防工程防火设计：

1 商场、医院、旅馆、餐厅、展览厅、公共娱乐场所、健身体育场所和其他适用的民用场所等；

2 按火灾危险性分类属于丙、丁、戊类的生产车间和物品库房等。

1.0.3 人防工程的防火设计，应遵循国家的有关方针、政策，针对人防工程发生火灾时的特点，立足自防自救，采用可靠的防火措施，做到安全适用、技术先进、经济合理。

1.0.4 人防工程的防火设计，除应符合本规范外，尚应符合国家现行有关标准的规定。

2 术　　语

2.0.1 人民防空工程　civil air defence works

为保障人民防空指挥、通信、掩蔽等需要而建造的防护建筑。人防工程分为单建掘开式工程、坑道工程、地道工程和人民防空地下室等。

2.0.2 单建掘开式工程　cut-and-cover works

单独建设的采用明挖法施工，且大部分结构处于原地表以下的工程。

2.0.3 坑道工程　undermined works with low exit

大部分主体地坪高于最低出入口地面的暗挖工程。多建于山地或丘陵地。

2.0.4 地道工程　undermined works without low exit

大部分主体地坪低于最低出入口地面的暗挖工程。多建于平地。

2.0.5 人民防空地下室　civil air defence basement

为保障人民防空指挥、通信、掩蔽等需要，具有预定防护功能的地下室。

2.0.6 防护单元　protective unit

人防工程中防护设施和内部设备均能自成体系的使用空间。

2.0.7 疏散出口　evacuation exit

用于人员离开某一区域至疏散通道的出口。

2.0.8 安全出口　safe exit

供人员安全疏散用的楼梯间出入口或直通室内外安全区域的出口。

2.0.9 疏散走道　evacuation walk

用于人员疏散通行至安全出口或相邻防火分区的走道。

2.0.10 避难走道　fire-protection evacuation walk

走道两侧为实体防火墙，并设置有防烟等设施，仅用于人员安全通行至室外的走道。

2.0.11 防烟楼梯间　smoke prevention staircase

在楼梯间入口处设置有防烟前室，且通向前室和楼梯间的门均为不低于乙级的防火门的楼梯间。

2.0.12 消防疏散照明　lighting for fire evacuation

当人防工程内发生火灾时，用以确保疏散出口和疏散走道能被有效地辨认和使用，使人员安全撤离危险区的照明。它由消防疏散照明灯和消防疏散标志灯组成。

2.0.13 消防疏散照明灯　light for fire evacuation

当人防工程内发生火灾时，用以确保疏散走道能被有效地辨认和使用的照明灯具。

2.0.14 消防疏散标志灯　marking lamp for fire evacuation

当人防工程内发生火灾时，用以确保疏散出口或疏散方向标志能被有效地辨认的照明灯具。

2.0.15 消防备用照明　reserve lighting for fire risk

当人防工程内发生火灾时，用以确保火灾时仍要坚持工作场所的照明，该照明由备用电源供电。

3 总平面布局和平面布置

3.1 一般规定

3.1.1 人防工程的总平面设计应根据人防工程建设规划、规模、用途等因素，合理确定其位置、防火间距、消防水源和消防车道等。

3.1.2 人防工程内不得使用和储存液化石油气、相对密度（与空气密度比值）大于或等于0.75的可燃气体和闪点小于60℃的液体燃料。

3.1.3 人防工程内不应设置哺乳室、托儿所、幼儿园、游乐厅等儿童活动场所和残疾人员活动场所。

3.1.4 医院病房不应设置在地下二层及以下层，当设置在地下一层时，室内地面与室外出入口地坪高差不应大于10m。

3.1.5 歌舞厅、卡拉OK厅（含具有卡拉OK功能的餐厅）、夜总会、录像厅、放映厅、桑拿浴室（除洗浴部分外）、游艺厅（含电子游艺厅）、网吧等歌舞娱乐放映游艺场所（以下简称歌舞娱乐放映游艺场所），不应设置在地下二层及以下层；当设置在地下一层时，室内地面与室外出入口地坪高差不应大于10m。

3.1.6 地下商店应符合下列规定：

1 不应经营和储存火灾危险性为甲、乙类储存物品属性的商品；

2 营业厅不应设置在地下三层及三层以下；

3 当总建筑面积大于20000m^{2}时，应采用防火墙进行分隔，且防火墙上不得开设门窗洞口，相邻区域确需局部连通时，应采取可靠的防火分隔措施，可选择下列防火分隔方式：

1）下沉式广场等室外开敞空间，下沉式广场应符合本规范第3.1.7条的规定；

2）防火隔间，该防火隔间的墙应为实体防火墙，并应符合本规范第3.1.8条的规定；

3）避难走道，该避难走道应符合本规范第5.2.5条的规定；

4）防烟楼梯间，该防烟楼梯间及前室的门应为火灾时能自动关闭的常开式甲级防火门。

3.1.7 设置本规范第3.1.6条3款1项的下沉式广场时，应符合下列规定：

1 不同防火分区通向下沉式广场安全出口最近边缘之间的水平距离不应小于13m，广场内疏散区域的净面积不应小于169m^2。

2 广场应设置不少于一个直通地坪的疏散楼梯，疏散楼梯的总宽度不应小于相邻最大防火分区通向下沉式广场计算疏散总宽度。

3 当确需设置防风雨棚时，棚不得封闭，并应符合下列规定：

1）四周敞开的面积应大于下沉式广场投影面积的25%，经计算大于40m^2时，可取40m^2；

2）敞开的高度不得小于1m；

3）当敞开部分采用防风雨百叶时，百叶的有效通风排烟面积可按百叶洞口面积的60%计算。

4 本条第1款最小净面积的范围内不得用于除疏散外的其他用途；其他面积的使用，不得影响人员的疏散。

注：疏散楼梯总宽度可包括疏散楼梯宽度和90%的自动扶梯宽度。

3.1.8 设置本规范第3.1.6条3款2项的防火隔间时，应符合下列规定：

1 防火隔间与防火分区之间应设置常开式甲级防火门，并应在发生火灾时能自行关闭；

2 不同防火分区开设在防火隔间墙上的防火门最近边缘之间的水平距离不应小于4m；该门不应计算在该防火分区安全出口的个数和总疏散宽度内；

3 防火隔间装修材料燃烧性能等级应为A级，且不得用于除人员通行外的其他用途。

3.1.9 消防控制室应设置在地下一层，并应邻近直接通向（以下简称直通）地面的安全出口；消防控制室可设置在值班室、变配电室等房间内；当地面建筑设置有消防控制室时，可与地面建筑消防控制室合用。消防控制室的防火分隔应符合本规范第4.2.4条的规定。

3.1.10 柴油发电机房和燃油或燃气锅炉房的设置除应符合现行国家标准《建筑设计防火规范》GB 50016的有关规定外，尚应符合下列规定：

1 防火分区的划分应符合本规范第4.1.1条第3款的规定；

2 柴油发电机房与电站控制室之间的密闭观察窗除应符合密闭要求外，还应达到甲级防火窗的性能；

3 柴油发电机房与电站控制室之间的连接通道处，应设置一道具有甲级防火门耐火性能的门，并应常闭；

4 储油间的设置应符合本规范第4.2.4条的规定。

3.1.11 燃气管道的敷设和燃气设备的使用还应符合现行国家标准《城镇燃气设计规范》GB 50028的有关规定。

3.1.12 人防工程内不得设置油浸电力变压器和其他油浸电气设备。

3.1.13 当人防工程设置直通室外的安全出口的数量和位置受条件限制时，可设置避难走道。

3.1.14 设置在人防工程内的汽车库、修车库，其防火设计应按现行国家标准《汽车库、修车库、停车场设计防火规范》GB 50067的有关规定执行。

3.2 防火间距

3.2.1 人防工程的出入口地面建筑物与周围建筑物之间的防火间距，应按现行国家标准《建筑设计防火规范》GB 50016的有关规定执行。

3.2.2 人防工程的采光窗井与相邻地面建筑的最小防火间距，应符合表3.2.2的规定。

表3.2.2 采光窗井与相邻地面建筑的最小防火间距（m）

防火间距 \ 地面建筑类别和耐火等级 / 人防工程类别	民用建筑			丙、丁、戊类厂房、库房			高层民用建筑		甲、乙类厂房、库房
	一、二级	三级	四级	一、二级	三级	四级	主体	附属	—
丙、丁、戊类生产车间、物品库房	10	12	14	10	12	14	13	6	25
其他人防工程	6	7	9	10	12	14	13	6	25

注：1 防火间距按人防工程有窗外墙与相邻地面建筑外墙的最近距离计算；

2 当相邻的地面建筑物外墙为防火墙时，其防火间距不限。

3.3 耐火极限

3.3.1 除本规范另有规定者外，人防工程的耐火极限应符合现行国家标准《建筑设计防火规范》GB 50016的相应规定。

4 防火、防烟分区和建筑构造

4.1 防火和防烟分区

4.1.1 人防工程内应采用防火墙划分防火分区，当采用防火墙确有困难时，可采用防火卷帘等防火分隔设施分隔，防火分区划分应符合下列要求：

1 防火分区应在各安全出口处的防火门范围内划分；

2 水泵房、污水泵房、水池、厕所、盥洗间等无可燃物的房间，其面积可不计入防火分区的面积之内；

3 与柴油发电机房或锅炉房配套的水泵间、风机房、储油间等，应与柴油发电机房或锅炉房一起划分为一个防火分区；

4 防火分区的划分宜与防护单元相结合；

5 工程内设置有旅店、病房、员工宿舍时，不得设置在地下二层及以下层，并应划分为独立的防火分区，且疏散楼梯不得与其他防火分区的疏散楼梯共用。

4.1.2 每个防火分区的允许最大建筑面积，除本规范另有规定者外，不应大于500m²。当设置有自动灭火系统时，允许最大建筑面积可增加1倍；局部设置时，增加的面积可按该局部面积的1倍计算。

4.1.3 商业营业厅、展览厅、电影院和礼堂的观众厅、溜冰馆、游泳馆、射击馆、保龄球馆等防火分区划分应符合下列规定：

1 商业营业厅、展览厅等，当设置有火灾自动报警系统和自动灭火系统，且采用A级装修材料装修时，防火分区允许最大建筑面积不应大于2000m²；

2 电影院、礼堂的观众厅，防火分区允许最大建筑面积不应大于1000m²。当设置有火灾自动报警系统和自动灭火系统时，其允许最大建筑面积也不得增加；

3 溜冰馆的冰场、游泳馆的游泳池、射击馆的靶道区、保龄球馆的球道区等，其面积可不计入溜冰馆、游泳馆、射击馆、保龄球馆的防火分区面积内。溜冰馆的冰场、游泳馆的游泳池、射击馆的靶道区等，其装修材料应采用A级。

4.1.4 丙、丁、戊类物品库房的防火分区允许最大建筑面积应符合表4.1.4的规定。当设置有火灾自动报警系统和自动灭火系统时，允许最大建筑面积可增加1倍；局部设置时，增加的面积可按该局部面积的1倍计算。

表4.1.4 丙、丁、戊类物品库房防火分区允许最大建筑面积（m²）

储存物品类别		防火分区最大允许建筑面积
丙	闪点≥60℃的可燃液体	150
	可燃固体	300
丁		500
戊		1000

4.1.5 人防工程内设置有内挑台、走马廊、开敞楼梯和自动扶梯等上下连通层时，其防火分区面积应按上下层相连通的面积计算，其建筑面积之和应符合本规范的有关规定，且连通的层数不宜大于2层。

4.1.6 当人防工程地面建有建筑物，且与地下一、二层有中庭相通或地下一、二层有中庭相通时，防火分区面积应按上下多层相连通的面积叠加计算；当超过本规范规定的防火分区最大允许建筑面积时，应符合下列规定：

1 房间与中庭相通的开口部位应设置火灾时能自行关闭的甲级防火门窗；

2 与中庭相通的过厅、通道等处，应设置甲级防火门或耐火极限不低于3h的防火卷帘；防火门或防火卷帘应能在火灾时自动关闭或降落；

3 中庭应按本规范第6.3.1条的规定设置排烟设施。

4.1.7 需设置排烟设施的部位，应划分防烟分区，并应符合下列规定：

1 每个防烟分区的建筑面积不宜大于500m²，但当从室内地面至顶棚或顶板的高度在6m以上时，可不受此限；

2 防烟分区不得跨越防火分区。

4.1.8 需设置排烟设施的走道、净高不超过6m的房间，应采用挡烟垂壁、隔墙或从顶棚突出不小于0.5m的梁划分防烟分区。

4.2 防火墙和防火分隔

4.2.1 防火墙应直接设置在基础上或耐火极限不低于3h的承重构件上。

4.2.2 防火墙上不宜开设门、窗、洞口，当需要开设时，应设置能自行关闭的甲级防火门、窗。

4.2.3 电影院、礼堂的观众厅与舞台之间的墙，耐火极限不应低于2.5h，观众厅与舞台之间的舞台口应符合本规范第7.2.3条的规定；电影院放映室（卷片室）应采用耐火极限不低于1h的隔墙与其他部位隔开，观察窗和放映孔应设置阻火闸门。

4.2.4 下列场所应采用耐火极限不低于2h的隔墙和

1.5h的楼板与其他场所隔开，并应符合下列规定：

1 消防控制室、消防水泵房、排烟机房、灭火剂储瓶室、变配电室、通信机房、通风和空调机房、可燃物存放量平均值超过30kg/m²火灾荷载密度的房间等，墙上应设置常闭的甲级防火门；

2 柴油发电机房的储油间，墙上应设置常闭的甲级防火门，并应设置高150mm的不燃烧、不渗漏的门槛，地面不得设置地漏；

3 同一防火分区内厨房、食品加工等用火用电用气场所，墙上应设置不低于乙级的防火门，人员频繁出入的防火门应设置火灾时能自动关闭的常开式防火门；

4 歌舞娱乐放映游艺场所，且一个厅、室的建筑面积不应大于200m²，隔墙上应设置不低于乙级的防火门。

4.3 装修和构造

4.3.1 人防工程的内部装修应按现行国家标准《建筑内部装修设计防火规范》GB 50222的有关规定执行。

4.3.2 人防工程的耐火等级应为一级，其出入口地面建筑物的耐火等级不应低于二级。

4.3.3 本规范允许使用的可燃气体和丙类液体管道，除可穿过柴油发电机房、燃油锅炉房的储油间与机房间的防火墙外，严禁穿过防火分区之间的防火墙；当其他管道需要穿过防火墙时，应采用防火封堵材料将管道周围的空隙紧密填塞，通风和空气调节系统的风管还应符合本规范第6.7.6条的规定。

4.3.4 通过防火墙或设置有防火门的隔墙处的管道和管线沟，应采用不燃材料将通过处的空隙紧密填塞。

4.3.5 变形缝的基层应采用不燃材料，表面层不应采用可燃或易燃材料。

4.4 防火门、窗和防火卷帘

4.4.1 防火门、防火窗应划分为甲、乙、丙三级。

4.4.2 防火门的设置应符合下列规定：

1 位于防火分区分隔处安全出口的门应为甲级防火门；当使用功能上确实需要采用防火卷帘分隔时，应在其旁设置与相邻防火分区的疏散走道相通的甲级防火门；

2 公共场所的疏散门应向疏散方向开启，并在关闭后能从任何一侧手动开启；

3 公共场所人员频繁出入的防火门，应采用能在火灾时自动关闭的常开式防火门；平时需要控制人员随意出入的防火门，应设置火灾时不需使用钥匙等任何工具即能从内部易于打开的常闭防火门，并应在明显位置设置标识和使用提示；其他部位的防火门，宜选用常闭的防火门；

4 用防护门、防护密闭门、密闭门代替甲级防火门时，其耐火性能应符合甲级防火门的要求；且不得用于平战结合公共场所的安全出口处；

5 常开的防火门应具有信号反馈的功能。

4.4.3 用防火墙划分防火分区有困难时，可采用防火卷帘分隔，并应符合下列规定：

1 当防火分隔部位的宽度不大于30m时，防火卷帘的宽度不应大于10m；当防火分隔部位的宽度大于30m时，防火卷帘的宽度不应大于防火分隔部位宽度的1/3，且不应大于20m；

2 防火卷帘的耐火极限不应低于3h；

当防火卷帘的耐火极限符合现行国家标准《门和卷帘耐火试验方法》GB 7633有关背火面温升的判定条件时，可不设置自动喷水灭火系统保护；

当防火卷帘的耐火极限符合现行国家标准《门和卷帘耐火试验方法》GB 7633有关背火面辐射热的判定条件时，应设置自动喷水灭火系统保护；自动喷水灭火系统的设计应符合现行国家标准《自动喷水灭火系统设计规范》GB 50084的有关规定，但其火灾延续时间不应小于3h；

3 防火卷帘应具有防烟性能，与楼板、梁和墙、柱之间的空隙应采用防火封堵材料封堵；

4 在火灾时能自动降落的防火卷帘，应具有信号反馈的功能。

5 安全疏散

5.1 一般规定

5.1.1 每个防火分区安全出口设置的数量，应符合下列规定之一：

1 每个防火分区的安全出口数量不应少于2个；

2 当有2个或2个以上防火分区相邻，且将相邻防火分区之间防火墙上设置的防火门作为安全出口时，防火分区安全出口应符合下列规定：

1）防火分区建筑面积大于1000m²的商业营业厅、展览厅等场所，设置通向室外、直通室外的疏散楼梯间或避难走道的安全出口个数不得少于2个；

2）防火分区建筑面积不大于1000m²的商业营业厅、展览厅等场所，设置通向室外、直通室外的疏散楼梯间或避难走道的安全出口个数不得少于1个；

3）在一个防火分区内，设置通向室外、直通室外的疏散楼梯间或避难走道的安全出口宽度之和，不宜小于本规范第5.1.6条规定的安全出口总宽度的70%。

3 建筑面积不大于500m²，且室内地面与室外出入口地坪高差不大于10m，容纳人数不大于30人的防火分区，当设置有仅用于采光或进风用的竖井，且竖井内有金属梯直通地面、防火分区通向竖井处设置有不低于乙级的常闭防火门时，可只设置一个通向室外、直通室外的疏散楼梯间或避难走道的安全出口；也可设置一个与相邻防火分区相通的防火门；

4 建筑面积不大于200m²，且经常停留人数不超过3人的防火分区，可只设置一个通向相邻防火分区的防火门。

5.1.2 房间建筑面积不大于50m²，且经常停留人数不超过15人时，可设置一个疏散出口。

5.1.3 歌舞娱乐放映游艺场所的疏散应符合下列规定：

1 不宜布置在袋形走道的两侧或尽端，当必须布置在袋形走道的两侧或尽端时，最远房间的疏散门到最近安全出口的距离不应大于9m；一个厅、室的建筑面积不应大于200m²；

2 建筑面积大于50m²的厅、室，疏散出口不应少于2个。

5.1.4 每个防火分区的安全出口，宜按不同方向分散设置；当受条件限制需要同方向设置时，两个安全出口最近边缘之间的水平距离不应小于5m。

5.1.5 安全疏散距离应满足下列规定：

1 房间内最远点至该房间门的距离不应大于15m；

2 房间门至最近安全出口的最大距离：医院应为24m；旅馆应为30m；其他工程应为40m。位于袋形走道两侧或尽端的房间，其最大距离应为上述相应距离的一半；

3 观众厅、展览厅、多功能厅、餐厅、营业厅和阅览室等，其室内任意一点到最近安全出口的直线距离不宜大于30m；当该防火分区设置有自动喷水灭火系统时，疏散距离可增加25%。

5.1.6 疏散宽度的计算和最小净宽应符合下列规定：

1 每个防火分区安全出口的总宽度，应按该防火分区设计容纳总人数乘以疏散宽度指标计算确定，疏散宽度指标应按下列规定确定：

1）室内地面与室外出入口地坪高差不大于10m的防火分区，疏散宽度指标应为每100人不小于0.75m；

2）室内地面与室外出入口地坪高差大于10m的防火分区，疏散宽度指标应为每100人不小于1.00m；

3）人员密集的厅、室以及歌舞娱乐放映游艺场所，疏散宽度指标应为每100人不小于1.00m；

2 安全出口、疏散楼梯和疏散走道的最小净宽应符合表5.1.6的规定。

表 5.1.6 安全出口、疏散楼梯和疏散走道的最小净宽（m）

工程名称	安全出口和疏散楼梯净宽	疏散走道净宽	
		单面布置房间	双面布置房间
商场、公共娱乐场所、健身体育场所	1.40	1.50	1.60
医院	1.30	1.40	1.50
旅馆、餐厅	1.10	1.20	1.30
车间	1.10	1.20	1.50
其他民用工程	1.10	1.20	—

5.1.7 设置有固定座位的电影院、礼堂等的观众厅，其疏散走道、疏散出口等应符合下列规定：

1 厅内的疏散走道净宽应按通过人数每100人不小于0.80m计算，且不宜小于1.00m；边走道的净宽不应小于0.80m；

2 厅的疏散出口和厅外疏散走道的总宽度，平坡地面应分别按通过人数每100人不小于0.65m计算，阶梯地面应分别按通过人数每100人不小于0.80m计算；疏散出口和疏散走道的净宽均不应小于1.40m；

3 观众厅座位的布置，横走道之间的排数不宜大于20排，纵走道之间每排座位不宜大于22个；当前后排座位的排距不小于0.90m时，每排座位可为44个；只一侧有纵走道时，其座位数应减半；

4 观众厅每个疏散出口的疏散人数平均不应大于250人；

5 观众厅的疏散门，宜采用推闩式外开门。

5.1.8 公共疏散出口处内、外1.40m范围内不应设置踏步，门必须向疏散方向开启，且不应设置门槛。

5.1.9 地下商店每个防火分区的疏散人数，应按该防火分区内营业厅使用面积乘以面积折算值和疏散人数换算系数确定。面积折算值宜为70%，疏散人数换算系数应按表5.1.9确定。经营丁、戊类物品的专业商店，可按上述确定的人数减少50%。

表 5.1.9 地下商店营业厅内的疏散人数换算系数（人/m²）

楼层位置	地下一层	地下二层
换算系数	0.85	0.80

5.1.10 歌舞娱乐放映游艺场所最大容纳人数应按该场所建筑面积乘以人员密度指标来计算，其人员密度指标应按下列规定确定：

1 录像厅、放映厅人员密度指标为1.0人/m²；

2 其他歌舞娱乐放映游艺场所人员密度指标为0.5人/m^2。

5.2 楼梯、走道

5.2.1 设有下列公共活动场所的人防工程，当底层室内地面与室外出入口地坪高差大于10m时，应设置防烟楼梯间；当地下为两层，且地下第二层的室内地面与室外出入口地坪高差不大于10m时，应设置封闭楼梯间。

1 电影院、礼堂；

2 建筑面积大于500m^2的医院、旅馆；

3 建筑面积大于1000m^2的商场、餐厅、展览厅、公共娱乐场所、健身体育场所。

5.2.2 封闭楼梯间应采用不低于乙级的防火门；封闭楼梯间的地面出口可用于天然采光和自然通风，当不能采用自然通风时，应采用防烟楼梯间。

5.2.3 人民防空地下室的疏散楼梯间，在主体建筑地面首层应采用耐火极限不低于2h的隔墙与其他部位隔开并应直通室外；当必须在隔墙上开门时，应采用不低于乙级的防火门。

人民防空地下室与地上层不应共用楼梯间；当必须共用楼梯间时，应在地面首层与地下室的入口处，设置耐火极限不低于2h的隔墙和不低于乙级的防火门隔开，并应有明显标志。

5.2.4 防烟楼梯间前室的面积不应小于6m^2；当与消防电梯间合用前室时，其面积不应小于10m^2。

5.2.5 避难走道的设置应符合下列规定：

1 避难走道直通地面的出口不应少于2个，并应设置在不同方向；当避难走道只与一个防火分区相通时，避难走道直通地面的出口可设置一个，但该防火分区至少应有一个不通向该避难走道的安全出口；

2 通向避难走道的各防火分区人数不等时，避难走道的净宽不应小于设计容纳人数最多一个防火分区通向避难走道各安全出口最小净宽之和；

3 避难走道的装修材料燃烧性能等级应为A级；

4 防火分区至避难走道入口处应设置前室，前室面积不应小于6m^2，前室的门应为甲级防火门；其防烟应符合本规范第6.2节的规定；

5 避难走道的消火栓设置应符合本规范第7章的规定；

6 避难走道的火灾应急照明应符合本规范第8.2节的规定；

7 避难走道应设置应急广播和消防专线电话。

5.2.6 疏散走道、疏散楼梯和前室，不应有影响疏散的突出物；疏散走道应减少曲折，走道内不宜设置门槛、阶梯；疏散楼梯的阶梯不宜采用螺旋楼梯和扇形踏步，但踏步上下两级所形成的平面角小于10°，且每级离扶手0.25m处的踏步宽度大于0.22m时，可不受此限。

5.2.7 疏散楼梯间在各层的位置不应改变；各层人数不等时，其宽度应按该层及以下层中通过人数最多的一层计算。

7 消防给水、排水和灭火设备

7.1 一般规定

7.1.1 消防用水可由市政给水管网、水源井、消防水池或天然水源供给。利用天然水源时，应确保枯水期最低水位时的消防用水量，并应设置可靠的取水设施。

7.1.2 采用市政给水管网直接供水，当消防用水量达到最大时，其水压应满足室内最不利点灭火设备的要求。

7.2 灭火设备的设置范围

7.2.1 下列人防工程和部位应设置室内消火栓：

1 建筑面积大于300m^2的人防工程；

2 电影院、礼堂、消防电梯间前室和避难走道。

7.2.2 下列人防工程和部位宜设置自动喷水灭火系统；当有困难时，也可设置局部应用系统，局部应用系统应符合现行国家标准《自动喷水灭火系统设计规范》GB 50084的有关规定。

1 建筑面积大于100m^2，且小于或等于500m^2的地下商店和展览厅；

2 建筑面积大于100m^2，且小于或等于1000m^2的影剧院、礼堂、健身体育场所、旅馆、医院等；建筑面积大于100m^2，且小于或等于500m^2的丙类库房。

7.2.3 下列人防工程和部位应设置自动喷水灭火系统：

1 除丁、戊类物品库房和自行车库外，建筑面积大于500m^2丙类库房和其他建筑面积大于1000m^2的人防工程；

2 大于800个座位的电影院和礼堂的观众厅，且吊顶下表面至观众席室内地面高度不大于8m时；舞台使用面积大于200m^2时；观众厅与舞台之间的台口宜设置防火幕或水幕分隔；

3 符合本规范第4.4.3条第2款规定的防火卷帘；

4 歌舞娱乐放映游艺场所；

5 建筑面积大于500m^2的地下商店和展览厅；

6 燃油或燃气锅炉房和装机总容量大于300kW柴油发电机房。

7.2.4 下列部位应设置气体灭火系统或细水雾灭火系统：

1 图书、资料、档案等特藏库房；

2 重要通信机房和电子计算机机房；

3 变配电室和其他特殊重要的设备房间。

7.2.5 营业面积大于 500m² 的餐饮场所，其烹饪操作间的排油烟罩及烹饪部位应设置自动灭火装置，且应在燃气或燃油管道上设置紧急事故自动切断装置。

7.2.6 人防工程应配置灭火器，灭火器的配置设计应符合现行国家标准《建筑灭火器配置设计规范》GB 50140 的有关规定。

7.3 消防用水量

7.3.1 设置室内消火栓、自动喷水等灭火设备的人防工程，其消防用水量应按需要同时开启的上述设备用水量之和计算。

7.3.2 室内消火栓用水量，应符合表 7.3.2 的规定。

表 7.3.2 室内消火栓最小用水量

工程类别	体积V（m³）	同时使用水枪数量（支）	每支水枪最小流量（L/s）	消火栓用水量（L/s）
展览厅、影剧院、礼堂、健身体育场所等	V≤1000	1	5	5
	1000＜V≤2500	2	5	10
	V＞2500	3	5	15
商场、餐厅、旅馆、医院等	V≤5000	1	5	5
	5000＜V≤10000	2	5	10
	10000＜V≤25000	3	5	15
	V＞25000	4	5	20
丙、丁、戊类生产车间、自行车库	≤2500	1	5	5
	＞2500	2	5	10
丙、丁、戊类物品库房、图书资料档案库	≤3000	1	5	5
	＞3000	2	5	10

注：消防软管卷盘的用水量可不计算入消防用水量中。

7.3.3 人防工程内自动喷水灭火系统的用水量，应按现行国家标准《自动喷水灭火系统设计规范》GB 50084 的有关规定执行。

7.4 消 防 水 池

7.4.1 具有下列情况之一者应设置消防水池：

1 市政给水管道、水源井或天然水源不能满足消防用水量；

2 市政给水管道为枝状或人防工程只有一条进水管。

7.4.2 消防水池的设置应符合下列规定：

1 消防水池的有效容积应满足在火灾延续时间内室内消防用水总量的要求；火灾延续时间应符合下列规定：

1）建筑面积小于 3000m² 的单建掘开式、坑道、地道人防工程消火栓灭火系统火灾延续时间应按 1h 计算；

2）建筑面积大于或等于 3000m² 的单建掘开式、坑道、地道人防工程消火栓灭火系统火灾延续时间应按 2h 计算；改建人防工程有困难时，可按 1h 计算；

3）防空地下室消火栓灭火系统的火灾延续时间应与地面工程一致；

4）自动喷水灭火系统火灾延续时间应符合现行国家标准《自动喷水灭火系统设计规范》GB 50084 的有关规定；

2 消防水池的补水量应经计算确定，补水管的设计流速不宜大于 2.5m/s；在火灾情况下能保证连续向消防水池补水时，消防水池的容积可减去火灾延续时间内补充的水量；

3 消防水池的补水时间不应大于 48h；

4 消防用水与其他用水合用的水池，应有确保消防用水量的措施；

5 消防水池可设置在人防工程内，也可设置在人防工程外，严寒和寒冷地区的室外消防水池应有防冻措施；

6 容积大于 500m³ 的消防水池，应分成两个能独立使用的消防水池。

7.5 水泵接合器和室外消火栓

7.5.1 当人防工程内消防用水总量大于 10L/s 时，应在人防工程外设置水泵接合器，并应设置室外消火栓。

7.5.2 水泵接合器和室外消火栓的数量，应按人防工程内消防用水总量确定，每个水泵接合器和室外消火栓的流量应按（10～15）L/s 计算。

7.5.3 水泵接合器和室外消火栓应设置在便于消防车使用的地点，距人防工程出入口不宜小于 5m；室外消火栓距路边不宜大于 2m，水泵接合器与室外消火栓的距离不应大于 40m。

水泵接合器和室外消火栓应有明显的标志。

7.6 室内消防给水管道、室内消火栓和消防水箱

7.6.1 室内消防给水管道的设置应符合下列规定：

1 室内消防给水管道宜与其他用水管道分开设置；当有困难时，消火栓给水管道可与其他给水管道

合用，但当其他用水达到最大小时流量时，应仍能供应全部消火栓的消防用水量；

2 当室内消火栓总数大于10个时，其给水管道应布置成环状，环状管网的进水管宜设置两条，当其中一条进水管发生故障时，另一条应仍能供应全部消火栓的消防用水量；

3 在同层的室内消防给水管道，应采用阀门分成若干独立段，当某段损坏时，停止使用的消火栓数不应大于5个；阀门应有明显的启闭标志；

4 室内消火栓给水管道应与自动喷水灭火系统的给水管道分开独立设置。

7.6.2 室内消火栓的设置应符合下列规定：

1 室内消火栓的水枪充实水柱应通过水力计算确定，且不应小于10m；

2 消火栓栓口的出水压力大于0.50MPa时，应设置减压装置；

3 室内消火栓的间距应由计算确定；当保证同层相邻有两支水枪的充实水柱同时到达被保护范围内的任何部位时，消火栓的间距不应大于30m；当保证有一支水枪的充实水柱到达室内任何部位时，不应大于50m；

4 室内消火栓应设置在明显易于取用的地点；消火栓的出水方向宜向下或与设置消火栓的墙面相垂直；栓口离室内地面高度宜为1.1m；同一工程内应采用统一规格的消火栓、水枪和水带，每根水带长度不应大于25m；

5 设置有消防水泵给水系统的每个消火栓处，应设置直接启动消防水泵的按钮，并应有保护措施；

6 室内消火栓处应同时设置消防软管卷盘，其安装高度应便于使用，栓口直径宜为25mm，喷嘴口径不宜小于6mm，配备的胶带内径不宜小于19mm。

7.6.3 单建掘开式、坑道式、地道式人防工程当不能设置高位消防水箱时，宜设置气压给水装置。气压罐的调节容积：消火栓系统不应小于300L，喷淋系统不应小于150L。

7.7 消防水泵

7.7.1 室内消火栓给水系统和自动喷水灭火系统，应分别独立设置供水泵；供水泵应设置备用泵，备用泵的工作能力不应小于最大一台供水泵。

7.7.2 每台消防水泵应设置独立的吸水管，并宜采用自灌式吸水，吸水管上应设置阀门，出水管上应设置试验和检查用的压力表和放水阀门。

7.8 消防排水

7.8.1 设置有消防给水的人防工程，必须设置消防排水设施。

7.8.2 消防排水设施宜与生活排水设施合并设置，兼作消防排水的生活污水泵（含备用泵），总排水量应满足消防排水量的要求。

中华人民共和国国家标准

人民防空工程设计防火规范

GB 50098—2009

条　文　说　明

27

目　次

1 总　　则

1.0.1 人防工程是具有特殊功能的地下建筑，其建设使用不但要满足战时的功能需要，贯彻"长期准备、重点建设、平战结合"的战略方针，同时，要与城市的经济建设协调发展，努力适应不断发展变化的新形式。

我国人防工程建设面积不断增长，大量的大、中型人防工程相继在全国各地建成，并投入使用，防火设计已积累了较丰富的经验，相关的防火规范相继均进行了修改，故适时修改完善原规范内容，并在人防工程设计中贯彻这些防火要求，对于防止和减少人防工程火灾的危害，保护人身和财产的安全，是十分必要的、及时的。

1.0.2 根据调查统计和当前的实际情况，规定了适用于新建、扩建、改建人防工程平时的使用用途。

公共娱乐场所一般指：礼堂、多功能厅、歌舞厅、卡拉OK厅（含具有卡拉OK功能的餐厅）、夜总会、录像厅、放映厅、桑拿浴室（除洗浴部分外）、游艺厅（含电子游艺厅）、网吧等歌舞娱乐放映游艺场所等；

健身体育场所一般指：溜冰馆、游泳馆、体育馆、保龄球馆、射击馆等。

为了确保人防工程的安全，人防工程不能用作甲、乙类生产车间和物品库房，只适用于丙、丁、戊类生产车间和物品库房，物品库房包括图书资料档案库和自行车库。

1.0.3 本条规定在工程防火设计中，除了应执行本规范所规定的消防技术要求外，还应遵循国家有关方针、政策。根据人防工程的火灾特点，采取可靠的防火措施。

根据人防工程的平时使用情况和火灾特点，在新建、扩建、改建时要做好防火设计，采取可靠措施，利用先进技术，预防火灾发生，一旦发生火灾，做到立足自救，即由工程内部人员利用火灾自动报警系统、自动喷水灭火系统、消防水源、防排烟设施、消防应急照明等条件，完成疏散和灭火的任务，把火灾扑灭在初期阶段。

1.0.4 人防工程的防火设计涉及面较广，除符合本规范外，国家标准如《人民防空工程设计规范》GB 50225、《人民防空地下室设计规范》GB 50038、《建筑内部装修设计防火规范》GB 50222、《汽车库、修车库和停车场设计防火规范》GB 50067 等都是应当遵循的。

2 术　　语

2.0.8 本条明确了安全出口的规定。

供人员安全疏散用的楼梯间指的是：封闭楼梯间、防烟楼梯间和符合疏散要求的其他楼梯间等。

直通室内外安全区域指的是：避难走道、用防火墙分隔的相邻防火分区和符合安全要求的室外地坪等。

2.0.11 本条明确了人防工程防烟楼梯间的规定。

防烟楼梯间是在发生火灾时防止烟和热气进入楼梯间的安全措施。通常情况下，由于人防工程布局和防护的特点，其防烟楼梯间的设置很难达到设置自然排烟的条件，正常做法是在楼梯间入口处设置防烟前室，并对楼梯间和前室采取机械加压送风措施，防止烟和热气进入楼梯间，保证疏散安全。

3 总平面布局和平面布置

3.1 一 般 规 定

3.1.1 本条对人防工程的总平面设计提出了原则的规定。强调了人防工程与城市建设的结合，特别是与消防有关的地面出入口建筑、防火间距、消防水源、消防车道等应充分考虑，以便合理确定人防工程主体及出入口地面建筑的位置。

3.1.2 液化石油气和相对密度（与空气密度的比值）大于或等于0.75的可燃气体一旦泄漏，极容易积聚在室内地面，不易排出工程外，故明确规定不得在人防工程内使用和储存。

闪点小于60℃的液体，挥发性高，火灾危险性大，故规定不得在人防工程内使用。

3.1.3 婴幼儿、儿童和残疾人员缺乏逃生自救能力，尤其是在人防地下工程疏散更为困难，因此，规定这些场所不应设置在人防工程内。

3.1.4 医院病房里的病人由于病情、体质等因素，疏散比较困难，所以对上述场所的设置层数作出了限制。

3.1.5 歌舞娱乐放映游艺场所发生火灾时，容易造成群死群伤，为保护人身安全，减少财产损失，对这些场所在地下的设置位置作了规定。

当设置在地下一层时，如果垂直疏散距离过大，也无法保证人员安全疏散，故规定室内地面与室外出入口地坪高差不应大于10m。

3.1.6 本条规定了平时作为地下商店使用时的具体要求和做法。

1 火灾危险性为甲、乙类储存物品属性的商品，极易燃烧，难以扑救，故规定不应经营和储存。

2 营业厅不应设置在地下三层及三层以下，主要考虑如果经营和储存的商品数量多，火灾荷载大，再加上垂直疏散距离较长，一旦发生火灾，火灾扑救、烟气排除和人员疏散都较为困难。

3 为最大限度减少火灾的危害，同时考虑使用和经营的需要，并参照国外有关标准和我国商场内的人员密度和管理等多方面情况，对地下商店的总建筑面积规定了：“当总建筑面积大于20000m²时，应采用防火墙进行分隔，且防火墙上不得开设门窗洞口”；但考虑到地下人防工程战时需要连通，平时开发使用也需要连通，故对局部需要连通的部位，提出了几种可供选择的防火分隔技术措施。当然在实际工作中，其他能够确保火灾不会通过连通空间蔓延的防火分隔技术措施，经过论证后均可采用。

总建筑面积包括营业、储存及其他配套服务等的建筑面积。

3.1.7 本条针对总建筑面积大于20000m²时，采取下沉式广场分隔措施的做法提出了具体规定。该规定参照了重庆市地方标准《重庆市大型商业建筑设计防火标准》DJB 50-054-2006和上海市消防局“关于印发《上海市公共建筑防火分隔消防设计若干规定（暂行)》的通知”（沪消〔2006〕439号）。

下沉式广场防火分隔示意见图1。

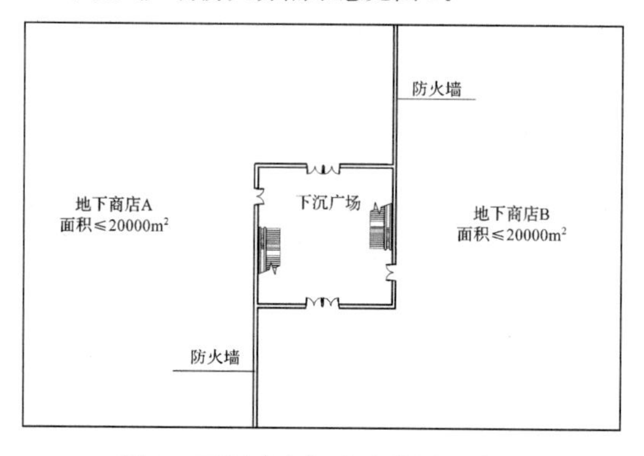

图1 下沉式广场防火分隔示意图

广场内疏散区域的净面积指的是广场内人员应能按疏散方向疏散的区域，不包括如喷水池等建筑小品所占用的面积和商业所占用的面积。

下沉式广场设置防风雨棚示意见图2。

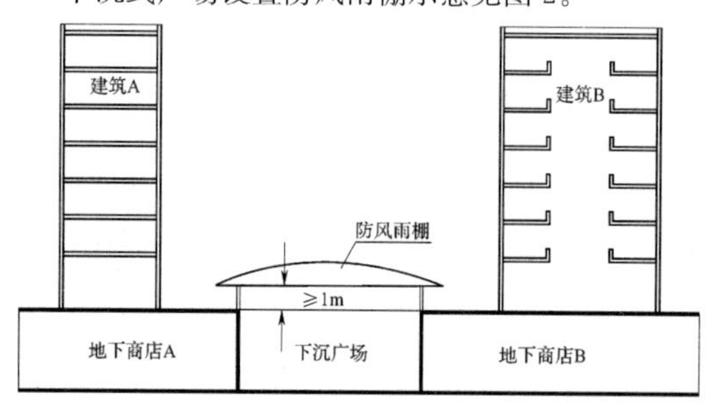

图2 下沉式广场设置防风雨棚示意图

3.1.8 本条针对总建筑面积大于20000m²时，采取防火隔间分隔措施的做法提出了具体规定。该规定参照了重庆市地方标准《重庆市大型商业建筑设计防火标准》DJB 50-054-2006和上海市消防局“关于印发《上海市公共建筑防火分隔消防设计若干规定（暂行)》的通知”（沪消〔2006〕439号）。

防火隔间防火分隔示意见图3。

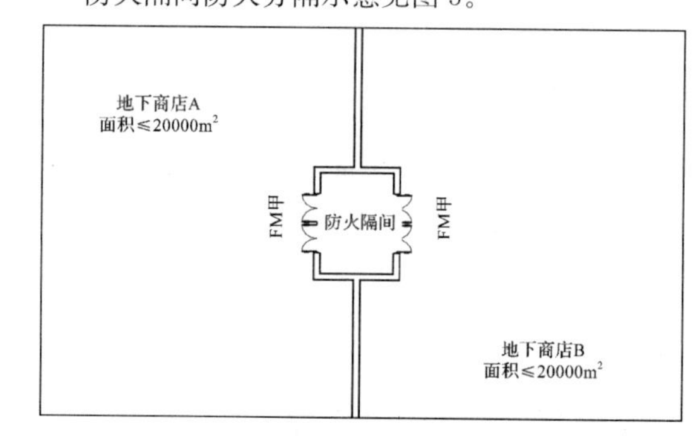

图3 防火隔间防火分隔示意图

防火分区与防火隔间之间设置的常开式甲级防火门，主要用于正常时的连通用，不用于发生火灾时疏散人员用，故不应计入防火分区安全出口的个数和总疏散宽度内，防火分区安全出口的设置应按本规范的有关规定执行。

3.1.9 消防控制室是工程防火、灭火设施的控制中心，也是发生火灾时的指挥中心，值班人员需要在工程内人员基本疏散完后才能最后离开，出入口方便极为重要；故对上述场所设置位置作了规定。

3.1.10 柴油发电机和锅炉的燃料是柴油、重油、燃气等，在采取相应的防火措施，并设置火灾自动报警系统和自动灭火装置后是可以在人防工程内使用的。储油间储油量，燃油锅炉房不应大于1.00m³，柴油发电机房不应大于8h的需要量，其规定是指平时的储油量；战时根据战时的规定确定储油量，不受平时规定的限制；

1 使用燃油、燃气的设备房间有一定的火灾危险性，故需要独立划分防火分区；

2 柴油发电机房与电站控制室属于两个不同的防火分区，故密闭观察窗应达到甲级防火窗的性能，并应符合人防工程密闭的要求；

3 柴油发电机房与电站控制室之间连接通道处的连通门是用于不同防火分区之间分隔用的，除了防护上需要设置密闭门外，需要设置一道甲级防火门，如采用密闭门代替，则其中一道密闭门应达到甲级防火门的性能，由于该门仅操作人员使用，对该门的开启和关闭是熟悉的，故可以采用具有防火功能的密闭门；也可增加设置一道甲级防火门。

3.1.12 油浸电力变压器和油浸电气设备一旦发生故障会造成火灾，这是因为发生故障时会产生电弧，绝缘油在电弧和高温的作用下迅速分解，析出氢气、甲烷和乙烯等可燃气体，压力增加，造成设备外壳破裂，绝缘油流出，析出的可燃气体与空气混合，形成爆炸混合物，在电弧和火花的作用下引起燃烧和爆炸；电力设备外壳破裂后，高温的绝缘油，流到哪里就烧到哪里，致使火灾扩大蔓延，所以本规范规定不得设置。

3.1.13 大型单建掘开式工程和人民防空地下室在城市繁华地区或广场下，由于受地面规划的限制，直通地面的安全出口数量受到限制，根据已有工程的试设计经验，并参考现行国家标准《高层民用建筑设计防火规范》GB 50045有关“避难层”和“防烟楼梯间”的做法，在工程内设置避难走道，在避难走道内，采取有效的技术措施，解决安全疏散问题；坑道和地道工程，由于受工程性质的限制，也采用上述的办法来加以解决。

3.1.14 汽车库的防火设计，应按照现行国家标准《汽车库、修车库和停车场设计防火规范》GB 50067的规定执行。因为平时使用的人防工程汽车库其防火要求与地下汽车库的防火要求是一致的。

3.2 防火间距

3.2.1 本条与相关规范协调一致，所以应执行现行国家标准《建筑设计防火规范》GB 50016的有关规定。

3.2.2 有采光窗井的人防工程其防火间距是按照耐火等级为一级的相应地面建筑所要求的防火间距来考虑的，由于人防工程设置在地下，所以无论人防工程对周围建筑物的影响，还是周围建筑物对人防工程的影响，比起地面建筑相互之间的影响来说都要小，因此按此规定是偏于安全的。

关于排烟竖井，从平时环境保护角度来要求是不允许任意设置的，如较靠近相邻地面建筑物，则排烟竖井应紧贴地面建筑物外墙一直至建筑物的房顶，所以在条文中对“排烟竖井”没有再作出规定。

3.3 耐火极限

3.3.1 除本规范有特别规定外，本规范中涉及的各类生产车间、库房、公共场所以及其他用途场所，其耐火极限应按现行国家标准《建筑设计防火规范》GB 50016对相应建筑或场所耐火极限的有关规定执行。

4 防火、防烟分区和建筑构造

4.1 防火和防烟分区

4.1.1 防火分区之间一般应采用防火墙进行分隔，但有时使用上采用防火墙进行分隔有困难，因此需要采用其他分隔措施，采用防火卷帘分隔是其中措施之一。其他的分隔措施还有防火分隔水幕等。

为了防止火灾的扩大和蔓延，使火灾控制在一定的范围内，减少火灾所带来的损失，人防工程应划分防火分区，防火分区从安全出口处的防火门范围内划分。对于通向地面的安全出口为敞开式或有防风雨棚架，且与相邻地面建筑物的间距等于或大于表3.2.2规定的最小防火间距时，可不设置防火门。

人防工程内的水泵房、水池、厕所、盥洗间等因无可燃物或可燃物甚少，不易产生火灾危险，在划分防火分区时，可将此类房间的面积不计入防火分区的面积之内。

柴油发电机房、锅炉房与各自配套的储油间、水泵间、风机房等，它们均使用液体或气体燃料，所以规定应独立划分防火分区。该防火分区包括柴油发电机房(或锅炉房)和配套的储油间、水泵间、风机房等。

对人防工程内设置旅店、病房、员工宿舍作出了严格的规定，独立的防火分区，且疏散楼梯不得与其他防火分区的疏散楼梯共用，实际上构成了一个独立的工程，目的是与其他防火分区彻底分开，确保人员的安全。

4.1.2 防火分区的划分，既要从限制火灾的蔓延和减少经济损失，又要结合人防工程的使用要求不能过小的角度综合考虑，并做到与相关防火规范相一致，本条规定一个防火分区的最大建筑面积为$500m^2$。当设置有自动灭火系统时，防火分区面积可增加1倍；当局部设置时，增加的面积可按该局部面积的1倍计算。

避难走道由于采取了具体的防火措施，所以它是属于安全区域，不需要划分防火分区，所以在条文中也不作规定。

4.1.3 人防工程内的商业营业厅、展览厅等，从当前实际需要以及人防工程防护单元的划分看，面积控制在$2000m^2$较为合适。

电影院、礼堂等的观众厅，一方面，因功能上的要求，不宜设置防火墙划分防火分区；另一方面，对人防工程来说，像电影院、礼堂这种大厅式工程，规模过大，无论从防火安全上讲，还是从防护上、经济上讲都是不合适的。从上述情况考虑，对人防工程的规模加以限制是必要的。因此规定电影院、礼堂的观众厅作为一个防火分区最大建筑面积不超过$1000m^2$。

溜冰馆的冰场、游泳馆的游泳池、射击馆的靶道区和保龄球馆的球道区等因无可燃物或无人员停留，故可不计入防火分区面积之内。

4.1.4 人防工程内的自行车库属于戊类物品库，摩托车库属于丁类物品库。甲、乙类物品库不准许设置在人防工程内，因为该类物品火灾危险性太大。

4.1.5 在人防工程中，有时因使用功能和空间高度等方面的需要，可能在两层间留出各种开口，如内挑台、走马廊、开敞楼梯和自动扶梯等。火灾时这些开口部位是燃烧蔓延的通道，故本条规定将有开口的上下连通层，作为一个防火分区对待。

4.1.6 该条规定与相关防火规范的规定相一致，对地上与地下相通的中庭，防火分区的面积计算从严规定，以地下防火分区的最大允许建筑面积计算。

本条第2款规定了与中庭的防火分隔可设置甲级防火门或耐火极限不低于3h的防火卷帘，由于中庭的特殊性（不能设置防火墙），故防火卷帘的宽度可根据需要确定。

4.1.7、4.1.8 需要设排烟设施的走道、净高不超过6m的房间，应用挡烟垂壁划分防烟分区。划分防烟分区的目的有两条：一是为了在火灾时，将烟气控制在一定范围内；二是为了提高排烟口的排烟效果。防烟分区用从顶棚下突出不小于0.5m的梁和挡烟垂壁、隔墙来划分。

当顶棚（或顶板）高度为6m时，根据标准发烟量试验得出，在无排烟设施的500m² 防烟分区内，着火3min后，从地板到烟层下端的距离为4m，这就可以看出，在规定的疏散时间里，由于顶棚较高，顶棚下积聚了烟层后，室内的空间仍在比较安全的范围内，对人员的疏散影响不大。因此，大空间的房间只设一个防烟分区，可不再划分。所以本条规定，当工程的顶棚（或顶板）高度不超过6m时要划分防烟分区。

4.2 防火墙和防火分隔

4.2.2 人防工程内发生火灾，烟和火必然通过各种洞口向其他部位蔓延，所以，防火墙上如开设门、窗、洞口，且不采取防火措施，防火墙就失去了防火分隔作用，因此，在防火墙上不宜设置门、窗、洞口。但因功能需要而必须开设时，应设甲级防火门或窗，并应能自行关闭阻火。当然，防火门的耐火极限如能高些，则与防火墙所要求的耐火极限更能匹配些。但因目前经济技术条件所限，尚不易做到，而实践证明，耐火极限为1.2h的甲级防火门，基本上可满足控制或扑救一般火灾所需要的时间。因此，规定采用甲级防火门、窗。

4.2.3 本条对舞台与观众厅之间的舞台口、电影院放映室（卷片室）、观察窗和放映孔作出规定。

4.2.4 本条规定了采用耐火极限不低于2h的隔墙和1.5h的楼板与其他部位隔开的场所。

1 人防工程内的消防控制室、消防水泵房、排烟机房、灭火剂储瓶室、变配电室、通信机房、通风和空调机房等与消防有关的房间是保障工程内防火、灭火的关键部位，必须提高隔墙和楼板的耐火极限，以便在火灾时发挥它们应有的作用；存放可燃物的房间，在一般情况下，可燃物越多，火灾时燃烧得越猛烈，燃烧的时间越长。因此对可燃物较多的房间，提高其隔墙和楼板的耐火极限是应该的。

2 储油间门槛的设置也可采用将储油间地面下负150mm的做法，目的是防止地面渗漏油的外流。

3 食品加工和厨房等集中用火用电用气场所，火灾危险性较大，故要求采用防火分隔措施与其他部位隔开。对于人员频繁出入的防火门，规范要求设置火灾时能自动关闭的防火门的目的是，一旦发生火灾，确保防火门接到火灾信号后能及时关闭，以免火灾向其他场所蔓延。

4 “一个厅、室”是指一个独立的歌舞娱乐放映游艺场所。将其建筑面积限定在200m²，是为了将火灾限制在一定的区域内，减少人员伤亡。

4.3 装修和构造

4.3.1 现行国家标准《建筑内部装修设计防火规范》GB 50222对地下建筑的装修材料有具体的规定，因此人防工程内部装修应按此规范执行。

4.3.2 地下建筑一旦发生火灾，与地面建筑相比，烟和热的排出都比较困难，且火灾燃烧持续时间较长，因此将人防工程的耐火等级定为一级；同时人防工程因有战时使用功能的要求，结构都是较厚的钢筋混凝土，它完全可以满足耐火等级一级的要求。

人防工程的出入口地面建筑是工程的一个组成部分，它是人员出入工程的咽喉要地，其防火上的安全性，将直接影响工程主体内人员疏散的安全，如果按地面建筑的耐火等级来划分，则三、四级耐火等级的出入口地面建筑均有燃烧体构件，一旦着火，对工程内的人员安全疏散会造成威胁。出入口数量越少，这种威胁就越大，为了保证人防工程内人员的安全疏散，本规范规定出入口地面建筑的耐火等级不应低于二级。

4.3.3 可燃气体和丙类液体管道不允许穿过防火墙进入另一个防火分区，只允许在一个防火分区内敷设，这是为了确保一旦发生事故，使事故只局限在一个防火分区内。

其他管道如穿越防火墙，管道和墙之间的缝隙是防火的薄弱处，因此，穿越防火墙的管道应用不燃材料制作，管道周围的空隙应紧密填塞。其保温材料应用不燃材料。

4.3.4 楼板是划分垂直方向防火分区的分隔物；设置有防火门、窗的防火墙，是划分水平方向防火分区的分隔物。它们是阻止火灾蔓延的重要分隔物。必须有严格的要求，才能确保在火灾时充分发挥它的阻火作用。管道或管线沟如穿越防火墙或防火隔墙，与墙之间的缝隙是防火的薄弱处，因此，穿越防火墙或防火隔墙的管道应用不燃材料制作，管道周围的空隙应紧密填塞。其保温材料应用不燃材料。

4.3.5 变形缝在火灾时有拔火作用，一般地下室的变形缝是与它上面的建筑物的变形缝相通的，所以一旦着火，烟气会通过变形缝等竖向缝隙向地面建筑蔓延，因此变形缝的表面装饰层不应采用可燃材料，基层亦应采用不燃材料。

4.4 防火门、窗和防火卷帘

4.4.1 防火门、防火窗是进行防火分隔的措施之一，要求能隔绝烟火，它对防止火灾蔓延，减少火灾损失关系很大，我国将防火门、窗定为甲、乙、丙三级。

4.4.2 根据近年来的火灾案例和相关规范的规定，对本条进行了修改。

1 安全出口位于防火分区分隔处时，应采用甲级防火门分隔，是考虑到防火卷帘不十分可靠，在发生火灾时，有群死群伤在防火卷帘处的案例教训，故规定此款；但考虑到建筑平面布局上的需要，完全禁止用防火卷帘也不可行，故又规定当采用防火卷帘时，必须在旁边设置甲级防火门。

2 疏散门是供人员疏散用，包括设置在人防工程内各房间通向疏散走道的门或安全出口的门。为避免在发生火灾时，由于人群惊慌拥挤而压紧内开门扇，使门无法开启，疏散门应向疏散方向开启；当一些场所人员较少，且对环境及门的开启形式比较熟悉时，疏散门的开启方向可不限。防火门在关闭后能从任何一侧手动开启，是考虑在关闭后可能仍有个别人员未能在关闭前疏散，及外部人员进入着火区进行扑救的需要。用于疏散楼梯和主要通道上的防火门，为达到迅速安全疏散的目的，应使防火门向疏散方向开启。许多火灾实例说明，由于门不向疏散方向开启，在紧急疏散时，使人员堵塞在门前，以致造成重大伤亡。

3 人员频繁出入的防火门，如采用常闭的防火门，往往无法保持常闭状态，且可能遭到破坏，故规定采用常开的防火门更实际、可行，但在发生火灾时，应具有自行关闭和信号反馈的功能；人员不频繁出入或正常情况下不出入人员的防火门，正常情况下可处于关闭状态，故采用常闭防火门是合适的。

4 防护门、防护密闭门或密闭门不便于紧急情况下开启，故明确规定，在公共场所不得采用具有防火功能的防护门、防护密闭门或密闭门代替。公共场所指的是：对工程内部环境不熟悉的人均可进入的场所，如商场、展览厅、歌舞娱乐放映游艺场所等。

对非公共场所的专用人防工程，则没有限制使用，因为工程内的工作人员对具有防火功能的防护门、防护密闭门或密闭门开启和关闭的使用比较熟悉、了解，不会发生无法开启和关闭的情况。

5 要求常开的防火门具有信号反馈功能，是为了使消防值班人员能知道常开防火门的开启情况。

4.4.3 本条主要是针对一些大型人防工程，面积较大，考虑到使用上的需要，在确实难以采用防火墙进行分隔的部位允许采用防火卷帘代替防火墙。但本条对防火卷帘代替防火墙的设置宽度、防火卷帘的耐火极限、防火卷帘安装部位周围缝隙的封堵，以及防火卷帘信号反馈等内容作出了具体规定，其目的是提高防火卷帘作为防火分隔物的可靠性。

防火分隔部位指的是相邻防火分区之间需要进行防火分隔的地方。

5 安全疏散

5.1 一般规定

5.1.1 人防工程安全疏散是一个非常重要的问题。

1 人防工程处在地下，发生火灾时，会产生高温浓烟，且人员疏散方向与烟气的扩散方向有可能相同，人员疏散较为困难。另外排烟和进风完全依靠机械排烟和进风，因此规定每个防火分区安全出口数量不应少于2个。这样当其中一个出口被烟火堵住时，人员还可由另一个出口疏散出去。

2 当人防工程的规模有2个或2个以上的防火分区时，由于人防工程受环境及其他条件限制，有可能满足不了一个防火分区有两个出口都通向室外的疏散出口、直通室外的疏散楼梯间（包括封闭楼梯间和防烟楼梯间）或避难走道，故规定每个防火分区要确保有一个，相邻防火分区上设置的连通口可作为第二安全出口。考虑到大于1000m^2的商业营业厅和展览厅人员较多，故规定不得少于2个。避难走道和直通室外的疏散楼梯间从安全性来讲与直通室外的疏散口是等同的。

规定通向室外的疏散出口、直通室外的疏散楼梯间或避难走道等疏散出口的宽度之和不应小于本规范第5.1.6条规定的安全出口总宽度的70%，目的是防止设计人员将防火分区之间的连通疏散口开设较大，而通向室外的疏散出口、直通室外的疏散楼梯间或避难走道等的宽度开设较小。规定安全出口总宽度70%的理由是：根据第5.1.6条疏散宽度的计算和最小净宽的规定，室内地面与室外出入口地坪高差不大于10m的防火分区，疏散宽度指标为0.75m/百人；该疏散宽度指标已经具有50%的安全系数，故在发生火灾的特殊情况下，70%的安全出口总宽度是可以在3min的疏散时间内将所有人员疏散至非相邻防火分区的安全区域。

人防工程的地下各层一般是由若干个防火分区组成，人员疏散是按每个防火分区分别计算，当相邻防火分区共用一个非相邻防火分区之间的安全出口时，该安全出口的宽度可分别计算到各相邻防火分区安全出口的总宽度内。地下各层不需要计算各层的安全出口总宽度。

3 竖井爬梯疏散比较困难，故对建筑面积和容纳人数都有严格限制，增加了防火分区通向竖井处设置有不低于乙级的常闭防火门，用来阻挡烟气进入竖井。

4 通风和空调机室、排风排烟室、变配电室、库房等建筑面积不超过200m^2的房间，如设置为独立的防火分区，考虑到房间内的操作人员很少，一般不会超过3人，而且他们都很熟悉内部疏散环境，设置一个通向相邻防火分区的防火门，对人员的疏散是不会有问题的，同时也符合当前工程的实际情况。

5.1.2 对于建筑面积不大于 50m² 的房间，一般人员数量较少，疏散比较容易，所以可设置一个疏散出口。

5.1.3 歌舞娱乐放映游艺场所内的房间如果设置在袋形走道的两侧或尽端，不利于人员疏散。

歌舞娱乐放映游艺场所，一个厅、室的出口不应少于 2 个的规定，是考虑到当其中一个疏散出口被烟火封堵时，人员可以通过另一个疏散出口逃生。对于建筑面积小于 50m² 的厅、室，面积不大，人员数量较少，疏散比较容易，所以可设置一个疏散出口。

5.1.4 本条规定安全出口宜按不同方向分散设置，目的是为了避免因为安全出口之间距离太近形成人员疏散集中在一个方向，造成人员拥挤；还可能由于出口同时被烟火堵住，使人员不能脱离危险地区造成重大伤亡事故。故本条规定同方向设置时，两个安全出口之间的距离不应小于 5m。

5.1.5 疏散距离是根据允许疏散时间和人员疏散速度确定的。由于工程中人员密度不同、疏散人员类型不同、工程类型不同及照明条件不同等，所以规定的安全疏散距离也有一定幅度的变化。

1 房间内最远点至房间门口的距离不应大于 15m，这一条是限制房间面积的。

2 平时使用的人防医院，主要是用于外科手术室和急诊病人的临时观察室等，有行动不便的人员，故将安全疏散距离定为 24m。

旅馆内可燃物较多，进入的人员不固定，人员进入人防工程后，一般分不清方位，不易找到安全出口，尤其在睡觉以后发生火灾，疏散迟缓，所以安全疏散距离定为 30m。

其他工程（如商业营业厅、餐厅、展览厅、生产车间等）均为人们白天活动场所，安全疏散距离定为 40m。

袋形走道两侧或尽端房间的最大距离定为上述距离的一半，因为疏散方向只有一个，走错了方向，还要返回。袋形走道安全疏散距离示意图见图 4。

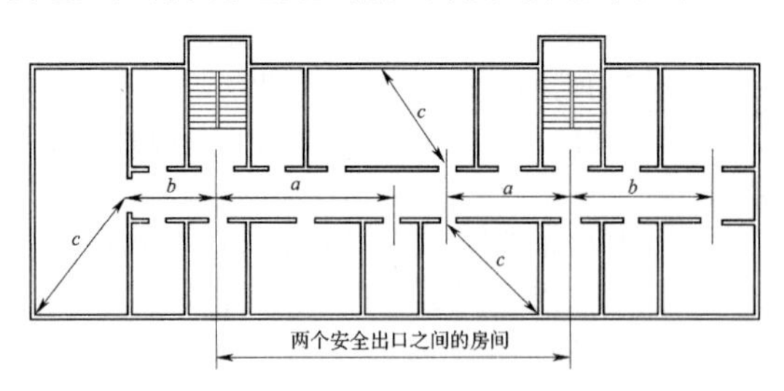

图 4 袋形走道安全疏散距离示意

a—位于两个安全出口之间的房间门至最近安全出口的距离；*b*—位于袋形走道两侧或尽端的房间门至最近安全出口的距离；*c*—房间内最远一点至门口的距离

3 对观众厅、展览厅、多功能厅、餐厅、营业厅和阅览室等，其室内任意一点到最近安全出口的直线距离可按没有设置座位、展板、餐桌、营业柜等来计算直线距离。

5.1.6 人员从着火的防火分区全部疏散出该防火分区的时间要求在 3min 内完成，根据实测数据，阶梯地面每股人流每分钟通过能力为 37 人，单股人流的疏散宽度为 550mm，则每股人流 3min 可疏散 111 人，人防工程均按最不利条件考虑，即均按阶梯地面来计算，其疏散宽度指标为 0.55m/111 人＝0.5m/百人，为了确保人员的疏散安全，增加 50％的安全系数，则一般情况下的疏散宽度指标为 0.75m/百人；对使用层地面与室外出入口地坪高差超过 10m 的防火分区，再加大安全系数，安全系数取 100％，则疏散宽度指标为 1.00m/百人。

人员密集的厅、室以及歌舞娱乐放映游艺场所，疏散宽度指标的规定与相关规范相一致。

5.1.7 在电影院、礼堂内设置固定座位是为了控制使用人数，遇有火灾时，由于人员较多，疏散较为困难，为有利于疏散，对座位之间的纵横走道净宽作了必要的规定。

5.1.8 为了保证疏散时的畅通，防止人员跌倒造成堵塞疏散出口，制定本规定。

5.1.9 人防工程的结构所占面积比一般地下建筑多，且不同抗力等级的工程所占的比例不同，掘开式工程和坑道、地道式工程所占的比例也不同，为了在工程设计中便于操作，本规范不采用“营业厅的建筑面积”，采用了“营业厅的使用面积”作为基础计算依据，按该防火分区内营业厅的使用面积乘以面积折算值和疏散人数换算系数确定。面积折算值根据工程实际使用情况取 70％。

本条所指的“防火分区内营业厅使用面积”包括营业厅内展示货架、柜台、走道等所占用的使用面积，对于处于与营业厅同一个防火分区内的仓储间、设备间、工具间、办公室等房间，则分别计算疏散人数。

本条计算出的疏散人数就是设计容纳人数。

经营丁、戊类物品的专业商店，设计容纳人数可减少 50％，主要是考虑到该类专业商店营业厅内顾客较少，且经营的商品是不燃和难燃的物品。

5.1.10 为保证歌舞娱乐放映游艺场所人员安全疏散，根据我国实际情况，并参考国外有关标准，规定了这些场所的人数计算指标。

5.2 楼梯、走道

5.2.1 人防工程发生火灾时，工程内的人员不可能像地面建筑那样还可以通过阳台或外墙上的门窗，依靠云梯等手段救生，只能通过疏散楼梯垂直向上疏散，因此楼梯间必须安全可靠。

本条规定了设置防烟楼梯间和封闭楼梯间的场所。

5.2.2 人防工程的封闭楼梯间与地面建筑略有差别，封闭楼梯间连通的层数只有两层，垂直高度不大于10m，封闭楼梯间全部在地下，只能采用人工采光或由靠近地坪的出口来天然采光；通风同样可由地面出口来实现自然通风。人防工程的封闭楼梯间一般在单建式人防工程和普通板式住宅中能较容易符合本条的要求；对大型建筑的附建式防空地下室，当封闭楼梯间开设在室内时，就不能满足本条要求，则需设置防烟楼梯间。

5.2.3 为防止地下层烟气和火焰蔓延到上部其他楼层，同时避免上面人员在疏散时误入地下层，本条对地上层和地下层的分隔措施以及指示标志作出具体规定。

5.2.4 本条规定了前室的设置位置和面积指标。

5.2.5 避难走道的设置是为了解决坑、地道工程和大型集团式工程防火设计的需要，这类工程或是疏散距离过长，或是直通室外的出口很难根据一般的规定设置，故作了本条规定。

避难走道和防烟楼梯间的作用是相同的，防烟楼梯间是竖向布置的，而避难走道是水平布置的，人员疏散进入避难走道，就可视为进入安全区域，故避难走道不得用于除人员疏散外的其他用途，避难走道的设置示意见图5。

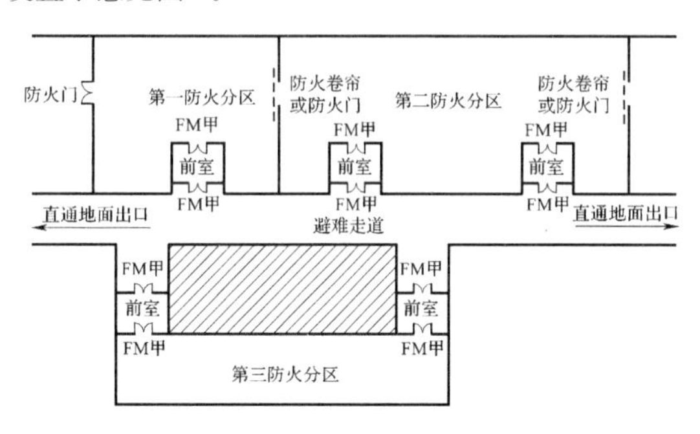

图5　避难走道的设置示意图

避难走道在人防工程内可能较长，为确保人员安全疏散，规定了不应少于2个直通地面的出口；但对避难走道只与一个防火分区相通时，作出了特殊规定。

通向避难走道的防火分区有若干个，人数也不相等，由于只考虑一个防火分区着火，所以避难走道的净宽不应小于设计容纳人数最多一个防火分区通向避难走道安全出口净宽的总和。另外考虑到各安全出口为了平时使用上的需要，往往净宽超过最小疏散宽度的要求，这样会造成避难走道宽度过宽，所以加了限制性用语，即“各安全出口最小净宽之和”。

为了确保避难走道的安全，所以规定装修材料燃烧性能等级应为A级，即不燃材料。

为了便于联系，故要求设置应急广播和消防专线电话。

5.2.6 为了保证疏散走道、疏散楼梯和前室畅通无阻，防止前室兼作他用，故作此条规定。

螺旋形或扇形踏步由于踏步宽度变化，在紧急疏散时人流密集拥挤，容易使人摔倒，堵塞楼梯，故不应采用。

对于螺旋形楼梯和扇形踏步，其踏步上下两级所形成的平面角不大于10°，且每级离扶手0.25m的地方，其宽度超过0.22m时不易发生人员跌跤情况，故不加限制。

5.2.7 疏散楼梯间各层的位置不应改变，要上下直通，否则，上下层楼梯位置错动，紧急情况下人员就会找不到楼梯，特别是地下照明差，更会延误疏散时间。二层以上的人防工程，由于使用情况不同，每层人数往往不相等，所以，其宽度应按该层及以下层中通过人数最多的一层来计算。

7　消防给水、排水和灭火设备

7.1　一般规定

7.1.1 本条对消防给水的水源作出规定。人防工程消防水源的选择，应本着因地制宜、经济合理、安全可靠的原则，采用市政给水管网、人防工程内（外）水源井、消防水池或天然水源均可，并首先考虑直接利用市政给水管网供水。本条又特别强调了利用天然水源时，应确保枯水期最低水位时的消防用水量。在我国许多地区有天然水源，即江、河、湖、泊、池、塘以及暗河、泉水等可利用。但应选择那些离工程较近、水量较大、水质较好、取水方便的天然水源。

在严寒和寒冷地区（采暖地区），利用天然水源时，应保证在冰冻期内仍能供应消防用水。

为了战时供水需要，有些工程设置了战备水源井，也可利用其作为平时消防用水水源。

当市政给水管网、人防工程内（外）水源井和天然水源均不能满足工程消防用水量要求时，必须在工程内或工程外设置消防水池。

7.1.2 人防工程的火灾扑救应立足于自救，消防给水利用市政给水管网直接供水，保证室内消防给水系统的水量和水压十分重要。因此，一定要经过计算，当消防用水量达到最大，如市政给水管网不能满足室内最不利点消防设备的水压要求时，应采取必要的技术措施。

7.2　灭火设备的设置范围

7.2.1 本条规定了室内消火栓的设置范围。

室内消火栓是我国目前室内的主要灭火设备，消火栓设置合理与否，将直接影响灭火效果。在确定消火栓设置范围时，一方面考虑我国人防工程发展现状和经济技术水平，同时参照国外有关地下建筑防火设计标准和规定，吸取了他们的经验。

为使设计人员便于掌握标准，修改为统一用建筑面积 300m² 界定设置范围。电影院、礼堂、消防电梯间前室和避难走道等也应设置消火栓。

7.2.2 本条规定了在人防工程内宜设置自动喷水灭火系统的场所，由于这些场所规模都较小，可能设置自动喷水灭火系统有困难，故也允许设置局部应用系统。

7.2.3 本条规定了人防工程内应设置自动喷水灭火系统的场所。

国内外经验都证明，自动喷水灭火系统具有良好的灭火效果。我国自 1987 年颁布了国家标准《人民防空工程设计防火规范》以来，大、中型平战结合人防工程都设置了自动喷水灭火系统，对预防和扑救人防工程火灾起到了良好的作用。

1 丁、戊类物品库房和自行车库属于难燃和不燃物品，故可不设自动喷水灭火系统；建筑面积小于 500m² 丙类库房也可不设置自动喷水灭火系统，与现行国家标准《建筑设计防火规范》GB 50016 的规定相一致。人防工程内的柴油发电机房和燃油锅炉房的储油间属于丙类库房，均在 500m² 以下，且用防火墙与其他部位分隔，故可采用本规范第 6.1.3 条规定的密闭防烟措施。

由于人防工程平时使用功能可能是综合性的，一个工程内既有商业街、文体娱乐设施，又有可能是库房、旅馆或医疗设施等，所以规定除了可不设置的场所外，当其他场所的建筑面积超过1000m²，就应设置自动喷水灭火系统。

2 电影院和礼堂的观众厅，由于建筑装修限制严格，不允许用可燃材料装修，因此，只规定吊顶高度小于 8m 时设置自动喷水灭火系统。

3 耐火极限符合现行国家标准《门和卷帘耐火试验方法》GB 7633有关背火面辐射热判定条件的防火卷帘，该卷帘不能完全等同于防火墙，故需要设置自动喷水灭火系统来保护。

4 由于歌舞娱乐放映游艺场所，火灾危险性较大、人员较多，为有效扑救初起火灾，减少人员伤亡和财产损失，所以作出此规定。

5 建筑面积大于 500m² 的地下商店和展览厅，也属于火灾危险性较大、人员较多的场所，故应设置。

6 300kW 及以下的小型柴油发电机房规模较小，故可只配置建筑灭火器。

对燃油或燃气锅炉房、300kW 以上的柴油发电机房等设备房间，设置自动喷水灭火系统是最低要求，所以设置气体灭火系统或水喷雾灭火系统都是更好的选择，且对设备的保护更有利。

7.2.4 图书、资料、档案等特藏库房，是指存放价值昂贵的图书、珍贵的历史文献资料和重要的档案材料等库房，一般的图书、资料、档案等库房不属本条规定范围。

重要通信机房和电子计算机机房是指人防指挥通信工程中的指挥室、通信值班监控室、空情接收与标图室、程控电话交换室、终端室等。

为减少火灾时喷水灭火对电气设备和贵重物品的水渍影响，本条规定了设置气体或细水雾灭火系统的房间或部位。试验研究和实际应用表明，气体灭火系统和细水雾灭火系统对于扑救电气设备和贵重物品火灾均有成效。本条中涉及的场所通常无人或只有少量工作人员和管理人员，他们熟悉工程内的情况，发生火灾时能及时处置火情并能迅速逃生，因此采用气体灭火系统是安全可靠的。

变配电室是人防工程供配电系统中的重要设施。现行国家标准《人民防空工程设计规范》GB 50225 和《人民防空地下室设计规范》GB 50038 已明确规定：不采用油浸电力变压器和其他油浸电气设备，要求采用无油的电气设备。因此，干式变压器和配电设备可以设置在同一个房间内，该房间通常称为变配电室。由于变配电室发生火灾后对生产和生活产生严重影响或起火后会向人防工程蔓延，所以变配电室应设气体灭火系统或细水雾灭火系统。

7.2.5 本条规定了餐饮场所的厨房应设置自动灭火装置的部位。

厨房内的火灾主要发生在灶台操作部位及其排烟道。厨房火灾一旦发生，发展迅速且采用常规灭火设施扑救易发生复燃现象；烟道内的火灾扑救比较困难。根据国外近 40 年的应用经验，在该部位采用自动灭火装置进行灭火，效果比较理想。

目前在国内市场销售的产品，不同产品之间的性能差异较大。应注意选用能自动探测火灾与自动灭火动作、灭火前能自动切断燃料供应、具有防复燃功能、灭火效能（一般应以保护面积为参考指标）较高的产品。

7.2.6 灭火器用于扑救人防工程中的初起火灾，既有效，又经济。当人员发现火情时，一般首先考虑采用灭火器进行扑救，对于不同物质的火灾，不同场所工作人员的特点，需要配置不同类型的灭火器。具体设计时，应按现行国家标准《建筑灭火器配置设计规范》GB 50140 的有关规定执行。

7.3 消防用水量

7.3.1 本条对人防工程的消防用水量作了规定。要求消防用水总量按室内消火栓和自动喷水及其他用水灭火的设备需要同时开启的上述设备用水量之和计算。

人防工程消防用水总量确定，没有规定包括室外消火栓用水量，理由是发生火灾时用室外消火栓扑救室内火灾十分困难，人防工程灭火主要立足于室内灭火设备进行自救。人防工程设置室外消火栓只考虑火灾时作为向工程内消防管道临时加压的补水设施。所以，在计算人防工程消防用水总量时，不需要加上室外消火栓用水量，只按室内消防用水总量计算即可。

7.3.2 人防工程室内消火栓用水量，主要是参照了相关国家标准的有关规定，并根据人防工程特点以及其他因素，综合考虑确定的。

室内消火栓是扑救初期火灾的主要灭火设备。根据地面建筑火灾统计资料，在火场出一支水枪，火灾的控制率为40%，同时出两支水枪，火灾控制率可达65%。因此，对规模较大、可燃物较多、人员密集和疏散困难的工程，同时使用的水枪数规定为最多3支，其水量应按水枪的用水量计算；对于工程规模较小、人员较少的工程，规定使用一支水枪。工程类别主要是依据平战结合人防工程平时使用功能的大量统计资料划分的。

规定每支水枪的最小流量为5.0L/s。理由一是为了增强人防工程消火栓灭火能力；二是经全国100多项大、中型平战结合工程验收统计资料，安装水枪喷嘴口径为16mm消火栓的工程极少，安装口径为19mm的较普遍，如果消火栓最小流量选2.5L/s，而实际安装的消火栓最小流量是（4.6～5.7）L/s，使消防水池容积相差较多，保证不了在火灾延续时间内的消防用水量。

增设的消防软管卷盘，由于用水量较少，因此，在计算消防用水量时可不计入消防用水总量。消防软管卷盘属于室内消防装置，宜安装在消火栓箱内，一般人员均能操作使用，是消火栓给水系统中一种重要的辅助灭火设备。它可与消防给水系统连接，也可与生活给水系统连接。

7.3.3 自动喷水灭火系统的消防用水量，在现行国家标准《自动喷水灭火系统设计规范》GB 50084中已有具体规定。

人防工程的危险等级为中危险级，其设计喷水强度为6.0L/min·m^2，作用面积为200m^2，喷头工作压力为9.8×10^4Pa，最不利点处喷头最低工作压力不应小于4.9×10^4Pa（0.5kg/cm^2），设计流量约为（23.0～26.0）L/s，相当于喷头开放数为（17～20）个。按此设计，中危险级人防工程的火灾总控制率可达91.89%。

7.4 消防水池

7.4.1 本条规定了人防工程设置消防水池的条件。消防水池是用以储存和供给消防用水的构筑物，当其他技术措施不能保证消防用水量时，均需设消防水池。

当市政给水管网，不论是枝状还是环状，工程进水管不论是多条或一条，或天然水源，不管是地表水或地下水，只要水量不满足消防用水量时，如市政给水管道和进水管偏小、水压偏低、天然水源水量少、枯水期水量不足等，凡属上述情况，均需设消防水池。

当市政给水管网为枝状或工程只有一条进水管，由于检修或发生故障，引起火场供水中断，影响火灾扑救，所以也需设消防水池。

7.4.2 消防水池主要功能是储水，其储水功能应靠水池的容积来保证，容积分总容积、有效容积和无效容积。有效容积是指储存能被消防水泵取用并用于灭火的消防用水的实际容积，它不包括水池在溢流管以上被空气占用的容积，也不包括水池下部无法被取用的那部分容积，更不包括被墙、柱所占用的容积，即不包括无效容积。

1 人防工程消防水池有效容积的确定，应考虑以下情况：

1） 当人防工程为单建式工程时，室外消火栓基本无室外建筑的灭火任务，只起向工程内补水作用，此时消防水池有效容积只考虑室内消防用水量的总和。

2） 人防工程为附建式工程（防空地下室），室外消火栓有扑救地面建筑火灾任务，当室外市政给水管网不能保证室外消防用水量，地面和地下建筑合用消防水池时，消防水池存储容积应包括室外消火栓用水量不足部分。室外消火栓用水量标准应按同类地面建筑设计防火规范规定选择。

消防水池的有效容积应按室内消防流量与火灾延续时间的乘积计算。所谓火灾延续时间，是指消防车到火场开始出水时起至火灾基本被扑灭时止的时间。

本规范将消火栓火灾延续时间分为两种情况，分别为1h和2h，理由是：

1） 现在人防工程消防设备比较完善，除设置有室内消火栓外，大部分工程还设置有自动喷水灭火系统，气体灭火装置、灭火器等，自救能力较强，但工程内温度高，排烟困难，能见度差，扑救人员难以坚持较长时间，所以，室内消火栓用水的储水时间无需太长。因此，对建筑面积小于3000m^2的工程和改建工程，消火栓火灾延续时间按1h计算。

2） 根据人防工程平战结合实际情况，从建设规模看，一般都在（3000～20000）m^2；从使用功能看，多数为地下商场、文体娱乐场所、物品仓库、汽车库等；从存放物质看，可燃物较多；在地下滞留人数也较多。因此，人防工程消火栓消防用水储存时间又不能太短，同时，也应与相关防火规范相协调，所以，对建筑面积大于或等于3000m^2的人防工程，其火灾延续时间提高到2h是合理的，是安全可行的。

3） 防空地下室消火栓灭火系统的火灾延续时间，

由于它的消防水池一般不单独修建，而是与地面建筑的消防水池合用，故可与地面建筑一致。

2 在保证火灾时能连续向消防水池补水的条件下，消防水池有效容积可减去在火灾延续时间内的补充水量。

3 消防水池内的水一经动用，应尽快补充，以供在短时间内可能发生第二次火灾时使用，故规定补水时间不应超过48h。

4 消防水池与其他用水合用的水池，为了确保消防用水，应有确保消防用水的措施。

5 消防水池可建在人防工程内，也可建在人防工程外，理由是：

1）附建式人防工程，一般与地面建筑合用消防水池，容积较大，建在造价很高的人防工程内不经济，经过技术经济比较，有条件时可建在室外，并可不考虑抗力等级问题。

2）单建式人防工程，如果室外有位置，也可建在室外，如果用消防水池兼作战时人员生活饮用水储水池，则应建在人防工程的清洁区内。

7.5 水泵接合器和室外消火栓

7.5.1 水泵接合器是供消防车向室内消防给水管道临时补水的设备，对于大、中型平战结合人防工程，当室内消防用水量超过10L/s时，应在人防工程外设置水泵接合器，并应设置相应的室外消火栓，以保证消防车快速投入供水。

7.5.2 人防工程水泵接合器和室外消火栓的数量，应根据室内消火栓和自动喷水灭火系统用水量总和计算确定。因为一个水泵接合器由一台消防车供水，一台消防车又要从一个室外消火栓取水，因此设置水泵接合器时，需要设置相同数量的室外消火栓。每台消防车的输水量约为（10～15）L/s，故每个水泵接合器和室外消火栓的流量也应按（10～15）L/s计算。

7.5.3 为了便于消防车使用，本条规定了水泵接合器和室外消火栓距人防工程出入口不宜小于5m，目的是便于操作和出入口人员疏散。规定消火栓距路边不宜超过2m，水泵接合器与室外消火栓间距宜为40m以内，主要是便于消防车取水。规定水泵接合器和室外消火栓应有明显标志，主要是便于消防队员在火场操作，避免出现差错。

7.6 室内消防给水管道、室内消火栓和消防水箱

7.6.1 室内消防管道是室内消防给水系统的重要组成部分，为有效地供给消防用水，应采取必要的技术措施：

1 室内消防给水管道宜与其他用水管道分开设置，特别是对于大、中型人防工程，其他用水如空调冷却水、柴油电站冷却水及生活用水较多时，宜与消防给水管道分开设置，以保证消防用水供水安全；当分开设置有困难时，可与消火栓管道合用，但其他用水量达到最大小时流量时，应保证仍能供给全部消防用水量。

2 环状管网供水比较安全，当某段损坏时，仍能供应必要的水量，本条规定主要指当消火栓超过10个的消火栓给水管道设置环状管网。为了保证消防供水安全可靠，规定环状管网宜设置两条进水管，使进水管有充分的供水能力，即任一进水管损坏时，其余进水管应仍能供应全部消防水量。若室外给水管网为枝状或引入两条进水管有困难，可设置一条进水管，但消防泵房的供水管必须有两条与消火栓环状管网连接。

坑道式、地道式工程设置环状管网有困难时，可采用支状管网，同时在管网相距最远的两端均应按本规范第7.5.2条设置水泵结合器。

人防工程一般生活、生产用水量较小，消防进水管可以单独设置，并不设水表，以免影响进水管供水能力，若要设置水表时，应按消防流量选表。

3 环状管网上设置阀门分成若干独立段，是为了保证管网检修或某段损坏时，仍能供给必要的消防用水，两个阀门之间停止使用的消火栓数量不应超过5个。多层人防工程消防给水竖管上阀门的布置应保证一条竖管检修时，其余竖管仍能供应消防用水量。

4 规定消火栓给水管道和自动喷水灭火系统给水管道应分开独立设置，主要是防止消火栓或其他用水设备漏水或用水时，引起自动喷水系统的水力报警阀误报；另外，火灾时两个系统储水时间及用水量相差较大，难以保证各系统同时满足规范要求。

7.6.2 本条对消火栓的设置作了规定。

1 消火栓的水压应保证水枪有一定长度的充实水柱。充实水柱的长度要求是根据消防实践经验确定的。我国扑救低层建筑火灾的水枪充实水柱长度一般在（10～17)m之间。火场实践证明，当口径19mm水枪的充实水柱长度小于10m时，由于火场烟雾较大、辐射热高，尤其是地下建筑，排烟困难，温升又快，很难扑救火灾。当充实水柱增大，水枪的反作用力也随之增大，如表1所示。经过训练的消防队员能承受的水枪最大反作用力不应超过20kg，一般人员不大于15kg。火场常用的充实水柱长度一般在（10～15)m。为了节省投资和满足火场灭火的基本要求，规定人防工程室内消火栓充实水柱长度不应小于10m，并应经过水力计算确定。

水枪的充实水柱长度可按下式计算：

$$S_k=\frac{H_1-H_2}{\sin\alpha} \tag{3}$$

式中：S_k——水枪的充实水柱长度（m）；

H_1——被保护建筑物的层高（m）；

H_2——消火栓安装高度（一般距地面1.1m）；

α—— 水枪上倾角，一般为45°，若有特殊困难可适当加大，但不应大于60°。

表1　口径19mm水枪的反作用力

充实水柱长度（m）	水枪口压力（kg/cm²）	水枪反作用力（kg）
10	1.35	7.65
11	1.50	8.51
12	1.70	9.63
13	2.05	11.62
14	2.45	13.80
15	2.70	15.31
16	3.25	18.42
17	3.55	20.13
18	4.33	24.38

2　消火栓栓口的压力，火场实践证明，水枪的水压过大，开闭时容易产生水锤作用，造成给水系统中的设备损坏；一人难以握紧使用；同时水枪流量也大大超过5L/s，易在短时间内用完消防储水量，对扑救初期火灾极为不利。当栓口出水压力大于0.50MPa时，应设置减压装置，减压装置一般采用减压孔板或减压阀，减压后消火栓处压力应仍能满足水枪充实水柱要求。

3　消火栓的间距十分重要，它关系到初期火灾能否被及时有效地控制和扑灭，关系到起火建筑物内人身和财产安危。统计资料表明，一支水枪扑救初期火灾的控制率仅为40%左右，两支水枪扑救初期火灾的控制率达65%左右。因此，本条规定当同时使用水枪数量为两支时，应保证同层相邻有两支水枪（不是双出口消火栓）的充实水柱同时到达被保护范围内的任何部位，其间距不应大于30m，如图6所示。

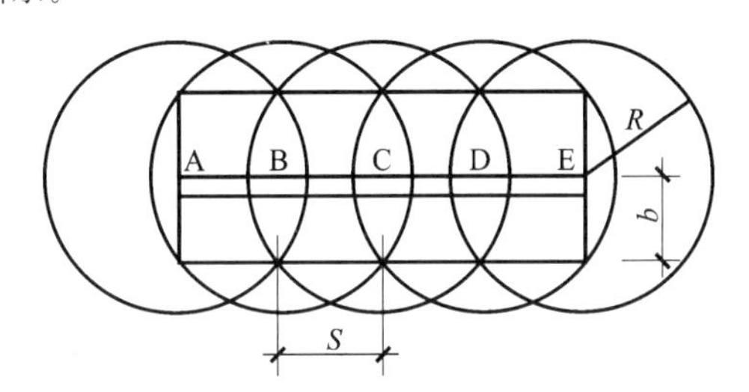

图6　同层消火栓的布置示意图

A、B、C、D、E—室内消火栓；

R—消火栓的保护半径（m）；

S—消火栓间距（m）；

b—消火栓实际保护最大宽度

消火栓的间距可按下式计算：

$$S=\sqrt{R^2-b^2} \quad (4)$$

当同时使用水枪数量为一支时，保证有一支水枪的充实水柱到达室内任何部位，其间距不应大于50m，消火栓的布置如图7所示。

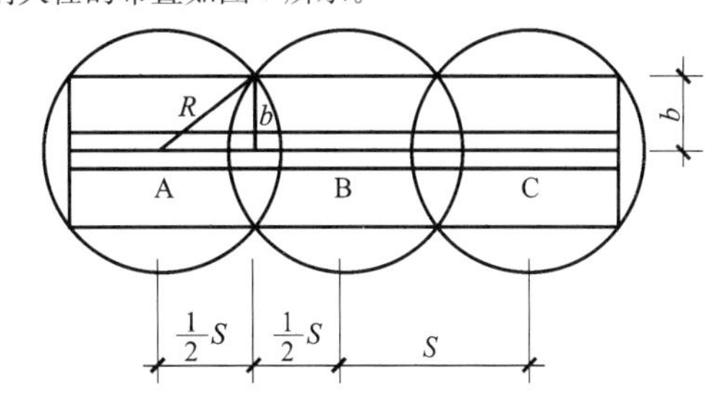

图7　一股水柱到达任何一点的消火栓布置

A、B、C—室内消火栓；

R—消火栓的保护半径（m）；

S—消火栓间距（m）；b—消火栓实际保护最大宽度

消火栓的间距可按下式计算：

$$S=2\sqrt{R^2-b^2} \quad (5)$$

4　消火栓应设置在工程内明显而便于灭火时取用的地方。为了使人员能及时发现和使用，消火栓应有明显的标志，消火栓应涂红色，并不应伪装成其他东西。

为了减少局部水压损失，消火栓的出口宜与设置消火栓的墙面成90°角。

在同一工程内，如果消火栓栓口、水带和水枪的规格、型号不同，就无法配套使用，因此规定同一工程内应用统一规格的消火栓、水枪和水带。火场实践证明，室内消火栓配备的水带过长，不便于扑救室内初期火灾。消防队使用的水带长度一般为20m，为节省投资，同时考虑火场操作的可能性，要求水带长度不应大于25m。

5　为及时启动消防水泵，本条规定设置有消防水泵给水系统的每个消火栓处应设置直接启动消防水泵的按钮，以便迅速远距离启动。为了防止误启动，要求按钮应有保护措施，一般可放在消火栓箱内或装有玻璃罩的壁龛内。

6　室内消火栓处设置消防软管卷盘，以方便非消防专业人员进行操作灭火。

7.6.3　单建掘开式、坑道式、地道式人防工程由于受条件限制，有时设置高位消防水箱很难，故规定在此类人防工程中，当不能设置高位消防水箱时，宜设置气压给水装置，一旦发生火灾，气压给水装置是可以保证及时供水的。

防空地下室可以与地面建筑的消防稳压水箱合用。

7.7　消防水泵

7.7.1　为了保证不间断地供应火场用水，消防水泵应设置备用泵。备用泵的工作能力不应小于消防工作泵中最大一台工作泵的工作能力，以保证任何一台工作泵发生故障或需进行维修时备用水泵投入后的总工作能力不会降低。

7.7.2 人防工程消防水泵一般分两组，一组为消火栓系统消防水泵，用一备一，共两台水泵；另一组为自动喷水灭火系统消防水泵，也是用一备一，共两台水泵；每台水泵设置独立吸水管，以便保证一组水泵当一台泵吸水管维修或发生故障时，另一台泵仍能正常吸水工作。

采用自灌式吸水比充水式吸水启动迅速，运行可靠。

为了便于检修、试验和检查消防水泵，规定吸水管上设置阀门，供水管上设置压力表和放水阀门。为了便于水带连接，阀门的直径应为65mm，以便使试验用过的水回流至消防水池。

7.8 消防排水

7.8.1 因为人防工程与地面建筑不同，除少数坑道工程外，均不能自流排水，需设置机械排水设施，否则会造成二次灾害，故作了本条规定。

一般消防排水量可按消防设计流量的80%计算，采用生活排水泵排放消防水时，可按双泵同时运行的排水方式设计。

7.8.2 人防工程消防废水的排除，一般可通过地面明沟或消防排水管道排入工程生活污水集水池，再由生活污水泵（含备用泵）排至市政下水道。这样既简化排水系统，又节省设备投资。但在选择污水泵时，应平战结合。既应满足战时要求，又应满足平时污水、消防废水排水量的要求。

水 质 标 准

中华人民共和国国家标准

生活饮用水卫生标准

Standards for drinking water quality

GB 5749—2006

中华人民共和国卫生部
中国国家标准化管理委员会 发布

2006-12-29 发布　2007-07-01 实施

28

目　次

28

1 范　　围

本标准规定了生活饮用水水质卫生要求、生活饮用水水源水质卫生要求、集中式供水单位卫生要求、二次供水卫生要求、涉及生活饮用水卫生安全产品卫生要求、水质监测和水质检验方法。

本标准适用于城乡各类集中式供水的生活饮用水，也适用于分散式供水的生活饮用水。

2 规范性引用文件

下列文件中的条款通过本标准的引用而成为本标准的条款。凡是标注日期的引用文件，其随后所有的修改单（不包括勘误内容）或修订版均不适用于本标准，然而，鼓励根据本标准达成协议的各方研究是否可使用这些文件的最新版本。凡是不注日期的引用文件，其最新版本适用于本标准。

GB 3838　地表水环境质量标准

GB/T 5750（所有部分）　生活饮用水标准检验方法

GB/T 14848　地下水质量标准

GB 17051　二次供水设施卫生规范

GB/T 17218　饮用水化学处理剂卫生安全性评价

GB/T 17219　生活饮用水输配水设备及防护材料的安全性评价标准

CJ/T 206　城市供水水质标准

SL 308　村镇供水单位资质标准

生活饮用水集中式供水单位卫生规范　卫生部

3 术 语 和 定 义

下列术语和定义适用于本标准。

3.1 生活饮用水　drinking water

供人生活的饮水和生活用水。

3.2 供水方式　type of water supply

3.2.1 集中式供水　central water supply

自水源集中取水，通过输配水管网送到用户或者公共取水点的供水方式，包括自建设施供水。为用户提供日常饮用水的供水站和为公共场所、居民社区提供的分质供水也属于集中式供水。

3.2.2 二次供水　secondary water supply

集中式供水在入户之前经再度储存、加压和消毒或深度处理，通过管道或容器输送给用户的供水方式。

3.2.3 小型集中式供水　small central water supply

农村日供水在 1000m^3 以下（或供水人口在 1 万人以下）的集中式供水。

3.2.4 分散式供水　non-central water supply

分散居户直接从水源取水，无任何设施或仅有简易设施的供水方式。

3.3 常规指标　regular indices

能反映生活饮用水水质基本状况的水质指标。

3.4 非常规指标　non-regular indices

根据地区、时间或特殊情况需要实施的生活饮用水水质指标。

4 生活饮用水水质卫生要求

4.1 生活饮用水水质应符合下列基本要求，保证用户饮用安全。

4.1.1 生活饮用水中不得含有病原微生物。

4.1.2 生活饮用水中化学物质不得危害人体健康。

4.1.3 生活饮用水中放射性物质不得危害人体健康。

4.1.4 生活饮用水的感官性状良好。

4.1.5 生活饮用水应经消毒处理。

4.1.6 生活饮用水水质应符合表 1 和表 3 卫生要求。集中式供水出厂水中消毒剂限值、出厂水和管网末梢水中消毒剂余量均应符合表 2 要求。

表 1　水质常规指标及限值

指标	限值
1. 微生物指标[a]	
总大肠菌群/(MPN/100mL 或 CFU/100mL)	不得检出
耐热大肠菌群/(MPN/100mL 或 CFU/100mL)	不得检出
大肠埃希氏菌/(MPN/100mL 或 CFU/100mL)	不得检出
菌落总数/(CFU/mL)	100
2. 毒理指标	
砷/(mg/L)	0.01
镉/(mg/L)	0.005
铬(六价)/(mg/L)	0.05
铅/(mg/L)	0.01
汞/(mg/L)	0.001
硒/(mg/L)	0.01
氰化物/(mg/L)	0.05
氟化物/(mg/L)	1.0
硝酸盐(以 N 计)/(mg/L)	10 地下水源限制时为 20

28

续表 1

指标	限值
三氯甲烷/(mg/L)	0.06
四氯化碳/(mg/L)	0.002
溴酸盐(使用臭氧时)/(mg/L)	0.01
甲醛(使用臭氧时)/(mg/L)	0.9
亚氯酸盐(使用二氧化氯消毒时)/(mg/L)	0.7
氯酸盐(使用复合二氧化氯消毒时)/(mg/L)	0.7
3. 感官性状和一般化学指标	
色度(铂钴色度单位)	15
浑浊度(散射浑浊度单位)/NTU	1 水源与净水技术条件限制时为 3
臭和味	无异臭、异味
肉眼可见物	无
pH	不小于 6.5 且不大于 8.5
铝/(mg/L)	0.2
铁/(mg/L)	0.3
锰/(mg/L)	0.1
铜/(mg/L)	1.0
锌/(mg/L)	1.0
氯化物/(mg/L)	250
硫酸盐/(mg/L)	250
溶解性总固体/(mg/L)	1000
总硬度(以 $CaCO_3$ 计)/(mg/L)	450
耗氧量(COD_{Mn}法，以 O_2 计)/(mg/L)	3 水源限制，原水耗氧量 >6mg/L 时为 5
挥发酚类(以苯酚计)/(mg/L)	0.002
阴离子合成洗涤剂/(mg/L)	0.3
4. 放射性指标[b]	指导值
总 α 放射性/(Bq/L)	0.5
总 β 放射性/(Bq/L)	1

[a]MPN 表示最可能数；CFU 表示菌落形成单位。当水样检出总大肠菌群时，应进一步检验大肠埃希氏菌或耐热大肠菌群；水样未检出总大肠菌群，不必检验大肠埃希氏菌或耐热大肠菌群。

[b]放射性指标超过指导值，应进行核素分析和评价，判定能否饮用。

4.1.7 小型集中式供水和分散式供水因条件限制，水质部分指标可暂按照表 4 执行，其余指标仍按表 1、表 2 和表 3 执行。

4.1.8 当发生影响水质的突发性公共事件时，经市级以上人民政府批准，感官性状和一般化学指标可适当放宽。

4.1.9 当饮用水中含有附录 A 表 A.1 所列指标时，可参考此表限值评价。

表 2 饮用水中消毒剂常规指标及要求

消毒剂名称	与水接触时间	出厂水中限值/(mg/L)	出厂水中余量/(mg/L)	管网末梢水中余量/(mg/L)
氯气及游离氯制剂(游离氯)	≥30min	4	≥0.3	≥0.05
一氯胺(总氯)	≥120min	3	≥0.5	≥0.05
臭氧(O_3)	≥12min	0.3	—	0.02 如加氯，总氯≥0.05
二氧化氯(ClO_2)	≥30min	0.8	≥0.1	≥0.02

表 3 水质非常规指标及限值

指标	限值
1. 微生物指标	
贾第鞭毛虫/(个/10L)	<1
隐孢子虫/(个/10L)	<1
2. 毒理指标	
锑/(mg/L)	0.005
钡/(mg/L)	0.7
铍/(mg/L)	0.002
硼/(mg/L)	0.5
钼/(mg/L)	0.07
镍/(mg/L)	0.02
银/(mg/L)	0.05
铊/(mg/L)	0.0001
氯化氰 (以 CN^- 计)/(mg/L)	0.07
一氯二溴甲烷/(mg/L)	0.1
二氯一溴甲烷/(mg/L)	0.06
二氯乙酸/(mg/L)	0.05
1，2-二氯乙烷/(mg/L)	0.03
二氯甲烷/(mg/L)	0.02

续表 3

指标	限值
三卤甲烷（三氯甲烷、一氯二溴甲烷、二氯一溴甲烷、三溴甲烷的总和）	该类化合物中各种化合物的实测浓度与其各自限值的比值之和不超过 1
1，1，1-三氯乙烷/(mg/L)	2
三氯乙酸/(mg/L)	0.1
三氯乙醛/(mg/L)	0.01
2，4，6-三氯酚/(mg/L)	0.2
三溴甲烷/(mg/L)	0.1
七氯/(mg/L)	0.0004
马拉硫磷/(mg/L)	0.25
五氯酚/(mg/L)	0.009
六六六（总量）/(mg/L)	0.005
六氯苯/(mg/L)	0.001
乐果/(mg/L)	0.08
对硫磷/(mg/L)	0.003
灭草松/(mg/L)	0.3
甲基对硫磷/(mg/L)	0.02
百菌清/(mg/L)	0.01
呋喃丹/(mg/L)	0.007
林丹/(mg/L)	0.002
毒死蜱/(mg/L)	0.03
草甘膦/(mg/L)	0.7
敌敌畏/(mg/L)	0.001
莠去津/(mg/L)	0.002
溴氰菊酯/(mg/L)	0.02
2，4-滴/(mg/L)	0.03
滴滴涕/(mg/L)	0.001
乙苯/(mg/L)	0.3
二甲苯（总量）/(mg/L)	0.5
1，1-二氯乙烯/(mg/L)	0.03
1，2-二氯乙烯/(mg/L)	0.05
1，2-二氯苯/(mg/L)	1
1，4-二氯苯/(mg/L)	0.3
三氯乙烯/(mg/L)	0.07
三氯苯（总量）/(mg/L)	0.02
六氯丁二烯/(mg/L)	0.0006
丙烯酰胺/(mg/L)	0.0005

续表 3

指标	限值
四氯乙烯/(mg/L)	0.04
甲苯/(mg/L)	0.7
邻苯二甲酸二（2-乙基己基）酯/(mg/L)	0.008
环氧氯丙烷/(mg/L)	0.0004
苯/(mg/L)	0.01
苯乙烯/(mg/L)	0.02
苯并（a）芘/(mg/L)	0.00001
氯乙烯/(mg/L)	0.005
氯苯/(mg/L)	0.3
微囊藻毒素-LR/(mg/L)	0.001
3. 感官性状和一般化学指标	
氨氮（以 N 计）/(mg/L)	0.5
硫化物/(mg/L)	0.02
钠/(mg/L)	200

表 4 小型集中式供水和分散式供水部分水质指标及限值

指标	限值
1. 微生物指标	
菌落总数/(CFU/mL)	500
2. 毒理指标	
砷/(mg/L)	0.05
氟化物/(mg/L)	1.2
硝酸盐（以 N 计）/(mg/L)	20
3. 感官性状和一般化学指标	
色度（铂钴色度单位）	20
浑浊度（散射浑浊度单位）/NTU	3 水源与净水技术条件限制时为 5
pH	不小于 6.5 且不大于 9.5
溶解性总固体/(mg/L)	1500
总硬度（以 $CaCO_3$ 计）/(mg/L)	550
耗氧量（COD_{Mn} 法，以 O_2 计）/(mg/L)	5
铁/(mg/L)	0.5
锰/(mg/L)	0.3
氯化物/(mg/L)	300
硫酸盐/(mg/L)	300

5　生活饮用水水源水质卫生要求

5.1　采用地表水为生活饮用水水源时应符合 GB 3838 要求。
5.2　采用地下水为生活饮用水水源时应符合 GB/T 14848 要求。

6　集中式供水单位卫生要求

集中式供水单位的卫生要求应按照卫生部《生活饮用水集中式供水单位卫生规范》执行。

7　二次供水卫生要求

二次供水的设施和处理要求应按照 GB 17051 执行。

8　涉及生活饮用水卫生安全产品卫生要求

28

8.1　处理生活饮用水采用的絮凝、助凝、消毒、氧化、吸附、pH 调节、防锈、阻垢等化学处理剂不应污染生活饮用水，应符合 GB/T 17218 要求。
8.2　生活饮用水的输配水设备、防护材料和水处理材料不应污染生活饮用水，应符合 GB/T 17219 要求。

9　水质监测

9.1　供水单位的水质检测

9.1.1　供水单位的水质非常规指标选择由当地县级以上供水行政主管部门和卫生行政部门协商确定。
9.1.2　城市集中式供水单位水质检测的采样点选择、检验项目和频率、合格率计算按照 CJ/T 206 执行。
9.1.3　村镇集中式供水单位水质检测的采样点选择、检验项目和频率、合格率计算按照 SL 308 执行。
9.1.4　供水单位水质检测结果应定期报送当地卫生行政部门，报送水质检测结果的内容和办法由当地供水行政主管部门和卫生行政部门商定。
9.1.5　当饮用水水质发生异常时应及时报告当地供水行政主管部门和卫生行政部门。

9.2　卫生监督的水质监测

9.2.1　各级卫生行政部门应根据实际需要定期对各类供水单位的供水水质进行卫生监督、监测。
9.2.2　当发生影响水质的突发性公共事件时，由县级以上卫生行政部门根据需要确定饮用水监督、监测方案。
9.2.3　卫生监督的水质监测范围、项目、频率由当地市级以上卫生行政部门确定。

10　水质检验方法

生活饮用水水质检验应按照 GB/T 5750（所有部分）执行。

附　录　A
（资料性附录）
生活饮用水水质参考指标及限值

表 A.1　生活饮用水水质参考指标及限值

指标	限值
肠球菌/(CFU/100mL)	0
产气荚膜梭状芽孢杆菌/(CFU/100mL)	0
二(2-乙基己基)己二酸酯/(mg/L)	0.4
二溴乙烯/(mg/L)	0.00005
二噁英(2，3，7，8-TCDD)/(mg/L)	0.00000003
土臭素(二甲基萘烷醇)/(mg/L)	0.00001
五氯丙烷/(mg/L)	0.03
双酚 A/(mg/L)	0.01
丙烯腈/(mg/L)	0.1
丙烯酸/(mg/L)	0.5
丙烯醛/(mg/L)	0.1
四乙基铅/(mg/L)	0.0001
戊二醛/(mg/L)	0.07
甲基异莰醇-2/(mg/L)	0.00001
石油类(总量)/(mg/L)	0.3
石棉(>10/μm)/(万个/L)	700
亚硝酸盐/(mg/L)	1
多环芳烃(总量)/(mg/L)	0.002
多氯联苯(总量)/(mg/L)	0.0005
邻苯二甲酸二乙酯/(mg/L)	0.3
邻苯二甲酸二丁酯/(mg/L)	0.003
环烷酸/(mg/L)	1.0
苯甲醚/(mg/L)	0.05
总有机碳(TOC)/(mg/L)	5
β-萘酚/(mg/L)	0.4
丁基黄原酸/(mg/L)	0.001
氯化乙基汞/(mg/L)	0.0001
硝基苯/(mg/L)	0.017

中华人民共和国国家标准

地表水环境质量标准

Environmental quality standards for surface water

GB 3838—2002
代替 GB 3838—88，GHZB 1—1999

29

国 家 环 境 保 护 总 局
国家质量监督检验检疫总局 发布

2002-04-28 发布　2002-06-01 实施

目　次

29

1 范　　围

1.1 本标准按照地表水环境功能分类和保护目标，规定了水环境质量应控制的项目及限值，以及水质评价、水质项目的分析方法和标准的实施与监督。

1.2 本标准适用于中华人民共和国领域内江河、湖泊、运河、渠道、水库等具有使用功能的地表水水域。具有特定功能的水域，执行相应的专业用水水质标准。

2 引 用 标 准

《生活饮用水卫生规范》（卫生部，2001年）和本标准表4～表6所列分析方法标准及规范中所含条文在本标准中被引用即构成为本标准条文，与本标准同效。当上述标准和规范被修订时，应使用其最新版本。

3 水域功能和标准分类

依据地表水水域环境功能和保护目标，按功能高低依次划分为五类：

Ⅰ类　主要适用于源头水、国家自然保护区；

Ⅱ类　主要适用于集中式生活饮用水地表水源地一级保护区、珍稀水生生物栖息地、鱼虾类产卵场、仔稚幼鱼的索饵场等；

Ⅲ类　主要适用于集中式生活饮用水地表水源地二级保护区、鱼虾类越冬场、洄游通道、水产养殖区等渔业水域及游泳区；

Ⅳ类　主要适用于一般工业用水区及人体非直接接触的娱乐用水区；

Ⅴ类　主要适用于农业用水区及一般景观要求水域。

对应地表水上述五类水域功能，将地表水环境质量标准基本项目标准值分为五类，不同功能类别分别执行相应类别的标准值。水域功能类别高的标准值严于水域功能类别低的标准值。同一水域兼有多类使用功能的，执行最高功能类别对应的标准值。实现水域功能与达功能类别标准为同一含义。

4 标　准　值

4.1 地表水环境质量标准基本项目标准限值见表1。

表1　地表水环境质量标准基本项目标准限值　　单位：mg/L

序号	分类 标准值 项目		Ⅰ类	Ⅱ类	Ⅲ类	Ⅳ类	Ⅴ类
1	水温/℃		人为造成的环境水温变化应限制在： 周平均最大温升≤1 周平均最大温降≤2				
2	pH（量纲一）		6～9				
3	溶解氧	≥	饱和率90%（或7.5）	6	5	3	2
4	高锰酸盐指数	≤	2	4	6	10	15
5	化学需氧量（COD）	≤	15	15	20	30	40
6	五日生化需氧量（BOD_5）	≤	3	3	4	6	10
7	氨氮（NH_3-N）	≤	0.15	0.5	1.0	1.5	2.0
8	总磷（以P计）	≤	0.02（湖、库0.01）	0.1（湖、库0.025）	0.2（湖、库0.05）	0.3（湖、库0.1）	0.4（湖、库0.2）
9	总氮（湖、库，以N计）	≤	0.2	0.5	1.0	1.5	2.0
10	铜	≤	0.01	1.0	1.0	1.0	1.0
11	锌	≤	0.05	1.0	1.0	2.0	2.0
12	氟化物（以F^-计）	≤	1.0	1.0	1.0	1.5	1.5
13	硒	≤	0.01	0.01	0.01	0.02	0.02

续表 1

序号	分类 标准值 项目		Ⅰ类	Ⅱ类	Ⅲ类	Ⅳ类	Ⅴ类
14	砷	≤	0.05	0.05	0.05	0.1	0.1
15	汞	≤	0.00005	0.00005	0.0001	0.001	0.001
16	镉	≤	0.001	0.005	0.005	0.005	0.01
17	铬（六价）	≤	0.01	0.05	0.05	0.05	0.1
18	铅	≤	0.01	0.01	0.05	0.05	0.1
19	氰化物	≤	0.005	0.05	0.2	0.2	0.2
20	挥发酚	≤	0.002	0.002	0.005	0.01	0.1
21	石油类	≤	0.05	0.05	0.05	0.5	1.0
22	阴离子表面活性剂	≤	0.2	0.2	0.2	0.3	0.3
23	硫化物	≤	0.05	0.1	0.2	0.5	1.0
24	粪大肠菌群/（个/L）	≤	200	2000	10000	20000	40000

4.2 集中式生活饮用水地表水源地补充项目标准限值见表 2。

表 2 集中式生活饮用水地表水源地补充项目标准限值 单位：mg/L

序号	项目	标准值
1	硫酸盐（以 SO_4^{2-} 计）	250
2	氯化物（以 Cl^- 计）	250
3	硝酸盐（以 N 计）	10
4	铁	0.3
5	锰	0.1

4.3 集中式生活饮用水地表水源地特定项目标准限值见表 3。

表 3 集中式生活饮用水地表水源地特定项目标准限值 单位：mg/L

序号	项目	标准值
1	三氯甲烷	0.06
2	四氯化碳	0.002
3	三溴甲烷	0.1
4	二氯甲烷	0.02
5	1，2-二氯乙烷	0.03
6	环氧氯丙烷	0.02
7	氯乙烯	0.005
8	1，1-二氯乙烯	0.03
9	1，2-二氯乙烯	0.05
10	三氯乙烯	0.07

续表 3

序号	项目	标准值
11	四氯乙烯	0.04
12	氯丁二烯	0.002
13	六氯丁二烯	0.0006
14	苯乙烯	0.02
15	甲醛	0.9
16	乙醛	0.05
17	丙烯醛	0.1
18	三氯乙醛	0.01
19	苯	0.01
20	甲苯	0.7
21	乙苯	0.3
22	二甲苯①	0.5
23	异丙苯	0.25
24	氯苯	0.3
25	1，2-二氯苯	1.0
26	1，4-二氯苯	0.3
27	三氯苯②	0.02
28	四氯苯③	0.02
29	六氯苯	0.05
30	硝基苯	0.017
31	二硝基苯④	0.5
32	2，4-二硝基甲苯	0.0003
33	2，4，6-三硝基甲苯	0.5
34	硝基氯苯⑤	0.05

续表 3

序号	项目	标准值
35	2，4-二硝基氯苯	0.5
36	2，4-二氯苯酚	0.093
37	2，4，6-三氯苯酚	0.2
38	五氯酚	0.009
39	苯胺	0.1
40	联苯胺	0.0002
41	丙烯酰胺	0.0005
42	丙烯腈	0.1
43	邻苯二甲酸二丁酯	0.003
44	邻苯二甲酸二(2-乙基己基)酯	0.008
45	水合肼	0.01
46	四乙基铅	0.0001
47	吡啶	0.2
48	松节油	0.2
49	苦味酸	0.5
50	丁基黄原酸	0.005
51	活性氯	0.01
52	滴滴涕	0.001
53	林丹	0.002
54	环氧七氯	0.0002
55	对硫磷	0.003
56	甲基对硫磷	0.002
57	马拉硫磷	0.05
58	乐果	0.08
59	敌敌畏	0.05
60	敌百虫	0.05
61	内吸磷	0.03
62	百菌清	0.01
63	甲萘威	0.05
64	溴氰菊酯	0.02
65	阿特拉津	0.003
66	苯并[a]芘	2.8×10^{-6}
67	甲基汞	1.0×10^{-6}
68	多氯联苯⑥	2.0×10^{-5}
69	微囊藻毒素-LR	0.001
70	黄磷	0.003
71	钼	0.07
72	钴	1.0
73	铍	0.002
74	硼	0.5
75	锑	0.005
76	镍	0.02
77	钡	0.7
78	钒	0.05
79	钛	0.1
80	铊	0.0001

注：① 二甲苯：指对-二甲苯、间-二甲苯、邻-二甲苯。
② 三氯苯：指1，2，3-三氯苯、1，2，4-三氯苯、1，3，5-三氯苯。
③ 四氯苯：指1，2，3，4-四氯苯、1，2，3，5-四氯苯、1，2，4，5-四氯苯。
④ 二硝基苯：指对-二硝基苯、间-二硝基苯、邻-二硝基苯。
⑤ 硝基氯苯：指对-硝基氯苯、间-硝基氯苯、邻-硝基氯苯。
⑥ 多氯联苯：指PCB-1016、PCB-1221、PCB-1232、PCB-1242、PCB-1248、PCB-1254、PCB-1260。

5 水质评价

5.1 地表水环境质量评价应根据要实现的水域功能类别，选取相应类别标准，进行单因子评价，评价结果应说明水质达标情况，超标的应说明超标项目和超标倍数。

5.2 丰、平、枯水期特征明显的水域，应分水期进行水质评价。

5.3 集中式生活饮用水地表水源地水质评价的项目应包括表1中的基本项目、表2中的补充项目以及由县级以上人民政府环境保护行政主管部门从表3中选择确定的特定项目。

6 水质监测

6.1 本标准规定的项目标准值，要求水样采集后自然沉降30min，取上层非沉降部分按规定方法进行分析。

6.2 地表水水质监测的采样布点、监测频率应符合国家地表水环境监测技术规范的要求。

6.3 本标准水质项目的分析方法应优先选用表4～表6规定的方法，也可采用ISO方法体系等其他等效分析方法，但须进行适用性检验。

表 4　地表水环境质量标准基本项目分析方法

序号	项目	分析方法	最低检出限/(mg/L)	方法来源
1	水温	温度计法		GB 13195—91
2	pH	玻璃电极法		GB 6920—86
3	溶解氧	碘量法	0.2	GB 7489—87
		电化学探头法		GB 11913—89
4	高锰酸盐指数		0.5	GB 11892—89
5	化学需氧量	重铬酸盐法	10	GB 11914—89
6	五日生化需氧量	稀释与接种法	2	GB 7488—87
7	氨氮	纳氏试剂比色法	0.05	GB 7479—87
		水杨酸分光光度法	0.01	GB 7481—87
8	总磷	钼酸铵分光光度法	0.01	GB 11893—89
9	总氮	碱性过硫酸钾消解紫外分光光度法	0.05	GB 11894—89
10	铜	2，9-二甲基-1，10-菲啰啉分光光度法	0.06	GB 7473—87
		二乙基二硫代氨基甲酸钠分光光度法	0.010	GB 7474—87
		原子吸收分光光度法（螯合萃取法）	0.001	GB 7475—87
11	锌	原子吸收分光光度法	0.05	GB 7475—87
12	氟化物	氟试剂分光光度法	0.05	GB 7483—87
		离子选择电极法	0.05	GB 7484—87
		离子色谱法	0.02	HJ/T 84—2001
13	硒	2，3-二氨基萘荧光法	0.00025	GB 11902—89
		石墨炉原子吸收分光光度法	0.003	GB/T 15505—1995
14	砷	二乙基二硫代氨基甲酸银分光光度法	0.007	GB 7485—87
		冷原子荧光法	0.00006	1)
15	汞	冷原子吸收分光光度法	0.00005	GB 7468—87
		冷原子荧光法	0.00005	1)
16	镉	原子吸收分光光度法（螯合萃取法）	0.001	GB 7475—87
17	铬（六价）	二苯碳酰二肼分光光度法	0.004	GB 7467—87
18	铅	原子吸收分光光度法（螯合萃取法）	0.01	GB 7475—87
19	氰化物	异烟酸-吡唑啉酮比色法	0.004	GB 7487—87
		吡啶-巴比妥酸比色法	0.002	
20	挥发酚	蒸馏后 4-氨基安替比林分光光度法	0.002	GB 7490—87
21	石油类	红外分光光度法	0.01	GB/T 16488—1996
22	阴离子表面活性剂	亚甲蓝分光光度法	0.05	GB 7494—87
23	硫化物	亚甲基蓝分光光度法	0.005	GB/T 16489—1996
		直接显色分光光度法	0.004	GB /T 17133—1997
24	粪大肠菌群	多管发酵法、滤膜法		1)

注：暂采用下列分析方法，待国家方法标准发布后，执行国家标准。

1）《水和废水监测分析方法（第三版）》，中国环境科学出版社，1989 年。

表 5　集中式生活饮用水地表水源地补充项目分析方法

序号	项目	分析方法	最低检出限/(mg/L)	方法来源
1	硫酸盐	重量法	10	GB 11899—89
		火焰原子吸收分光光度法	0.4	GB 13196—91
		铬酸钡光度法	8	1)
		离子色谱法	0.09	HJ/T 84—2001
2	氯化物	硝酸银滴定法	10	GB 11896—89
		硝酸汞滴定法	2.5	1)
		离子色谱法	0.02	HJ/T 84—2001
3	硝酸盐	酚二磺酸分光光度法	0.02	GB 7480—87
		紫外分光光度法	0.08	1)
		离子色谱法	0.08	HJ/T 84—2001
4	铁	火焰原子吸收分光光度法	0.03	GB 11911—89
		邻菲啰啉分光光度法	0.03	1)
5	锰	高碘酸钾分光光度法	0.02	GB 11906—89
		火焰原子吸收分光光度法	0.01	GB 11911—89
		甲醛肟光度法	0.01	1)

注：暂采用下列分析方法，待国家方法标准发布后，执行国家标准。

1)《水和废水监测分析方法（第三版）》，中国环境科学出版社，1989 年。

表 6　集中式生活饮用水地表水源地特定项目分析方法

序号	项目	分析方法	最低检出限/(mg/L)	方法来源
1	三氯甲烷	顶空气相色谱法	0.0003	GB/T 17130—1997
		气相色谱法	0.0006	2)
2	四氯化碳	顶空气相色谱法	0.00005	GB/T 17130—1997
		气相色谱法	0.0003	2)
3	三溴甲烷	顶空气相色谱法	0.001	GB /T 17130—1997
		气相色谱法	0.006	2)
4	二氯甲烷	顶空气相色谱法	0.0087	2)
5	1，2-二氯乙烷	顶空气相色谱法	0.0125	2)
6	环氧氯丙烷	气相色谱法	0.02	2)
7	氯乙烯	气相色谱法	0.001	2)
8	1，1-二氯乙烯	吹出捕集气相色谱法	0.000018	2)
9	1，2-二氯乙烯	吹出捕集气相色谱法	0.000012	2)
10	三氯乙烯	顶空气相色谱法	0.0005	GB/T 17130—1997
		气相色谱法	0.003	2)
11	四氯乙烯	顶空气相色谱法	0.0002	GB/T 17130—1997
		气相色谱法	0.0012	2)
12	氯丁二烯	顶空气相色谱法	0.002	2)

续表 6

序号	项目	分析方法	最低检出限/(mg/L)	方法来源
13	六氯丁二烯	气相色谱法	0.00002	2)
14	苯乙烯	气相色谱法	0.01	2)
15	甲醛	乙酰丙酮分光光度法	0.05	GB 13197—91
		4-氨基-3-联氨-5-巯基-1，2，4-三氮杂茂(AHMT)分光光度法	0.05	2)
16	乙醛	气相色谱法	0.24	2)
17	丙烯醛	气相色谱法	0.019	2)
18	三氯乙醛	气相色谱法	0.001	2)
19	苯	液上气相色谱法	0.005	GB 11890—89
		顶空气相色谱法	0.00042	2)
20	甲苯	液上气相色谱法	0.005	GB 11890—89
		二硫化碳萃取气相色谱法	0.05	
		气相色谱法	0.01	2)
21	乙苯	液上气相色谱法	0.005	GB 11890—89
		二硫化碳萃取气相色谱法	0.05	
		气相色谱法	0.01	2)
22	二甲苯	液上气相色谱法	0.005	GB 11890—89
		二硫化碳萃取气相色谱法	0.05	
		气相色谱法	0.01	2)
23	异丙苯	顶空气相色谱法	0.0032	2)
24	氯苯	气相色谱法	0.01	HJ/T 74—2001
25	1，2-二氯苯	气相色谱法	0.002	GB/T 17131—1997
26	1，4-二氯苯	气相色谱法	0.005	GB/T 17131—1997
27	三氯苯	气相色谱法	0.00004	2)
28	四氯苯	气相色谱法	0.00002	2)
29	六氯苯	气相色谱法	0.00002	2)
30	硝基苯	气相色谱法	0.0002	GB 13194—91
31	二硝基苯	气相色谱法	0.2	2)
32	2，4-二硝基甲苯	气相色谱法	0.0003	GB 13194—91
33	2，4，6-三硝基甲苯	气相色谱法	0.1	2)
34	硝基氯苯	气相色谱法	0.0002	GB 13194—91
35	2，4-二硝基氯苯	气相色谱法	0.1	2)
36	2，4-二氯苯酚	电子捕获-毛细色谱法	0.0004	2)
37	2，4，6-三氯苯酚	电子捕获-毛细色谱法	0.00004	2)
38	五氯酚	气相色谱法	0.00004	GB 8972—98
		电子捕获-毛细色谱法	0.000024	2)
39	苯胺	气相色谱法	0.002	2)

续表 6

序号	项目	分析方法	最低检出限/(mg/L)	方法来源
40	联苯胺	气相色谱法	0.0002	3)
41	丙烯酰胺	气相色谱法	0.00015	2)
42	丙烯腈	气相色谱法	0.10	2)
43	邻苯二甲酸二丁酯	液相色谱法	0.0001	HJ/T 72—2001
44	邻苯二甲酸二(2-乙基己基)酯	气相色谱法	0.0004	2)
45	水合肼	对二甲氨基苯甲醛直接分光光度法	0.005	2)
46	四乙基铅	双硫腙比色法	0.0001	2)
47	吡啶	气相色谱法	0.031	GB/T 14672—93
		巴比土酸分光光度法	0.05	2)
48	松节油	气相色谱法	0.02	2)
49	苦味酸	气相色谱法	0.001	2)
50	丁基黄原酸	铜试剂亚铜分光光度法	0.002	2)
51	活性氯	*N*,*N*-二乙基对苯二胺(DPD)分光光度法	0.01	2)
		3,3′,5,5′-四甲基联苯胺比色法	0.005	2)
52	滴滴涕	气相色谱法	0.0002	GB 7492—87
53	林丹	气相色谱法	4×10^{-6}	GB 7492—87
54	环氧七氯	液液萃取气相色谱法	0.000083	2)
55	对硫磷	气相色谱法	0.00054	GB 13192—91
56	甲基对硫磷	气相色谱法	0.00042	GB 13192—91
57	马拉硫磷	气相色谱法	0.00064	GB 13192—91
58	乐果	气相色谱法	0.00057	GB 13192—91
59	敌敌畏	气相色谱法	0.00006	GB 13192—91
60	敌百虫	气相色谱法	0.000051	GB 13192—91
61	内吸磷	气相色谱法	0.0025	2)
62	百菌清	气相色谱法	0.0004	2)
63	甲萘威	高效液相色谱法	0.01	2)
64	溴氰菊酯	气相色谱法	0.0002	2)
		高效液相色谱法	0.002	2)
65	阿特拉津	气相色谱法		3)
66	苯并[*a*]芘	乙酰化滤纸层析荧光分光光度法	4×10^{-6}	GB 11895—89
		高效液相色谱法	1×10^{-6}	GB 13198—91
67	甲基汞	气相色谱法	1×10^{-8}	GB/T 17132—1997
68	多氯联苯	气相色谱法		3)
69	微囊藻毒素-LR	高效液相色谱法	0.00001	2)
70	黄磷	钼-锑-抗分光光度法	0.0025	2)

续表 6

序号	项目	分析方法	最低检出限/(mg/L)	方法来源
71	钼	无火焰原子吸收分光光度法	0.00231	2)
72	钴	无火焰原子吸收分光光度法	0.00191	2)
73	铍	铬菁 R 分光光度法	0.0002	HJ/T 58—2000
		石墨炉原子吸收分光光度法	0.00002	HJ/T 59—2000
		桑色素荧光分光光度法	0.0002	2)
74	硼	姜黄素分光光度法	0.02	HJ/T 49—1999
		甲亚胺·H 分光光度法	0.2	2)
75	锑	氢化原子吸收分光光度法	0.00025	2)
76	镍	无火焰原子吸收分光光度法	0.00248	2)
77	钡	无火焰原子吸收分光光度法	0.00618	2)
78	钒	钽试剂（BPHA）萃取分光光度法	0.018	GB /T 15503—1995
		无火焰原子吸收分光光度法	0.00698	2)
79	钛	催化示波极谱法	0.0004	2)
		水杨基荧光酮分光光度法	0.02	2)
80	铊	无火焰原子吸收分光光度法	4×10^{-6}	2)

注：暂采用下列分析方法，待国家方法标准发布后，执行国家标准。
1）《水和废水监测分析方法（第三版）》，中国环境科学出版社，1989 年。
2）《生活饮用水卫生规范》，中华人民共和国卫生部，2001 年。
3）《水和废水标准检验法（第 15 版）》，中国建筑工业出版社，1985 年。

7 标准的实施与监督

7.1 本标准由县级以上人民政府环境保护行政主管部门及相关部门按职责分工监督实施。

7.2 集中式生活饮用水地表水源地水质超标项目经自来水厂净化处理后，必须达到《生活饮用水卫生规范》的要求。

7.3 省、自治区、直辖市人民政府可以对本标准中未作规定的项目，制定地方补充标准，并报国务院环境保护行政主管部门备案。

中华人民共和国国家标准

地下水质量标准

Standard for groundwater quality

GB/T 14848—2017
代替 GB/T 14848—1993

30

中华人民共和国国家质量监督检验检疫总局
中 国 国 家 标 准 化 管 理 委 员 会 发布

2017-10-14 发布　　2018-05-01 实施

目　次

引　言

随着我国工业化进程加快，人工合成的各种化合物投入施用，地下水中各种化学组分正在发生变化；分析技术不断进步，为适应调查评价需要，进一步与升级的GB 5749—2006相协调，促进交流，有必要对GB/T 14848—1993进行修订。

GB/T 14848—1993是以地下水形成背景为基础，适应了当时的评价需要。新标准结合修订的GB 5749—2006、国土资源部近20年地下水方面的科研成果和国际最新研究成果进行了修订，增加了指标数量，指标由GB/T 14848—1993的39项增加至93项，增加了54项；调整了20项指标分类限值，直接采用了19项指标分类限值；减少了综合评价规定，使标准具有更广泛的应用性。

1 范　　围

本标准规定了地下水质量分类、指标及限值，地下水质量调查与监测，地下水质量评价等内容。

本标准适用于地下水质量调查、监测、评价与管理。

2 规范性引用文件

下列文件对于本文件的应用是必不可少的。凡是注日期的引用文件，仅注日期的版本适用于本文件。凡是不注日期的引用文件，其最新版本（包括所有的修改单）适用于本文件。

GB 5749—2006　生活饮用水卫生标准

GB/T 27025—2008　检测和校准实验室能力的通用要求

3 术语和定义

下列术语和定义适用于本文件。

3.1

地下水质量　groundwater quality

地下水的物理、化学和生物性质的总称。

3.2

常规指标　regular indices

反映地下水质量基本状况的指标，包括感官性状及一般化学指标、微生物指标、常见毒理学指标和放射性指标。

3.3

非常规指标　non-regular indices

在常规指标上的拓展，根据地区和时间差异或特殊情况确定的地下水质量指标，反映地下水中所产生的主要质量问题，包括比较少见的无机和有机毒理学指标。

3.4

人体健康风险　human health risk

地下水中各种组分对人体健康产生危害的概率。

4 地下水质量分类及指标

4.1 地下水质量分类

依据我国地下水质量状况和人体健康风险，参照生活饮用水、工业、农业等用水质量要求，依据各组分含量高低（pH除外），分为五类。

Ⅰ类：地下水化学组分含量低，适用于各种用途；

Ⅱ类：地下水化学组分含量较低，适用于各种用途；

Ⅲ类：地下水化学组分含量中等，以GB 5749—2006为依据，主要适用于集中式生活饮用水水源及工农业用水；

Ⅳ类：地下水化学组分含量较高，以农业和工业用水质量要求以及一定水平的人体健康风险为依据，适用于农业和部分工业用水，适当处理后可作生活饮用水；

Ⅴ类：地下水化学组分含量高，不宜作为生活饮用水水源，其他用水可根据使用目的选用。

4.2 地下水质量分类指标

地下水质量指标分为常规指标和非常规指标，其分类及限值分别见表1和表2。

表1　地下水质量常规指标及限值

序号	指标	Ⅰ类	Ⅱ类	Ⅲ类	Ⅳ类	Ⅴ类
感官性状及一般化学指标						
1	色(铂钴色度单位)	≤5	≤5	≤15	≤25	>25
2	嗅和味	无	无	无	无	有
3	浑浊度/NTU[a]	≤3	≤3	≤3	≤10	>10
4	肉眼可见物	无	无	无	无	有
5	pH	6.5≤pH≤8.5			5.5≤pH<6.5 8.5<pH≤9.0	pH<5.5或 pH>9.0
6	总硬度(以$CaCO_3$计)/(mg/L)	≤150	≤300	≤450	≤650	>650
7	溶解性总固体/(mg/L)	≤300	≤500	≤1000	≤2000	>2000
8	硫酸盐/(mg/L)	≤50	≤150	≤250	≤350	>350
9	氯化物/(mg/L)	≤50	≤150	≤250	≤350	>350
10	铁/(mg/L)	≤0.1	≤0.2	≤0.3	≤2.0	>2.0
11	锰/(mg/L)	≤0.05	≤0.05	≤0.10	≤1.50	>1.50

续表 1

序号	指标	Ⅰ类	Ⅱ类	Ⅲ类	Ⅳ类	Ⅴ类
12	铜/(mg/L)	≤0.01	≤0.05	≤1.00	≤1.50	>1.50
13	锌/(mg/L)	≤0.05	≤0.5	≤1.00	≤5.00	>5.00
14	铝/(mg/L)	≤0.01	≤0.05	≤0.20	≤0.50	>0.50
15	挥发性酚类(以苯酚计)/(mg/L)	≤0.001	≤0.001	≤0.002	≤0.01	>0.01
16	阴离子表面活性剂/(mg/L)	不得检出	≤0.1	≤0.3	≤0.3	>0.3
17	耗氧量(COD_{Mn}法，以 O_2 计)/(mg/L)	≤1.0	≤2.0	≤3.0	≤10.0	>10.0
18	氨氮(以 N 计)/(mg/L)	≤0.02	≤0.10	≤0.50	≤1.50	>1.50
19	硫化物/(mg/L)	≤0.005	≤0.01	≤0.02	≤0.10	>0.10
20	钠/(mg/L)	≤100	≤150	≤200	≤400	>400
	微生物指标					
21	总大肠菌群/(MPN[b]/100mL 或 CFU[c]/100mL)	≤3.0	≤3.0	≤3.0	≤100	>100
22	菌落总数/(CFU/mL)	≤100	≤100	≤100	≤1000	>1000
	毒理学指标					
23	亚硝酸盐(以 N 计)/(mg/L)	≤0.01	≤0.10	≤1.00	≤4.80	>4.80
24	硝酸盐(以 N 计)/(mg/L)	≤2.0	≤5.0	≤20.0	≤30.0	>30.0
25	氰化物/(mg/L)	≤0.001	≤0.01	≤0.05	≤0.1	>0.1
26	氟化物/(mg/L)	≤1.0	≤1.0	≤1.0	≤2.0	>2.0
27	碘化物/(mg/L)	≤0.04	≤0.04	≤0.08	≤0.50	>0.50
28	汞/(mg/L)	≤0.0001	≤0.0001	≤0.001	≤0.002	>0.002
29	砷/(mg/L)	≤0.001	≤0.001	≤0.01	≤0.05	>0.05
30	硒/(mg/L)	≤0.01	≤0.01	≤0.01	≤0.1	>0.1
31	镉/(mg/L)	≤0.0001	≤0.001	≤0.005	≤0.01	>0.01
32	铬(六价)/(mg/L)	≤0.005	≤0.01	≤0.05	≤0.10	>0.10
33	铅/(mg/L)	≤0.005	≤0.005	≤0.01	≤0.10	>0.10
34	三氯甲烷/(μg/L)	≤0.5	≤6	≤60	≤300	>300
35	四氯化碳/(μg/L)	≤0.5	≤0.5	≤2.0	≤50.0	>50.0
36	苯/(μg/L)	≤0.5	≤1.0	≤10.0	≤120	>120
37	甲苯/(μg/L)	≤0.5	≤140	≤700	≤1400	>1400
	放射性指标[d]					
38	总 α 放射性/(Bq/L)	≤0.1	≤0.1	≤0.5	>0.5	>0.5
39	总 β 放射性/(Bq/L)	≤0.1	≤1.0	≤1.0	>1.0	>1.0

[a] NTU 为散射浊度单位。
[b] MPN 表示最可能数。
[c] CFU 表示菌落形成单位。
[d] 放射性指标超过指导值，应进行核素分析和评价。

表 2　地下水质量非常规指标及限值

序号	指标	Ⅰ类	Ⅱ类	Ⅲ类	Ⅳ类	Ⅴ类
	毒理学指标					
1	铍/(mg/L)	≤0.0001	≤0.0001	≤0.002	≤0.06	>0.06
2	硼/(mg/L)	≤0.02	≤0.10	≤0.50	≤2.00	>2.00
3	锑/(mg/L)	≤0.0001	≤0.0005	≤0.005	≤0.01	>0.01

续表 2

序号	指标	Ⅰ类	Ⅱ类	Ⅲ类	Ⅳ类	Ⅴ类
毒理学指标						
4	钡/(mg/L)	≤0.01	≤0.10	≤0.70	≤4.00	>4.00
5	镍/(mg/L)	≤0.002	≤0.002	≤0.02	≤0.10	>0.10
6	钴/(mg/L)	≤0.005	≤0.005	≤0.05	≤0.10	>0.10
7	钼/(mg/L)	≤0.001	≤0.01	≤0.07	≤0.15	>0.15
8	银/(mg/L)	≤0.001	≤0.01	≤0.05	≤0.10	>0.10
9	铊/(mg/L)	≤0.0001	≤0.0001	≤0.0001	≤0.001	>0.001
10	二氯甲烷/(μg/L)	≤1	≤2	≤20	≤500	>500
11	1，2-二氯乙烷/(μg/L)	≤0.5	≤3.0	≤30.0	≤40.0	>40.0
12	1，1，1-三氯乙烷/(μg/L)	≤0.5	≤400	≤2000	≤4000	>4000
13	1，1，2-三氯乙烷/(μg/L)	≤0.5	≤0.5	≤5.0	≤60.0	>60.0
14	1，2-二氯丙烷/(μg/L)	≤0.5	≤0.5	≤5.0	≤60.0	>60.0
15	三溴甲烷/(μg/L)	≤0.5	≤10.0	≤100	≤800	>800
16	氯乙烯/(μg/L)	≤0.5	≤0.5	≤5.0	≤90.0	>90.0
17	1，1-二氯乙烯/(μg/L)	≤0.5	≤3.0	≤30.0	≤60.0	>60.0
18	1，2-二氯乙烯/(μg/L)	≤0.5	≤5.0	≤50.0	≤60.0	>60.0
19	三氯乙烯/(μg/L)	≤0.5	≤7.0	≤70.0	≤210	>210
20	四氯乙烯/(μg/L)	≤0.5	≤4.0	≤40.0	≤300	>300
21	氯苯/(μg/L)	≤0.5	≤60.0	≤300	≤600	>600
22	邻二氯苯/(μg/L)	≤0.5	≤200	≤1000	≤2000	>2000
23	对二氯苯/(μg/L)	≤0.5	≤30.0	≤300	≤600	>600
24	三氯苯(总量)/(μg/L)[a]	≤0.5	≤4。0	≤20.0	≤180	>180
25	乙苯/(μg/L)	≤0.5	≤30.0	≤300	≤600	>600
26	二甲苯(总量)/(μg/L)[b]	≤0.5	≤100	≤500	≤1000	>1000
27	苯乙烯/(μg/L)	≤0.5	≤2.0	≤20.0	≤40.0	>40.0
28	2，4-二硝基甲苯/(μg/L)	≤0.1	≤0.5	≤5.0	≤60.0	>60.0
29	2，6-二硝基甲苯/(μg/L)	≤0.1	≤0.5	≤5.0	≤30.0	>30.0
30	萘/(μg/L)	≤1	≤10	≤100	≤600	>600
31	蒽/(μg/L)	≤1	≤360	≤1800	≤3600	>3600
32	荧蒽/(μg/L)	≤1	≤50	≤240	≤480	>480
33	苯并(b)荧蒽/(μg/L)	≤0.1	≤0.4	≤4.0	≤8.0	>8.0
34	苯并(a)芘/(μg/L)	≤0.002	≤0.002	≤0.01	≤0.50	>0.50
35	多氯联苯(总量)/(μg/L)[c]	≤0.05	≤0.05	≤0.50	≤10.0	>10.0
36	邻苯二甲酸二(2-乙基己基)酯/(μg/L)	≤3	≤3	≤8.0	≤300	>300
37	2，4，6-三氯酚/(μg/L)	≤0.05	≤20.0	≤200	≤300	>300
38	五氯酚/(μg/L)	≤0.05	≤0.90	≤9.0	≤18.0	>18.0
39	六六六(总量)/(μg/L)[d]	≤0.01	≤0.50	≤5.00	≤300	>300
40	γ-六六六(林丹)/(μg/L)	≤0.01	≤0.20	≤2.00	≤150	>150
41	滴滴涕(总量)/(μg/L)[e]	≤0.01	≤0.10	≤1.00	≤2.00	>2.00
42	六氯苯/(μg/L)	≤0.01	≤0.10	≤1.00	≤2.00	>2.00

续表 2

序号	指标	Ⅰ类	Ⅱ类	Ⅲ类	Ⅳ类	Ⅴ类
毒理学指标						
43	七氯/(μg/L)	≤0.01	≤0.04	≤0.40	≤0.80	>0.80
44	2，4-滴/(μg/L)	≤0.1	≤6.0	≤30.0	≤150	>150
45	克百威/(μg/L)	≤0.05	≤1.40	≤7.00	≤14.0	>14.0
46	涕灭威/(μg/L)	≤0.05	≤0.60	≤3.00	≤30.0	>30.0
47	敌敌畏/(μg/L)	≤0.05	≤0.10	≤1.00	≤2.00	>2.00
48	甲基对硫磷/(μg/L)	≤0.05	≤4.00	≤20.0	≤40.0	>40.0
49	马拉硫磷/(μg/L)	≤0.05	≤25.0	≤250	≤500	>500
50	乐果/(μg/L)	≤0.05	≤16.0	≤80.0	≤160	>160
51	毒死蜱/(μg/L)	≤0.05	≤6.00	≤30.0	≤60.0	>60.0
52	百菌清/(μg/L)	≤0.05	≤1.00	≤10.0	≤150	>150
53	莠去津/(μg/L)	≤0.05	≤0.40	≤2.00	≤600	>600
54	草甘膦/(μg/L)	≤0.1	≤140	≤700	≤1400	>1400

[a]三氯苯(总量)为1，2，3-三氯苯、1，2，4-三氯苯、1，3，5-三氯苯3种异构体加和。

[b]二甲苯(总量)为邻二甲苯、间二甲苯、对二甲苯3种异构体加和。

[c]多氯联苯(总量)为PCB28、PCB52、PCB101、PCB118、PCB138、PCB153、PCB180、PCB194、PCB206 9种多氯联苯单体加和。

[d]六六六(总量)为α-六六六、β-六六六、γ-六六六、δ-六六六4种异构体加和。

[e]滴滴涕(总量)为o，p'-滴滴涕、p，p'-滴滴伊、p，p'-滴滴滴、p，p'-滴滴涕4种异构体加和。

5 地下水质量调查与监测

5.1 地下水质量应定期监测。潜水监测频率应不少于每年两次（丰水期和枯水期各1次），承压水监测频率可以根据质量变化情况确定，宜每年1次。

5.2 依据地下水质量的动态变化，应定期开展区域性地下水质量调查评价。

5.3 地下水质量调查与监测指标以常规指标为主，为便于水化学分析结果的审核，应补充钾、钙、镁、重碳酸根、碳酸根、游离二氧化碳指标；不同地区可在常规指标的基础上，根据当地实际情况补充选定非常规指标进行调查与监测。

5.4 地下水样品的采集参照相关标准执行，地下水样品的保存和送检按附录A执行。

5.5 地下水质量检测方法的选择参见附录B，使用前应按照GB/T 27025—2008中5.4的要求，进行有效确认和验证。

6 地下水质量评价

6.1 地下水质量评价应以地下水质量检测资料为基础。

6.2 地下水质量单指标评价，按指标值所在的限值范围确定地下水质量类别，指标限值相同时，从优不从劣。

示例： 挥发性酚类Ⅰ、Ⅱ类限值均为0.001mg/L，若质量分析结果为0.001mg/L时，应定为Ⅰ类，不定为Ⅱ类。

6.3 地下水质量综合评价，按单指标评价结果最差的类别确定，并指出最差类别的指标。

示例： 某地下水样氯化物含量400mg/L，四氯乙烯含量350μg/L，这两个指标属Ⅴ类，其余指标均低于Ⅴ类。则该地下水质量综合类别定为Ⅴ类，Ⅴ类指标为氯离子和四氯乙烯。

附　录　A
（规范性附录）
地下水样品保存和送检要求

地下水样品的保存和送检要求见表A.1。

表A.1　地下水样品的保存和送检要求

序号	检测指标	采样容器和体积	保存方法	保存时间
1	色	G或P，1L	原样	10d
2	嗅和味	G或P，1L	原样	10d
3	浑浊度	G或P，1L	原样	10d

续表 A.1

序号	检测指标	采样容器和体积	保存方法	保存时间
4	肉眼可见物	G或P，1L	原样	10d
5	pH	G或P，1L	原样	10d
6	总硬度	G或P，1L	原样	10d
7	溶解性总固体	G或P，11	原样	10d
8	硫酸盐	G或P，1L	原样	10d
9	氯化物	G或P，1L	原样	10d
10	铁	G或P，1L	原样	10d
11	锰	G，0.5L	硝酸，pH≤2	30d
12	铜	G，0.5L	硝酸，pH≤2	30d
13	锌	G，0.5L	硝酸，pH≤2	30d
14	铝	G，0.5L	硝酸，pH≤2	30d
15	挥发性酚类	G，1L	氢氧化钠，pH≥12，4℃冷藏	24h
16	阴离子表面活性剂	G或P，1L	原样	10d
17	耗氧量（COD_{Mn}法）	G或P，1L	原样或硫酸，pH≤2	10d　24h
18	氨氮	G或P，1L	原样或硫酸，pH≤2，4℃冷藏	10d　24h
19	硫化物	棕色G，0.5L	每100mL水样加入4滴乙酸锌溶液（200g/L）和氢氧化钠溶液（40g/L），避光	7d
20	钠	G或P，1L	原样	10d
21	总大肠菌群	灭菌瓶或灭菌袋	原样	4h
22	菌落总数	灭菌瓶或灭菌袋	原样	4h
23	亚硝酸盐	G或P，1L	原样或硫酸，pH≤2，4℃冷藏	10d　24h
24	硝酸盐	G或P，1L	原样或硫酸，pH≤2，4℃冷藏	10d　24h
25	氰化物	G，1L	氢氧化钠，pH≥12，4℃冷藏	24h
26	氟化物	G或P，1L	原样	10d
27	碘化物	G或P，1L	原样	10d
28	汞	G，0.5L	硝酸，pH≤2	30d
29	砷	G或P，1L	原样	10d
30	硒	G，0.5L	硝酸，pH≤2	30d
31	镉	G，0.5L	硝酸，pH≤2	30d
32	铬（六价）	G或P，1L	原样	10d
33	铅	G，0.5L	硝酸，pH≤2	30d
34	总α放射性	P，5L	原样或盐酸，pH≤2	30d
35	总β放射性	P，5L	原样或盐酸，pH≤2	30d
36	铍	G，0.5L	硝酸，pH≤2	30d
37	硼	G或P，1L	原样	10d
38	锑	G，0.5L	硝酸，pH≤2	30d
39	钡	G，0.5L	硝酸，pH≤2	30d
40	镍	G，0.5L	硝酸，pH≤2	30d

续表 A.1

序号	检测指标	采样容器和体积	保存方法	保存时间
41	钴	G，0.5L	硝酸，pH≤2	30d
42	钼	G，0.5L	硝酸，pH≤2	30d
43	银	G，0.5L	硝酸，pH≤2	30d
44	铊	G，0.5L	硝酸，pH≤2	30d
45	三氯甲烷	2×40mLVOA 棕色 G	加酸，pH<2，4℃冷藏	14d
46	四氯化碳	2×40mLVOA 棕色 G	加酸，pH<2，4℃冷藏	14d
47	苯	2×40mLVOA 棕色 G	加酸，pH<2，4℃冷藏	14d
48	甲苯	2×40mLVOA 棕色 G	加酸，pH<2，4℃冷藏	14d
49	二氯甲烷	2×40mLVOA 棕色 G	加酸，pH<2，4℃冷藏	14d
50	1，2-二氯乙烷	2×40mLVOA 棕色 G	加酸，pH<2，4℃冷藏	14d
51	1，1，1-三氯乙烷	2×40mLVOA 棕色 G	加酸，pH<2，4℃冷藏	14d
52	1，1，2-三氯乙烷	2×40mLVOA 棕色 G	加酸，pH<2，4℃冷藏	14d
53	1，2-二氯丙烷	2×40mLVOA 棕色 G	加酸，pH<2，4℃冷藏	14d
54	三溴甲烷	2×40mLVOA 棕色 G	加酸，pH<2，4℃冷藏	14d
55	氯乙烯	2×40mLVOA 棕色 G	加酸，pH<2，4℃冷藏	1-4d
56	1，1-二氯乙烯	2×40mLVOA 棕色 G	加酸，pH<2，4℃冷藏	14d
57	1，2-二氯乙烯	2×40mLVOA 棕色 G	加酸，pH<2，4℃冷藏	14d
58	三氯乙烯	2×40mLVOA 棕色 G	加酸，pH<2，4℃冷藏	14d
59	四氯乙烯	2×40mLVOA 棕色 G	加酸，pH<2，4℃冷藏	14d
60	氯苯	2×40mLVOA 棕色 G	加酸，pH<2，4℃冷藏	14d
61	邻二氯苯	2×40mLVOA 棕色 G	加酸，pH<2，4℃冷藏	14d
62	对二氯苯	2×40mLVOA 棕色 G	加酸，pH<2，4℃冷藏	14d
63	三氯苯（总量）	2×40mLVOA 棕色 G	加酸，pH<2，4℃冷藏	14d
64	乙苯	2×40mLVOA 棕色 G	加酸，pH<2，4℃冷藏	14d
65	二甲苯（总量）	2×40mLVOA 棕色 G	加酸，pH<2，4℃冷藏	14d
66	苯乙烯	2×40mLVOA 棕色 G	加酸，pH<2，4℃冷藏	14d
67	2，4-二硝基甲苯	2×1000mL 棕色 G	4℃冷藏	7d（提取），40d
68	2，6-二硝基甲苯	2×1000mL 棕色 G	4℃冷藏	7d（提取），40d
69	萘	2×1000mL 棕色 G	4℃冷藏	7d（提取），40d
70	蒽	2×1000mL 棕色 G	4℃冷藏	7d（提取），40d
71	荧蒽	2×1000mL 棕色 G	4℃冷藏	7d（提取），40d
72	苯并（b）荧蒽	2×1000mL 棕色 G	4℃冷藏	7d（提取），40d
73	苯并（a）芘	2×1000mL 棕色 G	4℃冷藏	7d（提取），40d
74	多氯联苯（总量）	2×1000mL 棕色 G	4℃冷藏	7d（提取），40d
75	邻苯二甲酸二（2-乙基己基）酯	2×1000mL 棕色 G	4℃冷藏	7d（提取），40d
76	2，4，6-三氯酚	2×1000mL 棕色 G	4℃冷藏	7d（提取），40d
77	五氯酚	2×1000mL 棕色 G	4℃冷藏	7d（提取），40d
78	六六六（总量）	2×1000mL 棕色 G	4℃冷藏	7d（提取），40d

续表 A.1

序号	检测指标	采样容器和体积	保存方法	保存时间
79	γ-六六六（林丹）	2×1000mL 棕色 G	4℃冷藏	7d（提取），40d
80	滴滴涕（总量）	2×1000mL 棕色 G	4℃冷藏	7d（提取），40d
81	六氯苯	2×1000mL 棕色 G	4℃冷藏	7d（提取），40d
82	七氯	2×1000mL 棕色 G	4℃冷藏	7d（提取），40d
83	2，4-滴	2×1000mL 棕色 G	4℃冷藏	7d（提取），40d
84	克百威	2×1000mL 棕色 G	4℃冷藏	7d（提取），40d
85	涕灭威	2×1000mL 棕色 G	4℃冷藏	7d（提取），40d
86	敌敌畏	2×1000mL 棕色 G	4℃冷藏	7d（提取），40d
87	甲基对硫磷	2×1000mL 棕色 G	4℃冷藏	7d（提取），40d
88	马拉硫磷	2×1000mL 棕色 G	4℃冷藏	7d（提取），40d
89	乐果	2×1000mL 棕色 G	4℃冷藏	7d（提取），40d
90	毒死蜱	2×1000mL 棕色 G	4℃冷藏	7d（提取），40d
91	百菌清	2×1000mL 棕色 G	4℃冷藏	7d（提取），40d
92	莠去津	2×1000mL 棕色 G	4℃冷藏	7d（提取），40d
93	草甘膦	2×1000mL 棕色 G	4℃冷藏	7d（提取），40d

注1： G——硬质玻璃瓶；P——聚乙烯瓶。

注2： 对于无机检测指标，当采样容器、采样体积、保存方法和保存时间一致时，可采集一份样品供检测用。

注3： 45号～66号为挥发性有机物，同一份样品可完成上述指标分析，共采样2×40mL。

注4： VOA棕色玻璃瓶指专用于挥发性有机物取样分析的玻璃瓶，可用于吹扫捕集自动进样器，配套内附聚四氟乙烯膜、取样针可直接刺穿取样的瓶盖。

注5： 67号～83号，86号～92号为极性比较小的半挥发性有机物，可以采用同一流程进行萃取测定，共采样2×1000mL。

注6： 84号～85号为极性比较大的半挥发性有机物，可以采用同一流程进行萃取测定，共采样2×1000mL。

注7： 93号需衍生化，单独为一分析流程，采样量2×1000mL。

附　录　B
（资料性附录）
地下水质量检测指标推荐分析方法

地下水质量检测指标推荐分析方法见表B.1。

表B.1　地下水质量检测指标推荐分析方法

序号	检测指标	推荐分析方法
1	色	铂-钴标准比色法
2	嗅和味	嗅气和尝味法
3	浑浊度	散射法、比浊法
4	肉眼可见物	直接观察法
5	pH	玻璃电极法（现场和实验室均需检测）
6	总硬度	EDTA容量法、电感耦合等离子体原子发射光谱法、电感耦合等离子体质谱法

续表 B.1

序号	检测指标	推荐分析方法
7	溶解性总固体	105℃干燥重量法、180℃干燥重量法
8	硫酸盐	硫酸钡重量法、离子色谱法、EDTA 容量法、硫酸钡比浊法
9	氯化物	离子色谱法、硝酸银容量法
10	铁	电感耦合等离子体原子发射光谱法、原子吸收光谱法、分光光度法
11	锰	电感耦合等离子体原子发射光谱法、电感耦合等离子体质谱法、原子吸收光谱法
12	铜	电感耦合等离子体质谱法、原子吸收光谱法
13	锌	电感耦合等离子体质谱法、原子吸收光谱法
14	铝	电感耦合等离子体原子发射光谱法、电感耦合等离子体质谱法
15	挥发性酚类	分光光度法、溴化容量法
16	阴离子表面活性剂	分光光度法
17	耗氧量（COD_{Mn}法）	酸性高锰酸盐法、碱性高锰酸盐法
18	氨氮	离子色谱法、分光光度法
19	硫化物	碘量法
20	钠	电感耦合等离子体原子发射光谱法、火焰发射光度法、原子吸收光谱法
21	总大肠菌群	多管发酵法
22	菌落总数	平皿计数法
23	亚硝酸盐	分光光度法
24	硝酸盐	离子色谱法、紫外分光光度法
25	氰化物	分光光度法、容量法
26	氟化物	离子色谱法、离子选择电极法、分光光度法
27	碘化物	分光光度法、电感耦合等离子体质谱法、离子色谱法
28	汞	原子荧光光谱法、冷原子吸收光谱法
29	砷	原子荧光光谱法、电感耦合等离子体质谱法
30	硒	原子荧光光谱法、电感耦合等离子体质谱法
31	镉	电感耦合等离子体质谱法、石墨炉原子吸收光谱法
32	铬（六价）	电感耦合等离子体质谱法、分光光度法
33	铅	电感耦合等离子体质谱法
34	总α放射性	厚样法
35	总β放射性	薄样法
36	铍	电感耦合等离子体质谱法
37	硼	电感耦合等离子体质谱法、分光光度法
38	锑	原子荧光光谱法、电感耦合等离子体质谱法
39	钡	电感耦合等离子体质谱法
40	镍	电感耦合等离子体质谱法
41	钴	电感耦合等离子体质谱法
42	钼	电感耦合等离子体质谱法
43	银	电感耦合等离子体质谱法、石墨炉原子吸收光谱法
44	铊	电感耦合等离子体质谱法
45	三氯甲烷	吹扫-捕集/气相色谱-质谱法 顶空/气相色谱-质谱法
46	四氯化碳	

续表 B.1

序号	检测指标	推荐分析方法
47	苯	吹扫-捕集/气相色谱-质谱法 顶空/气相色谱-质谱法
48	甲苯	
49	二氯甲烷	
50	1，2-二氯乙烷	
51	1，1，1-三氯乙烷	
52	1，1，2-三氯乙烷	
53	1，2-二氯丙烷	
54	三溴甲烷	
55	氯乙烯	
56	1，1-二氯乙烯	
57	1，2-二氯乙烯	
58	三氯乙烯	
59	四氯乙烯	
60	氯苯	
61	邻二氯苯	
62	对二氯苯	
63	三氯苯（总量）	
64	乙苯	
65	二甲苯（总量）	
66	苯乙烯	
67	2，4-二硝基甲苯	气相色谱-电子捕获检测器法 气相色谱-质谱法
68	2，6-二硝基甲苯	
69	萘	气相色谱-质谱法 高效液相色谱-荧光检测器-紫外检测器法
70	蒽	
71	荧蒽	
72	苯并（b）荧蒽	
73	苯并（a）芘	
74	多氯联苯（总量）	气相色谱-电子捕获检测器法 气相色谱-质谱法
75	邻苯二甲酸二（2-乙基己基）酯	气相色谱-电子捕获检测器法 气相色谱-质谱法 高效液相色谱-紫外检测器法
76	2，4，6-三氯酚	
77	五氯酚	
78	六六六（总量）	气相色谱-电子捕获检测器法 气相色谱-质谱法
79	γ-六六六（林丹）	
80	滴滴涕（总量）	气相色谱-电子捕获检测器法 气相色谱-质谱法
81	六氯苯	
82	七氯	
83	2，4-滴	

续表 B.1

序号	检测指标	推荐分析方法
84	克百威	液相色谱-紫外检测器法 液相色谱-质谱法
85	涕灭威	
86	敌敌畏	气相色谱-氮磷检测器法 气相色谱-质谱法 液相色谱-质谱法
87	甲基对硫磷	
88	马拉硫磷	
89	乐果	
90	毒死蜱	
91	百菌清	气相色谱-电子捕获检测器法 气相色谱-质谱法 液相色谱-质谱法
92	莠去津	
93	草甘膦	液相色谱-紫外检测器法 液相色谱-质谱法

注 1： 45 号～66 号为挥发性有机物，可采用吹扫-捕集/气相色谱-质谱法或顶空/气相色谱-质谱法同时测定。

注 2： 67 号～83 号、86 号～92 号可采用气相色谱-质谱法同时测定。

注 3： 83 号～92 号可采用液相色谱-质谱法同时测定。

注 4： 草甘膦需要衍生化，应单独一个分析流程。

中华人民共和国国家标准

污水排入城镇下水道水质标准

Wastewater quality standards for discharge to municipal sewers

31

GB/T 31962—2015

中华人民共和国国家质量监督检验检疫总局
中 国 国 家 标 准 化 管 理 委 员 会 发布

2015-09-11 发布　　2016-08-01 实施

目　　次

1 范　围

本标准规定了污水排入城镇下水道的水质、取样与监测要求。

本标准适用于向城镇下水道排放污水的排水户和个人的排水安全管理。

2 规范性引用文件

下列文件对于本文件的应用是必不可少的。凡是注日期的引用文件，仅注日期的版本适用于本文件。凡是不注日期的引用文件，其最新版本（包括所有的修改单）适用于本文件。

GB/T 6920　水质　pH值的测定　玻璃电极法

GB/T 7466　水质　总铬的测定

GB/T 7467　水质　六价铬的测定　二苯碳酰二肼分光光度法

GB/T 7469　水质　总汞的测定　高锰酸钾-过硫酸钾消解法　双硫腙分光光度法

GB/T 7470　水质　铅的测定　双硫腙分光光度法

GB/T 7471　水质　镉的测定　双硫腙分光光度法

GB/T 7472　水质　锌的测定　双硫腙分光光度法

GB/T 7475　水质　铜、锌、铅、镉的测定　原子吸收分光光度法

GB/T 7484　水质　氟化物的测定　离子选择电极法

GB/T 7485　水质　总砷的测定　二乙基二硫代氨基甲酸银分光光度法

GB/T 7494　水质　阴离子表面活性剂的测定　亚甲蓝分光光度法

GB 8978　污水综合排放标准

GB/T 9803　水质　五氯酚的测定　藏红T分光光度法

GB/T 11889　水质　苯胺类化合物的测定　N-(1-萘基）乙二胺偶氮分光光度法

GB/T 11890　水质　苯系物的测定　气相色谱法

GB/T 11893　水质　总磷的测定　钼酸铵分光光度法

GB/T 11896　水质　氯化物的测定　硝酸银滴定法

GB/T 11899　水质　硫酸盐的测定　重量法

GB/T 11901　水质　悬浮物的测定　重量法

GB/T 11903　水质　色度的测定

GB/T 11906　水质　锰的测定　高碘酸钾分光光度法

GB/T 11907　水质　银的测定　火焰原子吸收分光光度法

GB/T 11910　水质　镍的测定　丁二酮肟分光光度法

GB/T 11911　水质　铁、锰的测定　火焰原子吸收分光光度法

GB/T 11912　水质　镍的测定　火焰原子吸收分光光度法

GB/T 11914　水质　化学需氧量的测定　重铬酸盐法

GB/T 13192　水质　有机磷农药的测定　气相色谱法

GB/T 13195　水质　水温的测定　温度计或颠倒温度计测定法

GB/T 15505　水质　硒的测定　石墨炉原子吸收分光光度法

GB/T 15959　水质　可吸附有机卤素（AOX）的测定　微库仑法

GB/T 16489　水质　硫化物的测定　亚甲基蓝分光光度法

CJ/T 51　城市污水水质检验方法标准

HJ/T 59　水质　铍的测定　石墨炉原子吸收分光光度法

HJ/T 60　水质　硫化物的测定　碘量法

HJ/T 83　水质　可吸附有机卤素（AOX）的测定　离子色谱法

HJ/T 84　水质　无机阴离子的测定　离子色谱法

HJ/T 399　水质　化学需氧量的测定　快速消解分光光度法

HJ 484　水质　氰化物的测定　容量法和分光光度法

HJ 488　水质　氟化物的测定　氟试剂分光光度法

HJ 489　水质　银的测定　3，5-Br_2-PADAP分光光度法

HJ 493　水质　样品的保存和管理技术规定

HJ 502　水质　挥发酚的测定　溴化容量法

HJ 503　水质　挥发酚的测定　4-氨基安替比林分光光度法

HJ 505　水质　五日生化需氧量（BOD_5）的测定　稀释与接种法

HJ 535　水质　氨氮的测定　纳氏试剂分光光度法

HJ 537　水质　氨氮的测定　蒸馏-中和滴定法

HJ 585　水质　游离氯和总氯的测定　N，N-二乙基-1，4-苯二胺滴定法

HJ 586　水质　游离氯和总氯的测定　N，N-二乙基-1，4-苯二胺分光光度法

HJ 591　水质　五氯酚的测定　气相色谱法

HJ 592　水质　硝基苯类化合物的测定　气相色谱法

HJ 597　水质　总汞的测定　冷原子吸收分光光度法

HJ 601　水质　甲醛的测定　乙酰丙酮分光光度法

HJ 620　水质　挥发性卤代烃的测定　顶空气相色谱法

HJ 636　水质　总氮的测定　碱性过硫酸钾消解紫外分光光度法

HJ 637　水质　石油类和动植物油的测定　红外分光光度法

HJ 639　水质　挥发性有机物的测定　吹扫捕集/气相色谱-质谱法

HJ 648　水质　硝基苯类化合物的测定　液液萃取/固相萃取-气相色谱法

HJ 665　水质　氨氮的测定　连续流动-水杨酸分光光度法

HJ 666　水质　氨氮的测定　流动注射-水杨酸分光光度法

HJ 667　水质　总氮的测定　连续流动-盐酸萘乙二胺分光光度法

HJ 668　水质　总氮的测定　流动注射-盐酸萘乙二胺分光光度法

HJ 670　水质　磷酸盐和总磷的测定　连续流动-钼酸铵分光光度法

HJ 671　水质　总磷的测定　流动注射-钼酸铵分光光度法

HJ 676　水质　酚类化合物的测定　液液萃取/气相色谱法

HJ 677　水质　金属总量的消解　硝酸消解法

HJ 678　水质　金属总量的消解　微波消解法

HJ 686　水质　挥发性有机物的测定　吹扫捕集/气相色谱法

HJ 694　水质　汞、砷、硒、铋和锑的测定　原子荧光法

HJ 700　水质　65 种元素的测定　电感耦合等离子体质谱法

3　术语和定义

下列术语和定义适用于本文件。

3.1

污水　Wastewater

在生活和生产过程中受污染的排出水。

3.2

城镇下水道　municipal sewers

城镇收集与输送污水及雨水的管道和沟渠。

3.3

排水户　wastewater discharger

从事工业、建筑、医疗、餐饮等活动向城镇下水道排放污水的企业事业单位、个体工商户。

3.4

一级处理　primary treatment

在格栅、沉砂等预处理基础上，通过沉淀等去除污水中悬浮物的过程。包括投加混凝剂或生物污泥以提高处理效果的一级强化处理。

3.5

二级处理　secondary treatment, biological treatment

在一级处理基础上，用生物等方法进一步去除污水中胶体和溶解性有机物的过程。包括增加除磷脱氮功能的二级强化处理。

3.6

再生处理　reclamation treatment

以污水为再生水源，使水质达到利用要求的深度处理过程。

4　要　　求

4.1　一般规定

4.1.1　严禁向城镇下水道倾倒垃圾、粪便、积雪、工业废渣、餐厨废物、施工泥浆等造成下水道堵塞的物质。

4.1.2　严禁向城镇下水道排入易凝聚、沉积等导致下水道淤积的污水或物质。

4.1.3　严禁向城镇下水道排入具有腐蚀性的污水或物质。

4.1.4　严禁向城镇下水道排入有毒、有害、易燃、易爆、恶臭等可能危害城镇排水与污水处理设施安全和公共安全的物质。

4.1.5　本标准未列入的控制项目，包括病原体、放射性污染物等，根据污染物的行业来源，其限值应按国家现行有关标准执行。

4.1.6　水质不符合本标准规定的污水，应进行预处理。不得用稀释法降低浓度后排入城镇下水道。

4.2　水质标准

4.2.1　根据城镇下水道末端污水处理厂的处理程度，将控制项目限值分为 A、B、C 三个等级，见表 1。

a）采用再生处理时，排入城镇下水道的污水水质应符合 A 级的规定。

b）采用二级处理时，排入城镇下水道的污水水质应符合 B 级的规定。

c）采用一级处理时，排入城镇下水道的污水水质应符合 C 级的规定。

表 1　污水排入城镇下水道水质控制项目限值

序号	控制项目名称	单位	A 级	B 级	C 级
1	水温	℃	40	40	40
2	色度	倍	64	64	64
3	易沉固体	mL/(L·15min)	10	10	10
4	悬浮物	mg/L	400	400	250
5	溶解性总固体	mg/L	1500	2000	2000
6	动植物油	mg/L	100	100	100
7	石油类	mg/L	15	15	10
8	pH	—	6.5～9.5	6.5～9.5	6.5～9.5
9	五日生化需氧量(BOD_5)	mg/L	350	350	150
10	化学需氧量(COD)	mg/L	500	500	300
11	氨氮(以 N 计)	mg/L	45	45	25
12	总氮(以 N 计)	mg/L	70	70	45
13	总磷(以 P 计)	mg/L	8	8	5
14	阴离子表面活性剂(LAS)	mg/L	20	20	10
15	总氰化物	mg/L	0.5	0.5	0.5
16	总余氯(以 Cl_2 计)	mg/L	8	8	8
17	硫化物	mg/L	1	1	1
18	氟化物	mg/L	20	20	20
19	氯化物	mg/L	500	800	800
20	硫酸盐	mg/L	400	600	600
21	总汞	mg/L	0.005	0.005	0.005
22	总镉	mg/L	0.05	0.05	0.05
23	总铬	mg/L	1.5	1.5	1.5
24	六价铬	mg/L	0.5	0.5	0.5
25	总砷	mg/L	0.3	0.3	0.3
26	总铅	mg/L	0.5	0.5	0.5
27	总镍	mg/L	1	1	1
28	总铍	mg/L	0.005	0.005	0.005
29	总银	mg/L	0.5	0.5	0.5
30	总硒	mg/L	0.5	0.5	0.5
31	总铜	mg/L	2	2	2
32	总锌	mg/L	5	5	5
33	总锰	mg/L	2	5	5
34	总铁	mg/L	5	10	10

续表 1

序号	控制项目名称	单位	A 级	B 级	C 级
35	挥发酚	mg/L	1	1	0.5
36	苯系物	mg/L	2.5	2.5	1
37	苯胺类	mg/L	5	5	2
38	硝基苯类	mg/L	5	5	3
39	甲醛	mg/L	5	5	2
40	三氯甲烷	mg/L	1	1	0.6
41	四氯化碳	mg/L	0.5	0.5	0.06
42	三氯乙烯	mg/L	1	1	0.6
43	四氯乙烯	mg/L	0.5	0.5	0.2
44	可吸附有机卤化物(AOX，以 Cl 计)	mg/L	8	8	5
45	有机磷农药(以 P 计)	mg/L	0.5	0.5	0.5
46	五氯酚	mg/L	5	5	5

4.2.2　下水道末端无城镇污水处理设施时，排入城镇下水道的污水水质，应根据污水的最终去向符合国家和地方现行污染物排放标准，且应符合 C 级的规定。

5　取样与监测

5.1　取　　样

5.1.1　GB 8978 规定的第一类污染物总汞、总镉、总铬、六价铬、总砷、总铅、总镍、总铍和总银应采用车间或车间预处理设施排水口的监测浓度，其他污染物控制项目采用排水户排水口的监测浓度。

5.1.2　排水户排水口应设置专用采样检测设施，并满足污水量离线计量需求。

5.2　监　　测

5.2.1　采样频率和采样方式(瞬时样或混合样)可由城镇排水监测机构根据排水户类别和排水量确定。样品保存和管理应按 HJ 493 执行。

5.2.2　控制项目及检测方法应符合表 2 的规定。

表 2　控制项目及检测方法

序号	控制项目	检测方法	执行标准
1	水温	温度计或颠倒温度计测定法[a]	GB/T 13195
		温度计法	CJ/T 51
2	色度	稀释倍数法[a]	GB/T 11903
		稀释倍数法	CJ/T 51

续表 2

序号	控制项目	检测方法	执行标准
3	易沉固体	体积法	CJ/T 51
4	悬浮物	重量法[a]	GB/T 11901
		重量法	CJ/T 51
5	溶解性总固体	重量法	CJ/T 51
6	动植物油	红外分光光度法[a]	HJ 637
		重量法	CJ/T 51
7	石油类	红外分光光度法[a]	HJ 637
		紫外分光光度法	CJ/T 51
8	pH	玻璃电极法[a]	GB/T 6920
		电位计法	CJ/T 51
9	五日生化需氧量（BOD_5）	稀释与接种法[a]	HJ 505
		稀释与接种法	CJ/T 51
10	化学需氧量（COD）	重铬酸盐法[a]	GB/T 11914
		快速消解分光光度法	HJ/T 399
		重铬酸钾法	CJ/T 51
11	氨氮（以N计）	纳氏试剂分光光度法[a]	HJ 535
		蒸馏-中和滴定法	HJ 537
		连续流动-水杨酸分光光度法	HJ 665
		流动注射-水杨酸分光光度法	HJ 666
		纳氏试剂分光光度法	CJ/T 51
		容量法	CJ/T 51
12	总氮（以N计）	碱性过硫酸钾消解紫外分光光度法[a]	HJ 636
		连续流动-盐酸萘乙二胺分光光度法	HJ 667
		流动注射-盐酸萘乙二胺分光光度法	HJ 668
		蒸馏后滴定法	CJ/T 51
		蒸馏后分光光度法	CJ/T 51
		碱性过硫酸钾消解紫外分光光度法	CJ/T 51
13	总磷（以P计）	钼酸铵分光光度法[a]	GB/T 11893
		连续流动-钼酸铵分光光度法	HJ 670
		流动注射-钼酸铵分光光度法	HJ 671

续表 2

序号	控制项目	检测方法	执行标准
13	总磷（以P计）	抗坏血酸还原钼蓝分光光度法	CJ/T 51
		氯化亚锡还原分光光度法	CJ/T 51
		过硫酸钾高压消解-氯化亚锡分光光度法	CJ/T 51
14	阴离子表面活性剂（LAS）	亚甲蓝分光光度法[a]	GB/T 7494
		亚甲蓝分光光度法	CJ/T 51
		高效液相色谱法	CJ/T 51
15	总氰化物	容量法和分光光度法[a]	HJ 484
		银量法	CJ/T 51
		吡啶-巴比妥酸分光光度法	CJ/T 51
		异烟酸-吡唑啉酮分光光度法	CJ/T 51
16	总余氯（以 Cl_2 计）	N，N-二乙基-1，4-苯二胺分光光度法[a]	HJ 586
		N，N-二乙基-1，4-苯二胺滴定法	HJ 585
17	硫化物	亚甲基蓝分光光度法[a]	GB/T 16489
		碘量法	HJ/T 60
		对氨基N，N-二甲基苯胺分光光度法	CJ/T 51
		容量法	CJ/T 51
18	氟化物	离子选择电极法[a]	GB/T 7484
		离子色谱法	HJ /T 84
		氟试剂分光光度法	HJ 488
		离子色谱法	CJ/T 51
		离子选择电极法	CJ/T 51
19	氯化物	硝酸银滴定法[a]	GB/T 11896
		离子色谱法	HJ /T 84
		离子色谱法	CJ/T 51
		银量法	CJ/T 51
20	硫酸盐	离子色谱法[a]	HJ/T 84
		重量法	GB/T 11899
		离子色谱法	CJ/T 51
		铬酸钡容量法	CJ/T 51
		重量法	CJ/T 51

续表 2

序号	控制项目	检测方法	执行标准
21	总汞	原子荧光法[a]	HJ 694
		冷原子吸收分光光度法	HJ 597
		高锰酸钾-过硫酸钾消解法 双硫腙分光光度法	GB/T 7469
		原子荧光光度法	CJ/T 51
		冷原子吸收光度法	CJ/T 51
22	总镉[b]	石墨炉原子吸收分光光度法[a]	CJ/T 51
		原子吸收分光光度法	GB/T 7475
		双硫腙分光光度法	GB/T 7471
		双硫腙分光光度法	CJ/T 51
		直接火焰原子吸收光谱法	CJ/T 51
		螯合萃取火焰原子吸收光谱法	CJ/T 51
		电感耦合等离子体发射光谱法	CJ/T 51
		电感耦合等离子体质谱法	HJ 700
23	总铬[b]	火焰原子吸收分光光度法[a]	CJ/T 51
		高锰酸上氧化-二苯碳酰二肼分光光度法	GB/T 7466
		二苯碳酰二肼分光光度法	CJ/T 51
		电感耦合等离子体发射光谱法	CJ/T 51
		电感耦合等离子体质谱法	HJ 700
24	六价铬	二苯碳酰二肼分光光度法[a]	GB/T 7467
		二苯碳酰二肼分光光度法	CJ/T 51
25	总砷	原子荧光法[a]	HJ 694
		二乙基二硫代氨基甲酸银分光光度法	GB/T 7485
		二乙基二硫代氨基甲酸银分光光度法	CJ/T 51

续表 2

序号	控制项目	检测方法	执行标准
25	总砷	原子荧光光度法	CJ/T 51
		电感耦合等离子体发射光谱法	CJ/T 51
		电感耦合等离子体质谱法	HJ 700
26	总铅[b]	原子吸收分光光度法[a]	GB/T 7475
		双硫腙分光光度法	GB/T 7470
		螯合萃取火焰原子吸收光谱法	CJ/T 51
		原子荧光光度法	CJ/T 51
		石墨炉原子吸收分光光度法	CJ/T 51
		双硫腙分光光度法	CJ/T 51
		电感耦合等离子体发射光谱法	CJ/T 51
		电感耦合等离子体质谱法	HJ 700
27	总镍[b]	火焰原子吸收分光光度法[a]	GB/T 11912
		丁二酮肟分光光度法	GB/T 11910
		直接火焰原子吸收光度法	CJ/T 51
		电感耦合等离子体发射光谱法	CJ/T 51
		电感耦合等离子体质谱法	HJ 700
28	总铍[b]	石墨炉原子吸收分光光度法[a]	HJ /T 59
		电感耦合等离子体质谱法	HJ 700
29	总银[b]	火焰原子吸收分光光度法[a]	GB/T 11907
		3，5-Br_2-PADAP 分光光度法	HJ 489
		电感耦合等离子体质谱法	HJ 700
30	总硒	原子荧光法[a]	HJ 694
		石墨炉原子吸收分光光度法	GB/T 15505
		原子荧光光度法	CJ/T 51

续表 2

序号	控制项目	检测方法	执行标准
30	总硒	电感耦合等离子体发射光谱法	CJ/T 51
		电感耦合等离子体质谱法	HJ 700
31	总铜[b]	原子吸收分光光度法[a]	GB/T 7475
		二乙基二硫代氨基甲酸钠分光光度法	CJ/T 51
		直接火焰原子吸收光谱法	CJ/T 51
		螯合萃取火焰原子吸收光谱法	CJ/T 51
		电感耦合等离子体发射光谱法	CJ/T 51
		电感耦合等离子体质谱法	HJ 700
32	总锌[b]	原子吸收分光光度法[a]	GB/T 7475
		双硫腙分光光度法	GB/T 7472
		直接火焰原子吸收光谱法	CJ/T 51
		螯合萃取火焰原子吸收光谱法	CJ/T 51
		电感耦合等离子体发射光谱法	CJ/T 51
		电感耦合等离子体质谱法	HJ 700
33	总锰[b]	火焰原子吸收分光光度法[a]	GB/T 11911
		高碘酸钾分光光度法	GB/T 11906
		直接火焰原子吸收光谱法	CJ/T 51
		电感耦合等离子体发射光谱法	CJ/T 51
		电感耦合等离子体质谱法	HJ 700
34	总铁[b]	火焰原子吸收分光光度法[a]	GB/T 11911
		直接火焰原子吸收光谱法	CJ/T 51

续表 2

序号	控制项目	检测方法	执行标准
34	总铁[b]	电感耦合等离子体发射光谱法	CJ/T 51
		电感耦合等离子体质谱法	HJ 700
35	挥发酚	4-氨基安替比林分光光度法[a]	HJ 503
		溴化容量法	HJ 502
		液液萃取/气相色谱法	HJ 676
		蒸馏后 4-氨基安替比林分光光度法	CJ/T 51
36	苯系物	气相色谱法[a]	GB/T 11890
		吹扫捕集/气相色谱-质谱法	HJ 639
		吹扫捕集/气相色谱法	HJ 686
		气相色谱法	CJ/T 51
37	苯胺类	N-(1-萘基)乙二胺偶氮分光光度法[a]	GB/T 11889
		偶氮分光光度法	CJ/T 51
38	硝基苯类	还原-偶氮分光光度法[a]	CJ/T 51
		气相色谱法	HJ 592
		液液萃取/固相萃取-气相色谱法	HJ 648
39	甲醛	乙酰丙酮分光光度法	HJ 601
40	三氯甲烷	顶空气相色谱法	HJ 620
41	四氯化碳	顶空气相色谱法	HJ 620
42	三氯乙烯	顶空气相色谱法	HJ 620
43	四氯乙烯	顶空气相色谱法	HJ 620
44	可吸附有机卤化物（AOX，以 Cl 计）	离子色谱法[a]	HJ/T 83
		微库仑法	GB/T 15959
45	有机磷农药（以 P 计）	气相色谱法	GB/T 13192
46	五氯酚	气相色谱法[a]	HJ 591
		藏红 T 分光光度法	GB/T 9803

[a]为仲裁方法。

[b]为采用 HJ 677、HJ 678 作为前处理方法。

中华人民共和国国家标准

城市污水再生利用　景观环境用水水质

The reuse of urban recycling water—
Water quality standard for scenic environment use

GB/T 18921—2019
代替 GB/T 18921—2002

国家市场监督管理总局
中国国家标准化管理委员会　发布

2019-06-04 发布　2020-05-01 实施

目　　次

1 范 围

本标准规定了城市污水再生利用景观环境用水的水质指标、利用要求、安全要求、取样与监测。

本标准适用于景观环境用水的再生水。

2 规范性引用文件

下列文件对于本文件的应用是必不可少的。凡是注日期的引用文件，仅注日期的版本适用于本文件。凡是不注日期的引用文件，其最新版本（包括所有的修改单）适用于本文件。

GB/T 6920 水质 pH值的测定 玻璃电极法

GB/T 11893 水质 总磷的测定 钼酸铵分光光度法

GB/T 11903 水质 色度的测定

GB/T 13200 水质 浊度的测定

GB 18918 城镇污水处理厂污染物排放标准

GB/T 25499—2010 城市污水再生利用 绿地灌溉水质

HJ/T 347 水质 粪大肠菌群的测定 多管发酵法和滤膜法（试行）

HJ 493 水质 样品的保存和管理技术规定

HJ 505 水质 五日生化需氧量（BOD_5）的测定 稀释与接种法

HJ 535 水质 氨氮的测定 纳氏试剂分光光度法

HJ 537 水质 氨氮的测定 蒸馏-中和滴定法

HJ 586 水质 游离氯和总氯的测定 N，N-二乙基-1，4-苯二胺分光光度法

HJ 636 水质 总氮的测定 碱性过硫酸钾消解紫外分光光度法

3 术语和定义

GB/T 25499—2010界定的以及下列术语和定义适用于本文件，为了便于使用，以下重复列出了GB/T 25499—2010中的一些术语和定义。

3.1

再生水 reclaimed water

城市污水经适当再生工艺处理后，达到一定水质要求，满足某种使用功能要求，可以进行有益使用的水。

［GB/T 25499—2010，定义3.1］

3.2

景观环境用水 recycling water for scenic environment use

满足景观环境功能需要的用水，即用于营造和维持景观水体、湿地环境和各种水景构筑物的水的总称。

3.3

观赏性景观环境用水 aesthetic environment use

以观赏为主要使用功能的、人体非直接接触的景观环境用水，包括不设娱乐设施的景观河道、景观湖泊及其他观赏性景观用水。

注：全部或部分由再生水组成。

3.4

娱乐性景观环境用水 recreational environment use

以娱乐为主要使用功能的、人体非全身性接触的景观环境用水，包括设有娱乐设施的景观河道、景观湖泊及其他娱乐性景观用水。

注：全部或部分由再生水组成。

3.5

景观湿地环境用水 aesthetic wetland environment use

为营造城市景观而建造或恢复的湿地的环境用水。

注：全部或部分由再生水组成。

3.6

河道类水体 watercourse

景观河道类连续流动水体。

3.7

湖泊类水体 impoundment

景观湖泊类非连续流动水体。

3.8

水景类用水 waterscape

用于人造瀑布、喷泉等水景设施的用水。

3.9

水力停留时间 hydraulic retention time

再生水在湖泊类水体中的平均滞留时间（缓速或非连续流动）或平均换水周期（无流动出水）。

4 水 质 指 标

作为景观环境用水的再生水，其水质除应符合表1的规定外，还应符合GB 18918的规定。

表1 景观环境用水的再生水水质

序号	项目	观赏性景观环境用水			娱乐性景观环境用水			景观湿地环境用水
		河道类	湖泊类	水景类	河道类	湖泊类	水景类	
1	基本要求	无漂浮物，无令人不愉快的嗅和味						
2	pH值(无量纲)	6.0～9.0						

32

续表 1

序号	项目	观赏性景观环境用水			娱乐性景观环境用水			景观湿地环境用水
		河道类	湖泊类	水景类	河道类	湖泊类	水景类	
3	五日生化需氧量(BOD_5)/(mg/L)	≤10	≤6		≤10	≤6		≤10
4	浊度/NTU	≤10	≤5		≤10	≤5		≤10
5	总磷(以P计)/(mg/L)	≤0.5	≤0.3		≤0.5	≤0.3		≤0.5
6	总氮(以N计)/(mg/L)	≤15	≤10		≤15	≤10		≤15
7	氨氮(以N计)/(mg/L)	≤5	≤3		≤5	≤3		≤5
8	粪大肠菌群/(个/L)	≤1000			≤1000		≤3	≤1000
9	余氯/(mg/L)	—					0.05～0.1	—
10	色度/度	≤20						

注1：未采用加氯消毒方式的再生水，其补水点无余氯要求。

注2："—"表示对此项无要求。

5 利用要求

5.1 再生水厂水源宜选用生活污水，或不含重污染、有毒有害工业废水的城市污水。

5.2 完全使用再生水，水体温度大于25℃时，景观湖泊类水体水力停留时间不宜大于10d；水体温度不大于25℃或再生水补水实际总磷浓度低于表1限值时，水体水力停留时间可延长。

5.3 设置人工曝气或水力推动等装置增强水体扰动与流动能力，或大型水面因风力等自然作用具有较强流动和交换能力时，可结合运行过程监测，延长景观湖泊类水体的水力停留时间。

5.4 使用再生水的景观水体和景观湿地中宜培育适宜的水生植物并定期收获处置。

5.5 以再生水作为景观湿地环境用水，应考虑盐度及其累积作用对植物生长的潜在影响，选择耐盐植物或采取控盐降咸措施。

5.6 利用过程中，应注意景观水体的底泥淤积和水质变化情况，并应进行定期底泥清淤。

6 安全要求

6.1 使用再生水的景观水体和景观湿地，应在显著位置设置"再生水"标识及说明。

6.2 使用再生水的景观水体和景观湿地中的水生动、植物不应被食用。

6.3 使用再生水的景观环境用水，不应用于饮用、生活洗涤及可能与人体有全身性直接接触的活动。

7 取样与监测

7.1 取样要求

7.1.1 再生水水质监测取样点宜设在再生水厂总出水口或再生水补水点。样品的保存和管理应按HJ 493执行。水体易发藻华季节宜在景观水体中加设监测点。

7.1.2 水样应为24h混合样，至少每2h取样一次，以日均值计。

7.2 监测频率

每日应监测浊度、余氯、pH值、总磷、氨氮、粪大肠菌群1次，每周应监测总氮、色度1次，每月应监测BOD_5 1次。

7.3 监测分析方法

再生水水质指标的监测分析方法见表2。

表2 监测分析方法

序号	监测项目	监测方法	依据
1	pH值	玻璃电极法	GB/T 6920
2	五日生化需氧量(BOD_5)	稀释与接种法	HJ 505
3	浊度	目视比浊法	GB/T 13200
4	总磷(以P计)	钼酸铵分光光度法	GB/T 11893
5	总氮(以N计)	碱性过硫酸钾消解紫外分光光度法	HJ 636
6	氨氮(以N计)	蒸馏-中和滴定法 纳氏试剂分光光度法	HJ 537 HJ 535
7	粪大肠菌群	多管发酵法	HJ/T 347
8	余氯	N，N-二乙基-1，4-苯二胺分光光度法	HJ 586
9	色度	铂钴比色法	GB/T 11903

7.4 跟踪监测

7.4.1 以再生水作为景观环境用水时，用户宜根据当地再生水厂水源情况，有针对性地跟踪监测再生水内分泌干扰物（EDCs）、药品和个人护理品（PPCPs）等新兴微量污染物。

7.4.2 以再生水作为景观环境用水时，宜对使用再生水的景观水体和景观湿地进行水体水质、底泥及周围空气、地下水的跟踪监测，及时发现再生水景观环境利用中的问题。

32

中华人民共和国国家标准

城市污水再生利用 城市杂用水水质

The reuse of urban recycling water—
Water quality standard for urban miscellaneous use

GB/T 18920—2020
代替 GB/T 18920—2002

国家市场监督管理总局
国家标准化管理委员会 发布

2020-03-31 发布　2021-02-01 实施

目　　次

1 范　围

本标准规定了城市污水再生利用城市杂用水的术语和定义、水质指标、采样与监测、安全利用。

本标准适用于冲厕、车辆冲洗、城市绿化、道路清扫、消防、建筑施工等杂用的再生水。

2 规范性引用文件

下列文件对于本文件的应用是必不可少的。凡是注日期的引用文件，仅注日期的版本适用于本文件。凡是不注日期的引用文件，其最新版本（包括所有的修改单）适用于本文件。

GB/T 5750.4　生活饮用水标准检验方法　感官性状和物理指标

GB/T 5750.5　生活饮用水标准检验方法　无机非金属指标

GB/T 5750.6　生活饮用水标准检验方法　金属指标

GB/T 5750.11　生活饮用水标准检验方法　消毒剂指标

GB/T 5750.12　生活饮用水标准检验方法　微生物指标

GB/T 7488　水质　五日生化需氧量（BOD_5）的测定　稀释与接种法

GB/T 7489　水质　溶解氧的测定　碘量法

GB/T 11913　水质　溶解氧的测定　电化学探头法

GB/T 12997　水质　采样方案设计技术规定

GB/T 12998　水质　采样技术指导

GB/T 12999　水质　采样　样品的保存和管理技术规定

GB 50084　自动喷水灭火系统设计规范

CJ/T 158　城市污水处理厂管道和设备色标

HJ 505　水质　五日生化需氧量（BOD_5）的测定　稀释与接种法

HJ 506　水质　溶解氧的测定　电化学探头法

JGJ 63　混凝土用水标准

3 术语和定义

下列术语和定义适用于本文件。

3.1

再生水　reclaimed water

城市污水经适当再生工艺处理后，达到一定水质要求，满足某种使用功能要求，可以进行有益使用的水。

[GB/T 19923—2005，定义 3.2]

3.2

城市杂用水　urban miscellaneous use

用于冲厕、车辆冲洗、城市绿化、道路清扫、消防、建筑施工等非饮用的再生水。

3.3

冲厕用水　toilet flushing use

用于公共及住宅卫生间便器冲洗的再生水。

3.4

城市绿化用水　urban landscaping use

用于除特种树木及特种花卉以外的庭院、公园、道边树及道路隔离绿化带、场馆及公共草坪，以及相似地区绿化的用水。

3.5

道路清扫用水　street sweeping use

用于道路灰尘抑制、道路扫除用水源的再生水。

3.6

消防用水　fire protetion use

用于市政、住宅小区及厂区消防的再生水。

3.7

建筑施工用水　construction site and concrete production use

用于建筑施工现场的土壤压实、灰尘抑制，以及混凝土用水。

4 水 质 指 标

4.1　城市杂用水的水质基本控制项目及限值应符合表 1 的规定。

表 1　城市杂用水水质基本控制项目及限值

序号	项目		冲厕、车辆冲洗	城市绿化、道路清扫、消防、建筑施工
1	pH		6.0～9.0	6.0～9.0
2	色度，铂钴色度单位	≤	15	30
3	嗅		无不快感	无不快感
4	浊度/NTU	≤	5	10
5	五日生化需氧量(BOD_5)/(mg/L)	≤	10	10

续表 1

序号	项目		冲厕、车辆冲洗	城市绿化、道路清扫、消防、建筑施工
6	氨氮/(mg/L)	≤	5	8
7	阴离子表面活性剂/(mg/L)	≤	0.5	0.5
8	铁/(mg/L)	≤	0.3	—
9	锰/(mg/L)	≤	0.1	—
10	溶解性总固体/(mg/L)	≤	1000(2000)[a]	1000(2000)[a]
11	溶解氧/(mg/L)	≥	2.0	2.0
12	总氯/(mg/L)	≥	1.0(出厂)，0.2(管网末端)	1.0(出厂)，0.2[b](管网末端)
13	大肠埃希氏菌/(MPN/100mL或CFU/100mL)		无[c]	无[c]
注："—"表示对此项无要求。				

[a] 括号内指标值为沿海及本地水源中溶解性固体含量较高的区域的指标。

[b] 用于城市绿化时，不应超过2.5mg/L。

[c] 大肠埃希氏菌不应检出。

4.2 城市杂用水用户宜根据当地再生水厂水源情况，有针对性地选择表2的项目。

表2 城市杂用水选择性控制项目及限值

单位为毫克每升

序号	项目	限值
1	氯化物(Cl^-)	不大于350
2	硫酸盐(SO_4^{2-})	不大于500

4.3 混凝土用水还应符合JGJ 63的有关规定。

4.4 用于自动喷淋消防系统用水，除应符合表1的规定外，悬浮物还应符合GB 50084的规定。

5 采样与监测

5.1 采样及保管

5.1.1 水质采样的设计、组织应按GB/T 12997、GB/T 12998的规定执行。水样为24h混合样，应至少每2h取样一次，以日均值计。

5.1.2 样品的保管应按GB/T 12999的规定执行。

5.1.3 再生水厂供水出口处宜设再生水水质监测取样点。

5.2 分析方法

基本控制项目的分析方法应按表3执行，选择性控制项目的分析方法应按表4执行。

表3 基本控制项目分析方法

序号	项目	测定方法	执行标准
1	pH值	玻璃电极法、标准缓冲溶液比色法	GB/T 5750.4
2	色度	铂-钴标准比色法	GB/T 5750.4
3	浊度(浑浊度)	散射法-福尔马肼标准、目视比浊法-福尔马肼标准	GB/T 5750.4
4	五日生化需氧量(BOD_5)	稀释与接种法	GB/T 7488[a]
		稀释与接种法	HJ 505
5	氨氮	纳氏试剂比色法	GB/T 5750.5
6	阴离子表面活性剂(阴离子合成洗涤剂)	亚甲蓝分光光度法、二氮杂菲萃取分光光度法	GB/T 5750.4
7	铁	二氮杂菲分光光度法、原子吸收分光光度法	GB/T 5750.6
8	锰	过硫酸铵分光光度法、原子吸收分光光度法、甲醛肟分光光度法	GB/T 5750.6
9	溶解性总固体	称量法(烘干温度180℃±3℃)	GB/T 5750.4
10	溶解氧	碘量法	GB/T 7489[a]
		电化学探头法	GB/T 11913
		电化学探头法	HJ 506
11	总氯(总余氯)	*N*，*N*-二乙基对苯二胺(DPD)分光光度法、3，3′，5，5′-四甲基联苯胺比色法	GB/T 5750.11
12	大肠埃希氏菌	多管发酵法、滤膜法	GB/T 5750.12

[a] 裁定方法。

表 4　选择性控制项目分析方法

序号	项目	测定方法	执行标准
1	氯化物	硝酸银容量法、硝酸汞容量法、离子色谱法	GB/T 5750.5
2	硫酸盐	硫酸钡比浊法、离子色谱法、铬酸钡分光光度法	GB/T 5750.5

5.3　检测频率

城市杂用水的基本控制项目采样检测频率不应低于表 5 规定的频率。

表 5　城市杂用水采样检测频率

序号	项目	采样检测频率，不低于
1	pH	每日 1 次
2	色	每日 1 次
3	浊度	每日 1 次
4	嗅	每日 1 次
5	五日生化需氧量（BOD_5）	每周 1 次
6	氨氮	每周 1 次
7	阴离子表面活性剂	每周 1 次
8	铁	每周 1 次
9	锰	每周 1 次
10	溶解氧	每日 1 次
11	总氯	每日 1 次
12	溶解性总固体	每周 1 次
13	大肠埃希氏菌	每周 1 次

6　安全利用

6.1　水源及管道连接

6.1.1　用于再生水厂的水源宜优先选用生活污水，或不含重污染、有毒有害工业废水的城市污水。

6.1.2　再生水管道不应与饮用水管道、设施直接连接。

6.2　标　　识

6.2.1　城市杂用水的管道、设备、设施的外部应于显著位置设置明显的警示标识及说明。

6.2.2　下列场所应设置标识：

a）供水点；

b）水箱、闸门井等设备、设施外部；

c）管道的直管段、起始点、交叉点、转弯处和终点及管道穿过楼板、墙等处。

6.2.3　管道标识应符合以下规定：

a）管道涂色应符合 CJ/T 158 回用水管道的规定；

b）标识符应包括“再生水”“不得饮用”字样及流向箭头。“再生水”字样的字体高度宜符合表 6 的规定，宽高比宜为 0.6～1.0；管道内介质流向应以箭头表示，当管道内介质流向为双向时，应以双向箭头表示。

表 6　标识字体高度　　单位为毫米

管道直径[a]	不大于 50	50～200	200～300	300～500	大于 500
字体高度	15～30	45	60	75	90

[a] 管道直径应含上限，不应含下限。

6.2.4　城市杂用水的水箱、用水器具的标识应按 6.2.3 的规定执行，大小应醒目。当涂刷或缠绕标识有困难或不够醒目时，可采用悬挂标志牌的方式。

6.2.5　闸门井井盖应设置“再生水”和“不得饮用”字样标识。